"十二五"普通高等教育本科国家级规划教材
普通高等教育"十一五"国家级规划教材
普通高等教育"十五"国家级规划教材
普通高等教育农业农村部"十三五"规划教材
全国高等农林院校"十三五"规划教材
全国高等农林院校教材名家系列
国家精品课程配套教材
普通高等教育农业农村部"十四五"规划教材

作物育种学各论

盖钧镒 洪德林 主编

中国农业出版社
北 京

内容简介

《作物育种学各论》（第三版）是“十二五”普通高等教育本科国家级规划教材，是在普通高等教育“十五”国家级规划教材和普通高等教育“十一五”国家级规划教材的基础上修订的新一轮国家级规划教材，与《作物育种学总论》相匹配，供农学、植物科学与技术、种子科学与工程、植物保护等本科专业使用。本书在第二版基础上做了扩展，包括我国各地主要的禾谷类作物（水稻、小麦、大麦、燕麦、荞麦、玉米、高粱和谷子）、豆类作物（大豆、蚕豆、豌豆、绿豆、小豆、木豆和鹰嘴豆）、油料作物（油菜、花生、芝麻和向日葵）、纤维类作物（棉花、苎麻、黄麻、红麻和亚麻）、块根块茎类作物（甘薯、马铃薯和木薯）、糖料作物（甘蔗和甜菜）、特用作物（橡胶树和烟草）和牧草类作物（黑麦草、苏丹草、紫花苜蓿和白三叶草）共8大类35种作物的育种。除绪论外，共8篇35章。为使各章内容相对平衡，便于相互比较，除少数情况外，每种作物均大体按国内外育种概况、育种目标性状和主要性状的遗传、种质资源研究和利用、育种途径和方法、育种新技术的研究和应用、育种田间试验技术、种子生产技术、育种研究动向和展望等分节编写。本书着重介绍各种作物新品种选育的基本原理、方法和技术，力求反映现代育种科学发展的水平，文字简明，内容丰富，是一本理论与应用紧密结合的教材。鉴于各地种植业结构的调整和种植业日趋多样化，大作物和小作物的概念因地而异，各院校可选讲与本地经济发展有关的主要作物。本书亦可供各相关专业的教师、学生和研究人员参考。

第三版修订编写人员

主　编　盖钧镒　洪德林（南京农业大学）

修订（编写）人员

绪论	盖钧镒，洪德林（南京农业大学）
第一章　水稻育种	万建民，刘玲珑（南京农业大学）
第二章　小麦育种	许为钢（河南省农业科学院），马传喜（安徽农业大学）
第三章　大麦/青稞育种	张京（中国农业科学院）
第四章　燕麦育种	任长忠（吉林省白城市农业科学院），崔林（山西省农业科学院），张宗文（中国农业科学院）（新编）
第五章　荞麦育种	张宗文（中国农业科学院）（新编）
第六章　玉米育种	潘光堂（四川农业大学）
第七章　高粱育种	邹剑秋（辽宁省农业科学院）
第八章　谷子育种	刁现民（中国农业科学院），程汝宏（河北省农林科学院）
第九章　大豆育种	盖钧镒，赵团结，王吴彬（南京农业大学）
第十章　蚕豆育种	包世英（云南省农业科学院）
第十一章　豌豆育种	宗绪晓，杨涛（中国农业科学院）
第十二章　绿豆育种	程须珍（中国农业科学院）
第十三章　小豆育种	田静（河北省农林科学院）
第十四章　木豆育种	宗绪晓，杨涛（中国农业科学院）（新编）
第十五章　鹰嘴豆育种	宗绪晓，杨涛（中国农业科学院）（新编）
第十六章　油菜育种	傅廷栋（华中农业大学）
第十七章　花生育种	万勇善，刘风珍（山东农业大学）
第十八章　芝麻育种	郑永战，刘艳阳（河南省农业科学院）
第十九章　向日葵育种	王庆钰（吉林大学）
第二十章　棉花育种	唐灿明（南京农业大学）
第二十一章　苎麻育种	揭雨成（湖南农业大学）
第二十二章　黄麻育种	粟建光（中国农业科学院）
第二十三章　红麻育种	粟建光（中国农业科学院）
第二十四章　亚麻/胡麻育种	党占海（甘肃省农业科学院）
第二十五章　甘薯育种	刘庆昌（中国农业大学）
第二十六章　马铃薯育种	熊兴耀（中国农业科学院），石瑛（东北农业大学）
第二十七章　木薯育种	李开绵，欧文军（中国热带农业科学院）（新编）
第二十八章　甘蔗育种	陈如凯，邓祖湖（福建农林大学）
第二十九章　甜菜育种	李红侠（黑龙江大学）
第三十章　橡胶育种	郑学勤，安泽伟（海南大学）
第三十一章　烟草育种	陈学平（中国科学技术大学）
第三十二章　黑麦草育种	洪德林（南京农业大学）
第三十三章　苏丹草育种	洪德林（南京农业大学）
第三十四章　紫花苜蓿育种	沈益新，迟英俊（南京农业大学）
第三十五章　白三叶草育种	沈益新（南京农业大学）

第一版编审人员

主　编　盖钧镒（南京农业大学）
副主编　陆漱韵（北京农业大学）　马鸿图（沈阳农业大学）
编者

绪论	盖钧镒（南京农业大学）
第一章　水稻育种	朱立宏（南京农业大学）　黄超武（华南农业大学）　申宗坦（浙江农业大学）
第二章　小麦育种	吴兆苏（南京农业大学）　张树榛（北京农业大学）　刘广田（北京农业大学）
第三章　玉米育种	秦泰辰（江苏农学院）　邓德祥（江苏农学院）
第四章　甘薯育种	陆漱韵（北京农业大学）
第五章　棉花育种	孙济中（华中农业大学）　曲健木（河北农业大学）
第六章　大豆育种	王金陵（东北农业大学）　盖钧镒（南京农业大学）　余建章（沈阳农业大学）
第七章　油菜育种	刘后利（华中农业大学）　傅庭栋（华中农业大学）　官春云（湖南农业大学）
第八章　高粱育种	马鸿图（沈阳农业大学）　罗耀武（河北农业大学）
第九章　粟（谷子）育种	王润奇（河北省农林科学院）
第十章　马铃薯育种	李景华（东北农业大学）
第十一章　花生育种	伍时照（华南农业大学）　万勇善（山东农业大学）
第十二章　甘蔗育种	谭中文（华南农业大学）　林彦铨（福建农业大学）　霍润丰（广西农学院）
第十三章　甜菜育种	田笑明（石河子农垦科学院）　由宝昌（塔里木农垦大学）
第十四章　韧皮纤维作物育种	李宗道（湖南农业大学）　郑云雨（福建农业大学）
第十五章　烟草育种	魏治中（山西农业大学）

（注：各章第一位作者为该章主编）

主审人　马育华（南京农业大学）　潘家驹（南京农业大学）

第二版修订编审人员

主　编　盖钧镒（南京农业大学）

修订（编写）人员

绪论	盖钧镒，赵团结（南京农业大学）
第一章　水稻育种	万建民（南京农业大学）
第二章　小麦育种	刘广田，孙其信（中国农业大学）
第三章　大麦育种	黄志仁（扬州大学）（新编）
第四章　玉米育种	邓德祥（扬州大学）
第五章　高粱育种	卢庆善（辽宁省农业科学院）
第六章　粟育种	程汝宏，王润奇（河北省农林科学院）
第七章　大豆育种	盖钧镒，赵团结（南京农业大学）
第八章　蚕豆育种	金文林（北京农学院）（新编）
第九章　豌豆育种	金文林（北京农学院）（新编）
第十章　绿豆育种	金文林（北京农学院）（新编）
第十一章　红小豆育种	金文林（北京农学院）（新编）
第十二章　油菜育种	刘后利（华中农业大学）
第十三章　花生育种	万勇善（山东农业大学）
第十四章　芝麻育种	郑永战，张海洋（河南省农业科学院）（新编）
第十五章　向日葵育种	王庆钰（吉林大学）（新编）
第十六章　棉花育种	张天真（南京农业大学）
第十七章　苎麻育种	李宗道（湖南农业大学）
第十八章　黄麻育种	李宗道（湖南农业大学）
第十九章　红麻育种	李宗道（湖南农业大学）
第二十章　亚麻育种	王玉富（中国农业科学院麻类研究所）
第二十一章　甘薯育种	刘庆昌，陆漱韵（中国农业大学）
第二十二章　马铃薯育种	陈伊里（东北农业大学）
第二十三章　甘蔗育种	谭中文（华南农业大学）
第二十四章　甜菜育种	刘宝辉（哈尔滨工业大学）
第二十五章　橡胶育种	郑学勤（华南热带农业大学）（新编）
第二十六章　烟草育种	魏治中（山西农业大学）
第二十七章　黑麦草育种	沈益新（南京农业大学）（新编）
第二十八章　苏丹草育种	沈益新（南京农业大学）（新编）
第二十九章　紫花苜蓿育种	沈益新（南京农业大学）（新编）
第三十章　白三叶草育种	沈益新（南京农业大学）（新编）

主审人　潘家驹（南京农业大学）

审稿人　智海剑（南京农业大学）

第三版前言

《作物育种学各论》（第二版）是普通高等教育“十五”国家级规划教材、普通高等教育“十一五”国家级规划教材，是国家级精品资源共享课和国家级在线开放课程《作物育种学》的支撑教材之一。自2006年出版以来，我国种植业结构和种植方式以及消费者需求，顺应互联网技术和物流快递行业的发展，都发生了并继续发生着一系列变化。种植业结构变化主要体现在种植作物种类的多样化，更加重视高产、优质和绿色化品种的选用。种植方式变化主要体现在从种到收的全程机械化，促进了种植面积规模化和田间管理信息化。消费者需求变化除了多样性、高产优质、绿色外，网络技术和物流快递使得名特优农产品的购买不再有距离障碍，既方便了消费者，也促进了“特需”作物的发展。为此，《作物育种学各论》第三版在第二版的基础上增加了燕麦、荞麦、木豆、鹰嘴豆和木薯5个作物的育种内容，作物总数增加到35个，每个作物编写一章，共35章。课堂教学限于学时数，不列入讲授计划的内容可以作为自学或参考材料。《作物育种学各论》第三版被列入“十二五”普通高等教育本科国家级规划教材。

每个作物的繁殖方式决定了适宜采用的育种途径和方法，每个作物的光温反应特性决定了适宜种植的生态地区和季节，每个作物的育种目标决定了重点研究的性状遗传规律，每个作物的种质资源决定了育种目标的可实现度，每个作物品种的种子质量决定了品种的使用效果和效益。因此与第二版一样，第三版对每个作物（除少数外）均包括：①国内外育种概况；②育种目标性状和主要性状的遗传；③种质资源研究和利用；④育种途径和方法；⑤育种新技术的研究和应用；⑥育种田间试验技术；⑦种子生产技术；⑧育种研究动向和展望等。具体篇幅因作物而异。

进入21世纪以来，DNA测序技术的长足进步使得许多作物的全基因组序列得以揭晓、解析和完善；遥感技术的应用正在推动高通量表现型性状测定技术的发展；结合性状分子标记和计算机大数据分析技术，期望通过分子标记辅助“设计育种”来实现从“经验育种”向“精确育种”（精准表现型和精准基因型育种）的转变；转基因育种技术的发展使育种超越了近缘物种的界限，基因编辑技术的发明，突破了基因自然突变和诱发突变随机发生的限制，为定向创造优异等位基因展示了广阔的前景，这些方面的育种应用技术正在探索和完善之中。本教材作为本科生作物育种初级课程，以作物育种基本技术和基本方法，特别是成熟技术为主，而将生物技术和高新技术育种探索的内容留给后续专门课程。为使热心追求新知的学生们课外拓展有关的新知识，本教材在一些作物中，包括每种作物的育种新技术的研究和应用及育种研究动向和展望两节中也做一些引导。

鉴于本书自第二版问世以来，原作者队伍的情况发生了很大变化，按计划又增加了5个作物，因而重新组织了修订编写队伍，人员包括原各作物编写组中有原编者可继续参加修订的或该组有关单位的新秀可参加修订的以及各新增作物的新聘编者。和第二版一样，本次修订的编者均为国内各种作物的著名育种专家。本次修订是各版编写修订人员共同的积累，在落款时，凡属修订的章以第一版（或第二版）原编者、第二版（或第三版）修订人名义共同落款；凡第三版新编章以编者名义落款。

本书第三版的编写出版是各版编者、修订者、审稿专家和师生们共同努力并与出版社编辑人员相互配合、紧密协作的成果。原计划应在四年前完成，但由于种种原因拖延至今，统编工作虽然经过反复讨论、修改，但仍在仓促之间定稿，加上有些章节原稿文字超过计划甚多，为保持全书格局相对一致，减少各章相互间不必要的重复，统编过程中主编曾对有关章节及文字做了增删，可能有许多不妥之处，敬请指正。

盖钧镒

2021年10月

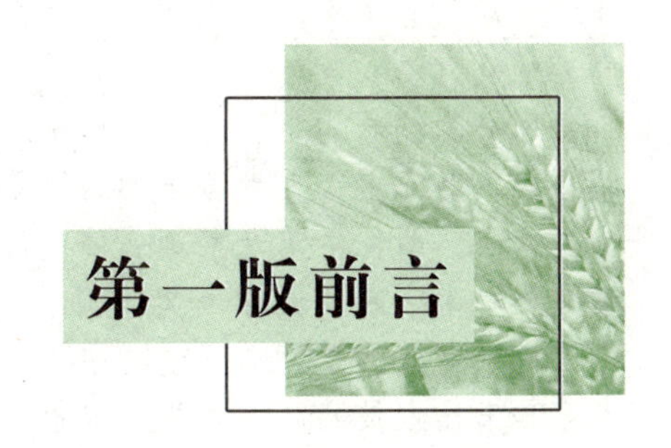

第一版前言

《作物育种学各论》是与《作物育种学总论》相配套的农学类大学本科教材。《作物育种学总论》介绍了作物育种的基本原理和方法，它是从各种作物归纳出来的共性部分。认识的过程，总的说来是从感性到理性、从个别到一般的过程，然后经过再实践、再认识而不断深化。对于学习和掌握前人已有的认识来说，并不需要重复原始的从实践到理论的过程，而可以从学习已经概括起来的理论与方法，掌握一般规律开始，然后再进一步去掌握个别事物的特点，达到举一反三的效果。因此，在学习掌握《作物育种学总论》的基础上，再学习《作物育种学各论》，便是以具有普遍意义的作物育种原理与方法为基础，通过掌握各类各种作物的特殊性而更深刻、更全面地掌握作物育种学。这是本教材包括《作物育种学总论》与《作物育种学各论》两部分的原因。当然，除学习书本外，真正掌握作物育种学还在于实践，即通过实验、实习以及科学研究等加深理解甚至揭示新的规律，发现新的方法。

《作物育种学各论》所包括的作物共 15 种类，写成 15 章。其中，小麦一章附有大麦的内容，韧皮纤维一章包括苎麻、红麻、黄麻等。作物种类入选的原则是：①全国主要粮食、油料、纤维、糖料及特用的大田作物；②自花授粉、异花授粉、常异花授粉以及无性繁殖等各种繁殖方式的代表性大田作物。

为使各种作物相对平衡，并便于相互比较，《作物育种学各论》中的每一章都包括以下内容：①国内外育种概况，②育种目标及主要性状的遗传，③种质资源的研究和利用，④育种途径和方法，⑤育种试验技术，⑥种子生产，⑦育种研究的动向与展望。仅棉花育种一章第七部分内容未单独列出，分散在前面有关部分中。这种写法的主要目的是使学生在比较中掌握各种作物的重点和特点。作为教材，本书特别强调作物育种的基本概念、基本理论、基本方法，同时注意到反映现代育种科学的水平；文字的表达力求简练，深入浅出，信息量丰富；与相关学科的术语力求一致，内容避免简单的重复；以介绍肯定性的内容为主，对于结论尚不明确或有争议的内容只简要介绍，以拓宽视野、启发思路。

由于各种作物的遗传育种研究历史发展的特点不同，长期以来已形成的习惯用语不同，以及各位作者写作的思路与风格不同，因而各章的内容各有不同的侧重。一些能统一的术语，本书在编辑过程中已经尽量统一，但有一些在各作物研究中习惯应用的术语尚难强求一律。例如：家系与系统、家系群与系统群在本书中同义；育种试验圃的名称在不同作物中可具不同的含义，在有的作物中称为杂种圃，但在别的作物中称为选种圃；有些作物将育种后期试验称为品种比较试验，而有的称为品系比较试验，因为一些作物习惯上将通过审定的品系才称为品种；种子生产中我国沿用原原种（超原种）、原种、良种，生产用种有时还扩繁到原种一代、原种二代、良种一代、良种二代等等，而在美国则分为育种家种子、基础种子、登记种子、检定种子等，《作物育种学总论》中虽曾提供一个相互对应方法，但在各个作物上却又有不同。凡此种种难以在此一一列出。看来，有关各作物习惯术语的统一还有待今后的努力。

本书的编者均为国内各种作物的著名育种专家，除少数作物外，都由2～3位专家组成编写小组，各章主编负责各作物的统稿。本书聘请著名作物育种学家马育华教授、潘家驹教授为主审人。两位主审专家对书稿进行了反复推敲，提供了宝贵的修改意见。在本书统稿、清稿过程中南京农业大学高忠老师协助做了大量工作，并编纂了名词索引；在统稿过程的前期，南京农业大学教师万建民亦曾给予许多帮助。因而，本书的编写出版是全体编者、审稿专家和工作人员共同努力并与出版社编辑人员相互配合、紧密协作的成果。

本书原计划应在两年前完成，但由于种种原因拖延至今，统编工作虽然经过两次反复讨论、修改，但仍在仓促之间定稿，加上有些章节原稿文字超过计划甚多，为保持全书格局相对一致，减少各章相互间不必要的重复，统编过程中编者曾对有关章节及文字做了一些更动，因而难免存在一些不妥之处，敬请各位读者指正。

编　者

1995年1月

第二版前言

作物育种学是一门具有深厚生命科学和数理科学基础的应用科学，它支撑了一个新兴的种子产业；种子产业也正推动着作物育种科学的快速发展。作物育种的理论和方法有共性，各种作物的育种又有其个性。从事作物种子产业的工作者既要具有良好的育种学理论基础，又要掌握不同作物的育种特点。因此高等农业院校的作物育种课程包括了作物育种学总论和作物育种学各论两方面内容，编写了《作物育种学总论》和《作物育种学各论》两本教材。

《作物育种学各论》自1995出版以来，我国农业生产种植业结构已发生很大变化，各地在保证主要粮、棉、油生产的同时因地制宜地发展了适应当地的具有良好经济效益的作物，与此同时，作物育种的现代技术也有了新的进展。因而从本世纪初便开始酝酿对《作物育种学各论》进行修订，以适应我国农业生产和农业教育发展的需要。本次修订的主要原则包括以下几方面：

1. 鉴于各省市种植业结构的调整和种植业的日趋多样化，为适应各地需要，增加一些以往被忽视的作物。“大”“小”作物的概念因地而异，增加作物种类可使各地有机会选讲与本地经济发展有关的主要作物。本书作物总数增加到30个共30章。

2. 按作物性质与用途归类，不以“大”“小”排序。各地可根据当地需要选讲不同类别的有关作物，不列入讲授计划的可以作为自学或参考材料。

3. 修订版在原版体系基础上，做适当调整，增加育种新技术的研究与应用和育种新进展内容，删除陈旧内容。每一作物不论“大”“小”，除少数外一般均应包括①国内外育种研究概况，②育种目标性状及主要性状的遗传与基因定位，③种质资源的研究利用，④育种的途径与方法，⑤育种新技术的研究与应用，⑥田间试验技术，⑦种子生产技术，⑧育种研究动向与展望等方面。具体内容依各作物的实际情况及篇幅大小确定。

4. 要求从学生掌握该作物的实际育种技术出发写出具有该作物特色的上述各节有关内容，同时给学生指出进一步研究的思路与方向。因而各章编写的内容一方面要注重介绍该作物最基本的内容，另一方面要介绍最新的发展。

5. 在原版体系基础上，进一步改变不同作物习惯使用不同名词和术语的情况，各作物尽量使用统一的遗传学和育种学名词和术语。

6. 近年来我国种子产业化的发展和品种权的明确推动了种子生产体制的改革，我国农作物种子生产正向品种育成者指导下的四级种子生产体系过渡，原定的“四化一供”种子工作方针有待修订。鉴于目前许多作物还无定规，这部分内容在各个作物间很不一致，有待实践中完善后，在下一版充实。

鉴于本书自第一版问世以来，原编者队伍的情况发生了很大变化，按计划又增加了12个作物，因而重新组织了修订编写队伍，人员包括原各作物编写组中有原编者可继续参加修订的或该组有关单位的新秀可参加修订的以及各新增作物的新聘编者。和第一版一样，本书的编者均为国内各种作物的著名育种专家。本书第二版的工作是两版编写修订人员共同努力的结果，在落款时，凡属修订的章以原编者和修订人名义共同落款；凡新编章以编者名义落款。

本书主编十分感谢两版编写、修订作者的通力合作与共同努力，特别感谢华中农业大学刘后利教授和湖南农业大学李宗道教授在年近90的高龄还不辞辛劳亲自提笔修订油菜育种和纤维类作物育种。他们的敬业精神为后辈树立了楷模。鉴于种子生产体制正处于由三级制向四级制过渡之中，各章原稿基本上为三级制体系，专请南京农业大学智海剑教授审阅并提供使各章作物种子生产体系新旧内容相衔接的修改意见。本书蒙原书主审人南京农业大学潘家驹教授惠允，继续担任全书主审工作，潘教授对书稿进行了反复推敲，提供了宝贵的修改意见。在本书统稿、清稿、编排、打印过程中李海旺、钱铁、李凯、王芳、王晓佳、王宇锋、张红梅、杨清华等博士、硕士生协助做了大量工作，并协助编纂了名词对照表。因而，本书的编写出版是全体编者、审稿专家和师生们共同努力并与出版社编辑人员相互配合、紧密协作的成果。

本书第二版原计划应在两年前完成，但由于种种原因拖延至今，统编工作虽然经过反复讨论、修改，但仍在仓促之间定稿，加上有些章节原稿文字超过计划甚多，为保持全书格局相对一致，减少各章相互间不必要的重复，统编过程中主编曾对有关章节及文字做了增删，尤其种子生产体系正处于变动之中，三级制、四级制两者并存，编辑时难于把握，更动较多，可能有许多不妥之处，敬请指正。谢谢。

盖钧镒

2006年1月

目　录

第二篇　豆类作物育种

第三篇　油料作物育种

第四篇　纤维类作物育种

第五篇　块根块茎类作物育种

第六篇　糖料作物育种

第七篇　特用作物育种

第八篇　牧草类作物育种

绪　论

作物生产的发展，包括粮食作物、油料作物、纤维作物、糖料作物、饲料作物以及特用作物等其他作物产量的提高和品质的改进，决定于品种的遗传改进及栽培条件的改善。关于作物育种，许多学者认为是改良与经济利用有关的作物遗传类型的科学和艺术。作为科学，它有其客观的规律体系；作为艺术，它富有人工的创造力。现代作物育种应用了各种最新的科学技术，因而新品种实际是生产者和消费者领受“第一生产力”优惠的介体。

20 世纪 70 年代起，国际上种子生产与销售逐步成为规模化的产业，而后发展成为国际化的种子产业，形成了一些跨国种业公司，占领了国际种业市场。资本积累推动了种业科学的竞争和发展。我国农作物的种子生产与供给，到 20 世纪后期一直被当作国家和政府的事业处理，未形成产业，20 世纪末才明确种业是一个产业，容许企业自主经营。2011 年《国务院关于加快推进现代农作物种业发展的意见》提出了加快发展我国种业的方针，明确现代种业要实现育繁推一体化，加速推进现代育种、种子生产和推广一体化的进程。种业作为农作物生产的第一要素，包含了优良新品种选育、活力种子生产和品种潜力实现技术推广 3 个环节。其中新品种选育是首要环节。

开展一个作物的育种工作，首先要制订育种计划。广义的育种计划可以是全国的或某个地区的一个或多个作物的育种计划，例如国家科技重点项目“主要农作物新品种选育技术”是包括主要粮食作物、经济作物以及蔬菜作物的全国性育种计划。国家为了推动全国种业的快速发展，已启动在同行中建立共性平台，包括抗病抗虫性鉴定平台、耐逆性鉴定平台、区域产量鉴定平台、种质创新平台等，以便提高各育种单位重要育种性状鉴定的整体能力和水平，避免重复投资。对于一个育种单位或企业的育种工作者来说，育种计划实际上指他的育种方案。育种工作具有艺术性质，育种计划自然将因人、因地而异；育种工作既然是一门科学，育种计划也必将包括共同的科学内容。通常，育种计划所包含的最基本内容为：确定所要选育的品种类型；明确选育目标性状和要求；筹措育种性状遗传变异的来源及创造育种群体；提出育种所拟采用的途径、方法、技术和策略；规划育种田间试验和试验测试的布局和配合；安排新品种审定和种子的扩繁和生产等。

一、品种类型

作物种类随着人类对具有某种经济利益的植物资源的发掘和驯化而不断增加。目前世界上栽培植物约有 230 种，来自 180 属 64 科；其中主要的有 120～130 种，来自 91 属 38 科，主要来自禾本科、豆科、茄科、十字花科、菊科、葫芦科、锦葵科、苋科、藜科、旋花科、大戟科、蔷薇科等，本书所包括的作物大多数出自这些科。

（一）品种类型　一个作物所拟选育的品种类型主要取决于其繁殖方式。一个品种由许多个体组成，是一个群体。归纳起来品种群体可分为以下 4 类。

1. 无性繁殖系群体　无性繁殖系群体为无性系品种（clonal cultivar），个体间遗传基础一致，通常为杂合体，少数品种为纯合体。

2. 近交家系群体　近交家系群体包括家系品种（line cultivar）和多系品种（multiline cultivar）。家系品种是单个植株的衍生后裔，个体间遗传上一致，为纯合体；包括自花授粉植物的自交家系、异花授粉植物的近交家系以及具有相同遗传背景的兼性无融合生殖单系（无融合生殖率在 95%以上或理论亲本系数在 0.87 以上）。从地方品种中选择自然变异个体育成的家系品种因个体间一致性程度高（通常高于杂交育成的家系品种），常称为纯系品种（pure line cultivar）。多系品种为多个家系（一般为近等基因系）的混合体。

3. 异交群体　异交群体包括异交作物的自由授粉群体品种（open-pollinated population cultivar）、异交作物的综合品种（synthetic cultivar，一代综合品种或高代综合品种）以及自交作物的杂交合成群体。杂交合成群体因其遗传组成受自然选择作用而在不同世代间有所变动，难以保持一致，一般不称为品种，但也有用于生产的。

4. 杂种品种群体 杂种品种群体主要指 F_1 代杂种品种（hybrid cultivar），个体间遗传上一致，均为杂合体。其他还包括 F_2 代杂种品种，为个体间遗传上不一致的杂合群体。

品种类型决定了种子大量生产的方式。从经济效益出发，一个作物的品种类型原则上应与该作物最经济有效的繁殖方法相一致。

（二）繁殖方式

1. 有性繁殖 大多数作物通过有性繁殖方式生产种子。

（1）有性繁殖的分类 按照天然异交率的高低，可区分为异花授粉植物、自花授粉植物以及常异花授粉植物。通常自花授粉植物自然地采用家系品种，而不便于使用杂种品种。异花授粉植物自然地使用天然异花授粉品种，使用杂种品种也较便利，但若要使用纯系则须进行人工强迫自交或同胞交配。当然，作物的繁殖方式亦可能有变异体出现，原来属自花授粉的植物，出现异交的花器构造和功能，因而适宜的品种类型将随之改变，例如水稻中发现了质核互作雄性不育系及其相应的保持系和恢复系，成了自花授粉作物中应用杂种品种的范例。

（2）决定有性繁殖方式的花器构造 种子植物花器的结构和发育有以下情况。

①一朵花中雌、雄性器官的表现：

a. 雌雄同花：雌雄同花的，有雄性先成熟、雌性先成熟和雌雄同成熟，有开花授粉和闭花授粉。

b. 同株上两种类型的完全花：即分为长花柱短雄蕊和短花柱长雄蕊。

c. 雌雄异花：即分为雄性花和雌性花。

②植物上花的分布：有雌雄同株和雌雄异株。雌雄异株的花均为单性花，分为雄花（开于雄株）和雌花（开于雌株）。雌雄同株的，可以是单性花（即分为雄花和雌花），例如黄瓜，称为雌雄异花同株；也有完全花的（即雌雄同花），例如水稻，称为雌雄同花同株。

（3）决定有性繁殖方式的生理机制 除雌雄同花、雌雄同成熟、闭花授粉有利于自花授粉外，其他许多情况均有利于异花授粉。植物的有性繁殖方式除取决于花器的构造和发育状况外，有些植物还与自交亲和性（或自交不亲和性）有关。自交不亲和性的机制有以下几种情况：①花粉在柱头上不发芽；②花粉管在花柱内生长受阻而不能到达子房；③花粉管不能穿透胚珠；④进入胚囊的雄配子不能与卵细胞结合。根据自交不亲和性的遗传控制，若花粉未能使雌配子受孕是由于其本身基因的缘故，称为配子体自交不亲和性；若是由于母本方面的缘故，称为孢子体自交不亲和性。自然界也存在部分自交不亲和性现象，其遗传机制尚不清楚。

另一种决定作物有性繁殖方式的机制是雄性不育性。雄性不育的遗传机制有核基因雄性不育、细胞质与核基因互作雄性不育（质核互作雄性不育）、核基因间互作雄性不育、核基因与环境互作雄性不育等，当前用于杂种种子生产的主要是质核互作雄性不育，也有用光温敏核雄性不育（核与环境互作雄性不育），少数繁殖系数很高的植物也有利用核基因互作雄性不育的报道。细胞质雄性不育（cytoplasmic male sterility，CMS）与质核互作雄性不育（cytoplasmic-nucleic male sterility，CNMS）是不同的概念。有人将后者简称为细胞质雄性不育，一些学者认为并不妥切，概念上有混淆。所以出现这种简称可能是因为单纯的细胞质雄性不育不能用于杂种种子生产，而能用于杂种种子生产的质核互作雄性不育的基本条件是细胞质应为雄性不育的。

2. 无性繁殖 无性繁殖方式包括两类情况：①使用非种子的植物其他部分繁殖个体，例如枝条、块根、球茎、鳞茎、地上匍匐茎、地下匍匐茎、块茎等；②使用无融合生殖所获得的种子，例如直接由胚珠细胞经无丝分裂形成二倍体胚囊的无孢子生殖、直接由大孢子母细胞经无丝分裂产生胚囊的无配子生殖、孤雌或孤雄的配子体无融合生殖、精卵未融合生殖或无融合结实、不形成胚囊的不定胚状体生殖、花粉蒙导无融合生殖等。此外，组织培养包括各种类型外植体乃至原生质体的培养，是正在成为具有生产利用价值的无性繁殖方式。

二、育种目标性状

可以通过遗传改良以满足人们经济要求的性状都可视为育种目标性状。随着鉴定方法和技术的改进，对育种目标性状的具体指标也愈加明确。通常一个作物的育种目标包括产量、品质、生育期、抗病虫性、对环境的耐逆性或适应性、遗传与环境互作特性（或适应范围）、繁育特性以及一些特异要求（例如立苗性、扦插成活率、耐农药毒性等）。对于一个作物、一个地区、一个育种单位来说，育种目标的侧重点还因现有材料的状况而异。因而一个育种家必须善于因时、因地、因材料制宜，提出明确的育种要求。

（一）总体目标 以往我国要求发展高产、优质、高效农业，现在与人类健康有关的食品安全和生态环境安全及其可持续性已经受到普遍关切，要求农业绿色化。所以要发展高产、优质、绿色、高效农业。这首先从品种开始，品种要有高产、优质、绿色、高效相应的遗传基础，或者说选育高产、优质、绿色、高效品种是实现高产、优质、绿色、高效农业的根本途径。

（二）具体目标

1. 产量 产量的鉴定以田间试验实收产量为准。产量易受环境影响，遗传率较低，因而须通过多年多点产量比较试验才能做决选，并以与标准品种相比的增产潜力作为指标。为便于及早判别育种材料的产量潜力，育种家注意到产量构成因素的改进。从生理角度出发，产量构成因素可分解为生物产量和收获指数（或经济系数、分配率）；从形态上则可分解为单位面积株数、单株结实数与不实数、单位籽实质量等。归根到底，产量来源于单位面积上的光能利用效率，因而提出选育理想株型及其有关特性以提高产量潜力。许多育种家都在探索理想型（ideotype）的组成性状。但实际育种工作中产量鉴定最终还依赖于田间产量比较试验。现代种业的育种规模不断增大，大规模田间试验与试验的准确性有矛盾，因而产量育种中，田间试验产量精准鉴定技术是关键。利用高光谱遥感测产将成为产量鉴定的辅助技术。

2. 品质 品质是品种的固有特性，它与产品的商品状态（例如完整率）不是同一个概念。品质性状包括色、香、味、质地等感官性状，脂肪、蛋白质或其他诸如维生素、异黄酮等功能性营养物质的组成与含量等化学成分性状，糙米率、豆腐得率等加工性状，纤维长度、强度等物理性状，以及饲料报酬率等生物学性状等。品质性状的鉴定越来越向实验室分析测定的方向发展。对一个作物的品质要求可能是多方面的，有时品质性状间还是负相关的，因而须按当地条件及利用方向确定适宜的目标和要求。随着加工业的发展和产品品牌的定型，选育不同方向的专用品种将可能成为品质育种的特色。

3. 生育期 生育期性状的遗传和生理基础是对光周期和温度的反应特性。生育期性状与该品种所适合的地理范围及轮作复种制度有关。例如缩短或延长生育期可以推移种植纬度或海拔高度的界限，或充分利用生长季节以增加产量，或适于增加复种指数。确定一个地区的品种生育期要求时必须充分掌握当地的地理条件、气候资料以及轮作复种制度发展趋势。

4. 绿色化 品种的绿色化要求原非科学术语，现在逐步明确了它的科学内容。绿色化是指对环境没有污染，品种绿色化是指用了该品种不会污染环境。因而品种的抗病虫性、抗耐除草剂性、肥高效、耐非生物逆境、低能（材）耗（包括轻简耕作等）都与绿色化有关。本书将以抗病虫性、抗耐除草剂性、肥高效、耐非生物逆境为绿色化育种的主要内容，将低能（材）耗（包括轻简耕作）需求等作为品种高效益和高效率的主要内容。

5. 抗病虫性 抗病虫性与产量和产品商品性直接有关，是育种的重要目标性状；与高效农业及环境保护密切有关，是品种绿色化的主要内容，日益受到重视。过去主要强调抗病性，近来抗虫育种日益受到重视，而且抗性的对象病种或虫种正在扩展。所利用的抗病机制包括垂直抗性或专化抗性、水平抗性或非专化抗性、慢病性、耐病性；抗虫机制包括抗选性、抗生性、耐害性等。各种作物的抗病虫性目标应因地制宜确定。病原和害虫亦为生物体，在作物方面的选择因素作用下会产生新的生理小种、生物型，因而作物抗病、抗虫育种是克服寄生物不断对寄主产生适应变异的持续过程。

6. 耐逆性 耐逆性或适应性的要求与地区自然条件有关。主要的逆境有干旱、渍涝、低温、高温、盐碱、铝毒、低磷、缺铁等。立苗性也是一种重要的适应特性。逆境胁迫常作用于根区，因而根系性状也已受到重视。

7. 肥料利用特性 环境因素中，施肥或肥力水平随着工业发展而不断改变，有的品种适于较窄的肥力范围，有的则能适应较宽的范围。从肥料利用效率和环境保护出发，近年又提出氮、磷、钾等高效利用的育种方向。肥高效特性与根部吸收肥料和地上部转运、合成、代谢有关，以往重视了肥料的吸收利用，绿色化要求下的目标还考虑到品种既能吸收肥料又能高效利用肥料不会因不用而流失，污染环境。

8. 遗传与环境互作特性 联系到其他自然条件，品种能适应的地理范围亦有不同。因而遗传与环境的互作特性亦成为育种目标性状。

9. 抗耐除草剂 抗耐除草剂是耐逆性的一个方面，是随着除草剂的广泛应用而发展的重要育种性状。植物与杂草竞争而能取胜的性状，目前了解很少，因而依赖于化学除草。自然界作物并未有过长期化学药剂选择的经历，抗耐除草剂的基因很不容易找到，目前依赖于外源基因的发掘和导入。

10. 繁育特性 由于杂种优势利用的需要，作物的繁育特性（育性）也已成为重要的育种目标性状，包括便于杂种制种的雄性不育性和自交不亲和性及便于固定杂种优势的无融合生殖等。

11. 其他 随着社会发展，人们的需求越来越多元化，环境污染、能源短缺等问题也日益受到关注，相应地对农药、重金属的耐性和低残留量特性、生物能源有关特性等均将可能纳入育种目标要求范围中。

三、育种性状遗传变异的来源

育种过程有两个最基本的环节，一是发现或创造含有比现有良种在一个或多个性状上更优良的变异个体的育种群体；二是从育种群体中把这种优良的变异个体鉴别、选择出来，并繁殖扩大。

当地的地方品种常是具有多种自然变异类型的群体。自然变异主要来源于田间发生的自然突变和天然异交。早年的育种是从中选择个别优良的变异个体或优良变异个体的集团，通过试验，繁殖成为一个新品种，称为自然变异选择育种。

进一步的方法是不限于仅仅利用自然变异的群体，而是通过杂交创造具有大量遗传变异的杂种群体。杂种群体的变异方向可以由选配亲本加以控制。从分离的杂种群体中选育家系或集团，经试验、繁殖为新品种。经改良的新品种可以用作为下一轮育种计划的亲本。杂交育种的亲本可以为 2 个、3 个或多个，通过各种交配方式，包括单交、三交、复交、互交、回交等创造杂种群体。当地亲本不能满足需要时，育种工作者便把注意力放在引进新的种质、扩大亲本范围上。亲本扩大的范围不限于同物种的遗传资源，还可以扩展到异种、异属等远缘种质。

杂交育种常伴随有较长的分离纯合过程，重组类型繁多，育种时间较长，工作量较大。人工诱变所创造的变异个体一般为个别位点等位基因的突变，虽然变异频率不高，但容易纯合稳定。人工诱变所用的诱变因素有物理因素和化学因素两大方面。利用单一诱变方法育成的品种不很多，我国许多育种家采用诱变因素处理杂种群体的方法，虽然难以说清究竟是诱变因素的作用，还是杂交重组的作用，但的确育成了不少新品种。诱变的技术随着科学技术的发展而不断扩展，航天技术的发展使空间的宇宙辐射也被用来进行诱变育种，其他还有等离子辐射等已被认为是辐射诱变的一种手段。

通过花药或花粉培养产生单倍体，经染色体加倍为双单倍体的技术，可使通过杂交获得纯合重组型而不需要经过冗长的分离过程，是杂交育种的新方法。玉米的单倍体诱发技术比较成熟，已经用于新型自交系的选育，但目前大豆等一些作物花药培养产生单倍体的技术尚未成功，故其应用还有待于技术的改进和发展。

随着 20 世纪“绿色革命”中禾谷类矮秆高光效株型高产品种的大面积推广，大量农家品种和早先育成的品种被少数品种取代。一定地区内作物生产的遗传基础单一化倾向导致对突然袭击的逆境缺乏抗衡能力。20 世纪 70 年代初美国玉米小斑病大流行导致绝产，促使作物育种家对“绿色革命”的反思，提出要防止因遗传基础狭窄导致的遗传脆弱性，并强调要拓宽作物生产的遗传基础，包括拓宽一个生态区内的遗传基础和一个育成品种的遗传基础。因而育种工作要建立在大量可供利用的遗传资源基础上。

遗传资源或种质资源有群体种质（包括纯合型的群体种质和随机交配群体种质）和个体种质（单一基因型种质），包括同物种内的种质和近缘乃至远缘的异种种质。近代分子遗传学的发展，使种质资源的概念进一步延伸到 DNA 分子片段的基因资源的概念，进一步拓宽了种质资源或基因资源的内涵，相应地创造变异个体的技术发展到获得转基因植株的技术以及基因编辑的技术。尽管种质资源的概念有所拓宽，但经自然界长期考验保留下来的农家品种仍是最宝贵的种质资源。联合国十分重视生物多样性的保持，其中农作物种质资源是十分重要的部分。当前应进一步搜集并保持散落在农家的种质资源，防止可能的遗传流失，加强对种质资源育种利用价值的研究，建立并完善种质资源的遗传信息库，供育种家使用。

四、育种性状的遗传

对育种性状遗传体系的了解是育种工作者对育种材料进行遗传操作的理论基础。育种目标性状可分为质量性状和数量性状两大类。质量性状或属性性状的变异，以若干类不同的表现进行定性描述，类型间区别明显；群体内同一种性状的不同属性类型分别统计出现个体数。数量性状的变异，以连续性数量（或自然整数）表示，无明显的分组界限，易受环境条件影响，群体内同一种性状不同个体的性状值分别测定。

质量性状的遗传通常由主效基因位点控制。这类性状的遗传研究多采用孟德尔分离分析方法，通过 F_1 代观察显隐关系，由 F_2 代及其他分离世代观察表现型分离比例及基因型分离比例，从而推定其遗传体系（包括基因位点数量、效应、连锁和互作关系等）。

数量性状的遗传分析较复杂。传统的数量遗传学理论认为数量性状主要由微效多基因控制，可通过世代平均数法、遗传方差分析法等估计微效多基因的总体加性效应、显性效应、上位性效应；同时可估计育种群体的遗传潜势，包括群体遗传变异度、遗传率、选择响应等。所研究的群体可以是杂种群体的分离世代，也可以是一定生态区域地方品种组成的自然群体。通过遗传分析还可获得与确定育种方法、策略有关的遗传学信息，包括亲本配合力、杂种优势的预测、性状的遗传相关等。亲本配合力包括亲本一般配合力和亲本间特殊配合力两个方面，在 F_1 代表现的亲本配合力用于杂种优势利用的亲本选配，在后期世代表现的亲本配合力用于纯系选育的亲本选配。一个数量性状并不一定是微效多基因控制的数量遗传的性状，而一个数量遗传的性状必定是数量性状。

以上数量性状与质量性状，数量遗传性状与质量遗传性状的划分是相对的。一些原认为是质量性状的，在一定的仪器、方法帮助下可以数量化。一些性状在某种环境条件下的表现呈质量遗传，在另一种条件下的表现可呈数量遗传。性状的遗传基础有多基因控制的，也有主效基因控制的，还可能有多基因与主效基因共同控制的。也有一些性状的遗传是由细胞质基因控制的。盖钧镒等（2003）提出数量性状泛主效基因-多基因假说，将植物数量性状看成由效应大小不等的基因所组成的遗传体系，其中效应大的表现为主效基因，效应小的表现为多基因；主效基因（主效数量性状基因位点）与多基因（微效数量性状基因位点）的区分是相对的，相对于试验的鉴别能力，误差小、鉴别能力强则效应较小的基因（微效数量性状基因位点）能检测出来，误差大、鉴别能力弱则效应较大的基因（主效数量性状基因位点）也可能混在微效数量性状基因位点中检测不出来。数量性状基因位点体系中可能均为主效基因，也可能均为多基因，或为主效基因与多基因均有，后者具有普遍意义，前二者仅为后者的特例。在此假设基础上发展了数量性状主效基因＋多基因混合遗传模型分离分析方法。在定义数量性状主效基因遗传率和多基因遗传率的前提下，利用统计学上的混合分布理论、极大似然估计、EM 算法等推导出由单个分离世代（F_2、B_1 与 B_2、$F_{2:3}$、RIL）鉴别主效基因＋多基因模型的图形分析法及统计分析法；进一步推导出多世代联合分析法（P_1、P_2、F_1、B_1、B_2 及 F_2 共 6 个世代，P_1、P_2、F_1、F_2 和 $F_{2:3}$ 共 5 个世代，P_1、P_2、F_1、$F_{2:3}$、$B_{1:2}$ 和 $B_{2:2}$ 共 6 个世代），从而鉴别主效基因＋多基因遗传模型，估计其相应的遗传参数。这种分析方法可以分析出数量性状的个别主效数量性状基因位点的效应（1～4 对）和微效数量性状基因位点的总体效应。

经典遗传学对控制育种目标性状基因的认识还只是总体的和概念性的。分子遗传学和基因组学的发展使育种性状的遗传研究可以和基因组作图相结合进行基因定位，包括质量性状基因位点的定位和数量性状基因位点的定位。基因或数量性状基因位点的定位技术推动了性状的遗传研究，使控制性状的遗传物质落实到染色体基因组（或细胞器基因组）上。

五、作物基因组与分子育种

作物基因组包括作物的全部基因或染色体组成，是性状遗传体系的物质基础。目前主要农作物均建立了高密度的遗传连锁图谱，大量的基因（含数量性状基因位点）被标记定位；在模式植物拟南芥等研究的引领下，水稻等一批大田作物和其他栽培植物都完成了全基因组测序，部分重要性状的基因结构和功能已明确，植物基因组学研究为作物育种提供了全面的遗传信息，为作物分子育种奠定了基础。分子育种的研究与应用目前集中在基于 DNA（基因）信息的分子标记辅助育种和转基因与基因编辑育种两方面。

分子标记具有不受环境及作物生长发育影响、种类和数量多、多态性高等优点，适合作为辅助选择指示性状，即利用与育种目标性状紧密连锁或共分离的分子标记对目标性状进行追踪选择。分子标记辅助选择（molecular marker-assisted selection，MAS）有前景选择和背景选择两种策略。前景选择指对目标基因的选择，力求入选的个体都包含目标基因。除对单个基因选择外，还可通过杂交或回交将不同来源的目标基因聚集在一个材料中，包括同一表现型（例如抗病性）的不同基因以及多个性状不同基因的聚合，可有效打破性状的负相关或不良基因的连锁，创造新种质。背景选择指对目标基因之外的其他部分（即遗传背景）的选择，背景选择的目的是加快速度使遗传背景恢复到轮回亲本的基因组，缩短育种年限，同时可以避免或者减轻连锁累赘。分子标记辅助选择是从常规表现型选择转向与基因型选择结合的重要选择方法，它对难于检测的性状、易受环境干扰的性状尤其是数量性状特别有用。分子标记辅助选择可以用于育种的各个阶段，在家系品种育种中可用于优化组合选择和分离世代的选择，在杂种品种选育中可用于自交系选择和组合选配，因而把分子标记辅助选择用于各个育种阶段的技术总称为分子标记辅助育种技术。

分子标记辅助育种的关键是找到有实际应用价值的分子标记，性状众多，所需要的标记相应要多，而且要易于检测。经过一段时间实践，简单序列重复（simple sequence repeat，SSR）等一类基于聚合酶链式反应（polymerase chain reaction，PCR）的标记已经大量应用；随着测序技术的发展，基因组单核苷酸多态性（SNP）和单核苷酸多态性衍生的单倍型基因组标记日益常用。为适应育种中资源广而多的实情，不仅要找到与数量性状基因位点连锁（或关联）的标记位点，更要标记到优良等位变异。因而用于定位或标记的植物材料从双亲本杂交分离的遗传群体扩展到种质资源自然群体，相应地，定位方法从双亲本杂交分离的遗传群体的连锁定位（linkage mapping）扩展到自然群体的全基因组关联定位分析（genome-wide association mapping study，GWAS）。目前已检测到大量与作物产量、品质、抗性等主效基因或数量性状基因位点及其等位变异紧密连锁的分子标记，可用于辅助选择育种。大规模开展分子标记辅助育种，其成本与可重复性是首要考虑因素，采用稳定、快速的聚合酶链式反应（PCR）技术，简化DNA抽提方法，改进检测技术是使分子标记辅助选择在育种中应用的关键。随着定位信息的积累，育种家根据分子标记相对应性状的优良等位基因构成，提出了设计最佳标记基因型的构思，即分子标记辅助设计育种（分子设计育种）的设想。实现这种设想，关键在于性状的全面定位和等位变异的全面检出。目前的二阶段限制性全基因组关联定位方法（RTM-GWAS）可以初步适合这个目标。

自从Monsanto公司的首例转基因大豆（抗除草剂草甘膦大豆）投产成功以来，转基因技术已成为作物育种的重要的新方法之一。转基因育种包括根据育种目标从供体生物中分离并提取出控制某种性状的基因（目的基因）；经DNA重组与整合或直接插入受体作物的基因组，获得稳定表达的转基因株；再进入田间育种试验培育成农业生产上能应用的转基因新品种，并实现大面积推广。植物转基因方法主要有农杆菌载体介导法、植物病毒载体介导法、金属颗粒介导基因轰击法（基因枪法）等，其适用范围因作物而异。转基因育种相对于传统的杂交育种、诱变育种而言，不仅缩短了育种周期，而且能有选择地将一个目的基因（来自植物、动物、微生物乃至人类）导入植物体，从而打破生物的物种界限，拓宽了作物遗传改良可利用的基因来源。应用转基因技术可获得自然界和常规育种难以产生、具有突出优良目标性状的有益变异，但转基因育种只是获得变异的新手段，并不是常规育种的替代，将转基因技术纳入作物育种的基本程序，二者相辅相成地提高育种成效将是一种必然的发展趋势。从技术层面看，植物转基因仍处于初步发展阶段，转基因沉默或不稳定表达是育种应用的主要障碍之一，对一些作物高效的遗传转化与再生技术仍是关键问题。此外，转基因作物安全性的争论仍将受到人们关注。因此育种学家近来特别注意到基因编辑的育种技术，在目标基因序列中对单核苷酸多态性（SNP）进行整编，以实现性状改良的目的。分子育种家要把分子标记辅助育种技术、转基因技术、基因编辑技术等用于植物育种，目前的难度在于这些技术所转移或改变的基因数和育种目标的多样性、性状遗传体系的复杂性还难相配，离实际应用还有许多问题要解决。

六、育种途径、方法、技术和策略

以产量为例，通过一个育种周期，新品种比原有良种的遗传改进称为育种进度；若按该周期所需的年数进行平均，则称为年育种进度或年遗传进度，它衡量了一个育种计划的相对效率。据对一些作物近几十年来不同时期育成的品种在同一栽培条件下比较试验的结果，若无突破性的进展，年进度平均为0.5%～1.0%。年育种进度是育种计划所采用的育种途径、方法和技术的综合衡量。

育成品种的类型决定了育种途径和方法。无性繁殖系品种、近交家系品种、杂交群体品种和杂种品种中，前两者比较相近，后两者也较相近。我国最常用的是近交家系品种和杂种品种以及无性繁殖系品种。其中杂种品种的选育还涉及杂种品种本身、杂种亲本和杂种制种性状的选育。常规品种和杂种品种的育种进度都是以其育种目标性状的遗传改进体现的，但杂种品种亲本的育种进度则着眼于其性状配合力的遗传改进，而杂种品种性状的选育又以异交结实率的遗传改进为依据。不论何种类型品种的选育，各种育种途径（包括自然变异选择、杂交重组、人工诱变，乃至遗传工程等）均有应用。当然，近几十年来各类各种作物所采用的育种途径主要是杂交重组，因它能创造大量可以预期的遗传变异。

每一条育种途径都发展了其相应的一系列育种方法，尤其是杂交育种。由于对杂交育种研究最多，围绕性状的直接改进和性状配合力的改进，提出了许多可供选用的方法，例如各种亲本组配方法、杂种后代选择处理方法、配合力测定方法、轮回选择方法等。

一种育种方法的实施必须有多种育种技术的支持，例如创造或诱发遗传变异的技术（包括生物技术）、性状在田间或实验室鉴定的技术、田间试验技术、试验资料的计算机处理技术、种子或杂种种子生产技术等。

其实，育种途径、方法、技术等词只是概念层次上的差别，育种家间能相互意会。从提高育种成效出发，育种家总是选取自己认为最佳的途径、方法和技术，组合起来形成各自的育种计划。一些育种工作者刚开始工作时，或刚接手前人工作时，可能主要为继承前人的计划，当他不满足于已有的计划时，便考虑宏观的革新，因而提出育种策略上的改进。育种策略这个词是区别育种计划的综合概念，育种工作者把它理解成为在人力、物力消耗较少的情况下，为获得最佳的年育种进展而选取育种途径、方法和技术时的策略性考虑。例如一些育种工作者鉴于育种周期长而提出近期和远期育种目标兼顾的育种计划；通过冬繁或其他加代方法以缩短育种周期提高年育种进度的育种计划；杂交育种中提高符合育种目标的重组型出现概率的亲本组配方案；考虑当地自然条件、栽培环境与基因型互作的多点试验计划等。

时代在发展，育种的目标、途径、方法和技术在改进，但迄今为止，农作物的产量仍然是主要目标，最终鉴定育种材料高产、稳产性能的基本方法仍然是田间比较试验，因而注重田间试验技术，保证试验的准确性和精确性仍然是最基本的育种策略。

七、育种试验

育种过程是不断通过试验对各种育种目标性状进行鉴定、选择的综合过程。作物育种需有必备的田间试验和室内实验场所。田间试验场圃要具有代表性的土壤、气候和栽培条件，有良好的灌溉排水系统，使育种试验结果能代表服务地区的生态环境，宝贵的试验材料不会受旱涝灾害的毁灭性损失。室内工作场所除常规考种鉴定室外，还有相应的实验室系统，包括计算机室、品质分析室、抗病虫实验室、栽培生理实验室、应用生物技术实验室及配套的温室与网室等，实验室应配备有相应的仪器设备，视实际需要和育种单位条件而定。

田间试验设计的基本原则是力求试验处理品种、品系效应的唯一差异，即要保持供试材料间非处理因素（例如环境条件及鉴定技术）的一致性，以使供试材料间具可比性。具体的品种选育试验设计与育种进程相对应。育种试验从早期的选种圃、鉴定圃到后期的品系比较试验、区域试验，参试材料数由多变少，每个材料可供试验的种子量则由小变大，对试验精确度要求也相应提高。初期往往有大量选系需要鉴定，限于选系的种子量和试验规模，一般难以进行有重复的试验，多采用顺序排列法，利用对照矫正试验小区土壤肥力差异，也可采用增广设计。育种中后期，供试材料减少时一般可采用间比法设计、随机完全区组设计、分组随机区组设计等；参试品系数量仍较大时，除间比法设计、随机区组或分组随机区组外，还可采用重复内分组、分组内重复、格子设计等不完全区组设计进行试验误差的无偏估计和品系比较。大容量品系比较的误差控制一方面可通过试验设计来降低，另一方面还可通过统计分析技术（例如根据相邻小区土壤条件的相似性采用近邻分析）来降低。育种试验后期参试材料较少，可通过随机区组设计进行精确的产量试验。育种试验后期及品种区域试验，因需鉴定品种的适应性，常需进行多年、多点试验，一般均采用多年、多点随机区组设计。

为了保证育种试验的精确性和准确性，一方面要控制试验小区间土壤差异及材料间的竞争和边际效应，以便能无偏地估计试验误差；另一方面还要控制试验过程中多项操作、记载的系统偏差，以保证试验结果的准确性或可比性。育种既然有经验性，育种圃的设置、各圃小区的规格大小、重复数和试验地点（环境）数的多少在总原则一致的情况下具体办法可因人因条件而异。

试验记载总的原则是完整准确、简明易查。选择所依据的鉴定技术一般也由初期对大量选系的简易乃至目测法逐步转向后期精确的田间和实验室鉴定技术。理想的育种鉴定技术具有高效、准确、快速的特点，这是影响育种成效的重要因素之一。

现代育种的发展，不断吸纳多学科新技术。除现代分子技术外，现代信息技术可以用于育种试验信息管理的全过程；以无人机为载体的高光谱遥感技术可以进行一些田间性状的自动记录，包括小区产量的预测；

各种品质、抗病虫性、耐逆性等性状都已研究了现代实验室测定的技术、仪器和设备。因而各个环节效率的提高促成了现代育种效率的提高，相应地育种试验的规模正随着技术的改进而不断扩大。

八、种子生产和品种保护权

（一）主要农作物和非主要农作物 经过区域试验，对新育成品种做出优劣与适用区域的评价后，要进行生产试验，验证其优越性和适应性。我国现行种子法（2021年版）规定，水稻、小麦、玉米、棉花和大豆是主要农作物，其余都是非主要农作物。主要农作物新品种在推广前必须经过国家或省品种审定委员会审定。部分非主要农作物新品种实行品种登记制度。列入非主要农作物登记目录的品种在推广前应当登记。2017年农业部公告（第2510号）的《第一批非主要农作物登记目录》包含马铃薯、油菜、橡胶树等29种作物。

（二）种子生产 1978年确定的我国种子工作方针为“四化一供”，即品种布局区域化，种子生产专业化，质量标准化，加工机械化及有计划组织供种。随着种子生产经营的商业化、市场化，供种方法也相应地由政府统一供种转向由种子市场竞争供种，但是种子生产、推广必须严格按有关法律、规程执行。随着种子产业的市场化，种业实行育繁推一体化。大型种业公司本身建立育繁推一体化的体系，目前还有公益性育种与种业企业结合的育繁推一体化体系。因而育成品种的种子生产均由种业企业安排并负全责。

国际上种子生产一般采用育种家种子（breeder seed）、基础种子（foundation seed）、登记种子（registered seed）和认证种子（certified seed）四级繁殖体系。为保护育种者的知识产权、防止品种混杂退化、保持品种原有种性，我国现正推广相应的四级种子生产程序，分别称为育种家种子（breeder seed）、原原种（pre-basic seed）、原种（basic seed）和大田用种（qualified seed）。

1. 育种家种子 育种家种子即品种通过审定时，由育种者直接生产和掌握的原始种子，具有该品种的典型性，遗传稳定性和形态、生物学特性的一致性，纯度为100%，产量及其他主要性状符合审定时的原有水平。育种家种子由育种者负责繁殖保存，在品种参加区域试验的同时，建立育种家种子圃。在育种家种子圃内生产出原始的育种家种子和来自不同株行的单株种子。原始育种家种子低温干燥储藏、分年利用。利用单株种子和株行循环法（单株选择、分系比较、混合繁殖）可重复生产育种家种子。

2. 原原种 原原种即由育种家种子直接繁殖而来，具有该品种典型性、遗传稳定性和形态、生物学特性的一致性，纯度为100%，产量及其他主要性状与育种家种子基本相同。原原种生产和储藏由育种者负责，在育种单位的农场或特约原种场进行。在原原种圃将育种家种子单株稀植，分株鉴定去杂，混合收获得到原原种。

3. 原种 原种即由原原种繁殖的第一代种子，其遗传性状与原原种相同，产量及其他主要性状指标仅次于原原种。原种生产由原种场负责。在原种圃将原原种精量稀播生产原种。

4. 大田用种 大田用种（原称为良种）即由原种繁殖的第一代种子，其遗传性状与原种相同，产量及其他主要性状指标仅次于原种。大田用种生产由种子公司负责，在良种场或特约种子生产基地将原种精量播种，生产大田用种。大田用种直接供应大田生产，大田收获的籽粒作为商品粮，不再作种子使用。

（三）品种保护权 育成新品种后可申请品种权保护。品种权又称为育种者权利，是知识产权的一种形式。《中华人民共和国种子法》规定，我国实行植物新品种保护制度，授予植物新品种权，保护植物新品种权所有人利用其品种所专有的权利。除申请品种权，还可通过申请生产植物品种方法的发明专利权，间接保护由所申请的办法直接得到的植物品种。鉴于越来越多高新生物技术应用于新品种选育，使植物新品种具备极强的可垄断性，在当今经济全球化发展的背景下品种权保护已逐步成为国际农业知识产权的焦点之一。我国已于1999年加入国际植物新品种保护联盟（UPOV），并执行《国际植物新品种保护公约》1978年文本，该公约规定育种者享有一定期限内从事商业生产、销售其品种的专用权。1991年文本扩大了植物新品种保护范围，延长了保护期限。可以预见，随着知识产权保护制度的完善，品种保护权将在遗传改良乃至农业生产领域中发挥更大作用。

复习思考题

1. 试举例说明作物育种为什么既是一门科学又是一种艺术。
2. 举例说明作物繁殖方式、品种类型、育种方法之间的关系。

3. 农作物品种群体有哪些类型？区分这些类型的依据是什么？
4. 农作物育种目标性状涉及哪些方面？如何确定一个育种计划的目标要求？
5. 育种成功的关键是要拥有目标性状的有利变异，试讨论获得目标性状有利变异的途径和方法。
6. 育种目标性状的变异有其遗传基础，试举例说明育种工作者如何揭示目标性状的遗传规律。
7. 何谓作物的基因组？如何研究作物的基因组？它对作物育种有何意义？
8. 生物技术的发展为作物育种提供了新的方法和技术，试对其现状和前景进行讨论。
9. 根据你的理解，试举例说明育种途径、方法、技术和策略的概念。
10. 试说明育种工作的基本程序。各阶段有何特点？如何设计其相应的田间试验？
11. 试说明品种审定的基本条件。品种审定后如何扩繁种子，并保持其优良的品种特性？

（盖钧镒第一版原稿；盖钧镒、赵团结第二版修订；盖钧镒、洪德林第三版修订）

第一篇 禾谷类作物育种

第一章 水稻育种

第一节 国内外水稻育种概况

一、我国水稻育种简史

我国有计划地开展水稻育种研究，始于20世纪20年代。但由于当时基础薄弱，规模小，水稻生产和育种发展十分缓慢。1933—1937年的5年平均，除辽宁、吉林、黑龙江、新疆和西藏外的全国水稻面积仅为1.93×10^7 hm^2，稻谷总产量为4.91×10^{10} kg，平均每公顷产量约2 535 kg。中华人民共和国成立后，我国的水稻生产和育种工作获得迅速的发展，取得了举世瞩目的成就。1950—2020年的71年间，全国水稻种植面积平均达到$3.086\ 8\times10^7$ hm^2，平均年产量达$1.483\ 8\times10^8$ t。其中，2020年全国水稻种植面积达到$3.007\ 6\times10^7$ hm^2，平均每公顷稻谷产量为7 044 kg，总产量达$2.118\ 6\times10^8$ t，育种研究对此做出了突出贡献。中华人民共和国成立以来，我国水稻育种经历了以下4个重要发展时期。

1. 水稻品种整理和评选利用的时期（1949—1959年） 这个时期全国约收集水稻品种4万份，其中评选出许多优良的地方品种和早期的改良品种，对水稻生产起了重要作用。例如早籼品种南特号、中籼品种胜利籼、晚籼品种浙场9号和塘埔矮、中粳品种西南175和黄壳早廿日、晚粳品种新太湖青和老来青等。但是这些良种多表现为秆高易倒伏和不抗病，增产潜力有限。

2. 矮化育种时期（1960—1970年） 广东省汕头市潮阳区洪春利和洪群英从高秆的南特16中选育出半矮秆的矮脚南特，成为我国第一个由半矮秆基因控制的矮秆品种。与此同时，广东省农业科学院水稻育种家黄耀祥从广西引进半矮秆品种矮仔占，采用杂交育种方法，育成一批半矮秆高产早籼品种广场矮和珍珠矮等。推广种植这批以矮秆、株型紧凑为主要特征的高产良种，基本上解决了由于密植、中肥和自然灾害引起的倒伏减产问题，从而大幅度提高了品种的增产潜力。我国及东南亚矮秆水稻与墨西哥矮化抗病小麦品种的大面积栽培，被誉为全球第一次“绿色革命”。

3. 杂种优势利用研究时期（1971—1991年） 在矮化育种的基础上，袁隆平等一批水稻育种家成功培育出杂交稻（hybrid rice），有效地利用水稻杂种优势，进一步大幅度提高了水稻品种的增产潜力。我国成为世界上第一个大面积应用杂交稻生产的国家。1976年以后的40年间，杂交水稻在我国累计推广面积超过3×10^8 hm^2，共增产粮食4×10^8 t以上。目前，我国杂交水稻的年种植面积约$1.533\ 3\times10^7$ hm^2，约占水稻种植总面积的50%，产量约占稻谷总产的57%。

20世纪80年代开始开展籼粳交杂种优势利用研究，并取得重要进展。由江苏省农业科学院和国家杂交水稻工程中心育成的两优培九等籼粳交杂交组合，千亩（约66.7 hm^2）试验田平均单产达12 t/hm^2。2014年袁隆平在湖南省溆浦县试验的第四期中国超级稻百亩（约6.7 hm^2）平均单产达到15.4 t/hm^2。迄今中国水稻单产最高纪录是南京农业大学培育的协优107，2006年在云南省永胜县获得每公顷19.3 t的稻谷产量。

4. 高产优质多抗协调发展时期（1992年至现在） 这个时期多学科密切合作，常规育种与生物技术相结合，分子育种手段不断创新，育成的品种不但继续保持了高产的优势，而且多数能抗、耐2～3种病虫害或逆境，稻米品质也有了显著的提高，例如中国水稻研究所育成的中香1号和中健2号及江苏省里下河地区农业科学研究所育成的丰优香占等品种品质能与泰国名牌大米相媲美，而产量超过泰国米1倍。南京农业大学培育的宁粳1号、宁粳4号等超级常规粳稻品种得到大面积示范推广。

二、国内外水稻育种发展动态和趋向

全世界水稻年种植面积 1.5×10^8 hm^2 左右，其中亚洲约占89%，非洲、欧洲和美洲分别占6.0%、4.3%和0.4%，大洋洲面积较小（主要分布在澳大利亚）。印度和中国水稻面积分别占全球的28.1%和18.5%，但中国的水稻总产量居世界第一。

我国水稻育种的主要任务和目标，着重在提高单位面积产量，改善稻米品质，同时增强品种适应各种生态和农业环境的能力。我国目前有大量产量低而不稳的稻田，低温、干旱、病虫猖獗、土壤瘠薄等是主要的障碍，除切实改善其农业生产条件和种植技术外，选育适应于这类稻田的高产、稳产、优质品种，是育种需要解决的急迫问题。另一方面，随着人民生活水平的提高，水稻品质已越来越受到重视。

在育种途径上，常规杂交育种和杂种优势利用仍将是主要的育种途径，并重视诱变育种和花药培养等技术的应用。随着分子遗传学和分子生物学的发展，以分子标记辅助选择、转基因、分子设计育种及新兴的基因编辑为核心的现代生物技术手段，作为常规育种的辅助技术，在水稻育种中发挥着各自特有的作用。

国外水稻育种目标都注意提高品种的产量潜力，改进稻米品质。日本生产粳稻，品种矮秆多穗，强调品质优良、抗倒伏和抗病虫，适于机械化种植和收割。20世纪80年代开展籼粳杂交超高产育种，培育超高产品种，取得了很大进展；进入90年代，日本启动优质专用和功能性水稻育种计划，育成低直链淀粉含量、高直链淀粉含量、粉质、高蛋白、巨大胚、富铁化、降血压以及肾脏病人、糖尿病人专用水稻品种，深受消费者欢迎。近年来，日本着力于省力化栽培水稻的开发，特别是耐直播、抗倒伏、优质、抗病虫等以及适应有机栽培的品种选育工作越来越受到重视。

南亚和东南亚各国普遍种植籼稻，世界上90%以上的等雨稻田集中在这个地区，产量低而不稳，自然灾害频繁。设在菲律宾的国际水稻研究所（IRRI），对该地区以至世界稻作的发展起重要作用和影响。其致力于选育高产、稳产并适于不同类型等雨田生态环境的品种，强调品种的耐旱及耐淹性；选育灌溉田的高产品种，提出通过"少蘖大穗"改善株型，提高光能利用效率和收获指数，抗主要病虫，耐盐碱和抗不良土壤环境。

韩国的水稻育种颇具特色。20世纪70年代与国际水稻研究所密切合作，进行南北穿梭育种，采用籼粳杂交方法，育成偏籼粳型高产品种，使该国水稻平均产量跻于世界前列。其品种强调抗稻瘟病和耐低温，近年来由于韩国的生活水平不断提高，优质已成为第一育种目标。

美国是世界稻米主要输出国之一，但其种植面积和总产较小。稻作采用大规模机械化集约作业。稻米品质是首要育种目标，要求苗期长势强，耐低温，抗除草剂，适于机械化直播和收割，谷壳多无毛，抗稻瘟病和纹枯病。由化学诱变育成的洁田型抗除草剂水稻在美国南方得到大面积种植。

第二节　水稻育种目标和主要性状的遗传

一、确定水稻育种目标的依据和涉及的有关内容

制订水稻育种目标，要从农业生产发展的现状和趋势、稻作的气候生态环境和耕作栽培制度、水稻生产的限制因素、社会需要、人民生活习惯等方面综合考虑。制订目标是育种的首要问题，应予慎重研究。

水稻是我国最主要的粮食作物，常年总产量占粮食总产量的40%以上，而面积不及粮食作物总面积的1/3。面对人口持续增长、城市化加剧、人均耕地面积逐年下降的状况，提高水稻品种单位面积生产潜力，是水稻育种的首要目标。

中华人民共和国成立以来，我国水稻品种单产水平的提高，为解决世界约1/5人口的温饱问题做出了巨大贡献。但稻米品质育种相对落后，还难以满足我国城乡居民日益提高的生活水平的需求，造成劣质米压库，优质米短缺，国外优质米大量涌入我国。同时，随着生态环境和城乡居民生活习惯的改变，我国出现了一些对稻米品质有特殊要求的人群，例如肾脏病和糖尿病患者不能食用谷蛋白含量超过4%的稻米、缺铁性贫血病患者食用铁含量高的稻米可以有效缓解病症、高血压病患者食用 γ-氨基丁酸含量高的稻米能起到显著的降压效果等。因此加强稻米品质育种，培育优质、专用和具保健功能性的水稻品种，以满足各类人群对

稻米品质的要求，应是制订水稻育种目标要考虑的重要问题。

低温、干旱、高温、土壤瘠薄等是目前限制我国水稻生产的主要逆境因子，病虫危害严重、农药化肥用量大、成本高、病虫抗药性增强、环境污染等问题突出，自然资源退化，生态环境恶化，对水稻育种提出了更高的要求，培育抗病、抗虫、适应环境和可持续发展需求的水稻品种，是当前水稻育种需要解决的急迫问题。

此外，我国的稻作区域广阔，气候、土壤、生态环境和耕作制度十分复杂，各稻作区有其生产特点和问题，对水稻品种利用有不同要求。华南稻作区地处热带亚热带，光、温、水等自然资源丰富，但台风、病虫等自然灾害较多，稻作复种制度以双季稻连作为主，早稻和晚稻均主要为籼稻品种。长江中下游单双季稻作区是我国最大的稻作地带，约占全国稻作总面积的50%，是我国著名的水稻产区，例如太湖流域稻区、鄱阳湖及洞庭湖平原稻区等均集中在本区。长江中下游单双季稻作区的长江以南以双季连作稻为主，品种属早籼和晚籼或晚粳，部分地区种中籼；长江以北以稻麦两熟为主，一年二熟，水稻品种属一季中粳或中籼稻。本区有大片红壤、黄壤和丘陵山地，土质贫瘠，广大稻区病虫害流行。西南稻作区属于热带亚热带高原湿润季风气候区，其中的云南稻作主要分布于海拔1 900 m以下，最高可达2 700 m，贵州稻作主要分布在1 400 m以下；稻作垂直分布明显，近距离之间的气候生态差异大；山高水冷，或湿热雾重，病虫猖獗；云南南部有双季田，一年可三熟，其余以一季稻二熟制为主，籼稻和粳稻并存，品种类型复杂，是我国陆稻分布较多的稻区。华南稻作区、长江中下游单双季稻作区和西南稻作区合称为我国的南方稻作区，稻作面积约占全国稻作总面积的80%（图1-1）。

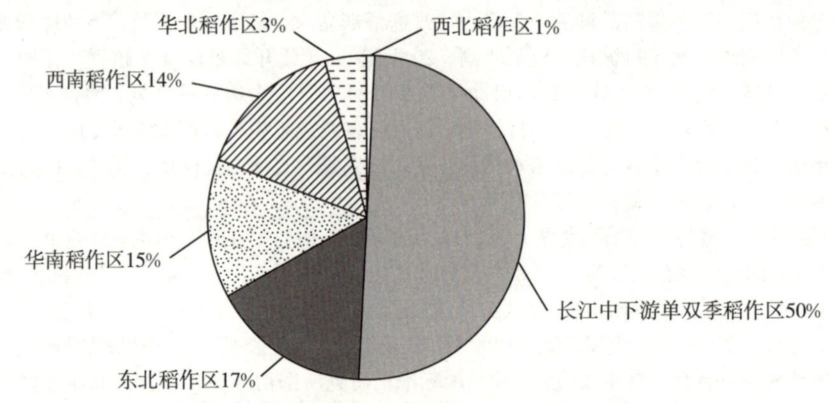

图1-1　2020年全国6大稻作区水稻种植面积比例

我国北方稻作区包括东北稻作区、华北稻作区和西北稻作区，地处长江黄河以北，除东北稻作区外，其他稻作较分散，其中华北和西北稻田总面积仅占全国稻作面积的5%（图1-1），均为一季粳稻。北方生长季短，例如黑龙江最短仅100～120 d；西北干旱，5—9月稻作期间的相对湿度低，例如银川和乌鲁木齐分别为48%～68%和44%～46%；北方昼夜温差大，稻米品质较好，但水资源紧缺，稻瘟病和低温冷害常是稻作发展的突出问题。

东北稻作区易发生冷害和稻瘟病，华北稻作区水资源缺乏和沿海土壤含盐分高；长江中下游单双季稻作区易发生稻瘟病、白叶枯病和稻飞虱危害，近年还发生高温热害；西南稻作区易发生黄矮病、稻瘿蚊和冷害；华南稻作区晚稻易遭受寒露风、台风和白叶枯病等。这些是各地的主要限制因素。各稻作区在特定的范围内还有其独有的水稻生产问题。除改善生产条件外，通过育种能有效地消除或减轻这些限制因素的影响。

随着我国社会经济的不断发展，大量农业劳动力不断向第二产业和第三产业转移，培育能够适应简化种植方式的新品种逐渐成为现代水稻生产和社会发展的迫切要求。

除上所述外，育种目标还涉及品种的生育期要适于作物茬口安排和轮作；杂交稻须改善雄性不育系的繁殖和杂种种子生产的有关性状，例如开花习性、雄性育性恢复性、结实率、纯度等。各类品种须具有适宜的脱粒性及其他重要形态生理特性等。

总之，选育高产、优质、多抗和适应性强的水稻品种，是我国长期的总体育种目标。目前我国水稻育种（特别是杂交稻）存在的主要问题是产量水平达到平台期，近期难有实质突破；品质欠佳；抗灾性弱；投入大。因此今后应在高产基础上，重点提高我国水稻品种的品质水平，并兼顾对主要病虫害和逆境的抗御能力和适应性，提高经济效益和环境效益。

二、水稻育种目标的具体要求

现代高产水稻品种要求半矮秆、株型良好、繁茂性强、对施氮反应敏感等。国际水稻研究所（IRRI）的科学家认为，要在现有高产品种的单产水平上有突破，必须在株型上有新的突破。他们参照其他禾谷类作物的株型特点，经过比较研究，提出了新株型（new plant type）超级稻育种理论，并对新株型进行了数量化设计。我国水稻遗传育种学家对水稻的高产育种进行了大量探索，强调株型在高产育种中的作用。广东省农业科学院在矮化育种的基础上，提出了通过培育半矮秆丛生早长株型来实现水稻超高产的构想。袁隆平强调株型在杂交稻超高产育种中的重要性，提出了选育超高产杂交籼稻的株型指标：株高 100 cm，上部三叶长、直、窄、厚、V形，剑叶长 50 cm 且高出穗层 20 cm，穗弯垂。重点是发挥剑叶冠层在生长发育后期群体光合作用与物质生产中的作用，增加日产量。四川农业大学根据四川盆地少风、多湿、高温、常有云雾的气候特点，提出“亚种间重穗型三系杂交稻超高产育种”。沈阳农业大学对国内外最新育成高产品种的形态生理特征进行了深入、系统的对比分析，提出北方稻作区“直立大穗型”模式。南京农业大学针对籼粳杂种优势强，但存在育性下降、抽穗延迟、植株过高、米质欠佳等问题，提出“基因发掘、分子设计、途径优化；以广亲和性为重点，多基因（显性矮秆、抽穗、优质、抗病虫等）聚合，实现籼粳杂种优势利用”的育种新思路。

稻米品质主要由碾米品质、外观品质、蒸煮食用品质和营养品质 4 个方面所组成。由于爱好和用途的差异，人们对稻米品质的评价有所不同，我国南方要求籼米粒形长至细长，无或极少垩白，油质半透明，直链淀粉含量中等，胶稠度中等至软，米饭口感佳，冷却后仍松软；粳米无论南北均要求糙米率、精米率高，粒形短圆，透明无腹白，直链淀粉含量低，胶稠度软，糊化温度低，米饭油亮柔软。

1986 年和 1988 年农业部分别颁布了部颁标准《优质稻米等级标准》（NY 122—86）和《米质测定方法》（NY 147—88），对我国稻米品质育种和生产起了重要作用。为了更好地满足目前品种选育、品种审定和品种推广的需求，适应稻作品种结构调整的新形势，发展优质食用稻米产业化生产，农业部对该标准进行了修订，并参照《稻谷》（GB 1350—2009）和《优质稻谷》（GB/T 17891—1999），于 2021 年颁布实施了新的行业标准《食用稻品种品质》（NY/T 593—2021），其主要指标见表 1-1。

表 1-1 食用稻品种品质（NY/T 593—2021）

<table>
<tr><th colspan="3" rowspan="2">品质性状</th><th colspan="3">籼稻</th><th colspan="3">粳稻</th></tr>
<tr><th>1 级</th><th>2 级</th><th>3 级</th><th>1 级</th><th>2 级</th><th>3 级</th></tr>
<tr><td colspan="2" rowspan="3">整精米率%</td><td>长粒</td><td>≥56.0</td><td>≥52.0</td><td>≥48.0</td><td rowspan="3">≥69.0</td><td rowspan="3">≥66.0</td><td rowspan="3">≥63.0</td></tr>
<tr><td>中粒</td><td>≥58.0</td><td>≥54.0</td><td>≥50.0</td></tr>
<tr><td>短粒</td><td>≥60.0</td><td>≥56.0</td><td>≥52.0</td></tr>
<tr><td colspan="3">垩白度（%）</td><td>≤1</td><td>≤3</td><td>≤5</td><td>≤1</td><td>≤3</td><td>≤5</td></tr>
<tr><td colspan="3">透明度（级）</td><td>≤1</td><td colspan="2">≤2</td><td>≤1</td><td colspan="2">≤2</td></tr>
<tr><td rowspan="4">蒸煮食用</td><td>Ⅰ</td><td>感官评价（分）</td><td>≥90</td><td>≥80</td><td>≥70</td><td>≥90</td><td>≥80</td><td>≥70</td></tr>
<tr><td rowspan="3">Ⅱ</td><td>碱消值（级）</td><td colspan="2">≥6.0</td><td>≥5.0</td><td colspan="2">≥7.0</td><td>≥6.0</td></tr>
<tr><td>胶稠度（mm）</td><td colspan="2">≥60</td><td>≥50</td><td colspan="2">≥70</td><td>≥60</td></tr>
<tr><td>直链淀粉率（%）</td><td>13.0～18.0</td><td>13.0～20.0</td><td>13.0～22.0</td><td>13.0～18.0</td><td>13.0～19.0</td><td>13.0～20.0</td></tr>
<tr><th colspan="3" rowspan="2">品质性状</th><th colspan="3">籼糯稻</th><th colspan="3">粳糯稻</th></tr>
<tr><th>1 级</th><th>2 级</th><th>3 级</th><th>1 级</th><th>2 级</th><th>3 级</th></tr>
<tr><td colspan="2" rowspan="3">整精米率%</td><td>长粒</td><td>≥56.0</td><td>≥52.0</td><td>≥48.0</td><td rowspan="3">≥69.0</td><td rowspan="3">≥66.0</td><td rowspan="3">≥63.0</td></tr>
<tr><td>中粒</td><td>≥58.0</td><td>≥54.0</td><td>≥50.0</td></tr>
<tr><td>短粒</td><td>≥60.0</td><td>≥56.0</td><td>≥52.0</td></tr>
<tr><td colspan="3">阴糯米率（%）</td><td>≤1</td><td>≤3</td><td>≤5</td><td>≤1</td><td>≤3</td><td>≤5</td></tr>
</table>

（续）

品质性状			籼糯稻			粳糯稻		
			1级	2级	3级	1级	2级	3级
白度（级）			≤1	≤2		≤1	≤2	
蒸煮食用	Ⅰ	感官评价（分）	≥90	≥80	≥70	≥90	≥80	≥70
	Ⅱ	碱消值（级）	≥6.0		≥5.0	≥7.0		≥6.0
		胶稠度（mm）	≥100		≥90	≥100		≥90
		直链淀粉（%）	≤2.0			≤2.0		

新标准还确定了食用稻品种品质的综合评判规则。等级判定以测定结果达到品种品质等级标准中一等全项指标的，定为一等；有1项或1项以上指标达不到一等，则降为二等；有1项或1项以上指标达不到二等，则降为三等。

威胁我国稻作生产的主要病害包括稻瘟病（*Pyricularia oryzae* Cav.）、白叶枯病［*Xanthomonas oryzae* pv. *oryzae*（Ishiyama)］、纹枯病（*Rhizoctonia solani* Kühn)、黄矮病（*Yellow stunt virus*）、细菌性条斑病［*Xanthomonas oryzae* pv. *oryzicola*（Fang et al.)］、稻曲病［*Ustilaginoides virens*（Cke.）Tak.］、条纹叶枯病（*Rice stripe virus*）、水稻黑条矮缩病（*Rice black-streaked dwarf virus*）以及稻粒黑粉病［*Tilletia barclayana*（Bref）Sacc. et Syd.］等。主要虫害是三化螟（*Tryporyza incertulas* Walker)、二化螟（*Chilo suppressalis* Walker)、褐飞虱（*Nilaparvata lugens* Stål.）、白背飞虱（*Sogatella furcifera* Horvath)、黑尾叶蝉（*Nephotettix cincticeps* Uhler）以及稻瘿蚊（*Orseolia oryzae* Wood-Mansion）等。主要逆境条件有干旱、冷害、热害、沿海的台风、寒露风、低磷、低钾、铁毒等，各稻作区因气候和环境差异，各种病虫危害和逆境胁迫的严重程度不同，因而抗病虫育种与耐逆性育种的侧重点也不同。

轻简化栽培、耐直播水稻品种，要求具有耐低温低氧发芽、发芽势好、早熟、抗倒伏等特点。

三、水稻主要性状的遗传

围绕高产、优质、专用、多抗和适应性强的育种目标，研究有关性状的遗传对种质资源的选用和创新，提高选择效率和达到育种的预期目标，有极重要的意义。

（一）水稻产量性状 水稻的产量是一个综合性状，主要由分蘖数、有效穗数、穗长、每穗粒数、结实率、粒长、粒宽、粒形、千粒重等性状构成。各性状间存在着不同程度的制约关系，同时还受其他性状影响，特别是与株型性状关系密切。例如穗数受分蘖力和成穗率影响，每穗粒数受穗长、穗分枝和着粒密度影响，千粒重受粒型大小和灌浆充实度的影响，每穗粒数与穗长、着粒密度及穗分枝特性等有关系等。

利用分子标记技术剖析水稻产量性状的多基因位点遗传效应及作用方式，获得了很大进展。克隆的基因，控制穗大小的有*Gn1a*、*Ghd7*、*DEP1*、*SP1*等，控制粒形和单粒质量的有*GW2*、*GS3*、*qGL3*/*qGL3.1*、*qSW5*/*GW5*、*GW8*等，控制籽粒充实度的有*PHD1*、*GIF1*等，控制生长习性和每穗粒数的有*PROG1*，控制落粒性的有*SHA1*/*SH4*、*SHAT1*等（表1-2）。*Gn1a*（*OsCkx2*）编码一种降解细胞分裂素的酶，减弱该基因的表达，使细胞分裂素积累，进而导致水稻穗粒数增多。粒宽基因*GW8*受miR156调控，编码Squamosa类启动子结合蛋白，可以同时影响粒宽、单粒质量和品质；该基因低量表达有利于提高品质，高量表达则提高产量；*GW8*与基因*gs3*的聚合能同时提高产量和品质（Wang等，2012)。

表1-2 水稻控制产量性状的基因

（引自Zuo等，2014）

基因	登录号	功能注释	相关性状	参考文献
GW2	Os02g0244100	E3泛素连接酶	谷粒宽度	Song等，2007
GW5	DQ991205	新的核蛋白	谷粒宽度和质量	Weng等，2008

（续）

基因	登录号	功能注释	相关性状	参考文献
GW8/SPL16	Os08g0531600	转录因子	谷粒宽度	Wang 等，2012
qGL3/qGL3.1	Os03g0646900	蛋白磷酸酶	谷粒长度	Zhang 等，2012
GS3	Os03g0407400	跨膜蛋白	谷粒长度	Mao 等，2010
GS5	Os05g0158500	丝氨酸羧肽酶	谷粒长度	Li 等，2011
GIF1	Os04g0413500	细胞壁转化酶	谷粒充实度	Wang 等，2008
PHD1	Os01g0367100	质体 UDP 葡萄糖异构酶	谷粒充实度	Li 等，2011
DEP1/qPE9-1	Os09g0441900	PEBP 结构域蛋白	直立穗、着粒密度	Huang 等，2009；Zhou 等，2009
EP2/DEP2	Os07g0616000	内质网定位蛋白	直立穗、着粒密度	Zhu 等，2009；Li 等，2010
Gn1a	AB205193	细胞分裂素氧化酶 2	每穗粒数	Ashikari 等，2005
SP1	Os11g0235200	PTR 家族载体	穗长	Li 等，2009
DST	Os03g0786400	转录因子	每穗粒数	Huang 等，2009
LAX2	Os04g0396500	转录因子	穗分枝数	Tabuchi 等，2011
Ghd7	Os07g0261200	CCT 结构域蛋白	穗大小、抽穗等	Xue 等，2008
SHA1/SH4	Os04g0670900	转录因子	落粒性	Li 等，2006
SHAT1	Os04g0649100	转录因子	落粒性	Zhou 等，2012
LAZY1	Os11g0490600	未知蛋白	匍匐生长	Li 等，2007
PROG1	Os07g0153600	转录因子	匍匐生长	Jin 等，2008；Tan 等，2008

杂种育性是直接影响水稻产量的重要因素。水稻育性的一个决定因素是影响花药发育及花粉育性的基因，该类基因若不能正常表达将会导致小穗的发育过程受阻，从而导致小穗不育。Zhou 等（2011）运用图位克隆的方法分离了花粉半不育基因 *PSS1*，属于 kinesin-1 家族的新成员，其编码的驱动蛋白保守域中一个精氨酸突变，使 ATP 酶活性丧失，引起减数分裂异常，最终导致花粉不育。Zhao 等（2013）利用花药不能正常开裂、单性结实的突变体，精细定位和克隆了导致突变的基因 *DAO*，发现它编码一个涉及生长素降解的双加氧酶，它通过调控植物激素吲哚乙酸（IAA）的代谢来控制水稻的生殖发育过程。

籼稻和粳稻是亚洲栽培稻的两个亚种，它们的杂种 F_1 代具有很强的优势。但水稻亚种间杂种 F_1 代植株普遍存在半不育现象。研究者先后发现了一系列影响籼粳杂种 F_1 代不育的因素，包括雌配子败育、雄配子败育、花药开裂障碍、雌雄配子发育进程不一致、花粉在柱头上萌发障碍、配子发育受阻和环境条件的影响等（万建民，2010）。雌配子不育主要表现为胚囊发育异常，从而使其丧失受精能力；已鉴定出的雌配子不育基因位点有 *S-5*、*S-7*、*S-8*、*S-9*、*S-15*、*S-16*、*S-17*、*S-26*、*S-29*、*S-30*、*S-31*、*S-32*、*S-35*、*Sp* 等。雄配子败育是指花粉粒发育不健全，已鉴定出的雄配子败育基因位点有 *Sa*、*Sb*、*Sc*、*Sd*、*Se*、*Sf*、*S3*、*S11*、*S13*、*S18*、*S19*、*S20*、*S21*、*S22*、*S23*、*S24*、*S25*、*S27*、*S28*、*S33*、*S34*、*S36*、*S37*、*qPS-1*、*S44* 等。同时影响雌配子不育和雄配子不育的位点有 *S1/S10* 和 *S6*，它们来自亚洲栽培稻与非洲栽培稻（或普通野生稻、杂草稻）的杂交组合。

Chen 等（2008）阐明了 *S-5* 基因编码一个控制胚囊育性的天冬氨酰蛋白酶。Yang 等（2012）在 *S-5* 基因组区域发现了 3 个紧密连锁的基因 *ORF3*、*ORF4* 和 *ORF5*，这 3 个基因共同调控籼粳杂种 F_1 代植株的育性。其中 *ORF5* 基因扮演着“杀手”的角色，*ORF4* 作为“帮凶”辅助它，而 *ORF3* 的功能则相反，作为“保护者”存在。在籼粳 F_1 代植株的雌配子形成中，“杀手”基因和它的“助手”合作，造成内质网胁迫。籼型雌配子由于等位基因 $ORF3^+$ 的保护，阻止内质网胁迫，可以正常存活；粳型雌配子等位基因 $ORF3^-$ 没有 $ORF3^+$ 的保护功能而败育，结果表现为籼粳杂种 F_1 代植株的半不育（Ouyang Y. 等，2013）。Long 等

(2008) 针对籼粳杂种雄性不育位点 *Sa* 提出了双基因/3 组分互作模型，认为 *Sa* 位点是由 2 个相邻基因 *SaM* 和 *SaF* 组成的复合基因座位；*SaM* 和 *SaF* 分别编码的类泛素修饰因子 E3 连接酶和 F-box 蛋白，它们相互作用控制籼粳杂种不育与亲和性。Chen 等（2021）对水稻远缘杂种不育的分子机制进行了综述。

Luo 等（2013）报道了水稻野败型质核互作雄性不育的分子机制。认为最近起源于野生稻的 1 个线粒体基因 *WA352* 所编码的 352 个氨基酸组成的跨膜蛋白，与细胞核基因编码的线粒体蛋白 COX11 互作，导致雄性不育。*WA352* 是在野生稻进化过程中由 3 个线粒体基因组片段和 1 个来源不明片段组成的新起源基因。*WA352* mRNA 受恢复基因 *Rf4* 介导而降解，而另一个恢复基因 *Rf3* 在翻译水平或翻译后水平抑制 WA352 蛋白的产生。在不育系中，WA352 蛋白只在特定发育时期（花粉母细胞期）的花药绒毡层积累，与 COX11 互作，诱导活性氧积累和细胞色素 C 释放，导致花药绒毡层细胞过早发生程序性凋亡，使绒毡层快速降解，及随后的花粉败育。BT 型细胞质雄性不育系的线粒体基因组含有一个异常的开放读码框 *orf79*，它和相邻的 *atp6* 基因共转录，编码一个含有 79 个氨基酸的细胞毒蛋白，特异性地在小孢子中积累而产生配子体不育。细胞核中 *Rf1* 位点的 2 个恢复基因 *Rf1a* 和 *Rf1b*，编码三角状五肽重复（pentatricopeptide repeat，PPR）蛋白 RF1A 和 RF1B，定位在线粒体上，分别通过核苷酸内切和 B-atp6/orf79mRNA 降解来抑制 ORF79 毒蛋白的产生，从而恢复雄性可育（Wang 等，2006）。红莲型恢复基因 *Rf5*（编码一种 PPR 蛋白）与 BT 型的 *Rf1a* 是相同的基因，RF5 蛋白与一个富含甘氨酸的蛋白 GRP162 形成育性恢复复合体，结合并切割线粒体不育基因 *atp6/orfH79* 的 mRNA，从而恢复花粉育性（Hu 等，2012）。表观遗传学研究发现，一个称为长日特异雄性育性关联 RNA（long-day-specific male-fertility-associated RNA，LDMAR）的长链非编码 RNA 调控水稻光敏核雄性不育。生长在长日照条件下的稻株，其花粉正常发育需要足够数量的 LDMAR 转录本。农垦 58S 与农垦 58N 相比，在 *pms3* 区间发生了一个碱基的突变，改变了 LDMAR 的二级结构，引起 LDMAR 启动子区域甲基化增加，这在长日照条件下特别减少了 LDMAR 的转录，导致正在发育的花药提前程序性死亡，从而引起光敏雄性不育（pholoperiod-sensitive male sterility，PSMS）（Ding 等，2012）。

（二）水稻品质性状 精米的垩白粒率和垩白面积是重要的外观品质性状，受多基因控制。Zhou 等（2009）和 Liu 等（2011）分别在第 7 染色体和第 8 染色体上精细定位了控制垩白粒率的主效基因 *qPGWC-7* 和 *qPGWC-8*。Li 等（2014）报道了一个控制精米垩白的主效数量性状基因位点（QTL）*Chalk5*，它编码一种液泡 H^+-转运焦磷酸酶（V-PPase），其表达水平对很多稻米品质性状具有普遍性影响，尤其影响腹白率、精米产量、总蛋白含量、直链淀粉含量、胶稠度和容重。*Chalk5* 与一个正调控水稻种子大小的基因 *GS5* 紧密连锁，为初步解释稻米产量与品质的矛盾和统一提供了遗传与分子证据。

稻谷碾米品质通常是指糙米率、精米率和整精米率。精米率高的稻谷经济价值高。整精米率的高低关系到大米的商品价值，碎米多时商品价值低。稻谷碾米品质的遗传比较复杂，受遗传效应、环境效应和遗传与环境互作的综合作用，遗传效应中又受母株基因型、种子胚乳基因型和细胞质基因的共同作用。

精米蒸煮食用品质主要与精米的直链淀粉含量、糊化温度、胶稠度等性质有关。不同消费要求，对稻米蒸煮食用品质及淀粉性质与组成具有不同的要求。

一般认为直链淀粉含量受 1 对主效基因控制，高直链淀粉含量对低直链淀粉含量为显性，并受若干修饰基因的影响，还有人认为属多基因控制的数量遗传。稻米的直链淀粉含量作为一种三倍体胚乳性状，在多数组合中存在显著的基因剂量效应。到目前为止，发现控制稻米直链淀粉含量的主效基因多是 *wx* 位点及其等位基因。在非糯性品种中，*wx* 位点存在 2 个不同的野生型等位基因 Wx^a 和 Wx^b，Wx^a 的蛋白质表达量是 Wx^b 的 10 倍以上。Wx^a 主要分布在籼稻中，Wx^b 主要分布在粳稻中，序列分析表明，Wx^b 表达水平低是由于第 1 内含子 5′端剪接位点的单个碱基 G→T 的替代所致。此外，*Dull1* 编码 mRNA 前体剪接蛋白，通过影响 *Wx* 转录本剪接效率，调控直链淀粉含量。Fu 等（2010）报道一个 AP2 类转录因子可以同时影响直链淀粉含量、糊化温度和种子大小。

糊化温度是受三倍体核基因控制的胚乳性状，其遗传大体上可归为两类：一类认为糊化温度遗传属简单遗传，只涉及少数主效基因控制和若干微效基因的修饰；另一类认为糊化温度的遗传复杂，是多基因控制的数量性状。采用图位克隆法分离到水稻糊化温度基因 *ALK*，序列分析表明其编码可溶性淀粉合酶Ⅱa。

胶稠度是评价米饭的柔软性的一个重要性状，是指米胶冷却后的黏稠度，它可分为硬、中和软 3 种类型。胶稠度的遗传比较复杂，目前的研究结果很不一致。主要表现在两个方面，第一，遗传控制系统的结论不一。徐辰武等认为胶稠度同时受母体和胚乳基因型控制，以胚乳基因型作用为主；而石春海等认为主要受母体遗传效应影响。第二，控制该性状的基因数目也不一致。Chang 等认为胶稠度受 1 对单基因控制，硬对软为显性；汤圣祥等认为胶稠度受主效基因的控制和若干微效基因的修饰。

Tian 等（2009）利用候选基因关联分析法鉴定了 18 个与稻米淀粉合成相关基因的相互作用，以及由此构成的调控稻米食用品质和蒸煮品质的精细网络，在分子水平上验证了直链淀粉含量、胶稠度、糊化温度的高度相关性。

关于香味的遗传，一般认为位于水稻第 8 染色体的编码甜菜醛脱氢酶的 *BAD2* 基因序列 8 个碱基的缺失、3 处碱基的变异和终止密码子的提前产生，导致甜菜醛脱氢酶基因 *BAD2* 原有功能丧失，从而使甜菜醛脱氢酶的作用底物 2-乙酰基-1-吡咯啉的代谢途径中断，香味物质 2-乙酰基-1-吡咯啉不断积累，致使水稻的叶片和籽粒产生香味。也有人认为香味还受其他基因控制。

稻米营养品质主要指蛋白质和必需氨基酸含量。谷蛋白是稻米的主要储藏蛋白，占种子总蛋白的 70%以上，它对稻米品质的优劣及营养价值起着重要作用。通过谷蛋白前体异常积聚的突变体分析，Ren 等（2014）鉴定了 *GPA3* 基因，编码一个植物特有的含有 Kelch-repeat 基序的蛋白质，命名为 OsKelch1。它对谷蛋白前体的囊泡运输过程和定向分选起重要作用。除此以外，还发现液泡加工酶基因（*OsVPE1*）、二硫键异构酶基因（*OsPDI*）、小 G 蛋白基因（*OsRab5a*）和 VPS 结构蛋白基因（*OsVPS9a*）等基因对谷蛋白的形成也有重要影响（Wang 等，2009，2010；Han 等，2012；Liu 等，2013）。

稻米经过一段时间的储藏后，胚乳中的一些化学成分发生变化，游离脂肪酸会增加，细胞膜发生硬化，米粒的组织结构随之发生变化，使稻米在外观及蒸煮食味等方面发生劣变。研究表明，水稻脂肪氧化酶基因 Lox_2 和 Lox_3 缺失突变可以提高稻米的耐储性。

（三）水稻株型相关性状 水稻品种的株型与截取太阳光能有密切关系。株高、分蘖集散、叶片角度及着生姿态等是株型有关的主要性状。

株高基本上可划分为矮秆、半矮秆和高秆 3 种类型，现代高产品种多属半矮秆类型，株高多在 90～110 cm。株高表现为数量遗传性状还是质量遗传性状，因品种的遗传背景不同而异。株高同时还受光温反应特性的影响，低纬度地区引进的矮秆稻种，株高常趋于增加。一般认为矮秆受 1 对隐性基因控制，但也有受显性基因控制的（岩田伸夫，1977；杉本重雄，1923），其中显性矮秆基因 *D-53* 定位于第 11 连锁群上。*D-53* 基因的翻译产物 D-53 蛋白的降解（依赖于 D14-SCFD3 蛋白复合体）调控独脚金内酯（strigolactone）的信号转导，从而控制株高（Zhou F. 等，2013）。大多数半矮秆籼稻品种均由 1 个隐性矮秆基因 *sd-1* 及其复等位基因控制，位于第 1 连锁群，Monna 等（2002）利用图位克隆的方法克隆了 *sd-1* 基因。Sasaki 等（2002）研究表明，*Sd-1* 编码一个赤霉素生物合成酶 gibberellin 20-oxidase 2（GA20ox2）。*sd-1* 是一个复合的基因位点，具有分蘖力强、耐肥抗倒等较优良的遗传多效性。现代粳稻品种的矮生性遗传与籼稻不同，根据控制矮生性基因对数可以将其分为两类，一类受与 *Sd-1* 等位的半矮秆基因控制，例如日本粳稻品种黎明和十石及其衍生的一些品种。Asano 等（2011）发现 *Sd-1-EQ* 与粳稻矮秆性状紧密关联，并且该位点在水稻驯化的早期就经过人工选择。另一类由多个矮秆微效基因所控制。而且，控制粳稻矮秆的主效基因一般为非等位关系。

水稻剑叶长、宽、长宽比和叶面积等影响光合作用。Fujita 等（2013）从印度尼西亚地方品种 Daringan 中克隆了 1 个控制叶片大小的基因 *SPIKE*，它还可以同时增加根系发育、穗粒数、维管束数目，籼稻导入该基因可使产量上升 13%～36%。

在水稻株型方面，Li 等（2003）克隆的控制分蘖数的基因 *MOC1* 编码一个 GRAS 家族的转录因子。其突变使水稻幼苗基部分蘖芽不能形成，导致只有 1 个主茎秆。Jiao 等（2010）克隆了控制水稻理想株型的关键多效基因 *IPA1*，它编码 1 个受 miRNA 调控的蛋白 OsSPL14。将该基因突变后，会使水稻分蘖数减少，穗粒数和千粒重增加，同时茎秆变得粗壮，增强了抗倒伏能力，产量增加 10%以上。

（四）水稻抽穗期 水稻的抽穗期是决定品种地区适应性与季节适应性的重要农艺性状。培育生育期适宜、高产的水稻品种一直为水稻育种工作者所重视。抽穗期主要由感光性、感温性和基本营养生长性决定，根据 Gramene 网站（http：//www. gramene. org/qtl/index. html）最新公布的数据，截至 2021 年年底，已定位了 700 多个水稻抽穗期数量性状基因位点，分布于 12 条染色体上。日本水稻基因组计划（RGP）对水稻抽穗期数量性状基因位点的定位进行了系统而深入的研究。Yano 等（2000）通过图位克隆得到了 *Hd1* 的基因序列，序列比较分析表明，*Hd1* 与拟南芥的 *CONSTANS* 基因同源，均编码 1 个含锌指结构域的蛋白质。Takahashi 等（2001）通过图位克隆得到 *Hd6* 全序列，*Hd6* 编码蛋白激酶 CK2 的 1 个 A 亚基。Kojima 等

（2002）克隆了 *Hd3a*，该基因与拟南芥的 *FT* 基因同源，被认为编码水稻的开花素。Doi 等（2004）同样用图位克隆法克隆了另 1 个抽穗期数量性状基因位点（*Ehd1*），该基因编码含 341 个氨基酸的 B 型 RR 蛋白，处于水稻开花调控途径中的一个关键。Wu 等（2008）从水稻突变体库中鉴定获得了 1 个不开花的突变体，采用突变体标签分离克隆基因技术，最终分离克隆了 *RID1* 基因。*RID1* 基因编码 1 个锌指类的转录因子，通过调控水稻的开花素基因而影响水稻的成花转换。之后克隆的抽穗期基因还有 *DTH8*（Wei 等，2010）、*DTH2*（Wu 等，2013）、*Ehd4*（Gao 等，2013）、*DTH7*（Gao 等，2014）和 *DHD4*。

（五）水稻抗病虫性状 水稻抗稻瘟病和白叶枯病的遗传研究较多。抗病多数表现显性，感病为隐性，由主效基因控制。但也有由隐性基因或多基因控制的抗病性。在抗病育种中，利用显性主效基因较方便。多基因控制的抗病性对致病力多变的病原菌比较稳定，但不容易将全部抗病基因转移到一个品种中，或抗性水平较低，防止病害损失的效果较差。

迄今已定位了约 70 个抗稻瘟病的基因位点，已图位克隆出抗稻瘟病基因有 *Pb1*、*Pia*、*Pib*、*Pid2*、*Pid3*、*Pik*、*Pik-h*/*Pi54*、*Pik-m*、*Pik-p*、*Pish*、*Pit*、*Pita*、*Piz-t*、*Pi1*、*Pi2*、*Pi5*、*Pi9*、*pi21*、*Pi25*、*Pi36*、*Pi37*、*Pi50*、*Pi56*、*PiCO39*、*Pi-gm* 等 20 多个。

水稻抗白叶枯病随病原菌与寄主互作关系的变化而出现不同的遗传表现。20 世纪 60 年代以来，通过广泛筛选鉴定和遗传研究，已发现一批抗白叶枯病基因和抗源，但由于不同的国家和地区所用的鉴别系统和菌系不同，其鉴定的抗性基因缺乏可比性。为此，日本和国际水稻研究所（IRRI）从 1982 年开始合作，采用统一的方案，利用近等基因系建立了一套国际水稻白叶枯病单基因鉴别系统，对早期命名的 21 个白叶枯病抗性基因进行整理和统一鉴定。近年来，采用分子标记发掘出 30 多个主效抗白叶枯病基因和一大批数量性状基因位点，其中 *Xa1*、*Xa4*、*xa5*、*Xa21*、*Xa26*/*Xa3*、*Xa27*、*Xa21D*、*Xa13*、*Xa23* 和 *Xa7* 已被克隆。

水稻纹枯病是稻田另一个主要病害。品种间对该病病菌侵染的反应存在明显的差别。但品种的抗病仅表现中等水平，且易受环境影响，迄今尚无稳定高抗的抗源。水稻的中等抗病性受多基因控制，基因加性效应起主要作用，遗传率偏低（朱立宏，1990）。

水稻对条纹叶枯病的抗性主要由主效基因控制，一般籼稻的抗病性普遍好于粳稻，粳稻好于糯稻。有些品种（例如陆稻 Minamihatamochi）等含有 2 对显性互补基因 *Stv-a* 和 *Stv-b*，而许多籼稻品种（例如巴基斯坦品种 Modan 等）含有 1 对不完全的显性抗病基因 *Stv-bi*。*Stv-a* 和 *Stv-bi* 分别位于第 6 染色体和第 11 染色体上，*Stv-a* 与 *Wx* 基因连锁。江苏粳稻品种的抗性大多来自 Modan。南京农业大学（2011）、扬州大学（2011）和韩国科学家（2012）都在第 11 染色体相邻局域精细定位了 1 个抗条纹叶枯病基因。随后南京农业大学率先克隆出了水稻抗性等位基因 *STV11*（*STV11-R*），证实其编码了一种磺基转移酶（OsSOT1），可催化水杨酸（SA）转化为磺基水杨酸（SSA），而易感等位基因 *STV11-S* 编码的产物则丧失了这种活性（Wang 等，2014）。

褐稻虱是最严重的一种迁飞性害虫，存在不同的生物型。20 世纪 60 年代以后，亚洲各稻区相继暴发的褐飞虱危害促使遗传学家和育种家着手筛选和利用抗褐飞虱基因资源，选育抗褐飞虱水稻品种。迄今为止，已先后发现和鉴定了 *Bph1*～*Bph39*（*t*）共 39 个抗褐飞虱主效基因。抗虫品种 Mudgo、Ruthu Heenati 和 Swarnalata 分别携带显性基因 *Bph1*、*Bph3* 和 *Bph6*。斯里兰卡水稻品种 Kaharmana、Balamawee 和 Pokkali 则含有同一个显性抗虫基因 *Bph9*。澳洲野生稻（*Oryza australiensis*，$2n=24$，EE）和紧穗野生稻（*Oryza eichingeri*，$2n=24$，CC）对褐飞虱的抗性分别由显性基因 *Bph10*（*t*）和 *Bph13*（*t*）控制。药用野生稻（*Oryza officinalis*，$2n=24$，CC）则同时含有 2 个抗虫基因 *Bph11*（*t*）和 *Bph12*（*t*）。抗虫品种 ASD7、Babawee、ARC10550 和 T12 分别携带隐性抗虫基因 *bph2*、*bph4*、*bph5* 和 *bph7*。泰国品种 Col. 5 Thailand 和 Col. 11 Thailand 及缅甸品种 Chin Saba 则含同 1 个隐性抗虫基因 *bph8*。*Bph1* 和 *bph2* 紧密连锁或等位，*Bph3* 和 *bph4* 紧密连锁或等位。武汉大学从药用野生稻衍生的水稻品系 B5 中克隆了 *Bph14*，证实它与水杨酸信号通路有关（Du 等，2009）。南京农业大学从 DV85 精细定位了 *Bph28*（*t*），并分离克隆了 *Bph3*（Wu 等，2014；Liu 等，2015）。这些抗虫基因的鉴定和遗传研究为抗虫品种的培育提供了基础，其中 *Bph1*、*bph2* 和 *Bph3* 已被应用到抗虫育种中。

白背飞虱与褐稻虱同时侵害水稻，目前国际上已鉴定出 9 个抗白背飞虱基因 *Wbph1*、*Wbph2*、*Wbph3*、*wbph4*、*Wbph5*、*Wbph6*、*Wbph7*（*t*）、*Wbph8*（*t*）和 *Ovc*。我国云南品种鬼衣谷、便谷、大齐谷和大花谷带有显性抗性基因 *Wbph6*（*t*）。*Ovc* 位于第 6 染色体，是第一个被鉴定为杀卵效应相关基因。迄今还没有抗白背飞虱基因被克隆。

叶蝉既直接侵害水稻，又是某些病毒病传播的媒介。现在已有抗虫基因 *Glh1*、*Glh2*、*Glh3*、*glh4*、*Glh5*、*Glh6*、*Glh7* 和 *glh8*。抗叶蝉育种也已取得显著进展（Asano 等，2015）。

稻瘿蚊是我国华南双季稻区的主要害虫之一，并广泛分布于南亚、东南亚和非洲各地。现代抗稻瘿蚊育种已取得成效，国际水稻研究所利用印度的抗源品种 CR94-13，育成抗虫品种 IR36、IR38、IR40、IR42 等。目前已发现 3 个抗虫基因 *Gm-1*、*Gm-2* 和 *gm-3* 控制水稻品种对印度稻瘿蚊生物型的抗性，*Gm-1*、*Gm-2* 位于第 9 连锁群（Kinoshita，1990）。

（六）水稻抗非生物胁迫性状 淹涝胁迫会引起水稻发生一系列生理、生化和形态特征的变化，使植株生长受抑，干物质积累量减少。大部分水稻品种在完全淹没 1 周后会死亡，这是南亚和东南亚水稻产量的主要限制因子，造成每年超过 10 亿美元的损失。Xu 等（2006）克隆了位于第 9 染色体抗涝性的基因 *Sub1A-1*，该基因编码一类乙烯反应因子。携有 *Sub1A-1* 等位基因的水稻即使整株完全被水淹没，也能存活长达 2 周。另两个耐涝基因 *SNORKEL1* 和 *SNORKEL2* 也属于乙烯反应因子（Hattori 等，2009）。

水稻生长的不良土壤环境可分成缺素土壤（例如缺磷、缺钾、缺锌）和毒素土壤（例如盐碱、铁毒）。Uga 等（2013）分离了第 9 染色体的深根基因 *DRO1*（*DEEPER ROOTING 1*），该基因高表达可以增大根生长角度，使其生长方向更为竖直，提高水稻避旱能力。Gamuyao 等（2012）在 Kasalash 中克隆了耐低磷相关的数量性状基因位点（*Phosphorus uptake 1*），一个编码蛋白激酶的基因 *PSTOL1*，所编码的蛋白激酶是一个根生长早期的增强因子，可以增强植物获得磷和其他养分的能力。中国科学院上海植物生理生态研究所林鸿萱研究组和美国加州大学合作（2005）分离了抗盐基因 *SKC1* 基因，它编码一个 HKT 型转运子（OsHKT8），特异地转运 Na^+。日本冈山大学在水稻硅吸收、砷吸收、抗铝毒、抗锌毒、抗锰毒、抗铜毒、抗镉毒、抗亚铁毒等方面克隆了一系列基因（Che 等，2018）。

根据冷害发生时期的不同，可将水稻的耐冷性分为低温发芽力、苗期耐冷性、孕穗期耐冷性和开花期耐冷性等。一般认为水稻的耐冷（低温）性受基因加性效应控制，耐冷性高低不同的品种间杂交，F_2代接近正态分布，其平均值偏向于耐冷性强的亲本；在 F_2代遗传率较低，但在 F_3代遗传率较高。Fujino 等（2009）克隆了位于第 3 染色体的控制低温发芽的基因 *qLTG3-1*，来自意大利的品种 Italica Livorno（IL）的等位基因 $qLTG3\text{-}1^{IL}$ 编码一个功能未知的由 184 氨基酸组成的蛋白质。在种子发芽过程中，$qLTG3\text{-}1^{IL}$ 特异地在种皮的糊粉层和覆盖胚芽鞘的上胚层表达，可能调节这些组织的细胞液泡化，从而引起这些组织的松弛而提高种子在低温下的发芽势。Ma 等（2015）鉴定了一个控制粳稻耐寒性的基因位点 *COLD1*，超表达 $COLD1^{jap}$（粳稻等位基因）而显著增强耐寒性，缺失或下调表达 $COLD1^{jap}$ 的水稻品系则对低温非常敏感。$COLD1^{jap}$ 编码一个位于细胞质膜和内质网上的 G 蛋白信号传导调节因子，它与 G 蛋白 α 亚基 RGA 互作，激活感知低温的 Ca^{2+} 通道，使 Ca^{2+} 流入细胞质，从而触发对低温逆境的下游反应。Luo 等（2021）通过多组学分析，揭示了 COLD1 下游的维生素 E-维生素 K_1 亚网络低温应答模式的转换是粳稻和籼稻耐旱性强弱的分子基础。

第三节 水稻种质资源研究和利用

一、稻属植物及其染色体组

（一）稻属植物的种、染色体数和染色体组 稻的学名为 *Oryza sativa* L.，属禾本科（Gramineae）稻属（*Oryza*）。1931 年 Roschevicz 根据稻属植物的形态和地理分布，将稻属分为 4 组：①普通野生稻（Sativa Roschev.）；②颗粒野生稻（Granulata Roschev.）；③紧穗野生稻（Coarctata Roschev.）；④长喙野生稻（Rhynchoryza Roschev.）。当今全世界稻属植物的种经张德慈（1985）总结归纳为 22 种（表 1-3）。

野生稻分布于热带和亚热带地区（图 1-2），与栽培稻关系较密切的是分布于亚洲和大洋洲的普通野生稻（*Oryza sativa* L. f. *spontanea*）、非洲的非洲野生稻（*Oryza barthii*）和长雄蕊野生稻（*Oryza longistaminata*）。它们的护颖为线状或披针状，颖花表面呈格子形，这些特征在栽培品种中都可见到。因此认为它们是与栽培稻在系统发育上最接近的。

（二）我国的野生稻及其地理分布 我国是世界上原产野生稻的主要国家之一。据调查有 3 种野生稻：尼瓦拉野生稻［*Oryza nivara* Sharma et Shastry（曾名 *Oryza futua*、*Oryza sativa* f. *spontanea* Roschev.，中文名为普通野生稻］、药用野生稻（*Oryza officinalis* Wall. ex Watt）和疣粒野生稻［*Oryza meyeriana*（Zoll. et Morrillex Steud）Baill.］。尼瓦拉野生稻是亚洲栽培稻的祖先。

表 1-3 稻属 22 种的名称、染色体数、染色体组和地域分布

（引自张德慈，1985，略有改动）

类型	种名	中文名	染色体数（2*n*）	染色体组	分布
栽培稻	*Oryza sativa* L.	亚洲栽培稻	24	AA	亚洲
	Oryza glaberrima Steud	非洲栽培稻	24	A^gA^g	西非
野生稻	*Oryza alta* Swallen	高秆野生稻	48	CCDD	中美洲、南美洲
	Oryza australiensis Domin	澳洲野生稻	24	EE	澳大利亚
	Oryza barthii A. Chev.（曾名 *Oryza breviligulata*）	非洲野生稻	24	A^gA^g	西非
	Oryza brachyantha A. Chev. et Roehr.	短药野生稻	24	FF	西非、中非
	Oryza eichingeri A. Peter	紧穗野生稻	24，48	CC，BBCC	东非、中非
	Oryza glumaepatula Steud（曾名 *Oryza perennis* subsp. *cubensis*）	展颖野生稻	24	$A^{cu}A^{cu}$	南美洲、西印度群岛
	Oryza gradiglumis（Doell）Prod	重颖野生稻	48	CCDD	南美洲
	Oryza granulata Nees et Arn ex Hook	颗粒野生稻	24		南亚、东南亚
	Oryza latifolia Desv.	阔叶野生稻	48	CCDD	中美洲、南美洲
	Oryza longiglumis Jansen	长护颖野生稻	48		新几内亚
	Oryza longistaminata A. Chev. et Roehr.（曾名 *Oryza barthii*）	长雄蕊野生稻	24	A^lA^l	非洲
	Oryza meridionalis N. Q. Ng	南方野生稻	24	AA	澳大利亚
	Oryza meyeriana（Zoll. et Morrillex Steud）Baill.	疣粒野生稻	24		东南亚、中国南部
	Oryza minuta J. S. Presl ex C. B. Presl	小粒野生稻	48	BBCC	东南亚
	Oryza nivara Sharma et Shastry（曾名 *Oryza fatua*、*Oryza sativa* f. *spontanea*）	尼瓦拉野生稻	24	AA	南亚、东南亚、中国南部
	Oryza officinalis Wall. ex Watt	药用野生稻	24	CC	南亚、东南亚、中国南部、新几内亚
	Oryza punctata Kotshy ex Steud	斑点野生稻	24，48	BB，BBCC	非洲
	Oryza ridleyi Hook	马来野生稻	48		东南亚
	Oryza rufipogon W. Griffith（曾名 *Oryza perennis*、*Oryza fatua*、*Oryza perennis* subsp. *balunga*）	多年生野生稻	24	AA	南亚、东南亚、中国南部
	Oryza schlechteri Pilger	极短粒野生稻	48		新几内亚

1. 普通野生稻 普通野生稻又称为尼瓦拉野生稻，最初由墨里尔（E. D. Merrill）于 1917 年在广东罗浮山麓至石龙平原发现。丁颖于 1926 年在广州郊区犀牛尾沼泽地也发现本种。1935 年在台湾发现的 *Oryza formosa* 也是这种野生稻。本种南起海南三亚（北纬 18°9′），北至江西东乡区（北纬 28°14′），东自台湾桃园（东经 121°15′），西至云南景洪（东经 21°52′）都有分布；生长于海拔 400～600 m 的地区，喜温与水生；部分类型可在深水中随水生长，但最适于浅水层；对土壤具广泛适应性，一般生长于微酸性土壤中，少数能在微碱土中生长。普通野生稻形态特征和栽培稻类似，分蘖散生，穗粒稀疏，不实粒多，种子成熟前易落粒，

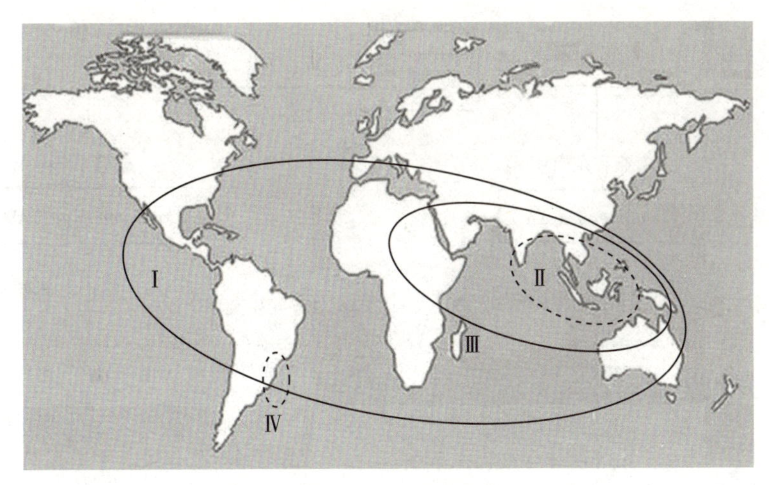

图 1-2 野生稻的分布

Ⅰ. Sativa 组分布区 Ⅱ. Granulata 组分布区 Ⅲ. Coarctata 组分布区 Ⅳ. Rhynchoryza 组分布区

分布广泛，变异多，是一个多型性野生稻。

2. 药用野生稻 药用野生稻分布于海南、广东、广西和云南 4 省、自治区，以海南省分布较多；在广东集中于肇庆，个别分布在清远；在广西主要分布于粤桂交界处；在云南主要分布于临沧和西双版纳，少数分布于普洱。其分布北限为北纬 24°7′。本种有地下茎，属多年生，植株高大，分蘖稍散；节间淡绿色，节浓紫色；叶长而宽，叶片两面密生细毛，叶尖柔软下垂，叶舌短，叶耳有缺刻和缘毛，叶耳和叶舌局部带紫色；穗大，穗梗特长，披散，穗颈长，小穗小，无芒；花药褐色，上端有裂孔；柱头深紫色，开花时外露；护颖和内外颖基部呈深紫色；成熟谷粒紫褐色，易脱粒；感光性强。

该种喜温湿而阴凉的环境，适于 pH 为 5.5～6.5 酸性土壤，分布于寡照的丘陵小沟旁、荫蔽潮湿和腐殖质丰富的林木、灌丛之间。分布海拔为 50～1 000 m。

3. 疣粒野生稻 疣粒野生稻于 1932—1933 年由中山大学植物研究所最早在海南省崖县发现，后来分别在云南车里（1936 年）和台湾新竹（1942 年）相继发现。该种分布于海南、广东和台湾 3 省，分布北限为北纬 24°55′。本种为陆生的宿根性植物，有地下茎，颖面有不规则的疣粒突起；分布于灌木林、竹林及橡胶林边缘地带阳光散射不强或荫蔽山坡上，适于微酸性（pH 6～7）土壤。分布海拔为 50～1 000 m，对温、光、土、水分要求严格。

二、栽培稻的起源、演化和亚种生态分类

（一）国外学者的研究 加藤茂苞（1928）把栽培稻种分为印度亚种（*Oryza sativa* subsp. *indica* Kato）和日本亚种（*Oryza sativa* subsp. *japonica* Kato）。松尾孝岭（1952）把稻种分为 A 型（日本型粳稻）、B 型（印尼型或籼粳中间型）和 C 型（印度型籼稻）3 个亚种。冈彦一（1953）把栽培稻分为大陆型（原产于大陆）及海岛型（原产于海岛）。中尾佐助鉴定洛阳汉墓出土稻谷属印度型，认为栽培稻起源于印度，中国没有原产稻谷。户刈义次（1950）认为中国稻是从中南半岛经华南和西南扩展到全中国，其唯一论据是中国语 Dao 与越南语 Gao、泰国语 Kao 为同一语源。Nair 等（1964）在印度半岛的 Malaber 海岸发现 5 种野生稻，其中包括一年生和多年生的 *Oryza rufipogon*，并存在高度的变异性和多样性，因而认为这个地区是水稻的起源中心。林健一、中川原捷洋（1975）用酯酶同工酶电泳法对亚洲 776 个稻种进行分析，认为稻种起源变异中心为中国云南。

张德慈（1985）认为，亚洲栽培稻（*Oryza sativa* L.）及非洲栽培稻（*Oryza glaberrima*）野生型的起源和进化，可追溯到大约 1.3 亿年前的超级大陆冈瓦纳大陆（Gondwana land）。在它未破裂和漂移以前，两个稻种各自按多年生野生稻→一年生野生稻→一年生栽培稻的进化路线平行分化和驯化。随着古大陆的分裂和漂移，两个稻种被分隔在南亚大陆和非洲大陆板块，亚洲栽培稻演化成籼亚种、粳亚种和爪哇亚种，并进一步演化成各种生态型变种（图 1-3 和图 1-4）。

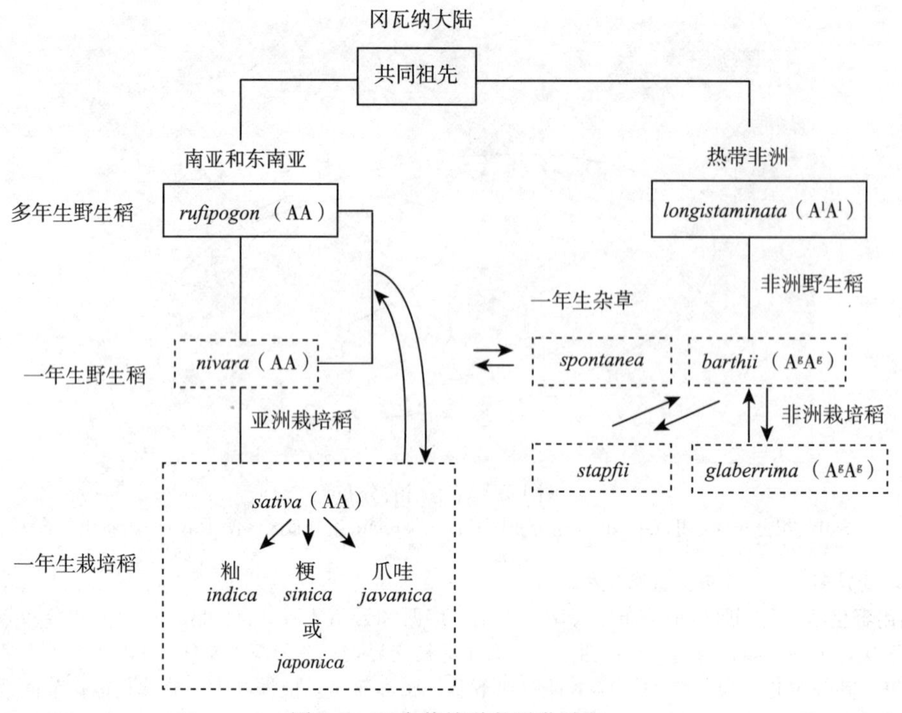

图 1-3 两个栽培种的进化途径

（实线框代表多年生野生稻，虚线框代表一年生野生稻）

（引自 Chang，1976）

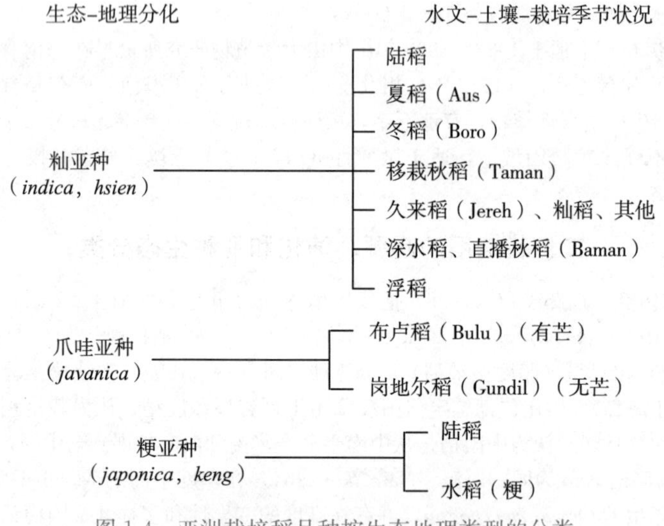

图 1-4 亚洲栽培稻品种按生态地理类型的分类

（引自张德慈，1985）

多数学者认为亚洲栽培稻的起源中心位于印度东北部的阿萨姆、孟加拉国北部及由缅甸、泰国、老挝、越南、中国华南（云南）等地形成的三角地带，由此向各方扩散和演变。

（二）我国学者的研究 丁颖等（1933）通过研究野生稻与栽培稻杂种一代（F_1代）的结实率，发现恶打占/W1-10 的 F_1代为 73%～93%，W6-3/竹占的 F_1代为 53%～74%，说明野生稻与栽培稻亲缘关系颇为密切。尼瓦拉野生稻有匍匐、散生和直立 3 个类型。华南各地存在自然繁殖的野生性较强的栽培稻，例如有匍匐水中易脱粒的深水稻和不易脱粒的深水稻以及直生于浅水的生须谷（因谷粒上长着长长的芒须而得名）等可能与之有衍源关系。

丁颖（1949，1957）根据我国野生稻和栽培稻的植物学、地理分布学，结合历史学、语言学、古物学、人种学，认定华南一年生野生稻（*Oryza sativa* L. f. *spontanea* Roschev.）和多年生野生稻（*Oryza perennis* Moench）是我国栽培稻的祖先。中国栽培稻种起源于华南，稻作可能发轫于距今 5 000 年前的神农时代，扩展于 4 000 年前的禹稷时代。籼稻为栽培稻的基本型，适生于华南和华中；粳稻受温度条件的影响，分化形成适于冷凉环境的气候生态（变异）型。前者定名为籼亚种（*Oryza sativa* subsp. *hsien* Ting），后者定名为粳亚种（*Oryza sativa* subsp. *keng* Ting）。

丁颖根据我国栽培稻种的系统发展过程提出五级分类法。第一级为籼亚种和粳亚种，第二级为晚稻和早中稻群，第三级为水稻型和陆稻型，第四级为粘变种和糯变种，第五级栽培品种（图 1-5）。

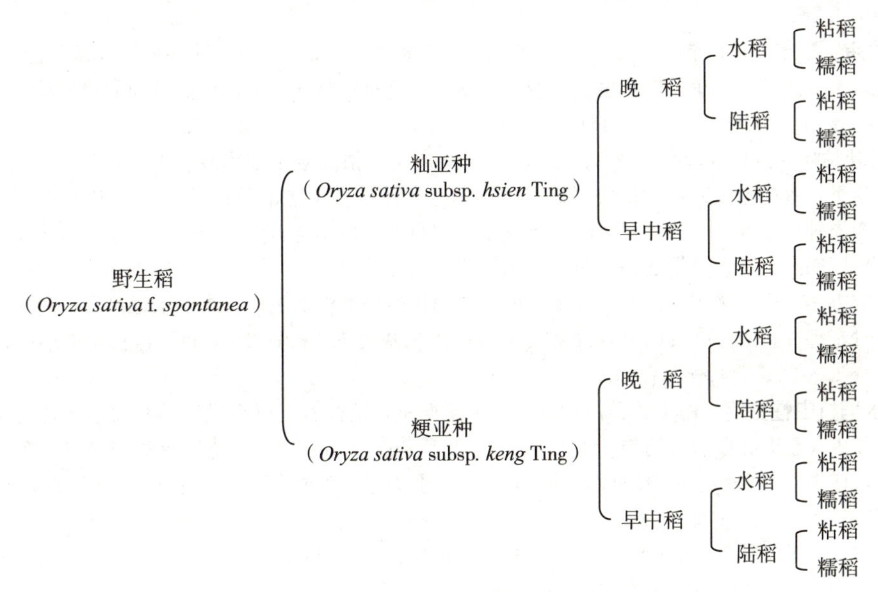

图 1-5　栽培稻五级系统分类法

1973—1974 年浙江余姚河姆渡遗址第四文化层出土稻谷，有籼有粳，^{14}C 测定的年代距今约 7 000 年，为研究我国栽培稻起源和发展提供了重要资料。河南舞阳贾湖遗址出土的以粳亚种为主的炭化稻米年代，比浙江余姚河姆渡发现的还早 1 000 年（陈报章等，1995）。

周拾禄（1948，1981）根据历史考证、考古和野生稻的研究，认为我国的粳稻起源于长江流域下游，籼稻是从南亚地区传进的，籼稻和粳稻起源并非同源。柳子明（1975）认为我国稻种起源地可能是云贵高原。云贵高原处于热带和亚热带，有野生稻分布，我国各大河流又发源于此。起源于云贵高原的稻种，可能沿河流分布于各流域下游各地，长江和西江流域应为稻谷驯化的两个地带。

Huang 等（2012）对全球不同生态区域 446 份普通野生稻和 1 083 个栽培稻进行全基因组重测序，认为水稻驯化是从我国南方地区珠江流域中部的普通野生稻开始，经过漫长的人工驯化形成了粳稻，随后逐渐向北扩散。而往南扩散中的一支，进入了东南亚和南亚，与当地野生稻杂交，再经历不断的选择，产生了籼稻。

三、稻种资源的性状鉴定

（一）水稻形态和农艺性状鉴定　稻种的形态和农艺性状鉴定包括对生态型归属、株型、分蘖性、穗数、叶片性状、穗型及其组成性状以及谷粒外形、色泽、芒、单粒质量和稻米性状等进行综合描述和鉴定（记载标准见本章末附录），每份资源的鉴定数据输入计算机数据库，以备育种利用。

（二）水稻抗病性鉴定

1. 稻瘟病　苗期人工接种，可在网室水泥池内旱播育苗，穴播或条播，池周边行播感病品种，同时播种中国稻瘟病菌生理小种鉴别品种作对比。当稻苗 3.5～4.0 叶龄时，用全国或当地稻瘟病优势小种混合菌液进行人工接种，菌液浓度为每毫升20万个孢子左右。用压力为1.96×10^5 Pa（2 kgf/cm^2）的空气压缩机进行喷雾接种，保湿20～24 h，接种10 d左右稻苗充分发病时，按全国高抗、抗、中抗、中感、感和高感六级标准调查病情进行鉴定。1976—1979年全国30个稻瘟病鉴定圃对7万份材料多点鉴定，鉴定出一批在多数稻区表现抗病，抗性稳定的资源，例如窄叶青8号、红脚占、砦糖（广西中籼）、赤块矮选（福建晚籼）、中系7604（北京粳稻）、Tetep、IR1110-67、Digu、IR160（国际水稻研究所）、粳稻砦1号、BL_2（日本）等。

2. 白叶枯病 每品种种植1行（或盆栽种植3～5盆，每盆3～5苗），于孕穗期用白叶枯病菌致病型的代表菌株进行人工剪叶法接种，菌龄72 h，菌液浓度为每毫升含菌3亿～5亿。接种后20 d左右，按全国高抗（1级）、抗（2级）、中抗（3级）、中感（4～5级）、感（6～7级）和高感（8～9级）标准调查病情。我国各地对地方品种、育成品种及国外引进品种进行抗性鉴定，筛选出一批抗源品种，例如明恢63、DV85、DV86、DZ78、选2、BG90-2、BJ_1、DZ192和ASD_7等；有的兼抗稻瘟病和褐稻虱，例如IR36、IR42、IR4563-52-1-3-6等。

3. 纹枯病 撒布带菌稻节或稻壳，或在孕穗期逐株插放带菌稻秆，人工接种，依据病斑扩展相对高度和被害程度，区分品种的抗感反应程度，迄今虽仍未发现高抗纹枯病资源，但品种间的抗感反应存在明显差别，例如Tetep、IET4699、Jawa14、IR64等抗性较好。

4. 条纹叶枯病 按照农业部颁布的《水稻品种抗条纹叶枯病鉴定技术规范》（NY/T 2055—2011）实施。选择常年重发水稻条纹叶枯病田块（上年度感病对照品种在不防治条件下发病率大于30%）作为鉴定圃，鉴定圃四周种植小麦作为灰飞虱寄养区，这是田间自然诱发鉴定方法。当田间有效接种虫量不能满足水稻条纹叶枯病田间自然诱发鉴定的条件时，可采用田间人工接种2～4龄的带毒率在25%以上的灰飞虱群体作为辅助鉴定方法。还可采用室内鉴定方法，即：室内用玻璃杯将灰飞虱喜食的水稻品种的种子发芽，培养至1.5叶期时，每杯接入100头以上带毒率在50%以上的灰飞虱，接种2 d后将秧苗移出玻璃杯，在15～30 ℃条件下培育15～20 d后调查发病率。

（三）水稻抗虫性鉴定 褐飞虱和白背飞虱危害最严重，抗性鉴定可将供试品种播于水泥池中，设置重复，稻种发芽生长至3叶期后，均匀接入褐稻虱2～3龄若虫5～8头/株，待感虫对照品种枯死时，根据稻苗死伤程度，评定抗性等级。我国的稻飞虱以生物型Ⅰ为主，经过筛选，已获得一批抗源，例如DV85、RH、ASDT、Babawee、Mudgo、PTB_{33}等。

已知抗白背飞虱的品种有ARC10239、ARC_{52}、N_{22}（印度）、PodiwiA-B（斯里兰卡），我国云南品种鬼衣谷、便谷、大齐谷、大花谷，也表现抗白背飞虱。

（四）水稻耐逆性鉴定

1. 耐寒性鉴定 可在芽期、苗期和开花期分别进行耐寒性鉴定。芽期鉴定时，将浸种后的稻谷置5 ℃冰箱中，处理10 d后，在30 ℃室温中恢复10 d，观察其发芽率及耐寒表现。苗期鉴定时，采用早期田间播种，或设冷水灌溉区，水温为15～16 ℃，处理20 d，观察植株分蘖率和生长势。开花期鉴定时，采用晚播，观察自然低温对出穗和结实的影响程度，鉴定材料少时，可采用人工气候箱（室）鉴定。已鉴定出一批耐寒性强的稻种，例如丽江新团黑谷、滇靖8号、昆明小白谷等，可供育种应用。

2. 耐旱性鉴定 在旱种情况下检查品种的发芽成苗率、生长量、生长势、受旱时叶片枯萎程度、灌水或遇雨后恢复能力、产量性状等的表现。国际水稻研究所采用气培法，研究品种的耐旱性状，发现根长、根量、根粗细、根芽比等性状与耐旱性有关（Chang等，1986；IRRI，1989）。熊立仲（2013）采用温室盆栽深根法鉴定耐旱性。

3. 耐盐性鉴定 水稻幼苗对盐分很敏感，盐害可引起叶片卷缩、枯萎以至死苗。国际水稻研究所设耐盐鉴定圃，进行耐盐品种的筛选，盐分浓度保持在电导率（*EC*）80～100 S/m水平。我国辽宁、山东、江苏等省的耐盐鉴定，将稻苗移植在含食盐0.2%的土壤中，灌溉水含盐0.2%～0.5%，根据各生育时期耐盐表现及其产量筛选耐盐品种。农业农村部发布的《水稻耐盐性鉴定技术规程》（NY/T 3692—2020）规定了发芽期、分蘖期和全生长期耐盐性的鉴定方法和判定规则。

（五）水稻品质性状的测定 在1986年我国农业部颁布《优质食用稻米》（NY 20—1986）标准的基础上，为了更好地满足品种选育、品种审定和品种推广的需求，国家和农业部分别发布实施国家标准《优质稻谷》（GB/T 17891—1999）和农业部行业标准《食用稻品种品质》（NY/T 593—2021）（表1-1）。依据上述优质稻谷新标准，对稻种资源的各项米质指标进行分析和综合定级，为优质水稻育种提供材料。此外，品质鉴定还应包括稻种资源的特种和专用品质，以培育功能性水稻品种。

上述对稻种资源5个方面性状的鉴定，除可使用常规方法外，还可在现有分子标记定位的基础上，利用与控制某性状基因连锁或紧密连锁的标记，对大量种质资源进行快速鉴定和筛选。

四、稻种资源的育种利用

全世界保存稻种资源的国际水稻研究所和中国，其中国际水稻研究所保存约13万份，我国保存9万份左右，丰富的资源对现代水稻育种发挥着特殊的重要作用。

（一）矮源的利用 矮化育种的原始亲本主要为矮脚南特、矮仔占、低脚乌尖和花龙水田谷及其衍生的半矮秆品种。矮脚南特是1958年从高秆品种南特16系选而成的。青小金早、南早1号、矮南早7号都是矮脚南特的衍生品种。浙江省从二九矮7号×矮南早7号杂交育成二九南，从二九矮7号×青小金早杂交育成二九青。

广东省以矮仔占4号×广场13杂交于1959年育成广场矮，后来，以广场矮为矮源陆续育出广陆矮4号、广二矮、广秋矮等，在生产中曾发挥重要作用。广为应用的珍汕97不育系也与矮仔占有血缘关系。

（花龙水田谷×塘竹）F_4×鸡对伦杂交育成窄叶青，宽叶稻为母本用青二矮和鸡对伦的混合花粉杂交育成叶青伦56，叶青伦56×特矮杂交育成特青2号。

国际水稻研究所以低脚乌尖与Peta杂交，于1966年育成IR8，以IR8为矮源育成IR20、IR22、IR24直至IR74等品种。

（二）抗源的利用 抗性育种的关键是抗源。中国农业科学院以抗稻瘟病品种Pi-5与喜峰杂交育成抗稻瘟病的中丹1号、中丹2号和中丹3号。华南农业大学以抗稻瘟病的朝阳早18与红珍早和IR24复交育成高抗稻瘟病的红阳矮。广东省农业科学院以抗白叶枯病的华竹矮与（晚青×青蓝矮）F_4代杂交育成抗白叶枯病的青华矮6号。南京农业大学以巴基斯坦品种Modan为抗源，选育高抗条纹叶枯病的宁粳1号。

（三）野生稻资源的利用 丁颖于1933年利用野生稻自然杂交种子，育成中山1号。后来中山1号衍生出中山红（又称为包胎红）和中山白（又称为包胎白），中山红又衍生出包选2号和钢枝占。

利用李必湖1970年在海南岛三亚市发现的普通野生稻花粉败育株，杂交和回交育成二九南A、二九矮A、珍汕97A、威20A等雄性不育系。把普通野生稻两个高产基因*yld1.1*和*yld2.1*导入籼稻恢复系，培育出优质高产杂交稻Y两优7号和Y两优2号（吴俊等，2010，2015）。

（四）育性亲和源利用 籼粳稻杂交育性亲和的资源有助于克服杂种不育性的障碍。日本池桥宏（1984）报道，Calotoc、CPSLO17、Ketan NangKa、Dular等品种，分别与籼稻IR36和粳稻秋光测交，杂种F_1代植株自交结实率正常，称之为广亲和品种，带杂种育性等位基因$S\text{-}5^n$，位于第6连锁群。此后，万建民等又相继发现了$S\text{-}7^n$、$S\text{-}8^n$、$S\text{-}9^n$、$S\text{-}15^n$、$S\text{-}16^n$、$S\text{-}17^n$、$S\text{-}19^n$、$S\text{-}29^n$、$S\text{-}30^n$、$S\text{-}31^n$、$S\text{-}32^n$、$S\text{-}33^n$、$S\text{-}34^n$、$S\text{-}35^n$、$S\text{-}37^n$等广亲和基因，并通过发掘分子标记，聚合广亲和基因，创制广亲和恢复系和粳型亲籼雄性不育系。

第四节 水稻育种途径和方法（一）
——杂交育种

一、品种间杂交育种和籼粳亚种间杂交育种

（一）品种间杂交育种 品种间杂交指籼稻或粳稻亚种内的品种之间的杂交，而籼稻品种和粳稻品种之间杂交，则称为亚种间杂交。亲缘关系近的不同生态型品种间杂交，也属于品种间杂交。

品种间杂交育种的主要特点为：①杂交亲本间一般不存在生殖隔离，杂种世代结实率与亲代相似；②亲本间的性状配合较易，性状稳定较快，育成品种的周期较短；③利用回交或复交和选择鉴定，较易累加多种优良基因，育成综合性状优良的品种。

我国根据高产或高产与优质多抗相结合的育种目标，采用品种间杂交育种方法，育成大批优良品种。早籼有广陆矮4号（广场3784×陆财号）、二九青（29矮7号×青小金早）、湘矮早9号（IR8×湘矮早4号）等，中籼有桂朝2号（桂阳矮49×朝阳早18）、南京11号（南京6号×二九矮4号）等，晚籼有余赤231-8（余晚6号×赤块矮）、青华矮6号［（晚青×青蓝矮）F_4×华竹矮］等；早粳有吉粳系统品种和晚粳秀水系统品种等，这些都是典型事例。采用品种间杂交育种，品种的更迭较快，产量潜力、稻米品质和抗性逐步得

到改善。

当今品种间杂交育种是选育高产多抗和优质品种的主要育种方法。杂交亲本的选配、优良种质资源的利用和早代群体优良性状的鉴定选择，均是品种间杂交育种最重要的环节。

（二）籼粳亚种间杂交育种 籼稻和粳稻是亚洲栽培稻的两个亚种，彼此间存在一定程度的生殖隔离或杂种 F_1 代植株上雌蕊部分不育。我国 20 世纪 50 年代开始重视籼粳亚种间杂交育种的研究，期望把粳稻的耐寒、耐肥抗倒、叶片坚硬、不易早衰、不易落粒、出米率高、直链淀粉含量较低、米胶较软等性状与籼稻的省肥、生长茂盛、谷粒较长等性状结合起来。浙江省农业科学院曾经育成矮粳 23、湖北农业科学院育成鄂晚 5 号、江苏省农业科学院育成南粳 35、沈阳浑河农场育成辽粳 5 号、辽宁省农业科学院育成粳型恢复系 C57、浙江温州地区农业科学研究所和江西省农业科学院分别育成早籼品种早丰收和早籼 6001 都是通过籼粳亚种间杂交育成的部分代表品种。韩国开展的籼粳亚种间杂交育种，先后育成统一、水源、密阳等系统品种，都属于偏籼的品种。日本在 20 世纪 80 年代也采用籼粳杂交，育成秋力、明之星（中国 91）和星丰（中国 96）等粳型品种。

20 世纪 50 年代杨守仁等、20 世纪 60 年代朱立宏等、21 世纪初万建民等对籼粳亚种间杂交的研究指出，籼粳亚种间杂交易获得杂交种，杂种一代常表现发芽势强、分蘖势强、茎粗抗倒、根系发达、植株高大、穗大粒多、再生力及抗逆力强的特性，但易出现结实率偏低、生育期偏长、植株偏高、较易落粒、不易稳定等不良性状。

结实率低是籼粳亚种间杂交育种的最大障碍。日本加藤茂苞（1928）最早报道籼粳亚种间杂种一代的结实率为 0%～29.9%，以后的研究结果基本与之一致。但是我国在多年的育种实践中，常观察到籼粳亚种间杂种 F_1 代结实率较高的事例。

结实偏低和性状不易稳定的问题，可通过回交、复交或应用桥梁亲本的方法加以解决。鄂晚 5 号是由晚粳鄂晚 3 号×（四上谷×IPR）的复交育成；恢复系 C57 通过（IR8×科情 3 号）×三福（京引 35）三交育成；中作 9 号也是由丰锦×（京丰 5 号×C4-63）的三交育成。籼粳亚种间杂种后代不育性，可随世代增进和选择而逐步下降。但是基因型自然淘汰明显，育种技术上必须注意扩大杂种后代群体。

籼粳亚种间杂种苗期耐冷性为完全显性，由 2 对重叠基因控制，F_2 代可选出籽粒较长、稃毛较少而耐冷的偏籼类型（徐云碧等，1989）。

申宗坦等（1987，1990）利用长穗颈粳稻与籼稻保持系珍汕 97B 杂交，育成长穗颈的珍汕 97B，再连续回交珍汕 97A 育成显著消除包颈现象的籼型不育系珍长 A；并认为籼粳亚种间杂交可把籼稻的柱头外露性状导入粳稻品种中。

杨守仁认为，选育偏籼稻品种高产潜力大于偏粳品种，因一般籼稻光合效率高于粳稻，含有籼稻血缘，能提高光合潜力。以籼粳亚种间杂交种 F_1 代植株上的花药在 N_6 培养基上分化产生花粉植株可望加快杂种后代性状的稳定。近年来的研究发现，籼粳亚种间杂交亲和性品种资源对克服结实率低的障碍有重要意义。日本池桥宏等（1984）发现的 Ketan Nangka、CPSLO 等及我国相继发现的 02428、轮回 422 等均属籼粳亚种间杂交亲和资源。这些资源与籼稻亚种间杂交的 F_1 代植株、与粳稻亚种间杂交的 F_1 代植株的结实率均正常或接近正常。迄今我国水稻育种工作者利用籼粳亚种间杂交亲和资源，已选育出中 413、T2070、9308、成恢 448、亚恢 420 等一批广亲和恢复系和 064A、培矮 64S 等广亲和雄性不育系，以利用籼粳亚种间杂种优势。在直接利用籼粳亚种间杂交选育高产优质品种方面也取得了进展。

二、水稻杂交育种亲本选配原则和杂种群体大小

（一）选配亲本的原则 水稻育种工作者已有的经验可归纳为以下几点。

1. 双亲应具有较多的优点和较少的缺点，亲本之间优缺点互补 由于许多经济性状不同程度地表现为数量遗传特征，杂种后代群体的性状表现与亲本平均值有密切关系，双亲平均值大体上可用来预测杂种后代平均表现的趋势，所以要求亲本的优点要多。

亲本间优缺点互补，是指亲本间若干优良性状综合起来应能满足育种目标的要求，一方的优点能在很大程度上克服对方的缺点。例如水稻矮秆良种珍珠矮 11 号，其亲本为矮仔占 4 号和原产于广东的惠阳珍珠早。前者具有半矮生、分蘖力强、耐肥抗倒但迟熟的特性，后者具有高秆、分蘖力弱、易倒伏但早熟、熟色好、穗大、结实率高的特性。珍珠矮结合了双亲的优点：株型半矮生、分蘖力强、粒多穗大、结实率高、抗倒伏、较丰产性和较广的适应性，在南方稻作区曾大面积推广。再如桂朝 2 号，其亲本是桂阳矮 49 和朝阳 18。

前者分蘖力强且分蘖集中，后期茎秆快长而整齐；后者叶片直立，光合功能较强。桂朝2号相当成功地把母本茎叶形态特点和父本较强的光合功能结合起来，起到了性状优缺点互补的作用，在穗粒数上超越双亲，千粒重高，丰产性强，适应范围广，在华南稻作区作早稻、晚稻，在其他南方稻作区作中稻被广泛种植。

2. 亲本中有一个适应当地条件的推广良种 适应性和丰产性是十分复杂的性状。品种对光温等环境变化的适应能力，抗御当地病、虫、逆害的能力等，都影响水稻品种的高产稳产。为了使育成品种具有大面积推广的发展前途，亲本之中最好有一个适应当地条件的推广良种。以桂朝2号作亲本育成的双桂1号和双桂36，能在南方稻作区各地适应种植，广西玉林地区以秋矮×包胎红杂交育成的晚籼稻包胎矮，能在广西、广东、福建三省、自治区广大地区推广，都体现了亲本选配的这个原则。

3. 亲本之一的目标性状应有足够的强度 为了克服亲本一方的主要缺点而选用的另一个亲本，其目标性状应有足够的强度，遗传率较高。华南农业大学育成的高抗稻瘟病的红阳矮4号，是用（红珍早×IR24）×朝阳18杂交育成的，朝阳18是一个高抗稻瘟病的亲本。国际水稻研究所育成多抗品种IR28和IR29，其抗稻瘟病源于GamPai15，抗白叶枯病源于Tadukan，抗丛矮病源于*Oryza nivara*，抗褐飞虱源于TKM-6，抗黑尾叶蝉源于Peta。亲本的目标性状具有足够强度，能使后代达到目标要求。

4. 选用生态类型或亲缘关系或地理位置相差较大的品种组配亲本 珍珠矮的亲本矮仔占和惠阳珍珠早，IR8的亲本低脚乌尖和Peta，二者亲本的生态类型和地理位置都有明显差别。根据早稻、晚稻生态型杂交的育种实践，把早稻的矮秆、大穗和早熟性与晚稻的叶片较窄、不易早衰和熟色佳等性状相互配合，相对削弱其感光性，育成兼具早稻和晚稻优点而适应性较广的品种，证明是可行的。

5. 亲本具有优异的一般配合力 亲本一般配合力优异，说明它含有较多的具有加性遗传效应的有利基因位点，从杂交后代群体中选出优良品种的概率增大。育种实践证明，广场矮、二九矮、桂朝2号、低脚乌尖等品种具有较好的一般配合力。

（二）杂交组合数和杂种群体大小 一般而论，杂交的组合多和F_2代群体大，获得优良基因重组的植株的机会就多。但是组合多，杂种群体大时，要求土地、经济、人力等条件相应充裕。我国水稻育种多倾向于较多组合、较小群体，早期淘汰劣势组合，选留优良组合，每个组合F_2代群体种植数量一般为1 000～5 000株。当育种目标和具体要求明确，杂交亲本的系谱和特征清楚时，杂交组合数不必多，品种间杂交的F_2代群体数量约为2 000株。当遗传差异和生态类型差别大的品种间杂交时，F_2代群体量则应提高到5 000～10 000株。

三、水稻杂种后代选择

（一）水稻产量性状的选择 杂种后代产量性状的遗传率有高低之分，变异系数有大小差别。遗传率（h^2）高的性状，早代选择较好，否则高代选择才有效。水稻的抽穗期、株高、穗长、粒形和单粒质量等数量性状具有较高的遗传率，从F_2代起对这些性状进行严格选择，可收到较好的效果。水稻的分蘖数及穗数、每穗粒数、结实率等产量性状，遗传率较低，一般在早代选择效果较差，但也要具体分析。

水稻各性状的遗传率随世代增加而提高，也因杂交组合、分析方法、试验年份和地点不同而有差别。我国籼稻矮化育种的研究表明，杂种后代矮秆植株分蘖力强，有效穗多，且穗型较大，早代进行穗数选择有良好的效果。此外，根据性状间的相关遗传，可提高选择效果。例如穗长和着粒密度的遗传率较高，早期选择较好。因此对穗粒数的选择，可于早代根据与其相关的着粒密度与穗长进行选择。开展这方面的遗传研究，有助于提高选择效果。

（二）水稻抗病虫性的选择 抗病虫性多由单基因控制，适于从F_2代起，在人工接种或自然诱发情况下，采用系谱法选择。选择须与产量性状及其他目标性状结合进行。

（三）水稻品质性状的选择 粒形、垩白、透明度等外观品质，在稻穗成熟期间可借助目测进行田间早代初选。品种间杂交F_3代筛选品系时进行复选。稻米在干燥时应无裂纹。我国的优质籼米要注意直链淀粉的适当含量，早代单株选择时，可采用单粒或半粒分析法进行测定；F_4代以后可测定群体的直链淀粉含量及其他食用品质的性状。

四、水稻杂交育种程序

（一）系谱法 系谱法是逐代建立系谱进行株选的选择方法。现以早籼品种二九青的选育为例，说明系谱法的选育程序（表1-4）。

表 1-4　早籼二九青的选育过程

种植年份	选择季节和地点	世代进程	主要工作内容
1966	春季（浙江杭州温室）	二九7号×青小金早	获得杂交种子17粒
	夏季（浙江杭州）	F_1	种植16株
1967	春季（海南陵水）	F_2	种植2 000株左右，入选107株，并混收一个群体
	夏季（浙江杭州）	F_3	种植97个株系，共约1万株，入选40株，另在混合群体约8 000株中入选2株
	秋季（福建同安）	F_4	种植42株系，从24个当选系中选得55株
1968	夏季（浙江杭州）	F_5	种植55个株系，从9个当选株系中选得28株，定型2个早熟株系（1）、（4）
	秋季（福建同安）	F_6	种植23个株系，定型2个株系（2）、（3），繁殖夏季定型的早熟株系（4）
1969	夏季（杭州及宁绍）	F_7	多点鉴定4个优良株系，入选株系（4），表现早熟、大穗、青秀、丰产，定名为二九青
	秋季（杭州及宁绍等地）	加速繁殖种子	
1970	夏季（浙江各地）	区域试验，群众性试种示范，初步推广并在各地加速繁殖	证明二九青比当时推广的矮南早1号增产约10%，较抗病，迟熟1d
1971	夏季（浙江各地）	肯定二九青在浙江省的推广应用价值	种植约667 hm^2（1万亩），经进一步加速繁育，到1972年已扩大到80 000 hm^2（120万亩），开始省外示范推广

二九青的系谱法选育是与加速世代相结合的。我国水稻育种利用华南地区的高温短日自然条件，尤其是海南省冬季适合水稻自然生长的条件，加速世代进程，提高育种效率。近年来，广东省农业科学院从产生杂交组合到选出遗传上基本稳定的系统常仅需2～3年。采用系谱法与加速世代结合育成品种一般需5～6年。

（二）混合系谱法　混合系谱法是早代混合选择，高代单株系选的方法。国际水稻研究所用这个方法育成了IR8。低脚乌尖×Peta杂种一代（F_1代）混收种子，F_2代淘汰高秆植株后再混收，直到F_4代开始进行株选，F_5代株系比较，决选株系，最后育成品种。日本水稻育种重视混合系谱选择与加速世代结合。但是育成品种的年限一般较长。抗病虫和优质米育种中，须从F_2代起连续选择优良株系，严格鉴定，早代不能混合。我国的早籼育种在南方1年可繁殖3代，早代先采用一粒传方法传代，第2年或第3年再进行系谱选择，选育高产、抗病虫和优质的品种，也是可行的。

第五节　水稻育种途径和方法（二）
——杂交稻的选育

一、杂交稻简史

（一）杂交稻选育简史　1926年Jones首先提出水稻具有杂种优势。1958年日本东北大学的胜尾清用中国红芒野稻和日本粳稻藤坂5号杂交，再经连续回交育成藤坂5号雄性不育系。1966年琉球大学新城长有以印度春籼品种Chinsurah BoroⅡ与粳稻台中65杂交，再经回交和自交育成BT型台中65雄性不育系和同质恢复系，在国际上首次实现杂种优势利用的三系配套。后来，美国和菲律宾等国也相继育成各种细胞质雄性不育系。虽然发现多种水稻细胞质雄性不育材料，但直到我国在生产上成功推广杂交稻，才引起全世界的足够重视。

1964年袁隆平从洞庭早籼、胜利籼等品种中发现雄性不育株后开始杂交稻的选育研究。1970年他的合作者李必湖从海南三亚普通野生稻（*Oryza rufipogon*）群落中，找到花粉败育株（简称野败）。1972 年利用野败这一材料育成珍汕 97A、二九南 1 号 A 等雄性不育系。1973 年测得 IR24、IR661、泰引 1 号等恢复系，从而成功地实现了能够用于生产的三系配套。目前我国已育成的质核互作雄性不育系有 5 大类：①野败型（WA 型），例如珍汕 97A、V20A、V41A 等；②冈型（G 型）和 D 型，例如朝阳 1 号 A、D 汕 A 等；③红莲型（HL 型），例如粤泰 A 等；④包台型（BT 型），例如黎明 A、六千辛 A 等；⑤滇一型（DⅠ型），例如合系 42-7A、楚粳 23A 等。1976 年以来，生产中大面积应用的杂交籼稻的雄性不育系以野败型为主。杂交粳稻的雄性不育系以包台型为主。

（二）杂交稻的生产潜力　1973 年我国杂交稻的选育成功，明确了除异花授粉作物和常异花授粉作物外，自花授粉作物也可以利用杂种优势，引起国际上的强烈反应，从理论到生产应用均给予很高的评价。

与一般常规稻相比，杂交稻具有以下特点：①发芽快，分蘖强，生长势旺盛；②根系发达，吸肥能力强；③穗大粒多；④光合同化和物质积累能力强；⑤遗传背景广，适应性强，尤其对不同土壤类型的适应性强，因而具有很大的增产潜力。推广初期，杂交水稻可比常规稻增产 20%左右，近年来随着常规稻品种产量潜力的不断提高，杂交稻的相对增产幅度有所下降。目前，我国杂交水稻的年种植面积约 $1.533\ 3\times10^{7}$ hm^{2}，约占水稻种植总面积的 50%，产量约占稻谷总产的 57%。自 1976 年以来，杂交水稻在我国累计推广面积超过 3×10^{8} hm^{2}，共增产粮食 4.0×10^{11} kg 以上。中国之外，有 25 个国家和 3 个国际农业机构研发杂交稻；截至 2017 年杂交稻累计种植面积在 4×10^{7} hm^{2} 以上。

如何在进一步提高产量的同时，全面提高杂交稻的品质、抗性和氮磷养分利用率，同时适应轻简化栽培，降低制种成本，是目前杂交稻育种迫切需要解决的问题。

二、选育杂交稻的途径

（一）利用质核互作型雄性不育性的三系途径　我国的杂交稻主要利用由细胞质和细胞核共同控制的雄性不育性产生杂交种。这类雄性不育系细胞质内含有雄性不育基因，细胞核内同时具有保持雄性不育的核基因。现在生产上应用的野败型胞质雄性不育系具有 2 对保持雄性不育的核基因 rf_1rf_1 和 rf_2rf_2 以及一些修饰基因，恢复系细胞核内含有 2 对独立的显性恢复基因 Rf_1Rf_1 和 Rf_2Rf_2。黎垣庆和袁隆平（1986）进一步明确 IR24 的两对恢复基因的 Rf_1 和 Rf_2 分别源于 Cina 和 CP-SLO。

包台型雄性不育系基因型为 S（rf_1rf_1），保持系为 F（rf_1rf_1），恢复系为 F（Rf_1Rf_1）。杂种一代（F_1 代）植株基因型为 S（Rf_1rf_1），减数分裂后形成的花粉粒中，带有 Rf_1 基因的可育花粉粒占 50%，带有 rf_1 基因的不育花粉粒占 50%。F_2 代群体只能产生 S（Rf_1Rf_1）和 S（Rf_1rf_1）两种基因型植株。

（二）利用光（温）敏核雄性不育性的两系途径　湖北沔阳沙湖原种场石明松于 1973 年在粳稻农垦 58 大田中发现 1 株早熟 5～7 d 的雄性不育株，在武汉地区 9 月 3 日以前抽的穗表现不育，9 月 4 日后抽的穗开始结实，9 月 8 日以后直至安全抽穗期前，结实趋于正常。当日长为 14 h 及以上时表现雄性不育，短于 12 h 则结实正常。在 16 h 的黑暗处理期间，用 5～50 lx 的光照中断 1 h 即可导致雄性可育，所以称为湖北光敏感核雄性不育水稻（HPGMR）。张自国等（1990）在云南沅江县利用海拔 400 m、800 m 和 1 230 m 设试验点种植光敏雄性不育系农垦 58S，分别在 7 月 25 日、7 月 30 日和 7 月 26 日抽穗，日照长度相同，温度分别为 29.6 ℃、26.4 ℃和 23.9 ℃，结实率分别为 0%、0%和 22.3%，表明海拔在 1 230 m 以上因温度偏低，不能完全转换为雄性不育，也说明农垦 58S 在长日和温度互作下导致雄性不育。

农垦 58S 和衍生系统一般在年度间气温变动较大的情况下还不能都保持稳定的雄性不育性（99.5%的花粉不育）和雄性可育性期间达到 70%～80%或以上的结实率，其转育的早籼稻类型，一般更易受到较低温度的影响，导致在雄性不育期间出现结实的现象。有些材料往往受温度高低比日照长短的影响更大，认为是一种温敏雄性不育类型。自然条件下，日照长度因地球纬度高低而有规律地稳定地变化，气温则受到较多因素的影响，年度间不易保持相对稳定，所以在应用上温敏雄性不育类型不如光敏雄性不育类型方便可靠。育种工作者致力于选育不育临界温度较低又适于自交繁殖的光（温）敏雄性不育系。以农垦 58S 为供体亲本，育成了 N5088S（农垦 58S×农虎 26）、7001S（农垦 58S×917）、培矮 64S（农垦 58S×培矮 64）等一批光（温）敏雄性不育系。其中培矮 64S 实用性较好，组配出两优培特、两优培九、培矮 64S×E32 等组合，增产潜力大，具有较大的应用面积。两系法杂交水稻在配组上不受恢保关系制约，可用于配组的亲本资源大幅度增加，从而提高了育成高产、优质和抗性好的杂交稻新组合的概率。目前，两系法杂交水稻推广遍布全国

16个省份，在部分省份（例如安徽、湖南）种植面积已经超过三系法杂交稻。但同时也要注意光（温）敏雄性不育系的育性受光、温条件所左右，易产生波动，要防范制种和繁殖过程中存在的风险。

（三）利用杀雄配子剂的化学杀雄途径 化学药剂处理而导致雄性不育，将使产生杂交种子更为方便，不需要雄性不育系和恢复系。杂交组合亲本选配自由，有利于更充分挖掘杂种优势。生产上使用过的化学杀雄剂（又称为杀雄配子剂）以甲基砷酸锌和甲基砷酸钠的杀雄效果较好。我国曾育成和应用赣化2号（IR24×献党1号）、钢化青蓝（钢枝占×[(矮青×兰贝利)×百矮]）等化学杀雄杂交组合，其中赣化2号一般单产为8 250～9 000 kg/hm^2，最高达14 182.5 kg/hm^2，曾创造了我国杂交稻最高单产纪录。化学杀雄一般不易得到纯度高的杂种种子，加之甲基砷酸锌等无机化学杀雄剂对人畜毒性大，不易降解，危害环境，因而要大面积推广化学杀雄杂交稻，还有待筛选出高效、低毒、环保的杀雄剂。

三、水稻雄性不育系及其保持系的选育

优良的水稻雄性不育系（A）必须具备3个主要条件：①雄性不育性稳定，不因环境影响而自交结实，雄性不育率99.5%以上，以保证制成的杂种一代纯度高；②较易选得较多的优良恢复系；③具良好的花器结构和开花习性，开花正常，花时与一般恢复系相同，柱头发达，外露率高，小花开颖角度大而且持续时间长，稻穗包颈程度轻或不包颈，以利于接受外来花粉，提高异交率。

优良的保持系（B）应具有的特性是：①一定的丰产性和良好的配合力；②花药发达，花粉量大，以利于提高雄性不育系的结实率；③一定的产量、抗性和稻米品质。

（一）包台型（BT型）雄性不育系的选育 1966年琉球大学新城长有用印度品种Chinsurah BoroⅡ和粳稻台中65杂交回交转育成稳定的雄性不育系，选育的步骤是通过3次杂交和回交育成，具体步骤见图1-6。

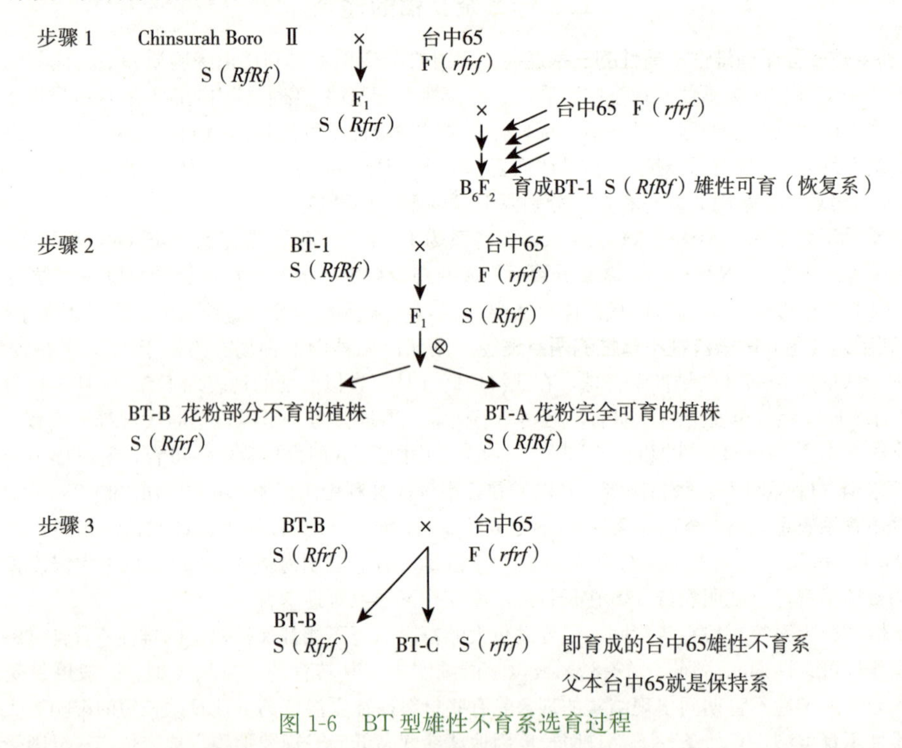

图1-6 BT型雄性不育系选育过程

BT-1是恢复系，但上述三系具有相似的遗传背景，没有表现杂种优势。1972年引入我国后，湖南省农业科学院转育成黎明不育系（图1-7），配制出黎优57杂交粳稻，才在生产上应用。随后，辽宁省、江苏省和安徽省的农业科学院及浙江省嘉兴市农业科学研究所先后选育了BT型秀岭A（黎明A×秀岭转育）、六千辛A（矮秆黄A×六千辛转育）、当选晚2号A（黎明A×当选晚2号转育）和农虎26A（桂花黄46A×农虎26B转育）。包台型不育系属配子体不育，花粉败育发生于三核期。

（二）野败型不育系的选育 1971年春，湖南水稻杂种优势利用研究协作组用海南的普通野生稻花粉败

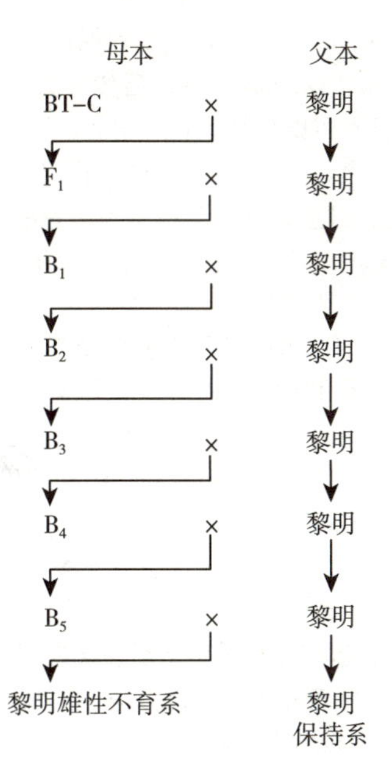

图 1-7 黎明雄性不育系转育过程

育株（简称 WA）与籼稻 6044 杂交，1971 年冬，改用柱头外露率高的早籼品种二九南 1 号杂交，并连续回交，于 1973 年育成了野败型二九南 1 号雄性不育系（图 1-8）。江西萍乡农业科学研究所利用珍汕 97、湖南贺家山原种场和福建省农业科学院利用 V20 和 V41 先后育成了野败型雄性不育系珍汕 97A、V20A 和 V41A 等。野败型不育属孢子体不育，花粉败育发生于小孢子单核期。

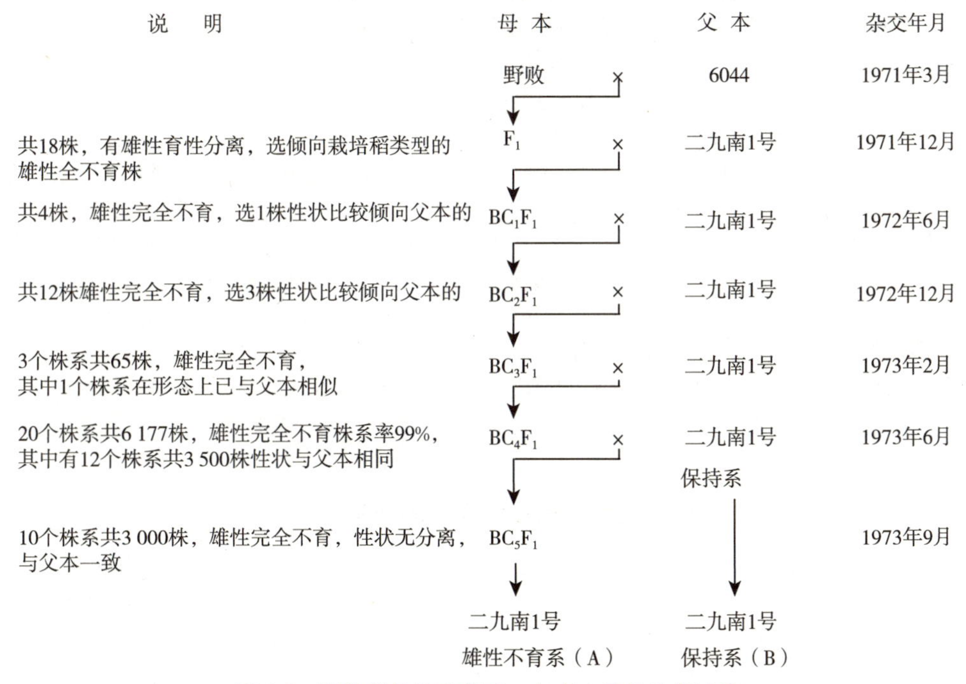

图 1-8 野败型雄性不育系二九南 1 号的选育过程

起源于野败雄性不育细胞质的各种野败型雄性不育系，迄今是我国籼型杂交稻的主要雄性不育细胞质源。

（三）冈型雄性不育系和 D 型雄性不育系 四川农业大学 1965 年利用西非籼稻冈比亚卡（Gambiaka Kokum）为母本，矮脚南特为父本，从杂交后代分离出雄性不育株，转育出冈型雄性不育系，其代表是冈朝阳1号A、冈46A等，恢复和保持特性与野败雄性不育系相似。1972年利用西非籼稻DissiD52为母本，从(DissiD52×37)×矮脚南特后代分离出不育株，转育而成D型雄性不育系，其代表是D珍汕97A，恢复与保持的特性和野败雄性不育系相似。冈型和D型雄性不育系都是采用籼稻与籼稻杂交方式育成的，均属孢子体雄性不育，主要于花粉单核期败育。

（四）红莲型（HL）雄性不育系的选育 武汉大学于1972年以海南的红芒野生稻与早籼莲塘早杂交和连续回交育成红莲型雄性不育系（即HL型），其恢复与保持性不同于野败雄性不育系，属配子体雄性不育，于花粉双核期败育，包颈程度较轻。

（五）印水型雄性不育系的选育 湖南杂交水稻研究中心在籼稻印尼水田谷6号群体中发现雄性不育株，其恢保关系和野败型相同，也属孢子体雄性不育，并利用印尼水田谷6号雄性不育细胞质培育出了籼稻Ⅱ-32A、优1A、中9A等印水型系列雄性不育系。

此外，生产中应用的籼型细胞质雄性不育系还有K型、矮败型、马协型、红矮型、田野型等；粳型细胞质雄性不育系有滇一型（DⅠ型）等。水稻雄性不育系选育在低世代选择雄性高不育和雄性全不育株为回交对象。注意开花习性、柱头外露、配合力、抗性及其他优良性状的选择。我国水稻雄性不育系的选育研究表明，远缘杂交较易产生雄性不育的后代，例如野生稻与栽培稻杂交、籼粳杂交。

（六）雄性不育系的分类及质核互作效应

1. 按不育花粉的形态分类 不育花粉的形态大致可分为典败型、圆败型和染败型3种。典败型花粉的形状不规则，呈梭形或三角形，对0.2%I_2-KI水溶液不呈染色反应。典败型花粉败育主要发生在单核花粉形成阶段，故又称为单核败育型，野败型雄性不育系即属此类。圆败型花粉呈圆形，对0.2%I_2-KI水溶液不呈染色反应，花粉败育主要发生在双核花粉发育阶段，故又称为双核败育型，红莲型雄性不育系即属此类。染败型花粉呈圆形，对0.2%I_2-KI水溶液呈部分染色或浅染色反应，花粉败育主要发生在三核花粉发育阶段的不同时期，故又称为三核败育型，BT型雄性不育系即属此类。各种雄性不育系都可能同时出现3种类型花粉而以一种为主要类型。

2. 按遗传特点分类 花粉的不育有受孢子体基因型控制的孢子体不育类型，也有受花粉本身基因型控制的配子体不育类型。野败型不育系、冈型不育系和D型不育系均属于孢子体不育类型，BT型雄性不育系和红莲型雄性不育系均属于配子体雄性不育类型。

3. 按恢保关系分类 由于雄性不育是质核互作效应的结果，因此不同胞质雄性不育系对一些恢复系的恢复基因的反应也是不同的。例如珍汕97不能恢复野败型雄性不育系，但能恢复红莲型雄性不育系；相反地，泰引1号可以恢复野败型雄性不育系，但不能恢复红莲型雄性不育系。

雄性不育系和保持系是同核异质，由于细胞质的差异，彼此雄性的育性不同，而且雄性不育系的抽穗期推迟，植株较矮，分蘖数增多，抽穗不畅，出现包颈现象和柱头外露率提高等。同质异核的野败型雄性不育系，例如友谊1号、二九南1号和朝阳1号雄性不育系，分别与IR24杂交，F_1代的结实率分别为46.3%、68.6%和73.2%（万邦惠，1988）。同为冈型细胞质雄性不育系青小金早、雅安早和朝阳1号雄性不育系，花粉不育类型分别为染败型、圆败型和典败型。相应地，异质同核的雄性不育系，例如野败型和冈型雄性不育细胞质的朝阳1号其性状上也有一定的差异。

雄性不育细胞质对杂种一代性状表现一定程度的负效应。卢浩然等（1980）比较雄性不育系及其保持系分别与同一个恢复系杂交的F_1代群体，前者播种到抽穗的天数和最高分蘖数高于后者，而株高、穗数、每穗粒数和千粒重的结果则相反。这些都表现出质核互作的复杂现象。

四、水稻恢复系的选育

优良的恢复系必须具备以下特性：①恢复性强而稳定，与雄性不育系配制的F_1代植株的结实率不低于80%；②配合力高，配出的F_1代群体产量不但超过亲本而且超过对照品种；③具有较好的农艺性状、品质特性和抗性性状；④植株略高于雄性不育系，花药发达，花粉量多，花时与雄性不育系同步或略迟。

测交筛选是选育恢复系的一个常用方法。这种方法利用现有常规水稻品种与雄性不育系杂交，从中筛选恢复力强、配合力好的材料。开始推广杂交稻时的恢复系IR24、IR26、IR661等都是测交筛选获得的。测交筛选应考虑以下几方面：①根据亲缘关系，凡与雄性不育系原始母本亲缘较近的品种，往往具有该雄性不育系的恢复基因。例如普通野生稻对野败型雄性不育系测交，多数具有良好的恢复力。野败型雄性不育系的恢复基因多来自籼稻，很少来自粳稻。②根据地理分布，低纬度低海拔的热带、亚热带地区的品种具有恢复力的较多，高纬度高海拔地区的品种很少有恢复力的。

测交筛选选株分别与雄性不育系成对测交，每个成对测交 F_1 代组合应种植 10 株以上，如果 F_1 植株花药开裂正常，正常花粉达 80%以上（孢子体型）或 50%左右（配子体型），结实正常，即表明父本具有恢复力。初测表现恢复的单株，必须进行复测，复测 F_1 代群体要求 100 株以上，如果结实正常则确认为一个恢复系。优良的恢复系还应具有配合力好、抗病虫、花粉量多等特性。

杂交选育是选育恢复系的重要方法。采用的配组方式主要有以下 4 种。

①两个恢复系之间杂交：由于双亲均带有恢复基因，在杂种各个世代中出现恢复力植株频率较高，低世代可以不测交，待其他性状已稳定后再与不育系测交。这种方式的成功率很高，例如福建三明市农业科学研究所用 IR30×圭 630 育成明恢 63，广西壮族自治区农业科学院用 IR36×IR24 育成桂 33 和桂 34。

②雄性不育系和恢复系杂交：这种方式育成同质恢复系，可以减轻繁重的测交工作。这种杂交方式还可采用（不育系×恢复系）×其他保持系杂交并连续回交，在后代中选择育性良好的单株。

③恢复系和保持系杂交：这种方式从其稳定的杂交后代测交筛选育成恢复系，例如安徽省农业科学院从 C57×城堡 1 号的后代中选得 C 堡恢复系。

④多个亲本复交：例如湖南杂交水稻研究中心选用（IR26×窄叶青 F_2）×早恢 1 号三者复交，育成恢复系二六窄早-3-1-2-9，与 V20A 配制了威优 35，表现早熟、抗性好和优势强。辽宁省农业科学研究院从（IR8×科情 3 号）×京引 35 的复交后代中选得 C 系统恢复系，其中以 C57 表现较突出，从而配制了黎明 A×C57 的粳稻杂交稻黎优 57。

朱英国等（1988）根据恢复系所带有的恢复基因及其恢保关系将恢复系归纳为表 1-5 所示的 4 种类型。

表 1-5 恢复系类型及其特征

（引自朱英国等，1988）

类型	恢复系	原产地区	主要特点	假设的恢复基因	F_1 代的正常花粉比例（%）	自然结实率（%）
Ⅰ	IR24	东南亚	强恢野败、冈型雄性不育系；保持红莲、包台、滇一型雄性不育系；不恢复田野 28 型雄性不育系	Rf_1Rf_1、Rf_2Rf_2	75.0～95.0	83.0～83.4
Ⅱ	泰引 1 号、皮泰、IR8、印尼水田谷、雪谷早	东南亚、中国华南	恢复野败、冈型雄性不育系；保持红莲、包台、滇一型、田野 28 型雄性不育系	Rf_1Rf_1	37.6～76.3	29.0～54.5
Ⅲ	珍汕 97、龙紫 1 号、2uP	中国长江流域、印度	恢复红莲、包台、滇一型雄性不育系；弱恢田野 28 型雄性不育系；保持野败、冈型雄性不育系	Rf_3Rf_3	79.7～81.4	42.9～54.5
Ⅳ	5350、75P12、35661、300 号	人工合成恢复系	能恢复野败、冈型、红莲、包台、滇一型雄性不育系，但恢复能力不强，保持田野 28 型雄性不育系	Rf_2Rf_2、Rf_3Rf_3	44.1～59.8	76.1～77.4

五、水稻杂种组合的选配

水稻杂种组合的选配与玉米、高粱等其他作物相同，应考虑双亲的亲缘关系、地理来源和生态类型的差异，双亲的一般配合力和组合的特殊配合力，双亲的丰产性、抗性和稻米品质。

选配组合一般先行初步测定，杂交一代株数可以少些，但配制组合数应多一些，根据 F_1 代群体的优势表现状况，选择少数组合进行复测，并进行小区对比试验。对有希望的新组合在对比试验的同时，可进行小规模制种，以供次年品种比较试验用；并探索制种技术（包括雄性不育系与恢复系花期相遇的最佳播种间隔期）和高产栽培技术。

杂交稻的育种程序概括于图 1-9。

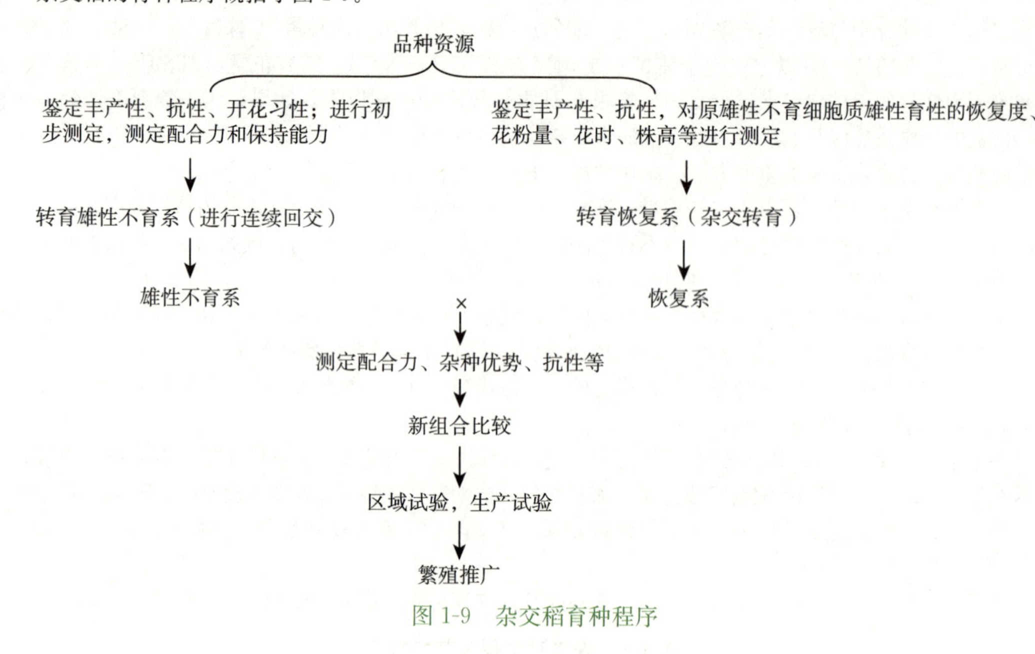

图 1-9　杂交稻育种程序

第六节　水稻育种途径和方法（三）
——诱变育种和花药培养技术

一、水稻诱变育种

截至 2021 年，全世界采用诱变育种方法育成的水稻品种共 852 个，我国用各类突变体直接或间接育成水稻品种 296 个（https：//mvd. iaea. org/＃！ Search？ Criteria ［0］［val］＝rice）。我国水稻诱变育种育成的突出品种是浙江省农业科学院原子能利用研究所用^{60}Co γ 射线照射 IR8 干种子于 1973 年育成的中熟早籼品种原丰早，它比原品种早熟 45 d，比推广品种增产约 10％，成为当时长江中下游单双季稻作区的主要良种，年种植面积最高达 1.067×10^6 hm^2（石春海，1992）。据估计，我国水稻诱变育成的品种年种植面积约占全国水稻种植面积的 10％。水稻诱变育种仍以 γ 射线为主，占诱变育种的 80％；其次是快中子和激光，分别占 6.2％和 3.8％。此外，也有用 β 射线、微波、化学诱变剂和电子流育成的品种。应用离子束及空间诱变（航天育种）的方法也育成了优良的水稻品种，例如常规籼稻华航 1 号、粤航 1 号等（王慧等，2003；吴钟，2013）。

（一）诱变处理方法　在一定的照射剂量范围内，突变率与照射剂量成正相关，但照射的损伤效应也随照射剂量的增加而提高。目前广泛采用的是半致死剂量，即照射后植株成活至开花结实期的比率占处理种子数目的 50％左右，结实率在 30％以下的剂量。根据 64 个用 γ 射线处理选育品种的分析，^{60}Co γ 射线处理干种子所用的剂量范围为 150～600 Gy（1 Gy＝100 R），但以 300 Gy 育成的品种数最多，约占 57.8％。

籼稻与粳稻对辐射敏感性不同，籼稻抗辐射能力较强。不同品种及不同发育阶段对辐射的敏感性相差很大，可以参考表 1-6 的水稻诱变育种的适宜剂量采用 2～3 个不同剂量处理。

表 1-6　水稻辐射诱变育种的适宜照射剂量

射线种类	处理材料	适宜照射量
γ 射线	干种子（粳稻）	20～40 kR
γ 射线	干种子（籼稻）	25～45 kR
γ 射线	浸种 48 h 萌动种子	15～20 kR

（续）

射线种类	处理材料	适宜照射量
γ射线	秧苗（5叶期）	4～6 kR
γ射线	幼穗分化期植株	2.5～3 kR
γ射线	花粉母细胞减数分裂期植株	5～8 kR
γ射线	合子期植株	2 kR
γ射线	原胚期植株	4 kR
γ射线	分化胚期植株	8～12 kR
γ射线	花药	1～2 kR
γ射线	愈伤组织	5 kR
γ射线	单倍体苗	5～10 kR
中子	干种子	1×10^{11}～1×10^{12}中子/cm^2
微波	干种子	波长 3 cm，15 min
β射线（^{32}P）	干种子（浸种）	4～10 μCi/粒

注：R 为非法定单位，1 R=2.58×10^{-4} C/kg；Ci 也为非法定计量单位，1 Ci=3.7×10^{10} Bq。

一般γ射线处理籼稻干种子采用 300 Gy 的剂量，粳稻干种子为 250 Gy 剂量，剂量率为 100～150 R/min（即 0.83～0.415 Gy/min）。中子处理则以每平方厘米 3×10^{11} 个中子较好。如果对发芽种子或秧苗进行处理，剂量为干种子处理剂量的 1/12～1/10。处理种子数量因品种的辐射敏感性、诱变率、照射剂量的大小而不同，一般为 100～250 g，最低限度需要 500 粒。

化学诱变近年来在水稻诱变育种中得到了加强。例如用 N-亚硝基-N-甲基尿烷（NMU）处理水稻金南风的受精卵细胞获得了巨大胚和甜胚乳突变材料；用乙烯亚胺（EI）处理日本优的种子得到了谷蛋白降低而醇溶蛋白升高的突变体 NM67，这些突变材料的获得为功能性水稻育种奠定了物质基础。

空间诱变（航天育种）是随着航空技术的发展于 20 世纪 80 年代末开始的诱变育种新技术。以微重力、强辐射和高真空为特点的高空环境对水稻种子具有明显的诱变作用，其变异幅度大，有益变异频率高，通过高空诱变选育出Ⅱ优航 1 号等品种。随着分子生物学的发展，染色体工程、转基因 T-DNA 插入突变、转座突变和基因编辑亦成为诱发突变的新方法。

（二）选育的方法

1. 照射材料的选择　诱变育种大多数是个别性状（例如生育期、株高、稻米品质等）的改良，因此通常选用有优良性状的品种或推广品种作为材料。但也有的用杂种世代种子或愈伤组织处理，以增加变异幅度。

2. M_1代　诱变一代（M_1 代）一般都不进行选择，可以按株或单穗收获，或收获后混合脱粒。禾谷类作物的主穗突变率比分蘖穗的高，一次分蘖穗的突变率比二次分蘖穗的高。这主要是种子经诱变处理时影响种胚的生长点，分蘖穗仅包含生长点的部分分生组织的细胞群，因此发生突变的概率相对地低一些。为此，M_1往往采取密植等方法来控制分蘖。并且一般只收获每株主穗的部分种子，或混合脱粒，或留存单穗作 M_2 代种植穗行。

3. M_2代　诱变二代（M_2 代）单株种植，也可种植穗行或株行。由于 M_2代出现异常的叶绿素突变体较多，有育种利用价值的突变少，必须种植足够的 M_2代群体。

4. M_3代及以后世代　M_3代及以后世代一般已很少分离，尤其是单基因突变体。M_3代均以株系种植，如果株系内性状已稳定，可以混合收获。

5. 诱变与杂交相结合的选育　可利用杂种一代或后代进行诱变处理，提高其后代的变异类型。由于诱变处理不仅引起基因突变，也增加了染色体交换的频率，打断性状间的紧密连锁，实现基因重组，扩大杂种后代的变异类型，提高诱变效果。王彩莲等（1990）用 300 Gy 的γ射线处理 6 个水稻杂交组合的当代干种子及其亲本，结果表明照射杂种一代可以明显提高染色体畸变率，GST-2×军 84-86 F_1代和 F_1M_1代的染色体畸变率分别为 0.82%和 8.72%。F_2M_2性状突变率也比 F_2明显提高。

广西壮族自治区农业科学院用红梅早×广南 1 号 F_1代经 7.74C/kg（30kR）的 γ 射线处理，育成苗期耐寒、中熟、丰产和适应性强的品种红南。江西省农业科学院用 5450×印尼水田谷的 F_1代经 300 Gy 的 γ 射线处理育成耐寒、抗白背飞虱的高产品种 M112。戴正元等（1999）用扬稻 4 号×3021 F_1代经^{60}Co γ 射线处理，育成优质高产水稻品种扬稻 6 号。

（三）一些性状改良的效果 根据天津市农业科学院的分析，用 γ 射线处理粳稻干种子（剂量为 5.16～7.74 C/kg）时，常见到的突变大致有：①生育期的早晚变异，一般迟熟变异的频率较高；②株高以变矮的类型出现的频率较高，也有呈半匍匐的特殊的突变体；③单粒质量的变异，以降低的较多，增加的突变体较少；④粒形变异一般趋向于由长变圆，少数为顶部米粒外露的爆粒型；⑤穗型变短、着粒密度变密为多；⑥叶型变厚的比较多，也有变窄的；⑦在 M_2代和 M_3代中都出现不同程度的不育性变异。诱变改良水稻品种的性状，已知有以下几方面。

1. 生育期的改良 应用诱变育种改良品种的生育期是十分有效的。二九矮 7 号在长江流域属于中籼品种，浙江省农业科学院和温州市农业科学研究所先后通过 3.87 C/kg（15 kR）和 7.74 C/kg（30 kR）γ 射线处理，育成比原品种分别早熟 10～15 d 的辐育 1 号和二辐早。国际水稻研究所的 IR8 经福建省农业科学院和浙江省农业科学院分别用 10^{12}快中子/cm^2和 9.03 C/kg（35 kR）γ 射线处理育成比原品种早熟 30 d 和 45 d 的早熟品种卷叶白和原丰早。根据韩国 Lee 的诱变试验（1990），M_2代早熟突变体出现的频率为 0.6%～2.3%。这些事实表明早熟类型的选育是有把握的，尤其在大田里容易加以鉴别。

2. 植株高度的改良 将高秆品种诱变得半矮秆类型突变体的频率也较高，突变率为 0.29%～0.42%（Lee，1990）。对高秆品种莲塘早和陆财号，分别用 X 射线和 γ 射线诱变得半矮秆品种辐莲矮和辐射 31；用^{32}P 处理广陆矮 4 号×IR8 F_1代种子，育成辐陆矮 1 号。日本于 1996 年用株高 104.2 cm 的富士埝经^{60}Co γ 射线 5.16 C/kg（20 kR）处理，育成比原始品种矮 15 cm 的黎明。美国用 γ 射线处理 Calrose 育成 Calrose76，用这个矮秆突变体作杂交亲本又育成 M7（Calrose76×CS-Ma）、M101[(CS-Ma×Calorse76)×D31]、Calpearl [(Calrose76×Earlirose)×IR1318-16]等。

3. 稻米品质的改良 稻米的粘性变为糯性在诱变育种中取得较大的成就。湖南省农业科学院用 7.74 C/kg（30 kR）的 γ 射线处理二九青育成中熟糯稻品种湘辐糯。四川省宜宾市农业科学研究所用 2.58 C/kg（10 kR）γ 射线处理 IR8 育成比原品种抗稻瘟病和胡麻斑病的糯稻品种 RD6，产量也高于原品种和推广品种。诱变也可改良稻米蒸煮品质。例如浙江省舟山市农业科学研究所经电子流处理红 410，育成糙米长宽比为 3∶2、直链淀粉含量为 16.3%～17.0%、胶稠度为 77 mm、糊化温度 2 级的优质早籼品种红突 31。

4. 抗病性的改良 采用诱变育种方法在提高水稻抗瘟性也取得一些成效。广东省农业科学院用 0.38 C/kg（1.5 kR）γ 射线在合子期处理感稻瘟病的桂朝 2 号育成高抗稻瘟病的早熟品种辐桂 1 号，用 55 个稻瘟病株鉴定时，其中 81.8%表现抗病，桂朝 2 号只有 27.2%。湖北省蕲春县原种场以 7.74 C/kg（30 kR）的 γ 射线处理台中育 39，育成抗黄矮病的争光 1 号。但是抗病性诱变频率较低，据山崎和河井（Yamasaki 和 Kawai，1968）报道，M_2代抗稻瘟病突变体频率仅为 0.006%。

5. 突变体应用于杂交育种 利用突变体为杂交亲本选育品种，较为突出的事例是浙江省嘉兴市农业科学研究所利用 γ 射线处理农虎 6 号，选得辐农 709 作为杂交亲本，先后育成了秀水 48（辐农 709^2×京引 154）、秀水 24（辐农 709^3×京引 154）、秀水 04［测 21×辐农 709^2×单 209)］和秀水 06（辐农 709^2×209）等品种。福建省连城县农业科学研究所利用 IR8 的突变体与红 410 杂交育成早熟、分蘖力强、较抗稻瘟病的科辐红 2 号。广东省农业科学院育成的华竹矮（双华矮×辐竹二矮）和青华矮 6 号［（晚青×青兰矮）F_4×华竹矮］中都利用了辐竹二矮，该材料是 IR20×竹印 2-C6965 经诱变得到的突变体，对白叶枯病具有中等抗性。

6. 标记性状材料的获得 将具标记性状的材料应用于杂交稻生产，可在早期剔除假杂种，减轻混杂的种子给生产带来的严重损失。舒庆尧等（2001）用 300 Gy ^{60}Co γ 射线照射龙特浦 B 干种子，育成了苗期第 1～3 叶表现周缘白化的全龙 A。张集文等（2000）用^{60}Co γ 射线处理 W6154S 种子，选育出苯达松致死的水稻光温敏雄性不育系 8077S。

二、水稻花药（花粉）培养技术

植物各部分分离的活细胞通常都能在试管中生长。水稻的穗、叶片、叶鞘等都曾在不同条件下培养成植株，这都支持分化的活细胞具有全能性的观点，即它们都有产生完整植株的能力。

花药培养和花粉培养指花粉在合成培养基上改变其正常的发育途径，由单个花粉粒发育成完整植株的技术。只是花药培养的外植体为花药，而花粉培养的外植体是花粉粒（小孢子）。直接用花粉作为外植体就不会因花药的药壁、花丝、花隔等体细胞组织的干扰而形成体细胞植株。但花粉培养技术难度大，很难获得大量水稻花粉植株。

1964 年印度 Guha 和 Maheshwari 首先用毛叶曼陀罗（*Datura innoxia*）的花药培养获得正常的小植株。1968 年日本新关宏夫和大野清春用水稻花药培养成单倍体植株。我国花药培养研究始于 1970 年，目前我国水稻花药培养植株的频率已显著提高，以接种花药计算，每接种 100 枚花药，粳稻一般可得绿苗 4～5 株，籼稻可得 1 株左右。通过花药培养育成的品种已很多，其中中国农业科学院育成的中花 9 号推广面积较大，在北方稻作区不仅表现产量高，而且高抗稻瘟病。浙江省农业科学院育成的浙粳 66 具有早熟、高产、抗白叶枯病等特点。黑龙江省农业科学院合江水稻研究所育成的合单 76-085 能种植在北纬 48°左右的松花江流域。这都说明花药培养已为水稻育种增添了一种有效的辅助技术。

（一）花药培养的一般操作程序 通常取小孢子处于单核中晚期的花药进行培养最为有效。此时的形态指标是水稻的剑叶已全部伸出，叶枕距为 4～10 cm，幼穗的颖壳宽度已接近成熟的大小，颖壳呈现绿色，雄蕊伸长达颖壳的 1/3～1/2。取稻穗进行低温处理（置于冰箱冷藏室），以提高愈伤组织和幼苗的分化频率。

接种前进行稻穗表面灭菌，一般用 70%～75%酒精擦洗，最好用新鲜漂白粉饱和液的上清液浸泡 10～15 min，或用 0.1%升汞（氯化汞）浸泡 10 min。灭菌后用无菌水冲洗 3 次，以彻底清除残留在稻穗表面的药液。随后在超净工作台上进行接种操作，采用直径 3 cm 的试管，每管接种花药 50～100 枚。花药在含有适当生长调节剂的脱分化培养基中，30 d 左右可诱导愈伤组织形成。当愈伤组织增殖到 2～3 cm 大小时，及时进行再分化培养，以获得花粉植株。再分化培养基要选择含适当浓度的激素，经 15～25 d 就能诱导幼苗的分化。幼苗生长至 3～4 片叶时，根系生长良好的即可移植到土中。

水稻花粉植株有 50%～60%可自发染色体加倍成二倍体（即双单倍体），有 40%左右为单倍体，5%为多倍体或非整倍体。单倍体可采用 0.025%～0.05%秋水仙碱处理，促使染色体加倍。

（二）花药培养的方法 诱导愈伤组织的培养基通常采用 N_6 培养基（表 1-7）。

表 1-7 N_6 基本培养基的成分

成分	含量（mg/L）	成分	含量（mg/L）
KNO_3	2 830	H_3BO_4	1.6
$(NH_4)_2SO_4$	463	KI	0.8
KH_2PO_4	400	甘氨酸	2.0
$MgSO_4 \cdot 7H_2O$	185	盐酸硫胺素	1.0
$CaCl_2 \cdot H_2O$	166	盐酸吡哆醇	0.5
$FeSO_4 \cdot 7H_2O$	27.8	烟酸	0.5
Na_2-EDTA（乙二胺四乙酸钠）	37.3	蔗糖	50 000
$MnSO_4 \cdot 4H_2O$	4.4	琼脂	10 000
$ZnSO_4 \cdot 7H_2O$	1.5	灭菌后 pH 为 5.8	

在 N_6 基本培养基的基础上，附加一定数量的生长调节剂，以维持并启动花粉细胞分裂、生长和愈伤组织的进一步分化。诱导愈伤组织的生长调节剂以 2,4-滴（2,4-D）效果最好，吲哚乙酸（IAA）或萘乙酸（NAA）效果较差。2 mg/L 2,4-滴用量对多数品种都是合适的；当浓度高于 4 mg/L 时，愈伤组织的结构松散，分化率低；而 3 mg/L 以下时，愈伤组织数量减少，但素质较好。

在附加 2,4-滴的培养基中的花粉粒，在 26～28 ℃温度的黑暗条件下培养，不再继续按原来的分化方向分化为成熟花粉粒，而进入脱分化培养。核仁组织产生多种 RNA，促进酶的合成，增强酶的活性，使花粉细胞分裂增殖形成不规则的细胞团，即愈伤组织。经 3～4 周愈伤组织可达 2～3 mm 大小，转移到降低了生长调节剂水平的再分化培养基上之后，方可分化形成芽和根，最后形成完整植株。

再分化培养基一般选用MS基本培养基（表1-8），并附加细胞分裂素，例如激动素（KT，即6-呋喃氨基嘌呤）或6-苄基氨基嘌呤（6-BA）1.5～2.0 mg/L和吲哚乙酸0.1～0.5 mg/L，在28℃温度下每天14～16 h的1 000～2 000 lx光照，进行光培养。激动素等细胞分裂素能促进细胞分裂，调节和启动细胞分化，特别是芽的分化。经过2～4周的再分化培养即陆续出现根、芽的分化。待长出3～4片叶时即可移到土中，如果幼苗瘦弱，尤其是根系不良，可将植株再移到不加细胞分裂素而含极低浓度诱导愈伤组织的生长调节剂的培养基上，再次培养，使其健壮后再移到土中。

表1-8 MS基本培养基的成分

成分	含量（mg/L）	成分	含量（mg/L）
NH_4NO_3	1 650	$CoCl_2 \cdot 6H_2O$	0.025
KNO_3	1 900	Na_2-EDTA	37.3
$CaCl_2 \cdot H_2O$	440	$FeSO_4 \cdot 7H_2O$	27.8
$MgSO_4 \cdot 7H_2O$	70	肌醇	100
KH_2PO_4	170	烟酸	0.5
KI	0.83	甘氨酸	2.0
H_3BO_3	6.2	盐酸硫胺素	0.4
$MnSO_4 \cdot 4H_2O$	22.3	盐酸吡哆醇	0.5
$ZnSO_4 \cdot 7H_2O$	8.6	蔗糖	20 000
$Na_2MoO_4 \cdot 2H_2O$	0.25	琼脂	10 000
$CuSO_4 \cdot 5H_2O$	0.025	灭菌后pH为5.8	

（三）提高花药培养成植株的因素

1. 供试材料的基因型 一般情况下，花粉植株的培养频率是粳稻比籼稻高。但用乙酰丁香酮处理籼稻愈伤组织，可提高其再生能力。

2. 花粉发育时期 水稻花粉发育在单核期时最有利于花药培养，因为小孢子发育到这个时期是脱分化的临界期。

3. 培养条件 水稻在25～28℃温度下形成花粉愈伤组织频率高（即出愈率高），在30℃温度下诱导的愈伤组织绿苗分化多（即绿苗分化率高）。在诱导花药的花粉脱分化形成愈伤组织时，需要在黑暗条件下培养，而诱导胚状体和芽形成时的分化培养，一般都要求有一定时间和一定光照度（1 000～2 000 lx）的光照处理，否则会影响分化效果。

4. 培养基附加物 在培养基中添加马铃薯提取液、椰子汁、水解乳蛋白、酵母汁、脯氨酸等可提高籼稻的培养力。加入适量的S-3307可明显提高花药愈伤组织诱导率和绿苗分化率。苯乙酸可提高愈伤组织分化率。

（四）花药培养在水稻品种改良上的应用 在杂交育种工作中，应用花药培养可以加速育种进程，提高选育效率。其主要特点如下。

1. 提高获得纯合材料的效率 利用杂种一代花药培养产生的花粉植株，其基因型即为分离配子的基因型，经染色体加倍后均成为纯合的基因型（H_1代）。将这些单株种成的株系（H_2代）均为性状整齐一致的纯系，对于育种者来说只要鉴定H_2代各株系的表现型加以选优去劣，再经过进一步产量比较和有关性状的鉴定就可繁殖推广，故有助于缩短育种周期。

2. 提高选择效率 花药培养可排除显隐性的干扰，使配子类型在植株水平上充分显现。由于成对基因在配子中分离频率为2^n（n为基因对），而孢子体则为2^{2n}，从总体来看杂种一代培育的H_1代所需的群体的数量可以减少很多。刘进等（1980）比较了宇矮×C245的102个H_2代株系、335株F_2代株系和150个F_3代株系的生育期、株高、穗长、每穗粒数、着粒密度的变异系数，H_2代的变异系数高于F_2代和F_3代，表明

H_2代中能得到相当广泛的遗传变异。

3. 结合诱变处理提高诱变效果 花药培养产生愈伤组织时，用辐射或化学诱变剂处理，不仅可增加 H_1代的变异范围，而且有利于当代或 H_2代的选择。因处于单倍体状态的显性或隐性突变，都能在花粉植株上表现出来，所产生的双单倍体均属纯合的。

4. 推广品种通过花药培养可起到提纯选优的作用 长期推广种植的品种通过花药培养选择优良株系，可以提高原品种的纯度。

5. 尚存在的技术难题 花药培养用于育种尚有如下一些技术问题有待解决。

①还没有适合于各种不同基因型的培养基，以致某些杂交组合的 F_1代不易获得较多的花粉植株。

②绿苗分化率还不够高，因此也难以使每个杂交组合都得到足够数量的 H_1代植株数，限制了选择优良 H_2代株系的范围。

③不能在短期内成批产生较多的 H_1代植株，分化绿苗的时间拖延过长，延误种植季节。

④产生花粉植株的程序较繁杂和较多的人力、物力消耗，大规模产生花粉植株的技术尚待完善。

（五）花药培养在水稻遗传图谱构建上的应用 取 F_1代植株的花药进行离体培养，诱导产生单倍体植株，然后对染色体进行加倍产生双单倍体（DH）植株。构建双单倍体群体所需时间短，并且双单倍体群体是永久性分离群体，可长期使用。双单倍体群体的遗传结构反映了 F_1代配子中基因的分离和重组，其作图效率较高。目前已构建了窄叶青 8 号×京系 17、圭 630×02428、圭 630×热带粳等双单倍体群体，并用这些群体定位了一些重要的质量性状和数量性状基因位点，例如稻瘟病抗性、产量、米质、低温发芽、雄性不育恢复基因等。

第七节 水稻育种途径和方法（四）
——分子标记辅助选择、转基因和分子设计育种

一、水稻分子标记辅助选择育种

选择是指从一个育种群体中挑出符合要求的目标基因型。传统育种往往通过目标性状的表现型对基因型进行间接选择。分子标记辅助选择（marker-assisted selection，MAS）则是利用与目标性状基因紧密连锁的分子标记对基因型进行间接选择。分子标记辅助选择其实是对目标性状在分子水平上的一种选择，与传统的表现型选择相比，它不受等位基因间显隐性关系、非等位基因互作和环境因素的影响，选择结果可靠。同时，分子标记辅助选择一般可在植株生长发育前期和育种早代时期进行，提高选择效率和缩短育种周期。

（一）分子标记辅助选择的基本程序 首先，通过基因定位或数量性状基因位点（QTL）分析，获得与目标性状基因或数量性状基因位点连锁的分子标记。这主要是通过构建目标性状分离群体［F_2群体、回交群体、双单倍体群体或重组自交系（RIL）群体］和性状与标记间的连锁分析来实现。适用于分子标记辅助选择的理想的分子标记是共显性标记，例如简单序列重复（SSR）标记、特征序列扩增区域（SCAR）标记、酶切扩增多态性序列（CAPS）标记、单核苷酸多态性（SNP）标记等。

其次，利用分子标记对目标基因型进行辅助选择。这是通过对分子标记基因型的检测间接选择目标基因型。分子标记与目标性状的连锁越紧密，选择效率越高。有研究表明，若要选择效率达到 90%以上，则标记与目标基因间的重组率必须小于 0.05。同时用两侧相邻的两个标记对目标基因进行选择，可大大提高选择的准确性。在回交育种程序中，除了对目标基因进行正向选择外，还可同时对目标基因以外的其他部分进行选择，即背景选择（background selection）（Hospital 等，1997），加快轮回亲本恢复进度。

（二）不同目标性状类型的分子标记辅助选择效率 在多数情况下，对质量性状的选择没有必要借助分子标记。但是在以下几种情况下，利用分子标记辅助选择则可提高选择效率：①表现型测定在技术上难度较大或费用很高，例如抗病虫性；②表现型只在个体发育后期才能测定；③目标性状由隐性基因控制，在杂合世代不表现；④回交转育过程中，还需同时对背景进行选择；⑤目标性状需要测交或后代验证，例如育性恢复、广亲和性；⑥对不同抗性基因的聚合。

作物的许多重要经济性状属于数量性状，对这类性状的选择比单基因质量性状要复杂得多。这是因为多基因选择不但技术上更复杂，成本更高，而且由于每个数量性状基因位点的贡献率较小，效率也更低。尽管

如此，一旦建立起数量性状基因位点与分子标记的连锁关系，就有希望利用分子标记辅助选择进行改良。借助分子标记对数量性状基因位点进行辅助选择的成败主要取决于对数量性状基因位点的精确定位、数量性状基因位点互作及其受环境因素的影响大小。利用回交高代数量性状基因位点分析方法，建立一套受体亲本的近等基因系，利用这些近等基因系可以对有关数量性状基因位点进行精细定位，最后克隆数量性状基因位点，开发基于目标基因的功能标记，可提高数量性状的分子标记辅助选择的可靠性（Tanksley，1993）。

（三）分子标记辅助选择在水稻育种上的应用实例 应用分子标记辅助选择的一个实例是对抗条纹叶枯病基因的育种利用。条纹叶枯病是由水稻条纹病毒引起的病毒病，其传毒介体主要是灰飞虱。该病分布于我国16个省、直辖市、自治区，2004—2008年该病大流行，尤以江苏等江南粳稻种植区损失最为严重。在传统育种方法中，首先要收集具有抗病基因的亲本，与主栽品种配置组合，对条纹叶枯病抗性进行单株选择。由于条纹叶枯病的鉴定比较复杂繁琐，鉴定时间长，抗性受环境条件的影响很大，表现型鉴定的结果可靠性偏低，因此传统抗病育种不仅费时耗力，而且难度大，成本高。南京农业大学以（Nipponbare×Kasalath）×Nipponbare回交重组自交系群体，采用田间鉴定、集团接种和强迫饲毒的鉴定方法，在Kasalath第11染色体标记区间S2260-G257均检测到1个稳定主效数量性状基因位点（命名为qSTV11）。通过筛选与该位点紧密连锁的22对简单序列重复（SSR）标记，获得可供育种利用的4个分子标记R21、R22、R13和R48。与温室、田间实际抗虫的表现型结果比较，在单标记选择的条件下，4个标记选择准确率均高于95%，其中标记R22选择效率最高（为98.90%）；任意双标记组合选择条件下选择的准确率均高于97%，其中标记R13+R22的选择效率最高（为100%）。由于单标记选择和双标记选择的效率均高于95%，故一般情况下单标记就可以高效地选择抗病的株系。万建民、王才林等育种家将该分子标记方法应用到传统抗病育种中，在短短的几年间快速选育出适应不同生态区的早熟、中熟和晚熟系列抗条纹叶枯病高产优质新品种，例如宁粳1号、南粳44、徐稻3号、盐稻8号、扬粳4038、淮稻9号、连粳4号、武育粳21等，有效控制了条纹叶枯病的危害，相关成果获得2010年国家科技进步一等奖，是分子标记辅助选择在水稻育种应用上的成功典范。

（四）改进分子标记辅助选择效果的策略 尽管分子标记辅助选择方法已经逐渐被育种家接受和应用，但当前基因定位基础研究与育种应用脱节仍是限制分子标记辅助选择技术常规性应用到育种中的一个主要原因。大部分研究的最初目的只是定位目的基因，在试验材料选择上只考虑研究的方便，而没有考虑与育种材料的结合，致使大部分研究只停留在基因定位上，未能进一步走向育种应用。这是由于基因定位研究群体与育种应用群体的目的基因与标记基因之间的遗传距离往往不一致，当两个基因之间相距较远时，不同群体之间差异就较大，导致达不到分子标记辅助选择育种应用的要求。此外，绝大多数数量性状基因位点定位都是以来自两个亲本组合的分离群体为基础的，其结果只是对每个数量性状基因位点上的两个等位基因间的比较，没有证据表明每个数量性状基因位点上的所谓“有利的”等位基因是分子育种中最佳的复等位基因。为使基因定位研究成果尽快地服务于育种，策略之一是注重基因定位群体与育种群体的相结合以及比较数量性状基因位点的复等位基因的遗传效应。同时不断开发应用基于基因本身的功能分子标记（functional marker），简化检测技术［例如采用种子微创切片（seed chipping）技术提取DNA，种植前即可进行基因快速分型］和提高样品通量（比如以荧光引物或探针取代银染技术）。还要在育种实践中，把分子标记辅助选择和育种家的丰富选择经验相结合。

在构成表现型性状的所有遗传变异中，应用于分子标记辅助选择的标记往往只捕获了其中很有限的一部分变异，即主效基因所带来的那部分变异，而小效应累加起来所带来的变异却被忽视了。为了捕获构成表现型的所有遗传变异，策略之二就是在基因组水平上检测影响目标性状的所有数量性状基因位点并对其利用，这就是全基因组选择（genomic selection，GS），即估计全基因组上所有标记或单倍型的效应，从而估计基因组育种值。与传统的分子标记辅助选择的最大区别在于，全基因组选择不仅仅依赖于一组与数量性状基因位点连锁的分子标记，而是利用联合分析群体中的所有标记，进行个体育种值的预测。因此标记的密度必须足够高，以确保控制目标性状的所有的数量性状基因位点与标记处于连锁不平衡状态（Nakaya，2012）。随着大规模高通量下一代测序技术（next generation sequencing，NGS）的应用，可以实现通过测序检测基因型（genotyping by sequencing，GBS），使基因组选择方法应用于水稻育种成为可能。

二、水稻转基因育种

水稻转基因育种就是将转基因技术与常规育种手段结合起来，培育具有特定目标性状的水稻新品种。它涉及目的基因的克隆、载体的构建、转基因植株（遗传工程体）的获得及其在育种实践中的应用等多个过程，直至育成新品种。与常规育种技术相比，转基因育种在技术上较为复杂，要求也很高，但是具有常规育种所不具备的优势。首先，由于转入的外源基因可以来源于植物、动物或者是微生物，能拓宽可利用基因资源的范围；其次，转基因育种还具有定向变异和定向选择的特点，因此可以大大提高选择效率，加快育种进程。正是由于转基因技术育种具有上述强大的优势，使得转基因技术在问世后的几十年内得到了快速的发展。针对保障食物安全和发展生物育种产业的战略需要，2008 年我国启动转基因生物新品种培育科技重大专项，围绕主要农作物和家畜生产，开展转基因相关基础研究和应用研究，有力推动了水稻的转基因育种工作。

（一）目的基因的种类 目的基因的获得是利用转基因技术进行水稻育种的第一步。根据基因用途的不同可以将目的基因分为抗病虫基因、抗逆基因、提高水稻品质相关的基因等。目前常用的抗虫基因有来源于微生物苏云金芽孢杆菌的杀虫结晶蛋白（Bt）系列、农杆菌的异戊烯基转移酶基因和链霉菌的胆固醇氧化酶基因（*choA*）等，来源于植物的消化酶抑制剂基因系列（包括蛋白酶和淀粉酶的抑制剂基因），以及植物外源凝集素基因，但是当前真正可用于生产实践的抗虫基因仍以苏云金芽孢杆菌（*Bacillus thuringiensis*）的 *Bt* 基因为主。抗病基因的种类较多，包括抗病毒基因、抗真菌基因和抗细菌基因，其中来源于水稻的抗白叶枯病基因 *Xa21* 是一种重要的抗细菌基因。

（二）常用载体及水稻受体系统 目的基因的获得只是为利用外源基因提供了基础，要将外源基因转移到受体植株还必须对目的基因进行体外重组。质粒重组的基本步骤包括：从原核生物中获取目的基因的载体并进行改造；利用限制性核酸内切酶将载体切开，并用连接酶把目的基因连接到载体上，获得 DNA 重组体。已经分离的目的基因一般都保存在大肠杆菌内的一类辅助质粒中，常用的有 pBR322 系列、pUC 系列、pBluescript K^+（一）系列等。在进行外源基因转移前还必须将外源基因重组到合适的转化载体上，具体采用哪种载体要根据转基因的方法和目的确定。

受体是指用于接受外源 DNA 的转化材料。建立稳定、高效和易于再生的受体系统是植物转基因操作的关键之一。良好的植物基因转化受体系统应满足如下条件：①有高效稳定的再生能力；②有较高的遗传稳定性；③具有稳定的外植体来源，即用于转化的受体要易于得到而且可以大量供应，例如胚和其他器官等；④对筛选剂敏感，即当转化体筛选培养基中筛选剂浓度达到一定值时，能够抑制非转化植株细胞的生长、发育和分化，而转化细胞能正常生长和分化形成完整的植株。水稻是开展组织培养研究较早的作物之一，至今已有几十年的历史，并从多种组织来源获得过再生植株。

（三）转基因方法 选择适宜的遗传转化方法是提高遗传转化率的重要环节之一。尽管转基因的方法很多，但是概括起来说主要有两类。第一类是以载体为媒介的遗传转化，也称为间接转移系统法。载体介导转移系统的基本原理是通过载体携带将外源基因导入植物细胞并整合进核染色体组中，随着核染色体一起复制和表达。其中，农杆菌Ti 质粒（tumor-inducing plasmid）或Ri 质粒（root-inducing plasmid）介导法是迄今为止植物基因工程中应用最多、机制最清楚、最理想的载体转移方法之一。表 1-9 列举了部分报道的以农杆菌为介导获得的水稻转化体。第二类是外源目的 DNA 的直接转化，主要包括基因枪法、电激法、超声波法、聚乙二醇（PEG）介导法等。此外，由我国学者周光宇发明的显微注射法也在包括水稻在内的多种作物上获得成功，该法的原理是利用琼脂糖包埋、聚赖氨酸粘连、微吸管吸附等方式将受体细胞固定，然后将供体 DNA 或 RNA 直接注射进入受体细胞。随着科技的不断进步，人们先后又发明了多种直接转化方法，例如超声波介导法、脉冲电泳法、离子束介导等方法，但是由于上述方法的技术还不成熟、有的原理不清楚或者是所需设备太昂贵，因此在实际应用中受到了限制。

表 1-9 部分报道的通过农杆菌介导法获得的转基因植株

品种类型	受体组织	外源基因	参考文献
粳稻	幼胚	报告基因和标记基因（*Gus/hpt*）	Chan 等，1993
粳稻	芽尖分生组织、悬浮系、幼胚盾片组织	报告基因和标记基因（*Gus/hpt*）	Hiei 等，1994
籼稻	盾片愈伤组织	报告基因（*hpt/Gus*）	Rashid 等，1996
粳稻	胚性愈伤组织	绒毡层特异启动子和报告基因（*Gus*）	Yokoi 等，1997

（续）

品种类型	受体组织	外源基因	参考文献
粳稻	成熟（和幼）胚愈伤组织	*Bt* 基因和报告基因（*Gus*）	Cheng 等，1998
籼稻	根（茎）尖及盾片愈伤组织	报告基因和标记基因（*Gus*/*hpt*）	Khanna 等，1999
粳稻	悬浮细胞系	报告基因（*Gus*/*hpt*）	尹中朝等，1998
粳稻	幼穗来源愈伤组织	抗虫基因（*Bt*）	项友斌等，1999
籼稻	成熟胚来源愈伤组织	白叶枯病抗性基因 *Xa21*	赵彬等，1999
粳稻	未成熟胚来源愈伤组织	大豆球蛋白基因	张宪银等，2000
粳稻	成熟胚来源愈伤组织	*Bt* 基因和 *CpTI* 基因	李永春等，2002

（四）转化体的筛选和鉴定

1. 转化体的筛选 外源目的基因在植物受体细胞中的转化频率往往是相当低的，在数量庞大的受体细胞群体中，通常只有很小部分获得了外源 DNA，而其中目的基因已被整合到核基因组并实现表达的转化细胞则更加稀少。因此为了有效地选择出这些真正的转化细胞，就有必要使用特异性选择标记基因（selectable marker gene）进行标记。常用选择标记基因包括抗生素抗性基因和除草剂抗性基因两大类，例如卡那霉素抗性基因（*npt Ⅱ*）和潮霉素抗性基因（*hpt*）、除草剂草胺膦（glufosinate）抗性基因（*bar*）和除草剂草甘膦（glyphosate）抗性基因（*epsps*）等。在实际工作中，将选择标记基因与适当启动子构成嵌合基因并克隆到质粒载体上，与目的基因同时进行转化。当标记基因被导入受体细胞之后，就会使转化细胞具有抵抗相关抗生素或除草剂的能力，在抗生素或除草剂存在的环境中非转化细胞被抑制、杀死，转化细胞则能够存活下来。

2. 转化体的鉴定 通过选择压筛选得到的转化体（转基因植株）只能初步证明标记基因已经整合进入受体细胞，至于目的基因是否整合、是否表达还无从判断。因此还必须对抗性植株进一步鉴定。根据鉴定水平的不同，转基因植株的鉴定可以分为 DNA 水平鉴定、转录水平鉴定和翻译水平鉴定。DNA 水平鉴定主要是鉴定外源目的基因是否整合进入受体基因组、整合的拷贝数以及整合的位置，常用的鉴定方法主要有特异性 PCR 检测和 Southern 杂交。转录水平鉴定是对外源基因转录形成 mRNA 情况进行鉴定，常用的方法主要有 Northern 杂交和 RT-PCR 鉴定。为鉴定外源基因转录形成的 mRNA 能否翻译，还必须进行翻译或者蛋白质水平鉴定，最主要的方法是 Western 杂交。表 1-10 列出了各个时期具有代表性的水稻遗传转化实例。

表 1-10 水稻遗传转化研究中的重要事件

代表事件	受体材料	转化方法	参考文献
瞬时表达	原生质体	PEG	Ou-lee 等，1986
稳定转化的愈伤组织	原生质体	PEG	Uchimiya 等，1986
转基因粳稻	原生质体	电激	Toriyama 等，1988
	原生质体	电激	Zhang 等，1988
	原生质体	PEG	Zhang 和 Wu 等，1988
首次获得籼稻转化体	原生质体	PEG	Datta 等，1990
方法创新	幼胚	基因枪	Christou 等，1991
农杆菌转化体	愈伤组织	农杆菌	Hiei 等，1994
首次获得农艺性状（抗除草剂）	幼胚	基因枪	Oard 等，1996
黄金稻	愈伤组织	农杆菌	Ye 等，2000

（五）转基因水稻育种及生物安全性 通过转基因技术获得的转化植株很少能直接作为品种进行推广应

用，这是由于各类作物品种都具有一系列主要育种目标性状，这些性状又各有其组成因素及生理生化基础，将外源基因导入受体植株只是赋予该植株特定的目标性状，对于其他目标性状是否符合生产的需要还不清楚。虽然可以从受体材料的来源上对所获得的转基因植株的性状加以推测，但是由于转基因目标性状是通过非常规手段获得的，外源基因的插入很有可能对原有基因组的结构发生破坏，并对宿主基因的表达产生影响，这势必会影响甚至改变该作物品种的原有性状，因此通过转基因方式获得的植株只能作为育种的中间材料。如何对通过各种转基因手段获得的转基因水稻植株进行有效利用将是影响转基因水稻育种的关键。通过转基因手段培育新型水稻最著名的例子是2000年瑞士科学家通过转基因技术将维生素A前体合成途径中的4个关键基因导入粳稻品种台北309（TP309），使原本没有类胡萝卜素的水稻胚乳能够合成维生素A前体（β胡萝卜素），解决了传统水稻品种胚乳中缺少维生素A前体的难题，该品种被命名为黄金稻（Golden Rice）。英国科学家将大豆铁蛋白基因导入水稻中，使所得的转基因水稻胚乳中铁蛋白的含量提高了3倍。我国农业部2009年为转基因抗虫水稻华恢1号和Bt汕优63发放了安全证书，它们是由华中农业大学培育的高抗螟虫等鳞翅目害虫的转基因水稻品系。

随着大批转基因作物的产业化及其产品的不断上市，转基因作物的安全性问题已成为社会关注的焦点。关于转基因作物安全性的讨论在各类刊物中都有大量报道。综合来看，转基因作物可能存在的风险性主要有生态安全性和食用安全性两大方面。转基因生态安全性关注的焦点主要集中在转基因作物是否会转变为杂草、转基因漂移是否会导致新型杂草产生、转基因作物是否会导致新型病原体产生、转基因作物是否会对生态系统中的非靶标生物造成伤害等。对转基因食品安全性的担忧主要包括抗生素标记转基因是否会在人体内水平转移（horizontal gene transfer）而导致新致病菌的产生和外源基因（及其产物）是否有害于消费者的健康两方面。

产业化的转基因作物一方面是构成生态系统的重要元素，其安全性关系到人类生存环境的维护；另一方面又是食品加工的原料，其安全性可能影响消费者的身体健康。为此，科学工作者正在努力开发各种切实可行的安全的转基因途径，力求将转基因作物可能带来的风险降低到最低水平。

美国国家科学院、工程院和医学科学院经过大量调查之后，认为转基因作物与非转基因作物在生态安全和食品安全方面没有发现有差异（National Academies of Sciences，Engineering and Medicine，2016）。

三、水稻分子设计育种

分子标记辅助选择提高了育种性状选择的目标性和研究效率，转基因育种打破了种间的生殖隔离，在育种途径和方法上各具特长。随着分子生物学和基因组学的发展，特别是系统生物学和生物信息学的发展，重要农艺性状基因的定位分离、染色体片段置换系的构建及等位基因功能效率的分析，可以利用一些软件模拟品种配组，筛选出优良的组合进行田间配组；这些基础和技术使水稻育种日渐精确，新的育种方法——分子设计育种已显端倪。

Peleman（2003）提出设计育种（breeding by design）的概念，即在基因定位的基础上，构建近等基因系，利用分子标记聚合有利等位基因，实现育种目标。我国于2003年在国家“863计划”中启动了“分子虚拟设计育种”专题，提出了“分子设计育种体系（molecular designed breeding system，MDBS）”的新设想，这是我国最早从事分子设计育种研究的课题，该项目基本与国外同步启动。所谓分子设计育种，是相对常规育种技术而言的，即在作物全基因组序列分析的基础上，通过自然界已有变异或创造新的变异（如通过TILLING、EcoTILLING和新兴的基因编辑技术），利用大规模开发的分子标记，明确主要农艺性状基因的功能及效应、网络调控和基因表达产物互作的前提下，构建大规模的有利基因渗入系文库和优良转基因系；根据育种目标，通过计算机软件分析和模拟，对作物从基因（分子）到整体（系统）不同层次进行定性和定量的设计和操作，在实验室和田间反复对育种程序中的各种因素进行筛选和优化，得到最优育种技术方案，并通过分子标记技术，结合常规育种技术对众多的遗传组件进行组装，达到目标有利基因的有机重组的目的，实现从传统的“经验育种”到定向、高效的“精确育种”的转化，大幅度提高育种效率、全面提升育种水平、培育突破性新品种（万建民，2006）（图1-10）。

（一）分子设计育种体系的特点

1. 育种目标的可预见性 在目标基因的遗传特性完全明确（基因在染色体的位置、紧密连锁的侧翼分子标记以及基因效应），有利基因渗入系文库表现型性状和遗传特征清楚的前提下，可以事先制订明确的育

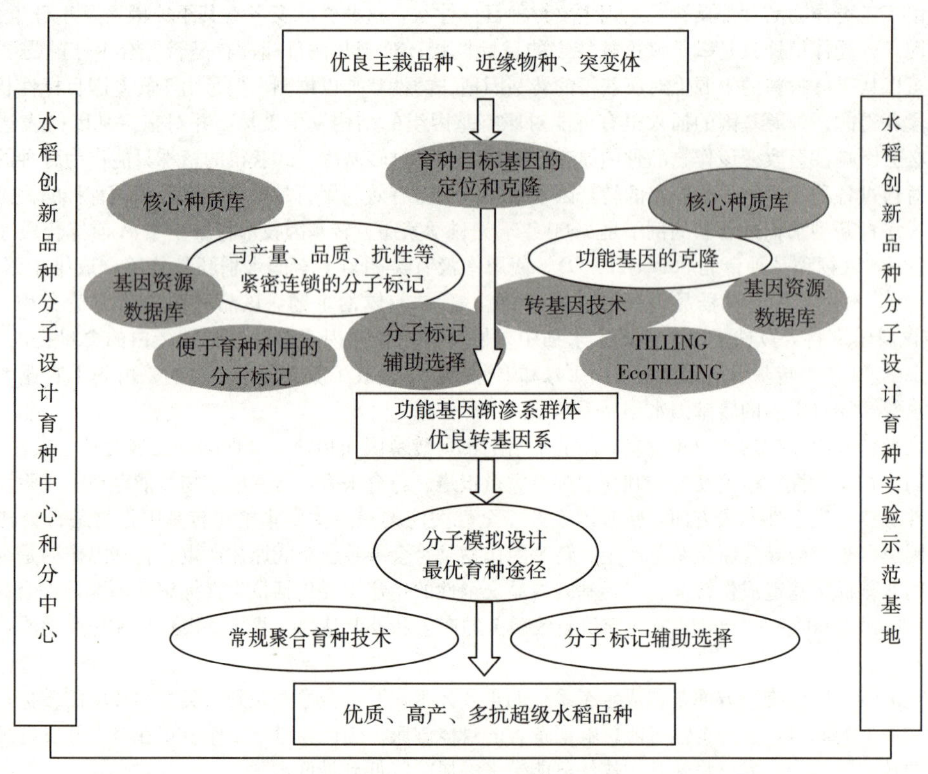

图 1-10 分子设计育种的流程

种目标和设计详尽的育种方案；通过建立合适的计算机模型与软件，实现育种目标制订、育种设计方案选择的自动化，即真正意义上的计算机专家育种系统。

2. 育种方案实施的高效性 分子育种目标的明确性，同时也决定了育种方案实施的高效性。分子设计育种所选用的实施方案是经过有效分析、优化的产物，建立的计算机专家育种系统可以最大限度地提高目标组合选择的成功率。同时，由于采用了遗传背景单一的基因文库渗入系为有利基因的供体亲本，减少了不利基因的连锁累赘，缩短了育种时限，极大地提高了育种效率。

（二）我国水稻分子设计育种的技术路线和研究重点

Peleman 等（2003）认为分子设计育种应当分 3 步进行：①定位所有相关农艺性状的数量性状基因位点（QTL）；②评价这些位点的等位性变异；③开展设计育种。结合我国在水稻遗传和育种上的特点和实际情况，我国的水稻分子设计育种研究应集中在以下 3 个方面。

1. 重要农艺性状基因或数量性状基因位点高效发掘 水稻基因组约有 5 万个基因，同时大量的非编码序列也发挥重要的调节功能，还有很多基因和调节元件的功能有待鉴定。构建水稻的高代回交导入系群体，通过大规模回交导入系并结合定向选择，消除复杂的遗传背景对基因或数量性状基因位点定位精度的不良影响，高效发掘种质资源中重要农艺性状的基因或数量性状基因位点。通过不同轮回亲本和供体亲本配制的高代回交组合定位结果的分析比较，探明基因或数量性状基因位点的一因多效、多因一效、同一基因或数量性状基因位点的复等位性、基因或数量性状基因位点之间的上位性互作、基因或数量性状基因位点与遗传背景之间的互作、基因或数量性状基因位点与环境互作等信息。高代回交导入的遗传背景高度纯化，便于直接对主效应大、表达稳定的基因或数量性状基因位点进行精细定位克隆。同时利用定向诱导基因组局部突变（targeting induced local lesions in genomes，TILLING）和基因编辑所创制的系列等位变异体从多个方面进一步认识关键基因的功能，迅速拓展关键基因的应用潜力，提高关键基因的利用效率。

2. 建立核心种质和骨干亲本的遗传信息链接 核心种质以最小的资源数代表最大的遗传多样性，即保留尽可能小的群体和尽可能大的遗传多样性。骨干亲本是当前作物育种中广泛使用并取得较好育种成效的育种材料，其中含有大量有利基因资源。发掘这两类材料中的遗传信息并建立其分子设计育种信息系统和链接，可以快速获取亲本携带的基因及其与环境互作的信息，为分子设计育种模型精确预测不同亲本杂交后代在不同生态环境下的表现提供信息支撑。

3. 建立主要育种性状的基因型到表现型模型 基因型到表现型（genotype to phenotype，GP）模型描述不同基因和基因型以及基因和环境间是如何作用以最终产生不同性状的表现型的，从而可以鉴定出符合不同育种目标和生态条件需求的目标基因型，因此基因型到表现型模型是分子设计育种的关键组成部分。基因型到表现型模型利用发掘的基因信息、核心种质和骨干亲本的遗传信息链接提供的信息，结合不同作物的生物学特性及不同生态地区育种目标，对育种过程中的各项指标进行模拟优化，预测不同亲本杂交后代产生理想基因型和育成优良品种的概率，大幅度提高育种效率。

（三）分子设计育种研究动向与展望 万建民（2006）根据分子设计育种的原理，利用试验数据进行模拟，对水稻粒型和抽穗期的定向改良进行了有益的探索，验证了在杂交组合选配过程中分子设计育种策略的可行性和正确性。主要步骤如下：①研究育种目标性状（粒型和抽穗期）的数量性状基因位点（QTL），明确基因或数量性状基因位点的表现型效应；②结合当地具体需求，设计符合特定育种目标的基因型（例如长粒、早熟等）；③对达到目标基因型的育种途径进行模拟，综合评价实现该目标的人力、物力、时间、成本等因素，选择育种家认为最优的途径。

分子设计育种是个庞大的系统工程，它涉及基础理论研究、育种应用研究和品种的推广等领域。高等学校和科研机构有基础理论研究，从科研人员、科研设备到研究平台，一般都具备较好的条件，能够从事重要农艺性状的遗传图谱的构建、有利基因的发掘、重要农艺性状基因或数量性状基因位点的定位克隆、分子设计育种软件的开发和育种设计等工作；基层育种单位的试验地充足、育种材料丰富，育种人员具有丰富的经验；农业推广和种子部门与大田生产结合紧密，熟悉生产及其发展的趋势。三者的结合将形成上游、中游和下游一个整体。因此加强不同领域间的合作是水稻分子设计育种的必要条件。

水稻分子设计育种是一个综合性新兴研究领域，将对未来水稻育种理论和技术发展产生深远的影响。我国国务院发布的《国家中长期科学和技术发展规划（2021—2035 年）》中明确提出，要发展“现代农作物种业发展创新”的前沿技术。我们应该充分利用植物基因组学和生物信息学等前沿学科的重大成就，及时开展品种分子设计的基础理论研究和技术平台建设，实现带动水稻育种由传统方式向高效化、定向化方式发展。

第八节 水稻育种田间试验技术

一、水稻试验田

试验用水稻田应选择土地平坦、保水性能良好、水源方便、灌排设施齐全的中等肥力水稻田，以便稻株正常生长，保证试验质量。试验田务求连片，并按试验的需要区划田块，各有固定的田埂。田块的灌排互相独立，以便不同的试验材料能分别管理。试验田的面积视育种规模及承担的育种任务而定，而试验田块，应能容纳完整的试验项目。例如品种比较试验设有 10 个品系，每个品系种 1 个小区，小区面积不小于 12 m^2，重复 3～4 次，则田块面积不应小于 667 m^2（1 亩）。参试品系越多，面积越大。但面积也不宜过大，否则土壤肥力差异不易控制。育种规模大的育种机构，试验项目和育种材料多，则按育种任务和目标划区进行试验。试验区须注意轮作，培养地力；道路设施的安排应便于工作和运输，有利提高工作效率。

二、水稻世代群体的种植

水稻试验材料一般育秧移栽，形成整齐均匀的稻株生长空间，便于选择，减少误差，并有助于清除混杂。性状尚在分离的世代群体，须单苗和多苗种植。在优良的生长条件下，单苗种植可提高繁殖系数，加速种子的繁殖。但是育秧移栽较费工，且在拔秧、运秧和插秧过程中，要防止差错。

由遗传纯合的亲本杂交产生的种子，属于杂种第一代（F_1代）。杂交种子若当年播种，常须打破种子休眠。种子用 50～55 ℃温度处理 72～120 h，对打破休眠有效。父本和母本之一有较强休眠特性的，其杂交种子往往要处理 1 周或更长时间。剪颖授粉产生的 F_1代种子，播种前宜剥除谷壳，浸种催芽，较易获得全苗。但是剥壳的种子直接播入土中，常容易霉烂，故须提高秧田耕整质量，播种后不盖土。如果用秧盘育秧，则须进行育秧土的消毒。种子消毒可用 0.1%氯化汞处理 10 min，清洗后再浸种催芽。F_1代单苗移栽，以栽植的双亲为对照，去除假杂种和杂株后，混合收获留种，即为杂种第二代（F_2代）的种子。

F_2代种子育秧移栽，单苗插秧，按组合排列，可种或不种对照和杂交亲本。稀播育秧，培育壮苗，移栽时株行距加宽，以利于不同基因型个体良好发育，提高选择效果。

F_2代群体大小因杂交组合性质及育种目标而异。远缘亲本杂交产生的F_2代，性状分离复杂，种植群体应加大。

水稻杂交育种从F_2代起一般采用系谱法选择，以便进行性状的追踪。单株（穗）选择，次年（季）种成F_3代株系。每个株系种成1个小区，单株栽插，每10～20小区种植1个对照品种。每个株系一般种100株左右。从中选择优良株系，并继续在其中选株（穗）。次年（季）种成同源的F_4代家系群。如此循序渐进，直至性状基本稳定，选择符合育种目标的优良株系，混收产生品系，进行品系鉴定试验。从试验的早期起，抗病、抗虫、抗逆和稻米品质的鉴定结合进行。

品系鉴定试验选用当地主要栽培品种作对照，设重复区，每个品系的面积稍加大，以比较鉴定其生产性能和适应性。育秧移栽，单苗或少苗插秧，单苗插秧便于继续选择，少苗插秧便于鉴定其生产性能。经过试验选出的优良品系，进一步参加省、区多点鉴定试验，然后推荐参加省、区或国家级的有重复的区域鉴定试验，直至育成品种，后经省、区或国家的品种审定委员会审定，给以命名推广。2014年2月1日起施行的《主要农作物品种审定办法》增加了丰产示范试验、品种特异性、一致性和稳定性测试（DUS测试）、DNA指纹检测、转基因检测等试验内容。

三、水稻杂交技术

水稻杂交技术主要包括人工去雄和人工授粉。水稻是自花授粉作物，雌雄同花，一个颖花有6枚雄蕊、1枚雌蕊，结1粒种子（颖果），须注意提高杂交的效率。

对杂交亲本的性状及其遗传背景务求了解清楚，才能避免盲目杂交。杂交亲本宜集中种成亲本圃，精细管理，使之生长良好。为使杂交亲本的开花期相遇，一般通过分期播种调节花期，每期播种相隔2～3周，播2～3期。杂交的场所宜光照充足、能避风雨，并保证充分授粉。稻株在去雄前一天，从田间移栽至盆钵中，放置于避风而光照充足的场所，进行杂交，可提高杂交效果。

杂交母本的稻穗宜抽出剑叶叶鞘，去雄前先剪除穗上部已开花授粉的颖花和部分包裹在叶鞘内发育不全的颖花，剪去剑叶。去雄可于当日早晨至开花前这段时间内进行，或在午后开花结束后进行。前者当日去雄当日授粉，后者当日去雄次日授粉。常采用的去雄方法是温水杀雄。具体做法是将整理好预备去雄的稻穗放入盛有43～45℃温水的保温瓶内，处理3～5 min后，从保温瓶内抽出，用手指弹去稻穗上的水珠，不论颖花开放与否，用尖头小剪刀逐一斜剪颖花上部约1/3的颖壳，一并挑去花药，以便授粉。为防止异花传粉，去雄后的稻穗应用纸袋套好，等候授粉。稻穗上悬挂小纸牌，标记母本名称或编号与去雄日期。

也有采用改良的剪颖去雄方法去雄的，即在剪去水稻颖壳的同时，连同剪去花药的一半或略少于一半，然后立即向剪雄后的颖壳内浇水，将花药浇湿，未完全成熟的被剪破的花药即丧失了散粉能力。雄蕊被浇湿后，花丝很快伸长，将干瘪的花药伸出颖壳，用手指把干瘪的花药弹掉，然后再套上纸袋，留待授粉。目前该方法在粳稻育种中应用较广。

也可利用真空吸雄法去雄。玻璃吸管用橡皮管连接到抽气机上，在剪颖后立即用玻璃吸管吸除花药，吸雄后随即套袋或授粉。这种方法效率高，但要有相应的设备，适合于盆栽的稻株去雄。

人工授粉时须保证有足量新鲜的花粉，才能提高结实率。稻穗盛花时，花粉容易随风飘失，在避风不良的场所进行杂交，临盛花时可先剪取父本稻穗插在盛有清水的容器中，放置在母本近旁。待其开花时，即向去雄的稻穗撒布花粉。授粉后套袋，并用回形针固定纸袋，防止脱落或折伤，悬挂的纸牌上记上父本名称或编号和授粉日期。水稻柱头接受花粉发芽的能力可维持5 d左右，但一般以当天去雄当日授粉或隔日授粉为好。授粉后3～4 d，可见子房伸长膨大，表明已杂交结实。

四、水稻育种的隔离

隔离是防止自然异交、保持种性的常用措施，根据需要可选择时间隔离或空间隔离的方法。水稻虽属自花授粉作物，但也会发生程度不同的自然异交，从而影响品种纯度。水稻的自然异交率因品种和地区而异，一般小于1%，高的可达4%以上（管相桓，1942）。质核互作雄性不育系的异交率可达35%～45%（Virmani

和 Edwards，1983），因此雄性不育系的繁殖和杂交稻的制种，在抽穗期间田块四周相当距离内不应有别的稻种同时抽穗散粉，以免影响繁殖和制种的纯度。繁殖区和制种区都须互相隔离。大规模的繁殖和制种在自然隔离区内集中进行，小规模的繁殖和制种可用人工屏障隔离，例如繁殖或制种田周围以适当高度的塑料布（或细纱布）；或控制开花时间，采用时间隔离的方法，在抽穗前的 15 d 至抽穗后的 20 d 内无其他水稻品种开花。雄性不育系繁殖要严格隔离，而保持系和恢复系的繁殖，则按常规杂交育种原理，严格选纯，可不隔离。

第九节　水稻种子生产技术

通过省级或国家级品种审定委员会审定的水稻品种，即可在指定生态区域内推广应用。育种者提供其培育的新品种的育种家种子，经过不断繁殖，并在繁殖过程中保持其优良种性，以生产出足够数量和高质量的种子用于大田生产，这个过程称为种子生产，亦称为良种繁育。

一、水稻常规品种的种子生产

早年我国在未考虑品种权的情况下推行种子生产原原种、原种与良种的三级程序。近年来在考虑到品种权的情况下国家推广种子四级生产程序，种子生产是按育种家种子、原原种、原种和大田用种四级进行，三级程序中的原原种相当于四级程序中的育种家种子，大田用种与良种相当，但其他级别难以一一对应。下文以种子四级生产程序为主线，介绍其方法。育种家种子是育种单位提供的最原始的一批种子，由育种单位生产；由育种家种子扩展为原原种，原原种也可由育种单位或其特约单位生产。用原原种直接繁育出来的种子称为原种。原种再繁殖 1～2 代的种子即为生产上应用的大田用种（仍有很多人依习惯称之为良种）。原种的品质和数量直接影响到大田用种种子品质和数量。

育种家种子的生产由选育单位穗选或株选，种植穗行或株行，根据品种的典型特性淘汰有变异的穗行或株行，将整齐一致的典型穗行（株行）混收即成为育种家种子。在混收之前，可从中选择一批典型性状的单穗（或单株）供下次种植穗行（株行），以生产下一代的育种家种子。育种家种子除了鉴定农艺性状外还应鉴定稻米品质和种子品质、检疫性病害等。为保持育种家种子的相对稳定性，要求生产一次后一部分扩繁为原原种，一部分冷藏，以分年供应。原原种和原种的生产主要是淘汰杂种、劣株，保持种性。大田用种生产主要是原种的扩繁，并除杂去劣。

长期以来，我国一直采用的三圃制原种（当时称的原种相当于现在的育种家种子）生产技术，以改良混合选择法为基础，能有效地保证品种的优良性状，延长品种的使用年限，在我国水稻生产中发挥较大作用。但近年来，随着经济的发展和育种水平的提高，三圃制生产技术也出现了一些较突出的问题：①生产周期过长，跟不上品种更新的速度；②三圃制原种生产要投入大量的人力、物力和资金，且技术性强、繁殖系数低，而受技术、资金等因素制约，所生产种子的品质很难保障，而且很可能产生选择偏差，使种子偏离原有种性；③就三圃制技术本身来讲，提纯复壮使品种的综合性状得到显著提高则是比较困难的。为此，不少学者和育种家对我国大田用种繁殖体系进行了探索。陆作楣等提出了株系循环法，通过选择一定数量的典型株行，经连续多代自交和选择，提高品种个体的纯合性，同时保持多个自交系混合繁殖生产种子，使群体遗传基础得以保持。据研究，该方法对于保持原品种的产量和品质与三圃制相比毫不逊色，但其管理程序简单，投入少，省工 60%以上，可用于生产育种家种子。

二、三系法杂交稻亲本的种子生产

（一）杂交稻混杂退化的原因　三系杂交稻的制种、繁殖均是将两个不同的品种（系）栽培于同一田块，故播、栽、收、晒过程中极易混杂。保持系和恢复系都是自交繁殖的，机械混杂可导致互相串粉，产生生物学混杂，引起退化。雄性不育系混杂退化更是引起杂交稻混杂退化的主要原因。雄性不育系混有保持系时，由于后者自交繁殖，雄性不育系中的保持系将会逐代增加。用混杂有保持系的雄性不育系制种，杂交稻（杂交一代）将出现大量的雄性不育株，影响杂交稻的杂种优势。雄性不育系繁殖时若接受了外界带恢复基因的花粉，下一代雄性不育系群体中将出现自交结实株，用这种雄性不育系制种，将导致杂交稻群体中出现雄性不育株和其他分离株。因此三系亲本均须进行严格的原种生产。

（二）三系亲本原种种子生产的程序和方法

1. 三系亲本四级种子生产程序 从育种家种子开始到繁殖出大田用种的整个繁育程序，每轮经历4代。第1代从育种家种子圃生产出育种家种子；第2代用育种家种子作为种源，在原原种圃生产出原原种；第3代用原原种作为种源，在原种圃生产出原种；第4代用原种作为种源，在大田繁殖一代生产出大田用种；这个种子生产程序称为四级种子生产程序（图1-11）。这个程序的突出特点是通过单株稀植、分株鉴定把迁移、选择、突变等不良影响减少到最低程度，避免遗传漂移，最大限度地保持原有品种群体的遗传稳定性。四级种子生产田均需严格隔离。

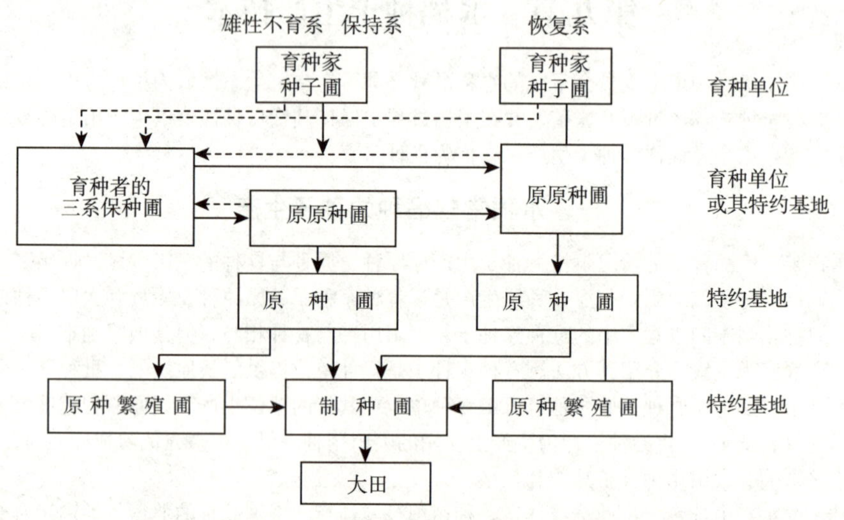

图1-11 三系法杂种稻四级种子生产程序

2. 三系七圃法 在提出种子生产四级程序前，南京农业大学陆作楣（1982）提出了杂交稻三系七圃法种子生产程序，该方法可作四级程序生产育种家种子的参考方法，其中的原原种相当于育种家种子。雄性不育系设株行圃、株系圃和原种圃3个圃；保持系和恢复系各设株行圃和株系圃两个圃，共7个圃（图1-12）。

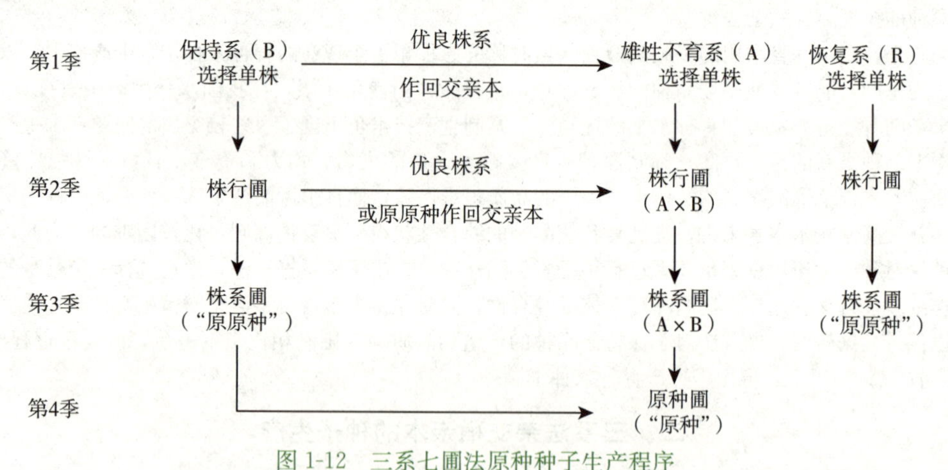

图1-12 三系七圃法原种种子生产程序

第1季，单株选择。保持系和恢复系各选100～120株，雄性不育系选150～200株。

第2季，株行圃。按常规稻提纯法建立保持系和恢复系株行圃各100～120个株行。保持系每个株行种植200株，恢复系每个株行种植500株。

雄性不育系的株行圃共150～200个株行，每个株行种植250株。选择优良的一株保持系作父本行。通过育性、典型性鉴定，初选株行。

第3季，株系圃。初选的保持系和恢复系株行升入株系圃，根据鉴定结果，确定典型的株系为原原种。

初选的雄性不育系株行进入株系圃，用保持系株系圃中的一个优良株系，或当选株系的混合种子作为回交亲本，通过雄性育性和典型性鉴定，确定株系。

第 4 季，雄性不育系原种圃当选的雄性不育系株系混系繁殖，用保持系原原种作为回交亲本。

江苏湖西农场采取单株选择、分系比较、测交鉴定、混系繁殖的方法，在三系七圃法的基础上，在第 2 季增加测交圃，通过雄性不育系与恢复系测交鉴定其杂种优势等。第 3 季增加杂种优势鉴定圃，共计 9 个圃。

3. 改良提纯法 浙江金华采用由雄性不育系和恢复系的株系圃及原种圃组成的改良提纯法，也可作生产育种家种子的参考方法。该法中保持系靠单株混合选择进行提纯，并作为雄性不育系的回交亲本同圃繁殖。省去了雄性不育系和恢复系的株行圃，而都从单株选择直接进入株系圃（图 1-13）。该方法的关键是单株选择和株系比较鉴定要十分严格，必须选好。此法虽较简易，但不如上法严格。

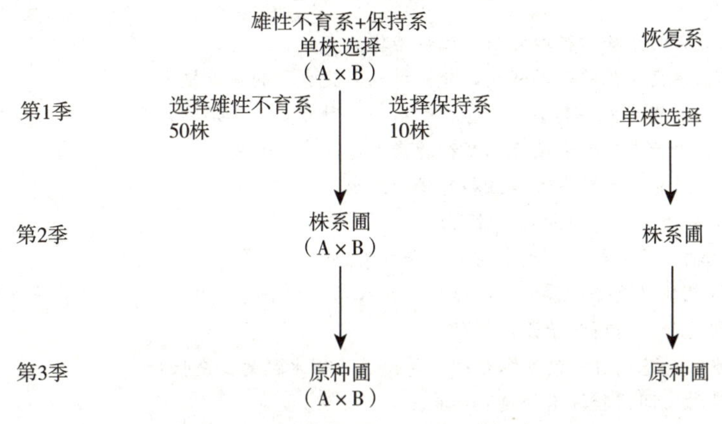

图 1-13 改良提纯法原种生产程序

三、两系法杂交稻的种子生产

（一）两系法杂交稻雄性不育系核心种子生产原理和程序 光温敏核雄性不育系由于雄性育性可能受到微效多基因的修饰作用，当光温敏雄性不育系育成后或经过几个世代后，单株间育性转换温度仍存在一定的差异，雄性可育临界温度高的单株，在雄性不育系自交繁殖过程中结实率更高，使雄性可育临界温度高的种子的比例上升，经过几个世代后，该雄性不育系的整体可育临界温度便上升。这种现象称为光温敏核雄性不育系临界温度的遗传漂移。为克服这种现象，育种家提出了核心种子（相当于育种家种子）→原原种→原种→大田用种的繁育程序［《两系杂交水稻种子生产体系技术规范》（GB/T 29371—2012）］。

具体做法是，根据植株形态，选择若干典型单株，在雄性育性转换敏感期内进行为期 4～6 d 的长日、低温（略高于雄性不育转换起始温度的温度）处理，抽穗时镜检花粉育性，淘汰花粉不育度在 99.5%以下的单株，当选单株立即刈割再生，使再生株在短日、低温（略低于雄性不育转换起始温度的温度）条件下恢复雄性育性，其自交种子就是核心种子。核心种子在严格的条件下，繁殖原原种，然后再繁殖出原种，供制种用。

生产上安全繁殖两系法雄性不育系的途径一般采用地下冷水串灌、利用孕穗期前的自然低温气候（例如海南冬季、云南高海拔低纬度地区）或二者结合的方式繁殖（陈立云，2012）。

（二）两系法杂交稻杂种保纯生产的关键技术措施

1. 选好制种基地，安排可靠的制种季节 光温敏核雄性不育杂交稻制种，要从严把握温度对母本雄性育性敏感期的影响。对制种基地和制种季节的要求，除土壤肥力、灌溉条件外，更重要的是气候条件，不仅要有安全抽穗扬花的气候条件来保障制种产量，更要有安全可靠的温度条件来保障雄性不育系育性敏感期的安全。

2. 搞好制种田的除杂与纯度检测 两系制种田，母本同株不同穗间或同一穗内的不同部位颖花，可能因雄性育性敏感期的气温变化而存在雄性育性差异，这些差异可能只在抽穗开花期一两天内表现，从株叶形态和抽穗特性上不能区别，必须严格去除。

3. F_1代种子纯度种植鉴定 两系杂交稻大田中的雄性不育株，是制种时雄性不育系的自交种子长成的。在F_1代种子纯度鉴定时，这些自交种子的雄性育性同样受温度条件影响，因此应尽量避开雄性育性敏感期的低温，使自交种子的雄性不育性得到表现，以便识别。

复习思考题

1. 简要叙述我国水稻育种发展的历史，并讨论国内外水稻育种的动态和趋势。
2. 讨论我国各生态区水稻育种目标的要求及其依据。
3. 举例说明水稻主要育种性状的遗传特点及其对水稻育种的指导意义。
4. 试述栽培稻的分类学地位和生态类型，举例说明种质资源的遗传多样性及在水稻育种历史上起过重要作用的种质资源。
5. 试讨论水稻育种的主要途径和方法，比较其优缺点。
6. 举例说明水稻杂交育种的基本程序，分析讨论杂交育种的关键技术。
7. 试述水稻雄性不育的主要类型。选育一个水稻杂种需要开展哪些方面的工作？其关键技术是什么？
8. 水稻杂交育种的亲本选配和杂交稻育种的亲本选配有何异同？
9. 试讨论水稻高产育种的潜在可能性和实现的途径。
10. 举例说明水稻诱变育种的方法和效果。
11. 举例说明水稻花药培养在育种中的作用和效果。
12. 何谓分子标记辅助选择？举例说明该技术在水稻育种中的应用效果，讨论其应用前景。
13. 何谓基因组选择？何谓分子设计育种？
14. 举例说明水稻转基因育种的基本步骤，讨论转基因水稻的安全性措施。
15. 试述水稻育种田间试验技术的要点和特点。
16. 试述三系法和两系法杂交稻制种技术的原理、程序及其优缺点。

附　水稻主要育种性状的记载方法和标准

1. 播种期 实际播种的日期为播种期，以月、日表示（各生育时期同此）。

2. 出苗期 第1片完全叶叶枕露出的日期为出苗期。

3. 3叶期 第3片完全叶叶枕露出的日期为3叶期。

4. 秧苗素质 在移植前或5叶期取5～10株测定从基部到最高叶片的高度和假茎宽度（cm）。

5. 移植期 实际移植的日期为移植期。

6. 回青期 移栽后至恢复生长的这段时期为回青期，一般是移植期后5～7 d。

7. 分蘖数 回青期定点5～10株调查分蘖基本数，定期计算总分蘖数。

8. 叶色 分蘖盛期记载叶色，叶片色分浅绿色、绿色和深绿色，叶尖紫色，叶缘色分紫色和全紫色。

9. 叶鞘色 分蘖盛期记载叶鞘色，分绿色、紫色线条、淡紫色和紫色。

10. 茎态 分蘖盛期记载茎态，分紧集、中集、偏散和松散。

11. 叶态 分蘖盛期记载叶态，分直、中直、中、中弯和弯。

12. 生长势 分蘖盛期记载生长势，分强、中和弱。

13. 始穗期 全区抽穗5%以上的日期为始穗期。

14. 齐穗期 全区抽穗50%以上的日期为齐穗期。

15. 成熟期 全区稻穗基部籽粒呈现品种固有颜色的穗数达到80%的日期为成熟期。

16. 黄熟期 谷粒呈秆黄色或其他正常熟色，无青米的日期为黄熟期。

17. 全生育期 播种至收获的天数为全生育期。

18. 有效穗数 有效穗数即有效分蘖数，在定点的5～10株调查，凡结实籽粒在10粒以上的分蘖为有效分蘖，白穗可视为受虫害的有效分蘖。

19. 成穗率 成穗率＝穗数/分蘖数×100%。

20. 露节 抽穗后记载露节（情况），分有和无。

21. 抽穗整齐度 抽穗整齐度指始穗至齐穗的快慢，分整齐（始穗至齐穗5 d）和不整齐（始穗至齐穗6 d以上）。

22. 单株整齐度 单株整齐度指主穗和分蘖穗高矮整齐、稻穗大小一致、熟期一致，分整齐、中和差。

23. 品种型态 品种型态分穗重型、穗数型和穗数穗重型。

24. 包颈 包颈（情况）分包颈、部分包颈和不包颈3类。

25. 株高 调查定点的5～10株，由地面量至穗顶部为株高（cm），芒不计。分高秆（120 cm以上）、中秆（100～120 cm）、半矮秆（70～100 cm）和矮秆（70 cm以下）。

26. 剑叶态 盛花期记载剑叶态，分直立、中、水平和下垂。

27. 剑叶长 盛花期调查定点5～10株，主茎剑叶叶枕至叶尖长度为剑叶长（cm），取平均值。

28. 剑叶宽 盛花期调查定点5～10株，主茎剑叶最宽处的宽度为剑叶宽（cm），取平均值。

29. 田间抗病性 目测田间抗病性，分抗、中抗和感，注明具体病害。

30. 倒伏性 成熟期调查倒伏性，分直（植株直立或倾斜角不超过15°）、斜（倾斜角为15°～45°）、倒（倾斜角在45°以上，部分穗触地）和伏（全部茎穗伏地）。

31. 后期熟色 成熟时调查后期熟色，分好（茎叶青枝蜡秆）、尚好（熟色好）和较差（茎叶早衰）。

32. 稃色 成熟时调查稃色，分白色、秆黄色、金黄色、褐斑秆黄色、沟褐条纹秆黄色、褐色（茶色）、淡红色到淡紫色、紫斑秆黄色、紫条纹秆黄色、紫色等。

33. 稃端色 成熟期调查稃端色，分白色、秆黄色、褐色（茶色）、红色、紫色、黑色等。

34. 穗长 定点的5～10株收回晒干，量主茎或全部稻穗，从穗颈节至穗顶谷粒处的长度为穗长（cm），芒不计，取平均值。

35. 穗一次枝梗数 计数10个主茎穗的一次枝梗数，取平均值。

36. 穗二次枝梗数 计数10个主茎穗的二次枝梗数（每个二次枝梗应有籽粒2粒以上），取平均值。

37. 每穗总粒数 调查定点的5～10株的每穗总粒数，取平均值。

38. 每穗实粒数 调查定点的5～10株的每穗实粒数，取平均值。

39. 结实率 结实率＝每穗实粒数/每穗总粒数×100％。

40. 脱粒性 用手抓成熟稻穗给予轻微压力测定脱粒性，分难（少或无谷粒脱落）、中等（谷粒脱落25％～50％）和易（谷粒脱落50％以上）。

41. 穗型 成熟期记载穗型，分密穗型、中间型和散穗型，可再分大穗、中穗和小穗。

42. 着粒密度 每厘米穗长上着生的粒数为着粒密度，即：着粒密度＝全穗总粒数/穗长。

43. 单株籽粒质量 单株的谷粒产量（包括空粒）为单株籽粒质量，单位为g/单株。10株平均。

44. 千粒重 随机取干谷1 000粒称其质量（g），取样3次，求平均值。

45. 粒形 粒形分椭圆、阔圆、矮圆、细长等。

46. 谷草比 谷草比＝晒干单株谷粒质量/秆草质量，取10株的平均值。

47. 谷粒长 取充实稻谷10粒，量其长度（mm），取平均值。

48. 谷粒宽 取充实稻谷10粒，量其宽度（mm），取平均值。

49. 谷粒长宽比 谷粒长宽比等于稻谷粒长除以谷粒宽（长/宽）。

50. 米粒长宽比 取完整精米10粒，量其长度及宽度（mm），求长宽比（长/宽）。

51. 米粒光泽 米粒光泽分有光泽、无光泽和灰暗。

52. 米粒硬度 用刀片横切胚乳，试其硬度或破碎程度，分坚硬和易碎。

53. 胚乳透明度 用刀片横切胚乳，视横切面透明程度，分玻璃质（横切面胚乳无腹白，晶亮透明）、半玻璃质（横切面胚乳腹白很少，稍有透明光泽）和粉质（横切面腹白较多，无透明光泽）。

（朱立宏、申宗坦、黄超武原稿；万建民第二版修订；万建民、刘玲珑第三版修订）

第二章　小麦育种

小麦（wheat）在世界粮食作物中总产量位居第二，但其种植面积最广，贸易量最多，占人类口粮的份额最大。据联合国粮食及农业组织的统计，2016 年世界小麦的总产量、种植面积和贸易量分别为 7.5×10^8 t、2.2×10^8 hm^2 和 1.77×10^8 t，占世界谷物总产量、种植面积和贸易量的 26.3%、30.7%和 43.5%。全世界有 35%～40%的人口以小麦作为主要粮食。小麦粉可作多种主食和副食的加工原料，籽粒比较耐储藏，许多国家都把它列为战备储藏粮。

第一节　国内外小麦育种概况

一、国内外小麦生产的发展与品种的作用

20 世纪以来，世界小麦生产有了显著增长，总产量从 9.0×10^7 t 增加到 7.5×10^8 t，这是由于种植面积和单位面积籽粒产量同时增加的结果。1903—1954 年，总产量的增加几乎全部来源于种植面积的扩大。这期间，种植面积从 9.0×10^7 hm^2 增加到 1.9×10^8 hm^2，总产从 9.0×10^7 t 增加到 2×10^8 t。从 1955 年起，单位面积籽粒产量的增加则是小麦总产量继续增加的主要原因（从 2×10^8 t 增加到 7.5×10^8 t）。1955—2016 年单位面积籽粒产量从每公顷 1.0 t 上升到 3.41 t，面积只增加了 15.7%。图 2-1 和图 2-2 显示了 1961—2016 年世界小麦总产量、种植面积和单位面积籽粒产量，平均每年单产提高 0.038 9 t/hm^2。

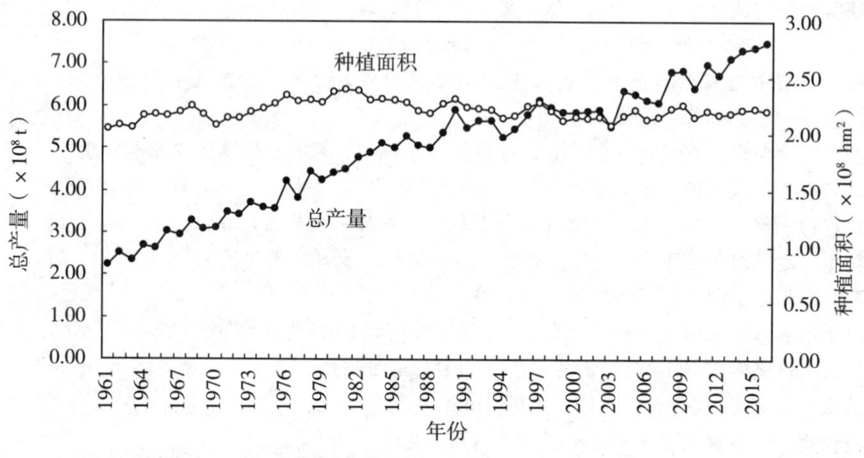

图 2-1　世界小麦总产量与种植面积（1961—2016 年）

1949—2016 年我国小麦的总产量、种植面积和单位面积籽粒产量如图 2-3 和图 2-4 所示。1949 年我国小麦的总产量、种植面积和单位面积产量分别为 $1.380\ 9\times10^7$ t、$2.151\ 6\times10^7$ hm^2 和 0.64 t/hm^2。1991 年我国小麦种植面积达到最高峰时总产量、种植面积和单位面积产量分别为 $9.595\ 3\times10^7$ t、$3.094\ 8\times10^7$ hm^2 和 3.100 5 t/hm^2。在此 42 年间，总产量提高了 5.95 倍，播种面积增加了 0.44 倍，单位面积产量提高了 3.84 倍，总产量的增加中单位面积产量提高的贡献显著大于播种面积增加的贡献。从 1992 起，尤其是 1999—2004 年，我国小麦种植面积因国家进行种植业结构调整、工业化和城镇化发展而出现大幅度减少，2004 年我国小麦种植面积降至最低点 $2.162\ 6\times10^7$ hm^2。随后种植面积逐步回升，近年来稳定在 2.4×10^7 hm^2 左右。得益于单位面积产量的不断提高，总产量也不断回升，2015 年我国小麦的总产量达到最高点 1.31×10^8 t。1961—2016 年的 56 年间，我国小麦单位面积产量由 0.56 t/hm^2 提高到 5.33 t/hm^2，平均每年提高 0.085 2 t/hm^2，为同期世界小麦单位面积产量提高幅度的 2.19 倍，为我国小麦总产量的不断攀升发挥了决定性作用。

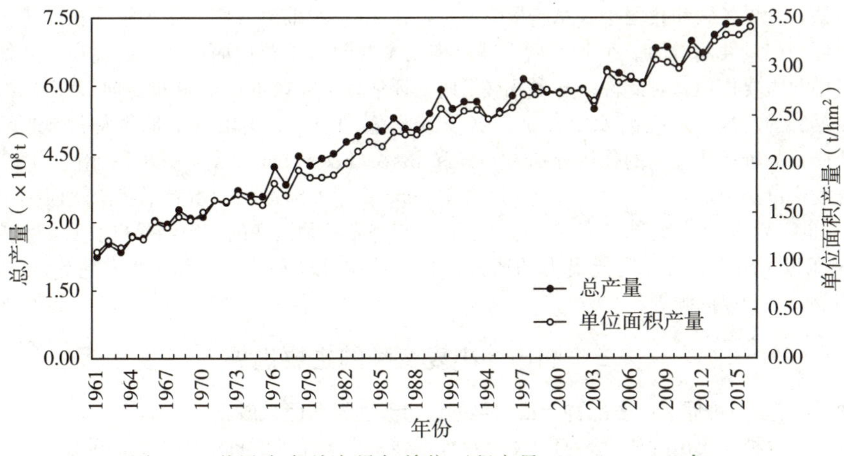

图 2-2　世界小麦总产量与单位面积产量（1961—2016 年）

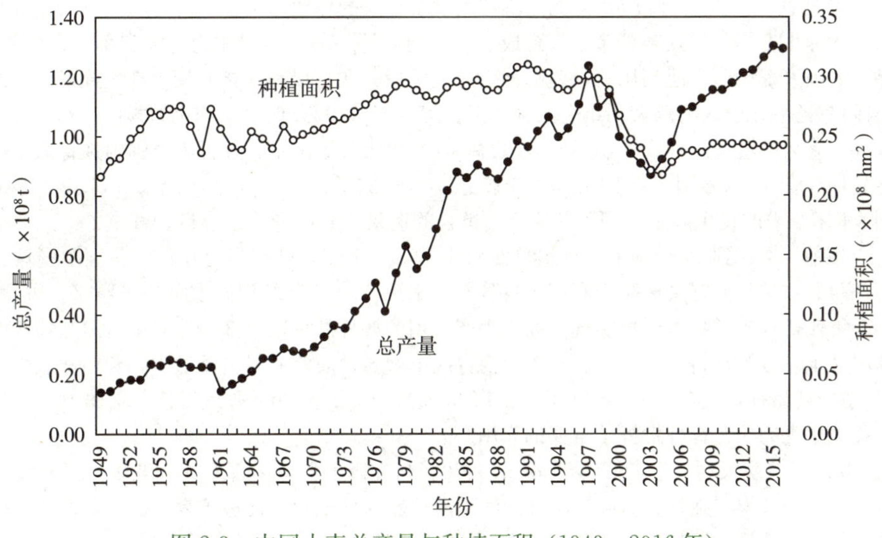

图 2-3　中国小麦总产量与种植面积（1949—2016 年）

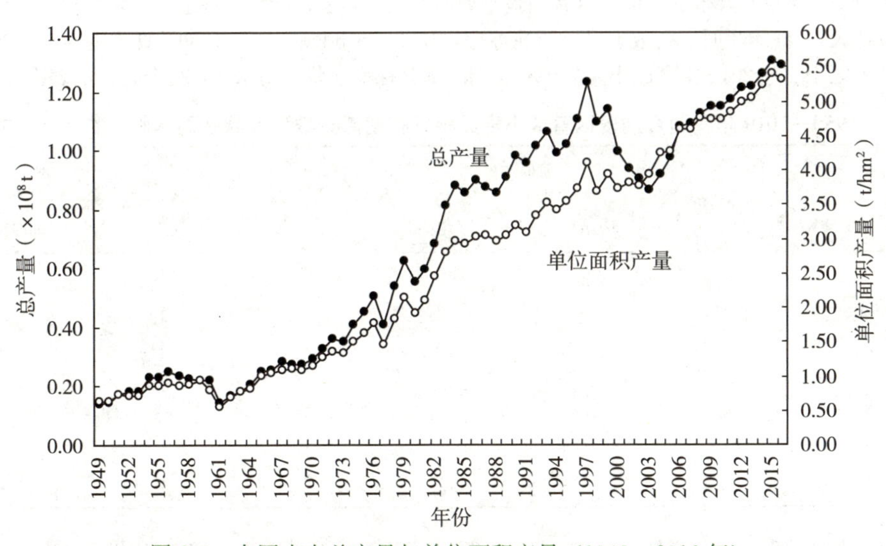

图 2-4　中国小麦总产量与单位面积产量（1949—2016 年）

从上述可知，世界各国和我国小麦总产量的增长，在20世纪前半叶归因于种植面积的扩大，继之为种植面积和单位面积产量共同增加；20世纪后半叶以来则主要归因于单位面积产量的提高。品种改良在提高单位面积产量中起主要作用，对此许多学者开展了研究评估，例如在英国，20世纪前70多年的小麦产量遗传改良使小麦品种的产量水平提高40%～50%（Austin等，1980）；美国玉米带和大平原地区1954—1979年的小麦增产中，品种遗传改良的作用分别为74%和43%（Feegerherem等，1988）；南非自1930年后的60年间育成品种的产量潜力提高了87%（Van Lill和Purchase，1995）；我国学者对我国陕西关中地区和长江中下游地区20世纪后60年、北部冬麦区20世纪后35年小麦品种演变的研究结果也表明，小麦品种产量水平的提高有50%以上决定于品种产量潜力的遗传改良，年均进度在1%左右（许为钢等，2000；吴兆苏，1984；田中伟等，2012；周阳等，2007）。

二、国内外小麦育种的主要进展

（一）矮化及株型育种促使小麦品种产量水平的遗传改良取得巨大成就

近代世界小麦育种最突出的成就是通过矮化育种增强了小麦品种的抗倒伏能力，显著提高了育成品种的增产潜力。其中来源于日本的两个矮源赤小麦（Akagomugi，具有矮秆基因 *Rht8* 和 *Rht9*）和农林10号（Norin 10，具有矮秆基因 *Rht1* 和 *Rht2*）的广泛利用起了很大的作用。早在20世纪初，意大利的Strampelli以从日本引进的赤小麦作为早熟矮秆亲本，育成了一系列矮秆品种，不但成为意大利小麦育种的骨干材料，而且在世界许多国家都得到广泛利用。这些品种引进我国后，在直接和间接利用上都发挥了巨大的作用，例如1956年自阿尔巴尼亚引入的意大利小麦品种阿夫、阿勃等。1935年日本利用达摩小麦（Daruma）与美国品种杂交育成了著名的矮秆品种农林10号。以农林10号作为骨干亲本，在世界范围内选育出了一系列半矮秆小麦推广品种，农林10号引入美国后作为杂交亲本，育成了创造世界高产纪录（14.06 t/hm^2）的品种Gaines。国际玉米小麦改良中心也利用了其原杂交组合的选系，通过进一步改良，育成了一系列半矮秆、适应性广的高产品种，推广到20个国家，种植总面积达4×10^7 hm^2，获得显著增产。我国小麦矮化育种的成就十分显著，西北农学院的赵洪璋院士利用来自日本的水源86（矮秆基因同农林10号）（贾继增等，1992）于20世纪70年代初育成了我国最早实现大面积生产应用的矮秆品种矮丰3号。后来，山东农业大学的李晴祺教授又利用矮丰3号等材料于20世纪80年代初育成了著名种质资源材料矮孟牛，利用矮孟牛先后直接培育出了18个小麦新品种，截至1999年已累计推广3.053×10^7 hm^2。阿夫、阿勃、农林10号、矮丰3号、矮孟牛等对我国小麦的矮化育种发挥了重要的作用。

20世纪60年代，澳大利亚学者C. M. Donald提出了旨在降低群体内部个体间竞争以便获得更好的群体生产能力的“矮秆、大穗、独秆、直叶、小叶”的小麦理想株型概念，促进了人们对小麦群体冠层结构与产量关系的认识及小麦株型的遗传改良工作。自20世纪70年代以来，小麦群体冠层结构也逐步发生变化，可概括为：在植株高度逐步降低的同时，叶片由披垂型向直立型转变，叶片长度适当变短，穗库容增大（穗粒数和千粒重增大），群体叶面积指数上升（吴兆苏等，1988；Soddoque等，1989；许为钢等，1996）。表2-1为我国黄淮麦区1950—2010年育成小麦品种开花期的部分株型性状在高水肥试验条件下的表现。

表2-1　1950—2010年我国黄淮麦区育成小麦品种开花期部分株型性状在高水肥试验条件下的表现

年代	株高（cm）	顶三叶		旗叶		
		基角（°）	披角（°）	长（cm）	宽（cm）	面积（cm^2）
1950—1959	138	70.6	56.7	22.5	1.54	28.5
1960—1969	124	60.1	47.2	25.8	1.86	39.9
1970—1979	98	36.9	44.6	22.0	1.74	31.4
1980—1989	92	28.0	6.2	20.1	2.20	36.0
1990—1999	81	27.4	5.9	18.1	1.84	26.8
2000—2010	73	26.3	2.4	18.6	1.90	27.8

国际上最典型的事例为苏联品种无芒1号和国际玉米小麦改良中心20世纪60年代所育成的一系列高产

半矮秆品种。无芒1号在苏联及其相邻的欧洲一些国家种植面积曾达1.1×10^7 hm^2，在世界上是空前的。国际玉米小麦改良中心育成的一系列高产半矮秆品种在低纬度的许多国家推广面积曾达4.0×10^7 hm^2也是前所未有的。20世纪70年代我国育成的泰山1号半矮秆小麦品种因其矮秆抗倒伏性强、株型紧凑耐密植，在我国黄淮麦区大面积种植，年最大种植面积曾达到3.733×10^6 hm^2，1976年在山东烟台高产栽培条件下产量达到了7.5 t/hm^2。随着我国小麦品种株型结构的不断优化，群体光合性能的不断增强，品种的产量潜力也不断提高。20世纪80年代末小麦主产区黄淮麦区高产田突破9 t/hm^2；1997年山东龙口市突破10.5 t/hm^2；近期育成小麦品种的产量潜力获得进一步提高，多个品种的产量潜力超过11.25 t/hm^2，例如2014年由山东省农业科学院赵振东院士育成的济麦22在山东商河单产达到了12.04 t/hm^2，该品种至2017年累计种植面积已达到了1.773×10^7 hm^2。

（二）抗病虫抗逆广适性育种为生产的稳定发展提供了保障 近代小麦育种的进展不仅表现在育成品种产量水平不断提高，还表现在抗病性和抗逆性的不断改良，品种高产性与对环境广泛适应性的良好结合决定着品种的生产应用规模。

1. 抗病虫高产品种的不断育成有效遏制了小麦主要病虫害的流行 在我国发生范围较广和危害程度较大的小麦病害是小麦条锈病、白粉病和赤霉病，小麦品种更换的主要原因除了产量水平不断提高以外，优势病原生理小种或强毒性菌系的变化也常常是导致品种更换的主要原因。

我国的小麦抗锈病育种工作开始于20世纪30年代。最先是中央大学从国外引进的3 000多份小麦材料中筛选优良品种，例如选出了适合我国南方生态条件的小麦抗锈品种秆矮粒多，在长江流域大面积种植。金善宝等从引种的意大利品种敏塔那（Mentana）中，经系统选择和多点鉴定，1937年培育出抗条锈病、抗吸浆虫、秆强抗倒、早熟、适应性广的小麦品种南大2419（中大2419），推广面积最大年份接近5×10^6 hm^2，在长江流域13个省份大面积种植达40多年，并且衍生出约100个品种。

后来以引进的抗病品种为亲本选育了一大批抗病品种，在生产中得到广泛应用。例如1947年赵洪璋育成的品种碧蚂1号（碧玉麦×蚂蚱麦），弱冬性、中早熟、秆较硬、耐肥、不易倒伏、抗条锈病，1951年起在我国黄淮冬麦区大面积推广，1959年全国种植面积达6×10^6 hm^2，创造了我国小麦品种年种植面积最大的纪录。

20世纪70年代我国引进了小麦-黑麦1B/1R易位系，利用其1R易位片段上的条锈病抗性基因*Yr9*为抗源育成的品种在我国大面积应用长达20多年，80年代后期我国北方冬麦区90%的小麦品种均含有1B/1R易位系的抗源，例如丰抗8号、矮孟牛系列、陕7859等。21世纪初期，条中32和水源11致病类型成为我国最主要的条锈病病原生理小种，使我国小麦生产再次面临条锈病危害的威胁，目前利用南农96R系列、贵农系列、天水系列等抗源又育成了一大批抗病品种，并在生产上大面积应用。

1B/1R易位系还携带抗白粉病基因*Pm8*，其在我国小麦育成品种中被广泛利用，直到20世纪90年度初期*Pm8*才丧失抗性。此后，我国又利用了*Pm4a*和*Pm21*等抗病基因以及一些抗性数量性状基因位点（QTL）。例如江苏里下河地区农业科学研究所程顺和院士采用滚动回交方法，利用*Pm4a*、*Pm2*＋*Pm6*、*Pm2*＋*PmMld*为供体，从20世纪80年代起，相继育成了扬麦10号、扬麦11、扬麦12、扬麦13等高抗白粉病品种。

赤霉病主要发生在我国的长江中下游冬麦区和东北春麦区。我国的抗赤霉病育种比世界其他国家开展得早，取得的成绩较大。苏麦3号、武汉1号、望水白在世界范围内被作为抗源得到广泛应用。在我国小麦抗赤霉病育种中，有效利用了部分轻感病亲本间杂交出现赤霉病抗性超亲的现象，选育了一批大面积丰产、抗赤霉病品种，例如扬麦5号（中抗，种植面积超过1.4×10^6 hm^2）、扬麦158（中抗，种植面积超过1.333×10^6 hm^2）等。

此外，我国还开展了纹枯病、黄花叶病、全蚀病、孢囊线虫病等方面的品种抗性改良工作，取得了一定的研究进展。

赵洪璋20世纪40年代后期育成的抗吸浆虫品种西农6028，50年代在陕西渭河流域大面积种植，有效地改变了该地区小麦因吸浆虫的流行导致基本无法种植小麦的严重局面，是我国小麦抗虫育种的成功范例。该品种对吸浆虫的抗性来源于小麦穗部小花的内外颖壳紧扣，使吸浆虫成虫难以将产卵器插入小花内产卵。近年来的试验和生产实践表明，由山东省农业科学院赵振东育成的济麦20对吸浆虫也具有良好的抗性。

2. 抗旱节水丰产品种的育成为水资源匮乏地区提供了品种支撑 在我国的西北冬春麦区、北部冬麦区和黄淮麦区存在着5.333×10^6 hm^2旱地小麦生产，抗旱性是这些区域小麦品种重要的生物学特性。我国选育出的既具备突出的抗旱性、又具有较高的丰产稳产性的品种有晋麦47、晋麦54、运旱22-33、长6359、洛旱2号、洛旱6号、洛旱7号、烟农21、鲁麦21等。对黄淮麦区20世纪50年代以来审定并大面积推广的40个抗旱品种的研究表明，平均单产由3.552 t/hm^{2}提升到6.065 t/hm^2，提高了2.513 t/hm^2。

我国黄淮海地区（包括河南、山东、河北、山西部分、陕西部分、北京等）的小麦总产量占全国小麦总产量的1/2以上，由于小麦全生长期整体处于我国北方的干旱季节，小麦灌溉用水为农业用水的70%，占到了全社会总用水量的50%。20世纪末以来，选育节水高产品种被列为该地区的重要育种目标。该地区近年来选育出一批抗旱节水品种，例如石家庄8号、石麦15、石麦18、衡0628、洛旱3号等系列节水高产小麦品种，水分利用效率提高了30%。石家庄市农林科学院郭进考选育的石家庄8号，一般年份全生长期只浇1次水，每公顷灌水量比当地常规灌水量减少750～1 500 m^{3}的情况下仍可达到7 500 kg左右的籽粒产量。

3. 对穗发芽和盐碱的抗性改良获得明显进展 小麦穗发芽在我国长江中下游麦区、西南麦区和东北春麦区频繁发生。在长江中下游麦区利用红皮小麦休眠特性对穗发芽的抗性，先后育成扬麦9号、扬麦5号、扬麦16、宁麦13、鄂麦352等红皮品种，有效降低了生产上穗发芽的风险。但黄淮海等白皮小麦产区，穗发芽问题对生产的潜在危害仍然很大。近年来加大了对白皮小麦抗穗发芽种质的筛选和利用，选育的白皮抗穗发芽品种有济麦20、陕优225、安农0711等。我国北方麦区小麦耐盐碱育种取得了明显进展，培育出了耐盐小麦品种小偃81、济南18、山融3号、青麦6号等。小偃81在平均含盐量0.3%的土壤上种植，单产超过7.5 t/hm^2，在环渤海盐碱地实现大面积种植。

（三）优质育种基本满足了市场多样化需求 我国的小麦品质改良工作始于20世纪70年代，并在20世纪80年代末育成一批优质小麦品种，例如中国农业科学院作物科学研究所育成的中作8131-1标志着我国面包小麦育种有了重要突破。20世纪末我国小麦品质育种进入了迅速发展阶段，相继育成并推广了一批优质专用小麦新品种，品质状况得到明显改善。育成的强筋小麦品种小偃6号、陕优225、济南17、豫麦34、龙麦26、济麦19、济麦20、郑麦9023、烟农19、郑麦366、郑麦7698、西农979等均大面积用于生产，相继成为当地的主栽品种。小偃6号，不仅优质、抗病、抗逆、高产，而且已成为我国重要的强筋小麦品种改良的优质种质资源，衍生出了一大批强筋小麦品种。济南17和济麦20在黄淮麦区大面积种植，不仅品质特性优异，而且高产特性表现突出，两品种至2017年累计种植面积已达到1.133×10^7 hm^2。郑麦9023先后通过河南、湖北、安徽和江苏4省农作物品种审定和黄淮麦区南部、长江中下游麦区的国家农作物品种审定，连续6年种植面积位居我国小麦品种第一位，最大年种植面积达1.987×10^6 hm^2，至2017年累计种植面积已达到1.713×10^7 hm^2。在弱筋小麦品种选育方面，相继选育出了豫麦50、宁麦9号、扬麦9号、扬麦13、扬麦15等，其中扬麦13自2005年以来一直被农业部确定为全国主导品种，也是目前我国种植面积最大的弱筋小麦品种，最大年种植面积达4.06×10^5 hm^2，至2017年累计种植面积已达3.3×10^6 hm^2。

（四）种质资源研究为新品种选育提供了重要的育种材料和理论指导

1. 小麦种质资源的收集和保存工作为小麦品种遗传改良提供了丰富的遗传多样性 早在20世纪30年代，瓦维洛夫对收集自5大洲60多个国家的作物种质资源进行研究后提出，小麦的起源中心（多样性中心）在西南亚。20世纪50年代以来，国际上相继开展了多次大范围的小麦种质资源收集工作，例如联合国粮食及农业组织的国际农业研究咨询小组（CGIAR）于1975—1983年，曾组织60个国际考察队，在25个国家和地区收集小麦地方品种及其近缘野生种约1万份。自1958年美国建成第一个控温种子库（种质库）以来，许多国家和国际农业研究组织先后建设了许多基因库，用于保存所收集的种质。例如苏联瓦维洛夫全苏植物栽培研究所（VIR）保存小麦原始野生种和栽培种7万多份，美国国家种子储存实验室（NSSL）保存小麦野生种、栽培种和山羊草近4万份，日本京都大学植物种质研究所保存小麦近缘种、野生种、杂草种和山羊草7 000份，国际玉米小麦改良中心（CIMMYT）保存普通小麦种质资源6万多份和近缘种属材料3万多份。

我国小麦种质资源研究始于20世纪40年代。目前，我国国家种质资源库保存的小麦种质资源达到4.5万份，包括15属231种（含12亚种）。其中小麦属共19种，4.3万份以上，其中普通小麦超过4万份，包括国内材料2.4万多份（含地方品种、育成品种和品系），国外的1.6万多份（引自80多个国家和地区）。上述小麦种质资源除了国家作物种质资源库长期保存外，各省、直辖市、自治区科研单位也在本地中期库保存同样材料一套。通过对大量种质资源表现型鉴定评价，明确了我国小麦具有早熟、多花多粒和高单粒质量3大特点，并评价筛选出了一大批早熟、大穗、多粒、高千粒重、矮秆、抗条锈病、抗白粉病、抗赤霉病、抗蚜虫、优质、彩色粒等优异及特殊资源材料；尤其是近 10 多年来，对小麦矮秆、抗条锈病、抗白粉病、抗纹枯病、抗黄花叶病以及优质材料、高单粒质量等优异资源中的相应目标基因进行了遗传研究，为小麦种质资源的基因型分析和突破性新种质创制奠定了基础。

2. 小麦优异种质资源材料的创新为新品种选育提供了重要的亲本材料　长期以来，小麦遗传育种学家采用常规品种有性杂交的方式创造了许多重要的亲本材料，取得了优异的成就。例如我国在 1949—2000 年育成的 2 000 个小麦品种中占据种植面积 86%的 976 个品种分别利用了蚂蚱麦、蚰子麦、成都光头、江东门、燕大 1817、早洋麦、五一麦、碧蚂 4 号、南大 2419、西农 6028、北京 8 号、阿夫、欧柔、阿勃、墨巴 66、洛夫林 10 号、繁六、矮孟牛、小偃 6 号、扬麦 158 和周 8425 共 21 个骨干亲本，而这 21 个骨干亲本中 1/3 为农家种，2/3 为采用杂交育种方式获得的改良种，有性杂交的方式仍将继续长期作为小麦亲本创新的重要途径。

20 世纪后半叶，远缘杂交逐步发展成为小麦拓宽遗传基础、创新亲本材料的重要手段，采用远缘杂交的方式创造了很多重要的小麦种质资源材料和亲本。例如来源于欧洲的小麦-黑麦 1B/1R 易位系，因其含有条锈病和白粉病抗性基因及若干有利于提高小麦产量的基因而在全世界被广泛利用。该材料在 20 世纪 70 年代被引入我国后长达 20 多年被我国小麦育种家普遍使用，以至于 80 年代末期我国北方冬麦区生产上所使用的品种中，含有 1B/1R 的品种比例高达 90%。以小偃 6 号为代表的小偃系列已成为我国小麦育种重要的强筋优质种质资源和叶部枯斑类病害抗源。小麦-簇毛麦易位系材料 92R，因其含有白粉病和条锈病优异抗性基因，从 20 世纪 90 年代中期开始逐渐在小麦新品种选育中得到应用，至今已育成 20 多个小麦新品种。近年来，小麦人工合成种因其含有大量未被利用的小麦近缘种的基因资源，正在逐步成为小麦新品种选育的重要亲本材料。四川省农业科学院作物研究所利用国际小麦玉米改良中心人工合成小麦育成了川麦 42 等 4 个品种，累计种植面积已超过 3.333×10^{6} hm^{2}，使我国成为首次利用人工合成小麦种质育成抗病高产新品种的国家。

3. 小麦物种进化和品种演替研究为小麦品种遗传改良工作提供了理论指导　日本植物细胞遗传学家木原均（Hitoshi Kihara）早在 20 世纪 20 年代就开始进行小麦染色体组分析，通过小麦属的种间杂交和小麦与其近缘的山羊草属杂交的研究，不仅明确了不同一粒系小麦（$2n=14$）、二粒系小麦（$2n=28$）和普通小麦（$2n=42$）为 3 个染色体倍数性的组群，而且还论证了普通小麦中的 B 染色体组来自拟斯卑尔脱山羊草（*Aegilops speltoides*）或其近似种，D 染色体组则来自节节麦（*Aegilops squarrosa*）。这一分析结果表明，几种野生麦类植物发生了天然杂交，其远缘不育杂种经染色体自然加倍，最终合成并进化成现在的普通小麦。据此，人们可以追溯普通小麦的祖先和起源，进而实现其人工合成。

美国的植物遗传学家 E. R. Sears 从 20 世纪 30 年代起经过 40 多年的努力，用栽培品种中国春创造出单体、单端体、双端体、缺体、三体、缺体和四体等一系列非整倍体，而且还积累了 42 条染色体的短着丝粒染色体系列，它们被广泛用于小麦遗传学、细胞遗传学研究。Sears（1956）还利用 X 射线照射处理小麦-小伞山羊草单体添加系，将小伞山羊草抗叶锈病基因 *Lr9* 通过易位转移到小麦中，首次应用了非整倍体将外源基因导入了小麦染色体。

美国 Gill 和 Kimber（1974）最先报道了黑麦染色体的 C 分带技术。Gill（1974）首次利用 C 分带技术识别了小麦染色体易位，鉴别出 6B/4A、1R/1D 整臂易位类型。在 Gill 分带基础上，Rayburn 和 Gill（1986）用生物素标记的 *pAS1* 克隆基因作探针，对小麦 D 组染色体进行了杂交鉴定，从而将其与 A 组和 B 组染色体区分开来，有利于小麦-外源染色体中小麦身份的鉴定，加快染色体工程育种进程。

20 世纪后期小麦科学家们开展了人工合成种的工作，例如国际玉米小麦改良中心的科学家利用四倍体小麦与节节麦杂交，通过染色体加倍合成了上千份硬粒小麦-节节麦人工合成小麦，小麦人工合成种的研究和利用工作已成为小麦遗传育种研究工作的热点。小麦基因组学研究的突破也为小麦新品种的分子设计提供重要的指导依据，2013 年中国科学院发育与遗传研究所和中国农业科学院作物科学研究所在国际上分别率先完成小麦 A、D 基因组测序（Nature，2013），2018 年国际小麦基因组测序联盟（IWGSC）公布了小麦全基因组测序结果，这些研究成果不仅对小麦功能基因组研究具有重大意义，而且为小麦基因资源发掘和小麦分子设计育种提供了大量的、宝贵的信息。

国内外还广泛地开展了小麦品种演替的研究工作，从品种演替的过程中发现重要性状的演变规律，探索小麦品种进一步改良的发展方向。例如对英国 20 世纪前 70 多年的小麦品种主要农艺性状演变的研究（Austin 等，1980）、对我国陕西关中地区和长江中下游地区 20 世纪后 60 年及北部冬麦区 20 世纪后 35 年小麦品种演变中小麦产量性状及相关生理性状演化的研究结果（许为钢等，2000；吴兆苏，1984；田中伟等，

2012；周阳等，2007），不仅总结了过去成功的经验，也对将来的新品种选育工作具有重要的启发作用。

（五）育种途径和方法的不断拓宽为新品种选育提供了新的手段 通过远缘杂交合成了大量的双二倍体，例如六倍体小黑麦、八倍体小黑麦、八倍体小偃麦等，并利用非整倍体技术将近缘植物的具有优异基因的染色体片段向普通小麦转移等，近年来国内外在小麦人工合成种方面等也取得了显著进展。采用三系法、化学杀雄法和两系法技术培育的优良杂种小麦品种实现了生产上的实际应用，我国在光温敏两系杂交小麦的研发上走在世界的前列。近20年来，随着分子生物学技术的迅猛发展和小麦全基因组测序工作的推进，育种家对性状的认知已从形态、生长发育、抗病性和抗逆性等表现型层次深入到蛋白质、酶、核酸序列水平，分子设计育种已初显端倪。转基因育种技术的不断完善和分子标记辅助选择技术的广泛应用为小麦育种的发展增添了新的活力。我国小麦花培技术在世界处于领先地位，通过花粉花药所育成的品种已大面积推广；通过诱变所育成的小麦品种数目及其种植总面积居于世界前列；利用我国所特有的太谷核雄性不育基因进行轮回选择和群体改良，在国际上也处于领先地位。

第二节　小麦育种目标及主要性状的遗传和选育

一、我国小麦品种种植区划和育种目标

作物品种种植区划是基于经济、自然（气候、土壤、生物）、栽培、管理条件和品种生态类型以及它们之间的关系制定的，它是制定育种目标的重要依据；品种生态类型是经过长期自然选择和人工选择而形成的，它能够比较全面而深刻地反映品种适应的自然生态条件，特别是气候条件和抵抗各种自然病虫灾害的能力。因此研究当地品种生态类型的特点，对于制定育种目标具有重要的作用。另外，制定育种目标时，也必须结合生态条件和生产发展的要求，认真地分析当地现今推广品种的优点和缺点。因为优良品种的性状表现是基因型与环境条件相互作用的结果，新育成的品种必须能适应当地生态环境，充分利用当地有利的生态条件，克服不利的生态条件，才能满足当地经济和生产发展的需要。

（一）我国小麦种植区划 我国小麦分布地域辽阔，因自然条件、种植制度、品种类型和生产水平存在着不同程度的差异，形成了明显的种植区域。1961年出版的《中国小麦栽培学》，根据自然条件特别是年平均气温、冬季气温、降水量及其分布、耕作栽培制度、小麦品种类型、适宜播种期与成熟期迟早等，将我国小麦的种植区域划分为3个主区、10个亚区。几经修改，1996年出版的《中国小麦育种学》又在前人研究的基础上将全国小麦种植区域划分为3个主区、10个亚区，亚区再划分为29个副区（表2-2和表2-3）。

表2-2　中国小麦种植区域的划分

（引自金善宝，1996）

主区	亚区	副区
一、春（播）麦区	Ⅰ 东北春（播）麦亚区	1. 北部高寒副区；2. 东部湿润副区；3. 西部干旱副区
	Ⅱ 北部春（播）麦亚区	4. 北部高原干旱副区；5. 南部丘陵平原半干旱副区
	Ⅲ 西北春（播）麦亚区	6. 银宁灌溉副区；7. 陇西丘陵副区；8. 河西走廊副区；9. 荒漠干旱副区
二、冬（秋播）麦区	Ⅳ 北部冬（秋播）麦亚区	10. 燕太山麓平原副区；11. 晋冀山地盆地副区；12. 黄土高原沟壑副区；13. 黄淮平原副区
	Ⅴ 黄淮冬（秋播）麦亚区	14. 汾渭谷地副区；15. 胶东丘陵副区
	Ⅵ 长江中下游冬（秋播）麦亚区	16. 江淮平原副区；17. 沿江滨湖副区；18. 浙皖南部山地副区；19. 湘赣丘陵副区
	Ⅶ 西南冬（秋播）麦亚区	20. 云贵高原副区；21. 四川盆地副区；22. 陕南鄂西山地丘陵副区
	Ⅷ 华南冬（晚秋播）麦亚区	23. 内陆山地丘陵副区；24. 沿海平原副区
三、冬春兼播麦区	Ⅸ 新疆冬春兼播麦亚区	25. 北疆副区；26. 南疆副区
	Ⅹ 青藏春冬兼播麦亚区	27. 环湖盆地副区；28. 青南藏北副区；29. 川藏高原副区

表 2-3 我国各麦区的自然条件及种植概况

（引自金善宝，1996）

主区	亚区	最冷月平均气温（℃）	极端最低气温（℃）	≥10℃积温（℃）	无霜期（d）	年降水量（mm）	年日照时间（h）	品种类型	播种期	熟期	种植制度	作物种类
一、春（播）麦区	Ⅰ. 东北春（播）麦亚区	−17.7	−35.7	2 729	128	616.0	2 671	春性	4月上旬至4月下旬	7月下旬至8月上旬	一年一熟	春小麦、大豆、高粱、马铃薯、玉米、水稻
	Ⅱ. 北部春（播）麦亚区	−14.9	−33.7	2 599	118	349.5	3 004	春性	3月中旬至4月下旬	7月中旬	一年一熟	春小麦、马铃薯、胡麻、甜菜、向日葵、糜子、谷子、玉米、燕麦
	Ⅲ. 西北春（播）麦亚区	−9.0	−26.5	3 152	140	267.4	2 942	春性	3月上旬至3月下旬	7月中旬至7月下旬	一年一熟	春小麦、糜子、谷子、豌豆、油菜、马铃薯、玉米、甜菜、水稻、大麦、青稞
二、冬（秋播）麦区	北方冬麦区 Ⅳ. 北部冬（秋播）麦亚区	−6.7	−24.1	3 477	168	577.7	2 634	强冬性、冬性	9月上旬至9月下旬	6月中旬至6月下旬	二年三熟、旱地一年一熟	冬小麦、玉米、高粱、谷子、豆类、糜子、马铃薯、棉花、水稻
	北方冬麦区 Ⅴ. 黄淮冬（秋播）麦亚区	−1.6	−17.9	4 094	190	734.4	2 420	冬性、弱冬性、春性	10月上旬至10月中旬	5月下旬至6月上旬	一年二熟、二年三熟	冬小麦、夏玉米、棉花、大豆、花生、水稻、油菜、烟草
	南方冬麦区 Ⅵ. 长江中下游冬（秋播）麦亚区	3.5	−11.1	5 305	255	1335.3	1 910	弱冬性、春性	10月下旬至11月中旬	5月中旬至5月下旬	一年二熟、一年三熟	水稻、小麦、棉花、油菜、麻类、绿肥
	南方冬麦区 Ⅶ. 西南冬（秋播）麦亚区	4.9	−6.3	4 849	268	1107.9	1 621	春性	山区：8月下旬至10月上旬；平川、丘陵：10月下旬至11月中旬	山区：6月下旬至7月上旬平川、丘陵：5月上旬至5月下旬	一年二熟、一年三熟	水稻、小麦、玉米、甘薯、棉花、油菜、蚕豆、豌豆、烟草
	南方冬麦区 Ⅷ. 华南冬（晚秋播）麦亚区	11.9	−1.0	7 189	346	1542.5	1 933	春性	11月上旬至11月下旬	4月上旬至4月下旬	一年二熟、一年三熟	水稻、小麦、甘薯、油菜、大豆
三、冬春兼播麦区	Ⅸ. 新疆冬春兼播麦亚区	−11.5	−30.8	3 535	150	128.0	2 851	强冬性、春性	冬麦：9月中旬至9月下旬	7月上旬左右	一年一熟	冬小麦、春小麦、玉米、甜菜、马铃薯、棉花、糜子、谷子、豌豆
	Ⅹ. 青藏春冬兼播麦亚区	−8.1	−26.3	1 290	66	489.1	2 639	春性、冬性	春麦：3月下旬至4月中旬	8月下旬至9月上旬	一年一熟	春小麦、冬小麦、青稞、豌豆、油菜、蚕豆、玉米、水稻

（二）我国主要麦区的育种目标

1. 冬麦区

（1）北方冬麦区　本区分为北部冬麦亚区和黄淮冬麦亚区两个亚区，是我国小麦主产区。其气候特点是冬、春雨雪稀少，干旱多风，相对湿度低，蒸发量大，小麦灌浆期间有不同程度干热风危害；北部冬麦亚区和黄淮冬麦亚区的北片，冬季寒冷，雨雪偏少，小麦易受冻害。北部冬麦亚区应选育对光照反应较敏感的冬性或强冬性类型，株型直立紧凑，叶上举，水浇地超高产品种产量潜力达到 9.75 t/hm^2，优质强筋高产品种产量潜力达到 9 t/hm^2，旱地高产品种产量潜力达到 8.25 t/hm^2；抗条锈病和白粉病，抗倒，抗寒，抗旱节水，耐干热风；品质达优质中筋或强筋小麦品质标准，具有一定的水肥高效利用特性。黄淮冬麦亚区应选育弱冬性或冬性类型，株型直立紧凑，叶上举，水浇地超高产品种产量潜力达到 11.25 t/hm^2，优质强筋高产品种产量潜力达到 10.5 t/hm^2，旱地高产品种产量潜力达到 9 t/hm^2；抗条锈病、白粉病和纹枯病，对赤霉病具有一定耐性，抗倒，抗寒，耐高温干热风；品质达优质中筋或强筋小麦品质标准；具有一定的水肥高效利用特性。

（2）南方冬麦区　本区分为长江中下游冬麦亚区、西南冬麦亚区和华南冬麦亚区 3 个亚区。长江中下游冬麦亚区高温、多雨、湿度大、日照少，赤霉病和白粉病容易发生，应选育弱春性类型，超高产品种产量潜力达到 9 t/hm^2；赤霉病抗性达中抗水平，较抗白粉病和纹枯病，抗穗发芽，抗倒伏，耐渍害，耐高温逼熟；品质达优质中筋或弱筋小麦品质标准，具有一定的养分高效利用特性。西南冬麦亚区是条锈病常发区，应选育春性或弱春性类型，超高产品种产量潜力达到 9 t/hm^2；抗条锈病、叶锈病和白粉病，对赤霉病具有一定耐性，耐渍害；品质达优质中筋或弱筋小麦品质标准，具有一定的养分高效利用特性。华南冬麦亚区主要为春性类型，有一部分酸性红壤，要考虑抗、耐铝害。

2. 春麦区　本区分为东北春麦亚区、北部春麦亚区和西北春麦亚区 3 个亚区。除东北春麦亚区的东南部地区外，均为大陆性气候。冬季寒冷，夏季炎热，雨水稀少，日照充足，小麦生育期较短。东北春麦亚区播种面积约占全国春播小麦面积的一半，应选育生长发育具有前慢后快、对光照反应敏感的春性类型。后期要求抗多种病害，例如叶锈病、秆锈病、赤霉病、根腐病、叶枯病等。东部地区由于多雨、潮湿，常有内涝现象，要求品种抗赤霉病、白粉病以及抗倒伏、耐穗发芽。品质达到优质中筋、强筋或者超强筋小麦品质标准，具有一定的养分高效利用特性。北部春麦亚区的河套黄灌区、陕西榆林地区以及长城内外和北京市的长城以北地区，小麦生长发育后期常有干热风危害，应选育适应性强、后期耐高温和抗干热风的品种。山地、丘陵与高海拔地带，还应注意选育耐寒、耐旱、适应性好的品种。西北春麦亚区天气干燥，日照充足，昼夜温差大，春季多风沙，东部雨水较多，湿度大，抗条锈病是主要育种目标。青海省东部黄河、湟水两岸以及甘肃中部水浇地和宁夏引黄灌区产量较高，超高产品种产量潜力达到 10.5 t/hm^2。本区品种由于昼夜温差大，有利于光合产物积累，在产量结构上，一般千粒重较高，但因生育期短，分蘖和每穗粒数均较少，一般要依靠增加播种量来获得较多穗数。青海东部和甘肃南部部分地区，小麦生长发育后期常有阴雨，易发生秆锈病、条锈病和吸浆虫危害，要求选育耐寒、种子休眠期长不易穗发芽、抗病虫的早熟品种。河西走廊地区，春季风沙大，大气干旱，要求品种抗大气干旱，抗风沙，耐肥，抗倒，中早熟。

3. 冬春麦兼播麦区　本区分为青藏春冬兼播麦亚区和新疆冬春麦亚区。青藏春冬兼播麦亚区为一年一熟制，具有高海拔、长日照和温差大等地理、气候特点，是我国小麦生育期最长，千粒重高的麦区。青南藏北副区太阳辐射强，日照时数长，昼夜温差大，由于气候干燥，病虫灾害少，并有灌溉条件，可以充分发挥品种的产量潜力，高产小麦产量潜力可达到 19 050 kg/hm^2 以上。因此要求选育大穗大粒、株型紧凑、叶上举和抗倒伏力强的高产类型。川藏高原副区海拔高达 4 000 m 以上，冬季严寒，夏无酷暑，加之夜雨较多，对小麦中后期生长发育极为有利。在海拔 3 100～4 100 m 的高原冷凉半干旱地区，太阳辐射强，日照充足，灌浆期长，昼夜温差大，千粒重高，同时由于生育期及返青到拔节期长，有利小穗、小花分化，较易形成大穗多粒，因此西藏冬小麦具有很高的产量潜力。主要病害有锈病、散黑穗病、腥黑穗病、根腐病、白秆病、黄条花叶病，因此要求选育耐寒性较强，抗黄条花叶病、白秆病、锈病的强冬性品种。在海拔 3 100 m 以下的高原温和湿润地区，一般一年二熟，要求选育抗条锈病、叶锈病、根腐病、腥黑穗病的早熟、丰产冬小麦和春小麦品种，对品种的耐寒性要求不严。

新疆冬春兼播麦亚区的北疆副区以春小麦为主，南疆副区以冬小麦为主。本区属典型大陆性气候，冬季严寒、夏季酷热，日照率高达 80%。北疆副区多为一年一熟，春小麦面积占 50%以上，大部分依靠河水或高山冰雪融水灌溉，要求选育春性、早熟、耐旱、抗干热风、耐盐碱、抗倒伏的品种。由于冬季极端低温可达－37～－42℃，只有冬季稳定积雪覆盖20 cm或气温不很低的地方，冬小麦才能安全越冬。因此冬小麦和春小麦的分布，主要由气温和冬季有无稳定积雪层以及品种的耐寒性决定。南疆副区近年冬小麦面积占70%～80%，春小麦占20%～30%，平均海拔1 000 m以上，年平均气温及冬春气温低，全年降水量少，气候异常干燥，冻害、干旱、盐碱与病害是小麦增产的限制因素，小麦锈病发病范围广，黄矮病、丛矮病近年在部分地区有所发展。因此冬小麦要求选育耐寒、耐旱力强、耐盐碱、抗条锈病、抗叶锈病、抗雪腐病的强冬性品种；春小麦则要求选育早熟、耐旱、抗干热风、耐盐碱、抗倒伏的春性品种。

二、小麦主要性状的遗传和选育

丰产、稳产和优质是小麦育种的普遍目标，涉及产量性状、抗病虫性、耐逆性、品质性状的选育。对不同性状的具体要求，因地因时而异，其选育方法也因不同性状的遗传特点而不同。

（一）小麦产量性状的遗传和选育　提高单位面积产量是小麦育种最基本的目标。小麦产量潜力是许多性状表现和综合作用的结果，不但直接涉及产量构成因素，而且涉及一系列形态和生理生化性状，还包括对病虫害和不利的气候以及土壤条件的抗耐性。

1. 小麦产量构成因素的遗传和选育　从理论上讲，产量是单位面积穗数、每穗粒数和每粒质量的乘积。生态条件和生产条件不同的地区，其最适的产量结构类型也有所不同。在我国的北方，冬季寒冷，春夏晴朗干燥，常选育耐寒性和分蘖力较强的冬性多穗型品种；而在南方，冬季气候温和，但阴雨多、湿度大、日照少，一般选育春性大穗型品种。表2-4为我国北方和南方部分小麦高产典型的产量结构。随着水肥条件的改善，我国北方小麦品种也有逐步由多穗型向中间型或大穗型发展的趋势，例如河南省小麦品种区域试验冬水组35年来品种产量结构的变化即反映出了这种变化趋势（表2-5）。

表2-4　我国北方和南方部分小麦高产典型的产量结构

品种名称	测产结果				测产年份	测产面积（亩）	测产地点
	亩产量（kg）	亩穗数（万）	每穗粒数（粒）	千粒重（g）			
济麦22	802.5	51.2	34.5	49.2	2014	3.40	山东省济南市玉皇庙镇
郑麦7698	752.5	46.8	35.4	50.6	2014	102	河南省济源市梨林镇
川麦42	710.7	32.8	39.1	56.3	2010	2.14	四川省江油市大堰乡
宁麦13	693.2	32.8	50.5	43.0	2014	3.04	江苏省高邮市三垛镇

注：亩为非法定计量单位，1亩＝1/15 hm^2。下同。

表2-5　1981—2015年河南省小麦品种区域试验冬水组产量结构的变化

（选用比对照增产的341个品种计算）

年份	亩产量（kg）	产量结构		
		亩穗数（万）	每穗粒数（粒）	千粒重（g）
1981—1985	407.3	44.6	30.9	32.3
1986—1990	432.7	42.3	30.8	35.7
1991—1995	458.4	41.3	31.3	39.5
1996—2000	502.9	41.2	34.4	38.8
2001—2005	536.2	39.3	35.5	41.5
2006—2010	522.6	38.5	35.8	44.0
2011—2015	537.3	40.2	34.6	45.5

在高产群体条件下各产量构成因素间几乎都成负相关，因此要提高品种单位面积产量应协调各个产量构

成因素的遗传改良，这种协同改良也涉及众多的性状和基因。

（1）单位面积穗数　单位面积穗数与株穗数和种植群体大小有关。就株穗数而言，在生理代谢层面，与生长素和细胞分裂素等植物激素的含量和比例也有联系，甚至与植株分蘖间对营养物质的分配竞争有关；在形态发育层面，与品种分蘖力的强弱、分蘖生长发育状况等具有直接关系；在群体生态层面，与田间水肥状况、群体大小和群体内光照条件等因素有关（吴兆苏，1990；Rodriguez 等，1999；McSteen，2009）。在育种实际工作中，育种家通常比较注意在冬季选择分蘖大小分明、壮蘖数量适中且相对整齐的品种类型，这有助于提高单株成穗数，从而获得一定的单位面积穗数。

虽然株穗数受众多因素影响，杂种早代选择效率不高，但小麦的分蘖能力是受到基因型影响的（Duggan 等，2005），例如冬性品种的分蘖能力就显著高于春性品种。Spielmeyer 和 Richards（2004）、Kuraparthy 等（2007）分别在小麦的 1A 染色体和 3A 染色体上发现具有抑制分蘖发生的基因 *tin* 和 *tin3*，Naruoka 等（2011）、Kumar 等（2007）、Deng 等（2011）在 4D 染色体、6B 染色体和 6DL 染色体上找到了数个与分蘖相关的数量性状基因位点（QTL），张倩辉（2008）报道了 1 个与有效穗连锁的标记。但这类研究数量少，系统性差，缺少遗传调控机制的深入研究，尚无法形成对实际育种工作的理论指导作用。

（2）每穗粒数　国内外许多研究都表明，每穗粒数与产量成很高的正相关。在长江下游丘陵地区 1964—1980 年品种产量性能的提高中，单位面积穗数并未增加，而每穗粒数增长了 54%，千粒重提高了 19%（沈锡五等，1982）；表 2-5 所列出的 35 年来河南省小麦品种区域试验冬水组参试品种产量结构的变化也清楚地反映了每穗粒数和千粒重提高对品种产量水平不断提升所发挥的作用。因此在保证一定群体穗数的基础上，每穗粒数和千粒重是提高产量潜力最直接的目标选择性状。

一个品种每穗粒数的形成与该品种穗分化形成过程密切相关。一般而言，穗分化阶段长，穗分化速度快时，可形成更多的小穗数、每小穗小花数，从而提高每穗粒数。从器官发育学来看，这又与特定生态条件下品种的春化特性和光周期反应特性有关。在我国南方使用春性品种，穗分化开始早且冬季可持续进行，所以每穗粒数较多；而在我国北方，因需要利用冬性品种来抗御低温胁迫，品种进入穗分化阶段较迟，以幼穗分化的单棱期或二棱期越冬，冬季穗分化速度缓慢甚至停止，所以形成的每穗粒数就少于南方品种。近年来，人们对每穗粒数的遗传机制进行了很多研究，结果表明，其是多基因控制的数量性状，表 2-6 汇集了人们利用各种群体在小麦基因组中发掘出来的与每穗粒数相关的数量性状基因位点，其表现型变异解释率也存在着较大的差异。

表 2-6　小麦每穗粒数相关数量性状基因位点部分研究结果汇总

定位群体	染色体位置	数量性状基因位点数目	贡献率（%）	参考文献
偃展 1 号/内乡 188，RIL	1B、1D、2A、2B、2D、3A、5A、5D、5B	10	4.4～32.2	Song 等，2005
Ning7840/Clark，RIL	1A、1B、2B、2D、3B、4B、6A、7B	8	8.7～21.0	Marza 等，2006
CS/SQ1，DH	3B、6D	3	7.6～13.5	Dimah 等，2007
XX86/Flair，BC_2F_1	1D、2A、3D、6A、7A、7D	8	8.2～15.0	Huang 等，2004
Am3/L953，$F_{2:3}$	1D、2D、4B、5A、5B、5D	10	15.0～23.4	Liu 等，2006
TA4152-4/Kar192，BIL	3D	1	13.2	Narasimhanmoorthy 等，2006
Hanxuan10/Lumai14，DH	1A、2B、2D、3A、4A、5A、6A、6B、7A、7B、7D	21	14.1～27.0	Wu 等，2012

（3）千粒重　在小麦品种的产量构成因素中，单粒质量（粒重）是最为稳定的，受遗传特性的影响最大，遗传率达 59%～80%（庄巧生，2003）。从近年发表的小麦千粒重（即 1 000 粒籽粒的质量）数量性状基因位点定位结果可看出，多数位点对小麦千粒重表现型变异解释率低于 15%，但也存在贡献率大于 15%的

主效数量性状基因位点（表 2-7）。已有若干影响千粒重的基因被定位和克隆，例如 TaTGW6、TaGASR7 等。

表 2-7 小麦千粒重相关数量性状基因位点部分研究结果汇总

定位群体	染色体位置	数量性状基因位点数目	贡献率（%）	参考文献
AC Karma/87E03-S2B1，RIL	2B、2D、3B、4B、4D、6A	6	6.60～26.3	Huang 等，2006
Ning7840/Clark，RIL	1B、4B、5A、6A、7A	7	5.8～21.5	Sun 等，2009
Heshangmai/Yumai8679，RIL	1A、1B、2A、2D、3B、4A、4D、5A、6D、7D	21	4.36～16.80	Wang 等，2009
SeriM82/Babax，RIL	1B、1D、2B、4D、6A、6B	6	1.0～6.3	McIntyre 等，2010
94 个品种，自然群体	1A、1B、2B、2D、3B、3D、4A、5A、5D、6A、6B、7A、7B、7D	37	9.40～27.53	Zhang 等，2013
HanXuan10/Lumai14，DH	1B、2B、2D、3A、3B、3D、4A、4B、5A、5B、5D、6A、6B、7A、7B	32	10.0～20.0	Wu 等，2012

2. 小麦矮秆性的遗传和选育 降低小麦株高，不仅增强耐肥抗倒的作用，而且可提高收获指数，从而显著地提高产量。小麦株高既受矮化基因控制，又受环境条件的影响。截至 2014 年，至少已命名 26 个降低株高的主效基因 *Rht*（即矮秆基因）、4 个草丛型矮生基因 *D* 和 2 个单茎矮生基因 *Us*（http：//www. paper. edu. cn）。育种上应用最广泛的矮秆基因是来源于农林 10（Norin10）的 *Rht1* 和 *Rht2* 以及来源于赤小麦（Akakomugi）的 *Rht8* 和 *Rht9*。世界上一半以上的小麦品种具有它们的矮源血统。我国小麦品种利用较多的矮源基因是 *Rht1*、*Rht2* 和 *Rht8*。

小麦株高的遗传率较高，据中国农业科学院作物科学研究所估算，其广义遗传率为 66.5%。在 F_2 代根据株高选择单株是有效的。国内外小麦育种实践还表明，植株矮化往往同各种叶病、青枯、早衰、千粒重和容重低、品质差等不良性状的表现联系在一起，这是因为株高降低以后，叶层趋于密集，群体易郁蔽，群体内部生态条件劣化所致。因此必须注意株型合理、群体协调，不仅抗倒伏能力强，而且群体冠层结构合理。一般认为 70～80 cm 的株高较为适宜。

3. 小麦株型性状的遗传和选育 所谓株型，一般指植株地上部分的形态特征，特别是叶和茎在空间的存在状态，其决定了植株的受光姿势和群体的容量。株型育种，就是通过改进植株的一系列形态性状，改善冠层结构，增大群体容量，增加群体的叶面积指数，实现群体光能利用率的提高，从而提高群体生物学产量和群体穗容量，提高单位面积籽粒产量的育种途径。Donald（1968）最早提出了理想型（ideotype）的概念，认为理想型应该能够保证群体内个体间的竞争尽量减少，而籽粒的同化物积累尽量增大；并认为小麦的理想株型应是：较矮而强壮的茎秆、独秆、少而小的直立叶片、有芒的大穗、繁茂的种子根。尽管 Donald 所提出的理想型和所列举的性状表现有片面性，但有关理想型的概念对各国小麦育种家在确定育种方向和深入认识不同环境条件下高产品种形成的途径有很大的启发作用，促使育种家考虑产量形成的生理基础和提高产量潜力的形态生理性状。

在小麦株型育种中，确定适宜冠层结构和理想的株型性状是极为重要的，但两者间又是相互关联的。为了提高叶层的光能利用率，需要使叶层截获尽可能多的阳光，而且使截获的阳光尽可能均衡地分布在各个叶片上，使上部叶片和下部叶片均能足够受光，这就要求冠层的消光系数尽可能要小些。冠层结构的一个重要的参数是叶面积指数。最适宜的叶面积指数因不同环境和基因型而不同，高产品种的叶面积指数在抽穗期多在 7～10。许多研究表明，抽穗后的绿叶面积持续期与籽粒产量成显著正相关。它比叶面积指数更能表达品种的差异，是籽粒产量选择的重要指标。

育种家在设计品种株型时，主要考虑的形态性状包括叶片大小和叶片直立程度，表 2-8 是对小麦叶片大小和直立性数量性状基因位点的初步研究结果。

表 2-8 小麦部分株型相关基因研究进展

叶部性状	染色体位置	数量性状基因位点数量	贡献率（%）	参考文献
旗叶挺直角度	2B、2D、4D、5B	4	5.15～14.47	张坤普等，2008
叶长	2A、2D、3A、4A、5D、6D	9	5.28～21.91	
叶宽	2D、3A、4B、4D、5D、7D	7	5.45～9.19	
叶面积	2A、2D、3A、4B、4D、5D、7D	11	1.17～7.47	
多效基因（分蘖角度、叶夹角）	2A	1	>65	韦沙等，2012

（二）小麦抗病虫性的遗传和选育 在国内外小麦育种发展历程中，抗病虫育种始终贯穿于其中。小麦病害的种类很多，在我国流行范围较广、危害也较重的是条锈病、白粉病、赤霉病和纹枯病。此外，全蚀病、黄花叶病、叶锈病、黄矮病、丛矮病等在一些地区也造成一定的损失。在我国，小麦主要的害虫有吸浆虫、麦秆蝇、麦蚜等。

1. 小麦抗病性的遗传和选育

（1）小麦条锈病抗性的遗传和选育 条锈病（*Puccinia striiformis* f. sp. *tritici*）在世界许多国家和地区均有发生，在我国小麦重要产区黄淮冬麦亚区、西南冬麦亚区、长江中下游冬麦亚区和西北春麦亚区危害严重，其他麦区也常有发生。近 60 年以来我国生产上种植的小麦品种因条锈病的暴发流行而历经 7～8 次大规模的品种更替，条锈菌生理小种的变异与小麦品种抗性品种的更替过程演绎了小麦抗条锈病育种中育种家与条锈菌的博弈。目前，高致病性生理小种条中 32 号和条中 33 号为我国的优势生理小种，特别是条中 33 号（Su11-14）生理小种的频率明显上升，对我国小麦生产构成一定的威胁。

国际上已正式命名了 78 个主效小麦条锈病抗性基因（李欣等，2015），即 *Yr1*～*Yr78*，其中包括部分复等位基因位点。目前已命名的小麦条锈病抗性基因大部分来源于普通小麦（*Triticum aestivum*），小部分来源于小麦的近缘种（属），但来源于小麦近缘种属的小麦条锈病抗性基因因其抗性比较持久而受到小麦育种家和植物病理学家的高度重视。此外，还有一定数量暂命名的小麦条锈病抗性基因。

按照抗性表现的形式，一些小麦条锈病抗性基因在苗期和成株期均可表现出对条锈菌生理小种转化性抗性，例如 *Yr1*～*Yr10*、*Yr15*、*Yr17*、*Yr19*～*Yr28*、*Yr31*～*Yr35*、*Yr37*、*Yr38* 和 *Yr40*；而有的基因仅表现为成株期抗性，苗期不表现抗性，例如 *Yr11*～*Yr14*、*Yr16*、*Yr18*、*Yr29*、*Yr30*、*Yr36* 和 *Yr39*。从抗病基因显性和隐性的遗传方式来看，大多数抗性基因表现为显性。小麦条锈病抗性基因遗传研究工作，大多为研究主效单基因控制的质量性状遗传，而对微效多基因控制的数量性状遗传研究较少，由微效多基因控制的锈病抗性一般表现为慢锈性。

小麦条锈病抗性育种通常采用病圃抗性鉴定和后代接种诱发病的方法进行选择，目前许多小麦条锈病抗性基因已获得了相应的分子标记，在小麦抗病遗传育种中可利用这些分子标记进行快速、准确、高效的选择和多基因聚合育种。

明确抗性基因在品种中的利用状况，有针对性地利用抗源是提高抗病育种效率的前提。我国目前小麦主产区大量使用杀菌剂防控条锈病，这也掩盖了品种抗病性整体水平不高的潜在风险。图 2-5 显示了河南省 60 年来 94 个小麦品种所含的 10 个小麦条锈病主要抗性基因的频率分布。从图 2-5 中可以看出，目前生产上的品种中仍以已丧失抗性的 *Yr1*、*Yr2*、*Yr5*、*Yr7* 等基因为主，而 *Yr10*、*Yr15*、*Yr26*、*YrZH84*、*Yrsp* 等抗性基因的利用频率却不高，这反映了该地区小麦抗条锈病育种的迫切性和可行性。

（2）小麦白粉病抗性的遗传和选育 白粉病是小麦专性寄生的白粉病菌（*Erygsiphe graminis* DC.）所致的病害，在阴雨、高湿度、光照不足的条件下发病严重。近年来，各地随水肥条件的改善、种植密度的加大以及矮秆品种的种植，麦田郁蔽，白粉病危害加重，分布范围加大，成为小麦的重要病害。

由于小麦白粉病菌小种变异快，生产中应用的抗病基因使用期越来越短，这就要求育种家不断发掘和利用新的抗性基因。至 2017 年，在普通小麦及其近缘种属中已发掘出的白粉病抗性主效基因和数量性状基因位点已分别达 104 个和 140 个，其中已正式命名 61 个抗性基因，并已有 89 个主效抗性基因（*Pm*）和 25 个

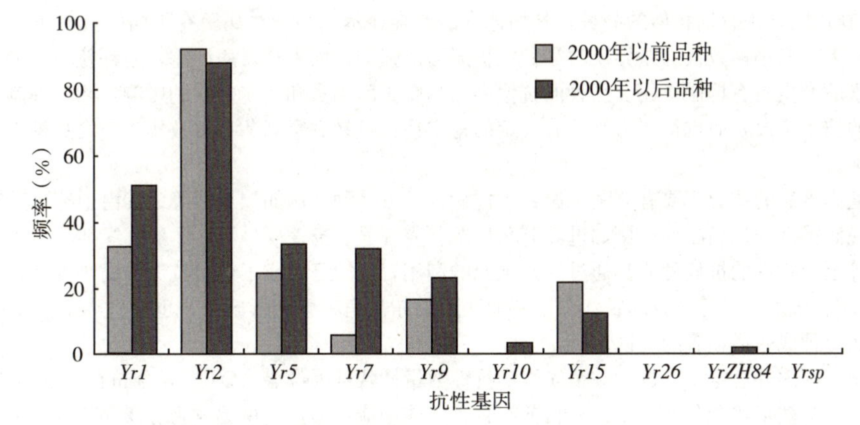

图 2-5 河南省 10 个小麦条锈病抗性基因在 94 个河南省品种中的利用频率

（高感至中感：*Yr1*、*Yr2*、*Yr5*、*Yr7* 和 *Yr9*；中抗至高抗：*Yr10*、*Yr15*、*Yr26*、*YrZH84* 和 *Yrsp*）

（引自许为钢等，2011）

数量性状基因位点已被定位于特定的染色体上，开发出了相应的分子标记（Guo J. 等，2017）。这些抗性基因和数量性状基因位点非随机地分布于小麦的所有染色体上，且 A、B 染色体组含有的抗性基因显著多于 D 组染色体。

目前，在我国小麦主产区白粉病抗性基因的利用状况与条锈病相似。图 2-6 显示了河南省 60 年来 94 个小麦品种所含的 11 个主要抗性基因的频率分布。从图 2-6 中可以看出，目前生产上的品种中仍以已丧失抗性的 *Pm8*、*Pm4* 等基因为主，而 *Pm13*、*Pm21*、*Pm30* 等抗性基因尚有待进一步加以育种利用。

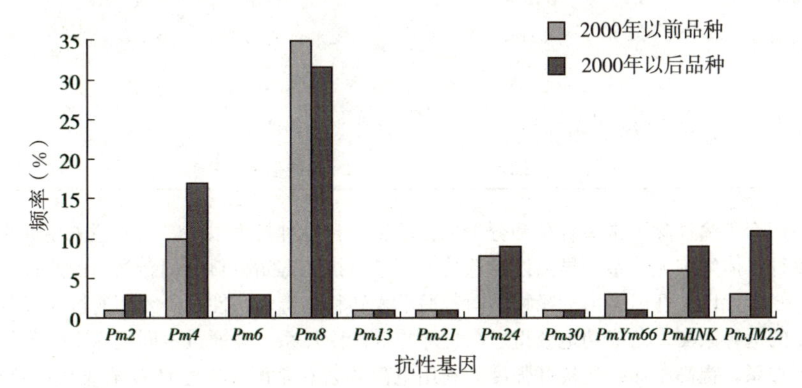

图 2-6 11 个白粉病抗性基因在 94 个河南省小麦品种中的利用频率

（高感至中感：*Pm2*、*Pm4*、*Pm6*、*Pm8*、*Pm24* 和 *PmYm66*；中抗至高抗：*Pm13*、*Pm21*、*Pm30*、*PmHNK* 和 *PmJM22*）

（引自许为钢，2011）

（3）小麦赤霉病抗性的遗传和选育 小麦赤霉病［*Gibberella zeae*（Schw.）Petch］是世界温暖潮湿和半潮湿地区广泛发生的一种毁灭性病害。在我国，以长江中下游冬麦亚区和东北春麦亚区危害尤为严重，西南冬麦亚区也是赤霉病常发区域，近年来黄淮冬麦亚区呈逐步加重趋势，已成为小麦主要病害。2000—2017 年，有 13 年全国赤霉病的发生面积超过 3.333×10^6 hm^2，2012 年全国赤霉病发生面积高达 9.333×10^6 hm^2，涉及江苏、安徽、河南、山东及河北部分地区。

小麦赤霉病主要是禾谷镰孢菌（*Fusarium graminearum* Schw.）所致的病害。镰孢菌是一种兼性的、非专化性的寄生菌，其寄主范围很广。罹病小麦除产生穗腐之外，还可产生根腐和茎腐，以穗腐对产量的影响最大。禾谷镰孢菌通过其有性世代产生的变异性很大，迄今在小麦及其近缘属中尚未发现对其免疫的品种，但小麦品种之间的抗性存在着显著的差异。小麦品种对赤霉病的抗性表现可分为 3 种类型：对病菌侵染的抗性（抗侵染力）、对病菌侵入后扩展的抗性（抗扩展力）和对病菌侵入后抑制病菌产生毒素的抗性（抗产毒素力)。在田间，生育期相似的品种，其病穗率的差异显示了品种对病菌有不同的抗侵染力；在单一感病位点的情况下，病小穗数量的差异反映品种抗扩展力的强弱；而表观发病严重，但籽粒中毒素含量较低则显示出对毒素的产生具有抑制作用。品种的抗侵染力易受田间菌量和环境因素的影响，测定抑制毒素产生能力需要一定的技术手段，而抗扩展力则具有一定的稳定性，且易观察判断，常被作为小麦品种赤霉病抗性选择的主要指标。

我国小麦赤霉病的抗源主要有 3 种来源：①抗病的地方品种，例如望水白等；②由中感品种杂交，后代抗性超亲表现而得到的抗病品种，例如世界著名抗源苏麦 3 号、扬麦 4 号等；③经远缘杂交来源于长穗偃麦草、鹅观草等近缘物种的抗病种质。通过这些抗源的利用，我国已育成了许多抗赤霉病小麦品种，例如扬麦 5 号、扬麦 158、宁麦 9 号等。我国长江中下游地区既是赤霉病频繁流行区域，也是世界上赤霉病抗源最丰富、抗赤霉病育种成效最显著的地区。

至今为止，国内外已定位了近 100 个赤霉病抗性数量性状基因位点（QTL），分布在小麦的 21 对染色体上，其中已有 7 个被正式命名（表 2-9）。目前在育种工作中应用最广泛的是来源于苏麦 3 号 3B 染色体短臂的抗性基因 *Fhb1*，被认为是抗性作用最明显的抗病主效数量性状基因位点。此外，江苏里下河农业科学研究所选育的扬麦系列品种，具有与苏麦 3 号、望水白不同的抗性数量性状基因位点，对我国小麦生产和抗赤霉病育种发挥了重大作用。

表 2-9 已正式命名的小麦抗赤霉病数量性状基因位点

数量性状基因位点	染色体位置	来源	贡献率（%）
Fhb1	3BS	苏麦 3 号	25～30
Fhb2	6BS	苏麦 3 号	10
Fhb3	7Lr#1	大赖草	
Fhb4	4BS	望水白	25
Fhb5	5A	望水白	10
Fhb6	1E#1S	鹅观草	
Fhb7	7EL	长穗偃麦草	20～30

小麦抗赤霉病育种途径除了常规育种和分子标记辅助选择育种技术以外，人们还采用远缘杂交、诱变育种、轮回选择育种、体细胞无性系变异离体筛选技术等进行抗赤霉病材料的创新和品种选育。例如南京农业大学自 20 世纪 80 年代以来开展了由近缘物种向普通小麦转移赤霉病抗性的研究。通过大赖草、鹅观草和纤毛鹅观草与小麦的远缘杂交，已成功地获得了高抗赤霉病的附加系，并通过不同抗赤霉病附加系间互交，创造双重或多重附加系，提高了赤霉病抗性强度。利用电离辐射和杀配子染色体技术成功地获得了小麦-大赖草易位系，为小麦抗赤霉病育种提供了可直接利用的新抗源。

2. 小麦抗虫性的遗传和选育 小麦抗虫性的研究及育种工作，远滞后于小麦抗病性的研究及育种工作。美国自 1941 年首次育成抗黑森瘿蚊（*Mayetiola destructor* Say）的品种用于生产以后，至 1979 年已培育了 42 个抗黑森瘿蚊的品种，大大减轻这种害虫的危害。我国小麦抗虫育种的典型事例是赵洪璋育成的西农 6028 和金善宝育成的南大 2419，这两个品种均对吸浆虫［麦红吸浆虫 *Sitodiplosis mosellana*（Gehin）、麦黄吸浆虫 *Contarinia tritici*（Kirby）］具有较强的抗性，20 世纪 50 年代在生产上的大面积种植，对控制陕西渭河流域和湖北天门等地区的吸浆虫流行，恢复当地小麦生产，均分别发挥了关键性作用。

小麦的抗虫机制有拒虫性、抗虫性和耐虫性 3 种。例如在我国内蒙古，一些生长期短和前期生长发育快的早熟及中早熟品种，以及叶片狭窄、叶片茸毛密长、叶片与茎交角大的品种，较抗麦秆蝇，其原因在于当麦秆蝇大量产卵时，这些品种着卵少，幼虫不易入茎，入茎后也不易成活。有时一个品种表现不止一种抗虫机制，例如实秆小麦品种 Rescue 之所以抗麦茎蜂，是由于雌蜂不喜欢在该品种植株上产卵（拒虫性），幼虫蛀入后不易成活（抗虫性），麦秆受虫蛀后，不易折断、不易倒伏而对产量影响小（耐虫性）。西农 6028 和南大 2419 的穗部小花的外稃和内稃紧扣（俗称口紧），雌性吸浆虫的产卵器难以从外稃和内稃之间插入，结果大量虫卵只能产在穗部外表，幼虫难以进入小花内部，故这两个品种具有良好的抗御吸浆虫特性（拒虫性）。

小麦的抗虫性可受单基因、两个基因或多基因控制。业已发现，有 19 个抗黑森瘿蚊的显性基因（*H1*～*H19*）和 5 个抗麦二叉蚜基因（*Gb1*～*Gb5*）。

（三）小麦耐逆性的遗传和选育 通常将小麦生产过程中所遇到的不利气候、土壤等非生物因素环境的影响称为环境胁迫或逆境灾害。小麦品种对环境胁迫的忍受能力称为耐逆性。通过耐逆育种可以从遗传上提高品种对环境胁迫的耐性，从而提高产量的稳定性。

1. 小麦耐寒性的遗传和选育 耐寒性指在小麦生长发育过程中对低温的忍耐性。低温对小麦的危害分为冻害（freezing injury）和冷害（chilling injury），统称寒害（cold stress）。冻害指 0℃以下低温所造成的伤害，主要发生在小麦越冬期和返青期，也包括拔节前后的霜害。冻害较轻时叶尖或叶片发黄干枯，冻害较重时幼穗冻死甚至整株冻死。冷害是指 0℃以上低温对小麦植株的生长发育造成的伤害，主要表现在小麦返青拔节以后的温度突然下降（倒春寒）所造成的危害，明显可见的主要症状是抽穗以后表现出部分小穗不育。

小麦返青拔节前对冬季低温的抗御能力与品种的冬春性关系密切，小麦幼穗在分化早期（二棱期以前）对低温的抵抗能力较强，所以在我国黄淮冬麦区适期秋播时通常需要采用冬性或半冬性的小麦品种，其茎尖分生组织进入穗分化的时间迟于春性品种，一般以单棱期或者二棱期越冬，所以对低温冻害具有较好的抗御能力；而在我国北部冬麦亚区则采用强冬性或者冬性品种，冬季穗分化时期往往在伸长期或者单棱期，以抵抗严寒的危害。而在我国南方因冬季无严酷低温胁迫，可以使用春性品种，冬季也不停止穗分化。所以品种选育中通常以适宜的冬春性程度来抵御当地的冬季寒害。

在小麦返青拔节以后，由于幼穗快速分化，抗寒性迅速下降，特别是在雌雄蕊分化期和药隔期对低温比较敏感，若遇倒春寒等气温陡然降低的天气就易发生冷害，但品种间的受害程度因遗传的不同而存在明显的差异。此外，小麦品种的耐寒性还受到生长状况和生理代谢的影响，例如根系发达程度、植株组织的细胞液浓度、细胞膜系统的耐低温能力以及特异膜蛋白等。

小麦品种的耐寒抗冻特性是许多性状综合作用的结果，与抗霜冻有关的基因 *Fr-A2*、*Fr-B2* 分别被定位于染色体 5A 和 5B 上，与相关的春化基因位置十分接近。为了可靠地对小麦品系的耐寒性进行鉴定和对分离世代单株进行耐寒性选择，应将供试材料适期或者适当早播，切忌晚播，以利用供试材料在早播条件下幼穗发育偏早，在低温来临时耐寒能力已降低，从而易于在田间识别耐寒性的强弱。此外，也可采用可溶性糖含量测定、细胞膜导电性测定和叶绿素荧光参数测定等方法来判断供试材料的耐寒性强弱。

2. 小麦耐旱性和节水特性的遗传和选育 干旱是我国北方的冬麦区和春麦区的重要环境胁迫，是小麦生产发展的重要限制因素。耐旱性和节水特性是广大缺水地区小麦育种的基本目标性状。一个品种在特定地区的耐旱性和节水特性的表现是由其生理特性、形态结构以及生长发育进程的节奏与农业气候因素变化相匹配的程度决定的。

小麦品种的耐旱性有两种机制：①形态结构耐旱，例如发达的根系和输导组织、叶片趋小、叶片表面覆有蜡质和茸毛、茎叶薄壁组织相对比例偏小和薄壁细胞偏小等；②生理功能抗旱，例如气孔调节功能、细胞水势调节功能、细胞耐低水势功能等生理生化特性。节水特性是指在具有一定耐旱性的基础上，小麦可高效率地利用有限的水分进行同化物的合成、运转和积累，从而获得较高的经济产量，也就是品种的水分利用效率较高。在进行耐旱节水品种选育时，一定要注意了解当地水分胁迫的发生规律和品种应具有的耐旱机制，并注意水分利用效率的提高。耐旱而水分利用效率的分子设计育种已进入实践应用阶段（孟肖，2015）。

耐旱育种除要遵循通常的亲本组配和后代选择的原则以外，要特别考虑鉴定选择时干旱胁迫条件，应注意耐旱性与丰产性的结合。目前，耐旱节水育种鉴定选择的环境条件一般采用以下 3 种方式：①所有世代都在适当干旱胁迫的条件下生长；②不同世代采用干旱胁迫和非干旱胁迫环境交替条件下生长；③分离世代在抽穗期以前采用非干旱胁迫环境，而抽穗期以后采用干旱胁迫环境处理。在育种程序中加入非干旱环境条件的目的是便于丰产潜力的选择，这 3 种方式的选用应依据所在地区干旱发生规律来确定。

3. 小麦耐湿性的选育 小麦湿害在世界上许多地区都有发生。我国长江中下游地区和东北东部地区的小麦时常遭受湿害。耐湿性是这些地区小麦育种的主要目标性状之一。湿害是土壤受渍后通气状况恶化，氧气亏缺使植物生理机能衰退而造成的伤害。湿害在小麦不同生育阶段有不同的影响，幼穗形成期和开花后 10 d 对产量影响最大，前者表现每穗粒数减少，后者表现千粒重降低。

关于耐湿性的鉴定指标，较广泛应用的是各有关性状值在过湿条件下比在正常条件下下降的比例（%）；或将各有关性状衰退程度进行累加，用综合湿害指数作为指标，评定其耐湿性；或根据受害后不同品种形态、生理及产量性状的变化来评价。不同品种受害后在叶片衰退、茎秆缩短、根系活力下降以及每穗粒数、籽粒质量降低等方面都有明显差异，因此这些性状的变化可作为评定小麦品种耐湿性的综合指标。一般认为在过湿条件下，根系发达、入土深、根系不发黑腐烂、植株不早枯而落黄正常、籽粒饱满、产量下降幅度小的品种都是耐湿性好的类型。江苏省农业科学院粮食作物研究所根据对小麦种质资源耐湿性的一系列鉴定研究，筛选出农林 46、Pato、水里占、水涝麦等孕穗期耐湿性强的品种，可以作为耐湿育种的种质资源。

4. 小麦抗穗发芽的遗传和选育 小麦穗发芽是指小麦在收获前遇阴雨或在潮湿的环境下的穗发芽。收获前的穗发芽是一种世界性灾害，它不仅影响产量，而且严重地影响小麦的品质、储存及利用价值，可造成较大的经济损失。我国南方冬麦区的长江中下游冬麦亚区和西南冬麦亚区经常发生收获前遇雨造成大面积穗发芽的灾情。北部冬麦亚区虽无梅雨季节，但个别年份也曾出现这种灾害，例如河南、陕西和河北也曾发生因麦收季节阴雨造成大面积穗发芽的情况。因此小麦穗发芽的研究和抗穗发芽品种的培育受到普遍关注。

小麦的穗发芽是一个复杂的过程，影响因素甚多，主要包括穗部性状、种皮颜色、籽粒结构、吸水特性、种子的休眠特性、激素、α淀粉酶的含量和活性，以及影响发芽的环境因素如水分和湿度等。

小麦的抗穗发芽性主要决定于种子的休眠特性。这种特性与种皮颜色有关，一般红皮种子比白皮种子的休眠期长。种皮中存在与色素有关的萌发抑制物质，使氧消耗增加或透氧性降低，导致休眠。随着红色的加深，种子休眠程度也加强。但目前已发现和育成了一些具有较强的抗穗发芽能力的白皮品种，所以种子的休眠特性也不完全取决于种皮颜色。

国内外许多研究证明，穗发芽与内部α淀粉酶合成量的增高密切相关。α淀粉酶合成量低的品种抗穗发芽，反之易穗发芽。

小麦籽粒发芽时的α淀粉酶受两类基因控制：①高等电点（p*I*）的α淀粉酶同工酶（α-AMY1），受第六组染色体长臂上的 *Amy-1A*、*Amy-1B* 和 *Amy-1D* 等位基因控制；②低等电点的α淀粉酶同工酶（α-AMY2），受第七组染色体长臂上的 *Amy-2A*、*Amy-2B* 和 *Amy-2D* 等位基因控制。在籽粒形成后期，分布于胚乳中的高等电点的α-AMY1 称为迟熟α淀粉酶（late mature α-amylase，LMA），在适宜的外界条件下，其活性大增，与穗发芽密切相关。迟熟α淀粉酶的合成与降水量、降水时期以及籽粒发育程度有关。研究表明，迟熟α淀粉酶的合成是由赤霉酸（GA_3）的增多引起的，对赤霉酸反应不敏感的矮秆基因 *Rht3* 能够降低迟熟α淀粉酶的合成量，因而避免或减轻了穗发芽的发生。位于小麦 6B 染色体长臂上的一个基因能够通过调节赤霉酸来诱导 6A 染色体、6B 染色体和 6D 染色体上的 *Amy-1* 基因，从而控制高等电点的α淀粉酶的合成，该基因被称为 *LMA* 基因。

此外，在麦类作物胚乳中还存在α淀粉酶活性的抑制蛋白。α淀粉酶抑制蛋白按其分子质量和作用的对象分 3 类，其中一类对麦类作物的α淀粉酶有抑制作用，同时它对枯草芽孢杆菌蛋白酶也有抑制作用，故称为α淀粉酶/枯草芽孢杆菌蛋白酶抑制蛋白（α-amylase/subtilisin inhibitor，ASI）。在麦类作物中对α淀粉酶有抑制作用的基因称为α淀粉酶抑制蛋白基因（*Isa-1*）。小麦的α淀粉酶/枯草芽孢杆菌蛋白酶抑制蛋白称为 wheat α-amylase/subtilisin inhibitor（WASI）。普通小麦中有 3 个编码α淀粉酶抑制蛋白的基因位点（*Isa-1*）分别位于 2A 染色体、2B 染色体和 2D 染色体的长臂上。

穗发芽是一个复杂性状，受多基因控制。籽粒休眠是影响小麦穗发芽抗性的主要遗传因素，控制休眠的主效基因位于 2B 染色体、2D 染色体、3A 染色体、3B 染色体、3D 染色体、4A 染色体、4B 染色体、4D 染色体和 7D 染色体上，大都与控制穗发芽基因分布在相似或相同的标记区间（表 2-10）。

通过遗传分析及基因作图的方法开发穗发芽和籽粒休眠的分子标记并进行分子标记辅助选择是抗穗发芽育种行之有效的途径。研究证实，小麦 *viviparous-1B*（*Vp-1B*）基因变异与穗发芽抗性相关，可提高籽粒后熟期间对脱落酸（ABA）诱导休眠的敏感性。小麦 *Vp-1B* 基因等位变异类型丰富，与白皮小麦穗发芽抗性和籽粒休眠密切关联，已开发出 1 个基因标记 *Vp1-b2*。安徽农业大学马传喜教授的研究团队根据遗传作图及 3 年休眠性状测定数据，利用由万县白麦子和京 411 构建的重组自交系（RIL）群体将 *Vp-1B* 定位在 3BL 染色体上。小麦 3AL 染色体上的 *viviparous-1* 基因（*Vp-1A*）也存在丰富的等位变异，已发现 6 种等位类型，其中 2 类等位基因（*Vp-1Ab* 和 *Vp-1Ad*）可提高籽粒休眠性和穗发芽抗性。据此开发出的功能标记已在穗发芽抗性育种中应用。

表 2-10　小麦穗发芽抗性基因位点分布

染色体	数量性状基因位点或基因	参考文献
2A、2B、2D	主效数量性状基因位点 TaSdr	Kulwal 等，2004；Mohan 等，2009；Munkvold 等，2009；Zhang 等，2014；朱玉磊等，2016
3AS、3AL、3BL	主效数量性状基因位点	Kulwal 等，2005；Mori 等，2005；Imtiaz 等，2008；Nakamura 等，2011；张海萍等，2011
	红皮色素 *R* 基因	Sears 等，1944
	TaDFR	Bi 等，2014
	TaMFT	Nakamura 等，2011
	TaPHS1	Liu 等，2013
	TaVp1	Bailey 等，1999；Nakamura 等，2001；Yang 等，2007；Chang 等，2010
4AL	主效数量性状基因位点	Anderson 等，1993；Kato 等，2001；Flintham 等，2002；Lohwasser 等，2005；Mares 等，2005
	抗性基因 *Phs*	Torada 等，2005；Chen 等，2008；Ogbonnaya 等，2008；Liu 等，2011

穗发芽抗性的鉴定，最常用的方法是种子发芽试验，也可采用完整的麦穗，经水浸泡后，置湿沙或湿吸水纸上，或放于塑料袋中捆扎保湿，放置于恒温箱发芽，统计穗发芽率。更直接方法是置麦穗于人工模拟降雨装置中，诱发穗发芽，结果更能反映品种实际的抗性。α 淀粉酶活性测定也是鉴定穗发芽抗性的重要方法，有分光光度法、凝胶扩散法、底物染色法和降落值（falling number，*FN*）测定法。其中降落值测定法是广为使用的一种方法。降落值反映的是 α 淀粉酶活性的大小，降落值高的品种，α 淀粉酶活性低，反之则高。

（四）小麦品质性状的遗传和选育　小麦品质是综合性概念，是小麦籽粒对某种特定用途的适合性。小麦品质包括营养品质和加工品质两部分内容，加工品质又分为制粉品质和食品加工品质，食品加工品质因食品的种类不同而对其品质指标的要求也不同。

1. 小麦品质的概念

（1）小麦营养品质　小麦营养品质指小麦籽粒的各种化学成分的组成，主要是蛋白质含量和蛋白质中各种氨基酸的组成。普通小麦籽粒蛋白质含量在品种间变异幅度很大。据美国 Nebraska 大学 Johnson 等（1973）对世界 12 613 份普通小麦品种的分析结果，其变幅为 6.9%～22.0%，平均为 12.99%。我国农业部《2017 年中国小麦质量报告》公布了 2017 年从全国 14 个省、自治区 415 位种植大户征集的 643 份样品的分析结果，其粗蛋白含量平均值为 14.1%，在地域分布上表现出北方高于南方。小麦籽粒蛋白质含量的高低不仅关系到营养价值，也与湿面筋含量、面团流变学特性及食品加工品质相关。

（2）小麦制粉品质　小麦制粉品质指小麦籽粒经碾磨而成的面粉所具有的某些理化特性以及小麦籽粒对制粉设备和制粉工艺的反应，其主要包括出粉率、面粉白度、灰分含量等面粉的理化特性等。

制粉品质好的小麦品种籽粒出粉率高，灰分少，白度高。出粉率的高低主要取决于两个因素，一是胚乳占麦粒的比例，二是胚乳与非胚乳部分分离的难易程度。籽粒容重高、接近球状、腹沟浅、皮层薄、整齐、硬度适中的小麦出粉率较高。

小麦籽粒或小麦粉经灼烧完全后，余下不能氧化燃烧的物质称为灰分。灰分含量因品种、土壤、气候、水肥条件的不同而有较大差异。面粉中的灰分过多时，常使面粉颜色加深，加工产品的色泽发灰、发暗。用于制作食品的面粉灰分要求在 0.5%以下。

面粉色泽（白度）是衡量制粉品质的重要指标。入磨小麦籽粒颜色（红粒、白粒）、胚乳的质地、面粉的粗细度、出粉率和制粉的工艺水平，以及面粉中的水分含量、黄色素、多酚氧化酶的含量均对面粉的颜色有一定的影响。通常软麦比硬麦的粉色白。面粉中所含的叶黄素、类胡萝卜素、黄酮类化合物等黄色素，是面粉呈黄色的主要原因。籽粒的多酚氧化酶（PPO）含量多、活性高的品种其面粉及制品（特别是面条和馒头）在加工、储藏过程中易褐变，主要是由于多酚氧化酶催化酚类物质发生氧化还原反应，产生醌类作物所致。多酚氧化酶主要分布在籽粒的种皮和糊粉层中，一般面粉多酚氧化酶平均含量仅占籽粒总多酚氧化酶的3%左右，所以出粉率高会增大面粉变褐的程度。多酚氧化酶的主效基因位于第二部分同源群的2A染色体、2B染色体和2D染色体上。

（3）小麦食品加工品质　小麦食品加工品质指面粉对特定食品加工的适合性，其因不同食品种类而具有不同的评判指标，主要是对食品进行形态、色泽、食味等方面的评价，我国已颁布了评价面包、面条、馒头和饼干等食品的国家标准或行业标准。

小麦之所以可以制作种类繁多的面制品，主要是因其具有其他谷物所不具备的面筋。面筋是由特定蛋白质组分构成的胶状复合物，其含量和品质在很大程度上决定着小麦的食品加工品质，所以人们也时常采用评价面筋数量和品质的有关指标来推测小麦面粉（品种）适合制作食品的类别。与小麦面筋数量和品质有关的评价指标主要有蛋白质含量、湿面筋含量、面团流变学特性（例如吸水率、面团形成时间、面团稳定时间、耐揉指数、弱化度、拉伸面积、抗延阻力、延展性等），不同食品对这些参数的要求是不同的，对小麦蛋白质含量和面筋强度要求的总体规律为：主食面包＞花式面包＞饺子、快食面＞鲜切面＞馒头、包子＞饼干、糕点。人们也据此将小麦分为强筋、中筋和弱筋类型。强筋小麦籽粒为硬质，籽粒蛋白质含量不低于14%，湿面筋含量不低于32%，面团稳定时间不短于8 min，面团吸水率不低于60%。弱筋小麦籽粒为软质，籽粒蛋白质含量不高于11.5%，湿面筋含量不高于22%，面团稳定时间不长于2.5 min，面团吸水率不高于56%。

2. 小麦品质的遗传和选育　依前所述，小麦的食品加工品质主要取决于面粉中的蛋白质和由特定蛋白质组分构成的面筋的含量和品质。因此小麦育种家通常将蛋白质含量、面筋含量和反映面筋质量的面团流变学特性作为小麦品质遗传改良的重要选择指标。

（1）小麦籽粒蛋白质含量　小麦籽粒蛋白质是受多基因控制的性状，21对染色体上都有影响它的基因；也有研究认为它受少数主效基因控制，但不排除其他微效基因的作用。小麦籽粒蛋白质含量的遗传符合加性-显性模型，且加性效应较为明显，显性效应一般为部分显性。因此早代对蛋白质含量进行选择是有效的。

（2）小麦籽粒蛋白组分　小麦籽粒蛋白组分主要包括清蛋白、球蛋白、麦谷蛋白和醇溶蛋白。清蛋白和球蛋白主要存在于胚中，分别占籽粒总蛋白质含量的9%和5%。清蛋白和球蛋白再加上酶蛋白这三者为代谢蛋白。麦谷蛋白和醇溶蛋白存在于胚乳内，分别占籽粒总蛋白质含量的46%和40%，为小麦的储存蛋白。

小麦的品质性状与麦谷蛋白与醇溶蛋白的比值显著相关，而麦谷蛋白和醇溶蛋白分别决定面筋的弹性和延展性。随着麦谷蛋白含量的增加、麦谷蛋白与醇溶蛋白比值的增大，面筋含量和面筋强度均明显增大。因而对于面包制作品质来说，麦谷蛋白显得更重要。

麦谷蛋白为多肽复合体，根据其分子质量不同分为高分子质量麦谷蛋白亚基（high molecular weight glutenin subunit，HMW-GS）和低分子质量麦谷蛋白亚基（low molecular weight glutenin subunit，LMW-GS）。高分子质量麦谷蛋白亚基由位于小麦第一同源组群染色体长臂的位点*Glu-A1*、*Glu-B1*和*Glu-D1*的基因（统称*Glu-1*位点）编码。Payne等于1983年依据对世界各地的300多份小麦品种的高分子质量麦谷蛋白亚基的十二烷基磺酸钠-聚丙烯酰胺凝胶电泳（SDS-PAGE）图谱后，提出了著名的高分子质量麦谷蛋白亚基的数字命名系统，绘制了*Glu-A1*、*Glu-B1*和*Glu-D1*部分亚基的SDS-PAGE电泳的相对迁移示意图，并建立了部分高分子质量麦谷蛋白亚基增强面筋强度评分表（表2-11），选育强筋品种以表中得分高的亚基聚合为佳，选育弱筋品种以得分低的亚基聚合为佳。国内外大量研究证实，高分子质量麦谷蛋白亚基是决定小麦面筋强度的主要因素，其等位基因的变异可解释小麦加工品质差异的30%～79%。

低分子质量麦谷蛋白亚基由位于第一同源染色体组短臂末端的位点*Glu-A3*、*Glu-B3*、*Glu-D3*（统称为*Glu-3*位点）编码，其存在着比较丰富的等位变异。低分子质量麦谷蛋白亚基对小麦品质的效应已引起了人们的广泛注意，许多试验已肯定了其对小麦品质有一定的影响。河南省农业科学院胡琳研究员对我国35个麦谷蛋白亚基组成存在较大差异的品种进行麦谷蛋白亚基品质相应分析，并根据研究结果提出了包含17种低分子质量麦谷蛋白亚基品质效应评分表（表2-12），强筋小麦品种选育以高分值亚基为优，弱筋小麦品种选育以低分值亚基为优。

表 2-11　高分子质量麦谷蛋白亚基增强面筋度评分

（引自 Payne 等，1983）

得分	1A 染色体	1B 染色体	1D 染色体
4			5+10
3	1、2	7+8、17+18	
2		7+9	2+12、3+12
1	N	7、6+8	4+12

表 2-12　低分子质量麦谷蛋白亚基品质效应评分

（引自胡琳等，2009）

得分	1A 染色体	1B 染色体	1D 染色体
4		B3d	
3	A3c	B3h、B3f、B3e	D3c、D3a
2	A3b、A3d	B3i、B3j	D3e
1	A3a、A3e	B3g	D3b、D3d

醇溶蛋白也存在着丰富的等位变异。科学家已发现 100 多种醇溶蛋白，根据电泳图谱上的相对迁移率，将醇溶蛋白分为 α、β、γ 和 ω 4 部分，分别占其总量的 25%、30%、30%和 15%。醇溶蛋白是小麦面筋的主要组分，富含疏水性氨基酸，缺乏亲水性氨基酸，有利于提高面团的延展性，改善小麦面制品的品质。

（3）小麦淀粉特性　淀粉是小麦籽粒的主要成分，占小麦籽粒质量的 70%左右。从淀粉的分子构型上可分为直链淀粉和支链淀粉，直链淀粉与支链淀粉的比例、凝沉性（即黏度等）对加工食品的外观品质和食用品质有影响。由直链淀粉含量较低的面粉制作的面条，在软度、光滑性、口感、膨胀势、综合评分等方面具有较好的表现；而过多的直链淀粉则导致面条的色泽、表观性状、黏性、适口性等方面下降，且制作的面条煮制时间延长，制作的馒头体积小、韧性差。支链淀粉含量较高时，面条的光滑性好，口感好。因此优质面条、馒头品种要求较低的直链淀粉含量和适宜的直链淀粉与支链淀粉比例。

在淀粉的合成过程中，首先在淀粉酶的作用下，合成直链淀粉分子，再在淀粉分支酶和分支抑制酶的催化下，产生支链淀粉。在淀粉合成酶中有一类控制直链淀粉合成的基因称为糯蛋白（waxy protein，Wx）基因，分别是 7AS 上的 *Wx-A1*、4AL 上的 *Wx-B1* 和 7DS 上的 *Wx-D1*。糯蛋白基因的数目（1 个、2 个或 3 个）可显著影响直链淀粉的含量，当 3 个糯蛋白基因位点均缺失时，胚乳中直链淀粉含量可接近于 0，即为糯性小麦。糯性小麦的淀粉特性表现显著地不同于非糯性小麦，国内外研究证明，缺少 *Wx-B1* 的品种，其面条品质好，多数澳大利亚的优质面条品种都缺少 *Wx-B1*。可用 SDS-PAGE 电泳和分子标记判断是否缺失糯蛋白基因。中国农业大学刘广田教授等在我国首先培育出糯性小麦，并开发出糯性小麦和面条用优质小麦育种的综合辅助选择标记。科学家已对小麦品质的若干性状开展分子生物学研究，开发出许多重要品质性状的分子标记（金慧，2016）

（五）小麦生育特性和早熟性的遗传和选育　研究小麦的生育特性和早熟性，选育早熟品种对增加复种、防止或减轻小麦后期的病虫害及不利的气候因素造成的损失具有重要意义。

1. 小麦阶段发育特性及其遗传　阶段发育特性是小麦品种最基本的生态特性，它影响小麦品种的一系列性状，特别是生育期、早熟性以及适应性。其中，春化阶段和光照阶段是最基本的发育阶段。根据小麦品种在春化阶段对温度的要求和通过光照阶段时对光照长度反应敏感性的差异，可将小麦分别分为春性、半冬性或弱冬性和冬性，迟钝型、中间型和敏感型。我国秋播小麦品种，从南向北，大体上由春性、弱冬性向冬性或强冬性过渡；从东到西，随海拔的增高，冬性逐渐加强。南方品种大多数对光照长度反应迟钝，光照阶段较短。北方和高海拔地区大多数品种对光照长度反应敏感，光照阶段较长。我国东北春麦亚区的小麦则属春性，一般对光照长度反应敏感，光照阶段较长。

小麦的春化反应是受基因控制的，春性对冬性表现为显性。目前学术界大多数学者认可的小麦春化基因有4个：*Vrn-A1*、*Vrn-B1*、*Vrn-D1* 和 *Vrn-B3*，分别位于小麦的5A、5B、5D和7B染色体上。其中 *Vrn-A1*、*Vrn-B1* 和 *Vrn-D1* 为3个等位基因，统称为 *VRN1*。当 *Vrn-A1*、*Vrn-B1* 和 *Vrn-D1* 这3个基因中的任何1个为显性时，小麦的发育特性即为春性；若这3个基因全为隐性，小麦的发育特性为冬性。研究表明，这3个等位基因对春化的影响程度不同，*Vrn-A1* 基因的效应最强，对 *Vrn-B1* 和 *Vrn-D1* 基因具有上位性效应；*Vrn-B1* 和 *Vrn-D1* 基因对春化作用的敏感性较弱，二者之间未发现彼此间的上位作用。对光照长反应不敏感而对光照反应敏感为显性，受3个光周期反应基因 *Ppd-A1*、*Ppd-B1* 和 *Ppd-D1* 所控制，它们分别位于第2部分同源群的2D、2B和2A染色体上。目前已开发出了上述4个春化基因和光周期反应基因 *Ppd-D1* 的分子标记，并被大量用于相关研究工作。

2. 小麦的早熟性及其遗传 小麦的生育时期可划分成出苗至拔节、拔节至抽穗和抽穗至成熟的前、中、后3期，其中抽穗至成熟还可分成抽穗至开花、开花至成熟两个明显的时期。这些时期的长短在品种间存在明显差异，并对品种成熟的早晚起重要的作用。

一般用抽穗期早晚作为小麦熟性的指标。但它不能准确地反映成熟的早晚，因为开花的早晚、籽粒灌浆和脱水的快慢对成熟期也有较大的影响。小麦的早熟性为部分显现遗传。

3. 小麦早熟性的选育 选育早熟品种以品种间杂交为主。由于春性、对光照长度反应迟钝的品种，一般拔节较早，成熟也较早。因此在亲本选配时，可采用阶段发育特性互补的亲本进行杂交，或冬小麦与春小麦杂交，常可育成早熟品种。例如以春性、对光照反应迟钝的弗兰尼与强冬性、对光照反应中等的早洋麦杂交，育成了安徽11号；以半冬性、对光照反应迟钝的碧玛4号与强冬性、对光照反应中等的早洋麦杂交，育成了北京8号。

缩短拔节至抽穗、抽穗至成熟所需的时间，选用上述不同时期长短互补的品种杂交，也有可能育成早熟品种。从大量的育种实践效果来看，杂交组合中具有早熟性突出的亲本材料，容易选育出比较早熟的品种，例如在我国黄淮冬麦亚区南部和长江中下游冬麦亚区大面积种植的郑麦9023所具有的早熟性，就来源于其复交组合中具有一个特早熟材料西农78（6）9-2的早熟衍生系83（2）3-3。

第三节　小麦种质资源研究和利用

小麦种质资源（germplasm resources）是小麦育种的物质基础。小麦育种的进展和突破无不与优异种质资源的发现和正确利用有关。随着小麦生产和育种的发展，育种目标逐渐增多，要求不断提高，育种家对种质资源的要求也日趋多样化，对亲本性状的要求也不断提高。

一、小麦及其近缘植物的分类

普通小麦属于禾本科小麦族（Triticeae）小麦亚族（Triticinae）的小麦属（*Triticum*）的一种（*Triticum aestivum* L.）。与小麦属同属小麦亚族的还有山羊草属（*Aegilops*）、黑麦属（*Secale*）、偃麦草属（*Elgtrigia*）等。与小麦属同属于小麦族的有大麦亚族（Hordeinae），其中有大麦属（*Hordeum*）、滨麦属（*Elymus*）等（图2-7）。其他禾本科作物，燕麦、玉米、高粱、谷子、水稻等分别属于与小麦族不同的各个族，其与小麦的亲缘关系都较远。小麦与小麦亚族内几乎所有种属都能杂交成功，与大麦亚族内滨麦属及大麦属的一些种也已经杂交成功。迄今为止，最远缘的杂交则为小麦与玉米族的玉米的杂交，也获得初步成功（Laurie和Bennett，1986）。

目前大多数学者认为小麦的早期驯化发生在公元前750—公元前6000年，并将考古证据与亚洲西部西起地中海东岸的巴勒斯坦和叙利亚，向东南经伊拉克境内的幼发拉底河平原，止于两河入海口的波斯湾海岸地区的全形似新月的新月沃地相联系，因为新月沃地不仅是人类最早的农业发源地，而且也是栽培小麦野生祖先的地理分布中心，在这一地区现在仍有野生二倍体小麦 *Triticum boeoticum* 和四倍体小麦 *Triticum dicoccoides*、*Triticum araraticum* 存在。Schulz（1913）根据形态将小麦划分为一粒系、二粒系和普通系三大类群。Sakamura（1918）和Sax（1924）发现小麦属的染色体基数为7，而且指出一粒系、二粒系和普通系三大类群的染色体为14、28和42的3个水平倍性差异。Kihara（1924）提出了小麦染色体组型分析概念，以A、B、D表示与小麦各物种有关的染色体组。后来，Zhukovsky和Jakubziner分别发现了提莫菲维小麦和阿拉拉特小麦。Kihara等

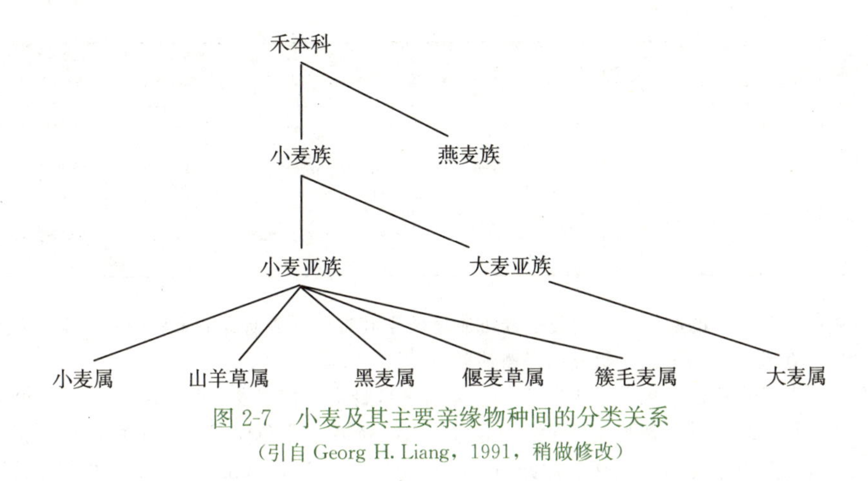

图 2-7　小麦及其主要亲缘物种间的分类关系
（引自 Georg H. Liang，1991，稍做修改）

将它的第 2 个染色体组定为 G。这样在小麦属物种中涉及的染色体组一共有 A、B、D 和 G 4 种。这 4 种染色体组的不同组合形成了小麦属的不同物种。我国董玉琛等（1966）根据前人提出的小麦属内分系的办法，将形态分类与染色体组分类相结合，提出小麦属可分为 5 系 22 种的分类系统（表 2-13）。我国特有的云南小麦（*Triticum aestivum* subsp. *yunnanense* King）、新疆小麦（*Triticum aestivum* subsp. *petropavlovski* Udecz. et Migusch）和西藏半野生小麦（*Triticum aestivum* subsp. *tibeticum* Shao）划分为普通小麦的 3 个亚种。

表 2-13　小麦属（*Triticum* L.）的分类
（引自董玉琛等，1966）

系	染色体组	类型	种	
一粒系（Einkorn）（2n=14）	A	野生	*Triticum urartu* Thum.	乌拉尔图小麦
		野生	*Triticum boeoticum* Boiss.	野生一粒小麦
		带皮	*Triticum monococcum* L.	栽培一粒小麦
二粒系（Emmer）（2n=28）	AB	野生	*Triticum dicoccoides* Koern.	野生二粒小麦
		带皮	*Triticum dicoccum* Schuebl.	栽培二粒小麦
		带皮	*Triticum paleocolchicum* Men.	科尔希二粒小麦
		带皮	*Triticum ispahanicum* Heslot	伊斯帕汗二粒小麦
		裸粒	*Triticum carthicum* Nevski	波斯小麦
		裸粒	*Triticum turgidum* L.	圆锥小麦
		裸粒	*Triticum durum* Desf.	硬粒小麦
		裸粒	*Triticum turanicum* Jakubz.	东方小麦
		裸粒	*Triticum polonicum* L.	波兰小麦
		裸粒	*Triticum aethiopicum* Jakubz.	埃塞俄比亚小麦
普通系（Dinkel）（2n=42）	ABD	带皮	*Triticum spelta* L.	斯卑尔脱小麦
		带皮	*Triticum macha* Dek. et Men.	马卡小麦
		带皮	*Triticum vavilovi* Jakubz.	瓦维洛夫小麦
		裸粒	*Triticum compactum* Host	密穗小麦
		裸粒	*Triticum sphaerococcum* Perc.	印度圆粒小麦
		裸粒	*Triticum aestivum* L.	普通小麦

（续）

系	染色体组	类型	种	
提莫菲维系（Timopheevii）（$2n=28$）	AG	野生	*Triticum araraticum* Jakubz.	阿拉拉特小麦
		带皮	*Triticum timopheevii* Zhuk.	提莫菲维小麦
茹科夫斯基系（Zhukovskyi）（$2n=42$）	AAG	带皮	*Triticum zhukovskyi* Men. et Er.	茹科夫斯基小麦

关于小麦各个染色体组的起源，一直是小麦细胞遗传学和种质资源研究的重要内容，学界对某些染色体组的起源至今仍存在着不同的观点，研究结果概述如下。

A组染色体的起源：最初多数学者认为A染色体组来自野生一粒小麦。但利用中国春A组端体系列对不同物种进行染色体配对分析，表明提莫菲维小麦与普通小麦A组染色体组相似性为91%，而普通小麦与野生一粒小麦及乌拉尔图小麦的A组相似性分别为84%和67%。Brandolini等（2006）以扩增片段长度多态性（AFLP）分子标记研究不同种A基因组间的相互关系，认为与野生一粒小麦相比，乌拉尔图小麦与普通小麦的A基因组相似性高出20%。

B组染色体的起源：小麦B染色体组起源一直存有争议。Sarkar和Stebbins（1956）根据形态特征认为拟斯卑尔脱山羊草为B染色体的供体，但Feldman（1979）依据高大山羊草与B组染色体间配对水平较高，认为高大山羊草为B组染色体的供体。后来从高大山羊草中分离出的西尔斯山羊草（*Aegilops searsii*）在地理分布上与野生一粒小麦及野生二粒小麦有重叠，因此被认为有可能为B组的供体，Nath等（1983，1984）进行的分子杂交研究也支持这种观点。

D组染色体的起源：Kihara等（1944）通过染色体组成分析结合形态比较，认为六倍体小麦D染色体组来源于粗山羊草（*Aegilops tauschii*）。根据籽粒醇溶蛋白电泳结果，粗山羊草的亚种 *Aegilops tauschii* subsp. *strangulata* 可能是普通小麦D染色体组的供体。

G组染色体的起源：Shands和Kimber根据提莫菲维×拟斯卑尔脱山羊草杂种F_1代花粉母细胞减数分裂期染色体联会状况认为，G染色体组由拟斯卑尔脱山羊草提供，Tsunewaki对核质杂种的研究及分子杂交的结论也证明了这一点。

二、我国固有的小麦品种特性及其利用价值

我国栽培小麦的历史悠久，被公认为世界小麦起源的重要次生中心。继20世纪50年代发现独特的普通小麦云南小麦亚种（即云南小麦）之后，在青藏高原又发现了普通小麦原始类型西藏半野生小麦。继黄河中游麦田发现有节节麦之后，在伊犁河谷又发现有大片的粗山羊草原生群落。这些发现对研究我国小麦的起源、演化和传播具有重要意义。

我国固有的小麦种质资源中最丰富的还是普通小麦原始地方品种。在辽阔而多样的自然和耕作条件下，经长期的自然选择和人工选择，形成高度适应各种条件和要求的各种类型的地方品种。我国的小麦地方品种具有如下的突出特性。

1. 早熟性 我国的许多地方品种对光照的反应较不敏感，生长发育较迅速，籽粒灌浆快，有助于减轻甚至避免小麦生育后期灾害，并有利于提高复种指数。20世纪中期我国采用当地早熟品种与国外引进的优良品种杂交，育成了许多综合性状优良的早熟品种。我国地方品种的早熟性在国外也得到表现，已被许多国家所利用。

2. 多花多粒性 我国小麦地方品种中有许多多花多粒的类型，特别是圆颖多花类及拟密穗的品种，一般每小穗结实5粒左右，多的有8粒。以这类品种与引进的国外品种杂交，育成了许多每穗粒数较多的丰产品种。

3. 特殊抗逆性 对异常环境的高度适应性，也是我国小麦地方品种的突出特性，特别表现在对环境胁迫因素的抗耐性上。在寒旱地区的一些冬小麦地方品种能够在冬季严寒而无积雪的条件下安全越冬；在干旱地区的一些地方品种能够在长期土壤干旱及天气干旱条件下正常生长；在低湿地区则有耐湿性强的地方品

种；在盐碱地和红壤地区则分别有耐盐碱性和耐酸性强的地方品种。这些优良的抗逆特性对于耐逆性育种具有重要的利用价值。

中华人民共和国成立初期，各地区都曾经就地评选一些较好的地方品种或从中通过选择提高，加以推广，例如蚂蚱麦、蚰子麦、泾阳 60、平原 50、平遥小白麦、江东门、成都光头等。在小麦杂交育种开展的初期，各地区大都分别利用该地区综合性状较好的地方品种为亲本之一，与从外国引进的抗病丰产品种材料杂交，成功地育成了我国首批杂交育成的品种，并分别得到大面积推广。以后在这些品种及品系的基础上通过渐进杂交，陆续育成了一系列在生产上占优势的后继品种。近年来，发掘地方品种优异基因已成为国内外小麦遗传改良研究的热点。

三、从国外引进的小麦品种材料的利用

我国近代小麦品种改良可以说是从引进和利用国外品种开始的，而且在育种发展过程中一直利用着从国外引进的品种资源。

原产于澳大利亚的碧玉麦（玉皮）是最早被引进并被较广泛利用的国外品种之一，早在 20 世纪 30 年代就开始在我国推广，其适应性较广；20 世纪 50 年代在冬麦区和春麦区都有相当大的种植面积；也较早作为杂交亲本而成功地分别育成了骊英号和碧蚂号小麦品种，并从中衍生出许多品种。

意大利品种秆较矮，抗条锈病，丰产性好，生育期适中，能适应长江中下游冬麦亚区和黄淮冬麦亚区南部的气候条件，因而在我国小麦生产和育种中起到了重要作用。例如 1932 年前后从意大利直接引入的南大 2419（Mentana）、矮立多（Ardito）和中农 28（Villa Glori），由阿尔巴尼亚间接引入的阿勃（Abbondanza）和阿夫（Funo），自罗马尼亚引入的郑引 1 号（St1472/506）和 St2422/464 等，以这些为代表的品种，不但可在生产上直接利用，而且是我国小麦杂交育种的重要亲本。南大 2419、阿夫、阿勃和郑引 1 号 4 个品种年最大种植面积都在 6.67×10^5 hm^2 以上，矮立多在 3.33×10^5 hm^2 以上。20 世纪有 30 多个意大利品种被利用于我国小麦育种，共育成 700 多个新品种（系），其中由阿勃、阿夫、南大 2419 衍生的品种（系）均在 100 个以上。用阿夫与台湾小麦杂交后选育出抗赤霉病扩展的苏麦 3 号，成为全世界小麦抗赤霉病的著名抗源。

加拿大和美国的春小麦品种优质，抗秆锈病，对光照反应敏感。我国东北春麦亚区自 20 世纪 40 年代起，便成功地引用了北美洲品种。Thatcher（松花江 1 号）、Minn2761（松花江 2 号）、Merit（麦粒多）、Pilot（白骆驼）、Minn2759、Reliance、Reward、Huron、Minn50-25、CI12268 等在我国东北春麦亚区小麦抗秆锈育种中起了奠基石的作用。美国春小麦 CI12203 于 20 世纪 40 年代后期引入甘肃后，表现抗锈、丰产，被定名为甘肃 96，在 20 世纪 50 年代曾是西北春麦亚区的主栽品种之一。

美国中西部的冬小麦品种分蘖力强，较抗锈病，其中的早熟类型比较适应我国北部冬麦亚区的气候生态条件。1946 年引入的早洋麦（Early Premium）和胜利麦（Triumph）在我国北方小麦育种中产生了巨大作用。据不完全统计，早洋麦在各地通过一次杂交直接育成了 32 个生产品种，由这些品种又衍生出 51 个生产品种。其中，北京 8 号、东方红 3 号、济南 2 号、济南 4 号、济南 9 号、石家庄 43、徐州 14、北京 10 号、农大 139 等，都先后得到大面积推广。从胜利麦×燕大 1817 组合中育成了农大 183、农大 311、华北 187、石家庄 407 等大面积生产应用品种，并在北部冬麦亚区和黄淮冬麦亚区进一步衍生出了一批生产品种。由此可见，美国硬红冬小麦品种在 20 世纪 40—60 年代曾对我国北部冬麦亚区的小麦育种起了重要作用。21 世纪初在山东省大面积种植的强筋高产小麦品种济麦 20，其优质亲本就来源于美国优质品种 Lancota 的改良品系 884187。

苏联和东欧诸国的品种在我国的育种中也得到很好利用，例如以早熟 1 号育成了徐州 15、泰山 1 号、北京 10 号等 10 多个品种；以鹅冠 186 参加育成的品种有东方红 3 号等。20 世纪 70 年代初引进了一批 1B/1R 易位系，例如罗马尼亚的洛夫林 10（Lovrin 10）、洛夫林 13（Lovrin13）以及苏联的阿芙乐尔、高加索、山前等，由于丰产性好，兼抗锈病和白粉病，还耐后期高温，是我国各地 20 世纪 70 年代小麦育种的骨干亲本。我国 20 世纪 80 年代育成和推广的品种中大部分带有它们的血统。

智利的欧柔（Orofen），1958 年引入我国后在各地表现较好，曾在福建、广东、云南、内蒙古、新疆等省、自治区推广，种植面积最多时达 3.27×10^5 hm^2。由于它丰产性好、抗三锈，一度成为我国小麦育种的骨干亲本之一，在我国 19 个省、直辖市、自治区选出或通过一次杂交直接育成的品种（系）有 240 多个，其中有 61 个种植面积都超过 6.67×10^3 hm^2，例如黄淮冬麦亚区的泰山 1 号和济南 13、西南冬麦亚区的凤

麦13和普麦5号、华南冬麦亚区的晋麦2148、东北春麦亚区的新曙光1号、西北春麦亚区的青春5号、北部春麦亚区的科春14和京红1号等，有的育成品种还成为重要的育种亲本。

西欧、北欧包括英国、德国、丹麦、瑞典等国的品种，强冬性，对光照反应敏感，极晚熟，穗大、秆强，丰产性好，大多抗条锈病和白粉病。西北农学院首先成功地利用丰产性和抗锈性好的丹麦1号与推广品种西农6028杂交育成了丰产1号、丰产2号和丰产3号，不仅在黄淮冬麦亚区种植面积很大，而且在我国小麦育种中起了重要作用。德国品种Heine Hvede引入西藏作为冬小麦大面积推广，并成为西藏冬小麦和春小麦育种的主要亲本。英国一些品种因其产量潜力、高抗条锈病和白粉病而受到北部冬麦亚区小麦育种家的注意，例如Norman、TJB系统的矮秆大穗性状和Maris Huntsman、C39等的抗白粉病特性在育种上得到利用。山东农业大学通过矮丰3号×（孟县201×牛朱特）的三交于1970年育成了矮秆、大穗、抗锈的矮孟牛，各地先后以这个材料选择育成一系列品种，在生产上大面积种植。

位于墨西哥的国际玉米小麦改良中心（CIMMYT）育成品种（系）的主要特点是春性、矮秆、抗锈、丰产性好、对光照反应不敏感和适应性广。近20年来，我国利用国际玉米小麦改良中心的材料开展了新品种选育工作，例如四川省农业科学院以引进的人工合成小麦为亲本材料育成了抗病高产品种川麦42；黑龙江农业科学院作物资源研究所分别利用他偌瑞和墨巴66作为优质亲本育成了优质强筋小麦品种龙麦11号和龙麦12号，再由后两者作亲本育成了龙麦26。川麦42和龙麦26均分别成为西南冬麦亚区和东北春麦亚区21世纪初期大面积应用的主导品种。

第四节　小麦育种途径和方法

一、小麦杂交育种

杂交育种是我国小麦品种选育的主要方法。进入21世纪以来育成的一批年最大推广面积超过1.33×10^6 hm^{2}的小麦新品种（例如烟农19、郑麦9023、济麦20、济麦22、矮抗58、周麦22、山农20等）都是采用杂交育种方法育成的。

（一）亲本选配　亲本选配是杂交育种首要的环节。《作物育种学总论》中所述亲本选配原则在小麦的杂交育种中均能适用，但还需要注意以下几个方面。

1. 以最新育成、综合性状优良、适合于大面积种植的新品种（系）作为中心亲本　一个优良的品种涉及的性状是非常多的，有的性状经过大量研究和育种实践已为人们所了解，还有一些性状在认知上是模糊的，但是一个好的品种肯定是上述两方面的优质性状的集合体。最新育成的综合性状优良，并适合大面积种植的新品种（系）恰好就是通过长期育种工作的积累获得的众多优异性状的集合体。在此基础上进行新一轮的遗传改良就是在一个性状整体水平较高的基础上进行某些性状的进一步提升。因此不仅效果好，而且成功概率大。纵观我国小麦品种选育和生产应用的历史，大面积生产应用的品种基本上都是以当时的优良品种和最新育成的品系作为了中心亲本培育成功的。

2. 在杂交组合中引入具有突破性的性状，从而带来品种跨越性提升　我国小麦杂交育种每次取得较大的进展，都与使用了特异的亲本材料有密切的关系。例如使用国外引进材料农林10号而导入了矮秆基因*Rht1*和*Rht2*，从而大幅度提高了我国小麦品种的抗倒伏能力和产量潜力；利用携带有1B/1R易位和矮秆基因的矮孟牛作为亲本，培育了一大批矮秆抗病品种；近年来，我国优质小麦品种的选育取得了重大进展，这得益于20多年我国广泛利用从美国、加拿大、澳大利亚等国引进的优质种质资源材料，特别是含有高分子质量麦谷蛋白亚基Dx5+Dy10、Bx7^{OE}的种质资源材料，对提高我国小麦品种的面筋强度发挥了重要作用。

3. 充分利用不同地理生态类型品种间丰富的基因差异，创造本地区优异的性状表现型　小麦是世界上种植范围最广的农作物，由于地域差异，形成了很多不同的生态类型，其间存在着丰富的遗传变异。例如我国许多小麦育种单位利用抗条锈病和白粉病、抗倒伏强、穗大、增产潜力大、对光照反应敏感的西北欧小麦品种与我国的早熟、对光照反应不敏感、冬性较弱或半冬性甚至春性的品种杂交，选育出许多优良的高产品种（例碧蚂1号、济南2号、北京8号、石家庄54等）。

（二）杂交方式的选择　小麦杂交方式由简到繁种类很多，要根据育种目标的要求以及掌握的亲本材料来确定。原则上，只要能用简单的杂交方式解决育种提出的任务，就不必用复杂的杂交方式。但随着育种目标涉及的方面越来越广，采用两个亲本的单交难以满足育种目标多方面的要求，就需要采用多亲本复合杂交，将多个亲本的性状综合起来，以达到育种目标。

在复合杂交中应用最多的是三交组配方式。两个生态类型差异大的亲本杂交组配，在引进有利性状的同时，往往带来多个不良性状，通常难以在后代中选择到符合本地区生态类型的目标基因型。而通过配制三交组合，一方面扩大组合的变异范围，另一方面可加大对组合后代农艺性状、抗病性、抗逆性的变异方向的控制。三交组合的第三个亲本一般要选用综合性状优良的中心亲本。

（三）杂种后代的处理和选择 我国小麦杂种后代的选育主要采用系谱法，采用改良系谱法和混合法的育种单位逐渐增多。

为了提高育种效率，应根据育种目标的要求、同步改良性状的多少、控制性状表现的基因多寡和遗传特点，以及土地、人力和物力条件综合考虑杂种各世代的种植和选育规模。

1. 杂交组合配制的数量问题 由于对很多性状的遗传基础和因果关系尚不清楚，基因作用方式复杂多样，生产和环境变化存在一些不可预测的因素，要实现育种目标，必须配制一定数量的杂交组合。随着投入的增加、装备的改善、先进测试技术和信息技术的应用，专业育种单位每年配制的杂交组合数量已达到1 000个以上。

F_1代可根据性状表现和亲本信息淘汰部分组合。分离世代一般都是根据分离群体中是否出现优良表现型而决定组合的取舍，要注重同世代不同组合间的比较，注意组合间的选优淘劣。

2. 杂种分离世代的群体大小问题 与国外育种机构相比，我国小麦育种单位的F_2代群体较小，一般为2 000株左右。复交组合应适当增大群体规模，重点组合可增大F_2代的植株数量。F_3代家系种植数目取决于F_2代当选株数，每个家系种植的株数一般不少于80株。在F_4代，对于表现优异的组合及系群，要适当扩大家系群内的家系数量。即在早代群体要尽可能保持较多遗传变异，以保持群体的育种潜力。自F_4代以后，家系内性状分离趋小，育种工作越来越集中于少数优良的家系和家系群。

3. 性状选择问题 质量性状和由主效基因控制的数量性状，例如冬春性、抗寒性、株高、株型、叶型、锈病和白粉病的抗性、成熟期、每穗粒数、结实性、千粒重等在早代即可根据表现型加以选择。而一些多基因控制的数量性状，例如单株穗数、单株籽粒质量、产量及品质等性状，早代宜宽，高代从严，选择压力逐代加大。趋于稳定的世代应重点进行群体结构和产量的选择，并注意性状的综合表现和水平。对于抗倒伏性、抗旱性、耐热性、穗发芽等特性的选择要充分利用自然胁迫机遇或者人工创造胁迫条件进行选择。一些生理代谢特性、不易进行表观鉴定的性状，可借助分子标记进行选择。

二、小麦回交育种

采用杂交选择的方法改良综合性状虽然十分有效，但针对个别性状的改良则显得效率不高。而回交育种随回交次数的增加，轮回亲本血缘在回交后代中所占的比重快速递增。回交4次以上，除目标性状外，杂种的其他性状基本上接近轮回亲本，所以育种周期短，可实现对品种个别性状的定向快速改良。

（一）回交亲本和后代选择 这是回交育种成败的关键。首先是轮回亲本的选择，由于它是品种改良的基础，一定要选用增产潜力大和适应性较广，仅因存在个别缺点而未能满足育种目标要求的品种或品系。其缺点一经克服，就有可能在生产上发挥重要作用。其次是非轮回亲本的选择，非轮回亲本必须具有轮回亲本所缺少的那个目标性状，而且这个目标性状必须是过硬的，其他性状最好也不要太差，以求提高回交育种成功的概率。同时，目标性状应是显性主效基因控制、易于识别的性状，或者是可利用分子标记有效检测的性状。此外，控制目标性状的基因如果存在不良的多效性或与其他不良基因有紧密连锁关系，也将影响回交工作的进展。第三，每次下一轮回交前，一定要在杂种后代中注意选择具非轮回亲本的目标性状的植株。为此，要创造必要的环境条件，促使供体亲本的目标性状在杂种后代中得以充分显示，以利于选择。第四，回交因群体小，目标单一，可利用温室、异地或异季加代结合分子标记辅助选择等措施，加快育种进程。

（二）滚动回交育种 在回交育种中，轮回亲本可以是不同的品种。江苏省里下河地区农业科学研究所的育种实践表明，在回交过程中不断用最新育成品种的优系作为轮回亲本进行回交，能够取得更好的效果，这种方法称为滚动回交法。滚动回交法不仅可以多次导入目标优异基因，而且轮回亲本的更替也可丰富回交后代的遗传基础，从而增加优良多基因的聚合。针对各种重要目标性状，也可采用分类回交的方法，先分别创造一批综合性状与丰产性好、又各具特点的中间材料，然后再用于目标性状的聚合杂交。

江苏省里下河地区农业科学研究所已建立一套目标性状的分项转育体系，对抗白粉病、赤霉病、小麦黄花叶病和纹枯病，以及矮秆、糯性、弱筋等重要性状开展回交转育。在抗白粉病回交育种方面，已先后育成一批带有不同的抗白粉病基因的近等基因系，其中扬麦 11（携 *Pm4a*）和扬麦 13（携 *Pm2*+*Mld*）还成为长江中下游冬麦亚区的主导品种。在优质回交育种方面，运用滚动回交和加代措施，在短短 4～5 年时间内就育成了一批农艺性状优良的糯小麦材料。

（三）有限回交育种 非轮回亲本除特定目标性状外，往往还具有一些轮回亲本所缺乏的其他优良性状，所以仅进行 1～2 次回交，经自交后获得的纯系，尽管与轮回亲本的性状有明显差异，但由于基因重组，有可能结合非轮回亲本的若干优良性状，从而获得更加优良的新品种。

三、小麦远缘杂交

在小麦属的不同种以及近缘种属中，蕴藏着大量普通小麦所没有的优良基因，例如抗病、耐寒、耐旱、抗穗发芽、优质等基因。通过远缘杂交，即通过有性杂交和回交、组织培养和体细胞杂交等方法，将其他物种的染色体组、染色体或染色体片段导入普通小麦中，从而达到定向改变遗传特性、创造新类型和选育新品种的目的。

（一）小麦远缘杂交的范围和杂交亲和特性 小麦远缘杂交包括种间杂交和属间杂交两部分。小麦属中有 22 种（表 2-13），不同种之间均可相互杂交。归纳属间杂交研究结果，与普通小麦可以杂交的有 13 属，包括山羊草属（*Aegilops*）、黑麦属（*Secale*）、类麦属（*Thinopyrum*）、偃麦草属（*Elytrigia*）、簇毛麦属（*Haynaldia*）、大麦属（*Hordeum*）、赖草属（*Leymus*）、披碱草属（*Elymus*）、鹅观草属（*Roegneria*）、冰草属（*Agropyron*）、旱麦草属（*Eremopyrum*）、新麦草属（*Psathyrostachys*）和芒麦草属（*Cristesion*），共约 80 种。小麦与这些亲缘种属杂交时，常存在杂交不亲和性、杂种夭亡、杂种不育等困难。

普通小麦由 A、B 和 D 3 个染色体组组成，3 个染色体组的 21 对染色体可归入 7 个部分同源群，亦称 7 个同源转化群，每个部分同源群内包括来自 A、B 和 D 3 个染色体组的 1 条染色体。属于同一部分同源群的 3 条染色体上的基因排列大体上是相似的，常存在共线性关系，所以属于同一部分同源群的 3 条染色体具有相似的遗传功能，3 条染色体彼此间具有程度不同的补偿能力，即同群内的任何 1 条染色体的功能在一定程度上可被群内其他染色体所代偿，而且在控制同源配对的基因缺失或失效时能够相互配对。小麦与其远缘种属的染色体间也存在部分同源性和共线性关系，并在一定程度上可进行染色体代换和补偿，这也是在小麦属和其近缘种属间可进行远缘杂交的遗传学基础。

在普通小麦的染色体上存在抑制部分同源染色体配对的基因，称为 *Ph* 基因（*paring homoeologous*）。存在于 5BL 上的 *Ph1* 基因对抑制部分同源染色体的配对具有决定作用，当该基因为隐性或缺失时，部分同源染色体间的配对会显著增加。除 *Ph1* 基因以外，在其他位点也发现了影响部分同源染色体配对的基因，例如在 3DS 上的 *Ph2* 基因以及在染色体 5AL、5DL、5AS、3AL、3BL 和 3DL 上的基因，但这些基因不能补偿 *Ph1* 基因的效应。

（二）小麦远缘杂交的主要育种方法 小麦远缘杂交育种最基本方法包括染色体异附加系、染色体异代换系和染色体易位系。

1. 染色体异附加系的培育方法

（1）常规法 用受体小麦品种与杂交 F_1 代或由 F_1 代加倍成的双二倍体回交一至数次，从回交后代中选择附加单体，再经自交产生二体附加系。

（2）桥梁亲本法 若小麦和近缘种属杂交亲和性很差，即在一些难于直接杂交的种属间，可先用桥梁亲本与亲缘种杂交，再用受体小麦品种与所获得的 F_1 代或双二倍体回交数次，从回交后代中选附加单体，再经自交产生二体附加系。例如 Sears（1956）为了将小伞山羊草的抗叶锈病基因转移到普通小麦，即利用野生二粒小麦作为桥梁，获得野生二粒小麦与小伞山羊草的双二倍体，再用普通小麦回交两次，从自交后代选出普通小麦-小伞山羊草异附加系。

（3）远缘杂种 F_1 代花药培养法 中国科学院的胡含等（1986）用普通小麦与八倍体小黑麦或小偃麦杂交产生的七倍体进行花药培养，获得了由 $n+1$、$n+2$、$n+3$ 单倍体加倍成的附加二体或双（多）重附加二体。此后，许多学者也用该方法获得了小麦双体异附加系。

除上述基本的方法以外，还有许多应用于小麦远缘杂交的方法，例如双重单体或多重单体附加法、双单倍体回交法等。由于异附加系的外源染色体在新的遗传背景中与受体自身的染色体在细胞分裂周期中并不总是很协调，在添加二体中经常可以看到异染色体不联会、不规则分离等异常现象，由此引起了异附加系的不稳定。因而异附加系在保存和利用时，还须进行稳定性和可靠性的鉴定。同时异附加系往往同时导入了较多不利性状，因而至今没有一个异附加系在生产中被直接利用。但异附加系是培育异代换系和易位系十分有用的中间材料。

2. 染色体异代换系的培育方法

（1）自发代换法　在自然杂交或人工远缘杂交中，如果双亲染色体在某些结构或功能上相近，在减数分裂重组过程中就可能发生染色体的自发代换。由自发代换所产生的异代换系中的异源染色体一般对小麦的染色体具有良好的补偿性，例如小黑麦 1B/1R 代换系。

（2）单体代换法　单体代换法是 O'Mara 等于 20 世纪 50 年代初提出的人工选育异代换系的方案，其过程为 3 步，第一步是受体品种单体与相应的二体附加系杂交，第二步是在 F_1 代选择双单体植株自交，第三步是双单体植株自交选择异代换系。该法存在着细胞学工作量大、所需时间长且必须选育出附加系等缺点。

（3）单端体代换法　单端体代换法是由 Kota 等（1985）提出的，其基本过程，第一步是单端体作母本与二倍体小麦亲缘种属杂交，染色体加倍培育缺双二倍体；第二步是用单端体作母本连续回交 1～2 次；第三步是在回交后代中选择 $2n=41$ 的个体，自交后可得到异代换系。该法具有周期短、速度快、细胞学工作量少等优点，但常常遇到不易克服的杂交不亲和性困难。

（4）缺体回交法　缺体回交法由李振声等提出，依供体不同而采用 2 种途径，一是缺体与小麦近缘种属植物直接杂交回交法，二是缺体与双二倍体植物杂交回交法。该法具有遗传背景变化小、避免异附加染色体干扰、不需培育异附加系、缩短选育进程、异代换系稳定快、一旦获得就不再分离、简单易行、细胞学工作量小等优点，实际应用较多。

（5）组织培养法　对小麦杂种幼胚、花粉等进行组织培养也是产生小麦异代换系的有效方法。李洪杰等通过组织培养从普通小麦与八倍体小黑麦杂种 F_0 代幼胚再生植株后代中获得 2 个 1D/1R 代换系。胡含等对普通小麦×六倍体小黑麦、普通小麦×八倍体小黑麦及普通小麦×八倍体小偃麦的 F_1 代进行花药组织培养，从中得到了小麦-黑麦、小麦-偃麦草异代换系。目前世界上已获得了各种小麦异代换系 220 多个，除了 Sears 创制的小黑麦 2A（2R）、2B（2R）和 2D（2R）等异代换系、Rietere 创造的小冰麦异代换系 Weique，曾在欧洲一些国家大面积推广应用外，绝大多数异代换系因异源染色体补偿能力差或带有不利基因，基本上未能在生产中直接应用。我国以缺体回交法为基础，选育出了普通小麦-黑麦、普通小麦-中间偃麦草、普通小麦-滨麦草、普通小麦-华山新麦草、普通小麦-簇毛麦等异代换系。

3. 染色体易位系的培育方法

（1）利用电离辐射诱发易位　X 射线、γ 射线、快中子、激光等辐照能使染色体随机断裂，断片以新的方式重接，从而产生易位、缺失等结构变异。用于辐照处理的材料可以是干种子、减数分裂期植株、成熟的花粉或雌配子等。Sears（1956）最早将电离辐射用于诱导小麦和亲缘物种染色体易位，获得了至少 17 个小麦-小伞山羊草抗叶锈病（Lr9）易位系。利用 ^{60}Co γ 射线处理小麦-簇毛麦单体代换系干种子，陈佩度等（1995）获得了抗小麦白粉病的 6VS/6AL 易位系。利用 ^{60}Co γ 射线处理减数分裂期成株以及成熟花粉，刘大钧（1999，2000a，2000b）、陈佩度等（2005）获得了一系列高抗或中抗小麦赤霉病的小麦-大赖草易位系。别同德等（2008）用硬粒小麦-簇毛麦双倍体作为花粉辐射基础材料，诱导出涉及簇毛麦 1V～7V 各条染色体不同大小片段的易位系 200 多个，其中小片段易位系占 39.7%。研究结果表明，利用 ^{60}Co γ 射线 16 Gy（1 600 rad）剂量照射硬粒小麦-簇毛麦双倍体花粉，可使易位诱导频率达到 96%以上，并在辐射后第 1 天授粉会得到更高的易位诱导频率。

（2）利用组织培养诱导易位　Larkin 和 Scowcroft（1981）发现细胞培养可以增大染色体断裂重接的机会，再生植株会出现染色体易位、缺失、重复等结构变异。Lapitan 等（1984）将普通小麦与黑麦的杂种幼胚进行组织培养，结果在染色体加倍的再生株中发现比例不低的小麦-黑麦易位染色体。此后，组织培养广泛地应用于对染色体结构变异的诱导以及创制小麦-亲缘物种易位系的研究。利用组织培养，已成功地将来自黑麦的抗小麦瘿蚊基因 *H21*（Lapitan 等，1984；Friebe 等，1990；Sears，1992）、来自中间偃麦草的抗大麦黄矮病基因（Brettel 等，1988；Sharma 等，1994；Banks 等，1995）以及来自簇毛麦的抗小麦白粉病基因 *Pm21*（Li 等，1999，2005）等以易位系的形式导入小麦。

除上述方法以外，还有采用部分同源配对控制体系（Ph-system）和利用杀配子基因等方法诱导易位，在多个小麦远缘种属获得了易位系。携有亲缘物种有用基因的易位系可用作品种改良的亲本，甚至在生产上直接利用。黑麦 1R 上具有 4 个抗病基因（*Pm18*、*Lr19*、*Sr31* 和 *Yr9*），许多具有 1R/1B 易位的小麦品种（例如无芒 1 号、高加索、阿芙乐尔、Veerys、Alondra 及其衍生品种）曾在世界范围内大面积种植。具有小麦与长穗偃麦草易位的小偃 6 号在我国黄淮冬麦亚区表现高产稳产。南京农业大学细胞遗传研究所选育的小麦-簇毛麦 6VS/6AL 易位系高抗白粉病，已被广泛用作杂交亲本，选育出南农 9918、内麦 10 号、石麦 14 等 10 多个品种。

四、诱变技术在小麦育种中的应用

诱变育种是获得新种质资源和选育新品种的有效途径之一，其最主要的特点是可能获得小麦本身不具有的基因突变体，扩大性状变异范围和变异程度。我国小麦诱变育种取得了很大的成绩，诱变育成的小麦品种无论在数量和种植面积上均居世界首位，诱变育种水平居世界领先水平。据不完全统计，20 世纪 60 年代以来，我国诱变育种育成通过品种审定的小麦品种超过 100 个，包括直接利用突变体育成的品种和间接利用突变体育成的品种，例如山农辐 63、鄂麦 6 号、新曙光 1 号、宁麦 3 号、原冬 3 号、津丰 1 号、太空 6 号、众麦 1 号、鲁原 502 等种植面积较大。

（一）诱变方式的选用 国内外诱变育成的小麦品种中，绝大多数是用 γ 射线诱变和太空诱变育成的，只有少数品种是用 X 射线、热中子、快中子、激光和离子束诱变育成的。单独用化学诱变剂诱变育成推广的小麦品种，在国内外还很罕见。试验表明，利用 γ 射线、中子、化学诱变剂等多种诱变因素复合处理，能够增加染色体杂合易位的机会，提高突变率，扩大变异范围。随着人类太空技术的发展，太空诱变技术正越来越受到人们的重视。

（二）诱变受体的选择 选用在当地表现优良、综合性状良好，而一两个性状需要改良的品种或高世代品系作为诱变受体，一般诱变处理的效果较好。我国育成推广的突变品种 60%以上是直接处理优良品种育成的，例如鄂麦 6 号、鲁滕 1 号、郑 6 辐和津丰 1 号就是分别选用当时的良种南大 2419、辉县红、郑州 6 号和石家庄 63 经 γ 射线辐照选育而成的。太空 1 号和太空 6 号分别是选用豫麦 13 和豫麦 49 经太空诱变育成的。它们保持了原品种综合性状和适应性好的优点，又改良了主要缺点。用杂交当代种子或低世代材料进行处理，可增加变异类型。例如首批推广的诱变品种太辐 23（1968）、新曙光 1 号（1971），通过审定的大面积推广品种龙辐麦 2 号、龙辐麦 3 号、龙辐麦 4 号、新春 2 号、原冬 3 号、晋辐 35、川辐 2 号、川辐 3 号、浙麦 5 号、众麦 1 号等，都是诱变处理杂合材料育成的。辐照杂合材料的诱发突变频率比辐照纯合材料一般可提高 20%～30%；比未经辐照的相应杂种后代的变异频率提高幅度为 6%～20%。

（三）诱变处理的对象 诱变处理一般多以种子为对象，但种子的辐射敏感性比活体植株弱，因为种子的胚为多细胞，诱变处理后往往形成嵌合体，从而降低有效突变的频率。为了解决此问题，采用孕穗植株、单细胞雌雄配子和合子、单倍体组织培养物进行诱变处理，不仅可有效地提高诱发突变频率，而且在第一代即可获得均质突变（即不出现嵌合体的突变体）。施巾帼等（1987）利用理化诱变因素处理小麦雄配子和合子，诱变二代（M_2代）突变频率均高达 17.0%，有益突变频率分别为 4.8%和 12.5%，并提出雄配子的适宜处理时期在二核期和三核期。

小麦单细胞合子期比配子对辐射更敏感，诱变频率最高。据报道，小麦合子的辐射敏感高峰期为合子细胞 DNA 合成期，在合子辐射敏感高峰期辐照，M_2代的突变频率显著提高。有研究报道，γ 射线辐照受精后 12 h 的杂合子，性状总突变频率和有益突变频率分别达到 16.6%和 4.4%，相当于处理种子的 2.5 倍。

小麦离体培养物有较强的辐射敏感性。郑企成等（1991）利用 γ 射线辐照小麦幼穗外植体，再生植株的育性、株高、籽粒、蜡质等发生了变异。组织培养加上 γ 射线处理可提高突变频率。辐射处理小麦成熟的花粉，采用花药培养技术诱导成植株，突变细胞的特征能直接在花粉植株中表现出来，表现型变异频率比未经培养的花粉植株提高几倍。

（四）诱变剂量的选择 在一定范围内，随着剂量的增加，突变体增加，辐射的损伤也增加，而单一点突变频率显著降低。一般认为，以采用半致死剂量为宜。由于不同品种、不同器官、不同组织、不同的发育阶段和不同生理状态对不同辐射处理的敏感性不同，适宜的辐射剂量高低也随之而异。辐照处理时的外界条件（例如氧气、温度、种子含水量、光照）以及辐照后种子的储存时间和条件对小麦的辐射敏感性和诱变效果均有影响。化学诱变处理时的温度、诱变剂溶液的pH等均影响诱变效果。

（五）诱变后代培育和选择 诱变一代（M_1代）植株主要表现为生物学损伤效应，例如出苗率低、生长势弱、生长发育延迟、株高降低、结实率降低以及出现一定数量的畸形株和嵌合体等。诱变处理引起的突变多数为隐性，因此M_1代一般可不进行选择。

种植M_1代时，由于被处理的主穗或低位分蘖穗的种子出现突变性状的频率较高，嵌合体也较多，而高位分蘖穗的种子突变频率较低，收获时宜多选用M_1代植株主穗或少数低位分蘖穗。M_1代的种植方式以适当密植为好，这样做可抑制后生分蘖。M_1代植株中往往出现相当数目的不育株或半不育株，为了避免自然异交，必须注意M_1代群体隔离种植或套袋的问题。M_2代是诱变后代中分离最大、出现变异类型最多的一个世代，但多数为不利突变，有益变异仅占0.1%～0.2%，尤其是诱变处理强度不大和剂量低的情况下更是如此。所以应加大M_2代群体，以增加获得所需突变的机会。一般情况下，若目标性状的突变频率较高，例如早熟、矮秆、穗形变化等，则M_2代群体可适当小些；突变频率较低的性状，例如抗病、抗逆、优质等，则M_2代群体应扩大。

小麦是异源多倍体，而且存在基因上位作用，有些突变性状要在M_3代才能显现；有时M_2代显现的突变性状不一定都是纯合的，因此突变体的选择往往要延续到M_4代。M_3代、M_4代以后，大多数品系一般可以基本稳定。稳定的优良品系可以进行产量试验。M_3代及以后世代的种植和选育方法及程序基本与常规育种相同。

五、小麦杂种优势和杂交小麦的选育

利用杂种优势大幅度提高产量是20世纪植物育种工作的一项重大突破，开展小麦杂种优势的研究和利用对拓宽小麦品种选育途径，提高我国粮食产量和品质具有重要意义。

（一）小麦雄性不育的类型及杂种小麦培育的途径 Sears于1947年将小麦雄性不育类型按雄性不育性的遗传控制方式分为质核互作型雄性不育、细胞质型雄性不育和细胞核型雄性不育，即三型学说。后来Edwardson提出纯粹的胞质不育客观上是不存在的，雄性不育只有质核互作雄性不育和细胞核不育两种类型，将三型学说修正为二型学说。另外还存在一种雄性不育基因与特定的环境条件互作产生的雄性不育类型，称为环境敏感雄性不育，例如小麦的光温敏雄性不育。光温敏雄性不育只有在特定光照长度和温度条件下，才能表现雄性不育。上述雄性不育类型是受特定的遗传方式控制的，而由化学杀雄剂诱导的雄性不育只在当代表现，并不遗传给后代，为非遗传型雄性不育类型。

目前，世界各国的研究表明，用于小麦杂种优势利用的雄性不育及生产杂交种的方式主要有：①质核互作雄性不育；②细胞核雄性不育；③光温敏核雄性不育；④化学杀雄剂诱发雄性不育。世界许多国家和地区已经利用质核互作雄性不育系统、化学杀雄剂系统和光温敏核雄性不育系统在生产上进行小麦杂种优势的利用。我国在世界上首先创制出了光温敏雄性不育系，采用质核互作雄性不育、化学杀雄雄性不育和光温敏雄性不育途径育成一批审定品种，杂种小麦的种植面积已达到0.67×10^4 hm^2，并引种至巴基斯坦等国家种植。

（二）质核互作雄性不育性的研究和利用 质核互作雄性不育性主要是通过小麦与异属、异种间的细胞核置换产生的，即细胞核来自普通小麦，细胞质来自非小麦的其他种属。质核互作雄性不育的繁育和生产杂交种需要雄性不育系、保持系和恢复系配套，也称为三系法杂种优势利用。1951年日本的木原均首先报道了采用质核互作雄性不育培育杂交小麦的成功事例，他将普通小麦的细胞核导入尾状山羊草（*Aegilops caudata* L.）的细胞质中获得了普通小麦的雄性不育系。自此，质核互作雄性不育的三系杂交小麦的研究在20世纪取得了一系列的重大研究结果。

1. 质核互作雄性不育性和育性恢复性的研究 日本常胁恒一郎（1988）将小麦属和山羊草属的细胞质分为16种、8类型（表2-14）。其中Ⅰ′～Ⅷ类的细胞质都能引起普通小麦雄性不育，但大多数细胞质都有不良的效应，而有应用价值的是D_2、G（T型细胞质属此类）、Mu和Sv类的细胞质，并认为Sv类细胞质雄性不育性是最有利用前途的一种。属于此类细胞质的有黏果山羊草（*Aegilops kotschyi*）和易变山羊草（*Aegilops variabilis*）。

表 2-14 小麦属和山羊草属16种胞质类型对普通小麦的主要遗传效应

（引自常胁恒一郎，1988）

细胞质类型	雄性育性分类	雄性不育	心皮化	降低发芽力	斑化（冬季）	生长受阻	抽穗延迟	单倍体与孪生苗	1,5-二磷酸核酮糖羧化酶大亚基
B	Ⅰ	−	−	−	−	−	−	−	H
S		−	−	−	−	−	−	−	H
Sb	Ⅰ	−	−	−	−	−	−	−	L
D	Ⅰ	−	−	−	−	−	−	−	L
D_2	Ⅰ′	−（+）	+	−	−	−	−	−	L
Mu	Ⅱ	−，+	−	−	−	−	−	+	L
Sv	Ⅱ	−，+	−	−	−	−	−	+	L
Mt	Ⅱ	−，+	−	−	−	−	+	+	L
Si	Ⅲ	+，−	−	−	−	+	+	+	L
Cu	Ⅳ	+，−	−	−	+	+	+	+	L
Mo	Ⅴ	+，−	−	−	−	−	+	−	L
C	Ⅵ	+，−	+	−	−	−	−	+	L
G	Ⅶ	+，−	+	+	−	−	−	−	H
Mt_2	Ⅷ	+	−	−	−	−	−	+	L
A	Ⅷ	+	−	+，−	+	+	+	−	L
M	Ⅷ	+	−	+	−	+	+	−	L

注：“−”为不引起雄性不育；“−（+）”为个别小麦在极长光照下雄性高度不育；“−，+”为极个别小麦雄性高度不育；“+，−”为大量小麦雄性高度不育；“+”为所有小麦雄性高度不育。

对细胞质雄性育性恢复的遗传研究比较深入，多个雄性育性恢复基因已经定位（表 2-15）。雄性育性恢复除受显性、互补、累加作用的主效基因 *Rf* 控制外，常常还涉及一些微效基因、修饰基因和抑制基因，分别对主效基因起到加性作用、促进作用和抑制作用。

表 2-15 小麦几种异质细胞质雄性不育（CMS）类型雄性育性恢复基因的染色体定位

（引自梁凤山和王斌，2003）

细胞质类型	主效恢复基因	定位染色体
T	*Rf1*～*Rf11*	1A、1B、4A、4D、5A、5B、5D、6B、6D、7B、7D
K	*Rfu1*	1BS
Ven		1BS、1D
D^2	*Rfd*	1D、7BL
Aegilops umbellulta	*Rfu1*、*Rfu2*、*Rfc1*	1B、2B
Aegilops ovata	*Rfo1*、*Rfo2*、*Rfc1*	5DS、1B
Aegilops umiaristata	*Rfc1*、*Rfc2*、*Rfc3*	6B、1D
尾状山羊草（*Aegilops caudata*）	*Rfun1*	1BS

2. 质核互作型雄性不育三系法杂交小麦品种的育种要点

（1）不育系和保持系的选育 在已有雄性不育系的基础上采用回交转育法选育雄性不育系；在雄性不育

系选育成功的同时，其父本就是相应的保持系。要求如下：①保持系应能使转育的雄性不育系达到 100%的雄性不育；②雄性不育系的雄性育性易于恢复；③农艺性状优良；④制种性状优良。

在回交转育雄性不育系时必须注意：①各世代回交时，要选育具有保持系性状的绝对雄性不育的植株作母本与保持系进行株对株回交；②母本植株应同时套袋自交以检查其是否雄性完全不育；③用于回交转育的父本品种或保持株，只有在回交后代雄性完全不育时，才能继续保留而成为保持系。

（2）恢复系的选育　优良恢复系应具有：①雄性育性恢复能力高而稳；②配合力高，与雄性不育系杂交后杂种优势强，产量高；③农艺性状优良，丰产性和适应性好；④制种性状好。

恢复系选育的主要方法有：①广泛测交筛选，雄性不育系作母本，广泛使用优良品种、品系及其他材料进行测交，筛选雄性育性恢复能力强的品种为恢复系。②连续回交转育，用已有的恢复系作母本，用优良品种或品系作父本经连续回交转育新的恢复系。③杂交选育，利用恢复系与优良品种，或不同恢复系间，乃至以优良不育系为母本、以恢复系为父本进行杂交，分离和选育结实性好，并兼具双亲优良性状的新恢复系。由于雄性不育性的雄性育性恢复性时常是多基因控制的，还涉及微效基因和修饰基因的作用，利用不同恢复系间相互杂交，可育成恢复基因得到累加、恢复力更强的恢复系。该方法是提高恢复系恢复力最有效的方法。

在选育恢复系的过程中，恢复力是首要的选择指标。原则上从 F_1 代起到稳定的品系都要进行恢复力的鉴定。当农艺性状稳定后，恢复力达 85%以上时，还要进行配合力测定，当试配的杂种产量达到一定水平时，才算获得了优良的恢复系。

（3）组合选配及制种　杂交小麦产量的高低决定于雄性不育系和恢复系本身的好坏和组合的选配，杂交育种中亲本选配的原则在杂交小麦组合的组配中也是适合的。最好利用具优良显性性状的材料作为亲本，例如抗病性为显性的。也要考虑杂种优势所带来的不利影响，例如 F_1 代植株过高、冠层过于繁茂等。

利用核质互作雄性不育系和恢复系生产杂交小麦时，每年要建立两个隔离区，分别用于雄性不育系的繁殖和杂交制种。隔离条件应严格，周围 100 m 范围内不应种植除父本以外的其他品种。为了提高制种和雄性不育系繁殖的产量，应注意采用适当的父母本行比、播幅和密度以及父母本的花期是否相遇和人工辅助授粉等问题。此外，应注意去杂，以保证纯度。

3. 几类主要的质核互作型雄性不育三系法杂交小麦的研究状况　迄今为止，实现生产应用的三系法杂种优势利用的主要雄性不育系类型有：T 型雄性不育、K 型雄性不育和 V 型雄性不育。

（1）T 型杂交小麦　1962 年美国 Wilson 和 Ross 报道了提莫菲维小麦（*Triticum timopheevi* Zhuk）的细胞质与普通小麦的细胞核互作可导致完全和稳定的雄性不育，且对植株的生长发育无明显的不良作用。Sohimd 和 Johnson（1962，1966）证明了提莫菲维小麦具有其本身细胞质所致的雄性不育的雄性育性恢复基因。1965 年，北京农业大学蔡旭从匈牙利引入质核互作 T 型雄性不育系及其恢复系，开始了中国杂交小麦的研发工作。T 型雄性不育系是 20 世纪全世界开展研究工作最广泛和生产应用较多的三系杂交小麦，其主要生产应用区域是美国、阿根廷等美洲地区。其存在的主要问题是：恢复源太少，在普通小麦中不易找到并选育出优良而稳定的恢复系，这是 T 型杂交小麦至今还未能在生产上广泛推广的重要原因之一。除此之外，T 型雄性不育系在灌浆后期 α 淀粉酶活性增强，导致一些雄性不育系和杂种种子皱缩，易出现成熟前穗发芽，发芽力低。

（2）K 型和 V 型杂交小麦　我国西北农业大学杨天章等，按照常胁恒一郎等关于小麦 1B/1R 易位系 1RS 上的 rfv_1 基因与黏果山羊草（*Aegilops kotschyi*）或易变山羊草（*Aegilops variabilis*）细胞质互作可产生雄性不育的研究结果，利用了从美国引进的具有黏果山羊草细胞质的材料 K-Chis 与一些 1B/1R 易位系杂交，经核转换，于 1988 年获得了雄性不育性稳定、易恢复、种子饱满的 K 型雄性不育系，还育成了具有易变山羊草和偏凸山羊草（*Aegilops ventricosa*）细胞质的 V 型雄性不育系。K 型和 V 型雄性不育系已实现了三系配套并进入了杂交小麦选育的应用研究。但随着研究的不断深入，发现 K 型和 V 型雄性不育系存在恢复力多在 70%以下，雄性育性不稳定等现象；K 型雄性不育系还存在苗期生长弱和产生单倍体的不良细胞质效应。

（3）具有普通小麦细胞质的核质互作型杂交小麦　国内外还育成了一些具有普通小麦细胞质的雄性不育系，这些雄性不育系的恢复源广，但因其雄性不育性是特定雄性不育基因与特定细胞质互作的结果，大多要求特定的品种为其保持系，因而在转育保持系和保持系保纯上有一定困难。例如中国农业科学院原子能利用研究所王琳清等结合远缘杂交和辐射处理育成了具有普通小麦细胞质突变的85EA和89AR雄性不育系，河南农业大学范濂、山东农业大学孙兰珍等研究了利用普通小麦Primepi细胞质创造的雄性不育系。

（三）细胞核雄性不育的研究利用 细胞核雄性不育性是由细胞核雄性不育基因控制的，其作用不受细胞质类型影响，没有正反交的遗传效应，其雄性不育的遗传、表达完全符合孟德尔遗传规律，一般由控制花粉正常雄性育性的细胞核基因发生突变形成。细胞核雄性不育分为显性细胞核雄性不育和隐性细胞核雄性不育，目前大量进行的研究与利用工作是显性雄性不育，隐性雄性不育的研究工作因利用技术体系比较复杂（例如XYZ体系、蓝标体系等）而开展不多。

显性雄性不育的核雄性不育系以杂合的（*Msms*）方式存在，表现雄性不育的杂合植株与雄性育性正常的雄性可育株或其他品种杂交，杂交后代植株的雄性育性按1∶1分离，显性核雄性不育群体中的雄性可育株的自交后代全部正常雄性可育。20世纪70年代我国山西省太谷县高忠丽发现、并经邓景扬等研究与报道（1982）的太谷显性小麦雄性不育系和Franckowiak用甲基磺酸乙酯（EMS）处理普通小麦Chris，选出的Fs6均属此类不育系。

中国农业科学院作物科学研究所的刘秉华利用染色体定位、端体测验和端体分析等定位程序和方法，把太谷核雄性不育小麦的显性雄性不育基因*Ms2*（原名*Ta1*）定位于4D染色体短臂上。2017年该基因被中国农业科学院及山东农业大学研究人员克隆，并明确了其分子调控机制。刘秉华等利用太谷核雄性不育小麦与矮变1号杂交选育出*Ms2*基因与*Rht10*矮秆基因紧密连锁的矮秆雄性不育重组体，定名为矮败小麦。矮败小麦与其他小麦杂交或回交，其后代分离出的矮秆株均为雄性不育株，高秆株则为雄性可育株。这在遗传育种和基础理论研究中有着重要的价值，已被广泛地用于小麦轮回选择育种。利用矮败小麦进行杂交育种，还可省去繁杂的人工去雄工作，也易于剔除假杂种。Fs6为显性单基因*Ms3*控制，其被定位在5A染色体的短臂上。另外，2002年Klindworth利用单体端体分析，将一个核雄性不育基因突变体FS20的雄性不育基因定位于3AL远端，这个新的雄性不育基因定名为*Ms5*。

（四）光温敏雄性不育的研究利用 1979年，日本学者Sasakuma和Ohtsuka首次报道具有粗山羊草、牡山羊草和瓦维洛夫山羊草细胞质的农林26异质系遇到长光照和较大昼夜温差时表现为雄性全不育，人们将这些雄性育性对光周期、温度敏感的小麦雄性不育类型称为光温敏雄性不育（photo-thermo-sensitive male sterility）。光温敏雄性不育系在特定的光照、温度生态条件下表现雄性不育，可用于杂交种生产；而在另一光照、温度条件下雄性可育，可进行自身繁殖，从而达到一系两用的目的。因此光温敏杂交小麦体系也被称为两系杂交小麦体系。两系杂交小麦与前述的三系杂交小麦相比，其具有免除雄性不育系的异交繁种、恢复源广、易筛选强优组合、制种成本低等突出优点，近年来发展迅速。

1. 光温敏雄性不育的类型 小麦光温敏雄性不育按照其对光温反应特性可划分为3个类型：①受光周期调控的光敏感雄性不育；②受温度调控的温敏型雄性不育；③受光周期和温度共同作用的光温互作型雄性不育。按照光温敏雄性不育性的遗传机制，小麦光温敏雄性不育又可分为细胞核雄性不育和细胞质雄性不育两种情况。细胞核雄性不育类型由于其育性变换受核基因控制，没有异源细胞质的不良影响，具有恢复源广、恢复度高、杂种优势显著、易选配强优势杂种组合等优点。

2. 光温敏雄性不育小麦雄性育性转换机制的研究结果

（1）雄性育性转换的敏感时期　只有在小麦发育的特定时期，在特定的光照长度、温度条件下才能够导致光温敏雄性不育小麦的雄性育性发生转化，并且不同的材料在敏感期的表现上是有所差异的。但多数光温敏雄性不育小麦的雄性育性转换敏感期是在减数分裂期。

（2）光照长度与雄性育性转换　育性转换对光照长度的反应通常因材料不同表现出很大的差异。在雄性育性转换敏感期内，多数材料短光照条件有利于雄性不育，长光照条件有利于雄性可育。

（3）温度与雄性育性转换　概括大多数研究结果，在雄性育性转换敏感期内，较低的温度促进雄性不育，较高的温度促进雄性可育，但具体温度阈值因材料不同而存在差异。

（4）光温互作与雄性育性转换　对大多数光温敏雄性不育小麦来说，光照长度和温度两因素往往是不同程度地同时影响着雄性育性的表达，但有的是光照长度起主导作用，温度次之；而有的是温度起主导作用，光照长度次之，其也被称为温光敏型雄性不育小麦。小麦光温敏雄性育性的表达是光温共同作用的结果。表2-16为部分小麦光温敏雄性不育类型及其主要特点。

3. 小麦光温敏雄性不育系选育和应用

（1）雄性不育系的育性稳定性　光温敏雄性不育系和恢复系的改良方法与前述三系杂交小麦的雄性不育

系、恢复系的改良方法相同，但要特别注意环境条件对雄性不育系的影响。小麦是具有分蘖特性的作物，群体内主穗与分蘖穗、同穗不同位小穗、同小穗不同花位的发育进度具有一定的非同步性，而光照长度和温度对雄性育性的调控只在发育的某个时期起作用，这就要求在光温敏雄性不育系的选育时要尽量注意降低敏感时期群体内部的发育差异。另外，对温敏材料应注意敏感期可能出现的偶然性高温或低温天气对雄性育性的可能影响。这是光温敏两系杂交小麦有别于其他雄性不育杂交小麦品种选育时需要特别注意的问题。

表 2-16 小麦光温敏雄性不育的类型和表现型特点

（引自付庆云等，2010）

雄性不育材料	雄性不育类型	来源	主要特点或表现	遗传性
PCMS	光敏细胞质雄性不育	D^2粗山羊草/普通小麦农林 26	长日照（≥15 h）不育	不同核质组合育性机制不同
YS	温敏核质雄性不育	K-19 中选系、3107、A3314	孕穗前后 10 d，<18 ℃雄性不育，>20 ℃雄性不育	受细胞质基因和细胞核基因控制
PTS	温光敏细胞核雄性不育	（Chum18 × Bau）×（Ser×川麦 18）	自交结实率 20%～80%，分蘖穗结实率明显低于主穗	一主效隐性基因和多个微效基因控制
LT-1-3A	温敏细胞核雄性不育	用^{60}Co γ 射线处理，与普通小麦杂交 F_0	雌雄蕊分化期至花粉粒成熟期，<18 ℃雄性不育，>18 ℃雄性可育	1 对隐性细胞核基因控制
ES	光温敏细胞核雄性不育	野燕麦、小黑麦×普通小麦	日照<10 h，温度<10 ℃高度不育，>14 h 可育	1 对主效基因控制
C49S 等	光温敏细胞核雄性不育	栽培二粒小麦×普通小麦	减数分裂期温度<13 ℃、开花期<15 ℃、日照<11 h 不育；开花期>18 ℃、日照>12 h 可育	两对隐性细胞核基因控制
BS	偏光敏的光温敏细胞核雄性不育	普通小麦突变体	药隔期至花粉粒单核期，日照<12 h、温度<11.5 ℃不育，高于临界值可育	1 对隐性细胞核基因控制
BNS	偏温敏的光温敏细胞核雄性不育	普通小麦突变株	减数分裂期温度<10 ℃ 10 d 以上不育，高于临界值可育	1 对隐性细胞核基因控制

（2）雄性不育系的繁殖和杂交种制种　雄性不育系繁殖和杂交种制种的播种期、地点的选择是一个事关成败的关键技术环节。对于光敏感为主的光温敏雄性不育小麦来讲，一般是充分利用不同地理纬度的差异来实现雄性不育系发育的敏感期处于所要求的最适合的生态环境之中，例如北京杂交小麦研究中心选育的以光敏为主导的 BS 雄性不育系的繁殖安排在华北地区，而杂交种的制种地则安排在相对低纬度的黄淮南部。高纬度地区的长日照有利于保持较好的雄性可育，用于雄性不育系的繁殖；而低纬度地区的相对短日照有利于促进雄性不育，以确保杂交种的制种纯度。再如河南科技学院选育的以温敏为主的 BNS 型雄性不育系的繁殖则采用晚播的方式，以便雄性不育系的敏感期处于相对高的温度环境，从而有利于雄性不育系的雄性可育特性的表达。而杂交种制种则采用相对早播的方式，使敏感期处于一定的低温环境而有利于其雄性不育特性的表达。在我国南方选育的 ES、LT-1-3A、C49S 等以温敏为主导的雄性不育系常充分利用同地域不同地理海拔高度所造成的温度差异来安排雄性不育系的繁殖地点和杂交种的制种地点。

（3）光温敏雄性不育杂交小麦品种的选育进展　我国在光温敏杂交小麦的创制及相关研究方面目前居世界领先地位，已育成了一批光温敏雄性不育杂交小麦品种通过审定，实现了生产应用。四川省绵阳市农业科学研究所 1997 年利用重庆 C49S 光温敏雄性不育材料培育雄性不育系 C49S-89，与 J17 恢复系组配了第一个两系法杂交小麦品种绵阳 32，2003 年通过国家品种审定。云南省农业科学院 1992 年从重庆引入 CS 系列雄性不育系，育成的云杂 3 号于 2003 年通过云南省品种审定，并实现大面积生产应用。后又培育出的云杂 5 号、云杂 6 号年种植面积近 1×10^4 hm^2。北京杂交小麦研究中心自 1994 年以来培育出偏光敏的 BS 光温敏雄性不育系，先后育成国家审定品种京麦 179 等 7 个杂交品种，当前生产应用面积已超过 2×10^4 hm^2。

（五）化学杀雄剂的研究和利用 用化学杀雄剂［或称化学杂交剂（CHA）］诱发雄性不育，进行杂种小麦生产，也是利用小麦杂种优势的一个重要途径。化学杀雄剂是一种能阻抑植物花粉发育、抑制自花授粉、获得作物杂交种子的化学药剂。从 20 世纪 50 年代起，世界各国研制并鉴定出多种化学杀雄剂，并对它们进行了深入的研究。我国利用的化学杀雄剂先后有乙烯利、WL84811、HYBREX、Sc 2053（法国研发）、Genisess（孟山都公司研发）和 SQ-1（西北农业大学研发）等。理想的化学杀雄剂应具备以下特点：①能导致大多数品种完全或接近完全雄性不育，而不影响雌蕊的育性；②药剂使用量及使用时限不过分严格；③与基因型、环境的互作效应小，且效果稳定；④无残毒，不污染环境，对人畜无毒害；⑤成本低且使用方法简便。

与利用质核互作雄性不育性生产杂种小麦相比，利用化学杀雄剂生产杂种小麦种子，无须专门培育雄性不育系和恢复系，省去雄性不育系的保种和繁殖工序，从而简化育种程序。但强优势组合的选配仍是其杂种优势利用的关键。由于目前使用的化学杀雄剂一般都存在着一定的基因型×药剂、环境×药剂的互作效应，故在制种时应根据不同品种和环境条件确定有效的药剂用量、浓度及时期。

六、小麦单倍体育种

我国自 1971 年首先用花药培养小麦花粉植株成功后，利用花培技术已培育了许多优良的小麦品种，并在生产上大面积推广。著名品种有北京市农林科学院培养的京花 1 号等。目前，小麦单倍体育种技术不仅用于新品种选育，而且已被广泛地用于远缘杂交、双单倍体（DH）群体创造等多个方面，已成为小麦遗传研究和新种质创制的重要手段。

（一）诱导小麦单倍体的技术途径 诱导产生小麦单倍体的途径可概括地分为孤雌生殖和孤雄生殖两大类。

1. 孤雌生殖

（1）未授粉子房（胚囊）培养 这是指在离体条件下由未受精的子房产生单倍体。目前该技术离实际应用距离较大，主要受诱导频率和子房快速取样的数量等限制。

（2）体细胞染色体消失 1975 年 Barclay 用中国春小麦品种为母本和二倍体或四倍体球茎大麦杂交，获得普通小麦单倍体植株，并且频率较高。研究表明，不同小麦品种与球茎大麦杂交获得单倍体频率受位于小麦第 5 部分同源群染色体上的显性可交配 *Kr* 基因的影响，不同基因型间存在较大差别，因此球茎大麦不能广泛应用于小麦育种。1988 年，英国学者 Laurie 和 Bennett 发现玉米、高粱花粉给小麦授粉都能受精，在它们的合子中期分裂相有 21 条小麦染色体与 10 条玉米染色体。在最初的几个细胞周期中，所有的玉米染色体消失，产生小麦单倍体幼胚，这些幼胚进行离体培养后能形成单倍体植株，并且小麦与玉米或高粱杂交获得单倍体的频率不受小麦基因型的影响，杂交获得单倍体的频率较高。获得单倍体后，通过染色体加倍，就可得到育性正常的双单倍体植株。近年来，利用玉米花粉诱导小麦单倍体技术得到了快速发展，甚至已成为诱导小麦单倍体的商业技术。

2. 孤雄生殖 国内外研究证明，通过花药离体培养，获得愈伤组织或胚状体，能诱导出单倍体植株。同时证实，这些愈伤组织和胚状体来源于花粉。通常所说的花药单倍体育种，其实质是通过诱导雄配子产生单倍体（孤雄生殖），再经染色体加倍产生纯合的二倍体，然后经选择培育出新品种。它是应用最广的产生单倍体和进行双单倍体育种的方法，后文主要介绍这种方法。

（二）单倍体育种的程序及技术要点 利用花药培养技术进行单倍体育种包括如下阶段。

1. 确定供体材料 采用的杂交组合应符合新品种选育目标，一般以杂种 F_1 代植株上的花药为供体材料。单倍体的诱导频率与供体材料的基因型密切相关，既要注意亲本材料的性状组配能够满足育种目标的要求，又要具有较好的诱导特性。

2. 诱导单倍体 诱导单倍体一般包括去分化培养诱导花粉产生愈伤组织阶段和诱导愈伤组织再分化形成单倍体幼苗这两个阶段。

小麦在去分化培养阶段，采用的是愈伤组织诱导培养基，花粉的发育时期与愈伤组织的产生关系密切，通常采用处于单核中晚期的花粉或者花药作为外植体进行接种培养，处于此发育时期的花粉通常具有较好的去分化培养特性。大多数花粉在此培养过程中，经脱分化而形成愈伤组织，少量花粉也可经形成胚状体而形成单倍体胚。

再分化培养阶段采用的是分化培养基，愈伤组织再分化成单倍体幼苗的诱导频率与前一阶段获得的愈伤组织的质量密切相关，一般质地致密的愈伤组织容易再分化成苗。在愈伤组织诱导阶段形成的单倍体胚状体在分化培养基的培养下可直接形成单倍体幼苗。

选用适当的培养基是花药培养成功的关键。目前采用的诱导花粉产生愈伤组织的基本培养基主要是加以修改后的MS培养基、我国研制的N_6培养基、C_{17}培养基、马铃薯简化培养基等。在上述基本培养基中去掉2,4-滴，添加一定浓度的吲哚乙酸或萘乙酸和激动素，并将蔗糖浓度适当调低，即成为分化培养基。培养基中生长素与激动素的比例对幼苗芽和根的生长密切相关，所以当再分化培养获得再生幼芽（苗）后，通常还要采用生根培养基对单倍体幼芽（苗）进行培养，一般认为较高浓度的生长素和较低浓度的激动素有利于根的分化，反之有利于芽的分化。在愈伤组织诱导和单倍体苗再分化培养过程中，人们通常还通过对基本培养基添加某些化学物质、调节适宜的光照和温度条件来提高诱导频率。

3. 染色体加倍 获得健壮的单倍体幼苗后，需要对其进行染色体加倍，以获得可育的双单倍体幼苗。小麦单倍体幼苗染色体的加倍途径有两个，一是采用0.03%～0.05%秋水仙碱溶液浸根，进行化学诱导加倍，也可以在生根培育阶段在培养基中加入适宜的秋水仙碱进行染色体加倍；二是经低温过程实现染色体的自然加倍，但自然加倍的频率极低。

染色体经人工加倍和自然加倍的植株是纯合的二倍体，其后代一般没有分离现象。但在组织培育过程中会产生某些无性变异。

单倍体绿苗要及时安全地从培养基瓶里移到土壤中。要掌握逐渐过渡的原则，使幼苗逐渐适应自然条件。移栽后要加强管理。根据我国小麦的生长季节，一般在4—5月接种花药，单倍体植株正常成苗时正值夏季高温，容易死亡。目前，解决小麦花粉单倍体苗“越夏”问题的主要方法是，将得到的单倍体绿苗放在低温条件下度夏，待秋季再移入土中。

4. 双单倍体材料的鉴定选择 同一杂交组合经上述过程获得的双单倍体纯合植株，由于在诱导培养、染色体加倍、移栽等过程中受到的影响差异，其植株的表现是不具有代表性的，所以一般不对花药培养的当代苗进行选择，而是在下一年株行试验时才开始进行选择。由于染色体加倍过程中常常诱导产生一定数量的非整倍体和不利变异，所以在株系选择时要注意观察其育性状况和性状的表现，包括对其纯度的观察。获得表现优异的纯化株系后可升入群体产量试验，进行全面的鉴定。

第五节 小麦育种新技术的研究和应用

一、分子标记技术在小麦育种中的应用

分子标记技术是在DNA分子水平上对目标基因进行识别和直接选择，极大地提高了基因鉴定和选择的精准性，可避免环境条件对基因表现的影响。小麦的基因组特别庞大，达到17 Gb，是人类基因组的5倍，是水稻基因组的40倍，同时又是典型的异源多倍体基因组，重复序列极多，估计小麦的基因数量可达到12万个。目前已被命名的基因（包括等位基因）和数量性状基因位点超过700个，这些基因和数量性状基因位点大部分都已开发了连锁标记。随着小麦基因组测序工作的完成，基于功能性标记（FM）的开发和应用将在小麦育种中得到进一步的发展（刘国圣等，2016）。目前，分子标记技术在小麦遗传育种上主要用于以下几个方面。

（一）定位目的基因和构建遗传图谱 定位目的基因及构建遗传图谱是开展分子标记育种和图位克隆基因的理论依据和工作基础。目前，在小麦上已经有不少重要性状基因被标记和定位到相应染色体上，例如抗白粉病、条锈病、黄矮病、赤霉病、线虫、蚜虫等的抗病抗虫基因，以及蛋白质含量、淀粉含量、Zeleny沉降值、面粉颜色、株高及抗穗发芽等控制品质和其他农艺性状的基因和数量性状基因位点。在分子标记出现前，小麦没有较为完整的遗传连锁图，直到20世纪末，开发出的小麦遗传图谱的分子标记数都不超过1 000个［例如英国剑桥实验室绘制的包含500多个限制性片段长度多态性（RFLP）标记的遗传图谱、美国康奈尔大学与法国等合作绘制的包含850多个限制性片段长度多态性标记的遗传图谱］。随着新一代测序技术的应用和小麦基因组测序工作的完成［国际小麦基因组测序联盟（IWGSC）2018］，小麦基因组的遗传标记图谱得到了迅猛的发展。我国小麦遗传学家贾继增等，继国际上开发出90K小麦单核苷酸多态性（SNP）芯片后，于2014年开发出具有63万个单核苷酸多态性位点的Wheat 660K小麦分子标记图谱及其芯片，突破了多倍体物种单张芯片不能超过40万个标记的技术难题以及小麦D基因组有效标记数少等难题，促进了小

麦遗传学、基因克隆和分子设计育种的发展。

（二）鉴定和标记外源染色体片段 利用分子标记技术不仅可以鉴别外源染色体片段，还可以对其携带的外源基因进行标记和定位。到目前为止，已开发出了簇毛麦、大麦、黑麦等小麦近缘种的特定染色体的专化性分子标记，利用这些分子标记可有效鉴定不同物种中的特定染色体。例如翁跃进等用 29 个小麦限制性片段长度多态性探针与 6 个限制性酶切的 M 染色体组 DNA 杂交，得到 55 个 M 染色体组的限制性片段长度多态性标记，其中 15 个与小麦染色体组 A、B、D 相同，40 个为 M 染色体组的特殊标记。南京农业大学基于对簇毛麦的大量研究工作，已开发出用于鉴定小麦-簇毛麦易位系和代换系中簇毛麦特定染色体片段和染色体的简单序列重复（SSR）、序列标记位点（STS）等系列分子标记。

（三）种质资源鉴定和多样性研究 传统的种质资源鉴定方法是建立在表现型和杂交基础之上的，分子标记的应用显著地提高了鉴定的成效和准确性。John 等曾对英国 60 年来大面积种植的 55 个小麦品种进行了扩增片段长度多态性（AFLP）分析，研究结果认为分子标记非常适合于鉴定小麦品种的真实性及纯度。目前分子标记技术已成为小麦品种指纹识别和品种特异性、一致性和稳定性（DUS）鉴定的重要技术手段。利用分子标记还可对小麦品种的遗传多样性进行研究。中国农业科学院的郝晨阳等（2005）采用 78 个简单序列重复标记对我国 50 年来的 1 680 份育成品种和核心种质进行了遗传多样性分析，结果显示，3 个基因组遗传多样性指数的大小为 B>D>A，7 个部分同源群的遗传多样性指数大小为 7>3>2>4>6>5>1；育成品种的平均遗传距离从 20 世纪 50 年代至 90 年代分别为 0.731、0.711、0.706、0.696 和 0.695，品种遗传基础逐渐狭窄化。李宏博等（2015）利用 42 个简单序列重复标记对河北省区域试验的 70 份小麦品种（系）进行 DNA 指纹图谱分析，共检测到 303 个等位变异，单个简单序列重复位点的平均等位变异为 7.21 个。这些分子水平的遗传多样性研究，为小麦育种工作提供了重要的种质遗传信息。

（四）分子标记辅助选择育种 在小麦育种过程中，利用与目标基因紧密连锁的分子标记进行选择，可以大大提高选择效率。分子标记技术在品种选育中的应用主要可以分为以下 3 种情形。

1. 简单杂交育种中分子标记的应用 利用分子标记可以对各个世代的单株进行各类目标基因检测，但分子标记选择的主要优势还是在于对那些表现型难以准确鉴定的性状进行早代选择，例如某些生理特性、代谢特性、植株内部解剖结构性状、根部性状、田间鉴定识别易受环境影响的性状以及隐性基因、数量性状基因位点等，这样可以按照育种目标准确地获得理想的基因型。由于杂交育种的早期分离世代群体较大，分子标记检测的工作量也较大，这就需要高通量的分子标记检测平台支撑。目前，部分不具有高通量分子标记检测平台的育种机构的做法是先进行表现型选择，待群体缩小之后（例如分离世代入选单株、高世代材料）再利用分子标记技术进行鉴定选择。采用与目标基因共分离的功能标记是进行分子标记辅助选择育种的最佳方法，在没有功能标记的情况下，也可采用与目标基因紧密连锁的侧翼标记。大多数研究者认为，使所用的分子标记与目标基因的遗传距离小于 2 cM 时效果较好。中国农业科学院的夏先春等（2017）研制出了小麦 50K 和 15K 两款育种芯片，分别整合 135 个和 150 个小麦基因特异性标记及与重要性状关联明确的 700 个和 1 000 个单核苷酸多态性（SNP）标记，可用于小麦种质资源遗传多样性分析、遗传作图、新基因发掘及育种亲本和高代品系的检测，且价格便宜。分子标记辅助选择育种技术在小麦育种中的应用正方兴未艾，澳大利亚 1996 年起组织实施了国家小麦分子标记育种项目，美国政府也对利用分子标记技术进行抗赤霉病小麦品种选育进行了连续资助，我国自“十一五”起就将分子标记在小麦育种中应用列为国家“863”重大研发计划，现已取得成效。

2. 聚合杂交育种中分子标记的应用 聚合杂交是将数个基因通过多次杂交导入一个基因型中去的育种方法。在需要聚合的基因数量较多，特别是表现型难以区分多个基因的时候（例如同时聚合对同一种病害表现高抗的多个基因），很难通过表现型筛选出目标单株。分子标记辅助选择技术可以精确地追踪每一个单株中聚合目标基因的状况，快速找到聚合所有目标基因的单株。将分子标记应用于聚合杂交育种时一般应注意以下 3 个基本要求：①必须找到与目标性状共分离或至少是紧密连锁的分子标记；②建立分子标记高通量检测技术体系；③分子检测的结果具有高度的可重复性，且检测费用低廉。我国小麦分子标记辅助育种起步较晚，但发展很快，特别是在应用分子标记技术开展抗病基因和优质基因的聚合育种方面富有成效。例如张增艳等（2002）利用 *Pm4*、*Pm13* 和 *Pm21* 的特异 PCR 标记筛选到了 *Pm4b*+*Pm13*+*Pm21* 这 3 个基因聚合的抗病植株和 *Pm4b*+*Pm13*、*Pm4b*+*Pm21*、*Pm13*+*Pm21* 聚合 2 个基因的抗病植株。

3. 回交育种中分子标记的应用 回交育种多是对单一目标性状或者少数性状进行遗传改良，要求的分离群体较杂交育种中的分离群体要小得多，且选择目标少而集中，其是分子标记辅助选择技术应用的理想育种群体。分子标记辅助选择技术在回交育种中的应用可以分为 3 种情况：①标记被用于对轮回亲本某个基因的改良选择，即前景选择。利用分子标记对某些表现型鉴定困难的性状或是处于非表达阶段的性状（隐性基因）的选择十分有效。②对回交后代群体中供体基因和其侧翼连锁标记发生交换的个体（重组个体）进行筛选，即重组选择，利用分子标记鉴定技术可以有效减少导入轮回亲本中的供体染色体片段大小，因为供体片段越大，连锁累赘的负面作用也就可能会越强，传统回交在消除连锁累赘方面常需要数代时间，而分子标记辅助选择技术通过对两侧紧密连锁分子标记的筛选，可以显著地缩短回交世代。③为了恢复除目标性状之外的轮回亲本的遗传背景时的分子鉴定选择，即背景选择，利用除了目的基因或数量性状基因位点以外的尽可能多的分子标记筛选回交群体。进行背景选择时，采用的分子标记数量越多，选择的世代数也会越少。如果将分子标记回交育种与加代技术相结合，育种周期可以缩短至 2～3 年。2001 年美国农业部资助实施了“基因组学走进小麦田”项目计划，利用分子标记辅助选择育种技术将 27 个抗病抗虫基因和 20 个品质相关优异基因导入美国小麦主要产区的 180 个品种中去，项目共计对 3 000 个组合进行了分子标记回交选择，获得 240 份种质资源、45 个品种，有效改良了美国小麦品种的抗病性、抗虫性和优良品质基因分布。

二、转基因技术在小麦育种中的应用

小麦转基因方法主体分为两大类：①不依赖于组织培养的转化法，例如花粉管通道法；②依赖组织培养的转化法，主要为基因枪法和农杆菌介导法。1992 年 Vasil 等利用基因枪法获得了世界首例抗除草剂转基因小麦，第一例农杆菌介导的转基因小麦于 1997 年获得成功。由于采用农杆菌介导法获得单拷贝转基因植株的概率显著高于基因枪法，并具有操作简单、成本低、整合位点较稳定、能转移一些较大的 DNA 片段等优点，近年来农杆菌介导法也越来越多地用于小麦遗传转化。

（一）抗病转基因小麦　据统计，小麦抗病转基因研究事例约占全部转基因小麦研究事例的 39.7%。应用于转基因小麦的抗病基因包括：①抗病及病程相关蛋白类基因（例如几丁质酶基因、β-1,3 葡聚糖酶基因、类甜蛋白基因等）；②抗菌肽及抗菌蛋白类基因（例如核糖体失活蛋白基因等）；③植物保护素类基因（例如芪合酶基因等）；④抗病毒类基因（例如病毒复制酶基因、外壳蛋白基因等）；⑤真菌酶及毒素抑制基因（例如多聚半乳糖醛酸酶抑制蛋白基因等）。Oldach 等将大麦几丁质酶Ⅱ基因和巨曲霉菌抗菌蛋白基因 *Ag-AFP* 共转入小麦，转基因株系明显减少了白粉病菌和叶锈菌孢子的形成。中国农业科学院作物科学研究所与江苏省里下河地区农业科学研究所合作，采用基因枪共转化法将小麦黄花叶病毒复制酶基因 *WYMV-Nib8* 导入扬麦 158，获得高抗小麦黄花叶病且稳定遗传的小麦转基因新品系，已完成转基因安全试验阶段的生产性试验。小麦赤霉病、纹枯病、根腐病等重要病害在小麦品种中缺少抗源，利用转基因技术创制抗病小麦材料，也可能成为今后抗病转基因小麦的研究重点。

（二）抗虫转基因小麦　虫害一直是小麦生产的重要影响因素之一。小麦抗虫转基因研究涉及的基因主要有：①蛋白酶抑制剂基因（例如丝氨酸蛋白酶抑制基因、胰蛋白酶抑制基因等）；②外源凝集素基因（例如人工合成及来源于雪花莲的凝集素基因、半夏凝集素基因等）。Stoger 等将来源于雪花莲的凝集素基因 *gna* 导入小麦，发现转基因株系对小麦长管蚜有抗性；Yu 等将半夏凝集素基因 *pta* 通过农杆菌介导法转入小麦，2 个转基因小麦株系的蚜虫存活率分别为对照的 54%和 78%，黏虫的存活率分别为对照的 65%和 73%。目前，应用于小麦抗蚜的基因主要是 *gna* 和 *pta*，抗蚜基因较为单一，挖掘利用新的、更加安全、有效的抗蚜基因是一项重要工作。

（三）抗逆转基因小麦　干旱、盐碱、低温等逆境是限制小麦产量的重要非生物胁迫。小麦抗逆转基因研究涉及基因主要有：①编码渗透调节物质及逆境中保护植物细胞的基因（例如果聚糖蔗糖酶基因、甜菜碱醛脱氢酶基因、1-磷酸甘露醇脱氢酶基因等）；②细胞膜上离子排运基因（例如 Na^+/H^+ 逆向运转体基因等）；③抗逆相关的调控基因（例如 DREB 转录因子等）。中国农业科学院作物科学研究所马有志等将大豆等的 DREB 转录因子导入小麦，已获得了抗旱节水性显著提高的节水高产小麦转基因品系，已进入转基因安全试验阶段的生产试验。

（四）改良小麦品质　转基因小麦品质改良研究主要涉及以下几方面：①优化面筋强度。麦谷蛋白与小麦面筋强度密切相关，Blechl 等利用高分子质量麦谷蛋白亚基基因启动子，在小麦品种 Bobwhite 中表达高分子质量麦谷蛋白亚基基因 *Dy10*：*Dx5*，结果表明，*Dy10*：*Dx5* 可有效提高种子中的麦谷蛋白含量；②改善籽粒硬度。用于改善籽粒硬度的基因有 *PinA*、*PinB* 等。Martin 等将 *Pina-D1a* 转入小麦品种 Bobwhite，3 个转基因小麦株系随着 *Pina* 在转录水平表达量升高，籽粒明显变软；③优化营养成分。例如利用赖氨酸合成关键酶基因 *DapA*、支链淀粉酶Ⅱa 和支链淀粉酶Ⅱb 的基因等改善小麦品种的营养成分。

（五）提高小麦产量 高产转基因小麦育种还处于探索阶段，涉及的基因主要有：①玉米、高粱的 C_4 光合循环中的关键酶基因（例如磷酸烯醇式丙酮酸羧化酶基因 *pepc*、磷酸丙酮酸二激酶基因 *PPDK* 和依赖于 $NADP^+$ 的苹果酸酶基因 *NADP-ME*）；②改善小麦分蘖、根部发育及延缓小麦叶片衰老等的基因（例如玉米侧芽分枝基因、红花菜豆赤霉素 2 氧化酶基因等）；③提高小麦胚乳中淀粉含量的相关基因（例如 ADP-葡萄糖焦磷酸化酶大亚基基因等）。河南省农业科学院小麦研究所利用从玉米中克隆的 C_4 光合途径的重要基因 *pepc* 对普通小麦进行基因枪法和农杆菌介导法转化，获得的大部分转基因小麦植株的光合速率得到明显提高，最高值达到 31.95 μmol/(m² · s)（以 CO_2 计），比普通小麦对照提高了 15%以上，显著高于小麦物种在该地区已有报道的最高表达值。奚亚军等分别利用花粉管通道法和农杆菌介导法将叶片衰老抑制基因 *PSAG12-IPT* 导入小麦，结果表明转基因小麦的叶片衰老受到明显抑制。

三、高通量分子标记检测平台在小麦育种中的应用

传统育种技术主要是按照育种目标，依据亲本和后代的表现型进行杂交组合的配制和分离世代的选择。现代分子生物学技术的快速发展和相关基因组学的深入研究，使得育种家可以从基因水平对若干重要性状进行鉴定和选择，利用分子标记对目标性状进行选择成为作物育种技术发展的一个重要方向。早期的分子标记类型及相应的电泳技术检测速度较慢、自动化程度低，分子标记技术只能应用于个别性状的回交育种之中，不能应用于植株数量浩大的杂交后代选择。随着简单序列重复（SSR）、序列标记位点（STS）、单核苷酸多态性（SNP）等标记和竞争性等位基因特异性 PCR（competitive allele specific PCR，CASP）技术开发（Rasheed A. 等，2016）、基因芯片技术的发展和高通量 DNA 提取平台、高通量分子标记检测平台的出现，国内外的部分小麦育种机构都先后建立了高通量分子标记辅助选择技术平台，检测能力可达到年处理样品千万级水平。因此利用高通量分子标记辅助选择技术开展规模化的小麦分子标记辅助选育和规模化的转基因后代测定工作的条件已基本成熟。建立小麦高通量标记辅助选择平台及技术体系包括图 2-8 所示的工作内容。

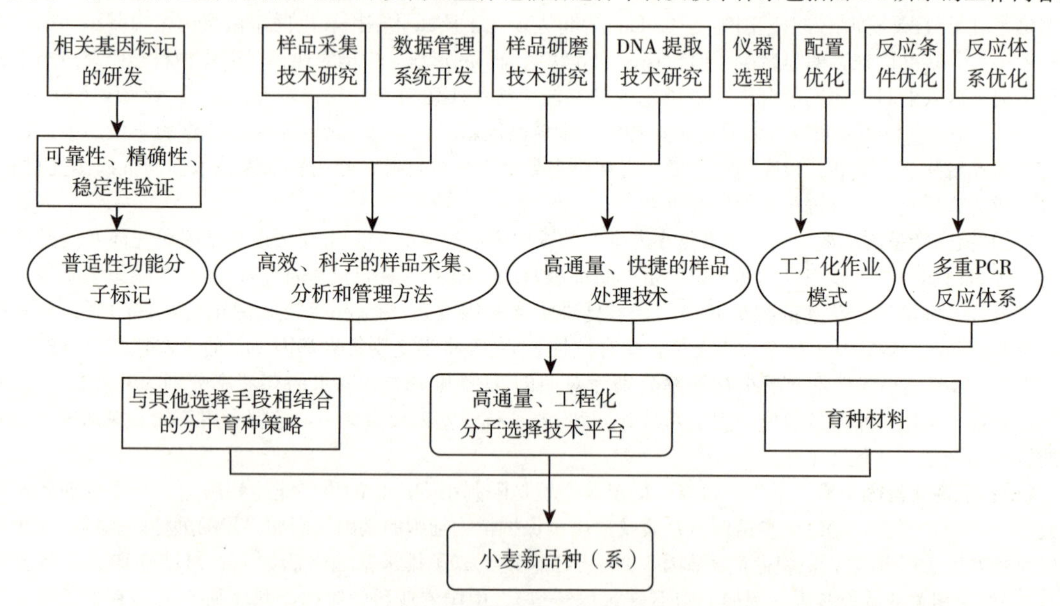

图 2-8 构建高通量分子标记辅助选择技术平台和分子聚合育种技术体系工作流程

四、小麦育种试验的机械化和信息化技术

近年来，世界各国十分重视育种田间试验机械的发展和信息技术的应用，并对育种田间试验的播种、收

获、脱粒和考种的机械装备等方面进行了研发，从而加快了培育新品种的效率，特别是信息技术的广泛应用，全面提高了育种田间试验的准确性和科学性。

德国、奥地利、丹麦等的公司设计生产的育种田间试验机械都已形成了完整的育种机械体系，特别是针对小麦已有专用的小区播种机、单粒点播机和小区联合收割机。

（一）小麦育种的田间作业机械

1. 小区播种机 1935 年，加拿大研制了世界上第一台小区播种机，实现了小区播种机由无到有。随后，欧洲、美洲、亚洲等的一些农业机械化发展水平高的国家，例如奥地利、美国、挪威、法国、西德、日本和苏联等也相继开始了研制。20 世纪 80 年代，中国农业科学院、北京市农林科学院、黑龙江省农业科学院、北京农业大学、东北农业大学、河南省农业科学院等单位从国外引进各种小区播种机。之后，我国一些科研单位在引进小区播种机的基础上陆续研制了一批小区播种机，包括黑龙江省农业科学院的 ZXBJ-4 型小区精密播种机、黑龙江农垦科学院红兴隆研究所的 XBJ-15 和 XBJ-15A 型种子播种机、中国农业工程研究院和北京农业大学研制的 NKXB-1.4 型小区条播机、新疆农垦科学院农机研究所研制的 2XBX-2.0 悬挂式小区条播机、河南省农业科学院小麦研究所研发的 2B-6-ZL150 型自走式数控小区播种机等。

2. 单粒点播机 小麦育种田间试验面积最大的是种植分离群体的选种圃，主要采取点播的方式，株距为 6～10 cm。近年来，很多育种单位开始使用进口精密小麦单粒点播机，提高了田间试验精度和作业效率。

3. 小区联合收割机 育种田间试验的小区收获也是育种田间试验获得正确结果的重要环节。由于单个小区面积小，试验小区和试验品种的数量大，既要提高作业效率，又要防止品种收获带来的混杂。小区联合收割机的收获速度快，一台收获机械每天可以收获 200 个以上小区，并可自动清理机内残留种子，还可对所收获小区的种子进行称量、测定种子含水率，并完成数据输出。

（二）信息技术在小麦育种上的应用 育种田间试验的一个重要环节是育种材料管理和数据处理。目前计算机和各类数据采集处理系统可以做到对部分田间观察与测定数据进行自动化采集和处理。北京市农林科学院已研发出可用于小麦育种信息采集、仓储材料管理、数据处理的软件和装备，育种材料的电子标签及数据自动采集技术也在部分育种单位得到应用。

第六节 小麦育种田间试验技术

一、小麦亲本资源圃的试验设计、信息采集整理和种子储存

（一）亲本资源圃的试验设计 亲本资源圃应设置在能够满足小麦植株正常生长及其性状正常表达的环境条件下，一般应与育种圃具有同等的土壤状况和水肥条件。播种期与当地小麦播种适期相同，多采用间比法田间设计，行长为 2 m，行距为 30 cm，或每行稀条播 70～80 粒，2 行以上为 1 个小区，以每小区可收获 300～500 g 种子为宜。对照品种应选用当前生产主栽品种和本单位最新育成的品种。

作为中心亲本的材料，还应设立杂交圃，以便于进行大量去雄授粉工作。具体种植面积依据各育种单位的杂交组合规模确定。

（二）性状数据信息的采集和整理 田间记载每份亲本资源材料的发育特性（例如冬春性、苗相、拔节期、抽穗期或开花期、成熟期等）、形态特征（株高、株型、茎秆强度、叶片直立程度、叶色、穗形、落黄等）、抗逆性（抗冬季冻害、抗春季倒春寒、抗倒伏等）、抗病虫特性（对当地主要病虫害），收获后对产量性状（单株穗数、每穗粒数、千粒重）和品质特性（容重、硬度、角质率、粒色、品质理化特性等）进行考察和分析。

在系统记载材料特性的同时，要注意发掘材料的突出优点，特别是与育种目标关系密切的性状。要系统收集材料的相关资料，例如名称、血缘、重要性状的基因状况及分子标记、产地及育成单位、利用情况等。

列入国家种质资源库编目的资源材料，应按照《小麦种质资源数据质量标准》进行数据信息的采集整理。

（三）种子储存 小麦亲本种质资源的种子储存是一项基础工作。当发芽率低于 75%时应进行繁殖更新。大多数单位的小麦种子采用室温低湿储存，低温种子库按温度和湿度条件一般分为中期库和长期库。中期库的储存条件为−4～10 ℃，库体不控制湿度，但储存种子的密闭器皿中放置干燥剂（或经干燥抽真空处

理），其安全保存期一般在10年以上。长期库的储存条件为－18～－20℃，相对湿度小于50%，储存种子的密闭器皿中放置干燥剂（或经干燥抽真空处理），其安全期保存期一般在50年以上。

二、小麦选种圃试验设计和记载

（一）F_1代试验设计和记载 F_1代一般按杂交组合排列种植，可以间比种植对照品种或亲本以便进行性状比较和识别。F_1代通常进行稀植点播，以利于扩大群体，去除假杂种。每个F_1代组合种植的株数，单交种为50～100株，复交种为100～200株。

田间记载生长发育特性、形态特征、抗逆性、抗病虫特性和产量性状，据此淘汰不良组合。保留的单交组合去除假杂种后全部收获，保留的复交组合一般进行适度的混合选择。为了掌握亲本材料的利用价值，还可在收获后对产量性状和品质特性进行观察测定，对性状配合力进行分析。

（二）F_2代试验设计和记载 F_2代群体一般不小于2 000株。机械点播种植情况下，一般每个机播幅播1个组合，6行区，行距为23 cm，株距为10 cm。重点组合和复交组合的群体应扩大0.5倍以上。

田间记载各组合的生长发育特性、形态特征、抗逆性、抗病虫特性和产量性状总体表现，按照育种目标先对组合进行选择，在入选组合中再进行单株选择。各目标性状的选择应在该性状的表达时段内进行，并在生长发育的中期和后期，根据株高、株型、叶型、抗病性、单株产量性状、落黄情况等进行田间选择。收获后，再在室内对单株进行复选，并对籽粒特性进行观察选择，最终决选出入选单株。

（三）F_3代及其以后世代试验设计和记载

1. 系谱法的试验设计和记载 F_3代开始按株系点播种植，来自同一组合、家系或株系的单株后代相邻种植，以便于单株、株系或家系的比对选择。一般每个F_3代株系种植4行，F_4代及其以上世代株系种植2行，行长为4 m，行距为23 cm，株距为10 cm。F_4代及其以后世代，株距可缩小为7 cm。

选择按照先选组合、再选家系或株系、最后选单株的顺序进行。组合和家系、株系选择一般要根据全生育期的性状记载进行综合判断，单株选择的方法同F_2代。

2. 混合法的试验设计和记载 F_3代及其以后分离世代仍按组合点播种植。机械点播种植情况下，一般每个机播幅设置为6行，行距为23 cm，株距为10 cm，群体大小根据上代选株的多少确定。

选择按照先选组合、再选单株的顺序进行。田间记载和单株选择的方法同F_2代，但最终入选的单株混合保存，用于以后世代的播种。

3. 衍生系统法的试验设计和记载 F_3～F_4代按照F_2代单株后代衍生系统进行混合种植，不加选择。F_3代每个衍生系统一般种植2行，行长为4 m。F_4代每个衍生系统种植6行小区，小区面积为13.3 m^2，并顺序排列2～3个重复，以进行产量比较。中选的衍生系统在F_5代进行混合点播和单株选择。

混合种植世代田间记载方法同一般的产量比较试验，单株选择世代的选择方法同F_2代。

上述各种选择方法的田间设计均要有利于灌溉、田间作业和观察记载，北方地区须考虑田间畦埂和灌溉的需要，南方地区须考虑田间排水沟的布置。选种圃采用人工播种方式时，各世代的群体大小和种植密度与机播相当，田间设计以适宜于观察记载的方式进行安排。需要进行胁迫处理（接菌、干旱）的应适时进行。各世代的选择压力，应本着低世代从轻、高世代从严的原则进行。选择圃周围应设置保护区。

三、小麦抗病性鉴定圃试验设计和记载

（一）抗病性鉴定圃的试验设计 小麦品系（品种）的抗病性鉴定圃应设置在湿度较大、易于发病的试验地，多采用间比法田间设计，待鉴定材料每材料种植2行，顺序排列，每间隔9个待检材料种植1个感病对照，行长一般为2 m，行距为20～23 cm，条播或者粒播，若粒播株距一般为3～6 cm。

（二）病害诱发方式

1. 自然发病 在常年自然发病比较充分的地方可采用自然发病的方式。

2. 人工接菌诱发 在自然发病难以保证每年都能充分发病的地方，需要人工接菌诱发病害。人工接菌诱发病害的方式有两种：①种植诱发行，间接诱异待鉴定材料发病，即将高度感病的材料种于待鉴定材料的行端，先在感病的诱发材料上接种病菌，待诱发材料发病后病菌再自然感染待鉴定材料；②直接对待鉴定材料进行接菌。前一种方法工作量较小，但待鉴定材料的发病受病害再侵染发病周期的限制，例如赤霉病的诱发就不能采取接菌诱发的方式；后一种方法工作量较大，但发病周期较短。此外，保持病圃的田间湿度是诱

发病害成功的主要措施。

（三）抗病性记载　按照相应病害的抗性记载方法及时记载待鉴定材料的抗病性表现，一般分为免疫、高抗、中抗、中感和高感5个反应型进行记载。

四、小麦抗旱性鉴定圃试验设计和记载

（一）抗旱鉴定圃的试验设计　小麦品系（品种）的抗旱性鉴定试验含胁迫处理和非胁迫对照两个处理，其中胁迫处理置于具有遮蔽降水功能的抗旱鉴定棚内（也可在降水量较少的地方设置自然鉴定圃），对照处理可设置在一般的田间条件下。每处理3次重复，完全随机区组排列，小区面积应在2 m^2左右，适期条播。

（二）干旱胁迫的处理方式　播种前浇足底墒水，胁迫处理在拔节期浇1次水，对照处理再浇1～3次水。

（三）抗旱性记载　成熟收获后考察小区籽粒产量，计算抗旱指数，其计算公式为

$$DI=GY_{S.T}^{2}\cdot GY_{S.W}^{-1}\cdot GY_{CK.W}\cdot GY_{CK.T}^{-2}$$

式中，DI为抗旱指数，$GY_{S.T}$为待测材料胁迫处理籽粒产量，$GY_{S.W}$为待测材料对照处理籽粒产量；$GY_{CK.W}$为对照品种对照处理籽粒产量，$GY_{CK.T}$为对照品种胁迫处理籽粒产量。

抗旱性评价标准，$DI\geqslant 1.30$时为极强（HR），$1.10\leqslant DI<1.30$时为强（R），$0.90\leqslant DI<1.10$时为中（MR），$0.70\leqslant DI<0.90$时为弱（S），$DI\leqslant 0.70$时为极弱（HS）。

五、小麦产量试验设计和记载

（一）初级产量试验　选种圃株系基本纯合后，按照边试验边选择的原则，可进行初级产量试验。由于供试株系数量大，每株系种子数量少，试验一般采用间比法设计，不设重复。试验小区面积一般为6.67～13.3 m^2，试验周期为1年，试验水肥条件与大田生产相同或更优，但不进行病害防治。

初级产量试验观察记载的内容包括生长发育特性、形态特征、抗逆性、抗病虫特性和产量性状，并进行测产。收获后结合籽粒特性鉴定和品质分析，淘汰不符合育种目标的株系，保留的株系升入品系比较试验。初级产量试验的结果应作为选种圃对应株系选择的重要参考依据。

（二）品系比较试验　经过初级产量试验选留的优良株系可称为品系，此时应进行更为精细的品系比较试验。品系比较试验一般采用随机区组设计，3次重复，小区面积为13.3 m^2，试验周期为1～2年。试验水肥条件应符合育种目标的产量水平，不进行病害防治。

品系比较试验应详细观察记载生长发育特性、形态特征、抗逆性、抗病虫特性和产量性状，并进行测产，进行增产显著性分析，并结合籽粒特性鉴定和品质分析，淘汰不符合育种目标的品系，保留的品系升入多点试验，表现优异的品系下年度可进行种子的适度扩繁。

（三）多点试验　品系比较试验通过的优良品系还需要在多个生态点上进行比较试验。每个点都进行随机区组设计的比较试验，3次重复，小区面积为13.3 m^2，试验周期为1～2年。试验点应具有代表性，水肥管理达到相应区域的生产水平，不进行病害防治。

多点试验的观察记载与品系比较试验相同，并分析品种的适应性和稳定性。表现优异的品系申请参加下年度的区域试验，同时进行种子繁殖。

六、小麦区域试验及生产试验设计和记载

（一）区域试验　区域试验是新品种审定的重要程序，分为国家区域试验和省区域试验。我国农业农村部及各省、自治区、直辖市都对区域试验办法有明确的规定。国家小麦区域试验按照我国小麦生态区域分区进行。参试品种数较多的区域，通常要分若干个组进行，例如黄淮冬麦亚区南片设有冬水组、春水组、旱地组等。一般每组试验点数不少于20个，每个点都进行3次重复的随机区组比较试验，小区面积为13.3 m^2。试验周期为2年，表现优良的品种参加第2年试验，表现一般或较差的品种不再参加试验。

（二）生产试验　通过区域试验的优良品种进入生产试验。生产试验点数一般不少于区域试验点数，小区面积一般为333.3 m^2，重点考察品种的增产水平、稳产性和适应性。

第七节 小麦种子生产技术

一、小麦种子生产程序

（一）小麦种子生产的任务 小麦种子生产的任务有二：①迅速而大量地繁殖经过审定、确定推广的小麦新品种，扩大其种植面积，使其在农业生产中发挥增产作用；②保证品种的纯度和种性，为大田生产提供大量的优良种子。

（二）小麦种子生产的程序 小麦种子生产的程序为：由育种家种子生产原种，由原种再生产大田用种。在我国，原种生产除直接来源于育种家种子以外，还采用“单株（穗）选择、分系比较、混系繁殖”（三圃制、二圃制）的循环过程生产原种，但采用此方式繁殖原种时应特别注意特征特性与原品种保持一致，否则容易产生派生品种。

二、加速繁殖小麦种子的技术

加速繁殖小麦种子的技术途径主要有以下两个。

1. 稀播高倍繁殖 选择肥地，采用精量播种法，例如15.0～37.5kg/hm^2，适时早播，利用小麦的分蘖特性，增加单株成穗数，可以大大提高种子的繁殖倍数，冬小麦可以达200～300倍。

2. 异地繁殖、一年多代 对育成新品种异地繁殖、一年多代，是加速繁育小麦良种的有效措施。目前我国各地的做法有：冬麦区在当地秋播，或在云贵高原和当地高海拔地方夏繁；春麦区在当地春播，在海南岛冬繁。此外，还可利用人工气候室进行加代繁殖。

第八节 小麦育种研究动向和展望

一、我国小麦生产需求发展和育种目标的发展趋向

（一）我国小麦生产发展对品种的阶段性需求 第一阶段为21世纪90年代初期以前，由于我国人口众多，口粮在数量上供需矛盾突出，生产对小麦品种的需求主要表现为高产性和稳产性，在品种特性的改良上主要是通过对品种产量构成因素和株型叶型等形态性状的改良来提高小麦品种的产量潜力，通过对条锈病、白粉病等主要病害的抗病性和抗倒伏特性等抗逆特性的改良来增强小麦品种的稳产性。

20世纪90年代中期至2015年左右，我国小麦生产实现供需基本平衡，人民生活水平的迅速改善和应对我国加入世界贸易组织（WTO）后可能出现国外优质小麦对我国小麦生产发生商业冲击的需要，我国小麦生产对品种的需求进入第二个阶段，小麦品种的优质化受到高度重视，品种的高产性和优质特性的良好结合成为该阶段生产对品种的主要需求。近20年来我国小麦品种产量水平和品质特性的整体水平得到了显著的提高，育成的高产优质品种类型基本满足了我国面制品的多元化需求。

近年来随着我国社会经济的快速发展，资源性约束和环境保护紧迫性日趋凸显，一方面需要进一步提高单位面积的产量水平，并不断满足社会对面制品品质的多元化需求；另一方面必须增强品种对水肥等资源的高效利用能力和抗病性，减少化肥、灌溉用水和农药等使用量。我国小麦生产步入了第三个发展阶段，即高产、优质、高效节本和环境友好相结合的现代农业生产阶段，小麦品种遗传改良也相应地表现出更为复杂的综合性。

（二）小麦品种遗传改良目标的发展趋向

1. 产量潜力改良 依据各麦区的生态条件，破除小麦品种产量潜力获得大幅度遗传改进的限制因子，在小麦品种的产量构成因素、光合效能、同化物转运特性、株型等方面获得进一步的遗传改良进展，实现小麦品种产量潜力水平的大幅度提高。

2. 抗病虫特性改良 针对各麦区的锈病、白粉病、赤霉病、纹枯病等主要病害以及危害程度不断加重的全蚀病、黄花叶病、孢囊线虫病等病虫害，获得优良抗病虫基因的聚合，实现小麦品种综合抗病虫特性的提高。

3. 抗逆特性改良 在我国北方的冬麦亚区开展抗旱、耐倒春寒、耐后期高温干热风等极端环境胁迫的抗逆性遗传改良工作，在南方的冬麦亚区开展耐倒春寒、耐后期高温逼熟、抗穗发芽、耐渍害等极端环境胁

迫的抗逆性遗传改良工作，在春麦区开展抗旱、耐后期高温干热风、抗穗发芽等极端环境胁迫的抗逆性遗传改良工作。

4. 水肥资源高效利用效能改良　广泛利用抗旱节水和氮、磷、钾等养分高效利用的优良种质资源，建立水肥高效利用育种技术体系，开展小麦品种水肥利用特性的遗传改良工作。

5. 品质特性改良　按照我国小麦的市场多样化需求和小麦产区的生态优势，开展蛋白质特性、淀粉特性以及食品加工特性等方面的遗传改良工作。

（三）小麦育种途径和技术的发展趋向

1. 性状改良的生物学层次进一步深化　随着分子生物学技术和理化测试技术的不断发展，小麦品种特性的遗传改良正逐步由形态性状、生长发育性状等表现型性状改良深入到基因组和代谢组水平的直接改良。例如在小麦产量潜力的遗传改良方面，过去主要集中在株型、群体光合特性和产量构成性状上的改良，现在已扩展到光合循环、糖类合成与运输关键酶的遗传改良。性状改良层次的深入研究必将进一步提高育种的有效性。

2. 优异基因资源利用的范围进一步扩大　近年来基因组测序和转基因技术的迅猛发展，发掘和鉴定出了许多具有重要育种价值的基因资源，使得育种家视野中的优异基因资源不断丰富、准确，并将视线突破小麦物种疆界。例如对地方品种开展广泛的肥水高效利用特性的鉴定，筛选具有肥水高效利用效能的优异基因，将其他物种的抗病和抗虫基因导入小麦等，鉴定和筛选优异基因资源利用的范围扩大，必将促进小麦品种重要性状的遗传改良，有望获得突破性成就。

3. 育种后代选择鉴定手段向精准化方向发展　高通量的分子检测技术和表现型鉴定技术已日趋成熟，国内外已建设了一批高通量多重分子检测平台，并用于玉米、水稻等农作物育种后代的选择工作。包括我国在内的许多国家也已开始建立应用于小麦育种的高通量多重分子检测平台，高通量精准鉴定筛选技术的实际应用必将提高品种选育过程中优异目标基因利用的精准性和优异基因的聚合效率。

4. 育种工作的信息化和自动化水平不断提高　基于全息技术、网络技术和智能技术的快速发展和集成，育种过程中的田间信息采集和处理、试验材料处理操作过程的自动化水平正不断提高，例如利用无人机遥感技术进行大规模品系产量快速测定、利用电子移动装置与网络技术进行田间无纸数据采集和数据汇总处理等。这些大量繁重的育种实际操作过程的自动化，必将极大地提高育种工作效率。

二、小麦分子设计育种技术的构建

进入21世纪以后，随着主要农作物全基因组测序的完成以及功能基因组学、蛋白质组学、代谢组学和生物信息学的发展，一种新的育种理念——分子设计育种在世界范围内逐渐形成，并逐步发展成为集成多学科和多技术的崭新育种技术体系。

分子设计育种是以生物信息学为平台，以基因组学、蛋白组学、代谢组学等相关领域的数据库为基础，综合作物育种流程中的遗传、生理、生化、栽培、生物统计等多学科的相关信息，根据育种目标和生态环境，设计各种虚拟的优良基因型，并对其进行表现型模拟，筛选出最佳的虚拟基因型，并提出相应的育种实施方案。然后通过一系列育种手段和过程，获得有利基因大量聚集、基因组配置合理、基因互作网络协调、基因组结构最为优化的优良品种。

开展分子设计育种的基础主要包括3个方面：①要发掘尽可能多的控制目标性状的基因；②要明确不同等位基因的表现型效应；③要掌握基因与基因、基因与环境之间的互作关系。与传统育种技术相比，分子设计育种试图实现从经验育种到定向高效精确育种的转化。

目前，许多国家正在开展作物分子设计育种相关基础研究工作，积极为分子设计育种技术的实际应用奠定基础。科学家们现已构建了一些开展分子设计育种的模拟工具，其中QuLine是国际上首个可以模拟复杂遗传模型和育种过程的计算机软件，可以模拟系谱法、混合法、回交育种、一粒传、双单倍体、分子标记辅助选择以及各种改良育种方法的组合。在QuLine的基础上，科学家们又研制出杂交种选育模拟工具QuHybrid和分子标记辅助轮回选择模拟工具QuMARS。QuHybrid可对杂交种育种策略进行模拟和优化，对不同杂交种育种方案做出决策。QuMARS针对轮回育种中分子标记辅助选择技术应用做出参考决策，例如利用多少标记对数量性状进行选择、适宜的群体大小、轮回杂交和选择的次数等。这些育种模拟工具正在逐步走向实用化，已在小麦、水稻、玉米等农作物上进行应用。王建康等（2011）提出了作物分子设计育种流程，并以小麦品种 HM14BS 和 Sunstate 为亲本材料，选取了 6 个控制株高、抗病和产量性状的主效基因和 17 个影响胚芽鞘长度的数量性状基因位点（QTL），设计了聚合主效基因和微效基因的育种模拟试验，对如何利用分子标记辅助选择、表现型选择以及分子标记与表现型的联合选择进行了系统研究，还从备选群体规模、标记数量等方面模拟了不同育种方案的差异，并按照虚拟设计方案和选择方案，成功地将 9 个主效基因聚合到同一小麦品种中，显示了分子设计育种实际应用的巨大潜力。

三、小麦育种高通量表现型鉴定技术的构建

长期以来，育种家主要是以田间直接反复的观察来决定育种材料的取舍，并依靠笔纸记录相关信息，面对众多的育种材料，其积累的信息量和工作效率是有限的，近年来快速发展的高通量表现型测定技术为解决此问题提供了可能方案。

高通量植物表现型测定是综合遥感、数字化成像、数据高速传输、数学模型、机械自动化、植物生理生化、生物信息等多学科交叉形成的一个新兴集成技术。它通过一系列包括红外、叶绿素荧光、可见光、温度等因子传感器快速成像，并结合一定的数学模型完成特定区域内植物多个性状表现型数据的精确、快速扫描的技术，可实现对植物整个生长发育期内无损伤的生长监测。其主要优点为快速高效、无人为误差、信息量大。其主流技术目前主要有可见光数字成像、红外热成像、叶绿素荧光分析、数字化生长模型分析等。

近年来，高通量表现型测定平台（HTPP）引起了越来越多的育种机构的兴趣，一些大型跨国种业公司和少数先进的公立研究所已建立了某些高通量表现型测定平台，例如澳大利亚植物表现型组学平台、欧洲植物表现型网络平台、美国农业部的有关试验平台等都是高度自动化设施技术平台，这些平台既有安装于温室或生长间内的，又有建设在田间的。田间高通量表现型测定平台主要由一系列装备了精确定位传感器的机械设备，通过自身携带的监测仪器完成对田间环境条件下的作物生长状态的扫描。例如澳大利亚阿德莱德大学的高通量表现型测定平台是在整块试验田设置网络化传感器，通过立体摄影技术、激光雷达测定技术、高光谱反射技术、叶温记录仪、根部电扫描技术、网络传感等技术，定量化测定作物的环境条件和生长状态。该平台具有如下功能：无损伤测定作物生物量、冠层封闭前后的结构变化；作物冠层水分散失和光合作用测定；作物全生长发育期含氮量和色素测定；无损伤测定土壤水分和根生物量。美国农业部在位于亚利桑那州的旱地农业研究中心建立的高通量表现型鉴定平台，可以 0.84 hm^2/h 的速度对棉花试验地进行高度、冠层分布、温度数据同时获取。我国北京市农林科学院已开发出了利用无人机搭载红外成像仪等信息处理装置，可快速地对小麦等农作物大规模的小区产量试验进行测产。

总体来说，作为一门新兴的学科，高通量表现型测定的发展应用水平取决于传感器技术、经济成本、农作物性状本身的表现形式和特点。目前该技术在育种中的应用尚处于起步阶段，但它体现了表现型信息采集技术的一个重要发展方向。

复习思考题

1. 试评述近半个世纪以来国内外小麦育种的进展。
2. 试述我国小麦品种的种植区划，并分析主要麦区的育种目标。
3. 试讨论小麦的理想株型及其在高光效、高产育种中的意义。
4. 试从我国消费小麦的主要类型及用途讨论我国小麦的优质育种。
5. 试述小麦的分类学地位和主要的近缘物种，举例说明小麦育种的主要种质资源类型及其应用效果。
6. 试述小麦杂交育种过程中亲本选配的原则和杂种后代处理的方法。
7. 试讨论杂种小麦研究的现状。如何进行杂种小麦两系的选育、配组及制种？
8. 试述从具有部分同源染色体的物种中转移外源基因的途径及各自的特点。
9. 试述诱导产生小麦单倍体的主要方法及花药培养育种技术的要点。
10. 试讨论选种圃升级的品系进行产量试验应注意的问题。
11. 试述小麦种子生产体系的环节和内容。
12. 如何鉴定和选育基因型与环境互作小、稳产和适应性广的品种？

13. 举例说明分子标记辅助选择在小麦育种中的作用。

14. 试列举从小麦高产、优质、多抗育种出发需要进一步研究的主要育种学问题。

附 小麦主要育种性状的记载方法和标准

一、生育时期

1. 播种期 播种期以"月/日"表示（各生育时期同此）。

2. 出苗期 全试区中第1叶在地面上展开的苗数达50%以上的日期为出苗期。

3. 拔节期 全试区中主茎基部第1节离地面1～2 cm（手指压摸）的苗数达50%以上的日期为拔节期。

4. 抽穗期 全试区中顶小穗露出叶鞘的株数达50%以上的日期为抽穗期。

5. 开花期 全试区中麦穗出现花药的株数达50%以上的日期为开花期。

6. 成熟期 全试区中麦穗中部籽粒呈蜡质硬度的株数达75%以上的日期为成熟期。

二、苗株性状

7. 幼苗生长习性 出苗后45 d左右观察幼苗生长习性，分为直立、匍匐和中间3种类型。

8. 基本苗数 每试区取有代表性的1～2行或3～5个取样段，于出苗后计算苗数，进而折合单位面积苗数。

9. 分蘖数 可就上述查苗数的行或段中进行计算：①越冬前分蘖数；②（返青后）最高分蘖数；③（抽穗后）有效分蘖数。三者分别折算成万/hm^2表示。计算成穗率，即：成穗率＝有效分蘖数/最高分蘖数×100%。

10. 植株和叶片的姿态 按主茎与分蘖茎的集散程度，株型分为紧凑、松散和居中3类。按茎叶夹角及叶片长势，叶姿分为挺直、披散和居中3类。

11. 植株高度 开花后10 d测量株高，即从地面到穗顶（不计芒）的高度。其整齐度可按目测分为整齐、不整齐和中等3级。

三、穗部和籽粒性状

12. 芒 分为全无芒、顶芒（顶部小穗有短芒、下部无芒）、短芒（芒长在4 cm以内）、长芒（芒长在4 cm以上）、曲芒等几类。

13. 穗形 穗形一般有纺锤形（中部稍大而两端尖）、圆锥形（下部大而上部小）、棍棒形（上部大而下部小）、长方形（上下部大小基本上近似）。

14. 穗长及穗密度 从穗基节到顶小穗（不连芒）的长度为穗长（cm）。穗密度的计算公式为

$$\text{穗密度}\ (D)=\frac{\text{总小穗数（包括不育的）}-1}{\text{穗长}}\times 10$$

15. 每穗小穗数 每穗小穗数包括不育小穗数、每穗有效（结实）小穗数。

16. 每穗粒数和小穗最多粒数 每穗粒数指全穗粒数；小穗最多粒数以穗中部最多粒数的小穗为准。

17. 粒色 粒色一般分红色和白色两类。

18. 粒形 粒形一般分长圆、卵圆、椭圆及圆4种。

19. 粒质 粒质一般分硬质（角质）、软质（粉质）和半硬质3类。

20. 饱满度 饱满度一般凭目测，分饱满、中等、不饱满和瘪粒4类。

21. 千粒重 两份1 000粒干籽粒质量（g）的平均数。

22. 容重 每升容积内的干籽粒的质量为容重，以g/L表示。

四、抗耐性

23. 抗倒伏性 抗倒伏性指抽穗后经风雨后的表现，直立至稍倾斜（$<15°$）的为抗，大部分茎秆倾斜达30°～45°的为中抗，大部分茎秆倾斜达45°以上的为不抗。

24. 抗落粒性 按颖壳包合松紧和受碰撞时落粒的难易表示抗落粒性，分抗、中抗和不抗（易落粒）3级。

25. 抗穗发芽性 成熟收获期遇雨或人工雨湿条件下，检查穗中发芽粒数，不发芽至发育率$<5\%$的为抗，发芽率为5%～20%的为中抗，发芽率$>20\%$的为不抗（易发芽）。

26. 耐寒性、耐旱性、耐湿性、耐盐碱性、耐酸性等 根据在受到相应因素胁迫下小麦关键性状的反

应，分抗、中抗和不抗 3 级，或按受害程度分轻、中和重 3 级。

27. 抗病性 当地的主要病害在其发病盛期观察记载抗病性，项目包括普遍率、严重率和反应型（可参看植物保护学科的有关图谱及说明）。

（吴兆苏、张树椿、刘广田原稿；刘广田、孙其信第二版修订；
许为钢、马传喜第三版修订）

第三章 大麦/青稞育种

大麦（barley）是穗状花序禾谷草中，以无柄能育的中间小穗和有柄或无柄、不育或可育的两侧小穗，构成三联小穗为主要特征的一类植物，属于禾本科（Gramineae）大麦属（*Hordeum* L.）。栽培大麦属于普通大麦种（*Hordeum vulgare* L.），为二倍体，染色体数 $2n=14$，是世界上最古老的粮食作物之一，也是我国的原产作物之一，对人类古代文明的产生与发展起到了十分重要的作用。大麦营养丰富，且具生育期短、抗逆性强、适应性广、丰产性好等优点，目前全球常年种植面积为 5.3×10^{7} hm²，总产量为 1.43×10^{8} t，仅次于小麦、水稻和玉米而居第四位。大麦根据籽粒是否带皮分为皮大麦和裸大麦两种类型。裸大麦在我国因地域不同而称谓有别，在南方称为元麦、米麦，在北方称为米大麦、仁大麦，在青藏高原则称为青稞。历史上大麦曾经是我国的主要粮食作物之一，20 世纪初种植面积达 8.0×10^{6} hm²，占世界总面积的 23.6%。此后种植面积不断下降，20 世纪 70 年代为 6.5×10^{6} hm²，总产量为 9.9×10^{6} t，分别占全球总量的 7.44%和 5.74%。到 20 世纪末仅剩 1.619×10^{6} hm²，总产量为 3.44×10^{6} t，分别占同期世界总量的 2.17%和 2.02%。进入 21 世纪以来，我国的大麦种植面积常年维持在 1.2×10^{6}～1.3×10^{6} hm²。2019 年我国大麦单产接近 4.6 t/hm²，高出世界平均 70.47%。生产规模较大的省份主要为云南、江苏、内蒙古和西藏，其次为甘肃、青海、四川、湖北、河南、安徽、新疆等。大麦主要用于饲料生产和啤酒酿造，少量用于粮食和保健食品开发。

第一节 国内外大麦/青稞育种概况

一、国外大麦/青稞育种概况

国外大麦/青稞育种已有 100 多年的历史，最早可追溯到 1857 年通过系统选择而育成的大麦品种 Chevalier。20 世纪 20 年代随着大麦经典遗传学的深入开展，欧洲利用杂交育种技术，培育出了相当数量的大麦/青稞品种。该期的大麦/青稞育种以高产为主要育种目标，这些杂交品种的育成为提高欧洲大麦/青稞产量发挥了重要作用。进入 20 世纪中叶，得益于生物化学分析技术的发展，为满足当时啤酒工业和饲料工业快速发展的需要，育种家在育种过程中能够在提高新品种产量的同时，更加注重不同商业化消费所需的独特品质性状的选择。因此形成了啤酒大麦、饲料大麦、食用大麦等专用大麦/青稞育种。20 世纪 60—70 年代，大量采用化学和物理诱变育种技术，培育出了 Diamant 等一系列大麦矮秆品种。尤其是通过诱变创制的矮秆和高赖氨酸等突变体，为后来的大麦/青稞矮秆和高蛋白、高赖氨酸育种奠定了种质基础，促进了大麦/青稞育种的快速发展。从 20 世纪 80 年代开始，在矮秆、啤酒用品质与饲料用品质、抗病等性状遗传研究的基础上，利用传统的杂交育种方法，结合小孢子培养单倍体育种技术和近红外无破损快速鉴定技术，有效地加快了新品种的育成速度，使育种水平得到很大提高。例如加拿大育成的 Harrington 被世界公认为啤酒用大麦的标准品种，不仅在加拿大广泛种植，而且推广到美国等地，还曾引种到我国西北地区。澳大利亚育成的 Schooner 和 Fraklin、日本的甘木二条、法国的 Esterel、德国的 Scarlett、英国的 Optic 等均在生产上发挥了很大的作用。进入 21 世纪以来，随着大麦基因组学的发展和分子标记技术的日臻成熟，分子标记辅助选择育种技术得到了愈来愈广泛的应用，培育出了诸如澳大利亚的 Baudin 和 Hamelin 等具有代表性的高产优质啤酒大麦品种。

二、我国大麦/青稞育种概况

我国大麦/青稞种植虽然历史悠久，但现代育种开展得较晚。20 世纪 50 年代在进行农家品种的整理和评选的同时，采用系统选育方法开展了新品种选育，育成了如米麦 757、立新 2 号、海麦 1 号、藏青 336、喜马拉 1 号、甘孜 809 等一批大麦/青稞品种。20 世纪 60—70 年代，杂交育种技术逐步普及并广泛应用，培育出了米麦 114、村农元麦、沪麦 4 号、昆仑 1 号、藏青 1 号、喜马拉 6 号等一批生产种植面积较大的大麦/

青稞品种。与此同时，采用^{60}Co γ射线辐照，创制出了1966D、1974E等矮秆突变体。从国外引进了早熟3号、矮秆齐等皮大麦和裸大麦品种，并大规模生产利用。此期，大麦/青稞生产的首要目的是解决温饱问题，因此，提高产量、增强抗病性是大麦/青稞的最主要育种目标，而营养和加工品质尚未提上日程。从20世纪80年代开始，随着改革开放和人民生活水平的不断提高，为满足啤酒工业快速发展对啤酒大麦原料的加工消费需求，在大量开展国外啤酒大麦引种利用的同时，系统开展了啤酒大麦、饲料大麦和食用大麦（青稞）的杂交育种。到20世纪末，经“七五”和“八五”全国育种攻关，采用常规杂交育种方法，育成了浙农大号、浙皮号、沪麦号、湘麦号、鄂麦号、嘉陵号、莆大麦号等多个系列的啤酒大麦和饲料大麦品种。在青稞育种方面，培育出了川裸1号、藏青29、藏青320、喜马拉6号、昆仑4号、昆仑6号等。通过人工诱变育成了盐辐矮早三、鲁大麦2号等啤酒大麦品种以及红原黑青稞和红原白青稞等品种。然而，客观地讲，由于当时受到育种早代品质鉴定仪器设备的限制，所培育的啤酒大麦品种在酿造品质上与国外品种存在很大的差距。进入21世纪以来，在国家科技支撑计划、公益性行业专项等资金支持下，特别是得益于国家大麦-青稞产业技术体系的建立，大麦/青稞育种的试验设施、仪器设备得到了明显改善，育种水平和技术手段显著提高。在育种目标上，除了继续提高产量和增强抗病性与抗逆性之外，重点针对不同商业消费的品质需求，开展了大麦/青稞专用品种的选育。在育种技术上，注重单倍体育种、航天搭载、早代无损伤鉴定、异地加代、分子标记辅助选择等技术的综合运用，不仅加快了新品种的培育速度，而且产量、抗性和品质得到了大幅度提高。其间，育成了昆仑12、昆仑13、昆仑14、藏青2000、甘青5号、康青7号、康青8号、康青9号等系列青稞品种。尤其是昆仑12中具有降低血糖的保健功效成分β葡聚糖含量接近8%。杂交选育的垦啤麦号、甘啤号、苏啤号、云啤号、浙皮号、蒙啤麦号等多个系列，以及通过单倍体育种培育的单二、花30、花11等啤酒大麦品种，主要啤酒用品质达到国外同类品种的水平。选育的华大麦号、驻大麦号、扬饲麦号、川饲麦号等饲料大麦品种，籽粒的蛋白质含量达14%以上，综合性状得到进一步提高。

第二节　大麦/青稞育种目标及主要性状的遗传

一、大麦/青稞育种目标与生态区划

大麦/青稞育种的主要目标为高产、优质、早熟、抗病、抗逆和广适，涉及众多具体的生物学性状、经济性状和抗性性状。我国大麦/青稞产区纵跨寒温带、温带和亚热带3大气候带，地域分布广、海拔高差大，温、光、水、土等自然和农业生产条件不同，耕作制度不一，生产与消费需求有别。因此不仅要求品种的生物学特性符合种植地的自然农业生态禀赋，与当地的生态区划和耕作制度相一致，抗性表现上能够抵御生产中经常遇到的生物胁迫和非生物逆境胁迫，而且要求产量、品质等经济性状符合产区现实和将来的生产发展和消费需求。经过不同生产发展时期的研究修订，20世纪80年代我国大麦/青稞生产划分为3大产区12个生态区。

（一）裸大麦/青稞区

1. 青藏高原裸大麦区　青藏高原裸大麦区包括西藏、青海、甘肃的甘南、四川的阿坝和甘孜、云南的迪庆，海拔为2 000～4 750 m，无霜期为4～6个月，高海拔地无绝对无霜期；青稞生长期间≥0 ℃以上积温为1 200～1 500 ℃，降水量为200～400 mm，日照时数为800 h左右，光照强、温差大。此区耕作制度为一年一熟，青稞为主要作物，除藏东南有少量冬青稞栽培之外，大部分为春播生产，粮草兼用，品种以6棱春青稞为主，光照反应敏感，春播青稞生育期为120～160 d，秋播生育期长达330 d。主要病害有黄矮病、条纹病、网斑病和锈病等。

（二）春大麦区

2. 东北平原春大麦区　东北平原春大麦区包括黑龙江、吉林、辽宁除辽南以外的全部、内蒙古东部，海拔为40～600 m，山地海拔在1 000 m左右，大麦生育期为80～90 d。大麦生长期间≥0 ℃积温为1 500 ℃左右，降水量为200 mm左右，时有春旱，日照时数为1 400 h。此区耕作制度为一年一熟，春播生产，品种要求春性，主要病害有根腐病、条纹病和网斑病。此区大麦生产现主要集中在内蒙古东部，为我国3大啤酒大麦主产区之一。

3. 晋冀北部春大麦区　晋冀北部春大麦区包括河北石德线以北、山西北部到长城以南、辽宁南部沿海地区，海拔为600～1 260 m，平原地区海拔为几十米。无霜期为4～6个月。大麦生长期间≥0 ℃积温为

1 600～1 800℃，降水量为 50～100 mm，春旱重；日照时数为 950～1 000 h。此区耕作制度为一年二熟，大麦既有春播也有秋播，春播生育期为 90～100 d，品种要求春性；秋播生育期为 230～240 d，要求强冬性品种。主要病害有黄矮病、条纹病、网斑病。20 世纪 80 年代前，此区曾经是我国的大麦主产区之一，现已很少种植。

4. 内蒙古高原春大麦区 内蒙古高原春大麦区包括内蒙古中西部和河北张家口坝上地区。本区海拔为 1 000～2 400 m，无霜期为 3～5 个月。大麦生长期间≥0℃积温为 1 400～1 600℃，降水量为 150～300 mm，旱年降水量在 150 mm 以下，日照时数为 800～900 h。此区耕作制度为一年一熟或一年二熟，大麦以春播为主，主要病害有黄矮病、条纹病、网斑病和散黑穗病。

5. 西北春大麦区 西北春大麦区包括宁夏、陕北部分地区、甘肃大部分地区，属黄土高原丘陵沟壑区，海拔为 800～2 240 m；大麦生长期间≥0 ℃积温为 1 500 ℃左右，降水量不足 100 mm，日照时数为 800～1 000 h，日照强度高，昼夜温差大。大麦生育期为 120～130 d，一年一熟，春季播种，灌溉农业，生产品种多属春性，主要病害为条纹病、网斑病和黄矮病。此区大麦生产现主要集中在甘肃西部，为我国 3 大啤酒大麦主产区之一。

6. 新疆干旱荒漠春大麦区 新疆干旱荒漠春大麦区包括新疆、甘肃酒泉地区，海拔为 200～1 000 m；≥0℃积温为 1 500℃左右，降水量约为 100 mm，日照时数为 800 h 左右，昼夜温差大，日照强度高。大麦生育期为 90～110 d，春季播种，一年一熟，灌溉农业，生产品种以春性为主，同属我国西北啤酒大麦主产区，主要病害与西北春大麦区相同。

（三）冬大麦区

7. 黄淮冬大麦区 黄淮冬大麦区包括山东、江苏和安徽的淮河以北、河北石德线以南、河南除信阳地区外全部、山西临汾以南、陕西安塞以南和关中地区、甘肃的陇东和陇南地区。此区地势西高东低，西部海拔为 500～1 300 m，东部海拔不足 100 m。大麦生长期间≥0 ℃积温为 1 600～2 000 ℃，降水量为 100～200 mm，总日照时数为 1 000～1 400 h。此区耕作制度为一年二熟或二年三熟，大麦秋季播种，生育期为 210～230 d，品种要求冬性或半冬性，以饲料大麦生产为主，少量为啤酒大麦和食用裸大麦。主要病害有条纹病、网斑病、黄矮病、赤霉病、散黑穗病等。

8. 秦巴山地冬大麦区 秦巴山地冬大麦区包括陕西南部、四川和甘肃的部分地区。此区海拔为 500～2 000 m；大麦生长期间≥0 ℃积温为 1 600～1 800 ℃，降水量为 200～300 mm，日照时数不足 1 000 h。此区耕作制度为一年一熟或二年三熟，主要病害有赤霉病、白粉病等。现在此区少有大麦种植。

9. 长江中下游冬大麦区 长江中下游冬大麦区包括江苏和安徽的淮南地区、上海和湖北全部、浙江除温州以外全部、江西除赣南以外和湖南湘西以外的全部地区，现为我国啤酒大麦和饲料大麦主产区之一。此区平原海拔不足 100 m，丘陵山地海拔为 300～700 m。大麦生长期间≥0℃积温为 1 600～1 800℃。大麦生长期间降水量，南部为 400～600 mm，北部为 200 mm 左右；日照时数自南向北递增，从最少 500 h 到最多 1 350 h。此区耕作制度为一年二熟或一年三熟，大麦秋季播种，生育期为 180～200 d，品种类型为半冬性或春性。主要病害有黄花叶病、白粉病、赤霉病、条纹病、网斑病等。

10. 四川盆地冬大麦区 四川盆地冬大麦区包括四川除广元、南江、阿坝、甘孜、凉山以外的全部。此区平原海拔在 500 m 以下，盆地海拔为 500～1 000 m；大麦生长期间≥0 ℃积温为 1 900 ℃，降水量为 400 mm 左右，日照时数为 500 h 左右；种植制度为一年二熟或一年三熟，大麦秋播，生育期为 160～180 d，品种类型为半冬性或春性。主要病害有白粉病、赤霉病、条锈病、网斑病、条纹病等。

11. 西南高原冬大麦区 西南高原冬大麦区包括贵州、云南除迪庆藏族自治州外全部、四川凉山彝族自治州和湖南湘西土家族苗族自治州。本区海拔为 1 000～2 000 m。云南大麦生长期间≥0 ℃积温为 1 800 ℃，降水量为 130～150 mm，日照时数为 1 200 h。贵州比云南积温略少，降水量多 1 倍，日照时数仅 500 h 左右。种植制度以一年二熟为主，大麦秋季播种，饲料大麦居多，粮草兼用，部分为啤酒大麦，品种类型为春性或半冬性，生育期为 130～200 d，主要病害包括白粉病、赤霉病、条锈病、条纹病、网斑病等。此区大麦生产现主要集中在云南，为我国饲料大麦和啤酒大麦主产区之一。

12. 华南冬大麦区 华南冬大麦区包括福建、广东、广西、海南、台湾、浙江的温州和江西的赣州地区。此区平原海拔在 100 m 以下，丘陵海拔在 200 m 左右，山地海拔在 1 000 m 左右；大麦生长期间≥0℃积温为 2 000 ℃左右，降水量为 150～400 mm，日照时数为 400～600 h。本区耕作制度以一年三熟居多，也有稻麦两熟；大麦秋季播种，生育期为120～150 d，品种要求春性。主要病害包括白粉病、赤霉病、条纹病、网斑病等。目前，此区除福建尚有零星种植外，其他省份已很少种植大麦。

二、大麦/青稞主要目标性状

（一）大麦/青稞生物学性状

1. 生长习性 大麦/青稞为完成从营养生长向生殖生长的转化，在苗期需要经历一定时段的低温。根据品种完成春化对低温要求的不同，分为冬性、春性和兼性。因此大麦/青稞的生长习性也称为冬春性，是适应性的重要决定性状之一。一般冬性越强的品种，要求的春化温度越低，春化时间越长，反之亦然。故冬季温度较低的秋播地区需要冬性较强的品种，而春季播种的地区则需要春性品种。

2. 光周期反应 大麦/青稞的幼穗分化受光周期从短日照向长日照转化的调节。由于大麦/青稞起源于长日照地区，因此长日起促进幼穗分化作用，短日起抑制幼穗分化作用。不同品种为完成幼穗分化所需日照长度的范围不同，即光周期反应（也称为光敏性）不同，是决定品种适应性的重要性状之一。

3. 休眠期 为躲避夏季高温，大麦/青稞种子成熟后，在适宜的条件下并不能发芽，需要一定时间的休眠。休眠期长短因品种而异。一般来讲，种子休眠有利于大麦/青稞的收获、运输和储藏，尤其是在收获期降雨多的地区，可以避免发生穗发芽而造成品质劣化和产量损失。但是对于啤酒大麦来讲，休眠期过长往往不利于制麦生产。

4. 分蘖力 分蘖是大麦/青稞的生物学特性之一，分蘖力强弱与单株穗数有关，间接影响产量的构成。

5. 株高 大麦/青稞的株高指从主茎分蘖节到穗顶的高度，不包括芒。株高直接影响总生物产量和抗倒伏性。

6. 棱型 大麦/青稞根据每个三联小穗的侧小穗是否结实，分为2棱、6棱和中间型3种。2棱大麦/青稞仅中列小穗结实，6棱大麦/青稞的三联小穗全部结实，中间型大麦/青稞的中列和部分侧列小穗结实。实际生产中，2棱大麦/青稞和6棱大麦/青稞比较常见，中间型很少。一般6棱大麦/青稞品种每穗粒数多，千粒重低；2棱大麦/青稞品种每穗粒数少，千粒重高。

7. 穗密度 穗密度指大麦/青稞的三联小穗在穗轴上的着生密度，根据穗轴中部4 cm小穗节片数划分为3类，稀穗为≤14，密穗为15～19，极密为>19。穗密度与籽粒大小关系密切。

8. 皮裸性 大麦根据成熟种子能否与颖壳自然脱离，分为皮大麦和裸大麦或称青稞。啤酒生产中，皮大麦因其种皮在麦芽发酵之后可以用作过滤层，所以啤酒大麦通常要求带皮。但是随着过滤技术的进步，这种限制已经被打破。例如目前西藏拉萨啤酒厂就是以青稞为原料生产啤酒。裸大麦由于无须脱皮和易于加工，更多用于食品生产。

9. 籽粒颜色 大麦/青稞的籽粒颜色变异丰富，常见有白色、黄色、蓝色、红色、紫色、褐色、黑色等。籽粒颜色深浅与种皮中的花青素和多酚物质含量有关。一般啤酒大麦要求浅色品种。

10. 早熟性 在一些地区为提高复种指数，或为减少后期病虫害和环境胁迫造成的损失等，早熟性是重要的育种目标性状。

（二）大麦/青稞产量性状 狭义上讲，大麦/青稞的产量指的是籽粒产量；广义上讲，产量是指地上部总的生物量，包括籽粒和秸秆。通常农区的大麦/青稞生产更注重籽粒产量，但是在农牧结合区，秸秆作为牛羊等草食动物的饲草来源，与粮食产量同等重要，要求粮草双高。育种中对于产量的选育包括单株产量和群体产量。单株籽粒产量由单株穗数、每穗粒数和千粒重构成。单株产草量则由单株茎数、株高、叶片数和叶片大小决定。群体产量由单位面积穗数、穗粒数和千粒重构成，也可以说由单位面积株数和单株产量构成。

（三）大麦/青稞品质性状 随着食品加工业的发展，大麦/青稞生产已经从直接的粮食生产，逐步转变成为食品（包括固体和饮品）和饲料加工的原料生产。因此必须满足啤酒、饲料和食品加工与营养的品质需求。食用青稞、饲料大麦和啤酒大麦等专用大麦育种的概念和育种实践即是在此基础上建立和开展起来的。

1. 营养品质性状 大麦/青稞的营养品质是基于其为人和动物提供营养和维持健康的食用特性，涉及的主要性状包括淀粉、蛋白质、赖氨酸以及对心血管和糖尿病具有预防作用的β葡聚糖和多酚类物质的含量。一般来讲，食用大麦和饲料大麦/青稞育种要求的营养品质性状大多是相同的，但也存在个别性状的不同。例如饲料大麦/青稞要求β葡聚糖含量低，以利于禽畜的消化吸收，提高出栏率。

2. 加工品质性状 大麦/青稞的加工品质是基于其满足大规模生产加工要求应具备的理化特性，涉及的性状因加工产品和生产工艺的不同而异。更应注意的是，有的加工品质与营养品质要求之间存在一定矛盾，从而导致相同性状截然相反的选育目标。例如高蛋白质和高β葡聚糖具有重要的营养和保健价值，是食用大麦/青稞育种首要的目标性状。但是对于啤酒大麦而言，由于在啤酒酿造过程中，蛋白质含量过高会使出酒率下降；高β葡聚糖会使麦汁黏度增大，降低过滤速度。而且，二者在啤酒储藏过程中容易产生絮状物，影响啤酒清亮度，缩短货架寿命，是啤酒大麦育种需要控制和降低的目标性状。此外，大麦制成啤酒需经过制麦、糖化发酵、过滤等一系列的工艺过程，具有严格的品质要求，具体请分别参见优级啤酒大麦国家标准（表3-1）和优级麦芽行业标准（表3-2）。

表3-1 优级啤酒大麦国家标准（GB/T 7416—2008）

1. 感官要求指标		淡黄色，具有光泽，有原大麦固有的香气，无病斑粒，无霉味和其他异味	
2. 理化要求指标		二棱	多棱
夹杂物含量（%）	≤	1.0	1.0
破损率（%）	≤	0.5	0.5
水分（%）	≤	12.0	12.0
千粒重（g，以绝干计）	≥	38.0	37.0
3d发芽率（%）	≥	95	95
5d发芽率（%）	≥	97	97
蛋白质含量（%，以绝干计）		10.0～12.5	10.0～12.5
饱满粒（腹径≥2.5mm）比例（%）	≥	85.0	80.0
瘦小粒（腹径≤2.2mm）比例（%）	≥	4.0	4.0

表3-2 淡色大麦麦芽理化要求

项目	优级
夹杂物含量（%）	≤0.9
出炉水分（%）	≤5.0
商品水分（%）	≤5.5
糖化时间（min）	≤10
煮沸色度（EBC）	≤8.0
浸出物含量（%，以绝干计）	≥79.0
粗细粉差（%）	≤2.0
α-氨基氮含量（mg/100g）	≥150
库尔巴哈值（%）	40～45
糖化力（WK）	≥260

（四）大麦/青稞抗病虫性状 病虫害是影响大麦/青稞产量的重要因素之一。目前，大麦/青稞的主要虫害有蚜虫、蝼蛄等。病害除了条纹病和网斑病最为普遍之外，各产区还有各自不同的主要病害，例如青藏高原裸大麦区的黄矮病和锈病，黄淮冬大麦区的黄矮病、赤霉病和散黑穗病，长江中下游冬大麦区的黄花叶病、赤霉病和白粉病，东北平原春大麦区的根腐病；西北春大麦区的条纹病和黄矮病；西南高原冬大麦区的白粉病、赤霉病、条锈病和网斑病。

（五）大麦/青稞抗逆性状 大麦/青稞的抗逆性是指抵御各种非生物自然胁迫的能力。由于目前我国的大麦/青稞生产主要分布在内陆盐碱、沿海滩涂和高寒山区，生态条件较差，自然气候恶劣，总体上讲对品种的抗逆性要求更高。然而，因各产区生态和气候条件的不同，育种工作所涉及的抗逆目标性状也因地而异。南方大部分地区土壤铝含量高、酸性强，长江中下游地区地下水位高，大麦生长发育期雨水过多，易造成湿害，且大麦生产多分布于沿海滩涂，因此需要耐酸铝、耐湿和耐盐性较强的品种。西北地区大麦多在盐碱地种植，且生长期间降水少，盐碱和干旱是制约大麦的主要胁迫因素，需要培育抗盐、耐旱品种。青藏高原地区青稞在抽穗开花期，白天温度变化无常，昼夜温差大，容易出现低温冷害，造成空壳现象，对产量影响很大，培育花期耐寒性品种非常重要。此外，抗倒伏也是大麦/青稞育种的重要抗逆性目标性状，倒伏不仅降低产量，而且影响品质。抗倒性问题一般可以通过降低株高、培育矮秆品种的途径加以解决。但是对于农牧结合区要求粮草双高的大麦/青稞育种来说，提高抗倒伏性只能通过增强茎秆柔韧性来实现。

三、大麦/青稞主要性状的遗传和数量性状基因位点定位

（一）大麦/青稞生物学性状 大麦/青稞的生物学性状多数由主效基因控制，遗传较为简单，易于育种选择。冬春性由 *VRN-H1*、*VRN-H2* 和 *VRN-H3* 共 3 个基因通过上位性互作决定，分别定位在 5H 染色体和 4H 染色体的长臂及 7H 染色体短臂上。*vrn-H1*/*VRN-H2*/*vrn-H3* 是唯一需要春化的冬性基因型，除此之外，其他任何一种基因型均表现为春性。大麦/青稞的光周期反应遗传受一至几个基因控制，以基因加性作用为主，遗传率在 75%～95%。其中，最重要的是位于 2H 染色体短臂上的显性基因 *Ppd-H1*，控制大麦/青稞的长日反应，在 16 h 长日照条件下，可提早抽穗期 20 d 以上。另一个是位于 1H 染色体上的 *Ppd-H2*，该基因只在 10 h 短日照条件下影响大麦/青稞的抽穗期，在长日照下并不发挥作用。休眠期长短是受多基因控制的数量性状，同时受环境因素的影响。在大麦/青稞中，已经鉴定出多个不同的种子休眠相关数量性状基因位点（QTL），其中 2 个主效基因 *SD1* 和 *SD2* 均定位在 5H 染色体上。*SD1* 位于 5H 染色体长臂近着丝点，高度影响种子的休眠期长短，表现为显性遗传；*SD2* 位于 5H 染色体长臂末端，对休眠期的遗传效应低于 *SD1*。种子成熟早期，*SD1* 对 *SD2* 存在上位性效应，但种子成熟之后，二者表现为加性互作。分蘖力与棱型和冬春性有关，一般 2 棱大麦/青稞强于 6 棱大麦/青稞，冬性大麦/青稞强于春性大麦/青稞。同类型品种比较，分蘖力通常表现为多基因数量遗传，但一些人工诱导产生的如无蘖独秆或只有 1～2 个分蘖的少蘖突变，均由单基因隐性突变引起。迄今发现的 4 个分蘖相关数量性状基因位点分别位于 2H 染色体、5H 染色体、6H 染色体和 7H 染色体上，每个表现型变异解释率都在 13%～16%。大麦/青稞的株高遗传有 2 种类型，一类受多基因控制，表现为数量性状遗传；另一类受 1～3 个主效基因控制，具有质量性状遗传特点，高秆为显性，矮秆为隐性。由于后者易于遗传选择，因此在育种中得到更多利用，包括位于 3H 染色体长臂上的矮秆基因 *uz* 和 *sdw-1*/*denso* 以及 7H 染色体上的 *br* 基因等。在我国大麦/青稞育种中，主要利用了 *uz* 和另 1 个位于 4H 染色体上、分别由浙皮 1 号和盐辐矮早三独立携带的矮秆基因。这些主效矮秆基因尤其是 *uz*，在降低株高的同时，具有使穗、芒和叶片等器官缩短变小的一因多效作用。迄今，鉴定出与株高相关的数量性状基因位点很多，大麦/青稞的 7 条染色体上均有分布，每条上一至多个不等。穗密度具有与株高同样的遗传特点，因研究材料的不同，既有受单基因或寡基因控制，也有表现为多基因遗传的报道，通常稀穗为显性，密穗为隐性。在大麦/青稞的 7 条染色上，均发现控制穗密度遗传的主效基因，例如早期发现的密穗基因 *la* 或 *dsp9* 和 *dsp.ar* 分别位于 6H 染色体和 7H 染色体。最近，有人利用近等基因系杂交群体和单核苷酸多态性（SNP）标记，将 *dsp.ar* 定位在 7H 染色体着丝点附近，处于长臂标记 SC57808 和短臂标记 CAPSK06413 之间 0.37 cM 的位置。此外，一些矮秆基因（例如 *uz* 等）由于引起穗节间缩短，因此对穗密度具有一因多效作用。一般情况下，大麦/青稞的棱型表现为单基因遗传，2 棱为显性，6 棱为隐性。但迄今研究发现，至少有 5 个独立遗传的基因位点与棱型有关。其中，*Vrs1*/*vrs1* 位于 2H 染色体长臂，全部野生和多数栽培 2 棱大麦/青稞携带完全显性的等位基因，少数携带不完全显性等位基因，所有栽培 6 棱大麦/青稞均携带隐性等位基因。侧小穗发育遗传研究发现，6 棱大麦/青稞基因 *vrs1* 存在 2 个等位变异 *vrs1.a* 和 *vrs1.c*。携带等位基因 *vrs1.a* 的 6 棱大麦/青稞，侧小穗芒长与中列小穗的基本相同；具有 *vrs1.c* 等位基因的侧小穗几乎无芒。同样，2 棱大麦/青稞基因 *Vrs1* 也存在不同的等位变异，具有 *Vrs1.p* 的侧小穗比较尖，*Vrs1.b* 的比较圆钝，*Vrs1.t* 的侧小穗几乎完全退化。6 棱大麦/青稞基因 *vrs2*、*vrs3* 和 *vrs4* 全部是从栽培 2 棱大麦/青稞中通过人工诱变产生，分别位于 5HL 染色体、1HL 染色体和 3HL 染色体，促进侧小穗发育。棱型基因 *Vrs5*/*vrs5* 或 *Int-c*/*int-c* 由少数栽培 2 棱大麦/青稞携带，位于 4HS 染色体之上，对侧小穗发育起修饰作用。该基因位点存在 2 个等位变异 *Int-c.h* 和 *Int-c.b*，分别对侧小穗发育起促进和抑制作用，具有

Int-c.h 时，侧小穗发育且部分结实，导致中间棱型产生。种子的皮裸性为单基因遗传，带皮为显性，裸粒为隐性，其控制基因位于7H染色体长臂上。籽粒颜色表现为单基因遗传，深色为显性，浅色为隐性，其控制基因位于1H染色体长臂上。早熟性遗传多数受单基因或寡基因控制，早熟为显性，晚熟为隐性，与光周期敏感性和冬春性相关。早熟基因 *Ea2* 和 *Ea5* 分别位于4H染色体和5H染色体；*ec* 或 *eam7* 位于6H染色体短臂上，距着丝点3.0cM。另外，在2H染色体长臂末端存在早熟数量性状基因位点。

（二）大麦/青稞产量性状　产量是受多基因控制的典型数量性状，以基因加性效应为主。在产量构成性状中，千粒重的遗传率最高，达60%～70%，其次是每穗粒数和单株穗数或单位面积穗数。研究表明，产量及其构成性状的相关数量性状基因位点在大麦/青稞的7条染色体上都有分布。其中，在1H染色体上距单株产量数量性状基因位点最近的简单序列重复（SSR）分子标记为ABG702；在3H染色体上距千粒重数量性状基因位点最近的分子标记是MWG077；在7H染色体上距每穗粒数和单株穗数最近的分子标记分别为ABG008和WG110。

（三）大麦/青稞品质性状

1. 营养品质性状　大麦/青稞的蛋白质含量品种间差异很大，变异幅度在6.45%～24.4%，受多基因控制，多数情况下以基因加性效应为主，遗传率接近60%，与产量、千粒重和淀粉含量等存在负相关，数量性状基因位点分布于1H染色体、2H染色体、4H染色体和6H染色体上。而不同的蛋白质组分遗传上则由单基因控制，位于不同染色体上。例如控制A组醇溶蛋白5个亚组分的基因，*CMa-1* 和 *CMe-1* 分别在7H染色体和3H染色体上，*CMb-1*、*CMc-1* 和 *CMd-1* 均由1H染色体携带。赖氨酸含量遗传多符合加性-显性模型，并以基因加性效应为主。但是有研究指出，Hiproly等著名种质的高赖氨酸特性由主效基因控制。目前已知的高赖氨酸基因有 *lys*、*lys3*（5H）、*lys2*（7H）、*Lys4*（1H）、*lys5* 和 *lys6*（6H）共6个。总淀粉含量的变异幅度在33.4%～69.3%，广义遗传率接近90%，在1H染色体和4H染色体上发现7个相关数量性状基因位点，每个数量性状基因位点的表现型贡献率在6.85%～16.7%。直连淀粉的合成受颗粒淀粉合酶控制，其含量变异幅度为13.3%～38.2%，相关数量性状基因位点分别位于1H染色体、5H染色体和7H染色体。但是在大麦/青稞中发现个别不含直链淀粉的糯性品种，原因在于7H染色体上编码颗粒淀粉合酶的基因 *WX* 发生大片段碱基缺失所致。β葡聚糖含量一般在2%～10%，平均为4%左右，高β葡聚糖与糯性通常存在显著正相关，例如糯性裸大麦品系Prowashonupana的β葡聚糖含量高达15%～18%。但是也有例外，例如著名的高赖氨酸突变体Riso 13和Riso 29直链淀粉含量正常，并非糯性胚乳，而β葡聚糖含量高达15%～20%。β葡聚糖含量遗传受2～3个或以上主效显性基因控制，相关数量性状基因位点位于1H染色体、2H染色体和4H染色体上，每个数量性状基因位点表现型解释率在5%～20%。

2. 加工品质性状　浸出率品种间差异很大，变异幅度为50%～86%，属多基因数量遗传，与淀粉含量存在正相关，与蛋白质含量存在负相关关系，广义遗传力（h_B^2）为57%，狭义遗传力（h_N^2）仅为12%，相关数量性状基因位点在大麦/青稞的7条染色体上几乎都有分布。其中，1H染色体上有2个，遗传贡献率分别为11.95%～15%和16.9%～20.9%，简单序列重复（SSR）标记为Bmag0345和EBmac501；2H染色体上1个，分子标记为cdo474，遗传贡献率为18.0%～18.9%；3H染色体上1个，处于abg4和bcd131a两个标记之间，遗传贡献率为11.8%～20.3%；4H染色体上1个，遗传贡献率为3.6%～7.6%，标记为cdo63；5H染色体上1个，标记为abg3，遗传贡献率为8.0%～11.2%；7H染色体长臂上1个，遗传贡献率为9.1%～10.0%。糖化力实质上反映的是α淀粉酶和β淀粉酶两类淀粉酶活性高低，遗传率超过80%。现已发现的α淀粉酶基因 *Amy1*、*Amy2* 和β淀粉酶基因 *Bmy2*，分别位于6H染色体、7H染色体和2H染色体上。此外，还在3H染色体、4H染色体和5H染色体发现与糖化力或淀粉酶活性相关的数量性状基因位点。α-氨基氮的遗传率在80%以上，有2个相关数量性状基因位点位于1H染色体，分子标记分别是Bmag0345和Bmag0211，遗传贡献率分别为39%～60%和64.0%；2H染色体、3H染色体、4H染色体和5H染色体上各有1个数量性状基因位点，分子标记依次为P13.M62-133、P14.M61.154、P13.M51-90和P11.M51-193，遗传贡献率分别为5.3%～11.5%、6.2%～9.0%、5.6%～6.9%和4.9%～20.6%。库尔巴哈值（也称为蛋白溶解度），指麦汁中可溶性氮与麦芽中全氮的比值，一般要求40%左右。遗传贡献率报道不一，有的很低仅31%，有的高达83%。相关数量性状基因位点位于4H染色体，遗传贡献率约40%，简单序列重复标记是ABG463。

（四）大麦/青稞抗病性状　大麦/青稞对多数病害的抗性由主效基因控制。其中，对白粉病抗性一般因病原菌生理小种而异，表现为由显性主效基因控制的垂直抗性，但也不乏水平抗病基因的报道。在鉴定出的抗病基因中，最著名的是 *Mlo*，位于 4H 染色体上、且已被成功克隆，对白粉病菌（*Blumeria graminis* f. sp. *hordei*）具有持久的广谱抗性。另一个是 *Mlh*，由 2H 染色体携带，来自球茎大麦（*Hordeum bulbosum*）。对黄花叶病毒（BaYMV）和黄矮病毒（BYDV）的抗性遗传多数表现为显性，有些表现为隐性，并已鉴定出多个抗病基因。其中，抗黄花叶病基因包括分别位于 7H 染色体上的显性抗病基因 *Rym2* 和 5H 染色体上的隐性抗病基因 *rym3*，以及分别位于 4H 染色体和 3H 染色体上、对全部黄花叶病毒的毒系和温和花叶病毒（BaMMV）均具抗性、由来自中国的日本品种木石港 3 号携带的 2 个隐性抗病基因 *rym1* 和 *rym5*。抗黄矮病基因有分别位于 3H 染色体和 6H 染色体上的显性抗病基因 *Ryd2* 和 *Ryd3* 以及隐性抗病基因 *ryd1*。此外，在 2H 染色体长臂上还鉴定出耐黄矮病的数量性状基因位点。对赤霉病抗性通常表现为多基因数量遗传，1 个相关数量性状基因位点位于 1H 染色体长臂，2 个在 2H 染色体长臂，1 个在 3H 染色体长臂上，1 个位于 5H 染色体短臂上。抗条纹病（*Pyrenophora graminea*）为单基因显性遗传，抗病基因 *Rdg1* 位于 2H 染色体长臂上。抗条锈病和叶锈病遗传与白粉病抗性一样，具有生理小种特异性。目前，已经发现 10 多个抗条锈病和抗叶锈病基因。已知抗条锈病基因 *Rps4* 位于 1H 染色体上；抗叶锈病基因 *Rph1* 位于 2H 染色体上，*Rph2* 和 *Rph4* 在 1H 染色体上，*Rph3* 和 *Rph5* 位于 3H 染色体上。除已鉴定出的抗网斑病基因 *Rpt1*、*Ryd2* 和 *Ryd3* 分别位于 3H 染色体、1H 染色体和 2H 染色体之上外，在 5H 染色体和 7H 染色体上分别发现 2 个数量性状基因位点，表现型解释率为 9.4%～17.5%。抗蚜性一般是通过计数叶片上蚜虫的着生密度来鉴定的，属多基因数量遗传，相关数量性状基因位点分别位于 1H 染色体、2H 染色体、3H 染色体和 7H 染色体上。其中 7H 染色体上 1 个数量性状基因位点，处于 *Rpg1*/*Pgd1A* 的标记之间，表现型解释率为 22%～31%。

（五）大麦/青稞抗逆性状 抗逆性鉴定通常是在胁迫和对照条件下，通过测定胚芽和胚根鞘长度、株高、每穗粒数、千粒重和干物质量等形态和产量性状以及发芽率、叶绿素含量与荧光强度、茎叶组织的 Na^+、K^+、脯氨酸和糖分含量、相对水势等生理指标来进行，一般表现为多基因数量性状。在大麦/青稞中已鉴定出大量的相关数量性状基因位点。然而，由于研究材料、考察性状、调查时间和采用标准等的不同，导致研究结果并不完全一致。最近，利用双单倍体（DH）群体和通过多性状综合鉴定，发现 4 个比较可靠的耐湿性数量性状基因位点，分别位于 2H 染色体、4H 染色体、5H 染色体和 7H 染色体上，总表现型变异解释率达 44%，各自遗传贡献率在 7%～16%。其中，4H 染色体上的数量性状基因位点与分子标记位点 GBM1501 表现为共分离，2H 染色体上距最近标记位点 bPb-5363 的遗传距离为 17.3 cM。在 2H 染色体上发现 1 个可靠的抗盐性相关数量性状基因位点，离最近分子标记位点 bPb-6792 的遗传距离为 14.7 cM，表现型变异解释率高达 45%。此外，位于 7H 染色体短臂上的 1 个主效数量性状基因位点名为 HvNax3，控制 Na^+ 的吸收。耐旱性遗传最为复杂，也研究得最多，发现了大量基因和数量性状基因位点。其中，最著名的耐旱基因 *HVA1* 位于 1H 染色体上，与短期快速脱水胁迫下种子的发芽率有关；7H 染色体上 2 个数量性状基因位点分别与干旱胁迫开始到发生萎蔫的天数和旱胁迫解除后的恢复率有关，表现型变异解释率分别为 19.5%和 57.5%；2H 染色体上 1 个数量性状基因位点与叶片相对长度有关，表现型变异解释率高达 52.6%；3H 染色体、4H 染色体和 6H 染色体分别携带 1 个与旱胁迫解除后主茎生长速度相关的数量性状基因位点，表现型变异解释率分别为 19.0%、34.4%和 16.6%；3 个与叶片相对含水量相关的数量性状基因位点分别位于 1H 染色体、2H 染色体和 6H 染色体；与相对根长相关的数量性状基因位点分别位于 2H 染色体、5H 染色体和 6H 染色体上。花期抗霜冻相关的数量性状基因位点由 2H 染色体长臂携带。耐铝害的主效显性基因 *Alp* 位于 4H 染色体上，遗传贡献率高达 75%以上，与分子标记 Bma9353、GWM165、HvMATE 和 HvGABP 共分离。

第三节 大麦/青稞种质资源的研究利用

种质资源研究是大麦/青稞育种的基础。截至 2019 年年底，我国收集保存大麦种质资源 24 021 份，包括皮大麦 15 255 份、裸大麦（青稞）8 766 份。从 20 世纪 80 年代中期开始，通过国家“农作物种质资源编目与繁种入库”和“农作物种质资源遗传评价与创新”等科技攻关、农业部“农作物种质资源保种”和科技部“科技平台建设”专项，比较系统地开展了大麦种质资源的鉴定评价和创新研究，进行了大麦变种分类，发现 40 多个我国特有变种；建立了大麦种质资源描述规范和数据标准，完成了全部库存种质的棱型、带壳性、芒形、芒性、穗和芒色、粒色、小穗密度、冬春性、当地成熟类型、分蘖力、株高、每穗粒数、千粒重等植物学形态、主要农艺性状和产量构成性状鉴定。对 5 106 份种质的抗旱性、5 998 份的耐湿性、12 600 份的抗黄花叶病、8 100 份的抗黄矮病、6 100 份的抗条纹病和 3 600 份的抗赤霉病进行了鉴定，对 13 000 多份进行了淀粉含量、蛋白质含量和赖氨酸含量等营养品质性状鉴定，对 1 000 多份进行了浸出率、糖化力和水敏性等制麦加工品质性状鉴定；建立了国家大麦种质资源数据库，明确了大麦质量性状的各种变异类型和数量性状的变异幅度，筛选出一批可供育种利用的优异种质。其中，优异农艺性状和产量性状种质包括：在当地提早 10 d 成熟的淮安三月黄和龙江早等特早熟种质 130 份；株高低于 70 cm 的裸大麦混早矮 77、加久等矮秆种质 650 份；千粒重为 55～63 g 的大粒麦、大粒、哈铁系 1 号、S-096 等大粒种质 60 份；每穗粒数在 37 粒以上的 2 棱品种裸二棱、黑大麦等，以及超过 90 粒的西藏 6 棱青稞品种查久、贡乃等多粒种质 50 份。优质种质包括：淀粉含量超过 65%的江山蝉麦、春青稞等高淀粉种质 61 份；蛋白质含量超过 20%的裸大麦、紫光芒二棱等高蛋白质种质 133 份；赖氨酸含量超过 0.6%的临汾大麦、上海紫麦、本元麦等高赖氨酸种质 55 份；浸出率超过 80%的国内品种长芒大麦、济南草麦和武川本地大麦以及国外品种干木二条、Harrington 和 Robust 等高浸出率种质 63 份；糖化力大于 500 的冬大麦、火灯芒等高糖化力种质 44 份。抗病种质包括：抗赤霉病 9 份、抗黄花叶病 260 份、抗黄矮病 38 份和抗条纹病 94 份。抗逆种质包括：1 级抗旱种质 135 份、1 级耐湿种质 15 份和 2 级耐盐种质 45 份（无 1 级）。此外，对 7 500 多份农家品种进行了糯性鉴定，筛选出糯性种质 300 多份；对 1 280 份农家品种进行多酚氧化酶活性鉴定，筛选出酶活性缺失体 48 份；对 1 083 份农家品种进行脂肪氧化酶（LOX-1）活性鉴定，筛选出 LOX-1 活性缺失体 4 份；对少量进行了籽粒爆裂特性、β 葡聚糖含量、α 淀粉酶活性、抗穗发芽等测定和鉴定，分别筛选了相应的优异种质。采用系谱分析方法对我国杂交育成的 350 多个大麦矮秆和半矮秆品种（品系）的矮秆基因来源进行了追踪分析，明确了我国大麦育种的主要矮源为尺八大麦、萧山立夏黄、沧州裸大麦、矮秆齐、浙皮 1 号和盐辐矮早三，矮秆基因为 *uz* 和 *sdw*。通过将源于我国大麦矮秆种质与世界上已知的矮秆基因相互进行遗传等位性测验，鉴定出 8 个与已知基因不同的矮秆基因，分别位于 1974E 的 2H 染色体短臂、多青青稞和整六棱青稞的 2H 染色体短臂和 4H 染色体长臂、91G318 和 91 冬 27 的 4H 染色体长臂以及 93-597 的 7H 染色体短臂之上。利用 DNA 测序技术，分析了糯性基因 *wx*、低等电点 α 淀粉酶基因 *Amy32b* 和脂肪氧化酶基因 *LOX-1* 的单倍型变异，找到了功能突变位点，开发出了鉴定酶活性缺失的单核苷酸多态性标记。通过杂交、人工诱变等，创制出了穗粒数 200 多粒、单穗籽粒质量超过 5 g 的高产种质，以及矮秆、大粒、抗病、耐盐、高浸出率等各类优异种质。

优异种质或基因的利用是大麦/青稞育种成功的保证。不同生态条件、不同历史阶段，新品种的育成和育种目标的实现离不开特定种质的利用。20 世纪 60 年代，利用尺八大麦、萧山立夏黄、沧州裸大麦等，70—80 年代又利用从瑞典引进的品种矮秆齐、美国光芒二棱的辐射诱变矮秆品种浙皮 1 号和日本早熟 3 号的辐射诱变矮秆品种盐辐矮早 3 等作为矮源亲本，培育出了一系列矮秆和半矮秆大麦青稞品种，使我国大麦/青稞矮秆育种在世界“绿色革命”中占有一席之地。尺八大麦、萧山立夏黄、沧州裸大麦等是 20 世纪 50 年代全国农作物品种普查时筛选出的大麦/青稞优良农家品种，农艺性状好、适应性强，作为核心亲本分别在不同地区的大麦/青稞杂交育种中得到广泛利用，在提供矮秆基因的同时，也提供了抗病、丰产等性状基因。例如南方地区育成的沪麦、浙农、苏农、苏盐等系列大麦品种，抗黄花叶病基因即是分别来源于尺八大麦和萧山立夏黄。在大麦/青稞育种中，这样的核心亲本还有甘肃的青稞农家品种肚里黄和西藏的白玉紫芒等，后代包括昆仑号、喜马拉号、甘青、藏青、康青号等系列的第一代青稞品种。20 世纪 80 年代，为满足啤酒工业快速发展需要，培育啤酒大麦新品种，大量引进和使用了国外优质啤酒大麦品种作为杂交亲本，最著名的有日本品种早熟 3 号、干木二条、榛名二条和岗 2，北美品种蒙克尔（Monker）、康奎斯特（Conqest）、艾苏尔（Azure）、莫瑞克斯（Morex）、罗伯斯特（Robust）和哈灵顿（Harrington），欧洲品种黑引瑞（Harry）和法瓦维特（Favovit）等，其中早熟 3 号、蒙克尔、康奎斯特、莫瑞克斯、罗伯斯特、哈灵顿、黑引瑞和法瓦维特等都曾大面积生产种植，尤其是早熟 3 号还被用作系统选育和辐射诱变亲本，育成了豫大麦 1 号、盐辐矮早三、鲁大麦 1 号等。正是从国外啤酒大麦品种杂交利用开始，育成了吉啤 1 号、苏啤 1 号、垦啤麦 1 号、甘啤 3 号、浙皮 3 号、沪麦 8 号等我国第一代具有自主知识产权的啤酒大麦品种，并在啤酒大麦生产中逐步取代了国外引进品种。饲料大麦和食用大麦（青稞）育种从 20 世纪 70 年代开始，啤酒大麦从 90 年代初开始到现在，通过进一步利用高产、优质、抗病、抗逆等各类优异种质，对第一代杂交育成品种不断进行杂交改良，逐步形成了生产上使用的甘啤、苏啤、云啤、新啤、扬农啤、垦啤麦、蒙啤麦等系列的啤酒大麦品种，浙皮、扬饲麦、华大麦、驻大麦、鄂大麦、川大麦、云饲麦号等系列的饲料大麦品种，以及昆仑、藏青、冬青、喜马拉、康青和甘青号等系列青稞品种。例如扬州大学利用高蛋白种质 Hiproly，与早熟 3 号后代品种泾大 1 号杂交，培育出扬农饲 3 号；甘肃农业科学院通过法瓦维特的后代品系与 CA2-1 杂交育成甘啤 5 号；云南省农业科学院从甘啤 3 号与 Clipper 的杂交后代中选育出云啤 3 号；西藏自治区农业科学院以藏青 334 和当地白青稞的杂交后代品系 7327 进一步与藏青 7239 杂交，培育出藏青 320，β 葡聚糖含量超过 6%；甘肃省农垦农业研究院从国外引进种质中，系统选育出黑色糯性裸大麦（青稞）品种甘垦 5 号，支链淀粉含量高达 99%。

第四节 大麦/青稞主要育种途径和方法

作物育种实际上是根据育种目标进行变异创造和变异选择的过程，每种育种途径都包含创造变异和选择变异的核心技术和方法。在大麦/青稞育种中，最常用的主要包括引种利用、系统选育、杂交育种、诱变育种、双单倍体育种和远缘杂交等。

一、大麦/青稞的引种利用

引种利用的依据是国家、地区间温、光、降水量等生态条件的相似性和品种生态类型的适应性。但在引进种质资源时不受上述条件的限制，可通过温室等条件加以利用。一般而言，春性且对光照不敏感的大麦/青稞品种，适应性较强，较易引种成功。20 世纪 70—90 年代，国外大麦/青稞品种的直接引种利用曾经在我国大麦/青稞生产中发挥过重要作用。例如从日本引进的早熟 3 号，在浙江试种成功之后，种植地区不断扩展，向西自长江下游沿江而上直至四川，向北引种到北方的春大麦区，1977 年种植面积超过 9.0×10^5 hm^2。再如从丹麦引进的裸大麦（青稞）品种矮秆齐，不仅在北方的春大麦区，而且引种到青藏高原地区，年最大种植面积超过 3.3×10^5 hm^2。20 世纪 80—90 年代，从国外引进的啤酒大麦品种蒙克尔、康奎斯特、黑引瑞、岗 2、莫特 44、Ant-13、法瓦维特等，曾经是西北春大麦区、东北平原春大麦区和黄淮冬大麦区的啤酒大麦主栽品种。国外饲料大麦品种西引 2 号、85V24 等在陕西、四川、云南等西部地区广泛种植。

二、大麦/青稞的系统选育

系统选育是发现、选择和利用自然变异的育种途径。推广品种长期生产种植，往往会发生个别基因的自然突变和一些微效基因的重组累加，国外引进品种在生产利用中，因生态条件与原产地的差异或品种本身的异质性得以表现，都会产生新的遗传性状变异，从而为系统选育提供了可能。在大麦/青稞生产发展过程中，许多推广品种都是通过系统选育而来的。例如 20 世纪 70—80 年代的品种，沪麦 1 号选自矮白洋，海麦 1 号选自萧山立夏黄，冀大麦 1 号选自尺八大麦，黄泾大 1 号选自早熟 3 号，喜马拉 1 号、喜马拉 2 号和喜马拉 4 号分别从索珠等西藏当地农家青稞品种选出。即使进入 21 世纪后育成的品种中也不乏系统选育的品种，例如从澳大利亚 Schooner 中系选出来的啤酒大麦新品种 S-500，在云南大面积生产种植；从国外引进种质中，系统选育出的黑色糯性裸大麦（青稞）品种甘垦 5 号，2012 年通过甘肃省审定。

三、大麦/青稞杂交育种

（一）确定育种目标 根据当地生态条件和未来的大麦/青稞生产和消费发展需求，为培育饲料用、啤酒用、食用等专用品种，制定出具体的高产、优质、抗病、抗逆等具体性状目标。

（二）亲本选配 首先应确定主体改良品种，这个品种必须是产量、品质、抗性等综合性状优良而仅个别或极少数性状需要改良；然后选择一个或几个能补足其缺点的品种，配制单交、三交、双交等组合。这是一般原则，具体应根据不同的品种目标等考虑。例如在高产育种时，可以选择不同棱型和不同地理来源的亲本进行杂交，以增大杂种群体的遗传变异。但是以啤酒用品质为目标的杂交选育，由于啤酒用品质性状多而且要求严格，则应尽量在棱型相同的啤酒用品种中选择亲本。

（三）后代选择

1. 选择方法 我国大麦/青稞育种主要采用系谱法和混合法两种。多数品种是采用系谱法育成的。其实，混合法也是一种很好的方法，其优点是方法简便、工作量小，每年只需对杂交组合混种混收，经3～4代待群体中各性状基本纯合后开始单株选择，进而进行品系比较，育成新品种。

2. 性状鉴定和选择 株高、棱型、穗粒数、粒色、皮裸性等性状，可以田间直接鉴定选择。但是各类品质性状则需要借助专门的仪器设备进行室内测定，抗病性要在病圃中或通过接种鉴定加以选择。为提高育种效率，性状鉴定选择要在基因型得到纯合、表现型稳定后进行。而且在选择世代上，单基因或主效基因控制的质量性状宜早，多基因控制的数量性状宜晚。

3. 异地加代 为促进基因的分离和重组，加快杂种后代性状的纯化和稳定，缩短育种年限，在大麦/青稞育种实践中，经常利用地区之间的气候差别，进行南种北繁和北种南繁。云南省农业科学院还充分利用当地独特的立体气候条件，创新出1年3代繁种技术，仅用3年时间选育出云啤4号。西藏农牧科学院等多家单位在云南建有育种繁育基地。

四、大麦/青稞诱变育种

诱变育种是利用物理因素、化学因素人工诱发遗传变异，通过选择培育优良品种。尽管诱变的方向难以掌握，且同一个体中难以出现多个性状突变，但由于突变性状遗传简单、易于稳定，因此具有育种周期较短的优点，经常用于推广品种的个别性状改良。据统计，从20世纪40年代初至90年代中期，全世界共育成粮食作物诱变品种828个，其中大麦/青稞诱变品种240个，占29.0%，仅次于水稻而居第二位。例如捷克斯洛伐克用X射线处理Valtcky干种子，育成矮秆、抗病、高产啤酒大麦品种Diamant，种植面积占该国大麦总生产面积的43%。并且，以其作为杂交亲本，培育出的衍生后代品种多达135个，在欧洲的种植面积占同期全欧大麦面积的54.6%。我国20世纪60年代北京农业大学采用^{60}Co γ射线辐照，创制出了1966D等裸大麦矮秆突变体。70年代，四川省甘孜州农业科学研究所采用同样方法，从青海黑青稞培育出红原黑青稞和红原白青稞品种。80年代江苏省盐海地区农业科学研究所以早熟3号为亲本，通过^{60}Co γ射线辐照，培育出盐辐矮早三矮秆品种，种植面积曾占江苏省同期大麦面积的50%，在福建、陕西、吉林等地也曾生产推广。进入21世纪以来，上海市农业科学院等单位通过卫星搭载，利用太空诱变，培育出啤酒大麦新品种空诱啤麦1号。

（一）大麦的辐射敏感性 辐射敏感性与诱变效率密切相关。大麦类型间和品种间的辐射敏感性有很大的差异。研究表明，青稞比皮大麦敏感，六棱大麦/青稞大于二棱大麦/青稞。正在生长的组织、器官比老熟的敏感，生长组织以分生组织最敏感，分生组织中性细胞比体细胞敏感。生殖生长期比营养生长期敏感，雄配子的敏感性强弱为减数分裂期＞单核期＞二核期＞三核期，合子期为辐射敏感高峰期。

（二）不同诱变因素的诱变效果 不同诱变因素对大麦/青稞的诱变效果不同，甲基磺酸乙酯＞亚硝酸盐＞中子＞γ射线（生长期照射）＞γ射线（辐照种子）。就不同性状而言，许多试验表明，γ射线对早熟性的诱变效果最好，叠氮化钠（NaN_3）诱变矮秆突变的频率较高，诱变雄性不育甲基磺酸乙酯比γ射线有效；诱发品质和产量等多基因数量性状变异，化学方法高于物理方法。需要注意的是，在实际育种中，为扩大遗传变异范围，经常采用不同诱变因素结合以及诱变与杂交相结合等处理方式。

五、大麦/青稞的双单倍体育种

大麦/青稞的双单倍体育种技术已较为成熟，目前主要使用以下两种方法。

（一）花药培养法 通过花药离体培养产生单倍体植株，经染色体加倍培育纯合二倍体。影响大麦/青稞花药离体培养的因素很多，大体分为供体本身和培养条件两方面。前者包括供体基因型、生长状况、花粉发育时期等，后者涉及培养基成分、培养的光照和温度等。在大麦/青稞花药培养中，基因型之间愈伤组织的诱导率和植株再生率有很大的区别，一般二棱大麦/青稞高于多棱大麦/青稞的，早熟品种高于晚熟品种，多数品种的愈伤诱导率为0%～10%，植株再生率为0%～1.5%；单核期花粉的愈伤组织诱导率最高，且培养前将花药进行21～28 d、3～5℃的低温处理，能够提高出愈率。马铃薯培养基、N_6、改良的MS、LS等培养基均可用于大麦/青稞的花药培养。在基本培养基中加入0.5～1.5 mg/L 2,4-滴和0.2～0.5 mg/L激动素，能够显著提高出愈率；在无激素的MS培养基中，增加2 mg/L L-丙氨酸、2～12 mg/L天冬氨酸，能提高出愈率和植株分化率。

（二）球茎大麦法 球茎大麦是大麦属中一个多年生野生种，异花授粉，染色体数为$2n=14$和$2n=28$。

与栽培大麦杂交后，合子在生长发育过程中，由于球茎大麦的染色体经细胞分裂而逐步消失，最终形成只剩栽培大麦染色体的单倍体。对单倍体进行染色体加倍即可得到纯合的二倍体，用于新品种选育。例如加拿大应用该技术，育成第一个高产、抗倒、抗白粉病的大麦双单倍体品种 Mingo。

1. 杂交 栽培大麦为二倍体，与四倍体球茎大麦杂交后，因合子内有两套球茎大麦染色体而不易消失，故杂交时应选二倍体球茎大麦作亲本。球茎大麦作母本杂交，其细胞质会给杂种带来生长慢、育性低、种子小等不良影响，因此以球茎大麦作父本为好，这样还可利用其花药大、花粉数量多的特点。球茎大麦属冬性，生育期长，开花迟，应注意调节花期，一般是在杂交当年春季1—2月，把球茎大麦移入温室，每天给予18 h光照，使其提早开花，与栽培大麦花期相遇。授粉后翌日用75 mg/L 赤霉素（GA_3）或40 mg/L 2,4-滴喷雾，连续处理3 d，促使杂种种子发育。

2. 幼胚培养 授粉后12～14 d取杂种种子，用75%酒精表面消毒1～2 min后浸入漂白粉10 min，取出后用无菌水冲洗3～4次。在解剖镜下无菌操作剥取幼胚置于授粉后14 d左右的母本栽培大麦种子的胚乳上，接种于试管内的 B_5 培养基上，可加5 g/L 活性炭和15 mg/L 多效唑，在20～25 ℃、12 h光照下培养半个月即可出苗。当小苗具2片叶片时移到0～4 ℃冷室中越夏，10月上旬移出，在阳光充足处生长，植株转绿后，移到 Knop 溶液中培养，经3～4 d可长出新根，之后移栽田间。如不在冷室中越夏，可经 Knop 溶液生根培养后夏繁。

3. 染色体加倍 长成的幼苗为单倍体，自然加倍率为1%～3%，应进行人工加倍。将已发根的幼苗直接放在秋水仙碱浓度为0.04%的 Knop 溶液中处理4 d，或当幼苗具2～4个分蘖时，从土壤中取出洗净，剪去根颈3 cm以下的根系，置于0.05%秋水仙碱和2%二甲基亚砜（DMSO）的混合溶液中浸泡根部和部分叶片，在白天20 ℃下处理5 h，然后用清水冲洗，移回土壤。经处理后幼苗单倍体和二倍体并存，其中，未加倍的单倍体植株矮小、叶片和花药较小、不育或部分不育，已加倍的二倍体植株则生长正常。

六、大麦/青稞的远缘杂交

大麦属内有29种，其中，只有普通大麦是栽培种，其余均为野生种。野生种不仅数量多，且分布极为广泛，在各种不同的生态条件下，经过自然选择形成了众多的优良特性。可以通过种间或属间杂交，将其优良特性导入栽培大麦，创制优异种质，进而育成突破性的新品种以至创造出新的物种。但是在大麦种间和属间存在着巨大的杂交障碍，主要表现为花粉不亲和、杂种夭亡、杂种不育、染色体消失等，从而不能自然产生正常的杂种。例如在与球茎大麦的种间杂交中，发生的球茎大麦染色体消失，虽然为单倍体育种提供了方便，但是却也阻碍了其优良基因向普通大麦的自然转移。Bothmer（1981）将大麦属的大部分种与普通大麦种杂交，共配制62个杂交组合。在以普通大麦为父本的37个组合中，共有22个得到幼苗，其中，15个组合的幼苗是亚倍体和超倍体，3个组合为真正的杂种，3个为母本单倍体，1个组合既有单倍体也有杂种。在以普通大麦为母本的25个组合中，只有3个组合得到幼苗。在普通大麦（*Hordeum vulgare*）与黑麦（*Secale cereale*）的属间杂交中，受精过程出现父本与母本生殖核不能融合，或精核只能与卵细胞或极核之一融合；受精胚前4 d发育正常，此后细胞有丝分裂中产生染色体微核，而胚乳细胞从受精后有丝分裂就不正常，以至养分不足导致种子败育。有些远缘杂交能得到幼苗，但在几周内即死亡。尽管有人报道了大麦种间、属间自然杂交成功的例子，但更多的需要借助幼胚培养技术进行胚拯救。例如在芒颖大麦（四倍体）与偃麦草的属间杂交中，既有天然合成的杂种，也有人工合成的杂种，定名为 *Agrohordeam macsunic*。再如普通大麦与滨麦草属杂交后，与普通大麦回交，选育出抗大麦黄矮病的品系（Schooler 等，1980）。在大麦的属间杂交中，最系统而有效的是大麦与小麦的杂交。早在1896年，Farrer 就开始了大麦与小麦的属间杂交，但未成功。后又有多人尝试均告失败。直到1973年 Kruce 采用胚培养技术，最终得到杂种植株。此后，Islam 用多个大麦和小麦品种杂交，虽未培育出小大麦双二倍体，但经过多年努力，育成了小麦-大麦染色体附加系和端体附加系，为基因的染色体定位提供了工具。

第五节 大麦/青稞育种新技术的研究与应用

一、大麦/青稞育种的高通量表现型鉴定技术

在大麦/青稞育种中，特别是啤酒大麦品种选育，大量品质性状无法直观选择。为了提高选择效率，研

究发明了许多相应的鉴定方法和分析仪器设备。例如自动化微量制麦仪的发明为育种家提供了重要选择工具；近红外分析仪的发明和普及，使育种家实现了品质性状早代无破损鉴定和选择。即便是诸如叶片、籽粒等形态性状的鉴定，也研制发明了相应的表现型数据自动采集仪器。尤其是随着无损伤传感技术和大数据处理技术在育种中的应用，将逐步实现抗病性和抗逆性的实时鉴定和自动选择。

二、大麦/青稞育种的分子标记辅助选择技术

（一）分子标记单株选择　在大麦/青稞育种中，对于一些无法直观单株选择的目标性状，可以利用遗传连锁标记进行间接选择。随着生物技术的发展，以DNA序列多态性为基础，开发出了限制性片段长度多态性（RFLP）、扩增片段长度多态性（AFLP）、随机扩增多态性DNA（RAPD）、简单序列重复（SSR）、酶切扩增多态性序列（CAPS）和单核苷酸多态性（SNP）等多种分子标记。与传统的形态性状和化学标记相比，分子标记具有遗传稳定、可在不同发育阶段检测的优点，因此实际育种应用价值更大。目前，在大麦/青稞育种中，分子标记辅助选择尚处于重要性状的分子标记开发构建阶段。Korell等利用cDNA-AFLP技术，开发出与抗白粉病基因*Mlg*共分离的酶切扩增多态性序列标记。Humbroich等开发出与抗黄花叶病基因*rym13*遗传距离1cM的简单序列重复和扩增片段长度多态性标记；Habekuss等利用分子标记技术，将来自不同亲本的抗黄矮病基因*Ryd2*和*Ryd3*聚合在同一个双单倍体（DH）系。与亲本相比，该品系发病较轻，病毒密度显著降低。需要指出的是，这些分子标记本身并不是功能基因，且由于研究的亲本不同，开发出来的目标性状的分子标记并无通用性，因此限制了他人的直接利用。近年来，随着高通量DNA测序技术进步，越来越多的育种目标性状基因得以克隆。在基因组重测序和单倍型分析的基础上，开发出了功能基因的单核苷酸多态性分子标记，从而使大麦/青稞育种从表现型选择进入了直接进行基因选择的时代。例如欧洲科学家根据大麦/青稞冬春性基因的序列差别，开发出准确鉴别杂交后代和品种冬春性基因型的分子标记。啤酒大麦的脂肪氧化酶活性是影响啤酒风味和货架寿命的重要生物化学性状，中国农业科学院作物科学研究所通过对脂肪氧化酶活性缺失基因进行单倍型分析，开发出了鉴别脂肪氧化酶活性缺失的单核苷酸多态性标记，可用于杂交后代脂肪氧化酶活性的准确鉴定选择。此外，日本科学家还开发出了啤酒泡沫蛋白的单核苷酸多态性标记等。

（二）分子标记纯系选择　除上述单株分子标记选择之外，还可利用分子标记对杂交育种的早代株系和品系进行纯度鉴定，从而选择出遗传基础更加一致的纯系。

三、大麦/青稞转基因育种技术

转基因技术是通过载体将目的基因进行定向转移的现代生物技术，不受物种限制。大麦/青稞是最难通过转基因实现遗传转化的作物之一，自1994年首次获得转基因大麦植株以来，目前大麦/青稞转基因研究在世界范围内依然只集中在少数基因。德国将真菌基因转入大麦，培育出抗根腐病转基因大麦，并初步进行了田间环境评估试验；澳大利亚培育出转基因抗盐大麦。我国尚处在建立转基因系统的研究阶段，导入的多为报告基因或标记基因，极少是功能基因。上海农业科学院以花药为受体，通过基因枪法将*GUS*报告基因导入大麦小孢子，使小孢子成功转化。中国农业科学院作物科学研究所采用基因枪法，将硫氧还原蛋白基因*trxs*成功导入大麦幼胚，并获得转基因大麦。检测表明，转基因大麦籽粒的α淀粉酶和β淀粉酶活性显著提高。山东农业大学采取农杆菌介导法，将反义磷脂酶基因导入大麦，获得了可耐0.7%NaCl的转基因植株。

第六节　大麦/青稞育种田间试验技术

一、大麦/青稞杂交技术

（一）整穗去雄　传统去雄方法是在母本植株的主穗芒尖尚未抽出叶鞘，花药呈深绿色、未开裂散粉之前，选择生长健壮植株，将穗子从叶鞘中轻轻剥出。用镊子和剪刀将中部小穗的两侧小花及顶部和下端发育不良的小穗去掉，只保留中部小穗的中间小花。用剪刀从上到下将每朵小花剪去1/3颖壳，用镊子逐一将每朵小花的3枚雄蕊摘除，套上羊皮纸袋，用曲别针别紧，并挂牌标记去雄日期。为了提高去雄效率，整穗后用剪刀沿每朵小花的柱头顶端，将颖壳连同花药上半部分一并剪除，注意剪药时不要损伤柱头，剪后穗子用

喷雾器以清水喷雾，可以达到同样的去雄效果。

（二）杂交授粉 母本去雄后3～5d，取父本健康植株的中部小穗正在开花的穗子，用剪刀剪去每朵小花1/3颖壳，将母本去雄穗的纸袋取下，用镊子取父本穗的散粉花药，逐一轻轻点擦母本穗每朵小花的柱头。一般1颗花药可授3朵小花，且上午授粉效果较好。每穗授完粉后随时将纸袋套回，并挂牌标明杂交组合和授粉日期。

二、大麦/青稞特性鉴定

（一）大麦/青稞生长习性鉴定 参照《大麦种质资源描述规范和数据标准》进行生长习性鉴定。

1. 冬春性 采用田间自然鉴定或人工气候室鉴定。

（1）田间自然鉴定 选择适宜的生态区，依据月平均气温，设定时间间隔，分期播种，每个品种（系）种1行。每天记录昼夜温度和每个品种（系）的出苗至抽穗天数。

（2）人工气候室鉴定 每个品种（系）种1个花盆，每盆10株。3叶期移至人工气候室，在10℃和自然光照条件下，春化培养10d，然后在>25℃下自然生长，调查抽穗情况。不能抽穗者，需重新盆栽，幼苗在0℃下培养19d后，在>25℃下自然生长。判定标准：冬性表现为幼苗匍匐生长，在北方春播和南方秋播均不能抽穗，在0℃下经过20～45d才能正常抽穗；半冬性表现为幼苗半匍匐生长，在北方春播和南方秋播有部分植株可以抽穗；春性表现为幼苗直立生长，在北方春播和南方秋播均能正常抽穗，在10℃下经过5～10d即可正常抽穗。

2. 光周期反应 采用暗室或人工气候室鉴定。每个品种（系）种1个花盆，每盆10株。从3叶期开始（冬性品种先进行春化处理），通过将花盆移入和移出暗室，或直接在人工气候室将每天光照时间控制在8h。调查抽穗情况。不能抽穗者，需再次进行花盆种植，将每天的光照时数控制在12h。光周期反应分类：迟钝表现为每天8h光照可以抽穗；中等表现为每天8h光照不能抽穗，12h光照可以抽穗；敏感表现为每天12h光照不能抽穗。

（二）大麦/青稞抗逆性鉴定 参照《大麦种质资源描述规范和数据标准》进行抗逆性鉴定。

1. 抗寒性鉴定 采用田间鉴定或实验室苗期鉴定。

（1）田间鉴定 在冬大麦区选择试验点，正常期播种，单行小区，顺序排列，行距为30cm，行长为2m，每行50株。每隔19行设1个抗寒性对照品种。冬前和越冬返青后，调查总苗数和越冬存活苗数，计算存活率（*VR*）。

（2）实验室鉴定 将抗寒对照和鉴定品种播于塑料盒中，出苗后移至气候实验室。昼/夜温度为15℃/10℃，昼长为16h，光照度为15 000lx。3叶期后，昼/夜温度调至4℃/2℃，光照度为8 000lx，培养2周。然后，在昼/夜温度为0℃/－3℃，光照度为800lx下培养。2周后，按照－6℃处理3d、－9℃处理2d和－12℃处理3d的程序，进行降温处理。在2～3℃下平衡24h，置于12～15℃暗箱中恢复生长5～7d，调查存活率（*VR*）。分级标准：高度抗寒，*VR*>90%；抗寒，*VR*在71%～90%；中度抗寒，*VR*为51%～70%；不抗寒，*VR*<50%。

2. 耐旱性鉴定 耐旱性鉴定分为苗期鉴定和成株鉴定。

（1）苗期耐旱鉴定 将被鉴品种种子播种在塑料生长箱或花盆后置于旱棚之内。4叶之前正常浇水，从4叶期开始控水，并测定土壤水分，当土壤水分降为4%时开始灌水，使含水量恢复正常，然后再控水干旱，如此反复进行3次，每次时间为15～20d。实验时，设置抗旱性对照。每次控水结束时统计存活率，最后根据3次存活率平均值（*VR*），划分抗旱等级：高度耐旱，*VR*>90%；耐旱，*VR*在81%～90%；中度耐旱，*VR*为51%～80%；不耐旱，*VR*<50%。

（2）成株耐旱鉴定 干旱胁迫处理采取人工旱棚或在全生长发育期自然降水量低于150mm的地区种植。播种时土壤含水量能够保证正常出苗，抽穗期适量浇水1次。对照处理全生长发育期土壤水分处于适宜生长状态，分别在拔节、抽穗和开花灌浆等关键时期各浇1次水，使0～50cm表土水分达到田间持水量的80%。设置耐旱对照品种，随机排列，3次重复，小区面积为6.7m^2，条播或撒播，播种密度为370株/m^2。全小区收获，称量籽粒产量。根据$DI=GY_{S\text{-}T}^{2}\cdot GY_{S\text{-}W}^{-1}\cdot GY_{CK\text{-}W}\cdot GY_{CK\text{-}T}^{-2}$计算耐旱指数（*DI*）。式中，$GY_{S\text{-}T}$和$GY_{S\text{-}W}$分别为鉴定品种的干旱胁迫和对照处理产量，$GY_{CK\text{-}W}$和$GY_{CK\text{-}T}$分别是对照品种的干旱胁迫和对照处理产量。耐旱性为极强（耐旱指数≥1.30）、强（耐旱指数为1.10～1.29）、中等（耐旱指数为0.90～1.09）、弱（耐旱指数为0.70～0.89）和极弱（耐旱指数≤0.69）。

3. 耐湿性鉴定 设置处理和对照两个区组，小区面积为0.6 m^2。处理分别在3叶期、拔节期和抽穗期进行灌水，使土壤水分达到饱和，并保持10～15 d。成熟后随机取样15～20株，调查株高、有效穗数、穗长、总粒数、实粒数和千粒重。计算湿害指数（WI），即 $WI=(1-\text{处理值}/\text{对照值})\times100$。计算每个性状的湿害指数，以平均值为综合指标，划分耐湿性等级：高度耐湿，$WI\leqslant1.0$；耐湿，$1.0<WI\leqslant10.0$；中度耐湿，$10.0<WI\leqslant20.0$；不耐湿，$20.0<WI\leqslant40.0$；极不耐湿，$WI>40.0$。

4. 耐盐性鉴定 耐盐性鉴定分为苗芽期耐盐性鉴定和苗期耐盐性鉴定。

（1）苗芽期耐盐鉴定 种子清选后分成2份，每份不少于50粒，置于两个培养皿中。对照培养皿加入自来水，处理加2.5% NaCl溶液，置于发芽箱内发芽，温度为20℃，第7天调查发芽率。试验重复3次，取平均值。计算相对盐害率（SHR），即 $SHR=(\text{对照发芽率}-\text{处理发芽率})/\text{对照发芽率}\times100\%$。根据相对盐害率划分耐盐等级：高度耐盐（$0\leqslant SHR\leqslant20\%$）、耐盐（$20\%<SHR\leqslant40\%$）、中度耐盐（$40\%<SHR\leqslant60\%$）、不耐盐（$60\%<SHR\leqslant80\%$）、极不耐盐（$80\%<SHR\leqslant100\%$）。

（2）苗期耐盐性鉴定 每份大麦种质取100粒种子，播种在耐盐鉴定圃，3叶期用盐水灌溉（浓度为32～33 dS/m），7 d后调查盐分伤害程度。重复试验至少2次。耐盐性等级划分：高度耐盐，生长基本正常，个别叶尖变黄或少数叶尖青枯；耐盐，20%以下的叶面积青枯或变黄，无死苗；中度耐盐，20%～60%的叶面积青枯或变黄，或50%以下植株死亡；不耐盐，60%～80%的叶面积青枯或变黄，或80%以下植株死亡；极不耐盐，80%以上的叶面积青枯或植株死亡。

（三）大麦/青稞抗病性鉴定 参照《大麦种质资源描述规范和数据标准》进行抗病性鉴定。

1. 黄花叶病抗性鉴定 在南方病区设置自然发病圃，单行小区，顺序排列，行距为30 cm，行长为2 m，每行50株。每隔9行设1个感病对照。从拔节到抽穗，调查记载始病期、发病株数和黄化程度。抗病性等级划分：高抗，无病斑；抗病，出现病斑，不黄化；感病，出现病斑且黄化；高感，出现病斑，黄化萎缩或死亡。

2. 黄矮病抗性鉴定 采用单行小区，行距为30 cm，穴距为25 cm，每穴15株，每行10穴，每隔9行设1个感病对照。拔节期，在防虫温室内用感染黄矮病主流株系的大麦病叶饲喂人工繁殖的二叉蚜24 h，然后将其用作传毒介体进行田间接种。用镊子将带有蚜虫的病叶轻轻放到大麦的植株上，每穴接种45头，1个月后喷药灭蚜，灌浆期逐穴目测调查发病程度。抗病性分级：抗病，无病症；耐病，部分叶尖变黄，植株生长正常，叶片局部变黄，变色叶片数增加；中感，叶片中度黄化，分蘖正常，植株不矮化，生长基本正常；感病，高度黄化，植株稍有或矮化明显，生长较差；高感，黄化严重，植株中度矮化，穗子较小或不抽穗，部分不育，生长势极差或提早干枯死亡。

3. 赤霉病抗性鉴定 在长江流域发病区田间接种鉴定。接种前将采自不同病区的大麦病穗，用马铃薯葡萄糖琼脂（PDA）培养基分离。把各菌株的菌丝块移入5%经过灭菌的绿豆汤中，振荡培养。4 d后将长出的分生孢子分别接种到麦粒培养基上，繁殖5～6 d。不同菌株的扩繁培养物等量混合，晾干备用。鉴定采取单行小区，行长为1 m，行距为20 cm，每行30株。顺序排列，每隔9行设1个对照，田间管理不施用杀菌剂。抽穗期和开花期，分别用制备的带菌麦粒撒于地表，每公顷每次接种45 kg。如遇干旱，辅之以穗部喷接分生孢子，并适当灌水保湿，以利发病。成熟前7～10 d，随机取50个穗子，调查发病穗数，计算病穗率（DI）。抗病性划分：免疫，$DI=0$；抗病，$0<DI\leqslant5\%$；中抗，$5\%<DI\leqslant10\%$；中感，$10\%<DI\leqslant15\%$；感病，$15\%<DI\leqslant20\%$；高感，$DI>20\%$。

4. 条纹病抗性鉴定 采集不同病区的大麦病叶、病穗，进行病原菌分离和扩繁，制成混合菌液。播种之前，用培养好的混合菌液进行拌种。鉴定采取单行小区，行长为1 m，行距为30 cm，每行50株，每隔19行种1行感病对照品种。抽穗时调查发病株数，计算病株率（DI）。抗病性划分：抗病（$DI<5\%$）、中抗（$5\%\leqslant DI\leqslant10\%$）、中感（$10\%<DI\leqslant15\%$）、感病（$15\%<DI\leqslant20\%$）、高感（$DI>20\%$）。

（四）大麦/青稞品质鉴定 参照《啤酒麦芽》（QB/T 1686—2008）的规定方法进行品质测定。

1. 麦芽浸出率

（1）麦芽浸出液制备 称取500 g麦芽制成品，将DLFU盘式粉碎机（盘间距为0.2 mm）粉碎。采用其他类型粉碎机时，需通过SSW 0.500/0.315 mm试验筛，过筛率占89%～91%。称取细粉样品50.0 g，置于500～600 mL已知质量的糖化杯中，加46℃纯净水200 mL，在45℃水浴锅中搅拌保温30 min。在水浴锅中以1℃/min的速度使醪液连续升温，进行搅拌水浴25 min。温度升至70℃时，加入70℃纯净水100 mL，保温1 h。移出水浴锅，在15 min内迅速冷却至室温。加水至内容物并准确称量至450.0 g。用玻璃棒搅拌，以中速滤纸过滤，将最初收集的约100 mL滤液重新过滤到一个干燥烧杯中备用（每次制备的糖化麦芽汁须在4 h内测定完毕）。

（2）浸出物测定　将煮沸后冷却至15℃的纯净水注满于干燥恒重的密度瓶内，插入温度计，浸入19～21℃恒温水浴锅中，瓶内温度达20℃时，用滤纸吸去溢出的水液，盖上瓶盖，擦干瓶壁，立即称量。将水倒掉，用制备好的麦芽汁冲洗密度瓶2～3次。注满麦芽汁，按纯净水处理步骤，进行同样操作。根据公式D=（密度瓶和麦芽汁的质量－密度瓶的质量）/（密度瓶和水的质量－密度瓶的质量），得到20℃时麦芽汁的相对密度（D），然后从《啤酒麦芽》（QBT 1686—2008）附录A中，查得相应的麦芽汁的浸出物含量（G）。麦芽浸出率$=G(800+X_2)/(100-G)(100-X_2)\times100\%$。式中，800为加入100 g麦芽粉中水的质量（g），X_2为麦芽水分含量（g）。

2. 糖化力

（1）麦芽浸出液制备　称取细粉样品20.0 g置于已知质量的糖化杯中，加入20℃纯净水480 mL，放入39.9～40.1℃水浴中，搅拌保温1 h。取出糖化杯冷却至20℃，加入20℃纯净水，至质量达到520.0 g。搅拌均匀后，用双层滤纸过滤，弃去最初200 mL滤液，保存随后的50 mL供分析用。

（2）糖化　在4个200 mL容量瓶中各吸入淀粉溶液100.0 mL。1号瓶和2号瓶中各加入乙酸-乙酸钠缓冲溶液5.00 mL，将4个容量瓶放入19.9～20.1℃水浴锅中保温20 min。先在1号瓶中加入麦芽浸出液5.00 mL，60 s后在2号瓶中加入同量麦芽浸出液。将1号瓶和2号瓶同时放入19.9～20.1℃水浴锅中，从加入麦芽浸出液算起，保温30 min后，立即在1号瓶和2号瓶中各加入1 mol/L氢氧化钠溶液4.00 mL，3号瓶和4号瓶各加入1 mol/L氢氧化钠溶液2.35 mL，然后再每瓶各加入麦芽浸出液5.00 mL，摇匀。将4个容量瓶用纯净水稀释至刻度，用酚酞指示液检验呈蓝色。

（3）测定　分别从4个容量瓶中吸取反应液50.0 mL，置于4个150 mL碘量瓶中，各加入0.1 mol/L碘液25.0 mL和1 mol/L氢氧化钠溶液3.0 mL，加塞、暗处放置15 min后，分别加入1 mol/L硫酸溶液4.5 mL。用0.1 mol/L硫代硫酸钠标准溶液滴定至蓝色消失。计算糖化力（WK），即$WK=100\times(V_1-V_2)c\times342/(100-X_2)$。式中，$X_2$为麦芽含水量（%），$V_1$为空白滴定硫代硫酸钠标准液消耗量（3号瓶和4号瓶平均值，mL），V_2为样品滴定硫代硫酸钠标准液消耗量（1号瓶和2号瓶平均值，mL），c是硫代硫酸钠标准液浓度（mol/L），342为转换系数。

3. β葡聚糖含量　测定大麦/青稞β葡聚糖含量的方法较多，除可参照《谷物及其制品中β葡聚糖含量的测定》（NY/T 2006—2011）或采用酶反应试剂盒之外，刚果红法以方法简单、成本较低而比较常用。主要步骤如下。

（1）标准曲线绘制　取6组试管，0号设1支，其余设3支平行管。将0.1 mg/mL的标准β葡聚糖溶液，按0 μg/mL、10 μg/mL、20 μg/mL、30 μg/mL、40 μg/mL、50 μg/mL的浓度梯度稀释、装管。而后，每支试管中各加入4.0 mL刚果红溶液，摇匀，于20℃下反应10 min。用1.0 cm比色杯在550 nm波长下，以0号管反应液为空白对照调零，测定其余各组试液的吸光度。以β葡聚糖含量为横坐标，吸光度为纵坐标绘制标准曲线。

（2）样品测定　称取200.0 mg烘干样品，研碎后放入25 mL具塞刻度试管内，用0.4 mL 50%乙醇润湿，加入10.0 mL纯净水混匀，25℃下放置16 h。转移至50 mL容量瓶，用蒸馏水定容。以4 000 r/min离心20 min，收集上清液。吸取样液0.1 mL放入试管，依次加入1.9 mL蒸馏水、4.0 mL刚果红溶液，于20℃下反应10 min。同时，吸2.0 mL蒸馏水放入另1支试管，加入4.0 mL刚果红溶液，作为空白对照。在550 nm波长下，测定样液的吸光度，根据标准求得计算样液的β葡聚糖含量（A）。样品的β葡聚糖含量$=A/2\times100\%$。

第七节　大麦/青稞种子生产技术

（一）大麦/青稞种子生产程序　大麦/青稞种子采用四级三圃制生产，即根据不同的生产世代或者阶段将种子分为育种家种子（breeder seed）、原原种（pre-basic seed）、原种（basic seed）和大田用种（certified seed）4个级别。育种家种子是由育种家保存和直接提供的原始种子，世代最低、纯度最高、遗传一致性最好。原原种是从育种家种子繁育而来的第一代种子，繁育原原种的种子田称为原原种圃，有时在实际种子生产中，为了延长品种的生产使用寿命，通常将通过单株提纯，达到原品种纯度和种性特征得以恢复的株系混收种子作为原原种使用。原种由原原种繁育产生，种子繁殖田即为原种圃。从原种繁育而来的种子即为大田用种或商品种子，其繁种田也称为良种圃。四级三圃制种子生产程序中，只有原原种圃既为下一级原种圃也为自身繁种，其余各圃均不单独留种。为延长品种使用寿命，应当尽量减少育种家种子的保种繁殖次数，一般采取一次足量繁殖，多年储备，分年使用。各级种子繁殖过程中，只去杂不选择，而且繁育级别越高去杂应越严格，确保种子纯度。

（二）大麦/青稞种子生产技术要点　繁种圃选用土壤肥力高、排灌条件好、交通方便、非大麦/青稞前茬的田块。周围与大麦/青稞生产田要有10 m以上的空间隔离（最好不要有大麦/青稞生产田）。播种前，注意进行拌种和土壤处理，防止病虫草害发生。单独收获、单独晾晒、单独存放，严防机械混杂。育种家种子单粒点播，分株鉴定，整株去杂，混合收获，株距为3～5 cm，行长为2 m，行距为30 cm，每2行之间留1条走道。原原种稀植条播。原种和大田用种繁殖按照大田生产方式条播种植，收获时剔除倒伏条块。

第八节　大麦/青稞育种研究动向和展望

一、大麦/青稞的全基因组重测序

基因组重测序是指在对某一物种的一个或少数个别个体或基因型进行基因组测序后，继续对该物种的不同个体或基因型进行基因组再测序。基因组重测序是进行单核苷酸多态性（SNP）开发、功能基因的单倍型分析、优异等位变异挖掘、分子标记构建的基础。2012年国际大麦基因组测序联盟在*Nature*上首次公布了大麦基因组测序图谱，构建了4.98 Gb的大麦基因组物理图谱和3.90 Gb的高分辨率遗传图谱，为通过不同基因型的大麦/青稞品种的基因组重测序和基因组序列比对及基因的单倍型分析，进行单核苷酸多态性的高通量开发，开展产量等育种目标复杂数量性状的全基因组关联和功能基因的优异单倍型鉴定挖掘等奠定了基础。例如Comadran等参与了大麦基因组测序，利用获得的序列信息，开发出包含9 000个单核苷酸多态性位点的基因芯片，并对423个大麦/青稞品种进行了全基因组关联分析，筛选出控制早熟性基因*HvCEN*。毫无疑问，随着DNA高通量测序技术的发展和测序成本的大幅度降低，将会对越来越多大麦/青稞品种进行基因组重测序，使更多重要的基因功能得以解析，从而发掘出更多的优异单倍型，并用于育种目标性状基因的单核苷酸多态性标记芯片开发，逐步实现大麦/青稞育种后代选择鉴定的自动化。

二、大麦/青稞的分子设计育种

前文已述，分子设计育种（breeding by design）的概念是2003年由荷兰科学家Peleman和van der Voort首先提出。其基本理念是以生物信息学为平台，根据育种目标和生长环境，综合运用遗传、生理生化、生物统计等学科知识及基因组学、蛋白组学的研究成果，进行实际育种前的亲本选配和后代选择策略的计算机优化设计和模拟。具体内容包括：①育种目标性状的数量性状基因位点定位和分子标记；②数量性状基因位点的遗传效应及其与环境的互作分析；③重组基因型的表现型模拟预测和目标基因型优化；④目标基因型选育途径分析和育种方案制订；⑤依照育种方案，将常规杂交与现代育种技术相结合，开展实际育种。

三、大麦/青稞的多基因转化

虽然大麦/青稞的转基因育种仍处于起步阶段，且通常情况下一次只能转化1个基因，但是大麦/青稞育种目标要求的高产、优质、抗逆、广适等均为复杂的数量性状，涉及众多不同的基因。因此复杂数量性状的多基因转化必将成为大麦/青稞转基因研究的热点和迫切需要解决的问题。多基因转化的途径之一是采取多载体共转化技术，即将载荷于不同载体上的多个基因，一次性同时导入受体基因组。该技术方法虽然简单易行，但是由于受转化技术、受体品种、表达载体的结构和大小等影响较大，共转化整合频率不稳定。途径之二是采用多基因单载体转化技术，即将多个基因载荷于同一载体上，一次性实施遗传转化。很明显，构建多基因表达载体是该技术的关键所在。

四、大麦/青稞的育种目标多样化

现代作物育种是以生产和市场消费为导向的。随着人们生活水平不断提高和对健康的追求，大麦/青稞的消费也将发生巨大变化，除了传统的食品、饲料和啤酒加工需求之外，增添了保健、医药等新的用途。即使是传统的加工消费，不同品牌的食品和啤酒以及不同家畜和水产饲料的加工生产，对大麦/青稞原料具有不同的理化品质要求。而且，随着城镇化程度的不断提高，生产上将更加需要适宜机械化操作和轻简化栽培的大麦/青稞品种。此外，值得注意的是，大麦/青稞在我国主要是在盐碱滩涂和高原坡地种植，随着全球气候变暖加剧，干旱、霜冻、飓风等极端气象灾害频发，因此大麦/青稞的育种目标也将随着这些变化而更加具体多样，对品种的专用性和抗逆性要求更高。

复习思考题

1. 试述我国大麦产区的分布和主要利用方向。
2. 试按我国大麦生态区域分别讨论其相应的育种方向和目标要求。
3. 试述大麦的分类学地位，说明麦穗棱型的变异及其进化关系。
4. 以啤酒大麦为例，其主要育种目标性状有哪些？各有何遗传特点？
5. 大麦常用的品种类型为家系品种，其育种途径有哪些？各有何特点？
6. 大麦的主要病害有哪些？试说明大麦抗病育种的主要方法和已经取得的成就。
7. 我国大麦育种中，诱变育种曾起重要作用，试举例说明其关键技术和取得的成就。

附　大麦主要育种性状的记载方法和标准

生育时期、苗株性状和抗耐性与小麦部分同，这里仅列出穗、颖、芒、粒的记载方法和标准。

一、穗

1. 抽穗习性　抽穗习性分全抽出、半抽出和不抽出3种。

(1) 全抽出　穗子全部抽出旗叶叶鞘为全抽出。

(2) 半抽出　穗子半个抽出旗叶叶鞘为半抽出。

(3) 不抽出　旗叶鞘只裂开，穗子不抽出旗叶叶鞘为不抽出。

2. 开花习性　开花习性分开颖授粉和闭颖授粉两种。

3. 穗基部（穗脖）长相　穗基部长相分为直立（与垂直方向的夹角小于15°）、半弯（与垂直方向的夹角为15°～60°）和弯曲（与垂直方向的夹角大于60°）3种。

4. 穗本身长相　穗本身长相分为直立（与垂直方向的夹角小于15°）、半弯（与垂直方向的夹角为15°～60°）和弯曲（与垂直方向的夹角大于60°）3种。

5. 穗长　从穗轴基部至穗顶部（不连芒）的长度为穗长（cm）。

6. 穗形　穗形分为长方形、纺锤形、塔形、圆锥形和圆柱形5种。

7. 花序和棱型　根据三联小穗结实和排列的情况不同，可分为二棱（有侧、无侧）、四棱、六棱、中间型、不规则型和分枝类型6种。

(1) 二棱　二棱的穗轴每个节片上的三联小穗仅中列小穗可育结实，两侧小穗不结实，穗断面呈扁平形。

(2) 四棱　四棱的三联小穗全部可育结实，中列与侧列不等距排列，穗断面呈四角形或长方形。

(3) 六棱　六棱的三联小穗全部可育结实，中列与侧列等距离排列，且整齐紧密，穗断面呈规则的六角形。

(4) 中间型　中间型的三联小穗中列小穗全部可育结实；侧列小穗有的结实，有的不结实，不规则，中列大，侧列小。

(5) 不规则型　不规则型的三联小穗能正常可育结实的1～3个不等。

(6) 分枝类型　分枝类型有小穗分枝和穗轴分枝两种。

8. 二棱侧小穗有无　依二棱侧小穗有无分为有侧二棱和无侧二棱两种。

(1) 有侧二棱　有侧二棱的两侧小穗不结实，有内颖、外颖、护颖和花丝。

(2) 无侧二棱 无侧二棱的两侧仅有护颖。

9. 二棱侧小穗顶部形状 二棱不结实的两侧小穗顶部形状分为钝、尖和芒3种。

(1) 钝 侧小穗顶部呈钝圆头形的为钝。

(2) 尖 侧小穗顶部呈三角形锐角的为尖。

(3) 芒 侧小穗顶部呈芒状的为芒。

10. 小穗密度 小穗密度分为疏、中和密3种。

(1) 疏 穗中部4cm内有不到14个小穗着生节的为疏。

(2) 中 穗中部4cm内有15～19个小穗着生节的为中。

(3) 密 穗中部4cm内有20个以上小穗着生节的为密。

二、颖

11. 壳色（穗色） 壳色（穗色）指蜡熟期壳（穗）所呈现的各种正常颜色，分为黄色、褐色、紫色、黑色等。

12. 外颖脉颜色 外颖脉颜色指蜡熟期外颖脉所呈现的各种正常颜色，分为黄色、褐色、紫色、黑色等。

13. 护颖宽度 护颖宽度分为宽和窄两种。

(1) 宽 护颖宽度在1mm以上为宽。

(2) 窄 护颖宽度在1mm或小于1mm为窄。

三、芒

14. 芒长 根据穗中部小穗芒长度，分为长芒、短芒、等穗芒、无芒、长颈钩芒和短颈钩芒6种。中列和侧列芒的形状不同，可分别描述。

(1) 长芒 芒长超过穗子的长度为长芒。

(2) 短芒 芒长短于穗子的长度为短芒。

(3) 等穗芒 芒长等于穗子的长度为等穗芒。

(4) 无芒 全部见不到芒为无芒。

(5) 长颈钩芒 芒呈戴帽三叉钩状、基部颈长于1cm为长颈钩芒。

(6) 短颈钩芒 芒呈戴帽三叉钩状、基部颈短于1cm为短颈钩芒。

15. 芒性 芒性分为齿芒和光芒两种。

(1) 齿芒 芒有锯齿为齿芒。

(2) 光芒 芒光滑为光芒。

16. 芒色 芒色分为黄色、紫色、黑色等。

四、粒

17. 带壳性 带壳性分皮大麦和裸大麦两种。

(1) 皮大麦 籽粒与颖壳不能脱离为皮大麦。

(2) 裸大麦 籽粒与颖壳能脱离为裸大麦，又称为青稞、元麦、米大麦。

18. 粒色 粒色分为黄色、红色、褐色、紫色、绿色（蓝色）、灰色、黑色等。

19. 粒形 粒形分为长形、卵形、椭圆形和纺锤形4种。

20. 饱满度 饱满度分饱满、中等和不饱满3级。

21. 品质 观察籽粒横切面，以透明玻璃质的多少表示品质，分为硬质、半硬质和软质3级。

(1) 硬质 籽粒的透明玻璃质在70%以上为硬质。

(2) 半硬质 籽粒的透明玻璃质占30%～70%为半硬质。

(3) 软质 籽粒的透明玻璃质在30%以下为软质。

（黄志仁第二版原稿；张京第三版修订）

第四章　燕麦育种

第一节　国内外燕麦育种研究概况

燕麦（*Avena* L.）属禾本科燕麦属一年生草本植物，是重要的粮食和饲料作物。燕麦分为带稃型和裸粒型两大类，欧美等国家栽培的燕麦以带稃型为主，称为皮燕麦（*Avena sativa* L.）；我国栽培的燕麦以裸粒型为主，称为裸燕麦（*Avena nuda* L.），俗名莜麦。

燕麦在世界 5 大洲 70 多个国家都有栽培，主产区是北半球的温带地区，在世界 8 大粮食作物中，燕麦总产量居第 6 位，已经成为人们生活水平明显提高不可或缺的营养保健食品。目前，世界燕麦年播种面积平均为 9.943×10^6 hm^2，2020 年产量为 $2.525\ 4\times10^7$ t，主要生产地区和国家有欧洲联盟、俄罗斯、加拿大、中国、美国、澳大利亚等。我国燕麦的种植历史至少已有 2 100 年之久，主要种植在内蒙古、河北、山西、青海、甘肃等省、自治区，燕麦 2021 年种植面积约为 8.57×10^5 hm^2，其中燕麦籽粒生产面积为 4.45×10^5 hm^2，产量为 7.81×10^5 t；燕麦草生产面积为 3.59×10^5 hm^2，产量为 3.238×10^6 t。

国外燕麦育种研究主要以皮燕麦为主，俄罗斯、加拿大、美国等燕麦生产大国的引种和常规杂交育种已经持续了上百年。随着分子生物学技术的不断成熟，燕麦育种的研究发展方向是分子关联图谱、基因图谱、基因标记、DNA 序列的图谱绘制与检测、数量性状基因位点的分析以及分子标记辅助选择育种等。

我国燕麦育种工作始于 1950 年，主要育种单位有：河北省张家口市农林科学院和河北省高寒作物研究所，内蒙古自治区农牧业科学院和内蒙古农业大学，山西省农业科学院农作物品种资源研究所、高寒区作物研究所、右玉试验站和五寨试验站，青海省畜牧兽医科学院和青海省农林科学院，吉林省白城市农业科学院，甘肃省定西试验站和甘肃农业大学，宁夏回族自治区固原市农业科学研究所，四川省凉山彝族自治州西昌市农业科学研究所。按照品种的更新和育种方法应用，发展历程经历了如下几个主要阶段。

第一阶段是始于 20 世纪 50 年代初，由燕麦育种工作者通过对国内燕麦农家品种的收集和整理而开展的农家品种筛选应用阶段。第二阶段是国外品种引进推广阶段，20 世纪 60 年代初由中国农业科学院作物栽培育种研究所等单位从苏联、加拿大等国家引进一批燕麦品种并试种推广。第三阶段是裸燕麦品种间杂交育种阶段，与第二阶段同时开展。第四阶段是皮燕麦和裸燕麦种间杂交育种阶段，始于 70 年代，根据皮燕麦与裸燕麦在产量、抗性等性状方面的互补性，以国外皮燕麦与国内裸燕麦进行种间杂交，育成推广了一批抗倒伏性强，喜肥耐水，适宜密植，单产高的新品种。第五阶段是其他新技术新方法研究应用阶段，自 20 世纪 70 年代以来我国燕麦育种者在应用常规育种的同时，还应用诱变育种、燕麦幼穗培养和幼胚培养技术、单倍体育种、倍性育种、核雄性不育性育种等技术开展燕麦育种研究，并选育出部分新品种。

我国燕麦品种选育在数量上出现过两次高峰。第一次是 20 世纪 70 年代中期到 80 年代中期，这个阶段由于杂交育种技术的不断成熟，也由于全国育种单位第一次大合作，各单位育成许多新品种并在生产上应用推广。第一次大合作缘于“九五”末和“十五”期间科研体制改革，经费大幅度削减而解散。2008 年以来，在国家燕麦荞麦产业技术体系的推动下，燕麦科研形成第二次大合作，燕麦育种的研发实力大幅度提高，出现了第二次品种选育高峰，品种类型也不断丰富，形成了由过去单一的高产类型发展为高产、优质并重，并向专用型发展的良好局面。燕麦主产区也由过去主要是华北、西北产区新增了东北产区和西南产区，燕麦生产应用的品种得到普遍更新，良种覆盖率由“十五”期末的 60%提高到 80%以上，主要品种有坝莜号、白燕号、晋燕号、品燕号、冀张号、燕科号、定莜号等。一大批优良品种的推广，有力地促进了燕麦的单产提高和产业提升。

第二节　燕麦育种目标和重要性状的遗传

一、燕麦育种目标

（一）主要燕麦产区的育种目标　我国燕麦产区根据栽培制度、生态类型的不同主要划分为华北春燕麦区、西北春燕麦区、西南秋燕麦区和东北春燕麦区 4 个区。不同区域具有各自的特点和与之相适应的品种类型，因而育种目标侧重点不同。

1. 华北春燕麦区

①肥沃阴滩地和水浇地生态类型区，以培育矮秆抗倒、叶片上冲、分蘖力强、成穗率高、抗病性强、生育期为 75～85 d 的早熟品种为重点。

②一般旱滩地和较肥旱坡地生态区，以培育株型紧凑、抗病抗倒、中秆大穗、粮草兼用、生育期为 90 d 左右、高产稳产的中熟品种为重点。

③瘠薄旱坡地，以培育高秆大穗、千粒重在 25 g 以上、抗旱耐瘠、粮草兼用、品质优良、高产稳产、生育期为 100 d 左右的晚熟品种为重点。

2. 西北春燕麦区　本区分饲用和食用 2 个类型，饲草饲料型选育抗倒伏、耐水肥、植株较高的品种。食用型品种以耐旱、耐瘠薄为选育重点。

3. 西南秋燕麦区　本区育种目标是抗寒和抗旱性强、抗倒伏、耐瘠薄、分蘖力极强、千粒重在 15 g 左右。10 月中下旬播种，翌年 6 月中下旬收获，全生育期为 220～240 d。

4. 东北春燕麦区及其他地区　东北的黑龙江、吉林、辽宁以及内蒙古东部地区，西北的新疆，西南的西藏等地是燕麦发展种植新区，品种应具有极早熟、早熟、抗倒伏、抗早衰、抗锈病的特性。

（二）不同用途燕麦的品种育种目标　燕麦的利用途径主要有食用、饲用、粮饲兼用、备荒救灾和加工等。不同的利用途径对燕麦品种的要求各有其特点。

1. 普通食用型燕麦品种的选育　普通食用型燕麦品种一般要求是蛋白质含量不低于 15%，脂肪含量不低于 6%，容重在 680 g/L 以上。

2. 加工专用型优质燕麦品种的选育　加工专用型优质燕麦品种的主要目标是蛋白质含量高（18%以上），β 葡聚糖含量高（5.0%以上），脂肪含量低（5%以下），皮燕麦率低（1.0%以下），容重高（680 g/L 以上），籽粒光洁，粒色浅黄，腹沟浅。其中加工整粒燕麦片的品种要求粒形卵圆或椭圆，千粒重为 23～25 g；加工燕麦米的品种要求种皮较薄，千粒重为 25～28 g。

3. 饲用型燕麦品种的选育　饲用型包括饲料和饲草用两类品种。饲料型燕麦主要为皮燕麦，主要目标是千粒重高（皮燕麦为 35～40 g），蛋白质含量高（16%以上），脂肪含量高（7%以上），抗旱性、抗病性和抗倒伏性强，籽实产量在 3 000 kg/hm^2 以上。饲草型燕麦可以是皮燕麦，也可以是裸燕麦，一般要求生长速度快、生物产量高、适口性好即可，尽量选择高秆、叶面积指数大的类型。

（三）燕麦育种的总体目标　燕麦育种的总体目标是高产、稳产、优质、抗病和适宜机械化作业。

1. 高产　水浇地燕麦的产量指标为 3 750～4 500 kg/hm^2，旱地燕麦的产量指标要求稳定在 1 500～2 250 kg/hm^2。对于旱地燕麦应当注意产草量高的特殊要求。

2. 稳产

（1）抗旱性　我国北方春燕麦区年降水量为 300～450 mm，生长期间降水量占总降水量的 70%左右，该区燕麦品种的抗旱性强弱直接影响品种的产量。

（2）耐瘠性　燕麦主要种植于土壤贫瘠的山坡地，土壤养分供给力差，燕麦产量较低。因此选育耐瘠性强的品种对燕麦生产至关重要。

（3）抗倒伏性　燕麦的倒伏是影响产量和籽粒品质的关键因素，育种家把抗倒伏作为燕麦育种的抗逆性 3 大主攻目标之一（抗旱、耐瘠和抗倒伏）。

（4）耐盐性　燕麦对轻度盐碱土壤具有较好的适应性。不同燕麦品种对盐胁迫的生长发育及生理响应差异较大，可分为耐盐型、中度耐盐型和盐敏感型 3 类。

（5）适应性　燕麦的适应性表现为穗数、粒数、籽粒质量在不同条件下的相互调节能力的强弱。适应性强的品种，分蘖力、成穗数、穗粒数、千粒重的调节性、互补性好。

3. 优质　近年来，燕麦的营养、保健价值引起社会各界的广泛关注，燕麦品种的品质性状成为重要的育种目标之一。

（1）籽实品质　籽实品质性状主要有：容重、千粒重、籽粒均匀度、籽粒光泽度、籽粒形状、脱壳率（皮燕麦）、蛋白质含量、脂肪含量、β 葡聚糖含量、壳木质素含量和消化率（皮燕麦）。

（2）干草品质　干草品质性状主要包括消化能力、粗蛋白质含量、中性洗涤纤维（NDF）含量、酸性洗涤纤维（ADF）含量、水溶性糖类（WSC）含量等。

4. 抗病 我国燕麦生产中主要病害有黑穗病、锈病和红叶病。

（1）抗黑穗病 燕麦黑穗病在我国各个燕麦产区都有发生，目前对黑穗病的防治，技术简单、效果显著，但从经济、安全无污染、方便的角度考虑，选用抗黑穗病的品种仍然是生产所必需的。

（2）抗锈病 燕麦锈病分冠锈病和秆锈病，主要发生在东北、河北、山西等春播燕麦产区，严重时可造成15%以上的损失，选用抗锈病品种比化学药剂防治更加有效。

（3）抗红叶病 燕麦红叶病目前尚无有效防治办法，生产上通过防治蚜虫进行间接防治，但效果一般难以掌握，因此选用抗红叶病燕麦品种显得更为重要。

5. 适宜机械化作业 近年来随着农村青壮年劳动力大量涌入城市，农村劳动力严重短缺。因此机械化作业是现代燕麦产业发展的必然选择。主要育种目标是株高适中、熟期一致、抗落粒性强。

二、燕麦主要性状的遗传

（一）皮裸性状 皮燕麦与裸燕麦杂交，F_1代表现为混合型，即杂种后代没有纯的裸粒型或带稃型，F_2代分离出裸燕麦、混合燕麦和皮燕麦3种表现型的比例，一些组合符合1∶2∶1比例，另一些组合出现了偏离现象，裸粒性状受1对部分显性基因控制，并受两对修饰基因的影响。

（二）千粒重 大粒是显性，小粒是隐性，由于籽粒大小是数量性状，在微效多基因的正效应累加作用下，杂交后代可出现比高亲更高的超亲个体，获得大粒的新品系。

（三）茸毛长短 燕麦茸毛性状包括外稃上茸毛、籽实基部上茸毛、小花梗上茸毛、芒上茸毛和节上茸毛5对相对性状。外稃上茸毛的长短是由2对独立基因控制的，长茸毛对短茸毛是显性。

（四）芒的有无 有芒品种比较抗旱。强芒是由1对部分隐性基因控制的。

（五）黑穗病抗性 燕麦抗坚黑穗病、散黑穗病受1对显性基因和1对部分隐性基因控制。

（六）熟性性状 熟性性状由微效多基因控制。两个早熟品种杂交，或两个晚熟品种杂交，可选出超早或超晚熟的品种。早熟是显性性状。

（七）株高 高秆对矮秆是显性。矮秆×矮秆及其反交组合，F_1代的株高类型是矮秆；中秆×中秆及其反交组合，F_1代的株高类型是中秆；中秆×高秆及其反交组合，F_1代的株高类型全是高秆。

第三节 燕麦种质资源研究和利用

一、燕麦种质资源的收集和保存

燕麦属包含约30种，其中大部分是野生种，栽培燕麦种只有5个。在全世界范围内收集了约13万份燕麦种质资源，分别保存在100多个基因库。世界上收集和保存燕麦种质较多的国家有加拿大、美国、俄罗斯、德国、肯尼亚、澳大利亚、中国和英国。燕麦种质资源的类型包括野生材料、地方品种、育种品系、育成品种等。

我国燕麦种质资源收集始于20世纪50年代，在全国范围内征集了大批农家品种。20世纪70年代末至80年代初，国家又进行了补充征集，收集的材料包括农家品种、育成品种和育种品系。近20多年来，中国农业科学院与有关单位联合开展了多次燕麦种质资源专项收集工作。此外，通过国际科技合作、科学互访、友好团体或人士赠送等途径，从国外引进了大批燕麦种质资源，来自苏联及欧洲、美洲、大洋洲共20多个国家。迄今为止，我国已收集燕麦种质资源3 500多份，其中原产我国的2 400多份，外国引进的约1 082份，所有收集材料都编入了《中国燕麦种质资源目录》，并以种子形式保存在中国农业科学院的国家作物种质库，保存条件为温度−18℃、相对湿度50%，并定期进行繁殖更新。

二、燕麦特异种质资源及其遗传基础

我国燕麦种质资源遗传多样性十分丰富，其中最突出的特点是我国拥有裸粒种质众多，在国内的2 400多份资源中，裸粒的约占87%。而国外引进的1 082份中，裸粒的仅占4%左右。通过对燕麦种质资源的鉴定，筛选出了各种优良特性的材料。

（一）早熟资源 我国燕麦资源的成熟期差异较大，在北方最早熟品种的生育期仅70 d左右，例如来自甘肃的黄大燕麦，来自山西的秋莜麦，来自吉林白城的白燕 8 号、白燕 9 号和白燕 10 号。这类极早熟资源对培育早熟品种、发展复种生产有实际意义。

（二）矮秆资源 我国燕麦种质资源株高最矮的只有约 50 cm，例如内蒙古的 14 号燕麦、山西的 8130-2，随着燕麦植株的肥水条件的改善，要求培育矮秆抗倒伏品种，这些矮秆资源将是矮秆育种的重要亲本资源。

（三）大穗资源 燕麦资源主穗最长的 41.8 cm，例如来自苏联的苏维埃。我国品种晋燕 3 号和晋燕 4 号的主穗超长，分别达到 38.4 cm 和 39.3 cm。主穗小穗数最多的达 80 个以上，例如来自瑞典的 NIP；来自陕西旬阳的裸燕麦品种小穗数达 78.7 个，有多个皮燕麦品种的小穗数大于 70 个。

（四）大粒资源 千粒重方面，因颖壳占皮燕麦种子总质量的 32%以上，故一般皮燕麦千粒重高于裸燕麦。皮燕麦千粒重有的大于 45 g，例如来自智利的 S-14、来自罗马尼亚的 Cenad 88 Ovas。原产于我国的裸燕麦有很多品种的千粒重大于 35 g，例如山西的晋 8616-3-1、内蒙古的蒙燕 7475。

（五）抗病虫资源 部分燕麦种质资源鉴定了对坚黑穗病、散黑穗病、红叶病、秆锈病和蚜虫、黏虫的抗性，发现了一批抗性强的优良材料，例如抗黑穗病的皮燕麦品种有竹子燕麦、黄燕麦 6 号等，裸燕麦品种有内蒙古的燕麦 3 号；抗红叶病的皮燕麦品种有海泡燕麦和民和燕麦，裸燕麦品种有山西应县的小裸燕麦和华北 1 号。对蚜虫具有一定抗性的品种有内蒙古丰镇的小裸燕麦，山西兴县的裸燕麦、汾西的裸燕麦、孝义的裸燕麦等。

（六）抗旱资源 在燕麦资源的抗旱性鉴定研究中，表现优异的品种有内蒙古的库字 1 号、集宁的小粒裸燕麦、化德的小燕麦，以及山西临县的小燕麦等。

（七）优质资源 燕麦种质资源品质特性包括蛋白质和赖氨酸含量、脂肪和亚油酸含量、β 葡聚糖含量。鉴定发现，高蛋白种质资源有兰托维斯次（20.50%）、新疆的温泉苏鲁（19.96%）、内蒙古武川的大裸燕麦（19.60%）、山西代县的元裸燕麦（19.42%）、青海湟中县的裸燕麦（19.06%）等。赖氨酸含量较高的品种有晋燕 1 号、华北 1 号、华北 2 号和五寨县的三分三，高脂肪品种有四川昭觉县的堵吉和力堵、内蒙古武川的裸燕麦等，它们的脂肪含量都在 9.3%以上。含亚油酸较高的品种有新疆的沙湾 31 号、燕麦 41 号、温泉燕麦，内蒙古的左 35 号、左 37 号、小粒 14 号等。我国裸燕麦品种籽粒中 β 葡聚糖含量较高的品种主要产于河北、山西、内蒙古等地。

（八）野生资源 二倍体野生种砂燕麦（*Avena strigosa*）抗秆锈病（*Puccinia graminis* f. sp. *avenae*）和大麦黄矮病（BYDV）（Loskutov，2005）。异颖燕麦（*Avena pilosa* M. B.）、偏肥燕麦（*Avena ventricosa* Bal.）、匍匐燕麦（*Avena prostrata*）、小硬毛燕麦（*Avena hirtula* Lag.）等野生种抗白粉病，威氏燕麦（*Avena wiestii* Steud.）高抗叶锈病（Loskutov，2001）。

四倍体野生种摩洛哥燕麦（*Avena maroccana*）抗线虫和冠锈病，细燕麦（*Avena barbata*）抗白粉病，埃塞俄比亚燕麦（*Avena abyssinica*）和 *Avena barbata* 抗锈病，细燕麦（*Avena barbata*）和大穗燕麦（*Avena macrostachya*）抗大麦黄矮病，大燕麦（*Avena magna*）、墨菲燕麦（*Avena murphyi*）和细燕麦（*Avena barbata*）的蛋白质含量较高。

六倍体野生种野红燕麦（*Avena sterilis* L.）籽粒大，蛋白质含量达 25%，氨基酸组成平衡，脂肪含量达 10%，β 葡聚糖含量达 6%，同时抗寒、抗锈病、抗白粉病、抗黑穗病及抗线虫，在燕麦育种中非常重要（Loskutov，2001）。

四倍体野生种与栽培燕麦杂交，通过胚拯救等措施，可以获得杂交后代；再通过回交可以把四倍体的优良性状（例如高蛋白质含量）基因导入栽培燕麦。六倍体野生种与栽培燕麦杂交基本没障碍，可以导入野生六倍体的抗病、高蛋白等基因。

三、燕麦种质资源的利用和创新

20 世纪 50 年代至 60 年代中期，山西、河北、内蒙古等地在对我国燕麦种质资源进行整理的同时，发现了一些好的地方品种，并进行区域联合试验，评选出产量比较高的品种在生产上推广，例如评选出三分三、华北 1 号等。对国外燕麦种质资源通过引种试种和鉴定评价，筛选出优良的品种在生产上推广应用，最早推广的品种是华北 2 号（ВИР 1998）、73-7、永 492、坝选 3 号等。近些年来，在国家燕麦荞麦产业技术体系的支持下，国外燕麦种质资源引种工作进展很快，并且鉴定评价出一批优良资源，其中有的已经在生产上推广应用，例如青引号系列、坝燕号系列、白燕号系列等。

我国燕麦育种中利用燕麦地方品种、国外引进品种如华北2号（ВИР 1998）、永492（小46-5、Nuprime）、健壮（Vigour）、胜利等品种开展品种间杂交、皮裸种间杂交，育成了燕麦新品种近百个，在生产上推广应用，为提高燕麦单产和总产做出了重要贡献。

第四节 燕麦育种途径和方法

燕麦是典型的自花授粉作物，采用的育种方法主要是自然变异选择育种、杂交育种等。

一、燕麦自然变异选择育种

燕麦自然变异选择育种是根据育种目标的要求，对现有燕麦品种群体中出现的自然变异，通过单株选择的方法，选出优良的个体（单株或单穗），经过后代性状鉴定，并通过品系比较试验、区域试验和生产试验而育成新品种的方法。例如晋燕2号（原同系3号）就是山西省农业科学院高寒作物研究所从当地宁武裸燕麦中通过自然变异选择培育而成的，在生产中发挥了一定作用。

自然变异选择育种的程序和方法如下。

（一）优良变异单株的选择 在燕麦生长发育期间，特别是在抽穗后到成熟前这段时间，根据育种目标，经常到种植推广品种的种子田或丰产田里寻找符合育种目标、具有优异性状的植株。一旦发现好的植株，做好标记，经反复观察其生长发育表现，发现表现不好的，可随时淘汰。成熟以后，分单株或单穗取回室内考种复选，淘汰不良单株，当选的单株、单穗分别脱粒，记录其特点并编号保存。

（二）株行比较试验 将第1年入选的优良材料，每株或每穗种植1行，每隔一定数量的株行设置对照品种以便对比。在生长发育期间进行观察鉴定，入选株行再经室内考种进行复选，从中选择优良的株行，称为品系。当系内植株间目标性状表现整齐一致时，即可进入下年的品系比较试验；若系内植株间还有分离，可继续选株或选穗，下年仍可按株（穗）行种植观察。

（三）品系比较试验 把上年入选的品系，按小区种植，进行品系比较试验。试验环境应接近大田生产的条件，保证试验的代表性。品系比较试验要连续进行2年，并根据田间观察评定和室内考种，选出符合育种目标、比对照品种显著增产或具有特异性状的品系1～2个参加区域试验。

（四）区域试验和生产试验 在不同的燕麦自然区域进行区域试验，测定新品种的适应性和稳定性。并在较大面积上进行生产试验，以确定其适宜推广的地区。生产试验通常进行1～2年，经试验后入选的品种，可以繁殖推广。

二、燕麦杂交育种

燕麦杂交育种从1870年赛路斯（Cyrus）、普林格（Pringle）开始以来，经过100多年之久，至今仍是世界上在燕麦育种工作中应用最广泛、效果最显著的育种途径。

（一）燕麦杂交亲本选配的原则

1. 双亲优点多，目标性状突出，优缺点互补 以坝莜3号的育成为例，所选用的双亲冀张莜2号和优良高代品系8818-30具有分蘖力强、穗大粒多、适应性强、高产稳产的共同优点，与此同时母本的易倒伏和晚熟性状与父本的抗倒伏和中熟性状相互补，从而使坝莜3号表现出中晚熟、分蘖力强、株型好、穗大粒多、抗倒伏、高产稳产、适应性强的特点，坝莜3号已成为我国通过国家认定的燕麦主栽品种之一。

2. 亲本能够适应当地自然环境和栽培条件 20世纪60年代初期，在我国裸燕麦产区推广面积最大的裸燕麦品种华北2号因其适应性广而被我国许多燕麦育种单位用作亲本，通过裸燕麦品种间杂交及皮燕麦和裸燕麦种间杂交的途径，选育出一大批性状优良的裸燕麦品种，例如内蒙古自治区农牧业科学院培育的内莜1号、山西省农业科学院高寒作物研究所培育的晋燕4号和雁红10号等，这些品种均具有较强的适应性。

3. 亲本之一的目标性状应有足够的遗传强度，并无难以克服的不良性状 为克服亲本一方的主要缺点而选用的另一个亲本，其用于克服对方缺点的性状应有足够的遗传强度，且能较好地遗传给后代。例如为克服晚熟性而选用特别早熟的品种，为克服感病性而选用抗性极强或免疫的品种，这样才能在新育成品种中保持优良性状。

4. 深刻了解杂交亲本主要性状的遗传规律 在杂交育种的过程中，应不断总结组配杂交组合的经验，认真观察杂交后代的遗传表现，从而掌握其遗传变异规律。例如对皮燕麦和裸燕麦杂交后代外稃性状分离规律的研究，对选育裸燕麦优良品种具有重要的参考价值。

5. 亲本间生态类型差异要较大、亲缘关系和地理距离要较远　例如吉林省白城市农业科学院育成的白燕 2 号品种就是用加拿大的品种与我国裸燕麦品种杂交育成的，由于亲本地理位置、亲缘关系较远，白燕 2 号表现出了较强的适应性和稳产性。

（二）燕麦杂交的技术要点

1. 剪颖去雄　在用作杂交亲本的母本行里，选择具有母本特征特性的健壮植株，剪去发育不良及幼嫩的小穗，只留穗子上部和中部的 5～7 个小穗。用剪子从上而下逐个地对选留的小穗进行剪颖，一般要剪去整个小穗的 2/3～3/4。即留下基部的第一朵小花，从剪口处用镊子将 3 个雄蕊一次或逐个地夹出。全穗去雄完毕后即行套袋，用曲别针别好，挂上小纸牌，在纸牌上标好母本名称和去雄日期。

2. 剪颖授粉　将父本穗子从穗颈上剪下，剪去上部已授粉的小穗和下部未成熟的小穗，留下 10～15 个小穗，对每个小穗剪颖，剪去小穗的 1/4，以便花粉从剪口处散出。取下将要授粉母本的纸袋，把剪下的父本穗子（穗头朝下）与去雄的母本穗子并在一起套入袋内。套袋后仍用曲别针别好，在纸牌上写上父本名称和授粉日期。

（三）杂交组合配置　燕麦育种常用的杂交组合方如下。

1. 成对杂交（单交）　用两个亲本材料进行成对杂交，两亲本可互为父本和母本（正反交），用甲×乙或乙×甲表示。例如内蒙古自治区农牧业科学院培育的燕科 2 号组合为裸燕麦 926×皮燕麦 IOD526。

2. 复合杂交　当育种目标涉及的方面多，单交不能满足育种期待的所有性状要求时，用两个以上亲本，进行一次以上的杂交方式即为复合杂交。复交方式又因亲本数目及杂交方式不同而有以下多种：①三交，即（甲×乙）×丙，例如白燕 9 号的组合为 Guyuan16×（Neon×N058-2-75-26）；②双交，即（甲×乙）×（丙×丁）或（甲×乙）×（甲×丙），例如冀张莜 12 的组合为（核雄性不育×品二号）×（核雄性不育×坝莜 1 号）；③四交，即［（甲×乙）×丙］×丁；④多交，例如五交、六交等。

3. 回交　两品种杂交，以杂种一代与亲本之一再交配的杂交方式称为回交。表达方式如：（A×B）×A×A…。例如山西省农业科学院品种资源研究所用皮燕麦隐性核雄性不育材料多次与裸燕麦回交，成功地将雄性不育性状转育到裸燕麦品种上，并育成一系列裸燕麦核雄性不育材料。

（四）燕麦杂交后代的选择　我国燕麦育种单位应用较广的有系谱法和混合法。

1. 系谱法

（1）杂种一代（F_1代）选择　杂种一代因性状尚未分离，植株间表现比较一致，通常只选组合不选单株，除有严重缺点表现特别不好的组合以外，不要轻易淘汰组合。皮燕麦与裸燕麦杂交时，裸燕麦无论是作父本还是作母本，杂种一代植株的籽粒，既有带皮型，又有裸粒型，没有纯的裸燕麦或皮燕麦单株，以此为鉴别真假杂种的依据。

（2）杂种二代（F_2代）选择　首先进行组合间的比较选择，淘汰综合表现较差的组合，在杂种二代表现优良的组合中，重点针对质量性状进行选择。对于熟性、株型、株高、叶相、抗逆性、穗型、小穗型、籽粒形状、千粒重等遗传率较高的性状要从严选择。对于受环境条件影响较大的性状，例如单株分蘖力、成穗率、穗子的大小、每穗小穗数、每穗粒数则应放宽些。在皮燕麦和裸燕麦杂交的杂种二代选株上，要注意选出纯裸燕麦或纯皮燕麦的单株，这样后代稳定较快。

（3）杂种三代（F_3代）选择　杂种三代首先在株行间比较优劣，在当选的株行中选择优良单株，如果要淘汰的株行内确实有个别优株，也可当选。选择优良株系时，可以参考杂种二代的单株表现，以利优中选优，同时注意在好的组合内，适当多选留一些不同类型的株系。皮燕麦与裸燕麦杂交的杂种三代田间表现整齐一致的入选行，也不要混合收获，应将入选株行全部拔回单株脱粒，只有当全行内所有单株均无带皮籽粒时，方可混合、编号、登记、留种，供下一年进行产量鉴定。

（4）杂种第四代（F_4代）及其以后各世代的选择　通常从杂种四代开始，已能出现较稳定的株行，以后随着世代的增加，稳定一致的株行数也将逐渐增多。选择工作的重点从以选株为主，逐渐转移到以选择优异的株行为主，并开始对数量性状尤其是遗传率较大的数量性状进行选择。值得注意的是，皮燕麦与裸燕麦杂交后代选择稳定一致的株行收获时，不要混收，要把入选株行全部带根拔回单株脱粒，只有当全行内所有单株均无带皮籽粒时，才能混合留种，升级，进行产量鉴定。

2. 混合法 杂种分离世代，按组合混合种植，不予选择，直到估计杂种后代纯合单株率达到80%以上时（为F_5～F_8代），或在有利于选择的年份，如病害流行或冻害严重年份才进行一次单株选择。下一代成为株系，根据株系表现，选择优良株系升级鉴定比较。

第五节 燕麦育种新技术的研究和应用

一、燕麦单倍体育种

杨才等（2005）进行裸燕麦花药单倍体育种方法研究，其具体做法如下。

（一）种植与取材时期 将杂种（健壮×冀张莜4号）F_1代的种子分期种植于大田，稀植点播，待植株旗叶刚开始伸出时，每日取少量幼穗剥取花药，进行镜检观察，待进入单核中期取材培养。

（二）花药愈伤组织诱导 将进入单核中期的植株剪下，在无菌室内超净工作台上剥离花药，将剥离的花药接种在MS+2,4-滴0.2mg/L+活性炭5g/L+6-BA 0.2mg/L的培养基上，分化愈伤组织。

（三）幼苗分化培养 经2～3次继代培养后的愈伤组织转接于MS+NAA 0.2mg/L+6-BA 0.2mg/L的培养基上分化幼苗。当幼苗成形后，再转接到只含萘乙酸（NAA）的生根培养基上，生根长叶。

（四）幼苗染色体加倍及移栽 待幼苗长出新根后，用0.25%秋水仙碱溶液浸泡48h，进行染色体加倍处理。48h后将幼苗取出，用自然水冲洗后移栽到花盆或苗盘中，置于温室进行培养。

（五）后代选择

1. H_1代的种植与选穗 单倍体一代（H_1代）采取了单穗选、单穗收，作为单倍体二代（H_2代）种植成穗行。

2. H_2代穗行鉴定与选择 将H_1代入选的单穗按穗行种植于大田，进行性状观察与鉴定，从中选择性状优良、生长整齐、符合育种目标的穗行。入选率10%左右。

3. H_3代穗系选择 将H_2代入选的穗行种成穗系圃，进行性状和产量鉴定，从中选择优良穗系，供参加品系鉴定和品种比较试验。

通过花药单倍体育种法育成花字系列燕麦新品种在生产上推广应用。

二、燕麦远缘杂交育种

杨才等（2003）报道了燕麦四倍体与六倍体的远缘杂交育种技术。

（一）杂交 四倍体大燕麦、六倍体裸燕麦分期播种。大燕麦进入抽穗期时去雄套袋。去雄后第2天和第3天采集裸燕麦的花粉进行两次授粉，并注射100mg/L的2,4-滴溶液0.1mL以提高成胚率和结实率。

（二）幼胚拯救 取12～15d的杂交颖果，在无菌状态于解剖镜下剥取幼胚。剥出的幼胚直接接种在MS培养基上培养，直接诱导幼胚分化成苗。也可接种于1/2 MS+2,4-滴2mg/L的培养基上诱导愈伤组织，愈伤组织经2～3次继代培养后，再在幼苗分化培养基上进行幼苗分化培养。

（三）幼苗移栽 当幼苗生长到3叶1心、有2～5条根时移栽到花盆中，置于18～22℃的温室内，在自然光照条件下生长。

（四）回交与选择 将组织培养获得的F_1代杂交种植株，与裸燕麦进行两次回交，得到的BC_2F_1进行自交繁殖种子。对BC_2F_2及其以后各代采取单穗选择的做法，直到性状整齐一致无分离后，进入测产试验。用该方法育成两个新种质的蛋白质含量分别高达24.4%和24.6%。证明燕麦属内不同种间的杂交，可以创造出具有特别优异性状的燕麦新种质。

三、燕麦雄性不育育种

1994年，山西省农业科学院品种资源研究所发现了皮燕麦隐性核雄性不育植株，并将皮燕麦雄性不育性转育到裸燕麦中，利用改进的不同类型雄性不育材料研制出高效、渐进式燕麦轮回选择杂交技术，建立了遗传基础丰富的轮回选择群体（崔林等，1999，2003，2010），并育成裸燕麦新品种品燕2号（刘龙龙等，2012）。1996年，河北省农林科学院张家口分院发现了裸燕麦显性核雄性不育株，以核雄性不育材料为桥梁，创建了“三个”动态基因库，从中选育出皮燕麦新品种冀张燕1号（杨才，2009）、裸燕麦新品种冀张莜12（杨晓虹，2012）。

四、燕麦分子标记辅助选择育种

我国燕麦分子标记辅助选择育种研究近几年才开始，处于起步阶段，主要在分子标记应用研究和分子连锁图谱构建方面取得了一些进展。

1. 分子标记应用研究 王矛雁（2004）利用随机扩增多态性 DNA（RAPD）标记对我国 8 个燕麦种共 21 份材料的遗传差异及类群划分进行了研究。邵秀玲等（2009）采用简单序列重复（SSR）分子标记技术对野燕麦群体的除草剂抗性和遗传多样性进行研究。徐微等（2009）用 20 对扩增片段长度多态性（AFLP）引物组合对 281 份栽培裸燕麦进行遗传多样性分析。耿广东（2009）采用相关序列扩增多态性（SRAP）标记验证野生二粒小麦与光稃野燕麦远缘杂种的真实性。张娜（2011）采用单核苷酸多态性（SNP）标记对化学诱变的燕麦 EMS（甲基磺酸乙酯）突变体 β 葡聚糖合成关键基因 *AsCsLF6* 进行了检测。

2. 分子连锁图谱的构建 徐微（2013）以元莜麦和 555 杂交得到的 281 个 F_2 代单株为作图群体，利用 20 对扩增片段长度多态性引物、3 对简单序列重复引物和 1 个穗型性状构建了一张大粒裸燕麦遗传连锁图。相怀军（2010）以燕麦坚黑穗病感病品种大明月莜麦与抗病品种品 7 号杂交的子二代 155 个单株为材料，进行了燕麦坚黑穗病抗性数量性状基因位点定位。王玉亭（2011）以裸燕麦品种 ZY 000050（766-28-2-1）与皮燕麦品种 ZY 001262（克兰努瓦尔）杂交的子二代 112 个单株进行了燕麦籽粒皮裸性基因的分子作图。

第六节 燕麦育种田间试验技术

燕麦不同育种阶段的田间试验技术如下。

（一）选种圃 选种圃种植选择育种中当选的单株后代，以及杂交育种中的 F_1 代、F_2 代和 F_2 代以后的分离世代。由于这个阶段的主要工作是从分离的群体中选择优良单株，种子量较少，因而一般不设置重复，行长为 2～3 m，行距可大些，行距不小于 33 cm，株距为 5 cm，一般每隔 9 行，即第 10 行种植对照以便比较和选择。在生长发育期间鉴定的主要性状有生育期、株高、抗病虫害性能、抗倒伏性以及其他对不良环境条件的反应等，一般不计产量。从优良的株系中选择优良单株，继续进行株行试验，而将性状相对稳定一致的优良株系，翌年升入鉴定圃。

（二）鉴定圃 鉴定圃种植选种圃入选的优良株行，以及上年鉴定圃“留级材料”，鉴定圃种植面积依种子数量、土地、人力、材料数目的多少而定。鉴定圃应设置 2 次重复，采用间比法，顺序排列，每隔 4 个小区设 1 个对照种。播种方式、田间管理等栽培技术措施，力求接近大田生产。鉴定圃的主要任务是了解参试材料的产量及其他优异性状，并对参试材料的特征特性做进一步的观察比较。通过田间观察记载、室内考种、产量计算，最后选出优良的品系进入品系比较试验。

（三）品系比较试验 品系比较试验种植鉴定圃入选材料或上年品系比较试验“留级材料”，种植面积和重复次数比鉴定圃要有所增加，小区面积一般为 10 m^2 左右，重复次数为 3 次或更多，参试品系数目一般以 10 个左右为宜，田间种植采用随机区组设计，栽培管理要求与当地生产条件相同，以便对参试材料做出正确的评价。因各年气象条件有所差异，除去较有把握的优良品系和有明显缺点的品系外，一般不要轻易决定取舍，品系比较试验每个品系通常进行 3 年。

（四）区域试验 在不同的燕麦自然区域进行区域试验，测定新品种的适应性、适应区域、产量潜力和稳定性，为新品种审（认）定提供基础数据。试验方法与品系比较试验相同。

（五）生产试验和多点试验 为了测试不同品系在不同的生态、耕作栽培条件下，以及接近生产水平的较大面积条件下的反应，在进行品系比较试验之后或同时，最好选择少数优良的品系，进行多点试验和生产试验。试验面积为 300～600 m^2，主要是对品种的丰产性、适应性、抗逆性等进一步验证，同时总结配套栽培技术，供品种推广应用时参考。

第七节 燕麦种子生产技术

燕麦是自花授粉作物，属于常规品种。种子一般分为育种家种子、原种和大田用种 3 级。

一、燕麦原种生产技术

燕麦原种是指用育种家种子繁殖1～3代种子，或按原种生产技术生产达到原种品质标准的种子。原种生产可采取三年三圃制方法。

（一）单株（穗）选择 选择纯度较高的大田用种种子生产田，最好是在原种一代、原种二代进行。为了便于选择，供选择的种植群体要大，播种宜稀，并采用优良的栽培技术，以利植株性状充分表达。依据植株健壮、丰产性好、抗病性强、生育期适当、籽粒饱满的标准选择典型植株（穗），分别收获、编号、考种，决选后的单株（穗）分别储藏，供下年进行株（穗）行鉴定。

（二）株（穗）行鉴定 将上年入选的单株（穗）稀植于株（穗）行圃，每株（穗）种一行或数行。根据株（穗）行的典型性和整齐度存优汰劣，入选株（穗）行混合收获，分别脱粒考种、单独储藏，供下一年进行株（穗）系比较。

（三）株（穗）系比较 上年入选株（穗）行各成为1个单系，分别稀植于株（穗）系圃，每系1个区。根据株系的综合表现存优汰劣。

（四）混合繁殖 将上年混合收获的种子种于原种圃，扩大繁殖。原种圃要求有一定的隔离条件，水肥条件好，采用稀植等技术以提高繁殖系数。收获前在田间除杂去劣，收获后单独脱粒、单晒、单藏。由此生产的种子就是原种。

二、燕麦大田用种生产、清选、运输和储藏

燕麦大田用种是用原种繁殖1～3代种子，用于大田生产。

（一）大田用种生产

1. 基地选择 除自然生态条件要能满足生产燕麦种子的需要外，基地还要具有良好的光照、温度、土壤、排灌等基础条件，有一支相对稳定的繁种技术队伍。

2. 种子田选择 前茬以马铃薯、豆科作物为好，种子田四周与其他作物，特别是其他燕麦田有2 m以上的隔离带，以防机械混杂和人为混杂。

3. 加强管理 做好按期播种、合理施肥、防治病害、去除杂草、适时收获等各个环节的管理工作，获得最大的繁殖系数。

4. 除杂保纯 在燕麦抽穗后，应该定期采取人工去杂措施，拔出杂株，保证大田用种纯度。大田用种生产各环节使用的工具在使用前都必须清理干净，收获时做到单收、单脱、单晒、单藏。

（二）大田用种清选和运输 燕麦种子清选加工的目的主要是清除混入种子中的茎、叶、穗和损伤种子的碎片、泥沙、石块等杂物，以提高种子净度和发芽率。运输种子时必须做好包装，以防种子受暴晒、受潮、发霉或受机械损伤、受冻、受压等损伤，以保持种子旺盛活力。

（三）大田用种储藏 种子入库前，要清净种子存放场地、库房，对所用工具和机械做到一个品种一次彻底清净，防止其他品种种子混入。用药剂对库房和机械设施进行处理，消毒密封72 h，然后通风24 h，方可使用。为了便于通风和随时检查种子，要适当留有通道。种子入库后要标明品种、种子数量、产地、产种年限、入库时间及室内各项指标检验结果。为了做好安全储藏工作，要定期检查库房温度的变化、防潮和通风，发现问题及时解决。

三、燕麦种子检验和标准

国家标准《粮食作物种子　第4部分：燕麦》（GB 4404.4—2010）规定了燕麦种子质量的指标，原种纯度不低于99.0%，大田用种纯度不低于97.0%，净度不低于98%，发芽率不低于85%，水分不高于13%。纯度、净度、发芽率、水分各项指标中有1项不达标的即为不合格种子。

（一）纯度鉴定 种子纯度鉴定的方法有种子鉴定和田间种植鉴定两种。

1. 种子鉴定 燕麦种子鉴定有形态鉴定和快速测定两种方法。形态鉴定是通过放大镜逐粒观察区分品种和异种。燕麦可以通过苯酚染色法进行快速测定，将燕麦种子浸在清水中18～24 h，用滤纸吸干表面水分，放入垫有1%苯酚溶液湿润滤纸的培养皿内（腹沟向下），对燕麦种子内外稃的颜色进行鉴定，将颜色不同的种子作为异种。

2. 田间种植鉴定　根据田间小区内植株形态进行鉴定。小区种植鉴定是鉴定品种真实性和测定品种纯度最常用、最可靠和最准确的方法。

（二）水分测定　测定种子水分的方法有低恒温烘干法、高温烘干法和高水分预先烘干法。燕麦种子水分测定常用高温烘干法。

（三）种子生活力鉴定　应用2,3,5-三苯基氯化四氮唑（简称四唑，TTC）无色液体作为指示剂，这种指示剂被种子活组织吸收后，接受活细胞脱氢酶中的氢，被还原成一种红色的、稳定的、不会扩散的和不溶于水的三苯基甲腊。据此，可依据胚和胚乳组织的染色反应来区别有生活力和无生活力的种子。

（四）种子净度检验　选取1 000 g种子，筛选出净种子，去掉杂质后称量，计算种子净度。

第八节　燕麦育种研究动向和展望

随着市场对燕麦产品的多样化、多元化需求的不断发展，急需选育出不同生态类型、不同成熟期、满足不同加工技术需要的优质粮用、饲用和粮饲兼用的专用型裸燕麦和皮燕麦新品种。因此传统育种技术与现代生物技术的有机结合将是我国燕麦专用新品种育种工作的必然趋势。

一、燕麦种质资源收集、评价和利用

燕麦种质资源研究，是种质创新的基础，是新品种诞生的源泉，也是发现和克隆功能基因的根本。收集、引进并评价燕麦种质资源的早熟、优质、抗逆、抗病等特性，利用分子生物技术对燕麦抗旱、耐盐碱、抗寒冷、光照不敏感、高β葡聚糖等优异种质基因进行评价、定位和克隆研究，为燕麦种质创新和品种选育提供基础保证。

二、燕麦专用品种的多重性选育目标

未来的燕麦育种目标将不仅仅是单独追求高产或优质，而是集高产、优质、专用、多抗、稳产于一身。燕麦新品种的专用性不仅应该考虑到粮用、饲用、粮饲兼用和加工技术要求等方面的综合需求，还应该考虑消费群体、市场定位、国际竞争等方面的技术需求。为此，根据燕麦专用品种的多重性需求，不断完善育种目标、创新育种方法、丰富育种理论，突出整合集成，充分利用燕麦特异性种质资源，利用品种间杂交、远缘杂交、诱变创新、组织培养、分子育种、倍性育种等手段，选育出适于不同生态类型和不同成熟期、满足不同加工技术需要的优质粮用、饲用和粮饲兼用的专用型裸燕麦和皮燕麦新品种。

三、生物技术在燕麦育种中的应用

随着生物技术的发展，生物技术将发挥越来越重要的作用，通过传统育种技术与生物技术的有机结合，发现、评价和克隆燕麦功能基因，用于改良燕麦产量、抗性、品质和加工性状，是燕麦科学研究的主要趋势之一。加强分子遗传学研究，有效地发掘新的基因资源，对目标基因进行标记，在育种早代进行分子标记辅助选择，有效提高选择效率，是今后燕麦育种的有效途径。此外，还可利用基因克隆、转基因技术等提高野生燕麦资源优异基因的利用率。

复习思考题

1. 试述我国燕麦育种发展的历程，并讨论燕麦育种的发展趋势。
2. 试述我国燕麦种植区划及各区育种目标。
3. 试述燕麦主要育种方向。
4. 举例说明燕麦特异的种质资源和燕麦育种中起过重要作用的种质资源。
5. 试述燕麦育种的主要途径和方法。
6. 举例说明燕麦杂交育种的基本程序。
7. 试述燕麦杂交育种的亲本选配原则和杂交技术。
8. 试述燕麦育种田间试验技术的要点和特点。
9. 试述燕麦原种生产技术和大田用种生产中应注意的环节。

附　燕麦主要育种性状的记载方法和标准

本标准参考《燕麦种质资源描述规范和数据标准》。

1. 播种期　播种期为实际播种的日期，以月/日表示（下同）。如果同一试验虽在同一天内没有播完，但相距时间不超过1d时，仍以开始播种的日期为播种期。

2. 出苗期　全试验区有50%以上的植株第1片子叶露出地面的日期为出苗期。

3. 分蘖期　全试验区有50%以上的植株第1分蘖露出叶鞘的日期为分蘖期。

4. 拔节期　全试验区有50%以上的主茎植株第1节露出地面1.5～3.0cm的日期为拔节期。

5. 抽穗期　全试验区有60%的植株顶部4～6个小穗露出剑叶的日期为抽穗期。

6. 开花期　全试验区有50%以上的植株顶部4～6个小穗开花的日期为开花期。

7. 成熟期

（1）乳熟期　全试验区有50%以上的植株穗的上中部籽粒，经挤压流出乳状浆液的日期为乳熟期。

（2）蜡熟期　全试验区有50%以上的植株穗的顶上中部籽粒为浅黄色并呈蜡质状态的日期为蜡熟期。

（3）完熟期　全试验区绝大部分植株籽粒变硬，手搓不碎，并表现应有的大小和色泽的日期为完熟期。一般以完熟期作为成熟期。

8. 收获期　收获的日期为收获期。当穗下部的大部分籽粒进入蜡熟时即可收获。

9. 全生育期　出苗至成熟期的日数为全生育期，以天（d）表示。

10. 幼苗习性　幼苗习性分匍匐、直立和半直立3种状态记载。

11. 分蘖

（1）固定样点总茎数和单株分蘖力　开始拔节时调查固定样点总茎数和单株分蘖力。在固定样点内数清总茎数。固定样点内总茎数除以总株数，即得单株分蘖力。

（2）有效分蘖率　蜡熟期在固定样点内进行有效分蘖率调查，也可结合考种进行调查。抽穗结实的分蘖为有效分蘖，有效穗数除以茎数即得有效分蘖率。

12. 抗寒性　用估计等级法调查植株或叶片受害程度来表示抗寒性，分轻、中和重3级记载。

13. 抗旱性　用估算等级法分三级记载抗旱性：1级为有轻微萎蔫，叶尖变黄；2级为植株约1/3的叶片萎蔫变黄；3级为植株约1/2以上的叶片萎蔫变黄。

14. 抗病性　在田间采用对角线定点的方法，确定有代表性的样点5个，分别数清样点内植株总数、病株总数，计算发病率，即发病率＝病株总数/植株总数×100%。

15. 抗虫性　根据不同害虫发生时期及危害程度，利用计算法或等级法加以记载。

16. 倒伏性　记载倒伏面积和程度。

（1）倒伏面积　记载倒伏面积比例，即倒伏面积比例＝全区倒伏面积总和/全区面积×100%。

（2）倒伏程度　倒伏程度分4级记载：1级，未倒伏；2级，植株与地面的倾斜度小于15°；3级，植株与地面倾斜度大于15°但小于45°；4级，植株与地面的倾斜度大于45°。

17. 单位面积株数　收获前在田间定点取样，取样点要有代表性。一般采用对角线取样法。根据地块大小取3～5点，进行测定，每个点取1m^2，将植株全部拔起，数清株数，并算出每点的平均株数，然后求出每公顷株数，即每公顷株数＝样点平均株数×10 000。

18. 株高　分别测量已考种植株主茎基部（根除外）至穗顶（不连芒）的长度（为株高），然后取10株平均值，以cm表示。

19. 穗型　根据花序的分枝与主轴之间的角度以及轮层形态记载穗型。一般分为周散型、侧散型和紧穗型3种。

20. 穗长　分别测量已定考种植株主茎穗基部至顶端（不连芒）的长度（为穗长），然后求10株平均值，以cm表示。

21. 小穗数　将已定考种的植株，分别计数主茎穗的结实小穗数和不孕小穗数（花梢）。主茎穗小穗数的总和除以主茎穗数即得每穗平均小穗数。

22. 花梢（不孕小穗）

（1）类型　花梢（不孕穗）有羽铃和空铃两种。

①羽铃：羽铃为小的膜状薄片，无叶绿素而呈白色，呈捻曲状或羽毛状，由护颖、内颖退化形成。

②空铃：护颖、内外颖完整、发育正常、色泽淡绿、大小与结实小穗一样，但没有雌蕊，发育不正常而呈空铃状。

(2) 花梢率 蜡熟期在田间固定样点内调查，数清样点内每株主茎穗的花梢数及结实小穗数，算出花梢率，即花梢率＝主穗花梢数/主穗小穗数×100%。

23. 每穗粒数 分别数出考种植株的主穗粒数，求其总和除以主穗数即得每穗粒数。

24. 单株粒数和单株籽粒质量

①单株粒数＝主穗籽粒数＋有效分蘖的籽粒数。

②单株籽粒质量＝主穗籽粒质量＋有效分蘖籽粒质量。以g表示。

25. 容重 每升种子的重量（质量），以g表示，可重复2次，取平均值。

26. 千粒重 不加选择地数出1 000粒种子两份，分别称其质量，即为千粒重。然后求出平均值，以g表示。

27. 产量 根据试验区面积实际产量折算成单位面积产量，以 kg/hm^2 表示。再与对照比较算出增产率或减产率或理论产量。

（任长忠、崔林、张宗文新编）

第五章 荞麦育种

第一节 国内外荞麦育种研究概况

一、国内外荞麦育种研究进展

（一）荞麦生产与分布情况 荞麦是蓼科荞麦属一年生草本双子叶植物，也称为乌麦、花麦、三角麦。荞麦起源于我国，是粮药兼用作物，富含蛋白质、脂肪、氨基酸、微量元素等营养成分，同时又含有丰富的黄酮类化合物，具有降低血糖、防止糖尿病的功能（孙庄荣，2001；朱瑞等，2003）。荞麦具有生育期短、适应性强、耐瘠等特点，在世界各地广泛种植。全球荞麦的年种植面积为$7.0\times10^6\sim8.0\times10^6$ hm^2，总产量为$5.0\times10^6\sim6.0\times10^6$ t，主要生产国有俄罗斯、中国、乌克兰、斯洛文尼亚、捷克、波兰、法国、加拿大、日本、韩国等。俄罗斯是世界荞麦生产大国，年种植面积为$3.0\times10^6\sim4.0\times10^6$ hm^2，占全球总播种面积的约一半，平均每公顷产量约为615 kg，总产量约为2.0×10^6 t。日本的年播种面积约为3.0×10^5 hm^2，平均产量约为750 kg/hm^2，总产量为$2.0\times10^5\sim3.0\times10^5$ t。我国荞麦种植面积和产量均居世界第二位，20世纪50年代，我国的荞麦种植面积曾达到2.0×10^6 hm^2，后来受到高产作物的挤压，播种面积大幅缩小，目前年播种面积保持在$7.0\times10^5\sim9.0\times10^5$ hm^2，总产量为$5.0\times10^5\sim6.0\times10^5$ t，单产约为688 kg/hm^2。我国有20多个省份种植荞麦，其中西南产区以种植苦荞麦为主，其他产区以种植甜荞麦为主。荞麦主要种植在边远地区、高原山区，可进行天然绿色食品生产。人们对绿色无公害食品的要求愈来愈强，为荞麦研究和发展带来了良机。

（二）荞麦育种研究概况 荞麦早期育种工作始于19世纪，国外主要针对甜荞麦育种，而我国育种工作包括甜荞麦和苦荞麦。目前从事荞麦育种的国家包括中国、俄罗斯、乌克兰、加拿大、斯洛文尼亚、日本等。采用的育种技术包括系统选育、杂交育种、多倍体诱变育种等。国内外荞麦育种家首先从改良地方品种入手，筛选和推广适应当地生态条件的不同品种，对提高荞麦单产起到了一定作用。随后，杂交育种方法在荞麦上采用，利用的亲本来自不同的地区甚至不同国家，杂交育种使荞麦单产有了进一步的提高，品种的遗传一致性也在增加，例如俄罗斯培育的Bezostaya 1，具有单产高、矮秆、花序大、分枝少等特点（Fesenko等，1992）。

我国荞麦育种工作也取得了很好成绩，主要是通过选择育种，培育出了一系列甜荞麦和苦荞麦新品种，例如六苦2号是从地方苦荞麦品种中采用系统选择育成的。荞麦杂交育种研究也有一定进展，主要是尝试了品种间杂交和种间杂交，由于存在配子不亲和现象，荞麦杂交成功率较低，有待通过完善杂交技术，进一步发展荞麦杂交育种技术。荞麦诱变育种比较成功，通过物理诱变或化学诱变，培育出了一系列新品种，例如用250 Gy ^{60}Co诱变地方品种五台苦荞育成了晋荞2号（吕慧卿等，2011）。总体而言，荞麦育种工作起步较晚，与其他作物相比，技术水平相对落后，单产水平也较低。荞麦新品种的推广利用效果不理想，仅占荞麦栽培面积的30%～40%，多数地区仍以种植农家品种为主，产量低；品种混杂退化严重。近年来，国家加大了荞麦研究投入，有力促进了荞麦育种工作的开展。

二、我国荞麦品种类型、生态区和推广品种

（一）荞麦品种类型 我国荞麦可分为甜荞麦和苦荞麦两大种类。甜荞麦为异花授粉，品种都是开放授粉的群体（群体品种类型），群体内遗传多样性非常丰富。甜荞麦品种主要分布在北方，用来加工面粉、制作面条等食品。苦荞麦为自花授粉，品种多为纯系群体（纯系品种类型），群体内遗传组成较一致，群体间差异较大。苦荞麦品种主要在西南地区种植，近年来在山西等北方地区发展也较快，除了农民自己消费外，主要用于加工苦荞麦茶、苦荞麦粉等产品。

在熟期方面，荞麦品种可分为早熟品种、中熟品种和晚熟品种。早熟品种一般生育期短于70 d，可用于

复种或灾后恢复生产，特别是在遭受旱灾、洪灾后，生长期已经很短时，早熟荞麦品种的救灾作用是非常大的。中熟品种生育期为70～90 d，晚熟品种生育期为90 d以上。

（二）荞麦生态区

1. 北方春荞麦区　本区包括长城沿线及以北的高原和山区，包括黑龙江、吉林、辽宁、内蒙古、河北、山西北、甘肃、宁夏和青海的部分地区。北方春荞麦区也是荞麦主产区，甜荞麦播种面积占全国甜荞麦播种面积的80%～90%。春季播种，一年一熟，其他作物包括燕麦、谷子、马铃薯、食用豆等。

2. 北方夏荞麦区　本区以黄河流域为中心，南以秦岭、淮河为界，西至黄土高原西侧，东临黄海，也是传统的冬小麦区。荞麦作为二茬作物，一般6—7月播种，荞麦播种面积占全国荞麦总播种面积的10%～15%，基本是一年二熟或二年三熟。

3. 南方秋冬荞麦区　本区包括淮河以南、长江中下游及其以南地区。本区地域广阔，气候温暖，无霜期长，雨水充沛，以稻作为主，荞麦于9—11月播种，面积不大。

4. 西南高原春秋荞麦区　本区包括青藏高原、云贵高原、川鄂湘黔的丘陵或秦巴山区南麓。本区海拔较高，生态地理环境复杂，云雾多，日照偏少，昼夜温差较大，以种植苦荞麦为主，一般一年一熟。

（三）荞麦主要推广品种　近20年来，我国有关研究单位培育了50多个荞麦新品种，并经过了国家级或省级审定，包括甜荞麦品种和苦荞麦品种。甜荞麦新品种包括平荞2号、吉荞9号、吉荞10号、美国甜荞、蒙822、榆6-21、晋荞1号、榆荞3号、榆荞4号、蒙87、宁荞1号、宁荞2号、定甜荞1号、定甜荞2号、信农1号、丰甜荞1号、威甜荞1号、平荞7号、庆红荞1号等。甜荞麦新品种的选育单位主要包括甘肃、吉林、宁夏、内蒙古、青海、陕西、贵州等省份的相关农业研究机构。

苦荞麦新品种包括西荞1号、西荞2号、西荞3号、黑丰1号、九江苦荞、晋荞2号、凤凰苦荞、塘湾苦荞、川荞1号、川荞2号、黔黑荞1号、黔苦2号、黔苦4号、黔苦荞6号、西农9920、昭苦1号、昭苦2号、晋荞3号、六苦2号、米荞1号、川荞3号、川荞4号、川荞5号、迪苦1号、晋荞麦5号、晋荞麦6号、六苦荞3号、凤苦3号、云荞1号、云荞2号等。苦荞麦新品种的选育单位主要包括江西、四川、云南、贵州、山西、陕西等省份的相关农业研究机构。

第二节　荞麦育种目标及重要性状的遗传和基因定位

一、荞麦育种目标

育种目标是根据生产需要对选育新品种的特性设计，育种目标正确与否直接影响育种工作的成败。育种目标不但涉及对亲本材料的选择，也影响采用的育种技术、选择技术和鉴定技术。因此荞麦育种工作必须事先制定明确的目标和方向。高产、稳产、优质、抗倒伏等是荞麦育种的重要目标性状，但不同产区对荞麦品种的特性也有不同要求。

（一）高产性　产量是一个品种在具体条件下生长发育的综合表现，主要受本身遗传因素影响，同时也受环境因素影响。产量性状包括单株产量和单位面积产量，两者之间有密切的关系。单株产量由单株粒数和单粒质量构成，同时也与分枝数、花序数等有关。单位面积产量由单位面积株数、单株粒数和单粒质量构成，育种选择时应兼顾这3个因素之间的关系，确保新品种在单位面积上实现株多、粒多和籽粒质量大。

荞麦籽粒的出米率是另外一项重要的产量指标，只有在籽粒产量和出米率都高的情况下，才是真正的高产。不同品种的籽粒出米率差异很大，主要取决于壳的薄厚。皮壳薄的品种出米率可达75%以上，甚至有高达80%以上的，皮壳厚的品种仅65%左右。

（二）稳产性　荞麦品种的稳产性是指在不同环境条件和不同年份间其产量变化幅度较小，能够保持均衡的增产效果。环境条件包括气候条件、耕作栽培条件等，对品种产量的稳定性影响很大。因此新品种应具备较强的抗逆性和适应性，主要表现在抗旱性、抗寒性、抗倒伏性、抗病性和耐瘠性方面。

我国荞麦生产集中分布在山区丘陵地带，土地瘠薄，干旱沙化，无霜期短，气候冷凉。因此在育种目标上，应选择对环境条件要求不严格，可塑性较大，耐寒、耐瘠、耐低温的品种。

（三）抗倒伏性　倒伏对荞麦产量影响较大。荞麦出现倒伏的原因很多，最主要的是秆偏高、秆偏软，遇风吹易倒伏；其次是株型，分枝过多、节数过多，也是发生倒伏的原因之一。抗倒伏性已经成为荞麦育种的重要目标之一，根系发达、主茎粗壮、植株高度适中、节间短、一级分枝较少的紧凑株型具有较强的抗倒伏能力。这样的株型能够使群体和个体协调发展，增强抗倒伏能力，提高水分、营养、光能利用效率。

根据我国目前荞麦生产条件和产量水平，抗倒伏的理想株型模式为植株高度约为 80 cm，秆较硬，主茎节数为 15 个左右，有效一级分枝为 3～5 个。

(四) 生育期 荞麦产区因自然条件、耕作栽培制度不同对品种的熟性要求也不同，育种上应注重选育具有不同生育期的品种，以满足不同地区不同栽培条件的需要。短生育期品种是提高土地利用率的理想填闲作物和复种作物。为避免或减轻早霜伤害及应对其他自然灾害，应加强荞麦早熟品种培育工作。品种的早熟性和高产性存在一定矛盾，生育期短则同化产物积累较少，单株生产力较低。选育中在注重早熟的同时，应加强丰产性的选择。

早熟高产品种的目标是生育期在 70 d 以内，植株稍矮，株型紧凑，抗倒伏性强。可以针对不同地区的无霜期长短实际情况，有针对性地培育中晚熟荞麦品种，以充分利用当地的光热资源，提高荞麦品种的单产水平。

(五) 优质和专用性 荞麦是新型健康食品，不但含有丰富的营养成分，而且含有功能性成分（例如黄酮类化合物），有利于人体健康，已引起广大消费者的高度重视。因此荞麦育种目标之一应是选育品质优良、功能性成分含量高的品种。除了要考虑有营养作用的蛋白质、脂肪、微量元素含量外，还应考虑具有功能作用的黄酮等生物活性物质的含量。

品种的专用性越来越受到重视。适合加工的大粒、薄壳、易脱粒、出米率高的粮用品种，抗病虫、叶厚大、深绿、味甘、枝叶鲜嫩、适口性好的菜用品种等，都是专用和特用品种。

二、不同产区对荞麦品种的要求

我国各地都有荞麦种植，各产区的气候条件、耕作制度等不同以及存在的问题不同，对荞麦品种的特性要求也不相同。

(一) 北方春荞麦区 本区是甜荞麦主产区，也有苦荞麦种植，特别是山西、内蒙古等地种植苦荞麦较多。耕作制度是一年一熟制，应以选育耐寒性强、耐旱、耐瘠、生育期在 90 d 以下的中熟或中熟偏早品种为主。

(二) 北方夏荞麦区 本区甜荞麦和苦荞麦都有种植，耕作制度以二年三熟为主，部分地区一年二熟，山区一年一熟。甜荞麦用于夏播，苦荞麦春播于高山瘠地。荞麦育种应以耐旱、耐瘠、早霜前成熟、生育期为 70 d 左右的早熟品种或中早熟品种为宜。

(三) 南方秋冬荞麦区 本区只有少量甜荞麦种植。耕作制度为一年二熟到一年三熟制。针对本区以选育早熟、高产、抗倒伏的荞麦品种为主。

(四) 西南高原春秋荞麦区 本区为苦荞麦主产区，也有一些甜荞麦栽培。耕作制度大部分为一年一熟制，小部分为一年二熟制，苦荞麦春播，也有夏秋播。要求的荞麦品种应具备耐寒、耐瘠、抗倒伏、抗病以及早、中、晚熟特性。

三、荞麦重要性状的遗传和基因定位

(一) 荞麦主要性状遗传 荞麦育种所关注的主要性状包括成熟期、株高、分枝、花色、落粒性、粒色、籽粒质量、营养成分含量、抗倒伏、抗病性、抗逆性等。这些性状中有些表现为连续变异，同时受基因和环境因素影响，例如株高、分枝数、营养成分等；另一些则属于质量性状，只受基因控制，不受环境影响，例如花色、粒色等。

对普通荞麦尖果、落粒性、红色茎秆的遗传规律研究表明，尖果对钝果相对性状在 F_2 代群体中表现 3∶1 的遗传分离模式，表明尖果性状（尖-钝）受单基因位点控制；落粒性和主茎颜色（红-绿）在 F_2 代群体中均遵循 9∶7 的分离模式，为 2 对显性互补基因的遗传模式（岳鹏等，2012）。

荞麦数量性状的遗传率高低将影响后代选择效果，可根据性状遗传率的高低确定相应的选择方案，以提高选择的效果和预见性。对苦荞麦主要性状的广义遗传率研究表明，生育期、千粒重、主茎节数、株高的遗传率比较高，均在 70%以上，说明这几个性状受环境影响较小，在早代就可以进行严格选择和淘汰。而单株质量、花序数、分枝数、单株籽粒数和单株籽粒质量等性状的遗传率较低，仅为 28.11%～58.74%，说明这些性状受自然环境和栽培条件的影响较大，在早期时代选择效果较差（唐宁等，1990）。对甜荞麦品种的主要农艺性状的研究表明，千粒重的遗传率为 98.60%，单株籽粒数的遗传率为 77.27%，第一分枝茎数的遗传率为63.04%（孟第尧等，1998）。

苦荞麦株高、千粒重等遗传率较高，早代选择效果明显；单株籽粒质量等遗传率低，应放宽选择标准，增加选择世代。单株籽粒质量虽然与产量高度相关，但遗传变异系数较小，直接选择效果差，可通过选择株高、单株籽粒数和千粒重来达到提高单株籽粒质量的目的（杨明君等，2005）。

荞麦落粒性是由脆花梗（易断裂）引起的。脆花梗在野生荞麦中被观察到，而在栽培荞麦中没有被观察到。研究发现，不断裂花梗是由两个独立遗传的互补的隐性等位基因 *sh1* 和 *sh2* 控制的（Matsui等，2003）。

（二）荞麦主要性状的相关性　荞麦主要性状的相关性对育种选择影响很大。研究发现，苦荞麦单株籽粒质量与单株籽粒数、株高成显著遗传正相关，而与千粒重、分枝数和主茎节数的遗传相关不显著。单株籽粒数与单株质量、分枝数、花序数、株高成显著遗传正相关，花序数与单株质量和分枝数也成显著遗传正相关，株高与单株质量和分枝数之间都成显著遗传正相关（唐宁，1989）。对苦荞麦主要农艺性状的遗传相关分析表明，株高、营养生长期、生育期、单株籽粒数、千粒重和单株籽粒质量的遗传相关达到显著水平。单株籽粒数、千粒重与单株籽粒质量的表现型相关为极显著正相关（吴瑜生，1995）。单株籽粒数与单株籽粒质量的相关系数可达0.994 4，千粒重与单株籽粒质量的相关系数为0.804（孟第尧等，1998）。一般性状的表现型相关显著时，遗传相关也显著。因此荞麦育种工作中可以通过表现型相关来选择相应的基因型。

（三）荞麦遗传连锁图谱与数量性状基因位点定位　遗传连锁图谱是通过遗传重组所得到的基因在具体染色体上的线性排列图。较早的荞麦遗传连锁图谱是日本科学家完成的，通过甜荞麦品种间杂交，利用分离的形态突变体以及同工酶标记，构建了第一张甜荞麦连锁遗传图谱，由7个连锁群组成，包含了70个形态特征基因和7个同工酶基因（Ohnishi等，1987）。采用扩增片段长度多态性（AFLP）标记分析了甜荞麦和野荞麦（*Fagopyrum homotropicum*）的杂交分离后代，分别构建出了甜荞麦和野荞麦连锁图谱，甜荞麦连锁图谱由8个连锁群组成，包含了224个扩增片段长度多态性位点；野荞麦连锁图谱也由8个连锁群组成，包含了214个扩增片段长度多态性位点（Yasui等，2004）。采用扩增片段长度多态性和简单序列重复（SSR）标记分析了甜荞麦及其野生祖先种（*Fagopyrum esculentum* subsp. *ancestrale*）杂交分离群体，分别构建出甜荞麦及其野生祖先种各12个连锁群，其中甜荞麦图谱包含131个位点、长度为911.3 cM，而甜荞麦祖先种图谱包含71个位点、长度为909.0 cM（Konishi等，2006）。

近年来，随着分子标记的发展，人们可以利用高密度遗传图谱进行数量性状基因位点定位。研究人员以栽培苦荞麦滇宁1号和苦荞麦野生近缘种杂交产生的分离群体，利用简单序列重复分子标记来构建分子遗传连锁图谱，包含15个连锁群，长度在6.9～165.8 cM，覆盖基因组860.2 cM，并分析和发现了与株高、分枝数、千粒重、叶长相关的11个数量性状基因位点，其中位于第6连锁群的 *qPH3* 对株高变异的贡献率达12.7%，位于第8连锁群的 *qBN3* 对分枝数变异的贡献率达10.8%（杜晓磊，2012）。

第三节　荞麦种质资源研究和利用

一、荞麦属分类

荞麦是蓼科（Polygonaceae）荞麦属（*Fagopyrum* Mill.）植物，染色体数 $2n=16$。1998年出版的《中国植物志》记载了我国分布的荞麦属植物10种和1个变种（李安仁，1998）。近20年来，我国科学家在我国西南地区相继发现了6个荞麦属的新种，日本学者也在该地区发现了8个新种、2个亚种。基于上述早期分类以及国内外学者的最新研究发现，荞麦属最新分类可归纳为24种、2个亚种和1个变种（表5-1）。

表5-1　荞麦属的24种、2个亚种和1个变种的学名和中文名称

序号	种	亚种或变种
1	*Fagopyrum esculentum* Moench.（甜荞麦）	subsp. *ancestrale* Ohnishi（甜荞麦祖先种）（Ohnishi，1998a）
2	*Fagopyrum tataricum* Gaertn.（苦荞麦）	subsp. *potanini* Batalin（苦荞麦祖先种）（Ohnishi，1998b）

（续）

序号	种	亚种或变种
3	*Fagopyrum urophyllum*（Bur. ex Fr.）H. Gross（硬枝万年荞）	
4	*Fagopyrum statice*（Levl.）H. Gross［长柄（抽葶）野荞麦］	
5	*Fagopyrum cymosum*（Trev.）Meisn.［*Fagopyrum dibotrys*（D. Don）Hara.］（金荞麦）	
6	*Fagopyrum gilesii*（Hemsl.）Hedberg［心叶（岩）野荞麦］	
7	*Fagopyrum leptopodum*（Diels.）Hedberg（小野荞麦）	var. *grossii*（Levl.）Sam.（疏穗小野荞麦）
8	*Fagopyrum gracilipes*（Hemsl.）Dammer ex Diels.（细柄野荞麦）	
9	*Fagopyrum lineare*（Sam.）Haraldson（线叶野荞麦）	
10	*Fagopyrum caudatum*（Sam.）A. J. Li，comb. nov［疏穗（尾叶）野荞麦］	
11	*Fagopyrum zuogongenes* Q-F Chen（左贡野荞麦）（Chen，1999）	
12	*Fagopyrum megaspartanium* Q-F Chen（大野荞麦）（Chen，1999）	
13	*Fagopyrum pilus* Q-F Chen（毛野荞麦）（Chen，1999）	
14	*Fagopyrum homotropicum* Ohnishi（齐蕊野荞麦）（Ohnishi，1995；Ohnishi，1998b）	
15	*Fagopyrum pleioramosum* Ohnishi（卵叶野荞麦）（Ohnishi，1998b）	
16	*Fagopyrum capillatum* Ohnishi（Ohnishi，1998b）	
17	*Fagopyrum callianthum* Ohnishi（Ohnishi，1998b）	
18	*Fagopyrum rubifolium* Ohsako et Ohnishi（灌野荞麦）（Ohsako 等，1998）	
19	*Fagopyrum macrocarpum* Ohsako et Ohnishi（理县野荞麦）（Ohsako 等，1998）	
20	*Fagopyrum gracilipedoides* Ohsako et Ohnishi（纤梗野荞麦）（Ohsako 等，2002）	
21	*Fagopyrum jinshaenes* Ohsako et Ohnishi（金沙野荞麦）（Ohsako 等，2002）	
22	*Fagopyrum polychromofolium* A. H. Wang，M. Z. Xia，J. L. Liu et P. Yang（花叶野荞麦）（夏明忠等，2007）	
23	*Fagopyrum densovillosum* J. L. Liu（密毛野荞麦）（Liu 等，2007）	
24	*Fagopyrum crispatifolium* J. L. Liu（皱叶野荞麦）（Liu 等，2007）	

荞麦起源于我国西南地区，经过长期的栽培和驯化，形成了两大类型，即自花授粉的苦荞麦和异花授粉的甜荞麦。苦荞麦主要在我国种植，甜荞麦在世界各地广泛分布。

二、荞麦种质资源收集和保护

早在 20 世纪 50 年代，我国就开始了荞麦种质资源的收集工作。同其他作物一样，首先在全国范围征集荞麦地方品种，并于 80 年代进行了补充征集，先后从全国各地收集到荞麦种质资源近 3 000 份。材料收集较多的省份包括四川（378 份）、山西（375 份）、陕西（298 份）、内蒙古（291 份）、云南（262 份）和甘肃（206 份）。在这些收集材料中，地方品种 2 869 份，育成品种（品系）6 份，野生种 100 份。此外，通过各种途径，从国外引进荞麦种质资源约 80 份，其中甜荞麦约 20 份，苦荞麦 60 份，主要来自尼泊尔、日本、朝鲜、俄罗斯等国家。近年来，主要通过重点地区考察以及征集育种家新品种（系）的形式，继续荞麦种质资源的收集工作。

荞麦种质资源的保存主要有中期保存和长期保存两种形式。中期保存主要分散在各有关单位，保存的荞麦种质资源材料主要用于分发、繁种和鉴定。长期保存由设在中国农业科学院的国家作物种质库负责。凡是入国家作物种质库进行长期保存的荞麦种质资源，都要在原产地进行两年的基本农艺性状鉴定，对鉴定数据进行整理和编目，同时繁殖足量和高生活力的种子入库保存。根据国家作物种质库要求，入库材料的种子量应达到 250 g 以上，发芽率在 85%以上（野生种为 70%），纯度为 98%以上，水分在 13%以下，并且要求种子无病虫损害，无破碎粒、无秕粒等。已经繁殖入国家长期库的荞麦种质资源近 3 000，有效地保护了我国荞麦种质资源。

三、荞麦种质资源鉴定和筛选

为促进荞麦种质资源的鉴定和评价，在中国农业科学院的组织下，研制了性状描述规范和数据标准（张宗文等，2007），用于规范荞麦种质资源的鉴定工作。荞麦种质资源农艺性状鉴定涉及形态特征、生物学特性、品质特性等。在形态特征方面，鉴定了植株、穗、花、籽粒等主要农艺性状；在生物学特性方面，鉴定了生育期、倒伏性、落粒性等；在品质特性方面，主要分析了蛋白质、脂肪、氨基酸、维生素、微量元素等的含量。对一些数量性状的鉴定数据分析表明，荞麦种质在株高、主茎节数、主茎分枝数、生育期、单株籽粒质量、千粒重、谷壳率、蛋白质、脂肪、氨基酸、维生素 E、维生素 PP 等性状上存在较大差异，甜荞麦和苦荞麦之间也存在较大差异。

形态性状鉴定结果表明，甜荞麦平均株高为 98.7 cm，最大值为 205 cm，最小值为 34 cm；苦荞平均株高为 104.7 cm，最大值为 200 cm，最小值为 36.2 cm。甜荞麦种质的千粒重（26.68 g）显著高于苦荞麦（19.30 g），甜荞麦最高千粒重可达 53 g，而苦荞麦最高千粒重仅有 33.5 g。荞麦种质在株型、茎色、叶色、花色、籽粒颜色、籽粒形状等性状上都有一定差异。株型主要有两种：紧凑型和松散型。茎色变异较大，包括淡红色、粉红色、红色、红绿色、黄绿色、绿色、绿红色、浅绿色、深绿色、微紫色、紫色、紫红色、棕色等。其中具有绿色茎秆的品种较多，占 50%以上，其次是淡红色，其他颜色的品种较少。叶色也有差异，主要有浅绿色、绿色和深绿色 3 种，其中以绿色为主，占 60%以上。花色较多，主要分白色、绿黄色、淡绿色、绿色、粉白色、粉色、红色等。籽粒颜色也非常丰富，最主要颜色包括浅灰色、灰色、深灰色、浅褐色、褐色、深褐色、灰黑色、黑色等，也有少量杂色品种。籽粒形状主要有长锥形、短锥形、心形、三角形、圆形等。通过农艺性状鉴定，筛选出了一批优良材料，例如早熟材料（生长期＜60 d）120 份，高单株籽粒质量材料（＞15 g）36 份，高千粒重材料（＞35 g）53 份。

荞麦种质资源的品质鉴定主要分析了蛋白质和脂肪含量，部分材料分析了 18 种氨基酸、维生素 E、维生素 PP 及硒、硼、铁、锰、锌、钙、铜等微量元素含量。通过筛选，发现了一批优异种质资源，其中高蛋白质种质（＞10%）71 份，高赖氨酸种质（＞0.8%）128 份，高脂肪种质（＞2.5%）97 份，高硒种质（＞0.2 mg/kg）76 份，高维生素 E 种质（＞2.5 mg/100 g）81 份，高维生素 PP 种质（＞6.0 mg/100 g）97 份。

四、荞麦种质资源遗传多样性分析

随着生物技术的发展，DNA 分子标记技术已经在荞麦遗传多样性研究中得到了广泛应用。有关学者利用随机扩增多样性 DNA（RAPD）分子标记对荞麦种质资源的群体间遗传多样性分析表明，分子标记能够有效揭示品种间遗传差异（Kump 等，2002），利用扩增片段长度多态度（AFLP）、随机扩增多样性 DNA 分子标记揭示了野生种和栽培种苦荞麦居群之间的系统发育关系（Sharma 等，2002；Tsuji 等，2001）。利用随机扩增多样性 DNA 分子标记分析了荞麦属不同种间以及种内的遗传差异，而且发现种间的遗传相似系数显著小于种内的遗传相似系数（王莉花等，2004）。简单序列重复间区（ISSR）分子标记的苦荞麦遗传多样性研究表明，云南苦荞麦地方品种间的遗传差异较大，贵州、湖北和云南的地方品种之间有明显的遗传差异

（赵丽娟等，2006）。采用随机扩增多态性DNA标记，构建了国内部分苦荞麦育成品种的指纹图谱，该技术能有效区分苦荞麦和甜荞麦群体（谭萍等，2006；许瑾等，2006）。利用自主设计合成的简单序列重复引物，对苦荞麦种质资源遗传多样性进行了分析，检测出等位基因85个，不同地理来源的苦荞麦种质资源的香农-威纳多样性指数为0.363 3～0.667 1，来自云南、四川和西藏的苦荞麦材料不但遗传多样性丰富，而且亲缘关系较近，进一步证实苦荞麦起源于我国西南部（韩瑞霞等，2012）。

五、荞麦种质资源在育种中的利用

我国有关单位利用优异荞麦种质资源开展了荞麦育种工作，通过系统选育、杂交育种等手段，培育出一批早熟、优质、高产、抗倒伏等综合性状优良的新品种，并通过了品种审定，例如甜荞麦有榆荞1号、榆荞2号、吉荞9号、吉荞10号等；苦荞麦有九江苦荞、西荞1号、川荞1号、凤凰苦荞、黑丰1号等。这些品种的育成与推广，在荞麦生产上发挥了重要作用，取得了良好的经济效益。

我国荞麦种质资源保存单位利用各种途径，向广大荞麦生产、育种和研究人员展示我国的荞麦种质资源。同时根据需求，积极向利用者提供荞麦种质资源，使其在生产、育种和其他研究中发挥出应有的作用。国家科学技术部建立了农作物种质资源共享平台，通过因特网发布了我国部分荞麦种质资源的相关信息，为索取和利用荞麦种质资源提供了方便。中国农业科学院国家种质库负责荞麦种质资源的长期保存和分发利用，并继续开展荞麦种质资源收集、鉴定和编目工作。

第四节　荞麦育种途径和方法

荞麦有甜荞麦和苦荞麦之分。甜荞麦为异花授粉植物，自交不亲和。甜荞麦花有两种类型，一种是花丝短花柱长的长柱花型，另一种是花丝长花柱短的短柱花型，自花传粉和同型花传粉出现不亲和现象，只有长柱花的花粉落在短柱花的柱头上，或短柱花的花粉落在长柱花的柱头上才能萌发，这种机制导致了甜荞麦异花授粉特性。因此甜荞麦在繁殖和选择过程中需要隔离，以免不同品系间相互传粉。隔离的方式可以是设施隔离，例如利用温室，每间温室种植1个品系；或者空间隔离，例如把不同品系分别种在不同的地块里，相互之间的距离应不小于200 m，距离越大隔离效果越好。甜荞麦可采用的育种方法有引种、自然变异选择育种等。苦荞麦属于自花授粉植物，在保持品种特性方面优于甜荞麦。苦荞麦可采用的育种方法有引种、自然变异选择育种、杂交育种、诱变育种等。

一、荞麦引种

引种是最简捷的育种途径，通常指从别的产区或国家引进荞麦品种或育种材料，经过当地试种、鉴定，从中选择出适合当地种植，产量明显高于当地品种，经审定在生产上推广利用的过程。实践证明，引种是利用外地良种较快地解决当地良种缺乏和丰富本地育种材料的有效措施，是一项简单易行、成本低、见效快的方法。例如九江苦荞、黑丰1号、7-2等荞麦品种都比当地品种增产，从引种、示范到推广，在短短几年时间里既解决了当地荞麦品种缺乏问题，也提高了当地的荞麦产量。在国外，日本的甜荞麦育种水平较高，主要是白花品种，具有抗病、抗倒伏、产量高等特点；俄罗斯、乌克兰等国家红花荞麦品种较多，适应性也较强。从这些国家引进荞麦品种有利于促进我国荞麦生产的发展。

甜荞麦适应范围较广，无论是从国外引进还是本国不同地区之间的引种都容易成功。苦荞麦是短日照作物，受光照时间长度和温度的影响较大，相似纬度、海拔地区之间引种容易成功。由南向北引种，植株变高，开花延迟，生育期延长；由北向南引种，植株变矮，开花提前，生育期缩短。因此由低纬度的南方地区向高纬度的北方地区引种，应选择早中熟品种，并适当早播，以便在早霜来临前成熟。由高纬度的北方地区向低纬度的南方地区引种，应选择中晚熟品种，并适当推迟播种时间。

荞麦引种一定要经过试验、示范、审定及推广程序，同时要做好病虫的检疫检验工作。

二、荞麦自然变异选择育种

自然变异选择育种是根据育种目标从现有品种和种质资源中选择优良变异单株，经多代系统选育形成的优良品系，再经品种比较鉴定，遴选育成新品种的育种方法。目前荞麦育种的主要方法是选择育种，包括混合选择、集团选择和单株选择。

(一) 混合选择法 混合选择法对甜荞麦和苦荞麦均适用。混合选择法是根据育种目标从现有品种或育种材料中，选出一定数量外形近似的优良个体（单株、单穗），进行混合收获、脱粒、再种植选择的一种育种方法。混合选择育种经过单株选择、混系比较、混系繁殖，一般 3～5 年就可以形成新品种。具体做法如下。

第 1 年，种植原始品种，在成熟期选择符合育种目标的优良单株，混合脱粒，形成 H_1 代群体（H 代表混合群体）。

第 2 年，种植 H_1 代群体，继续从中选择优良单株，混合脱粒，形成 H_2 代群体。

第 3 年，种植 H_2 代群体，继续从中选择优良单株，混合脱粒，形成 H_3 代群体。至此，H_3 代群体已经是一个稳定的群体，在下年度可以进行比较试验，包括与原品种和推广品种的比较，选择目标性状比原品种和推广品种显著改进的群体，参加品种区域试验。与此同时，可进行种子扩繁，用于生产示范。

混合选择获得的群体是由经过连续选择的优良单株组成的，其性状和纯度都有所提高，对改良单一性状（例如生育期、产量性状、植株形态特征等）有较好效果。

(二) 集团选择法 集团选择法对甜荞麦和苦荞麦均适用。集团选择法是根据育种目标在原品种或原群体里选择不同性状类型的优良单株，混合脱粒形成不同的集团，与原品种、推广品种进行比较、鉴定，形成新品种的方法。可依据株型、开花期、生育期、粒色等性状进行不同集团选择，3～5 年可以育成新品种。具体做法如下。

第 1 年，在原始群体中，按照不同生物学特性、形态特征等育种目标，选择相似的优良单株，同一性状的相似单株混合脱粒，分别形成若干群体或集团。

第 2 年，将上年入选的集团材料分成两份，一份用于小区比较，鉴定各集团材料与原品种、推广品种的区别，从中选出优良集团；另一份种在隔离区内繁殖，继续选择优良单株，混合脱粒用于下年播种。

第 3 年，将上年入选的优良集团相对应的隔离区内繁殖的种子分成两份，一份种成小区，继续和当地推广种进行产量比较，比当地推广品种显著增产的集团则参加品种产量比较试验、示范；另一份隔离种植，为下一年区域试验、生产示范提供种子。

集团选择法获得的每一个集团，实质上就是采用混合选择法选择获得的后代，同时突出了一些重要特性的选择，例如株型、开花期、生育期、粒色等。

(三) 单株选择法 单株选择适用于苦荞麦。单株选择法是根据育种目标从田间选择具有优良性状的变异单株，并连续严格选择优良单株的后代而培育新品种的方法。具体做法如下。

第 1 年，单株选择。在田间种植的原始群体中选择具有优良性状的变异单株。一般进行两次单株选择，第 1 次在盛花期，挂牌标记那些具有目标性状并且植株健壮的单株；第 2 次在成熟期，选择具有目标性状并且籽粒性状好、成熟一致的健壮单株。单株脱粒，分别保存备用。

第 2 年，株行试验。将上年入选的单株种子种成株行。每个单株种 1 行，每隔 10 行或 20 行种 1 行原品种及当地推广品种作为对照，生长发育期间根据育种目标对株行进行观察和评定，经测产、考种，明显优于对照的入选为株系。

第 3 年，株系比较。将上年入选株系的种子，按株系种成小区，每小区 3～4 行，行长为 5 m。采用间比法或随机区组排列，设 3 次重复，以当地推广品种为对照。在生长发育期间，做好植物学性状和生物学特性观察记载。开花期和成熟期进行田间评选。收获时取样考种，根据产量、考种结果以及田间记载和田间评选结果进行决选，选出最好株系作为品系，来年进行品系比较试验和扩繁种子。

第 4 年，品系比较。将上年入选为品系的种子，按品系种成小区，5～6 行区，行长为 5 m。采用对比法或随机区组排列，设 3 次重复，以当地推广品种的原种为对照，生长发育期间对主要经济性状和其他特性做全面细致的观察记载。收获后进行测产和考种。品系比较试验一般要进行 2 年，选择表现优异的品系，参加品种区域试验。

三、荞麦杂交育种

(一) 杂交亲本选配 杂交育种就是通过品种间杂交创造新变异而选育新品种的方法。杂交可使杂交后代的基因重组，产生各种各样的变异类型，是选育新品种的重要途径。杂交育种关键是亲本选配，选配亲本的一般原则是父本和母本之间能够做到优势互补、地理远缘、配合力高。

（二）杂交方式 杂交方式是由亲本的类型决定的，一般把适应本地、综合性状好的品种作母本，携带某些拟导入的目标优良性状的品种作父本。如果父本和母本均是优良品种，杂交后可直接进行选择和繁殖。如果育种目的是改良某品种的个别性状，杂交后需要以该品种作轮回亲本进行回交几代后，选择具有改良目标性状的个体。根据育种目标和亲本特点，可采用单交、复交、回交等不同的杂交方式。

1. 单交 单交又称为成对杂交，即两个不同品种间进行一次杂交。这种方法简单易行，当双亲的优缺点能够互补、性状与育种目标基本符合时，一般都采用此法。

2. 复交 复交又称为复合杂交，即选用两个以上亲本的多次杂交。复交可将几个亲本的优良性状集合在一起，但后代的遗传基础更加复杂，性状分离范围更大，不容易稳定，育成一个品种所需时间较长。应用复交时，一般应将综合性状好、适应性较强、有一定丰产性的亲本放在最后一次杂交，以便增强杂种后代的优良性状。

3. 回交 两个亲本杂交后所产生的后代，再与双亲之一重复进行杂交称为回交。参加回交的亲本，称为轮回亲本。回交用于恢复轮回亲本的优异性状。

4. 多父本混合授粉杂交 选择多个父本品种的花粉混合后，对一个母本品种进行混合授粉的杂交方法称为多父本混合授粉杂交。这种杂交方式是根据受精选择性和多重性原理进行的，其杂交后代具有较强的适应性和较高的生产力，并具有多个亲本的遗传性。

（三）杂交技术 荞麦的花器较小，做杂交较难。杂交分 3 步进行：整理花序、去雄和授粉。整理花序就是选择母本植株主茎上的花序，剪去下部已开过花的花序和上部尚未开花的花蕾，留中部 3～5 个即将开花的花序，并剪去花序上已开放的花朵。人工去雄在开花前 1 d 下午进行，用尖镊子细心除去花粉囊，并仔细检查花药是否去净、有无破损、柱头有无损伤（Wang 等，2007）。温水去雄是把花簇浸入 44 ℃温水中 3 min，然后套袋挂标签（Mukasa 等，2007）。授粉在母本去雄后 1～2 d 进行，从父本行里选择健壮植株采集花粉，用毛笔蘸上花粉，反复涂抹在已去雄的母本柱头上。授粉后立即套上羊皮纸袋。在母本植株上挂上纸牌，写明父本和母本名称及授粉日期。

（四）后代选择

1. 单株选择法（系谱法） 杂种一代（F_1代）为杂交成功得到的种子，种下去长出来的植株为杂种一代植株。杂种一代必须种植在良好的栽培环境中。杂种一代植株间的性状表现一致，没有分离现象，一般不选择，按组合单株收获、分别脱粒、保存。

杂种二代（F_2代）是性状分离世代，同一组合内单株差异较大，种植的行距、株距要适当大，以保证单株生长，便于选择。杂种二代是选育新品种的重要阶段，按目标性状进行选择，但选择不宜过严，以免丢失那些主要性状尚未在本世代充分表现出来的单株。

杂种三代（F_3代）是将杂种二代入选单株按组合、单株顺序种成株系，每隔 10 个或 20 个株系设 1 个对照区。杂种三代株系间的好坏比较明显，先选出优良组合，再在入选组合中选优良株系，对继续分离的优良株系再选单株。

杂种四代（F_4代）先按组合、后按株系、再按决选后入选的单株种成 1 个系统群，隔一定距离设置 1 个对照种。来自杂种三代同一株系的单株后代称为姊妹系，在选择时，首先选优良的系统群，再在优良系统群里选优良的系统，当该系统内植株性状基本稳定一致、不再分离时，可在该系统内选一部分优良单株，下年在隔离区内种成株系繁殖种子，供各类试验用种。在有分离的系统内选择的单株，下年再种成株行，即杂种五代（F_5代）。

杂种五代以后大部分系统已稳定，选择出的优良株行形成品系，可进行扩繁种子，参加品种比较试验和区域试验。

2. 混合单株选择法（混合法） 混合单株选择法即在杂种性状分离的早代不选单株选组合，以组合为单位混种、混选、混收，经过 4～5 代分离之后，整个杂种群体的主要性状已基本稳定不再分离，再从中选择单株或集团，进行鉴定、比较，形成新品种。

混合单株选择法简便易行，可以减轻低世代的育种工作量，能较多地保留杂交后代的变异个体。因低世代按组合比较产量，对遗传率较低的产量性状混合法选择比较可靠。

四、荞麦诱变育种

诱变育种是通过物理方法或（和）化学方法对荞麦种子进行处理，使农艺性状产生新变异来选育新品种和创造新种质的育种方法。

物理诱变法多采用^{60}Co γ射线辐照干种子，使性状产生突变。山西农业大学用^{60}Co γ射线辐照苦荞麦不同品种干种子，剂量为100～500 Gy，各剂量对苦荞麦的发芽率无明显影响，但对幼苗的苗高、根长及苗期的出苗率和株高的抑制效应随剂量的增大而增大，不同剂量的射线对成株性状影响最大的是株高，其次是主茎节数和一级分枝数，但对各品种间的影响程度不同，对单株籽粒数和单株籽粒质量无明显影响（申慧芳等，2002）。成都大学等单位用凉山额洛乌且地方种作材料，采用^{60}Co γ射线辐照剂量为300～400 Gy，利用0.1%秋水仙碱与二甲基亚砜混合液浸泡12 h、24 h，选出苦荞麦品种西荞1号和选荞1号（赵钢等，2002）。处理后各世代表现及选择方法如下。

第1代（M_1代），注意观察幼苗及其根系的生长发育，不进行选择，混合收获。

第2代（M_2代），变异出现最多，很多性状（例如株高、单株籽粒质量、千粒重、分枝数等）都发生了不同程度的变化，且诱变剂量不同性状的变异程度也不同。根据育种目标，从群体中选择优良变异单株。

第3～5代（M_3～M_5代），连续在变异单株后代中选择优良变异单株，使变异性状得到稳定遗传。

第6代（M_6代），选择稳定一致的优良变异单株，将相似或相近的单株合并成优良品系。

第7代（M_7代），繁殖优良品系，参加品系适应性试验和品种区域试验。

五、荞麦倍性育种

一般利用秋水仙碱处理，使染色体数目加倍获得多倍体。荞麦体染色体数$2n=2x=16$，加倍后变成同源四倍体，即$2n=4x=32$。1982年，陕西省榆林农业学校进行了甜荞麦多倍体育种研究，用秋水仙碱诱变陕西靖边荞麦，使染色体加倍成同源四倍体，经系统选育形成四倍体荞麦新品种榆荞1号。使用秋水仙碱溶液诱变多倍体的方法如下。

1. 处理干种子 挑选粒大、饱满的种子放在0.1%～0.3%秋水仙碱溶液中，18℃下浸泡24 h。

2. 处理发芽种子 把发芽2 d后的种子浸泡在0.1%～0.3%秋水仙碱溶液中，18℃下浸泡16 h。

3. 处理幼苗 当幼苗子叶展开时，用脱脂棉球放在两片子叶中间的生长点上，把0.1%～0.3%秋水仙碱溶液滴在棉球上，每次1～2滴，每天3～4次，以保持脱脂棉湿润，连续处理5～6 d。

经过处理的种子、发芽种子和幼苗，在播种和移栽后精心管理，生长发育期间精心观察和记载，为多倍体鉴定提供依据。

当代（C_1代）可根据细胞学观察和植株器官形态观察，确定是否为多倍体，将入选的多倍体植株按单株收获、脱粒、保存。

第2代（C_2代）种成株行与原品种比较，观察与原品种有无明显差别，从具有多倍体形态特征的植株中挑选优良单株，混合脱粒。

第3代（C_3代）开始可按混合单株选择法进行，即经过1～2次混合选择后，群体的性状趋于一致，结实率和籽粒饱满度都有了提高，再从混合群体中选择优良单株，分别脱粒。每个单株的种子分别播种于小区内，以便根据其表现进行遗传性鉴定，把那些结实率高、籽粒饱满、产量高的优良小区（也就是每个优良单株的后代）混合起来，然后再与前次混合选择的种子进行比较。

六、荞麦其他育种新技术

其他育种技术包括杂种优势利用、分子标记辅助选择育种技术、转基因技术、新基因发掘技术、测序技术以及远缘杂交技术。这些技术在一些大作物育种上已经取得很好进展，但在荞麦育种上尚未得到应用，将是下一步荞麦育种新技术研究的重点。

第五节 荞麦育种田间试验技术

（一）原始材料圃 原始材料圃主要种植从国内外收集的具有不同特点的种质材料，从中鉴定和选择用于育种的亲本材料。

（二）亲本圃（杂交圃） 亲本圃（杂交圃）是指开展杂交育种设立的亲本材料圃，主要供杂交使用，需要根据亲本材料的生育期，分期播种使花期相遇，并根据事先设计好的杂交组合，把父本和母本排列在相邻行，便于采集花粉和进行杂交工作。

（三）杂种圃 杂种圃主要种植上一年杂交成功的杂种一代（F_1 代），并同时种植父母本材料，根据父本和母本特征特性，鉴别杂种的真伪，收获真 F_1代植株上所结的种子。

（四）选种圃 选种圃种植 F_2～F_6代群体，经过株行比较和株系比较，选择优良品系，进行下一步的鉴定试验。

（五）鉴定圃 鉴定圃种植入选的优良品系，进行比较试验，选择满足目标性状的优良品系，进行品种比较试验。

（六）品种比较试验 对鉴定圃中选出的优良品系与推广品种做比较试验，筛选出比推广品种更好的品系参加品种区域试验，为品种审定（或登记）和推广做准备。

第六节 荞麦种子生产技术

一、荞麦原种生产技术

荞麦原种是指育成品种的原始种子，由原种田生产并与原品种的性状一致的种子。国家颁布的原种质量标准为苦荞麦纯度不低于 99%，甜荞麦不低于 95%；苦荞麦和甜荞麦净度不低于 98%，发芽率不低于 85%，含水量不高于 13.5%。

原种生产应在原种繁殖基地进行，用原种生产的种子定期更换生产用种，以保持和提高荞麦品种的纯度和种性。荞麦原种生产是一项技术性较强的工作，当品种纯度和特性退化时，可以通过株行圃、株系圃和原种圃的方式，恢复该品种的原有特性。具体做法如下。

1. 选择优良单株，建立株行圃 选择单株可在纯度较高、生长良好、整齐一致的种子田或大田中进行，根据原品种的特征特性，在群体中选择满足条件的单株，来年种植株行，形成株行圃。

2. 选择优良株行，建立株系圃 根据原品种特性要求，在株行圃选择具有原品种典型特性的株行，来年种植株系，形成株系圃，每个株系由多行组成。

3. 选择优良株系，建立原种圃 从株系圃选择与原种特性一致的株系，来年单独繁殖，形成原种圃。原种圃生产的种子作为该品种的原种保存或分发。

在原种圃生产原种的同时，还应进行原种比较试验，以鉴定原种的增产效果。生长发育期间，观察比较原种和对照种的生长势、生育期、整齐度、株型、分枝数、粒色、粒形、单株籽粒数、单株籽粒质量、千粒重等，并对小区产量进行分析，作为原种繁殖推广的依据。

二、荞麦大田用种繁育技术

荞麦大田用种繁育是指用常规种原种繁殖 1～3 代达到良种质量标准的种子（又称为良种），对新品种来讲是进行扩繁和推广的重要步骤。大田用种繁育应在大田用种繁育基地进行，可以选择土地和生产条件较好的地方建立荞麦大田用种繁育基地，统一生产荞麦新品种的种子，以保障该品种的纯度和种性。根据国家荞麦种子繁殖标准要求，苦荞麦大田用种的纯度不低于 96%，甜荞麦大田用种的纯度不低于 90%；苦荞麦和甜荞麦净度不低于 98%，发芽率不低于 85%，水分不高于 13.5%。

通过大规模繁殖新品种的种子，用纯度高、种性好的育成品种代替农家品种，将会大幅度提高荞麦的单产，从而提高荞麦种植户的收入。同时，大田用种繁育也有利于防止新品种的种子混杂和退化，以保持和提高良种的种性。大田用种繁育基地周边应不得种植其他荞麦品种，以防止混杂。如果是繁殖甜荞麦品种，一定要进行隔离。距离甜荞麦大田用种繁育基地 1 km 以内应不得种植任何其他甜荞麦品种，防止其他甜荞麦品种的花粉与繁殖的品种间杂交。即使是自花授粉的苦荞麦，也有一定的天然杂交率，如果同一地区同时种植几个品种，也极易引起品种的混杂和退化。为防止荞麦品种同地种植可能引起的混杂现象，应做好荞麦品种的区域化布局，一个区域最好只推广少数几个最适应本地的品种，逐步淘汰不适宜品种，通过品种的区域化布局使之相互隔离，以保持品种的纯度。

三、荞麦种子质量检验和储运

（一）种子质量检验 荞麦种子质量检验项目包括种子纯度、净度、发芽率、水分等。我国1999年制定了国家标准《粮食作物种子 第3部分：荞麦》，2010年进行了修订，标准号为GB 4404.3—2010。该标准规定了荞麦种子质量要求、检验方法、检验规则，适用于生产和销售的荞麦种子。种子质量级别以品种纯度指标划分，纯度达不到原种的指标降为一级大田用种，达不到一级大田用种指标的降为二级大田用种，达不到二级大田用种指标的即为不合格种子。净度、发芽率、水分各定一个指标，其中一项达不到指标的即为不合格种子。

（二）种子包装储运 荞麦种子包装储藏对保持其发芽率十分重要，可参照国家标准《主要农作物种子包装及储藏》进行。

第七节 荞麦育种研究动向和展望

一、适时调整荞麦育种目标

荞麦属于小宗作物，除了具有保障粮食安全作用外，更具有营养、保健特色，产业发展前景良好。荞麦单产很低，提高产量仍然是荞麦育种的主攻方向。可以通过选育结实率较高、抗倒伏能力强、抗落粒性强以及有限生长型花序的荞麦品种来解决。同时也必须认识到荞麦的特点，除了食用外还具有很好的保健作用，荞麦面粉和叶片中含有大量的黄酮类化合物，尤其是富含芦丁、槲皮素以及其他主要粮食不具有的微量元素。研究表明，荞麦食品、饮品具有明显降低血脂、调节血糖的作用。在荞麦新品种培育中，应加强优质专用品种的选育，例如选育高黄酮含量荞麦专用品种，能有效地满足荞麦加工和各类消费者的需要，同时提高荞麦的经济价值。例如荞麦四倍体的叶片、籽粒中的蛋白质、芦丁含量均比二倍体的高，具有很高的药用保健价值，可以通过多倍体育种培育荞麦优质专用新品种。与此同时，还应加强荞麦抗病和抗逆育种。随着气候变化，温度升高，病虫害越来越严重，出现干旱和极度干旱的地区也越来越多。因此在荞麦育种中应注重抗病虫和抗旱性选择，以适应不断变化的农业生态环境条件。

二、研究和应用新的荞麦育种技术

我国的荞麦育种工作取得了很好进展，不但培育出了一系列甜荞麦和苦荞麦新品种，在育种技术研究和应用方面也取得了进步。与其他作物相比，荞麦育种技术的研究和应用相对落后。杂交育种技术尽管在荞麦育种上已经得到应用，但因受杂交技术、选择技术的制约，几乎没有通过杂交方法选育的荞麦品种。我国有丰富的荞麦种质资源，野生近缘种较多，通过品种间杂交、种间杂交导入优良基因的潜力很大，应加强荞麦杂交育种研究，特别是荞麦杂交技术研究，包括杂种胚拯救技术研究。杂种优势利用也将是一项重要的荞麦育种技术。目前已有育种者利用同型花自交不结实原理，采用不同型花的品种作亲本，育成了品种间杂交种，单产水平明显提高，这为荞麦杂种优势利用研究奠定了基础。应进一步在父本和母本的纯化和保持、增强杂种优势方面开展研究。

随着生物技术的快速发展，单倍体育种、分子标记辅助选择、分子设计育种已经在一些大作物上得到应用，在荞麦上应加强这些先进育种技术的研究和应用。分子标记是进行分子设计育种的必备条件，也是进行遗传研究和基因发掘的主要工具。由于针对荞麦开发的分子标记很少，难以满足相关研究的需要。因此应加强荞麦分子标记的开发工作，包括简单序列重复（SSR）、单核苷酸多态性（SNP）等标记，为荞麦分子标记辅助育种和基因发掘提供手段。

三、发掘和创新荞麦种质资源

我国是荞麦主要栽培国家之一，拥有丰富的种质资源。经过几十年的努力，国内收集和国外引进共约3 000份荞麦种质资源。这些种质资源是荞麦育种和其他研究的重要基础材料。因此应加强对荞麦种质资源的研究，在完善荞麦种质资源收集、鉴定、编目、繁种和入库保存工作基础上，利用分子标记和基因序列信息，研究荞麦种质资源基因型分析技术，鉴别高产、优质、抗病、抗虫、抗逆等性状突出的荞麦种质资源，分析和阐明决定各优异性状的基因及基因型，为荞麦育种和其他研究提供种质材料和基因资源。

种质创新是荞麦育种的前期工作，应用远缘杂交、诱变、分子标记等技术，开展种质资源遗传基础拓宽工作，创造具有高产、优质、抗病、抗虫、抗逆等优异性状、遗传稳定的新种质，为实现新时期荞麦育种目标提供突破性新种质。

四、加强区域性荞麦育种研究

荞麦主要种植在我国的民族地区、高寒山区、边远地区。这些地区生产条件和气候条件各异，对荞麦品种特性要求也不一样。尽管我们已经培育了一批新品种，但因适应能力差等原因，荞麦新品种的推广应用效果并不理想，新品种的播种面积仅占荞麦栽培面积的30%～40%，多数地区仍以种植农家品种为主，这些品种产量低，混杂退化严重，不利于荞麦生产的发展和提高农民收入。因此应充分调研不同地区荞麦基本生产条件和需求，有针对性地开展荞麦育种，并与当地技术推广部门相结合，实现与农户直接对接，在当地试验并提供适合需求的荞麦新品种，使荞麦育种、良种繁育、推广应用以及市场销售形成有机产业链，把这些地区的荞麦资源优势转化为经济优势，为农民增收和地方经济发展做贡献。

复习思考题

1. 试述国内外荞麦生产和地域分布状况。
2. 试述苦荞麦和甜荞麦的授粉方式及相应的品种类型。
3. 我国4个荞麦生态区对荞麦品种的要求有何不同？
4. 试述荞麦的分类学地位、荞麦的起源地以及荞麦种质资源保存状况。
5. 荞麦主要育种目标性状有哪些？各性状遗传特点如何？
6. 荞麦育种途径有哪些？各有何特点？

附　荞麦主要育种性状的记载方法和标准

一、生育时期

1. 播种期　播种当天的日期为播种期，以“年、月、日”表示，格式为“YYYYMMDD”。下同。

2. 出苗期　子叶张开为出苗，50%的幼苗露出地面2mm的日期为出苗期。

3. 开花期　50%植株主茎的花蕾开放的日期为开花期。

4. 成熟期　植株上50%的籽粒成熟的日期为成熟期。

5. 全生育期　从播种第2天至成熟的天数为全生育期。

二、植物学特征特性

6. 幼苗叶色　幼苗时期的叶片颜色，分浅绿色、绿色和深绿色。

7. 株型　由分枝与主茎之间夹角的大小判定株型，分紧凑、半紧凑和松散。

8. 株高　从茎基部至主茎或最长茎顶端的距离为株高，单位为cm。

9. 主茎节数　主茎自地表起至顶端的总节数为主茎节数，单位为节。

10. 主茎分枝数　植株主茎上着生的一级分枝数为主茎分枝数，单位为个。

11. 茎色　植株主茎的颜色为茎色，分浅绿色、深绿色、淡红色和紫红色。

12. 主茎粗　植株主茎第1节和第2节之间中部的直径为主茎粗，单位为mm。

13. 叶色　叶色为植株主茎叶片的颜色，分浅绿色、绿色和深绿色。

14. 叶片长　植株主茎中部的叶片长度为叶片长，单位为cm。

15. 叶片宽　植株主茎中部的叶片宽度为叶片宽，单位为cm。

16. 叶片形状　叶片形状为植株主茎中部的叶片形状，分卵形、戟形、剑形和心形。

17. 花序性状　花期观察记载花序性状，分伞状疏松、伞状半疏松和伞状紧密。

18. 花色　盛花期观察记载花色，分白色、绿黄色和绿色。

19. 粒色　粒色即籽粒的颜色，分灰色、褐色、黑色和杂色。

20. 种子形状　种子形状即籽粒的形状，分锥形、心形（桃形）和三角形（楔形）。

21. 籽粒表面光滑程度　籽粒表面光滑程度分光滑和皱褶（粗糙）。

22. 籽粒长度　实测籽粒的长度，单位为mm。

23. 籽粒宽度　实测籽粒的宽度，单位为 mm。

24. 千粒重　千粒重为 1 000 籽粒的质量，单位为 g。

25. 单株籽粒质量　单株所结种子的质量为单株籽粒质量，单位为 g。

三、品质特性

26. 出米率　籽粒脱壳后的质量与籽粒脱壳前的质量比为出米率，以%表示。

27. 皮壳率　籽粒脱壳后壳的质量与籽粒脱壳前的质量比为皮壳率，以%表示。

28. 籽粒蛋白质含量　去壳籽粒的粗蛋白质含量为籽粒蛋白质含量，以%表示。

29. 维生素 P（总黄酮）含量　这是指去壳籽粒中苦荞麦总黄酮含量，以%表示。

四、抗逆性

抗逆性可鉴定荞麦的苗期抗冻性和耐高温性、芽期耐盐性、苗期耐盐性、耐旱性、耐涝性。可记录为强、中和弱。

五、抗病虫性

抗病虫性主要鉴定荞麦对蚜虫的抗性以及对轮纹斑病、褐斑病、细菌角斑病、霜霉病的抗性。可记录为高抗（HR）、抗（R）、中抗（MR）、感（S）和高感（HS）。

（张宗文新编）

第六章　玉米育种

第一节　国内外玉米育种的概况

一、我国玉米育种概况

玉米（maize 或者 corn）是我国最重要的禾谷类作物之一。1950 年，我国玉米种植面积为 1.289×10^7 hm^2，单产为 0.96 t/hm^2，总产为 1.2×10^7 t。1978 年我国实施改革开放政策以来，随着人民生活水平的不断提高，对玉米的需求愈来愈大，玉米的种植面积和总产逐年增加。2007 年，我国玉米种植面积达到 2.947×10^7 hm^2，首次超过水稻面积。2012 年，我国玉米总产达到 2.05×10^8 t，超过水稻总产，成为面积、总产第一的农作物。到 2013 年，我国玉米种植面积增至 3.632×10^7 hm^2（图 6-1），单产提高到 6.01 t/hm^2，总产达 2.18×10^8 t。玉米生产的快速发展为保障我国粮食安全做出了重要贡献。在玉米增产的诸多因素中，品种的贡献超过 40%。

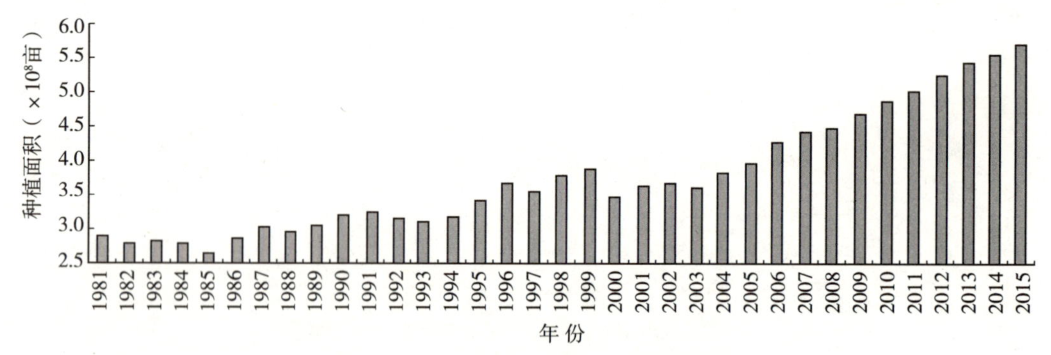

图 6-1　1981—2015 年我国玉米种植面积

（1 亩＝1/15 hm^2）

（引自《中国统计年鉴》及《中国农业统计资料》）

（一）我国玉米育种发展历史　玉米作为一种外来作物，大约于 16 世纪初引入我国，在我国已有约 500 年的种植历史。经过长期地驯化和人工选择，形成了我国独特的玉米地方品种。我国近代玉米优良品种的引种最早始于 19 世纪末 20 世纪初。1900 年，罗振玉从欧美引入玉米优良品种，设立种子田。直隶农事试验场于 1902 年从日本引入玉米良种。奉天农事试验场于 1906 年从美国引进 14 个玉米优良品种进行比较试验；北平农事试验场在 1927—1930 年，分别由美国引入优良玉米地方品种白鹤和金皇后在生产上大面积推广应用。1926—1949 年，是我国近代玉米育种的启蒙和创建时期。南京中央大学农学院赵连芳于 1926 年开始玉米杂交育种工作；之后，南京金陵大学农学院的王绶（1926）、北平燕京大学农学院卢纬民（1929）、河北省立保定农学院杨允奎等人（1930），先后开始了玉米自交系选育和组配杂交种的工作。20 世纪 30 年代中期，范福仁、杨允奎分别在广西和四川开始了系统的玉米自交系选育和杂交种选配工作。蒋彦士于 1946 年从美国引入一批自交系和双交种，吴绍骙于 1947 年在南京从事品种间杂交种的选育。1936—1940 年，北平燕京大学农学院沈寿铨选育的杂交种杂 236，比当地品种增产 47%；范福仁等选育的优良玉米双交种产量比当地品种增产 56%。然而不幸的是，由于当时国家正处在半殖民和半封建社会时期，这些玉米育种的成果都未能在生产上广泛应用。

中华人民共和国成立后，玉米育种工作取得长足进展。1950 年 3 月，农业部召开全国玉米工作座谈会，制定了《全国玉米改良计划（草案）》，明确提出培育玉米杂交种、利用杂种优势是玉米育种的主要途径和主要举措，为我国玉米育种确定了发展方向。我国玉米育种工作者在收集和评选农家品种的基础上，于 20 世纪50年代育成了400多个品种间杂交种，在生产上应用的有60多个，全国玉米品种间杂交种的种植面积达1.6×10^6 hm^2。1957年，李竞雄发表了《加强玉米自交系间杂交种的选育和研究》一文，进一步推动了玉米杂交育种的进展。20世纪50年代末到60年代初，玉米双交种新双1号、双跃3号等相继问世，尤以双跃3号，遍布全国19个省份，年种植面积达1.33×10^6 hm^2，累计种植面积高达1.0×10^7 hm^2，平均增产29%。

20世纪60年代初，河南新乡农业科学研究所张庆吉等育成了我国第一个单交种新单1号，累计种植面积1.0×10^7 hm^2以上，标志着我国玉米育种从以选育双交种为主转向以培育单交种为主的新阶段。由于单交种表现出生长整齐、增产潜力大等突出特点，全国各地开始大规模选育和推广单交种。其后，一些玉米科研单位先后育成了自330、黄早4等一批配合力高、抗病性和适应性强的优良自交系，同时还从美国引入了优良自交系Mol7等，组配出了包括中单2号在内的一批优良单交种，并在生产上大面积推广种植，大幅度提高了我国玉米的产量。

（二）我国玉米育种发展阶段 自1949年以来，我国玉米育种的历史可划分为3个主要的发展时期：农家品种改良及品种间杂交种利用（1949—1959年）、双交种利用（1960—1970年）和单交种利用（图6-2）。在各级政府的大力支持下，经过玉米科技工作者的共同努力，我国仅仅用了约15年时间完成了玉米单交种的基本普及。随着杂交种的利用，特别是单交种的大面积推广，玉米单产保持了持续增长的趋势。到20世纪后期，我国玉米单交种的普及率达到96%以上，使得我国玉米杂种优势利用保持在发展中国家的领先水平。在单交种推广种植时期内，我国玉米主产区新品种大致经历了6次更新换代，第一代代表品种是新单1号、群单105、白单4号等；第二代以吉单101、丹玉6号、郑单2号等为代表；第三代代表品种是中单2号、烟单14、丹玉13、四单8号等；掖单13、沈单7号、农大60等是第四代的代表品种；第五代代表品种有农大108、沈单10号、豫玉22、农大3138等；第六代代表品种是郑单958、浚单20等。每次新品种更新换代都带来了玉米单产的大幅度提高。

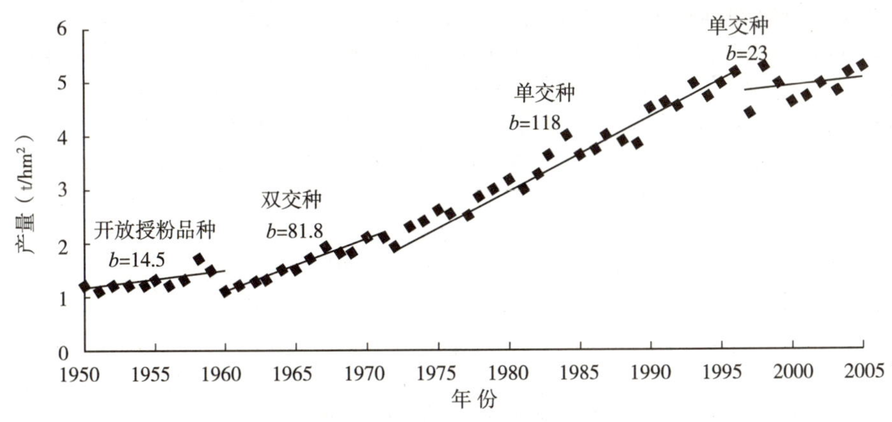

图6-2 1950—2005年我国玉米单产的变化趋势与育种发展时期

b. 回归直线的回归斜率

充分利用我国热带及亚热带地区冬季的温光资源，开展玉米自交系的异地选育是加快我国玉米杂交种选育进度的重要经验。吴绍骙于1956年根据中华人民共和国成立初期河南农学院与广西玉米研究所相互引种自交系和杂交种的实践经验，提出"把北方玉米材料在南方加速培育成自交系，以丰富杂交种的亲本材料资源"的设想，开展了自交系南北异地培育试验，初步证实了异地培育自交系对其主要性状和配合力没有不利的影响，肯定了南北异地进行玉米自交系加代育种的可行性。后来经过多方面的探索和实践，冬季到海南岛、广东、云南、广西等地进行玉米育种的加代繁殖，得到了普遍应用。这对于加快玉米育种进程与扩大新杂交种的推广利用，起到了很大的推动作用。

特用玉米是指具有特殊利用价值而不同于普通玉米的类型，包括甜玉米、糯玉米、高直链淀粉玉米、高油玉米、优质蛋白质玉米、青贮玉米等。由于历史的原因，我国特用玉米育种一直没有受到应有的重视，使我国特用玉米的育种水平远远落后于普通玉米。改革开放以来，随着我国人民生活水平的不断提高和玉米加工工业的蓬勃发展，特用玉米的市场需求越来越大，特用玉米育种越来越受到广泛的重视。我国的甜玉米育种工作始于20世纪60年代初期。20世纪80年代以来，中国农业科学院作物科学研究所、上海市农业科学院等单位先后培育了甜玉米品种农梅 1 号、甜玉 2 号等。近年来，我国甜玉米育种工作有了长足的进步，相继育成了一大批甜玉米新品种，其中包括上海市农业科学院的沪单系列、广东省农业科学院的粤甜系列、中国农业大学的甜单 8 号、华中农业大学的金银 99、华南农业大学的农甜 1 号、四川农业大学的荣玉甜 1 号等。据广东省农业厅的统计，1996 年我国甜玉米的种植面积仅有 2 000 hm^2，到 2013 年已经发展到 4.0×10^5 hm^2 以上。我国东南沿海及北方大部地区的人群有喜爱鲜食糯玉米的习惯，目前广泛推广的鲜食糯玉米品种有苏玉糯 1 号、中糯 1 号、垦黏 1 号、京科糯 2000 等。20 世纪 80 年代开始，中国农业科学院选育出了高赖氨酸玉米杂交种中单 201、中单 205 和中单 206，籽粒赖氨酸含量达 0.47%，产量比中单 2 号低 3%；中国农业大学培育的高油玉米杂交种高油 115 的含油量达 8%以上，比普通玉米高 1 倍。不同类型特用玉米的相继问世和推广，在优化种植业结构、推动农业供给侧结构性改革、推进农业产业化发展、提高农业效益、增加农民收入、改善人们的饮食结构等方面正不断发挥重要的作用。特用玉米已成为我国特色农业、效益农业和农业产业化发展的新亮点。

20 世纪 50 年代，李竞雄、杨允奎等开始 T 型雄性不育性的利用研究；60 年代初中国农业大学实现了双交种农大 7 号的三系配套，1966 年由于发现了 T 型雄性不育系比保持系更感小斑病而停止应用。此后的相当长时间里，我国玉米育种家先后发现了多种雄性不育材料，但由于种种原因均未能在育种中应用。华中农业大学刘纪麟长期坚持 S 组雄性不育系的研究，实现了华玉 1 号、华玉 4 号等的雄性不育化制种，在我国开创了利用 S 型雄性不育性的先河。中国农业大学于 20 世纪 90 年代通过体细胞无性变异筛选的方法获得了抗小斑病 C 小种的 C 型雄性不育系，并连续多年在黄淮海和西南等玉米区大面积推广应用。21 世纪初期，河南农业大学陈伟程等实现了玉米优良杂交种豫玉 22 的 C 型雄性不育系三系配套，并成功进行了产业化开发，取得了显著的经济效益和社会效益。

20 世纪 80 年代，在李竞雄等科学家的倡导下，利用群体改良方法开展种质改良和创新被列为国家重点攻关计划；多个玉米育种单位创建了多个综合群体，并通过多种轮回选择的方法对其进行了改良，在群体改良的过程中不仅培育出各具特色的改良群体，同时还选育了一批优良自交系，其中具有代表性的群体有：中综群体、豫综群体、辽综群体等。此外，我国还引进和驯化了一批热带和亚热带群体，并从引进的种质中选育出一批优良的自交系；四川农业大学荣廷昭从 Suwan-1 培育了热带玉米骨干自交系 S37，开创了我国热带种质资源育种利用的新阶段，极大地丰富了我国的玉米种质库，拓宽了种质资源的遗传基础。

20 世纪 80 年代以来，高通量单倍体加倍育种技术、分子标记育种技术和转基因技术等现代生物育种技术广泛应用于玉米育种领域，对推动玉米种业的快速发展起到了巨大的作用。

华中农业大学最先从美国引进玉米单倍体诱导系 Stock 6，四川农业大学在 20 世纪 90 年代就开展 Stock 6 的育种利用研究。中国农业大学国家玉米改良中心陈绍江教授自 20 世纪 90 年代以来，对利用玉米单倍体诱导系育种技术体系进行长期和系统研究，选育了生长旺盛、雄花分枝较多、散粉畅、诱导率近 8%的农大高诱系列诱导系，构建了包括诱导系选育、单倍体加倍技术、纯合二倍体高通量鉴别与选择、双单倍体系的管理在内的玉米单倍体育种技术体系，并已在我国玉米育种中广泛应用，成为我国大型玉米种业及主要玉米育种单位选育玉米自交系的常规方法之一。

中国农业科学院、中国农业大学、华中农业大学、四川农业大学等单位于 20 世纪 90 年代初，先后开始了利用分子标记开展玉米遗传育种的应用研究工作。他们利用分子标记技术，结合玉米产量特殊配合力（SCA）效应，对我国玉米自交系的杂种优势群的划分进行较为深入的研究，将我国长期利用的优良玉米自交系划分为 5 大杂种优势群。中国农业大学、华中农业大学、四川农业大学、河南农业大学等还利用分子标记技术开展玉米抗丝黑穗病、雄性不育新恢复基因、叶片夹角、抗纹枯病等重要农艺性状的数量性状基因位点定位和功能基因克隆研究。中国农业科学院开发了用于优质蛋白玉米（quality protein maize，QPM）育种的分子标记；中国农业大学与国际玉米小麦改良中心合作，发掘出提高玉米籽粒维生素 A 原含量的优良等位基因，开发了相应的功能分子标记，培育了高含维生素 A 原的玉米新材料，为解决贫困地区人口维生素 A 缺乏的社会问题带来了希望。中国农业大学与华大基因研究院、美国艾奥瓦大学和明尼苏达大学等单位合作，对 6 个中国重要玉米杂交组合骨干亲本进行全基因组重测序；该研究对认识玉米基因组的遗传变异提供了有重要价值的信息。

中国农业大学谢友菊在 20 世纪 80 年代后期率先把组织培养技术引入玉米育种程序，其后在此基础上，学习美国玉米转基因工程育种的成功经验，最先建立了较完整的玉米转基因工程技术体系，并于 1992 年获得了第一批转 Bt 基因的抗玉米螟的玉米新材料。四川农业大学于 20 世纪 90 年代，在玉米花药培养研究的基础上，先后开展了玉米抗纹枯病、耐旱及高淀粉转基因研究。最近，中国农业大学、中国农业科学院、浙江大学等单位在国家植物转基因重大专项的支持下，先后培育了抗玉米螟、抗草甘膦的转基因玉米新材料，并分别进入生产性安全评价和环境释放试验阶段。2021 年 1 月，农业部修改出台了农作物转基因新品种审定办法，开启了我国玉米转基因新品种的生产应用。截至 2021 年年底，已有 4 个抗虫、耐除草剂转基因玉米新品种获生产应用安全证书，包括 ND207、浙大瑞丰 8、DBN3601T 等。

二、国外玉米育种的历史与现状

美国是世界上玉米种植面积最大、总产最高的国家，2013 年玉米种植面积为 3.918×10^7 hm^2，单产为 9.01 t/hm^2，总产为 3.53×10^8 t。美国玉米育种经历了 4 个主要的发展时期，1930 年以前是天然授粉品种的改良时期，1930—1960 年为玉米双交种时期，1960—1990 年是单交种时期，1990 年以后进入了现代生物技术育种时期。每一次技术的转型都带来了玉米产量的显著增加，也推动了产业的迅速发展。

在美国近代玉米育种的历史上，经过人工改良比较优良的天然授粉品种有：瑞德黄马齿（Reid Yellow Dent，1850）、利民（Leaming Corn，1860）、兰卡斯特（Lancaster Sure Crop，1870）（现通常简记为 Lancaster）、明尼苏达 13（Minnesota 13，1890）、西北马齿（Northwester Dent，1900）等。

尽管达尔文是最早观察到杂种优势现象的科学家，但玉米杂种优势利用的系统研究真正开始于美国科学家萧尔（G. H. Shull）和伊斯特（E. M. East）。萧尔于 1908 年第一次提出自交衰退（inbreeding depression）和杂种优势（hybrid vigor）概念；他建议育种家利用自交方法从天然授粉品种中选育自交系，再利用杂交的方法恢复优势。在同一年代，伊斯特完成了同样的研究工作，也提出了类似的建议。20 世纪初期，在杂种优势利用理论的指导下，美国的公共研究机构开始了大规模的自交系选育和杂交种的组配。然而，由于当时自交系的产量太低，制种成本太高，单交种难以在实际生产中大规模推广。1918 年，琼斯（D. F. Jones）提出利用双交种解决当时单交种制种产量低的方案。双交种的制种产量比单交种至少提高了 20%，但由于其制种技术相对复杂，早期玉米双交种的推广速度仍较缓慢，玉米种植双交种的面积，1934 年仅占 0.14% 左右；然而到 1950 年，美国玉米带种植杂交种玉米达到 99%。早期大面积推广的双交种有伊利诺伊的双交杂种 384、詹金斯（Merle Jenkins）的 IA939 和 DK404A、先锋 P349 等。随着玉米双交种的逐渐普及，美国玉米的平均产量在 1942 年就达到 2 196.69 kg/hm^2。

20 世纪 20 年代前后，美国玉米育种急需解决的两个问题是：减缓自交系的严重衰退与培育强优势的杂交种。玉米遗传育种家当时所采用的方法是：利用遗传差异大的育种群体，以轮回选择方式改良群体，以及聚合影响玉米自交系生活力和生长势的优良基因，以有效提升自交系本身的生活力、生长势及产量，从而提高单交种开发的经济效益。斯普雷格（G. F. Sprague）和泰特姆（L. A. Tatum）于 1942 年第一次提出了自交系一般配合力（generally combining ability，GCA）和特殊配合力（speciality combining ability，SCA）的概念，开创了玉米配合力育种（combining ability breeding）。玉米杂种优势群（heterotic group）和杂种优势模式（heterotic pattern）的概念最早是在 1947 年美国中北部地区玉米改良年会上提出的，直到 20 世纪 70 年代才被广大玉米育种工作者广泛接受并真正应用到玉米育种。一般配合力及特殊配合力的概念和杂种优势群及杂种优势模式的观点，丰富了玉米杂种优势利用的理论，有效地简化了玉米育种程序，提高了种质资源管理的效率，特别是提高了杂交种育种的效率。随着一大批产量高、配合力高、农艺性状优良的自交系的培育，玉米育种实现了以单交种的选育为主。也正是由于单交种比双交种更加整齐一致，制种技术相对简单，单交种被迅速在生产中推广应用，玉米产量也得到了迅速的提高。单交种应用初期的 20 世纪 60 年代，美国玉米平均产量是 3 451.94 kg/hm^2，70 年代增加到 4 518.90 kg/hm^2，到 80 年代已经达到 5 711.39 kg/hm^2。据杜维克（D. N. Duvick）1992 年估计，遗传的改良贡献了美国玉米带产量增益的 55%。

自 1996 年抗虫转基因玉米在美国商业化种植以来，在世界范围内，转基因玉米种植面积迅速逐年扩大。据国际农业生物技术应用服务组织（ISAAA）资料，2013 年转基因玉米种植面积达到 5.1×10^7 hm^2，占全球玉米总种植面积的 32%。在欧洲，西班牙等 5 个国家共种植了约 1.48×10^5 hm^2 转 Bt 基因玉米，突破历史纪录，比 2012 年增长 15%；其中西班牙一个国家就种植了 Bt 抗虫转基因玉米 136 962 hm^2，种植率达到 31%，比 2012 年增长 18%，是欧洲联盟中转基因玉米种植面积最大的国家。当前，转基因玉米品种主要目标性状仍然是以耐除草剂、Bt 抗虫以及这两种性状的复合性状为主。同时，以工程化雄性不育利用性状

(SPT)、耐旱、抗逆等的转基因品种也已经开始规模化推广。

玉米杂交种的广泛应用，使以选育、生产、销售玉米杂交种为主的种子产业得以迅速发展。美国玉米种子产业的发展经历了4个不同的发展阶段。一是以公共研究单位为主体的玉米育种。美国赠地大学（主要是各州立大学）和美国农业部试验站的科研人员保持紧密的联系，以政府官员及大学教授职称的双重身份，负责玉米自交系选育、杂交种组配以及新品种推广。最早的玉米自交系主要是来自公立大学的科研成果，包括艾奥瓦州立大学的B14和B37、北卡罗来纳州立大学的N28、密苏里大学的Mo17、俄亥俄州立大学的Oh43等玉米自交系。二是种业参与的初期商业育种。1933年，曾任美国农业部部长的华莱士（H. A. Wallace）成立了先锋种子公司，开展了玉米商业化育种，同年推出第一个玉米单交种（Leaming×Bloody Butcher）。美国早期从事玉米杂交种种子生产的企业还有方克、迪卡等，方克于1925年推出第一个双交种，1936年育成了WF9×38-11等单交种。三是以种业为主的商业育种。随着1970年美国国会颁布了《植物新品种保护法》，私人种子企业加大了对育种的投入，企业逐渐成为玉米育种的主体。种业公司数量愈来愈少而规模愈来愈大，这成为那时代美国种业发展的重要趋势；20世纪30年代全美有种子企业3 500家，到60年代减少到2 000家，到1995年下降到500家左右，到2010年已不足100家。四是少数种业寡头控制的高度集中商业育种。自20世纪90年代初开始，随着孟山都完成对迪卡等公司的收购，以及杜邦并购先锋，美国种子产业进入一个高度集中阶段，杜邦-先锋和孟山都两家跨国公司在美国玉米种子市场的份额合计达到75%以上。

第二节　玉米育种目标和主要性状遗传

一、玉米育种目标

育种目标是育种工作者依据生产与产业发展需求、种质情况，以及技术改进的特点进行综合制定的，这不仅是一项技术工作，更显示出对育种工作的策略性管理艺术。玉米是异花授粉作物，现代玉米生产上主要是利用自交系间杂种一代，玉米育种程序中包含了选育自交系与组配杂交种这两个过程。因此应在玉米育种的总体目标的基础上，分别制定亲本自交系的选育目标与优良杂交种的育种目标。

Hallauer（1979）和Bauman（1981）通过对与育种有关的9个重要性状的分析，一致认为9个性状中，籽粒产量是最重要的，其次为抗病、抗虫以及熟期。这与我国玉米育种目标也基本相符。

根据我国目前玉米生产和育种现状，针对我国不同生态区玉米生产条件和产业发展对品种的需求，我国在当前乃至今后可预见的时期内，玉米育种总的策略为：重点选育高产稳产、品质优良、资源高效、环境友好、优质安全的优良品种；突破适合全程机械化的强优势玉米新品种的选育；大力选育适应玉米产业发展需要及满足人们生活水平提高需要的新类型（新品种）。

依据玉米在食用、饲用和加工等方面多用途特点，可分为普通玉米与鲜食玉米两大类。

普通玉米又可分为普通玉米、青贮玉米和优质玉米等3类。对于普通玉米，主要要求具有高产优质、高抗多抗、耐密抗倒、宜机收等特性。对于青贮玉米，主要要求具有“高产稳产、抗病抗倒、优质安全（干物质含量不低于30%，重金属镉、铅等低富集）”等特性。对于优质玉米，高赖氨酸玉米要求籽粒赖氨酸的总量不低于0.4%，单产可略低于普通玉米推广杂交种，不发生穗腐或粒腐病，抗大斑病和小斑病，胚乳质地最好为硬质型；高油玉米杂交种，籽粒中的含油量不低于7%，产量不得比普通推广种低5%或以上，抗病性同普通玉米。

鲜食玉米又可分为甜玉米和糯玉米，其总的育种目标为：优质安全，抗病抗虫，商品性好。对于甜玉米，适时采收的普通甜玉米乳熟期籽粒中水溶性糖含量不低于8%，超甜玉米则要求水溶性糖含量达18%以上，皮薄化渣，重金属镉、铅等低富集，还应分别符合制罐、速冻或鲜食的要求。对于糯玉米，干基粗淀粉含量达69%或以上，支链淀粉占粗淀粉总量的97%或以上，籽粒排列整齐，无明显秃尖，适口性较好。

我国地域广阔，自然条件复杂，玉米栽培遍及全国。根据生态生产条件、栽培耕作制度等特点，从南到北可将我国普通饲料玉米区划分为4个大的种植区：东北春玉米区、黄淮海夏玉米区、西南山地玉米区和西北干旱玉米区。各生态区的自然条件、栽培耕作制度、产业发展需求差异十分明显，还应根据各区的具体情况，适时制定适宜于本区实际的玉米育种目标［各区、各类型玉米育种的主要育种指标可参见国家和（或）有关省、直辖市、自治区玉米新品种审定标准］。需要特别强调的是，随着玉米生产水平的提高，同时为应对日趋严重的、不同生态区域存在的生物胁迫与非生物胁迫，在各玉米生态区内部，还要依据其不同的生态区域的生态特点，以及限制玉米生产的关键因素，遵循更充分利用基因型与环境互作的原则，制定更加科学的、特定生态区域的育种目标。

二、玉米主要性状遗传

有关玉米性状的遗传，已进行了大量的研究。现已明确，玉米的籽粒品质（甜度、糯性、不透明状）、胚乳物质的组成成分（蛋白质、脂肪、可溶性糖、淀粉等）、植株的某些形态特征（例如矮秆、无叶舌等性状）是由主效基因控制的质量性状，这些基因的表达受环境的影响很小。还有许多性状是由微效多基因控制的数量遗传性状，受环境条件影响较大。另有许多性状则受主效基因和多基因的共同控制。

这里介绍玉米产量性状、籽粒性状和植株性状的遗传；抗病性状的遗传规律见本章后面玉米抗病育种的相关部分；玉米性状遗传更完整更详细的内容请参阅华中农业大学刘继麟编著的《玉米育种学》（2000，第二版）和 Sprague 等编著的 *Corn and Corn Improvement*（1988）的相关部分。

（一）玉米产量性状的遗传　玉米产量是数量性状。产量构成因素，包括果穗长度、穗行数、行粒数、籽粒质量、单株果穗数等，也都是数量性状。Hallauer 等（1981）对一些数量性状的遗传率（h^2）的估计值做了归纳（表 6-1）。籽粒产量与产量构成性状的遗传率（h^2）较低。

表 6-1　玉米 17 个性状遗传率（h^2）平均估计值

（引自 Hallauer，1981）

性状	遗传率（h^2,%）	性状	遗传率（h^2,%）
籽粒产量	19	籽粒含水量	62
果穗长度	38	至开花天数	58
穗粗	36	株高	57
单株果穗数	39	穗位高	66
每穗行数	57	分蘖数	72
每穗粒数	42	苞叶伸长	50
穗质量	66	苞叶落痕	36
着粒深度	29	含油率	77
茎粗	37		

1. 果穗长度　果穗长度的遗传是多种遗传效应互作的结果。在穗长的遗传中，以基因显性效应为主，遗传率较低。玉米大多数杂交组合 F_1 代的果穗长度都表现出明显的超亲优势，其优势指数在 16%～56%。果穗长度与每行籽粒数是紧密相关的，果穗长则每行籽粒多，因而每行籽粒数的遗传也是多种遗传效应互作的结果，且以基因显性效应为主，基因加性效应所占的比重较小。

2. 每穗行数　玉米每穗行数的遗传较为稳定。在每穗行数的遗传中，基因加性效应占主导地位。大量杂交试验表明，杂种 F_1 代果穗的每穗行数介于亲本之间，杂种优势不明显。育种工作中，如要选育出每穗行数较多的杂交种，则双亲的每穗行数也必须较多。

3. 单株果穗数　玉米单株果穗数的遗传，主要取决于基因加性效应，其杂种 F_1 代基本上不表现出杂种优势。

4. 籽粒质量　玉米籽粒质量的遗传，其基因的加性效应较大，但显性效应也很明显，遗传率（h^2）中等。玉米杂种 F_1 代籽粒质量的优势很明显，超亲优势也很突出；但 F_1 代的籽粒质量优势与双亲籽粒质量差异的大小有密切的关系。当亲本籽粒质量的差异较小时，F_1 代的籽粒质量的优势较低；亲本间的籽粒质量差异较大时，则 F_1 代的籽粒质量优势较大。

（二）玉米籽粒性状的遗传　玉米籽粒性状的遗传除果皮属母体组织外，有的主要与胚乳有关，以受胚乳基因型控制为主；有的主要与种胚有关，受种胚基因型控制。当然，有的还可能受母体基因型的影响。

1. 籽粒类型的遗传　玉米籽粒根据其形状、胚乳的质地可分为不同的类型，它们大多呈简单遗传，由

1 对或 2 对基因控制，除普通玉米（即马齿型或硬粒型）呈显性遗传外，其他类型均呈隐性遗传。

（1）糯质玉米　糯质玉米是由 1 个隐性基因突变及自交纯合而产生。当核基因为 $wxwx$ 时，胚乳表现为糯质，胚乳中几乎 100%为支链淀粉，胚乳像均匀的大理石一样，较硬；用 I_2-KI 染色呈红棕色。普通玉米（基因型为 $WxWx$）与糯玉米（基因型为 $wxwx$）杂交时，由于胚乳直感，杂交当代果穗上的籽粒就为普通型，F_1 代植株上果穗的籽粒出现 3 普通（非糯）：1 糯的分离比例。Wx 基因位于玉米的第 9 染色体上（9.03）。

（2）甜质玉米　甜质玉米有普通甜玉米和超甜玉米之分。前者在蜡熟期前籽粒中可溶性糖含量在 8%～12%，后者则可达 18%以上。普通甜玉米是由隐性纯合基因 su_1su_1 或 su_2su_2 控制，这两种基因型的玉米成熟籽粒多具有较好的透明度，而且呈皱缩不规则的形状，极易区别于其他类型的玉米籽粒。su_1 基因位于玉米的第 4 染色体（4.05），su_2 基因则位于玉米的第 6 染色体（6.04）。超甜玉米是由纯合隐性基因控制，具 sh_2sh_2 基因型的玉米籽粒，在蜡熟期前像充满流质的液囊，淀粉较少，可溶性糖含量很高，而且变成高糖含量的时间比普通甜玉米长，蜡熟期其籽粒开始皱缩，成熟时种子呈明显的凹陷，表面结构粗糙。sh_2 基因位于玉米的第 3 染色体（3.09）。

普通甜玉米和超甜玉米与普通玉米（马齿型或硬粒型）杂交时，由于胚乳直感，杂交当代果穗为普通非甜玉米，F_1 代植株自交的果穗上的籽粒呈现 3 普通（非甜）：1 甜的分离比例。甜质基因不同的玉米，其籽粒的表现型不一。$Su_1_Sh_2_$为普通玉米，$su_1su_1Sh_2_$为普通甜玉米，$Su_1\_sh_2sh_2$ 为超甜玉米，$su_1su_1sh_2sh_2$ 则介于普通甜玉米与超甜玉米之间。普通甜玉米的自交系中也发现有类似于 sh_2sh_2 含糖量高的材料，后来证明这是由 1 个加强糖分的隐性基因 se（sugary enhance）控制的。se 基因是 su_1 基因的主效修饰基因，只有在 su_1su_1 的遗传背景下才能表达，但 se 基因与 su_1 基因是独立遗传的。此外，位于第 5 染色体上的 bt_1（5.04）和第 4 染色体上的 bt_2（4.04）基因也有甜质的作用。

（3）粉质玉米　粉质玉米是由位于第 2 染色体上的粉质胚乳基因 fl（2.04）控制的。该基因使胚乳不透明、松软。fl 基因有剂量效应，当马齿型（或硬粒型）玉米与粉质玉米杂交时，杂交当代籽粒并不出现直感现象，而是在 F_1 代植株的果穗上分离出比例相等的马齿型（或硬粒型）与粉质两种类型的籽粒。由于 fl 基因的数量不同，引起胚乳不同性质的表现，$flflfl$ 和 $Flflfl$ 表现为粉质，$FlFlfl$ 或 $FlFlFl$ 为马齿型（或硬粒型）。

不同类型玉米之间杂交，其遗传表现亦不同。糯质玉米与甜质型杂交时，杂交当代果穗上的籽粒表现为粉质，F_1 代植株果穗上的籽粒呈现 9 粉质：3 糯质：4 甜质的比例分离，其中有基因的互补效应。粉质玉米与糯质玉米杂交时，F_1 代籽粒为粉质，F_2 代则出现了 3 粉质：1 糯质的分离。

控制胚乳的不透明和粉质特性的基因有 O（4.00）、O_2（7.01）、O_5（7.02）、O_7（10.06）、fl（2.04）、fl_2（4.04）、h_1（3.02）和 wx（9.03）等，任何 1 对基因为隐性纯合状态时都具有不透明的胚乳，其外观和结构为粉质型。利用 O_2、O_7 和 fl_2 基因对改进蛋白质中的赖氨酸和色氨酸成分很有成效，蛋白质成分的改变不仅与 O_2、O_7 和 fl_2 基因有关，而且与 su、sh_2、bt 和 bt_2 基因的修饰也有关系。

2. 籽粒色泽的遗传　籽粒的色泽受果皮、糊粉层和淀粉层 3 个部分的影响。

（1）果皮　果皮颜色性状的遗传主要受果皮色基因 P 和 p 与褐色果皮基因 Bp 和 bp 所控制。

果皮颜色性状的遗传主要受两个基因位点控制。位于第 1 染色体上的 p 基因位点有 3 个复等位基因，分别为 P、Pv 和 p；位于第 9 染色体上的 bp 基因位点有两个等位基因，分别为 Bp 和 bp。基因型为 $P_Bp_$的，果皮呈红色；基因型为 $Pv_Bp_$的，果皮呈花斑色；基因型为 P_bpbp 的，果皮呈棕色；基因型为 $pp__$的，果皮呈白色。

果皮色无花粉直感作用，因果皮是由子房壁形成的，属母体组织，故果皮色泽决定于母体基因型。玉米的马齿型（$D\_$）与硬粒型（dd）性状也属果皮性状，通常当代并不立即表现出花粉的影响，而是在 F_1 代植株果穗的籽粒上才表现出前者为显性，后者为隐性。

（2）糊粉层　糊粉层颜色性状有紫色、红色、白色等，主要为 7 对基因所控制，其中花青素基因 3 对：A_1a_1（3.09）、A_2a_2（5.04）和 A_3a_3（3.08），糊粉粒色基因 3 对：Cc（9.01）、Rr（10.06）和 $Prpr$（5.06）；以及色素抑制基因 Ii。当 A_1、A_2、A_3、C、R 和 Pr 位点均有显性等位基因存在，而抑制基因又是呈隐性纯合时，则表现为紫色（$A_1\_A_2\_A_3\_C\_R\_Pr\_ii$）。当 A_1、A_2、A_3、C 和 R 位点均有显性等位基因存在，而 pr 及抑制基因 i 呈隐性纯合时，则表现型为红色（$A_1\_A_2\_A_3\_C\_R\_prprii$）；当所有色素基因均为显性，抑制基因 I 也为显性状态时，则表现为白色。其显隐关系为紫>红>白。

(3) 淀粉层 胚乳淀粉层颜色性状，有黄色胚乳（$Y\_$）与白色胚乳（yy）之分，由 1 对基因控制。普通常见的黄玉米和白玉米即为这一层的颜色。前者为显性，后者为隐性。

(4) 胚尖 胚有紫色胚尖（$Pu\_$）和无色胚尖（$pupu$），主要受 1 对基因控制。紫色胚尖（$Pupu$）属于当代显性性状，可用于检查籽粒是否为孤雌生殖的标记性状；无色胚尖为隐性。

糊粉层和淀粉层（胚乳）均有花粉直感现象，但必须是父本为显性性状时才能表现出来，父本为隐性时不能表现。父本为隐性时，用杂合株自交则胚乳性状在 F_1 代植株的果穗上即可分离出来，例如黄胚乳×白胚乳的 F_1 代植株的果穗上即可分离出黄色和白色籽粒。

3. 籽粒其他品质性状的遗传

(1) 赖氨酸含量的遗传 美国 Mertz（1964）发现，Opaque-2 受隐性基因控制，并测定出 Opaque-2 中赖氨酸含量比普通玉米高 70%，普通玉米每 100 g 蛋白质含赖氨酸 2.54 g，而 Opaque-2 含赖氨酸达 3.40 g，且色氨酸的含量也较高。其后，还发现突变体 fl_2（Nelson 等，1965）、O_7（McWhirler，1971）等的单基因控制着胚乳内整个蛋白质谱平衡的变化，使其朝着人类有利的方向改变。Misra 等（1972）报道，不仅 O_2、O_7、fl_2 基因具有改变蛋白质的潜能，而且甜质基因 su_1、sh_2 等也具备这种潜能。影响玉米籽粒胚乳品质的还有 *ae*、*al*、*du* 等基因，它们均为隐性突变基因，且产生的表现型也互不相同，这些基因间还有互作效应。

(2) 含油量与脂肪酸组成的遗传 玉米籽粒品质的另一个方面是含油量及其脂肪酸的组成。玉米籽粒中的油脂主要存在于种胚中，而胚乳中含量很少。玉米籽粒的含油量有较为广泛的变异，对 342 个美国自交系的含油量分析表明，含油量的变幅是 2.0%～10.2%（Alexander 和 Creech，1976）。经过 76 个世代选择的伊利诺高油品系（IHO）和低油品系（IHL）的含油量，分别是 18.8%和 0.3%（Dudley，1977）。含油量的变异大部分是可以遗传的。Bauman 等（1965）研究发现，F_1 代和 F_2 代家系籽粒的含油量相关系数平均为 0.75，其相关系数变化为 0.54～0.84。含油量的遗传受到许多基因的控制，至少有 55 对基因与含油量有关。在这些基因中，既存在高油对低油是显性的，也有低油对高油是显性的现象（Dudley，1977）。Miller 等（1981）对轮回选择群体 Reid Yellow Dent 含油量的分析表明，基因加性效应的遗传变异显著，而基因显性效应的遗传变异不显著，即基因加性效应对含油量的影响比显性效应大。

玉米油品质的高低还取决于各类脂肪酸的相对比例，而各类脂肪酸的含量同样受遗传的控制。对于软脂酸、油酸和亚油酸，基因加性效应起着最重要的作用。各种脂肪酸的含量除了受到多基因体系的控制外，同时还与某些主效基因的作用有关。在第 4 染色体的长臂上，有 1 个控制高亚油酸的隐性基因，第 5 染色体的长臂上有 1 个影响亚油酸和油酸含量的基因（Widstrom 和 Jellum，1984）。Jellum 和 Widstrom（1983）的研究证明，来源于尼泊尔地方品种的 3 个自交系，带有 1 个高硬脂酸的隐性基因，它可以使硬脂酸含量提高到 10%，为普通玉米的 5 倍。

（三）玉米植株性状的遗传 玉米的营养器官在形态上存在着广泛的变异，这些变异除了由微效多基因体系控制以外，通过研究，还标定了 70 多个基因位点。

能使株高降低的单基因有 *br*（1.07）、br_2（1.06）、br_3（5.09）、*bv*（5.04）、*cr*（3.02）、*ct*（8.02）、ct_2（1.05）、*na*（3.06）、na_2（5.03）、rd_2（6.06）、*td*（5.04）等。在遗传背景非常一致的等基因系之间，可明显鉴别出其遗传效应。*br* 可以使植株节间变短，特别是果穗以下的节间变短，但成熟时的叶片大小与正常植株相同，而且茎秆粗壮，因此在抗倒伏、密植、育种中可能有利用的价值。基因型为 br_2br_2 的植株，叶片发育速度减慢，成株后，果穗以下节间数减少，全株节间变短。*na* 基因可以使植株生长素的合成水平降低。

d（3.02）、d_3（9.03）、d_5（2.02）、d_8（1.10）、d_9（5.02）纯合基因型的株高变矮，皱而缩小的叶片像玫瑰花瓣一样，分蘖增多。Stein（1955）证实 *dd* 胚内子叶发育速度减慢，成株叶片减少，除显性矮生基因 D_8 外，其他隐性矮生株对施用赤霉素反应敏感。lg_1（2.02）、lg_2（3.06）和 lg_3（3.04）基因除降低株高外，可以使叶片上冲、挺立，叶耳消失，叶舌变短或消失。*rs*（1.05）基因影响叶鞘表面特征。*Lala*（4.03）基因使植株缺少正常的直立型，发育成匍匐茎秆。

玉米植株性别发育也明显受若干基因的支配。*an*（1.08）、*d*、d_2、d_3、d_5、d_8 等矮化基因还可使雌花序发育成具有花药的矮化雄花序株。ts_1（2.04）、ts_2（1.03）、ts_3（1.09）、ts_4（3.04）、ts_5（4.03）和 ts_6

(1.11) 基因能使雄花序发育成雌雄同穗的两性花序或形成完全的雌花。*ba* (3.06) 和 ba_2 (2.04) 基因可以使雌花序发育受阻，只有顶端雄花序发育。因此不同基因型的玉米植株，会表现出不同的性别。*Ba_Ts_*基因型是正常的雌雄同株异花；*Ba_tsts* 基因型的顶端雄花发育成雌花并能受精结实，成为全雌株；*babaTs_*基因型的叶腋雌花序不能发育，成为全雄株；*babatsts* 基因型的叶腋无雌花发育，但顶端雄花序发育成雌花序，成为完全的雌株。如果让雄株 *babaTsts* 与雌株 *babatsts* 杂交，F_1 代出现雌株与全雄株呈 1∶1 的分离。雄穗分枝数的多少是一些自交系或品种的重要性状。ra_1 (7.02)、ra_2 (3.02) 基因使雄穗和果穗具有较多的分枝，*ba* 基因使植株果穗的小穗分化为分枝所代替，分枝又长出小穗，从而形成果穗分枝的类型。

第三节　玉米种质资源研究和应用

一、玉米的分类

（一）玉蜀黍族属的亲缘关系　玉米属于禾本科玉蜀黍族（Maydeae），玉蜀黍族中包含 7 属。起源于亚洲的有 5 属：薏苡属（*Coix*）、硬皮果属（*Schlerachne*）、三裂果属（*Trilobachne*）、流苏果属（*Chionachne*）和多裔黍属（*Polytoca*）。起源于美洲的有 2 属：玉蜀黍属（*Zea*）和摩擦禾属（*Tripsacum*）。摩擦禾属中包括 7 种，其体细胞具有 18 对或 36 对染色体；它们也能与栽培玉米进行杂交，但比较困难。在玉蜀黍属中包括 2 个亚属：繁茂玉米亚属（Section *Luxuriantes*）和玉蜀黍亚属（Section *Zea*）。繁茂玉米亚属中有 3 种：繁茂玉米种（*Zea luxurians*，$2n=20$）、多年生玉米种（*Zea perennis*，$2n=40$）和二倍体多年生玉米种（*Zea diploperennis*，$2n=20$,）；玉蜀黍亚属中只有 1 种：玉米种（*Zea mays*）。玉米种中有 3 个亚种：栽培玉米亚种（*Zea mays* subsp. *mays*，$2n=20$）、墨西哥玉米亚种（*Zea mays* subsp. *mexicana*，$2n=20$）和小颖玉米亚种（*Zea mays* subsp. *parviglumis*，$2n=20$）。栽培玉米亚种与玉蜀黍属中的其他 4 种或亚种能进行自然杂交，但它们之间的雌花序具有截然不同的形态。

（二）栽培玉米亚种的分类　依据玉米籽粒形状、胚乳淀粉的含量与品质、籽粒有无稃壳等性状，可将栽培玉米亚种分为 9 个类型（表 6-2）。

表 6-2　玉米亚种检索表（根据胚乳和颖壳的性状）

编号	性状	类型
1	籽粒包在较长的稃壳内	有稃型（*Zea mays tunicata*）
1-1	籽粒外露，稃壳极短	
2	籽粒加热时有爆裂性，果皮坚厚，全部为角质胚乳，种粒较小	爆裂型（*Zea mays everta*）
2-1	籽粒无爆裂性	
3	籽粒无爆裂性，籽粒无角质胚乳，全是粉质淀粉，顶部不凹陷	粉质型（*Zea mays amylacea*）
3-1	籽粒有角质胚乳	
4	干时皱缩，胚乳多含糖质淀粉	
4-1	籽粒几乎全部为角质透明胚乳	甜质型（*Zea mays saccharata*）
4-2	籽粒上部为角质胚乳，下部为粉质胚乳	甜粉型（*Zea mays amylea saccharata*）
5	胚乳由 78%的支链淀粉、22%直链淀粉组成	
5-1	角质淀粉分布在籽粒四周，中间至粒顶为粉质，胚乳干时粒顶凹陷，呈马齿状	马齿型（*Zea mays indentata*）
5-2	角质胚乳分布在籽粒的四侧及顶部，整个包围着内部的粉质胚乳，干时顶部不凹陷	硬粒型（*Zea mays indurata*）
6	胚乳全部为支链淀粉组成，角质与粉质胚乳层次不分，籽粒呈不透明状	糯质型（*Zea mays sinensis*）

二、玉米种质资源的研究

（一）玉米种质资源收集保存概况　目前世界上已收集到的玉米种质资源有 8 万多份，其中美国和在墨西哥的国际玉米小麦改良中心（CIMMYT）各保存 2 万多份。在以墨西哥为主的玉米多样性中心，热带地区病虫害发生的种类繁多而且相当严重，抗病基因种质丰富多样；热带高原地区种质通常耐低温、耐干旱、抗倒伏和抗冰雹。欧洲国家有丰富的早熟、耐低温种质资源；北美洲种质经过长期的人工改良，携带有较高频率的高产与高配合力等位基因，适合商业育种使用。

长期以来，发达国家和国际知名玉米研究机构都将玉米种质改良和创新作为重点研究课题。国际玉米小麦改良中心从世界各地收集了大量种质资源，创造了具有不同特性的玉米群体和基因库，国际玉米小麦改良中心拥有最丰富的优质蛋白玉米和耐旱、耐贫瘠、抗多种病害的种质资源。以美国为首的北美洲的玉米种质经历了近 2 个世纪的持续改良，创造出了众多优质、高产、高配合力的玉米自交系和群体。1995 年美国的种子公司和公益研究机构又共同启动了玉米种质扩增（GEM）计划，并得到国会支持。玉米种质扩增计划旨在从拉丁美洲引进热带和亚热带种质资源，经过配合力测定和遗传评价，以半外来种质的形式用于美国玉米带的育种研究，丰富了杂种优势模式的内涵，还选育了一批含不同外来种质并能适应温带环境的核心种质和新自交系，这对促进美国玉米的发展做出了卓越贡献。

截至 1995 年，中国农业科学院作物品种资源研究所共收集整理玉米种质 15 967 份。其中，我国的种质 13 978 份（地方品种和群体 11 866 份，自交系 2 112 份），从 43 个国家引进种质 1 989 份（品种 977 份，自交系 1 012 份）。我国种植最久、分布最广的玉米地方品种是硬粒型，还有少数糯质型。由于玉米历史上多途径引进我国，并在全国各地复杂的生态条件下长期种植，因而形成了多种多样生态适应型的地方品种，例如北方春玉米区的火苞米和金顶子等、北方夏玉米区的野鸡红和小粒红等、华北玉米区的武陟矮和石灰篓等、东南玉米区的小金黄和满堂金等、西南玉米区的大籽黄和南充秋子等。从收集的 11 743 份地方品种中已评选出许多特异种质，其中糯玉米种质 909 份、矮秆种质 56 份、早熟种质 284 份、双穗种质 225 份、多行种质 90 份；抗大斑病种质 261 份、抗小斑病种质 368 份、抗丝黑穗病种质 1 065 份、抗矮花叶病种质 165 份。从 3 800 份玉米种质中评价出 500 份幼芽期、苗期或乳熟期耐冷性种质。从 5 850 份种质中获得高蛋白种质 50 份、高油种质 90 份、高淀粉种质 20 份、高赖氨酸种质 40 份。我国玉米种质资源的收集和整理，为玉米育种家提供了宝贵的原始材料，为性状遗传研究提供了重要的试验材料；已选育出多个优良的高配合力、抗病抗逆自交系，为配制高产优质、多抗广适玉米杂交种奠定了坚实的种质基础。

（二）玉米种质资源育种利用现状 今天全世界的玉米生产，利用的几乎都是玉米自交系间的杂交种。一方面，不少地区大都使用少数几个杂交种或较单一自交系组配的杂交种，使得玉米种质资源利用不断单一、狭窄；另一方面，随着人们消费变化带来的玉米生产和育种目标的发展变化，对杂交种高产稳产、抗病抗逆、环境友好、优质高效特性的要求不断提高，这就需要发掘和利用新的基因以满足生产和产业发展的迫切要求，玉米种质的重要性就愈发凸显。目前全世界玉米杂交育种工作中都普遍存在种质资源遗传基础狭窄性的问题，以美国为例，早在 200 多年以前，印第安人培育出北方硬粒型玉米，James Reid 于 1850 年育成了 Reid Yellow Dent 品种。以后 George Krug 又将 Reid Yellow Dent 与 Iowa Gold Mine 杂交，通过选择，获得了另一优良玉米品种 Krug；而另一美国早期育种家 Isaac Hershey 于 19 世纪末育成了 Lancaster Sure Crop 玉米，并成为应用面积最大的品种之一。Reid Yellow Dent 与 Lancaster Sure Crop 是目前美国玉米育种与生产上应用最多的两大种质。20 世纪 20 年代开始，从这些品种（综合品种）中育成了许多自交系，但在生产上占主要地位的仅有 5 个自交系（B14、B37、C103、Oh43 和 B73）；20 世纪 80 年代美国生产上应用的 80% 的杂交种都含有 Reid Yellow Dent 种质血缘（39.2%）和 Lancaster Sure Crop 种质血缘（42.4%），其他种质血缘仅占 18.4%。

我国玉米育种种质资源狭窄的瓶颈现象也很突出。20 世纪 80 年代生产上主要利用的骨干自交系只有自 330、获白、Mol7 和黄早 4，其应用十分广泛。种植面积在 6.66×10^5 hm^2 以上的杂交种中，4 大系组成的杂交种由 1978 年的 10 个增加到 1987 年的 24 个，占 70.5%，其所占的面积（包括种植面积小于 6.66×10^4 hm^2 杂交种的面积）已超过 60%。其中，Mol7 和黄早 4 在 1987 年占种植面积 6.7×10^4 hm^2 以上杂交种的组合数分别为 28.3% 和 14.6%。目前，我国玉米生产上种植品种的种质基础主要是来自美国的 Reid Yellow Dent（Reid，改良瑞德）、Lancaster（改良蓝卡斯特、Non-Reid）、PB（美国 P78599 种质）、旅大红骨和塘四平头这 5 大种质。近几年来，我国相继引进了一批热带和亚热带玉米种质，并重新注重利用我国优良地方种质，使我国的玉米育种种质基础狭窄的危机有所缓解，但种质资源遗传基础狭窄问题总体上仍很严重。

（三）育成玉米自交系的种质系统特点 据 Darrah 等（1985）报道，美国生产上应用的玉米种质资源，按种子产量统计，有 Reid Yellow Dent 种质的自交系占 44%，有 Iodent 种质的占 22.4%，有 Lancaster 种质的占 13%。从培育新自交系基础材料的来源来看，有 41.8% 来源于单交组合，来自改良的群体占 7.8%，利用综合种、复合种选育的新自交系占 11.2%，利用回交育成的新自交系占 20.1%。不难看出，以单交组合选系仍是当前育种的一个主要手段。上述情况表明，美国育成自交系的种质集中在 Reid Yellow Dent 种质和 Lancaster 种质基础上，同时还采用以单交组合为主的方式选育新自交系，这必然带来种质基础狭窄的结果。尽管有人认为 Reid Yellow Dent×Lancaster 是杂种优势表现的最佳模式，其遗传变异性极为丰富（Smith 等，1985），并且，大部分由 Reid Yellow Dent 的自交系组成的 BSSS 以及 Lancaster 仍然具有较大的遗传潜力，但扩大种质利用范围及基础仍是育种工作迫切需要解决的问题。

我国育成自交系的种质来源，1990 年曾三省报道，在 3 轮全国玉米区试参试杂交种中，绝大部分是单交组合，170 个单交组合中共有 340 个亲本，重复利用系有 9 个，占 14.4%；在 296 个自交系中，选自单交组合的占 42.3%，选自改良群体或综合品种的占 13.4%；来自农家品种的占 12.6%，用回交选育的系占 10.6%，而用其他方法选育的新系占 21.1%。这与美国的情况类似。从自交系的种质来源分析，约有一半来自美国，例如 Mol7、C103、B37、B73、B84 等，另一半为我国选系，例如黄早 4、获白、自 330、二南 24 等；但从系谱分析，大部分可追溯到美国的 Lancaster 与 Reid Yellow Dent 种质，例如 Mol7、C103 和二南 24 具有 Lancaster 血缘，B37、B73、B84、E28、原武 02 等具有 Reid Yellow Dent 种质，其他自交系则主要来自我国的旅大红骨、金皇后、塘四平头和获嘉白马牙 4 大种质。因此我国的玉米种质也是贫乏的。吴景锋等（2001）报道，国家"八五"攻关后，在种植 1.3×10^5 hm^2 以上的 24 个杂交种中，由 9 个自交系组配成的杂交种占 79.9%。这 9 个自交系中，除吉 63（只占 1.9%）外，其余 8 个均来源于 4 大核心种质（也称为类群）：Lancaster（选系有 Mol7 等，占 34.7%）、Reid Yellow Dent（选系有 478、5003、掖 107 等，占 28.5%）、旅大红骨（选系有丹 340、E28 等，占 20.6%）和塘四平头（选系有黄早 4 等，占 14.4%）。刘新芝等（1990）在对我国常用的 50 个玉米自交系的遗传分析中指出，"优良自交系基因加性方差变小的趋势日渐严重"。进入 21 世纪以来，我国玉米主产区、特别是东北春玉米区和黄淮海夏玉米区的骨干自交系更集中于 SS（PH6 WC 及其衍生系、郑 58 及其衍生系）、NSS（78599 选系）和塘四平头（昌 7-2 及其衍生系）等少数几个种质群体。种质集中程度十分明显，种质狭窄情况依然严重。

三、玉米种质资源利用

（一）拓宽玉米种质资源培育自交系 美国的 Reid Yellow Dent 和 Lancaster 两大种质是目前世界各国普遍利用的种质。大量研究表明，Reid Yellow Dent 与 Lancaster 两类种质中的遗传变异较丰富，并且这两类种质为优势配对，因此仍可充分利用这两类种质，从中选育自交系。我国种植玉米的历史虽然只有不足 500 年，但玉米引入我国以来，由于自然条件的复杂性，形成了丰富的遗传多样性，充分利用我国的地方玉米种质也是选育自交系的主要途径之一，我国由地方品种塘四平头中育成的优系黄早 4 是一个突出的事例，迄今仍在应用。

艾奥瓦坚秆玉米综合种（BSSS）是 Sprague 和 Jenkins 在 1933 年利用 16 个茎秆坚硬的自交系合成的。80 多年来从原始的 BSSS 及其衍生的群体中，经过轮回选择育成了一大批自交系，诸如 B14、B37、B73、B78、B84、B89、N28 等。从 BSSS 中选出的自交系组配的杂交种后代中也选育出 A632、A634、A665、B14A、B68、NC205、B88、H84、H100、R71 等优系。美国在 1984 年具有 BSSS 血缘关系的自交系所产生的杂交种占玉米种子总需要量的 30%以上。BSSS 的种质还被培育成糯质型（*wx*）、高赖氨酸型（O_2）和甜质型（sh_2）加以利用，并被引入其他国家，例如意大利配制的杂交种 XL72A（B73×Mol7）占其全国玉米种植面积的 80%。关于杂种优势类群与杂种优势利用模式，国外进行了大量研究，并建立了主要杂种优势利用模式。例如美国玉米带的 Lancaster 群×Reid Yellow Dent 群，欧洲的早熟硬粒自交系×美国玉米带马齿自交系，热带的 ETO×Tuxpeno。这对于玉米新自交系以及杂交种的选育具有重要的指导意义。我国应用面积在 6.7×10^4 hm^2 以上的杂交种，从组配杂交种的方式来看，主要是由国内系×国外系组成的，这说明利用地理和种质基础远缘的材料与国内系组配，易于获得优势强的杂交种。

（二）开拓玉米种质资源的途径 现代玉米育种就是利用杂种优势的育种。获得优势杂种，除了自交系的选育方法以外，还涉及种质资源的问题。据 Darrah 和 Zuber 等研究，美国用于杂交玉米的种质来源可归为 4 大群，第一群为 Reid Yellow Dent 种质以及近似种质，占总量的 49%左右；第二群为 Lancaster 种质及其近似种质，约占 32.6%；第三群为 Iodent 种质及其近似种质，约占 5.6%；第四群为其他种质，包括拉丁美洲、非洲、东南亚热带和亚热带的外来种质，约占 13%。上述 4 类种质中，Ried Yellow Dent 与 Lancaster

种质是优异的杂种优势配对，来自它们的自交系在商品杂交种生产中所占的比重高达约81.5%，这两个杂种优势群，从20世纪30年代起到现在，一直是利用玉米杂种优势的主要种质基础。我国的玉米育种工作者，也注意利用不同来源的种质作亲本组配了一批优势强的杂交种。例如丹玉6号（旅28×自330）、掖单2号（掖107×黄早4）利用了地方品种与外来的不同种质。由于玉米育种工作中的瓶颈现象，玉米育种工作者迫切需要拓宽遗传基础，扩大对种质资源的利用。美国从世界各地收集地方品种并进行自交系的选育。在欧洲，玉米育种家利用美国马齿型玉米的丰产性和欧洲硬粒型玉米的早熟性来选育杂交种。值得指出的是，墨西哥的玉米是很重要的种质，例如ETO综合品种和Tuxpeno地方品种。关于热带种质的利用，Goodman列举了10种杂交的材料，例如Cuban（硬粒型）×Tuxpeno等比其他组合表现出更大的优势；同时他指出，Tuson×美国南部马齿型也具有潜在的优势。热带种质已引入我国，这些种质除可直接利用其综合品种在低产地区（例如广西）种植外，更应该通过合理的交配和选择，将其有利性状导入我国地方品种中去。

首先是玉米近缘属、种中优良基因的发掘和利用。利用近缘属、种的种质虽有一定的困难，仍须继续开发，尤其应在*Teosinte*（类玉米）和*Tripsacum*属中发掘优良基因，并引入玉米的种质。其次，要加强种质基础研究工作。采用近代遗传学的手段，在分子水平上阐明近缘物种的血缘关系，探讨玉米种质的遗传特性，以利育种应用。第三，发掘各类种质资源。引入国外新的种质，以拓宽种质基础。第四，加强群体改良的研究工作。应在战略的高度上重视改良群体的重要意义，把长远目标与当前任务很好地结合，使玉米的种质资源不断更新，推出一批又一批高产、优质、抗性良好的新组合。第五，建立自交系的发放制度。公益性科研单位要主动、积极发放其选育的优系，并建立档案定期向有关育种单位通报，避免育种工作的盲目性。

第四节 玉米育种途径和方法（一）

——自交系及其杂交种的选育

一、玉米优良自交系应具备的条件

玉米自交系是指从一个玉米单株经过连续多代自交，结合严格选择而产生的性状整齐一致、遗传上相对稳定的自交后代系统。由于自交系是人工自交选育出来的，就每一个自交纯系来说，其生长势、生活力比其自交的原始单株减弱了；但在自交过程中，通过自交纯合以及人工选择，淘汰了不良基因，并且使系内每一个个体都具有相对一致的优良基因型，在遗传上是稳定的，性状表现整齐一致，每一个自交系都是同质纯合的。来源不同的自交系，由于各自的遗传基础以及性状表现互不相同，当它们间进行杂交时，就可以使两种基因型间的加性效应和非加性效应在杂种个体上得到充分表现，从而使杂种F_1代表现出强大的杂种优势。杂交种经济性状的优劣、抗病性能的强弱、生育期的长短，均取决于其亲本自交系相应性状的优劣以及自交系间的合理组配。因此选育优良自交系是培育出优良杂交种的基础，也是玉米育种工作的重点和难点。优良的玉米自交系必须具备下列基本条件。

1. 配合力高 自交系产量配合力的高低是衡量其优劣的首要指标。优良自交系必须具有较高的一般配合力，在此基础上，通过优系之间的合理组配，获得较高的特殊配合力，才有可能选育出具有较强杂种优势的杂交种。

2. 综合抗性强 抗御目标区域的主要病害是保证杂交种稳产的基础及高产的保证，杂交种的抗病性取决于其亲本的抗病性，亲本自交系必须抗、至少耐目标区域的主要病害。

3. 产量高 目前国内外玉米生产上都以推广单交种为主，由于亲本自交系生活力弱，产量一般较低，使其繁殖与杂交制种面积增大，增加了种子生产成本。为了便于繁殖与杂交制种，优良自交系必须具有种子发芽势强、幼苗长势旺、易于保苗、雌雄花期协调、吐丝快、结实性好的特性。作父本的自交系还必须散粉通畅、花粉量大、籽粒产量高，从而缩小繁殖与制种面积。

4. 农艺性状好 自交系的许多农艺性状将在杂交种中表现出来，因此自交系必须具有较好的农艺性状。

（1）植株性状 株型适中，株高中等或半矮秆，穗上部节间较长，叶片狭长；穗位适中偏低，茎秆紧韧并具有弹性，根系发达，抗茎部倒折与根倒。

（2）穗部性状 要长穗型与粗穗型兼顾，穗行数为14～20行；果穗苞叶要完全包裹果穗，但不宜过长和疏松，果穗不露尖，籽粒中等或大粒、粒较深，最好为圆粒或近似圆粒；果穗轴较细，质地结实，出籽率最好高于85%。

(3) 抗逆性　对目标区域特殊的灾害性气候条件（例如暴风雨、干旱、低温、盐碱地等）有抗性或耐性。

5. 纯合度高　自交系基因型纯合度高，群体才能整齐一致，这样，在繁殖与杂交制种时，便于除杂去劣，保证种子质量。

二、玉米选育自交系的基本材料

选育自交系的基本材料有地方品种、各种类型的杂交种、综合品种，以及经轮回选择的改良群体。例如Reid Yellow Dent育成后，经过各地玉米育种家的选育和改良，先后出现了若干个衍生群体，它们均成为筛选自交系的主要亲本材料，从中育成了许多优良的自交系，例如B14、B14A、B37、B73、B84、1205、Qs420、A632等，这些自交系在美国玉米杂交种的遗传背景中约占50%。Lancaster Sure Crop是Hershey家族于1910年前后育成的品种群体。1949年Jones用Lancaster Sure Crop群体育成C103自交系，C103自交系以后成为第一个大面积种植的单交种的亲本；1964年，Zuber又育成了著名的二环系Mol7。以后许多育种家又从Lancaster Sure Crop的衍生群体中选育出了一系列优良自交系，例如C14-8、L9、L289、L317、Oh43等，这些自交系是美国许多优良杂交种的亲本，现在Lancaster Sure Crop优势群中的自交系基本上是从一环系之间的杂交种中选育的二环系。我国的玉米育种工作者，从地方品种金皇后中选出了金03、金04等自交系，从单交种Oh43×可利67中选出了自330。在育种中，通常将从地方品种、综合品种以及改良群体中选出的自交系称为一环系，将从自交系间杂交种后代中选育出的自交系称为二环系。现今我国玉米生产上大面积推广的玉米杂交种的亲本自交系绝大多数都是从自交系间杂交种后代中选出的二环系。玉米商业育种发达的国家或跨国种业公司，主要是以育种中的优良自交系为基础材料系，针对其缺点或（和）产业发展急需的性状（基因），选用同类群的优缺点或性状（基因）互补系，借助分子标记，定向、高效改良基础自交系的缺点或添加优良基因，育成原始自交系的2.0或3.0版本。

三、玉米选育自交系的方法

选育玉米自交系是一个连续套袋自交并结合严格选择的过程。一般经5～7代的自交和选择，就可以获得基因型纯合、性状稳定一致的自交系。选育自交系的方法有系谱法、回交法、聚合改良法、配子选择法、诱变育种法、花药培养法等，近年来迅猛发展起来的有单倍体育种法。系谱法仍是选育自交系中应用最多的方法。

（一）系谱法　系谱法是Hayes和Johnson（1939）提出的一种自交系选育方法。用该方法选系，从亲本的来源一直到自交系的育成，都有明确的系谱可查，有利于分析自交系间的亲缘关系和组配杂交种。系谱法选育自交系分为两个环节，第1环节按农艺性状进行选择（又称为直观选择或直接选择），第2环节按配合力进行选择（又称为杂交后代选择或间接选择）。

1. 按农艺性状进行表现型选择　按农艺性状进行表现型选择的具体做法如下。

(1) 第1季　根据育种目标要求，选择适当的基本材料。在能力可以承受的范围内应尽可能地种植较多的基本材料，每种材料一般种植50～500株（窄基的杂交种可种50～100株，广基的综合种可种300～500株），种成1个区，在生长期间认真观察，按育种目标选优良单株套袋自交。每种材料自交10～100穗，优良材料还应增加自交穗数。收获前进行田间总评，淘汰后期不良单株，收获的果穗经室内考种，根据穗部性状进行选择。当选的自交穗予以系谱编号并分别收藏。

(2) 第2季　将上季当选的自交穗，按基本材料的来源以及果穗的编号，分别种成小区（或穗行）。在自交系选育的自交早代（S_1～S_3代），尤其是自交一代（S_1代，相当于自花授粉作物的F_2代），是性状发生剧烈分离的世代，田间每个小区内都会发生各式各样的性状分离，一般表现植株变矮、生活力衰退、果穗变小、产量降低，还会出现各种畸形苗和白化苗。这是对自交系直观性状进行选择的最佳世代，要按育种目标对自交系的要求，在小区内以及小区间进行认真鉴定和严格选择。抽雄时，在优良的小区中选优良单株套袋自交，再经田间与室内综合考评。当选的自交穗分别收藏并继续予以系谱编号。

(3) 第3季及其以后世代　按系谱种植上季当选的自交穗，继续在田间观察评选，淘汰劣系或杂系。在优系内选优良单株套袋自交，经田间鉴定选择和室内综合考评，当选果穗分别收藏并连续系谱编号。一般经

5～7代自交，其植株形态、果穗大小、籽粒色泽和类型、生育期等外观性状基本整齐一致，就可获得一批自交系。当自交系选择进行到后期世代，基因型基本纯合，系内性状稳定并整齐一致时，一般可不再进行外观性状的选择和淘汰，而是在系内选择具有典型性的优良植株自交保留后代。当自交系性状完全稳定时，则可以采用自交和系内姊妹交或系内混合授粉隔代交替的方法保留后代。这样做，既可以保持自交系的纯度，又可避免因长期连续自交而导致自交系生活力严重衰退而难以在育种中应用的问题。

在自交系选育过程中的各世代，不同穗行多来自不同的基本株，穗行间的性状变异常大于穗行内的变异。在田间选择时，应将重点放在对穗行的选择，通常是先选择表现优良的穗行，再在优良的穗行内选择优良单株套袋自交。凡来自同一原始 S_0 代单株或同一个 S_1 代穗行的 S_2 代穗行称为姊妹行，姊妹行选择到后期所得到的自交系互称为姊妹系。近年来，为了提高单交种的制种产量，常用姊妹系配制改良单交种。因此要重视姊妹系的选育。

对农艺性状在田间直接选择，有相当的可靠性但同时又存在一定错误率，因表现型是基因型与环境共同作用的结果。对自交高世代，例如 S_4 代及其以后世代，最好在目标区域进行不少于3个试点的多点、强胁迫条件的鉴定和选择，剔除或估计环境效应，提高选择准确性。

2. 按测交种一代的表现进行配合力选择　配合力分为一般配合力（GCA）和特殊配合力（SCA）。一般配合力是指自交系有利基因位点的加性遗传效应，是可遗传部分；一个自交系的有利基因位点越多，则它的一般配合力越高，反之则一般配合力越低。特殊配合力则是指控制性状的有利基因互作的结果，属于基因显性效应及其上位性遗传效应，是不能遗传的部分。由此可见，只有选用一般配合力高的自交系为亲本，在经过自交系间合理的组配，以获得高的特殊配合力，也才可能选育出最优的杂交种。所以选育玉米自交系，必须进行配合力测定。

（1）配合力表现的趋势　配合力与其他性状一样是可以遗传的，具有高配合力的原始单株，在自交的不同世代与同一测验种测交，其测交种一般表现出较高的产量；反之测交种的产量则较低。配合力的遗传是复杂的，很多问题还有待深入研究，但就现有的研究结果来看，可表现出下列趋势。

①自交原始材料的群体产量水平与选系配合力的高低有密切关系。群体的优良性状多、产量高，就说明这个群体的优良遗传因子也多，因而有较大的可能性选出高配合力的自交系，所以自交系的配合力高低与原始群体产量水平有着直接关系。

②自交系产量配合力的高低与一些产量性状及其遗传率有着密切的关系。一些高配合力的自交系常具有突出优良的产量性状，例如Mol7的果穗长，自330的果穗长且大，PH6WC的出籽率高等。而且它们这些性状具有较强的传递力，常能在杂交组合中表现出来。自交系配合力的高低在杂交种中的表现，其程度除受自交系本身因素控制之外，还要受杂种亲本间亲缘关系远近、性状互补和环境条件等因素所制约，所以自交系产量性状只能说明其配合力的一个方面。

③原始单株（S_0 代）配合力的高低与其自交各代配合力高低是基本一致的。由同一原始单株选育出的不同姊妹系间的配合力的变异远远小于不同原始单株间所选育出的不同自交系间的配合力的变异。因此在 S_0 代进行一般配合力测定是可取的，有利于及早淘汰低配合力单株，集中力量在高一般配合力的单株后代中选择优系。但是配合力高的原始单株自交后代中也常能分离出配合力不高的自交后代，因此在选育自交系过程中应保留一定数量的姊妹系，并对自交系配合力进行晚代测定，以提高选择效果。

（2）配合力的测定　对配合力测定，通常需考虑以下几个方面。

①配合力测定的时期：测定配合力的时期一般有早代测定和晚代测定两种。早代测定是指自交当代至自交三代（S_0～S_3代）测定。由于提早测定了自交材料的配合力，不但可减少以后的工作量，而且还有助于提早对自交系的利用。晚代测定是指在自交四代（S_4代）及以后世代进行配合力测定，由于被测材料遗传性已较稳定，结果相对准确，但肯定优良自交系较晚，往往会延迟自交系的利用时间。

早代测定自交系配合力的根据有二：第一，基本株之间的配合力存在显著的差别；第二，自交系配合力的高低决定于基本株，来源于同一基本株的不同自交世代，具有大致相同的配合力。根据 S_0 代或 S_1 代的配合力测定结果挑选出的一群自交早代材料用于自交和选择，较之在同一群随机样本中仅凭目测选择自交，能更有把握地获得有价值的高配合力自交系。早代测定的做法是：S_0 代株自交的同时，各自交株分别与同一测验种杂交，并分别成对编号；测交种产量的高低作为是否继续自交的取舍标准，大量淘汰配合力较低的早代自交穗，集中力量在高配合力后代内继续自交和选择。

②测验种的选用：用来测定自交系配合力的品种、自交系、单交种等，统称为测验种。自交材料与测验种的杂交过程称为测验杂交，简称测交，其杂种一代称为测交种。

测定自交系的配合力时，选择适宜的测验种是必需的。国内外玉米育种普遍证明，在确定被测材料杂种优势类群并主要测定其一般配合力时，宜采用综合种或品种间杂交种作测验种，因其遗传基础复杂，包含很多不同基因型的配子，可以测出一般配合力。测验种本身的配合力一般为中等偏上，最好为杂种优势类群的中间型，这样测定的结果最能代表被测材料的一般配合力。

在测定自交系配合力时，还应注意所选测验种的类型（或杂种优势类群）。一般而论，选用被测系同一类群的测验种，测定结果偏低；选用被测系不同类群的测验种，测定结果就会偏高。例如被测系与测验种同属于马齿型或硬粒型时，配合力测定结果会偏低；若它们分别属于马齿型和硬粒型时，测定结果就会偏高。为了避免这种偏高和偏低的影响，可以采用中间型测验种进行测定，例如用中间类型的品种、品种间杂交种或单交种来测定一般配合力，其测交产量结果比较可靠。

近来很多育种工作者，主张用当地常用的几个骨干优良自交系作测验种，不仅能测定被测系的一般配合力，而且同时还可测定其组合的特殊配合力，可提早确定高产组合，从而提高育种效率。目前玉米育种的通常做法是：早代测定，为了减少测交工作量，常采用品种或杂交种作为测验种，以测定一般配合力；晚代测定，则选用几个骨干自交系作为测验种，可同时测定新自交系的一般配合力和组合的特殊配合力，使配合力的测定和新组合的选育相结合，以提高育种工作的效率。为了提高测交的效果，用作测验种的骨干自交系必须是在当地表现优良的、与被测系无亲缘关系的高配合力自交系；同时，自交系测验种数目不应过少。

③配合力测定的方法：自交系一般配合力和自交系间特殊配合力的测定方法有以下几种。

A. 顶交法：测定一般配合力多采用顶交法，并多用作被测材料的早代测交，即用一个综合种或杂交种作测验种，以测验种作母本、被测材料作父本，一边自交，一边测交，并要成对编号，第 2 年进行测交组合的产量比较试验，根据测交种鉴定结果进行选择，高产的测交组合相对应的被测材料就是高配合力的材料。

B. 双列杂交法：双列杂交是由 Jinks（1954）提出设计并由 Griffing（1956）发展的一种测定和估计一般配合力效应方差与特殊配合力效应方差的方法，多用作被测系的晚代测定。双列杂交法是把一组待测定的自交系组配成可能的杂交组合，第 2 年田间试验获得各个组合的产量，然后按照一定的数学模型分析、估算出被测系的一般配合力效应和特殊配合力效应方差。该方法的最大特点是可以同时估算被测系的一般配合力效应和特殊配合力效应方差，结果可靠，选择简单直接。但当有大批自交系需要测定配合力时，测交组合数过多，试验规模过大，会超过试验单位的能力和导致扩大试验误差。因此大多数育种单位多在自交系选育晚期才采用双列杂交法。

C. 多系测交法：多系测交法是玉米杂交种育种中测定自交系配合力最常采用的方法。现在玉米育种实践中多采用的是 NCⅡ遗传交配设计。选用当前目标区域杂交种的若干个优良自交系（或骨干自交系）作为一组亲本（M 个），被测自交系作为另一组亲本（N 个），只进行组间杂交不进行组内交配，共得 $M\times N$ 个杂交组合，第 2 年田间试验获得各个组合的产量，然后按照一定的数学模型估算出被测系的一般配合力效应和特殊配合力效应方差。该方法可同时选出高配合力的自交系和强优势的杂交组合。

（二）玉米单倍体-纯合二倍体选系法　为尽快选育出优良自交系，Chase（1949）提出了利用玉米单倍体快速选育纯系的方法。该方法的基本原理是利用自然发生或人工培育的单倍体植株，经过染色体组的人工加倍或自然加倍而获得纯合的二倍体植株，再从中选育成自交系。由于该二倍体自交系是从单倍体植株的一组染色体（n）加倍成为二倍体（$2n$），理论上全部基因位点都是纯合的，其性状是稳定而整齐一致的，一般不会发生性状分离。采用该方法通常只需要 2 年就能获得纯合的自交系。

诱导产生单倍体的方法，现大致可归为 3 类：①小孢子和花药人工培养，诱导细胞无性繁殖集团（愈伤组织），再分化形成再生植株，从中选择单倍体植株；②利用物理诱变和化学诱变产生单倍体植株；③利用单倍体诱导系结合性状标记基因，诱发和筛选单倍体和纯合二倍体，即单倍体诱导系诱导法。单倍体系诱导法已成为现代玉米育种的核心技术之一，其基本流程包括诱导、鉴别和加倍 3 个关键环节。

1. 玉米单倍体的诱导　玉米单倍体系产生的基础是单倍体诱导系。以单倍体诱导系为父本，以目标选系基础材料为母本进行杂交，在当代籽粒上即可产生一定比例的单倍体。国际上应用的诱导系均起源于原始的诱导材料 Stock6，其诱导率在 1%左右。经过不断改良，现代诱导系的诱导率已经超过 10%。中国农业大学陈绍江经过近 20 年的研究，培育了多个诱导率接近 10%的优良诱导系，为我国东北春玉米区和黄淮海夏玉米区的单倍体育种提供了优良的诱导系。

2. 玉米单倍体的鉴别 由于杂交当代籽粒中仅形成部分单倍体，高效地鉴别出单倍体选系的技术是关键技术。近年来，虽研发出不同类型的单倍体筛选标记，例如荧光等，但目前大规模应用的主要有2类，第一类是以籽粒颜色基因*R-nj*为主的单倍体鉴别标记，第二类是以籽粒脂肪为主的单倍体鉴别标记。第一类鉴别标记基因*R-nj*在胚乳糊粉层和胚上均可显色，正常情况下，双受精的杂交籽粒胚和胚乳均显色，而雌核发育起来的母本单倍体则胚不显色，基于此差异可有效对单倍体进行鉴别。但由于该基因的表达受环境和遗传背景的影响较大，鉴别效果不甚稳定。第二类鉴别标记的基本原理是利用脂肪花粉直感效应在单倍体与二倍体中脂肪差异来鉴别单倍体，基于该原理所研发出的高油型诱导系以及自动化核磁共振单倍体鉴选设备，可快速鉴别单倍体并使鉴别的准确率达到90%以上，极大地提高了鉴别的准确性与效率，有助于实现玉米单倍体鉴别的自动化和高通量。

3. 玉米单倍体的加倍 高效加倍也是单倍体选系的关键技术。玉米单倍体的加倍技术主要包括自然加倍和化学加倍两种。玉米单倍体自然加倍率很低，一般在10%以下。单倍体自然加倍技术，虽效率较低，因其具有技术要求低、简单实用等特点，仍然有着较为广泛的应用。中国农业大学结合传统回交育种提出的全单倍体（total haploid，TH）利用与早期加倍（early doubled haploid，EH）一步成系技术，有望在快速选系及重要自交系与高代材料的纯化中发挥重要作用。

玉米单倍体化学加倍所用试剂主要有除草剂和秋水仙碱，秋水仙碱加倍效率高且较为稳定，应用较为普遍。化学加倍处理的材料主要有种子、幼胚和幼苗；种子加倍效率较低，试剂用量也较大；而幼胚和芽苗加倍率一般可以达到30%以上，可以满足规模化双单倍体系生产的需要。中国农业大学研发的以幼胚组织培养为主的加倍技术，效率可达50%以上，且可实现周年进行双单倍体系生产。

玉米单倍体选系技术现在是最为成熟、且在玉米育种中广为应用的生物育种技术，已被国内外玉米遗传育种学家公认为现代玉米生物育种技术的3大技术之一。国外大型种业公司玉米自交系主导选系技术已经完成向双单倍体技术的变革，21世纪初商用自交系基本都是采用玉米单倍体技术育成的。我国玉米大型种业公司年生产玉米单倍体加倍纯系少则数万个，多则上十万个。现主要商用自交系不少是采用玉米单倍体技术育成。我国玉米主要育种单位也大都开展了玉米单倍体技术选系研究与应用工作。我国多个玉米育种科研单位，以高效单倍体选系技术为切入点所形成的、包括技术自助及工程化育种等在内的工程化育种模式亦在发展之中。这些育种方式的探索将有助于推进我国现代玉米育种技术的转型升级。

四、玉米自交系间杂交种的选育

现代玉米生产主要是利用杂种一代的杂种优势。玉米育种工作除了亲本自交系的选育外，就是杂交种的选育。玉米杂交种有多种类别：品种间杂交种、品种与自交系间杂交种（即顶交种）和自交系间杂交种。其中，自交系间杂交种包括单交种、三交种、双交种和综合杂交种。由于目前玉米生产上主要是利用自交系间杂交种，并且以单交种为主，因此世界各国玉米育种工作的重点就是选育单交种。

经过农艺性状的多次选择和一般配合力测定所获得的较好的自交系，根据育种目标，考虑亲本选配原则，在人工控制授粉的条件下产生杂交一代种子，经产量鉴定和比较，就可选育出新杂交种。

（一）玉米单交种的选育 单交种的组配实际上是结合自交系配合力测定时完成的，当采用双列杂交法和多系测交法测定自交系配合力时，就可选出若干个强优势的单交种，在此基础上对这些单交种进一步试验，并对这些单交种及其亲本系的有关性状和繁殖制种的难易程度进行分析，最后决选出可能投入生产的几个最优单交种。在进行单交种的选育时，根据杂种优势群和杂种优势模式对亲本进行选择，可减少选配工作的盲目性。

经过配合力的测定选出优良自交系后再组配单交种的方法，主要有以下两种。

1. 优良自交系轮交组配单交种 经过一般配合力测定的优良自交系，可将它们用套袋授粉的方法，配成可能的单交组合，组合数目为$n(n-1)/2$，其中n为自交系数目。

2. 用骨干系与优良自交系配制单交种 这是现今玉米杂交种育种最常用一种组配方法。所谓骨干系，是指经过较长时间的积累，育种家已鉴定出的一批目标区域杂交种育种的骨干亲本自交系，它们综合性状优良、自身产量高、抗病抗逆性强，特别是一般配合力高。以骨干系作为杂交亲本，易于组配出多个强优势杂交种。因此在新育成优良自交系数目很多时，尤其是希望提高优势组合组配效率时，可选取目标区域的骨干系作为一组亲本（M），以新培育自交系作为另一组亲本（N），进行组间可能的杂交，共得 $M \times N$ 个杂交组合，进行产量鉴定，选出符合育种目标要求的单交种。

组配的单交种经过严格的产量比较试验，包括品系比较试验、区域试验等，从中决选出最优者供生产上应用。单交种是当前在生产上利用最广的一种类型，它具有优势强、性状整齐一致、亲本繁殖制种程序比较简单等优点。但是制种产量偏低、成本较高是它的主要缺点，因此可利用改良单交种的方式来克服上述缺点。

改良单交种是通过加进姊妹系杂交的环节来改良原有的单交种的。利用改良单交种的主要目的是，既可保持原单交种的生产力和性状，又可增加制种产量，降低种子生产成本。例如有一个单交种 A×B，它的改良单交种有（A×A′）×B、（B×B′）×A、（A×A′）×（B×B′）3 种方式，其中 A′和 B′为相应 A 和 B 的姊妹系。利用改良单交种的原理有两点，一方面是利用姊妹系之间近似的配合力和同质性，以保持原有单交种的杂种优势水平和整齐度；另一方面是利用姊妹系之间遗传成分中微弱的异质性，获得姊妹系间一定程度的优势，使植株的生长势和籽粒产量有所提高。20 世纪 90 年代，河南农业大学和四川省农业科学院作物研究所合作配制的中单 2 号、73 单交的改良单交种，多点试种结果表明，改良单交种的产量和原单交种持平，而改良单交种的制种产量比原单交种的制种产量有较大幅度的增长。现在，随着自交系自身产量的大幅度提高，在玉米生产中利用改良单交种已不常见。

（二）玉米三交种和双交种的选育 三交种和双交种都是根据单交种的试验结果组配的。1934 年 Jenkins 经过周密的试验后，提出了利用单交种产量预测双交种产量的方法，第一种方法是根据 4 个亲本系可能配制的 6 个单交种的平均产量预测双交种的产量，计算公式为

$$(AB \times CD) = 1/6(AB + AC + AD + BC + BD + CD)$$

第二种方法是根据 6 个可能的单交种中的 4 个非亲本单交种的平均产量预测双交种的产量，计算公式为

$$(AB \times CD) = 1/4(AC + AD + BC + BD)$$

按同样的原理也可预测三交种的产量，计算公式为

$$(AB \times C) = 1/2(AC + BC)$$

上述方法都是以一组当选的优系，采用双列杂交法取得单交种的产量结果后再按产量测交方法配制出相应的双交种和三交种。除此之外，还可用优良的单交种作测验种，分别和一组无亲缘关系的优系和单交种测交，配制出双交种和三交种。

（三）玉米综合杂交种的组配 综合杂交种是遗传性复杂、遗传基础广泛的群体。组配综合杂交种必须遵守下列原则：①群体应具有遗传成分的多样性和丰富的有利基因位点；②群体在组配过程中，应使全部亲本的遗传成分有均等的机会参与重组，并且达到遗传平衡状态。综合杂交种的亲本材料是按育种目标的需要选定的，一般用具育种目标性状的优良自交系作为原始亲本，也可加进适应性强的地方品种群体作为原始亲本。为了获得丰富的遗传多样性，作为原始亲本的自交系数目应较多，一般用 10～20 个系，多者可达数十个系。例如著名的艾奥瓦硬秆综合种 BSSS 是用 16 个优系组成的，陕综 1 号（长穗大粒群体）是用 19 个优系组成的，陕综 3 号（硬粒群体）是用 21 个系和地方品种组成的，云南省农业科学院 81-17 综合种也是由地方品种和自交系组成。组配综合杂交种可采用下列方法。

1. 直接组配 把选定的若干个原始亲本自交系（含地方品种）各取等量种子混合后，单粒或双粒点播在隔离区中，精细管理，力保全苗，任其自由授粉，并进行辅助授粉。成熟前只淘汰少数病株、劣株和果穗，不进行严格选择，尽量保存群体的遗传多样性。以后连续在隔离区中自由混合授粉繁殖 4～5 代，达到遗传平衡，就获得了综合杂交种。

2. 间接组配 把选定的若干原始亲本自交系（含地方品种）按双列杂交方式套袋授粉，配成可能的单交组合，在全部单交组合中各取等量的种子混合，以后连续在隔离区中自由混合授粉繁殖 4～5 代，每代只淘汰病株和劣株穗，不进行严格选择，逐渐达到遗传平衡。

此外，还可采取成对杂交的方式，配成单交种和双交种。例如用 16 个原始亲本系，可先套袋授粉配成 8 个单交种，再配成 4 个双交种。从双交种中各取等量种子混合，然后在隔离区中自由授粉，收获群体。有时为了特殊育种目的，需要加强具有目标性状的某个原始亲本的遗传成分。例如在改良地方品种群体时，可将地方品种作为母本，用选定的若干优系分别和地方品种授粉，获得若干顶交组合，然后从顶交组合中各取等量种子混合，然后在隔离区中自由授粉，收获群体。这两种方法合成的综合品种，若要用其遗传平衡群体，可在隔离区内连续自由授粉 4～5 代，再作生产用种。

五、玉米杂种优势群和杂种优势模式

在进行玉米杂交种的选配工作中，根据杂种优势群和杂种优势模式选择适当的亲本组配杂交种，可达到事半功倍的效果。

杂种优势群是指在自然选择和人工选择作用下经过反复重组，种质互渗而形成的遗传基础广泛、遗传变异丰富、有利基因频率较高、有较高的一般配合力、种性优良的育种群体。从杂种优势群中可不断分离出高配合力的优良自交系。杂种优势模式是指两个不同的杂种优势群之间具有较高的基因互作效应，具有较高的特殊配合力，相互配对可产生强杂种优势的配对模式。从配对的两个杂种优势群分别选育出的优系之间组配出强优势杂交种的概率也相应较高。换言之，选自不同杂种优势群的自交系间组配出优势组合的概率要远高于选自同一杂种优势群的自交系。划分杂种优势群的根本目的是降低组配优势组合的盲目性，提高组配优势组合的概率。因此对杂种优势群和杂种优势模式的研究是玉米育种工作一项具有战略意义的基础性工作。

美国1947年就提出了杂种优势群和杂种优势模式的概念。迄今为止，利用时间最长、使用范围最广的是两大杂种优势群是Reid Yellow Dent群和Lancaster Sure Crop群，其杂种优势模式是：Reid Yellow Dent×Lancaster Sure Crop，是美国玉米带和北美国家玉米育种者公认的温带地区的基础杂种优势群和杂种优势模式。现在，在墨西哥和中南美地区，以国际玉米小麦改良中心为中心，研究开发了热带、亚热带地区的杂种优势群和杂种优势模式。Wellhuasen（1978）、Goodhan（1985）先后提出，墨西哥地方品种群体Tuxpeno和哥伦比亚的合成群体ETO是热带、亚热带地区的两个基础杂种优势群。Tuxpeno×ETO是该区主要的杂种优势模式。Vasal等（1992）提出了7个热带、亚热带杂种优势群及其杂种优势模式，并用国际玉米小麦改良中心选自热带种质的92个自交系，分别组成了两个广基群体：THG“A”（热带杂种优势群A）和THG“B”（热带杂种优势群B），这两个群体又配对成杂种优势模式。他们用同样的方式又将亚热带种质的数十份自交系分为两群，分别重组成STHG“A”（亚热带杂种优势群A）和STHG“B”（亚热带杂种优势群B），两群又配对成为杂种优势模式。上述杂种优势群不仅为热带、亚热带地区提供了玉米育种丰富的种质资源，也为温带地区玉米育种拓宽了种质基础。有学者对适应非洲中高地带和东部、南部非洲亚热带地区和欧洲的杂种优势群和杂种优势模式进行了研究。

我国从20世纪80年代中期开始对国内玉米杂交种的种质基础进行研究。吴景锋（1983）和曾三省（1990）先后分析了当时国内主要玉米杂交种的血缘关系和种质基础。王懿波等（1997，1999）对国内1991—1995年全国各省审（认）定的115个杂交种及其234个亲本自交系进行了较为系统的遗传分析，结合育种实践，将我国东北春玉米产区和黄淮海夏玉米产区使用的主要自交系分为5大杂种优势群、9个亚群。他认为，在1980—1994年，我国玉米的主要种质为改良Reid、改良Lancaster、塘四平头和旅大红骨4个杂种优势群。利用的主要杂种优势模式是：改良Reid×塘四平头、改良Reid×旅大红骨、Mol7亚群×塘四平头、Mol7亚群×自330亚群。李新海等利用限制性片段长度多态性（RFLP）、扩增片段长度多态性（AFLP）、简单序列重复（SSR）和随机扩增多态性DNA（RAPD）4种分子标记的方法，结合双列杂交和NCⅡ杂交试验结果，将我国的玉米种质分为3个杂种优势群，进一步分为5个亚群（图6-3）。

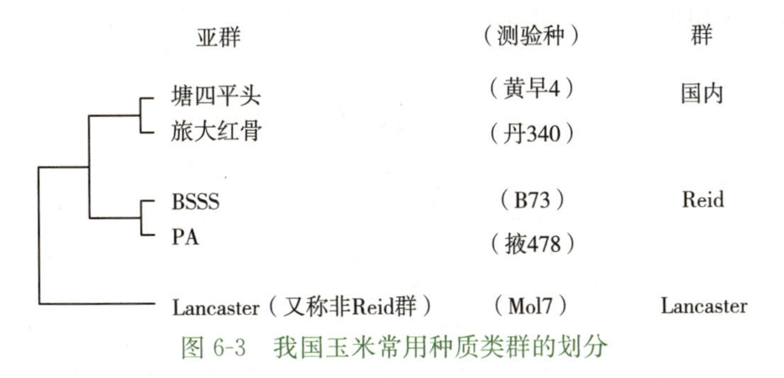

图6-3　我国玉米常用种质类群的划分

我国东北春玉米区和华北春玉米区玉米育种中最常用的两个杂种优势模式分别是旅大红骨×Lancaster和塘四平头×Lancaster。前者的典型组合是Mol7×E28（丹玉13号）和Mol7×自330（中单2号）；后者的代表品种是烟单14号（Mol7×黄早4）。黄淮海夏玉米区两个主要杂种的优势模式分别是塘四平头×Reid和旅大红骨×Reid。前者的典型组合为 U8112×黄早 4 和掖 L107×黄早 4，后者的典型组合为丹 340×掖 478。进一步概括北方春播和夏播两个玉米主产区的杂种优势模式，都属于国内种质×国外种质，其他玉米产区的杂种优势模式也基本与此相似。以四川农业大学荣廷昭为代表的西南山地玉米区的玉米育种工作者根据他们的研究和育种实践，将西南地区玉米育种用种质划分为 Reid、Non-Reid 群体和热带（亚热带）种质群体，并认为在平坝、河谷和浅丘地区，深丘、低山区和高山、高原地区宜分别采用 Reid 群×Non-Reid 群，Reid 群×热（亚）带群 和 Non-Reid 群×热（亚）带群的杂优模式，组配育成优势杂交种的概率最大；并进一步将其简化为温带种质自交系×热（亚）带种质自交系的组配模式。

种质渐渗与自然选择和人工选择是玉米进化的基本原因，遗传物质的重组和分化是玉米进化的必然过程。从进化的观点看，杂种优势群仅具有相对的稳定性，不是一成不变的，而是处在不断发展变异之中。玉米育种界应将杂种优势群的保存和开发作为重要课题，不仅要探讨保存和延续国内两大地方品种杂种优势群塘四平头和旅大红骨丰富的生命力，而且要加强新杂种优势群及杂种优势模式的开发，特别是从南方玉米区丰富的地方种质资源中开发新杂种优势群；探讨组建高级杂种优势群的途径及其机制，促进玉米育种取得突破性的进展。

第五节　玉米育种途径和方法（二）
——群体改良

一、玉米群体改良的意义

性状的遗传变异是育种工作的基础，育种工作能否取得成功，在很大程度上依赖于育种群体中遗传变异的丰富程度以及群体中优良基因的频率。而一个育种群体的优劣决定于该群体具有优良基因（或增效基因）的位点数及每个位点上优良基因（或增效基因）的频率。通常优良基因或增效基因往往分散在群体内不同的个体中，通过异交可使优良基因或增效基因得到重组。由于优良基因或增效基因有可能与不良基因或减效基因连锁，要通过多次异交才可尽可能打破不良连锁。在一个随机交配群体中有利重组和不利重组都可能发生，为增加有利重组，减少不利重组的机会，在反复异交的过程中须不断淘汰不良个体，降低不良基因或减效基因频率。这样，通过对群体内个体的鉴定、选择、异交重组，并反复再鉴定、再选择、再重组，使群体内不良基因或减效基因频率不断降低，优良基因或增效基因频率逐步增加，便是轮回选择过程。经过改良的群体可以直接用于生产，或从中选育优良的自交系。对于产量育种来说，通过轮回选择所改良的性状可以是群体内个体的产量本身，也可以是个体产量的配合力，这取决于鉴定并选择的目标。此外，如果要改良的原始群体来自多个异源种质，经过反复选择、重组，还可以使群体内各个体的遗传基础都得到拓宽。

轮回选择的概念最初由 Hayes 等（1919）提出，并在玉米育种工作中应用。Jenkins（1940）首次报道了对玉米自交系一般配合力选择的试验结果。Hull（1945）叙述了玉米自交系特殊配合力的轮回选择方案。Comstock（1949）又提出了相互轮回选择的程序，同时对两个基础群体进行改良。1970 年，Hallauer 等以玉米双穗群体为材料，采用相互全同胞轮回选择的程序，同时改良两个群体。目前在玉米育种工作中，主要是通过轮回选择的程序来改良群体。

二、玉米轮回选择方法

轮回选择是反复鉴定、选择、重组的过程，每完成 1 次鉴定、选择、重组过程便称为 1 个周期或 1 个轮回。改良 1 个群体通常需要经过若干个周期，依具体依材料和目的而定。玉米最简单的轮回选择是混合选择。在田间鉴定优良单株，混合选择，到下年混合种植，进行互交，历时 1 年便完成 1 个周期。此处的选择是依据个体的表现，因而混合选择可理解为表现型轮回选择。为了提高选择的准确性，可对单株进行自交或测交，通过对其后代的试验鉴定其优劣，此时便为基因型轮回选择。玉米中常需选择个体的配合力，因而从其测交种的试验表现推断该个体的配合力，这时便称为配合力轮回选择。配合力轮回选择可在 1 个群体内进行，用 1 个测验种测定入选个体的配合力。配合力也可在 2 个群体之间进行，各群体分别作为另 1 群体的测验种，这时便称为相互轮回选择。按群体内和群体间的类别，可把轮回选择概括为 11 种（表 6-3）。现仅介绍重要的几种。

表 6-3 群体内和群体间轮回选择方法的类别

（引自 Hallauer，1981）

	类别	作者和年份
群体内的轮回选择	1. 表现型或混合选择	Gardner C. O.，1961
	2. 改良的穗行选择	Lonnquist J. H.，1964
	3. 半同胞轮回选择（一般配合力的选择）	Jenkins M. T.，1940
	4. 半同胞轮回选择（特殊配合力的选择）	Hull F. H.，1945
	5. 全同胞轮回选择	Hull F. H.，1945
	6. 自交系选择（S_1 代、S_2 代等）	Hull F. H.，1945
群体间的轮回选择	7. 相互轮回选择	Comstock E. R.，1949
	8. 用自交系作测验种的相互轮回选择	Russell W. A. 和 Eberhart S. A.，1975
	9. 改良的相互轮回选择Ⅰ	Paterniani E. 等，1977
	10. 改良的相互轮回选择Ⅱ	Paterniani E. 等，1977
	11. 相互全同胞轮回选择	Hallauer A. R. 和 Eberhart S. A.，1970

（一）半同胞轮回选择 半同胞轮回选择（half-sib recurrent selection）每轮历时 3 年共 3 代。

1. 第一代 自交和测交。从基本群体（C_0 代）中，选择百余株至数百株自交，同时以自交株的花粉与测验种组配对应的百余个至数百个测交种。

2. 第二代 测交种比较。室内保存与测交种对应的自交株种子，对测交种（已获得对应自交株种子的测交种）进行综合鉴定（包括异地鉴定），选 10%最优测交种。

3. 第三代 组配杂交种。把当选的 10%最优测交种对应的室内保存的自交株的种子种成穗行，按 $n(n-1)/2$ 公式，配成单交种；或用等量种子混合，种在隔离区内，任其自由授粉，繁育合成改良群体（C_1 代），即完成第一轮的选择。再以 C_1 代为基础群体，重复上面的过程，进行第二轮的选择（图 6-4），以后可进行多轮。在每轮中对当选的自交株，可择优株继续自交，育成新自交系。

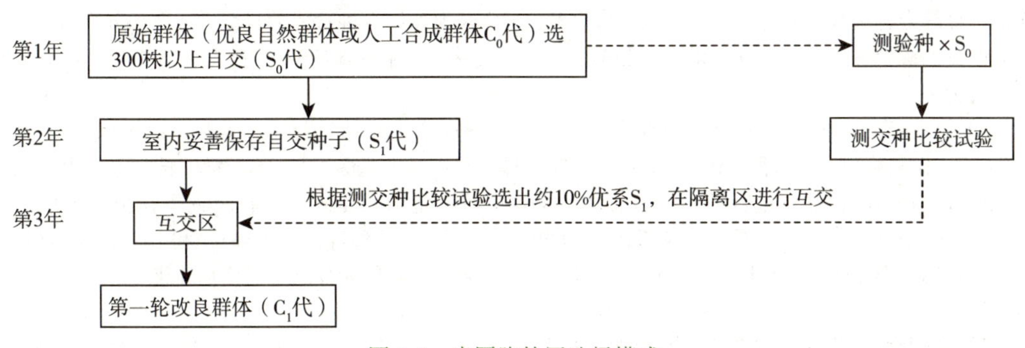

图 6-4 半同胞轮回选择模式

在进行半同胞轮回选择过程中，所选用的测验种如果是杂合的群体（杂交种或综合品种），测交鉴定结果所反映的主要是基因加性效应，即反映了所选自交单株的一般配合力。如果选用的测验种为纯合的自交系，则反映的是基因非加性效应，即反映了自交单株与测验种间的特殊配合力，据此有可能选育出优良的单交种。

用半同胞轮回选择法改良群体的典型例子是艾奥瓦坚秆综合种 BSSS 的改良工作。BSSS 是在 1933—1934 年由 16 个自交系合成的综合种。从 1939 年开始进行半同胞轮回选择，当年从 BSSS 中选出 167 株自交，用双交种 Iowa13 作测验种，用每个 S_0 代植株的花粉与测验种测交 10 株，得 167 个 Iowa13×S_0测交种。1940 年对 167 份自交 S_1 代和其相应的 167 个测交种做鉴定试验，主要按测交组合产量性状及其他性状选出

10份最优组合（测交种）的亲本自交系 S_1 代。用这10份优系轮交，配成45个单交种（按Griffing双列杂交第四种方法配组），再用这些单交种的等量种子在隔离区中自由授粉，就获得了经过一轮半同胞选择的改良综合种BSSS（HT）C_1 代，完成第一轮半同胞选择。以后大致以相同方式连续进行到第七轮，每轮均按测交组合鉴定结果选出10份优系合成新的改良综合品种，即BSSS（HT）C_2、BSSS（HT）C_3、…、BSSS（HT）C_7。

为了鉴定各轮的选择效果和遗传进展，将储存于冷藏库中的各轮次种子，在1969年与测验种Iowa13和BSCB1（R）配制成所需要的测交组合，于1970—1971年经过多点试验，获得的试验结果列于表6-4。

表6-4 经7轮半同胞轮回选择后艾奥瓦坚秆综合种BSSS及其测交种的产量（t/hm^2）

群体轮次	综合种本身产量	测交组合产量	
		与Iowa13	与BSCB1（R）C_n
原始综合种 $BSSSC_0$	5.48	6.31	6.11
第二轮改良综合种BSSS（HT）C_2	5.45	6.74	6.33
第三轮改良综合种BSSS（HT）C_3	5.57	6.77	6.59
第四轮改良综合种BSSS（HT）C_4	5.17	6.84	6.50
第五轮改良综合种BSSS（HT）C_5	5.49	7.16	7.08
第六轮改良综合种BSSS（HT）C_6	5.83	7.34	7.45
第七轮改良综合种BSSS（HT）C_7	5.96	7.48	7.66

从表6-4可以看出，经过7轮半同胞选择后，综合品种本身产量从5.48 t/hm^2 提高到5.96 t/hm^2，平均每轮增长量为68 kg/hm^2；而BSSS（HT）C_7×Iowa13比 $BSSSC_0$×Iowa13增产1.17 t/hm^2，平均每轮增长量为167 kg/hm^2；与另一测验种BSCB1（R）C_n 配制成的各轮测交种也表现出逐轮增长，BSSS（HT）C_7×BSCB1（R）C_n 较之以 $BSSSC_0$×BSCB1（R）C_n 增产1 550 kg/hm^2，平均每轮增长量为220 kg/hm^2，因而从各轮的改良综合种选育出的自交系在一般配合力上也优于从原始综合种育成的自交系。例如分别从第五轮和第六轮改良的综合种选育出的自交系B73和B78，比来自原始综合种 $BSSSC_0$ 的自交系B14和B37有较高的一般配合力。

Hull在1945年提出了以纯合自交系作测验种的特殊配合力轮回选择法。此后，Lonnquist用单交种WFG×M14作测验种，对品种群体Krug进行两轮选择，平均每轮获得4.2%的产量增长。Russell等用自交系作测验种，在对品种群体进行的5轮选择中，平均每轮产量增长4.4%。Sprague等在第一轮用单交种（WFG×HY）为测验种，第二轮用自交系HY为测验种，分别对品种群体Lancaster和Kolkmeier进行轮回选择，平均每轮得到4.1%和13.6%的增长。以上试验结果表明，用纯合的或遗传基础狭窄的材料作测验种进行轮回选择，对一般配合力和特殊配合力都是有效的。

（二）全同胞轮回选择 全同胞轮回选择（full-sib recurrent selection）每轮也是进行3代。第一代，成对杂交，即在基本群体中，选择优良单株成对杂交百余至数百个组合，即 S_0×S_0 全同胞家系。第二代，杂交种鉴定，即将成对杂交的全同胞家系种子，约一半进行种植鉴定，另一半储藏于室内。根据鉴定结果，选择10%左右的最优杂交种。第三代，合成改良群体，即把上代当选的10%左右杂交种的储存种子，按组合等量混合后播种于隔离区内，任其自由授粉，合成第一轮改良群体。在各轮选择过程中，都可择优株自交，育成新的自交系。

Moll和Stuber（1971）采用全同胞轮回选择用于改良品种Jarvis和Indian Chief以及这两个品种间杂交种和综合种的产量性状，以原始品种为对照。结果是，每个选择周期的有效增产率，Jarvis为21%，Indian Chief为17%，品种间杂种为15%，综合种为17%。

（三）相互半同胞轮回选择 相互半同胞轮回选择（reciprocal half-sib recurrent selection）是一种同时改

良两个基本群体的半同胞轮回选择。

1. 第一代　自交并相互杂交。用A和B两个群体互为父本和母本，互作测验种。在A群体中，选择百余个或数百个优良单株进行自交，并以自交株的花粉给B群体中的3～5个优株授粉，得相对应的测交种B×A。同时，从B群体中选百余个或数百个优良单株自交，以自交株的花粉给A群体中的3～5个优株授粉，得相对应的测交种A×B。

2. 第二代　测交种比较鉴定。对A群体和B群体自交单株测配成的测交种进行综合鉴定（包括异地鉴定），同时储存A和B两群的自交穗种子。

3. 第三代　合成改良群体。根据上代鉴定结果，选择10%左右最优测交种相对应的储藏于室内的自交穗种子，分别等量混合种在隔离区内繁育成A和B两个改良群体（AC_1 和 BC_1）（图6-5）。并可在两个群体中选优株自交，育成自交系。Fakorde等（1978）报道对BSSS和 $BSCB_1$ 两个群体进行了相互半同胞轮回选择，通过7轮选择，群体内杂交种单位面积的产量与单株产量都得到了显著的提高，例如单株产量由 $C_0 \times C_0$ 的66 g增加到 $C_7 \times C_7$ 的92 g，产量组成性状（例如穗长、穗行数和单穗籽粒质量）都有明显的增加。

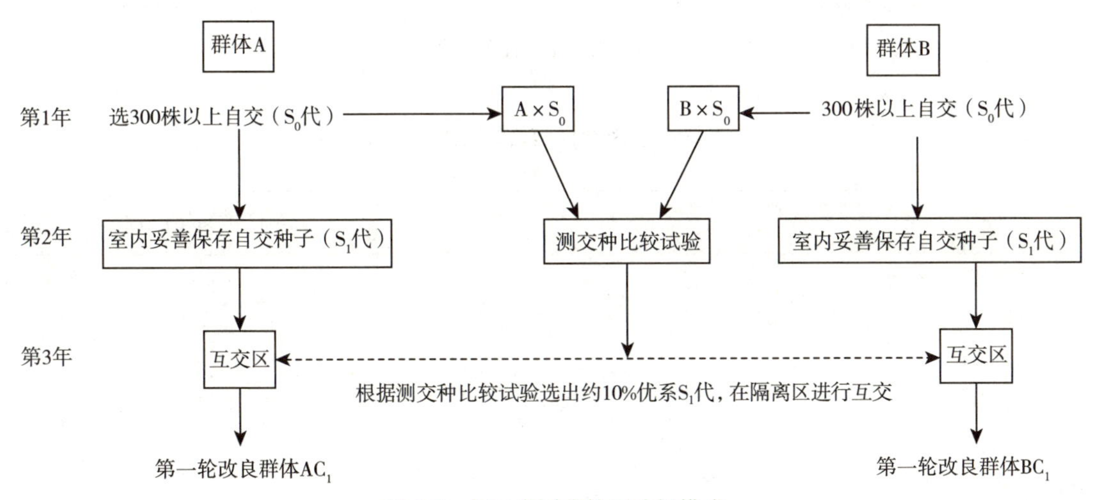

图6-5　相互半同胞轮回选择模式

（四）相互全同胞轮回选择　相互全同胞轮回选择（reciprocal full-sib recurrent selection）是由Hallauer于1970年提出的轮回选择程序，采用这种程序，也是同时对两个群体进行改良，但要求所用的两个群体均为双穗类型。

1. 第一代　选株自交和杂交。选择群体A中双穗单株，一穗自交，另一穗接受群体B中双穗优株上的花粉成对杂交。群体B的该双穗优株中的一穗自交，另一穗接受A群体中对应株的授粉，配成百余个至数百个成对 $S_0 \times S_0$ 杂交组合（即全同胞家系）。

2. 第二代　杂交种比较。分别储藏A和B两群体中的自交穗种子，而对成对杂交的全同胞杂交种进行综合鉴定。

3. 第三代　组配单交种和合成改良群体。根据上代综合鉴定结果，选择10%的最优杂交种相对应的A和B两群体自交穗（储藏的种子），一部分种子等量混合，分别种在隔离区内繁育，或按 $n(n-1)/2$ 配成单交种后等量混合，分别合成改良群体 AC_1 与 BC_1；另一部分种子分别种成穗行，配成A×B单交种，通过对单交种的鉴定可选育出优良单交种（图6-6）。

相互全同胞轮回选择的优点有：①可同时改良两个群体；②可在改良群体的任何阶段选出优良自交系和杂交种。

Hallauer以BS10与BS11为两个基础群体，进行相互全同胞轮回选择，结果见表6-5。由表6-5可知，BS10群体经过4轮相互全同胞轮回选择，产量比 C_0 群体增加7%；BS11经过4轮选择后，产量提高8%；并且4轮后群体内杂交种比原始群体杂交种增产7%。同时也可看出，除这两个群体产量提高外，它们的单株平均穗数也有所增加，抽丝期也略有提早。

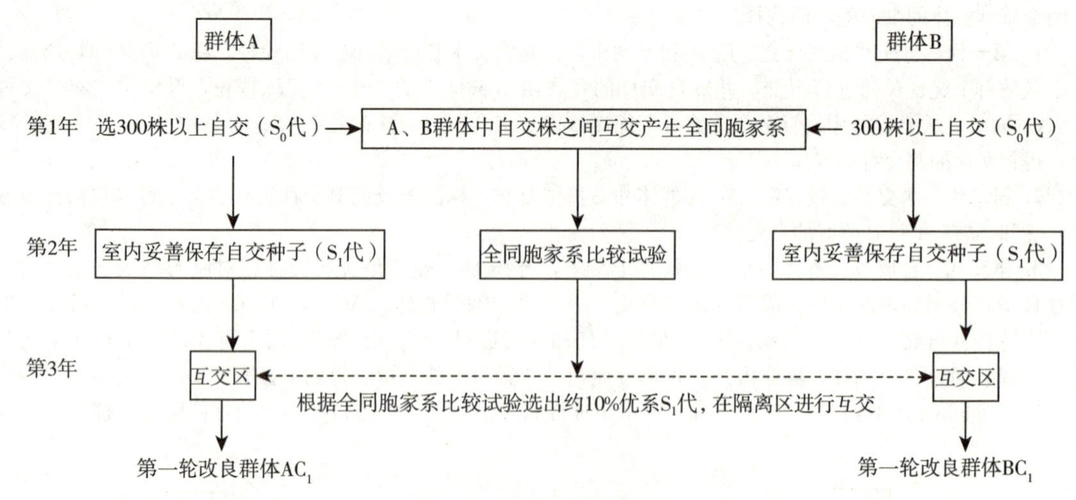

图 6-6 相互全同胞轮回选择
（引自 Hallauer，1970）

表 6-5 相互全同胞轮回选择的效果
（引自 Hallauer，1987）

群体	产量（t/hm^2）	单株穗数	播种到抽穗丝的时间（d）
$BS10C_0$	5.99	1.1	74.5
$BS10C_4$	6.41	1.5	73.0
$BS11C_0$	5.82	1.2	79.5
$BS11C_4$	6.28	1.4	77.4
$C_0 \times C_0$	6.80	1.2	75.8
$C_4 \times C_4$	7.28	1.5	75.5

三、玉米群体改良效果及其影响因素

（一）玉米群体改良效果 Sprague 报道，早期的轮回选择工作，一个玉米综合品种，原始群体含油量为 4.2%，通过两次轮回选择，含油量上升到 7%；而对自交系系统选择，经过 5 代自交，含油量由原始的 4.97%仅上升到 5.62%。Russell 报道，以品种 Alph 作为原始群体，测验种用自交系 B14，经过 5 轮特殊配合力的选择，B14×Alph 每轮增产 309 kg/hm^2（4.5%）。Eberhart 等对玉米 BSSS（R）和 BSSS1（R）群体进行了 5 轮相互轮回选择，每轮增益为 273 kg/hm^2（4.6%）；以 Iowa13 双交种为测验种，用半同胞轮回选择改良群体 BSSS7（H），每轮增益为 165 kg/hm^2（2.6%），在组配的杂交种中，$C_0 \times C_0$优势效应为 15%，而在 BSSS（R）C_5×BSCB1（R）C_5组合中优势效应达 37%。在改良群体的各轮中，还可以选得优良自交系，例如从 BSSS 的每轮选择的改良群体中，分别获得了一系列优良自交系。例如自交系 B14 和 B37 是从 BSSS（R）原始群体中育成的，而 B73 和 B84 分别是由 BSSS（HT）的 C_5代和 C_7代群体中选育得到的。从各轮次选育的自交系与测验种组配的杂交组合的产量（表 6-6）可以看出，从 B14 到 B84，每更换 1 个新自交系，相应测交种的产量就有明显的提高，说明从高轮群体中选出的自交系比从原始群体选出的自交系具有更大的增产潜力。

我国自 20 世纪 70 年代起，各有关科研单位也相继开展了玉米群体改良的工作。中国农业科学院作物育种栽培研究所用半同胞轮回选择法对中综 1 号进行改良，从 C_0轮到 C_3轮，每轮的遗传增益为 7%。江苏农学院（1989）研究指出，对基础群体 M_4代和 M_5代经过 1 轮全同胞轮回选择，产量分别提高了 12.9%与 14.1%。这些结果支持郭伦（Турьин，1976）研究指出的“一般认为全同胞轮回选择对改良产量是最成功的育种程序"，以及赖仲铭（1983）报道的"全同胞轮回选择只需少量的选择世代，就能对产量取得一定的改良效果"的观点。

表 6-6　从 BSSS 不同轮回群体中选择的 4 个自交系组配单交种产量比较

（引自 Hallauer，1978）

杂交种	产量（t/hm²）	比 B14×Mol7 增产（%）
B14×Mol7	7.25	—
B37×Mol7	7.70	6.2
B73×Mol7	8.44	16.4
B84×Mol7	9.48	30.8

（二）玉米群体改良效果的影响因素　影响玉米群体改良效果的因素较多。

1. 基础群体　对基础群体的改良效果，取决于被改良群体的遗传变异的大小及基因加性效应的高低。因此在选择基础群体时，除应注意目标性状变异的大小外，还应考虑该性状平均值的高低，以及加性方差的大小（狭义遗传率 h_N）和杂种优势等。一般而论，基础群体遗传变异越大、目标性状均值越高，狭义遗传力越高，改良效果越明显。

2. 测验种的选择　测验种按其遗传组成分为两大类，一类是遗传基础广泛的，例如开放授粉品种和综合种等，它检测的是被改良家系的一般配合力；另一类是遗传基础狭窄的，例如自交系和单交种等，它检测的主要是被改良家系的特殊配合力。

3. 选择强度与群体大小　选择强度和有效群体的含量对改良效果有着至关紧要的作用。在同等有效群体含量的情况下，选择强度越大，遗传增益越高，反之亦然。选择强度还与长期和短期的遗传增益密切相关，增加选择强度诚然可以在短期内获得较大的遗传增益，但若有效群体含量过小，必然造成后代遗传方差变小，易发生近交效应并使得基因型较快趋于纯合，不利于打破连锁和进行基因重组。所以从长远和综合考虑，为保证一定选择强度，更为保持群体的遗传潜力和长期全面改良群体，有效群体含量要尽可能大。

4. 试验环境的控制　田间试验条件不良或者条件不适当，会影响试验结果的准确性，必定会影响选择效果。因此要尽可能设置多点试验，改进小区技术，例如设置重复，采用不完全区组设计等。

5. 科学选用复合选择方案　国内外不少玉米遗传育种家，依据群体改良的原理，根据改良目标，针对不同轮回选择方法的特点，在进行群体改良时采用开放式改良方案。一方面，若发现基础群体在改良过程中其遗传变异显著减少，或者产量性状改进较大但某些重要农艺性状较差，就适时适当渗入异源种质和所需基因，进一步增加群体的遗传变异性，从而有利于在进一步改良时能获得更大的选择响应。另一方面，在群体改良的具体方法上，可对上述方法进行适当改进和扩充，从而提高改良效果。例如为充分利用群体的各种遗传分量，获得最大的遗传增益，可考虑采用半同胞轮回选择（HS）+S_1 选择方法，或相互轮回选择（RRS）+S_1 选择方法等复合选择方法。还可在改良过程中，有计划地、周期性地更换测验种，或在同一轮次中应用多个测验种。从而对群体内的基因位点进行更全面的测定，更充分发掘群体的遗传潜力，提高改良效果。

第六节　玉米育种途径和方法（三）

——质核互作雄性不育性的应用

玉米是最早应用雄性不育性的作物之一。现代玉米生产中主要是利用杂交 F_1 代的杂种优势。这就需要每年进行大面积的杂交制种。尽管玉米是异花授粉作物，雌雄异花，去雄工作方便，易于进行杂交制种，但毕竟要花费大量人力。其次，由于种种原因，还会因去雄不彻底而造成种子混杂，降低种子纯度，影响大面积生产。利用雄性不育性进行杂交制种工作，不仅能节省大量去雄人工，降低种子生产成本，而且还可以减少因去雄不彻底所造成的混杂，避免大面积生产上的损失。自 1950 年第一个玉米雄性不育系杂交种问世以后，玉米雄性不育的研究和育种工作有了较大的发展，到 1970 年，美国玉米生产上的雄性不育系杂交种的种植面积已达总面积的 80%左右。由于当时所用的雄性不育系几乎全部属于 T 群雄性不育系，而玉米小斑病菌T小种对T型细胞质有专化侵染性，结果导致玉米小斑病大暴发，使美国玉米生产蒙受了巨大损失。1970年以后，各国玉米育种家陆续开展了新型雄性不育系的选育，使雄性不育的育种工作又有了新的发展。目前在美国玉米生产中，雄性不育系杂交种的面积占播种总面积的40%左右。

我国也是开展玉米雄性不育研究和育种应用较早的国家之一。李竞雄等在20世纪60年代初就开展了这项工作，当时所用的雄性不育系大多数是从国外引进的T型雄性不育系。20世纪70年代以来，我国加强了新型雄性不育系的选育，部分育种单位先后育成了一批高抗玉米小斑病的新型雄性不育系。例如双型（内蒙古昭乌达盟农业科学研究所）、唐徐型（华中农业大学玉米研究室）、L2型（辽宁省农业科学院）、ZI A型（河北省农林科学院）、$Y_{II\text{-}1}$型（江苏农学院）、G型（四川农业大学）等。雄性不育的育种工作也取得了可喜的进展，现已大面积用于生产的雄性不育系杂交种有C豫22、C豫农704、S中单2号、C掖单3号、C73单交、C川单9号、C川单11、苏玉6号、苏玉12、农大3138、华玉4号、川单13等。

一、玉米雄性不育细胞质的类别和特性

（一）玉米细胞质雄性不育系的类别 自1931年Rhoades发现玉米雄性不育现象以来，已得到百余种雄性不育类型。Beckett（1971）从世界各地引进30个玉米细胞质雄性不育系进行鉴定分群，方法是：先以携带不同恢复基因的恢复系测定各雄性不育系的恢保关系；然后用玉米小斑病菌T小种接种，鉴定各雄性不育系的抗性反应。据此将所测定的雄性不育系分为3大群：T群、C群和S群。1972年，Gracen又对39种来源不同的雄性不育系用测定恢保关系等方法研究，也将其分成与Beckett相类似的3群。后来经进一步研究，原先无法归类的少数几个类型雄性不育系B、D、ME均被归为S群。

郑用琏（1982）和温振民（1983）根据Beckett提出的恢复专效性原理，研究了我国若干细胞质雄性不育系的育性反应，提出了一组相应的细胞质分类测验系，从而建立了我国自己的雄性不育细胞质的分类体系。按照郑用琏等提出的分类体系，凡是被恢313恢复的属于S组；被恢313保持、而被自风1恢复的属于C组；对恢313和自风1均表现雄性不育的属于T组。其后，李小琴（2000）通过较系统的研究，鉴定出了1个能恢复T组、C组和S组雄性不育细胞质的全效恢复系HZ32，以及C组的专效恢复系吉6759、P111等，S组的专效恢复系恢313、801等，对C组和S组均有恢复能力的双效恢复系S7913、牛2-1等。我国选育的双型、唐徐型、二咸型等雄性不育系也被归为S群（表6-7）。

表6-7 玉米雄性不育细胞质的分群

（引自Beckett，1971；刘纪麟，1979；郑用琏，1982；李建生，1993）

组群	不育细胞质类型
T	HA、P、Q、RS、SC、T、1A、7A、17A等
S	B、CA、D、RK、F、G、H、I、IA、J、K、L、M、ME、ML、MY、PS、R、S、SD、TA、TC、VG、W、双、小黄、大黄、WB、唐徐、二咸等
C	Bb、C、ES、PR、RB等

（二）各群雄性不育系的主要特性

1. T群 T群雄性不育系的不育性极其稳定，花药完全干瘪不外露，花粉败育较彻底，败育花粉形状多种，以菱形、三角形为多，并呈透明空胞，比正常花粉粒小。来自美国Texas地方品种Mexican June（1945年）的T型雄性不育系是其代表。T群雄性不育系最显著的表现型特征是对玉米小斑病菌T小种高度专化感染，因此生产上难以应用，仅在高纬度的冷凉地区有少量使用。T群雄性不育系的恢复受两对显性基因Rf_1和Rf_2控制，Rf_1基因位于第3染色体的短臂上，Rf_2基因位于第9染色体上。Rf_1和Rf_2表现为显性互补效应，雄性不育性的恢复需要同时具有Rf_1和Rf_2这两个显性基因，但两个基因可以是纯合的，也可以是杂合。如果这两对基因中的任何1对为隐性纯合，雄花育性便不能被恢复。T群雄性不育系属孢子体型雄性不育。雄性育性的反应取决于孢子体（母体）的基因型，而与配子体（花粉）的基因型无关。因此当雄性不育系与恢复系杂交后，F_2代出现一定比例的雄性不育株。对T群雄性不育系和恢复系的大量研究表明，大多数T群雄性不育系和恢复系均带有Rf_2基因，不育系与恢复系之间往往仅存在1对基因即Rf_1与

rf_1 之间差别，因此不育系与恢复系杂交后，F_2 代的育性常呈现 3 可育∶1 不育的分离比例。

2. S 群　S 群的雄性不育系雄穗上的花药由不露出颖壳到完全露出颖壳，花药大多数不开裂，有少数半裂到全裂。花粉败育多呈不规则的三角形，花粉败育不彻底，以至花药裂开时，可能还有少数正常可育的花粉，其数量因遗传背景和环境而有差别。当环境变化时，雄性育性反应也随之变化。一般在温暖而干燥的地区，雄性不育性表现稳定，在冷凉湿润或日照较短的地区，雄性不育性表现不稳定。因此 S 群是雄性不育性不太稳定的类群。S 群雄性不育系对玉米小斑病菌 T 小种不专化感染。这种类群的雄性不育系最早来源于美国（1937 年），又称为 USDA 型。S 群雄性不育系雄性不育性的恢复受显性基因 Rf_3 控制，该基因位于第 2 染色体的长臂上。S 群雄性不育系属配子体型雄性不育，它们的雄性育性反应由花粉（配子体）的基因型决定。雄性不育系与恢复系杂交，其 F_1 代雄花育性被恢复，但 F_1 代植株上的花粉发生分离，其中 50%花粉可育（带有 Rf_3 基因），另 50%花粉败育（带 rf_3 基因），其原因是含有 rf_3 基因的花粉是败育的，不能参与授粉受精，只有含有 Rf_3 基因的花粉能参与受精。因此 F_1 代自交产生的 F_2 代不会出现雄性不育株。S 群中雄性不育系的类型较多，不同类型之间的恢复性有差异，因此在生产上应用时应持慎重态度。

3. C 群　C 群雄性不育系雄穗生长正常，但花药不开裂，也不外露，花药干瘪，花粉败育，呈透明三角形，属稳定的雄性不育群，对玉米小斑病菌 T 小种具有较强的抗性。其典型代表是来自巴西的地方品种 Charrua 的 C 型雄性不育系。C 群雄性不育系是孢子体型雄性不育。据 Laughnan、陈伟程等研究，雄性不育性的恢复，由两个恢复基因 Rf_4 和 Rf_5 控制，且 Rf_4 与 Rf_5 表现为基因的重叠作用，其中 Rf_4 基因位于第 8 染色体的长臂上。也有人认为，C 群雄性不育系的雄性育性恢复受 3 对或 3 对以上的基因控制。由于 C 群雄性不育系的雄性不育性稳定且抗小斑病，因此是目前玉米育种与生产上应用的主要类群。美国利用 C 群雄性不育系配制的杂交种的比例已达 40%以上，我国四川、河南、辽宁、江苏等地也有应用。

（三）玉米雄性不育细胞质的分子生物学鉴别　Beckett、郑用琏、温振民等用普通生物学方法对玉米雄性不育细胞质进行鉴定分群，具有一定的可靠度。随着分子遗传学的进展，已探明雄性不育性的表达与细胞器线粒体 DNA（mtDNA）有密切联系。Levings 和 Pring（1977）报道，利用限制性核酸内切酶（如 *Hin*d Ⅲ、*Bam*H Ⅰ、*Sal* Ⅰ等）消化线粒体 DNA，经过凝胶电泳，形成电泳谱带，根据电泳谱带的差异，可以鉴别雄性不育系细胞质的类群，玉米 T、C 和 S 三群雄性不育系线粒体 DNA 酶切后在电泳谱带上有极明显的区别。随着一大批线粒体功能基因的克隆，以线粒体功能基因为探针的限制性片段长度多态性（RFLP）技术已被广泛地用于玉米雄性不育胞质的分类研究，用这种方法对雄性不育胞质进行分类不必进行大量的田间雄性育性测验，具有快速、简便的特点，已成为鉴别玉米雄性不育细胞质类型的主要手段。

二、玉米质核互作雄性不育系和恢复系的选育方法

（一）选育质核互作雄性不育系的方法

1. 回交转育的方法　这种方法以现有的雄性不育系为基础，用优良自交系作为转育对象，经过多次回交结合定向选择，把优良自交系转育成雄性不育系。具体方法是：以现有的稳定的雄性不育系作母本，用优良自交系作父本进行杂交，再以优良自交系作轮回亲本，进行多次回交，在回交后代中选具有父本优良性状的雄性不育株进行回交，一般经过 4～5 代回交和选择，即可将优良自交系转育成雄性不育系。

2. 早代测验转育的方法　这是选育新自交系并同时获得相应雄性不育系的一种方法。先从两个自交系间的单交种中选株自交，自交株同时与雄性不育系成对测交，测交种中的雄性不育株经选择后再与优良的对应自交株后代中的优株成对回交，这样经过 4～5 代的回交，就可选出若干对新的雄性不育系及其同型保持系（图 6-7）。

3. 利用具有雄性不育细胞质的恢复系与保持系杂交选育雄性不育系　江苏农学院（1984）报道，采用具有雄性不育细胞质的恢复系与保持系杂交，在 F_2 代中可以分离出雄性不育株。用若干自交系与雄性不育株杂交，选择能保持雄性不育性的自交系连续回交，即可获得雄性不育系。但是欲选育出抗小斑病强的优良雄性不育系，则需在病害强胁迫条件下从较多组合以及较大的群体中进行选择，才有可能获得成功。江苏农学院秦泰辰等从 1978 年开始该项工作，进行了大量的测交并进行小斑病菌 T 小种抗性鉴定，仅选得一个 $Y_{Ⅱ\text{-}1}$ 雄性不育系。该雄性不育系的雄性不育性稳定，抗小斑病性强，易于三系配套，能恢复其雄性育性的自交系较多。该雄性不育系现已成功应用于生产。

（二）选育恢复系的方法

1. 测交筛选恢复系　这是最常用的一种方法。选用一批自交系分别与雄性不育系测交，如果某测交种

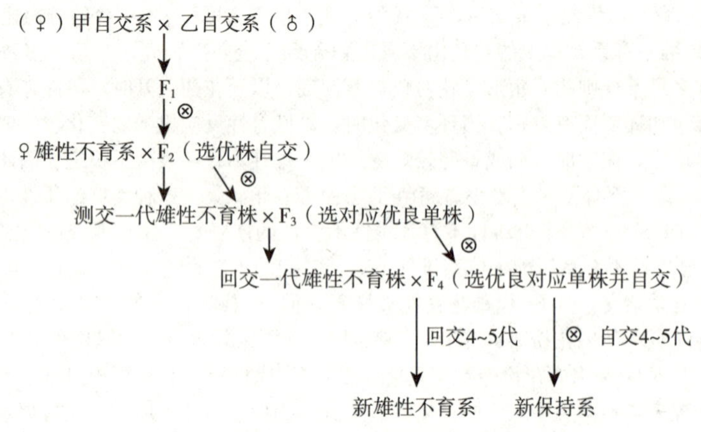

图 6-7 早代测验转育雄性不育系的方法

的雄花育性恢复正常，则说明其父本自交系就是相应雄性不育系的恢复系。再经配合力的测定，就可选出优良的恢复系。

2. 利用雄性不育系和恢复系杂交，再用自交系回交转育新的恢复系 在利用玉米雄性不育性育种工作中，为了获得一个具有良好配合力的恢复系 D_R，可先用雄性不育系 As 与恢复系 B_R 杂交，得到雄性可育杂交种，再用欲转育成恢复系的优良自交系 D 与雄性可育杂交种杂交，在后代中选雄性可育株与自交系 D 回交 4～5 代后，选株自交 2 代，这样就可以得到具有自交系 D 优良性状的恢复系。这种方法在转育过程中不需要进行测交工作，仅需选择雄性可育株进行回交就可以确保其后代中具有恢复基因。同时，在细胞质中也得到了不育基因（图 6-8）。

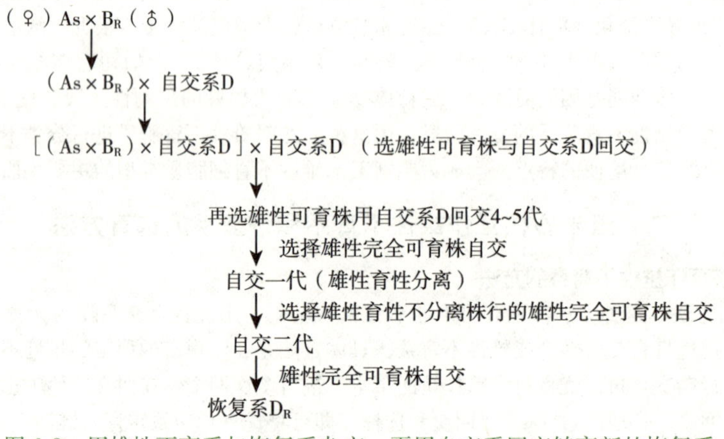

图 6-8 用雄性不育系与恢复系杂交，再用自交系回交转育新的恢复系

3. 利用雄性不育系和恢复系反回交转育新的恢复系 如果需要把玉米自交系 A 转育为恢复系，而自交系 A 正好已得其同型不育系 As，转育过程则较为方便。先用雄性不育系 As 与一个恢复系 B_R 杂交，再用雄性不育系 As 与杂种一代反回交；在回交后代中选择具有雄性不育系 As 性状的雄性可育株，与雄性不育系 As 反回交 4～5 代。这时回交后代的植株，细胞质内已获得雄性不育基因，细胞核内不仅转育得到恢复基因，同时也转育了雄性不育系 As 基本性状的基因（也就是自交系 A 基本性状的基因）。在高代回交的后代中，还要选择和雄性不育系 As 性状相似的雄性可育株自交 2 代，雄性育性不分离者，即为恢复系 A_R（图 6-9）。

4. 利用雄性不育系和具有恢复力的材料杂交选育二环恢复系 以优良玉米雄性不育系或雄性不育单交种作母本与具有恢复力的农家品种或综合品种杂交，从第二代开始结合自交系的选育，在分离的群体中选择性状优良、抗病的单株自交，以期获得二环恢复系。选育过程中要在自交早代的群体中选株测配恢复力。同时可按选育新的自交系的要求选株自交，在早代进行配合力的测定。因此这种选配方式，可以使选育二环恢复系的过程与具有恢复力材料的雄性育性测定以及自交系配合力的早代测定工作一举并行。

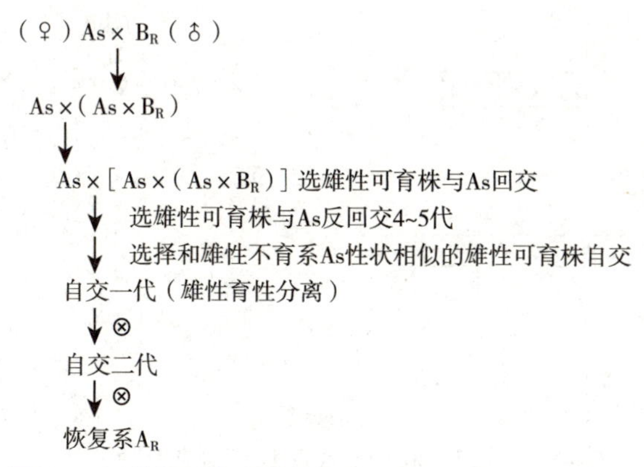

图 6-9　用雄性不育系和恢复系反回交转育新的恢复系

此外，结合配子选择法，在自交一代的同时，用雄性可育株的花粉与同一雄性不育材料测交，按测交种的雄性育性和产量的表现，在自交早代进行严格选择和鉴定，从而挑选出性状优良的二环恢复系。最后以二环恢复系与优良雄性不育系试配新组合，这样使二环恢复系的选育过程与新自交系和雄性不育新组合的选育工作紧密结合，可以提高雄性不育杂种选配的效率。

三、玉米质核互作雄性不育系制种的技术

（一）三系制种的方法　育成三系配套的优良杂交种后就可用简便的制种方法将其投入生产。雄性不育系的繁殖和杂交种生产程序见图 6-10。在图 6-10 中，一个是雄性不育系繁殖区，另一个是杂交制种区。在杂交制种区内，利用雄性不育系 A 与恢复系 R 杂交，在隔离条件下无须人工去雄，可以得到优质、纯化的单交种子。在这个隔离区内，若种子纯度高，隔离条件符合制种要求，则恢复系 R 经同胞交配可以得到繁育，就无须再设隔离区繁殖恢复系 R。但是雄性不育系 A 要另设隔离区，与保持系 B 交配，繁育雄性不育系 A，即雄性不育系繁殖区。同理，在这个隔离区内保持系 B 经同胞交配也得到了繁殖。

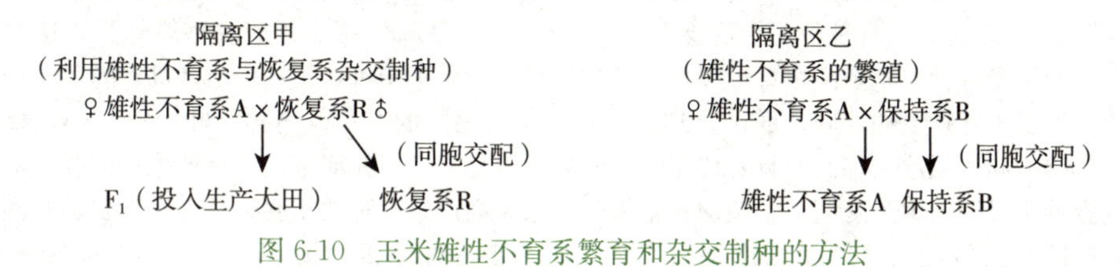

图 6-10　玉米雄性不育系繁育和杂交制种的方法

（二）二系掺和制种的方法　这是指仅利用雄性不育系和保持系进行玉米自交系、雄性不育系的繁殖以及配制单交种。这个方法可以迅速而有效地把配合力高、农艺性状优良的有希望的单交种，在短时间内利用雄性不育性育种方法转育为雄性不育系及其保持系，并用掺和法应用于生产。例如江苏农学院选育出的优良杂交种 J7×黄早 4 雄性不育单交种表现突出，经审定通过，并定名为苏玉 6 号，其中 J7 是雄性不育系，而黄早 4 是保持系，不能恢复 J7 的雄花育性，因此 J7×黄早 4 雄性不育单交种不能直接用于生产，而必须用 L107×黄早 4 给 J7×黄早 4 提供花粉，L107 是 J7 的同型保持系。采用掺和法即将雄性不育的 J7×黄早 4 与雄性可育的 L107×黄早 4 混合后用于生产（图 6-11）。

图 6-11 的左半图（方法 A）是设置两个制种隔离区Ⅰ和Ⅱ。Ⅰ区是由 J7×黄早 4 得到的雄性不育单交种，Ⅱ区是由 L107×黄早 4 得到的雄性可育单交种，将雄性不育的单交种与雄性可育的单交种按比例掺和（一般供粉单交种占 1/4 到 1/3），用于大田生产。

图 6-11 的右半图（方法 B），是把雄性不育系 J7、自交系 L107 和黄早 4 集中于一个隔离区内制种，仅需在自交系 L107 植株上去雄，这样可在母本行上得到两类种子，一类为雄性不育单交种 J7×黄早 4；另一类为雄性可育单交种 L107×黄早 4，收下种子混合后即可投入生产。

采用二系掺和法制种，不仅最低减少 2/3 的去雄工作量，更重要的是可以得到纯净优质的种子，同时由

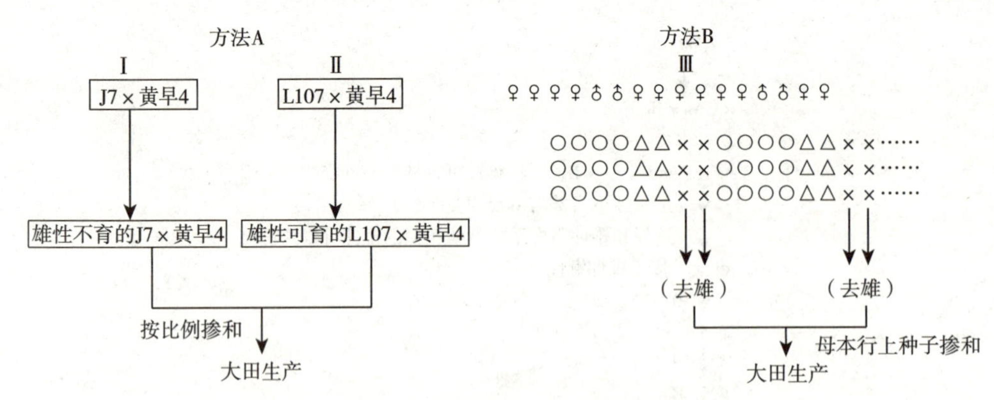

图 6-11 利用不育系 J7 配制杂交种

（右图中，○代表 J7 雄性不育系，△代表黄早 4，×代表自交系 L107）

于掺和了雄性可育单交种，可以放心使用，不会像三系法那样由于恢复系的恢复力因环境、纯度等因素影响，造成花粉量不足而减产。在二系掺和法繁育、制种过程中，要对雄性不育系纯度严加检查，并且要在掺和的过程中严格按比例进行掺和，以确保质量。

第七节　玉米主要目标性状育种

一、玉米高产育种

玉米的高产性能，一般是指群体的生产力，而不是指单株生产力。当然，单株生产力是杂交种高产的基础，但并非群体获得高产的唯一因素。从高产育种的角度出发，高产杂交种应考虑以下几个方面的因素：①单株生产力，即单株为叶片上冲的紧凑型，具备良好的生理、生化代谢的内在素质并且穗粒结构合理；②群体内个体生长协调；③群体与环境协调。具备上述 3 个条件的杂交种，在一定的生态条件下，可以获得高产、稳产。但是高产是一个复杂的问题，这里仅就株型和杂交种（基因型）与环境的关系做简要介绍。

（一）株型　株型是高产育种的一个重要方面。自 1968 年 Donald 提出理想株型概念后，这方面的研究进展很快。我国玉米育种家李登海培育了株型紧凑的掖单号玉米单交种，把我国玉米高产育种工作推向了新的阶段。紧凑型玉米叶片上冲，叶片匹配合理，叶片与主茎之间的夹角（简称为叶向值）小，其受光效率高，对二氧化碳的同化强度大，因而具有代谢旺盛、后期不早衰、籽粒灌浆快、单株生产力高、适宜密植等特点。通过育种手段，培育紧凑型玉米杂交种是近年来培育高产杂交种的主要途径之一。目前我国玉米生产上大面积种植的杂交种约有 1/3 是紧凑型杂交种，使玉米的种植密度由 45 000～60 000 株/hm^2 提高到 75 000～90 000 株/hm^2。李登海培育的株型紧凑的掖单 13 号玉米单交种则创下了我国夏玉米单产的最高纪录，达到 16 940.5 kg/hm^2。株型涉及叶夹角的大小、叶长、叶宽、叶片数、株高、穗位高、雄花序大小等性状。这些性状基本上都是数量性状，受多效基因控制。因此株型的遗传是一个复杂的问题。但是利用适宜的种质，选育出株型紧凑的自交系与杂交种并非难事。需要指出的是，高产育种并非要求所有的杂交种都必须是紧凑型的，非紧凑型的杂交种在适宜的条件下也可以获得高产，这要根据玉米产区的自然生态环境、耕作制度及生产水平的高低来确定是否需要选育紧凑型品种。

（二）杂交种与环境　高产育种涉及另一个方面是杂交种（基因型）与环境的关系，即基因型与环境的互作。同一基因型在不同的环境条件下表现不尽相同，高产育种中经常遇到这样的情况，某个杂交种在一定的地区表现产量很高，但换一个地区则表现不高。但也有些杂交种，在不同的环境下表现相对较一致，产量变幅小。由于基因型与环境的这种互作，要求育种工作者在多种环境下评价杂交种，以获得重演的最优杂交种（基因型），在高产育种的中间试验阶段，应明确某个杂交种的高产潜力和所要求的外界条件。高产育种仍是当前玉米育种工作的突出目标，但也要兼顾品质和抗逆性，以保证高产、优质和稳产的协调统一。

二、玉米抗病育种

世界范围内，玉米的病害有 100 种以上。在我国经常发生的玉米病害有 30 多种，目前危害较严重的主要有大斑病、小斑病、茎腐病、病毒病、穗粒腐病等。20 世纪 90 年代以来，在某些地区，玉米大斑病危害加重；在高肥水条件下，一些杂交种高度易感穗粒腐病、青枯病、玉米弯孢菌叶斑病、灰斑病、锈病、纹枯病、疯顶病（霜霉病）等，其中一些病害已在局部地区由次要病害上升为主要病害，例如玉米粗缩病、矮化花叶病在我国华北玉米产区大面积流行。1996 年全国 10 个省、直辖市、自治区的玉米粗缩病发病面积达 2.0×10^6 hm^2，估计产量损失 5×10^8 kg。玉米矮化花叶病导致山西中部和南部春玉米大面积受害，1998 年山西全省发病面积达 4.5×10^5 hm^2，占玉米种植面积的 51.2%，减产 5×10^8 kg。在华北玉米产区，玉米黑粉病近年来愈发严重，部分地块病株率达 30%，严重影响玉米生产。玉米灰斑病也已成为影响西南高山高原等冷凉地区玉米生产的主要病害。不同病害的抗性遗传规律不同，抗病育种的方法也不尽相同。

（一）抗小斑病育种

1. 对 O 小种抗病系的选育 由于玉米对 O 小种的抗性主要是受多基因控制的，同时也受隐性单基因 *rhm* 的控制，皆属核基因抗性。对 O 小种抗病系选育，由于遗传基础的差别而应采用不同方法。

（1）多基因抗病系的选育 常用的方法有以下几种。

①从地方品种中选育抗病系：地方品种是一个复杂的群体，抗病基因分散于不同植株之中，应采取大群体样本和严格鉴定抗性的方法，在大群体内严格挑选抗病植株进行自交。在自交后代中选择抗性单株的数量也应较多并对抗病性进行严格鉴定，例如北京市东北旺试验站，在小斑病流行年份，在 133.3 hm^2（2 000 亩）农家品种墩子黄中，经多年自交选择育成抗小斑病自交系墩子黄和黄 3-4。

②用二环系法选系：辽宁省丹东市农业科学研究所用仅抗小斑病的自交系 Oh43 和只抗大斑病的自交系可 67 杂交，从中选育出兼抗大斑病和小斑病的自交系自 330。

③系统选择抗病系：例如北京市农林科学院由感染小斑病的塘四平头的杂交穗中育成了高抗小斑病的自交系黄早 4。

④辐射选系：山东省农业科学院以武单早为材料，经过辐射育种程序，育成了抗病自交系原武 02。

⑤从群体改良的材料中选育：例如英国玉米育种家从 BSSS 的改良群体中选出的 B37、B84 等都是抗小斑病的优系。

（2）单基因抗病系的选育 抗性基因 *rhm* 属隐性基因，选抗病系的方法应把带有 *rhm* 基因的材料与自交系、杂交种或地方品种杂交，在杂种的后代中，要进行严格苗期鉴定，凡带有抗性基因的都呈褪绿斑反应，挑选抗病的单株连续自交、回交选择，从严鉴定，选育抗小斑病的优系。

2. 对 T 小种抗病系的选育 玉米对 T 小种的抗性由细胞质控制。T 小种能产生对 T 型雄性不育系胞质有特殊毒力的 Hm 即 T 毒素，导致抗病力的丧失。T 组群细胞质对 T 小种的专化致病性敏感，而正常细胞质和 S 组、C 组细胞质则是抵抗的。对 T 小种的细胞核抗病性研究发现，核基因背景不同的 T 组群雄性不育系，对 T 小种的抗性有差异，核基因抗性作用远低于 T 型感病细胞质的影响。为此，在选育抗 T 小种的自交系时，在利用正常细胞质和其他抗病雄性不育细胞质的基础上，对抗病核基因的选育方式则可采用常规选系的方法。

（二）抗大斑病育种 大斑病的抗性遗传有两种，一种是多基因抗病性，系数量遗传性状，呈水平抗性；另一种是单基因抗病性，由主效基因控制，属质量遗传性状，其抗病基因有 Ht_1、Ht_2、Ht_3 和 Htn_1。

1. 多基因抗病系的选育 多基因抗病系选育的常用方法有以下 3 种。

（1）从地方品种中选系 例如抗病自交系旅 28 是从地方品种旅大红骨中选出的，从地方品种镆铆小粒红和英粒子中都育成过抗大斑病的自交系。但应指出，这都是在早年育成的自交系，目前地方品种种植很少，群体经受自然和人工选择压力变小，抗病单株出现的概率随之降低。

（2）用二环系法选系 用抗大斑病的优系杂交，再从优良单交（双交）组合中进行自交分离，且在于发病年份或在诱发病害的条件下进行严格选系。

（3）在改良群体中选系 经过轮回选择的改良群体，是一个基因型杂合性状优良群体，从该群体可以选得一批抗病的优良自交系。例如 B37 等自交系就是从 BSSS 群体的第一轮改良群体选出的。

2. 单基因抗病系的选育 单基因抗病系选育的常用方法有以下两种。

（1）回交法选育 以农艺性状优良、配合力好的自交系作轮回亲本，在回交世代，用人工接种鉴定，选表现褪绿斑的单株，连续回交，可以选育出抗性强的自交系。例如江苏农学院曾选育出抗病自交系扬 80-1 等。

（2）二环系法选育 选用亲本带有抗病 *Ht* 基因的杂交种作材料，在人工接种鉴定的条件下，对自交一代鉴定选择具有褪绿斑的单株，并结合优良农艺性状的选择，可得抗病优系。这里应指出，显性单基因控制的抗大斑病的材料属垂直抗性，若把 *Ht* 基因与水平抗性结合，在生产实践中更具有利用价值。但在回交转育既具有垂直抗性又具有水平抗性的优系时，常易使水平抗性丧失，这是因为垂直抗性抗病程度显示较强，会使水平抗性不易识别而被丢失。为此，在回交时，应选用具有多基因抗性的轮回亲本进行多次回交，在鉴定抗病性上要注意选择水平抗性的子代。

(三) 抗玉米弯孢菌叶斑病育种 玉米弯孢菌叶斑病在 20 世纪 70 年代以前曾是玉米生产上的一个次要病害，20 世纪 90 年代以后成为我国华北和东北主要玉米产区的主要病害之一，危害面积逐年扩大，其危害程度有超过大斑病和小斑病的趋势。该病害的病原菌为弯孢菌［*Curvularia lunata*（Walk）Boed］，不同的菌株之间的致病力存在极显著差异。该病害主要发生在玉米叶片上，发病初期叶片上出现点状褪绿斑，病斑逐渐扩展，呈圆形或椭圆形，中央呈黄白色，周缘呈褐色并带有褪绿晕圈，有的品种在病斑周围出现大片褐变区域。病斑大小一般为 1～2 mm×2 mm，某些品种上可达 4～5 mm×4～7 mm。在感病品种的叶片上，病斑可密布全叶，并可联合，形成大面积组织坏死，导致叶片枯死。玉米不同生育时期对弯孢菌叶斑病的抗病性不同，苗期抗病性最高，随着生育进程的推进，抗病性逐渐降低，孕穗期前后抗病性最弱。如遇高温高湿气候条件，在种植感病品种时，可在短期内造成严重流行。

玉米的不同品种、不同自交系之间对弯孢菌叶斑病的抗性存在着显著差异，抗病水平从高抗到高感。赵君等（2002）研究指出，玉米对弯孢菌叶斑病的抗性遗传，以基因的加性效应和显性效应为主；自交系 P138 和 P131B 可作为对玉米弯孢菌叶斑病的抗性育种材料。选用抗性较强的自交系可组配出对弯孢菌叶斑病有较强抗性的杂交种。

(四) 抗灰斑病育种 玉米灰斑病于 1924 年在美国首次发现；我国于 1991 年在丹东首次报道，并逐步成为东北玉米产区的重要病害。2002 年在云南大理州报道了灰斑病发生以后，该病迅速在西南玉米产区扩散，现已成为云南、四川、湖北、贵州等地的高海拔山地玉米生产中的主要病害之一。引起我国北方灰斑病的病原菌为玉蜀黍尾孢菌（*Cercospora zeae-maydis*），西南地区灰斑病的病原菌为玉米尾孢菌（*Cercospora zeina*）。灰斑病主要危害叶片，也侵染叶鞘和苞叶。发病初期，叶片上出现浅褐色水渍状病斑，逐渐变为灰色、灰褐色或黄褐色，有的病斑边缘为褐色；病斑沿叶脉方向扩展并受到叶脉限制，两端较平，呈长方形，大小为 3～15 mm×1～2 mm。田间湿度较大时，在病斑两面产生灰色霉层，即病菌的分生孢子梗和分生孢子，故称为灰斑病。感病品种病斑密集，常相连成片而造成叶片枯死。具有部分抗性的品种，病斑较小且不规则，常常在病斑外围有褐色的边缘。

玉米自交系和杂交种对玉米灰斑病的抗性存在明显差异，但多数表现感病。根据现有的研究，在我国主要玉米种质中，具有热带、亚热带血缘的种质对灰斑病抗性较好，例如自交系 T32（Y32）、CML51 等。玉米对灰斑病的抗性属数量性状，主要表现为基因加性效应。近年来，对于灰斑病的抗病基因在玉米 10 条染色体上均有报道。其中，Bubeck 发现在 10 条染色体上均存在抗病数量性状基因位点（QTL）；Saghai 发现在玉米第 1、4、8 染色体上存在抗灰斑病数量性状基因位点；Chements 等定位了 19 个灰斑病抗性数量性状基因位点，并在第 1、2、5 染色体上发现主效位点；Lehmensiek 发现 5 个标记与 3 个抗灰斑病数量性状基因位点相连锁，它们被定位于玉米第 1、3、5 染色体上；Gordon 发现抗病数量性状基因位点主要分布于第 2 和第 4 染色体的长臂上，这些数量性状基因位点解释了 40%～47%的表现型变异；Shi 等确定 7 个热点数量性状基因位点，分别位于染色体的 1.06、2.06、3.04、4.06、4.08、5.03 和 8.06；Pozar 等在染色体的 1.05、1.07、3.06～3.07、7.03、9.04 获得抗病数量性状基因位点；Zwonizer 等定位到 8 个数量性状基因位点，分别位于第 1、2、3、4、7、8、10 染色体上。Zhang 等定位到 4 个数量性状基因位点，分别位于第 1、2、5、8 染色体上，位于染色体的 8.01～8.03 的主效抗病数量性状基因位点 $qRgls_1$ 被精细定位到 1.4 Mb 的范围，能提高抗病率 19.7%～61.3%，位于染色体的 5.03～5.04 的主效数量性状基因位点 $qRgls_2$ 定位到约 1 Mb 的区域，靠近第 5 染色体着丝粒。这些研究使得该病可进行分子标记辅助选择育种，以可大大加快其育种进程。例如某公司采用分子标记辅助选择技术改良杂交种 PR3394 的两个亲本自交系的灰斑病抗性，从而提高了该杂交种的抗病性。

吴纪昌等调查了一些在辽宁省种植的主要玉米自交系和杂交种的灰斑病抗性表现，发现自交系 515 和 107B 的灰斑病抗性突出，杂交种丹玉 16 和鲁玉 11 抗性最强。吕国忠等研究发现，较抗病的杂交种有 3262、辽 306、丹 3034、沈 9728、丹中试 61、丹 3079 等，较抗病的自交系有冲 72、9046、4361、79532、598、

J599-2、齐319和丹黄25。总体而论，具有热带血缘的自交系的灰斑病抗性较好。佟圣辉等鉴定了我国玉米育种和生产上应用的5大杂种优势群自交系的灰斑病抗性，其中，瑞德黄马牙、Lancaster和PN78599杂种优势群自交系平均表现为抗病，塘四平头群自交系平均表现为中抗，而旅大红骨群自交系平均表现为感病。张述尧研究表明，玉米灰斑病的抗性资源主要存在于热带、亚热带的种质资源中。在育种工作中，选用抗性好的自交系可组配出对灰斑病抗性较好的杂交种。

（五）抗丝黑穗病育种 玉米丝黑穗病在世界范围内广泛流行，对玉米产业造成了较大的影响。20世纪70年代以来，我国玉米丝黑穗病危害上升，已成为我国东北为主的春玉米产区的主要病害。

玉米丝黑穗病的病原菌为丝轴黑粉菌［*Sphacelotheca reiliana*（Kühn）Clint］。早在1890年美国就发现丝黑穗病，病原菌有2个变种，其中一个变种有5个生理小种，其中4个生理小种侵染高粱，1个侵染甜玉米；另一个变种侵染玉米，无生理小种，但两个变种有的后代对两种寄主均可致病。丝黑穗病最初症状是感病幼苗第4叶和第5叶片和中脉上出现褪绿斑点，较明显的症状是在抽穗时期，患病株的果穗为黑粉孢子团侵染。由于丝黑穗病的抗病接种鉴定，可以采用由带菌土覆盖方法进行接种，胁迫强度大，鉴定选择方法简便、直观，可连年淘汰感病株，从而鉴选获得抗病自交系。

现多数研究（Frederiksen，1977；马秉元，1983）证明，玉米对丝黑穗病的抗性属多基因的数量性状遗传，以基因加性效应为主，抗病为部分显性。用抗病自交系组配的杂交种表现为抗病，杂种F_1代群体病株率与双亲病株率均值成极显著正相关（$r=0.799\,8^{**}$）。Lu等在第1、2、3、9和10染色体上定位到了抗性数量性状基因位点。Lübberstedt等（1999）利用欧洲自交系组配的分离群体，在法国和中国吉林进行性状鉴定，分别定位到了3个和8个抗性数量性状基因位点。Chen等（2008）在高抗自交系吉1037染色体2.09上定位到了一个主效数量性状基因位点$qHSR_1$，能降低发病率25%。Zuo等（2014）将$qHSR_1$定位到了152 kb的物理距离内，并克隆到抗病基因*ZmWAK*，该基因编码细胞壁相关激酶。病原菌丝轴黑粉菌在苗期侵入玉米幼根，通过中胚轴向上生长，最终在雌雄穗部位形成病害。抗病基因*ZmWAK*在中胚轴大量表达，抑制丝轴黑粉菌的顶向生长，从而减轻病害的发生。

（六）抗茎腐病育种 茎腐病在世界范围内是较严重的玉米病害。20世纪70年代以来，玉米茎腐病在我国发展日趋严重，已成为我国玉米生产的主要病害。茎腐病是几种由真菌或细菌危害玉米茎秆基部引起相似症状的病害的总称。据统计，玉米茎腐病致病病原菌多达9种。不同病原菌的寄主范围、地理分布、特征症状亦有不同。腐霉菌和细菌在抽穗前侵害玉米，其他大多数真菌在植株接近衰老时才开始侵害根部，造成根腐。玉米茎腐病主要发生在乳熟后期，如发生在籽粒生理成熟之前则影响灌浆，导致籽粒不充实，形成轻穗，直接导致减产。如果病害发生较晚，虽对灌浆的影响较小，但降低了茎秆强度，导致茎秆破裂或严重倒折，影响收获而间接造成减产，特别是在玉米机械化收获已成为我国玉米主生产区的常态的今天，由于茎腐病造成的倒折对产量损失的严重性更加凸显，已成为新品种能否生产应用的主要限制因素。茎腐病发病的玉米常常成片地萎蔫死亡，枯死的植株呈青绿色，故在我国又称为青枯病。

由于茎腐病是由多种病原菌引起并与多种因素有关，不同地区主要病原菌也不尽相同，因此对其抗性的遗传研究困难很大。玉蜀黍色二孢菌、玉蜀黍赤霉菌和串珠镰孢菌不仅能造成茎腐，而且在苗期能导致苗枯，侵入果穗后产生穗腐，在玉米茎秆中对这3种病原菌中任何一种的抗性有关的因子，似乎也对另外两种的抗性有关，但幼苗、茎秆、果穗对同一病原菌的抗性彼此独立（Hooker，1978）。玉米植株内有两种物质与对茎腐病的抗性有关，一是丁布（DIMBOA），它可抗玉米玉蜀黍赤霉菌的侵染（Molot，1969）；另一个是存在于玉米茎秆的醚类提取液中的未知抑制因子，该因子在离体条件下可抑制玉蜀黍色二孢菌、玉蜀黍赤霉菌和稻黑孢菌的生长；该抑制因子随着植株年龄的增长而消失，在感病寄主上消失得更快（Barnes，1959）。总体来看，玉米茎腐病的抗性目前尚未发现抗性主效基因，通常以数量性状方式遗传，有基因的加性效应，又有基因的显性效应和上位性效应，常表现出明显的杂种优势，即F_1代的抗性通常高于双亲的平均值。杨琴等在第10染色体的10.03～10.04与第1染色体的1.09～1.10上定位到两个抗赤霉菌茎腐病的数量性状基因位点$qRfg_1$与$qRfg_2$。Wang等通过转基因实验验证了*ZmCCT*为$qRfg_1$位点上的抗病功能基因，该基因对茎腐病的抗性主要体现在根部。没有转座子TE1插入的*ZmCCT*基因处于待发状态，在病原菌侵染后，启动子的表观遗传修饰会快速做出响应，最终表现抗病；当TE1插入*ZmCCT*启动子后，会改变调控区的表观修饰，使*ZmCCT*基因处于沉默状态，病原菌侵染后，基因反应迟钝，表现感病。正由于其抗病性的数量遗传方式，采用混合选择和轮回选择法改良玉米茎腐病的抗性是有效的。育种实践已证明，在保持适当的群体大小的条件下，对抗性的改良不会影响群体的产量潜力。

（七）抗穗腐病育种 玉米穗腐病是一种真菌性病害，在我国各玉米产区都有发生，西南地区尤为严重。西南地区玉米穗期的高温高湿气候条件更易造成穗腐病普遍发生，一般品种发病率为5%～10%，感病品种发病率可达50%，重病田发病率高达73%。随着玉米种植密度的提高，其发病和危害程度愈发严重。穗腐病病原菌易扩展蔓延，引起更加严重的玉米籽粒腐烂和发霉。穗腐病造成的果穗腐烂，其危害不仅仅是玉米产量遭受重大损失，而且还严重降低了玉米的商品品质。更为严重的是，以穗腐病感染导致霉变的籽粒作为饲料时能够引起家畜家禽中毒。玉米穗腐病病原菌产生的伏马毒素、呕吐毒素、黄曲霉毒素等多种毒素，具有强烈的致突变、致畸、致癌等作用。玉米穗腐病已成为影响我国玉米机械化生产、规模化种植、商品化经营、产业化发展的重要病害。

玉米穗腐病可根据病原菌侵染的途径细分为穗腐病和粒腐病，对玉米生产危害最常见、最严重的是穗腐病，占90%；抗病育种的难度也最大。很多病原真菌均能使玉米产生穗腐和粒腐，它们分布也十分广泛；在我国最常见的是拟轮枝镰孢菌（*Fusarium verticillioides*）穗腐病，其次为禾谷镰孢菌（*Fusarium graminearum*）穗腐病，还有玉蜀黍赤霉菌（*Gibberella zea*）穗腐病。穗腐和粒腐病菌侵入果穗和籽粒有两条途径，一是由果穗顶部苞叶覆盖的开口处进入（穗腐病），因而苞叶紧的果穗类型比苞叶松的类型抗病，成熟时果穗下倾的类型比果穗直立的类型抗病（Shurtleff，1980；Hooker，1978）；二是由取食果穗的害虫带入果穗内（粒腐病）。籽粒含水量高有利于穗腐和粒腐病菌的侵染；高赖氨酸的O_2突变体比正常玉米更感病（Hooker，1978）；高糖分含量的籽粒对于穗腐和粒腐病菌是良好的培养基，超甜玉米比普甜玉米更感病（Royer等，1984）。

玉米生产实践中，影响穗腐病的抗性的作用，生理抗病性大于物理抗病性，后者包括有苞叶覆盖果穗与果穗下垂等状况。现有的研究表明，生理抗性主要是由多基因控制，以基因加性效应为主，也存在显性和上位性遗传效应，通常杂交F_1代的抗性要优于亲本的抗性；不同抗病系在抗病性传递能力上存在差异；F_2代的抗病性接近于中亲值，回交后代的表现倾向于轮回亲本（Hooker，1978）。研究还发现，不同病菌引起的穗腐病的抗性在遗传上也存在一定的差异。对拟轮枝镰孢穗腐病的抗性主要表现为抗侵染，而不是抗扩展。对禾谷镰孢菌穗腐病的抗性主要为基因加性效应，也存在基因显性效应（Hooker，1978）；但该病的抗性由果皮的基因型决定，因此对果皮的基因型纯合的个体（例如自交系）的抗性进行选择最有效（Soott和King，1984）。对玉蜀黍赤霉菌穗腐病的抗性也主要为基因加性效应，基因显性效应和基因互作效应只表现于少数组合中，例如以抗性程度不同的10个自交系进行的双列杂交试验表明，一般配合力效应显著，而特殊配合力效应不显著，因此也可利用亲本自交系的抗性预测单交种的抗性（Hart等，1984）。

（八）抗病毒病育种

1. 3种病毒病的特征

（1）玉米矮化花叶病　玉米矮化花叶病的病原是玉米矮化花叶病毒（*Maize dwarf mosaic virus*，MDMV），于1965年定名，是一种直径为12～15 nm、长为750～800 nm的线状粒子，属于*Potyvirus*病毒组的一种RNA病毒。现已鉴定出玉米矮化花叶病毒具有7个株系（A、B、C、D、E、F和O），各株系侵染植物有差别。玉米矮化花叶病的症状，在幼苗上发生花叶或斑驳，继而沿叶脉形成窄而带有浅绿色至黄色条斑，也可以在叶片、叶鞘和苞叶上发生。患病株呈矮化现象，穗小结籽少。玉米矮化花叶病毒是由传播媒介的口针传播的，主要传播媒介是包括玉米蚜、高粱缢管蚜、麦二叉蚜等在内的蚜虫。Johnson等（1971）指出，玉米矮化花叶病抗性遗传由显性基因控制。MiKe等（1984）报道，有2～5个基因与抗病性有关。利用染色体定位法，其抗性基因位于第6染色体的双臂上。种质材料Pa405是一个较好的抗源，带有5对抗病基因（Scott和Rosenkranz，1982；Rosenkranz和Scott，1984）。据研究，欧洲玉米自交系D21、D32和FAP1360A在田间和温室中均高抗矮化花叶病，存在2个显性抗性基因位点，位于第6染色体短臂的$Scmv_1$和第3染色体着丝粒附近的$Scmv_2$，前者主要在病毒侵入的早期起作用，后者在后期起作用，二者同时存在时表现高抗。这2个主效抗病位点在欧洲、中国、巴西热带等抗病种质中被反复证实，通过连续的精细定位和转基因功能验证已克隆相应的抗病基因。$Scmv_1$位点的抗病基因是*ZmTrxh*，编码一个非典型性硫氧还蛋白，具有很强的分子伴侣活性，在细胞内抑制病毒RNA的扩增；而$Scmv_2$位点的抗病基因是$ZmABP_1$，它不能抑制病毒的复制，可能在病毒的系统侵染中起抑制作用。

（2）玉米粗缩病　这是危害我国黄淮海夏玉米区最严重的病毒病。玉米粗缩病由玉米粗缩病毒（*Maize*

rough dwarf virus，MRDV）侵染引起的。该病毒颗粒为球形，直径为75～85 nm，具双层衣壳。其主要寄主是单子叶植物，例如玉米、水稻、小麦、高粱、大麦、谷子、稗等，不能侵染双子叶植物。患玉米粗缩病的玉米植株叶片的背面、叶鞘及苞叶的叶脉上具有粗细不一的蜡白色条状突起，有明显的粗糙感；叶片宽短僵直，叶色浓绿，节间粗短，植株矮化，顶叶簇生，重病株雄穗严重退化或不能抽出，雌穗畸形不实或籽粒很少。玉米粗缩病毒由灰飞虱传播。玉米苗期是对粗缩病敏感的时期，感病越早，病情越重，拔节后感病的产量损失较小。若气候条件适合灰飞虱繁殖，且玉米生育时期对粗缩病毒的敏感期与灰飞虱的盛发期相吻合，则玉米粗缩病发生严重。初步证明，玉米粗缩病抗性总体属于数量性状遗传，可能存在主效数量性状基因位点（史丽玉，2010）；不同玉米品种对玉米粗缩病的抗性存在着显著的差异，来自美国种质Y78599的选系，如齐319等则是较好的抗源。史利玉等人定位了1个粗缩病主效抗病数量性状基因位点，位于染色体的8.03上。Liu等人利用关联分析的方法，将玉米粗缩病主效抗病基因定位于染色体的8.03上，覆盖一个含48个关联位点的大LD区域。Tao等将染色体的8.03位点的主效抗病数量性状基因位点 $qMrdd_1$ 精细定位在分子标记M103-4和M105-3之间，物理距离为1.2 Mb。

（3）玉米褪绿矮化病　玉米褪绿矮化病的病原为玉米褪绿矮化病毒（*Maize chlorotic dwarf virus*，MCDV），于1973年定名，是一种直径为32 nm、含RNA的病毒粒子，能通过叶蝉半持久性传播。这种病毒不能机械传播。侵染症状是叶片出现褪绿，在生长发育后期一般叶色褪绿或发红，植株顶部节间缩短而矮化。玉米对玉米褪绿矮化病毒的抗性表现为显性遗传。

2. 抗病毒病育种　对以上3种玉米病毒病，从抗病育种入手是解决病毒病的主要途径。综合前人已有的研究，可以看出，对病毒病抗性的遗传多属于少数主效基因＋微效基因控制；不同品种对玉米病毒病的抗性存在着极显著的差异，来自美国种质Y78599的选系则是较好的抗源，而在热带、亚热带种质中存在有较多较强的抗病基因。选用抗病种质，在人工诱发病害的条件下，采用回交育种，或采用群体改良的方法把抗病基因导入农艺性状优良的自交系是可行的。采用现代分子生物学技术发掘、克隆和转移抗性基因，也可以培育抗病、产量配合力高、综合农艺性状优良的自交系。

三、特用玉米育种

玉米的用途十分广泛，它不仅可以作为饲料和粮食，而且还可以用作工业加工原料、能源原料、蔬菜、青饲料、休闲食品。特殊的用途对玉米品质提出了特殊的要求，那些用途不同于普通玉米的品种统称为特用玉米，例如甜（糯）玉米、高油（高直链淀粉）玉米、高赖氨酸（优质蛋白质）玉米、青贮（青饲）玉米。由于特用玉米具有独特的使用价值，往往比普通玉米具有更高的经济价值。近年来，随着我国人民生活水平的不断提高和玉米加工工业的蓬勃发展，对特用玉米的研究提出了更高的要求，特用玉米育种工作也愈来愈受到广泛的重视，并已成为现代玉米育种的重要研究方向。

（一）甜（糯）玉米育种　甜（糯）玉米与普通玉米的本质差别在于，前者携带有与糖类代谢有关的隐性突变基因。甜玉米又可分为普通甜玉米和超甜玉米，普通甜玉米由隐性基因 *su* 控制，而超甜玉米则由隐性基因 sh_2、*bt* 和 bt_2 所控制。糯玉米由隐性基因 *wx* 所控制。甜（糯）玉米多用作鲜穗食用或制作成各种风味的罐头和加工食品、冷冻食品等，因此品质性状是甜（糯）玉米最重要的育种目标。用于不同目的甜（糯）玉米品种，对产量、籽粒性状及果穗商品性的要求自然有所差异。

由于控制甜（糯）特性的隐性基因的表达必然要受到背景基因型的影响，从这种意义上讲，优良的普通玉米育种种质同样是甜（糯）玉米育种不可或缺的优良种质资源，普通玉米的育种方法自然也适用于甜（糯）玉米育种。概言之，甜（糯）玉米的育种工作一般应与常规育种结合，把甜（糯）玉米的基因导入遗传背景优良的材料，依据具体的育种目标，选育出优良甜（糯）玉米自交系，进而组配出符合产业发展需要的优良杂交种。

选育甜（糯）玉米自交系的方法，与选育普通玉米自交系一样，多种多样。多直接引入国外、国内优良甜（糯）玉米自交系，经观察鉴定后选育优系；或用国外、国内甜（糯）玉米品种自交分离选系或回交选系；选用各具特点的甜（糯）玉米自交系，组成综合群体再行选系或经过一定轮次的轮回改良后选系；人工诱导新突变基因等方法选系。在此基础上，选用配合力高、综合性状优良且性状互补、来源不同的杂种优势类群的甜（糯）玉米自交系，再按常规的方法组配选育新杂交种。

（二）青贮（青饲）玉米育种　青贮玉米是指在玉米乳熟期至蜡熟期期间收获整株玉米，然后经过切碎加工或贮藏发酵，用于牛羊等草食牲畜饲料的玉米。青贮（青饲）玉米又可分为专用型和兼用型。专用型青贮（青饲）玉米指生物产量高、品质好、只适合作青贮（青饲）的玉米品种，在乳熟期至蜡熟期期间，收获包括玉米果穗在内的整株玉米用于青饲料或青贮原料。粮饲兼用型（或粮饲通用型）青贮玉米指同时具有籽粒产量高、生物产量也高、植株饲用品质好等优点，可根据当年的市场行情进行调整，既可作为普通玉米品种在成熟期收获籽粒，用于食物或配合饲料；也可作为青贮玉米品种在乳熟期至蜡熟期期间收获包括果穗和茎叶在内的全株，用于青饲料或青贮原料。以美国为代表的发达国家主要培育和推广的是兼用型青贮（青饲）玉米。学习借鉴国外的经验及考虑我国的实际情况，今后应重点选育并大力推广粮饲兼用型青贮玉米杂交种。

青贮（青饲）玉米主要为草食畜牧业提供能源性饲料，因此青贮（青饲）玉米除要求普通玉米优良品种必须具备的高产稳产、增加保绿性、提高抗病性（特别是抗丝黑穗病、叶斑病、青枯病等）外，还应改善品质，提高消化力，即收获时干物质含量在70%以上，茎叶可溶性糖含量在7%以上（干基），粗蛋白质含量在7%以上（干基），粗纤维在30%以下（干基）。

根据美国、德国等青贮（青饲）玉米生产发达国家的成功经验，青贮（青饲）玉米杂交种主要应以增加耐密抗倒伏性，提高生物产量潜力为重点。在选育高产青贮（青饲）玉米杂交组合时，亲本自交系中至少有一个具有较高的一般配合力，才有可能获得较为理想的杂交组合；同时应注重对自交系的青贮（青饲）玉米营养品质性状（淀粉含量、干物质含量、纤维素含量、木质素的含量、粗蛋白质含量等）的选择；同样强调在目标区域进行多年多点、高密度、强胁迫条件下鉴定选择。

高油玉米具有较高的蛋白质含量、赖氨酸含量和类胡萝卜素含量，这些成分对于家畜乃至反刍动物的饲养有重要意义；高油玉米具有较高的能量，作为饲料在畜禽的体质量增加量、奶牛产奶量方面均优于普通玉米。所以选育高油玉米作饲料将很好地改善饲料营养价值。糯玉米具有比普通玉米高得多的消化率，因而也有较高的饲料转化率，喂养糯玉米的奶牛，不仅产奶量提高，奶中的奶油含量也有所提高。鉴于高油玉米、糯玉米有这些功用，如能把高油玉米、糯玉米与青贮（青饲）玉米有机结合，则可选育出营养价值更高的青贮（青饲）玉米。

随着农业供给侧结构性改革的推进及传统牧区生态保护战略的实施，农区畜牧业发展成为重要方向。发展农区畜牧业面临的主要问题是饲料总量不足和品质较差，特别是青饲料周年供应不平衡。四川农业大学荣廷昭等根据西南生态特点及发展我国农区畜牧业的战略需求，提出了利用玉米近缘种多分蘖、可再生能力强、生长茂盛、抗逆性好和栽培玉米生产种子容易等特点选育饲草玉米（青饲玉米）的新思路，拓展了传统意义的青贮（青饲）玉米和饲用作物概念，开创了玉米育种的新方向。通过收集和引进玉米近缘材料（大刍草、摩擦禾等）种质资源，开展农艺性状综合评价，筛选发掘具有重要目标性状核心材料，利用杂交、回交、染色体工程等相结合的技术方法，创制出突破性遗传育种用特异新材料，培育了多个高产、优质、多抗、耐刈割的一年生和多年生饲草玉米新品种，是养殖肉牛、肉羊、肉兔及鱼的优质青饲料，已在西南地区大面积示范推广。

（三）高油玉米育种

1. 高油玉米的育种目标和策略 玉米油分育种包括有高油玉米育种和优质玉米油育种，但现在高油玉米是玉米油分育种的主体。由于普通玉米品种的含油量大多为4.0%～5.0%，因此高油玉米的含油量高于6.0%［《高油玉米》（GB/T 22503—2008）］。高油玉米品种的农艺性状和抗病性应与生产上推广的品种保持同一水平，产量指标应与现有推广的优良品种大致相当。

玉米油是玉米胚芽重要的储藏物质之一，玉米盾片是玉米油最重要的储藏器官。通常，玉米油是以油体的形式沉积在盾片的软组织中。玉米油分的大量累积开始于授粉后15 d，持续到授粉后45 d，然后维持在一个相对稳定的水平，直至成熟。美国 Misevic 等（1987）和中国农业大学宋同明教授等研究结果均表明，不同杂交组合油分累积效率存在显著的差异；高油玉米杂交种的含油量与胚芽的质量和胚芽与籽粒的质量比成高度的正相关。因此高油玉米育种的基本策略应当是，重点选择控制胚芽和胚乳大小、改变胚芽与胚乳比值和增加油分在盾片中积累效率的有利基因。

2. 高油玉米的种质改良和杂交种选育 高油玉米是一种由人工创造的特殊玉米类型。种质的创新对于高油玉米育种具有更重要的意义。

众多研究已证明，玉米籽粒的含油量受微效多基因的控制，且遗传率较高，轮回选择是创造高油玉米新种质的最有效方法，这已经被愈来愈多的育种实例所证实。高油玉米轮回选择最经典的例子是 IHO 群体的改良，另一个成功的例子是以玉米品种 Reid Yellow Dent 为基础材料的高油玉米轮回选择（Miller 等，1981）。对 Reid Yellow Dent 群体，经过 7 轮选择，籽粒含油量由 4.04%提高到 10.91%，平均每轮含油量增加 0.98 个百分点；而且随着含油量的逐渐增加，群体的产量并没有显著变化；大群体选择和单粒的油分分析是 Reid Yellow Dent 群体含油量显著提高的重要经验。中国农业大学利用轮回选择方法，也创造了一批高油玉米群体，其中包括含油量达到 17.86%的亚伊高油群体（AIHO）、含油量为 13.90%的抗病高油群体（Syn. D. O.）以及含油量为 12.08%的利得高油群体（RYDHO）等。

利用高油玉米群体分离自交系是现今选育高油自交系最主要的途径。在选育过程中，除了含油量以外，其他性状的选择与普通玉米育种相同。研究还表明，杂交种的含油量往往是双亲含油量的平均值，例如以一个含油量为 8%的高油自交系与含油量为 4%的普通自交系杂交，其杂交 F_1 代的含油量可达到 6%左右。因此利用高油玉米自交系与优良普通玉米自交系杂交，是组配高油玉米杂交种的重要原则之一。

（四）高赖氨酸（优质蛋白质）玉米育种 在谷类作物中，普通玉米籽粒中赖氨酸含量是最低的，每百克中仅含有赖氨酸 0.254 g。提高玉米籽粒赖氨酸含量，改进蛋白质品质是品质育种的重要育种目标之一。因此目前对于优质蛋白质玉米的育种工作，主要集中在高赖氨酸玉米的育种。

1. 高赖氨酸玉米的价值

（1）高赖氨酸玉米的食用价值 据报道，高赖氨酸玉米营养价值相当于脱脂牛奶的 85%～95%，对患有营养不良儿童有明显治疗作用，特别是对表现水肿、毛发变脆变白、腹泻等严重营养不良症的儿童，食用高赖氨酸玉米都有助于恢复健康。

（2）高赖氨酸玉米的饲用价值 由于高赖氨酸玉米含有较高的赖氨酸和色氨酸，有利于动物吸收，利用高赖氨酸玉米作饲料可大大提高饲料转化效率，并有利于减少环境污染。试验表明，用高赖氨酸玉米替代普通玉米或普通饼粕类蛋白质饲料，猪体质量的总增加量和日增加量均明显提高，不仅节约了饼粕类饲料，还使得消耗体质量增加比降低。美国普渡大学报道，断奶猪食用高赖氨酸玉米 20 d，体质量由开始时的 13.85 kg 增加到 25.8 kg，增长率为 86.9%；而喂普通玉米的断奶猪，体质量由 14 kg 仅增加到 17.3 kg，增长率仅为 23.6%，差异显著。中国农业科学院等单位试验指出，选用 95 日龄一代杂交猪，在粗蛋白质水平 9%的条件下进行试验，体质量日平均增加量，高赖氨酸玉米组为 0.5 kg，普通玉米组仅为 0.22 kg，即生猪体质量增加 1 kg，可省饲料 2.13 kg，其效果相当于普通玉米加 10%豆饼。

2. 高赖氨酸玉米育种 高赖氨酸的种质 Opaque-2 玉米问世以后，为玉米高赖氨酸育种开辟了新途径。Opaque-2 受隐性单基因控制，在育种中可按其遗传特点采取回交、群体改良、二环系选系等方法进行自交系选育。

（1）存在问题 纯合 Opaque-2 基因（o_2）杂交种，玉米籽粒的赖氨酸含量在 0.4%左右，然而在美国应用高赖氨酸玉米杂交种的面积很小，约 2.0×10^5 hm^2。究其主要原因，首先是高赖氨酸玉米杂交种产量较低，比普通杂交种低 8%左右；其次是成熟晚，籽粒含水量较高，成熟时籽粒含水量比正常玉米高约 20%，机械收获高赖氨酸玉米籽粒损伤率高达 89%；此外还有容重低、单粒质量比正常玉米低 50%、田间易感穗粒腐病、抵御仓库害虫的能力也较普通玉米差，以及籽粒不透明、商品性差等。中国农业科学院和四川农业科学院于 20 世纪 90 年代曾育成高赖氨酸玉米杂交种中单 206 和成单 206 等，但均因产量不高、综合抗性差、特别是易感穗粒腐病等问题，仅在部分地区推广种植。

（2）解决途径 育种实践证明，以 o_2 突变体为供体，提高籽粒的赖氨酸含量并不难办到。限制高赖氨酸玉米育种的主要问题不是赖氨酸含量，而是 o_2 基因附带不良性状，籽粒粉质胚乳是造成不良性状的内在根源。当今高赖氨酸玉米育种的主攻方向，是在保持 o_2 的赖氨酸含量不显著下降的前提下，改良籽粒的胚乳结构，选育半硬质乃至全硬质胚乳的品种，并尽量在产量、生育期、农艺性状、抗逆抗病性（尤其抗穗粒腐病能力）等方面与生产推广的优良品种保持相近水平。

研究发现，控制玉米籽粒赖氨酸含量，除了 o_2 基因外，还存在有基因 fl_2（半显性基因）和 fl_3，以及隐性基因 o_6 等。更为重要的是，科学家们在不同的玉米种质群体中发现了多个高赖氨酸的修饰基因，例如起源于古巴和加勒比海的黄色硬粒玉米材料就带有较高频率的修饰基因。随着修饰基因的积累，带有 o_2 基因的玉米籽粒由粉质逐渐转变成半硬质乃至全硬质胚乳类型。修饰型的 o_2 基因籽粒虽然在内部和外观上与普通玉米极为相似，但仍然保留了 o_2 基因控制的优良生物化学特性，进而由籽粒粉质胚乳造成的不良性状相应得到有效克服。以 Vasal（1972）为首的国际玉米小麦改良中心玉米育种家，制定了利用修饰基因为主要种质、改良 o_2 基因的粉质胚乳、选育籽粒为半硬质乃至全硬质的优质蛋白质玉米（QPM）品种新策略。通过多年的努力，国际玉米小麦改良中心科学家已培育了一批带有修饰基因的优质蛋白质玉米群体，例如 Pool33（中群 13）、Pool34（中群 14）、Pob69、Pob70 等，使得高赖氨酸玉米育种取得了很大进展，优质蛋白质玉米群体的产量与普通玉米群体产量基本相近；在南美洲、非洲的一些发展中国家，个别优质蛋白质玉米群体已经达到、甚至超过普通玉米对照群体，展示了良好的推广应用前景（Paliwal，1981）。

我国在开展以高赖氨酸为核心内容的优质蛋白质玉米的育种工作中，首先是要合理地利用种质资源，一是利用国际玉米小麦改良中心培育的优质蛋白质玉米材料，二是要根据杂种优势群和杂种优势模式创建和利用半外来种质，选用半姊妹轮回选择方案累积修饰基因。其次选育的方法上仍然是以采用普通玉米育种方法为主，例如杂交育种和回交育种方法。三是在选育的过程中的每个世代都必须重视对籽粒品质的鉴定，并可结合已开发的 o_2 基因标记进行分子标记辅助选择，提高鉴定选择的准确性和效率。第四是要针对目标地区，开展多年多点、高密度、强胁迫抗病抗逆性、特别是抗穗粒腐病的鉴定选择。综合以上举措，培育高产稳产、优质高效的 QPM 杂交种，使得农民种植高蛋白质玉米增产增收。

我国优质蛋白质玉米的研究虽然从 1973 年才开始起步，但经过玉米育种工作者的不懈努力，我国优质蛋白质玉米育种总体上已达到国际先进水平。20 世纪 90 年代末培育的以中单 9409 为代表的一系列优质蛋白质玉米杂交种的产量水平已接近或超过普通玉米，而全籽粒的赖氨酸、色氨酸含量比普通玉米高 80%左右。近年来，云南省农业科学院的番兴明学习、借鉴了国际玉米小麦改良中心优质蛋白质玉米育种的成功经验，经过 10 余年的刻苦攻关，培育了云瑞 1 号等优质蛋白质玉米杂交种，并在云南、广西等地推广应用。中国科学院上海分院的巫永睿博士成功开发的 o_2 基因分子标记，为我国开展优质蛋白质玉米分子育种开辟了新的有效途径。

第八节　玉米育种田间试验技术

一、玉米育种田间试验

玉米育种工作包括两大阶段，一是从自交系起始的选材，测交选系，鉴定评选优系；二是选优系组配高产、优质、抗逆性强的组合。这些工作都需在田间进行，因此田间试验工作是育种的重要一环。

测交选系是前期育种工作的核心，除一般技术性工作外，对测交材料应有 2 年的资料（国外要求有 2 年 4 个地点 2～3 次重复的资料）以做出正确的评价。早期自交系材料种植的小区，一般行长应大于小区的宽度。为此，每个小区以种 2～4 行为宜，不设重复。在此阶段，除了以仪器设备辅助外，育种工作者悉心观察材料，熟悉材料和积累育种工作经验是选得优良自交系的基本条件。

育种后期是对优良杂交组合的评选，一般采用随机区组设计，重复 3～4 次，提供组合不应过多，小区长度应大于宽度，每个小区种植 4～6 行，最好能在多点进行，以得到可靠的试验结果。组合评选试验一般进行 2 年，评选出优异组合提供区域试验和生产试验。

二、玉米的区域试验和生产试验

（一）玉米区域试验　区域试验是对参试杂交种高产、稳产、适应性、抗性和优良品质进行的中间试验和评价。区域试验一般可以采用 3～4 次重复在多点安排试验。要在玉米的不同生态地区设点，尽量多设点，以保证试验结果能较准确地反映杂交种在各地产量、抗性和品质的表现，获得可信赖的数据，以利推广。

区域试验应制定统一的试验方案，方案的要点有：①参试杂交种的选育过程、产量、抗性的鉴定，产量应有 1～2 年小区比较的结果。②区域试验的布点要选择有一定技术力量的基层农业科学研究或农业推广的单位，以保证试验的可靠性。③试验要统一设计，例如采用随机区组设计，要规定重复次数、试验区大小、株行距、单位面积种植株数等。对试验记载内容和分析方法也要明确规定。④对品种的描述应突出产量和抗性，以简要文字表达。⑤应分析温度、日照、水分等气象因素以及年份间的特点。

区域试验的目的是综合分析参试杂交种的产量潜力、抗性优劣和适应性，因此要进行区域联合方差分析。若进行春播、夏播二组试验，可进行春播、夏播联合方差分析，在此基础上可按照 Eberhart、Russell 等提出的回归分析方法进行稳产性分析。一个理想的高产稳产杂交种，应该在其种植的各种环境条件下，产量高于其他杂交种，并且离回归均方尽可能小。在大区域范围内往往存在基因型与地点互作，这时必须考虑不同地区各自的最佳品种。

区域试验应由主持单位总结，写出年度报告，若 2 年为 1 轮的区域试验，主持单位要写出 2 年的综合报告。

（二）玉米生产试验　生产试验是把经过区域试验评选出的杂交种，再在较大面积上进行产量、抗性和适应性的鉴定。一般参加生产试验的杂交种以 1～2 个为宜，最多不超过 5 个。用生产上大面积种植的杂交种为对照进行比较，试点一般以 3～5 个为宜，每个试区面积应为 333.5～667 m^2（0.5～1.0 亩），对比法或间比法排列，2 次或 2 次以上重复，最后由主持生产试验的单位写出总结报告。

在生产试验的同时，可对组合进行栽培试验，其目的是了解适合新杂交种特点的栽培技术，做到良种良法一起推广。

这里，必须强调指出，玉米杂交种的鉴定和试验程序并非一成不变，要注意试验、繁殖和推广相结合。对特别优异的杂交组合应尽快越级提升，加速世代繁殖，以缩短育种年限。此外，对有希望推广的优良新杂交种，在试验示范的同时，对亲本自交系也应观察鉴定，以了解其特性，供繁殖制种时参考。

三、加速玉米育种世代进程的技术

玉米杂交种育种，需经过选材自交分离优良自交系，测交鉴定自交系配合力，测配杂交组合，参加区域试验与示范推广，程序繁多，年限较长。可用下列方法加速育种进程：

（一）加快育种程序　从选育自交系开始到杂交种应用于生产，一般要经历 10 多年。为此，加速育种进程，在当前育种工作竞争日趋激烈的形势下尤显重要。除了一般采用的对早代自交系、以自交系为测验种进行测配结合的方法以加快自交系选育进程，以及采取多点示范、对表现突出的组合越级提升参加试验等措施以外，还应分析种质资源的亲缘关系，避免盲目测配组合。

（二）南繁加代和繁殖　南繁加代是通过利用我国海南和云南西双版纳自然条件，一年繁殖 2～3 代，以利自交系世代加快，尽早达到纯合化。对有苗头的优势组合，则可于冬季在海南或云南西双版纳扩大繁殖亲本种子，缩短育种年限。同时，还可以利用海南或云南西双版纳配制少量杂交种子，加快育种的进程和示范推广的速度。

第九节　玉米种子生产技术

一、玉米亲本自交系种子生产

玉米生产上主要是利用杂交一代种，这就需要进行杂交种种子生产。玉米是异花授粉作物，植株高、花粉量大、花粉可随风远距离飘散，在种子生产过程中，杂交制种的质量受到一系列技术措施的影响，为了保证玉米亲本自交系的纯度，提高玉米杂交种种子的质量，充分发挥杂交种的增产作用，在玉米种子的生产过程中，无论是对亲本自交系进行繁殖，还是配制杂交种，都必须严格按一定的技术规程进行。

亲本自交系是杂交制种的物质基础，要保证杂交种的质量，就必须保持自交系的优良遗传特性和典型性。因此要建立严格的自交系原种生产和繁育程序，利用高纯度的自交系配制杂交种。玉米自交系种子的生产可采用图 6-12 所示程序。

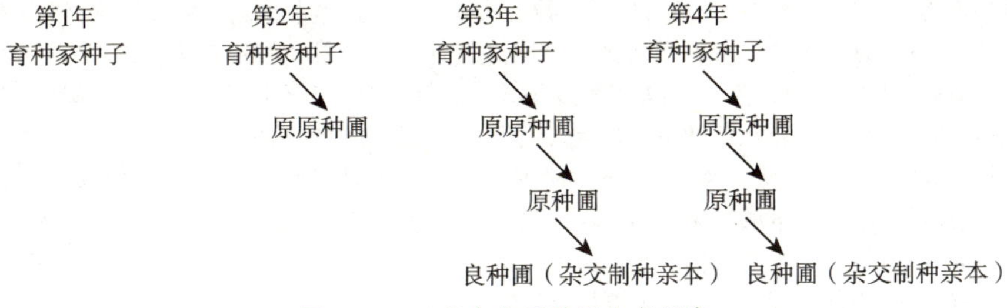

图 6-12　玉米自交系种子生产程序

（一）原原种圃　将育种家种子或育种单位人工套袋繁殖的自交系种子在原原种圃播种成穗行，严格去除伪株、劣株、杂株后套袋自交，所获种子为原原种，作为次年原种圃用种。

（二）原种圃 原种圃播种上年原原种圃所获得的种子，严格隔离繁殖，分期严格去杂，淘汰伪株、劣株、杂株，自由授粉，混合收获，所收种子为原种。

（三）良种圃（亲本） 良种圃种植来源于原种圃所收获的种子，严格隔离繁殖，除杂去劣，自由授粉所收的种子作为下年杂交制种的亲本。

自交系投入生产以后，严格隔离和彻底去杂是自交系繁育中的两个关键环节。若自交系发生混杂退化（例如已有5%以上植株高低不齐，果穗形状、粒型等都有差异），就必须进行提纯工作。玉米自交系的提纯可采用下列方法。

1. 选优提纯法 此法适用于混杂程度较轻的自交系的提纯。在自交系繁殖提纯中，选择具有典型性状的优良单株100～150株套袋自交，收获时按穗形、粒型、轴色等性状严格选穗，当选的果穗混合脱粒。第2年隔离繁殖，在生长发育期间严格除杂去劣，并挑选出典型的优良单株100～120株套袋自交。收获后进行严格穗选，从中精选数十个典型的优良果穗混合脱粒，产生的种子即为选优提纯种。

2. 穗行提纯法 此法适用于混杂程度略重的自交系的提纯。在自交系繁殖田中，选择具有典型性状的优良单株100～120株套袋自交，收获后严格穗选，选择优良的典型穗数十个，单穗脱粒保存。第2年在隔离的条件下种成穗行，在生长发育期间按自交系典型性状严格除杂去劣，逐行鉴定比较，淘汰非典型穗行和典型穗行中的杂株，剩下来的当选植株收获后再进行严格穗选，当选穗混合脱粒。

二、玉米杂交种种子生产技术

为了提高制种质量，提高种子纯度，在整个杂交种种子生产过程中，必须做到安全隔离，规格播种，严格除杂去劣，彻底去雄，分收分藏。

（一）隔离防杂 隔离方式有空间隔离、时间隔离、屏障隔离和作物隔离4种（图6-13）。为确保隔离区安全，一般采用空间隔离和时间隔离的方法。隔离区除了要符合安全隔离条件以外，还要求土壤肥沃，旱涝保收，田块成片、方整。同时，管理要精细，力求达到高产。

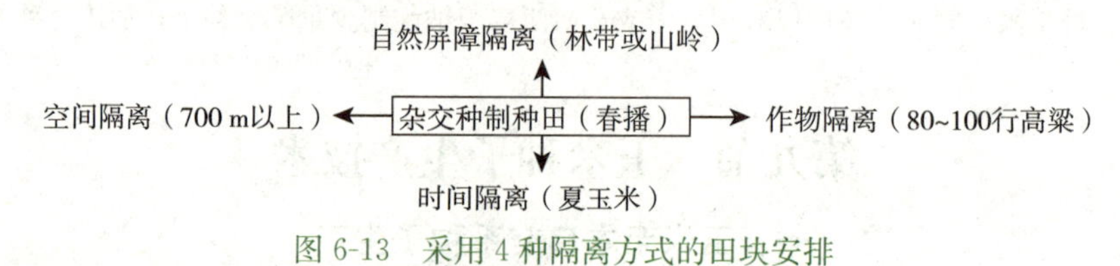

图6-13 采用4种隔离方式的田块安排

（二）规格播种

1. 播种方式 繁殖自交系和配制单交种的隔离区，一般应采用单作的种植方式。父本行与母本行数的比例，原则上是依父本花粉量而定，采用1行父本、4～8行母本，或2行父本、8～10行母本间隔种植的方式。原则上是在保证有充足的父本花粉量的前提下，尽可能地增加母本行数，以提高制种产量。为防止花期不遇现象，可在隔离区上风头的一侧安排采粉区。

2. 播种期 在隔离区内配制杂交种，如果母本抽丝期与父本散粉期一致，则可同期播种；在父本与母本花期相差较大，需错期播种时，宁可以雌待雄，不能以雄待雌。

（三）除杂去劣 常见的杂株、劣株有以下几种：①优势株，这类杂株表现生长势强，植株粗壮、高大，极易识别；②混杂株，这类杂株一般不具有亲本自交系的性状，也易识别；③劣势株，常见的有白苗、黄苗、花苗、矮缩株、其他畸形株等，这类植株数量不多，易于识别；④怀疑株，这类植株很像亲本自交系，一般较难识别，需认真检查，若在苗期不能肯定，则应在拔节期加以鉴别拔除。

（四）彻底去雄 母本的去雄必须做到及时、彻底、干净。所谓及时，就是在母本的雄穗未散粉之前即拔除雄穗。所谓彻底，就是母本的雄穗抽出一株，就拔去该株的雄穗，直至整个隔离区内的母本雄穗被完全拔去为止。所谓干净，就是母本的雄穗要全部拔去，不能留下雄穗基部的小枝梗。去雄所拔下的雄穗，应立即携出田外。去雄工作必须做到定田到人，严格责任制。

（五）分收分藏 授粉结束以后，要全部砍除父本，并运出制种田集中处理。收获前必须再对母本植株再次进行除杂去劣。同时根据隔离情况去除边界部分母本果穗或者予以单独收获与保管。其余母本行上收获所得到的即为杂交一代种，供大田生产应用。

第十节　玉米育种研究动向和展望

近30年来，生物技术突飞猛进，玉米全基因组测序的完成，许多基因被克隆和测序，推动了玉米常规育种手段与分子标记辅助选择和转基因技术的有机结合，形成了玉米育种研究的新热点。

一、玉米育种研究的动向

（一）群体改良　群体改良的理论和实践工作表明，这是一项新的遗传育种体系，越来越受到各国育种工作者重视。国际玉米小麦改良中心（CIMMYT）做了大量群体改良工作，已育成自交系并配制综合品种和杂交种；通过多种轮回选择的方法进行群体改良，培育了一大批优良的群体，并发放给各国使用，为各国的玉米育种工作做出了巨大的贡献。中国农业科学院作物育种栽培研究所也从国际玉米小麦改良中心引进了一大批改良群体，并在进行了进一步的改良后发放给国内许多育种单位，也取得了良好的效果。但必须指出，行之有效的选育二环系的育种工作，仍具有十分突出的应用价值，不可忽视，二者是相辅相成的。

（二）新种质的利用　新种质的利用日益显示其独特的经济效益，如能把热带、亚热带的种质引入温带种质，可解决存在的适应性、丰产性和抗病等问题。20世纪90年代，美国实施了玉米GEM计划，主要是采用半同胞轮回选择的方法开展工作，并组织了国际间的合作研究。就玉米育种而言，利用种质就是要选出优良的自交系。选育优良自交系的素材，从国内外育种实践来看，对外来新种质特别是热带种质的利用，其战略是：长期应以群体改良为中心，开展理论研究与实践选系，要突出解决轮回选择方法的方案和选育自交系的关键技术；短期应在改良种质的基础上，要突出从二环系入手，结合组织培养等技术进行选系。

（三）抗病虫育种　抗病虫的遗传与育种研究日益深入。玉米小斑病T小种对细胞质有专化性侵染，涉及核质的关系，而细胞质遗传与小斑病抗性关系十分密切，进行抗病性育种必然与雄性不育性结合起来。玉米雄性不育细胞质抗小斑病的基础已从细胞学水平、亚细胞学水平进入分子水平的研究，普遍应用线粒体DNA（mtDNA）电泳分析，来探讨雄性不育细胞质抗性的原因。进入20世纪80年代，利用分子杂交技术研究玉米雄性可育细胞质与雄性不育细胞质的关系，在探讨细胞质克隆片段DNA序列的研究中，从亲缘关系来阐明T、C、S雄性不育类群相互间的差别以及与雄性可育细胞质的关联。对玉米螟抗性研究取得一定的进展，由墨西哥、巴西和其他拉美地区收集的近1 000份材料中，经对玉米螟田间放虫鉴定，Anyicva材料具有良好的抗性，并已育成抗螟自交系。

（四）高赖氨酸育种　高赖氨酸玉米的育种工作多采用软胚乳o_2为背景的材料，由于软质胚乳籽粒成熟时脱水慢，穗腐严重，产量低的问题，难以大面积投入生产，现已转入硬胚乳高赖氨酸玉米材料的研究，但进展缓慢。

（五）雄性不育系的应用　玉米雄性不育系的应用，由于1970年美国玉米小斑病暴发而进入低潮。在美国自1970年以后，恢复了人工去雄与机械去雄。现正探索引入新的细胞质材料，C群雄性不育系对小斑病有一定的抗性，但应用C群雄性不育系进行杂交种生产面积甚小。魏建坤报道在我国发现了C小种，引起从事雄性不育性的育种工作者的关注。雄性不育性的理论探讨，在国际范围内广泛开展研究，在线粒体和叶绿体分子水平的研究取得快速进展，研究表明，线粒体基因组比玉米质粒基因组表现稳定，1984年建立了玉米线粒体基因组图谱，目前玉米线粒体基因组已有20个功能基因序列被测定。未来将深入探讨细胞器基因的序列结构问题，就玉米线粒体来讲，将可能实现体外转录、细胞器内基因的表达以及细胞器基因突变和调节，从而使细胞器的转化工作得到发展。由于SPT技术的提出和成熟，核雄性不育基因的利用呈现出广阔的前景。

二、新技术和高技术在玉米育种中的应用

新技术和高技术的迅猛发展，日新月异，为玉米的育种提供了极为有效的工具。

（一）细胞和组织培养　在玉米遗传研究和育种中，有关细胞与组织培养已做了大量的研究，Tomes等（1985）初步认为，自交系A188与B73相比，前者形成愈伤组织的频率要高。在玉米中还进行了细胞液体悬浮培养、原生质体培养等工作。在组织培养材料中常发现细胞质的变异，现已探明与线粒体DNA变异有关。因此用组织培养技术，可以筛选出抗小斑病的雄性不育材料。在进行组织培养时，对T毒素的选择结

果表明，抗性系对毒素的敏感性为对照的 1/40，在后期选择的抗病幼苗，其再生植株均可转化为雄性不育株。Wise 等（1987）对线粒体 DNA 电泳分析结果指出，线粒体 DNA 片段的变化直接与玉米苗对 T 毒素的敏感性有关。对玉米组织培养还进行了抗各种除草剂特性的筛选。

（二）转座子 转座子（transposon）是因染色体断裂造成的，现已认为是一种普遍现象。就玉米来讲，主要是在探讨 Spm、dspm、Uq 以及 Ac、Ds、Mu 等转座子的调控效应，即这些因子上的一些胞嘧啶（cytosine）上被甲基化以后，其功能就被钝化。若因子被转到另一个品系，因子的已甲基化的胞嘧啶被去甲基后则又恢复活性。因此甲基化与失活有一定的相关性。潘永葆（1988）认为，转座子 Uq 的失活与甲基化有关，并指出，可以利用 Uq 来分离玉米有关控制发育的基因。这就是说，DNA 的甲基化与基因表达的调控是一个值得研究的问题。

（三）分子标记辅助选择 DNA 分子标记辅助选择的核心是把常规育种中的表现型选择转化为基因型选择，从而大大提高育种的选择效率。特别是对那些不能或很难进行表现型选择的性状，或者必须通过复杂的接种和诱导才能进行的表现型选择的性状，采用分子标记间接选择，更是事半功倍。DNA 分子标记具有不受环境影响、世代间稳定遗传的特点。不论目标性状多么复杂，只要找到了它的分子标记就可以进行准确和方便的选择。虽然从理论上来说，DNA 分子标记辅助选择适用于任何性状的育种选择，但对于形态选择比较困难的数量性状则有更大的应用潜力，特别是对于那些容易受到环境影响而无法进行表现型选择的育种目标性状，带来了革命性的进步。所以 DNA 分子标记辅助选择育种为玉米杂种优势利用育种研究提供了新的途径。DNA 分子标记技术在作物育种中已经用于种质资源研究、亲本的亲缘关系分析、自交系与杂交种的纯度鉴定、自交系的选育与群体改良的辅助选择、杂种优势模式的创建和杂种优势的预测研究。Andersen 和 Lübberstedt（2003）提出的开发利用功能分子标记，直接对控制目标性状的基因进行分子标记辅助选择，将是作物分子育种的重要发展方向。

（四）全基因组测序 玉米基因组的大小约 2 500 Mb，为水稻基因组的 6 倍，小麦基因组的 1/6。根据预测，玉米基因组约有 5.9 万个基因。美国在 2005 年正式启动的玉米全基因组测序计划，按利用细菌人工染色体（bacterial artificial chromosome，BAC）的测序策略（BAC by BAC），已完成自交系 B73 的全基因组测序。英国和欧洲联盟也设立了玉米基因组研究计划，在法国植物基因组计划中玉米位居 5 大作物之首。近年来，玉米结构基因组研究主要集中在玉米的高精度遗传图谱、基因组物理图谱和基因组测序上，目前共有 2 389 个限制性片段长度多态性（RFLP）和 1 800 个简单序列重复（SSR）标记及一些已知基因被定位在染色体图谱上，从美国玉米自交系 B73 中发掘的 85 万个基因组纵览序列（genome survey sequence，GSS）、大量的表达标签序列（expressed sequence tag，EST）、3 500 多个基因的插入缺失多态性标记（InDel polymorphism，IDP）也已被整合到 IBM 图谱上（IBM 代表 Intermate B73×Mol7。IBM 图谱是指用 IBM 群体构建的遗传图谱）。

（五）基因组物理图谱 玉米全基因组物理图谱也是以 B73 为材料构建的。第一代物理图谱是基于琼脂糖凝胶电泳的图谱，经过改进，目前这一图谱包括 292 201 个细菌人工染色体（BAC）克隆，整合成 760 个重叠群（contig），覆盖 17 倍基因组，整合的各种分子标记达 19 291 个。第二代物理图谱是基于更为准确的荧光标记和毛细管测序电泳进行的高信息量指纹图谱（HICF），使用了更多的细菌人工染色体克隆（464 544 个，覆盖 30 倍基因组）。虽然目前这一物理图谱还没有最终完成，但是它比第一代图谱有重大改进。

（六）基因芯片 美国的玉米基因发掘计划项目和其他一些功能基因组研究项目已产生大量的表达序列标签数据，到 2005 年 2 月止，NCBI 数据库收集的来源于玉米不同组织的表达序列标签已经达到 41 万条，Maize GDB 数据库达到 17 万条。这些数据为分子标记的发掘、基因表达谱的基因芯片设计等奠定了基础，例如建立在大量表达序列标签信息基础上的玉米基因芯片技术已渐趋成熟，已开发的玉米 cDNA 芯片已有 14 张，特别是亚利桑那大学正式推出的 70 mer 寡核苷酸芯片，已包含了表达序列标签数据库中所有的 57 452 个基因。玉米基因芯片的使用将大大推动玉米功能基因组的研究。

（七）转基因技术 1990 年 Frorrn 报道了第一例转基因玉米以来，转基因玉米已成为重要的商品类型。利用转基因的方法将外源基因导入玉米，已经培育出一大批抗虫、抗病、抗除草剂、耐盐、抗旱、优质等多种玉米品种或新种质。特别是将苏云金芽孢杆菌的 δ 毒蛋白基因导入玉米，培育出了高抗玉米螟的 *Bt* 杂交种，抗玉米螟和抗除草剂的转基因玉米杂交种已在生产上大面积推广种植（美国 2015 年转基因玉米的种植面积达到 3.6×10^{7} hm^2，占玉米种植面积的 92%），更多地免除了玉米田间的作业，减轻了农业劳动强度，促进了机械化程度的提高和免耕法在玉米上的进一步推广。在“国家转基因生物新品种培育”科技重大专项的支持下，我国转基因玉米新品种培育整体研究水平跃进到国际先进水平。2021年年底，抗虫、耐除草剂玉米转基因新品种获批安全证书和转基因新品种审定办法的修订出台，标志着我国玉米转基因新品种进入大面积推广的新时期。

（八）分子设计育种 2003年荷兰科学家Peleman等提出的作物分子设计育种（breeding by molecular design）策略，已在玉米新品种选育中实现了育种性状基因信息的规模化挖掘、遗传材料基因型的高通量化鉴定、育种目标性状的工程化鉴定、亲本选择与组配的科学化实施、后代鉴定与选择的精准化进行，展现出了从传统的大田育种到计算机模拟的转变，正在实现从传统的经验育种到定向、高效的精确育种的转变，将极大地提高玉米新品种选育的效率。

复习思考题

1. 我国玉米育种的现状如何？与发达国家相比有哪些差距？
2. 玉米育种的主要方向有哪些？各方向的主要目标性状是什么？
3. 玉米主要育种性状的遗传特点对确定育种方法有何指导意义？
4. 试述玉米的分类学地位，分析我国玉米品种的主要种质基础。如何拓宽我国玉米品种的遗传基础？
5. 何谓自交系的配合力？如何测定并改良自交系的配合力？
6. 试说明选育一个优良自交系的基本程序和关键技术。
7. 杂种优势群及杂种优势模式在玉米育种中有什么应用？
8. 试述半同胞轮回选择和相互半同胞轮回选择的程序，指出它们的异同点。
9. 试述玉米质核互作雄性不育系的类群、特点及其在玉米育种中的应用价值。
10. 如何利用玉米雄性不育系选育杂种品种？
11. 玉米有哪些主要病害？如何改良玉米杂交种的抗病性？
12. 玉米育种田间工作包括哪两个阶段？对各阶段的试验要求是什么？
13. 玉米自交系种子和杂种一代种子生产的关键技术有哪些？
14. 生物技术在玉米育种中有哪些具体应用？前景如何？

附 玉米主要育种性状的记载方法和标准

一、生育时期

1. 播种期 播种期即播种的日期，以月/日表示（下同）。

2. 出苗期 每小区幼苗出土，苗高约3cm的穴数达50%以上的日期为出苗期。

3. 抽雄期 小区50%以上的植株的雄穗顶端露出顶叶的日期为抽雄期。

4. 散粉期 小区50%以上植株的雄穗主轴开始散粉的日期为散粉期。

5. 抽丝期 小区50%以上植株的雌穗花丝抽出苞叶的日期为抽丝期。

6. 成熟期 小区90%以上植株的籽粒硬化，并呈现成熟时固有颜色的日期为成熟期。

7. 生育期 从出苗到成熟期的总天数为生育期。

二、抗逆性和对病虫害的抗性

8. 抗旱性 玉米抗旱性非常复杂。玉米抗旱性以生长发育对干旱胁迫反应相关指标或籽粒产量为依据，以对照材料作为比较标准，评价待测材料抗旱的指标。玉米抗旱可分为种子萌发期、苗期、开花期、灌浆期和全生育期等5个阶段的抗旱性。控制性试验或精确试验将玉米抗旱性分为5级：1级（极强）、2级（强）、3级（中等）、4级（弱）、5级（极弱）。具体可参照地方标准《玉米抗旱性鉴定技术规范》（DB 13/T 1282—2010）。

对育种工作者来说，一般根据叶片和生殖器官的表现目测鉴定，并大致划分为抗、一般和不抗3级。

（1）苗期抗旱性鉴定 在天气干旱时的14:00左右，观察叶片卷曲、萎蔫的程度和下部叶片变黄变干的程度。叶片正常或轻度卷曲和萎蔫，下部叶片正常，次日早晨恢复正常，定为“抗”。叶片严重度卷曲和萎蔫，干旱3d后下部叶片变黄变严重，并出现有停止生长甚至死亡现象，定为“不抗”。介于这两种现象之间者，定为“一般”。

(2) 开花期抗旱性鉴定　观察抽雄散粉的情况，主要观察雌穗抽丝推迟的程度。雄花抽出正常，雄穗散粉与雌穗抽丝基本同步或雌穗抽丝推迟在3d以内，定为“抗”。雌穗比雄穗散粉晚7d及以上，甚至雌穗不能抽丝或雄穗不能从叶鞘伸出，定为“不抗”。雄花抽雄散粉正常，雄穗散粉与雌穗抽丝基本同步或雌穗抽丝推迟在5d以内，定为“一般”。

(3) 全生长发育期抗旱性鉴定　主要以籽粒产量损失的程度鉴定。植株高度和生长相对正常，尤其是果穗生长、结实性、百粒重基本正常（达到没有干旱时的85%以上），定为“抗”。植株变矮变弱，果穗形状扭曲、生长不正常、秃顶严重，穗粒重低于没有干旱时的60%，定为“不抗”。介于这两种现象之间者，定为“一般”。

9. 抗倒伏和倒折性　抽雄后因风雨及其他灾害，植株倒伏倾斜度大于45°作为倒伏的指标。用目测法，分4级记载。

①不倒。

②轻：倒伏株数占调查总株数1/3以下。

③中：倒伏株数在2/3以下。

④重：倒伏株数超过2/3。

抽雄后，果穗以下部位折断称为倒折。记载倒折植株占调查总株数的比例（倒折率）。

10. 叶斑病（包括大斑病和小斑病）　在乳熟期，目测植株下、中、上部叶片，观察大斑病和小斑病病斑的数量及叶片因病枯死的情况，估计发病程度，分无、轻、中和重4级记载（有条件的可按全国规定的7级标准记载）。

①无：全株叶片无病斑。

②轻：植株中部和下部叶片有少量病斑，病斑占叶面积的20%～30%。

③中：植株下部有叶片枯死，中部叶片病斑占叶面积的50%左右。

④重：植株下部叶片全部枯死，中部叶片部分枯死，上部叶片有中量病斑。

11. 茎腐病　乳熟期和蜡熟期调查茎腐病发病株数，用比例（%）表示。

12. 丝黑穗病、黑粉病　乳熟期调查丝黑穗病、黑粉病发病株数，用比例（%）表示。

13. 玉米螟　在喇叭口时期和成熟时观察玉米螟危害株数，用比例（%）表示。

14. 其他病虫害　根据受害程度，分无、轻、中和重4级记载或用比例（%）表示。

三、生长势和整齐度

酌情在苗期、抽雄期和成熟期分期记载生长势和整齐度。

15. 生长势　生长势指植株健壮程度，分强、中和弱3级。

16. 缺苗断垄　记载缺苗的穴（株）数或断垄的长度。

17. 整齐度　记载植株和果穗的整齐度，分整齐、中等和不整齐3级。

四、形态特征和产量构成因素

18. 株高　开花后选取有代表性的样本数十株，测量自地面至雄穗顶端的高度，即株高，以cm表示，求其平均数。或用目测法，分高、中和低3级记载，对矮化玉米要特别注明。

19. 穗位高　在测量株高的植株上，测定自地面至第一果穗着生节位高度，即穗位高，以cm表示，求其平均数，或分高、适中和低3级目测记载。

20. 主茎叶数　主茎叶数与生育期长短有关系，一般主茎叶片数少的生育期短。从苗期开始，在第5叶、第10叶和第15叶片上做标记，抽雄后连同上部叶片，合计总数，统计数十株，求其平均数。

21. 叶色　在苗期和抽穗后记载叶色，分深绿色、绿色和淡绿色3级。有些玉米，成熟时茎叶仍保持青绿色，应特别注明。幼苗基部叶鞘颜色分绿色、紫色等，在苗期记载。

22. 叶相　叶片伸展角度在苗期和抽雄后记载，分斜上挺、平伸和披叶3级记载。叶舌分有和无两级记载。叶片特长或特短、特宽或特窄的，应注明。

23. 雄穗特点　开花时根据雄穗分枝的多少和长短，记载雄穗发达程度，分发达、中等和不发达3级。对自交系还要注意记载散粉是否正常和花粉量多少。护颖色分红色、绿色等，花药色有红色和黄色两种。

24. 苞叶和花丝特点　苞叶的长短和包穗松紧与果穗受病、虫、鸟害和烂顶有关。成熟时分长度适当包顶紧密、过长、过短穗顶外露3级记载。

花丝颜色有深红色、浅红色、黄色、青白色等。对花丝很短和花丝不易吐出的玉米（个别自交系）要注明。

25. 双穗率 收获时，计数全区（或样本）结双穗的株数，用占总株数的比例（%）表示，即双穗率。并注明双穗整齐度。但第二个果穗太小，结实不超过10粒或籽粒未成熟尚处于乳熟期者不作双穗看待。

26. 空秆率 收获时计数全区（或样本）空秆（包括有穗无粒及10粒以下和未熟的植株）株数，用占总株数的比例（%）表示，即空秆率。

27. 穗长 收获后取有代表性的果穗数十穗（第一穗），测量穗长（包括秃顶），以cm表示，求其平均数。

28. 秃顶长度 用测量穗长的果穗，量其秃顶长度，以cm表示，求其平均数。

29. 秃顶果穗率 用测量穗长的果穗，以秃顶的果穗数所占的比例（%）表示，即秃顶果穗率=秃顶穗数/调查穗数×100%。

30. 穗形 穗形分长筒形、短筒形、长锥形、短锥形等。

31. 穗粗 用量穗长的果穗，量其中部的直径，即为穗粗，以cm表示，求其平均数。

32. 轴色 轴色分紫色、红色、白色等。

33. 每穗行数 用测量穗长的果穗，计数果穗中部的籽粒行数，求其平均数，也可用众数或变异幅度来表示。

34. 每行粒数 用测量穗长的果穗，计数每穗数一行中等长度的籽粒数，即为每行粒数，求其平均数。

35. 千粒重 用干燥种子两份，每份数500粒，称量后的质量相加即为千粒重，以g表示。若两份种子的质量相差4～5 g（根据籽粒大小）或以上时，须称第三份，以相近的两个数相加得千粒重。

36. 粒型 普通的栽培玉米粒型分硬粒型、马齿型、半硬粒型和半马齿型4类。

37. 粒色 粒色分黄色、白色、紫色、红色等。

38. 出籽率 用全区或样本调查出籽率，计算公式为：出籽率=籽粒干物质量/果穗干物质量×100%。

五、产量和品质

39. 每区实收株数和缺株数。

40. 产量 由每区籽粒产量（kg）折算成单位面积产量（kg/hm^2）。

41. 品质 根据当地食用习惯和粒型，分好、中和差3级。有条件的可测定蛋白质和脂肪含量。

（秦泰辰、邓德祥原稿；邓德祥第二版修订；潘光堂第三版修订）

第七章 高粱育种

高粱（sorghum）[*Sorghum bicolor*（L.）Moench] 是我国最早栽培的禾谷类作物之一，起源于贫瘠的非洲大陆。恶劣的生境条件铸就了它抗逆性强的本性，具有耐旱、耐涝、耐高温、耐盐碱、耐瘠薄、耐冷凉等多重耐逆性。高粱是 C_4 作物，光合效率高，光能利用率和净同化率超过水稻和小麦。高粱杂种优势强，并具有实现强大杂种优势的保障体系，在粮食作物中是最早实现三系配套，把杂交种应用于生产的作物。高粱用途广泛，既可食用、饲用，又可酿造用、加工用，在世界农业生产中占有重要地位。

世界 5 大洲 109 个国家种植高粱（FAOSTAT，2020），主要分布在热带干旱和半干旱地区，温带和寒带地区也有种植，面积仅次于小麦、玉米、水稻和大麦，居第 5 位。从 2020 年世界各大洲高粱生产情况看，非洲种植面积最大，占世界总面积的 67.8%，但单产最低，仅为世界平均产量的 0.69 倍；亚洲面积第二大，占世界总面积的 17.3%，单产倒数第二，是世界平均产量的 0.91 倍；美洲面积第三，占世界总面积的 13.6%，但单产水平较高，是世界平均产量的 2.54 倍，因此总产最高，是世界总产量的 34.6%；欧洲面积第四，占世界总面积的 0.8%，单产水平与美洲相当；大洋洲面积最小，仅占世界总面积的 0.5%，单产是世界平均水平的 1.34 倍。

以 2020 年统计资料为例，世界高粱种植面积为 4.025×10^7 hm^2，总产量为 5.871×10^7 t，平均单产为 1 458.5 kg/hm^2。世界高粱主要生产国播种面积、总产量及单产见表 7-1。种植面积，最大的是苏丹，其次是印度，是尼日利亚，苏丹、尼日尔和美国排在 3～5 位，中国排名第 16；单产，最高的是阿根廷，中国排名第 2，墨西哥、澳大利亚和美国排名 3～5 位；总产量，墨西哥最高，其后是尼日利亚、美国、印度和阿根廷，中国排名第 7。

表 7-1 世界高粱主要生产国播种面积、总产量及单产

（引自 FAOSTAT，2020）

序号	国家	总面积（$\times10^4$ hm^2）	总产（$\times10^4$ t）	单产（kg/hm^2）
1	苏丹	579.4	253.8	438.1
2	印度	550.3	477.0	866.8
3	尼日利亚	518.1	636.2	1 228.0
4	尼日尔	367.2	213.2	580.7
5	美国	206.2	947.4	4 594.6
6	布基纳法索	186.0	184.0	989.1
7	马里	183.2	182.3	995.0
8	埃塞俄比亚	179.0	505.8	2 826.2
9	墨西哥	145.4	470.4	3 235.7
10	乍得	115.5	97.0	839.7
11	巴西	87.9	276.9	3 150.1
12	中国	73.0	355.0	4 863.0
13	喀麦隆	71.9	121.5	1 690.2
14	坦桑尼亚	70.0	75.0	1 071.4

（续）

序号	国家	总面积（$\times10^4$ hm^2）	总产（$\times10^4$ t）	单产（kg/hm^2）
15	南苏丹	59.8	73.7	1 233.0
16	玻利维亚	44.9	101.9	2 267.4
17	阿根廷	39.5	183.0	4 630.3
18	也门	32.2	25.0	774.3
19	加纳	30.9	35.6	1 153.4
20	乌干达	30.6	25.2	823.1

第一节　国内外高粱育种概况

一、国内外高粱育种成就

（一）我国高粱育种成就　我国高粱的现代育种始于 20 世纪 20—30 年代。甘肃省陇南农业试验场于 1933 年育成了陇南 330 和陇南 403 两个品种。公主岭、熊岳农事试验场先后开展高粱系统育种和杂交育种，选育出牛心棒、黑壳蛇眼红等品种。1949 年至今，高粱育种大致经历了农家品种整理、自然变异选择育种、杂交育种和杂种优势利用 4 个时期。农家品种整理始于 1950 年前后，评选农家良种就地推广，例如辽宁的打锣棒和关东青、吉林的红棒子、河北的竹叶青、山东的香高粱、河南的鹿邑歪头等都是这个时期评选推广的农家良种。以后开展了自然变异选择育种，到 1957 年育成熊岳 253，以后又育出锦粱 9-2、跃进 4 号、熊岳 191、分枝大红穗、护 2 号、护 4 号、护 22 等。其中由乔魁多主持选育的熊岳 253 成为辽宁省主栽品种，并在华北、西北等地推广，是当时很有影响的代表性品种。我国的高粱杂交育种开始比较晚，到 20 世纪 60 年代才育出 119、锦粱 5 号、7313、7384 等高粱品种，不久即转入杂种优势利用。进入 21 世纪，随着分子技术的快速发展，常规育种与分子标记辅助选择育种相结合为高粱育种开辟了崭新的局面。

1954 年，美国高粱专家 Stephens 等人培育出世界上第一个可在生产中应用的质核互作高粱雄性不育系 TX3197A，为高粱杂种优势利用拉开了序幕。1956 年，我国留美学者徐冠仁先生回国时，将 TX3197A 引入我国，从此我国开始了高粱杂种优势利用的研究。迄今我国杂交高粱育种经历了 5 个阶段。第一阶段，从 20 世纪 50 年代末到 70 年代中期，以我国高粱品种作父本恢复系与外引雄性不育系组配高粱杂交种，例如遗杂号、晋杂号、忻杂号、原杂号，还有黑杂号、吉杂号等杂种高粱相继育成，并在 70 年代大面积种植。其中，由牛天堂主持育成的晋杂 5 号表现高产、稳产、适应性广，在高粱春播晚熟区推广面积最大，是当时最有影响的杂交种。第二阶段，从 70 年代中期到 70 年代末，是优质育种阶段。根据第一阶段育成杂种高粱品质差的问题，开展了优质育种。经过短短几年，一大批高产优质杂交高粱育成，例如晋杂 1 号、冀杂 1 号、铁杂 6 号、沈杂 3 号、沈农 447 等。第三阶段，从 80 年代初到 90 年代中期，以杂交选育恢复系为主与自选和引进雄性不育系组配杂交种。例如利用我国恢复系与从国外引进的 TX622A、TX623A、421A 雄性不育系组配的辽杂 1 号、辽杂 4 号、沈杂 5 号、铁杂 7 号、桥杂 2 号、锦杂 83、熊杂 3 号等。其中，由梅吉人主持选育的辽杂 1 号、由王文斗主持选育的沈杂 5 号表现高产、米质优，栽培面积最大。第四阶段，从 90 年代后期开始，主要应用自选雄性不育系和恢复系组配杂交种，例如辽杂 10 号、晋杂 22、吉杂 118、龙杂 11、赤杂 16、哲杂 26、泸糯 8 号等。第五阶段，进入 21 世纪，高粱育种逐步向常规育种和分子标记辅助选择育种相结合方向发展，生物技术和分子标记的介入大大提高高粱育种进程。同时，更加注重品种的专用性和适宜机械化作业，育成了能源专用高粱品种辽甜 1 号、辽甜 9 号，适宜机械化收获品种辽杂 35、晋杂 34、龙杂 12 等。

（二）国外高粱育种成就　美国高粱育种开始较早，但早期育种基本上是对引进品种的变异、天然杂交的后代进行选育。杂交育种开始于 1914 年，Vinall H. N. 等用菲特瑞塔（Feterita）与黑壳卡佛尔（Kafir）杂交，选育出 Chiltex 和 Promo 两个品种，前者更耐旱，后者更高产，并于 1923 年推广。以后又选育出 Bonita、Westland、Kalo、Akron10、Redbine58、Ck60 等。

美国高粱育种的最大成就莫过于 Stephens 和 Holland（1954）在迈罗×卡佛尔的杂交 F_2代中发现了细胞核和细胞质互作型雄性不育性，选育出世界上第一个雄性不育系 TX3197A，完成了三系配套，并组配了世界上第一个商用高粱杂交种应用于生产。从此开创了高粱杂种优势的广泛利用。

美国早期杂交种 RS610 是最成功的杂交种，籽粒产量比普通品种提高 20%以上，并很快推广开来。到 1960 年，美国杂交高粱种植面积已占该作物的 95%，基本上普及了杂交高粱。

美国高粱育种的另一个重大成就是热带高粱转换计划（Conversion of Tropical Sorghum）。该计划是美国农业部和得克萨斯州农业试验站于 1963 年启动的，其目的是把引进的高株、晚熟或不能开花的，但具有许多优点的热带高粱转换成矮株、早熟类型，使其能在世界温带地区利用。到 1974 年年底，来自热带的 183 个高粱种质资源系转换成功，并发放应用。60 年代后期，美国高粱生产发生了摇蚊、蚜虫、霜霉病、矮花叶病毒病等。育种家从高粱转换系中鉴定出一批抗摇蚊、蚜虫、丝黑穗病、炭疽病、霜霉病等抗性系，解决了抗性育种问题。其中选育出的雄性不育系 TX622A、TX623A，恢复系 TX430、TAM428 等都是著名的代表系。

印度一直是世界高粱种植面积最大的国家。早期高粱研究的最大贡献是在遗传学上，高粱育种也取得了一定进展，例如 Tamil Nadu 邦选育的 C_0系列品种；Andhra 邦选育的 Nanday1、Gunter 和 Anakapalle 高粱；Maharashtra 邦选育的 M35-1、M47-3、M31-2 等都是很有名的，这些品种产量高于农家品种 10%～15%。

印度独立以后，国家加强了高粱改良工作。1987 年成立了国家高粱研究中心（NRCS），先后选育出 CSH1～CSH14 杂交高粱和 CSV1～CSV7 等高粱品种应用于生产。而且，非常重视抗芒蝇、螟虫、霜霉病、锈病、粒霉病等病虫害的选育，筛选出一批抗病虫的抗源材料，例如 SPV351、IS14332、CSV10、CSH9、SPV462 等。此外，印度对粮饲兼用型高粱的选育也很重视，并开展了高粱群体改良的研究。

二、国内外高粱育种动态和最新进展

近年来，我国高粱育种进入新的发展阶段，高粱杂交种选育向专用化方向发展，育种目标确定为优质、高产、多抗和专用，并以自选亲本系组配杂交种。育成的有代表性的雄性不育系有 TL169A、7050A、吉 2055A、SX45A、SX14A、L16A、301A、L0201A、L303A、哲 15A 等，恢复系有 LR9198、吉 R115、吉 R117、SX111R、哈恢 118、南 133、3560R、IS722、LTR102 等，利用这些育成系组配出各种用途的专用杂交种。例如酿酒用高粱杂交种有辽杂 11、辽杂 19、吉杂 124、龙杂 5 号、泸糯 10 号、晋杂 18、晋杂 24 等；食用（饲用）杂交种有辽杂 12、锦杂 100、铁杂 12、铁杂 14 等；能源用杂交种有辽甜 1 号、辽甜 6 号、辽甜 13、晋甜杂 1 号等；饲草高粱杂交种有晋草 1 号、辽草 1 号等。上述杂交种的共同特点是优质、高产、综合抗性好、专用性强。

此外，A_2、A_3细胞质的雄性不育性研究和应用、高粱无融合生殖研究方面也取得了较大进展。A_2细胞质的雄性不育系 V_4A_2和 7050A、A_3细胞质的雄性不育系 L303A 和 SX1A 等先后选育成功，组配出粒用杂交种晋杂 12 和辽杂 10 号、能源专用不育化杂交种辽甜 9 号和辽甜 13、饲草用不育化杂交种晋草 1 号和晋草 4 号等。这些品种在生产上的大面积推广应用，改变了高粱生产上 A_1细胞质一统天下的局面，克服了单一细胞质杂交种的遗传脆弱性。高粱无融合生殖固定杂种优势研究取得进展，已选育出 296B、SSA-1、1094 等无融合生殖系，其中 1094 有较好的固定杂合性能力。

在国际上，美国、国际热带半干旱地区作物研究所（ICRISAT）、澳大利亚、印度等在高粱育种研究上代表了较高的水平。总的育种动态是注重种质资源的收集和创新利用，例如美国已收集到高粱种质资源 4.22 万份，国际热带半干旱地区作物研究所有种质资源 3.79 万份。对这些种质资源进行鉴定，从中筛选出优质种质资源和各种抗源材料。在高粱育种上，除注意高产性状选育外，还加强对抗逆性的选择，例如抗生物因子（病、虫、杂草、鸟等）和非生物因子（干旱、盐碱、风、酸土、冷凉等）的抗耐性育种。

在高粱育种技术上，采取热带高粱转换、群体改良、远缘杂交和生物技术等育种方法和手段。尤其是生物技术在高粱育种上应用取得了一定的进展。利用转基因技术进行抗性育种，美国堪萨斯州立大学为防治高粱叶斑病，把抗病的几丁质酶基因转移到高粱中，其产生的几丁质酶使真菌的细胞壁降解而杀死病菌。利用 DNA 技术分析高粱种质资源的多态性，利用分子标记技术测定杂种优势和进行辅助选择育种等方面都取得了一定进展。近几年，随着高粱全基因组测序的完成，重要基因的发掘和分子标记育种步伐明显加快。

三、高粱品种类型

高粱是典型的常异交作物。天然杂交率常因品种不同、穗型不同以及开花授粉时的天气条件不同而异，多数在5%左右，最高的可达50%左右。吉林省农业科学院试验，紧穗品种老母猪不抬头的异交率为3.03%，散穗品种喜鹊白的异交率为5.62%。

高粱的常异交开花授粉特点决定了高粱品种群体的遗传结构，大部分植株是具有本品种特征特性的纯合体，也经常会有因天然杂交使基因型发生变异的植株，这样的植株多为纯合体，也有杂合体。自然变异选择育种、杂交育种和杂种优势利用是高粱育种的主要方法，因此生产上用的品种类型主要为家系品种和杂种品种。杂种高粱都是利用质核互作雄性不育系为母本与恢复系杂交组配的。

从原产地和生态型上分析，我国高粱育种采用的高粱类型主要有以下7种。

(一) 中国高粱 中国高粱（Kaoliang）为一年生，籽粒食用。其特点是：产量性状好，品种资源丰富，品质好，茎内髓部较干燥，一般均为白质叶脉，易受不良气候影响和病害感染，多数品种叶片有早衰现象，如盘陀早、三尺三、矮高粱、北郊、鹿邑歪头等。

(二) 卡佛尔高粱 卡佛尔高粱（Kafir）也称为南非高粱（非洲南部称高粱为卡佛尔），原产于非洲南部。卡佛尔高粱为一年生，品种资源丰富，籽粒食用，大部分品种籽粒为白色，穗细长而小，抗黑穗病，成熟时茎叶鲜绿，茎秆充满汁液，是优良的青饲草；与TX3197A雄性不育系杂交，杂种一代表现为雄性不育类型的较多；品种有永41、永36等。

(三) 都拉高粱 都拉高粱（Durra）也称为北非高粱（非洲北部称高粱为都拉），原产于非洲北部埃及尼罗河流域一带。都拉高粱为一年生，籽粒食用，成熟时茎叶较鲜绿，抗黑穗病，品质优良。品种有角质都拉、巴纳斯都拉等。

(四) 迈罗高粱 迈罗高粱（Milo）也称为西非高粱（非洲西部称高粱为迈罗），原产于非洲西部。迈罗高粱为一年生，籽粒食用，大部分籽粒为黄红色，成熟时茎叶鲜绿，抗黑穗病，植株较矮。穗型一般有两种，一种为卵圆形，茎秆汁液少，与TX3197A雄性不育系杂交，杂种一代多为恢复类型；另一类型为长棒形或长纺锤形，茎秆充满汁液，与TX3197A雄性不育系杂交，杂种一代多为雄性不育类型。品种有黄迈罗、马丁迈罗、西地迈罗等。

(五) 菲特瑞塔高粱 菲特瑞塔高粱（Feterita）也称为中非高粱（非洲中部称高粱为菲特瑞塔），原产于非洲中部。菲特瑞塔高粱为一年生，籽粒食用，目前常见者籽粒大而疏松，在低温条件下容易粉种，根茎短，不易捉苗。单秆品种植株高大，茎秆髓内干燥；分蘖品种多为矮秆，含有汁液，成熟时茎秆鲜绿，较抗黑穗病。品种有永22、白色菲特瑞塔、红色菲特瑞塔等，恢复类型的品种较多。

(六) 亨加利高粱 亨加利高粱（Hegari）为一年生，多为卡佛尔高粱与都拉高粱或卡佛尔高粱与迈罗高粱的人工杂交后代，籽粒食用。其特点是：穗多为纺锤形，白粒，分蘖性强；苗期匍匐，生长细弱；成熟时茎叶鲜绿，茎内充满汁液，是优良的青饲草；抗黑穗病；与雄性不育系TX3197A杂交，杂种一代一般均表现为恢复类型。品种有早熟亨加利、矮生亨加利、亨加利高粱等。

(七) 印度高粱 印度高粱（Shallu）（印度称高粱为沙鲁）原产于非洲和印度，为一年生，籽粒品质优良，食用；植株青秀，成熟时叶片颜色淡绿，青枝绿叶；抗丝黑穗病。品种有CSV4、M35-1、M47-3等。

第二节 高粱育种目标及重要性状遗传和基因定位

一、高粱育种目标和性状指标

高粱变异类型多，用途广泛。它既是粮食作物、经济原料作物，又是饲料作物。随着市场经济的发展，高粱育种应满足各种不同需要，因此育种目标确定为优质、高产、多抗和专用。目前，将高粱育种分为以下几个主要方向：食用高粱、酿造用高粱、饲用高粱、甜高粱、能源（或青贮）高粱和帚用高粱。

(一) 食用高粱 高粱在我国北方的一些地区目前仍作为粮食，因此要求选育有较高营养价值和良好适口性的高粱品种。具体指标是：蛋白质含量在8.0%以上，赖氨酸含量占蛋白质的2.5%以上，淀粉含量在70%左右，鞣质（单宁）含量在0.5%以下，出米率在80%以上，角质率适中，着壳率低，有米香味。

(二) 酿造用高粱 我国在国际上享有盛誉的白酒都以高粱酿造。高粱白酒风味分为浓香型、清香型和酱香型等。对酿造用品种没有统一的标准，但有其共同点，即淀粉含量要高，因出酒率与淀粉含量成正相关，最好不低于籽粒质量的70%，有些香型白酒需要糯高粱品种，其支链淀粉占淀粉总量的90%以上；鞣质含量应比食用的高一些，一般应在0.8%～2.0%；脂肪含量在4%以下。

（三）饲用高粱 这是我国高粱用途正在发展的一个方向，可分为籽粒饲用高粱、甜高粱和饲草高粱。

1. 籽粒饲用高粱 籽粒用作饲料的高粱，其品质标准要求因饲养对象的不同而不同，总的来说饲养单胃畜禽的要求标准比饲养反刍动物的标准高。例如饲喂牛、羊、鹅等草食畜禽，只要求高粱籽粒中蛋白质含量较高。饲喂猪、鸡等单胃畜禽，要求高粱籽粒中鞣质含量在0.5%以下。因为鞣质可与蛋白质形成络合物，影响畜禽对蛋白质的吸收利用。除要求籽粒中高的蛋白质含量，还要求氨基酸平衡。具体指标可参考食用高粱。

2. 饲草高粱 这种高粱一般是不收籽粒的，要求生长繁茂，绿色体产量高，茎秆中含有一定量可溶性糖，锤度（BX）在13%左右；不含或微含氰氢酸，一般200 mg/kg以下；蛋白质占干物质量的2%～3%。

3. 甜高粱 甜高粱茎秆高大，生长旺盛，大多数籽粒较小，茎秆髓部多汁，汁液锤度不低于13%，多用于青贮饲料。分蘖力强，氢氰酸含量低的品种也可用于青饲。

（四）能源高粱 能源高粱一般指甜高粱，茎秆高，节间长，茎髓多汁并含有较高糖分，收获时茎秆汁液锤度不低于15%，可作为生物质能源的原料，通过加工转换为乙醇。

（五）帚用高粱 帚用高粱穗长而散，通常无穗轴或有极短的穗轴，侧枝发达而长，穗下垂，籽粒小并由护颖包被，不易脱落，是制作扫帚和炊帚的原料。长穗柄的可用于制作帘、盒等工艺品。

高粱是高产作物，又是适应性很强的作物，因此不管哪种用途的育种目标，都应包括丰产性和适应性。我国高粱大多种植在干旱地带和低洼盐碱地区，国外也是如此，例如美国和俄罗斯都是在雨水少、干旱、不适合种植玉米的地带种植高粱。所以一个好的高粱品种必须适应性强而高产。

高粱蚜虫、玉米螟、高粱丝黑穗病和叶部斑病是当前高粱最严重的4大病虫害，也是影响高粱高产稳产的主要因素之一。要求选育出的高粱品种要具有一定的抗病虫害能力。

二、高粱重要性状的遗传

（一）高粱品质性状遗传 与高粱品质有关的性状很多，其中籽粒颜色、胚乳性状、鞣质（单宁）含量和蛋白质含量等研究得比较多。

1. 籽粒颜色的遗传 至少有6对基因影响籽粒颜色。Grahan提出果皮红色、黄色和白色是由2对基因互作，并表现为隐性上位遗传，*RRYY*为红，*rrYY*为黄，*RRyy*和*rryy*都是白色。Ayyangar又补充了*I*基因，能使颜色加浓。Stephens报道有2个基因位点控制种皮色，并表现互补遗传，只有B_1和B_2并存时有褐色种皮，当$B_1\text{-}b_2b_2$、$b_1b_1B_2\text{-}$和$b_1b_1b_2b_2$时都无褐色。此外，还有1个基因位点起着种皮褐色素的传播作用，当褐色种皮存在时，如果存在显性*S*基因，则外果皮也呈褐色，如果是隐性*s*基因时，则种皮的褐色素不在外果皮上表现。Martin从上述6个基因位点研究，提出了一些高粱品种基因型和籽粒颜色的关系，见表7-2。

表7-2 高粱籽粒颜色的基因型

（引自Martin，1959）

品种类型	种子颜色	外果皮颜色基因型	种皮颜色基因型	种皮颜色传播基因
黑壳卡佛尔	白	*RRyyII*	$b_1b_1B_2B_2$	*SS*
白迈罗	白	*RRyyii*	$b_1b_1B_2B_2$	*SS*
棒形卡佛尔	白	*RRyyII*	$b_1b_1B_2B_2$	*ss*
沙鲁	白	*RRyyii*	$B_1B_1b_2b_2$	*SS*
菲特瑞塔	青白色	*RRyyii*	$B_1B_1B_2B_2$	*ss*
黄迈罗	橙红	*RRYYii*	$b_1b_1B_2B_2$	*SS*
博纳都拉	柠檬黄	*rrYYii*	$b_1b_1B_2B_2$	*SS*

（续）

品种类型	种子颜色	外果皮颜色基因型	种皮颜色基因型	种皮颜色传播基因
红卡佛尔	红	*RRYYII*	$b_1b_1B_2B_2$	*SS*
Sounless Sorgo	浅黄	*RRyyii*	$B_1B_1B_2B_2$	*SS*
施罗克	褐色	*RRyyii*	$B_1B_1B_2B_2$	*SS*
达索	浅红褐	*RRYYII*	$B_1B_1B_2B_2$	*SS*

Ayyangar 报道了 *E* 基因控制中果皮厚度影响高粱籽粒光泽，显性基因 *E* 产生一薄层中果皮，籽粒呈珍珠白光泽；隐性基因 *e* 则产生厚层中果皮，籽粒丧失光泽。

2. 胚乳性状遗传 胚乳包括多种性状，蜡质胚乳的淀粉组成全为支链淀粉，在遗传上由 1 对隐性基因（*wxwx*）决定，由直链淀粉组成的胚乳为粉质胚乳（*WxWx*）。黄色胚乳表现为显性性状，有胚乳直感现象，并且由于胚乳是三倍体，黄色胚乳性状还表现出剂量效应。糖质胚乳含有糖分，具有甜味，为 1 对隐性基因（*susu*）支配。籽粒凹陷受 1 对隐性基因支配。

3. 鞣质含量遗传 鞣质（单宁）主要存在于种皮内，籽粒的其他部位也含有少量鞣质。高粱籽粒鞣质含量多数在 0.027%～1.960%，最低为 0.01%，最高为 4.3%。鞣质属多元酚化合物，形成色素，所以具有一定鞣质含量的高粱籽粒，种皮都是有颜色的，而且随种皮颜色加深鞣质含量增高。鞣质遗传受几对主要基因控制，又受微效多基因影响。

4. 着壳率遗传 高粱的着壳是指脱粒后籽粒附有高粱颖壳，它与小穗柄和颖壳特性有关。吉林省农业科学院研究表明，粒用高粱的壳型分为硬壳型和软壳型两种类型。硬壳型表现为颖壳坚硬，富有光泽，没有茸毛；软壳型表现为颖壳薄而软，无明显光泽，没茸毛，多有绿色条纹。硬壳型着壳率高；软壳型着壳率低，常在 5%以下。壳型受 1 对基因控制，硬壳为显性，软壳为隐性。

5. 蛋白质含量遗传 籽粒蛋白质含量为典型数量遗传性状，F_1 代介于双亲之间，杂种后代为连续变异。孔令旗等（1988，1994）研究表明，籽粒蛋白质含量遗传率估值为 59.39%，总蛋白、清蛋白、谷蛋白和醇溶蛋白含量的遗传符合加性-显性模型。

在食用高粱中，以白色籽粒为佳。白色籽粒的鞣质含量低，适口性好。由于控制这个性状的遗传比较简单，且白色为隐性，在育种中要注意亲本选择，选育白色籽粒优良品种的目的是容易达到的。一般而言，双亲是白色籽粒的，杂种高粱也是白色籽粒的。目前推广的许多白色籽粒杂种高粱都是这样按籽粒颜色选择亲本的。但是有时双亲都是白色籽粒的，所产生的杂交种却不是白色籽粒，例如白色籽粒 TX3197A 与白色籽粒大红穗高粱杂交，产生的杂种高粱沈杂 1 号却是褐色籽粒的。这是由于双亲的白色籽粒遗传基础不同造成的，TX3197A 的种皮基因型是 $b_1b_1b_2b_2$ 而传播基因为显性的 *SS*；大红穗高粱的基因型是 $B_1B_1B_2B_2$ 而传播基因为隐性的 *ss*，杂种基因型为 $B_1b_1B_2b_2$ 而传播基因的 *Ss*，因此杂种为褐色籽粒。

黄色胚乳高粱含有较高的叶黄素，用来喂饲鸡产生美观的肤色。选育黄胚乳高粱杂交种也是容易的，因为黄胚乳为显性性状，只要亲本之一是黄色胚乳就可以了。软壳为隐性遗传，双亲都是软壳型的，杂种高粱才是软壳的，极少着壳。我国 20 世纪 60 年代育成的杂种高粱为红色籽粒，着壳率高，鞣质含量高，适口性很差。后来根据遗传规律选择亲本，很快于 70 年代中期育出了一大批白色籽粒优质杂种高粱。

（二）高粱株高和生育期遗传

1. 株高遗传 Karper（1932）得出迈罗高粱中有 2 对基因控制株高；Sieglinger（1932）研究出帚用高粱中也有 2 对基因控制株高。但是经典的研究株高遗传的是 Quinby 和 Karper（1954）发表的研究结果，确定有 4 对非连锁的矮化基因控制高粱株高的遗传，高秆对矮秆为部分显性。植株高度分为 5 个等级（表 7-3）。0-矮等级的株高可达 3～4 m，4-矮基因型的株高可矮到 1 m 以下。一般来说，植株的高度取决于隐性等位基因存在的数量，1 对矮基因可降低株高 50 cm 或更多。但是当其他位点上有株高矮化基因存在时，其降低的数量会少一些。3-矮与 4-矮基因型之间株高相差不大，只有 10～15 cm。在他们的研究中，所有 4 对 *dw* 位点没有基因型占主导地位，存在单一 1 对 *dw* 隐性基因植株株高范围是 120～207 cm，2 对 *dw* 隐性基因植株的株高范围是 82～126 cm，3 对隐性基因植株的株高范围是 52～61 cm（表 7-4）。

表 7-3 高粱不同株高基因型鉴定结果

(引自 Quinby 和 Karper,1954)

基因型	品种
	0-矮
$Dw_1Dw_2Dw_3Dw_4$	未查出
	1-矮
$Dw_1Dw_2Dw_3dw_4$	S1170 迈罗、短枝菲特瑞塔、中国东北黑壳高粱、沙鲁、苏马克
$Dw_1Dw_2dw_3Dw_4$	标准帚高粱
$Dw_1dw_2Dw_3Dw_4$	未查出
$dw_1Dw_2Dw_3Dw_4$	未查出
	2-矮
$Dw_1Dw_2dw_3dw_4$	黑壳、红卡佛尔、粉红卡佛尔、卡罗、早熟卡罗、中国山东黑壳高粱
$Dw_1dw_2Dw_3dw_4$	波尼塔、亨加利、早熟亨加利
$dw_1Dw_2Dw_3dw_4$	矮生黄迈罗、矮生白迈罗、快迈罗
$Dw_1dw_2dw_3Dw_4$	阿克米帚高粱
$dw_1Dw_2dw_3Dw_4$	日本矮帚高粱
$dw_1dw_2Dw_3Dw_4$	未查出
	3-矮
$Dw_1dw_2dw_3dw_4$	未查出
$dw_1Dw_2dw_3dw_4$	CK60、TX7078、马丁、麦地、卡普洛克、TX09、红拜因、瑞兰
$dw_1dw_2Dw_3dw_4$	莱尔迈罗
$dw_1dw_2dw_3Dw_4$	未查出
	4-矮
$dw_1dw_2dw_3dw_4$	SA403、4-矮马丁、4-矮卡佛尔、4-矮瑞兰

株高受节数、节间长、穗颈长和穗长的影响,生长条件也影响株高的表现。Quinby 和 Karper (1954) 测量的株高是从地面到旗叶附近,所以他们关注的只是节数、节间长的因子。美国得克萨斯州的奇立利斯试验站报道了包括迈罗、卡佛尔、都拉、苏马克等高粱和帚用高粱株高的表现型与基因型的关系(表 7-4)。

表 7-4 矮化基因和株高的关系

(引自 Quinby 和 Karper,1954)

基因型	品种	株高幅度(cm)
$Dw_1Dw_2Dw_3dw_4$	都拉、苏马克、沙鲁、短枝菲特瑞塔、高白快迈罗、标准黄迈罗	120~173
$Dw_1Dw_2dw_3Dw_4$	标准帚高粱	207
$Dw_1Dw_2dw_3dw_4$	得克萨斯黑壳卡佛尔	100
$Dw_1dw_2Dw_3dw_4$	波尼塔、早熟亨加利、亨加利	82~126
$Dw_1dw_2dw_3Dw_4$	阿克米帚高粱	112
$dw_1Dw_2Dw_3dw_4$	矮快白迈罗、矮快黄迈罗	94~106
$dw_1Dw_2dw_3Dw_4$	日本矮帚高粱	92
$dw_1Dw_2dw_3dw_4$	马丁、平原人	52~61
$dw_1dw_2Dw_3dw_4$	双矮生白快迈罗、双矮生黄迈罗	53~60

2. 生育期遗传　现已鉴定出控制生育期的 4 个基因位点：Ma_1、Ma_2、Ma_3和Ma_4。在每个基因位点上还有很多等位基因。Quinby（1967）报道了在Ma_1位点上有 2 个显性基因和 11 个隐性等位基因；在Ma_2位点上有 12 个显性基因和 2 个隐性等位基因；在Ma_3位点上有 9 个显性基因和 7 个隐性等位基因；在Ma_4位点上有 11 个显性基因和 1 个隐性等位基因。当然，还有其他等位基因的存在。表 7-5 列出了品种、基因型和开花日数之间的关系。

表 7-5　不同高粱品种的基因型和开花日数

（引自 Quinby，1967）

品种	基因型	开花日数（d）
100 天迈罗（100M）	$Ma_1Ma_2Ma_3Ma_4$	90
90 天迈罗（90M）	$Ma_1Ma_2ma_3Ma_4$	82
80 天迈罗（80M）	$Ma_1ma_2Ma_3Ma_4$	68
60 天迈罗（80M）	$Ma_1ma_2ma_3Ma_4$	64
快迈罗（SM100）	$ma_1Ma_2Ma_3Ma_4$	56
快迈罗（SM90）	$ma_1Ma_2ma_3Ma_4$	56
快迈罗（SM80）	$ma_1ma_2Ma_3Ma_4$	60
快迈罗（SM60）	$ma_1ma_2ma_3Ma_4$	58
莱尔迈罗（44M）	$Ma_1ma_2ma_3{}^RMa_4$	48
38 天迈罗（38M）	$ma_1ma_2ma_3{}^RMa_4$	44
亨加利（H）	$Ma_1Ma_2Ma_3ma_4$	70
早熟亨加利（EH）	$Ma_1Ma_2ma_3ma_4$	60
康拜因亨加利（CH）	$Ma_1Ma_2ma_3Ma_4$	72
波尼塔	$ma_1Ma_2ma_3Ma_4$	64
康拜因波尼塔	$ma_1Ma_2Ma_3Ma_4$	62
得克萨斯黑壳卡佛尔	$ma_1Ma_2Ma_3Ma_4$	68
康拜因卡佛尔 60	$ma_1Ma_2ma_3Ma_4$	59
瑞兰	$ma_1Ma_2Ma_3Ma_4$	70
粉红卡佛尔 C1432	$ma_1Ma_2Ma_3Ma_4$	70
红卡佛尔 PI19492	$ma_1Ma_2Ma_3Ma_4$	72
粉红卡佛尔 PI19742	$ma_1Ma_2Ma_3Ma_4$	72
卡罗	$ma_1ma_2Ma_3Ma_4$	62
早熟卡罗	$ma_1Ma_2Ma_3Ma_4$	59
康拜因 7078	$ma_1Ma_2ma_3Ma_4$	58
TX414	$ma_1Ma_2ma_3Ma_4$	60
卡普罗克	$ma_1Ma_2Ma_3Ma_4$	70
都拉 PI54484	$ma_1Ma_2ma_3Ma_4$	62
法戈	$Ma_1ma_2Ma_3Ma_4$	70

（三）高粱抗性性状遗传

1. 高粱对蚜虫抗性的遗传　危害高粱的蚜虫有麦二叉蚜（*Schizaphis graminum* Rondani）和甘蔗黄蚜（*Melanaphis sacchari* Zehntner）。美国利用同工酶方法鉴别出麦二叉蚜有多种生物型，Johnson 指出抗蚜性为显性和不完全显性。罗耀武以抗的和不抗的材料杂交，F_1代表现高抗，F_2代出现抗与不抗的3∶1分离。檀文清等研究指出主效单基因控制高粱的抗蚜性。马鸿图等研究了一个杂交组合F_3代的93个家系，杂交所用抗蚜亲本为TAM428，感蚜亲本654，结果是17个家系一致感蚜，26个家系一致抗蚜，50个家系出现分离，指出主效单基因控制抗蚜性。美国得克萨斯州农业试验站在突尼斯草的衍生系里，发现了耐蚜虫的基因，现已把这个耐蚜虫基因转到恢复系上，为显性遗传，只含1对或2对基因。

2. 高粱对黑穗病抗性的遗传 高粱有坚黑穗病［*Sphacelotheca sorghi*（Link）Clint.］、丝黑穗病［*Sphacelotheca reiliana*（Kühn）Clint.］和散黑穗病［*Sphacelotheca cruenta*（Kühn）Pott.］。Swonson和Parker（1931）发现对Ⅰ型坚黑穗病的抗性，在红琥珀和菲特瑞塔的杂交组合中表现为简单隐性。Marcy（1937）发现在矮黄迈罗与感病高粱的杂交组合中，抗黑穗病（Ⅰ型）为显性，他用符号R表示该基因，后来被Casady换成Ss，以避免与颜色基因混淆。Marcy在矮黄迈罗与标准菲特瑞塔的杂交中，发现枯萎病基因b，R（Ss_1）对B是完全上位性，两者均是显性抗性基因。由此他得出结论，感病是显性，因此又提出一个基因S，表示显性感病性，S基因由于环境不同，或者对B表现为上位性，或者对B表现为下位性。

Casady（1961）报道了对坚黑穗病的1号、2号和3号生理小种的抗性遗传，发现抗病性是由3对基因控制的，每对基因抗1种生理小种，记作Ss_1ss_1、Ss_2ss_2和Ss_3ss_3。短枝菲特瑞塔抗全部3个生理小种，带有这3个基因为纯合显性。Casady（1963）指出，这对Ss_1是上位性。他把Bs作为正常黑穗病Ⅰ型的等位基因，bs有枯萎性反应。在矮菲特瑞塔（Ss_1ss_1bsbs）和粉红卡佛尔（ss_1ss_1BsBs）的杂交中，他得到6个正常黑穗病带枯萎性，3个只是正常黑穗病，3个只是枯萎病，4个抗病的，因此各种类型的抗病和感病均为1∶3。这可能解释了Swonson等显性感病性说法。这也与Marcy的两基因R和B结果一致，但是他没有完全阐明正常感病和枯萎病的显性关系。

杨晓光等（1992）研究了高粱对高粱丝黑穗病菌2号和3号生理小种的抗性遗传。结果表明，高粱对2号生理小种的抗性遗传受2对主效非等位基因控制，抗性材料存在着基因功能上的差异。杂种一代的抗病性受亲本抗病性的控制，双亲之一抗病，杂种未必都表现抗病。只有纯合显性基因控制的亲本，其杂种一代才表现为抗性。对丝黑穗病菌3号生理小种的抗性遗传可能是有2～3对非等位基因共同控制，而且基因之间存在一定的互作效应，还可能有修饰基因起作用。

邹剑秋（2010）研究认为，高粱对丝黑穗病菌3号生理小种的抗性可能受2对彼此独立的非等位基因控制，并且基因之间存在着互作；筛选简单序列重复（SSR）标记时发现，高粱抗丝黑穗病基因的分子标记较易在保持系群体中找到，在恢复系群体中DNA片段多态性较少，表明恢复系和保持系在抗性机制上可能存在差异。到目前为止，在我国能引起高粱丝黑穗病的病菌有1号、2号和3号生理小种。

（四）高粱育性遗传

1. 高粱雄性不育性遗传 1936年，Karper和Stephens报道了苏丹草上无花药的雄性不育现象，控制无花药的基因为a_l。1937年，又报道了两种高粱遗传性雄性不育，一种在印度，为ms_1，另一种在美国，为ms_2。实际上，ms_2于1935年在印度就已被发现了。第3个遗传性雄性不育性ms_3是于1940年在品种Coes中发现的，它结实很好，没有表现出像ms_2的那样雄性不育，而且不受修饰基因的更多影响，对植物育种具有实用价值，已广泛用于高粱的随机交配群体的群体改良中（Ayyangar和Ponnaiya，1937a；Stephens，1937；Stephens和Quinby，1945；Webster，1965）。以后，又陆续发现和报道了ms_4、ms_5、ms_6和ms_7等遗传性雄性不育性。一般把上面的雄性不育性称作细胞核雄性不育，是由细胞核基因控制的。显性是雄性可育的，隐性是雄性不育的。

Stephens等（1952，1954）在迈罗与卡佛尔的杂交中，发现了细胞质雄性不育性。细胞质雄性不育基因后来被鉴定为Msc。这种雄性不育是由卡佛尔的细胞核和迈罗细胞质互作的结果，所以又称为质核互作雄性不育。目前已发现A_1、A_2、A_3、A_4、A_5、A_6和9E共7种不同细胞质的质核互作雄性不育。

马鸿图和钱章强的研究都指出高粱3197A（A_1型质核互作雄性不育系）是由细胞质雄性不育基因与一对隐性核雄性不育基因或两对重叠隐性核雄性不育基因共同作用的，当恢复系有1对核显性恢复基因时，F_2代出现3∶1分离，而恢复系有2对核显性恢复基因时，则F_2代出现15∶1分离。此外，还存在几对修饰基因影响结实率。

张福耀等（1996）研究了高粱7个不同细胞质的质核互作雄性不育系的不育程度和雄性育性恢复难易程度，发现不育程度按照$A_1 \rightarrow A_6 \rightarrow A_5 \rightarrow A_2 \rightarrow A_4 \rightarrow 9E \rightarrow A_3$的顺序逐步降低，$A_1$的不育程度最为彻底；育性恢复难度也按同样顺序递增，A_3 型细胞质雄性不育性最难恢复，其次是 9E 和 A_4。中国高粱 A_1 型和 A_2 型的恢复系对 A_5 型和 A_6 型也有较强的恢复力，可直接用于 A_5 型和 A_6 型雄性不育系杂交种的选育（表 7-6）。

表 7-6　不同类型细胞质雄性不育系雄性育性反应

父本	雄性不育系类型						
	A_1	A_2	A_3	A_4	A_5	A_6	9E
SSA-1	恢	恢	保	保	恢	恢	保
矮四	恢	恢	保	保	恢	恢	保
水科 001	恢	恢	保	半恢	恢	恢	保
1496B	保	保	保	保	保	保	保
25935B	保	保	保	保	保	保	保
296B	保	恢	保	保	保	保	保
V_4A	恢	保	保	保	恢	保	保
F_4B	恢	保	保	保	恢	保	半恢
MSH-1	恢	保	保	半恢	半恢	恢	保
MSH-2	恢	保	保	半恢	恢	恢	保

2. 高粱雌性不育性遗传　Casady 等（1960）报道了 2 个控制雌性不育的显性基因 Fs_1 和 Fs_2，它们在双杂合条件下为互补效应导致雌性不育。3 种基因型，$Fs_1fs_1Fs_2fs_2$、$Fs_1Fs_1Fs_2fs_2$ 和 $Fs_1fs_1Fs_2Fs_2$，后两种产生没有穗的矮株。Fs_1 和 Fs_2 在单独存在时不表现效应。

Quinby（1982）提出了性激素决定植物性别表现的假说。他认为细胞核基因和细胞质基因共同控制花器内的雌激素和雄激素含量。激素含量水平决定性别表现，例如两性花、雌性不育、雄性不育和性器官发育异常等。雌激素和雄激素含量平衡时，形成两性花；反之，则形成异常花。高粱细胞核内含有 4 对性别基因：Fsc_1、Fsc_2、Msc_1 和 Msc_2。Fsc_1 和 Fsc_2 为雌性诱导核基因，它们诱导雌激素的产生；Msc_1 和 Msc_2 为雄性诱导核基因，它们诱导雄激素的产生。由于性别表现受细胞核基因和细胞质基因互作所控制，所以要使雌激素处于两性平衡，必然存在两种雌性诱导细胞质和两种雄性诱导细胞质。由 4 种细胞核基因可以组成 16 种基因型，见表 7-7。

表 7-7　细胞核基因型与细胞质基因型互作产生的性别表现型

（引自 Quinby，1982）

序号	基因型	在下列细胞质中的性别表现型			
		A_3	A_2	A_1	B
1	$Fsc_1Fsc_2Msc_1Msc_2$	FFms	近两性	两性	—
2	$Fsc_1Fsc_2Msc_1msc_2$	FFms	FFms	FFms	两性
3	$Fsc_1Fsc_2msc_1Msc_2$	FFms	FFms	FFms	两性
4	$Fsc_1fsc_2Msc_1Msc_2$	FFms	两性	—	—
5	$fsc_1Fsc_2Msc_1Msc_2$	FFms	两性	—	—
6	$Fsc_1Fsc_2msc_1msc_2$	FFms	FFms	FFms	FFms
7	$fsc_1fsc_2Msc_1Msc_2$	两性	—	近两性	—
8	$Fsc_1fsc_2msc_1Msc_2$	FFms	FFms	两性	—
9	$fsc_1Fsc_2msc_1Msc_2$	FFms	FFms	两性	—
10	$Fsc_1fsc_2Msc_1msc_2$	FFms	FFms	两性	—

（续）

序号	基因型	在下列细胞质中的性别表现型			
		A_3	A_2	A_1	B
11	$fsc_1Fsc_2Msc_1msc_2$	FFms	FFms	两性	—
12	$Fsc_1fsc_2msc_1msc_2$	FFms	FFms	FFms	两性
13	$fsc_1Fsc_2msc_1msc_2$	FFms	FFms	FFms	两性
14	$fsc_1fsc_2Msc_1msc_2$	FFms	两性	—	—
15	$fsc_1fsc_2msc_1Msc_2$	FFms	两性	—	—
16	$fsc_1fsc_2msc_1msc_2$	—	—	两性	—

注：FF代表雌性可育，fs代表雌性不育，MF代表雄性可育，ms代表雄性不育。

三、高粱主要性状的基因定位

高粱主要性状的基因定位见表7-8。

表7-8　高粱主要性状基因定位

基因符号		性状	文献
建议符号	最初符号		
Aaa	*Aa*	芒：无芒对长芒为显性	Ayyangar，1942
bm	*bm*	蜡被：无	Ayyangar，1941
Bw_1	B_1	种子和干花药色：显性为棕冲洗色（与B_2为互补），B_1为浅棕冲洗色种子，而B_1和B_2在*w*存在时为完全棕色	Ayyangar等，1934
	Bw_1	种子颜色：棕冲洗色，建议代替Ayyangar等的B_1	Stephens，1946
Bw_2	B_2	种子和干花药颜色：显性为棕冲洗色（与B_1互补），B_2使种子为浅棕冲洗色，而B_1和B_2在*w*存在时为完全棕色	Ayyangar等，1934
	Bw_2	种子颜色：棕冲洗色，建议代替Ayyangar等的B_2	Stephens，1946
dw_1	dw_1	高度：矮迈罗	Quinby和Karper，1954
dw_2	dw_2	高度：矮迈罗	Quinby和Karper，1945
dw_3	dw_3	高度：矮卡佛尔	Quinby和Karper，1954
Dw_4	Dw_4	高度：帚高粱	Quinby和Karper，1954
E	*E*	茎秆：直立对弯曲为显性	Coleman和Stokes，1958
Epep	*Epep*	茎秆颜色：*epep*对*or*为上位性	Coleman和Dean，1963
gs_1	*gs*	叶：绿色条纹	Stephens和Quinby，1938
gs_2	gs_2	叶：绿色条纹	Stephens，1944
ls	*ls*	对炭疽病的抗性：感病	Coleman和Stokes，1954
Ma_1	*e*	熟性：早熟	Martin，1936
	Ma	熟性：晚熟，*Ma*影响Ma_2和Ma_3的表现	Quinby和Karper，1945
	Ma_1	熟性：晚熟	Quinby和Karper，1961
Ma_2	Ma_2	熟性：晚熟，受*Ma*的影响而影响Ma_3的表现	Quinby和Karper，1945

（续）

基因符号		性状	文献
建议符号	最初符号		
Ma_3ma_3	Ma_3	熟性：Ma_3，显性	Quinby 和 Karper，1945
$Ma_3^{R'}$		晚熟：受 Ma 和 Ma_2 的影响	Quinby 和 Karper，1945
	Ma_3^R	熟性：在 ma_3 位点上为早熟等位基因	Quinby 和 Karper，1961
$Ma_4Ma_4^E$	Ma^e	熟性：早熟亨加利的早熟性	Quinby 和 Karper，1961
ma_4		熟性：复等位基因	Quinby 和 Karper，1948
	$Ma_4Ma_4^E$	Ma_4 亨加利，Ma_4^E 早熟亨加利	Quinby，1948
	ma_4	ma_4 迈罗	Quinby 和 Karper，1948
无	Ma_4	熟性：早熟卡罗的早熟性	Quinby 和 Karper，1948
or	*or*	茎秆和中脉颜色：橘色对 $Epep$ 为下位性	Coleman 和 Dean，1963
Pa_1	Pa_1	圆锥花序：散对紧为显性	Ayyangar 和 Ayyar，1938
Pa_2	Pa_2	圆锥花序：枕状分叉的第二组分枝对枕状邻近紧贴的为显性	Ayyangar 和 Ponnaiya，1939
Rs_1^*	R	幼茎：红色	Karper 和 Conner，1931
Rs_2^*		幼茎：红色显性，9∶7（二因子）	Woodworth，1936
Ss_1	Ss_1ss_1	对坚黑穗病菌 1 号生理小种的反应：抗性为不完全显性	Casady，1961
Ss_2	Ss_2ss_2	对坚黑穗病菌 2 号生理小种的反应：抗性为不完全显性	Casady，1961
Ss_3	Ss_3ss_3	对坚黑穗病菌 3 号生理小种的反应：抗性为不完全显性	Casady，1961
tl	*tl*	茎秆：分蘖为隐性	Webster，1965
wx	*wx*	胚乳：糯性	Karper，1933
Y	Y	种子颜色：有色对白色为显性（$R\_Y\_$ 为红色，$rrY\_$ 为黄色，$\_\_yy$ 为白色）	Graham，1916

第三节 高粱种质资源研究和利用

一、高粱起源和分类

（一）栽培高粱起源 Condolle（1882）首先提出高粱起源于非洲。Snowden（1936）认为，高粱栽培种在非洲是多元起源的，一些种起源于野生的埃塞俄比亚高粱（*Sorghum aethiopicum*），一些种起源于野生的轮生花序高粱（*Sorghum verticilliflorum*），另一些种起源于野生的拟芦苇高粱（*Sorghum arundinaceum*），还有一些种起源于野生的苏丹草（*Sorghum sudanense*）。

关于我国高粱的来源或起源问题一直处于争论之中，主要有两种说法，一种说法是起源于非洲，由非洲经印度传入我国；另一种说法是我国起源。我国高粱起源于我国的理由是，从发掘的文物中，已证明我国远在 3 000 年前的西周时代就种植高粱；在我国南方的一些省份也发现了野生高粱，我国高粱是世界栽培高粱中的独特类型。因此我国高粱的来源问题，是我国原产还是从非洲引入，还有待进一步研究。

（二）高粱分类

1. 历史上的分类 最早的 Ruel（1537）将高粱划归臭草属，命名为 *Melica*。后来有人将高粱划归漆姑草属（*Sagina*）、粟属（*Panicum*）或粟草属（*Milium*）。

1737 年，著名的植物分类学家 Linnaeus 将高粱归属于绒毛草属（*Holcus*），称之为 *Holcus glumis gla-*

bris 或 *Holcus glumis villosis*。

1794 年，Moench 将高粱列为一个独立的属。

1805 年，Persoon 把高粱定名为 *Sorghum vulgare* Pers.。后来，一些学者又认为这种高粱命名不甚合理，重新修正为 *Sorghum bicolor*（Linn.）Moench。这种命名和划分已逐渐为更多的学者所公认（Celarier，1959；Clayton，1961）。

2. 栽培高粱分类 1936 年，Snowden 对全世界的栽培高粱做了详细的研究和分类。他将栽培高粱分成 6 个亚系（或称为群）31 种。

1972 年，Harlan 和 de Wet 发表了栽培高粱的简易分类法。根据高粱粒形、颖壳和穗的形态学特征，将其分成了 5 个基本型和 10 个中间型（表 7-9）。

表 7-9 Harlan 和 de Wet 的栽培高粱简易分类

（引自 Harlan 和 de Wet，1972）

基本型		中间型	
（1）双色族	（B）	（6）几内亚-双色族	（GB）
（2）几内亚族	（G）	（7）顶尖-双色族	（CB）
（3）顶尖族	（C）	（8）卡佛尔-双色族	（KB）
（4）卡佛尔族	（K）	（9）都拉-双色族	（DB）
（5）都拉族	（D）	（10）几内亚-顶尖族	（GC）
		（11）几内亚-卡佛尔族	（GK）
		（12）几内亚-都拉族	（GD）
		（13）卡佛尔-顶尖族	（KC）
		（14）都拉-顶尖族	（DC）
		（15）卡佛尔-都拉族	（KD）

（三）高粱的近缘植物 栽培高粱的染色体数目都是 $2n=20$。其近缘植物有草型高粱、体细胞 40 条染色体的高粱和体细胞 10 条染色体的高粱。

草型高粱，例如苏丹草（*Sorghum sudanense* Stapf.）、突尼斯草［*Sorghum virgatum*（Hack）Stapf.］，都是 $2n=20$，能与栽培高粱正常杂交结实。

约翰逊草［*Sorghum halepense*（L.）Pers.］和丰裕高粱（*Sorghum almum* Parodi）属体细胞 40 条染色体的高粱，$2n=40$，能够与 $2n=20$ 的高粱杂交产生三倍体，虽结实少，但营养体强大，而且根茎非常发达。

体细胞具有 10 条染色体的高粱，包括绢毛高粱（*Sorghum purpureo sericeum* Aschers et Schweinf）、变色高粱（*Sorghum versicolor* Anderss）、内生高粱（*Sorghum intrans* Muell. ex Benth）等。它们的染色体比 *Sorghum bicolor* 和上述的其他种类高粱的染色体都大，而且杂交未能成功，进行的同工酶研究显示了它们之间差异极大。

二、国内外高粱种质资源的收集、保存和研究

（一）我国高粱种质资源的收集和保存 20 世纪以来，全国仅有少数农业科学研究和教学单位进行高粱品种资源的收集、整理、保存和研究。公主岭农事试验场于 1927 年收集、记载了东北地区的高粱品种 228 份，并进行了登记保存。1940 年，晋察冀边区所属第一农场对地方品种进行了征集和鉴定，结果表明，从非洲传入的多穗高粱产量高、适应性好、较耐旱，并于 1942 年在边区内推广。

1956 年，全国首次进行大规模、有计划、有目的的高粱地方品种征集工作。在高粱主产区共收到 16 842 份材料，其中东北各省 6 306 份，华北、西北和华中各省 10 536 份。1978 年，又在湖南、浙江、江西、福建、云南、贵州、广东、广西等地组织短期的高粱品种资源考察征集，收到地方高粱材料 300 余份。1979—1984 年，再一次在全国范围内进行了高粱种质资源的补充征集，共征集到 2 000 多份。此外，还在

西藏、新疆、湖北神农架、长江三峡地区以及海南等地农作物种质资源考察中，收集到一些高粱地方品种，已基本上集中到各级科研单位。除青海省外，全国其余30个省、直辖市、自治区均有高粱地方品种的发现和保存。

在全国高粱种质资源征集的基础上，开展了地方品种的整理、保存工作。其中10 414份高粱资源保存在国家资源库中，编写出版了《中国高粱品种志》（上册、下册）及《中国高粱品种资源目录》。全国范围内的高粱品种资源征集的完成不但有效地保存了这些宝贵资源，而且还为全面开展高粱种质资源的研究奠定了可靠的基础。

（二）国外高粱种质资源的收集和保存 20世纪60年代，在美国洛克菲勒基金会召集的世界高粱收集会议上，确定由印度农业研究计划收集世界高粱种质资源。此后，印度从世界各国收集了16 138份高粱种质资源，定名为印度高粱（Indian Sorghum），编号IS。这些高粱种质资源当时保存在印度拉金德拉纳加尔的全印高粱改良计划协调处（AICSIP）。1972年，国际热带半干旱地区作物研究所（ICRISAT）在印度海德拉巴成立。1974年，由全印高粱改良计划协调处转给国际热带半干旱地区作物研究所8 961份IS编号的种质资源，其余7 177份在转交之前，由于缺乏适宜的贮藏条件而丧失了发芽力。此后，国际热带半干旱地区作物研究所从美国普杜大学、全国种子储存实验室、波多黎各和马亚圭斯等处补充收集了上述已丧失发芽力的7 177份中的3 158份。这样，储存在国际热带半干旱地区作物研究所的高粱种质资源库的有12 119份。之后，国际热带半干旱地区作物研究所又从世界各地收集了大量高粱资源，到2012年，共有37 949份。

美国是世界上收集高粱资源最多的国家，到2010年，收集保存了42 221份。其他一些高粱主产国，如印度、中国、尼日利亚等也积极进行高粱种质资源的收集工作。在Plucknett（1987）统计的基础上，加上1987年以后收集的，全世界已收集的高粱种质资源有122 864份（表7-10）。

表7-10 世界已收集的高粱种质资源和保存地点

机构	保存地点	份数
国际热带半干旱地区作物研究所（ICRISAT）	印度海德拉巴	37 949
印度农业科学院（IARI）	印度新德里	15 000
美国国家种子储藏实验室	美国科林斯堡	32 406
中国农业科学院	中国北京	10 414
美国佐治亚州试验站南部地区植物引种站	美国亚特兰大	9 815
苏联植物研究所	俄罗斯圣·彼得堡	9 615
植物遗传资源中心	埃塞俄比亚	5 000
植物育种研究所	菲律宾洛斯巴·尼奥斯	2 072
其他		593
合　计		122 864

（三）高粱种质资源的鉴定和研究

1. 我国高粱种质资源的鉴定和研究 我国从20世纪70年代开始，各有关农业科研单位结合高粱品种整理进行了性状的初步鉴定工作。高粱农艺性状包括芽鞘色、幼苗色、株高、茎粗、主脉色、穗型、穗形、穗长、穗柄长、颖壳包被度、壳色、粒色、穗粒质量、千粒重、生育期和分蘖性；营养性状有粗蛋白质含量、赖氨酸含量、鞣质含量和角质率；抗性性状有抗倒伏性和抗丝黑穗病。对部分种质资源进行鉴定的抗性性状还有抗干旱、抗水涝、耐瘠薄、耐盐碱、耐冷凉、抗蚜虫、抗玉米螟等。

（1）农艺性状 我国高粱地方品种与典型的热带高粱（例如非洲高粱、印度高粱）有明显不同。我国高粱的平均全生育期为113 d，大多数为中熟种。全生育期长的有新疆吐鲁番的甜秆大弯头，为190 d；其次有云南蒙自的黑壳高粱，为171 d；新疆鄯善的青瓦西和吐鲁番的绵秆大弯头为170 d。有约900份我国高粱地方品种全生育期短于100 d，其中最短的有山西大同的棒洛三，从播种至成熟仅为80 d；夏播改良品种商丘红的生育期为81 d。

我国高粱品种普遍高大，平均植株高度为271.7cm，例如安徽宿州的大黄壳的株高达450cm。低于100cm的极矮秆品种共有38份，例如吉林辉南的黏高粱为63cm，台湾的澎湖红为78cm，新疆玛纳斯的矮红高粱为80cm。

我国高粱的穗型和穗形种类较多，其分布也颇有规律。北方的高粱品种多为紧穗纺锤形和紧穗圆筒形；从北向南，穗型逐渐变为中紧穗、中散穗和散穗，穗形由牛心形变为棒形、帚形和伞形。在南方高粱栽培区里，散穗帚形和伞形品种占大多数。紧穗品种的穗长在20～25cm，几乎没有超过35cm的；散穗品种的穗子较长，一般在30cm以上，多在35～40cm。工艺用的品种穗子更长，可达到80cm，例如山西延寿的绕子高粱。

我国高粱品种的籽粒颜色主要有褐色、红色、黄色和白色4种，以红色粒最多，约占34%。从北方到南方，深色籽粒品种的数量越来越少。

（2）籽粒营养性状　我国高粱品种长期以来用作粮食，因此食用品质、适口性普遍较好。在《中国高粱品种志》所列1 048份品种中，食味优良的品种有400多份，占38.2%。籽粒的平均蛋白质含量为11.26%（8 404份平均数），赖氨酸含量占蛋白质的2.39%（8 171份平均数），鞣质含量为0.8%（7 173份平均数）。

（3）抗性性状　高粱是耐逆境能力较强的作物，但品种间有差别，例如耐旱、耐冷、耐盐碱、耐瘠薄、抗高粱丝黑穗病、抗蚜虫、抗亚洲玉米螟等性状品种间是有差别的。

用反复干旱法测定高粱品种苗期水分胁迫后恢复能力时，从6 877份品种中筛选出229份有较强的恢复能力。这些品种经3～4次反复干旱处理后，存活率仍达70%以上。

利用低温发芽鉴定我国高粱种质资源的耐冷性结果查明，在5～6℃的低温条件下发芽率较高的品种有黑龙江双城的平顶香、黑龙江呼兰的黑壳棒等。用2.5%氯化钠（NaCl）溶液发芽，以处理和对照的发芽率计算耐盐指数，根据耐盐指数划分抗盐等级，对6 500多份我国高粱种质资源做芽期耐盐性鉴定表明，耐盐指数为0%～20%、属1级耐盐的品种有528份。

我国高粱种质资源抗病虫资源较少。对已登记的9 000多份我国高粱品种进行丝黑穗病的人工接种鉴定，对丝黑穗病免疫的仅有37份，约占鉴定品种总数的0.4%。采取人工接种高粱蚜鉴定了近5 000份我国高粱种质资源，其中只有极少数（约0.3%）的品种对高粱蚜有一定的抗性。经反复鉴定证明，育成的恢复系5-27抗蚜虫的，其抗高粱蚜的特性与美国品种TAM428的抗蚜性有关。

同样，采用人工接种玉米螟和自然感虫的方法对5 000份我国高粱种质资源进行抗虫性鉴定，结果表明约有0.2%的品种对玉米螟具有一定的抵抗能力。

2. 国外高粱种质资源的鉴定和研究　国际热带半干旱地区作物研究所（ICRISAT）在20世纪80年代鉴定了19 363份高粱种质资源材料，包括农艺性状、生理性状、抗性性状等，主要农艺性状变异幅度列于表7-11中。

表7-11　高粱种质资源农艺性状变异幅度

（引自ICRISAT年报，1985）

性状	最低值	最高值	性状	最低值	最高值
株高（cm）	55.0	655.0	籽粒大小（mm）	1.0	7.5
穗长（cm）	2.5	71.0	千粒重（g）	5.8	85.6
穗宽（cm）	1.0	29.0	分蘖数	1	15
穗颈长（cm）	0	55.0	茎秆含糖量（%）	12.0	38.0
至50%开花日数（d）	36	199	胚乳结构	全角质	全粉质
粒色	白	深棕	光泽	有光泽	无光泽
落粒性	自动脱粒	难脱粒	穗紧实度	很松散	紧
中脉色	白	棕	颖壳包被	无包被	全包被

与此同时，还对上述高粱种质资源抗病、虫、杂草性进行了鉴定。结果列于表7-12中。通过鉴定，能

够把种质资源中的抗病、抗虫、抗杂草等抗性基因型筛选出来，提供高粱育种利用，以便选出更加优异的新品种。

表 7-12　高粱种质资源抗病、虫、杂草鉴定结果

（引自 ICRISAT 年报，1985）

抗性性状	鉴定数目	有希望数目	所占比例（%）
粒霉病	16 209	515	3.2
大斑病	8 978	35	0.4
炭疽病	2 317	124	5.4
锈病	602	43	7.1
霜霉病	2 459	95	3.9
芒蝇	11 287	556	4.9
玉米螟	15 724	212	1.3
摇蚊	5 200	60	1.2
独脚金（striga，杂草）	15 504	671	4.3

在美国，对高粱种质资源鉴定的性状有穗形、穗整齐度、穗紧密度、穗长、株高、株色、倒伏性、分蘖性、茎秆质地、茎秆用途、节数、叶脉色、粒色、芒、生育期；抗病性有对炭疽病、霜霉病、紫斑病、大斑病和锈病的抗性；抗虫性包括对草地贪夜蛾、甘蔗黄蚜等的抗性。其他鉴定的性状还有光敏感性、铝毒性、锰毒性等。

美国已建立起比较完整的、分工合作的高粱种质资源鉴定和研究体系。在得克萨斯州，主要进行配合力和霜霉病、炭疽病、黄条斑病毒、麦二叉蚜抗性资源的鉴定和筛选；在佐治亚州，主要进行抗草地贪夜蛾、耐酸性土壤资源的鉴定和筛选；在俄克拉何马州，主要进行抗甘蔗黄蚜资源的鉴定和筛选；在堪萨斯州，主要进行抗长椿象和麦二叉蚜资源的鉴定和筛选；在内布拉斯加州，主要进行早熟性和耐寒性资源的鉴定和筛选。这样一个分工明确和相互配合的种质资源鉴定筛选系统，能有效快速地筛选出各种高粱优质种质资源和抗源材料，并在育种中加以应用。

三、高粱特异种质资源及其遗传基础

（一）高粱农艺性状　在我国高粱种质资源中，特异资源较多。例如植株最高的安徽宿州的大黄壳株高达 450 cm，最矮吉林辉南的黏高粱株高仅 63 cm；国外最高株高者为 655 cm，最矮株高者为 55 cm。我国最大单穗籽粒质量为新疆鄯善的大弯头，达 163.5 g；特大籽粒质量是黑龙江勃利的黄壳，千粒重达 56.2 g；国外最大千粒重达 85.6 g。

（二）高粱品质性状　我国高粱品种以食用为主，除适口性好以外，籽粒营养成分含量也较高，蛋白质含量最高的是黑龙江巴彦的老爪登，达 17.1%；赖氨酸占蛋白质比例最高的是江西广丰的矮秆高粱和湖南攸县的湖南矮，达 4.76%。美国普杜大学发现了来源于埃塞俄比亚的高蛋白、高赖氨酸突变系 IS11167 和 IS11758，它们的蛋白质含量分别为 15.7% 和 17.2%，赖氨酸含量在蛋白质中的含量分别为 3.3% 和 3.13%。苏联也发现了高赖氨酸源褐粒 481Φ 和褐粒 481C，其蛋白质含量和其中赖氨酸含量分别为 9.84%、4.3%和 12.67%、3.6%。还在苏丹草类型高粱里发现蛋白质含量 25%的材料。蛋白质含量为典型的数量性状遗传，赖氨酸含量受多基因支配，主要是基因加性效应。

此外，在印度还发现了一种具有典型芳香味的特殊高粱，这种高粱各器官都具香味，香味受隐性基因控制。

（三）高粱抗性性状　国际热带半干旱地区作物研究所已筛选出大量抗病源、抗虫源、耐旱源（表 7-12）。美国在高粱蚜虫（greenbug）鉴别出多种生物型的基础上，已从突尼斯草（*Sorghum virgatum*）中找到了抗 C 型并兼有抗 B 型的抗源。我国筛选出 1 份抗蚜源。在抗病性状上，我国有 37 份抗丝黑穗病抗源，短枝菲特瑞塔是抗坚黑穗病和散黑穗病的抗源。另外，从来自埃塞俄比亚适应温带环境的高粱品种中找到了抗高粱小穗螟的抗源。我国高粱品种具有发芽温度低、出苗快、幼苗生长快、长势强的特点，有20多份种质资源能在5～6℃下发芽，其中4份能在4℃下发芽。美国的研究将高粱耐旱分为花前和花后两种类型，并鉴定出一批耐旱材料，例如TX7078、TX7000、BTX623属前者，属后者有Sc33-14、Sc35-6和NSA440等。我国筛选出62份种质资源达一级耐旱指标。

(四) 高粱育性性状 为克服高粱单一细胞质杂交种的遗传脆弱性，先后筛选出A_1（Milo，来源于非洲）、A_2（IS12662C，来源于尼日利亚）、A_3（IS1112C，来源于印度）、A_4（IS7920C，来源于尼日利亚）、A_5（IS7506C，来源于尼日利亚）、A_6（IS2801C，来源于津巴布韦）和9E（IS12603C，来源于尼日利亚）7种不同细胞质雄性不育特异资源，其雄性不育性的表现受细胞核和细胞质的双重控制。

四、高粱种质资源的育种利用

(一) 直接利用 鉴定筛选种质资源中的优良品种直接用于生产，是利用种质资源的最经济有效的途径。

1951年，全国开展了优良地方高粱品种的鉴评活动，科技人员深入生产第一线与农民群众一起，直接从大量的高粱地方品种中鉴定、评选出一批优良品种用于生产。高粱种质资源鉴选之后，一些地方的农业科学研究单位陆续开展了高粱新品种的系统选育，例如辽宁省熊岳农业科学研究所育成了熊岳334、熊岳360；黑龙江省合江地区农业科学研究所育成了合江红1号；内蒙古自治区赤峰农业试验场育成了昭农303等新品种。在这之后，有些单位采用穗行制的系统选育或混合集团法，选育出熊岳253、跃进4号、锦粱9-2、护2号、护4号、护22、平原红、处处红1号、昭农300、分枝大红穗等品种。

我国开展高粱杂交育种的工作较晚，时间也短。20世纪50年代末60年代初，辽宁省农业科学院利用双心红×都拉选育成功119，锦州市农业科学研究所选育出锦粱5号。

1956年，我国开始了高粱杂种优势利用的研究。首先是利用高粱地方品种作为恢复系组配杂交种。1958年，中国科学院遗传研究所利用地方品种育成的遗杂号杂交种就是例证。例如薄地租是遗杂1号的父本，大花娥是遗杂2号的父本，鹿邑歪头是遗杂7号的父本。中国农业科学院原子能利用研究所利用地方品种矮子抗组配了原杂2号杂交种。而山西省汾阳农业科学研究所利用当地品种三尺三组配的晋杂5号是最成功的例子之一。

外国高粱种质资源的引进对我国高粱育种起了直接的促进作用。20世纪50年代后期，在我国北方地区广泛种植的八棵杈、大八棵杈、小八棵杈、白八杈、大八杈、九头鸟、苏联白、多穗高粱、库班红等均是由国外引进的。这些高粱品种分蘖力强，丰产性好，籽粒品质优，茎秆含糖量高，综合利用价值高，很受当时农民的欢迎。

我国杂交高粱的推广应用就是在美国第一个高粱雄性不育系TX3197A引进的基础上发展起来的。据不完全统计，20世纪80年代前我国推广的144个杂交种，其母本雄性不育系几乎都是TX3197A，只有少数应用的是其衍生系。

1979年，辽宁省农业科学院高粱研究所从美国引进了新选育的高粱雄性不育系TX622A、TX623A、TX624A等，经过鉴定分发全国应用。这些雄性不育系农艺性状优良，雄性不育性稳定，配合力高，而且抗已经分化出的高粱丝黑穗病菌2号生理小种。利用TX622A很快组配了一批高粱杂交种应用于生产，例如具有代表性的辽杂1号成为春播晚熟区的主栽杂交种，已累计推广2.0×10^6 hm^2以上。利用TX622A和TX623A已组配了10多个高粱杂交种用于生产，累积种植面积为4.0×10^6 hm^2。

20世纪80年代初期，辽宁省农业科学院高粱研究所从国际热带半干旱地区作物研究所引进的421A（原编号SPL132A）雄性不育系，表现雄性育性稳定，配合力高，农艺性状好，抗高粱丝黑穗病1号、2号和3号生理小种。用它组配的高粱杂交种辽杂4号（421A×矮四），每公顷最高产量达到13 356 kg；辽杂6号（421A×5-27），每公顷最高产达13 698 kg。辽杂7号（421A×9198）、锦杂94（421A×841）、锦杂99（421A×9544）等先后通过品种审定推广应用，表现产量高、增产潜力大、抗病、抗倒伏、稳产性好。

(二) 间接利用 选用高粱地方品种作杂交亲本，采取有性杂交进行后代选择，是间接利用高粱种质资源的重要途径之一。

龚畿道等（1964）选育的分枝大红穗，就是八棵杈高粱天然杂交后代的衍生系。分枝大红穗分蘖力强，一株可以成熟4～5个分蘖穗，籽粒产量高，一般可达4 500～5 250 kg/hm^2，高产地块可达7 500 kg/hm^2以上；籽粒品质优，适应性广，抗病、耐旱、耐涝、抗倒伏，表现出较高的丰产性和稳产性。

在杂交种恢复系的选用上，20 世纪 70 年代中期以前以直接采用我国地方品种为主选配杂交种。70 年代中期以后开始采用我国高粱地方品种与外国高粱品种杂交选育恢复系，主要有中国高粱与亨加利高粱杂交、中国高粱与卡佛尔高粱杂交、中国高粱与中国高粱杂交、中国高粱与菲特瑞塔、台奔那高粱等杂交。例如用中国高粱护 4 号与亨加利高粱九头鸟杂交选育的恢复系吉恢 7384，与黑龙 11A 组配的同杂 2 号，成为我国高粱春播早熟区一个时期的主栽品种。卡佛尔高粱 TX3197A 与我国高粱三尺三组配的晋杂 5 号经辐射选育的晋辐 1 号，与 TX3197A 组配的晋杂 1 号，与 TX622A 组配的辽杂 1 号，这些杂交种都是我国高粱春播晚熟区种植面积最大的杂交种之一。

据不完全统计，20 世纪 80 年代以前，在我国主要应用的 90 个恢复系中，我国高粱地方品种 63 个，占 70%；杂交育成的 22 个，占 24%；辐射育成的 3 个，占 4%；外国引入恢复系 2 个，占 2%。80 年代前几年，在我国主要应用的 30 个恢复系中，我国高粱地方品种 1 个，占 3.3%；杂交育成的 22 个，占 73.4%；外国引入恢复系 7 个，占 23.3%（表 7-13）。

1981 年，卢庆善从国际热带半干旱地区作物研究所引进 ms_3 和 ms_7 两个基因。利用 ms_3 转育的 24 份恢复系组成了 LSRP 高粱恢复系随机交配群体，开创了我国高粱群体改良的研究。随机交配群体的轮回选择可以快速打破不利的基因连锁，加速有利基因的重组和积累，是加快高粱改良和资源创新的途径。

表 7-13　中国高粱地方品种在杂交种中应用的情况

（引自王富德等，1985）

时期	组合数	恢复系个数	恢复系育成类型构成			
			地方品种	杂交育成	辐射育成	外国引入
20 世纪 80 年代前	152	90	63	22	3	2
20 世纪 80 年代后	35	30	1	22	0	7

第四节　高粱育种途径和方法（一）

——自然变异选择育种

一、自然变异选择育种在高粱育种中的重要意义

自然变异选择育种是利用高粱栽培品种群体中的自然变异株为材料，通常进行一次单株选择育成新品种的方法。自然变异选择育种与杂交育种相比，方法简便，容易掌握，是选育新品种的重要方法之一。

由于高粱是常异交作物，加上自然突变的发生和育成品种的某些不纯分离，使得高粱的推广品种中比其他自交作物有更多的变异，这些变异为育种提供了选择的源泉。自然变异选择育种方法在高粱育种中占有比较重要的地位，曾选育出许多品种。例如美国 100 多年前从非洲引入的品种都是高秆晚熟类型，后来美国农民从中选出了美国早期生产上应用的早熟矮秆品种矮生迈罗及卡佛尔等。我国许多高粱品种也是通过自然变异选择育种法选育的，例如我国早期推广的熊岳 253 是辽宁省熊岳农业科学研究所从盖县农家品种小黄壳中选育的，分枝大红穗是沈阳农学院从八棵杈中选育的，护 2 号和护 4 号是吉林省农业科学院从地方品种护脖矬中选育的。在杂交高粱推广以后，自然变异选择育种仍然是选育杂交高粱亲本的有效方法，例如黑龙 11A 保持系是从库班红中选育的，盘陀早恢复系是从盘陀高粱中选育的。我国高粱种质资源丰富，栽培历史悠久，蕴藏着丰富的变异类型，因此采用自然变异选择育种方法选育新品种，不论在过去还是在未来都是有效的。

二、高粱自然变异选择育种技术

自然变异选择育种的本质是利用自然变异，进行单株选择，分系比较，从中选出优良的纯系品种。自然变异选择选育方法可因具体情况而定。在材料较少时，可采用我国农民长期育种实践中创造的一穗传方

法。所谓一穗传，就是当高粱成熟时在田间细致观察，选取优良的单株或单穗分别收获，再在室内考种，进一步选择，然后将最好的单株（穗）保存，以后再根据分离情况或继续单株选择，或将收获的穗子混合脱粒，最后与当地的主栽品种比较，如果比对照表现好，即可进行繁育推广。自然变异选择育种在材料较多时可采取五圃制，即设原始材料圃、选育圃、鉴定圃、预试圃和品种比较试验圃。以熊岳253的选育程序为例，1950年秋从辽宁省的盖县、营口、海城、辽阳等地的农家品种中收集到846个优良单株（原始材料），通过室内考种保留了486个单株。1951年将486个单株分别脱粒种成穗行（选种圃），从中选取100个优系，1952年将100个优系分别种成小区，进行4行区域试验（鉴定圃）。从中选20个整齐一致的优系，1953年进行预试圃试验。从20个优系中选出9个优系，1954年进行品种比较试验。从9个优系中选出最优的系1-51-253，1955—1957年在几个县进行生产试验，结果证明高产、稳产，命名为熊岳253，以后大面积推广。

我国农民和育种单位在自然变异选择育种方面积累了丰富的经验，可归纳以下几点：①育种目标要明确，对材料要熟悉；②开始收集材料时群体应尽可能大，并应更多重视从当地种植的优良品种中选择变异株；③选育后期可将农艺性状一致的系混合，以提高品种的适应性并缩短育种年限；④对于优异的材料可不受程序限制越圃提升，加速育种进程。

第五节　高粱育种途径和方法（二）
——杂交育种

品种间杂交育种，在杂种高粱推广以前，是培育新品种的常用方法，在杂种高粱推广以后，它又是选育杂种高粱亲本的重要方法。

美国1914年开始了高粱品种间杂交育种，先是在迈罗和卡佛尔高粱之间进行单交，以后把杂交亲本扩大到菲特瑞塔，再以后又利用亨加利高粱作亲本。在推广杂种高粱以前，美国利用杂交育种方法选出了一些新品种，具有矮秆、抗病、适于机械化收获等优点。我国高粱杂交育种开始于20世纪50年代末60年代初，当时育成的品种有119、锦粱5号等。我国广泛开展杂交育种并取得丰硕成果是在20世纪70年代以后，在这期间选育了许多恢复系，例如忻梁7号、忻梁52、晋梁5号、7384、白平、铁恢6号、锦恢75、447、0-30、铁恢157、654、矮四、LR9198等。这说明杂交育种不论是在直接育成新品种方面，还是在选育优良杂交种的亲本方面都是十分重要的。育种实践表明，杂交育种在改善质量性状、数量性状以及通过复交将几个亲本优良性状组合在一起，都是有效的。杂交育种的关键是杂交亲本选配和杂种后代的选择。

一、高粱杂交亲本选配原则

在进行高粱杂交育种时，根据各地积累的经验，一般应坚持如下选配亲本的原则。

1. 应以当地推广的优良品种作为主要亲本之一，另一亲本应具有改良该品种缺点的基因　因为高粱品种对温度、光照反应敏感，适应地域较狭小，只有亲本之一是当地优良品种，将个别性状改良，这样育成的新品种，才会很好地适应当地条件，表现出优良种性。例如119高粱的选育，亲本之一是辽宁的当地品种铁岭双心红，而另一亲本则是非洲高粱都拉。

2. 杂交亲本性状的平均值要高　大量的研究指出，高粱的许多经济性状都表现出显著的亲子回归关系或相关关系。例如河北省沧州地区农业科学研究所测定高粱的抽穗期，亲子相关系数 $r=0.81$，回归系数 $b=0.81$；对株高测定，亲子相关系数 $r=0.97$，回归系数 $b=1.24$。辽宁省农业科学院测定了30个杂交组合，在株高、生育期和千粒重3个性状上都看到了亲子的显著回归关系；在穗长、穗径、轴长、分枝数、分枝长、穗粒数、穗籽粒质量等性状上也都测定出显著亲子回归和相关关系。在品质性状上，一些单位测定了鞣质、蛋白质和赖氨酸的含量，也都测定出显著亲子回归和相关关系。杂交育种利用基因重组，只有双亲性状值高，才有可能将更多的优良基因结合在同一个体中。

3. 要正确利用亲本之间的亲缘关系　实践证明，高粱同一类型间杂交（例如我国高粱品种间杂交），后代分离范围小，分离世代短，到 F_4 代就可选得优良稳定系。而类型间杂交，特别是亲本之一有亨加利高粱，杂种后代在株高、生育期、千粒重、茎秆强度等方面都会有广泛分离，而且分离世代长。因此在杂交亲本的选择上，只要类型内有能满足改良性状所需要的基因，就不必用类型间杂交。但在某些情况下，例如在选育杂交种的亲本时，为了加入较远亲缘，更好地利用杂种优势，有时类型间杂交也是必要的。

4. 要注意性状搭配和配合力的选择 辽宁省农业科学院研究指出，穗粒数与千粒重之间没有相关关系，表明它们各受独立的遗传因素控制，因而可用一个多粒型亲本与一个大粒型亲本杂交，在杂种后代有可能获得多粒大粒的大穗型个体。河北省唐山市农业科学研究所利用两个高秆白粒品种白 253 和平顶冠杂交，选育出矮秆抗倒伏恢复系白平。两个品种表现型虽都为高秆，但都有矮秆的基因，杂交以后，通过基因重组选出了超亲的矮秆植株。山西省农业科学院在早熟杂交组合中选出特早熟 626 品系，也是这方面的例证。这说明选择杂交亲本时，仅仅看亲本的表现型有哪些优良性状是不够的，还要了解亲本本身具有的潜在遗传基础。

二、高粱杂种后代的选择

长期以来，高粱杂交育种后代的选择都采用系谱选择法。第 1 年采取人工去雄法进行杂交，将获得的杂种种子单独收获、保存。第 2 年将通过杂交获得的杂种种子按组合种成 F_1 代，生长发育期间分别细致观察记载，F_1 代一般不进行单株选择，但是 F_1 代要去掉伪杂种，对没有希望的组合及早淘汰，例如不抗黑穗病的、植株倒伏的、千粒重低的组合都可考虑淘汰。F_1 代的单穗籽粒质量一般不作为组合鉴定的标准，因为单穗籽粒质量是表现杂种优势最大的性状，主要是基因非加性效应的作用，随着世代的增加便不复存在了，据此选择效果不大。

第 3 年可将上年入选的 F_1 代，按组合排列种成 F_2 代，F_2 代群体应根据条件尽可能大，一般种 1 000～2 000 株。在 F_2 代根据高粱育种目标性状进行单株选择，例如生育期、株高都是遗传率很高的性状，其他性状如低鞣质含量、白色籽粒、低着壳率又都是隐性性状，抗丝黑穗病虽是显性性状，但它是寡基因控制的简单遗传性状。显然，这些性状在 F_2 代选择都是很有效的。至于单穗籽粒质量在 F_2 代选择仍然比较困难，因为在 F_2 代很多植株仍保留有部分杂种优势。另外，F_2 代群体株高分离也比较大，高的植株常常穗子较大，矮的植株由于被遮阴常常穗子较小，在如此株间差异大的群体中进行单穗籽粒质量的选择也是很不准确的。据此，单穗籽粒质量的选择可在以后世代的优良系统中进行。

虽然在 F_2 代群体内直接根据单穗籽粒质量进行选择的可靠性小，但是根据与单穗籽粒质量有显著相关的其他性状进行选择却是可能的，例如千粒重和穗型等。千粒重与单穗籽粒质量成显著正相关，而千粒重本身的遗传率比较高。紧穗型是高粱丰产特性，紧穗较散穗又是隐性特征。因此在 F_2 代群体里选择紧穗型和千粒重较高的个体将是对高粱单穗籽粒质量的有效间接选择。

第 4 年和第 5 年分别种成 F_3 代和 F_4 代，在 F_3 代和 F_4 代应更多注意产量性状（例如单穗籽粒质量等性状）的选择。山西省忻县地区农业科学研究所和吉林省农业科学院的杂交育种经验都认为，在 F_3 代和 F_4 代的重点优良单系中大量入选，可育成好的品种。

第 6 年，F_5 代及以后大部分品系的性状已趋于稳定，除继续进行必要的选择外，可进行产量初步鉴定，以便最后做出决选。

在杂种后代选择过程中，为确保自交，对入选穗要进行套袋。

第六节 高粱育种途径和方法（三）
——杂种优势利用

一、高粱杂种优势的表现

Conner 和 Karper（1927）最先对高粱杂种优势进行了研究。他们用株高有显著差异的迈罗和菲特瑞塔高粱杂交，结果发现 F_1 代的株高高于最高亲本 66%，在叶面积、叶绿素含量、籽粒产量上也表现出杂种优势。后来许多学者先后研究了高粱的杂种优势表现，结果证明高粱的杂种优势不仅表现在籽粒产量上，而且还表现在形态学和生物学性状、抗逆性、成熟期等多方面（Sieglinger，1932；Karper 和 Quinby，1937；Gibson 和 Schertz，1977 等）。

（一）籽粒产量及其组分的杂种优势表现 Stephens 和 Quinby（1952）认为杂种高粱籽粒产量的增加无疑是杂种优势的一种表现。他们在 8 年时间里，采取两种播种期，将得克萨斯黑壳×白日人工杂交种子的 F_1 代植株与标准品种进行比较，其杂种产量超过最好品种10%～20%，超过11个对照品种平均产量的27%～44%。

张文毅（1983）研究了高粱单穗籽粒质量、千粒重、穗粒数、一级分枝数等产量性状的杂种优势，结论是产量性状的优势表现高而稳定。在75个杂种一代中，70个单穗籽粒质量超过中亲值，占93.3%；1个等于中亲值，占1.3%；4个低于中亲值，占5.4%。其中有66个杂种一代的单穗籽粒质量超过高亲值，占88%。穗粒数的研究结果也一样，在75个F_1代杂种中，有71个超过中亲值，占94.7%，其中61个超高亲值，占85.9%。在该研究中，组合平均的超中亲优势，单穗籽粒质量为75.3%，穗粒数为55.9%，千粒重为12.6%，一级分枝数为4.5%。这个结果表明，虽然各产量性状的杂种优势表现不尽相同，有高有低，但都表现为正优势，因此对高粱籽粒生产来说，杂交高粱的籽粒产量优势具有很大的实用价值。

卢庆善等（1994）研究了中美高粱杂种优势的表现。选用美国培育出的10个高粱雄性不育系与我国培育的8个高粱恢复系杂交，共得到80个杂种一代，分析测定了7种性状的杂种优势表现（表7-14）。包括小区产量在内的7种性状的总平均优势为128.6%；最高是株高，为173.7%；最低是出苗至50%开花日数，为94.6%，杂种优势的平均幅度为85.6%～188.5%。

表7-14 高粱7种性状的杂种优势表现

（引自卢庆善等，1994）

性状	平均优势（%）	幅度	位次	优势分布次数			正负优势（%）		超亲优势分布次数		
				总数	$F \geq MP$	$F<MP$	正	负	$F>HP$	$HP>F>LP$	$F<LP$
小区产量	138.3	70.4～226.1	3	80	68	12	85.0	15.0	67（83.8）	5（6.2）	8（10.0）
单穗籽粒质量	116.4	76.2～168.4	5	80	62	18	77.5	22.5	48（60.0）	23（28.8）	9（11.2）
千粒重	106.0	73.3～156.7	6	80	47	33	58.7	41.3	31（38.8）	34（42.5）	15（18.7）
穗粒数	146.2	83.3～221.9	2	80	76	4	95.0	5.0	64（80.0）	14（17.5）	2（2.5）
穗长	125.1	100.8～155.0	4	80	80	0	100.0	0.0	69（86.3）	11（13.7）	0（0.0）
株高	173.7	113.6～276.6	1	80	80	0	100.0	0.0	72（90.0）	8（10.0）	0（0.0）
开花期	94.4	81.8～114.5	7	80	10	70	12.5	87.5	6（7.5）	27（33.8）	47（58.7）
总平均	128.6	85.6～188.5		80	60.4	19.6	75.5	24.5	51（63.8）	17.4（21.8）	11.6（14.4）

注：括号内数字为超亲优势分布次数占总数的比例（%）。*F*为杂交种表现型值，*MP*为中亲值，*HP*为高亲值，*LP*为低亲值，开花期为出苗至50%植株开花经历的时间（d）。

（二）植株性状的杂种优势表现 张文毅（1983）研究了包括中国高粱以及卡佛尔、双色、都拉等粒用高粱和帚用高粱以及部分野生高粱的杂交种各种性状的优势表现。在77个杂交组合中，株高高于中亲值的有70个，低于中亲值的有7个；其中株高高于高亲值的有51个，株高低于低亲值的有2个，介于高亲与低亲值之间的有24个。株高杂种优势平均超过中亲值23.5%。

同时，还研究了节间数、穗柄长、穗长等性状的杂种优势表现。节间数的杂种优势平均超过中亲值5.0%，其中高于中亲值的有45个，等于中亲值的有16个，低于中亲值的有16个；如果与高亲值、低亲值比较，则高于高亲值的有24个，低于低亲值的有8个，介于高亲值与低亲值之间的有45个。

在研究穗柄长的50个杂交种中，其杂种优势平均超过中亲值3.3%，大于中亲值的有25个，等于中亲值的有3个，小于中亲值的有22个；大于高亲值的有12个，小于低亲值的有6个，介于高亲值与低亲值之间的有32个。

穗长杂种优势的表现与穗柄长有同样的趋势，但其杂种优势表现比穗柄长更强，平均高于中亲值12.9%。在52个杂交种中，有41个超过高亲值。

Karper和Quinby（1937）报道的在美国得克萨斯州奇利科斯试验站种植的杂交高粱及其亲本的饲草产量和籽粒产量，杂交种的饲草产量超过高产亲本的11%～75%，籽粒产量超过高产亲本的58%～115%。

潘世全（1990）研究发现，杂交高粱的茎叶产量有很强的杂种优势。例如TX623A×Wey69-5的茎叶产量比对照Rio高19.2%。但许多研究都发现，籽粒产量的杂种优势高于茎叶产量优势。Quinby（1963）观测了美国初期种植面积较大的一个杂交高粱RS610，其籽粒产量比双亲平均值高82%，而茎叶产量仅高31%。

（三）籽粒品质性状优势表现 张文毅（1983）研究了高粱籽粒蛋白质、赖氨酸、鞣质含量的杂种优势表现。结果表明，F_1代杂种与中亲值比，蛋白质含量杂种优势为-11.9%，赖氨酸的杂种优势为-22.2%，鞣质的杂种优势为-17.9%，3种品质性状优势均为负值；约有2/3的杂种一代低于中亲值，近1/2的杂种低于低亲值。高粱籽粒品质性状杂种优势的这种表现给高产优质杂交种选育带来一定困难。因此必须选择蛋白质、赖氨酸含量更高的亲本。在研究中发现，也不是全部杂种一代的优势都为负值，例如在测定的25个杂种一代蛋白质含量中，有2个超过中亲值和高亲值；同样在25个F_1代杂种中，也有2个F_1代杂种的赖氨酸含量超过中亲值，其中1个超过高亲值。因此只要注意亲本的选择，也能选出籽粒品质高的杂交种，只是概率较低。

孔令旗等（1992）研究了高粱籽粒蛋白质及其组分的杂种优势表现。结果表明，粗蛋白质、清蛋白、球蛋白、谷蛋白、色氨酸的杂种一代超高亲值和中亲值优势均为负值，超低亲值优势均为正值。说明这5种蛋白质含量优势居于双亲之间，偏向低亲本。醇溶谷蛋白超高亲值优势为负值，超中亲值优势为正值，这表明杂种一代醇溶谷蛋白的优势表现居于双亲之间偏向于高亲本。杂种一代赖氨酸含量为超低亲值优势。

中国农业科学院原子能利用研究所做了较大规模的高粱籽粒品质性状优势表现研究。他们利用19个亲本，配制33个杂交组合，对蛋白质、赖氨酸、色氨酸、总淀粉、直链淀粉、支链淀粉、鞣质和含氰势等性状进行研究。结果指出，蛋白质有24.24%的组合表现杂种优势，赖氨酸有21.21%的组合有杂种优势；色氨酸的优势组合为24.24%；总淀粉的优势组合为78.78%，直链淀粉的优势组合为61.53%，支链淀粉的优势组合为46.15%，鞣质的优势组合为18.18%，含氰势优势组合为60%。中国科学院西北水土保持研究所和沈阳农业大学对甜高粱茎秆汁液含糖量杂种优势的研究，都指出F_1代是负优势。

二、高粱三系及其创造

（一）高粱三系的概念及特点 高粱三系指高粱雄性不育系、雄性不育保持系和雄性不育恢复系，简称不育系、保持系和恢复系。雄性不育系的遗传组成为*S*（*msms*）。雄性不育系由于体内生理机能失调，致使雄性器官不能正常发育，花药呈乳白色、黄白色或褐色，干瘪瘦小，花药里无花粉，或只有少量无效花粉，无生育力；而雄性不育系的雌蕊发育正常，具有生育力。

保持系的雌雄器官均发育正常，其遗传组成为*F*（*msms*）。雄性不育系和保持系是同时产生的，或是由保持系回交转育来的。每个雄性不育系都有其特定的同型保持系，利用其花粉进行繁殖，传宗接代。雄性不育系与保持系互为相似体，除在雄性的育性上不同外，其他特征特性几乎完全相同。

恢复系是指正常可育的花粉给雄性不育系授粉，不但正常结出F_1代种子，而且F_1代植株雄性不育特性消失了，具有正常散粉生育的能力。换句话说，它恢复了雄性不育系的雄性繁育能力，因此称为雄性不育恢复系，其遗传组成为*F*（*MsMs*）或*S*（*MsMs*）两种。

在隔离区里，用恢复系作父本，与雄性不育系作母本杂交制种时便可得到杂种种子，而且杂种一代植株能正常开花散粉，授粉结实。

（二）高粱三系的创造 Stephens早在1937年就提出了在高粱上应用雄性不育配制杂交种的可能性，然后他研究了在美国田纳西州白日（Day）品种里发现的雄性不育株，明确了雄性不育的细胞质来自迈罗高粱。以后他又用双重矮生快熟黄迈罗和得克萨斯黑卡佛尔高粱杂交，在1952年首先得到了高粱细胞质雄性不育材料，并完成了对其证明的研究工作。他的部分研究资料见表7-15和表7-16。

从表7-15和表7-16中可见，在迈罗和卡佛尔不同类型高粱的正反交F_2代群体间，表现了明显的雄性育性差异，这种差异在不同的回交后代里更明显，其中（M×K）F_2×K的后代中出现了大量雄性高度不育植株。从而，Stephens提出了雄性不育是由迈罗细胞质和卡佛尔的细胞核结合在一起，它们之间相互作用引起雄性不育的理论。

1949年，得克萨斯州拉巴克试验站用具有迈罗细胞质的白日的雄性不育材料与康拜因卡佛尔60杂交并回交，从中选出了康拜因卡佛尔60雄性不育系，1955—1956年对康拜因卡佛尔60及其相应的雄性不育材料进行了选择和繁殖，从中选出了TX3197A和TX3197B。TX3197A的选育原理和过程可简示于图7-1。这就是世界上第一个质核互作型雄性不育系及其保持系创造的过程。而恢复系就是具有迈罗高粱细胞核的品种。

表 7-15 亲本品种和杂种 F_2 代群体的套袋穗结实率的分布

（引自 Stephens，1954）

年代、品种或杂交	各种结实率（%）的植株数														结实平均数（%）	植株总数
	96～100	91～95	81～90	71～80	61～70	51～60	41～50	31～40	21～30	11～20	6～10	1～5	0.1～0.9	0		
1951 年迈罗（M）	7	6	7	4					2	1					81.9	27
1952 年迈罗（M）	40	12	1	1	1										95.7	55
总数	47	18	8	5	1				2	1					91.1	82
1951 年卡佛尔（K）	16	6	3	1	1		1								91.8	28
1952 年卡佛尔（K）	36	8	1	1	1										95.7	47
总数	52	14	4	2	2		1								94.2	75
1951 年（M×K）F_2	262	17	37	14	16	3	7	11	3	5	4	23	5		82.7	407
1952 年（M×K）F_2	147	26	21	7	3	2	5	1	5	8	5	8	2	5	81.8	245
总数	409	43	58	21	19	5	12	12	8	13	9	31	7	5	82.4	652
1951 年（K×M）F_2	250	10	8	6	2	1	2	1		1		1		1	95.0	283
1952 年（K×M）F_2	213	18	7	5	2		2		1		3	1	1		94.1	253
总数	463	28	15	11	4	1	4	1	1	1	3	2	1	1	91.6	536

表 7-16 第一次回交后代的结实率比较

（引自 Stephens，1954）

杂交	各种结实率（%）的植株数														结实平均数（%）	植株总数
	96～100	91～95	81～90	71～80	61～70	51～60	41～50	31～40	21～30	11～20	6～10	1～5	0.1～0.9	0		
（M×K）F_1×M	28	1													97.8	29
（M×K）F_1×K	13	3	1	1	1			1	1	1	1	3	1	1	66.9	28
（K×M）F_1×M	17	3	2	1											95.3	23
（K×M）F_1×K	57														98.0	57
（M×K）F_2×M	96	11	15	3	4		1	2	1	1		2			90.9	136
（M×K）F_2×K	1	2	14	6	1	1	4	4	5	14	9	48	91	208	7.3	408

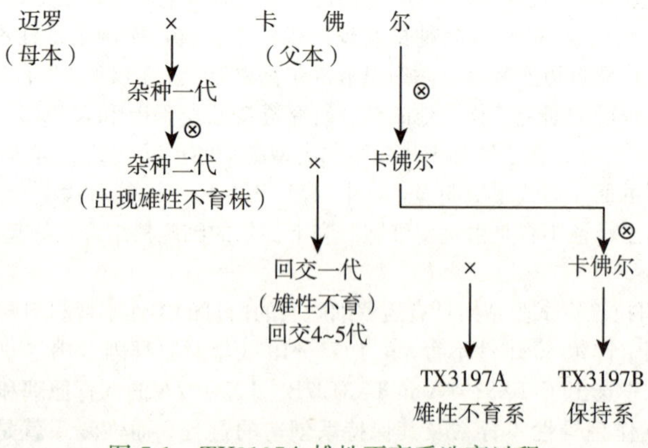

图 7-1 TX3197A 雄性不育系选育过程

三、高粱雄性不育系和保持系选育技术

（一）保持类型品种直接回交转育雄性不育系和保持系 保持类型品种的雄性育性基因型是细胞质有雄性可育基因，而细胞核中是雄性不育基因，当其给雄性不育系授粉时，F_1代是雄性不育，如用该品种连续回交，所得到的回交后代就成为新雄性不育系，而该品种就成为新雄性不育系的保持系。黑龙 7A、黑龙 11A、黑龙 21A、黑龙 30A、矬 1A、矬 2A 和原新 1A，都是用这种方法转育的雄性不育系，它们的细胞质都是来自迈罗高粱。以矬 1A 选育为例，其过程可用图 7-2 表示。

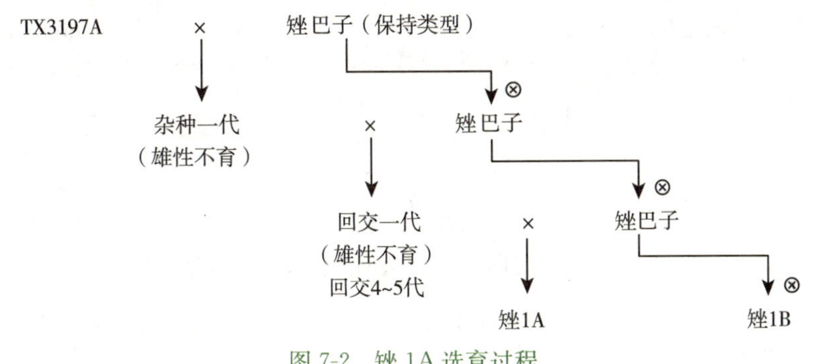

图 7-2 矬 1A 选育过程

具体做法可分 3 个步骤。

1. 测交 利用现有的雄性不育系作母本，与优良品种或品系进行测交，以测定是否具有保持性。测交材料播种时应注意调节播种期，使其与母本花期相遇，抽穗后选生育正常、无病虫害和株型典型的父本和母本各 3～5 穗套袋，开花时进行成对测交，测交后拴挂标签，按对写明编号。成熟后，单独收获，脱粒，成对保存。

2. 回交 将上年获得的测交种子及其相应父本种子相邻种植。抽穗开花后，在测交一代雄性不育的组合中，选取雄性全不育穗，用原父本进行成对回交。成熟时分别脱粒，成对保存。

3. 连续回交选择 把回交获得的种子和相应的父本相邻种植，开花时选雄性不育并在植株性状上倾向父本性状的植株与相邻父本连续回交，直到母本达到株型长相以及出苗期、开花期、成熟期等主要物候期都与父本相似时，新雄性不育系就回交转育成功了。

利用保持类型品种连续回交转育雄性不育系的优点是方法简而易行，收效又快。转育成的雄性不育系与测交品种完全相同。因此转育一开始就应选择农艺性状好、配合力高的品种进行转育。

（二）保持系间或保持类型品种间杂交选育保持系和雄性不育系（简称保×保）法 本法是当已有的保持系或保持类型品种直接转育产生雄性不育系，在农艺性状或配合力等方面仍不能满足需要时应用的，其目的显然是将不同品种的优良性状结合在一起，选育出具有更多优点的新雄性不育系。这是目前常用而有效的选育雄性不育系方法，例如赤 10A、117A、营 4A、晋 6A、忻革 1A、7050A 等都是用此法育成的。此法首先是选好亲本进行杂交，然后在杂种后代采用系谱选择法，按育种目标要求，选择性状合乎需要且基因型稳定的保持类型新品系，然后再同雄性不育系进行回交转育，便可育出新雄性不育系来。显然，这里包括两个育种过程，其一是杂交选育保持系，其二是回交转育雄性不育系。所需年限两者加起来，至少要 10 年。为缩短育种年限，许多育种单位都在寻找加速育种进程的方法，目前普遍采用边杂交（自交）稳定边回交转育法，即把上述杂交选择稳定保持系的过程和回交转育雄性不育系的过程结合起来进行，具体做法见图 7-3，分 4 步。

①人工有性杂交，获得杂交种子，第 2 年种植 F_1代植株。

②在 F_2代群体中选择符合要求的单株给雄性不育株授粉，并各自套袋，挂标签按对编号。单独收获脱粒，成对保存。

③下一年将成对材料邻行种植，在父本行里继续按育种目标进行单株选择，同时在雄性不育行里选择植株性状近于父本的雄性不育株，继续用父本行入选株给雄性不育行的入选株成对授粉。继续做好套袋、挂牌、收获和成对保存工作。

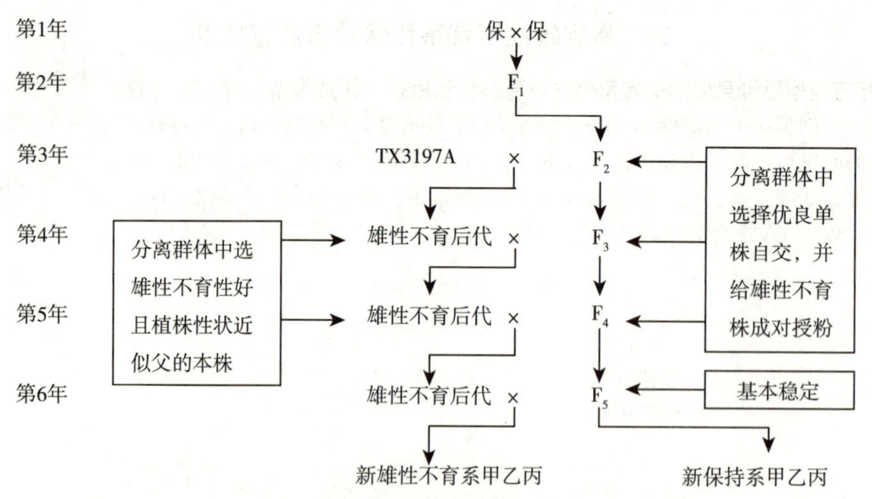

图 7-3 边杂交（自交）稳定边回交转育雄性不育系程序

④按上述方法连续做几年，当成对杂交的父本行已稳定，雄性不育行也已稳定并与父本行农艺性状一致时，即培育出了新的保持系和雄性不育系。

（三）不同类型或亲缘关系远的品种间杂交选育雄性不育系和保持系 前述采用迈罗与卡佛尔杂交创造的雄性不育系和保持系就是用不同类型高粱杂交的成功事例。后来，Schertz 用 IS12662C（♀）×IS5322C（♂）杂交并回交，选出了雄性不育系 TX2753A 及其保持系。如将迈罗型细胞质称为 A_1 型，这里将新的细胞质雄性不育 TX2753 称为 A_2 型雄性不育。上述杂交亲本 IS12662C 来自埃塞俄比亚，父本 IS5322C 来自印度。研究表明，有些保持系（例如 IS5322C）既是 A_1 型的保持系也是 A_2 型的保持系；但是恢复系的恢复性差异较大，对 A_1 恢复的系对 A_2 不一定能恢复。用 A_2 型不育系组配的杂交种已在我国生产上应用。以后又相继选育出 A_3、A_4、A_5、A_6 和 9E 型雄性不育系。

四、高粱恢复系选育技术

选育恢复系与选育雄性不育系一样重要，选出一个好的恢复系同样会把杂种优势利用提高一步。

（一）从原始材料中筛选恢复系 利用原始材料与雄性不育系杂交，进行测交试验，观察并测定 F_1 代的自交结实率和杂种优势情况。如果 F_1 代自交结实率高，说明该材料具有好的恢复性。杂种优势大说明具有应用潜力，就可成为该雄性不育系的恢复系。这是高粱杂种优势利用初期主要的选育恢复系方法，例如三尺三、康拜因 60、鹿邑歪头、大花蛾、平罗娃娃头等，都是用这种方法从高粱原始材料中筛选出来的。

原始材料一般多采用套袋自交繁殖保存，每种材料的基因型一致。但是从农家品种进行筛选时，一般要用品种的混合花粉给雄性不育株授粉，这样可对该品种的雄性育性进行总的评定。因为农家品种在长期种植中，由于天然异交、自然突变等原因，群体内植株间的基因型不一致，采用个别植株测定难以得到准确结论。

应该指出，我国过去只为粒用育种目标在原始材料中筛选恢复系，今后从多种专用化育种目标需要出发，在原始材料中筛选恢复系也是很有效的方法，例如沈阳农业大学、辽宁省农业科学院从甜高粱原始材料中筛选出 Roma 和 Wey69-5 作为恢复系，与 TX623A 杂交分别育出沈农甜杂 2 号和辽饲杂 1 号，它们的杂种优势强，植株高大，茎秆含汁率高，汁液中含有较高的糖度，是良好的青贮饲料和茎秆制酒精的原料。

（二）恢复类型品种间杂交选育恢复系 恢复类型品种间杂交选育恢复系，简称恢×恢选育恢复系法，已是国内外广泛采用的有效方法，我国利用此法已选育出大量恢复系，例如 7313（护 4 号×九头鸟）、7384（护 4 号×九头鸟）、忻梁 7 号（九头鸟×盘陀高粱）、忻梁 52（三尺三×忻梁 7 号）、晋粱 5 号（忻梁 7 号×鹿邑歪头）、同粱 8 号（7384×三尺三）、白平（白熊岳 253×平顶冠）、铁恢 6（熊岳 191-10×晋辐 1 号）、4003（晋辐 1 号×辽阳猪跷脚）、锦恢 75（恢 5×八叶齐）、447（晋辐 1 号×三尺三）、矮四（矮 202×4003）、LR9198（矮四×5-26）等。一个好的恢复系必须具备充分的恢复性和高的配合力，而这些都是继承杂交亲本的，所以恢×恢选育恢复系方法的成败关键在于杂交亲本的选择。杂交后代采用系谱选择法，待杂种后代出现基本稳定的穗行时，及早进行早代测交试验，从中选出恢复性好、配合力高的父本，就成为新的恢复系。

（三）杂种高粱后代中分离恢复系 高粱杂交种是由雄性不育系和恢复系杂交产生的。在F_2代群体里可分离出雄性全育株、雄性半育株和雄性不育株。在雄性全育株的连续自交分离后代里，可获得稳定的雄性全育株系。由于杂交种后代的细胞质内都有雄性不育基因，自交结实良好的个体，细胞核内必有恢复基因。所以在结实良好的个体中选择时，不必去考虑雄性育性问题，只要集中精力选择农艺性状，便可选出较好品系，然后通过测交试验，从中选出恢复系。例如山西省吕梁地区农业科学研究所从晋杂5号后代中选出了晋辐1号恢复系，河北农业大学从美国引入的杂交种NK222的后代中选出了优质抗蚜恢复系河农16-1，山西省农业科学院从美国高粱杂交种C42y中选出了优质黄胚乳的恢复系。

（四）回交法选育恢复系 在选育恢复系时，常常会发现有些测交种杂种优势表现很好，但是父本恢复性差，致使该杂交组合不能在生产上利用。为了解决这个问题，可采用回交的方法，把恢复基因转入恢复性差的父本中，使其成为恢复性强的恢复系（图7-4）。具体方法是：选用恢复性强的杂交种作母本与需要改良雄性育性的品种杂交，其目的是使回交后代保留有雄性不育细胞质基因，这样可以达到在后代中自行鉴定恢复基因是否保留的目的。另外为减少后代分离的范围，所选用的母本杂交种最好是在亲缘上和性状上与父本相近的。在回交转育时，应在每次回交后代中选雄性育性好的、性状近于父本植株的作母本并进行人工去雄。取父本花粉进行回交，如此回交4～5代，便可达到恢复性强的回交后代，且其农艺性状与父本相同。以其为父本与雄性不育系成对杂交，进行测交鉴定，便可获得结实性好、杂种优势与原组合一样的穗行，其父本行就是恢复性被改造好的恢复系。

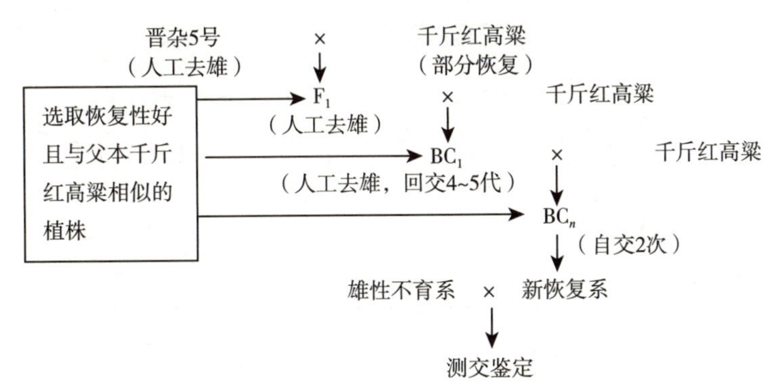

图7-4 回交转育法提高恢复性育种程序

五、杂种高粱新组合选配原则

（一）新组合选配原则 杂种高粱新组合的选配，各地的经验认为一般应遵循以下原则。

1. 亲本要有较大的亲缘差距 一般亲本亲缘差距愈大杂种优势表现愈强。但优势强并不等于配合力高，因为有的优势并不表现在所需要的经济性状上，例如亨加利高粱与我国高粱杂交或与南非高粱杂交，优势很大，但都表现在植株高大、茎叶繁茂、迟熟且倒伏，而籽粒细小且常早衰。而我国高粱与南非高粱或与西非高粱杂交，虽然优势不及亨加利与我国高粱杂交那么大，但籽粒优势最大，配合力高。而同一类型品种间杂交，杂种优势明显小，配合力也低。我国目前生产推广的杂交种，主要是南非高粱和我国高粱或亨加利与我国高粱杂交后代。实践证明，这些杂交组合表现单株优势强、株型较大和丰产性较好，即具有中秆大穗特点，适合我国栽培要求。

国外为了适应机械化收获，粒用高粱都种植较矮秆的，一般株高为1.2～1.3 m或以下。因而要求单株优势较弱，株型较小，穗头较小，但适于密植，群体产量仍然比较高。美国配制杂交种主要是利用南非高粱和西非高粱，还有菲特瑞塔以及亨加利高粱。苏联利用高粱与苏丹草杂种，认为该杂交种不仅绿色体产量高，而且蛋白质含量也高。

2. 亲本的平均性状值应高 杂种F_1代的性状值不仅与基因显性效应有关，也与基因加性效应有直接关系。高粱在形态性状、产量性状以及品质性状上，亲子之间都表现出显著的回归关系，即亲本的性状值高时，杂种 F_1代的性状值也高。辽宁省农业科学院研究了高粱 8 个性状（穗长、穗径、轴长、分枝数、分枝长、穗粒数、千粒重和单穗籽粒质量）的亲本差值与杂种优势之间的相关性，除轴长表现显著的正相关，单穗籽粒质量表现显著的负相关外，其他性状不存在相关关系。故在亲本选配时，考虑两亲差值之大小，似不如考虑两亲均值之高低。特别是有些性状不存在杂种优势或杂种优势小，例如蛋白质含量、赖氨酸含量、千粒重等，亲本值不高时，杂交种的性状值也不高。因此必须重视亲本性状平均值的选择。我国在杂交亲本选择上都十分重视大穗紧穗性状。美国杂种高粱改良的事实也证明了这一点。Miller 比较了美国推广的新老杂交种及其亲本，结果老杂交种每公顷产 4 737 kg，新杂交种每公顷产 7 002 kg，相应的老亲本每公顷产 3 672 kg，新亲本每公顷产 4 252 kg，显然亲本性状值的提高促成了杂交种产量的提高。但是大穗高产亲本生育期长，使制种田收获晚，对种子生产不安全。亲本生育期长产生的杂交种生育期也常常较长。

3. 亲本性状互补 通过正确的亲本性状选择会使有利性状在杂交种中充分表现。抗丝黑穗病是显性性状，只要亲本之一是抗病的就会使杂交种抗病。因此不必要求双亲都抗病。鞣质含量高对低是显性，要使杂交种鞣质含量低，则杂交双亲的鞣质含量都不能高。双亲蛋白质含量都高时，杂交种的蛋白质含量也会高。一个亲本的穗子长紧，另一个亲本穗子宽紧，杂交种的穗子才能大而紧，穗粒数多，单穗籽粒质量增加。大粒亲本与多粒亲本相配，杂交种表现粒大粒多。在株高和生育期方面，利用互补作用则更容易控制，例如为获得高秆的饲用杂交种或粮秆兼用杂交种，可用基因型为 $dw_1Dw_2dw_3dw_4$ 的矮秆母本和基因型为 $Dw_1dw_2Dw_3dw_4$ 的父本杂交，这样生产的杂种，其显性是 $Dw_1Dw_2Dw_3dw_4$，株高在 2.5 m 以上。在成熟期方面，如果用基因型为 $ma_1Ma_2Ma_3Ma_4$ 的母本和具有显性基因 Ma_1 的父本杂交，则可获得晚熟的杂交种。

（二）新组合选育程序 选育杂交高粱新组合的一般程序如图 7-5 所示。

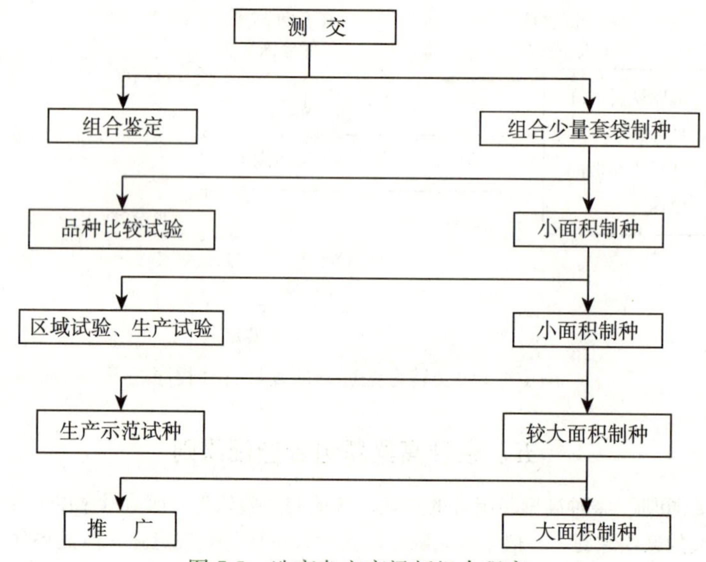

图 7-5 选育杂交高粱新组合程序

1. 测交 有了新恢复系（或雄性不育系），首先要和生产上已有的雄性不育系（或恢复系）进行杂交，组配测交种。

2. 组合初步鉴定 将每份测交种分别种成穗行或小区，进行雄性育性、抗性和单株生产力鉴定。在田间设计时要将高秆组合和矮秆组合分开，每隔一定组合数安排 1 个当地推广种作对照。在整个生长发育期注意观察比较，做物候期记载，并做好雄性育性鉴定。

单株生产力鉴定时，每个测交种至少要用 5 株测定单株产量。要对其主要性状进行室内考种，例如千粒重、角质率、着壳率、粒色等，并与对照品种进行比较，对组合的好坏做出评价。对那些与对照相比明显低产或感病或倒伏的测交种，收获前根据目测鉴定就可淘汰。

3. 品种比较试验 对通过产量鉴定的组合进行品种比较试验。

4. 区域试验 在不同的气候条件地区进行试验，进一步鉴定杂交组合的丰产性和适应性，以确定杂交组合的栽培适应范围和推广地区。

5. 生产试验　把在区域试验中表现高产、适应性广、抗逆力强的杂交组合，在适宜栽培地区种植，鉴定其生产力和在当地的适应性。

第七节　高粱育种新技术的研究和应用

植物生物技术是近年来发展起来的一项高新技术。高粱在生物技术领域进行了大量的探索研究工作。例如组织培养、转基因技术、分子标记技术等对高粱育种表现出很大的应用潜力和良好的前景。

一、高粱组织培养的研究和应用

高粱组织培养包括分蘖节、根、芽原基、胚、茎尖、幼穗、幼叶和其他外植体（花药、籽粒、胚乳等）的培养。

Masteller 等（1970）取芽原基选用 MS 培养基附加 100 mg/L 椰乳和 1～5 mg/L 2,4-滴诱导出愈伤组织，并获得再生植株。1973 年，Gamberg 用高粱幼胚培养从盾片组织诱导成再生植株。锦州市农业科学研究所采用八叶齐×红粒卡佛尔等 24 个组合，采用花药培养，从 7 479 枚花药中诱导产生了 41 块愈伤组织，再从 41 块愈伤组织中诱导产生出 36 株绿苗，并生长为高粱花粉植株。

马鸿图（1985，1992）采用幼胚培养，获得 158 株再生植株，而且产生了植株矮小和不结实两种突变体。矮株突变体的株高为 0.5～1.2 m，原 401-1 的株高为 2.8 m；矮株突变体的茎秆直径只有原 401-1 的一半，叶片也变得窄短。

郭建华（1989）对高粱幼胚小盾片进行培养，并诱导成株。经分析发现，1836 和 1836×熊岳 191 再生株系（F_2代）的生育期、株高、穗长、穗型、粒色、籽粒质量、育性等性状都发生了一些变异。1836 再生株系（F_2代）的蛋白质含量显著高于原 1836，鞣质含量显著低于原 1836。

田立忠等（2000）用高粱幼胚乳诱导愈伤组织，分化出再生植株，并指出胚乳愈伤组织有较强的分生能力，植株形成方式为器官发生。

张明洲等（2006）对高粱茎尖进行培养研究，发现高粱茎尖在所用培养基中均获得再生植株，具有较高分化和再生能力，且基因型间差异明显。MS 培养基及其改良培养基优于其他培养基；细胞分裂素（KT）与其他激素 6-苄氨基嘌呤（6-BA）、吲哚乙酸（IAA）混用比单独用好，以 0.25 mg/L KT、0.5 mg/L 6-BA、0.25 mg/L IAA 组合最佳。

二、高粱转基因技术的研究和应用

从 1983 年转基因技术首次在烟草上获得成功以来，转基因技术、方法和应用得到了迅速发展，取得了令人瞩目的科技成果。在高粱上，Johnson 和 Teetes（1979）报道了把杂草高粱中的抗虫基因转入栽培高粱中。Harris（1979）和 Franzmann（1993）利用澳大利亚土生高粱（*Sorghum australiense*）的抗摇蚊基因和抗芒蝇基因进行基因转移，使这两种抗性基因转入栽培高粱中。

美国堪萨斯州立大学采用基因枪法把抗叶斑病的几丁质酶基因转移到高粱中去，这种几丁质酶基因能产生几丁质酶，可使真菌的细胞壁降解而死亡，从而使品种达到抗病的目的。美国佐治亚大学通过转基因技术，培育出耐酸性土的高粱品种，推广到拉丁美洲的一些国家应用。

中国农业科学院通过转基因技术使品种的蛋白质含量增加，例如通过转移带有高含硫氨基酸含量或高赖氨酸含量的种子储存蛋白基因来达到目的。一些市场要求高粱适于烘烤和酿造，有可能通过这种方法育成这些品质性状。

在高粱遗传转化研究中，用于外源基因导入的方法包括农杆菌介导法、基因枪法、电激法、花粉管通道法、显微注射法、原生质体化学（PEG）处理法等，这些转化方法都各有其特点。2009 年，Lu 等采用农杆菌介导法将 lysyl tRNA 合成酶基因导入高粱中，并在其转基因植株后代中筛选出了无选择标记的、种子中赖氨酸含量提高的转基因高粱植株。1993 年由 Casas 等利用基因枪方法转化未成熟胚获得成功，自此，未成熟胚或由其产生的愈伤组织被广泛用于高粱转化，但依然存在着转化效率偏低的问题。1994 年，Godwin 和 Chikwamba 利用农杆菌侵染高粱茎尖分生组织，并获得了转基因再生植株，由此茎尖分生组织也常被用作高粱转化的外植体。

除了建立一个稳定、高效的组织培养再生体系外，以下因素也在转基因植株的获得过程中至关重要：①构建目的基因并携带有报告基因和筛选基因的高效表达载体；②DNA 导入植物细胞所采用的方法；③鉴定转化事件所采用的有效检测方法；④解决转基因沉默问题的策略，同时确保转基因后代能够稳定遗传并能正常表达。

三、高粱分子标记技术的研究和应用

分子标记技术的发展，加速了高粱高饱和度遗传连锁图谱的构建，也为高粱的抗性生理研究、基因功能的鉴定和克隆、分子标记辅助选择、有利基因的定向转移及基因聚合奠定了基础。

高粱分子遗传图谱的构建始于 20 世纪 90 年代。Hulbert（1990）最早报道用 Shangui Red×M91051 的 F_2代群体 55 个单株和来源于玉米基因组的 37 个限制性片段长度多态性（RFLP）探针构建了第 1 张含有 36 个限制性片段长度多态性标记和 8 个连锁群（LG）的遗传连锁图，连锁图长为 283 cM。Mace（2009）在整合多个图谱和应用高通量多态性评估技术的基础上构建了高粱一致性连锁图谱，共含有 2 029 个标记，其中多样性微阵列技术（DArT）标记 1 190 个。

由于高粱具有较小的基因组结构、较强的抗旱性和适应性，使得高粱作为一个模式植物，日益受到重视。完整的覆盖高粱全基因组的高密度遗传图谱已构建完成，许多重要性状基因位点也通过分子标记定位于相应的遗传连锁群上。高粱有两种重要的干旱反应特征，即开花前抗旱性和开花后抗旱性（持绿性），分别由不同的遗传机制控制。Tunistra（1996）和 Kebede 等（2001）分别通过不同的重组自交系（RIL）群体，各自定位了与花前抗旱相关的数量性状基因位点（QTL）；Crasta 等（1999）、Kebede 等（2001）、Tao 等（2000）和 Haussmann 等（2002）分别对持绿性数量性状基因位点做了大量的研究，累计定位了 24 个持绿性数量性状基因位点。Srinivas 等（2009）利用高粱干旱胁迫下的表达序列标签（EST）微卫星位点开发了 28 个与干旱相关的表达序列标签-简单序列重复（EST-SSR）标记，并将其定位到该课题组构建的微卫星连锁图谱上。

病虫害也是制约高粱高产的主要因素之一。已完成一些高粱抗病数量性状基因位点定位，例如抗叶枯病数量性状基因位点定位（Boora，1999）、抗锈病数量性状基因位点定位（Tao，1998）和抗粒霉病数量性状基因位点定位（Klein，2001）。完成的高粱抗虫数量性状基因位点定位包括抗蚜虫数量性状基因位点定位（Agrama，2002；Katsar，2002）和抗摇蚊数量性状基因位点定位（Tao，2003）。高粱雄性育性恢复基因定位也是国内外研究者关注的焦点（Klein，2001；2005；Wen，2002），其他性状的基因定位研究还有：控制花序结构（Brown，2006）、杂草抗性基因（Mutengwa，2005；Haussmann，2004）、甜高粱茎秆中糖分含量相关数量性状基因位点定位（Natoli，2002；Bian，2006；Ritter，2008）。

美国普杜大学 Bennetzen 的研究组用玉米 DNA 探针定性研究了高粱基因组，发现 105 个探针中的 104 个能与高粱 DNA 杂交。艾奥瓦州立大学的 Lee 研究组采用玉米和高粱 cDNA 克隆探针在高粱上标记了 85 个限制性片段长度多态性（RFLP）位点。并证明约 1/3 的高粱基因组存在于玉米有关的连锁群上。意大利米兰大学研究组发现，在 159 个玉米探针中，158 个能与高粱 DNA 杂交，其中 58 个（占 36.5%）表现多态性（Binelli 等，1992）。

Xu 等（1994）研究发现，用玉米基因组 DNA 克隆作探针没有用高粱基因组 DNA 克隆作高粱限制性片段长度多态性标记效果好。据统计，至少有 11%的高粱克隆与重复位点进行了杂交，说明高粱中存在不少的重复基因。Ragab 等（1994）用高粱和玉米的 DNA 克隆作探针，发现这两种染色体间存在一定的关系。例如高粱连锁群 A 与玉米染色体 2 和 7 有关，高粱连锁群 B 与玉米染色体 1、5 和 9 有关，高粱连锁群 E 与玉米染色体 2 和 10 有关，高粱连锁群 F 与玉米染色体 3 有关，高粱连锁群 1 与玉米染色体 6、8 和 10 有关。

分子标记技术已应用于育种，例如通过分子标记在鉴定遗传变异、测定基因组、提高杂种优势和回交育种效率、扩展外源种质的利用、构建分子遗传图谱等方面均有重要作用。

第八节　高粱育种田间试验技术

高粱育种的田间试验技术与一般作物相似，不须赘述。以下只着重指出一些特别之处。

一、高粱育种田间试验

(一) 小区设计　高粱株高差异较大，高秆的在3m以上，中秆的多在1.5～2.0m，矮秆的在1.5m以下。高粱的边行效应也很明显，因此高粱田间试验要特别注意不同株高品种的田间排列，尽量做到株高相差不大的品种相邻种植。进行产量试验的小区至少要有15m²，行数不少于6行。

(二) 套袋隔离　高粱为常异交作物，为了保持品种或试材的纯度以及杂交后代自交纯合过程，都要采取套袋隔离，即在抽穗后开花前套上羊皮纸袋。为了防止穗子发霉和长蚜虫，开花后10d可摘去纸袋或打开纸袋的下口放风。

(三) 测定茎秆含糖量　一般用手持糖度计测定茎秆汁液锤度（BX），以锤度代表含糖量。具体做法：先用钳子夹茎秆，汁液流出后，取其汁液在糖度计上测定，读锤度数值。可逐节夹压汁液测定。如用压榨机对整株茎秆压榨汁液，便可测出该株的汁液锤度。

(四) 育性鉴定　在开花期可以直接观察花粉的多少和花粉发育情况，用I_2-KI溶液染色，显微镜观察记数。但在育种上最有效的鉴定方法是用套袋自交结实率测定法，即在出穗后开花前严格套袋（最好用双层纸袋），收获后记数每穗结实数，然后计算结实率。

自交结实率＝全穗套袋自交结实的粒数/全穗可育小花数×100%

一般每个测交种至少要自交套袋5穗，套袋结实在0.1%以下的定为不育型，80%以上的定为可育型，介于其间的为半育型。只有达到可育型的测交种才有应用价值。

二、高粱病虫抗性鉴定试验

(一) 高粱丝黑穗病抗性鉴定　一般采用0.6%菌土鉴定高粱丝黑穗病抗性。播前6d左右筛表土，按比例拌匀菌土。加塑料布覆盖，保持一定湿度令菌种萌发。采用穴播，先在穴内播6～7粒种子，其上覆盖100g菌土，随后覆土厚4cm左右，播下的种子要集中，菌土要覆盖严密。待病症明显后，调查每小区总株数和发病株数，发病株率的计算公式为

发病株率＝发病株数/总株数×100%

(二) 高粱蚜虫抗性鉴定　高粱蚜虫抗性鉴定试材采用顺序排列，行长为4～5m，每区最少30株。在蚜虫盛发期调查2～3次。在首次调查前10～15d（如辽宁为6月下旬）取感染无翅若蚜20头的小块叶片，去掉天敌，卡在接蚜株下数可见叶的第3片叶叶腋间。每区从第3株起连续接蚜10株。从蚜虫盛发始期起调查2～3次，计数10株最重被害株的单株蚜虫数量和蚜虫群落数，亦可调查底部3～4片可见叶的单叶蚜量。依蚜量划分抗性等级。

(三) 玉米螟抗性鉴定　玉米螟抗性鉴定试材采用顺序排列，单行区，4～5m行长，每行最少30株。试验地周围种植多行大豆以诱虫。在第2代玉米螟排卵高峰期，把人工养育的黑头卵的卵块约50粒，装入长2cm、直径5mm的塑料管内，将之放在1m高的叶腋间。每区从第3株开始接卵，连续接10株。高粱成熟后，调查全区株数、被害株数、透孔数、鞘孔数及透孔直径，计算透孔率、被害株透孔平均数、透孔株最大孔径均数。据此确定抗性等级。

第九节　高粱种子生产技术

一、高粱常规品种种子繁育技术

高粱单穗粒数在2 000粒以上，繁殖系数高。以往常规品种良种繁殖采用三圃制，现正推广由育种家种子、原原种、原种和大田用种4个环节组成的四级种子生产体系。各级种子生产都应在隔离区内进行，由于高粱植株较高，花粉量大且飞散距离远，隔离距离要在300m以上；育种家种子田和原原种田隔离距离要在1 000m以上。

二、高粱杂交种种子生产技术

现在生产上都采用雄性不育系作母本、恢复系作父本配制杂交种种子，这就要求三系（雄性不育系、保持系和恢复系）和二田（雄性不育系繁殖田和杂交制种田）配套。由雄性不育系繁殖田繁殖雄性不育系和保持系种子，通过杂交制种田生产杂交种种子，在恢复系行里选择性状典型且健壮植株混合脱粒供下年作恢复

系用。做好制种必须掌握如下技术要点。

(一) 安全隔离　雄性不育系繁殖田隔离距离至少为500 m，杂交制种田隔离距离为300 m以上。

(二) 适当行比　雄性不育系繁殖田里种植的雄性不育系和保持系株高相同，父本与母本行比一般采用2∶6或2∶8。杂交制种田种植的雄性不育系和恢复系之间的行比，因恢复系株高和花粉量多少而异，常用的为2∶6、2∶8和2∶10。

(三) 分期播种确保花期相遇　由于雄性不育系较保持系生长发育缓慢，在雄性不育系繁殖田母本比父本早播1周左右。在杂交制种田，由于雄性不育系和恢复系生育期常不相同，要进行分期播种。安排播种期的原则是将雄性不育系置于最适合的播种期一次播完，然后再考虑父本较母本生育期的长短来做提前或延后播种期处理。为了确保父本与母本花期相遇和在母本的整个花期父本都能提供充足的花粉，制种田恢复系最好分两期播种，第一期播种稍提前几天，第二期播种稍延后几天，每期播1行，两期间隔1周左右。

(四) 除去杂株　不管是雄性不育系繁殖田还是杂交制种田都要进行去杂，母本行里混有保持系植株，会严重影响杂种品质，成为去杂工作的重点。雄性不育系和保持系农艺性状相同，唯一不同的是雄性不育系花药不正常，不散粉，因此要抓住刚开花的短短时间内去辨别，将混在雄性不育系行内的保持系植株拔除，所以它是去杂的难点。凡有别于父本或母本的植株都是杂株，在开花散粉前拔除效果最佳。

(五) 花期预测和调节　虽然采取分期播种来使父本与母本花期能够相遇，但由于父本与母本对土壤肥力、干旱、气候条件等的反应不一样，生长发育过程中会造成差异而使花期不遇，因此必须进行预测和调整。花期预测有叶片计算法、观察幼穗法等。叶片计算法要定点定株标定叶数，计算父本与母本的叶片差数，以预测花期能否相遇。观察幼穗法是在幼穗开始分化以后，每隔5～7 d观察父本和母本幼穗分化所处的阶段，以预测花期能否相遇。在发现父本和母本花期不能相遇时，要进行调整。具体措施，可采取偏肥水和加强田间管理，以促进生长发育缓慢的亲本赶上去。如在穗分化之后发现花期不遇的可能，可用九二〇药液喷洒叶片，可根据情况连续喷洒2～3次；也可用九二〇与磷酸二氢钾液混合后喷洒，效果更好。

(六) 辅助授粉　要及时、多次进行人工辅助授粉，以提高结实率。人工辅助授粉方法可采用在晴天9:00—10:00用竹竿轻敲父本植株或人工采粉手授的方法进行。如果父本茎秆低于母本，可采用喷粉器向父本吹风的办法，将花粉吹起，进行辅助授粉。

(七) 适时分期收获，严防混杂　在北方种子田要比生产田早收，以便充分利用秋日阳光加速种子干燥，确保霜冻之前种子水分降至安全水分。对父本和母本要做到分别收割、分别运输、分别脱粒和分别储藏，严防混杂。

第十节　高粱育种研究动向和展望

高粱是具有高产潜力并有多种用途和抗性的作物，高粱育种任务就是要充分挖掘高粱的这些性状的潜力。高粱育种方法的总趋向是常规育种与新技术相结合，例如诱变育种、倍性育种以及生物技术应用等。采用高压电场穿孔引入外源DNA在高粱上也取得了成果。

从20世纪60年代起美国应用轮回选择方法进行高粱育种，取得了成效。抗性育种（例如抗病虫害、耐旱和耐盐育种）虽取得一些成果，但仍是今后的主要育种方向。我国高粱生产上利用杂交种已有近50年历史，新杂种高粱较老的杂种高粱生产能力已有明显提高，但还远远不够。为了充分发挥高粱增产潜力，高粱高产育种研究受到重视。品质育种、专用育种（例如酿酒高粱、甜高粱、饲草高粱等）同样受到重视。

一、新技术在高粱育种上的应用

(一) 诱变育种　诱变育种已在高粱的矮秆、早熟、品质改良和雄性不育性方面获得了肯定的效果。中国农业科学院原子能利用研究所用^{60}Co γ射线处理忻梁7号，育成了比忻梁7号早熟15 d的辐忻7-3恢复系。在品质改良方面，美国普杜大学Mohan利用化学诱变剂硫酸二乙酯处理高粱种子，获得了高赖氨酸突变体721，其蛋白质含量为13.9%，赖氨酸占蛋白质总量的3.09%（未处理者分别为12.9%和2.09%）。苏联全苏作物栽培研究所库班试验站也用硫酸二乙酯诱变，获得了蛋白质和赖氨酸含量显著提高的突变体。匈牙利用X射线处理高粱种子，并在幼苗期注射秋水仙碱诱发出核雄性不育，定名为ms_5和ms_6。美国从Kaura高粱中，经^{60}Co γ射线处理种子，也获得了核雄性不育突变，定名为ms_7。

（二）多倍体育种　用秋水仙碱处理高粱，可得到四倍体高粱，乌干达已取得成功。四倍体高粱具有大粒和蛋白质含量高的特点。我国河北农业大学开展高粱多倍体育种，已经实现了同源四倍体杂交种制种的三系配套。他们的研究还指出，四倍体杂交种可以显著提高结实率，已有几个四倍体杂交种（例如四622A×高丰、四622A×四丽欧等），其结实率都在95%以上，曾在生产上试种。四倍体高粱较其二倍体亲本在籽粒上有明显巨大性，在蛋白质含量上也有明显提高。例如二倍体千粒重为26.8g，而四倍体的千粒重为37.0g。二倍体蛋白质含量为10.7%，而四倍体蛋白质含量为15%，且四倍体19种氨基酸中每种含量都高于二倍体。此外，河北农业大学还利用四倍体高粱与约翰逊草杂交，获得具有强大杂种优势的杂种一代植株。

（三）无融合生殖育种　无融合生殖（apomixis）首先于1841年在一些热带草本植物中被发现（Schertz，1979）。Rao和Narayana（1968）、Hanna等（1973）在高粱中发现了兼性无融合生殖系。Murty等（1981）对高粱无融合生殖系R-473进行了深入研究，其无融合生殖频率为30%～50%。由于无融合生殖有专性和兼性的区别，前者母体植株所产种子均由体细胞衍生而来，后者则只有部分种子是由无融合生殖产生的，因此只有专性无融合生殖才能被用来固定全部杂种优势。

牛天堂等（1991）以R-473为亲本之一，用多亲本聚合杂交的方法获得了稳定的无融合生殖系SSA-1，其无融合生殖频率稳定在50%左右。张福耀等（1997）育成的无融合生殖系2083，其无融合生殖频率超过70%。

由于尚未发现专性无融合生殖系，因此有人提出用无融合杂种（vybrid）来固定部分杂种优势的假设。即，在两个无融合生殖系间杂交F_1代自交的F_2代群体中，由于无融合生殖不完全，应包括两种类型的植株，一种是无融合生殖的杂合体产生的后代，保持不分离；另一种是通过有性过程产生的F_2代类型的植株，产生分离。如果在由两个无融合生殖系杂交种F_1代的后代群体中选择具有F_1代表现型的植株留种，其下一代产量会比F_1代杂交种略低，却比普通品种高。但是这个设想目前尚未付诸实践。

（四）分子标记辅助选择及转基因育种　邹剑秋等（2010）利用两个保持系杂交组合TX622B×7050B的分离群体，发现了两个高粱抗丝黑穗病菌3号生理小种的简单序列重复（SSR）标记Xtxp13和Xtxp145。Xtxp13位于B染色体上，距离抗性基因位点9.6cM；Xtxp145位于I染色体上，距离抗性基因位点10.4cM。李玥莹等（2002）以BTAM428×ICS-12B组合分离群体为试材，获得了与高粱抗蚜基因紧密连锁的随机扩增多态性DNA（RAPD）标记OPN-07727和OPN-08373，并将随机扩增多态性DNA标记成功地转化为特征序列扩增区域（SCAR）标记。随着完整的覆盖高粱全基因组的高密度遗传图谱的构建完成，许多重要的性状也通过分子标记定位于相应的遗传连锁群上，例如抗旱性、抗叶枯病、抗锈病、茎秆含糖量、耐寒性、雄性育性恢复基因等。将抗虫、抗除草剂等基因转入高粱的工作正在进行。未来，分子标记和转基因将会在高粱育种中起越来越重要的作用。

二、高粱群体改良

通过轮回选择实行高粱的群体改良，以培育遗传基础广泛的品种和杂种优势明显的杂交种，已成高粱育种的新方法之一。美国自1972年以来已培育出了几个改良群体，例如堪萨斯州1974年投放的KP_6BR群体，是抗麦二叉蚜的。我国高粱群体改良研究起步较晚，但进展较快。卢庆善等（1995）选用24份国内外高粱恢复系，经细胞核雄性不育基因ms_3转育、细胞质转换、随机交配等一系列育种程序，已组成了我国第一个高粱恢复系随机交配群体LSRP。

高粱群体改良包括3个基本环节，一是组建随机交配群体，二是对群体实行轮回选择，三是从群体内分离优良家系。

（一）组建随机交配群体　随机交配群体的组成大体分为3个步骤，第一步是选择亲本；第二步是向亲本转入雄性不育基因；第三步是使中选单株之间尽可能地随机交配，充分打破不利基因连锁，实现优良基因的重组（图7-6）。因此随机交配群体中含有足够数量的遗传变异，是取得选育成功的先决条件。

（二）对群体实行轮回选择　轮回选择是在随机交配群体的基础上进行的。轮回选择法有混合选择法（M）、半同胞（H）和全同胞（F）家系选择法、自交一代（S_1代）和自交二代（S_2代）家系选择法、交互轮回选择法（R）等。轮回选择的程序由鉴定和重组两个环节组成，每完成1次鉴定和重组称为1轮。采取哪种方法要根据育种目标、每年收获季数等来确定。

例如IAP_1R（M）C_4群体，是以种质NP_3R（以带有ms_3的Coes品种同30个恢复系杂交而得）为基础，因为它含有ms_3基因，所以后代可以分离出雄性不育株，再同10个恢复系杂交后，经混合选择而完成。选育过程如下。

1973年，以10个恢复系为父本，同NP_3R分离出的雄性不育株为母本进行杂交。

1974年种植从雄性不育株上收获的F_1种子。F_1植株是雄性可育的。

1975年，种植从F_1植株每穗上收的等量混合种子，在隔离区内种植6 000株，让其自由授粉，在开花时标记650～700株雄性不育株，收获时把隔离区划分成30个小区，每个小区内选10个最重的雄性不育株穗子，作为下一年隔离区的种子来源，如此种植收获直到1977年。

1978年，从450个雄性不育穗上收获种子，供下一季自由授粉隔离区用。IAP_1R（M）C_4群体，是经过轮回选择4次的群体，可为选育恢复系提供良好种质资源。

（三）从群体内分离优良家系 经过建立随机交配群体和随后的轮回选择而获得的改良群体，并不能在高粱生产上直接利用，还需经过一定选择程序，从中选择优良个体不断自交而产生优良家系，例如从IAP_1R（M）C_4群体中，可选育新的恢复系。

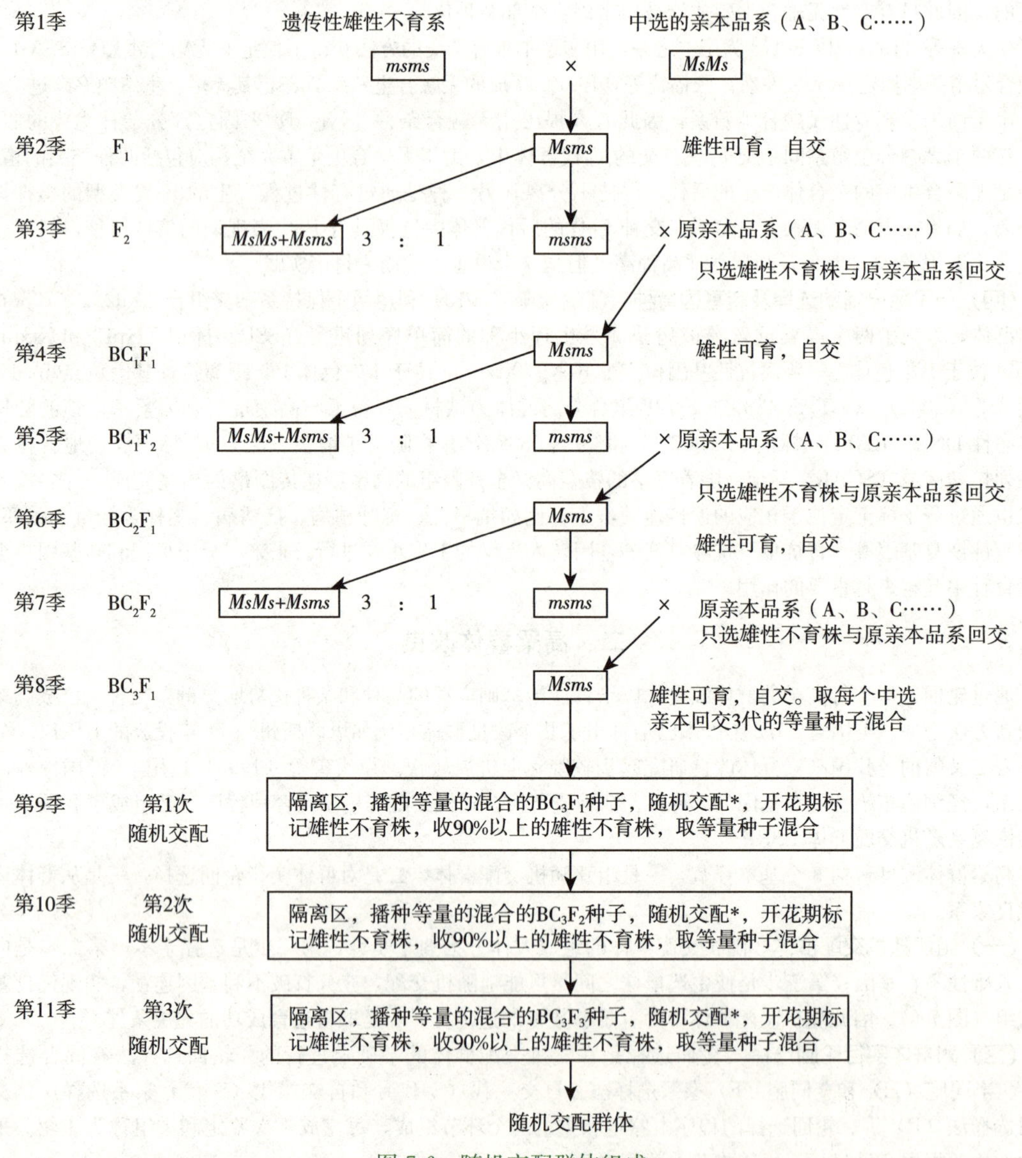

图7-6 随机交配群体组成

（*表示也可用全部亲本的混合花粉与每个亲本中等量的雄性不育株杂交）

（引自卢庆善等，1999，略有修改）

复习思考题

1. 试归纳高粱优质育种的方向及其相应的目标性状，说明其遗传特点。

2. 与先进国家相比，我国高粱种质资源研究的差距在哪里？进一步研究的重点应在哪些方面？

3. 我国高粱抗虫育种相对落后，种质资源匮乏，举例讨论抗高粱蚜虫、玉米螟的基因发掘、创新和利用途径。

4. 归纳高粱重要育种目标性状的遗传规律。如果新发现一个抗丝黑穗病的高粱地方品种，如何进行抗性遗传与育种利用研究？

5. 举例说明高粱育种中自然变异选择育种和杂交育种的基本程序。

6. 高粱雄性不育细胞质类型有哪些？如何选育高粱三系？三系应具备哪些优良特性？

7. 高粱杂种优势表现如何？选配优势组合的基本原则有哪些？

8. 试述高粱杂交种选育的主要田间试验技术。

9. 讨论生物技术应用于高粱育种所取得的进展和发展趋势。

10. 简述高粱群体改良的基本方法、关键技术及其应用范围。

附　高粱主要育种性状的记载方法和标准

一、生育时期和植株生长发育情况调查

1. 播种期　实际播种的日期为播种期，以月/日表示（下同）。

2. 出苗期　全区75%幼芽钻出土面的日期（钻锥之日）为出苗期。

3. 拔节期　全区75%植株基部第1节间伸长之日（即穗分化开始之日）为拔节期。

4. 抽穗期　全区75%植株穗子抽出旗叶鞘之日为抽穗期。

5. 开花期　全区75%植株开始开花之日为开花期。

6. 成熟期　全区75%植株穗基部背阴面第1枝梗的籽粒进入蜡熟的日期为成熟期。

7. 出苗日数　从播种到出苗的天数为出苗日数。

8. 全生育期　从出苗到成熟的天数为全生育期。

9. 芽鞘色　记载真叶未展开前经日光照射后的芽鞘色，分无色、绿色、红色和紫色4种。

10. 幼苗色　第4片真叶展开前观察幼苗叶片颜色，分绿色、红色和紫色3种。

11. 有效分蘖数　成熟期调查，随机选取10棵典型株记录结实茎数，按下列公式计算有效分蘖数。

$$有效分蘖数=(结实茎数-主茎数)/主茎数$$

12. 茎粗　灌浆期调查典型株茎秆基部往上1/3处节间（不包括叶鞘）直径，即为茎粗。取5～10株的平均值，以cm表示，精确度取0.1。

13. 茎秆髓部质地和汁液　成熟期调查中部茎节髓部质地和汁液，分4类：蒲心无汁、蒲心多汁、半实心多汁和实心多汁。

14. 汁液品质和含糖量　用手持糖度计测定茎秆汁液锤度（BX），分不甜（BX＜8）、中度甜（BX为8～16）和甜（BX＞16）。

15. 株高　开花之后随机取10株测量从地面至穗顶主茎的高度，取平均值，即为株高，用cm表示。分为5级：特矮（100 cm以下）、矮（101～150 cm）、中（151～250 cm）、高（251～350 cm）和极高（351 cm以上）。

16. 秆高　随机取10株测量由地面至穗颈（叶痕）的高度，取平均值，即为秆高，用cm表示。即秆高等于株高与穗长之差。

17. 穗柄长　自茎秆上端茎节处至穗下叶痕处的长度，即为穗柄长，取5～10株的平均值，以cm表示，精确度取0.1。

18. 穗柄径　穗柄中部的直径即穗柄径，取5～10株的平均值，以cm表示，精确度取0.01。

19. 叶片数　每区定点选5～10株，从第1片起，每隔5片叶标记1次，待旗叶抽出后，计数每株叶片数，取其平均值，即为叶片数。

20. 叶片着生角度　开花时测量植株中部叶片与茎秆间的夹角，用°表示。

21. 叶片中脉颜色　开花时调查记载植株中部叶片的中脉颜色，分7类：白色、浅绿色、浅黄色、中等

黄色、深黄色、棕色和蜡色。

22. 倒伏率 成熟时田间目测倒伏情况，分5级：1级（0%～10%植株倒伏）、2级（11%～25%植株倒伏）、3级（26%～50%植株倒伏）、4级（51%～75%植株倒伏）和5级（76%～100%植株倒伏）。

23. 丝黑穗病抗性 抽穗后设点调查丝黑穗病抗性，每点调查100株，计算受害株所占比例（%）。

24. 高粱蚜虫抗性 在危害盛期调查高粱蚜虫抗性，分5级：1级（没有受害）、2级（1%～10%植株有1片或多片叶受害）、3级（11%～25%植株有1片或多片叶受害）、4级（26%～40%植株有1片或多片叶受害）和5级（40%以上植株有1片或多片叶受害）。

25. 玉米螟抗性 成熟时调查玉米螟抗性，分5级：1级（没有钻孔）、2级（钻孔限制在1节内）、3级（钻过1节）、4级（钻过2节或3节）和5级（钻过4节或更多节）。

26. 恢复和保持类型 测交种F_1代开花前套袋，结实后调查结实率，分恢复（F_1代自交结实率达80%以上，花药正常）、部分恢复（F_1代自交结实率达0.1%～79%）和保持（F_1代自交结实率为0%～0.1%）3种类型。

二、室内考种

27. 穗长 自穗下叶痕处至穗尖的长度为穗长，取10株的平均值，以cm表示，精确度取0.1。

28. 穗形 穗形为穗成熟时期的实际形状，分纺锤形、牛心形、圆筒形、棒形、杯形、球形、伞形和帚形，帚形内又分短主轴帚形和无主轴帚形。

29. 壳色 调查记载成熟时颖壳的颜色，分白色、黄色、灰色、红色、褐色、紫色、黑色等。

30. 籽粒颜色 调查记载成熟时的籽粒颜色，分白色、乳白色、白色带斑点、黄色、黄白色、橙色、红色、紫色、褐色等。

31. 粒形 粒形为成熟籽粒的实际形状，分圆形、椭圆形、长圆形、扁圆形、卵形等。

32. 单穗籽粒质量 随机取10株典型穗，自然风干后，全部脱粒称其质量，取平均值，以g表示，精确度取0.1。

33. 千粒重 自然风干后测定1 000个完整籽粒的质量，以g表示，精确度取0.1。

34. 籽粒大小 以千粒重为度量，分5级：极大粒（35.1g以上）、大粒（30.1～35g）、中粒（25.1～30g）、小粒（20.1～25g）、极小粒（20g以下）。

35. 着壳率 测量1 000粒中带壳的籽粒数，以带壳籽粒所占的比例（%）表示。

36. 角质率 纵切籽粒目测角质所占的比例（%），分5级：全角质（角质占100%）、大部角质（角质占70%以上）、部分角质（角质占30%～70%）、大部粉质（角质占0.1%～30%）和全粉质（无角质）。

37. 出米率 取5kg籽粒按国家规定的一等米标准碾米后称量，重复3次，取平均值，以米占籽粒的比例（%）表示。

38. 适口性 以当地习惯做法制成食品进行品尝。依品尝者打分的分数分级：1级（81～100分）、2级（61～80分）、3级（41～60分）、4级（21～40分）和5级（1～20分）。

39. 淀粉的类型和比例 用标准法测定籽粒中直链淀粉和支链淀粉的含量（%）。

40. 蛋白质含量 用标准法测定籽粒干物质中蛋白质的含量（%）。

41. 赖氨酸含量 测定100g蛋白质中赖氨酸的含量。

42. 鞣质含量 用标准法测定籽粒干物质中鞣质（单宁）的含量（%）。

（马鸿图、罗耀武第一版原稿；卢庆善第二版修订；邹剑秋第三版修订）

第八章　谷子育种

第一节　国内外谷子育种与生产概况

一、国内外谷子生产概况

谷子（foxtail millet）学名为*Setaria italica*（L.）Beauv.，属禾本科狗尾草属。谷子在我国栽培历史悠久，已有8 700年以上。在历史上，谷子有禾、粱、稷、粟等很多名称，至今南方称之为粟谷、小米或狗尾粟。谷子在我国作为粮食作物栽培，兼作饲草，其他国家多作饲料，籽粒供食用。

粟类是许多小粒食粮或饲料作物的总称，除谷子外，还包括珍珠粟、黍稷、穈子、龙爪稷、食用稗、小黍、圆果雀稗、马唐、臂形草、薏苡等。在我国种植的粟类主要是谷子和黍稷。粟类作物主要分布在亚洲、非洲和欧洲的干旱地区。

谷子属于自花授粉作物，以有性繁殖方式繁衍后代。其花器结构有利于自花授粉，但也有少量的异交，平均异交率为0.69%，最高可达5.6%。谷子生产主要分布在中国和印度，其中中国占80%，印度占10%左右，韩国、朝鲜、俄罗斯、尼泊尔、澳大利亚、巴基斯坦、日本、法国、美国等也有少量种植。谷子在我国分布比较广，北自黑龙江，南至海南岛，西起新疆、西藏，东至台湾均有种植。据农业农村部统计，谷子种植面积较大的12个省份依次是山西、内蒙古、河北、辽宁、陕西、吉林、河南、山东、甘肃、贵州、宁夏和黑龙江。

二、我国谷子育种简史

我国谷子品种选育历史悠久。在长期的生产劳动中，我国农民自发地培育了各种类型的谷子品种。在古文献中最早提及谷子品种的是距今已有2 200多年秦代的《吕氏春秋》（公元前239），该书提及早熟或晚熟的谷子品种。最早正式介绍谷子品种的古书是晋代的《广志》一书，该书介绍了11个谷子品种。北魏时期的《齐民要术》（公元534）则对谷子品种做了更详细的介绍，不仅介绍了64个品种，还对品种进行了分类：早熟、耐旱、免虫的有14个；有毛耐风、免雀暴的有24个；味美的4个，味恶的3个等。清朝的农书《授时通考》记载了谷子品种251个。

千百年来，尽管我国的谷子育种都是农民自发的行为，但却培育出了千姿百态的谷子品种，其名称民俗化、形象化，例如十石准、乌里金等。还育成了许多品质优异的品种，例如号称四大贡米的沁州黄、桃花米、金米和龙山米等。这些古老农家品种有的流传至今仍广为种植，例如大白谷等。

三、我国现代谷子育种的发展

我国有组织有计划的现代谷子育种工作始于20世纪20年代，其发展历程大体可分为3个阶段：自然变异选育阶段、杂交育种阶段和多途径育种阶段。

（一）自然变异选育阶段　20世纪20年代，金陵大学、燕京作物改良试验场、华北农科所等单位先后育成了燕京811、开封48、华农4号等品种。解放战争期间，晋察冀边区农林牧殖局所属的灵寿县马家庄农场选育出了边区1号等。50年代初期开展了大规模的地方品种整理评选工作，系统提纯选育并推广了一批优良品种，到50年代末60年代初，自然变异选育的谷子品种已在生产上占主导地位，代表品种有晋谷1号、花脸1号、安谷18、磨里谷、新农724等。60年代初期，全国谷子单产提高到1 100 kg/hm^2。

（二）杂交育种阶段　1935年，李先闻等研究了谷子人工单花去雄方法。1956年，任惠儒、陈家驹研究了温水去雄方法。1959年，河南省新乡地区农业科学研究所张履鹏等在世界上首先采用杂交方法育成了谷子新品种新农冬2号。此后，杂交育种在我国普遍开展起来，60年代采用杂交方法育成的品种已占同期育成品种总数的30%左右，70年代达50%。70年代后期，全国谷子平均单产达1 600 kg/hm^2。

（三）多途径育种阶段 20 世纪 80 年代初，河南省安阳市农业科学研究所采用杂交方法育成了具有重大突破意义的豫谷 1 号，进一步确立了杂交育种在谷子育种上的主导地位。同时，诱变育种、杂种优势利用也在 80 年代取得了突破性进展，使我国的谷子育种形成了以杂交育种为主，其他育种手段为辅的多途径育种局面。1963 年河北省张家口地区坝下农业科学研究所首次采用^{60}Co γ 射线诱变方法育成了新品种张农 10 号。70 年代诱变育种得到广泛开展，80 年代诱变育种取得突破，采用诱变方法育成的品种已占同期育成品种的 30%。1973 年，河北省张家口市坝下农业科学研究所在世界上首次育成了具有实用价值的高度不育的雄性不育系蒜系 28，1980 年组配出强优势组合蒜系 28×张农 15 和黄系 4×1007，并应用于生产。此后，我国又先后育成了 *Ms* 显性核雄性不育系、核隐性光敏雄性不育系等，使杂种优势利用成为谷子育种的又一途径。20 世纪 90 年代以来，河北省农林科学院谷子研究所等单位开展了离子注入诱变育种、轮回选择育种、组织培养、转基因、远缘杂交、分子标记辅助选择育种等，并取得了较好进展，进一步形成了多途径育种的局面。

中华人民共和国成立以来，已采用多种手段育成谷子品种 500 多个，使我国的谷子平均单产由中华人民共和国成立初期的不足 750 kg/hm^2，提高到 2 359 kg/hm^2，小面积单产达 7 500 kg/hm^2 以上。例如河北省农林科学院谷子研究所育成的谷丰 1 号小面积单产达 9 153 kg/hm^2。

进入 21 世纪以来，我国谷子育种目标已由高产向优质、抗除草剂、中矮秆、适宜机械化收获方面转变，并取得了较好的进展。例如，2005 年河北省农林科学院谷子研究所和山西省农业科学院谷子研究所分别育成冀谷 19 和晋谷 35 号，2 个品种在区域试验中分别较高产对照增产 14.5%和 11.2%，打破了优质与高产的矛盾，使优质育种上了新台阶。2009 年河北省农林科学院谷子研究所育成的冀谷 31，实现了抗除草剂、一级优质、高产、中矮秆、适宜机械化收获等性状的聚合，年推广面积突破 6.67×10^4 hm^2（1.0×10^6 亩）。2012 年河南省安阳市农业科学院育成的豫谷 18，不仅一级优质、中矮秆、适宜机械化收获，而且将夏谷的商品性显著提高、区域适应性显著拓宽，可在全国 3 个生态区大面积推广应用。2015 年河北省农林科学院谷子研究所育成的冀谷 39 不仅兼抗烯禾啶和咪唑乙烟酸 2 种除草剂，而且一级优质、中秆、适宜机械化收获、适宜 3 个生态区种植。在品质方面，2018 年内蒙古自治区赤峰市农牧业科学研究所育成的金苗 K1、2021 年河北省农林科学院谷子研究所育成的冀杂金苗 3 号，均是改造传统优质农家种黄金苗育成的优质抗除草剂品种，不仅适口性、商品性媲美黄金苗，而且株高降低 30 cm 以上，抗倒性和产量显著提高。

四、国外谷子育种现状

国外谷子育种主要在印度、法国、美国、俄罗斯、朝鲜、日本、韩国、澳大利亚等国家进行，但这些国家目前的谷子育种规模都很小，育种手段多数也比较落后。对我国谷子育种影响较大的是印度、日本、朝鲜、法国和澳大利亚。印度早在 20 世纪 20 年代就开展了有计划的谷子品种选育，Youngma（1923）介绍了谷子授粉方法，对我国的杂交育种起到了借鉴作用，但直到目前，印度仍以自然变异选育方法为主。近年来，印度培育出具有 D_1、D_2、D_3、D_4 矮秆基因的品种，作为培育耐水肥、高产、抗倒伏品种的亲本。日本和朝鲜与我国北方气候条件相似，从这两个国家引进的种质资源对我国谷子育种起到很大的作用。例如我国目前许多品种都有日本品种日本 60 日的血缘。日本学者 Ben 等（1971）在世界上首次进行了谷子花药培养，成功地诱导出愈伤组织，并完成植株再生。澳大利亚谷子品种对我国的杂种优势利用具有特殊的作用，内蒙古自治区赤峰市农业科学研究所胡洪凯等从杂交组合澳大利亚谷×吐鲁番谷中发现了 Ms^{ch} 显性核雄性不育系。

加拿大、法国、美国对当前的我国谷子遗传育种影响较大。20 世纪 80 年代，法国的 Darmency、Till 等在谷子的起源、进化、性状遗传、鸟饲品种选育等方面取得了一系列成就。1981 年以来，加拿大、法国、美国先后发现了青狗尾草抗除草剂突变材料，河北省农林科学院谷子研究所将其引入，通过与我国谷子品种杂交、回交，已将青狗尾草的抗除草剂基因转入谷子品种中，育成了大量抗除草剂的谷子品种，并在此基础上发展形成了谷子轻简栽培的免间苗技术，促进了谷子的产业化生产，这对于解决谷子不抗除草剂、长期依赖人工除草的难题起到了巨大的促进作用，也为创制新型的抗除草剂材料提供了思路。2011 年，美国以我国的豫谷 1 号为材料，完成了谷子基因组测序，促进了谷子分子遗传研究。

第二节　谷子育种目标和主要性状遗传

一、我国谷子的生态区划和品种的生态类型

（一）谷子的生态区划　谷子在我国栽培范围很广，所处的自然条件复杂，栽培制度和栽培品种类型不同。了解谷子的生态区划，对于正确地制定育种目标和引种应用具有指导意义。尽管在历史上谷子是我国南北方广泛种植的作物，但目前主要集中在北方，品种管理采用的是3大主产区区划分法，即按华北平原夏谷区、北部高原春谷区和东北平原春谷区组织品种区域试验。3大主产区均属干旱、半干旱或半湿润易旱地区。华北平原夏谷区包括山东、河南、河北中南部、山西中部（汾河河谷、临汾、运城盆地、泽州盆地南部）、陕西南部（渭北旱塬和关中平原），无霜期为200d左右，≥10℃积温为4 000～4 500℃，年降水量为500mm左右，海拔多在400m以下，半数在100m以下，以平原为主，一年二熟，以夏播为主，谷子一般在小麦收获后播种，生育期为90d左右，种植面积约占全国谷子种植面积的35%。北部高原春谷区包括山西大部、陕西大部、内蒙古、甘肃、河北北部和辽宁西部，大部分是海拔500～1 500m的山区和高原，无霜期为150～180d，≥10℃积温为2 000～4 000℃，年降水量为300～600mm，谷子生育期为110～125d，种植面积约占全国谷子种植面积的50%。东北平原春谷区包括黑龙江、吉林和辽宁部分地区，无霜期为100～180d，≥10℃积温低于3 000℃，年降水量为400～700mm，海拔在200m以下，以平原为主，除辽宁南部可二年三熟外，其余地区均一年一熟，谷子生育期为100～135d，种植面积约占全国谷子种植面积的15%。

（二）谷子品种的生态类型和主要栽培品种　我国的谷子品种生态类型主要由所在生态区的自然生态条件和人工栽培选择决定的，在生产和育种实践中通常把谷子划分为春谷型和夏谷型两种。春谷型主要是春播的品种，一般一年一熟，分布在北部高原春谷区和东北平原春谷区。夏谷型品种主要分布在华北平原地区，一般一年二熟，在收获冬小麦后种植谷子。但夏谷类型的谷子也可春播，所以把这种类型谷子称为春夏谷兼播型更为贴切。我国气候条件复杂多样，在不同类型生态区的相连地区分布着春夏谷兼播类型。根据中国农业科学院作物科学研究所谷子基因资源课题组对我国农家品种的分子标记分析，世界上的谷子资源可分成春播型和春夏兼播型两类。春播型主要分布在寒冷的北部和高海拔地区，春夏兼播型分布在积温较高的中南部地区。春播型品种多对光周期敏感，在中南部表现早熟性突出；而春夏兼播型品种对光温相对不敏感，移到北方冷凉地区多不能正常成熟。当然，详细的划分还可以有更多种类型，例如我国自然形成的农家品种主要有4种类型：分布于最北部黑龙江省的早春播类型、我国东北地区从吉林至黄河流域的春夏兼播类型、西北高原地区的春播类型和分布于长江以南地区的南方类型。

不同生态区栽培的品种的生态类型不同，即使是同一生态区，受小范围地理环境和栽培习惯的影响，栽培的品种也可能不同，谷子种植者应该根据自己所在地区选择合适品种。目前在华北平原夏谷区主栽的品种有冀谷39、冀谷42、冀谷168、豫谷18、豫谷35、济谷20、济谷22、中谷2号等，在北部高原春谷区主栽的品种有金苗K1、张杂谷13号、晋谷21、张杂谷3号、长生13、长农47、晋谷40、汾选3号等，在东北平原春谷区适宜的品种有公谷88、公谷89、九谷25、九谷32、龙谷25、龙谷39、张杂谷13、朝谷58、冀谷168、豫谷35等。

二、谷子的育种目标

谷子在我国作为粮食作物栽培，兼作大牲畜饲草和禽鸟饲料。谷子育种的重点是以培育优质米用型和高产多抗型品种为主，兼顾保健专用品种、鸟饲专用品种选育；在我国西部高寒农牧结合区，重点是培育早熟、粮草兼用型品种。谷子育种目标还包括抗病虫害、耐逆性、抗除草剂、耐密植、适宜机械化栽培等。由于气候和生产条件的差异，全国各区育种目标有一定差异。华北平原夏谷区应选育适合于小麦谷子一年二熟的中早熟品种，着重增强品种的耐肥抗倒伏和抗纹枯病、谷锈病、白发病、线虫病的能力。同时，该区苗期草害严重，抗除草剂是育种的重点之一。北部高原春谷区在水肥条件较好的晋中、关中地区应着重提高品种的抗倒伏、耐肥和抗白发病、抗谷瘟病、抗红叶病、抗黑穗病能力。东北平原春谷区气候寒冷，无霜期短，应选育早熟、抗谷瘟病、抗白发病、抗粟灰螟、苗期及灌浆期耐低温品种。华北平原夏谷区谷瘟病日趋加重，培育抗谷瘟病的品种显得越来越重要。北部高原春谷区应选育抗倒伏、耐旱、耐寒、早熟、穗大、粒多的品种。

三、谷子主要性状遗传和基因定位

谷子的性状遗传研究始于20世纪30年代初期，已对许多形态性状、颜色性状、生化性状进行了研究，但是由于从事遗传研究的人员较少，各研究者对同一性状划分标准不同，而且有些性状遗传较复杂，加之观察的组合数有限，因此仅有少数性状报道了基因组成和杂种后代分离规律，而对多数性状的研究还只是初步的。

（一）谷子形态性状的遗传

1. 株高性状 谷子的矮秆有多种类型，根据中国农业科学院刁现民课题组的研究，在47个谷子矮秆材料中，有2个对赤霉素处理不敏感，其他45个均对赤霉素处理敏感。谷子中的矮秆一般为隐性，高秆为显性，但也有显性基因控制的矮秆。据内蒙古自治区农业科学研究所的观察，杂种第一代株高介于双亲之间，多为中间类型，但显著倾向于高秆亲本，并有超亲现象。株高性状的遗传率为67%，早期选择有效。矮生性（95cm以下的品种）多属于隐性，但不同的矮秆材料遗传表现不同，郑矮2号的矮秆性状由2个基因位点控制；安矮3号的矮秆性状由单位点隐性基因控制，位于第3染色体上；控制延矮1号矮秆性状的基因与安矮3号的等位；控制延矮2号和济矮12的矮秆基因同安矮3号的非等位。内蒙古自治区赤峰市农业科学研究所发现的D^h谷子显性矮秆基因，其后代发现有纯合矮秆植株。研究表明，多数矮秆品种表现早衰、早枯、秕粒多。

2. 穗部性状 穗形性状中，纺锤形为显性，筒形为隐性，F_2代分离比例为3∶1。穗型性状中，紧穗型对普通型为显性，F_2代分离比例为3∶1；掌状穗对普通穗为显性，F_1代为掌状穗，F_2代表现9∶7分离。

3. 刚毛性状 刚毛长对短为显性，F_1代为长刚毛。刚毛红色对绿色为显性，F_1代为红色。这两个性状在杂交后代分离群体中表现得较复杂。

（二）谷子颜色性状的遗传

1. 全株颜色 根据遗传学分析，谷子全株颜色受4个基因位点控制，4个位点均为纯合显性的基因型为*PPVVHHII*，4个位点均为纯合隐性的基因型为*ppvvhhii*。其中*PP*为紫色基因，*II*使颜色加深，*VV*使植株显紫色，*HH*使穗部显紫色。谷子全株颜色分为8个等级：具有全部显性基因*PPVVHHII*的品种自穗部到茎叶全株深紫色，以P_1表示；基因型为*PPVVhhII*的除穗部外，其余部分均显紫色，以P_2表示；具*PPVVHHii*基因型的，表现型和P_1相似，唯因缺*II*深色基因，故成熟时全株颜色显浅紫色，以P_3表示；具*PPVVhhii*基因型的，除穗部外其余均呈浅紫色，以P_4表示；具*PPvvHHii*基因型的，只穗部显浅紫色，其余均为绿色，以P_5表示；具*PPvvHHII*基因型的只穗部显紫色，其余均显绿色，以P_6表示；不具*PP*基因而具其他基因的，全株呈绿色，以P_7表示；*PPVVhhII*（或*PPVVhhii*）为黄绿苗，以P_8表示。它们之间颜色由深至浅的顺序为：P_1、P_2、P_3、P_4、P_5、P_6、P_7、P_8。王润奇等已将P_8的基因定位在第7染色体上。

2. 茎基颜色和花药颜色 茎基红色对绿色为显性，F_1代为红色，F_2代红色与绿色茎基比例为3∶1。花药橙色对白色为显性，F_1代为橙色，F_2代橙色与白色花药比例为3∶1。

3. 籽粒外壳颜色 成熟的谷子种子由内外稃硬化形成的外壳包裹，因而是假颖果。籽粒外壳色泽受基因互作的多基因控制。根据遗传学分析，谷子籽粒外壳颜色主要有白色、灰色、黄色、深红色、红色、褐黑色和黑色7个等级，受3对基因*BBIIKK*（*bbiikk*）的控制，其中*BB*单独存在使籽粒外壳呈灰色，*II*能使色素加深，*KK*能使籽粒外壳呈深黄色，如果*BBIIKK*三者在一起就使籽粒外壳呈黑色，只有*BBIIkk*则呈褐黑色，*bbiiKK*和*BBiiKK*呈粟黄色，*bbIIkk*呈红色，*BBiiKK*呈赤黄色，*BBiikk*呈浅黄色，而只有隐性纯合基因型*bbiikk*呈白色。

4. 果皮（种皮）颜色和米色 谷粒去壳后即为颖果，俗称小米，其果皮很薄，与种皮不易分清。果皮黑色对黄色为显性，F_1代为黑色，F_2代黑果皮与黄果皮的比例为9∶7。果皮黄色对青色为显性，F_1代为黄色，F_2代黄果皮与青果皮的比例接近13∶3，显示两个独立的基因位点控制果皮颜色。果皮黄色对灰色为显性，F_1代为黄色。白米*W*对黄米*w*属简单的孟德尔遗传，白米为显性，位于第3染色体上。

（三）谷子淀粉糯性性状的遗传 谷子淀粉的粳糯性受控于第4染色体上的单个基因位点，粳性*Wx*为显性，糯性*wx*为隐性。日本学者对谷子粳糯性的研究发现，目前的谷子品种表现了不同程度的粳糯性，不同粳糯性主要是由于基因组中的转座子插入*Wx*基因的位置决定的，谷子基因组共有5次转座子插入*Wx*基因的事件发生。

（四）谷子雄性育性性状的遗传 核隐性雄性全不育系延 A、核隐性高度雄性不育系（不育度达 95%）蒜系 28、1066A 以及光敏核隐性雄性不育系 292A 的雄性不育性受 1 对隐性基因控制。1066A 的雄性不育基因位于第 6 染色体上。内蒙古自治区赤峰市农业科学研究所 1984 年确定了显性单基因控制的 Ms^{ch} 雄性不育系，同时还培育了一个特殊恢复源 185-1Ms^{A}，可以使该显性雄性不育系得到恢复，即 Ms^{A} 对 Ms^{ch} 为显性，表现为雄性可育；Ms^{ch} 对一般谷子品种 Ms^{N} 为显性，表现为雄性不育，构成了 $Ms^{A}>Ms^{ch}>Ms^{N}$ 复等位基因序列。

（五）谷子形态、色泽等性状基因的染色体定位 王润奇等（1994）首先培育出谷子初级三体系统（$2n+1=19$），并利用该三体系统将谷子胚乳粳糯、青色果皮、白米、矮秆、雄性不育、黄苗等基因进行了染色体定位。王志民（1998）与英国约翰英纳斯中心剑桥实验室合作，构建了 180 个位点的限制性片段长度多态性（RFLP）连锁图谱，并将谷子抗除草剂茄科宁（trifluralin）的主效基因之一 *Trirl* 定位于第 9 染色体上，位于距 Xpsml76 位点 1 cM 处。谷子中色泽基因一般表现为彩色对白色或绿色为显性，但并非单基因简单遗传控制。

随着谷子基因组测序的完成和技术进步，谷子基因定位越来越精确，中国农业科学院作物科学研究所的刁现民课题组利用全基因组关联分析，定位了多个色泽性状的基因，见表 8-1。

表 8-1 利用全基因组关联分析定位的谷子色泽性状基因

（引自 Jia 等，2013）

性状	染色体	物理位置	主变异单核苷酸多态性	稀有变异单核苷酸多态性	主变异频率	$-\lg P$
花药色泽	6	34378428	C	G	0.15	66.36
	9	34832394	G	C	0.10	7.88
幼苗叶鞘色	7	26908254	G	T	0.45	60.64
	4	732156	C	T	0.07	11.89
叶枕色	7	26838077	C	T	0.43	20.80
	4	7387053	C	T	0.26	10.31
刚毛色	4	7390482	A	C	0.26	19.67
	4	5501704	A	G	0.49	7.89
谷粒色	1	546847	G	C	0.11	43.85
	9	54533849	C	T	0.13	20.05

注：最右列中的 P 表示表现型与基因型无关联成立的条件下出现的实验结果。

（六）谷子产量相关性状的遗传率和数量性状基因位点定位 谷子的产量相关性状多为数量性状，由微效多基因控制，受环境影响较大。不同性状受环境影响的程度不同，且诸多性状间存在着复杂的相互联系。

1. 谷子主要产量性状的遗传率 李荫梅（1975）在国内首先报道了夏谷主要产量性状遗传率由高到低的顺序依次是：小区产量、穗码数、株高、千粒重。刘子坚（1990）等认为主穗长、穗码数、出苗至抽穗天数、千粒重、穗粗、生育期、主茎高和根数遗传率较高，单株穗质量、单株籽粒质量遗传率较低。古世禄等（1996）报道，谷子的耐旱性遗传率较低，但 F_2 代超亲遗传十分明显，平均超亲率达 71.2%，其中超高亲率 37.9%。杂种 F_1 代株高介于双亲之间，多为中间类型，但显著倾向于高秆亲本，F_2 代有超亲现象，其遗传率为 67%，早期选择有效。杂种 F_1 代穗长表现中间型偏向较长的亲本。杂种 F_1 代单株籽粒质量表现为中间型，并有正向超亲现象，后代分离变化大，遗传率较低，估算为 47.3%，早代选择效果不大。千粒重遗传率稍高，为 56.5%，早代选择较为有效。生育期亦为数量遗传，F_1 代生育期的长短主要受双亲生育期平均数的影响，中×早、中×晚、晚×早、晚×中、晚×晚等不同组合的 F_1 代的生育期大多数倾向于早熟亲本，其中也有超亲早熟的出现，F_2 代超亲遗传明显。遗传率高的性状在早代直接选择效果显著，而遗传率低的性状应通过间接选择逐步实现目标。

2. 谷子主要产量性状间的遗传相关 段春兰等（1990）认为，株高与穗长、穗码数、单穗籽粒质量成极显著正相关；穗长与穗码数、千粒重成极显著正相关，与单穗籽粒质量成显著正相关；穗码数与单穗籽粒质量成显著正相关，千粒重与单穗籽粒质量成极显著正相关。刘晓辉（1990）认为，单株产量与单穗籽粒质量、穗粒数和千粒重成极显著正相关，但穗粒数与千粒重成极显著负相关。李荫梅等（1987）认为，谷子蛋白质含量与籽粒产量成负相关，与千粒重成正相关。

3. 谷子主要产量相关性状的数量性状基因位点定位 相对于水稻、玉米、小麦等主要农作物，谷子主要产量相关性状的数量性状基因位点定位研究报道较少。连锁分析主要定位了分枝分蘖性、穗码数、抽穗期、萌芽期及苗期抗旱性的数量性状基因位点，其中的主要结果列于表 8-2。

表 8-2 已报道的谷子主要产量相关性状主效数量性状基因位点

（引自王晓宇等，2013；Doust 等，2004）

性状（数量性状基因位点名称）	染色体	标记区间	数量性状基因位点位置	加性效应	*LOD* 值	贡献率（%）
株高（PH9.1）	9	P67～P56	12.000 0	15.62	2.39	33.2
株高（PH9.2）	9	P56～b196	43.000 0	8.12	2.65	12.7
穗长（PL2.1）	2	b142～b192	35.000 0	−1.50	2.88	15.0
单穗质量（PW 7.1）	7	b255～b147	13.000 0	2.53	2.47	12.0
单穗籽粒质量（GW 7.1）	7	b255～b147	13.000 0	2.01	2.06	10.2
分蘖性	5		115	−0.70		28.1
分蘖性	1		89	0.40		11.5
分蘖性	9		135	0.46		12.4

注：*LOD* 代表两个似然函数极大值的比值的对数，也就是标记位点和基因位点连锁（关联）的概率与不连锁的概率的比值的对数。

中国农业科学院作物科学研究所谷子基因资源课题组贾冠清等（2013）在对 916 个谷子品种进行重测序的基础上，在 5 个环境下对株高、穗长、单穗质量、单穗籽粒质量、抽穗期、穗颈长、叶长、叶宽等多个数量性状进行了测定，利用全基因组关联分析的方法，发掘出 512 个统计学显著的数量性状基因位点，为开发相应的分子标记用于辅助育种以及克隆相关基因奠定了基础。其中和产量性状相关的主效数量性状基因位点列于表 8-3。

表 8-3 谷子全基因组关联分析发现的谷子穗部性状主效数量性状基因位点

（引自 Jia 等，2013）

种植区域	性状	染色体	物理位置	$-\lg P$
夏谷区（安阳）	千粒重	1	37243809	10.92
	穗长	1	37343439	10.11
	穗粗	6	22571518	7.20
春谷区（长治）	单穗籽粒质量	3	25390957	8.20
	穗长	9	54425716	7.02
	穗粗	5	43839232	7.11

注：*P* 表示表现型与基因型无关联成立的条件下出现的实验结果。

第三节 谷子种质资源研究和利用

一、谷子的植物分类学地位和近缘种属

谷子属禾本科禾亚科黍族狗尾草属（或粟属），在禾本科作物中和高粱有着较近的亲缘关系，其次是玉

米、甘蔗、黍稷等黍类作物，而和水稻、小麦的亲缘关系较远。最早研究有关谷子分类的植物学家，将其与黍类作物列为一个属，因为籽粒相似，但它们在本质上有较大的差别。植物分类学家林奈（Carl Linne）曾把它定名为 *Panicum italica* L.，把谷子与黍类列为同一个属（黍属 *Panicum* L.）。后经植物分类学家多方研究，将谷子与黍类列为不同的属，学名由布阿氏（Beauvois）在 1912 年定为 *Setaria italica* Beauv.，把有刚毛的特征的植物列为一属（狗尾草属 *Setaria* Beauv.）已沿用至今。虽然后来证明谷子的原产地是我国而不是意大利，对学名中的 *italica*（意大利）一词提出异议，但是因久已惯用，故仍予以保留。Harlan 和 de Wet（1971）最早提出了谷子和青狗尾草可能是同一种，以后多方面的证据表明，这种推断是正确的。特别是近年来，分子生物学的证据也充分说明了这一点，将谷子命名为 *Setaria viridis* subsp. *italica*，列为青狗尾草的一个亚种的建议越来越多。

谷子所属的狗尾草属全世界报道的有 125 种。狗尾草属起源于非洲，非洲有 74 种，以南美洲为主的美洲有 25 种，欧亚大陆约有十几种。这其中存在着大量的同种异名等问题，狗尾草属确切的种数是一个仍需研究的问题。现有植物学调查说明我国约有十多种，常见的除栽培种谷子外，还包括青狗尾草（*Setaria viridis*）、法式狗尾草（*Setaria faberi*）、金色狗尾草（*Setaria glauca*）、轮生狗尾草（*Setaria verticillata*）等。种内远缘杂交是拓建谷子基因库、创新种质和进行细胞遗传学研究的常用方法，这就需要了解谷子与狗尾草属其他种的关系。

二、栽培谷子的起源

关于谷子起源和多样性的研究，国内外许多学者做了大量的工作。青狗尾草是谷子的野生祖先，这已从细胞学、酶学、DNA 分子证据等方面得到证实。但人们不能像其他作物那样通过青狗尾草的分布来寻找谷子的起源地，因为青狗尾草是一个世界性广泛分布的杂草。

Vavilov（1926）最早根据我国具有丰富多样的谷子种质，在其作物起源中心学说中将谷子起源地定位到我国。我国作为谷子的起源中心已从材料的丰富多样性、考古证据和文字考证等多方面得到证实，DNA 分子标记的分析也说明了这一点。我国的河北磁山文化遗址发掘的大规模谷子储存距今已有 8 700 多年，我国黄河流域的仰韶文化在很大程度上就是粟文化。但在距今 3 000 多年的瑞士湖上遗址中，也发掘出了栽培的谷子，由于怀疑谷子不可能在 3 000 年前的史前时期从中国传到欧洲，Harlan（1975）最早提出欧洲是谷子的一个独立起源中心。1979 年戴维特（J. M. J. de Wet）等论述谷子的起源和演化，认为小粟（*Setaria italica*，race Moharia）起源于欧洲，大粟（*Setaria italica*，race Maxima）起源于我国，形成各自的多样性变异。Jusuf 和 Pennes 等（1985）从同工酶分析研究论证了谷子存在欧洲和中国两大基因库，并提出欧洲可能是谷子的另一个独立起源中心。我国学者潘家驹等利用同工酶的研究，也指出欧洲和我国是两个多样性中心。Crouillebois 等（1988）通过欧洲谷子和我国谷子之间的杂交，发现两地谷子之间杂种存在生长变弱和部分不育，而同一地区起源的材料间杂种生长和育性正常，也说明欧洲谷子和我国谷子差异较大，可能是独立起源的。Li 等（1995）利用形态性状分类，不仅进一步提供了欧洲谷子和我国谷子的差异，而且根据来源于巴基斯坦和印度的材料野生性状较强的表现，提出了这些品种是新近驯化的、这个地区是谷子的第三个独立起源地的观点。所有结果均肯定了我国是谷子的起源中心，但究竟是否存在多个独立起源中心存在较大的争议，因为这些多个独立起源中心的证据除考古外，均来自形态学和酶学，而形态学和酶学的结果由于受人工选择和自然环境选择压力的影响很大，谷子又是栽培历史最悠久的作物，引种后的长期选择形成新的类型是完全可能的。

为回答这个问题，Le Thierry d'Ennequin 等（2000）应用扩增片段长度多态性（AFLP）分子标记技术研究欧洲和中国起源的青狗尾草与栽培谷子的进化关系，结果未能给出清楚的地理起源信息，作者将原因归于不同地区间的材料交流和谷子与青狗尾草之间自然杂交形成的基因交流。2006 年，河北省农林科学院谷子研究所利用简单序列重复间区（ISSR）分子标记技术，研究世界各地的青狗尾草和谷子的进化和遗传多样性。对 156 个标记片段的聚类分析清楚地表明，欧洲和亚洲的谷子均属同一组，与来自我国黄河流域的青狗尾草有着很近的亲缘关系，说明欧洲的谷子也是我国起源的，欧洲谷子同我国谷子的差异可能是地区适应和选择的结果。中国农业科学院作物科学研究所刁现民课题组对 916 份世界各地的谷子品种的重测序构建的系统进化树清楚地表明，谷子是单一起源中心，世界各地的谷子均来自我国。由于不同的研究采用的材料不同等多种原因，不同研究的结果存在差异是可以理解的。

三、国内外谷子种质资源收集和保存概况

（一）我国谷子种质资源的收集和保存 我国对谷子种质资源的研究可追溯到20世纪20年代，但当时只限于少数地区。1958年全国第一次普查统计共有谷子种质资源23 932份，以后又经过多次征集补充、整理合并与创新，至2020年年底，全国共整理编目了谷子种质资源29 252份（含国外材料637份）。国内28 615份谷子种质资源中，地方品种24 259份，占84.7%；育成品种（品系）4 162份，占14.5%；其余为人工创制谷子不育系、谷子四倍体、谷子三体等特殊遗传材料；粳质材料占90%，糯质材料占10%。除国家种质库外，山西、河北、河南、山东等的主产区也保存地方的种质资源。

我国谷子种质资源征集中的问题，一是只收集谷子品种，没有调查整理近缘种属；二是对国外谷子种质资源收集整理偏少，且农家品种的征集没有覆盖全国。野生近缘种和国外种质资源均是种质资源的重要组成部分，加强这方面的工作势在必行。国家谷子糜子产业技术体系成立后，中国农业科学院作物科学研究所在2010年组织了一次谷子近缘种的收集整理，获得了全国各生态区的青狗尾草等近缘种样本1 560份，其中526份种子可繁种，可整理入库。

（二）国外谷子种质资源的收集和保存 虽然谷子的研究主要在我国，但国际上很多国家对谷子种质资源收集和保存很重视，根据发表的文章数据整理，设在印度的国际干旱半干旱农业研究所保存有谷子种质资源1 474份，孟加拉国保存的谷子种质资源有510份，印度保存的谷子种质资源有1 300份，日本保存的谷子种质资源有1 286份，法国保存的谷子种质资源有3 500份，美国保存的谷子种质资源有776份，韩国保存的谷子种质资源有960份，其他国家或国际组织也收集保存了一批谷子种质资源，但数据不详。在野生近缘种方面，美国收集了覆盖全世界的种质资源，特别是非洲的一些种质资源，并在狗尾草属系统分类上开展了一些工作。谷子和青狗尾草正在发展成为禾本科和C_4植物光合作用研究的模式作物，谷子和青狗尾草种质资源的研究也越来越受到重视，美国多家大学和研究机构正在全面收集美国及世界的青狗尾草，并利用现代遗传学方法进行遗传多样性和群体结构研究。

四、谷子种质资源研究和利用

（一）谷子种质资源的综合鉴定 20世纪80年代以来，我国开展了大规模的谷子种质资源鉴定评价工作，鉴定出一批耐旱、抗病等的优异种质资源材料。80—90年代，对5 138份种质资源材料的白发病、黑穗病、谷瘟病、谷锈病、线虫病、粟芒蝇、玉米螟等的抗性进行了综合鉴定；对17 313份材料的耐旱性等进行了鉴定。另外对部分品种也进行了营养品质和食用品质等方面的研究。主要鉴定结果如下。

蛋白质含量：≥16%的79份，≥20%的5份，最高为20.82%。

脂肪含量：≥5%的203份，≥6%的4份，最高为6.93%。

赖氨酸含量：≥0.35%的15份，≥0.38%的3份；≥0.4%的1份，最高为0.44%。

耐旱性：2级以上的465份，1级的231份。

抗谷瘟病：抗（R）级以上的640份，高抗（HR）级的137份。

抗谷锈病：中抗（MR）级以上的40份，抗（R）级的5份。

抗黑穗病：抗（R）级以上的86份，高抗（HR）级的23份。

抗白发病：抗（R）级以上的713份，高抗（HR）级的286份。

抗线虫病：≤1%的5份，≤5%的57份，≤10%的178份。

抗玉米螟：中抗（MR）级以上的42份，抗（R）级的4份。

抗粟芒蝇：无。

其中，对2种以上病害抗性达抗（R）级以上的材料123份；对2种以上病害抗性达高抗（HR）级的材料8份；对3种以上病害抗性达抗（R）级以上的材料3份；1级耐旱且对2种以上病害抗性达抗（R）级以上的材料14份；蛋白质含量≥16%，且对2种以上病害抗性达抗（R）级以上的材料3份。

从上述结果可以看出，我国谷子种质资源中不乏抗白发病、抗谷瘟病和耐旱材料，但缺乏抗谷锈病、抗线虫病、抗玉米螟、高脂肪、高赖氨酸的材料，更缺乏抗纹枯病、抗粟芒蝇和多抗材料。具有抗性的材料，多数农艺性状也较差，难以直接在育种中应用。

我国也越来越重视谷子种质材料创新研究，“九五”期间，“谷子育种材料与方法研究”列入国家科技攻

关课题，培育出抗锈的石 96355 和郑 035、抗黑穗病的 94-57、耐旱的 915-216、抗倒伏的石 97696 等一批农艺性状较好的抗性材料。“十五”以来，河北省农林科学院谷子研究所针对近年纹枯病逐渐上升的形势，又将抗纹枯病作为育种材料创新的主攻目标，并育成石 98622、石 02-66 等抗纹枯病、农艺性状优良的育种材料。同时，针对商品经济条件下人们需求的多元化，创制出一批乳白色、灰色、青色等不同米色的育种材料。

鉴定、创新出的优异种质资源和新材料在我国谷子育种中发挥了积极作用。“八五”以来，培育出了一批高产、优质、多抗的谷子新品种，例如高抗白发病、高抗倒伏、中抗谷锈病和纹枯病的高产多抗新品种冀谷 14；优质、兼抗谷锈病和纹枯病、1 级耐旱、1 级抗倒伏的优质多抗新品种冀谷 19；抗倒伏、抗锈病的豫谷 9 号；优质抗白发病的晋谷 35 号；高产抗谷瘟病的公谷 68、龙谷 31 等。由于这些新品种的推广应用，使得在华北平原夏谷区一度严重流行的谷锈病和春谷区流行的白发病、谷瘟病得到较好的控制，产量明显提高。

（二）谷子核心种质构建和遗传多样性分析　核心种质是用最小的样本数量来最大限度地代表资源遗传多样性，是种质资源深入研究的基础。目前全世界完成了两个谷子核心种质的构建，一个由中国农业科学院作物科学研究所构建谷子应用核心种质，是根据中国国家种质库中各类各地种质资源的数量和类型，在进行田间性状和分子标记分析的基础上构建的，包括了 499 份我国的农家品种、331 份我国的育成品种和 111 份国外品种共 941 份材料，利用低倍重测序发掘的 85 单核苷酸多态性（SNP）标记对该核心种质进行分析，发现其序列多样性参数（π）为 0.001 0，介于籼稻的 0.001 6 和粳稻的 0.000 6 之间，说明这个核心种质的遗传多样性很丰富。利用简单序列重复（SSR）标记对这个核心种质的农家品种部分进行遗传多样性分析，发现其单位点遗传变异数为 21.434 8 个，而育成品种的变异数为 17.870 1 个，也说明了我国种质资源的丰富遗传多样性。另一个核心资源是由设在印度的国际干旱半干旱农业研究所构建的，他们根据其保存的来自世界 23 个国家的 1 474 个品种的农艺性状表现，构建了一个 155 份材料的核心种质，但对该核心种质的遗传多样性分析尚未进行。

（三）谷子野生种质资源的研究和利用　已有的谷子野生种质资源的成功利用主要是从青狗尾草中转移抗除草剂的基因。在法国、美国和加拿大农场中发现了多起青狗尾草和法氏狗尾草等发生的抗除草剂突变，河北省农林科学院谷子研究所王天宇（1993）、程汝宏（2006）采用杂交、回交方法，将青狗尾草抗除草剂突变基因转入栽培谷子中，创制出抗烯禾啶、阿特拉津、氟乐灵、嘧草硫醚、咪唑乙烟酸和烟嘧磺隆 6 种类型除草剂的谷子育种材料，并培育出系列谷子抗除草剂品种。另外，谷子野生近缘种资源也是细胞质雄性不育和质核互作雄性不育的重要来源，通过谷子和法式狗尾草（吴权明等，1990）、谷子和青狗尾草（智慧等，2004）远缘杂交，在后代中选育出了表现一定雄性不育的材料。随着谷子育种技术的进步，还可以从狗尾草等野生种质中发掘抗旱、耐盐等抗逆相关基因。

第四节　谷子育种途径和方法

一、谷子自然变异选择育种

任何一个谷子品种，在栽培过程中都会产生基因突变，育成品种也存在着变异和少量异交。因此在谷子的生产田中，精细选优，可以选出符合生产需要的优良品种。谷子的自然变异选择育种是一种简便易行的有效方法，其优点是育种周期短，一般在选株后通过 1～2 年的株行试验即可进入产量试验。其缺点是变异源有限，变异幅度一般较小，难以出现较大突破。我国谷子大规模进行系统育种始于中华人民共和国成立初期，20 世纪 50 年代后期至 70 年代中期多数推广品种都是采用自然变异选择育种方法育成的，对于提高谷子产量发挥了重要作用。自然变异选择育种以在推广品种和新育成品种中选株效果最好。

自然变异选择育种有两种基本的选择方法：①单株选择法，即收获前在田间选择穗部丰满健壮、青秆黄绿叶、籽粒饱满、无病虫害、符合育种目标的变异单株单穗，经单穗脱粒、编号、登记，妥善保存。第 2 年种穗行，以行长 3 m、行距 0.40 m，3～4 行为 1 个小区，10 小区设对照 1 个。以后逐年选择符合要求的穗行。谷子单株选择的关键是在穗型、株高、抗逆性、生育期、幼苗颜色等方面重点选择。以往推广的公谷 6 号、长农 1 号、衡研 130、鲁谷 2 号等都是由单株选择法育成的。②混合选择法，即当变异较多时，根据性状分离的特点将变异分为几个大的类型。收获前在田间选择属于同一类型的植株，混合脱粒，第 2 年和原品种及当地推广种（或对照种）在同一地块上种植，进行对比。增产效果显著或具备突出优点、性状整齐一致的，就可以留种并繁殖推广。实践证明这个方法有较好的效果。例如以往推广的华农 4 号、白沙 971、昌潍 69、鲁谷 4 号等都是用混合选择法选出来的。选择上述两种方法的哪一种，要根据具体情况灵活掌握。可以把单株选择法和混合选择法结合起来，或交错进行。

二、谷子杂交育种

杂交育种是通过品种间有性杂交创造新变异而选育新品种的方法，是目前我国谷子育种中普遍采用的、成效最显著的育种方法。20 世纪 80 年代中期以来，我国 70%的谷子推广品种是采用杂交方法育成的。

（一）杂交亲本选配 亲本选配是决定杂交育种成败的最重要环节。亲本选配应遵循的原则是：母本的综合性状好，缺点少，且主要性状突出；父本要具有母本缺少的突出优点，即双亲优缺点能够互补；双亲生态类型差异较大，亲缘关系较远，且一般配合力好；双亲之一是当地推广品种。

（二）杂交技术 谷子杂交一般要经过整穗、去雄和授粉 3 个过程。

1. 整穗 谷子是小粒多花作物，单穗花数达数千枚，且单穗小花发育不一致，花期持续 2 周左右。因此为了提高小花杂交率，应在去雄前去掉已开花、授粉和发育尚不完全的小花，只留下翌日将开花者。整穗宜在当天开花结束后进行。

2. 去雄 谷子去雄的方法有多种，例如温水集体杀雄、人工单花去雄、水浸人工综合去雄、化学杀雄等，但目前应用较多的是温水集体杀雄和人工单花去雄。

温水集体杀雄是利用雌蕊和雄蕊对温度反应的不同，用温水浸泡母本穗杀死雄蕊而使雌蕊不受伤害的去雄方法。该方法去雄速度快，可操作时间长，能在短时间内大量进行，但杀雄不彻底，真杂交率低。适宜的水温和浸泡时间与品种对温度的敏感性和栽培环境有关。在我国北方，一般用 45～47 ℃温水浸泡 7～15 min。

人工单花去雄是在授粉前人为地摘除雄蕊的方法。该方法优点是真杂交率高，但去雄速度慢，技术要求高。谷子人工单花去雄在盛花期小花开花后、花药开裂散粉前进行。

3. 授粉 可在盛花期人工采粉授粉，也可用透光、透气性好的羊皮纸袋将父本穗和母本穗套在一起，辅以人工敲袋自由授粉。要注意调节父本和母本的花期，保证花期相遇。

（三）杂交方式 杂交方式有多种，例如单交、复交、回交等，应根据育种目标要求和亲本特点选择合适的杂交方式。一般应尽可能采用单交方式，目前的谷子品种绝大多数是采用单交育成的。如果单交不能实现育种目标，应选用复交或回交。

（四）杂种后代的变异和选择 杂交所得的种子首先要通过种植选择真杂种株，淘汰假杂种株，同一组合混收杂交穗，如果亲本不纯，应按类型分别收获杂种株。以后各代按组合分别种植选择，可采用系谱法、混合法、集团混合法等方式进行选择，目前的谷子育种中多采用系谱法选择。

谷子各种杂交技术都难以保证得到完全的真杂交种子，可利用 F_1 代的杂种优势和遗传显性性状去鉴别假杂种，将其去掉。目前，由于抗除草剂材料的普遍应用，可采用显性抗除草剂材料为父本，不抗除草剂或与父本抗不同除草剂的材料为母本，F_1 代幼苗期喷施与父本对应的除草剂，杀死自交苗，存活的即为真杂种，从而大大提高了育种效率。对抗病虫能力差、优势差、早枯的组合，要严格淘汰。其他性状上则可适当放宽，以免漏选和误选。

杂种第二代（F_2 代）的性状分离比较复杂，特别是双亲的遗传差异悬殊的组合，分离范围更大。因此要扩大群体数量，以增加选择机会。在性状选择上要以熟期、抗病虫能力、株高、粒色、米色、茎秆强度（即抗倒伏性）为重点，淘汰不良组合。在优良组合中，大量选择各种不同类型的单株。实践证明，综合性状优良的品系多数来源于优良亲本组合。

杂种第三代（F_3 代）的主要经济性状继续分离，还可能出现前二代没有的新性状，部分组合植株外观性状差异比前代有较明显缩小趋势，有的品系趋于稳定。因此在熟期、抗逆性符合育种目标的基础上，应以遗传因子复杂的产量性状作为选择重点，严格、大量地淘汰那些不良组合株系。对性状仍在分离的优良株系要继续进行单株选择，但应注意品系一致性，以缩短育种过程。对少数符合育种目标、性状稳定一致的优良新品系，要结合测产进行考种。谷子的 F_2～F_5 代，是选择的关键时期，正确的选择是按既定目标进行，要求认真选出优良品系，又不保留过多的材料。

杂种第四至第七代，随着世代的增加，分离范围越来越小，第五代以后，大部分株系趋于稳定，个别株系仍有分离。F_4代和F_5代以选系为主，同时注意选择特殊优良单株并且严格淘汰不良株系。从F_4代起，可将稳定的株系进行产量鉴定，最后进行品种比较和区域试验。对于稳定且表现优良的品系，应及早繁殖种子和分区鉴定其适应性，不要受代数限制。

三、谷子诱变育种

我国谷子诱变育种始于20世纪60年代，目前在育种中应用广泛且成效显著。1963年，河北省张家口地区坝下农业科学研究所用$^{60}Co\ \gamma$射线照射农家品种红石柱干种子，从中选育出新品种张农10号，这是我国也是世界上第一个诱变育成的谷子品种。到70年代，谷子理化诱变育种在我国广泛开展起来，50多年来，共育成60多个新品种，许多品种在生产中发挥了重要作用，例如冀谷14、辐谷3号、龙谷28、鲁谷7号、赤谷4号、晋谷21等均成为生产上的主栽品种，其中，冀谷14曾创单产8 649 kg/hm^2的高产纪录。

（一）诱变材料和诱变方法的选择

1. 诱变材料的选择 育种目标确定后，选用适宜的诱变材料是诱变育种成功的关键。一般应选择当地推广品种和综合表现较好但存在个别缺点（例如晚熟、秆高、不抗病等）的品系，效果较好。也可选用杂种作为诱变材料，以增大变异类型。

2. 诱变方法的选择 诱变方法包括物理诱变和化学诱变。在谷子育种上应用最多的诱变方法是$^{60}Co\ \gamma$射线照射干种子，育成品种数约占诱变育成品种总数的85%，例如张农10号、冀谷14、辐谷3号、鲁谷7号等。其次是快中子处理干种子，育成品种数约占诱变育成品种总数的15%，例如龙谷27、龙谷28、赤谷4号等。近年也开展了重离子束、甲基磺酸乙酯（EMS）诱变育种，例如河北省农林科学院谷子研究所应用氮离子束注入谷子干种子，育成了新品种谷丰1号；中国农业科学院作物科学研究所和河北省农林科学院谷子研究所等利用甲基磺酸乙酯诱变建立了谷子突变体库。

不同的谷子品种对$^{60}Co\ \gamma$射线照射处理的敏感性差异较大，一般认为，适宜的剂量是照射后植株成活率50%左右。伊虎英等（1991）认为，我国黄河中下游谷子品种的半致死剂量在$3.6\times10^2\sim10\times10^2$ Gy，多数品种（53%）适宜的剂量是$4.7\times10^2\sim7.9\times10^2$ Gy。一般同一材料应同时用2～3个剂量处理，每个剂量处理的种子量应在1 000粒左右。

（二）诱变后代的选育 诱变一代（M_1代）的突变多数呈隐性，形态的变化多数不能遗传，但有时也出现显性突变。一般认为在M_1代不进行选择，而按材料、剂量单株收获或混收，仅对符合育种目标的显性突变进行选择。M_2代为分离世代，但大部分变异是无益突变，应注意微小变异的选择，可进行单株选择或集团选择。M_3代及以后各代要根据育种目标进行严格的选择，表现优异者下年进入产量试验。

四、谷子杂种优势利用

要在生产上大量应用杂交种，必须利用雄性不育或化学杀雄。在谷子化学杀雄方面，我国许多单位进行了探索，结果表明，小规模应用效果尚可，但大规模应用尚有很大难度，主要原因是谷子群体花期长达2周左右，彻底杀雄较为困难。在谷子雄性不育系利用方面，1942年Takahahi首先报道谷子雄性不育受1对隐性核基因控制，但此后并未见到谷子雄性不育系选育的报道。1967年，我国首次发现谷子雄性不育现象，并相继利用自然突变、人工杂交、理化诱变等手段选育出了多种类型的雄性不育系，例如核隐性高度雄性不育系、*Ms*显性核雄性不育系、光敏隐性核雄性不育系、光敏显性核雄性不育系、核隐性全雄性不育系、细胞质雄性不育系等。目前，核隐性高度雄性不育系已用于两系杂交种生产，*Ms*显性核雄性不育系、光敏隐性核雄性不育系的研究也取得了进展。

（一）核隐性高度雄性不育系及其应用 1969年，河北省张家口市坝下农业科学研究所从红苗蒜皮白谷田中发现了雄性不育株，1973年冬育成了雄性不育率100%，雄性不育度95%的高度雄性不育系蒜系28，其雄性不育性受1对隐性主效基因控制，一般雄性可育材料均是其恢复系。由于修饰基因的作用，雄性不育株有5%左右的自交结实率，产生的种子仍为雄性不育，因此省去了保持系。此后，许多单位先后通过品种间杂交、理化诱变等手段育成了数十个核隐性雄性高度不育系。我国已利用谷子核隐性雄性高度不育系测配出多个优势杂交组合，例如河北省张家口市坝下农业科学研究所组配的蒜系28×张农15、河北省农林科学院谷子研究所组配的冀谷16（1066A×C445）、黑龙江省农业科学院作物育种研究所组配的龙杂谷1号（丹1×南繁1号）等，这些杂交种较常规对照品种增产17.2%～33.42%。

利用核隐性雄性高度不育系进行谷子两系杂交种选育的关键是雄性不育系和恢复系的选育，不仅要求雄性不育系和恢复系综合性状优良、配合力高、遗传稳定，而且要求雄性不育系柱头外露、易接受外来花粉且异交结实率高，要求恢复系花粉多、开花持续时间较长、与不育系花期接近、恢复能力强、株高略高于雄性不育系。由于雄性不育系具有5%左右的自交结实能力，因此应用杂交种时，需在苗期拔除假杂种，这就要求真杂种与假杂种在苗期要有明显的区别。20世纪70年代到20世纪末期，主要通过两种途径实现，一是利用基部叶鞘颜色作指示性状，例如雄性不育系为绿叶鞘，恢复系为紫叶鞘，由于紫色对绿色为显性，真杂种为紫叶鞘，假杂种为绿叶鞘。另一种途径是培育矮秆雄性不育系，恢复系采用中高秆类型，由于矮秆类型在苗期发育缓慢，间苗时留大苗去小苗即可去除绝大部分自交种。进入21世纪后，由于将青狗尾草中的抗除草剂的基因转育到谷子中，培育出抗除草剂的谷子品种，利用抗除草剂的谷子品种作恢复系，可以很简单地在生产田将假杂种雄性不育系杀除，这种技术促进了谷子两系法杂种优势的利用，目前谷子生产上成功应用的杂交种都是这种模式。进一步将这种技术改进，用相应的除草剂处理用雄性高度不育系配制的杂种种子，可免除在出苗后喷施除草剂的操作。

（二）*Ms*显性核雄性不育系及其应用 1984年，内蒙古自治区赤峰市农业科学研究所胡洪凯等从杂交组合澳大利亚谷×吐鲁番谷的F_3代78182穗行中发现了Ms^{ch}显性雄性不育基因，随后选育出显性核雄性不育纯合系，纯合一型系只含1种*MsMs*基因型。大量测交结果表明，在普通谷子品种中难以找到*Ms*显性雄性不育系的恢复系，通过与原组合中同胞系进行同胞交配，发现了抑制显性雄性不育基因表达的*Rf*上位基因，得到特殊的恢复系181-5。*Ms*纯合雄性不育株的花药内有11.7%左右的正常花粉，但在北方花药不开裂，自交结实率仅0.6%左右；而在海南省和广东省湛江市雄性不育株部分花药开裂，自交结实率为6%～10%，自交后代仍为纯合雄性不育，从而解决了纯合雄性不育系的繁种保持问题。此外，*Msms*杂合雄性不育株自交后代中的隐性纯合雄性可育株与雄性不育株形态相似，与纯合一型雄性不育系杂交得到的杂合一型系雄性育性仍保持100%雄性不育，这种杂合一型系用作杂交种制种的母本系，解决了雄性不育系繁种问题。*Ms*显性核雄性不育系应用于杂交种选育的主要障碍是上位恢复系选育，恢复源狭窄大大制约了组合测配的数量，增大了优势组合选育的难度。*Ms*显性核雄性不育系的应用模式如图8-1所示。

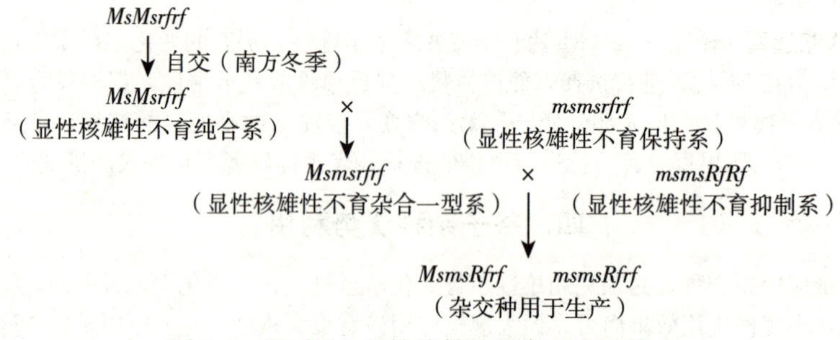

图8-1 谷子*Ms*显性核雄性不育系应用模式

（三）光敏隐性核雄性不育系及其应用 1987年，河北省张家口市坝下农业科学研究所崔文生等从杂交组合材5×测35-1的F_5代群体中发现1个雄性不育株，经海南岛和张家口连续选育，于1989年育成了在海南岛雄性可育，在张家口雄性不育的光敏核隐性雄性不育系292A，为谷子杂种优势利用又开辟了一条新途径。遮光处理研究表明，该雄性不育系在长日照下（14.5h）为雄性不育，雄性不育率为100%，雄性不育度为99.4%；在短日照下（11.2h）为雄性可育，结实正常，且雄性育性转换稳定。光敏隐性核雄性不育系雄性不育基因易转育，雄性不育系易繁种，具有广泛的恢复源，同时，避免了其他类型雄性不育系因细胞质单一、遗传基础狭窄造成的抗性的脆弱性。但是现有的光敏隐性核雄性不育系，其雄性育性除受光照长度控制外，还具有一定的温敏特性，气温变化易引起雄性育性不稳定，因此在实际应用中还有一定的难度。

（四）其他类型的雄性不育系 1967年，陕西省延安地区农业科学研究所在宣化竹叶青品种的繁种田中发现谷子雄性不育现象，并育成了雄性不育率、雄性不育度均为100%的延型雄性不育系。经研究，其雄性不育性受1对隐性基因控制，属雄性全不育类型。1968年，中国科学院遗传研究所用化学诱变方法处理谷子品种水里混，育成了水里混雄性不育系，该雄性不育系雄性育性和遗传行为与延型雄性不育系相同。核隐性雄性全不育系雄性育性易恢复，但缺少保持系。

1985年，陕西省农业科学院粮食作物研究所以轮生狗尾草四倍体种为母本，与谷子同源四倍体种进行种间杂交，再以谷子二倍体种进行9代回交，育成了雄性不育率为100%、雄性不育度达99%～100%的Ve型异源细胞质雄性不育系，但未能选育出相应的恢复系。

1989年，河北省张家口市坝下农业科学研究所还从澳大利亚谷×中卫竹叶青后代中选育出在长光照下（14.5h）表现雄性高不育（不育度为99%～100%），在短光照下（11.2h）为雄性低不育的光敏显性核雄性不育系光A_1。但是一般品种对光敏显性核雄性不育系不具恢复能力，到目前仅通过同胞交配找到1个光敏显性核雄性不育系的恢复源。

五、多倍体和非整倍体在谷子育种中的应用

（一）多倍体在谷子育种中的应用　我国谷子多倍体育种始于20世纪70年代，内蒙古自治区农牧业科学院等单位通过人工诱变育成毛谷2号、乌里金、佳期黄、朝阳谷同源四倍体品种；陕西省农业科学院利用同源四倍体谷子品种与法氏狗尾草进行远缘杂交，获得异源四倍体谷子材料。四倍体谷子染色体数目为$2n=4x=36$，其特征是叶片变宽、变短、变厚，表面呈泡泡纱状、皱缩、粗糙，气孔保卫细胞和花粉粒变大，花和籽粒明显变大，生育期延长，植株高度降低，穗子变紧变短，一般结实率降低，生产中难以利用。

诱导产生四倍体谷子的方法有药物处理法和变温处理法。

1. 药物处理法　种子用0.02%～0.05%秋水仙碱水溶液处理3～5d。用富民隆1～5mg/kg水溶液处理24h以上，用1%～2%乙醚水溶液处理24h，处理后将种子放入清水24h，洗净药液，然后播种在精细整过的苗床上。

2. 变温处理法　选择盛花期的穗子或细胞分裂正在盛期的幼苗用0℃和45℃的水交替处理，各处理3次左右，每次3～5min。亦可以只用45℃温水处理谷子穗。采用这个方法，也可获得谷子的同源四倍体。

除以上两种方法外，还可用秋水仙碱处理幼芽或组织培养的愈伤组织来获得四倍体。

经过处理后的材料，可根据四倍体的特征在苗期查叶片，花期查花和花粉粒大小，成熟期查籽粒大小。最后检查染色体是否加倍，以确定是否诱变成四倍体。

目前诱变成的四倍体由于结实率降低，产量不高，加之植株农艺性状不佳，尚不能直接用于生产。还要在大量诱变的基础上，再通过系选、杂交以及其他途径对性状进一步改良，才有可能选出较理想的四倍体品种。四倍体除应用于育种外，还可以作为培育三体和其他非整倍体的原始材料。

（二）非整倍体在谷子育种中的应用　非整倍体是指整倍体体细胞染色体数目的任何偏离。所谓偏离，一般是指1条或1条以上完整染色体、染色体区段的添加或丢失。这是由于多倍体在减数分裂过程中染色体产生无规律分裂，体细胞中增加或丢失了某些染色体的结果。非整倍体主要包括单体、缺体、三体、四体等。

目前在谷子遗传育种中应用较多的是三体，其细胞中某组染色体为3条，其中1条为超数染色体，以$2n+1=19$表示。谷子三体的类型包括初级三体、次级三体、三级三体、端体三体和补偿三体。河北省农林科学院谷子研究所王润奇等（1993）以豫谷1号四倍体为母本与二倍体杂交得到三倍体，三倍体再与二倍体或四倍体杂交，经细胞学鉴定，建立了谷子初级三体系列。谷子初级三体有9种类型，根据超数染色体的顺序号而命名，例如三体Ⅰ即第1号染色体有3条，其中1条为超数染色体；三体Ⅱ即第2号染色体有3条，其中1条为超数染色体。初级三体的各种类型在植株形态、育性等性状存在一定差异，各类型特征特性如下。

三体Ⅰ（卷叶型）：叶子短又窄，除基部2～3个叶片以外，其他叶片都上冲，卷曲；无分蘖；穗子呈圆筒形，较小，穗部紧密，结实率很低。

三体Ⅱ（深绿型）：叶子短，下垂，呈明显的深绿色。少数植株有分蘖。穗子呈短纺锤形，籽粒较大而呈椭圆形。

三体Ⅲ（丛生型）：植株最矮，分蘖多。叶子呈黄绿色，下垂。穗子短小，呈短纺锤形，穗顶部小花退化形成大量刚毛，使穗部呈秃尖并保持到成熟；结实率较低。

三体Ⅳ（长刚毛型）：植株较高，有分蘖。叶子宽而短，下垂。穗呈短纺锤形，穗部松散，刚毛最长，结实率较高。

三体Ⅴ（细秆型）：植株较矮，茎秆较细。穗呈细纺锤形，穗部紧密，结实率很低。

三体Ⅵ（扭颈型）：植株较矮，茎秆粗壮。叶子宽又大，有波纹。叶色深绿。大部分穗颈节扭曲，穗部紧密，呈粗短纺锤形。

三体Ⅶ（匍匐型）：植株长出5～6个片叶后开始呈匍匐状，茎秆较细，较软，抽穗以后又渐渐挺立起来。有分蘖，叶片很长。穗呈长纺锤形或异穗形，刚毛较长，穗松散。

三体Ⅷ（尖穗型）：植株形态与二倍体相似，穗基部谷码不整齐，末端尖细，抽穗早，结实率较高。

三体Ⅸ（拟正常型）：植株和穗与二倍体都很相似，结实率较高。

三体是性状遗传研究的工具，王润奇等已利用谷子初级三体将胚乳粳糯、青色果皮、白米、矮秆、雄性不育、黄苗等基因进行了染色体定位。

高俊华等（2000）在谷子初级三体群体中发现了四体Ⅳ、四体Ⅷ和四体Ⅵ，其染色体数均为$2n+2=20$，两条额外的染色体与其同源的两条染色体形成四价体的稳定结构。四体Ⅷ和四体Ⅵ植株形态便于鉴定，在子代中传递率较高，可代替相应的三体用于遗传分析。此外，在四倍体谷子材料中也已经发现缺体，染色体数为$2n-2=4x-2=34$，其植株与四倍体很相似，但育性很低，结实很少。四体和缺体的结合可以抵消缺体的某些形态表达，在研究同源转化中具有重要意义。

第五节　谷子育种新技术的研究和应用

一、谷子的生物技术育种

（一）组织培养育种技术研究　组织培养是转基因等生物技术的基础，以N_6、MS等为基本培养基，添加2mg/L 2,4-滴、2mg/L KT、50g/L蔗糖，以谷子的成熟胚、萌发种子或幼穗为外植体，很容易诱导出愈伤组织。刁现民等（1999）通过研究认为，谷子体细胞无性系R_2变异频率达10%；变异性状包括株高、出苗至抽穗天数、旗叶长、穗长、出谷率、千粒重和穗粒质量等；变异的方向是双向的，既有正的也有负的，但负向的较多。在R_1代表现雄性半不育或雄性高不育的单株，其R_2代出现变异的频率高于R_1代结实正常的单株。河北省农林科学院谷子研究所利用体细胞无性系变异，已培育出一些农艺性状得到改进的新品种、新品系，例如矮秆大穗新品种冀张谷6号已于1996年通过河北省审定，还有一些中秆紧凑型创新材料已提供给育种工作者应用。

（二）花药培养、细胞悬浮培养和原生质体培养　日本学者Ben等（1971）在添加酵母提取物的Miller培养基上，对处于四分体到单核小孢子期的花药进行培养，通过转换培养基，成功地诱导出愈伤组织，并完成植株再生。以后许多学者以幼穗（许智宏等，1983；Rao等，1988；Reddy等，1990）或幼叶（Osuna-Avila等，1995）为外植体，均获得了大量成熟再生植株；董晋江等（1989）用成熟种子为外植体，获得了原生质体再生植株；赵连元等（1991）对谷子原生质体培养技术进行了改进，建立了易操作、重复性高的培养技术，获得了大量原生质体再生植株。

细胞悬浮培养和原生质体培养一般以幼穗为外植体诱导的愈伤组织为材料，采用添加2mg/L 2,4-滴、5%椰子汁及适量水解酪蛋白的UM培养基或MS液体培养基，在150r/min的摇床上，较易建立谷子的胚性悬浮细胞系。悬浮细胞再经由液体到固体的培养基转换，即可完成植株再生。用胚性愈伤组织或悬浮胚性细胞系为材料，在含有2%纤维素酶（cellulase）和0.1%果胶酶（pectolyase）的酶液中酶解即可分离得到原生质体，原生质体在培养2d后形成细胞壁并开始分裂。通过继代和转换培养基可形成细胞团并完成植株再生。

目前谷子花药培养和原生质体植株再生虽已成功，但方便实用的技术体系仍需进一步完善。

二、谷子遗传转化研究

1990年以来，国内外多家单位谷子研究所开展了谷子遗传转化研究，已建立完善了基因枪转化谷子的技术体系，双质粒平行转化、农杆菌共培养转化方面也取得显著进展。

在基因枪转化谷子的技术研究方面，河北省农林科学院谷子研究所已建立完善了基因枪转化谷子的技术体系，以*GUS*基因的瞬时表达为指标，建立并完善了基因枪转化谷子的各项操作参数：质粒DNA加入量为3μg/mg钨粉，$CaCl_2$浓度为1.5mmol/L，亚精胺浓度为30～50mmol/L，JQ-700基因枪样品室高度为7cm，粗弹头为微弹载体，每皿愈伤组织用量为1～2g，钨粉用量为50μg；轰击前高渗处理4h，轰击后处理16～20h，然后转入正常培养基进行培养。采用该方法已获得了抗性稳定的抗除草剂双丙氨膦（bialaphos）材料。但基因枪法转化的最大问题是获得的转基因植株往往具有多个拷贝的目的基因，造成遗传不稳定和转入的基因沉默，现在的应用越来越少。

2015年以来，农杆菌共培养转化技术日益成熟，同时谷子和青狗尾草的遗传转化取得突破性进展，突出表现在适宜转化基因型的发现和高效转化体系的建立。谷子上，中国农业科学院作物科学研究所从940多个基因型鉴定出易转化的Ci846等5个基因型，结合配套的组织培养技术，Ci846的转化效率已稳定在50%左右，形成谷子遗传转化稳定可靠的技术平台，并在多个功能基因分析中得到验证，同时农艺性状优良的商业品种豫谷1号、晋谷21、中谷2等也完成转化体系构建。在谷子的野生种青狗尾草方面，美国康奈尔大学和丹弗斯植物研究中心筛选出了高效转化的基因型ME34V，报道称这个基因型的转化效率高达90%，同时也完成了ME34V的高质量基因组序列图谱的构建。

三、谷子分子标记辅助选择育种技术

分子标记辅助选择育种是现代生物技术在育种上成功应用的一个标志，也是将来育种的一个重要手段，但其成功应用取决于对育种目标性状相连锁的分子标记的开发，这有赖于很多前期的基础性工作。一些很容易选择和表现型明显的性状没有必要利用分子标记辅助选择，例如对除草剂的抗性、株高等。但很多重要农艺性状的表现受环境影响，需要特殊的环境才表现，例如抗病、抗旱性等；很多产量性状受多基因控制，不同等位基因的贡献是不同的，且是多基因的综合作用。在这种情况下分子标记辅助选择育种的效果就很有限。由于谷子育种相对落后，目前可用于分子标记辅助选择育种的基因还很少，在本章第二节的谷子主要性状遗传中给出了部分已开发的农艺性状的分子标记，主要包括产量相关性状和耐旱相关性状，其操作技术是利用分子标记在杂交后代群体中选择具有目标基因的个体。分子生物学技术近年来飞速发展，谷子的基因组测序已完成，并构建了高密度的单倍型标记图谱。可以相信，在不久的将来，分子标记辅助选择和其他生物技术都会在谷子育种中得到广泛应用。

第六节 谷子育种田间试验技术

一、谷子育种田间试验

谷子育种工作的田间试验是比较和鉴别优良种性的重要步骤。采用正确的田间试验技术，是提高育种水平、及时为生产提供优良品种的重要措施。

（一）试验地的选择和田间管理 谷子在禾谷类作物中籽粒最小，试验地除要求土质、肥力、前作均匀一致外，还要求整地精细。在田间管理上，同一试验，除试验设计上所规定的不同措施外，其他措施一定保持一致，例如播种、间苗、定苗、锄草、追肥、防治病虫害、观察记载、收获时间以及考种等，要尽量避免人为因素造成的损失和差错。

（二）田间试验设计 谷子田间试验的重复次数要根据土壤和管理的具体情况确定。条件差的重复次数要多，地力均匀条件好的可以适当减少重复。小区面积的大小及形状可根据土壤地块条件和试验要求确定。品种比较试验的小区面积不小于15 m^2，地块形状以长方形最好，要设置对照和保护区。谷子的杂交育种一般经历下列圃区。

1. 杂交圃 杂交圃用于种植杂交的亲本，每隔1行或2行母本种1行父本，行距为40～50 cm，行长为3 m，株距为5～8 cm。

2. 杂种一代圃 杂种一代圃中，每个杂交组合种l行，每组合两边各种父本1行和母本1行，以便于鉴别真假杂种。

3. 杂种选种圃 因杂种二代是分离最复杂的世代，在杂种选种圃中应尽量多种，如果亲本显隐性状不明显，两边分别种植父本和母本，以便于比较。要求行距为40～50 cm，行长为3 m。

4. 鉴定圃 经2～3代选育，优良株系基本稳定，此时可进入鉴定圃，进行产量鉴定。谷子的品系鉴定通常是3～4行区，面积为6～10 m^2，顺序排列，可设置2～3次重复，每5～10区加1个对照区。

5. 品种比较圃 新的品系经鉴定后表现好的，可以升入品种比较圃进行比较试验，一般采用随机排列法，设当地推广品种为对照，3～4次重复，小区面积为15 m^{2}左右，小区收获面积不小于13.3 m^2，表现突出者可进入区域试验和生产示范。

二、谷子主要目标性状的鉴定和选择

谷子主要经济性状（例如生育期、抽穗期、千粒重、株高、茎节数、穗长、穗数等）的遗传率比较高，宜早代选择；而单穗籽粒质量和小区产量遗传率低，变异系数高，早代选择效果较差，宜高世代选择。

谷子对环境条件的变化比较敏感，要尽量在条件差异较大的地点种植杂种后代，以选出对环境不敏感的株系，最后培育出较广泛适应外界环境的品种。由于栽培条件对杂种后代有明显选择作用，必须根据育种目标把杂种种植在相应条件下，以便更快地选择出适宜当地种植的优良品种。

后代要选择的性状很多，应根据各性状的遗传特点进行选择。

（一）丰产性状的选择 谷子的产量构成因素包括单位面积有效穗数、单穗粒数和千粒重。由于谷子籽粒小，不易计算单穗粒数，因此在千粒重相近的情况下，可通过比较单穗籽粒质量来间接比较单穗粒数。我国谷子的产量潜力还很大，在近期内，提高上述产量构成三因素的某个、某两个或三者协调提高均能实现产量的提高，其中三者协调提高最易实现丰产性的突破。

1. 单位面积有效穗数的选择 单位面积有效穗数属于数量性状，受多个微效基因控制，遗传率较低，因此应在中高世代（F_3代以后）进行选择，但在早代可通过对株型、株高、穗下茎节长度等与之密切相关的性状进行间接选择。一般情况下，叶片上冲、中矮秆、分蘖、穗下茎节较短的类型成穗率较高。对成穗率的直接选择应采用加大选择压力和连续定向选择的方法，一般自F_4代开始，各代加大种植密度，选择成穗率高、结实性好、抗倒伏性强的类型。对多年国家夏谷新品种区域试验资料的分析统计结果表明，在留苗密度75.0万/hm^2的情况下，高产夏谷品种有效穗数一般在67.5万/hm^2以上。

2. 单穗粒数和单穗籽粒质量的选择 单穗粒数和单籽粒穗质量均属于数量性状，受多个微效基因控制，遗传率较低，因此均应在中高世代（F_3代以后）进行选择，但与二者密切相关的穗长、穗粗、穗码数、码粒数遗传率较高，可在早代通过对这些性状的间接选择来提高单穗粒数和单穗籽粒质量。研究表明，穗长、穗码数与单穗籽粒质量成显著正相关。高产品种一般为穗中等偏长、粗穗、穗码数中等但码粒数较多的类型。

3. 千粒重的选择 谷子千粒重一般在2.0～4.0g，推广品种多在2.5～3.5g。千粒重大于等于3.0g者称为大粒类型，千粒重不足2.0g者称为小粒类型。千粒重高低具有一定的地域性，在我国一般黄土高原和内蒙古高原的谷子品种籽粒较大，华北平原夏谷区品种以中小粒为主，推广品种千粒重一般在2.5～2.8g。千粒重具有较高的遗传率，可在早代选择。实践证明，华北平原夏谷区千粒重的提高有很大潜力，通过选用大粒亲本和后代选择可以明显提高千粒重，而且能够选育出超亲的类型。

（二）品质性状的选择 谷子的品质性状包括食味品质、营养品质、外观品质、蒸煮品质、环境敏感性等。

1. 食味品质 谷子籽实90%以上以初级加工产品（小米）的形式消费，因此食味品质是谷子品质的最重要指标，也是消费者最重视的指标。育种实践表明，提高食味品质应首先选用优质亲本。谷子杂种后代普遍存在超亲现象，双亲亲缘关系越远，出现超亲的概率越高。食味品质可采用两种方法进行评价和选择，一是蒸煮品尝直接评价，二是通过间接指标进行评价。后代选育应在综合性状好的前提下，在F_4代以后就进行食味品质检测或直接蒸煮品尝。

蒸煮品尝直接评价的方法是，以已知优质品种为对照，各品种用相同的米和水，用相同的灶具和相同的时间进行蒸煮，然后根据米粥香味、黏稠度、口感、冷却后回生情况等多个项目进行评分，总分达到或超过优质对照者为优质类型。

间接评价指标包括直链淀粉含量、糊化温度（碱消指数）和胶稠度。直链淀粉含量较低的，米饭黏性大，柔软，有光泽；直链淀粉含量高的（25%以上），米饭干燥，蓬松，色泽暗，适口性差，且有回生现象。直链淀粉含量中等偏低的（14%～17%），一般米饭既保持蓬松又柔软可口，且有光泽。胶稠度是通过3.3%～4.0%冷米胶延伸的长度来反映米胶软硬的。米胶长度小于80mm的为硬，80～120mm的为中，大于120mm的为软。一般情况下，胶稠度软的适口性较好。目前育种中一般要求胶稠度大于100mm。

2. 营养品质 谷子具有营养全面平衡、易消化等优点，是孕妇、儿童和病人的良好营养食物，这已为全世界所公认。目前，由于肉蛋奶等蛋白源供应丰富，而且蛋白质含量高的小米往往食味品质欠佳，因此目前谷子育种中一般不将高蛋白质、高脂肪作为育种目标，谷子育种的目标是进一步提高小米的特色保健营养成分。与小麦、水稻、玉米等粮食作物相比，谷子最突出的优点是含有丰富的维生素B_1、维生素B_2和微量元素硒

(Se)，这些成分具有提高人体免疫力，对皮肤病、克山病、大骨节病和癌症等有辅助治疗作用。因此应将维生素 B_1、维生素 B_2 和微量元素硒作为谷子营养品质的主攻目标。我国谷子品种小米硒平均含量为 71 μg/kg，维生素 B_1 平均含量为 6.3～7.1 mg/kg，维生素 B_2 平均含量为 0.9～1.21 mg/kg。近期保健谷子品种的技术指标为：自然栽培条件下，小米含硒 150～300 μg/kg 或以上，含维生素 B_1 8 mg/kg 以上，含维生素 B_2 1.2 mg/kg 以上。

在育种过程中，营养品质的提高主要依靠目标性状强的亲本之间杂交，通过基因累加效应来实现，后代选育应在综合性状好的前提下，依靠化验分析来选择。

3. 外观品质　外观品质包括小米色泽、色泽一致性、腹沟深浅、碎米多少等。小米色泽是指谷子去壳后的果皮色泽，属于质量性状，可在 F_2 代开始选择，通过多代自交实现纯合。优质品种要求色泽鲜艳（金黄色、鲜黄色、橘黄色）或具有特殊色泽（乳白色、青色、灰色等），色泽一致，腹沟浅，碎米少。外观品质是消费者能直接评价并首要选择的指标，因此外观品质优劣是谷子品质育种成败的关键之一。

4. 蒸煮品质　蒸煮品质是指小米蒸饭或煮粥所需的时间。一般人们喜欢蒸煮需时短、耗能少的类型。蒸煮品质可以通过蒸煮来实测，目前一般要求优质品种的蒸煮时间在 15 min 左右。蒸煮品质也可通过测试糊化温度来间接衡量。糊化温度是淀粉在热水中开始做不可逆膨胀的温度范围，它与适口性无关，但可以衡量小米的蒸煮品质。目前多用碱消指数来测定糊化温度，碱消指数低的糊化温度高，蒸煮一般需时较长。目前多数品种的碱消指数在 2.0～3.0。在实际工作中我们发现，碱消指数有时并不能完全代替实际的蒸煮测试，例如豫谷 1 号和豫谷 2 号的碱消指数分别为 2.1 和 3.4，但实际蒸煮试验，豫谷 1 号却比豫谷 2 号蒸煮省时 5 min 以上。因此间接测试只是反映可能的趋势，一般要求碱消指数 2.0 以上即可，应尽可能进行实际的蒸煮测试。

5. 环境敏感性　品质性状的环境敏感性是指优质品种在不同土质、气候、水肥条件下品质差异的程度。传统的四大贡米对环境表现敏感，必须在特定区域种植才表现优质。1990 年通过河北省审定的冀特 2 号（金谷米）也对环境较敏感，在同属石家庄地区的赵县和无极县两地种植品质差异极显著，在赵县表现为一级优质米，在无极县则品质明显变劣，甚至不如普通品种。但有些优质品种（例如豫谷 1 号）对环境表现不敏感，在各地均表现优质。当前的优质育种，应努力培育出品质性状对环境不敏感的类型，以适应大面积推广和大批量开发的需要。实践证明，在高世代采用异地同步鉴定的方法，可选育出品质性状对环境不敏感的类型。具体做法是，F_4 代及以后各代在 3 种以上不同环境条件下对品质性状的稳定性进行大群体的鉴定筛选，从中筛选出在不同环境条件下均表现优质且综合性状较好的类型。

（三）抗病性的选择　谷子病害有 40 多种，发生较重的有黑穗病、白发病、锈病、谷瘟病、线虫病、纹枯病、褐条病、病毒病等，其中危害严重的世界性病害是锈病。我国谷子主产区的主要病害是谷锈病、纹枯病（主要发生在夏谷区）、谷瘟病、白发病和黑穗病（主要发生在春谷区）。

主要病害对谷子产量的影响是十分严重的，甚至造成绝收。减轻病害的最经济有效的方法是培育抗病品种。目前，谷子病害研究还仅局限于抗病种质资源收集鉴定、病害生理小种分化、流行规律研究和抗病品种选育，遗传研究极少。

抗病育种的前提是选用抗性稳定、综合性状较好的亲本材料，通过与高产亲本杂交、回交培育高产抗病品种。注意杂交双亲的抗病性要能够互补，不可感同一病害，提供抗源的亲本的目标抗性要强；也可采用综合性状较好的抗病亲本进行诱变育种。分离后代应进行人工接种鉴定抗性，对于气传病害（例如锈病）还应设立诱发行。要注意水平抗性和耐病类型的选育。

（四）适应性的选择　谷子品种光温反应比较敏感，尤其是对光照长度反应敏感，一般不能跨生态区种植。高纬度、高海拔的品种引种到低纬度、低海拔地区时生育期缩短，产量水平降低；反之，则生育期延长，有的不能正常成熟甚至不能抽穗。传统的谷子育种，针对谷子地区敏感性强的特点，从目标生态区特定的生态条件出发，制定适宜该区的育种目标。有人认为谷子育种是特定的生态条件下特定的生态类型的改造和不断完善，育种目标实质上是一个具体的生态目标。因此从亲本到分离世代，均在当地进行定向选择，以在该生态区表现好坏作为取舍的唯一标准。采用这种方法育成的谷子品种，有其区域适应性强的优点，表现在本区生长良好，但跨区种植适应能力往往较差，从而使其推广范围受到限制。即使在适应的生态区，一旦生态条件改变或遇上灾害性天气，就会大幅度减产。因此应培育适应性广、能够跨区大面积种植的谷子品种，使新品种发挥最大效益。

选育光温反应不敏感的品种应首先选用光温反应不敏感的亲本，在此基础上，辅以正确的选择方法。山西省农业科学院谷子研究所研究表明，有 8.1%的品种对短光照不敏感，25.6%的品种对长光照不敏感，

12.5%的品种对长光照和短光照均不敏感，对光温综合反应不敏感的品种也占有一定比例。这表明，尽管谷子具有光温敏感特性，但仍存在着一些相对不敏感的类型。这为培育适应性广的谷子品种提供了材料基础。在育种方法上，一般可采用两种方法，一是采用李东辉等提出的动态育种法，即跨生态区对后代进行交替选择；另一种办法是就地进行遮光（14 h）短日照处理或加光（16 h）长日照处理，处理条件下的出苗至抽穗日数与自然条件下出苗至抽穗的日数之比值称为光反应度。光反应度越接近于1，说明光反应越不敏感，其适应性越广。在育种实践中，常利用冬春南繁或温室加代将上述两种方法结合使用，不同环境下均表现突出的类型一般都具有良好的区域适应性。

（五）鸟饲类型的选择 谷子是鸟类喜食的谷物，欧美地区的鸟类饲料主要靠从我国进口谷穗和谷粒。随着各国对环境的重视，鸟类自然保护区在逐年增多，对鸟饲谷的需求必将逐渐增加。鸟饲品种包括穗用和粒用两种类型。穗用型要求谷穗较长，便于挂在树上；刺毛较短，以免刺伤鸟类眼睛。一级品要求穗长为30.4 cm（12 in），二级品要求穗长为25.4 cm（10 in），三级品要求穗长为20.32 cm（8 in），刺毛要求不长于4.5 mm。粒用型品种要求谷粒色泽鲜艳，以便于鸟类发现，以红粒为主，黄粒、白粒也可，千粒重在3.0 g以上。近期鸟饲品种的技术指标是：穗用品种在正常栽培密度下产量与高产品种持平，且有一定比例的谷穗符合出口标准，谷穗二级品率在25%以上，三级品率在50%以上；粒用型品种要求产量与高产品种持平，多点平均千粒重在3.0 g以上。

三、谷子区域试验制度和技术要点

（一）谷子区域试验体制 谷子品种区域适应性试验大致分如下3级进行：①全国性品种区域联合试验，主要根据自然条件、品种生态特性和栽培制度划分。目前全国分为西北、华北和东北3个大的试验区。全国谷子品种区域试验由全国农业技术推广服务中心组织，各区委托实力较强的科研单位主持。②省、直辖市、自治区级品种区域试验，根据本省、直辖市、自治区各地条件确定试验点，由相应的种子管理站主持，并由当地农业科学院协助或联合进行。③地区（盟）级品种区域试验，试验点分设在相应行政区域的有关农业研究所或有关推广部门。

（二）谷子区域试验的技术要点

1. 区域试验点选择 选择生态代表性强、技术水平较高的试验点承担区域试验。一般由科研院所、高等院校、农业技术推广站、原种场承担。地区级试验点要与有代表性的生产示范点相结合，这样有利于提早确定推广的良种。

2. 参试品种 参试品种一般以10个左右为宜，供试种子均由各品种选育单位供给合格种子。统一对照品种为区域内的推广品种，各试验点可根据当地情况另加设当地对照品种。

3. 试验方法 区域试验分小区试验和大区试验（生产试验）两个步骤。小区试验采用随机区组排列，重复3～4次，6～8行区，小区面积为15 m^2左右，小区收获面积不少于13.3 m^2。大区试验面积，每个品种在200 m^2以上，不设重复，顺序排列。

4. 试验周期 试验周期为2～3年，其中小区试验2年，大区试验1年，经1～2年小区试验表现突出的品种可进入大区试验。

5. 耕作栽培管理 除水肥条件应与当地生产水平接近外，要采用先进的措施，各项作业要求及时一致，各重复要一天内完成。试验地的选择必须有代表性，地力接近大田水平，不能相差过大。

6. 试验数据 观察项目记载标准、室内考种等，要求按区域试验统一的规定执行。

7. 试验总结 生长季节由主持单位组织专家进行田间考察，收获后由主持单位进行试验数据汇总，并定期召开阶段性区域试验总结会。

第七节　谷子种子生产技术

一、谷子常规品种种子生产技术

（一）防杂保纯、防退化技术

1. 防止生物学混杂 前文已述，谷子属于自花授粉作物，以有性繁殖方式繁衍后代。其花器构造有利于自花授粉，但也有少量的异交，平均异交率在0.69%，最高可达5.6%。相邻种植的不同谷子品种间、谷子与谷莠子、谷子与青狗尾草之间都会有少量异交，造成生物学混杂。防止谷子品种生物学混杂的主要措施，一是采取隔离措施，二是合理的轮作倒茬，三是及时拔除杂株和谷莠子。研究表明，花粉供体、受体植株相邻 0.03 m 时基因流频率最高，平均为 1.14%，基因流锐减的陡坡发生在 0.5 m 以内，与花粉体植株相距 20 m 时漂移风险开始趋向于零，但某些方向（例如顺风方向）60 m 时仍可检测到基因漂移。因此不同品种不要相邻种植，一般应相距 20 m 以上。隔离作物最好采用高秆作物。轮作倒茬也是防止生物学混杂的有效措施，一般谷子繁种田应选择 3 年内未种过谷子的地块。在谷子抽穗后、开花前及时连根拔除杂株和谷莠子是防止生物学混杂的重要措施。

2. 防止机械混杂　由于谷子是小粒作物，从种子准备、播种、收获、晾晒、脱粒、运输、加工直到储存，都容易造成机械混杂。因此要建立严格的种子繁育技术规程，做到 1 个繁种村只种 1 个品种，且连片种植，播种、收获、晾晒、脱粒、运输、加工均统一进行，并单独储存，严防机械混杂。

3. 适度选择防退化　一个优良品种即使没有混杂，若连续多年进行穗行选择，也会导致一些优良基因的丢失，引起退化。因此在保持种性的前提下，应尽可能减少穗行选择的代数，可利用谷子耐储存和繁殖系数高的特点，在新品种推广之初，在低温低湿种子库中储存一定数量的育种家种子或原原种，每年或每隔 2 年取出一部分进行原种繁殖。由于谷子用种量仅为 7.5～10.0 kg/hm^2，繁殖系数高达 500 左右，且谷子品种地域性强，一个优良品种的年推广面积一般仅为 3×10^4～10×10^4 hm^2。按一般谷子品种使用寿命 10 年，特别优良的品种使用寿命 15～20 年，年种植面积 10×10^4 hm^2，繁殖田播种量为 10 kg/hm^2，繁种田单产为 3 500 kg/hm^2，农民生产播种量为 15 kg/hm^2 推算，育种家种子仅需保存 350～700 g 即可满足 10～20 年的需要，每年仅需原原种繁殖田 35 m^2，原种繁殖田 1.2 hm^2。

（二）常规谷子品种四级种子生产体系和质量标准

1. 育种家种子　育种家种子是在新品种审（认）定或开始推广的第 1 年，由育种者直接生产和保存的原始种子，世代最低，具有该品种的典型性状，遗传稳定，纯度为 100%，净度为 99%以上，发芽率在 90%以上，水分在 12%以内，产量和其他主要性状符合推广时的原有水平。育种家种子用白色标签作标记。育种家种子的生产在育种家种子圃进行，应由单株繁殖而来，每品种至少种植 20 个株系，周围进行严格隔离。一般行长为 4～5 m，3～5 行区，每隔 1 个株系空 1 行作为观察道。生长发育期间按农业农村部制定的谷子特异性、一致性和稳定性（DUS）测试标准严格调查各个性状，选择最具典型性的株系的中间行单收单打。收获后储存于低温低湿种子库中备用。当储存条件不具备时，可由育种者从优系种子开始建立保种圃，以株行循环法的形式生产育种家种子，保种圃的种植形式、收获方式与育种家种子圃相同。

2. 原原种　原原种由育种家种子直接繁殖而来，一般由育种者直接生产。原原种具有该品种的典型性状，遗传稳定，纯度为 100%，净度在 99%以上，发芽率在 90%以上，水分在 12%以内，比育种家种子多 1 个世代，产量和其他主要性状与育种家种子基本相同。原原种用黄色标签作标记。原原种繁种田实行单株稀植，不分株行，行长为 5～6 m，周围进行严格隔离。

3. 原种　原种是由原原种繁殖的第一代种子，由指定的原种场或特约基地繁殖。原种的遗传性状与原原种相同，产量等主要性状仅次于原原种，纯度在 99.8%以上，净度在 99%以上，发芽率在 90%以上，水分在 13%以内。原种用紫色标签作标记。原种繁种田周围设置严格隔离。生长发育期间加强管理，开花前由专业技术人员严格除杂去劣，单收单打，严防生物学混杂和机械混杂。

4. 大田用种　大田用种是由原种繁殖的第一代种子，在专业技术人员指导下由特约基地繁殖。大田用种的遗传性状与原种相同，产量和其他主要性状仅次于原种，纯度在 98%以上，净度在 99%以上，发芽率在 85%以上，水分 13%以内。大田用种用蓝色标签作标记。大田用种繁种基地要严格做到一村一个品种，并连片种植，周围设置隔离带。统一播种，统一田间管理，开花前在专业技术人员指导下严格除杂去劣，统一收获、脱粒、晾晒、加工和储存，严防生物学混杂和机械混杂。

二、谷子杂交种种子生产技术

（一）谷子杂交种亲本繁育技术

1. 光敏隐性核雄性不育系种子生产　第 1 年，雄性不育系按行种植选择单株，苗期、抽穗前根据原系特征特性，严格拔除杂株和劣株，选择生长整齐一致的单株，在抽穗后开花前每穗套 1 个袋，成熟后，在田间根据原系特征特性对初选穗进行复选，按穗分别单收单脱单储。第 2 年进行穗行鉴定，将上年入选的雄性不育系按穗行编号种植，每行种植面积和留苗密度相等，抽穗后开花前严格套袋自交，花期根据原系特征特性、整齐度进行初选，整行雄性不育株率达 99.8%以上者入选，按穗行混合脱粒保存。第 3 年进行穗系比较，将上年入选的雄性不育系，按穗系种植，各穗系播种面积和留苗密度相等。开花前根据原系特征特性和整齐度进一步鉴定，如果发现杂株、可疑株或生长不整齐的植株占全系比例超过 0.2%，则全系淘汰。入选穗系套袋自交，分穗系混收，干燥后储存于低温低湿种子库中备用，作为大面积制种田雄性不育系扩繁使用，此后根据制种需要，每年取出一定量雄性不育系进行扩繁，扩繁田与相邻谷田隔离距离 500 m 以上。雄性高度不育系在主产区当地繁殖，开花前拔除杂株、可疑株或生长不整齐的植株，收获前去除雄性可育株及周围 2 m 内的雄性不育株，余下的混收用于杂交种制种。光温敏核雄性不育系冬季在海南省三亚表现雄性可育，雄性不育系繁种量更加容易得到保证。

2. 恢复系种子生产 恢复系种子生产与常规品种基本相同，一般采用原种用于杂交种种子生产。

（二）谷子杂交种制种（种子生产）技术

1. 播种与行比 播种前，结合整地施足基肥，可施农家肥 45 t/hm^2 和磷酸氢二铵 375 kg/hm^2。根据父本和母本各自从种植到开花所需的时间，确定父本和母本是同期播种还是错期播种。父本抽穗至开花时间比母本抽穗至开花时间早 3 d，所以父本可适当调整提前抽穗。错期播种时，要先播从种植到开花所需时间长的亲本，间隔从种植到开花所需时间相差天数后再播另一个亲本。错期播种覆土深度要一致，避免由于出苗不一致导致花期不遇。采用平播或条播方式均可，播种深度为 3 cm 左右，播种后及时镇压。母本用种量为 7.5 kg/hm^2 左右，父本用种量为 3.75 kg/hm^2 左右。父本与母本种植行数比为 2∶6 或 1∶3，父本行距为 33 cm，母本行距为 20 cm。

2. 田间管理 在苗高 5～6 cm 时进行间苗和定苗。春播时，一般掌握父本株距为 25 cm（留苗密度约为 3.6×10^4 株/hm^2），母本株距为 10 cm（留苗密度约为 3.0×10^4 株/hm^2）。夏播时，一般掌握父本株距为 10 cm（留苗密度约为 9.0×10^4 株/hm^2），母本株距为 7 cm（留苗密度约为 45.0×10^4 株/hm^2）。在抽穗期和灌浆期各浇 1 次足水。当父本苗高 30 cm 时，结合中耕，追施尿素 150 kg/hm^2；父本和母本抽穗前，结合浇水，追施尿素 225 kg/hm^2。

3. 除杂去劣 父本和母本都要严格除杂去劣，分 4 次进行。第 1 次在拔节期进行，根据株高、叶色及分蘖能力等主要性状，将杂株、劣株、病株以及可疑株连根拔除；第 2 次在开花期进行，根据株型、穗型、颖色等主要性状，及时拔除父本和母本行中的杂株；第 3 次在收获期进行，收获前拔除母本行中的杂穗；第 4 次在脱粒时进行，脱粒前去除母本穗中的父本穗、结实较满的母本穗和其他杂穗。

4. 花期预测和调节 花期是否相遇决定了杂交制种的产量和品质，因此花期的预测和调节非常重要。因为干旱或其他原因影响父本和母本不能正常出苗时，可采用大苗和小苗同留或促控的办法，尽量使父本和母本生长发育同期。拔节后采用解剖植株的方法预测花期，当父本和母本未展开叶相差 2 片叶以上或父本和母本生长锥相差 1/3 以上时，可以判断为花期不遇。当花期不遇时，对生长发育滞后的亲本采取早中耕、多中耕、偏水偏肥、根外追肥等措施，促其生长发育；或对生长发育超前的亲本采取深中耕断根、适当减少水肥等措施，控制其生长发育；或者同时使用上述 2 种方法，从而使母本比父本早开花 1～2 d。

5. 辅助授粉 谷子是自花授粉作物，必须进行人工辅助授粉。要掌握正确的授粉时间，并尽量缩短授粉时间。具体操作方法是：当父本开花后，每天早晨母本旗叶无露水时，将父本穗向母本穗扑打，直到父本花粉散尽。授粉太早时，花粉遇水破裂；授粉太晚时，父本花药开裂，花粉散落，减少了母本的受粉量。授粉期一般为 10～15 d。

6. 收获 父本和母本应单独收获，要先收获父本，严格剔除混在母本行中的父本穗。母本收获一般在蜡熟末期种子水分约为 20%时收获。

三、谷子种子检验和加工

（一）谷子种子检验 谷子种子扦样按《农作物种子检验规程 扦样》（GB/T 3543.2—1995）进行，净度分析按《农作物种子检验规程 净度分析》（GB/T 3543.3—1995）进行，发芽试验按《农作物种子检验规程 发芽试验》（GB/T 3543.4—1995）进行，真实性和品种纯度鉴定按《农作物种子检验规程 真实性和品种纯度鉴定》（GB/T 3543.5—1995）进行，水分测定按《农作物种子检验规程 水分测定》（GB/T 3543.6—1995）进行。谷子大田用种要求纯度在 99%以上，净度在 98%以上，发芽率在 85%以上，水分在

13%以下。谷子种子检验还包括对病虫害感染程度的检验，其检查方法一般在收获前进行田间检验，主要检验线虫病、白发病、黑穗病等种传病害。

（二）谷子种子加工　谷子种子加工包括干燥、包衣、包装等。

1. 谷子种子干燥　谷子种子安全储藏水分要求13%以下。生产上常用自然干燥法，即利用日光曝晒、通风、摊晾等方法降低种子水分。此法简单、经济、安全，一般不易丧失种子生活力，但必须备有晒场，同时易受到气候条件的限制。还可采用人工机械干燥法，即采用动力机械鼓风或通过热空气的作用来降低种子水分，但必须有配套的设备，并严格掌握温度不超过40℃，同时水分不宜下降过快。

2. 谷子种子包衣　谷子种子包衣一般采用液体种衣剂，药种比为1∶40～60，采用包衣机混匀后堆闷4 h后阴干至水分13%以下。种衣剂除传统的成分外，一般添加防治苗期虫害（例如蝼蛄、粟负泥虫、粟凹胫跳甲、粟鳞斑肖叶甲）以及线虫病、白发病、黑穗病等种传病害的药剂，有些非种传病害（例如纹枯病、谷锈病）采用种衣剂处理也有很好的效果。目前，河北省农林科学院谷子研究所已针对春谷和夏谷的特点研制出相应的专用种衣剂配方。

3. 谷子种子包装储藏　水分合格的谷子种子较耐储藏，不易霉变和生虫，库房不必进行药剂熏蒸。收储的谷子种子宜采用通气性好的编织袋、麻袋包装，堆高为2～3 m，底层采取防潮措施。烘干的谷种应冷却至常温后再入库。为方便管理和检查，堆码时包装堆垛应距离墙面0.5 m，垛与垛之间相距0.6 m作为操作道和通风道，垛向应与库房的门窗平行。种子入库前，库房需提前打开门窗通风干燥1～2 d。仓库必须具备通风、密闭、隔湿、防热等条件，通风之前必须测定仓库内外的温度和相对湿度，以决定是否可以通风。一般仓外温度和湿度均低于仓内时可以通风，雨天、浓雾天不宜通风。

第八节　谷子育种研究动向和展望

目前，制约我国谷子育种因素主要包括两个方面，一是间苗、除草难；二是基础研究薄弱，育种手段落后。预计今后一个阶段我国的谷子育种将重点针对上述难点开展攻关。

一、谷子抗除草剂育种研究动向和展望

谷子是小粒半密植作物，精量播种困难，且农民形成的“有钱买种无钱买苗”的思想难以克服，因此使得间苗成为一项繁重的劳动。此外，多数谷子品种不抗除草剂，长期以来，除草一直依靠人工作业。间苗、除草稍不及时或遇连阴雨天气就会造成苗荒和草荒，常年因此减产30%左右，不仅制约着谷子产量的提高，也难以实现集约化栽培和经济效益的提高。

1981年，法国在野生青狗尾草（*Setaria viridis*，$2n=2x=18$）群体中发现了抗除草剂的突变体，经过筛选和遗传研究，先后得到受细胞质基因控制的抗阿特拉津（atrazine）材料、受2对隐性核基因控制的抗氟乐灵（trifuraline）材料以及受1对核显性单基因控制的抗烯禾啶（sethoxydime）材料。2002年前后加拿大又发现了受1对核显性基因控制的抗咪唑乙烟酸（imazethapyr）以及抗烟嘧磺隆（nicosulfuron）的狗尾草类型。这些抗除草剂基因已通过杂交转育到谷子中，其中抗烯禾啶类型得到广泛应用，已有200多个抗烯禾啶谷子品种在生产上应用，抗咪唑乙烟酸的谷子品种也已开始应用，抗烟嘧磺隆的谷子类型也将得到应用。抗阿特拉津类型由于是叶绿体基因突变产生的抗性，对光合作用有影响，且遗传稳定性差，已较少应用；抗氟乐灵类型由于抗性差未能应用。在抗除草剂材料利用方面，程汝宏等（2006）提出了“简化栽培谷子品种选育及其配套栽培方法”并获得了国家发明专利，其核心是培育抗、不抗或抗不同除草剂的同型姊妹系或近等基因系，按比例混配成多系品种，利用姊妹系对除草剂的抗性差异，实现化学间苗和化学除草，并研究形成了以播种量、姊妹系或近等基因系混配比例、配套除草剂种类与使用方法为主的谷子简化栽培技术规程。多家单位利用这项技术培育出抗除草剂的谷子新品种，例如抗烯禾啶除草剂的冀谷31、冀谷42、豫谷35、长农47、公谷88和金苗K_1，抗阿特拉津的冀谷24，抗咪唑乙烟酸的冀谷33，兼抗阿特拉津和烯禾啶的冀谷34，兼抗烯禾啶和咪唑乙烟酸的冀谷35、冀谷39及九谷27，兼抗烯禾啶、咪唑乙烟酸和烟嘧磺隆的冀谷43，兼抗烯禾啶和嘧草硫醚的冀谷47等多个品种已在生产上广泛应用。不同类型的抗除草剂谷子品种倒茬种植，可以解决重茬谷田上年落粒谷子导致的自生苗以及发生基因漂移的狗尾草造成的危害。但谷子抗除草剂育种仍存在一定问题，例如烯禾啶除草剂只杀单子叶杂草，需要对谷子安全的辅助除草剂灭除双子

叶杂草。咪唑乙烟酸、烟磺隆和嘧草硫醚虽然对单子叶和双子叶杂草均具有良好的除草效果，但在东北及高海拔冷凉地区土壤中残留的时间较长（3个月以上），对豆科以外的一些后茬作物有影响，特别是对十字花科蔬菜影响很大，应注意前后茬合理搭配。

抗除草剂基因在谷子杂种优势利用应用中有良好的应用前景，可利用现有显性抗除草剂基因培育新型恢复系，使其配制的杂交种携带显性抗除草剂基因，可通过喷施除草剂解决谷子杂交种去除假杂种、非目的杂种和杂草的难题，获得整齐杂交种群体。将核隐性抗除草剂基因转移到优良雄性不育系中，雄性不育系扩繁时可喷施除草剂去除杂株和杂草，不仅保证雄性不育系纯度，还降低繁种隔离条件，简化雄性不育系繁种程序。总之，抗除草剂谷子品种的选育和应用，将改变传统的依赖人工间苗除草的生产局面，大大减轻杂草危害和劳动强度，使集约化栽培成为可能，预期推广前景十分广阔。

除抗除草剂外，培育在低密度和高密度下自身调节能力强的新品种，对适应谷子精量免间苗播种有着很重要的意义。自身调节能力强的品种可从两个方面解决，一是利用分蘖性来调节密度，低密度下多分蘖，高密度时少分蘖，最终达到丰产目的，豫谷1号、谷丰1号即为此种类型。另一个方法是培养边行优势大的类型，稀密度时能充分发挥个体优势，高密度时发挥群体优势，在两种情况下均能丰产，冀谷19、冀谷31属于此种类型。上述两种类型品种的关键是注意提高品种的抗倒伏能力。控制适当的株高和成熟后期脱水快的品种对适应机械化联合收获有重要意义，这方面的研究工作已经开展。

二、谷子杂种优势利用研究动向和展望

利用杂种优势是提高作物产量最为有效的途径之一。我国谷子杂种优势利用已开展近50年，处于世界领先地位，育成的核隐性雄性高度不育两用系（雄性不育株率为100%，雄性不育度为95%），易转育、易恢复、易利用。育成的冀谷16、龙杂谷1号、张杂谷1号等组合已通过审定，较常规对照品种增产15%以上，但一直未能大面积应用于生产，主要是制种产量低、纯度差（真杂交率通常只为40%～80%），去除假杂种困难。

河北省张家口市坝下农业科学研究所采用抗烯禾啶的恢复系与核隐性雄性高度不育系 A_2 组配的抗除草剂杂交种张杂谷3号通过全国谷子品种鉴定委员会鉴定，并在杂交种种子生产技术方面取得突破，杂交种种子产量达1 500 kg/hm^2。该杂交种可通过喷施烯禾啶除草剂去除雄性不育株、杂株和杂草。此后又相继育成了张杂谷5号、张杂谷6号等系列抗除草剂杂交种。山西、河北、辽宁等育成了抗除草剂的冀杂谷1号、长杂谷2号、朝杂谷1号等。目前，抗除草剂谷子杂交种已在河北、山西、陕西、宁夏、内蒙古等地示范推广，使谷子两系杂交种实现了大面积生产应用，扭转了40多年来谷子杂种优势利用的被动局面，带动了谷子杂交种选育的研究。

三、谷子生物技术育种研究动向和展望

谷子已完成了全基因组测序，且已对916个品种进行了重测序，各类分子标记开发和标记图谱构建相继开展，这为谷子生物技术育种提供了新的机会。2014年3月首届国际谷子遗传学会议在北京召开，成立了国际谷子研究联合会，并致力于将谷子发展成水稻以外的禾本科另一个功能基因组研究的模式作物，这也为谷子生物技术育种的发展提供了新机会。

谷子和其野生种青狗尾草均是二倍体，基因组大小约为490 Mb，与水稻大小类似，在禾本科中属较小的基因组，且重复序列少；谷子和青狗尾草生育期短，生育期短的品种50～70 d可完成1个生长繁殖周期，且每个植株可收获数百数千粒种子，所有这些特点具备模式植物的特征。中国农业科学院作物科学研究所、中国农业大学和美国康奈尔大学正在联合攻关谷子和青狗尾草的高效转化技术，且已建立的转化成功率在8%左右的稳定转化体系，所有这些工作都促进了谷子发展为功能基因组研究的模式作物。谷子属禾本科黍亚科的 C_4 植物，C_4 植物不仅具有高的光合效率，且抗旱性强、水肥利用效率高，而目前已有的拟南芥和水稻等模式植物均为 C_3 植物，应该说谷子发展成为模式作物为研究和解析 C_4 植物光合途径及作物抗旱性提供了可能。目前国际上许多实验室已开始利用谷子和青狗尾草开展 C_4 植物光合作用研究，例如在美国盖茨基金会的支持下，由多个国际一流实验室参与的国际 C_4 水稻项目就是利用谷子和青狗尾草来发掘 C_4 相关的基因。谷子作为模式植物不仅可研究 C_4 植物光合途径，还可为近缘的玉米、甘蔗、珍珠粟、柳枝稷、黍稷、高粱等作物提供基因组和基因信息，促进这些作物分子育种的发展。正因为这些原因，使得谷子已成为一个

国际关注的作物。

谷子分子标记和功能基因组的研究，必然为谷子育种提供新的信息，为谷子的分子设计育种和优良等位基因的聚合提供支撑。可以预测，在不久的将来，包括产量性状、品质性状、抗旱耐逆性、抗病性等众多谷子重要性状将在基因组水平上被解析，从而实现谷子育种目标性状的分子标记辅助选择和基于基因组设计的聚合育种，培育出更优良的谷子新品种。

复习思考题

1. 简述我国谷子育种历史，讨论今后我国各谷子产区生产的发展方向和育种任务。
2. 归纳谷子主要育种性状的遗传特点，举例说明在育种上如何利用这些遗传信息。
3. 谷子、谷莠子、狗尾草分类学地位及进化关系如何？如何认识这些类群的育种利用价值？
4. 试设计以选育优质谷子品种为目标的杂交育种方案（从亲本选配开始）。
5. 简述通过谷子显性核雄性不育及光敏隐性核雄性不育系统利用杂种优势的育种程序。与细胞质雄性不育系统相比，核雄性不育系在杂种优势利用中的优缺点是什么？
6. 简述我国谷子种子生产和防杂保纯的主要技术。
7. 讨论生物技术在国内外谷子改良中的应用现状及发展趋势。

附　谷子主要育种性状的记载方法和标准

一、生育时期

1. 播种期　播种期注明年、月、日。

2. 出苗期　幼苗猫耳展开第1片真叶露出叶鞘为出苗。目测各品种小区出苗数占全区应出苗数的50%的日期为出苗期，以月、日表示。

3. 抽穗期　全区50%植株的主穗尖端已抽出剑叶鞘时的日期为抽穗期，以月、日表示。

4. 开花期　当全区50%的植株穗中部开始开花时记为开花期。

5. 成熟期　全区90%以上的主穗的谷粒已显现原品种成熟时的颜色，且谷粒内含物呈粉状而坚硬时，为成熟期，以月、日表示。

6. 生育期　从出苗的次日算起，到成熟期之日止的时间长度为生育期，以d表示。

7. 收获期　收获的日期即收获期。

二、植物学性状

8. 植株色泽

（1）幼苗叶色　幼苗叶色分为绿色、浅绿色、黄绿色、紫绿色、紫色等，定苗前观察记载。

（2）幼苗叶鞘颜色　幼苗叶鞘颜色分为绿色、紫色、浅紫色等，定苗前记载。

（3）穗刺毛和护颖色　在开花盛期（抽穗后5～7d）记载穗刺毛和护颖色，分为绿色、紫色、深紫色和褐黄色4种。

9. 茎秆性状

（1）分蘖性　用有效茎数和无效茎数来说明分蘖性。在全区稀密均匀、有代表性的地段调查25株的总茎数和无效茎数，计算平均每株有效茎数和无效茎数。

（2）主茎长度　收获后取样测量由分蘖节到穗基部的长度（cm），即为主茎长度，求20株平均值。

（3）主茎节数　主茎节数即成熟时主茎的可见节数，求10株平均值。

10. 穗部性状

（1）穗形　穗形一般分为纺锤形、圆锥形、圆筒形、棍棒形及异形（佛手、龙爪、猫爪、鸭嘴等）。同一穗形中，如有明显差异应加以说明。

（2）主穗长　由主穗基小穗到穗尖（包括无效码）的长度（cm）即为主穗长，求20株平均值。

（3）单穗质量　单穗质量（g）用20穗的平均值。

（4）单穗籽粒质量　单穗籽粒质量（g）用20穗的平均值。

（5）出谷率　单穗籽粒质量占单穗质量的比例（%）即为出谷率。

（6）穗刺毛长短　穗刺毛长短分为无、短（1～4mm）、中（5～8mm）、长（9mm以上）4级记载。一般试验目测即可，或在穗中部测10～20条刺毛长度，记载平均值。

11. 籽粒性状

（1）谷粒色　谷粒色分为白色、黄色、红色、粟灰色、黑色等。

（2）千粒重　称谷粒2g，计其粒数，重复3次，取其相近二数求平均值，换算成千粒重（g）。

12. 米质

（1）粳或糯　粳或糯的鉴定方法有目测法（米质透明而呈玻璃状的为粳，不透明而呈粉质的为糯）和碘化钾液测定法（粳性者呈蓝色，糯性者呈红色）。

（2）米色　米色分为黄色、白色、灰色和青色。

（3）米饭的感官性状　用小米煮粥或焖饭，由6人以上品尝评定米饭的感官性状。以公认的优质谷子品种为对照，用同等数量的谷子由同一个操作人员碾米，取相同质量的小米、加同等质量的水，用相同的灶具烹煮相同时间，煮粥时小米和水的比例为1∶13，焖干饭时小米和水的比例为1∶1.2。品尝指标和赋分见表8-4。总分超过对照的为一级优质米，总分低于对照5分以内的为二级优质米，其余的为非优质米。

表8-4　米饭品尝指标和赋分

食味品质（60）						商品品质（40）		总分
香味（10）		感观品质（10）		适口性（40）		色泽（25）	一致性（15）	
稀饭（5）	干饭（5）	稀饭（5）	干饭（5）	稀饭（25）	干饭（15）			

（4）理化品质测定　理化品质测定包括直链淀粉含量、胶稠度和糊化温度的测定。

三、生物学特性

13. 抗倒伏性　谷子生长发育期间，于风雨灾害后及成熟前目测各品种倒伏程度、倒伏面积、倒伏后的恢复情况及对产量的影响，将倒伏性分为5级，分别以0、1、2、3、4表示。

0级：无倒伏症状或者稍微倾斜，但能很快恢复直立，对产量无影响。

1级：倾斜角度＜30°，倒伏面积在15%以上，对产量有轻微影响。

2级：30°≤倾斜角度＜45°，倒伏面积为30%以上，对产量有影响。

3级：45°≤倾斜角度＜60°，倒伏面积为50%以上，对产量有较大影响。

4级：倾斜角度60°以上，倒伏面积为50%以上，并严重减产。

调查时记明倒伏时间、倒伏原因、倒伏部位和生育阶段，并记以后恢复情况。注意钻心虫等虫害及人为因素造成的倒伏与健株倒伏的区别。

14. 耐旱性　遇旱害年份记载耐旱性，根据植株萎蔫程度、抽穗情况、穗部秃尖情况分别记载分为1（强）、2（中）和3（弱）共3级，并根据具体情况，记述各级受害的现象。

15. 病害　于病害发展高峰期调查记载病害。取样调查各小区计产的行数，根据不同病害，分别以病株率、病叶率和病害严重率表示。

（1）白发病、黑穗病、线虫病、病毒病等类型病害　均以病株率表示。

（2）谷锈病　于病害盛发期，目测各品种谷锈病病株率和严重率分别予以记载，严重率分为以下5级。

0级：全株叶片无病斑点（高抗）。

1级：植株下部叶片有零星病斑（抗）。

2级：植株中部叶片有中量病斑，下部叶片有枯死（中抗）。

3级：上部叶片有中量病斑，中部叶片有枯死（感）。

4级：上部叶片有多量病斑，全株基本枯死（重感）。

（3）谷瘟病　于病害盛发期，目测谷瘟病病斑占总叶面积的比例（%），分为以下5级。

0级：植株叶面无病状（高抗）。

1级：病斑占叶面积的10%以下（抗）。

2级：病斑占叶面积的11%～25%（中抗）。

3级：病斑占叶面积的26%～40%（感）。

4级：病斑占叶面积的41%以上（重感）。

(4) 纹枯病　此病目前尚无统一调查标准，暂时按下列标准记载：于灌浆中后期调查，分为5级。

0级：无发病症状（高抗）。

1级：主茎基部1～2片叶叶鞘有轮纹状病斑（抗）。

2级：主茎地上部3～5片叶叶鞘有轮纹状病斑（中抗）。

3级：主茎地上部6片叶以上叶鞘有轮纹状病斑（感）。

4级：全株叶鞘均出现轮纹状病斑（重感）。

16. 虫害　主要调查记载钻心虫蛀茎，于成熟前调查100株，计算蛀茎株占总株数的比例（%）。

四、生产力特性

17. 单位面积穗数　收获时调查小区有效穗数，折算成单位面积穗数，以万/hm^2表示。

18. 籽粒产量　以小区产量折算为单位面积产量，以kg/hm^2表示。

19. 谷草产量　把小区谷草产量折算为单位面积产量，以kg/hm^2表示（以自然干燥为标准）。

20. 出米率　用5kg谷碾得小米的质量折算为碾米的比例（%），即出米率。

（王润奇第一版原稿；程汝宏、王润奇第二版修订；刁现民、程汝宏第三版修订）

第二篇　豆类作物育种

第九章　大豆育种

第一节　国内外大豆育种概况

大豆（soybean），学名为*Glycine max*（L.）Merrill，原产于我国，在公元前就已传布至邻国及东亚，但18世纪才开始在欧洲种植，19世纪引入美国，以后又扩展到非洲、拉丁美洲，20世纪后期才在大洋洲种植。历史上我国的大豆生产一直居世界首位，至1953年美国跃居首位，由此美国的大豆生产一直领先，这与以往我国强调自给而美国强调世界贸易的政策有关。近年来，南美洲大豆生产发展迅猛，2003年南美洲大豆总产已超过北美洲。目前大豆产量居前的国家是美国、巴西、阿根廷、中国和印度，单产水平分别约为3.31 t/hm^2、3.38 t/hm^2、3.17 t/hm^2、1.79 t/hm^2 和1.04 t/hm^2；其他大豆生产较多的国家还有巴拉圭、乌拉圭、乌克兰、俄罗斯、加拿大、墨西哥等。

大豆种子约含20%油脂及40%蛋白质，为世界提供了30%植物油及60%植物蛋白来源。大豆在我国及其他东方国家和地区的传统利用和加工包括：①豆乳、豆腐类制品；②酱、酱油、豆豉、纳豆等发酵类制品；③直接或发芽后食用，例如与粮食混合食用、毛豆、豆芽等；④榨油，其中油脂食用，豆饼作饲料或肥料等。随着加工工业的发展，大豆加工利用的途径日益增多。豆油经精制后可进一步加工为色拉油、起酥油、马其林等产品。豆粕可加工为豆粉作饲料用，进一步可加工制成浓缩蛋白及分离蛋白和组织蛋白等食用蛋白产品。豆油及大豆蛋白还有多种工业用途。此外，大豆磷脂、异黄酮、维生素E、低分子多肽是重要保健食品，是新兴的大豆精深加工产品。

一、大豆的繁殖方式和品种类型

大豆是自花授粉的种子繁殖作物，自然异交率通常低于1%。

大豆的花为完全花，具有5裂萼片、5个花瓣、1个雌蕊、10个雄蕊（其中9个联合成雄蕊管、1个单独）。大豆花开放时间很短，开花次日即开始凋萎。大豆花冠开放前1d，整个花冠由旗瓣紧裹，稻粒大小，微露于花萼之中，此时柱头已成熟具有良好的接受花粉能力；但花药中的花粉成熟迟于柱头，通常在开花前1d的半夜或开花当日凌晨才具正常发芽受精能力。自然温度和湿度条件下花粉生活力保持时间甚短，一般仅开花当天有生活力，露水重更易使花粉发芽黏结。人工快速干燥、温度降低至0℃左右的条件下可以延长花粉生活力保持的时间，10d以后还能使雌蕊受精结荚，2～3月以后还具有发芽力。

大豆花着生在叶腋及茎顶的花序上。叶腋中的主芽，在下部节上可发育为分枝，在上部节上发育为花序；叶腋中的侧芽可发育为小分枝或小花序。主茎及分枝顶端生长点均发育为花或花序，但由营养生长转为生殖生长的相对时间在品种间有很大差异。无限结荚习性类型（又称为无限生长习性类型）在茎中下部节开始开花后，茎上部继续保持相当长时期营养生长，茎顶无明显花序而只着生个别花朵，茎粗与叶片由初花节起向上减小，顶节极小，由下而上陆续开花结荚，但同时成熟。有限结荚习性类型则在茎顶花序形成后才在中上部节开始开花，营养生长期与生殖生长期重叠时间较短，茎顶有明显的花序，茎粗与叶片大小在上部与下部节间差异不如无限性类型悬殊，各节虽陆续向上开花，但成荚时间相差不明显。亚有限结荚习性类型的表现介于两者之间，但中部与上部节的粗细及叶大小亦悬殊，而茎顶又有明显花序。不论何种生长习性类型，大豆开花由最下1～2个花节上主芽形成的花序开始，依次向上发展，侧芽形成的花序开花较迟，同一花序上亦由下部向上开花。一般条件下，始花后3～4 d全株进入开花盛期，持续10 d左右，以后每天开花数逐渐减少，全株开花历期可达1个月左右。大豆作为复种制度中的短季作物时，因生育期短，其开花历期亦相应缩短。结荚习性具有明显的生态特点，北方、春播、肥水条件较差时常为无限或亚有限结荚类型，反之南方、夏播、肥水充足条件下常为有限结荚类型。

大豆杂交，一般在开花前一天15:00—19:00去雄，次日7:00—10:00采集当日开花的花药授粉；也可在当天上午去雄，去雄后立即授粉。

迄今，生产上应用的大豆品种类型有两类。一类为地方品种或农家品种；另一类为家系品种，包括纯系品种。在国外也有将多个家系品种按一定比例合成的混合品种。我国正在研究杂种优势利用（杂交种品种）。

我国大豆生产有悠久的历史，广阔的产区分布和多种多样的复种制度，导致形成多种多样的农家地方品种。迄今，我国一些大豆生产零星分布的地方，尤其小批量生产的地方，包括菜用豆，所用的大豆品种仍以地方品种为多。20世纪20年代起，我国开始了有科学计划的大豆家系品种选育。早期的家系品种选育主要是从地方品种的自然变异群体中分离选育纯系，例如东北的黄宝珠、紫花1号和小金黄1号，江南的金大332等。后来进一步开展杂交育种，从杂种后代选育家系品种。杂交育种预见性强，育成优良品种的机会多，我国近50年来育成的新品种大部分来自杂交育种。诱变育种在20世纪后期也曾应用，现在则加强发展转基因育种，但尚未有转基因品种正式释放，主体仍倚重于杂交育种。

二、我国大豆主要育种区域、育种计划和育种进展

（一）大豆育种区域　一定区域内由于相近的自然条件（包括地理、土壤、气候等）、耕作栽培条件及利用要求，导致当地品种具有相对共同的形态、生理生化特点，形成了特定的品种生态类型。反过来，特定生态类型的品种适应特定生态区域或生态条件。不同生态类型品种间主要的性状差异与某些主要生态因子有关。大豆的主要生态性状有生育期及其对光周期和温度的反应特性、结荚习性、种粒大小等。

从全国大范围着眼，大豆品种生态因子主要是由地理纬度、海拔高度以及播种季节等所决定的日照长度与温度，其次才是降水量、土壤条件等。因而品种生育期长度及其对光温反应的特性是区分大豆品种生态类型的主要性状。我国大豆品种生态区域的划分是研究种质资源和进行分区育种的基础。我国大豆生态区的划分曾有多种方案，经相互取长补短，将全国划分为3大区（北方春作大豆区、黄淮海流域夏作大豆区和南方多作大豆区）10亚区。盖钧镒、汪越胜（2001）研究认为，南方地域广大，各地复种制度及品种播种季节类型不一致，据此将南方区进一步划分为4个区，从而提出6个大豆品种生态区及相应亚区的划分方案。其划分与命名均打破行政省区的界线，以地理区域、品种所适宜的复种制度及播种季节类型而命名，并缀以品种生态区或亚区，以表示这是根据各地自然、栽培条件下品种生态类型区域的划分。

Ⅰ　北方一熟制春作大豆品种生态区（简称北方一熟春豆生态区）

Ⅰ-1　东北春豆品种生态亚区（简称东北亚区）

Ⅰ-2　华北高原春豆品种生态亚区（简称华北高原亚区）

Ⅰ-3　西北春豆品种生态亚区（简称西北亚区）

Ⅱ　黄淮海二熟制春夏作大豆品种生态区（简称黄淮海二熟春夏豆生态区）

Ⅱ-1　海汾流域春夏豆品种生态亚区（简称海汾亚区）

Ⅱ-2　黄淮流域春夏豆品种生态亚区（简称黄淮亚区）

Ⅲ　长江中下游二熟制春夏作大豆品种生态区（简称长江中下游二熟春夏生态区）

Ⅳ　中南多熟制春夏秋作大豆品种生态区（简称中南多熟春夏秋豆生态区）

Ⅳ-1　中南东部春夏秋豆品种生态亚区（简称中南东部亚区）

Ⅳ-2　中南西部春夏秋豆品种生态亚区（简称中南西部亚区）

Ⅴ　西南高原二熟制春夏作大豆品种生态区（简称西南高原二熟春夏豆生态区）

Ⅵ　华南热带多熟制四季大豆品种生态区（简称华南热带多熟四季大豆生态区）

虽然大豆品种生态区域和栽培区域间概念上有所区别，但由于二者均涉及复种制度，因而有其共同基

础。上述大豆生态区域的划分与大豆栽培区域的划分是一致的，每个区域或亚区有其相对一致的品种生态类型或性状组合。显然，大豆育种方向及要求和生态区域特点有关，主要大豆生态区域亦即主要大豆育种区域。东北（生态区Ⅰ）、黄淮流域（生态区Ⅱ）和长江流域（生态区Ⅲ）是我国大豆育种最主要的区域，近年来中南（生态区Ⅳ）、西南（生态区Ⅴ）和华南热带（生态区Ⅵ）也都发展了育种研究。

（二）大豆育种计划 “六五”以前并无全国统一的大豆育种研究计划，只有各级（中央、省、地）单位各自的计划。“六五”开始，国家组织大豆育种攻关研究。“七五”期间，国家委托南京农业大学大豆研究所主持“大豆新品种选育技术”攻关课题，组织全国19个单位参加。这项计划将研究内容分为3个层次的专题。“高产稳产大豆新品种选育”为第一层次，旨在选育综合性状优良，增产10%以上的新品种，以服务于近期生产。“优质大豆新品种选育”和“抗病虫大豆新品种选育”为第二层次，期望育成产量与推广品种相仿或较高的优质品种和抗病虫品种以及优良中间材料，一方面用于生产，另一方面作为改良的亲本材料用于育成新一轮高产优质多抗的新品种。大豆育种应用基础和技术研究为第三层次，一方面为产量突破性育种探索高产理想型形态和生理特性；另一方面针对品质性状及抗病虫性与耐逆性研究育种用的鉴定技术，筛选新种质，揭示遗传规律并选育优异育种材料。“八五”“九五”计划与“七五”计划相衔接，仍有第一层次和第二层次的3项内容，但第三层次更偏向于选育特异新材料，包括用于杂种优势利用的雄性不育材料的探索、群体种质的合成、高产株型的探求、对食叶性害虫的抗性研究、品种广适应范围（光、温钝感型）的选育等方面。在此基础上，大豆育种课题被纳入“十五”国家高技术发展计划（“863”计划），加强了大豆分子育种技术及优质专用新品种培育的研究力度。“十一五”和“十二五”期间，大豆育种课题主要通过国家科技支撑计划、“863”计划实施。“九五”期间国家还启动了建立国家大豆改良中心及分中心的计划，前者侧重于系统地进行材料和方法的应用基础性研究，后者侧重于新品种选育和亲本创新的应用性研究。“十二五”期间国家启动了大豆转基因育种的研究；农业部又开始了“大豆生物学与遗传育种”学科群建设，促进大豆应用基础研究；同期还建立了全国大豆产业技术体系，组织了全国各育种单位的大豆育种和种质创新。2011年国家发布了《国务院关于加快推进现代农作物种业发展的意见》文件，推动了大豆种业的研究与发展。“十三五”期间科技部组织了7大作物良种攻关，大豆育种分东北、黄淮和南方3片立项，同时还设有种质资源、杂种优势利用、分子育种技术、品种指纹以及种子生产技术方面的攻关内容；农业农村部还组织了国家大豆良种联合攻关，建立了全国共享的大豆育种性状精准鉴定平台、基因型分析平台、育种材料创新平台、高代品系鉴定平台和苗头品种测试平台。除以上国家育种计划外，还有大量的各省市的地方性育种计划，尤其是种业企业的育种计划逐步建立并发展起来。加上国家和省自然科学基金提供有关基础性或应用基础性研究的资助，使全国大豆育种和种业的研究得到了人力和物力方面前所未有的支撑与发展。今后大豆育种和种业研究的发展将逐步转向企业及企业与研究单位的结合，形成两个育繁推一体化的体系，研究单位更有责任创新大豆遗传、育种和种子活力的理论和技术。

（三）大豆育种进展 我国开展科学的大豆育种工作始于20世纪初期，1923年在吉林省和江苏省分别育成首批大豆新品种。近百年的科学大豆育种，使得大豆品种高产、稳产、优质等育种目标性状不断得到改良提高；特别是20世纪80年代以后，育成品种在抗倒伏、适应性、抗病性方面都有较大改进。全国在1923—2015年共育成2 037个大豆品种，覆盖全国大豆播种面积的90%以上。截至目前，东北地区的育成品种已经更换了8次，黄淮海地区的育成品种已经更换了5次，南方地区的育成品种已经更换了4次。2000年以来东北地区大面积推广品种有丰收24、黑河38、北豆5号、黑河43、黑农44、合丰45、合丰50、黑农48、绥农28、吉林47、铁丰31、吉育57、华疆2号等；黄淮海地区大面积推广的品种有中黄13、齐黄34、邯豆5号、豫豆22、郑92116、豫豆25、徐豆18等。广适应高产优质大豆新品种中黄13在7个省、直辖市审定，适宜种植区域跨两个亚区13°纬度（北纬29°～42°）。我国南方地域广阔，大豆品种类型多样，但单个品种覆盖区域一般较小，不同时期主要推广品种有矮脚早、南农493-1、南农1138-2、南农88-31、桂早1号、桂春8号、浙春2号、浙春3号、鄂豆2号、鄂豆4号、南豆5号、赣豆5号等。

大豆杂交种品种选育已在我国取得突破，已有吉林的杂交豆1号至杂交豆6号、安徽的杂优豆1号至杂优豆3号以及阜杂交豆1号和阜杂交豆2号、山西的晋豆48和优势豆-A-5等杂种品种通过审定，但有待解决规模化杂交种制种技术后才能大面积推广。利用野生大豆种质资源已育成吉林小粒1号至吉林小粒8号、吉育101至吉育103、龙小粒豆等小粒大豆新品种，主要用于纳豆、芽豆等特殊用途，还育成绿皮绿子叶、大粒优质等新品种。许多具野生大豆血缘的新品种还具有一些优质、多抗特异性状，例如吉育101蛋白质含量达47.94%，吉林小粒7号异黄酮含量为5 856.94 mg/kg，是进一步育种的重要亲本资源。利用引进的脂肪氧化酶（LOX）缺失种质资源育成了无豆腥味、豆油不易酸败的五星1号等品种。我国鲜食大豆新品种选育方面也取得很大进展，例如苏鲜豆、南农、浙鲜豆、辽鲜等系列品种满足各地鲜食青大豆的消费需求。

据统计，1923—2005年全国1 300个育成品种中有1 016个是采用杂交育种方法育成的品种，70个来自诱变或杂交+诱变育种，202个来自自然变异选择育种，分别占全部的78.2%、5.4%和15.5%（表9-1）。

表9-1　我国在各年代用不同育种方法育成的大豆品种数

（引自盖钧镒等，2015）

育种方法	年份							
	1923—1950	1951—1960	1961—1970	1971—1980	1981—1990	1991—2000	2001—2005	合计
杂交育种	3	15	42	92	223	291	350	1 016
杂交+诱变育种			2	1	11	13	8	35
诱变育种			5	1	7	15	7	35
选择育种	17	26	21	38	39	25	36	202
轮回选择						1		1
转DNA						3	6	9
杂交豆							2	2
总和	20	41	70	132	280	348	409	1 300

轮回选择是提高目标群体中有利基因频率的有效方法。美国普渡大学通过轮回选择方法育成了蛋白质含量高达55%的优质品系。南京农业大学利用核雄性不育*ms1*基因，通过多轮互交与表现型选择，建立含东北、黄淮、南方40个亲本、遗传基础广泛的高产、高蛋白质轮回选择群体。河北省农林科学院引进该轮回群体进一步改良，形成了适应当地生态类型的高蛋白质和高油脂的轮回选择群体，并从中选育出冀豆20和冀豆21高蛋白质大豆新品种及一批优质高产新种质。目前已有更多单位开展此项工作。

分子育种技术正逐步用于大豆遗传改良。例如东北农业大学通过分子标记辅助选择，育成脂肪氧化酶缺失的优良大豆种质，根据低亚麻酸数量性状基因位点信息选出低亚麻酸含量品系L247和L2106，其亚麻酸含量仅为2.5%，油酸含量可达25%。南京农业大学经过4代分子标记辅助选择和接种验证，创造了突破现有种质抗谱、兼抗20个大豆花叶病毒（SMV）株系的优异种质；对3个蛋白质主效基因位点进行2轮标记辅助选择，创造了蛋白质含量高达54.15%的优异材料。我国大豆转基因育种也取得重要进展，已获得一批具有自主知识产权的抗除草剂、抗病虫、耐逆、优质转基因大豆。

三、世界大豆育种的主要进展

（一）美国大豆育种的主要进展　大豆从原产地中国扩展到世界各地，这过程本身便伴随着品种的适应和改良。美国大豆面积与生产的扩展是以其育种进展为基础的。美国大豆育种最早由农业部的育种家开始，而后一些州试验站也发展了大豆育种计划，这些计划都是国家资助的。自1970年通过《植物品种保护法》后，私营种子公司的大豆育种计划建立并迅速发展，已成为主要力量。这使其国立和州立的大豆研究转向基础性工作和种质创新。美国大豆育种的进展是十分显著的，产量、品质、机械化性状和抗耐性等比原产地有了根本性改良，主要进展有以下诸方面。

1. 生育期类型的扩展　早期美国仅划分成Ⅰ～Ⅶ共7个生育期组，适应于与纬度线近乎平行的7个地带。随着特早熟及特晚熟品种的育成，已将品种生育期组及地带划分为北起加拿大，经美国，南至赤道附近的哥伦比亚、委内瑞拉的000、00、0、Ⅰ～Ⅹ共13个生育期组类型。

2. 产量的遗传改进　在现代农业的同一栽培条件下比较各年代育成的大豆品种，50年间产量的遗传改进为每年0.5%～0.7%，进展是卓有成效的，但并未出现禾谷类作物那样的飞跃。

3. 抗裂荚性与抗倒伏性的改进　现代品种已在此方面适于机械化作业。

4. 抗病性的进展　突出的进展是育成抗两个全国性病害（疫霉根腐病、孢囊线虫病）及地方性病害

（褐色茎腐病、猝死综合征）的品种。

5. 抗虫性的进展 育成抗食叶性害虫（大豆夜蛾、棉铃虫、墨西哥豆甲等）的品种。

6. 耐胁迫育种的进展 抗碱性土壤缺铁黄化和抗酸性土壤铝离子毒性的育种均已有显著进展。

7. 品质性状的改进 最突出的是将油脂的亚麻酸含量从8%降低至1.1%，将油酸含量从25%增加至60%～79%，创造出崭新的种质。

8. 抗除草剂转基因大豆的育成 将细菌变异中的抗草甘膦靶标酶（5-烯醇丙酮酸莽草酸-3-磷酸合酶，EPSPS）基因导入大豆获得的抗草甘膦转基因大豆，1995年获准在美国大规模推广。到2013年，全世界种植转基因大豆面积已增长至8.1×10^7 hm^2，占大豆总播种面积的81%。

（二）其他国家大豆育种的主要进展 巴西的大豆生产是20世纪70年代才迅速发展的。早期从种子到耕作栽培技术都是从美国南部引入的。经过多年研究，通过以美国品种为基础适当引入热带亚热带国家大豆品种配制组合，已培育了适应本地（包括赤道附近）的新品种100多个，尤其突出的是，育成了抗臭椿象的新品种。阿根廷的大豆生产也是20世纪70年代兴起的，主要品种均由美国引入，也有少数巴西品种。美国的种子公司在阿根廷设有许多分公司，进行大豆育种和种子生产。日本、韩国大豆育种更突出品质改良，主要包括纳豆和豆芽用小粒品种以及直接食用的大粒型品种，强调品种外观品质、营养或保健品质性状的改良。

第二节　大豆育种目标和主要目标性状的遗传

一、大豆育种目标

（一）大豆育种目标和目标性状 与高产、优质、高效农业发展方针相应的大豆育种目标包括生育期、产量、品质、抗病虫性、耐逆性、绿色化、适于机械作业特性以及其他特定要求的特性（例如育性等）。

1. 生育期 生育期主要指全生育期或熟期，可分解为前期与后期，前期指播种至初花的营养生长期，后期指初花至成熟的生殖生长期。品种的生育期是表现型，其遗传基础是对光周期、温度等主要生态条件的反应特性。来源于较低纬度的品种比起源于较高纬度的品种具有较强的短日性；来源于同一地区的品种，夏秋播类型比春播类型具有较强的短日性；高纬度、高海拔来源的品种比相对低纬度、低海拔的品种具有更强的感温性。在同一条件下，品种生育期长短的差异反映了品种生育期特性的遗传差异。大豆育种对生育期性状要求依其推广使用地区的地理、气候条件及其在复种制度中的季节条件而异。美国大体按纬度将大豆品种分为13组，每组品种在其适应地区早晚相差10～15 d。北美洲品种熟期组的划分逐渐为世界各国所采纳，成为国际通用方法，尤其适用于一熟制大豆的地区。我国由于轮作复种制度复杂，品种生育期长短不但与纬度有关，还受播种季节类型影响，以往并未直接采纳北美洲的熟期组制。各地区都有早熟、中熟、晚熟等的划分，但全国并无统一的划分标准，不便于相互比较和国内外交流。盖钧镒等（2001）根据北美洲13个熟期组大豆代表品种及我国地方品种生育期试验结果，将我国大豆品种归属为相应的000、00、0、Ⅰ～Ⅸ共12个熟期组，未发现Ⅹ组品种；并按同一熟期组品种生育前期变异的地理分布，在0、Ⅰ～Ⅲ熟期组内划分为秦岭淮河线以北亚组（前期较短）与秦岭淮河线以南亚组（前期较长），从而将我国大豆品种进一步划分为熟期组000、00、0_1、0_2、$Ⅰ_1$、$Ⅰ_2$～Ⅸ共12组14种熟期类型；还提出我国大豆品种熟期组、亚组归属的鉴定方法、标准和各地鉴定的标准品种名录。该大豆熟期组方法可体现我国不同复种制度下形成的品种特性，又可与国际接轨。

2. 产量 产量作为育种目标的重要性是显而易见的。产量的最根本最可靠的测度是实收计产，产量可以分解为构成因素进行考察。一种分解是单位面积一定株数下的单株荚数、每荚实粒数（或每荚理论粒数×实粒率）、百粒重（100粒籽粒的质量）。另一种分解是单位面积生物量与收获指数（或经济系数）。由于大豆成熟时落叶，收获时一部分根留在土中，由收获的粒、茎部分算出的称为表观收获指数或表观经济系数。大豆育种对产量及产量性状的要求依育种地区及其相应复种类型的现有水平而定，通常要求增产5%以上。目前认为产量突破的水平，东北为4 875 kg/hm^2（325 kg/亩），黄淮海为4 500 kg/hm^2（300 kg/亩），南方为3 750 kg/hm^2（250 kg/亩），西北干旱地区灌溉条件下为5 625 kg/hm^2（375 kg/亩）。各地品种产量构成因素各有其特点，因而有各地的具体要求。

3. 品质 品质与利用方向有关。随着加工利用方向的拓展，大豆品质性状要求日趋多样化。大豆的品质性状可概括为以下5方面。

（1）籽粒外观品质　除特殊要求外，通常希望黄种皮，有光泽，百粒重在18 g以上；近球形，种脐色浅，种皮无褐斑及紫斑（紫斑由 *Cercospora kikuchii* Matsum et Tomoy 致病引起），种粒健全完整。作纳豆用要求小粒，百粒重在 8～10 g 或以下。菜用豆则要求特殊种皮色及子叶色，大粒。

（2）油脂和蛋白质含量　大豆品种的生态特点是北方油脂含量较高，南方蛋白质含量较高。一般品种北方春大豆区要求油脂含量在 20%以上，高油脂品种要求在 21.5%以上。蛋白质含量，一般品种，在黄淮海地区要求在 42%以上，在南方多熟制地区要求在 43%以上，高蛋白品种要求在 45%或以上。蛋白质和油脂双高型品种要求蛋白质含量在 42%以上、油脂含量在 21%以上。

（3）油脂品质　亚麻酸含量，现有资源为 5%～12%，降到 2%以下可解决豆油氧化变味问题。增加油酸、亚油酸等不饱和脂肪酸含量有益于人体心血管系统。保健品行业还需要卵磷脂含量高。

（4）蛋白质品质　大豆蛋白质的氨基酸组成较齐全，但与牛奶等相比含硫氨基酸（甲硫氨酸和半胱氨酸）的含量偏低，仅 2.5%左右，希望能提高至 4%或以上。蛋白质加工行业要求凝胶性好，需提高储存蛋白 11S/7S（S 为沉降系数）比值，从现有的平均 1.12 提高到 3.0 左右，11S 组分中 I 组亚基含硫氨基酸含量高，因而提高比值将可同时改善含硫氨基酸含量。生豆籽粒中存在胰蛋白酶抑制物（主要为 SBTI-A_2），不利于直接用作饲料，希望选育无 SBTI-A_2 的品种。

（5）其他加工品质　要求有较高的豆乳、豆乳粉、豆腐类食品加工行业的得率。有些还要求缺失脂肪氧化酶，该酶导致生成豆腥味（不饱和脂肪氧化过程中产生的己醛、己醇等物质）。饲料行业要求缺失胰蛋白酶抑制剂。特殊活性物质异黄酮具抗癌、保鲜作用，希望其含量从 4 mg/g 提高到 6～8 mg/g。低聚糖有益于乳酸杆菌生长，因而有利于人体消化功能，希望有所提高。菜用毛豆另有其形态、食用品质和营养品质的要求。随着人类对食品营养要求的科学化，大豆品质育种将是未来育种的主要方向。

4. 抗病虫性　抗病虫性是大豆与另一种生物的关系。我国全国性的主要病害，列为育种目标的已有大豆花叶病毒（*Soybean mosaic virus*，SMV）和大豆孢囊线虫（*Heterodera glycines* Ichinohe）；地方性的病害有东北的灰斑病（*Cercospora sojina* Hara）和南方的锈病（*Phakopsora pachyrhizi* Syd.），近年纳入育种计划的有东北的菌核病［*Sclerotinia sclerotiorum*（Lib.）de Bary］及黄淮的根腐病［*Macrophomina phaseolina*（Tassi）Goid.］等，疫霉根腐病（*Phytophthora megasperma* Drechs. f. sp. *glycinea* Kuan et Erwin）也受到重视。我国抗虫育种已有计划的为东北的食心虫（*Leguminivora glycinivorella* Mats.）和大豆蚜（*Aphis glycines* Mats.）；黄淮海及南方的豆秆黑潜蝇（*Melanagromyza sojae* Zehntner）、豆荚斑螟（*Eliella zinckenella* Treitschke）及一些食叶性害虫，包括大豆卷叶螟（*Lamprosema indicata* Fabricius）、大造桥虫（*Ascotis selenaria* Schiffermuler et Denis）、斜纹夜蛾（*Prodenia litura* Fabricius）等。各国各地区主要病虫害不同，抗性育种的病虫种类自然不同，而且由于寄主对病虫的选择压力和病虫对寄主的适应性变异，田间病虫种群会产生更替，例如近年来黄淮地区点蜂缘蝽（*Riptortus pedestris* Fabricius）上升为重要害虫。美国的主要抗病育种对象为大豆孢囊线虫病和疫霉根腐病，抗虫育种对象为食叶性害虫，但虫种主要为造桥虫、墨西哥豆甲、棉铃虫等。

5. 耐逆性　耐逆性与适应性是同一性质的育种目标。国内外的主要耐逆育种性状有耐旱性（习称抗旱性）、耐渍性、耐酸性土壤的铝离子毒性、耐碱性土壤的缺铁黄化性、耐盐碱性以及耐低温性等。适应性表现为对地区综合条件的平稳反应特性。

6. 绿色化特性　在我国品种绿色化已成为重要的育种目标，指用了该品种不会污染环境。节药节肥是绿色化的主要内容，因而除上述抗病虫性、抗耐除草剂性外，耐土壤营养胁迫和营养（肥）高效是绿色化的重点。其他如低能（材）耗包括轻简耕作等都是品种绿色化育种的组成部分。

7. 适于机械化作业的特性　适于机械化作业的特性主要涉及一定的分枝与结荚高度（通常要求 12 cm 以上）、成熟不裂荚、种子不易破碎和抗倒伏等。

8. 育性　育性是相应于杂种优势利用的特殊育种目标性状。目前已育成质核互作雄性不育系、保持系和恢复系三系配套材料，但异交结实率还不够，有待改良后用于杂交种种子生产。

（二）我国主要大豆产区的育种目标

1. 北方一熟春豆区　本区包括东北三省、内蒙古、河北与山西北部、西北诸省北部等地。大豆于 4 月下旬至 5 月中旬播种，9 月中下旬成熟。育种的主要目标有：①相应于各地的早熟性。②相应于自然和栽培条件的丰产性。大面积中等偏上农业条件地区品种产量潜力 3 375～3 750 kg/hm^2（225～250 kg/亩）；条件不足、瘠薄或干旱盐碱地区，产量潜力为 2 625～3 000 kg/hm^2（175～200 kg/亩）；水肥条件优良、生育期较长地区，产量潜力为 3 750～4 500 kg/hm^2（250～300 kg/亩），希望突破 4 875 kg/hm^2（325 kg/亩）。③本区大豆输出量大，籽粒外观品质甚重要，要求保持金黄光亮、球形或近球形、脐色浅、百粒重为18～22g的传统标准。本区大豆食品用为主，要求提高蛋白质含量，高含量方向要求43%以上。油用大豆的油脂含量，一般不低于20%，高含量方向要求超过23%。双高育种的要求，蛋白质含量在43%以上，油脂含量在21%以上。④抗病性方面主要为抗大豆孢囊线虫、大豆花叶病毒，黑龙江东部要求抗灰斑病、根腐病。抗虫性方面主要为抗食心虫及蚜虫。⑤绿色化特性。⑥适于机械作业。

2. 黄淮海二熟春夏豆区 本区夏大豆的复种制度有冬麦—夏豆的一年二熟制和冬麦—夏豆→春作的二年三熟制。夏大豆在6月中下旬麦收后播种，9月下旬种麦前或10月上中旬霜期来临前成熟收获，全生育期较短。主要目标有：①相应于各纬度地区各复种制度的早熟性。②丰产性，在一般农业条件下要求有3 000～3 750kg/hm^2（200～250kg/亩）的潜力，希望突破4 500kg/hm^2（300kg/亩）。③籽粒外观品质要求虽不能与东北相比，但种皮色泽、脐色、百粒重都须改进，蛋白质含量应不低于42%，油脂含量应不低于20%。高蛋白含量育种应在45%以上，双高育种油脂和蛋白质总量应在63%以上。④抗病性以对大豆花叶病毒及大豆孢囊线虫的抗性为主。抗虫性包括抗豆秆黑潜蝇、豆荚螟、点蜂缘蝽、斜纹夜蛾等。⑤耐旱、耐盐碱是本区内部分地区的重要内容。⑥绿色化特性。⑦适于机械作业。

3. 长江中下游二熟春夏豆区、中南多熟春夏秋豆区、西南高原二熟春夏豆区、华南热带多熟四季大豆区 这几个区大豆的面积分散、复种制度多样，春播大豆的复种方式有麦套种春豆—水稻、麦套种春玉米间作春大豆—秋作等。夏播大豆有麦—夏大豆、麦—玉米间作夏大豆等。秋播大豆有麦—早稻—秋大豆、麦—玉米—秋大豆等。此外，广东南部一年四季都可种大豆，除春、夏、秋播外，还有冬播大豆。总的说，长江流域还是夏大豆居多，以南地区则以春、秋大豆为主。主要育种目标为：①相应于各地各复种制度的生育期。②丰产性，在一般农业条件下有2 625～3 000kg/hm^2（175～200kg/亩）的潜力，希望突破3 750kg/hm^2（250kg/亩）。③籽粒外观品质包括种皮色泽、脐色、百粒重都须改进，油脂含量提高到19%～20%，蛋白质含量应不低于42%。高蛋白含量育种要求在45%以上。蔬菜用品种在种皮色、子叶色、百粒重、蒸煮性、荚形大小等有其特殊要求。④抗病性以抗大豆花叶病毒和大豆锈病为主；抗虫性则以抗豆秆黑潜蝇、豆荚螟、食叶性害虫为方向。⑤间作大豆地区要求有良好的耐阴性；一些地区要耐旱、耐渍；红壤酸性土地区要求耐铝离子毒性。⑥绿色化特性。⑦适于机械作业。

以上所列各主要大豆产区的育种目标是总体的要求。各育种单位须在此基础上根据本地现有品种的优缺点及生物环境与非生物环境条件的特点制订实际的目标和计划。丰产性的性状组成、生育期的前后期搭配、抗病虫的小种或生物型、耐逆性的关键时期等都可能各有其侧重。

二、大豆主要育种性状的遗传

大豆育种性状包括数量性状和质量性状。数量遗传性状和质量遗传性状的划分是相对的。一些原认为是质量性状的，在一定的仪器、方法帮助下可以数量化。一些在某种环境条件下呈质量遗传的性状，在另一种条件下可呈数量遗传。另一些性状的遗传是由细胞质基因控制的。

（一）大豆产量性状的遗传 产量及其组成因素（单株荚数、单株粒数、每荚粒数、空秕粒率、百粒重）均属数量遗传性状，受微效多基因控制，受环境影响较大。产量、单株荚数、单株粒数的遗传率均甚低（表9-2），尤其当选择单位是单株时平均仅约10%，选择单位为家系时遗传率增大至38%左右，有重复的家系试验阶段遗传率增大至80%左右，因此产量的直接选择常在育种后期有重复试验的世代进行。产量、百粒重的基因效应主要是加性效应，通过重组常存在加性×加性上位作用可资利用。杂种一代产量存在明显的超亲优势，国内外7个研究的平均超亲优势为3.3%～20.9%。自交有明显的衰退。产量的杂种优势与单株荚数及单株粒数的杂种优势有关。亲本的产量配合力在杂种早期F_1～F_4代的表现不一致，存在显著一般配合力×世代和特殊配合力×世代的互作，但在后期F_5～F_8代则上述二项互作并不显著，因而在杂种早代表现配合力高的亲本，不一定在以后世代表现出高配合力，利用F_1代杂种优势与利用后期世代稳定纯系将可能有不同的最佳亲本及其组合。百粒重在早代及晚代上述二项互作均不显著，因而F_1代优势和后代纯系两种育种方向的亲本组成有可能是一致的。产量与全生育期成正相关，与蛋白质含量成负相关，其他有实质性意义的相关甚为鲜见（表9-3）。

（二）大豆品质性状的遗传 大豆种子蛋白质与油脂绝大部分存在于种胚，特别是两片子叶中。种胚的世代与当季植株的世代分属于两个世代，因种胚是经雌雄配子融合后的下一世代。种子包括种皮及种胚，种皮由珠被发育而成，属亲代，因而与种胚亦分属两个世代。鉴于一粒种子绝大部分为种胚，种皮只占极小分量，所以对种子化学成分性状研究时将种子（实为种胚）算作子代。例如两个亲本杂交，母本上结的种子（主要为种胚）为 F_1代，F_1代植株上结的种子为 F_2代。按以上方法划分世代称为种胚世代法。由于实验分析技术难于测定单粒或半粒种子的成分，而需用较大样品，因而只能以 F_1代植株所结种子算作 F_1代的结果；相应地 F_2代植株所结种子为 F_2代的结果。这种划分世代的方法为植株世代法。上述 F_2代单株所结种子在种胚世代法中将属 F_3家系世代。由于微量分析技术的应用，可测定单粒种子的成分，因而文献中有植株世代的结果，也有种胚世代的结果，应注意区分。

表 9-2 大豆产量及其相关性状的遗传率（%）估计值（综合资料）

性状	单株		家系		性状	单株		家系	
	变幅	经验平均	变幅	经验平均		变幅	经验平均	变幅	经验平均
产量	4～76	10	14～77	38	全生育期	32～69	55	71～100	78
百粒重	35～62	40	46～92	68	生育前期	66～95	60	65～89	84
单株荚数	约 36	—	25～50	—	生育后期	42～72	40	43～77	65
单株粒数	约 8	—	19～55	—	株高	35～93	45	55～91	75
每荚粒数	—	—	59～60	—	倒伏性	10～42	10	17～75	54
秕粒率	—	—	约 40	—	底荚高度	—	—	29～63	52
主茎分枝数	约 3	—	38～73	—	荚宽	—	—	69～92	—
主茎节数	约 47	—	64～69	—	表观收获指数	—	—	82	—
					表观冠层光合率	—	—	41～65	—

表 9-3 大豆产量、蛋白质含量、油脂含量与其他性状相关系数估计值（综合资料）

性状	产量		蛋白质含量		油脂含量	
	变幅	经验估值	变幅	经验估值	变幅	经验估值
全生育期	0.01～1.00	0.40	−0.05 左右	0.00	−0.45～0.22	−0.20
生育前期	−0.16～0.87	0.00	0.20 左右	0.10	−0.47～0.28	−0.20
生育后期	−0.28～0.89	0.20	−0.25 左右	0.00	−0.09～0.32	0.10
株高	−0.52～0.82	0.30	0.00	0.00	−0.54～0.00	0.00
百粒重	−0.59～0.66	0.20	−0.13 左右	0.00	−0.46～0.18	0.00
产量	—	—	−0.64～0.35	−0.20	−0.23～0.68	0.10
蛋白质含量	−0.64～0.35	−0.20	—	—	−0.70 左右	−0.60
油脂含量	−0.23～0.68	0.10	−0.70 左右	−0.60	—	—

种胚世代法的研究结果，蛋白质含量的遗传存在母体效应，包括母体核基因作用的影响及母体细胞质效应，而以前者为主。油脂含量的遗传，有母体核基因作用的影响，但未发现细胞质效应。

植株世代法的研究结果表明，蛋白质含量和油脂含量两个性状均以基因加性效应为主，基因显性效应不明显，亦有加性×加性可资利用。两个性状的遗传率均较高，单株约分别为 25%与 30%，家系分别为 63%和 67%。综合以上两方面情况，这两个性状的选择可于早期世代进行，中亲值及早代可以预测后期世代的平均表现，早代单株及株行结果可用于预测其衍生家系的表现。但蛋白质含量与油脂含量存在负相关，经验估值为 $r=-0.60$，因而选择一个性状时要注意另一性状的劣变。这两个性状，除蛋白质含量与产量存在负相关外，与其他农艺性状未发现有实质性的相关（表 9-3）。但 Sebolt 等（2000）检测到 2 个来源于野生大豆的蛋白质含量的数量性状基因位点，位于 I 连锁群上的 1 个与产量存在显著负相关，另 1 个在 E 连锁群上则不能确定是否有负相关。

大豆种子蛋白质的含硫氨基酸甲硫氨酸含量与半胱氨酸含量的遗传率分别为 55%及 67%。沉降值为

11S的蛋白质中含有较多的含硫氨基酸，因此有人提议通过选育11S蛋白质以提高含硫氨基酸含量，已发现由单显性基因控制的7S球蛋白亚基缺失种质。有无胰蛋白酶抑制物呈单基因遗传，有SBTI-A_1对无SBTI-A_2为显性。脂肪氧化酶受Lox_1-Lox_8、$LoxA$和$LoxB$等基因控制。

F_1代种胚亚麻酸含量有明显母体效应，而植株世代的正反交F_1代间并无明显差异。种粒、单株、株行、小区平均的遗传率值分别约为53%、61%、70%及90%。目前已发现*Fap1*～*Fap7*等基因控制棕榈酸含量；*Fas*和*St*基因控制硬脂酸含量。对于不饱和脂肪酸，已发现*Ol*基因控制油酸含量；*Fan1*～*Fan3*等基因控制亚麻酸含量（表9-4）。控制脂肪酸的不同基因（包括控制同一种脂肪酸的不同基因和控制不同脂肪酸的基因）间存在互作。

表9-4 大豆脂肪酸含量性状的基因符号和载体材料

（引自Palmer等，2004等）

性状	显性基因符号	表现型	载体材料	隐性基因符号	表现型	载体材料
棕榈酸含量	*Fap1*	平均含量	常见材料	*fap1*	低含量	C1726（T308）
	Fap2	平均含量	常见材料	*fap2*	高含量	C1727（T309）
				fap2-a	低含量	J10
				fap2-b	高含量	A21
	Fap3	平均含量	常见材料	*fap3*	低含量	A22
				fap3-nc	低含量	N79-2077-12
	Fap4	平均含量	常见材料	*fap4*	高含量	A24
	Fap5	平均含量	常见材料	*fap5*	高含量	A27
	Fap6	平均含量	常见材料	*fap6*	高含量	A25
	Fap7	平均含量	常见材料	*fap7*	高含量	A30
				fapx	低含量	ELLP-2、KK7
				fap?	低含量	J3、ELHP
硬脂酸含量	*Fas*	平均含量	常见材料	*fas*	高含量	A9
				fas-a	高含量	A6
				fas-b	高含量	A10
	St1	平均含量	常见材料	*st1*	高含量	KK2
	St2		常见材料	*st2*	高含量	M25
油酸含量	*Ol*	平均含量	常见材料	*ol*	高含量	M-23
				ol-a	高含量	M-11
亚麻酸含量	*Fan1*	平均含量	常见材料	*fan1*	低含量	PI123440、A5
				fan1-b	低含量	RG10
	Fan2	平均含量	常见材料	*fan2*	低含量	A23
	Fan3	平均含量	常见材料	*fan3*	低含量	A26
				fanx	低含量	KL-8
				fanx-a	低含量	M-24
	Ti-a	Kunitz酶正常条带	Harosoy	*Tia-s*	Ti-a条带位置变化	
	Ti-b	Kunitz酶正常条带	Aoda	*Tib-f*	Ti-b条带位置变化	
	Ti-c	Kunitz酶正常条带	PI86084	*Tic-s*	Ti-c条带位置变化	
	Ti-x	Kunitz酶正常条带		*ti*	酶谱带缺失	PI157440

（续）

性状	显性基因符号	表现型	载体材料	隐性基因符号	表现型	载体材料
亚麻酸含量	*Pi1*	BBI′型胰蛋白酶正常条带	常见材料	*pi1*	酶谱带缺失	PI440998
	Pi2	BBI′型胰蛋白酶正常条带	常见材料	*pi2*	酶谱带缺失	PI373987
	Pi3	BBI′型胰蛋白酶正常条带	常见材料	*pi3*	酶谱带缺失	PI440998

（三）大豆抗病虫性状的遗传 大豆抗病虫性状的遗传是相对于抗、感类型划分的标准而言的。抗病性的鉴定有的从反应型着眼，有的从感染程度着眼，因为有的抗病性状可以明显区分为免疫与感染，有的抗病性状未发现免疫而只有感染程度上的区别。抗虫性亦有类似情况。因而抗性鉴定的尺度有的是定性的，有的是定量的。例如对大豆花叶病毒株系的抗性，接种叶的上位叶若无反应为抗，若上位叶有枯斑、花叶等症状为感；对豆秆黑潜蝇的抗性以主茎分枝内的虫数为尺度，以一套最抗、最感的标准品种茎秆虫量为相对标准，划分为高抗、抗、中等、感、高感等5级。

迄今已报道的抗病性的遗传均侧重在主效基因遗传。表9-5中总结了大豆对主要病害抗性的主效基因符号及抗、感的代表性材料。我国大豆主要病害包括大豆花叶病毒病、大豆孢囊线虫病、灰斑病、大豆锈病、疫霉根腐病（*Phytophthora megasperma* Drechs. f. sp. *glycinea* Kuan et Erwin）等。国内已鉴定出22个大豆花叶病毒株系，大豆对这些株系的抗性大多表现为单个显性，主要分布在第2、第6、第13和第14染色体上。对大豆孢囊线虫的抗性涉及多对主效基因，通过回交恢复到抗源亲本Peking的抗性程度很不容易。表9-5中还列有对其他一些病害的抗性信息，包括大豆霜霉病［*Peronospora manchurica*（Naum.）Syd.］、大豆白粉病（*Microsphaera diffusa* Cke. et PK.）、大豆褐色茎腐病（*Phialophora gregata* Allington et Chamberlain）、大豆细菌性斑点病（*Pseudomonas syringae* pv. *glycinea Coerper*）等。

抗虫性遗传主要针对大豆抗蚜虫、食叶性害虫、食心虫等虫种。美国重视大豆对蚜虫的抗性，目前已发现Rag_1～Rag_7共7个抗蚜虫基因，我国也发现多个抗性基因，抗性多表现为显性。对斜纹夜蛾植株反应和虫体反应的抗性遗传均属2对主效基因和多基因的混合遗传模型。尽管已经选育出抗食叶性害虫、抗食心虫、抗蚜虫的品种，但其遗传规律有待深入研究。南京农业大学还研究了抗豆秆黑潜蝇的遗传，其结果为无细胞质遗传，有1对核基因控制，抗虫为显性，可能有微效基因的修饰。

表9-5 大豆对主要病害抗性性状的基因符号和载体材料

（引自Palmer等，2004等）

性状	显性基因符号	表现型	载体材料	隐性基因符号	表现型	载体材料
抗大豆花叶病毒	Rsv_a	抗Sa株系	7222	rsv_a	感Sa	1138-2
	Rsv_c	抗Sc株系	Kwanggyo	rsv_c	感Sc	493-1
	Rsv_g	抗Sg株系	7222	$rsv_{c/g}$	感Sg	Tokyo
	Rsv_h	抗Sh株系		rsv_h	感Sh	493-1
	Rsc_7	抗SC-7株系	科丰1号	rsc_7	感SC-7	1138-2
	Rsc_8	抗SC-8株系	科丰1号	rsc_8	感SC-8	1138-2
	Rsc_9	抗SC-9株系	科丰1号	rsc_9	感SC-9	1138-2
	Rn_1	抗N1株系	科丰1号	rn_1	感N1株系	1138-2
	Rn_3	抗N3株系	科丰1号	rn_3	感N3株系	1138-2
	Rsv_1	抗S-1、1-B、G1～G6	PI96983	rsv_1	感S-1、1-B、G1～G6	Hill
	Rsv_1-t	抗S-1、1-B、G1～G6	Tokyo			
	Rsv_1-y	抗G1～G3	York			
	Rsv_1-m	抗G1、G4～G5、G7	Marshall			

（续）

性状	显性基因符号	表现型	载体材料	隐性基因符号	表现型	载体材料
抗大豆花叶病毒	Rsv_1-k	抗 G1～G4	广吉			
	Rsv_1-n	对 G1 出现顶枯	PI507389			
	Rsv_1-s	抗 G1～G4、G7	Raiden			
	Rsv_1-sk	抗 G1～G7	PI483084			
	Rsv_3	抗 G5～G7	OX686	rsv_3	感 G5～G7	Lee68
	Rsv_4	抗 G1～G7	LR2、Peking	rsv_4	感 G1～G7	Lee68
抗大豆孢囊线虫	Rhg_1 或 Rhg_2 或 Rhg_3	感病	Lee、Hill	rhg_1 或 rhg_2 或 rhg_3	抗病	Peking
	$Rhg_4rhg_1rhg_2rhg_3$	抗病	Peking	rhg_4	感病	Scott
	Rhg_5	抗病	PI88788	rhg_5	感病	Essex
抗灰斑病	Rcs_1	抗 1 号小种	Lincoln	rcs_1	感 1 号小种	Hawkeye
	Rcs_2	抗 2 号小种	Kent	rcs_2	感 2 号小种	C1043
	Rcs_3	抗 2、5 号小种	Davis	rcs_3	感 2、5 号小种	Blackhawk
抗大豆锈病	Rpp_1	抗	PI200492	rpp_1	感	Davis
	Rpp_2	抗	PI230970	rpp_2	感	常见材料
	Rpp_3	抗	PI462312	rpp_3	感	常见材料
	Rpp_4	抗	PI459025	rpp_4	感	常见材料
抗细菌叶烧病	Rxp	感	Lincoln	rxp	抗	CNS
抗细菌斑点病	Rpg_1～Rpg_4	抗 1～4 号小种	Norchief、Merit	rpg_1～rpg_4	感 1～4 号小种	Flambeau
抗大豆霜霉病	Rpm_1	抗	Kanrich	rpm_1	感	Clark
	Rpm_2	抗	Fayette	rpm_2	感	Union
抗大豆黑点病	Rdc_1～Rdc_4	抗	Tracy 等	rdc_1～rdc_4	感	J77-339 等
抗白粉病	Rmd	抗（成株）	Blackhawk	rmd	感	Harosoy63
	Rmd-c	抗（各时期）	CNS	rmd-c	感	L82-2024
抗褐色茎腐病	Rbs_1	抗	L78-4094	rbs_1	感	LN78-2714
	Rbs_2	抗	PI437833	rbs_2	感	Century
	Rbs_3	抗	PI437970	rbs_3	感	Pioneer 9271
抗疫霉根腐病	Rps_1～Rps_7	抗	特定抗源	rps_1～rps_7	感	常见材料
抗黄化花叶病毒	Rym_1	抗	PI171443	rym_1	感	Bragg
	Rym_2	抗	PI171443	rym_2	感	Bragg
抗豆秆黑潜蝇	Rms	抗	江宁刺文豆	rms	感	邳县天鹅蛋
抗除草剂	Hb	耐 bentazon	Clark63	hb	敏感	PI229342
	Hm	耐 metribuzin	Hood	hm	敏感	Semmes
对根瘤菌反应	Rj_1	结瘤	常见材料	rj_1	不结瘤	T181
对铁素反应	Fe	有效利用铁	常见材料	fe	对铁低效	PI54619
对磷素反应	Np	耐磷	Chief	np	对高磷敏感	Lincoln
对氯化物反应	Ncl	排斥氯化物	Lee	ncl	累积氯化物	Jackson

（四）大豆生育期性状的遗传　生育期性状通常为数量遗传性状，由多基因控制；但在一些组合中生育期性状又表现为明显的主效基因遗传，目前已报道 $E_1 \sim E_7$ 及 J 等控制开花期和生育期的主效基因（表 9-6）。生育期遗传表现与环境有关，如宜兴骨绿豆×泰兴黑豆组合在南京夏、秋季播种下表现单峰态的多基因遗传，而在春播条件下却表现为二峰态的 1 对主效基因加多基因的复合遗传方式。这对主效基因在不同条件下表现的基因效应显然不同，春播时主效基因效应突出，夏、秋播时主效基因效应与微效基因相仿而难以辨认。所以同一性状的遗传机制与组合、环境有关。生育期性状的生理基础是对光周期及温度条件的反应，这种反应特性的遗传一般也是数量遗传的；但也有报告 E_4 是对长日反应敏感的基因。

表 9-6　大豆生育期性状的基因符号和载体材料

（引自 Palmer 等，2004 等）

性状	显性基因符号	表现型	载体材料	隐性基因符号	表现型	载体材料
开花成熟期	E_1	晚	T175	e_1	早	Clark
	E_2	晚	Clark	e_2	早	PI86024
	E_3	晚，对荧光敏感	Harosoy	e_3	早，对荧光不敏感	Blackhawk
	E_4	对长日敏感	Harcor	e_4	对长日不敏感	PI297550
	E_5	开花、成熟晚	L64-4830	e_5	开花、成熟早	Harosoy
	E_6	早熟	Parana	e_6	晚熟	SS-1
	E_7	开花、成熟晚	Harosoy	e_7	开花、成熟早	PI196529
	J	长青春期	PI159925	j	短青春期	常见材料

（五）大豆形态性状和色泽性状的遗传　已知的大豆株高、节间长、叶柄长等形态性状和花色、种子颜色、子叶颜色等色泽性状的基因位和载体材料列于表 9-7。

表 9-7　大豆主要形态性状的基因符号和载体材料

（引自 Palmer 等，2004 等）

性状	显性基因符号	表现型	载体材料	隐性基因符号	表现型	载体材料
矮化	$Df_2 \sim Df_8$	高秆	常见材料	$df_2 \sim df_8$	矮秆	特定突变体
	Mn	正常	常见材料	mn	微型株	T251
	Pm	正常	常见材料	pm	不育、矮秆、皱叶	T211
节间长	S	短节间	Higan	s	正常节间	Harosoy
				s-t	长节间	Chief
叶柄长	Lps	正常叶柄	Lee68	lps	短叶柄	T279
	Lps_1	正常叶柄	Lee68	lps_1	短叶柄	T279
	Lps_2	正常叶柄	NJ90 L-2	lps_2	短叶柄，叶枕异常	NJ90 L-1 sp
茎形状	F	正常茎	常见材料	f	扁束茎	T173
分枝	Br_1Br_2	中下节均有分枝	T327	br_1br_2	基部节有分枝	T326
花序轴	Se	有花序轴	T208	se	近无花序轴	PI84631
叶形	Ln	卵形小叶	常见材料	ln	窄小叶、四粒荚	PI84631
	Lo	卵形小叶	常见材料	lo	椭圆小叶、荚粒数少	T122
小叶数	Lf_1	5 小叶	PI86024	lf_1	3 小叶	常见材料
	Lf_2	3 小叶	常见材料	lf_2	7 小叶	T255

（续）

性状	显性基因符号	表现型	载体材料	隐性基因符号	表现型	载体材料
茸毛类型	Pa_1Pa_2	直立	Harosoy	pa_1pa_2	半匍匐	scott
	Pa_1	直立	L70-4119	pa_1	匍匐	Higan
	P_1	无毛	T145	p_1	有毛	常见材料
	P_2	有茸毛	常见材料	p_2	稀茸毛	T31
	Pd_1Pd_2	超密茸毛	L79-1815	pd_1pd_2	正常密度茸毛	常见材料
	Pd_1 或 Pd_2	密茸毛	PI80837、T264	pd_1 或 pd_2	正常密度茸毛	常见材料
花色	W_1	紫色	常见材料	w_1	白色	常见材料
茸毛色	T	棕色	常见材料	t	灰色	常见材料
荚色	L_1l_2	黑色	Seneca	l_1L_2	棕色	Clark
	L_1L_2	黑色	PI85505	l_1l_2	褐色	Dunfield
种子颜色	G	青种皮	Kura	g	黄种皮	常见材料
	O	褐种皮	Soysota	o	红棕色种皮	Ogemaw
	R	黑种皮	常见材料	$r\text{-}m$	褐种皮有黑斑纹	PI91073
				r	褐种皮	常见材料
	I	淡色种脐	Mandarin	$i\text{-}j$	深色种脐	Manchu
				$i\text{-}k$	鞍挂	Merit
				i	脐和皮同为深色	Soysota
	K_1	无鞍挂	常见材料	k_1	种皮有深鞍挂	Kura
	K_2	黄种皮	常见材料	k_2	种皮有褐鞍挂	T239
	K_3	无鞍挂	常见材料	k_3	种皮有深鞍挂	T238
子叶色	D_1或D_2	黄子叶	常见材料	d_1或d_2	绿子叶	Columbia
（细胞质因子）	$cty\text{-}G_1$	绿子叶	T104	$cyt\text{-}g_1$	黄子叶	常见材料

大豆种皮色可概括为黄色、青色、褐色、黑色及双色5类。双色包括褐色种皮上有黑色虎斑状的斑纹及黄色、青色种皮脐旁有与脐同色的马鞍状褐色或黑色斑纹。大豆脐色可由无色（与黄色、青色种皮同色）、极淡褐色、褐色、深褐色、灰蓝色至黑色。种皮上另有褐斑或黑斑，由脐色外溢，斑形不规则，其出现有时与病毒感染有关。

显然，育种上以 $Itrw_1g$ 基因型最为理想（表9-8）。如将 $Itrw_1g$（黄）与 $iTRW_1G$（黑）杂交，F_1代将为黄种皮、淡种脐、紫花、棕毛类型。F_2代将分离出黄色、褐色、黑色种皮及多种脐色。

表9-8　大豆种皮色、脐色的基因型及其表现型

（引自 Palmer 等，2004 等）

基因型	表现型	代表品种（前者东北品种，后者江淮品种）
$Itrw_1g$	黄种皮、无色脐、灰毛、白花	四粒黄、徐州333
$ItRW_1g$	黄种皮、灰蓝脐、灰毛、紫花	小蓝脐、苏协4-1
i^itRw_1g	黄种皮、淡褐脐、灰毛、白花	满仓全、白毛绳圃
i^iTRW_1g	黄种皮、黑脐、棕毛、紫花	大黑脐、穗稻黄
i^iTrOW_1g	黄种皮、褐脐、棕毛、紫花	十胜长叶、岔路口1号

（续）

基因型	表型	代表品种（前者东北品种，后者江淮品种）
i^iTRW_1G	青种皮、黑脐、棕毛、紫花	内外青豆、宜兴骨绿豆
i^iRW_1g	黄种皮、浅黑脐、灰毛、紫花	呼兰跃进1号、Beeson
i^kTRw_1G	青种皮、黑鞍、棕毛、白花	白花鞍挂、绿茶豆
$iTRW_1G$	黑种皮、黑脐、棕毛、紫花	青央黑豆、金坛隔壁香
$itRW_1$	不完全黑种质、黑脐、灰毛、紫花	佳木斯秣食豆、如皋羊子眼
$iTrOW_1$	褐种皮、褐脐、棕毛、紫花	新褐豆、泰兴晚沙红
$itRw_1$	黄褐皮、黄褐脐、灰毛、白花	猪腰豆、沙洲蛋黄豆

注：表中基因符号含义如下：G青（绿）色种皮；g黄色种皮。R黑色种皮（与T基因共存时）；r褐色种皮（与T基因共存时）。O褐色种皮。T除控制棕毛外，促成产生黑色或褐色种皮；t除控制灰毛外，还能冲淡皮色的作用，产生不完全黑色（即黑斑）或黄色种皮。W_1除控制紫花外，又能使不完全黑色表现出来；w_1除控制白花外，又能冲淡R的作用，呈现黄褐色种皮。I色素全被抑制冲淡造成淡色脐，当黑色基因存在时产生灰蓝脐，当褐色或黄褐色存在时造成淡色脐；i^i将黑色或褐色限制于脐内；i^k将黑色或褐色限制于脐两侧，造成马鞍状双色；i无抑制作用，使黑或褐色遍及全种皮而成黑色或褐色种皮。以上I、i^i、i^k、i依次前者对后者为显性。

（六）大豆结荚习性、落叶性、育性性状的遗传

1. 结荚习性由2对基因控制 Dt_1为无限结荚习性，dt_1为有限结荚习性，Dt_2为亚有限结荚习性，dt_2为无限结荚习性；dt_1对Dt_2与dt_2有隐性上位作用。因而$dt_1dt_1dt_2dt_2$及$dt_1dt_1Dt_2Dt_2$为有限结荚型，$Dt_1Dt_1Dt_2Dt_2$为亚有限结荚型，$Dt_1Dt_1dt_2dt_2$为无限结荚型。此处有限型有2种纯合基因型。复等位基因$dt_{1\text{-}t}$则控制高的有限结荚型。

2. 落叶性由1个基因控制 基因型$AbAb$成熟时落叶，常见材料均携带$AbAb$基因型；基因型$abab$延迟落叶，载体材料有Kingwa。

3. 雄性不育是育性异常的一种 不育性包括有联会不育、花器结构阻挠的不育、雄性不育以及雌性不育等，多为单隐性不育。雄性不育已报道的均为核不育，其不育机制均为孢子体基因型控制的不育。已发现有ms_1～ms_9共9个雄性不育基因分别都可表现雄性不育（花粉败育），其中ms_2、ms_3和ms_4均伴有良好的雌性育性。msp为部分雄性不育基因，其作用可能有温敏效应。研究表明，质核互作雄性不育系NJCMS1A和NJCMS2A的雄性育性恢复性由2对显性重叠基因控制。

三、大豆分子标记、遗传图谱和基因组

大豆分子遗传和分子育种研究是通过分子标记建立大豆遗传图谱开始的。在此基础上开展了育种性状的基因或数量性状基因位点定位，发展了分子标记辅助选择（MAS）的研究。后来，基因测序技术的发展推动了全基因组测序的研究，为性状的全基因组定位和全基因组选择研究奠定了基础。

（一）大豆重要性状基因或数量性状基因位点的分子标记和遗传图谱 分子标记是继形态标记、生物化学标记和细胞标记之后发展起来的以DNA多态性为基础的遗传标记，具有数量多、多态性高、多数标记为共显性、可从植物不同部位提取DNA而不受植株生长情况限制等优点。应用于大豆种质资源鉴定及育种的分子标记主要有限制性片段长度多态性（RFLP）、随机扩增多态性DNA（RAPD）、扩增片段长度多态性（AFLP）、简单序列重复（SSR）、单核苷酸多态性（SNP）等。这些标记还应用于大豆的遗传图谱构建、种质资源遗传多样性和遗传变异分析、重要性状的标记定位、分子标记辅助选择、品种指纹图谱绘制及纯度鉴定等。

大豆遗传图谱是基因定位和图位克隆的基础。美国自1990年起分别采用不同群体、不同标记类型建立了大豆遗传图谱。Cregan等（1990）利用来自A81-356022（*Glycine max*）×PI468916（*Glycine soja*）的60个F_2代构建了第一张遗传图谱，包含150个限制性片段长度多态性标记；随后，又用来自Minsoy×Noir 1和PI437654×BSR101的群体构建了第二张和第三张遗传图谱，分别包含130个限制性片段长度多态性标记和830个标记（限制性片段长度多态性、随机扩增多态性DNA和扩增片段长度多态性）。Cregan等（1999）

将已有的3张图谱加入简单序列重复标记后进行整合，获得包括23个连锁群、总长度为3 003 cM的高密度图谱，到2004年，该图谱已有1 849个标记；2007年，该图谱新增1 141个单核苷酸多态性标记；2010年，该图谱又新增2 651个单核苷酸多态性标记。我国张德水等（1997）以长农4号×新民6号的F_2代群体为材料，构建了我国第一张大豆分子遗传图谱，包含有20个连锁群、71个标记，总长度为1 446.8 cM。吴晓雷等以科丰1号×南农1138-2的201个重组自交系为材料，构建了含有25个连锁群、3个形态标记、192个限制性片段长度多态性标记、62个简单序列重复标记、311个扩增片段长度多态性标记、1个特征序列扩增区域（SCAR）标记，总长度为4 710.05 cM的图谱。在此基础上王永军等提出了重组自交系（RIL）群体与理论群体相符性检验的模拟群体抽样标准法，将群体调整为184个家系后，采用189个限制性片段长度多态性标记、219个简单序列重复标记、40个表达序列标签（EST）标记、3个*R*基因位点、1个形态标记共计452个标记获得21个连锁群，总长度为3 595.9 cM。随着全基因组测序技术的不断发展和大豆重新测序的完成，越来越多以单核苷酸多态性、单核苷酸多态性连锁不平衡区段（SNPLDB）和染色体上相邻缺失断点划定的区域（bin）标记构建的高密度遗传图谱被报道。高密度遗传图谱的构建，为育种性状的精细定位奠定了基础，从而为育种性状的改良提供分子信息依据。

（二）大豆重要性状基因或数量性状基因位点的分子标记定位 育种性状的基因或数量性状基因位点定位主要采用双亲本遗传群体的连锁定位方法。国外除对大量质量性状主效基因进行标记定位外，还对包括抗病虫性、形态性状、农艺性状、种子成分、豆芽等40个数量性状基因位点进行标记定位（表9-9）。我国也对大豆农艺性状、形态性状、大豆花叶病毒、孢囊线虫抗性基因进行定位，结果大部分数量性状均存在效应大（$R^2>10\%$）的数量性状基因位点。南京农业大学和中国科学院遗传研究所合作，在建立遗传图谱的基础上利用科丰1号×南农1138-2的重组自交系群体进行了大豆农艺性状、品质性状的数量性状基因位点定位，结果检测到9个性状的63个数量性状基因位点，分布于12个连锁群。大部分数量性状基因位点成簇分布，大豆农艺性状、品质性状的数量性状基因位点主要位于B1（Gm11）、C2（Gm 06）、F1（Gm 13）、F2（Gm 13）、G（Gm 18）连锁群上，而抗大豆花叶病毒的基因主要位于D1b+W（Gm 02）上，说明不同连锁群的功能不同。一些数量性状基因位点被定位在同一位点，具多效性。

表9-9 国内外已报道的大豆育种性状的数量性状基因位点汇总

（引自Orf等，2004；增加综合资料）

性状	群体数	数量性状基因位点数目	性状	群体数	数量性状基因位点数目
抗病虫性			褐色茎腐病	5	17（16）
大豆孢囊线虫病	37	216（115）	疫霉茎腐病	9	77（29）
玉米螟	6	27（19）	菌核病	9	114
蚜虫	4	9（7）	大豆锈病	2	5（2）
南方根节线虫	2	9（8）	拟茎点霉病	3	6（6）
花生根节线虫	2	7（7）	形态、生理性状		
爪哇根节线虫	2	9（9）	水分利用效率	3	9（2）
斜纹夜蛾	2	4（4）	叶片萎蔫	6	65（36）
大豆卷叶螟	1	8（3）	干旱系数	1	10（0）
大豆斜纹夜蛾	1	4（4）	耐旱性	1	4（4）
豆荚螟	1	3（2）	耐铝毒	3	18（5）
烟粉虱	1	8（7）	叶灰分含量	1	11（3）
大豆花叶病毒病	1	19	铁离子效率	4	40（31）
突然死亡综合征	4	120（69）	耐碱性	1	4（4）

（续）

性状	群体数	数量性状基因位点数目	性状	群体数	数量性状基因位点数目
耐低磷	5	128（84）	蔗糖含量	4	37（6）
耐锰性	1	4（4）	维生素E含量	2	65（25）
耐紫外线	2	31（9）	种子香味	2	2（2）
耐土壤渍水	9	49（34）	种子微量元素（钙、镉、镍）含量	4	8
耐盐性	8	36（10）	农艺性状		
植株生活力	1	5（3）	株高	30	230（114）
叶长	7	67（12）	主茎节数	6	37（24）
叶宽	7	64（12）	节间长度	1	28（19）
叶型	4	70（9）	成熟期	31	187（101）
叶面积	7	37（13）	倒伏性	22	106（42）
茸毛密度	3	21（6）	裂荚性	4	23（5）
茸毛长度	1	2（1）	硬实特性	4	29（10）
种皮色	4	9（6）	开花期	21	104（56）
根长	4	10（5）	生殖生长期	7	36（16）
根体积	1	3（1）	单粒质量	43	297（135）
根质量	4	12（5）	种子厚度	3	23（6）
种皮开裂	3	14（5）	种子长度	3	29（4）
种子成分			种子宽	5	25（7）
蛋白质含量	35	245（113）	种子体积	2	12（6）
各种氨基酸含量	4	119（106）	单株荚数	11	51（25）
凝集素含量	2	16（10）	每节荚数	2	17（9）
异黄酮含量	8	88（21）	荚粒数	7	66（23）
苷类异黄酮含量	8	61（19）	产量	30	193（118）
染料木苷类黄酮含量	8	68（23）	冠层高	2	3（3）
黄豆苷类异黄酮含量	8	71（24）	光周期钝感性	5	10（8）
油脂含量	35	322（114）	缺铁黄化	3	7（1）
亚麻酸含量	13	68（27）	茎粗	1	3（3）
亚油酸含量	10	44（12）	分枝数	5	21（11）
棕榈酸含量	9	41（15）	豆芽		
硬脂酸含量	9	32（17）	豆芽产量	1	4（2）
油酸含量	10	43（16）	胚轴长	1	3（2）
植酸含量	2	4（3）	异常苗率	1	3（0）
淀粉含量	1	7（0）			

注：括号内为效应值＞10％的数量性状基因位点数量。大豆染色体和连锁群的对应名称附于下，供对照参考：Gm 01（D1a），Gm 02（D1b），Gm 03（N），Gm 04（C1），Gm 05（A1），Gm 06（C2），Gm 07（M），Gm 08（A2），Gm 09（K），Gm 10（O），Gm 11（B1），Gm 12（H），Gm 13（F），Gm 14（B2），Gm 15（E），Gm 16（J），Gm 17（D2），Gm 18（G），Gm 19（L），Gm 20（I）。

这里所列出的是早期定位的一些结果，随着工作的积累，已有各种性状进行了大量的基因或数量性状基因位点定位，国际约定都公布在 SoyBase（http：//www. soybase. org）上供读者查找。限于篇幅，此处从简。

（三）大豆基因组 大豆是一个古四倍体，其基因组经过长期进化而二倍体化。大豆基因组（$2n=40$）染色体较小（1.42～2.84 μm），在有丝分裂中期形态上难以区分单条染色体。大豆基因组包括约 1.1×10^9 bp，为拟南芥的 7.5 倍、水稻的 2.5 倍、玉米的 1/2、小麦的 1/14。大豆基因组学的研究，在美国开展较早。Schmutz 等基于公共图谱 Soybean Consensus 4.0，对栽培品种 William82 进行全基因组测序，获得了第一个大豆全基因组序列 Glyma 1.0，后更新为 Wm82. a2。近年，国内外研究者都将 Wm82 用作大豆的参考基因组，作为重测序分析的模板。从全基因组序列估计，大豆基因组约含有 53 600 个基因。在参考基因组基础上，开展了大量种质资源的基因组测序，找出全基因组单核苷酸多态性的组成，称为种质基因组研究。从而又发明了自然群体中基因或数量性状基因位点的关联分析方法，并将检出的基因或数量性状基因位点定位到遗传图谱上。关联分析方法在不断改进，其中限制性二阶段多位点模型全基因组关联分析法（RTM-GWAS）最适用于资源群体的需求。全基因组关联定位使得定位结果更全面、完善，而且可检测出资源群体的复等位基因（变异）及其效应，更适合于育种中进行全基因组的分子标记辅助选择育种。

第三节　大豆种质资源研究和利用

一、大豆的分类

大豆属豆科（Leguminosae）蝶形花亚科（Papilionoideae）。进一步的分类学地位从 1751 年 Dale 起 200 多年中曾有 10 多次变更，后定为大豆属（*Glycine*），经 Verdcourt、Hymowitz 等多人的研究整理，特别是澳大利亚的 Tindale 等人扩展了多年生野生种，大豆属现分为 2 个亚属 28 种（表 9-10）。*Glycine* 亚属内的 26 种为多年生野生种，它们与栽培大豆（*Glycine max*）在亲缘上较远。大豆属物种的染色体组被分为 A～I 共 9 组（表 9-10），一年生野生大豆和栽培大豆属于 GG 组；A 组包括 AA、A_1A_1、A_2A_2、A_3A_3，B 组包括 BB、B_1B_1、B_2B_2，C 组包括 CC、C_1C_1，H 组包括 HH、H_1H_1、H_2H_2，I 组包括 II、I_1I_1 等类型。A 组和 B 组内各物种间杂交结实正常，不同基因组间物种杂交存在障碍。*Soja* 亚属内的 *Glycine soja* 为一年生野生大豆，常简称野生大豆，蔓生，缠绕性强，主茎分枝难区分，百粒重为 1～2 g，种皮黑色有泥膜。*Glycine soja* 与 *Glycine max* 具有相同的染色体组型，杂种结实良好。因此一致认为栽培大豆是由野生大豆在栽培条件下，经人工定向选择、积累基因变异演化而来的。由于变异的积累，类型的演变是连续的，在 *Glycine soja* 与典型栽培大豆之间便存在一系列不同进化程度的类型。其中百粒重为 4～10 g、种皮多为黑色或褐色、蔓生性仍较强的中间过渡类型，Skvortzow（1927）曾定名为 *Glycine gracilis* 种，习惯上称为半野生或半栽培大豆。生产上种植的泥豆、小黑豆、小粒秣食豆等，即属此类型。田清震等发现扩增片段长度多态性标记可将栽培大豆与野生大豆区分，而半野生类型与栽培类型一致，因而支持不宜另列一个半野生种的意见。

表 9-10　大豆属内亚属与种的分类及其地理分布

（引自 Ratnaparkhe 等，2011）

种名	代号	2n	染色体组	地理分布
Glycine 亚属				
1. *G. albicans* Tindale. et Craven	ALB	40	II	澳大利亚
2. *G. aphyonota* B. Pfeil	APH	40	I_3I_3	澳大利亚
3. *G. arenaria* Tindle	ARE	40	HH	澳大利亚
4. *G. argyrea* Tindle	ARG	40	A_2A_2	澳大利亚
5. *G. canescens* F. J. Herm	CAN	40	AA	澳大利亚
6. *G. clandestina* Wendl.	CLA	40	A_1A_1	澳大利亚
7. *G. curvata* Tindle	CUR	40	C_1C_1	澳大利亚

（续）

种名	代号	2*n*	染色体组	地理分布
8. *G. cyrtoloba* Tindle	CYR	40	CC	澳大利亚
9. *G. dolichocarpa* Tateishi et Ohashi	DOL	80	D_1A 异源多倍体	中国台湾
10. *G. falcata* Benth.	FAL	40	FF	澳大利亚
11. *G. gracei* B. E. Pfeil et Craven	GRA	40	?	澳大利亚
12. *G. hirticaulis* Tindle et Craven	HIR	40	H_1H_1	澳大利亚
		80	?	澳大利亚
13. *G. lactovirens* Tindle et Craven	LAC	40	I_1I_1	澳大利亚
14. *G. latifolia* Newell et Hymowitz	LAT	40	B_1B_1	澳大利亚
15. *G. latrobeana* Benth.	LTR	40	A_3A_3	澳大利亚
16. *G. microphylla* Tindale	MIC	40	BB	澳大利亚
17. *G. montis-douglas* B. Pfeil et Craven	MON	40	?	澳大利亚
18. *G. peratosa* B. Pfei et Tindle	PER	40	A_5A_5	澳大利亚
19. *G. pescadrensis* Hayata	PES	80	AB_1 异源多倍体	澳大利亚
20. *G. pindanica* Tindle et Craven	PIN	40	H_2H_2	澳大利亚
21. *G. pullenii* B. Pfeil，Tindle et Craven	PUL	40	H_3H_3	澳大利亚
22. *G. rubigiinosai* Tindale et B. Pfeil	RUB	40	A_4A_4	澳大利亚
23. *G. stenophita* B. Pfeil et Tindale	STE	40	B_3B_3	澳大利亚
24. *G. syndetika* B. Pfeil et Craven	SYN	40	A_6A_6	澳大利亚
25. *G. tabacina*（Labill.）Benth.	TAB	40	B_2B_2	澳大利亚、中国台湾
		80	A B 异源多倍体	澳大利亚、南太平洋岛屿
26. *G. tomentella* Hayata	TOM	38	EE	澳大利亚、巴布亚新几内亚
		40	DD，H_2H_2，D_2D_2	澳大利亚、巴布亚新几内亚
		78	D_3E，AE，EH_2 异源多倍体	澳大利亚、巴布亚新几内亚
		80	DA_6，DD_2，DH_2 异源多倍体	澳大利亚、巴布亚新几内亚、印度尼西亚、中国台湾
Soja 亚属				
27. *G. soja* Sieb. et Zucc	SOJ	40	GG	中国、俄罗斯、日本、朝鲜
28. *G. max*（L.）Merr.	MAX	40	GG	栽培品种

注："?"表示尚待确定。

国际公认，栽培大豆起源于我国，但在我国何处，已有东北起源、南方起源、多起源中心、黄河中下游起源等多种假说。一些日本学者则认为，有些日本栽培大豆可能不是从中国、朝鲜传播过去而是直接由日本本地野生大豆群体驯化的。由于关于大豆最古老的文字记载多在黄河流域，结合考古和一些形态性状、农艺性状比较分析，黄河中下游起源假说得到较广泛支持。盖钧镒等（2000）对我国不同地区代表性栽培和野生大豆生态群体进行形态性状、农艺性状、等位酶、细胞质（线粒体和叶绿体）DNA 限制性片段长度多态性、核 DNA 随机扩增多态性 DNA 分析，结果发现，南方野生群体的群体多样性最高、各栽培大豆群体与南方野生群体遗传距离近于与各生态区域当地的野生群体，从而认为南方原始野生大豆可能是目前栽培大豆的共同祖先亲本，并由南方野生大豆逐步进化成各地原始栽培类型，再由各地原始栽培类型相应地进化为各种栽培类型。性状演化表现为从晚熟（全生长季节类型）到早熟的趋势。

王金陵（1976）从实用性出发，提出栽培大豆分类时首先将全国大豆产区划分为栽培类型区，于各区再按种皮色（黄色、绿色、褐色、黑色和双色）分类，对每类种皮色再按各区生产上播种到成熟日数的长短进一步分类。在一定复种制度下的生育期大致上能表达该品种对光温反应的生态特点。在以上分类基础上再按百粒重（x）分为大粒（$x\geqslant 20$ g）、中粒（13 g$\leqslant x<20$ g）和小粒（$x<13$ g）。进一步再按结荚习性（无限、亚有限、有限）分类。以上层次的分类便基本能反映品种的生态适应及生产特点。然后再按花色、茸毛色及叶形去进一步鉴定认识品种。

二、大豆的栽培资源和野生资源

图 9-1 列出大豆基因库的构成。大豆初级基因库种质（GP-1）包括栽培大豆育成品种（系）、地方品种和一年生野生大豆。已经或正在生产上利用的育成品种（系）和地方品种，是育种家首先考虑利用的类型。按 Harlan 和 de Wet 的划分依据，次级基因库（GP-2）为可与 GP-1 杂交而其 F_1 代部分可育的物种，在大豆方面未发现 GP-2。大豆的三级基因库（GP-3）目前已知主要在多年生野生种。

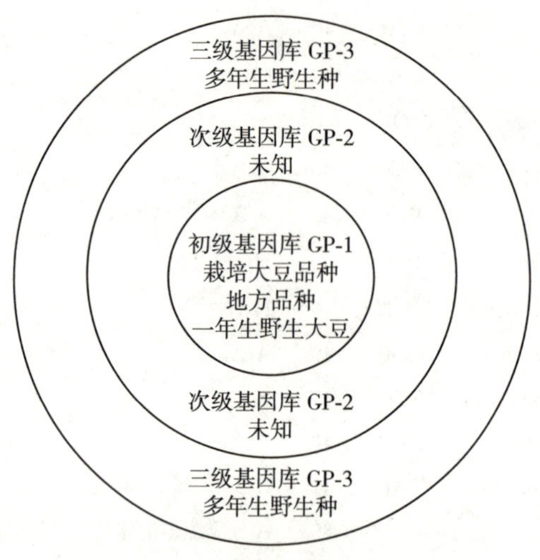

图 9-1　大豆种质资源的基因库

（一）大豆的栽培资源　栽培大豆自起源中心向北扩展到东北，再到俄罗斯形成一群早熟资源；向东传播到朝鲜和日本形成海岛条件下的一批资源；向南传播到东南亚、南亚和非洲形成一群晚熟资源；向西传播到欧洲然后又引到北美洲，北美洲大量发展大豆，又扩向南美洲，形成了当前最大的产区和相应的资源群体；近 30 年还扩展到大洋洲。因而自北半球高纬度的北欧瑞典，至赤道地区，再到南半球，均有能适应的大豆品种类型。大豆的种质资源是极其丰富的。尤其起源地的我国，长期栽培历史过程中形成了大量的农家地方品种。以下简述栽培大豆种质资源的特点。

①中国东北地区，为一年一熟春大豆区。最北部为短日性极弱的极早熟品种，往南短日性逐渐加强，南部大豆的生育期可达 160 d 以上。此区主产地的大豆多窄长叶，四粒荚，株型好，多为亚有限结荚习性或无限结荚习性，主茎发达，高大而不倒伏，不裂荚，百粒重为 18～21 g，脂肪含量为 21%～22%，亦有蛋白质含量高达 45%的品种，种粒外观品质好，是世界上著名的丰产质佳、适于机械化栽培的大豆种质资源来源地。金元 1 号、黄宝珠、紫花 4 号、丰地黄等是东北地区生产上当家品种的主要种质来源。美国北半部大豆生产上的品种，95%的种质来自东北地区的 6 个地方品种。东北偏西部地区的秣食豆类型，是耐旱、耐碱、抗孢囊线虫有潜力的种质资源。

②中国陕西和山西北部和中部黄土高原地区，有小粒黑豆、褐豆及黄豆，分枝多，生长势强，是耐旱、耐瘠薄、抗逆性强的重要种质资源。

③中国黄淮平原地区的夏大豆，在适应晚播、早熟、旱涝多发、抗孢囊线虫、抗花叶病毒方面以及丰产株型方面，有丰富的地方种质资源。例如耐逆、抗病的有小油豆、天鹅蛋、水里站、铁竹竿、爬蔓青，丰产的有大茧壳、平顶黄、齐黄 1 号、鲁豆 2 号，都是代表性的种质资源。

④中国长江流域及其以南地区，大豆品种生育期的变异幅度极大，有春、夏、秋、冬各种播种期类型，种粒大小差异亦大，蛋白质含量高。有限结荚习性资源多，秆强、荚密、高产。粒荚在发育过程中，耐高温多湿，抗真菌病性强。酸性土壤地带的品种，有的抗铝离子毒害。

⑤日本偏北方及朝鲜、韩国，在大粒性、高蛋白质含量、多荚丰产性、抗倒伏等方面较为突出。日本北海道的早熟品种是重要的早熟资源。上春别来品种明显地耐花荚期低温。

⑥美国的多年大豆育种工作，形成了一批繁茂又抗倒伏、光合效能高、丰产性好、脂肪含量高、适于机械化栽培、抗特定病害的优良资源材料。

⑦北欧与加拿大的品种，在弱短日性、耐低温和成熟早方面，是突出的资源材料。

大豆育成品种是经过长期育种和生产实践积累下来的宝贵材料，与一般种质资源相比，这些材料蕴涵系谱、亲本选配、性状特点等方面丰富信息，可视为一个经过选择的优良基因库。掌握了这批育成品种的种质基础，对指导不同区域间基因交流、拓宽品种遗传基础有重要作用。各国均重视品种的系谱分析。南京农业大学大豆研究所对我国1923—2005年育成的1 300个大豆育成品种进行系谱及遗传基础分析，归纳出670个祖先亲本，将其视为原始基因库；并将1 300个育成品种归属为670个细胞核家族和344个细胞质家族，估计出每个品种的祖先亲本细胞核和细胞质遗传贡献值，计算出每个祖先亲本对1 300个品种的细胞核和细胞质遗传贡献；根据祖先亲本的细胞核与细胞质遗传贡献、育成品种平均祖先亲本数等指标，揭示我国大豆育成品种的遗传基础，归纳出不同生态区的主要祖先亲本及其在育成品种中所占相对遗传份额和不同地区的113个主要祖先亲本及其在育成品种中所占相对遗传份额；分析了育成品种亲本选配的趋势，提出了加强地区间特别是与东北进行基因交流、拓宽遗传基础的迫切性。

（二）大豆的野生资源　一年生野生大豆主要分布在东亚，包括中国、俄罗斯、朝鲜、日本等地。在中国，除广东、广西南部、海南岛及青藏高原、新疆高寒地区有待进一步考察外，凡有大豆栽培的地区均有野生大豆的分布，已采集到8 000多份野生大豆样本。栽培大豆与野生大豆及半野生大豆杂交，在利用野生大豆、半野生大豆的高蛋白质含量（42.3%～54.0%）、多荚性状及提高栽培大豆丰产性能方面遗传潜力很大。

一年生野生大豆和栽培大豆间一般不存在杂交障碍，人们日益重视利用野生大豆拓宽栽培大豆遗传基础，已从亲本的选配、F_2代及以后世代性状的选择技术、回交改良技术等方面建立了一套比较完善的技术体系，并利用一年生野生大豆选育出具高产、高蛋白质含量、小粒等优良性状的品种或品系。但由于研究侧重于选育小粒特用或者针对丰产、抗性、优质等育种目标性状，选配组合基本是用本地栽培大豆与野生大豆间杂交。

多年生野生大豆资源方面，*Glycine*亚属内的资源，虽然具有难得的抗大豆锈病和黄化花叶病毒病及白粉病的抗源，并且具有耐霜、旱、碱及对光照长短不敏感的特点，但与栽培大豆杂交不孕及杂种不实问题仍在攻克中。Singh等（1990）通过胚挽救技术用Clark63×四倍体*Glycine tomentella*（$2n=118$）组合中得到回交种子。大豆异附加系的发展将使多年生大豆有益基因向栽培大豆渗入成为可能（Singh等，1998）。Riggs等（1998）报道将*Glycine tomentella*的抗SCN特性转到了大豆双二倍体中。Singh等（2015）将属于*Glycine tomentella*（$2n=78$）亚种的抗大豆锈病种质PI441001与Dwight杂交，获得了F_1（$2n=59$）、BC_1（$2n=79$）、BC_2F_1（$2n=56$～59）和BC_3F_1（$2n=40$～49）后代。已有多例栽培大豆与多年生野生种杂交实例。随着大豆有性杂交和体细胞杂交技术的不断改进，可望应用现代遗传学和细胞遗传学的方法克服种间杂交的不亲和性，获得可育的F_1代杂种，这是需要加强的领域。

三、大豆的染色体倍性和结构变异资源

（一）大豆单倍体、多倍体和非整倍体　大豆的染色体小，数量多，形状差异不如其他物种大，因而细胞学的研究发展较缓慢。对染色体归类的研究结果并无定论，有人从大小上区分（2对大，14对中，4对小），有人从着丝点的位置区分（2对为中央着丝点，6对为近中央着丝点，1对为近端着丝点）。关于有随体的染色体数，有的观察到1对，也有的观察到4对；根据Giemsa染色的结果，有3组、每组各6对染色体具单带，另一组2对染色体均具双带。

大豆的染色体，二倍体为$2n=40$，四倍体为$2n=80$。单倍体与多倍体既可来自单胚实生苗，也可来自多胚实生苗，大多数单倍体获自ms_1ms_1后代，多倍体可由秋水碱诱发产生，也有在ms_1ms_1、ms_2ms_2植株的后代中发现，还有在联会突变体中发现。

四倍体大豆的后代中异常植株可能是非整倍体。不联会突变体T241及T242的后代中可出现多倍体和非整倍体。通常三倍体是产生非整倍体的好材料，但大豆中将四倍体与二倍体杂交，未能获得三倍体，而在ms_1ms_1的后代中曾出现过三倍体。Palmer（1976）报道了3个主要的三体：三体A、三体B和三体C，并已用于连锁遗传研究。这3个三体中，额外染色体通过胚珠传递的比例分别为34%、45%和39%，通过花粉传递的比例分别为27%、22%和43%。鉴于三倍体植株具有较高的育性及额外染色体传递率，因而大豆能忍受非整倍体，诸如单三体、双三体乃至四体等。目前已鉴定获得一套初级三体（Triplo1～Triplo20），发现一些四体。

Singh等（1998）成功利用栽培大豆Clark63×四倍体*Glycine tomentella*（$2n=118$）组合育成大豆异附加系，具体过程为：*Glycine max*（$2n=40$，基因组GG）×*Glycine tomentella*（$2n=78$，基因组DDEE）→F_1（$2n=59$，GDE）→胚培养→（$2n=118$，GGDDEE）×*Glycine max*→BC_1（$2n=76$）→×*Glycine max* BC_2（$2n=58$，56，55；GG+D，E）×*Glycine max*→BC_3～BC_6（$2n=40+1$，2，3；GG+1D或1E，2E…）。可育单体附加系的发展将使多年生大豆有益基因向栽培大豆渗入成为可能。

（二）大豆染色体的相互易位和倒置 Palmer和Heer（1984）明确了由Williams于1948年报道的*Glycine max*×*Glycine soja*中出现的花粉与胚珠的半不育性是由于染色体相互易位的缘故。Sadanaga和Newhouse（1982）列出Clark T/T、L75-2083-4、PI189866、KS-171-31-2、KS-172-11-3和KS-175-7-3共6个纯合的易位体，这些易位体可用于进行连锁研究。

Ahmad（1984）等曾报道一例臂内倒置。Delanmay（1982）等报告发现7个倒置材料来自361个*Glycine max*×*Glycine max*组合；20个倒置材料来自142个*Glycine max*×*Glycine soja*组合，其中产生倒置材料的组合，其野生亲本均来自韩国和日本。倒置材料的研究和利用尚待进行。

四、大豆种质资源的收集、鉴定和保持

（一）大豆种质资源的收集 耕作制度及生产条件的变更常导致一些地方品种的绝灭。因而全世界均十分重视遗传资源的收集和保持。我国政府委托中国农业科学院品种资源研究所负责此项工作。全国性大豆资源收集、鉴定、保持和利用的计划及办法已形成专门文件。作为一个育种单位，从加强育种的遗传基础出发亦需进行种质资源方面的工作。种质资源的收集要按育种任务首先从与本地生态类型相近似的地区开始，每样本有200～300粒即可。一般以地方品种为主。应当把资源产地的详细地点、自然情况、栽培条件、材料的特殊用途与特点、来源等，确切而又简明地记载，并给以收集编号。

（二）大豆种质资源的鉴定 鉴定时首先按材料的名称和产地，结合种粒性状的鉴定，淘汰重复材料，并按收集地区顺序，编制田间种植计划书，田间每样本种3～5短行，在夏、秋大豆地区，宜比生产播种期适当提早播种，以便各材料能在较长光照下充分展示品种的特征特性。通过田间观察调查，仍可淘汰一些重复材料。对于有明显变异的材料，也可于成熟时采取单株分离纯化的办法，以便于日后的鉴定和利用。经整理后的材料，宜按产地、生育期、种皮色重新编排登记，并给以固定代号。我国国家库以ZDD（中国大豆），美国以PI（plant inventory），再加上编号为大豆资源的统一代号。对于田间生长发育表现及一般特征特性的调查，进行2年即可。对于育种研究任务要求的抗病性、品质等的鉴定，应当方法准确严格，材料系统全面，并由专家承担。

我国拥有大量地方品种，除逐个鉴定外，还可研究同一地域内地方品种的群体特点、与地域生态条件的关系以及群体内、群体间经济性状的遗传变异和选择潜力。例如盖钧镒等（1993）对南方大豆品种群体主要经济性状的遗传变异和选择潜力的研究，明确了该群体及所属亚群体生长期性状有极丰富的变异与潜力，向高低两个方向选择，均数±5% ΔG（选择进度）的开花期与全生育期分别为42.6～86.2 d及96.1～169.3 d；产量、蛋白质含量、脂肪含量和百粒重也有较大变异与潜力，均数+5% ΔG分别为2 t/hm²、47.4%、22.1%和24.7 g；但每荚粒数的变异与潜力很小，均数+5%ΔG仅1.9粒/荚，比东北的2.5～3.0粒/荚少得多，因而每荚粒数少可能是南方品种产量提高的限制因子，必须引进东北多粒性的种质。

（三）大豆种质资源的保持 我国作物种质资源由农业农村部统一管理，由中国农业科学院作物科学研究所统一种植入库、保持并供应。各省农业科学院保持本省材料的复本。各地研究单位与院校，根据需要与条件，保留一定量的大豆资源。大豆地方品种常是含有多种基因型的群体，要保持群体中稀少基因型在繁种过程中不因随机漂变而丧失，通常应种植300～350粒种子，保证160～200个单株，收获保存2 500～

5 000 粒种子，并尽量延长在冷库中保存的年限以减少繁种次数。

美国大豆种质资源统一由农业部农业研究局（ARS）管理，而将 000～Ⅳ成熟期组的材料由伊利诺伊州 Urbana 市设专人负责保持和分发，Ⅴ～Ⅹ成熟期组的材料由密西西比州的 Stoneville 设专人负责保持和分发。对保持的资源，在 4℃、40%湿度的冷库内，每代号资源保存 300 g 种粒。每份材料还分一份送往科罗拉多州总库，在－18～－20℃、40%湿度的库中长期保存。美国农业部在全国组织了大豆种质资源顾问委员会，对大豆资源的技术问题及选育与利用问题提供咨询；还成立了大豆遗传委员会，负责统一基因符号，并管理遗传研究材料。

五、大豆种质资源的创新和利用

（一）大豆种质资源的创新　人工创造大豆新种质资源的潜力是很大的。通过有性杂交，尤其用地理或类型上远缘的材料间杂交，可以累积增效等位基因。例如用极早熟的东农 47-1D 与北欧极早熟的 Fiskeby 杂交，积累早熟性基因，便得到超早熟的东农 36。通过栽培大豆与野生大豆杂交，曾得到单株粒数达到 1 127 粒的材料（李文滨，1985）。辽宁省锦州农业科学研究所 1956 年用百粒重为 5～6 g 的半野生大豆与百粒重为 18～19 g 有限结荚习性的栽培大豆丰地黄杂交，于后代选得百粒重为 12～13 g、分枝多、丰产抗病的新资源材料 5621。用它与栽培大豆亲本杂交，育成了铁丰 9 号、铁丰 10 号、铁丰 17、铁丰 18、铁丰 19、铁丰 20 等多个优良品种。此外，理化因素诱变亦是种质资源创新的重要途径。

（二）大豆种质资源的利用　大豆种质资源利用的途径是多方面的。

1. 直接利用　通过引种而直接用于另一地区的生产，要从生态类型相似的地区引用，特别要注意品种的光温反应特性、抗病性及对气候、土壤条件的适应性。直接引用于生产，应经多年多点田间比较试验的鉴定才能大面积扩展。新疆曾成功地引用了东北的铁丰 18、黑农 33 等品种，为大豆在新区的发展做出了贡献。大量的引种工作主要在于为育种提供基因资源。利用大豆地方品种自然变异选择育种，仍有潜力，下节将做介绍。

2. 作为杂交亲本　大豆种质资源最广泛的应用是作为杂交亲本。在东北地区，伪满统治时期曾利用黄宝珠与金元杂交，育成了著名的满仓金、满地金及元宝金。中华人民共和国成立后用满仓金作亲本育成了东农 4 号、合交 6 号、合交 8 号等在生产上起过重大作用的品种。用东北地方抗虫品种铁荚四粒黄与丰产的金元 1 号杂交，育成了抗食心虫的丰产品种吉林 3 号。我国 1923—1992 年育成的 564 个大豆品种可追溯到 308 个祖先亲本，其中 230 个为地方品种，39 个为主要来自美国的国外引种，其余 39 个为遗传来源不详的国内育种品系。表 9-11 列出了主要祖先亲本及其衍生的品种数；表 9-12 列出了 1986—2005 年我国大豆育成品种的主要直接亲本及其衍生品种数；表 9-13 列出各主产区育成品种的亲本来源相对比重。

表 9-11　主要祖先亲本及其衍生的品种数

（引自盖钧镒等，2015）

东北		黄淮海		南方		国外引进品种	
祖先亲本	衍生品种数	祖先亲本	衍生品种数	祖先亲本	衍生品种数	祖先亲本	衍生品种数
金元（辽）	577	滨海大白花（苏）	180	奉贤穗稻黄（沪）	45	A. K.（美）	297
四粒黄（吉）	497	铜山天鹅蛋（苏）	163	A291（鄂）	40	十胜长叶（日）	287
白眉（黑）	357	即墨油豆（鲁）	145	上海六月白（沪）	34	Mandarin（美）	242
嘟噜豆（吉）	313	铁角黄（鲁）	129	51-83（苏）	41	Richland（美）	241
铁荚四粒黄（吉）	281	益都平顶黄（鲁）	132	浦东大黄豆（沪）	29	Lincoln（美）	197
熊岳小黄豆（辽）	250	A295（鲁）	118	暂编 20（鄂）	17	Dunfield（美）	190
克山四粒荚（黑）	212	邳县软条枝（苏）	64	泰兴黑豆（苏）	13	Mukden（美）	169
铁荚子（辽）	169	山东四角齐（鲁）	58	大粒黄（鄂）	11	Mammoth Yellow（美）	169
四粒黄（吉）	110	沁阳水白豆（豫）	48	通山薄皮黄豆（鄂）	10	Otootan（美）	169
小金黄（辽）	111	滑县大绿豆（豫）	44	五月拔（浙）	6	Clemson（美）	138

表 9-12　1986—2005 年我国大豆育成品种的主要直接亲本及其衍生品种

（引自盖钧镒等，2015）

品种名称	作直接亲本次数	衍生品种数	品种名称	作直接亲本次数	衍生品种数	品种名称	作直接亲本次数	衍生品种数
合丰 25（黑）	32	77	徐豆 1 号（苏）	32	77	矮脚早（鄂）	20	39
吉林 20（吉）	29	88	齐黄 1 号（鲁）	29	88	南农 493-1（苏）	8	43
北丰 11（黑）	15	16	诱变 30（京）	15	16	南农 1138-2（苏）	7	34
绥农 10 号（黑）	13	14	58-161（苏）	13	14	苏豆 1 号（苏）	5	11
铁丰 18（辽）	13	137	豫豆 8 号（豫）	13	137	川湘早 1 号（湘）	7	18
黑河 54（黑）	12	85	鲁豆 4 号（鲁）	12	85	湘春豆 10 号（湘）	8	9
群选 1 号（吉）	12	79	晋豆 4 号（晋）	12	79	毛蓬青（浙）	6	6
绥农 4 号（黑）	11	60	豫豆 10 号（豫）	11	60	浙春 1 号（浙）	3	6
北丰 9 号（黑）	11	13	晋遗 20（晋）	11	13	十胜长叶（日）	14	287
吉林 30（吉）	10	12	泗豆 11（苏）	6	11	Williams（美）	11	57
丰收 10 号（黑）	9	155	跃进 5 号（鲁）	5	31	Beeson（美）	9	47

表 9-13　我国大豆育成品种的亲本来源相对比重（%）

（引自盖钧镒和崔章林，1994）

育成品种所在产区	亲本来源地区			
	东北	黄淮海	南方	外国
东北	91	1	0	8
黄淮海	10	80	3	7
南方	2	13	76	9

美国大豆育种所用的亲本，追溯其来源，主要与少数原始亲本有关，北部诸州主要品种的血缘有来自中国东北的 Mandarin（黑龙江绥化四粒黄）、A. K.（东北大豆）、Manchu（黑龙江宁安黄豆）、Richland（吉林长岭）、Mukden（沈阳小金黄）、Dunfield、PI54610、NO171、PI180501 等，中国中部的 CNS、日本的 Tokio 等；南部诸州主要品种的血缘有来自中国东北的 A. K.、Dunfield、PI54610、Patoka 等，中国中部的 CNS、Palmetto、Peking 等，日本的 Tokio、PI81041，朝鲜的 Arksoy、Harberlandt 等。以 Lincoln×Richland 育成的 Clark、Chippewa、Ford 和 Shelby 这 4 个品种，1965 年曾占美国大豆面积的 31%。其中 Lincoln 是由 Mandarin×Manchu 育成的，这 3 个原始亲本都来自中国东北。美国大豆育种成就方面，以抗病育种最突出，在这方面来自中国的抗性资源是决定因素。用从 2 000 多份材料中筛选出抗孢囊线虫的北京小黑豆（Peking）作杂交亲本，育成了丰产抗病的品种 Custer、Dyer 和 Pickett，挽救了美国南部的大豆生产。

引用短日性强的资源育成能适应低纬度短日照条件的品种，从而使低纬度的巴西等地区盛产大豆，以及引用短日性弱的早熟资源作杂交亲本，育成能适应高纬度地区条件的更早熟品种，是大豆引用种质资源进行育种的重大贡献，扩大了大豆生产范围，改变了世界大豆生产的面貌。

为了克服以往品种的脆弱性，各国都强调拓宽遗传基础的迫切性。表 9-14 列出中国、日本、北美大豆育成品种的遗传基础比较。

（三）大豆种质资源的保存　经整理鉴定后的大豆种质资源，应建立资料档案并输入电脑保存。美国以生育期组作为归类登记的首要项目。我国盖钧镒等（2001）也提出了与国际衔接的我国大豆熟期组归类方法与标准，可按熟期组登记国内外资源，在此类型上还可进一步按栽培区和播种期型归类登记国内的资源。对大豆种质资源鉴定研究结果，应及时编印目录向利用的单位与人员通报。

表 9-14　中国、日本、北美洲大豆育成品种的遗传基础比较

（引自 Zhou 等，2000）

项目	中国（1923—1995 年）	日本（1950—1988 年）	北美洲（1947—1988 年）
育成品种数	651	86	258
祖先亲本数	339	74	80
引自国外的祖先亲本数	47	16	80
对育成品种贡献达 50%的祖先亲本数	35	18	5
对育成品种贡献达 80%的祖先亲本数	190	53	33
育成品种平均占有祖先亲本数	0.53	0.86	0.32
育成品种平均实际包含的祖先亲本数	3.79	3.20	6.7

中国农业科学院作物科学研究所国家种质库保存的栽培大豆种质已有 2.3 万余份，一年生野生种质约 0.7 万份，其他还有国外引种和多年生野生材料等近 0.2 万份等（常汝镇等，1998）。各省大都自行收集保存了本省大批的大豆资源材料，例如贵州保存了 2 068 份，山西保存了 1 932 份，黑龙江保持了 730 份等。至 2004 年，美国也已保存 2.1 万多份大豆资源，其中栽培大豆 1.9 万份，一年生野生大豆 0.1 万份、多年生野生大豆 0.1 万份，同时保存特殊遗传材料及育种亲本等有用种质。美国北方收集中心保存了 000～Ⅳ成熟期组大豆资源 7 627 份、野生大豆 675 份、多年生野生大豆 66 份，南方收集中心保存了Ⅴ～Ⅹ成熟期组栽培大豆资源 3 000 多份。此外，日本保存有 3 741 份，印度保存有 4 615 份。还有 18 个国家 20 个中心都保存 1 000 份以上。由于大豆种质资源的交流在国际上已成惯例，因此各收集保存中心的材料，有相当一部分是各中心间相互重复的。设立在中国台湾的亚洲蔬菜研究发展中心（AVRDC）保存了 11 926 份大豆品种资源材料，其中一大部分是从美国交流引入的。

第四节　大豆育种途径和方法

一、大豆家系品种选育的主要途径和一般步骤

大豆家系品种选育一般包括以下步骤：①产生具有目标性状遗传变异的群体；②将群体进行天然自交，从中分离优良个体并衍生为家系；③多年、多点家系试验，鉴定其产量及其他育种目标性状，从中选择优异家系；④繁殖种子，审定与示范、推广。

遗传变异群体的来源有自然发生的，但育种中更重要的则是人工创造的。

不论变异群体的来源如何，选育家系品种最基本的环节是从中选择具有各种育种目标性状的优良纯合个体，包括优良单株或由其衍生的优良家系。主效基因性状由表现型推测基因型的可靠性较高，尤其在纯合度高的情况下更有把握；但多基因性状因受环境修饰作用较大，由表现型估计基因型的可靠性（遗传率）较低。不同性状常具有不同遗传率，同一性状的遗传率也因选择试验单位大小而不同，单株的、株行的、株系的、有重复小区的遗传率依次升高。如前所述，大豆产量以及产量性状中的单株荚数、单株粒数遗传率较低，尤其在选择试验单位较小时；其他如百粒重、每荚粒数、生育期性状、品质性状等遗传率较高。

育种目标是综合的，目标性状的遗传率各不相同。育种试验选择单位总是由单株、株行、株系逐级扩大。因而从变异群体中选择综合优良个体时，常常对主效基因性状、遗传率高的性状在早期世代、选择单位较小时即进行严格的选择，而对遗传率低的性状，尤其是产量，在后期世代、选择单位增大、遗传率提高后再进行严格选择。这样，不同育种时期或世代将可安排不同的选择重点性状或性状组合。

理论上对于多个目标性状进行选择有以下 3 种方法：①逐项选择法（tandem selection），每个世代或几个世代只按 1 个性状进行选择，以后再换其他性状。②独立选择法（independent culling），同一世代对各性状均进行选择，有任一个性状不达标准的个体均淘汰。③指数选择法（index selection），同一世代对各性状按一定权数做综合评分，或按一定公式计算综合指数，不达标准分数或指数者淘汰。前面按遗传率高低安排

在一定世代做严格选择的方法有点类似于逐项选择法。实际育种工作中往往综合运用上述 3 种方法的原则，而且往往具有一定的经验性质。

二、大豆自然变异选择育种

自然变异选择育种，以往曾称为纯系育种法、系统育种法、选择育种法。为避免与杂交育种中用系谱法进行个体选择选育纯系品种相混淆，此处不再沿用旧称。这种方法，我国在 20 世纪 50—60 年代应用较多，曾育成许多优良品种，例如北方春豆区的东农 1 号、荆山璞、九农 2 号和晋豆 1 号，北方夏豆区的徐州 302 和 58-161，南方多播季大豆区的金大 332、南农 493-1、南农 1138-2、湘豆 3 号、湘豆 4 号等。

（一）大豆自然变异选择育种的基本步骤 自然变异选择育种的基本步骤包括：①从原始材料圃中选择单株；②选种圃进行株行试验；③鉴定圃进行品系鉴定试验；④品种（系）比较试验；⑤品种区域适应性试验。南农 493-1 选育过程是一个典型的例子（表 9-15）。农民荆山璞育成荆山璞大豆品种，其过程虽然很简单，由在满仓金品种地里选得 1 株长叶大豆衍生而来，亦属于自然变异选择育种的 1 例子。这两个品种的育成过程均包括有单株选择、建立品系、品种比较试验和繁殖扩大 4 个环节。由于自然变异群体一般经过多代自交，变异个体大都纯合或只具有较低的杂合度，因而通常只需经过 1 代或 2 代单株选择便可获得纯系，育种年限较短。

表 9-15 南农 493-1 选育过程

选育程序	试验年限	选育工作内容
原始材料圃	1	1955 年播种 456 个地方品种，选 475 株，单脱单藏
选种圃	1	1956 年每株后代种 1 行，与对照品种比较，选出 42 个优良株行
鉴定圃	1	1957 年按成熟期分为早熟组和中熟组试验，各有 21 个品系的 3 次重复随机区组设计，选择出 6 个早熟品系和 3 个中熟品系
品种（系）比较试验	1	1958 年将所选 9 个品系加对照种进行 4 次重复随机区组试验，经产量比较肯定 493-1 最优
区域试验	2	1959—1960 年新品种 493-1 在江苏淮南区域试验中表现最优，繁殖种子
区试与推广	2	1961—1962 年进行区域试验、生产示范、繁殖与推广

（二）大豆自然变异选择育种的技术关键

1. 选用适当的原始材料 我国各地均有丰富的地方品种，群体间、群体内均有丰富的自然变异；尤其大豆的天然异交率有 0.03%～1.10%，将不断提供重组、变异的机会；再加上近期育成的品种多数为杂交育种的成果，多少带有一点杂合或异质的可能性，因而自然变异选择育种这条途径的可行性是始终存在的，关键在于选用适当的原始材料。通常相近生态条件范围内的地方品种、育成品种对当地条件具有较好的适应性，从中选得的变异个体亦将有较佳的适应性，是常用的原始材料。

2. 有效的单株选择 并非变异个体都入选，而应选择有优良特点、有丰产潜力的单株。生育期、抗病性、主茎节数、每荚粒数、百粒重等，单株时期的遗传率较高，表现型选择的效果较好。整个生长发育过程中，大豆单株选择一般分 3 个阶段进行：①生长发育期间按开花期、抗病性、抗逆性、长势长相等进行初选。初选一般只在记载本上说明，特好的可以挂牌标记。②成熟期间按成熟期、结荚习性、株高、株型、丰产性进行复选，将入选单株拔回。③室内考种后，按籽粒品质、单株生产力结合田间表现进行决选。

株行时期可以根据株行的群体表现进一步鉴定选株后代的各种性状，从而选择具有综合优良特点的株行。株行产量的误差较大，并不能准确反映选株后代的丰产性优劣，通常只作为选择株行的重要参考。

3. 精确的产量比较试验 自然变异选择育种最重要的性状还在于群体产量。产量的鉴定主要是精确的田间试验。本章第六节将专门介绍大豆育种的田间试验技术。

三、大豆杂交育种

杂交育种是迄今大豆育种最主要、最通用、最有成效的途径。我国自 20 世纪 60 年代以来育成的新品种，大都由杂交育成。美国20世纪40年代以来育成的品种亦均由杂交育成。截至2005年，我国通过杂交育种又育成的品种达1 016个，例如北方春豆区的合丰25、东农36、黑农35、吉林21、铁丰4号等，北方夏豆区的冀豆4号、豫豆8号、鲁豆7号、中豆19等，南方多播豆区的南农73-935、浙春2号、湘春豆13等。

(一) 亲本及杂交方式　杂交育种的遗传基础是利用基因重组，包括控制不同性状的有益等位基因的重组和控制同一数量性状的增效等位基因间的重组。后者所利用的基因效应包括基因的加性效应和基因间的互作效应，即上位效应。因而一个优良的组合不仅决定于单个亲本，更决定于双亲基因型的互补程度。各亲本基因间的连锁状态也影响一个组合的优劣。一个亲本的配合力是其育种潜势的综合性描述，大豆育种中实际利用的是亲本组合的特殊配合力，一般配合力只是预选亲本的参考依据。

常用的大豆杂交育种亲本均为一年生栽培种，只在少数特殊育种计划中（例如选育小粒豆类型）将一年生野生种作为亲本，随着野生亲本中优良基因的发掘，其应用或将会增加。迄今尚未有正式利用多年生野生种作亲本的报道。

育种家所利用的亲本范围较广泛，尤其喜欢利用最新育成的品种或品系为亲本。上节已说明这些亲本的原始血缘常来自少数原始亲本。

杂交育种须选配好两个亲本，育种家的经验可以概括为以下要点。

①选用优点多、缺点少、优缺点能相互弥补的优良品种或品系为性状重组育种的亲本。这类材料在生产上经多年考验，一般对当地条件具有较好的适应性，由它们育成的新品种将有可能继承双亲的良好适应性。适应性的优劣须有多年、多种环境的考验才能检验出来。通过亲本来控制适应性是一条捷径。

②转移个别性状到优良品种上的杂交育种时，具有所转移目标性状的亲本，该目标性状应表现突出，且最好没有突出的不良性状。否则可以选用经改良的具有突出目标性状但没有突出不良性状的中间材料作亲本。

③育种目标主要为产量或其他数量性状，着重在性状内基因位点间的重组，所选亲本应均为优良品种或品系，各项农艺性状均好，可通过重组来累积更多的增效等位基因并产生更多的上位效应。不同亲缘来源（包括不同地理来源或生态型差异较大）的亲本具有不同的遗传基础，因而可以得到更多重组后的增效位点及上位效应，这种情况下亲本间表现有良好的配合力。

据Fehr于1985年的调查，北美洲大豆育种者所选用的亲本，56%为育成品种，39%为优良选系；只有5%为引种材料，因其杂种后代产量常较低，优系率不高。通常引种材料只作为特异性状的基因源使用。我国1923—1992年间402个杂交育成品种采用育成品种及育种品系为双亲的占55.3%（表9-16）。

表9-16　中国402个杂交育成大豆品种亲本组配及其使用频率（%）

（引自崔章林等，1998）

母本	父本			
	育成品种	育种品系	地方品种	国外引种
育成品种	16.7	13.6	10.3	9.2
育种品系	11.2	13.8	3.7	5.3
地方品种	7.5	1.3	3.7	2.2
国外引种	0.7	0.4	0.2	0.2

Fehr于1985年的调查结果，北美洲大豆育种者采用的杂交方式，79%的杂种群体为双亲本杂交后代，7%为三亲本杂交后代，4%为四亲本杂交后代，3%为多于四个亲本的杂种后代，2%为回交一次杂种后代，2%为改良回交（修饰回交）杂种后代，3%为回交2次或多次的杂种后代。迄今大豆育种者主要还是采用单交方式，三交的应用正在扩大之中。三交的优点是拓宽遗传基础，加强某个数量性状，改造当地良种更多的缺点，这些依所选亲本性状或基因相互弥补的情况而定。转移某种目标性状的回交育种，通常回交多次。但修饰回交法的应用正在扩展，其优点是不仅可转移个别目标性状，而且可改良其他农艺性状。4个亲本以上的复合杂交在育种计划中应用尚不多，但常用于合成轮回选择的初始群体。以上所说的各种交配方式均指亲

本为纯系或已稳定的家系。一次交配后，进一步的交配均指以一次交配所获群体或未稳定家系为亲本之一或双亲。一次交配后从中选得稳定家系再与另一纯系亲本交配，虽然类似三交，但实质上只是单交而已。否则目前许多品种的亲本均涉及多个原始亲本，由此而进行的单交均类似复交了。

（二）杂种群体自交分离世代的选择处理方法 为选育纯合家系，所获杂种群体不论来自多少亲本、何种杂交方式，均须经自交以产生纯合体。自交后群体必然大量分离。理论上亲本间有多个性状、多对基因的差异，加之基因间又可能存在连锁，分离将延续许多世代，最后形成大量经重组的纯合体。但实际上这依亲本间差异大小而定，通常 F_4 代、F_5 代或 F_6 代起植株个体便相对稳定。这里的“相对稳定”主要指个体不再在形态、生育期等外观性状上有明显的自交分离，至于细微的，尤其是数量性状上的自交分离在高世代仍是难以检测的。

为尽早完成自交分离过程，节省育成品种所需时间，在 1 年 1 次正常季节播种外，可采取加代措施。加代的方法通常有温室加代及在低纬度热带短日条件下加代两种，后者在北美洲习称为冬繁，在我国习称为南繁。目前国内外大多数大豆育种计划均采取加代，主要是南繁（冬繁）措施。我国南繁地点一般在海南省南部，美洲一般在波多黎各、佛罗里达、夏威夷等地。这些地方在 10 月至翌年 5 月可以再连种 2 个世代，大约 85 d 便可完成 1 个世代，有时为赶时间可收获已充实饱满的青荚，或在成熟前喷布脱叶剂加速成熟。南繁自然条件下生育期短、植株矮小，只适于加代，通常不可能得到很多种子，除非人工延长光照时间以推迟开花，增加营养生长时间。南繁自然条件下通常难以进行人工杂交，主要限制在于花少、开花期太短、花小、多数花开花前已自花授粉，人工延长光照时间可以克服这种困难。由于南繁地点与育种单位地点自然、栽培条件的差异，在南繁地点进行成熟期、株高、抗倒性、产量等方面的选择是无正常效果的；但对种子大小、种子蛋白质及脂肪含量、脂肪的脂肪酸组成以及对短日条件反应敏感性（生长与开花方面）等性状的选择则常是相对有效的。限于规模，利用温室加代通常只能容纳少量材料，但许多育种工作者常利用温室进行人工控制条件下的抗病虫性鉴定，这种鉴定只是在下年播种前先做 1 次抗性的后代（家系）试验，并不要求收获种子。

杂种群体自交分离过程中，须保持相当大的群体才不致丢失优良的重组型个体。但育种规模是有限制的，为使规模不过大，可在早代起陆续淘汰明显不符合育种目标的个体乃至组合，但选择强度应视性状遗传率的高低而定。大豆育种者对杂种群体自交分离世代的选择处理方法大致可归为两大体系：一是相对稳定后在无显性效应干扰下再做后裔选择，包括单籽传法、混合法及集团选择法等；二是边自交分离，边做后裔选择，包括系谱法、早代测定法等。

1. 单籽传法 单籽传法（single seed descent，SSD）根据杂种群体自交分离过程中上一个世代个体间的变异大于下一个代相应衍生家系内个体间的变异，尽量保证 F_2 代个体间的变异能传递下去，每个 F_2 代单株只收 1 粒，但全部单株都传 1 粒，各自交分离世代均按此处理直至相对稳定后从群体中进行单株选择及后裔比较鉴定。采用单籽传法的群体受自然选择的影响极小。

典型的单籽传是每株只传 1 粒（为留后备种子可以收获不止 1 套种子）。但单粒收获仍较费时，且由于成苗率的影响，每经一世代群体便将缩小，一些个体的后代便绝灭，因而有一些变通的方法。其一是每株摘一荚，规定每荚为 3 粒型或 2 粒型，这实际上为一荚传。每群体可以摘重复样本以留后备。另一方法为每株摘多荚，统一荚数，混合脱粒后分成数份，分别用作试验或储备。有时需保留每株的后裔，可采用每株 1 穴播种，按穴取 1 粒或若干粒种子。

单籽传法无须做很多考种记载，手续简便，非常适于与南繁加代相结合，因而能缩短育种年限。表 9-17 所示为单子传法的应用实例。我国黑龙江省的东农 42 即是用一荚传育成的。

表 9-17 应用单籽传法育成品种 Preston 的过程

（引自 Fehr，1987）

育种年度	选育工作内容
1	3 月在波多黎各冬繁圃延长光照条件下配制组合 S48×Max（代号 A×2357），目标为选育农艺性状优良的高产品种
1	5 月在艾奥瓦州立大学种 A×2357 的 F_1 代
1	11 月在波多黎各冬繁圃种 A×2357 的 F_2 代群体，每株混收 3 粒种子

（续）

育种年度	选育工作内容
2	2月在波多黎各冬繁圃种A×2357的F_3代群体，每株混收4粒种子
2	5月在艾奥瓦州立大学宽距种植A×2357的F_4代群体，按早、中、晚3期分别收获单株，并按株单脱单藏
3	5月在艾奥瓦州2地点，每点各2次重复条件下进行$F_{4:5}$家系的产量鉴定，小区为1m×1m的穴区。收获农艺性状优良的50%家系，并测产
4	5月在艾奥瓦州3地点对A×2357的$F_{4:6}$家系做产量鉴定，每点均为2行区，2次重复，编号为A81-257031的选系即为以后的Preston
5	A81-257031参加美国北部9州11地点的区域试验。同时在校试验场开始提纯，选择植株和种子性状一致的48个单株，分别脱粒、保存
6	A81-257031参加美国北部与加拿大12州（省）共20个地点的区域试验。在校试验场种48个单株后代，分收其中表现一致的47株系，获种子总产合计约120kg
7	A81-257031继续参加美国和加拿大共20地点的区域试验。经州审定推广，定名为Preston。47个繁育株系中有2个因脐色不典型而淘汰；其余45个仍分别繁殖，合计种3 hm^2，生长发育期间鉴定均一致，混收得7.2t种子，作为育种家种子（breeder seed）分发至3个州
8	分州种育种家种子以获得基础种子（foundation seed，相当我国的原原种）。该基础种子以后再经繁殖2代便推广到农家

2. 混合法与集团选择法　混合法（bulk method）收获自交分离群体的全部种子，下年种植其中一部分，每代如此处理，直至达到预期的纯合程度后，从群体中选择单株，再进行后裔比较鉴定试验。用混合法处理的群体受自然选择的影响甚大，因不同基因型间在特定环境下存在繁殖率差异。自然选择的作用可能是正向的，也可能是负向的，依环境而定。例如在孢囊线虫疫区，群体构成将可能向抗、耐方向发展；在无霜期较长的地区，群体构成将可能向晚熟方向发展。

对自交分离群体可以按性状要求淘汰一部分个体后再混收或选择一部分个体混收，下年抽取部分种子播种，直至相当纯合后再选株建立家系，这种方法即为集团选择法（mass selection）。例如对群体只收获一特定成熟期范围的植株。集团选择均为表现型选择，建立家系后才能进行基因型选择。

混合法和集团选择法手续更简便，但在南繁或冬繁条件下易受与育种场站不同环境的自然选择的干扰，所以近来许多大豆育种者宁愿采用单籽传法。

3. 系谱法　系谱法（pedigree method）从杂种群体分离世代开始便进行单株选择及其衍生家系试验，然后逐代在优系中进一步选单株并进行其衍生家系试验，直至优良家系相对稳定不再有明显分离时，便升入产量比较试验。所以系谱法是连续的单株选择及其后裔试验过程，保持有完整的系谱记载。系谱法简单明了，易于理解接受，对所选材料经过多代系统考察鉴定而把握性较大，但由于试验规模的限制，在早代便须用较大选择压力，这在诸如抗病性等在早代便可进行严格选择的性状是适宜的；而对于诸如单株生产力等遗传率较低的性状，往往由于早代按表现型选择时误将一批优良基因型淘汰而葬送了一些优良材料或组合。另外，由于一些育种性状不宜在南繁或冬繁条件下进行严格选择，因而这种情况下系谱法将难以充分利用冬繁加代缩短育种年限的好处。我国以往大多数大豆育种者均采用系谱法，近已减少。表9-18所示为系谱法应用实例。

4. 早代测定法　早代测定法（early-generation testing）的基本过程是在自交分离早代选株并衍生为家系，经若干代自交及产量试验从中选出优良衍生子群体，再从已自交稳定的子群体中选株并进行其后裔比较试验。理论上，此法可通过早代产量比较突出最优衍生系群体，然后优中选优进一步分离最优纯系。但实际上，早代产量比较受规模的约束，不可能测验大量衍生群体，一大批优秀材料可能在产量比较前便已丢失。关于早代测定法中多少衍生群体参加产量比较、每群体进行几个世代产量比较等，各人均有自己的设计，并不一致。相对较一致的是，一般均用F_2代或F_3代衍生群体进行早代测定。鉴于早代表现的产量差异包含有一定的显性及其有关基因效应成分，一些大豆育种家顾虑它不足以充分预测从中选择自交后代的潜力，再加上此法手续不如其他方法简易，因而此法的使用者并不多。表 9-19 所示为早代测定法应用的实例。

表 9-18　应用系谱法育成品种铁丰 23 的过程

（引自辽宁省铁岭市大豆研究所）

育种年度	选育工作内容
1	夏季配制组合铁丰 19×秋田 2 号（代号 7447），获 34 粒种子
1	冬季在海南种 F_1代，实收真杂种 15 株
2	种 F_2代，每株 F_1代的种子分别种植，在第 3 株 F_1代的后代中入选 4 株
3	种 $F_{2:3}$家系，在第 3 株行中入选 1 株
3	冬季在海南种 $F_{3:4}$家系，从上季入选 1 株的后代中选得 5 株
4	种 $F_{4:5}$家系，从第 4 株行中入选 3 株
5	种 $F_{5:6}$家系，田间从第 3 株行中入选 3 株，保留 2 株
6	种 $F_{6:7}$家系，本年安排为选种圃试验，入选编号为 3 的株行
7～8	参加品种比较试验
9～11	参加辽宁省大豆品种区域试验
10～12	参加全国北方春大豆中熟组区域试验
11	进行生产试验和示范试验

表 9-19　应用早代测定法育成品种 Sprite 的过程

（引自 Fehr，1987）

育种年度	选育工作内容
1	夏季在伊利诺伊大学试验场配制组合 Williams×Ransom，母本为熟期组Ⅲ、无限结荚类型，父本为熟期组Ⅶ、有限结荚类型。目的为育成高产、抗倒、有限结荚类型、熟期组Ⅲ的新品种
1	11 月在波多黎各种 F_1代，延长光照以增加种子产量
2	种 F_2代，分别选择熟期适宜的有限结荚单株
3	种 $F_{2:3}$家系。本组合计 10 个家系，单行区无重复，从中选择 3 家系，其中包括家系 L72 U-2569
4	L72 U-2569 参加 $F_{2:4}$家系比较试验，4 行区，有重复，中间 2 行计产，在 2 侧边行中选得 54 个 F_4代单株
5	种 $F_{4:5}$家系，单行区，无重复，从 L72 U-2569 中选得优良家系
6	34 个由 L72 U-2569 衍生的 $F_{4:6}$家系参加 4 行区有重复的比较试验，行距为 75 cm
7	19 个由 L72 U-2569 衍生的 $F_{4:7}$家系参加 4 行区产量比较试验，行距为 75 cm，同时进行 10 行区产量比较试验，行距为 17 cm。每家系均选 50 个 F_7代单株用于种子提纯
8	其中的一家系 HW74-3384（以后即 Sprite）参加美国北部区域试验，9 个地点。该家系的 42 个 F_7代单株种成无重复的 $F_{7:8}$株行区，混收其中 37 个表现型一致的株行，作为 HW74-3384 纯种
9	HW74-3384 继续参加美国北部区域试验，26 个点
10	HW74-3384 继续参加美国北部区域试验，24 个点。俄亥俄州农业试验站审定，命名为 Sprite。第 8 年所获纯种已繁殖出 2 t 育种家种子，并分发至北方 7 个州的种子场圃
11	7 个州繁殖基础种子（我国称为原原种）
12～13	私人种子生产者种植基础种子以得到登记种子（registered seed，我国称为原种），下年繁殖为认证种子（certified seed，我国称为生产用种），用于生产

（三）回交育种

1. 回交育种方法及其应用　回交育种主要用于将个别目标性状转移到优良的推广品种上去，最常见的是抗病性的转移，例如Harosoy63是经7次回交将Blackhawk的抗疫霉根腐病Rsp_1等位基因转移到Harosy上育成的新品种；Williams82是经5次回交将King-wa的抗疫霉根腐病Rsp_1等位基因转移到Williams上育成的新品种。回交育种所转移的性状一般为主效基因性状，尤其是单基因性状。这种情况下通过将杂种与轮回亲本的回交加强轮回亲本综合优良性状的遗传基础，同时选择具有所要转移的目标性状的个体。若所转移的是单个显性等位基因，而且在开花季节前便表现，那么BC_xF_1代，使可选株回交，选择过程最简单；若在开花季节后才表现，那么BC_xF_1代回交时因无法按转移的目标性状选株，必须加大杂交量以保证有一定量的目标性状植株得到回交种子。若所转移的是单个隐性等位基因，则常须在BC_xF_2代选择具有该性状隐性纯合的单株进行回交，否则若于BC_xF_1代回交便必须大大增加回交数量。若转移的性状是几对主效基因，由于目标性状内诸对基因的重组与分离，回交育种的效果有时难以兼顾到所转移性状的最佳基因组合及完全恢复轮回亲本综合优良性状两方面。例如北京小黑豆的抗孢囊线虫由3对抗性基因控制，回交育种后代往往不容易达到北京小黑豆的高抗程度。转移多基因性状的回交育种尚不多见，要表现所转移的性状，并保持轮回亲本的综合优良性状更困难。这种情况的效果与轮回亲本选用是否得当、自交后代的测验和选择是否准确等因素有关。

2. 回交育种的技术要点　除亲本选择外，以下几点常须在计划时明确。

（1）回交育成的新品种应具有哪个亲本的细胞质　为实现所定的要求，至少应将该亲本作为最后一次回交的母本。

（2）由所转移的目标性状基因或基因型在回交后代中存在的理论频率估计所需足够的回交种子数　例如若通过回交，带有目标基因的频率为1/2，则在置信系数95%保证下，要有5粒种子才能保证其中有1粒具有该目标基因，8粒中保证有2粒，16粒中保证有5粒；若置信系数为99%，则分别要有7粒、11粒和19粒回交种子才能保证有1粒、2粒和5粒具该目标基因。除此以外，还须考虑成株率的影响。

（3）回交次数的确定　轮回亲本在回交后代中所占的平均种质，F_1代为50%，BC_1F_1代为75%，BC_2F_1代为87.5%，BC_3F_1代为93.75%，BC_4F_1代为96.87%，BC_5F_1代为98.437 5%，BC_6F_1代为99.218 8%，$BC_x F_1$代为$[1-(1/2)^{x+1}]\times100\%$。若希望尽量回复轮回亲本的种质，一般回交4～6次或以上。

（4）轮回亲本可以更换　若回交育种过程中有更优良的品种出现，其综合性状优于原轮回亲本，可用该优良品种作为后期回交的轮回亲本。这种方法称为修饰或改良回交法。

（5）所转移的目标性状由多基因控制时的回交育种技术　一种方法是选用具有比育种目标性状要求更高的非轮回亲本，通过回交植株的自交来分离出具有目标性状强度的纯合体，并进行后代鉴定。另一种方法是采用双向回交得$A^n\times D$及$A\times D^n$，再将分别具双亲遗传基础的后代杂交。

四、大豆诱变育种

诱变育种的基础材料通常是纯合家系，便于鉴别所诱发的突变体。人工诱发的突变，大多数为基因突变或点突变，从分子的角度解释是DNA分子的突变；也有染色体或DNA链的交换、断裂、缺失、重复、倒置、易位等突变。诱变育种中所观察到的突变性状通常是单个基因或少数基因控制的性状，例如抗病性、生育期、株高、品质性状等，其育种成效较明显；产量之类的多基因性状，其变异个体难以明确鉴别，育种成效众说不一。诱变育种的基础材料也可以是杂合体，以促进杂合位点之间的交换或重组，所选育的后代只求性状优良，不必深究其遗传变异的确切原因。国外文献报道多数为通过诱变来选育新遗传资源；我国则多用于实际的新品种选育，尤其用于与杂交相结合的育种程序。

（一）诱变方法

1. 诱变剂和处理方法　大豆辐射育种常用的有^{60}Co γ射线、X射线和热中子流。这类射线通常用于外照射，所照射的器官多为大豆种子，剂量常为半致死剂量，^{60}Co γ射线的剂量为3.87～6.45 C/kg（1.5×10^4～2.5×10^4 R），以出苗后1个月的存活率为指标。此外，也有照射植株或花器官的。

化学诱变剂方面，秋水仙碱应用最早，主要为诱发多倍体。处理萌动的大豆湿种子时，浓度为0.005%～0.010%，处理12～24 h。诱变育种中广泛利用的为烷化剂，通过使磷酸基、嘌呤嘧啶基烷化而使DNA产生突变。常用于大豆的有甲基磺酸乙酯（EMS）、硫酸二乙酯（DES）、亚硝基乙基脲（ENU）等，处理萌动的大豆湿种子时，浓度分别为0.3%～0.6%、0.05%～0.10%和2 μg/mL，处理时间为3～24 h。烷化剂等药物与水能起化学反应而产生无诱变作用的有毒物质，应随配随用，不宜搁置过久。药剂处理后应将种子用水冲洗干净以控制后效应。为便于播种，可将种子干燥处理，一般为风干，不宜加温处理，以免种子内部所吸药剂在变浓状况下损伤种子。化学诱变剂对人体常有毒或致癌，使用过程中应注意人体安全防护，防止药剂与皮肤接触或吸入体内。

2. 基础材料的选用和样本含量 若目的在于育成综合性状优良的品种，而当地已有良种但有个别性状须改进，则可用当地良种（通常为纯合家系）供诱变处理。例如黑龙江以满仓金为基础材料，通过X射线处理，从后代中育成黑农4号、黑农6号等品种，克服了原品种秆软易倒的缺点，成熟期提早10 d，脂肪含量亦有所增加。若当地良种的综合性状不够满意，要求育成更高水平的良种，基础材料可选用优良组合的早代分离群体，在杂合程度较高的情况下，可以获得更多的重组类型。例如用^{60}Co γ射线处理五项珠×荆山璞F_2代群体，从后代中选育成的黑农16具有许多原亲本所没有的优点。若目的并不在于育成新品种，而在于创造某种特殊变异，例如期望诱发自然界原未发现的质核互作雄性不育种质，则基础材料将不限于优良品种或其组合，而须有范围较广的筛选。不论何种育种要求，供诱变处理的基础材料均宜避免单一，因不同遗传材料对诱变剂反应可能不同，有的能诱发出有益突变，有的则难以获得理想的变异个体。

理化诱变的突变方向，迄今尚难预测，通常有益变异的频率仅千分之几，因而诱变育种的成功与否仍受概率的约束，必须考虑诱变处理的适宜样本含量。样本过大时，试验规模不允许；样本太小时，低频率突变个体难以出现。权衡两方面，实际上要求诱变一代（M_1代）有足够数量成活植株和突变个体，诱变二代（M_2代）能分离出较多有益变异个体，通常每材料每处理要有500～2 000粒种子，视材料数及可提供的种子数而定。

（二）诱变后代的选育 经诱变处理的种子所长成的植株或直接照射的植株称为诱变一代（M_1代），M_1代所获种子再长成的植株称为诱变二代（M_2代），M_2代所结种子再长成的植株称为诱变三代（M_3代），依此类推。

种胚由多细胞组成，诱变剂处理后常仅有部分细胞产生突变，由突变细胞长成的组织所获的种子才将突变传至M_2代。而且成对的染色体也往往只有其中之一发生突变，因此M_1代突变位点可能处于杂合状态。据统计，大量突变是隐性的，M_1代并不表现出来。当然，显性突变M_1代可表现。至于细胞质突变的性状，在M_1代是可能表现的。M_1代在田间所表现的差异，一部分是遗传变异；大多数是由于诱变所致的生理刺激或损伤造成的生长发育差异，是不能遗传的，例如发芽延缓、生育不良、畸形、贪青晚熟等。M_2代是突变性状表现的主要世代。若每个M_1代植株的种子按株行播种，衍生为$M_{1:2}$代，则不仅有株行间的变异，还有株行内分离的变异。若用$M_{2:3}$代表示M_2代植株衍生的株行，则株行内仍可能有分离。但一般到$M_{3:4}$代则株行已基本稳定。

根据上述诱变后代遗传变异及其表现的特点，其选育方法简述如下。

1. 诱变一代（M_1代） 按材料及处理剂量分小区种植，注意采取保证存活率的措施。收获方法有单株收脱法、每荚1粒法、每株1粒法、混合收脱法等。

2. 诱变二代（M_2代） M_1代单株收脱者，可种植$M_{1:2}$代株行，按其他方法收获者则均按群体处理，种成小区。突变频率通常在M_2代计算，公式为

$$突变频率=(发生突变的M_{1:2}代株行数/M_{1:2}代总株行数)\times 100\%$$

$$突变频率=(发生突变的M_2代植株数/M_2代总株数)\times 100\%$$

两个公式并不相同，前者较确切，后者较简便而常用。

M_2代的选择，按株行种植者，可在选择优行的基础上进一步从中选择优良变异单株，还可再在其他株行增补选择其他优良变异单株；按群体种植者，则直接选择优良变异单株。

3. 诱变三代（M_3代） 按M_2代选株种成$M_{2:3}$代株行。表现稳定的株行，按行选优；表现有分离的株行则继续在优行中选优良变异单株。

4. M_4代及以后世代 M_4代及以后世代纳入常规的品系鉴定和比较试验。

以上诱变后的选育方法，主要指基础材料为纯合家系的情况。若所处理的材料为杂种早代，由于杂合程度较高，需有较多世代才能达到稳定，可参照杂种后代选育的方法进行。

五、大豆群体改良和轮回选择

育种工作者为了创造具有丰富遗传变异的群体，并在群体中集中尽量多的有益基因或增效基因，将亲本从两个扩展到多个甚至数十个，即将许多亲本通过充分的互交、重组，合成一个群体，然后通过育种措施尽量将不良基因剔除，形成一个遗传变异丰富、遗传组成优良的种质群体（或称人工合成的基因库），供分离、选育新品种（系）。人工合成种质群体包括群体合成和群体改良两个环节。

大豆通过轮回选择进行群体改良，关键性的技术包括两方面，一是互交技术，二是选择技术。

（一）互交 大豆的互交技术有二，一是人工杂交，二是利用雄性不育基因进行天然杂交。

1. 人工杂交 Fehr用人工杂交，他合成AP6时每轮互交包括连续3次交配，第1次为双列杂交，第2次为杂种间的二二成对杂交，第3次为杂种间的链式杂交。另一种人工杂交是单交、复交、连续复交。理论上要求基因间充分重组，因而要求各种基因型包括杂种类型间的充分互交，这便要求有大量的交配及多代交配。人工杂交是很费工的，在杂交成活率低的地区和季节便难以实现。

2. 利用雄性不育基因进行天然杂交 Burton与Brim利用雄性核不育基因ms_1的天然杂交进行轮回选择。雄性不育材料在一个保持系（maintainer）中保存，这种保持系是杂合子Ms_1ms_1的后裔，第一代自交后为1/4 Ms_1Ms_1 +1/2 Ms_1ms_1 +1/4 ms_1ms_1，保留不育株ms_1ms_1上的种子，下代为1/3 ms_1ms_1 +2/3 Ms_1ms_1，再保留ms_1ms_1上的种子，下代为1/2 ms_1ms_1 +1/2 Ms_1ms_1，代代如此便获得相对稳定的保持系1/2 ms_1ms_1 + 1/2 Ms_1ms_1，即1/2雄性不育、1/2雄性可育植株。应用ms_1进行互交的方法是将待互交的亲本分别通过连续多次回交转育为保持系。然后将各亲本的保持系种子等量混合在田间进行随机互交，从不育株上收获种子再继续田间随机互交。为避免不育系的细胞质，可在回交转育亲本时用各可育亲本作母本进行1次人工杂交。迄今已定名的雄性不育有11个位点，ms_1～ms_9、$msMOS$和msp。新发现了许多雄性核不育材料，但有待于鉴定与已报道位点的等位性。目前实际用于育种的为ms_1、ms_2和ms_6共3种不育材料，从外部形态鉴别不育株，除花粉镜检和花粉发芽试验外，主要看后期是否因结荚少而贪青晚熟，ms_2材料的子房育性比ms_1材料好些，ms_6与花色连锁。

（二）选择 轮回选择中的选择技术与所需改进的性状有关。对一些遗传率较高的性状，例如脂肪含量、蛋白质含量、耐缺铁性等，一般从群体中选株，在株行世代进行严格选择，即可得到很好的效果，周期间有显著选择进展。但对遗传率较低的性状，尤其产量本身，选择效果与试验单位有关。在人工杂交的合成群体中选株后建立株行，然后进行1～2年家系产量比较试验，按产量做决选，再将入选优系进行下一轮互交。在用核雄性不育材料的合成群体中，因从不育株上所获种子其花粉来自群体，由不育株衍生的家系实际为半同胞家系；由可育株自交而衍生的家系为S_1自交家系，若继续选株自交便为S_2、S_3、S_4等自交家系。这时进行产量比较的家系可用半同胞家系或用S_1家系等。比较试验可进行1年或2年，然后做决定并推进至下一轮互交。产量选择的周期间进展，有的报道很明显并能持续进展，有的报道有波动，选择试验技术尚有待研究与改进。

美国于20世纪70年代初期便将轮回选择应用于大豆种质创新；我国于80年代末才开始这类工作。Fehr及其同事们育成的注册群体AP6是由成熟期组0～Ⅳ的40个高产材料合成的。我国依托大豆产业技术体系，用核雄性不育材料ms_1ms_1和ms_6ms_6将各省份数以百计的优良种质资源合成各个大豆种质基因库基础群体，分东北、黄淮海和南方3大生态区，每个生态区又分若干省级亚群体。预期每一个群体将包含本省份的主要种质，代表该省份的主要基因库。在这些大豆种质基因库基础群体建成的基础上，再通过轮回选择，不断重组，打破不良连锁，选优汰劣，期望创造各种类型聚集优良基因的种质群体，用于今后突破性育种。

第五节 大豆育种新技术的研究和应用

一、大豆性状鉴定技术

对任一育种目标性状进行选育，首先要建立快速、经济、有效的鉴定技术体系。对于抗病虫性，由于涉及两种生物，鉴定技术不但要考虑植株本身抗性反应，还要考虑病虫的类型。例如对于大豆花叶病毒（SMV）病抗性鉴定，由于大豆花叶病毒具有高度变异特性，南京农业大学综合选择10个代表性鉴别寄主组成一套新鉴别体系，在全国确定了SC-1～SC-22共22个株系，发掘出科丰1号等21份抗性不同的高抗种质。又根据豆秆黑潜蝇发生和危害特点，提出花期自然虫源诱发、荚期剖查的抗性鉴定方法，全面鉴定我国南方 4 582 份资源的抗蝇性获得优异抗源。再在查明南京地区食叶性害虫主要虫种为豆卷叶螟、大造桥虫、斜纹夜蛾的基础上，提出一套利用自然虫源及网室接虫的植株反应（叶片损失率）以及人工养虫下虫体反应（虫体质量、发育历期）的抗性鉴定方法和标准，通过连续 10 年鉴定，从 6 724 份资源中筛选得吴江青豆 3 号等 6 份高抗材料。

品质性状鉴定方面，近红外光谱技术可快速测定大豆蛋白质、脂肪等成分含量。在提出小样品和微样品豆腐（豆乳）测定方法基础上，研究了我国各地 600 多份大豆地方品种豆腐产量的遗传变异，揭示我国大豆地方品种豆腐产量、品质及有关加工性状的选择潜力，预期遗传进度可达 15%以上。针对鲜食大豆感官、品质鉴定提出了一套鉴定方法，包括鉴定人员判断能力评定、样品制备方法、主观偏差检测以及感官模糊综合评价 4 个环节和口感、口味、外观、色泽、香味和手感 6 个评价因素，及其相应的 5 级评价标准。

随着育种目标性状的不断扩展，性状鉴定技术将是首先要研究的关键技术。

二、大豆分子标记辅助选择和基因积聚

（一）分子标记辅助选择 分子标记辅助选择（MAS）就是将与育种目标性状紧密连锁或共分离的分子标记用来对目标性状进行追踪选择，是从常规表现型选择逐步向基因型选择发展的重要选择方法。研究表明，通过分子标记辅助选择能从早代有效鉴定出目标性状，缩短育种年限。Walker（2002）借助分子标记辅助选择开展了大豆抗虫性的聚合改良，亲本 PI229358 含有抗玉米穗螟的数量性状基因位点（QTL），轮回亲本是转基因大豆 Jack Bt，在 BC_2F_3代群体中用与抗虫数量性状基因位点连锁的简单序列重复（SSR）标记和特异性引物分别筛选个体基因型，同时用不同基因型的大豆叶片饲喂玉米穗螟和尺蠖的幼虫。结果表明，具抗虫数量性状基因位点的大豆对幼虫的抑制作用没有具有 Bt 基因大豆明显，但同时含有 Bt 基因和抗虫数量性状基因位点的大豆对尺蠖的抑制作用优于仅含有 Bt 基因的大豆。

分子标记与目标性状基因或数量性状基因位点连锁程度、目标性状遗传率、供选群体大小等因素是影响分子标记辅助选择效率的重要因子。一般要求精细定位目标基因或数量性状基因位点，例如在 5 cM 以内，还要考虑到连锁群上的标记数、数量性状基因位点数目及二者是相引相还是相斥、相连锁等。一些研究认为，当遗传率在 10%～30%时，分子标记辅助选择优于表现型选择；当遗传率大于 50%时，分子标记辅助选择优势不明显。遗传率太低则数量性状基因位点的检测能力下降，从而使分子标记辅助选择效率下降。群体大小是制约选择效率的重要因素。在数量性状基因位点位置和效应固定的情况下，分子标记辅助选择的重要优势之一是能显著降低群体的大小。欲大规模开展分子标记辅助选择，其成本与可重复性是首要考虑因素。因此采用稳定、快速的聚合酶链式反应（PCR）技术、简化 DNA 抽提方法、改进检测技术是努力的方向。

（二）基因积聚 基因积聚是分子标记辅助选择的重要应用方面之一。因为作物中有很多基因的表现型不易区分，传统的育种方法难以区别不同的基因，无法弄清一个性状的遗传机制。通过分子标记的方法可以检测与不同基因连锁的标记来判断个体是否含有某个基因，这样在多次杂交或回交之后就可以把不同基因聚集在一个材料中。例如把抗同一病害的不同基因聚集到同一品种中，可以增加该品种对这种病害的抗谱，获得持续抗性。Walker 等（2004）基于标记数据成功地把外源抗虫基因 *cry1Ac*、抗源 PI229358 中位于 M 和 H 连锁群上的抗虫数量性状基因位点（SIR-M、SIR-H）分别聚合获得不同组合的基因型（Jack、H、M、H×M、Bt、H×Bt、M×Bt、H×M×Bt）。抗性基因的积聚可提高大豆对玉米穗螟和大豆尺夜蛾的抗性。国家大豆改良中心在对大豆花叶病毒抗性用简单序列重复标记进行基因定位的基础上，将科丰 1 号（Gm02）、齐黄 1 号（Gm13）和大白麻（Gm14）上的抗性基因聚合到受体亲本南农 1138-2 上，通过复交在后代中获得了兼抗 20 个株系的 5 个优良家系。单个标记的辅助选择可以有 90%以上的符合率，双侧标记的辅助选择可以实现 100%的符合率。国家大豆改良中心还利用 4 个蛋白质含量为 35.35%～44.83%的亲本，经单交、复交两阶段分子标记辅助选择，聚合蛋白质含量优良等位变异，创造出蛋白质含量达 54%以上的种质。

（三）分子标记辅助选择策略 早期的分子标记辅助选择与基因积聚受检出分子标记数量的限制，随着标记技术的发展，可用的标记和定位的基因或数量性状基因位点大大增加，尤其测序技术的发展，全基因组的大量单核苷酸多态性（SNP）可用于定位研究。用大量标记定位的结果，发现许多性状由贡献率大小不同的多数而不是少数基因或数量性状基因位点控制。因此发展了两类分子标记辅助选择策略：①从大量标记中

找出主要的标记用于分子标记辅助选择。目前 SoyBase 中收集了大量育种性状标记信息，育种工作者的重要任务是从这些大量标记中遴选出应用有效的重要标记用于实际育种。鉴于不同环境下定位到的标记可能有环境表达相对性，重要标记的遴选还要注意其环境的特异性，不同环境可能有不同的标记组合。这个策略主要用于可以聚合酶链式反应的非基因组序列标记。②针对基因组序列的单核苷酸多态性标记，通过基因组测序可以检测到全基因组的单核苷酸多态性，将这全基因组的标记用作全基因组的标记辅助选择，称为全基因组选择。

三、大豆转基因技术及其育种应用

自从 Monsanto 公司的首例转基因大豆获得成功以来，转基因大豆及其产业化已在美国获得巨大成功，并推广到巴西、阿根廷等世界主要大豆产区。转基因技术包括遗传转化和再生植株两个主要技术环节。植物转基因方法主要可分为农杆菌介导法、植物病毒载体介导的基因转化、DNA 直接导入的基因转化和种质系统介导等。在大豆上应用的有基因枪法、农杆菌介导法、电激法、聚乙二醇（PEG）法、显微注射法、超声波辅助农杆菌转化法、花粉管通道法等。目前以农杆菌介导法和基因枪轰击大豆未成熟子叶法报道最多。

农杆菌介导法是农杆菌在侵染受体时，细菌通过受体原有的病斑或伤口进入寄主组织，但细菌本身不进入寄主植物细胞，只是把 Ti 质粒的 DNA 片段导入植物细胞基因组中。1988 年 Hinchee 等首次以子叶为外植体，经农杆菌侵染后，诱导不定芽再生植株。他们从 100 个栽培大豆品种中筛选出 3 个对农杆菌较敏感的基因型（Maple Presto、Peking 和 Dolmat），用含有 pTiT37 SE 和 pMON9 749（含 *NPTⅡ* 和 *GUS* 基因）或 pTiT37 SE 和 pMON894（含 *NPTⅡ* 和草甘膦耐性基因）的农杆菌与子叶共培养进行了转化，经在含卡那霉素的筛选培养基上筛选得到含 *NPTⅡ* 和 *GUS* 基因共转化的不定芽，以及 *NPTⅡ* 和草甘膦耐性基因共转化的转基因植株，经检测转化率为 6%。对两种类型的转基因植株后代进行的遗传学分析表明，外源基因是以单拷贝整合进大豆基因组的。此外，以子叶节、子叶、下胚轴、未成熟子叶等为外植体用农杆菌介导法将 *Bt* 基因、几丁质酶基因、*SMV CP* 基因、*Barnase* 基因、玉米转座子 *Ac* 基因导入大豆中。

我国已有众多报道，通过花粉管通道将包括不同品种或种属乃至不同科的外源 DNA 直接导入大豆获得有用变异。例如郭三堆等成功构建了同时带有 *Cry1Ac* 和 *Cpti* 两个基因的 pGBI4ABC 植物高效表达载体，通过花粉管通道法导入苏引 3 号获得有抗虫能力的植株，形成 5 个品系。除花粉管通道法因技术简单使用较普遍外，我国较多地应用农杆菌介导法，基因枪方法也在应用之中。

大豆的组织培养体系主要包括经器官发生和体细胞胚胎发生两个途径获得再生植株，报道已获得大豆转基因植株的转化受体主要有胚轴、未成熟子叶、子叶节、胚性悬浮培养物（细胞团）、原生质体和子房等。Gai 和 Guo（1997）提出用最便利的外植体（成熟种子萌发子叶及其他组织）通过器官发生及体细胞胚胎发生的高效植株再生技术，成功率达 30%；明确大豆愈伤组织的形态发生类型及其与分化能力的关系，找出典型的器官发生型愈伤组织和体细胞胚胎发生型愈伤组织的形态特征，用于进行早期鉴别。

目前由大豆子叶节经器官发生诱导不定芽产生再生植株和大豆未成熟子叶经体细胞胚胎发生诱导体细胞胚萌发植株两种再生体系，除本身技术上的不稳定性外，还存在对大豆基因型的再生性差异反应、转化率低、重复性差的问题。经 10 多年努力，大豆组织培养和转化率的技术体系已有明显改进，转化率可以达到 4%～10%，但带有经验性，有待继续改进。

获得了转基因植株并不等于一定能育成新品种，对于转基因育种来说，只是得到了带有新基因的变异个体。要获得转基因新品种，还需经整个育种过程的比较和选育，因为品种需要的不是单个基因而是综合优良性状。这里涉及要选用适合的受体品种，要从大量的转基因个体中找到适合的基因插入个体，要经过转基因的安全测验，要从后代中或从杂交后代中获得农艺性状综合优良的个体，然后再能从中选育出新品种。另外，转基因技术目前大量地应用于所克隆基因的功能验证研究。

四、大豆新技术与常规育种程序的结合

以 DNA 分子技术为基础的分子标记辅助选择、转基因技术大大丰富了常规育种中获得变异及检测、选择的内涵。利用分子标记辅助选择育种已成为植物育种领域的研究热点，分子标记技术只是起辅助表现型选择，即使是基因型选择时也不能替代育种实践中要实施的综合性状选择技术以及育种经验，因此分子标记辅助选择离不开常规育种。利用转基因技术可以打破物种界限，突破亲缘关系的限制，获得自然界和常规育种难以产生、具有突出优良育种目标性状的有益变异。但要获得最终生产推广的品种仍需要常规选育技术。

生物技术育种不是常规育种的替代，二者相辅相成将是一种必然的发展趋势。常规育种已积累基因利用、重组和诱变等相结合的丰富经验，基因工程需要有细胞工程作基础，且细胞工程、分子育种的产品都需要通过田间试验个体和群体的表现，才能进入生产应用。为了发挥各种方法的互补潜力，提高育种效率和效益，需要进一步促进常规技术与新技术的结合，建立综合的育种技术体系。

第六节　大豆育种田间试验技术

一、大豆育种程序的小区技术

育种要求是多目标性状的，由于产量的遗传率低，对它的决选主要通过多年多点有重复的严格比较试验；对于生育期、种子品质等遗传率稍高的性状可以在株行（区）阶段加大选择压力。选育过程中，参试材料数由多变少，每个材料可供试验的种子量及试验小区由小变大，选择所依据的鉴定技术由简单的目测法逐步转向精确的田间和实验室鉴定技术。育种既然有经验性，育种圃的设置、各圃小区的规格大小、重复数和试验地点（环境）数的多少在总原则一致的情况下具体办法就因人因条件而异。

从变异群体中选择单株的世代，为保证株间的可比性，行距和株距条件应保持一致，并适当加大以使单株充分表现。为防止边际效应干扰，行端单株一般少选或不选，因而行长不宜太短，一般为 3～5 m，以有效利用土地及试验材料。分离过程中的群体若不进行选择而只加代，种植密度可略加大。至于杂交亲本圃的设置，通常以方便工作为原则，可以组合为单位使父本和母本相邻种植；也可以一个亲本为主体，接着种植拟与之杂交的其他亲本。为方便操作者行走减少损伤，杂交亲本圃的行距应放宽至 0.66 m 左右，或在两亲本间空 1 行，亦可宽窄行种植。杂种圃 F_1 代，因杂种种子量少，常须宽距离精细种植，以保证有较大的 F_2 代群体。亲本差异大的组合，F_2 代及以后分离世代每组合应有 1 000～2 000 个单株；亲本差异小的组合 F_2 代及以后分离世代群体可小些。

株行（区）世代，限于单株种子量，一般种植 3～5 m 长的单行区，无重复；也可种成穴区，每穴间距离 0.5～1.0 m，每穴播 10～15 粒种子，留 8～10 株苗。株行（区）世代的选择主要为形态、成熟期、种子品质等性状，株行（区）的产量因误差大而只能作参考而不能对产量进行严格选择。对明显不合格的材料可在田间淘汰，减少收获工作量。一些育种家同时在温室或病圃做抗性鉴定以增强株行世代的选择强度。

入选株行（区）升入产量比较试验。第 1 年产量比较试验在我国习称为鉴定圃试验，其目的在于从大量家系中淘汰不值得进一步试验的材料。第 2 年和第 3 年产量比较试验，在我国习称为品系比较试验，也有称为品种比较试验的，但因现行制度须审定后才定名品种，容易和定名后生产上的品种比较试验相混淆，仍称为品系比较试验较合理，不过简称品比试验时也就避免了矛盾。第 2 年和第 3 年产量比较试验的目的在于从已经收缩了的供试家系中挑选出值得用于替换现有良种的最佳材料。

第 1 年产量比较试验的供试家系数为 50～12 000，我国研究单位一般规模较小，为 50～100，很少超过 200。美国因小区试验机械化作业，规模较大，种子公司有多至 39 000 份的。一般的考虑是供试材料尽量来自多个组合，不全集中在少数组合，以保持多样性，增大选择余地。不同熟期组的材料可分组试验。我国通常设 1～2 个地点，每点重复 2～3 次，小区长为 3～5 m，设 3～5 行区。美国的情况因供试材料多，小区较小，试点数常较多而每点重复数略少，还有用穴区的，育种者间差别甚大。鉴于小区间可能出现的边际影响，一些育种者在收获时常除去两个边行及一定长度的行端再计产。

第 2 年、第 3 年乃至第 4 年产量比较试验的供试家系数已紧缩至 10～200，常按熟期组分组试验，这 2～3 年间，供试材料一般不变，以观察其年份间的综合表现。我国通常仍在 1～2 个地点进行，每点重复 3～4 次，小区长为 3～5 m，设 4～7 行区。美国大豆育种者进行第 2 年和第 3 年产量试验时试点数较多，一般在本州设有 3～5 个点。这与他们试验的机械化程度较高有关。

产量比较试验所采用的设计，除第 1 年试验有用顺序排列的间比法设计外，一般均采用随机区组设计，参试材料多时可用分组随机区组设计。亦有采用简单格子设计以及其他各种变通的设计。

经育种单位产量比较试验，从中育成的优良品系在正式推广前须申请参加品种区域适应性试验，从区域试验中选出的品种须报请省或国家品种审定委员会审定认可，同时亦受知识产权的保护。

二、大豆育种的田间和实验室设计

开展大豆育种必须有一定的场所和设备。必备的场所包括：①试验场圃，具有代表性的土壤、气候及栽培条件，有良好的灌溉排水系统，使育种试验结果能代表服务地区的情况，使宝贵的试验材料不受旱涝灾害的毁灭性损失。②工作场所，包括仓库、晒场、挂藏室、考种室、种子室、机具室、物资储藏室及其相应的设备等。③实验室，包括计算机室、品质分析室、抗病虫实验室及配套的温室和网室，以及简易的栽培生理实验室等，实验室应配备有相应的仪器设备。

大豆育种工作田间试验的设备在不断发展更新，除传统的人畜力工具外，现已向试验机械化方面发展。拖拉机及其配套的耕作与开沟机械、机引或手扶的播种机械、试验用小区联合收获机或收割与脱粒机械、施肥与施用农药机械等逐步完善。各厂家备有型号、规格介绍可供选购时参考。国外有专门的农用试验机械厂，我国则有待发展。

大豆育种的实验室设备，因育种目标侧重不同而需有不同的配置。微电脑是现代育种必需的设备。品质分析实验室中需配备有脂肪测定仪、蛋白质测定仪等。抗病虫实验室中需配备有放大镜、显微镜、温箱、冰箱等。栽培生理实验室中需配备有生长箱、温箱、冰箱、叶面积测定仪等。实验室设备的配置并无定规，依工作的进展程度而逐步完善。为保持实验室分析、测定结果的准确性、可比性，应配备专职技术人员。

三、大豆的品种区域试验制度和品种审定

品种区域试验是品种区域适应性试验的简称，通过在一定地域范围内多地点、2～3年的新育成品种与现行推广品种的比较试验，评价每个材料的推广应用价值及其适应范围。

大豆对光温反应比一般作物更敏感，在各地复种制度中的地位多种多样，因而一个大豆品种的适应范围较窄，尤其南北纬度适应范围窄，而东西经度适应范围稍宽。因而区域试验应按生态区域分组实施。目前我国大豆区域试验体系已基本形成，主要分两级，以各省份分别组织的区域试验为主，全国组织的区域试验在于促进品种的跨省份推广。省级区域试验由省级农业农村厅与省级农业科学院组织，还有一些省份下设市级、区级的区域试验。国家级区域试验由全国农业技术推广服务中心组织，划分为4大区，每区分别委托有关单位主持。北方春作大豆区委托吉林省农业科学院主持，黄淮海夏作大豆区委托中国农业科学院作物科学研究所主持，长江流域春夏作大豆区委托中国农业科学院油料作物研究所主持，热带亚热带春夏作大豆区委托华南农业大学主持。各区又分设若干组区域试验。为提高区域试验点工作的连续性、评价的准确性和客观性，农业农村部在全国范围内物色一些条件较好的研究单位和生产单位投资建设了一批相对固定的大豆区域试验点。国家级的区域试验每组常设有10多个点，省级区域试验则一般设有5～8个点。

各育种单位推荐新选育的品种参加省级区域试验，须有完整的历年产量比较试验并超过标准品种达一定水平，或有突出的优点。省级区域试验表现优异的才能推荐参加国家级区域试验。目前条件下，区域试验规模不宜太大，因而参试品种数需适当控制，通常在10～20个。

同一组品种区域试验年限一般为2年或3年，通常采用随机区组设计，用多年、多点随机区组方差分析法分析试验结果。有些区域试验单位对统计分析方法时有误解，有的只注重品种的平均效应而忽视品种与地点的互作效应。区域适应性试验，顾名思义要考察一个品种在哪些地方表现更好，因而特别应在哪些地方推广。如若只看平均数，不分析具体情况，有可能将一些品种错判，尤其在较大地域范围内的试验会出现这种情况。区域试验中除考察产量外，还要着重考察对各地病害生理小种的抗性和差异反应，考察品种对各地旱、涝、复种制度等自然与栽培条件的适应性，以便有充分依据正确地评定一个品种的推广价值及适应区域。

在区域试验中表现突出的品种，通常于区域试验后期便可开始参加各省组织的生产试验。生产试验是大区对比试验。参试品种一般1～3个，另附对照品种。每品种试验区面积为667～2 000 m^2（1～3亩），不设或设置少量重复，但试验点数较多，应分布在预期推广的地区。进行生产试验的同时便开始扩繁种子以准备生产试验结束后报请审定推广。

我国大豆品种审定制度分国家级和省级。根据新品种在区域试验中的优异结果、生产试验的增产效果以及准备好的推广用种子可向省级品种审定委员会报请审定。一个大豆品种可向不同省份报审，凡通过3个省份审定的品种，可以向国家级品种审定委员会报审。经审定通过的品种应加速繁殖种子，同时应研究其最佳栽培技术，以便良种良法一起推广。

第七节　大豆种子生产技术

一、大豆种子生产的程序

大豆种子生产过程中，由于机械混杂和天然杂交，很易使生产用的品种失去应有的纯度和典型性；大豆结荚成熟期的高温多雨或早霜、病虫害侵染以及粗放的收获脱粒与储藏措施，又能使种粒霉烂、破损，活力下降；再加上大豆种子比其他作物种子更易在储存过程中降低发芽率与活力。因此应该强调大豆种子的品质，严格要求大豆种子的生产和管理。1978 年确定了我国种子生产方针为“四化一供”，即品种布局区域化，种子生产专业化，品质（质量）标准化，加工机械化，有计划组织供种。近年来随着种子产业的市场化，供种的方式主要由市场决定。

新品种推广的过程伴随着种子繁殖的过程。原已推广的品种为保证纯度及典型性，必须提纯更新并繁殖扩大。各国都有其种子生产的标准程序。我国提出了从大豆新品种审定到应用于大田生产全过程的四级种子（育种家种子、原原种、原种和良种）的生产技术规程，基本与美国的大豆种子生产标准对应。关于四级种子生产，前文已有叙述，这里再次予以强调。①育种家种子（breeder seed），是在品种通过审定时，由育种者直接生产和掌握的原始种子，具有该品种典型性，遗传稳定，形态特征和生物学特性一致，纯度为100%，产量及其他主要性状符合审定时的原有水平。育种家种子用白色标签作标记。②原原种（pre-basic seed），是由育种家种子直接繁殖而来的，具有该品种典型性，遗传稳定，形态特征和生物学特性一致，纯度为 100%，比育种家种子多 1 个世代，产量及其他主要性状与育种家种子基本相同。原原种用白色标签作标记。③原种（basic seed），是由原原种繁殖的第一代种子，遗传性状与原原种相同，产量及其他主要性状指标仅次于原原种。原种用紫色标签作标记。④良种（certified seed），是由原种繁殖的第一代种子，遗传性状与原种相同，产量及其他主要性状指标仅次于原种。良种用蓝色标签作标记［《农作物四级种子质量标准　第 7 部分：大豆》(DB 41/T 997.7—2014)］。良种直接用于大田生产，种子量不够时还可再繁殖 1 代用于大田生产。我国由于农家自己留种，实际上所获二三级良种主要用于留种田，经自己繁殖后扩大到全部生产大田。

生产育种家种子的方法通常为三圃法（单株选择圃、株行圃和混繁圃），美国称为后代测定法（progeny test）。具体做法是，于该品种典型性最好的种植地块中，选择 200～300 个典型植株，分别脱粒，按种粒性状再淘汰非典型植株。每株各取 30 粒种子，次年分别种成 1 个短行。生长发育及成熟期间淘汰不典型株行，将余下株行分别收获脱粒，经过室内对各行种粒的典型性鉴别淘汰后，混合在一起，繁殖 1 次即成为高纯度的育种家种子。为进一步提高育种家种子纯度，可自典型株行中，再选择 1 次典型单株，作为下 1 轮株行的材料。所生产的育种家种子，按合同每 3～4 年轮流向一定的省、地（市）原种场供种 1 次。育种单位也可在进行 1 次株行提纯后，连续 3～5 年用混选法或除杂去劣法生产育种家种子。待纯度有下降倾向时，再进行 1 次三圃法提纯。

二、大豆种子生产的主要措施

大豆种子生产除育种家种子的产生采用三圃法外，其他各级种子生产均为繁殖过程。在这一系列过程中，个别环节的失误与差错，会造成全部种子品质等级下降，甚至失去作种子的价值。因此种子生产要注意规范化。

（一）种子田的建立　大豆种子生产应设置等级种子田制，采用指定级别的种子播种。

（二）土地选择　大豆种子田应肥力均匀，耕作细致，从而易判别杂株。品种间应有 3～5 m 的防混杂带。

（三）播种　大豆种子田的播种密度宜略偏稀，做到精量点播。行距宜便于田间作业，包括除杂去劣。播种期略提早。整地保墒良好，一次全苗。

（四）田间除杂去劣　豆苗第 1 对真叶展开后，根据下胚轴色泽及第 1 对真叶形状除杂，开花时再按花色、毛色、叶形、叶色、叶大小等除杂，拔除不正常弱小植株，并结合拔除大草。成熟初期，按熟期、毛色、荚色、荚大小、株型及生长习性严格除杂。

（五）杂草病虫害防除　应通过中耕除草或施用药剂把杂草消灭在幼小阶段。结荚期须彻底清除大草，降低种子含草籽率。我国黄淮流域一向把菟丝子视为重要大豆杂草。苍耳在东北地区普遍发生，且不易从中耕中清除。美国中北部大豆田中野苘麻杂草严重。

紫斑病是全国性种子病害，灰斑病、霜霉病在东北危害植株及种粒，荚枯病、黑点病及炭疽病在南方高温多雨条件下使大豆霉烂，大豆花叶病毒（SMV）病使豆粒出现褐（黑）斑。东北地区的大豆食心虫，关内地区的豆荚螟，使豆粒破碎残缺，虽然大豆种粒不携带、传播此类虫害，但严重损害种子产量和品质。对以上病虫害应及时防治。

（六）收获 大豆种子田须于豆叶大部脱落进入完熟期、种粒水分降至14%～15%时适期早收。用机械脱粒大豆时须防止损伤豆粒，尤其在种子水分为12%以下时。因此在东北地区，对留种用大豆强调于晒场结冰后用磙压法脱粒。收获豆株的运送、堆垛、晒场及脱粒机械与麻袋仓库的清理，务必细致彻底，防止混杂。

（七）储存 大批大豆种子储存时，水分应在13%以下。大豆种子水分较其他作物种子易受储存条件的影响。在30℃及60%的湿度下，种子内外温度平衡后，水稻种子水分为11.93%，小麦种子水分为12.54%，玉米种子水分为12.39%，大豆种子水分为8.86%。于30℃及90%的湿度下，水稻种子水分为17.13%，小麦种子水分为19.34%，玉米种子水分为18.31%，大豆种子水分则上升到21.15%。在10℃条件下，水分为15%～18%的大豆种子，1年后基本不丧失发芽力；但在30～35℃条件下，水分须降至9%才能妥善保存1年。因此大豆种子的保存要求严格而又稳定的条件。

三、大豆种子质量检验

完备的大豆种子检验体系与法定检验标准是大豆种子品质（质量）的保障条件。表9-20是1983年黑龙江省颁布实施的标准。表9-21是1983年美国颁布的修订标准。为了按规程做到客观并有程序地进行种子检验工作，检验机构应当自成体系。以下说明大豆种子检验的主要环节。

表9-20 黑龙江省标准计量管理局大豆种子分级标准

（引自黑龙江省企业标准黑Q/NY 220—83）

	纯度（%）	净度（%）	发芽率（%）	水分（%）	收购加成（%）
原种一代	99.9	97.0	90.0	13.0	18
原种二代	99.5	97.0	90.0	13.0	15
一级良种	99.0	97.0	90.0	13.0	12
二级良种	98.0	97.0	90.0	13.0	8

说明：①纯度以田间检验为主，并经室内检验，以最低纯度定级；②净度=[1−(废种子+杂质总质量)/样品质量]×100%；③废种子是指幼根突破种皮的、饱满度不及正常1/2的、青子叶1/2以上的、虫口损伤子叶达1/8以上或子叶横断的、种皮破裂的、吸湿膨胀粒、透明粒、子叶僵硬粒、病粒占1/3以上的；④各级种子均要求色泽和气味都正常；⑤1983年6月实施。

表9-21 美国大豆种子检定标准（%）

（引自美国种子检定协会，1983）

	纯种子（最低限）	夹杂物（最高限）	杂草种子（最高限）+	检疫杂草种子（最高限）△	其他作物种种子（最高限）			发芽率（最低限）
					总	异品种	异类作物*	
基础种子（白标签）	NS	NS	0.05	0.00	0.20	0.10	0.10	NS
登记种子（紫标签）	98.00	2.00	0.05	0.00	0.30	0.20	0.10	80.0
检定种子（蓝标签）	98.00	2.00	0.05	0.00	0.60	0.50	0.10	80.0

注：NS为尚无标准。+为每454g大豆种子中，杂草种子不得超10粒（除按质量计算比例的以外）。△为由各州检定机构指定种类。*为各级每454g种子中不得超过3粒，对杂入的玉米与向日葵种子，基础种子无杂入，登记种子为0，检定种子为1。

（一）取样 不论对大批种子还是对小批种子，取样点均应均匀分布。经过分样后的均匀样品量为1kg，并分为3份。一份作为净度、纯度检查用，一份供发芽率、水分检验用，一份供抽查复查备用。

（二）纯度检验 通过对种子的脐色、粒大小、种皮色泽等性状，进行室内大豆纯度检验。但主要应依靠田间开花期和成熟期的检验。因为田间性状区别明显，差异性状多，可比性强。必要时还可通过同工酶乃至分子生物技术进行区分。

（三）发芽率及活力测定 发芽率测定通常是每样品取出200粒完整种粒，分4组置放在具有3层浸足水的吸水纸或脱脂棉的培养皿中，置于20～25℃条件下，8d后计发芽率，于第3～5天，还可计1次发芽势。具有健壮下胚轴、初生根和次生根且子叶着生良好的种子，才算作发芽种子。种子活力除了可用田间出苗后3d，高3～4cm的壮苗率计算外，更多的是采用种子老化测定法，该法把大豆种子于41℃和100%相对湿度下处理3～4d，随即进行发芽率测定，取得结果与田间出苗率结果相关性很高。活力低温测定法为将田间表土与等量沙混合，加水至持水量的60%，播种后置于10℃下5～7d，然后移至25℃适温下，4d后计出苗率。此外，四唑（tetrazolium）测定法是室内方便又与田间出苗率有高度相关的大豆种子活力测定法。

（四）夹杂物 在我国，目前是以100g样品，减去筛出的杂草种子、沙土、破碎粒、霉烂粒、虫尸、碎荚皮、茎秆等杂物质量后，剩余的质量来计算。美国是把夹杂物、杂草种子、异类作物种子分开计算的。

（五）种子水分检验 1983年黑龙江省颁布的标准规定，不分大豆种子的级别，水分均不得超13%。美国规定，作为大豆种子，水分均须在10%～12%。可用电子种子水分测定仪测定，或将种子置于烘箱内以105℃的温度烘干3～4h至恒重，然后折算。

第八节 大豆育种研究动向和展望

一、大豆产量突破育种途径的探索

未来产量突破的途径，对于常规育种来说，高产株型及其生理基础是根本性的，跳出常规育种而设法利用杂种优势是另一条途径。今后将两者结合在一起便更有可能达到品种产量的突破。为谋求产量的持续稳步提高，育种家还采用增加增效基因频率的策略，因而发展了群体改良的轮回选择技术。

（一）高产理想型 美国于20世纪60年代后期起便致力于高产理想型的探索，但因只局限在倒伏性、结荚习性等少数性状方面而未获成功，即使Cooper坚持有限结荚习性的半矮秆、高密度育种亦未见产量突破。我国“七五”大豆育种攻关从物质积累和分配等生理性状方面发展了高产理想型的概念：大豆理想型指在一定栽培地区环境条件下不同生育时期大豆植株的形态特点、光合特性、物质积累和分配等在个体及群体水平上的协调表现；理想株型则主要指植株高效受光态势的茎叶构成。从叶片、个体和群体水平上进行的研究，初步提出了理想型的群体构想：①群体成熟时生物产量高，收获指数大；群体产量在垂直方向的分布为均匀型，水平方向的分布为主茎和分枝并重型。②群体生长发育动态过程中，前期叶面积扩展快，达叶面积峰值时期短，持续时间长，后期叶面积下降缓慢，鼓粒期中上位叶片功能期长，叶片光合速率高。③植株中等偏高，亚有限结荚习性或有限结荚习性，有一定分枝，叶片不大而厚实，叶质重较高，多荚多粒。理想型的研究离不开高产实践，因而必须创造出高产典型以回头来验证、探讨理想型的模型。

（二）杂种优势利用 杂种优势利用的关键问题，在于找到有效的杂交种种子的生产手段。一些研究者试图用化学杀雄方法获得杂交种种子，但尚未获得成功。探求大豆雄性不育以解决大豆杂交种种子生产问题，可能是最有希望的方向。我国已有多家单位报道获得大豆质核互作雄性不育系并实现三系配套，为基于质核互作雄性不育的三系大豆杂种优势利用提供了可能，但目前所得到的雄性不育材料均存在异交结实性差的问题。选育异交结实性高的雄性不育系、促进昆虫传粉的技术措施、高效实用的繁殖制种技术仍是今后的研究重点。

二、大豆生育期性状育种

未来生育期的育种将更多地注重充分利用光照、温度、土地资源，避免不利的气候和生物因子的干扰，从而最充分地利用自然资源。

（一）早熟性育种 大豆早熟性育种中，特早熟育种有其特殊意义。例如相当于美国的成熟期组000的东农 36，全生育期仅 84 d 左右，适于黑龙江省第六积温带种植，使我国种植大豆的区域向北延伸了 100 km。泰兴黑豆是南方的特早熟品种，其生育期结构与北方春豆是不同的，前期较长而后期较短，北方春豆难以代替。迄今尚未育成更早熟的优良品种。此外，高海拔地区也有特早熟育种的需要。大豆杂种后代有超亲分离出现，超早亲少于超晚亲，这为超亲育种提供了遗传基础。

(二) 广适应性育种 Miyasaka（1970）等在成熟组Ⅷ组中发现了 Santa Maria，Hartwig（1979）等发现了 PI159925，这两个材料在短日照下有较长的从播种到开花的时间，即所谓长青春期（long juvenile）性状，而且在光周期超过 16 h 还能开花、成熟。PI159925 的长青春期性状受 1 对隐性基因控制。通过 2 次回交，Hinson（1989）把此基因转移到栽培品种 Forrest（熟期组Ⅴ）和 Foster（熟期组Ⅷ）等，培育成理论上具有 87.5%的 Forrest 和 Foster 种质的、具有长青春期性状的类型。通过回交把长青春期性状转移到南方品种中可以获得广的播种期适应性。

三、大豆品质性状育种

(一) 蛋白质和脂肪含量 20 世纪 80 年代中期以前，世界大豆育种的主要目标集中在产量的提高。有了高的产量，蛋白质和脂肪的产量自然增加，这是一种策略。80 年代末期，鉴于现代快速测定仪器的发展，美国提出将实行按大豆脂肪及蛋白质含量调整价格的政策，因而促进了这两种成分的新品种选育。问题是如何将优质基因与其他优良性状基因组合在一起，其关键是克服各种不良连锁的障碍。近年来，国内外都很重视大豆高蛋白质含量和高脂肪含量的基因库配制及其轮回选择，Wilcox 等通过轮回选择获得蛋白质含量达 55%的栽培大豆新种质，这将成为未来大豆蛋白质含量和脂肪含量持续提高的主要源泉。

(二) 蛋白质和脂肪品质 据已有报道，用亚麻酸含量低的材料相互杂交，利用雄性不育进行轮回选择，采用 X 射线及甲基磺酸乙酯（EMS）、叠氮化钠等诱导突变，可出现脂肪酸组分的遗传变异，并获得一些低亚麻酸含量的选系。利用亚麻酸含量低的材料相互杂交，获得了超亲分离类型，已育成亚麻酸含量低于 1%的品种。Mazur 等（1999）利用转基因技术获得了种子油酸相对含量高达 85%的大豆新品系，比原来提高了 3.4 倍，而且农艺性状优良。

已鉴别出缺脂肪氧化酶 1、脂肪氧化酶 2 和脂肪氧化酶 3 的等位基因（lx_1、lx_2、lx_3），我国已选育出脂肪氧化酶全缺失的大豆新品种。一些研究者试图选育脂肪氧化酶和胰蛋白酶抑制剂全缺失的新品种。已获得大豆低植酸含量、高异黄酮含量、高维生素 E 含量等新种质，其育种计划也开始起步。

国内外已经开展目标性状为大豆储存蛋白组成及豆腐加工特性的另一类品质育种，这对消费大豆豆腐类产品的东方国家是特别重要的。

四、大豆抗病虫性和耐逆性育种

(一) 抗病育种

1. 抗大豆花叶病毒育种 国内外大豆花叶病毒的鉴别寄主体系未统一，各种鉴别结果只具有相对意义。大豆对大豆花叶病毒（SMV）的株系专化抗性和非株系专化抗性都存在。大量有关株系专化抗性的研究结果表明，大豆花叶病毒抗性由单个显性基因控制，少数结果为单隐性基因控制及 2 对基因重叠作用等。非株系专化抗性的遗传研究鲜见报道。成株抗性与种粒斑驳受不同基因控制，种粒斑驳为感染大豆花叶病毒所致的症状。种子带毒以种皮最高，胚芽最低，但导致实生苗带毒的是胚芽。初步提出低种传种质筛选的相对生理指标。鉴于种子带毒在大豆花叶病毒病流行中起主导作用，因而大豆抗种传病毒育种是又一条途径。

2. 抗大豆孢囊线虫育种 国内外均采用 Goloden 等（1970）的大豆孢囊线虫（SCN）鉴别寄主体系（Pickett、Peking、PI88788、PI90763、Lee 等）。Goloden 在美国鉴定出 1～4 号生理小种。日本曾鉴定出 5 号生理小种。我国黑龙江有 3 号生理小种，辽宁有 1 号生理小种，山东西部、安徽、山西和河南有 4 号生理小种，山东北部有 2 号生理小种，山东南部、江苏北部有 1 号生理小种。陈品三等曾报告我国有新的生理小种。Riggs 和 Schmitt（1988）按同一鉴别寄主体系进一步划分成 16 个生理小种。Dropkin（1985）认为，田间取土所鉴别的生理小种实际上只是不同群体，而群体内还有其遗传变异。Peking、PI88788、PI90763、PI89772 是美国使用的主要抗源，属小黑豆或秣食豆类型。我国黑龙江、山西、山东等均筛选到了一批优异抗源，例如 ZDD2315 是 4 号生理小种的重要抗源。抗源中还包括有黄种皮类型。抗大豆孢囊线虫遗传研究还不够充分，据报道，Peking 由 3 个隐性基因（*rhg*$_1$、*rhg*$_2$ 和 *rhg*$_3$）和 1 个显性基因（*Rhg*$_4$）控制。其他研究提出的一些基因符号未曾得到公认。最初的抗大豆孢囊线虫育种打破了抗性基因与黑色种皮基因连锁的障碍，获得黄种皮抗性材料。Hartwig（1985）认为，选系很难恢复到 Peking 等抗源的抗性水平，尽管等级属“抗”，但总不如亲本。另外，抗性亲本农艺性状较差，不易获得产量品质与抗性俱佳的后代。鉴于以上情况，可考虑的育种策略为筛选或育成农艺性状较好的新抗源，并采用改良回交法或双交法。

持久抗性或程度抗性将进一步受到人们的重视和利用。

（二）抗虫育种 1970 年以来，国外大豆抗食叶性害虫育种发展成为一个剔除稳产限制因子和降低生产成本的重要方向。在我国北方有大豆食心虫、蚜虫，南方有豆秆黑潜蝇、食叶性害虫、豆荚螟等重要害虫。这是我国大豆抗虫育种今后的主要对象害虫。

1. 抗食叶性害虫育种 大豆抗虫性的研究，在国外主要为抗食叶性害虫，包括黧豆夜蛾、大豆尺蠖、墨西哥豆甲、绿三叶草螟、玉米穗螟（棉铃虫）等。迄今世界上主要抗源为 20 世纪 60 年代筛选得到的 PI171451、PI227687 和 PI229358。这 3 个材料均原产于日本。70 年代又增加了一些抗源，包括 PI90481、PI96089、PI157413 等。抗性的机制主要为抗生性，表现为使幼虫及蛹滞育、发育不良以至死亡，并降低生殖率。利用这些抗源选育抗性品种已见成效，首批广谱性抗食叶性害虫大豆新品种 Crockett、Lamar 等已于 80 年代末推广应用。南京农业大学从 1983 年起观察大豆地方品种对大豆食叶性害虫的抗性，认为我国大量的地方品种中存在抗虫性优于原产于日本的 3 个抗源的材料。

2. 抗大豆食心虫育种 大豆食心虫为东北主要害虫，关内也有发生。郭守桂（1981）等在吉林进行资源的抗性鉴定，获得吉林 1 号、吉林 3 号、吉林 16、早生、国育 100-4、铁荚豆、铁荚青、国育 98-4 等抗源。抗性除与结荚期的避虫有关外，也与成虫产卵选择性有关（选择有茸毛豆荚产卵），至于是否有抗生作用则尚待研究。

3. 抗豆秆黑潜蝇育种 我国台湾 Chiang 等（1980）曾鉴定 6 775 份大豆品种资源对豆秆黑潜蝇的抗性，未发现免疫材料，获得 4 份高抗野生豆材料。盖钧镒等（1989）鉴定我国南方 4 582 份大豆地方品种资源，获得 10 份高抗材料；提出以茎秆虫量为筛选指标的标准品种分级法，利用自然虫源在大豆开花期进行抗性鉴定的鉴定技术。研究发现，豆秆黑潜蝇成虫具有产卵选择性，进一步研究发现产卵选择性与大豆叶片中某种水溶性或醇溶性物质有关。研究还发现大豆对豆秆黑潜蝇存在抗生性及耐害性，同时鉴定出一些耐虫品种。

（三）耐逆性育种 随着全球生态条件与环境的恶化加剧，耐逆育种将越来越显得重要。对一些全球性逆境（例如干旱、涝渍、高温、盐碱、矿物质缺乏、酸雨等）的耐性研究及品种选育工作已在一些国家陆续开展。美国于 20 世纪 70 年代筛选出耐寒性（耐低温发芽）、耐缺铁性黄化等资源，并进行选育工作。由于 1988 年美国大豆生产遭受特大干旱而导致大幅度减产，使得他们进一步强调耐旱育种，并期望从其他国家收集抗性资源。在我国诸多逆境胁迫中，干旱是最为普遍而重要的；其次，东部沿海、东北西部及内蒙古等地有大片盐碱荒地需开发利用，大豆作为先锋作物之一，耐盐育种也是一个重要方向。其他方面，例如我国南方红壤地区耐酸性育种也是一个有潜力的方向。

五、生物技术在大豆育种中的应用

生物技术的发展促进了大豆遗传研究，进而推动了生物技术在育种中的应用。目前大豆育种中主要有以下两方面的应用方向：分子标记辅助选择育种和基因操作育种。随着测序数据、基因定位信息、基因发现与克隆的大量积累，研究者提出了精准分子设计育种的设想。

如上所述，分子标记辅助选择方面，发展了两类策略：①从大量标记中找出主要的标记用于分子标记辅助选择。目前 SoyBase 中收集了大量的育种性状标记信息，育种工作者的重要任务是从这些大量标记中遴选出应用有效的重要标记用于分子标记辅助选择。这个策略主要适用于可以用聚合酶链式反应（polymerase chain reaction，PCR）的非基因组序列标记。②针对基因组序列的单核苷酸多态性标记，通过基因组测序可以检测到全基因组的单核苷酸多态性，用于进行全基因组的标记辅助选择，称为全基因组选择。鉴于 RTM-GWAS 全基因组关联定位使得定位结果更全面、完善，而且可检测出资源群体的复等位基因（变异）及其相对效应，更适合于育种中进行全基因组的分子标记辅助选择育种。关联分析的结果提供了每个育种材料的所有数量性状基因位点（QTL）及其等位变异效应的信息，这些信息可以应用于育种的两个主要环节，实现分子标记辅助组合选配和分子标记辅助后代选择。因为测序和定位的信息是覆盖全基因组的，用了这些信息就能实现全基因组分子标记辅助组合选配和全基因组分子标记辅助后代选择。当然，全基因组分子标记的信息量很大，育种中还涉及多个性状，人工目测设计组合和选择有困难，必须依靠电脑来处理。目前全基因组设计育种的设想还在研究之中，成熟以后将有可能大大地拓展育种材料，提高育种效率。

基因操作育种方面，大豆已开展的研究包括以下各方面：有益性状的基因鉴别、分离和克隆，植株再生技术，基因转移技术，以及基因编辑技术。在这些技术的基础上，成功地实现了转基因育种。大豆上最成功的是抗除草剂的转基因育种。抗草甘膦转基因（EPSPS 基因）大豆（商品名 Roundup-Ready）已在全世界大面积推广种植。一些新的转基因（高油酸、抗虫）品种正陆续释放。我国“十二五”启动了大豆转基因专项研究，从抗除草剂、脂肪与蛋白质含量及品质、抗病虫、耐逆境、肥高效等方面开展转基因育种，有待逐步环境释放，今后转基因技术将更广泛地应用于大豆种质创新和新品种选育过程。目前仍需提高大豆转基因的转化和再生效率，并与常规育种结合。另一种基因操作育种是基因编辑育种。基因编辑（clustered regularly interspaced short palindromic repeat，CRISPR，规律间隔成簇短回文重复序列）是一种精准编辑基因序列的技术，常用的是 CRISPR-Cas9 技术。理论上对目标基因可以做核苷酸序列的设计，使基因功能适合育种家的需求，通过 CRISPR-Cas9 技术实现这种设计。这是在基因序列上的设计育种。显然基因编辑具有十分重大的潜在意义，是基因层面上的设计育种。当然，分子生物学家的这种理念有待于发展和实践。从育种角度希望基因编辑技术能从编辑少数核苷酸发展到编辑大量核苷酸，因为优良品种的选育需要改变多种性状多数基因。此外，大豆育种中需用的生物技术还有许多，包括花药（小孢子）培养、体细胞无性系变异筛选、胚拯救以及优异种质微体快繁技术等，都还有待进一步研究和利用。

复习思考题

1. 试述我国东北、黄淮和南方 3 大大豆主产区的大豆生产特点和主要育种目标。
2. 试述我国大豆生态区域及其相适应的大豆品种资源特点。
3. 如何进行大豆质量性状和数量性状的遗传研究？两类性状存在何种联系？
4. 举例说明大豆重要性状基因或数量性状基因位点定位研究对大豆育种的意义。
5. 试述大豆光温反应特性变异和熟期组划分方法，讨论其在大豆引种上的意义。
6. 试论大豆育成品种遗传基础拓宽的概念、意义及国内外大豆育成品种遗传基础现状。
7. 栽培大豆起源有哪些假说？作物起源进化研究有何意义？
8. 试举例说明不同育种方法在大豆育种中的作用。
9. 比较大豆杂交育种计划中杂交分离后代（F_2～F_5代或 F_6代）主要选择处理方法的优劣。
10. 针对你所在区域大豆主要病虫害，设计一个从亲本筛选、发掘开始的抗性育种计划。
11. 试比较大豆育种计划不同时期主要田间试验技术的特点。
12. 试述大豆种子生产和检验的基本程序和相应规程，说明育种家种子生产的主要方法。
13. 试述大豆生育期调查的方法和标准。
14. 试述分子标记辅助选择的基本原理及其在大豆育种上的应用前景。
15. 试回顾 20 世纪 20 年代以来国内外大豆育种研究及生产等方面的变化特点，并探讨今后我国大豆育种方向。

附 大豆主要育种性状的记载方法和标准

大豆主要育种性状的记载包括田间及室内两部分。田间记载时间性强，错过时间一些性状难以明确区分，须按时观察，必要时难辨性状应由两人以上相互评议记载。田间记载和室内记载均须事先制订计划，备好记载册簿，按统一标准、规定时间进行，以保证所记资料的准确性与可比性，便于相互交流，达成共识。

1. 播种期 播种当天的日期为播种期，以月、日表示。

2. 出苗期 子叶出土的幼苗数达 50%以上的日期为出苗期。

3. 出苗情况 出苗情况分良（出苗基本整齐，不缺苗）、中（出苗有先后，不齐但相差不大，有个别 3～5 株的缺苗段）和差（出苗不齐，相差 5d 以上，有多段 3～5 株的缺苗）3 级记载。

4. 生育时期 国际上通用 Fehr（1977）提出的大豆生育时期的划分标准和符号（表 9-22）。对于群体材料，凡 50%以上植株达到该时期为该群体达到的日期。

表 9-22 大豆生育时期

（引自 Fehr，1977）

	代号	时期	上下时期间隔（d）		说明
			平均	变幅	
营养生长时期	播种		0		
	V_E	出苗期	10	5～15	子叶出土面
	V_C	子叶期	5	3～10	第一节对生真叶展开
	V_1	第一叶期	5	3～10	第一片复叶充分展开
	V_2	第二叶期	5	3～8	第二片复叶充分展开
	V_3	第三叶期	5	3～8	第三片复叶充分展开
	V_4	第四叶期	5	3～8	第四片复叶充分展开
	V_5	第五叶期	5	3～8	第五片复叶充分展开
	V_6	第六叶期	3	2～5	第六片复叶充分展开
	⋮	⋮	⋮		⋮
	V_n		3	2～5	第 n 片复叶充分展开，成株已有 n 片充分展开的复叶
生殖生长时期	R_1	初花期			主茎任何节出现花朵
	R_2	盛花期	3（无限结荚类型）	0～7	无限结荚类型主茎顶部两个充分展开复叶的节上有一个节开了花
			0（有限结荚类型）		有限结荚类型的 R_1 和 R_2 可同时出现
	R_3	初荚期	10	5～15	主茎顶部有充分展开叶的 4 个节上有 1 个节着生 5 mm 长的荚
	R_4	盛荚期	9	5～15	主茎顶部有充分展开叶的 4 个节上有 1 节着生 2 cm 长的荚
	R_5	鼓粒始期	9	4～26	主茎顶部有充分展开叶的 4 个节上有 1 节荚内豆粒 3 mm 长
	R_6	鼓粒足期	15	11～20	主茎顶部有充分展开叶的 4 个节上有 1 节的荚为青嫩豆粒鼓满
	R_7	初熟期	18	9～30	主茎上有 1 个正常荚转为成熟荚色
	R_8	完熟期	9	7～18	95%豆荚变为成熟荚色。自此起至豆粒含水降到 15%以下，需 5～10 个晴天

通常所指成熟期即为完熟期 R_8。此期 95%的豆荚转为成熟荚色；豆粒呈现本色及固有形状，手摇植株豆荚已开始有响声，豆叶已有 3/4 脱落，茎秆转黄但仍有韧性。对不炸荚育种材料的收割，宜再后延 2～3 d。

5. 全生育期 大豆的全生育期，是大豆的光温生理特性，在一定的地区与一定的播种期下的反应。因此，对大豆全生育期（即成熟期）的记载标准，可分为两类。①统一纬度，北纬 30°～32°平原地区 4 月上旬播种，使各育种材料在日趋延长的光照和适宜温度条件下，能展示其光温生理特性的基因型特点，因而在生育期长短上，材料间便明显表现出差别。此类标准宜采用美国大豆科学工作者提出、国际上大都采用的成熟期组（maturity group，MG）记载标准（表 9-23）。②结合我国不同大豆栽培区域不同播种期类型的生产实际，以当地生产上的实际播种至成熟（或出苗至成熟）的日数为标准。

表 9-23　美国大豆成熟期组的划分及其代表性品种

成熟期组	代表性品种	成熟期类似的我国品种
000	Maple Presto、Pando	早黑河
00	Altona、Maple Arrow	黑河 3 号
0	Minsoy、Clay	丰收 10 号
Ⅰ	Mandarin、Chippewa	东农 4 号
Ⅱ	Corsoy、Amsoy	吉林 3 号
Ⅲ	Williams、Ford	铁丰 18
Ⅳ	Clark、Custer	通县大豆
Ⅴ	Hill、Dare	齐黄 1 号
Ⅵ	Davis、Lee	徐州 424
Ⅶ	Bragg、Ransom	南农 493-1
Ⅷ	Hardee、Improved pelican	鄂豆 6 号
Ⅸ	Jupiter、Santa Rosa	秋豆 1 号
Ⅹ	Tropical、PI274454	浙江马料豆

(1) 北方春大豆区　北方春大豆区依生育日数分为极早熟（120 d 以下）、早熟（121～130 d）、中熟（131～140 d）、晚熟（141～155 d）和极晚熟（156 d 以上）。

(2) 黄淮海春夏大豆区

①夏大豆：黄淮海春夏大豆区的夏大豆分为早熟（100 d 以下）、中熟（111～120 d）和晚熟（121 d 以上）。

②春大豆：黄淮海春夏大豆区的春大豆分为早熟（105 d 以下）、中熟（106～120 d）和晚熟（120 d 以上）。

(3) 南方大豆区

①春大豆：南方大豆区的春大豆分为早熟（105 d 以下）、中熟（106～120 d）和晚熟（120 d 以上）。

②夏大豆：南方大豆区的夏大豆分为早熟（120 d 以下）、中熟（121～130 d）、晚熟（131～140 d）和极晚熟（141 d 以上）。

③秋大豆：南方大豆区的秋大豆分为早熟（100 d 以下）、中熟（100～105 d）和晚熟（106 d 以上）。

6. 株高　自子叶节至成熟植株主茎顶端的高度（cm）为株高。

7. 主茎节数　自子叶节为 0 起至成熟植株主茎顶端的节数为主茎节数。

8. 分枝数　分枝是指主茎上具有两个节以上并至少有 1 个节着生豆荚的有效一次分枝数，分枝上的次生分枝不另计数。4.1 以上为多，2.1～4 为中，2 以下为少。

9. 结荚习性　国外常称生长习性（growth habit）或茎顶特性（stem termination），分有限结荚习性、亚有限结荚习性和无限结荚习性 3 类。对于十分典型的有限结荚习性和无限结荚习性，可附上“＋”号。该标准是综合性的，判别结果间有波动。刘顺湖等提出根据茎顶有无花序及主要开花节位相对值两性状进行判别，其判别结果较稳定，操作简易，具体判别标准见表 9-24。

表 9-24　大豆结荚习性划分方法

（引自刘顺湖等，2005）

播种期	无限结荚习性		亚有限结荚习性		有限结荚习性	
	顶花序	上部节数相对值	顶花序	上部节数相对值	顶花序	上部节数相对值
夏播	没有	≥0.2	有	≥0.2	有	<0.2
春播	没有	≥0.25	有	≥0.25	有	<0.2

注：上部节数相对值指上部节数除以主茎总节数所得数值（上部节数为主茎最大展开复叶着生节位以上节数），可在开花后期至成熟期间调查。

10. 株型 株型分竖立型（矮小、茎硬）、直立型（直立，主茎发达）、立扇性（主茎明显，分枝较发达，稀植的成熟植株状若扇面）、丛生型（分枝发达，倒伏倾向明显）和蔓生型（分枝很发达，植株细茎蔓生，有缠绕倾向，倒伏明显）。

11. 倒伏性 于初荚期至盛荚期（R_3～R_4）及完熟期（R_8）各记载1次倒伏性，标准分1（直立）、2（15°～20°的轻度倾斜）、3（有20°～45°的倾斜）、4（45°以上的倾斜倒伏）和5（匍匐地面，相互缠绕）。

12. 裂荚性 于完熟期（R_8）后的晴天5d左右，于田间目测计数炸裂荚，分：1（不炸荚）、2（植株上有1%～10%荚炸裂）、3（10%～25%荚炸裂）、4（25%～50%荚炸裂）和5（50%荚炸裂）。室内鉴定法是：将每份材料有代表性的（二粒荚或三粒荚）新成熟豆荚50个，置于布袋中，于80℃烘箱中烘干3h，然后于室温下放置2h，计数炸荚率（%）。Caviness（1965）提出，将供鉴定材料置于32.5℃及15%～20%相对湿度下36h，即可明显地表现出炸荚性的区别。

13. 叶形 叶形分长叶和宽叶两类。

14. 花色 花色分白花和紫花两类。

15. 茸毛色 茸毛色分灰毛和棕毛两类。

16. 收获指数 以单株或小区的“种粒质量/全株质量×100%”得出的结果表示收获指数。由不计叶片质量在内的全株质量计算所得出的收获指数称为表观收获指数。

17. 荚熟色 荚熟色分草黄色、灰褐色、褐色、深褐色和黑色5类。

18. 种皮色 种皮色分黄色（对白黄与浓黄应指明）、青色（分青色种皮与种皮子叶均青色两类）、褐色（分褐色与红褐色两类）、黑色、双色（分鞍挂与虎斑两类）。有明显光泽者可注明。

19. 脐色 脐色分无色、极淡褐色、淡褐色、褐色、深褐色和黑色。

20. 粒形 粒形分圆形、椭圆形、扁圆形、扁椭圆形、长椭圆形和肾脏形。

21. 百粒重 随机数取完整正常的种粒100粒称量其质量，即百粒重。

22. 褐斑粒率 种粒上褐斑覆盖占5%以上种粒所占的比例（%）即为褐斑粒率。

23. 粒质 按种粒的青粒、霉粒、烂粒、皱损粒、整齐度、光泽度与破损情况总体评价粒质，分优、良、中、差和劣5级。

24. 产量 产量是指水分下降到13%～15%时的单位面积产量（由小区产量折算）。

25. 田间目测总评 成熟时结合生长发育期间的病害、倒伏、成熟期方面的记载，综合总评为优（√）、良（○）、中（△）、差（×），作为田间淘汰差及一般材料的重要评审。

26. 抗孢囊线虫病性 采用病土盆栽种植或田间病圃种植评价抗孢囊线虫病性。于孢囊线虫第一代显囊盛期，根据平均每株根系上的孢囊数目划分抗性等级，分为：免疫（0）、抗（0.1～3.0）、中感（3.1～10.0）、感（10.1～30.0）和高感（30.0以上）；或以待测材料根系的孢囊指数分级，$<10\%$为抗，$\geq 10\%$为感。

$$\text{孢囊指数}=\text{待测材料根系的平均孢囊数}/\text{感病对照品种的平均孢囊数}\times 100\%$$

27. 抗灰斑病性 于病圃以喷雾法将指定灰斑病病菌的菌种，于花期分2～3次进行接种。记载标准：0级为免疫，叶片无病或偶有小病斑；1级为高抗，多数植株仅个别叶上有5个以下的小病斑；2级为抗，少数叶片有少量中央呈灰白色的病斑；3级为感，大部叶片有中量至多量大且中央呈灰白色坏死的病斑；4级为高感，叶片普遍有多量灰绿色大病斑，病斑连片，叶早枯。

28. 大豆花叶病毒病抗性 可用苗期叶面毒液摩擦接种法，或者田间自然发病于花期调查。分5级记载：0级为免疫；1级为高抗，叶片轻微起皱，出现花叶斑，明脉，群体的花叶值在50%以下，生长正常；2级为抗，花叶较重，叶轻度起皱，病株占50%以上，植株尚无明显异常；3级为感，叶有泡状隆起，有重皱缩叶的植株占50%以上，植株稍矮；4级为高感，叶严重皱缩，有的呈鸡爪状，植株矮化，顶枯植株占50%以上。

29. 食心虫率 一般于室内考种时，以“虫食粒质量/全粒质量×100%”所得的结果食心虫率表示。也可通过检查标准品种豆荚内被害粒率作为对照，分为5级进行记载：1级为高抗，2级为抗，3级为中抗，4级为感，5级为高感。

30. 豆秆黑潜蝇危害率 于大豆初花期，每品种取10株，剖查主茎与分枝内的豆秆黑潜蝇（幼虫、蛹、蛹壳）量，以高抗品种的平均虫量为a，高感的为b，$d=(b-a)/8$。高抗者$<a+d$，$a+d<$抗者$<a+3d$，

$a+3d$<中间者<$a+5d$，$a+5d$<感者<$a+7d$，高感者>$a+7d$。

31. 抗豆荚螟性 在当地的适应播种期下，播种鉴定材料。于大豆结荚期自每份材料采200豆荚，剥荚调查被害荚率。高抗（HR）者为0%～1.5%，抗（R）者为1.6%～3.0%，中（M）者为3.1%～6.0%，感（S）者为6.1%～10.0%，高感（HS）者为>10.0%。于室内考种时，"虫食粒质量/全种粒质量×100%"所得的结果，也可作为参考。

32. 蛋白质和脂肪含量测定 以烘干样本为试品，用近红外分光光度计分别测定各样本蛋白质和脂肪的含量。

（王金陵、盖钧镒、余建章原稿；盖钧镒、赵团结第二版修订；
盖钧镒、赵团结、王吴彬第三版修订）

第十章　蚕豆育种

蚕豆是最古老的栽培植物之一。其学名为*Vicia faba* L.，英文名为broad bean或faba bean。染色体 $2n=12$，但在日本种植的蚕豆栽培种中发现有 $2n=14$ 类型。蚕豆因其豆荚状如老蚕，又因其始熟与春蚕吐丝结茧时间相近而得名；蚕豆还有不少其他俗名，例如胡豆、佛豆、南豆、罗汉豆、寒豆、川豆、倭豆、仙豆、湖豆、夏豆、马料豆等；由于它的籽粒较大，也有地方称它为大豆等。据《太平御览》记载，西汉张骞出使外国，得胡豆种归，而传入我国，至今已有 2 000 多年的栽培历史。蚕豆在自然降水和人工灌溉条件下种植，种植地区超过 55 个国家。种植面积为 2.56×10^6 hm^2，干籽粒产量为 4.56×10^6 t。蚕豆在亚洲和非洲的种植面积占世界种植面积的 72%，干籽粒产量占全球总产量的 80%（FAOSTAT，2012）。我国是世界蚕豆生产大国，种植面积和总产量均占世界的 40%左右，主要分布在长江以南各地；大多作秋播栽培，占全国种植面积的 90%左右；华北及西北高寒地带的栽培以春播为主，大约占全国种植总面积的 10%。云南省是我国规模最大的蚕豆种植区域，种植面积占全国种植总面积的 37.8%。

第一节　国内外蚕豆育种研究概况

一、我国蚕豆育种研究进展

我国蚕豆育种工作始于 20 世纪 50 年代，和其他作物相比，起步较晚。60 年代后，少数省相继开展了蚕豆新品种的选育工作。进入 80 年代，蚕豆育种工作开始显著推进，主要在云南、四川、江苏、浙江、青海和甘肃临夏等产区进行。据不完全统计，到 2010 年，蚕豆育成并应用于大面积生产的品种超过了 100 个，其中，采用杂交育种的程序育成的品种占约 80%。在熟性、株型、锈病抗性、荚粒形态、品质等方面的遗传改良进展显著。由于蚕豆生产受较为严格的生态适应性的限制，同时受蚕豆种业运作分量较小的局限，蚕豆育成品种的应用多分布于育种单位所在省份，例如云南主要推广应用云豆 147、云豆早 7、凤豆 6 号、凤豆 11 号等云豆、凤豆系列的育成品种，其应用面积在不同区域的覆盖面比例在 30%～70%；四川主要推广应用成胡 9 号、成胡 11 等成胡系列的育成品种；江苏主要推广应用启豆 2 号、通蚕 3 号等启豆、通蚕系列的育成品种；西北一带主要推广青海 11、临蚕 6 号等青海、临蚕系列的育成品种。大部分蚕豆产区仍然保留着优异地方品种的应用，例如浙江慈溪大白蚕、浙江上虞田鸡青、成都大白蚕、昆明白皮豆、澄江大蚕豆、海门大青皮、甘肃临夏马牙、甘肃临夏大蚕豆、青海湟源马牙等。郎莉娟等利用国际干旱地区农业研究中心（International Center for Agricultural Research in the Dry Areas，ICARDA）提供的花梗内具有独立维管束的蚕豆种质资源为亲本，通过杂交育种，对浙江省的蚕豆地方品种加以改良，经过 7 年的研究，于 1993 年选育成花梗内具有独立维管束的蚕豆新品系 2 个，表现荚多、粒多、单粒质量高、单株产量高，明显优于浙江省地方品种。

包世英等利用从云南地方品种资源发掘的蚕豆新种质闭花受精资源与核心母本杂交育成的云豆 470、云豆绿心 2 号等品种，对蚕豆授粉控制及株型、子叶绿色等性状的维持改良效果显著，成为获得农业部新品种权保护的首个蚕豆新品种；利用云南优异地方种质资源进行蚕豆熟性改良育成的云豆早 7 号、云豆早 6 号等早熟鲜销型品种，采收时间较当地品种早 7～30 d，赢得了较高的销售价格，显著提高生产效益，其选育成果获得云南省科技进步一等奖；利用国际干旱地区农业研究中心引进的高荚粒数种质作为亲本杂交育成的云豆 147 和云豆 690，显著改良了抗冻性、广适应性和株型紧凑性；利用法国引进的小粒种蚕豆种质资源作为亲本杂交育成的云豆 1183 在早熟性和抗锈病改良上获得成功，成为出口鲜销小粒蚕豆的主干品种。

杨忠等利用云南地方资源优异种质作为亲本杂交育成的凤豆 1 号、凤豆 6 号等系列品种，在株型紧凑性和灌浆速率提高等方面的改良获得成功。育成品种适宜应用高密度栽培，在蚕豆种植密度高达 45 万～60 万株/hm^2 的栽培群体下，6.7 hm^2 平均干籽粒产量高于 5 250 kg/hm^2，其中凤豆 1 号在云南省祥云县进行小面积种植生产示范，获得了干籽粒产量超过 7 500 kg/hm² 的全国最高水平。

王学军等利用从日本引进的优异品种资源日本寸蚕豆作为亲本育成的通蚕鲜 6 号等系列鲜销型蚕豆品种，具有大荚、大粒及在生育中后期降水量大的秋播产区的广适应性，成为蚕豆鲜销市场的优质品种而广受欢迎。李锦文等利用地方资源育成的启豆 2 号等系列品种在蚕豆锈病抗性改良上取得了突出的进展。

罗菊芝等利用优异的四川地方品种育成的成胡 10 号等系列品种，在秋播产区显示出广适应性。其中成胡 15 干籽粒粗蛋白质含量达到 31%，是目前国内蚕豆育成品种中干籽粒粗蛋白质含量最高的。

二、国外蚕豆育种研究进展

据联合国粮食及农业组织 2013 年的统计，阿根廷是世界蚕豆干籽粒单产最高的国家，平均单产达到 8 889 kg/hm²；其次是乌兹别克斯坦，为 5 400 kg/hm²；哥伦比亚和英国位列第 3 和第 4，分别为 5 154 kg/hm² 和 4 638 kg/hm²。近年来各国蚕豆生产有较大发展，蚕豆育种工作有了很大进步。

蚕豆的地区育种正式开始于黎巴嫩的旱地农业开发计划（ALAD），以满足西亚北非的需求。这个项目由位于加拿大的国际开发研究中心（International Development and Research Center，IDRC）提供赞助，并与黎巴嫩农业科学研究所合作，于 1973 年在贝卡谷地的 Tel Amara 开展。到了 1977 年，旱地农业开发计划改名为国际干旱地区农业研究中心，基地也从黎巴嫩的贝卡搬到叙利亚的阿勒颇。

国外的蚕豆育种研究机构主要包括：①位于叙利亚阿勒颇的国际干旱地区农业研究中心（ICARDA）；②位于西班牙塞维利亚的农渔研究教学研究所（Instituto de Investigación y Formación Agraria y Pesquera de Andalucía，IFAPA）；③位于雷恩的法国农业科学院；④澳大利亚的阿德雷德大学；⑤埃及的大田作物研究所（FCRI）；⑥突尼斯国立农业研究所（Institut National de la Recherche Agronomique de Tunisie，INRAT）；⑦埃塞俄比亚农业研究所（Ethiopian Institute of Agricultural Research，EIAR）；⑧摩洛哥的国家农业研究院（Institut National de la Recherche Agronomique，INRA）；⑨苏丹的大田作物研究所（FCRI）。其主要的研究进展如下。

（一）非生物胁迫抗性育种 蚕豆生产主要的非生物胁迫是后期干旱、霜冻和热害。蚕豆被普遍认为对水分亏缺比其他食用豆类更加敏感（Amede 等，2003；McDonald 等，1997）。干旱能够造成产量的严重下降，被广泛认为是作物生产的最重要的环境制约因素（Borlaug 等，2005；Fischer 等，1978）。一些很好的抗干旱材料已经通过鉴定，例如来自国际干旱地区农业研究中心种质资源库的 ILB938/2（Khan 等，2007，2010）。抗冻性是一种比较复杂的特性，Cote d'Or 1（一种来源于法国耐寒地方品种 Cote d'Or 的自交系）和 BPL4628［一种来源于国际干旱地区农业研究中心种质库中国品系的自交系（Arbaoui 等，2008）］是很好的抗冻遗传资源。国际干旱地区农业研究中心开展的育种项目对不同的品系进行耐霜冻的鉴定。此外，对超过 5 200 个样本的测序也鉴定出了一些耐寒资源。在埃及南部、苏丹和埃塞俄比亚的低地，极热是蚕豆生产的主要威胁。Abdelmula 等（2007）推断基因型 C. 52/1/1/1 可以被用于提高蚕豆的耐热性。

（二）抗生物胁迫育种 由壳二孢、赤斑病病菌、锈病病菌、白粉病病菌、尾孢菌叶斑病病菌、不同的根腐复合物、列当和多种病毒影响了蚕豆的生产（Sillero 等，2010）。在鉴定对褐斑病、赤斑病、锈病和列当属具有抵抗力或耐受性的资源方面做出了很多的努力。

已发表的中抗锈病蚕豆品种或材料有 60 多份来自加拿大、西班牙、埃及、英国等地，发布时间跨度大（从 1984 年至今），例如 Kuzminskie、Latviiskie、2N192、Ackerperle、Pluto、Reina 等品种；育种获得的高抗锈病品种或材料较为少见。国际干旱地区农业研究中心鉴定出的能够抗锈病的材料有 ILB403、ILB411 等（Bernier 等，1982；Bond 等，1994；Khalil 等，1985；国际干旱地区农业研究中心，1987；Rashid 等，1984，1986）。西班牙 Josefina 等人在 2010 年鉴定出了 6 份高抗锈病的材料 V-300、V-313、V-1271、V-1272、V-1273 和 V-1335。在病原体的多样性研究方面，利用已经确定的标准，*Uromyces viciae-fabae* 的一些生理小种已经被鉴定（Conner 等，1982；Emeran，等，2001），褐斑病病原体在有性生殖中新的毒力的组合使病原体能够对寄主中的抗性基因做出反应并进行对应的选择。这个问题在育种过程中是不确定的，因此还需要评价育种材料对一系列生理小种的综合抗性以确保好的结果。BPL74、BPL460 等系列材料经鉴定是对蚕豆叶壳二孢菌存在抗性的（Bond 等，1994；Hanounik 等，1989；Lawsawadsiri，1995；Maurin 等，1992；Ramsey 等，1995；Rashid 等，1991；Sillero 等，2001）。赤斑病在湿润地区严重发生，研究表明，大部分赤斑病抗源来自哥伦比亚的安第斯地区和厄瓜多尔，抗源面源狭窄。来自国际干旱地区农业研究中心能够抵抗赤斑病的材料有 BPL74、BPL460 等（Bayaa 等，2004；Kharrat 等，2006）。抗赤斑病材料 BPL1763、ILB4726、LPF120 是由西班牙 Villegas-Fernandez 等人筛选的。蚕豆茎和根腐病通常由尖镰孢蚕豆专化型［*Fusarium solani*（Mart.）Sacc. f. sp. *fabae* Yu et Fang］引起。因引发该病的病原较多，例如 *Fusarium oxysporum* Schlecht、*Fusarium solani*（Mart.）Sacc.、*Fusarium avenacearum*（Corda ex Fr.）Sacc.、*Fusarium graminearum* Schwabe、*Fusarium culmorum*、*Rhizoctonia solani* Kuehn、*Sclerotinia trifoliorum* Eriks. 等，Rashid 和 Bernier 在 1993 年筛选出了 3 个对 *Rhizoctonia solani* 病原体具有抗性的品种 Ackerpele、Aladin 和 Pegasus 以及 5 份抗性材料 2N114、2N134、2N487、2N519 和 N-2-2-2。目前比较明晰的是由 *Sclerotinia trifoliorum* Eriks. 引起的茎腐病受单个显性基因控制；由 *Peronospora viciae*（Berk.）de Bary f. sp. *fabae* 引起的蚕豆霜霉病（downy mildew）在西欧蚕豆主产区也较易流行，不过霜霉病抗性品种 Maris Bead、Compass 等具有较高的抗性水平，而且当种植达到一定面积时品种对霜霉病表现出较高的群体抗性水平，从而有效控制病害的流行。目前对于灰霉病的抗性机制还了解得很少。有超过 180 份资源在叙利亚毒性最强的混合病原体的侵染下对赤斑病、褐斑病和锈病有抗性。在 2007—2012 年的 5 年内，有 70 份抗赤斑病材料和 70 份抗灰霉病材料被送到各个国家的农业研究机构来评价它们在不同的生理小种和环境下的抗性。叙利亚国家育种计划鉴定出 28 个有希望的品系（Maalouf 等，2012）。影响蚕豆的病毒不是寄主专一性的，病毒能够影响一系列的食用和牧草用的食用豆类，对很多野草也有影响。由于病毒传染的不确定性以及缺乏控制病毒的方法，种植者们认为病毒带来的危害比真菌更加严重。加拿大选育出的 2N138 对菜豆黄化花叶病毒（*Bean yellow mosaic virus*，BYMV）（Gadh 等，1984）表现高抗。国际干旱地区农业研究中心已经鉴定出了抗菜豆卷叶病毒（*Bean leaf roll virus*，BLRV）的登记种 BPL756 等和抗菜豆黄化花叶病毒（BYMV）的登记种 BPL1351 等（Bond 等，1994；Kumari 等，2003；Robertson 等，1996）。对列当属抗性机制的组合比单一的抗性基因的效果可能更加持久（Perez-de-Luque 等，2007；Rubiales 等，2006）；其抗性的重大发现源于国际干旱地区农业研究中心对家系 402 的鉴定并发展出了其他不同的栽培种 Giza402、BPL2210 等（Abbes 等，2007；Abdalla 等，1994，1996；Cubero 等，1992；Hanounik 等，1993；Khalil 等，1999，2004；Kharrat 等，1994；Nassib 等，1982；Saber 等，1999；terBorg 等，1994）。

（三）对抗营养成分和营养成分的育种 传统上认为蚕豆的营养价值主要在于它 20%～37%的蛋白质含量。这些蛋白质主要包括 60%的球蛋白、20%的白蛋白、15%的谷蛋白和一些醇溶蛋白。蚕豆还是糖类、矿物质（钙、镁、铁、锌）和维生素（B 族维生素、维生素 C 和维生素 A）的很好来源。蚕豆 50%～60%的糖类是淀粉。蚕豆还富含抗坏血酸盐和不同数量的左旋多巴葡萄糖苷。在正常的红细胞中，6-磷酸葡萄糖脱氢酶（G6PD）作为基本元件参与新陈代谢，使氧化型谷胱甘肽（GSH）能够迅速再生，而 6-磷酸葡萄糖脱氢酶在人体中是普遍缺乏的。相关的研究进展显著。

Shukla 等（1986）对根瘤菌进行诱导遗传变异，表明可以改良固氮作用。Duc 等（1986）从印度的收集品种中鉴定出 1 个基因具有超常固氮作用，可用于蚕豆的固氮研究。Gates 等（1981）指出，总状花序上除低部花外，花是靠分支维管束供给营养的。当第 2 位和第 3 位坐荚时，常导致高位花脱落。国际干旱地区农业研究中心于 1984 年开始了独立维管束供给型的杂交育种，但至今没有取得明显的进展。

第二节　蚕豆育种目标和主要目标性状的遗传

一、蚕豆育种的主要方向和育种目标

（一）确定蚕豆育种目标应注意的事项 确定育种目标是开展蚕豆育种工作的前提，是关系到亲本材料的选择和尽快达到预期目标的关键。育种目标的确定，既要反映人们对蚕豆生产的要求，又要符合蚕豆本身的遗传变异规律。培育的新品种在特定生产条件下，能取得最大的光合生产率，能稳定可靠地提供最大量的优质产品。确定育种目标时应注意如下问题。

1. 抓住生产中存在的突出问题确定育种目标 蚕豆是常异花授粉植物，在我国蚕豆产区生产中存在着品种退化、产量低而不稳等突出问题。在育种中应突出高产、大粒、适应性强的育种目标，并实施良种良法配套的高产栽培技术。

2. 针对产区的自然条件和耕作制度确定育种目标 例如甘肃高寒阴湿区，海拔高、气候冷凉，蚕豆不能很好成熟，因此育种目标的重点应放在选育早熟性和稳产性上，同时又要考虑株型（有限生长类型）及丰

产性能。这个地区育成了植株较矮、早熟、较耐寒、稳产性好、适于高寒阴湿区种植的临蚕3号，其百粒重高于150g。蚕豆生态适应性较窄，应设法培育适应性较广的新品种。

3. 根据商品经济发展的要求确定育种目标 优质、高产、商品性好的育种目标是商品蚕豆产区的主攻方向。例如甘肃地区推广应用的临蚕2号赖氨酸含量高达2.67%，去皮后籽粒蛋白质含量达32.06%，单产为4 200kg/hm^2，百粒重为165g左右，种皮乳白，籽粒饱满，商品性好。

4. 根据用途主次确定育种目标 蚕豆是一种多用途的作物，有粮用、菜用、饲用、绿肥用等多种用途。选育蚕豆新品种时，要考虑用途的主次。粮用型蚕豆品种要求籽粒品质好，蛋白质含量高，粒大而高产；绿肥用品种则要求早发，分枝多，根瘤发达而固氮能力强，生物学产量高。

（二）当前蚕豆的育种目标 高产、稳产、优质是培育作物良种的重要目标，也是对蚕豆品种的普遍要求，但要求的侧重点和具体内容，应本着当前为主、远近结合的原则，随着不同地区生产和国民经济发展的需要有所不同。

1. 株型 合理的株型是高产品种的基础，其中矮秆是一个重要方面。要求株型紧凑，茎粗而坚韧不易倒伏，叶小而狭长并上举，有利于通风透光。

2. 产量因素 构成产量的主要因素是单株荚数、粒数和籽粒质量。多荚、多粒、大粒是高产育种的首选。

3. 稳产 高产品种必须建立在稳产的基础上。所谓稳产品种，就是对不良的气候（冻害、干旱）、土壤条件（碱、盐）和病虫害有较强的抗性和耐性。

4. 生育期 由于各地农作制度不同，对生育期长短的要求有所不同。

5. 品质优良 根据市场对蚕豆需求的多样性，蚕豆的市场开发也呈现出多元化趋势，对新品种的品质要求越来越高，包括营养品质、商品品质和加工品质。

6. 适于机械化 随着我国农业现代化进程，机械化在快速推进，选育品种首先考虑适于机械化播种、收获、加工等性状要求，即籽粒大小均匀，株高适中，始荚节位高于20cm，结荚集中，成熟一致。现代产业化技术要求抗除草剂。

二、蚕豆主要性状的遗传

（一）形态性状和鞣质含量的遗传 华兴鼐（1962）对298个杂交组合研究了50个蚕豆性状的遗传规律，并初步明确24种性状（分别为花形3种、花色3种、株型4种、叶色7种、叶形2种和种皮色5种）性状为单基因控制的遗传。例如花形中的强旗瓣花和强龙骨瓣花，花色中的全白花和全黑心花，叶色及叶形中的白绿纹叶、4种黄绿色叶、嫩绿叶、卷曲叶和皱缩叶，株型中的不孕株、2种黄绿高株、常绿高株和矮株，脐色中的白脐等均为1对隐性基因控制的遗传。而花色中的黄色花和尖旗瓣花，以及各种蚕豆种皮颜色的遗传均受3对重复因子支配。

1. 花色 深色花和浅色花杂交，深色花为显性；紫黑色斑花与纯白色花杂交，紫斑花为显性；旗瓣深紫色花与浅紫色或白色花杂交，深色花为显性；深紫色花与纯白花杂交，F_1代翼瓣正面呈深紫色，但其背面之下端及花萼为深紫色中嵌有白色条斑，F_2代紫色花分离情况较复杂。据Moreno（1981）对花色遗传的研究表明，深紫×白色的杂种后代产生9淡紫色∶3深紫色∶4白色的分离比例，可见紫色对白色为显性，并表现出2对基因的隐性上位互作效应。

2. 株高 株高既是质量性状又是数量性状。据甘肃省临夏州农业科学研究所报道，一般相同类型品种间杂交，其F_1代株高介于两亲本之间，F_2代株高分离呈连续性变异，表现为数量性状遗传。但不同类型品种间杂交则表现为质量性状遗传。例如用临夏马牙（株高在140cm以上）与荷兰181变异株（株高仅为30cm）杂交，F_1代表现高株，F_2代高株和特矮株分离符合3∶1的比例，表明高株和矮株可能受1对基因控制，高株为显性。

3. 种皮颜色 Ricciardi等（1985）以蚕豆品系间10×10双列杂交为材料，研究了种皮颜色“紫色”“花色（斑点）”“棕色”“绿色”“红色”“黑色”“米色（正常色）”的遗传规律。结果显示，种皮花色对其他单一颜色均为显性；棕色对黑色、绿色、米色为显性；在所有F_1代组合植株群体中，黑色和红色表现为隐性。在紫色、棕色、红色、黑色、花色种皮亲本分别与米色种皮亲本杂交的F_2代分离群体中，观察到3（紫或棕或红或黑或花色）∶1（米色）的分离比。在绿色×米色组合的F_2代表现9（绿色）∶7（米色）。当一个组合中包含不同种皮色的亲本时，F_2 代表现为典型的双基因位点分离比例，表明存在两个不连锁的、有时具有上位性效应的基因位点。两个位点上各具有复等位基因系列的分离，能够解释在蚕豆种皮颜色上观察到的所有的分离比。

黑色脐对无色脐是完全显性。

4. 鞣质含量 蚕豆种皮较厚，特别是种皮中含有凝聚态的鞣质（单宁），影响蛋白质的利用。Arguardt等（1978）报道，鞣质是家禽生长的一种主要抑制因素，并发现无鞣质品种皮薄、可消化率高、木质素含量低且不易褐变。鞣质含量与种脐色、皮色、花色、托叶上有无棕色斑等性状有关。而以上性状是由遗传决定的，无鞣质是由单隐性基因控制的白花性状的基因多效性所支配。因此育种中应注意选择具纯白花、在第3～4节出现时托叶上无红棕色斑、幼苗茎色无红色素、种皮白色、白脐、种皮薄等性状的单株，这些相关性状是选择鞣质含量低或无鞣质品种的间接性状。

（二）产量相关性状的遗传 李华英等（1983）对50个蚕豆品种的10个农艺性状遗传率进行了分析，荚长、荚宽和株高的遗传率较高，分别达91.47%、82.17%和81.61%，与产量性状密切相关的单荚粒数、百粒重、始荚位高、单株荚数、单株粒数和单株有效分枝数的遗传率较低，分别为76.45%、64.17%、60.87%、58.76%、62.31%和37.11%；而单株产量的遗传率为24.06%。据黄文涛（1984）报道，蚕豆的株高、始荚位高、单株有效分枝数、单株荚数、荚长、荚宽、单株粒数、单荚粒数、百粒重和单株产量性状的遗传变异系数与表现型变异系数高度相关，即通过表现型的选择可对所需要的基因型进行选择。据Arislarknora研究表明，生育期、单株总节数、低荚位、株高的变异系数较小（2.5%～13.2%）；而单株有效荚数、单荚粒数变异系数较大（26.2%～32.0%），表明对这两个性状选择效果较好；对其主要数量性状遗传率研究表明，荚长、荚宽、株高等植物学性状遗传率较高，早代选择效果较好；而与产量有关的性状（例如单株荚数、单株粒数、单荚粒数、百粒重、单株有效分枝数、单株产量等性状）的遗传率较低，对这些性状不宜进行早代选择。

徐洪琦等（1984）研究5个高产品种产量因素的遗传进度，当5%入选率时，遗传进度相对值，单荚粒数为46.93%，百粒重为22.97%，单株产量为15.02%，单株有效分枝数为6.32%，单株荚数为2.66%。所研究的5个性状中，单荚粒数的遗传进度、遗传率和遗传变异系数都较高。邝伟生等（1990）用22个广西的蚕豆品种，估算了8个数量性状的广义遗传率，百粒重为91.3%，荚宽为83.3%，单株有效分枝数为81.7%，株高为79.9%，单株粒数为71.8%，单株荚数为39.3%，单株产量为25%，荚长为12.8%。易卫平（1992）等用长江流域4省15个品种，对11个性状的广义遗传率进行了估算，以百粒重最高（92.7%）；其次是单株荚数（74.61%）、单株粒数（71.61%）和荚宽（73.91%）；较低的为株高（25.43%）、结荚节位（16.34%）和结荚高度（11.31%）。当5%入选时，15个品种的遗传进度以单株荚数最大，为67.52%；单株粒数和百粒重次之，分别为63.50%和50.53%，这些性状的选择效果较好。由此可见，荚宽、百粒重遗传率较高，受环境影响较小，而其他性状因供试材料、试验环境的不同而有差异。

郭建华（1986）估算了9个杂交组合F_2代的广义遗传率，株高和百粒重的遗传率平均值分别为82.12%和69.40%；茎粗和单株粒数分别为60.04%和50.23%；始荚位高、单株有效分枝数、单株荚数和单株籽粒质量较低，分别为45.47%、44.56%、44.45%和41.22%。从遗传进度来看，以单株粒数、单株荚数和单株籽粒质量最高，株高、始荚位高和单株有效分枝数次之，百粒重和茎粗较低。但是同一性状在不同杂交组合中的表现有所差异。因此在配置杂交组合时，不仅要考虑双亲综合性状，也要考虑改良性状的差异。

李尧生（1987）等利用平阳早蚕豆×优系3号的F_1代和F_2代对17个性状的广义遗传率做了估算，其遗传率都低于70%，由高到低的次序为熟期（67.85%）、粒宽（67.21%）、粒长（65.31%）、株高（62.02%）、粒厚（55%）、单株节数（51.23%）、荚宽（49.59%）、单株产量（49.42%）、单株有效分枝数（47.66%）、单株粒数（44.18%）、荚厚（28.79%）、单株荚数（25.25%）、结荚距离（24.92%）、百粒重（23.25%）、结荚位高（9.42%）、单荚粒数（3.08%）、单株分枝数（1.30%）。从上述研究可以看出，供试材料不同，试验方法和生态环境不同，所估算的遗传率结果不尽相同。但多数研究表明，百粒重具有较高的遗传率，单株粒数、荚宽、株高的遗传率中等。这些性状受环境影响较小，早期世代选择效果较好。

（三）蚕豆性状间的相关性分析 育种性状多数为数量性状，对数量性状进行直接选择往往效果不佳，通常采用间接选择策略。多数研究者认为，单株粒数和单株荚数与产量的相关最为密切。

黄文涛（1984）报道，株高与始荚高度、荚宽、百粒重、单株产量间成正相关；始荚位高与荚宽、百粒重间成正相关；单株有效分枝数与单株荚数、单株产量间成正相关；单株荚数与荚宽、荚长、单荚粒数、百粒重成负相关，与单株粒数间成正相关；单株粒数与单株产量成正相关，与百粒重成负相关；百粒重与单株产量间成正相关。Arislarknora 研究表明，主茎荚数与单株粒数密切相关，是决定产量的因素。Knudsth 等对 13 个闭花型品种和 20 个普通花型品种进行产量组分间的表现型相关研究，发现闭花型的单株产量与除荚粒数以外的产量因子成正相关，而以单株荚数与粒数（$r=0.83^{**}$）、单株荚数与单株产量（$r=0.80^{**}$）、单株粒数与单株产量（$r=0.73^{**}$）的正相关达极显著水平。普通型粒数与荚数（$r=0.92^{**}$）、单株有效分枝始节与单株产量（$r=0.59^{**}$）、百粒重与单株产量（$r=0.58^{**}$）相关极显著。由此表明，单株荚数、单株粒数和百粒重是决定产量的主要因子，而单荚粒数对单株产量影响不大。要提高产量，应在不降低百粒重的前提下，注重对有效荚数的选择。据 Abdolla 研究报道，蛋白质含量、淀粉含量和灰分含量与种子大小无显著相关。Siodin 报道，粗蛋白质与百粒重成正相关、与精氨酸含量成显著正相关、与赖氨酸含量成极显著负相关。M. Doulsen 报道，产量与蛋白质含量、蛋白质含量与赖氨酸含量均成负相关。而瑞典的研究则表明，产量与蛋白质含量无显著相关，甘肃省临夏州农业科学研究所的研究也得出了相同的结论。

李华英等（1983）对蚕豆 10 个数量性状进行聚类分析。发现有 5 个关系密切的变量群，即荚宽与百粒重、单株有效分枝数与单株产量、株高与始荚位高、荚长与单荚粒数、单株荚数与单株粒数。其中，荚宽与百粒重、单株有效分枝数与产量的聚类关系最为密切，是育种选择的注意点。宽荚与大粒、长荚与多粒、多荚与多粒之间有很好的协调性；而始荚位高是株高的一个伴生性状；单株荚数、荚宽和单株粒数的遗传相关性较大，这些性状的变异会导致其他性状的强烈变异；而单荚粒数和株高的变异对其他性状变异的影响较小。

黄文涛等（1983）在青海将国内 12 个省收集的 18 个随机样本的农艺性状对产量的相关和通径系数进行了分析，单株荚数和百粒重的直接影响最大，其通径系数分别为 1.034 和 0.878。而单株有效分枝数和株高对产量有较高的直接负效应。顾文祥等（1986）采用自选的 25 个优良品系材料进行研究分析，结果以单株粒数对产量的影响最大，其直接通径系数为 1.622；百粒重和荚果长通过单株粒数对产量的影响也较大，其遗传通径系数分别为－1.273 和 0.936。张焕裕（1989）认为，以荚宽对产量的直接效应最大，百粒重、单株荚数和单株粒数次之，荚长、株高和单株有效分枝数为负效应；间接效应的大小排序与直接效应基本相同。上述 3 个事例说明百粒重、单株荚数和单株粒数对产量的影响较大，在高产育种中对这些性状进行严格选择将有较好效果。

郎莉娟（1985）用蚕豆大粒型×大粒型、大粒型×小粒型、小粒型×小粒型的不同亲本配置了杂交组合，利用 F_2代群体的农艺性状变异研究了产量组成因素之间的相关性。在 7 个与单株产量密切相关的组成因素中，单株荚数、单株粒数与产量的相关程度最高，其相关系数分别为 0.415^{*} 和 0.578^{**}。这两个性状的相对变异程度也最大，其变异系数分别为 43.8%和 43.6%。各个产量组成因素之间的相关程度以单株荚数与单株粒数间最密切，$r=0.834^{**}$。由此可见，单株荚数是影响单株产量的重要因素，可以作为 F_2代的选择依据。

（四）与蚕豆育种性状基因连锁的分子标记　Díaz-Ruiz 等（2010）用 165 个株系组成的重组自交系（RIL）群体（F_6代）来鉴定与列当属植物抗性相关的基因区段，实验设计为两点三种环境下，于 2003—2004 年实施。277 个分子标记归属于 21 个连锁群（其中 9 个归属到了具体的染色体），这些分子标记涵盖了蚕豆基因组的 2 856.7 cM 的遗传距离。利用复合区间作图法检测到 4 个数量性状基因位点（Oc2～Oc5）在不同的环境下与列当属抗性有关。Oc2 在两种环境下、Oc3 在 3 种环境下被检测到，Oc4 在 Córdoba-04 环境、Oc5 在 Mengíbar-04 环境中被检测到，可能这种抗性依赖于环境的影响。Avila 等（2004）利用 29H（抗）和 Vf136（感）杂交获得的 F_2代群体检测到 6 个与蚕豆褐斑病相关的数量性状基因位点（Af3～Af8）。Af3 和 Af4 能够有效对抗褐斑病两个生理小种，Af5 只对生理小种 CO99-01 有效，Af6、Af7 和 Af8 只对生理小种 LO98-01 有效；Af3、Af4、Af5 和 Af7 对叶和茎都有效，Af6 只对叶片有效，Af8 只对茎有效。利用分子标记进行蚕豆的列当属、褐斑病、锈病和赤斑病抗性育种的工作正在进行中。鞣酸、巢菜碱和伴巢菜苷是抗营养因子，Gutierrez 等（2006）鉴定出多个和种子的鞣酸（tannin）、巢菜碱（vicine）和伴巢菜苷（convicine）含量相关的标记。IFAPA 的研究团队对包括含有零鞣酸基因（*zt-1* 和 *zt-2*）的株系和含有零巢菜碱-伴巢菜苷（伴巢菜苷又称为伴蚕豆嘧啶核苷）突变体的 3 个 F_2代群体，利用分离群体分组分析（BSA）法，检测到与这些基因关联的随机扩增多态性 DNA（RAPD）标记；与鞣酸、巢菜碱和伴巢菜苷含量相关的随机扩增多态性DNA片段也已经被转化为更加稳定的特征序列扩增区域（SCAR）标记（Gutierrez等，2007，2008；Alghamdi等，2012）。与零鞣质、低巢菜碱和伴巢菜苷含量的互引相与相斥相关联的酶切扩增多态性序列（CAPS）和特征序列扩增区域标记能够用于相应的等位基因的替代或聚合，开发低巢菜碱和伴巢菜苷含量的栽培品种以提高其营养价值，从而避免对产品进行昂贵而且复杂的化学检测。

第三节 蚕豆种质资源研究和利用

一、蚕豆的分类

蚕豆为豆科（Leguminosae）野豌豆属（*Vicia*）植物中的一个栽培种（*Vicia faba* L.），为越年生（秋播）或一年生（春播）草本植物。蚕豆为常异花授粉作物，因而种内的分类常有困难或有不同的分类，但Muratova于1931年主要根据种子大小进行分类，并得到多数学者的认可。种内分2个亚种：*Vicia faba* subsp. *paucijuga*（2～2.5对小叶）和*Vicia faba* subsp. *faba*（3～4对小叶）；将*Vicia faba* subsp. *faba*亚种按种子大小又分为3个变种：小粒变种（*Vicia faba* subsp. *faba* var. *minor*）、中粒变种（*Vicia faba* subsp. *faba* var. *equina*）和大粒变种（*Vicia faba* subsp. *faba* var. *faba*）。

1972年，Hanelt认为*Vicia faba* subsp. *paucijuga*仅是亚种*Vicia faba* subsp. *minor*的一个地理种（geographical race），又提出了另一套分类方法。1974年Cubero提出一个更为简单的分类，他认为有4个植物学变种：*Vicia faba* var. *faba*、*Vicia faba* var. *equina*、*Vicia faba* var. *minor*、*Vicia faba* var. *paucijuga*。*Vicia faba* var. *paucijuga*原产地仅限于印度北部和阿富汗，但比其他植物学变种有更令人注意的性状组合，例如自花授粉、每片复叶的小叶少、每花序的花少、许多短茎和不裂荚。

蚕豆大粒、中粒、小粒的划分标准目前尚无定论。我国一般以百粒重分类，120 g以上的为大粒变种，70～120 g的为中粒变种，70 g以下的为小粒变种。据观察分析，大粒变种的粒型多为阔薄型，种皮颜色多为乳白色和绿色两种，植株高大，食用或蔬菜用。中粒变种的粒型多为中薄型和中厚型，种皮颜色也以绿色和乳白色为主，食用兼菜用。小粒变种的粒型多为窄厚型，种皮颜色有乳白色和绿色两种，植株较矮，结荚较多，多为副食品及饲料用，并可作绿肥。

按成熟期还可分为早熟型、中熟型和晚熟型；按花色分为白色、浅紫色、紫色和深紫色4种；根据用途不同分为食用、菜用、饲用和绿肥用4种类型；按播种期和冬春性不同分为冬蚕豆和春蚕豆；依种皮颜色不同而分为青皮蚕豆、白皮蚕豆和红皮蚕豆。

刘志政（1998）根据海拔高度、气候类型及蚕豆农艺性状上的异同性，将青海省地方蚕豆资源分为温暖灌区马牙蚕豆类型、干旱丘陵尕大豆类型和高寒山区仙米豆类型。

二、蚕豆种质资源收集和保存

（一）蚕豆种质资源保存现状 全世界一共有36 000余份蚕豆种质资源得到妥善保存（表10-1）。其中，国际干旱地区农业研究中心保存着世界上最大数量的蚕豆种质资源，共10 045份，约占世界保存蚕豆种质资源的28%。国际干旱地区农业研究中心保存着来自全球71个国家的蚕豆种质资源，其中有很大一部分是独有的资源。例如在国际干旱地区农业研究中心保存着超过6 000份*Vicia*属的其他种（其中*Vicia*属的野生种约3 000份），还有野生近缘材料、地方品种和遗传材料，这些资源类型中可能包含着独特的基因资源。

表10-1 保存蚕豆资源超过500份的基因库

所在地	机构名称	材料数量
澳大利亚维多利亚	DPI	2 445
保加利亚萨多沃	IIPGR	692
中国北京	CAAS	5 200
埃塞俄比亚的斯亚贝巴	PGRC	1 118
法国第戎	INRA	1 900

（续）

所在地	机构名称	材料数量
德国 Gatersleben	IPK	1 920
意大利巴里	Genebank	1 876
摩洛哥拉巴特	INRA	1 715
荷兰瓦赫宁根	DLO	726
波兰 Poznam	IOPG-PAS	1 258
波兰 Radzikow	PBAI	856
葡萄牙奥艾拉斯	INRB-IP	788
俄罗斯圣彼得堡	VIR	1 881
西班牙科尔多瓦	IFAPA	1 091
西班牙马德里	CNR	1 622
叙利亚阿勒颇	ICARDA	10 045
美国普尔曼	USDA	750
合计		35 919

注：DPI 代表初级产业部（Department of Primary Industries），其他缩写的含义见正文。

中国长期库保存的国内外蚕豆种质资源 5 200 多份，其中 65%为国内地方品种和育成品种，35%为引进的国外资源。我国蚕豆由于种植历史悠久，地势、气候、土壤等生态条件差异悬殊，加上长期的自然和人工选择，形成了丰富多彩的种质资源。我国地方品种较多的省份有浙江、云南、安徽和湖北，其次是四川、湖南、内蒙古、江苏、陕西、山西、江西等，福建、新疆、广西等地较少，东北地区、海南等地基本无蚕豆种质资源。育成品种较多的省份有青海、云南、甘肃和江苏，引进种质资源多数来自国际干旱地区农业研究中心。就全国蚕豆资源类型的分布上看，大粒型分布在青海、甘肃、四川西部和新疆，中粒型多分布在浙江、江苏、上海、四川东部、云南和贵州，小粒型以山西、陕西、湖北、重庆、内蒙古、广西等地为多。青海省由于区位特点，保存了国家种质资源库的备份；云南省由于育种研究的需要，收集保存了近 2 000 份地方和引进的种质资源。

（二）蚕豆种质资源的保存技术 采用不同规格、不同建筑形式的低温和超低温冷库保存资源材料的原种及其提纯材料是蚕豆种质资源保存的主要形式。但是任何物种的保存和评价都要依赖于它的生殖系统。蚕豆是一种依靠虫媒实现部分异花授粉的食用豆类。在主要群体中生殖系统采取的是一种混合交配的模式。异交率根据品种和地理位置的不同而有很大变化，它的授粉主要取决于野外的因素。大部分关于蚕豆基因流动的实验数据指出，蚕豆遗传资源的保存和繁殖再生一定要排除授粉昆虫的干扰。在蚕豆种质保存中使用防虫笼是一种有效的方式。当需要处理大量样本，每个样本的量也很大的时候，防虫笼也不再适用，因为成本高，操作和管理困难，还会造成近交衰退带来的产量下降。发展种质资源保存技术依赖于不同的蚕豆资源之间保持适当的基因流动，以及选定适当的隔离作物。为了减少不同区块间的基因流动，使用 3 m 的隔离距离和生物隔离栅栏（油菜和黑麦）可以减少相邻区块 95%以上的杂交。如果要大量繁种，蚕豆地必须和其他的蚕豆田保留 50～100 m 或以上的距离以保持种子的纯度。

三、蚕豆种质资源评价和利用

（一）我国蚕豆种质资源材料的鉴定评价 我国蚕豆种质资源材料的鉴定评价包括形态特征和生物学特性多样性鉴定及基于分子标记的遗传多样性两个方面的进展。

1. 形态特征和生物学特性多样性鉴定

（1）株高 对随机选取的 4 939 份蚕豆种质资源株高的调查表明，最矮者为 10.3 cm，最高者为 201.5 cm，平均为 78 cm，标准差为 20.28 cm，种质资源间差异极显著。

（2）花色　对随机选取的5 013份蚕豆种质资源花色的调查表明，有白花资源2 626份、褐色花资源18份、浅紫花资源848份、纯白花资源2份和紫花资源1 519份，分别占52.38%、0.36%、16.92%、0.04%和30.30%。

（3）粒色　对随机选取的4 671份蚕豆种质资源粒色的调查表明，有浅绿粒资源1 607份、绿粒资源369份、深绿粒资源126份、红粒资源30份、紫红粒资源57份、浅紫粒资源66份、褐粒资源89份、乳白粒资源2 242份和灰粒资源85份，分别占34.40%、7.90%、2.70%、0.64%、1.22%、1.41%、1.91%、48.00%和1.82%。

（4）荚部性状　对随机选取的4 988份蚕豆种质资源干荚长的调查表明，最短者为1.2 cm，最长者为18.8 cm，平均为6.5 cm，标准差为1.13 cm，种质资源间差异极显著。对随机选取的4 679份蚕豆种质资源干荚宽的调查表明，最窄者为0.7 cm，最宽者为3.5 cm，平均为1.6 cm，标准差为0.21 cm，种质资源间差异极显著。

（5）产量构成因子　对随机选取的5 029份蚕豆种质资源单株有效分枝数的调查表明，最少者为0.1个，最多者为10.4个，平均为3.3个，标准差为0.91个，资源间差异极显著。对随机选取的5 059份蚕豆种质资源单株有效荚数的调查表明，最少者为1.1个，最多者为93.7个，平均为15.2个，标准差为6.13个，资源间差异极显著。对随机选取的4 909份蚕豆种质资源单荚粒数的调查表明，最少者为0.8粒，最多者为6.1粒，平均为2.0粒，标准差为0.34粒，资源间差异极显著。对随机选取的5 049份蚕豆种质资源干籽粒百粒重的调查表明，最小者仅为6 g，最大者为240.0 g，平均为85.5 g，标准差为24.70 g，资源间差异极显著。对随机选取的4 873份蚕豆种质资源单株干籽粒产量的调查表明，最少者为1.2 g，最高者为127.0 g，平均为23.1 g，标准差为12.19 g，资源间差异极显著。

（6）营养品质　对随机选取的1 828份蚕豆种质资源粗蛋白质含量的测定表明，最低者为17.65%，最高者为34.52%，平均为27.44%，标准差为1.72%，资源间差异显著。对随机选取的1 824份蚕豆种质资源总淀粉的测定表明，最低者为33.17%，最高者为53.36%，平均为42.43%，标准差为2.46%，资源间差异显著；直链淀粉含量测定结果表明，最低者为6.00%，最高者为27.92%，平均为11.09%，标准差为1.47%，资源间差异极显著。对随机选取的1 329份蚕豆种质资源支链淀粉含量的测定表明，最低者为23.93%，最高者为42.25%，平均为31.58%，标准差为1.86%，资源间差异显著；粗脂肪含量测定结果表明，最低者为0.52%，最高者为2.8%，平均为1.47%，标准差为0.25%，资源间差异极显著。对随机选取的195份蚕豆种质资源赖氨酸含量测定结果表明，最低者为1.37%，最高者为2.30%，平均为1.84%，标准差为0.14%，资源间差异显著；胱氨酸含量测定结果表明，最低者为0.06%，最高者为0.77%，平均为0.36%，标准差为0.17%，资源间差异极显著。对1 130份蚕豆种质资源进行营养品质分析，其结果如表10-2所示。

表10-2　1 130份蚕豆种质资源籽粒营养品质分析结果（%）

性状	粗蛋白质含量	粗脂肪含量	总淀粉含量	直链淀粉含量	赖氨酸含量
平均值	27.59	1.50	42.40	10.64	1.78
变幅	21.95～34.52	0.52～2.80	33.17～51.68	6.94～16.99	1.37～2.30

为了充分发掘种质资源的利用价值，从1986年开始陆续对收集到的蚕豆主要种质资源进行了耐湿性、耐盐性及营养品质等特性的测定。从已鉴定的960份地方种质资源中，尚未发现我国蚕豆有高抗和抗赤斑病、褐斑病的种质资源，仅有几份资源对赤斑病表现中抗；对褐斑病表现中抗的有96份，这类种质资源主要分布在长江中下游各地，而绝大部分种质资源属中感或高感类型；仅有7%～8%的蚕豆种质资源耐湿性较强，且主要分布在浙江和湖北，其次是云南、四川等地。对664份种质资源进行了耐盐性鉴定，芽期1～2级耐盐性的有239份，苗期2级耐盐性的仅35份（例如H2532、H1157、H0132、H1261，H1061等），这些种质资源多分布于浙江、福建、甘肃和陕西4省。在916份蚕豆种质资源中仅有2份具抗蚜性，15份种质资源表现中抗。

2. 基于分子标记的遗传多样性分析　蚕豆在2 000多年前传入我国后，在相对封闭的土壤地理条件下，形成了具有中国特色的蚕豆种质资源类型分布。宗绪晓等（2009）利用扩增片段长度多态性（AFLP）标记对国内外秋播蚕豆种质资源进行了遗传多样性分析，研究结果表明，世界秋播蚕豆种质资源分属两个基因库，我国秋播蚕豆种质资源单独形成一个基因库，世界其他地方来源的蚕豆种质资源形成另一个基因库。我国秋播蚕豆种质资源中，云南种质资源又明显有别于其他秋播省份的蚕豆种质资源。同时，我国秋播蚕豆种质资源与春播蚕豆种质资源间差异明显。宗绪晓等利用扩增片段长度多态性标记对国内外春播蚕豆种质资源进行的遗传多样性研究结果表明，世界春播蚕豆种质资源分属 5 个基因库，我国春播蚕豆种质资源分布在其中的 3 个基因库中，遗传背景较宽广。

王海飞等（2011）利用 11 对简单序列重复区间（ISSR）引物对 802 份国内外蚕豆种质资源进行了遗传多样性和相似性分析，发现华北地区蚕豆种质资源遗传变异丰富、遗传多样性较高，华中地区和非洲蚕豆种质资源的遗传多样性较低。我国不同省份的蚕豆种质资源群中，云南和内蒙古蚕豆种质资源的各项遗传多样性参数均处于较高水平，遗传多样性较高。UPGMA 法聚类分析和主成分分析结果表明，我国蚕豆种质资源群体与国外蚕豆种质资源群间的遗传相似性较小，明显与国外蚕豆种质资源相分离；我国春播区和秋播区蚕豆种质资源明显不同，浙江和四川的蚕豆种质资源形成独立的组群，明显不同于其他省份，其遗传背景独特。我国春性和冬性蚕豆种质资源的遗传关系与其地理来源密切相关，来自同一省份或相邻省份的蚕豆种质资源基本都能聚在一起。分子方差分析结果表明，蚕豆种质资源的遗传变异主要来自组群内的变异。我国冬性蚕豆种质资源群体间遗传分化程度最高，而春性和冬性蚕豆种质资源组群内遗传变异最大。我国不同省份或不同生长习性的蚕豆种质资源群体间遗传变异水平远大于国外蚕豆种质资源群。聚类结果表明，蚕豆种质资源群体遗传多样性差异和遗传相似性与其地理来源、生长习性和生态分布密切相关。亚洲、欧洲、非洲及中国的蚕豆种质资源群之间具有明显的地域分布规律。北非和欧洲的蚕豆种质资源遗传相似性较大，与之前宗绪晓等所做的扩增片段长度多态性研究结果一致，从分子水平验证了蚕豆由北非传入欧洲的传播路线。

总之，我国栽培蚕豆在长期的进化过程中，形成了软荚蚕豆、红皮蚕豆、绿皮绿心蚕豆等特异种质资源；不同地理来源和用途的种质资源，在株高、单株有效分枝数、粒色、荚长、荚宽、单株荚数、单荚粒数、百粒重、抗病性、品质等形态特征和生物学特性上，形成了明显差异，表现出丰富的遗传多样性。扩增片段长度多态性标记检测结果表明，国内外种质资源群体间发生了显著的遗传多样性分化；国内秋播区与春播区种质资源间，也形成了显著的遗传多样性分化，南方种质资源间分化程度更高。

3. 蚕豆种质创新和利用 蚕豆因没有直系野生种、种间杂交不成功等特殊性，种质创新进展缓慢。但利用蚕豆地方品种资源中存在的具有特殊价值的变异类型，对改良蚕豆品种，创造新种质具有重要意义。例如株高为 30 cm 左右的超矮秆蚕豆材料、云南种质闭花受精型种质、云南保山和新平地区采集到的子叶绿色的特异等位基因型特异的材料的应用。对蚕豆品种株型、授粉习性及专用品质的改良和遗传分析研究取得了有较高价值的进展。

（二）国外蚕豆种质库资源鉴定评价 2010—2011 年，在位于叙利亚的塔尔哈得亚试验站，对保存于国际旱地农业研究中心的 900 份登记材料进行过形态学和农艺性状鉴定，结果显示变异系数大的性状有第一节荚的长度（54%）、单株粒数（52%）和百粒重（55%），其他性状的变异度都是很有限的。根据种质资源的来源和结构，利用扩增片段长度多态性（Zong 等，2009）和简单序列重复区间（ISSR）标记（Wang 等，2012）将遗传资源进行分类，再结合基因型和表现型的分析，初步确定了蚕豆的核心种质。这些研究结果将有利于育种家发现感兴趣的新基因和等位基因。

国际干旱地区农业研究中心专门设有种质资源研究机构，从埃塞俄比亚、德国、土耳其、阿富汗、英国、西班牙等 50 余个国家收集蚕豆遗传资源，对各地搜集的国际蚕豆品系进行归类、整理和编目。为了解决收集的蚕豆品系[国际蚕豆品系（international legume broadbean line，ILB）]自由授粉所致的异质杂合群体性状变异大、不稳定，因而难以进行特性鉴定、评价和利用这一难题，国际干旱地区农业研究中心的蚕豆育种专家研究出了一套鉴定和评价蚕豆种质资源的有效方法——纯合品系法。其具体过程见图 10-1。

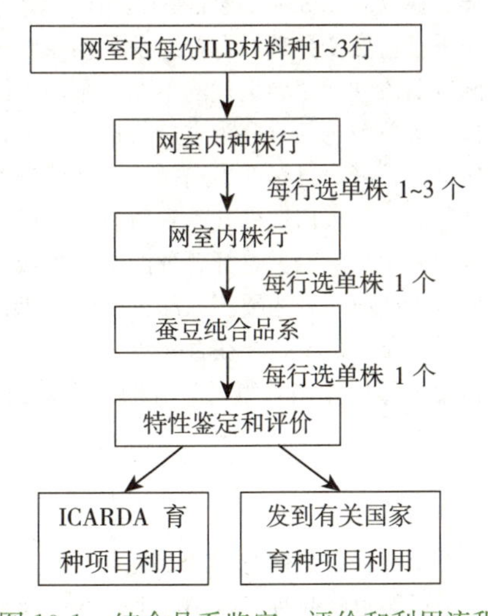

图 10-1 纯合品系鉴定、评价和利用流程

从 1 份国际蚕豆品系（ILB）材料中培育 BPL 的数量可

根据这份材料的异质性来确定。异质杂合程度高，则可增加第一次单株选择的数量，从而多产生几个BPL材料。为了避免在单株选择和自交过程中过多地丢失基因，可以适当增加单株选择的数量。国际干旱地区农业研究中心（ICARDA）通过几年的鉴定与评价，已从蚕豆纯系中筛选出了一批高蛋白质种质资源（BLP331、BLP1587、BLP717、BLP521、BPL1521等）和具有较高利用价值的抗源等基因资源，正在国际干旱地区农业研究中心和有关国家的蚕豆育种项目中发挥作用。

第四节　蚕豆育种途径和方法

一、蚕豆地方品种的筛选和引种

地方品种具有适应性广、抗逆性强、比较稳产的特点。一般情况下，地方品种的纯度较差，采用集团选择或人工去杂的办法对栽培群体进行提纯，进行多点生产性能的评价，可筛选适宜生产种植的优良群体。这是一种快捷方便的选种方法，也是一种维持栽培种群体优异性的简单实用技术。例如浙江慈溪大白蚕和上虞田鸡青、青海湟源马牙、甘肃临夏马牙、云南昆明白皮豆等都是优良的蚕豆地方品种，它们不仅是当地生产上的当家品种，而且又是我国重要的出口商品。

蚕豆引种鉴定也是推广蚕豆优良品种较为迅捷的途径。近年来，由于贸易和技术经济的不断发展，引种已经成为一种普遍现象。蚕豆是低温长日照作物，高纬度、高海拔的品种向低纬度、低海拔引种，会造成生育期延长，甚至难以在正常生产季节内结荚成熟，引种难以成功；低纬度、低海拔的品种引向高纬度、高海拔种植，则生育期缩短，虽然产量较低，但能正常开花结荚成熟；纬度和海拔高度相近的地区互相引种较易成功。

福建省从日本引进的品种资源中筛选出甜美长荚，经过2年的多点试种，表现适应性好、产量高、豆荚特长、豆粒口感优良等特征，适宜在福建省冬季作为菜用蚕豆。江苏省宜兴市引进的日本白皮蚕豆陵西一寸新品种，粒大、质优、口味佳，采收鲜豆荚，加工出口。

为了避免盲目引种，我国蚕豆主产区的浙江、江苏、四川、云南和甘肃的蚕豆研究工作者于1995—1996年和1996—1997年两年协作开展了5省之间的蚕豆引种联合试验，从中筛选高产、稳产、适应性广的优良品种（系），直接为生产所用，并为蚕豆不同生态区和地域区间的引种提供科学依据。

二、蚕豆自然变异选择育种

蚕豆自然异交率高，常引起品种性状的遗传变化，形成丰富的变异类型。有试验表明，多品种、近距离种植的条件下异交率高；相反，在品种单一、品种间距离较远的条件下种植异交率低。德国曾报道，将两个性状明显不同的品种相距20 cm种植，异交率高达40%，相距100 cm种植时异交率为25%，相距800 cm种植时异交率仅有4.8%。通常变异的个体遗传性比较稳定，选择的有效性高。

蚕豆自然变异选择育种通常采用系统选育的程序，单株选择和混系选择配合进行。根据所选变异性状的不同以及该性状变异世代的不同，采用不同的系谱结构。一般简单遗传的性状和初级变异世代的性状采用以单株或者单粒选的程序为主进行选择；数量性状或者变异世代较高的性状选择，采用单株+混系集团选择的程序进行较好。自然变异选择的成功依赖亲本群体的优异性，通常在优中选优的前提下进行，是多快好省的育种方法。从大田选株开始到新品种育成，一般仅需要7年左右的时间。据不完全统计，20世纪80—90年代全国采用自然变异选择育种法选育出成胡9号、启豆1号、拉萨1号、临蚕2号等20余个新品种，是蚕豆产区生产应用的主要当家品种。最典型的例子是云南省农业科学院粮食作物研究所育成的蚕豆鲜销型新品种云豆早7，该品种在百粒重、粒型、株型结构及早熟性等性状上明显优异于亲本，在蚕豆早秋播种进行鲜销生产应用中获得了显著的经济效益和社会效益，2012年云豆早7选育成果获得了云南省科技进步一等奖。

三、蚕豆杂交育种

杂交育种是采用有性杂交技术，通过基因重组创造新的变异性状而进行新品种选育的方法。采用杂交育种育成的蚕豆新品种已近100个，在大面积生产应用中获得了显著的社会效益和经济效益。

（一）亲本材料选定和杂交组配　类型丰富的种质资源，包括生产中很有推广价值的优良品种、优异杂交后代和系选材料，都是育种的重要材料，在对这些材料进行性状鉴定和遗传特性研究的基础上可进行亲本的选择应用。

杂交组合的选配是育种的重要环节。在配置杂交组合时应首先考虑双亲的优缺点互补，例如将品质优良但丰产性较差的品种（系）与丰产性好但品质欠佳的两亲本杂交，其杂种后代很可能出现丰产性和品质双优的品系。此外，选择地理位置远或生态类型差异大的品种作亲本材料，易出现杂种优势显著的新类型。在杂交育种中亲本选配是否得当，是直接关系到杂种后代能否出现好的变异类型和选出优良品系的关键。

在选配蚕豆杂交亲本时，要掌握好以下几个原则。

①选用综合性状好、优点多、缺点少且双亲的优缺点能够互补的亲本。

②亲本之一必须是当地推广的优良品种。针对其某个缺点，选择具有互补的另一个亲本与之杂交，以改良其缺点，这样育成的新品种适应性较强。

③选用一般配合力较好的材料作亲本。

④选用生态型差异大、亲缘关系较远的品种作亲本，其杂交后代的遗传基础更为丰富。由于基因重组，会出现较多的变异类型和超亲的有利性状，从而选育出新品种。

⑤根据数量性状遗传距离来选择亲本，遗传距离大的亲本之间交配的后代容易产生好的变异类型。

（二）杂交后代的选择培育 F_1代的杂种优势强弱对组合选择极其重要，对不具杂种优势的组合应及早淘汰或适当选择其中的最优株，对具有杂种优势的组合作为重点选择，选择重点应放在F_2代。优良品系往往集中在少数组合中，且F_2代是大量分离的世代，这些组合应多选留。

杂种后代的选择方法是：F_2代和F_3代是大量分离的世代，在低世代应采用按组合混合选择、混收；F_3代以后的高世代分离基本稳定，再进行单株选择，按株系进行种植观察、选择。熟性、株高和抗病性遗传率一般较高，可在早世代选择；而单株荚数、单株粒数等与产量相关的性状受环境条件影响较大，应在较稳定的高世代选择。通常遵循质量性状早世代选择、数量性状晚世代选择的原则。

（三）隔离技术 蚕豆花器的构造具有明显特点，10枚雄花的花药紧贴着羽毛状的雌蕊柱头，但因雌蕊的柱头成熟早于雄蕊花药，柱头的伸长速度比花药的快，加之开花时放出豆花香味和有较新鲜的花冠，吸引蜂类传粉，在昆虫的强烈活动参与下，蚕豆的自然异交率一般认为达30%；但因时因地会有很大变化，英国剑桥附近，因季节原因冬蚕豆自然异交率在20%～45%；马镜娣等对3个蚕豆品种进行了自然异交率的测定，其异交率为23.34%～28.61%。据报道，异交率最大变幅为10%～70%。

控制自然异交的隔离技术主要有以下5种。

1. 采用网室隔离 即在试验地里以钢管为支架，筑成框架结构，在蚕豆开花之前，用蜜蜂难以通过的小孔径尼龙或塑料网纱覆盖于钢管支架上，形成隔离室。在开花结束之后，即可拆除网纱，以方便后期田间管理和收获。这种方法较适宜单株间、株行间和小区间的隔离。由于网室基本上消除了蜜蜂传粉，故隔离效果很好。

2. 采用陷阱作物隔离 即利用油菜等花朵艳丽芳香的作物，种植在蚕豆株行间或小区周围，通过调节播种期使二者花期相遇，这样蜜蜂大多被引诱到油菜花朵上，从而减少了蚕豆株行间或小区间的蜜蜂传粉频率，油菜起到了陷阱作用。

3. 采用屏障作物隔离 即把生长高大茂密的作物种植于蚕豆株行间或小区之间，形成天然屏障阻止蜜蜂在株行间或小区间飞行传粉。

4. 套袋隔离 在蚕豆即将开花前用小孔径网纱袋把需要保纯的单株套住，阻止蜜蜂传粉。此法主要应用于单株保纯。

5. 空间隔离 在同时进行几个品种（系）繁种时，可采用空间隔离法，即增大不同品种（系）繁种田块（小区）之间的距离（100 m以上为宜），降低蜜蜂的传粉频率，降低异交率。

江苏沿江地区农业科学研究所马镜娣认为，网罩隔离时间从见花到终花结束为好，时间过长会妨碍蚕豆光合作用和正常生长；同时要选用白色尼龙网罩，忌用深色网罩。根据蚕豆自然异交率高的特点，在杂交育种上要注意，进入中期世代的蚕豆株系，要将同一组合排在一起种植，不需再行网罩隔离。这样做有利于同组合同株系株行间异交，提高蚕豆生活力和种性；同时避免不同组合因靠近种植而互相串粉，造成不同组合的异交。

（四）杂交育种程序 云豆147是云南省农业科学院粮食作物研究所从K0285×8047杂交组合选育而成的。该品种具有株型紧凑、着荚角度小、耐寒力强、大粒、适应性强、丰产性好等优异特性。母本K0285

是从地方资源中选择出来的优异种质资源，具有丰产、适应性好等优异性状；父本 8047 来自国际干旱地区农业研究中心豆类作物种质库的优异种质材料。F_1代在籽粒性状、产量性状（百粒重、单株产量极显著地高于双亲，超亲优势为 17.9%～67.74%）和植株形态（分枝角度、叶姿及叶节间距）上表现较强的超亲优势。各世代选育过程见图 10-2。

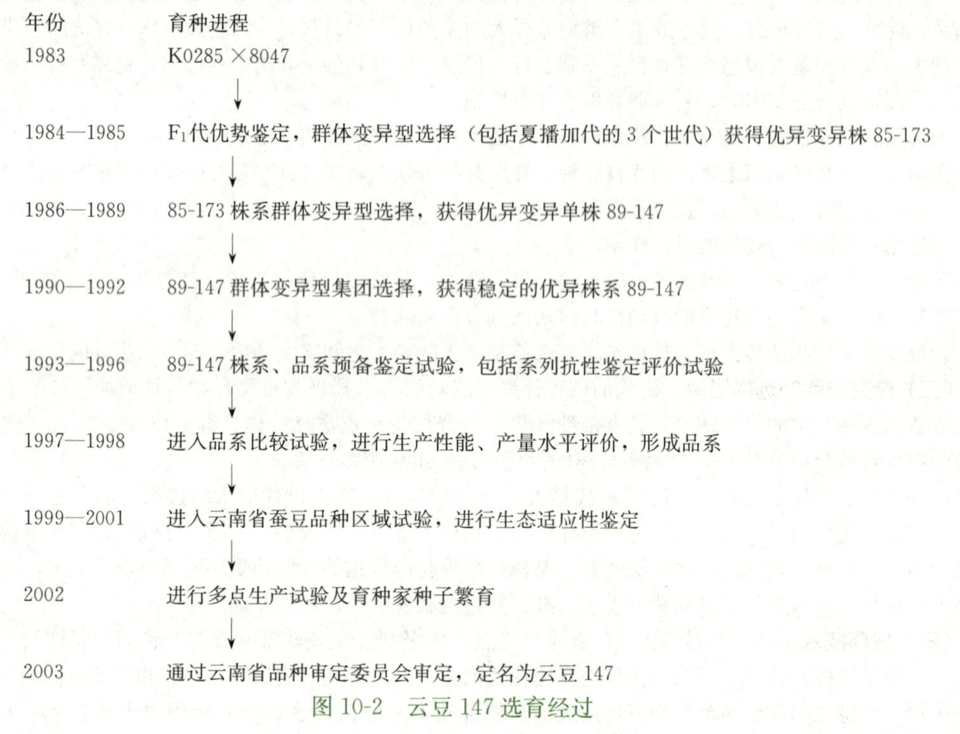

图 10-2　云豆 147 选育经过

在蚕豆育种中，对稳产性等经济性状的选择通常要采用多年多点区域试验，最好有国际合作，例如国际干旱地区农业研究中心和欧洲联盟育种协会密切合作。国际干旱地区农业研究中心的蚕豆杂交育种程序和多点试验步骤可归纳如下。

第一步，根据育种目标有目的地选择理想亲本材料，在国际干旱地区农业研究中心总部的 Tel Hadya 试验站于网室内配置杂交组合。

第二步，夏收后立即将获得的杂交当代种子送至约旦的 Shawbak 试验站进行夏繁，增加 F_2代种子量。

第三步，在气候特别适宜病害自然流行的叙利亚的 Lattakia 试验站进行 F_2代植株抗病性筛选，选择抗病性强的单株，感病材料全部淘汰。

第四步，上年入选的抗病单株返回到 Tel Hadya 试验站进行 $F_{2:3}$代株行产量、耐寒性和抗病性的鉴定，选择高产性状明显、耐寒性和抗病性强的单株。

第五步，入选植株再次送往 Lattakia 种植，筛选抗病株。

第六步，入选的单株再次送至 Shawbak 种株行夏繁，株行种子混收。

第七步，混收的种子在总部试验站 Tel Hadya 进入初级筛选圃，入选的材料逐级上升到初级产量试验和高级产量试验。为了增强蚕豆新品种（系）的适应性，国际干旱地区农业研究中心还组织了国际蚕豆筛选圃和国际蚕豆产量试验和农场示范试验。一方面进一步鉴定新品系的抗性和丰产性，另一方面让不同国家根据各自的要求选用有不同特点的品系。

每步程序都有一部分种子分送到合作国家进行筛选和鉴定。

第五节　蚕豆育种田间试验技术

一、蚕豆花器构造和开花习性

蚕豆的花为短总状花序，着生于叶腋间的花梗上，花朵成花簇。每个花簇有 2～6 朵花，多的达 9 朵，但落花很多，每个花簇能结荚的只有1～2朵。花朵为蝶形完全花，具有5裂萼片、5个花瓣、1个雌蕊和10个雄蕊（二体）。蚕豆植株开花持续期在不同的生境下有较大的差异，一般在40 d左右。国际干旱地区农业研究中心对蚕豆人工去雄和授粉杂交进行观察试验，发现一天中11:00—14:00做杂交成功率最高（23.8%），基部花朵的成功率明显高于中上部花朵。因此，杂交操作时要注意选花位置和杂交去雄、授粉的时间。

二、蚕豆杂交技术

（一）选株选花 用作母本的植株应具有该品种典型性状、生长健壮、无病虫害。11:00以前，田间选取至少已有2个花序开放的植株，在由上往下数第2个或以上花序上选取长度达到其最大长度2/3且尚未开放的健壮花蕾，去掉该花蕾所在花序上所有其他花蕾和花朵，将选中的花蕾当时去雄并授粉。

（二）去雄 首先将镊子用酒精棉球消毒，目的是去掉和杀死上次操作中镊子尖部可能沾上的花粉。用镊子沿龙骨瓣轻轻挑开花蕾上覆盖着花蕊的花瓣，撑开形成的缝隙至清楚地看到花药为止。此时须仔细观察10枚花药中是否已有破裂散粉者，遇花药中有破裂散粉者时应换另一朵花蕾去雄。用镊子轻轻拔掉所有花药，注意不要伤及柱头和子房。去雄后在该花蕾的花序着生节间挂上空牌。

（三）授粉 选择具有父本品种典型性状、生长健壮的植株。将镊子用酒精棉球消毒，目的是去掉和杀死上次操作中镊子尖部沾上的花粉。将刚刚开放的花朵摘下，用镊子尖部在花蕊处夹拨黏附刚刚破裂的花药散播出来的新鲜花粉，轻轻涂抹到母本植株刚刚去雄的花蕾上，然后轻轻扶拢花瓣以保持花内小环境有利于正常授粉。在已挂好的空牌上，用铅笔写上："母本品种名称（或编号）×父本品种名称（或编号）""杂交完成日期（年月日）"及"操作者姓名"信息。在工作本上做好记录。

（四）收获 一般杂交后45～50 d荚果便会失绿成熟，此时即可收获，不要提早或推迟收获。

三、蚕豆小区技术

（一）亲本圃 这是蚕豆育种最基础最重要的试验圃，要求在严格控制花粉传播的条件下进行操作，一般选择使用网室。种植目标亲本材料和所有新收集引进的材料。设计间比法顺序排列的田间试验，每10份或20份材料设置1份对照。对照品种选择当地育种试验采用的共同对照品种和根据参试材料特性要求的专用对照。比如抗源种质亲本要设置感病、抗病对照。一般这类材料的种子量有限，试验设计为单行种植，不设重复。测量记载常规农艺性状和试验设计目标要求的目的性状。需要特别注意的是，蚕豆种质资源一般都以群体的状态保存，用作育种亲本时需要进行不少于5年的提纯鉴定。

（二）初级材料选择圃 初级材料选择圃种植F_1～F_5代的材料，要求控制花粉自由传播。根据试验条件和参试材料数量大小选择网室和区域隔离。按组合顺序排列，不设重复，对照品种应该包括共同对照和亲本对照。一般F_1代进行组合性状的优势评价，F_2代和F_3代进行简单遗传性状的选择，F_4代和F_5代进行数量性状的选择，初级材料的选择以单株选择为主要方式进行。远缘杂交组合的选择世代可延长至F_7～F_9代。

（三）株系、品系鉴定圃 性状稳定的群体进入株系、品系鉴定，包括株系圃试验、品系预备试验、品系鉴定试验。株系圃试验参试材料较多，通常采用间比法，按组合和性状特性顺序排列，2次重复，每6份材料设置1个育种共同对照，在田间控制授粉的条件下进行。完成株系鉴定的材料一般要求群体性状已经稳定整齐，可同时进行抗性鉴定，成为品系预备试验的材料。进入品系预备试验的每组品系材料要求备份2组种子，1份用于进入自由授粉的田间试验，另一份备用于下一年品系鉴定试验。品系鉴定试验采用完全随机区组设计，重复3次，小区面积不小于13.34 m^2。

（四）适应性鉴定圃 蚕豆对环境十分敏感，基因型×环境的互作比其他作物明显，蚕豆的基因型×季节互作比基因型×地区互作更大。因此完备的产量稳定性试验要求在许多季节或一个季节中在若干个不同环境做试验。这样的试验只能在高代选择时进行。多地点的一系列试验显示，基因型×环境互作有地区适应性。每个品种寻找相适应的地区或特殊土壤，才能取得稳定产量。

第六节 蚕豆种子生产技术

蚕豆是一种依靠虫媒实现部分异花授粉的食用豆类。自然异交率根据品种、地理位置和野外因素的不同而有很大变化（Gasim等，2004；Suso等，2001；Bond等，1999；Pierre等，1999）。蚕豆种质资源的保存和繁殖再生一定要排除授粉昆虫的干扰。当育种项目需要处理大量样本，且每个样本的量很大时，防虫笼也不再适用，因为成本高，操作和管理困难，还会造成近交衰退带来产量的下降。为了减少不同区块间的基因流动，使用3m的隔离距离和生物隔离栅栏（油菜和黑麦）可以减少相邻区块95%以上的杂交（Robertson等，1986；Suso等，2008）。如果要大量繁种，蚕豆繁种田必须和其他蚕豆田保持50～100m或以上的距离以保持种子的纯度。

蚕豆种子生产包括两类主要的级别，一是原种生产，一是大田栽培用种生产。不同级别种子生产的共同要点是要维持品种的群体异质性和纯度，所以要求适度地控制授粉，同时在种子生产的全过程中严格避免机械混杂。

一、原种生产

原种生产播种育种家种子，为大田生产用种繁育种子。蚕豆原种的种子包括3种群体遗传类型：①以自花授粉为主要授粉机制的群体，这类天然群体异交率通常低于5%，选择50～100m的空间隔离条件即可进行生产性种植。一般的种子公司可以进行这类品种原种的种子生产。②天然异交率高于5%的群体，一般情况下异交率在10%～20%，大多数蚕豆品种是属于这类授粉机制的群体。这类品种的种子生产要求在严格控制授粉的环境中进行，一般选择区域隔离，在一个相对封闭的小环境，或者大于100m的空间隔离条件下进行原种生产。这类品种的种子生产包括两个方面的问题，首先是群体异质性的维持，其次是克服部分自交不亲和性。所以要求有一定数量的媒介昆虫传粉，要配合养蜂，进行蜂群合理的布局配置。③群改种，通常是采用轮回选择程序育成的品种，育种家种子是混合群体，通常群体的异交率较高。进行原种生产要求严格控制外来花粉的侵入，采用空间隔离的要保持有大于200m的距离。同时，为了维持群体的异质性，要适当加大媒介昆虫蜂群的布局配置密度。生产后两类品种原种生产的种子公司要求进行专业技术培训。蚕豆原种生产中，提高繁种系数非常重要，要尽量选择肥水条件良好的栽培环境，适当稀播，以获得较高的单株产量。

二、大田栽培用种生产

大田栽培用种生产播种原种，进行面积较大的种子生产。其技术要求主要包括：①控制授粉，选择区域隔离（由于播种面积较大，空间隔离很难控制），在控制外来花粉的条件下让种植群体保持自然授粉。一般应选择一个环境条件相对符合技术要求的小环境，建立可以稳定作业的种子生产基地。②严格去杂，除去由于机械混杂、外来花粉侵入而导致的异质基因型植株，包括收获后进行异形、异色籽粒的筛选。③良好的田间管理，采用最佳栽培技术措施，保证水肥、病虫管理严格到位，以提高种子生产的产量和品质。④严格种子收储操作，收获后及时进行种子清拣晾晒，保证入库时籽粒的净度达到98%，水分低于12%，入库后及时进行熏蒸处理，防治豆象等仓储害虫。

第七节　蚕豆育种研究动向和展望

蚕豆是人类种植的最古老的作物之一，为人类提供蛋白质，为动物提供饲料，为生物圈提供有效氮。虽然蚕豆在食用、饲用以及种植系统中起着很重要的作用，但是蚕豆的种植面积还是急剧下降，有用的遗传多样性也在逐渐丧失。现在保存在不同的基因库中的蚕豆种质材料需要进行有效保护和评价其在育种项目中的利用价值。可利用能够抵抗重要胁迫的遗传多样性来开发出具有多重抗性的栽培品种，先进的生物技术工具能够加速对目标性状和抗性的选育过程，从而实现稳产。

一、分子标记辅助选择育种

大量的遗传图谱研究工作鉴定出了能够控制主要的生物胁迫和非生物胁迫抗性的数量性状基因位点。这些先进的研究工作应该会带来满意的效果，但是对于分子标记辅助选择仍然不够，因为对含有假定的数量性状基因位点的遗传区段的遗传标记饱和度还不够，使得人们在寻找关联最为紧密的标记和精确定位数量性状基因位点的过程非常困难（Torres等，2010）。在深入了解抗虫机制方面还需要更多的努力，同时要广泛应用在分子生物技术（与比较作图的功能基因组学相结合）方面获得的新的进展（Dita，等，2006；Rispail等，2010）。国际干旱地区农业研究中心和中国农业科学院作物科学研究所联合云南省农业科学院粮食作物研究所、青海大学农学院，建立了合适的重组自交系（RIL）群体用于实现这个目的。

二、转基因育种

遗传工程于20世纪70年代初正式创立以来，蚕豆转基因育种还没有成功的实例，通过细胞融合已经得到了蚕豆与豌豆等属间杂种细胞，融合率达到存活原生质体的5%～40%。通过细胞生物学技术的研究初步建立的蚕豆细胞再生技术体系及分子遗传标记技术体系的完善，使得蚕豆作物转基因育种技术正逐渐走向成熟。

三、杂种优势利用

20世纪80年代，Duc等（1997）利用获得的细胞质雄性不育材料成功地建立了三系法生产杂交种的杂种优势利用技术，但由于材料的遗传稳定性及杂交种生产的成本较高等原因而中断了对其开发性研究。面对蚕豆极强的杂种优势，育种家们正在考虑尝试利用分子遗传和细胞培养等技术来开发杂种优势利用技术。

四、诱变育种

物理诱变、化学诱变的方法已经被蚕豆育种大量地应用，在株型诱变、杂种优势利用研究上获得了部分成功。蚕豆诱变育种最突出的事例是，1971年瑞典科学家Sjodin利用当地栽培品种Primus，通过射线处理使普通蚕豆生长具有无限生长特性变成了一种有限生长型（determinate）的突变体。由中国农业科学院作物科学研究所主持的航天育种工作，在蚕豆粒型的诱变研究上获得了初步的结果（利用从法国引进的、百粒重为56g的小粒种作为亲本进行航天诱变处理，在M_3材料中获得了大粒变异类型，百粒重达121.03g）。蚕豆育种家还在不断尝试诱变，以期获得有益的变异材料。

五、远缘杂交育种

由于缺乏抗源等特异基因的来源，远缘杂交技术的利用一直受到蚕豆育种改良研究的关注，尝试利用细胞生物学的手段进行胚挽救培养的技术有望推进这种技术的实质性应用。

六、群体改良

群体改良技术是通过多个杂交组合的集合性选择构成集团群体来实现目的基因有效聚合的改良技术，适用于异交率较高的作物的数量遗传性状育种。这在蚕豆育种上是一项主要的技术，在国际上大面积应用的品种多属于这种类型，在改良抗性，特别是对非生物逆境的抗性极其有效。

七、专用品种选育

以功用为目的进行蚕豆育种研究已成为主要的趋势，培育适宜市场专用的品种，包括鲜食型（鲜荚、鲜籽粒的外观形态及内含物品质性状的改良）、饲用型（蛋白质含量、生物碱含量及生物产量等性状的改良）、加工转化型（专用功能成分的提取、适宜专用商品加工的品质等性状的改良）等。

复习思考题

1. 试述蚕豆主要质量性状的遗传特点。认识这些质量性状遗传特点对蚕豆育种有何帮助?
2. 掌握蚕豆数量性状遗传规律对蚕豆育种有什么作用?
3. 试述蚕豆种质资源的收集、保存和研究的现状，指出需要进一步研究的方向和问题。
4. 为什么蚕豆种质资源利用比别的作物困难?
5. 试设计一个鉴评、利用蚕豆种质资源的方案。
6. 试比较蚕豆育种的各种方法和途径，分析其优缺点。
7. 参考云豆147的选育经验，试设计一个杂交选育蚕豆新品种的方案。育种过程中要注意哪些问题?
8. 讨论蚕豆种子生产过程中要注意的关键性技术。

附 蚕豆主要育种性状的记载方法和标准

1. 播种期 种子播种当天的日期为播种期，以年月日表示（各生育时期同此）。

2. 出苗期 小区内50%的植株达到出苗标准的日期为出苗期。

3. 分枝期 小区内50%的植株叶腋长出分枝的日期为分枝期。

4. 见花期 小区内见到第1朵花的日期为见花期。

5. 开花期 小区内50%的植株见花的日期为开花期。

6. 终花期 小区内50%的植株最后1朵花开放的日期为终花期。

7. 成熟期 小区内有70%以上的荚呈成熟色的日期为成熟期。

8. 全生育期 播种第2天至成熟的天数为全生育期。

9. 生态习性 生态习性分为适于北方一年生（春性）和适于南方越年生（冬性）2个类型。

10. 叶色 植株见花期采用目测法观测复叶上小叶的颜色。根据观测结果，与 The Royal Horticultural Society's Colour Chart 标准色卡上相应代码的颜色进行比对，按照最大相似原则，确定其叶色，可分为浅绿色（FAN3141 C）、绿色（FAN3141 B）和深绿色（FAN3135 B）3个类型。其他叶色，需要另外给予详细的描述和说明。

11. 初花节位 植株开花期，随机选取10株已开花的植株，计数主茎上第1个花序所在的节位，即为初花节位，计算平均数，精确到一位小数。

12. 每花序花数 植株开花期，随机选取主茎从下往上数第2和第3个花节上的花序10个，计数花序上的花数，计算平均数，即为每花序花数，精确到一位小数。

13. 鲜荚长 在植株终花期与成熟期之间，随机选取植株中下部充分生长发育的鲜荚果10个，测量荚尖至荚尾的直线长度，即为鲜荚长，单位为cm，精确到0.1cm。

14. 鲜荚宽 采集10个饱满鲜荚果，测量荚果最宽处的直线宽度，即为鲜荚宽，单位为cm，精确到0.1cm。

15. 鲜荚质量 采集10个饱满鲜荚果用感量为0.1g的电子秤称量其总质量，然后换算成单荚质量，单位为g，精确到0.1g。

16. 结荚习性 在植株终花期与成熟期之间，采用目测方法观测茎尖生长点开花结荚的状况，分有限结荚习性（主茎及分枝顶端以花序结束）和无限结荚习性（主茎及分枝顶端为营养生长点）2个类型。

17. 株高 在植株成熟期，测量从子叶节到植株顶端的长度，即为株高，单位为cm，精确到1cm。

18. 主茎节数 计数每株主茎从子叶节到植株顶端的节数，即为主茎节数，单位为节，精确到整位数。

19. 节间长度 植株成熟期株高与主茎节数之比，即为节间长度，单位为cm，精确到0.1cm。

20. 单株分枝数 计数每株主茎上的一级分枝数，即为单株分枝数，单位为个/株，精确到整位数。

21. 初荚节位 计数主茎上最下部的荚所在的节位，即为初荚节位，单位为节，精确到整位数。

22. 单株荚数 计数每株上的成熟荚数，即为单株荚数，单位为荚/株，精确到整位数。

23. 每果节荚数 计数主茎初荚节及以上节位数，以及主茎上所结的总荚数，求得每节着生的荚数，即为每果节荚数，单位为荚/果节，精确到一位小数。

24. 成熟荚色 在植株成熟期观测自然成熟荚果的颜色，即为成熟荚色，分黄色和黑褐色2类型。

25. 荚型 在植株成熟期观测自然成熟的荚果质地，分硬荚（荚壁富含纤维，较硬，成熟时不变形）和软荚（荚壁纤维含量少，质脆，成熟时缢缩软垂）2个类型。

26. 荚长 随机抽取10个干熟荚果，测量荚尖至荚尾的直线长度，即为荚长，求平均值，单位为cm，精确到0.1cm。

27. 荚宽 随机抽取10个干熟荚果，测量荚果最宽处的直线宽度，即为荚宽，求平均值，单位为cm，精确到0.1cm。

28. 单荚籽粒数 计数10个随机抽取的干熟荚果内所含的成熟籽粒数，然后换算成单个荚果中所含的籽粒数，即为单荚籽粒数，单位为粒/荚，精确到一位小数。

29. 单株产量 将单株上的籽粒脱粒充分风干后，用感量为0.1g的电子秤称量，单位为g，精确到0.1g。

30. 粒形 目测风干后的成熟干籽粒的形状，即为粒形，分近球形、窄厚形、窄薄形、阔厚形和阔薄形5个类型。

31. 粒色 观测成熟干籽粒的外观颜色，即为粒色，可分为灰色、乳白色、黄色、紫色、红色、浅绿色、深绿色、浅褐色、深褐色和黑色10个类型。

32. 脐色 观测成熟干籽粒的种脐颜色，可分为灰白色和黑色2个类型。

33. 百粒重 参照《农作物种子检验规程》(GB/T 3543—1995)，随机取风干后的成熟干籽粒，2次重复，每个重复100粒，用感量为0.01g的电子天平称得质量，即为百粒重，单位为g，精确到0.01g。

34. 青粒维生素C含量 针对菜用青蚕豆，适收青蚕豆籽粒，按照《水果、蔬菜维生素C含量测定法(2,6-二氯靛酚滴定法)》(GB/T 6195—1986) 进行青蚕豆籽粒维生素C含量的测定。单位为10^{-2} mg/g，保留小数点后两位数字。平行测定结果的相对相差，在维生素C含量大于20×10^{-2} mg/g时，不得超过2%；小于20×10^{-2} mg/g时，不得超过5%。

35. 青粒可溶性固形物含量 针对菜用青蚕豆型，称取250g青蚕豆籽粒，精确至0.1g，放入高速组织捣碎机捣碎，用两层纱布挤出匀浆汁液测定可溶性固形物含量，单位为%。具体测量依据《水果、蔬菜制品可溶性固形物含量的测定——折射仪法》(GB/T 12295—1990) 进行。

36. 粗蛋白质含量 随机取挑净的成熟干籽粒20g，测定粗蛋白质含量，具体测量方法依据《谷类、豆类作物种子粗蛋白质测定法》(GB 2905—1982)，单位为%，精确到0.01%。

37. 粗脂肪含量 随机取挑净的成熟干籽粒25g，测定粗脂肪含量，具体测量方法依据《谷类、油料作物种子粗脂肪测定方法》(GB 2906—1982)，单位为%，精确到0.01%。

38. 总淀粉含量 随机取挑净的成熟干籽粒20g，测定总淀粉含量，具体测量方法依据《谷物籽粒粗淀粉测定法》(GB 5006—1985)，单位为%，精确到0.01%。

39. 直链淀粉含量 随机取挑净的成熟干籽粒20g，测定直链淀粉含量，具体测量方法依据《水稻、玉米、谷子籽粒直链淀粉测定法》(GB 7648—1987)，单位为%，精确到0.01%。

40. 支链淀粉含量 支链淀粉含量是蚕豆籽粒的总淀粉含量减去直链淀粉含量的差值，单位为%，精确到0.01%。

41. 各种氨基酸含量 随机取挑净的成熟干籽粒25g，测定各种氨基酸的含量，具体测量方法依据《谷物籽粒氨基酸测定的前处理方法》(GB 7649—1987)，单位为%，精确到0.01%。

42. 芽期耐旱性 取当年收获的种子，且不进行任何机械处理或药物处理。采用室内芽期模拟干旱法，即培养皿中高渗溶液内发芽的方法鉴定。计数对照发芽数，按下式求相对发芽率。

$$相对发芽率=\frac{高渗溶液下的发芽数}{对照发芽数}\times100\%$$

(1) 高渗溶液配制 根据公式$g=pmV/RT$配制渗透压为1.1～1.2MPa (11～12atm) 的甘露醇溶液。公式$g=pmV/RT$中，g为配制所需溶液的甘露醇质量；p为以atm表示的水分张力；m为甘露醇的相对分子质量 (182.18)；V为以L为单位的容量；$R=0.082\ 05$；T为热力学温度 (273+室温℃)。

(2) 在高渗溶液中萌发 在每个消过毒的培养皿内铺两层滤纸，分别放50粒种子，每个品种设2个重复，同时设2个加蒸馏水的对照。加配制好的甘露醇溶液各加30mL，于25℃的恒温培养箱内萌发5d，第6天调查发芽率。

(3) 鉴定评价标准 胚根长度与种子籽粒的长度等长，两片子叶叶瓣完好或破裂少于1/3，即为发芽。在25℃的恒温培养箱内处理5d，每重复测定50粒种子的发芽率，2次重复。蚕豆芽期耐旱性鉴定，在同一高渗溶液条件下进行蚕豆种子发芽，计数发芽数，按公式计算高渗溶液下相对发芽率，即"相对发芽率=(高渗溶液下的发芽数/对照发芽数)×100%"，根据平均相对发芽率将蚕豆芽期耐旱性分为5个等级：高耐 (HT，种子相对发芽率>80%)、耐 (T，60%<种子相对发芽率≤80%)、中耐 (MT，30%<种子相对发芽率≤60%)、弱耐 (S，10%<种子相对发芽率≤30%)、不耐 (HS，0<种子相对发芽率≤10%)。

43. 成株期耐旱性 采用田间自然干旱鉴定法造成生长发育期间干旱胁迫，调查对干旱敏感性状的表现，测定耐旱系数，依据平均耐旱系数划定高耐、耐、中耐、弱耐及不耐5个等级。

(1) 鉴定方法 在田间设干旱与灌水两个处理区。播种前两区均浇足底墒水。按正常播种，顺序排列，双行区，行长为2.0m，行宽为0.5m，每行20株，2次重复。干旱处理区出苗后至成熟不进行浇水，造成全生育期干旱胁迫。灌水处理区依鉴定所在地灌水方式进行浇水，保证正常生长。

(2) 鉴定评价标准 生长发育期间和成熟后调查株高、单株荚数和产量3个性状，分别计算每个性状的耐旱系数 (I_i)，并求得平均耐旱系数 (I)。依据I将蚕豆生长发育期 (熟期) 耐旱性划分为5个耐旱级别：

高耐（HT，耐旱系数>90%）、耐（T，80%<耐旱系数≤90%）、中耐（MT，60%<耐旱系数≤80%）、弱耐（S，40%<耐旱系数≤60%）、不耐（HS，0%<耐旱系数≤40%）。对初鉴的高耐级、耐级的材料进行复鉴，以复鉴结果定抗性等级。

$$耐旱系数\ (I_i)=\frac{旱地\ i\ 性状值}{水地\ i\ 性状值}\times 100\%$$

$$平均耐旱系数(I)=\frac{\sum I_i}{N}$$

44. 芽期耐盐性 统计蚕豆芽期在相应发芽温度和盐分胁迫条件下的相对盐害率，根据相对盐害率的大小确定蚕豆品种的耐盐级别。

$$相对盐害率=\frac{对照发芽率-盐处理发芽率}{对照发芽率}\times 100\%$$

（1）种子前处理 用5%次氯酸钠浸泡种子消毒15min，消毒后，用清水冲洗3次，再甩干。

（2）在盐溶液中萌发 先用0.8% NaCl溶液浸种24h，在每个已消毒的培养皿（直径为12cm）中放入1张滤纸，再加5mL 0.8% NaCl溶液，然后均匀地放入浸过的种子。以蒸馏水处理为对照组，于25℃的恒温培养箱中处理7d。为消除不同层次之间的温度差异，每天调换1次培养皿的位置。试验结束后，调查发芽率。

（3）鉴定评价标准 在25℃的恒温培养箱内处理7d，每重复测定25粒种子的发芽率，3次重复。蚕豆芽期耐盐性鉴定采用在相同浓度盐溶液条件下进行蚕豆种子发芽（胚根长度与种子籽粒的长度等长，两片子叶叶瓣完好或破裂少于1/3，即为发芽），计数各品种发芽数，按公式“[（对照发芽率－盐处理发芽率）/对照发芽率]×100%”计算相对盐害率，根据相对盐害率将蚕豆芽期耐盐性分为5个等级：高耐（HT，0%<相对盐害率≤20%）、耐（T，20%<相对盐害率≤40%）、中耐（MT，40%<相对盐害率≤60%）、弱耐（S，60%<相对盐害率≤80%）、不耐（HS，相对盐害率>80%）。

45. 苗期耐盐性 针对在相应的盐分胁迫条件下幼苗盐害反应的苗情，进行加权平均，统计盐害指数，根据幼苗盐害指数确定蚕豆种质苗期耐盐性的5个耐盐级别。

$$盐害指数=\frac{\sum C_iN_i}{5N}\times 100\%$$

式中 C_i 为苗类（田间分级），N_i 为相应类苗株数，N 为总株数，5为最高苗类。

（1）田间鉴定方法 试验以畦田方式种植，单行30粒点播，行长为1.5m，行距为0.3m，顺序排列，3次重复。播种前适当深耕细耙，疏松土壤，浇淡水洗盐，平整地面，尽量保证出苗和处理水深一致。4月下旬至5月上旬播种，至幼苗出现2～3片复叶时拔除劣苗，每行保留20株左右长势一致的健壮苗。蚕豆以17～20dS/m的咸水灌溉处理，水深为3～5cm，处理后7d调查结果，进行耐盐性分级。

（2）鉴定评价标准 蚕豆于2叶1心期至3叶期漫灌浓度为17～20dS/m咸水，待植株明显出现盐害症状时（一般7d），目测群体分级，记载耐盐结果。田间分级：1级为生长基本正常，没有出现盐害症状；2级为生长基本正常，但少数叶片出现青枯或卷缩；3级为大部分叶片出现青枯或卷缩，少部分植株死亡；4级为生长严重受阻，大部分植株死亡；5级为严重受害，几乎全部死亡或接近死亡。将各类苗数调查数据代入上述公式计算盐害指数，根据盐害指数将蚕豆苗期耐盐性分为5个等级：高耐（HT，0%<幼苗盐害指数≤20%）、耐（T，20%<幼苗盐害指数≤40%）、中耐（MT，40%<幼苗盐害指数≤60%）、弱耐（S，60%<幼苗盐害指数≤80%）、不耐（HS，幼苗盐害指数>80%）。

46. 锈病抗性 蚕豆锈病主要发生在成株期。鉴定圃设在蚕豆锈病重发区。适期播种，每鉴定材料播种1行，行长为1.5～2.0m，每行留苗20～25株。待植株生长至开花期即可接种。

（1）接种 人工接种鉴定采用喷雾接种法。用蒸馏水冲洗采集的蚕豆或蚕豆锈病发病植株叶片上的夏孢子，配制浓度为 4×10^4 孢子/mL的病菌孢子悬浮液，喷雾接种蚕豆叶片。接种后田间应充分灌溉，使接种鉴定田保持较高的大气湿度，保证病菌的入侵、扩展和植株能够正常发病。接种后30d进行调查。

（2）抗性评价 调查每份鉴定材料群体的发病级别，依据发病级别进行各鉴定材料抗性水平的评价。级别：1级为叶片上无可见侵染或叶片上只有小而不产孢的斑点；3级为叶片上孢子堆少，占叶面积的4%以下，茎上无孢子堆；5级为叶片上孢子堆占叶面积的5%～10%，茎上孢子堆很少；7级为叶片上孢子堆占叶面积的11%～50%，荚果上有孢子堆；9级为叶片上孢子堆占叶面积的51%～100%，荚果上孢子堆多且突破表皮。

根据发病级别将蚕豆对锈病抗性划分为5个等级：高抗（HR，发病级别1）、抗（R，发病级别3）、中抗（MR，发病级别5）、感（S，发病级别7）和高感（HS，发病级别9）。

47. 褐斑病抗性 蚕豆褐斑病主要发生在成株期。鉴定圃设在蚕豆褐斑病常发区。适期播种，每鉴定材料播种1行，行长为1.5～2m，每行留苗20～25株。

(1) 接种 待植株生长至开花期即可采用人工喷雾接种。在室温下用蒸馏水浸泡经麦粒培养产生的病菌分生孢子器1d，使其中的分生孢子释放出来，配制浓度为3×10^5孢子/mL的病菌分生孢子悬浮液，喷雾接种蚕豆叶片。接种后田间应充分灌溉，使接种鉴定田保持较高的空气湿度，保证病菌的入侵、扩展和植株能够正常发病。

(2) 抗性评价 接种后30d调查每份鉴定材料群体的发病级别，依据发病级别进行各鉴定材料抗性水平的评价。级别：1级为叶片上无病斑或只有不产孢的、直径小于0.5mm的小斑点；3级为叶片上病斑直径1～2mm，分散，不产孢；5级为叶片和荚果上病斑较多且分散，有轮纹并可见分生孢子器；7级为叶片和荚果上病斑多且大，病斑相连，大量产生分生孢子器；9级为叶片和荚果上病斑极多且大，病斑相连，大量产生分生孢子器，叶片枯死并脱落。

根据发病级别将蚕豆对褐斑病抗性划分为5个等级：高抗（HR，发病级别1）、抗（R，发病级别3）、中抗（MR，发病级别5）、感（S，发病级别7）、高感（HS，发病级别9）。

48. 蚜虫抗性 危害蚕豆的主要蚜虫为豌豆蚜（*Acyrthosiphon pisum* Harris），危害可以发生在蚕豆的各生长发育阶段。田间抗性鉴定采用自然感虫法。鉴定圃设在蚕豆蚜虫重发区。适期播种，每份鉴定材料播种1行，行长为1.5～2.0m，每行留苗20～25株。田间不喷施杀蚜药剂。

在蚜虫盛发期调查每份鉴定材料群体的蚜害级别，依据蚜害级别进行各鉴定材料抗性水平的评价。级别：1级为无蚜虫；3级为植株上仅有少量有翅蚜；5级为植株上有少量有翅蚜，同时有一些分散的若蚜群落；7级为植株上有许多分散的若蚜群落；9级为植株上大量的若蚜群落，群落间相互联合不易区分。根据蚜害级别将蚕豆对蚜虫的抗性划分为5个等级：高抗（HR，蚜害级别1）、抗（R，蚜害级别3）、中抗（MR，蚜害级别5）、感（S，蚜害级别7）、高感（HS，蚜害级别9）。

49. 潜叶蝇抗性 危害蚕豆的潜叶蝇为蚕豆潜叶蝇（*Phytomyza horticola* Goureau），危害主要发生在蚕豆成株期。鉴定采用自然感虫法。鉴定圃设在蚕豆潜叶蝇重发区。适期播种，每份鉴定材料播种1行，行长为2m，每行留苗10～15株。2次重复。田间不喷施杀虫药剂。

(1) 抗性评价 在潜叶蝇盛发期进行调查，每重复调查10株。依据潜叶蝇在叶片上的蛀道多少和植株被害的严重程度将虫害划分为5级。根据各重复群体中调查植株的虫害级别，进行虫害指数（index，I）计算。选择2次重复中I值高者计算全部鉴定材料的平均虫害指数（I^*）和相对虫害指数（I'），并依此评价鉴定材料抗性水平。

(2) 虫害级别 0级为全株无虫害；1级为叶片上有零星虫害；2级为中下部叶片虫蛀道明显可见，但不相连成片；3级为叶片上虫道较多，有的互串成片；4级为多数叶片布满虫道并串联成片，叶片枯萎。

$$\text{虫害指数}(I)=\frac{\sum(\text{虫害级别}\times\text{该级别植株数})}{\text{最高虫害级别}(4)\times\text{调查总株数}}\times100\%$$

$$\text{平均虫害指数}(I^*)=\frac{\sum\text{虫害指数}}{\text{鉴定材料总数}}$$

$$\text{相对虫害指数}\ (I')=\frac{I}{I^*}\times100$$

根据相对虫害指数将蚕豆对潜叶蝇的抗性划分为5个等级：高抗（HR，相对虫害指数≤20）、抗（R，20＜相对虫害指数≤40）、中抗（MR，40＜相对虫害指数≤60）、感（S，60＜相对虫害指数≤80）、高感（HS，相对虫害指数＞80）。

（全文林第二版原稿；包世英第三版修订）

第十一章　豌豆育种

豌豆学名为*Pisum sativum* L.，英文名为pea。染色体 $2n=2x=14$。豌豆俗称很多，例如寒豆、麦豆、淮豆、青斑、麻累、冷豆、国豆、荷兰豆等，《四民月令》中称之为“宛豆”，《唐史》中称之为“毕豆”，《辽志》中称其为“回鹘豆”。豌豆原产于亚洲西部和地中海沿岸地区，我国已有 2 000 多年的栽培历史（图 11-1）。

图 11-1　豌豆（*Pisum sativum* L.）

1. 具叶和花序的枝　2. 旗瓣　3. 翼瓣　4. 翼瓣部分放大　5. 龙骨瓣　6. 龙骨瓣部分放大　7. 雄蕊鞘和雄蕊　8. 雌蕊　9. 花柱和柱头　10. 柱头　11. 柱头侧面　12. 花柱基部横切面　13. 花柱顶部横切面　14. 荚　15. 珠柄　16. 种子侧面　17. 种子脐面　18. 幼苗

（引自董玉琛，2006）

豌豆是一种适应性很强的作物，地理分布很广，地球上凡有农业的地方几乎都有种植。据联合国粮食及农业组织（FAO）统计数据，2004—2013 年全世界生产干豌豆的国家有 97 个。干豌豆年均种植面积 3.0×10^5 hm^2以上的主产国，种植面积由大到小依次为加拿大（1.334×10^6 hm^2）、中国（9.13×10^5 hm^2）、俄罗斯（8.23×10^5 hm^2）、印度（7.44×10^5 hm^2）和澳大利亚（3.06×10^5 hm^2）。同期全世界生产青豌豆的国家有 86 个，青豌豆年均种植面积 3×10^4 hm^2以上的主产国，种植面积由大到小依次为中国（1.154×10^6 hm^2）、印度（3.25×10^5 hm^2）、美国（7.9×10^4 hm^2）、英国（3.4×10^4 hm^2）和法国（3.0×10^4 hm^2）。豌豆是我国重要的食用豆之一，在我国人民生活和农业经济中有着重要作用，分布范围遍布全国各个省、直辖市、自治区。2004—2013 年，我国豌豆年均栽培总面积达 2.067×10^6 hm^2，同期全世界豌豆年均栽培总面积为 8.443×10^6 hm^2，我国豌豆栽培面积占全世界豌豆栽培总面积的 24.5%，是名副其实的世界豌豆第一生产大国。我国干豌豆的主要产区为四川、河南、湖北、江苏、云南、陕西、山西、西藏、青海和新疆 10 个省份，青豌豆主要种植在云南、四川、江苏、安徽、河北、辽宁以及其他省份的大中城市附近。

豌豆在生产上分为春播区（包括北京、山西、甘肃、宁夏、青海、新疆、内蒙古、辽宁、吉林和黑龙江等）和秋播区（包括河南、江苏、江西、湖北、湖南、四川、贵州、云南、广西、安徽和陕西等）。

第一节 国内外豌豆育种研究概况

一、我国豌豆育种研究进展

我国豌豆有计划的选育工作始于20世纪60年代初期，长期从事豌豆新品种选育工作的单位主要有中国农业科学院、青海省农林科学院、四川省农业科学院等。几十年来，育种方法上主要采用引种、自然变异选择、单（复）交等，育成的粒用品种虽然品质比农家品种有较大的改进，但在产量、抗性和适应性上与加拿大等国品种相比，差距尚远。育成的菜用豌豆品种大软荚类型较多，而棍棒状软荚类型和制罐头用的绿茶色皱粒类型较少。

中国农业科学院畜牧研究所20世纪60年代初期从英国引进的一批品种中筛选出具有早熟、矮秆、高产特点的材料1341，采用这个材料作为亲本于70年代育成了中豌1号、中豌2号、中豌4号等新品种。后来又育成了中豌6号和粮、饲、菜、肥兼用的中豌8号等新品种。中国农业科学院作物品种资源研究所从1341豌豆中选育出具有早熟、矮秆、中粒、高产特点的品豌1号，特别适合北方稻田抢茬播种或与玉米间作套种；1978年从捷克斯洛伐克引进材料中筛选出中早熟白花硬荚豌豆良种A404，1988年开始在甘肃省张掖地区推广，已成为当地的主栽品种，水浇地干籽粒产量达3 600～5 250 kg/hm^2，比原当地主栽品种增产50%以上。中国农业科学院作物科学研究所与辽宁省经济作物研究所合作，2007年系选育成了科豌1号，2008年系选育成了科豌2号，2010年系选育成了科豌嫩荚3号和科豌5号，2015年系选育成了科豌7号；以美国大粒与G2181杂交，2009年育成了科豌4号；以韩国超级甜豌豆与辽豌4号杂交，2013年育成了科豌6号。科豌系列品种均是以采收鲜荚、鲜粒为主的菜用类型豌豆新品种，鲜荚单产均在15 000 kg/hm^{2}以上，适宜河北及东北三省推广栽培。

青海省农林科学院1956年从农家品种中选育成具有始花节位低、矮秆、适于春播区种植特点的绿色草原；之后，育成软荚品种草原2号；利用新西兰进口商品豆经多年系统选育，2004年培育成草原21；利用从我国台湾引进的高代品系，经多年系统选育，2005年育成草原22。采用4511×民和洋豌杂交组合选育出中早熟、较抗镰孢菌根腐病、抗倒伏、耐水肥的草原7号；以菜豌豆与23-26杂交，1988年育成软荚良种草原31；1992年和1993年推出具有中熟、白花白粒、高产特点的20-4和86-2-7-6新品系，在全国6个省份品系比较试验中均比当地对照品种显著增产；从71088×菜豌豆杂交组合，1997年选育出草原224豌豆。

四川省农业科学院1962年以红早豌豆×苏联绿色多粒豌豆杂交，于1968年育成具有抗倒伏、抗菌核病、耐旱、耐瘠、适应性强的白花大粒新品种团结2号；新华5号与绿色多粒杂交，于1976年育成白花大粒新品种成豌6号；用优良地方品种资源铜梁大菜豌、安岳洋豌和宜宾粉红豌进行有性复合杂交，于1988年育成了第一个软荚良种食荚大菜豌1号，适于秋播区种植，已在广东、福建等地推广。经杂交选育，2006年培育成功成豌8号；经复合杂交，2007年培育成功成豌9号。食尖豌豆品种无须豆尖1号，无卷须，秋播生育期为190 d，籽粒平均产量为1 500 kg/hm^2，可摘收豆茎尖作蔬菜，产量达1 200～1 500 kg/hm^2。杨俊品等（1997）对育成品种食荚大菜豌1号进行了多代提纯，发现每代在荚型、株高、荚大小、叶型等性状上均表现较大的分离，即使第15代尚未能在遗传上稳定。

呼和浩特市郊区农业科学研究所以优良地方品种资源福建软荚与1341杂交，于1976年育成矮软豌豆，其具有鲜荚柔嫩多汁、风味鲜美的特点，在内蒙古曾有一定的推广面积。

王凤宝等（2002）通过1年3代异季加代育种及对同一材料选择，选出了耐寒、耐高温、抗根腐病及对日照长度反应不敏感的半无叶型豌豆新品系宝峰2号、宝峰3号和宝峰5号。

赵桂兰等（1987）采用PEG-高pH-高钙的方法对大豆和豌豆原生质体进行融合，获得了10%～36%的融合率。刘富中（2001）对豌豆叶绿素突变体xa-18的遗传特性进行了研究，xa-18属黄化致死突变体，突变性状由单隐性核基因控制，突变基因具有不完全显性的特点。利用1套8个豌豆染色体易位系和形态标记基因系L-1238为标记材料，对豌豆叶绿素突变基因*xa-18*进行了染色体定位，突变基因*xa-18*位于豌豆第1染色体上。朱玉贤（1997）应用改良的互补DNA代表群差示分析（cDNA representational difference analysis, cDNARDA）方法克隆了短日照条件下开花后特异表达的*G2*豌豆基因。

我国台湾省于1960年开始豌豆新品种选育，1980年育成的台中11具有花色水红、软荚、丰产性好、嫩荚鲜绿、品质优良、适于速冻加工的特点，但不抗白粉病；1988年育成的台中12，除具有台中11的优点外，还具有抗白粉病和较耐潮湿的特点；1989年育成的台中13，具有软荚、荚皮肥厚、荚大而整齐的特点。

二、国外豌豆育种研究进展

18世纪初，英国、德国、波兰、意大利等欧洲国家开展有计划的豌豆育种，主攻目标为高产、大粒，但没能兼顾品种的抗性、熟性和其他特性。1945年前的德国注重籽粒大小及商用品质。

1950年前，世界各国豌豆育种以资源筛选及自然变异选择育种为主，同时探索杂交育种和诱变育种技术。苏联、瑞典、联邦德国、民主德国和荷兰育成了不少在当时很有影响的品种。例如苏联通过自然变异选择育种得到Victoria Rozovaya 79、Ranny Zeleny 33、Monskovskii 559、Monskovskii 722等品种；瑞典育成耐旱耐湿品种Capital、TorsdagⅢ等；荷兰育成矮秆抗倒伏品种Rnokd、Servo、Unka、Panla、Rovar等；民主德国育成Victoria类型的中晚熟大粒品种和Folga Heines等。苏联科学家于20世纪30年代开始用电离辐射进行豌豆诱变育种；瑞典1941年通过辐射育成了商用品种Strall，单产超过了当时大多数瑞典栽培品种。对豌豆诱变研究最多的是联邦德国、荷兰和意大利。Straub 1940年首次从粒用豌豆品种中得到了2株四倍体植株；Ono（1941）、Tang和Loo（1940）用秋水仙碱（colchicine）诱导豌豆多倍体成功，但是没有结实。

1951—1970年豌豆育种进展迅速，这个时期育成的优良品种主要采用杂交育种方法。西欧和美国在罐头用豌豆、菜用豌豆的育种及生产上占领先地位，苏联在粮用豌豆的育种及生产上占领先地位。例如英国有罐头用品种Thomas Laxton和Kelvedon Wonder，美国有罐头用品种Alaska等。苏联1971年前推广了41个粮用品种、27个菜用品种和21个饲用品种，粮用品种有Romonskii 77、Uladovskii 330、Uladovskii 190、Chishminskii Ranny等；菜用品种有Skorospely Mozgovoi 199、Prevoskhodny 240、抗镰孢菌（*Fusarium*）枯萎病的Ovoshchnoi 76和早熟高抗褐斑病（*Ascochyta*）的Ranny Konserony 20/21等；罐头用品种有Pobeditel 33、Thomas Laxton G-29、Kelvedon Wonder l378等。

1971—1990年，苏联、美国、英国、联邦德国、民主德国、保加利亚、匈牙利、波兰、新西兰、阿根廷等20多个国家和地区的豌豆育种工作都取得了相当大的成就。捷克斯洛伐克在20世纪70年代育成高抗褐斑病的品种Hilgro；欧美国家还针对一些较常见的真菌、细菌和病毒病害，建立了相应的抗病基因供体系统，用作亲本材料；瑞典1972年育成的品种UO8630（Weitor×Lotta）其产量高出对照品种Lotta 36%；美国俄勒冈农业试验站1975年推出的豌豆品系S423、S424、S441对耳突花叶病、豌豆花叶病、镰孢菌枯萎病、白粉病等均具抗性，M176品系对前3种病害具有抗性；美国俄勒冈州立大学于1976年前后推出了两个抗豌豆种传花叶病毒（PSbMV）的品系B442-75和B445-66。阿根廷品系P507A在1978年豌豆品种田间试验中，产量和抗病性都表现最佳。1984—1985年，意大利推广的栽培品种Speedy、Judy和Capri在产量、抗病性和籽粒品质方面都表现突出。这个时期高蛋白质含量和高赖氨酸含量在豌豆育种中逐渐受到重视，例如捷克斯洛伐克育成了高蛋白质含量品种Cebex 59、高赖氨酸含量品种Laga。苏联1981年育成的饲用品种Aist籽粒蛋白质含量高达28.6%、饲草蛋白质含量为18.9%，抗倒伏、耐旱，并有很高的鲜物质和籽粒产量。全苏植物育种研究所（VIR）将Victoria Yanaer与No.1859绿粒品系杂交，育成的品种Chishminskii Ranny既具有母本优质高产的特点，又具有父本早熟和抗病的特点。苏联的Bashkirian农业研究所将Chishminskii 39和Torsdag杂交育成了比双亲产量都高的新品种Chishminskii 210。

Амелин（1993）对不同时期获得的19份豌豆材料（从野生型到地方品种再到最好的当代品种）的形态生理性状进行了比较分析，发现在过去的60～70年中，豌豆植株的籽粒产量增长1倍以上，是由于籽粒增大了，从野生类型到地方群体品种再到最好的现代豌豆品种千粒重的增加在3倍以上。在70年间，通过增大籽粒的途径使豌豆产量从1.3 t/hm^2提高到4.2 t/hm^2。

自Kujala（1953）在芬兰报道了无叶豌豆（所有小叶都变成了卷须的一种类型）后，人们发现这种类型的豌豆是所有豌豆类型中最抗倒的，且易于收获，籽粒损失少、净度高、透光性好、适于密植。1980年前后人们利用这种新株型进行高产品种的改良。英国John Innes研究所对无叶豌豆品种Filby进行测定，发现产量性状较理想、遗传性稳定，而且宜于喷药防治害虫，效果极佳。该所已将无叶豌豆作为粒用豌豆育种的理想株型。苏联伏尔加河地区将无叶豌豆类型 Usalyi 5 和 Wasata 作为育种亲本应用。

豌豆的种间杂交已有成功的实例。对亲缘关系很近的 *Pisum sativum* 和 *Pisum elatius* 两种的杂交研究较多，无论是正交还是反交，都有很好的亲和力，特别适用于培育粮饲兼用型品种。但对其他种间杂交研究较少。

第二节 豌豆育种目标和主要目标性状的遗传

一、豌豆育种的主要方向和育种目标

育成品种都要求高产、稳产、优质，对某些害虫、真菌、细菌和病毒具有抗性，对土壤和气候条件有较好的适应性。由于各国的气候、土壤、生产水平及消费观念不同，其豌豆育种目标有明显差异。例如俄罗斯以培育适于复杂的土壤气候条件、耐寒、抗病、耐高湿、整齐早熟的粒用品种为主，同时进行菜用豌豆和饲用豌豆的育种。美国、澳大利亚和新西兰为了抵御广泛分布的豌豆病毒病和细菌病，在制定菜用豌豆育种目标时，抗病育种占重要地位。西欧和美国以培育罐头用品种和菜用速冻品种为主要育种目标。

不同用途的品种又有各自特殊的要求，粮用豌豆要适于密植、茎矮、叶片健壮、根系深、分枝多、荚排列紧凑、早熟、白粒、蛋白质含量高；菜用品种要适于机械化收获、食用价值高、味道鲜美、工艺成熟时间一致、单荚粒数多等；罐头用品种要求青豆易于脱壳、籽粒皱、中粒或中大粒、均匀一致、深绿色、含糖量高、种皮薄等；食荚豌豆要求荚壳多汁、鲜嫩、无革质层、荚壳和籽粒中含糖量高、味道鲜美；刈草饲用品种则期望鲜物质、干草和籽粒的产量均高、叶片高度发达、茎细而多分枝、籽粒小、高蛋白质含量和高胡萝卜素含量等。

我国人多地少，在平原地区粒用豌豆生产主要采用间、套、复种，很少直播挤占其他作物的面积。在山地丘陵和无霜期短的地区虽可扩大播种面积，但也只能发展早熟而且抗逆性强的品种。因此我国的粒用豌豆育种应以培育早熟、高产、高蛋白质含量、不裂荚、耐瘠、耐旱、抗病而且适应性广的大中粒品种为主。

菜用豌豆主要在城镇附近和沿海地区有较大面积种植，除本国消费外，还要考虑到国际市场。菜用粒豌豆育种目标为适于罐头用品种类型，同时兼顾干籽粒用目标，育成的品种应具有广泛的适应性、早熟或中熟、抗倒伏、抗病、高产、高营养品质、适口性好等特点。豌豆的风味也被列为比较重要的育种目标之一。菜用荚豌豆育种目标应为软荚、无革质层、无筋、大荚、荚皮肥厚，同时抗白粉病。

千粒重较高的豌豆品种具有很强的抗退化能力。以增加单株粒数为主攻目标而千粒重保持在 200～280 g 是最好的。在有效节数有限的情况下，通过增加每节荚数和每荚粒数两个途径可以增加单株粒数。研究表明，生产力高的现代豌豆品种产量组分也均衡发展。根据食用豌豆育种的趋势分析和试验结果，培育单株有 3～5 个有效节，每节有 7～8 个荚，每个荚中有 5～6 个籽粒的豌豆新类型是最现实的，在千粒重为 200～280 g 时就可以使产量达到 7.0 t/hm^2 以上。

二、豌豆主要性状的遗传

（一）豌豆植株形态和抗病性状的遗传 从孟德尔豌豆杂交试验以来，对豌豆植株性状的遗传研究从未间断。20 世纪 70 年代前发现的基因共 445 个，在 223 个非等位基因中约有 120 个与染色体间的关系已经确定，新基因仍不断被发现和确认。

至今已确认有 47 对基因对叶片的大小和形状起修饰作用，有 15 对基因对茎部性状起修饰作用，有 4 对基因对根部的形态性状起修饰作用（其中两对决定根瘤形成的数量），有 45 对基因对花的性状有修饰作用，有 25 对基因与荚部性状有关，有 45 对基因与籽粒性状有关，有 35 对基因与株型有关，有 5 对基因与抗病性有关，有 2 对基因与减数分裂有关。现将部分控制重要性状的基因摘录于表 11-1。

秘鲁的 Harland（1948）首先报道了豌豆白粉病（*Erysiphe pisi* DC）的抗性是由单隐性基因（*er*）控制的，秘鲁、印度等的一些学者也相继得到同样的结论（Vaid 等，1997）。但也有学者认为白粉病抗性是由双隐性基因控制的（Sokhi 等，1979；Kumar 和 Singh，1981；Ram，1992）。Heringa 等（1969）发现两个不同的基因 *er1* 和 *er2* 控制着对白粉病的抗性，基因 *er1* 在荷兰品种中能产生完全抗性，而 *er2* 仅为秘鲁的豌豆品系提供叶片抗性。

表 11-1　已确认的控制豌豆植株重要性状的基因

（引自郑卓杰，1997）

植株部位或抗病性	重要性状的基因
叶片	叶正常（*Af*）：小叶变卷须（*af*）；叶面有蜡质层（*Bl*）：叶面无蜡质层（*bl*）；正常托叶（*Cont*）：托叶极小（*cont*）；托叶正常（*St*）：托叶极度缩小（*st*）
茎部	茎正常（*Fa*）：扁化茎（*fa*）；影响节间长度（*Coe*：*coe*）；影响节间总数目（*Mie*：*mie*）
根部	决定根瘤数目（*No*：*no* 与 *Nod*：*nod*）
花	对花色起修饰作用（*Am*、*Ar*、*B*、*Bl*、*Ce*、*Cr*）：花紫色（*A_Am_Ar_B_Bl_Ce_Cr*）：花白色（*amamararbbblblcececrcr*）；决定每花序中花的数目（*Fn*：*fn* 与 *Fnha*：*fnha*）：每花序 1 朵花（*Fn_Fnha_*）：每花序 2 朵花（*Fn_fnhafnha* 或 *fnfnFnha_*）：每花序上着生 3 朵或多于 3：朵花（*fnfnfnhafnha*）；花序正常（*Inc*）：形状像小分枝（*inc*）：花大（*Pan*）：花小（*pan*）
荚果	不裂荚（*Fe*）：裂荚（*fe*）；青荚黄绿色（*Gp*）：青荚黄色（*gp*）；硬荚（*P_V_*）：软荚（*P_vv*）：荚壁内有小块革质层（*P_VV* 或 *PPV_*）
籽粒	圆形籽粒（*Com_Pal*）：半边凹圆（*com_pal*）；种脐周围无浅褐色环（*Cor_A*）：种脐周围具浅褐色环（*cor_a*）；种皮浅绿蓝色（*Gla*）：无此色（*gla*）；种皮正常（*N*）：种皮加厚 50%～80%（*n*）；圆粒（*R*）：皱粒（*r*）
株型	主要分枝垂直向上伸展（*Asc*）：与地平面呈 45°夹角（*asc*）；决定第 1 朵花以下营养节数目（*Ib*：*ib*）；于 12～14 节形成第 1 朵花（*Lf*）：于 9～11 节形成第 1 朵花（*lf*）；植株正常（*Minu*）：所有器官都变小（*minu*）；植株正常绿色（*Xal*）：苗灰黄色且 1 周内死亡（*xal*）
抗病性	对耳突花叶病毒（PEMV）有抗性（*En*）：敏感（*en*）；对霜霉病（*Erysiphe polygoni* DC）有抗性（*Er*）：敏感（*er*）；抗枯萎病（*Fusariosis orthoceras* var. *pisirasal*）（*Fw*）：敏感（*fw*）；对枯萎病（*Fusarium oxysporum* f. sp. *pisii*）有抗性（*Fop*）：敏感（*fop*）；不抗花叶病毒（*Mo*）：抗花叶病毒（*mo*）
减数分裂	减数分裂早前期导致染色体断裂（*msl*）：未发现断裂（*Msl*）；第二次减数分裂后期导致出现不同的失调情况（*ms2*）：未发现失调情况（*Ms2*）

刘富中（1999）用易位系对豌豆无蜡粉突变基因 *w-2* 进行了定位。

豌豆质量性状的遗传研究虽然较早，性状的连锁遗传研究也始于 19 世纪末 20 世纪初，但是限于当时研究水平，这些质量性状及其连锁群还不能与相应的染色体一一对应起来。根据 1958 年 Blixt 及其他研究者的豌豆细胞学的研究结果才将连锁群与染色体一致起来（Lamprecht，1961），这个连锁群是以 110 号株系为正常染色体标准确定的。在 Lamprecht（1963）所作的连锁群遗传图谱上，又增补其他研究者于 1970 年前后确定的位于连锁群Ⅱ上的 3 个新的质量性状基因，得到相应的 7 个基因连锁群。

①位于 1 号染色体上的连锁群Ⅰ：*A-ViL-Y-An-Miv-Lf-D-Re-Pur-Fom-Lac-Cor-Am-O-Sp-Sal-I-Red-Gri*，共 19 个基因。

②位于 2 号染色体上的连锁群Ⅱ：*La-Wa-Oh-Ar-Ve-Mifa-S-Wb-K-Beg-Fn-Pal-Den-Sur*，共 14 个基因。

③位于 3 号染色体上的连锁群Ⅲ：*Uni-M-Rf-Mp-Lob-F-Alt-Pu-Cry-St-Pla-Fov-Och-L-Ca-B-Gl-Rag*，共 18 个基因。

④位于 4 号染色体上的连锁群Ⅳ：*Lat-N-Z-Was-Dem-Fo-Tra-Fa-Fna-Td-Fw-Br-Con-Vim-Le-V-Un*，共 17 个基因。

⑤位于 5 号染色体上的连锁群Ⅴ：*Cp-Ten-Gp-Cri-Cr-Te-Com-Cal-Laf-Sal-Ce-Fs-U-Ch*，共 14 个基因。

⑥位于 6 号染色体上的连锁群Ⅵ：*Wlo-Lm-P-Lt-Pl-Fl*，共 6 个基因。

⑦位于 7 号染色体上的连锁群Ⅶ：*Wsp-Xal-Pa-R-Tl-Obo-Bt*，共 7 个基因。

在以上所列的7个连锁群中，共有95个质量性状基因与染色体间的关系及基因间的相互位置已经确定，并得到公认。

（二）豌豆产量相关性状的遗传 国内外学者做了许多有关豌豆产量相关性状的遗传研究。Koranne（1964）用双列杂交分析法研究豌豆单株荚数、单荚粒数和百粒重3个性状的遗传，认为显性效应起着重要作用。很多研究结果表明，籽粒大小和蛋白质含量间存在着负相关（Verbitskii，1969；Chekrygin，1970），大粒品种籽粒蛋白质含量比中小粒品种低。籽粒蛋白质含量和营养生长期长度之间成正相关（Verbitskii，1968），中晚熟品种籽粒蛋白含量比早熟品种高（Neklyndiv，1963；Drozd，1965；Khangildin，1969），而籽粒产量和籽粒蛋白质含量间成负相关（Burdun，1969；Verbitskii，1969）。Chandel和Joshi（1979）将8个植物学性状差异很大的栽培品种做了4组杂交，对双亲、F_1代、F_2代、B_1代、B_2代的结荚花序数、每株荚数、籽粒产量和百粒重进行了测定，从各个群体中估算出有关遗传参数。从基因效应值可看出，4个杂交组合的4个性状都有互作效应，4个性状的平均基因效应估值均为显著的正值。F_1代结荚果柄数甚至超过了较好的亲本，说明有杂种优势。上位互作效应的估值表明，每株荚数在4个杂种中均达极显著。籽粒产量的非等位基因在4个杂种中的加性互作效应估值也都极显著，各杂种籽粒产量的上位性效应都是累加性的。

中国农业科学院作物品种资源研究所随机选用我国14个省份的近百份豌豆种质资源，测定了生育期、株高、单株产量、节数、始荚节位、单株荚数、单荚粒数、百粒重、单株双荚数和单株分枝数共10个性状。相关分析表明，株高和节数（$r=0.82^{**}$）、节数和始荚节位（$r=0.80^{**}$）间存在着极显著正相关；株高和始荚节位（$r=0.71^{*}$）显著正相关；生育期和株高（$r=0.62$）、生育期和节数（$r=0.58$）、单株产量和单株荚数（$r=0.62$）间在10%显著水平上正相关。

王凤宝等（2001）对半无叶型豌豆不同品系的株高、单株荚数、单株分枝数、百粒重、单株粒数、双花双荚数和单株籽粒产量进行了通径分析，对产量的相对重要性排序为单株粒数>百粒重>单株分枝数>单株荚数>双花双荚数>株高，对单株产量的直接效应中单株粒数最高，间接效应中单株荚数通过单株粒数对籽粒产量的间接作用最大。在利用半无叶型豌豆育种中，应以选择单株粒数、单株荚数为主，同时要注意增加双花双荚数，适当兼顾百粒重及其他。

第三节 豌豆种质资源研究和利用

一、豌豆分类

豌豆是野豌豆族豌豆属下的栽培种，豌豆属仅由2种组成，即豌豆种（*Pisum sativum* L.）和野豌豆种（*Pisum fulvum* Sibth et Sm.）。豌豆起源于亚洲西部和地中海沿岸地区，在我国目前尚未发现近缘种。豌豆种下有一种大家比较认同的分类方法：豌豆种包含1个栽培亚种（*Pisum sativum* subsp. *sativum*）和1个野生亚种（*Pisum sativum* subsp. *elatius*）。栽培亚种包括4个区别显著的驯化变种：①白花豌豆变种（*Pisum sativum* var. *sativum*），又名菜蔬豌豆；②紫花豌豆变种（*Pisum sativum* var. *arvense*），又名红花豌豆或谷实豌豆；③软荚豌豆（*Pisum sativum* var. *macrocarpum* Ser.），又名食荚豌豆或糖荚豌豆，荚壳内层无革质膜，花呈白色或紫色，成熟时荚皱缩或扭曲；④早生矮豌豆（*Pisum sativum* var. *humile* Poiret），其生育期短，植株矮小，荚壳内层一般有革质膜，花呈白色或紫色。其中白花豌豆变种由紫花豌豆种演变而来。

除此之外，还有如下2种分类方法。

按荚型分两个组群：①软荚豌豆组群，荚壳内层没有或仅有非常薄的革质膜；②硬荚豌豆组群，荚壳内层有一层发育良好的革质膜。每个组群再分为薄荚壳型和厚荚壳型。每种荚壳型内又分为光滑种子型（包括压圆和凹圆种子）和皱粒种子型。软荚豌豆组群及硬荚豌豆组群中皱粒种子型合称为菜蔬豌豆，光滑种子型称为谷实豌豆。

按用途可分为5个类型：①用于饲料、土壤覆盖、绿肥豌豆；②食用干籽实豌豆；③嫩粒用豌豆；④制罐头用豌豆；⑤食荚豌豆。

二、国内外豌豆种质资源收集、保存和研究现状

我国豌豆资源较为丰富。云南、四川、青海等早就开始收集和整理国内外豌豆种质资源工作，但全国有

计划有组织地进行始于1978年。目前，我国国家农作物种质资源库已收集到国内外豌豆种质资源6 000余份，类型很多，有不同的株型、生育期、花色、百粒重、荚形和荚型以及多种多样的粒形和粒色。对这些资源已初步鉴定并进行编目，建立了数据库档案，并对其中2 300余份资源进行了简单序复重复（SSR）标记遗传多样性评价，显示我国原产豌豆资源遗传背景独特，是跟国外豌豆资源显著不同的豌豆资源库。编目的资源中80%以上已存入国家农作物种质资源库，在−18℃的恒温条件下进行长期保存。同时建立了用于优异资源交换的0℃库，以保证优异资源的充分利用，为生产、育种和科研服务。

（一）花色、株高、株型和分枝数 对随机选取的4 961份豌豆种质资源花色的调查表明，有白花种质资源2 399份、红花种质资源2 562份，即白花豌豆变种占48.36%，红花豌豆变种占51.64%，红花豌豆变种资源略多于白花豌豆变种。对随机选取的4 903份豌豆种质资源株高的调查表明，最矮者为12 cm，最高者为254 cm，平均为106.5 cm，标准差为31.01 cm，资源间差异极显著；其中矮生种质资源以白花豌豆变种为主，其他种质资源以红花豌豆变种为主。对随机选取的4 949份豌豆种质资源株型的调查表明，直立株型有258份，半蔓生株型有247份，蔓生株型有4 088份，半无叶株型有354份，无须株型有2份，分别占5.21%、4.99%、82.60%、7.15%和0.04%；其中直立株型、半蔓生株型、半无叶株型和无须株型多为白花豌豆变种，蔓生株型大部分为红花豌豆变种。对随机选取的4 811份豌豆种质资源分枝数的调查表明，最少者为零，最多者35个，平均为3.43个，标准差为2.02个；分枝较少的种质资源以白花豌豆变种为主，分枝较多的种质资源以红花豌豆变种为主。

（二）粒色和粒形 对随机选取的5 183份豌豆种质资源粒色的调查表明，黄籽和白粒种质资源有1 956份，绿粒种质资源有1 080份，褐色、麻色、紫色、黑色等深色籽粒种质资源有2 147份，分别占37.74%、20.84%和41.42%；黄粒、白粒和绿粒种质资源几乎都是白花豌豆变种，褐色、麻色、紫色、黑色等深色籽粒种质资源均为红花豌豆变种。对随机选取的861份豌豆种质资源种脐色的调查表明，白色种脐有305份，浅绿色种脐有12份，棕色种脐有161份，黑色种脐有163份，黄色种脐有170份，灰白色种脐有50份，分别占35.42%、1.39%、18.70%、18.93%、19.74%和5.81%。对随机选取的4 610份豌豆资源粒形的调查表明，凹圆粒380份、扁圆粒170份、圆粒3 413份、皱粒575份、柱形粒72份，分别占8.24%、3.69%、74.03%、12.47%和1.56%。

（三）荚部性状 对随机选取的4 486份豌豆种质资源荚型的调查表明，硬荚种质资源有3 898份，占86.89%；软荚种质资源有588份，占13.11%。对随机选取的4 438份豌豆种质资源干荚长的调查表明，最短者为2.1 cm，最长者为14.0 cm，平均为5.5 cm，标准差为0.73 cm，种质资源间差异极显著。对随机选取的675份豌豆种质资源干荚宽的调查表明，最窄者为0.5 cm，最宽者为1.8 cm，平均为0.95 cm，标准差为0.15 cm，种质资源间差异极显著。

（四）产量构成因子 对随机选取的646份豌豆种质资源有效分枝的调查表明，最少者为零，最多者为11个，平均为3.66个，标准差为1.21个，种质资源间差异极显著。对随机选取的4 922份豌豆种质资源单株有效荚数的调查表明，最少者为0.7个，最多者为95个，平均为16.81个，标准差为9.52个，种质资源间差异极显著。对随机选取的4 770份豌豆种质资源单荚粒数的调查表明，最少者为0.7粒，最多者为9.9粒，平均为4.25粒，标准差为0.87粒，种质资源间差异极显著。对随机选取的4 902份豌豆种质资源干籽粒百粒重的调查表明，最少者仅为1 g，最多者为41.7 g，平均为16.97 g，标准差为4.75 g，种质资源间差异极显著。对随机选取的4 638份豌豆种质资源单株干籽粒产量的调查表明，最少者为0.1 g，最高者为106.0 g，平均为9.58 g，标准差为5.86 g，种质资源间差异极显著。

（五）营养品质 对随机选取的1 889份豌豆种质资源粗蛋白质含量的测定表明，最低者为15.34%，最高者为34.64%，平均为24.69%，标准差为1.96%，种质资源间差异显著。对随机选取的1 878份豌豆种质资源总淀粉含量的测定表明，最低者为26.95%，最高者为58.69%，平均为48.90%，标准差为2.84%，种质资源间差异显著；直链淀粉含量测定结果表明，最低者为7.12%，最高者为24.60%，平均为13.72%，标准差为1.61%，种质资源间差异极显著。对随机选取的1 432份豌豆种质资源支链淀粉含量的测定表明，最低者为8.61%，最高者为47.49%，平均为35.30%，标准差为3.18%，种质资源间差异极显著；粗脂肪含量测定结果表明，最低者为0.14%，最高者为4.24%，平均为1.36%，标准差为0.38%，种质资源间差异极显著。对随机选取的200份豌豆种质资源赖氨酸含量测定结果表明，最低者为1.14%，最高者为2.24%，平均为1.84%，标准差为0.12%，种质资源间差异显著；胱氨酸含量测定结果表明，最低者为 0.10%，最高者为 1.08%，平均为 0.45%，标准差为 0.15%，种质资源间差异极显著。

(六) 对病虫的抗性 对随机选取的 1 311 份豌豆种质资源抗白粉病的鉴定结果表明，高感（HS）者有 1 073 份，中感（MS）者有 60 份，感（S）者有 158 份，抗（R）者有 1 份，中抗（MR）者有 19 份，分别占 81.85%、4.57%、12.05%、0.08%和 1.45%。对随机选取的 1 309 份豌豆种质资源抗锈病的鉴定结果表明，高感（HS）者有 412 份，中感（MS）者有 237 份，感（S）者有 647 份，抗（R）者有 4 份，中抗（MR）者有 9 份，分别占 31.47%、18.11%、49.43%、0.31%和 0.69%。对随机选取的 1 370 份豌豆种质资源抗蚜特性的鉴定结果表明，高感（HS）者有 1 050 份，感（S）者有 289 份，高抗（HR）者有 1 份，抗（R）者有 6 份，中抗（MR）者有 24 份，分别占 76.64%、21.09%、0.07%、0.44%和 1.75%。

(七) 对干旱和盐碱的抗性 对 909 份豌豆种质资源的芽期抗旱性鉴定表明，抗旱性达 1 级者有 56 份，达 2 级者有 104 份，达 3 级者有 192 份，达 4 级者有 205 份，达 5 级者有 352 份，分别占 6.16%、11.44%、21.12%、22.55%和 38.72%；成株期抗旱性鉴定表明，抗旱性达 1 级者有 29 份，达 2 级者有 170 份，达 3 级者有 323 份，达 4 级者有 257 份，达 5 级者有 130 份，分别占 3.19%、18.70%、35.53%、28.27%和 14.30%。对 914 份豌豆种质资源的芽期耐盐性鉴定表明，耐盐性达 1 级者有 32 份，达 2 级者有 52 份，达 3 级者有 172 份，达 4 级者有 276 份，达 5 级者有 382 份，分别占 3.50%、5.69%、18.82%、30.20%和 41.79%；苗期耐盐性鉴定表明，耐盐性达 1 级者有 0 份，达 2 级者有 3 份，达 3 级者有 110 份，达 4 级者有 390 份，达 5 级者有 411 份，分别占 0%、0.33%、12.04%、42.67%和 44.97%。

(八) 对冬季低温的抗性 食用豆产业技术体系项目在山东青岛裸地大田，对 3 677 份豌豆种质资源进行了越冬性筛选。2009/2010 冬季最低气温达－13℃，耐冷性鉴定结果显示，1 049 份种质资源可以存活收获籽粒，存活率为 28.5%。对资源进行耐冷分级，分级标准如下。

1 级：全生长发育期内地上部分全绿，有产量，耐－13℃低温。

3 级：部分叶片枯死，有产量，耐－13℃低温。

5 级：地上部分全部枯死，但根部存活，返青后重新长出叶片，有产量，耐－13℃低温。

7 级：植株全部枯死，无产量，最低温度低于－10℃以后植株全部冻死。

9 级：植株全部枯死，无产量，最低温度低于－5℃以后植株全部冻死。

在 3 677 份豌豆资源中，1 级者有 80 份，3 级者有 175 份，5 级者有 794 份，7 级者有 434 份，9 级者有 2 194 份，分别占 2.17%、4.76%、21.59%、11.8%和 59.67%。

世界上有许多国家收集和保存豌豆种质资源，截至 2013 年底，除中国外保存豌豆种质资源较多的国家中，法国有 8 839 份，美国有 6 827 份，俄罗斯有 6 780 份，澳大利亚有 7 432 份，国际干旱地区农业研究中心（叙利亚）有 6 105 份，德国有 5 343 份，意大利有 4 554 份，印度有 3 609 份，英国有 3 567 份，波兰有 2 896 份，巴西有 1 958 份，埃塞俄比亚有 1 768 份。世界各国共保存豌豆种质资源 9 万份以上，其中野生种质资源 3 726 份，这些都是研究豌豆遗传、变异和育种的材料。保存豌豆种质资源条件较好的国家有 32 个，其中 21 个国家有－10℃以下的豌豆种质资源长期库，多数国家也建立了豌豆种质资源数据库。这些种质资源研究主要集中在植物形态学和农艺性状等方面，而中国、法国、美国、俄罗斯、澳大利亚、德国、意大利、印度、英国等国家已对部分豌豆种质资源的品质、抗病、抗逆、耐寒、遗传、基因组学和细胞学等方面进行了鉴定和评价。

第四节　豌豆育种途径和方法

一、豌豆地方品种筛选及引种

在豌豆育种初期，主要对地方农家品种或引进品种进行筛选，例如小青荚是上海地区栽培较多的硬荚种，鲜豆籽粒为绿色、品质好，是速冻和制罐的好原料；干豆籽粒为黄白色、适应性强，但耐寒力弱。秦选 1 号豌豆是由河北省秦皇岛市农业技术推广站与有关单位合作从国外引进的硬荚豌豆中选育而来的粮菜饲兼用品种，结荚集中，熟期一致，适宜机械化作业。甜脆豌豆是中国农业科学院蔬菜研究所自国外引进品种中选出的优良食荚品种，是早熟矮秧甜脆皮食荚品种，其品质超过荷兰豆，是一种新型绿色保健营养蔬菜，青荚产量达 11 250 kg/hm²。福建省 20 世纪 80 年代末从中国台湾省的亚洲蔬菜研究发展中心（AVRDC）引进小型软荚豌豆台中 11，品质优良，增产显著。广东省 1996 年从引进品种改良奇珍 76 中系选出粤甜豆 1 号新品种；青海省农林科学院作物研究所 1990 年从美国引进高代品系中，经多年混合选择，2000 年育成食荚豌豆品种甜脆 761。

除此之外，还引进了硬荚品种甜丰和久留米丰，荚用品种法国大菜豌、溶糖、子宝三十日、松捣三十日、荷兰大白花、台中 604 等。

二、豌豆杂交育种

杂交育种仍是应用最广的豌豆育种方法，育成的品种占了绝大多数。我国通过杂交育成的品种主要有中豌 1 号至中豌 6 号、中豌 8 号、矮软 1 号；1997 年甘肃省定西地区旱农中心用乌龙作母本，用 5-7-2 作父本有性杂交选育成早熟高产新品种定豌 1 号；青海省农林科学院作物研究所 1999 年以阿极克斯为母本，以 A695 为父本杂交选育出半无叶豌豆新品种草原 276；四川省农业科学院用中山青优良单株作母本，以食荚大菜豌 1 号作父本育成食荚甜脆豌 1 号等。

（一）亲本选择 亲本的选择关系到能否达到育种的预期目的。一个好的亲本可以选育出若干个优良品种，例如中豌 1 号至中豌 4 号、矮软 1 号的亲本中都有 1341 这个材料。

亲本选择的原则：应选择优点多、主要性状突出、缺点少而又易克服、双亲主要性状优缺点能够互补、抗病性与抗逆性强、配合力好的材料作亲本。母本可选用当地栽培时间长、表现好的当家品种；父本应选择地理位置较远、生态类型差别较大、有突出优良性状、又适应本地条件的外来品种。根据育种目标在荚型之间选用亲本材料要谨慎。

（二）杂交方式 杂交方式也是影响杂交育种成败的另一个重要因素。豌豆育种中的杂交常分为两类，一类是重组杂交，其目的是将双亲的优良特征特性结合在一起；另一类是超亲杂交，其目的是使亲本已有的优良特征特性在后代中得到加强。

重组杂交特别适于培育在密植条件下抗倒伏、抗病虫、蛋白质含量高而且氨基酸组分好的高产新品种。当简单地将产量、熟性和其他性状上互有差别的豌豆亲本杂交，不能形成所希望的基因组合时，也经常利用复交、逐步杂交或逐步回交的方法。

瑞典育种家在豌豆育种中采用了 4 种复交方案：①以最大可能重组的原则为根据的复交；②以最大可能的后代超亲重组为基础的复交；③以充分回交情况下的超亲重组原则为根据的复交；④以超亲积累与回交相结合为根据的复交（图 11-2）。

（三）杂交育种程序 草原 224 豌豆新品种从杂交组配到生产推广应用选育时间花了 20 年，其程序见表 11-2。

三、豌豆回交育种

当简单地将产量、熟性和其他性状上互有差别的豌豆亲本杂交，不能形成所希望的基因组合时，也可采用：①连续回交的回交选育方案；②通过后代评价，优选单株作为母本的回交选育方案；③通过后代评价，优选单株作为父本的回交选育方案（表 11-3）。

上述 3 种回交方案，在将株型性状、叶部性状、花部性状、籽粒性状、抗病虫性状等，转移到一个较高产的品种中时均有效。苏联学者就是利用上述回交方案，将豌豆籽粒大小、蜡被厚度、子叶颜色、不裂荚、总状花序、矮秆、小叶数目、扁化茎、小叶大小等性状很有效地转移到了一个较高产的品种中（Khvostova，1983）。

四、豌豆诱变育种

可使用物理方法、化学方法或者物理化学方法对选好的豌豆种子进行诱变处理，使其细胞内遗传物质发生变化，后代在个体发育中表现出各种遗传性变异，从变异中选出优良植株，创造新品种。一般采用的方法有辐射育种、化学诱变等。

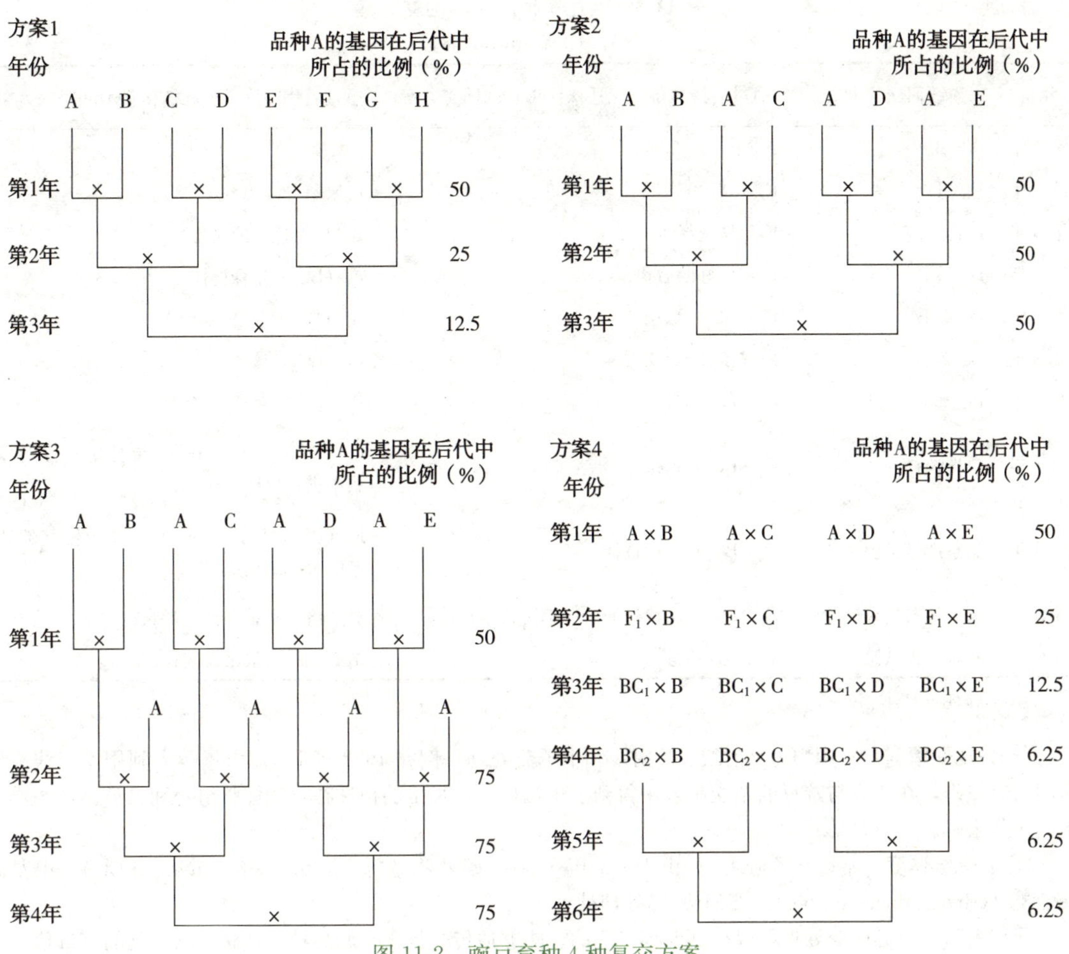

图 11-2 豌豆育种 4 种复交方案

（引自 Khvostova，1983）

表 11-2 草原 224 豌豆新品种育种程序

年份	育种世代	育种进程
1973	杂交获得 F_1代种子	以 71088 为母本，以菜豌豆为父本进行品种间杂交
1974	种植 F_1代植株群体	稀点播于杂种圃
1975	种植 F_2代植株群体，选单株	选种圃
1976	种植 F_3代株系群体，选单株	选种圃
1977	种植 F_4代株系群群体，选单株	选种圃
1978	种植 F_5代株系群体	品系观察
1979		品系鉴定
1980		品系比较，区域试验
1981		区域试验
1985—1991		多点试种，扩大示范
1992—1993		生产试种

表 11-3 豌豆育种的 3 种回交方案

（引自 Khvostova，1983）

年份	连续回交的方案	通过后代评价，优选株作母本的回交方案	通过后代评价，优选株作父本的回交方案
第 1 年	A×B	A×B	A×B
第 2 年	F_1×B	F_1繁殖	F_1繁殖
第 3 年	BC_1×B	F_2单株选择	B×F_2（优株的花粉）
第 4 年	BC_2×B	F_3（较好的后代）×B	F_1（BC_1）植株群体
第 5 年	BC_3×B	F_1（BC_1）繁殖	B×（BC_1）优株
第 6 年	BC_4×B	F_2（BC_1）单株选择	F_1（BC_2）繁殖
第 7 年	BC_5繁殖	F_1（BC_1）×B	F_2（BC_2）单株选择
第 8 年	单株选择	F_1（BC_2）繁殖	F_3（BC_2）从 F_2（BC_2）群体中较好的株系中进行单株选择
第 9 年	品系产量试验	F_2（BC_2）单株选择	F_4（BC_2）从 F_3（BC_2）群体中较好的株系中进行单株选择
第 10 年	第 2 年的品系试验	F_3（BC_3）从较好的后代中进行单株选择	对选出的品系比较进行测验
第 11 年	品系比较试验	品系比较试验	第 2 年的品系比较试验

注：B 是轮回亲本。

（一）物理辐射 常用^{60}Co γ射线、X射线和中子流处理。例如 1962 年 E. D. Zhila 等人利用 γ 射线克服属间杂交障碍，在菜豆与豌豆的杂交组合中得到了 1 粒种子，长出的植株在总的性状组合和染色体形态学上不同于其亲本。

（二）化学诱变 常以次乙亚胺（ethyleneimine）和N-硝基乙基脲（N-nitroethyl urea，NEU）、甲基磺酸乙酯（ethylmethane sulfonate，EMS）等处理种子。

研究表明，通过诱变处理可以得到变异广泛的、能够遗传并且优于原品种的性状。已得到的有价值的豌豆突变体主要有：①籽粒或鲜物质产量高的突变体；②早熟突变体；③节间明显缩短的突变体；④高蛋白质含量突变体；⑤高抗褐斑病的突变体等。

人工诱变的变异材料诱变一代（M_1代）不淘汰，全部留种；M_2代是选择优良变异类型的重要世代；M_3代开始大量淘汰；M_4代对遗传性已基本稳定、表现优良、趋于整齐一致的品（株）系，可单独收获脱粒，供下一年进一步测定其生产能力、品质、适应性、抗逆性等，以创造新品种。

第五节 豌豆育种田间试验技术

一、豌豆开花习性

豌豆是自花授粉作物，遇高温或干燥等不良条件时也可异交。一般闭花授粉，故天然异交率较低。豌豆的花为完全花，有 5 个花瓣、1 个雌蕊和 10 个雄蕊（二体雄蕊）。花朵开放前，花粉已落在柱头上完成授粉。豌豆陆续开花，每株花期持续 15～20 d。在一天内，9:00 左右开始开花，11:00—15:00 开花最多，17:00 以后开花较少，夜间基本停止开花。豌豆花朵开放后，傍晚旗瓣闭合，到次日晨再次展开。每朵花受精后 2～3 d 即可见到小荚，33～45 d 后籽实成熟。

开花时空气相对湿度以 80%左右为宜。16 ℃条件下，柱头的受粉能力保持 3 d；在 20～24 ℃条件下，柱头受粉能力仅能保持 1 d；气温高于 26 ℃时，柱头受粉能力差。

二、豌豆杂交技术

豌豆花朵虽大，但由于其蝶形花冠和盘曲的柱头等特点，很容易折断，一般品种间杂交成功率只有

15%～20%，这是豌豆杂交育种主要的限制因素之一。如果技术熟练，认真细心操作，成功率可达50%。

选择具有母本品种固有特征的、健壮植株上的花蕾，上午杂交时，选择当天即将开花的中上部花蕾，去雄后立即授粉。下午杂交时，选择翌日可开的花蕾进行去雄，翌日上午再授粉。去雄时用拇指和食指捏住花蕾基部，用尖头镊子在花蕾腹缘中部夹住旗瓣，沿着蕾背缘向斜上方撕拉去掉旗瓣。同法去掉翼瓣，使龙骨瓣充分暴露。然后用镊子尖端小心从侧边顶破龙骨瓣中上部，并撕去顶部，最后用镊子夹除全部雄蕊。如发现花药有散粉迹象即作废。操作时切勿损伤柱头。去雄后将做好标记的纸牌挂在已去雄的花序轴上，并固定在植株茎秆上，以便检查、收获。

选择父本植株上将要开放的新鲜花朵，分开花瓣后沾取花粉，将花粉授到已去雄母本花的柱头上。授粉完毕，挂牌并注明组合名称、授粉日期。授粉后第3天可对授过粉的小花进行检查，未脱落者说明杂交基本成功，随即去掉同节瘤轴上其他小花（花蕾），既可避免混淆，又可集中养分供应杂交小花，减少花荚脱落，以提高杂交成功率。

鼓粒灌浆期遇旱时应及时喷灌，并注意治虫，减少花荚脱落。杂交荚成熟后要及时收摘。将杂交荚连同小标牌装入纸袋内，同时分别收获父本和母本一定种子量，用于下年度鉴别杂交种真伪。

三、豌豆小区技术

试验地应选择土地平坦、保水性良好、水源方便、灌排设施齐全的地块，以保证豌豆植株正常生长，保证试验质量。试验地最好连片，并按试验的需要划分好田块。试验地的面积视试验规模而定。非直立矮生豌豆要注意搭架。

低世代材料尚在分离，要求种植密度稍低，使单株性状得以充分表现，以便田间选择，同时也可提高繁殖系数。为保证株间可比性，行距、株距条件应保持一致。由于豌豆杂交成功率低，F_1代植株较少，一般不进行淘汰；F_2代开始淘汰不理想的组合，选择优良变异单株。

F_3～F_4代一般以株行种植，单行区，行长为3～5 m，顺序排列，不设重复，也有穴播的。以抗病为育种目标时，需要增设病菌接种行或实施人工接种鉴定。

F_5～F_6代进入品系产量比较试验，第1年可采用间比排列，容纳较多的品系；第2年应选出较优的品系采用随机排列，一般以容纳10个品系为限。设2～3次重复，小区3～5行，行长为3～5 m。种植密度和播种时间同当地大田生产。测产时要剔除边行。食荚豌豆要注意采收时间。

选育出的优良品系其生产性能、农艺性状稳定且达到育种目标时，即可进行多点试验和生产示范试验。

根据豌豆的温光反应特性及有效积温情况，不少地区可以完成1年3代试验，加快育种进度。利用夏季的气候炎热、多雨条件，可选择耐高温和抗根腐病的材料。利用冬季加代可进行耐寒性鉴定，选育耐寒性强的豌豆新品系。利用不同日照条件可选育光照反应不敏感的豌豆品系。

第六节　豌豆种子生产

良种繁育，一要扩大良种的种子数量，二要保持良种的种性和纯度。豌豆虽为严格的自花授粉作物，但天然异交率有时可达30%左右，空气相对湿度、温度对豌豆异交率都有影响，田间昆虫特别是蓟马是异源花粉的主要传播者。而且豌豆从种到收和运输、脱粒、储藏等环节都有可能发生人为的机械混杂，从而降低种子纯度和种性。因而随着种植年代的增加，不断积累着各种微小的自然变异，会逐步发生良种的混杂和退化，所以要重视良种繁育工作。

为减少和避免上述问题的发生，在豌豆良种繁育时应做到以下几点。

（一）建立良种繁育基地　良种繁育基地应建在地面平整、有良好的灌溉排水条件、土质为砂壤或轻壤、病虫害少的地块上，严格按科学种植方法进行，避免出现逆境对良种的胁迫，减少基因诱变的可能。

（二）做好提纯复壮工作　在种子纯度较高、生长整齐一致的丰产田内选择优良单株，经室内考种淘汰劣株，将当选的优良单株混合脱粒，作为第2年种子田或生产田用种。

也可将选好的优良单株种成株行，在种植的小区中再选出较优良的1/4～1/2株行进一步进行粒选，除去病粒、虫粒和秕粒，作为下年用种。

（三）做好种子田收获和储藏工作　收获时，要单收、单运、单脱、单藏，避免机械混杂。收后要对种子进行严格筛选，剔除虫蚀粒、病粒、霉粒、碎粒和不饱满的籽粒。

储存豌豆种子要建立专用的种子仓库，专人负责，专库专用，切忌放置粮食、农药、化肥等物品。种子入库前，要对种子库进行一次彻底清扫、灭菌。特别要注意储藏期间仓储害虫豌豆象，种子入库后要实施磷化铝熏蒸杀虫卵。

豌豆一级种子要求纯度不低于99.0%，净度不低于98.0%，发芽率不低于85%，水分不高于12.0%；二级种子要求纯度不低于96.0%，其他均同一级种子。

第七节　豌豆育种研究动向和展望

育种基础方面，除继续进一步扩大种质资源收集、加速鉴定之外，扩大遗传变异的方法及种质创新是育种的基础课题。以前育成的品种主要是引种或利用现有的基础材料进行杂交组配。新基因的探索、野生资源的利用将会越来越多。

加强豌豆种质资源的创新和开发利用，拥有丰富的育种材料是选育出优良品种的关键。结合育种工作，选择大面积推广应用的优良品种、品系为中心亲本，与国内和国外引进的具有优良性状（早熟、大粒、抗逆性强、抗病性优良）的种质配制大量组合，进而创造新的超高产、优质、多抗的豌豆种质资源。

育种方面更加注重专用品种，尤其是蔬菜用豌豆的培育。食荚豌豆品质要求荚壳大、多汁、鲜嫩、无革质层、荚壳和籽粒含糖量高、味道鲜美；而食青粒豌豆要求青豆易于脱壳、籽粒皱、中粒或中大粒、均匀一致、深绿色、含糖量高、种皮薄。

为防御气候灾害、减轻连作障碍，适应免除支架的简易、省力栽培，培育矮秆、高产、优质、抗病、抗逆新品种是重要的课题。

可采用生物技术，例如胚培养和花药培养等方法来完成有用基因的转育。遗传工程于20世纪70年代初创立以来，通过细胞融合已经得到了大豆与豌豆、蚕豆与豌豆等属间杂种细胞，融合率达到存活原生质体的5%～40%。保加利亚的植物学家已将豌豆品种 Rannii Zelenyi 的突变品系 Line18 的外植体再生成植株。遗传工程为克服豌豆属间杂交困难、创造新物种，提供了一条有希望的途径。

复习思考题

1. 试述国内外豌豆育种研究进展及主要发展方向。

2. 试按利用类型简述豌豆育种目标。

3. 豌豆是孟德尔最早用于遗传试验的物种，大豆作为最重要的豆科作物进行了大量的性状遗传研究，试比较豌豆和大豆一些重要育种目标性状的遗传规律。有何启示？

4. 以菜用豌豆育种为例，试根据我国豌豆遗传资源保存、研究现状及育种需求论述今后种质创新研究的主要内容。

5. 试比较豌豆杂交育种中主要的杂交方式及各自的特点。

6. 试按一个育种周期设计豌豆的杂交育种试验方案，围绕优质、高产、抗病虫等育种目标指出亲本选配、后代选择等环节的基本原则和步骤。

7. 试讨论我国豌豆育种研究的发展趋势。

附　豌豆主要育种性状的记载方法和标准

1. 播种期　种子播种当天的日期为播种期，以年月日表示（各生育时期同此）。

2. 出苗期　小区内50%的植株幼苗露出地面2cm以上时的日期为出苗期。

3. 分枝期　小区内50%的植株叶腋长出分枝的日期为分枝期。

4. 见花期　小区内全部植株中，见到第1朵花的日期为见花期。

5. 开花期　小区内50%的植株见花的日期为开花期。

6. 终花期　小区内50%的植株最后1朵花开放的日期为终花期。

7. 成熟期　小区内70%以上的荚呈成熟色的日期为成熟期。

8. 全生育期　播种第2天至成熟期的天数为全生育期。

9. 生长习性　在开花期，根据植株群体的长相及茎蔓生长情况，采用目测法确定其生长习性，分直立型（植株垂直于地面并直立向上生长，株高多在60cm以内）、半蔓生型（植株下半部分匍匐于地面，上半部分垂直于地面并直立向上生长，株高多在1m以内）和蔓生型（植株大部分匍匐于地面，生长点及以下的少部分垂直于地面并直立向上生长，株高多在1m以上）3个类型。

10. 结荚习性　在植株终花期与成熟期之间，采用目测的方法观测茎尖生长点开花结荚的状况，结荚习性分有限结荚习性（主茎及分枝顶端以花序结束）和无限结荚习性（主茎及分枝顶端为营养生长点）2个类型。

11. 茎的类型　在植株的开花期，采用目测的方法观测主茎上部是否扁化，分普通茎（茎的上下部截面形状一致，均呈近似的圆形）和扁化茎（茎的下部截面呈近似的圆形，上部截面呈明显的椭圆形或扁圆形）2个类型。

12. 叶色　在植株见花期，采用目测法观测托叶的颜色。根据观测结果，与 The Royal Horticultural Society's Colour Chart 标准色卡上相应代码的颜色进行比对，按照最大相似原则，确定其叶色，分浅绿色（FAN3141C）、绿色（FAN3141B）和深绿色（FAN3135B）3个类型。若有其他叶色，需要给予详细的描述和说明。

13. 花色　在植株开花期，采用目测的方法观测刚开放花朵的花冠颜色，分白色、黄色、浅红色和紫红色4个类型。

14. 鲜茎色　在植株终花期，采用目测的方法观测主茎下部鲜茎的茎皮颜色，分黄色（节间颜色为嫩黄色至深黄色）、绿色（节间颜色为浅绿色至深绿色）、紫色（节间颜色为浅紫色至深紫色）和紫斑纹（节间颜色在绿色底色的背景上缀以纵向的紫色斑纹）4个类型。其他鲜茎色要详细描述和说明。

15. 小叶数目　针对普通和无须叶型豌豆种质资源记载小叶数目。在开花期，以试验小区的植株为观测对象，随机选取10片初花节位上的复叶，计数复叶上的小叶数目，计算平均数，精确到一位小数。

16. 花序类型　在植株开花期，随机选取主茎从下往上数第2个花节上的花序10个，计数花序上的花数，计算平均数，精确到整数位。花序类型分单花花序（每花序花数为1）和多花花序（每花序花数在2个或以上）2个类型。

17. 荚型　在植株成熟期，采用目测的方法观测自然成熟的荚果质地。荚型分硬荚（荚壁含纤维、较硬，嫩时不膨胀，成熟时不变形）和软荚（荚壁不含纤维、肉质，嫩时胀脆，成熟时缢缩软垂）2个类型。

18. 初花节位　在开花期，随机选取10株已开花的植株，计数主茎上第1个花序所在的节位，即为开花节位，计算平均数，精确到一位小数。

19. 每花序花数　在植株开花期，随机选取主茎从下往上数第2个花节上的花序10个，计数每个花序上的花数，计算平均数，精确到一位小数。

20. 鲜荚长　在终花期与成熟期之间，随机选取植株中下部充分生长发育的鲜荚果10个，测量荚尖至荚尾的直线长度，即为鲜荚长，单位为cm，精确到0.1cm。

21. 荚长　随机抽取10个干熟荚，测量果荚尖至荚尾的直线长度，即为荚长，单位为cm，精确到0.1cm。

22. 鲜荚宽　以10个饱满鲜荚果为观测对象，测量荚果最宽处的直径，即为鲜荚宽，单位为cm，精确到0.1cm。

23. 荚宽　随机抽取10个干熟荚果测量荚果最宽处的直线宽度，即为荚宽，单位为cm，精确到0.1cm。

24. 鲜荚质量　取10个饱满鲜荚果，用感量为0.1g的电子秤称量其总质量，然后换算成单荚质量，单位为g，精确到0.1g。

25. 鲜籽粒颜色　采用目测法观测饱满鲜荚果里的鲜籽粒颜色。根据观测结果，与 The Royal Horticultural Society's Colour Chart 标准色卡上相应代码的颜色进行比对，按照最大相似原则，确定其颜色，分浅绿色（FAN3141C）、绿色（FAN3141B）和深绿色（FAN3135B）3个类型。其他颜色要详细描述和说明。

26. 株高　在成熟期，随机选取10个植株，测量从子叶节到植株顶端的长度，即为株高，单位为cm，精确到1cm。

27. 主茎节数　计数每株主茎从子叶节到植株顶端的节数，即为主茎节数，单位为节，精确到整数。

28. 节间长度　株高与主茎节数之比，即为节间长度，单位为cm，精确到0.1cm。

29. 单株分枝数　计数每株主茎上的一级分枝数，即为单株分枝数，单位为个/株，精确到整数。

30. 初荚节位 计数主茎上最下部的荚所在的节位，即为初荚节位，单位为节，精确到整数。

31. 单株荚数 计数每株上的成熟荚数，即为单株荚数，单位为荚/株，精确到整数。

32. 每果节荚数 计数主茎初荚节及以上节位数，以及主茎上所结的总荚数，计算得到每节着生的荚数，单位为荚/果节，精确到一位小数。

33. 果柄长度 测量10个随机抽取荚果的果柄长度，求其平均值，即为果柄长度，单位为cm，精确到0.1cm。

34. 裂荚率 计算自然开裂荚果占总荚果数的比例，以%表示，精确到0.1%。

35. 单荚粒数 计数10个随机抽取的干熟荚果内所含的成熟籽粒数，然后换算成单个荚果中所含的籽粒数，单位为粒/荚，精确到一位小数。

36. 单株产量 将单株籽粒脱粒充分风干后，用感量为0.1g的电子秤称量，单位为g，精确到0.1g。

37. 粒形 粒形即成熟干籽粒的形状，分球形、扁球形和柱形3个类型。

38. 种子表面 用目测法观测成熟干籽粒表面的平滑状况，分光滑、凹坑和皱褶3个类型。

39. 种皮透明度 采用目测法观测成熟干籽粒种皮的透明程度，分透明、半透明和不透明3个类型。

40. 粒色 采用目测法，观测成熟干籽粒的外观颜色，分淡黄色、粉红色、绿色、褐色、斑纹和紫黑色6个类型。

41. 子叶色 将风干后的成熟干籽粒取5粒剥去种皮后，观测成熟干籽粒的子叶颜色，分淡黄色、橙黄色、粉红色、黄色和绿色5个类型。

42. 脐色 观测成熟干籽粒的种脐颜色，分黄色、灰白色、褐色和黑色4个类型。

43. 百粒重 参照《农作物种子检验规程》(GB/T 3543—1995)，随机取风干后的成熟干籽粒，2次重复，每个重复100粒，用感量为0.01g的电子天平称量，单位为g，精确到0.01g。

44. 鲜荚维生素C含量 针对菜用软荚豌豆类型，适收鲜荚可食部分，按照《水果、蔬菜维生素C含量测定法（2,6-二氯靛酚滴定法）》(GB/T 6195—1986) 进行豌豆鲜荚维生素C含量的测定，单位为10^{-2} mg/g，保留小数点后两位数字。平行测定结果的相对相差，在维生素C含量大于20×10^{-2} mg/g时不得超过2%，小于20×10^{-2} mg/g时不得超过5%。

45. 青粒维生素C含量 测定方法和记载标准与蚕豆相同。

46. 青粒可溶性固形物含量 测定方法和记载标准与蚕豆相同。

47. 鲜荚可溶性固形物含量 此项测定针对菜用软荚型材料。将适收鲜荚可食部分切碎、混匀，称取250g，精确至0.1g，放入高速组织捣碎机捣碎，用两层纱布挤出匀浆汁液测定。具体测量方法依据《水果、蔬菜制品可溶性固形物含量的测定——折射仪法》(GB/T 12295—1990)，单位为%，精确到0.1%。

48. 粗蛋白质含量 随机取干净的成熟干籽粒20g测定。具体测量方法依据《谷类、豆类作物种子粗蛋白质测定法》(GB 2905—1982)，单位为%，精确到0.01%。

49. 粗脂肪含量 随机取干净的成熟干籽粒25g测定。具体测量方法依据《谷类、油料作物种子粗脂肪测定方法》(GB 2906—1982)，单位为%，精确到0.01%。

50. 总淀粉含量 随机取干净的成熟干籽粒20g测定。具体测量方法依据《谷物籽粒粗淀粉测定法》(GB 5006—1985)，单位为%，精确到0.01%。

51. 直链淀粉含量 随机取干净的成熟干籽粒20g测定。具体测量方法依据《水稻、玉米、谷子籽粒直链淀粉测定法》(GB 7648—1987)，单位为%，精确到0.01%。

52. 支链淀粉含量 支链淀粉含量是豌豆籽粒的总淀粉含量减去直链淀粉含量的差值，单位为%，精确到0.01%。

53. 各种氨基酸含量 随机取干净的成熟干籽粒25g测定。具体测量方法依据《谷物籽粒氨基酸测定方法》(GB 7649—1987)，单位为%，精确到0.01%。

54. 芽期耐旱性 采用当年收获的、未进行机械或药物处理的种子，在室内模拟干旱条件进行鉴定，以相对发芽率评价芽期耐旱性，将耐旱等级划分为高耐、耐、中耐、弱耐及不耐5个等级。鉴定方法、调查记载标准及抗性评价与蚕豆相同。

55. 成株期耐旱性 采用田间自然干旱鉴定法造成生长发育期间干旱胁迫，调查对干旱敏感性状的表现，测定耐旱系数，依据平均耐旱系数划定高耐、耐、中耐、弱耐及不耐5个等级。鉴定方法、调查记载标准及抗性评价与蚕豆相同。对初鉴的高耐级、耐级的材料进行复鉴，以复鉴结果定耐性等级。

56. 芽期耐盐性 统计豌豆芽期在相应发芽温度和盐分胁迫条件下的相对盐害率，根据相对盐害率的大小确定豌豆品种的耐盐级别。鉴定方法、调查记载标准及抗性评价与蚕豆相同。

57. 苗期耐盐性 针对在相应的盐分胁迫条件下幼苗盐害反应的苗情，进行加权平均，统计盐害指数，根据幼苗盐害指数确定豌豆苗期耐盐性的5个耐盐级别：高耐（HT，0%＜幼苗盐害指数≤20%）、耐（T，20＜幼苗盐害指数≤40%）、中耐（MT，40%＜幼苗盐害指数≤60%）、弱耐（S，60%＜幼苗盐害指数≤80%）和不耐（HS，幼苗盐害指数＞80）。鉴定方法、调查记载标准及抗性评价与蚕豆相同。

58. 白粉病抗性 豌豆白粉病主要发生在成株期。根据豌豆对病害的反应程度，将抗性分为5个等级。

（1）鉴定方法 鉴定圃设在豌豆白粉病重发区。适期播种，每鉴定材料播种1行，行长为1.5～2.0m，每行留苗20～25株。待植株生长至开花期即可采用人工喷雾接种。用蒸馏水冲洗采集的发病植株叶片上的白粉菌分生孢子，配制浓度为8×10^4孢子/mL的病菌孢子悬浮液，喷雾接种豌豆叶片。接种后需进行田间灌溉，使土壤处于较高湿度条件下，以创造适宜发病的环境条件。

（2）调查记载标准及抗性评价 接种后20d进行调查。记载鉴定材料内各单株的发病级别，并进行病情指数（disease index，DI）计算。级别：0级为叶片上无可见侵染，1级为菌体覆盖叶面积的0.1%～12%，3级为菌体覆盖叶面积的13%～30%，5级为菌体覆盖叶面积的31%～50%，7级为菌体覆盖叶面积的51%～75%，9级为菌体覆盖叶面积的76%～100%。

$$病情指数=\frac{\sum(病情级别\times该级别植株数)}{最高病情级别(9)\times调查总株数}\times100\%$$

根据病情指数将豌豆对白粉病抗性划分为5个等级：高抗（HR，0＜病情指数≤1）、抗（R，1＜病情指数≤10）、中抗（MR，10＜病情指数≤25）、感（S，25＜病情指数≤50）和高感（HS，病情指数＞50）。

若在白粉病常发区，当白粉病普遍严重发生时，可以通过田间观察豌豆植株自然发病状况，直接依据群体的叶片总体发病程度，即病情级别，初步评价在自然发病条件下的田间抗性水平。将病情级别中的0和1级视为高抗（HR），3级为抗（R），5级为中抗（MR），7级为感（S），9级为高感（HS）。

59. 锈病抗性 豌豆锈病主要发生在成株期。根据豌豆对病害的反应程度，将抗性分为5级：高抗（HR）、抗（R）、中抗（MR）、感（S）和高感（HS）。鉴定方法、调查记载标准及抗性评价与蚕豆相同。

60. 褐斑病抗性 豌豆褐斑病主要发生在成株期。根据豌豆对病害的反应程度，将抗性分为5级：高抗（HR）、抗（R）、中抗（MR）、感（S）和高感（HS）。鉴定方法、调查记载标准及抗性评价与蚕豆相同。

61. 霜霉病抗性 豌豆霜霉病主要发生在成株期。根据对病害的反应程度，将抗性分为5个等级。

（1）鉴定方法 采用田间自然发病鉴定法。鉴定圃设在豌豆霜霉病重发区。适期播种，每份材料播种1行，行长为1.5～2.0m，每行留苗20～25株。在鉴定材料间播种感病品种作为田间病菌侵染源。

（2）调查记载标准及抗性评价 病情调查在豌豆开花至结荚盛期进行。根据每份材料总体的叶片背面的发病程度，记载发病级别，依据发病级别进行鉴定材料抗性水平的评价。级别：1级为叶片上无可见侵染或菌体覆盖叶面积的5%以下，3级为菌体覆盖叶面积的5%～25%，5级为菌体覆盖叶面积的26%～50%，7级为菌体覆盖叶面积的51%～75%，9级为菌体覆盖叶面积的76%～100%。

根据发病级别将豌豆对霜霉病抗性划分为5个等级：高抗（HR，发病级别1）、抗（R，发病级别3）、中抗（MR，发病级别5）、感（S，发病级别7）和高感（HS，发病级别9）。

62. 蚜虫抗性 豌豆在各生长发育阶段均可发生蚜虫危害。根据蚜虫在豌豆植株上的分布程度和繁殖、存活能力，将豌豆对蚜虫的抗性划分为5级：高抗（HR）、抗（R）、中抗（MR）、感（S）和高感（HS）。鉴定方法、调查记载标准及抗性评价与蚕豆相同。

63. 潜叶蝇抗性 潜叶蝇危害主要发生在豌豆成株期。根据在豌豆叶片上钻蛀孔道的程度，将豌豆对潜叶蝇的抗性划分为5级：高抗（HR）、抗（R）、中抗（MR）、感（S）和高感（HS）。鉴定方法、调查记载标准及抗性评价与蚕豆相同。

（全文林第二版原稿；宗绪晓、杨涛第三版修订）

第十二章　绿豆育种

绿豆是豆科（Leguminosae）蝶形花亚科（Papilionoideae）菜豆族（Phaseoleae）豇豆属（*Vigna*）的一个栽培豆种，属一年生草本自花授粉植物。其学名*Vigna radiata*（L.）Wilclzek，种下有*Vigna radiate* var. *radiata* 和*Vigna radiata* var. *sublobata*（Roxb.）Verdcourt 2 个变种。英文名有mungbean 和greenbean。别名有菉豆、植豆、文豆等。染色体数 $2n=2x=22$。出苗时子叶出土。

绿豆是喜温作物，主要分布在温带、亚热带及热带地区，以亚洲的印度、中国、泰国、缅甸、印度尼西亚、巴基斯坦、菲律宾、斯里兰卡、孟加拉国、尼泊尔等国家栽培较多，故被称为亚洲豆类作物。近年来在美国、巴西、澳大利亚等国家，绿豆种植面积也在不断扩大。世界上最大的绿豆生产国是印度，其次是中国。20 世纪 80 年代，泰国是世界上最大的绿豆出口国，近年来则是中国出口量最大。

绿豆原产于我国。德国学者布特施耐德（E. Bretschneider，1898）认为绿豆起源于广州。近年来，有关学者在我国云南、广西、河南、山东、湖北、河北、吉林、辽宁等地均发现并采集到绿豆野生种及其不同类型。也有学者认为绿豆起源于东南亚、印度或中亚。

绿豆在我国已有 2 000 多年的栽培历史，在北魏时期的农书《齐民要术》（533—544）中，就有绿豆栽培经验的记载；到明朝，李时珍的《本草纲目》（1587）及其他古医书中，对绿豆的药用价值有了较详细的记载。我国绿豆年种植面积在 1.0×10^6 hm^{2}左右，总产量约 1.0×10^6 t，产区主要集中在黄河流域、淮河流域、长江下游及东北、华北地区。近年来，以内蒙古、吉林种植较多，其次是河南、安徽、黑龙江、山西、安徽、陕西、四川、湖南、重庆、湖北、河北、辽宁、广西、福建、江西、山东等地。

第一节　国内外绿豆育种研究概况

我国绿豆品种改良始于 20 世纪 70 年代后期，其选育方法主要以地方品种提纯复壮、系统选育、杂交和辐射育种为主，其研究历程大致可分为以下 4 个阶段。

第一个阶段是 1978—1985 年，以地方品种提纯复壮和系统选育为主，国外引种为辅。1980 年以前生产上使用的全是地方品种，混杂退化严重，加之栽培技术落后，致使绿豆单产很低，全国平均单产为每公顷 580～990 kg，有些地方只有 300～500 kg。为提高我国绿豆产量和品质，从 1978 年开始进行种质资源的收集、保存、评价、鉴定研究。从收集的种质资源中提纯或系统选育出张家口鹦哥绿、白城鹦哥绿、榆林绿豆、明光绿豆、高阳绿豆、明绿 245、大粒明 492 等绿豆品种，在生产上推广利用，但未取得突破性进展。1983 年从亚洲蔬菜研究发展中心亚洲区域中心（Asian Regional Center，Asian Vegetable Research and Development Center，ARC-AVRDC，简称亚蔬中心，总部设在中国台湾省台南市，建于 1971 年现为世界蔬菜研究中心；亚洲区域中心设在泰国曼谷）引进 20 份适应性广、抗逆性强、丰产性好、植株直立抗倒伏、成熟较一致、不炸荚的优良品系，在后来的绿豆育种中产生了重要影响。

第二个阶段是 1986—1990 年，以国外引种和系统选育为主，杂交育种为辅。自 20 世纪 80 年代起，中国农业科学院等有关单位，先后从一些国际农业机构与先进国家和地区引进大量优异种质和育成品种（系），经过多年多点试验，选育出一批优良品种（系）在生产上推广利用。例如从亚蔬绿豆中筛选出中绿 1 号（VC1973A）、鄂绿 2 号（VC2778A）、苏绿 1 号（VC2768A）和粤引 3 号（VC1628A）等优良品种，其中中绿 1 号综合农艺性状优良，从 1983 年引进时的 100 g 种子到 1989 年就在全国推广 2.38×10^5 hm^2（3.57×10^6 亩），占全国绿豆种植面积的 45%以上，实现了中华人民共和国成立以来第一次全国性绿豆品种的更新换代。该品种 1987—1994 年累计种植约 2.0×10^7 hm^2，新增产量超过 5.75×10^8 kg，新增产值 9.5 亿元以上，对我国绿豆生产发展起到重要的促进作用。

第三个阶段是 1991—2000 年，以杂交和系统选育为主，辐射育种为辅。针对生产上存在的主要问题，利用国内外优异种质作为亲本材料，采用系统选育、杂交和辐射育种方法，培育出一批更适合在我国不同地区种植的优良品种，例如中绿2号、鄂绿2号、冀绿2号、潍绿4号、南绿1号、晋绿1号、冀绿9239、冀绿9309、大鹦哥绿825、白绿522等新品种。据不完全统计，1993—1998年中绿2号等新品种在东北、华北、华东、华中和西南地区7个省、自治区累计种植9.579×10^5 hm^2，新增产量2.4×10^8 kg，新增产值7.14亿元。其中1998年种植2.971×10^5 hm^2，占全国绿豆总面积的40.0%以上，实现了第二次全国绿豆品种更新换代。

第四个阶段是2000年以后，绿豆品种改良逐步向着亲本选择远缘化、育种目标多元化、育种方法多样化、品种类型丰富化、品种用途市场化方向发展。中国农业科学院作物科学研究所通过亚种间杂交成功地将野生绿豆的抗豆象基因转移到栽培绿豆中，培育出中绿3号、中绿4号、中绿6号、中绿7号等抗豆象新品种，中绿5号、中绿8号、中绿9号、中绿11等抗叶斑病新品种。其中中绿3号、中绿4号、中绿5号等自2005年开始大面积示范推广，推广至全国29个省份，2011—2013年累计种植1.204 3×10^7 hm^2，增产1.942×10^5 t，增收20.20亿元，占全国绿豆种植种面积的46%以上，实现了全国绿豆品种第三次更新换代。近年来，山西省农业科学院也从抗豆象杂交后代材料中选育出抗豆象品种晋绿7号，江苏省农业科学院也选育出抗豆象品种苏绿2号等，并开始在生产上利用。

总的来看，育成品种的产量水平有了显著提高，例如中绿1号一般单量为1 500～2 250 kg/hm^2，高者超过4 500 kg/hm^2，提升了我国绿豆整体产量水平。育成品种主要农艺性状得以改良，例如中国农业科学院作物科学研究所（原为作物品种资源研究所）用亚蔬绿豆作亲本，选育出直立抗倒伏、结荚集中、成熟时不炸荚、早熟、大粒色艳、高产稳产、便于机械收获的新品种，在提升绿豆产量和品质等方面发挥了重大作用。育成品种适应性更为广，通过品种改良，中国农业科学院作物科学研究所培育的中绿1号，在1986—1991年期间通过了河南、北京等10多个省份及国家农作物品种审定委员会审（认）定，中绿5号在2005—2013年推广至全国29个省份；河北省农林科学院培育的冀绿7号也在华北地区广泛利用。育成品种抗性有了突破性进展，中国农业科学院作物科学研究所从亚蔬中心引进抗豆象绿豆资源，经与中绿1号、中绿2号等优质高产品种杂交，培育出大陆第一个抗豆象新品种中绿4号、第一个抗叶斑病新品种中绿5号，并通过国家小宗粮豆品种鉴定委员会鉴定，不仅提高了绿豆产量和品质，还解决了因农田施药和仓储熏蒸带来的生产成本和环境污染问题。育成品种遗传基础得到拓宽，在编入《中国食用豆类品种志》的102个绿豆品种中，有17个地方品种、85个育成品种（其中系统选育的45个，杂交选育的37个，辐射诱变选育的3个），其中70%以上带有国外引进品种（系）的血统；利用频率较高的主要有亚蔬绿豆VC2719A，河北省保定市农业科学研究所用它与地方品种杂交培育出冀绿2号，此后河北省农林科学院、河南省农业科学院等又用冀绿2号与地方品种杂交培育出冀绿7号、冀绿8号、冀绿9号、冀绿9802-19-02、保942、保942-34、郑绿8号等新品种，分别通过国家及有关省份品种审定委员会审（鉴、认）定。另外，VC1973A、VC2768A、VC2778A、VC1562A、VC1628A、VC2917A等也在国家绿豆育种项目中被广泛利用，培育出中绿5号、中绿6号、豫绿2号、豫绿3号等新品种。

据不完全统计，已通过国家品种审定委员会审定的绿豆品种有30多个，通过有关省份品种审定委员会审定的绿豆品种有上百个，其中在生产上种植规模较大的品种主要有中绿1号、中绿2号、中绿5号、鄂绿2号、苏绿1号、豫绿2号、豫绿4号、冀绿2号、冀绿7号、白绿6号、潍绿1号、潍绿4号、晋绿1号等。

绿豆是世界上重要的食用豆类作物。亚洲蔬菜研究发展中心（Asian Vegetable Research and Development Center，AVRDC）是世界上绿豆育种研究最具成效的国际研究机构。自20世纪70年代以来，该中心采用杂交育种手段，培育出一批高产、优质、综合农艺性状优良、适应性广、抗逆性强的绿豆新品系，并通过国际绿豆圃试验（IMN）将这些优良品种（系）向世界各国推广。到1994年，已有46个品种在20个国家正式命名并大面积应用。亚洲蔬菜研究发展中心新育成品系的荚果一次性收获率提高到80%～90%，产量潜力从每公顷0.3～1 t提高到了2.75 t。其中1973—1977年育成的82个品系的平均产量比20个亲本提高了26%，1978—1982年育成的87个品系的平均产量比1973—1977年的82个品系提高了20%，1983—1987年育成成品系的千粒重有了大幅度提高。近年来，该中心在抗性育种方面又取得新的进展，培育出VC6089A、VC6317A等抗豆象新品种（系），VC1137-2-B、VC1131-B-12-2-B、NM92、ML818、ML1628等抗黄花叶病毒病新品种（系），其中NM92、ML818、ML1628等已在巴基斯坦、印度等国家推广利用（表12-1）。

表 12-1　亚洲蔬菜研究发展中心筛选或育成对主要病虫具有抗性的绿豆种质材料

病害名称	抗源名称	育成的抗（耐）病品系
叶斑病（*Cercospora* spp.）	V1445、V1471、V2272、V2757、V2773、V3274、V3276、V3279、V3501、V4679、V4706、V4717、V4718、V5000、V5036、V3417、V4483 等	VC1137A、VC1560D、VC2720A、VC3689A、VC3543、VC3741A 等
白粉病（*Erysiphe pholyponi*）	V1104、V2159、V2773、V3911、V3912、V4186、V4189、V4207、V4574、V4584、V4631、V4658、V4662、V4663、V4679、V4717、V4718、V4799、V4883、V4966、V4967、V4990 等	VC1560A、VC1560C、VC1482A、VC2768A、VC3528A、VC3543A、VC3689A、VC3741A、VC4066A、VC4152A 等
立枯病（*Rhizoctonia solani*）	V1103、V1446、V1877、V4993 等	VC1163A 等
炭疽病（*Marcorphomina phaseolina*）	V3404、V3476、V3484	VC1131-B-12-2-B 等
皱叶病毒病（*Leaf crinkle virus*）	V3417、V4483 等	
黄花叶病毒病（*Leaf yellow mosaic virus*）	V2273、V2772、V2773、V3404、V3417、V3484、V3485、V3486、V3487、V4800、V4483 等	VC1137-2-B、VC1131-B-12-2-B、NM92、ML818、ML1628 等
绿豆黄瓜花叶病毒病（*Mungbean cucumber leaf mosaic virus*）	V1868、V2010、V2040、V2043、V2357、V2650、V2866、V2867、V2984、V3476、V3686、V4184、V4842 等	
绿豆斑纹病毒病（*Mungbean mottle virus*）	V1114、V1133、V1153、V1227、V1337、V1353、V1562、V1595、V1672、V1673、V1682、V1693、V1696、V1745、V1811、V1831、V1878、V1972、V1976、V2082、V2194、V2260、V2310 等	VC1973A 等
豆蚜（*Aphis craccivora*）	V1381、V1944、V2184 等	
豆秆潜蝇（*Ophiomyia* spp.）	V1160、V2396、V3495、V4281 等	VC4035-17 等
豆荚螟（*Maruca testulalis*）	V2109、V2106、V2135、V4270、VM2135 等	
绿豆象（*Callosobruchus chinensis*）	VM2011、VM2164、TC1966、NARP-4、V2802B-G、V1128B-BL 等	VC6089A、VC6307A 等
根结线虫（*Meloidogyne incognita*）	V1133、V1412、V1709、V2010、V2179、V2744、V2773 等	

绿豆品种的感光性、耐旱性、耐寒性和耐渍性是影响其适应性的重要因素。亚洲蔬菜研究发展中心（AVRDC）采取大田自然光周期鉴定与温室人工光周期鉴定相结合方法，鉴定出 V1400、V1944、V3726 等不感光种质，培育出 VC1628A、VC1168B、VC1973A 等广适应性高产品系；筛选出 V1281、V1947、V2013、V2984、V3372、V3388、V3404、V3484 等耐旱种质，培育出 VC1163D、VC2750A、VC2754A 和 VC2768 等耐旱品系；鉴定出 V1484、V2013、V2164、V1950、V1968、V1398、V2984、V1250 等耐寒种质，V1968、V2984、V3092、V3372 等耐渍性种质；培育出耐渍性较强且高产、抗病的新品种 VC2768A，在泰国被正式命名为 PSU1，在我国被命名为苏绿 1 号。此外，该中心还培育出 VC2763A 等耐酸性和盐碱性土壤的新品种；培育出 VC1178A 等适宜接水稻茬口的新品种，在泰国被命名为 CN60。

绿豆籽粒品质包括外观品质和营养品质两个方面。在外观品质上，世界大多数地区都喜好绿色、明光、粒大的绿豆品种，因此这种类型的绿豆成为育种工作的重点。在亚蔬中心的育成品系中，VC2778A、VC1973A等大多数均属这种类型。同时，该中心还根据某些地区的特殊需求，选育一些具有黄皮、毛粒、小粒等特点的品系，以增加利用者的可选择性。

几十年来，亚蔬中心在绿豆株型改良方面也做了大量工作，培育出VC1973A、VC2778A、VC2917A、VC3778A等植株直立抗倒伏、结荚集中在冠层、成熟一致不裂荚落粒、增产潜力达2 700 kg/hm^{2}的优良品种。其中VC2768A等结荚集中在植株顶端，VC1160-22-2B-1-B、VC1163A、VC1178、VC1628A、VC2764B等具有良好的成熟一致特性，VC1163A和VC1168B不易裂荚，VC1628A和VC2764B具有较好的抗倒伏能力。亚蔬中心还陆续推出了一批综合性状好的高产、稳产绿豆新品系，例如VC3737A、VC3890A、VC4050A、VC2991A、VC3664A、VC3853A、VC3766-3B-2-B、VC4066A、VC3301A、VC4111A、VC3300A、VC3902A、VC3117A、VC3738A、VC3726A等，并通过国际绿豆圃试验网和其他国际合作途径，分发到世界有关国家的绿豆育种项目，经进一步鉴定、评价后推广利用。

绿豆属小宗作物，新品种选育进程相对缓慢，但各主产国均取得一定成效。通过系统选育、国外引种和人工杂交等方法，培育出韩国的抗旱品系、印度的高蛋白质品系、巴基斯坦的抗病品系等，不同程度地解决了当地绿豆生产中存在的一些问题。此外，韩国还利用亚蔬中心绿豆V2939和地方品种杂交，培育出裂叶品种Samgang、小粒品种Soseon；巴基斯坦利用亚洲蔬菜研究发展中心绿豆V1482C和地方品种杂交，育成高产新品种Ramzan。20世纪70年代，泰国农业大学与亚洲蔬菜研究发展中心亚洲区域中心（ARC-AVRDC）合作，进行绿豆品种改良研究，从亚蔬中心绿豆育种材料中选育出KPS1（VC1973A，中绿1号）、KPS2（VC2778A，鄂绿2号）、CN36（VC1628A，粤引3号）、CN60（VC1178A）等新品种。1999年，韩国用金城绿豆（Keumseong Ilogdu，VC1973A）作为轮回亲本，与从亚蔬中心引进的抗豆象育种品系VC1973A/V2709杂交，培育出世界上第一个被推荐可在生产上利用的抗豆象新品种藏安绿豆。

诱变育种作为继选择育种和杂交育种之后发展起来的一项新兴技术，已逐渐成为种质创新和新品种选育的重要途径。印度学者发现，射线和化学诱变处理可提高绿豆抗性、缩短生育期、增加产量。Khan等利用甲基磺酸乙酯（EMS）和叠氮化钠（SA）诱变绿豆，发现叠氮化钠诱变后代的株高较甲基磺酸乙酯诱变的要低、生育期显著缩短，诱变后代群体均产生了广泛的变异范围，但甲基磺酸乙酯的总体诱变效果优于叠氮化钠。我国科研人员利用γ射线诱变，成功培育出适应性广、产量高的晋绿2号。人造卫星搭载及地面模拟航天环境因素诱变已在我国绿豆品种改良计划中应用，并成功培育出中绿8号、中绿12、中绿13、中绿15等高产、多抗、广适新品种。

第二节　绿豆育种目标和性状的遗传

一、绿豆育种的主要方向和育种目标

（一）绿豆育种目标确定的原则　首先要根据本地区的气候、地理、土壤等自然条件、病虫害发生情况、栽培习惯、品种状况、农业经营主体和社会条件等来确定绿豆育种目标，同时要预测新品种推广应用时的农业技术、生产水平、社会需求等的变化以及消费者对品种的要求，突出重点，培育出适于本地区种植的高产、优质、多抗、高效新品种。

确定育种目标是育种工作的关键。应切合实际地根据生态环境和生产发展的要求，以及市场的需要，提出明确而有针对性的育种目标。就目前我国生产发展和市场的需要而言，应致力于选育适合麦茬复种和间套作的品种。

（二）绿豆育种目标　以选育高产、质优、早熟、植株直立抗倒伏、结荚集中在冠层、成熟时不裂荚落粒、抗叶斑病、抗逆境、易于机械化管理为主攻目标。

1. 选育产量高、稳产性好、抗逆性强的大粒型品种　要求植株直立、株型紧凑、分枝与主茎夹角小、叶片浓绿、株高为50～70 cm、不倒伏。正常年份单产达到3 000～3 750 kg/hm^2。

2. 选育早熟、特早熟品种　为适应平原及干旱和高寒地区种植的需要，绿豆新品种应具有明显的早熟性。一般要求早熟品种生育期为70～80 d，特早熟品种生育期为50～60 d。

3. 选育不感光、不感温或感光、感温性弱的品种　为适于不同生态区种植，绿豆新品种播种期弹性要大，不但适于平播，也适于间作套种或填闲、救灾种植。

4. 选育抗病虫新品种 新品种要求抗或兼抗叶斑病、白粉病、枯萎病、病毒病，对豆荚螟、豆天蛾、斜纹夜蛾、蚜虫及绿豆象等具有较高的抗虫性能。

5. 增强品种对倒伏、裂荚、干旱及其他不利性状和因素的耐性 绿豆新品种抗倒伏和耐裂荚性要强，并具有较强的耐旱性及耐盐碱、耐瘠薄能力，以适应机械化管理，并在少雨年份不减产，特大干旱年份也能保证一定收成。

6. 通过种间杂交培育优质品种 通过杂交组配将抗病虫基因转移到高产优质绿豆品种中，提高甲硫氨酸含量，以改善绿豆籽粒蛋白质的品质，优质新品种蛋白质含量应高于25%，淀粉含量应高于55%，且商品性好，粒色鲜绿、粒形整齐、百粒重在6.0g以上、发芽率高。

二、绿豆主要育种性状的遗传

（一）绿豆形态和色泽性状的遗传 1930年Bose发现绿豆花色和种子表面的特性没有连锁，种子表面的特性也为单基因遗传，种皮有光泽为隐性性状。种皮色由两个基因控制，基因符号为*Bb*和*Bfbf*。种皮蓝色由基因*Bb*控制，而浅黄色由等位隐性基因*bf*控制，叶绿体数量由基因*Gg*控制。1939年Bose发现未成熟的荚色和花色受同一对基因控制，橄榄黄花色具有隐性单基因遗传的特性。Sen和Ghosh（1959）认为橄榄黄花色是由基因*O*控制，它对褐色花基因*o*为显性，硫黄花色是双等位花色苷基因*cc*作用的结果。

控制植株不同部位的紫色分布和表现的基因为*Pp*和等位基因系列*C-Cb-c*，在等位基因*C-Cb-c*中色素显性效应是累加的。下胚轴色基因*Pp*、粒色基因*Bb*和荚果色基因*Lplp*是一个连锁群，*Pp*与*Bb*之间的遗传距离为4.3cM，*Bb*与*Lplp*之间的遗传距离为15.6cM，*Pp*与*Lplp*之间的遗传距离为9.4cM。

绿豆植株的匍匐性、攀缘性均为单基因遗传，半匍匐性对匍匐性是显性，非攀缘性对攀缘性是显性，这两对性状F_2代分离比例为9∶3∶3∶1，说明这两对基因是独立遗传的。

叶色和茎色均为单基因遗传，叶色深绿对叶色浅绿为显性，茎紫色对绿色为显性。未成熟荚腹缝线上的紫红脉纹对无脉纹为显性；成熟荚的黑色对浅褐色为显性。基因*lp*存在时荚为浅玉米花色，基因*a*存在时荚为杏仁似的浅褐色，*Lp*与*A*同时存在时荚为黑色。

绿豆叶缘是由简单的主效基因控制的，全缘对裂片叶缘为隐性。但有人发现裂片叶缘对全缘是部分显性，是由单基因控制的遗传。

绿豆结荚通常为每节1簇，但有时为3簇，这是由1个简单的、被抑制的主效隐性基因控制的。

（二）绿豆产量及其相关性状的遗传 产量及其相关性状的基因效应分析可为绿豆育种，尤其是高产育种过程中产量相关因子的选择或效应累加等提供指导信息。Aher和Dahat利用8种绿豆基因型及其杂交后代对5个产量相关性状的遗传分析表明，除百粒重外，所有产量因子均受显性基因作用，且大部分存在基因上位性效应，故可在不同亲本的选配中加以利用，并以高代选择为主。Kute等对绿豆杂交组合后代数量性状的世代平均值分析表明，单株荚数、百粒重等存在加性效应，而单株荚数和单株产量具显性效应。Khattak等和Jayaprada等认为单株荚数、百粒重、单株产量及生物学产量均存在基因显性和加性效应，其中加性效应占主导作用，故育种改良时可在低世代选择。但Gawande等的研究表明，控制种子产量相关遗传因子的作用方式均存在加性、显性和上位性，与Singh等的结论基本一致。

绿豆单株生产力、单株荚数、单荚粒数、株高和全生育期等性状在遗传上较为稳定，遗传率较高；在育种过程中，若进行早代择优选择，成功概率较高。张耀文等（1999）研究表明，绿豆单株生产力、单株荚数、单荚粒数、百粒重、株高和全生育期6个性状的广义遗传率较高，均在80%以上，其中全生育期、株高和百粒重的遗传率在90%以上。单株生产力变异系数最高，达到52.6%；其他依次为单株荚数、株高、百粒重、全生育期和单荚粒数。陈永安（1994）报道的产量相关性状广义遗传率均较低，结荚高度的为34.12%，株高的为28.25%，主茎节数的为8.20%，单株荚数的为27.35%，单荚长的为56.34%，单荚粒数的为18.24%，单株粒数的为23.14%，单株籽粒质量的为28.39%。

在实践中发现，绿豆的产量性状具有较高的遗传变异和中等遗传率，但预期的遗传进度较低。单株产量、单株荚数和单株分枝数遗传进度较高，具有较低的遗传率。单株分枝数、单株荚数和单株籽粒产量具有较高的遗传变异系数和遗传进度，可用适当的选择计划来改良。单株荚数虽有高的遗传变异（19.2%）和最大的遗传进度（9%），但只有48%的中等遗传率（张耀文等，1999）。

籽粒产量与单株荚数、单荚粒数高度相关，也与生育前期、生育后期的天数成正相关。单株分枝数、单簇荚数、单株花序数、单株叶数、叶绿素浓度及收获指数也表现出与单株产量成正相关。根据表 12-2 通径分析结果，可从决定系数（d_i）的大小看出，单株荚数（X_1）对单株生产力（Y）的影响起着决定性的作用（d_i=1.076 0），其次是百粒重 X_3（d_i=0.125 8），再次是荚粒数 X_2（d_i=0.049 5）。若能协调好荚、粒、重的关系，缩小中选率，增大选择强度，就可能获得高产材料。

表 12-2　通径分析结果

项目	$X_1 \to Y$	$X_2 \to Y$	$X_3 \to Y$
单株荚数（X_1）	1.037 3	−0.414 8	−0.210 4
单荚粒数（X_2）	−0.088 9	0.222 4	0.034 8
百粒重（X_3）	−0.036 3	0.055 5	0.354 7
决定系数（d_i）	1.076 0	0.049 5	0.125 8
与单株生产力（Y）的相关系数	0.876 5**	−0.136 9	0.179 1

（三）绿豆抗病虫性状的遗传　豆象是绿豆乃至所有食用豆类生产和储藏的主要害虫，对绿豆产业危害极其严重。鉴于物理熏蒸、化学杀虫等防治方法成本较高、易造成环境污染等诸多不利因素，培育抗豆象品种才是最为经济、安全、有效的防治措施。由于现有抗豆象种质极少，且均为籽粒小、硬实性高、综合农艺性状差的野生或半野生类型，在绿豆育种中应用效率较低。分析野生绿豆中抗豆象特性的遗传规律，可有效提高抗性基因在育种中的利用率。

野生绿豆 TC1966 来自马达加斯加，对绿豆象、四纹豆象均具有完全抗性。Kitamura 等分析发现，TC1966 与栽培种杂交 F_2 代群体中豆象抗感分离符合 3∶1 的比例，F_3 代群体基因型符合 1∶2∶1 的分离比例，可见，TC1966 的抗豆象基因由单显性基因控制，这个结论进一步得到程须珍等的验证。Lin 等对用 TC1966 培育的抗豆象新品系 VC6089A 分析表明，95%以上的虫卵在 VC6089A 籽粒表面不能孵化，从 VC6089A 籽粒中提取的绿豆酸（VrD1）对豆象具有毒性，且虫卵在含有 0.2%绿豆酸的人工种子表面也不能正常发育孵化，故认为绿豆酸可能是抗豆象的主要成分。抗豆象野生绿豆 ACC41 来自澳大利亚，也具有广谱抗虫性，Lambrides C. J. 等研究表明，ACC41 的抗虫特性由单显性基因控制。此外，亚蔬中心还鉴定出 2 份抗豆象栽培绿豆 V2709 和 V2802，但抗豆象水平均为中抗。Somta 等研究表明，V2709 和 V2802 中的抗豆象特性均由 1 对主效基因控制，但存在修饰基因的作用，且二者间的抗性基因可能为等位基因。孙蕾等以 V2709 与中绿 1 号杂交后代 F_1 代、F_2 代为试验材料，通过室内人工接虫鉴定，证明 V2709 的抗豆象特性是由 1 对显性基因控制的。

除豆象外，叶斑病、白粉病、花叶病毒病等对绿豆生产也具有严重危害。Chaitieng 等利用 2 个抗白粉病品系和 2 个感白粉病品系配制组合，对不同世代的平均值分析显示，绿豆抗白粉病存在显著的基因加性和显性效应；BC_1 代群体及 F_2 代群体抗感植株的分离比例表明，4 个组合的白粉病抗性均由单显性基因控制。但 Kute 等利用具中等抗性水平的品种与感病品种杂交，F_1 代均表现为感病，F_2 代及 F_3 代的抗感分离比例表明白粉病抗性由 3 对隐性基因控制。说明不同抗源间的抗性遗传机制有差异，抗性基因不等位。泰国农业大学 Sompong Chankaew 等利用 V4718 为抗性亲本，配制 VC6510-151×V4718、VC6506-127×V4718、V3404×V4718 共 3 个杂交组合，分析双亲、BCP_1、BCP_2、F_1 代等不同世代的叶斑病遗传表现，发现基因加性效应和显性效应在叶斑病抗性遗传中都存在，但不同组合之间略有差异。对花叶病毒病的遗传研究发现，绿豆花叶病毒病抗性受单隐性基因控制，但修饰基因的存在可导致后代群体抗性高低不一致。

（四）绿豆分子遗传学研究

1. 绿豆 DNA 分子标记研究和利用　近年来，绿豆分子遗传学研究主要集中在遗传多样性及抗性基因分子标记等方面。Afzai M. A. 等对亚蔬中心 21 个绿豆育成品种的随机扩增多态性 DNA（RAPD）分析表明，这些品种的遗传相似性系数较高，拓宽亲本遗传基础有待加强，并在对印度绿豆品种的随机扩增多态性 DNA 和简单序列重复间区（ISSR）分析中得到验证。程须珍等对不同绿豆间亲缘关系分析表明，随机扩增多态性 DNA 分子指纹可将野生种和栽培种区分开，且抗豆象品系和感豆象品系之间有一定差异。程须珍等利用随机扩增多态性 DNA 标记在抗豆象基因池、感豆象基因池的分离群体分组分析（BSA）中发掘出 6 个在抗感池间有差异的标记，经对 F_2 代单株分析，发现1个可能与抗豆象基因位点紧密连锁的分子标记。Selvi等利用分离群体分组分析法对花叶病毒抗性基因的分析表明，有3对随机扩增多态性DNA引物在抗性基因池、抗性亲本与感豆象基因池、敏感亲本中存在差异，发现OPS7-（900）可能与抗性基因连锁。Chen等将分离群体分组分析法鉴定的随机扩增多态性DNA标记转化为特征序列扩增区域（SCAR）和酶切扩增多态性序列（CAPS）标记，在重组自交系分析中，获得3个与TC1966抗豆象基因紧密连锁的共显性PCR标记。

鉴于限制性片段长度多态性（RFLP）、扩增片段长度多态性（AFLP）标记技术的烦琐和昂贵及随机扩增多态性DNA标记的不稳定性等，在实际中简单序列重复（SSR）等以聚合酶链式反应（PCR）技术为基础的特异性标记越来越受到欢迎。Miyagi M. 等以ACC41和ATF3640为供体，构建了世界上第一个绿豆BAC文库，总容量约为绿豆基因组的3.5倍，共包含近20万个克隆；为验证该文库的实用性，利用9个包括与抗豆象基因连锁的限制性片段长度多态性标记（Mgm213）对文库进行筛选，鉴定出27个阳性克隆，并用Mgm213鉴定出的3个阳性克隆做亚克隆及序列分析，成功开发出可用于抗豆象基因定位的PCR标记。

2. 绿豆遗传连锁图谱构建 构建绿豆遗传连锁图谱、定位目标基因将大幅度提高分子标记辅助选择效率，为基因精细定位、图位克隆、分子定向修饰育种等奠定基础。Young等以抗豆象野生绿豆TC1966和感豆象栽培绿豆VC3890A杂交后代的58个 F_2 代单株，用153个限制性片段长度多态性标记构建了绿豆遗传连锁图，共包含14个连锁群，总长度为1 295 cM，标记间平均遗传距离为9.3 cM。Lambrides等利用抗豆象野生种ACC41及栽培种Berkem的后代群体构建了2套遗传连锁图谱，其中用67个 F_2 代单株构建的连锁图有110个标记，包括52个限制性片段长度多态性标记和56个随机扩增多态性DNA标记及种皮色和组织着色性状标记，它们共分布在12个连锁群，总长度为758.3 cM；而以上述67个 F_2 代单株形成的重组自交系（RIL）群体构建的连锁图谱总长度为671.9 cM，仅包含115个随机扩增多态性DNA标记，也分布在12个连锁群，其中大部分随机扩增多态性DNA标记的顺序在两套连锁图中比较吻合。Humphry等采用Lambrides的重组自交系群体也构建了1套连锁图，总长度为737.9 cM，包含13个连锁群、255个限制性片段长度多态性标记，标记间的最短距离为3.0 cM。吴传书等利用绿豆基因组简单序列重复、表达序列标签-简单序列重复、序列标签位点（STS）和普通菜豆基因组简单序列重复等标记，以澳大利亚Berken×ACC41的重组自交系群体及亲本为试验材料，用6 686对引物进行PCR扩增及多态性筛选，构建了1张含有585个标记、总长度为732.9 cM、包括11个连锁群、标记间平均距离为1.25 cM、平均长度为66.63 cM的遗传图谱，该图谱是目前国内外发表的标记数最多、密度最高的绿豆遗传连锁图谱。

3. 抗豆象等相关基因的遗传定位及数量性状基因位点分析 Young等通过构建遗传图谱，在第8连锁群发现1个距野生绿豆TC1966抗豆象基因仅3.6 cM的限制性片段长度多态性标记。Kaga和Ishimoto利用BSA法，将可能与抗豆象基因相关的随机扩增多态性DNA标记制成探针进一步分析，发现6个与TC1966抗豆象基因连锁较紧密的限制性片段长度多态性标记，但在鉴定回交后代群体时，发现1株检测到绿豆酸的感豆象单株，从而否定了Sugawara等关于绿豆酸是抗豆象主要因子的观点；但Kaga研究认为，绿豆酸与抗豆象基因可能连锁比较紧密，开展绿豆酸对抗豆象特性鉴定和抗性基因图位克隆等有一定意义。梅丽等通过对不同年份、不同地区种植及接虫鉴定的重组自交系群体分析，证明野生绿豆ACC41中的抗豆象主效基因在不同环境下稳定存在，是进一步精细定位的理想目标。

除对抗豆象基因的定位及数量性状基因位点（QTL）分析外，Humphry等以高抗白粉病的印度绿豆ATF3640与感病品种构建的147个重组自交系为试验材料，用限制性片段长度多态性标记构建了遗传图谱，总长度为350 cM，包含52个标记位点，开发出一个可解释86%遗传变异、距抗白粉病基因仅约1.3 cM的主效数量性状基因位点。低硬实率是评价绿豆商品品质的重要因素，梅丽等利用Berken×ACC41组合重组自交系的121个 F_{10} 代家系和79个限制性片段长度多态性分子标记，采用改进复合区间作图法对绿豆种子休眠性和百粒重性状进行数量性状基因位点定位及上位性互作分析，检测到与发芽势有关的数量性状基因位点3个、与发芽率有关的数量性状基因位点4个，分别位于第1和第11连锁群，分别解释表现型变异的8.17%～12.14%和4.34%～12.69%；检测到与百粒重有关的数量性状基因位点5个，分别位于第2、8、9和11连锁群，解释表现型变异的4.58%～10.36%。

第三节 绿豆种质资源研究和利用

一、绿豆分类

种内绿豆尚无明确的分类，但有许多种类和适应性变异，大致分为4个类型：①金黄色类型（aureus），种子黄色或金黄色，一般产量较低，有裂荚性，常用作饲料和绿肥；②典型类型（typical），具有深绿或绿色种子，产量较高，成熟较一致，裂荚性较小，种植比较普遍；③大粒型（grandis），多为黑褐色种子类型；④褐色粒型（bruneus），种子为褐色的类型。此外，绿豆还有其近缘野生种*Vigna radiata* var. *sublobata* (Roxb) Versourt。

在生产上，可将绿豆品种分为地方品种（或农家品种）和选育品种（包括高代品系）两大类。在地方绿豆品种中，按照不同性状还有如下分类方法。

①按种皮颜色分为绿色、黄色、褐色、蓝青色和黑色5种类。

②按种皮光泽分为有光泽（有蜡质，又称为明绿豆）和无光泽（无蜡质，又称为毛绿豆）2种类。我国收集的4 719个绿豆品种中，种皮有光泽的和种皮无光泽的份数接近，但明绿豆所占的比例由北向南逐步减少，毛绿豆所占比例由南向北逐渐减少。

③按籽粒大小分为大粒型（百粒重在6 g以上）、中粒型（百粒重为4～5 g）和小粒型（百粒重3 g以下）3种类。

④按生育期长短分为早熟型（全生育期在70 d以内）、中熟型（全生育期为70～90 d）和晚熟型（全生育期在90 d以上）3类。

⑤按株型分为直立型、半蔓生型和蔓生型3类。

二、国内外绿豆种质资源收集、保存和研究的现状

（一）国外绿豆种质资源研究 种质资源是绿豆新品种选育、遗传理论研究、生物技术开发和农业生产发展的重要物质基础。为此，世界上许多国家和地区、组织都十分重视绿豆种质资源的收集，已收集保存绿豆种质资源3万多份，其中亚洲蔬菜研究发展中心有6 000多份，印度有5 200多份，印度尼西亚有3 139份，菲律宾有5 736份，美国有5 900多份，部分国家和单位保存情况见表12-3。此外，亚蔬中心还拥有一批具有临时编号的绿豆种质和育种材料，并不间断地从各国收集绿豆种质资源，同时又向世界各国免费提供各种遗传材料。据统计，仅1976—1990年，亚蔬中心就向各主产国分发绿豆种质57 156份次。

表12-3 部分绿豆种质资源保存情况

（引自郑卓杰，1997；国际会议等）

保存国家或研究单位	保存材料数
中国：中国农业科学院作物科学研究所（ICS-CAAS）	6 681
亚洲蔬菜研究发展中心（AVRDC）	6 099
印度：旁遮普农业大学（PAU）	3 000
国家植物遗传资源管理局（NBPGR）	2 200
印度尼西亚：中央粮食作物研究所（CRIFC）	2 172
国立生物研究所（NBI）	100
玛琅粮食作物研究所（MARIFC）	867
菲律宾：菲律宾大学植物育种研究所（IPB-UPLB）	5 736
孟加拉国：孟加拉国农业研究所（BARI）	498
巴基斯坦：巴基斯坦农业研究中心遗传资源研究室（GRL-PARC）	627

（续）

保存国家或研究单位	保存材料数
日本：国立农业生物资源研究所（NIAR）	916
哥伦比亚：哥伦比亚农业研究所（ICA）	135
美国：美国农业部农业资源信息中心格里芬分中心（Griffin，APS-USDA）	3 573
密苏里大学（UM）	2 100

亚洲蔬菜研究发展中心科学家在配置大量杂交组合基础上，筛选出一批具有高产、抗病虫、不感光、早熟、耐旱、成熟一致、大粒、株型直立、抗倒伏、成熟时不裂荚等特性的最佳母本材料（V1380、V1411、V1944、V1945、V1947、V2184、V2272、V2273、V2773、V3476 等）、最佳父本材料（V1394、V1400、V1411、V1945、V1947、V2184、V2272、V2273、V2773、V3476 等）、与近缘种黑吉豆杂交亲和性好的亲本材料（V4997、V6085、V6099 等）。亚洲蔬菜研究发展中心还筛选出大量抗叶斑病和白粉病的种质，使世界绿豆抗病育种有了突破性进展。

印度早在 1942 年就开始了对绿豆资源的收集和评价工作，后来对 2028 份亚洲蔬菜研究发展中心绿豆进行了特性鉴定，筛选出兼抗黄色花叶病毒病（MYMY）、皱叶病毒（*Leaf crinkle virus*）病及尾孢菌叶斑病（*Cercospora canescens*）的绿豆 V3417 和 V4483。菲律宾也从亚洲蔬菜研究发展中心绿豆中筛选出高抗尾孢属叶斑病材料 VC1000B 和 VC763-13-B-2-B。

（二）我国绿豆种质资源 绿豆原产于我国，资源丰富、类型繁多，并在云南、广西、河北、河南、山东、湖北、辽宁等地发现不同类型的野生绿豆。我国绿豆种质资源研究始于 20 世纪 70 年代后期，到“十二五”末期，已收集保存绿豆种质资源近 7 000 份。截至 2014 年年底，已有 6 681 份绿豆种质资源完成农艺性状鉴定并编入《中国食用豆类品种资源目录》1～4 集，6 000 多份种质资源入国家种质库保存，大约 40%的材料进行了蛋白质和淀粉分析，以及抗逆境和抗主要病虫害鉴定。筛选出数百份优异种质，已编入《中国食用豆类优异种质目录》《中国食用豆类营养品质鉴定与评价》和《中国食用豆类品种志》等。对国家中期库 5 000 多份资源进行了种质更新，研制出《绿豆种质资源描述规范和数据标准》，建立了实物和数据信息共享平台。

经对《中国食用豆类品种资源目录》1～3 集中来自全国 26 个省、自治区、直辖市 4 719 份种质研究，发现我国绿豆种质资源主要分布在河南、山东、山西、河北、湖北和安徽。其中以河南最多，有 916 份，占总数的 19.4%；其次是山东，有 672 份，占 14.2%；山西有 409 份，占 8.7%；河北有 396 份，占 8.4%；湖北有 303 份，占 6.4%；安徽有 301 份，占 6.4%。

1. 生育期 我国绿豆种质资源遗传变异丰富。其生育期平均为 85 d，最短的仅 50 d，晚熟品种达 151 d。筛选出生育期 60 d 以下的特早熟品种 99 个，主要分布在河南，有 90 个，占总数的 90.9%；另外还有陕西 3 份、广西 2 份，北京、河北、山东和江西各 1 份。在特早熟品种中，C04647 生育期只有 50 d，C03463 和 C03464 生育期为 55 d；生育期 130 d 以上的晚熟品种主要分布在内蒙古、黑龙江、甘肃、宁夏等春播区和湖北等的一些半野生类型中。

2. 粒色和籽粒大小 在 4 719 份绿豆种质资源中，籽粒绿色的有 4 320 份，占 91.5%；黄色的有 250 份，占 5.3%；褐色的有 118 份，占 2.5%；蓝青色的有 31 份，占 0.7%。百粒重分布在 1.0～9.6 g，平均为 4.85 g。其中百粒重 6.5 g 以上的有 364 个，占总数的 7.7%；7.0 g 以上的有 181 个，占 3.8%；7.5 g 以上的特大粒品种有 76 个，占 1.6%，主要分布在山西、山东、内蒙古、安徽、湖南和国外引进品种当中，其中 C04595 达 9.6 g，C03869 为 8.8 g，C01229 和 C00506 都为 8.5 g。小粒型品种中，百粒重 3.5 g 以下的有 474 个，占总数的 10.0%；3.0 g 以下的有 126 个，占 2.7%；2.5 g 以下的特小粒品种有 46 个，占 1.0%；主要分布在湖北、山东、云南、江西、安徽和海南，其中 C01722、C01723 和 C02955 只有 1.0 g。对我国 250 份黄皮绿豆也进行了鉴定，其中明绿豆约占 2/3，毛绿豆占 1/3 左右。筛选出 37 份优质种质资源，见表 12-4。

3. 蛋白质含量 对 2 524 份种质资源营养品质分析，发现绿豆蛋白质含量分布在 17.37%～29.06%，平均为 24.5%。高蛋白型品种中蛋白质含量在 26%以上的有 322 个，占样品总数的 12.8%；蛋白质含量在 27%以上的有 76 个品种，占样品总数的 3.0%；蛋白质含量在 28%以上的特高蛋白品种有 18 个，主要分布在湖北、北京、山西、山东、河北和湖南，其中C02975蛋白质含量达29.06%，C01701蛋白质含量为28.99%，C01059蛋白质含量为28.95%。低蛋白型品种中蛋白质含量在20%以下的有23个，主要分布在内蒙古、山西和河南，其中C01940蛋白质含量只有17.37%，C00656蛋白质含量为17.63%。

表12-4　黄皮绿豆优异种质资源名录

优异性状	份数	优异种质统一编号或名称
早熟（生育期≤65 d）	6	C2906、C2909、C2910、C2911、C2912、C2913
大粒（百粒重≥6.5 g）	5	C0559、C3166、C3574、C3899、C4620
多荚（单株结荚≥70个）	8	C0561（耐旱）、C0776、C2148、C4062、C4064、C4067、C4069、C4074
早熟（生育期≤70 d）大粒（≥6.0 g）	2	C4358、C4360
早熟（生育期≤70 d）多荚（≥30个）	7	C1408、C1412、C1414、C1418、C1420、C1423、C2150
大粒（≥6.2 g）多荚（≥22个）	7	C0331（较耐旱）、C0555（耐旱）、C0556（耐旱）、C0568、C1410、C3899、C4700
早熟（生育期≤70 d）大粒（≥6.0 g）多荚（≥20个）	2	C1406、C4356

4. 淀粉含量　对2 524份绿豆种质资源总淀粉含量分析，发现绿豆淀粉含量分布在42.95%～60.15%，平均为52.21%。高淀粉型品种中，总淀粉含量在55%以上的品种有197个，占样品总数的7.8%；淀粉含量在56%以上的品种有72个，占样品总数的2.9%；淀粉含量在57%以上的品种有30个；主要分布在河南、山东、内蒙古、吉林和贵州，其中C01940淀粉含量达60.15%，C00630淀粉含量为59.99%，C01490淀粉含量为58.58%。低淀粉型品种中，总淀粉含量在50%以下的品种有269个，占样品总数的10.7%；淀粉含量在49%以下的品种有111个，占样品总数的4.4%；淀粉含量在48%以下的品种有60个，占样品总数的2.4%；主要分布在山东、河北、安徽、北京、湖北和湖南，其中C03420淀粉含量只有42.95%，C00129淀粉含量为42.98%。

5. 抗旱性　在鉴定的2 394份绿豆种质资源中，抗旱性评价结果分布在1～5级，其中芽期和熟期抗旱性评价均在3级以下的品种有475个，占样本总数的19.8%；抗旱性评价均在2级以下的品种有46个，占样品总数的1.9%。耐旱性材料主要分布在山西、山东、内蒙古、吉林、湖北、北京、河南、河北、陕西和国外品种中，其中C01809芽期和熟期均为1级；C00406、C00602、C01368、C02157、C03406、C03419等14个品种芽期耐旱性为1级，熟期耐旱性为2级。

6. 耐盐性　在鉴定的2 429份绿豆种质资源中，耐盐性评价结果分布在1～5级，其中芽期和苗期耐盐性评价均在3级以下的品种有265个，占样本总数的10.9%。耐盐性评价在2级以下的品种有22个，主要分布在山东、吉林和湖北，其中C01257芽期和苗期均为1级，C01726芽期耐盐为2级，苗期耐盐为1级，C00699芽期耐盐为1级、苗期耐盐为2级。

7. 抗病性　在鉴定的2 132份绿豆种质资源中，抗叶斑病评价结果分布在高感（HS）至中抗（MR）之间，其中由感（S）至中抗（MR）的有137份，占样本总数的6.4%；中感（MS）至中抗（MR）的品种有14份，占样品总数的0.7%，主要分布在国外引进品种及安徽和河北，其中C04010和C04489表现为中抗（MR）。在鉴定的2 064份绿豆种质资源中，抗根腐病评价结果分布在高感（HS）至中感（MS），其中由感（S）至中感（MS）的品种有487份，占样品总数的23.6%；表现中感（MS）的有14份，占样品总数的0.7%，主要分布在山东、安徽、河北、山西、湖南和国外引进品种中，其中C00556、C01126、C04468、C04466等品种表现较好。

8. 抗虫性　在鉴定的2 132份绿豆种质资源中，抗蚜害病评价结果分布在高感（HS）至抗（R）。其中由感（S）至抗（R）的品种有551份，占样品总数的25.8%；表现中抗（MR）至抗（R）的品种有6份，占样品总数的0.3%，主要分布在内蒙古和山西，其中C00576为抗（R），C00380、C00381、C00581、C00591和C00636为中抗（MR）。

采用室内人工接虫、自由选择方法和田间自然感虫法相结合、初筛和复鉴相配套的适于大批量种质抗豆象筛选方法，对引自亚洲蔬菜研究发展中心的80份材料和大陆的784份资源进行抗豆象鉴定，以绿豆籽粒被害率为评价指标，从亚洲蔬菜研究和发展中心的绿豆中筛选出V2709、V2802等抗豆象资源和育种材料。中国农业科学院作物科学研究所与亚洲蔬菜研究发展中心亚洲区域中心（ARC-AVRDC）合作，对抗豆象栽培品种和野生品种进行抗性评价。程须珍等（1998）采用随机扩增多样性DNA（RAPD）分子标记技术对16个绿豆品种（系）进行了亲缘关系分析，在选用的45个随机引物中，发现野生种与栽培种之间有明显不同的扩增产物，抗豆象栽培品种与感豆象栽培品种间有一定差异。根据聚类分析，可将它们分成抗豆象野生种（TC1966）、抗豆象栽培种（V2709）、抗豆象杂交后代（VC3890A2×TC1966-23）和混合类型4个大组。在混合类型组中，还可分为抗豆象栽培种（V2802）、VC3890A家族、VC1973A家族、VC1178A家族、感豆象栽培种（CN60）和VC2778A家族共6个亚组。

9. 遗传多样性 刘长友等（2008）以国家作物种质资源数据库中5 072份绿豆种质资源为材料，根据14个农艺性状，利用地理来源（省）和性状群进行分组，构建了13个不同的绿豆初选核心样本，经对不同取样方法及总种质资源进行品种间平均相似性系数、性状符合度、遗传多样性指数和数量性状变异系数比较，发现聚类选择取样优于随机取样，按性状群分组优于按省分组；在聚类选择条件下采用多样性指数法确定取样数优于平方根法和比例法。最终确定按性状群分组，用多样性指数确定取样数，聚类选择个体为绿豆核心种质构建的最佳方案。用此方案，构建了包含719份绿豆资源的初选核心种质，取样比例为14.2%，性状符合度达100%。经遗传多样性分析，证明我国绿豆具有较为广泛的遗传多样性，在评价的8个数量性状中，对产量起决定因素的单株荚数、百粒重和单荚粒数这3个性状的遗传多样性指数最高，表明我国绿豆具有较高增产潜力；根据多样性指数分布区域，推断我国绿豆遗传多样性中心在北纬35°～43°、东经111°～119°范围内；遗传多样性最高的地区不是在材料份数最多的河南，而是在山西和河北。

10. 应用型核心种质 为提高种质资源在育种中的利用效率，王丽侠等（2009，2014）建立了包含203个样本，约占资源总数4%的应用型核心种质。遗传变异分析表明，该核心种质具有丰富的表现型变异和遗传多样性，是我国绿豆种质资源的代表性样本。经多点联合鉴定试验，发现绿豆生长习性、结荚习性受生态环境影响较大，其中仅39.4%的种质在北京、河北唐山和河南南阳3个试点均表现直立生长，并非所有直立生长的种质都具有限结荚习性；绿豆核心种质在各试点均能成熟，但生育期、株高、主茎分枝等数量性状在试点间差异较大；根据不同种质在试点间的变化趋势，筛选出26份适宜不同生态区域种植的优异种质。混合线性模型分析表明，不同性状的基因型、环境互作等效应存在差异，其中基因型效应在荚长（0.57）、百粒重（0.51）的变异中占重要比例，环境效应在生育期（0.39）的变异中占较大比例，而剩余效应则是主茎分枝（0.62）、单株荚数（0.53）、单荚粒数（0.70）等性状的重要影响因子。最后根据不同绿豆种质农艺性状对生态条件反应的差异，筛选出综合农艺性状均具一定环境稳定性的种质4份。

第四节 绿豆育种途径和方法

一、绿豆引种

将外地或国外的优良品种引入本地试种鉴定，对符合育种目标的优良品种进行繁殖，直接利用，是最简便有效的育种方法。例如中绿1号（VC1973A）、苏绿1号（VC2768A）、鄂绿2号（VC2778A）、D0804绿豆（V3726）等都是从亚洲蔬菜研究发展中心引进的高代品系中选育而形成的优良品种，已在河北、辽宁、河南、湖北、安徽、山东、江苏、四川、广东、广西等地大面积推广应用。此外，引进的优良品种（系）还可为杂交育种提供优良亲本材料。

引种时要根据本地生产或育种需要确定引种目标。对拟引进的品种首先了解其对温度、光照和栽培条件的要求是否适合于本地区。引进材料第1个生长季必须检疫隔离试种，确认无危险病、虫、草害，再进一步试种和利用。绿豆虽然适应性较强，但仍属短日照作物，一般南种北引生育期延长，延期开花结实，有的甚至不能开花结荚。而北种南引生育期缩短，提前开花结实，有的产量很低。因此两地纬度跨度大的情况下，直接引种利用时必须慎重。

二、绿豆地方品种筛选

从拥有的种质材料中筛选出优良的农家品种，进行除杂去劣、提纯复壮，扩繁后可直接提供生产推广应用，也可用作杂交育种亲本。一些优良的地方品种，经过长期的自然选择，具有适应当地栽培条件、气候、生态及逆境等的特点，稳产性好。因此收集当地种质资源，进行评价鉴定，筛选出有利用价值的优良地方品种用于生产，仍然是目前对提高绿豆产量具有实际意义的工作。亚洲蔬菜研究发展中心通过这种方法获得V1380、V1388、V2013、V2773、V3467、V3484、V3554等一批优良品系。大陆也筛选出一批农家优良品种，例如高阳小绿豆（D0317）是从河北省高阳县农家品种中筛选出来的；明绿245（D0245-1）是中国农业科学院作物科学研究所从内蒙古农家品种中株选而成的；安丘柳条青是从山东省安丘县农家品种中选育出来的毛绿豆；大毛里光是河南省邓县农家特早熟品种。此外，各地还有不少优良品种，例如河北省张家口的鹦哥绿，湖北省的鄂绿1号，河南省的郑州421、郑州427和黄荚18粒，辽宁省的辽绿25和辽绿26，山东省的鲁绿1号和栖霞大明绿等都在生产上发挥了一定的作用。

三、绿豆自然变异选择育种

绿豆的自然异交率虽然很低，但昆虫在田间传粉后可产生杂交株，天然的紫外线、闪电等作用也能产生突变，因而一般地方品种实际上是一个混合群体，这为自然变异选择育种提供了可能性。在育种实践中具体选育方法如下。

第1年，根据育种目标在绿豆生产田或资源圃内选取优良单株。

第2年，将优良单株分别种成株行，经田间观察淘汰差的株行，优良株行室内考种再选优株，同一株行内优株混合。

第3年，将上年所选优株行种植在优株系鉴定圃，进行株系测产比较，对入选的优株系材料分别混收并编号。

第4年和第5年，对入选材料进行产量比较再选优，有条件的可同时进行扩繁和生产试验。

在自然变异选择育种时，根据农艺性状之间存在的遗传相关性进行选择具有较好的效果。例如植株高（多为蔓生型）或主茎节数多或荚数多的品种，一般较晚熟。单株荚数和单荚粒数是决定单株产量的主要因素，虽然单株荚数受栽培、土壤、气候等条件的影响，但在相同条件下选择结荚性强的材料对选优利用可能取得良好的效果；宜从荚形大（长荚、宽荚）的品种中获得大粒型的品种。但一般大粒型品种单株荚数偏少，可考虑通过栽培措施增加群体数量（适当增加种植密度），获得大粒高产型品种，同时应选择植株直立、紧凑、抗倒伏的优良单株。由于生育期与单株荚数、百粒重无相关性，因此有可能从多荚型或大粒型品种中获得早熟品种。

四、绿豆杂交育种

人工将两个亲本材料进行有性杂交组配，从其后代新变异的植株中进行多代选择育成新品种，这是目前国内外绿豆育种中应用最普遍、成效最大的方法。例如由河南省农业科学院粮食作物研究所组配的博爱砦×VC1562A选育出豫绿2号、博爱砦×兰考灯台选育出郑绿5号，山东省潍坊市农业科学院组配的夹秆括角×D0811选育出潍绿1号，河北省农林科学院粮油作物研究所组配的河南光秧豆×衡水农家绿豆选育出冀绿1号，河北省保定市农业科学研究所组配的高阳绿豆×VC2719A选育出冀绿2号等。苏绿1号也是由亚洲蔬菜研究发展中心组配的复合杂交（ED-MD-BD×ML-3）×（Pag-asa-1×PHLV-18）选育出的VC2768A，被江苏省农业科学院引进而定名的。

（一）亲本选择　杂交的目的在于结合双亲的优点，克服缺点，育成符合要求的新品种。

亲本选择的原则：应选择优点多、育种目标性状突出、缺点少而又易克服、双亲主要性状优缺点互补、抗病性与抗逆性强、配合力好的材料作亲本。母本可选用当地的当家品种，父本应选择地理位置相距远、生态类型差别较大、有突出优良性状、又适应本地条件的外来品种。选用表现好的杂交后代或品系作为亲本，由于其可塑性较大，杂交效果可能更好。

（二）杂交方式　杂交方式也是影响杂交育种成败的另一个重要因素。通常采用单交方式，也可采用双交、复合杂交或回交，以获得数量性状的广泛基因重组。例如亚洲蔬菜研究发展中心在1973—1992年共配置6 600多个杂交组合，从F_2代开始，在田间进行理想性状的选择，淘汰不良基因型；利用集团群体法（bulk population）对农艺性状进行选择，直至F_3代，最后选择纯合品系。为将一些特殊性状（例如高甲硫氨酸含量等）导入轮回亲本，他们还采用了回交法和回交-自交法（backcross-inbred）。在自花授粉作物育种的系谱法和集团群体法中，杂交后紧接着自交会导致基因型的迅速稳定，妨碍有用基因的自由交换，不利于理想基因的组合。为避免这些问题，先进行双列杂交，再选择 F_2 代进行互相杂交，以促进遗传变异中可固定成分的积累，并打破不利的相斥组的连锁效应。

（三）杂交圃种植 首先做好杂交计划，种植杂交亲本。为了杂交操作方便，母本采用宽窄行种植，窄行行距为 50 cm，宽行行距为 1 m，父本与母本材料相邻。亲本的花期不相同时可采取分期播种措施加以调节。

（四）绿豆常规杂交育种程序

1. 潍绿 1 号选育过程介绍 1985 年选用早熟、多荚的夹秆括角绿豆作为母本，以早熟、抗倒、抗病的 D0811 作父本进行杂交。

1986 年将杂交种子播入试验田，长出 F_1 代植株。

1987—1988 年 F_2～F_3 代采用一荚传法种植。

1989 年从 F_4 代中选单株 51 株。

1990 年种植株行，当选株行 19 个。

1991 年参加品系预备试验，选出优良株系。

1992—1994 年参加品系比较试验。

1995 年参加山东省绿豆新品种夏播生产试验。然后经多年多点试验、示范，该品种表现高产、早熟、抗病、优质，综合性状良好。

1996 年审定，定名为潍绿 1 号（原代号潍 8501-3）。

2. 亚洲蔬菜研究发展中心的绿豆育种程序 他们的绿豆育种大致分为以下步骤。

①通过各种育种方法获得高世代品系。

②在一年中的春、夏、秋 3 个季节对高世代材料进行 3 次初级产量试验，选出优良品系。

③选出的优良品系于下一年度 3 个季节进行中级产量试验，再选出优良品系。

④入选的优良品系升至下一年度的 3 季高级产量试验，对入选的优良品系则进行正式编号，例如 VC1131B、VC1163C、VC1163D、VC1973A 等。

⑤对高级产量试验中入选的品系进行优良品系产量试验。

⑥将具有正式编号的优良品系通过国际绿豆圃试验网送往世界各地进行产量、抗性、适应性等全面鉴定评价，一些适宜当地种植的优良品系则由各国正式命名推广。

五、绿豆诱变育种

利用物理方法、化学方法或者物理化学方法对绿豆干种子进行诱变处理，可使其后代在个体发育中表现出各种遗传性变异，从变异中选出优良植株，培育新品种。常采用的方法有辐射处理和化学诱变等。

辐射处理一般选用 ^{60}Co γ 射线照射，剂量为 300～1 000 Gy；快中子处理为 6 Gy。

化学诱变，常选用秋水仙碱、赤霉素、叠氮化钠等化学诱变剂处理种子或幼苗。常用 0.02%～0.05% 秋水仙碱处理绿豆幼苗，用 0.3% 乙烯亚胺、2%～5% 甲基磺酸乙酯（EMS）等处理种子。

人工诱变要根据确定的育种目标和人工诱变的特点，认真选择综合性状好、缺点少的材料，有目的地改变一个或几个不良性状，使之更加完善。人工诱变的变异材料第一代（M_1 代）出现各种畸形变异现象一般不遗传，故第一代不淘汰，全部留种。第二代（M_2 代）是选择优良变异类型的重要世代。第三代（M_3 代）要大量淘汰。第四代（M_4 代）对遗传性已基本稳定、表现优良、趋于整齐一致的品（株）系，可单独收获脱粒，供下一年产量比较试验，测定其生产能力、品质、适应性、抗逆性等，以创造新品种。

用化学诱变剂处理时，要注意如下方面：①这些药物有毒性，应随配随用，不宜搁置过久；②处理过的种子应用流水冲洗干净以控制后效应；③为便于播种，应将药物处理过的种子进行风干处理，不宜采用加温烘干方法；④废弃药液对人畜有毒，要注意安全处理和环境保护。

第五节 绿豆育种田间试验技术

一、绿豆开花习性

绿豆是自花授粉作物，因其闭花授粉的特性，天然异交率极低。绿豆的小花为完全花，具有 4 裂萼片、

5个花瓣、1个雌蕊、10个雄蕊（二体雄蕊）。花朵开放前，花粉已落在柱头上完成授粉。授粉后24～36h就完成受精作用。在天气干旱情况下，花冠可能在花粉和柱头成熟之前开放，从而增加其异花授粉的概率。绿豆陆续开花，可出现2～3次开花高峰。在一天内，5:00左右开始开花，6:00—9:00开花最多，下午开花较少，夜间基本停止开花。开花时空气相对湿度以80%左右为宜。一般始花后4～12d进入盛花期。

二、绿豆杂交技术

绿豆花朵虽大，但由于其蝶形花冠和盘曲的柱头等特点，柱头很容易折断，一般品种间杂交成功率只有15%～20%，这是绿豆杂交育种主要的限制因素之一。如果技术熟练，认真细心操作，成功率可达50%以上。

（一）选花去雄 选择具有本品种固有特征、健壮植株上的花蕾，根据“青球早、白球迟、黄绿去雄正当时”的标准，选择即将于第2天开花的中上部黄绿色花蕾，在16:00后或5:00前去雄。去雄时用拇指和食指捏住花蕾基部，用尖头镊子在花蕾腹缘中部夹住旗瓣，沿着蕾背缘向斜上方撕拉去掉旗瓣；同法去掉翼瓣，使龙骨瓣充分暴露，然后用镊子尖端细心从侧边顶破龙骨瓣中上部，并撕去顶部，最后用镊子夹除全部雄蕊。用铅笔在纸牌上注明去雄日期及去雄花朵数。将纸牌挂在已去雄的花序轴上，并固定在植株茎秆上，以便检查、收获。

（二）授粉 以6:00—10:00授粉为宜。选择将要开放的新鲜花朵，分开花瓣后蘸取花粉，将花粉授到前一天或当天清早去雄母本花的柱头上。授粉后，用父本小花的龙骨瓣套于母本柱头上，以保持水分。授粉完毕，挂纸牌并注明组合名称和授粉日期。第2天下午可对授过粉的小花进行检查，未脱落者说明杂交基本成功，随即去掉同节瘤轴上其他小花（花蕾），既可避免混淆，又可集中养分供应杂交小花，减少花荚脱落，以提高杂交成功率。

杂交授粉后3～5d须检查1次。授粉受精的小荚发育正常时，应将原来的纸牌换成塑料标牌，随即摘除杂交荚旁边的新生花芽、叶芽。如果杂交花蕾干枯脱落，应将小纸牌去掉。鼓粒灌浆期遇旱时应及时喷灌，并注意防虫，减少花荚脱落。杂交荚成熟后要及时收摘。将杂交荚连同小标牌装入纸袋内，同时分别收获父本、母本一定种子量，供下年度鉴别杂交种真伪时利用。

据张璞研究，绿豆杂交亲本尽量安排在当地昼夜温度25℃左右开花，于10:00—13:00进行人工去雄，在同一花梗上的花蕾均去雄后立即授粉，并用就近较大叶片1～2片，对折2次成三角形，完全包裹花蕾，用线绳将叶片开口扎住并固定在花梗上部。授粉后5～7d去包叶。采用这种方法也可有效提高杂交成功率。

三、绿豆小区种植技术

试验地应选择土地平坦、保水性良好、水源方便、灌排设施齐全的地块，以使绿豆植株正常生长，保证试验质量。试验地最好连片，并按试验需要划分好田块。试验地面积视试验规模而定。

低世代材料尚在分离，要求种植密度稍低，使单株性状充分表现，以便田间选择，同时也可提高繁殖系数。为保证株间可比性，行距、株距条件应保持一致。由于绿豆杂交成功率低，F_1代植株较少，一般不进行淘汰；F_2代开始淘汰不理想的组合，选择优良变异单株。

F_3～F_4代一般以株行种植，单行区，行长为3～5m，顺序排列，不设重复。以抗病为育种目标时，需要增设病菌接种行或实施人工接种鉴定。

F_5～F_6代进入品系产量比较试验，第1年可采用间比排列，容纳较多的品系。第2年应选出较优的品系采用随机排列，一般容纳10个品系为限。设2～3次重复，小区3～5行，行长为3～5m。种植密度和播种时间同当地大田生产。测产时要剔除边行。

选育出的优良品系其生产性能、农艺性状稳定且达到育种目标时，即可进行多点试验和生产示范试验。2016年1月1日生效的《中华人民共和国种子法》对绿豆没有规定品种审定制度，有关区域试验和品种审定已经停止，由国家小宗粮豆鉴定委员会负责鉴定。

第六节 绿豆种子生产技术

一、做好防杂保纯工作

防杂保纯是对绿豆种子生产的最基本要求。在生产全过程中，一要认真选好种子生产田，不能重茬连作，有效地避免或减轻土壤病虫害的传播。同一品种要实行连片种植，避免品种间混杂。二要把好播种关，在种子接受和发放过程中，要严防差错。播前种子处理，例如晒种、选种、浸种、催芽、药剂拌种等，必须做到专人负责，不同品种分别进行，更换品种时要把用具清理干净。若用播种机播种，装种子前和换播品种时，要对播种机的种子箱和排种装置进行彻底清扫。三要做好田间鉴定工作，出苗后即可实施除杂去劣。根据本品种特有的标志性状（例如茎色、荚色、植株形态等）进行严格除杂；拔除病株；生长后期根据植株长势去除劣株。四要严把种子收获脱粒关，在种子收获和脱粒过程中，最容易发生机械混杂，要特别注意防杂保纯。种子田要单收、单运、单脱、单晒。整个脱粒过程要有专人负责，严防混杂。

二、做好提纯复壮工作

为了保持和提高良种种性，增加产量，要做好提纯复壮工作，解决良种混杂退化问题，延长良种在生产上的使用年限，而且在复壮过程中还能发现新类型，创造新种质。提纯复壮的方法主要有如下几种。

（一）混合选择法 在种子纯度较高、生长整齐一致的丰产田内选择优良单株，经室内考种淘汰劣株，将当选的优良单株混合脱粒，作为第2年种子田或生产田用种。此法适用于混杂退化较轻的良种。

（二）株行选择法 将选好的优良单株种成株行，顺序排列，并加设原品种作为对照区，进行田间观察记载和室内考种，反复比较评选。在种植的小区中选出较优良的1/4～1/2株行进一步进行粒选，除去病粒、虫粒和秕粒，分别包装，妥善保存，作为下年用种。此法多用于混杂退化较严重的品种。

（三）三圃提纯复壮法 此法分株行种植、株系鉴定和原种繁殖三圃进行，是提纯复壮效果最好的方法。

1. 株行圃 本圃种植大量株行，从中选出优良株行供下年株系鉴定。

2. 株系圃 按株系播种，按小区收获，重点鉴定丰产性和抗性。当选株系作为下年原种圃用种。

3. 原种圃 原种圃的主要任务是提高纯度、扩大繁殖，为种子田和大田提供原种种子。近年来，有些作物正在推行由育种家种子、原原种、原种和大田用种4个环节组成的四级种子生产程序，但绿豆的四级种子生产程序尚待制定，种子工作者必须积累经验，准备转轨。

三、做好种子储藏工作

储存绿豆种子要建立专用的种子仓库，专人负责，专库专用，切忌放置粮食、农药、化肥等物品。种子入库前，要对种子库进行一次彻底清扫、灭菌。特别要注意储藏期间仓储害虫绿豆象，种子入库后要实施磷化铝熏蒸杀虫卵。

绿豆一级种子要求纯度不低于99.0%，净度不低于98.0%，发芽率不低于85%，水分不高于13.0%；二级种子要求纯度不低于96.0%，其他均同一级种子标准。

第七节　绿豆育种研究动向和展望

早期的绿豆育种研究主要集中于常规育种，但现代育种技术已开始从常规育种向分子育种和常规相结合的阶段过渡。随着分子标记、转基因技术的普及，现代生物技术在未来绿豆育种尤其是抗病虫育种中将越来越被重视。因此未来绿豆育种的主要研究任务，一是积极开展分子遗传学等相关方面的研究。从国内外分子遗传学研究现状来看，绿豆遗传图谱的标记数目较少，现有的相关标记饱和度远远不够，重要基因的精细定位很少开展，分子标记辅助选择育种体系有待进一步开展及完善。因此绿豆分子遗传学研究不但前景广阔，且任重而道远。二是培育抗病、抗虫、抗除草剂等多抗品种。病虫害是影响绿豆产量和品质的重要因素，目前，控制病虫害的主要措施仍以化学农药为主，而农药残留给食用安全带来很大隐患；另外，由于绿豆象生理小种可能产生变异，使现有抗虫品种抗性变弱，应尽可能将多种抗性基因累加，培育多价抗虫品种，使其对绿豆象产生较持久的抗性。因此将常规杂交与分子标记技术相结合有望在今后的抗性鉴定中发挥作用，为今后绿豆育种找到新的切入点。此外，叶斑病、病毒病、白粉病是绿豆的主要病害，加强相关领域的抗性育种包括抗性基因资源挖掘、抗性品种的培育十分重要。尤其是把抗病、抗虫、抗除草剂、优质、高产等多个性状聚合在一起所育成的超级品种具有更好的发展前景。三是强化绿豆功效成分及营养特性研究。绿豆含有丰富的蛋白质，是许多第三世界国家赖以生存的食物之源，加强绿豆医疗保健作用和内在营养品质的研究，利用现代分子生物学技术探索这些功能成分的作用机制，培育保健性能更强的加工专用品种是扩大绿豆消费市场，提高人类健康水平的重要手段。

在育种基础方面，应进一步加强绿豆种质资源的收集、鉴定、评价和利用，从地方品种或野生资源中发掘特异基因资源，创制有特殊利用价值的优异种质。TC1966 就是从野生绿豆中发现的在栽培绿豆中缺乏的抗豆象资源，并用其作亲本材料创制出系列抗豆象新种质。在育种方法上，除继续采用引种利用、系统选育、有性杂交、物理诱变、化学诱变外，太空育种也是一个重要的育种手段。中国科学院遗传研究所于1994 年从返回式卫星搭载绿豆种子中获得长荚型突变系，中国农业科学院作物科学研究所也通过卫星搭载培育出中绿 8 号等新品种。在生物技术方面，可采用胚培养和花药培养等方法来完成有用基因的转育。陈汝民等（1996）利用绿豆下胚轴原生质体培养，在 B5P1 培养基上形成愈伤组织颗粒，为组织培养育种积累了很好的技术资料。远缘杂交是产生新变异的有效方法。亚洲蔬菜研究发展中心利用四倍体材料 V1160 和MR51 等研究了突变育种的可行性。河南省商丘地区农林科学研究所利用甘薯作砧木嫁接绿豆薯绿 1 号新品种和一批不同粒色的新材料。

在育种目标上，应以早熟、广适、优质、高产、多抗、专用、直立抗倒伏、结荚集中、成熟一致、不炸荚、适于机械化管理为重点。

复习思考题

1. 试述国内外绿豆育种的研究进展。
2. 试结合所在区域实际情况确定绿豆主要育种目标。
3. 试讨论绿豆产量构成因素的遗传变异，并说明其在产量形成中的作用。
4. 试述国内外绿豆种质资源研究的主要进展及其育种意义。
5. 试述绿豆育种的主要途径，说明它们各自的优缺点。
6. 根据所在区域实际需求，试设计绿豆特早熟诱变育种的研究方案。
7. 试讨论绿豆育种中产量突破的潜在可能性和途径。

附 绿豆主要育种性状的记载方法和标准

1. 播种期 种子播种当天的日期为播种期，以年月日表示（各生育时期同此）。

2. 出苗期 小区内 50%的植株达到出苗标准的日期为出苗期。

3. 分枝期 小区内 50%的植株叶腋长出分枝的日期为分枝期。

4. 始花期 小区内见到第 1 朵花的日期为始花期。

5. 开花期 小区内 50%的植株见花的日期为开花期。

6. 成熟期 小区内有 70%以上的荚呈成熟色的日期为成熟期。

7. 全生育期 播种第 2 天至成熟的天数为全生育期。

8. 生长习性 生长习性可分为直立型（茎秆直立，节间短，植株较矮，分枝与主茎之间夹角较小，分枝少且短，长势不茂盛，成熟较早，抗倒伏性强）、半蔓生型（茎基部直立，较粗壮，中上部变细略呈攀缘状。分枝与主茎之间夹角较大，分枝较多，其长度与主茎高度相似，或丛生，多为中早熟品种）和蔓生型（茎秆细，节间长。枝叶茂盛，分枝多而弯曲，且长于主茎，不论主茎还是分枝，均匍匐生长，进入花期之后，其顶端都有卷须，具缠绕性，多属晚熟品种）3 种类型。

9. 结荚习性 在花荚期，采用目测方法观测茎尖生长点开花结荚的状况，分有限结荚习性（主茎及分枝顶端以花序结束）和无限结荚习性（主茎及分枝顶端为营养生长点）2 个类型。

10. 茎色 绿豆出苗后调查幼茎色，分绿色和紫色 2 种类型；盛花期调查主茎色，分绿色、绿紫色和紫色 3 种类型。

11. 株高 植株成熟后，测量从子叶节到植株顶端的长度，即为株高，单位为 cm，精确到 1 cm。

12. 主茎节数 计数每株主茎从子叶节到植株顶端的节数，即为主茎节数，单位为节，精确到整数。

13. 主茎分枝数 计数每株主茎上的一级分枝数，即为主茎分枝数，单位为个/株，精确到整数。

14. 单株荚数 计数每株上所有的成熟荚数，即为单株荚数，单位为荚/株，精确到整数。

15. 成熟荚色 植株成熟后，观测自然成熟荚果的颜色，分黄白色、褐色和黑色 3 种类型。

16. 荚长 测量 10 个随机抽取的正常成熟的荚果，测量荚尖至荚尾的直线长度，计算其平均值，即为荚长，单位为cm，精确到0.1cm。

17. 荚宽 测量10个随机抽取的正常成熟的荚果，测量荚果最宽处的直线宽度，计算其平均值，即为荚宽，单位为cm，精确到0.1cm。

18. 单荚粒数 计数10个随机抽取的正常成熟的荚果内所含发育正常的籽粒数，求其平均数，即为单荚粒数，单位为粒/荚，精确到一位小数。

19. 单株产量 将单个植株上的成熟籽粒风干后，用感量为0.1g的电子秤称其质量，即为单株产量，单位为g，精确到0.1g。

20. 粒形 观察风干后的成熟籽粒的形状，分短柱形、长柱形和球形3种类型。

21. 粒色 观测成熟干籽粒的外观颜色，分为黄色、绿色、褐色、蓝青色和黑色5种。

22. 种皮光泽 观测成熟干籽粒的种皮色泽，分有光泽（明绿豆，有蜡质）和无光泽（毛绿豆，无蜡质）2种类型。

23. 百粒重 参照《农作物种子检验规程》（GB/T 3543—1995），随机取风干后的成熟干籽粒，2次重复，每个重复100粒，用感量为0.01g的电子天平称量其质量，取2次重复的平均值，即为百粒重，单位为g，精确到0.01g。

24. 粗蛋白质含量 随机取干净的成熟干籽粒20g，依据《谷类、豆类作物种子粗蛋白质测定法》（GB 2905—1982）进行样品制备和蛋白质含量测定，单位为%，精确到0.01%。

25. 粗脂肪含量 随机取干净的成熟干籽粒25g，依据《谷类、油料作物种子粗脂肪测定方法》（GB 2906—1982）进行样品制备和粗脂肪含量测定，单位为%，精确到0.01%。

26. 总淀粉含量 随机取干净的成熟干籽粒20g，依据《谷物籽粒粗淀粉测定法》（GB 5006—1985）进行样品制备和总淀粉含量测定，单位为%，精确到0.01%。

27. 直链淀粉含量 随机取干净的成熟干籽粒20g，依据《水稻、玉米、谷子籽粒直链淀粉测定法》（GB 7648—1987）进行样品制备和直链淀粉含量测定，单位为%，精确到0.01%。

28. 支链淀粉含量 支链淀粉含量是绿豆籽粒的总淀粉含量减去直链淀粉含量的差值，单位为%，精确到0.01%。

29. 各种氨基酸含量 随机取干净的成熟干籽粒25g，依据《谷物籽粒氨基酸测定的前处理方法》（GB 7649—1987）进行样品制备和各种氨基酸含量测定，单位为%，精确到0.01%。

30. 芽期耐旱性 取当年收获的种子，不进行任何机械或药物处理。采用室内芽期模拟干旱法，以相对发芽率评价芽期耐旱性，将耐旱等级划分为高耐、耐、中耐、弱耐及不耐5个等级。鉴定方法、调查记载标准与蚕豆相同。

31. 成株期耐旱性 采用田间自然干旱鉴定法造成生长发育期间干旱胁迫，调查对干旱敏感性状的表现，测定耐旱系数，依据平均耐旱系数划定高耐、耐、中耐、弱耐及不耐5个等级。鉴定方法、调查记载标准及抗性评价与蚕豆相同。

32. 芽期耐盐性 统计绿豆芽期在相应发芽温度和盐分胁迫条件下的相对盐害率，根据相对盐害率将绿豆芽期耐盐性分为5个等级：高耐（HT，0%＜相对盐害率≤20%）、耐（T，20%＜相对盐害率≤40%）、中耐（MT，40%＜相对盐害率≤60%）、弱耐（S，60%＜相对盐害率≤80%）、不耐（HS，相对盐害率＞80%）。鉴定方法、调查记载标准及抗性评价与蚕豆相同。

33. 苗期耐盐性 苗期耐盐鉴定在田间进行，针对在相应的盐分胁迫条件下幼苗盐害反应情况，进行加权平均，统计盐害指数，根据幼苗盐害指数确定绿豆种质苗期耐盐性的5个耐盐级别：高耐（HT，0＜幼苗盐害指数≤20）、耐（T，20＜幼苗盐害指数≤40）、中耐（MT，40＜幼苗盐害指数≤60）、弱耐（S，60＜幼苗盐害指数≤80）、不耐（HS，幼苗盐害指数＞80）。鉴定方法、评价标准与蚕豆相同。

34. 叶斑病抗性 绿豆叶斑病以尾孢菌发病较重，可在苗期人工接种鉴定。

（1）接种方法 鉴定圃设在绿豆叶斑病重发区。适期播种，每鉴定材料播种1行，行长为1.5～2.0m，每行留苗20～25株。待植株生长至初花期即可接种。用蒸馏水冲洗采集的绿豆叶斑病发病植株叶片上的分生孢子，配制浓度为4×10^4孢子/mL的病菌孢子悬浮液，采用人工喷雾接种绿豆叶片。在相对湿度85%～90%条件下，温度25～32℃时，病情发展最快。

（2）抗性评价 接种后30d，调查每份鉴定材料群体的发病级别，依据发病级别进行抗性评价。级别：

1级为叶片上无可见侵染或叶片上只有小而不产孢的斑点；3级为叶片上孢子堆少，占叶面积的4%以下，茎上无孢子堆；5级为叶片上孢子堆占叶面积的4%～10%，茎上孢子堆很少；7级为叶片上孢子堆占叶面积的10%～50%，荚果上有孢子堆；9级为叶片上孢子堆占叶面积的50%～100%，荚果上孢子堆多并突破表皮。根据发病级别将绿豆对叶斑病抗性划分为5个等级：高抗（HR，发病级别1）、抗（R，发病级别3）、中抗（MR，发病级别5）、感（S，发病级别7）、高感（HS，发病级别9）。

35. 白粉病抗性　绿豆白粉病是由蓼白粉菌（*Erysiphe pisi* DC.）所引起，主要发生在成株期。根据绿豆对病害的反应程度，将抗性分为5级：高抗（HR）、抗（R）、中抗（MR）、感（S）和高感（HS）。鉴定方法、评价标准与豌豆相同。

36. 蚜虫抗性　危害绿豆的主要蚜虫为豆蚜、苜蓿蚜，在绿豆的各生育阶段均可发生。根据蚜虫在绿豆植株上的分布程度和繁殖、存活能力，将绿豆对蚜虫的抗性划分为5级：高抗（HR）、抗（R）、中抗（MR）、感（S）、高感（HS）。鉴定方法、调查记载标准及抗性评价与蚕豆相同。

（金文林第二版原稿；程须珍第三版修订）

第十三章　小豆育种

小豆起源于我国，是我国栽培历史最为古老的食用豆类之一，其学名为*Vigna angularis*（Willd.）Ohwi et Ohashi，英文名为adzuki bean、azuki bean或small bean。小豆是豆科（Leguminosae）菜豆族（Phaseoleae）豇豆属（*Vigna*）中的一个栽培种，为二倍体作物，$2n=22$。小豆俗名较多，在我国古书籍中有称为荅、小菽、赤菽、朱豆、竹豆、金豆、金红豆、虱牳豆、杜赤豆、米赤豆等，现今还有许多地方别名，例如赤小豆、赤豆、红豆、红小豆等。

全世界有20多个国家种植小豆，但主要集中在东亚的温带地区，以中国、日本、韩国为主，故俗称亚洲作物。我国是小豆的主要生产国，其种植面积和总产量一直位居世界第一位，年种植面积在2.3×10^5 hm^2左右，总产量在3.0×10^5 t左右，主产区为东北、华北及西北地区。日本是第二大小豆生产国，年种植面积在$6\times10^4\sim8\times10^4$ hm^2，总产量在1.00×10^5 t左右，主产区集中在北海道地区、秋田县、青森县和岩手县等地，尤以北海道的什胜地区最多。小豆是韩国第二大豆类作物，年种植面积为$0.8\times10^4\sim1.2\times10^4$ hm^2，总产量约1.5×10^4 t，主要分布在江原道、罗南道、庆尚北道和忠清北道。

小豆在国际食用豆类贸易中占有重要的地位。我国是世界上小豆主要出口国，出口商品产地主要是东北的黑龙江、吉林和辽宁，华北的内蒙古、河北和山西，西北的陕西和甘肃，以及华东的江苏等，其中天津红、宝清红、东北大红袍、启东大红袍、唐山红、延安红等地方优良品种在国际、国内市场上久享盛誉；年出口量为$5\times10^4\sim6\times10^4$ t，主要出口到日本、韩国、马来西亚、菲律宾等。

第一节　国内外小豆育种研究概况

一、我国小豆育种研究进展

长期以来，我国小豆生产多以地方品种为主，包括宝清红、天津红、启东大红袍、唐山红、延安红等优良地方品种。小豆育种始于20世纪70年代末，到2012年底已有50多个小豆新品种通过省级及以上的品种管理部门审（认、鉴）定。

系统选育是我国小豆育种初期采用的主要方法，代表品种有中国农业科学院选育的中红2号、保定市农业科学研究所选育的冀红1号、河北省农林科学院选育的冀红2号、吉林省白城市农业科学院选育的白红1号、黑龙江选育的龙小豆1号、山西选育的晋小豆2号、北京农学院选育的京农1号和京农2号以及湖北选育的鄂红1号等。

自20世纪80年代起杂交育种作为方便、有效的育种方法成为各育种单位采用的主要方法。我国已通过杂交育种选育出通过国家级和省级审（鉴）定的小豆品种40余个，其中代表性品种有中国农业科学院育成的中红6号，北京农学院育成的京农6号，河北省农林科学院育成的冀红4号、冀红9218和冀红352，保定市农业科学研究所育成的保红947、保8824-17和保876-16，吉林省农业科学院育成的吉红6号，白城市农业科学院育成的白红3号、白红6号和白红8号，江苏省农业科学院育成的苏红1号和苏红2号等。

诱变育种作为作物新品种选育手段之一，在小豆育种方面也取得了一定进展。例如京农5号和京农8号均由京农2号经^{60}Co诱变选育而成，晋小豆1号由冀红小豆系列辐射诱变的后代变异株选育而成，而保M908-156则由^{60}Co诱变冀红1号/日本大纳言//日本红小豆后代材料选育而成。在化学诱变育种方法方面，濮绍京等（2005）利用秋水仙碱处理京农5号品种的萌动种子，获得感白粉病、花粒等稳定的变异株系材料。

在利用空间育种技术方面，我国也进行了尝试。1994年中国农业科学院原子能研究所进行了红小豆种子的卫星搭载，在SP_2代获得了大粒突变体，在SP_3代获得了单株产量和籽粒大小性状优于原亲本的优良单株，百粒重达16.8～21.3g，显著高于原亲本的11.5g。

小豆生物技术育种的基础研究方面有一些进展，但至今还没有育成品种问世。许智宏（1984）将上胚轴的愈伤组织、鲁明塾（1985）将子叶愈伤组织分化成苗。黄培铭（1989）等将叶肉原生质体愈伤组织分化成苗；金文林等（1993）证明了许多外植体都能诱导出良好的愈伤组织，且频率很高。田玉娥等（2011）证明了小豆下胚轴是适宜再生的外植体，无菌苗龄以5 d之内为宜。适宜丛生芽诱导培养基是MS+2 mg/L 6-BA+7 g/L琼脂+30 g/L蔗糖，生根培养基为1/2MS+0.1 mg/L IBA+7 g/L琼脂+15 g/L蔗糖。

有关小豆相关基因克隆的报道较少，刘燕等（2005）利用cDNA末端快速延伸技术（RACE）获得小豆铁蛋白基因的cDNA全长，将其表达载体转入水稻进行了基因功能的验证。陈新等（2009）利用简并引物从小豆56个品种中克隆到病原相关（pathogenesis-related，PR）蛋白类抗病基因*VaPR3*，并证明*VaPR3*基因可能与植物抗病机制中的防卫素合成有关。

豆象是小豆重要的仓储害虫，危害率可达100%，造成巨大的经济损失。但由于缺乏直接的抗豆象小豆种质资源，我国有关小豆抗豆象育种研究很少，刚刚起步。栽培饭豆被认为是重要的抗豆象基因来源，它对3种豆象具有完全抗性，且其食用安全性已经被证明。

二、国外小豆育种研究进展

日本是世界上小豆研究较先进的国家，其育种工作从19世纪开始，已有100余年历史。主要研究机构有国家农业生物资源研究所、北海道农试场、北海道十胜农试场、北海道大学和东北农试场等。

日本于1890年开始以东北为中心进行全国小豆地方品种的筛选或纯系选择，先后在宫城农试场、栃木农试场、北海道十胜农场等进行纯系分离育种工作，育成了纹别26、栃木生娘、早生大粒1号、圆叶1号等品种。1970年岩手县育成了岩手大纳言。1981年京都府育成了特大粒品种京都大纳言。

杂交育种最早由高桥良直于1909年在北海道农试场进行，育成了高桥早生。北海道农试场和北海道十胜农试场是日本从事小豆育种的主要单位，从1931年起就以大粒、优质、高产为育种目标开始杂交育种工作，先后育成了光小豆、晓大纳言、荣小豆、农林1号至农林10号等多个新品种。从20世纪初开始，针对抗土传病害、耐冷、高产、优良品质和适宜机械化收获等育成了抗病早熟品种十育152、十育156、十育157、十育160，抗病中熟品种十育151、十育155、十育161、十育162，大纳言系列品种十育154和十育163等。茎褐腐病（brown stem rot，BSR）、疫霉茎腐病（phytophthora stem rot，PSR）和萎凋病是日本北海道小豆生产中主要病害，是日本几十年来小豆育种的主要目标之一。他们分别于1976年、1978年和1986年针对这3种病害开始育种工作，并于1986年、1992年、1994年和2000年育成了抗茎褐腐病品种初音小豆、抗茎褐腐病和疫霉茎腐病品种十育124、抗茎腐病和萎凋病品种十育127及抗3种病害品种朱鞠小豆等。Erimo是日本代表性品种，该品种高产稳产、抗落叶病和茎疫病，一般产量在2 800～3 000 kg/hm^2，最高可达3 500 kg/hm^2，在北海道十胜地区种植面积曾达到70%以上。另外，在北海道十胜农试场，野生豇豆属资源（例如*Vigna riukiuensis*）已应用到抗土传病害和抗大豆孢囊线虫病等系列育种项目中，通过远缘杂交获得了抗土传病害新生理小种和抗大豆孢囊线虫病（SCN）的高代品系。

有关小豆遗传转化和转基因方面，目前国外大多利用小豆的上胚轴外植体为受体，侵染菌株选用根癌农杆菌LBA4404、AGL1和EHA105等，表达载体为pIG121和pSG65T，筛选标记为卡那霉素基因、潮霉素基因和*bar*基因，报告基因为*GUS*和*gfp*，转化率达2%～14%（Yamada等，2001）。Mutasim等（2005）等利用农杆菌介导法把亚洲蔬菜研究发展中心克隆的绿豆品种VC6089A抗豆象基因*VrD1*转入当地栽培小豆中，得到了成功表达，同时还发现该基因对小豆的某些真菌病害具有一定的抗性。Keito Nishizawa等（2007）通过农杆菌介导法把从普通菜豆中克隆出的α淀粉酶抑制剂基因（*aAI-2*）转入小豆品种中进行过量表达，得到了34株功能稳定表达的转基因植株。Matusim等（2005）把来源于普通菜豆的抗豆象基因通过EHA105导入日本北海道栽培小豆中，对后代进行标记检测得到31株成功转化植株。

小豆抗豆象育种方面，目前国际上采用的是幼胚拯救和桥梁亲本的途径。小豆与饭豆间的杂交亲和性很低，但在杂交荚未败育前进行幼胚培养，可以得到F_1代植株并正常结实。Kaga等（2000）利用小豆Erimoshouzu作母本与饭豆Kagoshima杂交，通过幼胚拯救获得了后代植株。Siriwardhane等证实小豆近缘野生种*Vigna riukiuensis*可作为小豆和饭豆间的桥梁亲本。Tomooka等（2000）也证实小豆近缘野生种*Vigna nakashimae*、*Vigna minima*也可作为小豆和饭豆间的桥梁亲本，从而进一步扩大了桥梁亲本可选择的范围。日本研究者已经利用桥梁亲本实现了抗豆象基因从饭豆到小豆的转移，并已形成品系。

第二节 小豆育种目标和主要目标性状的遗传

一、小豆育种的主要方向和育种目标

（一）我国小豆育种的主要方向和育种目标

1. 小豆育种的主要方向 确立正确的育种方向，需要了解当前和今后一段时期内生产、消费及国内外市场上的需求。①外贸出口仍是我国小豆主要的流通渠道，其中红小豆是主要的出口品种，培育符合外贸出口标准、外观品质优良的红小豆品种是小豆育种的主要方向。另外，白小豆、黄小豆在日本有小量的消费市场。②我国小豆主要种植在东北、华北及西北地区的干旱贫瘠区域，在农艺性状方面，要求品种高产、早熟、抗病、耐旱、耐瘠薄等。为保护生态环境，减少农药使用，抗（耐）病虫，特别是抗豆象和豆荚螟品种的选育工作应引起重视。另外，机械化管理与收获是今后小豆生产的发展趋势。③豆沙加工是目前小豆产品加工的主要形式，其次是加工成整粒糖豆和冷饮中作点缀。高出沙率、低硬实率是国内外豆沙加工企业对小豆品质的要求。而豆粒煮熟后保持完整、不开裂是糖豆加工企业和冷饮企业的需求。④随着人们对小豆营养及医疗保健价值的认识与研究，高蛋白、铁含量高、降血糖等专用品种的培育应成为今后小豆育种的主要方向。

2. 小豆育种目标

（1）目前的育种目标 根据小豆育种的主要方向，目前，我国小豆育种的总体目标如下。

①根据市场需求，以选育红小豆为主，兼顾白小豆、黄小豆和黑小豆。

②选育适宜当地自然条件和耕作制度的中早熟品种。一般生育期，春播区为 115 d 左右，夏播区为 90 d 左右。

③高产、稳产型品种，一般产量较当地品种增产 10%左右。

④优质大粒，适宜外贸出口。优质主要是指外观品质中的粒形、粒色、饱满度和整齐度。粒色鲜亮、饱满整齐、百粒重 14.0 g 以上为目前外贸出口的适宜品种。

⑤有限生长或亚有限生长，植株直立，不爬蔓，株高为 60～65 cm。

⑥抗逆性强，主要是具有较强的抗病性，包括病毒病、锈病、白粉病和叶斑病等。

（2）长远育种目标 根据今后小豆生产的发展方向，长远的育种目标如下。

①抗豆象、抗豆荚螟等品种的培育。

②选育上胚轴长、结荚部位较高、不裂荚、适宜机械化田间作业和收获的品种。

③专用品种培育。加强加工专用品种的选育，例如豆沙加工、豆粒罐头加工品种等。加强营养保健专用品种的选育，例如高蛋白品种、高铁含量品种和降血糖品种等。由于小豆在我国的栽培类型复杂多样，各地的自然条件和耕作制度有所不同，今后小豆用途不断拓宽，因此育种目标应逐渐改进和完善。

（二）日本小豆育种的主要方向和育种目标

1. 抗土传病害 几十年来日本小豆育种的主要目标一直是抗土传病害，即茎褐腐病和疫霉茎腐病。茎褐腐病是由一种真菌引起的病害，在北海道均有发生。菌丝在维管束内向上生长，直达植株上部。因此 8 月中下旬底部叶片开始萎蔫，种子成熟前，全部叶片萎蔫。受侵染的种子较正常种子小，且产量下降。疫霉茎腐病在水稻茬湿热条件下易于发生，主要在北海道的西南部和中部地区。在 7—8 月，腐烂的茎从地表一直延续向上。因此发病植株死亡或没有产量。

2. 抗冷害 抗冷害是目前最重要的育种目标。在北海道地区 6—8 月气温长时间不能回升，即使在开花期的 7 月下旬至 8 月中旬之间，也往往有 1 周以上的低温时间，小豆生产受到冷害影响较大，平均每 4 年发生 1 次，极端天气每 10 年发生 1 次。因此抗冷害是小豆重要的育种目标。

3. 上胚轴长、抗倒伏、结荚部位高、适宜机械化栽培 小豆育种的重要目标是适宜机械化栽培。在小豆栽培中，杂草控制和收获是最费工的。另外，小豆对除草剂很敏感，用除草剂防治有一定的风险性。如果小豆植物高度和底部叶片在生长早期足够高，可以使机械沿小豆行中耕时有效地埋掉杂草而不伤害幼苗。上胚轴长则是理想株型。对于机械化收获，抗倒伏和结荚部位高是最重要的。因此应选育抗倒伏、上胚轴长、结荚部位高、适宜机械化除草和收获的品种。

4. 优质 普通小豆的主要用途是加工成馅，馅的颜色及与舌接触时的光滑特性等为育种目标。大纳言小豆是百粒重 17 g 以上的品种，主要是利用籽实的特有形状制作甘纳豆，籽实大小及种皮颜色非常重要。目前培育的红小豆大纳言品种兵库大纳言、白雪大纳言、十育 140、十育 143、十育 144 等在产量、抗病、籽粒外观品质、加工品质、适宜机械化收获等方面有较大改进。

二、小豆主要性状的遗传

（一）小豆形态学性状的遗传　下述形态学性状表现为 1 个基因位点至 4 个基因位点控制的质量性状的遗传方式。

1. 茸毛　小豆的茸毛可分为锐形和钝形两种，为 1 对基因控制的质量性状，且锐形为显性（AA），钝形为隐性（aa）。

2. 荚色　小豆成熟荚可分为黑褐色、淡褐色及黄白色 3 种。

（1）淡褐荚品种×黑褐荚品种　F_1 代均为黑褐荚株，F_2 代黑褐荚株和淡褐荚株以 3∶1 比例分离，表明黑褐荚对淡褐荚为显性。

（2）黑褐荚品种×白荚品种　F_1 代均为黑褐荚株，F_2 代分离为黑褐荚株、淡褐荚株及白荚株 3 种类型，其分离比例接近 9∶6∶1。

（3）淡褐荚品种×白荚品种　F_1 代为黑褐荚，F_2 代分离出黑褐荚株、淡褐荚株及白荚株 3 种类型。

3. 叶形　小豆的叶形大致分为圆叶形、剑叶形和披针形 3 类。根据剑叶形的特征又分为阔剑叶形和窄剑叶形。即使圆叶形材料在生长后期上部叶也经常见到剑形叶。研究表明，这种现象不是因为营养条件的限制，也不是植株嵌合体，它与光照长短有一定关系。

圆叶形与剑叶形品种杂交 F_1 代大部分为阔剑叶形，也有窄剑叶形。F_2 代剑叶株与圆叶株的比例接近 3∶1。而剑叶株的叶又可区分为普通的剑叶形和中央小叶宽的阔剑叶形两种。进一步区分 F_2 代的叶形，其窄剑叶形、阔剑叶形及圆叶之比为 1∶2∶1。

4. 茎色　茎色为核基因遗传，紫茎对绿茎为显性。F_2 代植株紫茎与绿茎分离比为 3∶1，但紫茎株间的浓淡程度有很大差异。浅紫茎∶深紫茎接近 3∶1。以 P 为紫茎（显性），p 为绿茎（隐性），H 为显性色彩减弱基因，当 H 存在时，基本色泽紫色基因 P 表现减弱，呈浅紫色（$P\_H\_$），对绿色基因 p 也有减弱作用，当 hh 存在时，则表现为基本色泽。

5. 种皮色　金文林（1996）用红底黑花种皮（简称花粒）品种 S5033 与紫红色种皮品种京农 2 号正反交，F_1 代种子皮色均为花粒。花粒对红粒为显性。F_2 代种子花粒与红粒植株分离比为 3∶1，但籽粒上花斑大小、颜色深浅仍有分离现象。据调查，小豆种子的颜色种类多达十几种，而且同种色的材料中浓淡也有差别，其杂交后代种子颜色的分离也很复杂。表 13-1 列出 F_1 代种子颜色的部分结果（高桥，1917）。

表 13-1　双亲杂交后 F_1 代的种子颜色

母本	父本									
	白小豆（淡黄）	红小豆	灰白小豆	绿小豆	茶小豆（淡褐色）	斑小豆（红底黑斑纹）	鼠斑小豆（灰黄黑斑纹）	绿鼠斑小豆（淡绿黑斑纹）	黑小豆	橘黄小豆（白底大红斑）
白小豆（淡黄）	—	红	白黄	—	—	斑	鼠	—	黑	红
红小豆	红	—	—	—	茶	斑	鼠	—	黑	红
灰白小豆	灰白	红	—	—	灰白	斑	—	—	—	—
绿小豆	绿	黄	—	—	—	—	—	—	黑	—
茶小豆（淡褐色）	茶	—	茶	—	—	斑	—	绿鼠	—	浓紫红
斑小豆（红底黑斑纹）	—	—	—	—	—	—	—	—	黑	斑
鼠斑小豆（灰黄黑斑纹）	鼠	鼠	—	—	—	鼠	—	鼠	—	—

（续）

母本	父本									
	白小豆（淡黄）	红小豆	灰白小豆	绿小豆	茶小豆（淡褐色）	斑小豆（红底黑斑纹）	鼠斑小豆（灰黄黑斑纹）	绿鼠斑小豆（淡绿黑斑纹）	黑小豆	橘黄小豆（白底大红斑）
绿鼠斑小豆（淡绿黑斑纹）	绿鼠	—	—	—	—	绿鼠	—	—	—	绿鼠
黑小豆	黑	黑	—	—	黑	黑	绀	—	—	—
橘黄小豆（白底大红斑）	—	红	—	—	—	—	—	—	黑	黑

注："—"表示未进行杂交。

F_2代的分离更为复杂。双亲为不同颜色的种子杂交后F_2代的分离比呈3∶1、且为1对基因控制的有：黑*×红、黑*×斑、红×黑*、白×红*、灰白×茶*、红×斑*、红*×橘黄、橘黄×红*（有*记号的为显性）。

双亲为不同颜色的种子杂交后F_2代分离出3色（其比例为9∶3∶4），且为2对基因控制的有：白×斑→斑∶红∶白，白×黑→黑∶红∶白，绿×红→绿∶灰白∶红，灰白×白→灰白∶红∶白，白×灰白→灰白∶红∶白，白×橘黄→红∶橘黄∶白，等等。这些性状均呈隐性上位作用。

两色杂交后F_2代分离出4色（其比例为9∶3∶3∶1），且呈2对基因控制的有：黑×鼠→绀∶黑∶鼠∶斑，鼠×红→鼠∶斑∶灰白∶红，橘黄×黑→黑∶红∶斑橘黄∶橘黄，斑×橘黄→黑∶红∶斑橘黄∶橘黄，等。而绿×白分离成39绿∶12红∶9灰白∶4白，茶×白分离成27茶∶12红∶9灰白∶16白。两色杂交后F_2代分离出4色以上，且为3对基因控制的有：白×鼠→27鼠∶9斑∶9灰白∶3红∶26白，淡绿×斑→27绿鼠∶9鼠∶9绿∶12斑∶3灰白∶4红，红×绿鼠→27绿鼠∶9鼠∶9灰绿∶12斑∶3灰白∶4红，黑×茶→36绀∶12黑∶9茶∶3灰白∶4红。而绿鼠×白→81绿鼠∶27鼠∶75绿∶36斑∶12红∶9灰白∶16白，由4对基因控制。

根据上述的F_1代表现及F_2分离情形，可假定决定种子色的基因及符号如下。

红色基因（*R*）除白小豆外，存在于所有的品种里。种子全面着色基因（*Z*）除橘黄小豆外，存在于所有的品种里；白色基因（*r*）隐性上位。

茶色基因（*F*）、斑色基因（*Mc*）在红色基因（*R*）存在时表现其特征，绿色基因（*G*）在红色基因（*R*）不存在时表现其特征。

黑色基因（*MC*）完全隐蔽红色（*R*）、茶色（*F*）和绿色（*G*）基因的表现，红色基因（*R*）隐蔽茶色基因（*F*）及绿色基因（*G*）。

种子色的显性顺序：绀（*RHMC*）、黑（*RhMC*）、灰（*RHMc*）、斑（*RhMc*）、绿（*G*）、茶（*F*）、灰色（*H*）、灰白（*RHmcf*）、红（*RmCZ*、*RmcZ*）、橘黄（*RmCz*、*Rmcz*）及白（*rMC*、*rmc*），*MC*基因为最显性。据此黑橘黄、斑橘黄的基因型为*RMCMCzz*、*RMcMczz*，白色基因仅对种子全面着色基因为显性。

岛田（1993）对小豆种皮色L^*（种皮亮度）、a^*（赤色度）、b^*（黄色度）、c^*（彩度）、H^0（色相角）5个指标的数量变异进行了探讨，其广义遗传率达0.57～0.76。用2个组合的双亲、F_1～F_3代集团及系统估算了控制L^*、a^*、b^*性状的基因位点数分别为2、4和2。金文林（1997）对F_2代株系的L^*、a^*、b^*的遗传率估计均在95%以上，且遗传变异系数（*GCV*）、遗传进度（*GS*）、相对遗传进度（*RGS*）也都相当大。L^*是由2个主效基因控制，b^*则由3个主效基因控制。

6. 茎色与种子色的连锁遗传 金文林（1996）对紫茎花粒与绿茎红粒正反交后代调查，绿株上结的籽粒均为红粒，紫株上结的籽粒均为花粒，由于籽粒种皮与茎秆母体为同一世代，因而可以推论同一世代控制茎色的基因与籽粒种皮基因具有完全连锁关系。红粒播种后长成的植株均为绿株，色深的花粒长成的植株均为紫株，而色浅的花粒长成的植株有紫茎（深紫、浅紫）和绿茎分离情况，表明上代籽粒种皮色并不能决定下代植株的茎色。

据高桥（1917）的调查，茎色与粒色为连锁遗传，但杂交F_2代和F_3代也出现了较少黑粒绿茎、红粒红茎的植株，其交换值为2.5%。

（二）小豆锈病、白粉病和褐斑病的抗性遗传　小豆锈病抗性是由1对基因控制的，抗性基因为显性，感病基因为隐性。但抗感的强弱还受1对修饰基因的影响，增强子为隐性，减弱子为显性。小豆白粉病抗性也由1对基因所控制，抗病基因为显性，感病基因为隐性。小豆褐斑病抗性受3对主效基因控制，为数量性状遗传，且具有累加效应，高抗为纯合显性，高感为纯合隐性（金文林，1996）。

（三）小豆产量及其构成因素的遗传　小豆产量及其构成因素性状多数属数量性状遗传，受微效多基因控制，受环境影响较大。金文林（1990）以京农2号×S5033的F_2代株系为材料研究了小豆百粒重、粒长等8个性状的变异及遗传参数。百粒重和粒长的遗传率较高，达90%以上；而籽粒体积的遗传率较低，仅为29.73%。株高、主茎节数、单株荚数的遗传率均达73%以上；单荚粒数的遗传率中等。蛋白质含量的遗传率为89.34%。田静（2002）选用82份河北省小豆种质资源研究的结果表明，株高、主茎分枝、单株籽粒质量、单株荚数、生育前期、小区产量、百粒重及单荚粒数等性状，具有中等以上的遗传变异系数和遗传进度，对其选择有一定效果；在选择效果明显的性状中，生育期、主茎分枝、百粒重遗传率较高，可在早代选择；小区产量遗传率中等，可在遗传基础相对稳定的较高世代选择；而株高、单株荚数、单株籽粒质量的遗传率较低，宜在遗传基础纯合稳定的高世代选择。

（四）小豆遗传连锁图谱构建及基因或数量性状基因位点定位

A. Kaga等（1996）绘制了国际上第1张小豆遗传连锁图谱，该图谱是基于小豆与*Vigna nakashimea*的杂交F_2代群体构建的，共包含132个标记（包括108个随机扩增多样性DNA标记、19个限制性片段长度多态性标记和5个形态标记）、14个连锁群，全长为1 250 cM。研究发现，有些连锁群上的标记成簇地表现偏分离。后来，A. Kaga（2000）等又利用小豆与饭豆（*Vigna umbellata*）杂交分离群体构建了小豆遗传连锁图谱，该图谱包含114个限制性片段长度多态性标记和74个随机扩增多态性DNA标记，也是14个连锁群，总长度为1 702 cM，标记间平均距离为9.7 cM，并且与亚洲豇豆亚属其他作物的连锁图谱进行了比较，发现了一些保守区段。Han（2005）以*Vigna nepalensis*为受体、栽培小豆为供体进行杂交、回交，并用BC_1F_1代群体构建了一张包括11个连锁群，含有205个简单序列重复（SSR）标记、187个扩增片段长度多态性（AFLP）标记和94个限制性片段长度多态性标记的遗传连锁图谱，这是当时豇豆属作物中最饱满的遗传图谱，为小豆基因组分析、重要农艺性状的基因定位奠定了基础。Isemura（2007）等利用小豆与*Vigna nepalensis*杂交后代开展与驯化相关的33个性状的数量性状基因位点（QTL）分析，分别检测到与种子、荚、茎、叶等相关性状的数量性状基因位点。进一步分析表明，这些数量性状基因位点在基因组中多集中在一些特定区域，比如连锁群1和2上，主要为种子萌发、荚大小、籽粒大小和节间缩短等有关的数量性状基因位点。该研究也首次对小豆驯化相关基因进行数量性状基因位点分析。2008年，Kaga等以栽培小豆与*Vigna angularis* var. *nipponensis*杂交获得的F_2代群体构建了一张包括10个连锁群，含有191个简单序列重复标记、2个序列标签位点（STS）标记、1个酶切扩增多态性序列（CAPS）标记、2个特征序列扩增区域（SCAR）标记、36个扩增片段长度多态性标记和3个形态标记的遗传连锁图谱，对46个驯化农艺性状进行了遗传分析，共定位了162个数量性状基因位点，并且对日本存在的3种类型小豆（野生型、半野生型和栽培型）从遗传进化方面做了分析。为定位豆象抗性基因，P. Somta等（2008）利用小豆与*Vigna nepalensis*构建的BC_1F_1代、F_2代群体定位了5个抗绿豆象数量性状基因位点、2个抗四纹豆象数量性状基因位点，为小豆抗豆象育种奠定了基础。

第三节　小豆种质资源研究和利用

一、小豆的分类

小豆属于豆科（Leguminosae）菜豆族（Phaseoleae）豇豆属（*Vigna*）。豇豆属（*Vigna*）包括7个亚属，其中只有*Ceratoropis*亚属、*Plectotropis*亚属和*Vigna*亚属有栽培种。小豆和绿豆［*Vigna radiata*（L.）R. Wilczek］、饭豆［*Vigna umbellata*（Thunb.）Ohwi et Ohashi］、黑吉豆［*Vigna mungo*（L.）Hepper］和乌头叶菜豆［*Vigna aconitifolia*（Jacq.）Marechal］等主要分布在亚洲，因此属于亚洲豇豆亚属（subgenus *Ceratotropis*）。根据形态特征，亚洲豇豆亚属（subgenus *Ceratotropis*）又分为Angulares、Ceratotropis和Aconitifoliae 3个组，小豆和饭豆［*Vigna umbellata*（Thunb.）Ohwi et Ohashi］被分在Angulares组。

历史上，小豆在属的分类上曾经比较混乱。最初小豆被归为扁豆属（*Dolichos*），命名为 *Dolichos angularis* Willd.；后根据小豆柱头和花柱的形态特征划为菜豆属（*Phaseolus*）；20 世纪 50 年代初，日本学者 Ohwi 根据小豆托叶和花的特征创立了小豆属，把小豆命名为 *Aukia angularis*（Willd.）Ohwi。直到 1970 年，Verdcourt 根据形态学、生物化学、细胞遗传学和孢粉学等研究结果，才将小豆划为豇豆属（*Vigna*）；Marechal 等（1978）进行了小豆花和托叶的形态学、早期营养生理学研究，结果支持 Verdcourt 的划分方法并做了进一步的修订。小豆划归为豇豆属也得到了后来相关研究结果的支持，Jaaska（1988）通过天冬氨酸超氧化物歧化酶和氨基酸转移酶等电聚焦电泳、Fatokun 等（1993）用限制性片段长度多态性分子标记聚类分析、Kato 等（2000）通过构建小豆叶绿体 DNA（cpDNA）的物理图谱和 Goel 等（2002）分析核糖体 DNA 内部转录间隔区（ITS）序列都证明了小豆归入豇豆属的合理性。另外，小豆种子同其他豇豆属物种一样，缺乏菜豆属物种普遍具有的一种化学物质六氢吡啶。

二、国内外小豆种质资源的收集和保存

（一）国内外小豆种质资源的收集与保存 小豆种质资源的收集、保存、研究和利用主要集中在中国、日本、韩国等少数几个亚洲国家和地区。作为小豆原产国，我国对小豆资源的考察、收集和征集工作始于 20 世纪 50 年代。截至 2007 年，小豆种质资源保存数量，中国为 4 856 份（未包括台湾省的 228 份），日本为 3 500 份，韩国为 2 434 份，印度为 1 200 份，朝鲜为 200 份。另外，美国、澳大利亚、荷兰、德国等国家从上述国家引进了少量种质资源或品种供研究和生产利用。

目前，我国收集的 4 856 份种质资源已完成农艺性状鉴定并编入《中国食用豆类品种资源目录》，4 508 份递交国家种质库长期保存。据统计，在国家种质库长期保存的 4 508 份种质资源中，以山西的种质资源数目最多，其次为吉林、湖北、河北、河南和陕西（表 13-2）。

表 13-2 各省份递交国家种质库长期保存的小豆种质资源份数及所占比例

来源地	份数	所占比例（%）	类型	来源地	份数	所占比例（%）	类型
山西	599	13.29	春、夏	贵州	136	3.02	春、夏
河北	396	8.78	春、夏	云南	109	2.42	春、夏
湖北	401	8.90	春、夏	江苏	125	2.77	春、夏
河南	367	8.14	夏	内蒙古	146	3.24	春
陕西	361	8.01	春、夏	甘肃	62	1.38	春
吉林	410	9.09	春	湖南	56	1.24	春、夏、秋
北京	286	6.34	春、夏	四川	73	1.62	春、夏
黑龙江	246	5.46	春	宁夏	17	0.38	春
山东	235	5.21	夏	广西	15	0.33	春、夏、秋
安徽	297	6.59	夏	天津	6	0.13	夏
辽宁	150	3.33	春	国外引进	11	0.24	
台湾	3	0.07	秋	海南	1	0.02	春、夏、秋

（二）野生小豆种质资源研究 从广义上讲，小豆可分为栽培类型［*Vigna angularis* var. *angularis*（Willd.）Ohwi et Ohashi］、野生类型［*Vigna angularis* var. *nipponensis*（Ohwi）Ohwi et Ohashi］和半野生类型（weedy azuki bean，非科学命名）。野生类型小豆的茎缠绕蔓生，叶片较小，荚小且容易炸裂，颜色多为黑色或灰色，种子多为灰狸色。野生类型小豆多生长在开阔的、由草本植被覆盖的地方，如水溪两侧或路边；而半野生型小豆多生长在人类活动过的地方，例如稻田附近。在形态上，半野生类型小豆介于栽培类型和野生类型之间。Yamaguchi（1992）提出了半野生类型小豆来源的 3 种解释：①栽培种的祖先，②古老栽培种的退化种，③栽培种与野生种杂交种的衍生种。Xu 等（2000）通过随机扩增多态性 DNA 分子标记研究，认为半野生类型小豆很可能是从野生类型的小豆进化而来的。而 Xu 等（2000b）、Yoon 等（2007）的

相继研究认为 Yamaguchi 提出的 3 种解释都是有可能的。根据野生小豆和栽培小豆有着比较多的相似特征，例如形态学上的连贯性、相同的染色体数目、较高的杂交可能性等，推断野生小豆是栽培小豆的祖先，此观点已经得到了公认。Mimura 等（2000）和 Xu 等分别用随机扩增多态性 DNA 和扩增片段长度多态性分子标记研究小豆遗传多样性时也支持栽培小豆起源于野生小豆的观点。

我国对小豆野生资源的研究较少。杨人俊 1994 年首次报道了野生小豆在辽宁境内的分布以及与小豆杂交的可育性，2001 年杨人俊又报道了我国野生小豆的分布，指出野生小豆不仅在辽宁分布，而且隔离分布于云南和广西。近年来，野生资源的考察表明，野生小豆在我国的辽宁、山东、天津、河北、云南、广西等地广泛分布。王述民等（2002）在有关研究中，使用了 58 份野生小豆材料，其中湖北神农架 39 份。刘长友等（2013）利用 28 对多态性简单序列重复引物对 96 份我国收集的野生小豆资源、小豆近缘野生植物及栽培小豆进行了遗传多样性分析。结果表明，野生资源材料和近缘植物 *Vigna minima* 遗传变异丰富，来自不同地域的野生小豆材料具有大量特异等位变异，不同地理来源的野生小豆明显单独分群，野生小豆的遗传组成与其地理来源有明显关系。栽培小豆与野生小豆的亲缘关系最近，其次是 *Vigna minima* 和 *Vigna nakashimae*，与 *Vigna riukiuensis* 的亲缘关系最远。4 份栽培小豆与日本野生小豆遗传距离较近，表明目前我国小豆育种中使用含有日本血缘的小豆材料较多。

三、小豆种质资源鉴定和利用

（一）小豆种质资源鉴定

1. 小豆种质资源表现型性状的鉴定和评价　胡家蓬（1999）首次全面地对我国收集到的种质资源进行了大规模农艺性状评价，结果显示，小豆粒色大致可分为 8 种类型：红色、白色、黄色、绿色、褐色、黑色、花纹和花斑，我国小豆种质资源粒色以红色为主，其次为白色，再次为绿色和花纹。粒形分为短圆柱形、长圆柱形、球形和椭圆形 4 种，以短圆柱形为主。百粒重最小值为 1.8 g，最大值为 20.1 g，平均百粒重为 9.6 g。成熟荚色可分为黄白色、浅褐色、褐色和黑色，以黄白色为主。成熟荚长，最小为 3.8 cm，最大为 17.8 cm，平均为 7.59 cm。株高，最小为 9 cm，最大为 180 cm，平均为 78.8 cm。主茎分枝（一级分枝）数平均为 4.45 个。生长习性大致可分为直立型、半蔓生型和蔓生型 3 种，而以半蔓生型为主。开花结荚习性大致可分为有限、半有限和无限 3 种，无限开花结荚习性类型是我国小豆种质资源的主体。全生育期，100 d 以内的早熟种质资源占 9.33%，100～120 d 的中熟种质资源占 51.07%，120 d 以上的晚熟种质资源占 39.60%。

2. 小豆种质资源的品质鉴定　金文林等（2005，2006）对来源于我国主产区的小豆地方品种进行了品质性状评价，出沙率平均值为 68.08%，变幅为 61.9%～75.98%；总淀粉含量平均为 57.06%，变幅为 44.79%～67.44%；支链淀粉相对含量平均为 82.24%，变幅为 62.61%～98.94%。筛选出总淀粉含量高于 62.64%和支链淀粉相对含量高于 93.57%的种质资源各 16 份，直链淀粉相对含量高于 29.14%的种质资源 13 份，出沙率高于 73.5%的种质资源 8 份。大粒品种主要集中在河北和北京。河北、北京、山西的品种出沙率较高，东北和日本的品种较低。胡家蓬等分析表明，蛋白质含量在 26%以上的高蛋白质型种质资源主要在湖北、山东和安徽，淀粉含量在 58%以上的高淀粉型种质资源主要在山西、内蒙古、黑龙江、安徽、陕西、北京和吉林。周闲荣（2013）等，利用我国 140 份小豆种质资源，探究其抗性淀粉含量与蒸煮后硬度的地域分布特征，分析蒸煮后硬度与营养指标的相关性，同时筛选抗性淀粉含量高与蒸煮后硬度低的种质资源。结果表明，吉林小豆抗性淀粉含量最高，为 15.71%；其次为黑龙江小豆，为 15.70%；山西小豆最低，为 11.5%。内蒙古小豆的蒸煮后硬度最低，为 96.42 g；吉林小豆最高，为 170.04 g。筛选出 12 份抗性淀粉含量大于 17.83%的优异小豆种质资源，可用于糖尿病人专用品种的选育及产品开发；9 份蒸煮后硬度大于 76.48 g 的优异小豆种质资源，可用于豆饭、豆粥产品的开发。

3. 小豆种质资源的抗病虫鉴定和研究　喻少帆等（1997）对 500 份小豆种质资源进行抗病性鉴定，筛选出 21 份高抗白粉病的小豆种质材料，其中有 7 份小豆种质达到免疫。魏淑红（1998）等鉴定出 1 份中抗叶斑病材料，为 B3698；有 10 份耐病性较好的材料。朱振东（2013）等从 70 份小豆品种中获 7 个抗疫霉茎腐病种质资源，从 50 个品种（系）中筛选出 3 个中抗小豆丝核菌根腐病品种：泥河湾小豆、冀红 12 和白红 3 号。

豆象是小豆主要的仓储害虫，但迄今为止，在现有的小豆种质资源中没有发现抗豆象种质材料。然而，

Tomooka（2000）等研究发现，小豆近缘野生种 *Vigna hirtella* 中有 1 份资源（31363）高抗绿豆象和四纹豆象。Somta 等（2008）研究认为，小豆近缘野生种 *Vigna nepalensis* 能够延迟豆象的孵化，是另一个有用的抗豆象基因来源。栽培饭豆因为对 3 种豆象具有完全抗性，且其食用安全性已经被证明，被认为是重要的抗豆象基因来源。

小豆孢囊线虫病是危害小豆生产病害之一，近年来发病呈上升趋势，但我国相关研究很少。日本北海道十胜农试场研究发现，野生豇豆属种质资源 *Vigna riukiuensis* 中的 ACC2482（JP235878）表现出较好的大豆孢囊线虫病（SCN）抗性，且抗性稳定；并已成功与小豆杂交，表明将 *Vigna riukiuensis* 中抗性基因转移到小豆中是可行的。

小豆茎腐病（brown stem rot，BSR，病原菌为 *Cadophora gregata* f. sp. *adzukicola*）和小豆疫病（adzuki bean fusarium wilt，AFW，病原菌为 *Fusarium oxysporum* f. sp. *adzukicola*）是日本北海道地区小豆生产中的主要问题。由于新生理小种的出现，仅有有限的品种表现抗性。Tomooka（2012）等鉴定出 4 个新抗源基因，并证明 *Vigna hirtella*、*Vigna minima* 和 *Vigna tenuicaulis* 对所有生理小种均表现抗性，可能为潜在的多重抗源。日本自 1983 年以来开始收集来自日本、韩国、尼泊尔、不丹和越南的小豆种质资源和近缘野生种。现在保存有 3 500 多份小豆及近缘种。其中 800 份种质资源已经进行了小豆茎腐病抗性鉴定，1 100 份进行了小豆疫霉茎腐病（phytophthora stem rot，PSR）抗性鉴定。到目前，抗这两种病害的材料已经被鉴定出来。

（二）小豆种质资源创新研究 我国小豆种质资源创新研究多集中在发现自然变异、通过种内杂交、进行物理诱变或化学诱变等方面。金文林等自 2006 年开始用甲基磺酸乙酯（EMS）、电子束、γ 射线和快中子处理小豆京农 6 号种子，构建了小豆突变体库，得到一批叶形、株型、株高、荚色、粒色、粒形、紫茎、顶部蔓生和半蔓生、有限结荚习性突变体及早熟、多花多荚、丰产性好的变异类型。筛选的叶形突变体包括鸡爪叶、剑叶、肾形叶、披针叶、小密叶；株型突变体有紧凑型、松散型、不分枝、多分枝和簇生型；荚色有黑荚、褐荚、黑褐荚；粒色包括黄白色、绿白色、淡棕色、浅红色、鲜红色变异；叶色有黄绿色、中绿色、浅绿色、半黄化和心叶黄化变异。同时该研究组 2005 年利用返回式卫星搭载小豆品系 95-0 进行太空诱变处理，发现太空诱变对小豆的出苗有抑制作用，并且引起了幼苗的畸变如叶缺失、错位等现象，SP_3 代第 2 叶变异频率为 3.42%。太空诱变处理后小豆多种农艺性状的变异系数明显增加，并且正负向变异类型都有，表明太空诱变是创造小豆变异的有效途径。河北省农林科学院 2011 年起利用幼胚拯救获得了小豆与饭豆远缘杂交的 F_2 代材料，为利用饭豆抗豆象基因进行小豆抗豆象种质创新迈出了可喜一步。同时该研究组利用野生小豆与栽培小豆杂交获得 F_8 代的重组自交系（RIL）群体共 154 个株系，该群体类型丰富，生育期为 83～108 d，株高为 20.0～200 cm，主茎分枝为 0.4～6.5 个，主茎节数为 1.6～14.0 个，单株结荚数为 0.2～154 个，单荚粒数为 4.2～10.8 粒，荚长为 3.7～9.0 cm，百粒重为 2.71～14.92 g，单株籽粒质量为 0.24～92.0 g，荚色有浅褐色、黄白色、黑褐色和黑色，粒色有浅黧色、浅褐色、黧色、黄白色、红底黑花纹、黑花黧色、黑底红花纹、黑底褐花纹、褐色、绿色、红色等，是今后进行数量性状基因位点遗传研究和资源创新的好材料。目前日本、韩国均采用饭豆（*Vigna umbellata*）的抗虫基因，以与饭豆亲缘关系较近的小豆近缘野生种（*Vigna nakashimae*）为桥梁亲本，通过远缘杂交、与栽培小豆（*Vigna angularis*）多代回交及鉴定选择，培育出小豆抗豆象新品系。

第四节　小豆育种途径和方法

一、小豆引种

引种是小豆品种选育的一个重要方法，包括国外引种和国内不同区域间的引种。引种时必须了解和掌握小豆的生态类型及引种后所引起的生态变化。小豆是短日照作物，对光温反应较为敏感。研究表明，小豆品种对日照长度与温度的敏感性成负相关，早熟、日照长度不敏感的品种对温度敏感，而晚熟、日照敏感的品种对温度不敏感。由高纬度地区向低纬度地区引种，小豆表现植株矮小、不繁茂，开花、成熟期提早，产量常常比原产地低。由低纬度地区向高纬度地区引种，生育期延长，甚至不能正常开花成熟。了解小豆品种在不同地点的表现，对引种和种植区划具有指导意义。田静（2003）研究表明，辽宁、吉林、黑龙江、内蒙古等高纬度省份的品种在石家庄种植后表现出较好的早熟特性，生育期一般为 75～85 d，个别品种为 95 d 以上；植株直立、矮小，病害较重，单株荚数、单株籽粒质量和小区产量均较低。来自北京、山西等地的材料表现出中熟特性，个别品种为早熟；而来自陕西、河南、山东、安徽等地的材料则表现晚熟特性，一般生育期为100 d左右，个别品种到10月10日仍未成熟，植株性状多为蔓生或半蔓生，株高较高，表现出较好的高产特性。来自云南、湖南、湖北、贵州、甘肃、江苏、四川等低纬度的材料表现极晚熟特性，大部分品种未成熟，甚至只进行营养生长，植株高大；由于生殖生长不充分，产量较低，甚至绝收。因此远距离引种要慎重。研究表明，小豆南北引种跨纬度一般应在3°～5°或以下。

二、小豆系统育种

系统育种是指根据育种目标，从现有品种群体中选择出一定数量的优良个体，然后按每一个个体的后代分系种植，再通过试验选优去劣培育出新品种的过程，是我国小豆育种初期采用的主要方法，目前在一些地方和单位的育种中仍有一定作用。系统育种的选择方法分为单株选择和混合选择。

（一）单株选择 单株选择的系统育种程序和具体做法如下。

1. 优良变异个体的选择 根据育种目标，在现有品种群体大田中选择具有成熟期适中、植株健壮、结荚多、不裂荚、抗倒伏等特性的优良单株。当选的单株可以单独脱粒或混合脱粒。

2. 株行比较试验 将入选的个体分系种成株行，每隔一定数量的株行（一般为20个）设置对照品种，不设重复。通过田间鉴定和室内鉴定，从中选择优良株系。当系内植株间目标性状整齐一致时，即可混收进入品系比较试验。若系内植株间还有分离，可再进行1次单株选择。一般田间目测淘汰60%左右，通过室内考种再淘汰20%～30%，最后入选10%～20%株系。

3. 品系比较试验 当选株系种成小区，设置对照种，并设2～3次重复。当选株系较多时可采用间比法排列，较少时采用随机区组排列。品系比较试验一般进行2年。生长发育期间及时调查记载，成熟后通过考种选出比对照种优越的品系参加各级区域试验。一般选留20%～30%的株系。

4. 区域试验和生产试验 在不同地点进行区域试验，测定新品种在不同生态条件下的生育特性、产量、抗性、适应性、稳定性等，并在较大范围内进行生产试验，以确定其适宜推广的范围。区域试验一般进行2～3年，生产试验进行1年。

5. 品种审（鉴、认）定与推广 经上述程序鉴定综合表现优良的新品种，可报请相关部门和专家进行审（鉴认）定，并定名推广。

（二）混合选择 混合选择育种程序是从原始品种群体中，按育种目标选择一批各性状表现一致的个体混合脱粒，所得种子与原始品种成对种植，通过比较鉴定，表现优越的群体即可取代原品种，作为改良品种进行繁殖和推广。混合选择育种可以根据具体情况改良为集团混合选择和改良混合选择。其中集团混合选择育种是当原始品种群体中有几种符合育种目标的类型时，按类型分别混合脱粒组成集团，然后各集团间及原始品种间进行比较试验，从中选择最优的集团进行繁殖应用的育种方法。改良混合选择育种是通过个体选择和分系鉴定，淘汰伪劣株系，将选留的株系混合，通过与原始品种比较，表现优越时进行繁殖推广的育种方法。

金文林（1999）采用改良自然变异选择法——竞争性选择法培育出京农2号红小豆新品种。其选育的方法是将若干份植株性状差异明显、生态型完全不同的品种混合后一起播种，从该混合群体于开花期、结荚期、成熟期及收获后针对熟期、植株生长习性、抗病性、结荚性、籽粒性状等进行4次单株标记选择。然后单株种子进一步混合按上年方式种植再进行严格选择，获得较理想的单株，下年进行株行试验、鉴定，后续工作同常规选择育种法。

三、小豆杂交育种

杂交育种是小豆育种中最主要且成效显著的育种方法，是目前国内外各育种单位普遍采用的方法。

（一）小豆杂交技术

1. 小豆的花 小豆是自花授粉作物，异交率通常小于1%。小豆的花为蝶形花冠，由1个旗瓣、2个翼瓣和2个龙骨瓣组成。龙骨瓣包裹着雌蕊和雄蕊；雄蕊10枚，其中9枚合生，1枚单生，称为二体雄蕊。小豆植株开花持续期一般为25～40 d，不同熟期、不同生长习性的品种其开花延续天数差异很大，早熟、直立型品种短于中熟、半蔓生品种，中熟、半蔓生品种又短于晚熟、蔓生品种。盛花期开的花结荚率较高，尤其是始花后13～18 d结荚数、结荚率最高。但总体来说，小豆的结荚率较低，为28.0%～36.2%。小豆全天都能开花，试验表明，8:00以前的开花量占全天的68%左右，8:00—12:00的开花量占全天的28%，12:00以后的开花量占4%左右。且晴天开花较早，阴雨天开花较迟。小豆花粉在自然条件下能保持生活力的时间较短。开花盛期观察发现，10:00将成熟花粉的花离体后存放于室温下，14:00以后花粉生活力开始明显下降，花粉储藏到次日上午萌发率降低了30%，至第4日上午降低了40%～50%，此时的花粉虽仍有活力，但活力过低。若将花粉快速干燥后存放在冰箱中，其活力可维持较长的时间。因此在进行小豆杂交育种时，选花时间应在始花后13～18 d，且以下午去雄，次日上午授粉为宜。选花部位宜在植株中上部，其杂交成交率较高。

2. 小豆杂交方法 在母本盛花期，授粉前一天16:00—19:00，选取植株中上部处于膨伸期的花蕾（花蕾大小为0.6～0.8 cm），用镊子尖分开旗瓣和翼瓣，纵裂龙骨瓣，去掉10个雄蕊，将与去雄花同一花序的其他花蕾及荚全部去掉，并挂上纸标牌，注明时间。翌日6:30—10:30，选择父本刚刚开放的花朵或处于半开期的花蕾，用镊子掐下带有新鲜花粉和柱头的龙骨瓣，从龙骨瓣的顶端开口处轻轻套于去雄的母本柱头。2 d后检查授粉情况，若长出1 cm左右的小荚，即授粉成功。并将原来的纸标牌换成塑料标牌，随即摘除杂交荚旁边的新生花芽、叶芽。若杂交未成功，将纸牌去掉。杂交授粉期间及生长后期，注意保持田间湿润，及时防治虫害。

（二）小豆杂交方式 通常采用单交方式，在单交不能达到预期目标时，也采用复合杂交或回交。

1. 小豆品种间杂交 我国现有育成品种多数为单交育成的品种，例如河南省农业科学院粮食作物研究所1991年育成的豫小豆1号，其组合为京小×花叶早熟红小豆；河北省农林科学院粮油作物研究所1992年育成的冀红4号，其组合为安次朱砂红小豆×日本大纳言；河北省保定市农业科学研究所1999年育成的保8824-17，其组合为冀红小豆1号×台9（台湾红小豆）；吉林省白城市农业科学院1999年育成的白红3号，其组合为红小豆732×日本大正红。日本比较重视小豆新品种的选育工作，20世纪70—90年代仅北海道十胜农试场通过杂交方法育成的新品种就有10余个，例如农林1号至农林10号。近年来育成的品种多数为复合杂交，例如2000年育成的十育140，其组合为［农林4号×浦佐（抗茎疫病）］×［农林4号×黑小豆（抗落叶病、凋萎病）］，这个新品种抗落叶病、抗茎疫病和凋萎病。

2. 小豆种间杂交 种间远缘杂交作为一种有用的育种方法，能够将优良性状基因在物种间转移，创制新的变异材料。小豆属于豇豆属中的亚洲豇豆亚属（*Ceratotrop*），包括小豆、绿豆、黑吉豆（*Vigna mungo*）、饭豆（*Vigna umbellata*）、乌头叶菜豆（*Vigna aconitifolia*）等在内的16种或17种，蕴藏着丰富的遗传多样性。早在1978年Ann第一次报道了小豆与绿豆间的杂交，随后Chen（1983）也进行了同样试验。结果表明，正反交均可结荚，但授粉1～3周后小荚就开始脱落。绿豆作母本有利于提高结荚率，且能产生正常幼胚，通过幼胚拯救可以获得杂交株，但杂交株不育。Al-Yasiri（1966）、Chen（1983）、Kaushal（1988）报道了小豆与黑吉豆间的杂交，结果表明，黑吉豆作母本获得杂交种的概率大，并且可以推迟幼荚脱落的时间，有利于对幼胚的组织培养。Ann（1978）、Chen（1983）先后报道了小豆与饭豆间的杂交，表明小豆与饭豆的染色体具有高度的同源性，能够进行规则的减数分裂，正反交都产生了可育的杂交植株，两者间的遗传交换将成为可能。Kaga（2000）利用小豆与饭豆杂交，通过幼胚拯救，获得了包含86个个体的F_2代群体用于构建遗传连锁图谱。河北省农林科学院同样通过幼胚拯救获得了小豆与饭豆间杂交、包含194个单株的F_2代群体。许多研究者（Han，2005；Isemura，2007；Somta P.，2008）获得了小豆与近缘野生种*Vigna nepalensis*间杂交的F_1代、BC_1F_1代和F_2代群体。小豆与*Vigna nakashimae*间正反交均可获得成功，而小豆与*Vigna riukiuensis*间只有当小豆作母本时才能产生可育杂交种（Siriwardhane，1991；Kaga，1996）。

（三）小豆常规杂交育种流程 首先要选择好亲本。亲本选配正确与否，关系到育种的成败。杂交的目的在于结合双亲的优点，克服缺点，育成符合要求的新品种。通常以当地优良品种为基础，与具有弥补缺点的某些优良性状的地方品种或外来品种进行杂交组配。

1. 杂种后代选择 对杂种后代的选择方法主要有系谱法和混合法。

（1）系谱法 自杂种的第一次分离世代（单交的F_2代，复交的F_1代）开始选株，并分别种成株行，每株行成1个系统（株系）。以后各世代都在优良株系中选择优良单株，继续种成株行，直至选育成优良一致的系统时，便不再选株，升入产量比较试验。在选择过程中，各世代都予以系统编号。

（2）混合法 在杂种分离世代，按组合混合种植，不进行选株，只淘汰明显的劣株。直到估计杂种遗传性趋于稳定、纯合个体数达到80%左右的世代（在F_5～F_7代），才开始选择1次单株，下一代成为株系，然后选择优良株系升入产量比较试验。

针对小豆的遗传特点，结合育种经验，河北省农林科学院粮油作物研究所的具体做法是：在后代选择上，由于育种目标中的产量、抗逆性、适应性等性状是由微效基因控制的数量性状，易受环境条件的影响，在早代遗传率低，选择的可靠性差，因此确定采用能保存较多有利基因和基因型的混合选择法。但典型的混合选择法在早代不进行人工选择，在自然选择作用下，有利于发展其抗逆性和适应性，而一些不是作物本身需求，但为人们所需要的经济性状，例如大粒性、品质、矮秆、早熟等性状，由于基因的竞争或其他的影响，可能被削弱。为了减少不同类型间竞争所产生的不良后果，并提高育种效率，可采用改良混合选择法。即杂种早代针对遗传率高的目标性状进行标记选择，各代混收群体中适量增加标记单株，并针对组合的综合性状和理想单株多少进行早代组合选择。从高代开始，在不同生育阶段、病害发生高峰期、逆境期及收获后，针对不同性状进行多次标记的复合选择，选择聚合目标性状的优良单株直至株系纯合。

2. 鉴定圃 对从选种圃中选择升级的优良株系进行产量比较，并鉴定其一致性及进一步对各性状进行观察比较。小区面积一般为几平方米至十几平方米。重复次数为2～3次。多采用顺序排列，每隔4个或9个小区设1个对照。河北省农林科学院粮油作物研究所的具体做法是：在新品系鉴定阶段，为了提高品种性状评价的准确率，入选品系同时进行多年度多点同步异地鉴定，为提交区域试验材料提供可靠依据。

3. 品系比较试验 在较大的面积上进行更精确、更有代表性的产量试验，并对品系的生育期、抗性、丰产性等做更详细和全面的调查研究。田间采用随机区组设计，设3次重复。

由于各年气象条件不同，而不同品种对气象条件又有不同反应，因此为了确切地评选品系，一般材料要参加2年以上的品系比较试验。根据田间长相、抗性、产量表现和品质鉴定等，选出最优良的品系参加省或国家区域试验。

河北省农林科学院粮油作物研究所杂交育成品种冀红9218和冀红8937的选育过程见图13-1。

四、小豆诱变育种

诱变包括物理诱变和化学诱变，作为作物新品种选育手段之一，在小豆育种方面也取得一定进展。例如京农5号和京农8号分别由京农2号经^{60}Co诱变选育而成。晋小豆1号由冀红小豆系列辐射诱变的后代变异株选育而成。保M908-156则由^{60}Co诱变冀红1号/日本大纳言//日本红小豆后代材料选育而成。在化学诱变育种方面，濮绍京等（2003）利用秋水仙碱处理京农5号品种的萌动种子，获得感白粉病、花粒等稳定的变异株系材料。

金文林等（2000）对小豆适宜的辐射处理剂量进行了探讨，认为选用^{60}Co γ射线辐照处理小豆种子时，采用400Gy辐照剂量是较合适的。在400Gy辐照剂量处理后的小豆M_2代群体中获得了多种可稳定遗传的变异类型的单株；对京农2号、S5033的M_2代群体进行了调查，黑荚变异株发生频率为0.2%左右。1996—1998年，从这些后代群体中发现了紫茎+红粒、绿茎+花粒的新基因型材料，这些基因型材料在国内外小豆种质资源中是罕见的。在1993年京农2号的M_2代群体中发现了一株棕色荚、籽粒鲜红的变异植株，经多代选择及室内接种鉴定，获得了对小豆叶锈病和白粉病免疫、百粒重比京农2号提高30%左右（达14g）的优良家系，该家系扩繁后，于1999年通过北京市品种审定委员会审定，命名为京农5号。由此可见，γ射线辐照处理技术对小豆品种改良、遗传变异诱导、创造新基因型种质具有广阔的应用前景。

除利用^{60}Co γ射线外，也可用X射线和热中子流进行处理；或用化学诱变剂，例如甲基磺酸乙酯（EMS）、硫酸二乙酯（DES）、亚硝基乙基脲（ENU）等处理小豆湿种子。但用化学诱变剂处理时，要注意如下几方面：①这些药物有毒性，应随配随用，不宜搁置过久；②处理过的种子应用流水冲洗干净以控制后效应；③为便于播种，应将药物处理过的种子进行干燥处理，采用风干，不宜采用加温烘干方法；④废弃药液对人畜有毒，要注意安全处理和环境保护。

五、小豆空间育种

在利用空间育种技术方面，1994年中国农业科学院原子能研究所进行了小豆种子的卫星搭载，在SP_2代获得了大粒突变体，在SP_3代获得了单株产量和籽粒大小性状优于原亲本的优良单株，百粒重达16.8～21.3g，显著高于原亲本的11.5g。

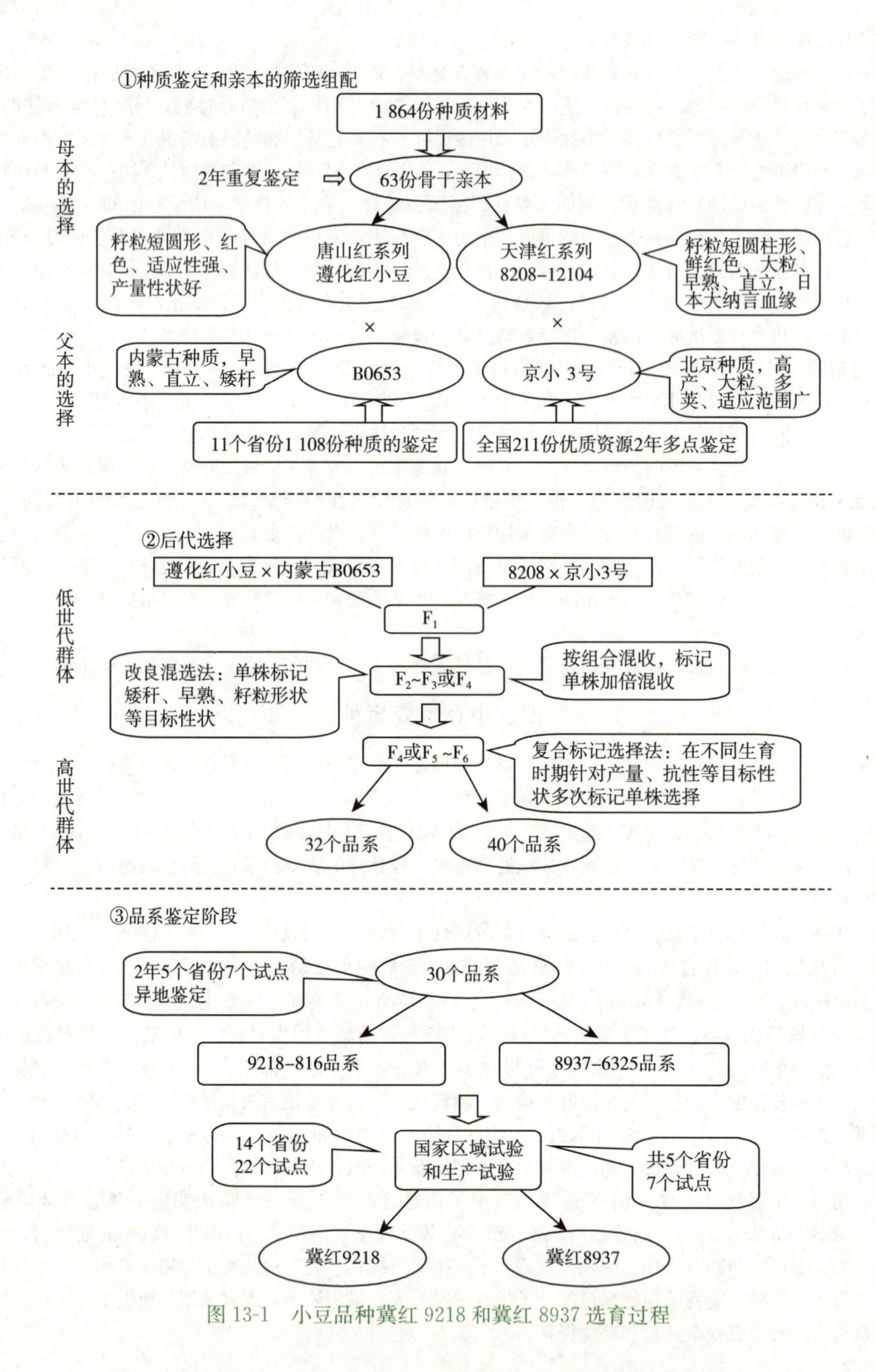

图 13-1 小豆品种冀红 9218 和冀红 8937 选育过程

第五节 小豆育种新技术的研究与应用

一、小豆生物技术育种

小豆生物技术育种的基础研究方面有一些进展，但至今还没有育成品种。许智宏（1984）将上胚轴的愈伤组织、鲁明塑（1985）将子叶愈伤组织分化成苗。葛扣麟等（1987）、黄培铭（1989）将叶肉原生质体愈伤组织分化成苗；金文林等（1993）对小豆幼根、上胚轴、初生叶、子叶等外植体的愈伤组织进行诱导研究，证明了许多外植体都能诱导出良好的愈伤组织，且频率很高。田玉娥等（2011）进行了小豆组织培养和植株再生研究，研究了小豆品种的再生能力，分析了苗龄、外源激素、外植体种类对丛生芽诱导率的影响。结果表明，不同小豆材料、苗龄及外源激素浓度组配，不定芽的诱导率不同。小豆下胚轴是适宜再生的外植体，无菌苗龄以 5 d 之内为宜。京农 5 号品种丛生芽再生率最高，达 82.5%。适宜丛生芽诱导培养基是 MS+2 mg/L 6-BA+7 g/L 琼脂+30 g/L 蔗糖，生根培养基为 1/2 MS+0.1 mg/L IBA+7 g/L 琼脂+15 g/L 蔗糖。在分子标记辅助选择育种方面，目前还没有找到适宜的分子标记用于小豆育种。

二、小豆转基因育种

基因克隆是转基因育种的基础，但国内外有关小豆相关基因克隆的报道较少。刘燕等（2005）根据已报道的大豆、豌豆等多种铁蛋白的基因序列，设计简并引物，利用 cDNA 末端快速延伸技术（RACE）获得红小豆铁蛋白基因的 cDNA 全长，将含有红小豆铁蛋白基因的表达载体转入水稻，利用模式植物水稻进行小豆铁蛋白基因功能的验证。陈新等（2009）利用简并引物从小豆 56 个品种中克隆到病原相关（PR）蛋白类抗病基因 *VaPR3*，对其进行了组织表达和诱导表达分析，结果表明 *VaPR3* 基因可能与植物抗病机制中的防卫素合成有关。Maarten 等（1998）克隆到 α 淀粉酶抑制剂基因（*αAI-2*），并构建植物表达载体转化到小豆中，功能验证结果表明过量表达 *αAI-2* 基因的转基因株系能显著地提高对豆象的抗性。Zheng 等（2002）从小豆的幼苗中克隆并鉴定了 1 个脱落酸特异性的葡萄糖基转移酶基因（abscisic acid-glycosyl transferase gene，ABA-GTase gene）。

小豆的遗传转化是转基因过程中的主要环节，Yamada 等（2001）利用小豆的上胚轴外植体（切割成 10 mm 的小段）为受体，侵染菌株选用了根癌农杆菌 LBA4404、AGL1 和 EHA105 共 3 个菌株，构建了 2 个植物表达载体 pIG121 和 pSG65T。表达载体 pIG121 的筛选标记为卡那霉素基因，报告基因为 *GUS*；表达载体 pSG65T 的筛选抗性基因为卡那霉素基因，报告基因为 *gfp*。经过前期试验，最终选用表达载体 pSG65T 和根癌农杆菌 EHA105 为侵染受体，转化率为 2%。Mutasim 等（2001）利用小豆的上胚轴外植体作为根癌农杆菌 EHA105 侵染的受体，筛选标记基因为潮霉素基因和 *bar* 基因，报告基因为 *gfp*，研究了植株的再生能力，转化率达 14%，获得了较好的效果。Ching 等利用农杆菌介导法把亚洲蔬菜研究发展中心克隆的绿豆品种 VC6089A 抗豆象基因 *VrD1* 转入当地栽培小豆中，得到了成功表达，同时还发现该基因对小豆的某些真菌病害具有一定的抗性。Keito 等（2007）对从普通菜豆中克隆出的 α 淀粉酶抑制剂基因（*aAI-2*）进行了研究，发现该基因对墨西哥象甲有一定抗性，通过农杆菌介导法把该基因转入小豆品种 6054 中进行过量表达，得到了 34 株功能稳定表达的转基因植株。Matusim 等（2005）利用根癌农杆菌 EHA105 把抗豆象基因（来源于普通菜豆）和标记基因一起导入栽培小豆日本北海道小豆中，对后代进行标记，检测得到 31 株成功转化植株。

三、小豆抗豆象育种

豆象是小豆重要的仓储害虫，危害率可达 100%，造成巨大的经济损失。但由于缺乏直接的抗豆象小豆种质资源，国内外有关小豆抗豆象育种的报道较少。小豆的抗豆象育种建立在豇豆属其他物种的基础之上，栽培饭豆被认为是重要的抗豆象基因来源。因为它对 3 种豆象具有完全抗性，且其食用安全性已经被证明。栽培饭豆的抗豆象性来自存在于籽粒中的化学物质。美国科学家证明这些化学物质为 3 种黄烷类柚苷衍生物（flavonoid naringgenin），其中有 2 种分别只对绿豆象和四纹豆象有抗性，另外 1 种对 2 种豆象均有抗性。通过饭豆与近缘野生种 *Vigna nakashimae* 杂交证实，饭豆的抗性由 4 个数量性状基因位点控制。

小豆抗豆象育种目前采用的是幼胚拯救和桥梁亲本的途径。小豆与饭豆间的杂交亲和性很低，当用小豆作为母本时，幼嫩的杂交荚一般能够正常发育，但生长 10 d 左右，幼荚开始萎缩不育；而当用饭豆作为母本时则不能正常结荚。在杂交荚未败育前进行幼胚培养，可以得到 F_1 代植株并正常结实。Kaga 等（2000）利用小豆 Erimoshouzu 作母本与饭豆 Kagoshima 杂交，通过幼胚拯救获得了后代植株。Siriwardhane 等（1991）证实小豆近缘野生种 *Vigna riukiuensis* 可作为小豆和饭豆间的桥梁亲本。后来 Tomooka 等（2000）又证实小豆近缘野生种 *Vigna nakashimae*、*Vigna minima* 也可作为小豆和饭豆间的桥梁亲本，从而进一步扩大了桥梁亲本可选择的范围。目前日本研究者已经利用桥梁亲本，实现了抗豆象基因从饭豆到小豆的转移，并已形成品系。我国的小豆抗豆象育种刚刚起步，河北省农林科学院粮油作物研究所通过国际合作已经引进了几种可作为小豆和饭豆间桥梁亲本的近缘野生种，但离育成抗豆象小豆品种还有一段距离。我国作为小豆起源地之一，也不乏小豆近缘野生种的分布，加强对这些种质资源的收集对于填补我国在这方面研究的空白具有重要意义。

第六节 小豆育种田间试验技术

在小豆育种过程中，种质资源的引进鉴定、亲本的种植、杂种后代的选择和处理以及对新品种的评价，均需经过一系列的田间试验和室内选择工作，以对产量潜力、品质性状以及抗病性等进行深入研究。

引进的种质资源必须做田间适应性鉴定，包括生育期、各种抗性的鉴定。第 1 年种子量较少，田间主要任务除适应性鉴定外，还要保种、扩大繁种量，以便今后利用。因此田间种植时要选择地块良好、稍肥沃的地块；宜采用适当早播、点播（或条播）、稀植的方式，行距为 50～70 cm。第 2 年可根据具体情况再做抗性（抗病虫、抗逆等）鉴定和室内品质鉴定等。

小豆植株较矮，杂交圃亲本材料种植的主要原则是方便杂交工作。一般采用宽窄行种植。宽行行距为 100～120 cm，窄行行距为 40～50 cm。用蔓生材料作亲本时，最好在植株抽蔓前搭好架，把植株固定好，便于去雄、授粉，提高成荚率。

生育期相差较大的亲本进行杂交组配时，采用分期播种，或采用遮光手段调整花期。夏季用 12 h 光照、12 h 黑暗条件处理小豆植株 25～30 d 即可开花。

选种圃的种植，以系谱法为例，F_1 代按组合点播，加入亲本行。主要任务是利用标志性状去除假杂种，鉴别组合优劣，同时扩繁种子，以保证下年度有较大的 F_2 代群体。这个世代一般采用温室加代，以缩短育种周期。按组合混合收获，下年度稀植点播种成 F_2 代群体，收获时根据采用的育种方法单株选择或混合选择。混合选择时每株采摘 2～3 个荚混合脱粒，作为下年度混合种植的种子。F_2 代及以后世代仍采用点播，或单株选择或混合选择，混合选择时每组合应有较多的单株（1 000 株以上）。F_5～F_6 代及以后世代单株选择后采用条播进行系统选择，株行距依当地生产习惯而定，密度一般要比大田生产的低。

当选择的材料各性状稳定一致后，混收株系进入品系比较预备试验。根据材料多少采用间比法或随机区组排列，设置对照。每份参试材料 3～5 行，行长为 4～5 m，小区面积为 6～12.5 m^2，2～3 次重复，进行生育特性、产量特性与抗性等的初步比较；设置保护行。测产时要将小区两端及边行优势植株去除。

优良的品系材料进入正式品系比较试验，布置多点试验（3～5 个试点）。通过多年（2 年左右）多点试验评价每份材料的推广应用价值及其适应范围。布点依据是材料特点及生态类型，点尽可能多。

第七节 小豆种子生产技术

一、做好防杂保纯工作

防杂保纯是对小豆种子生产工作的最基本要求。在生产全过程中，必须认真把好以下四关。

（一）选好种子生产田 种子田不能重茬连作，以有效地避免或减轻一些土壤病虫害的传播。同一品种要实行连片种植，避免品种间混杂。

（二）把好播种关 种子田播种时，在种子接收和发放过程中，要严防差错。播种前种子处理，例如晒种、选种、浸种、催芽、药剂拌种等，必须做到专人负责，不同品种分别进行，更换品种时要把用具清理干净。若用播种机播种，装种子前和换播品种时，要对播种机的种子箱和排种装置进行彻底清扫。

（三）做好田间鉴定工作 小豆出苗后即可实施除杂去劣。根据本品种特有的标志性状（例如茎色、荚色、植株形态等）进行严格除杂；拔除病株；生长后期根据植株长势去除劣株。

（四）控好种子收获脱粒关 在种子收获和脱粒过程中，最容易发生机械混杂，要特别注意防杂保纯。种子田要单收、单运、单脱、单晒，一个品种一个世代要专场脱粒。若用脱粒机脱粒，脱完一个品种一个世代，要彻底清理后再脱粒另一个品种。整个脱粒过程要有专人负责，严防混杂。机械脱粒时要注意机械转速，以防籽粒破碎。

同其他作物一样，小豆种子级别由育种家种子、原原种、原种和良种4个环节组成，把好四关对新品种扩繁、示范与推广至关重要。

二、采用科学的栽培技术

在种子生产过程中，从整地、播种到收获前的一系列田间管理工作都要精细，既要科学种，又要科学管。尤其要注意去杂、中耕、除草、排灌、配方施肥和及时防治病虫害等，保证作物安全生长和正常发育。

三、注意种子储藏

种子公司等生产、经营单位都要建立专用的种子仓库。种子仓库要专人负责、专库专用，切忌与粮食、饲料、农机具、化肥等物品混置。种子入库前，要对种子库进行彻底清扫。

合格的小豆种子标准：一级种子纯度不低于99.0%，净度不低于98.0%，发芽率不低于85%，水分不高于13.0%；二级种子纯度不低于96.0%，其他均同一级种子标准。

小豆种子储藏期间要注意仓储害虫。豆象是小豆储藏期间的主要虫害。发生严重时，危害率达100%，影响品质和种子发芽率。因此种子入库后要使用安全低毒的药剂进行熏蒸，杀死虫卵。熏蒸过程中的注意事项要严格参照药剂使用说明。小豆种子具有一定的耐储藏性，当种子水分控制在12%以下时，用普通常温库保存3～4年时，种子发芽率仍可达70%～80%。当种子水分超过14%时，储存种子发芽率会快速降低。

第八节　小豆育种研究动向和展望

小豆属低产作物，目前生产上新品种产量水平在1 950～2 400 kg/hm^2，高产仍是今后小豆育种的重要目标之一。但随着人们对营养健康、产品加工的追求、对轻简栽培的需求以及对环境变化的要求等，高产以外的营养、专用、适宜机械化栽培、抗病虫、抗旱、耐瘠薄等将成为今后小豆育种的研究方向。分析目前我国小豆的育种现状，未来小豆的育种研究应偏重于如下方面。

一、扩大遗传变异创制新种质

除扩大国内外种质资源收集、加速资源的系统评价与鉴定之外，扩大遗传变异及创新种质是育种的基础课题。以前育成的品种主要是利用已有的基础材料进行杂交组配，今后除常规杂交选育外，通过物理诱变、化学诱变、空间诱变等手段产生新的基因源，以及利用野生资源有利基因，应引起国内外学者重视。

二、生物技术应用于小豆育种

在小豆细胞和组织培养方面，目前国际上仍没有一种标准的快速获得组织培养苗材料的方法，愈伤组织再生成苗、原生质体再生成苗等技术还不成熟，这使得小豆的转基因技术应用受到很大限制。其次，远缘杂交在某些种间杂交后的幼胚拯救、原生质体融合等技术上仍不完善，这使得远缘杂交在育种上的应用也受到很大限制。在分子水平上，目前还没有足够多的引物用于分子标记辅助选择育种。因此为实现生物技术在小豆育种上的应用，应建立远缘杂交技术体系、细胞培养的再生技术体系，开发育种中与抗性、适应性、品质等性状紧密连锁的分子标记，标记控制小豆重要农艺性状的基因，构建高密度的小豆遗传连锁图谱等，从而通过远缘杂交、遗传转化和分子标记辅助选择等手段使小豆的育种和遗传学研究能上一个新台阶。

三、小豆杂种优势的利用

据中嶋（1980）报道，他们于1974年在日本十胜农试场从系统选育的十育92小豆中发现了雄性不育个体，通过与雄性可育个体杂交获得了F_1代个体，并且是可实的，而从F_2代个体分离比例推测该性状是由1对隐性基因控制的。但遗憾的是，这个研究已中断。直接利用F_1代的杂种优势对小豆育种家来说目前难度还很大。关键问题在于尚未发现有效的杂交种子的生产手段。

四、小豆常规育种方向

（一）中早熟　选育适宜当地自然条件和耕作制度的中早熟品种，以充分利用光、温、土地资源，并适于接茬、灾后补种等。一般生育期，春播区为115 d左右，夏播区为90 d左右。

(二) 适应性广 现有品种适应性较差，培育的新品种只能在狭小的地域推广，或对栽培条件苛刻，生产上迫切需要广适应性的品种。

(三) 抗性强 主要是具有较强的抗病虫性，包括抗病毒病、锈病、白粉病、叶斑病及抗豆象、抗豆荚螟等。

(四) 适宜机械化栽培 选育上胚轴长、结荚部位较高、不裂荚、适宜机械化田间作业和收获的品种。

(五) 专用品种培育 注重加工专用品种的选育，例如豆沙加工、豆粒罐头加工品种等。加强营养保健专用品种的选育，例如高蛋白质品种、高铁含量品种、降血糖品种等。

复习思考题

1. 结合国内外小豆育种研究进展，分析未来小豆主要育种方向及目标。
2. 试讨论我国小豆种质资源保存与利用现状、存在问题和发展方向。
3. 试分析小豆主要育种性状的遗传特点及其在育种中的应用。
4. 试述现阶段小豆育种的主要途径和方法，讨论今后的发展方向。
5. 简述小豆人工杂交技术特点及可能的改进途径。
6. 小豆种子生产中需注意哪些问题?
7. 当前小豆育种的主要难点是什么? 如何解决?

附 小豆主要育种性状的记载方法和标准

1. 播种期 种子播种当天的日期为播种期，以年月日表示（各生育时期同此）。

2. 出苗期 小区内50%的植株达到出苗标准的日期为出苗期。

3. 分枝期 小区内50%的植株叶腋长出分枝的日期为分枝期。

4. 见花期 小区内见到第1朵花的日期为见花期。

5. 开花期 小区内50%的植株见花的日期为开花期。

6. 终花期 小区内50%的植株最后1朵花开放的日期为终花期。

7. 成熟期 小区内有70%以上的荚呈成熟色的日期为成熟期。

8. 全生育期 播种第2天至成熟的天数为全生育期。

9. 生长习性 生长习性可分为直立型（茎秆直立，节间短，植株较矮，分枝与主茎之间夹角较小，分枝少且短，长势不茂盛，成熟较早，抗倒伏性强）、半蔓生型（茎基部直立，较粗壮，中上部变细略呈攀缘状。分枝与主茎之间夹角较大，分枝较多，其长度与主茎高度相似，或丛生，多为中早熟品种）和蔓生型（茎秆细，节间长，分枝多弯曲，匍匐生长，具缠绕性，多属晚熟品种）3种类型。

10. 结荚习性 在植株终花期与成熟期之间，采用目测方法观测茎尖生长点开花结荚的状况，分有限结荚习性（主茎及分枝顶端以花序结束，又称为自封顶型）和无限结荚习性（主茎及分枝顶端为营养生长点，无花序）2个类型。

11. 茎色 出苗后，即可调查茎色，分紫色和绿色2大类型，紫色中还可分淡紫色、深紫色及部分部位紫色等。

12. 成熟荚色 植株成熟期观测自然成熟荚果的颜色，分黄白色、褐色和黑色3个类型。

13. 粒色 观测成熟干籽粒的外观颜色，可分为红色、绿色、白色、黄色、黑色等单色以及花斑、花纹等多色类型。

14. 每花序花数 植株开花期，随机选取主茎从下往上数第2个和第3个花节上的花序10个，计数花序上的花数，计算平均每花序的花数，精确到一位小数。

15. 株高 在植株成熟期，测量从子叶节到植株顶端的长度，即为株高，单位为cm，精确到1 cm。

16. 顶蔓长度 在植株成熟期，测量主茎从顶部第1个叶片已展开的节到第4个叶片已展开的节共3个节间的总长度，即为顶蔓长度，单位为cm，精确到1 cm。长度超过20 cm者一般为蔓生或半蔓生材料。

17. 主茎节数 计数每株主茎从子叶节到植株顶端的节数，即为主茎节数，单位为节，精确到整位数。

18. 节间长度 成熟期株高与主茎节数之比，即为节间长度，单位为cm，精确到0.1 cm。

19. 主茎分枝数 计数每株主茎上的一级分枝数，即为主茎分枝数，单位为个/株，精确到整数。

20. 有效分枝始节 计数主茎上最下部结荚的分枝所在的节位，即为有效分枝始节，单位为节，精确到整数。

21. 单株荚数 计数每株上的成熟荚数，即为单株荚数，单位为荚/株，精确到整数。

22. 荚长 测量10个随机抽取的干熟荚果，测量荚尖至荚尾的直线长度，计算其平均值，即为荚长，单位为cm，精确到0.1cm。

23. 荚宽 测量10个随机抽取的干熟荚果，测量荚果最宽处的直线宽度，计算其平均值，即为荚宽，单位为cm，精确到0.1cm。

24. 单荚粒数 计数10个随机抽取的干熟荚果内所含的平均成熟籽粒数，即为单荚粒数，单位为粒/荚，精确到一位小数。

25. 单株产量 10株荚果脱粒充分风干后的平均单株质量，即为单株产量，用感量为0.1g的电子秤称量，单位为g，精确到0.1g。

26. 粒形 以风干后的成熟干籽粒目测籽粒的形状，分近球形、短圆柱形、椭圆形、楔形等类型。

27. 百粒重 参照《农作物种子检验规程》(GB/T 3543—1995)，随机取风干后的成熟干籽粒100粒，称取质量，即为百粒重。2次重复，用感量为0.01g的电子天平称重，单位为g，精确到0.01g。

28. 籽粒出沙率 将待测小豆样品清洗干净，测定样品含水量。取50g待测小豆放入铝盒中，用30℃温水浸泡24h，然后放入高压锅内蒸煮1h。将煮熟的豆粒倒入60目网筛中边研磨边洗沙，将豆皮和豆沙分离，将除去豆皮的溶液放入离心机内离心，除去上层清液，将下层豆沙置80℃烘箱中烘干至恒重。每个样品设3次重复，籽粒出沙率（C）计算公式为：$C=m_0/(m-mV)\times100\%$。式中，m_0为豆沙的质量（g），m为供试小豆籽粒的质量（g），V为供试小豆含水量（%）。

29. 籽粒硬实率 将待测样品清洗干净，取50粒放于有两层滤纸的发芽盒中，倒入10mL蒸馏水，每个样品设定3次重复，放置于设定温度为40℃的培养箱中，恒温培养72h。最后调查吸胀籽粒数。硬实率（Y）计算公式为：$Y=(50-Y_1)/50\times100\%$。其中，Y_1为吸胀粒数。

30. 粗蛋白质含量 随机取干净的成熟干籽粒20g测定粗蛋白质含量。具体测定方法依据《谷类、豆类作物种子粗蛋白质测定法》(GB 2905—1982)，单位为%，精确到0.01%。

31. 粗脂肪含量 随机取干净的成熟干籽粒25g测定粗脂肪含量。具体测定方法依据《谷类、油料作物种子粗脂肪测定方法》(GB 2906—1982)，单位为%，精确到0.01%。

32. 总淀粉含量 随机取干净的成熟干籽粒20g测定总淀粉含量。具体测定方法依据《谷物籽粒粗淀粉测定法》(GB 5006—1985)，单位为%，精确到0.01%。

33. 直链淀粉含量 随机取干净的成熟干籽粒20g测定直链淀粉含量。具体测定方法依据《水稻、玉米、谷子籽粒直链淀粉测定法》(GB 7648—1987)，单位为%，精确到0.01%。

34. 支链淀粉含量 支链淀粉含量是小豆籽粒的总淀粉含量减去直链淀粉含量的差值，单位为%，精确到0.01%。

35. 各种氨基酸含量 随机取干净的成熟干籽粒25g测定各种氨基酸含量。具体测量方法依据《谷物籽粒氨基酸测定的前处理方法》(GB 7649—1987)，单位为%，精确到0.01%。

36. 芽期耐旱性 取当年收获的种子，不进行任何机械或药物处理。采用室内芽期模拟干旱法，以相对发芽率评价芽期耐旱性，将耐旱等级划分为高耐、耐、中耐、弱耐及不耐5个等级。鉴定方法、调查记载标准及抗性评价参考《小豆种质资源描述规范和数据标准》。

37. 成株期耐旱性 采用田间自然干旱鉴定法造成生长发育期间干旱胁迫，调查对干旱敏感性状的表现，测定耐旱系数，依据平均耐旱系数划定高耐、耐、中耐、弱耐及不耐5个等级。鉴定方法、调查记载标准及抗性评价参考《小豆种质资源描述规范和数据标准》。

38. 芽期耐盐性 芽期耐盐性鉴定在23～25℃的发芽室内进行，每份材料每次处理用25粒，重复3次，先用0.1%氯化汞液进行种子消毒1～2min，用自来水冲洗干净，随即用1.1% NaCl水溶液浸泡24h至充分吸胀，取出种子摆入装有滤纸的培养皿中。加入5mL浓度为1.1%的NaCl溶液，对照加入5mL清水。发芽期间每隔2d用同样浓度溶液冲洗一遍，第8天调查发芽率（胚根与种子等长，两片子叶完好或破裂低于1/3即为发芽，硬实不参与计算），计算盐害指数［盐害指数=(对照发芽率－盐处理发芽率)/对照发芽率×

100%]，根据盐害指数判定耐盐级别。具体方法参考《小豆种质资源描述规范和数据标准》。

39. 苗期耐盐性 苗期耐盐性鉴定在温室内进行。用 70 cm×40 cm×12 cm 的塑料箱。将细沙与壤土过筛后以 1∶1 的比例拌匀。每箱 7 份材料，覆土 5kg，重复 3 次。幼苗长至第 1 片三出复叶展平，第 2 片复叶长出但未展开时，用一定浓度的 NaCl 溶液（浓度高低视当时的墒情而定）浇灌，使土壤含盐量达到 0.3%。处理前每个品种留苗龄一致、长势均一的幼苗 10 株。处理 7～9 d 或积温为 150～170 ℃时，调查盐害程度，计算盐害指数。盐害指数＝$(\sum C_i \times N_i)/(4N) \times 100\%$，其中 N_i 为各类苗的株数，C_i 为各苗类代表值，N 为每个参试品种的总株数，4 是最高代表值。根据盐害指数判定耐盐级别。具体方法参考《小豆种质资源描述规范和数据标准》。

40. 苗期耐寒性 苗期耐寒性鉴定采用人工气候模拟鉴定法。具体方法参考《小豆种质资源描述规范和数据标准》。

41. 耐涝性 在多雨水涝情况下，于地面积水 2 d 后，根据田间植株生长状况判定耐涝级别。具体方法参照《小豆种质资源描述规范和数据标准》。

42. 抗倒伏性 在成熟期或遇到暴风雨后（注明日期），根据植株田间倾斜度和倾斜植株的比例判定抗倒伏性级别，至少有 2 年的观察结果。具体方法参照《小豆种质资源描述规范和数据标准》。

43. 锈病抗性 小豆锈病主要发生在成株期。根据对病害的反应程度，可将小豆对锈病抗性划分为 5 个等级：高抗（HR，发病级别 1）、抗（R，发病级别 3）、中抗（MR，发病级别 5）、感（S，发病级别 7）和高感（HS，发病级别 9）。鉴定方法、调查记载标准及抗性评价参考《小豆种质资源描述规范和数据标准》。

44. 叶斑病抗性 小豆叶斑病在小豆开花前就可发生。根据发病级别将小豆对叶斑病抗性划分为 5 个等级：高抗（HR，发病级别 1）、抗（R，发病级别 3）、中抗（MR，发病级别 5）、感（S，发病级别 7）和高感（HS，发病级别 9）。鉴定方法、评价标准参考《小豆种质资源描述规范和数据标准》。

45. 白粉病抗性 小豆白粉病由白粉菌（*Erysiphe pisi* DC.）引起，主要发生在成株期。根据小豆对病害的反应程度，将抗性分为 5 级：高抗（HR）、抗（R）、中抗（MR）、感（S）和高感（HS）。鉴定方法、评价标准参考《小豆种质资源描述规范和数据标准》。

46. 丝核菌根腐病抗性 小豆丝核菌根腐病主要发生在前期。抗性鉴定可采用人工接种鉴定法在苗期进行，接种 7 d 后调查发病情况，记录病株数及病级。具体方法参考《小豆种质资源描述规范和数据标准》。

47. 镰孢菌根腐病抗性 小豆镰孢菌根腐病在小豆整个生长发育期均可发生，抗性鉴定可采用人工接种鉴定法在苗期进行，接种 7 d 后调查发病情况，记录病株数及病级。具体方法参考《小豆种质资源描述规范和数据标准》。

48. 镰孢菌枯萎病抗性 小豆镰孢菌枯萎病在幼苗期和成株期均可发生。抗性鉴定可采用人工接种鉴定法，接种 7 d 后调查发病情况。利用病圃鉴定时，在开花期调查，记录病株数及病级。具体方法参考《小豆种质资源描述规范和数据标准》。

49. 花叶病毒病抗性 小豆花叶病毒病在幼苗期和成株期均可发生。抗性鉴定可采用人工接种鉴定法，接种 14 d 后调查发病情况，记录病株数及病级。具体方法参考《小豆种质资源描述规范和数据标准》。

50. 蚜虫抗性 危害小豆的主要蚜虫为苜蓿蚜、桃蚜等，在各个生育阶段均可发生。根据蚜虫在小豆植株上的分布程度和繁殖、存活能力，将小豆对蚜虫的抗性划分为 5 级：高抗（HR）、抗（R）、中抗（MR）、感（S）和高感（HS）。鉴定方法、调查记载标准及抗性评价参考《小豆种质资源描述规范和数据标准》。

51. 豆象抗性 豆象危害主要在收获后储藏期间发生。抗性鉴定采用人工接种鉴定法，一般在接虫 40～45 d 后，调查每份材料的虫害级别。鉴定方法、调查记载标准及抗性评价参考《小豆种质资源描述规范和数据标准》。

（金文林第二版原稿；田静第三版修订）

第十四章　木豆育种

木豆学名为*Cajanus cajan*（L.）Millsp.，英文名为pigeonpea或red gram，染色体 $2n=2x=22$，是木豆属（*Cajanus*）下32种中唯一的栽培种（图14-1）。木豆是世界上唯一的木本食用豆类作物，中文俗称为黄豆树、豆蓉树、三叶豆（云南）、千年豆（广西）、树豆、鸽子豆、蓉豆、柳豆、花豆、米豆等。木豆在叶片、花托和荚的表面具有球状分泌腺，明显区别于其他物种。我国已发现的木豆属野生种有6个，广泛分布于云南、贵州、广西、海南及其邻近地区。栽培木豆起源于印度，大约在1 500年前传入我国。木豆是一种抗旱耐瘠能力很强的热带作物，地理分布很广。据联合国粮食及农业组织（FAO）统计数据，2004—2013年间全世界生产木豆的国家有22个，干豆年平均种植面积在 1.5×10^5 hm^2 以上的主产国有为印度（年种植面积为 3.786×10^6 hm^2）、缅甸（年种植面积为 5.94×10^5 hm^2）、坦桑尼亚（年种植面积为 1.91×10^5 hm^2）、马

图14-1　木豆［*Cajanus cajan*（L.）Millsp.］

1. 枝条　2. 花　3. 旗瓣　4. 翼瓣　5. 龙骨瓣　6. 雄蕊　7. 雌蕊　8. 叶片上表面　9. 叶片下表面
10. 大叶（品种ICP9150）　11. 小叶（品种ICP9880）　12. 小粒种子（品种ICP7332）　13. 长圆形种子（品种ICP9880）
14. 方形种子（品种ICP7568）　15. 豇豆状种子（品种ICP7977）　16. 豌豆状种子（品种ICP7977）　17. 大粒种子
18. 带种阜的种子（品种Van Der Maesen 4212，缅甸收集）

（引自L. J. G. van der Maesen，1986）

拉维（年种植面积为1.76×10^5 hm^2）和肯尼亚（年种植面积为1.61×10^5 hm^2）。我国木豆种植面积约为4.0×10^4 hm^2，木豆是我国特色食用豆之一。

第一节 国内外木豆育种研究概况

一、我国木豆育种研究进展

我国木豆选育工作始于20世纪60年代，长期从事木豆资源引进和新品种选育工作的单位主要有中国林业科学院资源昆虫研究所、中国农业科学院作物科学研究所、广西壮族自治区农业科学院品种资源研究所、海南省农业科学院品种资源研究所、云南省农业科学院粮食作物研究所等。我国木豆地方品种多为高大、晚熟和多年生能力强的农家种，用于生产紫胶，且呈群体状态。由于木豆的异交率高，因此木豆地方品种均呈杂合状态，表现在籽粒大小和种皮颜色严重分离、株高株形参差不齐，以及区域气候适应性强和适应范围较窄。几十年来，育种方法上主要采用引种、自然变异选择等手段，从我国地方木豆资源中选育的品种或品系有M18022、黑木豆、千年豆、木豆桂19。1998年以后，从引进国外资源中筛选适宜我国需要的主要是粮菜兼用型中熟品种，例如ICPL7035（菜用类型）、ICPL87091（菜用类型）、Y43（菜用类型）等，用于构建基于木豆的农业经济生态林体系，解决西南石山区和陡坡山地退耕还林及科技扶贫。从国外引进种质资源中筛选培育的干籽粒用品种或品系有ICPL312、ICPL87、ICPL93047、ICPL93092、ICPL93115、ICPL87119、ICPL8863、ICPL332、ICPL90008。另外，自国际热带半干旱地区作物研究所（ICRISAT）引进，并在云南元谋试种和示范推广了基于质核互作雄性不育（CMS）的雄性不育系三系配套杂交种ICPH2671等品种。

二、国外木豆育种研究进展

世界上木豆育种始于20世纪20年代的印度，先后经历了系统选育、杂交育种的传统育种阶段，并育成了一系列常规品种，例如UPAS120、Manak、ICPL87119、ICPL87等，在生产上得到广泛利用。

（一）早期木豆杂种优势利用的育种研究 自花授粉特性致使大多数豆科作物的杂种优势无法利用，然而由于木豆具有很高天然虫媒异交率，使得木豆杂种优势有效利用成为可能。对于经济规模的杂交种生产和亲本繁种，目标作物必须具有有效而成本低廉的授粉机制。Howard等（1919）首次报道了木豆存在天然异交现象，随后又有多篇关于木豆天然异交率的相关报道。研究结果认为，木豆花的10个雄蕊中，4个短花丝有利于自交授粉，6个长花丝有利于异交授粉，其花器结构允许发生部分异花授粉。根据7个国家多个栽培品种的测定结果，木豆天然异交率达12.6%～45.9%。有来自24个生物学种的昆虫参与木豆的异花授粉，其中蜜蜂（*Magachile* spp. 和 *Apis mellifera*）是主要的花粉传媒；风媒传粉的可能性几乎不存在。虫媒群体密度、单株花数、田块位置、温度、湿度和风速，综合决定特定田块的木豆异交率。木豆经由虫媒传粉得以实现较高的异交率。Solomon等（1957）首次报道了木豆杂种优势的存在，杂交种的籽粒产量比其组合中产量较高的亲本高出24.5%。籽粒产量的杂种优势与单株荚数、一次分枝数和株高的增加密切相关。随后，又有多篇研究论文，报道了木豆杂种优势存在于籽粒产量及其构成因子中。

木豆杂种优势利用技术的研发始于两份细胞核基因控制的雄性不育（genetic male-sterility，GMS）木豆种质资源的发现（Reddy等，1978；Saxena等，1983）。雄性不育由1对隐性基因控制，与雄性可育植株相比其花药具有明显不同的大小、形状及颜色，使大田中的雄性不育株在开花期之前就能轻而易举地、准确地被识别出来。国际热带半干旱地区作物研究所及印度的科研人员已在木豆杂交种开发上广泛地应用了这两份资源。ICPH 8是基于细胞核基因控制的雄性不育（GMS）体系的世界上首个木豆杂交种品种，1991年一经推出，便被认为是食用豆类杂交育种研究历史上具有里程碑性意义的事件。100个设有对照的小区产量试验结果显示，ICPH 8的单产比对照品种UPAS120和Manak高30%～34%。大田试验也表明，ICPH 8与对照品种比较，其籽粒产量仍然基本保持了上述增产水平（Saxena等，1992）。1993年，印度旁遮普农业大学育成了另一个基于细胞核基因控制的雄性不育体系的杂交木豆品种PPH 4，该品种尤其适合用于与小麦轮作，其产量比对照高14%（Verma和Sidhu，1995）。1994年，印度泰米尔那都农业大学推出一个早熟杂交木豆品种IPH 732，又名CoH 1，大田试验比对照品种增产32%（Murugarajendran等，1995）；1997年，该大学又推出一个新的杂交木豆品种CoH 2，它的单产比CoH 1高13%，比纯系栽培种Co 5高35%。1997年和

1998年印度 Punjabrao Krishi Vidyapeeth 大学推出的两个基于细胞核基因控制的雄性不育体系的杂交木豆品种，其中 AKPH 4104 是早熟品种，比对照品种 UPAS 120 增产 64%；而 AKPH 2022 是中晚熟品种，比同类型对照品种 BDN 2 增产 35%。

Niranjan（1988）等研究了基于细胞核基因控制的雄性不育体系的杂交木豆技术对社会的影响后发现，木豆杂交种的成本刚好处于印度农民购买力的限度边缘。同时，细胞核基因控制的雄性不育体系的杂交木豆在大规模制种时受到技术瓶颈的很大限制。

（二）木豆质核互作雄性不育系开发及杂交种制种体系研究 为了彻底解决细胞核基因控制的雄性不育体系在木豆杂交种制种上存在的问题，木豆科技工作者开发了新的雄性不育系——质核互作雄性不育系（cytoplasmic-nuclear male-sterility，CNMS）。在开发质核互作雄性不育体系过程中，大量采用了木豆近缘野生种作为细胞质供体，包括从野生种 *Cajanus sericeus* 中转育成功的第一代不育系 A1，从野生种 *Cajanus scarabaeoides* 转育成功的第二代不育系 A2，从野生种 *Cajanus volubilis* 转育成功的第三代不育系 A3 和从野生种 *Cajanus cajanifolius* 转育成功的第四代不育系 A4。其中，拥有 A4 细胞质的不育系 ICPA 2043 表现最佳。国际热带半干旱地区作物研究所的科研人员以木豆的一个近缘野生种 ICPW 29［*Cajanus cajanifolius*（Haines）van der Maesen comb. nov.］材料与木豆早熟品种 ICP 11501（*Cajanus cajan*）杂交，F_1代株系表现为不完全花粉败育，选取花粉败育程度最高的单株与 ICP 11501 进行回交，回交一代（BC_1F_1）的花粉败育性得到大幅度提高；从 BC_1F_1 选择农艺性状好、初级分枝及次级分枝数量大的单株再进行回交获得回交二代（BC_2F_1）种子，依次逐代再回交 4 次，以栽培品种 ICP 11501 的优良基因逐步取代野生近缘种 *Cajanus cajanifolius* 的野性基因（表 14-1）。从表 14-1 可见，回交三代（BC_3F_1）以后的回交后代均为彻底的雄性不育。回交六代（BC_6F_1）雄性不育株系被定名为 ICPA 2039，其保持系（ICP 11501）被定名为 ICPB 2039（Saxena 等，2005）。这些雄性不育株系的花药已根本败育，不再发育形成花粉。

表 14-1 ICPW 29 与 ICP 11501 杂种一代及回交后代的雄性不育性

世代	年份	环境	单株		雄性不育率（%）
			总数	不育株数	
F_1	2000	大田	12	12*	—
BC_1F_1	2001	温室	8	8	100
BC_2F_1	2002	温室	5	4+1*	80
BC_3F_1	2002	温室	165	165	100
BC_4F_1	2003	温室	7	7	100
BC_5F_1	2003	温室	67	67	100
BC_6F_1	2004	大田	1 133	1 133	100
BC_7F_1	2005	大田	17 486	17 486	100

* 表示部分雄性可育。

木豆雄性不育系的雄性育性恢复系，是基于质核互作雄性不育性的三系配套杂种优势利用技术的关键环节。国际热带半干旱地区作物研究所曾杂交测试了不同来源的 300 余份木豆种质资源，通过对测交后代 F_1 的雄性育性测定，得出如下结论：①质核互作雄性不育性的雄性育性恢复系可以找到，但概率很低；②大多数基因型不含质核互作雄性不育性的雄性育性恢复基因；③一些基因型可以部分恢复质核互作雄性不育性的雄性育性；④另一些基因型的雄性育性恢复能力，受测交组合生长环境的影响。利用含有 A4 细胞质的质核互作雄性不育性的品系的雄性育性恢复测交组合，测交 F_1 代雄性育性恢复得最好，其良好的雄性育性恢复特性还表现在可育的 F_1 代植株结荚多、产生的花粉量充足。与此相反，含有 A1 和 A2 细胞质的质核互作雄性不育性的品系，其雄性可育的 F_1 代植株结荚少，产生的花粉量也少。

至此，木豆质核互作雄性不育性的杂交种制种体系的框架已经搭建完毕，近来印度国内木豆育种单位及国际热带半干旱地区作物研究所均在此基础上培育了商业化的木豆杂交种。国际热带半干旱地区作物研究所进行的品系比较试验表明，基于质核互作雄性不育性的早熟组杂交种单产均显著高于对照品种。表现最好的杂交种 ICPH 2470 生育期为 125 d，单产为 3 205 kg/hm^2，比对照品种增产 77.5%。同样，中熟组杂交种和晚熟组杂交种的单产也比对照品种出 49%～56%。

第二节　木豆育种目标和主要目标性状的遗传

一、木豆育种的主要方向和育种目标

来自木豆主产国农场及消费者对木豆品种提出的要求表明，高产、早熟、稳产、优质、兼顾菜用，以及对害虫、真菌、细菌和病毒具有抗性，对土壤和气候条件有较好的适应性是木豆的主要育种目标。

二、木豆主要目标性状的遗传

（一）木豆主要形态性状的遗传特征

1. 小叶的叶形　披针形小叶的植株与圆形小叶的植株杂交，F_2代呈现 3 披针形∶1 圆形的分离比例，因此该性状由 1 对基因控制。圆形小叶和倒心形小叶的相对性状也由 1 对基因控制。初步确定有 3 个等位基因 *Llt*、llt_r和 *llt* 联合控制小叶披针形、圆形和倒心形的遗传。木豆野生种的一个变种 *Cajanus scarabaeoides* var. *scarabaeoides* 的倒卵形小叶是由显性基因 L_1 控制的，另一个木豆野生种 *Cajanus albicans* 的倒卵形小叶是由显性基因 L_2 控制的。

2. 茎秆的颜色　大部分原产于印度的木豆种质资源茎秆呈绿色，而原产于非洲的大部分种质资源茎秆为紫色。这两种茎色由 1 对基因 *Pstpst* 控制，其中紫色茎秆（*Pst*）呈显性遗传。该性状可作为遗传标记，用于测定木豆的天然异交率。

3. 花的颜色　黄色的花对于乳白色的花呈显性，由 1 对显隐性基因 *Yflyfl* 控制。旗瓣内侧的颜色，橘黄色对于黄色呈显性，由 1 对显隐性基因 *Yvsyvs* 控制。旗瓣外侧脉纹的颜色，以紫色脉纹呈显性，黄色脉纹呈隐性，由两对加性基因 $Pvds_1pvds_1$ 和 $Pvds_2pvds_2$ 所控制，颜色的深浅变化是由此两对基因的剂量不同所致。

4. 荚果颜色　荚的彩色条纹对纯绿色表现为显性，由 1 对基因控制。绿黑色对于粒色斑块呈显性，由 1 对基因控制。其他情况的遗传比较复杂，据报道，荚色的变化是由 2 对主效基因 Blp_1blp_1 和 Blp_2blp_2，以及 1 对抑制性基因 *I-Blpi-Blp* 和 1 对反抑制基因 *A-I-Blpa-I-Blp* 间的互作形成的。

5. 籽粒颜色　早期的研究报道，紫黑色籽粒的种质资源与白色籽粒的种质资源杂交，F_2代呈现 9 紫黑∶3 白底紫斑∶3 褐色∶1 白色的分离比例，似为 2 对独立遗传的基因控制。但随后的数项报道显示，木豆粒色的遗传远比上述情况复杂，应当有主效基因、抑制基因和修饰基因，很可能还有转座基因一起参与粒色控制。将 *Cajanus scarabaeoides* var. *scarabaeoides* 和 *Cajanus cajanifolius* 的种质资源与橘色籽粒木豆杂交，后代分离结果表明，木豆深色籽粒的性状是由单一的部分显性的基因 *Osc* 控制的。Reddy 等（1981）和 Kumar 等（1985）报道，种皮具有色斑的性状是由两个互补的显性基因 Msd_a 和 Msd_b 控制的。

6. 荚毛　木豆野生种的一个变种 *Cajanus scarabaeoides* var. *scarabaeoides* 的荚皮表面密生茸毛，该性状是由单一的显性基因 *Hp* 控制的。

7. 种阜　Reddy 等（1981）和 Kumar 等（1985）报道，种阜是由 *NS* 和 SD_1 两个基因控制的，*NS* 和 SD_1 基因间有互相抑制的作用。而 Pundir 和 Singh（1985）报道，种阜是由两对双隐性的等效基因 s_1s_1 和 s_2s_2 决定的。

8. 株高　Waldia 和 Singh（1987）报道，根据 F_1代和 F_2代的分离比例，矮生品系 D_0 的矮生表现型由两对非等位的隐性基因 t_1t_1 和 t_2t_2 控制。另据 K. B. Saxena 等（1989）对于 D_6、PD_1 和 PBNA 3 个矮生品系的遗传研究结果，3 个品系的矮生性状各自都由 1 对隐性基因控制，其中 D_6 和 PD_1 具有相似的矮生等位基因 t_3t_3，而 PBNA 具有不同的矮生等位基因 $t_3^ht_3^h$。t_3t_3 位点对于 $t_3{}^ht_3{}^h$ 位点具有上位作用。由此可见，株高性状由多个基因位点控制。

9. 株型　木豆栽培种的株型主要可分为紧凑型和披散型两种，然而介于二者之间披散程度不同的中间类型却很常见。D'Cruz 和 Deokar（1970）报道，披散株型由显性基因 *Sbr* 控制，披散株型的基因型为 *SbrSbr* 和 *Sbrsbr*；紧凑株型由纯合隐性基因 *sbrsbr* 控制。分枝夹角由多个微效基因控制，属于数量性状遗传。由于

株型是由分枝夹角、一次分枝的数量和长度以及二次分枝和三次分枝的多少综合构成的，F_1代经常表现为中间类型，因而应属于数量性状遗传。

10. 茎秆表面光滑度 K. B. Saxena 等（1988）观察到一种因额外的皮质层生长而导致的茎秆呈软木状的木豆类型。该性状由 2 对基因控制，1 对需呈隐性（*msms*），另一对需呈显性（*CkCk* 或 *Ckck*）。对于形成软木状结构来说，无论是在纯合还是杂合状态，*Ck* 都是必需的。而 *Ms* 位点的显性等位基因 *MsMs* 和 *Msms* 会完全抑制 *CkCk* 或 *Ckck* 的作用，产生正常、光滑的茎秆表面。

（二）木豆生长习性、心皮开裂、光周期反应及雄性不育的遗传特征

1. 生长习性 国际热带半干旱地区作物研究所的育种实践证明，无限生长习性对于有限生长习性呈显性，受控于 1 对显性基因 *NdNd* 或 *Ndnd*；类似地，半有限生长习性对于有限生长习性呈显性，受控于另 1 对显性基因 *SdSd* 或 *Sdsd*。将半有限生长习性株型与无限生长习性株型杂交，F_2代呈现 12 无限生长习性∶3 半有限生长习性∶1 有限生长习性，表明处于纯合或杂合状态的显性 *Nd* 基因对于显性的 *Sd* 基因均有上位抑制作用，只有双隐性的 *ndnd* 和 *sdsd* 同处于一个个体中时，才表现为有限生长习性。正常的直立生长习性对于匍匐的生长习性，呈显性遗传，由 3 对基因控制。这 3 对基因是：$Egr_{a2}Egr_{a2}$ 或 $Egr_{a2}egr_{a2}$、$Egr_{b2}Egr_{b2}$ 或 $Egr_{b2}egr_{b2}$、$Egr_{c2}Egr_{c2}$ 或 $Egr_{c2}egr_{c2}$。

2. 心皮开裂 K. B. Saxena 等（1988）发现了一种子房心皮发生开裂的突变，该现象是由于子房腹缝没有发育造成的。该性状由 1 对纯隐性基因 cd_1cd_1 控制。

3. 光周期反应 不同木豆品种对于光周期和温度有着不同的敏感性，导致了木豆对于不同纬度、不同季节和不同耕作体系的敏感性。木豆是短日照作物，大多数栽培品种在日长 11～11.5 h 时开花。木豆不是质量性状决定的光周期敏感作物，不同木豆种质资源的敏感程度的差异分布呈数量性状；最早熟的品种最不敏感。然而，据 K. B. Saxena（1981）的研究，长日照不敏感的性状是由 3 对纯合的隐性主效基因 ps_3ps_3、ps_2ps_2 和 ps_1ps_1 控制的，其中 ps_1ps_1 功效最强，ps_2ps_2 功效次之，ps_3ps_3 功效最弱；但是，ps_2 对于 ps_1 有抑制作用，而 ps_3 对于 ps_2 有抑制作用。因此光周期不敏感的品种含有 3 对纯合的上述隐性基因。

4. 雄性不育 木豆雄性不育结合天然异交，可以用于群体改良以及培育高产的杂交种。有数种遗传决定的雄性不育类型，其中雄性败育的透明花药性状由纯合隐性基因 ms_1ms_1 控制，褐色箭头状花药败育由纯合隐性基因 ms_2ms_2 控制。上述两种败育性状属独立遗传，互不相关。另外，K. B. Saxena 等（1981）还发现了一种部分败育的品系，经对其杂交 F_1代和 F_2代的分析，确定是由 1 对隐性基因控制的。

（三）木豆对主要病害抗性的遗传特征

1. 萎蔫病 对萎蔫病的垂直抗性是由显性基因控制的。抗性亲本 ICP 8860 和 ICP 8869 含有主要的垂直抗性基因，感病亲本 ICP 6997 含具有水平抗性的微效多基因。

2. 败育花叶病 败育花叶病是由螨虫传播的一种病毒引起的。对于该病害的抗性遗传研究结果表明，有 4 对独立的基因控制着木豆对于该病的抗性，它们是：两对重复的显性基因 Sv_1Sv_1 或 Sv_1sv_1、Sv_2Sv_2 或 Sv_2sv_2，以及两对重复的隐性基因 sv_3sv_3 和 sv_4sv_4。只有当 Sv_1Sv_1 或 Sv_1sv_1、Sv_2Sv_2 或 Sv_2sv_2 中的至少 1 对显性基因，与 sv_3sv_3 和 sv_4sv_4 中的至少 1 对隐性基因共同存在时才表现出抗性。

（四）木豆数量性状基因作用方式和遗传率 因木豆的天然异交率很高，难以得到数量遗传研究所需的纯系；同时，木豆生育期长，使得木豆数量性状的遗传研究进展缓慢。现有的为数不多的研究结果，也常常给出互相矛盾或相反的结论，让人无所适从，其中较为肯定的结论总结如下。

1. 木豆产量及产量构成因子以基因加性效应为主 K. B. Saxena 等（1981）观察到，木豆产量及产量构成因子以基因加性效应为主。木豆籽粒大小以基因加性遗传效应为主，然而控制小粒型的基因对于控制大粒型的基因呈显性。木豆播种到开花的天数，以基因加性遗传效应为主。株高属加性遗传，而且控制高秆的基因对于控制矮秆的基因呈显性。

2. 木豆产量性状和籽粒蛋白质含量遗传率低 多数研究结论表明，籽粒产量、单株荚数、籽粒蛋白质含量的遗传率低（<50%），而播种至开花天数、株高、籽粒大小的遗传率高（>75%）。

第三节 木豆种质资源研究和利用

一、木豆分类

木豆属（*Cajanus*）已发现的种有 32 个。某些原虫豆属（*Atylosia*）的种被认为与其他种属于同一种，

分类中被降到变种水平。木豆属下的32种，分布于亚洲的种有18个，分布于澳大利亚的种有15个，分布于非洲的种有1个，个别种的分布是跨大洲的。分布于澳大利亚的15种中，13个是原产的；印度次大陆和缅甸分布有8个原产于本地区的种；其他种分布于更广泛的地理范围。除木豆种外，还有一种 *Cajanus scarabaeoides*（L.）du Petit-Thouars 广泛分布于南亚、东南亚、太平洋岛屿以及澳大利亚北部。该种下的一个变种 *Cajanus scarabaeoides* var. *pedunculatus*（Reynolds et Pedley）van der Maesen 原产于澳大利亚。

二、国内外木豆种质资源及其研究现状

我国现保存有国内外不同来源的木豆种质资源323份，其中47份原产于我国。

世界上有13个国家收集和保存木豆种质资源，截至2013年底，国际热带半干旱地区作物研究所有13 771份（其中栽培种质资源13 216份、野生种质资源555份），印度有12 900份，肯尼亚有1 380份，澳大利亚有758份，哥伦比亚有758份，埃塞俄比亚有682份，菲律宾有629份，巴西有282份，尼泊尔有228份，泰国有201份，印度尼西亚和乌干达各有200份。

以往国内外对木豆遗传多样性的研究，主要依据形态学和细胞学特征、杂交育性和种子蛋白特征。随着DNA标记技术的日渐成熟，已利用随机扩增多样性DNA（RAPD）、限制性片段长度多态性（RFLP）、聚合酶链式反应-限制性片段长度多态性（PCR-RFLP）、简单序列重复（SSR）和单核苷酸多态性（SNP）标记、多样性微阵列技术（DArT）及全基因组测序技术（Rajeev等，2012），侧重于木豆种间遗传多样性的研究，以及部分性状多样性基因的挖掘。2004年中国农业科学院作物科学研究所利用扩增片段长度多态性（AFLP）分子标记技术，对来自印度、中国、非洲和美洲的139份栽培木豆（*Cajanus cajan*）种质遗传多样性进行研究，揭示木豆种内存在足够的遗传多样性，可用于种质资源的准确鉴别和分类。分析结果表明，印度地方种质资源遗传多样性丰富，育成品种遗传基础广阔；非洲和美洲种质资源遗传多样性较丰富，且与印度种质资源的亲缘关系较密切。我国地方种质资源遗传多样性独特，且与印度、非洲、美洲栽培木豆种质资源亲缘关系不明显。研究结果基本支持印度木豆起源和多样性中心、非洲次生多样性中心的观点，并提出中国次生起源中心和遗传多样性中心假说。研究还发现，木豆质核互作雄性不育系（A）和保持系（B）间存在独特的扩增片段长度多态性谱带差异。

第四节　木豆育种途径和方法

一、木豆地方品种筛选和引种

木豆地方品种筛选及引进种质资源或品种系选，通常采用的是系统育种方法，即个体或单株选择法，是遗传改良中常用的有效方法。它是利用木豆天然异交率高、容易发生自然变异的特点，从变异群体中选出优良单株，在隔绝蜜蜂等虫媒传粉的条件下，自交繁育，再经过一系列的选择、品系比较试验、区域试验育成新品种的方法。主要手段是在农家或引进品种的混合群体中选育丰产、优质、抗病的单株，从而育成新品种。从大田选株，到新品种育成，一般要6～7个生长季节，其程序如图14-2所示。

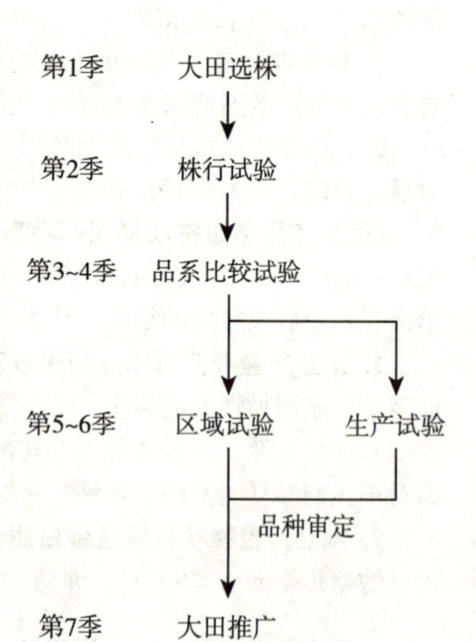

图14-2　木豆系统选育流程

系统选育在木豆育种初期有重要的意义。系统选育的育种时间短，省工省时，简便易学，是一种多、快、好、省的木豆育种方法，至今仍是重要的辅助方法。

二、木豆杂交育种

虽然质核互作雄性不育杂交种已成为世界木豆育种的新趋势，但是杂交育种在木豆常规新品种培育中占有重要地位，过去由此育成的木豆新品种占了绝大多数，今后仍将起到重要作用，特别是在菜用类型木豆育种领域。

（一）亲本选择　亲本选择关系到能否达到育种的预期目的。应选择优点多、主要性状突出、缺点少而

又易克服、双亲主要性状优缺点能够互补、抗病性与抗逆性强、配合力好的材料作亲本。母本可选用当地栽培时间长、表现好的当家品种；父本应选择地理位置较远、生态类型差别较大、有突出优良性状、适应本地条件的外来品种。

（二）杂交方式 回交、复交、聚合杂交等方式比较适合木豆常规品种的培育，具体可参照第十一章第四节“豌豆育种途径和方法”。

三、木豆杂种优势利用

数项研究表明，木豆籽粒产量和其他性状，对于中亲值和较好亲本值具有相当强的杂种优势。Solomon等（1957）测定了10个杂交组合的杂种优势，在某些杂交组合中观察到高达24.5%的籽粒产量高亲优势；株高、植株冠幅、茎粗、挂荚枝数以及叶片的长度和宽度也表现明显的高亲优势。K. B. Saxena等（1986）测定了多个中熟和早熟木豆杂交种的杂种优势，比当时适应性最好的对照品种增产20%～49%。一些处于实验阶段的杂交种，单产超过最好的对照品种达100%。表现出强杂种优势组合的双亲，通常具有较大的形态差异。木豆种与其近缘种的杂种，在营养生长阶段表现出极强的活力。高产的杂种优势与单株荚数、一次分枝数、株高的杂种优势紧密相关，而这3个因子都是生物学产量构成因子。随着木豆雄性不育的发现，借助天然异交，使得培育木豆杂交种成为可能。

（一）基于细胞核基因控制的雄性不育的木豆杂交种制种体系 基于细胞核基因控制的雄性不育（GMS）制种系统仅包括雄性不育系（A）和恢复系（R），雄性不育系（A）既是雄性不育系又是保持系（B）（图14-3）。由于遗传机制的原因，雄性不育系后代中有50%的雄性不育株和50%的雄性可育株，繁殖雄性不育系时在天然异交的环境中进行，成熟时收获雄性不育株上结的种子留种，即为雄性不育系的种子。生产杂交种时，雄性不育系和恢复系相间种植于天然异交的环境中，开花前必须在雄性不育系行中识别出雄性可育株并拔掉，成熟时在雄性不育株上生产的种子即为杂交种。该制种体系，在制种过程中，田间识别和拔除雄性可育株的操作需要大量人力投入，成本高，且无法保证制种质量。

（二）基于质核互作雄性不育的木豆杂交种制种体系 建立在质核互作雄性不育（CMS）上的木豆杂交种制种体系，需要雄性不育系（A）、保持系（B）和恢复系（R）三系配套。雄性不育系（A）作母本，保持系（B）作父本，用于生产雄性不育系（图14-4）；保持系（B）自交用于生产保持系；雄性不育系（A）作母本，恢复系（R）作父本，用于生产杂交种。不需要识别和拔除雄性不育系的雄性可育株，遗传机制决定了雄性不育系中不可能分离出遗传上决定的雄性可育株。

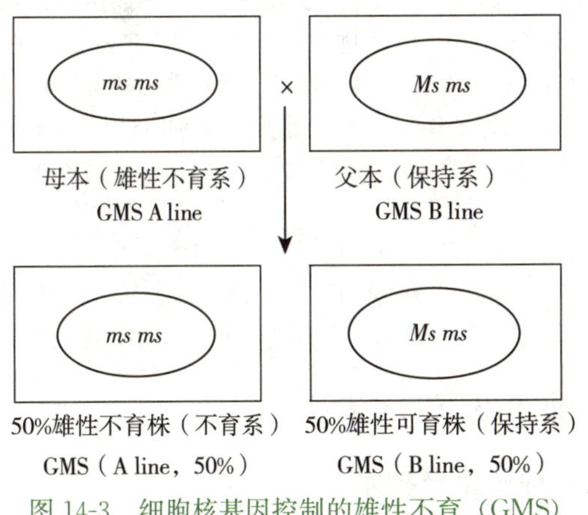

图14-3 细胞核基因控制的雄性不育（GMS）的雄性不育系繁育原理

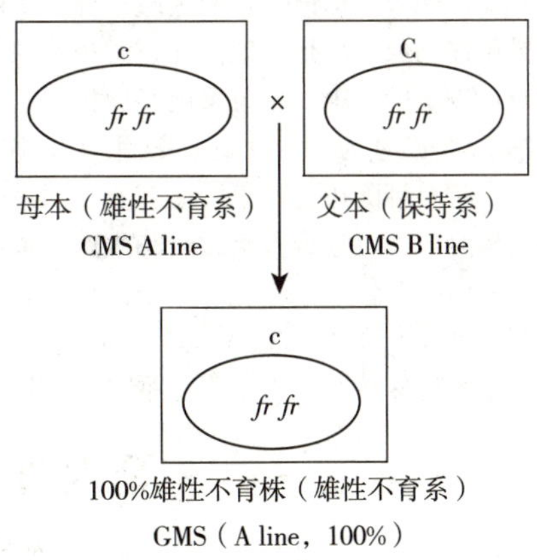

图14-4 质核互作雄性不育（CMS）的雄性不育系繁育原理

第五节 木豆育种田间试验技术

一、木豆开花习性

木豆为常异花授粉作物，以闭花授粉自花受精为主，但异交率很高。前文已述，根据在7个国家对多个栽培品种的测定结果，木豆天然异交率达 12.6%～45.9%，有 24 种不同种类的昆虫参与木豆串粉，其中蜜蜂是造成木豆异交的主要昆虫。木豆闭花受精，风媒串粉的可能几乎不存在。木豆不同品种的异交率差异很大，但个别花器变异株系的异交率为零。木豆花大而鲜艳，是很好的蜜源植物，也是很好的绿化和观赏性木本花卉植物。

木豆花一般在 6:30 左右开始开放，持续到 14:00。10:30—12:30 为开花盛期，阴雨天开花时间推迟。花开放后持续 1 d 左右关闭。同一株木豆上的花可相继持续开放 15～20 d。木豆花开放前 1～2 d，柱头已具备接受花粉能力。

二、木豆杂交技术

人工杂交一般用于木豆常规品种的培育，去雄前选择合适的花很重要，一般选择第 2 天要开的花，符合上述要求花的标准是花蕾上花冠超出花萼的长度与花萼部分等长。去雄杂交的方法是，第 1 天下午去雄，第 2 天上午授粉，或当天早上去雄，随之授粉。每个花序上仅留下部的两朵花用于去雄杂交，同一花序上的其他花都应去掉，并扎以彩线作为标记。同一植株上，仅做 1 种杂交组合，并挂 1 个塑料标牌写明组合名称等内容。一般情况下，开花高峰期（持续 15～20 d）进行的杂交，其成功率较高。鉴于木豆超高的虫媒异交率，育种家的亲本材料应当置于防虫网室内，以排除昆虫传粉的可能性。人工杂交及 F_1 代植株生长繁殖均应在防虫网室内进行。

虫媒传粉一般用于杂交制种，据中国林业科学院昆明资源昆虫研究所和中国农业科学院作物科学研究所在云南元谋木豆杂交种制种田的研究结果，野生环境下的绒切叶蜂、切叶蜂、圆柄木蜂、蜜蜂是木豆杂交种制种时的主要传粉媒介。

三、木豆小区技术

木豆育种场应设在冬季最低温度在 5 ℃以上、常年无霜冻、年降水量少于 1 000 mm 的南方干旱地区。试验地应选择土地平坦、保水性良好、水源方便、灌排设施齐全的地块，以便木豆植株正常生长，保证试验质量。试验地最好连片，并按试验的需要划分好田块。试验地的面积视试验规模而定。鉴于木豆植株高大呈灌木状，种植模式通常采用 0.5～1.0 m×0.25～0.5 m 的行株距，随株型大小而定。

培育常规品种时，低世代材料要求种植密度稍低，使单株性状充分表现，以便田间选择，同时也可提高繁殖系数。为保证株间可比性，行距、株距条件应保持一致。由于木豆繁殖系数通常在 100 倍以上，根据花色、叶形、株型等标记性状淘汰假杂种后，F_1 代植株保留几棵就够了。F_2 代开始淘汰不理想的组合，选择优良变异单株。F_3～F_4 代一般以株行种植，单行区，行长为 3～5 m，顺序排列，不设重复。F_5～F_6 代进入品系产量比较试验，第 1 年可采用间比排列，容纳较多的品系；第 2 年应选出较优的品系采用随机排列，一般以容纳 10 个品系为限。设 2～3 次重复，小区 3～5 行，行长为 3～5 m。种植密度和播种时间同当地大田生产。测产时要剔除边行。菜用类型要注意采收时间。选育出的优良品系其生产性能、农艺性状稳定性均达到育种目标时，即可进行多点试验和生产示范试验。

利用质核互作雄性不育（CMS）生产杂交种时，需要雄性不育系（A）、保持系（B）和恢复系（R）三系配套。雄性不育系（A）作母本，保持系（B）作父本，天然蜂类传粉用于生产雄性不育系；保持系（B）自交用于生产保持系；雄性不育系（A）作母本，恢复系（R）作父本，天然蜂类传粉用于生产杂交种。

第六节　木豆种子生产技术

一、木豆常规品种种子生产技术

空间隔离是木豆种子生产技术的关键环节，由于木豆天然异交率受昆虫影响，安全的隔离距离对于生产高纯度的常规品种种子是必需的。一个地方与另一个地方的传粉昆虫虫口密度不一样，这就造成了不同水平的异交率。鉴于上述情况，不同的地方需要不同的隔离距离。在印度，木豆常规品种检定的标准隔离距离是原原种 200 m、原种及生产种 100 m。印度研究人员报道，隔离距离为 100 m 时的杂株率为 1.4%，隔离距离为 200 m 时的杂株率减少到 1%，因此推荐木豆原种繁育地的隔离距离不小于 400 m，生产种繁育地的隔离距离不小于 200 m。同时，在木豆开花前，要根据株型、叶形等性状在田间识别并拔除杂株，进行 1～2 次提纯复壮操作，以保持品种种性。

二、木豆杂交种种子生产技术

空间隔离同样是木豆杂交种生产的关键技术环节，基于国际热带半干旱地区作物研究所的研究经验，建议质核互作雄性不育系（A系）、保持系（B系）繁育环节的安全隔离距离不小于400 m，杂交种生产环节（雄性不育系×恢复系）不同组合间的安全隔离距离不小于200 m。而育种家的原原种质核互作雄性不育系（A系）、保持系（B系）和恢复系（R系）植株生长繁殖，均应在防虫网室内进行，以避免异交。

质核互作雄性不育体系核心种（A系）大规模繁种时，雄性不育系和保持系的纯正种子应以4∶1的行数比例，种植在隔离距离不小于400 m的地里，并进行严格监控，防止混杂。杂交种大规模制种时，雄性不育系和恢复系的种子也应以4∶1的行数比例种植，以获得最高的杂交种制种产量。标准的木豆质核互作雄性不育杂交种制种田设计方案见图14-5。在木豆开花前，还要根据各品系的株型、叶形等性状在田间识别并拔除杂株，进行1～2次的提纯复壮操作，以保持各品系的种性。

2 m	1 m	10 m	1 m	2 m
RRRRRRR	R	RRRRRRRRRRRRRRRRRRRRRRRRRRRR RRRRRRR	R	RRRRRRR
RRRRRRR	R	RRRRRRRRRRRRRRRRRRRRRRRRRRRRRRRRRRR	R	RRRRRRR
RRRRRRR		AAAAAAAAAAAAAAAAAAAAAAAAAAAAAAAAAAAA		RRRRRRR
RRRRRRR		AAAAAAAAAAAAAAAAAAAAAAAAAAAAAAAAAAAA		RRRRR RR
RRRRRRR		AAAAAAAAAAAAAAAAAAAAAAAAAAAAAAAAAAAA		RRRRRRR
RRRRRRR		AAAAAAAAAAAAAAAAAAAAAAAAAAAAAAAAAAAA		RRRRRRR
RRRRRRR		RRRRRRRRRRRRRRRRRRRRRRRRRRRRRRRRRRR		RRRRRRR
RRRRRRR		AAAAAAAAAAAAAAAAAAAAAAAAAAAAAAAAAAAA		RRR RR RR
RRRRRRR		AAAAAAAAAAAAAAAAAAAAAAAAAAAAAAAAAAAA		RRRRRRR
RRRRRRR		AAAAAAAAAAAAAAAAAAAAAAAAAAAAAAAAAAAA		RRRRRRR
RRRRRRR		AAAAAAAAAAAAAAAAAAAAAAAAAAAAAAAAAAAA		RRRRRRR
RRRRRRR		RRRRRRRRRRRRRRRRRRRRRRRRRRRRRRRRRRR		RRRRRRR
RRRRRRR		AAAAAAAAAAAAAAAAAAAAAAAAAAAAAAAAAAAA		RRRRRRR
RRRRRRR		AAAAAAAAAAAAAAAAAAAAAAAAAAAAAAAAAAAA		RRRRRRR
RRRRRRR		AAAAAAAAAAAAAAAAAAAAAAAAAAAAAAAAAAAA		RRRRRRR
RRRRRRR		AAAAAAAAAAAAAAAAAAAAAAAAAAAAAAA AAAAA		RRRRRRR
RRRRRRR		RRRRRRRRRRRRRRRRRRRRRRRRRRRRRRRRRRR		RRRRRRR
RRRRRRR		AAAAAAAAAAAAAAAAAAAAAAAAAAAAAAAAAAAA		RRRRRRR
RRRRRRR		AAAAAAAAAAAAAAAAAAAAAAAAAAAAAAAAAAAA		RRRRRRR
RRRRRRR		AAAAAAAAAAAAAAAAAAAAAAAAAAAAAAAAAAAA		RRRRRRR
RRRRRRR		AAAAAAAAAAAAAAAAAAAA AAAAAAAAAAAAAAAA		RRRRRRR
RRRRRRR	R	RRRRRRRRRRRRRRRRRRRRRRRRRRRRRRRRRRR	R	RRRRRRR
RRRRRRR	R	RRRRRRRRRRRRRRRRRRRRRRRRRRRRRRRRRRR	R	RRRRRRR

图14-5　木豆质核互作雄性不育（CMS）杂交种制种田典型设计方案
（A代表雄性不育系，R代表恢复系）

第七节　木豆育种研究动向和展望

在木豆杂交种出现前的50年中，全球木豆单产提高都很缓慢。木豆杂交种技术出现后，单产大幅度提高，木豆育种家和种子经营部门看到了木豆育种的未来发展方向。在印度，木豆常规种育种已被质核互作雄性不育杂交种育种全面替代。对基于质核互作雄性不育技术体系杂交种的广泛试种示范推广和对基于细胞核雄性不育体系杂交种的鉴定，均已显示出木豆具有高水平的杂种优势。具有优势的质核互作雄性不育杂交体系已开发成功，木豆高水平的天然异交率又为大规模制种提供了可能，这使得木豆杂交种商业化育种、经营、生产前景十分看好。在印度，许多私营种业公司已掌握杂交木豆制种程序和技术，木豆杂交种的大规模种植、生产已成为现实和潮流，引发了全世界木豆产业的效仿，并有可能触发其他豆类的杂种优势利用。杂交木豆已经具备成熟的技术，但要让这一技术发挥最大作用，今后仍需做很多工作，包括更进一步的技术研究与开发。

复习思考题

1. 试述国内外木豆育种研究主要亮点及发展方向。

2. 试述木豆细胞核基因控制的雄性不育和质核互作雄性不育的遗传机制。

3. 什么是木豆细胞核基因控制的雄性不育制种体系？

4. 什么是木豆质核互作雄性不育制种体系？

5. 试述木豆质核互作雄性不育与细胞核基因控制的雄性不育的主要区别及其优缺点。

6. 试比较豌豆与木豆育种的异同及各自的特点。

7. 试按一个育种周期设计木豆基于质核互作雄性不育的杂交种培育试验方案，围绕优质、高产、抗病虫等育种目标指出三系亲本选配、选择等环节的基本原则和步骤。

附 木豆主要育种性状的记载方法和标准

1. 播种期 种子播种当天的日期为播种期，以年月日表示（各生育时期同此）。

2. 出苗期 小区内50%的植株幼苗露出地面2cm以上时的日期为出苗期。

3. 分枝期 小区内50%的植株叶腋长出分枝的日期为分枝期。

4. 见花期 小区内全部植株中，见到第1朵花的日期为见花期。

5. 开花期 小区内50%的植株见花的日期为开花期。

6. 末花期 小区内70%的植株最后1朵花开放的日期为末花期。

7. 成熟期 小区内70%以上的荚呈成熟色的日期为成熟期。

8. 全生育期 播种第2天至成熟期的天数为全生育期。

9. 生长习性 在植株开花期，根据植株长相及茎蔓生长情况，采用目测法确定种质的生长习性，分直立型（主茎与分枝无缠绕生长特性）和蔓生型（主茎与分枝有缠绕生长特性）。

10. 小叶叶形 在植株见花期，采用目测的方法观测植株中部三出复叶上中间小叶的轮廓形状，按照最大相似原则确定小叶叶形，分为披针形、窄菱形、阔菱形和心形4种。

11. 鲜茎色 在植株见花期，正常光照条件下，观察主茎下部，按照最大相似原则确定鲜茎色，分为绿色、紫红色、紫色和紫黑色4种。

12. 茎粗 在植株成熟期，随机选取5株，采用游标卡尺测量主茎地表以上2cm处的直径，计算平均数，即为茎粗，单位为cm，精确到0.1cm。

13. 单株花序数 在植株末花期，随机选取5株，计数每株上的花序数，计算平均数，即为单株花序数，精确到一位小数。

14. 每花序花数 在植株开花期，随机选取10个花序，计数花序上的花数，计算平均数，精确到一位小数。

15. 鲜荚色 在植株末花期，随机选取植株中下部充分生长发育的鲜荚果10个，在正常光照条件下，采用目测的方法，按照最大相似原则，确定鲜荚色，分为黄色、绿色、绿底紫斑纹、紫色和紫黑色。

16. 鲜荚长 以上述测定鲜荚色所采集的10个饱满鲜荚果为观测对象，测量荚尖至荚尾的距离，计算平均数，即为鲜荚长，单位为cm，精确到0.1cm。

17. 鲜荚宽 以上述测定鲜荚色所采集的10个饱满鲜荚果为观测对象，测量荚果最宽处的宽度，计算平均数，即为鲜荚宽，单位为cm，精确到0.1cm。

18. 单荚质量 以上述测定鲜荚色所采集的10个饱满鲜荚果为观测对象，用感量为0.1g的天平称其总质量，然后换算成单荚质量，单位为g，精确到0.1g。

19. 鲜籽粒颜色 以上述测定鲜荚色所采集的10个饱满鲜荚果剥出的籽粒为观测对象，在正常光照条件下，采用目测的方法，按照最大相似原则确定鲜籽粒颜色，分为绿色、绿底紫斑、红色、红底紫斑和紫色5种。

20. 鲜荚出籽率　以上述测定鲜荚色所采集的10个饱满鲜荚果为观测对象，用感量为0.1g的天平称量，获得鲜荚果质量，单位为g，精确到0.1g。剥出的鲜籽粒，用感量为0.1g的天平称量，获得鲜籽粒质量，单位为g，精确到0.1g。然后，计算鲜籽粒质量占鲜荚果质量的比例，以%表示，即为鲜荚出籽率，精确到0.1%。

$$鲜荚出籽率=\frac{鲜籽粒质量}{鲜荚果质量}\times 100\%$$

21. 株高　在植株成熟期，随机选取5株，测量从子叶节到植株顶端的长度，计算平均数，即为株高，单位为cm，精确到1cm。

22. 株型　在植株成熟期，根据植株长相及茎蔓生长情况，采用目测法，确定种质的株型，分为紧凑型（主茎垂直于地面并直立向上生长，一级分枝与主茎的夹角＜30°）、半紧凑型（主茎垂直于地面并直立向上生长，一级分枝与主茎的夹角为30°～60°）、松散型（主茎垂直于地面并直立向上生长，一级分枝与主茎的夹角为60°～90°）和披散型（主茎基部垂直于地面，一级分枝与主茎的夹角＞90°）。

23. 主茎节数　以上述测量株高所采集的5株完整植株为观测对象，采用目测法观测计数每株主茎从子叶节到植株顶端的节数，计算平均数，即为主茎节数，单位为节，精确到一位小数。

24. 节间长度　株高与主茎节数之比即为节间长度，单位为cm，精确到0.1cm。

25. 单株分枝数　以上述测量株高所采集的5株完整植株为观测对象，采用目测法观测计数每株主茎上的一级分枝数，计算平均数，即为单株分枝数，单位为个/株，精确到一位小数。

26. 结荚习性　在植株终花期与成熟期之间，采用目测方法观测茎尖生长点开花结荚的状况，分为有限结荚习性（主茎及分枝顶端以花序结束）、亚有限结荚习性（仅三级分枝顶端以花序结束）和无限结荚习性（主茎及分枝顶端为营养生长点）。

27. 单株荚数　以上述测量株高所采集的5株完整植株为观测对象，采用目测法观测计数每株上的成熟荚数，计算平均数，即为单株荚数，单位为荚，精确到一位小数。

28. 单荚粒数　以上述测量株高所采集的成熟荚果5株完整植株为观测对象，采用目测法观测计数10个随机抽取的干熟荚果内所含的成熟籽粒数，然后换算成单个荚果中所含的籽粒数，即单荚粒数，单位为粒，精确到一位小数。

29. 单株产量　以上述测量株高所采集的5株完整植株上采摘的所有荚果为观测对象，脱粒后的籽粒充分风干后，用感量为0.1g的天平称量，然后换算成单株上的干籽粒质量，即为单株产量，单位为g，精确到0.1g。

30. 粒形　以上述测定单株产量所采集的风干后的成熟干籽粒为观测对象，在正常光照条件下，采用目测法，按照最大相似原则，确定种质的粒形，分为宽椭圆形、长柱形、方形、长卵形、卵形、球形和短柱形7种。

31. 干籽粒底色　以上述测定单株产量所采集的风干后的成熟干籽粒为观测对象，在正常光照条件下，采用目测法辨认干籽粒表面底色，分为白色、奶黄色、橘黄色、浅褐色、红褐色、浅灰色、灰色、深灰色、紫色、深紫色和黑色。

32. 干籽粒色斑　以上述测定单株产量所采集的风干后的成熟干籽粒为观测对象，在正常光照条件下，采用目测法，按照最大相似原则，确定种质的干籽粒色斑点缀模式，分为无、斑点、斑块、斑点加斑块和色环。

33. 百粒重　以上述测定单株产量所采集的风干后的成熟干籽粒为观测对象，从清选后的种子中随机取样，4次重复平均，每个重复100粒种子，用感量为0.01g的天平称取每100粒种子的质量，即为百粒重，单位为g，精确到0.01g。

34. 收获指数　以上述测量株高所采集的5株完整植株为观测对象，脱粒后的籽粒充分风干后，获得5株上的干籽粒质量，单位为g，精确到1g。同时，收集上述5棵植株地上部，充分风干后称量，获得5株的生物学产量，单位为g，精确到1g。然后，计算干籽粒质量占生物学产量的比例，以%表示，即为收获指数，精确到0.1%。

$$收获指数=\frac{干籽粒质量}{生物学产量}\times 100\%$$

35. 鲜粒维生素C含量 此性状的测定针对菜用型资源的适收木豆鲜籽粒。按照《水果、蔬菜维生素C含量测定法（2,6-二氯靛酚滴定法）》（GB/T 6195—1986），进行木豆鲜籽粒维生素C含量的测定。单位为10^{-2} mg/g，保留小数点后两位数字。平行测定结果的相对相差，在维生素C含量大于20×10^{-2} mg/g时，不得超过2%；小于20×10^{-2} mg/g时，不得超过5%。

36. 鲜粒可溶性固形物含量 此性状的测定针对菜用型资源的适收木豆鲜籽粒。称取250 g籽粒，精确至0.1 g，放入高速组织捣碎机捣碎，用两层纱布挤出匀浆汁液测定。依据《水果、蔬菜制品可溶性固形物含量的测定——折射仪法》（GB/T 12295—1990），进行木豆可溶性固形物含量测定，以%表示，精确到0.1%。

37. 粗蛋白质含量 随机取干净的成熟干籽粒20 g测定粗蛋白质含量。具体测定方法依据《谷类、豆类作物种子粗蛋白质测定法》（GB 2905—1982），单位为%，精确到0.01%。

38. 粗脂肪含量 随机取干净的成熟干籽粒25 g测定。具体测定方法依据《谷类、油料作物种子粗脂肪测定方法》（GB 2906—1982），单位为%，精确到0.01%。

39. 总淀粉含量 随机取干净的成熟干籽粒20 g测定总淀粉含量。具体测定方法依据《谷物籽粒粗淀粉测定法》（GB 5006—1985），单位为%，精确到0.01%。

40. 直链淀粉含量 随机取干净的成熟干籽粒20 g测定直链淀粉含量。具体测定方法依据《水稻、玉米、谷子籽粒直链淀粉测定法》（GB 7648—1987），单位为%，精确到0.01%

41. 支链淀粉含量 支链淀粉含量是木豆籽粒的粗淀粉含量减去直链淀粉含量的差值，单位为%，精确到0.01%。

42. 各种氨基酸含量 随机取干净的成熟干籽粒25 g测定各种氨基酸含量。具体测定方法依据《谷物籽粒氨基酸测定方法》（GB 7649—1987），单位为%，精确到0.01%。

43. 芽期耐旱性 取当年收获的种子，且不进行机械或药物处理，采用室内芽期模拟干旱法鉴定，以相对发芽率评价芽期耐旱性，将耐旱等级划分为高耐、耐、中耐、弱耐及不耐5个等级。鉴定方法、调查记载标准及抗性评价与蚕豆相同。

44. 成株期耐旱性 采用田间自然干旱鉴定法造成生长发育期间干旱胁迫，调查对干旱敏感性状的表现，测定耐旱系数，依据平均耐旱系数划定高耐、耐、中耐、弱耐及不耐5个等级。鉴定方法、调查记载标准及抗性评价与蚕豆相同。对初鉴的高耐级、耐级的材料进行复鉴，以复鉴结果定抗性等级。

45. 芽期耐盐性 统计木豆芽期在相应发芽温度和盐分胁迫条件下的相对盐害率，根据相对盐害率的大小确定木豆品种的耐盐级别。鉴定方法、调查记载标准及抗性评价与蚕豆相同。

46. 苗期耐盐性 针对在相应的盐分胁迫条件下幼苗盐害反应的苗情，进行加权平均，统计盐害指数，根据幼苗盐害指数确定木豆苗期耐盐性的5个耐盐级别：高耐（HT，0%＜幼苗盐害指数≤20%）、耐（T，20＜幼苗盐害指数≤40%）、中耐（MT，40%＜幼苗盐害指数≤60%）、弱耐（S，60%＜幼苗盐害指数≤80%）和不耐（HS，幼苗盐害指数＞80）。鉴定方法、调查记载标准及抗性评价与蚕豆相同。

（宗绪晓、杨涛第三版新编）

第十五章　鹰嘴豆育种

鹰嘴豆学名为*Cicer arietinum* L.，英文名为chickpea或gram，染色体 $2n=2x=16$，是鹰嘴豆属（*Cicer*）下43种中唯一的栽培种（图15-1）。鹰嘴豆有桃豆、鸡头豆、鸡豌豆、羊头豆、脑豆子、诺胡提（维吾尔语）等俗称。鹰嘴豆是一种抗旱耐瘠能力很强的冷季豆类作物，地理分布广泛。据联合国粮食及农业组织（FAO）统计数据，2004—2013年全世界生产鹰嘴豆的国家有56个，年均种植面积在 3.0×10^5 hm² 以上的主产国有印度（年种植面积为 7.887×10^6 hm²）、巴基斯坦（年种植面积为 1.05×10^6 hm²）、伊朗（年种植面积为 5.48×10^5 hm²）和澳大利亚（年种植面积为 3.65×10^5 hm²）。鹰嘴豆在我国的年种植面积约为 6.0×10^4 hm²，是我国特色食用豆之一，主要分布在新疆、甘肃、青海、宁夏、陕西、山西、云南、山东等地。

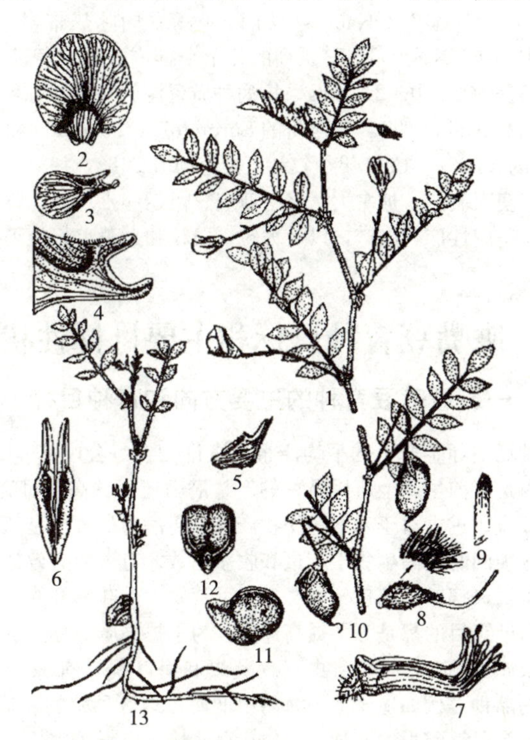

图15-1　鹰嘴豆（*Cicer arietinum* L.）

1. 具叶和花序的枝　2. 旗瓣　3. 翼瓣　4. 翼瓣基部放大　5. 龙骨瓣　6. 龙骨瓣背面　7. 雄蕊鞘　8. 雌蕊及子房上的茸毛　9. 柱头　10. 具叶和荚的枝　11. 种子　12. 种子（及种脐与合点的突起）　13. 幼苗

（引自Westphal，1974）

第一节　国内外鹰嘴豆育种研究概况

一、我国鹰嘴豆育种研究进展

鉴于我国鹰嘴豆种植面积有限且主要分布在西部偏远地区，鹰嘴豆育种至今很少得到国家或省级科研投入，国内几乎没有专业从事鹰嘴豆育种的研究机构和育种家，仅在新疆农业科学院作物研究所和品种资源研究所、甘肃省张掖市农业科学研究院、中国农业科学院作物科学研究所、云南农业科学院粮食作物研究所、山东省青岛市农业科学研究院有零星的鹰嘴豆育种工作。我国鹰嘴豆育种还停留在收集国内种质资源和引进国外种质资源，在此基础上进行田间产量、适应性和干籽粒商品品质鉴定筛选，扩繁鉴定示范推广；或在上述鹰嘴豆种质资源中优选单株后进行扩繁鉴定示范推广。目前较大面积推广利用的品种均为上述方法育成，有木鹰1号、木鹰2号、阿豆1号、科鹰1号等。我国鹰嘴豆尚未正式进入杂交育种时代。

二、国外鹰嘴豆育种研究进展

国外有计划的鹰嘴豆育种，最早始于1905年的印度。早期的育种项目主要是收集地方品种，进行评价鉴定，例如印度1926年推广的4个品种NP17、NP25、NP28和NP58，就是通过这种方法筛选出来的。

通过杂交培育鹰嘴豆品种，在印度开始于1930年前后。最早通过杂交育成并推广的品种是C12/34（1946年在印度旁遮普邦推广）和Type87（1947年在印度的北方邦推广）。1947年后巴基斯坦也建立了育种项目。1950年前，印度的育种工作者大多数致力于单株选择，或进行数量有限的有性杂交，育成的品种除NP系列外，还有P67、S26、G24、T1、T2、T5、K5，以及Kabuli型的Pb1和K4。

20世纪60年代后，开始了真正的杂交育种阶段，不同年代育成的高产品种，印度有C235、C214、H355、RS11、JG62、Pusa209、Pusa417及Kabuli型的L550等；国际热带半干旱地区作物研究所育成了ICCC4，国际干旱地区农业研究中心育成了FLIP系列的几十个推广品种。经过多年的努力，目前推广的育成品种，单产潜力已可达到每公顷2 000～2 500 kg。抗病种质资源的筛选和育种开始于半个世纪前，育成的抗萎蔫病品种有印度的ICCC32（Kabuli型），墨西哥的Surutato77、Sonora80和L1186等；育成的抗褐斑病的品种有1969年在苏联推广的VIR32，1982年在叙利亚推广的ILC482，1984年在塞浦路斯推广的ILC3279等。鹰嘴豆育种强国为印度、澳大利亚、加拿大、巴基斯坦、伊朗和土耳其，育种目标主要是早熟、抗根腐病、抗褐斑病、抗旱、耐瘠、适应性广、高产，以及大粒、白粒和金黄色籽粒等市场品质高的品种，最新育成的商业品种多具上述特点。

第二节　鹰嘴豆育种目标和主要目标性状的遗传

一、鹰嘴豆育种的主要方向和育种目标

近几十年来，全世界鹰嘴豆实际生产上的平均产量一直徘徊在每公顷650 kg上下，提高缓慢。从育种的观点出发，低产的主要原因是目前生产上所用品种的产量潜力还不够高，对病虫害缺乏抗性，对于高肥、高水的条件缺少足够的产量效应。过去对于禾本科作物产量遗传潜力的改良是从提高其收获指数开始的，但是鹰嘴豆生物学产量较低，必须同时提高生物学产量和收获指数才有可能有效地提高其产量潜力。育种者关心的另一个目标是鹰嘴豆对于褐斑病、萎蔫病、根腐病、豆荚螟、潜叶蝇等的抗性，同时也关心适于冬播的品种、适于晚播的品种等，但最终目的都是为了提高产量。为了提高鹰嘴豆产量，近期的育种目标有：①育成对病（褐斑病、萎蔫病、根腐病和线虫病）、虫（食荚螟和潜叶蝇）有综合抗性的品种，以保证稳产；②培育适合于某些特定地区的品种，例如适于地中海的中低海拔地区种植的和适于一年两季栽培的新品种；③培育对冷、热、干旱和盐碱有足够耐力的品种，以便在那些接近极限的生长条件下种植；④培育生物产量高并具有高收获指数的品种；⑤通过Desi与Kabuli类型间的杂交，将Desi类型具有的多荚、耐热、耐旱、抗萎蔫和抗根腐病基因引入Kabuli类型中，将Kabuli类型的大粒、高生物学产量和对褐斑病的抗性基因引入Desi类型中去。

育成的新品种应具有理想的株型，符合如下条件：①具有高的坐荚潜力；②单荚粒数多；③在消费者能够接受的范围内，有最合适的百粒重；④植株冠层应对光线有最佳的截取能力；⑤节数、节间长度和分枝类型应对上述4点有利；⑥叶片大小、着生角度等应对上述5点有利；⑦在特定的耕作制度下，所需叶面积指数应足够大，并保持尽可能长时间的光合作用能力；⑧根茎的形态结构尽量合理，以便于养分的充分吸收、运输和利用；⑨植株结构应有利于提高收获指数；⑩营养生长期与生殖生长期的长度比例合适，有利于充分利用光、温、水、土等自然资源；⑪具有中等高度的品种适于间作套种，高株型的品种利于机械化收获；⑫适于热的气候条件下的生育期短的品种，适于冷凉的气候条件下的生育期长的品种。

基于对数量性状的相关性分析和通径分析，以及对过去栽培和育种实践的总结，育种家们认为就远期的

育种目标而言，育成品种除符合上述条件外，还应具有下列特点：①株型紧凑，有利于密植；②有最合适的一级分枝和二级分枝数，三级、四级及以上的分枝要尽可能少；③具有直立向上的生长习性，很少水平方向伸展；④对光、温反应不敏感；⑤开花时间严格地取决于自然环境，在适宜的时候开花；⑥根瘤系统发育良好，在生殖生长期也有固氮能力；⑦在整个生殖生长期内，荚果长出的先后速度应当很合适，不至于使整个植株头重脚轻。

二、鹰嘴豆形态和抗病性状的遗传

对于鹰嘴豆遗传的较系统的研究始于1911年，已鉴别出的质量性状基因有52对。经过多年研究，发现在鹰嘴豆的8对染色体中，有1对染色体特别长，其上有明显的随体和近端着丝点；6对染色体有中央着丝点或亚中央着丝点；1对特别短，为中央着丝点染色体。

(一) 与叶部形状有关的基因 目前已经确认的与叶部形状有关的基因有10对：*Tlv/tlv*、*SlV/slv*、*Silv/silv*、*Nlv/nlv*、*Alv/alv*、*Glv/glv*、*Bu/bu*、*Tlv2/tlv2*、*Nls/nls* 和 *Bs/bs*。例如标准叶片类型的遗传机制是5对显性基因在起作用，其基因型为 *Slv Slv Tlv Tlv Nlv Nlv Glv Glv Alv Alv*。

(二) 与株型有关的基因 目前已确认的与株型有关的基因有2对：*Hg/hg* 和 *Br/br*。*Hg_* 时，为直立株型；*hghg* 时，株型披散。*Br_* 时，一级分枝从基部产生；*brbr* 时，一级分枝从主茎中部产生。

(三) 与茎叶颜色有关的基因 目前已确认的与茎叶颜色有关的基因有4对：*Lg/lg*、*B/b*、*Blv/blv* 和 *Gr/gr*。例如 *Bly_* 时，植株为绿色；*blv blv* 时，植株呈黄色。

(四) 与花的颜色有关的基因 目前已确认的与花颜色有关的基因有6对：*B/b*、*P/p*、*C/c*、*Lvco/lvco*、*Wco/wco* 和 *Sco/sco*。例如 *B_C_* 时花冠呈蓝色，*bbcc* 时花冠呈白色。

(五) 与种子和子叶颜色以及种皮性状有关的基因 目前已确认的与种子和子叶颜色以及种皮性状有关的基因有22对：*T1/t1*、*T1/t2*、*T3/t3*、*T4/t4*、*B/b*、*P/p*、*F2/f2*、*S1/s1*、*S2/s2*、*S3/s3*、*S4/s4*、*Brsc/brsc*、*Brt/brt*、*Tba/tba*、*Tbb/tbb*、*Blsca/blsca*、*Blscb/blscb*、*Gr/gr*、*Ycot/ycot*、*Rs/rs*、*Rsa/rsa* 和 *Rsb/rsb*。例如 *Brsc_* 时种皮褐色，*brscbrsc* 时种皮白色；*Rs_* 时种皮粗糙，*rsrs* 时种皮光滑。

(六) 与结荚习性有关的基因 目前已确认的与结荚习性有关的基因有4对：*S/s*、*Rp/rp*、*Pdfr/pdfr* 和 *Lvx/lvx*。例如 *S_* 时每花序仅1朵花，*ss* 时每花序2朵花。

(七) 与抗病性有关的基因 目前已确认的与抗病性有关的基因有7对：*R1/r1*、*R2/r2*、*Rar1/rar1*、*Rar2/rar2*、*Rfo/rfo*、*H1/h1* 和 *H2/h2*。前4对基因与鹰嘴豆对褐斑病的抗性有关，后3对基因与鹰嘴豆对萎蔫病的抗性有关。

三、鹰嘴豆产量相关性状的遗传

在过去20年中，关于鹰嘴豆产量构成因素等数量性状遗传的研究，多数研究结果是基于双列杂交、纯系与测试品系间杂交分析，仅有少数是基于世代平均数分析得出的。对单株荚数、单株产量、单荚粒数、百粒重、单株一级分枝数、出苗到开花的天数和株高的研究最多。但不同研究者的结论间存在着不少矛盾。总的说来，单株产量和单株荚数的加性遗传效应与非加性遗传效应看起来同等重要；对于百粒重和单荚粒数的遗传，加性基因效应起支配作用；对于出苗到开花天数、单株一级分枝数和株高的遗传，以加性基因效应为主。

对于鹰嘴豆遗传率的研究大多数基于对广义遗传率的估算，而且基于单株而非小区，因而得到的估值可能有偏差。研究结果为，从出苗到开花的天数、单株荚数和百粒重的遗传率高；株高、生育期和单株产量的遗传率中等；对于单荚粒数的遗传率，不同的研究者得出的结论迥异，有的认为高，有的认为低。

在数量性状之间的相互关系上，籽粒产量与其他农艺性状的相互关系是至关重要的，在以往的多数此类研究中，表现型间和基因型间相关的方向性一致。单株籽粒产量与单株荚数、籽粒百粒重、单荚粒数、单株分枝数、株高、出苗到开花的天数和成熟期之间存在正相关。但不少研究者也发现在单株籽粒产量与籽粒百粒重间存在负相关。

另据通径分析的结果，百粒重、单株荚数和单荚粒数对籽粒产量的贡献最大，作用直接。一级分枝和二级分枝虽对产量起间接作用，但贡献也很大。

第三节 鹰嘴豆种质资源研究和利用

一、鹰嘴豆分类

鹰嘴豆是野豌豆族（Vicieae）鹰嘴豆属（*Cicer*）植物中的 1 个栽培种。鹰嘴豆的遗传多样性中心位于西亚和地中海沿岸。其根据是公认的鹰嘴豆原始种 *Cicer reticulatum* 原产于土耳其的东南部。鹰嘴豆属内有染色体数不同的种（$2n=14$、16、24、32 等），过去对鹰嘴豆属内的种，曾有分为 14 种、32 种或 39 种的不同观点。自从 L. J. G. van der Maesen（1972）在其专著中提出鹰嘴豆属由 8 个一年生和 31 个越年生的种组成的分类体系以后，又发现了 4 个新种。现在鹰嘴豆属内的种已增加到 43 个，但只有 *Cicer arietinum* L.（$2n=2x=16$）成为重要的栽培作物。

由于地理上的长期隔离，*Cicer arietinum* L. 种内已产生了许多形态变异。根据这些变异，栽培种以下又分为 4 个亚种（也有人认为称为地理小种更好一些），即地中海亚种（*Cicer arietinum* subsp. *mediterraneum*）、欧亚亚种（*Cicer arietinum* subsp. *eurasiaticum*）、东方亚种（*Cicer arietinum* subsp. *orientale*）和亚洲亚种（*Cicer arietinum* subsp. *asiatinum*）。前两个亚种的种子较大，种皮为白色，通常称为卡布里（Kabuli）类型；后两个亚种的种子较小，有几种皮色，其中亚洲亚种的种皮为红色或褐色，东方亚种的种皮为黑色或浅红色，很少为奶油色或白色，通常称为迪西（Desi）类型。

二、国内外鹰嘴豆种质资源和研究现状

我国现保存有国内外不同来源的鹰嘴豆种质资源 947 份，其中 40 份原产于我国。

世界上有 15 个国家收集和保存鹰嘴豆种质资源。截至 2013 年年底，国际热带半干旱地区作物研究所（ICRISAT）有 20 267 份，印度有 16 881 份，国际干旱地区农业研究中心（ICARDA）有 13 818 份，澳大利亚有 8 655 份，伊朗有 6 900 份，美国有 6 789 份，巴基斯坦有 2 146 份，俄罗斯有 2 091 份，土耳其有 2 075 份，墨西哥有 1 600 份，埃塞俄比亚有 1 173 份，匈牙利有 1 170 份，乌兹别克斯坦有 1 055 份，乌克兰有 1 021 份。国际半干旱地区农业研究所，1974—1975 年曾对其收集的部分种质资源做过鉴定和评价，种皮颜色呈如下分布：褐色占 27%，米黄色占 17%，黄色占 12%，黑色占 11%，黄褐色占 10%，白色或浅褐色占 10%，绿色、带色斑等其他颜色占 13%。在花色上，71%的品种开粉红色花，开白花者占 19%，开浅粉红花者占 9%，开蓝色花和深红色花者很少。67%的种质资源花青苷含量低，32%的种质资源不含花青苷。就粒形而言，78%的种质资源的籽粒呈三角形，16%的种质资源的籽粒呈鹰头状，6%的种质资源的籽粒形状像豌豆。就株型而言，大部分可分成两大类，58%的种质资源是半直立型的，41%的种质资源是半披散型的，有少量直立型和披散型资源。

1992 年 Ahmad 和 Slinkard 利用种子储藏蛋白电泳方法分析了鹰嘴豆种质资源的遗传多样性，1996 年 Tayyar 和 Wainess 利用同工酶电泳法研究了鹰嘴豆种质资源遗传多样性，均显示鹰嘴豆种内遗传多样性水平很低。鉴于所用引物过少，1999 年 Ahmad 利用了随机扩增多样性 DNA（RAPD）标记。但是 1998 年 Ratnaparke 等利用简单序列重复区间（ISSR）标记，1997 年 Serret 等利用限制性片段长度多态性（RFLP）标记，2000 年 Winter 等利用简单序列重复（SSR）标记均检测到鹰嘴豆种内存在高水平的遗传多样性。2002 年，Iruela 等利用随机扩增多样性 DNA 与简单序列重复区间标记，对鹰嘴豆属内 14 种的种间遗传多样性差异进行了研究，检测到鹰嘴豆种间遗传多样性差异，而且种间差异与各植物学分类种的生长习性和地理分布有关，显示出种间基因流的趋向。研究结果还显示，栽培种下的 2 大类型 Kabuli 和 Desi 间遗传多样性存在明显差异，但是没有检测到栽培种质资源遗传多样性与地理起源间存在相关性。后来的报道是基于全基因组测序技术开发鹰嘴豆简单序列重复和单核苷酸多态性（SNP）标记（Rajeev 等，2012），进而用于鹰嘴豆种间遗传多样性的研究，以及部分性状基因多样性挖掘。

第四节 鹰嘴豆育种途径和方法

一、鹰嘴豆地方品种筛选和引种

鹰嘴豆地方品种筛选及引进种质资源筛选，通常采用系统育种方法，即个体或单株选择法，是遗传改良

中常用的有效方法。它是利用鹰嘴豆天然变异，在农家品种或引进品种和混合群体中选育丰产、优质、抗病的单株，从而育成新品种。从大田选株，到新品种育成，一般要6～7个生长季节（具体流程与木豆相同）。系统选育在鹰嘴豆育种初期有重要的意义。系统选育的育种时间短，省工省时，简便易操作，是一种多、快、好、省的鹰嘴豆育种方法，至今仍是重要的鹰嘴豆育种辅助手段。

二、鹰嘴豆杂交育种

杂交育种在鹰嘴豆常规新品种培育中占有重要地位，目前国际上借此育成的鹰嘴豆新品种占大多数，今后仍将是鹰嘴豆育种的最重要方法。

（一）亲本选择 根据鹰嘴豆育种家的经验，在选配杂交亲本时应掌握好以下几个原则：①选用综合性状好、优点多、缺点少、优缺点能够互补的亲本。②亲本之一必须是当地推广的优良品种。针对其某个缺点，选择具有互补性状的亲本与之杂交，以改良其缺点，这样育成的新品种适应性较强。③选用生态型差异大，亲缘关系较远的品种作亲本。不同生态型、不同地理起源和不同亲缘关系的品种，具有不同的遗传基础和优缺点，其杂交后代的遗传基础更为丰富。由于基因重组，会出现更多的变异类型和超亲的有利性状，有利于选育新品种。④根据数量性状遗传差异来选择亲本。数量性状遗传差异大的亲本杂交后代容易产生好的变异类型。

（二）杂交方式 常规有性杂交选育是通过亲本间基因重组，产生集中了亲本优良性状的优良后代单株，再加以培育选择，获得符合生产要求优良品种的方法。其中单交是鹰嘴豆杂交育种中用得最多和最成功的方法，见图15-2。

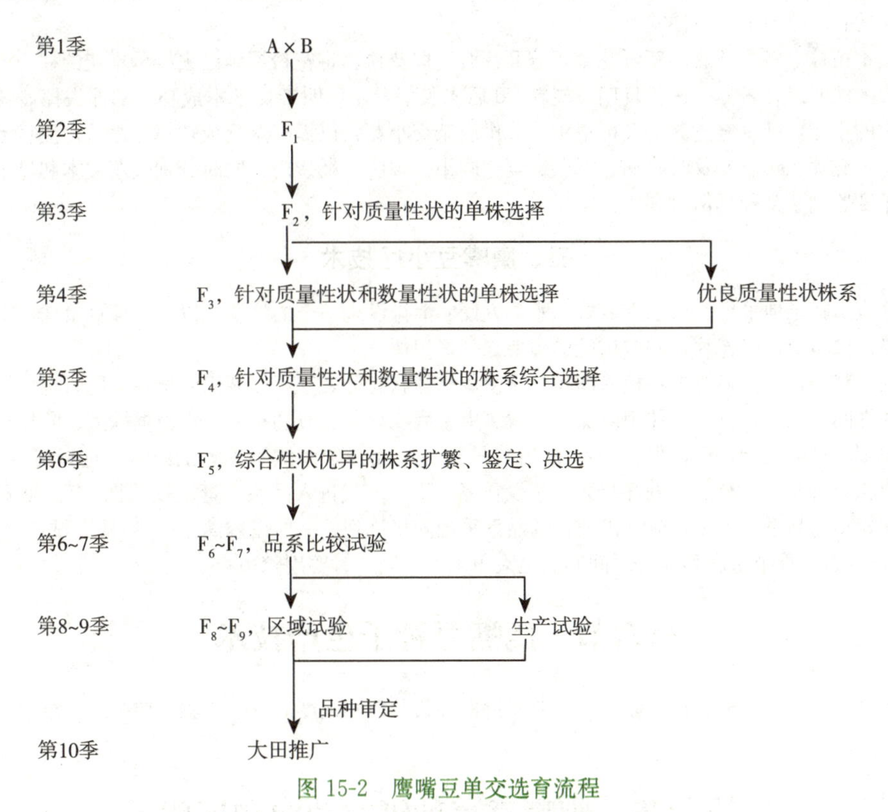

图15-2 鹰嘴豆单交选育流程

回交、复交、聚合杂交等方式也比较适合于鹰嘴豆常规品种的培育，具体参见第十一章。

三、鹰嘴豆诱变育种和转基因

诱变育种也是在鹰嘴豆育种中经常用到的方法，应用比较成功的是辐射诱变。曾用这种方法进行鹰嘴豆育种的国家有印度、孟加拉国、巴基斯坦和保加利亚。育成并已推广的品种有巴基斯坦的CM72、印度的

Pusa-408 和 Pusa-413、孟加拉国的 Hyprosola 和保加利亚的 Plovdiv-8。

国际半干旱热带作物研究所，将 *Bt* 基因转入鹰嘴豆和木豆资源中，培育成功抗食荚螟和棉铃虫的稳定高代品系。

第五节　鹰嘴豆育种田间试验技术

一、鹰嘴豆开花习性

鹰嘴豆的花是典型的蝶形花，单花序，腋生。每个花序通常由 1 朵小花组成，有时也着生 2～3 朵花。雄蕊 10 枚，二体（9+1），基部着生在一起；花药二室，呈橘黄色。子房上位，无腹柄，呈椭圆形，内含 1～3 个胚珠。花柱光滑无毛并向内弯曲。

鹰嘴豆是严格的自花授粉作物，异交率仅为 0%～1.6%。每朵花开放前的 1～2 d，自花授粉就已经完成，受精发生在授粉后 24 h。花通常上午开放下午关闭，每朵花可连续开放 2～3 d。开花的具体时间，依种植的环境不同而有变化。

二、鹰嘴豆杂交技术

鹰嘴豆花朵小于豌豆而大于大豆，但由于其蝶形花冠和盘曲的柱头等特点，很容易折断，一般品种间杂交成功率为 20%。选择具有母本品种固有特征的健壮植株上的花蕾，上午杂交，选择当天即将开花的中上部花蕾，去雄后立即授粉。发现花药有散粉迹象时即作废，操作时切勿损伤柱头。去雄后将做好标记的纸牌挂在已去雄的花序茎节上，以便检查、收获。

选择父本植株上将要开放的新鲜花朵，分开花瓣后取花粉，将花粉授到已去雄母本花的柱头上。授粉完毕，在挂牌上注明组合名称、授粉日期。授粉 3 d 后未脱落者，说明杂交基本成功，随即去掉该花所在节位上下邻节上的小花，既可避免混淆又可集中养分供应杂交小花，以提高杂交成功率。之后，注意治虫，减少花荚脱落。杂交荚成熟后要及时收摘。将杂交荚连同小标牌装入纸袋内，同时分别收获父本和母本一定种子量，供下年度鉴别杂交种真伪时利用。

三、鹰嘴豆小区技术

试验地应选择土地平坦、保水性良好、水源方便、灌排设施齐全的地块，以便鹰嘴豆植株正常生长，保证试验质量。试验地最好连片，并按试验的需要划分好田块。

低世代材料尚在分离，要求种植密度稍低，使单株性状充分表现，以便田间选择，同时也可提高繁殖系数。为保证株间可比性，行距、株距应保持一致。由于鹰嘴豆杂交成功率低，在根据株型、叶形、花色、荚形等性状识别和剔除假杂种后，保留所有的 F_1 代植株；F_2 代开始淘汰不理想的组合，选择优良变异单株。F_3～F_4 代以株行种植，单行区，顺序排列，不设重复。F_5～F_6 代进入品系产量比较试验，第 1 年可采用间比排列，容纳较多的品系；第 2 年应选出较优的品系采用随机排列，一般以容纳 10 个品系为限。设 2～3 次重复，小区 3～5 行。种植密度和播种时间同当地大田生产。测产时要剔除边行。

第六节　鹰嘴豆种子生产技术

良种繁育一要扩大良种的种子数量，二要保持良种的种性和纯度。具体步骤参照第十一章第六节“豌豆种子生产”。

第七节　鹰嘴豆育种研究动向和展望

鹰嘴豆育种基础方面，我国需继续扩大种质资源收集、加速鉴定，还要采用扩大遗传变异的方法并进行新种质创新，这是育种的基础课题。以前育成的鹰嘴豆品种主要是引种或利用已有的基础材料进行系选，杂交选育才是我国鹰嘴豆育种走向正规和提高水平的必由之路。

根据我国鹰嘴豆市场和消费需求，除了要求高产、大粒、粒色白色和金黄色外，加工品质、口味、菜用类型鹰嘴豆育种则是具有鲜明中国特色的鹰嘴豆未来育种目标。随着鹰嘴豆食品在我国的逐渐普及，其栽培分布区正在全国迅速扩展，鹰嘴豆品种抗逆性、抗病性、生态适应性、全程机械化栽培等要求日渐成为新的育种目标。

复习思考题

1. 试述国内外鹰嘴豆育种研究进展及主要发展方向。
2. 试按利用类型简述鹰嘴豆育种目标。
3. 试讨论我国鹰嘴豆育种研究的发展趋势。

附　鹰嘴豆主要育种性状的记载方法和标准

1. 播种期　种子播种当天的日期为播种期，以年月日表示（各生育时期同此）。

2. 出苗期　小区内50%的植株幼苗露出地面2 cm以上时的日期为出苗期。

3. 分枝期　小区内50%的植株叶腋长出分枝的日期为分枝期。

4. 见花期　小区内全部植株中，见到第1朵花的日期为见花期。

5. 开花期　小区内50%的植株见花的日期为开花期。

6. 终花期　小区内50%的植株最后1朵花开放的日期为终花期。

7. 成熟期　小区内70%以上的荚呈成熟色的日期为成熟期。

8. 全生育期　播种第2天至成熟期的天数为全生育期。

9. 株型　在植株的成熟期，根据植株长相及茎蔓生长情况，参照株型模式图（图15-3）确定株型，分为直立（植株一次分枝基部间的夹角小于30°，且分枝上部几近垂直于地面直立向上生长）、半直立（植株一次分枝基部间的夹角为30°～45°，且分枝上部直立向上生长）、半披散（植株一次分枝基部间的夹角为45°～90°，且分枝上部几近平伸生长）、披散（植株一次分枝基部间的夹角为90°～120°，且分枝上部几近平伸生长）、匍匐（植株一次分枝基部间的夹角大于120°，且分枝上部下垂接触地面生长）5个类型。

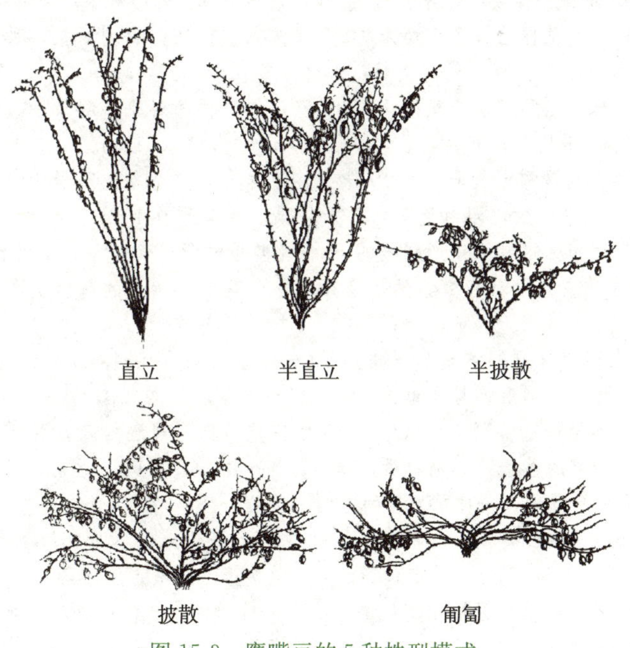

图15-3　鹰嘴豆的5种株型模式

10. 鲜茎色　在植株见花期，正常一致的光照条件下，采用目测的方法，按照最大相似原则，确定种质的鲜茎色，分为黄色（节间呈浅黄色至深黄色）、绿色（节间呈浅绿色至深绿色）、紫色（节间呈浅紫色至深紫色）和绿紫相间。

11. 复叶叶型 在植株见花期，正常一致的光照条件下，采用目测的方法，按照最大相似原则，确定种质的复叶叶型，分为普通（生有数片至10余片普通小叶的复叶叶型）、单叶（仅有1片大型单叶的复叶叶型）、簇生小叶（仅有数十片特化小叶的复叶叶型）。

12. 小叶数目 针对普通复叶叶型鹰嘴豆种质资源测定小叶数目。在植株的开花期，随机选取10片初花节位上充分生长发育的复叶，计数复叶上的小叶数目，计算平均数，精确到一位小数。

13. 小叶长度 以小叶数目测定所选取的叶片为观测对象，测量复叶中部对生小叶的纵向最长处的长度，即为小叶长度，取平均数，单位为cm，精确到0.1cm。

14. 小叶宽度 以小叶数目测定所选取的叶片为观测对象，测量复叶中部对生小叶的横向最宽处的宽度，即为小叶宽度，取平均数，单位为cm，精确到0.1cm。

15. 花序类型 在植株的开花期，随机选取主茎从下往上数第2个花节上的花序10个，计数花序上的花数，计算平均数，精确到0.1，分为单花花序（每花序花数为1）、多花花序（每花序花数在2或以上）。

16. 花色 植株开花期，在正常一致的光照条件下，采用目测的方法，按照最大相似原则，确定种质的花色，分为白色（旗瓣、翼瓣和龙骨瓣呈白色至乳白色）、白底粉红脉纹（翼瓣和龙骨瓣呈白色，旗瓣底色为白色、脉纹为红色）、粉红色（旗瓣、翼瓣和龙骨瓣呈粉红色）、红色（旗瓣、翼瓣和龙骨瓣呈鲜红色至深红色）、紫红色（旗瓣、翼瓣和龙骨瓣呈紫红色）、浅蓝色（旗瓣、翼瓣和龙骨瓣呈浅蓝色）、紫色（旗瓣、翼瓣和龙骨瓣呈紫色）。

17. 株高 在植株成熟期，随机选取10株完整植株作为观测对象，测量从子叶节到植株顶端的长度，求平均数，即为株高，单位为cm，精确到1cm。

18. 植株冠幅 在植株成熟期，随机选取10株完整植株作为观测对象，测量植株冠层的直径，求平均数，即为冠幅，单位为cm，精确到1cm。

19. 单株分枝数 以上述植株冠幅测定所采集的10株完整植株为观测对象，采用目测法观测计数每株主茎上的一级分枝数，取平均数，即为单株分枝数，单位为个/株，精确到0.1。

20. 单株荚数 以上述植株冠幅测定所采集的10株完整植株为观测对象，采用目测法观测计数每株上的成熟荚数，求平均数，即为单株荚数，单位为荚/株，精确到0.1。

21. 每果节荚数 以上述植株冠幅测定所采集的10株完整植株为观测对象，采用目测法观测计数主茎初荚节及以上节位数，以及主茎上所结的总荚数，求得每节着生的荚数，单位为荚/果节，精确到0.1。

22. 荚长 以上述植株冠幅测定所采集的10株完整植株为观测对象，测量10个随机抽取的干熟荚果，测量荚尖至荚尾的长度，求平均数，即为荚长，单位为cm，精确到0.1cm。

23. 荚宽 以上述植株冠幅测定所采集的10株完整植株为观测对象，测量10个随机抽取的干熟荚果，测量荚果最宽处的宽度，求平均数，即为荚宽，单位为cm，精确到0.1cm。

24. 单荚粒数 以上述植株冠幅测定所采集的10株完整植株为观测对象，采用目测法观测计数10个随机抽取的干熟荚果内所含的成熟干籽粒数，然后换算成单个荚果中所含的籽粒数，即为单荚粒数，单位为粒/荚，精确到0.1。

25. 单株产量 以上述植株冠幅测定所采集的10株完整植株为观测对象，脱粒后的籽粒充分风干后，用感量为0.1g的电子秤称量，然后换算成单株上的干籽粒质量，单位为g，精确到0.1g。

26. 收获指数 以上述植株冠幅测定所采集的10株完整植株为观测对象，脱粒后的籽粒和茎秆残渣等充分风干后，用感量为0.1g的电子秤分别称量，单位为g，精确到0.1g。之后，计算籽粒质量/(籽粒和茎秆残渣等总质量)，即干籽粒质量占植株总质量的比例，单位为%，精确到0.1%。

27. 粒形 以上述植株冠幅测定所采集的风干后的成熟干籽粒为观测对象，在正常一致的光照条件下，采用目测法，参照粒形模式（图15-4），确定粒形，分为羊头形、鹰头形和球形。

28. 种子表面特征 以上述植株冠幅测定所采集的风干后的成熟干籽粒为观测对象，在正常一致的光照条件下，参照种子表面特征模式（图15-5），确定种子表面形态，分为光滑、粗糙和凹凸不平。

29. 粒色 以上述单株产量测定所采集的风干后的成熟干籽粒为观测对象，在正常一致的光照条件下，采用目测法，观测成熟干籽粒的外观颜色，按照最大相似原则，确定种质的粒色，分为黑色、褐色、浅褐色、黑褐色、红褐色、灰褐色、肉褐色、灰色、灰黄色、米色、黄色、浅黄色、黄褐色、橘黄色、橘红色、米黄色、象牙白色、绿色、浅绿色、色彩斑驳和黑褐马赛克。

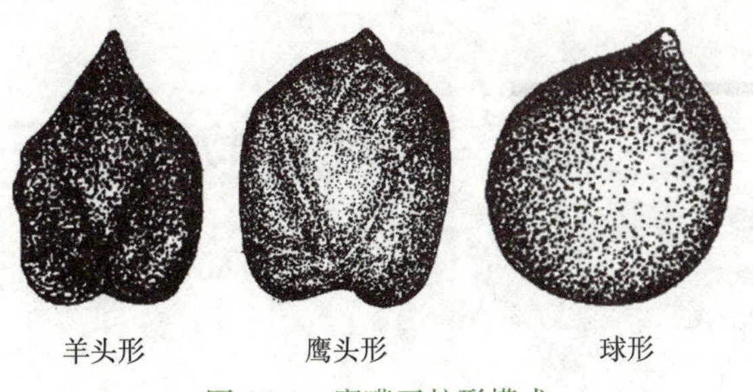

图 15-4 鹰嘴豆粒形模式

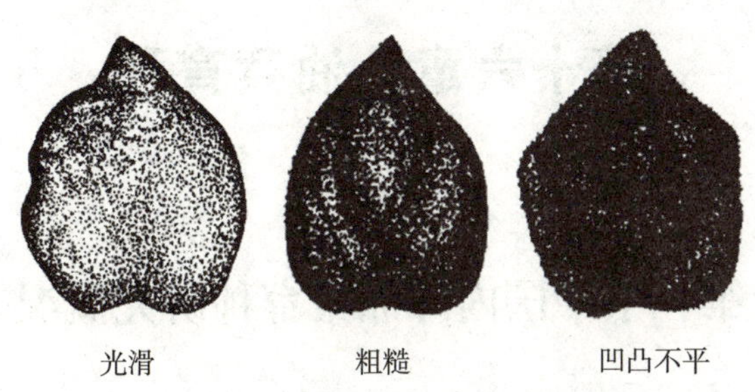

图 15-5 鹰嘴豆种子表面特征模式

30. 子叶色 以上述单株产量测定所采集的风干后的成熟干籽粒为观测对象，将其中的 5 粒种子剥去种皮后，在正常一致的光照条件下，采用目测法，观测成熟干籽粒的子叶颜色，按照最大相似原则，确定种质的子叶色，分为淡黄色、橙黄色、粉红色、黄绿色和绿色。

31. 百粒重 具体操作参照第十四章的木豆主要育种性状的记载方法和标准的相应部分。

32. 青粒维生素 C 含量 具体操作参照第十四章的“木豆主要育种性状的记载方法和标准”的相应部分。

33. 青粒可溶性固形物含量 具体操作参照第十四章的“木豆主要育种性状的记载方法和标准”的相应部分。

34. 粗蛋白质含量 具体操作参照第十四章的“木豆主要育种性状的记载方法和标准”的相应部分。

35. 粗脂肪含量 具体操作参照第十四章的“木豆主要育种性状的记载方法和标准”的相应部分。

36. 总淀粉含量 具体操作参照第十四章的“木豆主要育种性状的记载方法和标准”的相应部分。

37. 直链淀粉含量 具体操作参照第十四章的“木豆主要育种性状的记载方法和标准”的相应部分。

38. 支链淀粉含量 具体操作参照第十四章的“木豆主要育种性状的记载方法和标准”的相应部分。

39. 各种氨基酸含量 具体操作参照第十四章的“木豆主要育种性状的记载方法和标准”的相应部分。

40. 芽期耐旱性 具体操作参照第十四章的“木豆主要育种性状的记载方法和标准”的相应部分。

41. 成株期耐旱性 具体操作参照第十四章的“木豆主要育种性状的记载方法和标准”的相应部分。

42. 芽期耐盐性 具体操作参照第十四章的“木豆主要育种性状的记载方法和标准”的相应部分。

43. 苗期耐盐性 具体操作参照第十四章的“木豆主要育种性状的记载方法和标准”的相应部分。

（宗绪晓、杨涛第三版新编）

第三篇 油料作物育种

第十六章 油菜育种

第一节 国内外油菜育种研究概况

油菜（rapeseed或*Brassica* oilseed）是一类古老的芸薹属作物，在亚洲和非洲都有着悠久的栽培历史。欧洲的油菜生产始于中世纪，至20世纪拓展到北美洲和大洋洲。现在全世界油菜种植面积达3.430×10^7 hm^2，年产油菜籽近7×10^7 t，为世界第三大油料作物（FAO，2013）。

按照植物分类学和农艺学特征，油菜可归纳为4大类型：①甘蓝型油菜（*Brassica napus* L.，$2n=38$，AACC），这是当今世界上广泛种植的油菜类型；②白菜型油菜（*Brassica rapa* L.，$2n=20$，AA）；③芥菜型油菜（*Brassica juncea* Coss.，$2n=36$，AABB）；白菜型油菜和芥菜型油菜曾广泛分布于中国和印度等各国，而芥菜型油菜至今仍在印度广泛种植；④埃塞俄比亚芥（*Brassica carinata* L.，$2n=34$，BBCC），起源于东北非洲高原地带，种植历史悠久，但栽培面积较小。

由于异源多倍体在进化上的优势和历经百余年的育种改良，甘蓝型油菜成为我国和世界其他国家的主要栽培种，全球80%以上的油菜籽产量来自甘蓝型油菜，因此本章主要讲述甘蓝型油菜的育种。甘蓝型油菜分春性和冬性两大栽培类型。加拿大和澳大利亚主要种植春性油菜；欧洲大部分地区种植冬性油菜，也有部分地区种春性油菜。我国黄淮地区的秋播品种一般为冬性品种，长江下游地区的秋播品种多为半冬性品种，长江中游多为春性和半冬性品种，长江上游的秋播油菜品种一般为春性品种，西北和东北地区的春播油菜全为春性品种。

一、国外油菜育种概况

大约在7 500前，欧洲地中海沿岸的甘蓝和白菜相互天然杂交，产生了甘蓝型油菜这个物种。该物种在驯化初期是叶用的蔬菜和饲料类型（*Brassica napus* var. *rapifera* 或 *Brassica napus* subsp. *napobrassica*），至13世纪被驯化为以采种榨油为目的的油料作物（*Brassica napus* var. *oleifera*）。德国农民育种家Hans Lembke通过系统选育，于1917年育成德国第一个注册的冬油菜品种Lembke Winterraps；他创立的北德育种站于20世纪30年代育成了甘蓝型油菜品种Lembke，成为以后欧洲各国改良油菜品种的基础材料。20世纪70年代油菜种子的品质改良以后，欧洲的油菜发展很快，而其后的杂种优势和转基因抗除草剂品种的利用又加速了这种发展；近年加拿大油菜籽产量平约为1.883 6×10^7 t，约占世界油菜籽产量的26%（表16-1）。高产、优质、抗病和高效（包括植物营养元素利用高效和物质转化高效）是欧洲油菜育种的主要目标。欧洲油菜育种的基础研究集中在德国、法国、英国等国的高等院校和国家农业科学院，它们与欧洲各油菜育种公司密切合作，研发的生物技术为公司所采用并培育出适合不同育种目标的新品种。另一方面，像Bayer-Crop Science这样的跨国育种公司也独立进行油菜育种的基础研究，例如油菜的基因组测序。

20世纪90年代，以英国John Innes Centre研究所和法国国家农业科学研究院（INRA）为代表的欧洲各国，开始了油菜DNA分子标记遗传作图和辅助育种的研究。一个分子标记就是油菜染色体上的一段特异的DNA序列，该序列与其附近的功能基因紧密连锁。分子标记数目众多，在不同品种间常常具有遗传多态性，可以用来分析品种的遗传背景和遗传多样性，也可以用来构建遗传连锁图，从而定位控制各种数量性状的基因位点（quantitative trait loci，QTL）。由于分子标记易于通过不同的技术检测出来，各国定位的数量性状基因位点数目日益增多，油菜分子标记辅助育种的研究和运用也很快地从英国、法国扩展到世界各国。以法国为首的各国科学家在白菜A基因组测序（Wang等，2011）和甘蓝C基因组测序（Liu等，2014）的基础上，开展了甘蓝型油菜的基因组测序，并于2014年公布了油菜A、C基因组19条染色体上的101 040个基因序列（Chalhoub等，2014），随后中国半冬性油菜品种中双11（Sun等，2017；Song等，2020）和宁油7号（Zou等，2019）、欧洲冬油菜品种Tapidor（Bayer等，2017）和Express617（Lee等，2020）等多个油菜基因组序列得以发布，并不断提升了组装质量（Lee，2020），使油菜育种工作得以按图索骥地开展。

表16-1 世界油菜籽生产量统计（$\times 10^3$ t）

国家或地区	2017年	2018年	2019年	2020年	2021年	5年平均（占全球比例，%）
中国	13 274	13 281	13 485	14 049	14 000	13 617.8（18.8）
印度	7 100	7 500	7 400	8 500	10 800	8 260（11.4）
加拿大	21 458	20 724	19 912	19 485	12 600	18 835.8（26.1）
欧洲联盟	20 017	18 048	15 241	16 289	17 350	17 389（24.1）
其他国家和地区	13 434	13 300	13 560	14 838	15 873	14 201（19.6）
合计	75 283	72 853	69 598	73 161	70 623	72 303.6

注：①数据来源美国农业部国外农业服务局2022年2月报告；②其他国家和地区主要包括澳大利亚、俄罗斯、乌克兰、英国、美国等。

双低（低芥酸、低硫苷）育种是近几十年来油菜品质改良的主要成就，而加拿大最先开展这方面的工作。该国气候寒冷，适宜于种春油菜，但油菜生产发展较迟，1941年才引进阿根廷春油菜品种，统称Argentine type。传统的菜籽油中芥酸含量超过40%，而芥酸因不易消化吸收等原因而被欧美政府禁止在食用植物油市场上出售。为了大规模发展油菜生产，加拿大Manitoba大学的Stefansson教授在20世纪50年代后期，提出对油菜籽脂肪的脂肪酸成分进行改良。他与化学家合作，用气相色谱仪分析油菜种质资源，发现由德国引入的饲用油菜地方品种Limburge Hof（简称Liho）的芥酸含量为6%～50%（Stefansson等，1961；Stefansson、Hough和Downey，1961）。他们对Liho群体中收获的127株低芥酸植株进行负向选择，不少后代植株的芥酸含量低于0.3%；经系统选育，于1964年育成世界上第一个低芥酸品种Oro。低芥酸品种的育成，使菜籽油得以进入欧美的食用植物油市场，对油菜在世界范围内的大面积推广起到了决定性作用。

硫代葡萄糖苷（glucosinolate，简称硫苷）是广泛存在于油菜、甘蓝、芥菜、萝卜等芸薹目（Brassicales）植物中的一类含硫次级代谢产物，油菜中就有30多种。硫苷在叶片和根等营养组织中合成，植株成熟时转运到种子中储藏。天然菜籽饼作为饲料时，硫苷在芥子酶或水解酶作用下会分解形成各种有毒产物，例如硫氰酸盐（thiocycenate）、异硫氰酸盐（isothiocyanate）、噁唑烷硫酮（oxazolidinethione）和腈化物（nitrile）。这些有毒物达到一定剂量后，使畜禽特别是猪、鸡等单胃畜禽甲状腺肿大，并导致代谢紊乱。油菜籽脱脂后，饼粕中蛋白质含量可与大豆蛋白质等价，因此菜籽饼粕中的硫苷含量若能降低到一定程度，菜籽饼就是优质饲料。波兰的Krzymanski发现他们的甘蓝型春油菜品种Bronowski的硫苷含量很低（10～12 μmol/g），为其他品种的1/10。加拿大科学家改良了脂肪酸成分后，接着又利用Bronowski这个种质改良油菜饼粕的品质。他们将Bronowski与高产低芥酸品种杂交并进行了一系列的遗传改良，至1975年育成世界上第一个双低春油菜品种Tower（Krzymanski，1979；Stefansson和Hough，1975；Stefansson，1976），从而一度使加拿大双低油菜（加拿大称双低油菜为Canola）在国际贸易中居于主导地位。加拿大和欧洲一些油菜主产国还致力于提高油饼中的蛋白质含量、降低粗纤维和植酸含量的研究。一些育种公司还致力于提高种子中的油酸和亚油酸含量、降低饱和脂肪酸含量的育种。

除双低育种外，生物技术在油菜遗传改良中的普遍应用，也对加拿大的油菜产业起到了重要的推动作用。加拿大组织了世界性油菜分子标记开发协作组，主要由位于加拿大 Saskatoon 的农业食品研究所（AAFC）和植物生物技术研究所（PBI）开发，参加协作组的加拿大各育种公司分享这些标记并运用于各自的油菜育种项目中，例如分子标记辅助抗黑胫病育种。由于加拿大政府对转基因作物采取认可的政策，转基因技术也在该国得到普遍的应用，例如批准并广泛种植了转基因抗除草剂油菜品种、转基因杂交油菜品种等。进入 21 世纪以来，加拿大还加速推广了杂交油菜的种植。双低种质、杂交油菜和生物技术，是加拿大油菜生产跃居世界第一大国的三大动力。油菜双低育种、杂种优势利用、转基因抗除草剂品种的育成和大面积应用，被誉为 20 世纪油菜遗传改良的三大标志性成就。

澳大利亚、乌克兰、俄罗斯等国分别是 20 世纪 90 年代以后发展起来的油菜生产国，主要种植甘蓝型油菜。澳大利亚地处南半球，变化的四季与北半球相反，例如其冬天在 7—8 月，正值北半球的夏天。澳大利亚的油菜 5 月播种 10 月收获，与北半球的春油菜相似；澳大利亚冬季温暖，秋播油菜不需春化即可开花，这个特性也像春油菜。澳大利亚致力于双低油菜育种，近年杂交油菜的种植面积逐步扩大，采用转基因技术培育的新品种也开始种植。澳大利亚气候干旱炎热，提高品种的抗病能力和抗旱、抗落粒能力是其育种的重点。

在亚洲，印度也是油菜种植大国，其油菜籽产量占世界总产量的 10%左右。但印度主要种植芥菜型油菜，甘蓝型油菜种植较少。而芥菜型油菜的基因组也得以组装并具有丰富的重测序等基因组序列资源（Kang 等，2021）。日本本地油菜（即白菜型油菜）来源于中国，汉代由朝鲜半岛引进。20 世纪 30 年代以来，日本由欧洲引进了甘蓝和甘蓝型油菜品种，其中甘蓝型油菜与白菜型油菜天然杂交又形成了本地原产的甘蓝型油菜（又称为日本油菜或胜利油菜，*Brassica napella* Chaix）。日本育种家以这两类甘蓝型油菜为主开展了油菜育种研究，40 余年间先后育成了农林系统的冬油菜品种 40 余个。但随着工业化的发展，现今日本油菜种植面积已很小。

二、我国的油菜育种概况

南北朝时期的《齐民要术》中有关“种芸薹取子”的记载，表明我国在对油菜的驯化至少始于 1 600 年前。我国古农书中描述的油菜为油青菜（即白菜型油菜，又称为芸薹或甜油菜）和油辣菜（即芥菜型油菜，又称为辣菜），在长期的种植过程中形成了丰富的农家品种。20 世纪 30 年代中期，孙逢吉等先后由日本和英国引进甘蓝型油菜并逐步开展油菜育种研究。至 50 年代初期，我国仍主要种植白菜型油菜，西部有不少芥菜型油菜，均未开展系统的育种研究，地方品种占有绝对优势。

我国现代系统的油菜育种研究，大约可分为 4 个阶段：①白菜型油菜品种被甘蓝型油菜品种所替代；②双高品种（高芥酸、高硫苷）改良为双低品种；③双低常规品种改良为双低杂种；④传统育种与生物技术相结合的生物技术育种。

（一）甘蓝型油菜的推广和农艺性状改良 1953—1954 年四川成都平原油菜病害流行，白菜型油菜减产严重；但由贵州湄潭引到四川简阳的日本甘蓝型油菜（简称日本油菜或胜利油菜）抗霜霉病和病毒病特强，在重灾年生长发育正常。将胜利油菜种子分散到全国各地进行试种，结果也表现抗病性强、增产极为显著。胜利油菜迅速在长江流域为主的全国各地推广，推广面积最高年份达到 5.33×10^5 hm^2（8.0×10^6 亩）。20 世纪 50—70 年代，为了克服胜利油菜生育期长、需肥多等缺点，我国各科研单位通过系统选育和与传统的白菜型油菜种间杂交，先后育成了一批适合不同产区（包括长江流域、淮河流域和关中地区的冬油菜区及西北和东北的春油菜区）要求的甘蓝型油菜品种 100 多个，逐步取代了原已推广的胜利油菜和各地原产的白菜型油菜，扩大了油菜种植面积，提高了油菜产量。中国农业科学院油料作物研究所贺源辉采用品种间复合杂交育种法，于 1976 年育成了在全国推广面积大、适应性和抗病性都强的甘蓝型油菜品种中油 821。20 世纪 60—70 年代，我国实现了甘蓝型油菜品种代替白菜型油菜的变革。

（二）油菜的品质改良 20 世纪 70 年代末，我国油菜科研人员开始了日趋频繁和广泛的国际交流，我国的油菜研究随之融入世界油菜遗传改良的大潮。这不仅显著地提高了我国的油菜育种水平，也有力地促进了全球的油菜改良。1980 年前后，我国多批油菜科研人员赴国外考察，引入了开展品质育种所需的先进技术和设备，并从西欧、加拿大和澳大利亚引进了双低油菜种质资源。育种家们将引进的双低油菜品种与我国的油菜（双高）品种杂交，采用各种仪器设备（例如气相色谱仪、液相色谱仪、核磁共振仪、近红外检测仪）对杂交后代进行品质分析和筛选，并在当选的优质株系中进一步选育高产的后代。80年代中期我国已育成一批单低、双低常规油菜品种。到2001年，全国各育种单位育成了甘蓝型单低、双低油菜新品种（包括杂交油菜）30余个。我国的油菜育种研究，从以产量为主要目标转为产量和品质并重。

（三）油菜的杂种优势利用 1972年，华中农业大学傅廷栋、刘后利等从苏联引进的甘蓝型油菜品种波里马（Pol CMS）中发现细胞质雄性不育株，次年分赠给全国各科研单位，1976年湖南省农业科学院实现三系配套，继而传播到国外。国内外研究表明，Pol CMS是世界上第一个具有生产价值的细胞质雄性不育材料（Fan和Stefansson，1986；Downey等，1989；Robbelen，1991），80年代末到现在培育成了一大批Pol cms双低杂交油菜品种。与此同时，1976年，陕西省农垦科教中心的李殿荣研究员从甘蓝型油菜品种复合杂交后代中发现雄性不育，1982年育成细胞质雄性不育系陕2A并实现了三系配套，1985年育成秦油2号（高芥酸、高硫苷）并首次大面积应用于油菜生产。此外，我国在核雄性不育杂种、生态型雄性不育杂种、化学杀雄杂种的选育和应用也取得重要成果。总之，20世纪90年代开始，我国已进入双低+杂优阶段。目前我国育成的双低杂交油菜品种，区域试验产量达2 700～3 000 kg/hm^2，比双高常规品种中油821增产25%～30%。

（四）现代遗传学和基因组学应用于油菜育种中 20世纪90年代以来，我国也在油菜中开展了分子标记的研究，包括遗传作图、数量性状基因位点定位和分子标记辅助选择育种。华中农业大学等大专院校和科研院所，先后用我国的甘蓝型油菜与国内外品种杂交构建了十多个分离群体，通过对这些群体进行遗传作图和大规模的性状考察，将控制油菜各种重要的数量性状基因位点（quantitative trait loci，QTL）定位到油菜的遗传图谱上。这些性状相当广泛，包括种子产量和产量相关性状（单株角果数、单角果籽粒数和籽粒质量）、杂种优势利用相关性状（雄性不育性和恢复性、杂种生物学产量和杂种种子产量等）、发育性状（开花期、成熟期等）、品质性状（含油量、芥酸和硫苷含量等）、抗逆性状（抗菌核病等生物逆境和抗土壤贫瘠等非生物逆境），所鉴定出的数量性状基因位点数以千计。这些研究结果极大地丰富了人们对油菜这种作物特性的认识，为有针对性地和高效地对目标性状进行遗传改良和新品种选育奠定了基础。特别是高含油量育种，取得了重大进展：中国农业科学院油料作物研究所、陕西杂交油菜研究中心等单位已育成脂肪含量近50%（干基）的品种和一些脂肪含量达60%（干基）的育种材料。我国的不少科研团队还用分子标记评估了油菜育种材料的遗传多样性，据此划分育种群和选择亲本，大大降低了选择的盲目性。通过国际合作，我国还引进了高通量的DNA分子标记芯片——60 K Infinium SNP Chip。该芯片在数平方厘米的玻片上排布了56 000个具有单核苷酸多态性（single nucleotide polymorphism，SNP）的油菜DNA序列，可以同时对48个油菜样品基因组上56 000个位点进行检测并在数日内获得准确的结果。高通量单核苷酸多态性芯片的运用为在我国开展油菜的分子标记辅助选择育种提供了坚实的平台。

第二节 油菜育种目标和主要性状的遗传

油菜的育种目标，是一个动态的概念，依不同产区、不同时代和不同的市场需求而变化。总的目标是要选育高产、优质、多抗、熟期适当、适应性强、资源节约型和环境友好型的新品种。一般要求其种子产量显著超过对照品种，或在某些性状上表现突出（例如油酸含量特高）而在产量上与对照品种相当。要实现这些育种目标，则需要通过各种育种手段对目标性状进行改良，这就离不开对有关性状的遗传特点和规律进行研究。

一、油菜的育种目标

（一）高产 高产的概念，一般系指单位面积内油菜籽的产量表现。但生产油菜是以采籽榨油为主要目的，因而必须考虑单位面积内的产油量，油菜高产的概念应同时包括单位面积内的产籽量和产油量两个内容。油菜籽单位面积产量=单位面积的有效植株数×单株产量；单株产量由单株角果数、单角果籽粒数和籽粒质量3个因素所决定。这些产量因素配备合理，调控得法，才能发挥增产作用。其中有效植株数的多少决定于株型，包括植株的高度、分枝高度、分枝角度、有效分枝数和抗倒伏性等；构成单株种子产量的单株角果数、单角果籽粒数和籽粒质量3因素，与结角密度和结籽密度有关。对各种病害的抗性和不良环境的耐性也决定着单株产量。

（二）优质 油菜产品优质的基本概念，是指菜籽油和菜籽饼的品质，但也因产品的用途不同而有差异。油菜产品的品质性状，包括种子的种皮色泽、皮壳率、油的色泽、透明度、气味（辛辣味）、种子的含油量、饼中的硫苷含量、蛋白质含量、纤维素和木质素含量，以及油中脂肪酸的组成和维生素含量等。

一般而言，要求种子中含油量>45%，硫苷含量<30 μmol/g，木质素和叶绿素含量低（春油菜区）。双低品种油脂（甘油三酯）中的芥酸（$C_{22:1}$）含量很低（<1%）；其他脂肪酸成分含量，油酸（$C_{18:1}$）为60%，亚油酸（$C_{18:2}$）为20%，亚麻酸（$C_{18:3}$）为9%，棕榈酸（$C_{16:0}$）为4.5%，硬脂酸（$C_{18:0}$）为1.5%（表16-2）。由于多不饱和脂肪酸不稳定，易在油脂储藏运输过程中氧化腐败，且在高温煎炸后氧化，因此从20世纪90年代起便要求提高单不饱和脂肪酸（油酸）的含量和降低多不饱和脂肪酸（亚油酸和亚麻酸）的含量；欧洲和加拿大的一些公司将选育油酸含量高于75%的材料作为其育种目标。在另一方面，亚麻酸和亚油酸是人体所不能合成的必需脂肪酸，有重要的营养功能，因此也有人提出：在物流业充分发展、人的饮食健康观点普遍发生改变的今天，有必要通过育种途径提高种子中亚油酸和亚麻酸含量。

种子中主要含油脂、蛋白质和纤维素3种成分，其中一种成分高，另两种成分便低，此消彼长。这里指的纤维素是广义的，包括植物学上定义的纤维素（cellulose）、半纤维素和木质素，前两种是种胚细胞壁的组成成分，第三种是种皮的组成成分。显然，欲提高种子中的含油量，需一方面提高种胚中的含油量，另一方面降低种子的皮壳率。薄种皮种子的木质素含量低，含油量较高。因此通过各种途径降低种子中的木质素含量（或皮壳率）从而间接提高含油量或蛋白质含量，也是重要的育种目标。

表16-2　不同食用油的脂肪酸组成（%）

食用油种类	饱和脂肪酸（$C_{16:0}$和$C_{18:0}$）	油酸（$C_{18:1}$）	亚油酸（$C_{18:2}$）	亚麻酸（$C_{18:3}$）	芥酸（$C_{22:1}$）
高芥酸菜籽油	7	17	13	10～11	41
低芥酸菜籽油	7	61	21	11	0～2
HOLL菜籽油	7	75～85	10	<3	0～2
向日葵油	12	16	71	少	0
玉米油	13	29	57	1	0
橄榄油	15	75	9	1	0
茶籽油	7.5～18.8	74～87	7～14	—	0
大豆油	15	23	54	8	0
花生油	19	48	33	少	0
芝麻油	12	39	45	0	0
棉籽油	27	19	54	少	0
猪油	43	47	9	1	0
棕榈油	51	39	10	少	0

注：①资料来源于加拿大Pos Pilot Plant Corporation，Saskatoon，1994的资料，做了一些补充。②HOLL菜籽油指高油酸、低芥酸、低亚麻酸菜籽油。评价食用油的主要标准，一是饱和脂肪酸的含量要低，二是油酸（单不饱和脂肪酸）含量要高。国际上公认，低芥酸菜油是最优良的大宗食用植物油，加拿大等国育成新的HOLL油菜品种，品质与橄榄油相当，售价比低芥酸油高25%～50%。

（三）多抗　在我国油菜主要病害中，菌核病最为严重，根肿病的流行也在加快。目前在甘蓝型油菜抗病育种中，以选育抗（耐）菌核病和根肿病为主，兼顾抗霜霉病和病毒病。欧洲、加拿大和澳大利亚则以选育抗黑胫病为主，兼顾抗菌核病和根肿病。油菜对虫害的抗性，除印度开展芥菜型抗蚜虫育种研究以外，其他虫害研究很少。在苗期、越冬期和开花期，耐寒性和耐冷性对植株的生长发育影响较大，是油菜稳产的重要抗逆境性状。耐旱性是澳大利亚的油菜育种目标之一。至于耐湿、耐盐碱等方面，则因地区生态条件不同，以及类型和品种不同而异，但系统的育种研究还不多。耐土壤贫瘠的品种一般应具有对土壤中氮、磷、钾、硼等营养元素的高效利用的特征。为适应机械收获，品种还需具有株型紧凑、抗倒伏和抗裂荚等性状。

茎叶和根在受到损伤时，细胞中的硫苷会分解形成异硫氰酸盐等物质，可以减少植株受病虫侵害。因此选育种子硫苷含量低、根茎叶硫苷含量高的品种，也有重要的意义。

（四）适宜熟期　因春冬油菜类型不同和种植地区不同，油菜生育期差异很大。冬油菜的生育期，在我国为230～250 d，在欧洲为320～340 d；各国的春油菜生育期差异较小，在130 d左右。一般来说，生育期愈长，植株积累的光合产物愈多，则产量愈高；而生育期过长，对冬油菜来说会遇到后期高温逼熟，降低含油量和影响多熟制地区后茬作物的种植，对春油菜则可能遭遇后期低温而减产。因此生育期的育种目标应因各地气候条件和作物栽培制度不同而有不同。但在多熟制地区也不是愈早愈好，一般而言，愈早的抗逆性愈差，产量愈低。因此选择熟期适当的材料至关重要。花期特别是终花期，是熟期鉴定的重要性状。

（五）适应性强 适应性的强弱是鉴定高产和稳产品种的主要指标之一。适应性是一种综合表现，首先，表现在分布地区范围的广泛性；其次，表现在不同年度和不同产地产量的稳定性，丰年和歉年的产量变幅小；第三，表现在抗逆性能强上，在逆境下仍表现较为正常的生长发育，或是遭受逆境胁迫后仍能较快地恢复正常的生长发育，并能获得较为稳定的产量。因而一般适应性、广谱适应性和特殊适应性是鉴定品种稳产性能的主要内容。一些杂交油菜品种既具有广谱适应性，也具有一定的特殊适应性（例如耐湿性和抗病性），这是它们在广大的主产区处于优势地位的原因。

保护农田生态环境，是农业可持续发展的根本保证。我们的一切农业技术措施，必须遵照资源节约、环境友好的原则，育成的品种也应该具有省工、省肥、省药、省水的特征。需要大水、大肥获取高产的技术、品种都是不可取的。

二、油菜主要性状的遗传

了解育种目标性状的遗传规律和特征，可以帮助育种家制定适宜的育种方案，提高育种效率。这些规律和特征，包括控制性状的基因数目、受环境影响的大小、目标性状与其他表现型性状间的关系、相关基因在染色体上的位置、遗传效应大小和基因间的互作效应大小、可以检出这些基因的连锁标记或关联标记等。下面将从3个方面来阐述和理解这些遗传规律、特征与育种目标性状之间的密切关系。

（一）控制不同性状的数量性状基因位点数目 研究性状遗传时，通常用相对性状上差异明显的两个亲本杂交，然后根据杂交后代的分离规律确定该性状的遗传特征。因此选择的亲本及研究的性状不同，结果也会不同。当亲本间在某性状上仅存在一两个基因的差异时，后代表现出孟德尔遗传特征，称为质量性状遗传。例如品种Liho基因组的A、C亚基因组上各有1个控制芥酸合成的基因发生突变，使其种子具低芥酸特性；将Liho或经其直接或间接转育而成的其他低芥酸品种与高芥酸品种杂交，F_1代芥酸含量均为中间型，F_2代出现低芥酸的概率为1/16，说明甘蓝型油菜芥酸含量的遗传是由2对不完全显性基因控制（白菜型油菜受1对基因控制）。低硫苷品种与高硫苷品种杂交，后代分离较广泛，表现为3对主效基因的遗传模式（高硫苷$G_1G_1G_2G_2G_3G_3$×低硫苷$g_1g_1g_2g_2g_3g_3$，F_2代出现低硫苷单株的概率大约为1/64）；也有研究认为硫苷含量还受到一些微效基因控制。一般来说，当性状的变异是由单基因突变引起时，杂交后代往往表现为一到两个基因的遗传模式，例如油菜的隐性细胞核雄性不育性、对黑胫病的抗性等。

大多数农艺性状长期受到自然选择和人工选择，涉及的基因比较多。如果双亲所处的选择环境不一样（例如冬油菜区和春油菜区、亚洲和欧洲），受到选择的基因不同，与性状相关的差异基因也就比较多。当亲本间在某性状上存在多个基因的差异时，杂交后代便会出现广泛的分离，表现出非孟德尔的连续变异的遗传特征，称为数量性状遗传。例如中国油菜品种宁油7号与法国品种Tapidor的种子含油量差异并不大，在武汉地区分别为41.6%和43.4%，杂交后代（TNDH群体）的含油量为37.2%～47.5%，不仅表现出连续变异，而且出现超亲株系。这表明双亲之间遗传差异很大，研究发现至少有41个基因位点（genetic locus）和20对互作基因位点决定着两品种间的含油量差异（Jiang等，2014）。由于育种家多选择来源不同而目标性状有差异的优良品种作为杂交亲本，因此育种实践中涉及的性状多为受到众多基因位点控制的数量性状。油菜的绝大多数农艺性状都很复杂，因此必须采取特定的研究方法。

视病原菌和测试品种不同，油菜的抗病性可以是质量性状，也可能是数量性状。黑胫病是我国以外的世界性主要病害，表现为质量性状抗性的基因（垂直抗病基因）主要位于A基因组的A7和A10两条染色体上。法国抗病品种Jet Neuf的A7染色体上一段35 cM的区段上聚集了至少5个抗病基因（*Rlm1*、*Rlm3*、*Rlm4*、*Rlm7*和*Rlm9*），不过其中几个也有可能是复等位基因。Crouch等（1994）通过人工合成甘蓝型油菜等途径，将野生白菜（*Brassica rapa* subsp. *sylvestris*，通称BRS）中的抗黑胫病基因转移到甘蓝型油菜中。其中抗病基因*LepR1*和*LepR2*被定位在油菜的A2和A10染色体上。在澳大利亚培育出的抗病品种Surpass400和Hyola 60中检测到由野生白菜转移的另一个抗病基因*LepR3*，也位于A10染色体上。*LepR3*编码一种受体蛋白，可与黑胫病的无毒基因 *AvrLM1* 结合而与携带该基因的病原菌生理小种互作产生抗病性（Larkan 等，2013）。这些抗病品种于 20 世纪末在欧洲和澳大利亚大面积推广，但由于病菌生理小种的变异，携带垂直抗病基因品种在 3 年后便丧失抗性。

（二）研究油菜数量性状变异的主要方法 对于油菜的数量性状，人们主要从广义遗传率和数量性状基因位点这两个方面进行遗传研究。

1. 广义遗传率 数量性状涉及的基因数目多，受环境的影响较大；涉及的基因数目越多，受环境的影响越大。刘定富（1984）估计的油菜重要农艺性状的广义遗传率的大小次序为：果长＞开花期＞千粒重＞主花序长度＞主花序结果密度＞每角果籽粒数＞着粒密度＞分枝部位＞株高＞主花序果数＞单株产量＞总角果数。

在赵元林（1982）的研究中，单株产量在诸多性状中的遗传率为最低。这些研究结果表明，虽然种子产量在众多的农艺性状中是最重要的目标性状，但它是油菜植株整个生长发育期中的终极性状，长期受不同环境条件的影响，例如土壤质地、肥力、种植密度、病虫害、边际效应、生育期等；这些环境条件影响着许许多多的代谢途径，涉及基因数目和相关的性状众多，因此其遗传率最低。

对各产量构成因素所做的通径分析、主成分分析和聚类分析结果都表明，单株种子产量与花期、果长、单角果籽粒数、总角果数和籽粒质量密切有关，这些性状尤其是总角果数和单角果籽粒数往往影响着单株产量。因此在进行单株选择时，必须考虑那些遗传率高、与单株产量相关密切的农艺性状；株系选择时虽以产量为考察目标，但也应考虑这些相关性状。

人们对油菜诸性状的广义遗传率高低有了比较明确的判断后，需要进一步了解：这些性状受到多少基因控制？它们之间的连锁关系如何？如何认知和在育种中运用这些基因？20 世纪末发展起来的分子标记遗传作图和数量性状基因位点定位，使人们较好地解决了这些问题。

2. 分子标记连锁图与数量性状基因位点 分子标记（molecular marker）指可以被检测出来的在个体间具有遗传多态性的一段 DNA 序列。分子标记在基因组中数目众多、分布广泛，可以用来检测双亲杂交后代的分离群体中个体的各种基因型，从而根据个体间的基因型差异和标记间的遗传重组，构建该群体的遗传连锁图谱。控制数量性状的基因分布在基因组中，它们与一些分子标记紧密连锁不易分离，因此那些分子标记所指示的位点可以看作控制该性状的数量性状基因位点（quantitative trait loci，QTL）。由于群体中各株系相对性状的表现型是随着基因型（连锁标记）的不同而不同的，因此对群体中表现型与基因型的相互关系进行合理的统计分析后，就能将控制该性状的基因位点定位在遗传连锁图上。目前的方法所定位的数量性状基因位点还不是 1 个基因，而是遗传图上的 1 个区间，可能包含有数十个甚至上百个基因，但它标识着控制重要性状的目标基因的所在，是一项重大的技术突破。20 世纪 80 年代末，美国科学家利用分子标记对分离群体作图而构建的遗传连锁图谱和对该群体表现型的检测，将控制番茄单果质量等数量性状的基因位点定位到连锁图上，并提出了一整套开展数量性状基因位点分析的理论和方法（Paterson 等，1988；Lander 和 Botstein，1989），揭开了现代作物遗传改良的序幕。前述的在 TNDH 群体中检测到控制油菜含油量的 41 个数量性状基因位点，就是通过遗传作图和群体株系的表现型分析获得的 41 个含油量数量性状基因位点。

（三）油菜数量性状基因位点分析概况 20 世纪 90 年代初，加拿大学者发表了油菜的第一张分子标记遗传图谱（Landry 等，1991）。随后的 20 多年间，世界各国学者用分子标记分析不同亲本构建的分离群体，发表了数十个油菜分子标记遗传图；所采用的作图群体除少数为 F_2 代群体和回交群体外，大多为双单倍体（DH）群体；分子标记的种类也由基于 DNA 分子杂交的限制性片段长度多态性（RFLP）标记和基于聚合酶链式反应（PCR）的各种标记，发展到高通量的基于芯片（chip）和测序的单核苷酸多态性（single nucleotide polymorphism，SNP）标记；图谱上的标记数由最初的 100 多个，发展到 1 000～2 000 个，构成了近于饱和的高密度遗传连锁图谱（Delourme R. 等，2013；Liu 等，2014）。在遗传作图的基础上，控制油菜各种重要性状的数量性状基因位点纷纷被定位在油菜遗传连锁图上，涉及的性状几乎覆盖了育种家所关注的所有性状，例如生长发育、种子品质、产量组成因子、种子产量、抗逆性以及杂种优势等（Iniguez-Luy 和 Federico，见《十字花科植物基因组学》一书）。

控制油菜重要性状的数量性状基因位点数目有多少？不同的研究有不同的结果。例如对于控制种子产量的数量性状基因位点检测，易斌等（2006）从一个分离群体中鉴定出 3 个数量性状基因位点，Udall 等（2006）从两个群体中鉴定出 5 个数量性状基因位点。师家勤等（Shi 等，2009）将 TNDH 群体种植在 6 个半冬性油菜和 4 个冬性油菜环境，并将 TNDH 系间相互杂交衍生的重构 F_2 代群体（RC-F_2 代群体，re-constructed F_2 population）种植在其中的 2 个半冬性油菜和 1 个冬性油菜环境，考察群体在所有环境下的种子产量和其他相关性状。采用含 786 个主要基于聚合酶链式反应的标记位点的 TNDH 遗传图谱，结果从各个环境中总共鉴定出 113 个控制种子产量的数量性状基因位点；将不同环境中重复检测出的数量性状基因位点相整合，独立一致的数量性状基因位点（consensus-QTL）多达 55 个。Zhang 等（2016）用基于芯片的 60 K 单核苷酸多态性标记对 TNDH 群体重新作图，构建的新的高密度图谱上包含 2 041 个遗传标记。邹珺等（2015）采用基于此新图谱重新分析了 Shi 等（2009）的表现型数据，结果在图谱上新检出 4 个控制种子产量的独立一致的数量性状基因位点，数量性状基因位点的总数增加到 59 个。由此可以看出，对于控制某个性状的数量性状基因位点数目有多少这个问题，主要取决于研究者选择的亲本在该性状上的遗传差异大小、群体重组频率的高低、遗传图谱的饱和程度和表现型检测试验的深度和精度（考察农艺性状时则包括试验小区的重复数和变异系数的大小、年份和地点等试验环境的重复次数等因素）。在 Shi 等（2009）及其他研究的基础上，邹珺等（2015，未发表）总结了在 TNDH 群体从检出的控制各类农艺性状和品质性状独立一致的数量性状基因位点的数，总数超过 1 000 个（表 16-3），可供我国的育种家参考。

表 16-3 在 TNDH 群体中检出的控制油菜重要性状的独立一致的数量性状基因位点数目及其在连锁图上的分布

（引自邹珺等，2015）

性状分类	性状	A1	A2	A3	A4	A5	A6	A7	A8	A9	A10	C1	C2	C3	C4	C5	C6	C7	C8	C9	合计
种子产量和产量相关性状	单株角果数	3	6	10	0	3	0	5	0	2	4	1	5	4	0	0	3	2	0	5	53
	单角果籽粒数	7	6	2	4	2	0	3	1	8	1	4	0	7	3	2	3	0	4	7	64
	种子质量	4	9	14	12	2	5	9	4	6	4	1	0	2	3	8	3	0	5	4	95
	种子产量	2	12	4	4	0	3	3	0	8	2	2	3	1	2	1	2	5	3	6	63
	分枝数	2	1	6	0	4	0	7	0	3	0	5	2	5	0	0	9	1	5	4	54
	生物学产量	0	1	1	0	0	0	3	0	0	3	0	2	4	0	2	2	1	2	2	23
发育性状	分枝高度	3	3	2	0	1	1	0	0	5	1	0	0	0	0	1	5	4	2	2	30
	开花期	3	8	15	0	1	2	1	0	1	8	0	4	1	3	9	9	3	5	5	78
	成熟期	7	4	5	6	4	6	0	0	8	3	1	1	3	1	10	5	4	6	3	77
	植株高度	7	6	4	0	3	3	2	2	11	0	0	1	1	1	1	8	5	1	1	57
	主花序角果数	1	1	3	3	1	3	3	0	0	1	0	1	5	0	3	6	0	2	2	35
种子品质性状	硫苷含量	2	0	4	2	3	0	5	3	10	0	5	5	5	0	2	3	2	3	5	59
	维和素 E 含量	0	3	0	0	2	0	4	1	1	1	0	0	1	0	2	2	2	0	2	21
	芥酸含量	2	1	5	3	0	2	0	4	4	0	0	0	9	0	0	5	2	6	2	45
	含油量	14	0	9	6	0	5	6	7	7	4	7	8	7	6	2	2	0	3	4	97
	蛋白质含量	6	4	0	4	0	3	2	0	2	2	0	0	5	0	2	0	0	1	2	33
	亚麻酸含量	1	1	2	4	0	0	2	2	1	2	4	0	2	4	2	0	0	0	1	28
低磷胁迫	分枝数	0	0	0	1	1	0	3	0	1	0	0	0	0	0	0	0	0	2	1	9
	种子质量	0	3	7	6	2	0	0	0	0	1	0	0	0	0	0	1	0	3	0	23
	单角籽粒数	2	5	2	0	0	0	0	0	1	0	2	0	2	1	0	3	0	2	4	24
	种子产量	0	4	2	0	0	0	1	0	2	1	0	0	0	0	0	2	3	0	2	17
	植株高度	0	3	4	1	0	0	2	0	5	0	0	0	0	0	0	2	2	0	3	22
	单株角果数	0	0	5	1	0	0	0	0	4	0	0	0	3	0	0	2	0	0	1	16

（续）

性状分类	性状	A1	A2	A3	A4	A5	A6	A7	A8	A9	A10	C1	C2	C3	C4	C5	C6	C7	C8	C9	合计
抗病性	抗黑胫病	1	0	1	1	0	0	0	0	0	1	0	0	1	0	0	2	1	0	2	10
	抗菌核病	5	4	6	0	13	1	4	2	0	6	2	0	0	1	0	1	0	4	1	50
合计		72	85	113	58	42	34	65	26	90	45	34	32	68	25	47	80	37	59	71	1 083

一些控制不同性状的数量性状基因位点是紧密连锁的。例如TN群体中A8染色体上控制种子芥酸含量的基因位点，与控制含油量和产量的数量性状基因位点紧密连锁，并且它们的遗传效应方向相同，即低芥酸与低产量和低含油量相关联。这可能是由于原始低芥酸亲本Liho为饲料品种，在将该性状转育到双低品种Tapidor时产生了连锁累赘所致。曹峥英等（2012）研究种子含油量数量性状基因位点时发现，虽然经过了30年的双低育种改良，有些现代品种中仍包含一些隐性的连锁累赘影响着种子含油量的提高。

油菜的一些染色体上散布有效应较小、但数量较多的抗病基因位点（水平抗性）。例如法国在DY群体（法国品种Darmor与韩国品种Yuda杂交后建立的双单倍体群体）中鉴定出9个与黑胫病抗性有关的数量性状基因位点，它们分布在A、C基因组的不同染色体上，其中抗病品种Darmor的基因型在8个数量性状基因位点中表现正贡献，而在1个数量性状基因位点中感病品种Yuda的基因型表现正贡献。世界各国对6个不同的作图群体开展了抗黑胫病的研究，共鉴定出了36个数量性状基因位点（其中有的可能是相互重叠的），遍布在油菜的除A3和C9外的17条染色体上（Harsh等，2013）。

菌核病是我国和世界其他油菜主产区的重要病害。赵建伟和孟金陵在我国从抗病品种宁RS-1与感病品系配制的$F_{2:3}$代群体中鉴定了3个数量性状基因位点，随后赵建伟在美国用我国部分抗病品种华双2号衍生的品系RV289与感病品种Stellar杂交配制的双单倍体群体中，鉴定出8个数量性状基因位点，它们分布在A2、A3、A5、C2、C4、C6和C9这7条染色体上，与前3个数量性状基因位点不重叠。蒋枞璁在TNDH群体中鉴定出至少13个抗菌核病的数量性状基因位点，它们分布在10条染色体上，其中位于A2染色体上41.8 cM处的数量性状基因位点可解释表现型变异的10%，并可在不同的试验中用不同的统计方法重复检测到（未发表）。用基因芯片对RV289和Stellar做的基因差异表达试验表明，接种核盘菌12 h、24 h和48 h后，两个品种中鉴定出成百上千的差异表达基因，差异表达基因的数目随着时间的推移而增加，这些基因包括编码病情相关蛋白（pathogenesis-related protein，PR蛋白）、氧化暴发有关蛋白、蛋白激酶、分子转运蛋白、细胞维持和发育相关蛋白以及生物胁迫有关蛋白（Zhao等，2009a）。在各种不同的试验中，均发现病情相关蛋白基因中编码含有锌指结构的WRKY转录因子的基因特异表达，而在中油821等抗病品种中，这类转录因子的表达尤为强烈（Zhao等，2009b；Yang等，2009）。

油菜对霜霉病（downy mildew）、黄萎病（verticillium wilt）等病的抗性多表现为多基因遗传。油菜测序品种Darmor-bzh对根肿病（club root）表现抗性，遗传作图表明，在A、C基因组的7个区段有抗根肿病数量性状基因位点存在（Manzanares-Dauleux等，2000a，2003）。沈阳农业大学朴钟云在芜菁（*Brassica rapa* var. *rapa*）中鉴定出8个抗根肿病的基因型，其中1个表现为数量性状遗传，5个表现为显性遗传，1个为不完全显性；华中农业大学张椿雨将其中一些基因转到甘蓝型油菜中，也表现出对根肿病的抗性。Steventon等（2002）在油菜中鉴定到4个抗黄萎病数量性状基因位点，解释表现型变异的45.7%，其中在C4和C5染色体上的数量性状基因位点能够在所有试验环境中均被检测到。

值得指出的是，由于供试品种的抗源不同和病原菌的生理小种不同，被定位到的抗病数量性状基因位点或基因可能也会十分不同。这也表明油菜中存在着丰富的抗病基因资源。

从一个分离群体中检测到的数量性状基因位点，能否出现在另一个作图群体中？出现的概率有多大？蒋枞璁等通过一组共同的分子标记，将TNDH群体上定位的种子含油量数量性状基因位点与文献里法国和德国在DY、RNSL和SG群体中定位的含油量数量性状基因位点相比较，发现文献中定位的数量性状基因位点（DY中15个，RNSL中11个，SG中9个）有13%～56%的数量性状基因位点置信区间与TN群体中的数量性状基因位点相重叠，平均重叠率达31%（Delourme等，2006；Zhao等，2012；Jiang等，2014；图16-1）。由此可见，在一个作图群体中检测出的数量性状基因位点，大约有1/3的概率出现在其他群体中。如果有多个可供参考的群体，那么育种家在自己的育种群体中综合运用这些参考群体中的数量性状基因位点信息，无疑会提高对性状的选择效率。从另一个角度看，2/3 的数量性状基因位点是亲本特异性的，这也表明油菜的种质资源中存在丰富的农艺性状和品质性状的遗传变异。如何充分发掘和有效利用其中的优良变异，值得进一步研究。

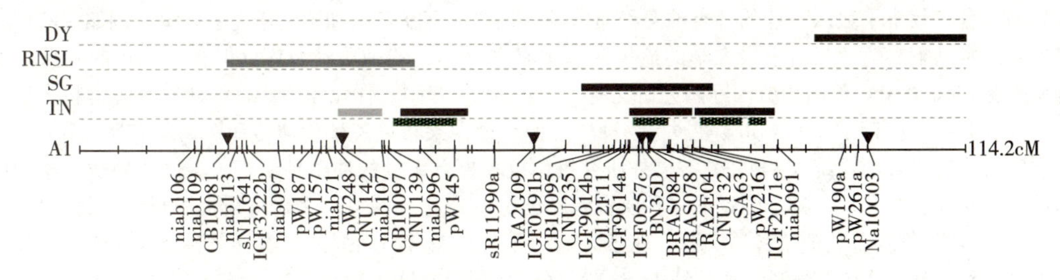

图 16-1 含油量数量性状基因位点在油菜 TNDH 遗传图谱上的分布

[这里仅展示了其中的 A1 连锁群。矩形条代表从法国的 DY 和 RNSL 群体（Delourme 等，2006）、德国的 SG 群体（Zhao 等，2005，2012）和我国的 TN 群体中检测到的数量性状基因位点的置信区间。其中浅灰色、灰色和黑色条分别代表该数量性状基因位点在各自的群体中被 1 次、2 次和多次检测到。TN 数量性状基因位点矩形条下的阴影矩形条为根据 TN 群体在多重试验中所获数据的矫正数计算出的数量性状基因位点置信区间。连锁图线条上的三角形所指的位置为从油菜关联分析中检测到的与含油量关联的分子标记（Zou 等，2010）]。

（引自 Jiang 等，2014）

第三节 油菜种质资源研究和利用

20 世纪 30 年代中期，日本学者在芸薹属植物细胞遗传学方面开展了系统研究（Morinaga，1934；U. Nagaharu，1935），并由旅日韩国学者禹长春（U Nagaharu）提出芸薹属植物染色体组亲缘关系的假说，后世称之为禹氏三角（triangle of U）（图 16-2）。

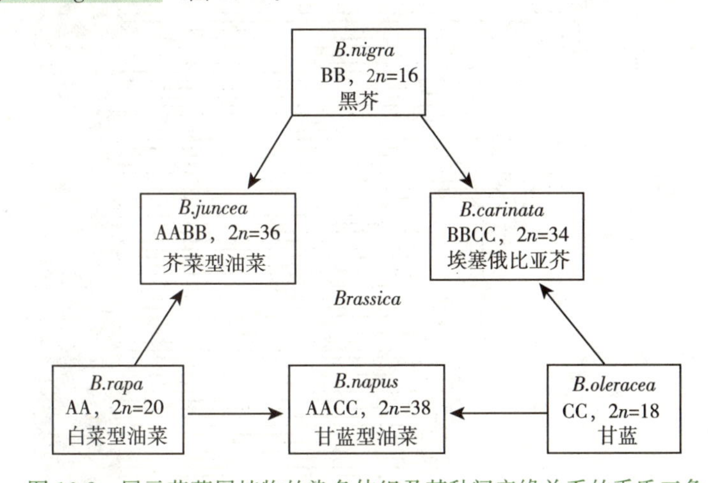

图 16-2 展示芸薹属植物的染色体组及其种间亲缘关系的禹氏三角

[位于三角形顶点的 3 个基本种为芸薹（即白菜型油菜，*Brassica rapa* L.，AA，$2n=20$）、黑芥（*Brassica nigra* Koch，BB，$2n=16$）和甘蓝（*Brassica oleracea* L.，CC，$2n=18$），它们是大约 400 万年以前产生于自然界的基本物种。在三角形的 3 个等边上的物种是 3 个复合种，即甘蓝型油菜、芥菜型油菜和埃塞俄比亚芥（简称埃芥），它们是前面 3 个基本种在不同地区条件下各自相遇，通过自然种间杂交后形成双二倍化进化而来的多倍体物种。这个假说先后为印度、丹麦、瑞典等国学者通过种间杂交人工合成新的双二倍体得到实验证实，对研究十字花科芸薹属近缘植物之间的亲缘关系及其进化系统十分重要]

凡是可以用来对油菜品种进行遗传改良的植物，均可以看作油菜的种质资源。现阶段可资利用的油菜种质资源有 3 大类：①甘蓝型物种（*Brassica napus*，AACC）内的各种类型和品种，包括油料类型（*Brassica napus* var. *oleifera*，即通常称的甘蓝型油菜）、蔬菜或饲料类型（*Brassica napus* var. *rapifera* 或 *Brassica napus* subsp. *napobrassica*），例如叶用的甘蓝型绿叶菜（kale）和根用的甘蓝型芜菁（俗称swede），统称为甘蓝型种质资源；②芸薹属内其他物种的栽培品种；③芸薹属内的野生种和其他近缘属的栽培种或野生种。世界各国培育和收集了数以万计的各类油菜种质资源，主要保存在各国和国际研究中心里，例如在欧洲联盟研究项目的资助下，荷兰瓦格宁根大学的遗传资源中心（CGN）的种质资源库就保存了栽培的和野生的油菜种质资源 19 600 份，英国华威国际园艺研究所（Warwick，HRI）保存了 6 915 份种质资源材料，加拿大植物基因资源系统保存了 3 917 份芸薹属植物种质资源，德国莱布尼茨植物遗传和作物研究所（IPK）和美国的国家植物种质资源系统（NPGS）等国外研究机构也收集有大量的油菜种质资源。这些种质资源均可能被索取进行研究。据统计，各个国家通过种质资源库已至少分发了 24 000 多份种质资源材料。我国从 20 世纪 70 年代开始收集芸薹属油菜种质资源，现已鉴定和保存了来自国内外的各类油菜种质 7 600 份，包括白菜型油菜品种 2 600 份和芥菜型油菜品种 1 858 份（伍晓明，2014）。

不管是保存在我国的还是国外的油菜种质资源，都是各国的育种家在各个时期培育的适应不同地区、不同气候条件的各类油菜品种，以及在长期的自然选择下存活的适应各种环境条件的野生种，其中包含着丰富的遗传变异和各种优良基因，是油菜育种的宝库。不同类型种质资源的遗传特点不一样，因此研究的策略和利用的途径和方法也很不相同。

一、甘蓝型油菜种质资源的研究和利用

英国学者用 mRNA-Seq 产生的 10 万个单核苷酸多样性（SNP）标记，对包括 7 种甘蓝型类型的 83 个油菜品种及 1 个人工合成甘蓝型油菜品系共 84 份材料进行的遗传聚类分析，在很大程度上反映了甘蓝型种质资源的育种历史和品种间的血缘关系，为研究和利用油菜种质资源提供了丰富的信息（Haprper 等，2012；图 16-3）。

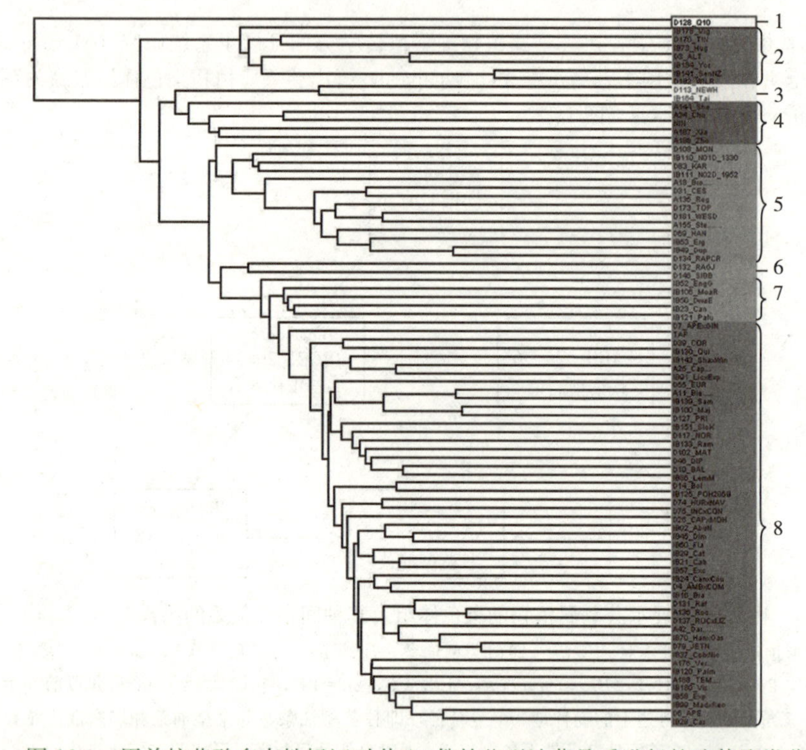

图 16-3 用单核苷酸多态性标记对共 84 份甘蓝型油菜品系进行的遗传聚类分析
1. 人工合成的甘蓝型油菜 2. 瑞典甘蓝型芜菁 3. 日本甘蓝型绿叶菜 4. 中国甘蓝型油菜
5. 甘蓝型春油菜 6. 西伯利亚甘蓝型绿叶菜 7. 甘蓝型青饲料 8. 欧洲冬油菜
（引自 Haprper 等，2012）

从图 16-3 可看到，中国甘蓝型油菜与日本甘蓝型绿叶菜遗传亲缘关系较近，这反映了中国甘蓝型油菜来源于日本的胜利油菜（She）的育种历史。尽管一些供试的中国甘蓝型油菜品种具有欧美油菜的血缘，例

如湘油 15 号（Xia）和中双 2 号（Zho），中国甘蓝型油菜与欧洲各国的冬油菜及欧洲、加拿大的春油菜类型间仍然具有较远的遗传距离，显示了欧洲油菜品种在改良中国甘蓝型油菜、培育适合中国气候环境的油菜新品种和杂交组合方面，具有重要的利用价值。欧洲冬油菜是从甘蓝型青饲料驯化而来的，自然地聚为一类。甘蓝型青饲料驯化历史长，是重要的育种资源，例如低芥酸品种资源 Liho（该文献和该图中未涉及此品种）就是甘蓝型青饲料品种，在油菜的品质改良中发挥了巨大的作用。甘蓝型青饲料以及根部膨大的瑞典甘蓝型芜菁，还是甘蓝型油菜抗根肿病的重要基因源（Gustafsson 和 Fält，1986；Hirai 等，2004）。

从图 16-3 中还可看到，用白菜和甘蓝杂交后人工合成的甘蓝型油菜品系与现有的栽培甘蓝型油菜的遗传距离最远。在另一方面，该研究还发现中国甘蓝型油菜在 A 基因组上的特异等位基因比 C 基因组多 2.3 倍，这意味着中国育种家通过与白菜型油菜（*Brassica rapa*，AA）种间杂交改良胜利油菜的育种过程中，使 A 基因组得到了较大程度的改良。这些研究结果表明，将白菜和甘蓝中的优异种质资源导入甘蓝型油菜后，可以更大程度地丰富油菜品种的遗传基础，这将在下一节中阐述。

中国油料作物研究所保存的甘蓝型油菜品种资源达 2 860 份。对其中来自不同国家不同时期培育的 472 个油菜品种的基因组，用 60K 的 Infinium® 单核苷酸多态性芯片中的 25 183 个单核苷酸多态性标记进行了遗传变异分析。结果发现，油菜品种的遗传变异在不同育种地区、不同品种类型和不同育种时期是十分不同的。中国品种和欧洲品种的遗传多样性水平在 20 世纪 50—80 年代得到提高，但从 80 年代至 21 世纪初期这个时期多样性水平仅仅得到维持，未得到显著的提升。在油菜基因组中检测到 254 个选择热点区域，占油菜基因组的 6%～10%，其中一些热点区域与前人定位的数量性状基因位点（QTL）区域相重叠（图 16-4；Wang 等，2014）。该研究中发现的众多选择热点区域，为有针对性地对油菜品种进行基因组改良提供了指导。例如人们可以通过品种间杂交等途径，将中国半冬性甘蓝型油菜基因组中若干尚未被改良的区段，置换为欧洲冬油菜基因组中相应的已被改良的基因组片段。另一方面还可看到，经过半个多世纪的育种努力，全世界育种家们加起来最多也仅对 10%的油菜基因组进行了改良，油菜遗传改良的空间还十分巨大。

图 16-4 根据单核苷酸多态性（SNP）标记分析 472 个油菜品种基因组所发现的育种选择热点区域

［A1～A10 和 C1～C9 为油菜的 19 条染色体。472 个品种分别来自中国、欧洲、西北亚、北美洲和澳大利亚 5 个育种地区，区分为冬油菜、半冬性油菜和春油菜 3 种生长类型；来自中国的 232 个品种的育种时期分别为 1950—1970 年、1971—1980 年、1981—1990 年、1991—2000 年和 2001—2011 年共 5 个时期，来自欧洲的 160 个品种的育种时期分别为 1950—1970 年、1971—1980 年、1981—1990 年和 1991—2000 年共 4 个时期。4 种彩色图标为根据上述 4 种分类在基因组内发现的选择热点区域，括号中的数字为热点区域数目。三角形所指的位置为该文引证的 3 个数量性状基因位点（QTL）实例所在的区域（A8 上为控制芥酸含量的数量性状基因位点，C2 上为控制硫苷含量的数量性状基因位点，C6 上为冬油菜和半冬性油菜中控制开花期的数量性状基因位点）］

［此图系根据 Wang 等（2014）文章中的图片和信息重新编排］

二、芸薹属内其他栽培种资源的研究和利用

在芸薹属内，先是 B 基因组在大约 650 万年前与 A、C 基因组的祖先种发生了分化，随后是 A、C 基因组间在 370 万年前左右分化，形成了白菜（*Brassica rapa*，AA）和甘蓝（*Brassica oleracea*，CC）这两个基

本种的祖先（Lysak 等，2005；Navabi 等，2013；Sharma 等，2014）。甘蓝型油菜中的 A、C 基因组仅在数千年前相遇而形成新物种，是芸薹属内最年轻的物种，也是被驯化为油料作物历史最短的物种，种内的遗传变异较少。因此有必要利用芸薹属内其他含 A、C 基因组的近缘种质资源来扩大甘蓝型油菜的遗传基础，改良甘蓝型油菜品种。这些近缘种包括白菜（*Brassica rapa*，AA）、芥菜（*Brassica juncea*，AABB）、甘蓝（*Brassica oleracea*，CC）和埃塞俄比亚芥（*Brassica carinata*，BBCC）。

大约 1 500 年前，白菜（*Brassica rapa*，AA）在中国被驯化为油料作物（刘后利，1984），比甘蓝型油菜的驯化早 300 多年。因此甘蓝型油菜从欧洲传播到亚洲后，白菜型油菜即被育种家用来与之杂交，以提高甘蓝型油菜的地域适应性，是亚洲育种成效最为显著的一种育种方式。日本学者在 20 世纪 40—60 年代育成的 44 个甘蓝型油菜新品种中，12 个是与白菜型油菜种间杂交育成的。中国白菜型油菜种质资源十分丰富，自 20 世纪 50 年代以来，育种家们利用这些种质资源开展了卓有成效的种间杂交育种。例如四川农业科学院覃民权用白菜型油菜的地方品种成都矮油菜与甘蓝型油菜品种胜利油菜杂交，培育出了甘蓝型油菜新品种川油 2 号和川农长角。20 世纪 50—70 年代，华中农业大学刘后利通过杂交育种培育了 11 个优良品种，其中 5 个是甘蓝型油菜与白菜型油菜杂交育成的。这些品种一般比引进的甘蓝型油菜早熟、适应性强。它们不仅在生产上发挥了重要的增产作用，同时也扩大了甘蓝型油菜的遗传变异，丰富了甘蓝型油菜的种质资源。

法国科学家利用抗病的法国饲料白菜品种 Chico 对抗黑胫病基因进行遗传作图，在 A7 染色体上发现了抗病基因 *Rlm*1 和 *Rlm*7，是两个不同的抗病位点（Leflon 等，2007）。另外，芜菁白菜和甘蓝型芜菁也是抗根肿病的重要基因源（Gustafsson 和 Fält，1986；Hirai 等，2004）。

英国和中国科学家采用转录组测序技术，用单核苷酸多态性（SNP）标记解析了油菜基因组（Bancroft 等，2011）。他们比较分析了若干油菜品种及其亲本的基因组，其中中国甘蓝型油菜品种川油 2 号的整个 A 基因组里，都散布着其亲本成都矮油菜品种的等位基因，充分展示了传统的中国白菜型油菜基因组对甘蓝型油菜 A 基因组的全面更新（图 16-5）。至于白菜型油菜基因组导入后具体改善了甘蓝型油菜的哪些性状，该文并没有涉及，还有待继续研究。

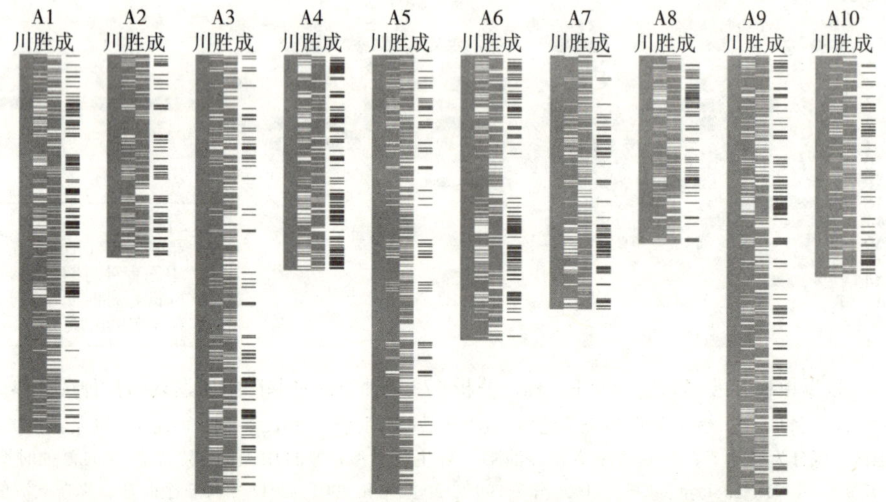

图 16-5 在川油 2 号品种的 A 基因组中观察到的杂交亲本的等位基因

[此图展示了甘蓝型油菜品种川油 2 号 A 基因组（A1～A10）中来自杂交亲本的等位基因，等位基因的检出采用了作者所发展的转录组单核苷酸多态性（SNP）技术。图中"川""胜""成"分别代表川油 2 号及川油 2 号的两个亲本胜利油菜和成都矮油菜。成都矮油菜为白菜型油菜品种。每个"A"字母下中间的两列短线为用单核苷酸多态性所检测到的与川油 2 号相匹配的等位基因，右侧的一列短线为川油 2 号基因组中仅仅与白菜型油菜亲本成都矮油菜基因组相匹配、而与甘蓝型油菜亲本胜利油菜不匹配的等位基因。从图中可见，通过种间杂交，中国白菜型油菜品种成都矮油菜的基因组成分被大范围地整合到了甘蓝型油菜 A 基因组的 10 条染色体上]

[此图根据 Bancroft 等（2011）论文的附图重新编辑]

从禹氏三角形中可以看到，A、B、C 3 个基因组各自包含在芸薹属的 3 个物种中（1 个二倍体物种和

2 个四倍体物种）。遗传学、进化生物学和育种学的研究均表明，禹氏三角形中同一个基因组在不同物种间已经有了很大程度的不同，分化为亚基因组（subgenome）。国际上用上标（Li 等，2004）或下标（Chalhoub 等，2014）来区分各亚基因组。例如芸薹属的 A 基因组在甘蓝型油菜中分化为 A^n 亚基因组（上标 n 代表甘蓝型油菜 *Brassica napus*），在白菜中分化为 A^r 亚基因组（上标 r 代表白菜 *Brassica rapa*），在芥菜型油菜中分化为 A^j 亚基因组（上标 j 代表芥菜型油菜 *Brassica juncea*）。中国老一辈育种家已通过种间杂交使白菜型油菜中 A^r 亚基因组在改良甘蓝型油菜品种方面取得了成功，能否进一步在杂种优势育种上利用 A^r 亚基因组？刘仁虎等研究了 120 个油菜 $A^rA^nC^n$ 亚基因组间杂种的生物学产量，90%的组合在两年的试验中均超过双亲的均值，其中最佳组合为中亲值的 2.75 倍（Liu 等，2002），但三倍体杂种不能用于种子生产。将杂种自交并辅以分子标记辅助选择，培育出基因组组成为 $A^rA^rC^nC^n$ 的新型甘蓝型油菜优良品系，进而与自然的甘蓝型油菜 $A^nA^nC^nC^n$ 品系杂交，可能组配出强优势的 $A^rA^nC^nC^n$ 亚基因组间杂交组合。在另一方面，甘蓝型油菜有 A、C 两个基因组，如果不仅仅利用白菜型油菜的 A^r 亚基因组，同时还将原产于非洲的油菜埃塞俄比亚芥（*Brassica carinata*，$B^cB^cC^cC^c$，$2n=34$）的 C^c 基因组也导入甘蓝型油菜中，培育出染色体组组成为 $A^rA^rC^cC^c$ 的新型甘蓝型油菜优良品系，便有可能组配超强优势的甘蓝型油菜杂交组合（Li 等，2006）。

华中农业大学在 21 世纪初将白菜型油菜 A^r 基因组以及埃塞俄比亚芥的 C^c 基因组部分地（约 40%）导入甘蓝型油菜中，培育出了初级新型甘蓝型油菜。用之与自然甘蓝型油菜测交，配制的亚基因组间杂种在生物学产量和种子产量上普遍具有杂种优势。在湖北、陕西和贵州的田间试验中，强优势组合的种子产量超过商业杂交种（Qian 等，2003；Li 等，2004；Li 等，2005；Qian 等，2005）。通过国际合作配制的亚基因组间杂种，在德国、丹麦、加拿大、澳大利亚等地进行试验中也表现出较强的杂种优势并超过了当地商业杂交种（Qian 等，2006）。研究还表明，亚基因组间杂种优势的高低与新型甘蓝型油菜亲本中 A^rC^c 基因组成分的多少成正相关（Li 等，2005），在优良的新型甘蓝型油菜株系间相互杂交并运用分子标记对杂交后代进行辅助选择，培育出 A^rC^c 基因组成分占 60%～80%的新型甘蓝型油菜株系，新株系所配制的亚基因组间杂种组合的增产幅度更大（Zou 等，2007）。

欧洲是甘蓝的起源地，有丰富的甘蓝种质资源。从 20 世纪中叶开始，瑞典的科学家就试图用甘蓝的 C 基因组改良甘蓝型油菜品种或创造新的甘蓝型油菜种质资源。但甘蓝很难直接与甘蓝型油菜杂交，他们便通过人工合成甘蓝型油菜的途径来实现。方法大体分两种，一是通过甘蓝和白菜杂交后双二倍化，形成人工合成种间杂种；二是将甘蓝和白菜先行四倍化后，再相互杂交形成人工合成种间杂种。后者的效果远好于二倍体间的直接杂交。由于甘蓝是蔬菜品种而没有油用类型，人工合成甘蓝型油菜的农艺性状较差，不能直接应用，需将其作为种质资源与已有的甘蓝型油菜品种杂交，然后再进行选育。例如将甘蓝四倍体和芜菁白菜四倍体杂交，再与甘蓝型油菜品种 Matador 杂交，最终育成了抗寒性强的甘蓝型油菜品种 Norde（Olsson 和 Ellerstrom，1980）。欧洲已拥有数以百计的这类人工合成的甘蓝型油菜及其衍生材料，但由于甘蓝本身带来的遗传累赘太多，以此形成的品种却为数不多。

为了汇集各油菜优良品种间的有利性状和人工合成甘蓝型油菜中的优良成分，并能够摒弃后者基因组中的大量遗传累赘，德国近年启动了利用基因组学的知识和技术开展改良油菜产量的前育种研究计划（Pre Breed Yield 的研究计划）。该计划以 1 个基因组测序了的优良冬油菜品种 Express617 为核心，同时与遗传基础不同的 30 个优良油菜育种系和 20 个人工合成甘蓝型油菜品系杂交，通过系统选育和小孢子培养，构建出由遗传上相互勾连的 2 500 个株系组成的巢式关联作图群体（nested association mapping population，NAM），然后对群体进行全基因组的基因型分析和表现型考查，并通过对 50 个杂交亲本的重测序来帮助重构巢式关联作图群体各株系的基因组序列，以在群体中对目标性状进行基因组选择（图 16-6）。该计划将油菜的基因组学研究和育种实践巧妙地结合在一起，很有可能将非油用作物甘蓝基因组中的有利成分大规模地重组到甘蓝型油菜育种系的基因组中。

三、芸薹属内野生种和其他近缘属的栽培种或野生资源的利用

芸薹属的野生白菜和野生甘蓝中蕴藏着许多宝贵的抗病资源，由于它们分别含 A、C 基因组，因此可以通过种间杂交和同源重组将抗病基因转移至甘蓝型油菜的基因组中。

Mithen 等（1987）在发掘硫苷资源时，从意大利西西里岛的野生白菜 *Brassica rapa* subsp. *sylvestris*，

（通称 BRS）中发现了抗黑胫病的资源。通过人工合成甘蓝型油菜等途径，野生白菜中的抗黑胫病基因被转移到甘蓝型油菜中（Crouch 等，1994），并随之培育出了不同的抗病品种和品系。通过对不同的野生白菜衍生材料的抗病性鉴定，野生白菜中的抗病基因 *LepR1* 和 *LepR2* 被分别定位在油菜的 A2 和 A10 染色体上，第三个抗病基因 *LepR3* 也定位在 A10 上（Yu 等，2005，2008）。后来发现由野生白菜衍生的甘蓝型油菜株系中还带有第四个抗病基因 *LepR4*，位于油菜的 A6 染色体上（Yu 等，2013）。这些抗病基因在油菜的抗病育种和生产上曾经和将要发挥重大的作用。

Mei 等（2011）等发现野生甘蓝（*Brassica oleracea* subsp. *incana*）的一个株系对菌核病有很强的抗性，将其与芥蓝（*Brassica oleracea* var. *alboglabra*）杂交构建了分离群体，并对 F_2代群体分别进行了叶片和茎秆的抗菌核病数量性状基因位点鉴定。结果共检测到 12 个叶片抗病数量性状基因位点和 6 个茎秆抗病数量性状基因位点，它们分别位于 C1、C3、C4、C6、C7 和 C9 这 6 条染色体上，其中在 C9 上一个约 20 cM 区域重复检测到一个叶片抗病和一个茎秆抗病主效数量性状基因位点（Mei 等，2013）。他们将该野生甘蓝与甘蓝型油菜杂交，希望利用分子标记辅助选择，将抗病性导入栽培的甘蓝型油菜中。

当人们将目光移向芸薹属外的近缘种时，发现拟南芥（*Arabidopsis thaliana*）的一些生态型以及一些萝卜（*Raphanus sativa*，$2n=18$）品种对根肿病表现出很强的抗性（Alix 等，2007；Jubault 等，2008；Diederichsen 等，2009）。但拟南芥与油菜亲缘关系很远，至今未见有将拟南芥中抗根肿病性转移到油菜中的报道；而萝卜与油菜虽然是不同的属，但亲缘关系较近。华中农业大学与德国科学家合作，通过远缘杂交与胚挽救获得了抗根肿病的萝卜与甘蓝型油菜间的属间杂种后，将杂种与甘蓝型油菜回交获得 BC_1F_1代植株，表现了对根肿病的抗性。在 BC_1F_3代和 BC_3F_1代的群体中，抗根肿病性表现了分离，从每一个群体中均鉴定出了完全抗病和部分抗病的甘蓝型油菜植株（Diederichsen 等，2015）。

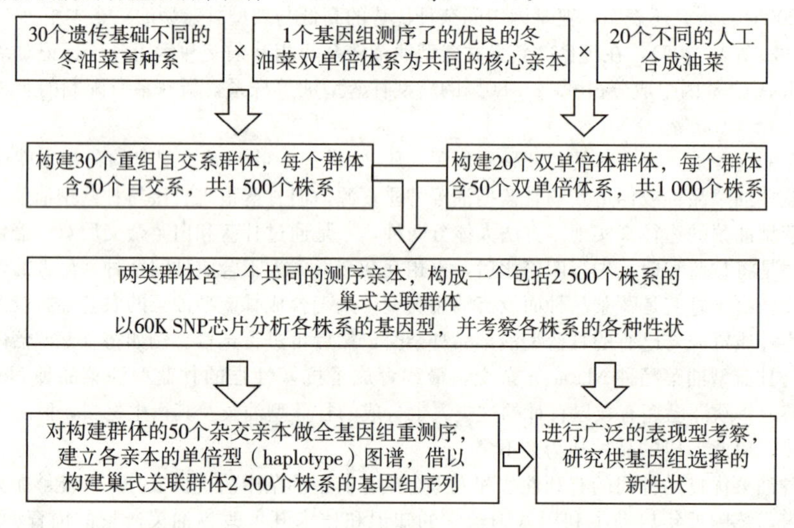

图 16-6　通过构建巢式关联作图群体开展甘蓝型油菜高产育种的前期研究

［该研究选用了一个基因组被测序了的优良冬油菜双单倍体（DH）系 Express617 为亲本，同时与 50 个甘蓝型优良育种系和人工合成甘蓝型油菜株系杂交，将测序品种的基因组序列信息包含到杂交后代（包括重组自交系和双单倍体系）群体的每一个株系中。这些株系被共同亲本的基因组序列相互关联，因此该群体称为巢式关联作图群体（nested association mapping population，NAM）。用含有 6 万个单核苷酸多态性标记的芯片（60 K SNP chip）检测各巢式关联作图群体株系的基因型和构建 50 个遗传图谱，并以测序品种为参考序列对 50 个杂交亲本做基因组重测序，由此构建出各巢式关联作图群体株系的基因组序列草图。在另一方面，该计划还将广泛地考察巢式关联作图群体的各种重要表现型、定位重要性状的数量性状基因位点，获得各巢式关联作图群体株系各基因型决定表现型变异的遗传效应值。在后续的育种工作中，通过基因组选择（genomic selection，见本章第五节）等技术措施，选出那些有直接应用前景的优良重组个体，以及通过人工合成甘蓝型油菜导入甘蓝或白菜优良性状但遗传累赘较少的重组个体］

（此图根据德国吉森大学 Rod Snowdon 教授在 2014 年于中国武汉召开的第 14 届十字花科遗传学研讨会上使用的多媒体图片重新绘制）

第四节 油菜育种主要途径和方法

一、油菜杂交育种

油菜的杂交育种方法分为品种间杂交和种间杂交。因亲缘关系的远近不同，杂交亲和性有显著差异。同一个物种以内的品种间或变种间杂交的亲和性强，杂交结实正常，后代发育良好。亲缘关系远的属间杂交和种间杂交的亲和性有显著差异，一般来说，结实很不正常，杂交不亲和（收不到 F_1 代种子）、杂种植株不育不孕、后代疯狂分离，但采用适当生物学措施（例如胚挽救）可以克服杂交不亲和性和杂种不孕性。

（一）品种间杂交育种 油菜品种间杂交常用单交、回交和复合杂交育种法。

1. 单交育种法 油菜单交育种要选用优异性状多、目标性状突出、双亲间性状互补、亲缘和地理关系远、一般配合力好的品种或中间材料作亲本进行杂交。对单交育种的杂种后代，一般采用系谱法选择，F_1 代按其熟期迟早和优势强弱选择优势组合自交繁殖，淘汰假杂种和劣组合。从 F_2 代开始按植株长势、开花迟早、经济性状优劣以及不同生育时期（特别是成熟期）主要病害的抗性表现进行单株选择，选择那些具有株高中等、分枝部位较低（南方多雨地区以 30 cm 左右为宜）、分枝较多、花序较长、着果密度较大、角果长度中等、单果粒数多、籽粒较大、熟期适宜等性状的优株，收获后在室内再度进行目测选株，分株脱粒和测定品质性状（含油量、芥酸和硫苷含量等），然后对经过全面考种的材料进行综合评选。F_1 代自交繁殖，F_2 代以选择生育期适宜、经济性状和抗性优良的单株为主，在 F_3～F_5 代结合品质性状对经济性状进行选择。采用单交育种法，从杂交开始到育成新品种投入生产，一般需要 8～10 年。图 16-7 为浙油 50 的单交法选育程序。

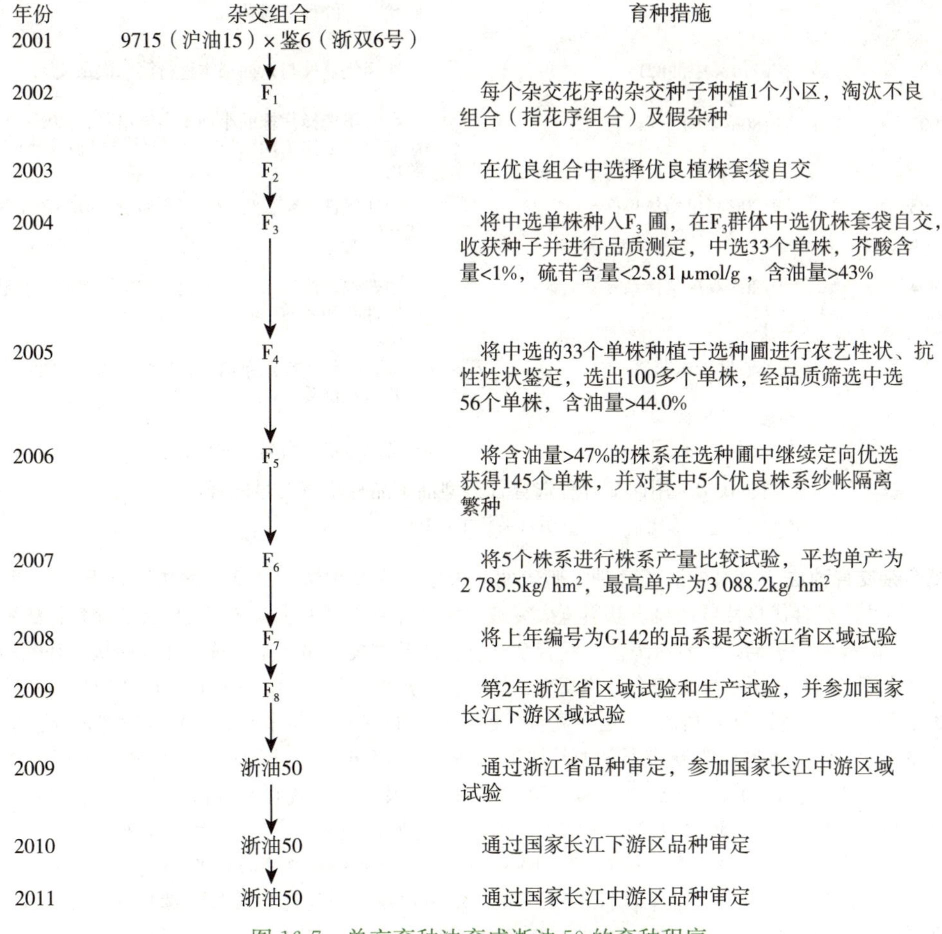

图 16-7 单交育种法育成浙油 50 的育种程序

（引自张冬青，2014）

浙油 50 在 2007—2009 年的浙江省区域试验中，两年平均单产为 2 520.0 kg/hm^2，比对照浙双 72 增产 15.4%；平均产油量为 1 233.6 kg/hm^2，比对照增产 29.75%；增产均达极显著水平。在 2008—2010 年的国家长江下游区域试验中，两年平均单产为 2 626.35 kg/hm^2，较对照秦优 7 号增产 10.27%；平均产油量为 1 252.8 kg/hm^2，比对照增产 18.22%；增产均达极显著水平。在 2009—2011 年的国家长江中游区域试验中，两年平均单产为 2 587.65 kg/hm^2，较对照杂交品种中油杂 2 号减产 0.25%；平均产油量为 1 206.3 kg/hm^2，比对照中油杂 2 号增产 8.14%；芥酸和硫苷含量符合国家双低标准。

2. 回交育种法 改善综合性状优良品种的个别不良性状时，宜采用回交育种法。例如中油 821 是一个高产、多抗、广适应的甘蓝型油菜品种，但它的高芥酸和高硫苷性状需要改良成为低芥酸和低硫苷的优质性状。华中农业大学以中油 821 为母本，以低芥酸低硫苷的中间材料（华油 3 号×Marnoo）F_5 代为父本进行杂交；在杂交后代中选择农艺性状优良而品质性状杂合的植株与中油 821（轮回亲本）回交，在 2 次回交后代中选择优良植株经小孢子培养并加倍成若干双单倍体（DH）植株，使优良性状基因与优质基因的重组体迅速纯合稳定，从中最终育出集优质、高产、抗耐病的新品种华双 3 号（图 16-8）。

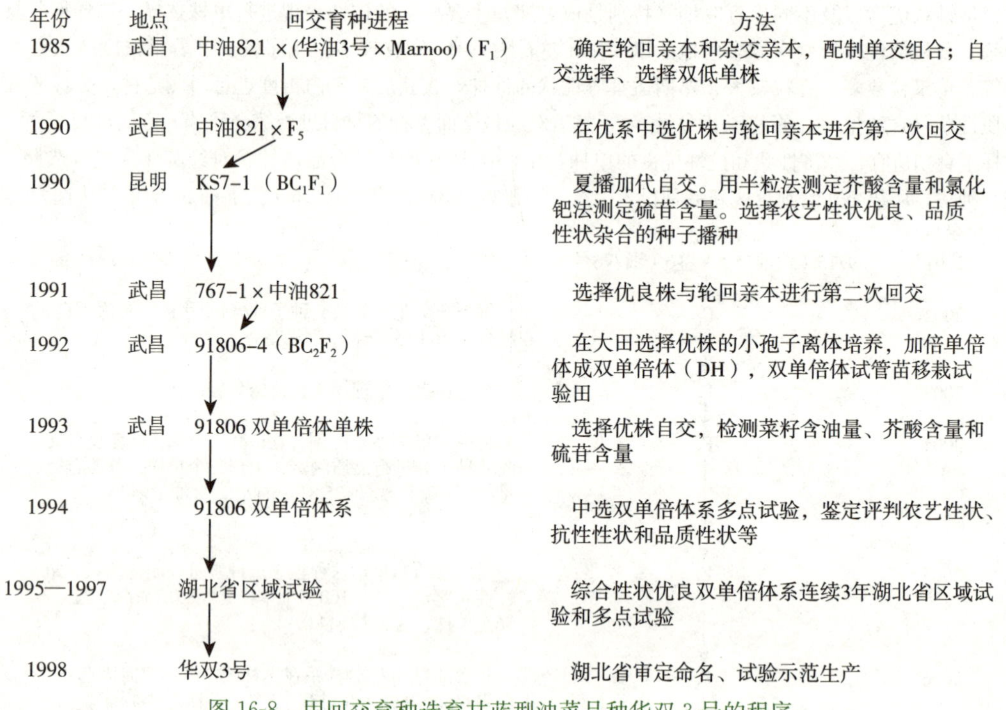

图 16-8 用回交育种选育甘蓝型油菜品种华双 3 号的程序

（引自吴江生，1999）

3. 复合杂交育种法 国内外油菜育种经验表明，采用单交育种法和回交育种法，难于在高产、优质、抗病等关键性状或综合优良性状改良上获得重大突破，而复合杂交育种法（又称为聚合杂交育种法）是选育综合性状优良品种最理想的杂交育种方法。复合杂交育种的基本技术路线是：选择优良性状互补的品种为亲本，组配多种单交组合；再将单交组合后代复交；然后以丰产性、优质性、多抗性和广适应性为基础育种目标，在复交后代进行连续定向选择；最后对高世代的优良材料进行多年多点试验鉴定筛选，选育出油菜新品种。中国农业科学院油料作物研究所贺源辉研究员等从 1975 年起，选用早熟、抗病、丰产的多个品种苏早 3 号、甘油 3 号、甘油 1 号、云油 7 号、71-5 品系，以及白菜型优良品种白油 1 号，采用复合杂交育种法，于 1986 年育成比对照增产 38%、抗病性特强、适应性广泛的甘蓝型油菜新品种中油 821，在长江流域推广面积最高年达 1.33×10^6 hm^2（2.0×10^7 亩）左右，约占全国总面积的 1/4。中油 821 是中国油菜育种史上表现极为突出的一个油菜良种。1995 年，华中农业大学吴江生选择抗菌核病的宁 RS-1 双低选系、华油 3 号、华双 3 号及澳大利亚甘蓝型双低品种 Marnoo 4 个品种作为亲本进行单交和复交，然后以中油 821 作母本与双交 F_1 代杂交，再与甘蓝型油菜品种华双 4 号杂交，并结合小孢子培养，育成了双低、高产、抗病新品种华双 5 号（图 16-9）。华双 5 号在长江中游区域试验中单产为 2 464.5 kg/hm²，生产试验单产为 2 592.15 kg/hm²，比对照中油 821 分别增产 13.24%和 17.26%，增产极显著；菌核病发病率为 4.55%，病情指数为 2.14；病毒病发病率为 0.79%，病情指数为 0.45。对照中油 821 的菌核病发病率为 6.13%，病情指数为 3.32；病毒病发病率为 0.84，病情指数为 0.49。数据表明，华双 5 号的抗病能力也强于中油 821。

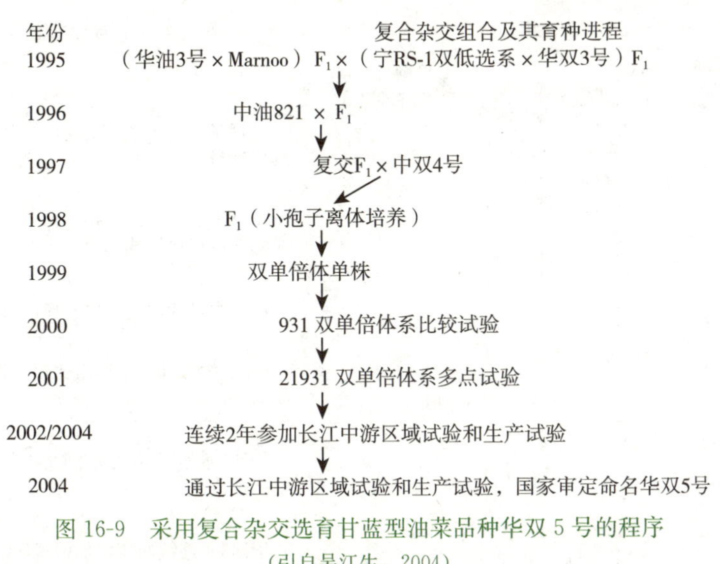

图 16-9　采用复合杂交选育甘蓝型油菜品种华双 5 号的程序
（引自吴江生，2004）

（二）种间杂交育种

油菜的种间杂交包括油菜与芸薹属内各个栽培物种之间的近缘物种间杂交，以及与非芸薹属物种之间的远缘种间杂交。育种实践表明，近缘种间杂交在油菜育种中的成效显著。

在 20 世纪 40—60 年代，日本学者最早将近缘种间杂交用于甘蓝型油菜育种，一共育成新品种 44 个。瑞典 Olsson 和 Ellerstrum（1980）通过甘蓝（*Brassica oleracea* L.）和白菜（*Brassica chenensi*s L. 或*Brassica campestris* var. *chinensis* L.）杂交，或者采用甘蓝和白菜先行四倍化后再人工合成新的甘蓝型油菜。例如前面提到的品种 Norde，就是甘蓝四倍体和芜菁油菜四倍体杂交后，再与甘蓝型油菜品种 Matador 杂交育成的耐寒性很强的甘蓝型油菜品种。苏联 Voskresenskaya 和 Shpata（1967）将黑芥与中国白菜杂交合成长角果芥菜型油菜；将芥菜型油菜和甘蓝型油菜杂交育成了高芳香油含量的新品种（例如 Start 的芳香油含量为 1.15%～1.20%），并在杂种后代中选育出了自然界不存在的冬性芥菜型品种。

我国自 20 世纪 50 年代开展油菜种间杂交育种，浙大农学院孙逢吉（1943）发现芥菜型油菜和白菜型油菜种间杂交后代的优势最强。四川省农业科学院覃民权（1962）将胜利油菜与成都矮油菜杂交育成川农长角。华中农业大学刘后利（1958，1960）通过甘蓝型油菜和白菜型油菜的种间杂交，先后育成了华油 3 号、华油 6 号、华油 9 号、华油 11、华油 12、华油 13 等一批甘蓝型油菜品种。孟金陵等（2000，2013）通过芸薹属近缘种的亚基因组间杂交结合分子标记选择，育成一批新型甘蓝型油菜。吴江生等（1993，2014）采用萝卜（*Raphanus sativus*，$2n=18$，RR）和芥蓝（*Brassica alboglabra* Bailey，$2n=18$，CC）杂交，人工合成了萝卜-甘蓝双二倍体（*Brassica raphanobrassica*，RRCC，$2n=36$），并用萝卜-甘蓝双二倍体与甘蓝型油菜杂交，育成甘蓝型油菜新品种华双 128 以及甘蓝型油菜萝卜-甘蓝细胞质雄性不育系 NRO4270。张椿雨（2014）利用芜菁（*Brassica rapa*）与甘蓝型油菜品种华双 5 号杂交结合分子标记辅助选择，育成了抗根肿病的甘蓝型油菜。油菜种间杂交后代会出现许多新性状，例如白花、黄籽、矮株、花叶、长角果、丛生型、自交不亲和以及雄性不育等，可供遗传育种研究利用。

关于近缘种间杂交的育种程序和育种方法，以华中农业大学育成的华油 3 号（363×七星剑）为例加以说明（图 16-10）。这类种间杂种的特点是：以染色体数多的甘蓝型品种为母本和以染色体数少的白菜型品种为父本，杂交结实率高，反之，结实较少。一般 F_1代高度不育，但能结少量种子，角果皮增厚，角果内种子容易发芽；F_1代以杂交花序为单位收获混合脱粒，下年按杂交花序分区播种。F_2代呈疯狂分离，在苗期、开花期和角果发育期进行严格选择和淘汰，选择苗期叶色较淡、半直立、生长较快、冬前不现蕾抽薹、花期适当（中熟偏早）、角果发育较正常、结实较多的少数单株（3%～5%）。F_3代与品种间杂种一样处理，在优系中选择优株。从F_4～F_7代中选优良株系（即形态和生育期趋于一致）参加品系比较试验。

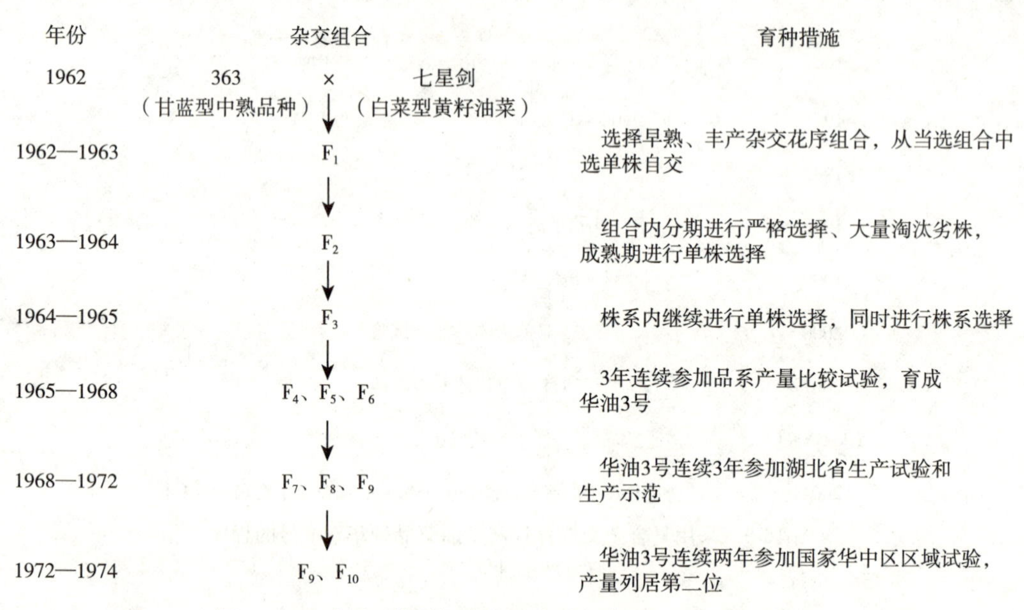

图 16-10　采用近缘种间杂交法育成的华油 3 号的育种程序
（引自刘后利和熊秀珠，1972）

（三）杂交后代的选择　杂交是聚合优良基因的手段，而选择是挑选综合经济性状优良的植株，并使性状逐步稳定的方法。白菜型油菜是异花授粉作物，品种及其杂种后代的基因型高度杂合，单株性状不能稳定遗传，自交衰退严重，因此宜采用混合选择法或集团选择法。首先挑选一些性状相似、符合育种目标的单株进行室内考种和品质测定，然后把具有理想性状植株的种子等量混合，下年种成新群体。按上述方法重复选择，直到育成新品种。

甘蓝型油菜和芥菜型油菜是常异花授粉作物，自交结实率高。因此杂交后代可以采用系谱法选择。在F_1代淘汰不良组合，收获优良组合的种子播种；从F_2代起选择优良单株自交，室内考种并测定品质；中选单株种子，下年按单株种成F_3代株系，10～20 个株系设置对照品种，从最优株系中挑选 3～5 个优良植株自交，室内考种测定品质。依此进行多轮选择育种。也可以采用类似白菜型油菜的混合法和集团选择法对杂种后代进行选择。

为了加快杂种后代的稳定，可在F_1代或F_2代、F_3代进行小孢子培养，在双单倍体（DH）系中进行选择。小孢子培养方法参见本章第五节。

油菜的杂交育种要设置种质资源圃、杂种圃、选种圃、鉴定圃和品系产量比较试验；区域试验与一般作物采用的程序和方法相同；审定和推广新品种必须符合中华人民共和国种子法的相关规定，在此不须赘述。

二、油菜杂种优势育种

利用油菜杂种优势比别的作物更有其特点：①F_1代优势强，增产显著，国内外研究证明，杂种可增产20%～30%；②由于油菜花期长（约 30 d）、花龄长（5 d 左右），花瓣开畅，加上调整花期方便（错开播种期或摘薹）等有利条件，制种产量高而稳定；③繁殖系数高、成本低，制种 1 hm^2，可供 200～500 hm^2 大田用种。因此油菜是利用杂种优势最有成效的作物之一。2014 年全世界杂交油菜种植面积约占油菜种植总面积的 50%（其中加拿大为 90%左右，中国为 70%左右，欧洲为 50%左右），基本都是双低（低芥酸、低硫苷）杂交种。

利用油菜杂种优势，特别是与优质（双低）育种相结合，对发展国际及我国油菜产业有重要的促进作用。经过约20年的工作，目前育成的双低杂交种，不但产量比原来大面积推广的双高常规品种（中油821）高25%～30%，而且菜油的营养品质及菜饼的饲料品质发生了根本性的改良，油脂含量也增加约3个百分点（表16-4）。由于效益的提高，我国油菜种植面积从20世纪70年代的2×10^6 hm^2发展到目前7.3×10^6 hm^2。

表16-4　我国育成的双低杂交种与双高常规品种（中油821）产量和品质对比

品种	产量（%）	硫苷含量（μmol/g）	芥酸含量（%）	油酸含量（%）	亚油酸含量（%）	亚麻酸含量（%）	油脂含量（%）
中油821	100	120	42	17	17	10	39～41
双低杂交种	125～130	20～28	0.5	62～65	18	10	41～45

（一）利用细胞质雄性不育培育三系杂交种　目前国内外应用的油菜细胞质雄性不育（cytoplasmic male sterility，CMS）类型主要有以下两种。

1. 波里马细胞质雄性不育系统和陕2A雄性不育系统　波里马细胞质雄性不育（Pol cms）是傅廷栋、刘后利等于1972年在苏联引进的波里马品种（可能来自波兰）发现的天然雄性不育材料，1976年湖南省农业科学院首先实现Pol cms三系配套。1988年开始，澳大利亚、加拿大等国利用Pol cms育成Hyola30、Hyola40等一批双低杂交种。杂交油菜应用于生产的第一个十年（1985—1994年）国内外培育的22个油菜三系杂交种中有17个注明了雄性不育系来源，其中13个是利用Pol cms育成的杂交种。目前我国油菜细胞质雄性不育杂种中，仍有约60%是Pol cms杂种，例如华油杂系列、青杂系列及部分中油杂系列杂交种等。李殿荣（1980）发现陕2A不育系，1985年育成国际上首个油菜三系杂种秦油2号，秦油系列的杂交种都是陕2A雄性不育系配制的一代杂种。

2. 萝卜细胞质雄性不育系统　1968年日本小仑（Ogure）在鹿儿岛发现萝卜细胞质雄性不育（Ogu cms）。该雄性不育材料雄性不育彻底稳定，但存在叶片缺绿、蜜腺退化及难以找到恢复基因等问题。由于欧洲的萝卜品种存在Ogu cms的恢复基因，Rousselle（1979）将萝卜与甘蓝型油菜杂交育成$2n=56$（AACCRR）的萝卜芸薹（Raphano-Brassica）后，再与Ogu cms杂交，从后代中得到一批白花可育株。进一步研究认为，育性恢复由*Rf1*和*Rf2*两个基因位点控制。Belletier等于1983年将Ogu cms的原生质体与正常油菜的原生质体融合，获得Fu27、Fu58等原生质融合雄性不育重组体，解决了叶片缺绿问题，蜜腺也正常，雄性育性恢复的遗传控制也比原始的Ogu cms简单得多。1997年育成第一个Ogu cms三系杂交种应用于生产。在三系选育过程中，由于恢复基因是从萝卜中转移到甘蓝型油菜中来的，发现恢复基因与控制较高硫苷含量的基因连锁，其恢复系硫苷的含量一般都超过40 μmol/g；后来采取γ射线诱变，结合分子标记辅助选择，使恢复系中来自萝卜的染色体片段进一步减少，新育成的恢复系R2000，硫苷含量已降低到30 μmol/g以下。2011年Ogu cms杂交种占油菜杂交种种植面积的比例，英国和法国已达90%以上，瑞典和波兰也达50%以上，Ogu cms杂交种已成为欧洲油菜杂交种的主要类型。

（二）利用细胞核雄性不育配制杂交种　细胞核雄性不育（genic male sterility，GMS）具有不育性较稳定、恢复系广（特别是隐性不育，所有品种均可作恢复系）、没有细胞质不育系可能存在的雄性不育胞质负效应以及雄性不育系转育容易等特点，国内外愈来愈重视细胞核雄性不育杂种的研究与利用。现将国内外油菜利用细胞核雄性不育杂种的情况简介于下。

1. 两对隐性重叠基因控制的细胞核雄性不育系统　我国的S45A（潘涛等，1988）和117A（侯国佐等，1990）均为此类型。此类型细胞核雄性不育的优点是所有油菜品种都是它的恢复系；缺点是不容易获得100%的不育群体，制种时需要人工拔除不育系群体内的50%可育株，较为费工（图16-11）。

利用该类型核不育系统育成油研系列、蜀杂系列数十个杂交种应用于大面积生产。

2. 隐性上位基因控制的细胞核雄性不育系统　安徽省农业科学院陈凤祥等（1993，1995，1998）报道了另一类隐性基因控制的核雄性不育材料9012A（7365A）。这类雄性不育材料除受两对隐性重叠不育基因（$ms^3ms^3ms^4ms^4$）控制外，还受1对隐性上位基因（*rfrf*）的作用。上位基因呈隐性纯合（*rfrf*）状态时，

50%雄性不育株　　50%雄性可育株

兄妹交繁殖雄性不育系：$ms^1ms^1ms^2ms^2 \times Ms^1ms^1ms^2ms^2$（或 $ms^1ms^1Ms^2ms^2$）

↓

50%雄性可育株 $Ms^1ms^1ms^2ms^2$（制种时人工拔除）

制种：50%雄性不育株 $ms^1ms^1ms^2ms^2 \times Ms^1Ms^1ms^2ms^2$（或 $ms^1ms^1Ms^2Ms^2$、$Ms^1Ms^1Ms^2Ms^2$）

↓ 恢复系

F_1全雄性可育 $Ms^1ms^1ms^2ms^2$（或 $ms^1ms^1Ms^2ms^2$ 或 $Ms^1ms^1Ms^2ms^2$）

图 16-11　两对隐性重叠基因控制的核雄性不育系繁殖和制种

对隐性雄性不育基因（ms^3、ms^4）起抑制作用，而表现为雄性可育。可利用这种遗传原理进行核雄性不育的三系化繁殖和制种。这类细胞核雄性不育的优点是能通过临保系繁殖不育系，获得100%的雄性不育株群体，减少制种时要拔去母本行50%的雄性可育株的麻烦。

华中农业大学研究者在陈凤祥研究的基础上，进行了部分修正，认为不是3个位点基因控制，而是两个位点基因控制，ms^4 和 Rf 是复等位基因，其命名更改为 Ms^{4a}、Ms^{4b} 和 Ms^{4c}，分别代替原来的 Ms^4、Rf 和 rf 基因，显隐性关系为 $Ms^{4a}>Ms^{4b}>Ms^{4c}$（Xia，2012），即 $ms^3ms^3ms^4ms^4RfRf$ 和 $Ms^3ms^3ms^4ms^4RfRf$ 应该是 $ms^3ms^3Ms^{4b}Ms^{4b}$ 和 $Ms^3ms^3Ms^{4b}Ms^{4b}$（图 16-12）。

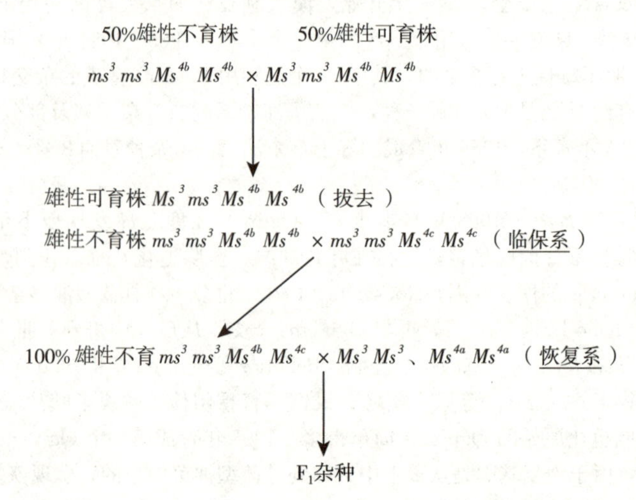

图 16-12　隐性上位基因核不育的三系化繁殖制种体系

［Ms^4 位点具有复等位基因，显隐性关系为 Ms^{4a}（雄性可育）$>Ms^{4b}$（雄性不育）$>Ms^{4c}$（雄性可育），当 ms^3 隐性纯合时，$ms^3ms^3Ms^{4a}Ms^{4a}$ 表现为雄性可育，$ms^3ms^3Ms^{4b}Ms^{4b}$ 和 $ms^3ms^3Ms^{4b}Ms^{4c}$ 表现为雄性不育，$ms^3ms^3Ms^{4c}Ms^{4c}$ 表现为雄性可育］

利用核雄性不育系统育成皖油系列杂交种应用于大面积生产。

研究证明，德国MSL系统（第一批冬油菜杂交种于1994年注册，曾在欧洲占油菜杂种市场的50%）与我国9012A是同一类型。

3. 两对显性基因互作控制的细胞核雄性不育系统　这种油菜细胞核雄性不育材料为四川省宜宾地区农业科学研究所（1972）发现，李树林等（1986，1990）研究证明是由两对显性基因互作控制，并提出三系化繁殖、制种的遗传模式（图 16-13）。

华中农业大学研究者对上述几种核雄性不育类型的隐性核雄性不育基因 *Bnms*[1]（即 ms^1，下同）、*Bnms*[2]（Yi和Zeng，2010）、*Bnms*[3]（Dun，2011；李季，2012）、*Bnms*[4]（Xia，2012）和显性核不育基因 *BnMs*[5]（卢卫，2013）已进行了精细定位和克隆，这些工作为核雄性不育系、临保系和恢复系的选育，以及利用基因工程方法获得100%不育群体奠定了基础。

兄妹交繁殖雄性不育系：Ms^5Ms^5rfrf（雄性不育株）× Ms^5Ms^5Rfrf（雄性可育株）

↓

雄性可育株 50% Ms^5Ms^5Rfrf（拔除）

用临保系扩大繁殖：雄性不育株 50% Ms^5Ms^5rfrf × ms^5ms^5rfrf（雄性可育，临保系）

↓

制种：100% 雄性不育 Ms^5ms^5rfrf × Ms^5Ms^5RfRf（或 ms^5ms^5RfRf）恢复系

↓

Ms^5Ms^5Rfrf（或 Ms^5ms^5Rfrf）

杂种（100%雄性可育）

图 16-13 两对显性基因互作核雄性不育三系化繁殖制种
（*Rf* 存在，能抑制显性雄性不育基因 *Ms* 表达，表现雄性可育）

4. 转基因核雄性不育系统 比利时学者 Mariani 等（1990）将一种在油菜花药绒毡层细胞中特异表达的启动子基因 *TA29*，与来自枯草芽孢杆菌的核糖核酸酶基因 *Barnase* 结合，再连上抗除草剂双丙氨磷（bialaphos）的基因 *bar*（bialaphos resistance），构成一个嵌合的 *TA29-Barnase-35S-bar* 基因。*Barnase* 基因能使花药绒毡层细胞提前降解，导致雄性不育；*bar* 基因抗除草剂。把上述嵌合基因导入甘蓝型油菜，不仅使油菜植株雄性不育，而且还具有抗除草剂的特性。相对于非转基因的背景品种，嵌合基因 *TA29-Barnase-35S-bar* 是显性的，所以要用背景品种的花粉授予转基因品种（相当于回交），产生转基因位点是杂合的群体（仍然雄性不育，不能自交结籽）；再用背景品种作父本继续回交，从雄性不育株上收获的种子 50%雄性不育、50%雄性可育；这个种子群体，既用于后续繁殖该转基因雄性不育系群体，也用作 F_1 杂种油菜制种田的母本。油菜是以籽粒为收获对象的，杂种 F_1 植株必须能够自交结实为主。Mariani 等（1992）又构建了 *TA29-barstar-35S-bar* 嵌合基因，用于抑制 *TA29-Barnase* 基因的表达。barstar 是一种在细胞内产生的、针对细胞外的 Barnase 的抑制子蛋白。在花药绒毡层细胞中表达 *TA29-Barnase-35S-bar* 基因的雄性不育植株与转入了嵌合的绒毡层细胞特异表达的核糖核酸酶抑制基因（*TA29-barstar-35S-bar*）的雄性可育植株杂交，表达这两个基因的 F_1 代植株，通过形成细胞特异的核糖核酸酶/核糖核酸酶抑制子复合体，抑制花药中对细胞有毒的核糖核酸酶的活性，恢复了雄性育性（也就是说 TA29-bastar 具有抑制显性基因 *TA29-barnase* 的作用）。这种 TA29-barnase/TA29-bastar 核雄性不育和育性恢复体系，制种时借助喷施除草剂杀死核雄性不育群体中 50%的雄性可育株，可获得 100%的雄性不育群体作母本；同时 F_1 植株又能恢复结籽。这个系统最早于 1997 年在加拿大用于杂种油菜 F_1 代种子生产，并很快成为加拿大杂种油菜的主要类型，目前已占加拿大市场的 70%左右。

（三）利用生态型雄性不育（ecological male sterility）配制杂交种 傅廷栋等（1989，1990）根据 Pol cms 对温度的敏感情况，将 35 个 Pol cms 雄性不育系分为高温雄性不育型（22 个，占 62.9%）、低温雄性不育型（10 个，占 28.6%）、稳定雄性不育型（3 个，占 8.5%）3 类。高温雄性不育型雄性不育系，在长江流域，早期（低温）开放的花朵有微量花粉，中后期（气温升高）开放的花朵表现为彻底雄性不育。杨光圣等（1990，1995）育成高温雄性不育的 Pol cms 生态型两用系，在湖北秋播有微粉，可繁殖雄性不育系，在甘肃春播，开花时温度高于 15 ℃，表现雄性不育，可制种；育成华油杂 10 号、华油杂 11、圣光 87 等一批杂交种在生产上大面积推广。刘尊文等（1996）也报道了甘蓝型油菜光温敏细胞质雄性不育两用系 501-85。

除生态型细胞质雄性不育系外，还有生态型核雄性不育系。如王华等（1989）育成甘蓝型油菜隐性核雄性不育系 H90S，该雄性不育系受光照时数与温度共同控制，且光照长短的作用大于温度，在贵州威宁夏播长日照、高温表现雄性可育，可繁殖雄性不育系种子，在贵州思南秋播短日照、低温下表现雄性不育，便可配制杂种。席代汶、陈卫江等（1994）育成温敏核雄性不育系湘油 91S，在长沙春播表现雄性不育，可以配制杂种；在长沙秋播为雄性可育，可繁殖雄性不育系，他们育成湘油杂5号、湘油杂7号等杂交种在生产上推广。

（四）利用自交不亲和系配制杂交种 十字花科芸薹属植物中有很多种是自交不亲和（self-incompatibility，SI）的，蔬菜中的青花菜、甘蓝、大白菜等早就利用自交不亲和系生产杂交种应用于大面积生产。油菜自交不亲和性属于孢子体自交不亲和类型，柱头接受的同一植株上正常的花粉（自交）或同系兄妹株的花粉（兄妹株间授粉），花粉管不能穿入柱头进行受精结实；但与不同基因型的异系间杂交是亲和的，因而能进行杂交制种。

利用自交不亲和系杂种，具有自交不亲和系选育容易、恢复系较多、较易育成优良组合等优点，被认为是油菜利用杂种优势的另一有效途径。Olsson（1960）在甘蓝型油菜中发现自交不亲和材料；Thompson（1978）开展甘蓝型油菜自交不亲和系及其杂种选育研究，但未见大面积应用于油菜生产。傅廷栋等（1975）、刘后利和傅廷栋等（1981）通过甘蓝型油菜×白菜型油菜，育成211、271等甘蓝型油菜自交不亲和系及其杂交种。211、271等自交不亲和系的不亲和性，在一些组合表现为显性，在另一些组合表现为隐性，因此可找到它的保持系和恢复系，育成自交不亲和系的三系杂交种。马朝芝等利用双低自交不亲和系S-1300育成双低自交不亲和杂交种华油杂95，分别于2010年和2011年通过湖北省及江苏省品种审定；华浙油0742于2012年通过浙江省品种审定，华豫油64063于2014年通过河南省品种审定。

利用自交不亲和系杂交种的主要困难是繁殖自交不亲和系。过去一般采用剥蕾自交繁殖自交不亲和系。Nakanishii等（1969）、Thompson（1978）提出将干冰放在种有自交不亲和系的温室中，室内空气二氧化碳（CO_2）浓度提高到3%～5%，就能克服自交不亲和性而自交繁殖自交不亲和系。胡代泽、安彩太等（1983）发现用10%食盐（NaCl）溶液喷施能克服甘蓝型自交不亲和系211、271的自交不亲和性。傅廷栋等（1984）、傅廷栋和斯平等（1992）提出用3%～5%的食盐水溶液，在油菜花期4～5 d喷施1次，以繁殖自交不亲和系。二氧化碳和食盐水处理繁殖自交不亲和系的方法，为自交不亲和杂种大面积应用开辟了有效的新途径。

（五）利用化学杀雄配制杂交种 利用化学杀雄剂诱导雄性不育配制杂交种的途径，其优点是组配自由，易育成强优势组合；其缺点是杀雄效果易受品种、气候、植株发育状态和喷洒均匀程度等条件影响，大面积制种保证杂种率85%以上还有一定难度，制种风险较大。

官春云等（1981）、潘涛等（1983）最早开展油菜化学杀雄配制杂交种研究。目前国内应用杀雄效果较好的杀雄剂，主要成分是磺酰脲类除草剂，例如Sx（李永红、李殿荣等）、WP（商品名为化杀灵WP1，周轩、付云龙等）、EXP（王澄宇、胡胜武）。化学杀雄剂喷施时期以主茎最大花蕾长为1～2 mm，孢子处于单核期和单核后期为宜。一般在喷施第1次后10～15 d再喷1次，杀雄效果更好。施用浓度可根据使用说明书配制。但不同品种、不同地区、不同气候对药物的敏感程度不同，大面积制种前必须进行认真试验。

三、油菜轮回选择育种

轮回选择（recurrent selection），是在作物的一定群体内进行混合种植、开放授粉，经多轮的重组和个体选择，使群体中的有利基因频率和优良基因型比例不断得到提高，从而对群体进行遗传改良的育种方法。该方法首先运用于异花授粉的玉米，在长达70年的轮回选择中选出了无数的优良自交系，同时使玉米育种群体得到十分显著的改良。轮回选择育种现已扩大到自花授粉作物（例如大豆、高粱、牧草等作物）中，在油菜中的运用效果也十分显著。

华中农业大学油菜杂种优势研究课题组以一批具有双低甘蓝型油菜波里马细胞质雄性不育恢复系作父本，与具有波里马雄性不育细胞质的显性细胞核雄性不育株不断回交，并将回交后代种子混合种植于网室中，室内放养蜜蜂传粉。回交后代中的所有植株的细胞质为波里马雄性不育细胞质，其中雄性不育株具有显性细胞核雄性不育基因，而雄性可育株则一定带有波里马雄性不育细胞质的恢复基因，并且这些植株的恢复基因基本处于纯合状态。开花时选择优良雄性不育株，随后收取优良雄性不育株上异花传粉的种子传递到下一代，构建起甘蓝型油菜波里马细胞质雄性不育恢复系的轮回选择群体。同时选择出优良雄性可育株自交纯化，即形成新的恢复系。

采用相似的技术路线，杨光圣以显性细胞核雄性不育基因为桥梁，构建了3个用于甘蓝型油菜波里马细胞质雄性不育恢复系轮回选择群体，其中第一个轮回选择群体是于1989—1993年用傅廷栋选育的40多个优质恢复系，创建的一个用于改良已有恢复系的轮回选择群体；第二个轮回选择群体是于1993—1995年利用华中农业大学收集的300多份甘蓝型油菜种质资源，在第一个轮回选择群体基础上创建的一个遗传变异比较广、用于中长期改良波里马细胞质雄性不育恢复系的轮回选择群体；第三个轮回选择群体是于1995—1998年利用华中农业大学从德国哥廷根大学引进的100多份甘蓝型油菜人工合成种，在第二个轮回选择群体基础上创建的一个遗传变异更广、用于更长期改良波里马细胞质雄性不育恢复系为目的的轮回选择群体。杨光圣利用所构建的甘蓝型油菜波里马细胞质雄性不育恢复系轮回选择群体，在20多年的育种工作中选育出了轮31、3531、1815等一系列优良恢复系，组配了华油杂8号、华油杂14、华油杂3531等多个强优势杂交油菜组合。

为了源源不断地培育出能产生更强杂种优势的新型甘蓝型油菜，华中农业大学通过大规模的远缘杂交和多世代的选育，培育出了一个遗传变异十分丰富的新型甘蓝型油菜轮回选择群体。

首先，通过两轮复式种间杂交，构建了两个新型甘蓝型油菜亚群体；其中一个亚群体由于导入了78个埃塞俄比亚芥品种的基因资源，因此在C^c亚基因组上变异较丰富，称为PC亚群体（polymorphic at C subgenome）；另一个亚群体导入了135个白菜型油菜品种的基因资源，在A^r亚基因组上变异较丰富，称为PA亚群体（polymorphic at A subgenome）（图16-14）。对PC亚群体的F_4代株系的细胞学和分子生物学鉴定结果表明，这些株系具有正常稳定的染色体组成（$2n=38$），基因组中约90%的成分来自A^r/C^c，与常规甘蓝型油菜以及亲本物种间的遗传距离远，选出的自交系与常规甘蓝型油菜所配的杂种组合多数具有很强的杂种优势（Xiao等，2010；Zou等，2018；Hu等，2021）。一部分自交系已被国内外育种家应用于油菜新品种培育中。

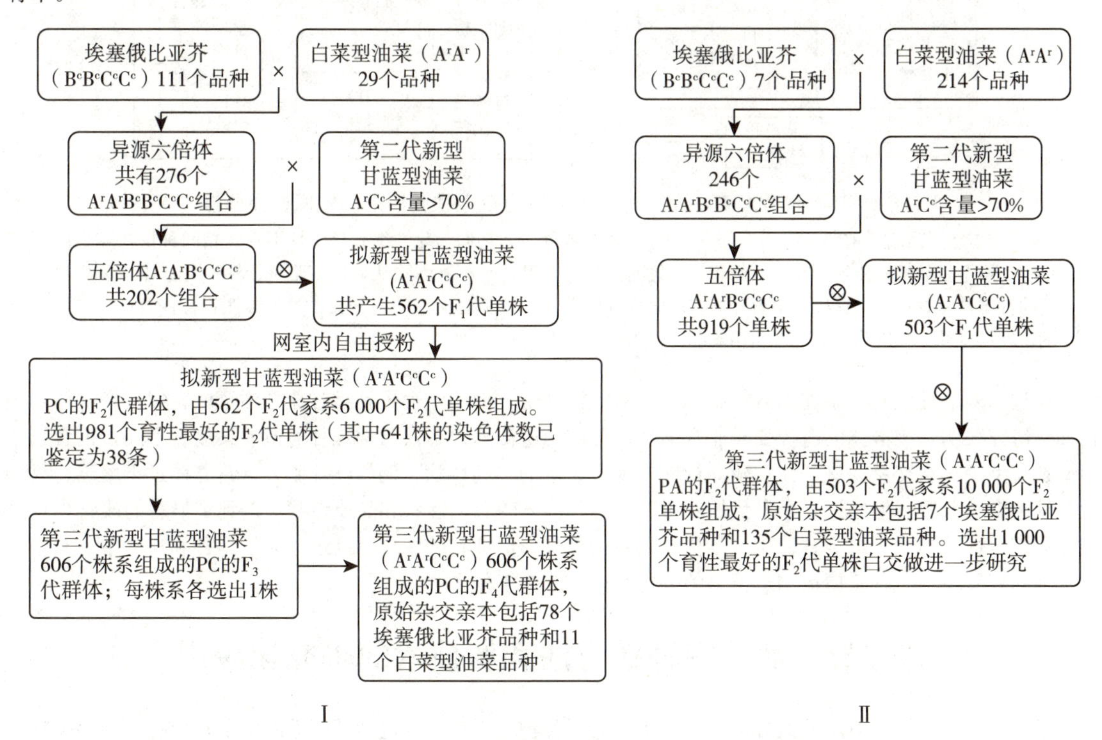

图16-14 培育新型甘蓝型油菜轮回选择群体的两个基础群体构建

Ⅰ. 构建PC亚群体的流程［采用了111份埃塞俄比亚芥和29份白菜型油菜杂交，最后获得了由78个埃塞俄比亚芥品种和11个白菜型油菜品种为基础亲本的PC亚群体（F_4代）］ Ⅱ. 构建PA亚群体的流程［采用了7份种间杂交亲和的埃塞俄比亚芥品种与214个白菜型油菜品种杂交，最后获得了由7个埃塞俄比亚芥品种和135个白菜型油菜品种为基础亲本的PA亚群体（F_2代）］

然后，将携有显性细胞核雄性不育基因的新型甘蓝型油菜与两个亚群体的植株相间种植，让显性雄性不育株的雌蕊充分接受亚群体各植株上的花粉，成熟时选取显性雄性不育株收获种子。室内考察农艺性状和品质性状后，当选者再进入下一轮的相间种植、交配和性状考察筛选，逐步将各新型甘蓝型油菜亚群体中包含的外源优异基因资源转移到一个以显性细胞核雄性不育为介质的新型甘蓝型油菜轮回选择群体（图 16-15）。

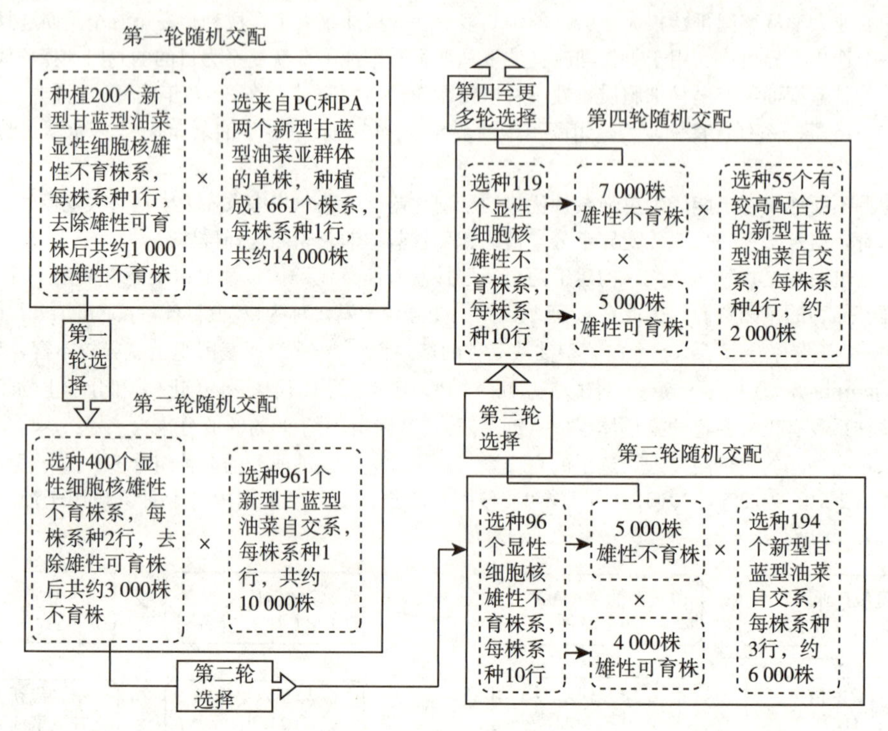

图 16-15 构建具有 A^r/C^c 遗传多样性的新型甘蓝型油菜轮回选择群体

（图中自交系来自图 16-14 所示的 PC 和 PA 两个亚群体，它们与显性细胞核雄性不育株相间种植在隔离网室中，网室里放蜜蜂传粉。在第一轮和第二轮的交配世代里，开花时去除从显性细胞核雄性不育群体中分离出的隐性雄性可育株，保留雄性不育株。在后面的世代里逐步减少自交系的植株数，扩大雄性不育株数；分离出的雄性可育株不再剔除，而是选出用于前育种程序中）

通过引入显性细胞核雄性不育性状和多代的随机交配，他们培育了新型甘蓝型油菜的轮回选择群体。随机抽样研究表明，该群体的遗传变异非常丰富，群体的遗传结构不仅与常规甘蓝型油菜显著不同，也有别于新型甘蓝型油菜自交系。该群体在建立初期出现了大量的不利性状，例如叶片肥大、营养体过于繁茂、易倒伏、雄性育性低等。但经过 6 个世代的轮回选择后，群体的农艺性状和品质性状均得到了显著的改善，许多植株的综合性状达到了常规甘蓝型油菜优良品系的水平。但性状的变异幅度远远大于品种和自交系，其中不乏优良的变异类型，有希望运用于油菜的可持续遗传改良工作中。

第五节 油菜育种新方法和新技术的研究和应用

近年在油菜育种中应用的新方法、新技术主要指各种生物技术，包括基于基因组学知识的各种分子标记辅助选择育种技术和转基因技术，也包括业已成熟的小孢子培养技术。

一、油菜小孢子培养和双单倍体育种技术

小孢子培养（microspore culture），是指在离体条件下培养分离的小孢子使成为单倍体植株，然后经染色体加倍而产生纯合的双单倍体（double haploid，DH）植株的过程。双单倍体植株衍生出纯合不分离的双

单倍体系（DH lines），从大量的双单倍体系中选出的优良双单倍体系可以迅速地用于各种育种程序中，极大地缩短了育种年限，因此在油菜育种中得到广泛的运用。

供小孢子培养的小孢子为花粉母细胞减数分裂后产生的单细胞。处于单核晚期到二核早期的小孢子，是理想的培养材料（Keith，1990）。从植株上摘取花蕾，经清洗、消毒灭菌和捣碎后，过滤离心分离出小孢子，再经预处理、诱导培养、分化成苗和染色体加倍等步骤，最后培养为能稳定遗传的纯合二倍体植株。从杂合植株上取花蕾到培养成开花结籽的纯合植株，大约需 1 年的时间，如果具备较好的技术和条件，则不需半年。而在常规育种中，一个杂合个体需自交 6 个世代其基因型才能达到 99%的纯合。显然，对油菜的 F_1 代、F_2 代、F_3 代植株进行小孢子培养，能大大缩短育种过程。经过二三十年的探索和改进，油菜小孢子培养技术已经很成熟，如今一个培养皿中可以产生数以百计的胚状体，一个好的组织培养室在 1 个生长季节可以产生数以万计的双单倍体胚。一般组织培养室通常采用幼胚成苗法，即通过液体培养基 NLN-13 获得的幼胚，转入 B_5 培养基上成苗（30～60 d），再生的植株经 15～20 d 炼苗期后，最终移栽至温室或大田。由于小孢子培养可以显著缩短育种周期、培养效率高而且对设备条件没有很高的要求，该技术已经被国内外油菜育种家广泛应用于育种实践，对油菜的遗传改良起到了很大的促进作用。例如华中农业大学的吴江生、石淑稳等在 1992—1998 年利用小孢子培养技术培养杂种后代，培育出稳定纯合的甘蓝型双低油菜新品种华双 3 号。

为解决双单倍体胚的规模化生产存在的幼胚成苗法费时、费力且占用大量实验室空间的问题，云南省农业科学院经济作物研究所王敬乔研究了胚直接成苗法。该法是利用液体培养基 B5-13 进一步培养幼胚至成熟胚（25～30 d），经彻底清洗后，直接撒播于业已商品化的幼苗基质上；通过温度和湿度控制（17～25 ℃、60%～80%相对湿度），35～40 d 成苗，不必炼苗即可移栽至大田。该方法的最大优点在于极大地简化小孢子胚成苗的过程，极其有利于油菜双单倍体植株的规模化生产。云南省农业科学院利用该方法已获得上万个纯合株系，包括一些具有特殊农艺性状的新种质，例如特大籽粒（千粒重＞7 g）、高含油量（＞55%）、高单荚籽粒数（＞46 粒/荚）等；利用这些纯合株系作为恢复系，已培育出云油杂 9 号、云杂 10 号等甘蓝型双低油菜新品种。

对以上方法产生的双单倍体（诱导系产生的单倍体需进行染色体加倍）群体，还可用来构建遗传连锁图谱，对控制重要农艺性状的基因位点进行遗传定位，并进一步应用于分子标记辅助选择育种中。

二、油菜分子标记辅助选择技术

分子标记辅助选择技术，是近 20 年来在分子生物学和基因组学研究的基础上发展起来的新兴技术。分子标记不仅直接反映了被检测材料的遗传特征，而且数量庞大、稳定且易于识别；随着基因组学知识的大量积累和技术的快速发展，该技术在油菜等作物的遗传改良上的应用已日趋普遍。

（一）用分子标记辅助选择杂交亲本　培育新品种的第一步是选择杂交亲本，这就需要了解种质资源的遗传背景。利用分子标记可以从全基因组的范围内清晰地了解不同品种或品系间的亲缘关系和遗传距离远近，从而帮助育种家科学地选择亲本以配制优良的杂交组合。早在 20 年前，欧洲科学家就在英国剑桥召开的第 9 届国际油菜大会上报道，用分子标记揭示的亲本间遗传距离与油菜杂种种子产量成显著相关（Becker 和 Engqvis，1995；Knaak 和 Ecke，1995），引起了人们对该研究领域的重视。在国内外有据可查的 10 多篇相关论文中，均一致指出亲本间的遗传距离与油菜杂种种子产量成正相关，但在多数情况下这种相关性都较弱，而在另一些研究中这种相关性达到了显著或极显著水平。例如美国的 Riaz 等（2001）利用 118 个相关序列扩增多态性（SRAP）标记估算了 13 个油菜杂交组合的遗传距离，结果表明亲本间的遗传距离与杂种种子产量成显著相关，相关系数分别达到 0.64（杂种本身产量）、0.63（超双亲优势）和 0.66（超高亲优势）（图 16-16A）。沈金雄等（2004）分析了 25 个自交系间的遗传距离与这些自交系间所配制的 66 个杂交组合单株产量间的关系，发现遗传距离较大的亲本间杂种的单株产量也较高，二者成极显著正相关（$r=0.4003$）。桑世飞等（2015）利用油菜 60 K 单核苷酸多态性（SNP）芯片，分析了 6 个保持系和 8 个恢复系（其中若干品系是配制油菜商业杂交种中油杂 2 号、中油杂 8 号、大地 55、中油杂 11 和中油杂 12 的亲本）的基因型，发现在相似系数为 0.65 时，所有保持系聚为一类，所有恢复系均与保持系有较大的遗传距离（图 16-16B）。将上述品系配制的 46 个 F_1 代杂种及亲本种植于湖北武汉、贵州遵义及安徽巢湖并考察其产量和相关性状，结果表明亲本的遗传距离与杂种的株高、分枝部位高度及种子产量的相关性均达到极显著水平，其中遗传距离与杂种单株产量的中亲优势和超亲优势的相关系数分别为0.47和0.40。

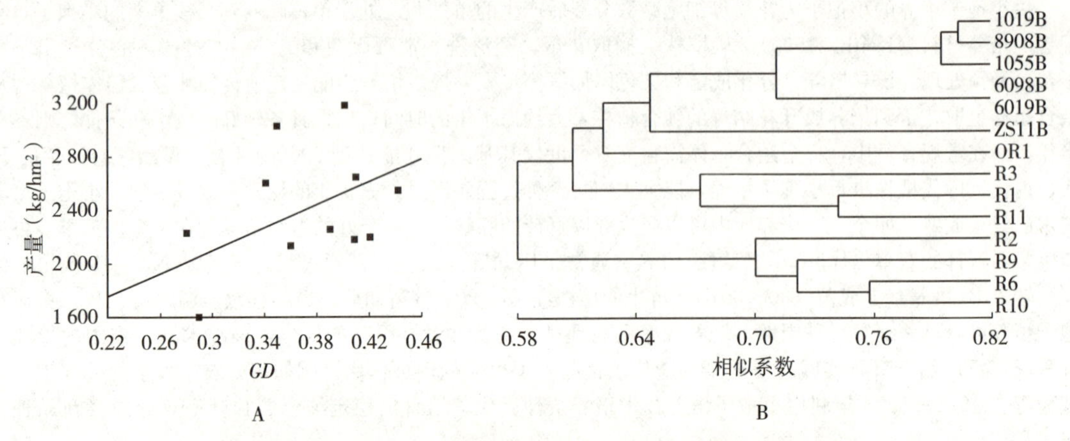

图 16-16　通过分子标记分析亲本遗传距离与杂种优势的关系

A. 13个甘蓝型油菜杂种的产量与亲本遗传距离（*GD*）间的简单线性回归（产量＝807.1＋4 270.4 *GD*；相关系数 r＝0.64；预测准确率 R^2＝40.43%）（Riaz等，2001）　B. 基于全基因组单核苷酸多态性（SNP）标记基因型的14个亲本聚类分析［其中R1、R2、R3和R6分别是生产上推广的高产杂交油菜品种的恢复系，1055B、6098B和8908B分别为这些品种的保持系。分析表明，这些高产杂交组合中的恢复系与保持系间的遗传相似性都较低（相似系数为0.58～0.61），遗传距离较大］（桑世飞等，2015）

（二）用分子标记辅助回交育种　育种家开展回交育种的目的是将某个性状（例如雄性不育性）导入育种品系中而不改变育种系的其他性状，这就要将杂交后代与育种系（轮回亲本）进行3～5轮的回交，以大幅度降低非轮回亲本的基因组成分。如果目标基因为隐性或肉眼不易鉴定的表现型（例如种子品质性状），还必须在每次回交后进行一次自交鉴定或对回交后代进行繁琐的表现型鉴定。运用分子标记可以对回交后代个体的遗传背景进行清晰的评估，从而显著地提高选择效率。Prigge等（2009）利用覆盖全基因组的分子标记模拟检测植株的基因型，发现仅需经过1次回交和1次自交即可选出与轮回亲本遗传背景相似度约97%的目标株系。华中农业大学张椿雨课题组在将抗根肿病（*CRb*）显性抗病位点从大白菜（AA，2*n*＝20）转育到波里马雄性不育系统的优良恢复系（AACC，2*n*＝38）时，利用与抗病位点紧密连锁的25个分子标记及均匀分布于整个A基因组的130个分子标记，从回交一代（BC_1代）开始进行前景和背景筛选，然后选取具目标抗病位点且含轮回亲本基因组成分比率高的个体继续回交。从492株BC_1代群体获得含*CRb*位点且轮回亲本基因组成分比率达71%的植株1株；接着从含254个单株的BC_2代群体中筛选获得含轮回亲本基因组成分比率＞90%的单株4个株，其中最高回复率达93%；最后从含267个单株的BC_3代群体中筛选获得轮回亲本基因组回复率高达98%的植株2株，并且抗病性与基因型鉴定结果完全一致。同时，采用连锁标记及功能标记检测回交后代是否含有恢复基因（恢复基因位于C、A基因组）的试验结果表明，BC_3代抗病株系的雄性育性恢复基因位点的基因型与轮回亲本完全一致，均为纯合。值得注意的是，分子标记辅助回交育种主要适用于转育主效基因或质量性状，如果其目标性状涉及的基因数目众多，或涉及的性状较多，用此技术效果较差。

杂交育种是育种家培育新品种最常用的育种方法。产量等复杂性状通常由数目众多的基因所控制，通过遗传作图获取控制这些性状的数量性状基因位点（QTL），然后利用这些数量性状基因位点区间的分子标记，在杂交后代群体中对相关性状进行辅助选择，可以提高选择效率。除了利用双亲本杂交建立分离群体进行遗传作图来解析数量性状基因位点外，近年还发展了多亲本群体作图（multiparent advanced generation inter-cross，MAGIC）、巢式关联作图（nested association mapping，NAM）和全基因组关联分析（genome wide association studies，GWAS）来发现控制复杂性状的数量性状基因位点。其中全基因组关联分析应用较多，兹予以简介。

全基因组关联分析起初是在医学中被用来发现与疾病相关联的基因，现在已在许多作物中得到应用。它是用定位在基因组上的一套分子标记，对育种家已经培育的数十个乃至上千个品种或品系进行基因型分析，并用一定的统计方法分析这些基因型与所考察的品种的表现型之间的关联程度，以在遗传图谱上发现控制性状的位点或基因（Jannink 等，2010）。2008 年以来，油菜中有多个全基因组关联分析的研究报道，涉及的性状有种子品质和油脂含量、各种农艺性状和产量相关性状，发现的关联位点数以百计（Hasan 等，2008；Zou 等，2010；Honsdorf 等，2010；Raman 等，2011；Cai 等，2014；Li 等，2014；Liu 等，2016；Qu 等，2017；Tang 等，2021）。由于全基因组关联分析所揭示的关联位点可能出现假阳性，因此研究者常常将其关联位点与从双亲本群体中检测到的数量性状基因位点相比较，结果有 30%～60%的关联标记可能位于相应的数量性状基因位点置信区间内（参见图 16-1）。例如从两个自然群体中检测到的与油脂含量关联的 54 个标记中，有 32 个位于 TN 群体中检测到的含油量数量性状基因位点置信区间内；对 192 个品种的自然群体进行产量相关性状的关联分析中共检测到 43 个关联标记，其中 12 个标记位于前人在作图群体中检测到的数量性状基因位点置信区间内（Zou 等，2010；Cai 等，2014）。

三、油菜基因组选择技术

虽然许多油菜育种家已经用数量性状基因位点分析与关联分析技术来辅助对复杂性状的改良，但实际的育种效果，还常常不能令育种家满意。究其原因，一是由于高产始终是最重要的育种目标之一，而杂交育种中产量性状涉及的基因必然是成百上千，但包括油菜在内的各种已被报道可资应用的产量的数量性状基因位点数目却太少，最多也就几十个，最少则一两个（这时恐怕只能称为“质量性状基因位点”了）。它们大多数虽然是真实可信的，但其遗传效应被放大了，而这种放大是建立在将基因组中遗传效应小但数目众多的基因或位点忽略不计的基础上的。其结果是在育种实践中发现这些数量性状基因位点的效应远没有文献中报道的那么大。二是育种家除了考虑目标性状（包括产量）以外，还要考虑植株的综合性状，例如开花期、成熟期、分枝角度、油脂含量等，而这些性状大多数也是数量性状。数量性状的特点是多基因控制而每个基因的效应很小，仅仅用数目有限的数量性状基因位点标记显然难以解决问题。

新一代 DNA 测序技术的发展，使人们可以在全基因组范围内利用与所有数量性状基因位点处于连锁不平衡（linkage disequilibrium）的高通量低成本分子标记，去评估育种材料的育种值，这将使得对育种材料的选择建立在对全体基因组评估（whole-genome prediction，WGP）的水平上，这种选择称为基因组选择（genomic selection，GS）或全基因组选择（whole genomic selection，WGS）。其方法是通过对训练群体（training population）的分析，在整个基因组内建立分子标记与表现型的关联，然后用这套分子标记对育种亲本或杂交后代的 DNA 样品进行全基因组的基因型鉴定，最后通过一定的统计分析方法，计算出每个检测样品的育种值并从中选出最优亲本或后代株系。一般意义上的分子标记辅助选择是基于对个体的个别基因型（genotype）的把握，而基因组选择则是基于对个体的整个基因组（genome）的把握，是更为有效的育种技术。提出“基因组选择”的论文（Meuwissen 等，2001）被评价为继数量性状基因位点作图和分子标记辅助选择之后的里程碑式论文（Koning 和 McIntyre，2012）。该技术已卓有成效地应用于鸡、牛、猪等家养动物育种中（Akihiro 等，2012；Fulton，2012；Schaeffer 等，2006），并迅速在大麦、小麦、玉米、水稻等农作物甚至在油棕、苹果等多年生栽培植物中开展，被用来选择品系和预测自交系的配合力（Bernardo 等，2007；Wong 等，2008；Heffner 等，2009；Zhong 等，2009；Albrecht 等，2011；Kumar 等，2012；Riedelsheimer 等，2012；Lorenz，2013）。

德国和我国的科学工作者先后报道了他们在油菜中开展基因组选择的研究。德国科学家采用了 9 个家系的 391 个双单倍体（DH）系在 4 个环境下的开花期、株高、蛋白质含量、油脂含量、硫苷含量和种子产量 6 个性状的表现型数据，用随机重复抽样法将 391 个双单倍体系的 80%株系用作训练群体，而剩余的 20%株系用作预测群体或验证群体，采用均匀分布在油菜遗传图谱上的 253 个单核苷酸多态性标记进行全基因组预测分析。结果是基因组的平均预测准确率为 0.41（硫苷）到 0.84（株高）；对种子产量的预测准确率平均为 0.46，最高值为 0.70，达到了较高的预测水准（Wurschum 等，2014）。华中农业大学用 TNDH 群体作为训练群体进行了基因组选择研究。他们采用了 182 个株系在 9～12 个环境中的表现型数据，和 TN 遗传图谱上定位的 2 041 个单核苷酸多态性标记，用 rrBLUP（ridge regression best linear unbiased prediction）的方法对油菜的 4 个性状进行了预测分析，预测的准确率（R^2），开花期为 0.96，油脂含量为 0.72，株高为 0.66，种子产量为 0.57。用在 TN 群体中建立的基因组选择模型去预测新型甘蓝型油菜自交系的种子产量，准确率（R^2）也达到了0.40（Zou等，2016）。随后通过建立新型甘蓝型油菜自身亲本及杂种测配的训练群体开展了全基因组预测，对种子产量预测率可以达到0.66（Hu等2021）。

四、采用转基因技术改良油菜

用根癌农杆菌介导的转基因技术很容易转化油菜，用转基因技术培育的抗除草剂品种和杂交种油菜已在加拿大和美国广泛种植。

通过将不同的抗除草剂基因转入油菜基因组中，有些著名油菜育种公司在加拿大推出了抗除草剂草铵膦的Liberty Link品牌品种、抗草甘膦（除草剂商品名为农达Roundup Ready）的品牌品种、抗咪唑啉酮的Clearfield品牌品种和IMI品牌品种以及耐溴苯腈的BXN品牌品种。种植转基因抗除草剂油菜可以比种植常规油菜减少耕地次数、节约燃料、控制杂草、增加油菜产量，因而受到农户欢迎。自1995年在加拿大首次推出抗除草剂油菜品种后，转基因油菜迅速普及，现已占领了95%的加拿大市场。在印度、澳大利亚和欧洲，也进行了转基因抗除草剂油菜的田间试验。

有公司还报道过抗虫的转基因油菜研究进展。也有公司研究转基因抗裂荚油菜和高ω-3脂肪酸含量油菜。不过这些研究离形成商品化品种还有许多工作要做。

第六节　油菜种子生产技术

油菜是常异交（甘蓝型油菜和芥菜型油菜）或异交（白菜型油菜）作物，借助虫媒、风媒传粉生产种子，也是种子繁殖系数高的作物。因此油菜的良种繁殖和杂交制种必须与其他油菜品种及红菜薹、白菜等其他十字花科植物隔离。隔离距离一般要求，杂种亲本繁殖田为1 000～2 000 m，制种田和原种繁殖田为1 000 m以上。油菜的常规品种和杂交种亲本的繁殖可采用三圃制，即原原种（育种家种子）、原种和生产用种3个环节。

一、油菜常规品种良种繁育技术

（一）原原种生产　原原种又称为育种家种子，按照“单株选择、分系比较、混系繁殖”的基本程序进行生产。首先在原种生产田或品种纯度高的田块中选择该品种典型的单株，并进行考种和品质分析，淘汰不符合要求的单株。将当选单株种子分行播种，每株播3～5行，每隔5个或10个株系播该品种的原种为对照。然后分别在苗期、开花期和成熟期，依照该品种的典型特征特性（叶形、叶色、茎色、生长习性、花器形态、株高、株型、角果性状、抗病虫、抗倒伏性等）进行鉴定筛选。成熟时分别收获当选株系，并取样考种。考察株高、分枝数、单株角果数、单角果籽粒数、单株产量、千粒重、种子含油量、脂肪酸和硫苷含量等。根据考种资料进一步筛选，淘汰不符合要求的株系。将在性状、生育期以及种子品质性状上与该品种典型性相同的决选株系种子混合，作为原原种。原原种在冷库中保存，供原种生产之用。

（二）原种生产　将原原种种子在隔离区中种植，生产的种子为原种。原种生产最好采取育苗移栽方式，以便在生长发育期间根据茎色、叶形、叶色、生长习性、花期、花器形态、株高、株型、角果性状以及病虫害程度等进行除杂去劣。脱粒后抽样分析种子品质等，达标者作为原种。每年取原原种1～2 kg可繁殖原种0.7～1.4 hm^2，收获原种1 000～2 000 kg。

（三）生产用种生产　将原种种子在栽培水平较高的大田种植，生产的种子为生产用种。生产用种的生产宜采用育苗移栽或精量直播，在生长发育期间进行3～4次去杂，即在苗期、蕾薹期、花期和成熟期各进行1次去杂。收获前还应拔除病株和生长不良植株，待种子充分成熟后收割，收后晒干扬净，抽样分析种子油脂含量、芥酸和硫苷含量等，达标者作为生产用种。上年生产的常规品种原种1 000 kg可播种333 hm^2生产用种生产田，收获生产用种约2.5×10^5 kg。

二、油菜杂交种的亲本繁殖技术

油菜杂交种的类型有多种多样，例如质核互作雄性不育杂交种、细胞核雄性不育杂交种、生态型雄性不育杂交种、自交不亲和系杂交种等。虽然它们的亲本特性各不相同，但是其繁殖技术程序和要求与常规品种相似，特殊之处在于繁殖雄性不育系时要鉴定雄性不育性，繁殖恢复系尤其是繁殖恢复系原原种时，要取恢复系的花粉与雄性不育系测交，鉴定恢复效果。

（一）杂交种亲本的原原种繁殖 雄性不育系繁殖 50 kg，需大棚 667～1 334 m^2；保持系和恢复系各繁殖 50～100 kg，各需要隔离大棚 667～1 334 m^2。每年取 5 kg 作原种生产，其余在冷库中保存，可供 10 年原种生产之用。

（二）杂交种亲本的原种繁殖 雄性不育系和保持系、恢复系原原种各 5 kg，分别在不同隔离区繁殖 3.3 hm^2，可收获雄性不育系种子约 2 000 kg、恢复系种子约 6 000 kg。

（三）杂交种种子生产 用上年雄性不育系原种 1 000 kg 与恢复系原种 500 kg（剩余的雄性不育系、恢复系原种可保留以后用），育苗移栽或精量播种，可制种 400～666 hm^2，生产杂交种 3.0×10^5～8.0×10^5 kg，可供 1.5×10^6～2.7×10^6 hm^2 大田直播用种。

三、油菜杂交种种子生产技术

（一）制种面积计算 一般制种地每公顷可产杂种 750～1 500 kg，可供直播大田 255～510 hm^2，移栽大田 510～1 072 hm^2 的用种量。在甘肃采用地膜覆盖制种，保水、防旱、控制杂草效果明显，每公顷制种产量高达 1 800～2 250 kg。

（二）合理行比 制种地父本与母本行比，会影响制种产量和品质。雄性不育性稳定、花瓣开放性好的雄性不育系，行比可大些；相反，则行比要小些。我国采用 2（父）∶4（母）或 2（父）∶5（母）的行比较为普遍。细胞核雄性不育系一般雄性不育性稳定、花大畅开，制种行比较细胞质雄性不育系制种要大些，一般采用 1∶6 或 1∶7。

（三）花期调整与辅助授粉 父本与母本花期基本相近（只差 2 d 左右）时，可同期播种；相差大的可采用错开播种期（移栽）或摘薹（刀割）调整花期，通过摘薹可延迟花期 5～7 d。为了提高制种产量，可采用放蜂（每 6 667 m^2 左右放蜂 1 箱）辅助授粉。蜜蜂放入制种隔离区前，要关箱喂食几天，以免带入外源花粉。

（四）除杂去劣 制种区要在苗期、蕾薹期、花期及收获前进行除杂，苗期、蕾薹期以植株性状、生长习性为主要性状进行鉴定，拔除杂苗和生长特别旺盛的杂种苗。花期重点拔除雄性不育系花粉量多的植株及雄性不育系、恢复系中性状特异的植株。成熟期主要拔除特别高大和角果结实极不正常的植株（可能是种间杂交后代）。

（五）收获 宜采用二次收获法，即黄熟期割倒，铺放在田间后熟 5～7 d 再脱粒。如果有条件，最好在父本开花结束后，即将父本行割除；如果有困难，也要在杂种收获前 2～3 d 先将父本行收割，搬出田间后，再收获母本行，以免混杂。

（六）种子纯度鉴定 常见的种子纯度鉴定方法有室外测定法和室内测定法。室外测定主要是指田间小区种植鉴定法，这种方法是传统、直接可靠的纯度鉴定方法。它以植株在各生育时期的形态特征和生物学特性为依据进行鉴定，一般统计雄性不育株率、父本株率及杂株率来鉴定杂种种子的纯度。田间鉴定多采用异地鉴定，所需周期长且费工占地，并受季节限制，当年生产的杂交种子纯度难以确定，给种子收购定级和调用造成困难。另外，田间小区种植鉴定对因环境条件所引起的变异和品种遗传所产生的变异区分较困难。室内测定法主要有同工酶鉴定法和分子标记鉴定法，目前主要用分子标记鉴定法。分子标记鉴定法，具有多态性高、遍布整个基因组、许多分子标记呈共显性的优越性，能够区分纯合基因型和杂合基因型；鉴定结果不依赖性状是否表现，不受组织类别、发育阶段的影响，稳定性很高，并且技术简单、快速、易于自动化。目前，应用最为广泛的分子标记是简单序列重复（SSR）标记。简单序列重复标记鉴定种子纯度的核心技术在简单序列重复标记的选择上，要选择能够充分展示品种特异性、扩增稳定可靠、在不同实验室可重复的简单序列重复标记。其主要过程包括 DNA 提取、聚合酶链式反应（PCR）扩增和聚丙烯酰胺凝胶电泳。图 16-17 展示了用共显性的简单序列重复标记检测杂交种纯度的结果。纯度的计算公式为

$$纯度=(检测样本的总数-母本杂株数-父本杂株数)/检测样本的总数$$

图 16-17 中杂种纯度约为 88.2%。有条件时，可采取田间鉴定和分子标记鉴定相结合的方法，结果更为可靠。

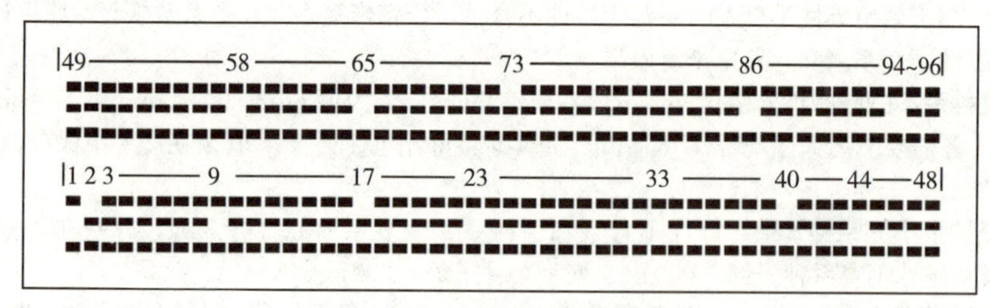

图 16-17 分子标记检测种子纯度

（1 和 2 分别为母本和父本；3～96 为检测样本，其中 9、23、33、44、58、65、86 和 94 被鉴定为母本自交杂株，17、40 和 73 被鉴定为混杂的父本杂株）

第七节 油菜育种研究动向和展望

虽然白菜、芥菜和埃塞俄比亚芥作为油料作物种植有着上千年的悠久历史，但使油菜成为我国的第一大油料作物和世界第三大油料作物，主要得益于近百年来育种家和其他科技工作者持续不断地对甘蓝型油菜开展研究、进行品种改良和大力的推广。从世界范围看，科学的油菜育种，可以从德国育种家通过系统选育，于 1917 年育成甘蓝型冬油菜品种 Lembke Winterraps 算起。第二次世界大战后，甘蓝型油菜经历了数次意义深远的遗传改良，包括 20 世纪 60 年代在我国开展的以甘蓝型油菜与白菜型油菜种间杂交为特色的甘蓝型油菜高产、早熟育种，使我国一度成为世界第一油菜种植大国；70 年代欧美发起的对油菜籽的品质改良，成功地将双低甘蓝型油菜推向世界；80 年代源起我国的甘蓝型油菜杂种优势利用，大幅度地提高了油菜籽产量，推动了世界杂交油菜的发展；90 年代北美洲转基因甘蓝型油菜品种的大规模商业化，使油菜得以成为低成本的油料作物而加快了油菜生产的发展；21 世纪发展起来的基因组学技术和所积累的油菜基因组学知识，不仅有力地推动了油菜分子标记辅助育种的研究和应用，还孕育着油菜育种策略和方法的重大变革。

预计在未来的 5～10 年，高产、优质、环境保护、节能、多抗仍将是我国和世界油菜育种的主要目标。结合我国生产现状，油菜抗裂角和耐密植等适合机械化生产性状、高油酸等功能型品质性状、花色和花型等多功能利用性状、氮高效等资源利用节约型性状也是进一步遗传改良的热点。同时，耐盐碱油菜作为改良盐碱地的先锋作物具有很大应用潜力，对于修复、培肥土壤，扩充耕地总量具有重要意义，因此油菜耐盐碱性状的改良也将是未来很长一个时期内油菜育种的主攻方向。

（一）农艺性状将进一步改良 前述的各种重要农艺性状均需得到持续的改良，特别是培育理想株型、耐密植、适合机械化和简约化栽培的品种，将是重要的育种目标。

（二）种质资源将进一步拓宽 增大油菜种质资源的遗传多样性、扩宽亲本间的遗传差异，是进一步改良农艺性状、选配强优势杂交组合的基础。因此引进外源种质资源和利用亚基因组间杂种优势，将是油菜遗传改良的重要途径。

（三）对品质性状的新要求 我国现有优良油菜品种的含油量在 42%～45%（干基），未来将会提高到 55%或更高。随着油脂加工运输和储存技术的进步，脂肪酸的优劣将主要以其营养价值来评判。对煎炸用油主要是提高单不饱和脂肪酸油酸（$C_{18:1}$）的含量，降低多不饱和脂肪酸亚麻酸（$C_{18:3}$）的含量；对于保健而言，则需提高人体必需脂肪酸的含量，例如将亚油酸的含量从现在的 20%提高到 30%，将亚麻酸的含量从现在的 10%提高到 20%。对于饱和脂肪酸的含量，则从目前的 7%降低到 3%～4%更有利。

（四）抗逆性育种将更加受到重视 抗逆性包括抗各种生物逆境和非生物逆境。减施农药、化肥是环境保护和节能的社会要求，这就要求油菜品种能抵抗各种生物逆境和非生物逆境。油菜中的硫苷是芸薹属植物进化的产物，在抵御病虫害侵袭上起着重要作用。双低育种大幅度降低了油菜种子中的硫苷含量，根、茎、叶中的硫苷含量也随之锐减，导致植株抗病虫能力的削弱。因此培育植株营养体硫苷含量高而不改变种子双低品质的油菜品种，也是可行的和必要的。为了减少化肥尤其是氮肥的施用，培育营养高效利用尤其是氮高效利用的油菜品种，将有重要的意义。

（五）油菜的转基因研究 油菜的转基因专项在“十三五”期间已纳入国家计划，预计抗除草剂、抗病虫和转基因雄性不育可能将是最先应用于生产的转基因品种。

随着科学技术的持续发展，油菜的育种目标在更远的将来（10 年以后）可能指向改变其基本的生物学特征上。在芸薹属四倍体物种和二倍体物种间杂交可以产生异源六倍体，多倍体的巨大性以及异源多倍体产生的种间杂种优势和进化优势，将可能使其形成一种新的作物类型（Tian 等，2010；Chen 等，2011）。油菜的光合途径将可能从 C_3 途径转型为 C_4 途径，以大幅度提高光合效率和产量。这些育种目标现在看起来遥不可及，但相关的基础研究要及早计划、及时跟进。

如果说在未来的 10～20 年内，传统的育种方法（即本章介绍的品种间杂交育种、轮回选择育种和杂种优势育种方法）将仍然是主流的育种方法，但诸如前育种、基因组选择和基因操作等新的方法和技术，将会提升到重要的位置。

前育种或预备育种（pre-breeding）是指通过鉴定、杂交、重组、选择等技术手段，对外来种质进行改良使之能够直接地应用到育种程序中的过程，其实质是基因组改良和种质创新。甘蓝型油菜的驯化历史短、遗传基础狭窄，可直接利用的种质资源匮乏。甘蓝型油菜（$A^nA^nC^nC^n$）均可与芸薹属其他物种及萝卜等近缘属植物杂交产生后代，从而将这些物种基因组或亚基因组中的已知和未知有利基因导入甘蓝型油菜中。由于远缘杂交后代将携有大量的不利基因和不利性状，需经过前育种过程予以改良，外源基因组或亚基因组中的优良遗传成分才可能在拓宽油菜种质方面起到重要作用，并直接运用到油菜育种工作中。

随着 DNA 测序技术的不断创新和基因组学的飞速发展，拟南芥基因组的所有基因将能得到功能注释。届时油菜基因组精细图谱将会问世，泛基因组学（pan-genomics）等研究将致使数以百计的油菜代表性品种的基因组得以测序，这些品种中数以万计的基因的位置、序列和功能都会成为已知。基于基因组学的育种方法和技术无疑将根植于油菜遗传改良领域中，基因修饰和基因组选择将分别应用于对单基因控制的质量性状和多基因控制的复杂性状的遗传改良。

基因操作技术（gene manipulation technique）主要是指利用生物化学方法修改 DNA 序列。广义的基因操作技术不仅包括转基因，还包括通过定向诱导基因组局部突变（targeting induced local lesions in genome，TILLING）和生态定向诱导基因组局部突变（Eco-TILLING）发现目标基因的突变体而加以应用，狭义的基因修饰包括转基因以及基因编辑。

转基因的科学原理和巨大效果已是众所周知，各种经过严格科学试验后批准的转基因油菜品种将会逐步得到推广运用。与此同时，对油菜的许多重要基因的功能研究和克隆研究，也将受到高度重视。基因编辑（gene editing）或基因组编辑（genome editing）是近 10 年发展起来的分子生物学技术，也称为基因敲除、敲入技术，是指对 DNA 核苷酸序列进行定点删除和插入的操作技术。目前最先进的基因编辑技术为 CRISPR-Cas9 系统（细菌中的一种降解入侵的外源 DNA 的免疫机制）。受体基因组的所有基因序列中几乎都存在 CRISPR-Cas9 系统的靶位点，因此理论上受体的所有基因都可以被 CRISPR-Cas9 系统所编辑。通过基因工程手段改造后的 CRISPR-Cas9 系统注入受体细胞后，可以特异性地结合到目的基因的靶序列上，切开 DNA 双链或单链，从而敲出该基因或在该位点插入新基因。世界上第一个基因组编辑作物，取名为 Cibus 的抗除草剂基因编辑油菜已于 2015 年春季在美国种植（Ainsworth C.，2015），预示着基因编辑技术将在培育油菜优良品种的工作中大显身手。

产量及产量构成因子是多基因控制的复杂性状，不管是对于杂交育种、杂种优势育种还是前育种，这些性状都是最重要的性状，基因组选择将在改良这些性状中大展宏图。在组配杂交组合前，将先对大量的育种材料逐一地进行全基因组的基因型扫描，再根据各位点的遗传效应值预测个体的育种值，然后选出具有高配合力和杂种优势潜力的株系进入下一步的育种程序中。在油菜基因组选择程序中，大量的数量性状基因位点信息和育种材料的遗传效应值，将会被用来预测个体的抗逆性、环境适应性和育种值，并据此从前育种和杂交育种中产生的庞大分离群体中选出最佳的个体或株系，或从杂种优势群中预选出最佳株系组配强优势杂交组合（Riedelsheimer 等，2012）。

复习思考题

1. 试述世界油菜主要产区生产概况及主要品种类型更替的特点。
2. 试述白菜型、芥菜型和甘蓝型油菜间的亲缘关系。在育种计划中如何利用不同类型？
3. 试根据我国油菜主要产区的生态条件讨论育种的方向和目标。

4. 试述油菜种质资源含油量及油脂组成相关性状的变异特点和遗传规律。育种中如何利用这些信息?
5. 已用于生产的油菜雄性不育系有哪些?如何研究一个新雄性不育种质的遗传规律及其育种利用价值?
6. 试述油菜品种间杂交育种方法的特点。
7. 试举例说明油菜远缘杂交的特点及在油菜育种中所取得的进展。
8. 试述油菜杂种优势利用的主要育种途径及其特点。
9. 试述油菜品质改良的方向和目标,讨论其育种途径和方法。
10. 以系谱育种法与回交育种法为例简述油菜新品种选育的程序。
11. 试设计一项甘蓝型双低油菜杂种新品种的育种方案。
12. 简述油菜常规品种和杂交种品种种子生产的技术要点。
13. 试述现代生物技术在油菜育种研究中的进展和发展方向。
14. 试述十字花科模式植物拟南芥的基因组学研究对油菜育种的意义。

附 油菜主要育种性状的记载方法和标准

一、生育时期的观察记载

1. 播种期 实际播种日期即播种期(以月/日表示,以下同)。

2. 出苗期 预定密度的75%幼苗出土、子叶张开平展的日期为出苗期。穴播者以穴计算,条播者以面积计算。

3. 移栽期 实际移栽日期为移栽期。

4. 5叶期 50%以上植株第5片真叶张开平展的日期为5叶期。

5. 现蕾期 50%以上植株拨开已略现开张的心叶、并可见明显的绿色花蕾的日期为现蕾期。

6. 抽薹期 50%以上植株主茎开始延伸,主茎顶端距子叶节达10 cm的日期为抽薹期。

7. 初花期 全区有25%植株开始开花的日期为初花期。

8. 盛花期 全区有75%以上花序已经开花的日期为盛花期。

9. 终花期 全区75%以上的花序的花瓣变白或枯萎的日期为终花期。

10. 成熟期 全区有50%以上角果转黄色,且其种子呈现红褐色或黑褐色的日期为成熟期。

11. 收获期 实际收获的日期即收获期。

12. 全生育期 从出苗至成熟的天数为全生育期。

二、品种一致性的观察记载

13. 幼苗生长一致性 于5叶期前后观察幼苗的大小、叶片的多少,有80%以上幼苗一致的为"齐",60%~80%幼苗一致的为"中",生长一致的不足60%的为"不齐"。

14. 植株生长整齐度 于抽薹盛期观察植株的高低、大小和株型,有80%以上植株一致的为"齐",60%~80%植株一致的为"中",生长一致的不足60%的为"不齐"。

15. 成熟一致性 于成熟时观察,有80%以上植株成熟一致的为"齐",60%~80%植株成熟一致的为"中",成熟一致的植株不足60%的为"不齐"。

三、抗(耐)性调查

16. 耐寒性(冻害) 在融雪或严重霜冻解冻后3~5 d,天气晴朗时观察。按随机取样法,每小区调查30~50株。

(1) 冻害植株百分率 调查记载表现有冻害的植株占调查植株总数的百分数。

(2) 冻害指数 对调查植株逐株确定其冻害程度。冻害程度分为0、1、2、3和4共5级,各级标准如下。

0级为植株正常,未表现冻害。

1级为仅个别大叶受害,受害叶局部萎缩或呈现冻害斑块(灰白色)。

2级为有半数叶片受害,受害叶局部或大部萎缩、焦枯,但心叶正常。

3级为全部大叶受害,受害叶局部或大部萎缩、焦枯,心叶正常或心叶微受冻害,植株尚能恢复生长。

4级为全部大叶和心叶均受害,全部表现焦枯,趋向死亡(但地面以下根茎部分仍有萌芽或芽已延伸)。

分株调查后,按下列公式计算冻害指数。

$$冻害指数=\frac{1\times S_1+2\times S_2+3\times S_3+4\times S_4}{调查总株数\times 4}\times 100\%$$

式中，S_1、S_2、S_3、S_4 分别为1～4级冻害株数。

17. 耐旱性 在干旱年份调查耐旱性，按强、中和弱3级表示，强表现叶色正常，中表现叶色暗淡无光泽，弱表现叶色黄化、并呈现凋萎。

18. 耐湿性 在多雨涝害年份调查耐湿性，按强、中和弱3级表示。强表现叶色正常；中表现叶色转现紫红色；弱表现全株现紫红，呈现黑根，濒于死亡。

耐寒性、耐旱性和耐湿性的调查，需在调查表上注明调查日期（月/日），调查记载表格另行编制。

19. 病毒病 于苗期、初花后和成熟前各调查1次病毒病，每小区按随机取样调查30～50株，按分级标准逐株调查记载，统计发病率和病情指数，计算方法同冻害指数和冻害植株百分率。

20. 霜霉病 于初花和成熟时各调查1次霜霉病。取样调查方法和发病率、病情指数计算的方法同病毒病。

21. 菌核病 于终花和成熟时各调查1次菌核病。取样调查方法和发病率、病情指数计算的方法与病毒病同。分级标准见表16-5。

表16-5 油菜菌核病严重度的分级标准

等级	调查标准
0	无病症表现
1	1/3以下分枝发病，主茎无病
2	主茎发病和1/3～2/3分枝发病
3	1/3主茎发病和2/3以上分枝发病
4	全株发病

22. 倒伏性 倒伏性在成熟前进行目测调查，以主茎下部与地面夹角为判断标准，在80°以上者为“直”，80°～45°为“斜”，小于45°为“倒”；并注明倒伏日期和原因。

四、室内考种项目和记载标准

23. 株高 自子叶节至全株最高部分的长度为株高，以cm为单位。

24. 一次有效分枝数 主茎上有1个以上有效角果的分枝数目为一次有效分枝数。

25. 一次有效分枝部位 主茎下部第1个一次有效分枝距子叶节的高度为一次有效分枝部位，以cm为单位。

26. 主花序有效长度 主花序有效长度指主花序基部有效角果处至主花序顶端有效角果处的长度，以cm为单位。

27. 主花序有效角果数 主花序有效角果数指主花序上具有1粒以上饱满或略欠饱满种子的角果数。

28. 结果密度 按以下公式计算结果密度。

$$结果密度（果数/cm）=\frac{主花序有效角果数}{主花序有效长度}$$

29. 全株有效角果数 全株有效角果数指全株具有1粒以上饱满或略欠饱满种子的角果总数。

30. 单角果籽粒数 自主轴和上部、中部、下部的分枝花序上，随机摘取20个有效角果，计算其平均每果的饱满和略欠饱满的种子数，即为单角果籽粒数。

31. 千粒重 在晒干（含水量不高于10%）、纯净的种子内，用对角线、四分法或分样器等方法取样3份，数出3个各1 000粒的样本，分别称量，取其样本间差异不超过3%的2或3个样品的平均值，以g为单位。

32. 含油量 采用脂肪浸提器以无水乙醚为溶剂进行含油量分析。每品种取样3份，每份样本质量为1～3g，以差异不超过0.5%的2个或3个样品的平均含油量表示。含油量按下列公式计算。

$$含油量=\frac{浸出油质量}{样本烘干后质量}\times 100\%$$

$$浸出油质量=浸提前样本烘干质量-浸提后样本烘干质量$$

33. 小区产量 收获前或者收获时需调查实收株数。收获脱粒晒干的种子质量为实收产量，并按下列公式求得理论产量。

理论产量=实收产量+(应收株数−实收株数)×(实收产量/实收株数)

小区产量以 g 为单位。为了便于产量分析，正式品系比较试验和区域试验，均将单位折算为 kg。

34. 单位面积产量 按小区产量计算求得单位面积产量（kg/hm^2）。

五、雄性不育材料记载项目暂行规定

35. 雄性不育标准 始花至终花所开花朵的花药不开裂、无花粉或微带花粉但无生活力。

36. 雄性不育株率 雄性不育株数占调查总株数的比例（%）为雄性不育株率，计算公式为

$$雄性不育株率=\frac{雄性不育株数}{调查总株数}\times 100\%$$

37. 雄性不育度 雄性不育度分为全不育、高不育、半不育和低不育。

全不育即全株花朵表现雄性不育。

高不育即雄性不育花朵占单株总花朵数的 80%以上。

半不育即雄性不育花朵占单株总花朵数的 50%～80%。

低不育即雄性不育花朵占单株总花朵数的 10%～50%。

38. 不育系和保持系标准 群体数量不少于 500 株，雄性不育株率稳定在 95%以上者称为雄性不育系，相应的父本称为保持系。

39. 恢复系标准 杂交种调查总株数不少于 500 株，使其杂交种正常结实的恢复株率在 95%以上的相应父本称为恢复系。

40. 恢复株率 雄性可育株占调查株数的比例（%）为恢复株率，计算公式为

$$恢复株率=\frac{雄性可育株数}{调查总株数}\times 100\%$$

41. 优良恢复系 优良恢复系指使其杂交种比同型推广良种增产 10%以上，或比对照显著早熟的组合增产 5%以上。

（刘后利、傅廷栋、官春云第一版原稿；刘后利第二版修订；傅廷栋第三版修订）

第十七章　花生育种

花生（英文名为peanut，学名为*Arachis hypogaea* L.）又称为落花生，是豆科蝶形花亚科花生属（*Arachis* L.）的一年生草本植物；为自花授粉植物，通常用种子繁殖。花生结荚在地下，其生长过程为地上部的茎上长出黄色蝶形花，授粉后花冠凋落，5～7 d后形成向地性的果针（子房和子房柄），扎入土中生长，直达2～7 cm深处，随后果针调向水平方向并开始形成荚果。荚果为单室，具裂开性，沿纵向缝线开裂。每荚果的籽仁数目为1～6粒，因品种类型而不同。

花生是我国主要油料作物之一，在我国栽培的油料作物中，其面积仅次于大豆、油菜而居第三位。花生籽仁营养丰富，经济价值高，含有大量的脂肪和易于消化的蛋白质，是我国人民的主要食用油来源，又是重要的食品、医药、化工原料，还是出口贸易的重要资源。

第一节　国内外花生育种研究概况

一、国外花生育种概况

（一）世界花生栽培和品种概况　花生在世界五大洲均有栽培，栽培面积最大的为亚洲，占全球栽培总面积的50%以上；非洲次之，约占30%；美洲占15%左右；欧洲和大洋洲比重较小。2008—2013年世界花生栽培面积年平均为2.085×10^7 hm^2，年产量为3.548×10^7 t，单产为1 701 kg/hm^2。

印度是栽培面积最大的花生生产国，常年栽培面积为7.00×10^6 hm^2，但单产历年均低于世界平均水平，栽培品种主要有红粒的孟买型和黄粒的爪哇型，而以孟买型栽培面积最广，约占全国总产量的75%；以选育早熟丰产、品质好的品种为主要育种目标。

从产量、栽培技术和机械化程度等方面来看，美国生产水平最高，2008—2013年栽培面积年平均为5.4×10^5 hm^2，年产量约为2.09×10^6 t，单产为3 868 kg/hm^2；2019年栽培面积为5.6×10^5 hm^2，单产为4 430 kg/hm^2，总产量为2.49×10^6 t。据分析，美国花生产量的增加来自新品种因素的约占25%。目前推广的主要品种有Florunner、Starr、Florigiant、Sunrunner等品种，占全国栽培总面积的90%以上，尤以Florunner品种，高产稳产、适应性广、品质好、适于机械化栽培。

花生栽培面积较大的国家还有尼日利亚、塞内加尔、印度尼西亚、缅甸、阿根廷、越南、苏丹、南非等，这些国家根据本国的特点选育早熟、耐旱、抗病虫害、高产品种。

（二）国际热带半干旱地区作物研究所花生育种概况　国际热带半干旱地区作物研究所（ICRISAT）是国际农业研究磋商小组设在印度的农业研究中心之一，花生是该所研究的5大作物之一。

国际热带半干旱地区作物研究所是世界花生种质资源中心之一，花生育种是国际热带半干旱地区作物研究所的重点研究内容，高产稳产、抗性强、尤以抗病育种为重要育种目标，开展了抗锈病、抗叶斑病、抗烂果、抗番茄斑点萎蔫病毒病、抗黄曲霉育种工作以及早熟、高产和适合黑土地的花生品种选育。育种方法主要应用杂交、回交技术。表现较好的材料送到非洲、亚洲一些国家进行多点试验，有希望的品系首选参加全印度区域试验，然后参加该所组织的国际区域试验。

国际热带半干旱地区作物研究所还开展了花生细胞遗传的研究，包括花生属植物染色体组型、花生属野生种利用等，此外，还开展了病理、生理、花生根瘤菌固氮及耕作制度等研究，以提高产量。

二、我国花生育种成就

我国花生栽培范围，南起北纬18°14′的海南省崖县，北至北纬47°56′的黑龙江省甘南，南北跨纬度29°以上；西自东经77°16′新疆的莎车，东至东经130°59′黑龙江省的富锦，东西跨经度55°以上。从栽培面积和总产来看，河南省和山东省分别居全国第一位和第二位，其次是河北、广东、辽宁、湖北、广西、安徽、四川等省份。

中华人民共和国成立以来，花生栽培面积、总产、单产均有大幅度提高，1949年栽培面积为1.25×10^6 hm^2，总产为1.268×10^6 t，单产约为1 011 kg/hm^2。1997—2001年年平均栽培面积为4.4×10^6 hm^2，年产量为1.267×10^7 t，单产为2 880 kg/hm^2。2002—2020年年平均栽培面积为4.5×10^6 hm^2，年产量为1.544×10^7 t，单产为3 441 kg/hm^2。年出口量为6.0×10^5 t左右，占世界出口总量的40%～50%。栽培面积居世界第二位，总产量和出口量居世界第一位。我国花生育种工作成就显著，体现在以下几个方面。

1. 重视花生种质资源的收集、研究和利用 20世纪50年代初全国进行了种质资源收集和整理工作，收集和保存种质资源1 815份。至21世纪初，由中国农业科学院油料作物研究所组织全国有关单位合作，收集到栽培种花生种质资源7 490份，其中国外种质资源2 852份。目前，我国收集和保存野生花生种质资源246份。近年来，我国对6 300多份栽培种花生种质资源的抗病性鉴定和筛选，筛选出高抗锈病种质102份、高抗早斑病（又称为褐斑病）种质77份、高抗晚斑病（又称为黑斑病）种质63份、高抗青枯病种质123份。对700份种质资源进行花生网斑病抗性鉴定，发掘出高抗种质3份。对2 000多份种质资源进行黄曲霉侵染抗性鉴定，筛选出高抗种质1份。对6 000多份花生种质资源材料进行化学分析，结果表明含油量为32.35%～60.21%，蛋白质含量为12.48%～36.82%；对7种脂肪酸成分的分析表明，油酸含量在67%以上的种质资源有22份，油酸/亚油酸比值在4.0以上的种质资源有24份。这些研究工作为优异种质资源的应用奠定了基础。

2. 育种水平不断提高，品种不断更新 中华人民共和国成立以来，花生育种水平有很大的发展。20世纪50年代以整理、鉴定地方品种为主，60年代以系统育种为主，70年代发展到杂交、诱变育种，辐射与杂交育种相结合等多种途径。近年来开展了栽培种与野生种的种间杂交工作、组织培养在花生育种上的应用等，目前已建立了花生若干重要性状的扩增片段长度多态性（AFLP）、简单序列重复（SSR）等分子标记，包括抗青枯病、抗叶斑病、抗黄曲霉、高含油量等分子标记，并创建了相关的分子标记辅助选择技术，初步构建了花生连锁图谱。在育种目标上，由单一的产量指标提高到抗逆性、抗病性、熟性、稳产性等综合指标。近年，品质育种已受到重视。各省份育成不少适宜当地生态条件的品种，使良种不断更新，获得显著的社会效益和经济效益，对增加产量、改进品质、提高复种指数、改革耕作制度、促进贸易等发挥巨大的作用。

3. 开展花生遗传育种基础理论的研究 中华人民共和国成立以来，花生科技发展迅速，全国已基本形成具有一定水平的花生科技队伍。改革开放以来，加强与国外科技合作，引进先进仪器和设备，科研水平不断提高。花生遗传育种基础理论研究逐渐深入开展，主要经济性状的遗传、数量性状配合力、抗病性遗传等研究均取得成效。花生属染色体及种间杂交遗传规律、基因工程、分子标记辅助选择育种等研究进展良好。

第二节 花生育种目标和主要性状的遗传

一、花生育种目标

我国幅员辽阔，各地气候条件、土壤类型、栽培制度和技术水平各异，形成了不同的花生自然产区。总的说来，育种目标是高产、熟期适合、抗逆性强、优质和适应机械化栽培。

（一）高产 高产是花生育种的重要目标。大花生产量指标应达到稳产9 000～10 000 kg/hm^2，小花生品种产量潜力7 500～9 000 kg/hm^2，北方夏播品种产量潜力7 500～8 500 kg/hm^2。获得高产必须考虑其产量构成因素，而产量是一个综合性状，与其他性状之间存在十分复杂的关系，需要有合理的群体结构，单位面积株数、单株果数、单果质量等产量构成诸因素相互协调，群体产量潜力才能充分发挥。

1. 株型 一般认为连续开花型品种开花结果集中。但也不尽然，交替开花型品种亦有开花结果集中的品种，结果性能，尤其结果数优于连续开花型。株型决定耐密植及冠层光分布和光能利用，高产品种具备株型紧凑、叶片较小、叶厚、叶片上冲性好、叶片运动调节性能好、冠层光分布合理、耐密植的特性。

株高一般不宜过高，应生长稳健，不易倒伏，主茎高一般以40～45 cm为宜。不同品种分枝数差异较大，但并不完全决定产量，一般以7～9条为宜，分枝过多不耐密植，过少则单株叶面积受限制。

2. 结果性能 单株结果数是品种优劣的重要标志，与产量成极显著正相关。花生高产育种的第一个选择指标是单株结果多，在提高结实率的同时，饱果率高，荚果发育整齐。在常规栽培条件和密度条件下，一般要求单株结果数应在20个以上，饱果率70%以上，双仁果率80%以上。

单果质量是产量构成的另一重要因素，品种间差异很大。花生荚果大小以百果重（100个荚果的质量）表示。在近几十年育种工程中提高单果质量达到增产目的成效很大，今后育种仍是主攻方向。但单果质量与单株结果数有矛盾，如何克服这个矛盾还需进一步研究。提高单果质量的另一障碍是果增大时果壳加厚，使出仁率反而下降。因此要有一个适度。一般以百果重为240～260g、出仁率在71%～73%、百仁重（100粒花生仁的质量）在90～100g作为选择指标。

花生虽然花期长，有一定的开花数，但后期所开的花往往得不到充分的营养而结果率低，开花愈迟，结果率愈低，所结的荚果质量愈小，为此，高产育种应注意早开花、早结荚、开花集中、花多花齐、果多果饱性状的选择。

决定产量的因素还有荚果的成熟饱满程度，即饱果率。饱果率与结果整齐度有关，亦与后期光合性能与光合产物分配有关。

3. 物质生产和分配 Duncan等（1978）对美国之前40年的花生品种更替研究发现，品种经济产量的提高是靠提高经济系数来实现的，新老品种的生物产量无显著差异。万勇善等（1999）研究了我国4次品种更替的代表品种指出，经济产量提高是由生物产量和经济系数共同提高的结果，花生生物产量主要决定于结荚期叶面积指数（*LAI*），而经济产量高低主要决定于饱果成熟期的叶面积指数，后期叶片不早衰、保叶性能好、荚果充实好的品种产量高。

（二）熟性 花生品种的早熟性主要表现在植株开花结荚早，结荚期集中，荚果发育快。北方产区生育期要求，晚熟大花生为145～160d，中熟大花生为135～145d；早熟小花生，春播为125～130d，夏播为110d以下。南方产区生育期要求，春播为125～130d，秋播为110～120d。东北产区生育期要求110d以下。

过去育种主要追求早熟并取得显著成效。目前黄淮海地区推广的品种成熟期偏早，用于夏播比较适宜，但春播高产潜力受到限制，尤其春播地膜覆盖栽培浪费了近1个月的生长期，延长品种生育期能大幅度提高产量潜力。

（三）抗病虫和抗逆性 花生栽培环境中存在的病虫害、干旱、涝渍、杂草、不良土壤和营养条件、高温、低温冷害等限制了高产潜力的发挥，影响其稳产性。培育抗性强的品种是获得高产稳产最经济的有效途径。但病虫和其他逆境因子有明显的地区差异，北方产区主要要求培育抗叶斑病、病毒病、青枯病、花生根结线虫病，以及抗干旱、耐低温和耐瘠的品种。南方产区主要要求培育抗锈病和青枯病、耐涝渍、耐瘠和抗倒伏品种。

（四）品质 花生的品质包括荚果和籽仁的外观性状、营养性状（含油量、脂肪酸组成、蛋白质含量、氨基酸含量、糖类含量、维生素含量等）、口感风味及加工出口品质。由于营养物质含量之间以及与产量之间有相互矛盾，各性状都达到较高指标比较困难，发展方向是根据用途选育专用型品种。

1. 油用型品种 当前主推品种籽仁含油量多在50%左右。我国花生作为油用仍是主要用途，提高籽仁含油量是重要的育种方向。高油品种籽仁含油量目标是55%以上。

生产上花生仁含油量往往受种植方式、饱满成熟度、结果整齐度的影响。育种上除从品种遗传性上提高含油量外，亦应在产量性状上下功夫，提高籽仁充实饱满度和整齐度，降低秕果秕粒率，以提高商品籽仁的含油量。油用型品种亚油酸含量要高，一般为40%左右，油酸/亚油酸比（简称油亚比，英文缩写为O/L）在1.0左右，以提高营养价值为主要目标。

2. 食用型品种 我国花生50%作为食用，美国70%以上的用作食品。花生的营养品质和加工品质越来越受重视。尤其食品加工业对花生品质提出更高的要求，加工目的和工艺的不同对花生品质亦有不同要求。主要对形状、外观、口感风味、蛋白质含量有要求，而脂肪含量低更适合食用要求。

（1）风味品质

①颜色：对颜色的要求包括种皮颜色和制品颜色。花生的种皮颜色有白色、黄色、粉红色、深红色、紫色、紫黑色以及过渡色，以粉红色、种皮鲜亮为好。烘烤花生在烘烤过程中，因糖和氨基酸的反应，不断产生黑色素而形成烤花生颜色。适合烘烤的品种则可加工成受消费者欢迎的颜色。

②质地：烤花生应具备酥脆的质地。如果质地坚硬或软而不酥，则不受消费者欢迎。

③风味：风味是人们通过视觉、嗅觉、味觉对花生产品的综合评价。烤花生应具有独特的风味。氨基酸

和糖类是烤花生风味的前体物质，在烘烤过程中它们起化学反应产生香味。天冬氨酸、谷氨酸、谷氨酰胺、天冬酰胺、组氨酸、苯丙氨酸等都与产生烤花生的典型风味有关。花生挥发性风味成分中，单羰基起关键作用。

（2）营养品质　花生的营养品质主要是蛋白质含量和氨基酸的组成。高蛋白大花生品种蛋白质含量育种目标为28%以上，高蛋白小花生品种蛋白质含量育种目标为30%以上。同时注意提高赖氨酸、色氨酸、苏氨酸的含量。

（3）耐储藏性　食用花生以加工食品为主要用途，耐储藏性尤为重要，影响花生油脂营养和商品品质的重要成分是脂肪酸。亚油酸含量在30%～35%或以下、油酸/亚油酸比在1.4～2.0比较适宜。

3. 出口型品种　由于用途不同，各花生进口国对品质和规格要求差异很大，欧洲盟联国家、日本、韩国等大量进口我国的传统出口大花生和旭日型小花生。

（1）传统出口大花生　传统出口大花生要求荚果为普通型（即所谓的传统果），果长，果型舒展美观，果腰、果嘴明显，网纹粗浅。籽仁为长椭圆形或椭圆形，外种皮为粉红色，色泽鲜艳，无裂纹、无黑色晕斑，内种皮呈橙黄色；具有清香、甜脆口味；含油量适中，蛋白质含量高，油酸/亚油酸比在1.4以上，耐储藏性好。从加工角度，要求果、仁整齐、饱满，加工出成率高。

（2）出口小花生　我国出口小花生品种以珍珠豆型的白沙1016为代表，荚果为蚕形或蜂腰形，籽仁为圆形或桃形；种皮为粉红色，无裂纹；口味香甜，无异味；耐储藏性好。白沙1016的油酸/亚油酸比在1.0左右，国际市场要求1.4以上。

（五）适应机械化栽培　适应机械化栽培的品种要求结荚集中，成熟一致，荚果均匀整齐，不易破损，果柄和种皮坚韧，胚根不过分粗壮。

二、花生主要性状的遗传

（一）花生主要农艺性状的遗传

1. 株型的遗传　株型是一个重要的农艺性状，也是花生分类的主要依据之一。一般认为蔓生型对直立型是显性，直立型受2对隐性基因控制，存在互补效应。但株型的遗传相当复杂，Ashri（1963）等研究认为受2对以上细胞核基因和细胞质基因相互作用所控制。四川省南充地区农业科学研究所（1973）和甘信民等（1984）分别以蔓生型和直立型品种杂交，F_1代蔓生型为显性，直立型为隐性，F_2呈3∶1分离，由此认为受1对基因控制。

2. 开花型的遗传　四川省南充地区农业科学研究所（1973）研究认为，交替开花型×连续开花型，包括正反交，F_1代为交替开花型；F_2代分离，一般以交替开花型为主，连续开花型较少，或偶尔出现中间类型。Mouli和Kale（1982）用交替开花型品种TG18与其连续开花型突变体TG18A杂交，证明连续开花型为隐性，认为开花型受4对重叠基因控制。Mouli（1986）从交替开花的品种Robut33-1中分离出连续开花突变体RS、RS-Ⅰ和RS-Ⅱ，与亲本杂交发现，连续开花习性受隐性单基因控制，认为在突变体中，来自亲本品种的4对基因之一发生了突变。甘信民等（1984）用金堂深窝子（交替开花型）与花28（连续开花型）杂交，F_1代为交替开花型，F_2代呈3（交替开花型）∶1（连续开花型）分离，表明开花习性受1对基因控制。

3. 生育期的遗传　生育期的遗传性相当复杂。蒋复等（1982）选用早熟和晚熟品种杂交，F_1代接近双亲的平均值，F_2代分离出早中晚熟类型，中晚熟类型比重大，但一般认为生育期遗传率较高，可在早期世代选择。

4. 荚果性状的遗传

（1）荚果形状的遗传　山东省花生研究所认为，葫芦形与普通形品种杂交，F_1代葫芦形呈显性，F_2代分离，但仍以葫芦形为主。斧头形与葫芦形或普通形品种杂交，F_1代均以斧头形呈显性，F_2代虽分离，但基本上是斧头形。串珠形与普通形或茧形品种杂交，F_1代均以串珠形呈显性，F_2代分离，仍以串珠形为多。

（2）荚果大小的遗传　山东省花生研究所（1959）在15个大果型与小果型杂交组合中，F_1代均为大果型，F_2代分离出大小4种类型，但仍以大果型占优势。

（3）籽仁大小的遗传　山东省花生研究所于1960—1963年利用大粒花生与小粒花生杂交，在13个组合中，F_1代均为大粒花生，F_2代产生分离，但仍以大粒花生占优势。

（二）花生抗病虫性的遗传

1. 抗青枯病的遗传　一般认为抗青枯病属简单遗传，早期世代选择有效。另外，有人认为其抗性存在基因间的累加和抑制作用，故应在病害压力基本一致的条件下鉴定，并进行多点试验以了解鉴定结果的相对稳定性。廖伯寿等（1986）研究指出，花生青枯病抗性受细胞核控制，并与细胞质有关，用高抗亲本作母本，后代的抗性一般高于反交组合。并指出，花生青枯病抗性基因不多，抗性容易转移。花生青枯病抗性的表现受环境条件影响较大，杂种后代抗性呈连续分布，表现花生青枯病抗性是主效基因控制的数量性状。

2. 抗锈病的遗传　周亮高等（1980）研究指出，花生锈菌夏孢子发芽管是从叶片气孔和表面细胞间隙进入叶片组织的，其抗锈性属抗扩展机制。Cook（1972）指出，一些花生品种对锈病的抗性主要是生理性的，抗性材料往往会出现过敏性坏死斑，使病原菌产生孢子量少。感病材料受到侵染后，其组织内部可溶性糖、可溶性氨基酸和酚酸含量增加，总氮和叶绿素含量下降，而抗病材料这些生理指标没有明显变化。

国内外多数研究认为，栽培种花生的抗锈性具有隐性遗传的特点。Singh（1984）研究了栽培种（感病）×栽培种（抗病）和栽培种（感病）×二倍体野生种（免疫）组合，认为两者的抗性是受不同基因或不同等位基因控制。王春华等（1986）用2个抗病亲本和2个感病亲本进行双列杂交，研究了田间发病条件下花生对锈病的抗性遗传，结果表明，抗性受隐性基因控制，F_1代的组合间抗性差异显著，F_2代抗性为连续变异，因而应注意选择亲本。向荣英等（1986）用双列分析法研究栽培种的抗锈病遗传认为，多粒型品种表现高抗为显性基因，而珍珠豆型品种则表现感病为显性基因，由于加性效应结果其狭义遗传率高，因而认为抗锈性选择是有效的。

侯慧敏等（2007）报道，ICGV86699的抗性受1对显性基因控制。ICGV86699的抗锈性基因来自二倍体野生种，与栽培种的抗性遗传特点可能不同。抗锈病的野生种与感病的栽培种杂交，F_1代表现抗病（Singh等，1984），说明野生种的抗锈性基因对栽培种的感病基因呈显性或部分显性。

3. 抗叶斑病的遗传　Andenon（1986）认为，黑斑病和褐斑病抗性为独立遗传。Green（1986）用4个栽培品种配制了10个杂交组合，发现对褐斑病抗性的广义遗传率为51.72%。Godoy和Moraes（1987）指出，在Tatu×PI259747和Tatui×PI259747组合里，黑斑病病情指数的狭义遗传率分别为22%和27%。Jogloy等（1987）报道，黑斑病抗性的狭义遗传率只有0%～0.13%。Coffelt和Porter（1986）认为，黑斑病抗性以加性效应为主，且存在细胞质效应。Jogloy等（1987）指出，黑斑病抗性成分一般配合力显著，说明抗性以基因加性效应为主。野生种对褐斑病的抗性则为显性（Company等，1982）。

4. 抗花生病毒病的遗传　花生斑驳病毒、黄瓜花叶病毒、花生矮化病毒和番茄斑萎病毒是影响我国花生生产的4种主要病毒，其传染机制是多样的。有关遗传控制方面研究尚在开始阶段。中国农业科学院油料作物研究所于1983—1985年对1 383份种质资源进行抗性筛选，徐州68-4、花37等品种种子带毒率低，前中期病害发生较轻。许泽永（1987）对35份野生种进行鉴定，*Arachis glabrata*的两份材料PI262801、PI262794表现对花生轻斑驳病毒免疫。

5. 抗黄曲霉菌及其毒素的遗传　黄曲霉毒素主要由黄曲霉和寄生曲霉产生。美国Mixon等（1979）利用抗性亲本组配了24个杂交组合，选出一批高抗黄曲霉和其他寄生性真菌材料。研究指出，花生品种对黄曲霉抗性遗传是由多基因控制的。

Amaya等研究认为，抗性品种和易感品种的区别在于抗性品种的种脐较大、种皮蜡质和栅状层明显较厚，而种皮中12种氨基酸的含量与易感性成正相关，因此种脐大、种皮蜡质和栅状层厚、种皮游离氨基酸含量低可作为抗性筛选的综合指标。目前，国际热带半干旱地区作物研究所（ICRISAT）已筛选出抗黄曲霉素种质19份，其中在生产上有利用价值的有J-11和Robut33-1。伊朗筛选的伊朗古兰本地品种对黄曲霉菌侵染表现免疫。

6. 对线虫和其他害虫抗的遗传　Burow等（1996）报道，BC_5F_1代植株对花生根结线虫的抗性系受1对显性基因控制。Garcia等（1996）利用抗性渐渗系GA6（*Arachis hypogaea*×*Arachis cardenasii*）与高感的PI261942搭配杂交组合，研究了花生根结线虫抗性遗传规律，结果表明，抗性受2对显性基因控制：*Mag*基因抑制根虫瘿形成，*Mae*基因抑制线虫卵数目。Choi等（1999）随后研究证实，一些群体中线虫抗性符合1对显性基因调控的遗传规律，其他群体中可能存在第2对抗性基因。TxAG-6×*Arachis hypogaea* F_2代和BC_3代衍生群体中，抗性受1对显性基因和1对隐性基因控制（Church等，2000）。杂合的感病F_2代单株，其F_3后代以1（抗）∶3（感）分离出抗性材料（Dickson和Waele，2005）。王辉等（2007）用对北方根结线虫（*Meloidogyne hapla*）表现抗性或感病的花生材料做杂交，在病圃内F_1代植株全部表现感病，根据F_2代抗、感植株分离比推测，抗性可能由1对隐性基因控制。

国际热带半干旱地区作物研究所（1985）研究表明，花生抗叶蝉遗传，栽培种×野生种，如果其母本为抗叶蝉的栽培种，则F_1代表现抗叶蝉；如果母本不抗，则F_1代表现不抗。抗叶蝉机制与小叶茸毛密度和长度有关。

国际热带半干旱地区作物研究所已筛选出NCAC2214、NCAC2232、NCAC2242、NCAC1725等抗蓟马材料，在利用NCAC2243、NCAC2230作亲本的杂交组合中，得到新的高产抗蓟马品系。

（三）花生耐旱性的遗传 Reddy等（1987）研究表明，不同植物学类型和品种在耐旱性上有差异。一般晚熟品种比早熟品种的耐旱性强，普通型蔓生品种比其他类型品种恢复速度快，并认为品种的真实耐旱性需在干旱条件下进行选择和鉴定。Ketring等（1984）证明，不同植物学类型其品种间根系容量有很大差异。花生的分枝习性与耐旱性有关，一般多枝型品种根系发达，耐旱性强，稳产性好。

综合前人的研究，适应旱薄生态条件的花生品种具有的特点是：①根系发达，侧根多，主根细长；②植株前期生长快，能利用较少的水分建成较大的营养体；③叶片较小、较厚，叶色深绿，蜡质多，茎叶茸毛多，气孔较少；④在干旱年份荚果较饱满，籽仁率不降低。

（四）花生品质性状的遗传

1. 含油量及脂肪酸组成的遗传 花生油脂肪酸基本上是由偶数碳原子（16～24个）组成，主要有棕榈酸、硬脂酸、油酸、亚油酸、花生酸、花生四烯酸、山嵛酸等组成，其中油酸与亚油酸约占80%。从表17-1可知，我国花生种质资源中，油酸含量最低为32.12%，最高达72.76%，平均为46.87%；其含量在品种类型间有较大的差异，大多数品种在37%～58%，以龙生型品种含量最高。花生品种的亚油酸含量最低为12.55%，最高为50.67%，平均为33.42%；多粒型平均含量最高，达39.76%；龙生型平均含量最低，为29.71%。

亚油酸是人类的必需脂肪酸。Sekhon指出，油酸/亚油酸（O/L）比是衡量花生及其制品耐储性的重要生化指标，比值愈大，耐储性愈好。

Khan等（1974）、Mercer等（1990）、Tai等（1975）认为油酸/亚油酸比是数量遗传模型。万勇善等（2002）采用Griffing双列杂交设计对花生主要脂肪酸组分进行Hayman遗传分析，结果表明，油酸/亚油酸比及油酸、亚油酸、棕榈酸、硬脂酸、山嵛酸含量等性状均适合加性-显性模型，以加性效应为主并表现部分显性遗传。万勇善等（1998）用世代分析研究表明，油酸、亚油酸及油酸/亚油酸比的遗传主要受加性效应控制，亦存在显性和互作效应。油酸广义遗传率为79.9%～80.8%，狭义遗传率为65.00%～65.73%；亚油酸广义遗传率为73.5%～83.2%，狭义遗传率为62.7%～4.9%。

Norden等（1987）报道，美国发现了油酸含量为80%、亚油酸含量仅为2%的花生种质F435，其油酸/亚油酸比达到40左右。利用高油酸突变体F435与栽培品种杂交试验证明，花生高油酸性状受2对隐性基因（$ol_1ol_1ol_2ol_2$）控制，F435与弗吉尼亚型大花生在2个基因上存在差异，与兰娜型花生相比只有1个基因存在差异（Knauft等，1993；Jung等，2000）。后来，Isleib（2006）研究发现，控制油酸/亚油酸比值的基因表现出部分显性的特点；*ol*基因与背景基因型存在互作，可能存在上位性效应；*ol*基因影响多种脂肪酸含量，呈一因多效。Lopez等（2001）对高油酸特性在6个西班牙型花生品种中的遗传进行了研究，分离比表明此性状受2对主效基因控制，中间类型的出现提示可能存在修饰基因的作用。

2. 蛋白质含量的遗传 从表17-1看出，我国5种类型花生品种的蛋白质含量变幅在12.48%～36.31%，平均为26.88%，珍珠豆型品种平均含量最高（为28.34%），中间型平均含量最低（为25.23%）。刘恩生（1987）认为，含油量与蛋白质含量成显著负相关，但均与产量成正、负弱相关，因此有利于选出高产高油分和高产高蛋白的品系。曹干（2005）研究了珍珠豆型品种单粒花生种子含油量与蛋白质含量间的关系，结果表明，含油量低于45%时二者成正相关，含油量高于45%时二者成负相关。

徐宜民等（1995）利用6个亲本做双列杂交，研究了花生主要内在品质性状的配合力，结果表明，蛋白质含量一般配合力（*GCA*）方差显著，特殊配合力（*SCA*）效应方差不显著；含油量一般配合力效应方差和特殊配合力效应方差均显著，但一般配合力效应方差大于特殊配合力效应方差；说明蛋白质含量和含油量的遗传以基因加性效应占主导地位。对谷氨酸、苏氨酸、亮氨酸、天冬氨酸、缬氨酸、赖氨酸、精氨酸、苯丙氨酸、甲硫氨酸、油酸、亚油酸、硬脂酸、棕榈酸和花生四烯酸共14个性状的分析结果是，缬氨酸、甲硫氨酸、油酸、亚油酸和硬脂酸5个性状一般配合力效应方差和特殊配合力效应方差显著，但一般配合力效应方差高于特殊配合力效应方差，说明这5个性状同时受基因加性效应与基因非加性效应影响，基因加性效应占主导地位；苯丙氨酸特殊配合力效应方差显著，一般配合力效应方差不显著，特殊配合力效应方差高于一般配合力效应方差，说明苯丙氨酸的遗传控制以基因非加性效应的作用为主；其余8个性状只有一般配合力效应方差显著，而特殊配合力效应方差未达显著水平，说明这8个性状的遗传主要受基因加性效应控制。

栾文琪等（1987）在徐州68-4×*Arachis monticola* 的杂交后代蛋白质含量遗传研究中指出，蛋白质含量属数量性状遗传。美国Yang（1979）对同一水平试验下的31个栽培品种和杂交品系进行分析，认为花生氨基酸组成是由多基因控制的，地点、品种及二者的互作对氨基酸组成都有很大的影响。

表17-1　不同类型花生品种主要品质性状分析

（引自刘桂梅等，1993）

类型	品种数	含油量（%）		蛋白质含量（%）		油酸含量（%）		亚油酸含量（%）	
		变幅	平均值	变幅	平均值	变幅	平均值	变幅	平均值
多粒型	68	44.03～58.12	50.00±3.11	21.85～34.66	27.61±2.76	33.65～44.88	39.27±2.48	33.50～46.49	39.76±2.27
珍珠豆型	1 037	39.00～57.99	50.33±2.59	16.87～36.31	28.34±3.41	32.69～72.76	43.66±4.88	12.55～50.67	35.98±4.44
龙生型	324	41.46～58.81	50.78±2.51	15.24～32.21	26.82±3.03	32.12～67.37	51.13±7.73	14.37～45.33	29.71±6.97
普通型	1 019	39.96～59.49	50.01±3.38	12.48～34.75	26.36±3.46	33.58～67.71	49.69±5.26	14.71～47.92	31.33±4.96
中间型	67	43.66～59.80	50.99±3.48	19.27～31.12	25.23±2.32	35.41～55.13	41.49±4.31	28.09～42.54	37.52±3.81

注：其余5种脂肪酸（棕榈酸、硬脂酸、花生酸、花生四烯酸和山嵛酸）各品种类型间平均值差异均不大。

（五）花生不同类型品种主要经济性状的遗传率、相关性和配合力

1. 花生不同类型品种主要经济性状遗传率　封海胜等（1985）对我国不同类型的140个品种进行遗传率和遗传进度的估算指出，百果重和百仁重两个性状所有类型均有较高的遗传率（分别达到89%和90%）和遗传进度。单株饱果数、单株结果数、单株生产力等产量性状，珍珠豆型、龙生型和中间型的遗传进度较高，在这3类群体中进行产量性状的选择易获得良好效果。研究表明，多数类型品种通过果多果饱的选择可以达到高产育种的目的。

2. 花生杂种后代主要性状相关性和选择指数　曹玉良等（1989）用花28×鲁花1号和鲁花1号×花37两个杂交组合研究了杂种后代主要性状间的相关性和选择指数。结果表明，无论表现型相关还是遗传型相关，单株产量与单果质量、总分枝数、单株饱果数、单株果数等性状成正相关，关系密切。从结果来看，单株产量在杂种后代选择中是重要的，但需注意对单果质量和单株果数选择的同时，重视两者的协调关系，解决大果品种和小果品种间在杂种后代出现的果多果少与果大果小的矛盾。研究还指出，应用选择指数法对花生杂种后代选择效果较好，对产量和其他与产量有密切关系的性状进行综合评定比直接对单株产量单一性状的选择有更好的选择效果，一般可在杂种高世代进行，这时，产量性状的遗传率相当高，可获得较大的遗传进度。

3. 花生数量性状配合力　对花生数量性状配合力的估算，有助于正确选配亲本，在早期世代鉴定组合优势，提高育种效果和预见性。山东省花生研究所于1978—1982年采用完全双列杂交法，用花生4大类型7个代表品种的49个杂交组合（包括自交）进行配合力估算，结果表明，当时推广的高产品种花17、花28等丰产性状方面，不论一般配合力还是特殊配合力均优于其他品种，选用可互补的双亲间杂交，可获得综合性

状较好、特殊配合力高的组合。

万勇善等（2009）选用8个品种作为亲本，其中包括2个龙生型品种（A596和荔浦大花生）、4个中间型大粒花生品种（丰花1号、丰花3号、丰花5号及鲁花11）、2个小花生品种（白沙1016和丰花2号）。采用Griffing Ⅱ的试验设计配制28组杂交组合，在结荚后期测定8个亲本及28个F_1代群体的光合速率并对其进行配合力分析。龙生型品种的净光合速率最高，例如A596达到22.45 μmol/(m^2·s)；中间型大粒花生其次；小粒花生最低，白沙1016的净光合速率仅为16.08 μmol/(m^2·s)；亲本净光合速率的一般配合力效应和不同杂交组合的特殊配合力效应差异均较大。龙生型亲本的一般配合力大，小花生品种亲本的一般配合力小；丰花5号与荔浦大花生杂交组合的特殊配合力最大，达到2.89；而丰花1号与荔浦大花生杂交组合的特殊配合力最小，仅为−3.28；亲本的一般配合力效应与亲本净光合速率成显著性正相关，而特殊配合力效应与双亲均成负相关。

第三节　花生种质资源研究和利用

一、花生种质资源研究和利用概况

花生种质资源是不断改良花生品种和进行花生科学研究的物质基础。世界各国均重视花生种质资源的收集、整理、保存、研究和利用。

（一）广泛收集了花生种质资源　据不完全统计，世界花生种质资源收储总量超过40 000份，但由于保存单位之间相互交换导致的重复，准确的种质资源份数尚无法统计。依据Upadhyaya等（2005）、Holbrook（2003）和国际热带半干旱地区作物研究所（2005）等资料，世界收储花生种质资源数量较多的机构和国家有国际热带半干旱地区作物研究所（15 342份）、美国（8 719份）、中国（7 490份，台湾省暂未计入）、阿根廷（2 200份）、印度尼西亚（1 730份）、巴西（1 300份）、塞内加尔（900份）、乌干达（900份）、菲律宾（753份）等。

（二）建立了花生种质资源3级保存系统　各国将收集的种质资源进行归类、整理，有价值的进行观察，然后转入保存储藏系统并纳入计算机管理。花生种子大，含油量高，在高温高湿条件下容易引起脂肪酸败，致使花生生活力降低而丧失发芽力，如果连年种植保存，不仅费工费地，而且容易引起混杂、退化。国际热带半干旱地区作物研究所建立了短期、中期和长期的种质三级储藏系统。第一级为长期冷储，种质资源库长年控制在−17～−20℃低温状态，种质资源可保存几十年。第二级为中期储藏，种质资源库长期控制在3～5℃温度，相对湿度保持在30%～40%，种质资源一般能保存10余年。第三级为短期储藏，种质资源装入玻璃广口瓶内，石蜡封口，放在自然温度条件下保存3～4年，每年轮种1/4材料，繁殖更新。部分不结实的野生种质资源则以枝条繁殖，常年种植保存。

中国农业科学院作物科学研究所受国家委托，负责管理国家农作物种质库。该库设计为−5～−10℃的密封库，作为非开放性长期储存库。国内外研究表明，花生种子经过干燥处理（含水量3.5%以下并置于干燥器中），在常温状态下储存12年后种子发芽率仍可保持在75%左右，遗传完整性仍可较好保持，因此也是一种较为廉价的保存方式。为了适应日常向育种和其他研究机构提供种质资源材料的需要，在中国农业科学院油料作物研究所（武汉）建立了花生种质资源的中期库（供应库），定期对种质材料进行繁殖更新，提供利用和对外交流。

我国花生科研单位，已研究出一套室内外保存方法，延长发芽年限，并用组织培养、枝条繁殖等方法保存野生种等花生种质资源。

（三）规范了性状描述，鉴定出了抗性资源　国际上于1992—1995年由国际植物遗传资源委员会（IBPGR，现改名为国际植物遗传资源研究所）、国际热带半干旱地区作物研究所和美国合作制定了花生性状描述标准（descriptors for groundnut），并被各国采用。我国在花生种质资源研究中也逐步采用了这套国际标准，姜慧芳等于2006年编写出版了《花生种质资源描述规范和数据标准》，使相关性状采集和描述更具有可操作性。

随着花生育种工作的深入发展，抗病育种显得十分重要。国际热带半干旱地区作物研究所已进行过不同病虫害抗性鉴定，一批抗病虫种质已发放各国利用。我国先后对花生锈病、叶斑病、青枯病、黄曲霉病等病害进行了抗性鉴定（表17-2），筛选出抗性较好的品种，为生产直接利用和抗性育种提供材料。20世纪70

年代中期曾对部分种质资源进行过抗青枯病鉴定，筛选出协抗青、台山珍珠、台山三粒肉等高抗种质，为病区花生稳定面积，提高花生单产发挥显著作用。段乃雄等（1993）对 3 381 份花生种质资源（其中国内种质资源 2 257 份，国外种质资源 1 124 份）进行田间自然病圃和人工接种鉴定，获得高抗青枯病种质资源 55 份、中抗种质资源 43 份，并筛选出一批经济性状优良的高抗种质，将为我国抗青枯病育种发挥积极作用。

表 17-2 我国花生种质资源抗病性鉴定结果

（引自山东省花生研究所，2008）

病害类型	材料数量	多粒型	珍珠豆型	龙生型	普通型	中间型	合计
锈病	参鉴份数	702	2 621	368	2 227	472	6 390
	高抗份数	55	5	9	23	0	92
褐斑病	参鉴份数	702	2 621	368	2 227	472	6 390
	高抗份数	44	3	8	21	1	77
黑斑病	参鉴份数	702	2 621	368	2 227	472	6 390
	高抗份数	27	4	3	19	0	53
青枯病	参鉴份数	702	2 621	368	2 227	472	6 390
	高抗份数	6	28	72	17	0	123
网斑病	参鉴份数	98	463	10	98	31	700
	高抗份数				3		3
黄曲霉病	参鉴份数	201	678	32	146	67	1 124
	高抗份数		9				9

（四）深入开展了对野生种质资源的研究和利用 花生野生种均原产于南美洲安第斯山脉以东、亚马孙河以南和拉普拉塔河以北一带区域内。花生野生种都具有果针向地生长地下结果的共同特征，具黄色或橙色的蝶形花，花萼下部伸长成花萼管。其染色体基数为 10，多数野生种为二倍体，体细胞染色体为 20（$2n=2x=20$）；少数为四倍体，体细胞染色体为 40（$2n=4x=40$）。花生野生种质的研究和利用，始于 20 世纪 50 年代中期，到 80 年代，已具备了相当的研究水平。美国、印度、英国、中国、以色列以及国际热带半干旱地区农业研究所等进行了有关植物学、分类学、形态学、胚胎学、细胞学、细胞遗传学等多学科的研究。花生野生种质资源作为一种多抗、优质、特异基因源正广泛地应用到花生育种和生产中。

二、花生属植物及其利用途径

（一）花生属植物的分类 花生属（*Arachis*）在植物分类学上隶属于豆科蝶形花亚科岩黄芪族柱花亚族。花生属是一个较大的属，包含 70 多种（species）。到 20 世纪 90 年代中期，国际上正式命名并做了性状描述的花生属物种有 69 个。1994 年 Krapovickas 和 Gregory 根据现代分类研究结果，将花生属植物 69 种划分为 9 个区组（section）。

1. 花生区组 花生区组（section *Arachis*）是花生属迄今发现的最大区组，含有 27 个已定名的种，包括 1 个四倍体栽培种（*Arachis hypogaea*）、1 个四倍体野生种（*Arachis monticola*）和 25 个二倍体野生种。花生区组含有一年生和多年生种。该区组唯一的四倍体野生种（又称为半野生种）*Arachis monticola* 在分子水平上与 *Arachis hypogaea* 几乎没有差异，同工酶、扩增片段长度多态性（AFLP）、随机扩增多态性 DNA（RAPD）等分析表明，二者在遗传基础上极为相似，Hammons 曾认为 *Arachis monticola* 应该是 *Arachis hypogaea* 的一个亚种。花生区组的野生种容易与栽培种花生杂交，因此花生区组的野生材料得到了广泛研究，多数性状已得到较全面的评价，在育种利用上也有若干成效。

2. 大根区组 大根区组（section *Caulorrhizae*）包含 2 种：*Arachis pintoi* 和 *Arachis repens*，均为多年生二倍体种；株丛匍匐，叶片为 4 小叶，茎节处生根或着生根原基；仅分布在吉凯丁霍那河流域。

3. 直立区组 直立区组（section *Erectoides*）包含13种，均为多年生二倍体种；株丛匍匐，叶片为4小叶，通常在植株基部簇生花和荚果，大多数种具有块根，果针通常较长；代表种为*Arachis benthamii* Handro，主要分布于巴拉那河与巴拉圭河之间的盆地。

4. 围脉区组 围脉区组（section *Extranervosae*）包含9种，均为多年生二倍体种；株丛匍匐，叶片为4小叶；根部有大小和形状不同的块根，但茎部为圆柱体；花冠较大，花的旗瓣背面有明显的红色脉纹；对贫瘠环境的忍耐能力很强；主要分布在亚马孙河南部支流的上游，横跨巴拉圭河与巴拉那河的最边缘地区以及亚马孙河南部盆地；代表种为*Arachis prostrata* Benth。

5. 异形花区组 异形花区组（section *Heteranthae*）包含4种，一年生或二年生，均为二倍体种；株丛匍匐，叶片为4小叶；根系为直根系，有须根，无块根；花的旗瓣正反面均有红色脉纹，花朵有正常开放的花和闭合状小花（花冠不超过花萼）两种；代表种为*Arachis dardani* Krapov. et Gregory。

6. 匍匐区组 匍匐区组（section *Procumbentes*）包含8种，均为多年生二倍体种；叶片为4小叶，茎节处生根；大多数果针较粗，较长，呈水平状；代表种为*Arachis rigonii* Krapov. et Gregory；主要分布于巴西南部。

7. 根茎区组 根茎区组（section *Rhizomatosae*）包含3种，均为多年生；分为二倍体的原根茎系（series *Prorhizomatosae*）和四倍体的真根茎系（series *Rhizomatosae*）材料；株丛匍匐，叶片为4小叶，植株有根茎，代表种为*Arachis glabrata* Benth。

Arachis glabrata 是目前已命名的花生区组外的唯一的四倍体种，茎和根茎粗壮，半木质化；枝条较短，几乎光滑无毛；托叶较窄；集多种抗性于一体，抗叶锈病、早斑病、晚斑病、花生斑驳病毒（*Peanut mottle virus*，PMV）、花生矮化病毒（*Peanut stunt virus*，PSV）、花生条纹病毒（*Peanut strip virus*，PStV）、黄瓜花叶病毒（*Cucumber mosaic virus*，CMV）、番茄斑点枯萎病毒（*Tomato spotted wilt virus*，TSWV）、线虫、蓟马、蚜虫、玉米螟等多种病虫害；高抗旱，耐热；还是优良的饲料作物，营养体发达，生物产量高，叶片和茎蛋白质含量高，还含有丰富的矿物质和微量元素，比大多数其他热带豆科牧草更具营养价值。

8. 三叶区组 三叶区组（section *Trierectoides*）包含2种：*Arachis guaranitica* Chodat et Hassl. 和 *Arachis tuberosa* Bong. ex Benth.，均为多年生；代表种为*Arachis guaranitica* Chodat et Hassl.，其主根为倒圆锥形，直立的根茎上着生茎枝；叶为3小叶复叶，托叶较长，3～6 cm处与叶柄相连；小叶为线状披针形，叶片脉纹较多，边缘脉纹较粗，光滑无毛；花序为隐头花序，长为5.5～6.0 cm，有茸毛；主要分布于巴拉那河与巴拉圭河之间的盆地。

9. 三籽粒区组 三籽粒区组（section *Triseminatae*）只有1种：*Arachis triseminata* Krapov. et Gregory（=GKP12881），为二倍体，多年生；叶片椭圆形，叶脉明显，托叶呈披针形，茎枝、叶柄及小叶边缘均有茸毛；抗锈病和晚斑病。荚果常为2～4节。侧枝匍匐，并着生花和果。旗瓣背面有明显的红色脉纹。种子萌发后，子叶上表面呈棱状；主要分布于圣弗朗西斯科河流两岸。

栽培种花生（*Arachis hypogaea* L.）为异源四倍体或区段异源四倍体，包括2个染色体基组，其中1组具有1个显著短小的染色体A，称为A染色体组；另1组具有1个带随体的B染色体，称为B染色体组。栽培种染色体组型为AABB，由二倍体野生种杂交和染色体自然加倍演化而来，但国内外对栽培种花生的二倍体祖先野生种究竟为何迄今尚无定论，其中*Arachis villosa*、*Arachis duranensis*、*Arachis ipaensis*、*Arachis batizocoi* 等二倍体种被不同的研究者认为是栽培种可能的原始祖先。近几年研究更多的支持*Arachis duranensis* 和*Arachis ipaensis* 是栽培种花生A基因组和B基因组的祖先供体。

（二）花生野生种利用途径 花生野生种对病虫害有免疫性、抗性或耐性，而且是改良栽培种品质的重要种质资源。转移野生种优良基因的常用方法是栽培种与野生种杂交，或通过倍性育种实现。在栽培种和野生种的种间杂交中存在许多障碍，主要是倍性水平上的差异。利用野生种必须克服倍性障碍，其途径有以下4条。

1. 三倍体和六倍体途径 二倍体野生种和栽培种杂交，得三倍体杂种，用秋水仙碱处理加倍成六倍体，经自交或再与栽培种回交，使之染色体倍数下降，成为四倍体杂种。

2. 同源四倍体途径 先将野生种（$2x$）用秋水仙碱处理得到同源四倍体野生种，再与栽培种杂交。中国农业科学院油料作物研究所与广西壮族自治区农业科学院合作，曾诱发*Arachis stenosperma* 产生了同源四倍体，以它为父本，与栽培种杂交，F_1代植株在生长势上出现明显超亲优势。

3. 双二倍体途径 用2个二倍体野生种杂交得二倍体野生种，对杂种染色体加倍即得双二倍体，以之再与栽培种杂交，得四倍体杂种。

4. 利用四倍体野生种 美国Hammou（1970）用山地花生（*Arachis monticola*）与栽培种杂交，育成了西班牙杂种（Spaacross）。

三、花生栽培种

孙大容（1956）将我国花生栽培种种质资源按分枝型和荚果性状分为4大类型；A. Krapovickas等（1960）根据分枝型将花生栽培种分为2个亚种，每个亚种又根据荚果及其他性状各分为2个变种，这个分类方案的基本要点已为国际公认。我国的4大类型、美国的植物学类型与之亦基本一致，可以通用，其对应关系见表17-3。由于亚种、类型之间均能自由杂交，新选育的品种，常具中间性状，很难明确归于何种类型，我国常将此类品种暂称为中间型，因而有5大类型之说。我国5个品种类型的主要特征如下。

（一）普通型 普通型花生交替开花，主茎上无花序，密枝，能生三级分枝。株型有直立、半蔓生和蔓生3种。小叶为倒卵形，叶色为绿色或深绿色，叶片大小中等。荚果为普通型，间或有葫芦形，果嘴一般不明显。果壳较厚，网纹较平滑，种皮多为粉红色。

（二）龙生型 龙生型花生交替开花，主茎上无花序，分枝性强，侧枝很多，常出现四级分枝。株型蔓生，茎基部呈现花青素，茎枝遍生长而密的茸毛。小叶呈倒卵形，叶片多为深绿色。荚果呈曲棍形，多数品种每果有3～4粒种仁。种仁呈三角形、圆锥形。种皮多为黄色或浅褐色。

（三）多粒型 多粒型花生连续开花，主茎上生有花序，株型直立，分枝少。茎枝粗壮，生有疏而长的茸毛，有较多花青素。小叶大，呈椭圆形，为淡绿色或绿色。荚果为串珠形，含3～4粒种仁。果嘴不明显，果壳厚，网纹平滑，果腰不明显。种仁呈圆柱形或三角形，种仁小，种皮为深红色或紫红色。

（四）珍珠豆型 珍珠豆型花生连续开花，主茎基部生有营养枝，中上部有潜伏的生殖芽。株型直立，分枝性弱，二级分枝少，茎枝较粗。小叶较大，呈椭圆形，叶色为淡绿色或黄绿色。荚果为茧形或葫芦形，每荚果含2粒种仁。果壳与种仁间隙小。种仁呈圆形或桃形；种皮光滑，一般为淡粉红色。

（五）中间型 利用类型间杂交育成的一些品种，例如徐州68-4、海花1号等品种，这些品种具有一些中间型的特征特性。中间型花生一般连续开花，主茎有花序。株型直立，分枝较少。一级侧枝基部1～2节形成二级分枝，向上则连续开花。开花量大，下针多，结果集中。叶色、叶形、荚果、种仁等性状类似普通型品种。

各国在市场贸易上多有各自的习惯分类，例如美国市场类型中，除弗吉尼亚型、西班牙型、瓦棱西亚型外，还有一种Runner型（译为蔓生型或兰娜型），属于植物学类型弗吉尼亚型的蔓生中果品种，而市场类型中的弗吉尼亚型则是其中的大果品种。我国生产和出口中有大花生和小花生之分，大花生一般是指普通型或中间型的大果品种，小花生一般是指珍珠豆型中小果品种，出口贸易中有所谓旭日型（Sunrise）者，则是珍珠豆型中以白沙1016籽仁为代表的中果品种。

表17-3 花生栽培种（*Arachis hypogaea* L.）分类系统及其对应关系

A. Krapovickas分类系统		美国植物学类型	孙大容分类系统
交替开花亚种 （subsp. *hypogaea*）	密枝变种 （var. *hypogaea*）	弗吉尼亚型 （Virginia type）	普通型
	多毛变种 （var. *hirsuta* Kohler）	秘鲁型或亚洲型 （Peruvian type）	龙生型
连续开花亚种 （subsp. *fastigiata* Waldron）	疏枝变种 （var. *fastigiata*）	瓦棱西亚型 （Valencia type）	多粒型
	普通变种 （var. *vulgaris* Harz.）	西班牙型 （Spanish type）	珍珠豆型

第四节　花生育种途径和方法

一、花生引种

花生虽属短日照作物，一般来说，对光照要求不严格。在我国南北方各花生产区间相互引种都能正常开花结果，但各种类型品种生产力表现不同。花生对温度条件的要求比较严格。张承祥等（1984）研究指出，我国不同生态类型品种的生育期及其所需积温的差异是明显的，生育期最短及其所需积温最少的是多粒型品种（表17-4），次为珍珠豆型和中间型品种。生育期最长以及所需积温最多的是普通型和龙生型品种。因此在引种时，能否正常生长，积温是限制因素。在无霜期短、积温少的地区，主要受积温的限制；在无霜期长、积温多的地区则主要受耕作制度及前作茬口农时需要所制约。花生品种间对土壤特性的要求差异很大，往往决定引种的成败。例如珍珠豆型品种比较耐酸但不耐碱，在南方酸性土壤生长良好，而在北方盐碱地生长不良，往往表现缺铁黄化现象；某些普通型品种和中间型品种耐碱而不耐酸，在南方酸碱土壤种植往往表现缺钙现象，种子及果壳发育不正常。中间型品种间对缺铁、缺钙的敏感程度有很大差异。

表17-4　花生不同生态类型品种生育期和总积温

（引自张承祥等，1984）

类型	生育期（d）	总积温（℃）
多粒型	122～136	3 005.68±217.80
珍珠豆型	126～137	3 147.12±263.16
中间型	130～146	3 261.50±271.27
龙生型	152～156	3 562.96±204.00
普通型	155～160	3 596.15±143.05

二、花生自然变异选择育种

花生个体基因型基本相同的群体，有可能发生基因突变，或自然杂交使纯系品种发生变异。花生虽然是自花授粉作物，近年，以皱缩叶片为标志研究自然杂交率，一般在0.09%～2.50%，因季节和品种而不同。某些野生蜂是自然杂交授粉的主要媒介，自然群体中出现多种多样的基因型变异供选择。

我国在20世纪50—60年代，通过自然变异的选择育种先后育成中选62、系选7号、徐州412、狮选64、伏系1号、混选1号等许多花生良种。山东省福山县两甲庄村房纬经从当地晚熟大花生的自然变异中选出伏花生品种，曾在我国18个省份推广，60年代中期栽培面积达8.667×10^5 hm^2，占全国栽培总面积的40%以上，是我国适应性广、推广面积最大的花生品种。

花生自然变异的选择育种，按照育种目标要求，采用单株选择法，从自然变异群体中选择优良单株（荚），后代按当选单株（荚）种成株行，与原品种或推广品种进行比较、鉴定，从而选育出符合要求的新品种。也可采用混合选择法培育新品种。

三、花生杂交育种

花生杂交育种是广泛应用、效果良好的育种途径。

（一）亲本选配原则　花生育种工作者通常用两个或两个以上的纯合基因型品种杂交，以获得多种多样的变异类型供选择。选用杂合材料作亲本也是可取的。花生杂交可选用当地推广品种、引进材料、高世代的育种品系作亲本。根据我国花生育种的经验，亲本选配原则有以下几条。

1. 选用当地推广品种作为亲本之一　品种具有区域性，本地推广品种对当地生态条件有广泛的适应性，综合性状较好，对少数性状加以改良，育成的新品种能很快地推广。江苏省徐州地区农业科学研究所育成的徐州68-4，就是用当地良种徐州402为母本，伏花生为父本杂交育成的。

2. 选用丰产性好、配合力高的品种作亲本 山东省花生研究所（1978）对花17和花19等进行配合力测定，两品种荚果产量一般配合力均高，结果从组配的杂种后代中选出高产优质品种鲁花9号。

3. 选择生态类型差异大的作双亲 山东省的伏花生和广东省的狮头企，地理远缘，生态条件差异大，两品种无论是正交还是反交都育成了不少品种，由伏花生×狮头企育成了阜花4号、阜花5号、锦交4号等，由反交组合育成了白沙1016、粤油431、粤油731、新油13、杂224等。直立型和蔓生型株型不同，广西壮族自治区农业科学院1963—1968年共组配133个组合，其中直蔓组配48个，育成广柳、贺粤1号、贺粤2号和桂伏4个品种，占组合有效率的8.3%；直立型品种间组合45个，育成三伏品种1个，占组合有效率2.2%。贺粤1号结合了直立型的早生快发、连续开花、结荚集中、早熟和蔓生型的果大、叶色浓绿、叶小、种子休眠性和抗病力强等特点。

4. 选用优点多、缺点少、性状可互补的品种作亲本 伏花生具有早熟、产量稳定、适应性广等优点，但有品质差、种仁小、易发芽等缺点。姜格庄半蔓具有分枝多、结荚率高、品质好的特点，但生育期长、抗逆性差。两品种杂交育成了高产、中熟、大粒的杂选4号，克服了大花生晚熟，伏花生仁小、易发芽等不良性状。

5. 根据品种的遗传距离选配亲本 品种数量性状的遗传差异可用遗传距离度量，根据遗传距离大小进行系统聚类，选择遗传距离大的类群间杂交，效果较好。

（二）有性杂交方式和技术

1. 杂交方式 杂交方式有单交、复交和回交等。

（1）单交 单交是育种常用的方式，例如由狮头企×南径种育成湛油1号，由粤油22×粤油431育成粤油551等。

（2）复交 例如由粤油320-26×[（粤油33×协抗青）F_1×粤油302-4] F_3育成了抗青枯病的粤油92，由（粤油3×博白白花）×（伏花生×柳州鸡罩豆）育成广柳等。

（3）回交 例如由（粤油1号×粤油551）F_1×粤油551育成粤油187，由（贺县大花生×粤油3）F_2×粤油3号育成贺粤1号等。花生的抗病性育种中常用回交法。

2. 杂交技术 杂交前一天下午选择母本植株上能看到黄色花蕾花瓣的去雄并套袋，在去雄后的第二天6:00—8:00取父本的花粉给已去雄母的花本授粉，接着套袋防杂。然后在母本叶腋上挂牌标记，注明杂交组合、日期等，成熟时按组合收获晒干储存。

（三）杂种群体的处理 花生是自花授粉作物，杂交亲本往往是纯合体，杂种一代（F_1代）不产生分离，第二代（F_2代）产生分离，出现多种多样的基因型，因而应该种植足够的F_1代植株，以便产生理想的F_2代群体。为此，除对同一组合进行较大量的杂交外，还可稀植F_1代材料，以获得足够的杂种一代的种子数量。对F_2代处理的方法依系谱法、混合法或派生法而不同，大约自F_7代开始，各种处理方法均用相似的方式评估已相对稳定的育种材料的产量、品质和其他重要性状。

1. 系谱法 系谱法是我国花生育种中普遍应用的方法，单交群体的工作内容如下。

（1）第一代（F_1代） F_1代按杂交组合排列，单粒播种，同时播种对照品种和亲本，便于比较。一般不进行单株选择，只淘汰伪劣杂种，按组合收获。

（2）第二代（F_2代） F_2代按组合编号，单粒播种，尽量将杂种全播，同样播种对照品种和亲本。F_2代是分离世代，选择的关键是先淘汰不良组合，按组合选择优良单株，对遗传率较高的性状（例如株型、熟性、开花型、荚果大小、分枝数等）严格选择，晒干后，对单株荚果数、饱满度、荚果和籽仁整齐度等再行室内复选，然后按组合和入选单株进行编号。

（3）第三代（F_3代） F_3代按组合排列，将入选的F_2代单株点播成行，同样播种对照品种和亲本，在优良株行中选优良单株，其选择标准与F_2代相同，但需注意抗病虫性的选择。

（4）第四至七代（F_4～F_7） F_4代及以后各世代种植方法与F_3代相同，随之可对产量等性状进行选择，随着世代的推进，株系内性状已渐趋一致，除对仍有分离的株系继续选单株外，应逐渐转入选择优良株系、品系，如果整齐和相对一致，可混收以保持相对的异质性和获得较多种子，继而进行产量比较试验和品质的测定。

2. 混合法 混合法是花生育种中简便而实用的方法。在杂种分离世代，按组合混合收获，每年混合种植，不进行选株，只淘汰伪劣株，直至杂种遗传趋于稳定，纯合个体数达80%左右的F_5～F_8代才开始选择一次单株，下一代种成株系，然后选择优良株系升级试验。

系谱法和混合法各有优缺点，许多国家在两法的基础上加以改良，在花生育种上主要应用派生系谱法和单籽传育种法两种派生法。花生是自花授粉作物，采用单籽传育种法可达到舍弃株内逐代变小的变异度以换取逐代增大的株间变异度；同时，种植规模小，可利用温室或异地加代，缩短育种年限。美国 Isleib 和 Wynne（1981）采用此法，在温室加代，用 14 个月得到 3 个世代种子。

四、花生诱变育种

诱变所引起的多样性的遗传变异是产生新种质的来源。我国花生应用诱变育种途径育成 20 多个品种，其中辐 21、辐矮 50、昌花 4 号、鲁花 6 号、鲁花 7 号等在生产上大面积推广应用。广东省农业科学院（1960）每粒用^{32}P 7.4×10^5 Bq（20 μCi）剂量浸渍狮选 64，育成辐狮，具有分枝多、特矮等特点，以辐狮为母本、伏花生为父本育成粤油 22，成为广东省 20 世纪 60—70 年代的当家品种。

（一）诱变材料的选择 根据育种目标的要求和辐射育种的特点，选择综合性状好、缺点少的纯合品种进行诱变，有目的地改变一个或几个不良性状，创造出新品种。还可采用辐射与杂交相结合，对有性杂交后代的杂合材料进行诱变，同样收到良好效果。

（二）花生辐射后突变性质和类型

1. 突变性质 山东省花生研究所曾获得缺体（$2n=38$）和单体（$2n=39$）等染色体突变体。也发现基因突变和核外突变体。

2. 突变类型 山东省花生研究所研究指出，花生辐射后，变异率提高，一般为 3%～5%，有可能出现单一性状突变、多性状突变和性状不完全突变 3 种类型。还认为形态、育性、熟性、色素、品质等性状均会发生变异。广东省农业科学院也证实，辐射后株型、开花型、叶形、果形、抗性等有可能发生突变。

（三）诱变源

1. 辐射处理种类和剂量

（1）外照射 可利用 X 射线、γ 射线、中子流照射花生的外部，包括植株、种子、花粉等。应用 X 射线和 γ 射线辐照花生干种子以 5.16～7.74 C/kg（20 000～30 000 R）为宜，7.74×10^{-3}～9.03×10^{-3} C/(kg・min)（每分钟 30～35 R）的剂量率较好。处理湿种子用 0.774～2.064 C/kg（3 000～8 000 R）。中子流一般用 1×10^8～5×10^8 n/cm^2 剂量照射干种子。

（2）内照射 利用半衰期较短的放射性同位素（例如^{32}P、^{35}S 等）溶液浸种或注射植株，使溶液渗透到组织里面，由放出的 β 射线进行内照射，一般剂量，^{32}P 为每粒种子 7.4×10^5～9.25×10^5 Bq，^{35}S 为 3.7×10^6～4.44×10^6 Bq 较好。

此外，利用氦-氖激光器、氮分子激光器、二氧化碳激光器等处理种子或植株也可获得诱变效果。化学诱变剂处理也有一定的诱变效果，但这方面的研究不多。

2. 影响花生突变的因素

（1）品种 不同品种对辐射的敏感性和突变谱不完全相同。据邱树庆（1988）报道，用 γ 射线同剂量照射早熟的伏花生和晚熟的胶南半蔓，叶形突变率前者比后者高 0.4 个百分点，矮株和果型突变率后者比前者高 0.1 个百分点。

（2）生长发育状态 花生在不同的生长发育状态，诱变效应不同，一般认为，耐辐射力的顺序是：干种子＞湿种子＞结果期植株＞催芽种子＞花针期植株＞幼苗期植株。

（3）重复照射 山东省花生研究所曾用 γ 射线 0.774 C/kg（3 kR）剂量分 1 次和 10 次（每天 0.077 4 C/kg）辐照，M_2 变异率，一次急性照射的为 22.2%，分次累积辐照的为 14.3%。

（四）诱变后代的选择 诱变的后代的种植和选择方法，基本上和常规育种方法相同，但要注意在低世代时，既要选择综合性状好的小变异也要保留某些性状不理想的大变异。同时，往往在第一代，一般看到生长受抑制、植株矮缩、不结实或结实率低等诱变造成的生理损伤现象。因产生的突变，通常是隐性，第一代一般不选择，全部单株留种。

五、轮回选择在花生育种上的应用

花生因属自花授粉作物，利用轮回选择的主要障碍是不容易进行充分互交，依靠人工杂交，工作量大，但即便如此，轮回选择仍逐渐在花生育种上得到应用。Gubk 等（1986）在花生种间杂交的群体内进行轮回选择，试图利用花生野生种改良栽培种，试验用紫色种皮栽培品系 PI261923 与二倍体野生种 *Arachis cardenasii*（CKP10017）杂交，用秋水仙碱处理不育的三倍体杂种，使其在六倍体水平上恢复育性，杂种群体中通过细胞学观察，发现第五代群体中有四倍体，在这些四倍体的基础群体中选择 24 株进行产量比较试验。然后从其中选择 10 个产量最高的株系作为第一轮的亲本。进行部分双列杂交，从中对 42 株 S_0（C_1S_0）进行自交得 42 个 $C_1S_{0:1}$ 家系，经田间产量试验再从中选用 10 个最高产家系，进行第二轮互交，从中又对 60 个 C_2S_0 单株经自交衍生为 60 个 $C_2S_{0:1}$ 家系，再经田间产量试验，又从中选出 10 个最高产量家系作为第三轮亲本进行互交，将其 30 个 C_3S_0 衍生为 $C_3S_{0:1}$ 家系。最后将 3 轮选择的 30 个 $C_3S_{0:1}$ 家系于 1983 年在两种环境下重复试验，结果表明，在花生种间杂交的后代群体内轮回选择能大大改进产量和抗病性性状；应用轮回选择可将高产和其他有利性状的基因从二倍体野生种中转移到栽培种。

第五节 花生育种田间试验技术

一、花生田间试验技术

花生育种试验田要求地势平坦、壤土、肥力中等以上、排灌方便，最好是生茬地，应施足基肥，注意有机肥和磷肥的使用，缺钙的酸性土壤应注意施用钙肥，播种前耕耙均匀，保证苗齐苗壮。

为便于对育种材料进行选择，需有适宜的行株距，使植株有一定空间充分发挥其生长潜力和便于目测评价。行株距可按品种和地力水平确定，一般直立型为 40 cm×25 cm，半蔓生型为 50 cm×30 cm，蔓生型为 65 cm×40 cm。在分离选择世代一般单粒播种。品系比较试验双粒播种，尽量接近大田栽培条件。

品系比较试验等试验区，一般以长方形为好，小区面积为 10～14 m^2，重复 3～4 次，随机区组设计。

花生是地上开花地下结果的作物，这与其他作物不同，因而进行单株选择时需田间选择与室内考种相结合，田间选择又可分两次进行，第一次在下针结荚初期，对地上部性状初选；第二次在成熟收获时，对地下部性状进行选择。晒干后再行室内考种，综合评估决选。

二、花生区域试验和品种审定

（一）花生区域试验 花生区域试验点根据作物生态区划，结合行政区划设置，每个生态区一般设点 2～4 处。全国区域试验分北方区、南方区和长江区分别进行，参试品种由育种单位按标准选送。省级区域试验在本行政区内设点进行。参加省级区域试验的品种（系）必须经过 2 年或多点品种（系）比较试验、品质分析及抗性鉴定，种性稳定，比对照品种增产 5%以上。产量相当于对照品种，具有突出优点的品种（系）也可参加区域试验。区域试验可分早熟组、中熟组、夏播组等分别进行，每组设对照（原种）1～2 个，每周期 2～3 年，可同时进行生产试验，扩大繁殖种子。

（二）花生品种审定 2015 年之前，花生品种实行国家鉴定、省级审定或鉴定两级审（鉴）定制度，由品种审（鉴）定部门按法定程序审（鉴）定育成或引进的新品种，确定其适应范围，正式作为品种推广。省级品种审（鉴）定委员会负责本地区的品种审定。国家品种审定部门负责审定跨省推广的新品种。2015 年花生品种实行国家登记制度，之前经国家级、省级审（鉴、认）定的品种需进行登记。

省级审（鉴）定的品种必须经过省级区域试验和生产试验；国家登记或鉴定的品种一般需要经过国家区域试验和生产试验。国家登记，需要进行品种特异性、一致性、稳定性测试。登记、审（鉴）定品种应达到下列标准之一。

（1）产量水平较高 大花生或小花生要求产量高于同类推广品种（对照）的 5%～10%，达增产显著，其他性状无明显缺陷。

（2）具有优良性状 产量和品质性状与同类型的推广品种（对照）相近，同时具有一个或多个突出性状，例如高含油量、高蛋白质含量、符合出口要求、早熟、高抗某种病害（包括花生叶斑病、青枯病、线虫病、病毒病、锈病等）。

第六节 花生种子生产技术

一、花生种子生产的特点和要求

花生种子生产是整个育种和良种利用过程中的一个重要环节，主要任务是应用农业科学原理和先进栽培技术，加速繁殖花生优良品种的种子，同时保持和提高良种的优良种性，使良种在生产上发挥更大的增产作用。

花生用种量大，繁殖系数低，一般仅为播种量的10倍左右，良种普及和推广较慢，这是花生种子生产工作的特点。为此，可采用单粒稀播、插枝繁殖、微繁等技术增加繁殖系数，加速良种种子生产。南方适宜翻秋留种地区，可采用翻秋种植法，既可获得新鲜、生活力强的种子，又能加速种子生产。北方亦可采用南繁异地加代或温室繁殖法，加速世代进程和繁殖大量种子。

花生籽仁含有大量的脂肪和蛋白质，吸湿性强，易增强水解酶的活动，促使脂肪酸败而降低种子品质和生活力，这是花生种子生产值得注意的又一问题。因此要适期收获，晒干安全储藏，储藏期间要特别注意保持在安全水分内，荚果水分应在10%以下，大花生种子水分应在8%以下，小花生种子水分应在7%以下。这样才能提供生活力强的优良种子，为种子生产打下良好基础。

二、花生种子质量分级标准

花生种子分为育种家种子（原原种）、原种和大田用种（良种）三级。育种家种子是指由育种家育成的遗传性状稳定的花生新品种的最初来源的种子，具有原品种最高的纯度、典型性和种性，用来繁育原种。花生原种是指由育种家种子繁殖或者按原种生产技术规程生产的达到原种质量标准的种子，用原种来繁殖大田用种。花生大田用种是指原种繁殖或者按种子生产技术规程生产的达到大田用种质量标准的种子，是生产上大量使用的种子。

按照农业部和国家质量监督检验检疫总局制定的国家标准《经济作物种子　第2部分：油料类》（GB 4407.2—2008），花生种子质量标准由纯度、净度、发芽率和水分4项指标，见表17-5。

表17-5　花生种子分级标准

（GB 4407.2—2008）

级别	纯度 不低于（%）	净度 不低于（%）	发芽率 不低于（%）	水分 不高于（%）
原种	99.0	99.0	80.0	10.0
大田用种	96.0	99.0	80.0	10.0

三、花生良种繁育的基本程序

花生良种繁育推行由育种家种子、原种和大田用种三级种子生产程序，以此来保护育种者的知识产权，防止品种混杂退化，保持品种原有种性，从而发挥种子的增产效果。

育种单位负责培育新品种，并在该品种通过登记时能有较足够的育种家种子（原原种）。种子企业负责原种、大田用种种子的生产，由种子企业对大田用种进行加工、包衣，使其成为商品种子，供应花生生产用种。各级种子管理部门负责生产和市场监管。

四、花生良种纯度保持的主要措施

在花生种子生产过程中，由于机械混杂、生物学混杂、品种本身遗传性发生变化和自然变异、不正确的选择、环境胁迫等，往往会导致良种混杂退化。随着良种使用年限的延长，品种混杂退化的程度就愈加严重。良种退化后，生长不整齐，成熟期不一致，产量降低，品质变差。因此良种即使在推广过程中，也必须坚持经常性地进行提纯。生产实践证明，经过提纯的花生原种一般可增产10%左右，而且可大大延长优良品种的使用寿命。

我国花生科技工作者通过多年的科学研究和生产实践，总结出在生产上行之有效的花生原种繁殖法（三年二圃法）。简易原种繁殖法也称为二圃法，主要程序如图17-1所示。该法简单易行，效率高，进程快，其程序是单株选择、株行比较、混合繁殖生产原种。

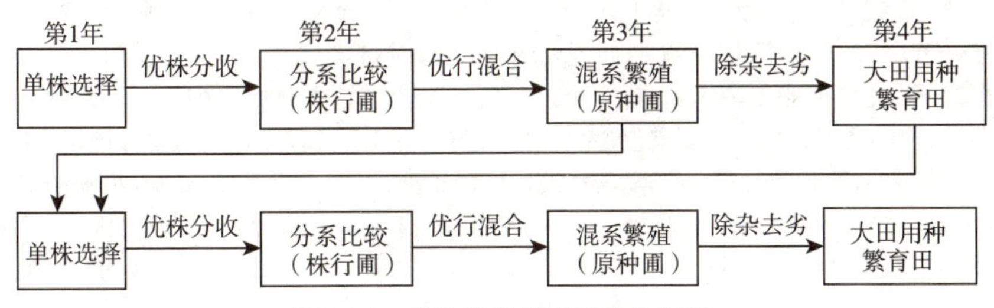

图 17-1 花生简易原种繁育法程序

第七节 花生育种研究动向和展望

一、组织培养技术在花生育种上的应用

Harey 和 Schulz（1943）最早开展花生的组织培养工作，培养花生果皮并成功地获得再生植株。截至目前，已有花生属 17 种的 11 种外植体（包括根、茎、叶、花、芽、花药、果皮、胚、胚珠、子叶等器官和叶肉组织以及原生质体）经组织培养获得效果，试验并应用 40 多种培养基。组织培养技术在花生育种上的应用方面有：①幼胚培养克服远缘杂交不亲和的困难；②体细胞杂交以获得远缘杂种；③诱导单倍体和多倍体；④筛选抗盐、耐旱、抗除草剂、抗病虫害的突变体；⑤利用转基因技术进行花生遗传改良等。

二、花生转基因育种

目前在花生品质改良、抗病性、抗虫性、抗病毒、抗除草剂、抗逆性、作为生物反应器等方面开展了转基因技术应用研究，获得了越来越多的转基因花生品系。①1998 年美国的 Yang 等通过基因枪方法转化，获得转番茄斑萎病毒（TSWV）衣壳蛋白（N）基因的花生植株，田间试验结果显示，转基因花生发病率显著低于未转基因对照。中国农业科学院油料作物研究所构建了 PStV-CP 基因表达载体，通过农杆菌转化获得数个转基因花生系，在人工接种条件下表现无症或症状延迟出现（陈坤荣等，2004）。②Rohini（2001）将烟草几丁质酶基因转入花生栽培种，几丁质酶活性提高了 4～9 倍，获得了抗花生叶斑病的转基因植株。③Singsit（1997）通过基因枪转化，将 *Bt Cry 1A*（*c*）基因导入花生获得抗非洲蔗螟的转基因植株，饲喂幼虫可有完全致死至减重 66%的抗虫效果。Tiwari（2008）等通过农杆菌转化，将人工合成的内毒素基因 *cry1EC* 导入花生，获得抗斜纹夜蛾幼虫的植株，饲喂 2 龄幼虫转基因植株叶片可产生 100%致死率。徐平丽等（2003）以胚轴作外植体，经农杆菌介导将豇豆胰蛋白酶抑制剂（CpTI）的基因导入花生栽培品种，获得具有一定抗虫性的转基因植株。④2007 年印度 Mathur 等将由 *rd29A* 基因的胁迫诱导启动子驱动的拟南芥转录因子基因 *DREB1A* 导入干旱敏感型花生 JL24，使得转基因植株的抗旱性提高。2009 年宗自卫以根癌农杆菌 LBA4404 为转化受体菌，将甜菜碱醛脱氢酶（BADH）的基因导入花生，获得耐盐性提高的转基因植株。⑤2009 年殷冬梅等以根癌农杆菌介导，将含有油酸脱氢酶基因的植物双元表达载体 pFGC/2nd 转入花生，检测显示，RNA 干扰对内源的油酸去饱和酶基因产生了抑制作用。刘风珍等采用携带 *γ-TMT* 基因表达载体 pGBVE 的农杆菌对花生品种鲁花 11 和丰花 2 号进行遗传转化。试验获得 14 株 PPT 抗性苗，经 PCR 检测证明，*γ-TMT* 基因已整合在花生基因组中。⑥刘风珍、万勇善等（1999）利用花粉管通道法把国槐 DNA 导入花生栽培品种，引起株型、开花型、株高、叶形、叶大小、果型、果大小、结果数量等性状变异，性状变异非常广泛，变异率亦非常高。把花生野生种 *Arachis glabrata* DNA 导入栽培品种也获得良好效果。

三、花生分子标记辅助选择育种

近年来分子标记技术的发展为实现对基因型的直接选择提供了可能。Moretzsohn 等（2005）利用花生区组中包含 AA 基因组的二倍体野生种 *Arachis duranensis* 与 *Arachis stenosperma* 杂交的 F_2代群体构建了 A 组野生种的遗传连锁图，共 11 个连锁群，包含 170 个标记位点，总长为 1 230.89 cM，平均图距为 7.24 cM。并于 2009 年利用花生区组中包含 BB 基因组的二倍体野生种 *Arachis ipaensis* 与 *Arachis magna* 杂交的 F_2代群体构建了B组野生种的遗传连锁图，共10个连锁群，包含149个标记位点，总长为1 294 cM。B基因组图谱与A基因组图谱有51个标记位点相同，表明两个基因组之间存在高度共线性。R. K. Varshney等（2008）发表了第一张栽培种遗传图谱，有22个连锁群，包含135个简单序列重复（SSR）位点，总长为1 270.5 cM。洪彦彬等（2010）发表的图谱包含22个连锁群，有175个简单序列重复标记，总长为885.4 cM，平均图距为5.79 cM。2013年，Shirasawa K. 等利用A基因组二倍体野生种 *Arachis duranensis* ‘K7988’× *Arachis stenosperma* ‘V10309’、B基因组二倍体野生种 *Arachis ipaensis* ‘K30076’× *Arachis magna* ‘K30097’以及AB基因组四倍体栽培种 *Arachis hypogaea* ‘Runner IAC 886’×人工双二倍体（*Arachis ipaensis* ‘K30076’×*Arachis duranensis* ‘V14167’）^{4x}这3个组合获得的3个重组自交系（RIL）群体构建了高密度的花生连锁图谱，结合已报道的13张连锁图谱，建成的整合图谱总长度为2 651 cM，包含3 693个标记位点，20个连锁群分别与A组和B组的连锁图谱相一致，图谱标记位点间平均距离为0.77 cM。

目前已利用简单序列重复标记构建了多张遗传图谱（Shirasawa等，2013），并相继定位了与抗病（Sujay等，2012）、抗逆（Gautami等，2012b）、产量（Ravi等，2011）、品质（Sarvamangala等，2011）等相关的基因或数量性状基因位点，为后续分子育种奠定了基础。分子标记辅助选择开始用于栽培品种的改良。来自野生种 *Arachis cardenasii* 对线虫 *Meloidogyne arenaria* 的抗性受单显性基因 *Rma* 控制。通过分子标记辅助选择技术培育抗线虫花生品种最初采用的是随机扩增多态性DNA（RAPD）标记，稍后采用限制性片段长度多态性（RFLP）标记，近年则采用基于聚合酶链式反应（PCR）的标记。早先开发出的3个随机扩增多态性DNA标记（RKN229、RKN410和RKN440）和3个限制性片段长度多态性标记（R2430E、R2545E和S1137E），在另外的群体中测试时并不可靠。为此，根据RKN440完整序列开发出特征序列扩增区域（SCAR）标记S197（引物为197F、909R），Coan和Georgia Green扩增出不同长度的聚合酶链式反应产物。抗、感线虫的重组近交系扩增产物有29 bp的差异。然而单侧标记难以应用于育种选择，开发另一侧的标记是必要的（Guo等，2012）。通过目标区域精细作图，现已开发出共显性的简单序列重复标记GM565（引物为GM565F、GM565R）用于育种，该标记在抗病和感病材料中分别产生208 bp和195 bp条带，二者相差13 bp。鉴于来自野生种的线虫抗性渗入区域重组受到抑制，因此认为上述标记可以在育种中加以利用（Nagy等，2010；Chu等，2011）。Chu等（2011）利用分子标记辅助选择技术，将抗线虫亲本和高油酸亲本杂交，试图培育出抗线虫且高油酸的花生品种。采用的是其前期开发的针对 *FAD2A* 和 *FAD2B*（*FAD2A*448G>A和 *FAD2B*441_442insA）的酶切扩增多态性序列（CAPS）标记。美国Barkley等（2010，2011）开发出相应的聚合酶链式反应引物。

四、花生基因组测序

花生栽培品种（*Arachis hypogaea* L.）是异源四倍体（$2n=4x=40$，AABB），基因组大小约为2 800 Mb。二倍体野生种 *Arachis duranensis*（AA）和 *Arachis ipaensis*（BB）被认为是栽培花生A基因组和B基因组的祖先供体，两个二倍体野生种的全基因组测序于2014年完成，获得的序列覆盖了野生种花生基因组的96%，有关基因组序列信息查询的网址为http：//peanutbase.org，2017年栽培种基因组序列也在上述网站释放。2017年我国由福建农林大学牵头的花生栽培种基因组测序完成，组装染色体长度达2.5 Gb，基因组数据在网站http：//peanutgr.fafu.edu.cn/index.php释放。2018年河南农业大学殷冬梅团队完成了异源四倍体野生花生 *Arachis monticola* 的基因组测序工作（Yin等，2018）。2019年，梁炫强团队完成栽培品种伏花生的基因组测序（Chen等，2019）。这对系统解析花生产量、品质、抗性等关键性状形成的分子机理，预测候选基因调控元件，以及分子设计育种的研究和应用提供了强有力的支撑。

复习思考题

1. 试评述国内外花生育种状况及我国花生育种的成就。
2. 试从需求及市场特点出发，讨论未来的花生育种方向和目标。
3. 试述花生主要育种目标性状的遗传特点，举例说明其在育种中的应用。
4. 试讨论野生花生种质的育种意义及其育种利用的难点和克服方法。
5. 举例说明花生育种的主要途径和方法，并比较其优缺点。
6. 简述花生杂交育种的基本过程及其关键技术。

7. 试述花生种子生产的特点及防杂保纯的主要措施。

8. 试围绕花生育种目标讨论生物技术应用于育种的潜在作用。

附 花生主要育种性状的记载方法和标准

一、生育时期

1. 播种期 播种当天的日期即播种期。

2. 出苗期 第1片真叶展开的幼苗数占播种粒数的50%的日期为出苗期。

3. 出苗率 出苗后10～20d调查出苗株数占播种粒数的比例（%），即出苗率。

4. 始花期 开花株率达10%的日期为始花期。

5. 开花期 开花株率达50%的日期为开花期。

6. 盛花期 单株或全区每天开花量最多的一段时期为盛花期。

7. 终花期 90%的植株终止开花的日期为终花期。

8. 饱果期 50%的植株荚果饱满、网纹清晰的日期为饱果期。

9. 收获期 实际收获的日期为收获期。

10. 全生育期 从播种到成熟的日数为全生育期。

11. 播种出苗期 从播种至50%植株出苗的时期为播种出苗期。

12. 苗期 从50%植株出苗至50%植株第1朵花开放的日期为苗期。

13. 开花下针期（简称花针期） 从50%植株始花至50%植株出现明显的幼果（子房明显膨大而呈鸡头状，已能看到网纹）的时期为开花下针期。

14. 结荚期 从50%植株出现幼果至50%植株出现饱果的时期为结荚期。

15. 饱果成熟期（简称饱果期） 从50%植株出现饱果至植株成熟收获的时期为饱果成熟期。

二、植物学特征

16. 株型 根据封垄前第一对侧枝与主茎的开张角度分为直立型、半蔓生型和蔓生型3个类型。

直立型的第1对侧枝与主茎夹角小于45°。

半蔓生型（或半匍匐型）的第1对侧枝近茎部分与主茎约成60°角，侧枝中上部向上直立生长，直立部分大于或等于匍匐部分。

蔓生型（或匍匐型）的第1对侧枝与主茎间近似成90°夹角，侧枝几乎贴地生长，仅前端翘起身向上生长，向上部分小于匍匐部分。

17. 开花型 根据花序在一级分枝上的着生位置区分开花型，分为交替开花型和连续开花型两个类型。

交替开花型的侧枝上营养枝和生殖枝（花序）交替着生，主茎上一般不直接着生花序。

连续开花型的一级分枝上通常连续着生花序，主茎开花或不开花。

18. 分枝型 根据一级分枝上的二级分枝的多少分为密枝型和疏枝型两个类型。

密枝型的二级分枝多，且可见到三级分枝和四级分枝。

疏枝型的二级分枝少，甚至没有。

19. 叶形 果针大量入土后调查叶形，以第1对侧枝中上部完全展开的复叶顶端两小叶为标准，分为长椭圆形、宽椭圆形、椭圆形、宽倒卵和倒卵形。

20. 叶片大小 在调查叶形的部位取样测定叶片大小，根据小叶平均长度分为5级，3.9cm以下为小，4.0～4.9cm为较小，5.0～5.9cm为中，6.0～6.9cm为大，7.9cm以上为极大。

21. 叶色 根据观察叶形部位的叶片颜色，分黄绿色、淡绿色、绿色、深绿色和暗绿色5级。

22. 茎的粗细 成熟时测量第1对侧枝与第2对侧枝之间的节间中部的直径，分为5级，3.9mm以下为纤细，4.0～4.9mm为中粗，5.0～5.9mm为较粗，6.0～6.9mm为粗，7.0mm以上为极粗。

23. 茎枝茸毛 根据茎枝上茸毛多少长短，分为密长、密短、中长、中短、稀长和稀短。

24. 茎部花青素 根据茎色判断茎部花青素，分为无、少量、中量和多。

25. 花色 花冠的颜色即为花色，分为橘黄色、黄色和浅黄色。

26. 花的大小 在盛花期选有代表性的花测量旗瓣的宽度，15.9mm以下为小，16.0～20.9mm为中，21.0mm以上为大。

三、生物学特性

27. 种子休眠性 根据收获时种子有无发芽的情况将种子休眠性分为强（无发芽）、中（少数发芽）和弱（发芽多）3级。

28. 耐旱性 在干旱期间根据植株萎蔫程度，每日早晨、傍晚恢复快慢及荚果成实情况分为强（萎蔫轻，恢复快）、中和弱（萎蔫重，恢复慢）3级。

29. 耐涝性 在土壤过湿情况下，根据叶片变黄及烂果多少判断耐涝性，分强、中和弱3级。

30. 抗病性

（1）抗花生叶斑病 根据植株中部叶片上病斑多少将花生叶斑病分为5级，再根据发病程度计算感病指数，按感病指数分高抗、中抗、低抗、感病和高感5级。

（2）抗花生锈病 根据叶片上孢子堆多少确定发病程度将花生锈病分为5级，再根据发病程度计算感病指数，按感病指数分为高抗、中抗、低抗、感病和高感5级。

（3）抗花生青枯病 以感病植株的累计数计算发病率（%），以发病率计算抗性率，抗性率90%以上者为高抗，80%～90%为中抗，60%～79%为低抗，50%～59%为感病，50%以下为高感。

（4）抗花生线虫病 根据发病程度将花生线虫病分为5级，再根据发病程度计算感病指数，以感病指数说明抗病性。

四、考种项目

31. 主茎高 从第1对侧枝分生处至已展开的顶叶节的长度为主茎高。

32. 侧枝长 第1对侧枝中最长的1条侧枝长度，即由与主茎连接处到侧枝顶叶着生处的长度为侧枝长。

33. 主茎叶数 子叶节以上到最上部展开叶片数（不包括子叶和鳞叶）为主茎叶数。

34. 主茎节数 子叶节至最上部展开叶叶节的节数（包括子叶节和鳞叶节）为主茎节数。

35. 有效枝长 第1对侧枝上最远结实节到主茎的距离为有效枝长。

36. 结实范围内的节数 第1对侧枝上有效结果范围内的节数为结实范围内的节数。

37. 总枝数 全株所有枝的总和（包括主茎，不足5cm的不计）为总枝数。

38. 总分枝数 全株5cm长度以上的分枝（不包括主茎）的总和为总分枝数。

39. 结果枝数 全株结果枝（包括主茎）的总和为结果枝数。

40. 单株结果数 全株有经济价值荚果的总和为单株结果数。

41. 幼果数 子房已明显膨大，但仍没有经济价值的荚果数为幼果数。

42. 秕果数 籽仁不饱满的荚果数（包括两室中有一室饱满，另一室不饱满）为秕果数。

43. 饱果数 籽仁充实饱满的荚果数为饱果数。

44. 荚果大小 根据典型饱满荚果的长度将荚果的大小分为4级。以二粒荚果为主的品种，26.9mm以下为小，27.0～37.9mm为中，38.0～41.9mm为大，42.0mm以上为极大。以三粒以上荚果为主的品种，36.9mm以下为小，37.0～46.9mm为中，47.0～49.9mm为大，50.0mm以上为极大。

45. 果壳厚度 以荚果后室为果壳厚度的鉴定标准，分厚、中和薄3级。

46. 果形 果形分为葫芦形、曲棍形、蜂腰形、普通形、蚕茧形、斧头形和串珠形。

47. 荚果缢缩 荚果缢缩分为深、中深、浅和平4级。

48. 荚果网纹 荚果网纹分为粗、细、深和浅。

49. 荚果粒数 以多数荚果的粒数作为该品种的荚果粒数。

50. 单株生产力 单株有经济价值的荚果干物质量为单株生产力。

51. 经济产量 每公顷有经济价值的荚果总干物质量为经济产量，或由试验小区荚果产量折算成每公顷产量。

52. 千克果数 随机抽取有经济价值的荚果1kg，数其果数。重复2次，差异不大于5%。

53. 百果重 随机选取饱满的典型（例如双仁品种选双仁果）荚果100个称其干物质量（g），即为百果重。重复2次，差异不大于5%。

54. 百仁重 随机取饱满典型的籽仁100粒称其干物质量（g），即为百仁重。重复2次，差异不大于5%。

55. 出仁率 随机取有经济价值的干荚果0.5kg，剥壳后称籽仁质量。出仁率＝籽仁质量/荚果质量×100%，重复2次，差异不大于5%。

56. 籽仁大小 根据百仁重分为大粒品种（80g以上）、中粒品种（50～80g）、小粒品种（50g以下）。

57. 籽仁形状 籽仁形状分为椭圆形、圆锥形、桃形、三角形和圆柱形5种。

58. 种皮颜色 荚果晒干后剥壳调查种皮颜色，分为紫色、紫红色、紫黑色、红色、深红色、粉红色、淡红色、浅褐色、淡黄色、白色和红白相间11种色。

59. 粗脂肪含量 用索氏法测定粗脂肪含量，计算公式为

$$粗脂肪含量=(粗脂肪质量/干样品质量)\times 100\%$$

60. 粗蛋白质含量 用凯氏法测定全氮含量再乘以系数5.46即为粗蛋白质含量。

（伍时照、万勇善第一版原稿；万勇善第二版修订；万勇善、刘风珍第三版修订）

第十八章　芝麻育种

芝麻（英文为sesame，学名为*Sesamum indicum* L.）是我国重要的油料作物之一，常年种植面积为 8×10^5 hm^2（1.2×10^7 亩）左右。芝麻籽口味纯正，含油量高，营养丰富，经济价值高，素有油料皇后之称，是我国人民的重要食用油源，在食用、医药、保健等方面具有其他油料作物所不及的一些特点。芝麻及其加工产品在我国对外贸易中更是起着不可替代的重要作用。

第一节　国内外芝麻育种研究概况

一、芝麻繁殖方式和品种类型

芝麻属于胡麻科（Pedaliaceae）芝麻属（*Sesamum*）的一年生草本植物，为自花授粉作物，用种子繁殖。染色体基数为 13，为二倍体，$2n=26$。品种类型多，性状差异明显。

目前芝麻主要用常规品种作为生产用种，杂交种的应用只是刚刚起步，但代表着未来的发展方向。

二、国外芝麻育种概况

（一）世界芝麻生产概况　世界范围内，芝麻栽培主要分布在亚洲和非洲，常年种植面积为 6.0×10^6～7.9×10^6 hm^2。根据联合国粮食及农业组织（FAO）的统计资料，2011 年世界芝麻种植面积为 7.897×10^6 hm^2，其中亚洲为 4.665×10^6 hm^2，非洲为 2.886×10^6 hm^2，分别占全世界种植总面积的 59.1%和 36.5%。2012 年世界芝麻总产量为 4.167×10^6 t，居前 4 位的是缅甸（6.2×10^5 t）、印度（6.1×10^5 t）、中国（6.0×10^5 t）和坦桑尼亚（4.6×10^5 t），其单产分别为 306 kg/hm^2、302 kg/hm^2、1 125 kg/hm^2 和 216 kg/hm^2。世界平均单产为 576 kg/hm^2。

（二）世界芝麻育种概况　印度是世界上最大的芝麻生产国，面积居世界首位，据联合国粮食及农业组织的数据，印度 2011 年的芝麻种植面积为 1.78×10^6 hm^2。但由于其粗放种植，单产较低，2012 年单产只有 302 kg/hm^2。其推广品种主要是系统选育及杂交选育的常规品种。

其他芝麻主产国（例如苏丹、埃及、埃塞俄比亚、尼日利亚、乌干达、尼日尔等非洲国家）也根据其本国的气候地理特点，选育耐旱、抗病虫害、高产的芝麻常规品种。美国芝麻种植面积不大，但其机械化程度高，其品种选育注重闭蒴型，即芝麻成熟时不裂蒴，便于机械收获。20 世纪 80 年代末在美国得克萨斯州及亚利桑那州均育成闭蒴型高产品种。

关于芝麻杂种优势现象，国外早有报道（Pal，1945）。Osman 和 Yermanos 于 1982 年首次报道了芝麻核雄性不育材料的发现，但国外迄今未见芝麻杂种优势利用方面的报道。

三、我国芝麻育种概况

我国芝麻栽培范围甚广，在北纬 18°～47°、东经 76°～131°的广阔区域内，无论平原、丘陵、山区，包括黄土高原地带均有种植。由于生态环境的差异，芝麻品种的性状也各具特点。我国芝麻主要种植在河南、湖北和安徽 3 省，其次是江西、河北、陕北、山西、辽宁等省。黄淮平原是我国芝麻生产的中心，特别是河南在我国芝麻生产中尤其重要，其种植面积和产量均占全国的 30%以上，居首位。

中华人民共和国成立初期，芝麻种植面积曾达到 1.147×10^6 hm^2（1.72×10^7 亩），20 世纪 60—70 年代下降到 6.67×10^5 hm^2（1.0×10^7 亩）以下，70 年代以后随着农业种植业结构调整，芝麻种植面积逐步回升，维持在 8×10^5 hm^2（1.2×10^7 亩）左右。常年产量在 7×10^5 t 左右，居世界首位。进入 21 世纪，出于国家粮食战略安全考虑，油料种植面积缩小，目前全国芝麻种植面积为 5×10^5 hm^2（7.5×10^6 亩）左右，单产显著提高，总产约 6×10^5 t。在芝麻产业发展历程中，芝麻育种工作取得了一定的成就，概述如下。

1. 十分重视芝麻种质资源的收集、保存、研究及利用　我国于20世纪50年代初和70年代末，曾先后两次进行了全国性芝麻种质资源普查、收集和补充征集工作。“六五”至“八五”期间，国家设立“主要农作物品种资源研究”攻关项目，在继续补充征集的同时，对芝麻种质资源进行编目、繁种、入库保存。目前已编目入库的芝麻种质资源达6 000余份，其中国内种质资源5 500余份，国外种质资源500余份。在对上述种质资源研究利用中，筛选出一批优质种质源和抗源，并已应用于生产实践和育种研究中。

2. 育种水平不断提高，品种不断更新　自中华人民共和国成立以来，芝麻育种水平有较大的发展。20世纪50年代以种质资源筛选、地方品种整理鉴定为主；60—70年代以系统育种为主；80年代发展到杂交育种；芝麻杂种优势利用研究始于80年代中期，90年代开始应用于生产。

3. 芝麻遗传育种基础理论研究取得一定进展　改革开放以来，我国芝麻科研队伍逐渐壮大，科研水平不断提高，芝麻遗传育种基础理论研究不断深入，主要经济性状和农艺性状的遗传、数量性状配合力分析、抗病耐渍性遗传研究均取得一定成绩。芝麻的细胞遗传研究、细胞核雄性不育小孢子败育机制研究、芝麻远缘杂交及组织培养、分子标记辅助选择及重要育种目标性状的基因或数量性状基因位点定位均取得一定进展。

4. 健全制度　建立和健全芝麻品种区域试验制度及种子生产技术操作规程，对芝麻新品种繁殖和推广起到了积极的作用。

第二节　芝麻育种目标和主要性状的遗传

一、芝麻育种目标

我国幅员辽阔，各地气候条件、土壤类型、耕作栽培制度及技术水平差异较大，形成了不同的芝麻生态类型区。因此各地的育种目标也不尽相同，但一般说来，育种目标包括高产、耐渍耐旱、抗病、早熟及优质。

（一）高产　高产是芝麻育种的重要目标。产量是多种因素综合作用的结果，产量性状与其他性状之间存在着十分复杂的关系。高产需要有合理的群体结构，单位面积株数、单株蒴数、单蒴粒数、千粒重等产量构成诸因素应相互协调，才能充分发挥群体产量潜力。河南省农业科学院、中国农业科学院油料作物研究所的研究一致认为，芝麻的高产性状首先取决于单株蒴数，在此基础上争取单蒴粒数及千粒重的增加，但不同地区侧重点有所不同。

（二）耐渍耐旱　芝麻本身的耐渍（涝）性较差，渍（涝）害严重影响芝麻的高产稳产。尤其在华北、东北、黄淮平原及江汉平原，芝麻生长期间雨水比较集中，土壤长期过湿，芝麻极易遭受渍（涝）害，严重影响芝麻的高产稳产。实践证明，选育耐渍性较好的品种可以有效减轻渍害，获得高产稳产。因此在上述地区耐渍（涝）性是芝麻育种的重要目标之一。

在长江以南，例如江西省的丘陵红壤秋芝麻生产区，伏旱、秋旱严重威胁芝麻生产，在该地区选育耐旱性较强的品种具有重要意义。

（三）抗病　芝麻病害主要有枯萎病、茎点枯病、青枯病和疫病。芝麻病害是限制芝麻生产的重要因素之一，发病严重年份，甚至可以导致绝收。目前种质资源材料中尚未筛选出免疫材料，但已发现一批具有不同程度抗性的抗源。该批抗源应用于芝麻育种，已选育出具有较强抗病性的芝麻新品种。选育抗病品种是提高芝麻产量的有效措施之一。芝麻的抗病性往往与耐渍性有关，耐渍性强的品种往往发病率较低。

（四）早熟　芝麻品种生育期是否与特定生态类型区及农业生产特点相适应，对芝麻产量及品质影响极大。特别是一年三熟制的秋芝麻区、一年二熟制的夏芝麻区及东北春芝麻区，有效生育期较短，选育早熟高产品种可以有效免除生长发育后期低温危害，保证芝麻高产、稳产和优质。

（五）优质　芝麻良种优质的指标主要有含油量及外观品质。我国现有芝麻种质资源含油量变异较大，幅度为46%～62%，提高含油量的潜力很大。目前选育品种的含油量一般应在55%以上。外观品质一般要求选育品种粒色纯正、籽粒饱满。芝麻种子含油量与种皮颜色有关，总趋势是白粒、黄粒较高，褐粒次之，黑粒最低。同一粒色品种间的含油量与种皮厚薄等性状有关，一般籽粒饱满、种皮薄而有光泽的品种含油量高。在我国华南、华东等地区，黑芝麻是传统的食品，并且具有一定的药用价值。因此粒色选择应考虑到这些需要。

此外，在确定育种目标时，还要考虑到品种的裂蒴性。裂蒴性过强，收获时容易造成落粒损失，一般以蒴果微裂为宜。根据产业发展需求，芝麻种植规模化、机械化成未来发展方向，因此适于机械收获的芝麻株型育种及抗落粒育种也已引起育种家的关注，并已开展相关研究。

二、芝麻主要性状的遗传

（一）芝麻主要农艺性状的遗传 芝麻主要农艺性状的遗传，在不同程度上都属于数量性状遗传范畴，有明显的剂量效应。在生育期、植株高度、叶腋蒴数、单株蒴数、单蒴粒数、千粒重和含油量等方面，杂种后代大都介于双亲之间而且往往大于双亲平均值。产量构成因素之间的相关分析表明，单株蒴数与产量成显著正相关，是构成产量的决定因素；其次是单蒴粒数和千粒重。质量性状的遗传一般为简单遗传，例如株型性状分枝型对单秆型为显性，紫花色对白花色为显性，深种皮色对浅种皮色为显性。Yol 和 Uzun（2011）研究结果表明，芝麻茸毛是由单基因控制的，且相对于无茸毛为显性；叶腋单蒴相对于三蒴为显性且由单基因控制。这两个性状可以作为评估理想株型的一部分，为芝麻遗传改良和获得理想株型提供依据。

（二）芝麻抗病性的遗传 芝麻主要病害是枯萎病、茎点枯病、青枯病、疫病等。以往的大量研究主要集中在抗源的鉴定筛选上，系统的遗传研究报道不多。河南省农业科学院对芝麻枯萎病抗性遗传的初步研究认为，芝麻对枯萎病的抗性主要表现为加性效应，其病情指数的遗传方差以一般配合力效应方差为主。李丽丽（1991）、崔苗青（1999）分别鉴定评价了我国芝麻种质资源的茎点枯病抗性，没有发现免疫材料，高抗材料比例较低。Rao 等（2013）研究发现，白粉病由两个独立的隐性基因通过完全互补方式控制。

（三）芝麻耐渍性的遗传 系统的耐渍性遗传研究尚未见报道，目前主要集中于种质资源耐渍性鉴定评价上。柳家荣等（1993）研究表明，芝麻的耐渍性与品种类型及根系活力有密切关系，野生种高度耐渍；栽培种中的部分改良品种（系）及来源于高湿地区和低洼易涝地带的农家品种也表现高度耐渍；体现根系活力的伤流量及根群量是评价芝麻耐渍性的重要生物指标。张秀荣等研究表明，淹水下内源激素吲哚乙酸与脱落酸的比例（IAA/ABA）参与了调控，耐渍品种能够刺激形成通气组织和不定根，已鉴定到耐渍候选基因 90 个，其中 66 个高表达。

（四）芝麻品质性状的遗传 河南省农业科学院柳家荣等（1992），从国内外芝麻种质资源中随机抽取 410 份材料进行营养品质性状的鉴定分析，结果（表 18-1 和表 18-2）表明，脂肪平均含量为 53.13%，变异系数为 3.53%；蛋白质平均含量为 26.39%，变异系数为 7.03%；脂肪平均含量与蛋白质平均含量成显著的负相关（$r=-0.58$）。脂肪中主要含有 6 种脂肪酸，其中油酸与亚油酸的含量总和在 80%以上。脂肪酸组分对脂肪含量的通径分析表明，油酸和亚油酸的直接效应分别为 0.69 和 0.93，达极显著水平。品质性状遗传的系统研究有待加强。

表 18-1 脂肪含量、蛋白质含量及二者总和变异系数

品质性状	平均含量（%）	变幅（%）	变异系数（%）
脂肪	53.13	45.17～58.52	3.53
蛋白质	26.39	21.27～30.74	7.03
脂肪+蛋白质	79.53	71.33～84.98	2.13

表 18-2 脂肪酸含量及变异系数

项目	脂肪酸组分					
	油酸	亚油酸	硬脂酸	棕榈酸	亚麻酸	廿碳烯酸
平均含量（%）	41.29	43.67	4.95	9.10	2.34	0.50
变幅（%）	35.75～52.87	33.15～48.82	8.87～6.20	7.89～10.99	0.10～0.75	0.11～0.90
变异系数（%）	5.13	4.38	6.95	7.08	27.24	25.05

三、芝麻主要性状的基因或数量性状基因位点定位

基因组学研究的主要目标是剖析复杂性状的遗传结构。2012 年以来，数量性状基因位点（quantitative

trait loci，QTL）定位和全基因组关联分析（genome-wide association study，GWAS）开始应用于芝麻重要产量性状、品质性状及抗性性状的遗传解析研究（表 18-3）。虽然这些分子标记或数量性状基因位点，在分子标记辅助选择育种方面发挥着一定的作用，但就目前结果来看，大多数的数量性状基因位点定位仅处于初级定位阶段，能做到精细定位的较少。今后应在精细定位的基础上，着重开展基因与环境的互作以及在不同背景、不同来源的定位群体中检测同一定位区间等方面的研究。

表 18-3　芝麻主要性状的基因或数量性状基因位点定位

试验材料	标记数量	标记类型	性状	检测方法	参考文献
高耐湿芝麻品种中芝 13 与极敏感种质宜阳白构建的重组自交系群体（206 个株系）	113	SSR、SRAP	盛花期耐湿性相关性状	QTL 定位	张艳欣等，2014
庙前芝麻与中芝 14 构建的重组自交系群体（224 个株系）	1 230	SNP、SSR、InDel	产量相关性状	QTL 定位	Wu 等，2014
COI1134 与 RXBS 构建的 F_2 代群体	724	AFLP、SSR、RSAMPL	种皮颜色	QTL 定位	Zhang 等，2013
216 份芝麻核心种质	79	SSR、SRAP、AFLP	含油量、蛋白含量、油酸和亚油酸含量	GWAS	Wei 等，2013
216 份芝麻核心种质	79	SSR、SRAP、AFLP	株高构成相关性状	GWAS	丁霞等，2013
216 份芝麻核心种质	79	SSR、SRAP、AFLP	含油量	GWAS	危文亮等，2012
215 份芝麻核心种质	79	SSR、SRAP、AFLP	芝麻素和芝麻酚林	GWAS	王蕾等，2014
216 份芝麻核心种质	79	SSR、SRAP、AFLP	耐旱性	GWAS	黎冬华等，2013
369 份芝麻核心种质	112	SSR	含油量、蛋白质含量	GWAS	Li 等，2014
抗性材料 PKD37 和敏感性材料 Swethatil 杂交获得的 F_2 代群体	68	RAPD	白粉病抗性	BSA	Rao 等，2013

注：RSAMPL 代表微卫星多态性位点的随机选择扩增标记（random selective amplification of microsatellite polymorphic locus），其余缩写见正文。

第三节　芝麻种质资源研究和利用

种质资源是农业生产和科学研究的物质基础，世界各芝麻主产国均重视芝麻种质资源的收集、整理、保存、研究和利用。

（一）广泛收集　我国于 20 世纪 50 年代初期开展了芝麻种质资源的全面收集工作，尤其到“六五”以后加大了工作力度，并于“七五”“八五”期间设立国家攻关项目，对芝麻种质资源收集工作起到了极大的促进作用。2008 年以来，国家建立现代农业产业技术体系，其中芝麻产业技术体系种质资源岗位的研发工作包括种质资源材料的补充收集。目前我国共收集保存的国内外芝麻种质资源达 6 000 余份。

（二）妥善保存　将收集到的芝麻种质资源材料，经过系统整理、编目，妥善保存。我国已建立了芝麻短期、中期和长期种质三级保存系统，长期种质库设在中国农业科学院品种资源研究所，中期备份库设在中国农业科学院油料作物研究所，短期库一般设在有关芝麻科研单位。芝麻籽粒小，容易保存，一般育种单位用干燥器密封保存，可达 15 年以上。利用天然植物，例如苦楝叶粉（neem leaf powder，NLP），进行种子预处理（每千克种子加 75 g 苦楝叶粉，充分混匀），或利用 200 g 以上的干木炭作干燥剂处理 40 g 种子，有利于保持短期和中期存储芝麻种子活力及幼苗活力（Oyekale 等，2012，2014）。

（三）系统鉴定及筛选　随着芝麻育种水平的不断提高，对种质资源的要求愈加迫切，对芝麻种质资源的鉴定筛选工作正在得到加强。我国芝麻科研工作者针对芝麻科研和生产中存在的普遍问题，在芝麻抗病性、耐渍性等方面进行了系统的鉴定及筛选工作。已经筛选出了一批抗源、耐渍源及优质种质资源，并应用到芝麻育种实践中。例如湖北武昌迟芝麻、武昌九根头、缅甸黑芝麻等表现高度耐渍；湖北天门发芝麻、河南尉氏柳条、缅甸鹫丹山3号等高抗茎点枯病；河北固安八杈枝芝麻、广西洛东牛尾麻等高抗茎点枯病；河南禹县白芝麻、宜阳白芝麻等兼具脂肪、蛋白质、油酸、亚油酸高含量。Liu 等（2015）利用近红外光谱法对芝麻脂肪含量及脂肪酸组分进行测定，筛选出一批优异资源，为芝麻脂肪含量及脂肪酸组分的快速、准确、高效、无损伤测定提供了新方法。

（四）野生种的研究利用 委内瑞拉学者 Mazzani（1981）和 Pereira（1996）、我国学者陈翠云（1982）等研究发现，野生芝麻（*Sesamum schimzianum*、*Sesamum radiatum*）具有极强的抗病耐渍性。Teisaku Kobayashi（1991）、石淑稳（1993）对野生芝麻与栽培种的交配能力进行了观察，发现杂种幼胚早期败育，不能正常形成种子。石淑稳（1993）、瞿桢（1994）对远缘杂种胚拯救进行了研究。河南省农业科学院通过远缘杂交技术，已将刚果野芝麻的抗病耐渍基因转育到栽培种，并逐步应用于芝麻抗病耐渍育种。

（五）遗传多样性分析 对芝麻种质资源的遗传多样性分析，主要利用地理来源、农艺性状、品质性状和分子标记进行，利用的分子标记主要是简单序列重复区间（ISSR）、随机扩增多样性 DNA（RAPD）、简单序列重复（SSR）、扩增片段长度多态性（AFLP）和序列相关扩增多态性（SRAP）。多样性分析结果表明，芝麻主栽品种的遗传基础较窄，近年来通过杂交选育的品种比过去的品种遗传基础窄，地方品种存在丰富的遗传变异，不同生态区地方品种的遗传多样性变化较大；选择杂交亲本应首先考虑遗传距离（Zhang 等，2011；Gebremichael 和 Parzies，2011；Park 等，2013；Wu 等，2014）。

第四节 芝麻育种途径与方法

一、芝麻引种

引种是农作物育种最经济有效的途径之一。只要充分考虑到不同生态类型区的光温条件、耕作制度及栽培习惯，引种往往容易成功。芝麻是喜温短日照作物，对光温条件具有较强的敏感性。一般南方品种北移生育期延长，北方品种南移生育期缩短。我国芝麻产区依环境条件差异、耕作制度不同，分为7个生态类型区：①东北、西北一年一熟制春芝麻区；②华北一年一熟制春芝麻区；③黄淮一年二熟制夏芝麻区；④汉江一年二熟制夏芝麻区；⑤长江中下游一年二熟制夏播及间套种芝麻区；⑥华中、华南一年二熟及一年三熟制春、夏、秋播芝麻区；⑦西南高原以夏播为主兼春播芝麻区。不同生态类型区芝麻生育期差异较大，例如东北春芝麻生育期为110～120 d，华南的春芝麻生育期只有70～80 d。因此南北引种时应考虑不同品种的生长发育特性。引种时应做引种试验，以确保引种成功。芝麻引种有不少成功的例子，例如豫芝4号引种到陕西，被定名为引芝1号；豫芝2号引种到湖北、韩国早熟品种丹巴格引种到河南等均表现良好。

二、芝麻自然变异选择育种

任何作物品种都是以群体方式存在的。构成群体的个体基因型有可能发生基因突变或自然杂交，使纯系品种发生变异。无论是农家品种还是改良品种，其性状的稳定性及群体的一致性都是相对的，而变异则是绝对的。芝麻虽然是自花授粉作物，但经测定其天然异交率一般在5%～10%，昆虫（主要是蜜蜂）是自然杂交的主要媒介。另外，杂交育成品种性状的继续分离也是产生变异的重要因素。自然变异选择育种就是对这些自然产生的可遗传的变异进行选择，经过试验鉴定而育成新品种。选择育种的方法有两种：混合选择和单株选择。

（一）混合选择 混合选择就是在现有品种（农家品种或改良品种）的群体中，按照育种目标要求，将同类型的优良变异单株选出来，经过考种，将性状一致的植株混合脱粒，以原始品种和推广良种作为对照，从中选出新品种。例如20世纪60—70年代推广的上蔡紫花叶23、湖北襄阳犀牛角等都是通过混合选择育成的。

（二）单株选择 单株选择也称为株系选择或系统选择，是指在现有品种中选择变异植株，对其后代经过系统试验鉴定，从中选育出新品种。其选择步骤是：第1年，按照育种目标从大田群体中选取若干变异植株，分别编号脱粒；第2年将选择的材料按单株种入选种圃，每隔4个或9个小区加入原品种作为对照，经过鉴定，将当选小区的植株择优混收供株系鉴定；第3年，将入选的株系分系种入株系圃，用当地推广品种作为对照，从中选出新品系，并进行产量区域试验及生产试验。20世纪70—80年代推广的品种驻芝2号、中芝5号即以此法选育而成。

三、芝麻杂交育种

杂交育种是通过遗传特性不同的亲本进行有性杂交，对其后代进行选择，从而培育出新品种。杂交育种是芝麻育种广泛采用、效果良好的育种途径。目前我国芝麻杂交育种主要是品种间的有性杂交。现将亲本选配原则、杂交方式和技术以及杂种后代的选择方法介绍如下。

（一）亲本选配原则 杂交之前，首先要选择适当的材料作为杂交亲本。亲本选配是否得当，是杂交育种成败的关键。根据育种实践和遗传学理论，芝麻杂交育种亲本选配的基本原则有如下几个方面：①双亲都应具备较多的优点，没有突出的缺点，在主要性状上又能相互取长补短，这样杂种后代出现综合性状较好的单株的可能性就大，易于选出新品种；②杂交亲本中应该具备主要育种目标性状，例如抗病、耐渍、早熟、高含油量等，至少在亲本之一应具备；③亲本中某些性状（例如种皮色、花冠颜色和其他一些形态特征）最好能相近，以使杂种后代稳定较快；④根据显性性状选配父本和母本。芝麻主要性状的显隐性关系表现为分枝对单秆为显性，深种皮色对浅种皮色为显性，叶腋单蒴对叶腋三蒴为显性，蒴果四棱对多棱为显性。选育的重点性状最好是显性性状。另外，通常用当地推广良种作母本，以外引材料作父本。

（二）杂交方式和技术

1. 杂交方式 杂交方式主要为单交，其次有三交、复交和回交等。

2. 杂交技术 根据芝麻花的生长发育特性及花器构造特点，有性杂交技术包括整序、去雄、授粉等步骤。

（1）整序 作为母本的花，以主茎中段为宜。杂交开始之日，将下部的花蕾、花及幼蒴全部去掉。杂交结束时，将主茎上部未授粉的全部花序摘除，并在收获之前的一段时期，随时摘除新生的枝芽。

（2）去雄 芝麻具有筒状唇形花冠，雄蕊着生在花冠内侧基部。去雄时，只需用手摘掉母本的花冠，雄蕊即可伴随而出。去雄时间是预计花冠盛开的前一天下午。

（3）授粉 芝麻花的雌蕊和雄蕊成熟时间不尽一致，一般雌蕊提前1d左右成熟，其生活力可保持1～2d。雄蕊花药散粉在夏季高温情况下，以6:00—8:00为最盛，此时为授粉的最佳时期。具体操作方法是，将当日盛开的父本花朵连同雄蕊一起摘下，用花药直接在去了雄的母本雌蕊柱头上反复轻擦数次，使足够的花粉粒落在柱头裂片内侧即可。授粉的母本花序一般不需要套袋隔离，但需挂牌标记。

（三）杂种后代的选择 杂种后代将出现复杂的分离。杂交育种的主要任务就是从这些丰富的变异中选择符合育种目标的材料。芝麻杂种后代的选择方法，因各代的变异分离性状不同而分别对待。

芝麻是自花授粉作物，杂交亲本一般为纯合体，单交第一代通常不发生分离。育种者在杂交第一代的主要任务是去除假杂种，淘汰具有明显缺陷（例如不耐渍、不抗病及无杂种优势）的组合。在保留的组合中，每个组合选取若干植株混合脱粒作为第二代的材料。

杂种第二代开始出现分离。因此从第二代开始应采取相应的方法进行选择。目前，通常采用的方法有系谱法和混合法。

1. 系谱法 系谱法的操作要点是，从第二代开始选择单株种成家系，以后各代都从优良家系内选择单株，继续种成家系，直到选出性状稳定一致的优良品系为止。每个世代所选的单株都应编号，组成系谱号，以备查考。系谱编号的方法是组合号-第二代入选株号-第三代入选株号……例如9804-3-1表示1998年配的第4个组合，1999年第一代不选单株，2000年第二代入选的第3个单株，2001年第三代入选的第1个单株。如果某个世代没有选择单株，只是混合收获，则以“0”表示。

2. 混合法 混合法是芝麻育种中简便而实用的方法，具体做法是在杂种分离世代，按组合混合收获，混合种植，不选择单株，只淘汰伪劣株，直到群体遗传上趋于稳定，纯合体比例达80%以上（一般在F_5～F_8代），才开始选择单株，并种成株系，最后选择优良株系升级试验。

在芝麻育种实践中，上述方法经常结合使用。同时，为了加速世代进程，缩短育种年限，往往采用南繁加代，以尽快选出新品种。

四、芝麻杂种优势利用

杂种优势是生物界普遍存在的现象。杂种优势利用是作物遗传改良的重要课题。印度学者 Pal（1945）首次揭示了芝麻的杂种优势现象。此后，许多学者对此进行了大量研究。Recelli（1964）用 32 个品种杂交获得 510 个 F_1代杂种，其中 60.6%的组合存在产量优势，平均达到 66.2%。Yermanos（1978）用 8×8 双列杂交组合，其产量的超亲优势值变幅为－28%～237.8%。我国学者屠礼传（1989）用 11 个外引品种与 7 个地方品种组配 77 个组合，其产量的超亲优势为－6.9%～252.7%。Osman 和 Yermanos（1982）报道了第一个芝麻核雄性不育材料，指出该雄性不育性受 1 对隐性基因控制，有希望应用于生产芝麻杂交种。我国芝麻杂种优势利用研究始于 20 世纪 70 年代末。芝麻杂交种已在河南选育成功，并已通过审定，获得推广。现就芝麻杂种优势利用途径及技术方法概述如下。

（一）芝麻杂种优势利用的途径 芝麻杂种优势的利用需要有切实可行的制种途径。主要制种途径有三：人工去雄制种、化学杀雄制种及雄性不育系利用。已有研究表明，人工去雄制种虽然有去雄方便、授粉易于操作、芝麻繁殖系数高、用种量少等优点，但由于芝麻种植群体大，花期长，实际操作仍存在费工费时、效率低等问题。关于化学杀雄制种在一些作物上有过试验报道。丁法元（1983）、徐博（1991）利用化学杀雄剂在芝麻上试验，可使杀雄率达到 98%以上，但药害严重，异交结实率仅有 20%左右，杀雄率与药害的矛盾不易协调。雄性不育系的利用是作物杂种优势利用的重要途径。目前，芝麻杂种优势利用的主要途径是利用细胞核雄性不育系配制杂交种。迄今为止尚未发现有质核互作的雄性不育材料。

（二）芝麻杂种优势利用的技术方法

1. 细胞核雄性不育系的选育 细胞核雄性不育系的选育方法主要有群体改良法和回交转育法。河南省农业科学院于 1986 年开始采用群体改良法，以外引的原始雄性不育材料为桥梁，选择若干个当地优良品种、农家品种及分别具有抗病耐渍优良基因的基因型构成原始群体，每代选择优良的雄性不育株和雄性可育株，混合构成子代群体，如此循环若干周期。通过群体内优良基因的重组和富集，产生丰富的遗传变异，从而选育出一批综合农艺性状优良的细胞核雄性不育材料。回交转育法一般用强优势组合的母本作父本与雄性不育材料杂交，从杂交后代中选择具有母本性状的雄性不育株与杂交父本回交，如此回交 5～6 代，即可选育出实用的雄性不育系。

2. 强优势组合筛选 重点是杂交亲本的选配。除了考虑亲本选配的一般原则外，要特别强调杂交亲本的地理远缘和血缘远缘。遗传差异大的亲本间往往易于产生杂种优势。河南省农业科学院于 20 世纪 80 年代，从美国、韩国、希腊等国家引进芝麻种质资源，用我国种质资源进行大规模组配。通过配合力分析、杂种优势测定、产量区域试验及抗病抗逆性鉴定，选育出了一批强优势组合。例如 1993 年选育出的国际上第一个芝麻杂交种豫芝 9 号，其父本为来自韩国的丹巴格（Danbaggae），母本为我国种质资源材料 86-1（该材料已转育成核雄性不育系 ms86-1）。2002 年通过国家审定的芝麻杂交种郑杂芝 H03，其母本 91 ms2108 为改良型细胞核雄性不育系，是利用细胞核雄性不育系通过轮回选择的群体改良技术育成的，遗传基础广泛，抗病抗逆性强。父本 92D028 是通过品种间杂交和系谱法选育而成的优良品系。

3. 雄性不育系选育与杂交组合测配同步进行 为了缩短育种年限，提高育种效率，在雄性不育系选育的过程中，以雄性不育材料为母本，进行大量的组合测配，使选择与测配同步进行，同时结合多圃鉴定，高效率选育出新的芝麻杂交种。

4. 雄性不育系繁殖与杂交制种技术

（1）雄性不育系繁殖 目前利用的芝麻雄性不育是单基因控制的隐性细胞核雄性不育，其特点是雄性不育系群体中有 50%的雄性育性分离。雄性不育系的繁殖是通过系内同胞交配来实现的，即雄性不育系群体中的杂合雄性可育株（*Msms*）所产生的花粉，由昆虫（主要是蜜蜂）传给雄性不育株（*msms*），从而保持雄性不育株率为 50%的雄性不育系群体。雄性不育系群体内雄性可育株与雄性不育株可通过花药或其他标记性状区分。成熟时只收获雄性不育株所结种子，供下年度亲本繁殖或杂交制种之用。

（2）杂交制种技术 芝麻细胞核雄性不育的形态特征及芝麻开花的生物学特性适于两系杂交制种。主要表现在：①芝麻花器大，花药特征明显，易于田间识别：雄性不育株花药绿色、瘦瘪、无花粉，雄性可育株花药白色、饱满、有大量花粉；②单株雄性不育度高，花药败育彻底，只需检查 1 朵花即可判断整株雄性育性；③芝麻开花早，花期长，第一朵花开花时，植株营养体较小，此时拔除雄性可育株容易实施，拔除雄性可育株后，仍可保证制种田所需密度；④芝麻是自花授粉的显花作物，蜜腺发达，有利于昆虫传粉，雄性不育株天然异交结实率可达99%以上；⑤芝麻繁殖系数大，制种效率高，1 hm^2制种田生产的种子可以满足100～150 hm^2大田用种需要。制种田一般采用1∶3或2∶4行比，要求及时拔除母本行的雄性可育株。

需要强调的是，雄性不育系繁殖及杂交制种都需要有严格的隔离条件，一般采用空间隔离或时间隔离，以确保亲本及杂种的纯度。

五、芝麻其他育种途径

除了上述几种主要的育种途径之外，其他育种途径如诱变育种、远缘杂交育种及多倍体育种等也都在芝麻育种上进行了尝试。例如河南省农业科学院利用芝麻栽培种与野生种进行远缘杂交，结合组织培养杂种胚拯救技术已获得杂种后代植株；通过秋水仙碱处理已诱发产生了遗传性基本稳定的芝麻同源四倍体。这些变异类型无疑为芝麻新品种选育提供了物质基础。

20世纪80年代以来，国内外学者对芝麻愈伤组织诱导及植株再生技术体系开展了大量研究，并有通过芝麻愈伤组织诱导出胚状体或再生出植株的报道（苗红梅等，2012；Lokesha等，2012；Malaghan等，2013），为芝麻转基因技术体系建立及新种质创制奠定了基础。

第五节　芝麻育种田间试验技术

一、芝麻田间试验技术

芝麻育种要经过一系列试验，其中田间试验是必不可少的。田间试验要求试验田地势平坦，壤土或两合土，肥力中等以上，排灌方便，以生茬地为主。应施足底肥，以磷钾肥为主，配合适量的氮肥。芝麻是小籽作物，播种出苗难度大，因此播前要精细整地，做到耕耙均匀，上虚下实，保证苗全早发。

田间试验应有适宜的株行距，以便对育种材料进行观察记载和选择。依品种不同，一般单秆型为40～50 cm×15～20 cm，密度为150 000株/hm^2左右；分枝型应适当稀植。小区面积以8～12 m^2为宜。

田间试验一般包括选种圃、品系鉴定试验圃和品种比较试验圃。选种圃种植各类后代分离材料。品系鉴定试验圃主要是对从选种圃中选出的品系或引进品种进行产量及综合性状比较鉴定，选出优良品系。品系鉴定试验的材料较多，田间设计通常采用顺序排列或间比法排列，重复1～2次，以推广良种作为对照。品种比较试验圃的主要工作是对鉴定圃中入选的品系在较大面积上进行更为精确的产量试验，并对综合性状做进一步考察，为区域试验提供品种。参加品种比较试验的品种数量较少，一般不超过10个，田间试验采用随机完全区组法，以当地推广良种作统一对照。为了全面评价品种，并为区域试验提供足够的种子，品种比较可在不同地区进行多点试验。

二、芝麻的区域试验和品种审定

（一）芝麻的区域试验　区域试验是将各育种单位经过品种比较试验推荐的最优品种，按不同生态类型区进行品种丰产性、稳产性、抗逆性、地区适应性的广泛鉴定试验。田间试验设计与品种比较试验相同，试验条件与大田生产更为接近。一般每个生态区设3～5个试点。区域试验分省级和国家级。后者的试点范围分布更广，一般要跨两个省份以上。区域试验周期为2～3年，同时可进行生产试验（一般为1～2年），扩大繁殖种子。

（二）芝麻的品种审定　经过区域试验和生产试验并符合各省自行制定的鉴定标准的品种，可提请省级非主要农作物品种鉴定登记委员会鉴定登记。

第六节　芝麻种子生产技术

一、芝麻种子生产的特点

芝麻种子生产是新品种推广利用的一个重要环节。芝麻是自花授粉作物，用种量少，繁殖系数大，原种扩繁速度快，一般繁殖1 hm^2原种可以推广100～150 hm^2。

二、芝麻种子生产的方法

芝麻品种在推广过程中也存在品种退化问题，这主要是由于品种本身的自然变异、天然异交及人为因素所致。为保护育种家的知识产权、保持品种种性、简化种子生产过程，目前全国各作物正在推行由育种家种子、原原种、原种和良种 4 个环节组成的四级种子生产程序。芝麻的四级种子生产程序已经制定，并应用于种子生产中。我国以往的芝麻良种生产方法主要有两种。

(一) 株行优选法 此法也称为二圃法，就是将选择的优良单株，经过株行比较汰劣汰杂，再繁殖扩大，最后用于大田生产。其具体操作方法是：第 1 年选择优良单株，一般从盛花期开始，根据该新品种的标准性状，在大田中选择丰产性能好、生长健壮的植株，挂牌标记，到成熟期决选，分单株收获脱粒保存，作为株行圃的种子。第 2 年设立株行圃，进行株行比较试验。在整个生长发育时期认真鉴别，严格决选。成熟时将既具备该品种典型性状又表现丰产的株行混合收获脱粒。第 3 年设立繁殖圃繁殖种子，供大田生产用种。

(二) 混合选优法 混合选优法就是从种子田或良种生产田中选择具有该品种典型性状的优良单株，混合脱粒。所收种子大部分直接用于大田生产，少部分种入专门设置的种子田，供继续选种。

三、芝麻种子质量分级标准

芝麻种子质量一般从品种纯度、净度、发芽率、含水量等为分级主要依据，已建立了四级种子质量标准（表 18-4）。

表 18-4 芝麻种子分级标准（供参考）

级别	纯度不低于（%）	净度不低于（%）	发芽率不低于（%）	水分不高于（%）
育种家种子	99.5	99.0	98.0	7
原原种	99.0	99.0	97.0	7
原种	98.0	98.0	96.0	7
良种	96.0	98.0	95.0	7

第七节 芝麻育种研究动向和展望

芝麻是我国传统的优质油料作物，作为油用和食用所具有的独特风味和极高的营养保健价值早已为人们所认识。但是长期以来，芝麻一直被认为是小宗作物。与大作物相比，芝麻科研相对滞后，科研力量相对薄弱。全国范围内，尽管有几家单位专门从事芝麻育种研究工作，也取得了一定的成绩，但是在许多研究领域还存在着严重不足，甚至是空白。突出表现在以下几个方面。

1. 种质资源研究不够深入 我国目前已累计收集各类芝麻种质资源 6 000 余份，大部分已编目入库保存。通过鉴定筛选分析，也筛选出不同类型的抗源和优质源。但是进一步的深入研究（例如种质资源遗传多样性分析、核心种质库的构建、重要抗源和优质源相关性状的遗传规律探讨等）还不够深入，而这些正是种质资源得以在育种中充分利用的基础。

2. 芝麻基础研究薄弱 主要表现在芝麻细胞学和遗传学研究滞后，尽管前人做了一定的工作，例如对芝麻体细胞染色体的初步观察、核型分析、细胞遗传研究等（柳家荣等，1980；詹英贤等，1988；何凤发等，1994，1995），但所有这些都有待进一步深入研究。

3. 主要育种目标性状的遗传研究较少 芝麻主要育种目标性状有抗病性、耐渍性、高产性、早熟性、优质等。其中抗病性和耐渍性是芝麻稳产的关键因素。以往的研究主要侧重于种质资源的表现型鉴定和筛选，缺少系统的遗传分析。

4. 杂种优势利用研究有待加强 利用细胞核雄性不育两系制种技术，使芝麻杂种优势利用成为现实，初步展示了杂种优势利用的广阔前景。但是细胞核雄性不育两系制种技术的固有特点（即半不育性）使制种规模受到限制，直接影响芝麻杂交种的大面积推广应用。迄今为止，尚未发现质核互作雄性不育材料。

鉴于上述几个方面，今后芝麻育种应重点做好基础理论研究工作，大力开展种质资源创新，挖掘有利基因，探明重要目标性状的遗传规律、雄性不育性的遗传机制，尤其要充分利用现代作物育种新技术（例如分子标记辅助选择、转基因技术、分子设计育种等），使芝麻育种跃上新台阶。

复习思考题

1. 试根据国内外研究现状，论述我国芝麻育种的发展方向和育种目标。
2. 试根据芝麻的光温反应特性论述不同生态区芝麻引种的基本原则和方法。
3. 试述芝麻品质育种相关性状的遗传及其对育种的意义。
4. 试举例说明芝麻的主要育种途径和方法。各有何特点？
5. 试讨论芝麻杂种优势利用的途径、技术特点和重点要解决的问题。
6. 简述不同育种阶段芝麻田间试验的主要内容和关键技术。
7. 试述芝麻种子生产方法及质量分级标准。
8. 论述芝麻育种存在的主要问题及对策。

附　芝麻主要育种性状的记载方法和标准

一、生育时期

1. 播种期　播种的日期即播种期，以日/月表示（下同）。

2. 始苗期　出苗达20%以上的日期为始苗期（子叶露出地面并展开为出苗）。

3. 出苗期　出苗达75%以上的日期为出苗期。

4. 现蕾期　出现绿色花苞植株（心叶呈上耸状）达60%以上的日期为现蕾期。

5. 始花期　开花植株达10%以上的日期为始花期（花冠完全张开为开花）。

6. 盛花期　开花植株达60%以上的日期为盛花期。

7. 终花期　60%以上植株不再开花的日期为终花期。

8. 封顶期　主茎顶端不再增加花蕾的植株达75%以上的日期为封顶期。

9. 成熟期　主茎叶片大部分脱落，蒴果、茎秆及中下部蒴果内籽粒已呈本品种成熟时固有色泽的植株达70%以上的日期为成熟期。

10. 生育期　自播种起的第2天到成熟时的天数为生育期。

二、植物学性状

11. 茎秆色　茎秆色为正常成熟时的茎秆颜色，分为青绿色、绿黄色、黄色和紫色。

12. 花色　花色以花冠张开时为准，分为白色、粉红色、浅紫色和紫色。

13. 每叶腋花数　每叶腋花数分为单花和三花，如有少数叶腋出现多花现象，可据实记载。

14. 叶片形状　叶片形状以主茎中下部叶片为准，分为卵圆形、椭圆形和柳叶形。

15. 叶色　叶色分为淡绿色、绿色和深绿色。

16. 蒴果色　蒴果色分为绿色、黄绿色和黄色，少数带紫点者可描述之。

17. 蒴果棱数　蒴果棱数分为四棱、六棱、八棱和混生。

18. 籽粒颜色　籽粒颜色分为白色、黄色、褐色和黑色。

19. 株型　株型分为单秆、弱分枝（1～3）个和强分枝（3个以上）。

三、经济性状

20. 株高　从子叶节至主茎顶端的高度为株高（单位为cm，下同）。

21. 始蒴高度　从子叶节到始蒴节位的高度为始蒴高度。

22. 黄梢尖长度　主茎顶端无籽粒收成部分的长度为黄梢尖长度。

23. 分枝数　从主茎和分枝上发出的有效分枝数之和为分枝数（有效分枝是指结有正常蒴果者）。

24. 果轴长度　株高减去始蒴高度和黄梢尖长度之差为果轴长度。

25. 蒴果长度　取主茎中部15～20个蒴果量其长度，求其平均数，即为蒴果长度。

26. 单株蒴数　单株蒴数指主茎和分枝上有效蒴果数的总和（有效蒴果是指内含有籽粒者）。

27. 单蒴粒数 单蒴粒数指主茎中段15～20个蒴果粒数的平均数。

28. 单株籽粒质量 取样10株的平均籽粒质量即为单株籽粒质量（g）。

29. 单粒质量 随机抽样，3次重复的平均单粒质量即为单粒质量（g）。

30. 小区产量 晒干去杂后小区籽粒总质量即小区产量（kg，保留两倍小数）。

四、抗性

31. 耐渍（涝）性 ①在暴雨后猛晴或久旱暴雨后，观察植株凋萎情况，并在放晴后4～6 d记载死苗（株）数和恢复情况。②在久雨且高湿影响下，观察受涝植株的黄化、凋萎或死苗（株）情况。③久雨转晴，田间积水排出后，观察受涝植株恢复情况，可用生长速度表示恢复的快慢。

32. 耐旱性 在久旱不雨发生旱象时，于13:00左右，观察植株萎蔫情况，分级记载萎蔫程度。从蒴果发育、落花落果等现象，观察耐旱性强弱。

33. 抗病性 记载病害名称（茎点枯病、枯萎病、青枯病、白粉病等）、病症、发病时期及危害程度，分5级记载，用病情指数表示，用0、1、2、3、4表示危害轻重。

0级为免疫，全部植株无病。

1级为高度抗病，5%以下的植株感病。

2级为中度抗病，5%～20%的植株感病。

3级为中度感病，20%～40%的植株感病。

4级为严重感病，40%以上的植株感病。

$$病情指数=\frac{\sum(感病植株\times表现值)}{总株数\times最高表现值}\times100\%$$

34. 抗虫性 记载虫害的名称、发生环境、危害时期、危害部位及危害程度。以“0”表示无，“1”表示轻，“2”表示较重，“3”表示重。

35. 裂蒴性 成熟时观察蒴果开裂情况，以“不裂”“轻裂”和“裂”表示裂蒴程度。

（郑永战、张海洋第二版原稿；郑永战、刘艳阳第三版修订）

第十九章　向日葵育种

第一节　国内外向日葵育种研究概况

一、国内外向日葵育种简史

向日葵（英文名为sunflower，学名为*Helianthus annuus* L.）原产于北美洲。向日葵于1493年在北美洲发现，1510年由西班牙探险队带到欧洲，并迅速传遍了全欧洲。在很长一段时间内，向日葵主要是作为花卉、药用植物、养鸟饲料和作为干果等来种植。直到18世纪初，俄国人从荷兰引入向日葵，并开始大面积种植。1779年开始用向日葵籽实榨油，此后便把它作为油料作物栽培。向日葵已是在我国的5大油料作物之一，栽培面积仅次于大豆、油菜、花生和芝麻主要分布在辽宁、吉林、黑龙江、山西、宁夏、甘肃、新疆、内蒙古等地。2019年全国向日葵栽培面积为9.15×10^4 hm^2。每公顷籽粒产量，食用葵为2 250～3 000 kg，油葵为3 000～3 750 kg。

世界生产向日葵的各国对向日葵优良品种的选育十分重视。和其他作物一样，向日葵的选种也经历了传统的民间选种和现代的科学选种两大历史阶段。16世纪俄国沃罗涅日和萨拉托夫等地的居民对向日葵花盘、籽实的性状进行了系统的选育工作，并育成了一批农家品种，应用于生产。向日葵现代育种开始于19世纪末20世纪初，可分为选择育种、杂交育种和杂种优势利用3个时期。品种选育以苏联成效显著。卡尔津于1890年开始向日葵抗螟性研究，首次在观赏向日葵中发现果皮硬度与抗螟性有关。1917年普拉契克、普斯陶沃依特和因肯，首先育成了抗寄生性杂草列当的品种萨拉托夫169、克鲁格列克7号等品种。随后，普斯陶沃依特创造了储备育种法，在20世纪30年代培育出了一系列含油量高的品种，例如克鲁阁里克1846、夫尼姆克3519、先进工作者等，其籽实含油量达到了38%～43%。而后苏联育种家通过杂交育种使向日葵含油量提高到48%～52%。向日葵杂种优势利用开始于20世纪60年代，法国勒克莱尔格育成了向日葵细胞质雄性不育系。此后，许多国家利用这个雄性不育源，育成了大批强优势杂交种，比一般品种增产20%～30%。目前，向日葵栽培国已基本普及了杂交种。

我国20世纪50年代开始从收集种质资源入手，开始对地方农家品种和引进的外国品种进行研究和利用。吉林省长岭县的长岭大喀、山西省定襄县的北葵1号、山西和内蒙古的三道眉等农家品种都得到应用和推广。在育种方面，吉林省白城地区农业试验站以匈牙利品种依列基为基础材料经过系统选种于1962年育成了油食兼用型品种白葵3号。70年代，辽宁省农业科学院以罗马尼亚单交种为基础材料，经系统选种，于1980年育成了油用型品种辽葵1号。1974年我国从国外引入向日葵雄性不育系、保持系和油用型杂交种，开始了向日葵三系育种及杂交种选育工作。到80年代，白城市农业科学研究所、辽宁省农业科学研究院和吉林农业大学分别育成了油用型向日葵细胞质雄性不育杂交种白葵杂1号、白葵杂3号、辽葵杂1号、吉葵杂1号等。在生产上推广的油用向日葵杂交种产量比非杂交种提高了20%～30%。

二、向日葵的繁殖方式和品种类型

向日葵是异花授粉作物，在自然条件下，主要靠蜜蜂或其他昆虫传粉完成授粉结实，通常其自交率低于5%。向日葵虽然具有发育正常的雌蕊和雄蕊，但是管状花自花授粉不育。其主要原因是遗传控制的生理上的自交不亲和性，使柱头上的自交花粉粒不萌发或萌发率极低；次要原因是雄蕊和雌蕊发育时期不同，一般雄蕊比雌蕊大约早成熟16 h，从而减少了自花授粉的机会。

迄今，生产上应用的向日葵品种有农家异交群体品种、改良异交群体品种以及杂种品种。20世纪50年代种植的主要是农家品种，60年代和70年代种植的主要是育成的优良品种，80年代以后种植的主要是细胞质雄性不育三系杂交种。

第二节 向日葵育种目标和主要性状的遗传

一、确定向日葵育种目标的依据和相关内容

制定向日葵育种目标的依据要从农业生产发展的情况和趋向、向日葵栽培的气候生态环境和耕作栽培制度、向日葵生产的限制因素以及社会需要、人民生活习惯等方面综合加以考虑。在目前人口继续增加、耕地继续减少的趋势下，持续地提高向日葵杂交种单位面积产量和籽实含油量是制定向日葵育种目标首先要考虑的。

我国向日葵主要分布在半干旱、轻盐碱地区，由于各地无霜期长短不同，向日葵栽培区分为一季栽培区和夏播复种二季栽培区，即使是同属一季栽培区或二季栽培区，由于气候、土壤、生态环境和耕作制度的不同，各向日葵栽培区有其生产特点和特定问题，因此对向日葵品种和杂交种有不同要求。在新疆、内蒙古、黑龙江、吉林、辽宁的阜新和朝阳地区、河北的承德和张家口地区、山西的太原以北地区，一般无霜期短，适合种植生育期较短的食用向日葵和油用向日葵。辽宁沈阳以南和锦州地区、河北、山西的中南部、天津、河南、江苏、湖北、湖南、贵州等无霜期长的地区，在小麦收获之后种植生育期短的油用向日葵，进行复种栽培。在向日葵一季栽培区中，新疆和内蒙古在向日葵整个生长发育期干旱少雨，除菌核病外其他病害危害较轻。黑龙江、吉林和辽宁向日葵主要种植在盐碱地和干旱瘠薄地上，轮作周期短，生长发育期降雨较多，病虫害及寄生性杂草列当危害较重。属一季栽培区的河北、山西等地因无霜期较长而可选择种植生育期较长的品种或杂交种，同时应注重品种或杂交种的抗病虫性。

总之，提高单产及籽实含油量、改善品质是向日葵育种的基本方向，同时应注重向日葵各栽培区对品种或杂交种的特殊需要。

二、向日葵育种目标的基本内容和要求

选育高产、稳产、优质、适应机械化的向日葵品种或杂交种是我国长期的总体育种目标。从当前和长远考虑，品种应以高产、高油为基础。因此大面积种植的各类向日葵品种和杂交种需具有显著的增产性能和较高的籽实含油量，但也要注意处理高产与稳产、优质的关系。

威胁我国向日葵生产的主要病害包括向日葵菌核病［*Sclerotinia sclerotiorum*（Lib.）de Bary］、向日葵叶枯病［*Alternaria helianthi*（Hansf.）Fubaki et Nishi.］、向日葵黑斑病［*Alternaria alternata*（Fr.）Keissl.（*Alternaria tenuis* Nees.）］、向日葵褐斑病［*Septoria helianthi* Ell. et Kell.］、向日葵霜霉病［*Plasmopara halstedii*（Far.）Berl. et de Toni］、向日葵锈病（*Puccinia helianthi* Schw.）、向日葵黄萎病（*Verticillium dahlias* Kleb.）、向日葵白粉病［*Sphaerotheca fuliginea*（Schlecht.）Poll.］等。主要虫害是向日葵螟［*Homoeosoma nebulella*（Denis et Sehiffermuller）］、草地螟（*Loxostege stiiticalis* Linnaeus）、桃蛀螟［*Dichocrocis punctiferalis*（Guenee）］、黑绒金龟甲（*Maladera orientalis* Motschulsky）、蒙古灰象甲（*Xylinophorus mongolicus* Faust）、拟地甲［网目拟地甲（*Opatrum subaratum* Faldermann）、蒙古拟地甲（*Gonocephalum reticulatum* Motschulsky）］、地老虎［小地老虎（*Agrotis ypsilon*（Rottemberg））、黄地老虎（*Euxoa segetum*（Schiffermuller）、白边地老虎（*Euxoa oberthuri*（Leech））］等。主要草害是寄生性种子杂草列当（*Orobanche cumana* Wallr.）。向日葵良种不可能同时抗御全部的主要病虫草害，但必须能抗御严重限制生产的灾害因素。在新疆栽培的向日葵品种应有较强的抗菌核病的性能和耐旱性。在东北栽培的向日葵品种要有较强的抗向日葵叶枯病、向日葵黑斑病、向日葵褐斑病、向日葵菌核病和耐盐碱性。在夏播复种二季栽培区栽培的向日葵应有较强的抗菌核病的性能。在各个向日葵产区栽培的食用型向日葵除对当地易流行的病害具有较强的抗性外，还应抗向日葵螟、草地螟、桃蛀螟等虫害。另外，在特定的地区，对抗御病虫逆害的育种常有特定要求。

现代高产高油杂交种应具有矮秆、株型良好、繁茂性强、对土壤适应性强的特性，加上能抗御当地主要病虫逆害，必将进一步增强杂交种的稳产性能。高产食用型品种和杂交种应具有适宜的株高、良好的株型、繁茂性强、抗倒伏、较大的籽粒和较强的抗御当地主要病虫害的能力。另外，育种目标还要求品种的生育期适于作物茬口安排和轮作、适应机械化作业等。

三、向日葵主要性状的遗传

围绕高产稳产优质适应机械化的育种目标，研究有关性状的遗传对有效地利用种质资源，提高选择效率以达到育种的预期目标，有极重要的意义。

（一）向日葵产量性状的遗传 单盘质量、主盘粒数和千粒重是向日葵的主要产量性状。这些性状在品种间有很大差异，其一般配合力和特殊配合力也有很大差异。

1. 单盘质量 向日葵的单盘质量属于数量遗传性状，主要受基因加性效应控制，但显性效应和上位性效应也明显。单盘质量性状的遗传率（h^2）较低，受环境影响较大。大多数杂交组合 F_1 代有明显的杂种优势，且超亲优势明显。

2. 主盘粒数 向日葵的主盘粒数属于数量遗传性状，以基因加性效应为主，也有部分显性效应存在。主盘粒数性状的遗传率（h^2）较低，受环境影响较大。主盘粒数多的类型同少的类型杂交，其杂种一代多倾向于多粒亲本，有的组合表现超亲分离，显示出较强的杂种优势。

3. 千粒重 向日葵的千粒重属于数量遗传性状。千粒重性状的遗传力（h^2）较高，受环境影响较小。千粒重不同的类型间杂交，其杂种一代的千粒重接近双亲平均值，有的组合表现超亲分离，显示出较强的杂种优势。

（二）向日葵植株性状的遗传

1. 株高 向日葵的株高属于数量遗传性状。数量遗传的复杂程度因不同组合而异，有的组合后代表现为简单的数量性状遗传，有的表现为较复杂遗传。株高性状的遗传率（h^2）较高，受环境影响较小。不同株高类型进行杂交，其杂种一代株高接近双亲平均值，但倾向高亲本的组合多，也有超高亲组合存在。

2. 花盘径 向日葵花盘径属于较简单的数量遗传性状。花盘径性状的遗传率（h^2）较高，受环境影响较小。大花盘类型和小花盘类型间杂交，其杂种一代表现出较强的杂种优势，多数花盘径接近或超过大花盘径亲本。

3. 叶片数 向日葵叶片数性状的遗传属于较简单的数量遗传性状。叶片数性状的遗传率（h^2）较高，受环境影响较小。不同叶片数类型间杂交，其杂种一代的叶片数接近双亲的平均值。

4. 茎粗 向日葵的茎粗属于数量遗传性状。茎粗性状的遗传率（h^2）较低，受环境影响较大。不同茎粗类型间杂交，其杂种一代的茎粗接近双亲的平均值，但倾向高亲本的组合多，也有超高亲组合存在。

（三）向日葵品质性状的遗传

1. 籽仁率 向日葵籽仁率属于数量遗传性状，其遗传以基因加性效应为主。籽仁率性状的遗传率（h^2）较高，受环境影响较小。不同籽仁率类型之间杂交，其杂种一代的籽仁率多接近双亲的平均值，也有少数组合表现超亲分离，这种超亲有正向的也有负向的。

2. 籽仁含油量 向日葵籽仁含油量属于数量遗传性状，以基因加性效应为主，还有一定的显性效应和上位性作用。籽仁含油量性状的遗传率（h^2）较高，受环境影响较小。不同籽仁含油量类型之间杂交，其杂种一代的籽仁含油量因组合而异，有的组合接近双亲平均值，有的组合表现超亲分离，且正向超亲居多。

3. 皮壳率 向日葵皮壳率属于数量遗传性状，其遗传以基因加性效应为主，也有显性效应和上位性效应存在。皮壳率性状的遗传率（h^2）较高，受环境影响较小。不同皮壳率类型之间杂交，其杂种一代的皮壳率多接近双亲的平均值，也有少数组合表现超亲分离，其中超高亲的多于超低亲的。

四、向日葵的分子标记连锁图谱

1995 年，Genzbittd 等构建了第一张向日葵分子标记连锁图谱，其中包含有 237 个限制性片段长度多态性（RFLP）标记位点、16 个连锁群，总长度为 1 150 cM。1996 年，Peerbolte 和 Peleman 利用限制性片段长度多态性标记构建了有 523 个标记位点的向日葵连锁遗传图谱。1998 年，Jan 等利用限制性片段长度多态性分子标记构建了一张包括 271 个标记位点、20 个连锁群、总长度为 1 164 cM 的向日葵遗传图谱。2002 年 Tang 等利用重组自交系（RIL）群体和简单序列重复（SSR）标记构建了包括 408 个位点、17 个连锁群、总长度为 1 368.3 cM、标记间平均距离为 3.1 cM 的向日葵遗传图谱。2012 年，黄先群等用 125 个来源于 PAC-2 和 RHA-266 杂交的 F_8 代重组自交系群体和简单序列重复标记，对 Hores-BeiTios 等报道、后由 Fabre F. 补充的遗传图谱进行了标注，标注后的图谱长度为 2 914.5 cM，标记间平均距离为 8.1 cM。这些分子标记连锁图谱的构建有助于向日葵数量性状基因位点（QTL）定位研究。

第三节　向日葵种质资源研究和利用

向日葵种质资源是向日葵中各种种质材料的总称，包括地方品种、主栽培种、原始栽培类型、野生近缘种和人工创造的种质资源。

一、向日葵属分类

向日葵属于菊科（Compositae）向日葵属（*Helianthus*）。这个属是多态的，由多种组成。向日葵种的分类方法较多，可依据染色体数目和性状来分类。

（一）根据染色体数目分类　根据染色体数目多少，可将向日葵分为二倍体种（$2n=34$）、四倍体种（$2n=68$）和六倍体种（$2n=102$）。一般栽培向日葵多属于二倍体种。根据 Xecigeq 分类法，向日葵属可以分为 4 组：第一组为具有直根的一年生和多年生种，属二倍体（$2n=34$），有 14 种；第二组为生长在北美洲西部的多年生种，属二倍体（$2n=34$）的有 5 种，属四倍体（$2n=68$）或六倍体（$2n=102$）的有 1 种，共计有 6 种；第三组为生长在北美洲东部和中部的多年生种，包括二倍体、四倍体和六倍体，可分为 5 种群；第四组为南美洲丛生的多年生类型，有 18 种。

（二）根据用途和性状分类

1. 按种子用途分类　按种子用途分类可将向日葵分为食用型、油用型和中间型。

（1）食用型　食用型向日葵植株高大，株高一般在 2～3 m。生育期较长，一般为 120～140 d，多为中晚熟种；籽粒大，长为 15～25 mm。果壳较厚，一般皮壳率在 40%～60%。籽仁含油量在 30%～50%。

（2）油用型　植株较矮，一般在 1.2～2.0 m。生育期较短，一般为 80～120 d，多为中熟种或早熟种。籽粒小，长为 8～15 mm；果壳较薄，一般皮壳率在 20%～30%，籽仁含油量在 50%～70%。

（3）中间型　中间型向日葵的生长发育性状和经济性状均介于油用型和食用型之间。

2. 按生育期长短分类

（1）极早熟种　此类生育期在 85 d 以内。

（2）早熟种　此类生育期在 86～100 d。

（3）中早熟种　此类生育期在 101～105 d。

（4）中熟种　此类生育期在 106～115 d。

（5）中晚熟种　此类生育期在 116～125 d。

（6）晚熟种　此类生育期在 126 d 以上。

3. 按植株高矮分类

（1）矮株类型　此类型株高在 1.2 m 以下。

（2）次矮株类型　此类型株高在 1.2～1.7 m。

（3）次高株类型　此类型株高在 1.7～2.0 m。

（4）高株类型　此类型株高在 2.0 m 以上。

二、向日葵种质资源的研究概况

向日葵已知野生种有 67 个，其中 50 多个已被育种学家用于育种。向日葵野生种有一年生和多年生两种类型，染色体数目有二倍体（$2n=34$）、四倍体（$2n=68$）、六倍体（$2n=102$）3 组。

栽培向日葵种质资源，包括各国的地方农家品种资源和育成品种，是育种的重要材料。苏联的全苏经济植物研究所 1974 年收集的栽培向日葵种质资源约 1 200 份，其中大约 60%是苏联品种，其余来自世界各国。美国农业部收集的种质资源有 500 多份，来自 30 多个国家。这些种质资源具有丰富的遗传多样性，是宝贵的育种材料。向日葵突变群体是通过辐射和化学诱变获得的，其中最实用的是早熟和矮秆的突变。苏联通过化学诱变，获得了早熟兼含油量高、皮壳率低、矮秆、脂肪酸组分改变和具有雄性不育的突变类型，通过选择，突变群体的油酸含量达到 72%，个别单株高达 90%。

野生向日葵对多种向日葵病害具有抗性，是抗病育种的丰富抗源。普斯陶沃依特等人对 40 多个野生种进行广泛的研究，发现对锈病、霜霉病、灰腐病、黄萎病、菌核病、白粉病和枯萎病具有抗性。对列当、向日葵螟和蚜虫也有抗性。野生种的含油量一般低于栽培种，变幅在18%～40%（Dorrel，1978）。野生种中的脂肪酸组成为宽幅变异。野生种籽实的蛋白质含量较栽培种高，例如 *Helianthus scaberrimus* 的籽实蛋白质含量为40%，坚硬向日葵的脱脂籽仁蛋白质含量为70%（Georaievatodo 和 Hristova，1975）。野生种是选育细胞质雄性不育系和恢复系的来源。法国勒克莱尔格1969年用 *Helianthus petiolaris* 和 *Helianthus annuus* 杂交，杂交种再与 *Helianthus annuus* 回交育成了世界上第一个细胞质雄性不育系。细胞质雄性不育的大部分雄性育性恢复源也来自野生种。野生种 *Helianthus annuus* 和 *Helianthus petiolaris* 中普遍存在恢复基因。

人工创造的种质资源有杂交后代、突变体、远缘杂种及其后代、合成种等。这些材料多具有某些缺点而不能成为新品种，但具有一些明显的优良性状。

第四节　向日葵育种途径和方法

采用什么途径和方法培育新品种，决定于育种目标、遗传知识、育种规模等因素。育种途径和方法并非一成不变的，但也并不是无一定规律可循，育种工作者应根据实际情况灵活运用。

一、向日葵引种

引种是指从国外或外地引进品种直接在生产上应用或间接利用。实践证明，引种在常规育种工作中是一项简单、易行、经济、有效的途径，只要引种目的明确，通过试验增产显著，就可以及时示范、推广。我国不是向日葵原产地，开展向日葵育种工作较国外晚，直接引进国外的优良品种或杂交种在生产上应用，曾对我国向日葵生产起过很大的作用。我国从20世纪50年代起开始有计划地引进品种并开始对引进的外国品种进行研究和利用，70年代从国外引进向日葵雄性不育系、保持系和油用型杂交种。在引用的品种和杂交种中，从苏联引入的夫尼母克8931、从罗马尼亚引入的先进工作者、从匈牙利引进的匈牙利4号等在我国都曾有过一定的栽培面积，尤其匈牙利4号是在我国栽培面积较大、种植时间较长的引进品种。如今我国向日葵育种工作有了显著进展，育成和推广了一些适于各地区种植的优良品种（包括杂交种），逐渐取代了引进品种，国外引进品种从直接在生产上利用转变为主要作为育种亲本。近年来，虽然引进的国外高油杂交种在我国有些地区仍有一定的栽培面积但已呈逐年减少趋势。从我国向日葵引种历史可见，引种在我国向日葵生产中曾起过很大的作用，但随着我国育种工作的不断发展，其作用逐渐降低。在引种过程中应注意日照、纬度、海拔和耕作栽培与引种的关系，同时应通过严格的检疫，防止带有检疫对象的病、虫及杂草随引种而传播。

二、向日葵自然变异选择育种

自然变异选择育种是指不用人工创造变异，而从已有品种、品系中，选择优良单株或单头培育成新品种的方法。向日葵是虫媒异花授粉作物，异花授粉率达95%以上，由于杂交提高了品种群体变异率，为选择育种创造了条件。这种方法我国在20世纪60—70年代应用较多，并育成一些优良品种，例如白葵1号、辽葵1号等。

自然变异选择育种的基本步骤包括：①从原始材料圃中选择单株；②选种圃进行株行试验；③鉴定圃进行品系鉴定试验；④品种（系）比较试验；⑤品种区域适应性试验。

自然变异选择育种的技术关键是选用适当的原始材料，对材料要熟悉，育种目标要明确，开始收集材料时群体应尽可能大，并应更多注重从当地种植的优良品种中选择变异株；要有有效的单株选择，选择有优良性状、有丰产潜力的单株；要进行精确的产量比较试验。

三、向日葵储备法育种

（一）储备法育种的概念　储备法育种又称为半分法育种，是苏联高油分育种创始人普斯陶沃依特发明的一种育种方法。其优点有二：其一是由于自由授粉，能够消除育种材料变劣的危险；其二是由于选择，能保证有益变异的逐渐积累。实践证明，这是一种非常有效的育种方法。

（二）储备法育种的程序　储备法育种的具体选育程序如下。

1. 第1年原始材料的选择 选用当地推广良种，以品种间杂交后代为选择对象，从1万～2万株的群体中，按既定的育种目标，在田间选择2 000株，单头脱粒，进行室内考种。根据室内考种结果，从中选出50%左右的单株种子，分别编号储存。

2. 第2年选种圃鉴定 将上年入选编号的单株种子，从中取1/4左右种子种植。其余种子继续保存，作为储备。采用对比法，2次重复，以当地最优品种为对照种，在生长发育期间对各性状进行详细观察记载，收获后对有关性状进行测定分析，根据试验结果，从中选出15%的优良家系进入下年继续鉴定。

3. 第3年鉴定圃 根据上年鉴定入选的株系号，从储留的种子中取出一部分，播种在比较试验圃中。采用对比法，2次重复，同时设置抗性鉴定圃，对病害、虫害、寄生性杂草以及抗逆性进行鉴定。根据试验结果，最后选出10个左右家系进入定向授粉圃。

4. 第4年定向授粉圃内定向授粉 定向授粉圃要设在距其他向日葵有5 km以上的隔离区里。定向授粉圃内种植上季入选的优良家系储备的原始种子。定向授粉圃内定向授粉，采用随机排列法，5次重复，开花前除杂去劣，以保证优良株系间的授粉。单株收获，结合室内考种，将最好的单株种子混合在一起，供下季预备试验用种。

5. 第5年预备试验 播种定向授粉圃中入选的种子，小区面积为30 m^2，重复3～5次，同时另设抗性鉴定圃，从中选出最好的群体。

6. 第6年对比试验 对从预备试验中选出的种子进行对比试验，最后选出优良群体提交品种评定委员会进行区域试验。

7. 第7年区域试验 由品种评定委员会负责主持，在各不同生态区进行2～3年区域试验，然后审批并确定品种的推广范围，同时繁殖优良品种。

四、向日葵轮回选择育种

(一) 基于轮回选择的群体改良及品种选育 第1年，根据预定的遗传改良目标，在被改良的基础群体中，选择100株以上的株系自交，同时每个自交株分别与测验种进行测交。第2年，进行测交种比较试验，经产量及其他性状鉴定后，选出10%左右表现最优良的测交组合。第3年，将入选最优测交组合的相对应自交株的种子（室内保存）各取等量混合均匀后，播种于隔离区，任其自由授粉和基因重组，形成每一轮回的改良群体，以后各个轮回改良按同样方式进行。经过多轮群体改良，可从中选择优良综合品种。另外，以自交系为测验种，结合轮选过程，可以选择若干强优势杂交种，再经过比较试验，区域试验、生产试验，最终可审定杂交品种。

(二) 基于轮回选择的自交系创制 轮回选择常应用于某一目标性状的改良，尤其常用于抗性基因的转育。具体方法为：第一步，以具有目标性状的材料为母本，要转育的优良自交系为父本进行杂交，获得F_1代材料，并对目标性状进行筛选；第二步，以具有目标性状的F_1代材料为母本，要转育的优良自交系为轮回亲本进行连续的回交转育至5代；BC_5代之后进行两代自交使抗性基因纯合，纯合后扩繁。吉林省白城市农业科学院基于此方法，成功转育了向日葵抗列当自交系。

通过轮回选择，获得的改良群体可直接用于生产，也可从中选出具有更多有利基因的自交系或综合种。因此轮回选择方法，即可用于向日葵的群体改良，丰富种质资源库，也可用于向日葵的品种选育。

五、向日葵杂种优势利用

向日葵种间、品种间或自交系间杂交的杂种一代，可在产量性状、品质性状和抗病虫性上表现出明显的优势，而且用雄性不育系生产杂交种比较容易。因此以细胞质雄性不育系为基础的杂交种的选育，是当前世界上向日葵品种改良的主要方向。

(一) 向日葵杂种优势表现 向日葵杂种优势表现在多方面，既表现在营养生长上，又表现在生殖生长上，在抗性上也表现出杂种优势。

(二) 向日葵雄性不育系的选育 为了进行大规模的杂种向日葵制种，必须选育好的雄性不育系。

1. 不同类型或亲缘关系远的品种间杂交选育雄性不育系 利用亲缘较远的品种间或种间、属间进行杂交再回交的方法，用父本的细胞核逐渐置换母本的细胞核，进而取代母本的细胞核。在核置换过程中，由于父本与母本亲缘远，细胞核与细胞质间的不协调，易产生雄性不育。法国最早育成的向日葵雄性不育系，就

是用野生种 *Helianthus petiolaris* 与栽培种 *Helianthus annuus* 杂交获得的。杂交时一般用野生向日葵作母本，栽培向日葵作父本，F_1代选雄性不育单株，用栽培父本回交，下年仍在分离群体中选雄性不育单株用栽培父本回交，如此回交到雄性不育性稳定，形态特征与父本完全相似为止。

2. 保持类型品种直接回交转育雄性不育系 以稳定的雄性不育系和优良品种或自交系为亲本进行杂交，再通过测交和多次回交的方法，将雄性不育系的雄性不育性状转移到优良品种或自交系，使之成为一个新的雄性不育系。选育方法为：以现有稳定的雄性不育系为母本，与经过筛选确认为属于保持类型的优良品种或自交系进行成对杂交，在杂种一代中选择雄性不育株用其父本进行回交，在回交后代中选择雄性不育率高、性状倾向父本的雄性不育株进行回交，直至母本雄性不育率98%以上，雄性不育性稳定，形态性状与回交父本相似，即转育成了新的雄性不育系。一般经6～7个世代可完成转育工作。

3. 保持系间或保持类型品种间杂交选育保持系和雄性不育系 当已有的保持系或保持类型品种直接转育产生雄性不育系，在农艺性状上或配合力等方面仍不能满足需要时采用此法。其目的是将不同品种的优良性状结合在一起，选育出具有更多优点的新雄性不育系。这种方法包括杂交选育保持系和回交转育雄性不育系两个育种过程。因所需时间较长，为缩短育种年限，目前各育种单位普遍采用将杂交选择稳定保持系的过程和回交转育雄性不育系的过程结合起来的边杂交稳定边回交转育法，具体程序是：①保持系或保持类型品种间人工杂交；②在F_2代群体中选择合乎要求的单株给雄性不育系授粉，分别套袋，并对提供花粉的单株进行人工自交，挂标签分别编号，单独收获脱粒，成对保存；③下一年将成对材料邻行种植，在父本行里继续按育种目标选择单株，同时在雄性不育行里选择植株性状与父本相近的雄性不育株，继续用父本行的当选株与雄性不育行的当选株成对授粉，并对提供花粉株进行人工自交，单独收获成对保存。按此方法连续做几年，直至成对交的父本行已稳定，雄性不育行也稳定并与父本行农艺性状一致为止，即培育出了新的雄性不育系和保持系。

（三）向日葵恢复系的选育

1. 从原始材料中筛选恢复系 用稳定的雄性不育系为母本与向日葵原始材料进行测交，观察并测定F_1代的自交结实率和杂种优势情况。如果F_1代植株自交结实率高，说明该材料具有较好的恢复性。杂种优势大说明配合力高，即可成为该杂交种的恢复系。这是初期利用向日葵杂种优势选育恢复系的主要方法。我国育成的第一批向日葵杂交种中，白葵杂1号和辽葵杂1号的恢复系，就是用这种方法筛选出来并加以培育而成的。

2. 杂交选育恢复系 通过恢复类型与恢复类型品种间杂交及恢复类型与优良品种间杂交的方法，可创造新的适应当地生产发展需要的恢复系。这种方法可以选配多种组合方式，较易选出恢复力强、配合力高、农艺性状好的恢复系。杂交后代采用系谱选择法，一般从第三代开始进行恢复力测定，经5～6代的选育，即可育成新的恢复系。

3. 回交转育法选育恢复系 回交转育方法之一，是以恢复系为母本，以生产上推广的优良品种为父本进行杂交，以杂交父本为轮回亲本与F_1代的优良单株进行回交，同时进行测交，选择有恢复能力的材料进一步回交，这样连续回交3～4代后，再自交2～3代，即可育成新的恢复系。

回交转育方法之二，是选择恢复性强的杂交种作母本与需要改良育性的品种或自交系杂交，再以杂交父本为轮回亲本进行回交，在回交转育时应在每次回交后代中选择雄性育性好、性状近于父本植株的作母本并进行人工去雄，取父本花粉进行回交，如此回交4～5代，即可达到恢复性强且农艺性状与父本相同的目的。用其作父本与雄性不育系成对测交，进行测交鉴定，便可获得结实性好、杂种优势与原组合一样的株行，其父本行就是恢复性被改造好的恢复系。

4. 从杂交向日葵后代中分离恢复系 利用雄性不育系与恢复系杂交所得杂交种，从F_2代开始选择雄性育性好的优良单株连续自交，可获得稳定的雄性育性良好的株系。由于杂交种后代的细胞质里有雄性不育基因，自交结实良好的个体，细胞核内必有恢复基因。所以在结实良好的个体中选择时，不必考虑雄性育性问题，将注意力放在农艺性状的选择上，选出的优良品系，通过测交试验，从中选出恢复系。

5. 种间杂交选育恢复系 野生种是向日葵细胞质雄性不育恢复基因的丰富源泉，研究表明，野生种 *Helianthus annuus* 和 *Helianthus petiolaris* 中普遍存在恢复基因。通过种间杂交选育的方法，可获得优良恢复系。选育过程中，一般用野生种作母本，用栽培种作父本进行杂交，再以栽培种为轮回亲本进行回交，在杂种后代选择中应注意花粉量大、结实率高且性状优良的株系。回交2代以后，用结实性好并具有抗病性的姊妹株杂交，再进行3～4代自交，然后用雄性不育系测配2次，鉴定恢复性。恢复性稳定后即得到了性状优良的恢复系。

(四) 向日葵杂交组合的选配 向日葵杂交组合的选配应考虑双亲的亲缘关系、地理来源和生态类型的差异，双亲的一般配合力和特殊配合力，双亲的丰产性、抗性和品质。选配组合一般先进行初测，杂交一代株数可以少些，但组配的组合数应多些，根据 F_1代的优势表现情况选择少数组合进行复测，并进行小区对比试验。对估计有希望的新组合在对比试验的同时，可进行小规模制种，以供次年新组合比较试验用，并探讨制种技术和丰产栽培技术。

第五节 向日葵育种新技术研究和应用

植物生物技术的研究和发展，对向日葵育种起到了积极的推动作用。向日葵育种中应用生物技术虽然较水稻、玉米、棉花、大豆起步晚，但发展较迅速。

一、组织培养技术在向日葵育种中的应用

在组织培养上，向日葵应用较多的外植体为幼胚。幼胚培养是杂交种子剥去种皮后的胚，将其置培养基上培养成苗。这种技术主要用于克服种间杂交的不亲和性，为杂种幼胚提供人工营养和发育条件，使幼胚能在离体条件下形成植株。例如吉林省向日葵研究所以向日葵优良个体为母本，以具有耐菌核病基因的向日葵野生种为父本进行杂交，用远缘杂交的杂交胚进行组织培养，有效地创建了耐菌核病特性的群体。

二、转基因技术在向日葵育种中的应用

自 20 世纪 70 年代第一株转基因烟草问世以来，利用基因工程技术把外源基因导入植物的研究不断取得成功，成为现代育种的重要途径之一。应用植物转基因技术，将外源基因导入受体细胞，并使其在受体细胞中正常表达而获得转基因植株，这是作物改良最直接的途径。将外源基因转入向日葵基因组的方法主要有根癌农杆菌介导法、基因枪法、花粉管通道法等。由于向日葵是双子叶植物，应用最多的转基因方法是根癌农杆菌介导法。

第六节 向日葵育种田间试验技术

一、向日葵田间试验

向日葵育种的田间试验工作是育种的重要一环。育种要求是多目标的，对产量这样遗传率较低性状的选择主要是多年多点有重复的严格比较试验；对于生育期、株高等遗传率较高的性状可以在株行阶段加大选择压力。选择过程中，参试材料数由多变少，每个材料的试验小区则由小变大，鉴定方法由简单的目测法逐步转向精确的田间试验与实验室鉴定相结合的方法。育种圃的设置、各圃小区的大小、重复数的多少在总原则一致的条件下，具体方法可因试验人员的经验和试验条件而异。

二、向日葵区域试验和品种评定

品种区域试验是品种区域适应性试验的简称，通过在一定地域范围内多地点、2～3 年的新育成品种与现行推广品种的比较试验，评价每个材料的推广应用价值及其适应范围。省级区域试验一般采用 3～4 次重复在多点安排试验，全国区域试验一般重复 4 次，在向日葵的不同生态地区设点，以保证试验结果能较准确地反映杂交种或品种在各地的产量、抗性和品质的表现，获得可信的数据，以利于推广。

在区域试验中表现突出的杂交种或品种，通常在区域试验后期便可开始参加各省组织的生产示范试验。一般参加生产试验的杂交种或品种以 1～2 个为宜，用生产上大面积种植的杂交种或品种为对照，试验点一般以 3～5 个为宜，试验区面积为每个杂交种或品种 667～1 334 m^2（1～2 亩），不设或设置少数重复，试验点应分布在预期推广的地区。在进行生产试验的同时开始扩繁种子，研究其最佳栽培技术，以准备生产试验结束后，良种良法一起推广。

三、向日葵有性杂交技术

(一) 人工去雄杂交法 当杂交母本的舌状花开始伸展变黄时，选择生长健壮的典型植株套袋。当套袋

的母本花序外围第一圈管状花的花药管上升，花药露出管外，花粉还没有成熟时，要及时去雄。当管状花开放后，花药管已伸出管状花外，而雌蕊柱头还没伸出花药管外，这时去雄效果最好。去雄时，用镊子将其花药逐个摘掉，不要损伤柱头，这样可以连续去雄2～3次后再开始授粉。第一次授粉后，在父母本株上挂标签，写明组合编号和父本和母本名称。根据母本受精程度，如能够获得足够的种子，就不用再授粉了，但要将花序中间未开的小花切掉，以防止自交，保证杂交率。这种杂交方法可靠性强，但杂交效率低，可在杂交工作量少的情况下采用。

(二) 化学去雄杂交法 当花盘直径为1.5cm时，在10:00—11:00用浓度为0.59%的赤霉素溶液处理生长点和花盘，处理后能获得100%的去雄率。

(三) 不去雄杂交法 根据雌蕊柱头对异株花粉的选择性，当自身花粉和不同品种异株花粉同时存在时，柱头易接受异株花粉。开花期间，在不去雄情况下进行人工授粉，有的品种可获得杂交率85%以上的杂交效果。采用这种方法可提高杂交效果，但在后代选择中，要认真鉴别真伪杂种。

第七节 向日葵种子生产技术

一、向日葵常规品种种子生产技术

向日葵常规品种（或一代杂交种的亲本）种子生产可按育种家种子、原种、大田用种的生产程序进行。具体步骤可参见洪德林主编的《种子生产学实验技术》第64～67页。要设隔离区繁殖，原种种子生产田的隔离距离应在5～8km，大田用种种子生产田的隔离距离应在3～5km，也可利用时间隔离和自然屏障隔离。

二、向日葵杂交种种子生产技术

为了提高制种质量，在整个向日葵杂交制种过程中，必须做好安全隔离、规格播种、严格除杂去劣、蜜蜂辅助授粉、分收分藏等环节。

(一) 隔离防杂 根据我国的生产体制和形式，制种田的隔离距离可在3km以上。也可采用自然屏障隔离和时间隔离的方式。

(二) 规格播种

1. 亲本行比配置 父本与母本行比依父本的花期长短和花粉量多少、母本结实性能、传粉昆虫的数量以及气候条件确定。根据目前推广的杂交种情况和制种技术水平，父本与母本的行比以2∶4或2∶6较为适宜。其原则是在保证有充足的父本花粉量的前提下，尽可能地增加母本行数。

2. 播种期 在隔离区内配制杂交种，如果父本与母本花期一致，则可同期播种。如果父本与母本花期不一致，则根据父本和母本由出苗至开花所需日数来调节播种期，一般以母本的花期比父本早2～3d，父本终花期比母本晚2～3d较为理想。由于恢复系花期短、开花比较集中（分枝型例外），容易造成花粉供应不足，可采取分期播种的办法延长授粉期。

(三) 除杂去劣 不管是雄性不育系繁殖田还是杂交制种田都要进行除杂，做到及时、干净、彻底。在父本行和母本行中，凡有别于父本和母本的植株都是杂株，在开花授粉前拔除效果最佳。另外，在收获和脱粒之前要进行一次盘选，剔除杂劣葵盘。

(四) 蜜蜂辅助授粉 向日葵杂交制种采用蜜蜂授粉最适宜，可在杂交制种田里于开花期放养蜜蜂，蜂箱的多少应根据开花期和开花率确定，放养蜜蜂过多时会迫使蜜蜂寻找其他蜜源。据国外报道，每公顷地可放养蜜蜂1.5～7.5箱，各蜂箱间距离为200m。

(五) 适时分期收获，严防混杂 成熟后应及时收获，确保天气上冻之前种子水分降至安全水分。对父本与母本要做到分别收获、分别运输和分别储藏，严防混杂。

第八节 向日葵育种研究动向和展望

21世纪我国向日葵育种的主要任务和目标，仍是提高单位面积产量和籽实含油量，改善油脂品质（富含维生素E、高油酸、高亚油酸、高蛋白及高赖氨酸），提高抗病、抗虫和抗寄生性杂草列当的能力，同时增强品种适应各种农业环境的能力。我国有大面积产量低的向日葵种植地，土地瘠薄，病虫及列当危害猖獗等是主要原因。因此除切实改善其农业生产条件外，还急需适应性强的高产稳产优质品种。同时，对我国的种质资源还要深入研究，进一步开展遗传评价利用，对杂种优势利用应继续完善和创新，不断提高杂交种的综合品质，增加各类组合的数量，以满足向日葵生产发展的需要。

世界各向日葵主产国的向日葵育种目标都重视杂交种的产量和籽实含油量潜力，改善油脂品质，提高杂交种的抗逆能力；普遍重视杂种优势利用的研究和新技术的应用。有些国家向日葵生产采用大规模机械化集约作业，要求杂交种的采收性能好。

复习思考题

1. 向日葵具有发育正常的雌蕊和雄蕊，为什么管状花自花不育？
2. 我国向日葵生产的主要病害有哪些？简述抗病育种已取得的成绩及今后的重点研究方向。
3. 试述通过杂交育种选育向日葵改良异交群体品种的基本程序。储备法育种的特点是什么？
4. 试述向日葵的分类学地位、主要种质资源类型及其利用价值。
5. 试述向日葵杂种优势利用的现状及选育杂交种的方法和关键性技术。
6. 试述向日葵细胞质雄性不育系和恢复系选育的主要方法。现欲引进一个恢复系，其综合现状优良但其生育期偏长，试设计改良利用这个恢复系的试验方案。
7. 简述利用雄性不育系生产向日葵杂交种品种种子的基本方法。应注意哪些关键问题？
8. 试讨论新育种技术应用于今后向日葵育种的主要方向及策略。

附　向日葵主要育种性状的记载方法和标准

1. 播种期　实际播种的日期即播种期，以月日表示。

2. 出苗期　子叶出土的幼苗数达70%的日期为出苗期。

3. 现蕾期　有70%的植株顶端形成直径为1cm左右花蕾的日期为现蕾期。

4. 开花期　有70%的植株舌状花已经开放的日期为开花期。

5. 成熟期　有90%的植株花盘上舌状花全部干枯、花盘背面变黄、外壳坚硬的日期为成熟期。

6. 生育期　从出苗到成熟的天数为生育期。

7. 分枝情况　分枝情况分多、中、少和无。多：有50%以上的植株有分枝。中：有20%～50%的植株有分枝。少：有20%以下的植株有分枝。无：无分枝。

8. 株高　株高指地面至花盘下部的高度，于成熟期选择有代表性的5～10株测量株高，求平均值。

9. 叶片数　在生长发育后期选择有代表性的10株，调查叶片数，求平均值，即为叶片数。

10. 茎粗　在长发生育后期选择5～10株生长发育正常的植株，测定中部茎秆的直径，求平均值，即为茎粗。

11. 花盘直径　在生长发育后期选择5～10株有代表性的花盘，量其直径，求平均值，即为花盘直径。

12. 花盘形状　花盘形状可分凸、凹和平3种，在生长发育后期调查。

13. 花盘倾斜度　于成熟期调查花盘倾斜度，分为1级、2级、3级、4级、5级和6级。

1级为花盘与主茎呈90°夹角。

2级为花盘与主茎呈135°夹角。

3级为花盘与主茎呈180°夹角。

4级为花盘与主茎呈225°夹角。

5级为花盘与主茎呈270°夹角。

6级为花盘与主茎呈315°夹角。

14. 倒伏率　倒伏角度分1～9级，分别代表10°～90°，90°表示倒卧地面。于苗期、蕾期、花期、种子发育期和成熟期调查，计算各级的比例（%）。

15. 折茎率　根据折茎株数计算折茎率（%）。

16. 单盘粒数　收获时选择有代表性的果盘5～10个，单盘脱粒，计数每盘籽粒数，求平均值，即为单盘粒数。

17. 单盘籽粒质量　收获时连续选择有代表性的果盘5～10个，单盘脱粒，晒干后称其质量，求平均值，即为单盘籽粒质量。

18. 结实率 收获时连续选择有代表性的果盘5～10个，单盘脱粒，分别统计每盘成粒数和空壳粒数，计算结实率，求其平均值。

19. 百粒重 随机取100粒干种子称量，重复2～3次，求平均值，即为百粒重。

20. 皮壳率 取10g样品计算皮壳质量占籽实质量的比例（%），即为皮壳率。

21. 籽仁含油量 籽仁含油质量占籽仁总质量的比例（%），即为籽仁含油量。

22. 籽实含油量 籽实含油质量占籽实质量的比例（%），即为籽实含油量。

23. 产量 以小区风干种子的产量折算成单位面积的产量。

24. 抗旱性 在干旱期间鉴定抗旱性，根据植株萎蔫程度分5级记载，分高抗、抗、中抗、弱和不抗。

25. 耐盐碱性 在盐碱土上于苗期鉴定耐盐碱性，分强、中和弱3级。

26. 抗病性 记载发病期和病害类型，计算发病率和感病指数。

（王庆钰第二版原稿；王庆钰第三版修订）

第四篇 纤维类作物育种

第二十章 棉花育种

棉花（cotton）是我国主要的经济作物，其主要产物棉纤维是重要的纺织原料，在世界及中国分别占各种纺织纤维总量的48%和60%。棉花是一种优良的天然纤维，具有吸湿、通气、保暖性好、不带静电、手感柔软等人造纤维难以模仿取代的特点。棉花种子中的棉籽油和棉籽蛋白分别是重要的植物油和蛋白质来源，棉花的短绒、棉籽壳、棉秆、棉酚等都有工业用途。

棉花共有4个栽培种，其中两个是二倍体棉种：非洲棉（*Gossypium herbaceum* L.，A_1）和亚洲棉（*Gossypium arboreum* L.，A_2）；两个是四倍体棉种：陆地棉［*Gossypium hirsutum* L.，$(AD)_1$］和海岛棉［*Gossypium barbadense* L.，$(AD)_2$］。在全世界棉花生产中，陆地棉种植最多，占世界棉花总产量的90%；其次为海岛棉，占5%～8%；亚洲棉占2%～5%，非洲棉已很少栽培。亚洲棉和非洲棉虽然只在很少地区种植，但在棉花育种中是有价值的种质资源。

第一节 国内外棉花育种研究概况

一、我国棉花生产及育种工作的进展

（一）我国棉花生产 中华人民共和国建立后，棉花总产和单产都迅速增长，纤维品质也有很大改进。1949年全国皮棉总产为4.44×10^5 t，占当时世界总产量的6.2%，居世界第四位。1980—1988年全国皮棉平均年产量为4.02×10^6 t，约占世界总产量的1/4，居世界首位。1982年棉花基本自给，扭转了长期大量进口原棉的被动局面。全国棉花每公顷产量，1949年为165 kg，到80年代已达到750 kg，进入了世界棉花高产国行列。平均纤维长度，中华人民共和国成立初期仅为21 mm，目前已达29 mm左右，而且还少量生产35 mm以上的超级长绒棉（海岛棉），其他各项品质指标也有很大改进。我国已成为世界棉花重要的生产国、消费国和出口国（表20-1）。

表20-1 2000年后中国棉花种植面积、总产量和单位面积皮棉产量

（引自中国统计年鉴）

年份	2000	2005	2010	2015	2017	2019
种植面积（$\times10^4$ hm^2）	404.1	506.2	436.6	377.5	319.5	333.9
总产量（$\times10^4$ t）	442	571.4	577.0	590.7	565.3	588.9
单产（kg/hm^2）	1 094	1 129	1 322	1 565	1 769	1 764

（二）我国棉花育种进展 棉花由外国传入我国种植已有2 000多年历史，长期种植的主要是亚洲棉（以后演化为中棉）和一部分非洲棉。由于亚洲棉和非洲棉的纤维粗短，不适合机器纺纱，随着纺织工业兴

起，19 世纪 70 年代开始从美国引种适于机器纺纱、纤维品质优良、产量高的陆地棉。到中华人民共和国成立前，先后引进过脱字棉、爱字棉、金字棉、德字棉、斯字棉、珂字棉、岱字棉等数十种类型的陆地棉品种试种。其中，金字棉在辽河流域棉区，斯字棉在黄河流域棉区，德字棉在长江流域棉区表现良好，增产显著。但由于缺乏良种繁育制度和检疫制度，品种混杂退化严重，并且带来了棉花枯萎病和黄萎病侵害。1950 年以后开始有计划地引入岱字棉 15、斯字 2B、斯字 5A 等品种，全部取代了在我国种植的亚洲棉和退化美棉。经过全国棉花区域试验，明确了推广地区，加强防杂保纯工作，集中繁殖，逐步推广，岱字棉 15 在我国种植长达 30 年。此外，还从苏联引进 108Φ、KK1543、司 3173 等品种在新疆种植。进入 20 世纪 60 年代，由于自育品种水平提高，在生产上逐渐取代了国外引进品种，结束了棉花品种依靠国外引进的历史。

自 20 世纪 50 年代以来，我国主要棉区已进行了 6 次大规模品种更换，每次品种更换，都使产量有较大幅度提高，纤维品质也有所改进。

第一次换种（1950—1955），主要用引进的陆地棉品种代替长期种植的亚洲棉和退化美棉。由美国引进的斯字棉和岱字棉分别在黄河流域和长江流域推广，种植面积占当时良种面积的 80%以上。新疆种植由苏联引进的司 3173。以后多次换种的特点是扩大引进良种的面积，逐步以自育品种替换引进品种，使产量、品质和抗病性不断提高。

20 世纪 50—60 年代，我国较多地采用自然变异选择育种法，以提高产量和纤维长度为主要目标，育成了一些丰产品种，例如洞庭 1 号、沪棉 204、徐州 18、中棉所 3 号等。进入 70 年代，较多地运用品种间杂交育种，育成一些高产品种，例如鲁棉 1 号、泗棉 2 号、鄂沙 28 等。这些品种虽然丰产性好，但纤维品质不够理想。后被新育成的丰产而品质有改善的徐州 514、豫棉 1 号、冀棉 8 号、鲁棉 6 号、鄂荆 92、鄂荆 1 号等品种代替。为适应粮棉两熟的需要，还育成适合麦棉套种的夏播早熟短季棉品种，例如中棉所 10 号、晋棉 6 号、鄂 565、中棉所 14 等。

20 世纪 70 年代初开始了低酚棉品质选育。棉酚是一种含于棉花色素腺体的萜烯类化合物，对非反刍动物有毒。低酚棉棉籽油品质好，棉仁粉可供食用、饲用和药用，棉饼可直接用作非反刍动物的蛋白质来源。已育成的低棉酚品种有中棉所 13、豫棉 2 号、湘棉 11、新陆中 1 号等品种，这些品种产量已接近一般推广品种，1988 年种植面积为 4.67×10^4 hm^2。

自 20 世纪 70 年代以来，在新疆建立了我国的长绒棉基地，育成了军海 1 号、新海 3 号、新海 5 号等海岛棉品种，已大面积种植。

20 世纪 50 年代选出了我国第一个枯萎病抗源 52-128 及耐黄萎病品种辽棉 1 号。60 年代后育成了陕棉 4 号、陕 1155、中棉所 9 号、86-1 等抗病品种。80 年代育成了兼抗枯萎病和黄萎病、高产、早熟、中等纤维品质的中棉所 12 及兼抗、丰产、中上等纤维品质的冀棉 14。随着我国棉区枯萎病和黄萎病的发生和蔓延，加强了棉花抗病育种工作。这个时期主要以抗病品种替换感病品种，中等纤维品质品种替换品质较差的品种，并发展了麦棉两熟，扩大了短季棉种植面积。抗病品种有中棉所 12、冀棉 14、豫棉 4 号、盐棉 48 等。中棉所 12 是我国自己培育的高产、稳产、抗枯萎病、耐黄萎病的陆地棉品种，1991 年种植面积达 1.7×10^4 hm^2。适于麦棉两熟的夏播短季棉品种有中棉所 16、鲁棉 11、鄂棉 13、新陆早 2 号等。

杂种棉的栽种面积也不断扩大，1998 年推广种植面积为 2.7×10^5 hm^2，2004 年达 1.0×10^6 hm^2，以后逐渐下降，目前只有零星种植。随着生物技术的进步，美国的转 *Bt* 基因抗虫棉保铃棉 33B，以及我国自行研制的转 *Bt* 基因抗虫棉国抗系列品种，已在生产上大面积种植。

种质资源是棉花育种工作的物质基础。我国引进栽培棉种已有 2 000 多年的历史。早在 20 世纪 20 年代，我国即开始收集棉花种质资源。50 年代以来，全国棉花科研单位先后多次有计划地开展了国外棉花种质资源的考察、收集，并通过国际间种质的引种交换，进一步丰富了我国的棉花种质资源，为我国的育种工作的开展和基础理论的研究提供了丰富的材料。至 2007 年，我国收集、保存种质资源 8 193 份，其中陆地棉 6 822 份，海岛棉 585 份，亚洲棉 378 份，非洲棉 17 份，陆地棉野生种系 350 份（杜雄明，2007）。鉴定了生物学性状、农艺性状和经济性状等 70 项。

60 多年来，我国的棉花育种方法随着育种水平的提高而改变。20 世纪 40—60 年代，采用系统育种法育成的品种约占 50%，杂交育种法培育的品种约占 25%；70—80 年代，采用杂交育种法培育的品种已上升到 56%；80—90 年代，更是上升到 84%。在杂交育种中，从以简单杂交为主，转为应用多亲本、多层次的复式杂交。我国大面积推广的中棉所 12、泗棉 2 号、泗棉 3 号等品种都是杂交育种法培育而成的。此外，也研究了修饰回交、轮回选择、混选混交等的其他育种方法（张金发，1992）。进入21世纪后，分子标记辅助选择育种以及转抗虫基因、转抗除草剂基因等的转移育种取得了显著成就（叶泗洪，2017）。

基础理论研究上，我国在国际上首先报道了陆地棉原生质体培养植株再生，独创了花粉管通道法棉花转化体系。已经建立以根癌农杆菌介导法为主的棉花转基因技术体系。棉花分子标记辅助育种取得显著进展。开展了棉花基因组测序及重测序研究，克隆了大量控制棉花重要性状的基因，这为棉花的分子育种奠定了坚实的基础。转基因抗虫棉已大面积应用。此外，我国在雄性不育杂种优势的研究和利用、棉籽蛋白的综合利用、良种繁育技术、诱变育种和抗高温、抗干旱、抗盐碱等抗非生物逆境育种等方面也处于国际先进水平。

（三）当前我国棉花育种存在的问题

1. 纤维品质有待进一步改良 我国主栽品种棉纤维长度分布较多集中在27～29 mm偏长的范围，缺少25～26 mm适于纺低档纱的中短绒棉和30 mm以上适于纺高档纱的中长绒棉类型品种。相比之下，美国、澳大利亚等棉花纤维品质类型多样，布局区域化，一个生态区一般只种植同一种质的品种。而我国棉花种植缺乏区域化布局，在同一个生态区种植多个品种，品种杂乱，同时棉纤维中“三丝”含量较高，据纺织部门调查（喻树迅等，2008），“三丝”含量高达8～20 g/t，远高于国家规定的0.1 g/t的标准。长江流域棉区的品种纤维偏粗，马克隆值在5.0以上。总之，我国原棉内在品质多数处于中等水平，能够满足我国纺中低档棉纱的要求，其中纤维长度能够满足大批量的30支及以下系列棉纱的要求。从育种角度分析，提高我国棉花纤维品质，特别是提高棉花纤维强度和协调纤维长度、整齐度、比强度、麦克隆值等指标，日益成为我国棉花纤维品质改良以及提高我国棉花国际竞争力的关键。

我国以环锭纺为主，气流纺为辅，主要用于纺低支纱，配棉等级较低，目的是提高原料利用率、降低成本、提高生产效率。对于环锭纺来说，纺不同支数的纱主要考核原棉纤维长度；而纺40支和60支以上高支棉纱，除要求原棉纤维长度分别大于29 mm和32 mm外，还要求细度适中，比强度34 cN/tex以上，马克隆值在4.2以内。高支棉市场需求量大，但国产棉花中，还缺少能够纺高支纱的陆地棉品种。此外，对气流纺来说国产棉纤维强度偏低，马克隆值偏高，特别是长江流域棉花纤维的马克隆值偏高。此外，也缺乏纺20～26支纱的品种。因此要选育不同档次的原棉品种，以适应纺织工业的不同需求，降低纺织工业成本，提高效益。我国陆地棉品种纤维品质分为Ⅰ型、Ⅱ型和Ⅲ型（表20-2）。

表20-2 国家棉花品种审定的纤维品质标准

		两年区域试验平均值	最低年份值
Ⅰ型	纤维上半部平均长度（mm）	≥32	≥31
	断裂比强度（cN/tex）	≥33	≥32
	马克隆值	3.7～4.2	3.5～4.4
Ⅱ型	纤维上半部平均长度（mm）	≥30	≥29
	断裂比强度（cN/tex）	≥30	≥30
	马克隆值	3.5～4.2	3.5～4.9
Ⅲ型	纤维上半部平均长度（mm）	≥29	≥29
	断裂比强度（cN/tex）	≥29	≥29
	马克隆值	3.5～5.0	3.5～5.0

新疆棉花的一个主要问题是引起纺织加工黏着，其原因是棉花纤维附着外糖。新疆种植的棉花，无论是引自内地种植的品种还是新疆自育品种均不同程度含有外糖，内地种植的所有品种均不含外糖。棉花含外糖的主要原因是蚜虫危害，特别是秋季蚜虫含糖的排泄物污染棉纤维。纤维含糖量在3%以内的可以纺纱，大于3.5%的不能纺纱。

2. 抗逆性尤其是黄萎病抗性有待加强 据马存等统计，北方棉区1990—1996年刊于《中国棉花》通过省级审定品种共44个，其中有抗黄萎病数据的品种29个，无数据的15个，病情指数在10以下的高抗黄萎病品种有8个，病情指数在20以下的抗黄萎病品种有11个。病情指数在20～35的耐病品种有13个。但是实践证明，没有一个品种达到高抗，甚至目前全国保存的陆地棉品种、品系及其他种质资源也无真正达到高抗者，抗源贫乏。随着抗枯萎病品种的大面积推广，到20世纪80年代末我国枯萎病已基本控制。但进入90年代，黄萎病逐年加重，尤其是1993年黄萎病在全国各主产棉区暴发成灾，重病田面积达1.33×10^6 hm^2以上，损失皮棉10^8 kg（200多万担）。1995年和1996年黄萎病在黄河流域连续大发生，至今仍然是影响棉花生产的主要障碍。因此运用远缘杂交、生物技术等多种手段筛选和创造新抗源，从拮抗黄萎病菌的微生物或其他植物中筛选抗病基因，进而培育抗黄萎病品种有重要意义。

随着长江流域棉区和黄河流域棉区棉花种植面积的减少，新疆作为我国主要产棉区的地位日益重要，培育耐低温、光合作用强、耐高温、耐干旱、耐盐碱、抗蚜虫等综合抗性较好的品种是今后棉花育种发展的重要目标。随着劳动力的日益紧张和成本增加，机械化采收是今后的发展方向，培育适合机械采收的品种非常迫切。

二、世界主要产棉国棉花育种动态

全世界近年共有75个产棉国家，分布在南纬32°到北纬47°之间。但是世界棉花产量的50%以上集中在中国、美国、印度、巴西和巴基斯坦5个年产皮棉1.0×10^6 t以上的产棉大国（表20-3，美国农业部资料）。

表20-3 2014—2019主产国棉花生产概况（$\times10^4$ t）

国别	年份					
	2014	2015	2016	2017	2018	2019
中国	653.2	479.0	495.3	598.7	604.2	593.3
印度	642.3	563.9	587.9	631.4	561.7	642.3
美国	355.3	280.6	373.8	455.5	399.9	433.6
巴西	156.3	128.9	152.8	200.7	283.0	300.0
巴基斯坦	230.8	152.4	167.6	178.5	165.5	135.00

世界各主要产棉国都以培育新品种作为提高单产和改进品质的重要措施。四倍体的陆地棉和海岛棉是目前世界各国的主要栽培种，它们分别占世界棉花总产量的90%和8%。二倍体栽培种亚洲棉和非洲棉只在局部地区种植，占世界棉花总比例很小。因此棉花育种工作主要是培育优良陆地棉品种，其次是海岛棉品种。

美国是最早开始陆地棉育种的国家。有文献记载，最早的棉花育种工作是在18世纪30年代，用集团选择法选择具有较优良纤维和丰产的植株（Moore，1956）。到19世纪末，美国农民种植的棉花品种达数百个。进入20世纪初，随着育种技术的进展及专业化，棉花品种数目逐渐减少，但产量和品质不断提高。据Meredith（1984）等的研究，由于新品种的培育和应用，1910—1979年，皮棉单产年均提高8.62 kg/hm^2。20世纪50年代，8个品种占美国棉花种植总面积的57.2%，其中岱字棉15占棉花种植总面积的25.5%。从那以后，育种的趋向是注意品种对不同地区气候条件有更好的专化适应性。美国远西棉区种植部分长绒海岛棉品种比马棉（Pima），还培育成了产量较高、适合纺织或采收机收获的品种，其株型、铃的大小、衣分等近似晚熟陆地棉，但具海岛棉纤维品质。美国的主要育种目标是：抗棉铃虫、红铃虫、白蝇（*Boemisia* spp.）及其他多种害虫；抗角斑病、黄萎病、枯萎病、苗期病害、根瘤线虫病等多种病害；提高产量，具早熟性，适宜机械收获，适应不利气候条件；提高种子榨油品质、纤维整齐度、强度、细度等。

印度棉田面积约占世界棉田总面积的1/5，居第一位。但因约75%棉田是无灌溉条件的旱地，单产约为世界平均数的一半，因此总产量在世界总产量中的比重低。棉纤维主要适合纺21支以下的棉纱。也有少量绒长33 mm以上的品种种植。印度仍有部分地区种植亚洲棉和非洲棉。其育种目标是提高产量、改进品质、抗虫、抗高温、抗干旱等。

巴西是世界最大雨养种植棉花生产国。巴西北部、东北部、中西部、东南部和南部均有棉花种植，但其棉花种植主要集中在降水量充沛的中西部地区，其中马托格罗索州是巴西最大的棉花主产州，戈亚斯州植棉规模也较大。东北棉区是巴西的老棉区，其中巴伊亚州植棉规模较大。生产上种植的转基因棉花品种有3种基因类型，分别是单一抗鳞翅目害虫转基因类型、单一抗或耐除草剂草甘膦或草铵膦转基因类型、既抗或耐除草剂草甘膦或草铵膦又抗鳞翅目害虫的两个性状转基因类型棉花品种。含两个性状的转基因棉品种种植面积呈快速增长趋势，显然这些含两个性状的转基因棉品种，至少含有一个抗或耐一种除草剂基因、一个抗虫基因。巴西棉花纤维长度的类型较多，纤维品质结构比较合理，但马克隆值略偏低，非常适合纺30支左右的纱线，属品质较好的原棉。其育种目标是高产、优质、抗病、适于一年两季种植。

在巴基斯坦，棉花是主要经济作物和出口创汇资源。总产量占世界棉花总产的10%左右。主要种植陆地棉品种，也种少量亚洲棉品种。棉花纤维主要适合纺21支以下的低档纱。其主要育种目标是丰产、优质、抗棉叶蝉、耐高温、耐盐碱、抗角斑病等。

第二节　棉花育种目标和重要性状的遗传

一、棉花的繁殖方式和品种类型

(一) 棉花的繁殖方式　所有棉属的种都可用种子繁殖。在其原产地热带、亚热带地区，多数棉种生长习性为多年生灌木或小乔木。棉花为短日照作物，栽培种的野生种系（race）对光照反应敏感。栽培种由于长期在长日照条件下选择，在温带夏季日照条件下能正常现蕾结实。但晚熟陆地棉品种和海岛棉品种在适当缩短日照条件下能显著降低第一果枝在主茎上的着生节位，提早现蕾、开花。

棉花出苗后，第二片叶和第三片叶展平时，在主茎顶端果枝始节的位置开始分化形成第一个混合芽。混合芽中的花芽发育成花蕾，这是棉花生殖生长的开端。随着花芽逐渐发育长大，当内部分化心皮时，肉眼已能看清幼蕾，这时幼蕾基部苞叶约有3 mm宽，即达现蕾期。从现蕾到开花需22～28 d。开花后，花粉落到柱头上，花粉粒发芽，长出花粉管，伸入柱头，穿过花柱进入胚囊，精核与卵核融合，完成受精过程。受精后，子房发育成一个蒴果，一般称为棉铃或棉桃。因品种、气温、着生位置不同，棉铃成熟所需时间有异，为40～80 d。高温、雨水等会影响棉花的授粉和受精。

棉花为常异花授粉作物，授粉媒介为昆虫，天然杂交率为0%～60%，决定于地区、取样小区大小和传粉媒介多少。长期自交下生活力无明显下降趋势。

(二) 棉花品种类型　生产上应用的棉花品种类型主要是常规家系品种，杂种品种的应用发展迅速。

1. 按熟性划分　品种熟性是划分棉花类型的一个重要属性。棉花为喜温作物。不同熟性品种霜前花率达70%～80%时，由播种到初霜期所需≥15 ℃的积温，陆地棉早熟品种为3 000～3 600 ℃，中早熟品种为3 600～3 900 ℃，中熟品种为3 900～4 100 ℃，中晚熟品种为4 100～4 500 ℃，晚熟品种为4 500 ℃以上；海岛棉早熟品种为3 600～4 000 ℃，中熟品种为4 500 ℃以上。各地区按热量条件选用适宜的生态型，充分利用热量条件，获得最大的经济效益。热量条件并非唯一决定选用生态类型的因素。在无灌溉条件春旱地区和秋雨多烂铃严重地区，虽然热量充足，也只宜选用中熟偏早品种。种植制度也影响品种生态型的选择。我国很多植棉区，人多地少，粮棉争地矛盾突出，近年来不仅南方棉区粮棉两熟发展快，黄河流域棉区麦棉套种发展也很快，在相同气候条件下，种植方式不同，粮棉占地比例不同，播种和共生期长短不同，选用品种的熟性类型也不同。

2. 按纤维品质划分　纤维品质也是划分品种类型的一个依据。棉花纤维发育要求一定的温度、日照、水分等条件，不同生态区气候条件不同，适于种植不同品质的品种。按棉纤维长度可划分为5个类型：①短绒棉，绒长在21 mm以下，包括二倍体亚洲棉和非洲棉，现仅在印度和巴基斯坦有较大面积种植，占这两国棉花产量的5%左右；②中短绒棉，绒长为21～25 mm，多为陆地棉；③中绒棉，绒长为26～28 mm，以陆地棉为主；④长绒棉，绒长为28～34 mm，大多数属海岛棉，也有一部分陆地棉长绒类型；⑤超级长绒棉，绒长为35 mm以上，全部为海岛棉。我国棉纺业及外贸要求多种品质类型品种。大量要求中绒品种，也要求一部分中短绒和长绒陆地棉及超级长绒棉。长度应与其他品质性状相配合。

3. 其他划分方法　其他植物性状也可用于品种类型划分，例如铃的大小、株型高低、紧凑或松散、种子上短绒有无及多少、棉酚含量高低、抗病性、抗虫性、抗逆性等。不同地区应按照生态条件、种植制度、市场要求等确定种植的品种生态型，以获得最大的社会效益和经济效益。

二、我国棉区划分及主要棉区的育种目标

(一) 我国棉区划分　我国棉区广阔，大致在北纬18°～46°、东经76°～124°范围内。这个区域虽然都可植棉，但各地宜棉程度、棉田集中程度差别很大，适宜种植品种类型也不相同。需要根据气候、土壤、地形、地貌等生态要素及社会经济条件、种植制度等划分棉区。充分利用自然资源，实行品种布局区域化，因

地制宜建立栽培技术规范，科学种棉，使棉花生产达到高产、优质、高效的目标。

20 世纪 50 年代初，我国曾将全国棉区划分为华南棉区、长江流域棉区、黄河流域棉区、辽河流域棉区（后改为北部特早熟棉区）和西北内陆棉区共 5 大棉区。经过 30 多年的变迁，到 80 年代，特早熟棉区植棉面积已经很少，华南棉区只有零星植棉，棉花种植已主要集中在其余 3 个棉区。这 3 个棉区地域十分辽阔，生态条件有较大差异，因此又被划分为 3～4 个亚区。这种区划基本上符合实际，但有些亚区地域仍过广，因此有必要进一步研究，划分品种类型适应区域，使品种布局更趋合理化、区域化。

（二）3 个主棉区适宜品种类型的育种目标

1. 长江流域棉区 本棉区包括四川、湖北、湖南、江西、浙江等省，以及江苏和安徽两省淮河以南及河南省南部地区。棉田主要集中在长江中下游沿江、沿海平原，部分为丘陵棉田。

本棉区棉花生长期长，为 220～260 d，热量条件较好，棉花生长期的≥15 ℃积温为 4 000～4 500 ℃，生长期降水量除南襄盆地稍少（为 600～700 mm）外，其余各亚区均在 1 000 mm 以上，但日照不足。大部分地区春季多雨，初夏常有梅雨，入伏高温少雨，日照较充足，部分年份秋季多阴雨。本区棉田种植制度，主要棉区普遍实行粮（油）棉套种或夏种的一年二熟制。本棉区各亚区生态条件有明显差异，适宜种植的品种类型不同。20 世纪 70 年代，以江苏、湖北为代表的南方棉区占全国的比重，面积为 46.0%，总产为 60.0%。80 年代，由于种棉效益低而呈减少趋势，到了 90 年代，种植面积稳定在 2.0×10^6 hm^2 左右。本地区棉纤维偏粗，马克隆值常高于 5。

（1）长江上游亚区 此亚区突出不利于植棉的气候因素是 9 月下旬后秋雨连绵，日照差（日平均日照时数低于 3 h），因此适于种植棉株叶片稍小、棉铃中等偏小、铃壳薄、吐絮畅的早播早熟的中早熟、中熟类型的品种、绒长为 27～29 mm、适纺中支纱的品种类型。本亚区棉田枯萎病分布较普遍，因此品种需抗枯萎病。

（2）长江中游亚区 此亚区热量条件好，雨水丰富，光照条件比长江上游亚区好，土壤肥沃，故棉花产量高，品质好。此亚区宜种植中熟、中晚熟品种，以充分发挥品质好优势；种植绒长为 29 mm 左右、强力为 4 gf（0.039 2N）以上、细度适中（6 000 m/g 左右）、适纺细支纱品种类型，适当配置绒长 31 mm 以上适纺高支纱品种。本亚区虽有枯萎病和黄萎病，但部分地区病轻或无病，应分别种植抗病及常规优质品种，以发挥品质优势。

（3）长江下游亚区 此亚区的特点是棉花前作成熟较晚，两季矛盾突出，从大面积生产看，应选用偏早的中熟品种。本区也应按枯萎病和黄萎病的病情轻重分别种植常规品种或抗病品种。本亚区主要以绒长 29 mm 左右适纺中支纱品种类型为主，适当安排绒长为 31 mm 的纺高支纱类型。

（4）南襄盆地亚区 此亚区包括湖北省襄阳和河南省南阳两个地区。其气候介于长江流域和黄河流域之间，适宜的品种类型为绒长 27～29 mm、中上等品质、纺中支纱为主的中熟品种类型。

2. 黄河流域棉区 本棉区包括山东、河北大部、河南大部、陕西关中、山西南部、江苏徐淮地区、安徽淮北地区、北京郊区和天津郊区。以河北、河南和山东为代表的黄河流域棉区，20 世纪 80 年代初期棉田面积和产量分别占全国的 50%和 46%。20 世纪 90 年代以来，由于棉花病虫害的猖獗危害，棉田土质的下降，棉花单产降低，比较效益低，致使棉花面积大幅度缩小，产量下降。1993 年，该区棉花种植面积为 2.44×10^6 hm^2，总产量为 1.386×10^6 t，分别占全国的 48%和 37%。到 2020 年，棉花种植面积和总产量分别只占全国的 11.3%和 7.1%。本区≥15 ℃积温为 3 500～4 100 ℃，由南向北逐渐减少，差异较大。雨水分布及土壤等生态条件各地区也有较大差异。因此本棉区又分为淮北平原亚区、华北平原亚区、黄土高原亚区和早熟亚区共 4 个亚区。

（1）淮北平原亚区 此亚区热量充足，秋季温度较高，降温较慢。棉花生长期降水量为 650～700 mm，雨量分布有利于棉花生长。此亚区适宜种植春播中熟、绒长为 29 mm、适纺高支纱的品种类型，也适合夏播中早熟、绒长为 27～29 mm、适纺中支纱的品种。

（2）华北平原亚区 此亚区棉花种植面积和产量均曾占全国的 25%以上，是全国棉花最集中的地区。到 2020 年，棉花种植面积只占全国的 11%。本亚区热量条件较好，大部分棉田有灌溉条件，过去棉田一年一熟，适宜种植中熟品种。近年麦棉套种发展较快，春播宜用中早熟、绒长为 29 mm 左右、适纺高支纱的品种；夏播棉采用麦垄套种或移栽，宜选用 27 mm 左右、适纺中支纱的品种。

（3）黄土高原亚区 此亚区棉田一半分布在汾河、渭河和洛河河谷地区，一半分布在旱塬。本区≥15 ℃积温为 3 600～3 900 ℃，年降水量为 500～600 mm。春季升温较快，有利于早现蕾，早开花。花铃期干旱少雨，有灌溉条件的棉田有利于结伏桃。旱地多早衰，成铃率低。秋季多雨，气温下降快，不利于纤维发育，因而品质差。本区热量较高地区适于种植中熟品种，热量条件较差地区宜种种植早中熟或春播早熟品种。本区重点种植绒长为 27～29 mm、适纺中支纱的棉花品种。

（4）早熟亚区　本亚区大部分的≥15℃积温为 3 500～3 600℃，只能满足中早熟品种对热量的最低要求。最北部地区积温为 3 200～3 400℃，只能满足早熟品种热量要求。本亚区宜发展绒长为 25～27 mm、适纺中低支纱的品种。

黄河流域棉区枯萎病和黄萎病普遍发生，本棉区品种必须兼抗枯萎病和黄萎病。

3. 西北内陆棉区　本区主要是新疆棉区，也包括甘肃河西走廊地区的少量棉田。本区是我国唯一的长绒棉（海岛棉）基地，也是我国陆地棉品质最好的地区。新疆棉区属典型大陆性干旱气候，热量资源丰富，雨水稀少，空气干燥，日照充足，气温年较差和日较差大，全部灌溉植棉。根据自然条件和地域差异，新疆可划分为东疆、南疆和北疆 3 个亚区。北疆热量条件较差，≥15℃积温为 3 000～3 300℃，只适于种植早熟陆地棉。南疆热量条件好，≥15℃积温为 3 600～3 800℃，适于种植早熟海岛棉和中早熟陆地棉。东疆热量条件最好，≥15℃积温为 4 500～4 900℃，适于种植中熟海岛棉品种，或晚熟陆地棉品种。本区生态条件特殊，适于本区种植的品种应能耐大气干旱，抗干热风，耐盐碱，并对早春、晚秋的低温和夏季高温有较好适应性。对品质的要求是，早熟陆地棉绒长为 27～29 mm，中早熟陆地棉绒长为 29～31 mm，早熟海岛棉绒长为 33～35 mm，中熟海岛棉绒长为 35～37 mm，以及相应的其他指标。1988 年国务院决定将新疆列为国家重点棉花开发区，极大地推动了新疆的棉花生产发展，80 年代的棉花种植面积为 2.67×10^5 hm^2，到 1990 年棉花种植面积就扩大到 4.35×10^5 hm^2，产量为 $4.687\ 9\times10^5$ t；2020 年植棉面积更是增加到 2.50×10^6 hm^2，总产量达到了 5.16×10^6 t，面积占全国总面积的 78.9%，总产量占全国总产量的 87.3%。

三、棉花主要目标性状的遗传

（一）棉花产量性状的遗传　皮棉产量是育种的首要目标。皮棉产量的构成因素包括单位面积铃数、每铃籽棉质量（单铃质量）和衣分。衣分是皮棉质量与籽棉质量的比值。衣分与衣指有密切关系，衣指是 100 粒棉花种子纤维的质量，籽指是 100 粒种子的质量，它们之间的关系为

$$衣分=衣指/(衣指+籽指)$$

衣分与皮棉产量成高度正相关，陆地棉衣分和产量的遗传相关在 0.70～0.90，因此可以用衣分来进行产量选择。衣分高低既受衣指影响，也受籽指影响，因此衣分高并不一定反映纤维产量高，可能是由于籽指小，因此不以衣分而以衣指作为产量构成因素更为准确和合理。衣指的遗传率估计值为 0.78%～0.81%，籽指的遗传率估计值为 0.87%（Meredith，1984）。对衣指和籽指这两个性状选择有较好效果。

Biyani（1983）用通径系数分析方法，研究了不同性状对陆地棉产量的影响。结果表明，单株铃数对籽棉产量有最高的直接效应（通径系数 $p=0.695$），其次为铃重（$p=0.682$）和衣指（$p=0.386$）。朱军（1982）对陆地棉 6 个品种进行产量构成因素对皮棉产量的通径分析，结果表明，单株果枝数对皮棉产量直接作用大，其次是单株结铃数和衣分。北京农业大学育种组（1982）做了类似研究，其结果表明，结铃数对皮棉产量的贡献最大，单铃质量次之，衣分对产量的贡献比前两个因素小。Kerr（1996）认为，棉铃大小在近年产量改进上起较小作用，建议在改进产量性状的选择中，结铃性（单位面积铃数）应是考虑重点。

（二）棉花早熟性的遗传　品种的熟性是指品种在正常条件下获得一定产量所需要的时间。熟性决定品种最适宜的种植地区，因此在某特定地区育种必须首先考虑育种材料的熟性。近年在棉花育种中十分重视早熟性，在两熟地区，适当早熟，可以较好地解决茬口矛盾，获得棉粮（油）双增产。对早熟性重视也出于避开虫害，减少栽培管理中的农药、肥料、水和能源消耗，以提高植棉效益。早熟与丰产常相矛盾，因此在一特定地区，早熟性应适度，不能因早熟而使丰产性受影响。早熟性与多种因素相联系，包括发芽速度、初花期、开花速度、脱落率以及棉铃成熟速度等。

对影响早熟性各因素的遗传很少精确的研究资料，但通过选择能分别或同时改变熟性。棉花植株的生长习性常与早熟程度相关联。早熟类型一般第一果枝着生节位低，主茎与果枝节间短，株矮而紧凑，叶较小且薄，叶色浅。晚熟类型株型高大而松散，叶大，叶色深。株型易于选择。铃期长短是影响早熟性的一个重要因素。一般铃较小、铃壳薄的品种，铃期短。棉花具有无限生长习性，各部位棉铃不同时成熟，因此不能用一个简单成熟日期来表示早熟性。目前在育种中常用来表现早熟性的指标有：①吐絮期，即 50%棉株第一个棉铃吐絮的日期；②生育期，即由播种到吐絮期的天数；③霜前花比例，即第一次重霜后 5 d 前所收获的籽棉量占总收花量的比例，在北方棉区，霜前花达 80%以上的为早熟品种，70%～80%的为中熟品种，

60%～70%的为中晚熟品种，60%以下的为晚熟品种。在霜期晚的地区以10月5日或10日前收花量比例表示早熟性，其划分标准与霜前花比例相同。

（三）棉花纤维品质与种子品质性状的遗传

1. 棉花纤维品质性状　棉花纤维（简称棉纤维）是重要的纺织工业原料。棉纤维的内在品质影响纺织品质。棉纤维品质指标主要有长度、整齐度、成熟度、转曲、强度与强力、细度和伸长度等。

（1）长度　长度是指纤维伸直时两端的距离。长度指标有各种表示方法，一般分为主体长度、品质长度、平均长度、跨距长度等。主体长度又称为众数长度，指所取棉花样品纤维长度分布中，纤维根数最多或质量最大的一组纤维的平均长度。平均长度指棉束从长到短各组纤维长度依质量（或根数）的加权平均长度。跨距长度指用纤维照影仪测定时一定范围的纤维长度，测定样品最长的2.5%纤维的长度称为2.5%跨距长度，测定样品最长的50%纤维的长度称为50%跨距长度。2.5%跨距长度接近于主体长度。

（2）整齐度　纤维长度的整齐度是表示纤维长度集中性的指标。表示整齐度的指标有：①整齐度指数，即50%的跨距长度与2.5%跨距长度的比例（%）。②基数，指主体长度组和其相邻两组长度差异5mm内纤维质量占全部纤维质量的比例（%）。基数大表示整齐度好，陆地棉要求基数在40%以上。③均匀度，指主体长度与基数的乘积，是整齐度可比性指标。均匀度高（1 000以上）表示整齐度好。

（3）成熟度　成熟度指纤维细胞壁加厚的程度。纤维成熟度，用成熟纤维根数占观察纤维总数的比例（%）表示的，称为成熟率；用细胞壁厚度与纤维中腔宽度比表示的，称为成熟系数。成熟系数高，表示成熟度好，反之则差。陆地棉成熟系数一般为1.5～2.0。过成熟纤维成棒状，转曲少，纺纱价值低。

（4）转曲　一根成熟的棉纤维，在显微镜下可以观察到像扁平带子上有许多螺旋状扭转，称为转曲。一般以纤维1cm的长度中扭转180°的转曲数来表示。成熟的正常纤维的转曲数，陆地棉为39～65个，海岛棉为80～120个。

（5）强度与强力　强度指纤维的相对强力，即纤维单位面积所能承受的强力。单位为klb/in^2。在国际贸易中，规定纤维强度不低于80 klb/in^2（551.55 kN/m^2）。强力指纤维的绝对强力，即一根纤维或一束纤维拉断时所承受的力，单位为克力（gf）（1 gf=9.8 mN）。陆地棉强力为3.5～4.5 gf（34.3～44.1 mN）。断裂长度是表示纤维断裂强度的另一种方法，用单纤维强力（gf）和以公制支数（m/g）表示的细度的乘积表示。陆地棉断裂长度为20～27 mm。在现代棉花育种中，十分重视提高纤维强度和整齐度，纺织技术改进，加工速度加快，给棉纤维更大物理压力，因此要提高纤维强度；末端气流纺纱技术的应用，更要求棉花增加强度和整齐度。

（6）细度　细度指纤维粗细程度。国际上以马克隆值（Micronaire value）作为细度指标，即用一定质量的试样在特定条件下的透气性测定。细的，不成熟纤维气流阻力大，马克隆值低；粗的，成熟纤维气流阻力小，马克隆值大。陆地棉的马克隆值在4～5，海岛棉的马克隆值在3.5～4.0。我国多数采用公制支数表示细度，即1g纤维的长度，公制支数高，表示纤维细，反之则粗。一般成熟棉纤维的细度，陆地棉为5 000～6 500 m/g，海岛棉为6 500～8 000 m/g。马克隆值与公制支数的关系是：公制支数=25 400/马克隆值。国际标准通常以特克斯（tex）表示细度，指纤维或纱线1 000 m长度的质量（g）。特克斯值高表示纤维粗，反之则细。

（7）伸长度　测定束纤维拉断前的伸长度，单位为g/tex。

棉花纤维的长度、细度和强力都是由微效多基因控制的数量遗传性状。与产量相比一般有较高的遗传率，例如纤维长度和强力的遗传率都在60%～80%或以上，而皮棉产量的遗传率一般在40%～50%或以下。因而在群体选择中，纤维长度、强力以及细度的选择比产量性状的选择易于取得成效。但是一些野生种渐渗种质系优质纤维性状也表现出由主效基因控制。纤维品质各性状之间、品质性状与其他农艺性状之间存在着相关。纤维强度和伸长度通常成负相关。长度和强度成正相关。在陆地棉中强力与产量成负相关。在棉花育种工作中应用一定的方法已成功地打破长度与强力的负相关，育成了一些品质优良且丰产的品系和品种。

2. 棉籽品质性状　棉仁约占棉籽质量的50%。棉仁中含有35%以上高质量的油脂和氨基酸较齐全的蛋白质（37%～40%）。Kohel（1978）对不同的陆地棉材料种子的化学成分进行分析，发现含油量有相当大的变异，但在育种中还没有充分利用这些变异以提高含油量。绝大多数棉花品种在其植株各部分的色素腺体中含有多酚物质。棉酚（gossypol）及其衍生物占色素腺体内含物的30%～50%。通常棉籽种仁和花蕾的棉酚含量最多。陆地棉棉仁的棉酚含量一般为1.2%～1.4%。多酚化合物对非反刍动物有毒，影响棉籽油脂和蛋白质的充分利用。已知色素腺体的缺失受 6 个隐性基因 gl_1、gl_2、gl_3、gl_4、gl_5 和 gl_6 控制，其中 gl_2 和 gl_3 是主要的无腺体基因，这两对基因纯合隐性时，棉花植株无腺体。从海岛棉中发现由显性基因控制的无腺体性状，基因型为 $Gl_2^eGl_2^eGl_3Gl_3$，Gl_2^e 对 Gl_3 有显性上位作用，植株无腺体（唐灿明，1992）。无论是陆地棉还是海岛棉，国内外已育成棉籽棉酚含量低的无腺体品种，有些无腺体品种产量已与有腺体品种相近，但在生产上应用不广。

（四）棉花抗病虫害性状的遗传 病虫危害常造成棉花产量严重损失，例如在我国，仅枯萎病和黄萎病危害，每年损失的皮棉估计达 $7.5\times10^4\sim1.0\times10^5$ t（邓煜生，1991）。Lee（1987）报道，1981—1982 年全世界由于昆虫和螨类危害使世界棉花产量损失 16.1%。不同品种对病虫害抗性水平有一定差异，因此可以通过育种方法选育抗、耐或避病虫害并与优质高产性状相结合的品种。

1. 棉花抗病性状的遗传 在我国危害最严重的棉花病害是枯萎病和黄萎病，选育抗病品种是最有效的防治方法。对枯萎病和黄萎病抗性遗传至今没有得到较一致的结论。

对枯萎病抗性，有的研究者认为是受显性单基因控制，有的研究者认为是受多基因控制，其遗传以基因加性效应为主（Kappelman，1971；校百才，1989）。Netzer（1985）、Smith 和 Dick（1960）在海岛棉 Seabrook 品种确定了两个高抗枯萎病的基因，其中一个基因已转育到陆地棉中。棉花对枯萎病抗性和对线虫病抗性有关联，特别是与抗根结线虫病有关。线虫侵害棉花根系，造成深伤口，使枯萎病菌侵入棉株。在陆地棉中还没有发现对棉花黄萎病免疫和高抗的类型。但品种间抗病性有一定差异。

海岛棉中的埃及棉和秘鲁种植的 Tanguis 高抗黄萎病，已用来作为抗源提高陆地棉的抗病性。Fahmy（1931）首先报道了棉花黄萎病抗性遗传的研究结果，以后曾有不少学者进行过研究，但没有得到明确的结论。在陆地棉和海岛棉种间杂交研究中，海岛棉的抗病性对陆地棉的感病性受显性或不完全显性单基因控制。在陆地棉种内杂交进行的黄萎病抗性遗传研究中，存在两种不同的结论，一种认为陆地棉的抗（耐）病性为质量性状遗传，另一种认为属于数量性状遗传。不论是在温室人工接种还是在田间病圃条件下，海岛棉的抗病性对陆地棉的感病性均表现为显性，表现为单基因显性或部分显性控制的质量性状遗传方式。陆地棉种内杂交试验结果表明，陆地棉的抗性遗传规律较为复杂，温室或生长室单一菌系苗期接种鉴定时，多倾向于抗性由显性单基因控制；而在田间病圃鉴定并在生长后期调查时，多倾向于抗性呈数量性状遗传，基因加性效应和基因上位性效应都存在，但以加性效应为主。

2. 棉花抗虫性状的遗传 为了减少化学杀虫剂的使用，保护环境，减少农副产品农药残留，保护有益昆虫，降低生产成本，抗虫育种日益受到重视。已经研究过十几种植物性状对棉花害虫的抗性。有些性状对某些害虫有抗性已经证实，有些则证据不充分或缺少证据（表 20-4）。有些抗虫性状的抗虫性遗传较复杂，例如对棉铃虫、棉红铃虫幼虫有抗性的花芽高含萜烯醛类化合物的遗传，由 6 个位点上的基因控制。对棉铃虫、棉红铃虫有抗性的叶无毛或光滑叶性状受 3 个位点、4 个等位基因控制。对叶蝉有抗性的植株多毛性状是由 2 个主效基因和修饰基因的复合体控制。虽然已知有很多抗虫性状，但实际应用时有困难，例如对产量、品质有不利影响等。具无蜜腺性状的品种已在生产上应用；早熟和结铃快的品种可以避开害虫危害，也已在生产上作为减少虫害的措施应用。转苏云金芽孢杆菌的 *Bt* 基因抗虫棉在细胞内产生 Bt 蛋白，该蛋白对棉铃虫、棉红铃虫等鳞翅目害虫的抗性表现明显，苗期叶片毒蛋白含量足以杀死初孵棉铃虫幼虫。对棉铃虫的抗性由 1 对显性基因控制，已在生产上广泛利用。

表 20-4 棉花抗虫性的特性

特性		棉蚜	棉铃虫	红铃虫	棉叶螨
形态抗性	无蜜腺	R	R	R	S
	多茸毛	R	S	S	R
	光滑	S	R	R	N
	鸡脚叶	R	R	R	?
	窄卷苞叶	?	R	R	?
	红叶棉	?	R	N	?

（续）

特性		棉蚜	棉铃虫	红铃虫	棉叶螨
生物化学抗性	高酚棉	R	R	R	R
	高鞣质	R	R	R	R
	高可溶性糖	R	?	?	R
	高氨基酸	S	?	?	R
	高类黄酮	?	?	?	R
其他抗性	早熟性	R	R	R	?

注：R 表示抗病；S 表示感病；N 表示无影响；? 表示尚未确定。

（五）棉花重要农艺性状基因的定位 棉花的连锁研究最早是由 Harland 突破的。20 世纪 30 年代鉴定出 2 个连锁群。40 年代 Silow 又鉴定出 1 个连锁群。到 50 年代 Stephen 广泛地进行了连锁群的研究，不仅证实了前面 3 个连锁群，同时又鉴定出了第 4 个连锁群。后来，Rhyne、Kohel 等的研究增加了棉花连锁群的知识。Endrizzi 等用非整倍体技术不仅研究连锁群与染色体的联系以及在染色体上的排列顺序，而且直接用单体、端体分析法来确定新的连锁群。经过 Kohel 等人的多方面的研究，目前已鉴定了 18 个连锁群，其中有 12 个连锁群已确定了所属的染色体（表 20-5）。理论上棉花应有 13 个同源转化群，但是到目前为止通过相似的遗传突变体、重叠基因的连锁测验、重叠基因的单体测验以及单体的相似表现型观察，分别鉴定出了Ⅰ～Ⅲ、Ⅱ～Ⅶ、Ⅴ～Ⅸ连锁群以及第 6～25 染色体 4 个部分同源转化群。

表 20-5 棉花的连锁群

（引自 Endrizzi 等，1985）

连锁群	基因排列次序	染色体编号
Ⅰ	$R_2 16cl_2 4yg_2 32Lc_1$	7
Ⅱ	$v_6 OL_2^0 3sxl44Lg5vfls2cr$? lp_2 $v_{17} 28L_2^0$	15
Ⅲ	$sxlcl_3 24cl_1 17R_1 19yg_1 5ms_3 33ac17Dw$	16
Ⅳ	$Lc_2 10sxl4H_2$（Sm_2，H_1）	6
Ⅴ、Ⅶ	$gl_2 20bw_1 39ne_1$? ms_8 $gl_2 8Ms_{11} gl_2 27Le_1$ $N_1 14Ms_{11} N_1 7Lfgl_2 32N_1 sxl11N_1$	12
Ⅵ	$fg30ia30sx\ l$	3
Ⅶ	$v_5 OL^L 138sxl44ip_1$	1
Ⅷ	$st_1 32sxl23ml$	4
Ⅸ	$bw_2 5gl_3 35ne_2 16ms_9$? n_2 $gl_3 26Le_3 Gl_3^{dav} 26Le_2^{dav}$	26
Ⅹ	$rl_1 20Rg15rx$	
Ⅺ	$P_1 4B_4$? v_{11}	5
Ⅻ	$v_{10} 4Y_1$	A
ⅩⅣ	$v_8 13Rd33st_3$	D
ⅩⅤ	$v_3 12Li$	

（续）

连锁群	基因排列次序	染色体编号
ⅩⅥ	$ob_1sx\ l18Y_2$	18
ⅩⅦ	$Ru37yv30v_1$	20
ⅩⅧ	$Rc14Rf$	

第三节　棉花种质资源研究和利用

棉花种质资源是棉属中各种材料的总称，包括古老的地方栽培种和品种、过时的栽培种和品种、新培育的推广品种、重要的育种品系和遗传材料、引进的品种和品系、棉属野生种和野生种系、棉属的亲缘植物等。它们具有在进化过程中形成的各种基因，是育种的物质基础，也是研究棉属起源、进化、分类、遗传的基本材料。

一、棉属的分类

棉花属于锦葵科棉属（*Gossypium* L.）。棉属中包括许多棉种，根据棉花的形态学、细胞遗传学和植物地理学的研究，历史上曾对棉属有多种分类方法。1978 年 Fryxell 总结前人研究，将棉属分为 39 种（表 20-6），这 39 种中 4 个是栽培种，其余为野生种。这个分类方法虽然得到公认，但有些棉种的划分仍有争论。随着生物科学的发展，棉属分类还会改进，去除分类中人为因素，使其能更真实地反应棉属各种群在其自然进化中所形成的亲缘关系。各棉种的染色体基数 $x=13$，可概分为二倍体和四倍体两大类群。

二倍体类群（$2n=2x=26$）有 33 个棉种，它们的地理分布不同，其染色体组的染色体形态、结构也各异。根据其亲缘关系和地理分布，Beasley（1940）将二倍体棉种划分为 A、B、C、D 和 E 5 个组，同一染色体组的棉种杂交可获得可育的 F_1代。随后的研究又将长萼棉（*Gossypium longicalyx*）划为 F 组，比克氏棉（*Gossypium bickii*）划为 G 组。栽培种非洲棉和亚洲棉属于 A 染色体组，其余 31 个野生种分别属于另外 6 个染色体组，各染色体组包括的棉种及其地理分布见表 20-6。

表 20-6　棉属的种及其地理分布

种名	初次描述年份	染色体组	分布范围
草棉（*Gossypium herbaceum* L.）	1753	A_1	亚洲和非洲栽培种
亚洲棉（*Gossypium arboreum* L.）	1753	A_2	亚洲和非洲栽培种
异常棉（*Gossypium anomalum* Wawr. et Peyr.）	1860	B_1	非洲南部和北部：①安哥拉（Angola）和纳米比亚（Namibia），②尼日尔（Niger）到苏丹（Sudan）
三叶棉［*Gossypium triphyllum*（Harr. et Sand）Hochr.］	1862	B_2	非洲南部
绿顶棉（*Gossypium capitis-viridis* Mauer）	1950	B_3	西非佛德角群岛
斯托提棉（*Gossypium sturtianum* J. H. Willis）	1863	C_1	大洋洲中部
斯托提棉变种南德华棉［*Gossypium sturtianum* var. *nandewarense*.（Derera）Fryx.］	1964	C_{1-n}	大洋洲东南部
鲁滨逊氏棉（*Gossypium robinsonii* F. Muell）	1875	C_2	大洋洲西部

（续）

种名	初次描述年份	染色体组	分布范围
澳洲棉（*Gossypium australe* F. Muell）	1858	—	大洋洲中部
皱壳棉（*Gossypium costulatum* Tod）	1863	—	大洋洲西北部
杨叶棉［*Gossypium populifolium*（Benth）Tod］	1863	—	大洋洲西北部
坎宁安氏棉（*Gossypium cunninghamii* Tod）	1863	—	大洋洲最北部
小丽棉［*Gossypium pulchellum*（Gardn.）Fryx.］	1923	—	大洋洲西北部
纳尔逊氏棉（*Gossypium nelsonii* Fryx.）	1974	—	大洋洲西北部
细毛棉（*Gossypium pilosum* Fryx）	1974	—	大洋洲西北部
瑟伯氏棉（*Gossypium thurberi* Tod）	1854	D_1	墨西哥索诺拉州（Sonora）和奇瓦瓦（Chihuahua），美国亚利桑那州（Arizona）
辣根棉（*Gossypium armourianum* Kearn）	1933	$D_{2\text{-}1}$	南美洲圣马科斯岛（San Marcos Island），墨西哥下加利福尼亚（Baja California）
哈克尼西棉（*Gossypium harknessii* Brandg.）	1889	$D_{2\text{-}2}$	墨西哥下加利福尼亚
戴维逊氏棉（*Gossypium davidsonii* Kell.）	1873	$D_{3\text{-}d}$	墨西哥下加利福尼亚
克劳次基棉（*Gossypium klotzschianum* Anderss.）	1853	$D_{3\text{-}k}$	加拉帕戈斯群岛（Galapagos Islands）
旱地棉［*Gossypium aridum*（Rose et Standl）Skov.］	1911	D_4	墨西哥西部锡那罗亚（Sinaloa）至瓦哈卡（Oaxaca）
雷蒙德氏棉（*Gossypium raimondii* Ulbr）	1932	D_5	秘鲁西部和中部
拟似棉［*Gossypium gossypioides*（Ulbr）Standl］	1923	D_6	墨西哥瓦哈卡（Oaxaca）
裂片棉（*Gossypium lobatum* Gentry）	1958	D_7	墨西哥米却肯（Michoacan）
三裂棉［*Gossypium trilobum*（DC）Skov］	1824	D_9	墨西哥西部锡那罗亚（Sinaloa）至莫雷洛斯（Morelos）
松散棉（*Gossypium laxum* Phillips）	1972	D_9	墨西哥格雷罗（Guerrero）
特纳氏棉（*Gossypium turneri* Fryx）	1978	—	墨西哥靠近瓜伊马斯（Guaymas）和索诺拉（Sonora）
斯托克西棉（*Gossypium stocksii* Mast. ex Hook.）	1874	E_1	阿拉伯（Arabia）、巴基斯坦（Pakistan）和索马里（Somalia）
索马里棉［*Gossypium somalense*（Gurke）Hutch.］	1904	E_2	索马里（Somalia）、肯尼亚（Kenya）、苏丹（Sudan）
亚雷西棉［*Gossypium areysianum*（Defl）Hutch.］	1895	E_3	阿拉伯南部
灰白棉［*Gossypium incanum*（Schwartz）Hillc.］	1935	E_4	阿拉伯南部
长萼棉（*Gossypium longicalyx* Hutch et Lee）	1935	F_1	非洲东部
比克氏棉（*Gossypium bickii* Prokh）	1910	G_1	大洋洲中部
陆地棉（*Gossypium hirsutum* L.）	1763	$(AD)_1$	世界栽培种
海岛棉（*Gossypium barbadense* L.）	1753	$(AD)_2$	世界栽培种

（续）

种名	初次描述年份	染色体组	分布范围
毛棉（*Gossypium tomentosum* Nutt. ex Seem.）	1865	$(AD)_3$	夏威夷群岛
黄褐棉（*Gossypium mustelinum* Miers ex Watt）	1907	$(AD)_4$	巴西东北部
达尔文氏棉（*Gossypium darwinii* Watt）	1907	$(AD)_5$	加拉伯戈斯群岛（Galapagos Islands）
茅叶棉（*Gossypium lanceolatum* Tod）	1877	$(AD)_6$	墨西哥主要是庭院栽培

四倍体类群（$2n=4x=52$）有 6 个棉种，分布在中南美洲及其临近岛屿，均是由二倍体棉种的 A 染色体组和 D 染色体组合成的异源四倍体，即双二倍体 AADD。根据棉花种间杂种细胞学研究，证明异源四倍体的 A 染色体组来自非洲棉种系（*Gossypium herbaceum* var. *africanum*），D 染色体组来源还不确定，但已知美洲野生种雷蒙德氏棉同 D 染色体组亲缘最近（Endrizzi 和 Fryxel，1960）。Beasley 划分染色体组时将这一类群棉种划为 AD 组。这个染色体组种由两个栽培种，其余 4 个为野生种。

棉属很多野生种具有某些独特的有利用价值的性状，其中很多特性是栽培种所不具有的，因此野生种是改良现有栽培种有价值的种质来源。野生种质在利用上存在困难：二倍体野生种与四倍体栽培种倍性不同，存在杂交困难和杂种不育等问题；相同倍性不同种之间，由于染色体组结构上和遗传上的差异，也存在杂交困难问题。现在已有一些方法克服这些困难，成功地将一些野生种质特殊性状转育到栽培种。辣根棉的 D_2 光滑性状转育到栽培陆地棉后，表现为植株、叶和苞叶光滑无毛，有助于解决机械收花杂质多及清花问题。毛棉无蜜腺性状转育于陆地棉获得无蜜腺品种。由于无蜜腺使蚜虫、棉铃虫等食物源减少，寿命和生育能力降低，减轻了部分害虫对棉花的危害。陆地棉、亚洲棉和辣根棉的三元杂种中出现苞叶自然脱落类型，这个性状有利于减少收花杂质，并对棉红铃虫有抗性。亚洲棉、瑟伯氏棉与陆地棉三元杂种与陆地棉品种、品系多次杂交和回交，在美国培育出一系列具有高纤维强度的品系和品种。亚洲棉、雷蒙德氏棉与陆地棉的三元杂种与陆地棉杂交、回交在非洲科特迪瓦培育出多个纤维强度高、铃大、抗棉蚜传播的病毒病的品种。

野生种及亚洲棉野生种系（race）细胞质也有利用价值，陆地棉与哈克尼西棉杂交并与陆地棉多次回交育成了具有哈克尼西棉细胞质的雄性不育系和恢复系；陆地棉细胞核转育到其他野生种细胞质种，表现出对棉盲蝽、棉铃虫以及对不良环境（高温）抗性的差异。

二、棉属种的起源

（一）棉花二倍体种的单源起源 尽管棉属种间的差异很大，而且分布于世界各地的热带、亚热带地区形成了各自的分布中心，但无论是野生二倍体还是栽培的二倍体棉种的染色体数均为 $2n=26$，这从细胞学上证明：棉属各种是共同起源的，是单元发生的，同时尽管各棉种间杂交困难或非常困难，但仍然在许多种之间或多或少可以配对，说明了染色体在一定程度上的同质性，也可作为棉属种共同起源的佐证。

（二）棉花异源四倍体棉的起源 Baranov（1930）、Zhurbin（1930）和 Nakatomi（1931）报道了亚洲棉和非洲棉×美洲四倍体棉种 F_1 代杂种的染色体配对成 13 个二价体和 13 个单价体；但 Skovsted（1934）发现，亚洲棉的 13 个大染色体和美洲四倍体棉种的 13 个大染色体相配对，其余 13 个小染色体则保留单价体状态。他认为，新世界棉是由两个具有 $n=13$ 的种的非同源染色体加倍而形成的双二倍体。其中一个二倍体种的细胞学特征和具有大的 A 染色体的亚洲棉相似，另一个可能是具有小 D 染色体的美洲二倍体种。Skovsted（1934）和 Webber（1934）根据美洲野生二倍体棉种和四倍体棉种之间杂种染色体配对的细胞学观察证实了这个假设。

据研究，异源四倍体棉来自新世界二倍体棉与旧世界棉杂交的后代。那么，旧世界二倍体棉是如何远隔重洋到达新大陆，与新世界棉杂交，一直存在争议。Harland（1935）根据亚洲棉的栽培分布，认为亚洲棉是通过横贯太平洋的大陆桥传播至新大陆的波利尼西亚群岛，在白垩纪或第三纪时期发生了杂交。Stebbins（1947）则认为，含 A 染色体组的棉种在第三纪早期通过北极路线传到了北美洲。

Hutchinson 等（1947，1959）认为，亚洲棉是人们通过太平洋路线传入新世界并进行栽培后与美洲二倍体种发生了杂交。但当 Gerstel（1953）的研究表明，异源四倍体 A 染色体亚组更接近于非洲棉的 A 染色体组而不是亚洲棉的 A 染色体组时，亚洲棉通过太平洋传播的这一说法便被人抛弃了。非洲南部现存的非洲棉野生类型（*Gossypium herbaceum* var. *africanum*）是 A 染色体组唯一的野生类型，因而 Gerstel（1953）和 Phillips（1963）提出了非洲草棉通过太平洋传播的途径。而 Hutchinson（1962）据此认为两个野生二倍体种是通过天然分布接触的，但新世界 A 染色体组种的天然起源尚缺乏证据。

Sherwin（1970）认为，新世界棉不存在野生类型，栽培的非洲棉是由人带至南美洲北部来的，或由放弃的木筏或被封在葫芦中通过海洋漂流至该处的。但 Stephens（1966）根据非洲棉及其近缘种异常棉缺乏充分的耐盐性，因此认为海洋漂流可能难以保存其生活力。Johnson（1975）也认为由人类把非洲棉带至新世界的热带地区，在那里成为栽培种，并且和不止一个 D 染色体组杂交形成了天然杂种。

至于人类携带祖先 A 染色体组种，使其成为异源四倍体新近起源的假说，从分类的多样性以及新世界棉花化石标本时期（公元前 4000—公元前 3000 年，距非洲已知的棉花化石标本早 2 000 年，较非洲农业早 1 000 年，距人类在非洲地区远洋航行早 3 000 年）来看，很显然这个假说是值得怀疑的。

Phillips（1961）基于细胞遗传学的数据，认为异源四倍体不是古老起源的，因为其染色体亚组 A 和 D 与相应的二倍体种的染色体组 A 和 D 存在高度的结构相似性；但也不是不久以前起源的，因为异源四倍体含有大量的形态和生理变异性，彼此在遗传学上和细胞学上因分化而有差异（分离为不同的种），呈现高度的遗传二倍体化。Fryxell 也赞同这种观点。认为极大可能是在更新世时期（约距今 100 万年），祖先 A 染色体种通过大西洋传播到新世界后才发生的。

三、棉属的栽培种及其野生种系

棉属共有 4 个栽培种：二倍体棉种的非洲棉和亚洲棉、四倍体棉种的陆地棉和海岛棉。这 4 个棉种在进化过程中，在不同生态条件下，分别形成半野生和野生的类型和种系。在人工栽培条件下，经过选择，形成很多品种。

（一）非洲棉 非洲棉又称为草棉，原产于非洲南部，以后经阿拉伯传播到地中海波斯湾沿岸国家，再东传到中亚印度、巴基斯坦和中国。从历史记载和出土文物证明，早在公元前后非洲棉已在我国西北地区栽培，并利用其纤维纺织。非洲棉现在已完全为陆地棉和海岛棉所代替，目前世界上只有印度、巴基斯坦等国有少量栽培。

非洲棉在其进化过程中，形成了多种生态地理类型。Hutchinson（1950）将非洲棉划分为 5 个地理种系（geographical race）：波斯棉（Race Aceritolium）、库尔加棉（Race Kuijianum）、槭叶棉（Race Aceritiolium）、威地棉（Race Wightianum）和阿非利加棉（Race Africanum）。这 5 种系中，除槭叶棉为多年生灌木外，其余都是一年生灌木。我国内陆棉区曾种植的非洲棉属库尔加棉。非洲棉植株矮小，少或无叶枝，铃小，铃开裂角度大，生育期短，极早熟，有较强耐高温、干旱和盐碱能力，但产量低，纤维品质差。

（二）亚洲棉 亚洲棉原产于印度次大陆，由于在亚洲最早栽培和传播而得名。亚洲棉野生祖先迄今未发现，有证据证明亚洲棉是由非洲棉分化而产生的。Silow（1944）按生态地理分布将亚洲棉划分为 6 个地理种系：苏丹棉（Race Soudanence）、印度棉（Race Indicum）、缅甸棉（Race Burmanicum）、长果棉（Race Cermuum）、孟加拉棉（Race Bengalense）和中棉（Race Sinence）。上述 6 种系中，苏丹棉、印度棉和缅甸棉为多年生灌木，其余各种系为一年生。

亚洲棉引进我国的历史久远，种植地区广泛，在长期栽培过程中，产生了许多品种和变异类型，从而形成了独特的亚洲棉种系中棉（Race Sinense）。所以我国是亚洲棉的次级起源中心之一（汪若海，1991）。

亚洲棉叶枝少或无；蕾铃期短，铃小壳薄，吐絮快而集中，早熟；耐旱和耐瘠能力强；对枯萎病有较强的抗性，铃病感染较轻，对棉铃虫、棉红铃虫、棉蚜、棉叶螨有较强抗性；纤维粗短，产量低。

（三）陆地棉 陆地棉原产于中美洲墨西哥南部各地及加勒比地区。陆地棉考古学遗迹多数发现于墨西哥，最古老的遗迹发现于墨西哥泰哈坎河谷（Tehaucan Valley），其存在时间约为公元前 3500—公元前 2300 年之间的 Abejes Phase（Smith 和 Stephens，1971）。这些近似栽培植株的遗迹，可能由墨西哥和危地马拉边境变异中心传入，在此地区产生现代陆地棉的祖先（Hutchinson 等，1947）。现代陆地棉品种可能来源于佐治亚绿籽（Georgia Green Seed）、克里奥尔黑籽（Creole Black Seed）和伯尔林墨西哥（Burling's Mexican）的天然杂交，在 18—19 世纪引进美国（Moore，1956；Ramey，1966）。有证据证明，海岛棉的一个类型 Sea Island 为现代陆地棉提供了种质。美国 19 世纪 30 年代植棉者已开始选择丰产和纤维品质较好的植株

(Moore，1976)，到 19 世纪末美国农民种植的棉花品种多达数百个。陆地棉品种也被引种到世界各地。

美国最早在卡罗来纳州和佐治亚州高地和内地种植陆地棉，对应于其后在沿海地区引进种植的海岛棉称为高地棉或陆地棉（upland cotton），海岛棉则称为低地棉（low land cotton），陆地棉这个名词沿用至今。

陆地棉有 7 个野生种系：马丽加郎特棉（Marie-Galante）、鲍莫尔氏棉（Palemerii）、莫利尔氏棉（Morrilli）、尖斑棉（Punctatum）、尤卡坦棉（Yucatanense）、李奇蒙德氏棉（Richmondii）和阔叶棉（Latifolium）。这 7 种系中除阔叶棉为一年生外，其他都是多年生类型。

许多野生种系具有抗虫、抗不良环境等在育种中有利用价值的性状。性状变异范围大，与陆地棉的亲缘关系近，杂交困难少，是扩大陆地棉种质极有应用潜力的种质资源。已通过杂交、回交等方法育成了抗棉铃虫、抗枯萎病和黄萎病以及兼抗黄萎病和褐斑病的种质材料。

（四）海岛棉 海岛棉原产于南美洲、中美洲和加勒比海诸岛，以后传播到大西洋沿岸等地。海岛棉生育期长、成熟晚、产量低于陆地棉，但纤维细强，可用于纺高支纱。

一年生海岛棉有埃及棉型和海岛棉型两种。埃及棉型是 1820 年从埃及开罗庭院中采集的一株海岛棉培育而成的，通称埃及棉。埃及棉适宜雨水少的灌溉棉区栽培，是目前海岛棉中栽培最多的类型，约占全世界海岛棉产量的 90%，主要分布在埃及、苏丹、中亚各国和中国，美国比马品种即属此类型。海岛棉型多在美洲种植，植株较大，较耐湿，比埃及棉晚熟，铃小，衣分低，纤维特长，产量不及埃及棉。

我国云南省南部零星分布一些多年生海岛棉，当地称为木棉，有两种类型，一种是铃瓣里的种子紧密联合成肾状团块的“联合木棉”，属于巴西棉变种；另一种是铃瓣里的种子各自分离的“离核木棉”，即一般的海岛棉。

四、棉花种质资源的收集、整理、保存、研究和利用

世界各主要产棉国家都十分重视种质资源工作，这是棉花基础研究和育种的基础。美国和苏联的工作历史较久，收集种质资源数量较大，研究较深。

中华人民共和国成立前，我国已进行棉花种质资源收集和保存工作，主要收集国内的亚洲棉品种和引进一些陆地棉品种。中华人民共和国成立后，非常重视棉花种质资源研究工作，多次在全国范围内收集亚洲棉和陆地棉栽培品种，并从国外大量引种。20 世纪 70—80 年代先后几次派人赴墨西哥、美国、法国、澳大利亚等国考察，除了收集一般品种和品系外，重点收集棉属野生种、半野生种及一些遗传标记品系。到 1984 年，共收集保存棉花种质资源 4 800 多份。1984 年和 1986 年中国农业科学院先后在北京建成了一号和二号国家种质库。一号种质库以中期保存为主，二号种质库为长期库。棉花种质资源一份保存在国家种质库，一份保存在中国农业科学院棉花研究所。江苏、湖北、山西、辽宁等省和新疆维吾尔自治区农业科学院保存了不同生态类型的材料。为了长期保存活体，在海南省三亚市设有专门种植园进行种植保存。至 2007 年，我国保存的棉花种质资源达 8 193 份，居世界第 4 位。

收集到的各种类型的种质资源，首先进行整理和分类，观察研究各个材料的植物学性状、农艺性状和经济性状，然后进行单个性状的鉴定，例如抗病、抗虫、耐旱、耐盐碱、耐湿、耐肥以及纤维品质等性状的鉴定，分析比较其遗传和生理特性等。将经过观察鉴定所得的资料建立种质资源档案，每份种质一份。为了便于利用种质档案，可根据需要建立各种检索卡片，将信息输入电子计算机储存，建成种质资源数据库，便于种质资源利用。

第四节 棉花育种途径和方法

一、棉花引种

引种主要是指从国外引进品种直接在生产上应用。我国不是棉花原产地，棉花从境外引入。据文献记载，早在 2 000 多年前在海南岛、云南西部、广西桂林和新疆吐鲁番都已有棉花种植。但在福建崇安县山区崖洞古墓中发掘出的棉织布片，距今已有 3 300 年，因此棉花引入我国历史远于文献记载。公元 13 世纪棉花传入长江流域，然后传到黄河流域种植，当时种植的主要是亚洲棉和一部分非洲棉。19 世纪中叶，我国棉纺工业兴起，由于亚洲棉纤维粗短，不能适应机器纺织需要，从 1865 年开始多次从美国引进陆地棉品种，规模较大的有以下各次：1919—1920 年先后引入金字棉、脱字棉、爱字棉等品种；1933—1936 年引入德字

棉 531、斯字棉 4、珂字棉 100 等品种。试种结果表明，其中金字棉在辽河流域棉区，斯字棉在黄河流域棉区，德字棉在长江流域棉区表现良好，增产显著。但由于缺乏良种繁育和检疫制度，品种退化严重，并且带来了棉花枯萎病和黄萎病的侵害。1950 年以后开始有计划地引入岱字棉 15，经全国棉花区域试验，明确推广地区，集中繁殖，逐步推广，并加强防杂保纯工作。1958 年全国种植面积曾高达 3.5×10^6 hm^2（5.248×10^7 亩），占当时我国棉花种植面积的 61.7%。自 1985 年以后，陆地棉品种基本取代了曾广泛栽培的亚洲棉。20 世纪 60—70 年代又先后从美国引入一些品种，并开展引种联合比较试验。其后我国棉花育种工作有显著进展，育成和推广了一些适于各棉区种植的优良品种，逐渐取代了引进品种，国外引进品种很少在生产上直接推广应用，多作为育种亲本。此外，20 世纪 50 年代曾从苏联、埃及、美国引入一年生海岛棉试种。苏联海岛棉品种适合于在新疆南部地区种植，并已育成一些新的优良品种进行推广。从我国棉花引种历史可见，引种在中国棉花生产中曾起过很大作用，但随着本国育种工作的开展和进步，其作用逐渐降低，因为国外品种毕竟是在不同条件下育成的，不可能完全适应引入地区的自然条件和栽培条件，只能在本国育种工作一定阶段起过渡和补充的作用。

二、棉花自然变异选择育种

（一）棉花自然变异选择育种的意义 棉花自然变异选择育种方法简单易行由于而被育种家广泛应用，被视为可有效改良现有品种的重要途径之一。例如最早在美国种植的海岛棉品种比马（Pima）就是用这种方法育成的。陆地棉斯字棉（Stonville）系列品种也是用这种方法育成的。1905—1983 年，先后从杰克逊圆铃棉中选出隆字棉，再从隆字棉中陆续选出隆字棉 15 和隆字棉 65。又从隆字棉先后选出斯字棉 2B、斯字棉 5A、斯字棉 7A、斯字棉 313、斯字棉 112 等（Ramey 1986）。

我国陆地棉品种改良工作也是从自然变异选择育种开始的，有相当长一段时间内自然变异选择育种是自育品种的主要途径。例如 1925 年辽宁复州农事试验场从金字棉中选出关农 1 号，1951 年辽阳棉作试验场（现为辽宁省农业科学院经济作物研究所）从关农 1 号选出辽阳短节，1954 年辽阳棉作试验场从关农 1 号选出辽棉 1 号。江苏徐州农业科学研究所 1955 年从由美国引入的斯字棉 2B 选出徐州 209，1962—1978 年累计种植面积达 1.82×10^6 hm^2（2.73×10^7 亩）；1961 年从徐州 209 选育成徐州 1818，1966—1982 年累计种植面积达 5.2×10^6 hm^2（7.8×10^7 亩）；从徐州 1818 中选育成徐州 58，1976 年种植面积达 2×10^4 hm^2（3.0×10^5 亩）；70 年代育成徐州 142，1980 年种植面积达 3×10^5 hm^2（4.5×10^6 亩）（李玉才等，1997）。

岱字棉 15 引入我国以后，在长江流域和黄河流域各地广泛种植。通过选择育种，培育出了一系列优良品种（图 20-1）。种植面积较大的有洞庭 1 号，最大推广面积达 4.67×10^5 hm^2（7.0×10^6 亩）；南通棉 5 号，1972 年种植面积达 1.33×10^5 hm^2（2.0×10^6 亩）。

四川农业科学院棉花枯萎病工作组 1952—1956 年从德字棉 531 中系选育成的 50-128，四川农业科学院 1957—1963 年从岱字棉 15 中系选出的 57-681，都是我国抗枯萎病育种的主要抗源，用自然变异选择育种法从上述抗源品种育成的抗枯萎病品种有中棉所 3 号、86-1、川 73-27、鲁抗 1 号等。

在我国推广的短季棉品种黑山棉 1 号、中棉所 10 号、晋棉 5 号、鄂棉 13 等也都是采用自然变异选择育种法育成的。

在我国海岛棉品种的选育中，新疆生产建设兵团农 1 师农业科学研究所 1967 年从由苏联引进的品种 9122 中选育出军海 1 号，而后又从军海 1 号中选出新海 3 号（1972）、新海 10 号（1978）、新海 8 号（1984）、新海 11（1987）等。我国海岛棉的主栽品种也是用自然变异选择育种法培育而成的。

周有耀（2001）根据有关资料统计：20 世纪全国各省、直辖市、自治区审定通过的用自然变异选择育种法育成的棉花品种，50 年代占 90.9%，60 年代占 75.0%，70 年代占 57.6%，80 年代占 34.7%，90 年代占 13.9%，说明自然变异选择育种法在我国品种改良中，尤其是育种早期的重要作用。

（二）棉花自然变异选择育种的遗传基础

1. 棉花品种群体的自然变异是选择育种的基础 一个性状比较一致、遗传上较为纯合的棉花品种，或者从国外引进的品种，自然性状大体一致，并能在一定时间内保持相对稳定，但个体之间总会有些微小的差异。这可能由于性状的主效基因上相对相同，但微效基因并不完全相同；同时，由于自然条件和生态条件会不断发生变化，同一品种在不同条件下种植一定年代后，会出现一定的新变异。这些微小的变异，由于自然选择的作用，会发展成为比较明显的变异，为选择提供了丰富的材料。所以品种群体的遗传变异是自然变异

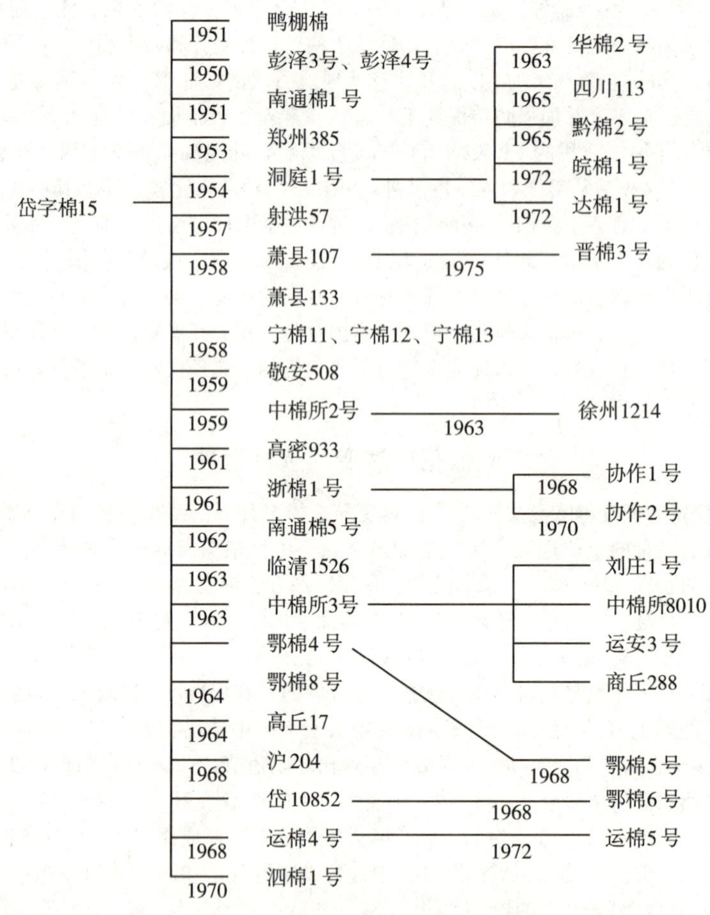

图 20-1　岱字棉 15 中通过选择育种法育成的部分品种

选择育种的基础。棉花品种、品系群体变异的主要原因有以下几个方面。

（1）天然杂交　棉花是常异花授粉作物，其天然杂交率一般为 2%～16%，高的可达 50%以上。天然杂交率的高低常因品种、地点、年份以及传粉媒介的多少而异。由于棉花有较高的天然杂交率，因此遗传基础不同的群体，植株间的天然杂交后必然会产生基因分离和重组，出现新的变异个体，使棉花品种自然群体经常保持一定的异质性，为在现有品种群体中选择提供必要的变异来源，通过定向选择便可育成新品种。

（2）基因突变　虽然自然突变的频率很低，但自然突变体有时也会具有比较明显的利用价值。例如从株型松散、果枝较长的岱字棉中，选育出株型紧凑、短果枝类型的鸭棚棉和铃小、成铃性极强的葡萄棉；从洞庭 1 号中选出核雄性不育系洞 A；从正常的有絮品种徐州 142 中选出徐州 142 无絮棉突变品系。

（3）剩余变异　棉花育种目标性状一般都是由微效多基因控制的，陆地棉为异源四倍体，即使经过多代自交，外表上看似乎是纯合了，但这种纯合也仍然是相对的。自交后代群体中残留的杂合位点基因分离所引起的变异，称为剩余变异。剩余变异的存在，使得在品种（系）内进行选择育种有效。自交纯化代数愈少，杂合基因位点愈多，其剩余变异也愈多。

（4）潜伏的基因在不同条件下显现　引进品种可能由于生态条件的限制，有些基因未能在当地表现出来。新品种推广以后，由于栽培地区扩大，所处生态条件复杂多样，这些剩余的杂合基因遇到相应的条件表现出来，形成了品种（系）内新的杂合体异型株。同理，有些个体虽是纯合基因型，在未有相适应的条件时潜伏不表现，在有适应条件时表现出来，形成了品种内纯合体异型株，这些异型株都可供选择。这也是新引进品种遗传变异率高、选择效果较显著的原因。

2. 棉花通过选择改变品种群体的基因频率和基因型频率　人们通过连续定向选择使有利变异得到积累和加强，其实质是使该群体中有利基因的比例不断提高，不利基因逐渐减少或消失，群体中的基因型也在不断变化，使新群体的性状不断提高。

在自然变异选择育种过程中，自然变异也在起作用。但人工选择的目标是与栽培或生产有关的经济性状，而自然选择的目标是适于棉花生存要求的生物学性状，有时这二者不一定能协调或统一。自然选择的结果使棉花品种逐渐变为铃小、纤维短、衣分低和抗逆性强，这是棉株对生态条件适应性的表现。而人工选择的目标是使生物符合人类需要的各种性状，例如铃大、纤维长、衣分高。在人工选择时，若经济性状与生物性状不一致，自然选择就会抵消部分或全部人工选择的效果。在自然变异选择育种过程中，要提高人工选择的效率，就必须根据自然发展的规律，在自然选择的基础上进行人工选择，并使人工选择的强度超过自然选择。所选育的新品种可以在什么样的自然条件下种植，就应该在相似的条件下进行选择。这样可以使自然选择与人工选择效果一致，减少经济性状与生物学性状间的矛盾。但如果品种群体有一定的异质性时（混系），对不同的环境条件具有较好的适应性，这样的品种才能高产、稳产、推广年限久、适应区域广，例如徐州1818和86-1等品种。

在利用自然变异选择育种法育成的品种中，再进一步选择是否还有效？对这个问题长期存在不同观点。有人认为初次选择是在变异较大的品种的自然群体中选择，而再次选择是在较纯的品种中选择，因而效果很小。但是即使群体较纯，由于存在天然杂交及剩余变异等原因，只要加大选择力度，在较大群体中多看精选，仍然能发挥选择的作用，收到一定的效果。诚如Harland（1934）指出，海岛棉经过自交17代以后再进行选择仍有效果。我国江苏徐州农业科学研究所从斯字棉2B自然群体中选择育种而成徐州209，继续在徐州209群体中选择，相继育成徐州1818、徐州158和徐州142，这些品种的主要经济性状不断改进，也说明连续选择育种仍能收到效果，但随着育种目标的提高，难度愈来愈大。

（三）棉花自然变异选择育种的方法和程序 自然变异选择育种法都是从原始群体中选择符合育种目标的优异单株，对入选单株后代的处理方法不同，可以分为单株选择法和混合选择法两种基本方法。

1. 单株选择法 单株选择法是指从原始群体中选择符合育种目标要求的优异单株，分收、分轧、分藏、分播，进行单株后代的性状鉴定和比较试验。由于所选材料性状变异程度不同，单株选择法又可以分别采用一次单株选择法和多次单株选择法。

（1）一次单株选择法 一次单株选择法是指在原始群体中进行1次选择，当选的单株下一年分株种植在选种圃中，以后不再进行单株选择。棉花经天然杂交后，多数个体是经过连续自交的后代，或者是剩余变异和基因突变的高世代，性状已经比较稳定，通过一次单株选择，比较容易得到稳定的变异新类型。

（2）多次单株选择法 棉花是常异花授粉作物，当选的优异单株中可能有一部分基因型为杂合体，有些优良性状不容易迅速达到稳定一致，有继续进一步得到提高的可能。为了使这些优良的变异性状迅速稳定和进一步提高，在选种圃（种植育种材料的地块）至品系比较试验各阶段，可以再进行1次或多次的单株选择。入选的优良单株下一年继续种在选种圃，直到性状稳定一致，基因型趋于纯合状态。以后的方法和程序和一次单株选择法相同。但连续选单株的世代不宜过多，以免丧失异质性，遗传基础过于贫乏。例如中棉所10号、冀棉15、鲁抗1号、宁棉12以及海岛棉军海1号都是用此法育成的。

2. 混合选择法 混合选择法是按照预定目标从原始群体中选择优良单株，下一年混合播种，和原始群体、对照品种在同一试验地上进行鉴定、比较，如确定比原始品种优良，便可参加多点鉴定、区域试验和生产试验等。表现好的便可申请品种审定并繁殖推广。这样经过连续几代的比较选择，可育成纯度较为一致、产量等性状有所提高的新品系。这种选择育种法程序比较简单，收效快，对遗传异质性不高的原始群体采用比较合适。

我国于1920年从美国引进脱字棉（Trice），该品种原来纯度较低，又由于生态条件的改变，推广种植后出现较多的变异类型。当时金陵大学和东南大学对其进行混合选择法选育，经过多年的去杂保纯，品种纯度从引进时的80%左右，到第3年即达95%以上，分别育成金大脱字棉和东大脱字棉，曾经是黄河流域最早大面积推广的陆地棉品种。中棉所3号在良种繁育过程中经过分系比较，淘汰不抗病的株系（1个单株的下代），将抗病株系混合繁殖，增强了对枯萎病的抗性。另外，海岛棉新海棉和新海棉3号（混选2号）也都是用混合选择法育成的。

由于利用自然变异的选择育种法具有一定的局限性，有时较难实现育种综合要求，因此在棉花育种中的应用越来越少。但是只要制定明确的、符合选择育种特点的育种目标，取材恰当，实行优中选优；最大限度地保证试验、鉴定条件的一致性，搞好试验地的选择和培养，正确安排试验区组和小区的排列方向以减少土壤肥力差异的影响；采用合理的田间试验设计和相应的统计分析，严格控制试验误差；棉花自然变异选择育种仍将在棉花育种上发挥其重要作用。

三、棉花杂交育种

杂交育种按杂交亲本亲缘的远近，可分为品种（系）间杂交育种及种（属）间远缘杂交育种两类。品种间杂交，包括类型内及类型间品种杂交，通过选择、产量比较、鉴定育成品种是当前棉花育种最主要的方法。这种育种方法可以扩大遗传变异，增加选择到符合育种目标材料的可能性。20 世纪 50 年代以来我国育成的新品种中，约有 1/3 是应用杂交育种法育成的，其中绝大多数是通过品种间杂交育成的。

（一）棉花杂交技术 棉花的花器较大，最外面是 3 片苞叶，苞叶内为围绕花冠基部的花萼，再向内有 5 个花瓣（花冠）；苞叶基部、苞叶内侧两片苞叶相联结处及花萼内有蜜腺，能分泌蜜汁引诱昆虫。棉花为两性花，雄蕊数很多（60～100 个），花丝基部联合成管状，包住花柱和子房，称为雄蕊管。每个花药含有很多花粉。花粉粒为球状，表面有刺状突起，易为昆虫传带而黏附到柱头上。雌蕊由柱头、花柱和子房 3 部分组成。子房具有 3～5 个心皮，形成 3～5 室，每室着生 7～11 个胚珠，每个胚珠受精后，将发育成 1 粒种子。

棉花开花具有一定顺序性。以第一果枝基部为中心，从第一果节开始呈螺旋曲线由内围向外围开花。相邻果枝上相同节位的开花间隔时间为 2～4 d，同一果枝上相邻节位开花间隔时间为 4～6 d。开花前，花瓣抱合，开花前一天下午，花冠迅速增长，伸出苞叶之外，次日开花。开花次日花冠渐变红、萎蔫，不久即脱落。

棉花的杂交方法是在开花前一天下午，花冠迅速伸长时，选中部果枝靠近主茎的第 1～2 节位花朵去雄，因此部位成铃率较高。最常用的方法是徒手去雄。用大拇指顺花萼基部，将花冠连同雄蕊管一起剥下，只留下雌蕊及苞叶，不可伤及花柱和子房。去雄时，不能使花药破裂。去雄后在柱头上套长为 3 cm 左右的麦秆管或饮料管隔离，防止昆虫传粉。在去雄的同时，将父本将于第二天开放的花朵用线束或回形针夹住，不使开放，以保证父本花粉纯净。次日上午开花后，取父本花粉授到母本柱头上。授粉后母本柱头上再套上麦秆管隔离，在杂交花柄上挂牌，注明父本、母本、杂交日期等。杂交成铃率因地区、季节、品种而异，一般在 50%以上，海岛棉杂交成铃率较低。

（二）棉花杂交亲本的选配 杂交育种的基本原理是不同亲本雌配子与雄配子结合，产生不同遗传基因重组的杂合基因型。杂合基因型的杂合个体通过自交，可导致后代基因的分离和重组，并使基因型纯合。对这些新的基因型进行选择后，可能产生符合育种目标的新品种。杂交亲本的选择直接影响杂交育种的成败。好的亲本不仅是得到良好重组基因型的先决条件，而且也影响杂交后代能否尽快稳定下来育成新品种。杂交亲本的选配应该遵循下列几个原则。

1. 杂交亲本应尽可能选用当地推广品种 生产上已经推广应用的品种，一般都有产量高、适应当地自然生态条件和栽培条件的能力强、综合农艺性状好的优点，为杂交后代具备产量高、适应能力强、能成为当地新品种提供基础条件。据周有耀统计（2002），我国 20 世纪 50—80 年代用品种间杂交育成的棉花品种中，用本地推广良种作为亲本之一或双亲的占 78.0%。在 50—90 年代，年推广面积在 6 700 hm^2 以上由品种间杂交育成的陆地棉品种中，用当地推广良种作为亲本之一或双亲的占 69.3%。由此可见选用当地推广良种作为亲本在杂交育种中的重要性。

2. 双亲应分别具有符合育种目标的优良性状 双亲的优良性状应十分明显，缺点较少，而且双亲间优缺点应尽可能地互补，例如中棉所 12 就是将乌干达 4 号和邢台 6871 的优点聚集于一体而成的品种。

3. 亲本间的地理起源、亲缘关系等应有较大差异 亲本应该选择双方亲缘关系较远或地理起源（种植区域）相距较远的品种，因为这样亲本的杂交后代的遗传基础比较丰富，变异类型较多，变异幅度大，容易获得性状分离较大的群体，选择具有优良基因型个体的机会较多，培育符合育种目标品种的可能性较大。棉花上可采用不同生态区（例如长江流域棉区与黄河流域棉区）、不同国家（例如中国与美国）、不同系统（岱字棉与斯字棉）的品种间杂交。例如湖北省荆州地区农业科学研究所用特早熟棉区的锦棉 2 号和本地品种荆棉 4 号杂交，于 1978 年育成鄂荆 92，产量高、品质好。其后又以鄂荆 92 为母本与来自美国的安通 SP21 杂交，育成鄂荆 1 号。与鄂荆 92 相比，鄂荆 1 号早熟性、铃重、衣分和产量都有所提高（黄滋康，1996）。此外，岱红岱、鄂棉 22、鲁棉 5 号、中棉所 12 和陕 1155 等品种的亲本之一都是来自非洲。江苏泗阳棉花原种场用来自墨西哥的 910 与本地品系泗 437 杂交，育成了泗棉 2 号等。这些实例都说明，选用不同地理来源和生态类型的品种杂交，成功的可能性较大。

4. 杂交亲本应具有较高的一般配合力 研究和育种实践证明，中棉所 7 号、邢台 6871、中棉所 12、苏棉 12 等都是产量配合力较好的品种。冀棉 1 号不仅本身衣分高（41.2%），而且其遗传传递率强、配合力高，以它作为亲本育成的品种衣分均达 40%以上，例如中棉所 12、冀棉 9 号、冀棉 10 号、冀棉 16、冀棉 17、鲁棉 1 号、鲁棉 2 号等。要注意，好的品种配合力可能不好，性状差的亲本配合力可能较好。转 *Bt* 基因抗虫棉部分品系的产量性状差，但配合力好，作为亲本育成了很多品种，特别是杂交种。

（三）棉花杂交方式 根据育种目标要求，不仅要选用不同杂交亲本，还要采用不同杂交方式以综合所需要的性状。常用的杂交方式如下。

1. 单交 单交是指用两个品种杂交，然后在杂交后代中选择。单交是杂交育种中最常用的基本方式。在生产上大面积种植的品种中，很多是用这种方式育成的，例如鲁棉 6 号（邢台 6879×114）、冀棉 14（75-7×7523）、豫棉 1 号（陕棉 4 号×刘庄 1 号）、中棉所 12（乌干达 4 号×邢台 6871）、徐州 514（中棉所 7 号×徐州 142）等。

单交组合中，两个亲本可以互作父本或母本，即正反交。正反交的子代主要经济性状一般没有明显差异。但倾向于将高产、优质、适应当地生态条件的本地品种作为母本，外来品种作为父本。特别是生态类型差别大的双亲杂交更应如此配置：期望对后代影响较大的品种作为母本，影响较小的品种作父本。这是考虑到细胞质对后代的部分性状产生影响。

2. 复交 现代育种对品种有多方面改进要求，不仅要求品种产量高、品质优良，还要求提高抗病虫害和不良环境的能力等。即使是同一类性状（例如纤维品质），有时育种目标要求同时改进两个以上品质指标。在这些情况下，必须将多个亲本性状综合起来才能达到育种目标要求，用单交难以达到这样的目标要求。有时单交后代虽然目标性状得到了改进，但又带来新的缺点，需要进一步改进，在此情况下也要求用多于两个亲本进行二次或更多次杂交。这种多个亲本、多次杂交方式称为复交。复交方式比单交所用亲本多，杂种的遗传基础丰富，变异类型多，有可能将多种有益性状综合于一体，并出现超亲类型。但复交育成的品种所需年限长，规模大，需要财力、物力较多，杂种遗传复杂，F_1代即出现分离。尽管存在这些问题，但在现代棉花育种中应用日益增多。例如中棉所 17［（中 7259×中 6651）×中棉所 10 号］、苏棉 1 号［86-1×（1087×黑山棉 1 号）］、鄂荆 1 号［（锦棉 2 号×荆棉 4 号）×安通 SP21］、豫棉 9 号［（中抗 5 号×中棉所 105）×中棉所 14］及辽棉 9 号［（辽棉 3 号×24-21）×黑山棉 1 号］等品种都是通过三交育成的。通过双交方式培育出新品种的例子有早熟低酚棉品种中棉所 18 和抗枯萎病、耐黄萎病的豫棉 4 号。中棉所 18 的双交方式是［（辽 1908×兰布莱特 GL-5）×（黑山棉 1 号×兰布莱特 GL-5）］。豫棉 4 号的双交方式是［（河南 67×陕 1155）×（河南 67×401-27）］。双交方式的 2 个单交亲本，可在 F_1代、F_2代、F_3代进行再杂交，因单交后代已可能出现具有目标性状的杂交个体，可以随时通过复交而组合。随着育种目标的多样化，多个亲本的复合杂交也将愈来愈普遍。

在复交中，参加杂交的亲本对杂交后代影响的大小，因使用的先后顺序不同而不同。参加杂交顺序越靠后，其影响越大。因此在制定育种计划时，期望对后代影响大、综合性状优良的品种应放在杂交亲本顺序的较后进行杂交。

3. 杂种品系间互交 作物的经济性状多属数量遗传性状，受微效多基因控制，通过 1 次杂交，将两个亲本不同位点上的有利基因聚合起来并纯合，其概率是很低的；将杂种后代姊妹株或姊妹系再杂交可以提高优良基因型出现的频率。姊妹系间杂交可以重复多次，也可以通过杂交，新增其他杂交组合选系或品种的血缘，使有利基因最大限度综合。杂种品系间互交（intermating），可以打破基因连锁区段，增加有利基因间重组的机会，在育种中常用来打破目标性状与不利性状基因的连锁。美国南卡罗来纳州 Pee Dee 棉花试验站的工作是应用杂种品系间互交育种成功的实例。该试验站的 Culp、Harrel 和 Kerr 等为了选育高产、优质（高纤维强度）品种，从 1946 年开始用陆地棉品种，亚洲棉、瑟伯氏棉和陆地棉的三种杂种和具有海岛棉血统的陆地棉品种为亲本，进行不同组合的杂交。在同一杂交组合的群体中选择理想的单株种成株系，选择优良株系，进行株系间互交，在后代中再进行选择。同时也在不同杂交组合的株系间互交。株系间互交和选择周而复始重复进行，到 1974 年共进行了 3 个周期。根据杂种性状表现，在各周期加入优良品种或种质材料作为新的亲本同杂种品系杂交。通过这样的育种途径，由于种质资源丰富，品系间互交增加有利基因积累，增加基因交换重组机会，在丰富的材料中加强选择，育成了产量接近一般推广品种、单纤维强力 4 gf（39.2 mN）以上、细度在 5 800～6 500 m/g 优良纤维品质的种质系和品种。

Culp 等育种经验说明：①经过杂种品系间互交和选择交替进行的育种过程，使皮棉产量和纤维强力之间的相关系数发生了明显变化，由原来高度负相关（$r=-0.928$）改变为正相关（$r=0.448$）。大多数情况下，杂种品系间互交和选择轮回的周期愈多，产量和纤维强力的相关系数改变愈明显。②杂种品系间互交，使有利基因积累，改变了产量与纤维强力间负相关，增加了选出优良植株的机会，互交和选择周期数愈多，选得优良株的频率愈高。例如 PD2165 系和 PD4381，每 30～50 个 F_2代植株才能出现 1 株具有高产潜力和强纤维的优株，特优株出现频率为 1/300，而通过品系间再杂交后所获得的后代，优株和特优株出现的频率提高到 1/15 和 1/40。③Pee Dee 棉花试验站的育种工作从 1946 年开始，从第二个育种周期（1959—1963）起不断发放优良种质；另一方面在已育成的种质基础上，继续杂交选择，为长期育种目标进行选育工作，源源不断地育成丰产与优质结合得更好的种质材料和品种，使近期、中期和长期目标相结合。

4. 回交 Meredith 等（1977）用具有高纤维强度的三元杂种 FTA263-20（产量比岱字棉 16 低 32.0%，纤维强度比岱字棉 16 高 19.0%）作供体亲本，高产的岱字棉 16 作轮回亲本，进行回交后，其 BCF_3代群体的纤维强度为 FTA 263-20 的 93.9%，但比岱字棉 16 高 11.7%；皮棉比 FTA 263-20 增产 30.9%，接近岱字棉 16。并且，随着回交次数的增加，皮棉产量逐渐提高，而纤维强度并不随之降低，说明纤维强度可以通过回交得到保留。

在我国棉花品种改良中，回交法也一直在被应用。1935 年，江苏南通地区棉花卷叶虫危害严重，俞启葆从 1936 年开始，用当地推广品种德字棉 531 与鸡脚陆地棉杂交，其 F_1代再与德字棉 531 回交，到 1943 年在回交后代的分离群体中选育出抗卷叶虫的鸡脚德字棉，在湖北、四川等地推广。湖南棉花试验站用岱字棉 15 与早熟、株型紧凑、结铃性强的品种一树红杂交后，在 F_3代中选早熟性、丰产性已基本稳定，但纤维品质欠佳、衣分不高的选系再与岱字棉 15 回交 1 次后，继续选育，育成株型紧凑、高产、优质、早熟兼具双亲优点的岱红岱。华兴鼐等将带有隐性芽黄标记性状的陆地棉和正常陆地棉彭泽 1 号杂交，再和彭泽 1 号回交若干代后，育成了具有芽黄标记性状，而其他性状类似于彭泽 1 号的彭泽牙黄品种。此外，鄂河 28、湘棉 10 号、盐棉 2 号、新陆中 1 号、徐棉 184 等都是采用回交法育成的。

回交法也有其自身的不足，例如从非轮回亲本转育某个性状时，由于与另一个不利性状的基因连锁或一因多效等原因，可能会给轮回亲本性状的恢复带来一些影响；在回交后代群体中，恢复轮回亲本性状的效果不一定很理想等。为此，有人提出了不少改良的回交方法。Knight（1946）提出在回交世代中不仅选择目标性状，而且要选择任何新出现的理想性状组合个体。这样不仅可以引进简单遗传的质量性状，也可以引进由多基因控制的数量性状；除引进目标性状外，也可以改进轮回亲本的其他性状。此外，非轮回亲本不仅应该目标性状突出，而且应尽可能没有严重缺点，综合性状优良，以免其不良农艺性状基因影响轮回亲本的遗传背景。Meyer（1963）提出了聚合育种法，即采用共同的回交亲本与不同亲本分别回交若干代，产生几个与回交亲本只有 1 个性状差异的遗传相似系，再进一步杂交，合成新的具有多个优良性状的品系，从而有效地转育高产与强纤维于一体的新品种。

王顺华、李卫华和潘家驹（1985，1989）在吸取 Hanson（1959）、Culp（1979，1982）等运用品系间互交有利于打破或削弱产量与纤维品质间负相关的良好效果以及回交法纯合速度快、后代在聚合后与轮回亲本只差 1 个基因区段、容易选择的优点，将回交和系间互交结合起来，提出了修饰性回交法（图 20-2），即用不同的回交品系再杂交，以便为基因的交换、重组创造更多的机会，克服回交导致后代遗传基础贫乏及互交法所用亲本过多、后代不易选择和纯合不够的缺点。

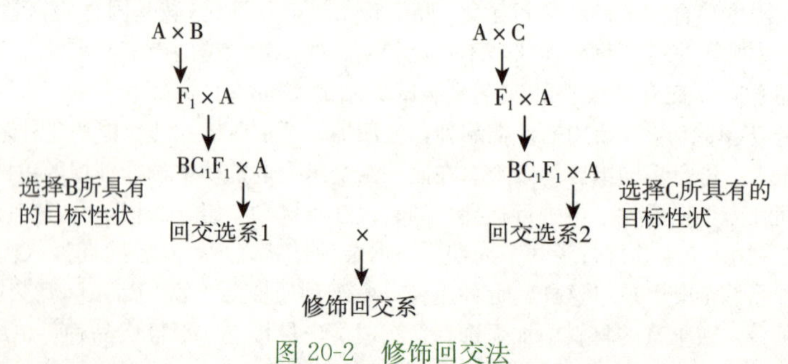

图 20-2 修饰回交法

设A为丰产品种，用它作轮回亲本；B为高纤维强度亲本，C为抗病亲本，用它们作供体亲本，进行回交，获得各自的回交品系。再把不同回交品系杂交，继续加以选择。经10年2轮的试验表明，除个别实例外，其后代均表现出皮棉产量高，综合性状较优，比大多数亲本及单交、复交后代选系增产，并削弱或打破了某些性状的负相关。例如经过修饰回交，使早熟性与丰产性之间的相关系数由原来品种和单交选系的－0.9改变为0.06；黄萎病指与皮棉之间的相关系数由原来的－0.51改变为0.21；黄萎病指与纤维强度之间的相关系数由原来的－0.518 3改变为－0.193 8。

（四）棉花杂交后代处理 杂交的目的是扩大育种群体的遗传变异率，以提高选到理想材料的概率。杂交只是整个杂交育种过程的第一步，正确处理和选择杂交后代对育种十分重要。棉花杂种后代处理方法常用的为系谱法和混合法。

1. 系谱法 系谱法是一种以单株为基础的连续个体选择法。对质量性状或遗传基础比较简单的数量性状（例如遗传率高的早熟性、衣分等农艺性状）采用系谱法在杂种早期世代开始选择，可起到定向选择的作用，选择强度大，性状稳定快；并有系谱记载，可追根溯源。例如泗棉2号、徐棉6号等品种都是采用系谱法育成的。对一些遗传率低、受环境影响较大或存在较高的显性性状或上位性基因效应的性状（例如产量及某些产量因素）宜在较迟世代选择，如果在F_2代就进行严格选择，选择的准确性不高，因而选择效率低。Meredith等（1973）的研究指出，F_2代和F_3代平均产量直线相关系数为0.48，但不显著，即F_2代杂种平均产量对后代产量水平没有显著的影响。因此单株产量F_2代选择时只能作为参考，而F_2代和F_3代在衣分、籽指、绒长、纤维长度等性状则有高度相关，早期世代选择对后代性状表现有很大影响（表20-7）。

表20-7 各性状F_2代和F_3代间的相关系数（r）和回归系数（b）

系数	皮棉产量	衣分	单铃质量	2.5%跨距长度
r	0.478	0.923**	－0.194	0.802**
b	1.142	0.948**	－0.115	1.080**
系数	强度	伸长度	马克隆值	籽指
r	0.786**	0.949**	0.475	0.673*
b	0.630**	0.978**	0.320	0.635**

为了克服系谱法的某些缺点，可采用改良系谱法，即在F_2代着重按遗传率高的性状（例如衣分等）选择单株，在F_3～F_5代分系混合种植，不做任何选择；到F_5～F_6代时，测定各系统的产量，选出优系；到性状相对稳定时，再从优系中选择优良单株，从中再选优系，升入产量鉴定比较试验。这种方法具有能较早掌握优良材料，产量性状选择的可靠性高，可减少优良基因型的损失，能在一定程度上削弱各性状间不利的遗传负相关。

2. 混合法 这种方法在杂种分离世代按组合种植，不进行选择，到F_5代以后，估计杂种后代群体内各植株基因位点基本纯合后再进行单株选择。棉花的主要经济性状（例如产量、结铃数、单铃质量等）是受多基因控制的数量性状，容易受环境条件的影响，早期世代一般遗传率低，选择的可靠性差，而且由于选择个体数目较少，很可能使不少优良基因型丢失。混合法可以克服这些缺点，分离世代按组合混合种植的群体应尽可能大，以防有利基因丢失，使有利基因在以后得以积累和重组。混合法也有多种改良的做法。一种是从F_2代开始在同一组合内按类型选株，按类型混合种植，以后各代都在各类型群体内混选、混收、混种。另一种方法是以组合为单位，剔除劣株，对保留株的几个内围棉铃混合收花、混合种植。

混合法虽然可以克服系谱法的一些缺点，但如果育种目标是改进质量性状或是遗传率较高的数量性状，系谱法在早代进行选择，可起到定向作用，集中力量观察选择少数系，选系比在广大混合群体中选择准确方便，育成品种年限也少于混合法，在此情况下系谱法有其优越性。因此采用何种方法处理杂种后代，应根据育种目标、人力、物力等情况确定。

四、棉花杂种优势的利用

棉花种间、品种间或品系间杂交的杂种一代，常有不同程度的优势，如果组合的综合优势表现优于当地最好的推广品种，即可用于生产。

（一）棉花杂种优势的表现 1908年Balls报道了陆地棉与埃及海岛棉的种间杂种一代的植株高度、开花期、纤维长度、种子大小等性状具有优势表现。此后很多研究都证明海岛棉和陆地棉杂种有明显优势。浙江农业大学（1964）用7个陆地棉与4个海岛棉品种，组配了14个海岛棉与陆地棉的杂种组合（简称海陆杂种），这14个F_1代的籽棉的平均产量为陆地棉亲本的121.9%，为海岛棉亲本的225.9%。但是由于海陆杂种普遍表现籽指大（平均为14.4g）、衣分低（平均为30.7%），14个组合的杂种一代皮棉产量没有超过推广品种岱字棉15原种，平均产量为岱字棉15的86.0%。杂种生育期一般介于两个亲本之间，具有一定早熟优势；绒长和细度均超过陆地棉亲本，但纤维强度仅略优于陆地棉亲本，远不及海岛棉亲本。华兴鼐等（1963）海陆杂种优势表现研究的结果总结于表20-8。Davis（1979）测定了两个海陆杂种的皮棉产量和纤维品质，两个杂种籽棉产量都有显著杂种优势，较之陆地棉亲本籽棉产量分别高48%和42%，皮棉产量分别高33%和26%。杂种适应性略小。两个杂种较之海岛棉亲本纤维略长、略细，强度相近。纤维过细，杂种成熟晚，营养生长过旺，是海陆杂种利用长期存在的问题。因此海陆杂种F_1代营养生长旺盛，株高的平均优势为26.05%；种子大，籽指的平均优势为20.38%；皮棉产量的中亲优势高（46.11%），在产量构成因素中，铃数贡献最大（中亲优势为57.55%），其次为早熟性（31.3%），衣指的贡献（3.8%）已很小；而单铃质量和衣分均为负向中亲优势，分别为−4.8%和−7.68%。海陆杂种纤维性状的中亲优势较高，绒长为13.73%，比强度为10.87%；而麦克隆值为−14.7%，具有负向超亲优势。

表20-8 海陆杂种一代（F_1代）与其亲本特征、特性的比较

项目		与亲本比较	备注
生育时期特征	播种至出苗期	早于两亲本	
	现蕾至开花期	介于两亲本之间偏早（偏陆地棉）	
	开花至吐絮期	介于两亲本之间偏迟（偏海岛棉）	
	蕾生长日数	介于两亲本之间偏早（偏陆地棉）	
	青铃生长日数	迟于两亲本	
	生育期	介于两亲本之间	由出苗至吐絮期的日数
营养器官生育特征	株高	超过两亲本	凡株型紧凑、后期早衰、早期结铃性强的陆地棉品种杂交后代，株高低于海岛棉亲本
	单株叶枝数	低于两亲本或近似陆地棉	
	单株果枝数	超过两亲本	
	单株果节数	超过两亲本	
	第一果枝着生节位	低于两亲本	
	主茎节距	超过两亲本	
	果枝节距	超过两亲本	
	叶柄长	超过两亲本，主茎叶柄更长	
	叶面积	超过两亲本	单叶面积、单株叶面积及叶面积指数
	叶缺指数	介于两亲本之间，偏于海岛棉，较深	

（续）

项目		与亲本比较	备注
生殖器官生育特征	脱落率	介于两亲本之间	
	单株结铃数	超过两亲本	
	不同果枝部位结铃性	介于两亲本之间，偏于海岛棉，中上部单株结铃率高	海岛棉下部结铃率低，上部结铃率高。陆地棉下部结铃率高，上部结铃率低
	单铃瓤重	介于两亲本之间	
	单铃胚珠数	略高于海岛棉，偏低	
	不孕籽数	显著超过两亲本	
	雌蕊柱头长	介于两亲本之间	
	花冠大小及形态指数	大小及形态指数（宽/长）超过两亲本	

对陆地棉品种间的杂种优势，20 世纪 30 年代才有较系统的研究，Londen 和 Richmond（1951）总结 20 世纪前 50 年棉花杂种利用问题时指出：海陆杂种一代，无论在产量还是在品质上均有明显优势，而陆地棉品种间杂种优势则表现不规律。近几十年的研究结果表明，陆地棉品种间杂种优势以平均产量优势最大，其次为单株铃数和早熟性，再次为单铃质量，衣分的优势已很低，杂种的纤维品质性状没有突出的优势，一般与双亲平均值接近，纤维的主体长度表现为部分显性。Davis（1978）在一篇有关杂种棉综述中提到了来自印度的报道，F_1代杂种产量高于生产上应用的品种（对照）138%，这是所有报道棉花品种间杂种优势增产幅度最高的一例。其他一些作者报道，优良的组合产量优势在 15%～17%。我国自 20 世纪 70 年代以来对陆地棉品种间杂种优势进行了广泛研究，结果表明，F_1代一般比生产上应用的品种可增产 15%左右，如果组合选配得当，还有增产潜力。1976 年在河南省 125 个点次的对比试验中，有 105 个点次（占 84%）比生产上应用的品种（对照）增产，平均增产 30.9%。1980 年在四川南充地区有 6.67×10^3 hm^2（1.0×10^5 亩）杂交棉，在严重涝灾情况下，皮棉平均产量为 772.5 kg/hm^2（亩产 51.5 kg），比全地区单产高近 1 倍。南京农业大学引进的不同陆地棉类型品种间杂种的优势表现总结于表 20-9。我国在陆地棉杂交种选育，特别是转 *Bt* 基因抗虫杂交棉选育方面取得了显著成绩，标杂 A、苏杂 16、皖杂 40、湘杂棉 1 号、湘杂棉 2 号、湘杂棉 3 号、中棉所 29、南抗 3 号等杂交棉都曾经在生产上广泛应用。利用隐性基因控制的雄性不育系组配的杂交种也有系列杂交种在生产上应用。说明只要组合选配得当，杂交棉的产量杂种优势可以得到大规模应用。

表 20-9 陆地棉品种间杂种优势表现（南京农业大学，1986—1994）

性状	中亲优势（%）				
	1986—1987*	1988*（江浦）	1988*（靖江）	1994**（江浦）	1994***（江浦）
籽棉产量	28.08	25.64	33.16	18.50	13.84
皮棉产量	28.64	25.97	30.25	19.97	8.92
单株铃数	16.88	9.23	21.04	10.30	10.89
单铃质量	11.40	4.43	—	7.73	8.81
衣分	2.72	1.15	−2.06	2.03	−2.94
籽指	3.12	−1.48	1.01	0.32	6.78
衣指	—	1.27	1.00	4.48	7.14
生育期	−2.93	3.78	3.87	—	0.29
2.5%跨距长度	3.73	1.11	1.15	2.09	2.53

（续）

性状	中亲优势（%）				
	1986—1987*	1988*（江浦）	1988*（靖江）	1994**（江浦）	1994***（江浦）
比强度	4.35	2.50	0.51	2.21	9.93
麦克隆值	−0.09	−0.09	−1.77	−0.90	0.25

* 芽黄杂种棉，** 低酚棉配制杂种棉，*** 常规品种间杂种棉。

（二）棉花杂种优势形成的遗传机制 在陆地棉品种间杂交中，产量性状杂种优势基因加性效应和基因显性效应是主要的，在个别情况下，存在上位效应。在陆地棉与海岛棉种间杂种中，超显性非常普遍。显性×显性互作的单独作用对杂种优势贡献最大。棉花杂种优势利用的机制一要看主效；二不能忽视上位性的作用，尽管它们所占的遗传分量并不大，在某种程度上来说，可能是杂种优势的重要原因。

大量试验表明，陆陆杂种（陆地棉品种间杂种）与海陆杂种的纤维品质表现差异较大。陆陆杂种表现相当稳定，趋于中亲值。在统计的22篇文献中，有关绒长的基因效应，15篇（占68%）认为以基因加性效应为主，5篇（23%）认为以基因显性效应为主，其中3篇认为存在基因上位性。统计的18篇文献中，有关比强度的基因效应，认为以基因加性效应为主的16篇（占89%），认为以基因显性为主的仅2篇，其中1篇认为存在基因上位性。关于细度指标麦克隆值，统计的17篇文献中有12篇（占71%）认为以基因显性效应为主，有5篇认为以基因加性遗传效应为主。自 F_1 代到 F_2 代大多数纤维性状自交衰退小。Innes（1974）运用核背景差异较大的陆地棉品系组配了大量组合，研究表明，纤维长度与比强度存在显著的基因上位性，利用了海陆杂种渐渗系为研究材料，可能是具有基因上位性的主要原因。而运用陆地棉纯系却未发现基因上位性。所有的研究纤维性状的优势极低，F_1 代性状值位于双亲之间。尽管存在部分基因显性，但基因加性遗传占绝大部分。

海陆杂种纤维性状的优势比陆陆杂种大得多。2.5%跨长度表现完全基因显性，甚至基因超显性。而纤维整齐度一般比双亲均低。麦克隆值为负向优势，即海陆杂种的纤维比双亲更细。海岛棉与陆地棉的纤维比强度（T_1）差异较大，海岛棉平均高30%～50%。海陆杂种的比强度以特殊配合力为主。Fryxell等（1958）报道杂种的比强度位于双亲之间。Stroman（1961）的研究结果为比强度接近海岛棉亲本。Marani（1968）报道大多数海陆杂种接近中亲值，而2个海岛棉亲本杂交 F_1 代却高于双亲。Omran等（1974）进一步强调了海陆杂种比强度特殊配合力的重要性。张金发等（1994）认为，海陆杂种中基因显性与基因显性×基因显性互作是杂种优势的主要来源。

（三）杂交种棉花种子生产 在棉花杂种优势利用中，至今仍无高效率、低成本、较简便的生产杂交种种子的方法，这是限制棉花杂种优势广泛利用的一个重要因素。目前应用的和在进一步研究中的制种方法有以下5种。

1. 人工去雄杂交 这是目前世界上最常用的棉花杂交种种子生产方法。其组合筛选的周期短，应变能力强，更新快，但是去雄过程费工费时，增加了杂交种的生产成本。印度与中国大面积推广的组合多数以人工去雄杂交的方式获得杂交种。我国目前大面积推广的中棉所28、中棉所29、湘杂棉2号、皖杂40、冀棉18等的杂交种生产均采用人工去雄杂交的方式。山东惠民、江苏睢宁和铜山等都曾是我国棉花杂交种制种面积较大的基地，形成了完整的棉花杂交种制种产业体系。目前大面积推广的组合，仍以人工去雄授粉为主，部分人工去雄组合曾在部分地区利用杂种二代（F_2 代），可以大幅度地降低制种成本，尤其是在快速选配组合、充分利用优良特色材料方面有优势。棉花去雄一般在下午进行，授粉在下午完成。父本花蕾一般在傍晚采集，在早晨将花粉装入小塑料瓶中，塑料瓶的一端有小口，对准柱头授粉，瓶的底部口径大，一般为1～2 cm，用活动的塞子堵住。该项技术主要用于劳动力资源丰富的地区，可以大规模生产杂交种。去雄和授粉操作简单，技术易于掌握，可由妇女及老人完成。随着劳动力成本的提高，我国利用该技术生产棉花杂交种已较为困难。针对长江流域气候条件和棉花生产特点，湖南省棉花研究所应用系统工程原理，将国内外多项先进技术进行组装、集成和研究改进，首次提出了“宽行稀植，半膜覆盖，集中成铃，徒手去雄，小瓶授粉，全株制种”的杂交棉人工去雄制种技术体系，制定了《杂交棉人工去雄制种技术操作规程》，并由湖南省技术监督局以强制性地方标准颁布在湖南省施行。这个制种技术操作规程包括：

①选好制种田；②父母本配比在 5∶5 至 3∶7 之间任意选择；③宽行稀植；④半膜覆盖；⑤集中成铃；⑥徒手去雄；⑦小瓶授粉，于 7:00 前后进行，正交和反交亲本互换花朵，制种人员用镊子将花药取下放入授粉专用瓶后用镊子搅拌促散粉，露水干后授粉；⑧全株制种。用这个制种技术体系可有效提高制种产量和制种效率，保证制种质量。每个制种工日可生产杂交种 1 kg 左右。每公顷制种田可生产杂种种子（光子）1 500～1 800 kg。

在农作物杂种优势利用中，无论是三系制种，还是人工制种，一般是利用杂种一代。而棉花能否利用杂种二代，是人们最为关心和值得探讨的问题。棉花杂种二代能否利用的关键是产量和纤维品质的衰减程度及分离情况。棉花具有无限生长特性，熟期长，产量不是一次性的收获，部分组合杂种二代的株型、熟性的分离对产量影响不明显，因而有扩大利用杂种二代的可能性。

2. 二系法　二系法利用细胞核雄性不育基因（表 20-10）控制的雄性不育系制种。四川省选育的洞 A 细胞核雄性不育系的雄性不育性就是受 1 对隐性细胞核基因控制的，表现整株雄性不育，雄性不育性稳定。以正常的雄性可育姊妹株与其杂交，杂种一代将分离出雄性不育株与雄性可育株各半。用雄性不育株作雄性不育系，以雄性可育株保持系，则可一系两用，不需要再选育保持系。因此这种制种方法称为二系法或一系两用法。以正常雄性可育父本品种的花粉给雄性不育株授粉产生 F_1 代种子。四川省利用洞 A 细胞核雄性不育系组配了川杂 1 号、川杂 2 号、川杂 3 号、川杂 4 号等优良组合。中棉所 38、南农 98-4 等是利用 ms_5ms_6 双隐性细胞核雄性不育系配制的杂交棉组合。这些杂交种比当地推广品种增产皮棉 10%～20%。两系法的优点是雄性不育系的雄性育性稳定，任何品种均可作恢复系，因此可以广泛组配杂交组合，从中筛选优势组合。其不足之处是在制种田开花时鉴定花粉育性后，要拔除约占 50%的雄性可育株，雄性不育株虽可免去手工去雄，但仍需手工授粉杂交。如果雄性可育株没有全部拔除，则会使 F_1 代种子中混有雄性可育株的后代，出现雄性不育株，影响 F_1 代群体的纯度，导致减产。

表 20-10　国内外鉴定的棉花细胞核雄性不育（GMS）系

基因符号	棉种	雄性育性表现	鉴定作者与年份
ms_1	陆地棉	部分不育	Justus 和 Leinweber，1960
ms_2	陆地棉	完全不育	Richmond 和 Kohel，1961
ms_3	陆地棉	部分不育	Justus 等，1963
Ms_4	陆地棉（爱字棉 44）	完全不育	Allison 和 Fisher，1964
ms_5ms_6	陆地棉	完全不育	Weaver，1968
Ms_7	陆地棉	完全不育	Weaver 和 Ashley，1971
ms_8ms_9	陆地棉	花药不开裂	Rhyne，1971
Ms_{10}	陆地棉	完全不育	Bowman 和 Weaver，1979
Ms_{11}	海岛棉（比马 2 号）	完全不育	Turcotte 和 Feaster，1979
Ms_{12}	海岛棉	完全不育	Turcotte 和 Feaster，1985
ms_{13}	海岛棉	完全不育	Percy 和 Turcotte，1991
ms_{14}	陆地棉（洞 A）	完全不育	张天真等，1992；黄观武等，1982
ms_{15}	陆地棉（阆 A）	完全不育	张天真等，1992；黄观武等，1982
ms_{16}	陆地棉（81A）	部分可育	张天真等，1992；冯福桢等，1988
Ms_{17}	陆地棉（洞 A_3）	完全不育	张天真等，1992；谭昌质等，1982
Ms_{18}	海岛棉（新海棉）	完全不育	张天真等，1992；汤泽生等，1983
Ms_{19}	海岛棉（军海棉）	完全不育	张天真等，1992；汤泽生等，1983

3. 三系法　三系法是指利用雄性不育系、保持系和恢复系三系配套方法制种。美国 Meyer（1975）育成了具有野生二倍体棉种哈克尼西棉细胞质的质核互作雄性不育系 DES-HAMS277 和 DES-HAMS16。这两

个雄性不育系的雄性育性稳定，并且有较好的农艺性状。一般陆地棉品种都可作它们的保持系，同时也育成了相应的恢复系 DES-HAF277 和 DES-HAF16。这两个恢复系恢复能力不稳定，特别是在高温条件下，雄性育性恢复能力差，因此与雄性不育系杂交产生的杂种一代的雄性育性恢复程度变幅很大，需要提高恢复系的雄性育性恢复能力。Weaver（1977）发现比马棉具有一个或几个加强雄性育性恢复基因表现的因子。Sheetz 和 Weaver（1980）认为，加强雄性育性恢复特性是由 1 个显性基因控制的，在某些情况下，这个加强基因又不表现为不完全显性。棉花发现的细胞质雄性不育系的来源总结于表 20-11。

表 20-11　现有棉花的细胞质雄性不育（CMS）系及其来源

雄性不育系名称	所属细胞质	作者及培育年份	三系配套情况
C9	异常棉（B_1）	Meyer 和 Meyer，1965	雄性育性不稳定
	亚洲棉（A_1）	Meyer 和 Meyer，1965	雄性育性不稳定
P24-6A 等	亚洲棉（A_2）	韦贞国等，1987	雄性育性不稳定
HAMS16，277	哈克尼西棉（D_{2-2}）	Meyer，1975	雄性完全不育，已三系配套
	陆地棉（$AD)_1$	Thombre 和 Mehetre，1979	雄性完全不育，已三系配套
晋 A	陆地棉（$AD)_1$	袁钧等，1996	雄性完全不育，已三系配套
104-7A	陆地棉（$AD)_1$	贾占昌，1990	雄性完全不育，已三系配套
湘远 A	海岛棉（$AD)_2$	周世象，1992	雄性完全不育，已三系配套
三裂棉	三裂棉（D_8）	Stewart，1992	雄性完全不育，已三系配套

4. 指示性状的应用　以苗期具有隐性性状的品种作为母本，与具有相对显性性状的父本品种杂交，杂种一代根据苗期显性性状有无，识别真假杂种，这样可以不去雄授粉，省去人工去雄工序。目前试用过的隐性指示性状有：苗期无色素腺体、芽黄、叶基无红斑等。具隐性无腺体指示性状标记的强优势组合皖棉 13 是安徽省棉花研究所用无腺体棉为亲本培育成的杂交种。它是利用长江流域棉区主栽品种泗棉 3 号和自育的低酚棉 8 号品系互为父母本、采用人工去雄授粉方法选育出的。1999 年通过安徽省农作物品种审定委员会审定。皖棉 13 的产量水平高，在安徽省杂交棉比较试验中，F_1代和 F_2代的产量均名列第一，比对照品种泗棉 3 号增产 16.48%（F_1代）和 11.40%（F_2代）。皖棉 13 有无腺体（低酚棉）指示性状，收获种子的当代就很容易能鉴别出真假种子，不仅能简便地进行纯度测定，鉴别出真假种子，也易于区分杂种一代和二代。

5. 化学去雄　用化学药剂杀死雄蕊，而不损伤雌蕊的正常受精能力，可省去人工去雄工序。在棉花上曾试用过二氯丙酸、二氯丙酸钠（又称为芳草枯）、二氯异丁酸、二氯乙酸、顺丁烯二酸酰肼（又称为青鲜素，简称 MH30）、二氯异丁酸钠（又称为 232 或 FW-450）等药剂，均有不同程度杀死雄蕊的效果。用这些药剂处理后，花药干瘪不开裂，花粉粒死亡。这些化学药剂一般采用适当浓度的水溶液在现蕾初期开始喷洒棉株，开花初期可再喷 1 次，开放的花朵不必去雄，只需手工授以父本花粉。由于化学药剂去雄效果不够稳定，用药量较难掌握，常引起药害，且受地区和气候条件影响较大，迄今未能在生产上应用。

棉花的花粉活力遇到高温逆境时会显著降低，唐灿明等（2016）认为，一般 35 ℃以上高温持续 3 d，陆地棉品种的花粉的活力会显著衰退，导致授粉受精受阻。因此父本必须有较强的耐高温能力，一般需达到苏棉 12 的耐高温水平。制种点也要选在每年 35 ℃以上高温天数较少、雨水较少的地区。

棉花杂种优势利用是进一步提高棉花产量的途径，但对改进品质和抗病性的潜力不如改进产量大。经过长期品种遗传改良，棉花品种产量已达到相当高水平，继续提高，难度较大，因此有些育种者希望于杂交棉。各产棉国家都在努力解决缺少高优势组合、制种方法不完善或较费工、传粉媒介、杂种二代利用等问题，只有这些问题得到较好解决，棉花杂种优势才能在生产上更广泛应用。

五、棉花其他育种方法

在当前棉花育种中，最常用的方法是前述的自然变异选择育种法和杂交育种法，但根据创造变异群体方法不同，完成某些特殊的育种目标，还有一些育种方法也在棉花育种中应用，如远缘杂交育种法、诱变育种法和纯合系育种法等。

(一)远缘杂交育种法 用其他栽培棉种、棉属野生种和变种通过杂交，引进新的种质，培育出高产、优质、多抗的新品种已成为棉花育种中较为常用的育种方法。很多陆地棉品种不具有的性状已从野生种和陆地棉野生种系引进陆地棉品种。例如从陆地棉野生种系和亚洲棉引入抗角斑病抗性基因；从瑟伯氏棉、异常棉等引入纤维高强度基因；从陆地棉非栽培的原始种 Hopi 引入无腺体（棉酚含量低）基因；从辣根棉和陆地棉野生种系引入植株无毛基因；从陆地棉野生种系引入花芽高含棉酚基因；从哈克尼西棉引入雄性不育细胞质及恢复雄性育性基因等。栽培棉种之间杂交，引进异种种质也取得显著成就，例如从陆地棉引入提高海岛棉产量的基因、从海岛棉引入改进陆地棉纤维品质的基因。有些远缘杂交获得的种质材料已应用到常规育种中，育成了极有价值的品种。美国南卡罗来纳州 Pee Dee 试验站用亚洲棉×瑟伯氏棉×陆地棉（即 ATH 型）三元杂种，与陆地棉种品种、品系多次杂交回交育成了一系列高纤维强度 PD 品系和品种。1977 年发放的 SC-1 品种是美国东南部棉区第一个把高产与强纤维结合在一起的陆地棉品种，较当地推广的珂字棉 301 和珂字棉 201，纤维强度分别高 5.3%和 2.1%，纱强度分别高 10.3%和 19.2%，产量分别高 7.3%和 10%，克服了高产与纤维强度的负相关。许多非洲国家用亚洲棉×雷蒙德氏棉×陆地棉（即 ARH 型）三元杂交种与陆地棉杂交和回交育成了多个纤维强度高、铃大、抗蚜传病毒病品种。我国近年来大力开展远缘杂交工作，育成了很多有价值的种质材料和品种。

远缘杂交常会遇到杂交困难、杂种不育、后代性状异常分离等问题，必须研究解决这些问题的方法。远缘杂交在克服上述困难获得成功后，虽然可以为栽培棉种提供一些栽培种所不具备的性状，但其综合经济性状很难符合生产上推广品种的要求，因此远缘杂交育成的一般是种质材料，提供给实际育种者应用，进一步与陆地棉品种杂交，选育成能在生产上应用的品种。

1. 克服棉属种间杂交不亲和性的方法 棉花远缘杂交不亲和性是将这种方法应用于育种最先遇到的障碍。克服杂交不亲和性的方法有以下几个。

(1) 用染色体数目多的作母本杂交易于成功 冯泽芳（1935）用陆地棉、海岛棉作母本，分别与亚洲棉、非洲棉杂交，在 691 个杂交花中，获得 5 个杂种；反交 1 071 个杂交花，只得到 1 个杂种。其他研究者也得到同样的结果。

(2) 在异种花粉中加入少量母本花粉 这样可以提高整个胚囊的受精能力，增加异种花粉受精能力。Pranh（1976）在亚洲棉×陆地棉时，用 15%母本花粉与 85%父本花粉混合授粉，可克服其杂交不亲和性。

(3) 外施激素法 例如杂交花朵上喷施赤霉素（GA_3）和萘乙酸（NAA）等生长素，对于保铃和促进杂种胚的分化和发育有较好效果。梁正兰等（1982）在亚洲棉×陆地棉时，在杂交花上喷施 50 mg/L 赤霉素，70 个杂交组合的结铃率可达 80%以上；喷施 320 mg/L 萘乙酸，可提高铃内的种子数和正常分化的小胚数，有助于克服种间杂交的不亲和性。

(4) 染色体加倍法 在染色体不同的种间杂交时，先将染色体数目少的亲本用秋水仙碱处理，使染色体加倍，可提高杂交结实率。孙济中等（1981）在二倍体亚洲棉×陆地棉时，成铃率仅为 0%～0.2%，用四倍体亚洲棉×陆地棉，其成铃率为 0%～40%，平均在 30%以上。韦贞国（1982）的研究得到相似的结果。

(5) 通过中间媒介杂交法 二倍体种与四倍体栽培种杂交困难，可先将二倍体种同另一个二倍体种杂交，再将杂种染色体加倍成异源四倍体，再同四倍体栽培种杂交，往往可以获得成功。例如 Тер-Аванесян（1974）用亚洲棉×非洲棉的 F_1 代，染色体加倍后再与陆地棉或海岛棉杂交，其成铃率可达 100%。也可用四倍体种先同易于杂交成功的二倍体种杂交，F_1 代染色体加倍成六倍体再与难于杂交成功的二倍体种杂交，可以获得成功，例如 Brown（1950）用陆地棉×非洲棉、陆地棉×亚洲棉的六倍体杂种和哈克尼西棉杂交，得到了 2 个四倍体的三元杂种。用同样方法还获得了亚洲棉-瑟伯氏棉-陆地棉、陆地棉-斯托克西棉-雷蒙德氏棉、陆地棉-异常棉-哈克尼西棉等不同组合的三元杂种。

(6) 幼胚离体培养 棉花远缘杂交失败的原因之一是胚发育早期胚乳败育、解体，杂种胚得不到足够的营养物质而夭亡。因此将幼胚进行人工离体培养，为杂种胚提供营养，改善杂种胚、胚乳和母体组织间不协调性，从而大大提高杂交的成功率。20 世纪 80 年代以来我国许多学者在这方面做了大量研究工作，建立了较完善的杂种胚离体培养体系，获得了大量远缘杂种。

2. 克服棉属远缘杂种不育的方法 棉属种间杂种植株，常表现出不同程度的不孕性。其主要原因是双亲的血缘关系远，或因染色体数目不同，在 F_1 代植株花粉母细胞减数分裂时，染色体不能正常配对和平衡分配，形成大量的不育配子。在染色体数目相同的栽培种杂交时，例如陆地棉×海岛棉，亚洲棉×非洲棉，F_1 代植株形成配子时，减数分裂正常，但其后代也会出现一些不孕植株，其原因是配对的染色体之间存在结构上的细微差异（Stephens，1950），或由于不同种间基因系统的不协调，即基因不育。克服远缘杂种不育常用的方法有以下几个。

（1）大量、重复授粉　有些种间杂种（例如四倍体栽培种与二倍体栽培种的 F_1 代）植株所产生的雄配子中，可能有少数可育的，大量、重复授粉，可增加可育配子受精机会。雄性不育的 F_1 代杂种植株在温室保存，经过几个生长季节，雄性育性会有所提高，同时增加重复授粉机会。

（2）回交　回交是克服杂种不育的有效方法。杂种不育如果是由于基因系统不协调，即基因不育，每回交 1 次，回交后代中轮回亲本的基因的比重均会增加，育性得以逐渐恢复，来自异种的性状可以通过严格选择保存于杂种中。如果杂种是由于染色体原因不育，例如二倍体栽培种与四倍体栽培种的 F_1 代是三倍体，产生的配子染色体数为 13～39 条；如果用四倍栽培种作父本回交，雄配子就有可能同时与具 39 条或 26 条染色体的雌配子结合，如果与染色体数为 39 的雌配子（染色体未减数）结合，可能得到染色体数为 65（五倍体）的回交一代，由于它具有较完整染色体组，因此雌、雄都可育。如果回交亲本雄配子与染色体数接近 26 个的雌配子结合，可得到 $2n$ 为 52 个左右的回交一代。江苏省农业科学院 1945—1955 年多次观察，陆地棉×亚洲棉的 F_1 代用陆地棉回交，得到回交一代，大多数是染色体数为 $2n=52$ 的后代。连续多代回交，回交后代染色体组逐渐恢复平衡，在回交后代中严格选择所要转移的性状，达到种间杂交转移异种性状于栽培种的目的。苏棉 1 号、苏棉 3 号即是用陆地棉岱字棉 14 为母本、以亚洲棉常紫 1 号为父本杂交，其后用岱字棉 14、岱字棉 15 及宁棉 13 多次回交育成（江苏省农业科学院，1977）。

（3）染色体加倍　染色体加倍也是克服种间杂种不育的有效方法。属于不同染色体组的二倍体棉种之间杂交，杂种一代减数分裂时，由于不同种染色体的同质性低，不能正常配对，因此多数不育。染色体加倍成为异源四倍体，染色体配对正常，育性提高。染色体数目不相同的二倍体与四倍体栽培种杂交获得的杂种一代为三倍体，高度不育，染色体加倍为六倍体后育性提高。Beasley（1943）用这个方法获得了陆地棉与异常棉、陆地棉与瑟伯氏棉杂种的可育后代。

3. 远缘杂种后代的性状分离和选择　远缘杂种后代常出现所谓疯狂分离，分离范围大，类型多，时间长，后代还存在不同程度的不育性。针对这些特点采取不同处理方法。杂种后代育性较高时，可采用系谱法，着重农艺性状和品质性状的改进。但因杂种后代的分离大，出现不同程度的不育性、畸形株和劣株，所以需要较大的群体，才有可能选到优良基因重组个体。在杂种的育性低，植株的经济性状又表现不良时，可采用回交和集团选择法，以稳定育性为主，综合选择明显的有利性状，例如抗病、抗虫等特性，育性稳定后，再用系谱法选育。

（二）诱变育种法　利用各种物理因素、化学因素诱发作物产生遗传变异，然后经过选择及一定育种程序育成新品种的方法，称为诱变育种。在棉花育种中应用较多的诱变剂是各种射线，处理棉花植株、种子及花粉等。使用较普遍的是钴源 γ 射线辐射诱变，重离子、空间环境（卫星搭载）、中子、离子束诱变等方法也有应用。

鲁棉 1 号是经辐射处理育成的大面积推广的品种，1982 年种植面积超过 2.0×10^6 hm^2（3.0×10^7 亩）。这个品种选育过程为，用中棉所 2 号为母本、1195 系为父本杂交（这两个亲本都来源于岱字棉 15），F_9 代用 ^{60}Co γ 射线处理种子，剂量为 11.61 C/kg（4.5×10^4 R），从处理后代中选株、选系育成。

辐射处理除引起染色体畸形外，还可能产生点突变，即某个基因位点的变异。因此诱变在育种中有可能用于改良品种的个别性状而保持其他性状基本不变。但产生的变异是随机的，难以做到定向诱变。在棉花育种中诱发点突变较著名的例子是用 ^{32}P 处理棉籽，诱导埃及棉 Giza45 品种产生无腺体显性基因突变，育成了低酚的巴蒂姆 101 品种。低酚是由 1 对显性基因控制的。通过辐射处理也能获得生育期、株高、株型、抗病性、抗逆性、育性等性状产生有利用价值的变异。湖北省农业科学院（1975）用 γ 射线、X 射线和中子等处理鄂棉 6 号，改进了这个品种叶片过大、铃开裂不畅等缺点。山西农学院用 γ 射线 3.87 C/kg（1.5×10^4 R）处理晋棉 6 号，选出株型紧凑的矮生棉。Cornelies 等（1973）报道，在印度用 X 射线照射杂交种选出的 MCU7 品种，比对照 216F 早熟 15～20 d。

用物理因素或化学因素诱变，变异方向不定。诱发突变的频率虽比自发突变高，但在育种群体内突变株出现的比率（即 M_2代突变体比率）仍极低，而有利用价值的突变更低。棉花是大株作物，限于土地、人力和物力，处理后代群体一般很小，更增加了获得有益变异株的困难。在棉花育种中诱变育种常与杂交育种相结合应用，用来改变杂种个别性状，作为育种方法单独使用效果较差。

棉花辐射处理的方法可分为外照射和内照射两类。处理干种子是最简便常用的方法。紫外线常用来处理花粉。内照射是用放射性同位素（例如^{32}P、^{35}S等）处理种子或其他植物组织，使辐射源在内部起诱变作用。最常用的方法是用放射性同位素^{32}P、^{35}S配成一定浓度溶液浸渍种子和其他组织。也可将放射性同位素施于土壤使植物吸收，或注射入植物茎秆、叶芽、花芽等部分。由于涉及因素很多，放射性同位素被吸收的剂量不易测定，效果不完全一致，在育种中应用有一定困难。

棉花是对辐射较敏感的作物，不同种和品种对辐射剂量的反应都有明显差异。因此辐射处理的剂量应根据处理材料和辐射源的种类，经过试验，采用诱发突变率最高而不孕株率最低的剂量和剂量率。根据部分试验资料，棉花辐射的参考剂量列于表 20-12。

表 20-12　棉花辐射处理参考剂量

辐射类型	处理对象	一般使用剂量范围	应用较多的剂量范围
X-γ 射线	干种子	10 000～40 000 R	20 000～30 000 R
X-γ 射线	湿种子或萌发种子	1 000～3 000 R	2 000 R 以下
X-γ 射线	花粉	500～2 000 R	1 000 R 左右
X-γ 射线	植株（苗期）	500～3 000 R	1 000 R 左右
X-γ 射线	植株（蕾花期）	500～3 000 R	1 500 R 左右
中子	干种子	1×10^{10}～1×10^{12}/cm^2	1×10^{10}～1×10^{11}/cm^2
β 射线（^{32}P 或^{35}S）	种子（去短绒）	2～20 μCi/粒	5×10 μCi/粒
β 射线（^{32}P 或^{35}S）	种子（不去短绒）	D10～50 μCi/粒	20×30 μCi/粒

注：1 R=2.58×10^{-4} C/kg；1 Ci=3.7×10^{10} Bq。

（三）纯合系育种法　通过单倍体加倍途径获得纯合系，这样可以免除冗长的分离世代，迅速获得纯合体，提高选择效果，缩短育种年限。

花药培养是人工获得单倍体植物的有效方法，应用花药培养已在 40 多种植物中获得了单倍体，但棉花花药培养至今未获得成功。

棉花自然单倍体多出现在双胚种子中。Harland（1938）发现海岛棉的双胚种子中，有一个胚是正常的二倍体，另一个胚是单倍体。但并不是所有双胚种子中都有单倍体胚。双胚种子出现的频率很低，海岛棉双胚种子出现率高于陆地棉。Turcotte 等（1974）检查了 3 个比马棉品系种子，分别在 8 617 粒、8 342 粒和 18 000 粒种子中发现 1 个双胚种子。Raux（1958）报道，每 2.0 万～2.5 万粒陆地棉种子才有 1 个双胚种子。而 Kimber（1958）在 12.75 万粒种子中，才发现 2 个双胚种子。自然界出现棉花单倍体的频率很低，而且不能产生具有人们需要的遗传组成的单倍体植株，因此在育种中很难利用。

棉花育种工作者把产生棉花单倍体希望寄托于半配生殖（semigamy）的应用。半配生殖又称为半配性，是一种不正常受精现象，即当一个精核进入卵细胞后，精核不与卵核融合，各自独立分裂形成一个共同的胚，由这种杂合胚形成的种子所长成的植株是嵌合的植株，即同一植株既有父本组织又有母本组织，嵌合体植株多数为单倍体。

Turcotte 和 Feaster（1959）在海岛棉品种比马 S-1 中发现 1 个单胚种子产生的单倍体，经人工染色体加倍后获得了加倍单倍体 DH57-4。它具有半配生殖特性，后代能产生高频率的单倍体，当代至第三代获得了 24.3%～61.3%的单倍体植株。以 DH57-4 为母本与陆地棉、海岛棉杂交，后代获得了 3.7%～8.7%的单倍体植株。在父本、母本均具有半配生殖特性时，其后代产生单倍体频率更高。例如 DH57-4 和另一个具半配生殖特性和标记性状的 V_7V_7材料杂交，F_1代获得了 60%的单倍体，反交时获得了 55.2%的单倍体。

半配特性由 1 对显性基因控制，表现为母性影响遗传模式。因此杂交时应以具有半配生殖特性的材料作母本。半配生殖产生的单倍体常以嵌合体形式出现，如果具有半配生殖特性的母本材料同时具有标志性状，用它同任何亲本杂交，即可获得易于识别的单倍体后代。这样，就可扩大半配生殖利用范围。Turcotte 等将黄苗 V_7 标志性状转育到 DH57-4 获得了 Vsg 品系，其后代自交可产生 40%的单倍体。通过半配生殖也获得了很多陆地棉双单倍体，其中有些双单倍体后代遗传稳定，某些农艺性状和纤维品质性状较亲本有改进，也有一些双单倍体某些性状不如其相应的亲本。此外，美国利用回交法，已将半配生殖特性转育到亚洲棉、非洲棉、哈克尼西棉、异常棉和夏威夷棉中。

第五节　棉花育种新技术的研究和应用

一、棉花细胞和组织培养

（一）胚珠培养　胚珠培养多用于克服远缘杂交不实性，为杂种幼胚提供人工营养和发育条件，使幼胚能在胚乳生长不正常或解体的情况下发育成苗，打破种间生物学隔离的障碍。棉花胚珠培养最早选用的试验材料是成熟种子。将种皮剥去，种仁在人工培养基上培养。Skovsted（1935）曾以两个野生棉种戴维逊氏和斯提克西棉 F_1 代种子剥去种皮的种仁在人工培养基上培养成苗。Beasley（1940）也以相同的方法将 AD×A 组的 6 个杂交组合的 F_1 代种子培养成幼苗。20 世纪 50 年代以后，许多研究者改进培养技术，将棉花种间杂种不同天数的胚珠培养成植株。

培养方法一般选取 3～5 日龄的已受精的胚珠作为培养材料，也可以培养 15 日龄以上的幼龄。以 BT 培养基为基本培养基，以氮源、碳源和附加物质（包括生长调节物质、氨基酸等）设计不同的液体培养基，或者添加植物激素的 M_5 固体培养基，以适合不同杂交组合的幼胚生长。采用静置暗培养，培养时间为 50～69 d，有部分胚珠的胚萌发成幼苗。离体胚培养的温度为 25 ℃。

（二）茎尖、腋芽等外植体培养　在棉花中以分生组织、叶柄、茎尖和腋芽等作为外植体在培养基中进行培养，诱导愈伤组织器官发生，直接形成苗及完整植株。这种生物技术用于拯救和保存还难于收获种子的稀有棉属种质资源。但目前该技术水平还不能扩大繁殖系数到理想水平。

（三）体细胞培养　体细胞培养是以棉花种子发芽后胚轴子叶或以植株的叶片等体细胞组织作为外植体进行培养，经胚胎发生，形成胚状体进而诱导形成再生植株。体细胞在培养过程中会发生各种各样的突变体，其中很多变异是可以遗传的。再生植株中也会有变异发生。成熟植株在株高、果枝长度、叶色、花器、育性、铃的大小和形状等方面都存在变异，而且有一些不育株。细胞分裂中期染色体数目及构型也有异常变异。真正能应用于作物改良的变异主要是点突变、抗盐突变体及其他抗性突变体的筛选，可以用于改良棉花品种。在体细胞培养过程中可用多种处理方法对培养的体细胞进行筛选，例如在培养基中加枯萎病菌，筛选出抗枯萎病的无性系；培养时高温处理（40 ℃或 50 ℃）筛选出耐高温的细胞系和再生株。除此之外，体细胞培养还在杂种优势固定、人工种子生产、资源快速鉴定和保存、人工纤维生产等方面也有重要用途。

（四）花药培养　棉花花药培养的目的在于诱导花粉单倍体，从而应用于育种和遗传研究。根据国内外的研究结果，花药愈伤组织的诱导容易，亚洲棉、陆地棉及其品种间杂交后代均获得了愈伤组织，但进一步诱导成再生株的报道很少。1977 年江苏省农业科学院获得苏棉 1 号与其他陆地棉栽培品种的花药愈伤组织，平均频率为 12.37%。李秀兰等（1993）诱导出 11 个基因型的花药愈伤组织，但细胞学检查表明，仅有为数极少的细胞是单倍体。李秀兰（1987）曾对培养花药的小孢子发育进行解剖学研究，认为小孢子在整个培养过程中没有发生细胞分裂，且随培养过程而大量衰退解体。大量的花药愈伤组织起源于花药壁或其他体细胞组织，故愈伤组织中以二倍体细胞占绝大多数，仅极少数细胞是单倍体。

（五）原生质体培养　陈志贤等（1989）、佘建明等（1989）报道，成功地将从陆地棉品种下胚轴体细胞培养发生的细胞系，经继代培养分离出原生质体，再分化培养得胚状体和再生植株，定植成活，这是棉花原生质体培养再生植株成功的首创实例。但现在还仅限于少数几个基因型培养成功，并且原生质体的植板率、正常胚胎发生频率和再生植株定植后成活率都比较低，要在育种上成功地利用还需进行进一步的试验和研究。

二、棉花外源基因导入

棉花基因工程起步晚，1987 年首次获得抗卡那霉素的第一例转基因植株，但发展很快，目前已涉及棉花育种的各个方面，例如抗虫、抗病、抗除草剂、抗逆境、纤维品质改良、杂种优势利用等。特别是抗虫、抗除草剂方面达到了应用水平。转 *Bt* 基因抗虫棉是世界上第一例在生产上大面积成功栽种的转基因工程植株之一。

我国棉花的遗传转化最初是通过自创的花粉管通道途径把外源总 DNA 注射进陆地棉的未成熟棉铃，后代产生了许多变异。周光宇等认为外源 DNA 片段整合进受体基因组中，由于外源 DNA 未有选择性标记或能被检测的特异蛋白，因而当时有很多人怀疑，后来随着含有抗虫基因等目的基因棉花的大批转化成功，该方法已成为我国转基因棉花培育的方法之一。国外主要用根癌农杆菌介导、基因枪轰击等方法进行遗传转化。

(一) 抗虫基因工程 棉花抗虫基因工程主要集中于苏云金芽孢杆菌杀虫晶体蛋白（Bt）上，转 *Bt* 基因抗虫棉已在生产上大面积利用，主要用于防治棉铃虫、红铃虫等棉花害虫。转 *Bt* 基因植株报道于 1987 年。1990 年 Perlak 等通过给 CaMV35S 启动子增加强化启动子，并在不改变核苷酸序列的情况下，对 *Cry1A* 基因进行修饰，改造了其中 21%的核苷酸序列，这样人工合成的 *Cry1A* 基因在转基因棉花中获得高效表达，杀虫效果好，Bt 杀虫晶体蛋白表达量从原来的占可溶性蛋白的 0.001%提高到 0.05%～0.10%。把 *Bt* 基因回交转入了 DP5415 和 DP5690 两个品种中，用保铃棉（Bollgard™）注册的 NuCOTN33 和 NuCOTN35 抗虫棉品种，从 1996 年起，每年种植面积都在 8×10^5 hm^2 以上。目前一大批新的转 *Bt* 基因抗虫棉以及抗虫、抗除草剂的双价转基因棉花已发放。

1992 年郭三堆等在国内首先合成了杀虫晶体蛋白结构基因 *Cry1A*，并和山西省农业科学院棉花研究所、江苏省农业科学院经济作物研究所合作分别通过根癌农杆菌介导和花粉管通道法将 *Bt* 基因导入泗棉 3 号及晋棉 7 号等推广棉花品种中，获得了抗虫性好的转 *Bt* 基因抗虫棉品系。已有大量的抗虫棉品种通过审定，并在生产上大面积推广种植。中国农业科学院棉花研究所通过生物技术和常规育种相结合的手段培育出了转 *Bt* 基因的抗虫棉品种（杂交种）中棉所 29、中棉所 30、中棉所 31 等，在河南、山东、河北等省示范种植之后，大量的国产抗虫棉品种通过审定，在我国大面积推广。南京农业大学棉花研究所则培育出转基因抗虫杂交种南抗 3 号，它的产量高、抗性好、品质优良，在长江流域棉区推广。

唐灿明等（2001）研究表明，转 *Bt* 基因抗虫棉对棉铃虫的抗性由 1 对显性基因控制，抗虫棉品系与感虫的常规棉品种（系）杂交的 F_1 代对棉铃虫有显著抗性。通过回交可以将抗虫基因转育到感虫品种中。转 *Bt* 基因抗虫棉的对棉铃虫的抗性表现为前期强、后期出现下降的特点，苗期叶片对棉铃虫初孵幼虫的抗性达到 100%，开花后抗性开始下降，直至 70%。3 龄以上幼虫取食抗虫棉后，发育受到明显影响。使用转 *Bt* 基因抗虫棉可以大幅减少防治棉铃虫的农药使用量。

蛋白酶抑制剂基因也已用于转基因抗虫棉的培育。蛋白酶抑制剂存在于植物体中，在植物大多数储藏器官和块茎中各种蛋白酶抑制剂的含量可达总蛋白质的 1%～10%。目前用得较多的是豇豆胰蛋白酶抑制剂（CpTI）、慈姑蛋白酶抑制剂（API）和马铃薯胰蛋白酶抑制剂（PinⅡ）。和 *Bt* 基因相比，转蛋白酶抑制剂基因的棉花抗虫谱广，昆虫也不易产生抗性。由于要达到理想的抗虫水平，转基因作物中要求表达量远远高于 *Bt* 毒蛋白基因植物所需的表达量，因此单独利用困难不少，我国也已将改造过的 *Bt* 与人工合成的 *CpTI* 双价抗虫基因一起导入了棉花，获得了转双价基因的抗虫棉。转双价基因的国审抗虫棉品种国抗 SGK321 已在黄河流域棉区大面积推广。

雪花莲外源凝集素（GNA）可与昆虫肠道黏膜细胞表面的糖蛋白特异结合，影响营养物质的吸收。同时还可在昆虫消化道诱发病灶，促使消化道内细菌繁殖并造成损害，从而达到杀虫目的。中国农业科学院生物技术中心已人工合成优化的 *GNA* 基因，并与 *Bt* 构建成功双价抗虫基因载体，导入棉花，获得既抗磷翅目又抗半翅目的抗虫棉花。

(二) 抗除草剂基因工程 草甘膦是应用最广泛的一种非选择性除草剂。它破坏作物体内 3 种芳香族氨基酸生物合成中的关键酶 EPSP，从鼠伤沙门氏菌（*Salmonella typhimurium*）中鉴定和分离出抗草甘膦除草剂的突变体，突变发生在 *aroA* 位点上，第 101 位置上的脯氨酸转变成丝氨酸。转 *EPSP* 基因的棉花对草甘膦有显著的抗性。1997 年之后，抗草甘膦的转基因棉花在美国及其他产棉国的种植面积迅速增加。

2,4-滴是一种激素型除草剂，浓度过高会对植物有毒害作用。阔叶植物特别是棉花对 2,4-滴极其敏感。2,4-滴作为选择性除草剂常用于防治禾谷类等单子叶作物中的阔叶杂草。2,4-滴是一种稳定的化合物，但一旦施入土中，变得不稳定，易被分解，因为土壤中有能分解 2,4-滴的微生物。其中富氧产碱菌对 2,4-滴的分解作用最强，它含有一个 75 kb 的大质粒，内含 6 个分解 2,4-滴的酶，最主要的为 2,4-滴单氧化酶（tfdA），美国和澳大利亚已从该菌中分离出能分解 2,4-滴的 2,4-滴单氧化酶基因并导入陆地棉，转 2,4-滴单氧化酶基因的棉花能耐 0.1% 2,4-滴，为生产上施药浓度的 2 倍。陈志贤等（1994）也培育了转基因抗 2,4-滴的棉花，转基因植株对 2,4-滴也有较好的抗性。

溴苯腈是一种苯腈化合物，抑制光合作用过程中的电子传递，能除阔叶杂草。从土壤中分离出一种臭鼻杆菌的细菌能产生一种溴苯腈的特异水解酶 Bxn，可将溴苯腈水解，失去除草功能。该特异水解酶基因已导入棉花，转基因棉花能耐比大田药量高 10 倍的溴苯腈。

将 *Bt* 与抗除草剂基因聚合在一起的品种已在美国大面积推广。

（三）品质改良 美国 Agrocetus 公司的 John 等克隆了数个棉纤维特异表达的基因并利用棉纤维特异表达启动子将合成聚酯复合物（PHB）的基因导入棉花，使棉纤维中产生聚酯复合物。

（四）雄性不育 植物的雄性不育在品种群体改良及杂种优势利用中具有重要的应用价值。通过克隆出的或人工合成的核糖核酸酶基因花粉专化表达启动子让它在花药绒毡层中专化表达，从而促使绒毡层细胞提早解体，导致小孢子发育不正常而表现雄性不育。这种雄性不育特性表现为显性遗传，和一般隐性的细胞核雄性不育系一样可用于杂交种种子的生产。由于在载体构建时，将核糖核酸酶基因和抗除草剂基因也一同导入雄性不育系，因此在雄性不育系自身繁殖或制种时，就可通过喷施除草剂而杀死雄性可育株。通过转化花药专化启动子和淀粉芽孢杆菌相应的蛋白质抑制剂基因（*barstar*）或核糖核酸酶反义 RNA 基因，就可培育出相应的恢复系。

三、棉花分子标记辅助育种

传统的棉花育种是通过不同基因型亲本间的杂交或其他育种技术，根据分离群体的表现进行连续选择，培育新品种。由于基因型的表现容易受环境条件的影响，而且性状选择、检测比较费工费时。分子标记的发展为提高棉花育种的工作效率和选择鉴定的精确度提供了一个新的途径，是棉花品种选育技术发展的方向之一。

理想的分子标记具有多态性高、共显性遗传、能明确辨别等位基因以及遍布整个基因组等特点。常用的分子标记有限制性片段长度多态性（RFLP）、随机扩增多态性 DNA（RAPD）、扩增片段长度多态性（AFLP）、简单序列重复（SSR）等多种，各有其核心技术、遗传特性和多态性水平。分子标记在棉花遗传育种中的应用主要有下列几方面。

（一）亲缘关系和遗传的多样性研究 分子标记是进行种质亲缘关系分析和检测种质资源多样性的有效工具。对棉花、水稻、玉米、大麦和小麦等作物的研究表明，利用分子标记可以确定亲本之间的遗传差异和亲缘关系，从而确定亲本间的遗传距离，并进而划分杂种优势群体，提高杂种优势潜力。

分子标记用于棉花系谱分析，国内外已有许多报道。1989 年 Wendel 等对四倍体棉种和 A 与 D 两个染色体组的二倍体棉种进行叶绿体 DNA（cpDNA）的限制性片段长度多态性研究，以探讨棉种的起源分化。初步研究结果表明，四倍体棉种的细胞质是来源于与 A 染色体中叶绿体 DNA 类似的棉种。宋国立等（1999）利用随机扩增多态性 DNA 对斯特提棉、澳洲棉、比克氏棉和鲁宾逊氏棉进行了研究，结果表明，6 个澳洲棉具有丰富的遗传多样性。在这 6 个澳洲棉种中，澳洲棉与鲁宾逊氏棉，南岱华棉与斯特提棉具有较近的亲缘关系。聚类分析发现，鲁宾逊氏棉和比克氏棉是两个较为特殊的棉种。

南京农业大学棉花研究所 1996 年对我国 21 个棉花主栽品种（包括特有种质）以及 25 个短季棉品种进行了随机扩增多态性 DNA 遗传多样性分析。根据 18 个引物在 21 个棉花品种（种质）基因组的扩增产物，经琼脂糖电泳产生的图谱中 DNA 条带的统计，利用聚类分析程序建立了它们的树状图。研究结果发现，棉花随机扩增多态性 DNA 指纹图谱分析结果与原品种系谱来源基本相似。

（二）连锁图谱的构建和基因定位 1994 年，Reinisch 等发表了第一个详尽的异源四倍体棉花的限制性片段长度多态性（RFLP）图谱。利用陆地棉野生种系 Palmeri 和海岛棉野生种系 K101 为作图亲本，构建了一个包含 57 个单株个体的 F_2 代作图群体，利用 1 200 余个不同来源的 DNA 探针共检测出 705 个限制性片段长度多态性位点，其中的 683 个位点共构建了 41 个连锁群，图谱总的遗传长度为 4 675 cM，标记间的平均遗传距离为 7.1 cM。利用陆地棉的单体、端体和置换系等非整倍体材料，精确确定了 14 对染色体与连锁群的对应，这 14 对染色体分别是 1 号、2 号、4 号、6 号、9 号、10 号、17 号、22 号、25 号、5 号、14 号、15 号、18 号和 20 号染色体。1998 年，美国农业部南方平原农业研究中心也构建了一张棉花遗传图谱。南京农业大学利用异源四倍体棉花中的半配生殖材料 Vsg 产生单倍体的特性，培育出陆地棉和海岛棉栽培品种为作图亲本的双单倍体（DH）群体，利用具有丰富多态性的微卫星标记首次构建了异源四倍体栽培棉种的分子连锁遗传图谱。该图谱包括 43 个连锁群，由 489 个位点构建成，共覆盖 3 314.5 cM，标记间的平均遗传距离为 6.78 cM。最大的连锁群有 47 个标记位点，覆盖 321.4 cM 的遗传距离（Zhang 等，2002）。这类图谱的构建，对染色体的构成和基因的克隆将起重要作用。

分子标记还可以对某特定 DNA 区域的目标基因进行定位。根据样品的来源，有两种基因定位的方法，一是利用近等基因系进行定位，二是利用对目标性状基因有分离的 F_2代群体进行基因定位。1994 年 Park 等利用随机扩增多态性 DNA 技术从 145 个随机引物中筛选出 442 个在陆地棉 TM-1 和海岛棉 3-79 中有多态性的 DNA 片段，选取扩增产物至少在海岛棉和陆地棉亲本出现 2 个不同多态性 DNA 片段，经 t 测验统计分析表明，至少有 11 个随机扩增多态性 DNA 片段与棉花的纤维强度有关。南京农业大学棉花研究所从 1996 年开始，开展了棉花雄性不育性恢复基因的分子标记筛选工作。利用近等基因系（NIL）和分离群体分组分析（BAS）相结合的方法建立了 2 个 DNA 池：DNA 可育池和 DNA 不育池，通过 Operm 公司生产的 425 个随机扩增多态性 DNA 随机引物的筛选，初步筛选到 2 个与雄性育性恢复基因有关，1 个与雄性不育基因有关，其中 1 个引物 OPV15 通过雄性不育系×恢复系 F_2代单株的分析，已确定标记与雄性育性基因的距离不大于 15 cM。

分子标记不仅可以为质量性状基因定位，还可以为控制数量性状基因进行定位。选择某个数量性状有较大差异的两个亲本进行杂交，对 F_2代分离群体内每个植株进行目标数量性状的测定，同时分析每个染色体片段上的分子标记，通过比较即可发现某个染色体片段的存在与植株目标数量性状的密切相关，这样便将微效多基因确定到染色体片段上。由于每个染色体片段都有自己的分子标记为代表，在育种过程中，便可使用分子标记作为微效基因的选择标记。例如 Reddy 把长绒的海岛棉与高产的陆地棉进行远缘杂交，利用限制性片段长度多态性技术发现了 300 个与长绒和高产性状有关的分子标记。1999 年，美国农业部南方平原农业研究中心利用限制性片段长度多态性技术，对控制棉花叶片和茎短茸毛的 4 个数量性状基因位点（QTL）进行了定位，其中 1 个数量性状基因位点位于第 6 染色体，决定叶面短茸毛着生密度；另 1 个数量性状基因位点位于第 25 染色体，决定短茸毛的种类；其他 2 个数量性状基因位点分别决定叶面短茸毛表现型变异。南京农业大学棉花研究所已检测到与 7235 纤维品质有关的 3 个主效数量性状基因位点，其中 1 个纤维强度的主效数量性状基因位点，在 F_2代中解释的表现型变异能达到 35%，在 $F_{2:3}$代中达到 53.8%，是目前单个纤维强度数量性状基因位点效应最大的，而且这些 F_2代和 $F_{2:3}$代均在多个环境下种植，数量性状基因位点效应稳定，该数量性状基因位点有 6 个随机扩增多态性 DNA 标记和 2 个简单序列重复标记，覆盖范围不超过 16 cM，表现紧密连锁。

（三）分子标记辅助选择 分子标记辅助选择是通过分析与目标基因紧密连锁的分子标记来判断目标基因是否存在。作物有些性状（例如产量、品质、成熟期等）是早期无法鉴定和筛选的，另外有些性状（例如抗病、耐旱等）则必须创造逆境条件才能进行检测，因此在常规育种工作中对这些性状进行选择时常因群体和环境条件的限制无法鉴定出来而被淘汰。如果利用这些性状与分子标记紧密连锁的关系，不仅能够对它们有效地进行时期选择，而且也不需要创造逆境条件，这既提高了育种效率，又节省了人力、物力和时间。由于棉花高密度分子遗传图谱还不完善，许多与重要性状紧密连锁的分子标记没有定位，成功的分子标记辅助选择的报道还很少。

综上所述，生物技术在棉花育种中的应用已经取得一定进展，为棉花育种开创了一条新途径，并已有少数令人鼓舞的成功事例。但在育种中作为一种实用技术，还有不少问题有待研究予以解决。在作物育种中应用生物技术创造出多种变异或产生目标基因导入植株（转基因植株），都还要用常规方法进行选择、鉴定、比较和繁殖才能成为品种。育成品种的产量、品质、抗性和适应性也必须优于推广品种才能在生产上应用。生物技术是作物育种上具有良好应用前景的手段，必须与常规育种相结合才能发挥作用。生物技术与常规育种结合也是今后作物育种的发展方向。

第六节 棉花育种田间试验技术

一、棉花育种材料田间产量比较试验

在任何棉花育种计划中，最初选择的都是优良单株，这些当选单株可以来自一个不纯的品系、品种间杂

交种的分离后代或其他种质来源。从一个单株虽然可以估测构成产量的某些因素，例如铃数、衣分、铃大小等，但在一个植株基础上，评估皮棉产量，并据以预测其后代皮棉产量准确性极低，因为环境对单株产量的影响太大。

初选的植株数目一般有几百个到几千个，决定于育种目标和育种规模大小。徐州地区农业科学研究所从斯字棉2B中选育徐州209，从徐州209中选育1818时，每年在大面积种植区内选近万个单株，经室内考种选留3 000个单株。选株过少时，优良基因型会丢失；选株过多时，需耗费大量人力物力。

（一）株行试验 当选的单株，下年每株种子种1行（株行），行长一般为10～15m，株行距可略大于大田生产上所用株行距，以便于观察和选择。在肥力均匀的土地上每隔10行设1行对照，对照为当地推广品种的原种。表现很差的株行，全行淘汰。继续分离的优良株行从中选择优良单株，下年继续株行试验。

（二）品系预备试验 上年当选的种子按小区种植，每小区3～4行，行长为10～15m，株行距与大田相同，随机区组设计，重复3～4次，以当前推广品种的原种作为对照。在棉花生长发育期，对主要经济性状进行观察记载，在花铃期、吐絮期进行田间评选，一般不进行田间淘汰。分次收花测产，并取样考种，对数据进行统计学分析。根据籽棉产量、皮棉产量、纤维品质、考种数据、性状记载和历次评选结果决选。当选品系各重复小区种子混合，供下年试验用。当选品系如有种子繁殖区，在繁殖区内去杂混收种子，用于下年试验和扩大繁殖。品系预备试验可重复进行1年，对品系进一步评价和繁殖种子。

（三）品系比较试验 品系预备试验中当选的优良品系进入品系比较试验。这种试验应在可能推广的地区内多点进行。供试品系按小区种植，每小区4～6行，行长为15～20m，随机区组设计，重复4～6次。在棉株生长发育过程中对农艺性状进行全面细致的观察。每小区收中间2～4行，收花后进行测产和考种，对数据进行统计学分析。多点试验要考察品系的适应性，适应性窄的品系被淘汰。

试验可重复1～2年。将产量最高、适应性广、纤维品质符合育种目标要求的品系进行扩繁，报请参加国家组织的品种区域试验。

二、棉花育种材料抗病性鉴定

侵染棉花的病菌种类很多，要根据不同地区的病害情况，选育相应的抗病品种。在我国对棉花危害最严重的是枯萎病和黄萎病。这两种萎蔫病害的病原菌分别是尖镰孢萎蔫专化型（*Fusarium oxysporum* f. sp. *vasinfectum*）和大丽轮枝菌（*Verticillium dahliae*）。这两种病原菌都能在棉花整个生长期间侵入棉株维管束，扩展危害。这两种病害都是土壤传播病害，病原菌一旦传入土中，短期内不易消灭，种植抗病品种是一个有效防治措施。我国通过筛选陆地棉枯萎病抗原，成功培育出抗枯萎病的品种。但是陆地棉中缺少稳定、高抗黄萎病的抗原，导致抗病育种进展较慢，筛选抗原和抗病基因是抗黄萎病育种的关键。

在抗病育种中，筛选抗源和选择抗病后代都必须以抗性鉴定结果为依据。鉴定方法有以下两种。

1. 田间病圃鉴定 在人工接菌的病圃或自然发病棉田，对供试材料的整个生长发育期间的抗病性进行鉴定，这是最基本可靠的方法。枯萎病着重在苗期和蕾期发病高峰期鉴定；黄萎病着重在花铃期鉴定。一般按受害程度划分为5级（0级为无病，1级为少于25%的叶片有病，2级为25%～50%的叶片有病，3级为50%～100%的叶片有病，4级为全部枯死），然后计算其发病株率和病情指数，计算公式为

$$\text{病株率}=\frac{\text{发病总株数}}{\text{调查总株数}}\times 100\%$$

$$\text{病情指数}=\frac{\sum V\cdot f}{m\cdot n}$$

式中，V为病级，f为该病级中发病株数，$\sum$为总和，m为病级最高级，n为调查总株数。

根据病情指数将抗枯萎病反应分为5个类型：病情指数为0时，属于免疫；病情指数为0.1～5.0时，属于高抗；病情指数为5.1～10.0时，属于抗病；病情指数为10.1～20.0时，属于耐病；病情指数为20.1以上时，属于感病。黄萎病反应也分为5个类型：病情指数为0，属于免疫；病情指数为0.1～10.0时，属于高抗；病情指数为10.1～20.0时，属于抗病；病情指数为20.1～35.0时，属于耐病；病情指数为35.1以上时，属于感病（马存，1995）。

2. 室内苗期鉴定 此法较快速，也易控制。但要求一定的温室条件和设施。鉴定枯萎病多用纸钵接菌法。即在纸钵中接入占干土质量20%的带菌麦粒沙，或0.5%～1.0%的带菌棉籽培养物，出苗后2周即开

始发病。当感病对照病情指数为 50.0 时，鉴定材料的抗病类型（吴蔼民等，1998）。鉴定黄萎病多用纸钵撕底定量菌液蘸根法，当棉苗出现一片真叶时，每钵用 10 mL 的病菌孢子悬浮液（每毫升含 500 万～1 000 万孢子）浸蘸根部，2 周后即可进行鉴定（谭联望，1991）。

三、棉花育种材料抗虫性鉴定

棉花害虫种类繁多，常给生产造成严重损失。20 世纪 50 年代中后期，广泛使用杀虫剂，有些害虫抗药性逐代增强，有些益虫及其他动物区系也受到破坏，药剂防治效果日趋降低。利用抗虫品种结合采取其他措施，不仅可少用或不用杀虫剂，稳定产量和品质，降低生产成本，而且可以减少环境污染，有利于保护害虫的天敌，维持生态平衡，因此棉花抗虫育种日益受到重视。在棉花抗虫育种中，抗性种质资源的筛选及选择具有抗虫性后代都需要有准确的抗性鉴定结果为依据。常用的鉴定方法有大田鉴定、网罩鉴定和生物测定 3 种。大田鉴定的优点是简单易行，不需特殊设备，鉴定结果直接反映被鉴定材料的田间抗性。但因害虫自然发生的时间、数量和分布变化很大，误差也大，需有多年、多点鉴定结果才有一定代表性。网罩鉴定需要人工养虫、接虫和网罩等设施，工作较繁重，但鉴定条件相对一致，与田间情况较接近，结果较为可靠。只是由于网罩内虫口密度和活动空间与大田情况不同，鉴定结果与田间实际表现有时也不完全一样。人工接虫的虫态，根据鉴定要求可以是幼虫、成虫、卵或蛹。蕾铃害虫还可以在室内进行生物测定，直接摘取鉴定材料的蕾、花、铃饲喂幼虫，或在人工饲料中添加鉴定材料的冻干蕾铃粉饲喂虫，鉴定比较幼虫生长发育状况，作为评价抗虫性依据（孙济中，1991）。

第七节　棉花种子生产技术

一、棉花良种繁育的意义和体制

一个品系育成后，经过区域试验、品种审定，确定推广地区后，必须有科学的种子繁殖体制，繁殖高质量的种子供生产应用。棉花是常异花授粉作物，天然杂交引起生物学混杂；在播种、采摘、晒花、轧花、种子储存运输等各生产环节中，常易引起机械混杂；再加由于环境条件、自然选择以及带有倾向性的人工选择等因素影响，使品种失去原有生产性能，品种经济性状变劣，纯度下降，这种现象称为品种退化。退化品种的种子不能作生产用种。因此优良品种在种植过程中，必须有健全的种子繁育体制和科学、有效的繁育技术，有计划地生产原种，保持品种原有的纯度和经济性状，为生产持续提供优良种子，充分发挥品种的经济效益。种子繁殖体制是品种选育到品种应用于生产全过程的一个重要环节。

世界各主要产棉国十分重视建立良种繁育体制。美国棉花良种种子由原育种的种子公司提供，繁育的种子依次分为 4 级：育种家种子、基础种子、登记种子和检验种子。检验种子种于大田，大田种植的种子是育种家种子繁殖的第四代，大田收获的种子不再作种子用。各种子公司拥有农场、轧花厂和特约农户，自成体系地繁殖各级种子。在品种安排上，实行一地一个品种的原则，即在同一地区，可以种植若干个纤维品质相同的优良品种。中亚各产棉国由国家建立的原种场负责生产原种（相当于育种家种子），然后将原种在指定的集体农庄和国营农场进行繁殖，经过连续繁殖 3 代后，种子供大田生产播种，大田收获的种子不再作为种用。埃及棉花良种种子也由国家管理，实行一地种植一个区域化品种。我国 20 世纪 50 年代后兴办原种场，建立原种场、良种轧花厂、良种繁殖基地三结合的良种繁育体制。国务院于 1978 年曾批转《农林部关于加强种子工作报告》，要求 1980 年种子工作基本实现“种子生产专业化，加工机械化，质量标准化和品种布局区域化”，到 1985 年基本实现以县为单位，组织统一供种。这个体制简称为“四化一供”。20 世纪 80 年代以来，各地对棉花良种繁育体制基本上坚持“四化一供”的原则，但有多种实施形式。有些县由县种子公司供种，一县一种，原种场、繁殖基地两级繁殖，集中加工。湖北省钟祥县、河北省满城等地采用此体制。山东省聊城、河北省正定等地成立棉花种子专业公司供种。公司与育种单位签订合同，为育种单位进行新品种试验和繁殖；公司试验场与原种场签订合同生产原种及原种一代。建立良种繁育基地，与基地中的乡、村订立合同收购籽棉，轧花加工后种子供大田生产用。基地内只种一个品种。

山东省一些县采用县、乡联合供种制。县乡两级各建良种繁殖村和种子专业户，县引进良种按合同由县属种子村和种子专业户种植，收获的种子供乡属种子村和种子专业户繁殖，然后收购作为大田用种。

全国正在推行由育种家种子、原原种、原种和良种组成的四级种子生产程序，并制定各级种子质量标准，防止生产和销售混杂和劣质种子，防止假冒种子进入市场，以保护育种家的知识产权、种子生产单位和农民的利益。种子市场化后，棉花品种出现多、乱、杂的现象有所增加，更需加强种子生产技术环节监控加以解决。

二、棉花品种退化的原因

影响棉花品种遗传组成改变，造成品种退化的因素有基因突变、异源基因渗入、选择、遗传漂移等。

（一）基因突变 基因突变是遗传变异的根本来源，但突变频率很低，并且是一个缓慢过程，因此对品种遗传组成改变的影响很轻微。

（二）异源基因渗入 异源基因渗入是影响品种遗传组成改变的重要因素。棉花是常异花授粉作物，以自交为主，又有一定比例的异交。在同一地区种植多个品种，通过异交，异品种基因渗入，造成生物学混杂，使品种遗传组成改变。机械混杂使品种群体混杂入异品种个体，混杂群体相互传粉杂交，杂交个体逐代增加，异品种基因渗入加剧，基因频率改变，由于基因重组，基因型频率改变更大，其后果是表现型改变，品种失去原有经济性状，品种退化。

（三）自然选择和人工选择 选择是改变品种遗传组成的重要因素。一个品种群体中不同基因型个体在自然条件下成活率和繁殖率存在差异，某些基因型个体比另一些基因型个体得到更多的成活和繁殖机会，随着时间的推移，品种群体基因频率和基因型频率逐渐改变，这个过程就是自然选择。棉花品种也受自然选择的作用，特别是在不利的自然条件或栽培条件下，自然选择作用更为显著。人工选择对品种遗传组成影响更大，人工选择难免带有主观性和倾向性，是使品种基因型频率改变的主要因素。选择压力愈大，遗传组成的改变也愈大。但有些自然选择与人工选择方向不同的性状，需要经常性施加适当选择压力，才能维持品种群体遗传组成的稳定。

（四）遗传漂移 当品种群体很小，由群体中随机的少数个体繁育成一个较大群体时，群体基因频率会发生随机波动，使基因型频率改变，这种现象称为遗传漂移。遗传漂移在自然界是一个新群体形成的原因，在品种繁育中也可能影响品种群体遗传组成的稳定。

针对上述影响品种群体遗传组成改变的因素，在棉花良种繁育中设计了各种方法，尽可能减小品种群体遗传组成的改变，保持品种特性，防止品种退化。

三、棉花种子生产技术

棉花实行育种家种子、原原种、原种、良种四级种子生产程序。

（一）棉花育种家种子生产方法 常用的棉花育种家种子生产方法分述如下。

1. 种子储藏法 在新品种开始推广的同时，育种单位将一定量新品种种子（育种家种子）储存在能保持种子生活力的条件下，以后定期取出部分种子供应新一轮种子繁殖的需要。例如估计品种可以在生产上使用10年，每年需要育种家种子100 kg，则一次储存1 000 kg。这种方法的特点是育种家种子是储存的种子，未经任何形式的选择，从理论上说这种方法能最好地保证品种不发生遗传组成的改变。湖南省棉花研究所利用新疆独特气候条件（空气湿度低），采用“封花自交，新疆保存，病圃筛选，海南冬繁”的杂交棉亲本保纯与繁育技术路线。湘杂棉2号一经审定，立即将亲本种子送新疆保存，逐年取回核心亲本种子，进行病圃筛选。再根据下一年制种面积确定所需亲本数量，在海南岛进行扩繁，既有利于亲本保纯，又有利于提高种子质量。湘杂棉2号亲本繁育采用此技术路线，使其F_1代的产量性状和纤维品质多年基本维持在审定之初的较高水平，没有发现减退。这也是湘杂棉2号在生产上推广应用长盛不衰的一个重要原因。

2. 淘汰异型株和选择典型株 在种植一定数量植株的核心繁育田里，每年拔除异型株和病株，收获的种子部分供下年核心繁育田播种用，部分供生产育种家种子田播种用。也可以每年在田间选择典型棉株，混合采收，不进行后代测定，这是一种类型选择法。

以上两种方法，育种家种子每个连续世代都是以大量未经测验的植株混合种子为基础的，都是以保持品种特性为目的，无改良作用。

3. 众数混选法 Manning（1955）提出的众数混选法是集团选择的一种形式，每年从约6 000株的大田中选300～500株，检验入选株的绒长、衣指和籽指，凡偏离其平均数上下一个标准差数据的都予以淘汰，符合要求的选株种子混合播种，收获的种子用作育种家种子。

4. 株行与株系法　在大田选择单株，测定绒长、衣分后，符合要求的单株种子下年种成株行，凡整齐一致、具有品种典型性的株行入选，经测定绒长、衣分，符合要求的株行种子混合，成为新一轮育种家种子。为了增加选择的准确性，也可将株行法扩展为株系法，即将当选株行种子种成株系，通过增加植株数量提高选择的准确性，最优株系混合成为新一轮育种家种子。为了更准确地评价株系的生产能力，可进行一轮设有重复的株系比较试验，产量高、品质符合要求、整齐一致、具品种典型性的株系种子混合成为育种家种子。也有育种者将株系比较进行多年，选出一个经济性状最优系或数个优系混合繁殖成育种家种子，这个方法实际上已和系谱育种法相同。

世界各主要产棉国育种家种子生产方法不外上述各方法，但有各种变型。采用何种生产方法，应根据劳动力、土地面积、时间和种子需求等确定。种子储藏法能保持品种遗传组成不变，因为不包含任何选择过程，但这个方法要求有一定面积自然的或人工控制温度和湿度条件的储藏库。人工储藏库一次性投资大，电能消耗也大，虽然可以节约土地和劳力，但在能源不充裕的国家难于应用。利用自然条件控制温度和湿度的储藏库在某些地区有应用前景，例如在我国新疆，空气湿度低，通过库房设计控温也是可能的，因此有试用的价值。

在包含有选择的育种家种子生产体系中，选择的作用是经选择产生的群体相等或优于未加选择的群体。去除非典型株和类型选择，由于选择压力小，理论上所选择的品种群体较其他选择方法基因频率改变小，但有提高品种纯度和保持品种典型性的作用。杂交种亲本的繁殖需要特别注意选择的群体性状，保持配合力不变，应该尽量去杂而不选择优良个体。

株行、株系和系谱法选择数量少，选择时难免带有主观性和倾向性，因此基因频率变化较大。由于选株、选系数量有限，自交增加，遗传组成单一，选择的群体遗传变异度下降，随之品种适应能力和对环境变化的缓冲能力下降。用系谱法生产原种，使品种群体遗传杂合性下降，影响进一步遗传改良可能性，增加群体遗传脆弱性。

总之，在设计种子生产体制时，必须考虑保持品种典型性，防止混杂退化，又要防止品种异质性的丧失，应根据具体情况处理好这二者之间的关系。利用育种家种子繁殖一代生产原原种，以此可接着生产原种和大田用种。生产大田收获的棉籽不再用作种子。

（二）棉花种子处理和储藏　播种用的良种棉花种子，要采用化学脱绒和种衣剂处理，以消除由种子携带的多种病菌，提高播种品质。化学脱绒一般采用硫酸处理；也有用泡沫硫酸（硫酸加发泡剂）脱绒的，可以节省硫酸，免去用水冲洗，不污染环境。种子经脱绒、精选后，利用拌药设备均匀涂敷一层含有杀菌和杀虫作用的种衣剂，然后装袋储藏。在自然温度下，仓库中的棉花种子水分以10%为好，最高不得超过12%。空气湿度大于70%时，容易使种子水分增加。种子储藏时，要经常测量堆温和湿度，及时通风防潮，翻堆降温。

（三）棉花种子检验　棉花良种种子要由种子检验单位按国家规定的标准方法进行检验，然后签发种子检验合格证。

第八节　棉花育种研究动向与展望

一、棉花生产区域布局及其变化

优化农业区域布局，是推进农业结构战略性调整的重要步骤。为加快我国农业区域布局调整，建设优势农产品产业带，增强农产品竞争力，推动农业增效和农民增收，2003年农业部研究编制了《优势农产品区域布局规划》，要求3大棉区皮棉单产达到1 125 kg/hm^2（75 kg/亩），棉花品种结构进一步优化，长绒、中长绒和中短绒棉花比例力争由1∶95∶4调整为7∶83∶10，进一步提高棉花的一致性和整齐度，减少“三丝”含量，将长江流域棉区建设成为适纺50支纱以上和20支纱以下为主的原料生产基地，黄河流域棉区建设成为以适纺40支纱为主的原料生产基地，西北内陆棉区建设成为以适纺32支纱为主的原料生产基地，满足我国纺织工业发展的需要。因此3大棉区按国家规划调整了相应的育种目标，以适应棉花产业结构调整的需要。

随着长江流域和黄河流域棉花种植面积的快速下降，新疆已经是我国的主要产棉区（表20-13），培育适合新疆机械化收获、抗病性强、耐高温、纤维品质优良的棉花品种对于发展新疆棉花生产具有重要意义。

表 20-13 2020 年我国 3 大棉区棉花的种植面积和产量

（引自国家统计局，2020 年 12 月 18 日）

棉区	种植面积		产量	
	总面积（$\times 10^4$ hm^2）	所占比例（%）	总产（$\times 10^4$ t）	所占比例（%）
全国	317.0	100	591.0	100
长江流域	29.1	9.2	29.6	5.0
黄河流域	35.8	11.3	42.2	7.1
新疆棉区	250.2	78.9	516.1	87.3

二、棉花分子标记辅助选择的群体改良

随着国民经济的发展、人民生活水平的提高和纺织工业技术的不断进步，培育高产、优质、抗枯黄萎病、抗棉铃虫的棉花新品种是当前的主要育种目标，而通过轮回选择不断引入新种质则是克服育种群体遗传基础狭窄的有效途径。我国棉花育种已经历了国外引种、系统育种、杂交育种、杂种优势利用等不同的历史时期（潘家驹等，1999），目前正处于杂交育种与杂种优势利用以及转基因和分子育种并重的阶段。计算机的运用和纤维检测仪器的大通量检测，数据的收集和处理能力大为提高，为大群体同步改良多目标性状的轮回选择方法提供了可能，而分子标记辅助选择则大大提高了集多目标优良性状于一身的后代植株的中选率，为培育超优品种奠定了坚实的基础。

将 DNA 分子标记技术与轮回选择方法相结合，建立分子标记辅助陆地棉多目标性状聚合的轮回选择技术体系，有希望打破产量、品质、抗逆性、早熟性等性状之间的负相关，同步改良棉花的产量、品质、抗逆性等。随着陆地棉和海岛棉基因组测序的完成，可以开发更有效的分子标记用于分子标记辅助选择育种。

三、转基因棉花的培育和利用

长期的育种实践证明，常规育种方法难以打破物种间存在的天然屏障，难以将外源基因导入棉花基因组中，从而难以使可以改变棉花重要农艺性状的资源发挥作用。由于棉花的主产品不是食用，将外源重组 DNA 导入棉花基因组，并与常规育种技术结合，培育高产、优质、抗病虫、抗逆的棉花新品种，具有广阔的发展前景（图 20-3）。优质、抗除草剂、耐寒、耐旱、耐盐转基因棉都已接近产业化的水平。可以相信，随着分子生物学的进一步发展，获得的外源基因愈来愈多，技术日臻完善，我国的棉花生产必将有一个质的飞跃。

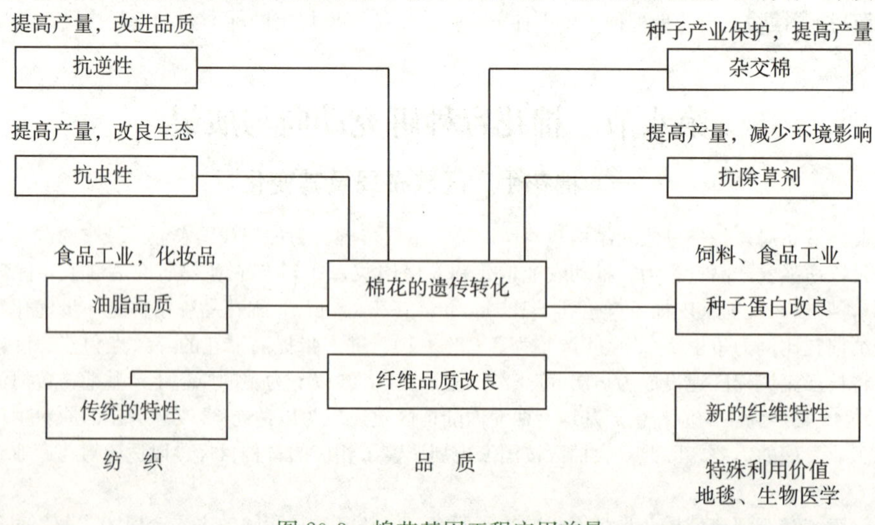

图 20-3 棉花基因工程应用前景

复习思考题

1. 棉花有哪些栽培种？其分类学地位、生物学特性及在我国的生产利用情况如何？

2. 简述我国棉花育种研究进展、存在问题及其对策。

3. 我国主要棉区各有何特点？适宜种植什么品种？

4. 棉花种质资源包括哪些类型？各有何特点和价值？

5. 棉花品质性状主要有哪些？各自的遗传特点如何？试讨论我国棉花品质育种的主要目标和育种策略。

6. 试讨论棉花枯萎病和黄萎病育种的现状、策略和方法。

7. 试评述棉花育种的主要途径。各有何特点？

8. 简述棉花自然变异选择育种的遗传基础、基本方法和应用效果。

9. 试讨论棉花杂种优势形成的遗传机制和杂种优势利用的现状与前景。

10. 试举例说明利用分子标记选择棉花育种目标性状（基因）的主要方法和步骤。

11. 棉花品种退化的主要原因是什么？如何防止品种退化？

12. 什么是转基因棉？试述我国转基因棉的生产现状和发展前景。

附　棉花主要育种性状的记载方法和标准

1. 播种期　播种当天的日期为播种期。

2. 出苗期　出苗数达全苗数50%的日期为出苗期。

3. 幼苗整齐度　幼苗整齐度指幼苗大小是否整齐，用+、++、+++表示，+++为最整齐。

4. 幼苗生长势　幼苗生长势指幼苗生长的强弱，用+、++、+++表示，+++为生长势强。

5. 现蕾期　现蕾棉株占50%的日期为现蕾期。

6. 开花期　开花棉株占50%的日期为开花期。

7. 吐絮期　50%棉株开始吐絮的日期为吐絮期。

8. 全生育期　自播种至吐絮的天数为全生育期。

9. 第一果枝节位　从子叶节上第一节到第一果枝着生节位的节数为第一果枝节位。

10. 主茎高度　自子叶节至株顶的高度为主茎高度（cm）。

11. 株形　株形用塔形、筒形、丛生形等文字描述。

12. 果枝型　测量4～8果枝，每果枝量3节的长度，求总和，再求平均节间长度（cm）依平均节间长度分为以下5级。

0式为有限型，果枝只有1节，顶端丛生几个棉铃。

1式为果枝节间很短，株型紧凑（平均节间长度在3 cm以下）。

2式为果枝节间较短，株型较紧凑（平均节间长度在3～5 cm）。

3式为果枝节间较长，株型松散（平均节间长度在5～10 cm）。

4式为果枝节间很长，株型很松散（平均节间长度在10 cm以上）。

13. 果枝数　果枝数是指主茎上已生成的果枝数。

14. 营养枝数　第一果枝以下的叶枝数为营养枝数。

15. 籽棉总产量　各次收花的总和换算成单位面积产量（kg/hm^2）。

16. 皮棉总产量　根据籽棉产量用衣分折算皮棉总产量。

17. 霜前花比例　初霜后5 d以内收花1次，合计以前各次收花总量作为霜前产量，计算出霜前花比例（%）。

18. 纤维长度　取每个棉瓣中部1粒籽棉，用籽棉分梳法量长度，求平均绒长，再除以2即为纤维长度，以mm表示。

19. 衣分　皮棉占籽棉的比例（%）为衣分。各小区取100 g中期花轧花称皮棉质量，计算小样衣分；各小区实收籽棉轧花称皮棉质量，计算大样衣分。

20. 籽指　100粒棉花种子的质量（g）为籽指。

21. 衣指 100粒棉花种子上的纤维质量（g）为衣指。

22. 不同时期抗病性 调查记载苗期病害情况、蕾期枯萎病情况、开花期枯萎病和黄萎病情况。计算病株率及病情指数。

注：调查项目可根据需要酌情增减。

（孙济中、曲健木第一版原稿；张天真第二版修订；唐灿明第三版修订）

第二十一章　苎麻育种

第一节　国内外苎麻育种研究概况

苎麻（ramee 或ramie）是我国的特产，我国苎麻原麻和纺织品的产量均居世界首位。我们祖先利用苎麻纤维的历史已在1万年以上，栽培历史也在5 000年以上。

我国是苎麻发源地，苎麻种植业最大的优势就是拥有全世界最丰富的种质资源，这是我们祖先几千年遗留给后辈最宝贵的财富，我国在收集、整理、评价地方品种的基础上，相继开展苎麻新品种选育、良种繁育、良种栽培技术等研究工作，选育出40多个品种或组合，对我国苎麻生产及产业发展起了很大的促进作用。我国苎麻育种工作者采用地方良种鉴定、引种、系统选择、杂交育种、辐射育种等各种育种手段，先后培育出了中苎系列、湘苎系列、鄂苎系列、华苎系列、赣苎系列、川苎系列等高产优质苎麻新品种。我国苎麻育种工作大致经历了以下5个阶段。

1. 第一阶段　20世纪50年代至60年代初期，我国苎麻育种工作主要是从事地方品种评选、鉴定和引种试验。例如广西评选出黑皮蔸，湖南评选出黄壳早、芦竹青、黄壳麻、白脚麻、雅麻等品种，湖北评选出细叶绿、大叶绿、青麻等品种，江西评选出铜皮青、黄壳铜等品种，四川评选出白麻、黄白麻等品种。这些品种都作为当地主产麻区的主要推广品种，这些品种的评选工作大都是在总结群众经验基础上进行的，而不是通过正规的多年品种比较试验得出的结论。此外，全国主要产麻区也做了一些引种工作。例如广西的黑皮蔸引种到湖南西部和北以及广东北部麻区推广，湖南的黄壳早、芦竹青引种到四川达县、安徽等麻区推广等。由于当时为了便于运输，大都采用种子繁殖，而苎麻地方品种毫无例外的都是杂交种，遗传基础复杂，一旦采用了种子繁殖，它的杂交后代就会产生严重的分离、变异，成为混杂的群体。这就破坏了历史上早就形成的一些苎麻品种区域化种植的麻区，如湖南西部大庸的黄壳麻区，吉首、凤凰、泸溪的青麻区等，这是当时引种上的一个失策。

2. 第二阶段　20世纪60年代中期至20世纪70年代末期，在广泛收集和鉴定苎麻资源的基础上，中国农业科学院麻类研究所和四川、贵州、湖南等省科研单位相继开展了以系统选择等方法培育新品种的工作。中国农业科学院麻类研究所在从黄壳早的天然杂交后代中选育出湘苎1号。四川达县地区农业科学试验站开展了苎麻雄性不育及杂种优势利用的研究，相继选育出川苎1号、川苎2号和川苎3号3个新品种。贵州省麻类科学研究所在黄壳早种子繁殖后代中选育出黔苎1号；江西省麻类科学研究所先后育成赣苎2号、赣苎3号、B232等新品种，原麻产量达到1 500～1 875 kg/hm^2，比当时的地方品种高75～150 kg/hm^2。苎麻根型是品种产量高低的重要因素，新育成品种都是深根型，成熟期均为中晚熟型。这个阶段育种目标侧重于高产，新品种平均纤维细度大多在1 800支（优质水平）以下。

3. 第三阶段　20世纪80年代，苎麻育种发展较快，育种目标从单纯强调高产稳产进一步扩展到高产优质。在短短几年间，全国共推出9个新品种，中国农业科学院麻类研究所又从用2.58C/kg（10 000R）射线辐射的湘苎1号自交种子的后代选育出湘苎2号，后来又育成湘杂苎1号等，成绩卓著。全国苎麻劳动模范、农民育种家黄业菊在20世纪80年代也育成了牛耳青。直到20世纪80年代末，湖南农学院苎麻研究所李宗道通过13年努力，由黑皮蔸自由授粉后代中选育出湘苎3号，产量比全国种植面积最广的当家品种芦竹青高20%以上，纤维细度达2 000支以上，这是截至目前全国唯一的、由政府部门规定作为全省更新换代的苎麻新品种，也是全国唯一列入国家“九五”推广规划中的苎麻新品种。这些新品种在产量和品质上较前一阶段有了明显的进步，例如中国农业科学院麻类研究所选育出的湘苎2号和湖南农业大学苎麻研究所选育出的湘苎3号单产均达到2 250 kg/hm^2，单纤维支数均达到1 900支。一些新品种得到迅速推广。湘苎2号因其高产、优质和植株挺拔粗壮、无效株少、易于手工收剥等优点，成为湖南、湖北、四川、江西、安徽、重庆、贵州、广西等主产麻区大面积推广应用的骨干品种，直到21世纪初仍为我国苎麻的主要推广品种。

新育成的 9 个品种为深中根型，没有浅根型；纤维细度大多低于 2 000 支，这个阶段育种目标侧重于高产和优质，在提高产量的同时，较大幅度地提高了纤维细度。

4. 第四阶段 20 世纪 90 年代，经过近 30 年的育种实践，我国育种目标从稳产高产、高产优质逐渐完善成“三高一低”的育种目标，即：高产（比对照品种增产 10%以上）、高支数（1 800 以上）、高抗性（抗花叶病和根腐线虫病，抗风抗旱性强，对不同地区生态环境的高度适应性）低含胶（原麻含胶总量低于 25%）。这个时期中国农业科学院麻类研究所、湖南农业大学苎麻研究所、华中农业大学、四川省达州市农业科学研究所、江西省麻类科学研究所等育种单位相继选育出了一批高产、优质、多抗新品种。例如湘苎 4 号至湘苎 6 号、川苎 4 号至川苎 6 号、华苎 1 号至华苎 4 号等，这些品种一般比当地主栽品种增产 10%以上；平均纤维细度均在 1 800 支以上，大多数品种在 1 900 支以上；抗逆性强。一些品种在生产得到了大面积推广，产生了极大的经济效益，例如赣苎 3 号、华苎 2 号等。与上一阶段相比，此时育成的新品种中根型约占一半，产量与品质的负相关关系有所打破，即产量与品质得到同步提高。

5. 第五阶段 进入 21 世纪至今，苎麻的多功能用途得到了重视，培育出了苎麻多倍体品种、饲纤兼用品种和饲料专用品种多个。苎麻育种手段多样化和现代化，除了常规手段外，又加强了倍性育种、航天育种、分子育种等现代手段。中国农业科学院麻类研究所选育出了中苎 1 号、中饲苎 1 号等系列品种。2009 年中国农业科学院麻类研究所利用黑皮蔸×圆叶青组合培育出了中苎 2 号，原麻产量接近 3 000 kg/hm^2，比对照增产 11.08%，纤维细度在 2 050 支以上。2014 年湖南农业大学苎麻研究所选育出了湘饲纤兼用苎麻 1 号（原麻产量在 2 600 kg/hm^2 以上，纤维细度为 2 400 支以上）、湘饲苎 2 号等饲用和饲纤兼用苎麻品种。湖南农业大学苎麻研究所于 2001 年选育出两个高产、优质、抗风的多倍体新品种 Tri-1 和 Tri-2。Tri-1 原麻产量为 2 930 kg/hm^2，Tri-2 原麻产量为 2 397 kg/hm^2，纤维细度达 2 130 支，远高于对照品种湘苎 3 号。Tri-1 的抗风性明显强于对照湘苎 3 号。湖南农业大学苎麻研究所还选育出了湘苎 7 号、R057 等苎麻新品种。2002 年江西省麻类科学研究所挑选了赣苎 3 号产量表现优良的种子搭载神舟四号飞船在太空周游，次年 2 月在海南省三亚市基地播种后将苗带回江西省宜春市移栽，获得了一些新的苎麻变异材料。2007—2009 年四川省达州市农业科学研究所育出了川苎 11 和川苎 12，比对照分别增产 24.3%和 1.98%，原麻产量达到 2 580 kg/hm^2，纤维细度达到 2 170 支。2008 年湖南农业大学苎麻研究所将系列优异苎麻种质搭乘神舟七号送入太空进行了诱变，种植后通过观察、调查和品质分析，获得了 75 个优良变异材料。这个时期的品种选育仍以常规育种为主，新品种多为深根型，在保持纤维细度基本稳定和继续提高的前提下，产量也较上一阶段有了进一步提高。

关于我国苎麻育种方法的进展，在 20 世纪 60—70 年代主要是常规育种；80 年代在利用^{60}Co 诱变、利用秋水仙碱诱变产生多倍体以及花药、子房培育单倍体等方面也做了一些工作；90 年代湖南农业大学苎麻研究所张福泉、李宗道等将棉花基因导入苎麻，原麻纤维细度高达 3 000 支以上。2000 年以后，苎麻育种手段多样化和现代化，除了常规手段外，又加强了倍性育种、航天育种、分子育种等现代手段。我国 20 世纪 70 年代后育成的 40 多个新品种或组合有 9 个与黄壳早直接相关，8 个与黑皮蔸直接相关，还有一些新品种与黄壳早或黑皮蔸间接有关。这种单一的遗传基础，可导致新推广品种的抗逆、抗病虫害的强度趋势一致，存在极大的隐患，易受毁灭性的侵害。育成的 40 多个品种或组合中，除了 2 个经种子辐射处理再经系统选育成功的品种和 2 个经秋水仙碱诱导倍性育种的品种外，其余品种都是传统选育方法培育成功的，育种手段缺乏重大突破。而苎麻的杂合性和多年生特性，决定了常规育种不仅周期长，而且育种效率低下，局限性日益凸显。

我国苎麻种质资源研究工作已有 60 多年历史，成绩斐然。这些年来，在征集、保存、鉴定、利用方面开展了一系列研究，发掘出一大批优良种质资源，为加速新品种选育及促进苎麻生产的发展起了积极作用。湖南、湖北、贵州、四川、江西等省有关科研单位已收集了不少农家品种，特别是中国农业科学院麻类研究所建立了较大资源圃，并从形态特征、生育特性、经济性状等方面进行了鉴定，成绩显著。湖南农业大学苎麻研究所建立了国家饲草与饲纤兼用作物（苎麻等麻类作物）种质资源平台。江西省麻类科学研究所还建立了全国唯一的野生苎麻种质资源圃，课题组赖占钧等翻山越岭搜集苎麻野生种质资源。

国外苎麻生产国家日本、菲律宾、美国、巴西等在 20 世纪 50—70 年代在苎麻育种方面也做了一些工作。这些国家大多是用从我国引入的一些品种进行杂交，或从种子繁殖的后代中选育出一些苎麻新品种。例如日本栃木县农业试验场从我国台湾白皮种选出宫崎 112；美国从我国引进的苎麻品种中选育出 E-53-35 新品种；菲律宾除了引进美国 Everglades 育成的品种和日本品种 Tatsutayama 等 23 个外来品种外，自己还育成 RVO 等品种。

第二节　苎麻育种目标及其沿革

我国苎麻育种目标随着苎麻生产的发展而变化。在 20 世纪 50 年代初期，苎麻用途主要为原麻出口，以及手工纺织夏布和其他民用用途。当时国内现代化苎麻纺织业寥寥无几，全国长麻纺锭仅 1.2 万锭，每年用麻量仅 6 000 t 左右。为了发展苎麻生产，增加原麻产量，育种目标以提高产量为主。60 年代以后，由于各省现代化苎麻纺织业兴起，原麻主要用于现代纺织工业，而其他民用用途逐渐减少。因此苎麻育种目标随着生产上用途的变化而变化。现代苎麻育种的任务是要求选育出高产、稳产的新品种，同时要求纤维品质优良，纤维细度在 1 800 支以上，而且抗病性和抗逆性强。苎麻育种的具体目标如下。

1. 高产、稳产　构成苎麻产量的因素是：有效株数、茎高、茎粗、皮厚和出麻率。因此选育出来的新品种，要求根群发达，植株粗高，生长整齐，有效株多，脚麻少，麻皮厚，出麻率高，同时成熟期适当，为季季丰收、三季麻平衡增产创造有利条件。湖南、湖北、江西等地的丘陵山区多红黄壤，土壤瘠薄，夏季多干旱，因此选育出适应性和抗逆性强，特别是耐旱、耐瘠、能够富集重金属的新品种具有重大意义。苎麻抗性主要是抗风、抗病、耐旱、耐寒、耐渍、耐瘠、耐重金属、低富集重金属（饲用）或高富集重金属（纤用或材料用）。

2. 品质优良　苎麻品质包括纤维品质和加工品质。纤维品质主要是指其纤维的可纺性能，包括纤维细度、纤维强力、纤维长度、断裂伸长率、结晶度等指标。纺织原料要求纤维细长柔软，整齐均匀，光泽好，强韧、耐久，富于抱合力和弹性，易于漂白和染色。目前纺织高支纱的原麻，主要要求纤维细度达 1 800 支以上，国际市场上麻纺织品趋向高档、细薄的方面发展，因此培育一些 2 000 支以上的苎麻新品种是必要的，这是今后苎麻育种的主要动向。纤维断裂伸长率表示纤维弹性，主要与纺织品的抗皱性有关，断裂伸长率应大于 4%。纤维结晶度主要与纺织品的刺痒感和染色性能有关，应小于 60%或比对照品种降低 10%以上。苎麻单纤维强力一般可达 40 cN 以上，纤维长度一般在 60 mm 以上，超过目前纺织的要求，一般不列入育种目标。

加工品质指农业加工品质和工业加工品质。农业加工品质包括成熟时皮骨易分离、皮和纤维层厚、剥制时成皮性好、皮不易折断等，目前特别应考虑其机械剥制性能，例如麻株粗细均匀、表皮易刮制不易折断（脱壳性好）等。工业加工品质主要包括原麻含胶率、原麻半纤维素和木质素含量等，目前育种目标中原麻含胶率应在 28%以下，半纤维素含量应在 14.5%以下，木质素含量应在 1.2%以下。

第三节　苎麻种质资源研究和利用

一、苎麻种质资源

苎麻属于荨麻科（Urticaceae）苎麻属（*Boehmeria*）宿根性草本植物。苎麻属有约 120 种，多分布于热带、亚热带，少数分布于温带；我国约有 32 种 11 个变种，分布于从西南、华南到河北、辽宁的 21 个省份，多数分布于云南、广东、广西、四川和贵州。原产于我国的分类群有 12 种和 5 变种，多数分布于云南、广西、贵州等地，有 8 种与喜马拉雅南麓诸国共有，有 2 种与泰国、越南共有，另有 8 种与日本共有。苎麻栽培种有 *Boehmeria nivea* 和 *Boehmeria tenacissima* 两种。前者称为白叶种，我国栽培品种以及全世界其他国家多为白叶种；后者称为绿叶种，分布在南洋群岛及其他少数地区。我国苎麻种质资源丰富，据全国调查结果，有 2 000 份以上，这是我国苎麻种植业方面最宝贵的财富。中国农业科学院麻类研究所受农业部委托，郑长清研究员早在 1976 年主持召开的全国品种资源分区保存协作研究会议上商定编写《中国苎麻品种志》，于 1992 年出版，该书对全国苎麻育种工作起到了很大的作用。揭雨成教授在全国苎麻科研、教学和生产单位的大力支持下，主持编写《苎麻种质资源描述规范和数据标准》并于 2009 年由中国农业出版社出版，其中规定了苎麻种质资源的描述符及分级标准，以便对苎麻资源进行标准化整理和数字化表达。《苎麻种质资源描述规范和数据标准》规定了苎麻种质资源各描述符的字段名称、类型、长度、小数位、代码等，以便建立统一、规范的苎麻种质资源数据库。其中的“苎麻种质资源数据质量控制规范”部分规定了苎麻种质资源在采集全过程中的质量控制内容和方法，以保证数据的系统性、可比性和可靠性。规范标准是国家自然科技资源平台建设的基础，《苎麻种质资源描述规范和数据标准》的制定是国家农作物种质资源平台建设的重要内容。制定统一的苎麻种质资源规范标准，有利于整合全国苎麻种质资源，规范苎麻种质资源的收集、整理和保存等基础性工作，创造良好的资源和信息共享环境和条件；有利于保护和利用苎麻种质资源，充分挖掘其潜在的经济价值、社会价值和生态价值，促进全国苎麻种质资源研究的有序和高效发展。

江西省麻类科学研究所在国家自然科学基金资助、在省科学技术厅的重视下，赖占均研究员等于1995—1999年在云南、贵州、广西、陕西、四川、重庆、海南、广东、湖南、湖北、浙江、安徽、福建和江西14个省份自然保护区的深山丛林中，搜集到荨麻科野生种质资源222份，其中苎麻属野生种130份，分属20种6个变种，为苎麻育种、基因杂交、保存野生资源等奠定了基础。

二、苎麻种质资源育种性状遗传变异

苎麻种质资源育种性状的遗传变异主要有以下几方面。

（一）苎麻植物学形态类型 苎麻不用品种的形态特征有一定的差异，同一品种的茎、叶等器官的颜色又随着生长发育时期的不同而有变化。据郑长清等多年对不同根型、茎色、骨色、叶色、叶柄色及雌蕊色的观察结果，苎麻品种可划分为78个形态类型。苎麻根型是重要分类指标之一，按根型划分，深根型品种占28%，浅根型品种占49%，中间型品种占23%。一般深根型品种植株粗高、分株较少，而浅根型品种植株比较矮、细但分株较多。例如黄壳早是深根型品种，黄壳麻是浅根型品种，而芦竹青是中间型品种。茎色在旺长期前绝大多数品种为绿色，极少数浅根型品种为红色。工艺成熟时，茎色有绿褐色、黄褐色、褐色及红褐色之分。苎麻雌蕊色有深红色、红色、淡红色、黄白色、黄绿色等。雌蕊色和叶柄色有一定的相关性，即叶柄红色的品种，其雌蕊多呈红色；叶柄绿色的品种，其雌蕊多为黄白色或黄绿色。苎麻叶部性状（包括叶片、叶柄、叶片主脉、托叶中肋）在麻株形态中有重要地位。根据苎麻品种叶部颜色，按照品种各部分颜色相同与否，品种可归纳为24个色型。例如叶片深绿色、叶柄深红色、叶片主脉深红色、托叶中肋深红色的红芽蔸，又如叶片深绿色、叶柄深红色、叶片主脉淡红色、托叶中肋微红色的青皮麻等。

（二）苎麻经济性状 前文已述，苎麻产量是由有效株数、茎高、茎粗、皮厚、鲜皮出麻率等经济性状决定的。苎麻品种间的经济性状差异很大，其平均变幅范围，茎高为56.4～200.0 cm或以上，茎粗为0.45～1.14 cm，皮厚为0.52～0.97 mm。一般浅根型品种麻株较矮小，皮厚、鲜皮出麻率等经济性状较差；深根型品种因地下部根系入土较深，营养面积较大，麻株高大，经济性状和产量都较高。品种现蕾、开花期的推迟对三麻经济性状及产量的影响也十分明显，一般晚蕾型品种、中蕾型品种比早蕾型品种的经济性状优良，产量也较高。

（三）苎麻生育期类型 苎麻不同品种间的生育期性状差异较大。种根繁殖正常麻龄的苎麻，在长江流域麻区每年收3季，根据各季麻进入工艺成熟期的时间，可划分为早熟品种、中熟品种及晚熟品种。自出苗至工艺成熟的天数，早熟品种、中熟品种和晚熟品种的头麻分别为70 d以下、71～80 d和81 d以上，二麻的早熟品种、中熟品种和晚熟品种分别是40 d以下、40～50 d和51 d以上，三麻的早熟品种、中熟品种和晚熟品种分别为60 d以下、61～70 d和71 d以上。全年三季麻工艺成熟天数，早熟品种、中熟品种和晚熟品种分别为170 d以下、171～200 d和201 d以上。

（四）苎麻抗性 苎麻抗性包括抗病、耐旱、耐瘠薄、耐和富集重金属、抗风等。苎麻根腐线虫是苎麻生产上危害严重的一种病害，据各地鉴定结果，目前还没有发现抗根腐线虫病的免疫材料，但苎麻品种间抗性差异比较显著。苎麻花叶病在我国各麻区普遍发生，危害也较严重，不同品种间抗苎麻花叶病的差异也十分明显，少数品种表现无病或高抗，多数品种为抗病、中抗或感病。苎麻抗旱性在不同品种间差异显著，一般深根型品种比较耐旱，而浅根型品种比较不耐旱。一般抗风性强的品种具有地上茎散生、生长整齐、叶片狭长、叶柄短、着生角度小的特点，丛生型品种的耐旱、耐瘠性较强，而散生型品种较弱。利用分株数、总鲜物质量、叶面积、叶片叶色值［leaf color value，又称为SPAD值。SPAD是土壤和植物分析仪器开发（soil and plant analyzer development）仪器，是一种叶绿素测定计，又称为叶色计］、叶片数、氮肥利用效率、磷肥利用率和钾肥利用效率8个指标评价苎麻耐瘠性，筛选出冷水江野麻、湘苎3号、多倍体1号等为高产抗旱耐瘠性强的苎麻种质。叶片叶色值、生长速度、叶片数、茎粗、萎蔫程度、叶面积、过氧化氢酶（catalase，CAT）、多酚氧化酶（polyphenol oxidase，PPO）、过氧化物酶（peroxidase，POD）等9个指标可用于评价苎麻抗旱性。

株高、叶片叶色值、地下部干物质量和地上部干物质量的等作为指标筛选苎麻耐镉性是简单有效的。株高和地上部干物质量可作为低浓度镉（100 μmol/L）耐受性的筛选指标；地下部干物质量、叶片叶色值和单株叶片数可作为高浓度镉（400～800 μmol/L）耐受性的筛选指标。以珍珠岩为基质的营养液盆栽试验筛选苎麻耐镉品种的方法已经建立。以耐性隶属函数值和地上部镉含量为指标可将苎麻品种分为 4 个不同耐镉类型：高耐低吸收型、高耐高吸收型、低耐低吸收型和低耐高吸收型。6 个矿区（郴州宝山矿区、郴州市竹园矿区、湘潭锰矿区、浏阳七宝山矿区、石门雄黄矿区、冷水江矿区）采样点苎麻地上部的镉含量比一般植物的镉含量高 2～10 倍。原位与异位鉴定筛选到两个对镉耐受和富集能力强的野生种质冷水江野麻和浏阳野麻。在土壤镉含量为 10.62 mg/kg 的盆栽条件下，鉴定 34 份种质的镉富集能力，发现宜春红心麻地下根茎富集能力最强（R/RS=8.67），川苎 1 号地上部富集能力最强（S/RS=5.78）；34 份种质中，大部分种质地上部镉含量都小于地下根茎镉含量，葛根麻和武冈本地麻地上部和地下根茎基本持平。产量最高的品种（3 450 kg/hm^2）是产量最低的品种（360 kg/hm^2）的 9 倍多，且高产品种绝大多数为深根丛生品种。大田微区试验表明镉对苎麻株高、茎粗、皮厚、生物量、叶绿素含量等有显著影响，且镉含量越高，影响程度越大。不同纤维细度苎麻品种对重金属镉耐性存在差异性，呈现出中高纤维细度品种的镉耐性大于低纤维细度品种，且不同纤维细度苎麻品种镉耐受的阈值不同，小部分品种的镉耐受阈值为 75 mg/kg，小部分品种的镉耐受阈值为 150 mg/kg，包括湘苎 3 号、多倍体 1 号、资兴麻、厚皮种 1 号。在镉污染程度为 3.94 mg/kg 的大田生产条件下，从 33 份苎麻种质筛选到了地上部低富集系数（小于 0.5）的苎麻饲用种质资源。

（五）苎麻纤维品质　苎麻的纤维细度（以单纤维支数表示）与强力是衡量纤维品质好坏的重要指标。不同品种间的单纤维支数差异很大，高的达 3 000 支以上，低的还不到 1 000 支。一般中质（1 800 支）品种较多，低质（1 500 支以下）较少，优质（1 900 支以上）品种也较少。

苎麻种质资源是国家宝贵的财富，是选育新品种、新种质不可缺少的物质基础。苎麻种质资源的征集、保存及鉴定的最终目的是利用。中华人民共和国成立以来，全国各地培育出来的新品种，毫无例外地都是利用我国丰富的种质资源作为物质基础，利用自然变异选择、杂交育种、倍性育种等方式选育出来的。

第四节　苎麻育种途径和方法

一、苎麻引种

苎麻是多年生作物，在它系统发育过程中形成了对外界环境条件较大的适应性。同时，苎麻在三麻生长中期才孕蕾开花，因此不论南种北移还是北种南移都可以，而黄麻、红麻、大麻等短日照作物必须是南种北移才能增产，而北种南移必然减产。例如广西黑皮蔸引种至较高纬度的江苏、安徽、湖南等地，都能保持原有丰产性状。但也有一些品种的适应性较弱，在改变了的外界环境条件下表现出经济性状的衰退。例如湖南宜章岭北的雅麻种植于当地山区，在半阴半阳、日照较弱、湿度大、风害少的环境条件下，表现出高产稳产。当地群众普遍知晓雅麻引种到高温低湿、阳光强烈的宜章岭南地区必然减产。曾经有人就把雅麻引种至湖北宜昌，由于当地昼夜温差大，结果头麻分株数少，产量低。又如鄂西利川山地麻区的品种引入鄂北平原麻区试种，发生植株矮小和早花现象。两地纬度虽相差不大，但海拔条件和气温有差异，因而发生早花现象。这说明了苎麻不同品种间适应性大小和抗逆性强弱仍然有很大的差异。因此苎麻的异地引种，在方法上应掌握该品种特性以及原产地自然条件、栽培特点与被引种地区的相应条件，并且对被引种的品种进行培育和选择，才能获得异地引种的显著效果。

二、苎麻自然变异选择育种

对自然变异材料进行单株（单蔸）选择是苎麻常用的育种方法。它的要点是：根据育种目标，从现有品种群体中选出一定数量的优良变异个体，分别繁殖，每个个体后代形成 1 个系统，通过试验鉴定，选优去劣，育成新品种。我国不少苎麻品种是用这种育种方法育成的，例如湖南沅江良种黄壳早就是 20 世纪 80 年代前由劳动人民从一个优异的龙头根（地下茎），经过营养繁殖培育而成的新品种。全国苎麻劳动模范黄业菊，在 20 世纪 80 年代从黄壳早麻田中选育出新品种牛耳青，产量比黄壳早提高 4.7%～23.2%，纤维细度达 1 900 支。国外也有通过单株选择而成的品种，例如日本育成的宫崎 112、栎木 16 就是引入我国台湾省白皮种在其实生苗后代中获得的新品种。但此法也有一定局限性，它只是从自然变异中选出优良个体，只能从现有群体中分离出最好的基因型，使现有品种得到改良，而不能有目的地创新，产生新的基因型。

利用什么材料选蔸，是自然变异选择成败的关键。根据中华人民共和国成立以来苎麻育种工作的成就，用此法选育的新品种绝大多数是从生产上正在推广的面积较大的良种中选出来的。这些品种具有较多的优良性状，适应性强，产量较高，品质较好，优中选优，容易见效。在种子繁殖的大田进行选蔸，更可得到良好的效果。苎麻种子繁殖，在生产上是应该严禁使用的，因为它会造成产量和品质上大幅度下降。但在种子繁殖的大田中选择优良单蔸，确是十分可取的。因为当前苎麻推广品种都是天然杂交种后代，一旦进行有性繁殖，它会产生严重分离、变异，这就为单蔸选择创造了条件。国内有不少育成的新品种，就是从种子繁殖后代中选择、育成的。

三、苎麻辐射育种

圆叶青（湘苎 2 号）是中国农业科学院麻类研究所罗素玉等用湘苎 1 号的自交种子经 ^{60}Co γ 射线辐射选育而成。该品种属深根型，根群入土深，叶片近圆形，深绿色，叶面皱纹较深，叶肉厚，叶柄较短，叶柄、雌蕾呈淡黄色，植株高大、粗壮，抗风性特强，抗旱、抗病性也好，产量高而稳定。原麻绿白色，柔软，锈脚少，单纤维支数为 1 800 左右，适宜于长江流域丘陵、山区、平原地区及沿湖多强风地区种植，在湖南沅江等沿湖地区表现突出，抗风性特别强。此外，研究者们还利用 ^{60}Co γ 射线照射无根试管苗，培育出了许多优良的突变品系。

四、苎麻杂交育种

苎麻丛生深根型品种一般表现高产，而散生浅根型品种一般优质。利用有性杂交可使两类品种的优良性状结合在一起，从而创造出高产优质新品种。一般作物的品种间杂交，由于杂交后代分离的关系，优良的经济性状常常需要 3～4 年甚至 7～8 年才能稳定下来，因此育成一个新品种需要时间长。但苎麻可进行营养繁殖，能把这些有利性状固定起来，并迅速繁殖后代，进行产量比较试验和区域试验，很快就可以在生产上加以利用。

苎麻进行有性杂交时，亲本选配是首先应该考虑的问题。根据以往经验，一般以当地高产品种作为母本，外地优质品种作为父本，就有产生高产优质类型的可能。苎麻品种多是杂合体，在 F_1 代有分离现象，因此在 F_1 代群体中即应选择优良单株（单蔸），然后用营养繁殖的方法，使它的遗传性稳定。

苎麻是雌雄同株异位、依靠风媒传粉的异花授粉作物。在开花前应把选出来作杂交用的健壮植株的花蕾套袋隔离。用作母本的植株，去雄时，将纸袋取下，剪除所有的雄蕾和雌花花序与雄花花序中间部分的两性花花蕾，留下雌花序，然后再套袋。一般已去雄的母本植株和事先种在一起的父本植株套在同一个袋内，使其在袋内进行授粉。授粉后 10 d 左右，把纸袋取下，检查是否结实。大规模进行杂交工作，可将亲本种在隔离区内，采用去雄自由杂交的方式。苎麻一般在 9—10 月开花，为了提早杂交工作，可在 4—5 月进行短光照处理 15～20 d，可提前开花。苎麻有性杂交具体操作步骤可参见洪德林主编的《作物育种学实验技术》第 151～152 页。

苎麻品种 V10（湘杂苎 1 号）是中国农业科学院麻类研究所用 V6×圆叶青杂交后代选育而成的，属深根丛生型，发蔸快，分株力强，苗期生长势强，植株高大，头尾均匀，株高为 180～200 cm，茎粗为 1.1～1.2 cm，皮厚为 0.8～0.9 mm，鲜皮出麻率为 11%～12%，有效分株率达 90%左右，单纤维支数在 1 800 左右。该品种耐旱、耐瘠强，抗风性强，抗根腐线虫强；在湖南沅江种植时，表现中熟，工艺成熟天数全年为 187 d，头麻为 80 d，二麻为 45 d，三麻为 62 d。

湘苎 3 号和湘苎 4 号是湖南农业大学苎麻研究所李宗道主持，经过 13 年选育成的通过湖南省审定的苎麻新品种。湘苎 3 号属深根型品种，植株高大粗壮，分株力中等，有效株率高，叶片卵圆形、绿色，叶面皱纹明显，叶柄、叶脉、托叶微红色，麻骨青白色，雌蕾浅红色，丰产性和稳产性好，纤维支数在 2 000 以上，高抗花叶病，在全国 12 个省份推广。

华苎 1 号、华苎 2 号、华苎 3 号和华苎 4 号是华中农业大学杨曾盛、彭定祥、胡立勇等选育出的高产优质苎麻新品种，其中华苎 2 号被湖北省定为 20 世纪 90 年代更新换代新品种，并受到广大麻农欢迎。华苎 3 号是在新余麻和稀节巴杂交后代中选育出来的新品种，该品种在品种比较试验中比对照细叶绿增产 21%，平均纤维支数在 2 000 以上，抗逆性强，不感染花叶病，抗旱耐渍。华苎 4 号是从稀节巴品种自然杂交后代中选育出来的新品种，其产量高，品质优良，平均纤维支数为 2 200，出麻率高，抗逆性强，抗旱抗风。

赣苎 1 号、赣苎 2 号、赣苎 3 号和 B232 是江西省麻类科学研究所赖占均等选育出的一系列苎麻新品种。赣苎 1 号用湘苎 2 号作母本、江西省玉山麻作父本育成，产量高，纤维支数达 2 300。赣苎 2 号用湘苎 2 号作母本、江西青壳子作父本杂交育成。赣苎 3 号用赣苎 2 号的优良单蔸与家麻杂交，从后代种子繁殖中选出的优良单蔸再与玉山麻杂交培育而成，高产优质，已在江西省大面积推广。B232 系由赣苎 1 号的优良单蔸与家麻杂交，从后代种子繁殖中选出优良单蔸培育而成，该品种以优质、高产、稳产、抗病、抗风、适应性强闻名。

五、苎麻杂种优势利用

苎麻杂种优势利用，比以籽粒为收获对象的作物（例如水稻）具有 3 个优点：①苎麻以收获麻皮为目的，植株高大是高产的主要经济指标，正好利用了营养器官杂种优势；②苎麻是多年生作物，一次制种，杂种栽植后，可利用优势几十年至几百年，不像水稻、棉花那样必须年年制种，成本高；③具有优良经济性状的雄性不育系，可通过无性繁殖保持下去，不像水稻那样必须三系配套，才能在生产上应用。

苎麻的基因型为杂合体，其杂交后代会发生不同程度的分离变异，杂交组合能否在生产上应用，关键在于杂种一代产量水平、纤维细度和分离变异系数的大小。其次在于植株形态特征的分离变异大小。苎麻品种间杂交产生优势是常见的现象，但并非任何品种间杂交都能增产，故杂交亲本的选配是否正确，是杂交种育种工作能否取得成效的关键环节。根据苎麻杂种优势利用所获得的经验对亲本的选配提出如下基本原则：①以产量高、细度较高（1 800 支以上）的材料作父本，产量较高、细度高（2 000 支以上）的材料作母本；②用自交后代分离较小的品种作亲本，较易获得变异小的杂交组合；③选用一般配合力较高的优良材料作中心亲本，进行广泛测配，寻求特殊配合力高的组合。中国农业科学院麻类研究所选育的品种间杂交组合湘杂苎 1 号、四川省达州市农业科学研究所选育的雄性不育杂交组合川苎 7 号和川苎 8 号、江西省麻类科学研究所选育的赣苎 1 号等都已应用于生产。苎麻杂种优势利用的方法主要有以下 2 种。

（一）选育苎麻雄性不育系配制组合，利用杂种优势 苎麻雄性不育性状在无性繁殖世代中天然存在（例如贵州的水城弯子和紫云黄麻、四川的青皮麻和青皮大麻等），在有性繁殖后代中也会产生（例如贵州省独山麻类研究所的青圆 5 号等）。这些雄性不育系在自然授粉下，都能结籽，其子代具有不同程度的超亲优势。苎麻雄性不育性状特征为雄花发育不正常，花蕾小，不开花，不产生花粉，有的雄花生长到一定时间后，干枯死亡。苎麻作为异花授粉植物，野生状态下的雄性不育系一般为杂合体，难以直接用于配制杂交组合，但可以根据苎麻的特性及苎麻雄性不育的遗传特点，采用以下方法选育雄性不育系。第一种方法，从高代自交后代中筛选出雄性不育株，用雄性不育株与其经济性状优良的姊妹株做姊妹交，从后代中筛选经济性状优良的雄性不育系。第二种方法，从种质资源圃中选择天然雄性不育系与经济性状优良的各种高代自交系进行单交或多交，然后从其杂交后代中选择经济性状优良的雄性不育株，经无性繁殖形成相对稳定的优良雄性不育系。采用上述方法选育出的苎麻雄性不育系，其后代分离变异程度很小，经济性状也能按预期目标得到改良。在苎麻杂种优势利用上，用这种优良雄性不育系与适当的父本配制杂交组合，就很有可能获得强优势组合。

（二）选育苎麻自交系配制组合，利用杂种优势 优良的苎麻自交系必须具备配合力高、整齐度高、高产、优质和抗性强的特点，所以从优良的基本材料（品种或品系）中再选优良单株人工自交（即优中选优）是自交系选育的基本原则。利用苎麻自交系间杂交和自交系与品种间杂交选育后代分离程度小、遗传基础较纯合的强优势杂种组合是苎麻自交系间杂种优势利用的主要目标。中国农业科学院麻类研究所、华中农业大学、四川省达州市农业科学研究所等单位先后进行了这方面研究，相信在不久的将来能够获得突破。

六、苎麻倍性育种

苎麻的多倍体在自然界是普遍存在的。印度学者 Gupta（1960）证明，苎麻体细胞染色体为 $2n=28$。但在无性系育种中，观察到有丝分裂中期 $2n=42$，这个 42 系染色体类型的出现，说明它是一个三倍体。应用物理处理和化学处理的方法都可人工诱变多倍体，其中以秋水仙碱最为有效。苎麻的营养繁殖是人工诱变多倍体的有利条件，不像种子繁殖植物的多倍体有不孕的缺点。这是由于营养繁殖可以保持已经获得的优良的变异材料，能够迅速繁殖成为一个新品种。我国台湾的农业科学研究部门曾用秋水仙碱处理南华青皮种苎麻，产生了多倍体种，其中有些材料的原麻产量超过二倍体23%～104%，但纤维细度低于二倍体。20世纪80年代，湖南农学院苎麻研究所和中国农业科学院麻类研究所相继诱导出三倍体、四倍体苎麻。湖南农业大学苎麻研究所李宗道等以湘苎3号为材料，建立了不同倍性系列，并在形态解剖、细胞学、生理生化特征等方面进行了研究，还对三倍体择优进行了田间比较试验、区域试验，前后长达12年，并于2001年选育出高产、优质、抗风新品种，弥补了湘苎3号高产优质但抗风较弱的缺点。

七、生物技术在苎麻育种上的应用

常规手段在苎麻育种上的局限性日益凸显出来，利用生物技术育种可以弥补常规育种技术的不足。生物技术主要包括基因工程、细胞培养、组织培养、分子标记技术等，可以最大限度地加快育种进程和定向遗传改良。

湖南农业大学苎麻研究所陈德富等（1996）进行了苎麻转基因研究，把编码色氨酸单加氧酶和吲哚乙酸水解酶的基因转入苎麻离体叶片中；张福泉等（1997）在盛花期采用整穗雌花浸泡供体DNA溶液的方法，使外源DNA导入成功；李宗道等用干燥苎麻种子在无菌条件下浸泡外源DNA，实现了远缘目的基因的转移；郑思乡等（1997）采用组织培养法（DNA浸泡试管苗）对苎麻进行了外源DNA导入研究，在D_1代看到了明显的嵌合变异。

湖南农业大学苎麻研究所张福泉、蒋建雄、李宗道、郑思乡，中国科学院上海生物化学研究所周光宇（2000）首创超干胚浸渍法，将湘棉12的DNA直接导入湘苎3号干胚中，在D_1代和D_2代分别获得叶形、叶背茸毛等植物学性状明显变异的单株。经随机扩增多样性DNA（RAPD）分析，证明棉花DNA已进入苎麻基因组，并已获得单纤维支数达3 000以上的材料，还对超干胚浸渍法的基本原理和转化后代性状遗传的稳定性等方面进行了初步讨论。

揭雨成等对苎麻栽培种6个抗旱性较强的基因型及6个抗旱性较弱的基因型，选用25个随机引物，对总DNA进行了随机扩增，有12个引物扩增得到了稳定的随机扩增多样性DNA图谱，采用系统聚类法中的中间距离法，将12个基因型聚成2类3组，直观地揭示了苎麻基因型间的亲缘关系。周建林等用3种微卫星标记分别分析了20个苎麻品种的DNA，微卫星标记分析结果与品种的地理分布和形态特征之间存在一定相关性，表明微卫星DNA标记可用于苎麻遗传关系的分析。刘头明等（2014）开发的EST-SSR标记，可用于苎麻遗传图谱和物理图谱的构建、数量性状基因位点的定位、遗传多样性的研究、关联分析和品种指纹图谱的建立。利用672对简单序列重复（SSR）引物，绘制了全长为2 265.1cM、包括132个位点的连锁图谱，鉴定到了单株产量、分株数、株高、茎粗和皮厚5个性状的数量性状基因位点（QTL）分别有6个、5个、9个、7个和6个。陈杰等（2016）研究发现，有52对简单序列重复引物可能与纤维品质存在联系。

第五节　苎麻育种田间试验技术

一、苎麻育种田间试验的特殊性

苎麻系雌雄异花多年生作物，在自然条件下，均为异花授粉，它的遗传基础多为异质杂合体，如果进行有性繁殖，不论是自交还是杂交，其后代必然产生性状分离。而这些分离出来的性状，可通过无性繁殖固定下来。所以苎麻育种采取有性杂交与无性繁殖相结合的方法可缩短育种年限，并取得显著的成效。这是苎麻育种的特殊性，也是苎麻育种的优越性。此外，在苎麻育种中，下面几个问题应予重视。

（一）繁殖方法的问题　在选育新品种的过程中，以及地方品种评选和良种繁殖时，必须应用无性繁殖的方法，绝对不能使用种子繁殖。我国在古书上虽有种子繁殖的记载，但并未在生产上广泛应用，仅有少数麻农使用，否则我国最宝贵的种质资源不可能长期保存至今了。例如湖南嘉禾白脚麻、红脚麻已有300年以上的历史，至今仍保持着固有的形态特征和生理特性。如果应用种子繁殖的方法，这些地方品种早已面目全非了。苎麻种子繁殖之所以发生变异，主要是因为这些麻苗都是杂种，它们必然产生变异，而且变异率在50%以上。这仅是根据1～2个性状区分变异类型而言，如果在某类型中再根据1～2个性状区分，又可分为若干类型。所以说，苎麻种子繁殖的后代，实际上是一个混杂的群体，形态各异。因此在苎麻选育过程和生产中必须应用无性繁殖的方法。

（二）繁殖材料的问题 苎麻营养繁殖材料，主要是利用它的地下茎，而地下茎的不同部位，即龙头根（粗壮地下茎的头部）、扁担根（粗壮地下茎的中部）和跑马根（年幼地下茎），三者出苗率和质量增加快慢是有很大差异的。一般地下茎切得越细，发苗越快。因此在苎麻育种进行比较试验，选择繁殖材料时，只考虑种蔸质量一致，而不考虑地下茎年龄，选用不同地下茎部位，将会造成试验结果较大的差异。

近几年来，一种苎麻快速无性繁殖技术即嫩梢扦插繁殖问世。它利用苎麻植株上主茎梢和分枝梢进行育苗扦插繁殖。大田剪取的顶梢或分枝梢，长度为13～20 cm，晴天剪取的嫩梢在0.01%的高锰酸钾溶液中浸泡1～2 min，然后插在经过高锰酸钾溶液消毒过的苗床上，随即用薄膜覆盖。搞好苗床温度和湿度的管理，10～15 d麻苗出土。应用这种方法繁殖苎麻，不但繁殖速度快，而且育成的麻苗生长状况基本一致。这就为缩短苎麻育种年限和提高小区试验正确性创造了条件，试验误差远比用地下茎繁殖小。

（三）产量和品质的问题 原麻产量和品质成负相关。一般纤维产量高的品种，纤维细度低，这给培育双高（高产量、高品质）品种带来了一定的困难。但通过正确选用亲本进行杂交等，也能选育出一些双高的品种。

（四）抗性鉴定问题 20世纪50—60年代，我国苎麻育种的目标，大多着重产量指标而忽视品质指标。70年代，由于纺织工业上需要，开始重视兼顾原麻品质指标。但对抗性仍没有给予应有的重视，特别是抗花叶病、根腐线虫病、抗风性等性状。

苎麻高秆而密植，而头麻、三麻生长季节多风，特别是湖区和平原区，更容易遭受风害，对产量影响极大，而小面积育种试验地往往防风条件较好，受风害较小。因此抗风鉴定，除了大风后在品系比较试验地进行外，更重要的是在大面积生产地进行观察，才能取得正确的结论。

苎麻是多年生宿根性作物，受病害危害性更大。受花叶病或者根腐线虫病感染的苎麻，生长缓慢，逐渐形成弱蔸，以至最后形成缺蔸，严重影响产量。因此在选育新品种以及评选地方良种时，对花叶病、根腐线虫病等影响产量较大的病害的抗性鉴定，应予重视。

（五）纤维品质鉴定的问题 苎麻的纤维细度，不同品种间差异很大。就是同一品种的不同收获季节也有较大的差异。有必要进行严格取样，多次测定，并注明原麻长度、产量、季节、收获日期和测定部位，避免得出错误的结论。进行化学成分系统分析更应注意刮制处理一致，否则它们化学成分方面的误差更大。

二、苎麻育种程序和试验

（一）自然变异选择育种的程序和试验方法 自然变异选择育种从选株（蔸）开始到新品种育成、推广，要经过一系列试验鉴定过程。

1. 选株（蔸） 在大田中根据育种目标和选株标准选择优良单株（蔸）。

2. 株行（蔸行）试验 采用切芽繁殖或嫩梢繁殖，将上年当选的材料每个1行种成株行（蔸行），每隔9行种1行对照品种。在各个生育时期进行观察、鉴定，严格选优。当选的株行，麻茎取样后，再经过室内切片镜检，对纤维细度进行初步估测。

3. 品系比较试验 入选的株行种成品系，每个品系种成1个小区，并设置重复，一般需进行2～3年。根据田间观察、评定和室内检测，选出较对照显著优越的品系1～2个参加区域试验。

4. 区域试验和生产试验 在不同的自然区域进行区域试验和生产试验，小区面积为26.7～33.4 m^2（0.04～0.05亩），重复3～4次，测定新品种的利用价值、适应性和适宜推广的地区，并同时进行较大面积的生产试验，对新品种进行更客观的鉴定。一般区域试验年限为3年。

5. 品种审定和推广 有些省份（例如湖南省）在区域试验、生产试验中表现优异，产量、品质和抗性等符合推广条件的新品种，可报请省级农业农村厅品种农作物品种登记平台进行登记、定名和推广。

（二）杂交育种程序和试验方法 杂交育种的进程由以下几个不同的试验圃组成。

1. 原始材料圃和亲本圃 原始材料圃种植收集来的原始材料。从原始材料圃选出若干材料，作为杂交材料，种于亲本圃。

2. 选种圃 选种圃用于种植杂种后代。当选单株（单蔸）繁殖后，成为株行，每个小区5行，每隔10行种1行对照。杂种株行在选种圃年限一般为2～3年。

3. 鉴定圃 当选的株行在鉴定圃成为株系，进一步鉴定产量、质量、抗性等。如果当选的株行不多，而且产量、品质、抗性方面鉴定比较严格，也可以不进入鉴定圃，而直接升级进入品系比较试验。

4. 品系比较试验 品系比较试验的小区面积应增大，重复次数增加到3次以上，试验年限为2～3年。

5. 区域试验 区域试验的具体安排同自然变异选择育种。

第六节 苎麻育种研究动向和展望

一、生物技术在苎麻育种中的应用

生物技术在苎麻育种中应用，愈来愈显得重要，特别是组织培养在多倍体育种、单倍体育种以及体细胞杂交和人工种子技术等研究方面都少不了它。现在苎麻多倍体育种和单倍体育种已分别获得多倍体植株和单倍体植株，苎麻体细胞杂交、孤雌生殖、人工种子研究、种间杂交也进展顺利。此外，苎麻育种在基因组、转录组、代谢组、蛋白质组等领域也日益发展起来，例如刘头明等率先完成了苎麻基因组及转录组的测序，获得的大量转录本将促进对苎麻营养生长发育机制的认识，使用Illumina配对端测序，大约产生了5 300万个测序读码。De novo组合获得43 990个单基因，平均长度为824 bp。通过对已知蛋白质的序列相似性搜索，共对34 192（77.7%）个基因进行了功能注释。在这些注释单基因中，16 050个和13 042个单基因分别被分配到基因本体和同源群。通过对京都基因百科全书和基因组路径数据库（KEGG）的检索，发现有19 846个单基因被定位到126个基因组途径数据库中，565个基因被分配到与纤维素生物合成有关的淀粉和蔗糖代谢途径中。还鉴定了51个参与纤维素生物合成的*cesa*基因。对51个*cesa*基因的组织特异性表达模式的分析表明，在茎皮中有36个基因具有较高的表达水平，这表明它们很可能参与了韧皮纤维的生物合成。邓纲等（2013）将基于其他作物蛋白质组学双向电泳体系应用于苎麻，改良了除杂步骤，建立了苎麻蛋白质组学双向电泳体系，可用于苎麻根、茎、叶，均能得到较为清晰的图谱。同时，邓纲等（2014）进行了苎麻快速生长期响应缺氮、磷、钾的差异蛋白质组学研究，利用双向电泳技术，质谱鉴定到32个氮胁迫差异蛋白、27个钾胁迫差异蛋白和51个磷胁迫差异蛋白，参与苎麻低肥应激机制的10余项功能。苎麻育种新技术必将趋向成熟、完善，可加速苎麻育种进程，获得产量更高、品质更好、抗性更强的新品种创造条件。

二、苎麻种质资源研究

几十年来，我国苎麻种质资源的研究和利用是有很大成绩的。20世纪50年代至60年代中期，我国品种收集、保存和良种评选、推广工作已初具规模；截至2017年，苎麻种质资源已达2 000份左右，为生产和育种提供可利用的一些苎麻资源，并取得了显著成效。此外，由中国农业科学院麻类研究所主持编写的《中国苎麻品种资源目录》和《中国苎麻品种志》将对苎麻种质资源研究起推动作用。生物技术的应用也是种质资源研究的重要手段，例如廖亮（2014）收集了915份苎麻种质材料，囊括了我国7个苎麻栽培省份，利用8对简单序列重复（SSR）引物，进行了进化关系分析，结果表明，长江流域苎麻种质的多态性高于其他地区，长江中下游流域对遗传多样性的贡献较大，四川省内的苎麻种质与长江中下游流域种质亲缘关系很近。栾明宝等（2015）用简单序列重复技术和相关序列扩增多态性（SRAP）技术同时研究了108份苎麻栽培种遗传多样性，使用了21对简单序列重复引物和20相关序列扩增多态性引物，供试材料遗传多样性十分丰富，可分为两大类，贵州省的苎麻材料遗传多态性高，或许是苎麻栽培种的发源地。刘头明等完成的苎麻的基因组和转录组的测序，从分子水平阐明了苎麻驯化机制；绘制了苎麻首张高密度遗传图谱和高密度单核苷酸多态性（SNP）图谱，完成了产量等性状的基因定位。

在今后的工作中，应进一步对苎麻起源中心和生存边缘地区进行调查，特别注意原始品种和野生种质资源的收集，同时扩大对国外苎麻生产国家种质资源的收集。在保存方面，要进一步巩固全国苎麻种质资源。这方面，江西省麻类科学研究所赖占钧等做了不少工作。种质资源要实行统一与分区保存相结合体制，妥善保存好收集到的种质资源。在研究、鉴定方面，还应重点研究我国近缘野生植物种类和分布，苎麻属不同种的形态特征、生育特性和利用价值。还要对耐旱性和对花叶病、根腐线虫病抗性强的种质资源进行筛选工作。此外，低含胶量苎麻种质资源的鉴定也十分必要。原麻低含胶量是苎麻纺织工业降低成本、提高品质的一大关键因素。对收集的种质资源进行原麻含胶量测定，鉴定出一批含胶量低的种质资源，提供育种和生产上应用，具有重要意义。

三、苎麻耐受和富集重金属育种

苎麻一年种植，多年收获，并具有抗逆境能力强、生长迅速、繁殖能力强、根系庞大、生物产量高等优点，可弥补现有植物修复的缺点和不足，且苎麻的收获产物即苎麻纤维，不进入食物链，对人畜安全，是较理想的土壤重金属污染植物修复资源。揭雨成课题组近年来对苎麻耐受和富集重金属做了大量研究，证明苎麻对重金属污染土壤具有相当的修复潜力。例如佘玮等研究了冷水江江锑矿区苎麻对镉、砷、铅和锑 4 种不同重金属的耐性和富集能力及苎麻体内重金属含量与相关土壤重金属含量的关系，指出苎麻对镉、砷、铅和锑复合重金属污染具有一定的耐性；朱守晶等克隆了苎麻 *BnAPX1* 基因的全长 cDNA 序列，全长为 1 201 bp，开放阅读框（ORF）为 870 bp，编码一个 31.4 ku 的 APX 蛋白质，具有血红素结合位点、底物结合位点和 K^+ 结合位点。*BnAPX1* 在根、茎、茎尖、幼叶、成熟叶中均有表达，但不同器官之间的表达量存在差异，在成熟叶片中的表达量明显高于其他器官，说明该基因可能主要在苎麻的叶片行使功能；朱守晶等还根据苎麻转录组测序中的 *PCS* 基因片段，利用逆转录聚合酶链式反应（RT-PCR）结合 cDNA 末端快速扩增技术（RACE）从中苎 1 号中克隆获得了 *BnPCS1* 的全长 cDNA 序列，全长为 1 956 bp，其中开放读码框长为 1 512 bp，编码 503 个氨基酸，预测其分子质量和等电点分别为 56.02 ku 和 7.01。荧光定量聚合酶链式反应分析表明，*BnPCS1* 在根、茎、茎尖、幼叶、成熟叶中均有表达，其中在成熟叶中的表达量最高，茎中表达量最低，并且该基因受镉和脱落酸（ABA）诱导上调表达。*BnAPX1*、*BnPCS1* 基因的克隆将为苎麻抗重金属分子育种和进一步的功能分析奠定基础。此外，石朝艳等对镉胁迫下苎麻谷胱甘肽代谢途径中的差异表达基因进行进一步的挖掘，克隆了 16 个涉及苎麻谷胱甘肽代谢途径中耐镉和富集镉相关的基因，经过生物信息学分析发现 16 个基因可以分为 6 类。随后，选取了 4 个镉耐性与富集性不同的苎麻品种，对苎麻镉胁迫根器官表达谱测序重要代谢途径中的 16 个基因，在 4 个镉耐性与富集性不同的苎麻品种的根、茎、叶等不同器官进行表达分析，结果表明这些基因在不同苎麻品种中的表达模式存在较大的差异，可能与基因型有关。探究苎麻谷胱甘肽代谢途径参与的耐镉和富集镉的分子机制，可为基因工程育种提供理论基础。

四、饲用苎麻育种

苎麻历来被用作纺织原料，被利用的纤维部分只占整个植株的 5%左右，近 95%的苎麻副产物很少利用，造成资源的极大浪费。将苎麻用作饲料可以最大限度地利用苎麻的生物学产量，且饲用苎麻比纤维苎麻、饲纤兼用的苎麻收割加工方便。苎麻含有的蛋白质、赖氨酸、类胡萝卜素、核黄素和钙等营养物质均较高，是一种理想的饲料作物。目前饲用苎麻品种的来源有两个方面：一是从现有种质资源中筛选蛋白质含量高、纤维素含量低的苎麻品种作为杂交亲本组配杂交组合或直接用于生产；二是从杂交后代中或种质资源中选择蛋白质含量高、纤维素含量低、发蔸能力强、前期生长快、年生物产量高的材料，通过无性繁殖育成新品种，供生产应用。2004 年中国农业科学院麻类研究所利用湘杂苎 1 号和圆叶青 5 号 S3 杂交，成功研制出世界首个苎麻饲用品种中饲苎 1 号，其干物质年产量比对照苎麻品种平均增产 31.27%，营养品质高，粗蛋白质含量为 22%，粗纤维含量为 16.74%，粗灰分含量为 15.44%，钙含量为 4.07%，粗脂肪含量为 4.07%，维生素 B_2 含量为 13.36 mg/kg，赖氨酸含量高达 1.02%，是高产优质饲料用苎麻新品种。

复习思考题

1. 试述苎麻种质资源育种性状的遗传变异特点及其在苎麻育种中的应用和效果。
2. 试述苎麻育种的方向和目标及其相应的育种途径和方法。
3. 简述苎麻自然变异选择育种和杂交育种方法的基本程序和试验方法。
4. 试讨论苎麻育种田间试验技术的特点。
5. 根据苎麻的生物学特性、利用特点，列举今后苎麻高产、优质育种应重视的新方法和新技术。

附　苎麻主要育种性状的记载方法和标准

一、苗床期

1. 出苗期　每 30 cm^2 有 10 株麻苗出土，子叶平张为出苗期。

2. 真叶期　每 30 cm^2 有 50%的幼苗出现第 2 片（或 4、6、8）真叶为 2 片（或 4、6、8 片）真叶期。

二、本田期

3. 出苗期　小区 50%以上的麻蔸出苗为出苗期。

4. 成活率　小区成活的麻蔸数（或麻株数）占总麻蔸数（总麻株数）的比例（%）为成活率。

5. 生长速度 每处理选有代表性的麻株固定10～20株，每隔5～7 d定期测定麻茎高度，以cm表示，并计算日平均生长速度。

6. 有效株数和脚麻（无效株）数 在每季麻工艺成熟期，每小区定3 m^2，调查有效株数和脚麻数（麻高不及当季麻的2/5的麻株为脚麻），并求出有效株率和无效株率。

7. 茎粗 在纤维成熟期，测量10～20株中部的直径，以cm表示。取样地段与测定株数同。

8. 茎高 测定茎基部至顶端高度，求其平均高度值，即为茎高，以cm表示。取样地段与测定株数同。

9. 鲜皮厚度 测整个麻株高度的1/3处的麻皮厚度，即为鲜皮厚度，以cm表示。

10. 茎色 在苗期及收获时，观察茎的颜色。

11. 骨色 剥制时，观察茎基部的麻骨颜色。

12. 脱叶鲜茎出麻率 一般取脱叶生茎15～25 kg剥制，将原麻晒干，求出脱叶鲜茎出麻率和鲜茎出麻率。

$$脱叶鲜茎出麻率=\frac{干麻质量}{脱叶鲜茎质量}\times 100\%$$

$$鲜茎出麻率=\frac{干麻质量}{鲜茎质量}\times 100\%$$

13. 工艺成熟期 麻株1/2～2/3老熟，下部叶片脱落，皮骨容易分离时为工艺成熟期。

14. 原麻产量 以小区实际干麻产量折合单位面积产量，以kg/hm^2表示，一般不计算麻绒。

15. 叶形 在生长中期观察茎上2/3处的叶片形状，分近圆形、椭圆形、圆卵形、宽卵形等，可采用目测法或计算法。

16. 叶色 观察生长中期茎上2/3处的叶片颜色，分绿色、浅绿色、深绿色、黄绿色等。

17. 叶柄颜色 观察生长中期茎上2/3处叶柄的颜色。

18. 托叶颜色 观察生长中期茎梢托叶颜色。

19. 叶缘深浅 观察生长中期茎上2/3处的叶缘形状，分深、较深和浅3级。

20. 叶片皱纹 在生长中期，观察茎上2/3处的叶片上的皱纹，分明显、较明显和不明显3级。

21. 现蕾期 小区有10%的麻蔸，每蔸有1株开始现雌蕾或雄蕾，为现蕾始期，有50%以上现蕾为现蕾盛期。现蕾标准以目力能辨出花蕾为准。

22. 开花期 小区有10%的麻蔸，每蔸有1株的雌花或者雄花开始开放，即为雌花或雄花开花始期。有50%以上者为开花盛期。雄花开放标准为花萼裂开，雌花开放标准是柱头伸出萼管。

23. 雌花蕾色 在雌花蕾期开始能分辨出雌雄时进行观察花蕾颜色。

三、室内记载

24. 原麻长度 剥刮后的干麻实际长度为原麻长度，以cm表示。

25. 原麻颜色 收获后观察干麻实际颜色。

26. 锈脚长短 刮麻后测定基部带有锈色纤维的长度。

27. 柔软度 用手触鉴定柔软度，分柔软、较柔软和粗糙3等。

28. 单纤维拉力 脱胶后的单纤维拉力，用单纤维拉力机测定，以gf/单纤维表示（1 gf=0.009 8 N）。

29. 单纤维细度（支数） 单纤维的粗细程度，采用中段称量法测定，以支（m/g）表示。单纤维细度（支数），用下述公式计算。

$$N=\frac{L}{G}\times 0.91$$

式中，N为纤维支数，L为样品5 cm长的500根纤维的总长度，G为样品5 cm长的500根纤维的质量（mg），0.91为标准回潮率。

30. 斑疵 用目测法鉴定斑疵，分多、较多和少3级，在刮制后未干前观察。

（李宗道、郑云雨第一版原稿；李宗道第二版修订；揭雨成第三版修订）

第二十二章　黄麻育种

黄麻（jute），又称为络麻、绿麻，为椴树科（Tiliaceae）黄麻属（*Corchorus*）一年生草本植物，是世界上最重要的韧皮纤维作物。黄麻纤维产量高，质地柔软，色泽金黄，以金色纤维著称于世，是重要的纺织和纤维原料。黄麻有圆果黄麻（*Corchorus capsularis* L.）和长果黄麻（*Corchorus olitorius* L.）之分，年种植面积为 1.7×10^6 hm^2，产量为 3.1×10^6 t，广泛种植在热带和亚热带地区，印度和孟加拉国为世界主要生产和出口国，产量约占全世界的 92%。我国也是重要的黄麻生产和消费国。

第一节　国内外黄麻育种研究概况

一、国外黄麻育种研究进展

国外开展黄麻育种的国家主要有印度和孟加拉国，集中在印度的设在加尔各答的中央黄麻及同类纤维作物研究所（Central Research Institute for Jute and Allied Fibres，CRIJAF）和设在达卡的孟加拉国黄麻研究所（Bangladesh Jute Research Institute，BJRI），国际黄麻研究组织（International Jute Study Group，IJSG）的总部也设在孟加拉国首都达卡。印度和孟加拉国的大部分品种采用系统选育和杂交育种方法育成。

世界上的黄麻育种始于印度西孟加拉邦的黄麻农业研究室（Jute Agricultural Research Laboratory，JARL），1916 年选育出圆果黄麻 Kakya Bombai，1919 年又选育出 D154，1915 年选育出长果黄麻翠绿（CG），至 20 世纪 50 年代仍为印度主栽品种。至 2011 年，印度育成推广了黄麻品种 34 个（圆果黄麻 18 个，长果黄麻 16 个）。近年来，先后选育出圆果黄麻 JRC80、JRC517、JRC532、RRPS-27-C-3、JBC-5 和长果黄麻 JRO128、S19、JRO204、JBO-2003-H、CO58、JBO1 等适应不同生态环境和耕作制度的品种。在黄麻诱变育种、远缘杂交和多倍体育种方面也取得一些成果，例如用 X 射线诱变育成 JRC7447。早播不早花是印度黄麻育种的一个重要目标，近年来，印度中央麻类及同类纤维作物研究所培育了 10 个抗早花的、可在 3 月中旬播种的长果黄麻品种，其中，利用非洲野生资源 KEN/DS/060 选育的 JRO204，可提早到 3 月初播种。至 2011 年，孟加拉国育成推广了黄麻品种 36 个（圆果黄麻 22 个，长果黄麻 14 个），近年来，在生产上推广的有长果黄麻 O-9897、OM-1、BJRI-Tossa-pat-4、BJRI-Tossa-pat-5 和圆果黄麻 D154、CVL-1、CVE-3、CC-45、C-2142、BJRI-Deshi-pat-5、BJRI-Deshi-pat-6、BJRI-Deshi-pat-7。

黄麻在印度和孟加拉国具有十分重要的社会经济地位。20 世纪 70 年代以前，印度和孟加拉国圆果黄麻种植面积约占 80%，随着农业产业结构的调整，黄麻种植区域发生了变化，因为长果黄麻更适宜低洼湿地，且纤维强力更大，其种植面积大增，目前长果黄麻占 80%～90%，圆果黄麻仅占 10%～20%。

二、我国黄麻育种研究进展

我国黄麻育种始于 1947 年的中央大学农学院和国民政府棉产改进处合作成立的南京麻种场。先后经历了地方品种收集鉴定和引种利用、系统选种与杂交育种、杂交育种与诱变育种及远缘杂交等多种方法并用的 3 个发展阶段。

在早期的品种收集、鉴定和推广工作中，评价出在生产上推广的优良地方品种有东莞青皮、四川淡红皮、福建红铁骨等。1947 年经福建农学院卢浩然教授建议，引进印度品种 D154 和翠绿，经试种后推广，成为 20 世纪 50 年代初的主要生产品种。20 世纪 50 年代中期开始杂交育种研究。广东省农业科学院蒋宝韶等于 1964 年选育出圆果黄麻品种粤圆 4 号和粤圆 5 号。卢浩然等先后选育出梅峰 4 号、闽麻 5 号等圆果黄麻品种。中国农业科学院麻类研究所 1970 年选育出圆果黄麻 71-10 和湘黄麻 1 号，1991 年又选出 089-1，这些品种对我国黄麻生产发展起了很大作用。

我国目前的黄麻育种集中在中国农业科学院麻类研究所和福建农林大学，品种间杂交仍然是育种的主要途径，同时，对倍性育种、诱变育种、远缘杂交和分子标记辅助选择育种也进行了一些研究，取得一些成果。近年来，由于麻袋逐渐被化纤袋代替，黄麻播种面积大幅度缩小，开始面向多用途新型产品的开发，育种目标也发生了一些改变，同时，也选育出一些高产、优质、抗病和耐逆的新品种或专用品种，例如中黄麻1号、中黄麻2号、中黄麻3号、中黄麻4号、中黄麻5号、福黄麻1号、福黄麻2号、闽黄麻1号、闽黄麻3号等，满足了黄麻产业转型对原料生产的新要求。

第二节　黄麻育种目标和重要性状遗传

（一）黄麻育种目标　黄麻育种目标的确定，既要考虑种植区域生态条件和耕作制度，又要考虑一定时期内生产和工业生产发展对产量、纤维品质、抗性的要求与需解决的关键问题。印度和孟加拉国的黄麻育种在强调高产、抗病的基础上，重点放在品质、耐淹性、耐盐碱性、耐旱性、光敏感性等特性的遗传改良。

我国黄麻育种目标经历3个发展阶段：第一阶段（1950—1969年）由早熟高产向高产抗病发展，解决高产和抗病的问题；第二阶段（1970—1989年）由高产抗病向高产优质抗病发展，解决产量、品质和抗性的问题；第三阶段（1990年后）的育种目标为优质、高产、抗逆，重点是增强品种的综合抗性和耐逆性，进一步提高产量和品质，主要抗逆指标为抗倒伏、抗旱、耐淹和耐盐碱等。

华南地区的黄麻育种目标为：前期生长迅速、茎秆坚硬、抗风抗倒、原麻产量在7 500 kg/hm^2以上、纤维支数为450～500、播种至工艺成熟为140 d、抗炭疽病的中熟偏迟品种。长江流域麻区的黄麻育种目标为：长果黄麻选育原麻产量7 000 kg/hm^2以上、耐肥、抗倒伏、抗黑点炭疽病、纤维支数在400～450以上的品种；圆果黄麻选育产量、品质不低于梅峰4号、生育期较短、能留到750 kg/hm^2左右种子、纤维支数在400～450或以上、抗炭疽病、耐逆的优良品种。

随着黄麻产品用途多样化和种植向边缘地区转移的变化，今后育种的重点是：提高品质，纤维支数在500支以上，满足12支以上的黄麻纱；增强抗逆性，例如适宜低洼地的耐涝品种、耐盐碱和耐旱品种、可适当早播的光钝感品种；强化优异基因的发掘和创新；开展生物技术育种，提高育种水平和效率。

（二）黄麻重要性状遗传　黄麻体细胞染色体为7对（$2n=14$）。花青素、分枝性、叶片形状、叶片苦味、托叶形状、花果着生位置、结果习性和种子颜色等属于质量性状遗传，多数为寡基因控制。黄麻主要经济性状、抗病性和生育期为多基因控制的数量遗传，例如株高、分枝高、茎粗、皮厚、节数、皮与纤维产量、纤维强力和支数、开花期、抗炭疽病等。

第三节　黄麻种质资源研究和利用

一、黄麻起源和分类

长果黄麻的初级起源中心在非洲东部，次生起源中心在中国南部—印度—缅甸地区；圆果黄麻原产地在中国南部—印度—缅甸地区。一般认为黄麻属有40种，我国保存有12种，其中分布在我国的有7种，有栽培价值的是圆果黄麻和长果黄麻。

二、黄麻种质资源研究和利用

（一）收集和保存　孟加拉国黄麻研究所收集保存了15种4 081份黄麻种质资源，其中，圆果黄麻有2 365份，长果黄麻有1 438份，野生近缘种有278份。印度中央黄麻及同类纤维作物研究所收集保存了10种2 894份黄麻种质资源，其中，圆果黄麻有939份，长果黄麻有1 655份，8个野生近缘种有300份。

我国黄麻栽培有近千年历史，且种植区域广阔，种质资源丰富。中华人民共和国成立前，南京麻种场曾收集国内黄麻地方品种或类型300多份；1951年起浙江省萧山棉麻研究所接收并继续征集到1 175份（圆果黄麻934份，长果黄麻241份），但其中不少是同种异名或同名异种的。中国农业科学院麻类研究所自1958年开始，多次专门组队或参加全国重点地区黄麻种质资源考察收集，开展国外种质资源收集，还二次派员参加国际黄麻组织的非洲种质资源考察收集。至2013年12月，我国收集保存黄麻种质资源2 079份，其中，野生黄麻及其近缘植物12种370份材料，包括假黄麻（*Corchorus aestuans*）、椰果黄麻（*Corchorus axillaris*）、野生圆果黄麻、野生长果黄麻、三室黄麻（*Corchorus trilocularis*）、三齿黄麻（*Corchorus tridens*）、荨麻叶黄麻（*Corchorus urticifolius*）、短角黄麻（*Corchorus brevicornutus*）、假圆果黄麻（*Corchorus pseudocapsularis*）、假长果黄麻（*Corchorus pseudoolitorius*）、梭状黄麻（*Corchorus fascicularis*）和*Corchorus schimperi*，前5种在我国有分布。

1985年由全国8个科研单位和高等院校协作编写出版的《中国黄麻红麻品种志》，编入黄麻种质资源324份，其中圆果黄麻243份，长果黄麻53份。1990年、1995年、2000年整理编辑《中国主要麻类品种资源目录》3册，编入黄麻751份，其中圆果黄麻470份，长果黄麻279份。2011年，国家麻类种质资源中期库（温度−10℃，湿度≤45%）在湖南长沙中国农业科学院麻类研究所建成，所有的黄麻种质资源经整理后入中期库保存，990份种质资源已入国家农作物种质资源库长期保存。

（二）优异种质 我国黄麻种质资源蕴藏着各种珍贵基因类型，鉴定和创新出了一批应用前景广阔的优异种质。

1. 高产种质 圆果黄麻高产种质有917、179、71-10、粤圆5号、梅峰4号等；长果黄麻高产种质有宽叶长果、湘黄麻1号、湘黄麻2号、JRO-550等。这类种质的特点是综合经济性状好、株型结构优良、抗逆性、抗病性较强、适应性强，有的已作为育种亲本成功地选育了新品种。

2. 纤维优质种质 圆果黄麻纤维细度在500支以上的有新竹、闽麻733、福州黄麻、琼粤青、南康黄麻、家黄麻等；长果黄麻纤维细度在600支以上的有思乐黄麻、那堪黄麻、闽麻91等；束纤维细度在450支以上的长果黄麻有长果134、巴72-1、Nonsoog等。

3. 高抗种质 圆果黄麻抗炭疽病且农艺性状良好的有琼粤青、粤圆5号、713、梅峰4号、JRC673、JRC699等。长果黄麻抗黑点炭疽病的有土黄皮、广巴矮、BL/039Co等。

4. 特异类型种质 长果黄麻矮秆、抗病性强的有广巴矮等，出麻率高的有宽叶长果、湘黄麻1号等，叶片厚而浓绿的有厚叶绿等，特早熟的有河南长果等。圆果黄麻植株高大、茎秆粗壮的有粤圆4号、梅峰4号、179、71-10等，叶片窄细、叶缘锯齿深的有窄叶圆果等，茎顶端开花结实的有琼粤青等，光反应迟钝的有福建红铁骨等。

5. 获颁证认定的优异种质 通过不同生态地区的综合评价鉴定，5份综合经济性状优良，或具有某种特异性状，并在提供育种、科研和生产利用中效果明显的黄麻种质资源，2002年被科技部和农业部评为国家一级、二级、三级优异农作物种质资源，并获颁证认定。它们分别是一级优异种质圆果黄麻179，二级优异种质圆果黄麻湘黄麻3号和粤圆5号，三级优异种质长果黄麻宽叶长果和巴麻72-1。

（三）种质资源利用 我国在黄麻种质资源特性鉴定、优异基因发掘、种质创新、基础研究方面取得了较大成绩，促进了种质资源高效利用。

1. 直接利用 最成功的范例是优良农家品种和国外引进优良品种的生产利用。20世纪50—60年代，评选出了一批综合农艺性状较好的农家品种，例如圆果黄麻广东省有东莞青皮和吴川淡红皮，福建省有红铁骨、平和竹篙麻和卢滨，浙江省有透天麻、新丰、吉口和白莲芝，江西省有波阳本地麻和上犹一撮英；长果黄麻有广丰长果等，在生产上推广，一般较原种植品种增产10%以上。国外引种利用成功最早是从印度引入长果黄麻有翠绿（CG）和圆果黄麻D-154，在生产上推广后，适应性好，一般较优良农家品种增产15%左右；后来又从越南和巴基斯坦引入越南长果、巴72-1、巴72-2、巴72-3，在长江流域麻区推广比广丰长果增产20%左右。

2. 育种应用 1960年以来，以黄麻优良种质进行系统选育和作为杂交育种亲本，育成品种20余个。系选育成的圆果黄麻品种有粤圆2号、粤圆3号、选46和混选19，长果黄麻品种有广丰长果、浙麻3号、浙麻4号等。杂交育成的圆果黄麻品种有粤圆4号（新粤圆1号×新圆1号）、闽麻5号（新选1号×卢滨圆果）、179（梅峰4号×闽麻5号）、粤圆5号（粤圆1号×新圆2号）、梅峰4号（粤圆1号×卢滨圆果）、71-10（粤圆5号×海南琼山）；长果黄麻品种有宽叶长果（广丰长果×巴长4号）、湘黄麻1号（马里野生×广巴矮）、湘黄麻2号（巴72-2×宽叶长果）等，一般干皮产量在6 t/hm^2左右，较当地品种增产20%以上。

3. 遗传理论研究应用 我国黄麻种质资源，尤其是圆果种类型多，种间差别明显，是研究性状遗传规律的良好材料。卢浩然、郑云雨等认为，圆果黄麻为自花授粉作物，单果种子量多，后代和测交可获得较大群体，是研究质量性状（例如腋芽有无、茎色、叶柄色、托叶形状、叶片形状、花果着生位置、蒴果簇生习性）以及数量性状遗传的材料。中国农业科学院麻类研究所和福建农林大学利用黄麻种质资源开展了黄麻数量性状及遗传规律的系统研究，为遗传研究和育种选择提供科学依据，他们还利用随机扩增多态性 DNA（RAPD）和简单序列重复间区（ISSR）多种分子标记对黄麻种质资源的遗传多样性与亲缘关系进行了初步的研究与分类，对促进种质资源的创新与高效利用提供了科学的预见性。

第四节 黄麻育种途径和方法

一、黄麻杂交育种

杂交育种是黄麻主要的育种途径。大面积推广的 179、粤圆 5 号、湘黄麻 1 号等都是通过品种间杂交育成的。

（一）黄麻开花生物学 黄麻从出苗到现蕾、开花所需的日数，因品种、播种期、气候条件等不同而异。从现蕾到开花一般需 15 d，品种间差异不大。一般主茎和第一分枝先开花，一个分枝的花由下而上顺序开放，也有中部的花先开放，因品种而异。同一花簇的花，中部的花先开放。圆果黄麻一般在上午 9:00—11:30，长果黄麻在上午 7:30—10:00 开花，当天下午 13:00—14:00 花闭。黄麻开花最适温度为 30～32℃，最适湿度为 60%～70%。花粉生活力以花开放时最高，开花后 2 h 生活力迅速降低。因此杂交时宜采集刚开放的花朵的花粉授粉。黄麻杂交以开花前一天下午去雄，开花当天盛花时授粉为宜。有经验的技术人员，圆果种黄麻可在当天早晨 5:30—6:30 去雄，当天授粉。

黄麻天然异交率，长果黄麻较圆果黄麻高，圆果黄麻为 1.8%～4.5%，平均为 2.9%；长果黄麻为 8.47%～15.30%，平均为 9.61%。因此圆果黄麻属于自花授粉作物，而长果黄麻属于常异花授粉作物。

（二）黄麻杂交亲本的选配原则 黄麻品种间杂交亲本选配，既符合一般自花授粉作物亲本的选配原则，又有其特点。根据国内外的研究结果和育种经验，黄麻杂交育种的亲本选配要特别注意以下几点。①根据育种目标所要求的性状，选择优点多、缺点少、亲本的优缺点能够互补、尽可能不要有共同缺点的亲本，才能取得较好的效果。例如优良品种粤圆 5 号的两个亲本新选 1 号和 JRC212，它们的经济性状都比较好，JRC212 比新选 1 号鲜皮较厚，产量高，抗炭疽病，但对光照反应较敏感，早播易早花。二者杂交，优点得到发挥，缺点得到克服，选育出高产、抗病、早播不早花的优良品种粤圆 5 号。②在抗病育种时，必须有一个高抗或免疫亲本，同时要注意抗病亲本的其他经济性状比较优良，才有可能选育出高产、抗病的优良品种。中华人民共和国成立以后，我国黄麻抗病育种的一个主要成就是基本解决了圆果黄麻抗炭疽病的问题，其中最主要原因是选用了高抗炭疽病、经济性状又比较优良的新选 1 号为亲本，例如大面积推广的粤圆 4 号、粤圆 5 号、闽麻 5 号、梅峰 4 号、179 等都直接以新选 1 号为亲本或具有新选 1 号血缘关系的亲本。③关于利用当地优良品种作亲本问题，必须是种植历史悠久、主要经济性状优良、适应性广的地方品种，才能获得较好的效果。

（三）黄麻杂种后代的选育 黄麻杂种后代的选择方法与育种效率有密切关系。我国目前杂种后代的选择方法主要有 2 种：系谱选择法和衍生系统法。

1. 系谱选择法 杂种 F_1 代按单果播种，并播种亲本作对照，F_1 代主要依据性状显隐性表现淘汰假杂种；F_2 代按 F_1 代组合单株或混合群体播种，按育种目标严格选择优良单株；F_3 代种植 F_2 代中选的优良株系，在优良株系中优中选优；F_4～F_5 代继续种植中选的优良株系，对抗性、产量、生育期进行严格选择，并与当地推广品种作对照比较；F_5 代后选择性状比较稳定、整齐、符合育种目标的优良单株系，进入品系比较试验，进而进行区域试验和生产示范鉴定。我国选育和大面积推广的黄麻优良品种粤圆 5 号、梅峰 4 号、闽麻 5 号、7110、宽叶长果等优良品种都是采用系谱选择法育成的。

在黄麻杂种后代的选择过程中，应根据育种目标多看细比，综合分析，先观察群体总体表现，再从中寻找所需的优异单株，并在各世代中进行定向选择。同时在选株过程中应根据各性状的遗传率、预期遗传进度以及性状间的相关性作为选择依据。

2. 衍生系统法 根据 F_2 代个体田间生长表现和参照黄麻主要经济性状的遗传率、遗传相关前人研究结果，进行一次严格的单株选择，F_3 代建立单株后代衍生群体；F_3 代以后各世代，只在衍生群体中淘汰不良的衍生系统；F_5～F_6 代再根据育种目标，在产量和主要性状趋于稳定的衍生系统中进行一次单株选择，F_7～F_8 代对单株选择后代按株系进行比较鉴定，从中选育出新品种。黄麻优良品种 179 等的选育就是采用这种方法选择的。

二、黄麻引种

黄麻南种北引由于日照延长，生育期延长，植株高大，能显著增加纤维产量。例如广东的粤圆5号、福建的梅峰4号、179引种至浙江都比当地品种明显增产。中华人民共和国成立以来，大力推广的南种北引技术，对提高全国黄麻、红麻产量起了很大作用，但是南种北引必须选择生育期适当的优良品种，才能获得高产，而且引种纬度不宜超过5°，以2°～3°为宜。

三、黄麻其他育种途径

（一）系统育种 系统育种法是我国20世纪50年代初期采用的主要方法。其特点是简单易行，群众容易掌握。但是圆果黄麻是自花授粉作物，天然变异机会较少，而且黄麻又是以营养器官为栽培目的作物，受环境条件影响较大，发现可遗传变异较难，育成的品种增产幅度不大。

（二）倍性育种 印度中央黄麻及同类纤维研究所用0.1%秋水仙碱溶液处理长果黄麻JRO632二倍体，获得同源四倍体变异株；用长果种翠绿（CG）四倍体与二倍体杂交获得三倍体，再用X射线照射后播种，认为5.16～20.64C/kg（2×10^4～8×10^4 R）对JRO-632二倍体无反应，15.48～20.64C/kg（6×10^4～8×10^4 R）能降低JRO-632四倍体黄麻和翠绿二倍体的发芽率，对三倍体黄麻则无影响。郑云雨（1964，1970）用0.2%～0.4%秋水仙碱溶液处理萌动的种子或每天用上述浓度液滴涂20cm左右高的黄麻幼苗生长点12～15d，均可获得多倍体植株。蒋宝韶等（1980）认为，0.2%秋水仙碱溶液浸泡幼苗生长点效果好。不管采用哪一种方法，获得的多倍体植株，一般表现主要经济性状比二倍体差，生长较慢，产量低，很难直接应用于生产。若能探索通过种间杂交，合成异源多倍体，把长果黄麻与圆果黄麻的优点结合在一起，可能对生产有着重大意义。

（三）诱变育种 国外用γ射线或X射线照射黄麻种子，使纤维产量、纤维品质、茎高、早熟性、抗病性、抗倒伏性、分枝性等性状得到改良。印度通过辐射与杂交相结合育成JRC3690、JRC477、JRC1108和JRC6382共4个优良品种。长果种与圆果种对辐射敏感性不同，γ射线处理长果黄麻以15.48～30.96C/kg（6×10^4～12×10^4 R）、圆果黄麻以12.9～23.22C/kg（5×10^4～9×10^4 R）为宜。郑云雨等从1981年起采用γ射线10.32C/kg（4×10^4 R）、20.64C/kg（8×10^4 R）、25.8C/kg（1.0×10^5 R）处理圆果黄麻杂交种子，已经从辐射后代中选育出一些有价值的品系。中国农业科学院麻类研究所1984年以^{60}Co γ射线对宽叶长果辐射诱变，育成湘黄麻3号，其纤维产量比宽叶长果增产26%。

第五节 黄麻育种田间试验技术

黄麻纤维属营养器官，受环境影响大，因此育种试验的田间操作整个过程中，一定要严格精细，把人为误差降到最低。常采用定穴、定位播种，定时、定株间苗定苗，方可取得较好效果。

在杂交育种中，F_1代要单果种植，与双亲进行对照，主要是淘汰假杂种。F_2代可按组合或单株播种，群体大小以2 000～5 000株为宜，并根据育种目标进行严格选择，F_2代以后可采用不同的选育方法，一般F_5～F_6代中选择的株系，可进行品系比较试验和区域试验。

第六节 黄麻种子生产技术

一、黄麻种子生产的特点

黄麻种子生产有以下特点。

①繁殖系数高，一般可达50～100倍，长果种高于圆果种。

②圆果黄麻为自花授粉作物，长果黄麻为常异花授粉作物，自然杂交率较高。长果黄麻与圆果黄麻的种间虽无天然种间杂交现象，但长果黄麻内自然杂交率较高，约10%；圆果黄麻自然杂交率为3%左右。因此黄麻品种良种繁育时，品种间适当的隔离和除杂提纯是必要的。

③种子繁育与优质纤维生产二者难以兼顾，黄麻纤维适期收获时为上花下果，这时种子尚未成熟，如延至种子成熟时收获，纤维硬脆，品质不佳。所以除原株留种外，可采用其他留种方法，例如插梢留种、夏播

留种、短日照繁种等。

④黄麻栽培目的是收获纤维，优良品种南种北引可以提高纤维产量，但晚熟种在长江流域地区则难收到成熟种子。一般来说，圆果黄麻宜在南方麻区繁育，长果黄麻可在长江流域麻区繁育。

二、黄麻种子生产技术

为了促进黄麻良种繁育的专业化与规范化生产，防止黄麻品种种性退化，提高黄麻种子产量和质量，“十五”期间农业部制定了《黄麻种子繁育技术规程》，对黄麻良种繁育工作具有一定的指导意义。其主要技术内容如下。

（一）选地 种子田包括插梢田均应选择交通便利、土壤平整、阳光充足、灌溉方便、有利于水旱轮作、富含有机质和钾素的田块。

（二）隔离 最好一地一种，如需要在一地繁殖两个以上品种，品种之间需保持一定的空间距离，水平距离在 250 m 以上。

（三）整地与播种 黄麻种子较小，顶土力较弱，整地要精细，播种沟深为 1～2 cm，播种后覆细土盖种，抢晴尾雨前播种，保证一播全苗。播种的行距根据当地栽培习惯与土壤肥力确定，一般行距在 35～40 cm。

（四）提纯去杂 提纯去杂是防止黄麻退化的重要技术措施，一般分 3 次进行：第 1 次在苗高 10～15 cm 时进行，结合间苗除去杂株和茎色不一致的单株；第 2 次在苗高 30～40 cm 时进行，结合定苗根据叶形及植株形态除去杂株；第 3 次在现蕾开花时进行，除掉早蕾、早花植株。

（五）加强水肥管理 留种田的营养元素对黄麻种子产量和品质均具有很大影响。基本要求是施足基肥，前期注重氮肥，后期多施磷钾肥。磷钾肥对麻株结实等与种子产量相关的性状影响很大。在黄麻开花结果期种子田间不能缺水，否则影响果枝的生长和种子的成熟。

我国黄麻留种方法主要有原株留种、插梢留种和套种留种（晚麻留种），这些方法各有特点，各地可因地制宜采用。

三、黄麻种子的收获和储藏

黄麻以完熟期采种为宜。完熟期的主要特征是：蒴果黄色或淡褐色，果皮干缩，种子充实，一般中部种子变成棕色（圆果黄麻）或墨绿色（长果黄麻），此即种子收获适期。种子采收后，有时梢部种子还未完全成熟，可带果或果枝放在通风的地方后熟 7～10 d 再脱粒，可提高种子品质。

黄麻种子储藏寿命的长短主要取决于种子本身的饱满度、含水量及储藏环境的温度、湿度等。一般没有密封储藏的种子，其寿命不超过 2 年。采用密封储藏方法，即用麻袋把种子装好，放进底部盛有一层石灰的缸内，上面再盖一层石灰，最后把缸盖好，用塑料布密封，储藏 2 年，发芽率仍可达 78%。采用干燥器（干燥剂为无水氯化钙）储藏，第 10 年发芽率仍可达 87%。这种方法对保存育种材料和种质资源是个简便、有效的办法。

第七节　黄麻育种研究动向和展望

回顾我国几十年来黄麻遗传育种的研究工作，虽然种质资源和杂交育种的研究跃居世界领先水平，但是在种质资源的深度发掘、遗传和生理机制研究和分子标记辅助选择育种技术等方面的基础研究明显不足，严重影响了育种的效率。我国是黄麻主要起源地，种植历史悠久，经验丰富，单产水平居世界之首，长江以南自然资源优越，黄麻生产的区域优势明显。随着农业结构调整和麻产业的发展，以及黄麻新用途研究的开拓面临新的机遇与挑战，选育和推广优质、高产、抗逆和适应不同耕作制度的优良品种是黄麻增产增效的有效措施之一，为此需进一步开展以下研究。

（一）加强种质资源引进，深化种质资源利用 继续有计划有目的地从国外引种新种质，尤其是从印度和孟加拉国引种，丰富我国的黄麻基因库。进一步加强黄麻野生种质资源的收集、保存、鉴定与创新利用研究，巩固我国黄麻种质资源研究平台共享机制。深化种质资源鉴定评价，开展遗传多样性亲缘关系分子标记与遗传连锁图谱构建、基因组 DNA 指纹图谱绘制，促进我国黄麻种质资源研究和遗传育种研究水平的进一步提高。

（二）强化黄麻利用，以用促研 跟踪黄麻纺织、新用途和新产品的研发，及时修正育种目标。加强高支数黄麻、菜用黄麻和麻油兼用型新品种的选育。深入开展种间杂交、人工合成异源四倍体、航天育种、超高产育种、杂种优势利用、转基因育种、分子标记辅助选择育种等育种方法的研究，建立我国黄麻高效聚合育种的技术体系，实现我国黄麻遗传育种的新突破。

（三）建立育种平台，完善良繁体系 我国地域广阔，在国家麻类育种中心（长沙）的基础上，根据麻类特性不同，建立南方和北方育种分中心，形成国家中心与分中心协同攻关的格局，提高我国麻类育种与综合利用的核心竞争力。完善育繁产一体化的黄麻良种繁殖机制，科企合作，在福建、广东、广西建立黄麻良种繁育基地 2～3 个，继续发挥南种北引的增产效应。

复习思考题

1. 试论述黄麻种质资源研究的主要内容和方法。
2. 试列举黄麻的主要育种方法。各有何优点?
3. 试举例说明黄麻杂交育种亲本选配的要点。
4. 试论述黄麻等麻类作物引种的基本原则及应注意的问题。
5. 试述黄麻的繁育特点及种子生产技术，并说明黄麻种子收获和储藏的要点。
6. 根据我国黄麻生产现状，论述今后黄麻育种发展的动向。

附　黄麻主要育种性状的记载方法和标准

1. 播种期 播种当天的日期为播种期，以年月日表示。

2. 出苗期 50%幼苗子叶展平的日期为出苗期。

3. 出苗天数 播种期至出苗期日数为出苗天数。

4. 现蕾期 50%植株现蕾（蕾大小肉眼可见）的日期为现蕾期。

5. 开花期 50%植株开花（花冠完全张开）的日期为开花期。

6. 结果期 50%植株结果（圆果黄麻果径为 0.5 cm，长果黄麻果径为 1～2 cm）的日期为结果期。

7. 工艺成熟期 全区有 2/3 以上植株上花下果（圆果黄麻果多花少，长果黄麻花多果少）的日期为工艺成熟期。

8. 种子成熟期 全区有 2/3 以上植株，单株 2/3 以上蒴果变为褐色的日期为种子成熟期。

9. 生长日数 出苗期至工艺成熟期的日数为生长日数。

10. 全生育期 出苗期至种子成熟期的日数为全生育期。

11. 株高 工艺成熟期，黄麻主茎基部至生长点的距离为株高，以 cm 表示。收获时选取生长一致的植株 20～30 株测量，求其平均数。

12. 茎粗 工艺成熟期，黄麻茎秆基部以上 1/3 处的直径为茎粗，以 mm 表示。收获时选取生长一致的植株 20～30 株测量，求其平均数。

13. 鲜皮厚 工艺成熟期，黄麻茎秆基部以上 1/3 处鲜皮厚度为鲜皮厚，以 mm 表示。收获时选取生长一致的植株 20～30 株测量，求其平均数。

14. 分枝高 工艺成熟期，黄麻主茎基部至第 1 分枝节位的距离为分枝高，以 cm 表示。收获时选取生长一致的植株 20～30 株测量，求其平均数。

15. 分枝数 工艺成熟期，黄麻主茎上有效分枝的个数为分枝数。

16. 鲜茎干皮率 工艺成熟期，一定质量的鲜茎获得的干皮质量与鲜茎质量之比为鲜茎干皮率，以%表示。

17. 干皮精洗率 一定质量的干皮获得的纤维质量与干皮质量之比为干皮精洗率，以%表示。

18. 纤维拉力 取中部纤维切成 30 cm 长，称取 1 g，用拉力机两端各夹 5 cm，测中部 20 cm 长的拉力，每个样本测 20 次，取平均值。以 kgf/g 表示（1 kgf=9.8 N）。

19. 纤维长度 黄麻纤维从麻束基部至梢顶的距离为纤维长度，以 cm 表示。

20. 纤维柔软度 用手感鉴定纤维柔软度，分柔软、较柔软及粗糙 3 级。

21. 茎高生长速度 定苗后，选择固定的代表性麻株10～20株，每隔7～10 d测定地面茎基部至生长点高度，以cm表示。

22. 笨麻率 笨麻是指高度相当于正常麻株的2/3以下的麻株。笨麻率＝笨麻株数/总株数×100%。

23. 纤维产量 单位面积上纤维质量为纤维产量，以kg/hm^2表示。

24. 种子产量 单位面积上种子质量为种子产量，以kg/hm^2表示。

25. 茎色 茎色指黄麻植株茎秆表面的颜色，分浅绿色、黄绿色、绿色、深绿色、淡红色、红色、鲜红色、紫红色和褐色9类。可根据试验要求，在不同时期观察记载，例如出苗10 d后的苗期茎色、出苗60 d后的中期茎色、开花后期的后期茎色。

26. 叶柄色 叶柄色指出苗60 d后植株叶柄表面的颜色，分绿色、浅红色、红色和紫红色4类。

27. 叶形 叶形指现蕾期黄麻植株中部正常叶片的形状，分椭圆形、卵圆形和披针形3类。

28. 托叶 托叶为黄麻植株叶柄基部的附属物，一般成对而生。记载出苗90 d黄麻托叶的着生状况，分无、小和大3类。

29. 腋芽 现蕾期记载黄麻茎节上腋芽的有无。

30. 花萼颜色 黄麻完全开放花的萼片颜色为花萼色，分绿色和红色2类。

31. 蒴果形状 黄麻正常成熟的蒴果的外部形状为蒴果形状，分长柱形、梨形、球形和扁球形4类。

32. 种子颜色 黄麻正常成熟的种子的表皮颜色为种子颜色，分绿色、蓝色、棕色、褐色和黑色5类。

33. 花果着生部位 结果期观察记载黄麻花果在茎秆上的着生部位，分为节间和节上2类。

34. 病虫害 记载黄麻生长期间病害名称、发病时期、危害情况（部位、程度等）。

（1）苗期病害 一般调查苗期发病率，每小区调查100～200株，以%表示。发病率＝发病株数/调查株数×100%。

（2）中后期病害 调查发病率，计算病情指数。按下述公式计算。

$$病情指数=\frac{各级株数\times各发病等级的总和}{调查总株数\times发病最重一级代表值}$$

（3）黄麻炭疽病的分级标准 分0级为不发病，1级为叶上小病斑，2级为叶上大病斑，3级为茎、叶柄有病斑，4级为茎上大病斑，5级为烂头或茎折。

（4）黄麻茎斑病的分级标准 0级为无病斑或无明显病斑，1级为病斑数在1～5个范围内，2级为病斑数在6～10个范围内，3级为病斑数在11～15个范围内，4级为病斑数在16个以上。

35. 抗不良环境情况 黄麻生长期调查记载对旱、涝、风、寒害的抗性。

各性状详细的数据质量控制规范，请参照粟建光、龚友才等编写的《黄麻种质资源描述规范和数据标准》。

（李宗道、郑云雨第一版原稿；李宗道第二版修订；粟建光第三版修订）

第二十三章 红麻育种

红麻（kenaf）又称为洋麻、槿麻、钟麻，属锦葵科（Malvaceae）木槿属（*Hibiscus*）一年生草本植物，为重要的纤维原料，学名为*Hibiscus cannabinus* L.。在泰国、印度和孟加拉国种植的还有红麻的近缘种玫瑰麻（*Hibiscus sabdariffa* var. *altissima* Wester），也称为玫瑰红麻。红麻生长周期短，生长快，植株高大粗壮，生物产量高，耐环境胁迫和抗病虫力强，生态适应性广，纤维强力大、吸湿性好、散水快、耐腐蚀磨损，应用领域十分广阔。红麻起源于非洲，种植遍布世界，集中种植在热带和亚热带地区。2003—2008 年平均年收获面积为 1.52×10^6 hm^2，产量为 2.81×10^6 t。我国 1908 年引进红麻种植，发展迅速，1985 年收获面积达到 1.0×10^6 hm^2，总产 2.06×10^6 t，因产品研发滞后种植严重萎缩，2019 年产量仅为 1.6×10^6 t。由于世界各国将黄麻和红麻的种植面积和产量合并统计，所以上述数据均含黄麻。

第一节 国内外红麻育种研究概况

一、国外红麻育种研究进展

国外的红麻育种主要集中在印度、孟加拉国、美国、古巴和俄罗斯等，都从利用自然变异选择开始，目前多数集中在杂交育种研究。

印度中央黄麻及同类纤维作物研究所（CRIJAF，设在加尔各答）育成了 JRM-5、JRM-3、JBM-2004-D、MT150、AMC-108 和 HC583 6 个红麻品种，AMV-7、GR-27、AMV-5、HS4288、AMV-1 等 10 个玫瑰麻品种。孟加拉国黄麻研究所（BJRI，设在孟加拉国达卡）育成的红麻品种有 HC-2、HC95 和 BJRI Kenaf-3，玫瑰麻品种有 HS-24 和 BJRI Mesta-2。以美国为首，联合古巴和危地马拉的红麻育种始于第二次世界大战期间的黄麻原料短缺，1943 年在古巴执行红麻计划中，成功育成了 Cubano、Cuba108、Cuba2032 等晚熟抗炭疽病品种，后移至危地马拉，培育了危地马拉系列品种，因这些品种是在低纬度地区育成的，是目前光钝感红麻品种育种的优异基因源。美国本土红麻育种由农业部农业研究中心（USDA-ARS）牵头，最早在佛罗里达州开展，育成推广了 EV41 和 EV71 两个品种，后移至得克萨斯州的 Weslaco 试验站，育种的重点是红麻造纸纸浆利用和抗根结线虫品种，推出了 4 个优异抗性材料：Line113、Line15、Line117 和 Line78；在 20 世纪 90 年代，登记释放了 3 个抗线虫的高产商业品种：SF459、Gregg 和 Dowling。苏联主要培育了一些适应高纬度的早熟品种，如塔什干、乌兹别克 1503、1630 等。

美国、苏联和印度开展了红麻远缘杂交研究，成功地获得一些特异育种材料。例如美国从红麻×玫瑰麻的 F_2代、F_3代中获得了抗线虫病的异源六倍体（$2n=108$）。苏联在 20 世纪 40 年代进行红麻和玫瑰麻杂交，获得无刺材料；还用红麻和锦葵科植物远缘杂交，创造了一些新材料。

二、我国红麻育种研究进展

我国红麻种植的历史仅有 100 多年，育种研究经历了引种利用、系统育种、杂交育种和杂种优势利用等发展阶段。

早期的红麻育种是南方引进印度品种马达拉斯红，北方引进苏联品种塔什干推广种植，至 20 世纪 50 年代前，一直是我国的主栽品种。1953 年，红麻炭疽病大流行给红麻生产造成毁灭性打击，红麻面临停种危机，选育抗红麻炭疽病 1 号生理小种的品种成为当务之急，虽然育成了植保 506、广西红皮、辽红 1 号、辽红 3 号、红麻 7 号、红麻 8 号等品种推广应用，但并未产生根本性改变，1963 年从越南引进高抗炭疽病品种青皮 3 号试种和推广，才从根本上恢复了我国红麻的生产。20 世纪 70—80 年代，我国红麻育种进入鼎盛时期，多种育种技术同时使用，育成了品种 60 多个，极大地促进了红麻生产的发展，例如中国农业科学院麻类研究所的 722、湘红 2 号、红优 5、湘红优 116 等，广西壮族自治区农业科学院的南选等，浙江省农业科学院的浙红 832，浙江省萧山棉麻研究所的浙萧麻 1 号，广东省农业科学院的粤 74-3，辽宁省棉麻研究所的辽红 55 等，推广面积大，增产幅度显著，深受群众欢迎。1985 年，我国红麻种植面积达到 1.0×10^6 hm^2 历史最高点。

从 20 世纪 90 年代后，随着红麻生产和市场形势的变化以及产业发展的要求，红麻育种研究的重点是在广泛收集、评价和利用优异种质资源的基础上，应用现代育种技术（例如分子标记辅助选择育种技术、转基因技术等）与传统育种技术相结合，选育超高产、优质、抗逆境、广适应性、纤维多用途利用的专用品种，育成了一批优良的红麻品种在生产上推广应用，例如中国农业科学院麻类研究所的中红麻 10 号、中红麻 11、中红麻 12 等中红麻系列和中杂红 305、中杂红 316、中杂红 318 等高产杂交组合，福建农林大学的福红 2 号、福红 951 等福红系列，福建省农业科学院甘蔗研究所的闵红 298 等，广西大学的杂交红麻红优 1 号，浙江萧山棉麻研究所的墙布专用品种等。

第二节　红麻育种目标和重要性状的遗传

一、红麻育种目标

红麻不同阶段的育种目标是根据当时的生产需要及育种发展要求提出的。20 世纪 60 年代初，我国因 1953 年红麻炭疽病发生毁灭性危害，选育抗炭疽病红麻品种恢复红麻生产是当时的迫切需求，因此当时的主要育种目标是引进、筛选或选育抗红麻炭疽病 1 号生理小种品种。例如先后引进和选育的青皮 3 号、南选、红麻 7 号等对恢复红麻生产起了重要作用。20 世纪 70 年代初，生产上致病性更强的红麻炭疽病 2 号生理小种蔓延，选育兼抗红麻炭疽病生理小种 1 号和 2 号的高产品种成了主要育种目标，之后又提出在长江流域能收到成熟种子且比青皮 3 号增产 10%以上的选育目标。20 世纪 80 年代中期以后，红麻炭疽病的生产危害很小，红麻育种重点变成了高产优质。从 20 世纪 90 年代中期开始，由于红麻逐步向内地和西北部地区转移，提出了优质、高产、多抗的育种目标。2000 年后，随着现代红麻育种水平的提高，提出了超高产、优质、抗逆育种目标。

二、红麻重要性状的遗传

（一）红麻形态与光照反应性状的遗传

1. 叶型　叶型有全叶和裂叶两种，受 1 对基因控制。

2. 茎色　茎色有红色和绿色之分，受 1 对基因控制，红茎深浅不同，为不完全显性，还有微效多基因控制红色的深浅程度。

3. 叶色、花色和花药色　叶色和花色由复等位基因控制；花药色由单基因控制，花药棕色呈显性，黄色为隐性。

4. 生育期　红麻为短日性植物，大部分品种对短日照反应敏感，但品种间光反应敏感性差异明显，临界日长是决定花芽分化和现蕾的关键因子。中国农业科学院麻类研究所的研究表明，红麻生育期遗传受 2 对主效基因控制，早熟类型的主效基因为 $aabb$，晚熟类型的主效基因为 $AABB$，中熟类型的主效基因为 $Aabb$ 或 $aaBB$。

5. 红麻光钝感性　中国农业科学院麻类研究所的研究表明，光钝感性由核基因控制，没有细胞质效应，钝感对敏感表现为隐性，受 1 对主效基因控制。

（二）红麻产量与品质性状的遗传

1. 产量性状和品质性状的遗传效应　红麻产量性状和品质性状受基因加性效应和基因非加性效应的共同作用，其中单株精麻质量、单株干皮质量、茎粗、纤维强力、单株鲜茎质量和出麻率 6 个性状的特殊配合力效应方差与一般配合力效应方差之比（$\sigma^2_{sca}/\sigma^2_{gca}$）均大于 1，主要受基因非加性效应的控制；始果位高、鲜皮厚、纤维细度、精洗率和株高 5 个性状的 $\sigma^2_{sca}/\sigma^2_{gca}$ 比率小于 1，主要受基因加性效应的控制（祁建民等，1990）。株高、鲜皮厚、单株干皮质量、纤维细度和千粒重受基因加性效应和基因显性效应共同控制，在常规聚合育种上可通过世代综合选择，使基因也可在杂种优势利用上充分发挥其加性效应得以稳定遗传，显性效应的育种潜力。由于株高、茎粗、单株干皮质量、单株干茎质量、皮骨比、单株纤维质量、纤维细度等性状的显性方差占表现型方差的比率均在 81%以上，因此在杂种优势利用上有较大潜力。由此可见，在杂种后代的田间选择中，对株高、鲜皮厚和千粒重3个加性方差（V_A）较大的性状进行早代选择，可望获得较好效果，而其余性状考虑显性效应的影响，宜在较高世代进行选择（祁建民等，2004）。

2. 产量性状和品质性状的遗传变异与遗传率参数 11个产量性状和品质性状中，单株精麻质量、单株鲜茎质量和单株干皮质量的表现型变异系数和遗传变异系数分别为14.1%和9.4%、13.0%和9.1%、14.1%和9.7%；鲜皮厚的表现型变异系数和遗传变异系数分别为7.8%和4.3%，纤维强力和纤维细度的表现型变异系数分别为10.5%和9.5%，遗传变异系数分别为6.9%和5.6%；其余性状的变异系数均较小。始果位高遗传率最大，达60.62%。精洗率、单株鲜茎质量、单株干皮质量和单株精麻质量的遗传率中等，为43.02%～49.34%；其余性状的遗传率普遍较低（祁建民等，1992）。

3. 产量性状和品质性状的遗传进度 11个产量性状和品质性状中，单株干皮质量、单株鲜茎质量和单株精麻质量和纤维强力的相对遗传进度较高，在1%的选择率下，前3个性状的相对遗传进度达16.69%～17.92%，纤维强力的相对遗传进度为12.02%，其次为纤维细度，其余性状较小。

4. 产量性状和品质性状表现型与遗传型相关 红麻产量性状和品质性状的表现型与遗传型相关系数方向相同，多数性状的表现型相关系数大于遗传型相关系数。各性状对单株干皮质量的表现型相关，以单株鲜茎质量（0.973 4）、单株精麻质量（0.961 6）、株高（0.824 7）、茎粗（0.774 6）、始果位高（0.713 5）和鲜皮厚（0.664 5）6个性状与单株干皮产量的正相关程度最高，均达极显著水平；而纤维强力和纤维细度与单株干皮质量相关甚微。纤维细度与始果位高、纤维强力与株高的正相关均达显著或极显著水平，因此可通过对始果位高或株高的间接选择，提高品质育种的选择效果。

（三）红麻抗病虫性的遗传

1. 红麻抗炭疽病性遗传 F_1代抗病力受亲本抗病力强弱的影响，抗病亲本对杂交后代的抗病性起主要作用，抗病亲本与感病亲本杂交，正反交F_1代的抗病力无明显差异。复交的抗病性遗传规律与单交方式基本相同，复交后代抗病力的大小，取决于抗病亲本的抗病性程度和抗病亲本数目。F_2代抗病性与亲本的抗病性直接相关，由两个抗病亲本配成的组合，F_2代高抗个体出现的比例高；抗病亲本与感病亲本杂交，F_2代高抗个体出现的比例低。早期世代选择抗病强的个体，可提高杂种后代的抗病选择效果，从F_4代选到抗病单株，其抗病性到F_7代大部分趋于稳定，F_3代严格选择尤为重要。

2. 红麻抗根结线虫病遗传 红麻根结线虫病是一种世界性病害。20世纪90年代初，中国农业科学院麻类研究所首次引进由美国佐治亚大学育成的4个中抗根结线虫病的红麻品系Line15、Line78、Line113和Line117。经鉴定Line78品系和Line113品系属中抗，Line15品系和Line117品系为感病品系。用中抗红麻品系Line113和Line78与感病品种杂交，F_1代的抗线虫性介于双亲之间而明显地偏向抗线病亲本；抗病性较强的亲本与感病品种杂交，F_1代的抗线虫性也较强，因此可以利用此抗源材料育成中抗或耐根结线虫病的红麻新品种。福建农林大学发现亚免疫的SCSⅡ-04和SCSⅡ-09发病率低于5%、病情指数低于1.7的品种有杂交红麻H305、(991×992) F_1，常规品种有闽红321、红引135、金山无刺、福红992、SCSⅡ-06等。

第三节 红麻种质资源研究和利用

一、红麻的分类

红麻为锦葵科木槿属一年生草本植物。木槿属有400多种，可分类为6个自然组（section）：*Furcaria*、*Alyogne*、*Abelmoschus*、*Ketmia*、*Calyphyllia*和*Azanza*。红麻归于*Furcaria*组。*Furcaria*组的物种有50多个，其主要特征是成熟时花萼变草质或肉质，多数茎上有小刺，染色体数从二倍体（$2n=36$）到十倍体（$2n=180$），大多数分布在亚洲、非洲、大洋洲及美洲的热带和亚热带地区。多数学者认为，非洲是红麻的原始起源中心，因为那里分布有丰富的红麻野生种质资源和野生近缘种。

红麻的经典分类是Howard A. G. 和Howard L. C.（1910）依据对印度品种研究将红麻分为5个变种8个类型。

（一）全叶型的类型 全叶型中含2个变种2个类型。

1. 变种1 变种1为*Hibiscus cannabinus* var. *simplex*，其中含类型1，为紫茎、紫叶柄。

2. 变种2 变种2为*Hibiscus cannabinus* var. *uiridis*，其中含类型2，为绿茎、绿叶柄。

（二）裂叶型的类型 裂叶型中含3个变种6个类型。

1. 变种3 变种3为*Hibiscus cannabinus* var. *ruber*，其中包含类型3，为茎基部红色、上部绿色、叶柄绿色。

2. 变种4 变种4为*Hibiscus cannabinus* var. *purpurens*紫茎、紫叶柄，其中含2个类型：①类型4，为迟熟、茎细长、窄裂叶带紫色、紫花瓣；②类型5，为早熟、茎粗矮、宽裂叶。

3. 变种5 变种5为*Hibiscus cannabinus* var. *vulgaris*绿茎、绿叶柄，其中含3个类型：①类型6，为特早熟；②类型7，为迟熟、幼苗红茎；③类型8，为迟熟、幼苗绿茎。

中国农业科学院麻类研究所邓丽卿、粟建光等（1994）基于红麻种质资源特征特性研究和育种的需求，以叶型、茎色和生育期为标准将红麻分为18个类型，其中裂叶、绿茎、极晚熟类型最多，占11.7%；阔卵叶、绿茎、特早熟类型最少，占1.6%。裂叶型占63.2%，阔卵叶型占36.8%。红茎型占56.0%，绿茎型占44.0%。还根据红麻对环境的适应性，分为南方生态型和北方生态型，前者生育期长，成熟迟，耐寒性较差，光温反应敏感；后者生育期短，对温度反应较敏感，耐寒性较强。此后，增加了花色、种子大小和节间长短性状，极大地促进了我国红麻资源的高效利用。

二、红麻种质资源收集、保存和研究

红麻20世纪初才传入我国，到1984年保存的种质资源仅68份，且亲缘关系较近。1983年广东省农业科学院梁亦高从美国引进红麻种质资源29份；1985年中国农业科学院麻类研究所黄培坤从美国引进来源于31个国家和地区的红麻栽培和野生种质资源325份；1987—1991年，通过参加国际黄麻组织（IJO）的黄麻、红麻种质资源项目，派员赴非洲考察收集，获得红麻种质资源10种962份。近年来，通过各种渠道，从国外引进种质资源近400份。至2013年12月，我国收集保存的红麻种质资源15种1 919份，为世界第一，野生及近缘植物种质资源包括玫瑰茄（*Hibiscus sabdariffa* L.）、玫瑰麻（*Hibiscus sabdariffa* var. *altissima* Wester）、辐射刺芙蓉（*Hibiscus radiatus* Cav.）、红叶木槿（*Hibiscus acetosella* Welw. ex Hiern）、柠檬黄木槿（*Hibiscus calyphyllus* Cav.）、刺芙蓉（*Hibiscus surattensis* L.）、沼泽木槿（*Hibiscus ludwigii* Echl. et Zeyh.）、野西瓜苗（*Hibiscus trinum* L.）、*Hibiscus bifurcatus* Cav.、*Hibiscus costatus* A. Rich、*Hibiscus furcellatus* Desr.、*Hibiscus vitifolius* L.、*Hibiscus lunarifolius* Wild. 和 *Hibiscus diversifolius* Jacq. 共14种或亚种。其他保存红麻种质资源较多的国家是孟加拉国（15种1 512份）、印度（1 200多份）、美国（木槿属62种766份，其中红麻286份、玫瑰麻141份）、俄罗斯（300多份）。

1985年出版了《中国黄麻红麻品种志》，载入红麻品种68份。1990年、1995年和2000年分别整理编辑《中国主要麻类作物品种资源目录》3册，入目录红麻品种667份。我国红麻种质资源采用长期保存、中期保存和繁殖更新相结合的保存措施，2011年，国家麻类种质资源中期库（温度−10℃，湿度≤45%）在湖南长沙中国农业科学院麻类研究所建成，所有的红麻种质资源经整理后入库保存。

三、红麻优异种质资源及其利用

我国在红麻种质资源的特性鉴定、优异基因和种质的发掘、生理生化和遗传基础的研究等方面成效显著，评价和创新了一批优特资源提供育种科研和生产利用。

（一）育种和生产直接利用 1963年从越南引进抗病高产的青皮3号，对遭受炭疽病毁灭性危害的红麻生产恢复起关键作用。20世纪80年代中，从美国引进种质资源中直接评价出的红引135，对解决当时红麻生产早花问题起了积极作用。作为重要育种亲本利用的有EV41、非洲裂叶、耒阳红麻、71-4、红麻7号和南选等。正在作育种亲本或种质创新利用的有722、台农1号、BG52-135、J-1-113、泰红763、85-224等。

（二）特优种质的发掘

1. 高产种质 高产红麻种质有722、BG52-135、耒阳红麻、新安无刺、EV41、BG52-1、粤511等。

2. 高支数种质 纤维支数300以上的红麻种质有泰红763、C2032、闽红379、BG148、印度红、AS249、福红5号、福红7号、金光1号等。

3. 抗源 对红麻炭疽病近免疫的野生红麻种质资源有85-224和85-133，高抗种质资源有71-4、7805、H252、85-359等，抗红麻根结线虫病较强的种质资源有Line78、Line113、J-1-113、EV71、85-41、85-6等。

4. 早中熟种质 中熟高产的种质资源有7804和71-57，早熟较高产的种质有7435。

5. 特异种质 茎秆无刺、硬秆的种质资源有901、902、金光1号、新安无刺等，种子亚油酸含量高的种质资源有金光 1 号、金光 2 号等，光钝感的种质资源有 714、元江紫茎、勐海紫茎、危地马拉 8 号等，出麻率高的种质资源有粤红 5 号、71-57、7804 等，干物质积累快的种质资源有耒阳红麻等，适宜造纸、出浆率高、单纤维细胞长的种质资源有 85-172、85-259、EV71、85-17、7804 等。特异遗传材料有：染色体具特大型随体的阿联红麻；千粒重达 42.8 g 的种子特大，叶片爪状、花小、叶锯齿大而深的 85-244；花冠深蓝、花瓣螺旋状、柱头外露的 HO94，花喉白色、蒴果扁圆的 85-160，萼片长约为子房一半、苞叶端部匙形的 HO75。

（三）优异种质评价和利用　通过不同生态地区的综合评价，评出综合经济性状优良，或具有某种特异性状的 5 份红麻种质资源，在育种、科研和生产利用上取得明显效果，2002 年被科技部和农业部评为国家一、二、三级优异农作物种质资源，并获颁证认定。它们分别是一级优异种质 BG52-135，二级优异种质 EV41、74-3、J-1-113 等，三级优异种质泰红 763 等。

第四节　红麻育种途径和方法

一、红麻引种

引种是红麻育种中行之有效的一种方法，在红麻生产上起着很大的作用。中华人民共和国成立前，我国南方由印度引入马德拉斯红晚熟品种，北方从苏联引入塔什干品种，20 世纪 60 年代从越南引入青皮红麻，都曾经在生产上起过较大的增产作用。但红麻育种必须掌握南种北引的原则。红麻属短日照作物，对光照反应敏感，从低纬度地区引种到高纬度地区，由于日照延长，现蕾推延，生长期延长，因此产量显著提高。我国红麻生产上利用南种北引增产的规律，从低纬度广东、广西、福建等地留种，然后把种子运到长江流域麻区及其以北地区播种，对红麻增产起了很大的作用。

二、红麻自然变异选择育种

自然变异选择育种就是优中选优的一种育种方法，例如广西的南选和宁选、中国农业科学院麻类研究所的湘红 1 号和 722 等品种，都是利用单株选择法育成的，在生产上增产效果很大。

本法是通过选择优良单株，繁衍其家系育成新品种。这个育种方法应该注意：①引种和选择相结合，易于选育出新品种；②从早熟红麻品种中选晚熟个体，成效大；③从抗病品种中选择抗性更强的单株比从感病品种选择抗病单株，培育抗病品种的成效大；④从大面积生产的品种中选择，育种成效大。

三、红麻杂交育种

杂交育种是国内外红麻育种应用最广、效果最好的方法之一。根据杂交亲本之间亲缘关系的远近，分为品种间杂交育种和种间远缘杂交育种两类。

（一）品种间杂交育种

1. 亲本选配原则

（1）双亲优点多、性状能互补　由于产量性状多属于数量性状遗传，杂交亲本必须优点多缺点少。杂种后代群体各性状的平均表现大多介于双亲之间，一般与双亲平均值有较密切的相关，例如红麻株高双亲平均值与 F_1 代的相关系数为 0.956 0，红麻生育期双亲平均值与 F_1 代的相关系数为 0.863 1，均达极显著。因此许多性状双亲表现决定了杂种后代的表现趋势，如果亲本优点较多，则后代优良性状累加聚合趋势较好，反之则会较差。亲本应满足优良性状互补的要求，即一方的优点应在很大程度上克服对方的缺点。例如 714 品种，具有抗病、可结实的优点，但存在植株矮细、产量不高的缺点；耒阳红麻具有一般配合力较好的优点、植株高大、纤维产量高且遗传率高的优点，但较晚熟，收不到成熟种子。用 714 与耒阳红麻杂交，双亲的优缺点得到了互补，基本上满足高产、抗病、可结实的要求，经杂交后代选择，选到 7803、7804 两个优良品系，其抗病性比青皮 3 号强，纤维产量也达到了青皮 3 号的水平，且能收到成熟的种子。

（2）亲本之一最好是当地推广品种　推广品种一般具有丰产性好、抗病性强、适应性好的特点，选用其作杂交亲本成功的希望大。例如福建农林大学以推广品种湘红 1 号与粤红 1 号杂交，成功地育成了高产、优质、抗病的红麻新品种福红 2 号。

（3）亲本主要目标性状突出　为改良品种的某个缺点性状而选用另一亲本，则所选用亲本的该目标性状要十分突出，才能在新育成品种中较好地保留该性状。例如中国农业科学院麻类研究所为培育中熟抗病红麻品种，选用抗病高产的72-44与高产中抗的国外品种EV41杂交，选育出高产抗病、比粤74-3增产15.8%的中红麻10号。福建农林大学以秆硬抗倒、品质好的福红951与高产、抗病的福红952杂交，育成了秆硬、抗倒伏、丰产性好、比粤743增产25%的福红992。

2. 杂交技术

（1）花期调节　杂交亲本花期必须相遇，才能杂交。如果双亲在正常情况下花期不遇，则需采用花期调节技术使双亲花期相遇。不同熟期品种杂交，有可能花期不遇而妨碍杂交的进行，可采用短光照处理促进开花期提早。光敏感的红麻品种，不论是早熟品种还是晚熟品种，苗高17 cm左右开始处理，每天见光9～10 h，连续处理15～20 d则可现蕾，40～45 d开花；光钝感品种，处理天数要多，例如714，10 h短光照处理要50 d以上才能现蕾。因此若用光钝感品种（例如714、7114、7118、7112、粤红5号等）与光敏感品种组配杂交组合，要十分注意花期调节，才能使双亲的花期相遇，一般光钝感品种要提前40 d进行短光照处理，才能使二者的花期相遇。

（2）杂交操作　选择健壮的母本植株，在授粉前一天下午去雄。选花冠伸出萼片0.5 cm左右、花瓣折叠未开放的花蕾，用小手术剪在花萼蜜腺处将一刀尖轻轻插入花瓣内，沿花萼蜜腺处环剪一周，不要剪伤子房和柱头，去萼片和花瓣，露出雄蕊鞘，然后用尖头镊子小心地把雄蕊鞘上的花药去除干净，套上半透明或透明的玻璃纸袋，用大头针别好。同时也将次日开放的父本花朵选好，用棉线将花冠扎住，以保持花粉的纯洁。第2天上午7:00—10:00，把选好的父本花朵摘下，除去花瓣，再取下母本花朵上的隔离纸袋，将父本花粉轻轻涂擦在母本花柱上，然后套上纸袋，用铅笔在小纸牌上写明组合名称、授粉日期后挂在果柄上，授粉后第2天即除去隔离纸袋。

（3）及时收种　授粉后40 d左右后，蒴果呈黄褐色、种子变黑时即可收获。每个杂交单果要分别采摘，连同标记纸牌一起放进纸袋内，晒1～2 d后脱粒晒干保存。

3. 杂种后代的选择　杂种后代处理主要有系谱法和混合系谱法，但系谱法在红麻育种工作中最常使用。根据红麻主要育种目标性状的遗传表现，不同世代的选择各有侧重。例如抗炭疽病性宜从F_2代开始选择，但重点放在F_3代进行，这样的选择效果较好。生育期从F_3代开始选择，重点要放在F_4代。产量性状的选择是红麻育种的重点，单株纤维产量与株高、茎粗、鲜皮厚、干茎出麻率等成显著或极显著正相关，可通过早代性状间的相关选择，或对遗传率低的性状通过相关性状进行间接选择，获得优良材料，而对遗传率高的性状，则可早期世代选择，这样可明显提高选择效率和准确性。

（二）种间远缘杂交育种　苏联用玫瑰麻（$2n=72$）为砧木，红麻为接穗，通过无性嫁接的途径，获得了无刺材料。美国、日本等利用红麻×玫瑰麻、金钱吊芙蓉（*Hibiscus radiates* L.）×*Hibiscus asper* 等杂交，获得了F_1代杂种，染色体$2n=54$，其花粉母细胞在减数分裂过程中，都出现18个Ⅱ价体和18个Ⅰ价体，个别出现Ⅲ价体，说明这3种的染色体中，有一组是与红麻同源的。贵州省独山麻类研究所（1978）利用木芙蓉（*Hibiscus mutabilis*）、秋葵（*Hibiscus esculentus*）、玫瑰麻、蜀葵、棉花、木槿等作砧木与红麻嫁接，再进行有性杂交，还用植物激素吲哚乙酸（IAA）、萘乙酸（NAA）处理花柱后再授粉，也获得了一些果实和种子。中国农业科学院麻类研究所与福建省农业科学院甘蔗研究所（1979）利用金钱吊芙蓉与红麻722的种间杂交，育出的芙蓉红麻369品种，获得农业部科技进步三等奖。

四、红麻杂种优势利用

我国红麻杂种优势利用研究，始于20世纪70年代末。20世纪80年代中国农业科学院麻类研究所采用化学杀雄的方法配制F_1代种子，在生产上推广；90年代以后，对红麻杂种优势利用理论与应用进行了较系统研究；2003年后广西大学率先实现红麻三系配套。目前我国在生产上推广的都是品种间的杂交红麻组合。

（一）红麻杂种一代的优势表现

1. 多数产量性状和品质性状杂种优势显著　汤永海等（1978）组配的18个组合中，16个组合纤维产量高亲优势变幅为1.1%～72.9%。祁建民等（2005年）报道，F_1代群体单株干皮质量、单株干茎质量和单株纤维质量3个性状的平均优势分别为17.1%、18.9%和15.7%。

2. 抗病性强、适应性广　用两个抗病亲本组配组合，F_1代的抗病力强，抗病与感病亲本杂交，F_1代抗病性一般大于双亲平均值。强优势组合选配时，一般要求父本和母本要较抗病。F_1代的抗倒性介于双亲间，且多倾向于抗倒性较强的亲本。

3. 生育期长、品质优 F_1代开花期，介于两亲间且偏晚亲。F_1代的纤维强力多数偏于强力较大亲本，而纤维细度一般介于两亲间，且偏纤维细度较低的亲本。

（二）红麻杂种一代的制种技术

1. 人工去雄制种 红麻花器大，可采用人工去雄制杂交种，但种子繁殖系数小，成本昂贵，不宜作生产用种，仅适合亲本选配组合时用。

2. 化学杀雄制种 利用化学药剂杀雄且不影响雌性育性，是一项有效提高红麻杂交制种效率的技术措施。其技术要点如下。

（1）合理的浓度范围 一般来说，全生育期总喷药浓度不超过0.20%（二氯丙酸）。

（2）喷药时间和次数 当温度在25～27℃时，从50%植株现蕾7d开始以0.05%～0.07%浓度，每隔7～10d喷药1次，连续处理3次。当温度在27℃以上时，从10%植株现蕾开始，以0.02%～0.04%浓度，每隔5～7d 1次，连续处理5次。

（3）喷药量与方法 喷洒化学杀雄剂应选晴天进行，药液最好是随配随喷，喷药量一般视麻苗生长好坏而定，麻苗繁茂的用药量适当多一些，一般每公顷的喷药量为1 500～3 000kg。在具体应用时，只要做到株株麻苗都喷到，叶叶着药，叶片上有部分药液开始下滴即可。药剂过浓或药量过多都会引起麻株受害，叶片表现灼伤，甚至卷曲焦枯，抑制生长，花蕾脱落严重。

（4）制种技术要求 杂交制种父本与母本的比例大约为1∶8，即1行父本8行母本，每公顷密度为18万～27万株，要求母本品种生长整齐，现花蕾期基本一致，以便及时喷药。

（三）红麻杂种二代的优势利用 红麻F_1代杂种优势在生产上利用，不论是人工去雄授粉还是化学去雄，因制种成本高，很难在生产上大面积推广。红麻是采收营养体的作物，纤维产量构成因子（例如株高、茎粗、皮厚和出麻率等）均属数量性状。从理论上说，F_2代杂合型个体占大多数，纯型个体极少，F_2代自交后代群体纯合率$=(1-1/2)^n\times100\%$（n表示纯合基因个数），数量性状的F_2代优势至少也有F_1代优势的一半以上。以往研究表明，F_1代杂种优势来源于基因加性效应和基因显性效应的共同作用。红麻F_2代优势的衰退实际上应低于理论值，加之杂合个体在苗期的生长优势远强于纯合个体，由于F_2代群体的个体间的竞争，其中相对弱小的纯合个体幼苗在间苗和定苗时，自然地被拔除了。因此F_2代的杂种优势在生产上应用是完全可能的。汤永海、李德芳等选育的湘红优116的F_1代和F_2代及李德芳和陈安国选育的H305、H316、H318在生产上广泛利用，就是很好的证明。

（四）红麻雄性不育系与保持系选育研究 2001年周瑞阳等从红麻野生种UG93中，发现了1株花药瘦瘪、不开裂的雄性不育突变体，以此为母体与金光无刺饱和回交，2003年选育出红麻细胞质雄性不育系K03A，之后，又成选育出福红3A、福红P3A、福红763A、福红917A、福红722A和福红L23A共6个野败型细胞质雄性不育系，并育成相应的保持系。李德芳和陈安国等2003—2004年利用发现的质核互作型红麻雄性不育系，选配出5个配套的性状优良的细胞质与细胞核互作型雄性不育系与保持系，分别为KCNms-1、KCNms-2、KCNms-3、KCNms-4和KCNms-5。

五、诱变育种和基因工程在红麻育种中的应用

诱变育种是用物理方法、化学方法等处理种子或植株，使其产生遗传上变异，选择有利变异，定向培育新品种的方法。诱导育种的优点是变异幅度大，其缺点是有利突变出现频率低，不到2/1 000。因此要得到优异株系，必须有足够的群体选择，才有希望获得成果。我国应用于红麻育种工作的诱变育种主要是辐射育种。广东省农业科学院用^{32}P辐射诱变，育出70-5-7、70-15等品系；广西壮族自治区农业科学院也做了不少工作，已获得可喜成果。广西壮族自治区农业科学院还采用热中子处理红麻种子，从变异材料中选育出全生育期为81d的特早熟品种。浙江省农业科学院将广西引入的7 380种子，用^{60}Co γ射线处理，然后与青皮3号杂交，其F_1代又与非洲红麻杂交，经多年选择，育成83-10，增产显著。

中国农业科学院麻类研究所生物技术研究室与国际黄麻组织（IJO）合作，进行了红麻秆基因工程育种的探索，采用农杆菌介导法成功地将真菌基因和抗虫基因导入红麻子叶细胞，并得到了转基因后代。

第五节 红麻育种田间试验技术

自然变异选择育种是从选择优良单株开始，到育成新品种的过程，全过程是由一系列田间试验工作组

成，其程序如下：第1年，选株；第2年，选种圃；第3年，品系比较试验；第4年，区域试验或多点试验。

杂交育种田间试验中杂种后代的处理十分重要。其处理方法，一般采用系谱法，即自交第1次分离世代（单交为F_2代，复交为F_1代）开始选株，分别种植成株行（即系统），以后在各世代均在优良系统中继续进行单株选择，直至选到优良性状一致的系统时，升级到产量比较试验。

在红麻杂种后代选择中，选择目标中几个主要性状的选择应予以注意：①抗炭疽病的选择，由F_2代就开始分离，在F_3代分离出高抗比例大，F_4代大部分趋向稳定。因此重点应放在F_3代。②丰产性选择，早期世代效果大。③早熟性的选择，应放在F_4代。

第六节 红麻种子生产技术

新品种选育出来后，必须加速繁殖良种种子，供生产上应用，才能发挥良种的作用。同时，还要不断进行提纯，保持良种优良种性，防止品种混杂退化、抗病能力减弱。目前全国各作物正在推行由育种家种子、原原种、原种和良种4个环节组成的四级种子生产程序，以此来保护育种者的知识产权，防止品种混杂退化，保持品种原有种性，从而发挥种子的增产效果。现行的红麻良种繁育，主要有以下两个措施。

一、建立良种繁殖场

红麻种植面积较大的省份，应建立良种繁殖场，采用三年三圃制，即选择具有优良性状的无病单株脱粒，第1年进行株系比较，在生长发育期间观察鉴定株系的主要性状，淘汰不良株系，并在优良株系内进一步提纯；第2年把第1年中选的株系进行比较，从比较结果中选出优良株系；第3年加速繁殖。

二、建立种子田

专业组应建立种子田，负责培育纯度高、品质好的一级种子，供大田播种用。种子田是用原种场提供纯的原种或自己选择的种子扩大繁殖，注意拔除病株、杂株、劣株，然后混合脱粒，收获种子，作第2年大田生产用种。在收获以前，还要在种子田内，选择性状一致的优良单株，标好记号，分开收获，混合脱粒，作第2年种子田用种。

红麻杂交种的生产比一般种子生产有更高的要求。其主要的技术环节是隔离制种、规格播种、精细管理、除杂去劣、化学杀雄、分收分藏。

为了促进红麻良种繁育的专业化与规范化生产，防止品种种性退化，提高种子产量和品质，“十五”期间农业部制定了《红麻种子繁育技术规程》，对红麻良种繁育工作具有一定的指导意义。其主要技术内容如下：①建立良种基地，严格执行一地一种的良种区域化繁育，截断引起红麻品种混杂的源头。②实施原种统一供应，根据供需双方需求，按计划订单繁种，保证种子统一收购，统一销售。种子销售时必须进行小包装，并有种子标志。③建立严格红麻种子繁育制度，原种必须由育种者或品种权拥有者统一提供。近年来，福建农林大学与闽中南种子部门协作，并与全国主产麻区种子公司联合，建立了福红系列红麻新品种繁育基地，形成了育繁推三位一体的种业体系，有利于提高红麻良种的纯度和良种的推广，使农民增收、企业增效，取得了很好的社会效益和经济效益。

我国南方麻区还可采用插梢留种的办法，扩大良种繁殖。红麻插梢留种在广东、福建已有悠久历史，一些有经验的麻农常采用插梢留种作为提纯和保持良种特性、防止品种退化的主要措施。插梢留种是麻株生长转向生殖生长时，即在麻梢现蕾期割梢移栽的留种方法。那时麻种已经积储一些养分，嫩梢嫩叶继续制造的有机养分，由于顶端优势的作用，正在大量转运到麻梢，供应麻梢伸长和开花结实之用。割梢移栽后，大量的有机养分集中供应花蕾、开花、结果，使种子发育良好，其种子品质和数量均优于原株留种。插梢留种，如果严格选择性状一致的优良单株，更可起到单株混合选择的作用。

第七节 红麻育种研究动向和展望

20世纪80年代以前，我国红麻育种的主要育种目标是以抗炭疽病为主，兼顾高产和结实。随着红麻炭疽病的有效控制、产业结构调整、新用途开拓，种植区域逐步由中部地区向沿海和中西部转移，今后红麻育种应该以常规育种与现代生物技术育种结合（包括转基因育种和分子设计育种），新雄性不育系选育（包括三系配套）与杂交红麻新组合选育结合，特异种质创新与专用或兼用品种选育相结合等，进一步提高我国红麻的育种水平和效率。

一、红麻育种方向

（一）优质、高产和多抗（抗病虫、抗逆） 要求纤维产量比对照增产10%以上，干茎产量增产8%以上，纤维细度达到300支左右，强力达到430 N左右，高抗红麻炭疽病、根结线虫、真菌病害，耐盐碱、耐旱，适应性广。抗炭疽病和根结线虫能力比对照提高1个等级，能在0.4%～0.5%的盐碱地正常生长并获较高产量，在干旱少雨的旱地或西部地区能种植且正常生长。

（二）高纤维细度纺织专用品种 选育出高纤维细度、高单纤长度的品种，品质达到纺织高档面料纺织品要求，产量比对照增产5%左右，纤维细度达350支以上。

（三）超高产杂交红麻新组合 重点是红麻三系配套和高配合力雄性不育系的选育和利用，杂交红麻组合F_1代优势比推广对照品种增产20%以上。

二、红麻育种策略

（一）现代生物技术育种研究 利用分子标记对种质资源的遗传多样性和亲缘关系进行系统的鉴定，为杂交亲本的选配提供科学依据。近期内重点是加强抗虫、抗除草剂、耐盐、耐旱转基因育种，并有计划地开展红麻有利功能基因的克隆、测序和遗传连锁图谱的构建与性状基因的定位的研究。

（二）诱变与航天育种研究 采用物理诱变、化学诱变和利用卫星搭载航天育种技术，创造新变异类型，提供育种利用和选择。

（三）建立高效聚合育种技术体系 采用现代育种技术与传统的育种技术相结合，加速育种技术集成与方法创新，建立高效聚合育种技术体系，提高红麻育种的效率和水平，缩短育种周期。

（四）种质鉴定与创新 继续开展种质资源收集、引进、鉴定的研究，有计划地、分期分批对现有保存的红麻种质资源进行系统的鉴定和评价，发掘野生种和栽培种中的特异有利基因，提供育种利用。进一步采用现代生物技术手段开展种质创新和利用研究，为红麻杂交育种、杂种优势利用提供有利基因种质材料。

红麻主要育种性状的记载方法和标准，请参考本书第二十二章“黄麻育种”和粟建光、戴志刚《红麻种质资源描述规范和数据标准》。

复习思考题

1. 试述国内外红麻育种的发展历史和今后我国红麻育种的方向与目标。
2. 围绕今后育种发展方向，讨论红麻种质资源研究的主要内容。
3. 红麻的育种途径和方法有哪些？举例说明红麻杂交育种方法。
4. 试讨论红麻杂种优势利用的前景及可能途径。
5. 红麻的良种繁殖主要有哪些措施？

（李宗道、郑云雨第一版原稿；李宗道第二版修订；粟建光第三版修订）

第二十四章　亚麻/胡麻育种

第一节　国内外亚麻/胡麻育种研究概况

一、亚麻/胡麻概述

普通亚麻（flax，*Linum usitatissimum* L.）属亚麻科（Linaceae）亚麻属（*Linum*）一年生草本植物。亚麻是种植历史最悠久的栽培植物之一，已有近万年的种植历史。亚麻的起源至今没有定论，多数人认为起源于靠近印度的地中海东部地区，最有可能的祖先是多年生窄叶亚麻（*Linum angustifolium* Huds.），但也有其他种。

我国根据用途将亚麻分为油用、纤用和油纤兼用（或两用）3种类型。工艺长度为40 cm，千粒重8 g以上者为油用亚麻；工艺长度为55 cm，千粒重在5 g以下者为纤用亚麻；工艺长度为40～55 cm，千粒重为5～8 g者为油纤兼用亚麻。根据1966年以前对全国365份亚麻地方种质资源整理鉴定的结果，我国栽培亚麻品种都是普通亚麻，均属油用类型和兼用类型，而纤用亚麻都是引进或育成品种。

胡麻是油用亚麻和油纤兼用亚麻的俗称，多数人认可张骞自西域带入的观点，说胡麻在我国已有2 000多年的栽培历史。我国胡麻主要分布在西北、华北地区的甘肃、山西、内蒙古、宁夏、河北和新疆6个省、自治区，是当地人民的主要食用植物油原料，也是当地的重要经济作物之一。陕西、青海和吉林等地有小面积种植。

胡麻主产国有加拿大、中国、印度、美国、俄罗斯、埃塞俄比亚、英国、哈萨克斯坦、乌克兰、阿根廷等国家。联合国粮食及农业组织（FAO）统计数据表明，2011年胡麻籽的年产量，加拿大为3.683×10^5 t，位列世界第一；中国为3.5×10^5 t，位列世界第二。据世界粮油组织统计，2009—2010年度我国胡麻油表观消费量（含工业消费）为1.88×10^5 t，2010—2011年度消费量为1.91×10^5 t，位居世界第一。近年来，随着人们对α亚麻酸食用功能的认知，胡麻油的消费范围迅速扩展，消费层次显著提高，胡麻功能食品越来越受青睐，胡麻产品的开发越来越被关注，江苏、山东等地也引进试种胡麻，南方部分地区利用冬闲地种植胡麻。

二、亚麻/胡麻育种进展

我国亚麻育种工作开始于20世纪50年代，主要是农家品种的收集、整理和种质资源的引进。山西省农业科学院高寒区作物研究所（原雁北地区农业科学研究所）1951年从波兰品种Kotweick中选育出雁农1号，大面积替代了地方品种，实现第1次品种更新。20世纪50年代末至60年代，我国胡麻开始杂交育种，山西省农业科学院高寒区作物研究所用雁农1号作母本，以尚义大桃作父本，杂交选育成雁杂10号，实现了第2次品种更新。60—70年代，我国主产省区普遍开展了杂交育种，育成了天亚2号、甘亚4号、陇亚5号、定亚4号、定亚10号、晋亚2号、晋亚3号、坝亚2号、宁亚2号等一大批高产品种，实现了第3次品种更新。80年代中期，亚麻枯萎病在亚麻主产区迅速蔓延，抗枯萎病育种成为当时亚麻育种的主要任务，甘肃省农业科学院经济作物研究所（现合并到作物研究所）、兰州农业学校、定西地区油料站等单位利用引进国外抗病种质资源与国内自育的丰产品种杂交，率先选育成功首批高抗枯萎病、丰产稳产的亚麻新品种陇亚7号、天亚5号和定亚17，90年代初在国内亚麻主产区迅速推广应用，替代了多年育成的感病品种，实现了第4次品种更新。20世纪末至21世纪初，各育种单位相继育成抗枯萎病品种陇亚8号、陇亚9号、天亚6号、晋亚7号、定亚18等，先后在生产中推广应用，逐步替代了首批抗枯萎病品种，实现了第5次、第6次品种更新。进入21世纪以来，育成了陇亚10号至陇亚13、轮选1号至轮选3号、定亚21至定亚23、天亚8号、天亚9号、晋亚9号至晋亚11、坝亚3号至坝亚6号、宁亚18、伊亚3号至伊亚4号等，先后在不同产区推广种植，实现了第7次至第9次品种更新。

甘肃省农业科学院经济作物研究所利用抗生素诱变选育成功世界第一个温敏型胡麻雄性不育系，选育成功了世界首例胡麻杂交种，2010年通过甘肃省品种审定，2013年通过国家胡麻品种鉴定小组鉴定，开辟了胡麻两系法杂种优势利用的途径。内蒙古自治区农牧业科学院利用自己发现的显性细胞核雄性不育胡麻种质资源，探索胡麻杂种优势利用，获得发明专利。同时，各育种单位继续坚持杂交育种，在此期间，还相继开展了组织培养、外源DNA导入、转基因、远缘杂交、化学诱变、航天育种、快中子辐射、重离子注入等育种方法探索，均取得了一定的进展，部分领域获得突破。

三、国内外重要亚麻/胡麻育种单位和著名育种专家的贡献

加拿大是世界亚麻种植面积最大的国家，主要有两个机构开展新品种选育。一个是加拿大农业部曼尼托巴的摩登研究中心，育成的品种有 Dufferin、McGregor、NorLin、NorMan、AC Linora、AC McDuff、AC Emerson、AC Carnduff、AC Lightning 等。另外一个是萨斯喀彻温大学作物开发中心，育成品种有 Vimy、Somme、Flanders、CDC Normandy、CDC Valour、CDC Arras 、CDC Bethune 等，通过组织培养育成 Andro，育成世界首个转基因品种 CDC Triffid，合作育成低亚麻酸品种 Solin 等。2009年，加拿大启动了胡麻基因组学的全面应用计划，已经完成了测序和物理图谱构建，构建了由770个简单序列重复（SSR）组成的15个连锁群，从96个品种中测试发现了190万个单核苷酸多态性（SNP），构建了高密度10K+单核苷酸多态性连锁群；鉴定了千粒重的3个数量性状基因位点（QTL），对脂肪酸生物合成和次生代谢基因进行了鉴定分析。

美国亚麻/胡麻的主要育种机构为北达科他州立大学，植物病理学家 H. R. Bolley 博士选育出世界第一批抗胡麻枯萎病（*Fusarium oxysporum* f. *lini*）品种 NDR No. 52 和 NDR No. 73；1912年他又育成了 NDR-No. 114；早熟、大粒、抗枯萎病的胡麻新品种 Bison 于1925年育成，到20世纪30年代中期，Bison 成为胡麻生产中种植面积最大的品种。Bison 的大面积种植，为锈病的繁殖蔓延提供了理想的环境条件，以致锈病［*Melamspora lini*（Ehreb）Lev］的危害逐渐加重，到40年代初，Bison 因锈病危害失去种用价值。Flor 博士提出了关于锈病抗性的新理论，即基因对基因学说，奠定了世界胡麻抗锈病育种的理论基础。

我国从事胡麻育种的单位较多，有甘肃省农业科学院、定西农业科学院、甘肃省农业职业技术学院、张掖农业科学院、内蒙古自治区农业科学院、山西省农业科学院大同高寒作物研究所、宁夏回族自治区固原农业科学院、张家口农业科学院、新疆伊犁农业科学研究所等单位。20世纪80年代中期，枯萎病在胡麻产区迅速蔓延，甘肃省农业科学院经济作物研究所李秉衡研究员等、兰州农业学校韩翠云教授等和定西油料站俞家煌研究员等分别育成高抗枯萎病胡麻新品种陇亚7号、天亚5号和定亚17号，迅速推广应用，替代了感病品种，遏制了枯萎病蔓延，起到了挽救胡麻生产的作用。陇亚7号和天亚5号分别于1993年和1995年获国家科技进步三等奖。

山西省农业科学院高寒区作物研究所杨万荣等育成的雁杂10号、晋亚1号、晋亚2号和晋亚3号获1978年国家科技大会奖。河北省张家口坝上农业科学研究所李延邦等育成的坝亚3号获1983年农业部技术改进一等奖。甘肃省农业科学院经济作物研究所党占海等育成的陇亚9号和陇亚10号分别获2006和2010年甘肃省科技进步一等奖；育成世界首例温敏型胡麻雄性不育系及胡麻杂交种，因此被媒体誉为“世界杂交胡麻之父”。

第二节　亚麻/胡麻育种目标性状的遗传和基因定位

一、亚麻/胡麻的育种目标

亚麻的育种目标是优质、高纤、高产、抗逆性强、适应性广。种植胡麻的目的是收获其种子，榨取其油脂。所以提高产量、改善品质、增强抗逆性是胡麻育种始终如一的目标。此外，因时因地因用途有所侧重。

（一）高产　高产主要是指提高籽粒产量，20世纪育成品种一般要求比统一对照品种增产10%以上。随着育种水平的提高，大幅度提高产量的难度越来越大，21世纪育成品种一般要求比对照增产5%以上。具有特殊性状者，产量指标可适当放宽。

（二）优质　一是籽粒的含油量（%），育成品种要求含油量高于对照品种，高于对照2个百分点以上的品种，即使增产水平达不到指标，也可通过审定。二是脂肪酸组成，20世纪90年代，随着油菜三低（低芥酸、低硫苷、低亚麻酸）的提出，部分胡麻育种家也将降低亚麻酸含量作为育种目标。而后随着对α亚麻酸

生物功能的认知，从20世纪末开始更多的胡麻育种工作者以提高亚麻酸含量为目标。“十二五”国家胡麻产业技术体系明确提出，通过提高α亚麻酸含量提高胡麻的附加值，确定高值化品种的α亚麻酸含量要在55%以上。

（三）抗逆性 胡麻抗逆性状涉及较多，首先是抗病，最主要的是抗枯萎病和锈病。20世纪90年代以来，高抗枯萎病被所有育种家列为主要目标，品种登记中也是一病否决。其次是抗旱，我国胡麻分布在干旱地区，干旱是胡麻产量低而不稳最主要的气象因子，我国胡麻产业技术体系“十二五”规划任务突出了抗旱品种的选育。再次有抗寒、抗盐碱、抗倒伏等。

（四）特色性状 除上述之外，针对不同的生产需求和问题，育种家们制定了各具特色的多种目标。例如为提高胡麻综合利用价值而强调油纤兼用；为扩大品种应用范围而强调适应性广；为减少人工投入而强调抗除草剂和适宜机械化操作；为适应食品开发而强调降低亚麻苦苷；为适应加工而强调高木酚素、高亚麻胶含量；为适应盐碱地开发而强调耐盐碱性；降低株高，缩短生育期以期适应间作套种或适应低热量区域种植等。

二、亚麻/胡麻主要性状遗传机制和基因定位

胡麻的遗传学研究相对较弱，尤其是受多基因控制的主要经济性状的遗传研究更少。

（一）花色的遗传 胡麻花色受1对基因控制，蓝花（*BB*）对白花（*bb*）为显性，蓝花与白花杂交，F_1代均为蓝花，F_2代表现3∶1蓝白分离。

（二）花药颜色的遗传 胡麻花药颜色与花色多数为连锁遗传，蓝色对白色为显性，F_1代均为蓝花，F_2代表现3∶1蓝白分离。

（三）粒色的遗传 胡麻籽粒颜色与花色多数也属连锁遗传，蓝花褐籽，白花白籽，褐籽对白籽为显性，F_1代均为褐籽，F_2代表现3∶1褐白籽分离。

（四）株高和工艺长度的遗传 株高是多基因控制的数量性状，不同高度的亲本杂交，F_1代的株高多数居于双亲之间，从F_2代起则出现广泛分离，呈正态分布。株高和工艺长度的遗传，基因加性效应是主要的。

（五）千粒重的遗传 千粒重的遗传，基因加性效应是主要的。

（六）熟性（生育期）遗传 胡麻熟性属简单数量性状遗传，F_1代有偏早熟亲本的趋势。F_2代出现广泛分离，表现为连续性变异，呈正态分布，并有超亲现象。

（七）产量及其构成因子的遗传 产量为多基因控制的数量性状，基因加性效应是主要的。通过主茎分枝数、单株果数、单果粒数、单株籽粒质量对单株产量进行间接选择，其效果最佳，选择效率达153.6%；单株果数和每果粒数的基因加性效应是主要的。单株籽粒质量和主茎分枝数的遗传，基因加性效应和基因非加性效应均起重要作用。

（八）含油量的遗传 含油量一般配合力效应方差和特殊配合力效应方差分别达1%和5%的显著水准，说明含油量的遗传受基因加性效应和基因非加性效应的共同作用，但基因加性效应是主要的。单株结果数、单株粒数、单株籽粒质量、有效分蘖数、主茎分枝数及不实花数构成的选择指数对含油量进行综合选择的效果最好。

（九）株型的遗传 株型属数量性状，紧凑型与松散型杂交，F_1代介于双亲中间，F_2代出现分离，表现连续变异。

（十）亚麻酸含量的遗传 澳大利亚Green和Marshall利用甲基磺酸乙酯（EMS）诱变获得低亚麻酸品系，两个低亚麻酸品系杂交选育出亚麻酸含量约2%的低亚麻酸品种；加拿大Rowland利用甲基磺酸乙酯诱变选育出亚麻酸含量约2%的低亚麻酸品种，都受2个隐性主效基因控制。

（十一）抗枯萎病的遗传 抗枯萎病性状受显性基因控制，即使抗性有多个基因控制，也可以通过其中一个或几个基因发挥主效作用。抗病品种与感病品种杂交，F_1代表现抗病，F_2代出现分离，分离比例因组合不同有所不同，可能是抗病亲本所含抗性基因的位点数目不同所致。

（十二）抗锈病的遗传 抗锈病性状受单基因控制，抗锈品种与感锈品种杂交，F_1代表现抗病，F_2代出现分离，一个抗病基因对应一种病原体，一个品种中可以聚合多个抗锈病基因。

（十三）雄性不育性的遗传 胡麻已发现几例雄性不育系，其遗传特性各不相同。美国Bateson和Cairdner 1921年发现的天然雄性不育系为细胞质雄性不育系；内蒙古自治区农牧业科学院陈鸿山发现的天然雄性不育系为单基因控制的显性细胞核雄性不育；甘肃省农业科学院党占海等利用抗生素诱变获得的雄性不育系

为单隐性基因控制的细胞核雄性不育系，杂交后 F_1代表现全部可育，F_2代出现约 3∶1 的雄性可育与雄性不育的分离。

（十四）双胚率的遗传 Kappert 认为胡麻双胚率是 4 对隐性基因控制的；Plessers 认为是多基因控制的性状，具有累加效应。Green 等研究表明，双胚率超亲分离相当明显，广义遗传率为 67%，狭义遗传率为 60%。

第三节 亚麻/胡麻种质资源研究和利用

一、亚麻/胡麻种质资源搜集、保存和研究状况

亚麻属（*Linum*）包括 200 多种，分布在欧洲、亚洲、美洲及非洲北部。它们的染色体基数不同，有 8、9、10、12、14、15 和 16，依此将亚麻分成 7 个组。许多种有不同的染色体数，如 *Linum usitatissimum*，$2n=30$、32，所以将来有必要进行亚种的分类。

全俄亚麻研究所是世界上最大的亚麻种质资源拥有者，目前共有 6 130 份种质资源，其中胡麻 3 491 份、其他亚麻 2 497 份、野生种 142 份；美国有 2 000 多份；加拿大约有 4 000 份；保加利亚有 800 份；荷兰有 937 份。

国际亚麻数据库于 1994 年在捷克共和国捷克农技育种及服务有限公司建立。数据库收入世界各地的种质资源 1 516 份。其中捷克农技育种及服务有限公司 200 份、俄罗斯圣彼得堡工业作物所 369 份、全俄亚麻研究所 113 份、乌克兰韧皮纤维研究所 38 份、罗马尼亚 48 份、保加利亚 10 份、法国 62 份、荷兰 56 份、德国 178 份、北爱尔兰 14 份、波兰 59 份、美国 369 份。数据库项目包括形态性状 14 个、生物学性状 4 个、产量性状 6 个。

我国保存的亚麻种质资源较为丰富，包括栽培品种、地方品种和野生种，是品种改良的重要材料。已经有 2 947 份亚麻种质资源保存于国家种质长期保存库，其中包括国内的内蒙古、黑龙江、甘肃等 10 个省份的 1 125 份，美国、阿根廷、俄罗斯、瑞典、匈牙利、法国等 40 个国家的 1 822 份。纤用型的主要分布在黑龙江和吉林；油用和油纤兼用型的分布在内蒙古、甘肃、河北、宁夏、新疆、青海、陕西等。另外，在河北坝上、西藏、青海、内蒙古、吉林、黑龙江等地均有野生亚麻种质资源，是育种的宝贵财富。

二、亚麻/胡麻优良亲本和特异资源

我国亚麻/胡麻育种实践中应用较多，骨干亲本种有雁农 1 号、尚义大桃、晋亚 2 号、坝亚 2 号、四九胡麻、内蒙古大头、永宁二混子、固原红胡麻、甘亚 4 号、陇亚 5 号、陇亚 7 号、陇亚 10 号、天亚 2 号、天亚 6 号、定亚 4 号、定亚 10 号、定亚 22、77134-86、793-4-1、张掖 15-17、Redwood65、德国 1 号、匈牙利 3 号等。

高含油量种质资源有张亚 1 号、张掖 2 号、康乐白胡麻、广河白胡麻、临夏尕胡麻、美国高油、宁亚 6 号、蒙亚 3 号、轮选 3 号等。高亚麻酸种质资源有张亚 2 号、敦煌白胡麻、武威白胡麻和临夏白胡麻。大粒（千粒重高）种质资源有喀什 7731、张亚 2 号、尚义大桃、张掖 15-17、天亚 2 号、宁亚 1 号、宁亚 11 等。早熟种质资源有南 24、宁亚 5 号、宁亚 11 和 Linore。抗倒伏种质资源有陇亚 5 号、天亚 5 号、7528-4-2-1（白）、7528-4-2-1（红）、宁亚 5 号和宁亚 11。矮秆种质资源有宁亚 5 号、宁亚 11、Linore、庆阳老、西礼款川、坝上 1018、尚义大桃等。抗旱种质资源有定亚 17、陇亚 11、轮选 2 号、宁亚 19、平罗红、安西红、庆阳老、晋亚 19、Sumperskyzdar 等。

抗枯萎病种质资源有 Chippewa、Linota、Bison、Redwing、陇亚 7 号、陇亚 8 号、陇亚 10 号、定亚 17、天亚 5 号、晋亚 7 号等。抗锈病、抗枯萎病种质资源有 Royal、Renew、Rocket、Redwood、Redwood65、Flor、Linott、McGregor 和 Norlin。抗白粉病种质资源有永宁 142 和天亚 4 号。

雄性不育种质资源有 H99（显性细胞核雄性不育）、H163（显性细胞核雄性不育）、H58（显性细胞核雄性不育）、1S（温敏型隐性细胞核雄性不育）。双生胚种质资源有 RA91。

三、亚麻/胡麻种质资源的育种利用状况

雁农 1 号、匈牙利 1 号、匈牙利 3 号、大桃胡麻、奥拉依艾津等品种经引进试验，直接在生产中推广应

用。从地方种质资源中鉴定筛选出来的沽源大胡麻、张北白胡麻、大同红胡麻、酒泉白胡麻、永宁二混子、多籽胡麻等20多个品种在不同区域种植。雁农1号和尚义大桃在我国胡麻高产育种中发挥了核心作用。我国第一个通过有性杂交育成的品种雁杂10号，就是以雁农1号作母本、以尚义大桃作父本育成的。四九胡麻、晋亚1号、晋亚2号、宁亚10号、蒙亚1号、蒙亚6号等优良品种都是从雁杂10号中系统选择育成的。20世纪80年代以前的杂交育种，这两个种质资源是应用最广泛的亲本，育成的品种中，绝大多数都有它们的亲缘。80年代以来，抗枯萎病育种全面展开，亲本选择多转向应用国外引进的抗枯萎病品种与国内育成的综合性状优良的丰产品种杂交，引进的加拿大品种Redwood65被多个育种单位选用，且育成多个品种推广应用。例如Redwood65×陇亚5号育成陇亚7号，793-4-1×Redwood65育成晋亚7号，67-93-1×Redwood育成宁亚17，Redwood65×78-10-116育成坝亚7号，Redwood65×陇亚7号育成定亚21等。

第四节　亚麻/胡麻育种途径和方法

引种选择和杂交育种是亚麻/胡麻育种最常用的方法。随着科学技术的发展，育种方法在不断创新，各种因子的诱变育种（物理诱变、化学诱变等）、生物技术育种、杂种优势利用等新技术都不断应用于亚麻/胡麻育种。

一、亚麻/胡麻引种选择

引种选择是指从异国或异地引进品种，经试验比较，筛选出适应当地直接应用的品种或从中系统选育出新品种的方法，也是绝大多数育种单位育种工作起步时所采用的方法。引种应按品种的生态类型进行引种，从地理纬度、自然气候特点、栽培技术水平等因子相近的地方引种效果较好。对引进的品种必须经过严格的种子检疫，防止把检疫性病害、杂草等带入本地而造成危害。引种要经过比较试验，获得成功后才能大面积应用，切忌盲目大量引种，以免造成不应有的损失。

二、亚麻/胡麻杂交育种

杂交育种是根据育种目标，选择2个或更多具有目标性状的亲本，通过人工杂交、系圃法选择新品种的方法，是国内外亚麻/胡麻育种中采用最为广泛、成效最为显著的方法。

（一）杂交方式　杂交育种根据选用亲本的多少及组配方式分为单交、复交及回交。

1. 单交　单交是指两个亲本成对杂交，是最简单的杂交方式，在国内外胡麻育种中被广泛采用，例如陇亚7号是Redwood65与陇亚5号杂交育成的。

2. 复交　复交是指选用3个以上的亲本，先后参与杂交的组合方式，一般用于2个亲本的优良性状不能满足目标性状的育种。例如陇亚10号是以81A350×Redwood65的F_1代为母本，以陇亚9号为父本杂交育成的。其中81A350矮秆早熟，Redwood65抗枯萎病，陇亚9号丰产，综合性状优良。

3. 回交　回交是指两个品种杂交的后代，再与原亲本之一重复进行杂交的方式。回交是品种改良的有效途径，多用于将单一性状转移到轮回亲本中。例如Flor通过回交方法把单个基因转移到栽培品种Bison中，获得了一套具有不同抗锈基因的品系。一般情况下，回交2～3代即可。

（二）杂交技术

1. 调整花期　亚麻是自花授粉作物。单株开花持续期一般为7d左右。晴天6:00—8:00开花，8:00—10:00盛花，10:00开始凋谢。杂交授粉工作应在盛花初期进行。不同品种开花早晚不同，要使杂交亲本同时开花，便于杂交授粉。对早熟品种应实行分期播种，调节开花期。

2. 去雄授粉　在开花前一天下午或开花当天早晨，选择母本生长健壮的植株上花瓣伸出萼片3～6mm未开放的花蕾，先将萼片剪去一半，用镊子摘掉花瓣，接着把5个花药摘除干净。去雄后的花蕾用硫酸纸袋套住，待到翌日父本花药开裂后立即采集花粉，授予已去雄花的柱头上，或把盛开的花朵摘下来放在已消毒的培养皿中，然后去掉花瓣，手捏花梗，把花粉轻轻地抹在已去雄花的柱头上。授粉之后再套上纸袋，在母本植株上拴上标签，用铅笔注明杂交组合编号、父母本名称、杂交花数、授粉日期等。亚麻/胡麻柱头的存活期为2～3d，若遇阴雨影响正常授粉，推迟1～2d授粉，成活率仍可达50%左右。

3. 杂交果管理　授粉3d后检查杂交果成活情况。如果子房膨大，柱头枯萎，则杂交蒴果已成活。如果子房及柱头同时枯萎变黄说明杂交果未成活。亚麻/胡麻杂交成活率较高，一般在70%～80%。在杂交蒴果生长发育期中应加强田间管理，保证杂交蒴果的正常生长发育。杂交蒴果达到正常种子成熟期后应及时收获脱粒。

（三）杂种后代的处理与选择　杂交后代处理最常用的是系谱法，也可以采用混合个体选择法及一粒传选择法。

1. 系谱法　从F_2代开始进行单株选择，F_3代种成株行，以后每代都在优良系统内继续选优，继而种成株系，直到选出性状整齐一致的优良品系参加品系比较试验为止。每代所选单株都要分别编号，以便查找。例如陇亚7号的原系号为7544-4-2，表示1975年做的第44个杂交组合、F_2代中选的第4个单株、$F_{2:3}$家系中入选的第2个单株、F_4代就已稳定、入选株行、形成株系、经过后续试验育成的品种。

（1）F_1代　F_1代按组合顺序排列，行长为2m，行距为20cm，每个杂交组合种1个小区，母本、F_1代和父本各种1行，约100粒，小区间距为40cm。由于F_1代种子较少，通常采用人工点播。根据F_1代杂种性状淘汰伪杂种及病劣株。成熟时选留优良组合，按组合混合收或单株收；同时淘汰一些不良组合。

（2）F_2代　F_2代是分离最大的世代，也是遗传率高的简单性状选择的关键世代。把从F_1代植株上混合收获的种子或单株种子，以组合为单位种植在枯萎病侵染的地块（枯萎病圃），通常每个组合种1个小区，每组合种3 000～5 000粒，行长为2m，行距为20cm。成熟期根据抗病性、熟期、千粒重等性状进行选择，首先选定优良组合，淘汰不良组合，一般淘汰1/3左右。然后在优良组合中，按照育种目标要求和各个性状的选择标准，每组合选择优株30～50株，再经室内考种分析后，从中选留20～30株，单株脱粒保存。

（3）F_3代　F_3代也分离严重，以简单性状选择为主，一般也种植在枯萎病侵染地块，把F_2代入选的单株种子种成株行，每组合种20～30个株行，行长为2m，行距为20cm。以组合为单位顺序排列，每隔20行播种1行对照品种。首先选择优良组合，再在优良组合中选择优良株行或单株。每组合选择优良株行在10个以内，单株50个以下，经室内考种复选，保留株行或单株不超过50%。同时，在温室或人工气候室内对幼苗进行锈病接种筛选试验。有条件的可用近红外分析仪器测定含油量等品质性状，进行选择。

（4）F_4代　此时简单性状已逐渐稳定，重点进行数量性状的选择。在肥力较好的地块，以与F_3代同样的方法种植，以分枝数、单株蒴果数、单果粒数、千粒重等产量构成性状为主进行农艺性状选择。测定含油量及脂肪酸组分，结合农艺性状进行决选。

（5）F_5和F_6代　把F_4代入选的单株按F_3的播种方法，种成株行，继续选择。由于F_5代和F_6代各种农艺性状已基本稳定，主要选择优良株行，一般不再继续选择单株。入选的株行下年进入株系圃试验。

2. 混合个体选择法（集团选择法）　此法的主要特点是F_1～F_4代均以组合为单位，按组合进行混合脱粒，混合播种，F_5代后改用系谱选择法。F_1代采用稀植点播，淘汰伪杂种后以组合为单位混合收获或单株选择收获，混合脱粒，混合播种。F_2代和F_3代按组合继续混合播种成小区，每个组合可依据熟期、株高、株型等性状分为几个集团，每种集团的植株混合脱粒留种。F_4代按组合或集团混播成小区，成熟期从中选择优良单株，再经过室内考种复选后单株脱粒留种。F_5代以组合或集团排列，每株种子播1个株行，根据田间表现选择株行，株行种成株系，用与系谱法相同的方法决选出优良品系，为品系比较试验提供材料。

3. 一粒传选择法　该方法与幼苗抗锈试验结合成功用于抗锈育种。F_1代按组合播种，从大量的F_2代单株上各采收1个蒴果，每个蒴果的种子（F_3代种子）种在直径约10cm的盆钵中，苗期用锈病病菌接种，每个盆钵里留1个抗锈的单株生长到成熟，再从每个盆钵的F_3代植株上采收1个蒴果。这个过程重复进行到F_5代或F_6代。这种方法可在人工温室内进行，1年可进行2～3代。

三、亚麻/胡麻轮回选择

轮回选择是异花授粉作物或常异花授粉作物改良群体和选育新品种的有效方法。内蒙古自治区农牧业科学院发现的胡麻显性雄性不育系使亚麻/胡麻利用轮回选择变为现实。山西省农业科学院高寒作物研究所率先利用显性细胞核雄性不育建立轮回群体，育成晋亚6号。此后，内蒙古自治区农牧业科学院通过轮回选择，选育出轮选1号、轮选2号和轮选3号，先后通过省级或国家级新品种审定或鉴定，并逐步在生产中推广应用。这种方法是选择综合性状优良的品种若干个，与显性细胞核雄性不育系成对种植，开花期拔出雄性不育系中分离出的雄性可育株，让外来花粉给雄性不育系授粉结实，成熟后收获雄性不育株，混合收获脱粒。下一代混合种植，从雄性可育株群体中选择优良单株，按系谱法程序进行选择；对雄性不育株群体继续混合收获脱粒，不断将新的基因引入轮回群体，这个过程可以一直重复进行，不断选择。

四、亚麻/胡麻诱变育种

（一）物理诱变 钴60（^{60}Co）γ射线辐射是应用最早、成效较大的物理诱变技术，能够提高突变率5～6倍，在改变品种某个不良性状、育成具有突出优良性状的新品种方面具有明显的效果。材料的选择是辐射育种的基础，应掌握以下原则：①生产上推广的综合性状好、优点多、缺点少的材料；②新引入的地理远缘及生态远缘的高产品种；③尚未稳定的优良杂种后代和尚不够理想的优良品系等。

^{60}Co γ射线照射亚麻/胡麻干种子的适宜剂量是200～500 Gy。低于100 Gy时几乎不发生变异，超过800 Gy时死亡率过高（80%以上），均影响辐射育种效果。辐射后代的选择，是辐射育种的关键。辐射处理后的种子称为M_1代种子。按处理顺序排列种植，每处理种5 000粒为宜，前后均播对照（未处理的材料）。由M_1代种子长成的M_1代植株，就可出现叶片黄化、卷缩、多分枝、茎扁化、双主茎等变异类型。对M_1代植株群体，一般不做个体选择，可混合收获，也可每株采收1个蒴果混合脱粒。M_2～M_5代可参照杂交育种的方法进行选择。

除^{60}Co γ射线辐射外，还有快中子照射、重离子注入、太空搭载等多种物理诱变因子被应用于亚麻/胡麻诱变育种研究。

（二）化学诱变 利用化学诱变剂甲基磺酸乙酯（EMS）处理亚麻/胡麻种子是诱变脂肪酸组分变异的成功方法。澳大利亚学者Green等（1984）利用浓度为0.4%甲基磺酸乙酯溶液处理常规品种Gleneig，诱变获得M1589和M1722两个亚麻酸含量约占总脂肪酸含量的29%的单隐性基因突变体，用M1722和M1589杂交，F_2代亚麻酸含量出现1∶4∶6∶4∶1分离，选育出亚麻酸含量约占总脂肪酸含量的1.6%的由2个单隐性基因控制的低亚麻酸品种Zero。加拿大学者Rowland（1990）使用与Green相同的方法，用浓度为0.4%甲基磺酸乙酯溶液处理常规品种McGregor，从诱变后代中直接选择出亚麻酸含量约2%的低亚麻酸品种，同样受2个单隐性基因控制。

自1960年Sager报道链霉素能作用于染色体以后，抗生素作为诱变剂的研究层出不穷。党占海等（2000）进行了抗生素诱导亚麻/胡麻雄性不育性的研究，结果表明，抗生素种类、处理浓度、亚麻/胡麻品种对诱变效果均有影响，以利福平诱变陇亚9号效果最佳，获得可遗传的温敏型雄性不育突变体，进而选育成世界首例温敏型亚麻/胡麻雄性不育系。

五、亚麻/胡麻单倍体育种

单倍体育种的价值早为人们所认识，具有减小选择群体、缩短育种时间的优势。亚麻/胡麻单倍体育种的方式主要有花药培养和双生胚选择。

（一）花药培养

1. 外植体的采集 选择优良杂交组合F_1代或F_2代植株花粉母细胞在单核靠边期的花蕾，经消毒处理后，剥离出其花药作为外植体（explant）。正确掌握花粉发育最适时期，是花药培养的关键。经验证明2～3 d后能够正常开花、长度为2～2.5 mm、萼片呈淡绿色、尖端深绿、花瓣白色的花蕾，其花粉母细胞多在单核靠边期。

2. 培养过程 将花药接种到培养基1（MS+NAA 1 mg/L+BA 1 mg/L）上进行脱分化培养，3周即可形成愈伤组织（callus）。切取绿色部分转入培养基2（MS+BA 1 mg/L）上进行分化培养，3周即可形成幼芽。然后再转入培养基3（MS+NAA 0.001 mg/L+BA 0.022 5 mg/L）上进行成苗培养。约1周时间幼苗长到2～3 cm后再转入培养基4（MS+NAA 0.001 mg/L）上进行生根培养，然后移植，用于进行染色体加倍（doubling chromosome）。

3. 单倍体检测及染色体加倍 利用染色体镜检或光吸收的方法进行单倍体植株的检测。经检测确认为单倍体的植株，再经染色体加倍后，进行试验选择。

（二）双生胚选择 研究表明，亚麻/胡麻具有较高的双胚（twins）现象，多为n-$2n$型，即一个胚为单倍体，另一个胚为二倍体。人工选择能够提高亚麻/胡麻群体中双胚的发生频率，为亚麻/胡麻育种开辟了一条大量获得单倍体的途径。Plessers对Rocket进行了7轮的选择，双胚率由0.014%提高到2.9%，提高了200多倍；Rajhathy对Plessers选得的高双胚率品系Rocket-4进行了第8轮选择，双胚率最高的品系又提高3倍，达8.7%；Green将Rocket-4与Avantgart（零双胚率）进行杂交，从中选得了双胚率稳定在30%左右的品系RA91。

六、亚麻/胡麻杂种优势利用

亚麻/胡麻杂种优势明显，杂种优势的利用早为人们所关注。亚麻/胡麻是自交密植作物，雄性不育系选育是杂种优势利用的关键。

（一）亚麻/胡麻雄性不育系的发现及特征 1921 年 Bateson 和 Cairdner 发现亚麻/胡麻雄性不育系，可能是最早发现雄性不育的作物之一，这种雄性不育系被鉴定为细胞质雄性不育。但是这种雄性不育系因为它的花不能充分展开，授粉受到阻碍，影响异花授粉，至今未能用于商品化杂交种生产。

1952 年苏联从巴勒斯坦胡麻 K-1991 同火炬品种的杂交后代中选育出雄性不育株，它与任何可育品种杂交 F_1 代都是不育的，是细胞质雄性不育类型。雄性不育株的花瓣较小，开花时卷成筒状不能展开，花冠直径只有 0.3～0.8 cm。

1975 年内蒙古自治区农牧业科学院从油用亚麻雁杂 10 号中发现的不育株是显性细胞核雄性不育类型。雄性不育株的花冠大部分也为卷曲型，柱头不能外露。另有 15%～20%雄性不育株的花冠为展开或半展开。雄性不育株的多数花药瘦小，光滑，有蓝色、浅蓝色和白色 3 种，不能自交结实，开放花可以接受外来花粉结实，F_1 代植株群体出现雄性不育株与雄性可育株为 1∶1 的分离比例，雄性可育株后代雄性育性不再分离，雄性不育株后代仍表现 1∶1 的分离，也至今未能生产杂交种。

1998 年甘肃省农业科学院经济作物研究所党占海等利用抗生素诱变亚麻/胡麻种子，选育成功了温敏型亚麻/胡麻雄性不育系。该雄性不育系花色浅蓝，花药黄色，易于辨认，开花流畅，异花授粉无阻，雄性不育性受 1 对隐性基因控制，与所有雄性可育品种杂交，F_1 代均为雄性可育，F_2 代出现雄性可育与雄性不育按 3∶1 分离。

（二）杂交种选育

1. 亲本选择 亚麻/胡麻杂交种亲本选择应该遵循亲本性状优良、特别在产量构成上能够互补、配合力高、亲缘关系较远、无明显的严重缺陷性状等原则。同时还应考虑花期相遇、父本株高应高于母本、花粉量大、散粉时间长、花粉生活力强等特性。

2. 测交制种 测交制种组合多，每组合所需种子数量少，通常采用人工授粉。为了防止授粉前被异花授粉，确保组合纯度，开花期在下午选择将要在第 2 天开放的花蕾套上纸袋，第 2 天早晨散粉时人工授以父本花粉后再套上纸袋，挂牌标记，成熟后收获。

3. 组合鉴定 对新测交的杂交组合的杂交率、产量及其构成等重要性状进行初步鉴定，因测交组合数较多，一般按组合种植，中间种植杂交种，前后分别种母本和父本，测定组合的超亲优势；每隔 5 个或 9 个组合种 1 对照品种，测定组合的超标（指标准品种或对照品种）优势，选择优势组合。

（三）杂种优势的表现

1. 产量及其构成性状的杂种优势表现 Comstock 报道，亚麻/胡麻籽粒产量的杂种优势为 20%～40%。陈炳东等报道，亚麻/胡麻杂交种籽粒产量的中亲优势为 36%～129%，高亲优势为 26%～109%。党占海等以 50 个常规品种为父本与温敏型雄性不育系 1S 杂交，F_1 代籽粒产量的父本优势为 4.6%～150.5%；5 个组合的对照优势为 42.3%～60.7%；育成的陇亚杂 1 号、陇亚杂 2 号和陇亚杂 3 号，在省级区域试验中分别比对照品种增产 10.27%、6.92%和 11.12%。王利民等（2006）研究表明，产量构成因子中，单株产量杂种优势最为明显，其次是单株结果数，杂种优势率依次为：单株产量＞单株结果数＞千粒重＞单果粒数。

2. 农艺性状的杂种优势表现 有效分枝数杂种优势明显，蒴果直径、株高具有一定的负优势。

3. 生理性状的杂种优势表现 研究结果显示，杂交种吲哚乙酸（IAA）含量表现出较大的正向平均优势和超亲优势，蒴果的干物质积累表现出明显的正向优势和超亲优势，生育期表现负向优势，抗枯萎病性能具有正向优势。

（四）杂交种种子生产 截至目前，通过审定的胡麻杂交种均是以温敏型雄性不育系为母本的两系法育成的，杂交种种子生产主要有以下关键环节。

1. 区域选择 选择花期日平均温度在 17 ℃以下的地区进行杂交种生产。

2. 适宜行比 采用条播，每 6 行母本种 2 行父本（父本与母本行比为 1∶3），母本播种量按 750 有效粒/m^2（每公顷 750 万有效粒）计，父本按 600 有效粒/m^2（每公顷 600 万有效粒）计，父本稍稀有调节花期的作用。

3. 人工辅助授粉 盛花期用喷雾器从与播行垂直的方向吹风，进行人工辅助授粉可提高授粉率。

4. 父本处理 父本可以在授粉之后先行收割，也可以待成熟之后，在杂交种收获之前收获。

5. 收获脱粒 成熟之后采用人工收获或机械收获，按组合单收单运，单脱单储。

6. 杂交种种子品质鉴定 收获的杂交种种子要进行种植鉴定。鉴定合格的种子才能作种用，不合格的种子要转商使用。

第五节 亚麻/胡麻育种田间试验技术

一、亚麻/胡麻规范化田间试验技术

（一）预备试验圃 预备试验圃的目的是在对上一年决选的品系进行繁殖的同时进行初步的鉴定，小区面积为 2 m^2，行长为 2 m，行距为 20 cm，5 行区，不设重复，每平方米有效播种粒数为 1 500/750 粒。

（二）鉴定圃 鉴定圃对预备试验圃初选品系进行进一步鉴定。间比排列或随机区组设计，重复 3 次，小区面积为 6～8 m^2，行长为 3～4 m，行距为 20 cm，10 行区，密度同预备试验圃。一般进行 2 年，对抗性、品质有显著缺陷的品系可以一年淘汰，而对综合结果表现突出的品系也可一年提升。

（三）品系比较试验圃 品系比较试验圃对鉴定圃入选提升的品系进行比较试验，一般进行 2 年，随机区组设计，重复 3 次，小区面积为 13.34 m^2，行长为 6.67 m，行距为 20 cm，10 行区，密度同鉴定圃。一般进行 2 年，对抗性、品质有显著缺陷的品系可以一年淘汰，而对综合结果表现突出的品系也可一年提升。

（四）区域试验 区域试验由国家和各省分级进行，由主持单位匿名编号，统一布点，一般 10 个左右试点，10 个左右品种，进行 2 年。随机区组设计，重复 3 次，小区面积为 13.34 m^2，行长为 6.67 m，行距为 20 cm，10 行区，每平方米有效粒数为 2 000/900 粒，四周设 1 m 宽的保护区。参试品系的枯萎病抗性由品种审（鉴）定委员会指定的植物保护部门在枯萎病圃中鉴定；品质由品种审定委员会指定的有资质的测试分析部门测定。主持单位依据各点总结报告、进行产量显著性及稳定性分析，结合枯萎病抗性鉴定报告、品质测定报告统一汇总，出具总结报告。

（五）生产试验 生产试验是经区域试验认定的平均结果符合审定标准的品系，在更大面积、与生产水平更趋一致的条件下进行的对比试验。同样由国家和各省分级进行，是对国家级或省级区域试验 2 年进行生产性对比的中试性试验，统一布点，一般与区域试验同点进行。小区面积为 333～666 m^2，不设重复，进行 1 年。播种期、密度、田间管理等依据所在地气候和生产条件确定，成熟后单收计产，与统一对照进行比较。

二、亚麻/胡麻主要目标性状的鉴定技术

（一）抗旱性鉴定

1. 种子萌发期抗旱性鉴定 种子萌发期抗旱性鉴定用高渗溶液法。即用 20%的聚乙二醇 6000（PEG-6000）水溶液对种子进行胁迫处理，以无离子水培养作为对照。发芽皿是直径为 9 cm 的培养皿，以双层滤纸作为发芽床，加盖以防止水分蒸发。每个发芽皿为 1 个处理，每个处理均匀放置 100 粒种子，设 1 个对照，重复 4 次，放入培养箱中，在 25 ℃条件下培养，第 8 天（168 h）调查发芽种子数，分别计算胁迫和对照处理种子平均发芽率，以胁迫种子发芽率占对照种子发芽率的比例（%）为相对发芽率，以相对发芽率评判抗旱性，1 级、2 级、3 级、4 级和 5 级抗旱的相对发芽率分别为≥95.0%、90.0～94.9%、80.0～89.9%、60.0～79.9%和≤59.9%。

2. 苗期抗旱性鉴定 苗期抗旱性鉴定采用两次干旱胁迫-复水法。在日平均气温为 25 ℃±5 ℃的条件下进行试验，3 次重复，每重复 50 粒，在长×宽×高＝70 cm×40 cm×30 cm 的塑料周转筐内垫 2 层报纸，防止土样外漏，筐中装入 10 cm 厚的中等肥力水平的耕层土，灌水至土壤含水率达到 20%以上，播上种子，覆土 2 cm。幼苗长至 10 cm 左右时停止供水，进行第 1 次干旱胁迫。当植株持续萎蔫 3 d，土壤含水量降至 5%以下时开始复水（将栽培筐置于事先准备好的水池中），使土壤含水达饱和含水量；48 h 后调查存活苗数（幼苗或叶片恢复为鲜绿色）。随之以相同的方法进行第 2 次干旱胁迫，调查存活苗数。计算第 1 次和第 2 次胁迫存活率，以两次胁迫存活率的平均值作为反复干旱存活率，并以此评价胡麻苗期抗旱性。苗期 1 级、2 级、3 级、4 级和 5 级的反复干旱存活率分别为≥70.0%、69.9～50.0%、49.9～35.0%、34.9～20.0%和≤19.9%。

3. 成株期抗旱性鉴定 成株期抗旱鉴定采用加权抗旱系数法，需在抗旱棚或者常年降水量不足 50 mm 的田间条件下进行鉴定，需有 2 年的鉴定结果。试验设置干旱胁迫和正常灌水两个处理，两处理相邻种植，每处理均采用随机区组排列，3 次重复，种植密度为 900 粒/m^2，播种前灌 1 次水，以保证苗齐苗全，出苗至成熟期不灌水，使其充分受旱。在干旱胁迫处理的同一块地设置对照处理，全生长发育期灌水 4 次，以满足正常生长发育的水分供应。成熟后每小区取样 10 株，考察株高、分枝数、单株果数、单果粒数、单株籽粒质量、单株生物量等。计算出各品种的相对值、平均抗旱系数、加权抗旱系数以及标准指数，1 级、2 级、3 级、4 级和 5 级的标准指数分别为≥0.86、0.800～0.859、0.650～0.799、0.580～0.649 和≤0.579。

（二）枯萎病抗性鉴定 亚麻/胡麻抗枯萎病性的鉴定，要在自然重病圃或人工接菌病圃进行。无论是自然病圃还是人工病圃都要求病原均匀、发病一致。通常采用随机区组设计，重复 3 次，每小区 3 行，行长为 1～2 m，每行播种 100～150 粒。设高抗病（CK_1）和感病（CK_2）两个对照。分别在枞形期、现蕾期和工艺成熟期调查因枯萎病造成病死株、发病株和正常株数量，计算各生育时期的发病株率和病死株率。以各生育时期发病株率和病死株率的加权平均值作为全生长发育期发病株率和病死株率。根据被鉴定品种与对照品种发病株率、病死株率的比值评价其抗病性，分为高抗、抗、感和重感 4 级。病死株率与高抗对照差异不显著而极显著低于感病对照者为高抗；病死株率高于高抗对照而显著低于感病对照者为抗；病死株率显著高于抗病对照而低于感病对照者为感病；病死株率极显著高于抗病对照而与感病对照差异不显著者为高感。

（三）粗脂肪含量（含油量）测定 将亚麻/胡麻种子烘干至恒重，研磨成粉状后，精确称取样品 2.5 g，包成样包，记录样品的净质量和样包质量，按样品顺序编号，将其装入脂肪测定仪（海能 Sox500 型），取 100 mL 无水乙醚倒入每个萃取柱中开始萃取。待萃取结束后，取出样包，将其放入烘箱 105 ℃烘干 1 h。称量烘干后的样包质量并用残余法计算粗脂肪的含量。以 m_1 代表萃取前样包质量，m_2 代表萃取后烘干样包质量，m 代表样品称取净重，则有粗脂肪含量$=[(m_1-m_2)/m]\times100\%$。

（四）脂肪酸组分测定 采用气相色谱法测定亚麻/胡麻脂肪酸组分含量。取 0.1 g 亚麻/胡麻油，加乙醚-正己烷(2∶1) 混合溶剂 2 mL，振动溶解。加 1 mL 甲醇和 1 mL 0.8 mol/L 氢氧化钾充分混匀，漩涡处理后放置 5～30 min，沿瓶塞加少量水，取上层清液做色谱分析。所用仪器为 Agilent7820 气相色谱，采用配置 FID 以及 AT-FFAP 色谱柱（30 m×320 mm×0.33 μm）检测。采用程序恒温法测定，210 ℃恒温 8 min，进样口温度为 250 ℃，高纯氮气 30 mL/min，氢气 40 mL/min，空气 400 mL/min。气相色谱分析结果以脂肪酸的相对量（%）表示。

第六节 亚麻/胡麻种子生产技术

种子生产是为了保持品种的优良特性、延长品种的使用期限，通过科学的方法、程序和体系繁殖出足够数量和符合品质要求的优良种子，保证市场供给的过程。

一、亚麻/胡麻良种防杂保纯

亚麻/胡麻属自交作物，花粉粒较大、黏性高，随气流漂移的距离短，花瓣保留时间短，且与蜜蜂的活动时间错位，通过昆虫传粉造成异花授粉，产生生物学混杂的概率较小，良种混杂的主要原因是机械混杂。因此亚麻/胡麻良种的保纯重点是防止机械混杂，主要措施是制定实施严格的良种繁育技术标准（或繁育操作规程），从种子准备到收获储藏的全过程中，各个环节上严防混杂的发生。一般要求种子田不能在重茬地种植，同一块地只用于繁殖一个品种，并且是同一批种子的原种。种子田与生产田块，不同品种的种子繁殖田块至少有 20 m 以上的隔离。人工收获时必须单独运输，垛集前必须将场地清理干净，单独脱粒，最好不要在同一场地上脱粒多个品种。如果必须和生产田共用一个场地，应先脱粒种子繁殖田后再脱粒生产田。不同品种必须用一个场地时，必须每脱粒完一个品种后，进行彻底的清理。机械收获时，应该同一品种连续收获完毕，对机械彻底清理后再收获另一品种。

二、亚麻/胡麻良种的提纯技术

亚麻/胡麻品种在推广应用过程中也有一定概率的天然变异发生，有些新育成的品种遗传性尚未完全稳定，基因型仍存在一定程度的杂合性，在这种情况下，就应进行提纯复壮，把符合原品种标准的植株选择出来，进行繁殖，以保持其原有特征特性。一般采用三圃提纯技术。

（一）单株选择圃 单株选择圃常以原种为材料，选择具有该品种典型特征特性的优良单株。在田间初选，室内考种决选，单株脱粒保存。

（二）株行鉴定圃 将上年入选单株种子统一编号，每株种子在株行鉴定圃，种成株行，在生长发育期间观察比较，开花及成熟期分别进行评选，选择综合性状整齐一致、健壮的优良株系，淘汰劣系。

（三）混系繁殖圃 将上年入选株行的种子混合，在优良的栽培条件下，采用快速繁殖技术在混系繁殖圃进行繁殖，生长发育期间进行严格除杂去劣，成熟期收获脱粒。

三、亚麻/胡麻种子质量检验标准和方法

（一）亚麻/胡麻种子质量标准 原种（basic seed）是按原种生产技术规程生产的种子，或用由育种家种子（breeder seed）繁殖的原原种（pre-basic seed）再扩繁的种子。原种的质量标准是纯度>99.0%，净度>96%，发芽率>85%，水分<9.0%。

生产用种（qualified seed）是用原种繁殖的第一代至第三代种子。生产用种的质量标准是纯度>97.0%，净度>96%，发芽率>85%，水分<9.0%。

（二）亚麻/胡麻种子检验方法

1. 扦样 种子批的最大质量是10 000 kg，送验样品为150 g。净度分析试样为15 g，其他植物种子计数试验样品为150 g。

2. 净度分析 净度是指净种子质量占分析样本（含净种子、其他植物种子和杂质3部分）质量的比例（%）。

3. 发芽率测定 在加入适量净水的滤纸上放上准备发芽的种子，在25～28 ℃条件下，经7 d时间，生长出的正常幼苗数占供检种子粒数的比例（%）为发芽率。

4. 纯度鉴定 一般采用田间小区种植鉴定的方式进行纯度鉴定，具有本品种特征特性的植株数量占调查总株数的比例（%）为该品种的纯度。

5. 水分测定 把种子烘干后所失水分的质量（包括自由水和束缚水）占供试样品的原始质量的比例（%）为种子水分，烘干时采用低温烘干箱。

四、亚麻/胡麻良种快速繁殖

（一）稀植快繁 为使有限的种子尽可能地扩大繁殖面积，一般播种量为正常播量的1/3～1/5，繁殖种子数量可以扩大2～4倍。

（二）异地加代 可利用我国南方（云南、海南）冬季气温较高的有利条件，进行异地加代，1年可繁2代。我国亚麻/胡麻主产区在7—9月成熟，收获后到南方冬季繁殖1代，翌年收获后又返回产区繁殖。

（三）提高产量 选择水肥条件较好的田块，加强田间管理，提高单位面积产量，也是加快繁殖行之有效的措施之一。

第七节 亚麻/胡麻育种研究动向和展望

亚麻/胡麻育种工作经过近70年的努力，培育出了许多优良品种，在生产上发挥了巨大的作用。随着亚麻/胡麻生物功效的认知和高科技产品的开发，亚麻/胡麻消费人群由产区农民向大中城市高消费者扩展，消费群体逐步增大，消费量呈逐年增长的态势，消费观念由低劣向高优转变，消费方式由单一向多元转变，对品种的要求越来越高，目标更加明确，育种的难度进一步增大。

一、亚麻/胡麻高产油量品种的选育

提高产量是提高产油量的主要途径，相对而言，胡麻是低产作物，种植效益不高，在今后相当长的时间内，提高产量仍然是亚麻/胡麻育种的首要目标。另外，提高含油量是提高产油量的有效途径。籽粒产量、含油量都是受多基因控制的数量性状，选育的难度要比一般简单遗传的性状更大，因此应充分利用丰富的种质资源（包括野生种质资源），采取现代生物技术与传统常规技术有机结合的方式选育高产、高油的新品种。

杂种优势利用在我国得以突破，未来在提高产量方面将会产生更大的作用。

二、亚麻/胡麻特用品种的选育

人们对亚麻/胡麻的营养价值和生物功能的认知度和关注度在不断提高。这就要求育种者在追求亚麻/胡麻产量增加的同时追求亚麻/胡麻品质的提高，特别是特有功能成分的提高及有害成分的降低，超高亚麻酸含量品种的选育、高木酚素品种的选育、低亚麻苦苷含量品种的选育、耐盐碱品种选育和极早熟品种的选育等已受育种者关注，在以改良某种特性为主的特用品种选育中人工诱变技术、组织培养技术、转基因技术等现代生物技术将发挥主要作用。

三、亚麻/胡麻种质资源创新和利用研究

作物育种成效的大小，很大程度上受制于掌握种质资源数量和对其性状表现及遗传规律的研究深度。世界育种史上，突破性品种的育成及育种上大的突破性成就几乎无一不决定于关键性优异种质资源的发现和利用。与主要农作物相比，亚麻/胡麻种质资源总量少，多样性不足，虽然我国具有丰富的野生亚麻/胡麻种质资源，但是还没有一份得到利用。广泛发掘和收集亚麻/胡麻种质资源，加大种质资源创新力度，加强野生亚麻/胡麻种质资源利用技术研究，对促进亚麻/胡麻育种工作有着极其重要的现实意义和深远的历史意义。

四、亚麻/胡麻生物技术的研究和利用

农业生物技术是当今最具活力、应用效益最高、与人们关系最为密切的现代农业技术，是推动现代农业科技创新和生物育种产业发展的重要支撑，已成为世界各国科技发展的竞争焦点和新兴产业发展的战略重点。转基因作物已在世界范围内广泛应用，在减少农药施用、降低病虫害损失、改善环境、减少劳动力投入上取得了巨大的经济效益和社会效益。我国政府高度重视农业生物技术引领的现代农业生物产业发展，《国家中长期科学和技术发展规划纲要（2006—2020年）》将生物技术作为5个战略重点之一，生物育种产业被列为7大国家战略性新兴产业之一。当前，农业生物技术已成为新的农业科技革命的强大推动力和新的经济增长点，成为我国发展现代农业、实现科技创新的战略选择。可以预期，生物技术也必将成为亚麻/胡麻育种技术创新和品种突破的战略选择，将使亚麻/胡麻在医药、工业、环境保护等领域朝着目标更加确定的方向发展。

复习思考题

1. 试论述我国亚麻/胡麻的育种进展及取得的成就。
2. 栽培亚麻/胡麻有哪些品种类型？相应的育种目标如何？
3. 试述亚麻/胡麻产量、品质相关性状的遗传规律及其对亚麻/胡麻育种的意义。
4. 试讨论亚麻/胡麻引种须注意的问题。亚麻/胡麻育种有哪些主要方法？各有何特点？
5. 试述亚麻/胡麻杂交育种的杂交方式与杂交后代处理和选择的方法。
6. 试讨论获得雄性不育亚麻/胡麻的基本途径和方法。
7. 试述规范化亚麻/胡麻田间试验技术。如何保证产量比较试验的精确性？
8. 试从常规育种和分子育种结合的角度论述亚麻/胡麻育种的发展方向。

附 亚麻/胡麻主要育种性状的记载方法和标准

一、生育时期

1. 播种期 播种当天的日期为播种期。

2. 出苗期 全区有50%的幼苗出土子叶展开的日期为出苗期。

3. 枞形期 全区有50%幼苗叶片呈密集状，出现3对真叶的日期为枞形期。

4. 快速生长期 全区有50%植株株高达到15～20 cm，生长点开始下垂的时期为快速生长期。

5. 现蕾期 全区有50%植株出现第1个花蕾的日期为现蕾期。

6. 开花期 全区有50%植株第1朵花开放的日期为开花期。

7. 工艺成熟期 全区植株有1/3的蒴果变黄、茎秆下部有1/3变黄并有1/3叶片脱落时的日期为工艺成

熟期。

8. 生理成熟期 生理成熟期也称为种子成熟期，即全区亚麻植株有2/3的蒴果成熟呈黄褐色，麻茎有2/3变为黄色，茎下部2/3叶片脱落时的日期。

9. 生长日数 从出苗至工艺成熟期的日数为生长日数。

10. 全生长日数 从播种至工艺成熟期的日数为全生长日数。

11. 生育期 从出苗至生理成熟期的日数为生育期。

12. 全生育期 从播种至生理成熟期的日数为全生育期。

二、植物学特征

13. 幼苗颜色 在苗期，以试验小区全部幼苗为观测对象，在正常一致的光照条件下，目测观察叶片正面的颜色，分为浅绿色、绿色、深绿色等。

14. 叶色 在现蕾期，以试验小区全部植株为观测对象，在正常一致的光照条件下，目测观察植株中部叶片正面的颜色，分为浅绿色、绿色、深绿色等。

15. 花冠形状 在植株的开花期于8:00—10:00，目测观察每朵花的花冠形状，分为圆锥形、漏斗形、五角星形、碟形、轮形等。

16. 花冠直径 在植株的开花期于8:00—10:00测量花冠的直径，单位为cm。

17. 花瓣色 在植株的开花盛期，在正常一致的光照条件下（一般在晴天的8:00—10:00观察），目测观察完全开放花朵的花瓣颜色，分为白色、粉色、红色、黄色、浅蓝色、深蓝色、紫色等。

18. 种皮色 在种子脱粒、干燥和清选的基础上，目测观察成熟种子的种皮颜色，分为乳白色、浅黄色、浅褐色、褐色、黑褐色等。

三、生物学特性

19. 出苗率 出苗数占有效播种粒数的比例（%）为出苗率。

20. 收获株数 每平方米实际收获的有效植株数为收获株数。

21. 田间保苗率 收获株数占出苗数的比例（%）为田间保苗率。

22. 耐旱性 在干旱期间，每天于14:00左右调查植株叶片萎蔫情况及晚上或次日早上恢复程度，以强、中、弱表示。

耐旱性强为植株叶片颜色正常，或有轻度的萎蔫卷缩，但晚上很快地恢复正常状态。

耐旱性中为植株生长点叶片呈卷曲状，晚上能恢复正常。

耐旱性弱为植株叶片变黄，生长点萎蔫下垂，叶片明显卷缩，每天晚上或次日早晨恢复正常状态较慢或不能恢复。

23. 耐寒性（冻害） 出苗后遇到严重霜冻，在解冻后3～5 d调查幼苗冻害情况。以目测的方法观察受冻害症状，冻害级别根据冻害症状分为5级。0级为无冻害现象发生；1级为叶片稍有萎蔫；2级为叶片失水较严重；3级为叶片严重萎蔫；4级为整株萎蔫死亡。根据冻害级别计算冻害指数，计算公式为

$$FI=\frac{\sum(x_i n_i)}{4N}\times 100$$

式中，FI为冻害指数，x_i为各级冻害级值，n_i为各级冻害株数，N为调查总株数。

24. 抗病性 在苗期调查立枯病发病率；在子叶期调查炭疽病发病率；在工艺成熟期调查枯萎病和锈病发病率。

25. 抗倒伏性 一般在雨后调查抗倒伏性，以整个试验小区的全部植株为观测对象，用目测法调查受害情况。根据受害程度分为4级。0级为植株直立不倒；1级为植株倾斜角度在15°以下；二级为植株倾斜角度在15°～45°；三级为植株倾斜角度在45°以上。

四、经济与产量性状

26. 株高 植株主茎子叶痕至植株顶端的长度为株高，单位为cm。

27. 工艺长度 植株主茎子叶痕至植株第一分枝的长度为工艺长度，单位为cm。

28. 分枝数 植株主茎上端的一级节分枝数，单位为个。

29. 分茎数 从子叶痕处生长出来的茎数为分茎数，单位为个。

30. 茎粗 用卡尺测量茎中部的直径，即为茎粗，单位为mm。

31. 单株蒴果数 每个植株主茎和分枝上着生的全部含种子的蒴果个数为单株蒴果数，单位为个。

32. 单果粒数 选植株上、中、下蒴果20个，脱粒后计算平均每果粒数，单位为粒。

33. 千粒重 1 000粒种子的实际质量为千粒重，单位为g。

34. 单株茎质量 在工艺成熟期，植株收获晾干以后除去叶片、蒴果的整株麻茎的质量为单株茎质量，单位为g。

35. 干茎制成率 沤制好的干茎质量占供试原茎质量的比例（%）为干茎制成率。

36. 长麻率 长麻质量占供试干茎质量的比例（%）为长麻率。

37. 全麻率 全麻质量占供试干茎质量的比例（%）为全麻率。

38. 原茎产量 原茎收获、脱粒以后晒干称量达恒重时的质量为原茎产量，单位为 kg/hm^2。

39. 种子产量 籽粒的产量为种子产量，单位为 kg/hm^2。

40. 长麻产量 长麻产量＝原茎产量×长麻率×干茎制成率，单位为 kg/hm^2。

41. 全麻产量 全麻产量＝原茎产量×全麻率×干茎制成率，单位为 kg/hm^2。

五、品质特性

42. 纤维强度 质量为420 mg、长度为27 cm的亚麻束纤维的抗拉强度为纤维强度，单位为N。

43. 分裂度 分裂度是指亚麻束纤维的细度，单位为公支。测试与计算参照国家标准《亚麻纤维细度的测定　气流法》(GB/T 17260—2008)。

44. 可挠度 称取质量为420 mg、长度为27 cm的纤维束，放在专用的压板中，用专用扳手拧紧螺母，在温度为18～22℃、相对湿度为60%～70%的条件下放置24 h后用可挠度仪测定其可挠度，单位为mm。

45. 纤维长度 以每个试验小区全部试验麻株打出的长麻为测量对象。用钢卷尺测量纤维长度，测量时从根部多数纤维处量起至稍部多数纤维处止，单位为cm。

（王玉富第二版原稿；党占海第三版修订）

第五篇 块根块茎类作物育种

第二十五章 甘薯育种

第一节 国内外甘薯育种研究概况

一、我国甘薯育种概况

甘薯（sweet potato）是重要的粮食、饲料、工业原料及新型能源用块根作物，广泛种植于世界上100多个国家。我国是世界上最大的甘薯生产国家，年种植面积为3.482×10^{6} hm^{2}，占世界种植总面积的43.0%；年生产量为$7.336\ 1\times10^{7}$ t，占世界总产量的71.1%（FAO，2012）。甘薯高产、稳产、适应性广、营养丰富、用途多，具有重要保健和防治疾病的功能，被世界卫生组织（WHO）评为最健康的蔬菜。

我国的甘薯育种工作大致可划分为以下3个时期。

（一）第一个时期 第一个时期是中华人民共和国成立前至中华人民共和国成立初期（20世纪50年代初），主要是收集、评价地方品种，并开展引种工作。例如20世纪40年代从日本引种的胜利百号（冲绳100）和从美国引种的南瑞苕都曾在我国甘薯生产上发挥过显著作用。评选出的禺北白等地方品种在广东等南方地区推广种植，增产30%左右，替换了当时很多低产品种。在此期间，也有少数地区开展了杂交育种工作，例如台湾省此期间进行甘薯有性杂交育种，并将育种目标定为高产、高淀粉品种的选育。

（二）第二个时期 第二个时期是从20世纪50年代初至70年代末，是我国甘薯杂交育种工作蓬勃兴起和迅速发展的时期，主要育种目标是高产，兼顾抗病性。1948年开始，由华北农业科学研究所盛家廉等选用胜利百号和南瑞苕为杂交亲本进行正反交，育成华北117、北京553等良种。华东农业科学研究所张必泰等育成51-93、51-16等良种。之后各地农业研究机构和农业院校陆续开展甘薯杂交育种工作，使用胜利百号和南瑞苕两亲本杂交，先后育成栗子香、遗字138、一窝红、济薯1号、烟薯1号、大南伏、湘农黄皮等品种。20世纪60—70年代，我国选育出具有一定特色的新品种60多个，一般比当地品种增产20%～30%或以上。每年种植6.67×10^{4} hm^{2}以上的品种有徐薯18、青农2号、丰收白、川薯27、农大红等11个品种。特别是由江苏省徐州甘薯研究中心盛家廉等育成的徐薯18，高产、高抗根腐病［root rot，*Fusarium solani* (Mart.) Sacc. f. sp. *batatas* McClure］，控制了当时根腐病的蔓延，推广面积迅速扩大，获得国家发明一等奖。

这个时期，我国广泛开展了甘薯种质资源的收集和整理，至1957年共收集1 700份，并按高产、优质、形态、抗性等特征进行了分类、归纳、整理。对甘薯重要性状的遗传规律、有性杂交中促进开花的方法和理论、辐射育种、自交系育种及种间杂交育种等也进行了研究。例如北京农业大学等通过^{60}Co γ射线辐射诱变获得一些高抗病的突变材料；西北农学院选育出自交结实率高达85%的高自1号和高自73-14，为开展自交系育种提供了可贵的资源；江苏省农业科学院利用近缘野生种 *Ipomoea trifida*（$4x$，$6x$）和甘薯杂交，选育出一批高淀粉、高抗病优良材料。

（三）第三个时期 第三个时期是从20世纪80年代初至现在，主要育种目标由原来的高产转变为产量与品质并重，注重专用型、多用途新品种的选育。这个时期，我国育成食用型、淀粉型、兼用型、特用型等甘薯品种100余个，从而改变了我国过去甘薯品种类型单一的局面。例如由四川省南充市农业科学研究所育成的食用型品种南薯88，获得国家科技进步一等奖。进入21世纪，我国甘薯育种目标进一步向多样化和专用型发展，对不同用途、不同类型的品种均提出了不同的要求，特别强调品种的品质改良。近几年育成的新品种徐薯22、商薯19、广薯87等已经成为我国主导品种。

这个时期，在甘薯种质资源收集、保存、评价、鉴定等方面，在甘薯育种新材料的发掘与创新、育种新技术与新方法、育种学基础研究等方面均取得很大进展。目前全国收集保存的甘薯种质资源2 000余份；从日本、美国、韩国、菲律宾等国家以及国际马铃薯中心（CIP）、亚洲蔬菜研究发展中心（AVRDC）、国际热带农业研究所（IITA）等单位引进甘薯种质资源300余份，并对其特性进行了鉴定。在杂交不亲和群测定方面也做了大量工作，同时开展了甘薯种质试管苗的保存方法研究。应用不完全双列杂交模式进行配合力分析，评选出一批优良亲本和组合，加强了选配亲本的预见性。基本建立了主要病害的抗病性、耐旱性、淀粉含量、胡萝卜素含量等的准确快速鉴定方法。河北省农林科学院提出了“计划集团杂交”育种法，中国农业大学、江苏省农业科学院等对种间杂交育种进行研究，从种间杂交后代中筛选出一批不同倍性、不同特性的新材料，丰富了甘薯种质基因库。中国农业大学用γ射线、离子束照射徐薯18、宁12-17、栗子香、高系14等推广品种的器官和细胞，改良了其黑斑病与茎线虫病抗性、淀粉含量、胡萝卜素含量、可溶性糖含量及其他性状；烟台市农业科学研究所用快中子辐照有性杂交种子，选出优良后代。中国农业大学对甘薯组种间、种内杂交不亲和性的机制与克服方法进行了较系统的研究，并较系统地进行了甘薯分子育种等研究工作，取得了重要进展。

二、国外甘薯育种概况

日本的甘薯人工杂交育种开始于1914年，到1923年已育成甘薯品种冲绳1号至8号。1937年日本推行“富国强兵，增产粮食”的国策，甘薯被指定为重要的酒精原料作物，主要育种目标为高淀粉、高产，育成冲绳100、护国薯、农林1号、农林2号等品种。20世纪40年代中期至60年代初，日本甘薯育种目标仍以高淀粉、高产为主，一方面是为了解决战后粮食不足问题，另一方面甘薯是当时日本主要酒精和淀粉原料，育成金千贯、玉丰、高系14等主要品种。

20世纪60年代以来，日本开始重视甘薯品质的改良，育种目标由原来单一追求高淀粉、高产开始转向食用、食品加工用、淀粉原料用、饲料用等专用型品种的选育，育成一系列高淀粉品种（例如南丰、高淀粉等）、食用品种（例如红东等）、饲料用品种（例如蔓千贯等）、特用品种（例如低甜度的农林40、多酚含量低的农林38、花青素含量高的绫紫等）。特别值得一提的是，20世纪60年代末以来，一方面日本开展了种间杂交育种，例如1975年育成的品种南丰具有1/8的*Ipomoea trifida*（$6x$），成为日本划时代的品种；另一方面日本利用近交、多交、复合杂交等方式培育高淀粉亲本材料，使高淀粉育种获得重大突破，不仅使淀粉含量高达30%，而且在淀粉粒大小、洁白度等方面也有新的突破。

长期以来，日本十分重视甘薯遗传育种基础研究工作，例如近缘野生种的起源与分类、细胞遗传学、近缘野生种利用、育种方法的改良、成分分析技术和方法、生物技术等方面具有较高水平。

美国于1937年正式开展甘薯育种工作，育种目标一直以高营养成分、薯形整齐美观为重点，育成一批品质优良的食用和食品加工用品种，例如百年纪念、宝石、甜红、优胜者等。在甘薯育种方法上，Jones（1965）提出随机集团杂交法，以后又提出集团选择策略，在此后的育种工作中基本上是采用随机集团杂交法并结合集团选择培育甘薯新品种。美国在甘薯育种学基础方面也做了大量研究工作，突出表现在甘薯种质资源、甘薯起源和分类、性状遗传及其相关、分子育种等研究领域。

韩国、菲律宾、印度、印度尼西亚、马来西亚、越南、泰国、尼日利亚、坦桑尼亚、法国、国际马铃薯中心、国际热带农业研究所等也都在甘薯育种方面有较好的基础。自1986年以来，国际马铃薯中心将甘薯作为研究的重点之一，其甘薯研究的比重约占40%，成为国际专业甘薯研究机构，在世界范围内广泛收集甘薯种质资源，目前已保存甘薯种质资源约8 000份，并大量制种，然后分发给各甘薯育种主要国家，其在甘薯分子育种等方面也做了大量工作。

第二节 甘薯育种目标和主要性状的遗传

一、甘薯育种目标

（一）主要甘薯产区的育种目标 甘薯在我国分布很广，根据气候条件和栽培制度，并参考地形、土壤等条件，把甘薯划分为5个栽培区，各区对甘薯品种要求不同，必须因地制宜地确定育种目标。

1. 北方春薯区 北方春薯区无霜期平均为170d，冬季严寒，栽培制度为一年一熟制，以春薯为主，且以春薯留种，南部有少量夏薯留种，易感染根腐病黑斑病（black rot，*Ceratocystis fimbriata* Ell. et Halst.）和茎线虫病（stem nematode，*Ditylenchus destructor* Thorne），因而本区应加强早熟、萌芽性好、抗病、耐储的春薯品种的选育。

2. 黄淮流域春夏薯区 本区为甘薯重点产区，无霜期平均为210d，栽培制度主要为二年三熟制，生产春薯或夏薯，但本区易春旱、夏涝并有黑斑病、根腐病、茎线虫病危害，因此本区需选育高产、稳产、抗病、耐旱、耐涝的品种。

3. 长江流域夏薯区 本区无霜期平均为260d，但由于河流多、云雾多、影响日照，甘薯多分布于红壤、黄壤等丘陵山地，栽培制度为一年二熟制，栽种夏薯为主，黑斑病危害普遍，一些地方有甘薯瘟病（bacterial wilt，*Pseudomonas solanacearum* E. F. Sm.）、根腐病和蚁象（weevil，*Cylas formicarius* Fab.）危害，要求选育高产、抗病虫、耐旱、耐湿、早熟和适于间套作的品种。

4. 南方夏秋薯区 本区无霜期平均为310d，栽培制度为一年二熟制，甘薯多分布在红壤、黄壤等丘陵山地，主要有黑斑病、甘薯瘟病、蚁象等病虫危害，因而要注意选育早熟、高产、抗病虫、耐瘠、耐旱的品种。

5. 南方秋冬薯区 本区无霜期平均达356d，适宜秋季和冬季栽种，但此时期有干旱和寒潮侵袭，土壤属红壤，由于高温多雨，易受冲刷，栽培制度为一年二熟或二年三熟制，有甘薯瘟病、黑斑病、病毒病、蚁象等危害，应注意选育高产、耐旱、耐瘠、抗病虫、耐寒、耐迟收及适于秋季和冬季栽种的生态型品种。但也可选育适于一年四季均可种植的品种。

（二）专用型品种的育种目标 当前及今后甘薯品种改良的方向是多样化、专用型。按照甘薯的不同用途，就专用型甘薯品种的育种目标做一概述。

1. 兼用型品种 兼用型品种要求薯干平均产量比对照品种增产5%以上，薯块干物质含量不低于对照品种2个百分点；抗本区域主要病害；萌芽性、储藏性较好，结薯集中整齐，综合性状较好。

2. 淀粉型品种 淀粉型品种要求淀粉平均产量比对照品种增产5%以上，薯块淀粉含量比对照品种高1个百分点以上，抗本区域主要病害；萌芽性、储藏性较好，结薯集中整齐，综合性状较好。

3. 食用型品种 食用型品种要求鲜薯平均产量不低于对照品种，薯块干物质含量不低于对照品种5个百分点；食味评分高于对照品种；抗本区域主要病害；结薯集中整齐，薯块无条沟、不裂口，薯皮光滑；萌芽性较好，储藏性好，商品薯率高，综合性状较好。

4. 高胡萝卜素型品种 高胡萝卜素型品种要求胡萝卜素含量高于10mg/100g（以鲜物质量计），鲜薯产量比对照品种减产不超过5%；薯块干物质含量不低于对照品种5个百分点；抗本区域主要病害；结薯较集中整齐；萌芽性、储藏性较好，综合性状较好。

5. 高花青素型品种 高花青素型品种要求花青素含量高于40mg/100g（以鲜物质量计），鲜薯产量比对照品种减产不超过5%；抗本区域主要病害；结薯较集中整齐；萌芽性、储藏性较好，综合性状较好。

6. 紫薯食用型品种 紫薯食用型品种要求花青素含量高于5mg/100g（以鲜物质量计），鲜薯产量高于对照品种，薯块干物质含量不低于对照品种5个百分点；食味评分高于对照品种；抗本区域主要病害；结薯集中整齐，薯块无条沟、不裂口，薯皮光滑；萌芽性较好，储藏性好；商品薯率高，综合性状较好。

7. 叶菜用型品种 叶菜用型品种要求茎尖（距茎蔓顶部15cm内的茎叶）产量比对照品种增产，食味评分不低于对照品种，抗本区域主要病害，综合性状较好。

二、甘薯主要性状的遗传和数量性状基因位点定位

（一）甘薯块根产量（鲜薯重）性状 块根产量是由多基因控制的数量性状。赤藤（1961）通过对甘薯自交的研究，发现自交后代的性状几乎都有衰退，块根产量，自交一代（S_1代）衰退50%以上，S_2代衰退也接近50%，因此认为这个性状受基因非加性效应支配。河北省农林科学院（1978）用河北351自交，S_1代衰退49.5%，S_2代衰退54.4%，S_3代几乎绝收，也表明块根产量受基因非加性效应控制。Jones（1969）和李良（1975）根据甘薯随机杂交集团的试验结果，发现块根产量的遗传方差中，基因加性方差占54%～58%，基因非加性方差占42%～46%。何素兰和邓世枢（1995）按不完全双列杂交设计18个杂交组合，发现基因加性方差占65.17%，基因非加性方差占34.83%。这些研究结果说明，块根产量的遗传效应具有复

杂性，既存在基因加性效应，也存在基因非加性效应，至于哪一个效应更重要，则因研究的材料不同而异。

甘薯块根产量是由平均单株薯数和单薯质量两个产量因素构成的。Jones（1969）的研究表明，单株薯数的加性方差略低，占44%。李良（1975）报道，单薯质量的遗传方差中，加性成分占有优势，达63%；单株薯数的遗传方差中，加性成分略高，占56%。据何素兰和邓世枢（1995）测定，单株薯数的遗传方差中，加性方差和非加性方差各占50%。

同甘薯的其他性状相比，块根产量属于易受环境影响因而遗传率较低的性状。Jones（1977）估算，块根产量的狭义遗传率仅为25%。杨中萃等（1981）测定，块根产量的广义遗传率为34.06%～66.73%，因杂交组合不同而异。

甘薯块根产量与块根干物质含量（或淀粉含量）一般成极显著负相关，与薯肉色深度成极显著正相关，与块根纤维含量成显著负相关，与龟裂成极显著负相关，与块根粗蛋白质含量、黑斑病抗性、根腐病抗性等无相关性。

Li等（2014）以徐薯18×徐781的F_1代分离群体为作图群体，定位到9个与块根产量性状相关的数量性状基因位点（QTL），解释表现型变异的17.7%～59.3%。

（二）甘薯品质性状

1. 淀粉含量 甘薯块根中的淀粉含量属于数量性状，它与干物质含量成高度正相关（$r=0.9$），因此常用干物质含量来说明淀粉含量。一般认为，干物质含量主要受基因加性效应支配，也存在基因非加性效应。

赤藤（1961）发现，干物质含量在S_1代和S_2代衰退程度都比较小，是受基因加性效应支配的。张必泰等（1981）认为，干物质含量的遗传除主要是基因加性效应外，也有基因非加性效应起主导作用的情况。李良（1982）的研究表明，块根淀粉含量和干物质含量的遗传方差中，加性方差分别占62%和54%，均以基因加性效应为主，其遗传率分别为56%±18%及48%±16%。杨中萃（1981）研究表明，18个组合干物质含量的广义遗传率为62.15%～97.34%，其中15个组合均在80%以上。

淀粉含量除在不同基因型之间有差异外，同一基因型的淀粉含量还因个体间、年份间、地区间、不同土壤等而变化。淀粉含量与产量之间成负相关（$r=-0.374$）（广崎和坂井，1981），与块根早期（栽后40d）木质部内单位面积筛管束数成正相关（$r=0.849$）（陆漱韵等，1983）。中国科学院遗传研究所（1985）研究表明，淀粉粒直径与单株干物质重成正相关（$r=0.835$），与单株淀粉质量也成正相关（$r=0.921$）。山村（1959）研究表明，淀粉洁白度和淀粉含量之间成负相关（$r=-0.851$），而淀粉洁白度与多酚含量之间也成负相关（$r=-0.569$）。

Cervantes-Flores等（2011）以Tanzania×Beauregard的F_1代分离群体为作图群体，定位到13个与干物质含量相关的数量性状基因位点、12个与淀粉含量相关的数量性状基因位点，分别解释表现型变异的15%～24%和17%～30%。Zhao等（2013）以徐薯18×徐781的F_1代分离群体为作图群体，定位到27个与干物质含量相关的数量性状基因位点，解释表现型变异的9.0%～45.1%。Yu等（2014）用该作图群体，定位到8个与淀粉含量相关的数量性状基因位点，解释表现型变异的9.1%～38.8%。

2. 胡萝卜素含量 Hernandez等（1965）的研究表明，白肉色对橙肉色表现不完全显性，并推测类胡萝卜素含量受大约6个起加性作用的基因控制，是一个数量性状。肉色的遗传率为53%±14%。湖南省农业科学院（1978）的研究表明，黄肉色或橘红肉色较易遗传给后代。坂井（1970）报道，类胡萝卜素含量与淀粉含量成负相关（$r=-0.9$）。Jones等（1969，1977）报道，薯肉的深颜色（红色或深黄色）与干物质含量成负相关。亚洲蔬菜研究发展中心（1975）报道，橘黄色薯肉的品系胡萝卜素含量高，且蛋白质含量也高。

Cervantes-Flores等（2011）以Tanzania×Beauregard的F_1代分离群体为作图群体，定位到8个与块根β胡萝卜素含量相关的数量性状基因位点，解释表现型变异的17%～35%。

3. 蛋白质含量 蛋白质含量属于数量性状。不同甘薯品种无论是块根还是茎叶，蛋白质含量都存在很大差异。李良（1977）认为，在块根粗蛋白质含量的遗传中，基因加性效应比基因非加性效应更为重要，在遗传方差中分别占79%和21%；块根蛋白质含量的遗传率为57%。

李良（1977）报道，块根粗蛋白质含量与鲜薯产量和干物质含量之间均存在着微小的负相关。李良（1981）报道，蛋白质含量与薯肉色之间存在正相关（$r=0.89$）。张黎玉和谢一芝（1987）研究表明，茎叶蛋白质含量与块根蛋白质含量之间几乎不存在相关性（$r=0.048$）。蛋白质含量还因品种、地区、年份不同而变化。

4. 其他品质性状 Jones等（1969）研究表明，块根肉质氧化变色的遗传率为61%，薯形的遗传率为62%，薯肉色的遗传率为66%，薯皮色的遗传率为81%，块根龟裂的遗传率为51%。这些性状的遗传方差中，基因加性成分都比相应的非加性成分重要，表明对这几个性状同时进行集团选择有效。

Collins（1987）认为，β淀粉酶活性是风味的重要指标，α淀粉酶活性是质地的重要指标，而干物质含量与质地的关系也具有相同的重要作用。李良等（1991）研究表明，甘薯蒸煮后的适口性、肉色、质地及风味等特性间均具有极显著的正相关。这4种食用品质特性对食味可接受性的变异为90%，表明甘薯蒸煮后的适口性、肉色、质地及风味为食味可接受性的重要构成因素。直链淀粉含量及Hunter *a* 值对甘薯蒸煮后的适口性及风味有直接影响，直链淀粉含量对蒸煮后质地直接影响较大，而Hunter *a* 值对蒸煮后肉色的直接影响最重要。

（三）甘薯抗病虫性

1. 黑斑病 朱天亮（1983）报道，甘薯对黑斑病、根腐病、茎线虫病、根结线虫病等的抗性具有较高的遗传率。邱瑞镰等（1990）的研究也表明，黑斑病抗性具有多基因遗传的特点，而且子代的抗病能力与亲本抗病能力有密切关系，其遗传效应以基因加性效应为主。杨中萃等（1981，1987）观察到黑斑病抗性有超亲现象。张黎玉等（1994）认为，抗黑斑病的遗传背景较复杂，抗对感呈部分显性。谢一芝（2003）试验表明，不同抗性组合后代中均可分离出高抗至高感类型的材料，杂交后代的抗性强弱随双亲抗性水平的增加而提高。

2. 根腐病 陈月秀等（1987）研究表明，甘薯根腐病抗性主要受基因加性效应控制。甘薯对根腐病抗性是稳定的，不同年份病情指数差异不大，在早代进行抗病鉴定和选择是有效的。

3. 茎线虫病 杨中萃（1987）研究表明，选用对茎线虫病抗病性强的品种作亲本，容易获得抗病性强的后代，并常出现超亲现象。谢逸萍等（1994）估算出甘薯茎线虫病抗性的广义遗传率为90.9%，遗传变异系数为73.01%，其遗传效应以基因加性效应为主。马代夫等（1997）研究表明，茎线虫病抗性与淀粉含量、可溶性糖含量等品质性状之间成显著负相关。

4. 甘薯瘟病 据浙江省农业科学院（1983）观察，甘薯对甘薯瘟病的抗与感是可以遗传的。陈凤翔（1989）报道，抗薯瘟菌群Ⅰ（pb-1）呈现受主效基因控制的质量性状遗传。

5. 病毒病 目前在世界范围内已报道的约有20种甘薯病毒及1种类病毒。我国在甘薯上已发现的病毒主要有3种：甘薯羽状斑驳病毒（*Sweet potato feathery mottle virus*，SPFMV）、甘薯潜隐病毒（*Sweet potato latent virus*，SPLV）和甘薯褪绿斑病毒（*Sweet potato chlorotic flecks virus*，SPCFV）。近几年，在我国甘薯生产上，由甘薯褪绿矮化病毒（*Sweet potato chlorotic stunt virus*，SPCSV）和甘薯羽状斑驳病毒协生共侵染甘薯引起的病毒病害有蔓延之势。目前，由于真正抗病毒病的甘薯种质资源极少，因此有关其抗性遗传机制的研究很少。Harmon（1960）研究内木栓病毒（甘薯羽状斑驳病毒的一种）的抗性遗传，推测抗内木栓病毒受显性基因控制（这里所指抗病是抗扩展）。郭小丁等（1989）报道，已从1 641份材料中筛选出100份材料，经2次嫁接仍然抗甘薯羽状斑驳病毒的有30份，其中有些材料可能带有抗甘薯羽状斑驳病毒或免疫的基因。

6. 蔓割病 Hernandez等（1967）研究表明，甘薯蔓割病［stem rot，Fusarium wilt，*Fusarium oxysporum* Schlecht. f. sp. *batatas*（Wollenw.）Snyd. et Hans.］抗性是一个数量性状，以基因加性效应为主，在一些杂交组合中存在超亲遗传。Jones（1969）估算甘薯蔓割病的遗传率为86%，并指出基因加性成分实际上完全可以解释遗传方差的全部。方树民（1990）采用抗蔓割病的抗源作杂交亲本，其后代抗性基因能得到累加。

7. 根结线虫病 Misuraca（1970）认为，甘薯根结线虫病（root-knot nematode，*Meloidogyne incognita* var. *carita* Chitwood）抗性是受多基因控制的，是具有部分显性的数量性状。高世汉等（1994）研究表明，甘薯根结线虫病抗性遗传以基因加性效应为主，亲子间抗性成极显著正相关（$r=0.925$），其抗性具有很高的稳定性。

8. 蚁象 在热带和亚热带地区，蚁象是影响甘薯产量最为严重的害虫。甘薯对蚁象的抗性受多基因控制。一般来说，具有高干物质含量的品种一般趋于表现较少受蚁象危害。

（四）薯蔓有关性状 Jones（1969）研究表明，多数薯蔓性状的遗传率都很高，而且预期增进和实际增进也很一致。叶片的紫叶脉的遗传率为95%，叶的紫轮的遗传率为74%，叶长的遗传率为99%，紫蔓的遗传率为53%，叶形的遗传率为59%，蔓长的遗传率为60%，节间长的遗传率为61%，每个花序的花蕾数的遗传率为50%，植株短茸毛的遗传率为82%。研究认为，缺刻叶形表现显性。叶片背面的紫叶脉与单薯质量、单株可食用块根数之间存在较高的遗传相关。湖南省农业科学院对1 919个品系进行分析，表明茎叶质量的广义遗传率为84.9%，F_1代与亲本的相关性为$r=0.744\ 2$，达显著水平。

（五）甘薯早熟性 近年来，国内外都注意到甘薯存在类似成熟的征象，并提出早熟性育种的目标。江苏省农业科学院（1979）观察到具早结薯性的亲本就出现早结薯的后代。叶彦复（1987）研究发现，甘薯在生长期内，可分为典型早熟品种、典型晚熟品种、恢复型早熟品种和中熟高产品种4种。以早熟×早熟、早熟×晚熟、晚熟×早熟、晚熟×晚熟等组合，观察到 F_1 代早结薯品系比例、前期块根膨大快品系比例（60 d 鲜薯质量超过 100 g/株）和早熟品系比例（90 d 鲜薯质量超过 500 g/株）3 种比率以早熟×早熟组配的最高，晚熟×晚熟组配的最低，其他类型组合居中，说明这些与早熟性有关的性状和早熟性均受到基因加性效应的影响。尽管早熟×早熟后代有高比例的早熟品系出现，但早熟易早衰，到后期的丰产系的比例却很低。研究还表明，如以晚熟×早熟组配，似易得丰产的早熟品系。

第三节　甘薯种质资源研究和利用

一、甘薯及其近缘野生种

考古学证据和语言年代学认为，大约在公元前 2500 年，在热带美洲的某地（一般认为是秘鲁、厄瓜多尔、墨西哥一带）开始出现栽培甘薯，约在公元 1 世纪首先传入萨摩亚群岛，之后广布于夏威夷、新西兰等地，于明朝万历年间（16 世纪末叶）由菲律宾传入我国。

甘薯在植物分类上属旋花科（Convolvulaceae）甘薯属（*Ipomoea*），该属又细分为若干亚属和组，甘薯及其近缘野生种是甘薯组（section *Batatas*）中的一些种。栽培种甘薯［*Ipomoea batatas*（L.）Lam.］为同源六倍体（$2n=6x=90$）。关于甘薯起源问题，Nishiyama 等（1955）首次在墨西哥发现一个新的六倍体类型 *Ipomoea trifida*（H. B. K.）Don.（$2n=6x$），认为可能是甘薯的祖先（Nishiyama，1962；Teramura，1963）。此后，又在墨西哥收集到了 *Ipomoea leucantha* Jacq.（$2n=2x$）和 *Ipomoea littoralis* Blune（$2n=4x$），经过染色体组分析，确认它们是 *Ipomoea trifida*（$2n=6x$）的基础类型，由 *Ipomoea leucantha*×*Ipomoea littoralis* 的三倍体杂种或自然界存在的 *Ipomoea trifida*（$2n=3x$），通过染色体加倍而形成的几个六倍体类型，它们的生活力和育性、染色体特性、形态学和生理学特性，均与 *Ipomoea trifida*（$2n=6x$）相似。另外还没有发现 $2n=2x$、$2n=3x$ 和 $2n=4x$ 的近缘种能形成块根。$2n=6x$ 则表现出有块根、无块根两种。可食用根的形成，是甘薯种最重要的特征之一。块根性状好像是通过 *Ipomoea trifida*（$2n=6x$）许多基因发生一系列突变而出现的。

根据同甘薯的杂交亲和性，将甘薯组植物分为两个群：同甘薯杂交亲和的Ⅰ群和同甘薯杂交不亲和的Ⅱ群。Ⅰ群又称为 B 群或 B 系列，包括甘薯和 *Ipomoea trifida* 复合种；Ⅱ群又称为 A 群（含 X 群）或 A 系列，包括二倍体种和四倍体种。现将两个群中比较确定的种列于表 25-1 中。每种（species）大都包括若干个系统（strain），例如 *Ipomoea triloba* 包括 K68、K74、K75、K76、K121、K220 等系统，同种内不同系统间在形态学等方面存在着差异；同一系统内通过姊妹交配所得的种子长成的系称为株系（line）。

表 25-1　甘薯组植物的分类

群别	种名	中文名	$2n$	染色体组
Ⅰ	*Ipomoea batatas*（L.）Lam.	甘薯	$6x=90$	$B_1B_1B_2B_2B_2B_2$
	Ipomoea trifida（H. B. K.）Don.	三浅裂野牵牛	$6x=90$	$B_1B_1B_2B_2B_2B_2$
	Ipomoea trifida（H. B. K.）Don. （*Ipomoea littoralis* Blune）	海滨野牵牛	$4x=60$	$B_2B_2B_2B_2$
	Ipomoea trifida（H. B. K.）Don.		$3x=45$	$B_1B_2B_2$（?）
	Ipomoea trifida（H. B. K.）Don.	白花野牵牛	$2x=30$	B_1B_1
Ⅱ	*Ipomoea tiliacea*（Willd.）Choisy （*Ipomoea gracilis* R. Br.）	椴树野牵牛 （纤细野牵牛）	$4x=60$	A_1A_1TT
	Ipomoea lacunosa L.	多洼野牵牛	$2x=30$	AA
	Ipomoea triloba L.	三裂叶野牵牛	$2x=30$	AA
	Ipomoea trichocarpa Ell.	毛果野牵牛	$2x=30$	AA
	Ipomoea ramoni Choisy	野氏野牵牛	$2x=30$	AA

二、甘薯种质资源利用的障碍——交配不亲和性

交配不亲和性是指雌蕊、雄蕊等性器官正常，但由于不亲和性基因的作用使交配能力受到限制，不能得到种子，而不是由于雌配子或雄配子败育或者其他原因所引起的不孕（半不孕）和低结实性。甘薯组存在的交配不亲和性包括种间交配不亲和性和种内交配不亲和性。种间交配不亲和性指Ⅰ群种和Ⅱ群种之间的杂交不亲和性，种内交配不亲和性指Ⅰ群的甘薯栽培种内品种间存在的交配不亲和性以及 *Ipomoea trifida* 的无性系间存在的交配不亲和性。根据种内交配不亲和性，可将甘薯品种或 *Ipomoea trifida* 的无性系划分成若干个不孕群，同一不孕群内的品种（或无性系）间交配是不亲和的，因此种内交配不亲和性又包括自交不亲和性和同一不孕群内品种（或无性系）间的杂交不亲和性两种。

（一）种内交配不亲和性

1. 不孕群的划分 Shout（1926）提出甘薯可能存在自交不亲和性及其他限制因素，以后进一步确认甘薯种内存在交配不亲和性。寺尾（1934）根据实验，第一次提出甘薯品种可分为 A、B 和 C 3 个不孕群，群内品种间交配结实率很低，自此，划分不孕群的工作得以广泛开展。Nakanishi 和 Kobayashi（1979）从 707 个无性系中测定出 A～L 和 N～P 共 15 个不孕群（没有 M）和 1 个亲和群，并列出其地理分布（表 25-2）。大部分是完备的不孕群，但也有复合不孕群（例如 AfCf）和单侧不孕群（例如 Bf）。单侧杂交不孕群是指一组合中某品种用作母本时是杂交亲和的，当该品种用作父本时则是杂交不亲和的；复合杂交不孕群是指品种作母本时与 A 不孕群、C 不孕群均亲和，作父本时与 A 不孕群、C 不孕群均不亲和，即有两个以上的群不亲和。

表 25-2 甘薯杂交不孕群的地理分布

（引自 Nakanishi 和 Kobayashi，1979）

国家（地区）	系数	杂交不孕群																亲和群
		A	B	C	D	E	F	G	H	I	J	K	L	M	N	O	P	X
泰国	6	4	2.5															
中国	9	1	3.5	4		1												
日本冲绳	9	1	7	1														
菲律宾	94	20	28.5	1		25.5			20						9			1
新几内亚	92	41.5	42.5		1	4	2		20									
新不列颠	2		2															
所罗门群岛	4	1	2						2									
新赫布里低群岛	22	6	7	8			1											
新喀里多尼亚	10	1	3		1	4												
斐济	5		4	1.5			1											
汤加	5		4			1												
西萨马	2	1				1												
库克群岛	8		7			1												
新西兰	10		3	2			4	1	0.5									
社会群岛	14		12						2									
土阿莫土群岛	2		2															
马克萨斯群岛	7		6			1												
复活节岛	4				2													
秘鲁	47		10	7	6			2	4.5	2		3.5	12		1		1	

（续）

国家（地区）	系数	杂交不孕群																亲和群
		A	B	C	D	E	F	G	H	I	J	K	L	M	N	O	P	X
哥伦比亚	15		2		4				1		2.5	1				2	2	1
厄瓜多尔	9	1	3	2												1	1	1
美国[a]	62	10.5	29	5	10				2	1								4
墨西哥[a]	25	2.5	12	5	1		1	1					2					
巴西[a]	49	5	21	1.5		8.5	2					7	5.5					
中国[a]	16	11	5															
日本[b]	169	112	47	10														

注：a表示无性系是从其他途径导入的，不是来自Yen；b表示无性系是第二次世界大战前导入的。杂交不孕群给值1，单侧杂交不孕群给值0.5，复合杂交不孕群分别给两个群赋值0.5。

Nishiyama等（1961）报道，*Ipomoea trifida*（$2n=6x$）不仅是自交不亲和的，而且在17个无性系中发现了7个杂交不孕群。小巻等（1984）将1955年以来从热带美洲导入的110个野生种无性系与已知甘薯杂交，结果指出，甘薯和*Ipomoea trifida*有共同的杂交不孕群13个，其中也包含了像甘薯一样的单侧杂交不孕群（Bm）以及复合杂交不孕群（AfCf等）；在甘薯中已知的X群，*Ipomoea trifida*占了总数的一半，甘薯中只有3个无性系属X群，*Ipomoea trifida*和甘薯有很高的相同性，可能二者存在着非常类似的机制。

在我国，1960年中国农业科学院作物科学研究所首先开始鉴定一些品种群别。沈稼青（1975—1984）完成了全国主要地方品种和育成品种的测群工作。杨中萃等（1987）将国内一些品种进行测群，测出A不孕群、B不孕群、C不孕群、D不孕群、E不孕群、黎妇群、宝石群、Y8群、八群外群。沈稼青等（1992）对广东省313个品种的群别进行测定，结果表明，其中属B群的品种最多，按不同群别品种数目多少排列，其顺序是B不孕群>A不孕群>D不孕群>C不孕群>A1-2群>美国红群>铁线藤群。同时测出7群外品种6个；半亲和群品种17个，分别属B不孕群、D不孕群、美国红群，其中有7个属多群性半亲和品种。今后应进一步研究这些不孕群与国外提出的不孕群的群别关系。

2. 种内交配不亲和性的生理机制 关于甘薯种内交配不亲和性的生理机制，花粉在柱头上发芽、花粉管和柱头关系研究的多数结果表明，主要是柱头抑制花粉发芽。Martin（1966）将花粉能否在柱头上萌发作为划分亲和与否的标准，而将花粉萌发后的其他障碍称为不育性，这是基于早期研究认为孢子体不亲和体系仅有花粉与柱头识别的一步反应。

Linsken等（1957）认为，胼胝质起了关键作用。Dicken等（1975）进一步研究发现，花粉壁与柱头互作，柱头产生胼胝质导致花粉萌发失败。Shivanna（1982）研究表明，来源于绒毡层的花粉外壁蛋白质与柱头乳突细胞表面蛋白质膜识别，若不亲和，则乳突细胞积累胼胝质，阻止花粉萌发；在孢子体系统中，种内交配不亲和障碍发生在花粉与雌蕊相互作用的所有水平上。

陆漱韵和李太元（1992）、王克通和陆漱韵（1993）观察到典型的孢子体不亲和反应方式，即花粉与柱头识别，柱头乳突细胞产生胼胝质反应拒绝花粉萌发，花粉黏附量与柱头相对亲和性程度相一致，也发现有的组合授粉后花粉在柱头上萌发，但结实率极低，因此也存在萌发后的不亲和障碍。甘薯栽培种内交配不亲和性不只是花粉和柱头间的一步性反应，而是发生在花粉与雌蕊作用的各个阶段，既有花粉与柱头的识别，也有花粉萌发后的花粉管与花柱以及雄配子从花柱基部到胚囊进行受精结实的障碍，但以柱头识别为主。

3. 种内交配不亲和性的遗传机制 这一性状对甘薯的遗传育种至关重要。关于自交和杂交不亲和性的遗传机制，有过不同解释。伊斯特（1929）和布莱格（1930）提出是遗传控制花粉的一种抑制作用。Hernandez等（1962）和Wang（1963）提出每个不孕群受到一对等位基因的控制，将这类基因标记为S，形成一个复等位基因系列：S_1、S_2、S_3、S_4和S_5，各代表其相应的不孕群，群内品种间杂交及所有自交会遇到不亲和现象；亲和群（X）是由群内杂交能育的亲本组成的，具有一个Sf等位基因，这个基因对自交不亲和基因是显性的，所以具有Sf等位基因的品种和任何品种杂交均能育。

van Schreven（1953）和 Fujise（1964）提出种内交配不亲和性的 2 个基因和 3 个基因位点的遗传模式。Fujise 对甘薯种内交配不亲和性的遗传做了详细的论述，其中谈到甘薯自交和杂交不亲和性属于复等位基因孢子体类型，以甘薯的 A 不孕群、B 不孕群和 C 不孕群 3 个普通的杂交不孕群为例，认为是由 3 个位点的基因 *Tt*、*Ss* 和 *Zz* 决定的，显性基因 *T* 和 *S* 对 *Z* 是上位的，*Sf* 和 *Zf* 是不完全显性基因，其中 *Sf* 可削弱 *S* 的作用，*Zf* 可削弱 *Z* 的作用，如果植株中带有 3 个位点的显性基因 *T_S_Z* 或全是隐性，或其中之一的显性基因为纯合体，例如 *TT*、*SS* 或 *ZZ*，则都是致死的。A 不孕群诸品种带有显性基因 *T*，品种的基因型可以有 *TtssZz*、*Ttsszz* 和 *TtSszz*。从免疫理论上看，A 不孕群品种的柱头物质（抗原类似物质 antigen-analogous substance）产生 a，花粉物质（抗体类似物质 antibody-analogous substance）产生 β 和 γ；没有抗原抗体类似反应（antigen-antibody analogous reaction）发生，则 A 群内品种间杂交，正反交都不亲和。B 不孕群诸品种带有显性基因 *S*，基因型为 *ttSszz* 和 *ttSsZz*，柱头物质产生 b，花粉物质产生 α 和 γ，同理，相互杂交是不亲和的；但如果基因型为 *ttSSfZZf*，则由于 *Sf* 对 *S* 作用的减弱，*Zf* 对 *Z* 作用的减弱，柱头物质除产生 b 外，还产生 c，花粉物质除产生 α 外，还产生 β 和 γ，因而 b 和 β 间抗原抗体类似反应可以发生，除去柱头抑制作用，花粉可发芽，花粉管也能伸长，产生自交亲和。C 不孕群诸品种带显性基因 *Z*，基因型为 *ttssZz*，柱头物质产生 c，花粉物质产生 α 和 β，表现杂交不亲和；但基因型为 *ttSSfZz* 时，原来 *S* 对 *Z* 上位，由于 *Sf* 减弱了 *S* 的作用，这样 *Z* 成了 *S* 的上位，由这种 *S_Z_* 的基因型构成的 C 不孕群，柱头物质产生 c 和 b，花粉物质除 α 外，还产生 γ 和 β，由于发生 b 和 β、c 和 γ 抗原抗体类似反应，成了自交亲和的基因型。Fujise 根据上述论述，在使用的 A 不孕群、B 不孕群和 C 不孕群 3 个不孕群品种中，假定了参试品种的基因型的遗传组成，在它们自交后代及 F_1 代植株中获得的自交亲和植株和杂交不孕群的理论分离比与通过试验实际值常常是一致的，他的这些论述未被后来的研究所改变。

Kowyama 等（1980）认为，对甘薯交配不亲和性的不一致性的解释，主要是六倍体使遗传分析复杂化，还有配子败育和其他因素等问题。为此，以甘薯亲缘关系密切的 *Ipomoea trifida*（$2n=2x$）为材料，以不同系进行的正反交、回交和测交所衍生的后代，进行基因型组成分析鉴定，提出了由单一位点的 *S* 复等位基因孢子体模型的遗传解释。Kowyama（1990）进一步从分子水平研究，结果表明甘薯中确有不亲和基因存在。

（二）种间交配不亲和性 西山、盐谷、Austin、Jones、Nishiyama、Shiotani 等研究甘薯起源、进化、分类等而积累的资料，表明甘薯组存在种间交配不亲和性，并将其划分为Ⅰ群和Ⅱ群，但对种间交配不亲和性的作用机制未进行分析。

陆漱韵等（1989）、陆漱韵和李太元（1992）的研究表明，种间交配不亲和性是一个复杂的体系，杂交组合不同，不亲和表现方式也不同，有的花粉萌发在柱头被抑制，而且乳突细胞产生胼胝质；有的花粉萌发延迟，花粉管停滞在花柱中；有的花粉虽萌发正常，但花粉管在花柱中生长受阻；有的花粉不仅在柱头上萌发，花粉管能通过花柱到达子房，而且有一定比例的卵和极核的受精，但表现受精卵和胚乳核发育上的不协调，导致合子早期夭亡。本来柱头胼胝质反应是花粉与柱头识别后产生的拒绝反应，被作为鉴定种内不亲和反应的一个指标，但在种间交配组合中也发现了这种表现特征，说明花粉和柱头之间可能也有识别作用。因此种间交配不亲和障碍可存在于从授粉到合子发育的不同阶段上，既有花粉与柱头间识别而导致的主动抑制，也有被动抑制，但种间交配不亲和性表现特征以被动抑制为主。

（三）种间交配不亲和性、种内交配不亲和性的克服方法

1. 植物生长调节物质处理 陆漱韵等（1994，1995）对常用的 A 不孕群、B 不孕群和 C 不孕群 3 个不孕群的品种进行同群内品种间杂交，用萘乙酸（NAA）、6-苄基腺嘌呤（BAP）、2,4-滴等植物生长调节物质处理，对克服 B 不孕群和 C 不孕群品种间杂交花粉萌发后的障碍、延长花器寿命、提高结实率有一定效果，增加了不亲和组合的受精率和胚胎数，受精卵的发育也比较快。刘法英等（2002）用 100 mg/L 萘乙酸和 50 mg/L 6-苄基腺嘌呤处理 11 个杂交不亲和组合，获得大量杂种后代；刘庆昌等（2011）对这些后代进行鉴定，选育出甘薯新品种农大 6-2。

2. 胚或胚珠培养 Charles 等（1974）用 30 mg/L 2,4-滴处理杂交花朵的花梗，并结合幼胚培养获得杂种植株。Kobayashi 等（1993）培养 *Ipomoea triloba*×*Ipomoea trifida*（$2n=2x$）的胚珠，获得幼苗。王家旭和陆漱韵（1993）用 30 mg/L 2,4-滴处理 *Ipomoea triloba*×徐薯 18 的花器，将授粉后 7～20 d 的杂种胚取出培养，获得了杂种植株。

3. 体细胞杂交 体细胞杂交是克服甘薯组种间交配不亲和性、种内交配不亲和性的一个有效方法，已有几个不亲和组合获得杂种后代。关于甘薯体细胞杂交将在本章第五节中介绍。

三、国内外甘薯种质资源研究创新和主要种质资源

（一）国内外甘薯种质资源研究和创新

1. 甘薯种质资源收集、保存和鉴定 日本1955年即把外国甘薯品种和近缘野生种等基因资源加以利用，并取得良好效果。美国对甘薯种质资源也给以极大关注，在南美洲起源中心、澳大利亚等世界各地考察、收集近缘野生种约400份。国际植物遗传资源委员会（IBPGR）1980年开始强化兼具食用、饲料用、工业原料用的甘薯收集、研究、开发和利用，1980—1984年从拉丁美洲、非洲和亚太地区13个国家和地区收集5 000个甘薯品种样本。国际马铃薯中心（CIP）1985—1988年共收集甘薯种质资源5 118份，目前保存甘薯资源约8 000份，并已将大部分种质资源进行茎尖脱毒离体保存，用计算机建立资源鉴定评价档案。我国目前保存甘薯种质资源2 000份以上，从国外引进300余份，这些甘薯种质资源主要保存于国家甘薯改良中心（徐州）和广东省农业科学院，大部分种质资源已实现离体保存，并建立了甘薯种质资源数据库。

甘薯种质资源的研究包括下列内容：抗病虫性（黑斑病、茎线虫病、根腐病、薯瘟病、病毒病、蚁象）和抗逆性（干旱、贫瘠土壤、湿涝等）的鉴定、品质成分（淀粉、胡萝卜素、花青素、可溶性糖、纤维、粗蛋白质、维生素A、维生素C等含量）分析、不孕群的测定、保存、评价和利用。

2. 甘薯种质资源的创新 甘薯种质资源的创新途径主要是甘薯与近缘种的杂交、外源有益基因的导入、人工诱变、遗传差异大的品种间杂交、克服交配不亲和性从而促进有益基因的重组、用随机交配集团等打破基因连锁、通过近交等手段积累淀粉基因等。

近缘野生种作为病虫害及逆境的抗（耐）源，有很高的利用价值。西山等（1959）发现*Ipomoea trifida*（$2n=6x$）和甘薯杂交的F_1代在抗病性、干物质含量、淀粉含量等方面并不次于栽培种，只是产量不及栽培种；将其中的优良者再与甘薯杂交，获得产量超过推广品种金千贯的新品种南丰。我国利用Ⅰ群各倍数性的近缘野生种与甘薯杂交，也获得一批优良材料和新品种。中国、日本、菲律宾、美国、越南、印度等通过人工诱变获得抗病（黑斑病、茎线虫病、黑痣病等）、品质优（淀粉含量、可溶性糖含量、胡萝卜素含量等）、耐逆境（耐寒、耐储）等的突变体，已在甘薯育种中直接利用或作杂交亲本利用。

利用自交或兄妹交配等近亲交配，对创造具有基因加性效应性状（例如淀粉含量、抗根结线虫病等）的新种质是有效的。日本利用这个原理，1974年培育成CS69136-2、CS69136-33、CS7279-19G等高淀粉含量、高抗病材料。用CS69136-2作母本，以玉丰作父本，1986年育成白萨摩，其块根产量、淀粉产量均比金千贯高10%以上，还抗根结线虫病和黑斑病。其余两个材料也在育种中配成组合，1988年育成淀粉含量高达30%的新品种高淀粉，而且抗根结线虫病和蔓割病。西北农业大学通过近交选育出自交率高达90%以上的高自1号、高73-14等品系，在自交系育种和遗传研究中很有价值。

美国用随机交配集团育种法，由于3代不选择，打破基因连锁，并能将加性效应的基因集积起来，培育出一批抗多种病虫害，尤其是抗地下害虫和蚁象的资源，例如W71、W149、W151等。

（二）国内外主要甘薯种质资源

1. 高淀粉含量 高淀粉含量的甘薯种质资源有金千贯、南丰、懒汉芋、栗子香、绵粉1号、高淀粉、徐781等。

2. 食用 食用的甘薯种质资源有百年薯、南瑞苕、Gem、大南伏、红赤、红东、北京553、遗字138等。

3. 高产 高产甘薯种质资源有徐薯18、宁薯1号、鲁薯1号、冀薯2号、南薯88、台农10号、商薯19等。

4. 高胡萝卜素含量 高胡萝卜素含量甘薯种质资源有Kandee、Goldrush、台农66、百年薯、徐98-22-5、维多利等。

5. 高蛋白质含量 高蛋白质含量甘薯种质资源有W-17、Rose、百年薯、Leeland、Bunch、Jewel等。

6. 高抗根腐病 高抗根腐病甘薯种质资源有苏薯2号、徐薯18、宁B58-5、徐289、湘薯6号、广薯84-64、皖559等。

7. 高抗黑斑病 高抗黑斑病甘薯种质资源有夹沟大紫、小白藤、满村香、南京40、济83054、皖559、

宁 12-17、绵粉 1 号等。

8. 高抗茎线虫病 高抗茎线虫病甘薯种质资源有 CI412-2、青农 2 号、鲁薯 1 号、宁 15-33、苏薯 4 号、徐 27-3、徐 781、鲁薯 3 号等。

9. 高抗甘薯瘟病 高抗甘薯瘟病的种质资源有荆选 4 号、湛薯 221、岩薯 24、华北 48、闽抗 329、湘薯 6 号等。

10. 抗蚁象 抗蚁象的甘薯种质资源有湛 73-165、湘薯 12 号等。

第四节 甘薯育种途径和方法

一、甘薯自然变异选择育种

甘薯是无性繁殖作物，常有在分生组织芽原基细胞内发生变异的现象，称为芽变（sport）。由芽变得到的薯块或植株，称为芽变体。甘薯芽变体可以发生在任何器官上，有的材料芽变体高达 0.07%。地上部以叶脉色变异最多，蔓色次之；地下部薯皮色变异最多，其次为薯肉色。有的变异（例如淀粉含量、抗病性等性状）不能直接观察到，经鉴定才能确定。选出的变异材料以单株或单块繁殖，经过鉴定比较，可选出新品种，在生产上使用。日本和美国在早期曾将芽变体选择作为甘薯育种主要方法，日本的蔓无源氏是从长蔓的源氏中选出的短蔓品种；红赤从淡红皮色的八房中选出，薯皮鲜红，适口性好，为烘烤型品种。我国育种工作者也比较注意自然变异材料，例如广东红顶叶的惠红早是从绿顶叶的浮山红品种选来的，济南长蔓是从短蔓的华北 117 中选来的，北京红是从冲绳 100 的芽变体选来的。

二、甘薯品种间杂交育种

品种间杂交育种是国内外甘薯育种工作者一直普遍采用的方法。

（一）人工诱导开花 甘薯的花序从叶腋抽出，每个花序大都由多个花集生在花轴上成为聚伞花序。花冠由 5 个花瓣联合成漏斗形，一般为淡红色，也有紫色或白色。花的基部有 5 枚花萼。雌雄同花，每个花有雌蕊 1 个；柱头为头状二裂，上有许多乳状突起；子房上位，具 2～4 室；雄蕊 5 个，长短不齐，围绕雌蕊着生于花冠基部；花药呈淡黄色，分二室，呈纵裂状；花粉为球形，呈黄白色，直径为 0.09～0.10 mm，表面有许多小凸起，带黏性。

在我国中部和北部，大多数甘薯品种在自然条件下不能开花，诱导开花是育种工作中的首要任务。甘薯是短日照作物，通过生殖生长阶段需要较长时间的黑暗条件和一定时间的正常光照（最好是强光照）。甘薯对光周期的反应可分为短日照型、中间型和不敏感型 3 类。不敏感型甘薯品种有河北 351、高自 1 号、农大红、向阳黄、向阳红等，均能在北方地区长日照条件下自然开花。但也有一些品种在短日照条件下并不开花，例如夹沟大紫、三桠薯等。

一些甘薯品种不开花，是由于缺乏开花物质，只要能导入开花物质，则可促进现蕾开花，如通过能开花的品种作蒙导或作嫁接，或体外喷洒 2,4-滴、赤霉素等生长素类物质。在实践中采用单一方法诱导开花不如综合应用效果好。

实践中常用重复法诱导甘薯开花。重复法是将不能自然开花的甘薯材料嫁接在能自然开花的旋花科近缘植物上，然后以短日照处理促使花芽形成。实践证明，此法具有控制营养、满足光周期暗期需要、得到开花物质的几重作用，开花效果最好，国内外均普遍采用。甘薯现蕾最适温度是 25～30 ℃，高于 30 ℃或低于 15 ℃时花蕾容易脱落，特别在高温、高湿条件下，即使形成花芽亦会转变为叶芽。甘薯现蕾后 20～30 d 开花。每天开花时间及数量受气温影响较大，开花适宜温度一般在 22～26 ℃，在此温度范围内，气温下降时开花延迟，花朵变小。花在早晨开放，花冠午后凋萎，开花期间昼夜温差较大则有利于开花。每朵花从露花冠到花冠脱落需 48 h 左右，花药在开花前就部分裂开、花粉粒成熟，开花后 2 h 全部裂开，柱头傍晚枯黄，夜间凋落。授粉时间，晴天以开花后 4～5 h 内结实率高，11:00 以后授粉效果受影响，但阴天可稍延长。采取多次重复授粉是提高结实率的有效措施。

（二）亲本选配 根据育种目标选配组合时，要考虑以下几点。

1. 性状的遗传特点 以基因加性效应为主的性状，例如抗病性、淀粉含量、株型、早熟、萌芽性、薯形等，可选具有这些优良特性的材料作亲本。以基因非加性效应为主的性状，例如鲜薯质量等，需测定亲本和组合的配合力，选出具有优良配合力的亲本及特定组合。

2. 不孕群　在具有相似选择效果的组合中，不用同一个不孕群的品种杂交，考虑双亲属于不同的不孕群以便获得较多的杂交种子，如需要同一个不孕群内的品种间杂交，可用植物生长调节物质处理。

3. 亲缘关系和近交系数　选择不同生态型、不同基因型的材料组配杂交组合，而且两亲本各具独特优异性状并使之互补。我国现有的许多甘薯优良品种是利用我国地方品种和国外品种，或不同国家的品种杂交育成的。

近交系数是亲本间亲缘关系的一种度量，它表示两亲本的近亲交配程度。近交的遗传效应在于改变群体后代的基因型频率，即纯合体增加和杂合体减少。干物质含量主要是基因加性效应，有利基因相遇后可以累加，当然不利基因相遇也有影响。当近亲交配时，有增加干物质含量的倾向。而鲜薯质量则以基因非加性效应为主，所以近交系数提高，杂合体减少，基因非加性效应就会有所消失，影响产量。在鲜薯质量和干物质含量之间除了存在负相关外，近交的遗传效应也是在育种工作中常遇见的产量高而干物质含量偏低，干物质含量提高鲜薯产量又下降的原因所在。因此在选配亲本时，要避免高近交系数，以免减弱杂种优势。

4. 亲本配合力　好品种不一定是好亲本。好的亲本具有高的一般配合力，能在一系列组配中产生较多较好的后代。在一般配合力高的亲本中，又以特殊配合力效应方差大的为好，因为能表达突出的组合。所以一般配合力和特殊配合力效应方差，是评价杂交亲本利用价值的指标。甘薯品种间杂交的 F_1 代是基因型发生分离的世代，没有自花授粉作物那样的多代分离、杂种优势衰退等现象，对 F_1 代样本的分析结果能够直接反映有关组合的亲本及 F_1 代总体的优势。

配合力试验过程，以育种目标中某些性状的一般配合力和特殊配合力效应方差评定亲本，以特殊配合力评定组合。为使理论方法更加切合育种实际，发展了一些做法，包括在配合力试验的基础上，用多性状多统计指标的综合等级方法鉴定优良亲本和组合；用组合生产力综合鉴定指数鉴定组合的优势；用配合力总效应预测组合后代的中选率，同时用综合入选率高低说明组合优劣等。

（三）亲本组配方式

1. 单交　单交是我国甘薯育种中长期应用的杂交方式，根据育种目标和亲本选配的要求确定父本和母本。在授粉前后采取套袋隔离措施，进行控制授粉。从 20 世纪 60 年代起，在使用胜利百号和南瑞苕的正反交组合中，育成了一大批甘薯优良品种。到目前为止，各育种单位大部分仍采用单交方式，而亲本来源是广泛的。

2. 复交　甘薯育种的复交方式并不像小麦、水稻、油菜等作物所采用的典型形式。由于单交组合胜利百号和南瑞苕中已育成不少品种，再继续使用这一组合，不可能有突破性品种产生，因此采用已育成品种和其他品种或非同一血缘的品种进行杂交，20 世纪 80 年代以来，育成了不少新品种。但因大部分材料都带有胜利百号和南瑞苕的遗传成分，有的成了二者的衍生品种。

日本在 1945—1989 年，以“农林”命名的推广品种已达 43 个，育种是以有性杂交为主，但是并不是以固定的组合进行选育，他们认为要育成各方面都理想的品种是困难的，同时只通过一次杂交希望育成一个理想的新品种，或没有足够数量的种质资源想育成优良品种往往也是困难的。因此他们除保存国内外丰富的种质资源外，在育种中连续采用中间材料作杂交亲本，最后育成理想的新品种，例如农林 40、农林 36 及红东都是用复合杂交培育的，他们称这种复交方式为世代前进法。

盛家廉和张必泰通过甘薯育种实践，提出了以下复合杂交的模式：①A×(A×B)，其中 A 与 A 发挥基因加性效应（例如淀粉含量），母本 A 与父本 B 发挥基因非加性效应（例如鲜薯质量）。②（A×B)×(A×C)，其中 A 与 A 发挥基因加性效应（如淀粉含量），母本 A 与父本 B，父本 C 与母本 A 以及 B 与 C，发挥基因非加性效应（例如鲜薯质量）。

著名的甘薯品种徐薯 18 的育成，即采用了复合杂交模式 F=(D×C)×C（图 25-1）。

3. 自由授粉

（1）天然自由授粉　因甘薯是天然异花授粉作物，在品种间杂交时，授粉前后不套袋隔离，任其自由授粉，故又称为放任授粉，只知母本，不知父本。我国育种单位利用这种交配方式，曾选育出不少优良新品种，例如福薯 87 是从潮薯 1 号、北京 553 和北京 284 均从胜利百号、花半 1 号从新种花、广薯 3 号从禺北白自由授粉的后代中选育出来的。天然自由授粉方式不能用来分析父母本性状遗传行为。

（2）计划自由授粉　河北省农林科学院（1983—1987）利用自由授粉的优点，克服自由授粉具有一定盲

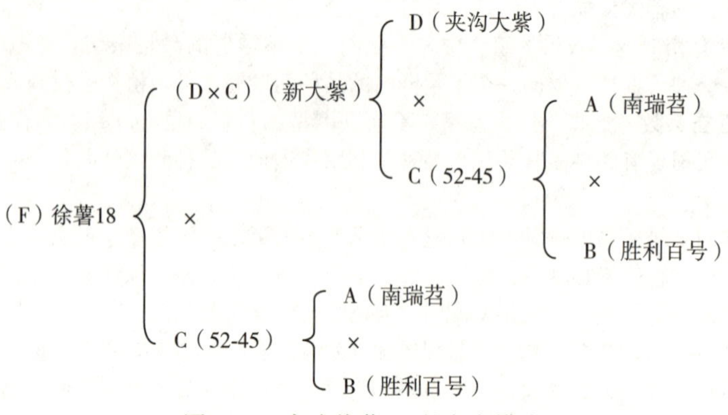

图 25-1　育成徐薯 18 的杂交模式

目性的缺点，按照育种目标有计划地选配 4～8 个亲本，经嫁接、短日照处理等环节组成一个集团，使集团内亲本自由授粉。如果选育目标是不同的，则需配成不同集团。由于甘薯是虫媒花，因此不同集团应空间隔离 200 m 以上。他们将这种方法称为计划集团杂交，可以避免在亲本群别不明的情况下，造成单交组合授粉后不结实的后果。用同样 4 个高淀粉亲本和 5 个食用亲本分为集团放任授粉和正反交单交组合，结实率提高 10.2%～21.5%，因而比较省工省物。例如广薯 62 就是从湖南 138 计划集团杂交后代中选育成的饲用品种。这种方式也不能用来分析父母本性状的遗传行为和配合力。

（3）自由授粉群体　自由授粉群体又称为随机杂交集团，是美国 Jones（1965）提出来的，已在美国、日本、菲律宾等地开展。其原理和方法是：按照育种目标要求的性状收集能自然开花且结实率高的亲本 10～20 个，包括较远的血缘关系和多种杂交不孕群，组成一基本群体，放在隔离条件下使之相互自由授粉，收取一部分种子，长成植株后，并不选择，又自由授粉，如此反复经过 3～4 个不选择的世代，形成一个群体，在群体内按育种目标进行选择。在育种过程中对自由授粉的早期世代不加选择是该育种方法的特点，其目的是打破染色体内基因连锁，使染色体间基因得到充分重组。当然，在不选择的早期几个世代中，也可选留有希望的个体或其多余的种子用于常规育种。自由授粉群体在田间种植时采用稀植方式，行株距可用 1 m×1 m，并进行搭架挂蔓，有利于开花结实，也便于管理、观察和采收种子。其程序如图 25-2 所示。

通过自由授粉群体的合成可以进行遗传研究。Jones 等通过自由授粉群体，对 10 个植株性状和 7 个块根性状以及一些抗病虫性的遗传率及遗传相关等进行了研究。日本近年来的研究表明，最初基本群体中的品种（系）的总薯质量和淀粉含量之间为负相关，相关系数为－0.366；到自由授粉群体的第 6 代时，其中品种（系）的总薯质量和淀粉含量间的相关系数为－0.049，说明通过这种交配方式有可能选出产量和淀粉含量均高的品种。

Jones 等 1974 年从自由授粉群体选出的 W-51 高抗南方根结线虫病，尤其抗该病的 RB 生理小种，并抗爪哇根结线虫病，其产量与百年薯、宝石相当，肉呈橘红色，皮呈紫色，薯块呈纺锤形偏长，萌芽性好，自然开花。1975 年又选出 W-13 高抗蔓割病及南方根结线虫病，并抗多种南方虫害，高产，薯形好，薯皮呈黄铜色，肉呈橘黄色，自然开花。同年还选出 W-178，高抗蔓割病及南方根结线虫病，并抗蛴螬和多种其他南方虫害，产量中等，皮呈鲜红色，肉呈橘红色，薯块呈纺锤形偏长，薯形整齐，自然开花。我国台湾省 1975 年由甘薯自由授粉群体第 4 代中选出台农 66，顶叶呈绿色，茎呈绿色，短蔓，半直立，结薯早，薯块整齐，皮呈淡棕红色，肉呈橙红色；干物质含量为 26.6%～31.2%，淀粉含量为 13.5%～14.0%，粗蛋白质含量为 5.1%～5.7%。

采用自由授粉群体进行品种间杂交育种所需年限较长，例如一般常规育成一个品种需 6～7 年，而自由授粉群体方法因有 3～4 代不进行选择，所以需 10～11 年；试验用地多，因为要稀植，一个群体至少要种 500 m^2，群体间为防止昆虫等传粉要空间隔离 200 m 以上；要进行搭架栽培，花费较多的人力和物资。

（四）种子采收和实生苗栽种　甘薯授粉后 2～3 d，子房开始膨大，从授粉到果实成熟，一般要 25～50 d，因品种和植株生长状况和气温变化而异。果实成熟标志是果柄变枯，果实干缩。成熟后要及时采收，以免脱落。采收的果实和种子按组合分别装入纸袋内，连同纸袋储存于干燥器中，或装袋后充分晾干。这样种子可

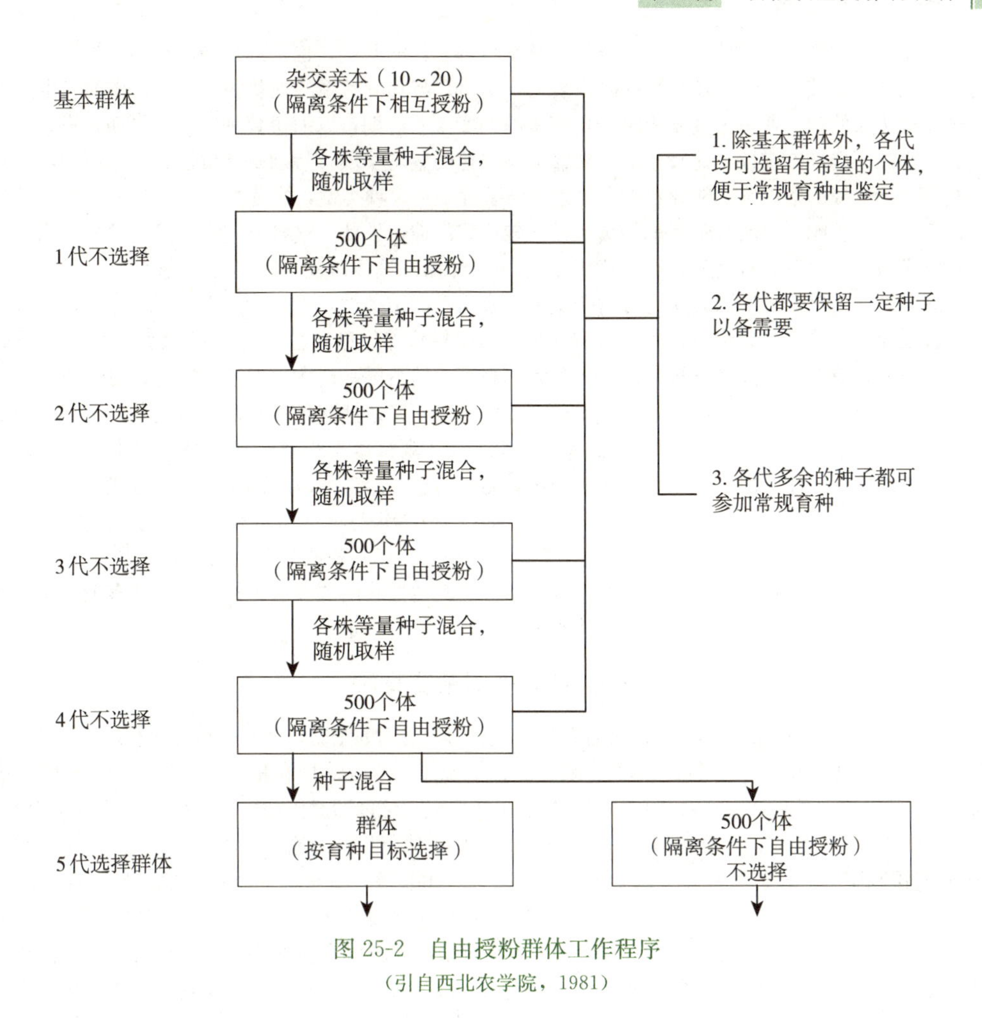

图 25-2　自由授粉群体工作程序

（引自西北农学院，1981）

储存 4～5 年。甘薯的果实为蒴果，每个蒴果一般有种子 1～4 粒，多数为 1～2 粒。种子较小，千粒重一般为 20 g 左右，直径约 3 mm。种子大小及形状与蒴果内的种子数目有密切关系，1 个蒴果只结 1 粒种子的，种子近似圆形，结 2 粒的种子呈半球形，结 3～4 粒的种子呈多角形。种皮呈淡至深褐色，种子无休眠期，但种皮较坚硬，有角质层，不易透水。

播种前进行种子处理是必不可少的环节。处理的方法有刻破种皮法和浓硫酸处理法两种。刻破种皮法适用于量少和比较宝贵的种子，注意刻口要小，不伤种胚。刻破种皮后的种子，按不同组合放在培养皿中，加滤纸和水在 25 ℃温度下浸 10～12 h，待种子膨胀或露白时即速播种。浓硫酸处理法适用于量大的种子，将种子按组合分别放在容器中，倒上浓硫酸少许，以能盖住种子和种子沾上硫酸为度，搅拌均匀，经 1 h 左右，将硫酸倒掉，反复用清水冲洗种子上的硫酸，然后放在另一个容器中加滤纸和水，于 25 ℃下 10～12 h 催芽，露白后播种。对未膨胀的种子，可再处理。这种处理方法简便，效果也好。

播种种子的地块要求土壤疏松、肥沃、平整。播种前浇足底水，播种深度以种子入土与土表相平为准，上盖细土 1～2 cm，保持温度 25～30 ℃，经常保持土面湿润，促进早出快发。出苗后注意前促后炼，气温过高时要通风降温，加强管理，防除虫害。幼苗具 5～6 片真叶时，可打顶促分枝，多出苗，争取早栽。栽植密度稀于生产大田，保证肥水，以便充分表达实生苗的性状，以便选择。按照需要可以单设抗病圃、耐瘠圃等供鉴定用。

（五）杂种 F_1 代的分离和选择　甘薯品种在遗传上是高度异质结合的杂合体，同一组合甚至同一蒴果内不同种子间 F_1 代就产生形态、经济性状极为多样的分离现象，这种分离为选择提供了极好的机会。因此甘薯育种中一般在 F_1 代即进行选择。由甘薯种子长成的苗称为实生苗，具有主根和两片子叶；由实生苗剪下的株系则为无性系。F_1代实生苗（系）的选择是整个育种工作的基础，也是选育新品种的关键。

河北省农林科学院（1983—1987）的研究表明，实生系与其无性系的性状相关关系可作为实生系选择的依据，将大量汰选的初选期由无性系提早到比较集约的实生系时期，以缩短育种周期。早期材料多，每种材料数量少，要提高选择准确性是比较难的，要靠准确快速的鉴定手段，特别是产量性状。采用种子发芽后直接播入畦中而不移栽的条件下，60 d左右实生系的结薯性表现3种类型：成薯类、膨大类和直根类。结薯类型百分数不受环境影响，说明实生系的结薯性是比较稳定的遗传性状。这种不同类型的结薯性在当年无性系夏薯表现出成薯类实生系具有明显的结薯优势，经3～5年跟踪选拔试验，成薯类型的鲜产和干产名列前茅，入选率为另两类的3倍以上。因此认为甘薯杂交种子实生系的结薯性，可作为其无性系产量选择的依据。

浙江省农业科学院将甘薯种子播种于装有砂壤土的塑料营养袋里，当长成6～7片真叶的实生苗时，摘去顶尖，促使腋芽萌发培育成多分枝壮苗，再移入薄膜覆盖的苗圃，待大田温度适宜后，再剪苗插植。改每年1点1次为每年多点多次评价选拔，选拔出适于多种条件的广适性品种和只适于特定条件下种植的专用品种。还可摘取实生苗具2～3个叶的顶尖在温室中培育60 d，观察微型小薯形成早晚与大小，可作为早熟性及丰产性选择的依据。评选出的微型小薯还可当年育苗插植和鉴定选择以增加1个无性世代。

Shiga等（1985）提出，块根中氧化钾与氮的比例（K_2O/N）与鲜薯产量和干薯产量成正相关，与块根中的氮（N）含量成负相关，因此实生系薯块中高的K_2O/N（3.5）和低氮含量可以作为块根产量选择的一个指标。也可用单叶块根形成能力作为高产的选择指标。其他性状的选择可根据前面所述有关性状的遗传特点及性状相关进行。大部分性状要在无性一代和无性二代再进行鉴定。

三、甘薯种间杂交育种

甘薯种间杂交，是指在甘薯属中栽培种甘薯和野生种植物之间的杂交，通常是指甘薯及其近缘野生种之间的杂交。甘薯为同源六倍体，它同六倍体的近缘野生种 *Ipomoea trifida* 具有相同的遗传结构；使用二倍体和四倍体的近缘野生种，能够人工合成六倍体种，这种人工合成六倍体的遗传结构也与甘薯相同；将甘薯同二倍体的近缘野生种杂交，获得正常可育的四倍体杂种。因此将近缘野生种的遗传物质导入甘薯是非常有利的。

（一）直接利用 近缘野生种作为病虫害及逆境的抗（耐）源，有很高的利用价值。日本育成的新品种南丰，是由甘薯与 *Ipomoea trifida*（$2n=6x$）杂交又经两次回交的后代中选育出的，理论上含有1/8的 *Ipomoea trifida*（$2n=6x$）的血统。这个品种除显示出高抗根结线虫病和根腐病、高淀粉含量外，在产量上也有明显的提高。江苏省农业科学院1977年起对 *Ipomoea trifida*（$2n=6x$）的性状及其与甘薯杂交后代的生产力、营养成分和抗病性等做了大量观察测定，获得一些优良品系，为甘薯杂交育种提供了丰富的资源材料。

甘薯和 *Ipomoea trifida*（$2n=6x$）杂交，正反交都能获得种子，但以甘薯为母本时结实率高。另外，不同甘薯品种也可影响结实率高低，结实率变异范围为1.6%～80%，因此选配组合时需加注意。杂种后代高抗茎线虫病的占一半，没有发现抗根腐病的后代，但淀粉含量和干物质含量都表现好。杂种F_1代必须与合适的甘薯品种回交，而且两次回交的甘薯品种应不同，避免由于近交导致减产。河北省农林科学院利用甘薯和 *Ipomoea trifida*（$2n=6x$）的杂交后代作为亲本与甘薯杂交，从其后代中选育出抗根腐病、抗黑斑病、高淀粉含量的冀薯98等甘薯新品种。

山东省农业科学院用甘薯品种和 *Ipomoea littoralis* 杂交，发现有的杂种后代单株产量、干物质含量均高于亲本品种，31%的杂交后代表现高抗黑斑病，说明 *Ipomoea littoralis* 中具有抗黑斑病的基因。Iwanaga（1987）报道，用甘薯和 *Ipomoea trifida*（$2n=4x$）杂交得到的五倍体（$2n=5x$）杂种，表现有高产、高干物质含量、高蛋白质含量的品系，还发现不遭蚁象危害的一种潜在抗源。中国农业大学将 *Ipomoea trifida*（$2n=4x$）同甘薯杂交，筛选到一批表现抗黑斑病、耐旱、抗寒或者结薯的五倍体无性系，将这些五倍体无性系用甘薯回交，并结合植物生长调节剂处理、自由授粉、蒙导授粉、胚珠培养等方法，获得一批高产、高干物质含量等的品系。

Shiotani等（1991）对甘薯和 *Ipomoea trifida*（$2n=2x$）的四倍体杂种的淀粉特性进行研究，发现杂种的淀粉特性近似于两亲本之间。中国农业大学将 *Ipomoea trifida*（$2n=2x$）与 *Ipomoea trifida*（$2n=4x$）杂交，获得了形成$2x$花粉的三倍体种间杂种，将这些三倍体杂种同甘薯杂交，并结合植物生长调节剂处理，获得了一些杂种后代。

到目前为止，直接应用于甘薯育种的近缘野生种仅限于Ⅰ群的 *Ipomoea trifida* 复合种。而属于Ⅱ群的近缘野生种由于同甘薯有性杂交不亲和，不能用常规杂交方法将其优良基因导入甘薯。自20世纪90年代以来，刘庆昌等采用体细胞杂交法克服这种杂交不亲和性，获得杂交不亲和组合的种间体细胞杂种，有的具有膨大块根，可望应用于甘薯育种（Yang等，2009）。

（二）利用近缘野生种人工合成六倍体　为了从长远角度充分利用低倍体近缘野生种，研究者们设计了一种方法人工合成六倍体。

Shiotani和Kawase（1987）人工合成了两种六倍体。第一种是用*Ipomoea lacunosa*（K61，$2n=2x=AA$）和*Ipomoea tiliacea*（K134，$2n=2x=A_1A_1TT$）进行杂交，获得三倍体杂种（AA_1T），然后进行秋水仙碱处理，合成了六倍体（AAA_1A_1TT），该合成六倍体具有很高的育性，但与甘薯杂交未得到杂种。第二种是用*Ipomoea trifida*（K221，$2n=2x=B_1B_1$）和*Ipomoea trifida*（K233，$2n=4x=B_2B_2B_2B_2$）合成的六倍体（$B_1B_1B_2B_2B_2B_2$），该合成六倍体能同甘薯杂交，F_1代杂种可育。黄和盐谷（1991）合成了另一种人工六倍体，将品种南丰和二倍体的*Ipomoea trifida*杂交得到四倍体杂种，再将该杂种同二倍体的*Ipomoea trifida*杂交得到三倍体杂种，用秋水仙碱处理该三倍体杂种即得合成六倍体（C_1系）。将C_1系同品种白丰杂交得F_1代杂种（C_1S系），但发现C_1S3-37系表现出显著的染色体数不稳定性。

（三）四倍体甘薯　甘薯为高倍体作物（$2n=6x=90$），其近缘野生种有二倍体、三倍体、四倍体、六倍体种，但是这些近缘植物几乎都不能形成块根，或者形成很小的块根，就此点来说这是近缘植物的缺点。因此在甘薯育种中利用甘薯和近缘植物之间的杂种优势时，目前不得不将F_1代杂种同甘薯回交2～3次。为了提高近缘野生种的育种利用效率，能否通过近缘植物之间的杂交人工合成某种低倍体的甘薯，并且这种新的甘薯形成正常块根，结实率也可相应提高？因为甘薯（*Batatas*）组植物中随着倍数性的降低，其结实率（育性）将提高。若这种设想能成功，将对甘薯育种是有利的。

基于上述设想，日本学者宫崎（1976）报道，他于1971年成功合成了四倍体甘薯。合成过程为：利用三倍体的*Ipomoea trifida*（K222）为桥梁，不同K222株系杂交合成六倍体的*Ipomoea trifida*，再与甘薯杂交得到杂种，将该杂种同二倍体的*Ipomoea trifida*（K221）杂交获得四倍体杂种（F_1代）。选择农艺性状较好的四倍体杂种，让其相互杂交，得F_2代、F_3代等以改良农艺性状，最后选育出四倍体甘薯品种。这种四倍体甘薯比六倍体甘薯表皮和肉质细腻，还发现有的四倍体品系表现出在正常甘薯中从未有过的肉质。结薯性等特性可与六倍体甘薯匹敌。正常甘薯种子一般硬实，而四倍体甘薯中有的品系结有完全非硬实性的种子，播种时不用浓硫酸等处理。宫崎1972年得到13个四倍体甘薯株系（F_1代），1973年进一步通过四倍体甘薯的相互杂交得到150个株系（F_2代），1975年又得到270个株系（F_3代）。这些株系都表现为自交不亲和，并存在8个不孕群。花粉育性在F_1代平均为65%，株系间的平均结实率为11.5%。随着F_2代、F_3代等世代的推移，花粉育性和杂交结实率都逐渐提高。另外，到F_3代，种子发芽率达98%，无畸形苗，生长发育中的生理障碍几乎消失，成为稳定的植物。

四、甘薯人工诱变育种

甘薯人工诱变育种是利用物理方法或化学方法处理薯块、薯苗、单细胞等，诱发基因突变和染色体畸变而引起性状的改变。多年来，国内外利用物理因素辐照较多，效果也较好，用化学药剂对甘薯进行诱变处理目前使用得较少。联合国粮食及农业组织和国际原子能机构（FAO/IAEA），1988—1992年组织研究甘薯诱变育种，1989年在曼谷召开会议，根据性状遗传行为的简单和复杂，确定甘薯诱变育种的目标范围。

（一）诱变育种目标　某种性状是否作为突变目标有赖于该性状的遗传行为以及该性状自然基因源的可用性。根据各国研究，甘薯性状和诱变育种的关系初步可分为4组。

1. 很适于诱变育种的性状　很适于诱变育种的性状包括薯皮色、薯肉色、节间长短、薯形等，已证明这组性状可诱发得到很高的变异频率。

2. 可以预期诱发得到突变，但频率较低的性状　这组性状包括干物质含量、淀粉含量、总糖含量、单薯质量、单株薯块数、抗真菌病害（例如黑斑病、粗皮病）、耐寒性、蛋白质含量、酚成分、α淀粉酶和β淀粉酶活性、储藏性、抗线虫病、自交和杂交不亲和性等。关于这些性状的基因可突变性还没有大量的试验结果，但根据它们的遗传行为中可利用的信息看，诱发这些性状突变是可能的。

3. 在诱变育种中作为长远目标进行研究的性状　这组性状包括淀粉性质、抗病毒病、抗蚁象、排除胰蛋白酶抑制因子的活性等。在甘薯育种中迫切要求得到这组性状的基因可突变性的信息，因此这些性状的诱发突变试验应与基础研究相结合。

4. 诱变育种中通常难以得到效果的性状 块根产量是受基因非加性效应或杂种优势强烈影响的，甘薯商用品种全部是遗传上高度杂合的，通过单一基因突变来提高块根产量是比较困难的。但将产量按产量构成因素分解为多种性状时，发生某个性状突变是可能的。

（二）诱变处理对象、处理方法和适宜剂量

1. 处理茎蔓或块根 它们都有特定的优缺点，例如茎蔓可以大量地用物理诱变和化学诱变方法处理，按常规种植，当年所结块根还不能鉴定出突变体，要到下一年待处理的块根长出植株后才能鉴定。处理块根的主要缺点是很不方便，诱变处理后易腐烂，但块根长出的苗和插入采苗圃后的切苗所结块根能鉴定出突变体，可提前1年。

（1）处理茎蔓 选择苗床上适期能栽、大小和苗龄一致的壮苗，或取春薯蔓顶端大小一致的切苗，放在钴源照射室中心的周围，用铅盒挡住顶芽，平面排列，使茎蔓得到均匀照射，适宜剂量一般为100～200 Gy。照射后立即栽插，并栽插相应的对照，为观察自然变异作比较。辐射材料收获时要单收单藏，工作量过大时，1株至少留1个块根，编号，此块根记作M_1V_1，对照也要单收单藏编号。M_1V_1单株块根育苗后，一般拔取5～25株，种成一块系，块系之间在地上部植株性状或地下部块根性状上可能出现变异，在同一块系不同株间也能发现有不同的变异。总之，需要按块系内各单株进行形态特征观察以及品质和抗性性状测定。此时的植株和所结块根记作M_1V_2，是茎蔓处理中选择突变体的关键时期。在M_1V_2选中的单株，要分别收获，单独育苗，以观察其遗传稳定性，不要按块系收获。形成突变系后，除对目标性状继续观察和测定外，将与原品种和推广品种进行品系产量比较试验等工作。

当用化学诱变剂处理时，可在茎蔓上喷洒或涂抹诱变剂，或将茎蔓浸于药液中浸泡等。所采用的适宜浓度见表25-3。

表25-3 甘薯诱变的适宜剂量

诱变源	处理对象	适宜剂量（浓度）	资料来源
β射线（^{32}P）	块根	1.11×10^{7} Bq（每个块根）	Sakai（1996）
β射线（^{32}P）	幼苗	7.4×10^{5} Bq（每株幼苗）	Sakai（1996）
γ射线	块根	100～200 Gy	Takemata等（1973）
γ射线	茎蔓	100～200 Gy	陆漱韵等（1965，1988）
γ射线	试管苗	30～50 Gy	陆漱韵等（1993）
γ射线	愈伤组织	1～5 Gy	郑海柔（1995）
γ射线	种子	200～400 Gy	Kukimura等（1975）
γ射线	悬浮细胞	80～90 Gy	刘庆昌（1998，2002）
X射线	块根	100～200 Gy	Cheng（1958）
X射线	幼苗	100～200 Gy	Marumine等（1960）
快中子	幼苗	6 Gy	Love（1969）
快中子	种子	3.8×10^{11}～1.1×10^{12}中子/cm^2	崔广琴（1987）
离子束	种子	30 kV，5次	安徽省农业科学院（1994）
EI	幼苗	0.3%	Kukimura等（1975）
EI	种子	0.3%	Kukimura等（1975）
EMS	种子、幼苗	2%～5%	Kukimura（1977）

注：EI代表乙烯亚胺；EMS代表甲基磺酸乙酯。

（2）处理块根 块根不定芽刚萌动时，在钴源照射室中进行辐射处理，为M_1V_1，适宜剂量一般为100～

150 Gy。块根被照射侧长出的苗及插植后所结薯块则可记作 M_1V_2，也看作一块系，可进行块系或块系内不同单株的选择。同时种植未处理的对照作比较，其他同茎蔓处理。当用化学诱变剂处理时，可将诱变剂注入块根。

2. 处理杂交种子 崔广琴（1987）在温室条件下诱发下胚轴不定芽变异获得了较好的诱变效果。所用的适宜剂量为 $3.8\times10^{11}\sim1.1\times10^{12}$ 中子/cm^2，在这个剂量范围内具有较高的生物学效应。在 $1.1\times10^{11}\sim4.2\times10^{12}$ 中子/cm^2 剂量范围内，不定芽均在子叶节下 2～3 cm 处的下胚轴部位萌发。

Kukimura（1975，1977）用 γ 射线和乙烯亚胺（EI）对甘薯杂交种子进行处理，以不处理为对照，发现群体平均产量比对照有所增加。但由于甘薯种子是分离群体，基因型不同，易将基因重组和诱发突变的变异混在一起。1986 年联合国粮食及农业组织和国际原子能机构在维也纳召开诱变协作会，提出尽量不照射甘薯杂交种子，因为诱发突变不是基因重组。当然，只是从育种的角度出发，为了获得尽可能多的变异时辐照杂交种子是可行的。

3. 处理试管苗或处理茎蔓后单茎节培养 Thinh（1990）用 γ 射线辐照试管苗并采用单茎节离体培养，在低温胁迫下筛选出耐寒变异材料，没有发现嵌合体现象。陆漱韵和濮绍京（1990，1992）辐照茎蔓后用单茎节离体培养，后代中出现各种形态变异，移栽于田间得到薯皮色变异系和对茎线虫病抗扩展的材料，没有发现嵌合体现象。

处理时茎蔓不带顶尖，长为 15～20 cm，均匀辐照。处理后要及时接种培养，处理量不能太大，可以分批处理。如用试管苗进行辐照处理，每次量也不要太多，因为处理后即需进行单茎节培养。适宜剂量为 30～50 Gy。单茎节繁殖而成为体细胞无性系，不需经过结块根即可增加无性系代数，然后移植至田间对其形态特征、品质和抗性等进行鉴定，选出突变体，同时应有相应的非辐照试管苗作对照。对试管植株的抗性如能进行快速简易鉴定，则可大大提高效率。

4. 处理愈伤组织 郑海柔（1995）用 γ 射线辐照甘薯茎的愈伤组织，结果表明，愈伤组织的生长随 γ 射线的辐照而加快，但剂量到 30 Gy 及以上时，反被抑制，因此认为应使用 1～10 Gy 的 γ 射线辐照愈伤组织以诱发基因突变。经过试验，5 Gy 剂量的辐照能刺激根生长，而且苗的诱导频率达 15%，其他剂量均不利于苗的诱导。

5. 处理单细胞 刘庆昌等（1998，2002）用 0～120 Gy 的 γ 射线辐照甘薯胚性悬浮细胞，结果表明，适宜剂量为 80～90 Gy。并发现辐照时的细胞状态很重要，以继代培养 2～3 d 后的细胞为宜，因为此时的细胞分裂最旺盛。已经获得薯皮色、薯肉色、高淀粉含量、高可溶性糖含量等的同质突变体。He 等（2011）利用这种辐照方法结合离体筛选，获得了甘薯耐盐突变体。辐照胚性单细胞有很多优点，例如在很小空间内即可辐照大量材料，比较容易掌握；获得的突变体一般是同质的，有利于性状稳定；可进行离体筛选，获得抗病、耐逆突变体。

（三）诱变后代处理方法 不论经何种诱变处理的材料，在获得所需改良性状的突变体或其他有价值的突变体后，即相当于有性杂交育种中 F_1 代实生系及其无性一代的选择，可以进入常规育种程序。如果种薯和薯苗量足够，也可进入鉴定试验。但必须与原始品种和当地推广品种比较 1～2 年，观察形态特征，鉴定在原始品种中具备的优良特性（例如抗性、鲜薯产量、干薯产量）是否有变异。少量优良突变系可参加品系比较试验，直至参加适应性试验。

（四）国内外已获得的有用突变体 国内外研究者通过诱变处理，已获得各种甘薯有用突变体，有些已成为新品种（系）。获得的主要诱发突变有如下几种。

1. 形态性状突变 诱变获得的形态性状突变包括叶形、叶色（叶绿素突变）、叶脉色、茎色、茎长短、茎粗细、节间数、节间长度、矮生或密集株型、薯皮色、薯肉色等。

2. 数量性状突变 诱变获得的数量性状突变包括干物质含量、淀粉含量、总糖含量、胡萝卜素含量、蔗糖含量等。

3. 生理或生态性状突变 诱变获得的生理或生态性状突变包括早熟性、抗粗皮病（*Monilochaetes infuscans*）、抗黑斑病、抗茎线虫病扩展、耐寒性、耐盐性、克服 *Ipomoea leucantha* 的自交不亲和性等。

第五节 甘薯育种新技术的研究和应用

长期以来，甘薯育种中一直存在着用常规方法很难解决的主要问题：①甘薯组中存在的种间杂交不亲和及种内交配不亲和性，严重限制了甘薯常规育种中的种质资源利用和亲本自由组配；②诱变育种一直是甘薯育种的重要手段，但长期以来甘薯诱变育种一直局限于个体或器官水平，存在着严重的嵌合体现象，限制了甘薯诱变育种效率；③病毒病、蚁象等是世界性甘薯重要病虫害，其抗性种质资源严重缺乏，并且这些性状与甘薯品质性状之间常存在着高度负相关，因此用常规育种方法选育出优质、抗病（虫）的甘薯新品种相当困难。国内外研究者试图用体细胞杂交、细胞诱变及分子育种等新技术来解决上述 3 个问题。为了成功地应用这些新技术，必需首先建立一个有效的甘薯细胞培养植株再生体系。

一、甘薯细胞培养

中岛和山口（1968）最早人工培养了甘薯，他们用 White 培养基培养品种高系 14 的块根组织片，获得了旺盛生长的愈伤组织，观察到少量不定根的形成。Gunckel 等（1972）培养甘薯的根，由品种 Yellow Jewel 和百年薯获得了再生植株。随后 Yamaguchi 及 Nakajima（1973）和 Sehgal（1975）分别由甘薯的块根和叶片愈伤组织再生出植株。20 世纪 80 年代以来，研究者们对甘薯及其近缘野生种的各种组织和器官进行了培养，通过器官形成和体细胞胚胎发生途径，由块根、茎、叶、叶柄、茎尖、花药等组织获得再生植株。但是在大多数情况下，植株再生率很低，高频率的植株再生仅限于少数几个基因型。

美国佛罗里达大学的 Cantliffe 研究小组为开发甘薯人工种子，用品种 White Star 的茎尖分生组织诱导的胚性愈伤组织建立了胚性细胞悬浮培养系，提高了其植株再生率（Chee 和 Cantliffe，1988；Schultheis 等，1990；Chee 等，1990；Chee 等，1992）。刘庆昌等（1996）和 Liu 等（2001）用甘薯茎尖分生组织诱导的胚性愈伤组织为材料，建立了一个简单、有效的甘薯胚性细胞悬浮培养系，这个细胞悬浮培养系适合徐薯 18 等 50 余个主栽品种，其植株再生率均达 90%以上，为甘薯体细胞杂交、细胞诱变和基因工程提供了理想材料。

二、甘薯体细胞杂交

20 世纪 70 年代末以来，研究者们对甘薯及其近缘野生种的原生质体培养和植株再生进行了较系统的研究，为甘薯体细胞杂交奠定了基础。但是由于这些研究多用再分化能力很低的叶片、叶柄等组织分离原生质体，所以仅由原生质体获得少量再生植株。在此基础上，研究者们对甘薯体细胞杂交及杂种植株再生进行了研究，获得了一些有性杂交不亲和组合的体细胞杂种植株，但所获杂种植株极少（Liu 等，1992；村田等，1993；Belarmino 等，1993；刘庆昌等，1994，1998；Wang 等，1997）。

1998 年以来，中国农业大学将所建立的甘薯胚性细胞悬浮培养系用于原生质体分离，然后进行体细胞杂交，从徐薯 18×*Ipomoea triloba*、徐薯 18×*Ipomoea lacunosa* 等 10 余个杂交不亲和组合获得种间体细胞杂种或种内体细胞杂种植株，并对这些杂种的特征特性进行了分析，有些杂种具有明显的膨大块根，育性正常，耐旱性好，能同甘薯进一步杂交，从其杂交后代中选育出一些优良材料，可望用于甘薯育种（刘庆昌等，1998；张冰玉等，1999；Zhang 等，2002；Guo 等，2006；Yang 等，2009）。

三、甘薯细胞辐射诱变

刘庆昌等（1998，2002）用 0～120 Gy γ 射线辐照甘薯品种栗子香、高系 14 等的胚性悬浮细胞，确定甘薯胚性悬浮细胞适宜的 γ 射线辐射剂量为 80～90 Gy，从辐照后代中筛选出叶形、薯皮色、薯肉色、高干物质含量等的同质突变体。王玉萍等（2002）将品种玉丰、高系 14、红东和 Kandaba 在生长期内用 γ 射线慢照射，对照射后的材料进行茎尖组织培养，获得再生植株。将这些再生植株移栽到大田，发现其后代发生了广泛的性状变异，并且这些变异是稳定遗传的，获得了薯形、薯肉色、高产量、高干物质含量和高含糖量的同质突变体。由高系 14 的辐照后代筛选出的突变体农大辐 14，薯形美观，薯皮呈深红色，薯肉呈橘红色，比高系 14 高产、味优。

Liu 等（2002）和李爱贤等（2002）以品种栗子香胚性悬浮细胞为材料，用聚乙二醇 PEG6000 和氯化钠（NaCl）分别作为离体筛选耐旱性和耐盐性突变体的选择剂，确定甘薯耐旱性和耐盐性离体筛选的适宜选择压分别为 30%PEG6000 和 2%NaCl，获得耐旱、耐盐变异体。He 等（2011）用 80 Gy γ 射线辐照栗子香和徐薯 18 的胚性悬浮细胞，然后用 2% NaCl 进行离体筛选，获得甘薯耐盐突变体。

Liu 等（2002）用 0～100 Gy $^{12}C^{5+}$ 和 0～200 Gy $^{4}He^{2+}$ 分别辐照栗子香胚性细胞团，确定栗子香胚性细

胞团适宜的$^{12}C^{5+}$和$^{4}He^{2+}$辐照剂量分别为30～50 Gy和50～70 Gy。辐照后经过培养获得再生植株，并从中筛选出叶形、薯皮色等突变体。

四、甘薯基因工程

1987年Eilers报道，利用野生型根癌农杆菌感染甘薯品种Jewel，获得了转基因愈伤组织和少量植株。Prakash和Varadarajan（1991）用携带双元载体pBI121的农杆菌菌株LBA4404（其上携带有*NPTⅡ*基因和*gusA*基因）转化品种Jewel和TIS-70357的叶片及叶柄，获得转化芽。Newell等（1995）分别用携带pCT15和pPCG6质粒的LBA4404转化品种Jewel的块根组织，获得少量表达豇豆胰蛋白酶抑制剂基因（*CpTI*）和植物凝集素基因（*GNA*）的转基因植株。Gama等（1996）用菌株EHA101转化品种White Star的胚性愈伤组织，获得表达*gusA*基因的转基因植株。Otani等（1998）用携带双元载体pIG121-Hm的菌株EHA101转化品种高系14的胚性愈伤组织，获得表达*gusA*基因的转基因植株。

Murata等（1997）用电激法，将SPFMV-5外壳蛋白基因导入品种中国25的原生质体，获得转基因植株。Gipriani等（1999）用LBA4404（*pKT1-4*）转化甘薯品种Jewel等的叶片组织，获得表达*SKT1-4*基因的转基因植株。Moran等（1999）将δ内毒素基因*cryⅢA*导入品种Jewel，获得转基因植株，并对其对蚁象抗性的生物活性进行了试验。Kimura等（2001）将淀粉粒附着性淀粉合成酶Ⅰ（GBSSⅠ）的全长cDNA导入品种高系14的胚性愈伤组织，获得1株块根中缺乏直链淀粉的转基因植株。高峰等（2001）将玉米醇溶蛋白基因导入品种新大紫，获得转基因植株。Okada（2001，2002）等将甘薯SPFMV-S外壳蛋白基因导入甘薯，获得抗病毒病植株。

中国农业大学用甘薯胚性悬浮细胞作受体，建立了一个农杆菌介导的甘薯遗传转化体系。用该遗传转化体系，蒋盛军（2004）获得表达水稻巯基蛋白酶抑制剂基因（*OCI*）的转基因甘薯植株。Yu等（2007）将该遗传转化体系进一步优化。Zang等（2009）获得表达*bar*基因的转基因甘薯植株，且其表现出对Basta正常大田剂量的功能抗性。Gao等（2011）获得表达*OCI*基因的转基因甘薯植株，且从中筛选出抗茎线虫病的株系。Gao等（2011，2012）表明，表达*LOS5*基因或*SOS*（包含*SOS1*、*SOS2*和*SOS3*）基因，能够提高甘薯的耐盐性。Fan等（2012）表明，表达*BADH*基因的甘薯植株的耐盐性和耐冷性显著提高。

甘薯重要基因的克隆是目前甘薯基因工程的重点。甘薯块根中有两种主要蛋白质块根储藏蛋白（sporamin）和β淀粉酶（β-amylase），在甘薯品种中分别约占块根全可溶性蛋白质的80%和5%，而在块根以外的器官中几乎测不出这两种蛋白质的存在。Hattori等（1989）的研究表明，块根储藏蛋白是由多基因家族控制的。Yoshida等（1991）的研究表明，β淀粉酶是由单拷贝编码基因决定的。中村等（1992）克隆了块根储藏蛋白基因（*gSPO-AI*）和β淀粉酶基因（*gβ-Amy*）的启动子。森等（1991）用SPFMV-O的RNA，成功克隆了含有3′末端的长为2.3 kb的cDNA。

Kim等（2003）克隆了甘薯过氧化物酶（POD）的启动子swpa2。Park等（2004）克隆了甘薯细胞溶质抗坏血酸氧化酶基因（*SwAPX1*）。Hamada等（2006）从甘薯中分离出淀粉分支酶Ⅰ基因（*IbSBEⅠ*）。甘薯*SRF1*基因编码一个锌指结构的转录因子，过表达该基因能够显著增加甘薯的干物质含量，淀粉含量也得到提高（Tanaka等，2009）。Kim等（2012）克隆了甘薯*CHY-β*基因，其下调表达能够提高甘薯培养细胞的β胡萝卜素含量和总类胡萝卜素含量。翟红等（2009）克隆了甘薯抗茎线虫病基因*IbMIP-1*，这个基因的表达受到甘薯茎线虫的诱导。Zhou等（2010）和Liu等（2010）分别克隆出与甘薯花青苷生物合成相关的基因*IbANS*。Liu等（2014，2015）克隆了甘薯*IbP5CR*、*IbMas*、*IbNFU1*和*IbSIMT1*基因，表明过表达这些基因能够显著提高甘薯的耐盐性。

五、甘薯分子标记技术

Ukoskit等（1997）用分离群体分组分析（BSA）法，以甘薯抗根结线虫病与不抗根结线虫病的亲本杂交产生的F_1代分离群体为材料，获得1个与抗病性相关的随机扩增多态性DNA（RAPD）标记。郭金平等（2002）用甜菜抗线虫病基因序列$Hs1^{pro-1}$设计引物，通过聚合酶链式反应（PCR）扩增，筛选出1对特异性引物，用于甘薯抗线虫病种质资源的筛选和鉴定。Mcharo等（2005）和Nakayama等（2012）获得与甘薯抗根结线虫病基因连锁的扩增片段长度多态性（AFLP）标记。以抗茎线虫病品种徐781和感茎线虫病品种徐薯18的F_1代分离群体为材料，周忠等（2005）和蒋琳等（2007）分别筛选出1个与抗茎线虫病基因连锁的随机扩增多态性 DNA 标记。揭琴等（2008）筛选出 1 个与抗茎线虫病基因连锁的随机扩增多态性 DNA 标记，并转化为特征序列扩增区域（SCAR）标记；同时又筛选出 2 个扩增片段长度多态性标记，与抗茎线虫病基因间的遗传距离分别为 6.9 cM 和 11.1 cM。李爱贤等（2008）获得 2 个与甘薯抗茎线虫病基因连锁的随机扩增多态性 DNA 标记，与抗病基因的遗传距离分别为 4.86 cM 和 4.17 cM。Zhao 等（2013）获得 4 个与甘薯抗茎线虫病基因相关的相关序列扩增多态性（SRAP）标记，与抗病基因的遗传距离分别为 4.7 cM、4.7 cM、6.3 cM 和 9.6 cM。

Ukoskit 和 Thompson（1997）以 Vardaman×Regal 的杂交 F_1代分离群体为作图群体，构建了一张包含 196 个随机扩增多态性 DNA 分子标记的甘薯低密度遗传连锁图谱。Kriegner 等（2003）用来自非洲抗甘薯病毒病甘薯品种 Tanzania 和感甘薯病毒病品种 Bikilamaliya 杂交得到的 94 个单株为作图群体，将 Tanzania 的 632 个扩增片段长度多态性标记定位在 90 个连锁群上，总图距为 3 655.6 cM，标记间的平均图距为 5.8 cM；将 Bikilamaliya 的 435 个扩增片段长度多态性标记定位在 80 个连锁群上，总图距为 3 011.5 cM，平均图距为 6.9 cM。Cervantes-Flores 等（2008）用 Beauregard×Tanzania 杂交 F_1代的 240 个单株为作图群体，将 Beauregard 的 1 166 个扩增片段长度多态性标记定位于 90 个连锁群上，总图距为 5 276 cM，平均间距为 4.5 cM；将 Tanzania 的 960 个扩增片段长度多态性标记定位在 86 个连锁群上，总图距为 5 792 cM，平均间距为 4.8 cM。

Zhao 等（2013）分别构建了徐薯 18 和徐 781 的高密度分子连锁图谱，两张图谱均包括 90 个连锁群。徐薯 18 连锁图谱由 1 936 个扩增片段长度多态性标记和 141 个简单序列重复（SSR）标记组成，总图距为 8 185 cM，标记间的平均距离为 3.9 cM。徐 781 连锁图谱由 1 824 个扩增片段长度多态性标记和 130 个简单序列重复标记组成，总图距为 8 152 cM，标记间的平均距离为 4.2 cM。利用 Duplex 和 Triplex 标记对双亲图谱的连锁群进行同源性分析，徐薯 18 和徐 781 连锁图谱中分别得到 13 个和 14 个同源连锁组。

第六节　甘薯育种田间试验技术

一、甘薯育种程序

以品种间杂交的单交为例，甘薯育种程序可分为 3 个阶段，各阶段工作要点等归纳于表 25-4 中。杂交是第一阶段的工作，有条件的可对亲本选配做一些预备性试验；第二阶段为实生系及其无性系的分离选择试验；第三阶段为优系产量和适应性试验。后两阶段的试验简述于下。

表 25-4　甘薯品种间杂交的单交育种程序及阶段工作要点

育种程序	杂交		实生系及其无性系分离选择	优系产量和适应性试验
年限	1 年	1 年	1～2 年	2～3 年
任务	预备试验	创造优良变异	选择优良株系	决选优良品种
试验方法及特点	进行配合力试验，测定亲本的一般配合力效应方差和特殊配合力效应方差，以确定优良亲本和组合；不明群别的进行不孕群测定	自然开花材料插枝、搭架、整枝，不开花材料进行诱导开花；确定的组合和群别多量杂交	株系试验，可分春栽和夏栽，或在两年内进行初选和复选；种植亲本和对照品种，第一年种单行，第二年设单行区，有条件时可设重复，以目测等感官鉴定和简易测定为主	可在不同季节插植，多点试验，用小区试验（鉴定、品系比较），3～5 行区，设重复，后期可结合良种良法配套技术
主要调查项目及内容	调查不同品种材料的杂交、自交结实习性和杂交不孕群，并调查亲本材料的特性	调查各组合的结实情况	主要特征、结薯习性观察；生产力或产量、品质、干率初测，利用准确快速鉴定方法对主要特性（早熟性、耐旱性、抗病性、储藏性等）的初步鉴定，不同组合性状遗传特点	鲜薯和干薯产量，块根膨大特点和生态型；主要特性的进一步鉴定；品质性状精确鉴定，栽培利用特点，不同地点适应性试验

1. 选系试验　实生系经观察、简易测定、初选优良株系。株系经储藏、育苗、观察，根据性状表现进一步选择，还要考虑种薯数量，一般需进行1～2年的选系试验。

2. 鉴定圃　在完成选系任务的基础上，继续对入选材料在不同条件下予以鉴定。采用随机区组设计，常用3行小区，行长为6m，行距为0.74m，小区面积为13.32m²，重复3～4次，全面鉴定特征特性，有的可设挖根区，观察块根增长动态，并酌情创设对抗逆性、抗病性和储藏性等直接鉴定或综合鉴定的条件，力求明确供试品系的全部主要性状特点。鉴定出的优良品系，进一步参加品种比较试验。

3. 品系比较试验和联合区域试验　品系（种）比较试验，也采用随机区组设计，重复3～4次，3～5行区，行长为9m，行距为0.74m，小区面积为20～33m²。在种苗多的情况下，可同时进行多点试验，有条件的可将试验、丰产示范、快速繁殖相结合，做好推广前的准备。品系比较试验和联合区域试验的结果是新品种区域化试验和品种登记的重要根据。

整个育种过程中，应做到实生系选择要准，鉴定要严，繁殖推广要快，特殊优异材料可破格提升。至于其他育种途径，只要选择到优良株系，除育种目标各有侧重外，育种过程即和品种间杂交程序相同。

二、甘薯育种试验技术的特点

与其他作物相比，甘薯育种试验技术有很多特点，简要说明如下。

1. 诱导开花的设施和技术　甘薯杂交育种中，大多数材料要诱导开花，到秋季温度低于25℃时便不能做杂交工作。因此必须有高温温室和短日照处理的设施，有条件的还要有网室以防昆虫传粉。种子播种时也以有温室设施为好。育种中还应有一套诱导开花的技术，例如准备砧木和接穗，有接活以后的移植、搭架、整枝管理、短日照处理等专门技术，待现蕾、开花才能进行授粉杂交。

2. 种薯的储藏和育苗　甘薯是以储藏器官块根作为繁殖种薯的，块根含水量很高，收获后必须保存于9～13℃的条件下，才能安全储藏越冬。我国南方广东、广西等地有以薯蔓越冬繁殖的，但大部分还是用薯块。因此要有储藏块根的薯窖，科学管理，以防烂窖。春天要采用温床、火炕等加温设备进行育苗，要防止烂床。不论是储藏还是育苗，育种材料种类多，每类量少，不能混杂，比生产上甘薯的储藏、育苗费事。

3. 田间试验的复杂性　甘薯种苗准备时间短，试验中有紧张感，安排试验既要周全又要灵活。例如在进行甘薯育种的春薯田间试验时间相当紧，从苗床上拔苗，分品种分重复整理，还要及时插植，间隔时间长了会导致秧苗质量下降，成活率和缓苗率降低，影响试验结果。如果苗床上由于萌芽性不同，有的品种秧苗数量不够时，就要被剔出试验降到预备圃中下一次再升上。插植秧苗时必须有水，遇大风雨时不能插植秧苗。秧苗柔嫩，往往因干旱或雨打风吹造成缺苗，影响试验。在进行夏薯田间试验时，从春薯上剪秧，分品种分重复整理，还要在一天内及时插植。不能在一个地点种植时，只能分成两天进行，准备工作时间也是很短的。有时计划的多个品种，但因有的品种蔓短，未达到剪秧要求，也会影响到原计划的实施，要做调整。

第七节　甘薯种子生产技术

由于甘薯用种比种子作物需要量大，薯种薯苗调运困难，同时甘薯种子工作差、乱、杂现象比较普遍，因而甘薯种子生产的主要任务是要有计划、有系统地进行品种的防杂保纯，保持品种的遗传特性，延长良种在生产上的利用年限。同时也要在良好的农业技术条件下，加速繁育新良种的薯种薯苗，普及推广良种，以发挥良种的作用。另外，甘薯为无性繁殖作物，长时间种植会因为病毒大量积累而导致品种严重退化，所以生产上已广泛使用脱毒种薯。

一、甘薯种子生产体系

（一）引起甘薯混杂变异的原因

①在甘薯收获、运输、储藏、育苗、剪苗和栽插等操作过程中，若对品种特征特性不太了解，也不注意选种留种，或在大量调运薯种、薯苗时混入其他品种的薯块和薯苗，育苗时混排品种，栽插时混栽薯苗，补栽时再度混栽，收获时混收混藏，造成人为机械混杂，使良种推广2～3年，便面目全非。

②由于潜伏的病毒病，不仅造成当年产量下降，而且能带到后代继续发病。

③生物学混杂，甘薯不是发生串粉而是经常发生芽变，这种无性变异也是品种混杂不纯的主要因素

之一。

防止品种混杂退化，保持品种原有种性，首先要从种子生产制度上做出保证。

(二) 甘薯种子生产的四级程序 关于甘薯种子生产，以往采用原原种、原种和良种三级程序，为保护育种者的知识产权，防止品种混杂退化，保持品种原有特性，目前正在推行由育种家种子、原原种、原种和良种 4 个环节组成的四级种子生产程序。

1. 育种家种子 育种家种子即品种通过审定时，由育种者直接生产和掌握的原始种子，具有该品种的典型性、遗传稳定性，纯度为 100%，不带病毒和其他病虫害，产量及其他主要性状符合推广时的原有水平。育种家种子生产和储藏由育种者负责，在育种单位试验场或繁殖基地建立育种家种子圃，对通过审定品种的优系种子采用单株种植、分株鉴定去杂、混合收获的方式；进一步利用茎尖分生组织培养、病毒检测(指示植物法和血清学方法)，获得稳定的优系脱毒试管苗，通过组织快繁在育种家种子圃进行繁殖。生产的育种家种子可储存并分年利用。育种家种子经过一次繁殖，可生产原原种。

2. 原原种 原原种由育种家种子直接繁育而来，具有该品种典型性，遗传稳定性、纯度为 99.9%，不带病毒和其他病虫害，薯块整齐度不低于 90%，不完整薯块率低于 1%，杂质含量低于 2%，产量及其他主要性状与育种家种子相同。原原种生产由育种家负责，在育种单位试验场或特约原种场生产。将育种家种子单株栽植，分株鉴定去杂，混合收获生产原原种。原原种经过 1 次繁殖可生产原种。

3. 原种 原种由原原种繁殖生产，具有该品种典型性、遗传稳定性，纯度为 99.5%，薯块整齐度不低于 85%，不完整薯块率低于 3%，杂质含量低于 2%，带病毒率低于 10%，不带甘薯瘟病、疮痂病、线虫病、根腐病和蚁象，黑斑病率和软腐病率均低于 0.5%，产量及其他主要性状指标仅次于原原种。原种生产由原种场负责。在隔离条件下，选无病害地块作原种圃，对原原种薯苗稀植，生产原种。原种经过 1 次繁殖生产良种，也可直接供大田用种。

4. 良种 良种由原种繁殖生产，具有该品种典型性、遗传稳定性，纯度为 98%，薯块整齐度不低于 85%，不完整薯块率低于 3%，杂质含量低于 2%，带病毒率低于 20%，不带甘薯瘟病、疮痂病、线虫病、根腐病和蚁象，黑斑病率和软腐病率均低于 1%，产量及其他主要性状指标仅次于原种。良种生产由基层种子部门负责。在良种场或特约种子基地，选择有隔离条件，无病害地块作良种圃，用原种薯苗栽植生产良种。良种直接供应大田生产。若需种量大，可再繁殖 1 次，作为二级良种供应大田。良种在生产上用 1～2 年应更新。

甘薯的再生能力很强，其块根、茎蔓、叶节、叶片、薯拐等，只要有适宜条件，都能生根发芽，长成植株。可充分利用这些无性器官，创造温度和湿度条件，采用加温多级育苗、采苗圃育苗、种植大堆薯压蔓繁殖、叶节繁苗、离体快繁等多种方法，加速繁殖。

二、甘薯脱毒种薯生产技术

甘薯组织培养脱毒种薯生产技术包括以下环节。

(一) 品种筛选 甘薯品种较多，应首先选择当地适宜栽培的高产优质或有特殊用途的品种进行脱毒。

(二) 茎尖分生组织培养 该技术已比较成熟，许多单位都获得脱毒试管苗。所用茎尖分生组织大小一般为 0.3～0.5 mm。基本培养基一般为 MS 培养基，但所加植物生长调节物质因品种不同稍有差异，例如 MS+1 mg/L 6-苄基腺嘌呤 (BAP)、MS+0.5 mg/L 吲哚乙酸 (IAA)+1.0 mg/L 6-苄基腺嘌呤 (BAP) 等都是比较常用的。在这种培养基上培养 20 d 后，一般应转移到 MS 基本培养基上，以利小植株的形成。但由于该项工作需有相当设备，耗资较多，因此一般脱毒薯生产单位不必在这方面花费大量投入，可直接从有条件的单位取得已鉴定的脱毒试管苗或原原种和原种进行繁殖。

(三) 病毒检测 组织培养产生的试管苗，经过严格检测后才能确认为脱毒试管苗。检测方法可采用指示植物嫁接法。多数侵染甘薯的病毒，可使巴西牵牛 (*Ipomoea setosa*) 产生症状。每个试管苗应嫁接检测 2 次以上，每次 3～5 株。也可用血清学方法 (NCM-ELISA) 检测。

(四) 品种性状鉴定和选优 试管苗通过病毒检测后，在 40 目防虫网室内种植，进行形态、品质和生产能力的鉴定，从若干个无性系中选出最优者。

(五) 脱毒试管苗快繁 当选的试管苗可在试管或其他容器的培养基上切段繁殖，也可在防虫温室或网室内栽培，以苗繁苗。

（六）育种家种子 育种家种子由育种单位在防虫温室或网室内无真菌、线虫和细菌病原的土壤上栽种试管苗，让其结薯，即为育种家种薯，育出的薯苗为育种家种苗，作生产原原种之用。为了降低成本，也可在非甘薯生产区繁殖。

（七）原原种和原种 原原种和原种生产应在防虫网室内无病原土壤上进行，也可在多年未种过甘薯、四周 500 m 以内无甘薯的地块中栽种。以原原种（苗）为种植材料，培育的种薯即为原种。

（八）良种 生产一级良种（即生产用种）种薯要用原种，地块要轮作，四周 500 m 内无甘薯，生长期及时去除可疑病株及其薯块。二级种薯生产地块的条件可适当低于一级种薯生产。

（九）种薯检验和病毒监察 各级种薯必须有质量标准，并有适当机构监督和发证。在当前开始应用阶段，原原种应要求不带有病毒和其他病原，原种只允许带有少量病毒，生产商品薯用的种薯，要求可适当放宽。生产各级种薯的温室、网室和地块中都可种植少量指示植物，观察是否有毒源存在及有无蚜虫传毒。如果指示植物发病，则原原种和原种都应降级，并找出防蚜不严的原因，加以改进。在防虫网室、温室中要定期喷杀虫剂消灭外来和内部滋生的蚜虫、飞虱，这是必不可少的工作。各级种薯也应采用杀菌剂浸种防病。

（十）种薯收获和储藏 脱毒试管苗的保存需要有一定的设备条件。脱毒种薯的收获储藏，与普通种薯没有根本差别，但要特别注意防止品种混杂以及同普通薯混杂。另外，脱毒薯萌芽性能好，应注意控制温度，防止提早萌芽。原原种往往薯块较小，应注意保湿，防止水分损失过多。

第八节 甘薯育种研究动向和展望

一、甘薯育种目标的多样化和高标准

甘薯作为一种重要的粮食、工业原料和饲料用作物，已受到各国重视，育种目标日趋多样化、专用型和高标准。例如日本制定的 1999—2010 年甘薯育种计划中，强调食用、淀粉原料用、新用途（例如色素利用等）和饲料用新品种的开发，促进低成本生产技术的开发与普及。我国强调高产、优质、多抗、专用新品种的选育。食用和食品加工用品种应着重提高其各种品质和营养价值；淀粉原料用品种不但要求淀粉含量高，而且要求淀粉洁白、淀粉粒大等；新型特用品种要求胡萝卜素、花青素等含量特别高；饲料用品种不仅要求其生物学产量高，还要求粗蛋白质含量高、消化性好等。甘薯主要病虫害尤其病毒病和蚁象已成为提高甘薯产量和品质的重要限制因素，今后应积极开展抗病虫品种的选育和脱毒种薯的应用推广。为了提高甘薯生产效率，进一步降低生产成本，适于机械化栽培的品种将受欢迎。

二、甘薯核心亲本材料的创制

各国的育种实践表明，核心亲本在甘薯育种中所起的作用是极其显著的。例如品种百年薯为高胡萝卜素含量的食用品种，以其作为亲本之一，美国和我国都已选育出一批品质优良的食用或食品加工用品种。我国在 20 世纪 50 年代从品种胜利百号和南瑞苕的杂交后代选育出优良品种约 70 个。高淀粉含量的品种金千贯一直是日本高淀粉育种的重要亲本。日本自 20 世纪 60 年代以来就非常重视利用近交、多交、复合杂交等方式培育高淀粉亲本材料，使日本的高淀粉育种取得重大突破。由此可见，培育核心亲本材料是甘薯育种能否上一个新台阶的关键。可以说，有好的亲本才能出好的品种。我国自“九五”以来，将甘薯核心育种材料的创制列为国家重大科技计划，已取得可喜成果，创制出一批高淀粉、高胡萝卜素、高花青素、高抗病等的核心材料。

三、甘薯近缘野生种的研究和利用

盐谷（1994）提出利用近缘野生种改良甘薯的战略设想，认为近缘野生种的育种利用是改良甘薯淀粉品质、抗病虫性、抗逆性等的重要途径，这已为甘薯育种实践所证实。日本高产、高淀粉含量、高抗线虫病的优良品种南丰的育成就是一个很好的例子。实际上，日本后来育成的很多品种都具有 *Ipomoea trifida*（$2n=6x$）的血统。但是目前真正已用于甘薯育种的近缘野生种仅限于六倍体的 *Ipomoea trifida*，今后除了继续注重其利用外，还应探索低倍体的 *Ipomoea trifida* 以及Ⅱ群的近缘野生种的利用途径和价值。研究已经表明，这些目前尚未被利用的近缘野生种含有抗病虫、高淀粉品质等基因，今后应通过细胞工程、基因工程等新技术将这些有益外源基因导入甘薯。

四、甘薯育种性状鉴定新方法的建立

过去甘薯育种目标主要是高产、抗病，国内外研究者基本上建立了根腐病、黑斑病、甘薯瘟病、茎线虫病等的鉴定方法。近几年对甘薯品质成分（例如淀粉含量、胡萝卜素含量、可溶性糖含量等）的简便、快速、标准的鉴定方法也进行了探讨，但是尚不完善。当今的甘薯育种目标是向多样化、专用型的方向发展。为了适应这种变化，满足现实甘薯育种工作的需要，应该建立一整套简便、快速、标准的品质成分鉴定方法。

五、生物技术在甘薯育种上的应用

常规杂交育种将仍然是今后很长一个时期的主要育种途径，但是仅靠这种途径已不能满足甘薯育种的需要，因为可直接利用的甘薯种质资源日趋狭窄，在很大程度上已经限制了甘薯育种工作。因此今后应加强体细胞杂交等细胞工程研究，使之有效地用于克服甘薯组存在的种间交配不亲和性及种内交配不亲和性，达到在甘薯育种中能够自由组配组合、充分利用资源，从而扩大遗传变异的目的。用细胞辐射诱变打破甘薯淀粉含量等品质性状和抗病性之间的不利相关，改良甘薯品种的品质和抗病性。利用基因工程改良甘薯品质、抗病虫性、抗逆性将具有光明前景。甘薯分子标记辅助育种也应加强，以减少甘薯育种的盲目性，提高育种效率。

复习思考题

1. 试述我国甘薯栽培区划及各区的主要育种目标。
2. 试述甘薯产量及主要品质性状的遗传规律及遗传变异的特点。
3. 试述甘薯种质资源的主要类型及其育种利用价值。
4. 试述我国甘薯种质资源研究与利用所取得的主要成就。
5. 试述甘薯交配不亲和性的遗传特点及主要克服方法。
6. 举例说明甘薯主要育种途径和方法。
7. 简述甘薯对茎线虫病、病毒病、蚁象等抗性的遗传规律。如何将抗性基因用于育种计划？
8. 简述甘薯杂交育种中亲本选配应注意的主要问题及亲本组配的方式。
9. 简述甘薯主要性状的诱变育种效果，举例说明甘薯诱变育种的基本方法和特点。
10. 试述甘薯种子生产体系与种薯繁殖技术。
11. 简述甘薯脱毒种薯生产技术。

附　甘薯主要育种性状的记载方法和标准

一、形态特征

1. 顶叶色　顶叶色分淡绿色、绿色、淡紫色、紫色、褐色或绿色带褐等（封垄期调查，下同）。

2. 叶色　叶色分淡绿色、绿色、浓绿色、褐绿色等。

3. 叶脉色　以主脉颜色作叶脉色，分绿色、淡紫色、紫色、浓紫色、紫色等（调查主蔓顶叶以下第6～10片叶为准，下同）。

4. 叶脉基色　叶脉基色分淡绿色、绿色、淡紫色、紫色、浓紫色等。

5. 叶柄基色　叶柄基色分绿色、淡紫色、紫色、浓紫色、褐色等。

6. 茎色　茎色分绿色、绿色带紫色、紫色、紫红色、绿色带褐色、褐色等。

7. 叶形　按叶的基本形态，结合叶缘的缺刻程度进行叶形划分。

（1）全缘叶　全缘叶分心脏形、肾脏形、三角形和尖心形。

（2）齿状叶　齿状叶分心齿形、肾齿形、心带齿、肾带齿、尖心带齿等。叶缘有齿4个以上为齿形，1～3个为带齿。

（3）缺刻叶　缺刻叶分浅裂单缺刻、深裂单缺刻、浅裂复缺刻和深裂复缺刻。凡叶片缺口的深度等于或大于主脉的1/2的为深裂，小于主脉1/2的为浅裂。如属特殊形态则另加注明，如鸡爪形、掌状形、七爪形、叶片皱缩、多茸毛等。

8. 顶叶形 顶叶形的分类同叶形，以顶端展开叶为准。

9. 叶片大小 用实际测量叶片的最长、最宽（cm）乘积表示叶片大小（测定主茎以下第6～10片完全叶，5株平均，下同），并划分大、中和小3类，长×宽在160.1 cm^2以上的为大，80.1～160.0 cm^2的为中，80.0 cm^2以下的为小。

10. 叶柄长短 用实际测量叶柄长度（cm）的平均值表示叶柄长短，划分为长、中和短3类，20.1 cm以上的为长，10.1～20.0 cm的为中，10.0 cm以下的为短。

11. 茎粗细 用游标卡尺实际测量主茎顶端第1片展开叶下第6～10叶片间节间的直径（mm），以平均值表示茎粗细，划分为粗、中和细3类，6.1 mm以上的为粗，4.1～6.0 mm的为中，4.0 mm以下的为细。具体操作参见《甘薯种质资源描述规范和数据标准》。

12. 节间长 实际测量主茎顶端第1片展开叶下第6～10叶片间节间的长度（cm），以平均值表示节间长，划分为长、中和短3类，7.1 cm以上的为长，4.1～7.0 cm的为中，4.0 cm以下的为短。具体操作参见《甘薯种质资源描述规范和数据标准》。

13. 最长蔓长 用实际测量的数字（cm）平均值表示最长蔓长，划分为特长、长、中和短4类，于生长中后期调查。春薯，150 cm以下的为短，151～250 cm的为中，251～350 cm的为长，351 cm以上的为特长。夏秋薯，每类比春薯相应减少50 cm。

14. 茎端茸毛 目测茎端茸毛数量，分多、中、少和无4类。

15. 基部分枝数 以茎基部30 cm范围内，长度在10 cm以上的分枝数表示基部分枝数，并划分为特多（21个以上）、多（11～20个）、中（6～10个）和少（5个以下）4类。

16. 株型 根据茎叶在空间的分布状况鉴定株型，分匍匐、半直立和直立3种。

17. 单株结薯数 以单株具有最大直径超过1 cm的薯块总数表示（收获期调查，测5株取平均值，下同）。

18. 薯形 基本形分为球形（长/径在1.4以内）、长纺锤形（长/径在3.1以上）、纺锤形（长/径为2.0～2.9）、短纺锤形（长/径为1.5～1.9）、圆筒形（各点直径略同）、上膨纺锤形、下膨纺锤形等。

19. 薯皮色 薯皮色分白色、黄白色、棕黄色、黄色、淡红色、赭红色、红色、紫红色、紫色等。

20. 薯肉主色 薯肉主色分白色、淡黄色、黄色、橘黄色、橘红色、粉红色、红色、紫红色、紫色和深紫色共10种颜色。

21. 薯块大小 收获期调查薯块大小，251 g以上的为大薯，101～250 g的为中等，100 g以下的为小薯。上薯率即大薯和中薯质量占总薯质量的比例（%）。

22. 条沟 调查大薯和中薯条沟，以深、浅、无表示，目测进行。

23. 薯皮粗细 调查大薯和中薯薯皮粗细，以粗、中、细表示，目测进行。

24. 薯梗颜色 薯梗颜色分黄色、红色、黄色带红色等。

二、主要特性

25. 萌芽性 根据出苗快慢、整齐度和出苗数进行萌芽性总评，分优、中和差。

26. 苗质 根据薯苗的粗壮程度和质量进行苗质评定，分优、中和劣。

27. 发根缓苗习性 以栽后缓苗期早迟和发根快慢综合评定发根缓苗习性，分早、中和晚。

28. 茎叶生长势 于封垄期调查，以茎叶繁茂程度和生长速度为标准评定茎叶生长势，分强、中和弱。

29. 自然开花习性 在大田栽培条件下调查自然开花习性，分开花和不开花两种，并结合结实情况记载。

30. 结薯习性 栽插后春薯60 d，夏薯30 d，挖根调查，块根直径在2 mm以上的为结薯，用结薯早与迟表示。收获期调查植株结薯情况，用集中与分散、整齐与不整齐表示。

31. 耐旱性 干旱期间调查地上部凋萎、枯黄程度及旱后恢复的快慢，结合产量进行耐旱性评定，分耐旱、较耐旱和不耐旱，另可在干旱条件下进行鉴定试验。

32. 耐湿性 调查雨涝后或在潮湿易涝条件下的薯块坏烂情况、地上部黄叶数，结合产量进行耐湿性评定，分耐湿、较耐湿和不耐湿。

33. 耐盐性 根据盐碱地区生长表现进行耐盐性评定，分耐、较耐和不耐。

34. 耐肥性 根据高肥水条件下茎叶生长情况及产量表现进行耐肥性评定，分耐肥、较耐肥和不耐肥。

35. 耐瘠性 根据瘠薄土壤条件下甘薯茎叶生长情况及产量表现进行耐瘠性评定，分耐瘠、较耐瘠和不耐瘠。

36. 耐储性 在一般储藏条件下，出窖时调查薯块发芽、腐坏、干尾皱缩等情况，进行耐储性综合评定，分耐储、较耐储和不耐储。

37. 抗病虫性 记载育苗期、田间生长期、收获期以及储藏期发生的病虫害种类及危害程度，一般用无（指未发现病害）、轻（指虽感染但不蔓延造成危害）、中（指感病较轻）和重（指感病严重）记载。

三、经济特性

38. 鲜薯产量 按小区鲜薯产量折算单位面积产量；或用与标准品种比较增产率或减产率（%）表示。

39. 干物质含量 选有代表性的薯块，切片（丝）后先用60℃烘干，再用105℃高温烘至恒重为准。干物质含量=(烘干最后干物质量/鲜薯质量)×100%。

40. 薯干产量 根据干物质含量折算单位面积薯干产量。薯干产量=鲜薯产量×干物质含量。

41. 熟食味 蒸熟品尝，对肉质、甜味、面度、纤维等项目进行综合评定，用优、中和差表示。

42. 品质分析 统一种植，收获期集中取样，用标准化学分析法或通用分析仪小样本测定粗淀粉、可溶性糖、粗纤维、粗蛋白质、胡萝卜素等主要营养成分的含量。

粗淀粉含量用醋酸-氯化钙法测定。

粗蛋白质含量用近红外光谱分析仪测定。

粗纤维含量用自动纤维仪测定。

可溶性糖含量用3′5′-二硝基水杨酸比色法测定。

胡萝卜素含量用氧化镁柱层析比色法测定。

（陆漱韵第一版原稿；刘庆昌、陆漱韵第二版修订；刘庆昌第三版修订）

第二十六章　马铃薯育种

第一节　国内外马铃薯育种研究概况

马铃薯（potato）为茄属（*Solanum*）植物，经过数千年的驯化栽培和利用，已经成为世界4大主要粮食作物之一。生产上收获、食用或加工利用的是马铃薯的块茎，营养繁殖的块茎又用作种薯。但是马铃薯浆果内的种子（实生种子，真种子）可以进行有性繁殖。Hoopes和Plairted（1987）将世界上马铃薯的栽培种按染色体倍性归纳成4组（表26-1）。其中，四倍体种中的马铃薯亚种（*Solanum tuberosum* subsp. *tuberosum*）（后文简称普通栽培种）在全世界广泛栽培；另一个四倍体种安第斯亚种（*Solanum tuberosum* subsp. *andigena*）（后文简称安第斯栽培种）只在南美洲和中美洲有栽培；这两种为同源四倍体（$2n=4x=48$）。其余倍性的大部分种分布在南美洲。

表26-1　世界上马铃薯的栽培种、栽培地域及其主要特性

（引自Hoopes和Plairted，1987）

	栽培种	栽培地域	主要特性
二倍体种	*Solanum stenotomum* *Solanum goniocalyx* *Solanum ajanhuiri* *Solanum phureja*	秘鲁、玻利维亚 秘鲁中北部 秘鲁与玻利维亚南部高地 南美洲	黄肉，味佳 抗霜，味苦 块茎不休眠，高干物率，具有不减数配子的基因
三倍体种	*Solanum*×*chaucha*	玻利维亚、秘鲁	*Solanum tuberosum* subsp. *andigena* 与 *Solanum stenotomum* 的天然杂种
	Solanum×*juzepczukii*	玻利维亚、秘鲁高地	*Solanum stenotomum* 与 *Solanum acaule* 的天然杂种，抗霜，味苦
四倍体种（两个亚种）	*Solanum tuberosum* subsp. *andigena*	南美洲高地、中美洲与墨西哥一些地区	大量性状变异，尤其抗病性与品质
	Solanum tuberosum subsp. *tuberosum*	世界各地	适于长日照，抗病，外观佳
五倍体种	*Solanum*×*curtilobum*	玻利维亚与秘鲁各地	*Solanum tuberosum* subsp. *andigena* 与 *Solanum*×*juzepczukii* 的天然杂种，抗霜，略苦

注：原表中 *Solanum hygrothermicum* 已近灭绝，故从表中去掉。

生产上应用的马铃薯品种均为无性繁殖的品种。无论是自花结实的还是品种间杂种的实生苗群体（F_1代）均产生显著的性状分离。由于同源四倍体杂合体在其自交后代中纯合体比例增长速度极慢，而且随自交世代增进，自花结实性降低。因此在马铃薯栽培种的杂种后代中选育出经济性状整齐一致、具有显著杂种优势、并可利用实生种子生产马铃薯的新品种是很困难的。

马铃薯在明朝（400多年以前）就从欧洲传入我国，但科研机构有计划地进行马铃薯种质资源引进、育种和相关的研究工作，是1934年以后。当时，南京中央农业实验所自英国引进了爱德华国王二世（King Edward Ⅱ）等4个品种；1942年又自美国引入一些品种在四川重庆北碚中央农业实验所种植，其中的火玛（Huoma）、西北果（Sebago）、七百万（Chippewa）和红纹白（Red Warba）表现较好。中央农业实验所于

1934—1947年开展了马铃薯杂交育种研究，并育出292-20、B76-1等一批优良品系，292-20在1957年审定为品种（多子白），在内蒙古和河北坝上等地推广。

20世纪60年代以来，我国马铃薯主产区成立了一批马铃薯的专业研究机构，继续引进种质资源，开展杂交育种。1956年前后，从苏联、法国、美国、加拿大、秘鲁等地引入马铃薯栽培种和野生种资源，包括野生种落果薯（*Solanum demissum*）、匍枝薯（*Solanum stoloniferum*）、恰柯薯（*Solanum chacoense*）等实生种子及无性系80余份，马铃薯四倍体栽培种 *Solanum tuberosum* 和安第斯栽培种（*Solanum tuberosum* subsp. *andigena*），二倍体栽培种富利佳（*Solanum phureja*）和窄刀种（*Solanum stenotomum*）实生种子和无性系1 000余份。选育出一批优良的新品种并在生产上推广应用，包括克新系列、高原系列、虎头、跃进、晋薯系列等中晚熟品种，蒙薯系列、高原系列等中熟品种，克新4号、郑薯系列、东农303、早大白、中薯系列等早熟品种。自20世纪70—80年代及以后，通过品种间杂交及近缘栽培种种间杂交（安第斯栽培种×普通栽培种），选育出一些对晚疫病具有抗性、淀粉含量高、食用和食用与加工兼用的新品种，例如克新11、克新12、尤金、蒙薯系列、东农304等。

我国于20世纪60年代中期开始，开展利用实生种子生产食用和种用马铃薯的研究，70年代在内蒙古、云南、四川等10余省份推广，推广面积最高达到2.0×10^4 hm^2（3.0×10^5亩）。这项研究成果在当时引起了国际上的重视，印度、菲律宾、巴西、秘鲁等国家也相继开展了这方面的研究，1979年国际马铃薯中心组织召开了“利用实生种子生产马铃薯”的国际会议，旨在促进利用实生种子进行马铃薯生产。自1986年以后，我国把马铃薯实生种子的利用纳入国家马铃薯良种繁育研究项目，但至今并未取得满意的效果。其主要原因就是遗传背景高度杂合的同源四倍体马铃薯，实生后代的主要经济性状会产生严重的分离现象。

欧洲的航海家发现了美洲大陆之后，最先把马铃薯从南美洲带到了欧洲种植，再传入北美洲。因此欧洲和美洲的马铃薯主产国家（例如英国、德国、荷兰、波兰、俄罗斯、美国、加拿大等）对马铃薯的研究开展得比较早。根据文献记载，英国于1730年记述有5个品种，德国于1747年和1777年分别记述有40个品种，美国于1771年记述有两个品种。1845—1847年，欧洲晚疫病大流行导致马铃薯减产甚至绝收，造成著名的大饥荒，因而抗晚疫病育种的研究受到重视。1910年马铃薯癌肿病在欧洲的发生和蔓延，促进了抗癌肿病育种工作的开展。1906年明确了马铃薯卷叶病毒的特性，为开展马铃薯病毒病研究和抗病毒病的品种选育奠定了理论基础。美国在20世纪初选育了麻皮布尔班克（Russet Berbank）并在北美洲推广，荷兰在20世纪育成了早熟品种费乌瑞它（Fevorita），加拿大在20世纪80年代育成了著名的薯条加工品种夏坡地（Shepody）。

1925年开始，苏联、美国、德国和英国的学者先后赴南美洲考察和收集马铃薯野生种及栽培种种质资源，为现代马铃薯育种研究积累了重要的物质基础。近年来，欧美国家利用野生种匍枝薯（*Solanum stoloniferum*）和无茎薯（*Solanum acaule*）与栽培种品种杂交，已获得了许多对马铃薯A病毒、马铃薯Y病毒和马铃薯X病毒免疫的杂种材料，并进一步利用这些杂种与野生种落果薯（*Solanum demissum*）和新型栽培种（neo-tuberosum）进行复合杂交，选育出一些抗马铃薯A病毒、马铃薯Y病毒、马铃薯X卷叶病毒而且抗晚疫病的一些新品种，例如阿马瑞利（Amaryl）［（Saskiad×C. P. C. 1673-20）×Furorc］就对马铃薯A病毒和马铃薯X病毒免疫兼抗癌肿病和线虫。马铃薯$2n$配子的利用为品种改良开辟了新的途径。

随着生物科技的不断进步，国际交流与合作日益加强，以分子生物学、基因组学、转基因技术、基因编辑技术等相关领域取得的系统成果为基础，马铃薯育种研究将会在种质创新、育种方法改进和新品种选育等方面取得更大的成绩。同时，我国还率先提出了在二倍体水平上开展马铃薯真种子品种育种的“优薯计划”，可望为马铃薯的育种研究和技术更新换代提供更多的选择。

第二节　马铃薯育种目标和主要性状的遗传

一、我国马铃薯栽培区划和育种目标

马铃薯在我国的分布很广，北起黑龙江，南至海南岛；东起沿海地区、台湾省，西至青藏高原。由于各地区气候条件、耕作制度和常发病不同，在生产上对马铃薯品种的要求也有所不同。我国马铃薯栽培区划将马铃薯产区分为北方一季作区、中原二季作区、南方冬作区和西南混作区。各区有其相应的育种目标。

(一) 北方一季作区 北方一季作区包括黑龙江、吉林、辽宁（辽东半岛除外）、河北北部、山西北部、陕西北部、内蒙古、宁夏、甘肃、青海东部、新疆的天山以北地区。本区无霜期短，仅 90～130 d，春播秋收。栽培品种以中熟及中晚熟品种为主，城市郊区种植少量中早熟品种。春播（4 月中下旬播种），中晚熟品种于 9 月中下旬收获，中早熟品种于 7 月下旬至 8 月上旬收获。本区冬季种薯储藏期长，一般达 6 个月。夏季结薯期雨水较多，常年发生晚疫病，感病品种块茎易腐烂。此外，在马铃薯生长发育后期（7—8 月），正值传病毒有翅桃蚜第 2 次迁飞期，马铃薯的病毒病害（例如纺锤块茎病、卷叶病、花叶病等）比较普遍。夏季气候凉爽，日照充足，昼夜温差大，适于马铃薯生长发育。本区栽培面积占全国马铃薯栽培面积的 40%左右，是我国的种薯基地。

本区主栽的中晚熟品种有克新 1 号、青薯 9 号、青薯 2 号、青薯 168、冀张薯 5 号、冀张薯 8 号、冀张薯 12、陇薯 3 号、陇薯 6 号、陇薯 7 号、陇薯 10 号、陇薯 14、庄薯 3 号、晋薯 16、希森 6 号、新大坪、天薯 11、乐薯 1 号、民薯 2 号、延薯 4 号等；加工型品种有大西洋（Atlantic）、阿格瑞亚（Agria）、麦肯 1 号（Innovator）、麻皮布尔班克、夏坡地等；早熟品种有费乌瑞它、中薯 3 号、中薯 5 号、东农 303、早大白、兴佳 2 号、克新 4 号、尤金等。

高产、抗病、优质、耐储，适于加工淀粉、全粉或其他主食产品，是本区马铃薯育种的主要目标。

(二) 中原二季作区 中原二季作区包括辽宁的辽东半岛、河北南部、山西南部、陕西南部、湖北东部、湖南东部、北京、天津、山东、河南、江苏、浙江、上海、安徽和江西。本区无霜期较长，一般为 180～200 d。春作于 2 月中旬至 3 月上旬播种，5 月下旬至 6 月下旬收获。秋作于 8 月中旬至 9 月上旬播种，11 月上旬至 12 月上旬收获。由于春作和秋作生育期仅有 80～90 d，适于栽培早熟或中晚熟、结薯期早、块茎休眠期短的品种。在山区和秋季雨水充沛的地区，秋作常发生晚疫病；在长江流域，青枯病对马铃薯的生产危害很大。本区栽培面积约占全国的 10%。

本区主栽品种有费乌瑞它、中薯 3 号、中薯 5 号、东农 303、早大白、兴佳 2 号、克新 4 号、郑薯 5 号、大西洋等。

早熟、块茎休眠期短、高产、优质、抗病是本区马铃薯育种的主要目标。

(三) 南方冬作区 南方冬作区包括海南、广东、广西、福建和台湾。本区多采用两稻一薯（即早稻—晚稻—冬种马铃薯）的栽培方式，水旱轮作获得稻薯双丰收。于 11 月上中旬播种，翌年 2 月下旬收获。或 1 月播种，3 月底收获。本区日照较短，适于种植对光照不敏感的品种。病毒病、晚疫病、青枯病及霜冻不同程度危害马铃薯生产。本区栽培面积约占全国的 5%。

本区主栽品种有费乌瑞它、大西洋、闽薯 1 号、中薯 3 号、中薯 5 号、湘马铃薯 1 号、合作 88、东农 303、兴佳 2 号、克新 18 等。

本区育种目标，重点考虑抗病毒病、耐霜冻、早熟、适应短日照、适于加工利用、适于菜用，以适应本区沿海地区经济发展的需要。

(四) 西南混作区 西南混作区包括云南、贵州、四川、西藏、湖南西部和湖北西部。本区在海拔 1 200 m 以下的地区采用春播和秋播二季作；海拔 1 200～3 000 m 的地区为春作，每年种植一季，以中晚熟抗晚疫病品种为主。本区气候、地理条件适于马铃薯的生产，单产很高。生长期雨水充沛，特别是无霜期长，可利用中晚熟品种（例如米拉），采用春播和秋播二季作，获得两季高产。西南山区以马铃薯作粮食用。近年来采用马铃薯与玉米间套种和实生薯留种等方法，面积发展很快，1984 年仅四川省播种面积即达 3.3×10^{5} hm^{2} 以上。晚疫病、青枯病、癌肿病是本区突出的病害。本区栽培面积约占全国面积的 45%。

本区主栽品种有青薯 9 号、米拉、费乌瑞它、威芋 3 号、威芋 5 号、鄂马铃薯 3 号、鄂马铃薯 5 号、鄂马铃薯 10 号、鄂马铃薯 13、鄂马铃薯 14、鄂马铃薯 16、丽薯 6 号、丽薯 7 号、丽薯 10 号、合作 88、会-2、会薯 16 号、宣薯 2 号、宣薯 6 号、川芋 4 号、川芋 5 号、渝马铃薯 5 号、滇薯 6 号、云薯 505、云薯 304、云薯 104、秦芋 30、秦芋 31、秦芋 32 等。

丰产、抗晚疫病和耐旱是本区马铃薯育种的主要目标。

我国是马铃薯生产大国，一年四季均有马铃薯种植，栽培面积和鲜薯总产量均居世界第一位。为确保我国马铃薯产业的可持续发展，马铃薯加工利用和产品转化性能强的专用品种是育种的必然发展趋势。随着马铃薯加工企业的大量兴起，我国现有育成品种已经远远不能满足加工的要求，尤其是快餐食品油炸薯条、薯片的品种几乎完全依靠国外的品种。为此，我国马铃薯育种目标现已将重点放在加工专用型品种上，在保证丰产、抗病（兼抗或多抗）的基础上侧重加工品质的改良，例如薯形、大小、芽眼深浅、干物质含量、还原糖含量、耐储性、加工后的食味等。

二、马铃薯主要性状的遗传

（一）马铃薯成熟期的遗传 利用不同成熟期的品种与早熟品种维拉（Vera）和沙司吉亚（Saskia）杂交，分析杂种出现早熟类型的比例，结果（表 26-2）表明，成熟期受多基因控制，早熟×早熟组合的后代产生 61%早熟类型，而早熟×晚熟的组合只产生 18%早熟类型。

表 26-2 早熟品种维拉和沙司吉亚与不同成熟期品种杂交组合中产生早熟实生苗的比例（%）
（引自 Schick，1956）

母本	父本			
	早熟品种	中早熟品种	中晚熟品种	晚熟品种
维拉	61	45、44、37	33、27、25、25、24	18
沙司吉亚	51、49、47、46、43	36、34、28	28、27、22、21	—

（二）马铃薯块茎产量的遗传 马铃薯的块茎产量是受多基因控制的数量性状。马铃薯不同品种间的杂交后代产量水平差异很大，产量上的分离呈连续变异，并有个别杂种的产量超过亲本。产量变异曲线不对称并向低产方向偏倾。

杂交亲本的产量与其杂种后代的产量成正相关。高产量亲本后代出现高产杂种的数量比低产亲本出现高产杂种的数量多。

马铃薯块茎的产量，主要是由块茎的数量和块茎的质量（大小）决定的。块茎数量和大小这两个性状都是可以遗传的。

（三）马铃薯淀粉含量和蛋白质含量的遗传 马铃薯淀粉含量为比较复杂的数量性状或多基因遗传性状，也易受外界条件（例如土壤、气候、年份）的影响。在不同的马铃薯品种间杂交组合后代中，淀粉含量的变异范围为 8%～30%，而不同品种自交后代的淀粉含量的变异范围为 10%～17%和 12%～22%。亲本的淀粉含量与杂种后代的淀粉含量之间成极显著的正相关关系。

马铃薯蛋白质含量，与淀粉含量一样，也是受多基因控制的。

（四）马铃薯抗病性的遗传

1. 抗晚疫病的遗传 马铃薯晚疫病是由真菌 *Phytophtora infestans*（Mont.）de Bary 引起的。马铃薯对晚疫病菌（*Phytophtora infestans*）的抗性有两种：过敏型抗性（垂直抗性）和田间抗性（水平抗性）。

（1）晚疫病的过敏型抗性 过敏型抗性是当马铃薯植株细胞受一定的生理小种侵染后产生的坏死反应。换言之，过敏型抗性只对晚疫病的一定生理小种具有田间免疫性。只有一些野生种马铃薯，例如落果薯（*Solanum demissum*）和腺毛薯（*Solanum barthaultii*）等，具有这种抗性。普通栽培种（*Solanum tuberosum*）本身是没有这种抗性的，而现有一些品种的过敏型抗性，都是通过与野生种进行杂交，自野生种输入的。

马铃薯晚疫病生理小种的分类是根据野生种落果薯（*Solanum demissum*）含有对某生理小种具有过敏抗性相应的主效基因而划分的。1953 年，国际上将已知落果薯含有的抗性基因分别命名为 R_1、R_2、R_3 和 R_4，并据此鉴定为 16 种生理小种。根据已发现的 13 个 R 基因，在理论上则相应可有晚疫病生理小种数 $2^{13}=8\ 192$。

在马铃薯中已鉴定了 13 个控制马铃薯晚疫病菌生理小种专化抗性的主效 R 基因。其中 R_1～R_{11} 来自马铃薯野生种落果薯（*Solanum demissum*），R_{12} 和 R_{13} 来自野生种腺毛薯（*Solanum berthaultii*）。同时，科学家们应用分子标记技术已将一些 R 基因定位在相应的染色体上，用限制性片段长度多态性（RFLP）、扩增片段长度多态性（AFLP）等技术已将 R_1 基因定位在第 5 染色体上；将 R_3、R_6、R_7 基因定位在第 11 染色体上，并证明这 3 个基因高度连锁；将 R_2 基因定位在第 4 染色体上；将 R_{12} 和 R_{13} 分别定位在第 10 染色体和第 7 染色体上。R 基因的定位、分离、克隆及其编码产物功能的确定将有助于人们深入了解马铃薯对晚疫病抗性的机制，进而寻找出培育马铃薯抗病品种的方法和途径。

R 基因在异源六倍体野生种落果薯（*Solanum demissum*）中的遗传规律比较简单，为二倍体遗传。但自落果薯（*Solanum demissum*）输入普通栽培种（*Solanum tuberosum*）中的 R 基因，则呈四倍体遗传。理论上，具有 R 基因的栽培品种的基因型可能为单显性（$Rrrr$）、双显性（$RRrr$）、三显性（$RRRr$）和全显性（$RRRR$）。但现有的抗某些生理小种的栽培品种所含有的 R 基因多为单显性。因此以某个 R 基因而言，利用含有这个基因的品种与不抗病的品种杂交，后代中只能出现 50%的个体是抗该生理小种的（表 26-3）。

表 26-3 具有不同 R 基因的亲本杂交后代抗性表现型的分离比例

杂交组合	表现型比例	$R:r$
$R_1 \times r$	R_1+r	1∶1
$R_2 \times r$	R_2+r	1∶1
$R_1R_2 \times r$	$R_1R_2+R_1+R_2+r$	3∶1
$R_3R_4 \times r$	$R_3R_4+R_3+R_4+r$	3∶1
$R_1 \times R_2$	$R_1R_2+R_1+R_2+r$	3∶1
$R_1R_2 \times R_2$	$3R_1R_2+3R_1+R_2+r$	7∶1
$R_1R_2 \times R_3$	$R_1R_2R_3+R_1R_2+R_2R_3+R_1R_3+R_1+R_2+R_3+r$	7∶1
$R_1R_2 \times R_1R_2$	$9R_1R_2+3R_1+3R_2+r$	15∶1
$R_1R_2 \times R_3R_4$	$R_1R_2R_3R_4+R_1R_2R_3+R_1R_2R_4+R_1R_3R_4+R_2R_3R_4+R_1R_2+R_1R_3+R_1R_4+R_2R_3+R_2R_4+R_3R_4+R_1+R_2+R_3+R_4+r$	15∶1
$R_1 \times R_1R_2R_3R_4$	$3R_1R_2R_3R_4+3R_1R_2R_4+3R_1R_2R_3+3R_1R_3R_4+R_2R_3R_4+3R_1R_2+3R_1R_3+3R_1R_4+R_2R_3+R_2R_4+R_3R_4+3R_1+R_2+R_3+R_4+r$	31∶1

注：表内 $R_1R_2 \times r$ 是 $R_1r_1r_1r_1R_2r_2r_2r_2 \times r_1r_1r_1r_1r_2r_2r_2r_2$ 的缩写，余类推。

必须指出，R 基因的作用在茎叶和块茎上的表现并不一致，这可能由于在块茎内的活动性较低，保护性反应进行得缓慢，而在叶片内则进行得相当迅速。一般，对块茎具有过敏反应的类型，其叶片亦具有过敏反应。但叶片具有过敏反应的类型，其块茎并不一定具有过敏反应。大约在 20 世纪 70 年代，由于种薯贸易中带病块茎的传播，使得马铃薯 A1 和 A2 交配型两种晚疫病菌再次从墨西哥传播到欧洲，进而分散传播至世界各地。据美国康奈尔大学 Fry 等调查，A1、A2 两种交配型的晚疫病菌已传播到了除南极洲和大洋洲以外的世界各大洲。A2 交配型晚疫病菌在世界各地的不断发现，引起了植物病理学家的高度重视。由于新发现的 A2 交配型较之原有的 A1 交配型具有更强的适应性和侵染力，因此 20 世纪 80 年代以来，新侵入的晚疫病生理小种已经逐渐取代了原有的 A1 交配型生理小种，且两种交配型的同时存在将导致具有厚壁和抗性的休眠卵孢子的产生。卵孢子经得起冻融、长时间保存，可脱离活体薯块而长期存活于土壤中成为新接种源，因而作为有性生殖产物的卵孢子将进一步增加晚疫病对马铃薯的危害。已在墨西哥、荷兰、加拿大、芬兰、波兰、挪威、瑞典等国发现 A1、A2 交配型之间发生有性生殖的证据。在我国，1996 年张志铭等首次报道了交配型 A2 的存在，随后赵志坚等也在云南发现了晚疫病菌 A2 交配型。这对我国本来就难以防治的晚疫病提出了新的挑战。因此单纯依靠过敏型抗性已经不能完全解决品种对晚疫病的抗性，必须寻求新的抗病类型。

（2）晚疫病的田间抗性 马铃薯对晚疫病的田间抗性则对所有的生理小种均起作用，但对植物体只起着部分保护作用，例如潜育期长、抑制病原发育、感病程度轻等。所有的马铃薯种，包括栽培种，均有不同程度的田间抗性，同时，栽培种的田间抗性与晚熟性密切相关。抗晚疫病的野生种则具有上述两种类型的抗性，即含有主效基因及微效多基因的有效组合。这也是野生种经长期自然选择形成的合理适应性。马铃薯晚疫病的田间抗性是受多基因控制的。但马铃薯茎叶和块茎的田间抗性是独立的，并受不同组的多基因所控制。在马铃薯栽培品种中，茎叶的抗性与晚熟性有高度相关，而块茎的抗性与晚熟性却无相关性。在一些早熟品种中其块茎是高度抗病的，但其茎叶却是不抗病的。

田间抗性反映出马铃薯的一些保护机制的作用结果，例如抵抗真菌孢子侵入寄主细胞、阻抗菌丝体在寄主体内的分布、抑制孢子囊的发育等。

具有高度田间抗性的品种表现为：感病和发病很晚并且病情发展很慢，孢子形成受抑制。田间抗性对所有生理小种都具有抗性，但不同生理小种对植株病状发展的程度有所不同。因此田间抗性所表现出的优点引起了育种家的高度重视，并使他们改变过去的育种策略转而从事对水平抗性的研究。

一般利用病情分级方法表示抗性程度的不同。大多采用6级制，从0级（无侵染）一直到5级（植株死亡）。具有不同田间抗性亲本杂交后代的多基因遗传分离现象见表26-4。在6个杂交组合后代中，只有两个组合后代中可以观察到抗性的超亲现象：3×3的组合后代中出现8%的杂种的抗性属于2级；4×4组合中出现2%的杂种的抗性属于3级。

表26-4　对晚疫病田间抗性的多基因分离

（引自Black，1960）

亲本抗性级别及组合	具有不同级别抗性的杂种比例（%）			
	2	3	4	5
2×2	29	56	15	0
2×3	8	70	19	3
2×4	8	26	53	13
3×3	8	18	70	4
3×4	0	13	75	12
4×4	0	2	79	19

2. 抗病毒病的遗传

（1）病毒病抗性的类型　根据马铃薯对病毒病侵染的反应，可分为4种不同类型的抗性，介绍于下。

①免疫或高度抗性：当病毒侵入具有免疫性的植株体内后，由于有阻碍病毒复制的作用，不表现任何病状，利用任何鉴定方法，不能从植物体内分离出病原。

②过敏型抗性：所谓过敏反应即当植物体感染病毒后，即产生坏死反应。其机制是当病毒自入侵点侵染后，入侵点细胞死亡，寄主产生局部坏死，病毒失活。

③田间抗性或对侵染的抗性：田间抗性主要是由多基因的作用或在生理上提早达到老龄而产生的抗性，其阻碍病毒的繁殖和转移等。具有这种抗性的品种在田间条件下，感病的株数较少。

④耐病性：耐病性是指对病毒侵染的忍耐性。植株感染病后并不显著降低产量，很少表现病状。但植株为带病毒者，是病毒的侵染源。因此具有耐病性的原始材料，对抗病毒育种是没有利用价值的。

（2）对主要病毒抗性的遗传　马铃薯病毒种类很多，在我国各马铃薯产区常见的症状有普通花叶（由马铃薯X病毒引起）、轻花叶（由马铃薯A病毒引起）、重花叶（由马铃薯Y病毒引起）、潜隐花叶（由马铃薯S病毒引起）、副皱缩（由马铃薯M病毒引起）、卷叶（马铃薯卷叶病毒引起）、纺锤块茎（由马铃薯纺锤块茎类病毒引起）等。现将马铃薯对几种主要病毒的抗性遗传分述于下。

①抗马铃薯Y病毒（PVY）的遗传：马铃薯Y病毒的株系有3种（Y^0、Y^C、Y^N）。马铃薯栽培品种间对重花叶病原马铃薯Y病毒的抗性有很大的差异，并且主要为对该病毒具有田间抗性，而很少具有过敏型抗性。

异源四倍体野生种匍枝薯（*Solanum stoloniferum*）和无茎薯（*Solanum acaule*）对马铃薯Y病毒的不同类型抗性（免疫或过敏抗性）是复等位基因作用：$R_y > R_{yn} > R_{ym} > r_y$。其中，$R_y$为免疫；$R_{yn}$为过敏型抗性Ⅱ～Ⅴ类型；$R_{ym}$为过敏型抗性Ⅰ类型；$r_y$为感病。

在匍枝薯（*Solanum stoloniferum*）的一些单系中，这些基因同时具有对马铃薯A病毒不同程度的抗性多效性。当具有R_{ym}显性基因时，对马铃薯Y病毒产生花叶和坏死反应。

由匍枝薯（*Solanum stoloniferum*）×普通栽培种（*Solanum tuberosum*）的杂种与普通栽培种（*Solanum tuberosum*）多次回交获得的抗病四倍体杂种都是单显性杂种（$R_y^0 r_y r_y r_y$或$R_{yn}^{yn} r_{yn} r_{yn} r_{yn}$），其自交后代抗病∶不抗病＝3∶1，测交后代为1∶1。

二倍体野生种恰柯薯（*Solanum chacoense*）（$2n=24$）的一些单系含有马铃薯Y病毒的抗性基因R_y和

R_{ym}，和匍枝薯（*Solanum stoloniferum*）的抗性基因极其相似，在个别的恰柯薯的单系中，除含有R_y和R_{ym}基因外，还含有控制对马铃薯Y病毒一些株系具有顶端坏死反应的基因N_y。N_y对马铃薯Y病毒所有株系均有致死性的坏死反应，同时N_y与N_x对普通花叶病的病原马铃薯X病毒具有坏死反应的基因是连锁的。

②抗马铃薯A病毒的遗传：许多栽培品种含有N_a基因，对马铃薯A病毒所有的株系都具有抗性作用。因此在利用普通栽培种（*Solanum tuberosum*）品种的基础上便可选育出抗马铃薯A病毒的新品种。马铃薯A病毒有价值的免疫来源是对马铃薯Y病毒免疫的匍枝薯（*Solanum stoloniferum*）的材料（Ross，1970），这是由R_y基因多效性的作用所决定的，对马铃薯A病毒和马铃薯Y病毒两种病毒同时有抗性也决定于R_y基因。落果薯（*Solanum demissum*）有3个复等位基因，其显性顺序如下：$N_y > N_a > n$。两个显性基因都能抗马铃薯A病毒，只有一个N_y基因能抗马铃薯Y病毒（Cockerham，1958）。

③抗马铃薯X病毒的遗传：野生种恰柯薯（*Solanum chacoense*）对普通花叶病的病原马铃薯X病毒的抗性是受1个显性基因控制的。不同程度的抗性（免疫或过敏型抗性）是受复等位基因控制的。R_x基因控制对马铃薯X病毒所有株系的免疫性；基因R_{xn}控制对所有株系的过敏反应（Ⅱ～Ⅴ类型）；R_{xs}控制产生坏死兼有花叶（Ⅰ类型的过敏反应）；隐性基因r_x为感病型，即$R_x > R_{xn} > R_{xs} > r_x$。

四倍体安第斯栽培种（*Solanum andigena*）的无性系C. P. C. 1676对马铃薯X病毒的免疫性受1个显性基因（R_x）控制。德国品种中的抗性多来自无茎薯（*Solanum acaule*），品种Cara中的抗性基因已被定位于第12染色体上（Ross H，1986）。

在普通栽培种（*Solanum tuberosum*）原始材料中，S41956对马铃薯X病毒具有高度抗性。

④抗马铃薯S病毒的遗传：安第斯栽培种（*Solanum andigena*）的无性系P. I. 258907具有对马铃薯S病毒过敏型抗性的显性基因N_s。用P. I. 258907与感病品种杂交，其后代抗病与不抗病的比例为1∶1。同时，P. I. 258907对马铃薯X病毒的3种株系均具有高度抗性，在其杂交和自交后代中仍出现对马铃薯X病毒具有过敏型抗性和免疫的植株，极少出现感病株。

栽培品种Sacoa对马铃薯S病毒的抗性是受1个隐性基因*s*控制的。

⑤抗马铃薯卷叶病毒的遗传：马铃薯对马铃薯卷叶病毒的抗性是受多对基因的累加效应控制的。野生种落果薯（*Solanum demissum*）、恰柯薯（*Solanum chacoense*）、无茎薯（*Solanum acaule*）和安第斯栽培种（*Solanum andigena*）等对卷叶病毒也具有田间抗性，其抗性也是受多对基因控制的。例如在单交组合后代中出现抗病类型的数量为3.5%，三交组合为15%，而双交组合为18%。其中在［(*Solanum chacoense*×*Solanum tuberosum*^{2})×阿奎拉］×［(*Solanum demissum*×*Solanum tuberosum*^{3})×*Solanum tuberosum*×*Solanum andigena*^{2})］复合杂种后代中出现抗病株数量可达40.8%。

⑥抗马铃薯M病毒的遗传：马铃薯对马铃薯M病毒的抗性遗传表现为微效多基因的性质，即田间抗性。后代抗病类型数目是随马铃薯M病毒侵染量的增加而逐渐减少。已发现对马铃薯M病毒具有田间抗性的种有：*Solanum tarijense*、*Solanum commersonii*和恰柯薯（*Solanum chacoense*）。据Salazar L. F.（1996）报道，抗马铃薯M病毒基因源除*Solanum ploytrichorn*和*Solanum microdontum*外，来自*Solanum migistracrolobum*的EBS1787带有显性主效基因，对马铃薯M病毒产生过敏反应，目前认为更有希望的替代抗源或许是*Solanum goulayi*，它与敏感栽培种的杂交后代表现出显著的抗马铃薯M病毒侵染的特性。

⑦抗马铃薯纺锤块茎类病毒（PSTVd）的遗传：目前，栽培种中未发现有过敏反应抗马铃薯纺锤块茎类病毒的种源，野生种*Solanum guerreroense*、无茎薯（*Solanum acaule*）和*Solanum kurtzianum*带有对马铃薯纺锤块茎类病毒的抗性（Salazar，1996）。

第三节 马铃薯种质资源研究和利用

在世界上大部分马铃薯产区栽培品种（普通栽培种）的选育中，茄属（*Solanum*）中所累积的遗传变异得到利用的比例不超过5%（Mendoza，1982），这个属中（包括栽培种和野生种）的基因资源还有巨大的开发利用空间，继续采用现代育种技术培育新品种，以满足发展中国家对食品与营养的需求。马铃薯普通栽培种共有235个亲缘种。其中，7个是栽培种，228个是野生种（Hawkes，1990）。在这些亲缘种中，它们的倍性从二倍体（$2n=2x=24$）到六倍体（$2n=6x=72$）都有存在（Howard，1970），而以二倍体最多，约占70%。

一、马铃薯栽培种资源的研究利用

（一）新型栽培种作为育种材料的应用价值 马铃薯两个四倍体栽培种为最重要的种质资源。关于安第斯栽培种（*Solanum tuberosome* subsp. *andigena* H.）和普通栽培种（*Solanum tuberosum* subsp. *tuberosome* L.）的亲缘关系，西蒙兹（Simmonds，1996）利用原产于秘鲁、玻利维亚等地短日照安第斯栽培种的实生种子为材料，采用轮回选择，在英国长日照条件下对结薯性进行选择，在欧洲将安第斯栽培种转变成为普通栽培种，选择出适应长日照而且结薯性良好的新类型，并称这种类型为新型栽培种（neo-tuberosum）。从此，明确了世界各地的栽培种马铃薯亚种，除南美洲的原产地之外，主要都是最初由南美洲引入欧洲的马铃薯四倍体栽培种安第斯栽培种经选择得到的后代。

因为最初从南美洲引入欧洲的只是少数的安第斯栽培种（*Solanum andigena*）材料，而且由这些少数材料选育成的品种、类型，又由于1845年晚疫病的大发生而被大量毁灭。因此使多年来育成的品种或原始材料只具有狭小的基因库。这些品种在血缘上都是近缘，杂种优势也不显著。安第斯栽培种（*Solanum andigena*）自然地理分布区域比较广泛，包括阿根廷、玻利维亚、秘鲁、厄瓜多尔、哥伦比亚的安第斯山区，因此安第斯栽培种（*Solanum andigena*）的种内具有极广泛的遗传变异和丰富的基因库。已知安第斯栽培种（*Solanum andigena*）具有下列优良的经济性状和特性：①对晚疫病具有田间抗性或潜育期抗性；②抗黑胫病、抗青枯病、抗环腐病；③对普通花叶病的病原马铃薯X病毒免疫；④抗马铃薯Y病毒；⑤对马铃薯S病毒具有过敏型抗性；⑥抗线虫；⑦高淀粉含量，高蛋白质含量。

安第斯栽培种（*Solanum andigena*）极易与马铃薯栽培种（*Solanum tuberosum*）杂交成功。在杂种F_1代群体中经常呈现杂种优势和自交结实性，但F_1代的许多经济性状和特性往往不理想，例如长匍匐枝、晚熟、单株结有多而小的块茎等。因此为获得具有优良经济性状的杂种，必须利用马铃薯栽培种（*Solanum tuberosum*）进行多次回交。这是妨碍在马铃薯育种工作中直接利用安第斯栽培种（*Solanum andigena*）的主要原因之一。

新型栽培种（neo-tuberosum）就是适应长日照的安第斯栽培种（*Solanum andigena*）材料。育种工作者可在新型栽培种中选择有用的基因，并克服直接利用安第斯栽培种（*Solanum andigena*）所产生的缺点和困难，有效地应用于育种工作。

关于安第斯栽培种（*Solanum andigena*）×普通栽培种（*Solanum tuberosum*）的杂种具有显著的杂种优势，已被格林丁宁（Glendinning，1969）的试验结果所证实。他自西蒙兹的选种试验中采用了18个部分适应长日照的新型栽培种品系与普通马铃薯栽培种（*Solanum tuberosum*）杂交。安第斯栽培种（*Solanum andigena*）×马铃薯栽培种（*Solanum tuberosum*）F_1代的块茎大小和成熟期与普通栽培种（*Solanum tuberosum*）×马铃薯栽培种（*Solanum tuberosum*）F_1代是相似的，但产量却平均增高19%，最好的杂种F_1代可增产49%。并且还发现其中有4个安第斯栽培种（*Solanum andigena*）×马铃薯栽培种（*Solanum tuberosum*）杂种对晚疫病具有抗性。此外Tarn报道，安第斯栽培种（*Solanum andigena*）×普通栽培种（*Solanum tuberosum*）的杂种优势高于普通栽培种间杂种34%；Cubillos报道高出31%。

我国曾选出30余份对长日照具有不同程度适应性的新型栽培种优良无性系，已由各地区进行鉴定筛选，作育种原始材料。

（二）二倍体富利佳栽培种（$2n=2x=24$） 富利佳栽培种（*Solanum phureja* Juz. et Buk.）的块茎休眠期短，抗青枯病，抗疮痂病，可作为选育适于我国二季作区抗青枯病、短块茎休眠期的品种的优良原始材料。富利佳栽培种的一些无性系可作为“授粉者”诱发四倍体栽培种孤雌生殖产生双单倍体（$2n=24$）。近年来，利用普通栽培种（*Solanum tuberosum*）的双单倍体与富利佳栽培种（*Solanum phureja*）杂交，在其杂种中选育出一些经济性状优良、抗青枯病的无性系。特别是在这些杂种材料中发现有第一次减数分裂染色体重组（FDR）现象，能产生$2n$配子。从中还选育出一些产生$2n$配子百分数很高的品系，如杂种W5 297-7能产生$2n$雄配子，W7589-2能产生$2n$雌配子。利用这些材料与四倍体杂交的优点，在于其杂种仍可保持四倍体水平，特别是利用能产生$2n$配子的*phureja*-*tuberosum*单倍体杂种与普通栽培种（*Solanum tuberosum*）杂交，产生的杂种优势最强（Mok和Peloquin，1975）。在多种经济性状中，$4x$-$2x$杂种的块茎总产量显著高于$4x$亲本（表26-5）。同时，有17.8%的$4x$-$2x$杂种的总产量显著高于最好的$4x$亲本，而$4x$-$2x$杂种的平均块茎质量和商品块茎产量却低于$4x$亲本。此外，$4x$-$2x$杂种在块茎总产量的分布上，超亲现象极为显著，这对选育突出高产的无性系是很有利的，为利用四倍体与二倍体栽培种杂交育种开辟了一条新途径。

表 26-5　4x-2x 杂种和 4x 亲本主要性状、特性的均数和全距

主要性状、特性	4x-2x 杂种		4x 亲本		均数间差异显著性
	均数	全距	均数	全距	
早期优势	2.04	0～5	2.14	1～4	不显著
植株优势	4.66	3～5	4.28	3.5～5.0	极显著
成熟期	4.43	2～5	4.02	3～5	极显著
每小区主茎数	20.74	5～50	13.43	7～24	极显著
商品薯产量	2.64	0～6.35	3.63	0.54～5.31	极显著
总产量	4.99	1.99～10.57	4.56	2.63～5.80	极显著
每小区块茎数	69.45	26～173	35.11	17～69	极显著
块茎质量（单薯）	78.32	22.53～340.90	148.92	47.80～277.47	极显著
相对密度	1.083	1.060～1.104	1.090	1.077～1.103	极显著

二、马铃薯野生种资源的研究利用

落果薯（*Solanum demissum*，$2n=6x=72$）是在欧洲和美国被系统地用于抗病育种的第一个野生种，已被使用近 100 年，成效最大。当代欧洲很多马铃薯品种含有落果薯的基因。落果薯原产于墨西哥，对晚疫病表现垂直抗性，兼抗卷叶病、重花叶病（由马铃薯 Y 病毒引起）和轻花叶病（由马铃薯 A 病毒引起）。可供抗病育种利用的野生资源还有：①匍枝薯（*Solanum stoloniferum*），为四倍体（$2n=4x=48$），原产于墨西哥，抗晚疫病、重花叶病（由马铃薯 Y 病毒引起）和轻花叶病（由马铃薯 A 病毒引起），抗二十八星瓢虫。利用匍枝薯育成的抗晚疫病和抗马铃薯 Y 病毒的品种有维加（Wega）等。②无茎薯（*Solanum acaule*），为四倍体（$2n=48$），原产于南美洲，抗普通花叶病（由马铃薯 X 病毒引起）和卷叶病，耐寒（−7～−8℃），淀粉含量高（18%以上）。无茎薯须染色体加倍后才能与栽培种杂交。利用无茎薯育成的品种有芭芭拉（Barbala）等。③恰柯薯（*Solanum chacoense*），为二倍体（$2n=2x=24$），抗马铃薯 X 病毒、马铃薯 Y 病毒、马铃薯 A 病毒等引起的病毒病，抗青枯病、疮痂病、环腐病、黑茎病、金黄线虫病、根结线虫病等；抗科罗拉多甲虫、二十八星瓢虫等；但龙葵素含量较高。恰柯薯可以与四倍体的栽培种杂交。利用恰柯薯已经育成了抗马铃薯 X 病毒和抗马铃薯卷叶病毒的品种。④芽叶薯（*Solanum vernei*），为二倍体（$2n=24$），植株高大繁茂，花为深紫色，抗晚疫病、癌肿病、疮痂病、线虫病等，抗霜冻。荷兰用芽叶薯作亲本已经选育出一些较好的材料。

第四节　马铃薯育种途径和方法

一、马铃薯引种

马铃薯引种是指从别的国家、省份或单位引入马铃薯品种，在当地进行试验鉴定，选出可供当地生产上直接利用的品种，或为杂交育种提供亲本。在新区开展杂交育种之前，或当地又迫切需要新的品种解决生产问题的，通过引种鉴定是一个多快好省的途径。

引种工作应该注意：确定正确的引种目标；根据良种的适应性进行引种；注意检疫性病虫草害；必须通过田间试验鉴定，才可登记并在生产上推广利用。

我国 20 世纪 50 年代的引种工作为马铃薯生产起到了较大的推动作用，代替了当地的一些农家品种，增产幅度较大。例如山东、河南引入的品种白头翁，成为当地的主栽早熟品种；湖北、贵州、四川等省引种推广的德国的品种米拉，表现高产、抗晚疫病、品质优等特点，直至今日仍为当地的主栽品种之一。后来从荷

兰引进的费乌瑞它，从美国引进的大西洋、底西瑞（Desiree）、麻皮布尔班克等，从加拿大引进的夏坡地等，都在我国马铃薯生产上发挥了积极的作用。另外，引进的波兰1号（Epoka）、波兰2号（Everest）、卡它丁（Katadin）等数十个优良品种，也是我国马铃薯杂交育种的主要亲本材料。

二、马铃薯芽变选择育种

马铃薯的芽眼会发生频率很低（10^{-8}）的基因突变，产生与原品种在形态上或其他生物学性状上不同的变异类型，可将优异类型扩大繁殖，成为一个新品种。

例如现在美国生产利用较久的麻皮布尔班克（Russet Burbank）品种来源于美国1876年育成的布尔班克（Burbank）品种的芽变。我国东北20世纪50年代大量种植的男爵品种来自美国1876年育成的早玫瑰（Early Rose）的芽变。过去吉林栽培较多的早熟品种红眼窝来自红纹白（Red Warba）品种的芽变，而红纹白又是来自纹白（Warba）品种的芽变。河北坝上农业科学研究所育成的坝丰收品种来自沙杂1号品种的芽变。

三、马铃薯辐射育种

通过适当的辐射处理，可使马铃薯的突变频率增加1 000倍左右。马铃薯辐射育种中常用的诱变剂是X射线和γ射线。一般用来照射马铃薯的块茎，通常的剂量为0.516～1.29 C/kg（2 000～5 000 R）。青海省大通县农业科学研究所曾利用辐射处理深眼窝品种，选育出高产、高抗晚疫病的新品种辐深6-3；华南农学院利用辐射处理燕子品种，选育出抗晚疫病和多种病毒病的马铃薯新品种广农24号。

四、马铃薯天然种子实生苗育种

现有栽培的马铃薯品种都是异质结合的，所以自花结实的种子长出的实生苗个体之间会产生性状分离，因此也为优良单株的选择提供了条件。事实上，这也是马铃薯最原始的育种途径，其方法很简单。在栽培天然实生苗的过程中，一旦发现优良性状的单株，就可以通过块茎的无性繁殖将其遗传固定下来，经比较试验扩大繁殖就可成为一个新品种（系）。采用这种方法，我国各地也曾选育出一批适合当地栽培的新品种（系）。例如西藏农业科学研究所育成的藏薯1号品种是1963年从波兰2号（Everest）天然种子实生苗中选出的；河北坝上农业科学研究所育成的坝薯7号品种选自圆薯4号品种的自交后代实生苗；贵州威宁地区农业科学研究所选育的威05和06-2是由克疫品种天然种子实生苗中选育出的；辽宁省本溪市马铃薯研究所选育的本66013是来自男爵品种天然种子实生苗；黑龙江省马铃薯研究所育成的克新13是来自米拉品种的自交后代实生苗。

五、马铃薯杂交育种

杂交育种又称为组合育种，是根据新品种的选育目标选配亲本，通过人工杂交，把分散在不同亲本上的优良性状组合到杂种之中，对其后代进行单株系选和比较鉴定来培育新品种的一种重要育种途径。

依照亲本的亲缘关系远近不同，杂交育种可区分为近缘杂交（品种间杂交）和远缘杂交（种间杂交）。

（一）早熟、高产品种的选育

1. 杂交组合的选配 在早熟×中熟或早熟×中晚熟的组合后代中，可选育出一些早熟、块茎大而整齐、产量高的类型。近20年来我国各地选育出了一批早熟、高产品种。例如克新4号、东农303、中薯3号、郑薯4号、中薯5号等。

马铃薯的早熟性与实生苗早期形成匍匐枝和早期结薯有密切相关，其相关系数达$r=0.97$。因此栽培早熟杂交组合的实生苗应采用移植法，于实生苗出苗后1个月左右进行移植，淘汰晚熟类型。

2. 块茎形成期及膨大速度的选择 在同属生理中晚熟品种中，坝薯7号的结薯期偏早，在哈尔滨地区春季播种，7月下旬收获，块茎大小及单产近似于早熟品种白头翁。在成熟期上属于早熟品种的东农303，块茎形成极早，4月中旬播种，出苗（5月底）后45 d（7月中旬）块茎大小即可供商品鲜薯用，单产为15 000～22 500 kg/hm^2，超过同期收获的标准早熟品种红纹白，块茎的形成期和增长速度均优于红纹白（图26-1）。

选育生理熟期为中晚熟或中熟、块茎形成早的品种在春、秋二季作区可显著提高秋作块茎产量，获得春、秋两季高产。由于形成块茎早、膨大速度快，在春作时气温和土温显著增高前（6月底前），块茎已

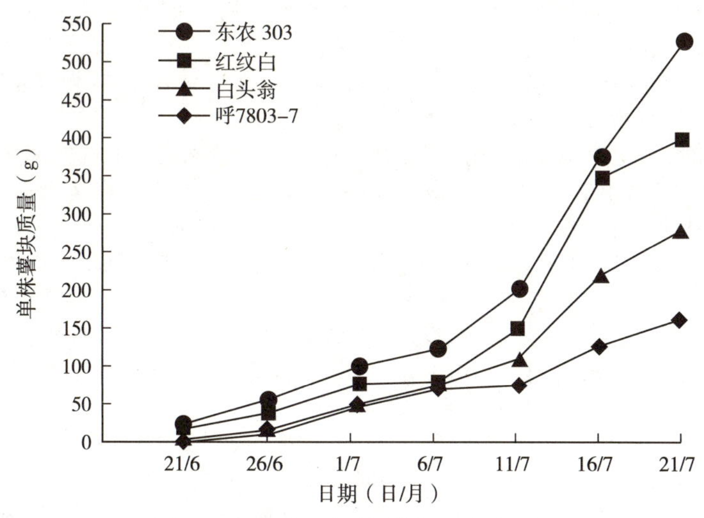

图 26-1 不同品种马铃薯块茎形成速度
（引自李景华，1982）

得到充分发育，产量可高于一般早熟品种；用于秋作时植株可生长到霜降（10 月底至 11 月上中旬），产量显著高于一般早熟品种。在单季春作区，选用成熟期为中晚熟而块茎形成早的丰产品种，于早期收获（8 月中下旬）在块茎产量上也相当于或高于一般中晚熟品种，这样有利于运输、加工和农村劳力的调配，或采取早、晚分期收获供应市场粮菜兼用。此外，选用块茎形成早的品种，极适宜在良种繁育体系中采用早期收获块茎留种的措施，避免或减少植株在田间受带毒昆虫传染病毒的概率，增加种薯田早收留种的种薯产量。

选育块茎形成早的品种的方法程序比较简便。首先，在杂种实生苗后代中按生理熟性分别入选中晚熟、早熟的优良无性系。于第 1 年无性系选种圃开花期末取样 1～2 株初步鉴定块茎大小及产量并加以记载。于第 2 年和第 3 年选种圃，在开花始期开始取样共取 3 次（每隔 1 周取 1 次），决选块茎形成早和膨大速度快的品系。

（二）抗病毒育种

1. 普通栽培种抗源材料的利用 普通栽培种（*Solanum tuberosum*）有些原始材料，既是很好的品种又是很好的亲本，能把其对病毒病的抗性遗传给后代。

比较抗马铃薯 Y 病毒的品种有卡它丁（Katadin）、马利他（Maritta）、白头翁（Anemone）、阿奎拉（Aquila）、沙司吉亚（Saskia）、北斗星（Fortuna）、阿普他（Apta）、卡皮拉（Capella）和燕子（Schwalbe）。

抗马铃薯 A 病毒的品种有弗利多（Friihudel）、卡它丁、马利他、抗疫白（Kennebec）、塔瓦（Tawa）、沙司吉亚和沙科（Saco）。

S41956 对马铃薯 X 病毒具有高度抗性。利用 S41956 作亲本曾育成品种沙科、塔瓦等都对马铃薯 X 病毒具高度抗性。

抗马铃薯卷叶病毒的品种有燕子、阿奎拉、阿普他、卡它丁、卡皮拉等。

2. 近缘栽培种 *Solanum andigena* 的利用 四倍体安第斯栽培种（*Solanum andigena*）是抗马铃薯 X 病毒育种极有价值的原始材料。安第斯栽培种（*Solanum andigena*）的无性系 C. P. C. 1676 对普通花叶病的病原马铃薯 X 病毒的免疫性受 1 个显性基因（R_x）控制。近年来，国外广泛利用安第斯栽培种（*Solanum andigena*）作为抗马铃薯线虫和抗马铃薯 X 病毒的原始材料，并选出一批优良的实生苗后代，其中有 50%以上的杂种都是高度抗马铃薯 X 病毒的。

3. 野生资源的利用 对重花叶病的病原马铃薯 Y 病毒具有田间抗性的一些品种（例如阿普他、马利他、卡皮拉、燕子等），都是利用落果薯（*Solanum demissum*）×Polanin（源于 *Solanum andigena*）的杂种作为杂交亲本选育成的。

近年来，国外利用匍枝薯（*Solanum stoloniferum*）、无茎薯（*Solanum acaule*）等与栽培品种杂交，育

成了哥兰吉利亚（Grazilia）等一些新品种，这些品种对马铃薯 Y 病毒和马铃薯 A 病毒具有免疫性，并对马铃薯卷叶病毒具有田间抗性。

恰柯薯（*Solanum chacoense*）、*Solanum commersinii* 对马铃薯 M 病毒具有一定程度的田间抗性；*Solanum kurtzianum* 对马铃薯纺锤块茎类病毒具有抗性。

在利用野生资源的过程中，既要保证杂交的成功，又要通过回交来克服后代出现的不良的野生性状。

在抗马铃薯 Y 病毒育种中，匍枝薯（*Solanum stoloniferum*）（$2n=4x=48$）与普通马铃薯栽培种（*Solanum tuberosum*）是较难以杂交成功的。如先将匍枝薯（*Solanum stoloniferum*）利用秋水仙碱诱变为同源八倍体，再以其作为母本与普通马铃薯栽培种（*Solanum tuberosum*）杂交，则较容易成功。其中杂种 F_1 代个体是抗病的，因为都含有野生种显性抗病基因。在第一次回交后代（如原始类型含有单显性基因 R_y 或 R_{yn}）或第二次回交后代则发生分离现象。当以普通马铃薯栽培种（*Solanum tuberosum*）与杂种 F_1 代回交时，其回交后代中抗病与不抗病的比例约为 1∶1。但由于回交杂种染色体不平衡，常有不抗病的杂种个体数量增大的倾向，而产生抗病与不抗病的比例为 2∶3。

在抗马铃薯 X 病毒育种中，利用无茎薯（*Solanum acaule*）与普通马铃薯栽培种（*Solanum tuberosum*）杂交时，先将无茎薯（*Solanum acaule*）人工诱变为同源八倍体，提高杂交成功率。然后利用普通马铃薯栽培种（*Solanum tuberosum*）与杂种 F_1 代回交 4～5 次。利用无茎薯（*Solanum acaule*）进行种间杂交，曾选育出沙费尔（Saphir）、阿奈特（Anett）等，均含有抗马铃薯 X 病毒的单显性基因。利用沙费尔与栽培品种杂交，其后代产生 50%抗病的杂种。

（三）抗晚疫病育种

1. 利用含有 *R* 抗晚疫病基因的材料做杂交亲本，在其后代中选择具有垂直抗性的品种 通过鉴定，已知含有来自落果薯（*Solanum demissum*）的抗晚疫病基因的品种有下述几种类型。

R_1：阿奎拉、阿普他、卡美拉兹 1 号、抗疫白、马利他、美利马克（Merrimack）、沙科、塔瓦、北斗星、班尼地克特*（Benidict）、波兰 2 号（Everest）。

R_2：维西洛夫。

R_3：大使（Ambassador）、沙费尔。

R_4：伊兹塔特（Izptades）、伊索拉（Isola）。

R_1R_3：安科（Anco）、布尔坎（Bulkan）、司派尔坦*（Spartaan）。

R_1R_4：弗吉尼亚（Virginia）、奥列夫。

R_2R_4：红乌菲姆。

R_3R_4：乌拉尔*、波兰 1 号*（Epoka）（有 * 者具有高度田间抗性）。

$R_1R_3R_4$：Lu56. 331/21、Lu57. 333/2。

R_{10}：木尔他（Multa）。

2. 重视田间抗性的选择 长期以来，抗晚疫病育种工作多集中于选育具有过敏型抗性的品种，忽略了对田间抗性的选择。因此多数含 *R* 基因品种的田间抗性都比较低。由于病原的突变、重组和异核性的结果，产生新的生理小种又侵染了具有某一 *R* 基因的新品种。

田间抗性多基因的作用在于缓冲生理小种适应广泛寄主的进化。同时，由于延迟和减弱孢子的形成而降低了生理小种的毒力。针对晚疫病病原（*Phytophthora infestans*）的生物学特性，从事抗晚疫病育种必须充分利用马铃薯所具有的两种类型的抗性，选育具有 *R* 基因和多基因理想组合的新品种。

原产于墨西哥的野生种落果薯（*Solanum demissum*）、匍枝薯（*Solanum stoloniferum*）等都具有 *R* 基因和多基因。这些野生种在墨西哥常年流行晚疫病的条件下，必定通过自然选择形成了理想的 *R* 基因和多基因的组合。

墨西哥（多鲁卡地区）的地理气候条件极适于晚疫病的发生，生理小种的种类也多，最适合鉴定育种材料对晚疫病的抗性。近年来，国外一些育种机构利用墨西哥的自然条件，鉴定、选育出一些高度抗晚疫病的品种，例如阿尼他（Anita）、伯提他（Bertita）、多得他（Dorita）等。这些品种均是具有 *R* 基因和多基因的，并可作为抗晚疫病育种的优良亲本。

在我国西南山区，如湖北恩施天池山、四川西昌螺吉山、云南丽江玉龙山等地，地理、气候条件很适于晚疫病的发生，近年来一些单位开始利用该地的自然条件从事鉴定育种材料对晚疫病田间抗性的研究工作。

安第斯栽培种在自然条件下虽然也感染毒力强和一般的生理小种，但感病程度却轻于普通栽培种（*Solanum tuberosum*）。这主要是由于安第斯栽培种的感病和发病缓慢，具有较强的田间抗性。

在现有育成品种中具有高度田间抗性的品种有：波兰 1 号、波兰 2 号、阿奎拉、米拉、卡皮拉、乌拉尔等。

由于田间抗性的持久性和稳定性，在 20 世纪 80 年代末和 90 年代初，国际马铃薯中心（CIP）改变过去的抗病育种策略，在取得育成群体 A 的成就的基础上，又培育出一批不带 *R* 基因的纯属具有田间抗性的材料，称为群体 B。群体 B 主要具有以下优点：①抗病性完全属于田间抗性，对病原菌所有生理小种都具有有效抗性；②缺乏 *R* 基因，简化了实生苗筛选和田间检测过程，不再需要复合生理小种，筛选工作可以在任何生理小种条件下完成；③由于简化了晚疫病抗性筛选过程，能更加有效地与对其他病害的抗性相结合；④选出抗病性和块茎产量高度结合的株系，可以作为其他育种计划的亲本，并提供实生种子进行商业化生产。B 群体的开发与应用为马铃薯的抗晚疫病育种带来了新的希望。

（四）抗青枯病育种 青枯病（*Pseudomonas solanacearum*）对我国春秋二季混作区的马铃薯生产危害很大。中华人民共和国成立后，多年来在南方栽培的品种均是普通栽培种（*Solanum tuberosum*）。同时由于育种原始材料贫乏，许多育种机构虽经多年大量组配杂交组合，以筛选抗青枯病的品系，但成效不大。

在南美洲和亚热带地区，马铃薯生产上也受到青枯病的威胁。近年来，通过筛选抗青枯病的资源发现安第斯栽培种（*Solanum andigena*）、富利佳栽培种（*Solanum phureja*）以及一些野生种［例如恰柯薯（*Solanum chacoense*）、无茎薯（*Solanum acaule*）等］对青枯病具有高度抗性。同时，国际马铃薯中心自普通栽培种（*Solanum tuberosum*）×富利佳栽培种（*Solanum phureja*）的杂种中又筛选出一些抗青枯病的杂种，例如 BR-69-50、BR-63-76 等。自大量的富利佳栽培种（*Solanum phureja*）中也筛选出一些抗青枯病的无性系。这些都可作为选育抗青枯病品种的优良原始材料。

（五）高淀粉、高蛋白质含量育种 品种间杂交后代的淀粉含量与亲本的淀粉含量成高度相关。因此应注意选择淀粉含量高的亲本之一或双亲进行杂交。例如在吉尔林德（Gerlinde）×高淀粉的后代中有 20%的杂种的淀粉含量高于 22%，在复合杂交组合（阿普他×高淀粉）×（燕子×高淀粉）的后代中可产生 25%杂种的淀粉含量超过 20%。淀粉含量是多基因控制的，而且有累加效应，在杂种后代可能产生超亲现象。

在现有品种中，已知高淀粉含量的品种有：卡皮拉、燕子、马利他、斯塔尔、高淀粉等。

野生种落果薯（*Solanum demissum*）和安第斯栽培种（*Solanum andigena*）也是选育高淀粉含量品种的极有价值的原始材料。利用安第斯栽培种（*Solanum andigena*）的品种 Locanum、Rayancanchense 等与普通栽培种（*Solanum tuberosum*）的品种杂交，在其杂交后代中选育块茎干物质含量达 32.2%的无性系，具有优良经济性状的杂种淀粉含量达 20%～23%，粗蛋白质含量可达 3.0%～3.1%。利用落果薯（*Solanum demissum*）进行种间杂交育成的新品种的淀粉含量，洛希茨基为 23%，Temn 为 22.9%，而对照品种弗拉姆（Fram）为 17%～19%。

在一般情况下，利用普通栽培种（*Solanum tuberosum*）进行品种间杂交育成品种的蛋白质含量一般不超过 2.7%，同时也很少低于 1.0%。

20 世纪初，为了克服普通栽培种（*Solanum tuberosum*）感染晚疫病和其他病害的缺点，曾利用野生种进行种间杂交育成一些新品种，并相应地提高了蛋白质的含量。

许多野生种和南美栽培种的蛋白质含量很高。野生种落果薯（*Solanum demissum*）的蛋白质含量为 2.5%～6.0%，安第斯栽培种（*Solanum andigena*）的蛋白质含量为 1.9%～3.4%，二倍体富利佳栽培种（*Solanum phureja*）的蛋白质含量高达 4%～6%。国外利用落果薯（*Solanum demissum*）选育的优良杂种无性系，其蛋白质含量可达 2.8%～3.5%；利用安第斯栽培种（*Solanum andigena*）育成的优良杂种无性系，其蛋白质含量高达 3%以上。

马铃薯粗蛋白质含量和淀粉含量之间不成现负相关。因此选育高蛋白质和高淀粉含量的品种并不困难。此外，马铃薯块茎干物质含量和粗蛋白质含量成正相关，在不同的家系中，相关系数的变异范围为 0.38～0.59。但马铃薯蛋白质含量与块茎产量却略成负相关，$r=-0.15\sim-0.20$。因此必须进行大规模的育种工作，种植较大群体的杂种实生苗，才能增加选育高产量和高蛋白质品种的机会。

第五节　马铃薯育种新技术的研究和应用

一、马铃薯合子生殖障碍理论及其应用

在许多马铃薯野生种中，有丰富的抗性资源。但由于野生种与栽培种之间存在严重的有性生殖障碍，使得野生种与栽培种杂交非常困难，甚至不能杂交成功。对马铃薯野生种与栽培种间生殖隔离机制（sexual isolating mechanism）的深入研究发现，导致马铃薯种间杂交不亲和的原因大体可分为两类：前合子生殖障碍（pre-zygotic barrier）和后合子生殖障碍（post-zygotic barrier）。

前合子生殖障碍，由花期不遇、花器结构异常、花粉在相异的柱头上或花柱中不能正常生长和发育等原因导致杂交不亲和等。对这种生殖障碍可采取一些常规方法解决，例如在不同的环境条件下进行大量授粉、进行正反交、选择优良授粉者、切除花柱直接对其胚珠进行授粉等。

后合子生殖障碍是马铃薯野生种与栽培种之间杂交不亲和的主要原因，主要是由于胚乳败育引起的。对此，Johnston 等（1980）提出了胚乳平衡数（endosperm balance number，*EBN*）的理论，用于预测种间杂交的可行性。该理论认为，每个马铃薯种都有一个特定的胚乳平衡数，它决定着各马铃薯种间的杂交可育性，所有成功的种间杂交，在其杂交种的胚乳中来自母本和父本的胚乳平衡数的比例一定是 2∶1。研究表明，即使是两亲本间有了相匹配的胚乳平衡数，许多种之间仍不易杂交成功，而胚乳平衡数的母本与父本的比例为 1∶1 的马铃薯种杂交则更加困难。针对马铃薯后合子生殖障碍的特点，育种家利用了多种生物学技术来克服马铃薯的种间杂交不育性。

根据胚乳平衡数的理论，马铃薯育性主要决定于杂交种中亲本的胚乳平衡数的比例，而非染色体的倍性。因此对野生种进行倍性操作不失为一个克服马铃薯种间杂交不亲和性的有效手段。Domenico Carprto 等针对野生种 *Solanum commersonii*（$2n=2x=24$，$EBN=1$）的情况，通过体外倍性操作，使其染色体加倍（$2n=4x=48$，$EBN=2$），从而变为具有 $EBN=2$ 的种，再用它作为亲本与二倍体材料（*Solanum phureja*×*Solanum tuberosum*）（$2n=2x=24$，$EBN=2$）杂交，得到 F_1 代杂种（$2n=3x=36$，$EBN=2$），由于 F_1 代可形成 $2n$ 卵，因而能和普通栽培种（$2n=4x=48$，$EBN=4$）进行杂交，将杂交产生的五倍体后代（$2n=5x=60$，$EBN=4$）与普通栽培种回交即可将野生种 *Solanum commersonii* 的有用基因导入育种材料中。同样，通过倍性操作，Adiwilaga 等将四倍体墨西哥野生种资源（$2n=4x=48$，$EBN=2$）引入马铃薯栽培种基因池中。

胚挽救法（embryo rescue）是针对杂交后因胚乳败育使合子不能正常发育的特点，将受精后形成的合子通过体外培养形成正常的植株。Hanneman 等利用该技术成功获得了野生种 *Solanum pinnatisectum* 与普通栽培种的杂交后代，并对其杂种进行抗病性鉴定，发现其对晚疫病具有 100%的抗病性，为马铃薯抗晚疫病育种提供了非常有用的中间材料。

二、马铃薯细胞工程育种

（一）细胞融合进行体细胞杂交　体细胞杂交是克服马铃薯种间各种有性生殖障碍实现基因重组的一种有效方法。体细胞杂交是通过细胞原生质体融合进行的，其融合方法分电融合和化学融合两种，而电融合应用较多。

在马铃薯种质资源中，大多数野生种（约 70%）为二倍体，直接与四倍体栽培品种杂交很难成功，因而限制马铃薯野生种优良基因的利用。通过马铃薯优良双单倍体与二倍体野生种的原生质体融合，可将庞大的马铃薯家族中野生种所具有的优良基因转移到马铃薯栽培种中，为马铃薯的遗传改良提供中间材料。

1980 年，Butenko 等将栽培品种 Priekul 与恰柯薯（*Solanum chacoense*）（二倍体野生种）的原生质体融合获得了抗马铃薯 Y 病毒的杂种植株；J. P. Helgeson 等通过细胞融合获得了野生种 *Solanum bulbocastanum* 和普通栽培种（*Solanum tuberosum*）的六倍体杂种，再用其与马铃薯栽培品种 Katahdin 或 Atlantic 杂交和回交，通过 4 年的田间评价，筛选到对晚疫病具有高度抗性的株系；Menke 等用野生种 *Solanum pinnatisectum* 与普通栽培种（*Solanum tuberosum*）品系进行细胞融合，并通过限制性片段长度多态性（RFLP）鉴定证明获得了两者的体细胞杂种植株。国外利用该技术先后将二倍体野生种抗卷叶病、线虫病、软腐病等多种抗性基因融合到普通栽培种之中。我国甘肃农业大学戴朝曦等不仅研究了马铃薯体细胞融合技术，并且获得

马铃薯双单倍体品系81-15和2个二倍体种富利佳栽培种（*Solanum phureja*）和恰柯薯（*Solanum chacoense*）原生质体融合的25个株系，同时对杂种进行了形态学和农艺性状的观察，并进行了细胞学和同工酶等方面的鉴定。证明大多数杂种的单株块茎质量杂种优势明显，块茎淀粉含量高，还原糖含量低，有较强的田间抗病虫能力，是马铃薯育种很好的中间材料。

（二）外植体单细胞培养和植株再生 植株单细胞培养（single cell culture）技术起步于20世纪50年代，到70年代，已对近百种植物成功地进行了单细胞培养。单细胞培养技术已成为许多生物技术的操作技术，例如外源基因的遗传转化、基因转移、突变体的筛选、种质保存、人工种子生产、工厂化生产单细胞代谢物、大规模胚状体的工厂化育苗等的理论和实践操作都是在单细胞培养的基础上进行的。

马铃薯外植体单细胞培养和植株再生技术的应用为马铃薯无性系变异、突变体筛选、基因遗传转化、胚状体发生及人工种子制备等后续育种、改良工作提供了良好的试验系统和技术平台，为生物技术与常规育种相结合、提高育种水平开拓了新途径。甘肃农业大学王蒂等人利用甘农2号品种的6种外植体（块茎、茎尖、叶片、子叶、花药和下胚轴）为材料，进行愈伤组织诱导、单细胞分离和培养及植株再生进行了系统研究，总结出一套较成熟的经验，可供借鉴。

三、马铃薯分解-综合育种

长期以来，品种间杂交及芽变选择一直是马铃薯品种选育的主要方法，可是马铃薯四倍体普通栽培种具有高度的基因杂合性及基因分离的复杂性，其基因库异常狭窄，抗病、抗逆和加工品质基因极其缺乏，导致育种进程缓慢，选育高产、抗病、优质、适应性强的品种极端困难。尽管二倍体野生种具有丰富的基因资源，但是由于倍性差异而无法与四倍体杂交结实。现代生物学的发展，为解决这个问题提供了理论和物质基础。

早在1963年，Chase就提出了分解育种方案，将四倍体栽培种或优良品系通过染色体降倍技术降为二倍体，在二倍体水平上进行杂交和选择，再将杂交后代通过染色体加倍恢复到四倍体水平。1979年，Wenzel等根据当时的科技发展又提出综合运用单倍体诱导技术、染色体加倍技术、细胞融合技术的分解-综合育种方案。至今为止，通过花药花粉培养及孤雌生殖已获得大量马铃薯单倍体品系；通过秋水仙碱及组织培养加倍获得了众多的纯合四倍体；通过体细胞融合技术得到了许多具有应用价值的马铃薯育种材料。此处，倍性操作是该育种方案的重要环节，而染色体加倍技术是获得纯系以及杂交品系用于生产的关键步骤（王清和王蒂等，2001）。

（一）染色体降倍 染色体降倍主要有两条途径：人工诱导孤雌生殖方法和花药培养法。卵细胞未经过受精而发育成单倍体胚的现象称为孤雌生殖，但这个过程中，极核的受精却是必要的。

1. 人工诱导孤雌生殖方法 采用一个二倍体富利佳栽培种（*Solanum phureja*）作为授粉者对四倍体栽培马铃薯进行诱导产生双单倍体，并用来自授粉者的1个显性深红色胚点基因作为选择标记（双单倍体种子无胚点）。这种方法操作简便，已为育种者所采用，获得了一批双单倍体。这种方法的核心是选择授粉者，即双单倍体诱导者。研究单位应用较多的是IVP35、IVP48、IVP101等，东北农业大学吕文河等（1987）利用IVP35的自交种子，在后代群体中选育出NEA-P16和NEA-P19两个优良授粉者，其诱发孤雌生殖的能力分别为IVP35的2.66倍和2.48倍。另外，庞万福、屈冬玉等（1986）选出了优良授粉者9份，巩秀峰等（1986）也选出了优良授粉者IMP200-1等。

2. 花药培养法 这是20世纪60年代发展起来的孤雄生殖法，为培育双单倍体提供了另一条有效途径。通过花药的离体培养，利用植物花粉细胞潜在的全能性诱导四倍体产生双单倍体和二倍体产生单倍体，即人为创造孤雄生殖，也称为雄核发育（androgenesis）。Dunwell和Sunderland（1973）首次报道了普通栽培种马铃薯品种Pentland Crown花药培养的再生植株。其后，各国科技人员对马铃薯花药培养的影响因素进行了深入的研究，提高了双单倍体产生的频率。国外文献中已报道的一些普通栽培种双单倍体、二倍体原始栽培种及种间杂种的一倍单倍体频率汇总于表26-6。

我国王蒂、王玉娟等对影响花药培养的影响因素做了大量研究，并获得了一批再生植株。

（二）二倍体水平育种 普通栽培种（$2n=4x=48$）具有4套染色体，表现四倍体遗传，和二倍体马铃薯（$2n=2x=24$）相比，对其进行遗传学研究相对困难。利用具有24条染色体的马铃薯为材料进行遗传学研究有明显的优点，因为它可以简化遗传分析。例如一个二倍体其某个基因位点是异质结合（Aa）时，自交后产生 3 种基因型：AA、Aa 和 aa。其相应的四倍体（AAaa）自交后，则可产生 5 种基因型：AAAA（四式）、AAAa（三式）、AAaa（复式）、Aaaa（单式）和 aaaa（零式），AAAa、AAaa 和 Aaaa 自交又可导致进一步分离。

表 26-6　利用花药培养获取普通栽培种双单倍体、二倍体原始栽培种及种间杂种（$2n=2x=24$）的一倍单倍体频率

种、杂种及代号	接种花药数（有反应）	再生植株数（每 100 枚花药）	再生植株中一倍单倍体的比例（%）	研究者
Solanun phureja	100（15）	8（8.00）	50.00	Irikura，1975
Solanun stenotomum	150（21）	4（2.67）	25.00	Irikura，1975
Solanun verrucosum	360（34）	121（33.6）	68.59	Irikura，1975
Solanun bulbocastanum	120（33）	8（66.6）	100.00	Irikura，1975
Solanun tuberosum				
H7801/10	2 452（1 620）	517（21.08）	12.19	Uhrig 和 Wenzel，1981
H7801/27	3 765（2 880）	2 564（38.10）	15.63	Uhrig 和 Wenzel，1981
Solanun tuberosum × *Solanun chacoense*				
IP334×IP33	18 258（921）	303（1.66）	16.37	Cappadocia 等，1984
复合杂种 IP56	4 531（106）	4（0.09）	25.00	Cappadocia 等，1984
Solanum chacoense（IP33）	2 645（288）	197（7.45）	74.61	Cappadocia 等，1984
Solanum phureja	1 416（363）	125（8.83）	23.20	Veilleux，1990；Veilleux 等，1995

表 26-7 列出了二倍体遗传和四倍体遗传比较的详细结果。异质结合的二倍体（Aa）自交后，获得纯合稳定个体的概率为 1/4。对相应的四倍体（AAaa）来说，自交后获得零式个体的概率受双减数（double reduction）的程度影响，在发生染色体分离（chromosome segregation）时为 1/36；如果发生染色单体分离，则为 9/196。

表 26-7　四倍体遗传和二倍体遗传的比较

世代	二倍体	四倍体			
亲本	AA×aa		AAAA×aaaa		
F_1	Aa		AAaa		
配子	A，a	AA，	Aa，	aa	
		1/6	4/6	1/6	（染色体分离）
		3/14	8/14	3/14	（染色单体分离）
			染色体分离		染色单体分离
F_2（F_1自交）		AAAA	3%		5%
	AA 25%	AAAa	22%		24%
	Aa 50%	AAaa	50%		42%
	aa 25%	Aaaa	22%		24%
		aaaa	3%		5%

$2x$ 材料不仅对遗传分析很有价值，而且对育种也很有用处。在 $2x$ 水平上育种可以缩短培育新品种所需要的时间，更快地淘汰有害的隐性基因，高效地从 $2x$ 种引入优良性状。

（三）恢复四倍体的倍性 对产量和主要农艺性状来说，马铃薯的最佳倍性数水平是四倍体。在二倍体水平上进行改良和选择后，还应恢复四倍体的倍性，方可在育种上或生产上应用。染色体加倍有无性多倍化和有性多倍化两条途径。

1. 无性多倍化

（1）利用秋水仙碱处理加倍 秋水仙碱在细胞有丝分裂过程中能够破坏纺锤丝的形成，使复制的染色体在细胞有丝分裂时不能分向两极，从而导致细胞的染色体加倍。此方法存在的问题是：①加倍频率低；②由于其毒害作用，种子发芽和根的生长受到影响；③普遍存在细胞倍性嵌合现象，因此限制了秋水仙碱加倍法在实践中的应用。

（2）组织培养加倍法 由于染色体复制与细胞分裂受控于不同基因，因此在愈伤组织诱导及培养过程中常常导致细胞染色体组发生内源多倍化。组织培养加倍法就是利用愈伤组织生长过程中的这种 DNA 快速复制与细胞分裂不同步来达到染色体加倍的目的。其染色体加倍频率与基因型、外植体类别（茎、叶、根、芽等）、外植体倍性水平、愈伤组织培养时间、培养基的激素种类及浓度等因素有关。经双单倍体加倍的植株可以产生正常花粉，但纯合四倍体大多不开花，或者能够开花而花粉败育，从而造成杂交困难。纯合二倍体也有类似现象（Kaburu 等，1992）。因此组织培养加倍法产生的纯合二倍体和纯合四倍体只能作为母本，而且避免去雄这个烦琐程序。

（3）原生质体培养及体细胞融合的染色体加倍法 对同一单倍体或四倍体花粉原生质体的自体融合，可省去花药、花粉培养途径，并在短期内高频率地获得纯合四倍体，为生产不分离的杂交马铃薯实生种子提供亲本；对具有优良特性的两种双单倍体品系的异体融合，可获得综合双亲细胞核与细胞质基因的体细胞杂种，从而获得更强的杂种优势；用具有优良抗性基因的野生种与双单倍体品系或栽培种花粉原生质体的异体融合产生四倍体杂种植株，为常规育种提供材料。

化学融合和电融合是细胞融合的两种主要方法。

2. 有性多倍化

（1）$4x \times 2x$ 组合 采用该组合方式进行有性多倍化，在选择亲本时应注意以下问题：①$4x$ 亲本应与 $2x$ 杂种中的双单倍体亲本无亲缘关系；②$4x$ 亲本对当地的生态条件应具有较好的适应性，还应有好的块茎性状；③$4x$ 亲本还应具有开花繁茂性和育性良好的特性，如果 $4x$ 亲本雄性不育则更好，这样可以不必去雄；④$2x$ 亲本应具有适当的成熟期、块茎类型；⑤$2x$ 亲本也应开花繁茂，能够产生大量的花粉；⑥$2x$ 亲本产生的 $2n$ 花粉频率要高，最好是第一次分裂重组（first division restitution，FDR）类型；⑦最为重要的是，$2x$ 杂种还应具有 $4x$ 亲本不具备的性状，而这些性状是当前或以后马铃薯生产所需要的。

（2）$2x \times 4x$ 组合 该杂交组合方式要求：①$4x$ 亲本与 $2x$ 亲本的双单倍体无亲缘关系；②两个亲本具有良好的适应性和块茎类型；③$4x$ 亲本也应开花繁茂和高度的雄性可育性；④$2x$ 亲本应具有适当的成熟期和块茎类型，开花繁茂，能产生高频率的 $2n$ 卵，对 $2n$ 卵的类型进行鉴定是必要的，因为大多数属于第二次分裂重组（second division restitution，SDR）类型，而能够产生第二次分裂重组类型的 $2x$ 无性系，对基因转移具有积极意义；⑤$2x$ 亲本要具有 $4x$ 亲本所没有的目标性状。

（3）$2x \times 2x$ 组合 上两种组合方式是单向有性多倍化，$2x \times 2x$ 的组合方式是双向有性多倍化。在选配组合时应注意：①两亲本应无亲缘关系；②具有适当的成熟期及块茎类型；③母本能产生 $2n$ 卵而父本应能产生 $2n$ 花粉，若二者都是第一次分裂重组类型对生产整齐一致的后代群体更为有利。

二倍体或二倍体杂种一般来说除产生 $2n$ 配子外，也同时产生 n 配子（Mendiburu 和 Peloquin，1977）。$4x$ 和 $2x$ 之间交配（$4x \times 2x$ 和 $2x \times 4x$）由于三倍体障碍的作用，产生的后代绝大多数是 $4x$。$2x \times 2x$ 组合产生的后代既有 $2x$ 又有 $4x$，$2x$ 和 $4x$ 后代的频率依不同组合而有差异（Mendiburu 和 Peloquin，1977）。$2x \times 2x$ 组合的 $4x$ 后代可用染色体计数的方法加以鉴定。为减少工作量，也可采用其他方法，例如计数叶背面气孔保卫细胞中叶绿体平均数目（Wagenvoort 和 Zimnoch-Guzowska，1992）。

（四）$2n$ 配子材料在育种中的利用

1. $2n$ 配子的概念及形成 $2n$ 配子（$2n$ gamete）是指具有体细胞染色体数的配子，在引入马铃薯二倍体资源到四倍体栽培种的过程中起到了桥梁的作用。细胞学家一般认为，在多数情况下，减数分裂以前或减数过程中的某种异常的核分裂可以导致 $2n$ 配子的形成。Roseberg（1927）首次明确提出了减数分裂核重组（meiotic nuclear restitution）现象。减数分裂核重组可以分为两种基本类型：第一次分裂重组（FDR）和第二次分裂重组（SDR）。从遗传学的角度来看，第一次分裂重组配子在很大程度上保持了亲本的基因型，因而是高度一致的；而第二次分裂重组配子没有保持亲本的基因型，而是进行了分离，因此是高度异质的。

Mok 和 Peloquin（1975）提出了平行纺锤体的概念来解释 $2n$ 花粉形成的原因。从图 26-2 和图 26-3 可以从细胞学的角度理解第一次分裂重组 $2n$ 配子和第二次分裂重组 $2n$ 配子形成。

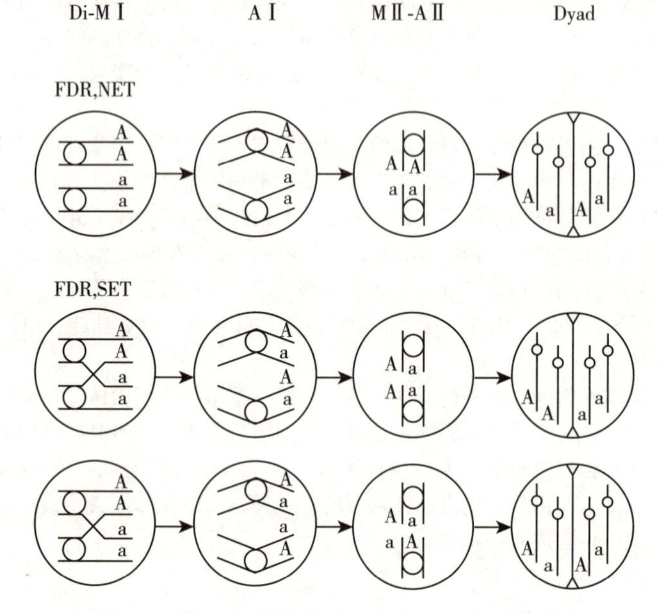

图 26-2　第一次分裂重组（FDR）$2n$ 配子的形成

Di. 终变期　M. 中期　A. 后期　Dyad. 二分体

（引自 Tai，1994）

NET. 无交换四分体　SET. 单交换四分体

2. $2n$ 配子材料的选育　$2n$ 配子，尤其是第一次分裂重组（FDR）$2n$ 配子的作用在分解-综合育种中，特别是在有性多倍化方面充分得到体现。要想充分挖掘其潜力就必须首先获得大量的能产生 $2n$ 配子的二倍体材料。在较早的研究中，只有少数几个 $2x$ 亲本参与了 $4x \times 2x$ 杂交，近年来 $2x$ 亲本的数量有所增加（Oritiz、Iwanaga 和 Mendoza，1988；de Jong 和 Tai，1991）。参与的二倍体种也从当初的富利佳栽培种（*Solanum phureja*）和 *Solanum stenotomum* 扩展到恰柯薯（*Solanum chacoense*）、腺毛薯（*Solanum berthaultii*）、*Solanum boliviense*、*Solanum canasense*、*Solanum microdontum*、*Solanum raphanofolium*、*Solanum sanctae-rosae*、*Solanum kurtzianum*、*Solanum bukasovii*、*Solanum spegazzinii*、*Solanum sparsipilum* 和 *Solanum tarijense*（Hermundstad 和 Peloquin，1987）。

我国对 $2n$ 配子材料的利用始于 20 世纪 70 年代，东北农业大学用 IVP35 等作授粉者，诱发新型栽培种（neo-tuberosum）无性系孤雌生殖产生双单倍体，选择农艺性状好且雌性能育的双单倍体植株作母本与富利佳栽培种（*Solanum phureja*）杂交，获得二倍体杂种，然后对二倍体杂种的农艺性状及其产生 $2n$ 花粉的能力进行选择，在"七五"期间选育出 DP32、DP12、DP34 等 $2n$ 花粉材料。这些材料与普通栽培种杂交所获得的四倍体后代可具有 1 套富利佳栽培种（*Solanum phureja*）染色体、1 套新型栽培种染色体和 2 套普通栽培种（*Solanum tuberosum*）染色体；在"八五"期间选育出 NEA93-34079 和 NEA93-34049。中国农业科学院蔬菜花卉研究所采用轮回选择的方法获得 D-2-1、D-6-1、D-7-1 等综合农艺性状优良、稳定地产生 $2n$ 花粉频率大于 20%的二倍体基因型。内蒙古自治区农牧业科学院马铃薯小作物研究所把双单倍体植株与二倍体野生种杂交在二倍体水平上进行遗传改良，使获得的双单倍体-野生种杂种不仅具有高度的杂合性，而且能高频率产生第一次分裂重组类型的 $2n$ 花粉，为我国马铃薯分解育种培育出 1-6-1、1-3-7、20-25-3、20-27-2、

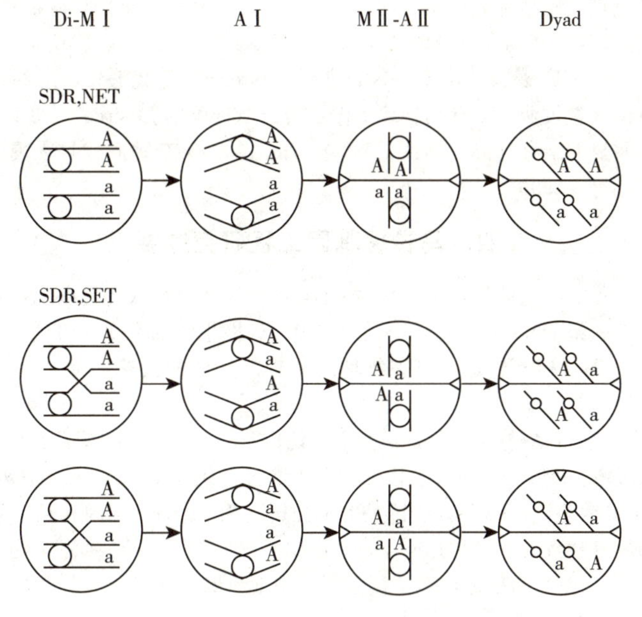

图 26-3　第二次分裂重组（SDR）2*n* 配子的形成
Di. 终变期　M. 中期　A. 后期　Dyad，二分体
（引自 Tai，1994）
NET. 无交换四分体　SET. 单交换四分体

25-13-3 等一批具有重要利用价值的育种基础材料（李文刚，1996）。

3. 2*n* 配子材料的利用　Hermundstad 和 Peloquin（1987）已从普通栽培种双单倍体×二倍体种的杂种中选育出高质量的 2*n* 配子材料。4*x*×2*x* 杂交的四倍体后代不仅产量高，而且块茎性状好，例如休眠期长、相对密度高、块茎整齐、结薯适中、外形好，这是以前试验结果所没有的。北美洲已利用分解-综合育种法培育出新品种 Yukon Gold（Johnson 和 Rowberry，1981）和 Krantz（Lauter 等，1988）。另外，二倍体亲本也可以作为一个桥梁从其他二倍体种引入对病、虫以及逆境的抗性基因，例如对青枯病的抗性基因（Watanabe 等，1992）、对早疫病的抗性基因（Ortiz 等，1994）、对普通疮痂病的抗性基因（Murphy 等，1995）、对马铃薯块茎蛾的抗性基因（Ortiz 等，1990）、对根结线虫的抗性基因（Iwanaga 等，1989）等。

在我国，东北农业大学组配了东农 303×NEA93-34049 和东农 303×NEA93-34079 两组合，研究其无性一代产量及产量性状的表现。结果表明，4*x* 后代在株高方面表现出了很强的杂种优势；商品薯产量与 4*x* 亲本无显著差异，但两个杂种群体的最高值分别超 4*x* 亲本 260 g/株和 60 g/株，说明 4*x*×2*x* 杂交方式具有潜在的育种价值；总产量杂种优势明显，但杂种单株结薯数多，平均块茎质量小，因此可以认为这是限制 4*x*×2*x* 杂种利用的不利因素（吕文河等，1997）。中国农业科学院蔬菜花卉研究所 1994 年秋季从 4*x*×2*x* 组合选择优良单株后代，1995 年、1996 年在北京南口、河北张家口进行一季作区、二季作区评价。选育出一批农艺性状优良、高产的无性系材料，例如 TD1-8、TD39-2、TD38-2、TD53-4、TD45-4、TD36-5、TD1-4、TD31-1、TD42-5 等。另外，他们还从中选育出一批高淀粉含量（>16%）品系（例如 TD39-2、TD42-5、TD40-1、TD53-4）、炸薯片品质优良品系（例如 TD1-8、TD38-2、TD53-4、TD53-5、TD1-4）以及高抗晚疫病品系（例如 TD36-5、TD1-8、TD38-3、TD2-3）等高代育种品系。在抗病性转育上，中国农业科学院蔬菜花卉研究所已筛选出高频率产生 2*n* 花粉并具有青枯病抗性的二倍体种质，并且利用 2*n* 花粉将二倍体栽培种抗青枯病的基因转移到四倍体栽培种中，获得 MS42. 3×CD1045、AVRDC1287×CD1022、B927017×CD1045、W2×D-2-1 等一批高抗青枯病的四倍体材料。

在马铃薯实生种子（TPS）生产利用上，利用 2*n* 配子材料解决后代群体性状分离和杂种优势的研究中，东北农业大学在“七五”期间组配了大量 4*x*×2*x*（第一次分裂重组 2*n* 花粉）杂交组合，通过鉴定筛选出东农 303×DP12（东农 H2），该组合实生苗群体的植株形态整齐度达 85%，对晚疫病具有田间抗性，薯形圆整，芽眼较浅，块茎产量较对照品种克新 4 号增加 8%～10%。中国农业科学院蔬菜花卉研究所利用 $2n$ 配子进行实生种子组合的选育，获得了 Escort×EC394、Escort×ED1022、Estima×ED1045、W2×D-6-1、Asterix×ED1045、Desiree×CE1063、Premiere×EC394、Asterix×Q9201-13，这些组合群体表现一致性优良，产量高。内蒙古自治区农牧业科学院马铃薯小作物研究所选配的 Desiree×1-3-7 平均单株产量为 578 g，植株生长繁茂，表现出明显的杂种优势；品系 1-6-1 参与的 $4x \times 2x$ 杂种后代均表现对卷叶病毒的抗性，同时兼抗花叶病毒（李文刚等，1996）。

四、马铃薯基因工程研究进展

马铃薯转基因工程，是指通过体外重组 DNA 技术，将外源基因转入马铃薯的细胞，从而使再生马铃薯植株获得新的遗传特性。重组 DNA 技术可以将动物、植物、微生物的有实用价值的基因（抗病、抗虫、抗除草剂、改变蛋白质组分等）相互转移，打破物种之间难以杂交的天然屏障，为马铃薯品种改良开拓新途径。

常用的植物转基因方法有：农杆菌介导法、基因枪法、花粉管通道法、聚乙二醇法和电穿孔法。

1994 年，美国孟山都公司利用 *CryⅢA* 基因［来源于苏云金芽孢杆菌 *Bacillus thuringiensis*（Bt）subsp. *tenebrionis*］培育出抗虫马铃薯。1998 年，美国孟山都公司利用 *CryⅢA* 基因和马铃薯卷叶病毒复制酶基因培育出抗虫及抗马铃薯卷叶病毒的新品种；同年，又利用 *CryⅢA* 基因及马铃薯 Y 病毒外壳蛋白基因培育出抗虫及抗马铃薯 Y 病毒的品种。据报道，在美国、罗马尼亚（2000 年）、乌克兰（1999 年）已种植了转基因马铃薯。

（一）马铃薯病毒基因的克隆和序列分析 20 世纪 90 年代以来，我国在该领域研究进展较快，已合成克隆了马铃薯 X 病毒（PVX）、马铃薯 Y 病毒（PVY）和马铃薯卷叶病毒（PLRV）的外壳蛋白基因、复制酶基因、蛋白酶基因、基因调控序列、核酶 cDNA 及其他各种基因，并进行了序列分析。建立并完善了根癌农杆菌介导的马铃薯转化技术。通过外壳蛋白质基因介导、复制酶基因介导、表达基因调控序列、核酶等基因工程途径，获得了一批不同程度上抗马铃薯 X 病毒、马铃薯 Y 病毒和马铃薯卷叶病毒及高抗马铃薯纺锤块茎类病毒（PSTVd）的转基因马铃薯栽培种。这些转基因马铃薯多数已进入田间试验。抗病毒转基因马铃薯培育成功，为我国马铃薯病毒病害防治开辟了一条崭新的途径。有关领域的研究进展见表 26-8。

表 26-8 我国马铃薯病毒基因克隆和序列分析（1991—2020）

病毒	克隆基因	cDNA 长度（bp）	年份	作者及文献
PVX	外壳蛋白基因	714	1991	王春香等，植物学报，1991，33（5）：363-369
PVY	外壳蛋白基因	807	1992	储瑞银等，植物学报，1992，34（3）：191-196
PVY	基因组 3′端区域	1 317	1991	周雪荣等，中国科学（B 辑），1991，11：1173-1179
PVY	NIb（复制酶）	1 610	1994	彭学贤等，生物多样性，1991，2（1）：35-37
PVY	NIb（复制酶）	1 551	1995	刘德虎等，病毒学报，1995
PVY	6 ku NIa	1 509	1995	项瑜等，病毒学报，1995，11（3）：279-282
PLRV	外壳蛋白基因	627	1992	哈斯阿古拉等，Agricultural Biotechnology. Proceedings of Asia-Pacific Conference. 153-156
PLRV	外壳蛋白及其 5′端先导序列	824	1996	赵福宽等，内蒙古大学学报（自然科学版）. 1996，27（5）：689-694
PLRV	ORF2b（复制酶）3′端	600	1997	梁成罡等，病毒学报，1997，1（3）：278-282
PLRV	ORF2b（复制酶）5′端	1 200	1998	梁成罡等，病毒学报，1998，14（4）：377-382
PLRV	56 ku 蛋白基因及基因组 3′端非编码区	1 671	1997	张荣信等，病毒学报，1997，13（3）：247-254

（续）

病毒	克隆基因	cDNA 长度 (bp)	年份	作者及文献
PLRV	IS（基因间隔区）	197	1996	董丽江等，中国病毒学，1996，11（2）：144-148
PLRV	ORF_1（28 ku 蛋白）	830	1997	李英等，病毒学报，2001，17（2）：23
PVX	外壳蛋白基因	714	2008	白云凤等，应用与环境生物学报，2008，14（5）：599-603
PVX	外壳蛋白基因	711	2010	张威等，黑龙江农业科学，2010，（8）：1-5
PVM	外壳蛋白基因	912	2017	张春雨等，东北农业科学，2017，42（3）：27-30
PVX	外壳蛋白基因	714	2018	陈虞超等，分子植物育种，2018，16（4）：1066-1072

（二）外壳蛋白基因介导的抗病性

1. 抗马铃薯 Y 病毒的转基因马铃薯　宋艳茹等（1996）将马铃薯 Y 病毒外壳蛋白基因通过根癌农杆菌介导转化马铃薯栽培种费乌瑞它、虎头和克新 4 号。用聚合酶链式反应（PCR）和 Southern 杂交检测表明，转基因马铃薯植株染色体上整合有马铃薯 Y 病毒外壳蛋白基因并转录出 2.1 kb RNA。接种病毒后用酶联免疫吸附测定（ELISA）转基因马铃薯植株中马铃薯 Y 病毒增殖情况，结果表明均较未转基因的对照有所降低，同时转基因马铃薯生长发育正常，部分植株单株产量高于未转基因的马铃薯。

2. 抗马铃薯卷叶病毒转基因马铃薯　张鹤龄等（1995）将其实验室克隆的马铃薯卷叶病毒外壳蛋白基因，构建到植物表达载体双元载体 pROK2 中，通过根癌农杆菌介导，转入马铃薯栽培种 Desiree、Favorita、虎头、乌盟 601 和台湾红皮 5 个品种中。自此以后，相继又获得了一批不同程度上抗马铃薯卷叶病毒（PLRV）的转基因马铃薯品种（张鹤龄，2000；熊伟，2013）。在培育抗马铃薯卷叶病毒的转基因马铃薯过程中，还开发了多种马铃薯卷叶病毒（PLRV）的检测方法（黄丹等，2015；杨祝强等，2020），有助于抗马铃薯卷叶病毒品种选育。

3. 表达多价外壳蛋白基因的马铃薯抗病性　为培育能抗 2 种病毒或 2 种以上病毒的转基因马铃薯，崔晓江等（1994）构建了含有马铃薯 X 病毒和马铃薯 Y 病毒两种病毒外壳蛋白基因的植物表达载体 pCSYX303，含有马铃薯 Y 病毒和马铃薯卷叶病毒两种病毒外壳蛋白基因的表达载体 pESYL303 及含有马铃薯 Y 病毒、马铃薯 X 病毒和马铃薯卷叶病毒 3 种外壳蛋白基因的表达载体 pCSYXL303。使其中外壳蛋白基因转录方向一致，顺向重复排列，且各有其自己的 35S 启动子、真核翻译增强序列 Ω 和 Nos 终止子。宋艳茹等（1994）用马铃薯 X 病毒和马铃薯 Y 病毒双价外壳蛋白基因转化了马铃薯品种虎头和克新 4 号，用马铃薯 Y 病毒和马铃薯卷叶病毒双价外壳蛋白基因转化了马铃薯品种虎头和费乌瑞它。张鹤龄等（1996，1997）鉴定了表达马铃薯 X 病毒和马铃薯 Y 病毒双价外壳蛋白基因及马铃薯 Y 病毒、马铃薯卷叶病毒双价外壳蛋白基因转基因马铃薯的抗病性。结果表明，用马铃薯 X 病毒（10 μg/mL）和马铃薯 Y 病毒（60 μg/mL）接种后双价外壳蛋白基因转化的马铃薯品种虎头和克新 4 号的多数株系的平均病毒含量均明显低于未转基因对照植株，表现病毒积累缓慢，发病延迟。表明转基因马铃薯对马铃薯 X 病毒和马铃薯 Y 病毒复合感染产生不同程度的抗性和保护作用。陈晓艳等（2016）构建了四价［马铃薯 X 病毒（PVX）、马铃薯 Y 病毒（PVY）、马铃薯 S 病毒（PVS）和马铃薯卷叶病毒（PLRV）的外壳蛋白（CP）基因］转基因植物表达载体，用于转化马铃薯，获得了同时抗 4 种病毒的马铃薯植株。

（三）复制酶基因介导的抗病性　1998 年，刘知胜、张鹤龄等，将马铃薯卷叶病毒复制酶基因（ORF2b）的 3′端 0.6 kb 和 5′端 1.2 kb 转入马铃薯；1995 年，项瑜等将马铃薯 Y 病毒 6 ku 和 NIa 的基因克隆并构建于植物表达载体中，转化烟草获得了不同的抗性植株。徐丽（2010）发现，*PVY Nib* 基因不同位置 cDNA 区段介导的对马铃薯 Y 病毒（PVY）的抗性存在显著差异，3′端 1/2 处和中间位置的序列可介导高水平的病毒抗性，抗性植株比例在 50%以上；而 5′端 1/2 处和 3′端的序列介导的抗性效率较低，抗性植株的比例仅为 10%～30%。

（四）用病毒基因调控序列转化马铃薯　马铃薯卷叶病毒（PLRV）是正链 RNA 病毒，基因组全长为 6.0 kb。整个基因组可分为 5′端编码区和 3′端编码区，中间一段为长 197 bp 的非编码区，成为基因间隔区

(IS)。因此非编码的基因间隔区序列反义RNA在转录和翻译两个水平上均有可能干扰病毒复制从而有可能建立一种抗病毒基因工程新途径。董江丽等（1996）合成克隆了PLRV-Ch IS序列cDNA以正向和反向两种方式分别构建到植物转化载体pROK2中，转化了马铃薯品种Desiree，获得转基因植株，将转基因马铃薯品种Desiree植株移栽网室用桃蚜接种马铃薯卷叶病毒。试验表明，表达IS区正义和反义RNA的转基因植株，接种病毒后无症状，或症状轻微。用酶联免疫吸附测定（ELISA）转基因植株中的马铃薯卷叶病毒浓度，均较未转基因对照植株低。表达正义RNA的转基因植株马铃薯卷叶病毒浓度降低43%～72%，表达反义RNA的转基因植株马铃薯卷叶病毒降低72%～86%。表达基因间隔区的反义RNA的转基因植株对马铃薯卷叶病毒抗性较强。郭志华等（2007）克隆的马铃薯卷叶病毒（PLRV）内蒙古分离物的基因间隔区（IS）序列与其他全部已发表的13个全基因组中的基因间隔区核苷酸序列有很高的同源性，最高达到100%，平均为97.90%。说明基因间隔区序列是保守的，将基因间隔区构建成RNA干扰型结构导入马铃薯，有可能获得抗马铃薯卷叶病毒多种株系且抗性更高的转基因植株。

（五）用核酶切割马铃薯卷叶病毒RNA 核酶（*ribozyme*）是一种能特异切割RNA分子的、具有锤头、发夹或斧头结构的小分子RNA。近年来，广泛开展了应用核酶切割人和动物病毒、植物病毒和类病毒核酸的研究。核酶已成为控制病毒的有力手段。Lamb等（1990）设计合成了两种特异切割马铃薯卷叶病毒RNA的核酸并实现了体外切割。郭旭东等（1999）针对马铃薯卷叶病毒外壳蛋白基因第356～358位GUC设计合成了一种锤头状核酶cDNA，克隆于pSPT19的Sp6启动子下游，利用Sp6 RNA聚合酶进行体外转录，获得核酶RNA分子。用同法获得靶RNA序列并成功地实现了体外切割。杨静华等（1998）设计合成了特异切割马铃薯卷叶病毒复制酶基因负链1 650～1 652位GUC的锤头状核酶cDNA，克隆于pSPT19的T_7启动子下游。经体外转录获得核酶RNA分子，用同法获得靶RNA序列，并成功地完成了体外特异切割。张剑峰等（2012）所获得的核酶RNA对PLRV-Ch复制酶基因负链RNA在体外具有较强的特异切割活性。

除上述特异切割马铃薯卷叶病毒外壳蛋白基因和复制酶基因负链核酶外，已设计合成了切割马铃薯卷叶病毒复制酶基因负链双切点双体核酶和突变核酶cDNA，分别构建于植物表达载体中，用于马铃薯转化，进一步研究转基因马铃薯植株内核酶的抗病效果。

（六）抗马铃薯纺锤块茎类病毒基因工程 杨希财等（1996）将特异切割马铃薯纺锤块茎类病毒（PSTVd）负链和正链RNA的核酶双体基因构建于植物表达载体pROK2中35S启动子下游，通过根癌农杆菌介导转化马铃薯品种Desiree块茎圆片，获表达核酶的转基因马铃薯。抗病性试验表明，用切割马铃薯纺锤块茎类病毒负链RNA的双体核酶转化的34株转基因马铃薯，接种马铃薯纺锤块茎类病毒后1个月，有23株检测不到完整的马铃薯纺锤块茎类病毒RNA，11株马铃薯纺锤块茎类病毒RNA明显低于对照未转基因植株，表达核酶的马铃薯生长正常。用聚合酶链式反应扩增法和Northern blot杂交能检出转基因植株中核酶表达产物。表达切割马铃薯纺锤块茎类病毒正链的核酶双体基因的6个转基因马铃薯植株中有2株未检出马铃薯纺锤块茎类病毒。未转基因的Desiree植株，接种马铃薯纺锤块茎类病毒后，均含有较高浓度的马铃薯纺锤块茎类病毒。为验证核酶在转基因马铃薯中抑制马铃薯纺锤块茎类病毒复制的效果，用点突变和聚合酶链式反应方法将核酶保守序列中CUGA改为CUUA，构建成核酶突变体基因，依同法转化马铃薯，接种马铃薯纺锤块茎类病毒后分析其抗病性。结果表明，在转基因马铃薯中有核酶突变体的表达产物，但不能抑制其中马铃薯纺锤块茎类病毒复制。进一步证实了在体内核酶抑制马铃薯纺锤块茎类病毒复制的作用。这是在国内外首次利用核酶控制马铃薯纺锤块茎类病毒获得成功的例子。

为确定抗马铃薯纺锤块茎类病毒转基因马铃薯植株中核酸在细胞内的表达部位，刘灿辉等（1998）将抗马铃薯纺锤块茎类病毒的转基因马铃薯根尖组织进行切片，用35S标记的核酶cDNA探针进行原位杂交，通过检测35S标记的杂交体确定核酶转录产物在细胞中的分布。结果表明，核酶转录产物主要分布在转基因马铃薯细胞的细胞核中，从而支持了核酶对核内复制或有核内复制阶段的类病毒和病毒更为有效的论点。截至2016年，全球利用核酶控制马铃薯纺锤块茎类病毒（PSTVd）危害的基因工程马铃薯已有多例（邱彩玲，2016；吕典秋，2005；邓文生，2000）。

（七）抗晚疫病基因工程 Liu等（1994）首次报道了组成型表达烟草Osmotin蛋白的转基因马铃薯植株推迟了晚疫病病斑出现时间。随后Zhu等发现组成型表达马铃薯Osmotin-like蛋白的马铃薯转基因植株能降低*Phytophthora infestans*的侵染频率。1999年，李汝刚等克隆了缺失C端信号肽序列（引导蛋白在细胞液泡内定位）、保留N端信号肽序列（引导蛋白分泌至胞外）的Osmotin蛋白基因，并证明Osmotin蛋白基因胞外分泌能够赋予转基因植株叶片抗晚疫病的能力。G. Wu等报道，葡萄糖氧化酶（GO）基因在转基因马铃薯中表达，过氧化氢（H_2O_2）水平升高，降低了晚疫病菌对马铃薯的侵染速度。甄伟和张立平等分别将葡萄糖氧化酶基因导入栽培品种台湾红皮、大西洋（Atlantic）和夏坡地（Shepody）中，均获得对晚疫病具有明显抗性的株系。周思军等将菜豆几丁质酶基因导入马铃薯栽培品种鲁引1号和鲁引4号中亦获得成功。Ali等将*Arabidopsis thaumatin*-like protein 1基因（*ATLP1*）导入马铃薯栽培品种底西瑞（Desiree中），证明组成型表达*ATLP1*的马铃薯对晚疫病具有一定抗性。用*avrD*和*elicitin*基因分别转化的转无毒基因马铃薯植株都具有较明显的对晚疫病菌侵染的抗性，大部分转基因植株不表现感病症状，对照植株（未转化）则表现明显的感病症状（彭昕琴，2007）。李璐（2017）报道，*StNTP*基因超量表达能增强马铃薯晚疫病抗性。

（八）抗青枯病基因工程　贾士荣等（1998）利用人工合成抗菌肽基因，通过转基因技术获得了转基因植株，对青枯病表现中抗。Yuan等（1998）首次从普通栽培种的近缘种富利佳栽培种的杂种后代材料中发现并分离纯化了一种抗青枯菌蛋白（命名API）。冯洁等（1999）进一步研究获得了抗青枯菌蛋白的编码基因。该蛋白在感病品种中不存在，在抗病材料中呈组成型表达。后来，梁成罡等（2002）构建了抗青枯菌蛋白编码基因的植物高效表达载体，通过农杆菌介导法将其转入马铃薯感病品种，并获得了转基因植株，表现发病延迟，病情指数降低。抗青枯菌蛋白是从抗病马铃薯品种中分离到的一种抗菌蛋白，不同于研究较多的一些外源抗菌蛋白，因而在转基因植株的遗传稳定性上和环境安全性上都会有一定的优势，而且该蛋白在抗病品种中呈组成型表达，具有一定程度的专化性。蒋敏华等（2007）和黄先群通过农杆菌介导将过敏反应促进蛋白基因*hrap*导入四倍体马铃薯栽培种中，获得了抗青枯病的单株。

（九）分子标记辅助选择在马铃薯抗病育种中的应用　运用分子标记技术已将马铃薯抗晚疫病的垂直抗性基因R_1、R_2、R_3、R_6、R_7、R_{11}、R_{12}、R_{13}定位在相应的染色体上，也获得了多种数量性状基因位点（QTL）的分子标记。已构建了马铃薯高密度的遗传图谱（Tanksley等，1992）。马铃薯的扩增片段长度多态性（AFLP）标记图谱亦有了很大发展，已有700多个标记。Rouppe等（1998）报道了覆盖整个马铃薯基因组的扩增片段长度多态性标记联机目录，可以从网上查找有关信息。一些数量性状基因位点已被定位在相应的染色体上，数量性状基因位点图位分析结果表明，影响叶片晚疫病水平抗性的位点遍布于马铃薯全部12条染色体，与水平抗性多基因控制特性相一致（Meyer等，1998；Collins等，1999；Sandbrink等，2000；Ghislain等，2001）。徐建飞等（2009）以含有晚疫病抗性基因R_{11}的材料MaR11和不含已知抗性基因的品种卡它丁（Katahdin）为亲本进行有性杂交，对获得的F_1代分离群体的83个基因型进行晚疫病菌株接种鉴定和遗传分析。结果发现R_{11}为主效单基因，在MaR11中以单式形式（R11r11r11r11）存在。R_{11}位于11号染色体长臂末端最近的标记C2-At5g59960约为2.4 cM，比已经克隆的晚疫病抗性基因R_{3a}和R_{10}更接近染色体末端区。利用这些与数量性状位点（QTL）或基因紧密连锁的标记，可对大量的实生苗进行辅助选择和评价。

第六节　马铃薯育种田间试验技术

一、马铃薯的杂交技术

马铃薯为自花授粉作物，天然异交率很低，一般不超过0.5%。马铃薯的花蕾形成、开花及受精结实对气候条件很敏感，喜冷凉、空气湿度大的气候条件，适宜的温度为18～20℃，适宜的空气相对湿度为80%左右。为此，在出苗后苗高20 cm左右，宜采用小水勤灌等保蕾、保花的措施。

当杂交亲本的第1朵花开放时，即将植株上部（自花顶部算起约30 cm左右）截下，插入盛水的玻璃瓶中置于温室内，夜间气温保持15～16℃，白天气温保持20～22℃。在瓶内的水中加入硝酸银或高锰酸钾以防止细菌的滋生。待插枝开花后，自父本株收集花粉进行杂交。采用这种杂交方法较一般在田间进行杂交的结实率可提高5～10倍，并且授粉工作不受气候条件的限制。

进行杂交时，每组合的杂交种子量应在3 000～4 000粒或以上。因为在马铃薯杂交育种程序中，只有在实生苗当代发生性状分离，以后利用入选单株实生苗块茎进行无性繁殖、鉴定。换言之，在第1年的实生苗选种圃内应该有相当于其他利用种子繁殖的自交作物（例如小麦、番茄等）的4～5年选种圃的育种材料的群体。因此在理论上，每组合的实生种子应越多越好。根据国内外多年育种工作的实践经验，从实生苗中育成一个优良品种的概率约为万分之一；如利用野生种进行种间回交育种，则概率更小，约十万分之一。因此每年进行有性杂交的组合宁少一些，而每组合收得的种子量要多一些。

二、马铃薯杂交育种程序

（一）实生苗选种圃 由于马铃薯纺锤块茎类病毒（PSTVd）和安第斯马铃薯潜隐病毒（APLV）可借实生种子传播，选用杂交亲本必须利用脱毒种薯并经往返聚丙烯酰胺凝胶电泳（R-PAGE）筛选未感染马铃薯纺锤块茎类病毒和安第斯马铃薯潜隐病毒（安第斯潜隐病毒存在于安第斯山区，在我国未发现）的块茎，确保获得无病毒的杂交种子。将杂种实生苗种植在有防蚜网的温室内，进行人工鉴定，选择优良无病毒的实生苗单株块茎。

（二）第1年无性系选种圃 自入选的每个实生苗单株块茎中，取2～3个块茎在田间种植成一个无性系，编号与继续种在防蚜网室的无病毒块茎系号一致。在田间条件下，于生长发育期进行抗病性、薯形等经济性状的鉴定和块茎产量的初步观察。根据田间鉴定结果淘汰劣系，并据淘汰结果同时淘汰网室内编号相同的无病毒材料。根据田间鉴定结果，入选率为10%左右。

在经田间鉴定入选的无性系块茎中，每系收获10个块茎以备下一年播种鉴定。同时，在网室无病毒的条件下繁殖经田间鉴定入选的无性系的无病毒块茎。

无性系第一代块茎产量与第二代的产量及淀粉含量等有密切相关性（表26-9）。因此第一代无性系的产量和淀粉含量等经济性状可以作为选择的根据。

表26-9 第一代无性系与第二代无性系主要性状的相关性

性状	相关系数	供试验品系数
成熟期	0.83	245
淀粉含量	0.71	244
单株块茎数量	0.54	245
单株产量	0.55	245

（三）第2年无性系选种圃 第2年无性系选种圃种植自第1年无性系入选的品系，按成熟期分早熟及中晚熟两个场圃进行鉴定。每品系种植10株，单行区，主要鉴定对病害的田间抗性及进行一般的生长发育调查。入选的无性系每系收获60～80个块茎供下年试验。同时，根据入选结果，在网室内繁殖入选无性系的无病毒块茎或利用茎切割加速繁殖优异的无性系。

（四）品系比较预备试验 品系比较预备试验种植自上年入选的无性系，双行区，每行30～40株。每隔4区设1个对照，即逢“0”和“5”设1个对照。主要根据田间生长发育调查、对病害的田间抗性、块茎产量、淀粉含量、蛋白质含量等决选优良无性系。

于防虫网室内利用茎切割技术加速繁殖入选品系的无病毒种薯，供异地鉴定和品系比较试验用。

（五）品系比较试验 品系比较试验种植自品系比较预备试验入选的品系，5行区，每行20株，重复4次。田间设计为对比法或简单随机区组。生长发育期及收获后调查项目比品系比较预备试验相同。进行品系比较试验所采用的对照品种必须用经茎尖培养脱除病毒的种薯。对入选品系采用人工接种鉴定对病毒的抗性。在网室内加速繁殖入选无性系，供区域试验和生产试验用种薯。

（六）区域试验和生产试验 区域试验至少要连续进行2年，田间设计与品系比较试验相同。在区域试验的基础上进行生产试验，每品种的播种面积应加大至667～1 334 m^2。采取适于当地栽培条件的密度和栽培方法，加设对照品种进行比较。

第七节 马铃薯种薯生产技术

马铃薯种薯生产是同良种繁育工作紧密相连的，其工作内容除与其他作物一样（例如防止良种机械混杂、生物学混杂、保持原种纯度）外，更重要的是防止或减少马铃薯病毒的侵染，生产无病毒种薯，淘汰病株、病薯，维持原种的丰产性能。马铃薯一旦感染病毒，由于系统侵染，经种薯连续传病，优良品种的病毒原种经数年即可完全感病，使产量严重下降。

为保护育种者的知识产权、防止品种混杂退化、保持品种原有种性，目前全国各作物正在推行由育种家种子、原原种、原种和良种 4 个环节组成的四级种子生产程序。马铃薯的种薯生产，以往采用原原种、原种和良种三级程序，其四级种薯生产程序尚待制定并实施。此处三级种与四级种的名词部分相同但含义是不等同的，大致三级种的原原种与四级种的育种家种子有点相近，两者的原种及良种也有点相近。下文介绍原原种、原种和良种三级马铃薯种薯生产程序，待四级种薯生产程序制定后再补充。

一、茎尖组织培养生产脱毒薯

借助往返聚丙烯酰胺凝胶电泳法（R-PAGE）筛选未感染马铃薯纺锤块茎类病毒（PSTVd）的茎尖端，并脱除其他病毒，例如马铃薯 X 病毒、马铃薯 Y 病毒、马铃薯 A 病毒、马铃薯卷叶病毒等。同时采用酶联免疫吸附测定法鉴定，选用无病毒的植株进行大量繁殖生产原原种。其整个过程包括以下各阶段。

（一）培养器内生产无病毒微型薯

①将马铃薯植株的顶芽或侧芽浸泡在 1%次氯酸钠溶液中消毒 10 min 后，用无菌水漂洗几次，在解剖镜下切取带有 1～2 个叶原基的生长点，培养在培养基 1（表 26-10）中诱发苗体。若以繁殖生产原原种为目的，必须考虑尽量减少突变体的发生。利用压条法由腋芽长成的苗体突变率低于其他方法（例如叶芽、单节切段等）。

②苗体长至约 4 cm 高时，采用压条方式将苗体置于诱发腋芽及顶芽生长的培养基（培养基 2）（表 26-10）中，可再生长出 3～4 个新植物体。此种压条繁殖工作，约 3 周可重复 1 次，所以由 1 株苗体 1 年可繁殖 1.0×10^7 个以上苗体。

③大量繁殖后的苗体，用剪刀由基部剪断后，整丛移置于液体培养基（培养基 3，见表 26-10）中，使下半部浸于培养液中吸收养分，上半部露出液面。按照马铃薯长块茎时所需的自然条件，给予 21～23 ℃低温、较低的光照度（1 000～1 500 lx）、16 h 光照等培养环境。1 个月后，即可在露出液面的部分陆续形成小块茎——微型薯。

④利用酶联免疫吸附测定法进行器内苗体病毒鉴定，根据鉴定结果将无病毒的植株进行大量繁殖，作为生产无病毒小薯的来源。

（二）无病毒小薯的生产

1. 利用培养器内生产的无病毒微型薯直接生产小薯 培养器内生产的小块茎，采收并打破休眠期后，播于钵内，约 1 个月可萌芽长成正常的马铃薯植株。在防虫温室或网室内合理密植的微型薯经 2～3 个月的时间就可获得直径 1～3 cm 的无病毒小薯。

2. 扦插繁殖生产无病毒小薯 在室温 15～20 ℃，具有防蚜虫等传毒昆虫设施的网室或玻璃温室内，采用经检测确实无病毒的脱毒苗的叶芽或茎段进行扦插，快速繁殖生产无病毒小薯，其效率也很高。

3. 利用气雾法生产无病毒小薯 这种方法要求条件较高，需要一定的资金和设备，并且要求水电的可靠保障，是较现代化的工厂化生产脱毒小薯的方法。其优点是节省脱毒苗，直观性强，可直接观察到植株生长和结薯状况；人工调控能力强，可人工控制光照、温度和营养液；脱毒小薯大小可控，可分期采收；可周年生产，一般一年可生产 3 批，平均单株结小薯达 80 多粒。我国已有单位采用这种方法工厂化生产脱毒小薯。

（三）脱毒原种和良种的生产 由温室和网室内生产的脱毒小薯称为原原种。以此向原种场供种，由原种场繁殖后向种薯生产基地供种。种薯生产基地生产脱毒良种供生产单位或种植户作生产用种。在脱毒薯连续繁殖过程中，必须始终进行病毒的跟踪检测，结合蚜虫的迁飞测报拔除病株和割秧收获，并注意对疫病的控制，尽力减缓病毒再侵染的速度。同时结合适当的栽培措施来增加原原种及良种的单位面积产量。

（四）我国种薯繁育体系

1. 北方一季作区种薯繁育体系 该区是我国的重要种薯生产基地，其种薯繁育体系一般为 5 年 5 级制（图 26-4）。在实施中，相应采用种薯催芽、合理密植、整薯播种、拔病株、蚜虫测报、及早收获等防止病毒再侵染的措施，同时加强对真菌病害的防治工作。

表 26-10 3 种培养基配方表

培养基 1 马铃薯生长点培养基		培养基 2 马铃薯压条繁殖培养基	
主要元素		主要元素	
1. 硝酸钙 [$Ca(NO_3)_2 \cdot 4H_2O$]	500	1. 氯化钙（$CaCl_2 \cdot 2H_2O$）	440
2. 亚硝酸钾（KNO_2）	125	2. 磷酸二氢钾（KH_2PO_4）	170
3. 硫酸镁（$MgSO_4 \cdot 7H_2O$）	125	3. 亚硝酸钾（KNO_2）	1 900
4. 磷酸二氢钾（KH_2PO_4）	125	4. 硫酸镁（$MgSO_4 \cdot 7H_2O$）	370
5. 氯化钾（KCl）	1 000	5. 硝酸铵（$NH_4NO_3 \cdot H_2O$）	370
6. 硫酸铵 [$(NH_4)_2SO_4$]	1 000	6. 乙二胺四乙酸钠（$Na_2 \cdot EDTA$）	37.3
微量元素		硫酸亚铁（$FeSO_4 \cdot 7H_2O$）	27.8
7. 三氯化铁（$FeCl_3 \cdot 6H_2O$）	1	微量元素	
硫酸锌（$ZnSO_4 \cdot 4H_2O$）	1	7. 氯化钴（$CoCl_2 \cdot 6H_2O$）	0.025
硼酸（H_3BO_4）	1	硫酸铜（$CuSO_4 \cdot 5H_2O$）	0.025
硫酸铜（$CuSO_4 \cdot 5H_2O$）	0.03	硼酸（H_3BO_4）	6.2
硫酸锰（$MnSO_4 \cdot 4H_2O$）	0.1	硫酸锰（$MnSO_4 \cdot 4H_2O$）	22.3
氯化铝（$AlCl_3$）	0.03	钼酸钠（$Na_2MoO_4 \cdot 2H_2O$）	0.25
氯化镍（$NiCl_2 \cdot 6H_2O$）	0.03	硫酸锌（$ZnSO_4 \cdot 4H_2O$）	8.6
碘化钾（KI）	0.01	碘化钾（KI）	0.83
有机成分		有机成分	
8. 肌醇（myoinositol）	100	8. 肌醇（myoinositol）	100
泛酸钙（Ca-pantothenate）	1	维生素 B_1（thiamine HCl）	0.4
烟酸（nicotinic acid）	1	9. α-萘乙酸（α-naphthalene acetic acid）	0.05
维生素 B_6（pyridoxine HCl）	1	苄基腺嘌呤（benzyl adenine）	0.01
维生素 B_1（thiamine HCl）	1	10. 蔗糖（sucrose）	30 g/L
生物素（biotin）	0.01	11. 琼脂（agar）	8 g/L
9. α-萘乙酸（α-naphthalene acetic acid）	0.005	**培养基 3 马铃薯结薯液体培养基**	
10. 蔗糖（sucrose）	20 g/L	1～8. 成分与培养基 2 相同	
11. 琼脂（agar）	8 g/L	苄基腺嘌呤	3 g/L
		蔗糖	80 g/L

注：表中数据除已标明单位的外，其余的单位均为 mg/L。

2. 中原二季作区种薯繁育体系 该区马铃薯一年种二季，春季为主要生产季节，生产种薯供次年春播用。该体系是以生产脱毒小薯原原种为基础，根据有翅桃蚜迁飞规律采用春阳畦（冷床）早种早收防止病毒再侵染措施为依据提出的，如图 26-5 所示。

其他栽培区种薯繁育体系同中原二季作区种薯繁育体系。

（五）我国种薯质量定级标准 我国现行种薯级别分为原原种、原种、一级良种和二级良种。各级种薯的质量要求列于表 26-11、表 26-12 和表 26-13。具体检验方法参见《马铃薯种薯》（GB 18133—2012）。

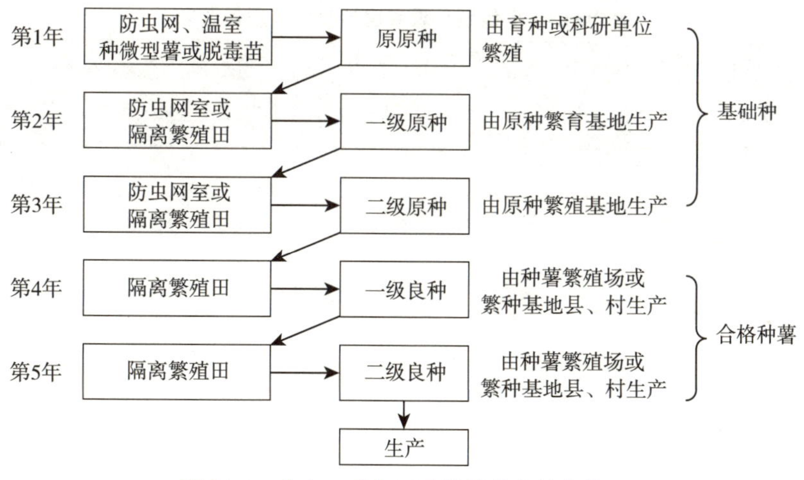

图 26-4　北方一季作区马铃薯种薯繁育体系

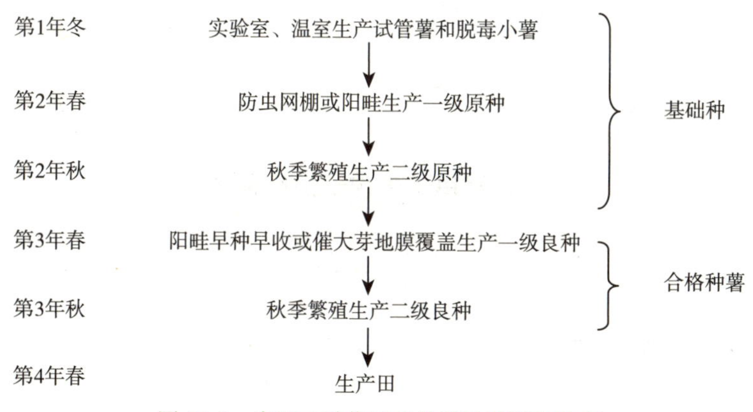

图 26-5　中原二季作区马铃薯种薯繁育体系

表 26-11　各级别种薯田间检查植株质量要求

项目		允许率（%）			
		原原种	原种	一级良种	二级良种
混杂		0	1.0	5.0	5.0
病毒	重花叶	0	0.5	2.0	5.0
	卷叶	0	0.2	2.0	5.0
	总病毒病	0	1.0	5.0	10.0
青枯病		0	0	0.5	1.0
黑胫病		0	0.1	0.5	1.0

注：①允许率表示所检测项目阳性样品占检测样品的百分比；②总病毒病表示所有有病毒病症状的植株。

表 26-12　各级别种薯收获后检测质量要求

项目	允许率（%）			
	原原种	原种	一级良种	二级良种
总病毒病（PVY 和 PLRV）	0	1.0	5.0	10.0
青枯病	0	0	0.5	1.0

表 26-13 各级别种薯库房检查块茎质量要求

项目	允许率（个/100个）	允许率（个/50 kg）		
	原原种	原种	一级良种	二级良种
混杂	0	3	10	10
湿腐病	0	2	4	4
软腐病	0	1	2	2
晚疫病	0	2	3	3
干腐病	0	3	5	5
普通疮痂病	2	10	20	25
黑痣病	0	10	20	25
马铃薯块茎蛾	0	0	0	0
外部缺陷	1	5	10	15
冻伤	0	1	2	2
土壤和杂质	0	1%	2%	2%

注：①普通疮痂病和黑痣病的病斑面积不超过块茎表面积的1/5；②土壤和杂质的允许率按质量比例（%）计算。

二、利用实生种子生产种薯

侵染马铃薯的病毒很少能借实生种子传毒，只有马铃薯纺锤块茎类病毒（PSTVd）和安第斯马铃薯潜隐病毒（APLV）可借部分种子传毒。因此利用健康母株采收的实生种子栽培实生苗，进行单株块茎系选或集团选择方法繁殖供作生产用种薯，具体方法程序如下。

（一）自健康母株采收实生种子 已知马铃薯纺锤块茎类病毒利用茎尖组织培养方法是不能脱除的。只有利用鉴定方法筛选不带病毒的植株或块茎在无病毒条件下繁殖作为采种亲本。如果利用品种间杂交种子生产无病毒种薯，则父本和母本均应是无马铃薯纺锤块茎类病毒和安第斯马铃薯潜隐病毒的。

目前，鉴定有无马铃薯纺锤块茎类病毒的可靠方法是利用往返聚丙烯酰胺凝胶电泳法（R-PAGE）检测。

（二）栽培实生苗的技术和选择方法 实生种子本身虽可除去某些病毒，但在生产条件下，实生苗在生长发育过程中仍会重新感染某些病毒。所以实生苗的种植应在防虫、无病毒传染的温室条件下进行。

在温室种植实生苗的品种类型或杂交组合种类要少（1～2种），而每种数量应多些，在3 000～5 000株或以上。选用无病毒实生薯的方法程序如下。

1. 第1年 于秋季在温室选择优良实生苗块茎。

2. 第2年 春季自温室入选的单株块茎中，每单株取出1个块茎（编号与单株号一致），整薯播种于田间（株行距为60 cm×40 cm），进行病毒病害的田间抗性鉴定，并根据其他综合经济性状（例如薯形、产量等）淘汰劣株。入选块茎全部收获，备作下一年继续进行田间鉴定用种薯。根据编号相应保留温室内的无病株系，繁殖块茎，供继续鉴定用。一般淘汰率为90%，保留60～100份单株系，通过茎插枝技术扩大繁殖。

3. 第3年 春季将在温室内繁殖的单株系块茎和插枝苗，除保留50株在温室内继续繁殖外，全部按单系设小区（150株左右）种植于田间，根据桃蚜迁飞测报，早期割除茎叶留种。

同时，将上年种植于田间而入选的优良单株块茎，按编号播短行（5株），继续鉴定对病毒病害的田间抗性、块茎产量以及其他经济性状。于秋收时根据鉴定结果，约入选10%的单株系（5～10份）。并按入选结果，将采取早收留种的单株系中相应系号的单株系块茎分别储藏保管，供下一年生产原种，其余单株系混合储存作为下一年生产田用种。

根据田间鉴定入选结果，于同年7—8月在温室内加速繁殖入选的5～10个优良单株系的无病毒种薯及茎插扦插苗，每单株系均可繁殖小整薯 1 000 个左右，扦插苗 2 000 株供下年原种田用种薯。其余未入选的单株所繁殖的无病毒种薯作为下一年生产田用种薯。

4. 第 4 年　选择方法同第 2 年。经过田间鉴定决选 1～2 份优良的单株系，并利用温室周年集中加速繁殖无病毒种薯及扦插苗。

同年，利用自上年入选的 5～10 份优良单株系块茎作为原种田种薯，每单株系 0.33 hm^2（5 亩）左右。将混收未入选的块茎作为生产田用种薯。

5. 第 5 年　自本年起，生产田需用的种薯逐年以单株块茎系良种代替混选种薯。根据种薯感病毒病害的程度和退化速度，就地每隔 3 年即可更换 1 次种薯。即，由温室生产无病毒种薯→原种→良种→生产用种。自种植实生苗开始到第 4 年（春秋二季作于第 2 年秋季）即可利用健康种薯作生产用种薯。同时，每年陆续在温室内种植一定数量的实生苗，按上述程序进行选用。这样，便能不断供应生产需要的健康种薯。

第八节　马铃薯育种研究动向和展望

自 20 世纪 30—40 年代开展马铃薯杂交育种工作以来，我国几代科技工作者积极创新、薪火相传、成绩显著。80 年来，先后育成了 180 多个品种，在我国马铃薯生产发展的历史进程中发挥了重要的促进作用。目前，在我国马铃薯的主产区的栽培的品种分为 3 个部分，一是从国外直接引进栽培的品种，例如米拉；二是 20 世纪 50—60 年代育成的品种，例如克新 1 号、克新 4 号、东农 303、呼薯 1 号、郑薯 4 号、高原 5 号、高原 7 号、晋薯 2 号、虎头，这批品种中的少数还在生产上发挥作用，但大部分正在被逐步淘汰；三是进入 21 世纪以来育成的新品种，例如青薯 9 号、中薯 18、中薯 19、陇薯 8 号、陇薯 10 号、云薯 401、丽薯 6 号、湘马铃薯 1 号、紫玉、东农 310、克新 27、龙薯 4 号等。

马铃薯的育种过程比较慢，而且种薯需要经过脱毒才能维持较好的生产性能，因此品种的更新换代比较迟缓，国外也是如此。例如于 1910 年育成的宾杰（Bintje）约占欧洲马铃薯栽培面积的 32%；于 1867 年前育成的麻皮布尔班克（Russet Burbank）约占北美洲栽培面积的 28%；于 1935 年育成的卡它丁（Katahdin）约占美国栽培面积的 22%；虽然这 3 个老品种都不抗病但是都比较耐病。产生这种情况的部分原因是消费者不愿意改变其食用习惯，或由于某些老品种最适于加工食品。例如麻皮布尔班克品种的块茎干物质含量高，薯形呈长椭圆形，芽眼浅而适于加工法式冻炸条，一旦薯条生产企业把某个品种原料的生产工艺确定下来之后，就不易变更加工原料的品种。我国虽然培育了大量的新品种，但在生产上发挥主要作用的还是老品种，例如克新 1 号、费乌瑞它、东农 303 等。

目前，我国正在积极推进马铃薯主粮化，大力发展马铃薯主食产品的加工利用，通过促进马铃薯的加工转化，加强马铃薯产业的可持续发展，保障我国的粮食战略安全。在最近的几年里，中国农业科学院蔬菜花卉研究所的研究团队从全国规模种植的主栽品种中，筛选并公布了我国第一批马铃薯主粮化品种，同时开展主食化产品加工专用型品种的杂交育种，并利用基因编辑育种技术开展块茎褐变等性状的分子改良，取得了一系列创新成果。中国农业科学院农产品加工研究所与全国兄弟单位合作，开展了适合我国国情的主食产品加工技术研究，研发出了含较高比例马铃薯原料的面条、馒头、面包、米线、馕等系列产品，还研发了马铃薯酒、马铃薯醋、马铃薯汁等系列产品。农业农村部食品营养研究所与国家疾病控制中心等单位合作，积极评价马铃薯的营养特性和多种营养功效，提出了马铃薯营养当量新概念，明确了通过马铃薯主粮化来改善国民食品营养状况的战略计划。欧美主产马铃薯的国家正在改变其用途和销售方法，除了用于蒸食、加工淀粉和酒精外，多利用马铃薯加工食品，例如炸片、法式冻炸条、全粉、罐头、快餐食品等。因此对品种品质、块茎薯形等都有不同的要求，例如高干物质含量、低还原糖含量、薯形长圆整齐、块茎芽眼浅等。

利用普通栽培种（*Solanum tuberosum*）、新型栽培种（neo-tuberosum）、安第斯栽培种（*Solanum andigena*）和野生种作亲本进行杂交育种，仍然是选育马铃薯新品种的主要途径。根据近年来在国内外广为利用安第斯栽培种（*Solanum andigena*）作为杂交亲本的育种效应，安第斯栽培种（*Solanum andigena*）将成为今后快速获得高产、抗病、优质新品种的比较理想的原始材料。同时，也可为利用马铃薯杂种实生种子生产种薯的选育工作提供优良的杂交亲本，组配安第斯栽培种（*Solanum andigena*）×普通栽培种（*Solanum tuberosum*）组合，利用其 F_1 代杂种实生种子生产种薯，供生产商品薯利用。不断丰富的亲本资源为马铃薯分解-综合育种法的实施奠定了扎实的基础；尤其是孤雌生殖技术、细胞融合技术、2*n* 配子的桥梁作用等研究手段的逐渐成熟，为充分开发和引进二倍体马铃薯种质资源提供了可能。同时，日益进步的基因编辑技术和转基因工程技术在马铃薯抗病育种上的应用，将为品种改良和种质资源拓宽增添新的途径。随着植物与病原之间相互作用的分子机制逐步被揭示，许多抗病基因的分子标记已经找到，更多的抗病基因将被克隆。因此可以利用分子标记追踪抗病基因在杂交后代中的存在，去除田间鉴定的环境因素和人为干扰，这样必将缩短育种年限，加快育种进程，提高育种效率。相信 21 世纪马铃薯育种工作将会取得突破性进展。

复习思考题

1. 试述我国马铃薯的栽培区划及各区的育种方向和目标。
2. 试述马铃薯对晚疫病和病毒病的抗性遗传特点。
3. 马铃薯晚疫病抗性常出现由于突变而丧失的现象，试根据其抗性遗传特点，提出一个育成广谱抗性品种的方案。
4. 马铃薯种质资源有哪些类型？举例说明各类种质资源的特点及其潜在的育种利用价值。
5. 在育种过程中往往有很多种方法可供选择，现在希望育成一个适合于你所在地区的品种，试提出育种方案，并给出理由。
6. 合子生殖障碍是马铃薯野生种与栽培种之间杂交不亲和的主要原因，现在希望将一个野生种所具有的抗病性基因转移到对该病敏感的栽培种中，试设计相应的试验方案。
7. 马铃薯二倍体野生种与四倍体栽培种间杂交不能结实，Chase 提出了分解育种方案可利用二倍体野生种的优异性状和基因，简述其实施方案并给出你的评价。
8. 2*n* 配子材料在马铃薯育种过程中具有特殊地位，现拟将二倍体种质引入四倍体栽培种中，试制定这项育种方案，并分析其实现的可能性。
9. 现拟利用基因工程技术创造对马铃薯 Y 病毒具有抗性的新种质，试列出各种方法，并比较其特点。
10. 通过杂交技术获得的马铃薯品种占已育成品种的大部分，请举例说明杂交育种的程序和步骤。
11. 试评述马铃薯育种研究的动向和前景。
12. 试述马铃薯脱毒的主要技术。

附　马铃薯主要育种性状的记载方法和标准

一、生育时期的调查

1. 播种期　播种时的日期为播种期，播种时记载。

2. 出苗始期　全区出苗数达 30%的日期为出苗始期，自开始出土后逐日调查。

3. 出苗期　全区出苗数达 75%的日期为出苗期，自出苗始逐日调查。

4. 出苗终期　全区出苗数达 90%的日期为出苗终期，自出苗始逐日调查。

5. 出苗率　于现蕾期调查出苗率，采用下述公式计算。

$$出苗率=(出苗穴数/全区播种穴数)\times 100\%$$

6. 现蕾期　全区现蕾植株达 75%的日期为现蕾期，于现蕾开始逐日调查。

7. 开花始期　全区开花植株达 30%的日期为开花始期，自现蕾期逐日调查。

8. 开花期　全区开花植株达 75%的日期为开花期，自开花始逐日调查。

9. 开花终期　全区开花植株达 90%的日期为开花终期，自开花始逐日调查。

10. 幼苗生长情况　幼苗生长情况分良、中和劣 3 级，现蕾期间调查并记载缺苗原因。

11. 成熟期　全区有 75%以上的植株茎叶变黄枯萎的日期为成熟期，生育后期逐日调查。

12. 收获期　收获时的日期为收获期，收获当日记载。

13. 生育日数　由出苗期到成熟期的总天数为生育日数。

二、收获期调查

14. 实收面积　实际收获面积（缺株换算）为实收面积。

15. 实收产量　实际收获的产量（kg）为实收产量。

16. 单位面积产量　依下述公式计算单位面积产量。

$$单位面积产量\ (kg/hm^2)=[实收产量\ (kg)/实收面积\ (m^2)]\times 10\,000$$

17. 块茎分级　块茎依质量分成4级，一级为大薯，质量在150g以上；二级为中薯，质量为75～150g；三级为小薯，质量为25～75g；四级为屑薯，质量在25g以下。称量或目测。

18. 大中薯率　收获后即行调查大中薯率，依下述公式计算。

$$大中薯率=[(大薯质量+中薯质量)/全区实收产量]/100\%$$

19. 结薯集中性　结薯集中性分集中（匍匐茎长在5cm以下）、中等（匍匐茎长为5～10cm）和分散（匍匐茎长在10cm以上）3类。在收获块茎的当日，从每个试验小区取23～30株，将待测植株块茎挖出，并保持块茎不脱离地下茎，用直尺测量最长的匍匐茎长度，单位为cm，精确到0.1cm。

三、品种（系）性状调查

20. 幼苗颜色　幼苗颜色分成绿色、紫色和褐紫色，包括幼叶和幼茎。

21. 花

(1) 花萼形状　花萼形记载：①全萼形状，分向外扩展和直筒状；②萼尖端形状，分成尖部锐或尖部钝。取新开放的花朵调查，目测记载。

(2) 花萼色　花萼色分成浅绿色、浓绿色和褐色，观察全萼、萼尖端、萼基部、中部等处的颜色。

(3) 花冠形状　花冠形状分成开张（花瓣向外翻）、花瓣尖向内弯曲和重瓣（里、外重瓣）3种，目测记载。

(4) 花冠颜色　花冠颜色分成白色、浅红色、红色、红紫色、紫色、蓝紫色、蓝色和黄色。在植株开花盛期，以试验小区全部植株为观测对象，于5:00—9:00，在正常一致的光照条件下，采用目测法，观测部位为新开放的花朵正面。根据观测结果，与标准色卡上相应代码的颜色进行比对、确定。

(5) 花药色　花药色分成黄色、橙黄色和黄绿色。

(6) 雄蕊形状　雄蕊形状分成圆柱形、圆锥形和不正形。

(7) 子房断面色　子房断面色分成无色和有色。

(8) 柱头形状　柱头形状分成圆形、二裂和三裂。

(9) 花柱长度　花柱长度分成3类：①长，花柱及柱头均露出花药；②中，只柱头露出花药；③短，柱头与花药平齐。

(10) 花柄节上下部两节长度之比　测定花柄节上部与下部两节的长度，并求其比值。

(11) 花序形状　花序形状分成疏散和密集两类。

(12) 单花序花数　单花序花数分成多（10朵以上）、中（6～10朵）和少（6朵以下）3类。

22. 果实

(1) 天然结实性　天然结实性分成强、弱和无。

(2) 种子有无　观察记载结实状况，分成有和无。

(3) 果形　果形分成圆形、卵圆形、三棱形和椭圆形。

(4) 果色　果色分成绿色、浅绿色、紫褐色等。取成熟之果调查果色，综合历年情况分析，目测记载。

(5) 果实大小　果实大小分成大（直径1cm以上）和小（直径1cm以下）两类，用目测或尺量。

(6) 心室数　心室数分成二室和三室，目测横断面记载。

23. 叶

(1) 顶叶形状　顶叶形状记载：①全叶形，分成椭圆形、长形等；②尖端形状，分成钝和锐；③基部形状，分成心脏形、圆形和楔形。用目测记载。

(2) 小叶形状　小叶形状分成长形和圆形、有柄和无柄，目测记载。

(3) 小叶排列　小叶排列分成对生和互生，目测记载。

(4) 全叶形状　全叶形状分成长形和椭圆形，目测记载。

(5) 叶柄长度　叶柄长度分成长、中和短，对群体进行目测并记载。

(6) 叶与茎角度　叶与茎角度分成小于45°、大于45°和大于90°共3类，目测记载。

(7) 叶色　叶色分成浓绿色、绿色和浅绿色，调查叶面及叶背颜色。

(8) 托叶形状　托叶形状分成镰刀形、叶形和中间形，目测记载。

(9) 叶形指数 叶片宽度与长度之比为叶形指数。

24. 茎

(1) 茎横断面形状 茎横断面形状分成三棱形、圆柱形和多棱形，调查植株基部以上10 cm处横断面。

(2) 茎色 茎色分成绿色、紫色、褐色等，调查植株上、中、下各部颜色。

(3) 分枝情况 分枝情况分成多（4个分枝以上）、少（4个分枝以下）、长（为主茎长度的2/3以上）和短（不足20 cm）4种情况。

(4) 茎翼形状 茎翼形状分成直形和波浪形，目测记载。

(5) 茎粗 现蕾期，连续取样20～30株，用卡尺测量最粗的主茎距离地面5～10 cm处的直径，单位为cm，精确到0.1 cm。

25. 株丛

(1) 株丛外形 株丛外形分成强（茎隐藏在叶面下）、中（茎露出叶面外一部分）和弱（茎全部露出叶面外部）3类。其直立性分成直立（与地面约成90°角）和匍匐（与地面成45°角以下）。

(2) 株高 基部至顶部生长点的长度（cm）为株高。

26. 块茎

(1) 块茎形状 块茎形状分成扁圆形、卵圆形、长椭圆形、长筒形等。

(2) 块茎皮色 块茎皮色分成白色、黄色、红色和紫色。

(3) 块茎整齐度 块茎整齐度分成整齐（薯形整齐，大中薯占85%以上）、中（薯形较整齐，大中薯占50%～85%）和不整齐（薯形及大小均不整齐，大中薯率在50%以下）3类。

(4) 次生块茎 次生块茎分成有和无。

(5) 表皮光滑度 表皮光滑度分成3类：①光滑，表皮平滑，无任何裂纹；②粗，表皮粗糙；③网纹，分有和无。

(6) 芽眼色 芽眼色分成无色（与表皮同色）和有色（比表皮色深或浅）。

(7) 芽眼深度 芽眼深度分成3种类型：浅（眼窝下凹0.1 cm以下）、中（眼窝下凹0.1～0.2 cm）和深（眼窝下凹0.2 cm以上）。

四、品质性状测定

品质性状包括：①淀粉含量；②还原糖含量；③维生素C含量；④粗蛋白质含量；⑤氨基酸含量；⑥矿质营养元素含量；⑦龙葵素含量。

（李景华第一版原稿；陈伊里第二版修订；熊兴耀、石瑛第三版修订）

第二十七章　木薯育种

第一节　木薯的生物学特性和生产利用

木薯（Casava，*Manihot esculenta* Crantz）为大戟科（Euphorbiaceae）木薯属（*Manihot*）多年生热带作物。该属有 98 种，木薯为唯一的栽培种。木薯又称为木番薯、树薯，其根部膨大形成富含淀粉的储藏根，与甘薯、马铃薯并列为世界 3 大薯类作物；是热带地区仅次于水稻、甘蔗和玉米的第 4 大农作物；是热带欠发达地区近 6 亿人口膳食性热量的主要来源。木薯具有高产、高淀粉、耐干旱、耐高温、抗贫瘠、耐酸性土壤等特性，其用途广泛，可食用、饲用，也是淀粉加工业和生物质能（酒精）产业重要原材料。

一、木薯生物学特性

木薯多为亚灌木（图 27-1），其根系稀疏，但深生穿透性强，具有长期忍耐干旱的能力；主要有块根（储藏根）和须根两种类型。块根亦称薯，由吸收根分化而来，多呈长圆柱形，表皮褐色，肉质，富含淀粉；一般每株有块根 5～6 条，多的 10 余条。木薯茎秆直立，一般高 2～5 m；主茎有顶端分枝，多数品种分枝；其皮层厚而质软，具乳管，含白色乳汁。木薯叶为单叶互生，呈掌状深裂，裂叶多为 7～9 片；叶片脱落后，茎秆上留有帽状或马蹄状叶痕。木薯花为紫色或红紫色，雌雄同序异花，花序呈圆锥形。木薯果实为褐色蒴果，种子呈肾状。

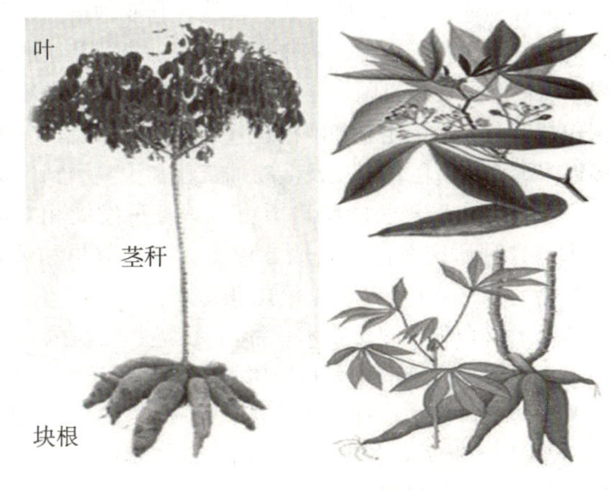

图 27-1　木薯形态

木薯存在花粉育性低、坐果率低、有性子代性状严重分离、种子萌发率低等现象（Ceballos，2010）。生产上多以茎秆扦插的方式进行营养繁殖。木薯生命周期大致分为 4 个阶段：①幼苗期，植后 60 d 以内，此时主要吸收种茎储存的养分，植株生长缓慢，根系生长却异常旺盛。②块根形成期，植后 60～100 d，此时茎叶生长迅速，株高达 1 m 以上，开始第一次分枝，植后 90 d 块根数量和长度基本稳定，块根多为 5～9 条。③块根膨大期，生产上将块根形成期之后到收获前的阶段统称为块根膨大期，其间叶片数量达峰值，后叶片开始脱落，块根膨大变缓直至停止。④成熟期，植后 9～10 个月，此时叶片大部分已脱落，地上部分停止生长，块根停止增粗。

木薯除种子外的组织中均含有低毒的生氰配糖基（GC），其成分为 15%百脉根苷和 85%亚麻苦苷。氰化物主要在叶片上合成，通过筛管组织输送至各个组织器官；其含量因品种和组织部位而异。氰化物的存在，一方面使害虫对木薯产生一定的拒食作用，增强木薯的抗病虫性；另一方面影响木薯的食用性和加工品质，利用前需要进行脱毒处理。

二、木薯的生长习性和生产利用

木薯是典型的热带植物，主要分布于南纬 30°与北纬 30°之间的海拔 2 000 m 以下的热带或亚热带地区。木薯喜高温不耐霜寒，在≥10 ℃的年积温在 6 000 ℃以上且无霜期多于 280 d 的地区才能正常生长。木薯喜阳不耐荫蔽，阳光不足会导致茎叶徒长、叶序稀疏、茎秆细弱、块根细小。木薯耐旱耐贫瘠，在长期干旱无雨且土壤贫瘠的恶劣条件下仍能有较高产量；对降水量有广泛的适应性，年降水量为 600～6 000 mm 均可正常生长，低于500 mm时，其产量、品质和淀粉含量均大幅下降。

木薯用途广泛，其块根淀粉含量达干物质量的75%～90%，可食用、饲用，也可作为淀粉加工业和生物燃料产业原材料，还可深加工为变性淀粉、山梨醇、可降解薄膜、淀粉糖等产品。其叶富含蛋白质、维生素和矿物质，是优质的饲料，也可作为蔬菜食用。茎秆粉碎后可作为食用菌的栽培基质。

木薯是潜在最有效的栽培作物，主要种植于其他作物难以收获的贫瘠土地或干旱少雨的区域，目前世界上鲜薯产量多为6.4～17.0 t/hm^2，在良好的栽培条件下其理论产量可达90 t/hm^2。在土地紧缺的现况下发展生物质能源产业，木薯可真正实现“不与人争粮，不与粮争地争水”，是山地、边际地和干旱地区最适宜栽培的热带经济作物。

第二节　国内外木薯育种研究概况

一、国外木薯育种概况

木薯起源于南美洲亚马孙河流域。早在5 000年前印第安人即开始驯化木薯。16世纪中叶葡萄牙商人将木薯引入非洲刚果，随后传播至非洲东部；伴随着殖民时代的扩张，木薯传入亚洲，目前已在全球100多个国家广泛种植。据统计，2007年全球木薯总种植面积为1.856×10^7 hm^2，鲜薯总产量为2.15×10^8 t；其中非洲种植面积为1.191×10^7 hm^2，鲜薯产量为1.05×10^8 t；亚洲种植面积为3.82×10^6 hm^2，鲜薯产量为7.3×10^7 t；美洲种植面积为2.81×10^6 hm^2，鲜薯产量为3.6×10^7 t（FAO，2009）。非洲木薯种植主要集中在尼日利亚、加纳、刚果等国，尼日利亚种植面积和总产量均居世界第一。亚洲木薯主产国包括泰国、印度尼西亚、印度、中国、柬埔寨和越南，泰国是亚洲最大木薯生产国，也是世界最大木薯出口国。我国是世界木薯产品最大进口国，年进口折合鲜薯量达1.5×10^7 t以上，约占世界木薯贸易总量的70%。美洲主产国包括巴西、哥伦比亚和阿根廷（TTDI，2009）。在非洲，农民小规模种植木薯主要供食用，亚洲和美洲则多以木薯作为青贮饲料以及淀粉加工业和生物酒精产业原料。

相较于木薯漫长的栽培历史，其育种发展相对滞后。1970年以前，除巴西和印度外，绝大多数国家木薯育种研究多停留在地方种质资源的收集和评价上。随后以木薯为重点研究对象的国际热带农业研究中心（CIAT，位于哥伦比亚）和国际热带农业研究所（IITA，位于尼日利亚）相继成立，研究内容涉及木薯育种、栽培技术、种质资源收集保存、生理生化和农业经济等方面；其中，国际热带农业研究中心负责保存全球的木薯种质资源，为拉丁美洲和亚洲提供育种材料；并设立了7个生态型试验基地，对木薯种质资源的适应性、丰产性、抗逆性、抗病性等进行鉴定评价，建立种质资源档案和数据库（李开绵，2001）。此后，各木薯主产国（例如泰国、巴西、印度尼西亚等）先后建立木薯研究机构，木薯育种研究开始步入快速发展阶段。

目前，各木薯主产国及国际科研机构主要通过常规杂交育种途径选育木薯新品种（系），并取得一定进展。例如国际热带农业研究中心向亚洲、非洲、拉丁美洲国家推荐了M. Col 1468、M. Col 22、M. Ven77等高产优质、适应性强的优良品种；巴西育成并推广了BRA900、BRA12等高产品种；法国农业研究开发国际合作中心（CIRAD）选育了H58、H60等半甜高产品种。亚洲各国也育成并推广适宜本地区的新品种，例如泰国有罗勇1、罗勇60、罗勇90、KU50等，印度有H-16、H-226、H-97等，马来西亚有高淀粉品种Sri Kanji 1、Sri Kanji 2以及食用品种Sri Pontian等（李开绵，2001）。2005年在比尔-梅琳达·盖茨等基金会资助下，“Harvest Plus Program”项目联合拉丁美洲及非洲的木薯育种专家，利用传统育种手段提高木薯的营养品质（铁、锌和维生素A的含量）；“BioCassava Plus”项目整合了全球木薯生物技术力量，主要利用基因工程提高木薯的营养品质（蛋白质、铁、锌、维生素A和维生素E的含量）、降低氰化物的含量、延缓采后生理性变质的发生及抗非洲花叶病（Sayre，2011）。此外，印度通过多倍体诱导途径，育成了高产、高干物率的三倍体新品种76/9、2/14、CAM28等。

二、我国木薯育种概况

木薯于1820年由华侨从东南亚引入我国，最早在广东高州一带种植。木薯目前主要分布于广西、海南、广东、云南、福建、江西、湖南等省和自治区。据农业农村部发展南亚热带作物办公室（简称南亚办）资料，2012年我国木薯收获面积为3.754×10^5 hm^2，总产量（薯干）为$3.527\,6\times10^6$ t，总产值为41.50亿元；

其中广西种植面积为全国总面积的70%以上；海南单产最高，达20.60 t/hm²，同期全国平均产量为9.40 t/hm²。木薯在我国已有近200年栽培历史，其育种进展大致可分为以下3个阶段。

（一）第一阶段 第一阶段为20世纪80年代之前，木薯主要供食用和饲用。此阶段为木薯育种起步期，主要收集国内木薯种质资源，选育优质食用型和高产型品种。广东农林试验场最早开展木薯试验研究工作，于1914—1919年进行木薯品种收集和评价，进行宿根、制粉和块根营养成分分析等试验。随后李酉开和黄瑞纶等人于1940—1944年在广西柳州沙塘的广西农事试验场进行地方品种收集和比较工作，并分析氢氰酸分布、含量及清除方法，发表专论《木薯毒素之研究》，为选用低毒木薯品种提供理论依据。1957年，梁光商等人在广东曲江马坝农场试验站收集并评选地方品种。1958—1965年，华南热带作物研究院（中国热带农业科学院前身）的温健等人比较系统地开展木薯选育种工作，在全国范围内调查收集木薯种质资源并进行初步的评价优选，保存和整理了56份木薯种质资源；通过引进驯化、人工杂交和自然杂交途径，选育并推广华南205、东莞红尾等一批高产、早熟、优质木薯品种；并于1965年育成高产、早熟、低氢氰酸品种华南6068。林雄、张伟特等人在深入整理评价木薯种质资源的基础上，将高产的华南205、华南201和华南102（可鲜食）推广到我国南方地区（李开绵，2001）。

（二）第二阶段 第二阶段为20世纪80年代至2000年，木薯主要作为淀粉、饲料、食用酒精等加工业原料。此阶段为木薯育种发展期，主要引进国外木薯种质资源和优良品种，选育高产抗逆木薯良种。中国热带农业科学院率先与国际热带农业研究中心等国际木薯研究机构合作，大量引进国外种质资源并建成国内首个木薯种质圃；林雄、张伟特等人选育出华南124、华南8002、华南8013等高产高淀粉耐寒品种（林雄，1995；李开绵，1991），同时系统收集、保存和整理近120份木薯种质资源。

（三）第三阶段 第三阶段为2000年至今，为木薯育种的快速发展期。随着我国可再生生物能源战略的逐步实施，培育高产、高淀粉、高酒精转化率、耐寒、耐旱、抗病虫害的木薯新品种成为育种目标。在引进国外品种（系）基础上，中国热带农业科学院热带作物品种资源研究所利用海南优越的地理优势，广泛开展杂交育种工作，育成并推广了华南5号、华南6号、华南7号、华南8号、华南9号等高产高淀粉抗逆强的木薯新品种（林雄，2001；李开绵，2002；叶剑秋，2006，2007；黄洁，2006），以及华南10号和华南11等早熟高产优质抗逆的木薯新品种（叶剑秋，2011）。广西亚热带作物研究所、华南植物研究所等单位也先后选育出具有区域特色的桂热891、桂热911（李军，1999）和南植199、南植188等新品种（系）。

在分子育种技术方面，我国构建了较为完整的木薯分子遗传图谱，包括355个简单序列重复（SSR）、表达序列标签-简单序列重复（EST-SSR）、扩增片段长度多态性（AFLP）和相关序列扩增多态性（SRAP）等标记，覆盖18个连锁群，总遗传图距达到1 707.9 cM，单个连锁群平均长度为94.88 cM。建立在基因组学基础上，木薯新型分子标记表达序列标签-简单序列重复、单核苷酸多态性（SNP）的开发将实现规模化，分子标记与功能基因的结合将使得育种利用变得更加高效；首次较系统地对块根产量、块根淀粉率、干物质率、收获指数等重要经济农艺性状进行了数量性状基因位点（QTL）定位，获得多个环境下稳定的主效数量性状基因位点，为分子标记辅助育种奠定了基础。

木薯功能基因组学研究发展迅速。与逆境相关的转录因子CBF的基因（*MeCBF1*和*MeCBF2*）及其启动子、与淀粉合成相关的基因包括*GBSSI*、*SBEI*、*SBEII*及与淀粉磷酸化相关的基因*GWD*得到了克隆并进行了功能验证，可应用于木薯的抗逆境、淀粉品质遗传改良。构建了覆盖2万条表达序列的Agilent Cassava Oligo 4x44K Microarray，并对木薯块根形成及逆境胁迫涉及的基因表达谱学进行了研究，鉴定出一系列关键基因。对木薯苗期发育及胁迫相关miRNA进行了分析和鉴定，发现了多个新的miRNA，为深入研究木薯发育及抗逆提供了可能性。利用高通量测序技术（Roche/454或Solexa），木薯基因组测序工作也接近尾声，为发掘更多的功能基因及其调控提供了条件。

在木薯转基因研究方面，对木薯体细胞胚胎发生、器官发生、胚性悬浮培养的建立及遗传转化方法上开展了一系列的基础性研究工作。开展了全球首次转基因木薯田间试验，证明了利用叶片衰老诱导表达异戊烯基转移酶（isopentyl transferase，IPT）可自我调节转基因植株叶片中细胞分裂素的含量，延长叶片寿命。利用小分子RNA干扰技术抑制相关淀粉合成基因的表达，得到一系列直链淀粉与支链淀粉含量比例发生变化的木薯新品系，为改变木薯淀粉品质提供了全新的思路。利用T-DNA插入突变和化学物理诱变技术构建木薯突变体库，构建未来木薯功能基因发掘的重要资源与工具（李开绵，2009）。随着我国对木薯产业的日渐重视和国际交流合作的逐渐深化，我国木薯育种将踏入世界先进行列（刘康德，2006）。

第三节　木薯育种目标和主要性状的遗传

一、木薯育种目标

（一）木薯主产区的育种目标　根据木薯的生长习性，结合我国地理气候状态，初步形成琼西-粤西、桂南-桂东-粤中、桂西-滇南、粤东-闽西南共 4 个木薯种植优势区。各种植区育种目标如下（黄洁，2008）。

1. 琼西-粤西优势区　本区包括海南的儋州、白沙、琼中、屯昌、澄迈、临高、乐东和定安，广东的湛江、茂名和阳江。本区年平均温度为 21.5～24.5℃，≥10℃的年积温为 7 800～8 800℃，全年基本无霜，木薯生长期达 11 个月以上。气候条件优越，热量充足，光照强，冬春气温高，雨水丰富，土壤条件好，大多为低矮丘陵，易成片开发，是最适宜的优势区之一。但有些年份会出现春旱和受强台风影响，其育种目标为高产、抗旱、抗风。

2. 桂南-桂东-粤中优势区　本区包括广西的南宁、崇左、防城、钦州、北海、玉林、梧州和贵港，广东的肇庆、清远和江门，湖南的永州；年平均温度为 21.0～23.0℃，≥10℃年积温为 6 800～7 800℃，无霜期达 350 d 以上，木薯生长期为 10 个月以上。本区气候条件优越，热量和光照充足，雨水丰富，不受台风影响。桂南多为低矮丘陵土壤；桂东荒地多，部分地区较贫瘠，北部地区易受寒害；粤中多为丘陵，部分地区土壤贫瘠。根据气候及土壤肥力布局，桂南着重高产、高淀粉木薯品种，桂东和粤中着重耐瘠、抗寒、高产、高淀粉木薯品种。

3. 桂西-滇南优势区　本区包括广西的百色和河池，云南的文山、红河、普洱、西双版纳、临沧和保山；年平均温度为 21.0～22.5℃，≥10℃的年积温为 6 500～8 000℃，无霜期 300 d 以上，木薯生长期为 9 个月以上。本区热量充足，光照好，雨水丰富，不受台风影响，部分靠北地区易受寒害；主要推广高产、高淀粉木薯品种，靠北地区推广抗寒、早熟品种。

4. 粤东-闽西南优势区　本区包括广东的梅州和河源，福建的三明、龙岩和南平。本区年平均温度为 19.0～21.5℃，≥10℃的年积温为 6 000～7 200℃，无霜期为 280 d 以上，木薯生长期 9 个月以上。本区热量和光照比较充足，雨水丰富，少受台风影响，部分靠北地区易受寒害；着重推广耐瘠、抗寒、早熟的高产、高淀粉木薯品种。

（二）专用型品种的育种目标　"十三五"期间，在国家政策引导和市场驱动调节下，我国木薯产业将围绕"能源化、食用化、特用化、效益化、国际化"的目标进行，全面综合开发利用木薯种质资源以满足多元化市场的需求。因此我国木薯品种选育已从追求高产、高淀粉含量、低氢氰酸含量等向专用型品种侧重（严华兵，2015）。主要包括以下几个方面。

1. 高产高淀粉抗逆品种　我国生产上高产、稳产木薯品种相对缺乏，平均产量偏低，选育高产、高淀粉、适应性广、抗逆性强（尤其是耐寒和抗干旱）的木薯品种是当前我国主要的木薯育种目标，既可增加单产，也可有效增加木薯种植面积，扩大木薯种植区。

2. 能源利用专用品种　木薯作为我国主要非粮生物质原料之一，通过改变木薯淀粉结构或直链淀粉与支链淀粉比例，提高木薯淀粉转化酒精的效率；或选育小颗粒淀粉品种，开发新型淀粉品种，拓展木薯产业增值空间。

3. 食品开发专用品种　木薯是世界近 6 亿人民的口粮，国际上木薯食用产品丰富，木薯食品化利用可为解决我国粮食安全问题提供有益补充，木薯生产几乎不施用农药，可定义为绿色安全食品，因此选育和开发食用木薯品种前景广阔。

4. 饲料专用品种　我国饲料粮严重短缺，进口依存度高。木薯根、茎和叶均可作饲料开发利用，可替代玉米等饲料解决部分饲料问题，选育叶片蛋白质含量高、耐刈割和块根品质好的饲料专用品种是今后发展趋势。

5. 早熟品种　我国大多数木薯品种为中晚熟，植后 8 个月以上才能收获，若能选育出植后 6 个月便能收获的早熟品种，可大大提高土地利用率，增加单位面积产值，对我国木薯北移种植也将具有重要的意义。此外，早熟品种还可间接延长淀粉加工企业加工期，增加企业收益。

二、木薯主要性状的遗传

（一）木薯品质性状

1. 淀粉含量 木薯块根中淀粉占干物质的75%～90%，淀粉含量提高1%，可使原料成本降低3.5%；淀粉含量是衡量木薯加工经济效益的重要指标。李杰（2006）用复合区间作图法进行数量性状基因位点扫描，检测并定位包括木薯淀粉含量、块根产量、收获指数、分枝习性、叶片持绿率等性状相关的数量性状基因位点72个，其中淀粉含量相关12个，6个为主效数量性状基因位点；块根产量相关35个，15个为主效数量性状基因位点；收获指数相关23个，6个为主效数量性状基因位点。Saithong等（2013）构建了木薯不同发育阶段淀粉合成基因变化的图谱，为进一步提高块根淀粉含量提供了理论依据。

2. 干物质含量 木薯块根干物质占鲜物质量的30%～40%。邹积鑫（2005）采用600对简单序列重复引物，对木薯干物质含量相关基因进行数量性状基因位点标记，发现NS169和SSR141两个简单序列重复标记与干物质含量高度关联，决定系数分别达到20.01%和21.42%，可用于木薯高干物质含量的分子标记辅助育种。

3. 氰化物含量 除种子外，木薯各组织中均含有低毒的氢氰酸，氰化物含量高低直接影响加工品质，同时决定品种能否鲜食。通常块根中氢氰酸含量低于0.005%者为低含量，可鲜食；介于0.005%～0.010%者为中等含量，大于0.01%者为高含量，均为工业用类型。Siritunga等（2003）通过转基因途径，抑制细胞色素P_{450}家族的*CYP79 D1/2*基因在木薯中表达，块根中氰化物含量大幅下降。Abhary等（2011）在通过转基因途径提高木薯块根蛋白质的试验中，不仅提高蛋白质含量，氰化物含量也降低近55%。

（二）木薯抗性性状

1. 抗病性 木薯褐斑病（brown leaf spot）是由尾孢状叶斑病菌（*Cercosporidium henningsii*）侵染导致的叶部病害，在多雨潮湿季节易暴发。感病时叶片迅速脱落，块根产量下降达10%～30%。王萍等（2006）以抗褐斑病的文昌红心和中度感病的华南6号杂交F_1代分离群体为材料，利用简单序列重复分子标记技术，检测获得15个褐斑病抗性相关的数量性状基因位点，其中6个数量性状基因位点与简单序列重复标记紧密连锁。

木薯细菌性枯萎病（cassava bacterial blight，CBB）是由地毯黄单胞菌木薯萎蔫致病变种（*Xanthomonas axonopodis* pv. *manihotis*）浸染所致。感病初期植株叶片、茎秆上均呈暗绿色、水渍状病斑；后期叶片干枯凋落，枝条萎蔫。Jorge等（2000）以TMS30572和CMZ2177-2杂交F_1代为遗传连锁作图群体测定木薯细菌性枯萎病抗性；通过分析将8个数量性状基因位点定位于CMZ2177-2的B、D、L、N、X连锁群上，4个数量性状基因位点定位于TMS30572的G和C连锁群上。

木薯花叶病（cassava mosaic disease，CMD）是由非洲木薯花叶病毒（*African cassava mosaic virus*）感染所致。感病植株出现矮化、叶片畸形、叶片主脉或侧脉两侧褪绿，形成黄绿色与深绿色相间的花叶症状；结薯少而小。Lokko等（2005）以抗非洲木薯花叶病毒的尼日利亚木薯品种TME7和感病品种TMS30555为亲本，利用分离群体分组分析（BSA）法建立杂交F_1代抗感基因池，从186对简单序列重复引物中筛选到SSRY28-180和SSRY106-207两个与抗非洲木薯花叶病毒基因连锁的标记。Akano等（2002）利用BSA法，对来自尼日利亚的木薯家系进行研究，探测出与抗非洲木薯花叶病毒基因连锁的简单序列重复标记SSRY28，已广泛用于非洲和南美洲木薯抗非洲木薯花叶病毒的分子标记辅助选择育种。

2. 抗旱 叶片气孔的快速关闭、叶的灵活脱落和根的深札（可深入土壤2.6m）使木薯能忍受长达4～6个月的干旱期。Okogbenin等（2003）的研究表明，干旱胁迫应答由显性基因控制。

3. 抗寒 抗寒性是木薯保产和北移的关键。Xu等（2014）将*Cu/Zn SOD*和*APX*共表达载体转化木薯品种TMS60444，转化株系超氧化物歧化酶（SOD）和抗坏血酸过氧化物酶（APX）活性较对照均不同程度提高，清除活性氧能力亦增强，抗寒性有一定程度提高。

4. 抗风 木薯地上部分折断后，其块根迅速腐烂，极易导致减产。抗风性是海南、广东、广西等沿海地带木薯品种选育的重要指标。叶剑秋等（2011）选育的抗风品种华南10号，经过12级台风后，其断倒率仅为4.4%，而同期对照品种华南205断倒率为19.6%。

第四节 木薯种质资源研究和应用

一、国内外木薯种质资源的收集和保存

前文已述，木薯（*Manihot esculenta* Crantz）为大戟科木薯属植物，该属共有98种，木薯为唯一的栽培种。通过形态学、遗传学和生态学的研究，普遍认为*Manihot esculenta* subsp. *flabellifolia* 和*Manihot esculenta* subsp. *peruviana* 为栽培木薯的两个亚种，而*Manihot pruinosa* 为亲缘关系最近的野生种。木薯起源中心为巴西亚马孙盆地南缘的Mato Grosso和Rondônia地区。长期的自然演化和广泛的种间杂交形成了生态适应性各异、数量庞大的新种质或无性系。

木薯属植物种质资源丰富，其茎高从无茎灌木到10～12 m高的大树均有，大部分有块根，部分块根含有淀粉。自1973年以来，国际热带农业研究中心已从亚洲、非洲和拉丁美洲的23个热带亚热带国家收集木薯栽培品种（系）5 500份、野生种34个，其中80%来自南美洲的巴西、哥伦比亚、秘鲁、委内瑞拉等国家。迄今，全球收集和保存的木薯种质（包括野生种）大约25 000份，通过外部形态、同工酶和DNA指纹分析，确定其中的630份为核心种质；主要以离体培养、种质圃、种子、原生境或农场等形式保存在巴西、哥伦比亚、尼日利亚、印度、泰国等40多个国家和组织，其中国际热带农业研究中心收集保存4 000多份，巴西国家农业研究集团收集保存4 000多份，中国热带农业科学院（CATAS）热带作物品种资源研究所收集保存3 000多份。各国以种质圃形式保存的木薯种质数目如表27-1所示。

表27-1 全球木薯种质圃收集保存的资源数量

（引自王文泉等，2008）

国家或地区	居群数量	保存机构/计划	国家或地区	居群数量	保存机构/计划
南美洲			肯尼亚	250	RTCP
哥伦比亚	4 695	CIAT	莫桑比克	81	INIA
巴西	4 132	CNPMF/CENARGEN	赞比亚	96	
巴拉圭	360	IAN	卢旺达	280	
厄瓜多尔	101	INIAP	津巴布韦	6	
阿根廷	177	INTA	南非	100	
玻利维亚	18	IIA	**中西非**		
中美洲			贝宁	340	SRCV
哥斯达黎加	154	CATIE	喀麦隆	250	
墨西哥	225	INIFAP	加蓬	42	
巴拿马	50	IIA	加纳	2 000	PGRC/CRI
尼加拉瓜	37	UNA	布基纳法索	14	
古巴	495	INIVIT	尼日利亚	3 296	NRCRI/IITA
多米尼加	46		塞内加尔	57	
东南非			塞拉利昂	134	
安哥拉	13		多哥	734	
博茨瓦纳	11		刚果民主共和国	250	
坦桑尼亚	254	RTCP	**亚洲太平洋地区**		
马拉维	170	RTCP	中国	3 086	CATAS
乌干达	413	RTCP	印度	1 528	CICRI/ARI

（续）

国家或地区	居群数量	保存机构/计划	国家或地区	居群数量	保存机构/计划
印度尼西亚	251	CRIFC	菲律宾	112	PRCRTC/IPB
以色列	5	以色列国家农作物种质库	斯里兰卡	250	CARI/PGRC
马来西亚	92	MARDI	泰国	36	RFCRC
巴基斯坦	384	植物引种中心			

我国木薯地方种质资源相对贫乏，可收集的地方品种不足 20 个。从 20 世纪 60 年代即开展木薯种质资源收集和保存工作；80 年代后，中国热带农业科学院、广西亚热带作物研究所、广东农业科学院旱粮作物研究所等科研机构相继与国际热带农业研究中心、泰国罗勇大田作物研究中心等机构合作，大量引进国外木薯种质资源，累计引进实生杂交种 20 万多粒，直接引进的无性良种包括泰国的罗勇 1 号、罗勇 5 号、罗勇 7 号、罗勇 9 号、罗勇 60、罗勇 72、罗勇 90、KU50 和惠风 60，越南的 KM98-1、KM98-5、KM973-1 和 KM140，巴西的 BAR900，委内瑞拉的 Querepa、Morada 和 Caribe，斐济的 New Guinea，南美洲的南植 199，印度尼西亚的野生树薯和缅甸的花叶木薯等（李军等，2009）。目前我国收集和保存的木薯核心种质有 535 份，占世界木薯核心种质的 80%以上，创新培育育种中间材料有 5 000 多份，主要保存在中国热带农业科学院热带农作物品种资源研究所和广西亚热带作物研究所。

二、我国木薯种质资源的研究利用

在大量引进国外种质资源的基础上，我国木薯研究人员根据我国地域特征，选育出一批高产、高淀粉和抗逆性强的新品种（系）。例如高产的有华南 5 号和华南 7 号，高淀粉抗风的有华南 6 号和华南 8 号，抗寒的有华南 124，高支链淀粉的有华南 10 号，早熟鲜食的有华南 9 号，耐储存的有 GR911，抗旱的有桂热 3 号、桂热 4 号等（表 27-2）。与第一代主栽品种华南 205 相比，平均鲜薯单产提高 30%以上，块根干物率和淀粉率平均提高 2%以上，达到国际先进水平。

表 27-2 我国育成的主要木薯品种

（引自严华兵等，2015）

品种	选育单位	选育途径	用途
华南 5 号	中国热带农业科学院热带作物品种资源研究所	杂交与实生种选育	饲用、工业用
华南 6 号	中国热带农业科学院热带作物品种资源研究所	实生种选育	饲用、工业用
华南 7 号	中国热带农业科学院热带作物品种资源研究所	实生种选育	饲用、工业用
华南 8 号	中国热带农业科学院热带作物品种资源研究所	实生种选育	饲用、工业用
华南 9 号	中国热带农业科学院热带作物品种资源研究所	系统选育	食用
华南 10 号	中国热带农业科学院热带作物品种资源研究所	杂交与实生种选育	饲用、工业用
华南 11	中国热带农业科学院热带作物品种资源研究所	杂交与实生种选育	饲用、工业用
华南 12	中国热带农业科学院热带作物品种资源研究所	杂交与实生种选育	食用、饲用、工业用
华南 8013	中国热带农业科学院热带作物品种资源研究所	杂交与实生种选育	饲用、工业用
华南 8002	中国热带农业科学院热带作物品种资源研究所	实生种选育	饲用、工业用
华南 124	中国热带农业科学院热带作物品种资源研究所	实生种选育	食用、饲用、工业用
华南 205	中国热带农业科学院热带作物品种资源研究所	资源引进与系统选育	饲用、工业用
华南 6068	中国热带农业科学院热带作物品种资源研究所	实生种选育	食用、饲用、工业用
面包木薯	中国热带农业科学院热带作物品种资源研究所	资源引进与系统选育	食用、饲用、工业用

（续）

品种	选育单位	选育途径	用途
华南 102	中国热带农业科学院热带作物品种资源研究所	资源引进与系统选育	食用、饲用、工业用
华南 201	中国热带农业科学院热带作物品种资源研究所	资源引进与系统选育	饲用、工业用
GR891	广西亚热带作物研究所	资源引进与系统选育	食用、饲用、工业用
GR911	广西亚热带作物研究所	资源引进与系统选育	食用、饲用、工业用
桂热 1 号	广西亚热带作物研究所	资源引进与系统选育	饲用、工业用
桂热 3 号	广西亚热带作物研究所	资源引进与系统选育	饲用、工业用
桂热 4 号	广西亚热带作物研究所	资源引进与系统选育	饲用、工业用
桂热 5 号	广西亚热带作物研究所	资源引进与系统选育	饲用、工业用
新选 048	广西大学	系统选育	饲用、工业用
辐选 01	广西大学	辐射诱变育种	饲用、工业用
西选 03	广西大学	系统选育	饲用、工业用
西选 04	广西大学	系统选育	饲用、工业用
西选 05	广西大学	辐射诱变育种	饲用、工业用
西选 06	广西大学	辐射诱变育种	饲用、工业用
桂经引 983	广西壮族自治区农业科学院经济作物研究所	系统选育	饲用、工业用
南植 188	中国科学院华南植物研究所	资源引进与系统选育	饲用、工业用
南植 199	中国科学院华南植物研究所	资源引进与系统选育	食用、饲用、工业用

三、木薯种质资源的创新研究

（一）种质资源遗传多样性研究 木薯基因型高度杂合，国内外关于其遗传多样性研究相对匮乏且进展较慢，增加育种过程中亲本选择的盲目性，限制了木薯育种进程。随着分子生物学的发展，尤其是分子标记技术的广泛应用，为种质资源研究提供了更为高效可靠的方法，势必加速木薯遗传多样性研究。Fregene 等（2003）采用简单序列重复标记技术对来自巴西、哥伦比亚、秘鲁等中南美洲的 283 份木薯品种进行遗传多样性分析，发现所有国家的种质资源的基因多样性水平都很高，尤其是来自巴西和哥伦比亚的种质资源。曾霞等（2003）采用随机扩增多样性 DNA（RAPD）技术对我国 44 份主要木薯种质资源进行多样性分析，发现绝大多数种质资源的相似系数大于 0.75，表明我国木薯遗传背景比较单一。邹积鑫（2005）采用简单序列重复标记技术对我国 89 份木薯种质资源进行全基因组扫描，结果表明群体基因杂合度居中，为 0.539 9；群体内部遗传多样性较小，为 0.440 6；遗传分化系数为 0.178 4；再次说明我国木薯种质资源多样性较贫乏，需要加大木薯种质资源引进力度。

（二）种质资源分类和鉴定 世界各国在木薯种资资源收集保存过程中，多采用形态学、细胞学、生理生化等遗传标记对种质资源进行鉴别，较难区分环境对形态或生理造成的偏差，常导致种质资源重复或命名混乱现象。利用分子标记技术构建木薯指纹图谱可有效避免这种现象。齐兰等（2010）选用 36 对多态性较好的引物，采用序列相关扩增多态性（SRAP）标记技术对 18 个木薯品种进行鉴定，根据扩增条带的有无转换形成数字指纹，置信概率达 99.99%，初步建成 18 个木薯品种的指纹图谱。目前已经构建华南 205、华南 124、KU50 等 10 个木薯商业品种的指纹图谱（付瑜华等，2007）。

第五节　木薯育种途径和方法

一、木薯自然变异选择育种

木薯自然种质资源中存在广泛的遗传变异和珍贵的特异种质资源，例如在巴西地方种质资源中发现高糖低淀粉的糖木薯、侏儒般的矮生木薯、葡萄般攀缘的藤本木薯、高大粗壮如乔木的野生木薯等（欧文军，2011）。目前，直接从国外引进优质种质资源和在地方种质资源中通过系统选育优良品种仍然是我国木薯育种的主要途径；依次经过克隆评价、无性系初级系比、无性系高级系比、区域试验（1～2年）、生产试验（1～2年）等阶段，选育成的新品种主要有：华南9号、华南205、面包木薯、华南102、华南201、GR891、GR911、桂热1号、桂热3号、桂热4号、桂热5号、新选048、西选03、西选04、桂经引983、南植188、南植199等。

二、木薯有性杂交育种

（一）种内杂交育种 木薯遗传背景复杂、基因型高度杂合，种内杂交可创造丰富的遗传变异。通过种内杂交，将F_1代筛选出的优良性状通过无性繁殖方式稳定遗传，是木薯育种的重要途径。我国近10年选育的新品种（系）主要是通过种内杂交选育而来，包括华南6号、华南7号、华南8号、华南10号、华南11、华南12、华南8013、华南8002、华南124、华南6068等中国热带农业科学院培养的华南系列。世界推广面积最大、适应性最广的泰国当家品种KU50，也是来源于种内杂交。

（二）种间杂交育种 野生木薯是栽培木薯的近缘植物，拥有丰富且特异的种质资源，例如高蛋白质、高产、无融合生殖（*Manihot neusana*）、耐粉蚧、抗花叶病等。通过种间杂交，可赋予栽培木薯特异优良性状，例如野生木薯*Manihot oligantha*与栽培木薯杂交显著提高块根淀粉和干物质含量；野生木薯*Manihot glaziovii*、*Manihot pseudoglaz*、*Manihot cearulescens*与栽培木薯杂交均可提高木薯产量。木薯UnB110即是通过种间杂交途径培育的新品种，其单株产量显著提高，约为18 kg/株，且具有抗旱和抗粉蚧特性（Nassar，1996）。

三、木薯诱变育种

木薯诱变育种近年才兴起，尚处于探索阶段。

（一）诱变体系探索

1. 诱变材料选择 木薯的种子、种茎、体细胞胚、胚性子叶等均可作为诱变材料。Sanchez等（2009）用1 400颗木薯种子作为诱变材料，获得了4个新的突变体。Nayar等（1987）以木薯种茎为外植体，获得高氢氰酸含量突变体。Joseph（2004）等采用50 Gy、100 Gy、200 Gy和300 Gy的^{60}Co γ射线辐射木薯品种PRC60a的嫩叶和不同时期的体细胞胚及胚性子叶，结果表明，球形体细胞胚是最适外植体，并获得了一系列植株表现型及块根特性方面差异显著的突变株系。

2. 诱变处理强度 诱变材料不同，最适辐射强度和诱变剂量亦存在差异。陆柳英等（2007）研究认为，组织培养苗单芽茎段^{60}Co γ射线辐射的剂量应小于10 Gy，体细胞胚和子叶胚则在10～20 Gy。胡小元等（1992）研究表明，叠氮化钠（NaN_3）和甲基磺酸乙酯（EMS）诱变木薯茎尖的最适剂量分别为3.0 mmol/L和0.6%，叠氮化钠诱发的形态变异率高于甲基磺酸乙酯。陈显双等（2008）用秋水仙碱处理木薯腋芽，结果表明浓度为4 g/L时诱导效果比较好，浓度高于6 g/L易导致裂叶萎缩、缺失。

3. 突变体的鉴定、筛选和分离 木薯经诱变处理后产生的突变体多以嵌合体的形式存在，包括扇形嵌合体、边缘嵌合体和周缘嵌合体3种类型。鉴定、筛选和分离突变体成为获得突变体的关键。目前主要从形态学、细胞学、生理生化、分子生物学等方面产生的差异进行突变体的筛选分离。例如对突变细胞较集中的初生枝基部进行连续修剪、嫁接或扦插，可促进突变芽萌发，是促使突变体显现的基本方法。对突变早期材料进行离体培养可获得不定芽，再通过不定芽的筛选也可获得稳定变异植株。日渐兴起的分子生物学技术如TILLING、随机扩增多样性DNA（RAPD）等可从分子水平对特定变异进行早期鉴定。

（二）诱变育种进展 利用诱变技术，在提高木薯产量、降低氰化物含量、改变淀粉含量、减缓采后生理性变质（PPD）、提高抗病性等方面取得了一定进展。Sanchez等（2009）利用γ射线对木薯种子进行诱变，分别筛选获得耐采后生理性变质、淀粉颗粒较小、高直链淀粉的突变株系。Amenorpe等（2010）以35 Gy对4个地方品种的茎段进行辐射处理后，突变株系中直链淀粉含量差异显著，低至11.7%，高达32.7%；另有无糖变异株系。Nwachukwu等（1997）利用γ射线对尼日利亚3个主栽品种TMS30572、NR8817和NR84111的种茎进行辐射诱变，获得了一批氰化物、干物质含量和淀粉含量差异显著的突变株系，其中14

个株系表现较低的氰化物含量，22 个株系表现较高的干物质含量。Ahiabu 等（1997）以种茎和组织培养苗茎尖为外植体，利用 γ 射线对加纳品种 Bosomnsia 进行辐射诱变，获得抗非洲木薯花叶病毒的突变株系。广西大学农学院木薯课题组用同位素 ^{60}Co 对木薯品种华南 124 进行辐射诱变，筛选并获得高产、高淀粉、早熟的木薯品种辐选 01（谢向誉等，2014）。

四、木薯倍性育种

木薯多为二倍体，染色体数目为 $2n=36$。植物染色体倍性增加后，其个体外形往往较大，且对不利的自然条件具有较强的适应能力，对生物进化和育种均具有重要意义。就木薯而言，其多倍体多表现为植株粗壮、块根增大、叶片变厚、叶色加深、叶绿素含量和淀粉含量均高于正常二倍体。由于多倍体育种不受传统育种开花授粉等气候因素的限制，在实际操作中具有更大的灵活性，逐渐成为国内外木薯育种的研究热点。印度通过多倍体育种途径，育成了高产、高干物率的三倍体新品种 76/9、2/14 和 CAM28。

（一）诱导途径 木薯多倍体植株可通过自然发生和人工诱导两种途径获得。目前除在尼日利亚伊巴单地区发现 1 例由体细胞芽变产生的自然四倍体（Sang 等，1992）外，国内外关于自然发生的木薯多倍体鲜有报道（赖杭桂等，2010）。木薯多倍体育种多以人工诱导的方式进行，包括物理方法、化学方法和生物等方法。

1. 物理方法 物理诱变多以高温、低温、温度骤变、干旱等极端环境或机械创伤、离心、电离辐射等方式促使诱导染色体数目加倍。该方法由于诱导效率低、嵌合体高、危害性大而逐渐被其他方法替代。

2. 化学方法 秋水仙碱、吲哚乙酸、苯及其衍生物、有机砷制剂、磺胺、麻醉剂等均可使染色体倍性增加；其中植物碱类的秋水仙碱为目前应用最广最有效的诱变剂。萌发的木薯种子、茎尖或腋芽生长点等分裂旺盛的组织均可作诱变材料，通过适宜浓度的秋水仙碱浸泡萌发芽或涂抹生长点均可获得多倍体。

3. 离体培养诱导法 植物在组织培养过程中多次继代也会产生低频率的染色体数目变异，植物激素（例如 2,4-滴）的添加可能促进变异。目前主要采用组织培养和化学诱导相结合的方式进行多倍体的诱导和分离。王建岭等（2008）采用秋水仙碱结合组织培养的方法对木薯进行多倍体诱导试验，发现浓度为 0.1%的秋水仙碱采用浸泡法或混培法短时间处理组织培养芽，其成活率达 50%～60%，其诱变率高达 20%～30%；同样的方法处理愈伤组织，浸泡法成活率高达 100%，诱变率为 20%；混培法成活率为 60%，诱变率则高达 40%。

（二）鉴定方法

1. 形态特征 染色体加倍后，植株的外观形态和生理特征往往产生较大差异，可初步鉴定多倍体。木薯多倍体较正常二倍体，其植株生长缓慢，株型紧凑，掌状裂片变短、变厚、变宽，叶形指数变小，颜色加深（陈显双等，2008）。

2. 细胞变化 生产和试验中常根据气孔大小、气孔保卫细胞中叶绿体数目及细胞长度、气孔密度以及花粉母细胞四分体时期小孢子数目及核仁数目、花粉粒发芽孔数目等细胞学特征进行多倍体植株的早期鉴定。其中随染色体倍性的增加，气孔的大小递增，气孔密度则递减，是多倍体鉴定最常用方法。即多倍体木薯气孔较二倍体明显增大，部分气孔外形不规则；气孔密度显著低于二倍体。

3. 成分差异 多倍体植株新陈代谢较正常植株活跃，相关物质合成亦存在差异。多倍体木薯块根淀粉含量和叶片叶绿素含量均明显高于二倍体植株。

4. 染色体数目 通过染色体制片技术可直观、快捷地鉴定植物倍性增加与否。王建岭等（2008）采用改良苯酚品红染液对解离 13 min 的木薯根尖进行着色观察，成功鉴定木薯倍性。

5. DNA 含量 流式细胞分析仪根据检测样品的荧光强度，可快速测定细胞核内 DNA 含量及核的大小，适用于大规模检测细胞倍性。

木薯是雌雄同株异花作物。一般同一花序上雄花比雌花晚开 1～2 周（李开绵等，1996）。木薯自花授粉杂交后代存在衰退现象，但通过自交可发掘隐性优良基因，例如国际热带农业研究中心育种专家在自交系中发现低直链淀粉的糯木薯种质资源（Ceballos 等，2007）。另通过自交轮回选择可创造纯系材料，但育种周期偏长，一般需要 12～15 年。单倍体育种可缩短育种周期，在一定程度上为创造纯系提供了方法。

第六节　木薯育种新技术的研究和应用

木薯存在基因型高度杂合、花粉育性低、有性子代严重分离以及优质种质资源匮乏（抗性基因、低氰化物）等现象，通过常规杂交育种途径难以在短期内获得优良品种；逐渐兴起的分子育种技术可弥补常规育种缺陷，成为木薯品种改良重要途径之一。

一、木薯分子标记辅助育种

分子标记是以物种个体间基因组 DNA 差异为基础的遗传标记，例如限制性片段长度多态性（RFLP）、随机扩增多态性 DNA（RAPD）、扩增片段长度多态性（AFLP）、简单序列重复（SSR）等标记。分子标记辅助育种是利用与作物重要性状紧密连锁的 DNA 标记或功能基因改良植物品种的现代分子育种技术。目前，分子标记技术在木薯上的应用主要包括基因标记和定位、遗传图谱的构建、数量性状基因位点分析和标记辅助选择等方面。

（一）基因标记和定位　根据分子标记与目的基因之间紧密连锁，可以把一些重要基因进行标记，进而将其定位。一般采取近等基因系（NIL）分析法和分离群体分组（BSA）分析法进行基因标记和定位。木薯基因组高度杂合，多采用分离群体分组分析法。Jorge 等（2000）以木薯 TMS30572 和 CMZ2177-2 杂交 F_1 代为试验群体，研究对木薯细菌性枯萎病（CBB）的抗性，将 8 个抗性相关数量性状基因位点定位于 CM2177-2 的 B、D、L、N 和 X 连锁群上，4 个定位于 TMS30572 的 G 和 C 连锁群上。Lokko 等（2005）以抗非洲木薯花叶病毒品种 TME7 和感病品种 TMS30555 为亲本，利用分离群体分组分析法建立 F_1 代抗感基因池，从 186 对简单序列重复引物中筛选到 2 个与抗性基因连锁的标记 SSRY28-180 和 SSRY106-207，分别可解释 57.14%和 35.59%的表现型变异。Akano 等（2002）利用分离群体分组分析法对来自尼日利亚的木薯家系进行研究，探测出与非洲木薯花叶病毒抗性基因连锁的 2 个简单序列重复标记，目前已经广泛运用于非洲和南美洲非洲木薯花叶病毒抗性基因的分子标记辅助育种。

（二）遗传图谱的构建　遗传图谱的构建主要为基因定位与克隆以及基因结构和功能的研究奠定基础，其构建需要适当的分离群体和家系，以及大量能提示亲本多态性的遗传标记。Gomez 等（1995）以木薯 Nigeria2 和 CM2177-2 及其杂交 F_1 代为作图群体，用限制性片段长度多态性和随机扩增多态性 DNA 标记技术构建了木薯第一张遗传图谱。Fregene 等（1997）以 TMS30572 和 CM2177-2 的杂交 F_1 代群体为试验材料，用 132 个限制性片段长度多态性标记、30 个随机扩增多态性 DNA 标记和 3 个同工酶标记，建立了拥有 20 个连锁群的遗传图谱；同时又用 107 个限制性片段长度多态性标记、50 个随机扩增多态性 DNA 标记、1 个微卫星标记和 1 个同工酶标记建立了另一张连锁图。李杰等（2006）利用 19 对简单序列重复引物对木薯华南 6 号和面包木薯杂交 F_1 代群体进行基因组扫描扩增，获得 63 个多态性标记位点，构建了包含 11 个连锁群、34 个简单序列重复标记的遗传连锁图。

（三）数量性状基因位点分析和标记辅助选择　木薯数量性状基因位点（QTL）定位主要集中在淀粉含量、干物质含量、抗病虫等方面。泰国的 Prapit Wongtiem 等通过 500 多对简单序列重复引物筛选，对木薯干物质含量及β胡萝卜等相关基因进行关联标记和相关的研究。李杰（2006）用复合区间作图法进行数量性状基因位点扫描，检测到控制木薯淀粉率的数量性状基因位点 12 个，其中 6 个是主效的；块根产量相关数量性状基因位点 35 个，15 个是主效的；收获指数相关数量性状基因位点 23 个，6 个是主效的。

二、木薯转基因育种

转基因技术可将其他物种来源的优异基因快速定向地导入木薯基因组，近年通过转基因途径在木薯品质改良和抗性增强方面已取得阶段性进展。随着特异基因的广泛挖掘、木薯基因组测序的完成以及基础研究的逐步深入，转基因育种将具有更为丰富的基因资源和理论支撑，其应用前景更为广阔。

（一）再生体系　高效的再生体系是转基因育种的先决条件。木薯多以胚性子叶和胚性脆性愈伤组织（FEC）作为转化外植体，通过器官再生途径、胚悬浮系或体细胞胚发生途径均可获得再生植株。通过对各再生途径的广泛优化（朱文丽，2006；姚庆荣，2007），木薯再生体系相对成熟，具体如图 27-2 所示。通过次生体胚循环和悬浮扩大培养，可提供充足外植体用于基因转化。各培养阶段所需培养基见表 27-3。

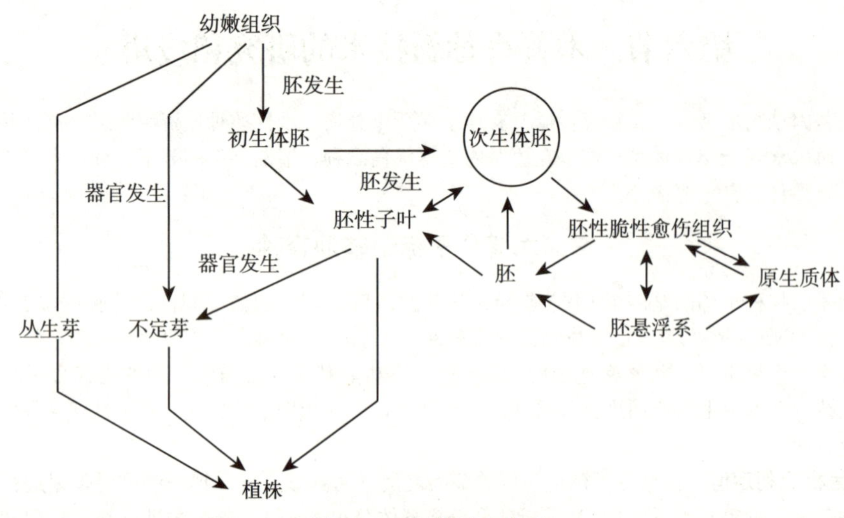

图 27-2　木薯再生体系
（引自 Zhang，2000）

表 27-3　木薯组织培养的培养基类型及其成分
（引自 Zhang 和 Gruissem，2004）

再生途径	培养基类型	培养基成分
胚发生	芽基培养	MS（维生素）、2 mmol/L $CuSO_4$、2%蔗糖、0.3%结冷胶，pH5.8
	腋芽膨大	MS（维生素）、2 mmol/L $CuSO_4$、10 mg/L BAP、2%蔗糖、0.3%结冷胶，pH5.8
	体细胞胚诱导	MS（维生素）、2 mmol/L $CuSO_4$、12 mg/L 毒莠定、2%蔗糖、0.3%结冷胶，pH5.8
	体细胞胚成熟	MS（维生素）、2 mmol/L $CuSO_4$、0.1 mg/L BAP、2%蔗糖、0.3%结冷胶，pH5.8
胚性脆性愈伤组织悬浮系	胚性脆性愈伤组织诱导	GD（维生素）、12 mg/L 毒莠定、2%蔗糖、0.3%结冷胶，pH5.8
	悬浮培养基	SH、MS的维生素、12 mg/L 毒莠定、6%蔗糖，pH5.8
	体细胞胚萌发	MS（维生素）、1 mg/L NAA、2%蔗糖、0.3%结冷胶，pH5.8
器官发生	芽发生	MS（维生素）、2 mmol/L $CuSO_4$、1 mg/L BAP、0.5 mg/L IBA、2%蔗糖、0.3%结冷胶，pH5.8
	芽延长	MS（维生素）、2 mmol/L $CuSO_4$、0.4 mg/L BAP、2%蔗糖、0.3%结冷胶，pH5.8

（二）转化途径　自 1996 年 Li 等首次通过农杆菌介导方法获得首例转基因木薯后，经过几十年对转化条件的不断优化和完善，已初步形成以农杆菌介导和基因枪轰击为主的两种木薯遗传转化体系。根据育种目的，构建 RNA 干扰、反义抑制或超表达载体，通过农杆菌介导法或基因枪法将目的基因导入木薯基因组，从而赋予木薯某些特异性状，实现品种改良。以农杆菌介导法为例，具体流程见图 27-3。

（三）转基因育种研究利用

1. 品质改良　利用转基因技术在木薯品质改良方面主要包括降低氰化物含量、调整淀粉比例、延缓采后生理性变质（PPD）、提高蛋白质含量以及强化微量元素和维生素等。例如通过构建反义抑制或 RNA 干扰载体，使细胞色素 P_{450} 家族基因 *CYP79D1/2* 在木薯品种 Col22 中下调表达，转化植株叶片和块根中氰化物

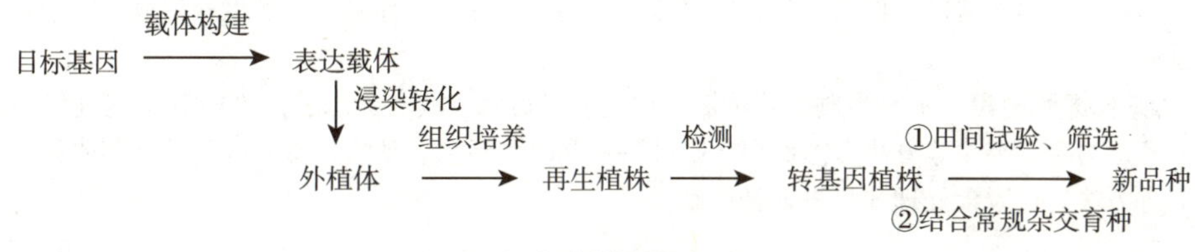

图 27-3 木薯转基因育种流程

含量大幅下降（Siritunga，2003；Kirsten，2005）。将大肠杆菌来源的 *glgC*（腺苷二磷酸葡萄糖焦磷酸酶基因）导入木薯，块根淀粉含量增加近 2.6 倍（Ihemere，2006）。*GBSSⅠ*（颗粒淀粉合成酶基因）在木薯中反义表达，块根中直链淀粉比例下降（Raemakers，2005；Zhao，2011）。活性氧（ROS）清除酶铜/锌超氧化物歧化酶（MeCu/ZnSOD）和过氧化氢酶（MeZAT1）共表达载体转化木薯，可使采后生理性变质反应延缓 10 d（Xu，2013）。

2. 增强抗逆能力 抗性增强包括对生物胁迫类的病虫害以及非生物胁迫类的干旱、寒害、盐碱胁迫等的抗性。将病毒非结构蛋白复制酶基因［例如非洲木薯花叶病毒（ACMV）复制酶基因 *AC1*］、外壳蛋白基因［例如木薯褐条病毒（CBSV）外壳蛋白基因 *CP*］或构建病毒 RNA 干扰、反义抑制载体均可提高木薯抗病毒能力（Pita，2001；Patil，2011；Yadav，2011）。将亚精胺合成酶基因（*FSPD1*）、超氧化物歧化酶基因（*Cu/Zn SOD*）和抗坏血酸过氧化物酶基因（*APX*）导入木薯，可提供木薯耐寒、耐旱和耐盐碱胁迫能力（Kasukabe，2006；李筠，2006；Xu，2014）。

第七节 木薯育种田间试验技术

一、木薯育种常规程序

木薯育种程序，以常规育种为例，主要流程如图 27-4 所示。木薯因自身特殊的生物学特征，其育种试验技术有别于其他作物，概述如下。

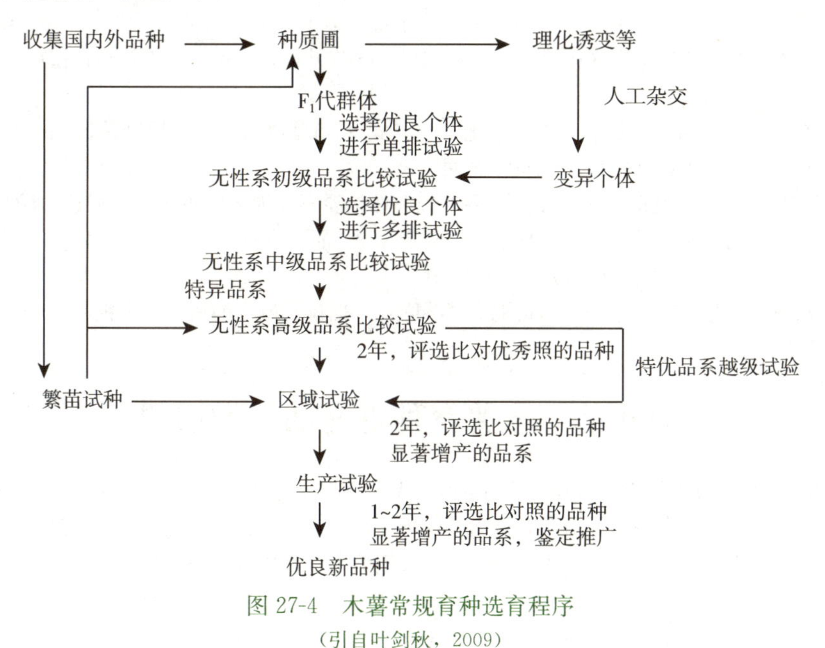

图 27-4 木薯常规育种选育程序

（引自叶剑秋，2009）

（一）诱导开花结果 木薯为异花授粉的短日照作物，在日照低于 13.5 h，气温为 21～31 ℃条件下可开花结实并获得种子。我国各大木薯产区均可见木薯开花，但开花时间、数目、花期长短因光照时间、温度、纬度、海拔、土壤状态（肥沃程度、疏松程度、水分）等差异明显；全国仅地处热带的海南岛可获得成熟的种子。杂交育种试验中常需通过控制分枝、胚培养等方法诱导开花或促进胚成熟以获得成熟种子，从而开展相关育种试验。

（二）种茎储藏和脱毒 木薯为典型的热带作物，不耐霜寒，故各大木薯产区根据当地气候特点，分别采取露天堆藏、沟藏、窖藏等方法保温保湿，以维持种茎萌发活力。从病害暴发区引进种茎或种子时，需通过组织培养等方法进行脱毒处理才可进入种质圃。

二、木薯栽培技术

目前我国木薯已形成一套科学规范的栽培管理技术（许瑞丽等，2009），其要点如下。

（一）植前准备

1. 备耕 木薯对土壤条件要求不严格，山地、平原和丘陵地均可种植。整地应充分考虑地形地势，小于15°的坡地和平地，若是新垦地，二犁二耙；若为熟地，则一犁一耙。犁耙地时施腐熟有机肥15～45 t/hm²，犁地深度约为30 cm。15°～25°荒坡地则砍岜、烧荒和清场后免耕种植。

2. 种茎选择 选择充分成熟木质化的主茎和第2次分枝茎，要求茎粗3 cm左右、髓部充实且富含水分、节密、皮芽无损、无病虫害。种茎新鲜，以斩断切口处见乳汁为佳。

（二）种植

1. 种植时间 气温基本稳定在15 ℃以上、土壤湿润即可种植。

2. 种茎准备 种茎长度为15～20 cm，切口平整。若用于插植，插入地下端需斜砍成约45°切面。

3. 种植密度 种植密度为10 000～20 000 株/hm²。根据品种长势和分枝位置、次数、土壤肥力、水肥管理条件优劣等，其株行距可为90 cm×110 cm、80 cm×100 cm、70 cm×80 cm 等。

4. 种植方式 可采取平放、斜插、平插、直插等方式。在广西、广东、福建、云南等地春季气温较低的地方，可覆盖地膜以便提早种植。

（三）田间管理

1. 补苗间苗 种植20 d后开始查苗补苗。齐苗后，苗高约20 cm时，除去过多的弱小苗，每穴留1～2株壮苗。

2. 中耕除草 整个木薯生长期内，一般需要3次中耕。第1次中耕在种植后30～40 d、苗高15～20 cm时进行，旨在促进幼苗生长。第2次中耕除草在种植后60～70 d进行。第3次中耕在种植后90～100 d进行，旨在促进块根膨大，提高产量。

3. 施肥 施足底肥，合理追肥。一般追肥施2～3次，壮苗肥以氮为主，种植后30～40 d内施用；结薯肥以钾肥为主并适当施氮肥，种植后60～90 d施用。

4. 病虫害防治 我国木薯病虫害较少，主要有细菌性枯萎病、细菌性角斑病、褐色角斑病和木薯红螨。木薯红螨可通过选育抗螨品种、利用天敌捕杀、杀螨剂喷杀，而其他病害均无十分有效的药剂。

（四）收获 木薯的最佳收获期一般在当年11月至次年2月。收获时，先砍去嫩茎枝，留下主茎，拔出或挖出薯块。机械收获时，应先砍去并移走地上部茎叶，在拖拉机或牛的后面挂上钝圆耙，犁松垄土，翻起薯块；人工收捡鲜薯。

第八节 木薯育种研究动向和展望

（一）加强木薯基础理论研究 利用杂交选育优良品种仍然是木薯育种的主要手段，在木薯遗传改良中发挥着重要的作用。由于受自身特性所限，例如基因组高度杂合、有性子代性状严重分离、自交不亲和、配对组合花期不遇、杂交种子数量少等，木薯杂交育种效率低下。利用转基因途径进行木薯改良可克服传统育种弊端，已取得一系列成就。但关于木薯基础理论的研究，例如高光效利用机制、块根发育调控模型、耐旱耐贫瘠机制、采后生理性变质等才起步或尚未开展。加强基础理论的研究，探讨木薯独特的生物学特性及调控机制，可为分子育种理论发掘和技术应用提供技术支撑（张鹏等，2013）。

（二）深入开展转基因育种研究 转基因育种技术具有周期短、目的性强等优点，将其他物种来源的优异基因导入木薯，可有效解决木薯基因资源稀缺的问题。木薯转基因后代的优良性状可通过无性繁殖的方式保持其遗传稳定性，筛选过程较其他作物简易。此外，我国木薯主要用于淀粉加工业和生物质能产业，食品行业较少使用，在转基因粮食安全评估过程中较易通过（黄强等，2013）。因此利用转基因育种技术促进木薯品种遗传改良，可行且大有可为。

（三）拓宽木薯育种途径，实现综合育种目标 迄今，我国生产上推广应用的木薯新品种大多数都是通过传统杂交（种间）选育而来，除通过辐射诱变获得3个新品种（系），其他途径获得的新品种鲜有报道。木薯野生种质资源丰富，可开展近缘种间杂交获得优异性状的新材料和新品种。同时，可开展双单倍体育种、孤雌生殖、纯系育种等，发掘隐性优良基因，丰富育种材料。此外，可利用我国航天技术的发展，尝试运用太空诱变育种创造新种质。应综合运用各种育种途径，有机结合，取优补缺，加快木薯遗传改良进程，促进新品种选育推广和我国木薯产业健康发展。

复习思考题

1. 试述我国木薯的主产区及各区的育种目标。
2. 试述木薯氰化物含量与鲜食性的关系及氰化物含量的遗传特点。
3. 试述木薯褐斑病、细菌性枯萎病和花叶病的发病症状及抗性遗传特点。
4. 木薯种质资源的收集、保存和创新研究状况如何？
5. 试述木薯的繁殖方式和最主要的育种途径。
6. 试评述木薯育种研究的动向和前景。

附 木薯主要育种性状的记载方法和标准

1. 株型 株型分为伞型、张开型、紧凑型、直立型和圆柱型。在生长中期，观察长势正常植株的形状，以出现最多的株型为准。

2. 株高 在收获期，随机选取长势正常植株10株，测量植株从地面至最高点的高度，计算平均值，即为株高。单位为cm，精确到0.1cm。

3. 主茎粗 在收获期，随机选取长势正常的植株10株，用游标卡尺测量离地面10cm高处主茎的直径，计算平均值，即为主茎粗。单位为cm，精确到0.1cm。

4. 嫩茎颜色 嫩茎颜色可分为紫红色、淡褐色、深褐色、浅绿色、灰绿色、银绿色、赤黄色。在生长中期，随机选取10株植株，目测其顶端5～10cm长的嫩茎，并与标准比色卡对比，按照最大相似原则确定嫩茎颜色。

5. 嫩茎生长情况 嫩茎生长情况可分为之字形、直立形。在生长中期，观察种质植株幼苗，目测其嫩茎生长情况，以最多出现的情形为准。

6. 成熟主茎内皮颜色 成熟主茎内皮颜色可分为浅红色、紫红色、浅绿色、绿色、深绿色。在收获期，刮开离地面20cm处的主茎外表皮，目测内皮颜色并与标准比色卡对比，按照最大相似原则确定其内皮颜色。

7. 成熟主茎外皮颜色 成熟主茎外皮颜色可分为深褐色、褐色、红褐色、黄褐色、灰绿色、灰黄色、灰白色。在收获期，目测距地面20cm处的主茎外皮颜色，并与标准比色卡对比，按照最大相似原则确定成熟主茎外皮颜色。

8. 叶形（裂片） 在生长中期，取植株中上部成熟叶片，按照最大相似原则确定成熟叶片中间裂片的形状，作为叶形。叶形可分为提琴形、椭圆形、披针形、线形、倒卵状披针形、拱形。

9. 顶端未展开嫩叶颜色 顶端未展开嫩叶颜色可分为紫色、紫绿色、深绿色、淡绿色。在生长中期，目测植株顶端未展开嫩叶颜色，并与标准比色卡对比，按照最大相似原则确定顶端嫩叶颜色。

10. 叶柄长度 在生长中期，随机选择植株10株，每株选取3片成熟叶片的叶柄，测量其长度，算平均值，即为叶柄长度。单位为cm，精确到0.1cm。

11. 叶柄颜色 在生长中期，随机选择植株10株，目测植株中上部叶柄颜色并与标准比色卡对照，按照最大相似原则确定叶柄颜色，可分为红带绿色、红带乳黄色、绿带紫色、淡绿色、紫绿色、深绿色、红色、紫红色、紫色。

12. 叶脉颜色 叶脉颜色可分为绿色、淡绿色、紫绿色、深绿色、紫色、紫红色、浅红色。在生长中期，取植株中上部成熟叶片，观察叶片背面叶脉的颜色，并与标准比色卡对照，即为叶脉颜色。

13. 叶痕突起程度 在收获期，随机选取植株10株，每株选取叶片刚脱落的叶痕3个，用直尺测量叶痕的深度，计算平均值，即为叶痕突起程度。单位为mm，精确到0.1mm。

14. 花托颜色 花托颜色可分为奶黄色、白色、橙黄色、紫色、红色、绿色。在开花期，选取正在开放的花朵10朵，与标准比色卡对照，以最大相似原则确定花托颜色。

15. 花萼颜色 花萼颜色可分为奶黄色、白色、橙黄色、紫色、红色、绿色、浅红色。在开花期，选取正在开放的花朵10朵，与标准比色卡对照，按照最大相似原则确定花萼颜色。

16. 柱头颜色 在开花期，选取正在开放的雌花10朵，与标准比色卡对照，按照最大相似原则确定柱头颜色，可分为奶黄色、白色、橙黄色、紫色、红色、绿色。

17. 子房颜色 在开花期，选取正在开放的雌花10朵，与标准比色卡对照，按照最大相似原则确定子房颜色，可分为奶黄色、白色、橙黄色、紫色、红色、绿色。

18. 花药颜色 在开花期，选取正在开放的雄花，与标准比色卡对照，按照最大相似原则确定花药颜色，可分为黄色、乳黄色。

19. 蒴果 以种质所有成熟植株为观察对象，目测并确定是否有果实。

20. 蒴果长度 随机选取10粒成熟果实，用游标卡尺测量其长度，计算平均值，即为蒴果长度。单位为mm，精确到0.1mm。

21. 蒴果直径 随机选取10粒成熟果实，用游标卡尺测量其直径，取平均值，即为蒴果直径。单位为mm，精确到0.1mm。

22. 种子颜色 随机选取成熟种子10粒，用比色卡按照最大相似原则确定其种子颜色，可分为灰色、褐色。

23. 种子长度 随机选取10粒成熟种子，用游标卡尺测量其长度，取平均值，即为种子长度。单位为mm，精确到0.1mm。

24. 种子直径 随机选取10粒成熟种子，用游标卡尺测量直径，取平均值，即为种子直径。单位为mm，精确到0.1mm。

25. 单株块根数 在块根成熟期，随机选取10株，取直径不小于2.5cm的块根，计算块根总数，计算平均值，即为单株块根数。

26. 块根分布 在收获期，以该种质所有植株为观察对象，随机选取10株，观测块根的整体分布情况，以最多出现的情形为准，确定块根分布。块根分布分为垂直、水平和不规则。

27. 块根形状 在收获期，随机选取10株块根，观察并按照最大相似原则确定块根形状，可分为圆锥形、圆柱形、圆锥至圆柱形和纺锤形。

28. 块根直径 在收获期，随机选取10株块根，用游标卡尺测量块根直径，计算平均值，即为块根直径。单位为cm，精确到0.1cm。

29. 块根外皮颜色 在收获期，随机选取10株块根，与标准比色卡对照，确定块根外皮颜色，可分为乳黄色、白色、黄褐色、淡褐色、红褐色、深褐色。

30. 块根内皮颜色 在收获期，随机选取10株块根，与标准比色卡对照，确定块根内皮颜色，可分为乳黄色、白色、黄色、浅红色、粉红色、紫红色。

31. 块根肉质颜色 在收获期，随机选取10株块根，切开块根，与标准比色卡对照，确定块根肉质颜色，可分为乳黄色、白色、黄色、粉红色、紫色。

32. 苗期 随机选取30棵植株，从定植到5cm以上高度的植株达到60%以上的时间，即为苗期，单位为d。

33. 第1次分枝的时间 随机选取长势正常的植株10株，记载每株从定植到出现第1次分枝的时间，计算平均值，即为第1次分枝的时间。单位为d。

34. 第2次分枝的时间 随机选取长势正常的植株10株，记载每株从定植到出现第2次分枝的时间，计算平均值，即为第2次分枝的时间。单位为d。

35. 分枝角度 在收获期，选取长势正常植株10株，测量主茎与第1分枝的角度，计算平均值，即为分枝角度。按分枝角度大小分为无分枝、小（$<30°$）、中（$30°\sim45°$）、大（$>45°$）。

36. 花期 随机选择30株，从植株开始开花至5%以内的植株开花这段时期为始花期，5%～95%的植株开花为盛花期。

37. 块根成熟特性　以种质30株为观测对象，一般以块根淀粉含量达到25%以上为块根成熟指标，种植后180 d达到成熟的为早熟品种，种植后240 d达到成熟的为中熟品种，种植后300 d达到成熟的为晚熟品种。

38. 单株块根产量　在收获期，随机选取30株正常生长的植株全部块根，称取新鲜块根质量，计算平均值，即为单株块根产量，精确到0.1 kg/株。

39. 收获指数　收获时，随机选取30棵植株，计算块根鲜物质量占植株总生物量鲜物质量的比值，即为收获指数，精确到0.01。

（李开绵、欧文军第三版新编）

第六篇　糖料作物育种

第二十八章　甘蔗育种

第一节　国内外甘蔗育种研究概况

甘蔗（sugarcane）在分类学上属禾本科（Gramineae）蜀黍族（Andropogoneae），甘蔗亚族（Saccharinae）甘蔗属（*Saccharum*）。甘蔗属有 6 种：热带种（*Saccharum officinarum* L.）、小茎野生种（割手密种）（*Saccharum spontaneum* L.）、中国种（*Saccharum sinense* Roxb.）、印度种（*Saccharum barberi* Jesw.）、肉质花穗野生种（*Saccharum edule* Hassk）和大茎野生种（*Saccharum robustum* Brandes et Jew. ex Grassl.）。甘蔗是世界上最重要的糖料作物之一，甘蔗糖分别占世界和中国食糖总产的 75%和 90%。甘蔗育种属异源多倍体无性系育种。当今在甘蔗生产上使用的品种大多是种、属间杂交、回交的复合体，统称 *Saccharum* spp.。人类种蔗制糖虽有数千年历史，但甘蔗有性杂交育种仅有百余年历史。1887—1888 年 Sotwadel F. 和 Harrison J. B. 相继在爪哇和巴巴多斯发现天然实生苗，由此荷兰育种家 Jeswiet J. 首创高贵化（noblization）育种法，把野生甘蔗（wild cane）的抗逆基因通过种间杂交和回交导入大茎多汁高产高糖的高贵种。到 1921 年左右育成世界第一个甘蔗种间复合体（*Saccharum* spp.）商业品种——高产高糖抗逆的 POJ2878，被誉为世界蔗王。同时，POJ 的二元杂种在印度同印度种杂交，育成三元杂交种，进一步扩大了甘蔗适应性。之后，夏威夷 Mongelsdorf A. J. 进一步采用杂交法将甘蔗的遗传背景多元化。此后，世界甘蔗育种偏重于 POJ、Co 和 CP 种间后代的品种间杂交育种所衍生的无性系品种。

我国是世界甘蔗 3 个起源地之一，但甘蔗育种比世界甘蔗先进国家迟了近半个世纪。我国台湾省于 1913 年开始甘蔗杂交育种工作，但育成的新品种至 1960 年才在当地生产中大量推广利用。20 世纪 70 年代育成的新台糖系列品种不仅在当地大量使用，在大陆各甘蔗产区也被大量使用。

1952 年在海南崖县建立海南甘蔗育种场后，我国的甘蔗有性杂交育种工作得到迅速发展，品种改良工作受到各级政府的重视。20 世纪 50 年代初，以整理地方品种和引进外地品种为主，通过引进、试验鉴定，选出台糖 108、台糖 134、Co419、Co290、Co331 等一批品种在各植蔗区生产上推广使用，从而取代了长期使用的低产低糖的竹蔗、芦蔗等地方品种，使我国大陆的甘蔗糖产量从 2.0×10^5 t 左右增至 2.13×10^6 t，甘蔗单产从 24 t/hm^2 增至 40.95 t/hm^2。从 20 世纪 60 年代初起，我国各省、自治区自育的甘蔗新品种开始鉴定、推广，至 2001 年全国除台湾地区外已有 140 多个甘蔗新品种通过国家级或省级的品种审定。目前在我国各省、自治区生产上主要栽培的品种有：桂柳 05136、桂糖 42、ROC22、粤糖 00-236、桂糖 29、福农 41、云蔗 05-51、粤糖 93-159。

第二节　甘蔗育种目标性状及其遗传与基因定位

一、甘蔗育种目标性状

栽培甘蔗收获营养体，目标性状是单位面积茎秆的产量。糖料甘蔗除茎产量外，还注重茎秆的蔗糖分。

人类5 000年前已知道种蔗制糖，但都是种植甘蔗原种，例如我国主要种植竹蔗、芦蔗（中国种），印度主要是利用春尼（Chunnee，印度种），南太平洋主要是种植拔地拉（Badila，热带种）。1921年，Jeswiet J. 通过种间杂交和回交，将甘蔗野生种的抗性基因导入甘蔗热带种，育成世界上第一个甘蔗复合体品种POJ2878，成功地实现了高产、高糖和抗逆目标性状的聚合。随着甘蔗的用途扩展、蔗区从热带扩大到亚热带的气候变化，甘蔗育种目标性状随之发生变化，诸如高生物量育种、能源蔗育种、抗病育种、抗旱育种、抗虫育种、适宜机械化栽培品种选育、早中晚熟高糖高产育种等。

甘蔗目标性状多属数量性状，受微效多基因的加性效应、上位性效应和环境的高度影响。同时由于甘蔗是异源多倍体，染色体的高倍性和基因的复杂性，在基因分离和重组中造成不同程度的后代不育，F_1代疯狂分离，优良基因聚合的概率极低。

二、甘蔗育种特点

甘蔗育种的主要特点有以下几方面。

1. 杂交育种采用有性繁殖和无性繁殖相结合进行 甘蔗品种改良主要采用有性杂交，利用遗传基础高度杂合的品种或无性系作亲本进行杂交，有性杂种一代便出现剧烈分离，从中选择优异单株进行无性繁殖，把其优势固定下来。这种方式能将基因的加性效应、显性效应、上位性效应等遗传效应迅速固定并在生产上利用，这是甘蔗育种的显著特点。

2. 远缘杂交容易成功 甘蔗属内的各种之间及其与近缘属之间的杂交，都容易获得杂种后代，特别是种间杂交的高贵化育种（noblization breeding）育出POJ2878等优良品种，为蔗糖业的发展起过巨大作用。远缘杂交容易成功，为甘蔗育种拓宽种质资源和丰富甘蔗品种的遗传基础提供了广阔的前景。

3. 品种繁殖系数低，但可利用组织培养加快良种的繁育速度 甘蔗良种的繁殖一般采用梢部茎作种，1年繁殖2次，繁殖系数为30～40倍。用组织培养方法繁殖良种，可比常规方法提高近百倍。例如广西的桂糖11品种用此法在2年内便繁殖到533 hm^2（8 000亩）以上。

4. 育种上应用品种自交或内交 自交是指同一株甘蔗的花粉授到同株花穗的柱头上。内交是指同一品种亲本不同植株之间的交配。甘蔗品种或亲本多为有性杂种第一代，群体内个体间遗传基础是异质的，经自交或内交1～2代，能显著提高后代的糖分且生长势不下降。再用自交或内交后代相互杂交，糖分提高较快，后代的入选率较高并可育成新品种。轻工业部甘蔗糖业科学研究所采用此法，用POJ2878的自交一代崖城55/l与台糖134的内交一代崖城54/89杂交育成粤糖58/1291新品种。

三、甘蔗主要育种目标性状的遗传和基因定位

（一）甘蔗主要育种目标性状的遗传 甘蔗为异源多倍体，常表现为非整倍体，体细胞染色体数目多达80～140条，基因组大于10 Gb。综合目标性状遗传非常复杂。甘蔗许多性状属数量性状，受微效多基因控制，遗传规律有待深入系统研究。福建农林大学对甘蔗几个性状的研究结果如下。

1. 蔗茎产量及其组成性状的遗传 蔗茎产量及其组成性状茎长、茎径、单茎质量和有效茎数均为数量性状。蔗茎产量及其组成性状的广义遗传率与供试材料有关。实生苗的广义遗传率，蔗茎产量为0.17，茎径为0.30，茎长为0.20～0.32，有效茎数为0.06～0.26；而品系的广义遗传率，蔗茎产量为0.75，茎径为0.71，茎长为0.40～0.84，有效茎数为0.51～0.90。蔗茎产量的显性遗传效应和加性遗传效应具有同等重要作用，单茎质量和茎径主要表现为上位性遗传效应，而有效茎数则主要是加性遗传效应。但茎径的遗传率不管是实生苗还是品系、品种均表现较高。故应在育种实生苗阶段便对茎径进行严格选择，而蔗茎产量的选择则应在品系鉴定及其以后各试验阶段进行。

2. 蔗糖分与锤度的遗传 蔗糖分与锤度之间有很高的遗传相关关系（r=0.89），二者均为数量性状。锤度的广义遗传率在实生苗阶段为0.64～0.73，在品系阶段为0.53～0.90；蔗糖分的广义遗传率为0.70。锤度在各选育阶段均表现出较高的遗传率，故在育种早期把锤度高低作为选择的一个重要依据。另外，锤度和蔗糖分的遗传主要表现加性遗传效应，因此选择糖分高、锤度高的亲本，其后代大多数表现为蔗糖分高；反之亦然。

3. 宿根性的遗传 宿根性与亲本的血缘关系很大，从现有亲本分析，大茎品种的宿根性较差，中小茎品种宿根性较强；含较多野生血缘的品种宿根性较好。宿根性与分蘖能力也有很大关系，分蘖力强的品种宿

根性往往都较好。另外，前期生长速度中等、主茎拔节略迟、主茎与分蘖长势差距小的品种，宿根性好。宿根性好的性状均能很好地遗传给后代。

4. 抗病性遗传 甘蔗抗黑穗病、锈病和斐济病均表现为数量遗传。抗黑穗病的广义遗传率为0.33～0.75，抗锈病的广义遗传率为0.42～0.88，抗斐济病的广义遗传率为0.38～0.70，但对不同生理小种的抗性遗传有所差异。另外，对黑穗病和斐济病的抗性遗传主要是基因加性效应，而抗锈病的遗传则基因加性效应和基因非加性效应同样重要。故选用抗病亲本进行杂交来选育抗病品种是完全可能的。

5. 蔗茎空心度的遗传 甘蔗的空心、蒲心是一个遗传率很高的性状。品种间杂交，亲本空心度小的（例如ROC22、ROC16、粤糖93-159、福农95-1702、桂糖11等），其后代出现空心的概率小，反之亦然。但含野生血缘多的材料作亲本，后代的空心率都很高。

也有少数性状的遗传是由寡基因位点控制的。例如甘蔗生长带颜色是由两对互补基因控制的；甘蔗属间杂交的芒是由3对基因控制的；甘蔗叶舌是由两对重叠的非等位基因（duplicate nonallelic gene）控制的；花穗中的花序梗长度是5对或6对基因控制的；而56号和60号毛群是少数主效基因决定的；对胶滴病、白条病、露菌病的抗性也是寡基因（oligogene）控制的；但大多数性状表现为数量遗传。

（二）甘蔗一些性状的基因定位 甘蔗为异源多倍体，生产品种染色体数目在大多数在100～130，具有非常庞大的基因组，可能是迄今进行基因定位的作物中遗传性最复杂的作物。同时，甘蔗的许多重要经济性状、农艺性状均表现为数量性状遗传，其基因定位的难度较大，其基因定位的研究状况也远落后于许多其他作物。但自1988年开始甘蔗基因组研究以来，1992年Wu等提出用单剂量（single dose）标记构建多倍体作物遗传连锁图的策略，至今已经绘制了20余张甘蔗遗传连锁图谱。Mudge等报道，控制眼点病抗性的基因位点（pEyespotA）位于第47连锁群上，与随机扩增多态性DNA（RAPD）标记181 s260之间的距离为7.3cM；邓海华、Wu等应用数量性状基因位点（QTL）定位研究报道了蔗径产量的基因位点分布在LG6和LG26（第6和第26连锁群），与标记C16cr和r63紧密连锁；旋光度的基因位点分布在LG18和LG50，与标记r41、r2000、r270和B31ch紧密连锁；纤维分基因位点在LG5的B59br和fc51ar之间。但是由于甘蔗遗传背景非常复杂，加上染色体多，总体标记的密度还不高。虽然基因组测序工作能为新基因发掘提供大量信息，但是甘蔗基因组测序也还处于起步阶段。因此目前想通过连锁不平衡（linkage disequilibrium，LD）的方法，将候选基因遗传变异（等位基因变异）或标记与目标性状表现型进行联系的难度很大。而采用基于目标基因在染色体上的位置进行基因克隆的图位克隆方法，也是不现实的。目前情况下，甘蔗采用反向遗传学方法更为可行，其中以基于比较基因组学方法进行同源基因克隆最为多用，这种方法是克隆尚无基因组测序作物基因的一种重要方法。

第三节 甘蔗种质资源研究和利用

甘蔗种质资源包括甘蔗属内的各种、甘蔗近缘属植物及人工创造的杂交品种和亲本材料。前二者于自然状态下分布在世界各地，是育成甘蔗中间材料的重要基因资源。国际甘蔗技师协会（ISSCT）多次组织甘蔗科技工作者在世界各地进行种质资源收集工作，并把所收集的种质资源分别保存于美国佛罗里达州的迈阿密（Miami）和印度的哥因拜托（Coimbatore）甘蔗育种场，并随时可向世界各国的甘蔗育种者提供所需的种质材料。我国甘蔗科技工作者亦多次在国内各地进行种质资源收集工作，而所收集的种质资源主要保存在云南省国家甘蔗资源圃，而海南甘蔗育种场作为全国甘蔗开花杂交基地，保存许多核心种质亲本材料和创制的新材料，同时，福建农林大学国家甘蔗工程技术研究中心和广西甘蔗研究所都保存有大量从世界各地引进的种质资源和创制的育种材料。这些单位都对所采集、收集和创制的材料进行形态、生理生化，遗传等方面的研究，对种质资源进行科学的分类，了解其种性及重要性状的遗传规律，特别是近年来利用分子生物学技术对种质资源的分类及有关重要性状的基因定位做了许多基础性研究工作，为进一步提高甘蔗有性杂交育种的效率提供了更坚实的理论依据。

一、甘蔗近缘植物和主要种的研究利用

（一）甘蔗近缘植物的研究利用 与当前甘蔗品种改良有较密切关系的近缘植物有芒属、蔗茅属和河八王属。

1. 芒属 芒属（*Miscanthus* Anderss）为多年生的高大草本，有根茎，秆直立且内充满白色软髓；花序为圆锥花序，易抽穗开花，花为两性花。芒属全世界约有20种，多分布于亚洲、太平洋诸岛屿、南非等地。我国常见的芒属约有10种。芒属体细胞染色体数有35、36、38、40、41、57、76、95、114等不同类型。芒属与甘蔗属杂交，其后代表现为很强的杂种优势和抗病性，在能源甘蔗选育、甘蔗抗逆性和抗病育种中具有广泛的应用前景。

2. 蔗茅属 蔗茅属（*Erianthus* Michx）为多年生直立的高大草本，无根茎，秆被髓填满；花序为圆锥花序，易抽穗开花，花为两性花。蔗茅属约有16种，分布于温带、亚热带和热带。我国已发现有台湾蔗茅（*Erianthus formosanus*）、滇蔗茅（*Erianthus rockii*）、蔗茅（*Erianthus fulvus*）和斑茅［*Erianthus arundinaceus*（Retz.）Jeswiet］4种。蔗茅体细胞染色体数有20、22、24、30、40、60等类型。用蔗茅属与甘蔗属杂交，后代生长势强，糖分下降不显著，分蘖多，特别耐旱。近年来对蔗茅属中的斑茅研究较多，由于它具有较强的抗病虫性、耐旱性、耐寒性及耐瘠性，宿根性好，分蘖性强，极粗生，适应性广，故欲通过有性杂交以利用其各种抗逆抗病性基因。蔗茅属是甘蔗生物量育种的重要亲本，亦是甘蔗品种抗性基因的来源之一。

3. 河八王属 河八王属（*Narenga* Burk.）为多年生高大草本，直立，具根茎；花序为圆锥花序，易抽穗开花，花为两性花。目前发现河八王属有两种，分布于亚洲东南部的热带、亚热带地区，在我国两种都有。河八王属染色体数为$2n=30$。河八王属耐旱、耐瘠，极易与甘蔗属交配获得杂种后代，并表现为早熟、分蘖强、抗病和耐渍。

（二）甘蔗属几种的研究利用 当前生产上使用的栽培品种基本上都含有甘蔗属中的热带种、细茎野生种、中国种、印度种和大茎野生种等5种中2种以上的血缘。育种上对各种都有较详细的研究和利用。

1. 甘蔗属热带种 甘蔗属热带种（*Saccharum officinarum* L.）又称为高贵种，原产于亚洲及太平洋诸岛屿，后传至世界许多地区。其品种类型多，具有许多优良农艺性状和经济性状（例如蔗茎粗大、多汁、蔗糖分高、纤维分低、蔗茎产量高），宜于加工制糖，但抗逆性和抗病虫性较差。其主要代表品种类型有黑车里本（Black Cheribon）、拔地拉（Badila）（俗称黑皮蔗）等，染色体数为$2n=80$。热带种在甘蔗育种中起重要作用，世界各地栽培的甘蔗品种均含有它的血缘，是甘蔗栽培品种蔗糖基因的最主要来源。但常用作杂交亲本的只有黑车里本和拔地拉等少数几个品种。其他品种有待开发利用。

2. 小茎野生种 小茎野生种（*Saccharum spontaneum* L.）俗称割手密种，分布范围从南纬8°至北纬40°，包括亚洲和大洋洲的热带和亚热带地区，在我国主要分布于华南、西南及喜马拉雅山麓一带，在国外主要分布于印度、泰国、缅甸、印度尼西亚、马来西亚等地。本种的品种类型很多，有根茎，茎秆纤维多，蔗汁少，蔗糖分低；但生长势强，分蘖力强，宿根性好，早生快发；耐旱、耐瘠、耐寒，有些类型能耐−25℃的严寒；早熟早开花和易开花；对花叶病、根腐病、赤腐病和萎缩病免疫。体细胞染色体数为40～128。小茎野生种是甘蔗育种抗性基因主要来源，当前的生产品种或多或少都含有这种的血缘。它与甘蔗热带种杂交所产生的甘蔗复合体使甘蔗主产区从热带推进到南亚热带和北亚热带，导致世界甘蔗产业一个多世纪的繁荣。

3. 中国种 中国种（*Saccharum sinense* Roxb.）在我国南方蔗区曾有广泛栽种，原产于我国，印度北部、伊朗等也有分布。本种蔗糖分颇高，植株高大，早熟，适宜制糖。其耐旱耐瘠力强，宿根性好，对萎缩病免疫，抗根腐病和嵌纹病。体细胞染色体数为111～120。其代表品种类型主要是竹蔗、芦蔗、友巴（Uba）等。本种开花较难，常用作亲本的为友巴。此种是甘蔗育种中抗逆性状和蔗糖基因的重要来源之一。

4. 印度种 印度种（*Saccharum barberi* Jesw.）主要分布于印度，早熟，分蘖多，耐寒力强，抗萎缩病和胶滴病，颇抗根腐病。体细胞染色体数为81～124。其代表品种为春尼（Chunnee），是印度早期甘蔗育种的重要亲本。此种是甘蔗品种蔗糖基因的另一重要来源。

5. 大茎野生种 大茎野生种（*Saccharum robustum* Brandes et Jew. ex Grassl.）分布于南太平洋新几内亚一带，其特点是蔗糖分低，纤维分高，宿根性好，抗风抗虫力强；体细胞染色体数为60、80、90、110、114～205；是甘蔗品种改良中抗风性状的主要种质资源。

（三）我国甘蔗种质资源利用的成就 为培育适应不同蔗区的甘蔗新品种，我国在甘蔗种质资源的研究利用方面取得显著的成就。我国台湾甘蔗糖业研究所利用大茎野生种作亲本，选育出PT43-52，并以此为主要亲本不断育出台糖系列和新台糖系列的新品种，例如台糖146、台糖152、台糖160、台糖172、新台糖4号、新台糖5号、新台糖7号、新台糖8号、新台糖9号、新台糖10号、新台糖16、新台糖22、新台糖25

等。海南甘蔗育种场利用甘蔗属热带种、甘蔗属小茎野生种、甘蔗属大茎野生种、蔗茅属的斑茅种等，创造了一大批优良亲本材料，其中一些已经为优良的常用杂交亲本，例如崖城 71-374、崖城 62-50、崖城 90-3、崖城 73-226，斑茅后代 YCE07-71、YCE07-65 等，并利用上述亲本杂交选育出 17 个甘蔗新品种在生产上大量应用。

二、甘蔗引种利用和品种类型

（一）甘蔗引种利用 根据本地区的自然条件及生产发展需要，引进外地的优良品种或育种材料，经试种试验在生产上推广或用作杂交亲本，这种方法对推动世界甘蔗品种改良和蔗糖业生产的发展起重要作用。我国过去和现在都积极与国外交换和引进品种，在生产上起到了不同程度的增产作用，有些亦成为我国品种改良的重要亲本。例如 POJ2878、Co419、Co290、选蔗 3 号、Nco310、闽选 703、CP65-357、ROC10 等品种在不同时期都成为我国一些蔗区的生产品种，也是我国甘蔗育种的重要亲本。但引种成功与否，关键在于引进的品种是否适应本地的自然条件。故引种时，一要掌握品种原产地与引进地区生态条件的差异程度；二要根据本地区生产上对良种的要求引进相应品种。一般而言，引种地区与原产地生态条件差异不大、可满足品种种性要求时，引种就容易成功。由于甘蔗品种适应性较广，虽然生态条件差异较大，好些品种仍可在当地生产上推广使用，故引进品种能否在生产上应用还要看品种对生态条件要求的严格程度。

（二）甘蔗品种类型 目前国内外甘蔗品种很多，为了更好地在生产上和育种上利用，可按蔗茎的大小、蔗糖分的高低或工艺成熟的迟早来划分为不同类型。

1. 按蔗茎大小划分 按蔗径大小可分为大茎品种、中茎品种和小茎品种 3 个类型。茎径大于或等于 3 cm 的称为大茎品种；茎径大于或等于 2.5 cm 且小于 3 cm 的为中茎品种；茎径小于 2.5 cm 的为小茎品种。大茎品种植株高大，一般分蘖力较弱，宿根性和抗逆性较差，但产量潜力大，在栽培管理和水肥条件好的情况下可获得高产。而中茎品种和小茎品种分蘖力较强，宿根性和抗逆性较强，适应性较广，稳产性好。

2. 按蔗茎蔗糖分高低划分 按蔗茎蔗糖分高低可分为高糖品种、中糖品种和低糖品种。蔗茎蔗糖分在 15%以上者为高糖品种，低于 13.5%的为低糖品种，介于二者之间者为中糖品种。当然，蔗糖分高低的划分标准可随着糖业生产和育种水平的提高而做相应的改变。

3. 按工艺成熟期划分 按工艺成熟期可分为早熟品种、中熟品种和晚熟品种 3 类。所谓早熟品种，就是它在榨季早期蔗糖分高，能为糖厂提供早熟原料蔗，有利于糖厂提早开榨；而晚熟品种则是榨季早期蔗糖分低，到榨季后期蔗糖分才高；中熟品种则介乎二者之间。在蔗糖生产中要提早开榨，延长榨季，同时又要提高整个榨季的产糖量，就必须因地制宜地按一定比例推广早熟品种、中熟品种和晚熟品种。育种上也应根据生产上对不同类型品种的要求而制定相应的育种策略，培育出各类型品种，满足生产上的需要。

第四节 甘蔗育种途径和方法

世界各国多数商业化甘蔗育种采用品种间杂交，无性系选择方法。此外，还开展了人工诱变、生物技术等新方法改良甘蔗品种的研究。

一、甘蔗品种间杂交育种

（一）亲本组合选配原则

1. 根据育种目标选配相应的亲本组合 不同蔗区自然环境条件、耕作制度和生产水平不同，甘蔗品种的具体性状要求也不同。要选育出适合于本蔗区生产要求的新品种，就必须按育种目标的要求来选配亲本。例如地处热带和南亚热带的广东西部、海南北部、云南德宏、广西南部等蔗区，气候温和，甘蔗生长期雨水充足，甘蔗生长期长，生产上要丰产潜力大的大中茎类型的高产高糖品种，因此选用的亲本大多是粤农 73-204、粤糖 93-159、粤糖 85-177、ROC 10 等大中茎型的高糖高产亲本。而地处北亚热带的广东北部、广西北部、福建中部、云南西部等蔗区早春回暖迟，初冬转冷早，常有霜冻危害，甘蔗生育期短，生产上适合栽培早生快发的中茎的早熟高产高糖品种，所以杂交亲本多选用 CP65-357、CP72-1210、崖城 62-70、崖城 71-374、福农 95-1702、福农 02-3924、桂糖 00-122 等优良亲本。广西中南部常受秋旱，云南的保山、临沧和红河等蔗区常受春旱等，相适应的品种亲本应选抗性强的品种，例如 ROC22、桂糖 94-119 等。

2. 利用优良性状多、配合力好的生产品种或亲本选配组合 各地生产上大面积栽培的品种一般具有较多的优良性状，用作亲本较容易出现综合性状好的后代。ROC22 是我国近年种植面积最大的栽培品种之一，丰产性好，抗旱，适应性强，利用它与海南割手密后代选配组合，杂交后代综合性状必然好，抗旱性亦强，适应性强，但后代感染黑穗病的概率大，另一亲本以抗黑穗病为宜。有的亲本如粤农 73-204 大茎高产，但蔗糖分较低，若用它作亲本与 CP72-1210 等高糖亲本杂交，选配组合，后代常出现高产高糖的材料，可能育成高优品种，例如粤糖 93-159、福农 95-1702 和粤糖 00-236 等高产高糖品种都是它的后代。

3. 利用遗传异质性大的亲本选配组合 两亲本的遗传异质性大，后代所含不同种的血缘数多，变异广泛，可能产生超亲的后代，选育出新品种。Co、CP、POJ 系列的品种，彼此相互选配组合，遗传异质性大，父本和母本的优良性状往往能够互补，因而育出新品种的概率大。国内外的许多著名品种例如台糖 134、Co419、桂糖 11 和粤糖 93-159 等都是利用上述不同系列品种杂交选育而成的。我国台湾省和美国夏威夷在选育抗风、抗倒的高产高糖品种中，引进大茎野生种血缘，扩大了亲本的血缘范围，培育出抗风抗倒的 F146 等新品种。

4. 以生产性组合和试探性组合相结合的原则来选配亲本组合 生产性组合是指经过实践证明其杂种后代适合当地气候条件，并选出过良种或较好育种材料的组合；试探性组合是指过去没有做的新设想组合。试探性组合经过实践证明后代综合性状好，可以上升为生产性组合。生产性组合定植的实生苗数多，一般重复杂交 3 年，选出若干优良品系便不再利用。因为从中继续选出更好的品种，其可能性较小。例如广东的生产性组合台糖 108×台糖 134，从 1954 年起陆续选出粤糖 54/143、华南 56/12、粤糖 57/423 等一批良种后，后来就再没有育出超越这些良种的新品种。所以试探性组合和生产性组合相结合，是一种在理论指导下不断创新、不断发展的选配亲本组合的方法。

（二）开花诱导

1. 光周期诱导 甘蔗需 12.0～12.5 h 光照才能进行花芽分化，这种光照范围称为引变光照。位于南纬和北纬的 10°～20°的地区，引变光照期长达 38～49 d，完全可满足甘蔗花芽分化的需要。建立在这些地区的甘蔗育种场，例如澳大利亚昆士兰（位于南纬 17°）、印度哥因拜托（位于北纬 11°）和我国海南甘蔗育种场（位于北纬 18°），绝大多数甘蔗亲本能在自然条件下抽穗开花。建立在纬度 20°以上地区的甘蔗育种场，例如美国路易斯安那州（位于北纬 30°）和佛罗里达州（位于北纬 27°）及我国台湾屏东（位于北纬 22°）甘蔗育种场，要保证甘蔗亲本开花，就要营建光周期室，进行人工诱导甘蔗开花。

海南甘蔗育种场的光周期处理方法是在 5—6 月开始进行日长为 12.25～12.50 h 的固定光照处理，在 9—10 月进行减光处理，每天减光 30～60 s。具体使用的固定日长和日长递减率，可根据处理材料的性质、目的、处理地区的霞光长短、处理方案等因素调整。光源一般可用白炽灯或日光灯。

2. 亲本花期调节 在自然条件适合甘蔗开花的地区，不同亲本开花的时间有早有迟。为使不同亲本能同期开花，需要调节亲本的花期。调节花期大多采用断夜和剪叶的方法。所谓断夜是指日出前或日落后用人工光照打破暗期，延迟早开花亲本的抽穗开花。美国佛罗里达州运河点甘蔗试验站利用断夜处理，将光期延长在 12.5h，处理 14d，平均延长开花 2.5d；处理 28d，延迟开花 12.6d；处理 42d，延迟开花 21d。品种最长的延迟开花时间是 10～70 d，处理期间愈长，延迟开花时间也愈长。所谓剪叶是剪去心叶或剪老叶留心叶，控制开花物质的积累浓度，以达到延迟早开花亲本的花期。我国海南甘蔗育种场的试验证实，剪叶一半可延迟开花 15～19 d，剪去心叶可延迟开花 5～29 d。

3. 花粉储存 花粉储存是近年来发展起来的一项新技术。其做法是，将甘蔗或其近缘植物的花粉采集后，经适当干燥，使花粉含水量保持在 10%以下，然后储存在低温冰箱中，可保存花粉生活力达数十天之久。美国佛罗里达州运河点甘蔗试验站自 1983 年以来利用此项技术，把割手密、蔗茅、芒、高粱及甘蔗的花粉储存于－80 ℃的低温冰柜，花粉生活力保存达 50 d 以上。我国广东省农业科学院甘蔗研究室采自割手密杂交一代的 8 个品系的花粉，在室温 22～25 ℃、相对湿度为 55%～65%的条件下自然干燥 1.5～4.5 h，然后把花粉装进塑料小瓶，密封后放进盛有碎冰粒的广口瓶内堆埋，再置于普通冰箱（－15 ℃）内储藏，花粉生活力可保存 23 d。这种技术可解决甘蔗杂交特别是远缘杂交中，亲本花期不遇的难题。

（三）杂交技术及种子收获储藏

1. 罩笼隔离授粉法 在田间母本旁树一个 T 字架，架下挂一个白纱布做的罩，以罩住母本花穗。开花时每天早晨从父本花穗上采摘即将开花的花穗，用纸包好，置于 500 W 白炽灯下烘干露水，待花药开裂后，将花粉授于母本花穗上，记明组合和杂交日期。每个花穗的花期为5～7 d，故要反复授粉5～7次。目前印度甘蔗育种场都采用此法，由于母本生长在田间，生长正常，结实率和种子发芽率均比亚硫酸法和高压法高，但此法较费工费时。

2. 亚硫酸液养茎授粉法 在杂交前一天17:00后、花穗75%以上抽出，可见花穗顶部的小花开花时，从田间砍下父本和母本穗茎，运回杂交室或树荫下，剪除大部分叶片，用清水喷湿花穗，用利刀削平穗茎基部后，立即插入盛有亚硫酸溶液［每升亚硫酸溶液含亚硫酸（以SO_2计）154.5 mg、硫酸39.1 mg和磷酸89.9 mg］的器皿内（器皿内溶液量为8～15 kg，加适量石蜡）。每条母本应配2～3条父本，父本花穗应高于母本花穗以利于授粉。亚硫酸溶液每隔1天更换1次。一直培养至授粉完毕结成种子为止。此法工作简便，可进行大量杂交，节约劳力，但其缺点是会引起死穗或花粉不发育和结实不饱满现象。

3. 包茎促根移置授粉法 此法是当父本和母茎孕穗时，选取梢部旗叶与花穗苞成30°～45°夹角、花穗苞形似毛笔嘴状的穗茎，自最高可见肥厚带以下80～150 cm（根据品种和长势确定）、有叶鞘包裹的茎段，去除其中2～4个节的叶鞘，包上促根营养基质（湿泥或苔藓），然后再用塑料薄膜包裹，用细绳将薄膜两端扎紧，促使茎节的根点生根。包茎后3 d即见长根，2周长即可形成根群。每隔几天从高压处上端注入水，以满足根系需水。在花穗抽出1/3～1/2、顶部可见少量小花开放时，自包茎处下端砍下穗茎，剪去大部叶片移至杂交小室。母本包茎处置于流动水中，父本多悬空，每天需注水以维持穗茎正常的生理作用。这种方法，耗资虽多，但效果很好，属最先进的一种杂交技术，美国路易斯安那州大学和农业部荷马甘蔗育种场均采用这种方法。而我国海南甘蔗育种场则在采用此法时稍加改进，即杂交时把父本和母本包茎生根株定植于杂交棚，效果亦很好。

上述3种授粉方法都需要在每天8:00—10:00，每隔1 h时左右用小竹竿或小木棍轻轻敲动父本穗茎一次，让父本的花粉散落至母本花穗上，授粉7～10 d，至母本开花基本结束止。授粉结束后，弃去父本穗茎，将母本穗茎移至种子（花穗）成熟区，置流动清水（包茎生根处理的）或继续用亚硫酸液保育穗茎直至种子成熟。

4. 杂交种子的收获储藏 杂交授粉结束后1个月左右，整个花穗种子可全部成熟（呈白色絮状）。由于种子有成熟后自行脱落的特性，故需防止种子脱落而散失。一般应在杂交结束后15 d左右，用打有小孔的塑料袋把母本花穗包套起来，用小绳将袋口下端连同穗轴一起扎住。当种子全部成熟并掉落袋中时，及时把花穗割下，晒3～4 d，种子含水量小于10%后，取出种子用纸袋装好，于低温干燥条件下储藏。一般在室温条件下，种子只能储藏较短的时间；而在低于冰点并干燥的条件下，可储藏1年或更长的时间。

（四）实生苗的选择

1. 选择原理 甘蔗杂交第一代就出现剧烈的分离，每株实生苗都表现出不同的特征特性，例如生长势强弱、蔗糖分高低、植株高矮、茎径大小都不一样。广泛的变异为选择提供了丰富的物质基础。一般而言，生长势是实生苗单株选择的主要标准，因为生长势是实生苗本身与外界环境条件相互作用的综合体现，生长势好坏，直接影响产量的高低。甘蔗产量由株高、茎径和有效茎数构成。通过对各个单株的生长势、茎径大小、植株高矮和茎数多少的外观调查，即可淘汰70%左右的实生苗，剩下30%实生苗则以锤度高低来衡量。生长势好、锤度高是理想的入选对象，但生长势好、锤度稍低的单株不宜轻易淘汰。经过锤度测定，又可淘汰20%的实生苗。剩下的10%左右的实生苗则应以一些农艺性状（例如蔗茎有无空心、有无孕穗、抗病虫性等）进一步选择。最后，剩下5%～8%便是实生苗的入选率。

2. 选择方法 为提高实生苗的选择效果，避免漏选和滥选，生长后期的鉴定选择一般分3次进行。10月进行初选，对各组合的各个单株进行植株高矮、茎径大小、有效茎数、抗病虫性、生长势等综合调查，凡综合性状比较好的，作为初选单抹，并用手提折光计测定主茎基部锤度。12月进行复选，在初选基础上全面观察有无漏选，再测定初选单株分蘖茎中部的锤度。第3次为收获前决选，测定入选单株分蘖茎中部的锤度，同时调查蔗茎实心的程度。凡锤度低、蔗茎空心或绵心严重者则淘汰。入选单株砍成全茎苗或半茎苗留种，并按组合顺序编以入选株号。

（五）无性世代的选择

1. 选择原理 从实生苗入选的单株，经无性繁殖成单系（选种圃）阶段开始，直至多年多点区试阶段，统称为无性世代。虽然无性繁殖，其基因频率和基因型频率不变，但由于环境因素的影响，历年的表现不尽相同，尤其是数量性状，例如株高、茎数、蔗茎蔗糖分等年度间或地点间的表现均有变化。为有效地进行选择，无性世代各阶段都要种植对照种，与参试无性系进行比较。随育种程序的进展，入选系逐年减少，每个无性系种植的面积逐年扩大。凡农艺性状和经济性状优于对照种者入选，否则淘汰。

2. 选择方法

（1）第1年从选种圃中选择单系，来年进入鉴定圃 单系选择时间和性状调查项目与杂种圃中对实生苗的选择、调查基本相同，但应增加萌芽率和分蘖率，有台风危害的地区还应调查倒伏程度。选择标准包括萌芽、分蘖、生长势、前期和中期及后期的株高、茎径、有效茎数、锤度、抗逆性等。凡锤度高、生势好、单株生产率比同熟期对照种高且抗病虫害的即可入选，供下一年继续培育选择。如发现特殊优良单系，可加速繁殖。选择后一般不留宿根，如有条件可留宿根观察。

（2）第2年从鉴定圃中选择品系，来年进入预试圃或品比圃 参试品系的调查和鉴定分期进行。调查项目和选择方法基本与选种圃相同。为确定品系的早熟、中熟、迟熟性，最好分2～3期进行蔗糖分分析。选择标准是：凡农艺性状好，蔗茎产量及含糖量高于同熟期对照种10%～15%或以上者即可入选，供下一年继续选择，收获后留宿根以观察其宿根性状。

（3）第3年和第4年从预试圃（预备品系比较试验）和品系比较圃（品系比较试验）选择品系，来年进入区域试验 预备品系比较试验是正式品系比较试验前的比较试验，其作用是加大种苗的繁殖量，为进一步的品系比较试验提供足够种苗。若已有大量种苗，则可省去预备品系比较试验。预备品系比较试验和品系比较试验的内容和要求基本一样。其田间调查项目和时间与鉴定圃相同，增加定株观测月生长速度。从10月开始至收获时止，进行3次蔗糖分分析（生长期短的地区可按实际情况确定）。预备品系比较试验和品系比较试验的选择标准是：结合上年度的宿根观察做综合分析，并经产量和含糖量的统计分析。凡比同熟期对照种增产达显著水准者为入选品系。若其中单位面积含糖量比对照种增产10%以上，应尽量多留种苗，以供下一年试验。选择后仍留宿根观察其宿根性状。

（4）第5年从品系比较圃入选的品系参加国家级或省级组织的区域试验，经受不同生态环境的选择，符合品种登记标准的，登记为新品种 调查项目和选择方法可参照品系比较试验（或区域试验统一标准）。选择标准是：试区收获称产和检糖，计算产量及含糖量，比当地对照种确实增长10%以上，经过新植及宿根试验证实比对照种优良，即可申报品种登记，成为新的优良品种。

二、甘蔗远缘杂交育种

甘蔗远缘杂交包括属间远缘杂交和种间远缘杂交，其目的是要把近缘属和野生种的强生长势和抗性基因引入栽培甘蔗。

（一）属间远缘杂交

1. 甘蔗属与芒属杂交 甘蔗属与芒属杂交（*Saccharum*×*Miscanthus*）在我国台湾省利用较多。用POJ2725与*Miscanthus japonicus*杂交，发现后代产生两类杂种：OOM型和OM型，染色体数分别为$2n+n=126$和$n+n=72\sim74$。前者似蔗，茎粗且长，叶片较宽，蔗糖分也高；后者似芒，生势差，蔗糖分低。利用甘蔗栽培品种与*Miscanthus sinensis*杂交，培育出F_1、BC_1、BC_2、BC_3，各代实生苗共64 075株。从BC_2选出的SM8332，生长12月，产量达180 t/hm^2（亩产蔗量12 t），可能成为高生物量的能源品种。4个世代的杂种都表现对霜霉病、梢腐病有较强抗性。目前该项研究由于台湾甘蔗糖业研究所的停办而中止，这些中间材料是宝贵的资源。

2. 甘蔗属和蔗茅属杂交（*Saccharum*×*Erianthus*） 印度尼西亚爪哇最早以热带种EK28为母本，蔗茅属*Erianthus sara*为父本杂交，获得600株实生苗，从中选择16株进行细胞学研究，发现体细胞染色体数为61～69。以后不断有人用热带种、割手密与蔗茅杂交，虽都获得杂种，但尚未育成一个生产品种。我国对该属的滇蔗茅、蔗茅和斑茅都进行了杂交利用和相关研究，获得一批很好的材料。海南甘蔗育种场致力于海南斑茅的研究，云南农业大学和云南省农业科学院则致力于蔗茅、滇蔗茅和云南斑茅的研究。海南甘蔗育种场获得的第一批被鉴定为斑茅的真杂种的是崖城73-07和崖城73-09，由于这两个无性系不育，一直没能得到BC_1代材料。20世纪90年代起，该场把重点放在已被鉴定为斑茅F_1代真杂种的无性系的回交利用上，利用F_1代真实杂种作母本与品种杂交配制杂交组合，2001年以后成功地选育一批斑茅第二代杂种及更高代无性系。这些材料在花粉育性方面也有不同程度的恢复。至2007年，海南甘蔗育种场共筛选出F_1代无性系27个，BC_1代单株系200多个和300多份BC_2代单株系，这些无性系在茎径、锤度等农艺性状有很大改进，现

今已有不少 BC_3 代、BC_4 代或更高代材料，虽然至今尚未选到经鉴定可供生产或育种应用的品种，但斑茅后代 YCE07-71、YCE07-65 等已作为亲本广泛杂交利用。福建农林大学对后代的染色体研究认为 F_1 代染色体类型基本为 $n+n$ 型，BC_1 代类型复杂，大部分为不平衡的 $2n+n$，有些材料所含斑茅的染色体数超过其母本 F_1 代，BC_2 代及更高代材料基本为 $n+n$ 型。

3. 甘蔗属与河八王属杂交（*Saccharum*×*Narenga*） 河八王属极易与甘蔗杂交，且具有早熟、生长直立、分蘖性强、抗黑穗病、抗嵌纹病、耐淹等优良性状，因此甘蔗育种家和遗传学家很早就进行热带种、大茎野生种、割手密与河八王属之间的杂交并获得不少杂种。这些杂种的染色体类型多为 $n+n$ 型，但亦出现 $2n+n$ 和 $n+2n$ 类型，这对研究属间杂交的遗传极具吸引力。但由于杂种性状多表现为两个属的中间类型且早开花，故至今还未见育成生产上使用的品种。

除上述属间杂交外，甘蔗与高粱、玉米、竹之间的远缘杂交也都有报道。特别是我国海南甘蔗育种场用高粱与甘蔗杂交，欲培育出粮糖兼用的高粱蔗，在 20 世纪 80 年代中期，曾有几个高粱蔗品系在山西、陕西等地试验推广，但由于加工利用等问题而未能在生产上大面积应用。

（二）种间远缘杂交

1. 热带种与小茎野生种杂交 热带种是发现甘蔗有性繁殖前的主要栽培之种，由于抗病性和抗逆性差，故与小茎野生种杂交，导入其抗性基因，是两种之间杂交的主要目的。1917 年甘蔗育种家 Jesweit 在印度尼西亚爪哇发现热带种黑车里本（Black Cheribon，$2n=80$）与小茎野生种 Glagah（$2n=112$）的天然杂种 Kassoer（$2n=136$）后，提出高贵化育种（noblization breeding）的理论，即热带种与小茎野生种杂交，其杂种后代不断与热带种（又称为高贵种）回交，直至选出高糖、高产、多抗的栽培品种。其实际育种过程是，用 Kassoer 回交热带种 POJ100 的 BC_1 代选出 POJ2364，再回交热带种 EK28，再从 BC_2 代选育出 POJ2878、POJ2725 等 4 个品种。其中 POJ2878 成为全球性栽培品种和最优异的亲本。在高贵化育种理论指导下，许多国家都先后开展热带种与小茎野生种的杂交，都取得不同程度的进展。我国海南甘蔗育种场用热带种 Badila 与崖城割手密（小茎野生种）杂交，育出崖城 58/43 和崖城 58/47，再以其为亲本回交热带种后代而育成一系列优良品种和杂交亲本。

2. 热带种与印度种杂交 印度种具有早熟、抗病、耐寒等特性。为把印度种的这些特性导进生产品种，印度尼西亚爪哇育种者用热带种黑车里本与印度种春尼杂交，选出 POJ213 和 POJ234，曾在美国、印度和我国台湾大量栽培。印度育种者再用 POJ213 与印度割手密后代 Co291、Co206 杂交，选育出含热带种、印度种和割手密 3 种血缘的 Co290 和 Co281，成为适应亚热带栽培的优良品种和杂交的优异亲本。我国育成的许多品种也具有它们的血缘。

3. 热带种与大茎野生种杂交 大茎野生种生长旺盛而高大、茎皮坚硬、抗风等抗逆性强。美国夏威夷用 POJ2878 与大茎野生种杂交，育成含热带种、割手密和大茎野生种 3 种血缘的品种 H32-6774，其后代 H34-1874 与 H32-8560 杂交，育成具有热带种、印度种、割于密和大茎野生种 4 种血缘的 H37-1933，成为夏威夷二年生的主要栽培品种和杂交亲本。我国台湾省也利用热带种与大茎野生种杂交的后代 PT43-52 为亲本，培育出抗风抗倒的 F146、F160、F167、ROC10、ROC16、ROC22、ROC25 等优良品种。近年来，印度、澳大利亚、巴巴多斯等国都进行了大茎野生种的杂交研究，并取得可喜的进展。

三、甘蔗自然变异和辐射诱变育种

（一）自然变异的利用 甘蔗的自然变异是指甘蔗无性繁殖过程中受外界环境条件的作用引起其性状的遗传突变。由于这种突变通常发生在一个变异了的芽所长成的植株上，故又称为芽变。利用芽变经选择可培育出新品种。爪哇从 POJ36 中选出有条纹的突变种 POJ36（M）；我国台湾省从 F108 选出有条纹且分蘖性比较强的芽变种 F1108；福建省从品种华南 56-12 中选出有效茎数多、高产、早熟的芽变种仙游 8 号，曾在生产上大面积使用。

利用自然变异的关键是鉴别芽变株，一般茎色、茎型等外观性状的变异较易识别，而高蔗糖分高产量的变异较难识别。这就要求芽变选种时，要围绕目标性状把具有优变的芽变种选出来，并与原来品种进行多年观察比较，最后参加品系比较试验，与当地生产品种比较，才确定其优劣和利用价值。

（二）辐射诱变育种 甘蔗辐射诱变育种中采用较多、效果较好的是 γ 射线辐射。澳大利亚用 γ 射线照射 Triton，获得不抽穗的突变体；印度用 γ 射线处理迟熟品种 C0419，选出 2 个早熟高糖的突变体。广州甘蔗糖业科学研究所用γ射线处理低糖、迟熟、高产的粤糖 71-210，选出粤糖辐 1 号，其产量与供体品种粤糖 71-210 持平，但蔗糖分提高 0.801 个百分点，在此基础上，再用快中子进行照射，选育出粤糖辐 83-5 号，比粤糖辐 1 号和粤糖 71-210 分别增产 5.2%和 7.4%，且蔗糖分增加 0.91 个百分点和 1.51 个百分点。1992 年此辐射新品种通过鉴定，成为一个推广品种。

辐射诱变育种一般选用综合性状较好，但存在 1～2 个缺点有待改进的品种或品系作处理材料，对蔗芽进行照射。一般对未萌动的单芽进行照射时，其剂量以 1.548～2.322 C/kg（6 000～9 000 R）为宜；萌动芽的照射剂量以 0.258～1.032 C/kg（1 000～4 000 R）较适合。辐射芽经假植于苗床出苗后，才定植于试验区。辐射材料定植后，从整个群体来说，表现植株变矮、蔗茎变小、芽大等产量性状及农艺性状变劣者为多，但锤度则无明显的变异规律。然而群体中亦有少数优变个体，这些便是重点选择的对象。因此第 1 年对 M_1 代就要进行选择，选出的变异株系在引变圃中观察 1～2 年，便可参加常规育种程序的品系比较试验进行选育。

四、甘蔗组织离体培养育种

甘蔗愈伤组织离体培养是近几十年来兴起的一项甘蔗育种辅助技术。1964 年美国夏威夷首先报道甘蔗组织培养出绿苗。1970 年我国台湾糖业研究所和福建农学院开始应用组织和细胞培养技术进行甘蔗品种扩繁和改良研究，至 20 世纪 80 年代前期已选到 3 个高产量、2 个高蔗糖分和 1 个抗黑穗病的品系。我国的组织培养研究规模最大，在 1979 年中国科学院遗传研究所和广州甘蔗糖业研究所以粤糖 70/23、F134、崖城 62/70、甜城 70/739 等品种进行花药培养并成功地获得花药的愈伤组织，分化出 300 多植株，并发现一个变异体 70/23-1，其蔗茎颜色由深紫红色变为古铜色，蜡粉明显增加，由蒲心变为实心，植株整齐直立，锤度有所提高。虽然还未培育出生产上推广的新品种，但为甘蔗品种改良开辟了一条新途径。

（一）培养基成分和培养技术 甘蔗组织培养的常用培养基是 MS 和 N_6 两种。MS 培养基的特点是无机营养的数量和比例合理，均能满足培养细胞的营养和生理要求，对愈伤组织的诱导和幼苗的分化效果较好。N_6 培养基的特点是通过一次接种培养，即可诱导分化出幼苗，但分化率低，苗弱根少，移植后成活率不高。

甘蔗组织培养一般取蔗茎梢部的嫩茎或嫩叶作外植体，经消毒，在无菌条件下，切成 3 mm 厚的薄片，接种到装有培养基的试管中。置于 26～28 ℃黑暗条件下诱导愈伤组织，7 d 左右愈伤组织出现，14 d 左右长成胚性细胞团。当胚性细胞团增殖到一定数量时，转移到分化培养基中培养，每天给予 12 h 黑暗和 12 h 光照，10 d 左右就可分化出幼苗，待组织培养幼苗叶茂根壮后，从试管移到装有细沙土的营养盘中继续培养，苗高 10 cm 左右再分株定植到苗圃。

（二）组织离体培养中的遗传变异及其利用 甘蔗为异源多倍体和非整倍体，通过组织培养从不同细胞层分化的再生无性系，会出现不同于供体的多倍体。这些再生无性系，从植株的形态特征、染色体数目、同工酶谱等方面均发生变异。这些变异构成了遗传多样性的基本群体，育种者可从这类基本群体中选出优良个体。因此组织培养出的幼苗定植于大田时，每隔一定株数要种植供体品种，以便于观察比较。这些组织培养无性系在大田大多数表现为分蘖力增强，有效茎增多，蔗茎变小，锤度稍低；但也会出现蔗茎增多且茎径较粗、锤度较高的优良单株，是选育新品种的对象。入选单株无性繁殖，逐年与供体或当地生产品种进行试验比较，直至选出符合育种目标的新品种。

目前许多国家结合组织培养技术，进行抗性育种，例如在培养基中增加 NaCl 浓度，选育耐盐碱变异体；或在培养基中长出愈伤组织时注入病菌，以筛选抗病品种；或结合人工诱变手段，对愈伤组织用γ射线处理，以扩大遗传变异。这些研究都取得了不同程度的进展。

第五节 甘蔗育种新技术的研究和应用

科学技术的迅猛发展和各科学间的相互渗透、相互促进，特别是分子生物学的发展和生物技术体系的建立，为作物品种遗传改良提供了更有效的手段。近年来，生物技术在甘蔗品种遗传改良上的应用有长足的发展，在此就其研究和应用的现状做概要介绍。

一、甘蔗转基因的研究和应用

许多国家开展了转基因甘蔗研究，并进行了田间试验，但至今只有巴西的抗虫转基因甘蔗获批在生产上种植，且推广应用迅速。自1992年澳大利亚昆士兰大学Birth实验室报道了第一例转基因甘蔗以来，国内外开展了一系列针对不同目标性状改良的转基因甘蔗培育。国外，针对提高抗虫性、提高甘蔗利用价值，把甘蔗作为生物反应器，用来合成聚羟基脂肪酸酯（polyhydroxyalkanoate，PHA，一种在环境中可以降解的热塑性塑料）均有报道，但是甘蔗作为生物工厂的潜力还远未充分地被开发出来。

我国甘蔗转基因的研究主要以福建农林大学和中国热带农业科学院为主，并先后获得了转甘蔗花叶病毒（*Sugarcane mosaic virus*，ScMV）和高粱花叶病毒（*Sorghum mosaic virus*，SrMV）的外壳蛋白基因或*P1*基因的转化事件；针对抗旱性改良转脱水反应元件结合蛋白（dehydration-responsive element-binding protein，DREB）和海藻糖合酶基因的转化事件；针对黑穗病抗性改良转几丁质酶和β-1,3-葡聚糖酶基因的转化事件；针对培育抗多个病毒株系利用RNA干扰（RNAi）技术靶向病毒蛋白基因的转化事件；针对提高抗螟虫性转*cry1Ac*、转*cry2A*的转化事件。广州甘蔗糖业研究所在针对提高甘蔗钾利用效率的转基因甘蔗研究上也取得明显进展。福建农林大学研制的转甘蔗花叶病毒外壳蛋白基因为我国第一例申请并获准进行转基因甘蔗中间试验安全性评价的转化事件。之后，中国热带农业科学院生物技术研究所的甘蔗转化事件也获准进入中间试验安全性评价。目前，国内甘蔗已经有十几例被批准进行中间试验安全性评价，部分已经完成环境释放安全性评价。尽管转基因在定向改良甘蔗品种、从而提高甘蔗目标性状选择上有突出的优势，但是由于转基因甘蔗依然需要通过育种程序，在田间对目标改良性状和该品种原有的性状进行再评价，因此依然需要长时间获得通过转化培育的转基因品种，加上转基因品种商业化释放前昂贵的判定费用和转基因管理的要求，这些都导致转基因甘蔗商业化应用进程非一日之功。甘蔗转基因植株筛选流程如图28-1所示。

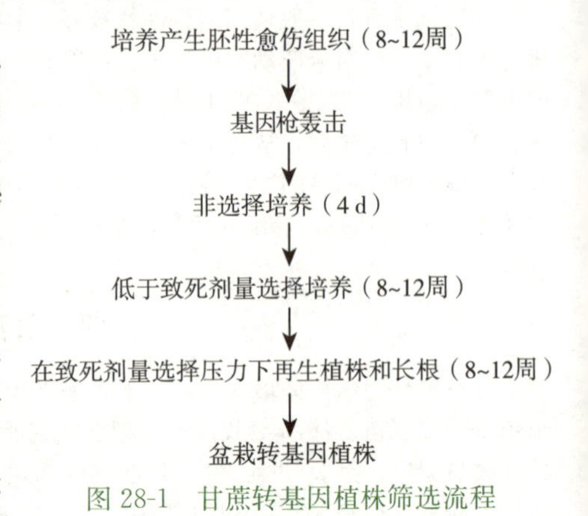

图28-1 甘蔗转基因植株筛选流程
（引自 Birch，1997）

二、分子标记在甘蔗遗传育种上的研究和应用

甘蔗分子生物学研究常用的分子标记技术有限制性片段长度多态性（RFLP）、随机扩增多态性DNA（RAPD）、扩增片段长度多态性（AFLP）、荧光原位杂交（FISH）和简单序列重复（SSR）。主要是利用这些分子标记技术进行甘蔗的分类、遗传图谱及基因定位等方面研究，近年相关报道比较多，简单分述如下。

（一）限制性片段长度多态性应用于甘蔗研究的进展 限制性片段长度多态性是较早应用于甘蔗基因标记的分子标记技术。Da Silva等用限制性片段长度多态性标记制作了2张割手密的分子连锁图。Ulliam等在康奈尔大学绘制了第1张甘蔗限制性片段长度多态性图谱。D'Hont等对热带种与斑茅的杂种进行限制性片段长度多态性研究，在杂种细胞中发现许多来源于父本的限制性片段长度多态性谱带。Daugrois等利用限制性片段长度多态性技术建立的遗传图谱标记了甘蔗栽培品种R570抗锈病基因。Besse等用限制性片段长度多态性标记对65个蔗茅属和14个甘蔗属的材料进行了分析，结果显示蔗茅属与甘蔗属的亲缘关系较远；在蔗茅属中，*Erianthus elephantinus*和*Erianthus ravenna*两种的亲缘关系较近，而它们与蔗茅属中其他无性系的距离最远。

（二）随机扩增多态性DNA应用于甘蔗研究的进展 Huckett和Botha在甘蔗家系里检测随机扩增多态性DNA标记技术的稳定性和应用潜力，分析了甘蔗栽培品种N11和Nco376的系谱。印度Nair等用随机扩增多态性DNA标记分析甘蔗属及其近缘植物的遗传多样性，将供试材料分成6类，同时他还用此技术分析了28个印度甘蔗栽培种的分子多样性，结果显示28种的亲缘关系达29.31%。曾华宗等对甘蔗种质间的亲缘关系及特异标记进行了随机扩增多态性DNA技术分析，筛选出25个扩增多态性较强的随机引物，构建了41份甘蔗种质资源的随机扩增多态性DNA指纹图谱。陈辉等利用随机扩增多态性DNA标记对195份来自全国不同生态类型的甘蔗细茎野生种进行的遗传多样性研究时发现，随机扩增多态性DNA标记具有从低海拔、低纬度到高海拔、高纬度演化发展的地理分布特点；同时，根据研究结果，初步推断云南是甘蔗细茎野生种的起源中心之一。

（三）扩增片段长度多态性应用于甘蔗研究的进展 澳大利亚 Besse 等用扩增片段长度多态性评价了甘蔗种质资源的遗传多态性，相似系数和聚类结果揭示了甘蔗属和蔗茅属的遗传结构与用其他类型分子标记获得的结果一致。李鸣等采用扩增片段长度多态性技术，从 64 对引物中筛选出 5 对多态性丰富且分辨能力强的引物，认为可以应用扩增片段长度多态性技术鉴定甘蔗品种。庄南生等应用扩增片段长度多态性技术对甘蔗祖亲种进行扩增片段长度多态性分析，获得了 487 条特异片段，对部分扩增片段长度多态性特异片段进行斑点杂交与 Southern 杂交分析，结果有 5 个可作为甘蔗属特异探针、2 个可作为斑茅特异探针，用于针对利用甘蔗属近缘属植物斑茅种质杂交后代的真实性检测。Asnaghi 等用扩增片段长度多态性标记对甘蔗抗锈病基因 *Bru-1* 进行目标图谱定位。

（四）基因组原位杂交和荧光原位杂交应用于甘蔗研究的进展 D'Hont 等在利用基因组原位杂交（GISH）方法分析上做了比较多的工作，它们分析了 10 个甘蔗栽培种的染色体构成、热带种与斑茅的杂种后代、印度种和中国种的染色体组构成及其来源，他们还证明了印度种和中国种都源于 *Saccharum officinarum* 和 *Saccharum spontaneum* 的杂交种。福建农林大学（邓祖湖，2010；吴嘉云，2013）利用基因组原位杂交技术研究了甘蔗与斑茅杂交后代 F_1 代、BC_1 代、BC_2 代、BC_3 代和 BC_4 代的染色体构成，探讨斑茅染色体在杂交后代的遗传模式。研究结果表明，5 个甘蔗与斑茅杂交 F_1 代染色体数目都在 68～70 条，作为父本海南斑茅 92-105 和 92-77 的染色体数目均为 $2n=60$，斑茅染色体在 F_1 代中含有 29～30 条，所以 F_1 代是以 $n+n$ 的方式遗传的。BC_1 代中，染色体总数在 120～132 条，其中含有斑茅的数目在 22～36 条，而其母本含有斑茅染色体数目在 28～30 条，所以斑茅的染色体都基本是按照 $2n+n$ 的方式传递的，个别材料的斑茅染色体数超过母本（F_1 代）$2n$ 的斑茅染色体数，可见甘蔗杂交后代染色体遗传的复杂性。

（五）简单序列重复标记应用于甘蔗研究的进展 在甘蔗上，简单序列重复标记应用于研究甘蔗种质资源遗传多样性和亲缘关系取得了进展。Cordeiro 等利用 6 对简单序列重复引物对 66 个甘蔗属的热带种、细茎野生种、中国种及近缘种等进行了遗传多样性分析，结果产生了 187 个等位基因。Pan 等把简单序列重复分子标记技术结合到常规育种中，利用简单序列重复对杂交材料与亲本进行遗传分析，可以剔除假杂种，提高选育种的效率。简单序列重复还可用于甘蔗遗传连锁图谱构建，Garcia 等将 64 个简单序列重复位点定位于甘蔗的一个种内重组自交作图群体分子连锁图谱上。

随着分子生物学技术的发展，一种基于微卫星荧光标记的检测效率高、全自动的荧光简单序列重复检测技术逐渐发展起来，实现了简单序列重复标记与高效、自动化技术的结合，因此简单序列重复分子标记技术将有更大的开发前景与应用空间。

来自基因组的简单序列重复（genomic simple sequence repeat，gSSR）和来自表达序列标签的简单序列重复（EST-SSR）也陆续被用于甘蔗种质资源的遗传多样性研究。

尽管分子标记辅助选择迄今尚未在甘蔗育种上广泛应用，但是通过染色体步移方法（Le Cunff L. 等，2008）开发出的 Bru-1 和 Bru-2 两个单倍体型的基因标记位点，对于鉴定具有抗锈病性的基因，培育具有持久抗锈性的甘蔗品种或种质具有潜在的用途。分子标记辅助选择育种研究领域另一方面工作是构建遗传连锁图谱，因为来自分子标记的信息对遗传研究起决定性的作用，但是建立在分子标记基础上的可靠的遗传连锁图谱需要进一步增加序列装配精确度，才能找到与数量性状变异有关的基因组区域，或者称之为数量性状基因位点。目前，尽管已经采用限制性片段长度多态性（RFLP）、扩增片段长度多态性（AFLP）、来自表达序列标签的简单序列重复（EST-SSR）、来自基因组的简单序列重复（gSSR）、多样性微阵列技术（DArT）和目标区域扩增多态性（target region amplification polymorphism，TRAP）分子标记方法，从 13 个作图群体中制作了 19 张甘蔗遗传连锁图谱（这些图谱是以 1 500～2 000 个标记为基础所构建的），但是迄今还没有覆盖所有甘蔗染色体的饱和的遗传图谱（Wang J. 等，2010）。

甘蔗的许多重要的经济性状是由微效多基因控制的数量性状，而利用分子标记可测定出数量性状基因位点，这就为甘蔗的许多重要的数量性状进行数量性状基因位点定位并对与之紧密相连的有关标记性状进行间接选择即分子标记辅助选择（MAS）提供了可能。随着分子生物学的不断发展和生物技术的日趋成熟，生物技术在甘蔗品种的改良中将发挥越来越重要的作用。

第六节 甘蔗育种田间试验技术

一、甘蔗实生苗的培育技术

（一）播种及育苗技术

1. 播种前的准备工作

（1）苗床土壤选择和处理　甘蔗种子小，养分少，生活力弱，一般都要进行育苗、假植，才定植于大田。苗床用的土壤要求疏松，排水性能好，没有杂草种子。一般以砂壤土加入20%～30%经筛过的腐熟堆肥为苗床土。土壤要经过消毒，消毒的方法：用1.96×10^5 Pa（2 kg f/cm^2）压力高压消毒2 h，以杀死病菌及杂草种子；或用火炒土，炒至土壤呈白色为度；用火烧土亦可。

（2）苗床选择与整地　苗床应选地势较高、靠近水源、阳光充足的地方。整地要细致，除干净杂草，然后做成高10 cm、宽1 m、长约2 m的畦，畦面平整后，铺上一层厚约10 cm经消毒的土壤，刮平畦面即可播种。有条件的地方应尽量采用播种箱播种。

2. 播种

（1）播种期　种子的萌芽要求一定的温度，18℃以上发芽正常，25～30℃较理想，30～35℃发芽最快。各地应根据当地气温确定播种期。有温室设备的可以提前播种。

（2）播种量与播种方法　不同组合的种子发芽率差异较大，播种前应进行发芽试验，以确定播种量。一般要求每平方米面积内出苗900株左右为宜。播种时将种子均匀播于苗床畦面或播种箱土表面，稍加压力把种子压平，用喷雾器喷水至饱和，然后薄盖一层已消毒河沙，其厚度以见到少许种子为度。

3. 苗床幼苗期管理　播种后至假植有30～40 d的苗床期，必须做好下列工作。首先要注意苗床的保温保湿工作，苗床土壤温度应保持在25～30℃，土壤要保持湿润，以加快种子萌发。如遇外界温度低于18℃时，应加盖塑料薄膜，并设法加温。幼苗期既要注意苗床土壤湿润，又不能积水，以免影响幼苗生长。种子发芽至3片真叶时，易发生病害，特别在低温阴雨的天气，更易发病，故需认真做好防病治病工作，一般每隔3～4 d喷多菌灵或百菌清溶液（浓度为0.1%）1次，并适当控制水分。发现病株应立即拔除。当幼苗长出3片真叶后，应及时施肥，掌握由淡到浓、勤施、看苗施肥的原则。一般每隔5 d左右喷施0.1%～0.3%硫酸铵溶液1次，随着苗龄增长逐渐增加肥液浓度，但施肥量不宜过多，以免幼苗纤弱，抗病力差。在外界温度较高的情况下，盖薄膜者应揭膜，若在温室内用播种箱播种的，则应将幼苗搬到室外炼苗，以达壮苗的目的。

（二）实生苗的假植和定植

1. 假植　当幼苗有5～6片真叶时，便可进行假植。选择靠近水源和排水方便的肥沃土地作假植苗床。苗床宽为1.0～1.3 m，长度依地形而定。以腐熟堆肥作基肥，泥土要细碎。以阴天或16:00后假植为宜，株行距为0.1 m×0.1 m左右。假植时把实生苗的叶片剪去顶部，移植后要淋足水。有条件的应尽量采用营养钵假植。假植后回青前，每天上午和下午各淋水1次，以后要积极防除杂草及病虫害，每隔5～7天施肥1次。

2. 定植　当假植实生苗生长30 d左右，开始分蘖时，便可定植。定植时按组合顺序依次种植，定植行距为1.0～1.2 m，株距为0.3～0.4 m。定植时要带土起苗，并剪去叶片端部。定植后及时灌水以保证幼苗回青快。以后的施肥、中耕、除草、培土、防治病虫害等田间管理按甘蔗大田生产方法进行。

二、甘蔗无性世代的试验技术

甘蔗无性世代的试验，一般分在4个圃进行。各圃试验技术如下。

（一）选种圃试验技术　将入选的优良单株，按入选序号单芽种植，每个单株按种苗数量种植1行，行长为3～5 m，行距为1.0～1.2 m，株距为0.3 m，每个单株为1个小区，每10个小区设1个对照种。试验区周围种植保护行，田间管理按大田生产方法进行。

（二）鉴定圃试验技术　从选种圃入选的单系进入鉴定圃试验，由于各单系有一定的种苗数量，设重复2次，双芽苗种植，每个单系种2～3行为1个小区。小区可随机排列，行长、行距、株距与上一年相同。每个重复设不同熟期的对照种1～2个。田间管理按一般大田生产方法进行。

（三）预备品系比较圃试验技术 依从鉴定圃入选的单系种苗数量来决定小区大小及重复次数，一般小区3～5行，行长为10m，重复3～4次，株行距与上年相同。采用随机区组排列，按早熟组和中迟熟组两组设置不同的对照种以进行比较。田间管理与上年同。

（四）品系比较圃试验技术 如果上一年试验小区面积过小，重复次数只有3次时，可以将入选品种再进行品系比较试验，扩大小区面积至33 m^2以上（3～5行区），增加重复数，或采用拉丁方排列，以增加试验的可靠性。若上年度试验比较准确，则本年度的试验设计、内容与上年度试验基本相同。

三、甘蔗品种中间试验和品种审定（登记）

（一）品种区域试验及生产试验 品种区域试验和生产试验是由国家和地方人民政府农业主管部门根据《种子法》规定组织的，由育种单位或育种家推荐或申请的多年多点试验。我国甘蔗品种区域试验在主产区设立14个以上有代表性的生态点试验，目的在于测定目标性状的稳定性和参试品种的丰产、优质特性以及品种适应性。试验周期为“两新一宿”，单点田间试验设计采用完全随机区组设计，3次重复，设置早中熟和中晚熟双对照，5行区，并设采样区，观察记载目标性状，试验结果采用联合方差分析和稳定性分析。区域试验选出的优异品种，则进一步进行生产试验（又称为表证示范），田间设计采用对比法，每小区面积应在330 m^2以上。

（二）品种审定及品种命名 通过品种区域试验及生产试验的品种，经过统计分析认为增产显著，符合品种审定标准，即可向国家或地方品种审定委员会申请品种审（鉴）定。品种审（鉴）定是在种子管理机构主持下，组织品种审（鉴）定委员会对新品种选育过程和结果做出科学评价；对具有独特性状的遗传稳定且具有生产价值的新品种颁发新品种审（鉴）定证书。2017年后，我国只有5种农作物进行审定，甘蔗作为29种重要的非常主要农作物之一，采用品种登记制度。

第七节 甘蔗种苗生产技术

一、甘蔗品种布局和加速繁殖方法

（一）甘蔗品种布局 甘蔗产业或某个蔗区的甘蔗生产品种，必须根据国家需求、产业需求、生态条件和生产安全的要求，加以科学合理的布局，切忌品种布局无序化或品种单一化。一般每个蔗区主栽品种3～5个，是根据加工期对甘蔗糖分高峰期和遗传多样性的要求来确定的。品种应用周期为8～10年，其间必须跟踪主栽品种的丰产、高糖、抗逆特性的变化，以便及时繁殖更新优化品种。

（二）加速繁殖的方法 甘蔗是无性繁殖作物，用种量大（9～12 t/hm^2），繁殖倍数只有10左右。为适应生产的需求，经审（鉴）定的品种要在短期内生产大量的种苗，可采用下列方法加速繁殖。

1. 蔗茎繁殖法

（1）一年二采法 一年二采法即春植秋采苗，秋植春采苗法。此法适应温度较高的华南蔗区，1年可繁殖40倍以上，但必须加强田间管理，做到适时下种、适时采苗。

（2）二年三采法 二年三采法即春植秋采，秋植夏采，夏植春采。此法适于冬季温度较低的华中蔗区。加强田间管理，一般2年可繁殖200倍以上。

（3）分蘖繁殖法 采用单芽疏植，当母茎长出数条分蘖后，选出已有5～6片叶、出了苗根的壮蘖，从母茎分割出来，先经假植后再移植苗圃，做进一步繁殖。

2. 组织培养加速繁殖法 采用甘蔗梢部的心叶、生长点为组织培养材料，经适当的组织培养分化出幼苗，进行良种的加速繁殖。近年来，采用腋芽快速繁殖技术，年繁殖系数可达20 000倍；结合温水和药剂处理还可达到脱毒的作用。

二、甘蔗良种推广措施

甘蔗良种推广主要靠政策规划，用户（糖厂、蔗农）需求和市场拉动。各植蔗省份和重点甘蔗基地应设立甘蔗技术推广站，对已登记的新品种采取有效政策和措施，积极繁殖和推广。另外，制定推广良种的奖励政策和合理规定良种价格，也是加速良种推广的一项重要措施，例如桂柳05136和桂糖42，在开始推广时都采取合理加价收购，加快了良种推广的速度。同时，为促进新良种普及，必须对蔗农进行技术培训和指导，印发新品种技术资料，介绍与种性相适应的栽培技术等。最后，应根据不同地区、不同耕作水平，因地制宜地推广不同熟期的品种，以发挥优良品种的增产、增糖作用，得到最大的经济效益和社会效益。

第八节 甘蔗育种研究动向和展望

近几十年，世界各蔗糖生产国家的甘蔗品种改良都取得显著成效，但新品种还未能满足甘蔗生产发展的要求。为进一步提高甘蔗在作物生产中的竞争能力，各蔗糖主产国家都十分注意下述几方面的研究。

一、甘蔗种质资源的采集和开发利用

当前的生产品种大多数只具有热带种、印度种和小茎野生种（割手密）3种中少数几个无性系的遗传基础。近年来普遍加强了对大茎野生种的利用。另外，为提高甘蔗品种的抗逆性特别是耐旱性，国内外均重视甘蔗与蔗茅属的斑茅杂交，已培育出具有斑茅种质的耐旱、抗病甘蔗品系。

二、提高甘蔗育种效率

为提高育种效率，主要从以下4方面着手。

（一）亲本评价、组合选配和无性系选择技术 澳大利亚甘蔗试验管理局（BSES）通过对历年选配的家系的数据分析，估算育种值与经济育种值，并结合亲本的抗性，对亲本进行鉴定评价。在杂交季节，在杂交育种场，只登记每天的亲本开花情况，计算机组合选配系统就会根据亲本的利用价值与方向，按杂交组合选配原则，通过计算完成杂交组合选配推荐，供育种者选择。育种者通过网络就可完成组合选配设计，而且这种组合选配设计是建立在有关的科学数据综合评价基础上的，因此具有较强的科学性。巴西则是通过对亲本的工艺性状、农艺性状和分子标记的鉴定与研究，实现对亲本遗传距离的估算，根据亲本的遗传距离，进行亲本选择和组合选配，这种做法已经在巴西CV公司实施了多年，使该公司的育种水平有大幅度的提升。在无性系选择技术方面，澳大利亚紧密结合蔗糖产业，对家系和无性系的评价都从整个产业的经济效益出发，以经济遗传值为指标，对家系和无性系进行选择，选择的品种符合产业要求，育种效率高，对提高甘蔗产业的竞争有利，因而澳大利亚成为全球蔗糖业最具竞争力的国家之一。

（二）创新育种程序 针对我国新育成品种宿根性差的问题，有必要在育种程序的早期（F_1代）即有性世代开展宿根性的选择。近年来，我国各育种单位基本上都采取杂种圃留宿根的选择方法，这样就可避免新植株因生长期短而使优良基因型未能充分表达而被淘汰的现象；同时，可以在杂种圃宿根季中，筛选到不易开花和抗黑穗病的优良无性系。

为提高我国甘蔗新品种的抗逆性，必须加强育种材料与高代品系对重要生物胁迫和非生物胁迫的抗性或耐受性测试。

在提高品种抗病性方面，必须把甘蔗主要病害的人工接种鉴定列入育种程序的相应阶段。例如黑穗病抗性鉴定，可以在鉴定圃即第二次无性繁殖阶段开展黑穗病菌混合生理小种的接种鉴定工作。甘蔗黄叶病已在我国蔗区发生和蔓延，但由于该病原主要是通过介体昆虫进行传毒，目前还没有建立起人工接种的抗性鉴定技术体系，抗黄叶病育种的研究要朝着人工接种鉴定的方向努力，一旦建立起有效的抗性鉴定技术体系，就应该在我国的育种程序中应用。此外，抗甘蔗梢腐病、花叶病的人工接种鉴定也要加入育种程序。近年来，甘蔗褐条病在大部分品种上发生加重以及在个别品种（系）上暴发流行，因此对甘蔗褐条病的抗病育种工作也极有必要关注和加强。

在提高品种对非生物胁迫的抗性方面，近年来频繁发生的霜冻、寒害和苗期低温阴雨以及寡日照问题，也需要在我国的育种程序中加以考虑。

（三）建设甘蔗育种数据库，提高育种现代化水平 澳大利亚甘蔗试验管理局和巴西的主要育种单位都开发了属于自己的育种平台系统，具备搜索、检索、数据采集、归类整理、数据处理分析、总结报告初拟、亲本的表现型、亲本抗性、亲本系谱、历年的育种值整合、亲本选配系统等。这些系统不但可以提供强大的信息支持，还可以与外部联系进行相关检索，并具有强大的数据整合处理功能，只要输入相关数据的需求指令，就可以输出有关报告，还可以及时地把新的数据整合到原有的数据库中，对数据进行整合修订，使数据更加综合和全面。

（四）积极开展育种新技术、新途径的研究　当前许多国家十分重视生物技术在甘蔗品种改良中的利用，例如利用组织培养技术在细胞水平上用化学方法或物理方法诱发变异以选择特殊抗性品种的研究、甘蔗花粉培养单倍体的研究、甘蔗转基因的研究、分子标记辅助选择的研究等。但上述研究有许多问题仍需要进一步解决。甘蔗转基因的研究，当前应用基因枪直接转化方法和农杆菌介导的方法，虽可获得少量转基因植株但未能获得可应用于生产的转基因品种，今后应开展或利用新的有效转基因方法，例如利用双元或多元载体系统、建立高效表达受体系统、构建合适甘蔗的特异启动子，以提高转化率。并加大转导事件或群体，提供更多选择群体。另外，转基因相对集中于抗性基因（例如抗病、虫、草等），应加强产量、品质改良方面的研究，寻找更多有用的合适基因。甘蔗的许多重要经济性状为数量性状，例如产量、蔗糖分等，目前这方面的研究仍很有限，应进一步加强对主要经济性状的数量性状基因位点定位研究及与之密切相关的分子标记，为提高甘蔗的育种效率提供新的方法和手段。

复习思考题

1. 试述甘蔗育种的方向和目标。
2. 甘蔗的种质资源基因库包括哪些类型？各有何育种价值？
3. 以选育无性系品种为目标的甘蔗育种在方法、技术上有何特殊性？
4. 试述甘蔗高贵化育种的基本方法。其理论依据是什么？
5. 举例说明甘蔗杂交育种的主要方法和程序。
6. 试评述甘蔗远缘杂交研究的进展和应用前景。
7. 试述甘蔗育种实生苗和无性系鉴定评价的田间试验技术。
8. 试评述甘蔗种苗生产和推广的方法与特点。

附　甘蔗主要育种性状的记载方法和标准

一、生长期间的调查

1. 萌芽率　当试区内有少量蔗芽萌发出土时开始调查，每隔1周调查1次，至幼苗不再增加为止。

萌芽率=[萌芽数(包括死苗在内)/下种总数]×100%

2. 分蘖率　分蘖数占萌芽总数的比例（%）称为分蘖率。当试验小区出现分蘖时开始调查，每隔1周调查1次，直至分蘖不再增加为止。第一次开始调查时还需调查母茎数。

分蘖率=[(总苗数−母茎数)/母茎数]×100%

3. 株高及株高月生长速　株高为从基部量起，至最高可见肥厚带的高度。月生长速是指植株每个月的生长速度，以cm表示。

月生长速（cm）=本月底的株高−上月底的株高

株高及月生长速的调查从拔节后的月底开始进行，以后每隔1个月调查1次，至12月止。调查时在试验区选10条有代表性的蔗株进行调查。

4. 田间锤度　锤度是指蔗汁中固体可溶物的质量占蔗汁质量的比例（%）。田间锤度调查从10月底开始至收获时止。每月调查1次，早熟种可从10月上中旬开始。调查时在试验区每次选10条有代表性的蔗株测定，用手提折光锤度计测定蔗茎中部蔗汁锤度，取其平均值，精确到小数点后一位。

5. 蔗茎蔗糖分　蔗茎蔗糖分指甘蔗茎中所含纯蔗糖的质量比例（%）。了解一个品种的蔗糖分一般要求分析11月至翌年3月的蔗茎蔗糖分。每隔1个月分析1次，每次每个品种取6条蔗茎（含1条分蘖茎），每条蔗茎取样规格与原料蔗一样。进行蔗糖分分析的所有样本，要在同一天内分析完毕，分析方法参考甘蔗蔗糖分分析法。

6. 甘蔗成熟期　甘蔗成熟期指甘蔗工艺成熟期。成熟时蔗茎上下部锤度的比应为0.9～1.0。蔗茎上下部锤度比，0.90～0.95时为初熟期，1.0时为全熟期，>1.0时为过熟期。甘蔗成熟期可结合田间锤度调查进行。

二、收获前（或收获时）的调查

7. 茎长　茎长是指原料甘蔗收获茎长度。收获时在试验区选取有代表性的蔗株10～20条进行调查，然后求调查茎长的平均数为该品种的茎长。

8. 茎径 茎径是指蔗茎中部的直径（调查茎长的蔗样同时可做茎径调查）。调查时用卡尺对正蔗芽的方向卡进去测量，以cm为单位，精确至小数点后一位。

9. 每公顷有效茎数 收获前调查各品种各小区的所有蔗茎或若干行的有效茎数（凡茎长达1 m以上者为有效茎），然后按小区面积折算为每公顷有效茎数。

$$公顷有效茎数（条）=10^4\times小区的有效茎数/小区面积（m^2）$$

10. 空心或绵心程度 收获时以各参试品种为单位，选取5～10条有代表性的原料蔗茎，用刀在蔗茎的上、中、下3个部位迅速斜切成斜口，然后用目测调查，分没有空心和绵心。绵心的定为10级，空心或绵心达蔗茎横截面积的1/10的为9级，达2/10的为8级，其余类推。

11. 孕穗、抽穗情况 用目测法调查孕穗、抽穗的始期，然后在收获前调查一次抽穗茎数以计算其抽穗率。

$$抽穗率=抽穗茎总数/总有效茎数\times100\%$$

12. 倒伏程度 倒伏蔗株与地面的夹角，30°角以下的称为全倒，30°～70°的称为半倒，70°～90°的称为直立。调查时若试验区中有50%以上的蔗株属于上述某级时，则称为某级的倒伏程度。

13. 每公顷蔗茎产量 按各品种小区分别称量，再加上该小区蔗糖分分析用去的蔗茎质，即为该小区的蔗茎产量。然后再把同一品种的各小区产量平均，折算为该品种的每公顷产蔗量。

$$每公顷蔗茎产量=10^4\times小区平均产蔗茎质量/小区面积（m^2）$$

如果参试品种要留种苗，则以同一品种为单位，选取有代表性的种苗10条，先称毛质量，然后再剥除蔗叶，按原料茎要求去掉梢部，称量，则求出种苗折算为原料蔗的质量，然后加上小区收获的蔗茎质量及蔗糖分分析用去的该小区的蔗茎质量，则可求得该小区的原料蔗产量，最后按上述计算公式，求出各品种的每公顷蔗茎产量。

14. 每公顷含糖量 每公顷蔗茎产量乘蔗茎蔗糖分即得每公顷含糖量（中迟熟品种以后期蔗茎蔗糖分为准，早熟品种以各次蔗糖分分析的平均值为准）。

（谭中文、林彦铨、霍润丰第一版原稿；谭中文第二版修订；
陈如凯、邓祖湖第三版修订）

第二十九章　甜菜育种

第一节　国内外甜菜育种研究概况

一、甜菜的起源和繁殖方式及品种类型

苏联 П. В. 卡尔平科认为糖甜菜是由起源于地中海沿岸的野生种 *Beta maritime* L. 演变而来。经长期人工选择，到公元 4 世纪已出现白甜菜和红甜菜。8—12 世纪，糖甜菜在波斯和古阿拉伯已广为栽培。1747 年，德国普鲁士科学院院长 A. 马格拉夫首先发现甜菜根中含有蔗糖。他的学生 F. C. 阿哈德通过进一步的人工选择，于 1786 年在柏林近郊培育出块根肥大、根中含糖分较高的甜菜品种。

甜菜（sugar beet）是二年生异花授粉作物，第 1 年营养生长形成肉质直根；第 2 年生殖生长产生种子，完成生活史。甜菜抽薹开花要求一定的低温春化和光周期条件。幼苗（2～3 片叶）通过春化的适宜温度为 3～5 ℃，历时 20～30 d。窖藏种根通过春化的适宜温度为 4～6 ℃，需储藏 30～60 d 才能抽薹。甜菜抽薹后每天日照 14 h 以上，15～20 d 就现蕾开花。低温春化和光周期两个条件可以相互弥补，即延长日照时间，可使甜菜在较高温度下开花。相反，降低温度，可一定程度降低开花时日照时数的要求。利用这个规律，用人工光温诱导方法，可使甜菜在播种当年开花结籽，缩短育种年限。

甜菜靠风媒或虫媒传粉，花粉随风可传播 2 000 m 远，传播高度在 5 000 m 以上，因此甜菜育种和良种繁殖，要充分注意隔离安全。甜菜的果实称为种球，有单胚（*mm*）和复胚（*MM*）两种遗传型。单胚由 1 朵花发育而成，内含 1 粒种子，称为单胚型甜菜。复胚由聚生花共同发育形成，内含多粒种子，称为多胚型甜菜。

栽培的甜菜品种可以分为杂种品种和自由授粉品种两大类型。按染色体倍数水平又可分为下述品种类型：①二倍体品种（$2n=2x=18$），是我国目前主要的栽培类型，北美洲等多利用二倍体杂交种；②四倍体（$2n=4x=36$），通常采用秋水仙碱溶液处理二倍体甜菜后获得，一般不直接用于生产，而作为配制三倍体甜菜的亲本利用；③三倍体杂交种（$2n=3x=27$），利用二倍体雄性不育系与四倍体亲本杂交，所获杂种一代的三倍体率可达 90%以上，具有明显的杂种优势。我国采用四倍体与二倍体品种间杂交（母本与父本的株数比为 3∶1），种子混合收获得杂种的三倍体率在 50%～60%，具较强杂种优势。结合果实类型，上述品种的育种有单胚型和多胚型两个选育方向。目前选育单胚型品种和杂交种是甜菜育种发展的趋势。

甜菜各类品种依据其经济性状（主要是根产量和含糖率）的差异，可分为不同的经济类型：①丰产型（E 型），根产量高，含糖率较低，工艺熟期晚，单位面积产糖量较高；②高糖型（Z 型），含糖率较高，根产量较低，工艺早熟，可提早收获加工制糖；③标准型（N 型），介于 E 型和 Z 型之间，生长势强，适应性强，单位面积产糖量高；④中间类型，其中标准偏高糖型（NZ 型）和标准偏丰产型（NE 型）是甜菜育种的主要选育类型。经济类型的划分，对于制订育种目标和选择亲本有重要意义。

二、我国甜菜育种研究进展

甜菜是我国重要的糖料作物。我国甜菜育种工作大致可分为国外引种、鉴定、应用和自育品种两个阶段。20 世纪 50 年代，由于甜菜育种工作基础薄弱，种质资源不足，为尽快满足甜菜糖业蓬勃发展的需要，一方面努力收集、整理国内保存的甜菜品种，因地制宜地应用于生产；另一方面，从国外大量引进生产种进行生产鉴定，从中选出适合我国自然条件、生产性能良好的品种，直接用于生产。与此同时，我国甜菜育种家在广泛收集甜菜种质资源的基础上，开展了以自然变异选择育种为重点的常规育种工作。60 年代初期，在全国推广了自育的二倍体优良品种，实现了甜菜种子自给自足。1959 年李荫繁育成了我国第一个甜菜品种双丰 1 号。70 年代，开展了杂交育种、诱变育种、单胚种育种工作。1969 年温祥等育成了我国第一个多倍体甜菜品种双丰 303，使甜菜单产提高了 10%～20%。80 年代后，特别是经过国家“六五”“七五”“八

五”科技攻关，使我国的甜菜育种拥有了数量较多、亲缘广泛的多胚型雄性不育系和单胚型雄性不育系，并已自制具有明显杂种优势的二倍体和三倍体杂交种。1990 年赵福等育成了我国第一个多胚型雄性不育系三倍体杂交种双丰 308。1993 年中国农业科学院甜菜研究所育成了我国第一个单胚型多倍体品种甜研单粒 1 号。1994 年刘宝辉等育成了我国第一个单胚型雄性不育系杂交种双吉单粒 1 号。生物技术和分子标记应用在甜菜育种上也取得了可喜进展。1993 年邵明文等经过对甜菜花药、未受精胚珠培养，获得一批纯合品系。自 20 世纪 90 年代以后我国就开始进行了甜菜转基因方面的研究，虽然起步较晚但取得的成绩是显著的。2001 年孔凡江等已获得抗丛根病（*Rhizamania* disease）转基因甜菜植株；2002 年刘宝辉通过农杆菌介导法和基因枪法获得了磷酸蔗糖合成酶（SPS）转基因甜菜植株。我国甜菜育种已经实现了 3 个过渡：一是由以系统选择为主的育种过渡到以杂种优势利用为主的育种；二是由甜菜的多胚型过渡到多胚型和单胚型并存的时期；三是由常规育种技术过渡到以常规育种与生物技术、信息技术等高新技术相结合的高效率育种技术。

三、国外甜菜育种研究进展

1747 年是甜菜种植史上划时代的年份。德国化学家 A. S. Marggraf 发现甜菜是一种甜源植物，约 50 年后他的学生 F. C. Achard 开创了甜菜选择育种工作。以后选择育种方法与不断改进的含糖量鉴定技术结合，从 1838 年至 1912 年的 74 年间，甜菜含糖率由 8.8%提高到 18.5%。选择育种的成就奠定了当今甜菜育种的种质基础。1940 年加拿大学者 F. N 皮托和 J. W 博伊斯利用秋水仙碱把二倍体甜菜诱变为四倍体，并创造出三倍体杂种（实质是奇倍体集团）。1945 年美国科学家欧文（F. V. Owen）发现了甜菜雄性不育株，提出了细胞质雄性不育的遗传模式和利用雄性不育系生产杂交种的方案。并由此育成了抗病、高糖的杂交种，这就使甜菜育种工作由母系选择进入了杂交种育种的新阶段。1948 年苏联学者萨维茨基（V. F. Savitsky）从甜菜品种中发现了单胚种个体，自此单胚型甜菜育种工作在世界各国开始。1966 年 Hilleshog 公司育成了世界上第一个遗传单胚种，使播种简便易行，出苗一致，省去过分繁重的人工间苗，甜菜制糖成本大幅度下降，堪称甜菜制糖史上的一次革命。当今国外甜菜育种是把多倍体、单胚性和雄性不育性中的 3 种或 2 种性状结合，配制成杂交种，利用杂种优势。欧洲和美国杂交种的种植面积几乎占到 100%。杂种优势利用是国外甜菜育种的显明特点。以雄性不育为基础的杂交种选育，存在两种不同的育种路线，一是欧洲以选育三倍体单胚型杂交种为主，二是美国利用二倍体单胚型杂交种为主。但配制强优势杂交种都以自交系选育为重点，重视配合力的测选。目前，分子标记技术已经普遍运用于作物的育种中，这可以大量节省常规育种和选择所用的时间，而且准确性大大提高，加快了育种进程。国外已在 20 世纪 90 年代后期建立了甜菜的原始染色体图谱，分子标记在甜菜抗病性育种上得到了重要应用。

第二节　甜菜育种目标性状及其遗传与基因定位

一、我国甜菜主产区育种目标

我国甜菜产区十分辽阔，北纬 22°～50°均有种植，2018 年种植面积达 2.16×10^6 hm^2。但甜菜主产区在北纬 40°以北的东北、华北和西北 3 个地区均属春播甜菜。3 个甜菜主产区生态条件相差较大，具体育种目标各有侧重。

（一）东北甜菜产区　本区甜菜种植面积占全国甜菜种植总面积的 65%，主要包括东北三省。本区气候属温带大陆性气候，无霜期为 113～179 d，≥10 ℃的积温为 2 400～3 000 ℃，甜菜生育期为 150～160 d，光照充足，昼夜温差大，土层深厚且富含有机质，有利于甜菜生长和块根糖分积累。但春季少雨常导致春旱。降雨多集中在 7—8 月，又形成高温高湿，易于发生甜菜褐斑病和根腐病。因此本区的育种目标是选育苗期耐旱耐寒、抗病性强、丰产高糖、适于机械化栽培的品种。

（二）华北甜菜产区　本区主要包括内蒙古、山西雁北和河北张家口一带，其甜菜种植面积占全国甜菜种植总面积的 19.10%左右。其中内蒙古甜菜种植面积最大，总产最多。本区无霜期在 147 d 以上，≥10 ℃的积温为 2 600～3 200 ℃，光照充足，7—9 月昼夜温差为 13～14 ℃，年降水量为 200～340 mm，降水多集中在夏季。气候虽干旱但水源较充足，灌溉条件好，适于甜菜生长。甜菜育种目标可考虑在抗褐斑病和黄化病毒病的基础上，选育丰产高糖、耐旱、耐盐碱的品种。

(三) 西北甜菜产区 本区主要包括新疆、甘肃河西走廊和宁夏黄河灌区，其甜菜种植面积占全国甜菜种植总面积的8%左右，其中以新疆种植面积最大，主要集中在生产建设兵团，农业机械化程度高。本区气候属温带典型大陆性气候，干旱少雨，热量资源丰富，≥10℃的积温为3 000～3 900℃，甜菜生育期可达180 d，比东北和华北产区甜菜生育期长10～30 d。日照时数达3 000～3 400 h，8—10月昼夜温差达14℃以上，降水量虽少，但农业灌溉条件较好，是我国甜菜高产高糖区，有很大发展潜力。本区甜菜育种目标是在抗甜菜白粉病、黄化病毒病、褐斑病的基础上，选育高产、高糖、耐旱、耐盐碱、适应机械化栽培的品种。

二、甜菜主要质量性状的遗传

已鉴定出40多个甜菜质量性状，这里仅介绍与育种有关的主要性状。

(一) 单胚种性 单胚种性受纯合隐性基因 mm 控制，表现孟德尔式遗传。多胚种性存在4个复等位基因 M、M^1、M^2 和 M^{Br}，对 m 基因表现不同程度的显性。同时存在非等位的修饰基因，使纯合 mm 的植株主花枝上出现双胚种球，给选育纯粹单胚种甜菜增加了困难。单胚种甜菜有利于机械化精量穴播，减少人工间苗和定苗劳动，是很重要的育种目标。

(二) 块根颜色和形状 甜菜块根颜色有白色、红色和黄色3种，受2对遗传基因控制，即 Rr 和 Yy。其中 Y 基因决定黄色素的出现。当 y 基因隐性纯合时，阻碍黄色素合成，产生白色块根。2对基因互作方式导致 RY 为红色、rY 为黄色、Ry 和 ry 为白色。育种要求块根颜色以白色或淡黄色为宜，可改善制糖工艺品质。

块根形状由根体长、根体最大周长和根尾外形组成。至少有4对基因控制块根形状。加长基因为 L_1l_1 和 L_2l_2，块根尾部形状由基因为 Sh_1sh_1 和 Sh_2sh_2 控制。1个加长显性基因决定圆锥形、卵圆形和圆柱形块根，2个加长显性基因都不存在时形成短圆形或扁圆形块根。Sh_1 和 Sh_2 基因存在时形成钝尖或渐尖块根。根体长的狭义遗传率为74.7%，与根产量、含糖量、产糖量均成显著正相关（李文，1993）。

(三) 一年生生长习性 甜菜一年生生长习性受1对基因控制。具有显性基因 B 的植株在长光周期18～24 h和24～27℃环境下，当年抽薹开花结实，而具隐性基因 bb 的植株第1年保持营养生长状态。育种中可将一年生生长习性与雄性不育性结合，采用一年生雄性不育系作测验种，缩短选育保持系的年限。

此外，甜菜褐斑病（*Cercospora* leaf spot）、甜菜丛根病（*Rhizomania* disease）是危害甜菜的主要病害。Smith等（1970，1974）报道，有4～5对基因控制对褐斑病的抗性。对甜菜丛根病的抗性已鉴定出1个单显性等位基因 Rz，但是被鉴定的多数种质资源，从无病到感病，表现出遗传多样性（Leweuen，1988）。

三、甜菜主要数量性状的遗传和选择

甜菜产糖量主要决定于根产量和含糖量两个性状，都是数量遗传性状。我国积累的研究资料表明（李占学，1991）：在配合力效应总方差中，根产量的一般配合力效应方差（V_g）平均占41.17%，特殊配合力效应方差（V_s）平均占58.26%；含糖量的相应值分别为86.15%和13.93%；产糖量的相应值分别为62.56%和37.44%。基因加性效应的顺序为：含糖量>产糖量>根产量。根产量与含糖率存在遗传负相关，育种中对它们直接选择虽有效，但选择效率并不理想。采用间接选择或综合选择可以提高选择效率。因此有必要了解性状间的遗传相关关系。

(一) 地上部性状与产量性状间的关系 地上部性状主要有株高、叶器官繁茂性（叶片数、叶表面积）、叶长、叶宽、叶柄长、叶片着生角度等。生长发育前期叶器官繁茂性与根产量成显著正相关，生长发育后期叶器官繁茂性与含糖量成正相关。刘升廷等（1988）的研究指出，株高、叶柄长和叶片角度与含糖量（%）、根产量和产糖量这3个产量性状间均成较高遗传正相关。这3个株型性状互相间也成正相关。这些地上部性状都易在田间测量，可作为产糖量的间接选择指标。内蒙古农牧学院甜菜生理研究室（1989）连续8年测定甜菜子叶气孔密度与含糖量的关系，指出子叶气孔密度与含糖量成显著正相关（$r=0.66$～0.91），在育种选择中应用已取得很好效果。因此在甜菜苗期根据子叶气孔密度和真叶繁茂性，在生长后期进行株型选择，收获后对产量性状直接，在有利于提高选择效率和准确性。

(二) 块根性状与产量性状间的关系 高糖型品种与丰产型品种相比，维管束环密度大、数目多。解英玉（1988）6年先后解剖分析了192个甜菜品种计15万株成熟块根的维管束环数，并测定了含糖量，发现维管束环数和密度与含糖量成显著正相关，且遗传性较稳定。陈烃南（1983）的研究证明根产量、含糖量与维管束环数、根体长均成显著正相关。内蒙古呼和浩特糖厂甜菜育种站（1990）采用子叶气孔密度和根维管束环数选种法对多倍体品种协作 2 号的母本和父本连续定向选择后，根产量和含糖量获得同步提高。

（三）品质性状与产量性状间的关系 甜菜品质性状包括蔗糖含量和可溶性非糖物含量。后者又分为无机非糖物（钾、钠、铝、钙等的盐类）和非蛋白质含氮化合物（氨基酸、酰胺、甜菜碱），分别简称为有害灰分和有害氮，它们溶解在清净糖汁中难以去除，阻碍部分蔗糖结晶，影响出糖率。蔗糖含量高，有害成分含量低是对高品质甜菜品种的要求。

综合国内外对甜菜有害成分遗传率的研究，总趋势是钠（66.75%）>有害氮（56.33%）>钾（37.25%）。钾和有害氮含量的基因效应以加性效应为主，钠含量的基因效应则包括加性效应和非加性效应，前者大于后者，含糖量与钠+钾及有害氮含量成负相关（−0.92 和−0.46），而根产量与它们均成正相关（0.83 和 0.37）。由于上述品质性状的遗传变异主要为基因加性效应，所以可通过轮回选择育种方法逐渐改良品质性状。

四、甜菜的基因定位

Schafer-Preg（1999）利用褐斑病抗性遗传因子由分离的群体构建了甜菜耐褐斑病的连锁图谱。研究 F_2 代群体时，利用 36 个限制性片段长度多态性探针，构建了甜菜的 9 个连锁群中的 8 个。在甜菜发育的不同阶段估计 F_2 代和杂交测试群体中叶枯斑面积的估计值。同时考虑了平均估计值，具有最大似然比的数量性状基因位点分别被定位在 2、6、9 连锁群上。Kleine（1998）报道，在野生甜菜中，至少有 3 个甜菜孢囊线虫抗性基因分别分布在不同的染色体上，它们是 H_{S1} 在 *Beta procubens*、*Beta webbiana* 和 *Beta patellaris* 的第 1 同源染色体上；H_{S2} 在 *Beta procubens* 和 *Beta webbiana* 的第 7 染色体上；而 H_{S3} 在 *Beta webbiana* 的第 8 染色体上。Cai（1997）利用基因组特异微卫星标记和染色体步移法克隆了 $H_{S1}^{pro\text{-}1}$ 基因，在感病甜菜上导入了基因的 cDNA 表达了对甜菜孢囊线虫的抗性。自然的 $H_{S1}^{pro\text{-}1}$ 基因在根中表达编码 282 个氨基酸的蛋白质，与其他克隆的高等植物的抗病基因一样，同样具有亮氨酸重复区和一个跨膜结构域。Laporte 等（1998）报道线粒体 H 单倍型与细胞质雄性不育（CMS）关联。这个 CMS 新质源不同于自然群体中最常见到的线粒体单倍型 E。利用性表现型分离的单倍型 H 的后代来鉴别恢复雄性育性基因位点（R1H）。用分离群体分组分析法（BSA）检测到 9 个与恢复位点连锁的随机扩增多态性 DNA 标记，并定位，距离 R1H 为 5.2 cM 的最近随机扩增多态性 DNA 标记 $K11_{1\,000}$，与甜菜单胚位点在一个连锁群上（第 4 染色体）。El-Mezawy（2002）利用混合群体分组分离法鉴别出了 15 个与甜菜抽薹（B）位点紧密连锁的扩增片段长度多态性标记，定位了 4 个标记，其中 2 个标记与 B 位点的距离是 0.14 cM 和 0.23 cM，其他 2 个标记的距离为 0.5 cM。Schneider（2002）构建的连锁图谱包含了甜菜基因组 758 Mb 中的 446 cM，在 6 个地点对 F_3 代进行了蔗糖产量、块根产量、离子平衡和蔗糖、铵态氮、钾和钠的含量进行分析，利用复合区间定位法检测到了 21 个上述性状基因位点。这些基因位点侧翼的表达基因都被鉴定了出来。

第三节 甜菜种质资源研究和利用

一、甜菜的分类

甜菜属黎科（Chenopodiaceae）甜菜属（*Beta*），已有多位学者对甜菜属做过分类，尚未完全统一。库恩斯（Coons，1975）把甜菜属分为 4 组（section）14 种（表 29-1）。从染色体组型分析，冠状花甜菜组与普通甜菜组亲缘关系较近，而宛状花甜菜组是另一类系统。

表 29-1 甜菜属的分类及染色体组型

（引自 Coons，1975，有增加）

组	种名	染色体数目	染色体组型
普通甜菜（Vulgares）	普通甜菜（*Beta vulgaris* L.）	$2n=2x=18$	$4\,m+2\,sm^{sat}+12\,sm$
	沿海甜菜（*Beta maritime* L.）	$2n=2x=18$	$4\,m+2\,sm^{sat}+12\,sm$
	大果甜菜（*Beta macrocarpa* Guss）	$2n=2x=18$	—
	岔根甜菜（*Beta patula* Ait.）	$2n=2x=18$	—

（续）

组	种名	染色体数目	染色体组型
冠状花甜菜（Corollinae）	滨藜叶甜菜（*Beta atriplicfolia* Rouy）	$2n=2x=18$	—
	冠状花甜菜（*Beta corolliflora* Zoss）	$2n=4x=36$	$8\,m+4\,sm^{sat}+24\,sm$
	三蕊甜菜（*Beta trigyna* Wald et Kit.）	$2n=4x=36$	$8\,m+4\,sm^{sat}+24\,sm$
		$2n=5x=45$	—
		$2n=6x=45$	—
	长根甜菜（*Beta macrorhiza* Stev.）	$2n=2x=18$	—
	多叶甜菜（*Beta foliosa* Sens Haussk）	$2n=2x=18$	—
	单果甜菜（*Beta lomatogona* Fisch）	$2n=2x=18$	—
		$2n=4x=36$	—
宛状花甜菜（Patellares）	宛状花甜菜（*Beta patellaris* Moq）	$2n=4x=36$	$10\,sm+4\,st^{sat}+22\,st$
	平伏甜菜（*Beta procumbens* Chr. Sm.）	$2n=2x=18$	$4\,sm+2\,st^{sat}+12\,st$
	维比纳甜菜（*Beta webbiana* Moq）	$2n=2x=18$	$4\,sm+2\,st^{sat}+12\,st$
矮生甜菜（Nanae）	矮生甜菜（*Beta nana* Bois et Hela.）	$2n=2x=18$	—

注：m为中部着丝点类型，sm为近中部着丝点类型，st为近端着丝点类型，sat为具随体染色体（王继志，1984）。

普通甜菜组内的4种都属多胚型二倍体，与栽培甜菜杂交具亲和性，种间杂交的分离世代可以出现广泛的遗传变异。栽培甜菜是由野生普通甜菜（*Beta vulgaris* L.）经人工选择进化形成，包括4个变种：叶用甜菜（*Beta vulgaris* var. *cicla*）、食用甜菜（*Beta vulgaris* var. *cruenta*）、饲料甜菜（*Beta vulgaris* var. *ciassa*）和糖用甜菜（*Beta vulgaris* var. *sacharifera*）。糖用甜菜是由叶用甜菜与饲料甜菜自然杂交起源的。本章叙述的系糖用甜菜，通称甜菜。普通甜菜族内最值得注意的野生种是沿海甜菜，因为它是栽培种的祖先之一（Simmonds，1976），染色体组型与普通甜菜相似，它所具有的抗甜菜褐斑病基因已成功地被甜菜育种所利用。

二、甜菜种质资源的研究和利用

甜菜原产于欧洲，我国甜菜种质资源十分贫乏。美国现有甜菜种质资源7 000余份，德国有近万份。我国先后从27个国家引入甜菜种质资源535份。谢家驹（1977）分析了158份甜菜品种的经济类型，属中产中糖型的占43.7%，高产中糖型的占15.8%，中产高糖型的占8.9%。高糖、偏高糖类型主要来自波兰、匈牙利、意大利和法国。苏联、瑞士、比利时的品种多为丰产型。波兰、美国、日本等国的品种以标准型或标准偏丰产型的居多。波兰品种Ajl、K. Bus-CLR和K. Bus-p，美国品种GW49和GW65，苏联品种P1537和P632是我国较常用的亲本（图29-1）。

邓峰（1985）对114份甜菜品种做了多年田间褐斑病抗性鉴定，指出美国、日本、匈牙利的品种抗性高，波兰和苏联品种次之。龚中华在宁夏丛根病区鉴定国外甜菜品种抗病性表现，发现德国品种KWS9103抗病性最好，且较抗褐斑病，产量和含糖量较稳定，其次为KWS9104。法国单胚种625P、655P也表现较强抗病性。对甜菜野生种的开发研究中，郭德栋（1990）进行了甜菜属三族6种间杂交方法的研究，用同族近缘种间杂交（普通甜菜×岔根甜菜）的F_1代作亲本再与冠状花甜菜、宛状花甜菜、平伏甜菜杂交，成功率达20%～60%，为开拓野生种的有利基因利用提供了有效途径。

宛状花甜菜组的3种都是抗黄化病毒病、抗褐斑病、抗线虫病的单胚性有用基因源。它们直接与糖甜菜杂交是不亲和的。冠状花甜菜组的5种都具有耐旱性、耐寒性、无融合生殖和对缩叶病的抗性，但也难与糖甜菜杂交。甜菜丛根病由甜菜坏死黄脉病毒引起，由甜菜多黏菌（*Polymyxa betean*）传播，已对我国甜菜种植区的甜菜生长构成主要威胁。在宛状花甜菜组和冠状花甜菜组的部分野生种中发现高抗甜菜多黏菌的种质（Paul，1988）。总之，甜菜野生种对甜菜叶部病害和根部病害具明显抗性。在克服种间杂交困难方面，采用桥梁亲本（叶用甜菜、食用甜菜和岔根甜菜为桥梁亲本）杂交的方法，嫁接的方法都取得一定成功。

我国甜菜育种所用种质都是欧洲及美国早期材料，在自交系、雄性不育性、自交亲和性、单性生殖、单胚性、抗病虫性、高糖优质等方面的种质基础比较狭窄和贫乏。这与我们的甜菜育种任务很不适应。总之，加强国外甜菜种质资源的引进是种质资源工作的重要任务；应在引进的基础上有目的地创造各种新的甜菜种质，为育种提供优异的半成品。

第四节　甜菜育种途径和方法（一）

——自由授粉品种的选育

一、甜菜自然变异选择育种

甜菜是异花授粉作物，群体异质程度较高。有遗传差异的个体间随机交配，能不断出现基因重组，为定向培育新品种提供了基础。以这种变异群体为基础开展自然变异选择育种具有方法简便、育种年限短和收效快的优点，育成品种既可直接用于生产，又可作为其他育种途径的基础材料。从图 29-1 可见，由自然变异选择育种法已育成了许多甜菜品种。

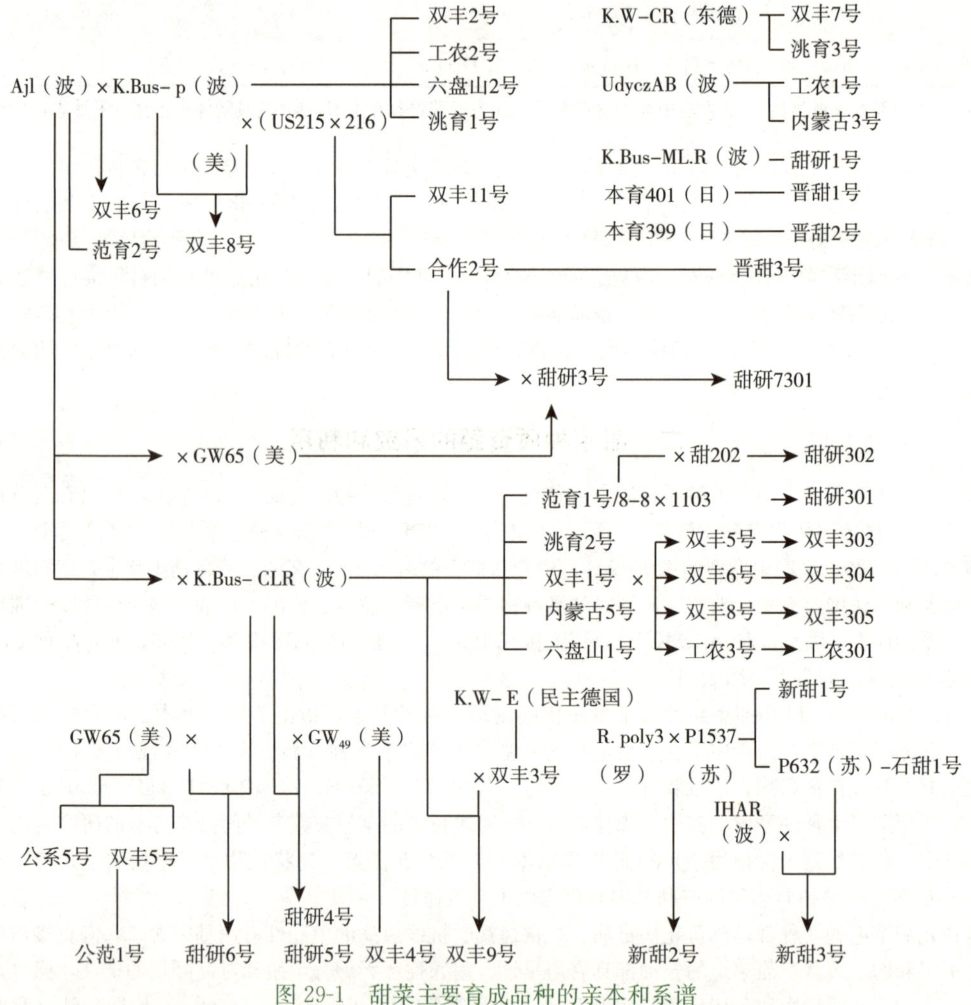

图 29-1　甜菜主要育成品种的亲本和系谱

（箭头线表示杂交育种法育成，无箭头线表示自然变异选择育种法育成）

（一）基础材料的确定　确定基础材料时，应注意以下两个方面。

1. 根据育种目标广泛收集和研究品种资源　一般来说，培育高产品种应从丰产型品种资源中选择基础材料。培育高糖品种则应以高糖型品种资源为基础材料。因此广泛了解国内外甜菜品种资源的研究信息，有针对性地收集种质资源是自然变异选择育种的基础工作。

2. 选择优点多变异大的材料作基础材料 基础材料的优点多就给选择提供良好的遗传基础。变异大则能提高选择效率。实践中常以目标性状的群体平均数和变异系数作为评价的尺度。

（二）自然变异选择育种的方法 甜菜自然变异选择育种法可以概括为单株选择和混合选择两种基本类型。每种类型内又有不同方法。

1. 单株选择法（母系选择法） 单株选择法可按采种方式可分为混合授粉单株分收系统选择法和单株自交分收系统选择法两种（图 29-2）。

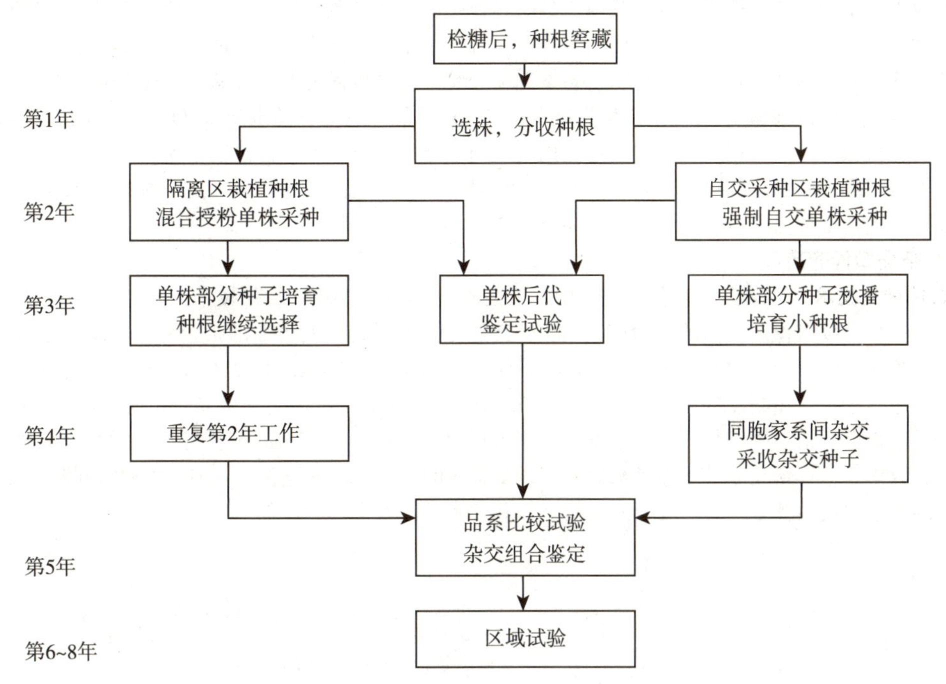

图 29-2 甜菜单株选择法育种程序

（1）混合授粉单株分收系统选择法 这是按育种目标选优良变异单株，分别收获种根，单株检糖后选留种根编号窖藏。次年来自同一基础材料的优株种根栽植在一个隔离区内，开花前复选拔除不良植株和病株后，株间自由授粉。成熟期选择符合育种目标的单株收获种子，系统编号，待下年后代鉴定继续选择。该法的优点是单株种子产量高，后代遗传基础较丰富，育成品种的适应性较强。

（2）单株自交分收系统选择法 这是将优良种根栽植在自交采种田里，每个种根相距 3～5 m。开花期套隔离布罩强制自交，按单株分收种子，系统编号，等待下年后代鉴定或继续选择。该法的优点是能很快淘汰不良隐性基因，有利于优良性状的巩固和提高。其缺点是强制自交，单株种子产量低，种子生活力下降，常造成后代鉴定试验的困难。另外，单株衍生品系遗传基础较脆弱，适应性较差。因此采用此法最好选育多个同胞家系，进行品系间杂交。由若干品系（3～5 个）构成新品种用于生产。

2. 混合选择法 它的特点是利用甜菜群体中的遗传变异，保持较广泛的基因重组，保留较多的优良基因，遗传基础远比个体选择丰富，但无法对每个个体的后代进行鉴定。其选择方法见图 29-3。

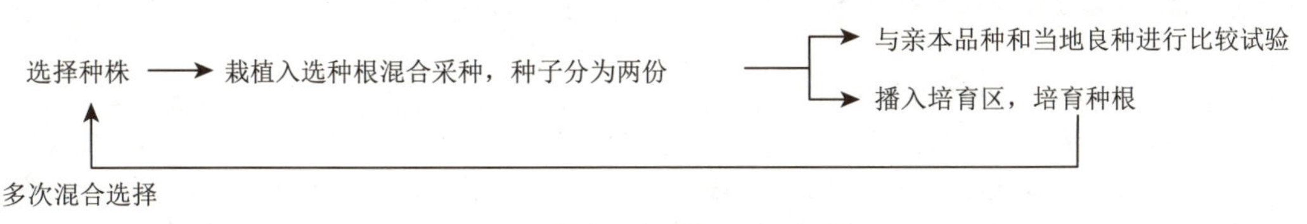

图 29-3 甜菜混合选择法育种程序

将基础材料按生育性状、抗逆性、根产量或含糖量的高低划分为若干集团，进行定向混合选择。此法也可称为集团选择法。为了保持集团的典型性状，必须分集团隔离采种。集团选择法对提高根产量、稳产性和抗逆性效果十分明显。

以上各种选择育种方法各有优缺点。将它们有机地结合起来应用，可以提高选择育种的效果。例如轻工部甜菜糖业研究所育成的双丰1号至双丰5号5个品种都是先经混合选择后单株系统选择育成的。

二、甜菜杂交育种

(一) 杂交亲本的选配 正确选配杂交亲本是杂交育种成功的基础。根据育种实践经验，对亲本选择可概括如下原则：①选用优点多又互补、缺点少的品种作亲本；②在兼顾根产量和含糖量的同时，至少有一个亲本抗病性突出；③选用性状差异大、配合力高的品种作亲本；④选用适应当地条件的品种作亲本。

聂绪昌（1982）总结了几个重要性状的亲本选配经验。育种目标为保持含糖量而提高根产量时，应选用适应当地条件的标准偏高糖型（NZ）良种作母本，以地理远缘性状互补的丰产型（E）品种作父本杂交易获成功。若要保持根产量又要提高含糖量，应选用适应当地条件的丰产型或标准型（N）品种作母本，以性状互补的高糖型（Z）品种作父本杂交较好。为提高抗病性，应以经济性状优良、抗病性中等的品种为母本，以抗病性强的当地良种为父本杂交，这样容易获得抗病性强的新品种。

(二) 杂交育种的方法

1. 有性杂交技术 甜菜杂交育种主要采用人工去雄杂交和自然杂交两种技术。人工去雄杂交是对母本植株的花朵去雄，授以预定父本的花粉使其结实。其优点是可获得真实可靠的杂交种子，缺点是工作繁琐、杂种种子量少。自然杂交是父本和母本间自由授粉结实。甜菜具有很强的自交不亲和性，自然杂交率较高。若某品种旁边栽植另一甜菜品种，其杂交率可达90%以上。由于自然杂交简便易行，还可增加强生活力雌雄配子的受精机会，杂种种子数量多，是育种工作者所愿意采用的，其田间配置可参考图29-4。甜研4号、甜研6号、双丰6号、新甜2号等品种都是自然杂交育成的。此法的缺点是仍可能有本株或同胞异株授粉种子。为了降低近亲授粉概率，一定要合理安排父本和母本的配置方式和比例。

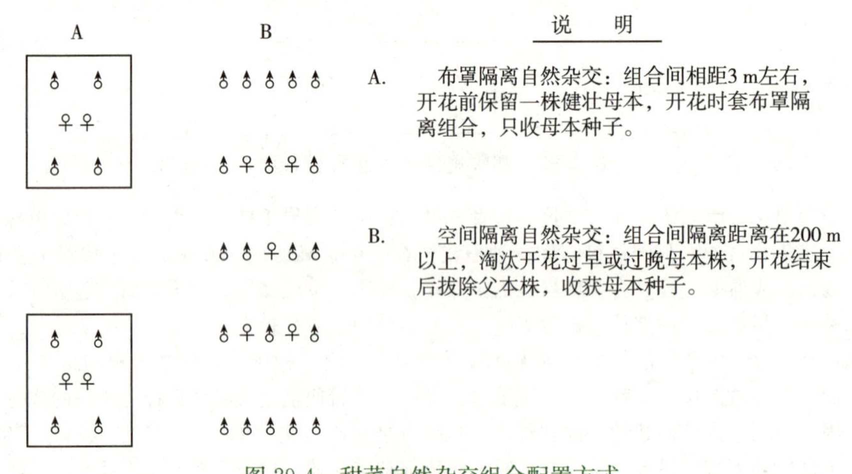

图29-4 甜菜自然杂交组合配置方式
（引自聂绪昌等，1982）

2. 杂交方式 甜菜杂交育种采用的杂交方式主要有单交和三交。回交多用于雄性不育性和单胚性的转育和提纯稳定。无论采用何种杂交方式，应当以一个品种为主要改造对象，针对其缺点，有的放矢地选配亲本。

在甜菜杂交育种中，群体内隔离集团间自然杂交的育种方式颇具特点。该法以某个原始亲本或同一杂交组合为基础群体，用集团选择和暂时的生殖隔离方法，培育各具特点的若干集团（品系），然后进行集团间自然杂交，选育出综合性状优良的新品种，其模式见图29-5。它的优点是来自同一祖源的不同集团已保持多个世代的非近亲交配，彼此间形成了明显的性状和生理上的差异，一旦杂交就会产生较强的杂种优势；同时它们间尚有血缘联系，故后代分离相对小，有利于优良性状的综合和稳定，育成品种的遗传基础也较丰富。内蒙古糖业研究所狼山试验站用此法育成的7921新品种，根产量平均比甜研4号增加26%，产糖量增长

21.4%，黄化病毒病发病率下降11.7%，而且具有良好的稳产性。

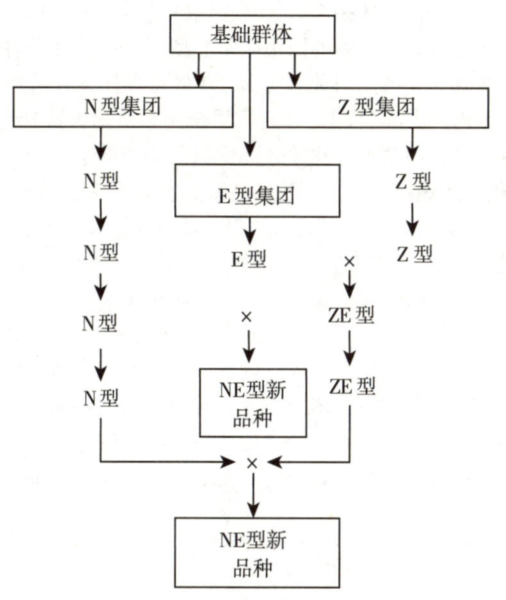

图29-5 多亲本近缘复合杂交模式
（引自魏国成，1983）

3. 杂种后代的处理和选择 正常栽培周期，甜菜完成1个杂种世代（种子→种根→种子）需2年时间。甜菜杂种后代的处理，以单株选择和混合选择为基本方法。表29-2所示为单株选择处理程序。

表29-2 杂种后代单株选择处理程序

世代	年份	工作内容
F_1	第1年	培育杂种种根
	第2年	栽植种根，以组合或单株为单位隔离采种，一般不选择
F_2	第3年	选择优良组合的优良单株，单株检糖，室内决选，种根窖藏
	第4年	栽植入选单株种根，扣布罩自交采种或近亲繁殖单株采种
F_3	第5年	以当地推广品种为对照的株系比较试验，选择优良株系和选择单株，单株检糖，种根窖藏
	第6年	栽植入选株系和单株种根、单株自交系种或隔离区近亲繁种
F_4	第7年	单株继续选择F_2代，株系混收种子分两份，一份用于株系比较试验，另一份播于种根培育区，根据比较试验的结果，选择优系种根
	第8年	栽植优系种根，按系号近亲繁殖混合采种
F_5及后	第9年	品系比较试验，按品系培育种根及采种，扩大繁殖超级原种
	……	

三、单胚型甜菜的选育

根据我国甜菜种株胚型分类标准，纯单胚型甜菜全部为单胚或主枝上有极少数双胚；单胚类型，分枝上绝大多数为单胚。多胚型品种每种球可长出几个幼苗，出苗多而密集，手工间苗和定苗劳动强度大且效率低。单胚品种可机械精密点播，免除间苗和定苗的手工劳动，又可大幅度降低用种量。单胚型甜菜育种，特别是单胚型雄性不育系的选育，是我国“八五”期间甜菜育种的重点。

（一）单胚型甜菜的来源 从国外种质中分离和通过杂交、回交创造单胚型是目前的主要途径。引进国外种质资源应考虑各国甜菜育种途径不同及育成品种类型的差别。例如美国多以单胚型二倍体雄性不育系与多胚型二倍体自交系杂交形成单胚型二倍体杂交种。从美国既可引进单胚型雄性不育系和保持系，亦可引进杂交种，经后代分离，选择单胚型材料。西欧各国则以单胚型二倍体雄性不育系与多胚型四倍体品系杂交，产生单胚型三倍体杂交种。因此从西欧各国引种只能引进单胚型雄性不育系和保持系，三倍体杂交种很难利用。田振山（1988）详细介绍了内蒙古糖料甜菜研究所用杂交和回交方法选育单胚型雄性不育系的成功经验。另外，从当地推广的优良多胚型甜菜中寻找单胚突变株也是一条途径。

（二）单胚型甜菜的改良和利用途径 我国引进的单胚型材料大多数需改良品质和抗逆性。由于单胚性状受主效基因（*mm*）控制，与多胚型品种杂交 F_2 代多胚和单胚按 3∶1 分离，很适宜采用回交转育改良法。

1. 回交转育改良法 以适应性好、经济性状优良的多胚型品种或自交系作轮回亲本，单胚型材料为非轮回亲本，始终以单胚性状为目标性状反复回交。据回交世代完成核置换植株出现概率计算，一般回交 4～5 代群体中有 45.8%～67.7%的植株完成了核置换，而单胚性状被选择所保留。由于甜菜是二年生作物，单胚性又受隐性基因控制，若采用自交与回交交替进行的方法，回交 4 代需 11 年时间。为缩短育种年限必须采取加代繁殖措施，同时也要改进回交方法。图 29-6 介绍的用 F_1 代杂种作轮回亲本的回交法，具有 3 个优点：①提高了回交后代中出现单胚型（即单粒型）植株的概率；②免去了扣罩自交环节；③回交 4 次仅用 6 年时间，大大缩短了育种年限。也可采用回交系谱法，回交 1～2 代后自交分离单胚型植株供选择。

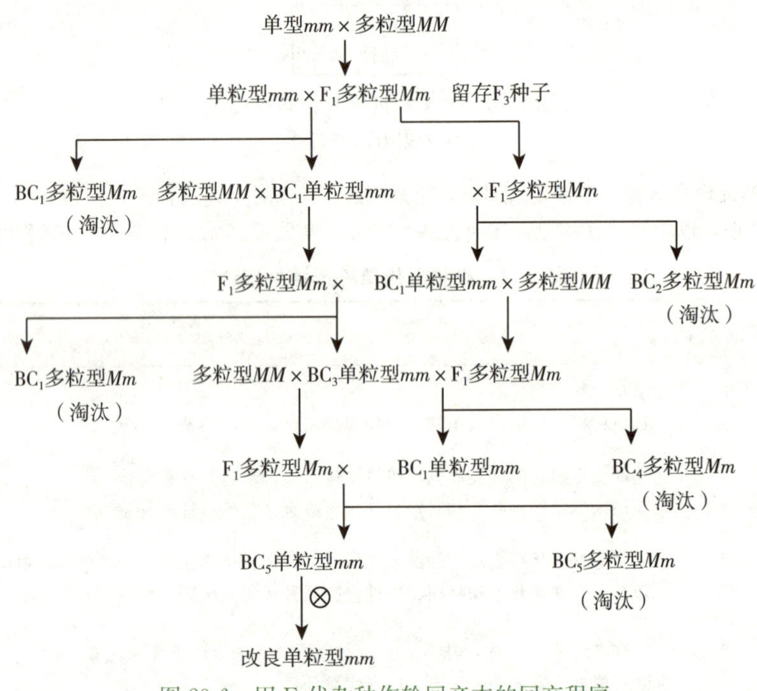

图 29-6 用 F_1 代杂种作轮回亲本的回交程序
（引自聂绪昌等，1982 年，有修改）

2. 单胚型甜菜的利用途径 把单胚甜菜转育成雄性不育系及相应的保持系，以多胚型自交系或品种为父本配置杂交种利用杂种优势，是主要的利用途径。在暂时没有雄性不育系的情况下，也可利用品种或品系间杂交种。例如用单胚型四倍体亲本与单胚型二倍体品种自然杂交混合采种，后代三倍体率可达 50%以上。若以多胚型品种作父本，则应单收单胚型母本的种子，才能保证生产用种的单胚性。

第五节 甜菜育种途径和方法（二）
——杂种优势利用

甜菜杂种一代优势一般比常规品种块根产量提高 20%～30%，产糖量高 10%～20%，有较高的经济效益。选育和利用甜菜杂交种成为国内外甜菜育种的主要方向。我国从 20 世纪 60 年代末开始选育甜菜雄性不育系，目前已拥有自育的雄性不育系近百套，第一批杂交种已投入生产。

甜菜花器小，雌雄同花和无限开花习性，决定甜菜杂种优势育种主要途径是利用雄性不育性制种。另一途径是以二倍体亲本与四倍体亲本杂交，产生多倍体杂交种，但三倍体率通常仅 50%～60%。若把雄性不育性与多倍体性结合，可以产生完全的三倍体杂交种。

一、雄性不育性在甜菜杂种优势中的应用

（一）甜菜质核互作雄性不育性的遗传 欧文（Owen）1945 年首先提出甜菜雄性不育性属质核互作雄性不育的遗传假说。该假说认为，甜菜有两种细胞质型，一是正常可育细胞质（normal cytoplasm），简称 N 型；二是雄性不育细胞质（sterile cytoplasm），简称 S 型。细胞核内有两对显性基因 *XXZZ* 控制雄性育性。S 型细胞质与双隐性核基因 *xxzz* 互作表现雄性完全不育。具 S（*Xxzz*）或 S（*xxZz*）基因型的植株表现雄性半不育（不育Ⅰ型）；具 S（*XxZz*）基因型的植株为雄性半可育（不育Ⅱ型）；其余基因型如 S（*XxZZ*）、S（*XXZz*）、N（*xxzz*）、…、N（*XXZZ*）均为雄性可育型。其中 N（*xxzz*）基因型是雄性不育基因型 S（*xxzz*）的保持系，简称 O 型系。N（*XXZz*）或 S（*XXzz*）为恢复系的基因型。甜菜育性四型分类法的应用最普遍，其表现型特征见表 29-3。

在上述欧文（Owen）假说的基础上，Bliss 和 Gableman 于 1965 年做了明确修正，甜菜雄性不育的恢复受显性基因所支配，雄性半不育受基因的下位基因所支配，在 N 型的细胞质中，这两个基因皆为雄性完全可育。雄性不育Ⅰ型的基因型为 S（*xxZz*）和 S（*xxZZ*），雄性不育Ⅱ型的基因型为 S（*Xxzz*）和 S（*XXzz*），其遗传模式见图 29-7，利用雄性不育系的前提是选出 O 型系（Owen 称为 O 型系，即其他作物的保持系）。否则雄性不育系的繁殖、新雄性不育系的选育无法进行，杂交组合的组配也无从谈起。但育种实践证明雄性不育株易找，保持株难寻。因为甜菜群体中 13 种雄性可育基因型，雄性不育保持系植株的形态特征与其他雄性可育株无法区别，并且出现概率很低，只有雄性可育株与雄性不育系单株成对测交，后代进行雄性育性调查来鉴别筛选。甜菜是二年生作物，制糖生产主要利用第一年长成的块根，杂交种无须再获种子，不存在恢复雄性育性的问题。所以绝大多数正常雄性可育的甜菜品种都可作授粉系。只须测定杂种优势，不必筛选专门的恢复系。因此 O 型系的筛选是甜菜杂种优势利用的关键。

表 29-3 甜菜雄性育性分类和表现特征

类型	花药特征	花粉特征	染色反应
雄性全不育型	白色、黄白色、绿白色或褐色半透明状，小而干瘪不开裂，开花后花药不脱落	无花粉粒或有少量花粉，花粉畸形，呈碎玻璃状，外壁不清楚，不易辨认，花粉无生活力	①I_2-KI 溶液染色无染色反应；②裴林试剂测花药中还原糖无染色反应
雄性不育Ⅰ型	淡黄色或浅绿色，不透明，小而较瘪不开裂，开花后不脱落黏附在花丝上	有小量花粉，大小不等，大花粉粒较多，一般直径为 13～15 μm，外壁清楚，花粉无生活力	
雄性不育Ⅱ型	橘黄色或黄褐色，不透明，较饱满，多数花药不开裂，部分能开裂，开花后即脱落	花粉量较多，大小不等，大花粉粒较多，一般直径为 14～20 μm，外壁清楚，大花粉粒有生活力	
雄性可育型	黄色或鲜黄色，不透明，大而饱满，充满花粉，开裂，花粉散后花药立即脱落	花粉量多，大小整齐，直径一般为 23～26 μm，外壁清楚，花粉生活力强	①I_2-KI 溶液染色呈蓝黑色反应；②裴林试剂染色呈红棕色反应

（二）甜菜雄性不育系和 O 型系的选育 选育不育系与 O 型系是同一育种程序的两个选育方面。选育中应首先掌握基础雄性不育材料和相应的 O 型系，同时筛选新的 O 型系，以它为轮回亲本连续与雄性不育材料回交，育成新的雄性不育系。

1. 雄性不育系的选育 从甜菜种株田中寻找天然发生的雄性不育株是途径之一。对发现的天然雄性不育株，应尽早用大型羊皮纸袋套花枝（10～15个花枝），与周围雄性可育株（雄性可育株同时套1～2个花枝自交）成对测交。种子成熟后按花枝分别成对收获。F_1代选择雄性完全不育株率达50%以上的组合，组合内选雄性不育率达90%以上的单株作母本，以成对交的原父本（继续套袋自交提纯）为轮回亲本，连续成对回交4～5代，就获得雄性不育系和相应的O型系。为提高父本的自交结实率，也可采用双父本株（同胞株）与雄性不育株套同一隔离罩的方式回交。

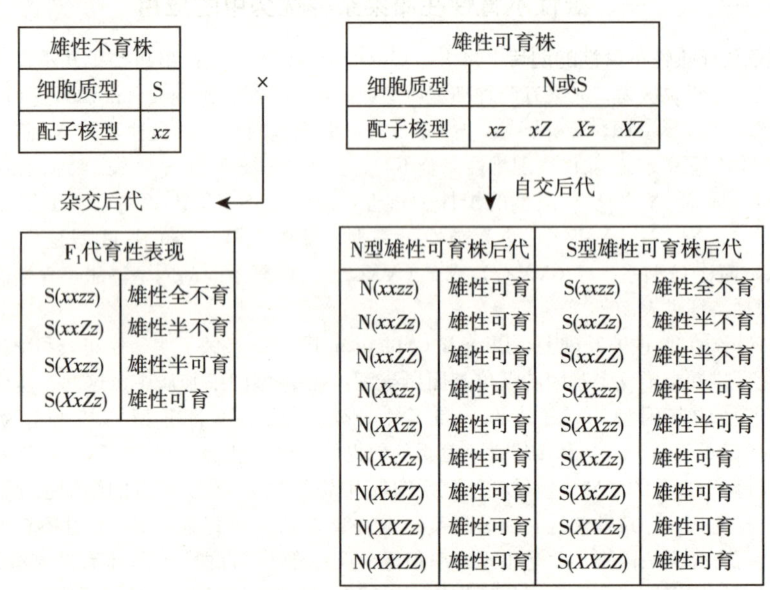

图 29-7 甜菜雄性不育性状遗传模式

（引自聂绪昌等，1982）

目前普遍采用的方法是利用已有的雄性不育系和稳定的新O型系转育雄性不育系，即利用O型系为父本，连续给回交后代的雄性不育系授粉，这种方法具有选育时间短、工作量小、雄性不育率高而稳定等优点。获得雄性不育株的其他途径还有：自交分离、理化因素诱变、远缘杂交等。利用基因工程的手段创造新型雄性不育系也是一种新的方法。

2. O型系的选育和改良 甜菜杂种优势利用的关键和困难都是O型系的选育。主要因为其出现频率低。武田（1967）测定9个国家20个甜菜品种中O型株的出现频率在1%～9%。筛选O型系时以雄性不育系为测验种，采用当年鉴定测交后代雄性育性与异地培育母根相结合的措施，可缩短选育鉴定年限。具体做法是将成对测交和自交的种子收获后，把测交种子分出少部分于晚秋纸筒育苗光温诱导（子叶展开后置于5～10℃低温，连续光照50～60d）后移栽于温室，在连续光照和20℃左右温度下生长，经60～70d抽薹开花，进行雄性育性鉴定。其余种子和父本自交种子拿到黄淮流域或长江中下游流域秋播培育种根。第二年春种根栽植田间前，根据温室雄性育性调查结果，决定成对秋播种根的取舍。

田振山（1988）介绍了利用多粒型雄性不育系及O型系选育单胚型两系的方法。要点是：选性状优良、配合力高、雄性育性稳定的多胚型雄性不育系和小型系（人工去雄），同时授同一单胚型亲本的花粉。后代成对测交（单胚雄性不育株×单胚雄性可育株）选择单胚雄性高不育和高保持成对交组合，再与原多胚型O型系杂交以改良单胚入选株的经济性状和提高单胚O型株的保持能力，使单胚型两系接近原多胚系的产量水平。

筛选O型系的关键是亲本的选用。生产上推广的优良二倍体品种是重要的候选材料。在选育中把鉴定出的O型株进行自交同时转育雄性不育系，把雄性不育系和O型自交系的选育结合起来。自交系是最佳的O型系的筛选材料，其优点是：①自交系多用优良二倍体品种（系）经多代自交选择形成，纯合性高，测交一代雄性育性不会出现大的分离。②自交系群体中O型株频率比普通二倍体品种高。据王立方（1990）研究，10个自交系中O型株频率平均为31%。因此可大大减少成对测交工作量。③自交系成系前都经过配合力测定。由此育成的O型系配合力明确。利用这种O型系转育雄性不育系，对雄性不育系的配合力也有一定预见，为配制杂交种提供了重要信息。④利用自交系筛选O型系，自交结实率高，回交转育工作不会因自交结实不良而中断。但是利用自交系作亲本，应选历代自交无雄性不育株分离记录的自交系。若曾出现雄性不育株，说明此自交系可能属S型细胞质，而具S型细胞质的自交系，是筛选不出O型系的。

3. O型系的通用性　国内外许多研究者普遍认为，甜菜雄性不育系的O型系（即保持系）可以通用，即每个雄性不育系都可以被非亲缘的O型系保持雄性不育性。王立方（1986）和王红旗（1990）先后研究了15个不同来源的O型系的通用性，指出纯化雄性不育系和O型系是提高保持力的关键。O型系可以互换通用的事实，不仅证实了欧文假说，而且有多方面的育种意义：①为利用O型系选育雄性新不育系提供了依据；②可以利用O型系的保持性和生产性选配三交及双交类型杂交种；③可以利用两个以上非亲缘O型系杂交或轮回选择，选育新的二环保持系。

（三）甜菜杂交种的组配方式　生产上利用的杂交种无须收获种子，其育性和胚型无关紧要，所以母本可用单胚型雄性不育系，授粉父本仍用多胚型。就倍数性来说，二倍体多胚型转育成单胚型比四倍体容易，所以一般雄性不育系普遍用二倍体。杂交种的多种组配方式见图29-8。

1. 单交种　二倍体不育系A（单胚或多胚）与非亲缘的多胚雄性可育父本C杂交。若亲本之一是四倍体，则产生三倍体单交种，从单胚型母本上收获的杂交种子仍为单胚，基因型为多胚（*Mm*）。目前我国主要采用单交种方式。

2. 三交种　二倍体单胚雄性不育系A与非亲缘单胚O型系B杂交，F_1代仍表现单胚雄性不育，用它与多胚型授粉父本C杂交。若父本C为四倍体，则三交杂种为三倍体。从增强杂交种适应性考虑，亲本C可利用遗传基础丰富的群体。欧美各国主要采用三交种方式。

3. 双交种　双交种组配方式有两种。方式1，利用一个具雄性育性恢复基因（*XXZZ*）的恢复系，一个单胚O型系和两个非亲缘的单胚不育系。D亲本具恢复基因，父本单交种C×D为雄性可育多粒，母本单交种仍为单胚雄性不育。由母本单交种上收获的种子表现为单胚。方式2，父本单交种的双亲C和D为自交不亲和系，它们互交产生单交种子。由于自交不亲和系仍可产生少量自交种子，所以父本单交种群体中实际包含少量C和D自交植株。从母本单交种上收获的杂交种子包含大量双交种子（ABCD）和部分三交种子（ABC）、（ABD）。

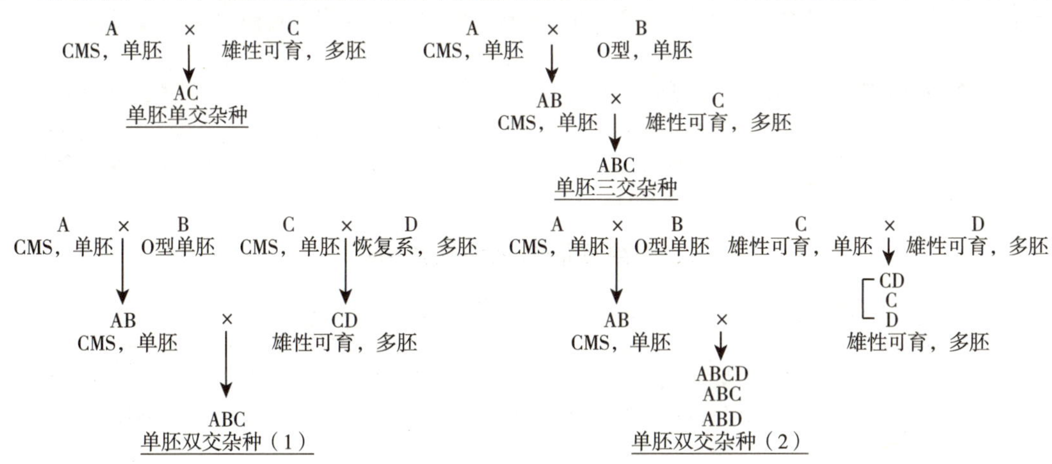

图29-8　甜菜杂交种的组配方式
CMS. 质核互作雄性不育

利用雄性不育性制种要保证100%的杂交率，雄性不育系和授粉父本的种根栽植比例要适当。李满红等（1989）认为，甜菜杂交制种母本与父本行比有较大伸缩性。小面积制二倍体杂种时，母本与父本行比为5～7∶1，制三倍体杂种时采用3～5∶1行比。大面积制种时还可适当减少父本种根所占比重。通常收获种子前2周内应把父本植株割除，以免种子混杂。

二、甜菜自交系的选育

为了确保甜菜杂种一代生长整齐，选育自交系是非常必要的。甜菜自交系选育的主要困难是存在由4个*S*基因（*Sa*、*Sb*、*Sc*、*Sd*）决定的配子体自交不亲和遗传系统和自交结实率低的问题，甚至自交颗粒无收。

然而甜菜中也存在自交可育基因 *Sf*，它是由 *S* 基因突变产生的（Owen，1942）。当选育自交系的基础材料为自交不亲和时，必须采用回交方法导入 *Sf* 基因。通常自交雄性可育水平超过10%以上的植株，才有可能获得较高代数的自交系。另一方面，甜菜开花时，气温若稳定在 13～15℃，长日照条件下，有利于提高自交不亲和材料的自交结实率。王立方等（1980，1981）在我国高海拔冷凉区的西宁进行自交繁殖试验，其自交结实率是呼和浩特地区的 5.9 倍。文国林（1990）采用新型自交隔离罩，明显改善了采光性能，自交结实率平均提高了 4 倍多。因此导致自交不结实或结实率低的原因，除遗传因素外，特定的环境因子也是重要原因。

选育自交系的程序包括人工套罩隔离自交和配合力测验两个基本环节。

（一）套罩隔离自交 自交采种田里栽植预选基础材料的种根，种根间距 3～5 m。普通品种栽植种根百株左右，田间从中选择基本株（S_0）20～30 株，优良选育品系栽植几十株，从中选 3～5 株基本株即可，套罩自交，一般需经 3～5 个自交世代。S_1～S_2代为分离世代，重点选择优良单株自交，而 S_3代以后首要选择标准是形态整齐性，直至系内株型、株高、叶形、叶色、叶姿及根形、根皮色、根沟深浅、青头大小等性状整齐一致。同质程度高的自交系可改为系内同胞交配。

自交隔离罩的支架（长宽各为 1.0～1.4 m，高为 1.6 m）以铁筋架最好。隔离罩面用密纹白色棉纱布或维棉布与塑料膜（厚度为 50 μm）搭配制成。塑料膜布置在向阳两个侧面，而罩顶部、基部和阴侧面布置棉布。扣罩前应摘除已开放花朵。扣罩 20 d 左右可撤罩，并将尚未开花的花朵摘除干净。为了提高自交后代的生活力和结实率，可采取自交单株种根切半栽植，两半间距 40～60 cm，收获时将同一种株的种子收在一起。

（二）配合力测验 配合力高是优良自交系的重要标准，自交 3 代后开始配合力测验，及早淘汰配合力低的自交系，减小选育工作量。配合力测验方法有以下 3 种。

1. 红甜菜顶交法 在被测系数目较多时，利用具显性红色标志基因的食用甜菜品种作共同测验种（父本），与被测系（母本）间行栽植在一个隔离区内。各被测系分别采种。次年种植测交种，间苗时只选留具红色胚轴及叶片的幼苗，便可进行配合力测定。

2. 多系互交法 此法只设一个隔离区，多个被测系互为测验种，严格按专门的田间配置图（例如拉丁方设计）栽植种根。每个被测系栽植的种根数最好与被测系的个数相等，花期能同时相遇，以保证自交系间相互自由授粉的概率相等。成熟后按系号分收种子，次年进行配合力测定。

3. *M*×*N* 双列杂交法 利用 *M* 个不同特性的不育系（4～6 个）作测验种，与 *N* 个被测系配置 *M*×*N* 个测交组合，可以同时测定一般配合力和特殊配合力。成熟后按雄性不育系号分收种子，次年测定配合力。

王丽璇（1984）经 5 年对比试验，证明上述 3 种方法测定的配合力有较高的一致性。*M*×*N* 双列杂交法的测定结果比较稳定；红甜菜顶交法简单易行，需隔离区少，工作量小。

三、甜菜多倍体杂种优势利用

利用甜菜多倍体杂种优势是提高甜菜产量的有效措施之一。就产生多倍体杂种的类型而言，有 2 种育种方式：①用四倍体亲本与二倍体亲本自然杂交（种植比例 3∶1），父本和母本混合采种，杂种一代是以三倍体为主（占 50%～60%）、二倍体和四倍体皆有的混合型群体；②将多倍体与雄性不育性结合，利用雄性不育系产生纯三倍体杂交种。目前我国以选育混合型多倍体杂种品种为主，同时首批自育的三倍体杂交种已投入生产。

自然界普通甜菜是二倍体，四倍体甜菜主要靠人工创造产生。因此选育四倍体甜菜是多倍体育种的基础和关键。这里，介绍四倍体甜菜的选育。

（一）基础材料的选择标准 诱变四倍体的基础材料宜选择抗病性强、标准偏高糖型、配合力高的二倍体品种（系）。因为多倍体杂种一代块根产量受双亲基因非加性效应影响较大，表现明显的杂种优势。而含糖量、抗病性趋向中间型遗传，很少超过亲本。所以应突出含糖率和抗病性标准，对丰产性不必苛求。

（二）诱变甜菜四倍体的方法 应用秋水仙碱溶液诱变二倍体甜菜品种，是获得四倍体的主要途径。诱变成效取决于药剂浓度、处理温度、处理时间等因素。以处理干种子（千粒以上）最易操作和省药，常用药剂浓度为 0.2%～0.3%，处理温度为 15～20℃，药剂浸种时间为 3～4 d。药剂浸种前，先在 25～28℃恒温箱内用清水浸种 24 h，加倍效果更好。处理后的种子充分冲洗净，稍风干后立即播种在湿润疏松的苗床上，精心管理。另一种方法是在二倍体甜菜子叶期，用 0.1%秋水仙碱溶液滴幼苗生长点，早晚各 1 次，连续滴

7～10 d。浸种法与滴苗法结合可提高诱变效果。

(三) 四倍体甜菜的鉴别和提纯　经诱变处理的甜菜群体中，除有少数四倍体植株外，还存在二倍体、非整倍体及高倍体植株。必须连续多代进行形态学和细胞学鉴别，以提纯稳定四倍体甜菜。根据甜菜二年生习性，鉴定在营养生长期和生殖生长期（第 2 年）两阶段进行。内容和方法概括于表 29-4。对确定的四倍体单株要套罩自交，以后世代进行单系隔离繁殖或采取同品种不同四倍体同胞家系间杂交方法，可以提高种子生活力和结实率，并能稳定四倍体率（邹如清，1985），对提纯稳定的四倍体甜菜，采用单株选择方法可以显著改良经济性状和抗病性。

表 29-4　四倍体甜菜的鉴别内容和方法

鉴别项目	营养生长期	生殖生长期
形态特征	选择子叶下轴粗，真叶叶片宽、肥厚、多皱褶，叶柄短而粗壮，植株较矮的单株	选择子叶下轴粗，真叶叶片宽、肥厚、多皱褶，叶柄短而粗壮，植株较矮的单株
叶气孔保卫细胞叶绿体数目	在形态选择的基础上，在 4～6 片真叶期取壮龄叶片，撕取叶背表皮，置载玻片上，滴 3%硝酸银溶液，显微镜检查，选择气孔保卫细胞叶绿体数目 26 个左右的单株	鉴定种株主枝和侧枝叶片气孔保卫细胞叶绿体数目，每主茎检查 5 个枝条，每枝条取 3 片叶。选择各枝条叶片保卫细胞叶绿体数目均为 26 个左右的单株
染色体数目	9:00—11:00 剪取萌发种子（或母根侧根）粗壮根尖 1 cm，移入对二氯苯饱和液，在冰箱 3～4 ℃中预处理 6 h，然后移入卡诺氏液中固定 1～2 h，涂抹制片前根尖置于 1 mol/L HCl 于 60 ℃下离析 8～10 min，幼嫩心叶离析 5 min，蒸馏水漂洗后，用石炭酸品红染液染色 10～15 min，压片镜检，选择 $4x=36$ 的单株，种根窖藏	种株孕蕾期 3～7 d，8:00—9:00 取孕蕾枝顶端 2 cm 长花穗，用卡诺氏液固定 24 h，转入 70%乙醇中备用，压片前用卡诺氏液重新固定 1～2 h，然后用解剖针拨开花蕾取白绿色花药，60 ℃下经 1 mol/L HCl 离析 8 min，水洗后用醋酸地衣红或石炭酸品红染色，在 45%乙酸中分色压片，镜检，选择中期Ⅰ具 18 个二价染色体的种株

第六节　甜菜育种新技术的研究和应用

20 世纪 70—80 年代，随着甜菜组织培养技术的发展和逐步完善，细胞工程成为甜菜生物技术的主体，通过花药培养进行单倍体育种加快有利基因的聚合，缩短育种年限，提高育种效率；利用体细胞无性系变异对部分性状进行改良；期望通过原生质体培养及体细胞杂交，实现有性不亲和的远缘种的有利基因的转移。90 年代后，随着分子生物学和分子遗传学的进一步发展，分子标记和基因工程逐渐成为甜菜生物技术的主流，分子标记可以进行系谱分析，研究品种亲缘关系，进行种质鉴定，对一些重要农艺性状进行基因定位，研究它们的分子遗传基础，并通过分子标记辅助选择，提高育种效率；基因工程可以跨越物种间基因交流的界限，将来自不同植物物种、动物甚至微生物的目的基因导入甜菜，使甜菜获得抗病、抗虫、抗逆等人们所需要的优良性状，以达到提高产糖量、改善品质等目的。总之，现代生物技术向人们展示了它在甜菜遗传育种中的巨大应用前景。

一、细胞工程在甜菜育种上的应用

细胞工程是指在组织细胞水平进行操作的生物技术，其内容包括：花药培养、组织培养、体细胞无性系变异、原生质体培养及融合等。植物细胞工程的理论基础是植物细胞全能性。我国的甜菜组织培养、花药培养和原生质体培养分别始于 20 世纪 70 年代、80 年代和 90 年代。通过探索方法、改进培养基、提高效率，建立起了不同的再生体系，并均获得了再生植株，育成了一批优良品系。

二、分子标记在甜菜育种上的应用

分子标记的种类很多，归结起来可以分为两大类。一类以 DNA 分子杂交技术为基础的限制性片段长度多态性标记；第二类是以聚合酶链式反应（PCR）为基础的分子标记（例如随机扩增多态性 DNA、简单序列重复等）。

（一）限制性片段长度多态性 限制性片段长度多态性（restriction fragment length polymorphism，RFLP）技术是一项利用探针与转移在支持膜上的经过限制性核酸内切酶消化的基因组总 DNA 杂交，然后通过显示限制性核酸内切酶酶切片段大小的差异来检测不同遗传位点等位变异（多态性）的技术。迄今已经筛选出数千个甜菜的限制性片段长度多态性标记。Schafer-Pregl（1999）利用 36 个限制性片段长度多态性探针，构建了甜菜 9 个连锁群中的 8 个，揭示了甜菜染色体的 224 个锚定标记。

（二）以聚合酶链式反应为基础的分子标记

1. 随机扩增多态性 DNA 随机扩增多态性 DNA（randomly amplified polymorphic DNA，RAPD）技术是以基因组 DNA 为模板，以长度为 8～10 bp 的随机引物非定点地扩增产生不连续 DNA 产物用于显示 DNA 序列的多态性的技术。随机扩增多态性 DNA 技术简便易行，需要 DNA 量极少（10～15 ng，相当于限制性片段长度多态性的 1%），无放射性，设备简单、周期短，但随机扩增多态性 DNA 标记多数情况下为显性标记，无法区分是纯合的还是杂合的基因型；重复性差，容易出现假阳性；由于存在共迁移问题，在不同个体中出现相同分子质量的带后，并不能保证这些个体拥有同一条（同源）片段；同时，凝脉电泳不能分开有大小相同但不同碱基序列的片段，因此一条带上也可能包含不同的扩增产物。Lorenz（1997）用随机扩增多态性 DNA 标记了甜菜 2 个近等基因系的线粒体 DNA 片段。

2. 简单序列重复 简单序列重复（simple sequence repeat，SSR）又称为微卫星 DNA 标记。在动植物基因组中存在着许多由几个核苷酸（通常 1～4 个）的简单串联重复序列，根据重复序列两翼的特定短序列设计相应引物（即简单序列重复引物），可以对重复序列本身进行扩增，显示重复序列长度的变化。简单序列重复标记为共显性标记，呈简单孟德尔遗传。除具备聚合酶链式反应技术本身快速、技术简单、DNA 用量小的优点外，简单序列重复既可以作探针与基因组 DNA 杂交又可以进行聚合酶链式反应扩增，检测比较方便，而且简单序列重复标记专化的引物序列可以共享。例如 Rae（2000）用简单序列重复标记，构建了丰富的小片段插入基因组文库，包含 1 536 个克隆。简单序列重复位点的杂合程度为 0.069～0.809。

3. 扩增片段长度多态性 扩增片段长度多态性（amplified fragment length polymorphism，AFLP）技术是限制性片段长度多态性与聚合酶链式反应技术相结合的产物，多态性丰富。扩增片段长度多态性标记呈典型的孟德尔遗传，稳定性强，重复性好。但对 DNA 纯度和内切酶质量要求较高。Dreyer（2002）利用扩增片段长度多态性标记定位了甜菜抽薹基因。

4. 序列标签位点和特征序列扩增区域 序列标签位点（sequence tagged site，STS）亦称酶切扩增多态性序列（cleaved amplified polymorphic sequence，CAPS），是由一段长度为 200～500bp 的序列所界定的位点，在基因组中只出现 1 次。序列标签位点的优点在于其为共显性遗传方式，很容易在不同组合的遗传图谱间进行转移。特征序列扩增区域（sequence characterized amplified region，SCAR）标记主要是把随机扩增多态性 DNA 标记转变为聚合酶链式反应类标记。其方法是首先克隆随机扩增多态性 DNA 标记，测定其两端 DNA 序列，设计引物特异地扩增这个标记。Schneider（1999）利用序列标签位点已将甜菜 42 个功能基因定位于 9 个连锁群中。

三、基因工程在甜菜育种上的应用

植物基因工程是 20 世纪 70 年代在分子生物学和植物细胞及组织培养技术发展的基础上兴起的新学科，通过植物基因工程成功获得转基因甜菜植株，被转移的基因有抗病毒基因、抗虫基因、抗除草剂基因、雄性不育基因、改良品质基因等。甜菜转基因育种的基本程序如下。

1. 目的基因克隆 目的基因克隆的方法有下述几种：①目的基因的功能克隆，例如根据特异蛋白质分离目的基因；②序列克隆法，例如根据已知基因序列或同源基因序列分离目的基因、表达序列标签法分离目的基因；③筛选目的基因片段的差别杂交法及减法杂交法；④利用差示分析法分离目的基因，例如 mRNA 差别显示法；⑤功能结合法筛选目的基因；⑥DNA 插入诱变法分离目的基因，例如转座子标签法、T-DNA 标签法；⑦图位克隆法，例如染色体步移法、Northern 印迹杂交法；⑧染色体显微切割与微克隆法。

2. 选择合适的载体，将目的基因连接到载体上 甜菜上常用的启动子有花椰菜花叶病毒 CaMV35S 启动子、增强 CaMV35S 启动子、NOS 启动子等，常用的报告基因有 *CAT* 基因、*NPT-II* 基因、*GUS* 基因等。

3. 遗传转化　用于甜菜遗传转化的方法主要有以下 3 种。

(1) 农杆菌质粒介导法　农杆菌介导法包括分别通过农杆菌中的 Ri 质粒或 Ti 质粒为转化载体的发根农杆菌（*Agrobacterium rhizogenes*）和根癌农杆菌（*Agrobactertium tumefaciens*）的介导法。其简单易行，转化率高，可导入较为完整的基因，整合位点稳定，拷贝数低，外源基因表达比较稳定。但研究发现，发根农杆菌转化植株后常使植株异常，限制了其在甜菜遗传转化中的应用。Paul 等（1987）首次利用发根农杆菌介导法转染甜菜，并获得了抗甜菜孢囊线虫的转基因植株。Krens 等（1988）通过根癌农杆菌介导研究了甜菜下胚轴愈伤组织诱导下，基因转移与再生的条件，并获得了表达外源基因的转基因甜菜植株。

(2) 基因枪法　该法又称为粒子轰击（particle bombardment）、高速粒子喷射技术或基因枪轰击技术（gene gun bombardment），是将 DNA 附着在金属微粒的表面，通过高速导入受体细胞的遗传转化方法。Mann 等（1995）利用 *GUS* 基因瞬间表达技术对基因枪法转化甜菜幼苗的顶端分生组织进行了研究。Ingersoll 等（1996）通过基因枪法将分别含有 CaMV35S 启动子和马铃薯蛋白酶抑制剂基因（*pin2*）序列的嵌合构建子转化甜菜悬浮细胞，并获得了报告基因的瞬时表达。

(3) 花粉管通道法　在授粉后向子房注射含目的基因的 DNA 溶液，利用植物在开花、受精过程中形成的花粉管通道，将外源 DNA 导入受精卵细胞，并进一步地被整合到受体细胞的基因组中，随着受精卵的发育而成为带转基因的新个体。该法的最大优点是不依赖组织培养人工再生植株，技术简单，不需要装备精良的实验室，常规育种工作者易于掌握。张悦琴等（2001）利用花粉管通道法对甜菜进行几丁质酶的转化研究，得到的 5 份种子中 1 份经过 Southern Blotting 检测呈阳性。

4. 转基因植株的筛选及鉴定　在甜菜转基因植株筛选时，常采用延迟法进行筛选。

5. 转基因个体遗传稳定性鉴定及其应用　具体程序和方法与常规育种获得目标性状单株之后的鉴定、品系比较、区域试验相同。

第七节　甜菜育种田间试验技术

一、甜菜田间试验区设置

甜菜杂种世代前期（F_2～F_3代），鉴定材料多，种子量少，小区面积一般为 10～15 m²，2～4 行区，小区行长为 5～6 m，行距为 60～70 cm，株距为 25～35 cm。以杂交组合为单元排列小区，重复 2～3 次。育种程序后期，试验材料数目减少，种子数量增多，小区面积可增加到 20～30 m²，4～6 行区，行长为 10～15 m，行距为 60～70 cm，株距为 25 cm。小区计产株数应 100 株以上。采用完全随机区组设计，重复 4～6 次。试验区的一切管理都要求良好的工作质量。

二、加速甜菜育种进程技术

（一）温室加代技术　自然条件下甜菜繁殖 1 代需 2 年时间。利用人工光温诱导、温室加代技术，可让甜菜播种当年开花结实，1 年完成 2 代。

1. 夏播培育种根、温光诱导、温室采种　种根春化的适宜温度为 4～6 ℃，需持续 40 d 左右。我国北方 10 月收获种根后，移入种根窖储藏春化。为使窖温降至春化所需温度，夜间气温低可打开窖门和窖顶通气口降温，白天关闭窖门和通气口。春化后的种根栽植于温室，夜间温度控制在 3～5 ℃，白天温度控制在 13～15 ℃，催芽出苗。出苗后叶丛期到抽薹初期昼夜连续光照（40 W 荧光灯或 150 W 白炽灯光源，灯距为 1.5～2.0 m，垂直距离为 80～100 cm），夜间温度为 10 ℃左右，自白天温度为 18～20 ℃。抽薹初期到开花前约 20 d 左右，白天和夜间温度分别为 20 ℃和 16 ℃，连续光照，相对湿度保持在 60%～70%。开花结实阶段白天和夜间温度分别控制在 26 ℃和 16 ℃，相对湿度保持在 50%～60%，每日上午人工辅助授粉。春播前温室采种，保证正常田间试验。

2. 幼苗温光诱导，温室采种　幼苗春化适宜温度为 3～5 ℃，需 30 d 左右。采收田间种株种子，8 月播种于育苗箱里纸筒营养钵中培育壮苗。幼苗长出 2～3 片真叶时，移置 2～6 ℃低温下，并给予昼夜连续光照。光源以荧光灯为好（一支 40 W 荧光灯可供 1 m²，垂直距离为 50 cm）。春化后的幼苗移栽于温室。温光控制参照种根温光诱导方法，次年 1 月收种子，按上述方法立即播于温室育苗，低温春化，4 月中旬将幼苗移植于田间采种地，1 年繁育 2 个世代。

（二）无性繁殖技术 甜菜无性繁殖包括种根分割和抽薹花枝扦插技术，主要用于甜菜不育系、O型系和特殊育种材料的繁种增殖以及克服自交不亲和性等育种目的。

1. 种根分割技术 春播前选健壮种根，以生长点为中心纵切，以2、4、8分割较好。分割后置于种根窖低温（7℃左右）处理7d，使切面形成一层愈伤组织膜。栽植分割株时，根头露出土面3cm左右，栽植后灌透水。萌芽后用细土覆盖根头，保持土壤温度，适时浇水。王华忠（1990）采用种根分割技术，采种量比不分割的增加49%（2分割）、82%（4分割）和136%（8分割）。

2. 抽薹花枝扦插技术 将采种株的抽薹茎（直径1cm左右）剪成10～15cm的插条，每插条带2～3个腋芽。下切口为斜面，上切口距顶端腋芽1.0～1.5cm。把含萘乙酸（NAA）0.5～1.0mg/L的酒精溶液涂在30cm×10cm的滤纸上，再剪成3cm×1cm的长条包缠在扦条基部，埋入插床。扦插25～35d开始形成不定根，由生殖生长转变为营养生长，形成新的肉质块根。赵图强（1990）采用上述方法扦插成活率达75%～80%。

第八节 甜菜种子生产技术

一、甜菜种子生产体系和程序

我国种子生产体系总体上确定了育种家种子、原原种、原种、良种四级种，正在转变期间。甜菜现仍沿用原有体系，该体系由育种站（所）、原种站和采种站3级构成，各负其责，互相依存，互相协作。甜菜育种站的任务是选育和推荐新品种，当新品种通过非主要农作物品种登记平台的审查、登记和公告之后，育种站应向原种站提供一定数量的原原种，并协助原种站和采种站做好各项技术工作。甜菜原种站的任务是有计划地繁育原种，在种根培育和采种繁殖中，建立严格的隔离制度，严防机械混杂和生物混杂。甜菜采种站的任务是有计划地繁育生产用种；按要求配制杂交种，保证杂交种的质量，提高种子繁育系数；降低种子成本；做好种子保管工作。采用三级种子繁育法的甜菜种子生产程序如图29-9所示。

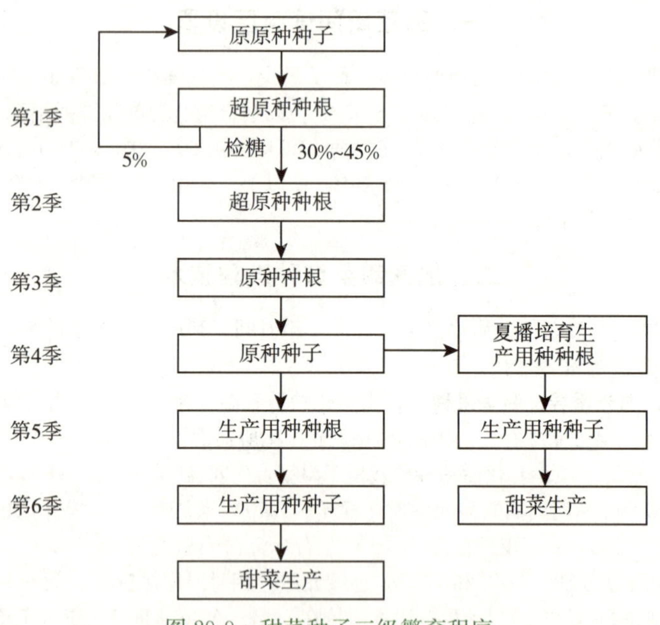

图29-9 甜菜种子三级繁育程序
（引自聂绪昌等，1982）

育种单位每年播原原种种子培育超原种种根，选择50%左右典型优良种根窖藏，并全部单株检糖，然后入选5%最优种根和30%～45%的优良种根次年分别隔离栽植，分别采收原原种种根和超原种种根。由前者培育原种种根，经单株检糖，选出40%～50%的种根繁殖原种种子。采种站播种原种种子培育生产用种种根，再繁殖生产用种种子或生产杂交种子。为了缩短繁育年限，生产用种也可直接由超原种种子繁殖，减少原种种子生产环节。

各级种子的繁育面积主要根据生产用种的需要量和适当的种子储备量综合考虑。通常原种为生产用种的1%左右，而超原种为原种的1%左右。

二、甜菜种子生产技术

（一）隔离区设置　为了保证品种纯度，应在一个甜菜生产自然区划内设立三级种子基地，种子基地10km以内，不允许繁殖其他甜菜品种及近缘物种。1个种子基地内最好只繁育1～2个甜菜品种。在繁育超原种和原种时，普通二倍体品种之间应有1km的隔离距离；繁育雄性不育系、四倍体品系、单胚型品系时，应有5km以上的隔离距离；在繁育生产用种时，普通二倍体品种间应有0.5km以上的隔离距离，不同品种类型之间应有2km以上的隔离距离。若有自然屏障条件，可适当缩短隔离距离。

（二）甜菜不同类型品种的杂交制种

1. 二倍体品种内（品系间）杂交制种　由几个品系组成的普通二倍体品种或由几个自交系组成的二倍体综合品种，在繁育超原种和原种阶段分别隔离进行种根培育和采种，以保证各组分品系的纯度。种子收获后再按各品系的组成比例将种子机械混合，用混合种子培育生产用种根，栽植后相互授粉异交产生生产用种子。

2. 多倍体品种的杂交制种　制种时按3∶1或4∶1栽植四倍体和二倍体亲本种根。应“先栽母本后栽父本”即栽6垄四倍体母本种根留2空垄，栽完母本后，再在空垄上栽二倍体亲本种根。采种时一般是双亲混合收种，若单收四倍体植株上的种子，可提高三倍体种子的比例。繁育双亲超原种和原种时，应分别设置隔离区，一般四倍体亲本面积为二倍体亲本面积的3～5倍，以保证杂交制种时双亲的适宜比例。

3. 利用雄性不育系的杂交制种　雄性不育系和授粉系种根按8∶2或16∶4栽植，两系间应留出1m左右空行，以便收获种子前2周割除全部授粉系。繁育雄性不育系超原种时雄性不育系与保持系种根以2∶2行比栽植，繁育原种时以4∶2行比栽植，两系间的行距适当加宽以方便分收。开花期对雄性不育系逐株观察，拔除少量雄性半不育和恢复可育株，保证后代的雄性不育率。

三、甜菜露地越冬种子生产技术

北方采收的甜菜种子在南方秋播培育种根原地越冬或冬栽露地越冬次年采种的方法称为露地越冬繁育。我国北纬32°～38°、东经106°～122°、海拔20～60m的广大地域甜菜均可露地越冬。甜菜露地越冬采种的优越性是可两年繁育一代半到二代，加速繁育世代；北育南繁穿梭鉴定和选择能增强品种的适应性；种子繁殖系数高，发芽率高，省去窖藏种根等工作环节，种子生产成本低；利用南方夏茬地复种，提高了土地利用率。下面主要介绍秋播冬栽露地越冬采种技术要点。

1. 培育壮根　培育健壮种根是安全越冬的关键，一要土壤肥沃，二要合理轮作倒茬，三要适时秋播。一般以入冬时块根直径3cm以上、根体质量在100～200g为宜。

2. 移栽　带叶起收种根，带叶移栽有利于安全越冬。栽植时要求根头低于地面5～7cm，踩实后覆土盖住根头，栽植密度以每公顷27 000～33 000株（每亩1 800～2 200株）为宜。

3. 越冬期管理　越冬期管理主要是适时培土防止冬害。在冻土层不超过6～7cm的地区，无须培土。冻土层较深的地区，必须培土，厚度以冻层深度的60%为宜。

4. 春季返青后管理　春季地面解冻，种株开始返青生长时，应及时扒去覆土，提高地温。全田返青后，立即进行追肥和灌水，促进叶片快速生长。抽薹高15～20cm时摘主薹尖，促侧枝发育，创造丰产枝型。开花期摘花枝尖，控制花枝无限生长。采用喷0.01%～0.02%青鲜素（马来酰肼）来抑制顶端生长，也可达到摘花枝尖的目的。当采种田有1/4的种株种球变黄时即可收获。入库时的种子水分应低于14%。

第九节　甜菜育种研究动向和展望

糖类是人类获取热量的主要来源，发展糖料作物满足人民的食糖及轻工食品需要，是国民经济和社会发展的需要。我国人均年消费食糖6.6kg，不足世界平均水平（21kg）的1/3。近年，我国食糖生产总量一直低于国内需求量，2001—2002榨季，国内食糖总产量与需求基本持平，达到8.5×10^6 t。我国食糖产业一直不稳定，加入世界贸易组织（WTO）后，竞争更加激烈，由于国产糖成本价明显高于进口糖，而甜菜糖成本更高。所以国内食糖业将面临更大的挑战。为此，在21世纪，必须在以下技术领域不断取得进展和突破。

①加强种质改良的基础研究，对我国现有的甜菜种质资源重新进行深入细致的鉴定、改良和创新。同时，有针对性地引进国外的优良种质资源。

②加强甜菜杂种优势利用技术的研究和应用。

③加强常规育种与生物技术、信息技术等高新技术相结合的高效育种技术及基础理论的研究。

④研究重要基因的定位、克隆、转化、高效表达技术，特别是不依赖于基因型的高频率转化，再生体系的建立。

⑤研究转基因育种及其与常规育种结合的育种技术。

⑥研究分子标记辅助选择技术。

⑦加强甜菜基础生物学研究，例如生长发育、光合作用、抗性机制、功能基因的结构、表达和调控规律等。

复习思考题

1. 试述甜菜的主要品种类型及其在育种中的应用状况。
2. 试述我国甜菜主产区及各产区的育种要求。
3. 试根据图29-1系谱图分析这些品种的遗传基础及主要亲本特点。
4. 试举例说明如何利用单株选择法进行甜菜自由授粉品种的选育。
5. 试举例说明通过杂交育种选育甜菜自由授粉品种的方法。
6. 试述甜菜雄性不育性及其恢复性的遗传规律。如何选育甜菜雄性不育的三系?
7. 举例说明甜菜杂交品种选育的基本方法。如何利用甜菜多倍体杂种优势?
8. 如何选育甜菜自交系? 如何测定其配合力?
9. 举例说明现代生物技术在甜菜育种中的应用前景。
10. 试讨论加速甜菜育种进程的途径和方法。
11. 试评述甜菜种子生产的繁育方法，说明其基本程序。
12. 试讨论今后甜菜育种的主要方向、可能存在的问题及对策。

附　甜菜主要育种性状的记载方法和标准

一、营养生长期植株记载标准

1. 幼苗生长势　定苗前目测全小区内幼苗生长的强弱、旺盛程度，以5级分制表示：1级为旺，2级为较旺，3级为中，4级为较弱，5级为弱。

2. 子叶下轴色　间苗观察幼苗子叶下轴色，以红色、绿色和混合色3种颜色记载。3行以上小区的取样株数不少于200株，分别求出不同颜色所占比例（%）。

3. 子叶大小　以面积判定子叶大小，>126.4 mm^2为大，126.4～99.8 mm^2为中，<99.8 mm^2为小。

4. 叶丛高度　测量植株最长叶片的叶柄基部至叶尖的长度，为叶丛高度。每小区测定10～20株，以平均值表示。在中期和后期各调查1次。

5. 叶丛型　开垄前调查叶丛型。根据叶柄与地面的夹角判定叶丛型，分直立型（大于60°）、斜立型（30°～60°）和匍匐型（小于30°）。

6. 叶形　叶丛繁茂期取植株中层叶片调查叶形，调查不少于30株。以叶片的长宽比例及最宽处的位置区分叶形，分为圆扇形、犁铧形、舌形等。

7. 叶表面　叶表面分平滑、波浪和皱褶3种。

8. 叶柄长　量中层叶片的叶柄长度，为叶柄长，>31 cm为长，31～20 cm为中，<20 cm为短。

9. 叶柄宽　量中层叶片的叶柄中部横截面边缘的最大距离，为叶柄宽，>1.2 cm为宽，1.2～0.8 cm为中，<0.8 cm为窄。

10. 叶片数　已经展开的绿叶及生理枯老衰死的叶片数之和为叶片数，调查10～20株，求平均值。

11. 生长势　按5级分制调查生长势，得分<3.0为弱，3.0～3.4为较弱，3.5～4.0为中，4.0～4.5为

较旺，4.6～5.0 为旺。

12. 根形 根形分为楔形、圆锥形、纺锤形等。每小区调查 20～30 株，求出各种类型的比例。

13. 根头 着生叶柄和芽的部分统称根头，依根头占根总长的比例分为大（占 20%以上）、中（占 10%～20%）和小（占 10%以下）。

14. 根皮色 根皮色以根体的颜色为准，分白色和浅黄色两种。

15. 根皮光滑度 根皮光滑度分光滑、较光滑和不光滑 3 种。光滑是指根体表皮没有皱纹、凸起、凹陷和多余的根须，一般不带泥土，表皮白净，手感光滑。较光滑是指根体表皮有少量皱纹和很少的的根须，一般带少量泥土，表皮略有粗糙，手感较光滑。不光滑是指根体表皮有皱纹、凸起和很多小根须，一般带有大量泥土，表皮粗糙，手感不光滑。

16. 根沟深浅 根沟深浅分深、浅和不明显 3 种。随机抽取 10～20 株，采用目测法。

17. 茎叶质量 收获时去尽枯叶，一刀平切切下叶缨，以叶缨不散为准。实称小区茎叶质量，换算成单株茎叶产量和单位面积茎叶产量。

18. 根产量 用刀切去叶缨及 1 cm 左右的根尾，然后称量（kg）。300 株以上的小区收获株数不少于 100 株。换算成单位面积产量。

19. 根叶比 根叶比即平均单株根质量与茎叶质量之比。

20. 含糖量 用旋光仪测定含糖量（%），每小区测定株数不少于 40 株，以平均值表示。

21. 锤度（即固形物率） 用取样器与块根成 45°角钻取样品，将压榨出的汁液滴少量于手持锤度计上观察读数即得锤度（%）。

22. 纯糖率 纯糖率表示糖分占全部固形物质的比率（%）。

$$纯糖率=\frac{含糖量}{锤度}\times 100\%$$

二、生殖生长期植株记载标准

23. 叶簇生长势 全苗后目测观其叶簇生长势，分强、中和弱 3 级记载。

24. 抽薹期 抽薹达 10%为抽薹始期，50%为抽薹盛期，90%为抽薹终期。自抽薹始期至抽薹终期天数为抽薹持续日数。

25. 开花期 以始花期和盛花期 2 级记载。10%植株第一分枝基部开花为始花期，50%植株第一分枝基部开花为盛花期。

26. 种株枝型 盛花期调查种株枝型，分单茎型、混合型和多茎型记载。

27. 结实密度 选代表性样株 10～20 株，调查每株上、中、下有代表性的第一分枝上的种球数（取该分枝中间部位长 10～20 cm），以平均值表示结实密度。

28. 结实株率 结实株占抽薹株数的比例（%）为结实株率。

29. 种株粒性 种株粒性分纯单粒型（全部单粒或主枝上有极少数双粒）、单粒型（分枝上绝大部分为单粒）、双粒型（分枝上大部分为双粒）和多粒型（主枝和分枝上大部分为多粒）。

30. 成熟期 种株茎叶变为黄绿色，1/4 的种球呈现黄褐色时为成熟期。

31. 种子产量 种株收获，晒干脱粒、扬净并干燥后（水分在 14%以下）即测定种子产量。单收单打的记载单株种子产量，混合收获的种子记载小区种子产量。

32. 千粒重 1 000 粒种球的质量为千粒重，以 g 表示。

33. 发芽率 100 粒种球经 14 d（18～22 ℃）的累积发芽种球数为发芽率（%）。发芽实验需重复 3 次，取其平均数。

三、病害记载

全国甜菜产区记载的主要病害有：褐斑病、白粉病、根腐病、黄化病毒病和丛根病。

（田笑明、由宝昌第一版原稿；刘宝辉第二版修订；李红侠第三版修订）

第七篇　特用作物育种

第三十章　橡胶树育种

橡胶树（rubber tree）（图 30-1），又名巴西橡胶树，学名*Hevea brasiliensis* Muell. Arg.，起源于巴西亚马孙河流域的热带雨林中。1876 年，英国人魏克汉（Henry Wickham）从巴西亚马孙河的中下游采集了野生橡胶树种子 7 万粒运到英国伦敦邱植物园（Kew Garden），育成苗木 2 397 株，其中的 1 900 株运往斯里兰卡，一部分送往新加坡。此后印度尼西亚、马来西亚、斯里兰卡等东南亚国家的橡胶树种植园大多是由魏克汉采种的第二代橡胶树种子建立起来的。1888 年，英国人邓禄普（John B. Dunlop）发明了气胎，1895 年开始生产汽车，1900 年开始，橡胶价格急剧上升，由野生橡胶树生产的橡胶远远供不应求，于是，橡胶树种植业如雨后春笋般迅速崛起，遍及亚洲、非洲、拉丁美洲许多热带国家。迄今橡胶树种植国有泰国、印度尼西亚、马来西亚、印度、中国、越南、科特迪瓦、斯里兰卡、利比里亚、巴西、菲律宾、喀麦隆、尼日利亚、柬埔寨、危地马拉、缅甸、加纳、刚果、巴布亚新几内亚、孟加拉国等 64 个国家。据天然橡胶生产国协会（ANRPC）统计，2020 年世界橡胶树种植总面积为 1.27×10^7 hm^2，干胶总产量为 1.36×10^7 t，其中我国干胶总产量为 6.93×10^5 t。

图 30-1　开割的橡胶树

橡胶树是一个异花授粉树种，遗传背景复杂，从亚马孙河流域不同地区采集的种子所长成的橡胶树，单株间的产胶量差异很大，由魏克汉从巴西亚马孙河中下游所采集的野生橡胶树种子送到东南亚一些国家所繁衍的种子实生苗（seedling）后代，其平均产胶量为 500 kg/hm^2，平均单株年产干胶为 1 kg，这就是橡胶树发源地野生橡胶树种子实生树的基本产胶水平。关于野生橡胶树种子实生树群体的个体产胶量差异，1918 年怀特派（C. S. Whitby）在马来西亚做了 1 000 株树的调查，其中 90%的个体都是低产树，只有 10%的单株比平均产胶量高 1 倍，其中有 5 株特别高产，比平均产量高 7 倍，这类特高产单株只占总调查树的 0.5%。

1927年格蓝撒姆（J. Gramtham）在印度尼西亚苏门答腊调查了400万株魏克汉种子实生树的个体产胶量差异，低于平均产胶量的单株占94.77%，相当于平均产胶量的单株占4.5%，高于平均产量1倍以上的单株只占0.73%。我国于1904年开始引种橡胶树种子实生树，先后在云南、海南、广东等地种植，至1952年统计共种植橡胶树种子实生树约64万株。1954年，华南热带作物科学研究所（中国热带农业科学院前身）对散布在海南岛及其他地方的64万株橡胶实生树做了产胶量普查，平均产胶水平为450 kg/hm²，与东南亚国家的产胶水平相当，从中选出比平均单株产量（1 kg）高2倍以上的单株共约3 000株，取其枝条作为芽条（bud wood），芽接成为无性系（clone），种植于大田，7年后正式割胶，这类无性系的平均产胶量只比普通实生树提高了6%，而不是提高2倍以上。

第一节　国内外橡胶树育种研究概况

橡胶树从野生状态到大面积人工栽培，迄今只有140多年的历史（始于1876年）。从年产干胶量只有450～500 kg/hm²的普通种子实生树开始，经过有性杂交遗传改良，建立优良芽接树无性系，稳定性状遗传，如此有性与无性交替育种，育成了初生代无性系、次生代无性系、三生代无性系等橡胶树群体，使目前大面积种植的无性系群体年产干胶量达到了1 500 kg/hm²，比实生树群体的干胶产量提高了2倍。抗风高产、耐寒高产、抗病高产等优良无性系也相继培育出来。随着橡胶生物合成的研究、生物技术的日新月异，橡胶树育种研究已经在多学科的基础上得以发展。

一、我国橡胶树育种研究概况

（一）我国橡胶树育种研究的第一阶段　本阶段为1951—1960年，研究材料主要为橡胶树种子实生树，研究内容涉及实生树产胶的遗传规律、杂交育种方法、花粉采集和保存技术、人工授粉和隔离技术、无性繁殖技术、国外无性系种质资源的引种和产胶量检测方法等。在这个阶段所获得的主要研究成果如下。

1. 普通实生树个体基因型独特，产胶量受多种因素影响　橡胶树是异交作物，雌雄同株异花，自交不实，每株实生树都是一个独立的基因型。每株树的产胶能力可以通过树干割胶测产。但由于橡胶树的胶乳是一种次生代谢产物，产胶量受代谢途径中多种遗传因子的影响，也受植株立地环境的很大影响，还受橡胶树乳管系统和整株树上下部位相对产胶量的影响，因此要获得一个遗传型高产的、产胶量稳定的普通实生树，还需要研究其乳管系统和整树上下部位的相对产胶量。

2. 橡胶树种内有性杂交方法的研究　研究结果表明，同一株树的人工授粉自交的采果率为0%～0.35%，自然杂交采果率为0.68%，人工杂交的采果率为5.75%～9.63%；正交与反交的采果率可以相差3～6倍，比自交高约14倍。橡胶树的花粉成熟后在自然条件下的生命力只有24～40 h，成熟花粉遇雨水后即吸水破裂，丧失活力。从外地采集花粉而当日不能进行人工授粉时，若采用$CaCl_2$干燥、5～10 ℃低温保存，可以延长花粉生命力约72 h。

3. 橡胶树无性繁殖方法的研究　研究结果表明，由实生树树冠部位切取芽条嫁接在任何种子砧木上，所长成的芽接树无性系均属于熟态（mature type）无性系；由实生树树干1 m以下部位切取的芽条长成的芽接树无性系为幼态（juvenile type）无性系。两种芽接树在形态上存在着明显差异，前者，当芽片萌发生长时与砧木呈大锐角向上生长，茎干青绿色，待成长为高大乔木后，其主干呈柱状；后者，与砧木呈小锐角生长，茎干呈明显紫色，长成后主干呈圆锥状，类似于种子实生树。这种形态上的差异为后来我国培育出橡胶幼态自根无性系（juvenile self-rooted clone）提供了重要线索和科学依据。

橡胶树的种子实生苗可以扦插成活，靠近茎基的部位更易成活，而成龄橡胶树的枝条极难扦插成活，这种现象与前面所述及的熟态型与幼态型芽接树的差异同样有密切的相关性，而且在一些其他热带树种中也发现这种现象，例如桉树（*Eucalyptus* spp.）、木瓜（*Carica papaya*）等，这种在多年生植物中不同生长时期的生理异质性在组织培养和转基因植物的外植体选材中都是必须考虑的重要因素之一。

（二）我国橡胶树育种研究的第二阶段　本阶段为1961—1976年，研究工作从前一个阶段以普通实生树为主要研究对象的时期转入以研究无性系为主的阶段。研究的重点包括橡胶树无性系的产胶遗传性、种植环境条件影响产胶的表现型分析、无性系种质的杂交亲本选配、优良无性系的引种与适应性研究、无性系抗风性能及其遗传性研究、无性系耐寒能力及其遗传性研究、无性系绿色侧枝芽产胶遗传性及绿色小芽条快速繁殖技术、无性系形态分类学及品系鉴别技术、无性系比较试验、推广橡胶树无性系与种植小环境类型划分研究等。第二阶段所获得主要研究成果如下。

1. 橡胶树无性系的产胶遗传特性 橡胶树无性系的产胶遗传性与普通实生树不同，因为它是同一个基因型的无性系群体，产胶遗传性是稳定的，同一个橡胶无性系种植在不同的自然环境条件下，只要植株生长正常，其产胶遗传性也就可以表现出来。在同一自然环境条件下，同一个橡胶无性系的不同植株间的产胶量基本上是一致的，个体间的产胶量差异主要是由植株间生长量差异引起的。

2. 无性系种质的杂交亲本选配 经过近千个杂交组合的试验，选出的最优组合是 RRIM600×PR107、GT1×PR107、海垦 1×PR107、93-114×PR107，由这些组合培育成的优良无性系，其单位面积产胶量超过普通实生树 2 倍以上。

3. 橡胶树无性系的抗风、耐寒性状及其遗传特性 橡胶树无性系间的抗风、耐寒能力差异很大。当风力为 12 级时，多数无性系断倒率为 20%～30%；风力为 11 级时，多数无性系的断倒率不高于 10%；风力小于 10 级时，多数无性系均无明显风害。经过 21 个试验点、通过 24 次强台风考验已筛选出抗风高产的无性系 2 个：PR107 和海垦 1，由这 2 个无性系作亲本所育成的新无性系均表现出较好的抗风特性。橡胶树属于热带植物，一般说来其耐寒能力均较差，当气温降到 4 ℃时，多数无性系会受到不同程度的寒害，降至 2 ℃ 时，大多数无性系会受到致命的寒害，经过 8 次强寒潮袭击而选育成的 93-114、IAN873、GT1 等 3 个耐寒高产或耐寒较高产无性系，能耐 2～4 ℃的低温。

4. 无性系的品种纯化 大量无性系的多点试验和大面积推广，极易引起品种混杂退化。为此建立了基于植物分类学原理，以无性系叶部形态最稳定的蜜腺、大小叶柄、叶缘等特征为主要依据的品种鉴别分类系统，使每个无性系都能准确地区分和鉴别，使全国橡胶树无性系种苗纯度达到 99%左右。

5. 橡胶树无性系种植小环境类型划分研究 由于我国橡胶树种植区地处热带北缘，属于季风气候区，一些年份受台风侵袭，有些年份受到强寒潮影响，橡胶树种植区小环境的地形地势对种植的无性系所受台风和寒潮的伤害程度至关重要。海南、广东、云南等橡胶树种植区根据不同无性系的抗风、耐寒特性和种植地区地形地势、坡向等因素划分橡胶树种植小环境类型区，对口配置推广无性系，显著减轻了自然灾害给橡胶树种植业造成的损失。

（三）我国橡胶树育种的第三个阶段 自 1977 年以来，除继续开展次生代无性系、三生代无性系的培育外，进行了幼态自根无性系及三倍体培育、橡胶树野生种质资源评价利用、胶乳合成及抗逆相关基因分离与特性分析、分子标记辅助选择育种、橡胶树转基因育种、橡胶树全基因组测序等研究。第三阶段所获得主要研究成果如下。

1. 橡胶树优良次生代无性系选育 培育 1 个新的橡胶树优良无性系大约需要 25 年时间，从杂交开始，经过杂种苗预选、初级系比较试验区、高级系比较试验区至正式割胶 5 年以上，并完成风害、寒害、干胶含量、割面干涸等副性状测定才能参加品种推广评选，我国已经育成的优良次生代无性系有热研 7-33-97、云研 77-2、文昌 217、热研 8-79、热研 7-20-59、热垦 525、热垦 628 等，其产胶量和抗性均超过初生代无性系。

2. 幼态自根无性系的研究 通过花药培养，经过脱分化和再分化，使所诱导出的胚状体和小植株由熟态恢复至幼态，这种幼态材料具有自己的根系，可以直接种植而无须芽接在砧木上，故称为幼态自根无性系，其生长速度比供体无性系快 20%，产胶量比供体无性系高 10%以上。Hua 等（2010）循环利用次生体胚（secondary somatic embryo）作为外植体进行幼态自根无性系的培育，不仅提高了出苗效率，而且避免了花期对出苗过程的限制。目前，我国已建立了热研 7-33-97 和 PR107 幼态自根无性系工厂化生产的技术体系。

3. 橡胶树异源三倍体培育 橡胶树是二倍体，染色体 $2n=2x=36$，通常培育三倍体首先要育成四倍体再与二倍体杂交，至少需要 8 年。而通过将花粉染色体加倍，然后进行品种间杂交，当年就可以获得异源三倍体，经过芽接成为三倍体无性系。研究表明，橡胶树品种 GT1 可以自然加倍，产生 $2n$ 雌配子。云研 77-2 和云研 77-4 就是由 GT1 自然加倍的配子杂交所得的三倍体（李惠波等，2009）。对 GT1 花枝进行高温处理加倍配子染色体，自然授粉后，三倍体植株检出率从 0.71%提升到 1.79%（张源源，2013）。用秋水仙碱处理花粉后，进行杂交，获得三倍体植株，植株叶片变厚变宽，叶色加深，叶脉较粗，气孔变大（赖杭桂等，2013）。

4. 分子标记辅助选择育种 橡胶树白粉病（*Oidium heveae*）是危害橡胶树的主要病害之一。陈守才等（1994）对橡胶树 11 个抗白粉病种质和 11 个易感病种质基因组 DNA 进行随机扩增多态性 DNA（RAPD）

分析，获得一个与抗白粉病表现型密切相关的 390 bp DNA 片段，命名为 $OPV\text{-}10_{390}$；经 Southern 杂交检测表明，11 个抗白粉病种质均显示单拷贝 DNA 杂交带，而 11 个易感病种质均未发现杂交带。罗安定等（2001）找到了一条抗白粉病种质特有的 320 bp 的扩增片段长度多态性（AFLP）片段。黄贵修等（2002）用差异显示的方法找到了一条 725 bp 的死皮相关的差异条带。安泽伟等（2010）用 cDNA-AFLP 分析了抗寒种质和不抗寒种质，找到了 12 条与低温相关的差异片段。

5. 橡胶树转基因育种 转基因技术是缩短橡胶树育种年限、加快新品种培育的有效途径。我国已建立了基因枪法和根癌农杆菌介导的橡胶树遗传转化体系，转化植株已在大田移栽成活（洪磊等，2010；黄天带等，2010）。这个技术的建立，为我国转基因育种的开展奠定了良好基础。

6. 全基因组测序 中国热带农业科学院橡胶研究所于 2010 年启动了橡胶树全基因组测序计划，结果发表在 2016 年《自然植物》（*Nature Plants*）上。该项目在对我国橡胶树主栽品种热研 7-33-97 进行全基因组测序的同时，还对若干抗风、耐寒品种进行了重测序。

二、国外橡胶树育种概况

印度尼西亚和马来西亚是最早进行橡胶树选育种的国家。1914 年首次国际橡胶会议提出了选育种的建议，1915 年开始，他们从大量的普通实生树中选择一些高产单株，采用芽接方法繁殖成无性系，种植这些无性系来生产自然杂交的种子，这些经过遗传改良的种子实生树的产胶量比从亚马孙流域引入的普通种子实生树的提高了约 50%，这使橡胶树育种者看到了种植材料改良的重要性。随后印度尼西亚在苏门答腊、西爪哇相继成立了橡胶试验站，马来西亚在吉隆坡成立了橡胶研究院，加速了橡胶树选育种的研究进程。1924 年，这两个国家培育的一些橡胶树初生代无性系相继割胶，取得了令人满意的结果，例如印度尼西亚的 PR107、TJ1、TJ16、BD5、BD10、GT1、AVROS163、AVROS185 和 L. C. B1320，以及马来西亚的 PB86 等，这些无性系的产胶能力比普通实生树提高了 100%，其中少数无性系提高了约 200%，是真正的遗传型高产。推广种植高产无性系深受橡胶树种植者欢迎，尤其是马来西亚的一些英国大胶园（例如 Prang Besar），不仅大规模种植无性系，而且致力于自己的育种试验工作，几乎与马来西亚橡胶研究院并驾齐驱。1935 年以后，育种家们逐步发现许多无性系的副性状，例如割面干涸（tapping panel dryness）、褐皮病（brown bast）、早凝胶（precoagulation）、长流胶、开割后生长缓慢、皮薄、再生皮（regenerated bark）薄、易感白粉病、易感季风性落叶病（*Phytophthora* leaf blight）等，影响种植、割胶，最终导致减产。于是对无性系杂交亲本的选择有了更严格的要求。法国农业研究国际合作中心（CIRAD）利用分子生物学技术着重在分子水平研究了橡胶树产胶生理、橡胶粒子生物合成、橡胶树死皮病发生机制、橡胶树快速繁殖及转基因技术等。近年来，各橡胶树种植国育成的主要优良无性系有 RRIM2004、RRIM2020、RRIM2025、RRII105、RRII414、RRII417、RRII429、RRIV3、RRIC52、RRIC100、IAC413 等。

第二节 橡胶树育种目标性状和重要性状的遗传

我国的橡胶树种植区属于热带北缘，限制橡胶树种植的主要因素是 11 级以上的强热带风暴和台风以及低于 4℃的强寒潮低温，因此橡胶树育种的主要目标是培育抗风高产、耐寒高产的优良品种，与此直接相关的就是产胶能力、抗风性和耐寒性 3 大性状。由于橡胶树的产胶能力是一个复杂性状，主要受到树干韧皮部中乳管的多寡、光合作用的强弱和乳管内有机物质的产胶分配率 3 大要素所调控，而这些都是复杂的多基因控制性状。与产胶相关联的性状还有胶乳中的干胶含量、割面干涸、长流胶、植株生长速度、再生皮恢复能力、抗病性等，这些性状在橡胶树育种学上通称为副性状（secondary character），在育种工作上都是不可忽视的性状。

一、橡胶树产胶能力性状

（一）乳管与橡胶生物合成 橡胶树的产胶是在橡胶树的乳管内进行的，乳管分布在几乎所有的橡胶树器官，包括树干、树枝、叶片、花、果、种子，凡有维管束系统的位置均有乳管的分布。如图 30-2 所示，橡胶树进行光合作用产生蔗糖后，分解成葡萄糖和果糖，在乳管细胞内合成丙酮酸（pyruvic acid）、乙酰辅酶 A（acetyl-CoA）、3-羟基-3-甲基戊二酸单酰辅酶 A（HMG-CoA）、异戊烯焦磷酸（IPP）、异戊二烯（isoprene)，经橡胶转移酶的催化聚合成为聚异戊二烯（polyisoprene)。研究表明，橡胶树乳管的多寡与产胶能力有相当密切的关系，10 龄时割胶部位树干的乳管列数，高产无性系 RRIM600 为 30 列，中产无性系 PB86 和 PR107 分别为 25 列和 24 列，低产的普通实生树仅为 15 列。

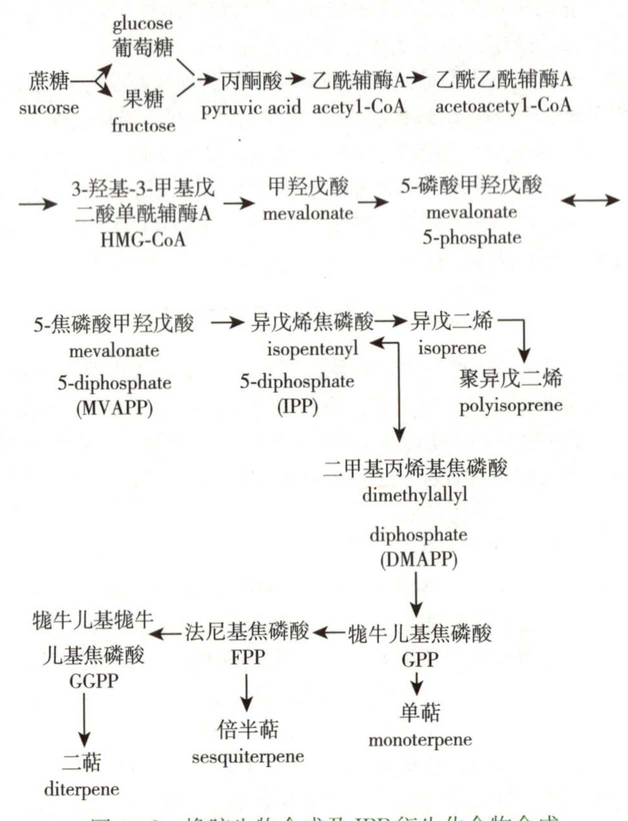

图 30-2 橡胶生物合成及 IPP 衍生化合物合成

（二）橡胶转移酶的活性 橡胶转移酶（rubber transferase）是完成橡胶分子合成最后一个反应的酶，是产胶植物特有的酶。研究证明，橡胶转移酶是位于橡胶粒子（rubber particle）上的膜蛋白，而且在小橡胶粒子中的活性比在大橡胶粒子中的高。用液闪计数仪（liquid scintillation counter）测定橡胶转移酶活性时，发现该酶在 25℃时表现出最高的活性，与橡胶树产胶的最适温度相吻合，且该酶活性与橡胶树产量成显著正相关，表示橡胶转移酶活性的每分钟核衰变数（disintegrations per minute，DPM）在高产无性系中为 103220，在中产无性系中为 72 333，而在低产无性系中仅为 17 481，而且这 3 类不同产胶能力的无性系不论是 1 龄幼苗还是成龄树，其橡胶转移酶的 DPM 值都是一致的，说明橡胶树的产胶能力与乳管内橡胶转移酶的活性是高度关联的。

（三）测定橡胶树产胶能力性状的方法 目前在橡胶树育种过程中，对产胶能力的鉴定主要是通过试割来进行。无论是亲本选择，还是确定一个新的无性系是否高产，都需要经过 7 年以上的割胶测定记录。从第一割面的 5～6 年的测产数据可以判断该无性系是早熟类型还是晚熟类型，至第二割面时可以了解该无性系是否持续高产。

二、橡胶树胶乳干胶含量性状

胶乳中橡胶烃（rubber hydrocarbon）的质量占胶乳质量的比例即称为干胶含量。干胶含量的多寡影响到胶乳的品质，各类橡胶无性系的干胶含量在正常气候割胶条件下为 20%～40%，高产且胶乳品质优良的无性系，其干胶含量大都在 25%～37%，干胶含量低于 22%的橡胶树易发生常流胶，也就是说，割胶后在正常排胶时间内不易自然凝固和停止排胶，这种现象容易引起割面干涸。胶乳干胶含量性状是橡胶树的重要遗传性状之一。

三、橡胶树割面干涸性状

割面干涸性状俗称死皮，是指橡胶树割胶部位的乳管受到阻塞，割线上的乳管被割断后，部分乳管列或全部乳管列不能排胶，乳管周围细胞呈现干涸坏死状态，导致产胶量下降，甚至严重减产。研究表明，这是一种可遗传的性状，例如无性系海垦1比较容易出现割面干涸症状，它的杂交后代也往往出现同样的症状，而无性系PR107在同样的割胶情况下，发生割面干涸的症状就少得多，它的杂交后代也同样表现良好。世界各橡胶树种植国对割面干涸性状做了很多研究，初步认为其直接原因是乳管内称为黄色体（lutoid body）的细胞器发生破裂，释放出一种称为hevein的凝集素，使未排出的胶乳在乳管内凝集阻塞而发生割面干涸现象，多数研究认为这是一种由伤害和过度开割等多种因素引起的生理性综合症状。与死皮相关的两个重要基因*HbMyb1*（Chen等，2002）和*HbTOM20*（Venkatachalam等，2009）已经被克隆，同时通过消减杂交的方法还发现了大量与橡胶树死皮相关的表达序列标签（EST）（Venkatachalam等，2007；Li等，2010）。

四、橡胶树抗风性状

橡胶树的抗风能力与树冠、树型有密切关系，通常抗风树型多为塔型树冠，不抗风树型多为粗大分枝的重型树冠。例如无性系PR107、PB5/51、海垦1均属塔型树冠，其树型只有1个主干，加上层次分明的小分枝形成疏透的树冠，对风的阻力较小；而不抗风的无性系如RRIM600、PB86的树冠形成几个粗大分枝组成的大树冠，受风面大，遇强风易折断或倒伏。许多杂交试验证明，橡胶树以树冠、树型为标志的抗风性状是一种遗传性状。

五、橡胶树耐寒性状

橡胶树为热带植物，在我国热带北缘种植受到季风气候影响，在强寒潮年份的冬季，广东、云南橡胶树种植区会受到寒害。耐寒性状是橡胶树选育种必须注意的一个重要性状，选育种的目标是以耐寒高产为主。

橡胶树虽然是一个不耐寒的树种，但由于长期的自然杂交，群体内个体间耐寒能力差异相当显著。不耐寒品种RRIM701，当辐射低温达6℃时就出现寒害，而耐寒品种93-114、五星I_3则可以耐受0～2℃的辐射低温。近年来通过室内模拟低温胁迫结合大田鉴定，从野生种质中筛选出部分耐寒能力接近93-114的野生种质，可作为耐寒高产育种的优良种质资源。

第三节　橡胶树种质资源研究和利用

橡胶树的种质资源是橡胶树育种的源泉，世界橡胶种植业的发展由种植普通实生树开始，经过优良种质选择到大面积推广种植优良无性系，所有种质资源都是来自巴西亚马孙河流域的野生橡胶树。对这些种质资源的研究利用已有140多年的历史。这些种质资源的来源可以划分为两个收集阶段，一是1876年开始由魏克汉引种的种质，二是1981年由国际橡胶研究与发展委员会（International Rubber Research and Development Board，IRRDB）组织的国际野生橡胶种质资源联合考察队在亚马孙河上游采集的野生橡胶树新种质，称为国际橡胶研究与发展委员会（IRRDB）新种质。

一、魏克汉橡胶树种质

东南亚植胶国于1900年开始大规模种植橡胶树，当时使用的橡胶树种子都是来自魏克汉从巴西亚马孙河中下游的Tapajos采集的野生橡胶树种子经由伦敦邱植物园发芽后成活的2 397株苗木的后代。至1940年，橡胶树种植面积已发展到1 856 764 hm²。在此期间，种植者、大胶园主和橡胶树育种家通过常年割胶的实际产胶量来选择优良种质，称为优良母树。经过芽接，建立了许多优良种质无性系；经过系比试验、多年产胶量测定，鉴定出一批高产优良初生代无性系种质，它们是PR107、GT1、AV255、AV352、BD5、L. C. B1320、PB86、Pi1、B84、Tjir1、Tjir16、War4、RRIC52等。这些初生代无性系散布到世界许多橡胶树种植国，其中产胶量最突出和适应性最广的无性系是GT1，其产胶水平要比普通种子实生树高2倍。我国自1952年大规模种植橡胶树以来，也陆续引进了上述初生代无性系，经过在不同环境类型区，对产胶量、抗风、耐寒等性状的长期研究，鉴定出初生代无性系PR107是一个高产、稳产、干胶含量高、耐割胶、割面干涸率低、乙烯利（ethrel）刺激割胶增产显著、抗风性强的优异无性系。利用这个优异种质进行杂交育种，在所测交的上千个组合中，PR107的高产性状和强抗风性状的遗传率最高。在云南橡胶树种植区的长期研究中鉴定出GT1也是一个高产、稳产且耐寒性较好的优良初生代无性系，以GT1为亲本的杂交后代在橡胶树育种研究上也发挥了优异种质的重要作用。

我国在1952年大面积种植橡胶树前只有约64万株魏克汉种质实生树，而东南亚国家在发展种植芽接树无性系以前就有约3亿株魏克汉种质实生树，我国只占东南亚国家的0.2%。1953—1958年，国家组织了橡胶树育种工作队，对这些散布在海南的60万株实生树进行了优良种质普选，经过初选和复查，从中选出日产胶乳50 mL以上的1 373份高产种质作为重点研究。通过多年产胶量鉴定和割胶部位乳管的解剖分析，最终选出1 185株最优种质，作为芽接母树，扩繁成无性系，在海南、广东的8个不同环境类型区进行了系统比较试验，结果令人非常失望，在这1 185种质无性系中没有选出1个真正遗传型高产种质。这时橡胶树育种工作者才开始明白，在亚马孙原始大森林中的野生橡胶树群体中，属于真正遗传型高产树是极少的，更何况东南亚橡胶树种植国和中国种植的3亿多株种子实生树都是来源于魏克汉引种的2 397株原始种质的后代。所幸的是我国育种工作者从中选出了一批耐寒力较强的种质，例如天任31-45、青湾坡17-12、合口3-11、红山-67-15、桂研74-1等，能耐1～2℃的强寒潮低温。

二、国际橡胶研究与发展委员会新种质

1978年法国橡胶研究所的一个野生橡胶考察组在亚马孙河上游发现单株年产干胶100 kg的奇迹橡胶树，如果在这些地区采集橡胶新种质，可能会给植胶业带来革命性的影响。当时国际橡胶研究与发展委员会主席Padirac极力主张组织一支科技队伍，在远离1876年魏克汉采种的亚马孙河中下游Tapajos地区的上游地区进行采种。经过国际橡胶研究与发展委员会会议多次讨论，于1981年1月正式组成了国际野生橡胶树考察队，全队由来自各橡胶树种植国的18名科学家和技术人员组成，进入亚马孙原始大森林，深入靠近秘鲁、玻利维亚边境的朗多尼亚（Rondonia）、阿克里（Acre）和马托格洛索（Mato Glosso）3个州收集野生橡胶树新种质。当时中国热带农业科学院橡胶树遗传育种专家郑学勤研究员参加了此次大规模考察行动。考察队进入原始大森林的季节正是橡胶树种子成熟的旺季，但也是那里的强雨季，天气炎热，河水泛滥，毒蛇、毒虫、野兽很多，加上食品供应困难，这些使寻找野生橡胶树种质的工作难度加大。Mato Grosso分队地处南纬7°～11°，所采集种质的地区正是魏克汉当年采种区的上游，两地相距约800 km。考察队发现在这里的原始森林平均每公顷只有5～30株野生成龄橡胶树，最大的胸径可达4 m以上，估算树龄高于100年。3个分队经过43 d的连续林中作业，共获得野生橡胶树种质1.2万份，分批送往非橡胶树种植区的伦敦进行再次消毒检疫，再分送至马来西亚、科特迪瓦两个国际野生橡胶树新种质库种植保存。1992—1993年召开多次国际橡胶会议，我国从国际野生橡胶树新种质库陆续运回国并芽接成活约6 000份种质并全部保存于种植苗圃，并建立17.33 hm^2（260亩）大田种质库（国家橡胶树种质资源圃）提供种质研究使用，这些种质统称为国际橡胶研究与发展委员会（IRRDB）新种质。我国尝试通过构建核心种质库来对国际橡胶研究与发展委员会新种质进行评价和利用研究。对国际橡胶研究与发展委员会新种质的研究，有下列初步结果。

1. 鉴定出一批抗白粉病的橡胶树种质 研究采用3种方法：白粉病孢子室内叶片离体接种培养法、种质在苗圃和大田植株抗性直接观察法以及随机扩增多态性DNA（RAPD）标记分析法，对22份国际橡胶研究与发展委员会新种质进行白粉病抗性鉴定，结果一致性很好。利用52对随机扩增多态性DNA引物，对经过大田和孢子鉴定认为是抗病的11个国际橡胶研究与发展委员会新种质和11个感病种质进行随机扩增多态性DNA分析，阳性对照为抗病的魏克汉种质RRIC52和IAN717，阴性对照为易感病的无性系PB5/51，结果表明，引物OPV-10在抗病种质中能扩增出390 bp的特异条带，而在感病种质中缺失该条带（表30-1）。

表30-1 橡胶树抗白粉病随机扩增多态性DNA鉴定与大田、孢子鉴定结果

IRRDB种质编号	种质名称（国际统一编号）	大田及孢子鉴定等级	是否有OPV-10的390 bp条带
34	RO46	抗病	是
72	MT/C/2（10/155）	抗病	是
2637	RO/PB/1（2/2）	抗病	是

（续）

IRRDB种质编号	种质名称（国际统一编号）	大田及孢子鉴定等级	是否有OPV-10的390 bp条带
405	AC/S/112（42/276）	抗病	是
2644	RO/PB/1（2/73）	中抗	是
2647	RO/PB/1（2/158）	抗病	是
236	RO/CM/10（44/19）	感病	否
265	RO/CM/10（44/1）	感病	否
266	RO/CM/10（44/150）	感病	否
355	RO/CM/10（44/51）	感病	否
413	AC/S/12（42/16）	感病	否
659	PB5/51（感病对照）	高感病	否
2552	MT/A/19（46/8）	高感病	否
202	MT/IT/12（26/32）	中感	否
201	RO/IP/3（22/250）	感病	否
60	RO/PB/2（3/267）	高感病	否
23	AC57	高感病	否
2927	7/02/81（1/45）	抗病	是
408	AC/S/12（42/186）	抗病	是
108	RO/JP/3（12/42）	抗病	是
39	IAN717（抗病对照）	抗病	是
692	RRIC52（抗病对照）	抗病	是

2. 人工模拟寒害鉴定出一批耐寒种质 人工模拟寒害采用进口的Environ PGV-36大型人工气候箱进行，设置湿度为80%、光照为60 lx，在10℃低温下将种质芽条处理23 h，模拟我国南方平流型寒害，然后降温至0℃处理15 h，再以室温（25℃）处理12 h，随后降温至−1℃处理15 h；另一批相同的橡胶种质在人工气候箱继续降温至−2℃处理15 h模拟强辐射型寒害。对照采用国内最耐寒的种质93-114和中耐寒种质GT1。这个试验还与设在广东省的寒害前哨苗圃的系比试验相对照，鉴定出能耐−1℃低温的国际橡胶研究与发展委员会新种质共16个，其中有10个能耐−2℃的低温（表30-2）。

表30-2 经−2℃模拟寒害处理后鉴定出的耐寒国际橡胶研究与发展委员会新种质

IRRDB种质编号	种质名称（国际统一编号）	模拟寒害等级	前哨系比试验寒害等级
2267	AC/AB/15（54/362）	2.5	0
2619	AC/AB/15（54/488）	2.5	0
3333	MT/C/6（11/89）	2.4	0
3780	AC/B/18（55/199）	2.5	0
4156	RO/C/8（24/328）	2.5	0
4605	RO/A/7（25/412）	2.5	0
4711	RO/A/7（25/339）	2.5	0
7084	AC/S/8（35/362）	2.5	0

（续）

IRRDB种质编号	种质名称（国际统一编号）	模拟寒害等级	前哨系比试验寒害等级
7393	AC/AB/15（54/1216）	2.5	0.5
7673	AC/AB/15（54/686）	2.5	1.0
666	GT1（中耐寒对照）	4.9	1.8
663	93-114（高耐寒对照）	4.2	1.2

从表30-2可以看出，我国最耐寒的橡胶无性系93-114和中耐寒的无性系GT1在经过−2℃模拟低温寒害处理后，接近全株死亡（5级为死亡级），而有10个国际橡胶研究与发展委员会新种质的寒害级别介于较轻微和中等寒害之间。这与在寒害前哨苗圃系比区获得的试验结果相一致。在前哨苗圃当无性系93-114和GT1分别受到1.2级和1.8级寒害时，上述10个国际橡胶研究与发展委员会新种质除种质7673受到极轻微寒害外，其余9个种质则完全无寒害。

3. 国外研究者发掘出速生和乳管发达等性状的种质 印度尼西亚研究人员从国际橡胶研究与发展委员会新种质中找到了10份速生种质（Aidi-Daslin等，2002）。马来西亚和越南的研究结果表明，国际橡胶研究与发展委员会新种质虽然产量不高，但具有较好的木材特性（Masahuling等，2002；Lai等，2002）。印度育种工作者从国际橡胶研究与发展委员会新种质中共发现了125份速生种质、29份乳管系统发达的种质、15份在苗期高产的种质、140份有较强抗病性的种质（Varghese等，2002）。越南研究人员用栽培品种与国际橡胶研究与发展委员会新种质杂交，找到了高抗白粉病的优良杂交组合（Lai等，2007）。

三、橡胶树的近缘种种质资源

巴西橡胶树属于大戟科（Euphorbiaceae）橡胶属（*Hevea*），除巴西橡胶树外在亚马孙地区还蕴藏着许多其他野生橡胶树种质资源，已查明的有以下10种。

1. 矮生小叶橡胶树 矮生小叶橡胶树（*Hevea camargoana*）分布在亚马孙河口贝伦附近的马拉若（Marajo）岛，喜生长在林缘和林缘的灌木丛中。树高仅为2～3 m，呈灌木状或小乔木，叶为三出复叶，但叶片和种子都很小，分别只及巴西橡胶树小叶和种子的1/3～1/2。矮生小叶橡胶树的分枝柔软，树冠疏朗，无明显的落叶期，早花早果，并且常年开花结果，对南美叶疫病和风害的抗性较强，因产胶量少，不宜直接用于生产，但适于作为橡胶树种间杂交亲本使用，对于培育抗风抗病高产新品种可能是个有利用价值的种质资源。

2. 少花橡胶树 少花橡胶树（*Hevea pauciflora*）在亚马孙河中上游治内格罗河一带的森林中分布较多，属于低产胶类型，叶大而叶蓬密闭，叶色浓绿，种子大，植株高大，对南美叶疫病具有免疫力，是极其重要的抗病基因资源。巴西已开始研究少花橡胶树与巴西橡胶树杂交，以期获得抗病高产的无性系。

3. 边沁橡胶树 边沁橡胶树（*Hevea benthamiana*）在巴拉州和亚马孙州的森林中分布较多，叶片的下表皮有微红色茸毛，叶基钝而小，叶较圆，落叶期明显。边沁橡胶树所产橡胶的质量与巴西橡胶树相当，能抗南美叶疫病，有名的抗病原始品系F4542就是由这个树种选育出来的。之后利用该品系与高产的巴西橡胶树品系杂交，获得了一些抗病高产品系，例如巴西推广的无性系IAN717、FX3899等。

4. 光叶橡胶树 光叶橡胶树（*Hevea nitida*）的叶面富含蜡质，树高可达30 m。它有一个矮生的变种 *Hevea nitida* var. *foxicodon-droides*，树高仅为3～5 m，能在极其贫瘠的土壤中生长。

5. 坎普橡胶树 坎普橡胶树（*Hevea camporum*）也属于矮生种，最高仅为2 m，萼片内表皮有茸毛，叶片边缘无硬边。

6. 硬叶橡胶树 硬叶橡胶树（*Hevea rigidifolia*）最早在巴西亚马孙州沃佩斯河一带发现，落叶期不明显，树冠小，萼片内表皮光滑，叶片边缘有硬边。

7. 圭亚那橡胶树 圭亚那橡胶树（*Hevea guianensis*）分布广泛，遍布亚马孙河流域有橡胶树属物种分布的地方，落叶期不明显，叶片薄，边缘无硬边。

8. 小叶橡胶树 小叶橡胶树（*Hevea microphylla*）的树型较小，有明显的落叶期，叶片小而具有光泽。

9. 色宝橡胶树 色宝橡胶树（*Hevea spruceana*）主要分布在亚马孙盆地的中部，叶片下表皮有白色茸毛，花呈紫褐色，果实大，种子大且呈细长型，产胶量极少。

10. 巴路多橡胶树 巴路多橡胶树（*Hevea paludosa*）主要分布在秘鲁伊基托斯的沼泽地区，叶片较小，果枝上的叶片较窄且薄，树高可达 30 m。

第四节 橡胶树育种方法

橡胶树育种过程是采用有性和无性两个育种阶段来完成的。通过有性杂交使亲本间发生遗传重组，然后在产生性状分离的后代实生树中进行单株选择，将初步入选的单株芽接成无性系，稳定其遗传性，再从初步入选的许多无性系中选出优良无性系作为推广种植品种，这个育种的全过程需要 25～30 年时间。如此有性和无性两个育种阶段交替进行的育种方法就称为常规育种，是迄今最基本最重要的橡胶树育种方法。

一、橡胶树有性育种阶段

（一）杂交亲本选配 杂交亲本选配是根据育种目标来进行的，主要包括抗风高产育种、耐寒高产育种、抗病高产育种和胶木兼优育种。为达到上述各类育种目标，就需要根据目标性状（例如产胶量、抗性、副性状等）选配亲本。

1. 抗风高产育种亲本选配 抗风高产育种是风害地区（例如海南、广东橡胶树种植区）的主要育种目标。亲本选配时两个亲本中必须有一个亲本是抗风性强的无性系，另一个亲本要选择一般配合力好的亲本。根据我国橡胶树种植区现有的研究成果，抗风高产育种最佳的一些亲本组合有 RRIM600×PR107、海垦 1×PR107、PB5/51×PR107，已从中选育出了一些抗风高产品种，例如文昌 217、文昌 11、热研 7-33-97、保亭 911、徐育 141-2 等。

2. 耐寒高产育种亲本选配 耐寒高产育种是云南和广东橡胶树种植区的主要育种目标。耐寒高产亲本选配需要一个耐寒力强的亲本和一个一般配合力好的高产亲本进行组合。经过多年的研究，优良耐寒亲本有 GT1、93-114、IAN873；从我国初生代无性系入选的耐寒亲本有天任 31-45、合口 3-11，南华 1 号、广西 6-68 等。近年来从国际橡胶研究与发展委员会新种质鉴定出的耐寒亲本无性系有 4711（国际统一编号：RO/A/7，25/339）、4156（国际统一编号：RO/C/8，24/328）、3780（国际统一编号：AC/B/18，55/199）和 4605（国际统一编号：RO/C/7，25/412）（表 30-2）。在云南橡胶树种植区，PR107 表现有一定的耐辐射低温的能力，不失为该地区耐寒高产育种的一个优良父本。

3. 抗病高产育种亲本选配 抗病高产育种是橡胶树育种工作中的一个重点。在我国橡胶树种植区，白粉病仍然是威胁产胶的主要病害，尤其是在早春橡胶树开始抽叶积累营养时期。白粉病的感染会推迟每年的开割时间，减少实际割胶天数，严重时可能会导致全年橡胶产量减少 10%。魏克汉种质 RRIC52、RRIC101 是白粉病抗性强的种质亲本，近年来在国际橡胶研究与发展委员会新种质中鉴定出 6 个抗白粉病种质（表 30-1），但这 6 个新种质的产胶能力均不高，必须选配高产亲本杂交，在提高杂种后代抗白粉病能力的同时也能增强产胶能力。还有一个需要注意的问题，是在进行抗病高产育种的同时还要对抗病种质的抗风或耐寒性做出评价，以免在提高抗病能力的杂交后代中出现抗风或耐寒能力低的品种。

4. 胶木兼优育种亲本选配 胶木兼优品种的选育可以提高橡胶树的综合利用率，是近年发展起来的一个育种方向。胶木兼优品种干胶产量高，立木材积大，开割前树围平均每年增长 8.0 cm，头 5 割年树围平均每年增长 2.5 cm，第 5 割年年底平均立木材积大于 0.2 m^3/株，头 5 割年平均产量与对照相当，副性状与对照相当，适合于轻风或轻中寒区推广种植。这就要求亲本除高产外，还要生长快。我们已选育出热垦 525 和热垦 628 两个胶木兼优新品种。

（二）授粉技术 橡胶树的授粉技术关系到有性育种的成败，是有性育种的关键技术之一。通常橡胶树人工授粉的成果率低，只有 5%左右，有时授粉季节遭遇低温阴雨，白粉病危害花序，授粉成功率就更低。

1. 授粉树的选择 授粉的亲本组合设定后，要选择健康、生势旺盛、树龄在 10 年以上的植株作为授粉树，朝东向的林缘接受阳光充足的植株更为理想。由于成龄橡胶树一般高达 10～20 m，授粉前要搭好牢固的授粉架以便于授粉操作，对确定好的授粉树及其周边树，在嫩叶抽梢时就必须喷施硫黄粉，每周 2 次，切实保证授粉树不感染白粉病。

2. 花粉采集 在授粉的当天8:00—10:00采集父本树的雄花，要选择生长在阳光充足部位的枝条，选花序粗壮、花朵健康、花色鲜黄、已成熟而尚未开放的雄花。已开放的雄花不能用于授粉。将采好的父本雄花放置在小竹筒内，每个竹筒只能放置一种雄花，以免混乱。如果所采集的雄花需要运送至外地过夜时，则必须采取花粉保鲜法，将雄花花朵放置于离心管内，开盖，再放置在广口瓶内，瓶内盛有3～5g氯化钙，盖上广口瓶，以保持瓶内干燥，再将盛有雄花花朵的广口瓶放进盛有冰块或冰粒的冰壶内，这样可以使花粉保持完好的发芽能力3～4d。

3. 授粉操作 授粉应选择晴好天气，要在9:00以后进行，气温应高于25℃，要选择树冠中上部，选花序健壮粗大、含苞待放的雌花进行授粉，已开放的雌花难免有混杂花粉进入，绝不能用于授粉。授粉通常采用雄花花丝柱置入法，即使用尖头镊子从花筒中取出一朵雄花，并小心取出雄花花丝柱，从闭合待开的雌花花瓣的缝间塞入花丝柱，要特别小心操作不能碰伤雌花，之后用授粉镊子刺破附近较粗树枝，粘住少许胶乳放在已授粉雌花的花瓣尖上，用手指捏紧花瓣尖部，使整个花瓣被胶水粘住而不能开放，这种授粉方法比套袋法容易操作，隔离效果好。每个圆锥花序包括花序分枝的顶端均为雌花，每个花序最好授粉5～6朵雌花，其余雌花均需摘除，然后在花序上挂牌标记。雄花花丝柱包含有10个花药，授粉后当天即可完成受精。授粉时如碰伤柱头或授粉后当天遇上大阵雨都会降低结实率。

4. 提高授粉结实和采果率的方法 授粉技术的好坏可使结实率和成果率相差数倍，以下几点是提高授粉结实率和采果率的重要措施。

①授粉时要尽量选择粗壮的大花序进行，大花序的结实率可达到10%以上，细弱花序只有1%的结实率。

②授粉操作时要注意授入雌花的雄花的花丝柱要平放在柱头上，使花药与柱头能充分接触，雌花柱头上萌发的花粉越多，结实率就越高。

③在一株母本树上授粉结束后，要尽可能除去未经授粉的花序，对夏季第二次萌发的花序也要及时摘除。

④对授粉树要加强施肥管理，增施磷肥。

5. 建立双无性系或三无性系自然授粉园 特殊配合力好的组合的亲本可以用于建立双无性系或三无性系自然授粉园。双无性系授粉园可采用一行父本、两行母本的设计，由于橡胶树的花粉黏性大，属于虫媒花，种植的父本不宜太少，以增强自然授粉能力。三无性系授粉园有更好的自然授粉选择机会，宜采用一行父本、一行母本1、一行母本2的设计方式。这样的自然授粉园可以节省人工授粉花费的大量人力、物力，又可以获得大量的杂种后代。一旦有特殊配合力强的新组合出现，就需要增建这类授粉园。

(三) 有性系比较 人工授粉后约4个月，果实可以陆续成熟，果实成熟期在8月下旬至9月底，但各橡胶树种植区因气温不同，果实成熟期有所差异。经授粉的杂交种子要分组合育苗，每个组合的实生苗按照完全随机设计建立有性系比较试验区，以当地主栽品种作对照。杂交后代在有性系比较试验区定植3年后开始试割，经过2年试割胶后，凡超过对照无性系平均产量的单株，初步入选为新无性系的母树，进入无性系比试验。

有性系比较试验区采用完全随机或随机区组设计。例如有9个杂交组合，每个组合有30株杂种苗，就可以分成3个区组，每个区组有9个组合，其中每个组合有杂种苗10株；每个区组设1个对照。对照选用当地主栽品种。对照的种植材料是与实生苗种植同时栽种的2～4蓬叶的袋装苗。试验区株行距为1.5m×2.5m。

二、橡胶树无性育种阶段

无性育种是橡胶树育种途径的第二个阶段，其目的是培育出适合当地栽培的优良无性系。

(一) 无性系比较试验 将入选母树进行芽接繁殖，砧木通常选用优良品种GT1种子实生苗，繁殖好的苗木采用随机区组法建立无性系比试验区。每个无性系至少5株为1个重复，成1行排列，至少设置3次重复，对照无性系以当地主栽品种为宜，对照无性系也采用成行排列，每个区组设1个对照。在无性系比试验区的无性系定植3年后开始试割测产，测产2年后就可鉴定筛选出优良无性系；再根据对入选无性系抗性等副性状的鉴定结果，决选出综合性状优良的无性系进入品种比较试验。

(二) 品种比较试验 决选后的无性系经过芽接繁殖后，在各自的选育单位进行大田的品种比较试验，开展5年以上的正式割胶测产，并在试验期内对试验品种主要植物学特征、生物学特性、产量、生长量及抗逆性做出鉴定。品种比较试验选择的试验点应具有生态与生产代表性，试验地土壤类型和肥力应相对一致，试验区采用随机区组或改良对比法设计，重复3次，根据不同育种目标及植胶类型区确定对照品种。每个小区种植约 60 株，中心记录株数要保持在 30 株以上。

（三）品种区域试验 对经过品种比较试验入选的无性系进行区域试验，以获得丰富的产量和副性状数据，对品种的丰产性、适应性、抗逆性等性状进行综合评价。区域试验在海南、云南、广东等橡胶树主栽区的 2 个或以上生态类型区开展，每个生态区设置 2 个以上试验点，试验点应具有生态与生产代表性。试验区采用随机区组法或改良对比法设计，每个试验品种至少种植 100 株，进行 3 年以上的正式割胶，种植密度依据立地条件和参试单位的生产常规确定，对照品种根据不同育种目标及植胶类型区来确定。在区域试验区中被选为最优的无性系，经品种登记后列入推广品种，在相应的适宜种植区进行推广。

（四）无性系良种繁育和品种纯度鉴别技术

1. 常规芽接技术 从推广无性系植株上，或从增殖苗圃锯取芽条，带到砧木苗圃芽接，用切片刀将芽条上可利用的腋芽、鳞片芽和密接牙切下放在芽接箱内，在砧木苗圃中选取 1～2 年生砧木，在离地面 3～5 cm 处用芽接刀开好舌形芽接位，从芽接箱中取出芽片，剥除木质部，小心保护好芽点，迅速将芽片正向插入芽接位，盖好舌状芽接位腹囊皮，用塑料薄膜捆紧。芽接后 25～30 d 解绑，切去腹囊皮，检查成活率，已成活的植株在 7 d 后在离芽接位上端 3～4 cm 处锯成斜口，锯掉砧木上端。

2. 籽苗芽接技术 籽苗芽接技术是在传统芽接技术的基础上发展起来的一种新方法，比常规方法效率高、成本低。它利用在沙床上播种后约 2 周、苗高约 20 cm 的健壮籽苗作砧木，接穗为处于顶蓬叶老化或萌动期的绿色小芽条，直径为 0.5～1.2 cm。芽接后，移栽入容器培育成芽接苗。此法具有育苗时间短、植株根系完整、生长快、成活率高、土地利用率高、芽接劳动强度低、便于运输和定植的特点。

3. 无性系纯度鉴别技术 橡胶树无性系和水稻等农作物一样，需要经常测定纯度。橡胶树无性系定植后的经济寿命在 30 年以上，如果品系混杂或混淆，就会影响产胶量。例如 PB5/51 和 PB5/65 这两个无性系的形态特征相似，但前者较抗风，而后者极不抗风，如果混淆就会带来很大的损失。育种机构增殖苗圃是生产和试验用芽条的首要来源，发出的每一段芽条都必须保证没有差错，否则分发到生产单位或试验地再增殖后就会引起更大的混乱。

橡胶树无性系鉴别主要依据茎干、叶蓬（leaf story）、大叶柄、小叶柄、蜜腺、叶片、胶乳颜色等各项形态特征来进行鉴别。其中，以叶片的骨架部分为主要特征，包括蜜腺、大叶柄和小叶柄，因为这些部分的形态特征比较稳定，不易受环境因素影响而发生明显变异。其次可以参照叶形、叶基、叶缘、叶色、叶面光泽度、叶蓬形态等形态特征。随着分子生物学技术的发展，分子标记技术在无性系鉴别中也显示出重要的作用，用 5 对简单序列重复引物建立 DNA 指纹图谱可将 65 个无性系逐一区分开（谢黎黎等，2009）。分子标记揭示的是无性系基因组水平的差异，而形态特征反映的是表现型水平的差异，今后可以为每个无性系建立 DNA 指纹图谱标签，同时结合形态特征，可以实现橡胶树无性系的准确鉴别。

第五节 橡胶树育种新技术研究和应用

随着细胞生物学和分子生物学的发展，橡胶树育种新技术的研究也逐步深入，包括与产胶相关的基因的克隆、转基因技术、橡胶树自根幼态无性系的培育、橡胶树多倍体育种等方面的研究，希望通过细胞工程和基因工程培育出生长快、产胶多、抗逆性强的橡胶树无性系。

一、与产胶相关的基因的克隆

（一）橡胶凝集因子 橡胶凝集因子（hevein）是一个小分子的富含半胱氨酸（cysteine）和甘氨酸（glycine）的单链蛋白质，存在于胶乳中的黄色体（lutoid）内，具有结合几丁质（chitin）的功能，也是引起胶乳中橡胶粒子凝集的主要原因。橡胶凝集因子的前体蛋白由 204 个氨基酸残基组成，其中 N 端 17 个氨基酸为信号肽，中间 43 个氨基酸为橡胶凝集因子成熟肽部分，C 端 144 个氨基酸部分与马铃薯的 WIN2 蛋白、烟草和番茄中的 PR-IV 蛋白同源。橡胶凝集因子的基因是多基因家族，目前已克隆了 5 个前体基因。对其启动子的研究表明，橡胶凝集因子基因的启动子在乳管内特异表达，而 *Hev2.1* 基因的启动子具有较强的启动能力。Wititsuwannakul 等（2008）在橡胶树 C 乳清中分离到一个 CS-HLLBP 蛋白，该蛋白能与橡胶凝集因子发生强烈作用，阻止橡胶粒子凝集，同时 CS-HLLBP 蛋白与胶乳产量和干胶含量都有极高的相关性，相关系数分别为 0.98 和 0.95。这种蛋白质有可能在橡胶树产量的早期预测方面发挥作用。

（二）橡胶延长因子 橡胶延长因子（rubber elongation factor，REF）是橡胶生物合成中重要的蛋白质，在乳管中与橡胶粒子紧密结合，占胶乳总蛋白质的10%或更多。在橡胶分子聚合中，它是异戊二烯基转移酶（橡胶转移酶）催化多聚异戊二烯单元添加到橡胶分子中不可缺少的成分。橡胶延长因子的基因在胶乳中大量表达，有2个内含子、3个外显子，编码的蛋白质由138个氨基酸残基组成。研究表明，橡胶延长因子的基因在高产橡胶树中的表达显著高于在低产橡胶树中的表达。这个基因可以作为候选基因在橡胶树产量早期预测方面做进一步研究。

（三）蔗糖转运蛋白 蔗糖是乳管中橡胶合成的最初来源，在20多种酶的作用下产生异戊烯焦磷酸，最后形成高分子质量的橡胶分子。橡胶在新鲜胶乳中占30%～50%，而在干胶中则高达90%以上。明确蔗糖在乳管内的运输和分配机制对于研究橡胶树产量形成的分子机制具有重要意义。目前，已从橡胶树中克隆了8个蔗糖转运蛋白（sucrose transporter）基因。研究表明，*HbSUT1A*、*HbSUT1B* 和 *HbSUT3* 在胶乳中表达强度要比 *HbSUT2A*、*HbSUT2B*、*HbSUT2C*、*HbSUT4* 和 *HbSUT5* 等基因的强，而且 *HbSUT1A*、*HbSUT1B*、*HbSUT2A* 和 *HbSUT3* 在乙烯的诱导下呈上调表达。*HbSUT1B* 和 *HbSUT3* 与胶乳产量成正相关。对这些基因的深入研究将有助于明确橡胶树产量形成的机制，促进橡胶树高产分子育种的开展。

二、橡胶树转基因技术研究

通过将外源基因导入橡胶树可以对橡胶树无性系进行性状改良，也可以利用橡胶树特有的乳管系统开展生物反应器研究。由于橡胶树遗传基础高度杂合，不同无性系的组织培养难度差异较大，这就加大了橡胶树转基因技术的难度。自从1979年获得第一株橡胶树花药组织培养苗后，橡胶树转基因技术就一直吸引着育种工作者。1990年第一株转基因橡胶苗被报道，之后马来西亚、法国、印度和中国相继掌握了这一技术，但各个国家的转化效率都较低。我国在2010年分别用基因枪法和农杆菌介导法获得橡胶树转基因植株，并在室外移栽成活。提高橡胶树转基因技术的转化效率仍将是各个国家需要攻克的难点，同时今后在橡胶树转基因技术中还需探讨诱导型启动子和组织特异表达型启动子的应用研究，例如乳管特异表达的橡胶凝集因子启动子、橡胶延长因子启动子、HMG-CoA还原酶启动子等。

三、橡胶树幼态自根无性系的培育

一些树木从种子发芽生长至成熟、开花、结果，往往存在两个生长阶段。在热带植物中已经发现橡胶树和桉树属于这种情况，生长的前期属于幼态阶段，后期属于熟态阶段。橡胶树外植体在进行离体培养时，经过去分化形成愈伤组织，然后经过再分化形成胚状体并诱导成苗，研究证明这种试管苗已从熟态型转化为幼态型。早在20世纪70年代初期我国就开始研究橡胶树组织培养技术，直到70年代后期才获得一定数量的花药组织培养苗，其中出苗率最高的无性系是海垦2号，将其种植后，生长比砧木嫁接的海垦2号快约20%。但花药组织培养由于工作量大、植株再生率低、生产成本高等因素限制了这个种植材料的推广应用。Hua等（2010）循环利用次生体胚作为外植体进行幼态自根无性系的培育，不仅提高了出苗效率，而且避免了花期对外植体培养的影响，以及花药愈伤植株再生率低等因素的限制，同时生产成本也有所降低。目前，已建立了热研7-33-97和PR107幼态自根无性系工厂化生产的技术体系，初步建立了热研8-79、云研77-2、热垦525、RRIC105等无性系的次生体细胞胚发生技术体系。同时，在无菌条件下，可以将最初得到的幼态自根试管苗分割成若干带芽的茎段，完成诱导生根，植株再生，并可以循环进行分割扦插，这种技术也称为微型扦插。利用这种技术也可以得到大量橡胶幼态自根无性系。

四、橡胶树多倍体育种

（一）三倍体育种的常规方法 三倍体育种是树木育种新技术的一个重要组成部分。通常获得植物三倍体的方法是先培育出四倍体，然后与二倍体杂交产生三倍体。橡胶树无性系培育成四倍体是很困难的，国内外均做过不少研究，马来西亚曾诱导出一些多倍体橡胶树无性系，经过细胞学检测属于混倍体，这些无性系长大后在树干上产生一些明显的瘤状突起，树干凹凸不平，而且不能开花结果。我国橡胶科研机构曾将抗风高产优良无性系PR107培育成多倍体，经过多代芽接筛选，培育出多倍体PR107无性系，其大部分体细胞 $2n=72$，但仍然有部分体细胞的染色体数为54～80，有意义的是，这种多倍体PR107无性系成长后的树干生长平滑，未见任何瘤状突起，证明其树干的体细胞分裂生长已达到稳定的一致性，但植株成龄后同样未见开花结果，因此无法与二倍体杂交实现培育三倍体橡胶树的目标。

（二）三倍体育种的新方法　在橡胶树的春花期，选择橡胶树杂交亲本无性系上健壮花序，在花粉母细胞处于单核期时，采用0.5%～0.1%秋水仙碱水溶液处理雄花蕾，连续7～10 d，雄花蕾在花序连体的情况下，可以继续生长发育，形成正常发育的成熟雄花。这个处理是使花粉母细胞在发育产生四分体（tetrad）过程中，阻断纺锤丝的作用而形成二倍染色体的花粉粒，这种由$n=18$加倍成$n=36$的橡胶树花粉粒可以在花药压片镜检中检测到。选取已处理过的雄花花蕊与二倍体（$n=18$）的母本杂交，果实成熟后播种育苗，2个月后就可以从这些杂种苗中检测是否获得了无性系间杂种三倍体。目前在国际橡胶树种植国中只有我国采用三倍体育种方法，在1年内就可以培育出橡胶树纯三倍体。现以育成的三倍体无性系PG1为例来说明三倍体的检测及其遗传性状表现。PG1的亲本组合是GT1×RRIC52，GT1是一个耐寒高产无性系，幼龄期生长较慢。父本RRIC52是高抗白粉病的中产无性系，生长较快。RRIC52的雄花蕾经秋水仙碱处理后与GT1杂交，在授粉前检测到RRIC52的加倍的花粉粒（$n=36$），显示花粉粒的染色体已经加倍；杂交结果后，在杂种苗中发现有叶片加厚的植株，经体细胞的细胞学检测，染色体数目为54（$2n=54$），属于三倍体，而且在三组染色体中，有两组来源于父本。此后经过4代芽接繁殖，仍然是$2n=54$，说明已是稳定的纯三倍体。种植后，其显示出了三倍体树木的生长优势，生长量显著超过两个亲本；抗白粉病性状检测表明，其不仅遗传了父本RRIC52抗白粉病和生势好的性状，而且这两种性状均有所加强。三倍体PG1的割胶产量前期属于中低产，以后上升为中产至中高产。

第六节　橡胶树育种田间技术

橡胶树育种田间操作必须根据全国统一规范标准进行，这里主要根据2018年由农业农村部发布的行业标准《橡胶树育种技术规程》（NY/T 607—2018），对橡胶树育种的田间技术加以阐述。

一、橡胶树育种的田间设计

（一）有性系比较试验区　参试的材料应是各杂交组合的种子实生苗，或其他特殊类型的种子实生苗。采用完全随机法设计试验，株距为1.5～2.0 m，行距为2.5～3.0 m，对照选择当地主栽品种。对照的种植材料选用与实生苗同时播种的2～4蓬叶的袋装苗。该试验的目的主要是尽快选出优良母树。

（二）无性系比较试验区　参试的材料是在有性系比较试验区初筛的优异单株嫁接繁殖的材料，试验设计采用随机区组设计，3次以上重复，小区内种植至少5株，株距为1.5～2.0 m，行距为2.5～3.0 m。对照选择当地主栽品种。对照的种植材料选用2～4蓬叶的袋装苗。

（三）品种比较试验区　在海南、云南、广东等主要植胶区选择具有生态与生产代表性的试验点建立品种比较试验区，试验点的土壤类型和肥力应相对一致，试验区采用随机区组或改良对比法设计，至少重复3次，根据不同育种目标及植胶类型区确定对照品种，每小区种植约60株，中心记录株数至少30株，株距为2.5～3 m，行距为6～10 m，试验区要进行5年以上的正式割胶测产。

（四）品种区域试验区　区域试验在海南、云南、广东等橡胶树主栽区的2个或以上生态类型区开展，每个生态区至少设置2个试验点，试验点应具有生态与生产代表性。试验区采用随机区组法或改良对比法设计，每个试验品种至少种植100株，进行3年以上的正式割胶，种植密度依据立地条件和参试单位的生产常规确定，对照品种根据不同育种目标及植胶类型区来确定。

二、橡胶树主要目标性状的鉴定方法

（一）产胶量鉴定　在试割试验区，每月测定胶乳产量3次，测定干胶含量1次，记录每月割胶天数，计算年平均单株产量，连续测产2～3年。在正式割胶试验区，无性系材料达到开割标准进入割胶期，就需要按时测定胶乳产量、干胶产量。测产时要除去小区边行，头3割年每月测定胶乳产量3次（上旬、中旬和下旬各1次），同时测定干胶含量，记录每月割胶天数，第4割年后，开始使用乙烯利刺激剂，采用间隔施药周期测产，在测产周期内测定每刀胶乳产量和干胶含量，计算年单株产干胶产量和年单位面积干胶产量。

（二）胶乳及干胶质量鉴定　胶乳及干胶质量鉴定依照《天然橡胶　技术分级橡胶（TSR）规格导则》（GB/T 8081—2018）、《浓缩天然胶乳　挥发脂肪酸值的测定》（GB/T 8292—2008）和《天然生胶　塑性保

持率（PRI）的测定》（GB/T 3517—2014）的规定进行。

（三）生长量鉴定 苗龄在1年以上的系比较试验区，每年12月下旬要全面测量茎围1次，测量部位为离地面150 cm处。正式开割时在离地面150 cm处，测量原生皮厚度1次，以后固定样本在第一割面测量1割龄、3割龄、5割龄的再生皮厚度。

（四）生长习性鉴定 割胶1年后，进行1～2次生长习性调查，包括分枝习性、树冠大小、疏密度和树干形态。

（五）抗性鉴定 抗风、耐寒、抗病的鉴定参照行业标准《橡胶树栽培技术规程》（NY/T 221—2016）、《橡胶树白粉病测报技术规程》（NY/T 1089—2015）进行。抗风鉴定是根据台风后的调查，以风害断倒率为鉴定标准。耐寒的鉴定以冬季受寒害等级为标准。抗病鉴定以抗白粉病和炭疽病为主，在病害流行期进行调查，以感病等级和发病指数为根据。

（六）其他副性状鉴定 每年都要对无性系的抽芽期、第一蓬叶老化期、开花期、花量、果熟期、结果量、越冬期、割面干涸率、自然木瘤、茎干条沟、茎干爆皮流胶、排胶速度、胶乳早凝等生物学习性和性状进行观察、记录，作为综合评定优良无性系的重要依据之一。

第七节 橡胶树育种研究新动向和展望

自20世纪20年代开始橡胶树育种以来，从低产的野生橡胶树培育成高产无性系，产胶量提高了3～6倍，我国橡胶树育种家仍在不断研究杂交育种新策略以获得抗性与高产相结合的优良新品种。为了满足生产对橡胶树品种的需求，还将致力于一些新的研究方向。

一、胶木兼优橡胶树无性系

橡胶树开割后的经济寿命约为30年，此后进入更新期，砍伐的橡胶木是一个很好的副产品，通常可收获约30 m^3/hm^2。而胶木兼优无性系除高产胶量外还有高材积，可达40～45 m^3/hm^2。马来西亚已育成多个胶木兼优无性系并进入大田试验。我国培育橡胶树多倍体的新方法也可能应用于胶木兼优无性系的育种。

二、橡胶树转基因育种的启动子改良

在转基因植物中，某些外源基因在组成型启动子的驱动下，持续过量地表达会阻碍植物的正常生长，因为外源基因的过量表达会竞争植物在正常生长条件下需要的能源，并且阻碍蛋白质或者RNA的合成；而诱导型启动子在没有诱导因子存在时，转录活性很低，甚至没有活性，诱导因子一旦出现，转录活性就能迅速提高。因此在转基因育种中使用诱导型启动子要好于组成型启动子，不仅外源基因能够正常表达，而且对于植物也是安全的，不会产生副作用。目前，在橡胶树转基因育种研究中，采用的是强组成型启动子，今后将开展适合于橡胶树转基因的诱导型启动子及组织特异表达型启动子的发掘，针对目标基因的特点，构建相配套的表达载体进行遗传转化研究。

三、橡胶树分子标记辅助选择育种

橡胶树是高大乔木，自身的特点决定了其育种周期长，育种进程缓慢。随着分子生物学技术的发展而兴起的分子标记辅助选择育种技术，已在其他作物中得到很好应用。在橡胶树中，这方面的研究相对落后，国内外仅有少量的报道。目前，我国已启动橡胶树基因组测序，随着测序工作的完成，大量开发橡胶树单核苷酸多态性、简单序列重复等分子标记将变得更加容易。通过构建各种特性的作图群体，筛选与性状连锁的分子标记，构建高密度的遗传图谱，将有助于橡胶树分子标记辅助选择育种工作的开展。同时，基因组测序的完成也将促进全基因组关联分析在橡胶树产量、抗逆性等复杂性状关联定位方面的应用。总之，分子标记辅助选择育种将成为今后的一个重要研究方向。

四、胶药两用橡胶树无性系的培育

许多科学家都认为，橡胶树乳管系统是最好的天然生物反应器之一，如能将一些贵重药物基因转入橡胶树并利用胶乳内的化学前体合成药物，培育出既能产胶又能产药的橡胶树新品种，可能大幅度增加橡胶树的

产值。这是橡胶树种植界当前最关注的高科技新动向。

橡胶树育种研究的未来，将形成杂交育种与分子育种技术相结合的态势，研究方向更趋向抗性与产胶量的进一步结合，例如胶木兼优和胶药两用新品种的培育、幼态自根无性系的培育以及利用基因工程创造新型种质材料等。

复习思考题

1. 试述橡胶树育种的主要目标性状及其鉴定方法与技术。
2. 试述橡胶树种质资源的类型及其育种意义。
3. 试述橡胶树有性育种程序的主要步骤和各个步骤应注意的问题。
4. 试述橡胶树无性育种程序的主要步骤和各个步骤应注意的问题。
5. 橡胶树育种新技术有哪些？各有什么特点？
6. 试评述橡胶树育种田间技术的主要内容及其相应的特点。
7. 试评述橡胶树育种研究的新动向和前景。

附　橡胶树主要育种性状的记载方法和标准

一、植株生长量和树型

1. 茎围生长量　在离地面150 cm处测量茎围，每年12月下旬测1次。

2. 割胶后再生皮生长量　在割面再生皮处用刺皮器测定再生皮厚度。

3. 树型　树型与抗风力有关，记载分为单干塔型、多分枝重树冠型和多分枝轻树冠型。

二、抗性

4. 抗风力调查标准　台风后调查橡胶树无性系的折倒率，按5级制标准。5级为最严重，离地2 m以下断干或倒树。4级为树干2 m以上折断，或主分枝全断，或一条主分枝折断。3级为2/3以上的主枝折断，或树冠2/3以上的叶量损失。2级为1/3～2/3的主枝折断，或1/3～2/3的树冠叶量损失。1级为树叶破损，少于1/3的主枝折断，或少于1/3的树冠叶量损失。0级为不受害。

5. 耐寒力调查标准　强寒潮后调查橡胶树无性系的耐寒力。寒害分为0～6级共7级，分级标准参照行业标准按《橡胶树栽培技术规程》(NY/T 221—2016）的附录B。

6. 抗白粉病调查标准　在各类系比较试验区中，对参试无性系每年普查1次抗白粉病情况，具体方法参照行业标准《橡胶树白粉病测报技术规程》(NY/T 1089—2015）进行。

三、产胶量性状测定

7. 干胶含量测定　每月测定干胶含量1次，每次每株取胶乳30 g，加酸凝固，制成胶片，烘干后称量，求干胶含量，其公式为

$$干胶含量=\frac{烘干胶片重量（g）}{胶乳重量（g）}\times 100\%$$

8. 单株月平均干胶产量　在各类系比较试验区，选定每个无性系的测产单株，每月中旬测定胶乳1次，按测定的干胶含量换算成干胶产量，计算公式为

$$Y_{de}=\frac{Y_d}{N_t}$$

式中，Y_{de}为月平均单株产干胶量（kg/株），Y_d为小区月干胶产量（kg），N_t为小区测产株数（株）。

9. 单株年平均干胶产量　以单株月平均干胶产量乘以割胶月数作单株年平均干胶产量。

四、副性状调查

10. 死皮性状调查标准　按5级制标准调查死皮性状。5级为最严重，割面死皮长度占割线长度的3/4以上；4级为割面死皮长度占割线长度的1/2～3/4；3级为割面死皮长度占割线长度的1/4～1/2；2级为割面死皮长度为2 cm至死皮长度占割线长度的1/4；1级为割面死皮长度在2 cm以下（王真辉等，2014）。

（郑学勤第二版原稿；郑学勤、安泽伟第三版修订）

第三十一章　烟草育种

第一节　国内外烟草育种研究概况

一、我国烟草类型和育种简史

烟草（tobacco）16世纪至17世纪初传入我国，当时只是晒烟和晾烟。20世纪初（1900）烤烟随着帝国主义的经济侵略传入我国，先后在台湾、山东等地试种成功，很快发展成为我国主要烟草类型。

按照烟叶品质的特点、生物学性状、栽培调制方法分类，我国栽培的烟草一般分6大类型：①烤烟，系火管烤烟的简称，因其起源于美国的弗吉尼亚州，也称为弗吉尼亚型烟。它是我国也是世界上栽培面积最大的烟草类型，为卷烟的主要原料。②晒烟，即利用阳光晒制的烟叶，在我国栽培历史悠久，因晒制方法和晒后颜色不同，而分为晒黄烟和晒红烟。③晾烟，将烟叶挂在阴凉通风场所晾制而成，分浅色晾烟和深色晾烟。④白肋烟，由原名Burley的译音兼意译而来，茎、叶呈乳白色。⑤香料烟，又称为土耳其烟或东方型烟，植株及叶片小，芳香。⑥黄花烟，在植物学分类上，黄花烟与以上5种烟草类型的区别在于它属于不同的物种，生育期短，耐寒。生产上栽培的烟草品种按基因型分家系品种和杂种品种。

我国有计划地广泛而深入地开展烟草育种工作，始于20世纪50年代初。开始主要是农家品种评选和国外引进品种的鉴定。在此基础上，开展了自然变异选择育种和杂交育种，至60年代育成了辽烟3号、辽烟8号、金星6007、许金4号等品种。70年代，烟草杂交育种成为主要育种途径，先后育成春雷3号、中烟14、中烟15、红花大金元、革新2号等品种。同期，花粉单倍体育种取得了突破性进展，育成单育1号、单育2号和单育3号，并首次应用于生产。80年代，育种目标进一步完善，品质育种和抗病育种相结合，育成中烟90、中烟9203、辽烟15等品种。在“吸烟与健康”争论的推动下，首次培育成低毒、少害、含医药成分的紫苏型烟、罗勒型烟等新型烟草，并应用于生产。继之，用细胞融合技术进行体细胞杂交育种，育成86-1和88-4，为有特异香气的烟草新品系，在生产中试种。进入90年代，生物技术飞速发展，我国先后获得抗烟草花叶病毒（TMV）、黄瓜花叶病毒（CMV）、马铃薯Y病毒（PVY）等抗病、虫的转基因烟草。进入21世纪以来，又相继育成云烟201、云烟202、云烟203、中烟201等烤烟品种。在新的发展时期，要求培育的烟草新品种具备优质、丰产、多抗、低毒、少害的特点，这就需要继续密切多学科的协作，加强新基因资源的发掘和创造，探索新的育种技术，提高育种效率，实现新时期的育种目标。

二、国内外烟草育种的主要进展

近年来，随着种质资源的深入研究，优质源和抗源的不断被发现，生理生化以及分子生物学等现代生物技术的飞速发展，许多国家通过遗传工程和常规育种紧密结合，使烟草育种取得了快速的进展，培育了一批优质、高产、抗多种病虫害的烟草品种。例如美国南卡罗来纳州克来姆森（Clemsen）大学Pee Dee研究与教育中心，利用抗原TI112培育出抗虫兼抗病的烤烟品种CU263，抗烟天蛾，中抗烟夜蛾，抵抗黑胫病和青枯病，抗根结线虫病，开创了培育烟草品种多抗的先河。对马铃薯Y病毒抗性的研究与品种选育已取得较大的进展，培育成功的品种NC95具有这种特性。并鉴定出一批抗烟青虫的材料，例如TI165、TI163、TI168、TI170等，为培育抗烟青虫的烟草品种奠定了基础。据分析，这些材料含黑松三烯二醇和蔗糖脂等物质，烟青虫厌恶这些物质，不在含这类物质的叶子上取食和产卵。而TI1223、TI170、TI1421、Nc744等皆抗烟蚜。烟蚜是烟草花叶病毒、黄瓜花叶病毒等病毒的传播媒介。因此抗烟蚜育种的作用和意义远超过抗烟蚜本身。日本对基础理论和应用基础研究高度重视，这是技术创新的基石。位于日本静冈县磐田市的烟草试验站等研究机构，对收集的国内外种质资源及资源的谱系研究做得较细而透彻，并发现抗白粉病的抗源成分，已被世界广泛利用。基础理论和应用基础研究的深入，将有利于种质资源的开发与利用，对提高品种改良效率，拓宽烟草遗传育种基础，都有重要作用。法国在烟草苗龄10～25 d进行育种选择，已选出抗霜霉病、白粉病的烟草品种。这种苗期选择抗病材料的方法对提高选择效率、加速抗病育种的进程是值得借鉴的。

近代，在“吸烟与健康”争论的推动下，国内外烟草育种在将优质、丰产、多抗、易烤育种目标放在首位的前提下，逐渐向低毒、少害、“安全”方向发展。加拿大利用生物技术与常规育种方法相结合，培育的品种 Del-Gold 具有优质、抗病和“安全”的特点，即低焦油、高烟碱、焦油烟碱比值低、对健康危害较小。目前，该品种占加拿大烟草种植面积的 60%以上。利用花药培养、体细胞杂交、组织培养等技术，把迪勃纳氏烟草（*Nicotiana debneyi*）、黄花烟草（*Nicotiana rustica*）、特大管烟草（*Nicotiana megalosiphon*）的抗性转移到烟草中，探索烟草性状基因的调节作用，以确定专性酶指标，作为选择抗性材料的工具，为培育突破性品种奠定基础。津巴布韦烟草研究院（TRB）的专家，利用生物技术与常规育种相结合的方法，打破抗病性与劣质性状之间的基因连锁，使抗病与优质集于一个品种中，育成的品种 Kutsage35、Kutsage Rk6、Kutsage Rk8 占其烟草种植面积 50%以上。事实证明，生物技术与常规育种相结合，已逐步发展成为现代培育优质、多抗烟草新品种的重要手段。

近几年，各主要产烟国家，积极创造细胞质雄性不育系，转育雄性不育系，以利用杂种一代优势。美国 1996—1997 年，推荐使用的杂交种 5 个，占推荐品种的 45%以上，足见其对杂交种的重视程度。我国龚明良等（1981）从普通烟草与粉蓝烟草原生质体融合的杂种后代中，筛选获得了稳定的烟草细胞质雄性不育系 86-6，已转育成几个栽培品种的雄性不育系，并配制杂种一代，已在生产中种植。利用烟草杂种，能综合双亲不同的抗性基因于一体，对环境适应性强，可以控制自由繁种，提高种子纯度，易于做好品种产区定位生产。因此各主要产烟国相继研究和利用烟草雄性不育系和保持系，并在生产中应用。

随着分子生物技术的迅速发展，利用基因工程手段，将来源于动物、植物、微生物的多种外源基因导入烟草，培育出抗烟草花叶病毒、抗黄瓜花叶病毒、抗虫及除草剂的烟草。在世界范围内已有近百例转基因烟草进入大田实验，一种转基因烟草被批准进行商业化生产。烟草作为一种模式植物，在分子生物技术和常规育种相结合的研究中，将会推动烟草育种的快速发展。

第二节 烟草育种目标和主要性状的遗传

一、烟草育种目标

吸烟有害健康，烟草育种目标首先要考虑减轻对健康的危害性。制定育种目标，直接关系到能否选出理想的品种，是育种工作的方向和成败的关键。育种的具体目标应因时、因地、因制烟工业的要求而有所区别和变化。但是优良的烟草品种必须具备优质、高产和抗性强 3 个优点。但烟草类型不同，产区条件、品种性状的区别及对晒烟和晾烟品质的特殊要求，这 3 大目标的主次排列和指标要求，应分别突出重点，有的放矢。从我国烤烟品种现状和生产水平看，育种目标应在抗性的基础上主攻品质性状。

（一）烤烟品种烟叶品质 烟叶品质主要包括外观品质、内在品质和可用性 3 个方面。

1. 外观品质 这是指人的感官可以做出判断的外在品质特征。与品种选择有关的因素是颜色和身份适中，结构疏松，油分多，叶表面有微粒物凸起，不平滑，成熟度好。对外观品质的综合评价，当前按国家标准分级前提下，要求新品种的上等烟、上中等烟比例或烟叶均价比现有推广良种有明显提高。

2. 内在品质 这是指烟叶通过燃烧所产生烟气的特征特性。衡量烟气品质的因素主要是香气和吃味。而香气包括香气质、香气量和杂气；吃味指劲头、刺激性、浓度、余味等。鉴定烟叶品质的方法，目前，世界上仍以感官评吸为主要手段。新品种在香气、吃味上应相当或超过标准品种。重视烟叶主要化学成分的协调性，其协调比值是尼古丁与还原糖之比为 1∶8～12，尼古丁与总氮的比值为 1∶1，总氮与烟碱的比值为 1∶1，糖与烟碱的比值为 10∶1，施木克值为 2～3。当今世界上衡量烟叶品质，以评吸为主要方法，以化学成分分析为客观控制标准，以外观物理性状为快速简单鉴别手段，在一定程度上，存在着局限性，今后需要改进。

3. 可用性 这是指卷烟工业对烟叶利用价值的综合评价而言的。它是制约烟叶品质概念演变的重要因素。可用性对烟草品种有关的内容有两项：①在烟叶颜色及其他品质相同的情况下，要求叶片较大，身份适中，含梗率低，组织疏松，油分多，弹性好，填充值高；②要求烟叶化学成分协调，例如尼古丁、糖分、总氮等有关比例与香气、吸味以及焦油含量，都与可用性有密切关系，其中焦油含量以低为宜，焦油与烟碱比值以 10∶1 较佳。

（二）产量要求 在把品质放在首位的前提下，协调产量与品质的矛盾。长期以来，烟草育种对株型与产量、品质的关系有所忽略。据研究，烟草品种的株型与截取太阳光能有着密切关系。株高、叶数、叶片角度及着生姿态等性状与其产量、品质都有一定关系。新育成品种的性状结构，要求植株打顶后株高在 120～130 cm，单株着生叶片数为 23 片左右，茎围为 7～9 cm，节距为 4 cm 左右，整株平均单叶质量为 6～8 g，产量达 2 250～2 625 kg/hm^2（亩产 150～175 kg）。

（三）抗逆性 抗逆性主要指抗病、抗虫、耐旱、耐肥能力。育种目标应根据各地具体情况确定。

1. 抗病性 应把抗当地主要病害作为育种目标。掌握抗源及抗性的遗传背景、特点是培育多抗品种的关键。

2. 耐肥性 品种耐肥力与其产量、品质有关。耐肥力强兼易烤特性应作为优质烤烟育种目标之一。

3. 耐旱性 干旱造成烟叶产量不稳，品质难以提高。耐旱性作为培育新品种应具备的条件。发达的根系是耐旱品种应具备的特征之一。

4. 抗虫性 抗虫育种必须同品质育种紧密结合。因为烟叶的香气、吃味与烟草抗虫性有联系。一般烟叶香气浓时，害虫较多。

二、烟草主要经济性状的遗传

烟草的经济性状通常分为品质性状和数量性状两类。品质性状由少数基因控制，性状表现为不连续变异，易明确分组，不易受环境条件的影响。数量性状，由微效多基因支配，性状表现为连续变异，不易明确分组，易受环境影响。品质性状与数量性状的区分是相对的。因此在育种过程中，对有关烟草主要经济性状的遗传应有深刻的认识，以便根据性状的遗传特点，采用不同的育种方法和措施，达到事半功倍的效果。

（一）单株叶数的遗传 烟草单株叶数属数量遗传性状。贵州烟草研究所用小壳折烟与黔福 1 号杂交组合的研究表明，F_1代平均叶数（29.1 片）非常接近双亲中值（30.1 片）；F_2代群体的叶片数呈钟形分布，平均叶数（28.9 片）几乎与 F_1代相等，但方差却远大于 F_1代。这说明，决定叶数的遗传以多基因加性效性为主。该杂交组合的广义遗传率高达 92.9%。国内外研究其他材料的叶数广义遗传率为 57.10%～98.4%。单株叶数广义遗传率高，受环境影响较小，在早期世代选择，可收到良好的效果。这些结果还表明，叶数有较高的一般配合力，在杂交育种中注意亲本的选配可收到较好的效果。

（二）短日照反应型的遗传 短日照敏感型即多叶型、巨型烟。它受隐性的巨型基因（*m*）所制约，间接影响单株叶数。短日照反应型品种（*mm*）与中性品种杂交的 F_1代（*Mm*）全部是中性的，单株叶数同中性亲本一样多。F_2代群体有 3/4 植株是中性的（*MM* 和 *Mm*）；1/4 的植株是短日照反应型的（*mm*），表现出多叶的特征。育种实践表明，在普通烟草种内，巨型基因可以通过杂交在不同品种之间转移，不曾发生基因效应的转变。例如烤烟的巨型基因转移给白肋型，可使白肋型成为巨型；也能转移给其他类型的烟草品种以及少数野生种，使之成为巨型，即多叶型。

（三）烟碱含量的遗传 烟属大多数种主要含烟碱、降烟碱和新烟碱三者的一种或两种。种间杂交试验和分析指出，新烟碱型×降烟碱型、新烟碱型×烟碱型的杂交组合，其 F_1代都以合成新烟碱型为主，表明新烟碱型是降烟碱型和烟碱型的显性或部分显性。降烟碱型×烟碱型的 F_1 代则主要合成降烟碱型，可见降烟碱型又是烟碱型的显性或部分显性。两个栽培种的各品种以含烟碱为主，也含有一定数量的降烟碱。从烟碱的合成而言，受两个不同的遗传体系影响：其一，烟草鲜叶内植物碱含量的多少，其遗传决定于加性效应为主的 2～3 对基因；其二，烟碱能转化为降烟碱，其转化过程由 1 个显性基因（C_1）或两个显性基因（C_1 和 C_2）所制约。当品种的基因型内存在两个显性转化基因中的一个时，叶内的烟碱在调制过程中，则转化为降烟碱；隐性的等位基因 c_1 不能使烟碱转化。当烟碱含量不同的两个亲本杂交时，F_1代烟碱含量一般为双亲中值左右。F_2代群体植株的烟碱含量表现为正态分布，其广义遗传率为 26.6%～78.6%，狭义遗传率为 3.6%～88%。

（四）叶绿素含量的遗传 缺少叶绿素的烟草有其特殊的利用价值。而白肋型、灰黄型、黄绿型是烟草叶绿素欠缺的变异型。据国外研究，白肋 21 品种每克叶片干物质的叶绿素含量为 7.2 mg，而正常绿色品种赫克斯则为 20.1 mg，即前者为后者的 1/3。白肋型受两对独立遗传的隐性重叠基因控制。正常绿色基因 Y_{b1} 和 Y_{b2} 为白肋型 y_{b1} 和 y_{b2} 的完全显性。其 F_1代全部是正常绿色。F_2代表现型比例因杂交时绿色亲本的基因型不同而异。如果杂交组合是 $y_{b1}y_{b1}y_{b2}y_{b2}$（白肋型）$\times Y_{b1}Y_{b1}Y_{b2}Y_{b2}$，则 F_2 代群体的正常绿株与白肋株的比例为 15∶1，如果杂交组合是 $y_{b1}y_{b1}y_{b2}y_{b2}\times Y_{b1}Y_{b1}y_{b2}y_{b2}$ 或 $y_{b1}y_{b1}y_{b2}y_{b2}\times y_{b1}y_{b1}Y_{b2}Y_{b2}$，则 F_2 代群体的正常绿株与白肋株的比例都是 3∶1。曾出现过一些由细胞质基因决定的叶绿素欠缺的变异，只能通过母体遗传。

（五）叶形的遗传 叶形决定于叶长和叶宽，长而窄为披针形，短而宽为心形。有 3 对独立遗传的基因决定叶形的遗传：P_tp_t、P_dp_d、B_rb_r。披针形是其他各种叶形的显性，而心形是其他各种叶形的隐性。一般窄叶形的香气优于宽叶形。

（六）叶片色泽的遗传 烟草正常色泽为绿色。有时也会出现紫色，它是受 1 个显性基因制约的，红铜色是由两个隐性重叠基因决定的；橘红色是受 1 对隐性基因支配的。

（七）侧翼的遗传 普通烟草品种中，烟叶有侧翼的称为无叶柄，无侧翼的称为有叶柄，这种叶柄有无的遗传，受 2 对加性效应基因决定，有柄为无柄的显性或部分显性。

第三节 烟草种质资源研究和利用

一、烟草种质资源的重要性

种质资源包括古老的地方品种、人工创造选育的新品种和高代品系、野生种等各种不同的遗传类型以及可供利用和研究的一切材料，是育种工作的物质基础。世界各国对作物种质资源收集、储存、研究和利用工作都十分重视。因为突破性成就的出现，取决于对种质资源占有数量和研究的深度，以及关键基因的发现和利用。截至 2010 年 12 月，我国的国家烟草种质资源库中已编目的种质数量达到 5 210 份，成为世界上烟草种质资源保存数量最多、多样性较为丰富的国家。

种质资源工作的最终目的在于为生产、科研服务，特别是为育种服务。20 世纪初，美国从大量的栽培品种和野生种中筛选出并利用抗青枯病的种质 TI448A，选育出第一个抗青枯病的品种牛津 26（Oxford 26）。利用抗普通花叶病（由烟草花叶病毒）的野生种黏烟草（*Nicotiana glutinosa*）和香料烟品种 Samsun 杂交，选育出抗普通花叶病的沙姆逊品种。利用优质品种 Hicks 选育出一批优质新品种，例如 Coker319、NC2326 等，这些品种被世界广泛种植，对世界烟草生产做出了贡献。我国利用高抗赤星病品种净叶黄杂交，选育出抗赤星病的单育 2 号、中烟 90、中烟 100 等；台湾省利用耐黄瓜花叶病毒的 Holems 品种杂交选育出耐黄瓜花叶病毒的烤烟品种台烟 6 号、台烟 7 号、台烟 8 号等。烟草育种经验表明，不断发掘优异种质和抗源，对促进育种工作，提高效率是至关重要的。

目前，美国以及我国选用的种质资源越来越广泛，优异种质资源的发现仍不能满足当前育种的需要。利用仅有的几个主体亲缘选育的品种所载基因类同，大量推广这一系列品种，难以抵抗大范围的自然灾害。例如抗普通花叶病的烤烟品种的抗病基因主要来自野生种黏烟草（*Nicotiana glutinosa*），一旦这些抗病基因丧失抗病性或产生致病性变异的新病原，用其选育的品种难免受害。为避免上述现象发生，今后应多收集、发掘和利用遗传多样性的种质。以便选育遗传基础更广泛的品种，为生产服务。因此种质资源工作任重道远。

二、烟草栽培种及其起源

烟草属于茄科（Solanaceae）烟草属（*Nicotiana*）。迄今，烟草属分普通烟、黄花烟和碧冬烟 3 个亚属。亚属又分组，共有 14 组 66 种。现在栽培的为普通烟草（*Nicotiana tabacum* L.）和黄花烟草（*Nicotiana rustica* L.）两种，均原产于南美洲。其余的种均为野生种。普通烟草又称为红花烟草，例如烤烟、晒烟、晾烟、香料烟、白肋烟等。黄花烟草均为晒烟，在俄罗斯和印度较多。我国西北、东北部分地区栽培的晒烟中，有小部分是黄花烟草。

近年来，通过同工酶谱带和植物固醇含量等生物化学分析及细胞质中特有同工酶的检测，较多的学者认为，普通烟草起源于二倍体种 *Nicotiana sylvestris*×*Nicotiana tomentosiformis* 的天然杂种 F_1 代经染色体自然加倍而形成的异源四倍体。亲本中，前者 $2n=24$，染色体组为 SS；后者 $2n=24$，染色体组为 TT。因而 F_1 代的染色体组为 ST；自然加倍形成的普通烟草 $2n=48$，其染色体组是 SSTT。

黄花烟草（*Nicotiana rustica* L.）的体细胞染色体数目也是 $2n=48$。据细胞遗传学研究分析，它可能是 *Nicotiana paniculata*×*Nicotiana undulata* 天然杂交种的染色体加倍而形成的。因为将这两种杂交的 F_1 代的未减数花粉授给黄花烟后，产生的形态特征很像黄花烟草子代植株，间接地证明黄花烟草的染色体组成分是

UUPP。

探明烟草栽培种的起源及其染色体组成，可以有预见性地采用种间杂交等措施，更好地选育优质、抗病、适产的烟草新品种。

三、我国烟草种质资源的研究

（一）烟草种质资源的收集和编目 截至2010年12月，中国烟草种质资源库中已编目的种质资源数量达到5 210份。按烟草类型分，烤烟种质资源有2 238份，晒烟和晾烟种质资源有2 278份，白肋烟种质资源有180份，雪茄烟种质资源有53份，香料烟种质资源有85份，黄花烟种质资源有341份，野生种质资源有35份。种质资源收集范围涵盖了我国包括台湾省在内的所有省份，以及美国、巴西、津巴布韦、日本、希腊、土耳其、越南、印度等32个国家的一些栽培品种。

（二）烟草种质资源的鉴定 已完成品质鉴定660份、6种病害及2种虫害抗性鉴定2 975份次，通过品质及抗性鉴定，筛选了一批优异烟草种质资源，其中品质优异种质资源65份、抗性优异种质资源546份，其中抗烟草花叶病毒、黑胫病、赤星病等的烟草种质资源比较丰富，而抗马铃薯Y病毒、黄瓜花叶病毒和青枯病的烟草种质资源较少。

（三）在分子水平开展了一系列研究 建立了简单序列重复（SSR）分子标记在烟草种质资源研究中的应用体系。徐军等以446份核心种质为材料，从286对引物组合中筛选出8对扩增带清晰、重复性和多态性好的引物构建了80份普通烟草核心种质资源的指纹图谱，为今后烟草品种专利权的申请、保护以及种子纯度鉴定提供理论依据和技术支持。

开展了品种内遗传多样性和种子老化对种质资源遗传完整性的研究。探讨了种质资源繁殖更新过程中繁殖群体大小和储藏种子基因突变的累积效应引起的遗传变异。选育的品种种质内遗传多样性最低，在繁殖更新过程中2～5株繁殖群体即可保持其遗传完整性；地方种质内遗传多样性较大，对于有两种或两种以上不同类型组成的地方种质，一般需种植30株以上，在充分认识种质特性的基础上选择8～10株进行留种保存，可保存其遗传多样性。另外，利用简单序列重复分子标记技术，分析评价了种子老化及繁殖世代对烟草遗传完整性的影响。研究表明，在目前保存条件下，国家烟草种质资源库大部分烟草种质可以维持85%以上的生活力8～10年；发芽率下降为75%时，大部分烟草种质的遗传完整性可保持；而对于异质性较强的种质，发芽率比其初始发芽率低10个百分点时，会影响其遗传完整性。

四、国内外烟草育种利用的亲本系谱

国内外烟草育种无论是采用杂交育种、自然变异选择育种还是采用花粉单倍体育种等方法培育新品种，对亲缘谱系及主体亲缘的利用都比较重视。因为它是构成优良性状的遗传基础。从国内外烟草育种史和现状看，主攻目标是优质、高产和抗病3大性状，例如美国的烤烟育种目标是优质、高产、多抗，并重视易烤性。在烤烟生产上应用的品种中，其高产及易烤性两个性状的亲缘，77%来自Coker139；品质性状亲缘的94%来自Hicks，因而71%的品种来自Coker139和Hicks。Hicks是由Orinoco衍生的，即Orinoco是品质性状的祖先。Coker139是高产和易烤性的主体亲缘。

在抗病育种方面，对主体亲缘的选配更为重视。例如抗黑胫病（*Phytophthora parasitica* var. *nicotianae*）育种的主体亲缘是Florida301，由其育成的抗病品种有Bu49、Va509等。抗根结线虫病（*Meloidogyne incognita*）的主体亲源来自TI448A，由其育成具有抗病基因的品种Coker139和Speight G-28。抗烟草花叶病毒育种是来自黏烟草（*Nicotiana glutinosa*）的*NN*抗病基因。它首先转移到香料烟和白肋烟，可抗烟草花叶病毒。随着抗病育种的进展，又相继育成抗烟草花叶病毒的烤烟品种VA088、VA528、VA770、Coker86等。美国在不同的发展时期有不同的主体亲本，先后达10余个。这都反映了对种质资源研究的深入程度。

我国烤烟育种对品种的亲缘也很重视，因为它能增加育种的预见性，有利于加速育种的进程。从20世纪50—90年代，杂交育成的品种和品系约158个。对其全部的亲缘了解得尚不完整和透彻，仅分析了育成的75个烤烟品种的亲缘关系，它们来源于3大主体亲缘：金星亲缘系统（含藤县金星亲缘的品种）、特字400系统和大金元系统，分别占育成品种数的28%、46.6%和18.67%。以上3大亲缘系统对我国烟草育种起过重要作用，可称为3大主体亲缘。处于次要地位的亲本有小黄金、大黄金、长脖黄等。近年来，Speight

G-28品种在杂交育种显示出了重要性，曾用其育成中烟86、辽烟13、中烟90、中烟14、中烟15、云烟2号等烤烟品种。

我国抗黑胫病育种的抗源是从美国引进的具有抗性的品种DB101及其衍生品种Coker139、Coker319、Speight G-28，它们是近代抗黑胫病的主体亲本（而DB101的抗性则来源于抗病亲缘Florida301）。我国采用DB101育成了革新1号、革新4号和春雷3号。我国抗烟草普通花叶病（由烟草花叶病毒引起）的抗源，主要是从美国引进的具有烟草花叶病毒抗性的白肋烟类型转移过来的抗源，例如辽烟10号、辽烟12、台烟7号、台烟8号等品种［白肋烟抗烟草花叶病毒抗源从黏烟草（*Nicotiana glutinosa*）转移而来］。我国抗赤星病［*Alternaria alternata*（Fries）Keissler］的抗源是净叶黄烤烟品种，由其育成中烟15、中烟86、许金4号、单育2号、中烟90等品种。因此净叶黄品种是我国抗赤星病育种的主体亲本。我国抗青枯病育种的抗源主要是DB101、K346和K326，由DB101育成了抗青枯病的烤烟品系岩烟97，由K326育成了抗青枯病的烤烟品种闽烟57，由K346和K326育成了抗青枯病的烤烟品种安烟2号。广东省地方晒烟品种塘蓬，是抗白粉病（*Erysiphe cichoracearum* DC.）抗源，我国已由其育成广红单100、81-26等抗白粉病品种。

在烟草育种中，选配主体亲缘是极为重要的，它关系到育成品种的品质和抗性。我国20世纪50—70年代的育种目标以高产、抗病为主，所以亲本也突出了这些性状。金星和大金元之所以成为主体亲缘，前者主要利用其丰产性及抗逆性；后者除作亲本外，又因含有多叶亲缘Mammoth Gold的血缘，由其通过基因突变选出了若干个多叶品种，例如寸茎烟、云南多叶烟等。特字400之所以成为主体亲缘，主要是利用其品质优良的性状。20世纪80年代，我国烟草育种目标以优质、抗病为主，Speight G-28逐渐成为主要的亲缘，主要是利用其品质优良及抗病（抗黑胫病、青枯病、根结线虫病等）。因此深入研究，掌握并选配优质、抗病的亲本及亲缘是育成优质、抗病品种的关键。但必须明确指出，我国烟草育种，仍存在遗传基础狭窄的问题，因此扩大基因源势在必行。

第四节 烟草育种途径和方法

一、烟草自然变异选择育种

自然变异选择育种，是根据育种目标，以自然变异为基础，通过选择单株鉴定其后裔育成新品种，是选育烟草品种的最基本的方法。据1983年统计，用此方法育成的烟草新品种占全国育成烟草品种总数的40%左右，净叶黄、金黄柳、螺丝头、潘园黄、金星6007、红花大金元、永定1号等，都是利用自然变异选择育出来的。

（一）烟草自然变异的来源 烟草自然变异的来源是天然杂交和基因突变。烟草虽是自花授粉作物，其天然杂交率因环境和品种的诸因素不同而异，一般为1%～3%，高的可达10%以上。因此烟草不同品种或类型之间的天然杂交和杂种后代的分离，会产生一些与本品种典型性不同的变异株，为单株选择创造了条件。基因突变在烟草中只起次要作用，因大多数突变并无经济价值。

（二）单株选择和选择性状的依据 正确地鉴定性状是实施有效选择的前提，而快速准确的鉴定手段，是提高选择效率的保证。单株选择对象就是把烟草群体内符合综合育种目标的优良自然变异株选出来，入选单株的种子分别脱粒保存，并于下年使每个单株后代种植1个小区，经几年不断地单株和株系鉴定，从中选出符合育种目标的基因型纯合的株系。

对个体的选择，有时根据目标性状本身的表现直接决定取舍，即直接选择；有时根据各性状之间的相关性，从其他性状的表现来推测某性状的优劣，间接决定某单株的取舍，即间接选择。但是性状间的相关关系，由于选材设计的不同，波动较大，品种在栽培水平改变情况下，相关关系可能随之发生变化。烟草性状间的相关关系比较复杂，有时并不成直线相关。这是间接选择所要注意的。育种工作者，需要权衡几种性状的要求，所以一个优良品种的选育成功，必然是对产量、品质和抗性三者有关的性状进行综合选择的结果。

1. 产量性状的选择 构成烟草单株产量的因素是单叶质量和单株叶数。单叶质量是由叶片大小和厚薄决定的。因此选择产量较高的品种，需要选择叶数较多、叶片大而厚的烟株，但烟叶的产量超过一定限度，烟叶品质会下降。例如烟叶产量同它的生物碱总量之间成负相关，表现型相关（r_p）可达－0.59，基因型相关（r_g）最高可达－0.850。因此只有根据当地生长条件确定适产范围，才能保证品质。而单株叶数与烟碱含量之间也成负相关，其表现型相关（r_p）为－0.56，基因型相关（r_g）为－0.70。所以限制单株叶数又要提高产量，应依靠与提高单叶质量有关的单株叶面积和株型（受光态势）的选择。而单株叶面积与单株烟叶产量之间成正相关，相关系数为0.95～0.99。因此选单株应选叶片较厚、叶肉组织细致、含水量低的叶片，其烤后单叶质量大。但叶片不宜太厚，因为这种叶片采收成熟度稍差即会造成烤后叶片贪青，降低工业使用价值。对株型的选择，理想的株型是烟株稍高，节距稍稀，烟株上、中、下各部节距长而均匀，茎叶角度适中，叶片稍倾斜而挺直，受光条件较佳。因此对产量、品质有关的性状的选择与株型选择结合起来，对提高烤烟的产量和品质是有一定潜力的。

2. 品质性状的选择 决定烟叶品质的因素较多而且复杂。通常需要卷制后评吸鉴定和烟叶化验分析，再确定其内在品质。因此对烟叶品质的选择只能进行间接选择。烤烟烟叶的烟碱含量是随烟叶身份的不同而变化的。叶片厚是身份重的重要标志之一；而身份重的品种，烟碱含量高，二者成正相关。同时，烟碱与水溶性酸含量之间也成正相关（$r=0.92$），大约80%的烟碱含量变化和水溶性酸类的变化相联系。可以看出，烟叶身份同水溶性酸也有密切关系。例如草酸和水溶性酸含量高则身份重，香气和吃味都好；含量低则身份轻，香气、吃味都差。所以重视叶片厚度的选择，对改进烟叶品质，提高单株产量是有帮助的。

当前，根据卷制成品评吸与化学成分测定结果，比较一致的看法是化学成分含量及其协调性直接关系到烟叶香气和吃味的好坏。而烟叶的香气和吃味的优劣是其使用价值的决定因素。但烟叶类型不同，对其化学成分的要求也有区别。烤烟要求总糖含量为18%～23%，还原糖含量为15%～20%，烟碱含量为2%～2.5%，总氮含量为1.5%～2.5%，蛋白质含量为7%～8%，钾含量为3%左右（钾含量高则燃烧性好），氯含量在1%以下（含量低对烟叶燃烧有利）。钾含量与氯含量之比为4∶1，最高可达10∶1。总氮含量与烟碱含量之比为1∶1，糖含量与烟碱含量之比为10∶1，施木克值为2～3。烟气中烟碱和焦油均有害于人体健康。焦油含有致癌物质，危害最大。烟碱对心脏有刺激作用。焦油含量与烟碱含量的比值以10∶1为佳。

3. 抗性的选择 烟草育种初期，在田间自然发病条件下进行单株抗病性能的选择最重要。有病株一律不选。在分株系种植时，对病害严重者一律淘汰，也不在该株系内选单株。选育耐旱能力强的品种时对当选单株或株系放在干旱地区种植，并在大田生长期间，根据单株或株系当天萎蔫的时间和程度、傍晚恢复正常的速度和程度等，确定其耐旱能力。在育种的初期这样鉴定和选择是必要的。一般而言，耐旱品种原生质黏度和弹性较大，通过对其测定可以作筛选耐旱单株的依据。

（三）自然变异选择育种的程序和方法 烟草自然变异选择育种程序包括选单株、分离株系、品系比较试验、区域试验和生产试验5个步骤。

1. 选择优良变异株 根据育种目标在大田推广品种或引进品种的群体中选择优良变异单株，在烟草整个生长发育期内分阶段观察，多次评选，一般分3次进行，第1次在现蕾期进行，入选单株不打顶，挂牌；第2次在腰叶成熟前进行，淘汰劣株（打顶），并分单株采收烘烤入选单株成熟的叶子；第3次在种子成熟时进行，对根、茎、叶无病害者，分株收种。

发现变异株时紧扣目标性状的综合选择至关重要。当目标性状是抗病时，应在病害严重或病害流行的地块选无病烟株，但要兼顾其品质和产量性状的综合选择，以免顾此失彼。入选单株应编写登记卡，注明其来源、品种名称、当选时间、地点、性状及烤后特点等。

2. 分离优良株系 烟草分离优良株系是指把符合育种目标的单株自交子代选出来，实行个体选择，直到当选单株的子代群体达到株间性状一致为止。分离株系之始，应分类编号，分别种植，各株系分种在规格一致的小区，40株左右。来源于同一品种的株系小区相邻，每隔4～5小区插入当地最优良的品种为对照。分离株系阶段的主要任务是鉴定各株系的性状优劣和稳定程度，不进行产量比较；而对照小区的作用是为个体选择树立标准，其小区面积可小些。

各株系生长发育期间，应分期观察记载其主要农艺性状，并以株系为单位选优系汰劣系。优于对照品种者，其性状整齐一致的株系入选。烟草繁殖系数大，每个株系一般可选留3～5株，分别套袋自交，收种后混合，构成一个品系，参加品系比较试验和鉴定。

3. 品系比较试验等 参加的品系，其遗传性已稳定，形态特征表现整齐。因此不再进行系统内的选择，而是不同品系之间及其与当地推广品种之间的比较。并从中选优异品系供区域试验和生产试验等，这将在本章第六节介绍。

二、烟草杂交育种

杂交育种是烟草育种中最主要、最有成效的途径。我国20世纪80年代以来育成的品种多数是由杂交育成的。美国的优质、多抗性的品种亦均由杂交育成。

(一) 杂交亲本的选配 杂交育种的遗传基础是基因重组，而重组育种中，正确选配杂交亲本，是杂交育种成功的关键。烟草杂交亲本的选配原则是亲本优点多，缺点少，亲本间优点与缺点互补。由于烟草许多经济性状不同程度地属于数量遗传性状，杂种后代群体的性状表现与亲本平均值有密切关系。所以要求亲本优点要多。同时，在许多数量性状（包括产量）上，双亲平均值大体上可用来预测杂种后代平均表现趋势。而亲本间优点与缺点互补，是指亲本间在若干优良性状综合起来应能满足育种目标要求的前提下，一方的优点能在很大程度上克服对方的缺点。例如烤烟品种400，具有早熟、丰产、优质、抗根黑腐病等优点，其缺点是叶片薄、身份轻、叶脉较粗。针对400的缺点，选定烤烟品种Cash同它杂交。Cash品质优良，最突出的优点是叶片厚、身份重、叶脉较细，其缺点是叶片较窄小、产量低。从400×Cash的后代中选育而成401烤烟品种，它的叶片厚度、身份都有改进，叶脉较细，并保存了400的早熟、抗根黑腐病、叶片宽大和易烘烤等优点，兼备了双亲的优质、丰产、抗病的优点。

(二) 杂交方式

1. 单交 在多数杂交组合中，正交与反交的后代性状差别不大，如果出现差别，一般不会影响杂交二代及其后继世代的分离选择。但也有正反交不同的实例。因此正交和反交皆做，F_1代表现相同时可弃其一。我国多数烟草品种是利用单交方式育成的。例如辽烟12×Coker86育成了辽烟14。

2. 复交（多元杂交） 当育种目标涉及面广，必须多个亲本性状综合起来才能达到要求时，可采用复交方式。与单交相比，复交所需年限长，由于复交可以丰富杂种的遗传基础，并能出现超亲类型，所以已被广泛使用。参加复交的亲本，其综合性能不能太差，并注意杂交中使用的先后顺序。例如抵字27是用(TI448A×400)×特黄A三交育成的。特黄A具有优质、抗根黑腐病等较多有点。需要指出的是，上述3种杂交种亲本之一是（A×B）F_1代，所以三杂交种是A和B两个亲本基因型的重组配子与C亲本配子受精产生的。据此，在对三杂交种进行选择时，应注意A和B性状的重组和分离，要在三交杂种子代才能表现出来。

利用（A×B）×(B×C）三亲双交方式育成的辽烟1号烤烟品种，是（来风大钮子×凤城黄金）×(凤城黄金×沙姆逊）的杂种后代中选育出来的。凤城黄金是三交组合中优点最多，缺点最少的亲本。多元杂交育成的品种中，我国晒烟品种晋太7692是从［蛟河晒烟×(晋太33×厚节巴)］×［晋太33×(马合烟×黏烟草)］后代群体中选出的，美国南卡58是从［特黄×(301×万尼尔)］×(400×TI448A）的杂种后代群体中选出来的。

(三) 杂交后代的选育程序 对杂交后代的选择一般采用系谱选择法，较少利用混合选择法。杂种后代的选育程序是指从杂种一代至育成新品种，所经过的一系列环节，包括选择培育圃、株系试验、品系比较试验、初选品种的区域试验、生产试验等。

1. 选择培育圃（又称为杂种圃） 利用系谱法杂种圃内种植F_1代和F_2代。F_1代按组合种植于小区，每个单交和复交的F_1代，一般种植20～30株，相邻F_1代对比观察，每隔若干小区设1个对照区。在F_1代主要淘汰不良组合，在当选各组合内选2～3株，套袋分株留种，对其成熟的腰叶按组合分收烘烤，评其产量和品质，并观察其抗性。

F_2代按组合分别种植1个小区，各小区一般40～60株，亲本基因型差异大的一般F_2代小区种200～300株。小区中的入选率一般控制在小区总株数的5%左右。当选株各套袋留种，分别脱粒储藏。

F_2代阶段，设对照（品种）小区单行种植。在F_2代中，若育种目标是质量性状，无论是显性的还是隐性的，都可以严格选择。例如色泽、农艺性状、某些抗病性等，这些性状通常由少数基因支配。同时，质量性状凡是在晚代能出现的分离，在F_2代群体中同样会出现。对多基因控制的数量性状，一般应在晚代选择，即F_4代或更晚。

对选择培育圃应加强管理，使F_1代、F_2代的特点最大限度地表现出来，以利人工选择。采收腰叶1～2次，为选择提供参考依据。

若采用混合选择，F_1～F_3代按组合种植混选的单株，F_4代以后按上述措施处置。

2. 株系试验（又称为株系选择圃） 株系是指同一植株的子代。在株系试验中，主要包括F_3代和F_4代，甚至F_5代。用系谱法，每个小区种植的就是1个株系。来源于同一组合的株系，相邻种植，每小区40株，隔若干小区设1个对照品种，株系小区不设重复。株系试验是比较各株系间的优劣，对分离的优系继续进行株选和株系试验。既优良又不分离的株系则参加下年品系比较试验，入选3～5株，套袋留种混收，成为一个品系。

3. 品系比较试验等 品系比较试验等的具体做法与本章前述的自然变异选择育种的做法相同。

三、回交与烟草抗病育种

回交的实质是对核遗传物质进行置换。近代，许多国家利用回交育种方法，普遍是为了提高烟草优良品种的抗病性能，并以丰产、优质而感病的普通烟草品种为回交亲本，以抗病的烟属某野生种为非轮回亲本，进行杂交和回交。例如美国的赫克斯烤烟良种曾被许多国家种植，但不抗黑胫病，为提高其抗病性，进行了回交，并在回交的自交后代中选出了麦克乃尔品种。回交过程是（白金×224G）×（赫克斯）^{4}（相当BC_4代）。白金与赫克斯很相似，麦克乃尔是从其中BC_4的S_3群体内选育的。

（一）烟草抗病性的来源 国际上多年来的烟草育种，实际上是以抗病育种为中心展开的。因为在生产中栽培的普通烟草品种中多数只有中等抗病性能，高抗或免疫的品种很少。所以需要在烟草野生种、地方品种、黄花烟中找抗源。而烟草属不少野生种的抗病性具有两个特点：①抗病性属于显性单基因支配；②对某种病害有免疫力的抗病性，或至少也是高抗性。例如黏烟草（*Nicotiana glutinosa*）抗普通花叶病的性能受显性单基因支配，长花烟草（*Nicotiana longiflora*）对野火病免疫、*Nicotiana debneyi* 抗根黑腐病、*Nicotiana repanda* 抗普通烟草花叶病、蓝茉莉烟草（*Nicotiana plumbaginifolia*）抗黑胫病的性能均受显性单基因控制。

迄今，能通过种间杂交转移给普通烟草的野生种抗病性，大多数受显性基因支配，如果是多基因的抗病性，也是受部分显性基因支配的。

（二）烟草抗病性的转移方法 利用烟草属野生种的抗病性，通常采用远缘杂交和回交方法，以优质高产感病的普通烟草品种为轮回亲本，以抗病的烟属野生种为非轮回亲本，进行种间杂交和回交，把野生种的抗病性转移给普通烟草。例如黏烟草（*Nicotiana glutinosa*）抗烟草普通花叶病（由烟草花叶病毒引起）的显性单基因转移给香料烟品种沙姆逊；其后又通过杂交和回交将沙姆逊的该显性单基因转移给白肋型烟草品种Ky56。辽烟11抗烟草普通花叶病，就是以Ky56为亲本之一育成的。杂种和回交子代都必须种植在诱发致病或病害严重的环境内进行严格鉴定。但应注意以下几个问题。

①抗病性受显性单基因支配，免疫型或高抗性的容易通过种间杂交和回交转移给普通烟草。比较成功的是将黏烟草抗普通花叶病的性能转移给普通烟草。黏烟草抗烟草普通花叶病的性能受显性单基因（*N*）的支配。首次得到这个显性单基因的普通烟草是东方型的Samsun。据研究，在转移过程中，Samsun品种的24Ⅱ染色体中的一对H染色体，被载有抗病基因的1对黏烟草染色体（lg^N）所替换。抗病沙姆逊虽然抗病，却同时获得了一些连锁在lg^N染色体上的黏烟草野生性状的基因（例如叶片小等）。

自从将黏烟草抗烟草普通花叶病的显性单基转移给普通烟草之后，相继有许多烟草属野生种的抗病显性单基因转移给普通烟草。例如长花烟草（*Nicotiana longiflora*）抗野火病和角斑病的显性单基因的转移、迪勃纳氏烟草（*Nicotiana debneyi*）抗根黑腐病显性单基因的转移、蓝茉莉烟草（*Nicotiana plumbaginifolia*）抗黑胫病的显性单基因的转移、特大管烟草（*Nicotiana megalosiphon*）抗根结线虫病基因的转移、*Nicotiana repanda* 抗花叶病显性单基因的转移等。所有这些种间转移的抗病性均为免疫型的或高抗型的。

②双亲杂交可孕和杂种可育时，可以从F_1代回交转移；当杂交可孕而杂种不育时，可以使F_1代的染色体数加倍成双二倍体，然后从双二倍体开始回交转移；当杂交不孕时，可将染色体数较少的亲本变为同源多倍体，使其再与另一个亲本杂交，从F_1代开始转移。也可采用桥梁亲本法，即先找一个桥梁亲本品种与其中一个亲本杂交，然后使该杂种与另一个亲本杂交，并从这次所得杂种开始回交转移。例如*Nicotiana repanda*（$2n=24$Ⅱr），抗根结线虫病、烟草普通花叶病等8种病害，它与普通烟草杂交不孕，有碍抗病性的转移。而*Nicotiana sylvestris*同普通烟草和*Nicotiana repanda*都能杂交可孕。于是用*Nicotiana sylvestris*作中间亲本进行桥交，将*Nicotiana repanda*的显性抗烟草普通花叶病性能转移给普通烟草。

③烟草属种间抗病性转移，一般连续回交3～4次后就可以开始自交分离。

④回交过程中，应重视抗病性、品质、产量综合性状的选择。因普通烟草的抗病性常受多基因支配，与低产、劣质基因有连锁遗传的可能性。

⑤抗病性属于隐性遗传的，每回交1次的子代应自交1次，待抗病的隐性纯合体在自交子代群体内分离

出来，再与普通烟草回交。

（三）烟草抗病性的遗传 据研究，普通烟草的抗病性绝大多数受多基因支配，所以在杂交育种过程中，其杂种后代群体内的抗病性分离不多，为选择造成困难；抗病基因常与低产、劣质基因连锁遗传，也可能抗病基因本身同时具有降低产量和品质的效应，即一因多效。尤其是不同抗源抗性遗传方式不同，采取的育种措施也应有区别。因此培育抗病、优质、丰产的品种，的确是一件艰巨又富有创造性的工作。

1. 烟草黑胫病的抗性遗传 烟草黑胫病（*Phytophthora parasitica* var. *nicotianae*）抗源主要有4个：雪茄型品种Florida301、宾哈特1000（Beinhart1000-1）、蓝茉莉烟草（*Nicotiana plumbaginifolia*）和长花烟草（*Nicotiana logiflora*）。Florida301的抗源是由隐性多基因决定的累加效应，多基因中有一个抗病效应较大的主效基因。宾哈特1000品种高抗黑胫病，其抗病性能由部分显性因子所控制。长花烟草和蓝茉莉烟草抗病基因都是显性的。曾利用长花烟草（*Nicotiana longiflora*）×蓝茉莉烟草（*Nicotiana plumbaginifolia*）及其反交的F_2代群体进行分析，未发现1株感病分离，说明这两种的抗病基因在同源染色体上，或在节段同源染色体上，基因座是等位的。Chaplin和Apple对蓝茉莉烟草的黑胫病抗性研究都表明，其由部分显性单基因所控制。

2. 烟草普通花叶病的抗性遗传 普通烟草花叶病的病原是烟草花叶病毒（*Tobacco mosaic virus*，TMV）。据报道，烟草花叶病毒抗源主要有3类表现型：耐病、过敏坏死和抗侵染。最早（1933）发现烟草品种Ambalema抗烟草花叶病毒，Valleau（1952）报道，Ambalema抗性为一种耐病性，是隐性等位基因*mt1*和*mt2*控制的，并与不利基因有连锁关系。

黏烟草（*Nicotiana glutinosa*）是抗烟草花叶病毒育种的主要抗源，抗性为过敏坏死反应，其抗性是由显性抗病单基因控制的。

3. 烟草黄瓜花叶病毒病的抗性遗传 黄瓜花叶病毒病1936年首先发现于美国，已成为我国烟草生产上最严重的病毒病害之一。烟草黄瓜花叶病毒病的病原是黄瓜花叶病毒（*Cucumber mosaic virus* CMV）。烟草属野生种*Nicotiana benthamiana*、*Nicotiana bontiensis*和*Nicotiana raimondii*对黄瓜花叶病毒表现过敏坏死反应。利用来自*Nicotiana tomentosa*、*Nicotiana tomentosiformis*、*Nicotiana otophora*和*Nicotiana raimondii*这些抗病性的双倍体种与普通烟草杂交，结果表明，其抗性由隐性基因控制。Wan（1966）利用Holmes抗源，其抗性由5个基因座控制，其中，*N*基因来自黏烟草，r_{m1}和r_{m2}来自Ambalema，t_1和t_2来自TI2450，该抗病基因型为$NN\,r_{m1}\,r_{m1}\,r_{m2}\,r_{m2}\,t_1\,t_1\,t_2\,t_2$，表现过敏性枯斑。

4. 烟草赤星病的抗性遗传 目前赤星病［*Alternaria alternate*（Fris）Keissler］抗性有3个来源，美国利用Beinhart 1000-1和Nc89，我国利用净叶黄。前两个的抗性是显性单基因控制，净叶黄的抗性由部分显性的加性基因控制。

5. 烟草白粉病的抗性遗传 普通烟草种对白粉病（*Erysiphe cichoracearum* DC.）的抗性，是由两个隐性重叠基因（hm_1和hm_2）决定的，中抗型。据研究，hm_1和hm_2与雌性不育的隐性重叠基因st_1和st_2分别连锁在I染色体及H染色体上。黏烟草（*Nicotiana gultinosa*）和*Nicotiana goodspeedii*的抗白粉病性能分别转移到烟草上，前者为显性单基因控制，后者是隐性遗传。我国抗白粉病的晒烟品种塘蓬，也是隐性遗传。

6. 烟草抗炭疽病的遗传 普通烟草中尚未发现抗炭疽病（*Colletotrichum nicotianae* Averna）的品种。曾成功地把野生种*Nicotiana debneyi*和长花烟草（*Nicotiana longiflora*）的抗性转移给普通烟草，前者为隐性多基因遗传，后者为单基因遗传。

四、烟草雄性不育系的利用、创造和转育

烟草雄性不育系是生产烟草杂交种子利用杂种优势的最佳方法。同时因为烟草的产品是叶片，所以烟草杂交种的雄性育性是不必考虑的。

雄性不育系的创造与转育，都是利用种间远缘杂交和回交创造出来的，即利用核置换法，用普通烟草的核置换野生种烟草的核。以野生种烟草为母本，普通烟草品种为父本进行远缘杂交，使杂交一代具有野生种的细胞质，然后用其父本（普通烟草）品种作轮回亲本连续回交，并注意选择雄性不育株，一般至回交六代（BC_6）阶段，就可选到野生种细胞质与普通烟草细胞核结合的雄性不育系。已创造出的质核互作雄性不育系所使用的烟属野生种有10余个。其中，广泛使用的为*Nicotiana suavelens*。美国、日本及我国烟草雄性不

育系的细胞质多来源于该野生种。

利用原始雄性不育系作母本，用任何一个优良栽培品种为轮回父本，再连续回交多代，该回交后代就成为雄性不育同型系，而栽培品种（轮回父本）本身就成为该雄性不育系同型系的保持系。例如利用从美国引进的雄性不育系杂种 MSBurley21×Ky56，F_1代为非轮回亲本（母本），用 Speight G-28、Nc2326 和金星 6007 分别为轮回父本，经 4～5 代回交，已分别转育成这些品种的雄性不育同型系。

第五节　花粉培养技术在烟草育种中的应用

花培技术是将未成熟的花药接种在人工培养基上，分化成为植株的过程。但花药是植物体上的一个器官，而花粉属于细胞范畴。在花培过程中，二者常相提并论。

花粉培养技术是目前产生单倍体的一种主要方法，该方法的实质是选择杂种产生孢子时的分离机会，不等小孢子进一步产生精子，就让小孢子直接发育成单倍体植株。再经染色体加倍后，形成纯合的二倍体，经过选择培育成烟草新品种。这种方法减少了杂种后代分离；可缩短育种年限，便于隐性基因选择；排除显性等位基因的掩盖作用，提高选择效率。远缘杂交通过花粉培养，常发生染色体断裂和重组，借以导入外源基因和直接获得异源附加系、异源代换系、异染色体异位系。

我国 1974 年首次用花粉培养方法育成单育 1 号烤烟品种，后来相继育成单育 2 号、单育 3 号，并应用于生产，居世界领先地位。

近年来，烟草花粉培养育种，已得到国内外广泛应用，但有些主要技术，包括高效且简便的适合于各种不同基因型的培养基、染色体加倍技术、变异诱导频率的提高等仍有待进一步改进和补充。

一、烟草花粉培养育种的 4 个环节

花粉培养育种的 4 个环节是：①按育种目标的要求组配杂交组合或确定其变异材料；②培养杂种或变异材料的小孢子发育成单倍体植株；③将单倍体植株的染色体数加倍成双倍体；④通过试验、鉴定，把符合育种目标要求的双单倍体优良株系选出来，进一步示范种植。推广品种通过花粉培养可达到提纯选优，提高其纯度。目前，多采用杂种一代花粉进行培养。

二、烟草花粉培养的技术要点

供试材料的基因型、生长条件、生理状况、花粉发育时期、培养基、培养条件等对提高花粉培养的成功率都有重要影响。但是烟草花粉培养的发育形式与小麦有区别，它是花粉产生胚状体，并直接发育成小植株。

试验表明，供试材料不同，诱导愈伤组织和单倍体植株的频率差别很大。有些供试材料甚至诱导不出愈伤组织。生长在短日照高光照度下的供试材料，花粉培养胚胎发生的质量最高，用盛花期以前的花粉进行离体培养，花粉出苗率高，出苗数都多。一般以花粉发育单核靠边后期的花粉接种培养基，培养效果最好。稍早或稍晚，效果都差。过早或过迟，不易培养出苗。

花粉接种培养前，进行低温预处理（以 3～10 ℃处理 3 d），能显著提高胚状体的诱导频率。培养基和培养条件对提高花粉培养的成功率有较大影响。在诱导烟草花粉长成植株的过程中，先后用两种培养基：诱导烟草长成愈伤组织的培养基和诱导愈伤组织分化成幼苗的分化培养基。第一种培养基直接关系到花粉植株诱导频率的高低，而分化培养基与单倍体植株的诱导频率关系很大。因此选用适当的培养基是花粉培养成功的关键。目前，采用的诱导花粉愈伤组织的培养基主要是加以改良后的 MS 培养基，即尼许 H 培养基以及我国研制的烟基 1 号和烟基 2 号培养基。培养过程中需要在无菌条件进行一次分苗移植，转移到小苗用的培养基为分化培养基。尼许 T（Nitsh T，1967）培养基用于烟草效果很好。提高生长素的浓度和较低的激动度，对根的分化有利。在培养过程中，应注意温度和光照的调节。烟草花粉培养适宜温度是 25～28 ℃，低于 15 ℃时培养物生长缓慢或停止，高于 35 ℃对培养物的分化和生长不利。光照对胚状体形成小植株及小植株正常生长很重要。不同基因型对光照反应是不尽相同的。当花粉形成胚状体及出苗后，若光照不足，小苗弱而黄，光照采用荧光灯或白炽灯，光照度为 1 000～2 000 lx。

胚状体受光变绿，并逐渐分化出具有根、茎、叶的烟草单倍体小苗。此时，要及时安全地从培养基瓶里移到盆钵土壤中，一般要掌握过渡的原则，以便使幼苗逐渐适应自然条件。移栽后应加强管理。其中，栽后

浇足水并酌情覆盖，保持较高湿度，以利小苗成活生长。当小苗长出 8～9 片真叶时，即达到类似生产上的成苗期，便可移植到大田。

烟草单倍体植株高度不育，虽然有时在花粉培养过程中有些植株染色体自然加倍，但其频率非常低。必须把单倍体植株的染色体数加倍，才能获得能育的纯合二倍体植株。一般采用秋水仙碱处理，其处理浓度为 0.2%～0.4%，浸泡根 48～72 h，再将小苗转移到尼许 T 培养基上继续培养。据广东省农业科学院戴冕研究表明，当将花药培养至药室裂开，肉眼能见白色胚状体时，将花药移植到 0.2%的秋水仙碱溶液的无菌脱脂棉上，处理 72 h 或稍长时间，进行染色体加倍，再移回尼许 H 培养基上，效果更好。

染色体经自然加倍和人工加倍的植株为纯合的二倍体，其后代不再分离，但同一杂交组合不同花粉，代表了不同的遗体重组体。因此培养的纯合二倍体植株有很大不同，需要根据育种目标选择优良植株进行培育。根据上述情况，花粉培养的纯合二倍体植株，不同的个体在染色体加倍和移植过程中受到的影响不同，此时不进行选择，在下一年株行试验（即花粉植株二代）开始选择，以花粉培养当代入选株系为单位纳入常规育种的株系试验、品系比较试验、品种比较试验程序。

第六节 烟草育种田间试验技术

在烟草育种过程中，对种质资源和变异材料的研究和利用、杂种后代的选择和处理、新品系及品种的评价，均需要经过一系列的田间试验以及室内鉴定和选择，以对其产量、品质、抗病虫性、抗逆性和适应性进行深入研究，为生产上利用提供准确、可靠的依据。

一、烟草品系鉴定和品种比较试验

（一）品系鉴定试验 品系鉴定试验也称为初级品系比较试验，参加试验的是遗传性已稳定的品系，鉴定的内容包括烟叶产量、品质、抗逆性、抗病性、抗虫性、成熟期等，并进行化学分析和评吸鉴定。每个品系 1 个小区，双行，40 株左右，重复 2～3 次，每隔若干小区设 1 个对照区，其株数与品系相同，株行距按当地规范化栽培标准。品系鉴定试验一般进行 1 年，通过与对照品种比较，选优系汰劣系。在每个小区内，选 2～3 株套袋自交，其余株打顶。种子成熟后分品系单收、单脱粒，将其自交株的种子混合，代表该品系参加下年的高级品系（品种）比较试验。

（二）品种比较试验 品种比较试验也称为高级品系比较试验，参加品系各种植成小区，随机排列，每小区面积不小于 55.6 m^2，重复 3～4 次，根据重复小区的表现综合衡量，选优系汰劣系。在不同地区设置较多的试验点，以检查各品种及上一年选出的优系在不同气候、土壤和栽培条件下的反应。品种比较试验一般进行 1～2 年。在设置品种比较试验的同时，应设留种小区，严禁在品种比较试验小区套袋留种，以免因留种造成减产、降质。当一个新品种在通过比较试验而被肯定之后，就需要有一定量的种子，分别在一些试验点上进行区域试验及生产试验，为推广做准备。

二、烟草区域试验和生产试验

（一）区域试验 区域试验分为全国和地方两级，在全国、省或地区统一安排下，统一试验设计，分别安置在不同试验点上。区域试验的目的是确定各个初选品种和引进品种的最适宜栽培地区范围。各试验项目按统一规定记载，栽培管理按优质适产技术规范要求进行。单独烘烤，参试品种以不多于 10 个为限。设置对照品种，目前，我国烤烟对照品种，南方烟区为 K326，北方烟区为 Nc89。区域试验一般进行 2 年。供试品种第 1 年由原育种单位负责供种，以后由承担试验单位自繁自供。

（二）生产试验 将区域试验中表现最好的品种，进行大面积生产试验，每个试验点的参试品一般不超过 3 个。每个品种小区面积不小于 1 334 m^2（2 亩）。栽培管理与大田生产相同，严禁两个品种同炉烘烤，良种良法配套推广。

第七节 烟草种子生产技术

一、烟草种子繁育体系

烟草种子繁育是烟草种植业的一个重要环节，新育成的品种经过审定（认定、登记）推广后，需要连续地做好种子繁育工作，直到该品种被更换为止。世界各产烟国对烟草种子都有健全的管理制度，例如美国以法律形式颁布严格种子法，足见其对烟草种子生产的重视程度。

我国种子生产上开始实行育种家种子、原原种、原种和生产用种四级制。烟草种子生产正待接轨，其繁殖系数大，目前仍实行原种和生产用种二级繁育制度。原种繁育工作，原则上是由品种选育或引进单位向生产用种繁育单位提供原种；承担生产用种繁育的单位，必须具有相应的技术力量和生产条件。一般由良种场、种子生产基地、特约专业户负责繁育烟草良种，供生产用（图 31-1）。烟草原种和生产用种繁育必须遵守《烟草种子繁育技术操作规程》，给以良好的栽培措施，并加强管理。

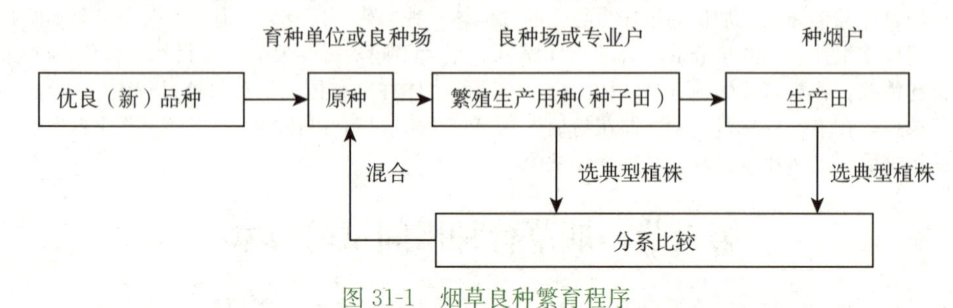

图 31-1 烟草良种繁育程序

二、烟草品种的混杂退化与提纯

（一）品种混杂退化的原因 品种混杂退化是指在种子繁育过程中，纯度降低，失去品种典型性、抗逆性减退、产量降低、品质变劣。引起烟草品种混杂退化的原因比较复杂，主要有以下几个方面。

1. 机械混杂 烟草种子小而轻，千粒重为 0.06～0.08 g，1 g 种子有 1.2 万粒以上。在种子繁育的各环节中，易混入其他品种的种子。烟草繁殖系数大，如混进 1 粒种子，下年又在这株混杂烟株上留种，则后年混杂株会成千上万，品种纯度严重降低，从而造成烟叶减产降质并降低卷烟工业对其利用价值。

2. 天然杂交 烟草是自花授粉作物，但天然杂交率有时高达 9%以上。天然杂交后，则引起性状分离，品种的一致性、典型性遭到破坏。

3. 不正确人工选择的影响 不熟悉品种典型性，不了解选择方向而进行了不正确的选择，会加速品种的混杂退化。例如云南曲靖，20 世纪 60 年代引入纯度高的红花大金元，因选择不当，6 年后田间变异株达 33.4%，混杂株率达 8.4%，降低了良种生产效能。

4. 环境条件选择作用的影响 烟草主要经济性状受多基因支配，主要是基因加性效应，易受环境影响而产生变异。例如有些品种长期在某地区种植，抗病力减退，这可能是品种抗病性的遗传发生了变异，或者是病菌的分化，出现了新的生理小种。后者与环境条件改变有直接关系。

上述品种混杂退化的原因，或单一因素或综合因素，但往往互相联系。因此健全制度，加强人工选择是关键。

（二）品种提纯 烟草品种提纯，又称为选优更新。目前采用分系选择法，包括选择单株、分系比较和混系繁殖 3 个步骤，即二圃制提纯法。此法与下面介绍的原种生产的方法相同。

三、烟草原种生产

烟草原种是指育成品种的原始种以及经过优选提纯后，具有该品种典型性的种子，是种子繁育的基础材料。在生产原种中，选择是主要手段，除杂去劣是保证，纯度高、品质好是主要目的。原种的标准特别高，原种由品种的选育单位、原种场或制种单位负责生产。生产原种的数量依该品种的推广面积和种子田面积而定。一般用以下两种方法。

（一）混合选择法 此法一般在某品种的种子田中选择具有该品种典型性的健壮植株，入选株严格套袋自交，收种后混合脱粒，下年边鉴定边供种子田使用。选株数量根据需要与可能而定。混合选择法由于入选株的后代缺乏系统鉴定，只根据表现型选择，对遗传性不良的后裔难以去除，选择效果差。

（二）分系选择法 其程序是：第 1 年选优良单株；第 2 年进行株系比较鉴定（株系圃），将入选的各优良株系的种子混合起来，成为原种。

1. 单株选择 通常在种子田选择具有该品种典型性状的优良单株100株左右。分3次选：①在现蕾前，对入选株分别挂牌，注明品种名称、地点等项目；②在开花始期，对第1次入选的植株进行复选，入选者套袋自交，严防杂交；③在青果期，对第2次入选株剪去花蕾蒴果，每株留果不超过50个，蒴果成熟后分株采收，分株脱粒、装袋、储藏，参加下年株系比较鉴定。

2. 株系比较鉴定 将上年当选的单株种子，种植在相同条件下的株行圃，比较各株系的表现，每株系种1行，每行30～40株，每隔10～15行设1行同品种的原种作对照。从株系比较中选出具有原品种典型性的整齐一致的优系，在每个入选的优系中精选3～5株套袋自交留种，果熟收获后混合脱粒成为原种。

3. 混系繁殖 在株系圃采收的原种，供应良种繁殖场或种子专业户的种子田繁育良种。烟草繁殖系数大，一般株行圃采收的原种能满足种子田的需要。

四、烟草种子田的规划和要求

种子田用原种繁殖种子，供大田用。种子田的种子产量为150～225 kg/hm^2（每亩10～15 kg），而每公顷烟田只需要良种种子0.075 kg左右。因此每2 000 hm^2 烟田需设1 hm^2 种子田。要在种子田中除杂去劣，选具有品种典型性的植株留种，将种子混合起来，代表该品种，从而使该品种的全部基因型在群体结构中得到保存。

种子田要求土地肥沃，地势平坦，环境条件均匀一致，阳光充足，排灌方便，便于管理，实行轮作。种子田的品种间隔500 m以上，一个良种场或种子专业户，以繁殖一个品种为宜。种子田附近最好种植与种子田相同的品种，并及早打顶，以防天然杂交。种子田要适时育苗，一次移栽保全苗。行株距与施肥水平优于大田。果熟前迟采上二棚和顶叶，以满足种子所需营养，保证其产量和质量，中下部叶照常采收。

种子田在现蕾前和开花前各进行1次选株。做到严格除杂去劣，对混杂株、变异株、病株、劣株，一律打顶，以保证种子纯度。一般选留70%～80%的植株；纯度低病害重时，酌情降低选株比例。保留每株最初两周开放的花果时，种子质量佳。烟草开花至蒴果成熟约1个月，采收晒干脱粒，利用风选或烟草种子精选机精选，清除杂秕，种子均匀纯净。

五、烟草种子质量检验和储藏

烟草种子质量分级标准，我国执行的是《烤烟良种工作试行方案》中提出的种子分级标准（表31-1）。该标准对晒烟和晾烟也适用。需要指出的是，随着生产的发展，烟草种子分级急需改进。种子田由专人负责，不合格的种子严禁入库，收种后晾干，储藏在干燥低温条件下，生产用种的储藏不超过2年。其间定期晾晒，保持种子干燥。制种单位保留一定量的后备种子，并每年更换。种子入库专人管理，品种、等级、标记清楚，分放，常检查。

表31-1 烟草种子的分级标准

种子级别	纯度（%）	净度（%）	发芽率大于（%）	水分（%）	成实度	色泽
原种	99.9	99	95	7～8	籽粒均匀、饱满，搓捻无粉屑	深褐色，有油光，色泽一致
一级良种	99.5	98	90	7～8	籽粒均匀、饱满，搓捻无粉屑	深褐色，有油光，色泽一致
二级良种	99.0	96	85	7～8	籽粒均匀、饱满，搓捻稍有粉屑	色泽稍杂，油光稍差

第八节 烟草育种研究动向和展望

一、新型烟草品种的选育

“吸烟与健康”的争论，促进了烟草育种目标的更加完善。低毒、少害、“安全性”，甚至培育含有对人体有益的医药成分的品种，已成为当前及今后烟草育种的重要研究课题之一。20世纪80年代初，根据我国利用燃、熏、吸中草药医治人体某些疾病的中医理论，以及遗传育种知识，山西农业大学魏治中等（1995，

1999）采用无性嫁接与有性杂交相结合的方法，利用药用植物中的紫苏（*Perilla frutescens* Britt.，唇形科）、罗勒（*Ocimum basilicum* L.，唇形科）、光曼陀罗（*Datura metel* L.，茄科）、薄荷（唇形科）、黄芪（豆科）及土人参（马齿苋科）与烟草进行科属间的远缘杂交，首次培育出了含医药成分的紫苏型烟、罗勒型烟、曼陀罗型烟、薄荷型烟、黄芪型烟和人参型烟新型烟草品系，含有对人体有益的医药成分，低毒，少害，有特殊香气。前3种新型烟草已应用于生产，国内外尚无先例，属首创，已被卷烟工业用来制作“保健型”烟制品，试销市场。

随着禁烟之声日益高涨，我国烟草育种专家已开始从“安全烟”入手，注重低焦油、化学成分协调及其合理比值的研究，重视生物技术与常规杂交育种的紧密结合，抓紧药用植物有益基因的转移研究，利用多种途径，培育出多种低毒、安全型，具有保健或疗效性的新类型烟草，已为期不远。这将极大地促进世界烟草的发展。

二、烟草生物工程研究的新进展

烟草生物工程研究开展得最早，取得的成绩也最大。自1962年MS培养基问世以来，世界各国相继开展了单倍体育种研究，我国在世界上最早应用花粉培养技术（1974）育成单育1号、单育2号和单育3号烤烟品种，并用于生产。近年，利用原生质体融合进行烟草与人参等科间体细胞杂交的研究也取得了进展。利用原生质体融合，已成为烟草育种打破科、属、种间不亲和性障碍，创造和扩大变异的重要手段。

烟草作为植物基因工程的模式植物，已首先在生物技术用于育种研究中显示出诱人的前景。自从1983年通过基因工程技术首次获得了转基因烟草植株后，美国科学家将烟草花叶病毒的复制酶（成分之一）基因导入烟草，并获得了完全可以抗烟草花叶病毒侵染的转基因烟草，这是迄今构建抗病工程烟草研究最成功的例子。世界各国把某些抗病虫基因导入烟草，获得转基因烟草，主要有两类：①外源抗病基因的转入，例如法国把一种抗马铃薯Y病毒的cDNA片段导入烟草，获得了抗或耐马铃薯Y病毒的转基因烟草；德国把大麦的3种蛋白质几丁质酶（chitinase，CHI）、谷蛋白（glutelin，GLU）和类受体蛋白（receptor-like protein，RLP）转移到烟草中，使烟草抗真菌病害。②外源抗虫基因的转入，例如用苏云金芽孢杆菌杀虫活性最高的δ内毒素基因导入烟草植株中，培育出抗鳞翅目害虫的烟草。陈学平课题组不仅成功地从黄花烟中克隆出具有诱导激活的抗烟草花叶病毒基因*CN*，而且导入烤烟感病品种后使其获得抗病性。

目前，利用生物工程技术研究不同抗性，设法将多种抗性基因聚为一体，以致形成一个具有多抗性的转基因烟草。研究构建基因杀虫抗病的工程植物已是各国研究的热点。目前，国际上对于转基因烟草的应用，还存在不少争论。但导入了抗病虫基因的转基因烟草，对防治病虫是非常明显的，可以兼有抗病性和高效抗虫性，其快速简便的操作程序，也是常规育种无法比拟的。近年美国利用长花烟草（*Nicotiana longiflora*）对野火病、炭疽病、根黑腐病、白粉病等抗性，获得抗野火病基因与孢囊线虫病基因相连锁的抗源。

自William和Welsh（1990）在聚合酶链式反应（PCR）基础上分别创立随机扩增多态性DNA技术以来，已得到各国广泛应用。我国利用随机扩增多态性DNA分子标记检测种质遗传多样性，对种质资源亲缘和遗传背景、烟草种质变异评价、烟草核心种质的筛选、构建遗传图谱、目标基因定位和分离，都取得了成绩。尤其是按性状遗传标记进行辅助育种，不但提高选择效率和准确性，而且为选择多种综合性状优良品种提供了可能性。利用目标质量性状紧密连锁的分子标记，进行质量性状的选择是有效的途径。分子生物技术在育种上的应用，展现了广阔的前景。

复习思考题

1. 在考虑“吸烟与健康”的前提下试讨论烟草育种的方向和目标要求。
2. 试评述我国烟草育种研究的主要进展，讨论其动向。
3. 试述国内外烟草重要数量性状的遗传研究进展及其对烟草育种的意义。
4. 试述收集、保存、研究烟草种质资源的现状，讨论其对于烟草育种的意义。
5. 试评述烟草育种的主要方法。各有何特点？
6. 试述烟草品质育种的主要目标性状，并提出一项烟草优质育种的建议方案。
7. 试述生物技术在烟草育种中的作用及发展趋势。

附 烟草主要育种性状的记载方法和标准

一、生育时期

1. 催芽期 开始催芽的日期为催芽期，以日/月表示。

2. 播种期 实际播种日期为播种期，以日/月表示。

3. 出苗期 全区50%幼苗子叶完全平展日期为出苗期，以日/月表示。

4. 小十字期 全区50%的幼苗第3真叶肉眼能见时，第1真叶和第2真叶与子叶大小相仿，呈十字形的日期为小十字期。

5. 大十字期 全区50%的幼苗的第5真叶肉眼能见时，第3真叶和第4真叶与第1真叶和第2片真叶大小相仿而呈十字形的日期为大十字期。

6. 四真叶期 全区50%幼苗出现第6真叶，并与第5片真叶大小相仿的日期为第4真叶期。

7. 竖叶期 全区50%的烟苗出现第7片真叶后，第4真叶和第5真叶明显上竖的日期为竖叶期。

8. 成苗期 烟苗达到当地适宜移植标准的日期为成苗期（日/月）。

9. 移栽期 实际移栽栽的日期为移栽期（日/月）。

10. 团棵期 全区50%植株达到当地团棵标准的日期为团棵期。此时，一般有叶片12～13片（心叶2 cm以下不计在内），株高30 cm左右，株形近似球形时，称为团棵。

11. 现蕾期 植株的花蕾完全露出的时间为现蕾期。全区50%的植株花蕾完全露出的时期为现蕾盛期。

12. 开花期 植株第1朵中心花开放的时期为开花期。植株50%以上的花开放的时期为开花盛期。

13. 第1蒴果成熟期 全区50%植株的第1蒴果成熟时为第1蒴果成熟期。

14. 蒴果成熟期 全区50%植株的半数蒴果变成褐色的日期为蒴果成熟期。

15. 叶片成熟期 以工艺成熟为标准，烤烟分别记载脚叶、腰叶和顶叶的成熟期。

16. 生育期天数 生育期天数包括以下几项：①苗期天数，自出苗至移植的天数；②大田期天数，自移植至采收结束的天数；③移植至现蕾盛期的天数；④移植至第1花的天数；⑤移植至开花盛期的天数；⑥移植至第1蒴果成熟期的天数；⑦开花盛期至蒴果成熟期的天数。

二、生物学性状（长度单位以cm表示）

17. 苗期生长势 一般以6真叶后目测并记载苗期长势，分强、中和弱3级。

18. 苗色 一般在成苗期记载苗色，分深绿色、绿色、浅绿色和黄绿色4级。

19. 大田生长势 分别在团棵期和现蕾期观察大田长势，分强、中和弱3级。

20. 株型 于现蕾期观察株型，分塔型、筒型和橄榄型3种。塔型为叶片自下而上逐渐缩小；筒型为上、中、下三部叶片大小近似；橄榄型为上、下部叶片较小，中部较大。

21. 第1青果期 植株第1中心蒴果完全长大，呈青绿色的时期为第1青果期。

22. 株高 不打顶的植株在第1青果期测量，自垄背或地表量至第1青果柄基部高度为株高；打顶的植株在打顶后茎部生长定型时进行测量，自垄背或地表量至顶端的高度为株高，又称为茎高。

23. 茎围 第1青果期自垄背起测茎高的1/3处茎的周长即为茎围。

24. 节距 采收后在茎高的1/3处测量5节或10节的长度，求出平均每节的长度，即为节距。

25. 茎叶角度 在现蕾期于10:00前测量中部叶片在茎上着生的角度，即为茎叶角度，分甚大（90°以上）、大（60°～90°）、中（30°～60°）和小（30°以内）4级。

26. 叶序 以分数表示叶序。在茎上着生方位相同的两个叶节之间的叶数为分母，两个叶节间着生叶片的圈数为分子。一般叶序有2/5、3/8、5/13等几种。

27. 叶数 不打顶的叶数指实际叶数，打顶的叶数指可采收叶。

28. 叶片大小 分别测量脚叶、腰叶、顶叶的长和宽。长度系指茎叶连接处至叶尖的距离，有柄叶减去柄长。宽度以最宽处为准。

29. 叶形 根据中部定型叶片宽长比例和最宽位置分为以下8种：①宽椭圆形，宽长比为1∶1.6～1.9；②椭圆形，宽长比为1∶1.9～2.2；③长椭圆形，宽长比为1∶2.3～3.0（椭圆形，叶片的最宽处在中部）；④宽卵圆形，宽长比为1∶1.2～1.6；⑤卵圆形，宽长比为1∶1.6～2.0；⑥长卵圆形，宽长比为1∶2.0～3.0（卵圆形，最宽处在基部）；⑦披针形，叶片窄而长，宽长比在1∶3以上；⑧心脏形，宽长比为1∶1.0～

1.5（心脏形叶片最宽处在基部）。

30. 叶柄 叶柄分有和无两种。

31. 叶耳 叶耳分大、中、小和无4种。

32. 叶面 叶面分平、较平、较皱和皱4种。

33. 叶尖 叶尖分钝尖、渐尖、急尖和尾尖4种。

34. 叶缘 叶缘分较平、波浪和皱褶3种。

35. 叶肉厚度 叶肉厚度分较厚、中和较薄3种。

36. 叶肉组织 叶肉组织分粗糙、中和细致3级。

37. 叶色 叶色分浓绿色、深绿色、绿色、浅绿色和黄绿色5种。

38. 叶脉颜色 叶脉颜色分绿色、黄绿色和黄白色3种。

39. 主脉粗细 主脉粗细分粗、中和细3级。

40. 主侧脉角度 测叶片最宽处主脉和侧脉的角度，即为主侧脉角度。

41. 花序特征 在花序盛开期记载花序特征，一般以松散、紧凑和较紧凑3级表示，或以大、中和小3级表示。

42. 花的颜色 开花盛期，以花冠的实际颜色表示花的颜色，一般为深红色、粉红色和白色3种。

43. 蒴果特征 在蒴果长成而尚呈青色时，记载蒴果长度、直径及形状。

44. 种子特征 记载成熟的种子颜色、光泽及大小特征。

45. 种子千粒重 称量1 000粒种子的质量，即为种子千粒重，以g表示。

三、烟叶产量、质量和收益的计算

46. 产量 产量以kg/hm^2表示。

47. 均价 均价以元/kg表示。

48. 级指 级指即品级指数。在科学试验中，常为消除地区间或年份间价格差别的影响，采用级指作为品质指标。级指愈高，商品价值愈好。计算级指首先要算出各级烟价指数，即以当地中部橘黄一级烟价格为1进行推算。例如烤烟中部橘黄一级价格2.80元的烟价指数为1，中部橘黄二级价格2.15元的烟价指数为2.15/2.80=0.768。余类推。算出各级烟价指数后便可计算级指（表31-2）

表31-2 级指计算示例

烟叶等级	各等级质量	质量×烟价指数
中部橘黄一级	30	30×1=30.00
中部橘黄二级	20	20×0.768=15.36
总计	50	45.36

$$级指=\frac{\sum(某级质量\times某级指数)}{各级质量}=\frac{45.36}{50}=0.972$$

$$级指=\frac{均价}{一级烟价格}$$

$$均价=级指\times一级烟价格$$

49. 产值 产值=产量×均价，以元/hm^2表示。

50. 产指 产指=产量×级指。

四、原烟品质记载项目

51. 颜色 颜色分柠檬黄色、橘黄色、红棕色、微带青色、青黄色、杂色等。

52. 色度 色度分浓、强、中、弱和单。

53. 油分 油分分多、有、稍有和少。

54. 身份（厚薄） 身份分厚、稍厚、中等、稍薄和薄。

55. 结构 结构分疏松、尚疏松、稍密和紧密。

56. 长度 自叶基至叶尖的距离为长度。

57. 化学成分 烟叶化学成分一般取中部橘黄三级（C3F）原烟进行化学分析。主要测定烟碱、总氮、还原糖、总糖、蛋白质、钾离子、氯离子等的含量，以%表示。并从中算出总糖含量与蛋白质含量的比值、全氮含量与烟碱含量的比值，借以反映化学成分的协调性。

五、原烟卷制评吸项目

58. 香气 香气分足、有、少和平淡。

59. 吃味 吃味分纯净、尚纯净、辣和苦。

60. 杂气 杂气分无、稍有、有、较重和重。

61. 劲头 劲头分适中、较大、小和大。

62. 刺激性 刺激性分无、微有、有、较大和大。

63. 燃烧性 燃烧性分中等、强和熄火。

64. 灰色 灰色分白灰色、灰白色和黑色。

六、抗逆性

65. 抗病性 抗病性分诱发鉴定与自然发病两种，前者分高抗或免疫、抗病、中抗、中感、感病和高感；后者分轻、较轻、中、较重和重。

高抗或免疫（IO）指病情指数小于0。

抗病（R）指病情指数为0.1～20.0。

中抗（MR）指病情指数为20.1～40.0。

中感（MS）指病情指数为40.1～60.0。

感病（S）指病情指数为60.1～80.0。

高感（HS）指病情指数为80.1～100。

66. 耐旱耐涝性 耐旱涝性分耐旱、不耐旱、耐涝和不耐涝。

（魏治中第一版原稿；魏治中第二版修订；陈学平第三版修订）

第八篇　牧草类作物育种

第三十二章　黑麦草育种

黑麦草（ryegrass）是禾本科黑麦草属（*Lolium* L.）植物，有一年生和多年生之分。多年生黑麦草（*Lolium perenne* L.）又称为宿根黑麦草，一年生黑麦草又称为多花黑麦草（*Lolium multiflorum* Lam.）或意大利黑麦草（Italian ryegrass），原产于西南欧、北非和亚洲西南，现已广泛分布于世界的温带地区，在我国主要在长江流域及其以南的高海拔山区栽培。

黑麦草植株分蘖力强，生长快，产量高，品质好，鲜草被用作各种畜禽和食草鱼类的饲料；且易于加工调制，是制作优质干草的重要原料。除畜牧利用之外，黑麦草还广泛用于水土保持、城镇绿化、土壤改良等方面。

13 世纪意大利北部已经开始栽培一年生多花黑麦草。1677 年英国首先栽培多年生黑麦草。目前黑麦草在英国、法国、荷兰、丹麦、意大利、美国、澳大利亚、新西兰、日本、中国等国家广泛种植。

20 世纪 40 年代黑麦草传入我国。据《中国草业统计 2016》，2016 年我国黑麦草栽培面积约为 1.67×10^6 hm^2（多年生黑麦草为 1.21×10^6 hm^2，一年生多花黑麦草为 4.6×10^5 hm^2）。一年生多花黑麦草在长江流域及以南部分地区秋播，与水稻接茬栽培。广东、广西、四川、湖南、江西、浙江、江苏、安徽等地利用压缩劣质小麦等夏熟作物的耕地和冬闲地种植一年生多花黑麦草，用于养猪、养羊、养牛、养鹅，取得了很好的经济效益和改良土壤的生态效益，栽培面积逐年扩大。一年生多花黑麦草秋播至次年盛夏前刈割 3～4 次，鲜草产量可达 60～90 t/hm^2，小面积高产田块甚至超过 120 t/hm^2。多年生黑麦草分蘖能力和再生能力都很强，是优质刈牧兼用牧草。因其耐寒性和耐热性均差，目前只在四川、云南、贵州、湖南等地海拔 1 300 m 以下的地区用于建植人工草地。在良好的栽培管理条件下，可连续放牧利用 4～5 年。此外，多年生黑麦草因叶片柔软、叶色鲜艳、耐踏抗压，也被较多地用于草坪绿化。

第一节　国内外黑麦草育种研究概况

一、黑麦草的繁殖方式和品种类型

黑麦草属植物有 8 个二倍体种（$2n=2x=14$），多年生黑麦草、一年生多花黑麦草和硬黑麦草（*Lolium rigidum*）是异花授粉植物（风媒传粉），自交不亲和；毒麦（*Lolium temulentum*）、疏花黑麦草（*Lolium remotum*）、波斯黑麦草（*Lolium Persicum*）、那利黑麦草（*Lolium canariense*）和锥形黑麦草（*Lolium subulatum*）是自花授粉植物。

历史上，多年生黑麦草的栽培品种是异质的生态型，它是由自然选择形成的具有适应特定生境的多个基因型组成的生态种群。营养繁殖的牧草来自单株选择。虽然现在各种生态种群在有限的范围内仍被使用，但并不理想，因为它们的农艺性状差且缺乏一致性。现代农业要求成熟期、牧草品质、种子生产等性状表现一致。

目前，生产上应用的多年生黑麦草和一年生多花黑麦草的品种类型主要是开放授粉种子繁殖的综合品种，其次是营养体繁殖的 F_1 代杂种品种。

黑麦草喜温暖湿润的气候条件，适于在年降水量为 1 000～1 500 mm、冬无严寒、夏无酷暑的地区栽培。黑麦草最适生长发育温度为 20 ℃左右，难耐 -15 ℃以下的低温，不耐 35 ℃以上的高温。黑麦草为长日照植物，具有春化特性，但不同产地、不同种和品种的春化性强弱不同。多年生黑麦草需要秋播，或春播前将萌芽的种子进行低温处理后才能在播种当年抽穗结实，而一些来自温度较高地区的一年生多花黑麦草品种则早春播种亦可在播种当年抽穗结实。在我国的江苏、浙江、江西、湖南、湖北、四川、贵州、安徽等地大都秋播栽培，在北方较温暖多雨地区（例如东北和内蒙古等地）也引种春播栽培。

二、国内外黑麦草育种研究概况

1919 年起，英国率先开展多年生黑麦草品种的选育，并由威尔士植物育种站育成了最早的黑麦草品种。随后美国、澳大利亚、新西兰、丹麦、荷兰、日本等国也陆续开展了黑麦草的育种及相关的基础研究工作，并获得了丰硕的成果。目前，美国、英国、新西兰、澳大利亚等国的黑麦草育种工作处于世界领先水平。

早先的黑麦草育种主要致力于产量的提高和品质的改良，育种手段亦主要是自然变异选择育种、杂交育种等常规的技术。随着基础研究的深入和育种技术的进步，黑麦草的育种目标逐步细化、多元化，一些现代的植物育种技术也逐渐应用到黑麦草育种工作之中。经过育种工作者数十年的艰苦努力，通过倍性育种和远缘杂交等手段育成的新品种已用于生产；应用 DNA 转移技术已获得了自交可育的多年生黑麦草和一年生多花黑麦草转基因植株。

天然的黑麦草属植物为二倍体（$2n=2x=14$）。20 世纪 70 年代开始，育种家运用染色体加倍技术来改善黑麦草的产量和品质，并成功地育成了四倍体（$2n=4x=28$）黑麦草品种用于生产。如今，已人工合成 $2n=6x=42$ 和 $2n=10x=70$ 的同源及异源多倍体。

黑麦草的种间杂交和属间杂交开展得较早。多年生黑麦草和一年生多花黑麦草都是自交不亲和的种，但二者间的天然杂交率较高，育种家通过二者的杂交，将多年生黑麦草的强分蘖力和一年生多花黑麦草的高产性组合到杂种黑麦草中，培育出了产量高、持续性好、耐旱能力强、适于集约化栽培的杂种黑麦草新品种。例如新西兰 1943 年育成的杂种黑麦草品种马纳瓦（Manawa）即是以一年生多花黑麦草帕罗亚为母本、以多年生黑麦草鲁安努衣为父本杂交而成的杂种一代品种。此外，人们对黑麦草属中自花授粉物种间的杂交可交配性也做了深入的研究，发现自花授粉植物种间的不可交配性较高，难以获得可育的杂种。但在自花授粉植物与异花授粉植物种间却有较高的可交配性，并产生了具有活力的 F_1 代杂种。为了改善黑麦草的抗逆性，也为改善羊茅属（*Festuca*）等其他禾本科牧草的饲草品质，育种家于 20 世纪 30 年代开始尝试黑麦草属与其他禾本科牧草的属间杂交育种。由于远缘杂交不实或杂种植株不孕，黑麦草与其他禾本科牧草的属间杂交育种常需要采用组织培养来完善。一些研究发现，黑麦草与羊茅属植物染色体组部分同源。因此在黑麦草与其他禾本科牧草的属间杂交育种中，黑麦草与羊茅属牧草的远缘杂交最有成效，已育成羊茅黑麦草品种。

我国的黑麦草育种起步较晚。虽然黑麦草早在 20 世纪 40 年代就引入我国，但一直没有引起人们足够的重视。直到 20 世纪 70 年代，我国才真正开始进行黑麦草育种及有关的基础研究。几十年来，我国的科研工作者从引进国外品种，筛选适合当地生态条件的品种入手，开展了选择育种、杂交育种、诱变育种、远缘杂交育种等工作，育成并通过全国牧草品种审定委员会审定登录了一批具有自主知识产权的黑麦草品种。例如江苏省沿海地区农业科学研究所育成了盐城多花黑麦草新品种；江西省畜牧技术推广站采用理化诱变因素处理，育成了耐酸性和盐碱性土壤、抗病性强的四倍体赣选 1 号多花黑麦草；江西省饲料研究所利用自然突变选育成功耐寒性和耐热性较好的赣饲 3 号多花黑麦草；南京农业大学的研究人员针对黑麦草不耐我国南方夏季炎热的气候条件，不能越夏或越夏不良的问题，用具有广泛适应性的苇状羊茅与多花黑麦草进行有性杂交，选育出了耐热性较好、光合效率和干物质产量得到明显改善的南农 1 号羊茅黑麦草新品种，等等。截至 2017 年底，通过国家审定登记的黑麦草品种共有 34 个，包括多年生黑麦草综合品种 10 个、一年生多花黑麦草综合品种 18 个、黑麦草种间杂交种（多年生黑麦草×一年生黑麦草的 F_1 代）品种 3 个、羊茅黑麦草品种 3 个。此外，一些研究人员在改良黑麦草的蛋白质含量、种子产量和品质等方面进行了积极的探索，并取得了一些新的进展。

虽然我国的科技工作者已在黑麦草育种工作中取得了很大的成绩，但目前我国的黑麦草育种与国外先进水平还有很大的差距。每年有许多国外黑麦草品种涌入我国，生产上使用的黑麦草品种多数为国外品种，也是不争的事实。因此必须加速培育具有自主知识产权的新品种，扩大我国自育品种的市场。

第二节 黑麦草育种目标

黑麦草虽经几十年的遗传改良，在产量和品质上都有了很大的提高，但产量的不断提高和品质的改良依然是育种的重要目标。此外，为适于集约化生产、与水稻等粮经作物接茬种植等，抗逆性、速生性等逐渐被纳入育种目标。

（一）高产 高产是牧草生产追求的重要目标之一。黑麦草鲜草产量和干物质产量的品种间变异很大。当前，我国南方农区种植的一年生多花黑麦草品种中，国外引入的品种（例如 Tetragold 等）在良好的栽培管理条件下具有鲜草产量超过 120 t/hm^2 的生产潜力，而国产品种的鲜草产量一般不超过 90 t/hm^2。育成适于各地生态条件的高产品种是当前我国黑麦草育种的重要目标之一。

南京农业大学的一些研究结果表明，出叶速度快，叶面积增长迅速，叶面积指数高是黑麦草高产的重要性状；草层高度、茎粗、抽穗期分蘖数及春季前两次刈割的产量与黑麦草的产量成显著正相关，其中，草层高和茎粗具有较高的广义遗传率和相对遗传进度，可作为选育高产黑麦草品种的目标性状。

据沈益新等（1993）的研究，黑麦草在南京地区秋播条件下，地上部干物质产量的 80%在春季 4—5 月形成，产草集中在春季较短的时期内。为了能在早春至初夏均衡地给畜禽提供优质青饲料，育种目标除了着重产量外，还需考虑黑麦草早春生长快和初夏再生性好、产量高等特性。

（二）稳产 对于多年生黑麦草来说，一次播种后连续利用数年，需要较好的持续生产性，并在遇到气候条件变化和病虫害侵袭时能够充分发挥稳产潜能。多年生黑麦草的稳产性与它的生活力和分蘖能力密切相关。黑麦草生产力取决于每个植株的分蘖数和单位土地面积的分蘖总数。其分蘖的速度可随着时间的延续而降低，它往往会影响第 2 年的生长及随后几年干物质产量和草地更新的频度。因此多年生黑麦草需要生长发育年限较长，而且在整个生命周期内分蘖旺盛、干物质产量高而稳定的品种。

（三）优质 黑麦草在抽穗前柔嫩多汁、适口性佳、消化率高，品质较好。但在抽穗以后，则茎叶迅速老化，中性洗涤纤维和木质素含量快速增加，消化率随之降低，品质下降。培育营养价值高、消化率高，且老化进程缓慢的品种是目前黑麦草品质育种的重点和难点。

一些研究报道称，黑麦草茎叶组织中的糖分含量与消化率成显著正相关。原产于海拔高度较高地点的黑麦草生态型茎叶组织中的糖分含量较高，干物质消化率较高。

（四）耐逆 黑麦草耐热和耐寒性差，在我国南方炎热地区不能越夏，在北方寒冷地区不能越冬。这个特性限制了黑麦草在我国更大区域内的推广利用。我国南方培育耐热性好的品种，尤其是提高多年生黑麦草的越夏率，对南方低海拔地区建立优质人工草地具有重要意义。耐寒性好的品种不仅是北方地区进行黑麦草生产的需要，而且对南方黑麦草早春供草亦有积极的意义。改良黑麦草的耐热性和耐寒性十分困难。有关研究工作开展得很多，但至今尚未有令人振奋的突破。相信在今后较长的一段时间里，改良黑麦草耐热性和耐寒性仍是育种工作者的重要目标。

此外，耐刈割性和耐践踏性是良好的黑麦草刈牧兼用草地的重要性状，用于建立多年生人工草地和草坪的多年生黑麦草品种需较强的耐刈割性和耐践踏性。

（五）抗病 黑麦草在长期大面积种植下容易发生病害，导致生长受阻，品质下降，种子产量和品质降低。据 Wilkins（1985）报道，黑麦草至少受到 16 种有害真菌和 1 种有害细菌的危害，例如锈病、叶斑病、枯萎病、瞎籽病、麦角病等。其中，锈病和枯萎病的危害较重，在夏季高温多雨的地区常常会使黑麦草遭受毁灭性的侵害。据英格兰、威尔士和欧洲其他地区报道，当地的黑麦草也曾受到花叶病毒的侵害，该病可使种子和牧草的产量显著降低，品质变劣。我国在黑麦草病害方面的报道不多，但随着农业生产结构调整的深入，黑麦草种植面积不断扩大，抗病性必将成为我国黑麦草育种的重要目标。

（六）抗倒伏 黑麦草在多雨季节易倒伏。倒伏不仅可使种子产量降低 5%～33%，影响种子产量和品质；而且也影响饲草的产量和品质，并给刈割带来极大麻烦。抗倒伏性是黑麦草高产优质和集约化生产必需的重要育种目标。

第三节 黑麦草种质资源研究和利用

我国黑麦草种质资源保存在位于北京市的全国畜牧总站牧草种质资源长期库，位于呼和浩特市的中国农业科学院草原研究所牧草种质资源中期库存有备份。长期库和中期库都包含前述 34 个育成品种。美国黑麦草属 11 种 679 个品种的种质资源保存在美国农业部农业服务局的下属机构西区植物引种站，该站位于华盛顿州立大学校内。位于德国萨克森州 Gatesleden 镇的莱布尼茨植物遗传研究所（Leibniz Institute of Plant Genetics and Crop Plant Research，IPK）维护的欧洲植物遗传资源搜索目录（European Search Catalogue for Plant Genetic Resources，EURISCO）中包含 43 个国家近 400 个研究所大约 1 900 万份种质资源信息，其中有大量的一年生多花黑麦草种质资源信息和保存地点。新西兰牧草种质资源中心［设在北帕默斯顿（Palmerston North）的草地研究所内］1981 年建成的南半球最大的牧草种质资源储存库（－5 ℃，30%湿度，30 年）保存了大量的多年生黑麦草和一年生多花黑麦草种质资源。

黑麦草属种质资源的研究，包括考察、收集、保存、评价和利用。保存状况已如前述，利用情况将在下节陈述。这里简要归纳黑麦草种质资源遗传多样性在形态学、解剖学、细胞学和分子生物学层面的研究进展。形态学研究方面，黑麦草属草本植物，须根，穗状花序，第 1 颖退化不存在，第 2 颖位于远轴面，除毒麦外其余种的第 2 颖长度皆短于小穗。一年生黑麦草与多年生黑麦草的不同之处在于植株较粗大，叶阔而长，每个小穗的花数较多，幼叶呈卷筒状，种子下有 6～8 mm 锯齿状微芒，分蘖较少。一年生黑麦草发芽种子的幼根在紫外灯下可发生荧光，这是区分多年生黑麦草和一年生黑麦草的重要标志。杂种黑麦草的形态介于亲本多年生黑麦草和一年生黑麦草之间，综合了亲本多年生黑麦草的持久性和一年生黑麦草茎叶繁茂、叶量多的优点。四倍体黑麦草与二倍体黑麦草相比，叶色较深，叶片较宽大，花器和种子较大。四倍体黑麦草具有大量基生叶，叶色浓绿，叶面光滑，叶片宽厚。多年生黑麦草在抽穗后花序还会继续延伸。在较凉爽的气候条件下，地中海基因型的黑麦草比北欧基因型的黑麦草表现出更快的生长速率。

解剖学特征方面，一年生黑麦草的胚体稍大于多年生黑麦草，约为颖果的 1/11，一年生黑麦草的胚体宽圆，为肾状卵圆形。多年生黑麦草籽粒的盾片宽短，一年生黑麦草的盾片窄尖。多年生黑麦草籽粒上皮细胞的形状为矩形，排列较紧密；一年生黑麦草上皮细胞的形状为扁平细长矩形，排列较规则、整齐、紧密，长宽比约为 3∶1。

细胞学研究反复证明，一年生黑麦草和多年生黑麦草体细胞的染色体数目为 $2n=2x=14$，且它们的核型相似，第 1～5 染色体为中着丝粒染色体，第 6 和第 7 染色体是近中着丝粒染色体，有 1 对随体。一年生黑麦草和多年生黑麦草的杂种中存在 B 染色体，它可以在四倍体细胞内完全抑制同源染色体配对，成为多倍体种间杂种二倍化的一种遗传工具。一年生黑麦草在与其他黑麦草进行种间杂交或品种间杂交后，或在剧烈的生态环境变化（例如夏季和秋季高温干旱）影响下，促使染色体数目自然加倍，形成四倍体黑麦草基因型，这些四倍体黑麦草基因型有适应亚热带不利自然条件的能力而被自然选择所保留，进而演化成新的变种或种。

分子生物学研究显示，各种分子标记和同工酶谱带变异往往是品种内大于品种间。标记完全不同的种质资源通过选育可以得到表现型上一致的品种，而标记相同的种质资源可以通过不同的选育方法得到表现型差别很大的品种。

第四节 黑麦草育种途径和方法

一、黑麦草自然变异选择育种

多年生黑麦草和一年生多花黑麦草是较严格的异花授粉植物，因而群体在开放传粉的情况下是一个异质杂合群体。对于这样的群体，采用混合选择法来改良某些性状，往往会取得良好的效果。在具体实践中，需根据育种目标的要求来确定选择方法。常用的有连续混合选择法和表现型轮回选择法。

（一）连续混合选择法 连续混合选择法的具体做法是，在原始异质群体中根据改良目标，选择若干表现型优良的单株，将这些表现型优良的单株种子直接混合形成新的群体。新的群体稀植在新的圃场，并进行新一轮选择，直至达到表现满意的水平。再将该群体与对照品种群体进行比较，优于对照的，经审定或登记程序成为新品种。混合选择的目的是增加随机交配群体中优良基因型的比例。其有效性主要取决于控制所选性状的基因数目和性状的遗传率。这种方法，选择只是基于母本，未控制授粉个体，不进行后裔鉴定，不易排除环境的影响和有效淘汰不良基因型，致使改良效率不高。

（二）表现型轮回选择法 表现型轮回选择法即基于单株表现型的轮回选择，是一种通过增加群体内有利等位基因频率来实现异质群体改良的育种方法。具体做法以 Burton（1982）报道的通过 8 轮表现型轮回选择后雀稗（Pensacola bahiagrass，*Paspalum notatum* var. *saurae* Parodi）鲜草产量比原始群体增加 131%的例子加以说明。Burton（1982）使用的表现型轮回选择涉及以下各个步骤。循环开始于隔离区内互交过的、入选的 200 个无性系的每个系的种子，实际上是半同胞的种子群体。这 200 个入选无性系的每株被保存在田间稀植圃，用于评价越冬成活率和春季生长活力。

1. 第一步 在 12 月，把这 200 系的每系 125 粒种子种在温室内经蒸汽消毒土壤的平地中，每系 1 行，株距为 5 cm，行距为 50 cm。目测选择每行（即每系）中最高的 7 株苗，把每株苗移栽到 1 个直径 5 cm 的盆钵中，钵中装有施了肥的消毒土壤。每系有 7 盆苗。

2. 第二步 在 4 月，对保存在田间的这 200 个无性系的越冬成活率和春季生长活力进行评价，淘汰最差的 35 个无性系。在淘汰无性系时还要考虑前一季 7 月和 10 月测定的实际鲜草产量。对剩下的 165 个无性系给予 1～165 的材料编号。上述每个无性系 7 株苗都长了分蘖，把其中的 6 株连同分蘖带到田间，去掉直径为 5 cm 的盆钵，以随机排列的方式移栽。移栽苗所来自的这个无性系的材料号码记在田间计划书上。种植这些苗的田块前季要均匀耕作过。种植前，要喷洒溴甲烷（methyl bromide）控制杂草。

3. 第三步 在 7 月，把上述田块划分成 40 个格子，每格 25 株。把目测判断每个格子中具有最好表现的 5 个植株记录在田间种植图上。把每个待选材料的小区号码记录在识别标签上。

4. 第四步 从每个入选植株上，收取附带少量匍匐茎的 3 个即将开花的茎，捆在一起，带上它们的识别标签，放进有 3 L 水的容器中。一顶纸帐篷盖在这些茎的上面，确保授粉期间这 200 个选系（40×5）被隔离（实际上是自交重组）。每天在有活力的花粉散粉的时间，摇动这些茎，以提高花粉扩散和随机授粉概率。

5. 第五步 按系分开收获这 200 个选系的成熟种子。这些种子用于开始下一个循环的选择。

6. 第六步 在 8 月和 10 月，测定这 200 个选系的实际鲜草产量。测产数据用于淘汰 200 个选系中的 35 个选系，如第二步所述。8 月测定记录鲜草产量之后，从这 200 个选系的茎上收取开放授粉的种子，混合，保存，这些开放授粉种子代表未来性能试验中选系的周期起点。Burton（1982）所用程序的原理适用于黑麦草表现型轮回选择。

我国已在引种国外黑麦草品种方面做了许多工作，国外的品种在我国不同的生态条件下往往会产生一些优良的变异植株。因此国外引入品种可作为自然变异选择育种的重要资源。

二、黑麦草杂交育种

（一）黑麦草的花器构造和开花习性 黑麦草花序为穗状花序，穗长为 15～25 cm，少数可达 33 cm。多年生黑麦草每穗有 12～24 个小穗，多花黑麦草每穗有 20～34 个小穗。小穗互生于主轴两侧、扁平，除花序顶端的 1 个小穗外，其余小穗仅具 1 枚颖片，近轴面的颖片缺失。多年生黑麦草每小穗含 6～9 朵小花，多花黑麦草每小穗含 7～15 朵小花，穗轴中部的小穗含小花数较多。小花外稃较长，多年生黑麦草具短芒或无芒，多花黑麦草具长芒（图 32-1）。

黑麦草抽穗需要 11～20 d，抽穗速度与环境和水分有关，干旱时抽穗慢，反之则快。多年生黑麦草抽穗较少且不整齐，多花黑麦草抽穗较多、整齐。就 1 个小穗而言，一般是靠近穗轴的小花先开，以后则交替开放。就整个花序而言，通常是中上部的小穗先开花，以后逐渐向顶部和基部发展。阴雨天开花少而迟。正常发育的花序其花期一般为 12～14 d。在一天中，开花时间为 7:30—10:30。开花时，花丝和花药伸出稃外。遇到风雨时，花丝易被折断，影响授粉。

（二）黑麦草品种间和种间杂交 黑麦草品种间、多年生黑麦草与多花黑麦草之间的杂交比较容易进行，且 F_1 代杂种可育。国外的许多黑麦草品种是通过杂交育种育成的。由于多年生黑麦草和多花黑麦草的天然异交率很高，杂交育种需要做好品种和种间的隔离工作。黑麦草为杂合植株，在 F_1 代中性状分离严重。加强杂种后代的选择、诱导四倍体等为稳定杂种优良性状的有效方法。

图 32-1 黑麦草的形态特征

1. 植株 2. 穗 3. 小穗 4. 种子

(引自南京农学院，1980)

有关黑麦草属内异花授粉种与自花授粉种之间的杂交工作在国外已广泛开展，并已获得可育的 F_1 代杂种，具有良好的育种应用前景。

(三) 黑麦草属间杂交 属间杂交是改善黑麦草某些抗逆性的有效手段。由于黑麦草属与羊茅属有较近的亲缘关系，因而可充分利用这个特点广泛开展两属间的远缘杂交工作。在国外，有关两属间杂交获得羊茅黑麦草复合种群的报道很多。其中，黑麦草属的异花授粉物种与羊茅属 Bovinae 组的杂交最为成功。多年生黑麦草、多花黑麦草与苇状羊茅（*Festuca arundinacea* Schreb.）间的杂种以及多年生黑麦草、多花黑麦草与大羊茅（*Festuca gigantea*）间的杂种，均表现出完全的雄性可育；雌性的可育性虽较低，但它们基本上可与亲本回交。然而，有些种的远缘杂交则不太成功。例如黑麦草与紫羊茅（*Festuca rubra*）等几种羊茅属植物的杂交，其杂种 F_1 代完全不育。因此在远缘杂交时有必要配置较多的杂交组合，探讨其杂交的可交配性和杂种的可育性。

三、黑麦草倍性育种

根据 Morgan（1976）的研究，二倍体黑麦草经秋水仙碱处理较易加倍得到同源四倍体。四倍体黑麦草较二倍体黑麦草茎叶大，鲜草产量高，蛋白质含量高。因此黑麦草的多倍体育种在国外广为开展。从遗传角度来看，同源四倍体可以遮盖二倍体不能完全遮盖的不利隐性基因的影响。如果不利的等位基因以较低的频率、较多的位点在二倍体群体中出现，那么就有望在相应的四倍体群体中降低其自交衰退的程度，并减少特殊配合力的变异。其次，四倍体的遗传可减少后代性状的分离，容易使不同种群间杂交后代的性状趋于稳定。

此外，属间杂交后诱发异源多倍体，还可稳定目标性状的遗传，培育出优良的黑麦草新品种。例如经过多年生黑麦草与草地羊茅（*Festuca pretensis* Huds.，$2n=28$）杂种的倍性育种，成功地获得了稳定的双二倍体（Lewis，1983）。已育成的 Prior 新品种，不仅在英国表现高产，而且由于具有较强的抗寒性，在加拿大的生长表现也很好。为了稳定多年生黑麦草与多花黑麦草的杂种，人们也采用了倍性育种的方法，从而减少了在种子繁殖期间的分离现象。

然而，在黑麦草的倍性育种中，其同源四倍体也表现出一些不足之处。与二倍体相比，茎叶的生长速度、分蘖密度、干物质含量及抗寒性等都有所降低。尽管如此，倍性育种仍不失为黑麦草育种的有效方法之一。

四、生物技术在黑麦草育种中的应用

现阶段，应用于黑麦草遗传改良研究的生物技术有组织培养、基因转移、分子标记辅助选择等。

Dale 最先通过顶端分生组织培养获得去除黑麦草花叶病毒的一年生黑麦草和多年生黑麦草。随后 Dale 和 Webb 在低光照、2～4 ℃下培养保存黑麦草芽顶点，在没有添加新鲜培养基的情况下储存了 2～3 年，这些分生组织仍然保持再生能力。每年进行 1 次 25 ℃高光照继代培养，然后再放入上述储存环境保存，这样保存的特殊黑麦草基因型超过 8 年仍然具有活性，经过 12 年的储存，一年生黑麦草仍然能正常生长并结籽。这种方式进行种质资源保藏，遗传稳定，不易变异。Dale 等通过幼穗培养获得一年生黑麦草。

黑麦草遗传转化通常有电激穿孔介导法、碳硅纤维介导法、聚乙二醇（PEG）介导原生质体基因转化法、基因枪法、农杆菌介导的转化法等。通过原生质体转化法获得了可育的转基因多年生黑麦草和一年生黑麦草。Dalton 等应用碳化硅纤维介导转化法获得转基因多花黑麦草、多年生黑麦草和高羊茅。在黑麦草遗传转化中，许多研究者应用微粒轰击法成功获得转基因多年生黑麦草和一年生黑麦草。通过根癌农杆菌介导的遗传转化法已获得多年生黑麦草和一年生转基因植株。

2002 年，英国草地与环境研究所（Institute of Grassland and Environmental Research，IGER，Aberystwyth，U. K.），以一个多年生黑麦草的双单倍体植株 DH290 为母本，以一个复交后代多位点杂合的单株为父本，杂交获得 183 个后代个体组成的 F_1代群体（命名为 p150/112 F_1代群体，又称为基于多位点杂合单株与双单倍体单株交配的单向假测交群体）。2002 年，国际黑麦草基因组计划（International Lolium Genome Initiative，ILGI）的 4 个研究小组，利用 p150/112 F_1代群体，构建了一张改进的黑麦草参考分子标记连锁图谱。Yamada 等（2004）利用这张参考图谱，检测到多年生黑麦草多个重要农艺性状、发育性状以及耐寒性状的数量性状基因位点（QTL）。农艺性状包括株高、分蘖大小、叶长、叶宽、收获期鲜物质量、株型、每穗的小穗数、穗长等；发育性状包括抽穗期、再生草抽穗度等；耐寒性状包括冬季存活率、电导率、霜冻耐受力等。Fei 等应用分子标记，对多年生黑麦草控制越冬性（耐寒力）数量性状基因位点进行了定位研究，并应用基因芯片和表达序列标签分析冷胁迫基因表达谱，结果可参阅下列网址 http：//www. hort. iastate. edu/research/research-detail. php? id=1135。上述研究结果为多年生黑麦草产量、品质及适应性等重要性状遗传改良、分子标记辅助选择提供了理论基础。

第五节　黑麦草育种田间试验步骤

依据商业上种植的品种类型的不同，品种培育的步骤在不同种间是不同的。大多数黑麦草是以综合品种进行生产的。黑麦草综合品种的培育包括 6 个步骤：建立资源圃、表现型选择、后代评价、试验用综合品种配制、动物表现试验和品种释放。

（一）建立资源圃　资源圃的材料包括自然生态类型或地方品种、为产生特异基因组合而创造的各种种质池、老的栽培品种、被选亲本之间的特定杂交组合。收集的种质圃材料尽可能来自具有相似环境条件的地区以及新品种将来被利用的地区。收集的材料类型取决于育种目标。例如如果育种目标是在较高温度条件下改良持久性，则材料应当是从较高温度的地区获得的，以便育种家能够利用可能在这个性状上发生过自然选择的优点。

（二）表现型选择　表现型选择首先要考虑被选性状的遗传方式（是质量性状还是数量性状），其次要考虑单个无性系表现与种在草地时群体表现之间的关系。为解决不同环境中预测的无性系表现及其与实生苗表现之间关系的问题，可以把资源圃中表现最好的无性系去除，并经过不同层面的无性系评价，或者结合后裔测验用的种子生产进行，或者结合特殊的无性系测验进行。

（三）后代评价　从资源圃中选出合乎需要的无性系之后，必须确定哪些无性系将会很好地配合，形成 1 个试验综合品种，用于进一步测试。这项工作是通过评价所选择的无性系的后代来完成的。顶交、多交、开放授粉后代测验都是可用于评价配制试验综合品种的潜在亲本一般配合力的程序。

（四）试验用综合品种配制　后代评价确定的一般配合力好的多个无性系被用作亲本。使用的无性系数目应当足够多，以便种子繁殖几个世代后，保持最低程度的近交。需要无性系的数目只能在对 1 个物种有了试验经验之后才能确定。多年生牧草的大多数综合品种具有 4～25 个亲本无性系。使用无性系的数目与该物

种的倍性水平有关，高倍体物种比低倍体物种需要较少的亲本数目。试验用综合品种的种子生产始于隔离的多交圃的建立。因为在随机交配的条件下生产种子非常重要，各无性系需要重复。重复的数目取决于手头有的无性系材料的数量。育种家应努力做到至少10次重复，因为快速繁殖种子数量以满足新品种需求是很重要的。要注意各个植株散出的花粉数量近似相等。这可以通过使每株具有大致相等数量的正在开花的茎数来实现，也就是把那些具有很多花茎的植株的花茎去掉一些。

试验用综合品种的各个亲本无性系定义为Syn 0代。来自多交圃中每个材料所有重复的、纯净有活力的等量种子混合，获得Syn 1代种子。这也可以用作育种家种子。育种家可以选择在温室里生产Syn 1代种子，手工配制所有可能的单交组合来改进随机交配。但是温室里种子产量通常少于田间。Syn 1代种子需要繁殖1至多代生产适量原种用于进一步评价。Syn 1代种子种植成隔离行，便于手工去除可能的杂株，并有助于控制杂草。Syn 1代植株上的种子用机械或手工混收。所得Syn 2代种子在隔离区种成行或者草地，混收。重复这个过程直至种子数量达到测试或释放的需求。通常在测试之前至少繁殖种子到Syn 3代。早代综合品种有较高程度的杂种优势，其表现不能代表农民将获得的Syn 4代或以后世代的表现。上述试验用综合品种和对照品种在有重复的小区内进行测试。各小区布置多个地点，进行3～5年的评价。要采集的数据类型取决于选择之前确立的育种目标。例如如果选择是为了改良离体干物质消化性（in vitro dry matter disappearance，IVDMD）来实施的，则要对测试中所有材料这个性状进行评价。牧草育种家总是对鲜草产量、多年生的持久性、刈割后的恢复力以及其他性状感兴趣。为评价在商业上由种子种植的牧草的种子产量，需要许多隔离小区。许多牧草的种子生产是在远离最终利用区域的地方进行的。例如许多冷季牧草的种子是在美国西北地区生产，而它们的主要使用区域是在美国的中西部和东北部。在将要生产种子的区域进行种子产量试验是必要的。

（五）动物表现试验　因为大多数牧草主要是作为动物饲料使用的，试验用综合品种释放之前应当进行动物表现评价。通过动物表现试验评价牧草的各种技术应当在一定程度上与每公顷每个动物的产量，或者动物产品的产量有关。在小区试验中，与选择的对照相比，表现最好的试验用综合品种将被用于品种培育的这个方面。由于动物试验对高强度劳动力的需求，用于这个方面的试验材料数目只能有1～3个。

（六）品种释放　从植株种植到原始资源圃到完成选择和测试过程，牧草品种的培育需要10年。完成育种和测试程序之后，选作释放的理想选系必须扩繁种子，以便能在商业化规模上可以买到。根据繁殖方式，用种子（有性繁殖和无融合生殖）扩繁，或通过营养器官扩繁。育种家种子或营养体原种的生产一般是在植物育种家的监督之下进行的。基础种子由培育该品种的研究所或公司生产。登记种子和认证种子由被选择的种植者生产，再卖给商业生产者。释放一个异花授粉的牧草品种，高度一致性是难以获得的。尽管高度一致性不是必备要求，但新品种必须在所培育的各个性状上纯合。因此在培育Syn 1代过程中要特别加以注意。

第六节　黑麦草种子生产技术

在美国俄勒冈州，新品种育成后，一部分育种家种子交给国家农业试验站，在优良的耕种条件下，繁殖基础种子，一般只准繁殖1代，多年生草种可以收获2～4次。由基础种子扩繁成登记种子，由牧草种子公司或有经验、机械设备好的农户承担，双方签订合同，严格按要求生产。登记种子一般也只许繁殖1代，多年生收草可收获4～18次。从登记种子繁殖合格种子（即认证种子或生产用种子），技术要求与基础种子生产基本相同，多由农户承担。有些品种可省去登记种子程序，直接由基础种子繁殖合格种子。

各级种子生产都是在种子专家监督下进行的。生长期间，定期到田间检查，种子田要求除杂去劣、无杂草。收割和加工过程，也要检查，严防机械混杂。清选后的种子，最后取样送交种子实验室检验，取得检验合格证书，将主要技术数据打印成品种标签，附在每个种子袋上。

一、黑麦草种子生产主要基地

全球黑麦草种子生产基地主要分布在丹麦的西兰岛、默恩岛和菲英岛；荷兰的弗莱福兰省；德国的下萨克森、施勒斯维希-霍尔斯坦因和巴敦-符腾堡境内；法国的卢瓦尔和俾卡尔吉；英国的大不列颠；美国的俄勒冈州维拉米特（Willamette）盆地；澳大利亚的南澳大利亚州和新南威尔士州；新西兰南岛的坎特伯雷（Canterbury）区。我国2016年多年生黑麦草种子生产田面积为253 hm^2，分布在河南和湖北两省，平均单产为 2.4 t/hm²；一年生多花黑麦草种子生产田面积为 467 hm²，分布在江苏、江西、河南和贵州四省，单产为 4.4 t/hm²。

二、黑麦草种子生产主要技术

（一）确定种子田 用于种子生产的地块，选择开阔、通风、光照充足、土层深厚、排水良好、肥力适中、杂草较少的地段。在山区进行种子生产时，应将种子田设在阳坡或半阳坡上。在低洼地生产种子时，应配置排水系统。种子田应连片集中，坡度小于 15°，使用收获机械的种子田坡度应小于 10°。

（二）设置隔离区 为防止其他品种的花粉串粉，造成生物学混杂，种子田必须进行隔离。隔离方法可采用时间隔离和空间隔离。时间隔离要求种子田的花期与周围其他品种的花期错开 20 d 以上。空间隔离要求 200 m 以内不种其他黑麦草品种，也可进行围栏或利用树林、村庄等自然屏障。

（三）适期播种 黑麦草适宜播种的时期为 9 月中旬至 11 月中下旬，但最好选择气温稳定下降到 20 ℃左右的湿润天气下播种。播种前，可用 1%石灰水浸种 1～2 h，或用 45 ℃左右的温水浸种子 3 h，或每千克黑麦草种子用 3 g 萎锈灵拌种，或每千克黑麦种子用 12 g 福美双拌种，以防黑穗病。每公顷播种量为 11.25～15.00 kg。条播，行距为 25～30 cm，播种深度为 1.5～2.0 cm，浅覆土 0.5～1.0 cm。

（四）加强管理 黑麦草种子细小，发芽后顶土力弱，如果播种后遇大雨土壤板结，应及时松土破除板结。如果遇长时间干旱应适时灌溉，以利出苗、保苗。

黑麦草出苗后 3～5 d 应施断乳肥，每公顷施尿素 37.5 kg。要重施早施分蘖肥，长出 3～4 片茎叶开始分蘖，每公顷追施尿素 75～150 kg。拔节时应追施钾肥，可促进拔节防止倒伏，每公顷施氯化钾 150 kg。

在生产过程中应及时发现并采取措施防治病虫害，保证种子生产顺利进行。

（五）除杂保纯 为确保种子的净度和纯度，对种子田出现的杂草、杂株和异植物必须彻底拔除。清除杂株的工作应贯穿于从出苗开始到收获的全过程，但开花散粉前除杂的效果比开花后好，因此应尽量在开花前识别并拔除杂株，以免杂株串粉。

（六）适期收获 一般在种子蜡熟后，80%左右小穗由绿转黄时收获。采用分段式收获，第一步割晒，第二步拣拾脱粒。割倒之后，晒 7～10 d，待种子水分降到安全储存要求，即可用联合收获机（气动真空收获机）捡拾脱粒。种子收获时，必须对收获机械进行检查，清除杂质和异粒种子，晒场、晒垫等要清扫干净，严防机械混杂。

种子生产田冬天放牧家畜能控制过分营养生长，只要控制好放牧强度，就不影响种子产量。

复习思考题

1. 试述黑麦草作为牧草的主要育种目标，评述国内外黑麦草育种进展。
2. 试述黑麦草的分类学地位。黑麦草有哪些近缘物种？它们的生物学特性如何？对育种有何意义？
3. 试讨论耐逆性在黑麦草育种中的意义。耐逆性如何改良？
4. 试举例说明黑麦草育种的主要方法。
5. 试举例说明属间杂交在黑麦草育种中的应用。
6. 试述倍性育种在黑麦草育种中的作用。
7. 黑麦草综合品种选育有哪 6 个步骤？
8. 黑麦草种子生产的技术要点有哪些？

附 禾本科牧草主要育种性状的记载方法和标准

一、生育时期

1. 播种期 实际播种日期为播种期，以月、日表示。

2. 出苗期 全区 50%以上幼芽出土的日期为出苗期。

3. 分蘖期 全区 50%以上植株长出分蘖的日期为分蘖期。

4. 拔节期 全区 50%以上植株生殖枝基部第 1 节间伸长的日期为拔节期。

5. 始穗期 全区 20%以上植株抽穗的日期为始穗期。

6. 成熟期 全区 80%以上植株或花序种子成熟，有少量种子容易脱落时的日期为成熟期。

二、生长和生产性能

7. 株高 全区 10 点测量地面至拉直的植株最大叶片高度，抽穗后为地面至穗顶的高度，求其平均值，即为株高。

8. 草层高 全区 10 点测量地面至叶层最密集处的自然高度，求其平均值，即为草层高。

9. 分蘖数 区内（除边行）随机 10 株生长正常植株计数 1 叶以上的分蘖（含主茎）；或区内（除边行）生长均匀地段调查 3～5 个 20 cm×20 cm 样方内植株的总分蘖数，以个/m^2 表示。

10. 出叶速度 区内（除边行）定点 10～20 株调查完全展开 1 叶新叶需要的天数；或单位时间内新展开的叶片数，以叶/周表示。

11. 叶面积指数（*LAI*） 区内（除边行）生长均匀地段调查 3～5 个样方内植株的全部绿叶面积，*LAI*=绿叶面积/样方面积。

12. 生长速度 定期随机 6～10 点调查区内植株（除边行及缺株旁植株）株高或地上部干物质量，计算单位时间内植株株高或干物质量的增长量，以株高增长 cm/周或植株地上部增加干物质 g/(周·m^2) 表示。

13. 再生性 刈割或放牧利用后 7～10 d 调查区内再生植株（除边行及缺株旁植株）的比例（%），并调查再生植株的生长速度，以再生植株比例（%）和生长速度表示。

14. 鲜草产量 始穗期全区去 20～40 cm 边行后，留茬 3～5 cm 刈割、称量，计各次刈割的产量及全生长季（年）的总产量，以 g/m^2 或 kg/hm^2 表示。

15. 干物质产量 测定鲜草产量后，各区随机抽取 500 g 左右新鲜样，用塑料袋密封、低温带回实验室精确称量，于通风干燥箱 65～70 ℃烘干至恒重。计算出干物质率，以鲜草产量乘干物质率求得干物质产量。

三、品质

16. 粗蛋白质含量 用凯氏半微量定氮法分析测定牧草样品的氮含量，以氮含量×6.25 计算得到粗蛋白质含量，常用%或 g/kg 干物质表示。

17. 中性纤维和酸性洗涤纤维含量 采用范氏（van Soest）法分析测定中性纤维和酸性洗涤纤维含量，常用（%）或 g/kg 干物质表示。

18. 消化率 采用瘤胃网袋法、瘤胃液体外发酵法或胃蛋白酶-纤维素酶法分析测定消化率，常用干物质或有机物消失率（%）表示。

（沈益新第二版原稿；洪德林第三版修订）

第三十三章　苏丹草育种

苏丹草（Sudan grass），学名*Sorghum sudanense*（Piper）Stapf.，为禾本科高粱属一年生牧草，二倍体种（$2n=2x=20$）。苏丹草分蘖力强，丛生，茎细叶多，生长快，品质好，既可用作青饲料，亦是调制干草的优质饲草。我国南自海南省北至内蒙古均可栽培。

苏丹草原产于非洲北部苏丹（高原）地区，20 世纪 30 年代由美国引入我国，50 年代后种植地区扩大到内蒙古、新疆、宁夏、甘肃等地。20 世纪 60 年代末，在长江中下游地区的湖南、湖北等地苏丹草轮作青饲养鱼获得成功后，苏丹草在南方的种植面积迅速扩大，基本遍及淡水草食性鱼类养殖区，取得了显著的经济效益。据《中国草业统计 2016》，2016 年我国苏丹草常规品种栽培面积为 1.03×10^4 hm^2，主要分布在内蒙古、山西、江苏、安徽、江西、河南、湖北、湖南、广东、广西、重庆、四川、云南、陕西、甘肃、宁夏等地，产量变幅为 6 750 kg/hm^2（甘肃）至 39 060 kg/hm^2（湖南）；高粱苏丹草杂交种栽培面积为 3.79×10^4 hm^2，主要分布在内蒙古、山西、辽宁、吉林、江苏、安徽、江西、山东、河南、湖北、湖南、广西、重庆、四川、云南、甘肃、新疆等地，产量变幅为 10 785 kg/hm^2（甘肃）至 39 390 kg/hm^2（湖南）。

第一节　国内外苏丹草育种研究概况

一、苏丹草繁殖方式与品种类型及生育特性

苏丹草是常异花授粉作物。目前生产上应用的品种类型主要是常规品种（自交繁殖为主）和高粱苏丹草 F_1 代杂种品种（高粱细胞质的苏丹草三系杂交种）。

苏丹草属于喜温、不耐寒植物，温度条件是决定它分布区域和产量高低的主要因素。种子发芽最低温为 8～10 ℃，最适生长温度为 20～30 ℃，植株在 12～13 ℃时几乎停止生长。春播时，播种后 4～5 d 即能出苗，幼苗期对低温敏感，气温下降至 2～3 ℃时即受冷害。成长的植株，具有一定耐寒能力。苏丹草根系发达，耐旱力强，干旱季节如果地上部分因刈割或放牧而停止生长，雨后即可很快恢复生长。苏丹草对土壤要求不高，在砂壤土、黏重土、微酸性土壤、盐碱土上均可栽培。但是如果土壤过于贫瘠，则生长不良。盐碱土如能合理施肥，可以旺盛生长，这是在生产上很有价值的特性。苏丹草幼苗期较长，幼苗期主要生长根系。当植株长高至 18～25 cm、出现 5 片叶片时，开始分蘖。此后茎叶生长加速，在夏季高温潮湿条件下，一昼夜茎秆可伸长 6～9 cm。

苏丹草按其分蘖生长形式分直立型和披散型两种。直立型适于刈割利用，披散型适于放牧利用。在气候和水肥条件适宜的地方，栽培管理得当，苏丹草全年可以刈割 6～10 次，鲜草产量可达 150 000 kg/hm^2。苏丹草茎叶比青刈用玉米和高粱柔软，可以青刈、晒制干草、青贮，是牛、羊、鱼的优质饲料。苏丹草的耐旱能力特别强，在夏季炎热的干旱地区，一般的牧草均枯萎，苏丹草却能旺盛生长。由于饲草产量高、适应范围广的突出优点，苏丹草在世界各地栽培甚广。

二、苏丹草育种研究概况

苏丹草从原产地引种到世界各地后，已经培育了许多品种。

1909 年苏丹草传入美国后，很快成为美国最重要的夏季饲草。美国早在 20 世纪 20—30 年代就已经开始了苏丹草的育种工作。目前在美国广泛应用的育成品种主要有：以苏丹草和甜高粱杂交培育而成的甜茎多叶品种甜苏丹草（sweet Sudan grass），这类品种的适口性好，并对潮湿地区危害严重的叶片病害具有较强的抗耐能力；佐治亚 Tifton 农业试验站培育成 Tifton 苏丹草对多种叶片病害具有抗性，且比普通类型的苏丹草更适合于美国东南部的气候条件；加利福尼亚 23 号苏丹草高产，适合于美国西南部灌溉地区栽培；在威斯康星州培育的 Piper 品种适应较凉爽和湿润的气候条件，在美国北部和东南部得到较大的应用。日本利

用的高粱属牧草多是苏丹草型高粱品种，培育出的格林埃斯苏丹草高粱杂交种，是非常优良的青贮品种。日本研究者还利用高粱细胞质雄性不育系2098A与苏丹草自交系2098-2-4-4（对叶斑病抗性强）培育出中抗叶斑病的杂种Green Ace、Green Top等品种。俄罗斯1995年培育出一种适合俄罗斯寒冷气候条件下栽培的戈都奴夫中早熟品种，适合寒温带地区栽培利用。

我国有目的地开展苏丹草品种整理和选育工作始于20世纪70年代。从新疆、宁夏和内蒙古种植的苏丹草混杂群体的基础上，分别育成盐池苏丹草、新苏2号苏丹草、乌拉特1号苏丹草和宁农苏丹草4个品种；整理地方品种1个，为奇台苏丹草；利用高粱（*Sorghum bicolor*）细胞质雄性不育系与苏丹草选系杂交，分别育成皖草2号、皖草3号、天农青饲1号和蒙农青饲2号等高粱苏丹草杂交品种，产草量、品质以及抗病性比苏丹草都有明显的提高和改进。我国科研和推广机构还先后从美国、日本、俄罗斯等国家引进了几个苏丹草优良品种。

1985—2014年中国国家草品种审定委员会审定通过的国审苏丹草和高丹草品种共17个，其中高丹草杂种品种（高粱细胞质雄性不育系与苏丹草品系杂交的F_1代杂交种）7个：冀草2号、天农1号、天农2号、皖草2号、皖草3号、乐食和晋牧1号；苏丹草常规品种10个：宁农、新苏2号、新苏3号、乌拉特1号、乌拉特2号、蒙农2号、蒙农3号、奇台、盐池和内农1号。

1986年，宁夏盐池草原试验站对苏丹草的生长发育规律、主要性状的遗传特性、种子发芽特性等方面进行了较为系统的研究。1994年该试验站又对分别来自吉林和内蒙古的两个中秆类型、来自甘肃的高秆类型、来自广西的矮秆类型、来自新疆的耐旱类型、来自宁夏的黑壳早熟类型等苏丹草的主要性状的遗传做了系统的研究。研究结果表明，遗传变异系数以叶宽为最大，抽穗期最小；遗传率以单株干物质量最低，抽穗期最高；株高和叶宽的遗传率也很高，与单株干物质量的正向遗传相关系数达到显著水平，对株高的直接效应和间接效应最大。这些研究为苏丹草的选育种工作奠定了理论基础。

除了上述苏丹草常规品种和高丹草杂种品种选育研究外，我国从20世纪80年代末90年代初开始苏丹草与高粱属内的种间杂交育种工作。例如南京农业大学的陈才夫报道过苏丹草×拟高粱种间杂种主要特性及细胞学的分析；哲里木畜牧学院孙守钧进行的高粱×苏丹草杂交种茎秆糖锤度的分布及与其他性状、杂种优势关系的分析；为提高苏丹草叶斑病抗性而进行远缘杂交和染色体加倍育种技术研究等。

第二节　苏丹草育种目标

我国南北各地生态条件不同，饲草利用方式也有所差异。因此在我国不同的地区，苏丹草的育种目标不完全一样。目前，我国苏丹草育成品种中最缺少的是高产多抗的品种。从苏丹草本身的遗传特性来说，耐旱性能较强，在生产实践中基本上不存在什么问题，但是由于苏丹草是喜温类植物，其耐寒性能却普遍较差，早春季节的倒春寒及晚秋季节的早霜经常对饲草生产、种子生产构成极大的危害。近年来，苏丹草生产中由于长期连作，出现了一些病害，并有逐年扩大的趋势。解决这些问题的有效方法之一就是选育或引进高产多抗的苏丹草新品种。因此育种工作中应以高产、优质、耐寒、耐涝、耐盐碱、抗倒伏、抗病虫、抗落粒等综合性状为主要育种目标。

（一）高产　苏丹草主要利用其营养体部分，即苏丹草的茎叶。苏丹草鲜草产量高产者已达到150 000 kg/hm^2，但各地因品种和栽培条件的差异，产草量亦存在很大差异。影响苏丹草高产性能的因素很多，就其形态学和生物学特性而言，苏丹草的分蘖能力、植株高度、生长速度、刈割后的再生速度等性状直接影响其产草量。这些性状是可遗传的。因此苏丹草育种中应以培育分蘖性强、植株高大、生长迅速、再生性好和极度耐刈割的品种。

（二）优质　苏丹草含有丰富的可消化营养物质。从其干草来看，开花期刈割调制的干草干物质中含粗蛋白质11.2%、脂肪1.5%、可溶性糖类41.3%、纤维素26.1%和矿物质9.5%，显著优于其他夏季生长的禾本科牧草。在影响苏丹草品质的诸多因素中，氰化物含量是极重要的一个。氰化物不仅影响牧草的适口性，而且对动物有毒害作用。因此降低苏丹草茎叶中的氰化物含量成为提高其适口性和改善其品质的重要目标之一。有研究表明，植物饲料中氢氰酸（HCN）的浓度超过200 mg/kg时对动物有毒。且一些研究指出，不同品种相同生育时期的植株氰化物含量存在很大差异。在相同生长条件下，筛选氰化物含量较低的特殊基因资源，通过杂交转移到其他高产品种中，从而降低苏丹草氰化物对牲畜的毒害作用。高粱苏丹草杂交种的氰化物含量最高时也远未达到200 mg/kg这一数值。因此高粱苏丹草远缘杂交是改善苏丹草品质的重要手段之一。

(三) 耐逆 苏丹草耐逆育种是目前的研究重点。由于苏丹草具有强大的根系能利用土壤深层水分和养分，在干旱年份也能获得较高的产量，耐旱性很强，因此苏丹草的耐逆选育主要集中于耐寒性、耐涝性、耐盐碱性和抗倒伏性等。

1. 耐寒性 苏丹草是一种喜温的春夏季栽培牧草。在内蒙古西部气温较高地区，在正确的农业技术措施下，施肥充足，及时灌溉，一年刈割两茬的，干草连同种子产量可达15 000 kg/hm^{2}左右；专门生产种子的地块，种子产量为3 000 kg/hm^{2}左右。但在海拔较高、生育期较短、积温不足的地区，则种子不能成熟。低温是影响苏丹草早春和晚秋生长及产草量的重要因素。因此苏丹草的耐寒性是我国西部、北部气温较低地区的重要育种目标。

2. 耐涝性、耐盐碱性和抗倒伏性 苏丹草对土壤要求不严，在弱酸和轻度盐渍土壤上（可溶性氯化钠含量为0.2%～0.3%）均能生长，但在潮湿、排水不良或过酸过碱的土壤生长不良。因此培育耐涝、耐盐碱苏丹草品种成为我国南方水网低洼地区、沿海滩涂及北方盐碱土地区育种的主要目标，也是充分利用我国土地资源的要求。高粱是我国非常古老的作物，具有耐旱、耐涝、耐盐碱的能力，适应性很强。通过高粱×苏丹草杂交，组合高粱的叶片宽大和茎秆较粗、苏丹草的分蘖能力强和再生性好等优点的同时，结合二者耐旱、耐涝、耐盐碱等方面的优点，可改良苏丹草的耐逆能力。

苏丹草植株高大，在南方多风雨的夏季容易倒伏，影响生长发育和收获。因此抗倒伏性也是我国南方高产育种的重要的育种目标之一。

(四) 抗病虫 苏丹草由于茎叶中含有较高糖分，因此很容易遭受害虫的危害。近年来，苏丹草生产中由于缺乏合理的轮作技术，出现了一些比较严重的病虫害。病虫害的发生不仅影响苏丹草产草量，而且严重影响苏丹草饲草品质，牲畜食用感病的苏丹草后体质变弱，草食性鱼类食用大量感病的苏丹草后甚至会死亡。对苏丹草叶斑病，目前尚无特效药物防治，使用农药的效果不佳，且农药富集在食物链上的农药残毒对人畜和环境十分不利。并且，如果长期使用农药还会使病虫害产生抗性，降低药效。因此最直接、最有效的防治病虫害的途径就是培育抗病虫性强的苏丹草品种。一些近缘种如石茅（*Sorghum halepense*）等抗病虫性较好，可否通过远缘杂交或基因工程将抗性基因导入苏丹草中值得研究。

(五) 抗落粒 苏丹草种子成熟极不一致，同一花序中下部的花正在开放，而在上部的小穗已处于乳熟期。因此往往等不到下部的种子成熟，中上部的种子早已脱落，许多甚至脱落殆尽。因此通过品种选育使花序上下部种子成熟一致或接近一致，是解决苏丹草落粒问题的根本方法。

第三节　苏丹草种质资源研究和利用

我国的苏丹草种质资源保存在全国草原总站。李陈建等（2015）研究了全国草原总站中期库中30份苏丹草种质资源的19个性状的遗传多样性，结果显示19个性状在不同材料之间表现出不同程度的多样性，可将其划分为4大类群，类群1为早熟、矮秆、细叶、短穗松散、多分蘖型，类群2为晚熟、高秆、宽叶、短穗紧密、多分蘖型，类群3为适熟、中秆、宽叶、长穗松散、中等分蘖型，类群4为晚熟、高秆、宽叶、长穗松散、少分蘖型。广义遗传率以千粒重最高，达91%，穗一级枝梗长、穗籽粒质量、茎粗等7个性状的广义遗传率在40%～70%，其他的性状广义遗传率较低，都在30%以下。

桂枝等（2015）采用Hoagland营养液沙培法，以PEG-8000为水分胁迫物，建立了苏丹草生长早期耐旱性评价方法，并评价了22份苏丹草种质材料的耐旱性。结果显示，不耐旱基因型06-222能忍受的PEG-8000的最高浓度为−0.675 MPa。当PEG-8000的浓度为−0.600 MPa和−0.700 MPa时，22份苏丹草种质材料在相对存活率、相对株高及相对地上部干物质量3个性状上的差异均达极显著水平。按照耐旱指数，将22份苏丹草种质材料分为5类，其中，内农1号、89-105及TS185的耐旱性最强，而06-222最弱。相对存活率和相对地上部干物质量均与相对株高间存在较强的相关性。因此对苏丹草进行生长早期耐旱性评价时PEG-8000的最高浓度应在−0.675 MPa左右；相对存活率和相对地上部干物质量2个性状均可作为评价苏丹草早期的耐旱性指标。

第四节 苏丹草育种途径和方法

一、苏丹草自然变异选择育种

自然变异选择育种是利用苏丹草栽培品种群体中的变异株为材料，进行一次至几次单株选择育成新品种的方法。自然变异选择育种与杂交育种相比，方法简便，是选育新品种的重要手段之一。

由于苏丹草为常异花授粉植物，加上自然界突变的发生和育成品种在不同生态环境条件下表现出某些优异性状，使苏丹草的推广品种中比其他自交作物有更多的变异。这些变异为育种提供了丰富的选择基础。自然变异选择育种的本质是利用变异，进行单株选择，分系比较，从中选出优良的纯系品种。在选育方法上可因具体情况而定。在材料较少时可采用一穗传方法，即在苏丹草生长周期中，对苏丹草进行细致的田间观察，选取优良的单株分别收获其成熟种子，建立株系；再根据分离情况或继续单株选择，或收获穗子混合脱粒，形成新品系；然后与当地的推广品种比较。如果新品系比对照表现优越且稳定，即可进行繁殖推广。在材料较多时可以采取五圃制，即建立原始材料圃、选育圃、品系初步鉴定圃、品系鉴定圃和品系比较试验圃，展开选择育种工作。

苏丹草自然变异选择育种需要注意以下几点：①育种目标要明确，对材料要熟悉；②开始收集材料时群体应尽可能大，并应更多地重视从当地种植的优良地方品种或育成品种中选择变异株；③选育后期可将农艺性状一致的株系混合，以提高品种的适应性并缩短育种年限；④对于优异的材料可以不受程序限制越圃提升，加速育种进程。

二、苏丹草种间杂交种育种

(一) 开花习性 苏丹草一般抽穗后3～4 d始花，圆锥花序顶端2～3朵花完全开放后逐渐向下开放，最后开放的是穗轴基部枝梗的花。每个圆锥花序花期为7～8 d，个别长达10 d以上。由于分蘖较多，且分蘖生长不整齐，整个植株的花期延续很长时间，有时直到霜降为止。苏丹草小花开放多在清晨和温暖的夜间，以早晨3:00—5:00开花最盛，日出后还有个别花开放，每朵小花开放过程持续1.5～2.0 h。苏丹草开花所需温度为不低于14℃，相对湿度在55%～60%或以上，最大开花量在气温20℃左右，相对湿度在80%～90%或以上时。大雨天小花不开放，露水大时也妨碍小花的开放，温度愈低小花开放愈晚。

(二) 杂交种育种技术 苏丹草杂交种育种目前大多集中在高粱与苏丹草种间杂交种上。高粱和苏丹草的染色体数均是$2n=20$，二者杂交不存在遗传障碍，且高粱与苏丹草杂种优势非常明显。高粱具有耐旱、耐涝、耐盐碱的能力，适应性很强。苏丹草耐旱力强、再生性好、茎柔叶多，饲草品质优于青刈玉米和高粱。高粱与苏丹草杂交种可将双亲的高产因子和优质性状较完善地结合在一起。F_1代在生长状况、株高、叶长、叶宽、单株鲜物质量、分蘖等产量性状方面均高于双亲平均值，甚至高于或接近于高亲值；单位面积产量显著高于苏丹草，营养品质与苏丹草相近，适口性甚至优于苏丹草。

苏丹草与高粱的杂交种育种，需要选育高粱细胞质雄性不育系作为不育系，苏丹草自交系作为恢复系。例如江苏省农业科学院利用从日本引进的高粱细胞质雄性不育系2098A和保持系2098B，在隔离区用保持系2098B对不育系2098A扩繁，扩繁后的2098A作为制种雄性不育系（♀）。苏丹草自交系2098R（即日本的2098-2-4-4品系）在田间扩繁并经抗叶斑病筛选后作为恢复系，培育出抗叶斑病的苏丹草F_1代杂交种。

杂交种育种的田间试验与实验室技术与一般作物相似，但苏丹草与高粱种间杂交种应注意如下一些问题。

1. 小区设计 苏丹草植株高大，一般在1 m以上，高者达2～3 m，且苏丹草的边行效应十分明显。因此苏丹草育种试验过程中要注意不同株高品种的田间排列，尽量做到株高相差不大的品种相邻种植。做产量试验的小区至少需要40 m^2，行数不少于6行。

2. 套袋隔离 苏丹草为常异交植物，为了保持品种或试验材料的纯度以及杂交后代自交纯合性，都要采用套袋隔离，即在抽穗开花前套上纸袋。为了防止穗子发霉和长蚜虫，开花后10 d可摘去纸袋或打开纸袋的下口放风。

3. 测定茎秆含糖量 苏丹草与甜高粱杂交，其杂交种茎秆的含糖量提高。测定杂交种茎秆含糖量可用手持糖度仪测定茎秆汁液的锤度（BX）。具体做法为：用钳子夹茎秆，汁液流出后，取其汁液在糖度测定仪上测定，读锤度数值。如此可一节一节地夹压汁液进行测定。亦可用压榨机压榨出整株茎秆的汁液，测出整株汁液的含糖量。

4. 育性鉴定 在开花期可以直接观察花粉的多少和花粉发育情况，用KI溶液染色，显微镜观察记数。在育种上最简便有效的鉴定方法是用套袋自交结实率测定法，即在抽穗后开花前严格套袋，收获后记数每穗结实率，然后计算结实率。

三、苏丹草远缘杂交与异源多倍化相结合育种

苏丹草在生长期常遇高温高湿天气，叶斑病发生严重，明显影响草产量和品质。拟高粱［*Sorghum propinquum*（Kunth）Hitchc.］为高粱属多年生牧草，对叶斑病抗性强，通过花期调节，可与苏丹草杂交获得抗病性强、综合农艺性状优良的远缘杂交种 F_1 代植株。江苏省农业科学院畜牧研究所对苏丹草与拟高粱远缘杂交高世代品系的研究结果表明，自 F_2 代开始抗病性分离，种子颜色、千粒重、成熟期、株高等性状亦分离严重。用秋水仙碱处理胚性愈伤组织、诱导 F_1 代染色体加倍，可加速杂交种后代快速稳定、固定杂种优势。远缘杂交与异源多倍化相结合的技术在水稻、小麦等农作物育种上得到了一定的应用。利用这个育种技术，崔莉莉等（2012）用秋水仙碱处理苏丹草 2098（母本）与拟高粱杂交种胚性愈伤组织获得了异源四倍体再生植株 SS2010-1，根尖细胞染色体数目为 $2n=40$；与对照苏丹草 2098 与拟高粱杂交种二倍体 F_1 代植株相比，SS2010-1 株高和叶长分别增加 64%和 56%，叶片宽度增加 7%；SS2010-1 细胞核 DNA 含量是对照（$2n=20$）的 2 倍。与对照相比，SS2010-1 叶片上表皮 1 mm^2 气孔器数目减少 64%，气孔器长度和宽度分别增加 29%和 16%，保卫细胞宽度增加 19%；叶片下表皮气孔器密度减少 39%，气孔器长度和宽度分别增加 23%和 26%，保卫细胞宽度增加 4%。

四、苏丹草诱变育种

诱变育种是利用理化因素诱发变异，再通过选择育种育成新品种的方法。这种方法在农作物上应用较多。

苏丹草诱变育种主要是应用 γ 射线，部分也开始应用快中子和慢中子（即热中子）作为诱变剂。诱变处理中，在一定的照射剂量范围内，突变率与照射剂量成正相关，但照射的损伤效应也相应提高。由于射线处理所产生的突变体大部分是不理想的，而使研究工作者期望应用化学诱变剂（例如 NMU，即 N-亚硝基-N-甲基尿烷）。

第五节 苏丹草种子生产技术

一、我国苏丹草种子生产主要基地

限于降水量高、湿度大等气候条件，苏丹草在南方的种子产量低，用种主要从北方购进，我国苏丹草种子生产表现出北繁南种的特点。新疆是我国最大的苏丹草种子生产基地，2016 年苏丹草种子生产面积 134 hm^2，总产量 240 t。内蒙古是高粱苏丹草杂交种种子生产主要基地，2014 年制种面积为 1 680 hm^2。

二、苏丹草种子生产主要技术

（一）确定种子田 苏丹草喜肥、喜水，用作生产种子的地块，宜选择土层深厚、排灌良好、肥力较高、杂草较少、地势开阔、光照充足的地段。在山区进行种子生产时，应将种子田设在阳坡或半阳坡上；在低洼地生产种子时，应配置排水系统。种子田应连片集中，坡度小于 15°，使用收获机械的种子田坡度应小于 10°。对于收获季节多风的荒漠平原区，由于苏丹草种子落粒性较强，在保护措施不力的情况下，不宜大规模进行苏丹草种子生产。

（二）设置隔离区 空间隔离要求 400 m 以内不种高粱和其他苏丹草品种，也可进行围栏或利用树林、村庄等自然屏障。时间隔离要求种子田的花期与周围其他品种的花期错开 20 d 以上。

（三）适期播种 南方在 3 月中下旬到 4 月初，北方在 4 月末到 5 月初，当地日均温稳定在 14 ℃时即可播种。采用宽行条播，行距为 30～80 cm，播种量为 15.0～22.5 kg/hm^2。播种前晒种或用温水浸种 6～12 h，

以提高发芽率和出苗率。内蒙古巴彦淖尔市地区，苏丹草种子生产的最佳合理栽培技术是：播量为37.5～45.0 kg/hm²。行距为25～30 cm，密度为每平方米170～200株。施肥量为基肥磷酸氢二铵150～225 kg/hm²，追肥尿素150 kg/hm²。

（四）田间管理 苏丹草苗期气温低、生长慢，容易受到杂草的危害，必须及时除草。以后生长加快，封垄后不怕杂草抑制。同时要及时耙松土壤，消除土壤板结，以保蓄土壤水分。苏丹草根系发达，喜肥水，在分蘖、拔节期，应及时浇水施肥。滴灌条件下土壤相对含水量为70%～75%时种子产量最高。

在生产过程中应及时发现并采取措施防治病虫害，保证种子生产顺利进行。

（五）种子收获 苏丹草开花结实期不一致，当主茎圆锥花序变黄，70%的种子成熟时即可采种。割下的茎秆经一段时间的后熟晾晒，即可脱粒，收种1 500 kg/hm²左右。

詹秋文等（2008）选用100个随机扩增多态性DNA（RAPD）引物和95对简单序列重复（SSR）引物对42份高粱和苏丹草种质资源及2份国家审定品种高粱与苏丹草杂交种的DNA进行聚合酶链式反应（PCR）扩增，构建了能够鉴别这些资源以及两个杂交种的DNA指纹图谱。

苏丹草主要育种性状的记载方法和标准参见本书第三十二章“黑麦草育种”的“附　禾本科牧草主要育种性状的记载方法和标准”。

复习思考题

1. 试述国内外苏丹草育种研究进展及发展趋势。
2. 试述我国苏丹草的主要育种目标。
3. 我国苏丹草种质资源研究状况如何?
4. 试述苏丹草自然变异选择育种的方法及其技术要点。
5. 举例说明种间杂交在苏丹草育种中的应用方法。
6. 试讨论可用于苏丹草高产优质育种的新技术及应用策略。
7. 苏丹草种子生产有哪些技术要点?

（沈益新第二版原稿；洪德林第三版修订）

第三十四章　紫花苜蓿育种

第一节　紫花苜蓿育种研究概况

紫花苜蓿（alfalfa 或lucerne），学名*Medicago sativa* L.，简称苜蓿，为豆科苜蓿属多年生草本植物。苜蓿属全世界约有 65 种，其中 25 种可作为饲料和绿肥栽培利用，但只有紫花苜蓿栽培最为广泛，素以牧草之王著称。紫花苜蓿在公元前 700 年就已开始在波斯（今伊朗）种植，是世界上最早栽培的牧草。紫花苜蓿产量高，品质好，适应性广，经济价值高，因而从欧洲西北部、加拿大、阿拉斯加等高寒地区至亚热带、热带高海拔地区均有栽培。20 世纪 70 年代初，全世界紫花苜蓿的栽培面积估计达 3.3×10^{7} hm^{2}，占牧草栽培总面积的 90％以上，其中以美国栽培面积最大，达 1.08×10^{7} hm^{2}，约占其栽培草地面积的 44％。美国、加拿大、智利、澳大利亚和新西兰为目前世界紫花苜蓿产品的主要出口国，日本则是紫花苜蓿产品的主要进口国。2009 年，由于国内需求量急剧增长，我国苜蓿产品贸易由净出口转变为净进口，进口数量为 7.67×10^{4} t。2014 年，我国苜蓿干草的进口量已急剧增长至 8.8×10^{5} t。目前我国苜蓿商品市场规模庞大，进口量占一半，国内生产量占一半，成为世界第二大苜蓿进口国。进口来源国也有所增加，包括美国、加拿大、西班牙、吉尔吉斯斯坦、哈萨克斯坦和保加利亚。

一、紫花苜蓿的生育特性和栽培利用概况

紫花苜蓿（图 34-1）根系发达，主根粗大，入土很深。根部上端略膨大处为根颈，是分枝及越冬芽着生的地方，位于表土下 3～8 cm 土层内。根颈随栽培年限的延长而向土中延伸，紫花苜蓿具较强的耐寒、耐牧能力与此有关。茎直立，光滑，高为 100～150 cm 或更高。根颈上一般有 25～40 个分枝，多者可达 100 个以上。叶量多，全株叶片占鲜草质量的 45％～55％。总状花序由 20～30 朵小花组成，花为紫色或深紫色。紫花苜蓿为异花授粉植物，以虫媒为主，也有借机械力量的碰撞促使龙骨瓣开放的，温度达 30℃左右时，龙骨瓣也能自行开放。荚果呈螺旋形，2～4 回，不开裂，每荚有种子 2～8 粒。种子呈肾形，为黄色，千粒重为 1.5～2.0 g。

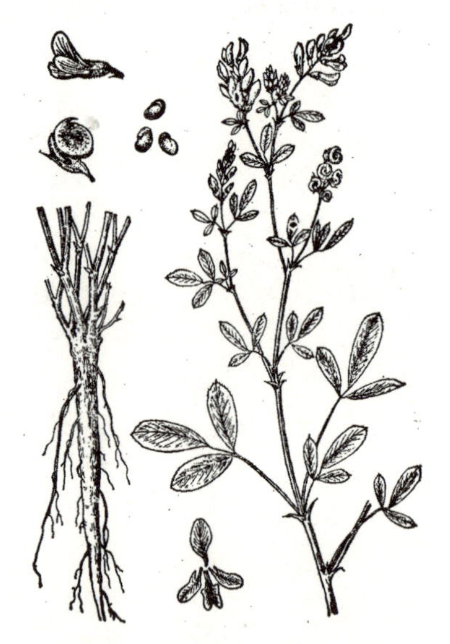

图 34-1　紫花苜蓿的形态特征
（引自《中国饲用植物志》，1987）

紫花苜蓿喜温暖半干燥气候，生长最适宜温度为 25℃左右。夜间高温对生长不利，可使根部的储存物质减少，再生力降低。根系在 15℃时生长最好。紫花苜蓿耐寒性很强，5～6℃即可发芽并能耐受－5～－6℃的寒冷，成株在雪的覆盖下可耐－44℃的严寒，喜土层深厚的石灰性土壤，不耐潮湿。紫花苜蓿一般在播种后的 2～4 年生长茂盛，第 5 年以后生产力逐渐下降，但其寿命可达 20～30 年。

我国紫花苜蓿的栽培历史悠久。公元前 126 年汉武帝遣张骞出使西域，紫花苜蓿和大宛马同时输入，距今已有 2 000 多年。目前紫花苜蓿在西北、华北、东北、内蒙古等地均广泛栽培，南方各地也有栽种，为我国栽培面积最大的牧草。据 2011 年统计，全国紫花苜蓿的栽培面积为 4.911×10^{6} hm^{2}。

北方在墒情较好的情况下春播后 3～4 d 出苗，幼苗生长较缓慢，但根系生长较快。播种后 30～40 d 株高低于 10 cm，而根长则可达 20～50 cm。播种后 80 d 株高为 50～70 cm，根长已达 1 m 以上。北方冬季严寒地区迟秋播者不能越冬。南京 9 月下旬播种，当年分枝可达 5 个左右，次年 4 月生长最盛并现蕾开花，6 月种子成熟。南方 3 月下旬播种，5 月下旬至 6 月上旬开花。南方地区夏季高温多雨，紫花苜蓿多生长不佳，

病虫害严重，越夏率较低。

作为牧草之王，紫花苜蓿是畜禽的优质全价饲料，其可消化蛋白质、能量、矿物质和维生素的含量能够满足多种畜禽生产的营养需要。实践证明，在奶牛生产中饲喂紫花苜蓿可显著提高牛奶产量，增加牛奶的含脂率和蛋白质含量，减少牛奶中的体细胞数。紫花苜蓿根系强大，株丛密集，能够增强土壤抵抗侵蚀能力，具有保持水土和涵养水源的效果。同时，根系中有大量的共生根瘤菌，固氮能力极强，改良和培肥土壤的作用十分显著，可使其后茬作物的产量和品质都大幅度地提高。陕西关中地区有“一亩苜蓿三亩田，连种三年劲不散”的农谚。紫花苜蓿也是一种很好的蜜源植物，流蜜期长，蜜质优良，经济效益较高。此外，紫花苜蓿可作为营养价值极高的蔬菜食用。随着其功能性成分的深入研究和加工工艺的不断创新，紫花苜蓿作为功能性食品、保健品、化妆品以及医疗用品的开发利用日益显示出其应用价值和广阔的市场前景。

二、紫花苜蓿育种研究概况

紫花苜蓿原产于中东、小亚细亚、外高加索、伊朗、土库曼斯坦高地，1850 年传入美国加利福尼亚州后便很快在美国扩散，逐渐形成了适于美国各地生态条件的地方品种。这一类品种在美国统称为普通苜蓿（common alfalfa），是一个具有优良经济性状和广泛遗传基础的群体。19 世纪中后期至 20 世纪前期，美国先后从土耳其引入了抗病力强的土耳其（Turkistan）苜蓿，从德国引入耐寒性较好的格林（Grimm）苜蓿，分别从印度克什米尔和苏联哥萨克地区引入了适于寒冷干燥气候条件下生长的拉达克（Ladak）苜蓿和哥萨克（Cossack）苜蓿，分别从秘鲁、印度和埃及引入了生长和再生迅速、适应南部灌溉地区栽培的秘鲁（Peruvian）苜蓿、印度（Indian）苜蓿和埃及（Egyptian）苜蓿，丰富了紫花苜蓿的种质资源。经育种家近 1 个世纪的努力，美国育成了许多著名的紫花苜蓿品种，例如从普通苜蓿中选育出了 Buffalo、Willianmsburg、Cody 等适宜在温暖湿润地区生长，生长迅速，产草量高的优良品种；从土耳其苜蓿中选育出了 Marlboough、Hardistan、Nemastan、Orstan、Lahentan、Washoe 等适于干旱地区栽培，抗病和抗虫能力均较强的品种；从格林苜蓿、拉达克苜蓿和哥萨克苜蓿中选育出了栽培应用甚广的 Ranger 品种。当今美国紫花苜蓿的育成品种中，有一半以上是从土耳其苜蓿、格林苜蓿、拉达克苜蓿和哥萨克苜蓿中选育出来的。丰富的种质资源成为美国紫花苜蓿育种的一根重要支柱，并为美国成为紫花苜蓿生产大国铺就了道路。

由于紫花苜蓿的经济价值极高，世界各国均十分重视苜蓿种质资源的引入和研究。除美国以外，欧洲、加拿大等每年亦有不少紫花苜蓿新品种上市。

我国栽培紫花苜蓿的历史悠久，种质资源较丰富。在长期的自然选择和人工栽培条件下，形成了许多适应我国各地生态条件的紫花苜蓿地方品种，例如北疆苜蓿、新疆大叶苜蓿、河西苜蓿、陇东苜蓿、陇中苜蓿、天水苜蓿、关中苜蓿、陕北苜蓿、晋南苜蓿、偏关苜蓿、沧州苜蓿、无棣苜蓿、肇东苜蓿、内蒙古准噶尔苜蓿、敖汉苜蓿、淮阴苜蓿等。据耿华珠等在《中国苜蓿》一书中的划分，我国紫花苜蓿品种可分为东北平原生态型、华北平原生态型、黄土高原生态型、江淮平原生态型、汾渭平原生态型、新疆大叶生态型和内蒙古高原生态型共 7 个生态型。甘肃农业大学李逸民、曹致中依据 55 个紫花苜蓿品种的生育期试验结果，又将我国紫花苜蓿品种划分为早熟、中熟、中晚熟和晚熟 4 个类型。并指出，早熟品种（例如关中苜蓿）具有植株矮小、基生分枝少、茎细叶小、基生分枝产生花序节位低、花序紧凑、花较少等特性；晚熟品种（例如新疆大叶苜蓿）具有植株高大、基生分枝多、茎粗壮、叶宽大、基生分枝产生花序节位高、花序长而花多等特性。

自 20 世纪 50 年代以来，我国有关农业科学研究院所、高等农业院校在对我国紫花苜蓿种质资源收集整理、评价研究和引进国外育种资源的同时，开展了针对我国北方各地生态条件的紫花苜蓿育种工作，获得了一批研究成果。中国农业科学院畜牧研究所已收集了国内外苜蓿种质资源材料 400 余份；选育了丰产性、再生性和持久性较好，抗逆性和抗病虫性较强的保定苜蓿、耐盐的中牧 1 号等品种。吉林省农业科学院吴青年等选育的公农 1 号和公农 2 号紫花苜蓿，内蒙古农牧学院吴永敷、云锦凤等选育的草原 1 号和草原 2 号杂花苜蓿，甘肃农业大学曹致中、贾笃敬选育的甘农 1 号和甘农 2 号杂花苜蓿及甘农 3 号紫花苜蓿，内蒙古图牧吉牧场程渡等选育的图牧 1 号紫花苜蓿等品种则具有很好的耐寒性和越冬性，可以在生态环境较严酷地区种植，并有较高的产草量和种子产量。

近年，牧草生产，尤其是紫花苜蓿生产在农区发展很快。为适应农区生产高产高效的需要，我国从国外引进了许多适于温暖地区栽培的高产品种，例如 Acacia、Hunter River、Saranac 等。育成品种以抗寒、耐盐碱、抗病虫、耐牧和优质高产型为主，育种目标仍停留在以适应性和产量为主的阶段。随着紫花苜蓿种植面积的扩大、对产量等要求的提高及现代育种技术的应用，我国紫花苜蓿新育种工作必将跨上一个新的台阶。

第二节　紫花苜蓿育种目标

半个多世纪来，我国紫花苜蓿育种工作取得了显著成效，紫花苜蓿产量得到了很大的提高。随着农业产业结构调整的不断深入，我国紫花苜蓿的种植面积急速增加，向南方发展的速度加快。在生产实践中，产草量、病虫害等问题正在逐渐成为限制紫花苜蓿进一步发展的制约因素。紫花苜蓿的育种工作需要在如下的目标上下功夫。

（一）高产　丰产性是当前我国紫花苜蓿育种的主要目标。我国各地的地方品种和一些育成品种适应性强，但产量较低，产量普遍不及从美国和加拿大引进的品种，导致近年我国紫花苜蓿栽培品种的大面积“洋化”。目前，我国北方的紫花苜蓿干草年产量一般可达 12～15 t/hm^2。从紫花苜蓿的形态学和生物学特性来看，其根颈产生分枝的能力、植株高度、生长速度和刈割后的再生速度、年刈割次数及各次产量的均匀度、单位面积的茎叶密度以及春季返青的迟早，直接影响紫花苜蓿的产草量。

不同紫花苜蓿品种基生分枝的数量和粗细不同。稀植条件下，一般分枝较少的品种枝条较粗。而一些研究表明，分枝多而细的紫花苜蓿对产草量和品质有利；分枝节多、株高叶茂的品种亦有利于高产。

春季返青早，晚秋生长停止晚及生长速度快的品种年刈割次数多，产草量高。我国的地方品种生长速度慢，1 年只能刈割 2～3 次，产草量较低；而国外引进的高产品种生长速度快，可年刈割 3～5 次，产草量较高。国外的一些研究表明，一年刈割 5 次的品种比一年刈割 4 次的品种产草量高。

这些影响紫花苜蓿产草量的形态学和生物学特性是可遗传的，能够相对稳定地在群体中得到保持，可以通过杂交和适当的选择方法把优良性状集中到杂种后代身上，选育出具有丰产性能的新品种。中国农业科学院北京畜牧兽医研究所以丰产型保定苜蓿和自选苜蓿为亲本材料，选择优株杂交，进行多代混合轮回选育，培育了中苜 6 号高产紫花苜蓿新品种，年刈割 4 茬干草产量可达 17 t/hm^2。此外，我国育成的高产紫花苜蓿品种还有公农 1 号、甘农 6 号、渝苜 1 号、中草 3 号等。

（二）优质　紫花苜蓿饲草的品质较好，春季初花期刈割，饲草干物质中含粗蛋白质 18%～27%、无氮浸出物 34%～39%，粗蛋白质消化率为 75%～80%，但紫花苜蓿饲草品质在品种间存在较大差异。因此近年来国内外均十分重视紫花苜蓿的品质育种。

牧草的品质主要表现在茎叶比例、化学组成、消化率等方面。紫花苜蓿叶片的蛋白质含量显著高于茎，并且叶片含有比茎更高的色氨酸、组氨酸、赖氨酸等必需氨基酸。紫花苜蓿茎叶中还含有一些对家畜生长和繁殖不利的组分，例如皂素、蛋白酶抑制剂、植物雌激素等。这些组分含量高低与品种有很大关系，与遗传性有关。在畜牧生产中，豆科牧草皂素含量过高可引起反刍家畜的鼓胀病，也能降低鸡的生殖能力。降低紫花苜蓿木质素含量有助于提高牧草消化率，提高其营养价值，成为苜蓿品质育种的热点之一。因此紫花苜蓿品质育种一方面需要重视可消化养分含量的提高，另一方面需要重视对畜禽生产不利化学成分的降低。

（三）耐逆性　紫花苜蓿传入我国后主要在畜牧业为主的地区种植，例如西北、东北等地区种植历史悠久，种植面积较大。随着农业产业结构调整的深入，近年在北方及中原地区呈现了快速发展的局面。北方的气候因素（寒、旱）及部分地区土壤盐碱化常是限制紫花苜蓿发挥生产性能的重要因素。例如在高纬度、高海拔地区，紫花苜蓿普遍存在着越冬率低，容易发生冻害和死亡现象。且由于无霜期短，积温低，不能结籽或种子产量甚低，因此选育耐寒性强的紫花苜蓿品种是我国北方地区的重要育种目标。许多研究证明，紫花苜蓿的耐寒性与品种的形态、植株可溶性糖分含量、茎叶汁液 pH 等有关。有些鉴定认为，侧根发达、多细根的品种耐寒性强；反之，主根发达的品种不耐寒。茎叶汁液 pH 高，蛋白质的溶解度和稳定性、酶的活性、氨基酸及阳离子的浓度等提高，耐寒能力提高。茎叶及根系中可溶性糖分、可溶性蛋白质和氨基酸含量高、呼吸速率大的品种一般耐寒性较好。我国育成的耐寒苜蓿有甘农 1 号、新牧 1 号以及图牧 1 号等杂花苜蓿品种。

一些研究还证明，紫花苜蓿的耐旱性与耐寒性有较强的相关。耐旱品种与耐寒品种的许多生理变化有一定相似性。

研究表明，紫花苜蓿为中等耐盐作物，适宜于在轻度盐碱地上种植。通过选育，提高其耐盐能力，对于开发利用盐碱地和滩涂资源及扩大紫花苜蓿生产都有重要意义。中国农业科学院畜牧研究所耿华珠等采用细胞培养和耐盐筛选技术已选育出了耐盐的紫花苜蓿品种中苜 1 号。目前我国选育的耐盐碱品种还有中苜 3 号和鲁苜 1 号紫花苜蓿。

随着南方畜牧业的发展，紫花苜蓿在南方丘陵地区及农田的种植面积正在不断增长。由于南方雨水多、土壤黏重、地下水位高等因素，不利于紫花苜蓿高产，南方农田、水网地区需要耐潮湿的紫花苜蓿品种。我国紫花苜蓿地方品种及近缘种中，淮阴苜蓿和金花菜（*Medicago polymorpha*）较耐湿，可作为紫花苜蓿的耐湿育种材料。另外，我国南方地区夏季高温也限制了紫花苜蓿的正常生长，导致牧草产量和品质下降。随着全球温室效应的加剧，高温热害已成为植物生产的主要障碍，紫花苜蓿的耐热性主要表现为越夏性，因品种、气候条件和生长年限等条件的不同而存在差异。研究表明，越夏性好的品种有新疆大叶苜蓿、武功苜蓿、淮阴苜蓿、中苜 1 号紫花苜蓿以及从国外引进的休眠级较高的品种。

另外，紫花苜蓿对土壤酸度十分敏感，而我国南方地区多为酸性土壤，这致使紫花苜蓿在南方地区的引种栽培受到了极大的限制。通常苜蓿生产中，需要土壤 pH 高于 6.2，才能保持住土壤中的钙、镁、钾等矿质元素，共生细菌才能正常固氮。当土壤 pH 低于 5.7 时，紫花苜蓿产量会随着 pH 的下降而迅速下降。在酸性土壤中铝是可溶的，根吸收了酸性土壤中的铝元素后会限制根的生长，降低根吸收水分和营养物质的能力。酸性土壤中作物减产主要由铝毒造成的。紫花苜蓿对低 pH 和高铝浓度的耐受性存在明显的基因型差异。全球有超过 40%的可耕作土地呈酸性，选育具有耐酸性或者在酸性土壤中具有耐铝毒的品种，对发展酸性土壤地区的牧草产业具有重大的意义。

（四）抗病虫　紫花苜蓿在同一地区长期大面积种植时容易发生病虫害。病虫害不仅影响饲草的产量，而且影响饲草的品质，缩短紫花苜蓿草地的利用年限。选育紫花苜蓿抗病虫的品种可以降低饲草生产成本，并减少由于使用农药防治引起的环境和畜产品污染，是防治苜蓿病虫害最有效且被最广泛应用的方法之一。

紫花苜蓿当前的主要病害有锈病、褐斑病、根腐病、霜霉病和白粉病。紫花苜蓿的抗病性在品种间和品种内植株间存在很大的变异。这主要是由于紫花苜蓿是同源四倍体和异花授粉植物，二者均有利于持续变异。紫花苜蓿至今还没有对病害免疫的品种，选育抗病品种只能增加群体中抗病植株的比例，并提高植株的抗病等级。中国农业科学院兰州畜牧与兽医研究所选育出抗霜霉病的紫花苜蓿品种中兰 1 号，无病株率可达 95%～100%，并兼有抗褐斑病和锈病的特性。

昆虫危害每年能给紫花苜蓿生产造成很大的经济损失。害虫不仅可通过损伤植株或消耗养分直接影响紫花苜蓿的生长发育，而且有些害虫还传播病害造成紫花苜蓿产量和品质的降低。紫花苜蓿的主要害虫有蚜虫、蓟马、象鼻虫、盲蝽、叶象等。紫花苜蓿对害虫的抗性很复杂。形态学、解剖学、生物化学和生理学特性常常相互影响着害虫对紫花苜蓿的作用。抗虫育种和抗病育种一样，包括两个生物体相互作用以及环境条件影响植物抗虫性的程度。近年来的研究表明，许多抗性属于简单遗传，可用常规育种方法传递给后代。在自由授粉群体中，表现型轮回选择对苜蓿斑点蚜、豌豆蚜、马铃薯叶蝉和苜蓿象虫抗性的选择是有效的。抗虫材料可在常受到害虫侵袭和危害，特别是某些能够维持高密度虫口的地方种植鉴定。2003 年，甘肃农业大学开展了抗蓟马紫花苜蓿植株的筛选和培育，并育成了我国第一个抗虫紫花苜蓿新品种甘农 5 号，具有高抗蚜虫兼抗蓟马等特点。

（五）耐牧性　我国天然草地面积约为农田总面积的 3 倍。天然草地不仅是畜牧生产的基地，也是生态建设的重要地区。选育匍匐或半直立型的特别耐放牧品种对改善天然草地的产草量和饲草品质及防风固沙均有重要意义。

紫花苜蓿品种经耐牧性选育后可显著改善耐牧性。美国在 20 世纪 80 年代中期对各品种紫花苜蓿进行连续 2～3 年强放牧，在存活植株中选择优秀植株杂交育成的品种表现出较其他品种高的耐牧性。洪绂曾和吴义顺的研究指出，根蘖型苜蓿具有大量匍匐根，能从母株上产生一级、二级乃至多级的大量分株，从而使单株的覆盖面积比非根蘖型苜蓿大几倍甚至十几倍，其侵占性、竞争力都很强，具有持久耐牧特点。吉林省农业科学院畜牧分院以国外引进的根蘖型苜蓿为原始材料，育成公农 3 号紫花苜蓿，具有大量水平根，根蘖株率高达 30%以上，耐牧性强，适宜在黄土高原地区用于水土保持和防风固沙。甘肃农业大学和内蒙古图牧吉草地研究所以类似方法，分别育成了甘农 2 号杂花苜蓿以及图牧 3 号、图牧 4 号根蘖型苜蓿品种，根蘖率可超过70%。

（六）秋眠性 秋眠性（fall dormancy）是指紫花苜蓿随着秋季日照长度的缩短而引起的生理休眠，实际上是一种有关生长习性和生理功能的遗传特性，这种遗传变异来源于世界不同苜蓿起源中心的不同基因源。

秋眠级别是紫花苜蓿品种选择首先要考虑的因素，美国已把苜蓿秋眠性列为品种鉴定的一个首要指标。2019年，我国实施了国家标准《苜蓿秋眠性分级评定》（GB/T 37069—2018），规定了多年生四倍体苜蓿秋眠分级评定规则。根据国家标准，紫花苜蓿品种划分为12个秋眠级和5个秋眠类型：1级以下为极秋眠型，1～3级为秋眠型，4～6级为半秋眠型，7～9级为非秋眠型，10～11级为极非秋眠型。秋眠级越高表示秋眠性越弱。紫花苜蓿秋眠性与它的再生性、生产力、耐寒性等有高度的相关性。秋眠型品种耐寒性强，产量低，早春再生慢；非秋眠型品种耐热性和抗病性强，产量高，春季生长快，但耐寒性差；半秋眠型品种介于二者之间。

北京林业大学卢欣石于1991—1994年对我国23个国家审定品种以及69个未审定的人工培育和地方品种进行秋眠性评定，评定表明，我国苜蓿品种中大部分为秋眠类型和极秋眠类型，其秋眠等级为1～2。国家审定品种中只有新疆大叶紫花苜蓿为半秋眠型。在黄河以南地区，非秋眠型紫花苜蓿以其具有较快的生长速度、较高的生物产量、较强的再生性等优点而具有推广应用潜力。从国外引进或者培育高秋眠级别品种，不仅能够促进黄河以南地区苜蓿饲草产量的提高，也可使紫花苜蓿的种植范围向南扩展到我国亚热带、热带区域。

第三节 紫花苜蓿育种途径和方法

一、紫花苜蓿自然变异选择育种和轮回选择

（一）混合选择法 紫花苜蓿品种在开放传粉的情况下为一个异质杂合群体（heterogeneous and heterozygous population），采用混合选择法改良品种具有良好的效果。一般情况下，按照育种目标在各品种群体中选择符合标准的个体，将这些个体的种子混合脱粒。混合脱粒获得的种子作为新的品种参与当地优良品种的比较试验。通过品种比较确认某些性状得到改善，且优于推广品种，则可进入区域试验，直至推广使用。混合选择也可以采用无性繁殖法选择优良单株，混合种植在一起，收获混合群体的种子作为新的品系，其效果更显著。

混合群体虽然是由选择的单株构成的，但仍是一个具有广泛基因基础的群体。它可以减少近亲繁殖（inbreeding）的有害作用。因此混合选择对一些简单的遗传性状具有明显的效果。通过自然选择和人工选择的结合，可以改善某些性状以适应当地的生态条件和社会经济发展的需要。但混合选择的改良进度较小，对提高产量性状和其他数量性状的效果不大。

（二）轮回选择 轮回选择是大部分异花授粉植物共同使用的育种方法。紫花苜蓿的轮回选择是一种改良的多次混合选择。选择在隔离区内进行，其选择程序如下。

1. 第1年 在隔离区内种植1 000株以上的同一品种或杂种植株的群体，单株稀植以供选择。

2. 第2年 在开花之前，根据育种目标要求的表现型特征，选定符合标准的个体，清除不良个体，令其自由开放传粉。待种子成熟后，分株收获和脱粒、编号、装袋。隔离区中的当选植株继续保留。

3. 第3年 用上年当选植株的种子进行株系产草量比较试验，选择配合力高的母株个体，淘汰配合力低的母株个体。比较试验最少连续进行两年。

4. 第5年 根据两年的株系产草量情况，在隔离区内保留配合力高的植株，清除配合力低的植株。

5. 第6年 让隔离区内的保留植株相互授粉。待种子成熟后混合收种。这样，收集的种子就可以用于生产，看作1次轮回。轮回选择一般需6年完成1个周期，以后每次轮回都是在前一次轮回的基础上进行。经过3～4次轮回，就可以收到很好效果。

轮回选择能够选育出优良的杂合群体，而且能够继续进行选择，逐步提高目标性状。它与混合选择的不同点是，既注意表现型选择，也对各个单株的配合力进行选择。连续几次轮回，就可以使各方面的优良基因集中到选择群体内，并在选择中淘汰不良基因，同时还能避免近亲繁殖，增加重组机会。轮回选择对提高紫花苜蓿赖氨酸的含量、抗病性和改进其特殊配合力等方面，都有良好的效果。

二、紫花苜蓿杂交育种

(一)紫花苜蓿开花结实特性 紫花苜蓿花序为总状花序,总花柄着生于茎第6~15节及以上的叶腋中。花序一般长为4.5~17.5cm,有小花20~80个。同一植株花序上的小花数,一般为基生分枝上的较多,侧枝上的较少;早期产生的较多,后期产生的较少。紫花苜蓿的花为蝶形花,开放时旗瓣、翼瓣先张开,花丝管被龙骨瓣里面的侧生突起包住,花药不易绽开。花药在花蕾阶段便开放散粉,花粉有黏性,容易黏附到昆虫的身上便于传粉。花粉储于花药之中时,其生活力可保持两周。

花序上的开花顺序是由下向上。一个花序开花的持续时间,随气候、品种及花的数目而异,一般为2~6d。紫花苜蓿群体的开花时间通常可持续40~60d,晴天开花多,阴天开花少或不开花。晴天5:00—17:00都有开花,但开花最集中是在9:00—12:00,13:00后开花显著减少。苜蓿开花最适宜的温度为20~27℃,最适相对湿度为53%~75%。

紫花苜蓿柱头与花粉的生活力在田间条件下可持续2~5d。花粉的生活力在20%~40%的相对湿度下,能保持更长的时间,部分花粉甚至能保持生活力达到45d之久。在温度提高时,花粉的生活力显著下降,而湿度达到100%时,花粉的生活力最低。紫花苜蓿花粉人工储藏在-18℃的真空干燥箱中,在相对湿度保持在20%时,能保持生活力183d。

在适宜条件下,紫花苜蓿授粉后7~9h,花粉管伸入子房进行双受精作用,即一个精子与卵细胞融合,另一个精子与极核融合。在湿润而寒冷的气候中,可能延长到25~32h受精。授粉后5d就可以形成螺旋状荚果。由授粉到种子成熟需要40d左右,授粉后20d所结的种子即有发芽能力。

紫花苜蓿属于异花授粉植物,其自交结实率很低,即使在隔离情况下强迫自交,自交结实率也不过14%~15%。通常情况下,紫花苜蓿的天然异交率在25%~75%。影响紫花苜蓿自交结实率的主要因素来自花的形态、花粉及花粉管生长等几个方面。

一般认为,紫花苜蓿开花时龙骨瓣没有张开的花是没有授粉的。绝大部分这样的花最后都衰败和凋谢。据观察,在高温干燥和阳光的照射下,部分花的龙骨瓣会自动张开,花药散开,柱头接受花粉,得到的种子大部分是自交种。紫花苜蓿的传粉主要依赖丸花蜂、切叶蜂和独居型蜜蜂等一些野生昆虫。当它们采访龙骨瓣未展开的花时,往往爬在龙骨瓣上,把喙伸进旗瓣和雄蕊之间采蜜,同时以头顶住旗瓣,然后在翼瓣上不断运动,引起解钩作用,使得花粉弹到蜂的腿部和腹部,最终达到传粉的作用。蜜蜂也喜欢采集紫花苜蓿的蜜液,但常将喙伸在龙骨瓣和旗瓣之间的蜜腺处,龙骨瓣不易被撞开,以致传粉作用受到限制。

花粉中发育不良花粉的比例大和自交花粉在柱头不能萌发或花粉管生长受阻也是紫花苜蓿自交结实率低的重要原因。据观察,自交只有少数花粉管能伸到子房腔基部。紫花苜蓿授粉后30h,自交花粉管最长能达到第4个胚珠,而杂交的就能达到第8~9胚珠。48h后,自交花粉管达到第5~6胚珠,而杂交的则达到第10胚珠。此外,有许多花粉管达到胚珠也不受精。一般情况下,自交和杂交的花粉管都能达到前4个胚珠,但是,能使这些胚珠受精的程度却不同,自交的只有28%,杂交的为80%。自交花粉管不进入胚珠的现象,是自交不亲和性的证明。

紫花苜蓿自交结实的种子硬实率高,一般可达75%~80%。硬实种子经摩擦处理之后发芽正常,不经处理的种子发芽率很低。自交种子长出来的幼苗生活力和生长势都弱,而且自交下一代分离比较明显,饲草和种子的产量比亲本低。自交一代的产草量只有亲本的80%~90%,自交二代的产草量为亲本的70%~80%,自交三代的产草量为亲本的50%~60%,以后就基本上稳定在一个水平上。种子产量也有同样下降趋势。紫花苜蓿培育自交系主要用于配制杂交种。

(二)紫花苜蓿杂交技术

1. 去雄杂交 选基生分枝花序上的小花。当花冠从萼片中露出一半时,花药为球状,绿色的花粉还没有成熟。用镊子从花序上去掉全部已开放的和发育不全的花。用拇指和中指轻轻捏住花的基部,用镊子剥开旗瓣和翼瓣,食指将其压住;回转镊子,把龙骨瓣打开摘除花药。去雄结束时,必须检查去雄是否彻底。去除花序上所有的小花花药后,立即套上纸袋,以防杂交。同时系以标签,用铅笔注明母本名称及去雄日期。去雄最好在早上6:00左右进行。也可采用吸收法和酒精浸泡法进行人工去雄。吸收法去雄:将橡皮球连接到吸管上,排除橡皮球中的空气,吸管尖端对准花药,轻轻放开橡皮球,花粉和花药就可以被吸去。酒精去雄:将整个总状花序浸在75%的酒精溶液中约10min,然后在水中清洗几秒钟。酒精法去雄比吸收法去雄容易，但是效果不如吸收法去雄。

去雄后的小花开放时即可进行授粉。根据开花的适宜条件，最好在晴天 10:00—14:00 进行。采集父本植株上花已开放而龙骨瓣未弹出的花粉。用牛角勺伸到父本花的龙骨瓣基部轻微下按，雄蕊就会有力地将花粉弹出，留在小勺之上。将花粉授予已去雄的母本柱头，完成杂交。最后将父本名称和授粉日期登记在先前挂好的标签上。

2. 不去雄杂交　紫花苜蓿的自交率很低，而且自交后代生活力降低，所以也可以采用不去雄杂交法。不去雄杂交方法简便，目前在实践中使用很多。在杂交之前，先收集大量已开放而龙骨瓣未开的父本花，用牛角勺取出父本花粉。用带有父本花粉的勺轻压母本小花龙骨瓣，母本柱头即可接受父本的花粉，完成杂交过程。必须注意的是，每杂交一个母本植株后，要将牛角勺用酒精消毒一次。授粉之后，为了防止其他花粉的传入，需要套纸袋隔离。授粉后，在标签上注明杂交组合名称及杂交日期，系在杂交过的花序上。

3. 天然杂交　天然杂交必须事先了解父本和母本选择授精（selective fertilization）的情况。只有在母本植株授以父本品种花粉，比本品种的花粉具有更大的选择性时才能采用，以保证获得高质量的杂交种子。这种方法简单易行，而且花费人力少，生产杂交种子的成本低。天然杂交需在隔离区内进行，以防止与其他品种杂交。隔离区距离不得小于 1 200 m。杂交父本隔行播种，行距约为 50 cm，或者在母本周围播种父本植株。

进行天然杂交时，若亲本花期不遇，可采用调节刈割期的方法解决。父本植株也可采用分期刈割的方法，以满足花粉的供应。

（三）紫花苜蓿杂种后代选育　由于紫花苜蓿为杂合体，F_1代便可能出现分离。因此 F_1代除按育种目标选择优良株系外，还应在株系中选择优良变异个体。判断杂种后代是否带有父本和母本优良性状时，紫花苜蓿花的形态、颜色等常可用作遗传标记。

一些符合育种目标的杂种后代株系或植株被确定后，为保证新育成品种具有较广泛的遗传基础，可按混合选择法进行新品种的选育。

三、紫花苜蓿回交育种

回交育种可以用于改良紫花苜蓿的某些性状，特别在抗病育种中应用较多。它对紫花苜蓿优良无性系或自交系以及一些优良品种的某些质量性状的改良较有效，而对数量性状的改良却不适宜。

美国在 20 世纪 50 年代从加利福尼亚普通苜蓿中选择抗霜霉病和抗叶斑病植株作为轮回亲本，把抗萎蔫病的土耳其品种苜蓿作为非轮回亲本进行杂交。经过 4 次回交后，将土耳其品种苜蓿的抗萎蔫病性状转移给加利福尼亚普通苜蓿。以后在隔离条件下，再经自交和开放授粉，从后代中选出抗病植株。再将选出的这些抗病植株混合起来，育成了现在的 Caliverde 品种。Caliverde 品种既继承了加利福尼亚普通苜蓿的优良经济性状及抗霜霉病和抗叶斑病的特性，又具有了土耳其品种苜蓿抗萎蔫病的特性。值得注意的是，为了保证育成品种继承轮回亲本的优秀经济性状，轮回亲本不能少于 200 株。

四、紫花苜蓿综合品种选育

综合品种是将由各种育种材料或品种中选出的综合性状良好，又具有某些优秀特性的优良植株组成的一个混合群体。综合品种开放授粉后，能增加群体中基因重组的机会，因而产量比开放授粉的一般品种大有改进。虽然紫花苜蓿是多倍体，群体的后代分离不明显，但综合品种以 4～12 个自交系或无性繁殖系组成的产草量比较稳定。

紫花苜蓿综合品种的组成形式较多，有的如玉米那样，由入选的数个自交系种子等量混合而成，但由于紫花苜蓿选育自交系较困难，因此由自交系组成综合品种目前还有许多困难。当前运用最多的是由无性繁殖系组成综合品种。这在一些国家几乎已成为紫花苜蓿育种的标准方法。另外，也可以由入选的优良植株混合组成综合品种，例如通过混合选择、集团选择等育种方式来进行，也是行之有效的方法。

甘农 3 号紫花苜蓿品种是由甘肃农业大学于 20 世纪 90 年代育成的综合品种，其选育程序见图 34-2。

五、紫花苜蓿远缘杂交

苜蓿属全世界约有 65 种，紫花苜蓿的近缘种很多。苜蓿属在我国有 12 种、3 变种、6 变型。苜蓿属的

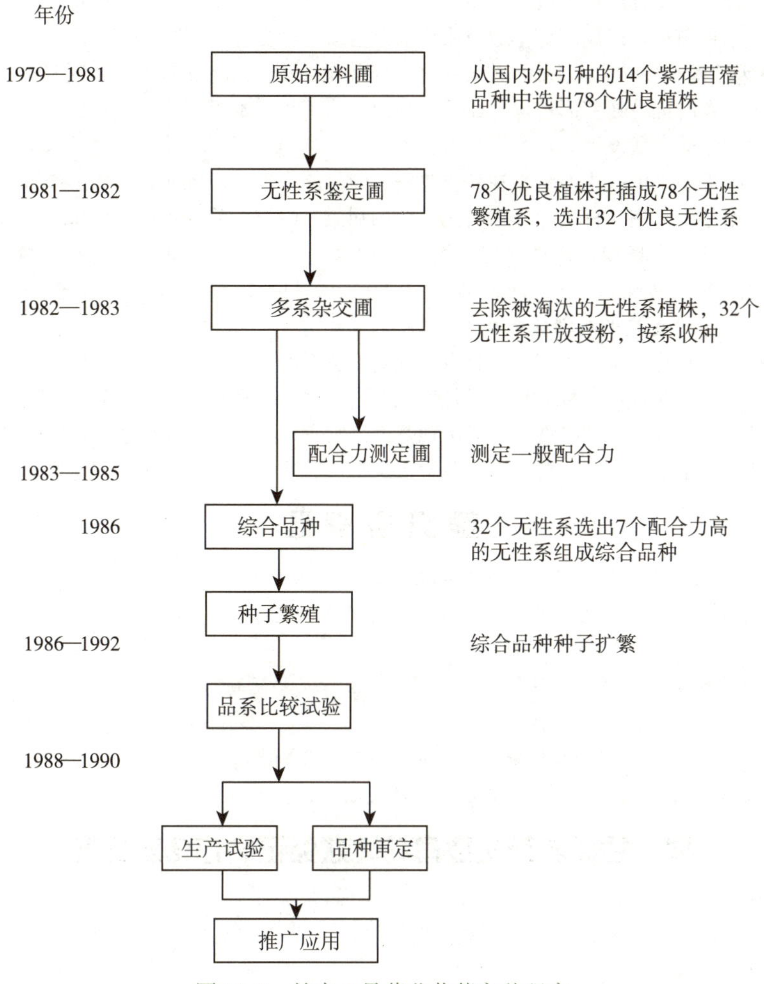

图 34-2 甘农 3 号紫花苜蓿育种程序

某些种之间可天然杂交，例如紫花苜蓿和黄花苜蓿种植在一起可形成天然的杂交种，且能把紫花苜蓿的高产优质性状和黄花苜蓿耐寒、耐旱的性状结合在一起。我国育成的苜蓿品种草原 1 号、草原 2 号、甘农 1 号、新牧 1 号、新牧 3 号等都是采用紫花苜蓿与黄花苜蓿远缘杂交创造的新类型。

种间的远缘杂交十分广泛地应用在苜蓿育种中。为了提高产草量和提高群体抗逆性，直接采用紫花苜蓿与黄花苜蓿杂交，利用杂种优势，也是一种简单可行的方法。

紫花苜蓿与扁蓿豆杂交已引起育种者的关注，黑龙江省畜牧研究所王殿魁等采用诱导扁蓿豆四倍体、杂交及辐射等方式选育紫花苜蓿与扁蓿豆的杂种，已育成龙牧 801、龙牧 803 和龙牧 806 杂花苜蓿。

六、紫花苜蓿生物技术育种

（一）体细胞杂交 体细胞杂交是依据细胞全能性将细胞融合技术和组织培养技术相结合而发展起来的一项育种技术。植物体细胞杂交是用酶解去除杂交植物的细胞壁，形成游离的原生质体，在缓冲液中，经电脉冲或化学调渗剂作用，实现两种原生质体的融合杂交，然后通过细胞培养分化，再生出杂种植株。体细胞杂交包括一系列相互依赖的步骤，即原生质体的制备、原生质体的融合、杂种细胞的选择、杂种细胞的培养、由杂种愈伤组织再生植株以及杂种或细胞质杂种植株的鉴定等。

植物体细胞杂交技术打破了物种间的生殖隔离，同时也克服了植物花期不遇与有性杂交不亲和的问题，为扩大遗传变异、更新种质资源和改良作物品质开创了一条有效的途径。但在更远的亲缘关系间进行基因重组或在基因导入时的准确性和精确性方面仍存在缺点。在饲用植物中，苜蓿属种间体细胞杂交是研究最多的，极大地丰富了苜蓿杂交育种的手段，提高了育种效果和效率。李宇光等成功地获得非对称性紫花苜蓿与普通红豆草体细胞杂种植株，以期培育不致鼓胀病的苜蓿新品种。

（二）植物基因工程 1986年，Deak首次通过农杆菌介导转化法将新霉素磷酸转移酶基因*nptⅡ*成功地导入苜蓿，获得了可育的抗性转基因植株。此后，利用基因工程技术提高苜苜蓿抗逆性成为苜蓿育种的重要途径。随着分子生物学的迅猛发展，转基因技术日趋完善，利用基因工程技术在分子水平上对紫花苜蓿进行遗传改良已取得了很大的进展，主要集中在品质改良、固氮能力提高、抗逆、抗病虫和抗除草剂等方面。山东林业科学研究院梁慧敏采用农杆菌介导法将山菠菜的甜菜碱醛脱氢酶（BADH）基因成功导入中苜1号紫花苜蓿基因组中，经基因检测和抗逆性测定选育出了山苜3号耐盐新品种。转基因抗除草剂RR©苜蓿自2005年开始在美国种植并实现商业化。2014年，一种新的转基因苜蓿品种KK179在美国获批种植，其木质素减少了22%，从而具有更高的可消化性和生产率。

与传统的育种方法相比，基因工程技术具有周期短、选择精度强、育种效率高以及克服远缘杂交不亲和性等优点，可大大加速紫花苜蓿育种进程。但是紫花苜蓿基因工程育种研究也受到一些因素制约，主要有转基因的转化效率低、重复性差、随机性大、易出现基因沉默等。另外，在实际生产应用中也可能存在一些问题，例如转基因苜蓿的杂草化、害虫对转基因苜蓿产生抗体、环境安全性和生物安全性等。

复习思考题

1. 试述紫花苜蓿的主要生长发育特性及其利用价值。
2. 试述紫花苜蓿育种的主要育种目标，评述国内外的育种进展。
3. 试举例说明紫花苜蓿育种的主要途径和方法。
4. 试述紫花苜蓿的杂交技术。紫花苜蓿杂交育种应注意哪些问题？
5. 举例说明紫花苜蓿轮回选择的程序。
6. 结合育种目标阐述紫花苜蓿远缘杂交研究的重点及应用前景。
7. 试讨论生物技术在紫花苜蓿育种中的应用以及发展前景。

附 豆科牧草主要育种性状的记载方法和标准

一、生育时期

1. 播种期 实际播种日期即播种期，以月、日表示。

2. 出苗期 全区50%以上子叶出土的日期为出苗期。

3. 分枝期 全区20%以上植株长出分枝的日期为分枝始期，80%以上植株长出分枝的日期为分枝盛期。

4. 始花期 全区20%以上植株开花的日期为始花期。

5. 盛花期 全区80%植株开花的日期为盛花期。

6. 结荚期 全区20%植株带有绿色荚果的日期为结荚始期，80%植株带有绿色荚果的日期为结荚盛期。

7. 成熟期 全区80%以上植株荚果呈黑褐色，种子转硬，第1次收获种子的日期为成熟期。

二、生长和生产性能

8. 株高 全区取10点测量地面至拉直的植株最大高度，求每株的平均值，为株高。

9. 草层高 全区取10点测量地面至叶层最密集处的自然高度，求其平均值，为草层高。

10. 分枝数 区内（除边行）随机取10株生长正常植株计总分枝数，或区内（除边行）生长均匀地段调查3～5个20 cm×20 cm样方内植株的总分枝数，以个/m^2表示。

11. 叶面积指数（*LAI*） 区内（除边行）生长均匀地段调查3～5个样方内植株的全部绿叶面积，*LAI*=绿叶面积/样方面积。

12. 生长速度 定期随机取6～10点调查区内植株（除边行及缺株旁植株）株高或地上部干物质量，计算单位时间内植株株高或干物质量的增长量，以株高增长的cm/周或植株地上部干物质量增加的g/(周·m^2）表示。

13. 再生性 刈割或放牧利用后7～10 d调查区内再生植株（除边行及缺株旁植株）的比例（%）或单位土地面积上的再生茎数，并调查再生植株的生长速度，以再生植株比例（%）（或单位面积茎数）和生长速度表示。

14. 鲜草产量　盛花期全区去20～40 cm边行后，留茬3～5 cm刈割、称量，计各次刈割的产量及全生长季（年）的总产量，以 g/m^2 或 kg/hm^2 表示。

15. 干物质产量　测定鲜草产量后，各区随机抽取500 g左右新鲜样，用塑料袋密封、低温带回实验室精确称量后，于通风干燥箱内以65～70℃烘干至恒重。计算出干物质率，以鲜草产量乘以干物质率求得干物质产量。

三、品质

16. 粗蛋白质含量　用凯氏半微量定氮法分析测定牧草样品的氮含量，以氮含量乘以6.25计算得到粗蛋白质含量。常用%或g/kg干物质表示。

17. 中性纤维和酸性洗涤纤维含量　采用范氏（van Soest）法分析测定中性纤维和酸性洗涤纤维含量。常用%或g/kg干物质表示。

18. 消化率　采用瘤胃网袋法、瘤胃液体发酵法或胃蛋白酶-纤维素酶法分析测定消化率。常用干物质或有机物消失率（%）表示。

（沈益新第二版原稿；沈益新、迟英俊第三版修订）

第三十五章　白三叶草育种

第一节　国内外白三叶草育种研究概况

白三叶草（white clover），学名为*Trifolium repens* L.，又称为白车轴草，属豆科三叶草属多年生草本植物。白三叶草是同源四倍体（$2n=4x=32$）、自交不亲和、依赖蜜蜂传粉的异花授粉作物。白三叶草原产于地中海地区，广泛分布于亚洲、非洲、大洋洲和美洲，是世界上分布最广的豆科牧草之一，在俄罗斯、英国、澳大利亚、新西兰、荷兰、日本、美国等均有大面积栽培。白三叶草在我国中亚热带及温暖带地区分布较广泛，四川、贵州、云南、湖南、湖北、广西、福建、吉林、黑龙江等地均有野生种发现，在东北、华北、华中、西南、华南各地区均可栽培，在新疆、甘肃等地栽培后表现也较好。

一、白三叶草生育特性和栽培利用概况

白三叶草为多年生匍匐草本植物，寿命长，可达10年以上，也有几十年不衰的白三叶草草地。叶层高一般为15～25 cm，高的可达30～45 cm。主根较短，而侧根和不定根发育旺盛。株丛基部分枝较多，通常可有5～10个分枝。茎匍匐，长为15～70 cm，一般长为30 cm左右，多节。叶互生，具长10～25 cm的叶柄，三出复叶，叶面具V形斑纹或无。总状花序短缩呈头状，含小花40～100朵或更多。花冠为蝶形，呈白色，有时带粉红色。荚果呈倒卵状长圆形，含种子1～7粒，常为3～4粒。种子为肾形，呈黄色或棕色，千粒重为0.5～0.7 g。

白三叶草喜温暖湿润气候，适应性较其他三叶草强，能耐－15～－20 ℃的低温。在东北、新疆有雪覆盖时，均能安全越冬。耐热性也很强，35 ℃左右的高温时不会萎蔫。白三叶草种子在1～5 ℃时开始萌发，生长最适温度为19～24 ℃；喜光，在阳光充足的地方生长繁茂，竞争力强。白三叶草喜湿润，耐短时水淹，不耐干旱，生长地区年降水量应在600～800 mm或以上，最适于生长在年降水量为800～1 200 mm的地区。适宜生长的土壤为中性砂壤；最适土壤pH为6.5～7.0，pH低至4.5也能生长；不耐盐碱；耐践踏，再生力强。

白三叶草有很多天然类型及育成品种，按叶片的大小可分为大叶型、中叶型和小叶型3种类型。

大叶型白三叶草的叶片大，草层高，长势好，产量高，但耐牧性差；亦可用于草坪，美观。白三叶草在美国和加拿大广为栽培，代表品种为拉丁诺。全国牧草品种审定委员会1997年审定通过的川引拉丁诺即为从美国引进，经选育推广的优良品种。

中叶型白三叶草的代表品种为胡衣阿，亦是目前推广较多的品种，主要用于人工建植的放牧草地。

小叶型白三叶草的代表品种为从美国引进的肯特，也可作草地地被植物利用，特别在公路、堤坝作为水土保持植物较好，生长慢，叶小，低矮，易管理。

白三叶草营养丰富，粗纤维含量低，饲用价值高。白三叶草干物质中含粗蛋白质24.7%、无氮浸出物47.1%，干物质消化率为75%～80%。白三叶草质地柔嫩，适口性好，牛、羊喜食。由于白三叶草草丛低矮，最适宜放牧利用。但白三叶草含皂素较多，单播草地上放牧牛、羊，采食过量会发生鼓胀病。因此白三叶草适宜与禾本科的黑麦草、鸭茅、羊茅等混播，以利安全利用。白三叶草也可以刈割用于饲喂猪、兔、禽、鱼、鹿等。

此外，由于白三叶草生长快，具有匍匐茎，能迅速覆盖地面，可起防冲刷和防风蚀的作用；且共生根瘤菌固氮能力强，具有改土肥田的作用。所以白三叶草常用于坡地、堤坝、公路种植，防止水土流失，减少尘埃。另外，白三叶草植株低矮，抗逆性强，叶色翠绿，花色美丽，也是近年来广泛应用的绿化美化植物之一。

二、国内外白三叶草育种研究概况

欧洲早在3—4世纪就已经开始栽培白三叶草，先后在西班牙、意大利、荷兰、英国、德国等传播，后又传入美国。我国于19世纪末至20世纪初陆续从欧美和印度、埃及等国家引进白三叶草品种。经过长期的培育，世界各地均有适于本地的白三叶草生态型、地方品种以及育成品种。我国野生白三叶草主要分布在新疆天山北麓湿润的河滩草地，吉林省主要分布在海拔50 m的珲春县的低湿草地，黑龙江的尚志市、内蒙古的呼伦贝尔市、贵州、湖北、四川、湖南、广西、福建、云南、山西、陕西等地也有野生白三叶草分布。

目前，全世界栽培的白三叶草品种有300个以上，选育品种较多的国家为丹麦、新西兰、澳大利亚和荷兰。白三叶草育种始于20世纪20年代初，1920年荷兰首先育出Dutch白三叶草品种；1927年，丹麦育出Morso Otofee白三叶草；进入20世纪40年代，荷兰、英国、芬兰、瑞典、法国、美国、加拿大、比利时先后选育出了Free、Perina、Tammninges等白三叶草品种，这些品种大部分是通过自然变异选择法选育出的适应当地气候条件的生态型或通过混合法选育出的比当地生态型优良的品种。早期多采用自然变异选择和混合选择育种法，培育适合当地自然条件的生态型。随着育种工作的进展，生态型逐渐被各种育种途径选育的优良品种所代替。新西兰最早种植的草地胡依阿（Grassland Huia）一度占据全世界白三叶草种子市场的35%～40%。目前，澳大利亚的海法（Haifa）、美国的拉丁诺（Ladino）、丹麦的郎代科（Llondike）等品种也逐渐开始在市场上占据较大份额。

白三叶草是温带地区最重要的豆科牧草之一。我国草地大多分布在寒冷少雨的地区，不适宜种植白三叶草，所以白三叶草的育种工作很少，主要集中在引种和适应性栽培、品种比较方面。进入20世纪80年代后，随着我国南方草地畜牧业的发展，逐步从外国引入优良品种，并开展了我国地方品种的整理和野生白三叶草的驯化工作。一些引进品种如Haifa、Riverdale、Persistent、Huia、Ladino等，在当前牧草和绿化生产中应用较多。此外，20世纪80年代利用我国白三叶草种质资源的育种工作亦在南方科研单位和大专院校展开。湖北省农业科学院畜牧兽医研究所以瑞加白三叶草为亲本，应用综合品种法，培育出抗热耐旱并且比原品种增产约14.5%的鄂牧1号白三叶草新品种，并于1997年通过国家品种审定。并在此基础之上，又进一步采用自然变异选择育种方法培育出新品种鄂牧2号白三叶草，并于2016年通过了国家审定。该品种具有较强的抗寒性和耐热性，干草产量比对照提高7%～15%，适宜我国长江流域、云贵高原及西南山地丘陵地区栽培。四川农业大学也在对我国南方野生白三叶草评价的基础上进行白三叶草新品种的选育。

第二节　白三叶草育种目标

我国白三叶草分布范围较广，各地区的气候条件、土壤类型、耕作制度、病虫害种类等都有一定差异，对白三叶草品种的要求也就有所不同，因此新品种的选育要因地制宜，制定明确的育种目标。从白三叶草在实际生产中的应用和发展来看，应以高产（产草量高和产种量高）、优质、抗病虫和抗逆性强等综合优良性状作为主要目标。

（一）高产　高产是优良牧草品种最基本的条件。提高产草量是白三叶草育种的最主要目标。我国南方白三叶草单播草地鲜草产量虽已达到7 000 kg/hm^{2}左右，但是在栽培过程中产量不稳定，导致推广受到影响。在混播草地中，白三叶草的产草量与其在草地中的侵占能力有很大的关系。白三叶草由于茎匍匐地面，产草量主要决定于单位土地面积上叶片的密度和叶柄的长度（草层高），叶片密度又与匍匐茎密度密切相关。有研究指出，当匍匐茎密度（单位面积草地上匍匐茎的长度）在20～100 m/m^{2}范围内时，春天的匍匐茎长度与当年白三叶草产草量成显著的正相关；当匍匐茎长度超过100 m/m^{2}时，白三叶草产草量下降很快。所以选育白三叶草高产草量品种时，要选择侵占能力较强、单位面积匍匐茎长并且含叶量多的品种。

白三叶草种子生产存在不少问题：花期长，不利于集中收种，而且种子成熟程度不均一；花枝弯曲、不整齐，在收获时不利于收割采种；种子易脱落，若成熟收获不及时，种子很容易脱落损失。现在，各国正致力于培育花梗长而壮且不弯曲的品种，以便于用联合收割机在田间收获种子，防止由此造成种子产量的损失。此外，可以培育短花期或长花期的白三叶草品种。短花期品种可以在适宜白三叶草种子生产气候的地区种植，在一定时间内产出尽可能多的成熟种子；长花期品种可以在种子生产受多变天气影响的地区种植，可以保证较高的产种量。

（二）优质 白三叶草混播时，其饲用价值在相当程度上决定于生氰葡萄糖苷的含量。生氰葡萄糖苷在反刍动物瘤胃中水解时产生对家畜健康有不利影响的氢氰酸。多数白三叶草群体含有生氰植株和非生氰植株，并且产草量和持久性均较高的群体其生氰基因型频率较高。20 世纪 70—80 年代培育的品种生氰基因频率中等。氰化物主要在叶片中，当叶片受伤时，生氰植株释放氢氰酸（HCN），可防止害虫危害，但饲草中含较多的氰化物时，可使母羊所产羔羊患甲状腺肿。为此，需要选育氢氰酸含量极低（3%以下）、蛋白质含量高的白三叶草品种。现已查明，白三叶草受伤害叶片产生氰化物是由 *AC*（亚麻苦苷和 lotaustralin 葡萄糖苷）和 *Li*（水解酶 linamarase）位点的两个显性等位基因所控制。

（三）强固氮能力 提高白三叶草的固氮能力，是保证混播草地有较高产量的一个重要的途径。一些白三叶草品种能在不牺牲自身产量的前提下显著提高其他禾本科牧草产量的主要原因就在于固氮作用。所以在白三叶草育种时有必要选育高固氮能力的白三叶草品种，从而提高混播草地的总产量，也有利于提高白三叶草单播草地的产量。

（四）低皂素含量 白三叶草植株内含有一定量的皂素（皂角苷）。皂素在反刍动物瘤胃内容易产生泡沫，牛、羊等反刍动物食入过多白三叶草会产生鼓胀病，也是影响白三叶草利用的一个不良因素。鼓胀病虽然可以通过饲喂管理及防泡剂的使用来防止，但总给白三叶草利用带来许多不便。现在各国已经通过杂交或基因工程进行"无泡沫"白三叶草品种的培育，以减少白三叶草植株中皂素的含量。此外，也可以通过培育植物细胞在家畜瘤胃内降解慢的白三叶草新品种，这样可以防止气体的大量集中产生，从而避免鼓胀病的发生。

（五）耐牧性和持久性 传统的白三叶草品种按照叶片大小分类，小叶类型的白三叶草有密集而细的匍匐茎，一般用于绵羊的强放牧；叶片相对大一些的白三叶草品种有较少但却较粗的匍匐茎，多用于刈割或轻度放牧，通常用于牛羊放牧的白三叶草是叶片中等大小的白三叶草品种。白三叶草叶片大小和匍匐茎密度与产草量稳定性之间存在着一定的关系：用于刈割饲喂时，产草量和叶片大小存在显著的正相关；用于羊粗放放牧时，叶片大小与产草量稳定性之间存在显著的负相关。在育种过程中要选育耐放牧性的大叶类型品种时，必须考虑提高分枝能力，增加匍匐茎数量。耐放牧性强的品种需要选择节间短、茎节次生根多（这样匍匐茎可以与土壤更接近，不易移动）的品种。此外，可以选育提高产量而不影响白三叶草草地利用持久性的小叶型品种。

（六）与禾本科牧草谐调共生性 禾本科牧草和白三叶草之间存在着不同的兼容性，兼容性的好坏影响着草地产草量。白三叶草与禾本科牧草的混播草地经常是禾本科牧草和白三叶草二者之一占优势。保持禾本科与豆科牧草一定构成比例的稳定性是极为重要的。然而，其比例常因环境、草地管理状态等变化而难以稳定。因此选育既能稳定连续生产，又能与禾本科牧草谐调共存的白三叶草品种显得尤为重要。

（七）抗病虫性 白三叶草在长期大面积种植时容易发生病虫害。病虫害不仅影响单位面积产草量，而且影响牧草或绿化的品质，缩短草地的利用年限，损失非常严重。选育抗病虫能力强的品种，可节约劳动力，减少病虫防治费用，降低成本和提高品质，并且可以减少因防治病虫而使用农药的污染（环境和畜产品污染）。

世界各国在栽培白三叶草的过程中，常发生多种病害，例如镰孢菌根腐病、炭疽病、白粉病、病毒病、锈病等。在我国白三叶草种植区的主要病害有黄斑病、白粉病、单胞锈病，最为严重的是白三叶草白绢病，在贵州局部地区感染率高达 15%～31%。

昆虫危害白三叶草，每年能造成很大的经济损失。昆虫以多种方式危害白三叶草，例如某些昆虫可以使植株死亡并使草地退化，直接影响草地产草量；对白三叶草绿地而言，直接影响景观效应。有些害虫则消耗植株的某些部分或给植株注入毒素等，引起矮化或畸形生长，使饲草的产量和品质下降。还有一些害虫直接侵害花期和正在发育的种子，严重减少种子的产量。在我国南方一些地区，危害白三叶草的害虫有小绿叶蝉、小长蝽、蝗虫等。而在北方一些地区，危害白三叶草的害虫有小绿叶蝉、蝗虫、地老虎、蜗牛等。蜗牛危害极大，常使白三叶草绿地被成片吃光，而且蜗牛繁殖快，不易防治。害虫的防治常通过使用杀虫剂和生物制剂，而最为理想的是培育抗虫品种。因为杀虫剂只能防治局部的群体，且化学药品在长期使用之后，可能使害虫产生抗性，降低杀虫剂的作用；同时杀虫剂在使用之后常有残毒积累，不仅影响环境，而且对牧草的品质也有很大的影响。抗虫品种能长期避害，而且没有残毒作用，对环境和草品质无不良影响。因此抗病虫害育种已成为各国白三叶草育种的主要方向。

(八) 抗逆性 温度是影响白三叶草生长发育的重要因子之一。白三叶草对低温有一定的抵抗力。但是当早春气温较低、其他草生长迅速的时候，白三叶草生长缓慢。一些研究表明，匍匐茎越冬存活率与白三叶草的产草量存在显著的正相关：匍匐茎越冬存活越多，则白三叶草的产量就越高；反之，白三叶草产量就低。早春白三叶草生长缓慢就是因为白三叶草匍匐茎的越冬存活率低，从而影响了白三叶草的年产草量。在育种工作中，可以选育对低温抗性强的白三叶草品种。当冬天气温较低时，抗寒能力强的白三叶草品种的匍匐茎越冬存活率较高，从而产草量也较高；当气温较高时，抗寒能力强的品种也能在一定低温下尽早萌发，叶片伸展较快，从而提高产草量。

白三叶草是优良的冷季型草，其最适合的生长温度是 19～24℃，高温条件会下出现大面积枯萎、减缓甚至停止生长。人工模拟高温发现，35℃属于白三叶草正常生长范围，而 40～45℃是白三叶草忍耐高温的临界温度，50℃则是白三叶草的致死温度。白三叶草种子发芽受温度影响极大，在 40℃胁迫下种子不发芽。随着我国南方畜牧业的发展，白三叶草在长江流域及其以南方区域得到了大面积的使用推广，海法、克劳等耐热性较强的白三叶草品种的种植表现良好。探究白三叶草耐热机制，选育抗高温白三叶草为近些年的育种研究热点。

白三叶草根系较浅，对水分比较敏感，容易遭受干旱胁迫，因此常见白三叶草品种对干旱的抵抗力有限。短时干旱对白三叶草匍匐茎的存活和产量没有显著的影响，但当干旱较严重、干旱持续时间较长时受影响大，例如澳大利亚的一些地区和临近地中海的一些地区，白三叶草匍匐茎几乎都不能越夏存活。我国南方低海拔的丘陵山区应注意选育抗旱能力强的白三叶草品种。

白三叶草作为一种常用的绿化植物和重金属污染土壤修复植物，除了美化环境外，还能富集污染土壤中的铜、镉、铅等重金属，且富集量可观、修复效果好、适用范围广，是一种绿色、安全、无二次污染的土壤治理方法。选育出具有耐逆性的白三叶草品种，例如适应盐碱土壤生长，对矿山生态恢复和改善我国生态环境具有重大的意义。

第三节 白三叶草育种途径和方法

一、白三叶草自然变异选择育种

集团选择是白三叶草自然变异选择育种的一种方式，这种方法对不容易受环境影响而且遗传率高的性状选择是有效的。在不同类型的品种群体中，根据不同的性状（例如开花期、叶片大小、茎粗、花序大小）分别选择属于各种类型的植株，经过室内考种，最后将同一类型植株的种子混收，组成几个集团进行鉴定和比较。经过 1～2 年的品系比较试验，对表现好、主要经济性状稳定一致、产量高、有一定特色的集团，就可作为新品种繁殖推广。只经过 1 次集团选择的，称为一次集团选择法。对表现好，但主要经济性状还不一致的，可再进行 1～2 次集团选择。但以后的选择，主要是选择具有本集团特点的个体，以加强集团性状的聚合。这种经过 2 次以上集团选择的，称为多次集团选择法。集团选择法既能较快地从混杂群体中分离出优良的类型并获得较多的种子，又能避免单株选择而引起生活力衰退及不同类型植株间互相传粉。因此当一个良种已出现不同类型时，可采用集团选择。

集团选择在三叶草的早期育种中发挥了重要作用，这种方法至今仍有重要价值。例如当某地区引进的白三叶草在当地不能良好适应时，以及选育抗某病虫害或改良某不良性状时均可采用集团选择法。

(一) 选择适当的原始材料 集团选择育种以用当地种植历史较久的良种、远地引进的良种以及尚在分离的杂交品种（系）作原始材料比较有效。种植历史较久的品种，由于受环境条件和自然杂交的长期影响，会发生较多的变异。远地引进的品种，种植在新的生态条件下有可能出现原产地没有表现出的性状，增加了选择的机会和效果。新育成的杂交品种，一般经济性状较好，异质性较高，容易出现优良的变异类型，选择的潜力较大。

(二) 建立材料圃 将用于选择的材料播于选择圃内。白三叶草匍匐生长，株行距应适当加大。材料圃应建立在地势平坦、肥力较一致的地方，以使性状表现不因地力不同造成选择错误。

(三) 选择 从播种之后的第 2 年或第 3 年开始进行选择。根据育种目标，把分别属于各种类型的优良单株选出，最后将同一类型的植株混合脱粒，组成一个集团。各集团分别在隔离条件下继续以种子繁殖或无性繁殖，每个集团内自由异花授粉。为选出最优良植株，从播种当年开始，每年都要对播种材料进行详细观察记载，并做适当标记。对表现特殊的穴播材料，例如植株高大、抗病或有其他特殊变异的材料，可在隔离条件下单独进行无性繁殖。在整个选择培育过程中，随时都应将不良株剔除。连续进行 2～3 代的选择，当集团内性状相对稳定后，迅速扩大种子繁殖，便于品系比较试验。

（四）品系比较试验和区域试验　以当地推广的品种为对照，以一般大田栽培方式对入选品系进行品系比较试验和适当范围的区域试验。

二、白三叶草杂交育种

杂交育种是人工创造白三叶草新品种的重要途径。这是由于选择遗传性不同的品种进行杂交，使基因重新组合，不仅可以把不同亲本的优良基因集中于新品种，使新品种比亲本具有更多的优良性状，而且因不同基因相互作用和累加的结果，还会产生亲本没有的优良性状。因此杂交育种是白三叶草育种中应用较普遍、成效又较大的方法之一。

（一）白三叶草的花器构造及开花习性　白三叶草为豆科蝶形花植物，花由花萼、花冠、1 枚雌蕊和 10 枚雄蕊组成。白三叶草子房里一般有 1～4 个胚珠，也有多达 10 个胚珠的。花聚集成头状或短总状花序，成熟时花瓣通常不裂，下弯。从播种至开花需 70～85 d，每个花序有几十朵到百余朵花。白三叶草的花期很长，一个花序的花从基部向顶部顺序开放。白三叶草为异花授粉植物，其花为虫媒花。

（二）白三叶草杂交亲本选配　杂种后代的性状，是亲本性状的继承，或在亲本性状基础上加以发展的，因此正确选择亲本是杂交育种的关键。为了选配好亲本，首先应根据育种目标，有计划地征集一批亲本，通过 2～3 年的观察，熟悉这些材料的具体性状及性状间的关系，或根据有关资料，间接熟悉育种材料的性状，作为选择亲本的参考。以后在杂交育种过程中，应注意不断对各种亲本材料主要性状的遗传规律、突出的优缺点和缺点克服的难易等进行观察，并分析总结，这样才能主动灵活地使用亲本，做好选配。杂交亲本的选配原则有以下几个。

1. 亲本应优点多、缺点少，优点与缺点互相弥补　白三叶草的许多性状（例如产量、品质等）大多数属于数量性状。杂种后代群体某个性状的平均值大多数介于双亲之间，因此在很多性状上双亲的平均值可决定杂种后代的表现趋势。如果亲本优点多，则其后代性状表现的趋势也会较好，出现优良类型的机会将会多。

2. 选用差异大的材料作亲本　选用地理上相距较远、生态类型差异较大、亲缘关系较远的材料作亲本。由于地理上相距远和生态类型差异大，杂种的遗传基础丰富，因此后代出现的变异类型较多，甚至出现一些两亲所没有的性状。

3. 考虑亲本对当地环境条件的适应性　品种是有地区性的，因此亲本中宜有一个适应当地条件的品种，以利新品种育成后适应当地的自然和栽培条件。从世界各地白三叶草杂交育种的成功经验看，利用当地推广品种作为亲本之一是育成适应性强和稳产新品种的有效方法。

4. 亲本的主要目标性状应突出，且亲本中应没有难于克服的不良性状　为了改良某品种的某个缺点，选用另一亲本时，要求在这个性状上最好表现很突出，并且遗传率高，以利克服对方这个性状的缺点。例如为了获得抗病的品种，抗病亲本应是高度抗病或免疫的。同时应尽量避免选择具有难于克服的不良性状的品种作为亲本，以免杂种后代带有这种不良性状，不易育出符合要求的品种。

（三）白三叶草杂交育种程序

1. 原始材料圃　白三叶草的野生种、引进品种、育成品种均可作为原始材料种植于原始材料圃。应有目的地引种高产和具有一定抗性的材料，在原始材料圃内进行系统的观察记载，并根据育种目标对若干材料做重点研究，以备作杂交亲本之用。有些材料还需要在诱发条件下鉴定和进行品质分析。

2. 亲本圃　亲本圃种植杂交亲本，一般采用条播，并加大行距至 50 cm 以上，以便于杂交操作。有条件的可将亲本种在温室或进行盆栽，以调节花期并进行杂交，提高种子产量。

3. 杂种圃　杂种圃种植杂种后代和进行选种。杂种具有双亲复杂的遗传性，对环境条件的反应比较敏感，它的一些优良性状往往只有在相应的培育条件下才能充分表现出来。所以杂种后代从一开始就应放在育种目标所要求的条件下进行培育，使它的优良性状能充分表现出来，以便进行有效的选择。例如要选育耐旱的品种，就要在干旱的条件下培育和选择；要选育抗病品种，就应在病区或接种病菌的诱发条件下培育。为了便于观察和选择，杂种第 1～3 代一般都采用穴播，株行距也适当放宽。

4. 鉴定圃　鉴定圃种植杂种圃升级和上年鉴定圃留级的材料。在接近实际生产条件下，对这些材料进行产草量、产种量等性状的比较。因材料数目较多和每份材料种子数量较少，小区面积一般只有15 m^2左右；其中一半割草，一半留种。每隔10小区播种1个对照品种小区，重复2～3次。

5. 品系比较试验圃　此圃种植鉴定圃和上年品系比较试验留级的材料。采用随机排列，重复3～5次。年限一般为2年。根据产草量、产种量、抗性、品质、田间观察记载等选出最优秀的品系参加区域试验。

三、白三叶草综合品种选育

综合品种又称为混合品种、复合杂种品种、合成品种等，它是由4个以上的自交系或无性系杂交、混合或混植育成的品种。一个综合品种就是一个小规模的在一定范围内随机授粉的杂合体群体。综合品种可以保持品种内很大的遗传变异。在发展中国家，综合品种留种稳定，并且农家有继代留种的习惯，富于变异的综合品种比高度纯化的一代杂种品种更符合牧草生产的实际情况，因而受到重视。综合品种具有高产稳产、留种简便、可以继代留种等优点，因而在世界各国农作物和牧草育种上广泛使用。目前在世界各国种植的三叶草品种中，有80%以上为综合品种。

综合品种的选育过程见图35-1。

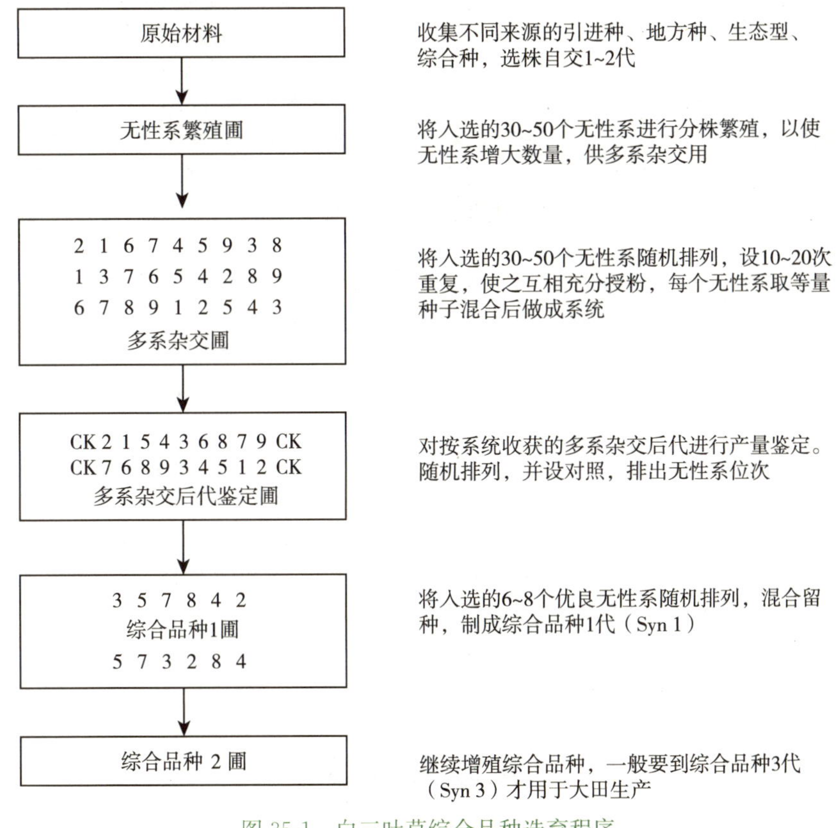

图35-1　白三叶草综合品种选育程序

1. 构成系统　这是指构成综合品种的基因型。这种基因型可以是自交系、无性繁殖系、混合选择的群体、单株选择的群体及其他材料。对构成系统来说，除具配合力高、性状优良外，本身杂合性强、产量高。否则在留种上就有问题。由于白三叶草长年累月受自然条件的影响，所以在各种生长条件下提高产量比在均一条件下获得最大产量更为重要。因此在构成系统的群体内变异的程度越大越好。

2. 自交系或无性系的获得　采用自交分离出的优良高配合力的自交系配制综合品种，已被许多研究者的实践所证明。

（1）自交的方法　自交常用套袋法。用纱布或棉花将入选自交株花序包扎好，包扎前将已开放的小花剪掉，并挂上标签，写明自交日期、品种和号数。待套袋花序的花全部开过后将纸袋取下，以免发霉，影响自交效果。收获时要剔除那些纸袋破裂的花序。

（2）自交花序的选择　由于自交的花序很多，其中有好有坏，为了减少工作量，增强工作的准确性，要严格进行选择淘汰。自交当年复选一次自交花序，凡感病、发霉及怀疑非自交的种子应剔除掉，之后把入选株编号。第2年将每个入选的自交花序种植1行（1系）。自交第一代分离明显，出现隐性变劣性状，要进行严格的系间和系内挑选和淘汰。但也不应过于严格，以免淘汰那些外表不好而具有良好配合力的材料。由于有时一个自交系的性状看来并不突出，但与另一个自交系杂交后产量很高。因此自交株系的外在表现是作为选择考虑的根据之一，而选取自交系更主要的指标却是外表看不到的配合力。无论是进行系间选择还是进行系内选择，都应以育种目标为准。重点是生长势，性状整齐，优良性状突出，从幼苗至成熟期要进行全面观察、评定。

3. 无性系配合力测验　在配制综合品种前，是否要进行无性系配合力测验，应根据具体情况确定。一般说来，进行配合力测验选出的无性系稳妥可靠。国外所培育的综合品种多数进行无性系配合力测验。在白三叶草育种起步较晚的国家，对所选无性系很少进行配合力测验，简便易行，也能增产。

4. 综合品种的配制　大量实践证明，构成系统的数目对综合品种选育的成败有决定性的作用。在一个品种内，丰富的遗传变异是育成综合品种的主要基础。构成系统越多，系统间的交配也越多，同系交配、兄妹交配、自交的比例下降。但综合品种构成系统过多，例如20～30个或更多，效果也不好。因为选择比较多的高配合力的自交系或无性系并不是轻而易举的事。构成系统过多时，性状容易混杂。作为实用的综合品种来说，一般以6～8个优良的材料构成系统为宜。例如白三叶草综合品种Louisiana Syn 1仅用6个无性系，Regal是5个无性系的综合品种，而Merit则是由30个无性系组成的综合品种。

在选出高配合力的构成系统后，不是随便将几个构成系统组合在一起就成功，还必须选配优良组合。可以根据产量预测及自交系系统关系远近、生育期及其他优良性状等选出几个综合品种组合，最后根据实测综合品种产量选出生产上应用的综合品种组合。

5. 综合品种的选配　经过多系杂交和成对异系杂交，选出具有高配合力的5～10个无性系育成综合品种。把每个无性系的等量种子混合后种植在一个隔离区内，通过自由授粉繁殖几代来增繁综合品种。为加快综合品种的使用，也可将数个配合力高的单交种组合混合，以产生综合品种。对加入综合品种中的原始构成系统应予以保留，以便经一定间隔期后再合成综合品种，并在任何时候可将新的无性系加入，以代替原有的无性系。

6. 综合品种的留种　综合品种在大田应用时，一般都在Syn 3以后。因此繁殖综合品种要保证随机杂交，防止淘汰。剔除不良单株要慎重，在留种田发现不良单株时不要轻易淘汰，因为连锁遗传的性状可能间接打破基因频率平衡，结果有可能妨碍杂种优势的发挥。综合品种要在适宜的地区繁殖，在适宜地区以外繁殖时需要选择环境。因为在规定使用世代内，在适应地区以外繁殖时将引起变异。不过根据日本及其他国家学者报道，把本国育成品种拿到外国繁殖，再把繁殖的种子带回本国适应区时，多数情况下个体植株的株型、开花期、抽穗期虽有若干变异，但牧草的产量并未降低。

白三叶草主要育种性状的记载方法和标准参见本书第三十四章“紫花苜蓿育种”的“附　豆科牧草主要育种性状的记载方法和标准”。

复习思考题

1. 论述白三叶草的生育特性和饲用特性。
2. 试述我国白三叶草育种的主要目标性状及其遗传变异。
3. 举例说明白三叶草杂交育种的亲本选配原则、育种程序和田间试验技术的特点。
4. 试述白三叶草综合品种的选育过程和方法。
5. 试讨论白三叶草作为多年生牧草的育种策略。

（沈益新第二版原稿；沈益新第三版修订）

附录Ⅰ　英汉名词对照表

A

abortive pollen　败育花粉
abortive seed　败育种子
acid detergent fiber　酸性洗涤纤维
acclimatization　气候驯化
adaptability　适应性
adaptability test of cultivar　品种适应性试验
additive effect　加性效应
adventitious embryony　不定胚
adzuki bean，small bean　红小豆，小豆
alfalfa　紫花苜蓿
alien chromosome addition line　异源染色体附加系
alien chromosome substitution line　异源染色体代换系
alien gene introgression　异源基因渗入
alkalinity tolerance　耐碱性
alkaloid　生物碱
allele　等位基因
allotetraploid　异源四倍体
allopolyploid　异源多倍体
aluminum toxin tolerance　耐铝毒
alveograph　吹泡示功仪
ambary hemp　红麻
amphidiploid　双二倍体
amplified fragment length polymorphism，AFLP　扩增片段长度多态性
α-amylase/subtilisin inhibitor，ASI　α淀粉酶/枯草杆菌蛋白酶抑制蛋白
anabasine　新烟碱
androgenesis　孤雄生殖
aneuploid　非整倍体
anther　花药
anther culture　花药培养
antibiosis　抗生性
antibody analogous substances　抗体类似物质
antigen analogous substances　抗原类似物质
antigen-antibody analogous reaction　抗原抗体类似反应
antigen-antibody reaction　抗原抗体反应
antisense gene technology　反义基因技术
apogamy　无配子生殖
apomixis　无融合生殖
apospory　无孢子生殖
apparent quality　外观品质
aromatic tobacco，oriental tobacco　香料烟
aroma　香气
artificial mutagenesis　人工诱变
artificial pollination　人工授粉
artificial polyploid　人工多倍体
artificial selection　人工选择
asexual line　无性系
asexual reproduction　无性繁殖
asexual propagated line（clone）　无性繁殖系
asexual propagated plant　无性繁殖植物
augment design　增广设计
auto-alloploid　同源异源多倍体
autohexaploid　同源六倍体
autopolyploid　同源多倍体
autotetraploid　同源四倍体
autotriploid　同源三倍体
average heterosis　平均杂种优势

B

backcross　回交
background selection　背景选择
back mutation　回复突变
basic medium　基本培养基
barley　大麦
basic seed　原种
biofuel　生物燃料
biochemical marker　生化标记
biolistics　基因枪法
biological character　生物学性状
biomass　生物产量，生物量
biotechnology　生物技术
biotype　生物型
biotype specific resistance　生物型专化抗性
bitterness　苦味
black rot　黑斑病
blending inheritance　融合遗传

bolting 抽薹
botanical character 植物学性状
broad bean 蚕豆
bred variety 育成品种
breeder seed 育种家种子
breeding block 育种试区
breeding by design 设计育种
breeding for high oil content 高油分育种
breeding for quality 品质育种
breeding material 育种材料
breeding objective 育种目标
breeding plot 育种小区
breeding procedure 育种程序
breeding program 育种方案
breeding through hybridization 杂交育种
bright tobacco，cured tobacco，flue cured tobacco 烤烟
brown bast 褐皮病
buckwheat 荞麦
bud mutation 芽变
bud-pollination 蕾期授粉
bud wood 芽木
bulk method 混合法
bulked segregant analysis，BSA 集群分离分析法
bunch planting 丛植法
burning quality 燃烧性

C

California bay tree 月桂树
callus，callosity 愈伤组织
carotene 胡萝卜素
cassava 木薯
cefotaxime 氨噻肟头孢霉素
cell engineering 细胞工程
cellulase 纤维素酶
center of diversity 变异中心
centre of origin of crops 作物起源中心
certified seed 检定种子，良种，认证种子
character 性状
chasmogamy 开花授粉
check plot 对照小区
check cultivar 对照品种
chemical hybridization agent，CHA 化学杂交剂
chemical mutagen 化学诱变剂
chickpea 鹰嘴豆
chilling injury 冷害
chimaera 嵌合体
chlorophyll 叶绿素
chromosome 染色体
chromosome doubling 染色体加倍
chromosome segregation 染色体分离
cleanness 清洁度，净度
cleistogamy 闭花授粉
climatic ecotype 气候生态型
clonal selection 无性系选择
clone 无性系
clone cultivar 无性系品种
co-dominance 共显性
colchicine 秋水仙碱
cold tolerance 耐寒性
cold stress 寒害
combination breeding 组合育种
combining ability 配合力
common（sweet）buckwheat 甜荞麦
comprehensive resistance 综合抗性
compatibility 亲和性
complete sterility 全不育
complex cross 复合杂交
component of fatty acids 脂肪酸组成
composite cross 合成杂交
composite strain 复合品系
contig 重叠群
control 对照
conventional breeding 常规育种
convergent cross 聚合杂交
convergent improvement method 聚合改良法
core collection 核心种质
cotton 棉花
cotyledon 子叶
covered smut 坚黑穗病
crop breeding 作物育种
cross breeding 杂交育种
cross combination 杂交组合
cross incompatibility 杂交不亲和性
cross-pollinated plant 异花授粉植物
cross pollination 异花授粉
cross compatibility 杂交亲和性
cross infertility 杂交不孕性
cross-sterile group 杂交不孕群
cross-sterility 杂交不育性
cross-ability 可交配性
cultivar 栽培品种，品种

culture in vitro 离体培养
culture in vivo 活体培养
cyanide 氰化物
cyanogenetic glycoside 生氰配糖基
cybrid 体细胞杂种
cysteine 半胱氨酸
cytoplasmic inheritance 细胞质遗传
cytoplasmic male sterile line 细胞质雄性不育系
cytoplasmic male sterility 细胞质雄性不育性
cytoplasmic-nucleic male sterility, CNMS 质核互作雄性不育性

D

damage of cold 冻害
desaturase 去饱和酶
dehydration avoidance 免脱水
dehydration tolerance 耐脱水
determinate pod bearing habit 有限结荚习性
determinate type 有限类型，有限生长型
diallel cross 双列杂交
diallel selective mating system, DSM 双列选择交配体系
diclinous 雌雄异花
digestibility 消化率
dihaploid, double haploid 双单倍体
dioecious 雌雄异花
diploid 二倍体
diploidization 二倍（体）化
directional selection 定向选择
disomic 二体
disease index 病情指数
disease resistance 抗病性
distant hybridization 远缘杂交
distant hybrid 远缘杂种
ditelosomic addition line 双端体附加系
domestication 驯化
dominant-nuclear dwarf gene 显性矮秆核基因
dominant-nuclear male sterility 显性核雄性不育
dose of radiation 辐射剂量
double chromosome 染色体加倍
double cross 双交
double low breeding 双低育种
double reduction 双减数
drought escape 避旱
drought tolerance 耐旱性
dwarf breeding 矮化育种

E

early maturity 早熟性
early progeny test, early generation testing 早代测验
ecological breeding 生态育种
economic coefficient 经济系数
ecosystem 生态体系
ecotype 生态型
edible and taste character 食味性状
effect 效应
Einkorn 一粒系小麦
electrophoresis 电泳
elimination 淘汰
emasculation 去雄
emasculation with gametocide 化学杀雄
embryo culture 胚培养
embryogenic suspension culture 胚性悬浮培养
embryo rescue technical system 胚挽救技术体系
embryo sac 胚囊
embryoid 胚状体
emergence date 出苗期
Emmer 二粒系小麦
endemic plant 当地植物
endemic species 当地种
endosperm 胚乳
endosperm balance number 胚乳平衡数
environmental correlation 环境相关
environmental deviation 环境偏差
enzyme linked immunosorbent assay, ELISA 酶联免疫吸附测定法
epicotyl 上胚轴
epistasis 上位性
escape cell 逃逸细胞
ethrel 乙烯利
ethyleneimine 次乙亚胺
ethylmethane sulfonate, EMS 甲基磺酸乙酯
euploid 整倍体
evaluation 评价，鉴定
explant 外植体
exploratory combination 试探性组合
extensograph 拉伸仪
expressed sequence tag, EST 表达序列标签

F

faba bean 蚕豆

falling number，*FN*　降落值
family　家系
family selection　家系选择
farinograph　粉质特性测定仪
fertility restoration　育性恢复
fertility restorer　育性恢复系
fiber content　纤维含量
fibre flax　纤用亚麻
field-plot technique　田间小区技术
field technology　田间技术
fingerprinting　指纹图谱
first division restitution　第一次分裂重组
first-filial generation　杂交 F_1代
flavone　黄酮
flavoursome　香气足
flax　亚麻
floral induction　成花诱导
flowering　开花
flowering date　开花期
flue curd，flue curing　烘烤
foundation seed　基础种子
foxtail millet　粟，谷子
freezing injury　冻害
friable embryogenic calli，FEC　胚性脆性愈伤
full-sib mating　全同胞交配
full-sib recurrent selection　全同胞轮回选择

G

Galanthus nivali agglutinin，GNA　雪花凝集素
gamete　配子
gamete selection　配子选择
gametic sterility　配子不育
gametocide　杀雄剂
gametophyte　配子体
gametophyte sterility　配子体不育
gas chromatography，GC　气相色谱
gene engineering　基因工程
gene library　基因文库
gene locus　基因座
gene mapping　基因定位
gene marker　基因标记
gene pool　基因库
gene resources　基因资源
gene sterility　基因不育
gene-pyramiding　基因累加
general combining ability　一般配合力
generation advance　加代
generic hybrid　属间杂种
generic cross　属间杂交
genetic advance　遗传进度
genetic correlation　遗传相关
genetic differentiation coefficient　遗传分化系数
genetic diversity　遗传多样性
genetic engineering　遗传工程
genetic gain　遗传增益
genetic improvement　遗传改进
genetic resources　遗传资源
genetic shift　遗传漂移
genetic transformation　转基因
genetic vulnerability　遗传脆弱性
genic male sterility，GMS　核基因雄性不育性
genome　基因组
genome survey sequence，GSS　基因组纵览序列
genotype-environment interaction　基因型-环境互作
genotypic correlation　基因型相关
genotypic value　基因型值
geographical race　地理种系
germination　发芽
germplasm　种质
germplasm resources　种质资源
glucose-paper test　葡萄糖试纸法
glucosinolates　硫代葡萄糖苷
glutenin macropolymer，GMP　谷蛋白大聚合体
glycine　甘氨酸
gossypol　棉酚
grain-forage concurrent variety　粮草兼用品种
grain sorghum　粒用高粱
granule bound starch synthase，GBSS　淀粉粒结合淀粉合酶
green gram　绿豆
growth period　生育期

H

half-sib　半同胞
half-sib mating　半同胞交配
half-sib recurrent selection　半同胞轮回选择
half-seed technique　半粒法
haploid　单倍体
haploid breeding　单倍体育种
harvest date　收获期
harvest index　收获指数（经济指数）
herbicide tolerance　耐除草剂性

heritability 遗传率
heritability in broad sense 广义遗传率
heritability in narrow sense 狭义遗传率
heterogeneity 异质性
heteroploid 异倍体
heterosis 杂种优势
heterozygote 杂合体
high-pressure liquid chromatography，HPLC 高压液相色谱
homeologous chromosomes 部分同源染色体
homologous chromosome 同源染色体
horizontal pathogenicity 水平致病性
horizontal resistance 水平抗性
hulled oat 皮燕麦
husking percentage 脱壳率
hybrid 杂种
hybrid cultivar 杂种品种
hybrid nursery 杂种圃
hybrid rapeseed 杂种油菜
hybrid rice 杂种稻
hybrid seed production 杂种制种
hybrid sterility 杂种不育性
hybrid vigor 杂种优势
hybridization 杂交
hybridization between cultivars 品种间杂交
hybridization between subspecies 亚种间杂交
hydroxamic acid 氧肟酸
hypocotyl 下胚轴

I

ideal plant type 理想株型
ideotype 理想型
immature microspore culture technique 未成熟小孢子培养技术
improved mass selection 改良集团选择
improved variety 改良品种
inbred line 近交系（或自交系）
inbreeding 近交
inbreeding coefficient 近交系数
inbreeding depression 近交衰退
incompatibility 不亲和性
incomplete diallel cross 不完全双列杂交
indeterminate pod bearing habit 无限结荚习性
indeterminate type 无限型
individual germplasm 个体种质
individual selection 个体选择
indolyl glucosinolate 吲哚硫苷
induced mutation 诱发突变
induced mutation breeding 诱变育种
induced mutation by radiation 辐射诱变
induced resistance 诱发抗性
infertility spikelet 不孕小穗
inheritance of resistance 抗性遗传
inner radiation 内照射
insect resistance 抗虫性
insensitive to photoperiod 光周期钝感
integument 珠被
intensity of selection 选择强度
interaction among genes 基因互作
intermating 互交
intermediary variety 桥梁品种
interspecific hybridization 种间杂交
introduction 引种
introgression 种质渗进
invertion 倒位
irradiation 辐射
isolation plot 隔离区
isoprene 异戊二烯
isoenzyme，isozyme 同工酶
isoelectric focusing electrophoresis，IFE 等电聚焦电泳

J

jute 黄麻
juvenile self-rooting clone 幼态自根无性系
juvenile type 幼态型

K

kanamycin 卡那霉素
karyotype 染色体组型，核型

L

land race 地方品种
late mature α-amylase，LMA 迟熟α淀粉酶
lateral bud 腋芽
lauric acid 月桂酸
lemma 外稃
line cultivar 家系品种
linkage group 连锁群
linkage map 连锁图
linoleic acid（18:2） 亚油酸
linolenic acid（18:3） 亚麻酸

local variety 当地品种
locus 基因位点，基因座
lodging resistance 抗倒伏性
long day plant 长日照植物
loose kernel smut 散黑穗病
lutein 叶黄毒
lutoid 黄色体

M

maize 玉米
major gene 主效基因
major gene resistance 主效基因抗性
male fertility 雄性可育
male sterility 雄性不育
male sterile line 雄性不育系
male-sterile maintainer line 雄性不育保持系
male-sterile restorer line 雄性不育恢复系
margarine 人造奶油
marker-assisted selection，MAS 标记辅助选择
marker character 标记性状
marker gene 标记基因
mass selection reservoir 集团选择库
maternal inheritance 母性遗传
maternal influence 母体影响
mature type 熟态
maturity 成熟期
meiotic nuclear restitution 减数分裂核重组
melting pot cross 熔炉杂交法
meristem culture 分生组织培养
Micronaire value 马克隆值
micropyle 珠孔
mixed hybrid 掺和型杂种
modified backcross 修饰回交
modified starch 变性淀粉
moisture content 含水量
molecular marker 分子标记
molecular marker assisted breeding 分子标记辅助育种
molecular marker assisted selection 分子标记辅助选择
monoclinous 雌雄同花
monoecious 雌雄同株
monogene resistance 单基因抗性
monogerm seed 单胚种
monosomic 单体
monosomic analysis 单体分析
morphological marker 形态标记
mosaic disease 花叶病
mother root 种根
multigerm seed 多胚种
multiline cultivar 多系品种
multiple allele 复等位基因
multiple cross 多元杂交（复交）
multiple paternal pollination 多父本授粉
multiple resistance breeding 多抗性育种
mung bean 绿豆
mutagen 诱变剂
mutant 突变体
mutation 突变
mutation breeding 突变育种
mutation frequency 突变频率
mutation rate 突变率
mutual translocation 相互异位
myrosinase 芥子酶

N

naked oat 裸燕麦
natural cross-pollination population 自然异花授粉群体
natural selection 自然选择
near infrared reflector，NIR 近红外分析仪
near isogenic line，NIL 近等基因系
neutral detergent fiber 中性洗涤纤维
new plant type 新株型
noblization breeding 高贵化育种
non-biotype-specific resistance 生物型非特异性抗性
nuclear magnetic resonance，NMR 核磁共振
nucleic male sterility 细胞核雄性不育
nullisomic 缺体

O

oat 燕麦
oat red leaf 燕麦红叶病
often cross-pollinated plant 常异花授粉植物
oil content 含油量
oil flax 油用亚麻
oleic acid（18:1） 油酸
oligogene 寡基因
open field wintering seed production 露地越冬采种
open pollination 自由授粉
open-pollinated population cultivar 自由授粉群体品种

organogenesis 器官发生
outbreeding，outcrossing 异交
ovary culture 子房培养
overdominance 超显性
over-parent heterosis 超亲优势
ovule culture 胚珠培养
oxidative stability 氧化稳定性

P

palea 内稃
palmitic acid（16:0） 棕榈酸
paper chromatography 纸层析法，纸上色谱
parent 亲本
parthenogenesis 孤雌生育
pea 豌豆
peanut 花生
pedigree analysis 系谱分析
pedigree method 系谱法
percentage of cross pollination 异交率
phenotypic correlation 表现型相关
photoperiod 光周期
photoperiod-sensitive cytoplasm male sterility，PC-MS 光敏感型细胞质雄性不育
photoperiod-inducing bud differentiation 光周期引发芽分化
photoperiod-sensitive genic male sterile rice 光敏核雄性不育水稻
photophase 光照阶段
photoreaction type 光反应型
photosensitivity 感光性
phytoalexin 植物保卫素
phytophthora leaf blight 季风性落叶病
pigeonpea 木豆
pistil 雌蕊
planting date 播种期
plant height 株高
plant type 株型
plasmatic culture 原生质体培养
plasmid 质粒
pollen 花粉
pollen culture 花粉培养
pollinator parent 授粉亲本
polygene 多基因
polyembryonic seed 多胚性种子
polyisoprene 橡胶烃，橡胶粒子
polyploid 多倍体
polyploid breeding 多倍体育种
polyspermy 多精受精
population cultivar 群体品种
population germplasm 群体种质
population improvement 群体改良
post-harvest physiological deterioration，PPD 采后生理性变质
post-zygotic barrier 后合子生殖障碍
potato 马铃薯
powder mildew 白粉病
pre-basic seed 原原种
precoagulation 早凝胶
preculture 预培养
pre-harvest sprouting 收获前期穗发芽
pre-test plot 预备试验圃
pre-zygotic barrier 前合子生殖障碍
primary clone trail 初级系比区
primary trisome 初级三体
primitive variety 原始品种
probability 概率
productional clone trial 生产性系比试验
productive combination 生产性组合
productivity test 生产试验
progeny test 后代测验
progoitrin 甲状腺肿素
promoter 启动子
promoter prediction 启动子预测
protoplast culture 原生质体培养
protoplasm fusion 原生质体融合
pure line 纯系
pure line cultivar 纯系品种
pure line selection 纯系选择
pure line theory 纯系学说
pure seed 纯种子，不混杂种子
purity 纯度
purification and rejuvenation 提纯复壮
pyrovic acid 丙酮酸

Q

qualitative character 质量性状
quality 品质
quantitative character 数量性状
quantitative trait locus，QTL 数量性状基因位点

R

race 小种

race-specific resistance　小种专化性抗性
racial resistance　小种抗性
radiation breeding　辐射育种
ramee，ramie　苎麻
randomly amplified polymorphic DNA，RAPD　随机扩增多态性DNA
random mating　随机交配
rape，rapeseed　油菜
rate of inbreeding depression　近交衰退率
reciprocal cross　正反交
reciprocal full-sib recurrent selection　相互全同胞轮回选择
reciprocal half-sib recurrent selection　相互半同胞轮回选择
reciprocal recurrent selection　相互轮回选择
recurrent parent　轮回亲本
recurrent selection　轮回选择
regeneration　再生
regenerated plant　再生植物
regional variety test　品种区域试验
registered seed　登记种子
relative wild species　近缘野生种
renewed bark　再生皮
resiliency　弹性
resistance against ingression　抗侵入
resistance against damage　抗侵害
resistance against colonization　抗扩展
response to selection　选择响应
restoring gene　恢复基因
restorer line　恢复系
restriction fragment length polymorphism，RFLP　限制性片段长度多态性
ribozyme　核酶
rice　水稻
Roentgen　伦琴
rogue　劣种
rogue-elimination　除杂去劣
root-knot nematode　根结线虫
root tuber yield　块根产量
root yield　根产量
rubber　橡胶
rubber elongate factor　橡胶延长因子
rubber transferase　橡胶转移酶
rutin　芦丁
ryegrass　黑麦草

S

salinity tolerance　耐盐性
sampling　扦样
Schmuck's number，Sumi's coefficient　施木克值
scintillation counter　液闪计数仪
sesame　芝麻
secondary clone trail　高级系比试验
second division restitution，SDR　第二次分裂重组
sedimentation value　沉淀值
seed stem　种茎
seed vigor　种子活力
seedling　实生苗
selectable marker gene　选择标记基因
selection among lines　系间选择
selection among plants　株间选择
selection nursery　选种圃
selective fertilization　选择受精
self-and cross-incompatibility　自交和杂交不亲和性
self-compatibility　自交亲和性
self-incompatibility　自交不亲和性
self-incompatibility of gametophyte　配子体自交不亲和性
self-incompatibility of sporophyte　孢子体自交不亲和性
self-pollination　自花授粉
self-pollinated crop　自花授粉作物
selfing　自交
semi-determinate pod bearing habit　亚有限结荚习性
semi-determinate type　亚有限型
semi-dwarf plant　半矮秆株
semigamy　半配合，半配生殖
sexual offspring　有性子代
sexual isolation　有性隔离
sexual reproduction　有性繁殖
shell lignin　壳木质素
short day plant　短日照植物
shuttering　落粒性
shuttle breeding　穿梭育种
sib-mating　同胞交配
significance level　显著水准
simple sequence repeat，SSR　简单序列重复
single cell culture　单细胞培养
single cross hybrid　单交杂种
single cross　单交
single-line method　一系法

single nucleotide polymorphism，SNP 单核苷酸多态性
single seed descent，SSD 单籽传法
sink 库
sink capacity 库容量
somatic incompatibility 体质不亲和
somatic cell 体细胞
somatic culture 体细胞培养
somatic embryo 体细胞胚
somatic embryogenesis 体细胞胚发生
somatic fusion 体细胞融合
somatic hybridization 体细胞杂交
somatic mutation 体细胞突变
sorghum 高粱
Soxhlet extraction 索氏抽提法
soybean 大豆
spacing 行株距
species 种
specific combining ability 特殊配合力
specificity 专化性
special-purpose variety 专用品种
spontaneous mutation 自发突变
sporophyte sterility 孢子体不育
sport 芽变
springness 春性
starch content 淀粉含量
starch granule 淀粉颗粒
stearic acid 硬脂酸
stem nematode 茎线虫病
stem rot 茎腐病，蔓割病
stem tip culture 茎尖培养
sterile cytoplasm 不育细胞质
sterile flax 不育亚麻
stigma 柱头
storage root，root tuber 块根
strain 系（品系）
strength of fiber 纤维强度
stress tolerance 耐逆性
Sudan grass 苏丹草
substitution 替换
substitution line 替换系
sugar beet 甜菜
sunflower 向日葵
sweet potato 甘薯
synthetic hybrid 综合杂种
synthetic cultivar 综合品种
synthetic population 综合群体
systematic selection 系统选种

T

tandem selection 逐项选择法
tapping penal dryness 割面干涸
target trait 目标性状
targeted induced local lesions in genomes，TILLING 定向诱导基因组局部突变技术
tartary（bitter）buckwheat 苦荞麦
temporary maintenance line 临保系
tertiary trisome 三级三体
test cross 测交
tetrad 四分体
tetraploid 四倍体
tetrazolium 四唑
three-way cross 三交
three-line method 三系法
tissue and cell culture 组织和细胞培养
in vitro culture 离体培养
tobacco 烟草
tolerance 耐性
top cross 顶交
topping 封顶，打顶
toxin tolerance 耐毒性
transformation 转化
traditional breeding 传统育种
translocation 易位
translocation line 易位系
transgenic plant 转基因植株
transgenic technique 转基因技术
transplanting 移栽
transplanting date 移栽期
transposon 转座子
triangle of U 禹氏三角
triploid 三倍体
trisome 三体
tropical plant 热带植物
two-line hybrid 两系杂交种
two-line method 两系法
two-way cross 两品种杂交
type of cultivar 品种类型

U

uniformity 均匀度，一致性

V

variability　变异性
variance　方差
variety　品种、变种
variety introduction　引种
vascular bundle ring　维管束环
vegetation period　（营养）生长期
ventral canal　腹沟
vertical resistance　垂直抗性
virulence　毒性
virus　病毒

W

waterlogging tolerance　耐渍性
water-soaking emasculation　水浸泡去雄
water soluble carbohydrate　水溶性糖
waxy protein　糯蛋白
wheat　小麦
white clover　白三叶草
wild species　野生种
wind resistance　抗风
winter hardiness　越冬性
winterness　冬性
winter nursery　冬繁

Y

yield　产量
yield component　产量因素
yield potential　产量潜力
yield potential test　产量潜力试验
young embryo　幼胚

附录Ⅱ　汉英名词对照表

A

矮化育种　dwarf breeding
氨噻肟头孢霉素　cefotaxime

B

白粉病　powdery mildew
白三叶草　white clover
败育花粉　abortive pollen
败育种子　abortive seed
半矮秆株　semi-dwarf plant
半胱氨酸　cysteine
半配合　semigamy
半粒法　half-seed technique
半同胞轮回选择　half-sib recurrent selection
半同胞杂交　half sib mating
孢子体不育　sporophyte sterility
孢子体自交不亲和性　self-incompatibility of sporophyte
保持系　maintainer
背景选择　background selection
倍半帖　sesquiterpene
避旱　drought escape
闭花授粉　cleistogamy
变性淀粉　modified starch
变异性　variability
变异中心　center of diversity
变种　variety
标记辅助选择　marker-assisted selection
表达序列标签　expressed sequence tag，EST
表现型相关　phenotypic correlation
标记基因　marker gene
标记性状　marker character
病毒　virus
病情指数　disease index
丙酮酸　pyrovic acid
播种期　planting date
葡萄糖试纸法　glucose-paper test
不定胚　adventitious embryony
不完全双列杂交　incomplete diallel cross
不亲和　incompatibility
不育系　male sterile line
不育细胞质　sterile cytoplasm
不孕小穗　infertility spikelet
不育亚麻　sterile flax

C

采后生理性变质　post-harvest physiological deterioration，PPD
蚕豆　broad bean，faba bean
产量潜力　yield potential
产量因素　yield component
掺和型杂种　mixed hybrid
长青春期　long juvenile
长日照植物　long day plant
常异花授粉植物　often cross-pollinated plant
超显性　overdominance
超亲优势　over-parent heterosis
测交　test cross
沉淀值　sedimentation value
成花诱导　floral induction
成熟期　maturity
迟熟 α 淀粉酶　late mature α-amylase
重叠群　contig
抽薹　bolting
除草剂　herbicide
初级三体　primary trisome
初级系比试验　primary clone trail
出苗期　emergence date
穿梭育种　shuttle breeding
传统育种　traditional breeding
吹泡示功仪　alveograph
垂直抗性　vertical resistance
春化　vernalization
春性　springness
纯度　purity
纯系　pure line
纯系品种　pure line cultivar
纯系选择　pure line selection
纯系学说　pure line theory
雌蕊　pistil
雌雄同花　monoclinous

雌雄同序异花　androgynous
雌雄同株　monoecious
雌雄异株　dioecious
雌雄异花　diclinous
次乙亚胺　ethyleneimine
丛植法　bunch planting

D

大豆　soybean
大麦　barley
单倍体　haploid
单倍体育种　haploid breeding
单核苷酸多态性　single nucleotide polymorphism，SNP
单基因抗性　monogene resistance
单交　single cross
单交杂种　single cross hybrid
单粒型种子　genetic monogerm seed
单胚种　monogerm seed
单体　monosomic
单体分析　monosomic analysis
单萜　monoterpene
单细胞培养　single cell culture
单籽传法　single seed descent，SSD
当地品种　local variety
当地植物　endemic plant
当地种　endemic species
倒位　invertion
登记种子　registered seed
等电聚焦电泳　isoelectric focusing electrophoresis，IFE
第二次分裂重组　second division restitution，SDR
地方品种　land race，local variety
地理种系　geographical race
第一次分裂重组　first division restitution，FDR
淀粉含量　starch content
淀粉颗粒　starch granule
α淀粉酶/枯草杆菌蛋白酶抑制蛋白　α-amylase/subtilisin inhibitor，ASI
电泳　electrophoresis
定向选择　directional selection
定向诱导基因组局部突变技术　targeted induced local lesions in genomes，TILLING
顶交　top cross
冬繁　winter nursery
冻害　freezing injury，damage of cold
冬性　winterness
独立维管束供给　independent vascular supply
独立淘汰法　independent culling
毒性　virulence
多倍体　polyploid
多胚性种子　polyembryonic seed
短日照植物　short day plant
对照　control
对照品种　check cultivar
对照小区　check plot
多倍体育种　polyploid breeding
多点系比试验　multi-district clone trial
多基因　polygene
多父本授粉　multiple paternal pollination
多精受精　polyspermy
多抗性育种　multiple resistance breeding
多胚种　multigerm seed
多胚性种子　polyembryonic seed
多系品种　multiline cultivar
多元杂交（复交）　multiple cross

E

二倍体　diploid
二倍（体）化　diploidization
二粒系小麦　Emmer
二体　disomic
二萜　diterpene

F

发芽　germination
反义基因技术　antisense gene technology
方差　variance
非加性效应　non-additive effect
非轮回亲本　nonrecurrent parent
非整倍体　aneuploid
分生组织培养　meristem culture
粉质特性测定仪　farinograph
分子标记　molecular marker
分子标记辅助选择　molecular marker assisted selection
封顶　topping
复等位基因　multiple allele
腹沟　ventral canal
复合品系　composite strain
复合杂交　complex cross

辐射 irradiation
辐射诱变 induced mutation by radiation
辐射剂量 dose of radiation

G

改良集团选择 improved mass selection
改良品种 improved variety
概率 probability
感光性 photosensitivity
甘氨酸 glycine
高贵化育种 noblization breeding
高级系比试验 secondary clone trial
高粱 sorghum
高压液相色谱分析 high-pressure liquid chromatography，HPLC
高油分育种 breeding for high oil content
甘薯 sweet potato
甘蔗 sugarcane
隔离区 isolation plot
割面干涸 tapping penal dryness
个体选择 individual selection
个体种质 individual germplasm
根产量 root yield
根结线虫 root-knot nematode
共显性 co-dominance
谷蛋白大聚合体 glutenin macropolymer
孤雌生殖 parthenogenesis
孤雄生殖 androgenesis
寡基因 oligogene
光周期钝感 insensitive to photoperiod
光周期引发芽分化 photoperiod-inducing bud differentiation
光照阶段 photophase
光反应型 photoreaction type
光敏核雄性不育水稻 photoperiod-sensitive genic male sterile rice
光敏感型细胞质雄性不育 photoperiod-sensitive cytoplasm male sterility，PCMS
光周期 photoperiod
广义遗传率 heritability in broad sense
果胶酶 pectolase
果糖 fructose

H

寒害 cold stress
含水量 moisture content
含油量 oil content
行株距 spacing
合成杂交 composite cross
核磁共振 nuclear magnetic resonance，NMR
核酶 ribozyme
褐皮病 brown bast
核基因雄性不育性 nucleic male sterility，genic male sterility，GMS
黑麦草 ryegrass
烘烤 flue curd，flue curing
红麻 ambary hemp
红小豆，小豆 adzuki bean，small bean
后代测验 progeny test
后合子生殖障碍 post-zygotic barrier
花药 anther
黄麻 jute
互交 intermating
胡萝卜素 carotene
花粉 pollen
花粉培养 pollen culture
花生 peanut
花药培养 anther culture
花叶病 mosaic disease
化学杀雄 emasculation with gametocide
化学诱变剂 chemical mutagen
化学杂交剂 chemical hybridization agent
环境偏差 environmental deviation
环境相关 environmental correlation
黄色体 lutoid
黄酮 flavone
恢复基因 restoring gene
恢复系 restorer line
回复突变 back mutation
回交 backcross
混合法 bulk method
集团选择 mass selection
活体培养 culture in vivo

J

基本培养基 basic medium
基础种子 foundation seed
基因不育 gene sterility
基因标记 gene marker
基因定位 gene mapping
基因工程 gene engineering
基因互作 interaction among genes

基因库　gene pool
基因累加　gene-pyramiding
基因枪法　biolistics
基因文库　gene library
基因型-环境互作　genotype-environment interaction
基因型相关　genotypic correlation
基因型值　genotypic value
基因资源　gene resources
基因组　genome
基因组纵览序列　genome survey sequence，GSS
基因座　gene locus
季风性落叶病　phytophthora leaf blight
几丁质　chitin
集团选择法　mass selection
集团选择库　mass selection reservoir
集群分离分析法　bulked segregant analysis
加代　generation advance
家系　family
家系品种　line cultivar
家系选择　family selection
加性效应　additive effect
甲基磺酸乙酯　ethylmethane sulfonate，EMS
甲状腺肿素　progoitrin
坚黑穗病　covered smut
简单序列重复　simple sequence repeat，SSR
减数分裂核重组　meiotic nuclear restitution
检定种子　certified seed
降落值　falling number，*FN*
芥酸　erucic acid
芥子酶　myrosinase
近等基因系　near isogenic line，NIL
近红外分析仪　near infrared reflector
近交　inbreeding
近交衰退　inbreeding depression
近交系（或自交系）　inbred line
近交系数　inbreeding coefficient
近缘野生种　relative wild species
经济系数　economic coefficient
茎尖培养　stem tip culture
净种子　pure seed
茎腐病　stem rot
茎线虫病　stem nematode
聚合杂交　convergent cross
聚合改良法　convergent improvement method
聚异戊二烯　polyisoprene

K

卡那霉素　kanamycin
开花　flowering
开花期　flowering date
开花授粉　chasmogamy
抗病性　disease resistance
抗虫性　insect resistance
抗倒伏性　lodging resistance
抗风　wind resistance
抗扩展　resistance against colonization
抗侵害　resistance against damage
抗侵入　resistance against ingression
抗生性　antibiosis
抗体类似物质　antibody analogous substance
抗选性　non-preference
抗源　source of resistance
抗性遗传　inheritance of resistance
抗原类似物质　antigen analogous substance
抗原抗体反应　antigen-antibody reaction
抗原抗体类似反应　antigen-antibody analogous reaction
烤烟　bright tobacco，cured tobacco，flue cured tobacco
可交配性　cross ability
壳木质素　shell lignin
苦荞麦　tartary（bitter）buckwheat
苦味　bitterness
库　sink
库容量　sink capacity
块根　storage root，root tuber
块根产量　root tuber yield
扩增片段长度多态性　amplified fragment length polymorphism，AFLP

L

拉伸仪　extensograph
蕾期授粉　bud-pollination
冷害　chilling injury
离体培养　culture in vitro
理想型　ideotype
理想株型　ideal plant type
连锁图　linkage map
连锁群　linkage group
粮草兼用品种　grain-forage concurrent variety
两系法　two-line method

两系杂交种 two-line hybrid
劣种 rogue
临保系 temporary maintenance line
硫代葡萄糖苷 glucosinolates
芦丁 rutin
露地越冬采种 open field wintering seed production
绿豆 mung bean，green gram
轮回亲本 recurrent parent
轮回选择 recurrent selection
伦琴 Roentgen
裸燕麦 naked oat
落粒性 shuttering

M

马克隆值 Micronaire value
马铃薯 potato
酶联免疫吸附测定法 enzyme linked immunosorbent assay，ELISA
蔓割病 stem rot
免脱水 dehydration avoidance
棉酚 gossypol
棉花 cotton
目标性状 target trait
母性遗传 maternal inheritance
母体影响 maternal influence
木豆 pigeonpea
木薯 cassava

N

耐除草剂性 herbicide tolerance
耐毒性 toxin tolerance
耐寒性 cold tolerance
耐旱性 drought tolerance
耐碱性 alkalinity tolerance
耐铝毒 aluminum toxin tolerance
耐逆性 stress tolerance
耐脱水 dehydration tolerance
耐性 tolerance
耐盐性 salinity tolerance
南美叶疫病 south American leaf blight
耐渍性 waterlogging tolerance
内稃 palea
内照射 inner radiation
糯蛋白 waxy protein

P

配合力 combining ability
胚囊 embryo sac
胚乳 endosperm
胚乳平衡数 endosperm balance number
胚培养 embryo culture
胚挽救技术体系 embryo rescue technical system
胚性脆性愈伤 friable embryogenic calli
胚性悬浮培养 embryogenic suspension culture
胚状体 embryoid
配子 gamete
配子体 gametophyte
配子体不育 gametophyte sterility
配子体自交不亲和性 self-incompatibility of gametophyte
配子选择 gamete selection
胚珠培养 ovule culture
皮燕麦 hulled oat
品质 quality
品种间杂交 hybridization between cultivars
品质育种 breeding for quality
品种类型 type of cultivar
品种区域试验 regional variety test
品种适应性试验 adaptability test of cultivar
评价 evaluation
平均杂种优势 average heterosis
葡萄糖 glucose

Q

启动子 promoter
启动子预测 promoter prediction
器官发生 organogenesis
气候生态型 climatic ecotype
气相色谱 gas chromatography
气候驯化 acclimatization
前合子生殖障碍 pre-zygotic barriers
嵌合体 chimaera
扦样 sampling
桥梁品种 intermediary variety
荞麦 buckwheat
亲本 parent
亲和性 compatibility
清洁度 cleanness
氰化物 cyanide
秋水仙碱 colchicine

去饱和酶　desaturase
去雄　emasculation
区域试验　regional test
去杂去劣　rogue-elimination
全不育　complete sterility
全同胞交配　full-sib mating
全同胞轮回选择　full-sib recurrent selection
缺体　nullisomic
群体改良　population improvement
群体品种　population cultivar
群体种质　population germplasm

R

染色体　chromosome
染色体分离　chromosome segregation
染色体加倍　chromosome doubling
染色体组型，核型　karyotype
燃烧性　burning quality
热带植物　tropical plant
人工多倍体　artificial polyploid
人工授粉　artificial pollination
人工选择　artificial selection
人工诱变　artificial mutagenesis
人造奶油　margarine
认证种子　certified seed
融合遗传　blending inheritance
熔炉杂交法　melting pot cross

S

三倍体　triploid
三系法　three-line method
三级三体　tertiary trisome
三交　three-way cross
三体　trisome
散黑穗病　loose kernel smut
色泽鲜明　brightness
杀雄剂　gametocide
上胚轴　epicotyl
上位性　epistasis
生产试验　yield potential test
生产性系比试验　productional clone trial
生产性组合　productive combination
生化标记　biochemical markers
生氰配糖基　cyanogenetic glycoside
生态体系　ecosystem
生态型　ecotype
生态育种　ecological breeding
生物产量，生物量　biomass
生物技术　biotechnology
生物碱　alkaloid
生物燃料　biofuel
生物型　biotype
生物型非特异性抗性　non-biotype-specific resistance
生物型专化抗性　biotype specific resistance
生物学性状　biological character
生育期　growth period
生殖隔离机制　sexual isolating mechanisms
施木克值　Schmuck's number，Sumi's coefficient
食味性状　edible and taste character
实生苗　seedling
试探性组合　exploratory combination
食味品质　taste quality
授粉亲本　pollinator parent
适应性　adaptability
收获期　harvest date
收获前穗发芽　pre-harvest sprouting
收获指数　harvest index
数量性状　quantitative character
数量性状基因位点　quantitative trait loci，QTL
熟态　mature type
双单倍体　double haploid，dihaploid
双低育种　double-low breeding
双二倍体　amphidiploid
双减数　double reduction
双交　double cross
双列选择交配体系　diallel selective mating system，DSM
双列杂交　diallel cross
随机交配　random mating
水稻　rice
水浸泡去雄　water-soaking emasculation
水平抗性　horizontal resistance
水平致病性　horizontal pathogenicity
水溶性糖　water soluble carbohydrate
索氏抽提法　Soxhlet extraction
四倍体　tetraploid
四分体　tetrad
四唑　tetrazolium
属间杂交　generic cross
属间杂种　generic hybrid
粟　foxtail millet
苏丹草　Sudan grass

酸性洗涤纤维 acid detergent fiber
随机扩增多态性 DNA randomly amplified polymorphic DNA，RAPD

T

弹性 resiliency
淘汰 elimination
逃逸细胞 escape cell
提纯复壮 purification and rejuvenation
替换 substitution
替换系 substitution line
体细胞胚 somatic embryo
体细胞胚发生 somatic embryogenesis
体细胞培养 somatic culture
体细胞融合 somatic fusion
体细胞突变 somatic mutation
体细胞杂交 somatic hybridization
体细胞杂种 cybrid
体质不亲和 somatic incompatibility
天然异花授粉群体 natural cross-pollination population
田间技术 field technology
田间小区技术 field-plot technique
甜菜 sugar beet
甜荞麦 common（sweet）buckwheat
特殊配合力 specific combining ability
同胞交配 sib-mating
同工酶 isoenzyme，isozyme
同源多倍体 autopolyploid
同源六倍体 autohexaploid
同源染色体 homologous chromosome
同源三倍体 autotriploid
同源四倍体 autotetraploid
同源异源多倍体 auto-alloploid
突变 mutation
突变频率 mutation frequency
突变率 mutation rate
突变体 mutant
突变育种 mutation breeding
脱壳率 husking percentage

W

豌豆 pea
外稃 lemma
外观品质 apparent quality
外植体 explant
位点 locus
未成熟小孢子培养技术 immature microspore culture technique
维管束环 vascular bundle ring
无孢子生殖 apospory
无融合生殖 apomixis
无配子生殖 apogamy
无限结荚习性 indeterminate pod bearing habit
无限型 indeterminate type
无性繁殖 asexual reproduction
无性繁殖系 asexual propagated line（clone）
无性繁殖植物 asexual propagated plant
无性系品种 clone cultivar
无性系选择 clonal selection
无性系 asexual line，clone

X

系 strain
细胞工程 cell engineering
细胞分裂素 cytokinin
细胞质雄性不育系 cytoplasmic male sterile line
细胞质雄性不育性 cytoplasmic male sterility
细胞质遗传 cytoplasmic inheritance
系间选择 selection among lines
系谱法 pedigree method
系谱分析 pedigree analysis
系统选种 systematic selection
下胚轴 hypocotyl
狭义遗传率 heritability in narrow sense
显性矮秆核基因 dominant-nuclear dwarf gene
显性核雄性不育 dominant-nuclear male sterility
纤用亚麻 fibre flax
纤维含量 fiber content
纤维强度 strength of fiber
纤维素酶 cellulase
显著水准 significance level
限制性片段长度多态性 restriction fragment length polymorphism
相互半同胞轮回选择 reciprocal half-sib recurrent selection
相互轮回选择 reciprocal recurrent selection
相互全同胞轮回选择 reciprocal full-sib recurrent selection
香料烟 aromatic tobacco，oriental tobacco
香气 aroma
香气足 flavoursome

橡胶　rubber
橡胶粒子，橡胶烃　polyisoprene
橡胶延长因子　rubber elongate factor
橡胶转移酶　rubber transferase
向日葵　sunflower
消化率　digestibility
小麦　wheat
小种　race
小种抗性　racial resistance
小种专化性抗性　race-specific resistance
效应　effect
新烟碱　anabasine
形态标记　morphological marker
性状　character
修饰回交　modified backcross
雄性不育　male sterility
雄性不育保持系　male-sterile maintainer line
雄性不育恢复系　male-sterile restorer line
雄性不育系　male sterile line
雄性可育　male fertility
雪花凝集素　*Galanthus nivali* agglutinin，GNA
选择标记基因　selectable marker gene
选择强度　intensity of selection
选择授精　selective fertilization
选择响应　response to selection
选种圃　selection nursery
驯化　domestication

Y

芽变　bud mutation，sports
芽木　bud wood
亚麻　flax
亚麻酸　linolenic acid（18:3）
亚油酸　linoleic acid（18:2）
亚有限结荚习性　semi-determinate pod bearing habit
亚有限型　semi-determinate type
亚种间杂交　hybridization between subspecies
烟草　tobacco
烟碱　nicotine
燕麦　oat
燕麦红叶病　oat red leaf
氧化稳定性　oxidative stability
氧肟酸　hydroxamic acid
野生种　wild species
叶黄素　lutein
叶绿素　chlorophyll
叶蓬　leaf story
液闪计数仪　scintillation counter
腋芽　lateral bud
一般配合力　general combining ability
一粒系小麦　Einkorn
一系法　single-line method
乙烯利　ethrel
遗传多样性　genetic diversity
遗传分化系数　genetic differentiation coefficient
遗传改进　genetic improvement
遗传脆弱性　genetic vulnerability
遗传工程　genetic engineering
遗传进度　genetic advance
遗传率　heritability
遗传漂移　genetic shift
遗传物质　genetic material
遗传相关　genetic correlation
遗传增益　genetic gain
遗传重组　genetic recombination
遗传资源　genetic resources
移栽　transplanting
移栽期　transplanting date
异倍体　heteroploid
异代换系　alien chromosome substitution line
异附加系　alien chromosome addition line
异花授粉　cross pollination
异花授粉植物　cross-pollinated plant
异交　outbreeding，outcrossing
异交率　percentage of cross-pollination
异戊二烯　isoprene
异源多倍体　allopolyploid
异源基因渗入　alien gene introgression
异源四倍体　allotetraploid
异质性　heterogeneity
易位　translocation
易位系　translocation line
鹰嘴豆　chickpea
吲哚硫苷　indolyl glucosinolate
引种　variety introduction
硬脂酸　stearic acid（18:0）
有性子代　sexual offspring
诱变育种　induced mutation breeding
诱发抗性　induced resistance
诱发突变　induced mutation
诱变剂　mutagen

幼胚 young embryo
幼态型 juvenile type
幼态自根无性系 juvenile self-rooting clone
油菜 rape，rapeseed
油酸 oleic acid（18:1）
油纤兼用亚麻 dual purpose flax
油用亚麻 oil flax
有性繁殖 sexual reproduction
有限结荚习性 determinate pod bearing habit
有限（生长）型 determinate type
有性隔离 sexual isolation
玉米 maize，corn
育成品种 bred variety
育性恢复 fertility restoration
育性恢复系 fertility restorer
育种材料 breeding material
育种程序 breeding procedure
育种方案 breeding program
育种家种子 breeder seed
育种目标 breeding objective
育种试区 breeding block
育种小区 breeding plot
预备试验圃 pre-test plot
预培养 pre-culture
愈伤组织 callosity，callus
禹氏三角 triangle of U
原生质体培养 protoplast culture
原生质体融合 protoplasm fusion
原原种 pre-basic seed
原种 basic seed
原始品种 primitive variety
远缘杂交 distant hybridization
远缘杂种 distant hybrid
越冬性 winter hardiness
月桂酸 lauric acid
月桂树 California bay tree

Z

杂合体 heterozygote
杂交 hybridization
杂交不亲和性 cross incompatibility
杂交不孕群 cross-sterile group
杂交不育性 cross-sterility
杂交不孕性，杂交不结实性 cross-infertility
杂交稻 hybrid rice
杂交亲和性 cross-compatibility
杂交 F_1 代 first-filial generation
杂交育种 cross breeding
杂交育种法 breeding through hybridization
杂交组合 cross combination
杂种 hybrid
杂种不育性 hybrid sterility
杂种品种 hybrid cultivar
杂种圃 hybrid nursery
杂种油菜 hybrid rapeseed
杂种优势 heterosis，hybrid vigor
杂种优势指数 index of heterosis
杂种制种 hybrid seed production
栽培品种 cultivar
再生 regeneration
再生皮 renewed bark
再生植株 regenerated plant
早代测验 early progeny test，early generation testing
早熟性 early maturity
早凝胶 precoagulation
增广设计 augment design
蔗糖 sucrose
正反交 reciprocal cross
整倍体 euploid
纸层析法 paper chromatography
脂肪酸组成 component of fatty acids
质粒 plasmid
质量性状 qualitative character
质核互作雄性不育性 cytoplasmic-nucleic male sterility，CNMS
直链淀粉 amylose
芝麻 sesame
指数选择 index selection
指纹图谱 fingerprinting
植物保卫素 phytoalexins
植物核心种质 plant collection
植物学性状 botanical character
中性洗涤纤维 neutral detergent fiber
种 species
种根 mother root
种间杂交 interspecific hybridization
种茎 seed stem
种质 germplasm
种质渗进 germplasm introgression
种质资源 germplasm resources
种子活力 seed vigor
株高 plant height

珠孔　micropyle
株间选择　selection among plants
主效基因　major gene
主效基因抗病性　major gene resistance
珠被　integument
苎麻　ramee，ramie
柱头　stigma
紫花苜蓿　alfalfa
自发突变　spontaneous mutation
子房培养　ovary culture
自花授粉　self-pollination
自花授粉植物　self-pollinated crop
自交　selfing
自交不亲和性　self-incompatibility
自交和杂交不亲和性　self- and cross-incompatibility
自交亲和性　self-compatibility
自交衰退率　rate of selfing depression
自然变异选择　natural variant selection
自然选择　natural selection
自由授粉　open pollination
自由授粉群体品种　open-pollinated population cultivar
综合抗性　comprehensive resistance
综合品种　synthetic cultivar
综合群体　synthetic population
综合杂种　synthetic hybrid
棕榈酸　palmitic acid（16:0）
组织和细胞离体培养　tissue and cell culture in vitro
逐项选择法　tandem selection
组合育种　combination breeding
专化性　specificity
专用品种　special-purpose variety
转基因　genetic transformation
转基因技术　transgenic technique
转座子　transposon
转基因植株　transgenic plant
转化　transformation
作物起源中心　centre of origin of crops

附录Ⅲ　物种名称汉拉对照表

第一章

二化螟　*Chilo suppressalis* Walker
毛叶曼陀罗　*Datura innoxia* Mill
禾本科　Gramineae
黑尾叶蝉　*Nephotettix cincticeps* Uhler
稻飞虱　*Nilaparvalta lugens* Stål.
稻瘿蚊　*Orsealia oryzae* Wood-Mansion
稻属　*Oryza* L.
高秆野生稻　*Oryza alta* Swallen
澳洲野生稻　*Oryza australiensis* Domin
非洲野生稻　*Oryza barthii* A. Chev.（曾名 *Oryza breviligulata*）
短药野生稻　*Oryza brachyantha* A. Chev et Rochr
紧穗野生稻　*Oryza eichingeri* A. Peter
紧穗野生稻组　*Coarctata* Roschev.
台湾野生稻　*Oryza formosa*
非洲栽培稻　*Oryza glaberrima* Steud
展颖野生稻　*Oryza glumaepatula* Steud（曾名 *Oryza perennis* subsp. *cubensis*）
重颖野生稻　*Oryza gradiglumis*（Docll）Prod
颗粒野生稻　*Oryza granulata* Nees et Arn ex Hook f.
阔叶野生稻　*Oryza latifolia* Desv
长护颖野生稻　*Oryza longiglumis* Jansen
长雄蕊野生稻　*Oryza longistaminata* A. Chev. et Roehr（曾名 *Oryza barthii*）
南方野生稻　*Oryza meridionalis* N. Q. Ng
疣粒野生稻　*Oryza meyeriana*（Zoll. et Morrill ex Steud）Baill
小粒野生稻　*Oryza minuta* J. S. Presl ex C. B. Presl
尼瓦拉野生稻　*Oryza nivara* Sharma et Shastry（曾名 *Oryza fatua*，*Oryza sativa* f. *spontanea*）
药用野生稻　*Oryza officinalis* Wall. ex Watt
斑点野生稻　*Oryza punctata* Kotschy ex Steud
长喙野生稻组　*Rhynchoryza* Roschev.
马来野生稻　*Oryza ridleyi* Hook
多年生野生稻　*Oryza rufipogon* Griffith（曾名 *Oryza perennis*，*Oryza fatua*，*Oryza perennis* subsp. *balunga*）
亚洲栽培稻　*Oryza sativa* L.
普通野生稻　*Oryza sativa* L. f. *spontanea* Roschev.
籼亚种　*Oryza sativa*. subsp. *hsien* Ting
印度亚种　*Oryza sativa* subsp. *indica* Kato
日本亚种　*Oryza sativa* subsp. *japonica* Kato
粳亚种　*Oryza sativa* subsp. *keng* Ting
极短粒野生稻　*Oryza schlechteri* Pilger.
稻瘟病　*Pyricularia oryzae* Cav.
纹枯病　*Rhizoctonia solani* Kühn
白背飞虱　*Sogatella furcifera* Horvath
稻粒黑粉病　*Tilletia barelayana*（Bref.）Sacc. et Syd.
三化螟　*Tryporyza incertulas* Walker
稻曲病　*Ustilaginoidea virens*（Cke.）Tak
白叶枯病　*Xanthomonas oryzae* pv. *oryzae*（Ishiyama）comb. nov.
细菌性条斑病　*Xanthomonas campestris* pv. *oryzicola*（Fang et al.）comb. nov.

第二章

山羊草属　*Aegilops* L
冰草属　*Agropyron* Gaertn
野麦属，披碱草属，滨麦属　*Elymus* L.
白粉病菌　*Erygsiphe graminis* DC.
镰孢菌　*Fusarium graminearum* Schw.
大麦亚族　Hordeinae
大麦属　*Hordem*
黑麦属　*Secale* L.
小麦族　Triticeae
小麦亚族　Triticinae
小麦属　*Triticum* L.
黑森瘿蚊　*Mayetiola destructor* Say.
麦二叉蚜　*Schizaphis graminum* Rondani
尾状山羊草　*Aegilops caudate* L.
柱穗山羊草　*Aegilops cylindrical* L.
高大山羊草　*Aegilops longissima* L.
沙融山羊草　*Aegilops sharonensis* L.
拟斯卑尔脱山羊草　*Aegilops speltoides* L.
偏凸山羊草　*Aegilops ventricosa* L.
鹅观草属　*Roegneria* L.

长穗偃麦草　*Elytrigia elongatum* L.
彭梯长偃麦　*Elytrigia pontica* L.
乌拉尔图小麦　*Triticum urartu* Tum.
野生一粒小麦　*Triticum boeoticum* Boiss.
栽培一粒小麦　*Triticum monococcum* L.
野生二粒小麦　*Triticum dicoccoides* Koern.
栽培二粒小麦　*Triticum dicoccum* Schuebl.
科尔希二粒小麦　*Triticum paleocolchicum* Men.
伊斯帕汗二粒小麦　*Triticum ispahanicum* Heslot
波斯小麦　*Triticum carthicum* Nevski
圆锥小麦　*Triticum turgidum* L.
硬粒小麦　*Triticum durum* Desf.
东方小麦　*Triticum turanicum* Jakubz.
波兰小麦　*Triticum polonicum* L.
埃塞俄比亚小麦　*Triticum aethiopicum* Jakubz.
斯卑尔脱小麦　*Triticum spelta* L.
马卡小麦　*Triticum macha* Dek. et Men.
瓦维洛夫小麦　*Triticum vavilovi* Jakubz.
密穗小麦　*Triticum compactum* Host
印度圆粒小麦　*Triticum sphaerococcum* Perc.
普通小麦　*Triticum aestivum* L.
阿拉拉特小麦　*Triticum araraticum* Jakubz.
提莫菲维小麦　*Triticum timopheevii* Zhuk.
茹科夫斯基小麦　*Triticum zhukovskyi* Men. et Er.

第三章

普通大麦　*Hordeum vulgare* L.
野生大麦　*Hordeum spontaneum* C. Koch
球茎大麦　*Hordeum bulbosum* L.
灰毛大麦　*Hordeum murinum* L.
微芒大麦　*Hordeum muticum* Presl.
科多大麦（拟）　*Hordeum cordobense* Bothm. et al.
毛穗大麦　*Hordeum stenostachys* Godr.
智利大麦　*Hordeum chilense* Roem et Schult.
弯曲大麦（拟）　*Hordeum flexuosum* Nees
宽颖大麦（拟）　*Hordeum euclaston* Steud.
圣迭大麦（拟）　*Hordeum intercedens* Nevski
窄小大麦（拟）　*Hordeum pusillum* Nutt.
芒颖大麦　*Hordeum jubatum* L.
长毛大麦（拟）　*Hordeum comosum* Presl
毛花大麦（拟）　*Hordeum pubiflorum* Hook. f.
李氏大麦（拟）　*Hordeum lechleri*（Steud.）Schenck
硕穗大麦　*Hordeum procerum* Nevski
亚桑大麦（拟）　*Hordeum arizonicum* Covas et Stebbins
黑麦状大麦　*Hordeum secalinum* Schreb.
海大麦　*Hordeum marinum* Huds.
布顿大麦　*Hordeum bogdanii* Wil.
小药大麦　*Hordeum roshevitzii* Bowden
短芒大麦　*Hordeum brevisubulatum*（Trin.）Link
短药大麦　*Hordeum brachyantherum* Nevski
平展大麦　*Hordeum depressum*（Scribn. et Sm.）Rydb.
南非大麦　*Hordeum capense* Thunb.
帕氏大麦（拟）　*Hordeum parodii* Covas
毛稃大麦（拟）　*Hordeum mustersii* Nicora
巴哥大麦（拟）　*Hordeum patagonicum*（Haum.）Covas
内蒙古大麦　*Hordeum innermongolicum* Kuovet L. B. Cai
野生二棱大麦　*Hordeum vulgare* subsp. *spontaneum*
栽培二棱大麦　*Hordeum vulgare* subsp. *distichon*
野生六棱大麦　*Hordeum vulgare* subsp. *agriocrithon*
栽培六棱大麦　*Hordeum vulgare* subsp. *vulgare*
中间型大麦　*Hordeum vulgare* subsp. *innermedium*
赤霉病菌　*Gibberella zeae*
黑麦　*Secale cereale*

第四章

燕麦　*Avena* L.
加拿大燕麦　*Avena canariensis* Baum.
异颖燕麦　*Avena pilosa* M. B.
偏肥燕麦　*Avena ventricosa* Bal.
小硬毛燕麦　*Avena hirtula* Lag.
威氏燕麦　*Avena wiestii* Steud.
匍匐燕麦　*Avena prostrate* Ladiz.
大西洋燕麦　*Avena atlantica* Baum
大马士革燕麦　*Avena damascene* Raj. et Baum.
长颖燕麦　*Avena longiglumis* Dur.
裸粒短燕麦　*Avena nudibrevis*
不完全燕麦　*Avena cluda* Dur.
布鲁斯燕麦　*Avena bruhnsiana* Grum.
砂燕麦　*Avena strigosa* Schreb.
摩洛哥燕麦　*Avena maroccana* Gdgr.

细燕麦 *Avena barbata* Pott.
埃塞俄比亚燕麦（阿比西尼亚燕麦） *Avena abyssinica* Hoch.
大穗燕麦 *Avena macrostachya* Bal.
阿加迪尔燕麦 *Avena agadiriana* Baum. et Fed.
大燕麦 *Avena magna* Mur. et Fed.
墨菲燕麦 *Avena murphyi* Ladiz.
瓦维洛夫燕麦 *Avena vaviloviana* Mordv.
岛屿燕麦 *Avena insularis* Ladiz.
普通栽培燕麦 *Avena sativa* L.
裸燕麦 *Avena nuda* L.
西方燕麦 *Avena occidentalis* Dur.
普通野燕麦 *Avena fatua* L.
野红燕麦 *Avena sterilis* L.
南野燕麦 *Avena ludoyiciana* Dur.
地中海燕麦 *Avena. byzantina* Koch
东方燕麦 *Avena orientalis* Dur.
燕麦冠锈病 *Puccinia coronata* f. sp. *avenae*
燕麦秆锈病 *Puccinia graminis* f. sp. *avenae*
燕麦坚黑穗病 *Ustilago segetum*（Bull. Pers.）Roussel
燕麦散黑穗病 *Ustilago avenae*（Pers.）Rostr.
燕麦白粉病 *Erysiphe graminis* DC. f. sp. *avenae* Em. Marchal

第五章

荞麦属 *Fagopyrum* L.
甜荞麦 *Fagopyrum esculentum* Moench.
甜荞祖先种 *Fagopyrum esculentum* subsp. *ancestrale* Ohnishi
苦荞麦 *Fagopyrum tataricum* Gaertn.
苦荞祖先种 *Fagopyrum tataricum* subsp. *potanini* Batalin
硬枝万年荞 *Fagopyrum urophyllum*（Bur. ex Fr.）H. Gross
长柄（抽薹）野荞麦 *Fagopyrum statice*（Levl.）H. Gross
金荞麦 *Fagopyrum cymosum*（Trev.）Meisn.［*F. dibotrys*（D. Don）Hara.］
心叶（岩）野荞麦 *Fagopyrum gilesii*（Hemsl.）Hedberg
小野荞麦 *Fagopyrum leptopodum*（Diels.）Hedberg
疏穗小野荞麦 *Fagopyrum leptopodum* var. *grossii*（Levl.）Sam.
细柄野荞麦 *Fagopyrum gracilipes*（Hemsl.）Dammer ex Diels.
线叶野荞麦 *Fagopyrum lineare*（Sam.）Haraldson
疏穗（尾叶）野荞麦 *Fagopyrum caudatum*（Sam.）A. J. Li，comb. nov
左贡野荞麦 *Fagopyrum zuogongenes* Q-F Chen
大野荞麦 *Fagopyrum megaspartanium* Q-F Chen
毛野荞麦 *Fagopyrum pilus* Q-F Chen
纤梗野荞麦 *Fagopyrum gracilipedoides* Ohsako et Ohnishi
金沙野荞麦 *Fagopyrum jinshaenes* Ohsako et Ohnishi
花叶野荞麦 *Fagopyrum polychromofolium* A. H. Wang，M. Z. Xia，J. L. Liu et P. Yang
密毛野荞麦 *Fagopyrum densovillosum* J. L. Liu
皱叶野荞麦 *Fagopyrum crispatifolium* J. L. Liu
荞麦轮纹斑病菌 *Ascochyta fagopyri*
荞麦细菌角斑病菌 *Cercospora fagopyci*
荞麦褐斑病菌 *Pseudomonas syringe*
荞麦霜霉病菌 *Peronospora fagopyri*

第六章

流苏果属 *Chionachne*
薏苡属 *Coix*
玉米大斑病 *Helminthosporium turcicum* Pass.
玉米小斑病 *Helminthosporium maydis* Nisik et Miyake
玉蜀黍族 Maydeae
多裔黍属 *Polytoca*
硬颖草属 *Schlerachce*
玉米丝黑穗病 *Sphacelotheca reiliana*（Kühn）Clint
三裂果属 *Trilobachne*
摩擦禾属 *Tripsacum*
玉米属 *Zea*
玉米 *Zea mays* L.
甜粉型 *Zea mays*. L. *amylacea saccharata* Sturt
粉质型 *Zea mays* L. *amylacea* Sturt
糯质型 *Zea mays* L. *sinesis* Sturt
爆裂型 *Zea mays* L. *everta* Sturt
马齿型 *Zea mays* L. *indentata* Sturt
硬粒型 *Zea mays* L. *indurata* Sturt
甜质型 *Zea mays* L. *saccharata* Sturt
半马齿型 *Zea mays* L. *semidentata* Kulesh
有稃型 *Zea mays* L. *tunicata* Sturt
多年生玉米 *Zea perennis*

繁茂玉米　*Zea luxurians*
二倍体多年生玉米　*Zea diploperennis*
栽培玉米亚种　*Zea mays* subsp. *mays*
墨西哥玉米亚种　*Zea mays* subsp. *mexicana*
小颖玉米亚种　*Zea mays* subsp. *parviglumis*
丝轴黑粉菌　*Sphacelotheca rdeilinana*
禾谷镰孢菌　*Fusarium graminearum*

第七章

高粱　*Sorghum bicolor*（L.）Moench
埃塞俄比亚高粱　*Sorghum aethiopicum*
澳大利亚土生高粱　*Sorghum australiense*
丰裕高粱　*Sorghum almum* Parodi
拟芦苇高粱　*Sorghum arundinaceum*
轮生花序高粱　*Sorghum verticilliflorum*
内生高粱　*Sorghum intrans* Muell. ex Benth
变色高粱　*Sorghum versicolor* Anderss
绢毛高粱　*Sorghum purpureosericeum* Aschers et Schweinf
臭草属　*Melica*
漆姑草属　*Sagina*
绒毛草属　*Holcus*
黍属　*Panicum*
粟草属　*Milium* L.
苏丹草　*Sorghum sudanense* Stapf.
突尼斯草　*Sorghum virgatum*（Hack）Stapf.
散黑穗病　*Sphacelotheca cruenta*（Kühn）Pott.
丝黑穗病　*Sphacelotheca reiliana*（Kühn）Clint.
甘蔗黄蚜　*Aphis sacchari* Zehntner
玉米螟　*Ostrinia furnacalis* Guenee

第八章

臂形草　*Brachiaria ramosum*
薏苡　*Coix lacryma-jobi* L.
马唐　*Digitaria* spp.
稗　*Echinochloa crusgalli*（L.）Beauv
食用稗，日本稗　*Echinochloa frumentacea*
栽培稗，湖南稷子　*Echinochloa crusgalli*（L.）var. *frumentacea*（Roxb）Wright
圆果雀稗，鸭跖草　*Paspalum scrobiculatum* L.
龙爪稷，穇子　*Eleusine coracana*（L.）Gaertn
黍，糜　*Panicum miliaceum* L.
小黍　*Panicum sumatrense* Roth ex Roem. et Schult
御谷　*Pennisetum glaucum* R. Br.
珍珠粟　*Pennisetum typhoideum* Rich
粟　*Setaria italica*（L.）Beauv.
青狗尾草　*Setaria viridis*（L.）Beauv.
金狗尾草　*Setaria glauca*（L.）Beauv.
大狗尾草　*Setaria faberii*（L.）Beauv.

第九章

豆科　Leguminosae
蝶形花亚科　Papilionoideae
栽培大豆　*Glycine max*（L.）Merrill
一年生野生大豆　*Glycine soja* Sieb et Zucc.
大豆孢囊线虫病　*Heterodera glycines* Ichinohe
大豆蚜虫　*Aphis glycines* Mats.
大豆灰斑病　*Cercospora sojina* Hara
大豆黑点病　*Diaporthe phaseolorum*（Cke. et Ell.）Sacc. var. *caulivora*
豆荚螟　*Etiella zinckenella* Treitschke
食心虫　*Leguminivora glycinivorella* Mats.
豆卷叶螟　*Lamprosema indicata* Fabricius
大造桥虫　*Ascotis selenaria* Schiffermuler et Denis
斜纹夜蛾　*Prodenia litura* Fabricius
大豆根腐病　*Macrophomina phaseolina*（Tassi）Goid.
豆秆黑潜蝇　*Melanagromyza sojae* Zehntner
大豆白粉病　*Microsphaera diffusa* Cke. et PK.
大豆霜霉病　*Peronospora manshurica*（Nau.）Syd.
大豆锈病　*Phakopsora pachyrhizi* Syd.
大豆褐色茎腐病　*Phialophora gregatum* Allington et Chamberlain
大豆疫霉根腐病　*Phytophthora megasperma* Drechs. f. sp. *glycinea* Kuan et Erwin
大豆细菌性斑点病　*Pseudomonas glycinea* Coerper
大豆菌核病　*Sclerotinia sclerotiorum*（Lib.）de Bary
大豆细菌性叶烧病　*Xanthomonas phaseoli* var. *sojensis*（Hedgs）Starr et Burkh

第十章

蚕豆　*Vicia faba* L
野豌豆属　*Vicia*

第十一章

豌豆　*Pisum sativum* L.
野豌豆种　*Pisum fulvum* Sibth et Sm.
豌豆野生亚种　*Pisum sativum* subsp. *elatius*

豌豆栽培亚种 *Pisum sativum* subsp. *sativum*
白花豌豆变种 *Pisum sativum* var. *sativum*
紫花豌豆变种，谷实豌豆 *Pisum sativum* var. *arvense*
软荚豌豆 *Pisum sativum* var. *macrocarpum* Ser.
早生矮豌豆 *Pisum sativum* var. *humile* Poiret
豌豆白粉病 *Erysiphe pisi* DC

第十二章

绿豆 *Vigna radiata*（L.）Wilczek
栽培绿豆 *Vgna radiata* var. *radiata*
野生绿豆 *Vgna radiata* var. *sublobata*（Roxb.）Verdcourt
黑吉豆 *Vigna mungo*（L.）Hepper
绿豆叶斑病 *Cercospora* spp.
绿豆白粉病 *Erysiphe polygoni* DC
绿豆立枯病 *Rhizoctonia solani* Kühn
绿豆枯萎病 *Fusarium oxysporum*
绿豆炭疽病 *Macrophomina phaseolina*（Tassi）Goidanich
绿豆枯萎病 *Fusarium oxysporum*
绿豆尾孢菌叶斑病 *Cercospora canescens* Ellis et Martin
绿豆丝核菌根腐病 *Rhizoctonia solani* Kühn
豆蚜 *Aphis craccivora* Koch
豆秆潜蝇 *Ophiomyia* spp.
豆荚螟 *Maruca testulalis* Geyer
绿豆象 *Callosobruchus chinensis* L.
四纹豆象 *Callosobruchus maculatus*
根结线虫 *Meloidogyne incognite*
斜纹夜蛾 *Spodoptera litura*（Fabricius）

第十三章

小豆 *Vigna angularis* Ohwi et Ohashi，*Phaseolus angularis* Wight
栽培小豆 *Vigna angularis* Ohwi et Ohashi
野生小豆 *Vigna angularis* var. *nipponensis* Ohwi et Ohashi
饭豆 *Vigna umbellata*（Thunb.）Ohwi et Ohashi

第十四章

木豆 *Cajanus cajan*（L.）Millsp.
木豆属 *Cajanus*
蔓草虫豆 *Cajanus scarabaeoides*
虫豆 *Cajanus volubilis*

第十五章

鹰嘴豆 *Cicer arietinum* L.
鹰嘴豆属 *Cicer*
野生鹰嘴豆 *Cicer reticulatum*
地中海亚种 *Cicer arietinum* subsp. *mediterraneum*
欧亚亚种 *Cicer arietinum* subsp. *eurasiaticum*
东方亚种 *Cicer arietinum* subsp. *orientale*
亚洲亚种 *Cicer arietinum* subsp. *asiatinum*

第十六章

油菜白锈病 *Albugo candida*（Pers.）O. Kuntze
白菜型油菜 *Brassica campestris* L.
埃塞俄比亚油菜 *Brassica carinata* Braun.
南方油白菜 *Brassica chinensis* var *oleifera* Makino
芥菜型油菜 *Brassica juncea* Coss
细枝芥油菜 *Brassica juncea* var. *gracilis* Tsen et Lee
甘蓝型油菜，欧洲油菜 *Brassica napus* L.
黑芥 *Brassica nigra* Koch
芜菁 *Brassica rapa* L.
甘蓝 *Brassica oleracea* L.
白菜 *Brassica chinensis* L.，*Brassica campestris* var. *chinensis* L.
芝麻菜，芸芥，臭芥 *Eruca sativa* Mill.
油菜黑胫病 *Leptosphaeria maculans*（Desm.）Ces et de Not
油菜霜霉病 *Peronospora parasitica*（Pers.）Debary
油菜根肿病 *Plasmodiophora brassicae* Woronin
油用萝卜，茹菜，蓝花籽 *Raphanus sativa* var. *oleifera* Makino
油菜菌核病 *Sclerotinia sclerotiorum*（Lib.）debary
白芥 *Sinapis alba* Boiss
拟南芥 *Arabidopsis thaliana*（L.）Heynh

第十七章

花生属 *Arachis* L.
花生区组 Section *Arachis*
花生栽培种 *Arachis hypogaea* L.
交替开花亚种（密枝亚种） *Arachis hypogaea* subsp. *hypogaea*
连续开花亚种（疏枝亚种） *Arachis hypogaea*

subsp. *fastigiata* Waldron
密枝变种（普通型） *Arachis hypogaea* var. *hypogaea*
茸毛变种（龙生型） *Arachis hypogaea* var. *hirsuta* Kohler
珠豆变种（珍珠豆型） *Arachis hypogaea* var. *vulgaris* Harz.
赤道变种 *Arachis hypogaea* var. *aequatoriana*
秘鲁变种 *Arachis hypogaea* var. *peruvian*
大根区组 section *Caulorrhizae*
直立区组 section *Erectoides*
围脉区组 section *Extranervosae*
异形花区组 section *Heteranthae*
匍匐区组 section *Procumbentes*
根茎区组 section *Rhizomatosae*
原根茎系 series *Prorhizomatosae*
真根茎系 series *Eurhizomatosae*
三叶区组 section *Trierectoides*
三籽粒区组 section *Triseminatae*

第十八章

芝麻 *Sesamum indicum* L.
芝麻属 *Sesamum*
胡麻科 Pedaliaceae
野生芝麻 *Sesamum schinzianu*，*Sesamum radiatum*
芝麻茎点枯病 *Macrophomina phaseolia*（Tassi）Goid
芝麻青枯病 *Pseudomonas solanacearam* Smith.

第十九章

向日葵 *Helianthus annuus* L.
向日葵属 *Helianthus*
菊科 Compositae
向日葵菌核病 *Sclerotinia sclerotiorum*（Lib.）de Bary
向日葵叶枯病 *Alternaria helianthi*（Hansf.）Tubaki et Nishi.
向日葵褐斑病 *Septoria helianthi* Ell. et Kell.
向日葵霜霉病 *Plasmopara halstedii*（Far.）Berl. et de Toni
向日葵锈病 *Puccinia helianthi* Schw.
向日葵黄萎病 *Verticillium dahliae* Kleb.
向日葵白粉病 *Sphaerotheca fuliginea*（Schlecht.）Poll.
向日葵黑斑病 *Alternaria alternata*（Fr.）Keissl.（*A. tenuis* Nees.）
向日葵螟 *Homoeosoma nebulellum*（Denis et Schiffermuller）
草地螟 *Loxostege sticticalis* Linnaeus
桃蛀螟 *Dichocrocis punctiferalis*（Guenee）
黑绒金龟甲 *Maladera orientalis* Motschulsky
蒙古灰象甲 *Xylinophorus mongolicus* Faust
网目拟地甲 *Opatrum subaratum* Faldermann
蒙古拟地甲 *Gonocephalum reticulatum* Motschulsky
列当 *Orobanche cumana* Wallr.
小地老虎 *Agrotis ypsilon*（Rottemberg）
黄地老虎 *Euxoa segetum*（Schiffermuller）
白边地老虎 *Euxoa oberthuri*（Leech）

第二十章

棉属 *Gossypium* L.
异常棉 *Gossypium anomalum* Wawr. et Peyr.
非洲棉 *Gossypium herbaceum* L.
亚洲棉 *Gossypium arboreum* L.
亚雷西棉 *Gossypium areysianum*（Defl）Hutch.
旱地棉 *Gossypium aridum*（Rose et Standl）Skov
辣根棉 *Gossypium armourianum* Kearn
澳洲棉 *Gossypium australe* F Muell
海岛棉 *Gossypium barbadense* L.
比克氏棉 *Gossypium bickii* Prokh
绿顶棉 *Gossypium capitis-viridis* Mauer
皱壳棉 *Gossypium costulatum* Tod
坎宁安氏棉 *Gossypium cunninghamii* Tod
达尔文氏棉 *Gossypium darwinii* Watt
戴维逊氏棉 *Gossypium davidsonii* Kell.
拟似棉 *Gossypium gossypioides*（Ulbr）Standl
哈克尼西棉 *Gossypium harknessii* Brandg.
草棉 *Gossypium herbaceum* L.
陆地棉 *Gossypium hirsutum* L.
灰白棉 *Gossypium incanum*（Schwartz）Hillc.
克劳次基棉 *Gossypium klotzschianum* Anderss
茅叶棉 *Gossypium lanceolatum* Tod
松散棉 *Gossypium laxum* Phillips
裂片棉 *Gossypium lobatum* Gentry
长萼棉 *Gossypium longicalyx* Hutch et Lee
黄褐棉 *Gossypium mustelinum* Miers ex Watt
纳尔逊氏棉 *Gossypium nelsonii* Fryx.
细毛棉 *Gossypium pilosum* Fryx.
毛棉 *Gossypium tomentosum* Nutt. ex Seem.
杨叶棉 *Gossypium populifolium*（Benth）Tod

小丽棉 *Gossypium pulchellum*（Gardn.）Fryx.
雷蒙德氏棉 *Gossypium raimondii* Ulbr
鲁滨逊氏棉 *Gossypium robinsonii* F. Muell
索马里棉 *Gossypium somalense*（Gurke）Hutch.
斯托克西棉 *Gossypium stocksii* Mast. et Hook
斯托提棉 *Gossypium sturtianum* J. H. Willis
斯托提棉南德华棉变种 *Gossypium sturtianum* var. *nandewarense*（Derera）Fryx.
瑟伯氏棉 *Gossypium thurberi* Tod
夏威夷棉 *Gossypium tomentosum* Nutt. ex Seem.
三裂棉 *Gossypium trilobum*（DC）Skov
三叶棉 *Gossypium triphyllum*（Harv. et Sand）Hochr.
特纳氏棉 *Gossypium turneri* Fryx.
大丽轮枝菌 *Verticillium dahliae*
鼠伤寒沙门氏菌 *Salmonella typhimurium*

第二十一章

苎麻白叶种 *Boehmeria nivea*
苎麻绿叶种 *Boehmeria tenacissima*
苎麻属 *Boehmeria*
荨麻科 Urticaceae

第二十二章

椴树科 Tiliaceae
黄麻属 *Corchorus*
圆果黄麻 *Corchorus capsularis* L.
长果黄麻 *Corchorus olitorius* L.

第二十三章

红麻 *Hibiscus cannabinus* L.
玫瑰红麻 *Hibiscus sabdariffa* L.
木芙蓉 *Hibiscus mutabilis* L.
秋蜀 *Hibiscus esculentus* L.
木槿属 *Hibiscus*
锦葵科 Malvaceae

第二十四章

亚麻栽培种 *Linum usitatissimum* L.
亚麻属 *Linum*
亚麻科 Linaceae
大肠杆菌 *Escherichia coli*
农杆菌 *Agrobacterium tumefaciens*

第二十五章

旋花科 Convolvulaceae
甘薯属 *Ipomoea*
甘薯组 Section *Batatas*
甘薯栽培种 *Ipomoea batatas* Lam
白花野牵牛 *Ipomoea eucantha* Jacq.
牛皮消叶野牵牛 *Ipomoea cynanchifolia* Meisn
纤细野牵牛 *Ipomoea gracilis* R. Br.
多洼野牵牛 *Ipomoea lacunosa* L.
海滨野牵牛 *Ipomoea littoralis* Blume
野氏野牵牛 *Ipomoea ramosissima*（Poir）Choisy
大叶野牵牛 *Ipomoea randifolia*（Dammer）O'Donell
瘦弱野牵牛 *Ipomoea tenuissima* Choisy
椴树野牵牛 *Ipomoea tiliacea*（Willd.）Choisy
毛果野牵牛 *Ipomoea trichocarpa* Ell.
三浅裂野牵牛 *Ipomoea trifida*（H. B. K.）Don.
三裂叶野牵牛 *Ipomoea triloba* L.
甘薯根结线虫病 *Meloidogyne incognita* var. *acrita*（Kofoid et White）Chitwood
甘薯瘟病 *Pseudomonas batatae* Cheng et Fan.
甘薯黑斑病 *Ceratocystis fimbriata* Ellis et Halsted
线虫性糠腐病 *Ditylenchus destructor* Thorne
根腐病 *Fusarium solani*（Mart.）Succ. f. sp. *batatas* McClure
茎腐病 *Fusarium oxysporum* var. *batatas*（Wollenw.）Snyder et Hans.，*Fusarium oxysporum bulbigenum* Cooke et Mass. var. *batatas* Wollenw
甘薯蔓割病 *Fusarium oxysporum* Schlecht. f. sp. *batatas*（Wollenw.）Snyd. et Hans.
甘薯小象甲 *Cylas formicarius* Fabricius
甘薯象甲 *Cylas puncticollis* Boh
蚁象 *Cylas formicarius* Fab.

第二十六章

无茎薯 *Solanum acaule* Bitt
秘鲁玻利维亚薯 *Solanum andigena* Juz. et Bulk
落果薯 *Solanum demissum* Lindl.
马铃薯 *Solanum tuberosum* L.
富利加薯 *Solanum phureja* Juz. et Buk
窄刀薯 *Solanum stenotomum* Juz. et Buk
匍枝薯 *Solanum stoloniferum* Schltdl. et Bouché
茄属 *Solanum* L.
马铃薯晚疫病 *Phytophthora infestans*（Mont.）de Bary
马铃薯青枯病 *Pseudomonas solanacearum*（Smith）Smith

第二十七章

木薯栽培种 *Manihot esculenta* Crantz
木薯属 *Manihot*
大戟科 Euphorbiaceae

第二十八章

甘蔗属 *Saccharum*
甘蔗属中国种 *Saccharum sinense* Roxb.
甘蔗属印度种 *Saccharum barberi* Jesw.
甘蔗属热带种 *Saccharum officinarum* Linn.
甘蔗属大茎野生种 *Saccharum robustum* Grassl.
甘蔗属小茎野生种（甜根子草） *Saccharum spontaneum* Linn.
甘蔗 *Saccharum officinarum* Linn.
芒属 *Miscanthus* Anderss
蔗茅属 *Erianthus* Michx
河八王属 *Narenga* Bor
台湾蔗茅 *Erianthus formosanus* Stapf.
蔗茅 *Erianthus fulvus*
滇蔗茅 *Erianthus rockii* Keng
斑茅 *Erianthus arundinaceum*（Retz.）Jeswiet

第二十九章

藜科 Chenopodiaceae
甜菜属 *Beta*
滨藜叶甜菜 *Beta atriplicifolia* Rouy.
冠状花甜菜 *Beta corolliflora* Zoss.
多叶甜菜 *Beta foliosa*（Sensu Haussk）
单果甜菜 *Beta lomatogona* Fisch.
大果甜菜 *Beta macrocarpa* Guss
长根甜菜 *Beta macrorhiza* Stev
沿海甜菜 *Beta maritima* L.
矮生甜菜 *Beta nana* Bois. et Hela.
宛状花甜菜 *Beta patellaris* Moq.
岔根甜菜 *Beta patula* Ait
平伏甜菜 *Beta procumbens* Chr. Sm.
三蕊甜菜 *Beta trigyna* Wald. et Kit.
普通甜菜 *Beta vulgaris* L.
叶用甜菜 *Beta vulgaris* var. *cicla*
饲用甜菜 *Beta vulgaris* var. *crassa*
食用甜菜 *Beta vulgaris* var. *cruenta*
糖用甜菜 *Beta vulgaris* var. *saccharifera*
维比纳甜菜 *Beta webbiana* Moq
甜菜褐斑病 *Cercospora beticola* Saccardo

第三十章

橡胶属 *Hevea*
巴西橡胶树 *Hevea brasiliensis* Muell. Arg.
矮生小叶橡胶 *Hevea camargoana*
少花橡胶 *Hevea pauciflora*
边沁橡胶 *Hevea benthamiana*
光亮橡胶 *Hevea nitida*
坎普橡胶 *Hevea camporum*
硬叶橡胶 *Hevea rigidifolia*
圭亚那橡胶 *Hevea guianensis*
小叶橡胶 *Hevea microphylla*
色宝橡胶 *Hevea spruceana*
巴路多橡胶 *Hevea paludosa*
桉树 *Eucalyptus* spp.
木瓜 *Carica papaya* L
橡胶树白粉病 *Oidium heveae*

第三十一章

烟属 *Nicotiana* L.
心叶烟 *Nicotiana glutiosa*
黄花烟草 *Nicotiana rustica* L.
普通烟草 *Nicotiana tabacum* L.
黏烟草 *Nicotiana glutinosa*
茄科 Solanaceae
曼陀罗 *Datura metel* L.
紫苏 *Perilla frutescens*（L.）Britt
薄荷 *Mentha haplocalyx* Herba
罗勒 *Ocimum basilicum* L.
土人参 *Talinum paniculatum* Gaertn
黄芪 *Astragalus membranaceus*（Fisch.）Bunge
烟草黑胫病 *Phytophthora parasitica* var. *nicotianae*
烟草青枯病 *Pseadomonas solanacearum*
烟草炭疽病 *Colletotrichum nicotianae* Averna
烟草白粉病 *Erysiphe cichoracearum* DC.
烟草赤星病 *Alternaria alternata*
根结线虫病 *Meloidogyne incognita*
烟草黑腐病 *Thielaviopsis basicola*

第三十二章

黑麦草属 *Lolium* L.
多年生黑麦草 *Lolium perenne* L.
多花黑麦草 *Lolium multiflorum* Lam
硬黑麦草 *Lolium rigidum* Gaud
毒麦 *Lolium temulentum* L.

远穗黑麦草 *Lolium remotum* Schrank
波斯黑麦草 *Lolium persicum* Boiss et Hohen.
那利黑麦草 *Lolium canariense* Steud
锥形黑麦草 *Lolium subulatum* Vis.
杂种黑麦草 *Lolium hybridium*
羊茅属 *Festuca*
苇状羊茅 *Festuca arundinacea* Schreb.
大羊茅 *Festuca gigantea*（L）Vill
紫羊茅 *Festuca rubra* L.
草地羊茅 *Festuca pratensis* Huds.

第三十三章

苏丹草 *Sorghum sudanense*（Piper）Stapf.
石茅 *Sorghum halepense*（L.）Pers

第三十四章

紫花苜蓿（简称苜蓿） *Medicago sativa* L.
金花菜 *Medicago polymorpha* L.
苜蓿细菌性枯萎病 *Corynebacteium insidiosum*（McCull.）H. L. Jensen.
苜蓿叶斑病 *Pseudopeziza medicaginis*（Lib.）Sacc.
苜蓿春季黑茎病 *Phoma medicaginis* Malbr. et Roum
苜蓿锈病 *Uromyces srtiatus* Schroet.
苜蓿斑点蚜 *Therioaphis maculata* Buckton
豌豆蚜 *Acyrthosiphon pisum* Harris
苜蓿象虫 *Hypera postica* Gyllenhal
马铃薯叶蝉 *Empoasca fabae* Harris
草地螟 *Melanoplus sanguinipes* F.
苜蓿子蜂 *Bruchophagus gibbus* Boh

第三十五章

白三叶 *Trifolium repens* L.
车轴草属 *Trifolium*
豆科 Leguminosae

主要参考文献

安泽伟，陈根辉，程汉，等，2010. 橡胶树冷应答转录组 cDNA-AFLP 分析 [J]. 林业科学，46 (3)：62-67.

白金铠，潘顺法，罗畔池，等，1985. 玉米大、小斑病及其防治 [M]. 上海：上海科学技术出版社.

白新盛，1999. 生物技术在水稻育种中的应用研究 [M]. 北京：中国农业科学技术出版社.

薄天岳，叶华智，王世全，等，2002. 亚麻抗锈病基因 *M4* 的特异分子标记 [J]. 遗传学报，9 (10)：922-927.

北京农业大学小麦遗传育种研究室，译，1988. 小麦育种的理论基础 [M]. 北京：北京农业大学出版社.

卜慕华，潘铁失，1982. 中国大豆栽培区域探讨 [J]. 大豆科学，2 (1)：105-121.

蔡旭，1988. 植物遗传育种学 [M]. 2 版. 北京：科学出版社.

曹墨菊，荣廷昭，潘光堂，2000. 卫星搭载获得玉米基因雄性不育的初步鉴定 [J]. 四川农业大学学报 (2)：100-103.

曹志敏，刘长友，范保杰，等，2012. 小豆出沙率及其相关性分析 [J]. 河北农业大学学报，35 (1)：23-26.

曹志敏，刘长友，苏竹菊，等，2013. 小豆硬实率及其相关性研究 [J]. 河北农业大学学报，36 (6)：22-25.

曾琨，张新全，2007. 黑麦草属种质资源遗传多样性研究 [J]. 安徽农业科学，35 (11)：3252-3254.

曾三省，1990. 中国玉米杂交种的种质基础 [J]. 中国农业科学，23 (4)：1-9.

曾霞，庄南生，等，2003. 木薯分子标记研究进展 [J]. 华南热带农业大学学报，9 (1)：6-12.

柴田昌英，1958. 菜种篇 [M]. 东京：东京株式会社养贤堂.

常汝镇，1989. 国内外大豆遗传资源的搜集、研究和利用 [J]. 大豆科学，8 (1)：87-96.

陈安国，李德芳，2000. 红麻杂种优势利用的现状与展望 [J]. 中国麻作，22 (1)：44-45.

陈报章，张居中，吕厚远，等，1995. 河南贾湖新石器世代遗址水稻硅酸体的发现及意义 [J]. 科学通报，40 (4)：339-342.

陈炳东，张建平，党占海，1998. 胡麻产量及主要经济性状的杂种优势 [J]. 甘肃农业科技 (12)：15-16.

陈鸿山，1994. 国内胡麻育种栽培技术的进展与成就 [J]. 内蒙古农业科技 (5)：9-12.

陈季琴，韩烈保，2004. 多年生黑麦草转基因育种研究进展 [J]. 草业学报，13 (5)：12-17.

陈家旺，陈汉才，黎明，2000. 甜豌豆新品种粤甜豆 1 号的选育 [J]. 广东农业科学 (6)：24-26.

陈立云，2012. 两系法杂交水稻研究 [M]. 上海：上海科学技术出版社.

陈两桂，李又华，1998. 豌豆新品种翠豆的选育 [J]. 广东农业科学 (5)：14-15.

陈如凯，2011. 现代甘蔗遗传育种学 [M]. 北京：中国农业出版社.

陈汝民，龙程，王小菁，1996. 绿豆下胚轴原生质体的培养 [J]. 华南师范大学学报（自然科学版）(1)：51-53.

陈瑞清，1990. 玉米抗大小斑病的遗传研究 [M] //朱立宏. 主要农作物抗病性遗传研究进展. 南京：江苏科学技术出版社：273-281.

陈三有，梁正之，郑森发，2000. Tetragold 多花黑麦草的生产适应性研究 [J]. 草业科学，17 (2)：23-25.

陈绍江，黎亮，李浩川，2009. 玉米单倍体育种技术 [M]. 北京：中国农业大学出版社.

陈守才，邵寒霜，胡东琼，等，1994. 用 RAPD 技术鉴定橡胶树抗白粉病基因连锁标记 [J]. 热带作物学报，15 (2)：21-26.

陈伟程，段绍芬，1986. 玉米 C 型胞质雄性不育恢复性遗传研究 [J]. 河南农业大学学报，20：125-140.

陈显双，韦丽娟，田益农，等，2008. 木薯多倍体植株的诱导研究 [J]. 热带农业科学，8 (1)：17-20.

陈晓华，2009. 中国农业统计资料 [M]. 北京：中国农业出版社.

陈新，易金鑫，张红梅，等，2009. 小豆抗病相关基因 *VaPR3* 的克隆与表达分析 [J]. 江苏农业学报，25 (5)：1068-1073.

陈新，袁星星，陈华涛，等，2010. 绿豆研究最新进展及未来发展方向 [J]. 金陵科技学院报，26 (2)：59-60.

陈学平，王彦亭，2002. 烟草育种学 [M]. 合肥：中国科学技术大学出版社.

陈永安，高利平，张先炼，等，1994. 绿豆主要数量性状遗传率的研究 [J]. 河南农业科学 (2)：7-8.

陈志德，沈一，刘永惠，2014. 美国花生生产概况与研究动态 [J]. 中国油料作物学报，36 (3)：430-436.

程汝宏，杜瑞恒，1993. 谷子育种新途径-氮离子注入诱变育种［J］. 河北农业大学学报，16（4）：257-260.
程汝宏，刘正理，2003. 谷子育种中几个主要性状选育方法的探讨［J］. 华北农学报，18（院庆专辑）：145-149.
程汝宏，师志刚，刘正理，等，2010. 谷子简化栽培技术研究进展与发展方向［J］. 河北农业科学，14（11）：1-4.
程汝宏，师志刚，刘正理，等，2010. 抗除草剂简化栽培型谷子品种冀谷25的选育及配套栽培技术研究［J］. 河北农业科学，14（11）：8-12.
程汝宏，译，1992. 应用种间杂交方法进行谷子驯化的遗传研究［J］. 粟类作物（2）：24-28.
程式华，2010. 中国超级稻育种［M］. 北京：科学出版社.
程式华，2013. 2013年中国水稻产业发展报告［M］. 北京：中国农业出版社.
程顺和，郭文善，王龙俊，等，2012. 中国南方小麦［M］. 南京：江苏科学技术出版社.
程须珍，曹尔辰，1996. 绿豆［M］. 北京：中国农业出版社.
程须珍，童玉娥，MEISAKU KOIZUMI，2002. 中国绿豆产业发展与科技应用［M］. 北京：中国农业科学技术出版社.
程须珍，王述民，2009. 中国食用豆类品种志［M］. 北京：中国农业科学技术出版社.
程须珍，王素华，1998. 中国绿豆品种资源研究［J］. 作物品种资源（4）：9-11.
程须珍，王素华，1999. 中国黄皮绿豆品种资源研究［J］. 作物品种资源（4）：7-9.
程须珍，王素华，王丽侠，2006. 绿豆种植资源描述规范和数据标准［M］. 北京：中国农业出版社.
程须珍，王素华，王丽侠，等，2006. 小豆种质资源描述规范和数据标准［M］. 北京：中国农业出版社.
程须珍，王素华，吴绍宇，等，2005. 绿豆抗豆象基因PCR标记的构建与应用［J］. 中国农业科学，38（8）：1534-1539.
程须珍，王有田，杨友迪，1993. 亚蔬绿豆科技应用论文集［M］. 北京：农业出版社.
程须珍，王有田，杨友迪，1999. 中国绿豆科技应用论文集［M］. 北京：中国农业出版社.
赤藤克已，1968. 作物育种学各论：第三章菜种［M］. 东京：养贤堂发行.
崔莉莉，钟小仙，沈益新，等，2012. 秋水仙碱诱导的苏丹草与拟高粱杂交种新材料倍性鉴定［J］. 江苏农业学报，28（6）：1386-1391.
崔林，范银燕，徐惠云，等，1999. 中国首例燕麦雄性不育的发现及遗传鉴定［J］. 作物学报，25（3）：298-300.
崔林，乔治军，范银燕，等，2010. 燕麦雄性不育新种质在育种中的应用. 燕麦和荞麦研究与发展［M］. 北京：中国农业科学技术出版社.
崔林，徐惠云，李刚，2003. CA雄性不育性状在裸燕麦上的转育［J］. 山西农业科学，31（4）：10-14.
崔苗青，李义之，1999. 芝麻种质资源抗茎点枯病鉴定与评价［J］. 作物品种资源（2）：36-37.
崔章林，盖钧镒，CARTER T E JR，等，1998. 中国大豆育成品种及其系谱分析（1923—1995.）［M］. 北京：中国农业出版社.
党占海，陈炳东，新余成，等，1987. 油用亚麻含油率配合力分析［J］. 中国油料（3）：52-55.
党占海，张建平，2002. 亚麻新型雄性不育系的温敏效应及杂种优势初探［J］. 西北农业学报，11（4）：22-24.
党占海，张建平，佘新成，2000. 抗生素诱导油用亚麻雄性不育的研究［J］. 中国油料作物学报，22（1）：46-48.
党占海，张建平，佘新成，2002. 温敏型雄性不育亚麻的研究［J］. 作物学报，28（6）：861-864.
邓纲，2014. 苎麻响应缺N、P、K的差异蛋白质组学研究［D］. 武汉：华中农业大学.
邓海华，WU K K，WENSLAFF T，2001. 甘蔗QTL定位与标记辅助选择的初步研究［J］. 甘蔗糖业（1）：1-12.
邓海华，张琼，2006. 我国大陆近年育成甘蔗品种的亲本分析［J］. 广东农业科学（12）：7-10.
邓华凤，2008. 中国杂交粳稻［M］. 北京：中国农业出版社.
邓祖湖，2010. 甘蔗与斑茅杂交的染色体遗传及育性相关基因的筛选［D］. 福州：福建农林大学.
刁现民，2011. 中国谷子产业与未来发展［M］//刁现民. 中国谷子产业与产业技术体系. 北京：中国农业科学技术出版社：7，20-30.
刁现民，2014. 谷子杂种优势利用研究的问题和发展前景［M］//盖钧镒. 作物杂种优势利用. 北京：高等教育出版社：94-97.
刁现民，陈振玲，段胜军，等，1999. 影响谷子愈伤组织基因枪转化的因素［J］. 华北农学报，14（3）：31-36.
刁现民，段胜军，陈振玲，等，1999. 谷子体细胞无性系变异分析［J］. 中国农业科学，32（3）：21-26.
刁现民，张喜文，程汝宏，等，2011. 中国谷子产业技术发展需求调研报告［M］//刁现民. 中国谷子产业与产业技术体系，北京：中国农业科学技术出版社：7，3-19.

丁法元，李贻芝，1990. 芝麻的主要性状遗传和相关分析 [J]. 河南农业科学 (6)：1-3.
丁霞，王林海，张艳欣，等，2013. 芝麻核心种质株高构成相关性状的遗传变异及关联定位 [J]. 中国油料作物学报，35 (3)：262-270.
丁颖，1961. 中国水稻栽培学 [M]. 北京：农业出版社.
东北农学院，1979. 马铃薯实生薯的选用与防止退化综合措施 [M]. 北京：农业出版社.
董晋江，夏正澳，1989. 小米原生质体再生小植株 [J]. 植物生理学通讯 (2)：56-57.
董宽虎，沈益新，2003. 饲草生产学 [M]. 北京：中国农业出版社.
董一忱，1984. 甜菜农业生物学 [M]. 北京：农业出版社.
董玉琛，郑殿升，2006. 中国作物及其野生近缘植物：粮食作物卷 [M]. 北京：中国农业出版社.
董玉琛论文集编委会，2010. 董玉琛论文集 [M]. 北京：中国农业出版社.
窦长田，李彩菊，柳术杰，等，1999. 河北省绿豆品种特点及育种目标 [J]. 国外农学：杂粮作物 (5)：7-8.
杜晓磊，2013. 苦荞 SSR 和 AFLP 遗传图谱构建及其重要农艺性状的 QTL 分析 [D]. 太原：山西大学.
段灿星，朱振东，孙素丽，等，2013. 中国食用豆抗性育种研究进展 [J]. 中国农业科学，46 (22)：4633-4645.
段乃雄，谈宇俊，姜慧芳，等，1993. 花生种质资源抗花生青枯病鉴定 [J]. 中国油料 (1)：22-25.
范丽娟，2014. 黑龙江省向日葵育种工作的历程和成就 [J]. 辽宁农业科学 (1)：60-62.
方宣钧，2002. 作物 DNA 标记辅助育种 [M]. 北京：科学出版社.
冯钦华，1998. 豌豆白粉病抗性的遗传学 [J]. 国外农学：杂粮作物 (5)：14-16.
冯钦华，贺晨邦，1999. 豌豆新品种草原 276 选育研究 [J]. 青海农林科技 (4)：43-44.
冯钦华，贺辰邦，2000. 食荚豌豆新品种甜脆 761 [J]. 作物杂志 (2)：34.
冯祥运，1991. 芝麻种质资源耐渍性鉴定及评价 [J]. 中国油料 (3)：12-15.
付翠真，1998. 中国食用豆类营养品质鉴定与评价：续集 [M]. 北京：中国农业科学技术出版社.
付瑜华，李杰，王海燕，等，2007. 木薯商业品种的指纹图谱构建 [J]. 植物遗传资源学报，8 (1)：51-55.
傅廷栋，1994. 刘后利科学论文选集 [M]. 北京：中国农业大学出版社.
傅廷栋，2000. 杂交油菜的育种和利用 [M]. 武汉：湖北科学技术出版社.
盖钧镒，1983. 美国大豆育种的进展和动向 [J]. 大豆科学，2 (3)：225-231；2 (4)：327-341.
盖钧镒，1984. 美国大豆育种的进展和动向 [J]. 大豆科学，3 (1)：70-80.
盖钧镒，1990. 大豆育种应用基础和技术研究进展 [M]. 南京：江苏科学技术出版社.
盖钧镒，管荣展，2020. 试验统计方法 [M]. 5 版. 北京：中国农业出版社.
盖钧镒，崔章林，1994. 中国大豆育成品种的亲本分析 [J]. 南京农业大学学报，17 (3)：19-23.
盖钧镒，金文林，1994. 我国食用豆类生产现状与发展策略 [J]. 作物杂志 (4)：3-5.
盖钧镒，汪越胜，2001. 中国大豆品种生态区域划分的研究 [J]. 中国农业科学，4 (2)：139-145.
盖钧镒，汪越胜，张孟臣，等，2001. 中国大豆品种熟期组划分的研究 [J]. 作物学报，27 (3)：286-292.
盖钧镒，熊冬金，赵团结，2015. 中国大豆育成品种系谱与种质基础 (1923—2005) [M]. 北京：中国农业出版社.
盖钧镒，章元明，王建康，2003. 植物数量性状遗传体系 [M]. 北京：科学出版社.
甘信民，王在序，顾淑媛，等，1985. 花生数量性状遗传距离及其在育种上的应用 [J]. 中国农业科学 (6)：27-31.
甘勇辉. 洪建基，林娜，等，2001. 红麻新品种闽红 31 的选育与推广 [J]. 中国麻作，23 (4)：1-7.
高俊华，毛丽萍，王润奇，2000. 谷子四体的细胞学和形态学研究 [J]. 作物学报，26 (6)：801-804.
高俊华，王润奇，毛丽萍，等，2003. 安矮 3 号谷子矮秆基因的染色体定位 [J]. 作物学报，29 (1)：152-154.
郜刚，屈冬玉，连勇，等，2000. 马铃薯青枯病抗性的分子标记 [J]. 园艺学报 (1)：37-41.
耿广东，张素勤，李松桃，等，2009. 以色列野生二粒小麦与光稃野燕麦远缘杂种的分子标记鉴定 [J]. 种子，28 (4)：35-37.
耿华珠，1995. 中国苜蓿 [M]. 北京：中国农业出版社.
龚友才，郭安平，1997. 黄麻新品种“084-1”选育研究 [J]. 中国麻作，19 (2)：1-4.
龚友才，粟建光，2002. 几种麻类作物诱变育种的现状与进展 [J]. 中国麻作，24 (4)：4-16.
顾蔚，1999. 蚕豆组织培养中植物激素对愈伤组织中单倍体和四倍体细胞的诱导 [J]. 西北植物学报 (6)：161-164.
关天霞，党占海，张建平，2007. 亚麻温敏型雄性不育系花蕾发育过程中内源激素的变化 [J]. 中国油料作物学报，

29 (3): 248-253.
关天霞，党占海，张建平，2007. 亚麻温敏雄性不育系 POD 活性和内源激素含量比较分析 [J]. 甘肃农业大学学报，42 (6): 66-70.
关友峰，安维太，张宪宇，1987. 胡麻主要农艺性状的相关和通径分析 [J]. 中国油料 (4): 33-35.
关友峰，安维太，张宪宇，1987. 亚麻主要农艺性状的初步研究 [J]. 宁夏农林科技 (5): 6-9.
官春云，1990. 油菜生态与遗传育种研究 [M]. 长沙：湖南科学技术出版社.
官春云，2012. 油菜杂种优势利用新技术：化学杂交剂的利用 [M]. 北京：科学出版社.
广东省农垦总局，海南省农垦总局，1994. 橡胶树良种选育与推广 [M]. 广州：广东科技出版社.
桂枝，高建明，袁庆华，2015. 苏丹草生长早期耐旱性评价方法及种质耐旱性筛选 [J]. 草地学报，23 (5): 1007-1012.
郭安平，1997. 几种麻类作物及近缘植物总 DNA 的提取与鉴定 [J]. 中国麻作，19 (4): 4-9.
郭高球，车晋叶，冯钦华，1997. 豌豆新品种草原 224 选育研究 [J]. 青海农林科技 (1): 14-15.
郭恒新，徐兆师，李连城，等，2011. *TaERFL1* 基因过表达提高转基因烟草耐盐性 [J]. 中国烟草学报，17 (2): 75-78.
郭瑞林，王阔，周青，1996. 绿豆主要数量性状与杂交后代的选择 [J]. 河南农业科学 (7): 3-5.
韩瑞霞，张宗文，吴斌，等，2012. 苦荞 SSR 引物开发及其在遗传多样性分析中的应用 [J]. 植物遗传资源学报 (12): 759-764.
韩秀云，张增明，刘锐，1996. 4NQO 对蚕豆诱变效应的研究 [J]. 生物技术 (5): 14-16.
何凤发，何丽玫，候磊，等，1994. 芝麻的核型与系统演化 [J]. 西南农业大学学报，16 (6): 573-576.
何凤发，何丽玫，田丰炉，等，1995. 芝麻细胞遗传的研究 [J]. 河南农业科学 (5): 9-12.
何富刚，刘俊，张广学，等，1991. 高粱抗高粱蚜的生化基础 [J]. 昆虫学报，34 (1): 38-41.
何康，黄宗道，1987. 热带北缘橡胶树栽培 [M]. 广州：广东科技出版社.
何玉林，王玉芳，1998. 豌豆新品种定豌 1 号 [J]. 作物杂志 (1): 36.
何月秋，唐文华，2000. 水稻抗稻瘟病遗传研究进展 [J]. 云南农业大学学报，15 (4): 371-375.
河南省农林科学院，1978. 芝麻 [M]. 郑州：河南人民出版社.
洪德林，2010. 作物育种学实验技术 [M]. 北京：科学出版社.
洪德林，2014. 种子生产学实验技术 [M]. 北京：科学出版社.
洪德林，陈兵林，2021. 农学概论 [M]. 北京：中国农业出版社.
洪绂曾，2009. 苜蓿科学 [M]. 北京：中国农业出版社.
洪建基，甘勇辉，陈福寿，等，1999. 红麻新品种闽红 298 的选育 [J]. 中国麻作，21 (2): 9-13.
洪磊，王颖，陈雄庭，等，2010. 基因枪法获得 GAI 转基因橡胶树植株的研究 [J]. 热带亚热带植物学报，18 (2): 165-169.
侯国佐，2009. 油菜隐性核不育研究与利用 [M]. 北京：科学技术文献出版社.
胡诚，谢从华，田振东，2002. 马铃薯抗病分子生物学研究进展 [M] //中国作物学会马铃薯专业委员会. 高新技术与马铃薯产业. 哈尔滨：哈尔滨工程大学出版社：18-26.
胡含，王恒立，1990. 植物细胞工程与育种 [M]. 北京：北京工业大学出版社.
胡洪凯，马尚耀，石艳华，1986. 谷子 (*Setaria italica*) 显性雄性不育基因的发现 [J]. 作物学报，12 (2): 73-78.
胡家蓬，1999. 中国小豆种质资源的收集与评价 [J]. 作物品种资源 (1): 17-19.
胡小元，王琳清，1992. 几种理化诱变剂对木薯组织生长的影响 [J]. 核农学通报，13 (6): 258-263.
胡莹莹，2014. 黑龙江省向日葵生产发展对策研究 [D]. 北京：中国农业科学院.
华光鼐，1962. 蚕豆遗传的研究-单性遗传分析 [J]. 江苏农学报 (2): 15-24.
华南亚热带作物科学研究所，1961. 中国橡胶栽培学 [M]. 北京：中国农业出版社.
黄德琍，潘重光，赵则胜，等，1985. 蚕豆愈伤组织的诱导和再生苗的研究 [J]. 上海农学院学报，3 (1): 1-5.
黄贵修，吴坤鑫，陈守才，2002. 利用 mRNA 差别显示技术分离橡胶树死皮病相关 cDNA [J]. 热带作物学报，23 (3): 36-42.
黄洁，单荣芝，李开绵，等，2006. 优质鲜食木薯新品种华南 9 号 [J]. 中国热带农业 (5): 47-48.
黄洁，李开绵，叶剑秋，等，2008. 我国的木薯优势区域概述 [J]. 广西农业科学，39 (1): 104-108.

黄培坤，1978. 近年国外黄麻、红麻生产科研概况［J］. 麻类科技（3）：39-44.
黄培坤，邓丽卿，粟建光，等，1989. 国外引进红麻种质资源鉴定和利用研究［J］. 中国麻作（4）：5-9.
黄培铭，葛扣麟，1989. 赤豆叶肉原生质体愈伤组织再生植株［J］. 上海农业学报（1）：31-36.
黄强，李军，田益农，等，2010. 优良木薯品种桂热引 1 号的选育及栽培技术［J］. 湖南农业科学，15：21-23.
黄强，田益农，黄惠芳，等，2013. 植物分子育种技术在改良木薯种质方面的应用［J］. 广西植物，33（2）：148-153.
黄文涛，李富全，蒋兴元，1983. 蚕豆的性状相关及其通径系数分析［J］. 遗传（3）：21-23.
黄先群，FABRE，F，SARAFFI A，等，2013. 向日葵体细胞胚的 QTL 分析及标记辅助选择［J］. 中国油料作物学报，35（5）：524-532.
黄滋康，1996. 中国棉花品种及其系谱［M］. 北京：中国农业出版社.
黄宗道，郑学勤，郝永路，1980. 对我国热带、南亚热带植胶区的评价［J］. 热带作物学报（1）：2-15.
吉林省农业科学院，1987. 中国大豆育种与栽培［M］. 北京：农业出版社.
吉林省农业科学院，1988. 中国大豆品种志［M］. 北京：农业出版社.
吉林省农业科学院大豆研究所，1993. 中国大豆品种志（1978—1992）［M］. 北京：农业出版社.
江苏省农学会，1993. 江苏油料作物科学：第二编油菜［M］. 南京：江苏科学技术出版社.
江苏省农业科学院，山东省农业科学院，1984. 中国甘薯栽培学［M］. 上海：上海科学技术出版社.
江苏徐州甘薯研究中心，1993. 中国甘薯品种志［M］. 北京：农业出版社.
姜慧芳，段乃雄，谈宇俊，等，1992. 花生种质资源抗花生锈病初步鉴定［J］. 中国油料（3）：43-45.
蒋宝韶，梅桢，江惜春，1966. 黄麻抗病高产品种粤圆 5 号的选育研究［J］. 作物学报，5（2）：89-94.
蒋宝韶，周安靖，梅桢，1980. 黄麻四倍体植株研究简报［J］. 中国麻作（1）：12-13.
蒋复，张俊武，1982. 花生几个主要性状遗传变异的初步观察［J］. 花生科技（4）：9-13.
蒋家月，吴跃进，张从合，等，2012. 水稻种胚脂肪氧化酶 LOX2 活性的遗传分析及基因定位［J］. 杂交水稻，27（5）：67-71.
蒋尤泉，1988. 新西兰牧草种质资源的管理和研究概况［J］. 中国草原（2）：78-80.
焦春海，1991. ICARDA 的蚕豆育种特点与进展［J］. 种子（3）：35-37.
焦春海，1994. 亚洲蔬菜研究和发展中心的绿豆育种进展［J］. 国外农学：杂粮作物（1）：15-19.
焦广音，任建，逯贵生，等，1997. 绿豆品种资源耐盐性鉴定与研究［J］. 作物品种资源（2）：38-40.
揭雨成，2007. 苎麻种质资源描述规范和数据标准［M］. 北京：中国农业出版社.
揭雨成，2010. 麻类作物适应重金属污染土壤的基础研究［M］. 海口：海南出版社.
揭雨成，2011. 苎麻抗旱生理基础研究［M］. 北京：中国农业科学技术出版社.
揭雨成，2020. 麻类作物栽培利用新技术［M］. 长沙：湖南科学技术出版社.
揭雨成，2021. 矿区及周边重金属污染土壤苎麻修复利用的理论与技术［M］. 北京：中国农业出版社.
解英玉，1988. 甜菜维管束环选种法的研究［J］. 中国甜菜（4）：18-21.
金慧，2016. 小麦加工品质性状全基因组连锁与关联分析［D］. 北京：中国农业大学.
金黎平，杨宏福，1996. 马铃薯双单倍体的产生及其在遗传育种中的应用［J］. 马铃薯杂志（3）：180-186.
金善宝，1983. 中国小麦品种及其系谱［M］. 北京：农业出版社.
金善宝，1996. 中国小麦学［M］. 北京：中国农业出版社.
金善宝，庄巧生，李竞雄，等，1991. 中国农业百科全书：农作物卷［M］. 北京：农业出版社.
金文林，1987. 小豆生长发育规律研究［J］. 北京农学院学报（2）：57-65.
金文林，1995. 中国小豆生态气候资源分区初探［J］. 北京农业科学，13（6）1-5.
金文林，2002. 特用作物优质栽培及加工技术［M］. 北京：化学工业出版社.
金文林，2002. 种业产业化教程［M］. 北京：中国农业出版社.
金文林，白璐，文自翔，等，2006. 小豆百粒重性状遗传体系分析［J］. 作物学报，32：1410-1412.
金文林，陈学珍，杨开，等，1997. ^{60}Co-γ 射线辐照处理后小豆农艺性状诱变参数研究［J］. 北京农学院学报（1）：9-14.
金文林，陈学珍，喻少帆，1996. 小豆茎色、粒色性状的遗传规律研究［J］. 北京农学院学报，11（2）：1-6.
金文林，陈学珍，喻少帆，2000. ^{60}Co-γ 射线对小豆种子辐射处理效应的研究［J］. 核农学报（3）：134-140.
金文林，陈学珍，喻少帆，等，1999. 红小豆京农 5 号新品种选育［J］. 北京农学院学报（1）：1-5.

金文林，陈迎春，陈丽燕，等，1997. 小豆杂交后代主要农艺性状的遗传参数分析 [J]. 北京农学院学报，12（2）：1-9.
金文林，丁艳红，赵波，等，2006. 红小豆籽粒色泽性状 F_2 世代分离分析 [J]. 北京农学院学报，21（2）：23-27.
金文林，蓬原雄三，1993. 小豆外植体的愈伤组织诱导及直接植物体再分化 [J]. 北京农学院学报，8（1）：95-99.
金文林，濮绍京，2008. 中国小豆研究进展 [J]. 世界农业（3）：59-62.
金文林，濮绍京，赵波，等，2005. 小豆种质资源子粒淀粉和支链淀粉含量分析 [J]. 植物遗传资源学报，6（4）：373-376.
金文林，濮绍京，赵波，等，2006. 中国小豆地方品种籽粒品质性状的评价 [J]. 中国粮油学报，21（4）：50-59.
金文林，宗绪晓，2000. 食用豆类高产栽培技术 [M]. 北京：中国盲文出版社.
康兴卫，魏治中，1979. 我国烟草史的回顾与展望 [J]. 中国烟草（1）：6-9.
康兴卫，魏治中，1986. 烟草杂交育种 [M]. 太原：山西科学技术出版社.
孔令旗，张文毅，1988. 高粱籽粒蛋白质、赖氨酸和单宁含量在不同环境下的遗传表现 [J]. 辽宁农业科学（3）：18-22.
寇思荣，王梅春，余峡林，等，1999. 旱地豌豆新品系 8750.5 选育报告 [J]. 甘肃农业科技（11）：28-29.
邝伟生，林妙正，1990. 蚕豆主要数量性状的遗传力及相关初步研究 [J]. 广西农业科学（4）：9-11.
赖杭桂，陈霞，徐洪伟，等，2013. 橡胶树三倍体种质创制及生物学鉴定 [J]. 热带作物学报，34（6）：1001-1006.
赖杭桂，庄南生，2010. 木薯多倍体育种研究进展 [J]. 热带生物学报，4（1）：380-385.
赖占钧，2000. 中国野生苎麻图谱 [M]. 南昌：江西科学技术出版社.
郎莉娟，应汉清，SAXENA M C，等，1994. 多花多荚高产蚕豆品种选育 [J]. 浙江农业学报（4）：230-233.
郎续纲，孙庆祥，1981. 红麻南种北植短光照制种的研究 [J]. 作物学报，7（1）：37-43.
黎冬华，刘文萍，张艳欣，等，2013. 芝麻耐旱性的鉴定方法及关联分析 [J]. 作物学报，39（8）：1425-1433.
李安仁，1998. 中国植物志 [M]. 北京：科学出版社.
李安智，傅翠贞，1993. 中国食用豆类营养品质鉴定与评价 [M]. 北京：中国农业科学技术出版社.
李陈建，付彦博，万江春，等，2015. 30 份苏丹草种质资源农艺性状的遗传多样性分析 [J]. 草业科学，32（1）：85-93.
李成雄，崔林，1998. 燕麦高效杂交新技术 [J]. 农业科技通讯（4）：7.
李翠云，刘全贵，王才道，等，1999. 绿豆 ^{60}Co-γ 射线辐射育种研究 [M] //中国农业科学院作物品种资源研究所，等. 中国绿豆科技应用论文集. 北京：中国农业出版社：77-81.
李登明，王树彦，孙上峰，2009. 胡麻产量构成相关性状的通径分析 [J]. 内蒙古农业科技（4）：31-32.
李殿荣，1993. 杂交油菜秦油二号论文集 [M]. 北京：农业出版社.
李东辉，1990. 谷子新品种选育技术 [M]. 西安：天则出版社.
李广存，杨煜，王秀丽，等，2002. 马铃薯 X 病毒外壳蛋白基因的克隆及其原核表达载体的构建 [J]. 中国马铃薯，16（5）：259-262.
李宏博，庞斌双，刘丽华，等，2015. 河北区试小麦品种（系）DNA 指纹图谱构建及遗传 [J]. 生物技术通报，31（6）：93-99.
李惠波，周堂英，宁连云，等，2009. 橡胶树新品种云研 77-2 和云研 77-4 的细胞学鉴定及育种过程 [J]. 热带亚热带植物学报，17（6）：602-605.
李建农，1990. 黑麦草主要农艺性状的遗传变异及其相关分析 [D]. 南京：南京农业大学.
李杰，2006. 木薯高淀粉等重要经济性状相关基因的 QTL 标记 [D]. 海口：海南大学.
李军，黄强，盘欢，等，2009. 木薯品种桂热 3 号的选育及栽培技术 [J]. 广西农业科学，40（9）：1147-1149.
李军，黄强，盘欢，等，2009. 木薯种质资源的收集、引进和利用研究 [J]. 中国种业（9）：10-11.
李军，田益农，1999. 木薯新品种 GR911 的选育 [J]. 广西热作科技（4）：1-4.
李开绵，1991. 木薯新品种华南 124 的主要特点及其繁殖推广的方法和途径 [J]. 热带作物研究（4）：56-51.
李开绵，林雄，黄洁，2001. 国内外木薯科研发展概况 [J]. 热带农业科学（1）：56-60.
李开绵，林雄，黄洁，等，1996. 木薯种质花期观察和亲和力的初步研究 [J]. 热带农业科学（2）：53-59.
李开绵，林雄，叶剑秋，等，2002. 华南 6 号木薯的选育 [J]. 热带作物学报，23（4）：39-43.
李丽丽，汪山涛，1991. 我国芝麻种质资源抗茎点枯病鉴定 [J]. 中国油料（1）：3-6，23.
李奇伟，2000. 现代甘蔗改良技术 [M]. 广州：华南理工大学出版社.

李庆文，1991. 向日葵及其栽培 [M]. 北京：农业出版社.
李森，1995. 食用豌豆品种育种中产量组分的变异 [J]. 国外农学：杂粮作物 (2)：52-53.
李文，王晓东，1993. 甜菜根形及经济性状的遗传分析 [J]. 中国甜菜 (1)：12-17.
李先平，何云昆，赵志坚，等，2001. 马铃薯抗晚疫病育种研究进展 [J]. 中国马铃薯，15 (5)：290-295.
李欣，畅志坚，詹海仙，等，2015. 小麦抗条锈病基因来源及染色体定位的研究进展 [J]. 中国农学通报，31 (5)：92-95.
李欣，顾铭洪，潘学彪，等，1990. 稻米直链淀粉含量的遗传及选择效应的研究 [M] //莫惠栋，黄超武，顾铭洪，等. 谷类作物品质性状遗传研究进展. 南京：江苏科学技术出版社.
李学森，李瑞林，朱环元，等，2003. 苏丹草种植及种子生产技术研究 [J]. 草食家畜 (4)：54-55.
李耀锽，1992. 蚕豆育种进展 [J]. 国外农学：杂粮作物 (1)：13-16.
李荫梅，1997. 谷子育种学 [M]. 北京：中国农业出版社.
李玥莹，赵姝华，杨立国，等，2002. 高粱抗蚜基因的RAPD分析 [J]. 生物技术，12 (4)：6-8.
李筠，邓西平，郭尚洙，等，2006. 转铜/锌超氧化物歧化酶和抗坏血酸过氧化物酶基因甘薯的耐旱性 [J]. 植物生理与分子生物学学报，32 (4)：451-457.
李占学，1991. 甜菜主要经济性状的基因效应与杂优育种的亲本选配 [J]. 中国甜菜 (3)：53-56.
李长年，1958. 中国农学遗产选集：上集 [M]. 北京：中华书局出版社.
李正红，梁宁，马宏，等，2011. 木豆CGMS杂交种生产中的传粉昆虫 [J]. 作物学报，37 (12)：2187-2193.
李志强，译，2002. 美国的苜蓿生产 [J]. 世界农业 (1)：26-27.
李宗道，1957. 苎麻和黄麻 [M]. 北京：科学出版社.
李宗道，1962. 苎麻栽培生物学基础 [M]. 长沙：湖南科学技术出版社.
李宗道，1981. 麻作的理论与技术 [M]. 2版. 上海：上海科学技术出版社.
李宗道，1992. 苎麻研究学术文集（中英文）[M]. 长沙：湖南科学技术出版社.
李宗道，1992. 苎麻优质高产栽培技术 [M]. 长沙：湖南科学技术出版社.
李宗道，1996. 苎麻生物技术研究进展 [M]. 长沙：湖南科学技术出版社.
李宗道，1999. 黄麻栽培生物学基础 [M]. 北京：中国农业出版社.
李宗道，胡久清，1987. 麻类形态学 [M]. 北京：科学出版社.
李宗道，等，1989. 苎麻生理生化与遗传育种 [M]. 北京：农业出版社.
李宗道，等，1999. 麻类作物工程进展 [M]. 北京：中国农业出版社.
联合国粮食及农业组织，1983. 生物固氮技术手册 [M]. 北京：农业出版社.
梁训生，1985. 植物病毒血清学技术 [M]. 北京：农业出版社.
梁一刚，1992. 向日葵优质高产栽培法 [M]. 北京：金盾出版社.
辽宁省棉麻科学研究所，1997. 红麻炭疽病育种工作中的体会 [J]. 麻类科技 (3)：39-44.
廖琴，2001. 国家玉米品种区域试验管理办法（试行）[M] //杨国航. 中国玉米品种科技论坛. 北京：中国农业科学技术出版社：283-290.
廖琴，2001. 国家玉米区试、预试、生试调查项目和标准（试行）[M] //杨国航. 中国玉米品种科技论坛. 北京：中国农业科学技术出版社：291-301.
廖兆周，劳芳业，颜秋生，等，1999. 甘蔗原生质体培养：快速再生植株 [J]. 甘蔗糖业 (6)：1-4.
廖兆周，劳芳业，周耀辉，等，2002. 具有斑茅种质的耐旱甘蔗品系的选育 [J]. 作物学报，28 (6)：841-846.
林汝法，柴岩，廖琴，等，2002. 中国小杂粮 [M]. 北京：中国农业出版社.
林雄，李开绵，黄洁，等，2001. 木薯新品种华南5号选育报告 [J]. 热带农业科学 (5)：15-20.
林雄，张伟特，王书媛，等，1995. 木薯新品种华南8002和8013的育成报告 [J]. 热带作物研究，15 (2)：33-34.
林彦铨，陈如凯，薛其清，1992. 作物数量遗传理论在甘蔗选育种实践上的应用 [J]. 甘蔗糖业 (6)：8-12.
刘爱民，2011. 超级杂交水稻制种技术 [M]. 北京：中国农业出版社.
刘成朴，1981. 中国亚麻品种志 [M]. 北京：农业出版社.
刘大钧，1999. 细胞遗传学 [M]. 北京：中国农业出版社.
刘福霞，曹墨菊，荣廷昭，等，2005. 用微卫星标记定位太空诱变玉米核不育基因 [J]. 遗传学报 (7)：753-757.
刘富中，1999. 用易位系定位豌豆无蜡粉突变基因 *w-2* [J]. 园艺学报 (2)：101-104.
刘桂梅，梁泽萍，1993. 我国花生种质资源主要品质性状鉴定 [J]. 中国油料 (1)：18-21.

刘国圣，张大乐，2016. 功能性分子标记在小麦育种中的应用［J］. 生物技术通报，32（11）：18-29.
刘后利，1985. 油菜的遗传和育种［M］. 上海：上海科学技术出版社.
刘后利，1999. 农作物品质育种［M］. 武汉：湖北科学技术出版社.
刘后利，2000. 油菜遗传育种学［M］. 北京：中国农业大学出版社.
刘纪麟，2001. 玉米育种学［M］. 2版. 北京：中国农业出版社.
刘杰，莫结胜，刘公社，等，2001. 向日葵种质资源的随机扩增多态性DNA（RAPD）研究［J］. 植物学报，43（2）：151-157.
刘景泉，1990. 全国甜菜品种资源目录. 哈尔滨：黑龙江科学技术出版社.
刘景泉，1990. 甜菜品质性状的遗传相关及评价方法［J］. 中国甜菜（1）：51-57.
刘康德，2006. 国内外木薯科技研究进展［J］. 中国热带农业（5）：9-10.
刘龙龙，崔林，周建萍，等，2012. 利用核不育燕麦新种质选育新品种品燕2号［J］. 山西农业科学，40（5）：445-446，451.
刘美英，冶晓芳，唐益苗，等，2010. TaNAC提高转基因烟草的抗旱功能［J］. 中国烟草学报，16（6）：82-88.
刘佩英，1996. 中国芥菜［M］. 北京：中国农业大学出版社.
刘升廷，1988. 甜菜的工艺品质与品质育种［J］. 甜菜糖业（2）：23-29.
刘升廷，郭爱华，李淑平，1991. 甜菜单粒种二环系的选育［J］. 中国甜菜（4）：1-7.
刘顺湖，王晋华，张孟臣，等，2005. 大豆茎生长习性类型鉴别方法研究［J］. 大豆科学，24（2）：81-89.
刘伟杰，谭石林，许振良，等，1989. 1985—1987年全国红麻新品种区域试验［J］. 中国麻作（3）：1-4.
刘旭明，金达生，程须珍，等，1998. 绿豆种质资源抗豆象鉴定研究初报［J］. 作物品种资源（2）：35-37.
刘莹，敬树忠，张莉珠，1999. 矮生软荚豌豆新品种食荚甜脆豌1号的选育［J］. 中国蔬菜（3）：29-30.
刘玉皎，袁名宜，熊国富，等，1999. 蚕豆原种繁育评价方法初探［J］. 种子（4）：68-69.
刘长友，程须珍，王素华，等，2006. 中国绿豆种质资源遗传多样性研究［J］. 植物遗传资源学报，7（4）：459-463.
刘长友，程须珍，王素华，等，2007. 用于绿豆种质资源遗传多样性分析的SSR及STS引物的筛选［J］. 植物遗传资源学报，8（3）：298-302.
刘长友，范保杰，曹志敏，等，2013. 利用SSR标记分析野生小豆及其近缘野生植物的遗传多样性［J］. 作物学报，40（1）：174-180.
刘长友，田静，范保杰，等，2010. 豇豆属3种主要食用豆类的抗豆象育种研究进展［J］. 中国农业科学，43（12）：2410-2417.
刘长友，王素华，王丽侠，等，2008. 中国绿豆种质资源初选核心种质构建［J］. 作物学报，34（4）：700-705.
刘志政，王汉中，1996. 蚕豆种子性状的研究［J］. 青海农林科技（1）：49-52.
刘仲元，1964. 玉米育种理论与实践［M］. 上海：上海科学技术出版社.
柳家荣，丁法元，屠礼传，1980. 芝麻产量构成因素的相关性研究［J］. 中国油料（2）：55-60.
柳家荣，屠礼传，徐如强，等，1993. 芝麻的耐涝性与基因型及根系活力的关系［J］. 华北农学报（2）：36-37.
柳家荣，郑永战，1992. 芝麻种质营养品质分析及优质资源筛选［J］. 中国油料（1）：24-26，33.
柳家荣，郑永战，1992. 芝麻种质营养品质研究［J］. 华北农学报，7（3）：110-116.
龙静宜，林黎奋，侯修身，等，1989. 食用豆类作物［M］. 北京：科学出版社.
卢浩然，郑云雨，王英娇，等，1983. 黄麻良种179的选育与推广［J］. 福建农学院学报，12（1）：1-6.
卢浩然，郑云雨，朱秀英，等，1980. 黄麻七个经济性状遗传力研究［J］. 中国麻作（1）：6-8.
卢良恕，1996. 中国大麦学［M］. 北京：中国农业出版社.
卢庆善，1999. 高粱学［M］. 北京：中国农业出版社.
卢庆善，宋仁本，王富德，等，1995. LSRP高粱恢复系随机交配群体组成的研究［J］. 辽宁农业科学（3）：3-8.
卢庆善，邹剑秋，朱凯，等，2010. 高粱种质资源的多样性和利用［J］. 植物遗传资源学报，11（6）：798-801.
卢庆善，赵廷昌，2011. 作物遗传改良［M］. 北京：中国农业科学技术出版社.
卢欣石，1998. 中国苜蓿审定品种秋眠性研究［J］. 中国草地（3）：1-5.
卢长明，2012. 油料作物育种学［M］. 北京：科学出版社.
卢长明，2013. 十字花科植物遗传和基因组学［M］. 北京：科学出版社.
鲁黎明，2013. 烟草科学研究与方法论［M］. 北京：科学出版社.

鲁明塾，葛扣鳞，杨金水，1985. 赤豆子叶愈伤组织的诱导和植株再生 [J]. 上海农业学报 (4)：35-38.
陆柳英，2007. 木薯诱变处理的生物效应以及抗寒突变体的初步筛选 [D]. 儋州：华南热带农业大学.
陆漱韵，刘庆昌，李惟基，1998. 甘薯育种学 [M]. 北京：中国农业出版社.
逯晓萍，米福贵，郭世华，等，2004. 高丹草（高粱×苏丹草）主要农艺性状的遗传参数研究 [J]. 华北农学报，19 (3)：22-25.
罗安定，陈守才，吴坤鑫，等，2001. AFLP 在橡胶树优异种质研究中的应用 [J]. 植物学报，43 (9)：941-947.
罗林广，翟虎渠，万建民，2001. 水稻抽穗期的遗传学研究 [J]. 江苏农业学报，17 (2)：119-126.
罗鹏，1991. 油菜的孤雌生殖 [M]. 成都：四川大学出版社.
罗兴录，2009. 木薯新品种新选 048 选育与应用 [J]. 中国农学通报，25 (24)：501-505.
罗耀武，1985. 高粱同源四倍体及四倍体杂交种 [J]. 遗传学报，12 (5)：339-343.
骆君萧，1992. 甘蔗学 [M]. 北京：中国轻工业出版社.
骆启章，于梅芳，1988. 烟草育种及良种繁育 [M]. 济南：山东科学技术出版社.
吕慧卿，郝志萍，穆婷婷，等，2011. 晋荞麦（苦）5 号新品种选育报告 [J]. 山西农业科学，39：1247-1248.
吕其涛，1989. 我国甜菜品种资源研究工作的回顾与展望 [J]. 中国甜菜 (3)：41-46.
马秉元，李亚玲，段双科，1983. 玉米对丝黑穗病的抗性和遗传初步研究 [J]. 中国农业科学 (4)：12-17.
马鸿图，1979. 高粱核-质互作雄性不育系 3197A 育性遗传的研究 [J]. 沈阳农学院学报，13 (1)：29-36.
马鸿图，LIANG G H，1985. 高粱幼胚培养及再生植株变异的研究 [J]. 遗传学报，12 (5)：350-357.
马鸿图，王秉昆，罗玉春，等，1993. 不同类型粒用高粱生产力及光合能力的比较研究 [J]. 作物学报，19 (5)：412-419.
马奇祥，李正先，1999. 玉米病虫草害防治彩色图说 [M]. 北京：中国农业出版社.
马生健，刘耀光，刘金祥，2014. 水稻的杂种不育研究进展 [J]. 植物遗传资源学报，15 (5)：1080-1088.
马欣荣，刘华玲，谈心，2007. 植物生物技术在黑麦草遗传改良中的应用 [J]. 应用与环境生物学报，13 (6)：881-887.
梅丽，程须珍，刘春吉，等，2011. 绿豆种子休眠性和百粒重的 QTLs 和互作分析 [J]. 植物遗传资源学报，12 (1)：96-102.
梅丽，程须珍，王素华，等，2011. 绿豆产量相关农艺性状的 QTL 定位 [J]. 植物遗传资源学报，12 (6)：948-956.
梅丽，王素华，王丽侠，等，2007. 重组近交系群体定位绿豆抗绿豆象基因 [J]. 作物学报，33 (10)：1601-1605.
孟第尧，张先炼，张泽胜，1998. 普通甜荞主要数量性状相关遗传力的测定 [J]. 生物数学学报，13：554-556.
孟肖，2015. 黄淮小麦水分利用效率分子标记模块组装遗传育种研究 [D]. 北京：中国科学院大学.
苗红梅，琚铭，魏利斌，等，2012. 芝麻愈伤组织诱导与植株再生体系的建立 [J]. 植物学报，47 (2)：162-170.
闵绍楷，1996. 水稻育种学 [M]. 北京：中国农业出版社.
南京农学院，1980. 饲料生产学 [M]. 北京：农业出版社.
内蒙古农牧学院甜菜生理研究室，1991. 甜菜育种的选择指标 [J]. 中国甜菜 (1)：34-39.
聂绪昌，田风雨，1982. 甜菜育种与良种繁育. 哈尔滨：黑龙江科学技术出版社.
聂征，陈甫堂，1990. 亚麻含油率选择指数研究 [J]. 中国油料作物学报，45 (3)：27-30.
聂征，陈甫堂，林春腾，1986. 亚（胡）麻十个农艺性状的相对遗传进度、相关分析和通径分析 [J]. 中国油料 (1)：25-29.
聂征，陈甫堂，王凌，1990. 亚麻 F_2 群体主要农艺性状的遗传研究 [J]. 宁夏大学学报，11 (1)：10-14.
聂征，郭秉晨，陈甫堂，1991. 亚麻主要性状的配合力研究 [J]. 宁夏农林科技 (4)：7-11.
聂征，马宁昌，陈甫堂，1992. 亚麻四个农艺性状的相关及千粒重相关选择的研究 [J]. 农业科学研究 (1)：54-56.
牛佩兰，佟道儒，1989. 烟草几个主要农艺性状的基因效应分析 [J]. 中国烟草 (1)：7-10.
牛玉红，黎裕，石云素，等，2002. 谷子抗除草剂“拿扑净”基因的 AFLP 标记 [J]. 作物学报，28 (3)：359-362.
农垦部热带作物科学研究院，1965. 橡胶无性系形态鉴定方法及其图谱 [M]. 北京：科学出版社.
农业部，2017. 第一批非主要农作物登记目录 [M]. 中华人民共和国农业部公告第 2510 号.
农业部，海南省人民政府，2006. 农作物种子南繁工作管理办法 [M]. 农农发 [2006.] 3 号.

农业部办公厅，2014. 种业全程可追溯管理和委托经营试点方案 [M]. 农办种 [2014.] 13 号.
农业部科技教育司，2014. 中国农业产业技术发展报告（2013 年度）[M]. 北京：中国农业出版社.
农业部科技委员会，1989. 中国农业科技四十年 [M]. 北京：中国科学技术出版社.
农业部农业司，1998. 江苏省农林厅棉种产业化工程 [M]. 北京：中国农业出版社.
欧阳洪学，1996. 青海省春蚕豆资源的开发和利用 [J]. 中国粮油学报（3）：6-8.
潘大仁，2001. 生物技术在甘蔗品种改良上的应用现状与展望 [J]. 甘蔗，8（1）：15-20.
潘光堂，杨克诚，2012. 我国西南地区玉米育种面临的挑战及相应对策探讨 [J]. 作物学报，38（7）：1141-1147.
潘家驹，1998. 棉花育种学 [M]. 北京：中国农业出版社.
潘启元，1989. 双生胚：胡麻育种的可靠单倍体来源 [J]. 中国油料，41（3）：78-81.
庞良玉，张建华，2004. 苏丹草、高丹草生物性状研究 [J]. 西南农业学报，17（2）：160-163.
彭定祥，胡立勇，余德谦，等，1999. 苎麻新品种“华苎 3 号”选育研究 [J]. 中国麻作，21（3）：3-6.
彭定祥，胡立勇，余德谦，等，2000. 苎麻新品种“华苎 4 号”选育研究 [J]. 中国麻作，22（1）：10-12.
彭绍光，1990. 甘蔗育种学 [M]. 北京：农业出版社.
濮绍京，李金玉，张晶晶，等，2005. 秋水仙碱应用于小豆诱导变异初探 [J]. 北京农学院学报，20（4）：5-8.
齐兰，王文泉，张振文，等，2010. 利用 SRAP 标记构建 18 个木薯品种的 DNA 指纹图谱 [J]. 作物学报，36（10）：1642-1648.
祁建民，卢浩然，郑云雨，等，1990. 红麻品种产量与纤维品质性状的配合力分析 [J]. 福建农学院学报，19（1）：13-18.
祁建民，郑云雨，卢浩然，等，1992. 红麻产量和纤维品质性状的遗传变异及其选择指数 [J]. 福建农学院学报，21（3）：271-277.
祁建民，周东新，吴为人，等，2004. RAPD 和 ISSR 标记检测黄麻属遗传多样性的比较研究 [J]. 中国农业科学，37（12）：2006-2011.
祁旭升，王新荣，许军，等，2010. 胡麻种质资源成株期抗旱性评价 [J]. 中国农业科学，43（15）：3076-3087.
钱君，姬广海，张世珖，2001. 水稻白叶枯病抗性遗传基础研究进展 [J]. 云南农业大学学报，16（4）：313-316.
钱前，2006. 水稻遗传学和功能基因组学 [M]. 北京：科学出版社.
钱前，2007. 水稻基因设计育种 [M]. 北京：科学出版社.
钱前，2012. 水稻分子育种技术指南 [M]. 北京：科学出版社.
钱章强，1990. 高粱 A_1 型质核互作雄性不育性的遗传及建立恢复系基因型鉴别系可能性的商榷 [J]. 遗传，12（3）：11-12.
秦泰辰，1993. 作物雄性不育化育种 [M]. 北京：农业出版社.
秦泰辰，邓德祥，1986. 雄性不育性的研究：Ⅱ. Y 型不育系的若干特性 [J]. 江西农学院学报，3（1）：1-10.
秦泰辰，徐明良，1990. 玉米对小斑病抗病性的遗传（综述）[M] //朱立宏. 主要农作物抗病性遗传研究进展. 南京：江苏科学技术出版社：254-259.
轻工业部甘蔗糖业科学研究所，1985. 中国甘蔗栽培学 [M]. 北京：农业出版社.
轻工业部甘蔗糖业科学研究所育种室，1992. 甘蔗辐射诱变新品种粤糖辐 83-5 的选育及其种性分析 [J]. 甘蔗糖业，5：1-8.
邱芳，李金国，翁曼丽，等，1998. 空间诱变绿豆长荚型突变系的分子生物学分析 [J]. 中国农业科学（6）：1-5.
邱怀珊，2000. 芥菜型油菜研究论文集. 昆明：云南人民出版社.
邱庆树，鲁蓉蓉，申馥玉，等，1988. 花生辐射突变体突变性状的观察 [J]. 中国油料（3）：37-41.
全国畜牧总站，2017. 中国草业统计：2016 [M]. 北京：中国农业出版社.
任长忠，2013. 中国燕麦学 [M]. 北京：中国农业出版社.
任长忠，胡新中，2010. 中国燕麦产业发展报告 [M]. 西安：陕西科学技术出版社.
戎新祥，吴玮，1989. 芝麻主要性状与籽粒产量之间的相关及通径分析 [J]. 中国油料（4）：30-32.
荣廷昭，2003. 西南生态区玉米育种 [M]. 北京：中国农业出版社.
山东省花生研究所，1981. 花生栽培与利用 [M]. 济南：山东科学技术出版社.
山东省花生研究所，1982. 中国花生栽培学 [M]. 上海：上海科学技术出版社.
山东省花生研究所，1983. 中国花生品种志 [M]. 北京：农业出版社.
山东省花生研究所，2008. 中国花生品种及其系谱 [M]. 上海：上海科学技术出版社.

山西省农业科学院，1989. 中国谷子栽培学 [M]. 北京：农业出版社.
邵明文，张悦琴，1993. 甜菜花药、胚珠培养及其在育种上的应用 [J]. 中国农业科学，26 (5)：56-62.
邵秀玲，原永兰，尼秀媚，等，2009. 燕麦属进境检疫性杂草种子的 SSR 标记检测 [J]. 山东农业大学学报（自然科学版），40 (4)：517-520.
佘建明，吴敬音，王海波，等，1989. 棉花（*Gossypium hirsutum* L.）原生质体培养的体细胞胚胎发生及植株再生 [J]. 江苏农业学报，5 (4)：54-60.
申慧芳，李国柱，2002. ^{60}Co-γ 射线对苦荞干种子辐射效应的研究 [J]. 山西农业大学学报（自然科学版），4：338-341.
申岳正，闵绍楷，熊振民，等，1990. 稻米直链淀粉含量的遗传及测定方法的改进 [J]. 中国农业科学，23 (1)：60-68.
申宗坦，杨长登，何祖华，1987. 消除籼型野败不育系包颈现象的研究 [J]. 中国水稻科学 (2)：95-99.
沈益新，梁祖铎，1988. 南京地区黑麦草若干生育特性的研究 [J]. 南京农业大学学报，11 (3)：85-89.
沈益新，梁祖铎，1993. 两个黑麦草种生产性能的比较 [J]. 南京农业大学学报，16 (1)：78-83.
师桂英，2001. *PVY CP* 基因导入加工型马铃薯甘农薯 1 号的研究 [J]. 中国马铃薯，15 (2)：78-80.
师尚礼，曹致中，2018. 论甘肃建成我国重要草类种子生产基地的可能与前景 [J]. 草原与草坪，38 (2)：1-6.
师志刚，夏雪岩，刘正理，等，2010. 谷子抗咪唑乙烟酸新种质的创新研究 [J]. 河北农业科学，14 (11)：133-136.
石春海，1992. 水稻诱变育种的研究进展 [J]. 农学通报，13 (2)：85-90.
司立平，李联社，吴燕民，2012. 向日葵基因工程研究进展 [J]. 中国农业科技导报，14 (6)：62-69.
宋桂成，王苗苗，曾斌，等，2016. 高温对棉花生殖过程的影响 [J]. 核农学报，30 (2)：404-411.
宋秀岭，1977. 高配合力玉米自交系选育 [J]. 中国农业科学 (4)：13-17.
粟建光，戴志刚，2005. 红麻种质资源描述规范和数据标准 [M]. 北京：中国农业科学技术出版社.
粟建光，龚友才，2005. 黄麻种质资源描述规范和数据标准 [M]. 北京：中国农业科学技术出版社.
隋启君，2001. 中国马铃薯育种对策浅见 [J]. 中国马铃薯，15 (5)：259-264.
孙大容，1998. 花生育种学 [M]. 北京：中国农业出版社.
孙广芝，乔春贵，王庆钰，等，1993. 向日葵杂交种“吉葵杂一号”选育研究 [J]. 吉林农业大学学报，15 (3)：92-94.
孙慧生，2003. 马铃薯育种学 [M]. 北京：中国农业出版社.
孙继国，1986. 甜菜的选择与进化 [J]. 甜菜糖业 (4)：24-26.
孙建华，王彦荣，2004. 中国主要苜蓿品种的产量性状及其多样性研究 [J]. 应用生态学报，15 (5)：803-808.
孙蕾，程须珍，王丽侠，2007. 绿豆抗豆象研究进展 [J]. 植物遗传资源学报，8 (1)：113-118.
孙立军，2001. 中国大麦遗传资源和优异种质 [M]. 北京：中国农业科学技术出版社.
孙万仓，党占海，安贤慧，等，1991. 世界油料作物 [M]. 兰州：兰州大学出版社.
孙庄荣，2001. 苦荞麦的降血糖作用 [J]. 饮料科学 (2)：49.
谭萍，王玉株，李红宁，等，2006. 十种栽培苦荞麦的随机扩增多态性 DNA（RAPD）研究 [J]. 种子，25：46-49.
谭石林，李爱青，梅祯，等，1998. 造纸用红麻品种的筛选 [J]. 中国麻作，20 (4)：25-28.
谭中文，梁计南，陈建平，等，2001. 甘蔗基因型苗期叶片形态解剖性状与糖分、产量关系研究 [J]. 华南农业大学学报，22 (1)：5-8.
谭中文，梁计南，陈建平，等，2002. 甘蔗基因型苗期生理性状与糖分及产量的关系 [J]. 华南农业大学学报，23 (1)：1-4.
唐宁，1989. 苦荞主要经济性状的相关及通径分析 [J]. 荞麦动态 (2)：19-26.
唐宁，赵钢，1990. 苦荞主要经济性状的遗传力及遗传进度的初步观察 [J]. 荞麦动态 (1)：3-6.
唐守伟，熊和平，1999. 我国麻类生产现状和发展对策 [J]. 中国麻作，21：45-49.
唐兆增，1987. 广西苎麻品种资源考察和研究 [J]. 中国麻作 (1)：26-27.
田彩平，2007. 温敏型雄性不育亚麻杂交种优势表现及生理机理研究 [D]. 兰州：甘肃农业大学.
田静，范保杰，2002. 河北省小豆品种资源主要农艺性状的遗传变异分析 [J]. 河北农业大学学报，25 (2)：17-20.
田静，范保杰，程须珍，2003. 小豆种质资源异地繁殖的可行性分析 [J]. 华北农学报，18：93-95.

田立忠，徐爱菊，2000. 高粱［（*Sorghum bicolor*（L.）Moench］未成熟胚乳培养的研究［J］. 辽宁师范大学学报（自然科学版），23（4）：398-400.
田笑明，1988. 甜菜性状的遗传变异与选择［J］. 北京：作物学报，14（4）：336-343.
田玉娥，2011. 小豆组织培养和植株再生研究［J］. 分子植物育种，9：1267-1273.
田振山，1988. 我所单粒型甜菜育种概况［J］. 甜菜糖业（2）：7-9.
田正科，张金如，1982. 油菜育种［M］. 西宁：青海人民出版社.
佟道儒，1986. 烤烟育种工作的回顾［J］. 中国烟草（1）：17-21.
佟道儒，1997. 烟草育种学［M］. 北京：中国农业出版社.
佟道儒，王恩沛，1992. 烟草良种与繁育技术［M］. 北京：北京科学技术出版社.
佟屏亚，1993. 当代玉米科技进步［M］. 北京：中国农业科学技术出版社.
佟屏亚，2000. 中国玉米科技史［M］. 北京：中国农业科学技术出版社.
屠礼传，梁秀银，王文泉，等，1995. 芝麻基因雄性不育系的研究［J］. 华北农学报，10（1）：34-39.
屠礼传，柳家荣，梁秀银，1988. 芝麻杂种优势研究［J］. 中国油料（2）：8-12.
屠礼传，王文泉，1989. 芝麻配合力分析［J］. 华北农学报，4（3）：49-53.
屠礼传，王文泉，梁秀银，等，1994. 芝麻杂交种豫芝 9 号的选育与利用［J］. 河南农业科学（5）：8-10.
万建民，2006. 作物分子设计育种［J］. 作物学报，32：455-462.
万建民，2007. 超级稻的分子设计育种［J］. 沈阳农业大学学报，38（5）：652-661.
万建民，2007. 中国水稻分子育种现状与展望［J］. 中国农业科技导报，9（2）：1-9.
万建民，2010. 水稻籼粳交杂种的遗传［M］//程式华，中国超级稻育种. 北京：科学出版社.
万建民，2010. 水稻籼粳交杂种优势利用研究［J］. 杂交水稻：第 25 卷专辑：3-6.
万建民，2010. 中国水稻遗传育种与品种系谱（1986—2005）［M］. 北京：中国农业出版社.
万平，刘红霞，佟星，等，2009. 秋水仙素诱导小豆性状变异研究［J］. 分子植物育种（7）：1169-1175.
万勇善，谭忠，1995. 花生油脂 O/L 比率及主要经济性状的配合力分析［J］. 山东农业科学（1）：8-11.
万勇善，谭忠，范晖，等，2002. 花生脂肪酸组分的遗传效应研究［J］. 中国油料作物学报，24（1）：26-28.
万勇善，谭忠，刘风珍，等，1998. 花生油脂油酸/亚油酸比率的遗传分析［J］. 西北植物学报，18（5）：118-121.
王超，项超，曲丽娟，等，2014. 水稻氮吸收转运利用生理机制及耐低氮遗传基础研究进展［J］. 中国农学通报，30（3）：1-9.
王传堂，张建成，2013. 花生遗传改良［M］. 上海：上海科学技术出版社.
王凤宝，董立峰，付金锋，等，2001. 半无叶型豌豆 7 个农艺性状的通径分析及利用［J］. 河北职业技术师范学院学报（4）：17-20.
王凤宝，付金锋，董立峰，等，2002. 豌豆异季加代育种及选择试验［J］. 河北职业技术师范学院学报（1）：5-8.
王富德，芦庆善，1985. 我国主要高粱杂交种的系谱分析［J］. 作物学报，12（5）：339-343.
王汉中，殷艳，2014. 我国油料产业形势分析与发展对策建议［J］. 中国油料作物学报，36（3）：414-421.
王红旗，李宏霞，胡文信，1990. 甜菜 O-型系与甜菜优势育种［J］. 中国甜菜（1）：29-37.
王华忠，1989. 对改进我国甜菜四倍体选育技术的商榷［J］. 中国甜菜（3）：47-51.
王辉珠，1984. 一些国家多年生牧草种子繁育的专业化和布局［J］. 草原与草坪（6）：1-5.
王慧，张建国，陈志强，2003. 航天育种优良水稻品种华航 1 号［J］. 中国稻米（6）：18.
王建康，李慧慧，张学才，等，2011. 中国作物分子设计育种［J］. 作物学报，37（2）：191-201.
王建岭，2008. 木薯多倍体育种技术研究［D］. 南宁：广西大学.
王杰，高秋，杨国锋，等，2016. 国审苏丹草和高丹草品种 SSR 指纹图谱构建及遗传多样性分析［J］. 草业学报，24（1）：156-164.
王金陵，1958. 大豆的遗传与选种［M］. 北京：科学出版社.
王金陵，1991. 大豆生态类型［M］. 北京：农业出版社.
王金陵，1992. 王金陵大豆论文集. 哈尔滨：东北林业大学出版社.
王蕾，黎冬华，齐小琼，等，2014. 芝麻核心种质芝麻素和芝麻酚林的关联分析［J］. 中国油料作物学报，36（1）：32-37.
王立方，1983. 甜菜抽薹开花的条件及控制技术的应用［J］. 中国甜菜（3）：42-43.
王立方，1986. 甜菜雄性不育保持系的通用性［J］. 中国甜菜（1）：5-10.

王立方，李满红，1990. 甜菜雄性不育系选育技术研究［J］. 甜菜糖业（3）：1-10.
王立秋，1994. 蚕豆种质资源及性状遗传研究概况［J］. 国外农学-杂粮作物（1）：19-22.
王丽侠，程须珍，王素华，2009. 绿豆种质资源、育种及遗传研究进展［J］. 中国农业科学，42（5）：1519-1527.
王丽侠，程须珍，王素华，2013. 小豆种质资源研究与利用概述［J］. 植物遗传资源学报，14（3）：440-447.
王丽侠，程须珍，王素华，等，2009. 应用SSR标记对小豆种质资源的遗传多样性分析［J］. 作物学报，35（10）：1858-1865.
王丽侠，程须珍，王素华，等，2009. 中国绿豆应用型核心样本农艺性状的分析［J］. 植物遗传资源学报，10（4）：589-593.
王丽侠，程须珍，王素华，等，2014. 中国绿豆核心种质资源在不同环境下的表型变异及生态适应性评价［J］. 作物学报，40（4）：739-744.
王丽旋，1984. 甜菜自交系一般配合力测定方法的研究［J］. 中国甜菜（2）：30-34.
王利民，张建平，2006. 温敏雄性不育亚麻在云南的育性表现及温敏特性研究［J］. 西北农业学报，15（4）：31-34.
王莉花，殷富有，刘继美，等，2004. 利用RAPD分析云南野生荞麦资源的多样性和亲缘关系［J］. 分子植物育种（2）：807-815.
王茅雁，傅晓峰，齐秀丽，2004. 利用RAPD标记研究燕麦属不同种的遗传差异［J］. 华北农学报，19（4）：24-28.
王萍，2006. 木薯对褐斑病菌（*Cercorspoidium henningsii*）田间抗性相关QTL的分析［D］. 儋州：华南热带农业大学.
王清，王蒂，司怀军，等，2001. 马铃薯体细胞染色体加倍的研究［J］. 中国马铃薯，15（6）：343-348.
王庆钰，贾玉峰，张新生，2002. 利用配合力类型互补培育高产低皮壳油用向日葵杂交种的探讨［J］. 中国油料作物学报，24（3）：33-36.
王庆钰，乔春贵，孙云德，等，1993. 油用向日葵（*Helianthus annuus*）皮壳率的遗传研究［J］. 中国农业科学，26（5）：38-43.
王庆钰，乔春贵，杨忠全，等，1990. 向日葵皮壳率杂种优势表现及应用的研究［J］. 吉林农业大学学报，12（3）：20-22.
王润奇，高俊华，毛丽萍，等，2002. 谷子雄性不育系1066A不育基因和黄苗基因的染色体定位［J］. 植物学报，44（10）：1209-1212.
王润奇，高俊华，王志新，等，1994. 谷子三体系列的建立［J］. 植物学报，36（9）：690-695.
王绍飞，黄琳凯，张新全，等，2014. 连续混合选择下多花黑麦草杂交群体的SSR多样性变化［J］. 草业学报，23（5）：345-351.
王述民，曹永生，REDDEN R J，等，2002. 我国小豆种质资源形态多样性鉴定与分类研究［J］. 作物学报，28（6）：727-733.
王天宇，1992. 谷子与青狗尾草种内与种间杂交某些孟德尔因子的遗传［J］. 粟类作物（2）：8-16.
王天宇，杜瑞恒，陈洪斌，等，1996. 应用抗除草剂基因型谷子实行两系法杂种优势利用的新途径［J］. 中国农业科学，29（4）：96-96.
王天宇，辛志勇，2000. 抗除草剂谷子新种质的创制、鉴定与利用［J］. 中国农业科技导报，2（5）：62-66.
王文泉，2008. 热带作物种质资源学［M］. 北京：中国农业出版社.
王文泉，柳家荣，屠礼传，1993. 芝麻对枯萎病抗性遗传的初步研究［J］. 河南农业大学学报，27（1）：84-89.
王文泉，郑永战，柳家荣，等，1995. 芝麻雄性核不育两系制种效果的研究［J］. 中国油料，17（1）：12-15.
王象坤，孙传清，才宏伟，等，1998. 中国稻作起源与演化［J］. 科学通报，43（22）：2354-2363.
王晓宇，刁现民，王节之，等，2013. 谷子SSR分子图谱构建及主要农艺性状QTL定位［J］. 植物遗传资源学报，14（5）：871-878.
王修臣，田静，李辉，1992. 小豆品种资源耐盐性鉴定研究［J］. 作物品种资源（3）：25-27.
王彦荣，1992. 八十年代的新西兰牧草种子业［J］. 草原与草坪（3）：8-11.
王懿波，王振华，王永谱，等，1997. 中国玉米主要种质杂交优势利用模式研究［J］. 中国农业科学，30（40）：16-24.
王懿波，王振华，王永谱，等，1999. 中国玉米主要种质的改良与杂优模式的利用［J］. 玉米科学，7（1）：1-6.
王永芳，李伟，刁现民，2003. 根癌农杆菌共培养转化谷子技术体系的建立［J］. 河北农业科学，7（4）：1-5.

王泳涛，魏治中，1992. 药烟育种初步研究 . 全国首届青年农学学术会论文集 [M]. 北京：中国科学技术出版社 .

王勇，刘学义，2004. 我国苜蓿研究现状、存在问题及对策 [J]. 内蒙古农业科技（6）：6-7.

王玉亭，2011. 燕麦子粒皮裸性基因遗传与分子作图 [D]. 北京：中国农业科学院 .

王元英，周健，1995. 中美主要烟草品种亲源分析与烟草育种 [J]. 中国烟草学报（3）：11-22.

王赟文，曹致中，韩建国，等，2005. 9 个苏丹草品种生产性能的评价与聚类分析 [J]. 草业学报（5）：117-123.

危文亮，张艳欣，吕海霞，等，2012. 芝麻资源群体结构及含油量关联分析 [J]. 中国农业科学，45（10）：1895-1903.

卫双玲，张体德，卫文星，等，2000. 种子辐射处理对芝麻产量及农艺性状的影响 [J]. 华北农学报，15（1）：32-36.

魏国诚，1983. 7921 的选择特点及效果比较 [J]. 中国甜菜（1）：14-23.

魏淑红，2000. 全国小豆种质资源抗尾孢菌叶斑病鉴定研究 [J]. 黑龙江农业科学（3）：20-23.

魏志标，柏兆海，马林，等，2018. 中国苜蓿、黑麦草和燕麦草产量差及影响因素 [J]. 中国农业科学，51（3）：507-522.

文国林，1990. 新型甜菜隔离罩的设计与应用 [J]. 中国甜菜（1）：38-42.

吴传书，王丽侠，王素华，等，2014. 绿豆高密度分子遗传图谱的构建 [J]. 中国农业科学，47（11）：2088-2098.

吴嘉云，2013. 甘蔗与斑茅后代染色体遗传分析及抗性初步评价 [D]. 福州：福建农林大学 .

吴景峰，1983. 我国主要玉米杂交种种质基本评述 [J]. 中国农业科学，16（2）：1-7.

吴俊，邓启云，庄文，等，2015. 第 3 期超级杂交稻先锋组合 Y 两优 2 号的选育与应用 [J]. 杂交水稻，30（2）：14-16.

吴俊，庄文，熊跃东，等，2010. 导入野生稻增产 QTL 育成优质高产杂交稻新组合 Y 两优 7 号 [J]. 杂交水稻，25（4）：20-22.

吴绍骙，1960. 对当前玉米杂交育种工作三点建议 [J]. 中国农业科学（1）：1-10.

吴锁伟，2013. 我国玉米种业面临的主要问题及发展策略 [J]. 中国农技推广，29（S1）：47-48，51.

吴瑜生，1995. 苦荞主要农艺性状的相关分析 [J]. 荞麦动态（1）：5-9.

吴兆苏，1990. 小麦育种学 [M]. 北京：农业出版社 .

吴钟，陈文阳，高云，等，2013. 广东省水稻诱变育种进展及展望 [J]. 广东农业科学（8）：4-7.

伍育源，邹伟民，1999. CO_2 激光对蚕豆诱变效应试验研究 [J]. 激光生物学报（1）：79.

西北农学院，1981. 作物育种学 [M]. 北京：农业出版社 .

西南农业大学，1991. 蔬菜育种学 [M]. 北京：农业出版社 .

夏明忠，王安虎，2007. 中国四川荞麦属（蓼科）新种花叶野荞麦 [J]. 西昌学院学报，21：11-12.

相怀军，2010. 燕麦种质遗传多样性及坚黑穗病抗性 QTL 定位 [D]. 北京：中国农业科学院 .

肖瑞芝，郎续纲，李俊，等，1989. 红麻×金钱吊芙蓉（*Hibiscus radiatus*）的远缘杂种与新种质资源的研究 [J]. 中国麻作（4）：5-9.

谢黎黎，黄华孙，安泽伟，等，2009. 基于 SSR 标记的橡胶树无性系鉴定方法的建立 [J]. 热带作物学报，30（9）：1314-1319.

谢向誉，陆柳英，曾文丹，等，2014. 木薯诱变育种研究进展 [J]. 农学学报，4（2）：34-38.

熊和平，2008. 麻类作物育种学 [M]. 北京：中国农业科学技术出版社 .

熊和平，蒋金根，贺菊香，1987. 苎麻品种间杂交组合与亲本遗传变异的比较研究 [J]. 中国麻作（4）：16-21.

熊腾飞，张改云，郭家明，等，2007. 烟草双特异性激酶基因（*NtDSK2*）的克隆与表达分析 [J]. 中国烟草学报，13（2）：38-42.

徐微，张宗文，吴斌，等，2009. 裸燕麦种质资源 AFLP 标记遗传多样性分析 [J]. 作物学报，35（12）：2205-2212.

徐微，张宗文，张恩来，等，2013. 大粒裸燕麦（*Avena nuda* L.）遗传连锁图谱的构建 [J]. 植物遗传资源学报，14（4）：673-678.

许瑾，周小梅，范玲娟，2006. 荞麦 RAPD 指纹图谱的建立及在品种鉴定中的应用 [J]. 山西大学学报（自然科学版），29：194-197.

许莉萍，陈如凯，1998. 甘蔗遗传转化的研究进展 [J]. 福建农业大学学报，27（2）：138-143.

许瑞丽，黄洁，李开绵，等，2009. 良好操作规范的木薯栽培技术 [J]. 广东农业科学（3）：39-42.

许为钢，胡琳，2012. 小麦种质资源研究、创新与利用 [M]. 北京：科学出版社 .
许耀奎，1992. 大麦 [M]. 北京：农业出版社 .
许英，陈建华，孙志民，等，2015. 57 份苎麻种质资源主要农艺性状及纤维品质鉴定评价 [J]. 植物遗传资源学报，16 (1)：54-58.
许智宏，卫志明，杨丽君，1983. 谷子和狗尾草的幼穗培养 [J]. 植物生理学通讯 (5)：40-45.
许智宏，杨丽娟，卫志明，等，1984. 四种豆科植物组织培养中植株再生 [J]. 实验生物学报 (4)：483-486.
薛庆中，张能义，熊兆飞，等，1998. 应用分子标记辅助选择培育抗白叶枯病水稻恢复系 [J]. 浙江农业大学学报，24 (6)：581-582.
闫龙，关建平，宗绪晓，2007. 木豆种质资源 AFLP 标记遗传多样性分析 [J]. 作物学报，33 (5)：790-798.
严华兵，叶剑秋，李开绵，2015. 中国木薯育种研究进展 [J]. 中国农学通报，31 (15)：63-70.
颜龙安，1999. 杂交水稻繁制学 [M]. 北京：中国农业出版社 .
杨才，王秀英，2005. 采用花药单倍体育种方法育成花中 21 号莜麦新品种 [J]. 河北北方学院学报，10 (4)：49-53.
杨俊品，刘莹，田守均，1996. 川西南豌豆地方品种产量性状遗传差异研究 [J]. 四川农业大学学报 (2)：219-222.
杨俊品，杨武云，1997. 一个豌豆育成品种遗传不稳定性的细胞遗传学机制 [J]. 西南农业学报 (1)：60-63.
杨明君，郭忠贤，陈有清，等，2005. 苦荞麦主要经济性状遗传参数研究 [J]. 内蒙古农业科技 (5)：19-20.
杨青川，2012. 苜蓿种植区划及品种指南 [M]. 北京：中国农业大学出版社 .
杨人俊，2001. 野赤豆在我国的分布 [J]. 作物学报，27 (6)：905-907.
杨人俊，韩亚光，1994. 野赤豆在辽宁省的地理分布及其与赤豆间的杂交试验 [J]. 作物学报，20 (5)：607-613.
杨瑞林，肖爱平，唐守伟，2002. 我国的麻类质量安全问题 [J]. 中国麻作，24 (2)：38-40.
杨仕华，2013. 中国水稻新品种试验：2012 年南方稻区国家水稻品种区试汇总报告 [M]. 北京：中国农业科学技术出版社 .
杨素梅，米君，钱合顺，等，2000. 亚麻籽实产量选择指数的研究 [J]. 河北农业科学，4 (3)：51-54.
杨素梅，尹江，米君，等，1998. 亚麻主要数量性状的相关遗传力及其通径分析 [J]. 河北农业科学，2 (1)：16-18.
杨万荣，薄天岳，1988. 胡麻品种数量性状配合力的分析 [J]. 山西农业科学 (3)：7-10.
杨晓光，杨镇，石玉学，等，1993. 高粱抗丝黑穗病的遗传效应初步分析 [J]. 辽宁农业科学 (3)：15-19.
杨晓虹，周海涛，杨才，等，2012. 早熟莜麦新品种“冀张莜 12 号”选育与栽培技术 [J]. 辽宁农业科学 (4)：78-79.
杨炎生，蔡葆，1989. 我国甜菜科研工作的进展与成就 [J]. 中国甜菜 (3)：1-6.
杨艳丽，2016. 云南马铃薯产业技术与经济研究 [M]. 北京：科学出版社 .
姚庆荣，2007. 木薯遗传转化体系的建立与优化及转 *AGPase* 基因的研究 [D]. 儋州：华南热带农业大学 .
叶剑秋，2009. 我国木薯选育种进展 [J]. 热带农业科学，29 (11)：115-119.
叶剑秋，黄洁，陈丽珍，等，2006. 木薯新品种华南 8 号的选育 [J]. 热带作物学报，27 (4)：19-25.
叶剑秋，李凯绵，陈丽珍，等，2007. 木薯新品种华南 7 号的选育 [J]. 热带作物学报，28 (1)：24-29.
叶剑秋，郑永清，薛茂富，等，2011. 木薯新品种“华南 10”号的选育 [J]. 热带作物学报，32 (10)：1799-1803.
易卫平，万贤国，1992. 蚕豆主要性状遗传力/遗传相关及选择效应的初步研究 [J]. 作物研究 (3)：40-42.
尹双增，2000. 面向新世纪的海南高新技术产业 [M]. 海口：南方出版社 .
应存山，1993. 中国稻种资源 [M]. 北京：中国农业科学技术出版社 .
游修龄，2010. 中国稻作文化史 [M]. 上海：上海人民出版社 .
余兆海，1993. 中国蚕豆的遗传育种 [J]. 上海农业学报 (3)：92-96.
俞大绂，1978. 粟病害 [M]. 北京：科学出版社 .
禹山林，2011. 中国花生遗传育种学 [M]. 上海：上海科学技术出版社 .
玉米遗传育种学编写组，1979. 玉米遗传育种学 [M]. 北京：科学出版社 .
喻少帆，金文林，张清润，等，1997. 小豆种质资源抗白粉病鉴定 [J]. 北京农业科学 (3)：40-41.
岳鹏，黄凯丰，陈庆富，2012. 普通荞麦落粒性、尖果、红色茎秆的遗传规律研究 [J]. 河南农业科学，41：28-31.

云锦凤，2000. 牧草育种学 [M]. 北京：中国农业出版社.
詹秋文，李杰勤，汪保华，等，2008. 42 份高粱与苏丹草及其 2 个杂交种 DNA 指纹图谱的构建 [J]. 草业学报，17 (6)：85-92.
詹秋文，钱章强，2004. 高粱和苏丹草杂种优势利用的研究 [J]. 作物学报，30 (1)：73-77.
詹英贤，程明，1990. 芝麻细胞遗传的研究：Ⅲ. 新的分类体系 [J]. 北京农业大学学报，16 (1)：11-18.
张朝，刘美英，陈学平，2011. 转 *TaW* 基因提高烟草的耐盐性 [J]. 中国烟草学报，17 (3)：78-81.
张德慈，1988. 植物遗传资源-未来植物生产的关键 [M]. 北京：中国农业科学技术出版社.
张福泉，蒋建雄，李宗道，等，2000. 棉花 DNA 导入苎麻引起变异的研究 [J]. 中国农业科学，33 (1)：104-106.
张福耀，孟春刚，阎喜梅，等，1997. 高粱 SSA-1 无融合生殖特性及其遗传分析 [J]. 作物学报，23 (1)：89-94.
张福耀，牛天堂，1996. 高粱非买罗细胞质 A2、A3、A4、A5、A6、9E 雄性不育系研究 [J]. 山西农业科学，24 (3)：3-6.
张改云，熊腾飞，马有志，等，2010. 烟草 CN 基因的 RNA 沉默载体构建与功能分析 [J]. 中国烟草学报，16 (4)：77-82.
张国平，2010. 食用与保健大麦：科学、技术和产品 [M]. 杭州：浙江大学出版社.
张海洋，卫双玲，卫文星，等，2001. 芝麻同源四倍体的诱发与鉴定 [J]. 河南农业大学学报，16 (2)：12-15.
张海洋，卫双玲，郑永战，等，2001. 野生芝麻及其抗病耐渍性状利用研究初报 [J]. 河南农业科学 (10)：15-16.
张鹤龄，宋伯符，1992. 中国马铃薯种薯生产 [M]. 呼和浩特：内蒙古大学出版社.
张建平，党占海，2005. 油用亚麻两系杂交种产量表现及不育株率对产量的影响 [J]. 西北农业学报，14 (3)：73-75.
张京，2001. 中国大麦矮秆种质资源的基因分析：Ⅱ. 矮秆基因的染色体定位 [J]. 遗传学报，28 (1)：56-63.
张京，2002. 我国大麦育种的矮源分析 [J]. 中国农业科学，35 (7)：758-764.
张京，2006. 大麦种质资源描述规范和数据标准 [M]. 北京：中国农业出版社.
张连桂，李先闻，1947. 玉米育种的理论与四川杂交玉米的培育 [J]. 农报，12 (1)：3-13.
张明洲，崔海瑞，舒庆尧，等，2006. 高粱茎尖再生体系及其遗传转化影响因子的研究 [J]. 核农学报，20 (1)：23-26.
张木清，王华中，白晨，2006. 糖料作物遗传改良与高效育种 [M]. 北京：中国农业出版社.
张娜，杨希文，任长忠，等，2011. 白燕 2 号 EMS 突变体的形态鉴定与遗传变异分析 [J]. 麦类作物学报，31 (3)：421-442.
张佩兰，刘洋，袁名宜，等，1997. 蚕豆品种混杂与选种问题的初步研究 [J]. 青海农林科技 (2)：52-55.
张鹏，安冬，马秋香，等，2013. 木薯分子育种中若干基本科学问题的思考与研究进展 [J]. 中国科学：生命科学，43：1082-1089.
张天真，1998. 杂种棉选育的理论与实践 [M]. 北京：科学出版社.
张天真，2011. 作物育种学总论 [M]. 北京：中国农业出版社.
张桐，1993. 世界农业统计资料 [J]. 世界农业 (5)：63.
张文毅，1986. 美国高粱遗传育种研究近况 [J]. 辽宁农业科学 (2)：46-51.
张艳欣，王林海，黎冬华，等，2014. 芝麻耐湿性 QTL 定位及优异耐湿基因资源挖掘 [J]. 中国农业科学，47 (3)：422-430.
张耀文，林汝法，1996. 绿豆主要数量性状遗传与相关 [J]. 国外农学：杂粮作物 (1)：9-11.
张永虎，于海峰，侯建华，等，2014. 利用向日葵重组自交系构建遗传图谱 [J]. 遗传，36 (10)：1036-1042.
张玉发，1986. 美国俄勒冈州的牧草种子生产 [J]. 草原与草坪 (5)：56-59.
张源源，2013. 橡胶树坐果规律及三倍体诱导研究 [D]. 北京：北京林业大学.
张宗文，林汝法，2007. 荞麦种质资源描述标准和数据标准 [M]. 北京：中国农业出版社.
赵钢，唐宇，王安虎，2002. 苦荞新品种西荞 1 号的选育 [J]. 杂粮作物 (5)：10-15.
赵桂兰，简玉瑜，1987. 大豆与豌豆原生质体融合的初步研究 [J]. 大豆科学 (2)：123-126.
赵洪璋，1979. 作物育种学 [M]. 北京：农业出版社.
赵君，王国英，胡剑，等，2002. 玉米弯孢菌叶斑病抗性的 ADAA 遗传模型的分析 [J]. 作物学报，28 (1)：127-130.
赵丽娟，张宗文，黎裕，等，2006. 苦荞种质资源遗传多样性的 ISSR 分析 [J]. 植物遗传资源学报 (7)：159-164.

赵利，党占海，李毅，2006. 甘肃胡麻地方品种品质资源品质分析 [J]. 西北植物学报，26 (12)：2453-2457.
赵利，党占海，张建平，2006. 甘肃胡麻地方品种品质资源品质分析 [J]. 中国油料作物学报，28 (3)：282-286.
赵利，党占海，张建平，2008. 不同类型胡麻品种资源品质特性及其相关性研究 [J]. 干旱地区农业研究，26 (5)：6-9.
赵楠，2014. 苜蓿种植和加工利用 [M]. 北京：化学工业出版社.
赵群，1994. 春蚕豆育种的几点体会 [J]. 甘肃农业科技 (8)：12-13.
浙江省农业科学院，青海省农林科学院，1989. 中国大麦品种志 [M]. 北京：农业出版社.
郑学勤，曾宪松，陈向明，等，1980. 诱导橡胶多倍体与其细胞学研究续报Ⅰ [J]. 热带作物学报，1 (1)：27-31.
郑学勤，曾宪松，陈向明，等，1981. 诱导橡胶多倍体与其细胞学研究续报Ⅱ [J]. 热带作物学报，2 (1)：1-9.
郑学勤，曾宪松，陈向明，等，1983. 诱导橡胶三倍体新方法的研究 [J]. 热带作物学报，4 (1)：1-4.
郑学勤，胡东琼，1994. 中国橡胶种质资源目录 [M]. 北京：中国农业出版社.
郑用琏，1982. 若干玉米细胞质雄性不育类型（CMS）育性机理的研究 [J]. 华中农学院学报 (1)：44-68.
郑长清，林华如，黄志辉，1984. 苎麻品质资源纤维品质鉴定报告 [J]. 中国麻作 (1)：24-28.
郑志炡，1988. 红麻新品种浙萧麻1号的选育 [J]. 中国麻作 (3)：1-5.
郑卓杰，1987. 中国食用豆类品种资源目录：第一集 [M]. 北京：中国农业科学技术出版社.
郑卓杰，1990. 中国食用豆类品种资源目录：第二集 [M]. 北京：农业出版社.
郑卓杰，1997. 中国食用豆类学 [M]. 北京：中国农业出版社.
智慧，王永强，李伟，等，2007. 利用野生青狗尾草的细胞质培育谷子质核互作雄性不育材料 [J]. 植物遗传资源学报，8 (3)：261-264.
中国农业百科全书编辑委员会，1991. 中国农业百科全书：农作物卷 [M]. 北京：农业出版社.
中国农业科学院，1986. 中国稻作学 [M]. 北京：农业出版社.
中国农业科学院棉花研究所，2003. 中国棉花遗传育种学 [M]. 济南：山东科学技术出版社.
中国农业科学院品种资源研究所，1997. 中国油菜品种资源目录：续编二 [M]. 北京：中国农业出版社.
中国农业科学院甜菜研究所，1984. 中国甜菜栽培学 [M]. 北京：农业出版社.
中国农业科学院烟草研究所，1987. 中国烟草栽培学 [M]. 上海：上海科学技术出版社.
中国农业科学院油料作物研究所，1977. 中国油菜品种资源目录 [M]. 北京：农业出版社.
中国农业科学院油料作物研究所，1980. 中国大豆品种资源目录 [M]. 北京：农业出版社.
中国农业科学院油料作物研究所，1981. 中国芝麻品种资源目录 [M]. 北京：农业出版社.
中国农业科学院油料作物研究所，1988. 中国油菜品种志 [M]. 北京：农业出版社.
中国农业科学院油料作物研究所，1990. 中国芝麻品种志 [M]. 北京：农业出版社.
中国农业科学院油料作物研究所，1992. 中国芝麻品种资源目录：续编一 [M]. 北京：中国农业科学技术出版社.
中国农业科学院油料作物研究所，1997. 中国芝麻品种资源目录：续编二 [M]. 北京：中国农业科学技术出版社.
中国农业科学院作物育种栽培研究所，1989. 玉米轮回选择的理论与实践 [M]. 北京：农业出版社.
钟小仙，顾洪如，周卫星，等，2001. 抗叶斑病苏丹草杂交制种技术及其种质创新 [J]. 江苏农业学报，17 (3)：184-187.
周思军，李希臣，刘昭军，等，2000. 通过农杆菌介导将菜豆几丁质酶基因导入马铃薯 [J]. 中国马铃薯，14 (2)：70-72.
周闲容，杨修仕，幺杨，等，2013. 小豆抗性淀粉含量及蒸煮后硬度分析 [J]. 植物遗传资源学报，14 (4)：740-743.
周新成，夏志强，陈新，等，2020. 基因组学进展及其在热带作物领域中的应用 [J]. 热带作物学报，41 (10)：2130-2142.
朱凤绥，何广文，肖瑞芝，等，1981. 麻类作物的染色体组型分析及 Giemsa 带型的初步观察 [J]. 中国麻作 (3)：1-9.
朱立宏，1990. 主要农作物抗病性遗传研究进展 [M]. 南京：江苏科学技术出版社.
朱立宏，2008. 朱立宏水稻文选 [M]. 北京：中国农业出版社.
朱睦元，黄培忠，1999. 大麦育种与生物工程 [M]. 上海：上海科学技术出版社.
朱瑞，高南南，陈建民，2003. 苦荞麦的化学成分和药理作用 [J]. 中国野生植物资源，22：7-9.
朱文丽，2006. 木薯胚胎发生再生植株及离体保存技术的初步研究 [D]. 儋州：华南热带农业大学.

朱振东，2003. 小豆疫霉茎腐病病原菌鉴定及抗病资源筛选［J］. 植物保护学报，30（3）：289-294.
朱振东，2012. 小豆病虫害鉴定与防治手册［M］. 北京：中国农业科学技术出版社.
庄巧生，2003. 中国小麦品种改良及系谱分析［M］. 北京：中国农业出版社.
宗绪晓，1989. 国内外豌豆育种概况及国内育种展望［J］. 农牧情报研究（10）：6-12.
宗绪晓，2003. 木豆［M］. 大连：大连出版社.
宗绪晓，SAXENA K B，2006. 木豆杂种优势利用研究进展［J］. 作物杂志（5）：37-40.
宗绪晓，关建平，李玲，等，2012. 鹰嘴豆种质资源描述规范和数据标准［M］. 北京：中国农业科学技术出版社.
宗绪晓，关建平，李正红，等，2006. 木豆种质资源描述规范和数据标准［M］. 北京：中国农业出版社.
宗绪晓，王志刚，关建平，等，2005. 豌豆种质资源描述规范和数据标准［M］. 北京：中国农业出版社.
邹积鑫，2005. 木薯种质资源遗传多样性分析与干物质产量的分子标记［D］. 儋州：华南热带农业大学.
邹剑秋，李玥莹，朱凯，等，2010. 高粱丝黑穗病菌3号生理小种抗性遗传研究及抗病基因分子标记［J］. 中国农业科学，43（4）：713-720.
邹剑秋，王艳秋，张飞，等，2012. A1、A3型细胞质甜高粱品种抗倒性能研究［J］. 中国农业大学学报，17（6）：92-97.
邹如清，1985. 四倍体甜菜的选育及应用［J］. 甜菜糖业（4）：31-36.
ABENES M L P，ANGELES E R，KHUSH G S，et al，1993. Selection of bacterial blight resistance rice plants in the F_2 generation via their linkage to molecular markers［J］. Rice genetics newsletter，10：120-123.
ABHARY M，DIMUTH S，GENE S，et al，2012. Transgenic biofortification of the starchy staple cassava（*Manihot esculenta*）generates a novel sink for protein［J］. PLoS One，6（1）：e16256. doi：10.1371.
AKANO A，DIXON A，MBA C，et al，2002. Genetic mapping of a dominant gene conferring resistance to cassava mosaic disease［J］. Theoretical and applied genetics，105（4）：521-525.
ALGHAMDI S S，MIGDADI H M，AMMAR M H，et al，2012. Faba bean genomics：current status and future prospects［J］. Euphytica，186：609-624.
ALI M，KUMAR S，2005. Advances in pigeonpea research［M］. Kanpur：Indian Institute of Pulses Research：67-133.
AMENORPE G，2010. Mutation breeding for in planta modification of amylose starch in cassava（*Manihot esculenta*，Crantz）［D］. Bloemfontein：University of the Free State.
ASANO K，YAMASAKI M，TAKUNO S，et al，2011. Artificial selection for a green revolution gene during japonica rice domestication［J］. Proceedings of the National Academy of Sciences of the United States of America，108（27）：11034-11039.
ASHIKARI M I，SAKAKIBARA H，LIN S，et al，2005. Cytokinin oxidase regulates rice grain production［J］. Science，5735（309）：741-745.
BALDEV B，RAMANUJAM S，JAIN H K，1988. Pulse crops［M］. New Delhi：Oxford and IBH Publishing Co.
BARKLEY N A，CHENAULT-CHAMBERLI K D，WANG M L，et al，2010. Development of a real time PCR genotyping assay to identify high oleic acid peanuts（*Arachis hypogaea* L.）［J］. Molecular breeding，25（3）：541-548.
BARKLEY N A，WANG M L，PITTMAN R N，2011. A real-time PCR genotyping assay to detect FAD2A SNPs in peanuts（*Arachis hypogaea* L.）［J］. Electronic journal of biotechnology. DOI：10.2225/vol 13-issuel-fulltext-12.
BATESON W，GAIRDNER A E，1921. Male sterility in flax［J］. Genetics，11：269-275.
BAUTE G J，KANE N C，GRASSA C J，et al，2015. Genome scans reveal candidate domestication and improvement genes in cultivated sunflower，as well as post-domestication introgression with wild relatives［J］. New phytologist，206（2）：830-838.
BAYER P E，HURGOBIN B，GOLICZ A A，et al，2017. Assembly and comparison of two closely related *Brassica napus* genomes［J］. Plant biotechnology journal，15：1602-1610.
BECKETT J B，1971. Classification of male-sterile cytoplasms in maize［J］. Crop science，11（5）：772-773.
BEN Y，KOKUBA T，MIYAJI Y，1971. Production of haploid plant by anther culture of *Setaria italica*［J］. Bulletin of Faculty of Agriculture，Kagoshima University，21：77-81.
BENNETZEN J L，SCHMUTZ J，WANG H，et al，2012. Reference genome sequence of the model plant *Setaria*［J］. Nature biotechnology，30：555-561.

BLANC G，2002. Differential carbohydrate metabolism conducts morphogenesis in embryogenic callus of *Hevea brasiliensis* [J]. Journal of experimental botany，373 (53)：1453-1462.

BOERMA H R，SPECHT J E，BOERMA H R，et al，2004. Soybeans：improvement，production and uses [M]. 3rd ed. Agronomy No. 16. Madison，WI，USA：ASA CSSA SSSA Publishers.

BOKX J，1972. Viruses of potato and seed-potato production [M]. Wageningen：Center for Agricultural Publishing and Documentation.

BRADSHAW J E，MAKAY G R (eds)，1993. Potato genetics [M]. London：CAB International.

BROWN P J，KLEIN P E，BORTIRI E，et al，2006. Inheritance of inflorescence architecture in sorghum [J]. Theoretical and applied genetics，113：931-942.

BUBECK D M，GOODMAN M M，BEAVIS W D，et al，1993. Quantitative trait loci controlling resistance to gray leaf spot in maize [J]. Crop science，33：838-847.

BURTON G W，1982. Improved recurrent restricted phenotypic selection increases Bahia forage yields [J]. Crop science，22：1058-1061.

CAI，D G，1997. Position cloning of a gene for nematode resistance in sugar beet [J]. Science，275：832-834.

CERVANTES-FLORES J C，SOSINSKI B，PECOTA K V，et al，2011. Identification of quantitative trait loci for dry-matter，starch，and β-carotene content in sweet potato [J]. Molecular breeding，28 (2)：201-216.

CERVANTES-FLORES J C，YENCHO G C，KRIEGNER A，et al，2008. Development of a genetic linkage map and identification of homologous linkage groups in sweet potato using multiple-dose AFLP markers [J]. Molecular breeding，21：511-532.

CHAITIENG B，KAGA A，TOMOOKA N，et al，2006. Development of a black gram [*Vigna mungo* (L.) Hepper] linkage map and its comparison with an azuki bean [*Vigna angularis* (Willd.) Ohwi et Ohashi] linkage map [J]. Theoretical and applied genetics，113：1261-1269.

CHALHOUB B，DENOEUD F，LIU S，et al，2014. Erratum：Early allopolyploid evolution in the post-neolithic *Brassica napus* oilseed genome [J]. Science，345：950-953.

CHASE S S，1963. Analytical breeding of *Solanum tuberosum* L.：a scheme utilizing parthenotes and other diploid stocks [J]. Canadian journal genetics and cytology (5)：359-363.

CHATTERJEE B N，BHATTACHARYYA K K，1986. Principles and practices of grain legume production [M]. New Delhi：Oxford&IBH Publishing Co.

CHE J，TOMOKAZU T，KENGO Y，et al，2018. Functional characterization of an aluminum (Al)-inducible transcription factor，ART2，revealed a different pathway for Al tolerance in rice [J]. New phytologist，220：209-218.

CHEAVEGATTI-GIANOTTO A，ABREU H，ARRUDA P，et al，2011. Sugarcane (*Saccharum officinarum*)：a reference study for the regulation of genetically modified cultivars in Brazil [J]. Tropical plant biology (4)：62-89.

CHEN J J，DING J H，OU Y D，et al，2008. A triallelic system of S5 is a major regulator of the reproductive barrier and compatibility of indica-japonica hybrids in rice [J]. Proceedings of the National Academy of Sciences of the United States of America，105 (32)：11436-11441.

CHEN Q，1999. A study of resources of *Fagopyrum* (Polygoneceae) native to China [J]. Botanical journal of Linnean Society，130：53-64.

CHEN S，PENG S，HUANG G，et al，2002. Association of decreased expression of a Myb transcription factor with the TPD (tapping panel dryness) syndrome in *Hevea brasiliensis* [J]. Plant molecular biology，51：51-58.

CHU Y，WU C L，HOLBROOK C C，et al，2011. Marker-assisted selection to pyramid nematode resistance and the high oleic trait in peanut [J]. The plant genome，4 (2)：110-117.

CLEMENTS M J，DUDLEY J W，WHITE D G，2000. Quantitative trait loci associated with resistance to gray leaf spot corn [J]. Phytopathology，90 (9)：1018-1025.

COLLARD B，JAHUFER M，BROUWER J B，et al，2005. An introduction to marker，quantitative trait loci (QTL) mapping and marker-assisted selection for crop improvement：The basic concepts [J]. Euphylica，142 (1-2)：169-196.

CUBERO J I，1974. On the evolution of *Vicia faba* L [J]. Theoretical and applied genetics，45：47-51.

DARDET D，1999. Relations between biochemical characteristics and conversion ability in *Hevea brasiliensis* zygotic and somatic embryos [J]. Canadian journal of botany, 77: 1168-1177.

DESPLANQUE B, BOUDRY P, BROOMBERG K, et al, 1999. Genetic diversity and gene flow between wild, cultivated and weedy forms of *Beta vulgaris* L. (Chenopodiaceae), assessed by RFLP and microsatellite markers [J]. Theoretical and applied genetics, 98: 1194-1201.

DIAO X, SCHNABLE J, BENNETZEN J L, et al, 2014. Initiation of *Setaria* as a model plant [J]. Frontiers of agricultural, science and engineering (1): 16-20.

DING J H, LU Q, OUYANG Y D, et al, 2012. A long noncoding RNA regulates photoperiod-sensitive male sterility, an essential component of hybrid rice [J]. Proceedings of the National Academy of Sciences of the United States of America, 109: 2654-2659.

DOUST A N, DEVOS K M, GADBERRY M D, et al, 2004. Genetic control of branching in foxtail millet [J]. Proceedings of the National Academy of Sciences of the United States of America, 101: 9045-9050.

DOUST A N, DEVOS K M, GADBERRY M D, et al, 2005. The genetic basis for inflorescence variation between foxtail and green millet (Poaceae) [J]. Genetics, 169: 1659-1672.

DOUST, A N, KELLOGG E A, 2006. Effect of genotype and environment on branching in weedy green millet (*Setaria virdis*) and domesticated foxtail millet (*Setaria italica*) Poaceae) [J]. Molecular ecology, 15: 1335-1349.

DOUST A N, KELLOGG E A, DEVOS K M, et al, 2009. Foxtail millet: A sequence-driven grass model system [J]. Plant physiology, 149: 137-141.

DOWNEY R K, RIMMER S R, 1993. Agronomic improvement in oilseed brassica [J]. Advances in agronomy, 50: 1-66.

DUC G, 1997. Faba bean (*Vicia faba* L.) [J]. Field crops research, 53: 99-109.

DUC G, BAO S Y, BAUMC M, et al, 2010. Diversity maintenance and use of *Vicia faba* L. genetic resources [J]. Field crops research, 115: 270-278.

EL-MEZAWY A, DREYER F, JACOBS G, 2002. High-resolution mapping of the bolting gene *Bof* sugar beet [J]. Theoretical and applied genetics, 105: 100-105.

FALUYI J O, OLORODE O, 1984. Inheritance of resistance to *Helminthosporium maydis* blight in maize (*Zea mays* L.) [J]. Theoretical and applied genetics, 67: 341-344.

FAN W J, ZHANG M, ZHANG H X, et al, 2012. Improved tolerance to various abiotic stresses in transgenic sweet potato (*Ipomoea batatas*) expressing spinach betaine aldehyde dehydrogenase [J]. PloS One (7): e37344.

FAO, 2014. FAO statistical database [M]. Food and Agriculture Organization (FAO) of the United Nations.

FAO, 2013. FAO statistical database [M]. Food and Agriculture Organization (FAO) of the United Nations.

FATOKUN C A, DANESH D, YOUNG N D, 1993. Molecular taxonomic relationships in the genus *Vigna* based on RFLP analysis [J]. Theoretical and applied genetics, 86: 97-104.

FEHR W R, 1984. Genetic contributions to yield gains of five major crop plants [M]. New York: American Society of Agronomy and CSSA.

FEHR W R, 1987. Principles of cultivar development: Vol. 1 theory and technique [M]. New York: MacMillan Pub. Co.

FEHR W R, 1987. Principles of cultivar development: volume 2 crop species [M]. New York: MacMillan Pub. Co.

FEHR W R, CAVINESS C E, 1977. Stages of soybean development [D]. Ames: Iowa State University.

FEHR W R, H H HADLEY (ed.), 1980. Hybridization of crop plants [M]. Madison: Am. Soc. of Agron.

FLOR H H, 1947. Inheritance of reaction to rust in flax [J]. Journal of agricultural research, 14: 241-262.

FLOR H H, 1951. Genes for resistance to rust in Victory flax [J]. Agronomy journal, 43: 527-531.

FLOR H H, 1971. Current status of the gene-for-gene concept [J]. Annual reviews of phytopathology, 9: 275-296.

FREGENE M A, SUAREZ M, MKUMBIRA J, et al, 2003. Simple sequence repeat marker diversity in cassava landraces: genetic diversity and differentiation in an asexually propagated crop [J]. Theoretical and applied genetics, 107: 1083-1093.

FREGENE M, ANGEL F, GOMEZ R, et al, 1997. A molecular genetic map of cassava (*Manihot esculenta* Crantz) [J]. Theoretical and applied genetics, 95 (3): 431-441.

FU F F, XUE H W, 2010. Coexpression analysis identifies rice starch regulator1, a rice AP2/EREBP family transcription factor, as a novel rice starch biosynthesis regulator [J]. Plant physiology, 154: 927-938.

FU S, YIN L, XU M, et al, 2018. Maternal doubled haploid production in interploidy hybridization between *Brassica napus* and *Brassica allooctaploids* [J]. Planta, 247 (1): 113-125.

FUJITA D, TRIJATMIKO K R, TAGLE A G, et al, 2013. NAL1 allele from a rice landrace greatly increases yield in modern indica cultivars [J]. Proceedings of the National Academy of Science of the United States of America, 110 (51): 20431-20436.

GAIRDNER A E, 2013. Male sterility in flax: Ⅱ. A Case reciprocal crosses differing in F_2 [J]. Genetics, 21: 117-124.

GAMUYAO R, CHIN J H, PARIASCA-TANAKA J, et al, 2012. The protein kinase Pstol1 from traditional rice confers tolerance of phosphorus deficiency [J]. Nature, 7412 (488): 535-539.

GAO S, YU B, YUAN L, et al, 2011. Production of transgenic sweet potato plants resistant to stem nematodes using oryzacystatin-I gene [J]. Scientia horticulturae, 128: 408-414.

GAO S, YU B, ZHAI H, et al, 2011. Enhanced stem nematode resistance of transgenic sweet potato plants expressing oryzacystatin-I gene [J]. Agricultural sciences in China, 10 (4): 519-525.

GAO S, YUAN L, ZHAI H, et al, 2011. Transgenic sweet potato plants expressing an LOS5 gene are tolerant to salt stress [J]. Plant cell, tissue & organ culture, 107: 205-213.

GAO S, YUAN L, ZHAI H, et al, 2012. Overexpression of SOS genes enhanced salt tolerance in sweetpotato [J]. Journal of integrative agriculture, 11 (3): 378-386.

GAUTAMI B, PANDEY MK, VADEZ V, et al, 2012. Quantitative trait locus analysis and construction of consensus genetic map for drought tolerance trait based on three recombinant inbred line population in cultivated groundnut (*Arachis hypogaea* L.) [J]. Molecular breeding, DOI: 10.1007/s11032-011-9660-0.

GEBREMICHAEL D E, PARZIES H K, 2011. Genetic variability among landraces of sesame in Ethiopia [J]. African crop science, 19 (1): 1-13.

GONG L, LI C, CAPATANA A, et al, 2014. Molecular mapping of three nuclear male sterility mutant genes in cultivated sunflower (*Helianthus annuus* L.) [J]. Molecular breeding, 34 (1): 159-166.

GORDON S G, BARTSCH M, MATTHIES I, et al, 2004. Linkage of molecular markers to *Cercospora zeae-maydis* resistance in maize [J]. Crop science, 44: 628-636.

GREEN A G, 1986. A mutant genotype of flax (*Linum usitatissimum* L.) containing very low levels of linolenic acid in its seed oil [J]. Canadian journal of plant science, 66: 499-503.

GREEN A G, MARSHALL D R, 1984. Isolation of induced mutant in linseed (*Linum usitatissimum* L.) having reduced linolenic acid content [J]. Euphytica, 33: 321-328.

GRIFFING B, 1956. Concept of general and specific combining ability in relation to diallele crossing systens [J]. Australian journal of biological sciences, 9: 463-493.

GU M H, MA H T, LIANG G H, et al, 1984. Karyotype analysis of seven species in the genus sorghum [J]. The Journal of heredity, 75: 196-202.

GULICK P, LIU X, WAN X, et al, 2011. Dissecting the genetic basis for the effect of rice chalkiness, amylose content, protein content, and rapid viscosity analyzer profile characteristics on the eating quality of cooked rice using the chromosome segment substitution line population across eight environments [J]. Genome, 54 (1): 64-80.

GUO G, DONDUP D, YUAN X, et al, 2014. Rare allele of *HvLox-1* associated with lipoxygenase activity in barley (*Hordeum vulgare* L.) [J]. Theoretical and applied genetics, 27 (10): 2095-2103.

GUO J, ZHAO Z, SONG J, et al, 2017. Molecular and physical mapping of powdery mildew resistance genes and QTLs in wheat: A review [J]. Agricultural science and technology, 18 (6): 965-970.

GUO T, LIU X L, WAN X Y, et al, 2011. Identification of a stable quantitative trait locus for percentage grains with white chalkiness in rice (*Oryza sativa* L.) [J]. Journal of integrative plant biology, 53: 598-607.

GUOK H P, WYNNE J C, STALKER H T, et al, 1986. Recurrent selection with a population from an inter-specific peanut cross [J]. Crop science. 26: 249-252.

GUTIERREZ N, AVILA C, DUC G, et al, 2006. CAPs markers to assist selection for low vicine and convicine contents in faba bean (*Vicia faba* L.) [J]. Theoretical and applied genetics, 114 (1): 59-66.

GUTIERREZ N, AVILA C, MORENO M, et al, 2008. Development of SCAR markers linked to *zt-2*, one of the genes controlling absence of tannins in faba bean [J]. Australian journal of agriculture research, 59 (1): 62-68.

GUTIERREZ N, AVILA C, RODRIGUEZ-SUAREZ C, et al, 2007. Development of SCAR markers linked to a gene controlling absence of tannins in faba bean [J]. Molecular breeding, 19 (4): 305-314.

HAHN S K, BAI V K, ASIEDU R, et al, 1992. A spontaneous somatic tetraploids in cassava Japan [J]. Journal of breeding, 42: 303-308.

HAMMOND J J, MILLER J F, STATLER G D, et al, 1983. Registration of Flor flax [J]. Crop science, 23: 401.

HAN O K, KAGA A, ISEMURA T, et al, 2005. A Genetic linkage map for azuki bean (*Vigna angularis* (Willd.) Ohwi et Ohashi) [J]. Theoretical and applied genetics, 111 (7): 1278-1287.

HAN X, WANG Y, LIU X, et al, 2012. The failure to express a protein disulphide isomerase-like protein results in a floury endosperm and an endoplasmic reticulum stress response in rice [J]. Journal of experimental botany, 63 (1): 121-130.

HART L P, 1984. Effect of corn genotypes on ear rot infection by *Gibberella zeae* [J]. Plant Disease, 68: 296-298.

HATTORI Y, NAGAI K, FURUKAWA S, et al, 2009. The ethylene response factors SNORKEL1 and SNORKEL2 allow rice to adapt to deep water [J]. Nature, 460: 1026-1030.

HAUSSMANN B, MAHALAKSHMI V, REDDY B, et al, 2002. QTL mapping of stay-green in two sorghum recombinant inbred populations [J]. Theoretical and applied genetics (6): 133-142.

HE J, MENG S, ZHAO T, et al, 2017. An innovative procedure of genome-wide association analysis fits studies on germplasm population and plant breeding [J]. Theoretical and applied genetics, 130 (11): 2327-2343.

HEATH M E, BARNES R F, METCALFE D S, 1985. Forages [M]. 4th ed. Ames: The Iowa State University Press.

HEBBLETHWAITE P D, 1983. The faba bean (*Vicia faba* L.) [M]. London: Butterworths.

HEINZ D J, 1987. Sugarcane improvement through breeding [M]. New York: Elsevier Science Publishing Company Inc.

HELENTJARIS T, SLOCUM M, WRIGHT S, et al, 1986. Constructing of genetic linkage maps in maize and tomato using restriction fragment length polymorphism [J]. Theoretical and applied genetics, 72: 761-769.

HONG Y B, CHEN X P, LIANG X Q, et al, 2010. A SSR based composite genetic linkage map for the cultivated peanut (*Arachis hypogaea* L.) genome [J]. BMC plant biology, 10: 17.

HOSPITAL F, CHARCOSSET A, 1997. Marker-assisted introgression of quantitative trait loci [J]. Genetics, 147: 1469-1485.

HU D, JING J, SNOWDON R, et al, 2021. Exploring the gene pool of *Brassica napus* by genomics-based approaches [J]. Plant biotechnology journal, 19 (9): 1693-1712.

HU D D, ZHAO Y S, SHEN J X, et al, 2021. Genome-wide prediction for hybrids between parents with distinguished difference on exotic introgressions in *Brassica napus* [J]. Crop journal, 9: 1169-1178.

HU J, WANG K, HUANG W, et al, 2012. The rice pentatricopeptide repeat protein RF5 restores fertility in Hong-Lian cytoplasmic male-sterile lines via a complex with the glycine-rich protein GRP162 [J]. Plant cell, 24: 109-122.

HUA Y W, HUANG T D, HUANG H S, 2010. Micropropagation of self-rooting juvenile clones by secondary somatic embryogenesis in *Hevea brasiliensis* [J]. Plant breeding, 129: 202-207.

HUANG N, ANGELES E R, DOMINGO J, et al, 1997. Pyramiding of bacterial blight resistance genes in rice: marker-aided selection using RFLP and PCR [J]. Theoretical and applied genetics, 95: 313-320.

HUANG X, NORKURAA, NHUAW, et al, 2012. A map of rice genome variation reveals the origin of cultivated rice [J]. Nature, 7421 (490): 497-501.

HUANG X, QIAN Q, LIU Z, et al, 2009. Natural variation at the DEP1 locus enhances grain yield in rice [J]. Nature genetics, 41: 494-497.

HYMOWITZ T, SINGH R J, 1992. Biosystems of the genus *Glycine* [J]. Soybean genetics newsletter, 19: 184-185.

IHEMERE U, ARIAS-GARZON D, LAWRENCE S, et al, 2010. Genetic modification of cassava for enhanced starch production [J]. Plant biotechnology, 4 (4): 453-465.

IRVINE J E, 1999. Saccharum species as horticultural classes [J]. Theoretical and applied genetics, 98: 186-194.

ISEMURA T, KAGA A, KONISHI S, et al, 2007. Genome dissection of traits related to domestication in azuki bean (*Vigna angularis*) and comparison with other warm season legumes [J]. Annals of botany, 100 (5): 1053-1071.

JACQUIER N M A, GILLES L M, PYOTT D E, et al, 2020. Puzzling out plant reproduction by haploid induction for innovations in plant breeding [J]. Nature plants, 6: 610-619.

JAMES A DUKE, 1981. Handbook of legumes of world importance [M]. New York: Plenum Press.

JAN C C, SEILER G J, HAMMOND J J, 2014. Effect of wild *Helianthus* cytoplasms on agronomic and oil characteristics of cultivated sunflower (*Helianthus annuus* L.) [J]. Plant breeding, 133 (2): 262-267.

JESWANI L S, BALDEV B, 1990. Advances in pulse production technology [M]. New Delhi: Indian Council of Agricultural Research.

JIA G, HUANG X, ZHI H, et al, 2013. A haplotype map of genomic variations and genome-wide association studies of agronomic traits in foxtail millet (*Setaria italica*) [J]. Nature genetics, 45: 957-961.

JIA G, SHI S, WANG C, et al, 2013. Molecular diversity and population structure of Chinese green foxtail (*Setaria viridis* (L.) Beauv.) revealed by microsatellite analysis [J]. Journal of experimental botany, 64 (12): 3645-3655.

JIANG T, ZHAI H, WANG F B, et al, 2013. Cloning and characterization of a carbohydrate metabolism-associated gene *IbSnRK1* from sweet potato [J]. Scientia horticulturae, 158: 22-32.

JIN J, HUANG W, GAO J P, et al, 2008. Genetic control of rice plant architecture under domestication [J]. Nature genetics, 40: 1365-1369.

JINKS, J L, 1954. The analysis of continuous variation in a diallele cross of *Nicotiana rustica* varieties [J]. Genetics, 39 (6): 767-788.

JONES E S, MAHONEY N L, MD HAYWARD, et al, 2002. An enhanced molecular marker based genetic map of perennial ryegrass (*Lolium perenne*) reveals comparative relationships with other Poaceae genomes [J]. Genome, 45: 282-295.

JONES J W, 1926. Hybrid vigor in rice [J]. Agronomy journal, 18: 423-428.

JORGE V, FREGENE M A, DUQUE M C, et al, 2000. Genetic mapping of resistance to bacterial blight disease in cassava (*Manihot esculenta* Crantz) [J]. Theoretical and applied genetics, 101 (5-6): 865-872.

JØRGENSEN K, BAK S, BUSK P K, et al, 2005. Cassava plants with a depleted cyanogenic glucoside content in leaves and tubers, distribution of cyanogenic glucosides, their site of synthesis and transport, and blockage of the biosynthesis by RNA interference technology [J]. Plant physiology, 139: 363-374.

JOSEPH R, YEOH H H, LOH C S, 2004. Induced mutations in cassava using somatic embryos and the identification of mutant plants with altered starch yield and composition [J]. Plant cell reports, 23: 91-98.

KAGA A, ISEMURA T, TOMOOKA N, et al, 2008. The genetics of domestication of the azuki bean (*Vigna angularis*) [J]. Genetics, 178 (2): 1013-1036.

KAGA A, ISHII T, TSUKIMOTO K, et al, 2000. Comparative molecular mapping in *Ceratotropis* species using an interspecific cross between azuki bean (*Vigna angularis*) and rice bean (*V. umbellata*) [J]. Theoretical and applied genetics, 100 (2): 207-213.

KAGA A, OHNISHI M, ISHII T, et al, 1996. A genetic linkage map of azuki bean constructed with molecular and morphological markers using an interspecific population (*Vigna angularis* , *V. nakashimae*) [J]. Theoretical and applied genetics, 93 (5): 658-663.

KANG L, QIAN L, ZHENG M, et al, 2021. Genomic insights into the origin, domestication and diversification of *Brassica juncea* [J]. Nature genetics, 53: 1392-1402.

KANTAR M B, BAUTE G J, BOCK D G, et al, 2014. Genomic variation in *Helianthus*: learning from the past and looking to the future [J]. Briefings in functional genomics, 13 (4): 328-340.

KANTAR M B, BETTS K, MICHNO J M, et al, 2014. Evaluating an interspecific *Helianthus annuus* × *Helianthus tuberosus* population for use in a perennial sunflower breeding program [J]. Field crops research, 155: 254-264.

KATSUBA Z, NAKAGAWA H, MAEDA M, et al, 1998. A new sudangrass (*Sorghum sudanese*) line "2098-2-4-

4" as a pollen parent for developing hybrid sorghum cultivars [J]. Bulletin of the Hiroshima Prefectural Agriculture Research Center，66：15-23.

KEBEDE H，SUBUDHI P K，ROSENOW D T，et al，2001. Quantitative trait loci influencing drought tolerance in grain sorghum（*Sorghum bicolor*（L.）Moench）[J]. Theoretical and applied genetics，103：266-276.

KHVOSTOVA V V，1983. Genetics and breeding of peas [M]. New Delhi：Oxonian Press Pvt，Ltd.

KIM S H，AHN Y O，AHN M J，et al，2012. Down-regulation of β-carotene hydroxylase increases β-carotene and total carotenoids enhancing salt stress tolerance in transgenic cultured cells of sweet potato [J]. Phytochemistry，74：69-78.

KLEIN R R，KLEIN P E，MULLET J E，et al，2005. Fertility restorer locus Rf1 of sorghum（*Sorghum bicolor* L.）encodes a pentatricopeptide repeat protein not present in the colinear region of rice chromosome 12 [J]. Theoretical and applied genetics，111（6）：994-1012.

KLEIN R R，RODRIGUEZ-HERRERA R，SCHLUETER J A，et al，2001. Identification of genomic regions that affect grain-mould incidence and other traits of agronomic importance in sorghum [J]. Theoretical and applied genetics，102：307-319.

KLEINE M，VOSS H，CAI D，et al，1998. Evaluation of nematode-resistant sugar beet（*Beta vulgaris* L.）lines by molecular analysis [J]. Theoretical and applied genetics，97：896-904.

KOHEL R J，LEWIS G F，1984. Cotton [M]. Madison：American Society of Agronomy Inc，Crop Science Society of America Inc，Soil Science Society of America Inc，Publishers.

KOJIMA S，TAKAHASHI Y，KOBAYASHI Y，et al，2002. Hd3a，a rice ortholog of the *Arabidopsis* FT gene，promotes transition to flowering downstream of Hd1 under short-day conditions [J]. Plant cell physiol，43：1096-1105.

KONDO N，SHIMADA H，FUJITA S，2009. Screening of cultivated and wild adzuki bean for resistance to race 3 of *Cadophora gregata* f. sp. *adzukicola*，cause of brown stem rot [J]. Journal of genetics and plant pathology，75：181-187.

KONISHI T，OHNISHI O，2006. A linkage map for common buckwheat based on microsatellite and AFLP markers [J]. Fagopyrum，23：1-6.

KRAFT T，HANSEN M，N O NILSSON，2000. Linkage disequilibrium and fingerprinting in sugar beet [J]. Theoretical and applied genetics，101：323-326.

KUBO T，YAMAMOTO M P，MIKAMI T，2000. The *nad4L-orf25* gene cluster is conserved and expressed in sugar beet mitochondria [J]. Theoretical and applied genetics，100：214-220.

KUMAR I，KHUSH G S，1988. Inheritance of amylose content in rice（*Oryza sativa* L.）[J]. Euphytica，38：261-269.

KUMP B，JAVORNIK B，2002. Genetic diversity and relationships among cultivated and wild accessions of tartary buckwheat（*Fagopyrum tataricum* Gaertn.）as revealed by RAPD markers [J]. Genetic resources and crop evolution，49：565-572.

LABANA K S，BANGA S S，BANGA S K，1992. Breeding oilseed *Brassica* [M]. New Delhi：Norosa Publishing House.

LAPORTE V，MERDINOGLU D，1998. Identification and mapping of RAPD and RFLP markers linked to a fertility restorer gene for a new source of cytoplasmic male sterility in *Beta vulgaris* ssp. *maritime* [J]. Theoretical and applied genetics，96：989-996.

LAY，C L，GRADY K，FERGUSON M W，1987. Registration of Clark flax [J]. Crop science，27：362.

LE CUNFF L，GARSMEUR O，RABOIN L M，et al，2008. Diploid/polyploid syntenic shuttle mapping and haplotype-specific chromosome walking toward a rust resistance gene（*Brul*）in highly polyploid sugarcane（2n approximately 12x approximately 115）[J]. Genetics，180：649-660.

LEE H，CHAWLA H S，OBERMEIER C，et al，2020. Chromosome-scale assembly of winter oilseed rape *Brassica napus* [J]. Frontier in plant science，11：496.

LEHMENSIEK A，ESTERHUIZEN A M，STADEN D V，et al，2001. Genetic mapping of gray leaf spot（GLS）resistance genes in maize [J]. Theoretical and applied genetics，103：797-803.

LEVINGS Ⅲ C S DEWEY R E, 1988. Molecular studies of cytoplasmic male sterility in maize [J]. Philosophical Transactions of the Royal Society of London, Series B, Biological Sciences, 319: 177-185.

LI C, MIAO H, WEI L, et al, 2014. Association mapping of seed oil and protein content in *Sesamum indicum* L. using SSR markers [J]. PLoS One, 9 (8): e105757.

LI C, WANG Y, LIU L, et al, 2011. A rice plastidial nucleotide sugar epimerase is involved in galactolipid biosynthesis and improves photosynthetic efficiency [J]. PLoS genetics, 7: e1002196.

LI C, ZHOU A, SANG T, 2006. Rice domestication by reducing shattering [J]. Science, 311: 1936-1939.

LI D, DENG Z, CHEN C, et al, 2010. Identification and characterization of genes associated with tapping panel dryness from *Hevea brasiliensis* latex using suppression subtractive hybridization [J], BMC plant biology, 10: 140.

LI F, CHEN B, XU K, et al, 2014. Genome-wide association study dissects the genetic architecture of seed weight and seed quality in rapeseed (Brassica napus L.) [J]. DNA Research, 21 (4): 355-367.

LI H Q, SAUTTER C, POTRYKUS I, et al, 1996. Genetic transformation of cassava (*Manihot esculenta* Crantz) [J]. Nature biotechnology, 14: 736-740.

LI H, ZHAO N, YU X X, et al, 2014. Identification of QTLs for storage root yield in sweet potato [J]. Scientia horticulturae, 170: 182-188.

LI Y, FAN C, XING Y, et al, 2011. Natural variation in GS5 plays an important role in regulating grain size and yield in rice [J]. Nature genetics, 43: 1266-1269.

LI Y, FAN C, XING Y, et al, 2014. *Chalk5* encodes a vacuolar H^+-translocating pyrophosphatase influencing grain chalkiness in rice [J]. Nature genetics, 46: 398-404.

LIU C, LI X, MENG D, et al, 2017. A 4-bp insertion at ZmPLA1 encoding a putative phospholipase generates haploid induction in maize [J]. Molecular plants, 10: 520-522.

LIU D G, HE S Z, SONG X J, et al, 2015. *IbSIMT1*, a novel salt-induced methyltransferase gene from *Ipomoea batatas*, is involved in salt tolerance [J]. Plant cell tissue & organ cultivation, 120: 701-715.

LIU D G, HE S Z, ZHAI H, et al, 2014. Overexpression of *IbP5CR* enhances salt tolerance in transgenic sweet potato [J]. Plant cell, tissue & organ culture, 117: 1-16.

LIU D G, WANG L J, LIU C L, et al, 2014. An *Ipomoea batatas* iron-sulfur cluster scaffold protein gene, *IbNFU1*, is involved in salt tolerance [J]. PLOS-ONE, 9 (4) e93935.

LIU D G, WANG L J, ZHAI H, et al, 2014. A novel α/β-hydrolase gene *IbMas* enhances salt tolerance in transgenic sweet potato [J]. PloS One, 9 (12): e115128.

LIU D G, ZHAO N, ZHAI H, et al, 2012. AFLP fingerprinting and genetic diversity of main sweet potato varieties in China [J]. Journal of integrative agriculture, 11 (9): 1424-1433.

LIU F, REN Y, WANG Y, et al, 2013. OsVPS9A functions cooperatively with OsRAB5A to regulate post-Golgi dense vesicle-mediated storage protein trafficking to the protein storage vacuole in rice endosperm cells [J]. Molecular plant, 6 (6): 1918-1932.

LIU Q C, 2011. Sweet potato omics and biotechnology in China [J]. Plant omics journal (4): 295-301.

LIU S, FAN C, LI J, et al, 2016. A genome-wide association study reveals novel elite allelic variations in seed oil content of *Brassica napus* [J]. Theoretical and applied genetics, 129 (6): 1203-1215.

LIU T, ZHU S, TANG Q, et al, 2014. QTL mapping for fiber yield-related traits by constructing the first genetic linkage map in ramie (*Boehmeria nivea* L. Gaud) [J]. Molecular breeding, 34: 883-892.

LIU Y Q, WU H, CHEN H, et al, 2015. A gene cluster encoding lectin receptor kinases confers broad-spectrum and durable insect resistance in rice [J]. Nature biotechnology, 33 (3): 301-305.

LIU Y Y, MEI H X, DU Z W, et al, 2015. Nondestructive estimation of fat constituents of sesame (*Sesamum indicum* L.) seeds by near infrared reflectance spectroscopy [J]. Journal of American Oil Chemistry Society, 92: 1035-1041.

LOKESHA R, RAHAMINSAB J, RANGANATHA A R G, et al, 2012. Whole plant regeneration via adventitious shoot formation from de-embryonated cotyledon explants of sesame (*Sesamum indicum* L.) [J]. World journal of science and technology, 2 (7): 47-51.

LOKKO Y J, ANDERSON JV, RUDD S, et al, 2007. Characterization of an 18 166 EST dataset for cassava (*Mani-*

hot esculenta Crantz) enriched for drought-responsive genes [J]. Plant cell reports，26 (9)：1 605-1 618.

LOKKO Y，DANQUAH E Y，OFFEI S K，et al，2005. Molecular markers associated with a new source of resistance to the cassava mosaic disease [J]. African journal of biotechnology，4 (9)：873-881.

LONG Y M，ZHAO L F，NIU B X，et al，2008. Hybrid male sterility in rice controlled by interaction between divergent alleles of two adjacent genes [J]. Proceedings of the National Academy of Sciences of the United States of America，105 (48)：18871-18876.

LÖRZ H，G WENZEL，2004. Molecular marker systems in plant breeding and crop improvement [M]. Berlin：Springer.

LOSKUTOV I，2001. Interspecific crosses in the genus *Avena* [J]. Russian journal of genetics，37：581-590.

LUO D，HONG X，LIU Z，et al，2013. A detrimental mitochondrial-nuclear interaction causes cytoplasmic male sterility in rice [J]. Nature genetics，45 (5)：573-578.

LUO Z L，WANG M，LONG Y，et al，2017. Incorporating pleiotropic quantitative trait loci in dissection of complex traits：seed yield in rapeseed as an example [J]. Theoretical and applied genetics，130：1569-1585.

MA Y，DAI X，XU Y，et al，2015. COLD1 confers chilling tolerance in rice [J]. Cell，160 (6)：1209-1221.

MALAGHAN S V，LOKESHA R，SAVITHA R，2013. Adventitious shoot regeneration in sesame (*Sesamum indicum* L.) (Pedaliaceae) via de-embryonated cotyledonary explants [J]. Research journal of biology (1)：31-35.

MAO H，SUN S，YAO J，et al，2010. Linking differential domain functions of the GS3 protein to natural variation of grain size in rice [J]. Proceedings of National Academy of Sciences of USA，107：19579-19584.

MARCPHILIPPE C，LUDOVIC L，JOSIANE J，et al，2001. Somatic embryogenesis in *Hevea brasiliensis* current advances and limits [M]. Proceeding IRRDB Symposium.

MASTELLER V J，HOLDEN D J，1970. The growth of and organ formation from callus tissue of sorghum [J]. Plant physiology，45：362-364.

MATSUI K，TETSUKA T，HARA T，2003. Two independent gene loci controlling non-brittle pedicels in buckwheat [J]. Euphytica，134：203-208.

MATTHEWS J M，1954. Textile fibers [M]. New York：John Wiley & Sons.

MAXTED N，1993. A phenetic investigation of *Vicia* L. subgenus *Vicia* (Leguminosae Vicieae) [J]. Botany journal of Linnean society，111：155-182.

MCHUGHEN A，SWARTZ M，1984. A tissue culture derived salt-tolerant line of flax (*Linum usitatissimum*) [J]. Journal of plant physiology，117：109-117.

MEUWISSEN T H E，HAYES B J，GODDARD M E，2001. Prediction of total genetic value using genome-wide dense marker maps [J]. Genetics，157：1819-1829.

MILLER R L，DUDLEY J W，ALEXANDER D E，1981. High intensity selection for percent oil in corn [J]. Crop science，21：433-437.

MILLER S S，WOOD P J，PIETRZAK L N，et al，1993. Mixed linkage β-glucan，protein content，and kernel weight in *Avena* species [J]. Cereal chemistry，70：231-233.

MIMURA M，YASUDA K，YAMAGUCHI H，2000. RAPD variation in wild，weedy and cultivated azuki beans in Asia [J]. Genetic resource and crop evolution，47：603-610.

MING R，2002. QTL analysis in a complex autopolyploid：Genetic control of sugar content in sugarcane [J]. Genome research：2075-2084.

MISEVIC D，ALEXANDER D E，DUMANOVIĆ J，et al，1987. Grain filling and oil accumulation of high-oil and standard maize hybrids [J]. Genetik，19：27.

MOHAN M，NARI S，BHAGWAT A，et al，1997. Genome mapping molecular markers and marker-assisted selection on crop plants [J]. Molecular breeding (3)：87-103.

MOHAR SINGH，HARI D UPADHYAYA，ISHWARI SINGH BISHT，2013. Genetic and genomic resources of grain legume improvement [M]. London：Elsevier Publishing.

MOHAR SINGH，ISHWARI SINGH BISHT，MANORANJAN DUTTA，2014. Broadening the genetic base of grain legumes [M]. New Delhi：Springer.

MOLOT P M，1969. Studies on maize resistance towards *Helminthosporium* and *Fusarium* disease：III. Behavior of phenolic compounds [J]. Annals of phytopathology, 1: 367-383.

MONNA L, NORIYUKI K, RIKA Y, et al, 2002. Positional cloning of rice semidwarfing gene, *sd-1*: rice "Green Revolution Gene" encodes a mutant enzyme involved in gibberellin synthesis [J]. DNA research, 9 (1):, 11-17.

MORETZSOHN M C, BARBOSA A V G, ALVES-FREITAS D M T, et al, 2009. A linkage map for the B-genome of *Arachis* (Fabaceae) and its synteny to the A-genome [J]. BMC plant biology, 9: 40.

MORETZSOHN M C, LEOI L, PROITE K, et al, 2005. A microsatellite based, gene-rich linkage map for the AA genome of *Arachis* (Fabaceae) [J], Theoretical and applied genetics, 111: 1060-1071.

MUDGE J, ANDERSEN W R, KEHRER R L, et al, 1996. A *Rapd* genetic map of *Saccharum officinarum* [J]. Crop science, 36: 1362-1366.

MUKASA Y, SUZUKI T, HONDA Y, 2007. Emasculation of tartary buckwheat (*Fagopyrum tataricum* Gaertn.) using hot water [J]. Euphytica, 156 (3): 319-326.

MULDEL C, BALTZ R, ELIASSON A, et al, 2000. A LIM-domain protein from sunflower is localized to the cytoplasm and/or nucleus in a wide variety of tissues and is associated with the phragmoplast in dividing cells [J]. Plant molecular biology, 42 (2): 291-302.

MURTY D S, 1975. Heterosis, combining ability and reciprocal effects for agronomic and chemical characters in sesame [J]. Theoretical and applied genetics (4): 294-299.

NAGAHARU U, 1935. Genome analysis in *Brassica* with special reference to the experimental formation of *B. napus* and peculiar mode of fertilization [J]. Japan journal of botany, 7: 389-452.

NAKAYA A, ISOBE S N, 2012. Will genomic selection be a practical method for plant breeding [J]. Annals of botany, 110 (6): 1303-1316.

NAKAYAMA H, TANAKA M, TAKAHARA Y, et al, 2012. Development of AFLP-derived SCAR markers associated with resistance o two races of southern root-knot nematode in sweet potato [J]. Euphytica, 188: 175-185.

NASSAR N M A, 1996. Development of cassava interspecific hybrids for savanna (cerrado) conditions [J]. Journal of root crops (22): 9-17.

NATIONAL ACADEMIES OF SCIENCES, ENGINEERING, AND MEDICINE, 2016. Genetically engineered crops: experiences and prospects [M]. Washington, DC: The National Academies Press.

NATOLI A, GORNI C, CHEGDANI F, et al, 2002. Identification of QTLs associated with sweet sorghum quality [J]. Maydica, 47: 311-322.

OHNISHI O, 1998. Search for the wild ancestor of buckwheat: I. Description of new *Fagopyrum* (Polygonaceae) species and their distribution in China and the Himalayan hills [J]. Fagopyrum, 15: 18-28.

OHNISHI O, 1998. Search for the wild ancestor of buckwheat: Ⅲ. The wild ancestor of cultivated common buckwheat, and of tatary buckwheat [J]. Economic botany, 52: 123-133.

OHNISHI O, OHTA T, 1987. Construction of a linkage map in common buckwheat (*Fagopyrum esculentum* Moench) [J]. Japan journal of genetics, 62: 397-414.

OHSAKO T, OHNISHI O, 1998. New *Fagopyrum* species revealed by morphological and molecular analyses [J]. Genes & genetic systems, 73: 85-94.

OHSAKO T, YAMANE K, OHNISHI O, 2002. Two new *Fagopyrum* (Polygonaceae) species, *F. gracilipedoides* and *F. jinshaense* from Yunnan, China [J]. Genes & genetic systems, 77: 399-408.

OKOGBENIN E, EKANAYAKE I J, PORTO M, 2003. Genotypic variability in adaptation responses of selected clones of cassava to drought stress in the Sudan Savanna Zone of Nigeria [J]. Journal of agronomy and crop science, 189 (6): 376-389.

OSMAN H E, YERMANOS D M, 1982. Genetic male sterility in sesame. reproductive characteristics and possible use in hybrid seed production [J]. Crop science (22): 492-498.

OUYANG Y, ZHANG Q, 2013. Understanding reproductive isolation based on the rice model [J]. Annual reviews of plant biology, 64: 111-135.

OYEKALE K O, NWANGBURUKA C C, 2014. Predicting the longevity of sesame seeds under short-term containerized storage with charcoal desiccant [J]. American journal of experimental agriculture, 4 (1): 1-11.

OYEKALE K O, NWANGBURUKA C C, DENTON O A, 2012. Comparative effects of organic and inorganic seed treatments on the viability and vigour of sesame seeds in storage [J]. Journal of agricultural science, 9 (4): 187-195.

PAL B P, 1945. Study in hybrid vigor of sesame (*Sesamum indicum* L.) [J]. Indian journal of genetics & plant breeding (5): 106-121.

PALIWAL R L, SPRAGUE E W, 1981. Improving adaptation and yield dependability in maize in the developing world [M]. Mexico: CIMMYT.

PARK J H, SURESH S, CHO G T, et al, 2013. Assessment of molecular genetic diversity and population structure of sesame (*Sesamum indicum* L.) core collection accessions using simple sequence repeat markers [J]. Plant genetic resources, 12 (1): 112-119.

PASCALE A J, 1989. World soybean research conference Ⅳ proceedings (1), (2), (3) [M]. Buenos Aires: AA-SOJA.

PATIL B L, OGWOK E, WAGABA H, et al, 2011. RNAi-mediated resistance to diverse isolates belonging to two virus species involved in cassava brown streak disease [J]. Molecular plant pathology, 12 (1): 31-41.

PELEMAN J D, VAN DER VOORT J R, 2003. Breeding by design [J]. Trends in plant science, 8 (7): 330-334.

PELOQUIN S J, GEORGIA L Y, JOANNA E W, et al, 1989. Potato breeding with haploids and 2*n* gametes [J]. Genome, 31: 1000-1004.

PELOQUIN S J, JANSKY S H, YERK G L, 1989. Potato cytogenetics and germplasm utilization [J]. American potato journal, 66: 629-638.

PITA J S, FONDONG V N, A SANGARÉ, et al, 2001. Recombination, pseudorecombination and synergism of geminiviruses are determinant keys to the epidemic of severe cassava mosaic disease in Uganda [J]. Journal of general virology, 82 (3): 655-665.

PRING D R, LEVINGS C S, TIMOTHY W, 1977. Unique DNA associated with mitochondria in the S-type cytoplasm of male-sterile maize [J]. Proceedings of the National Academy of Sciences of the United States of America, 74 (7): 2904-2908.

QIAN J, JIA G, ZHI H, et al, 2012. Sensitivity to gibberellin of dwarf foxtail millet (*Setaria italica* L.) varieties [J], Crop science, 52: 1068-1075.

RAEMAKERS K, SCHREUDER M, SUURS L, et al, 2005. Improved cassava starch by antisense inhibition of granule-bound starch synthase I [J]. Molecular breeding, 16 (2): 163-172.

RAO A M, KAVI KISHOR P B, ANANDA REDDY L, et al, 1988. Callus induction and high frequency plant regeneration in Italian millet (*Setaria italica*) [J]. Plant cell reports, 7: 557-559.

RAO P V R, PRASUNA K, ANURADHA G, et al, 2013. Molecular mapping and tagging of powdery mildew tolerance gene(s) in sesame (*Sesamum indicum*) [J]. Indian journal of agricultural sciences, 83 (6): 605-610.

RASHEED A, WEN W, GAO F, et al, 2016. Development and validation of KASP assays for genes underpinning key economic traits in bread wheat [J]. Theoretical and applied genetics, 129: 1843-1860.

RAVI K, VADEZ V, ISOBE S, et al, 2011. Identification of several small effect main QTLs and large number of epistatic QTLs for drought tolerance in groundnut (*Arachis hypogaea* L.) [J]. Theoretical and applied genetics, 122: 1119-1132.

RECCELLI M, MAZZANI B, 1969. Manifestations of heterosis in development, earliness and yield in diallel crosses of 32 sesame cultivars [J]. Agronomy of tropical Venezuela, 14: 101-125.

REDDY B V S, GREEN J M, BISEN S S, 1978. Genetic male-sterility in pigeonpea [J]. Crop science, 18: 362-364.

REDDY B V S, RAMESH S, ASHOK KUMAR A, et al, 2008. Sorghum improvement in the new millennium [M]. Patancheru Andhra Pradesh: International Crops Research Institute for the Semi-Arid Tropics (ICRISAT).

REDDY L A, VAIDYARATH K, 1990. Callus formation and regeneration in two induced mutants of foxtail millet (*Setaria italica*). [J]. Genetics. and breeding, 44: 133-138.

REN Y, WANG Y, LIU F, et al, 2014. Glutelin precursor accumulation3 encodes a regulator of post-Golgi vesicular traffic essential for vacuolar protein sorting in rice endosperm [J]. Plant cell, 26 (1): 410-425.

RILEY K W, GUPIA S C, SEETHARAM A, et al, 1993. Advances in small millets [M]. New Delhi: Oxford and

IBH Publishing Company.

RITTER K B, JORDAN D R, CHAPMAN S C, et al, 2008. Identification of QTL for sugar-related traits in a sweet grain sorghum (*Sorghum bicolor* (L.) Moench) recombinant inbred population [J]. Molecular breeding, 22 (3): 367-384.

ROGER C S, 1984. Infection of two endosperm mutants of sweet corn by *Fusarium* moniliforme and its effect on seeding vigor [J]. Phytopathology, 74: 189-194.

SAGHAI MAROOF M A, YUE Y G, XIANG Z X, et al, 1996. Identification of quantitative trait loci controlling resistance to gray leaf spot disease in maize [J]. Theoretical and applied genetics, 93: 539-546.

SAITHONG T, RONGSIRIKUL O, KALAPANULAK S, et al, 2013. Starch biosynthesis in cassava: a genome-based pathway reconstruction and its exploitation in data integration [J]. BMC systematic biology, 7: 75.

SARVAMANGALA C, GOWDA M V C, VARSHNEY R K, 2011. Identification of quantitative trait loci for protein content, oil content and oil quality for groundnut (*Arachis hypogaea* L.) [J]. Field crops research, 122: 49-59.

SASAKI A, ASHIKARI M, UEGUCHI-TANAKA M, et al, 2002. A mutant gibberellin-synthesis gene in rice [J]. Nature, 416: 701-702.

SAXENA K B, KUMAR R V, 2003. Development of a cytoplasmic-nuclear male-sterility system in pigeonpea using C. *scarabaeoides* (L.) Thours [J]. Indian journal of genetics, 63 (3): 225-229.

SAXENA K B, SINGH L, GUPTA M D, 1990. Variation for natural out-crossing in pigeonpea [J]. Euphytica, 39: 143-148.

SAXENA K B, WALLIS E S, BYTH D E, 1983. A new gene for male-sterility in pigeonpea (*Cajanus cajan* (L.) Millsp.) [J]. Heredity, 51: 419-421.

SAXENA M C, K B SINGH, 1987. The chickpea [M]. London: Cambrain News Ltd.

SAYRE R, BEECHING J R, CAHOON E B, et al, 2011. The biocassava plus program: biofortification of cassava for sub-Saharan Africa [J]. Annual reviews plant biology, 62: 251-272.

SCHÄFER-PREGL R, BORCHARDT D C, 1999. Localization of QTLs for tolerance to *Cercospora beticola* on sugar beet linkage groups [J]. Theoretical and applied genetics, 99: 829-836.

SCHMUTZ J, CANNON S B, SCHLUETER J, et al, 2010. Genome sequence of the palaeopolyploid soybean [J]. Nature, 7278 (463): 178-183.

SCHNEIDER K, BORCHARDT D C, SCHAFER-PREGL R, et al, 1999. PCR-based cloning and segregation analysis of functional gene homologues in *Beta vulgaris* [J]. Molecular and general genetics, 262: 515-524.

SCHNEIDER K, SCHÄFER-PREGL R. BORCHARDT D C, SALAMINI F, 2002. Mapping QTLs for sucrose content, yield and quality in a sugar beet population fingerprinted by EST-related markers [J]. Theoretical and applied genetics, 104: 1107-1113.

SCOTT G E, 1984. Site of action of factors for resistance to Fusarium moniliforme in maize [J]. Plant diseases, 68: 804-806.

SCOTT G E, ROSENKRANZ E, 1982. A new method to determine the number of genes for resistance to *Maize dwarf mosaic virus* in maize [J]. Crop science, 24: 807-811.

SHARMA D, DWIVEDI S, 1995. Genetic research and education: current trends and the next fifty years [M]. New Delhi: Indian Agricultural Research Institute.

SHARMA T R, JANA S, 2002. Species relationships in *Fagopyrum* revealed by PCR-based DNA fingerprinting [J]. Theoretical and applied genetics, 105: 306-312.

SHI L Y, LI X H, HAO Z F, et al, 2007. Comparative QTL Mapping of resistance to gray leaf spot in maize based on bioinformatics [J]. Agricultural sciences in China, 12 (6): 1411-1419.

SHIBLES R (ed.), 1985. World soybean research conference: III. Proceedings [M]. Boulder: Westview Press.

SHIRASAWA K, BERTIOLI D J, VARSHNEY R K, et al, 2013. Integrated consensus map of cultivated peanut and wild relatives reveals structures of the A and B genomes of *Arachis* and divergence of the legume genomes [J]. DNA research, 20 (2): 173-184.

SHIRASAWA K, KOILKONDA P, AOKI K, et al, 2012. In silico polymorphism analysis for the development of simple sequence repeat and transpon markers and construction of linkage map in cultivated peanut [J]. BMC plant biology, 12: 80.

SIMMONDS N W, 1974. Evolution of crop plants [M]. New York: Longman Publishing Company.

SIMMONDS N W, 1979. Principles of crop improvement [M]. London: Longman Publishing Company.

SINGH K B, MALHOTRA R S, WITCOMBE J R, 1983. Kabuli chickpea germplasm catalog [M]. Aleppo: ICARDA.

SINGH K, CHHUNEJA P, GUPTA O P, et al, 2018. Shifting the limits in wheat research and breeding using a fully annotated reference genome [J]. Science, 661 (361): 1-13.

SIRITUNGA D, RICHARD T S, 2003. Generation of cyanogens-free transgenic cassava [J]. Planta, 217 (3): 367-373.

SKINNERM J C, 1981. Application of quantitative genetics to breeding of vegetatively reproduced crops [J]. Journal of Australian agricultural sciences, 47: 82-83.

SMARTT J, 1976. Tropical pulses [M]. London: Longman Group Limited.

SMARTT J, 1990. Grain legumes: evolution and genetic resources [M]. Cambridge: Cambridge University Press.

SOLOMON S, ARGIKAR G P, SALANKI M S, et al, 1957. A study of heterosis in *Cajanus cajan* L. Millsp [J]. Indian journal of genetics & plant breeding, 17: 90-95.

SOMTA P, KAGA A, TOMOOKA N, et al, 2008. Mapping of quantitative trait loci for a new source of resistance to bruchids in the wild species *Vigna nepalensis* Tateishi et Maxted (*Vigna* subgenus *Ceratotropis*) [J]. Theoretical and applied genetics, 117: 621-628.

SONG G, WANG M, ZENG B, et al, 2015. Anther response to high-temperature stress during development and pollen thermotolerance heterosis as revealed by pollen tube growth and in vitro pollen vigor analysis in upland cotton [J]. Planta, 241 (5): 1271-1285.

SONG J M, GUAN Z L, HU J L, et al, 2020. Eight high-quality genomes reveal pan-genome architecture and ecotype differentiation of *Brassica napus* [J]. Nature plants, 6: 34-453.

SONG X J, HUANG W, SHI M, et al, 2007. A QTL for rice grain width and weight encodes a previously unknown RING-type E3 ubiquitin ligase [J]. Nature genetics, 39: 623-630.

SPRAGUE G F, DUDLEY J W, 1988. Corn and corn improvement [M]. 3rd ed. Washhington: American Society of Agronomy, Inc.

SUJAY V, GOWDA M V C, PANDEY M K, et al, 2012. Quantitative trait locus analysis and construction of consensus genetic map for foliar disease resistance based on two recombinant inbred line populations in cultivated groundnut (*Arachis hypogaea* L.) [J]. Molecular breeding, 30 (2): 773-788.

SUMMERFIELD R J, E H ROBERTS, 1985. Grain legumes crops [M]. London: Collins &Grafton.

SUMTE K, HIROFUMI Y, YOSHIYA S, et al, 2000. The chloroplast genomes of azuki bean and its close relatives: a deletion mutation found in weed azuki bean [J]. Hereditas, 132: 43-48.

SUN F M, FAN G Y, HU Q, et al, 2017. The high-quality genome of *Brassica napus* cultivar ZS11 reveals the introgression history in semi-winter morphotype [J]. Plant journal, 92: 452-468.

SYLVIE C, RAGUPATHY R, NIU Z, et al, 2011. SSR-based linkage map of flax (*Linum usitatissimum* L.) and mapping of QTLs underlying fatty acid composition traits [J]. Molecular breeding, 28 (4): 437-451.

TAI H H, DE KOEYER D, SØNDERKAER, M, et al, 2018. *Verticillium dahliae* disease resistance and the regulatory pathway for maturity and tuberization in potato [J]. The plant genome, 11 (1): 1-15.

TAKAHASHI Y, SHOMURA A, SASAKI T, et al, 2001. *Hd6*, a rice quantitative trait locus involved in photoperiod sensitivity, encodes the a subunit of protein kinase CK2 [J]. Proceedings of the National Academy of Sciences of the United States of America, 98 (14): 7922-7927.

TAN L, LI X, LIU F, et al, 2008. Control of a key transition from prostrate to erect growth in rice domestication [J]. Nature genetics, 40: 1360-1364.

TANG C, YANG M, FANG Y, et al, 2016. The rubber tree genome reveals new insights into rubber production and species adaptation [J]. Nature plants, DOI: 10.1038/NPLANTS, 2016.73.

TANG S, ZHAO H, LU S, et al, 2021. Genome-and transcriptome-wide association studies provide insights into the genetic basis of natural variation of seed oil content in *Brassica napus* [J]. Molecular plants, 14: 470-487.

TANKSLEY S D, 1993. Mapping polygenes [J]. Annual reviews genetics, 27: 205-233.

TAO Y Z, HARDY A, DRENTH J, et al, 2003. Identifications of two different mechanisms for sorghum midge resistance through QTL mapping [J]. Theoretical and applied genetics, 107 (1): 116-122.

TAO Y Z, JORDAN D R, HENZELL R G, et al, 1998. Construction of a genetic map in a sorghum recombinant inbred line using probes from different sources and its comparison with other sorghum maps [J]. Australian journal of agricultural research, 49: 729-736.

THOMAS L, TEW ROBERT M, COBILL EDWARD P, et al, 2008. Evaluation of sweet sorghum and sorghum× sudangrass hybrids as feedstocks for ethanol production [J]. Bioenergy resources (1): 147-152.

THOMPSON T E, 1977. Cytoplasmic male sterile flax with open corollas [J]. Journal of heredity, 68: 185-187.

TIAN Z, QIAN QIAN, QIAOQUAN LIU, et al, 2009. Allelic diversities in rice starch biosynthesis lead to a diverse array of rice eating and cooking qualities [J]. Proceedings of the National Academy of Sciences of the United States of America, 106 (51): 21760-21765.

TIKKA S B S, PARMAR L D, CHAUHAN R M, 1997. First record of cytoplasmic-genic male-sterility system in pigeonpea (*Cajanus cajan* (L.) Millsp.) through wide hybridization [J]. GAU research Journal, 22 (2): 160-162.

TOMOOKA N, KASHIWABA K, VAUGHAN D A, et al, 2000. The effectiveness of evaluating wild species: searching for sources of resistance to bruchid beetles in the genus *Vigna* subgenus *Ceratotropis* [J]. Euphytica, 115 (1): 27-41.

TOMOOKA N, KONDO N, 2012. New sources of resistance to *Cadophora gregata* f. sp. *adzukicola* and *Fusarium oxysporum* f. sp. *adzukicola* in *Vigna* spp. [J]. Plant diseases, 96 (4): 562-568.

TSUJI K, OHNISHI O, 2001. Phylogenetic relationships among wild and cultivated tartary buckwheat (*Fagopyrum tataricum* Gaert.) populations revealed by AFLP analyses [J]. Genes and genetic systems, 76: 47-52.

TUINSTRA M R, GROTE E M, GOLDSBROUGH P B, et al, 1996. Identification of quantitative trait loci associated with pre-flowering drought tolerance in sorghum [J]. Crop science, 36: 1337-1344.

UGA Y, SUGIMOTO K, OGAWA S, et al, 2013. Control of root system architecture by *DEEPER ROOTING 1* increases rice yield under drought conditions [J]. Nature genetics, 45 (9): 1097-1102.

VARSHNEY R K, BERTIOLI D J, MORETZSOHN M C, et al, 2008. The first SSR-based genetic linkage map for cultivated groundnut (*Arachis hypogaea* L.) [J]. Theoretical and applied genetics, 118 (4): 729-739.

VARSHNEY R K, CHEN W B, LI Y P, et al, 2012. Draft genome sequence of pigeonpea (*Cajanus cajan*), an orphan legume crop of resource-poor farmers [J]. Nature biotechnology, 30 (1): 83-89.

VARSHNEY R K, SONG C, SAXENA R K, et al, 2013. Draft genome sequence of chickpea (*Cicer arietinum*) provides a resource for trait improvement [J]. Nature biotechnology, doi: 10. 1038/nbt. 2491.

VENKATACHALAM P, THULASEEDHARAN A, RAGHOTHAMA K, 2009. Molecular identification and characterization of a gene associated with the onset of tapping panel dryness (TPD) syndrome in rubber tree (*Hevea brasiliensis* Muell.) by mRNA differential display [J]. Molecular biotechnology, 41: 42-52.

VENKATACHALAM P, THULASEEDHARAN A, RAGHOTHAMAK, 2007. Identification of expression profiles of tapping panel dryness (TPD) associated genes from the latex of rubber tree (*Hevea brasiliensis* Muell. Arg.) [J]. Planta, 226: 499-515.

WAN J, IKEHASHI H, 1996. List of hybrid sterility gene loci (HSGLi) in cultivated rice (*Oryza sativa* L.) [J]. Rice genetics newsletter, 13: 110-114.

WANG C, JIA G, ZHI H, et al, 2012. Genetic diversity and population structure of Chinese foxtail millet (*Setaria italica* (L.) Beauv.) landraces [J]. G3 (genes, genomes, genetics), 2: 769-777.

WANG E, WANG J, ZHU X, et al, 2008. Control of rice grain-filling and yield by a gene with a potential signature of domestication [J]. Nature genetics, 40: 1370-1374.

WANG J, ROE B, MACMIL S, et al, 2010. Microcolinearity between autopolyploid sugarcane and diploid sorghum genomes [J]. BMC genomics, (11): 261.

WANG Q, LIU Y, HE J, et al, 2014. *STV11* encodes a sulphotransferase and confers durable resistance to rice stripe virus [J]. Nature communications, 5: 4768.

WANG S, WU K, YUAN Q, et al, 2012. Control of grain size, shape and quality by OsSPL16 in rice [J]. Nature genetics, 44: 950-954.

WANG Y, CAMPBELL C, 2007. Tartary buckwheat breeding (*Fagopyrum tataricum* L. Gaertn.) through hybridization with its rice-tartary type [J]. Euphytica, 156 (3): 399-405.

WANG Y, REN Y, LIU X, et al, 2010. OsRab5a regulates endomembrane organization and storage protein trafficking in rice endosperm cells [J]. Plant journal, 64 (5): 812-824.

WANG Y, ZHU S, LIU S, et al, 2009. The vacuolar processing enzyme OsVPE1 is required for efficient glutelin processing in rice [J]. Plant journal, 58 (4): 606-617.

WANG Z M, DEVOS K M, LIU C J, et al, 1998. Construction of RFLP-based maps of foxtail millet, *Setaria italica* [J]. Theoretical and applied genetics, 96: 31-33.

WANG Z, 2006. Cytoplasmic male sterility of rice with Boro II cytoplasm is caused by a cytotoxic peptide and is restored by two related PPR motif genes via distinct modes of mRNA silencing [J]. The plant cell, 18: 676-687.

WANJARI K B, PATIL A N, MANAPURE P, et al, 2001. Cytoplasmic male-sterility in pigeonpea with cytoplasm from *Cajanus volubilis* [J]. Annal of plant physiology, 13 (2): 170-174.

WATSON A, GHOSH S, WILLIAMS M J, et al, 2018. Speed breeding is a powerful tool to accelerate crop research and breeding [J]. Nature plants, 4 (1): 23-29.

WEI W L, ZHANG Y X, LV H X, et al, 2013. Association analysis for quality traits in a diverse panel of Chinese sesame (*Sesamum indicum* L.) germplasm [J]. Journal of integrative plant biology, 55 (8): 745-758.

WELCH R W, BROWN J C W, LEGGETT J M, 2000. Interspecific and intraspecific variation in grain and groat characteristics of wild oat (*Avena*) species: very high groat (1-3), (1-4)-β-D-glucan in an *Avena atlantica* genotype [J]. Journal of cereal science, 31: 273-279.

WILCOX J R (ed.), 1987. Soybeans: improvements, production and uses [M]. 2nd ed. Madison: American Society of Agronomy Inc, Crop Science Society of America Inc, SoilScience Society of America Inc, Publishers.

WITITSUWANNAKUL R, PASITKUL P, JEWTRAGOON P, et al, 2008. *Hevea* latex lectin binding protein in C-serum as an anti-latex coagulating factor and its role in a proposed new model for latex coagulation [J]. Phytochemistry, 69: 656-662.

WU K K, BURNQUIST W, SORRELLS M E, et al, 1992. The detection and estimation of linkage in polyploids using single dose restriction fragments [J]. Theoretical and applied. genetics, (83): 294-300.

WU K M, YANG, H LIU, et al, 2014. Genetic analysis and molecular characterization of Chinese sesame (*Sesamum indicum* L.) cultivars using insertion-deletion (InDel) and simple sequence repeat (SSR) markers [J]. BMC genetics, 15 (1): 35-49.

WU K, LIU H Y, YANG M M, et al, 2014. High-density genetic map construction and QTLs analysis of grain yield-related traits in sesame (*Sesamum indicum* L.) based on RAD-Seq technology [J]. BMC plant biology, 14 (1): 274.

XIAO Y, CHEN L, ZOU J, et al, 2010. Development of a population for substantial new type *Brassica napus* diversified at both A/C genomes [J]. Theoretical and applied genetics, 121: 1141-1150.

XU G, FAN X, MILLER A J, 2012. Plant nitrogen assimilation and use efficiency [J]. Annual review plant biology, 63: 153-182.

XU J, DUAN X, YANG J, et al, 2013. Enhanced reactive oxygen species scavenging by overproduction of superoxide dismutase and catalase delays postharvest physiological deterioration of cassava storage roots [J]. Plant physiology, 161 (3): 1517-1528.

XU J, YANG J, DUAN X, et al, 2014. Increased expression of native cytosolic Cu/Zn superoxide dismutase and ascorbate peroxidase improves tolerance to oxidative and chilling stresses in cassava (*Manihot esculenta* Crantz) [J]. BMC plant biology, 14: 208-221.

XU K, XU X, FUKAO T, et al, 2006. *Sub1A* is an ethylene-response-factor-like gene that confers submergence tolerance to rice [J]. Nature, 442: 705-708.

XU R Q, TOMOOKA N, VAUGHAN D A, et al, 2000. The *Vigna angularis* complex: genetic variation and relationships revealed by RAPD analysis, and their implications for in situ conservation and domestication [J]. Genetic resource and crop evolution, 47: 123-134.

XU Y B, 2010. Molecular plant breeding [M]. Oxford: CAB International.

XUE W, XING Y, WENG X, et al, 2008. Natural variation in Ghd7 is an important regulator of heading date and yield potential in rice [J]. Nature genetics, 40: 761-767.

XUN XU, PAN S, CHENG S, et al, 2011. Genome sequence and analysis of the tuber crop potato [J]. Nature, 7355 (475): 189-195.

YADAV J S, OGWOK E, WAGABA H, et al, 2011. RNAi-mediated resistance to cassava brown streak Uganda virus in transgenic cassava [J]. Molecular plant pathology, 12 (7): 677-687.

YAMADA T, JONES E S, COGAN N, et al, 2004. QTL analysis of morphological, developmental, and winter hardiness-associated traits in perennial ryegrass [J]. Crop science, 44: 925-935.

YAMADA T, TERAISHI M, HATTORI K, et al, 2001. Transformation of azuki bean by *Agrobacterium tumefacien* [J]. Plant cell, tissue and organ culture, 64 (1): 47-54.

YAMAGUCHI H, 1992. Wild and weed azuki beans in Japan [J]. Economic botany, 46 (4): 384-394.

YANG J Y, ZHAO X B, CHENG K, et al, 2012. A killer-protector system regulates both hybrid sterility and segregation distortion in rice [J]. Science, 6100 (337): 1336-1340.

YANO M, HARUSHIMA Y, NAGAMURA Y, et al, 1997. Identification of quantitative trait loci controlling heading date in rice using a high-density linkage map [J]. Theoretical and applied genetics, 95: 1025-1032.

YANO M, KATAYOSE Y, ASHIKARI M, et al, 2000. *Hd1*, a major photoperiod sensitivity quantitative trait locus in rice, is closely related to the *Arabidopsis* flowering time gene CONSTANS [J]. Plant cell, 12: 2473-2483.

YASUI Y, WANG Y, OHNISHI O, et al, 2004. Amplified fragment length polymorphism linkage analysis of common buckwheat (*Fagopyrum esculentum*) and its wild self-pollinated relative *Fagopyrum homotropicum* [J]. Genome, 47: 345-351.

YE X, AL-BABILI S, KLOETI A, et al, 2000. Engineering the provitamin A (β-carotene) biosynthetic pathway into (carotenoid-free) rice endosperm [J]. Science, 5451 (287): 303-305.

YOL E, UZUN B, 2011. Inheritance of number of capsules per leaf axil and hairiness on stem, leaf and capsule of sesame (*Sesamum indicum* L.) [J]. Australian journal of crop science, 5 (1): 78-81.

YOON M S, LEE J, KIM C Y, et al, 2007. Genetic relationships among cultivated and wild *Vigna angularis* (Willd.) and relatives from Korea based on AFLP markers [J]. Genetic resource and crop evolution, 54: 875-883.

ZHANG GAI-YUN, CHEN XUE-PING, 2009. Isolation and characteristics of the CN gene, a tobacco mosaic virus resistance N gene homolog, from tobacco [J]. Biochemistry genetics, 47: 301-314.

ZHANG H Y, MIAO H M, WEI L B, et al, 2013. Genetic analysis and QTL mapping of seed coat color in sesame (*Sesamum indicum* L.) [J]. PLoS One, 8 (5): e63898.

ZHANG J P, DANG Z H, 2008. Heterosis between a male-sterile line and normal male-fertile materials in flax [C]. Proceedings of the 62th Flax Institute of the United States: 113-118.

ZHANG Li Z, ZHang C H, 2006. Analysis of dwarfing genes in *Zhepi1* and *Aizao3*: Two dwarfing gene donors in barley breeding in China [J]. Agricultural sciences in China, 5 (9): 643-647.

ZHANG P, 2001. Studies on cassava (*Manihot esculenta* Crantz) transformation: towards genetic improvement [D]. Zurich: Swiss Federal Institute of Technology.

ZHANG S, TANG C, ZHAO Q, et al, 2014. Development and characterization of highly polymorphic SSR (simple sequence repeat) markers through genome-wide microsatellite variants analysis in foxtail millet [*Setaria italica* (L.) P. Beauv.] [J]. BMC genomics, 15: 78.

ZHANG X, WANG J, HUANG J, et al, 2012. Rare allele of OsPPKL1 associated with grain length causes extra-large grain and a significant yield increase in rice [J]. Proceedings of the National Academy of Sciences of the United States of America, 109: 21534-21539.

ZHANG Y, THOMAS C, XIANG J, et al, 2016. QTL meta-analysis of root traits in *Brassica napus* under contrasting phosphorus supply in two growth systems [J]. Scientific reports, 6: 33113.

ZHANG Y X, SUN J, ZHANG X R, et al, 2011. Analysis on genetic diversity and genetic basis of the main sesame cultivars released in China [J]. Agricultural sciences in China, 10 (4): 509-518.

ZHAO M, ZHI H, DOUST A N, et al, 2013. Novel genomes and genome constitutions identified by GISH and 5S rDNA and knotted 1 genomic sequences in the genus *Setaria* [J]. BMC genomics, 14: 244.

ZHAO N, YU X X, JIE Q, et al, 2013. A genetic linkage map based on AFLP and SSR markers and mapping of QTLs for dry-matter content in sweet potato [J]. Molecular breeding, 32: 807-820.

ZHAO N, ZHAI H, YU X X, et al, 2013. Development of SRAP markers linked to a gene for stem nematode resistance in sweet potato *Ipomoea batatas* (L.) Lam. [J]. Journal of integrative agriculture, 12 (3): 414-419.

ZHAO S S, DUFOUR D, TERESA SÁNCHEZ, et al, 2011. Development of waxy cassava with different biological and physico-chemical characteristics of starches for industrial applications [J]. Biotechnology and bioenergy, 108 (8): 1925-1935.

ZHAO Y L, PRAKASH C S, HE G H, 2012. Characterization and compilation of polymorphic simple sequence repeat (SSR) markers of peanut from public database [J]. BMC research notes (5): 362.

ZHAO Z, ZHANG Y, LIU X, et al, 2013. A role for a dioxygenase in auxin metabolism and reproductive development in rice [J]. Developmental cell, 27 (1): 113-122.

ZHENG J X, MASATOSHI N, YOSHIHITO S, et al, 2002. Cloning and characterization of the abscisic acid-specific glucosyltransferase gene from adzuki bean seedlings [J]. Plant physiology, 129 (3): 1285-1295.

ZHENG XUEQIN, CHEN QIUBO, 1994. Biotechnology for the tropics [M]. Beijing: China Railway Publishing House.

ZHOU F, LIN Q B, ZHU L H, et al, 2013. D14-SCFD3-dependent degradation of D53 regulates strigolactone signaling [J]. Nature, 504: 406-410.

ZHOU L J, CHEN L M, JIANG L, et al, 2009. Fine mapping of the grain chalkiness QTL qPGWC-7 in rice (*Oryza sativa* L.) [J]. Theoretical and applied genetics, 118: 581-590.

ZHOU S, WANG Y, LI W, et al, 2011. Pollen semi-sterility1 encodes a kinesin-1-like protein important for male meiosis, anther dehiscence, and fertility in rice [J]. Plant cell, 23 (1): 111-129.

ZHOU Y, LU D, LI C, et al, 2012. Genetic control of seed shattering in rice by the APETALA2 transcription factor shattering abortion1 [J]. Plant cell, 24: 1034-1048.

ZONG X X, REDDEN R J, LIU Q C, et al, 2009. Analysis of a diverse global *Pisum* sp. collection and comparison to a Chinese local *P. sativum* collection with microsatellite markers [J]. Theoretical and applied genetics, 118: 193-204.

ZONG X X, REN J, GUAN J, et al, 2010. Molecular variation among Chinese and global germplasm in spring faba bean areas [J]. Plant breeding, 129 (5): 508-513.

ZONG X X, ROBERT J R, LIU Q C, et al, 2009. Analysis of a diverse global *Pisum* sp. collection and comparison to a Chinese local *P. sativum* collection with microsatellite markers [J]. Theoretical and applied genetics, 118 (2): 193-204.

ZOU J, HU D, MASON A S, et al, 2018. Genetic changes in a novel breeding population of *Brassica napus* synthesized from hundreds of crosses between *B. rapa* and *B. carinata* [J]. Plant biotechnology journal, 16: 507-519.

ZOU J, JIANG C, CAO Z, et al, 2010. Association mapping of seed oil content in different *Brassica napus* populations and its coincidence with QTL identified from linkage mapping [J]. Genome, 53: 908-916.

ZUO J, LI J, 2014. Molecular dissection of complex agronomic traits of rice: a team effort by Chinese scientists in recent years [J]. National science review (1): 253-276.

ZOU J, MAO L, QIU J, et al, 2019. Genome-wide selection footprints and deleterious variations in young Asian allotetraploid rapeseed [J]. Plant biotechnology journal, 17 (10): 1998-2010.

ZOU J, ZHAO Y, LIU P, et al, 2016. Seed quality traits can be predicted with high accuracy in *Brassica napus* using genomic data [J]. PLoS One, 11 (11): e0166624.

ZOU J, ZHU J L, HUANG S M, et al, 2010. Broadening the avenue of intersubgenomic heterosis in oilseed *Brassica* [J]. Theoretical and applied genetics, 120: 283-290.

图书在版编目（CIP）数据

作物育种学各论 / 盖钧镒，洪德林主编. —3版. —北京：中国农业出版社，2022.3（2024.3重印）
“十二五”普通高等教育本科国家级规划教材　普通高等教育“十一五”国家级规划教材　普通高等教育“十五”国家级规划教材　普通高等教育农业农村部“十三五”规划教材　全国高等农林院校“十三五”规划教材　全国高等农林院校教材名家系列　国家精品课程配套教材
ISBN 978-7-109-29258-1

Ⅰ.①作…　Ⅱ.①盖…②洪…　Ⅲ.①作物育种－高等学校－教材　Ⅳ.①S33

中国版本图书馆CIP数据核字（2022）第048678号

作物育种学各论
ZUOWU YUZHONGXUE GELUN

中国农业出版社出版
地址：北京市朝阳区麦子店街18号楼
邮编：100125
策划编辑：胡聪慧
责任编辑：李国忠　胡聪慧　　文字编辑：李国忠
版式设计：杨　婧　　责任校对：周丽芳　刘丽香　沙凯霖
印刷：中农印务有限公司
版次：1995年2月第1版　2022年3月第3版
印次：2024年3月第3版北京第2次印刷
发行：新华书店北京发行所
开本：787mm×1092mm　1/16
印张：52
字数：1836千字
定价：115.00元

版权所有·侵权必究
凡购买本社图书，如有印装质量问题，我社负责调换。
服务电话：010-59195115　010-59194918